国家出版基金项目
NATIONAL PUBLICATION FOUNDATION

"十三五"国家重点图书出版规划项目
现代马业出版工程

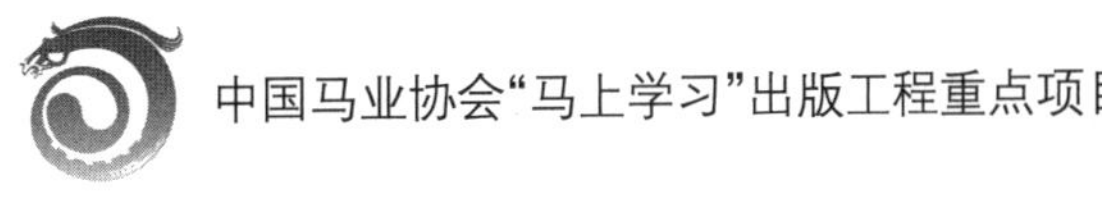

现代马病治疗学

（第 7 版）

Robinson's Current Therapy in Equine Medicine
(Seventh Edition)

[美] 金 · A. 斯普雷贝里（Kim A. Sprayberry）
[美] N. 爱德华 · 罗宾森（N. Edward Robinson） 编著
于康震　王晓钧　主译

中国农业出版社
北　京

ELSEVIER
Elsevier (Singapore) Pte Ltd.
3 Killiney Road，#08-01 Winsland House I，Singapore 239519
Tel：(65) 6349－0200；Fax：(65) 6733－1817

ROBINSON'S CURRENT THERAPY IN EQUINE MEDICINE，SEVENTH EDITION

ISBN：978-1-4557-4555-5

This translation of ROBINSON'S CURRENT THERAPY IN EQUINE MEDICINE，SEVENTH EDITION by Kim A. Sprayberry and N. Edward Robinson was undertaken by China Agriculture Press Co.，Ltd. Press and is published by arrangement with Elsevier (Singapore) Pte Ltd.
ROBINSON'S CURRENT THERAPY IN EQUINE MEDICINE，SEVENTH EDITION by Kim A. Sprayberry and N. Edward Robinson 由中国农业出版社进行翻译，并根据中国农业出版社与爱思唯尔（新加坡）私人有限公司的协议约定出版。

《现代马病治疗学》（第 7 版）（于康震　王晓钧　主译）
ISBN：978-7-109-25588-3

注　意

本译本由 Elsevier (Singapore) Pte Ltd. 和中国农业出版社完成。相关从业及研究人员必须凭借其自身经验和知识对文中描述的信息数据、方法策略、搭配组合、实验操作进行评估和使用。由于医学科学发展迅速，临床诊断和给药剂量尤其需要经过独立验证。在法律允许的最大范围内，爱思唯尔、译文的原文作者、原文编辑及原文内容提供者均不对译文或因产品责任、疏忽或其他操作造成的人身及/或财产伤害及/或损失承担责任，亦不对由于使用文中提到的方法、产品、说明或思想而导致的人身及/或财产伤害及/或损失承担责任。

丛书译委会

本书译者名单

主　译　于康震　王晓钧

译　者（按姓氏笔画排序）：

丁　一　丁玉林　于康震　马　建
王　志　王凤龙　王文秀　王玉杰
王金玲　王炜晗　王建发　王晓钧
王雪峰　韦　飞　巴音查汗　邓小芸
田文儒　朱怡平　刘芳宁　刘荻萩
祁小乐　那　雷　孙东波　孙凌霜
杜　承　李　靖　李兆利　李春秋
吴炳樵　吴殿君　况　玲　宋宁宁
宋军科　张万坡　张子威　张剑柄
张振宇　张海丽　张海明　武　瑞
林跃智　季　爽　周　媛　周晟磊
单　然　赵光辉　赵树臣　胡　哲
侯志军　徐世文　高　利　郭　巍
曹宏伟　戚　亭　彭煜师　董　轶
董　强　董文超　董海聚　靳亚平

本书献给与我相守五十年的妻子 Pat，

一位专业兽医、朋友、爱人、母亲、祖母，

一位聪明的、思维敏捷的女士，一位博学的顾问。

当你鼓励我编撰《现代马病治疗学 》时，

我们都从来没有想到这个工作会在 33 年内扩展到第 7 个版本。

感谢你的耐心和理解。

N. Edward Robinson

在此谨向

为提高我们马类朋友的医疗保健标准而奋斗的现在和

未来的同事，表示赞美和感谢！

Kim A. Sprayberry

英文版作者名单

Sameeh M. Abutarbush, BVSc, MVetSc, DABVP, DACVIM
Associate Professor of Large Animal Medicine and Infectious
Diseases
Department of Veterinary Clinical Sciences
Faculty of Veterinary Medicine
Jordan University of Science and Technology
Irbid, Jordan
Dysphagia

Helen Aceto, PhD, VMD
Assistant Professor of Epidemiology and Director of Biosecurity
Clinical Studies
University of Pennsylvania
School of Veterinary Medicine
New Bolton Center
Kennett Square, Pennsylvania
Biosecurity in Hospitals

Verena K. Affolter, DVM, PhD, DECVP
Professor of Clinical Dermatopathology
University of California-Davis
Davis, California
Draft Horse Lymphedema

Valeria Albanese, DVM
Equine Surgery Resident
Department of Clinical Sciences
J. T. Vaughan Large Animal Teaching Hospital
Auburn University
Auburn, Alabama
Small Intestine Colic

Monica Aleman, MVZ, PhD, DACVIM (Internal Medicine, Neurology)
Associate Professor
Medicine and Epidemiology
University of California-Davis
Davis, California
Neuromuscular Disorders
Sleep Disorders

Kate Allen, BVSc, PhD, Cert EM (Internal Medicine), DACVSMR, MRCVS
Equine Sports Medicine Centre
Clinical Veterinary Science
University of Bristol
Langford, Bristol, England
Dynamic Endoscopy
Dorsal Displacement of the Soft Palate

Kent Allen, DVM
Owner, Director of Sports Medicine
Virginia Equine Imaging
Middleburg, Virginia
Impact of FEI Rules on Sport Horse Medications

Marco Antonio Alvarenga, DVM, MSc, PhD
Animal Reproduction and Veterinary

Radiology
University of Sao Paulo State-UNESP
Botucatu, Brazil
Cryopreservation of Stallion Semen

Frank M. Andrews, DVM, MS, DACVIM
LVMA Equine Committee Professor and Director
Equine Health Studies Program
Department of Veterinary Clinical Sciences
School of Veterinary Medicine
Louisiana State University
Baton Rouge, Louisiana
Esophageal Disease
Equine Gastric Ulcer Syndrome

Matthew Annear, BSc, BVMS, MS, DACVO
Assistant Professor of Ophthalmology
College of Veterinary Medicine
The Ohio State University
Columbus, Ohio
Genetics of Eye Disease
Immune-Mediated Keratitis

Heidi Banse, DVM, DACVIM (LA)
Assistant Professor
Department of Veterinary Clinical and Diagnostic Sciences
University of Calgary
Calgary, Alberta, Canada
Gastric Impaction

Elizabeth J. Barrett, DVM
Equine Surgery Resident
Department of Clinical Sciences
J. T. Vaughan Large Animal Teaching Hospital
Auburn University
Auburn, Alabama
Burn Injuries

Anje G. Bauck, DVM, BS
Resident, Equine Lameness and Imaging
Department of Large Animal Clinical Sciences
College of Veterinary Medicine
University of Florida
Gainesville, Florida
Imaging, Endoscopy, and Other Diagnostic Procedures for Evaluating the Acute Abdomen

Laurie A. Beard, DVM, MS, DACVIM
Clinical Professor
Department of Clinical Sciences
Kansas State University
Manhattan, Kansas
Aged Horse Health and Welfare

Warren Beard, DVM, MS, DACVS
Professor
Clinical Sciences
Kanas State University
Manhattan, Kansas
Scrotal Hernia in Stallions

Rodney L. Belgrave, DVM, MS, DACVIM
Mid Atlantic Equine Medical Center
Internal Medicine
Ringoes, New Jersey
West Nile Virus
Anterior Enteritis

Terry L. Blanchard, DVM, MS, DACT
Professor of Theriogenology

Department of Large Animal Clinical Sciences
College of Veterinary Medicine and Biomedical Sciences
Texas A&M University
College Station, Texas
Breeding Management of the Older Stallion With Declining Testicular Function

Sarah Blott, BSc, MSc, PhD
Centre for Preventive Medicine
Animal Health Trust
Lanwades Park, Kentford
Newmarket, Suffolk, United Kingdom
Foal Immunodeficiency Syndrome

Sabine Brandt, DI, DrNatTechn
Research Group Oncology
Equine Clinic
University of Veterinary Medicine
Vienna, Austria
Equine Sarcoid

Keith R. Branson, DVM, DACVAA
Teaching Assistant Professor
Veterinary Medicine and Surgery
University of Missouri-Columbia
Columbia, Missouri
Pain Control for Laminitis

Palle Brink, DVM, DECVS
Jagersro Equine Clinic
Malmo, Sweden
Uteropexy in Older Mares

Charles W. Brockus, DVM, PhD, DACVIM, DACVP
Clinical Pathologist, Principal
CBCP Consulting LLC
Reno, Nevada
Hemopoietic Disorders in Foals

James A. Brown, BVSc, MS, DACT & ACVS
Clinical Assistant Professor in Equine Surgery & Emergency Care
Large Animal Clinical Sciences
Marion duPont Scott Equine Medical Center
Virginia-Maryland Regional College of Veterinary Medicine
Virginia Polytechnic Institute and State University
Leesburg, Virginia
Diagnosing and Managing the Cryptorchid

Benjamin R. Buchanan, DVM, DACVIM, DACVECC
Brazos Valley Equine Hospital
Navasota, Texas
Heat Stress
Managing Colic in the Field

Rikke Buhl, DVM, PhD
Professor
Large Animal Sciences
University of Copenhagen
Faculty of Health Sciences
Copenhagen, Denmark
Cardiac Murmurs

Daniel J. Burba, DVM, DACVS
Professor, Equine Surgery
Department of Veterinary Clinical Sciences
School of Veterinary Medicine

Louisiana State University
Baton Rouge, Louisiana
Extensive Skin Loss/Degloving Injury

Faith Burden, BSc, PhD
Head of Research and Pathology
Research and Pathology
The Donkey Sanctuary
Sidmouth, Devon, United Kingdom
Donkey Colic

Teresa A. Burns, DVM, PhD, DACVIM-LA
Clinical Assistant Professor
Equine Internal Medicine
Veterinary Clinical Sciences
The Ohio State University
Columbus, Ohio
Endocrine Diseases of the Geriatric Equid

Pilar Camacho-Luna, DVM
Equine Research Associate
Equine Health Studies Program
Department of Veterinary Clinical Sciences
School of Veterinary Medicine
Louisiana State University
Baton Rouge, Louisiana
Esophageal Disease
Equine Gastric Ulcer Syndrome

Igor F. Canisso, DVM, MSc, DACT, DECAR
(Equine Reproduction)
Maxwell H. Gluck Equine Research Center
Department of Veterinary Science
University of Kentucky
Lexington, Kentucky
Bacterial Endometritis

Kelly L. Carlson, DVM, DACVIM
Associate Veterinarian
Internal Medicine
Rood and Riddle Equine Hospital
Lexington, Kentucky
Hepatic Diseases in the Horse

Elizabeth A. Carr, DVM, PhD, DACVIM, DACVECC
Associate Professor
Large Animal Clinical Sciences
College of Veterinary Medicine
Michigan State University
East Lansing, Michigan
Examination of the Urinary System
Systemic Inflammatory Response Syndrome

Hannah-Sophie Chapman, BVSc
Intern in Equine Medicine and Surgery
University Veterinary Teaching Hospital
The University of Sydney
Camden, New South Wales, Australia
Peritonitis

Anthony Claes, DVM, DACT
Gluck Equine Research Center
Department of Veterinary Science
University of Kentucky
Lexington, Kentucky
Diagnosing and Managing the Cryptorchid

Hilary M. Clayton, BVMS, PhD, DACVSMR, MRCVS
McPhail Dressage Chair Emerita
Sport Horse Science, LC

Mason, Michigan
Assessing English Saddle Fit in Performance Horses

Alison B. Clode, DVM, DACVO
Associate Professor of Ophthalmology
Department of Clinical Sciences
College of Veterinary Medicine
North Carolina State University
Raleigh, North Carolina
Cataract
Recurrent Uveitis

Michelle C. Coleman, DVM, DACVIM
Lecturer
Large Animal Clinical Sciences
Texas A&M University
College Station, Texas
Ureteral Disease
Urolithiasis

Erin K. Contino, DVM, MS
Resident, Equine Sports Medicine and Rehabilitation
Department of Clinical Sciences
Colorado State University
Fort Collins, Colorado
Recognition of Pain
Postoperative Pain Control

R. Frank Cook, PhD
Research Associate Professor
Department of Veterinary Science
Gluck Equine Research Center
University of Kentucky
Lexington, Kentucky
Equine Infectious Anemia

Vanessa L. Cook, VetMB, PhD, DACVS, DACVECC
Associate Professor
Department of Large Animal Clinical Sciences
Michigan State University
East Lansing, Michigan
Medical Management of Large (Ascending) Colon Colic
Adhesions

Kevin T. Corley, BVM&S, PhD, DACVIM, DACVECC, DECEIM, MRCVS
Specialist (Equine Medicine and Critical Care)
Anglesey Lodge Equine Hospital
The Curragh,
Co. Kildare, Ireland Veterinary Advances Ltd.
The Curragh,
Co. Kildare, Ireland
Evaluation of the Compromised Neonatal Foal

Ann Cullinane, MVB, PhD, MRCVS
Professor
Head of Virology
Irish Equine Centre
Johnstown, Naas
Co. Kildare, Ireland
World Status of Equine Influenza

Marco A. Coutinho da Silva, DVM, MS, PhD, DACT
Assistant Professor
Department of Veterinary Clinical Sciences
The Ohio State University

Columbus, Ohio
Bacterial Endometritis

Linda A. Dahlgren, DVM, PhD, DACVS
Associate Professor
Large Animal Clinical Sciences
Virginia-Maryland Regional College of Veterinary Medicine
Virginia Tech
Blacksburg, Virginia
Crush Injuries and Compartment Syndrome
Skin Grafting

Andrew J. Dart, BVSc, PhD, DACVS, DECVS
Professor of Equine Veterinary Science
University Veterinary Teaching Hospital
University of Sydney
Camden, New South Wales, Australia
Peritonitis

Elizabeth J. Davidson, DVM, DACVS, DACVSMR
Associate Professor of Sports Medicine
Department of Clinical Studies-New Bolton Center
University of Pennsylvania
Kennett Square, Pennsylvania
Evaluation of the Horse for Poor Performance
Upper Airway Obstructions
Pharyngeal Collapse

Elizabeth Davis, DVM, PhD, DACVIM-LA
Professor
Clinical Sciences
Kansas State University
Manhattan, Kansas
Vaccination Programs

Julie E. Dechant, DVM, MS, DACVS, DACVECC
Associate Professor of Clinical Equine Surgical Emergency and Critical Care
Department of Surgical and Radiological Sciences
School of Veterinary Medicine
University of California-Davis
Davis, California
Common Toxins in Equine Practice

Andrés Diaz-Méndez, Med. Vet. , MSc, PhD
Department of Clinical Studies
University of Guelph,
Guelph, Ontario, Canada
Equine Rhinitis Virus Infection

Thomas J. Divers, DVM, DACVIM, DACVECC
Professor of Medicine
Clinical Sciences
Cornell University
Ithaca, New York
Leptospirosis

Nicole du Toit, BVSc, MSc, CertEP, PhD, MRCVS, DEVDC (Equine)
Director
Equine Veterinary Dentistry
Tulbagh, Western Cape, South Africa
Donkey Dental Disease
Donkey Colic

Bettina Dunkel, DVC, PhD, DACVIM, DECEIM, DACVECC, FHEA, MRCVS
Senior Lecturer in Equine Medicine
Clinical Sciences and Services
The Royal Veterinary College,
North Mymms, Herts, United Kingdom
Disorders of Platelets
Equine Intestinal Hyperammonemia

Matthew G. Durham, DVM
Steinbeck Country Equine Clinic
Salinas, California
Silicosis and Osteoporosis Syndrome

Sue Dyson, MA, VetMB, PhD, DEO, FRCVS
Head of Clinical Orthopaedics
Centre for Equine Studies
Animal Health Trust
Kentford, Suffolk, United Kingdom
Navicular Disease and Injuries of the Podotrochlear Apparatus

Tim G. Eastman, DVM, MPVM, DACVS
Steinbeck Country Equine Clinic
Salinas, California
Wounds of the Foot
Keratomas

Debra Elton, PhD
Head of Virology
Centre for Preventive Medicine
Animal Health Trust
Kentford, Suffolk, United Kingdom
World Status of Equine Influenza

Kira L. Epstein, DVM, DACVS, DACVECC
Clinical Associate Professor
Department of Large Animal Medicine
College of Veterinary Medicine
University of Georgia
Athens, Georgia
Evaluation of Hemostasis

Krista E. Estell, DVM
Clinical Instructor
William R. Pritchard Veterinary Medical Teaching Hospital
University of California-Davis
Davis, California
Use of Fresh and Frozen Blood Products in Foals

Susan L. Ewart, DVM, PhD, DACVIM
Professor
Department of Large Animal Clinical Sciences
College of Veterinary Medicine
Michigan State University
East Lansing, Michigan
Genetic Diseases, Breeds, Tests, and Test Sources

Ryan A. Ferris, DVM, MS, DACT
Assistant Professor
Department of Clinical Sciences
Colorado State University
Fort Collins, Colorado
Hormone Therapy in Equine Reproduction
Fungal Endometritis
Mating-Induced Endometritis

C. Langdon Fielding, DVM, DACVECC
Hospital Director
Loomis Basin Equine Medical Center
Loomis, California

Diarrhea in Foals
Fluid Therapy in the Field

Seán A. Finan, MVB
Goulburn Valley Equine Hospital
Congupna, Victoria, Australia
Prepartum Complications of Pregnancy
Postpartum Complications in Broodmares

Carrie J. Finno, DVM, PhD, DACVIM
Post-Doctorate Fellow
Department of Veterinary Population Medicine
College of Veterinary Medicine
University of Minnesota
St. Paul, Minnesota
Equine Neuroaxonal Dystrophy

Jennifer Fowlie, DVM, MSc, DACVS
West Wind Veterinary Hospital
Sherwood Park, Alberta, Canada
Meniscal and Cruciate Injuries

Nicholas Frank, DVM, PhD, DACVIM
Professor and Chair
Department of Clinical Sciences
Tufts Cummings
School of Veterinary Medicine
North Grafton, Massachusetts
Associate Professor
Division of Medicine
University of Nottingham
School of Veterinary Medicine and Science
Sutton Bonington, Leicestershire, United Kingdom
Equine Metabolic Syndrome
Pituitary Pars Intermedia Dysfunction

Samantha H. Franklin, BVSc, PhD, MRCVS
Associate Professor
Equine Health and Performance Centre
School of Animal and Veterinary Sciences
The University of Adelaide
Roseworthy, South Australia, Australia
Dynamic Endoscopy
Dorsal Displacement of the Soft Palate

Michele L. Frazer, DVM, DACVIM, DACVECC
Associate Veterinarian
McGee Medicine Center
Hagyard Equine Medical Institute
Lexington, Kentucky
Lawsonia intracellularis *Infection and Proliferative Enteropathy*

David E. Freeman, MVB, PhD, DACVS
Professor, Chief of Large Animal Surgery
Large Animal Clinical Sciences
College of Veterinary Medicine
University of Florida
Gainesville, Florida
Uterine Tears

Martin Furr, DVM, PhD, DACVIM
Adelaide C. Riggs Professor of Medicine
Marion duPont Scott Equine Medical Center
Virginia-Maryland Regional College of Veterinary Medicine
Leesburg, Virginia
Equine Protozoal Myelitis
Horner's Syndrome

Katherine S. Garrett, DVM, DACVS
Rood and Riddle Equine Hospital
Lexington, Kentucky

Laryngeal Ultrasound

Brian C. Gilger, DVM, MS, DACVO, DABT
Professor of Ophthalmology
Clinical Sciences
North Carolina State University
Raleigh, North Carolina
Ocular Trauma

Carol L. Gillis, DVM, PhD, DACVSMR
Equine Ultrasound and Sports Medicine
Aiken, South Carolina
Shoulder Injuries

Rebecca M. Gimenez, BS, PhD
President, Owner
Technical Large Animal Emergency Rescue, Inc.
Macon, Georgia
Trailer or Vehicle Accidents

Elizabeth A. Giuliano, DVM, MS, DACVO
Associate Professor
Department of Veterinary Medicine and Surgery
College of Veterinary Medicine
University of Missouri-Columbia
Columbia, Missouri
Ocular Squamous Cell Carcinoma

Lutz S. Goehring, DVM, MS, PhD, DACVIM, DECEIM
Specialist Equine Internal Medicine
Royal Netherlands Association of Veterinary Medicine
Professor of Equine Medicine and Reproduction
Faculty of Veterinary Medicine
Ludwig-Maximilians University Munich
Munich, Germany
γ-Herpesviruses in Horses and Donkeys
Equid Herpesvirus-Associated Myeloencephalopathy

Laurie R. Goodrich, DVM, MS, PhD, DACVS
Associate Professor of Equine Surgery and Lameness
Department of Clinical Sciences
College of Veterinary Medicine
Veterinary Teaching Hospital
Department of Clinical Sciences
Gail Holmes Equine Orthopedic Research Center
Colorado State University
Fort Collins, Colorado
Treatment of Joint Disease

Emily A. Graves, VMD, MS, DACVIM
Senior Equine Veterinarian
Veterinary Medical Information and Product Support
Zoetis
Fort Collins, Colorado
Congenital Disorders of the Urinary Tract

Alan J. Guthrie, BVSc, BVSc (HON), MMedVet, PhD
Professor
Equine Research Centre
University of Pretoria
Pretoria, Gauteng, South Africa
African Horse Sickness

Eileen S. Hackett, DVM, PhD, DACVS, DACVECC
Assistant Professor

Clinical Sciences
Colorado State University
Fort Collins, Colorado
Penetrating Wounds of Synovial Structures

Caroline Hahn, DVM, MSc, PhD, DECVN, MRCVS
Royal (Dick) School of Veterinary Studies
Equine Hospital
The University of Edinburgh
Roslin, Midlothian, Scotland, United Kingdom
Diseases Associated With Clinical Signs Originating From Cranial Nerves
Forebrain Diseases

Edmund K. Hainisch, MagMedVet, Dr MedVet, CertES (Soft Tissue)
Equine Surgery and Research Group Oncology (RGO)
Equine Clinic
University of Veterinary Medicine
Vienna, Austria
Equine Sarcoid

R. Reid Hanson, DVM, DACVS, DACVECC
Professor of Equine Surgery
Department of Clinical Sciences
J. T. Vaughan Hall Large Animal Teaching Hospital
Auburn University
Auburn, Alabama
Burn Injuries
Small Intestine Colic

Kelsey A. Hart, DVM, PhD, DACVIM (LAIM)
Assistant Professor of Large Animal Internal Medicine
Large Animal Medicine
University of Georgia
Athens, Georgia
Blood Transfusion and Transfusion Reactions

Kevin K. Haussler, DVM, DC, PhD, DACVSMR
Assistant Professor
Clinical Sciences
Colorado State University
Fort Collins, Colorado
Managing Back Pain

Rick W. Henninger, DVM, MS, DACVS
University Equine Veterinary Services
Findlay, Ohio
Managing an Outbreak of Infectious Disease

Patricia M. Hogan, VMD, DACVS
Hogan Equine LLC
Cream Ridge, New Jersey
Bandaging and Casting Techniques

Anna R. Hollis, B Vet Med, MRCVS, DACVIM
Scott Dunn's Equine Clinic
Wokingham, Berkshire, United Kingdom
Paraneoplastic Syndromes

Samuel D. A. Hurcombe, BSc, BVMS, MS, DACVIM, DACVECC
Assistant Professor—Equine Emergency

and Critical Care
Veterinary Clinical Sciences
The Ohio State University
Columbus, Ohio
Internal Hemorrhage and Resuscitation
Acute Neurologic Injury

Charles J. Issel, DVM, PhD
Wright-Markey Chair of Equine Infectious Diseases
Department of Veterinary Science
Gluck Equine Research Center
University of Kentucky
Lexington, Kentucky
Equine Infectious Anemia

Sophy A. Jesty, DVM, DACVIM
Assistant Professor in Cardiology
Clinical Sciences
University of Tennessee
Knoxville, Tennessee
Cardiovascular Disease in Poor Performance
Congenital Cardiovascular Conditions
Pericardial Disease

Amy L. Johnson, DVM, DACVIM-LAIM & Neurology
Assistant Professor of Large Animal Medicine and Neurology
Clinical Studies—New Bolton Center
School of Veterinary Medicine
University of Pennsylvania
Kennett Square, Pennsylvania
Brainstem
Neurologic Consequences of Lyme Disease

Philip J. Johnson, BVSc (Hons), MS, DACVIM-LAIM, DECEIM, MRCVS
Professor
Veterinary Medicine and Surgery
College of Veterinary Medicine
University of Missouri-Columbia
Columbia, Missouri
Dyslipidemias

Jonna M. Jokisalo, DVM, DACVIM
Head of Emergency and Critical Care Medicine
Emergency and Critical Care Medicine
Animagi Equine Hospital Hyvinkää
Hyvinkää, Finland
Evaluation of the Compromised Neonatal Foal

J. Lacy Kamm, DVM, MS, DACVS
Equine Surgeon
Veterinary Associates
Auckland, New Zealand
Sesamoid Fracture

Lisa Michelle Katz, DVM, MS, PhD, DACVIM, DECEIM, MRCVS
Senior College Lecturer
School of Veterinary Medicine
University College Dublin
Belfi eld
Dublin, Ireland
Hypertrophic Osteopathy

Heather K. Knych, DVM, PhD, DACVCP
Assistant Professor of Clinical Veterinary Pharmacology
K. L. Maddy Equine Analytical Chemistry Laboratory

(Pharmacology)
School of Veterinary Medicine
University of California-Davis
Davis, California
Analgesic Pharmacology

Amber L. Labelle, DVM, MS, DACVO
Assistant Professor
Veterinary Clinical Medicine
University of Illinois Urbana-Champaign
Urbana, Illinois
Glaucoma
Eyelid Lacerations

Véronique A. Lacombe, DVM, PhD, DACVIM, DECEIM
Associate Professor
Department of Physiological Sciences
Center for Veterinary Health Sciences
Oklahoma State University
Stillwater, Oklahoma
Seizure Disorders

Gabriele A. Landolt, DVM, MS, PhD, DACVIM
Associate Professor of Equine Medicine
Department of Clinical Sciences
Colorado State University
Fort Collins, Colorado
Equine Alphaherpesviruses

Renaud Léguillette, DVM, MSc, PhD, DACVIM
Associate Professor
Veterinary Clinical Diagnostic Sciences
Faculty of Veterinary Medicine
University of Calgary
Calgary, Alberta, Canada
Moore Equine Veterinary Centre
Balzac, Alberta, Canada
Diagnostic Procedures for Evaluating Lower Airway Disease

Christian M. Leutenegger, DVM, PhD, FVH
Research Specialist and Director
Lucy Whittier Molecular and Diagnostic Core Facility
School of Veterinary Medicine
University of California-Davis
Davis, California
PCR in Infectious Disease Diagnosis and Management

Gwendolen Lorch, DVM, MS, PhD, DACVD
Assistant Professor, Dermatology
Department of Veterinary Clinical Sciences
College of Veterinary Medicine
The Ohio State University
Columbus, Ohio
Immune-Mediated Skin Diseases

Luis Losinno, MV, PhD
ProfesorAsociadoEfectivo
Laboratorio de Produccion Equina
Departamento de Produccion Animal
Universidad Nacional de Rio Cuarto
Rio Cuarto, Cordoba, Argentina
Embryo Transfer

Joel Lugo, DVM, MS, DACVS
Associate Surgeon
Ocala Equine Hospital
Ocala, Florida
Managing Orthopedic Infections

Margo L. Macpherson, DVM, MS, DACT
Professor and Chief, Reproduction
Department of Large Animal Clinical Sciences
College of Veterinary Medicine
University of Florida
Gainesville, Florida
Placentitis
Induction of Parturition

John E. Madigan, DVM, MS, DACVIM, DACAW
Professor
Department of Medicine and Epidemiology
Senior Clinician
Equine Internal Medicine
Director—International Animal Welfare Training Institute
School of Veterinary Medicine
University of California-Davis
Davis, California
Equine Granulocytic Anaplasmosis (Formerly Ehrlichiosis)

K. Gary Magdesian, DVM, DACVIM, DACVECC, DACVCP
Professor and Henry Endowed Chair in Emergency Medicine
and Critical Care
Veterinary Medicine and Epidemiology
University of California-Davis
Davis, California
Update on Antimicrobial Selection and Use
Use of Fresh and Frozen Blood Products in Foals

Tim Mair, BVSc, PhD, DEIM, DESTS, DECEIM, Assoc ECVDI, MRCVS
Hospital Director
Bell Equine Veterinary Clinic
Mereworth, Kent, United Kingdom
Phalangeal Subchondral Bone Cysts

Khursheed R. Mama, DVM, DACVAA
Professor, Anesthesiology
Department of Clinical Sciences
Colorado State University
Fort Collins, Colorado
Recognition of Pain
Postoperative Pain Control

Rosanna Marsella, DVM, DACVD
Professor, Veterinary Dermatology
Small Animal Clinical Sciences
College of Veterinary Medicine
University of Florida
Gainesville, Florida
Tick- and Mite-Associated Dermatologic Diseases
Ventral Dermatitis

Clara Ann Mason, DVM
Mason Equine
Winfi eld, West Virginia
Protecting the Abused or Neglected Horse

Nora S. Matthews, DVM, DACVAA, DACAW
Professor Emeritus
Department of Veterinary Small Animal Companion Sciences
Texas A&M University
College Station, Texas
Table of Common Drugs and Approximate Dosages for Use in
Donkeys

Taralyn M. McCarrel, DVM
Equine Surgery Resident
Rood and Riddle Equine Hospital
Lexington, Kentucky
Superficial Digital Flexor Tendon Injury

Brian J. McCluskey, DVM, MS, PhD, DACVPM
Chief Epidemiologist
USDA, Animal and Plant Health Inspection Service
Veterinary Services
Fort Collins, Colorado
Blistering Mucosal Diseases

Rebecca S. McConnico, DVM, PhD, DACVIM (LA)
Professor
Veterinary Clinical Sciences
School of Veterinary Medicine
Veterinary Teaching Hospital
Louisiana State University
Baton Rouge, Louisiana
Acute Colitis in Horses
Photosensitization

Jeanette L. McCracken, DVM
Associate Veterinarian—Field Care
Hagyard Equine Medical Institute
Lexington, Kentucky
Screening for Rhodococcus equi *Pneumonia*

Patrick M. McCue, DVM, PhD, DACT
Iron Rose Ranch Professor of Equine Reproduction
Clinical Sciences
Colorado State University
Fort Collins, Colorado
Ovarian Abnormalities
Hormone Therapy in Equine Reproduction

Bruce C. McGorum, BSc, BVM&S, PhD CertEIM, DECEIM, MRCVS
Head of Equine Section
The Royal (Dick) School of Veterinary Studies and Roslin
Institute
University of Edinburgh
Roslin, Midlothian, Scotland
Antimicrobial-Associated Diarrhea

M. Kimberly J. McGurrin, BSc, DVM, DVSc, DACVIM (LA)
Veterinarian
Health Science Centre
Ontario Veterinary College
University of Guelph
Guelph, Ontario, Canada
Investigation of Cardiac Arrhythmias

Harold C. McKenzie III, DVM, MS, DACVIM (LAIM)
Associate Professor of Large Animal Medicine
Department of Veterinary Clinical Sciences
Virginia-Maryland Regional College of Veterinary Medicine
Virginia Tech
Blacksburg, Virginia
Severe Pneumonia and Acute Respirato-

ry Distress Syndrome
Diagnostic Approach to Protein-Losing Enteropathies

Angus O. McKinnon, BVSc, MSc, DACT, DABVP
Goulburn Valley Equine Hospital
Congupna, Victoria, Australia
Prepartum Complications of Pregnancy
Postpartum Complications in Broodmares

Noelle T. McNabb, DVM, DACVO
Veterinary Ophthalmologist and Practice Owner
Animal Eye Specialists
Tampa, Florida
Diagnostic Approach to Ocular Discharge

Mandy J. Meindel, DVM
Clinical Pathology Resident
Department of Diagnostic Medicine and Pathobiology
College of Veterinary Medicine
Kansas State University
Manhattan, Kansas
Anemia

Luiz Claudio Nogueira Mendes, DVM, MSc, PhD
Associate Professor
Department of Large Animal Internal Medicine
Univ Estadual Paulista-unesp-Campus de Aracatuba
Aracatuba, Sao Paulo, Brazil
Mammary Tumors

Melissa L. Millerick-May, MSc, PhD
Assistant Professor of Medicine
Division of Occupational and Environmental Medicine
Michigan State University
East Lansing, Michigan
How to Manage Air Quality in Stables

James P. Morehead, DVM
Equine Medical Associates, PSC
Lexington, Kentucky
Breeding Management of the Older Stallion With Declining Testicular Function

Peter R. Morresey, BVSc, MACVSc, DACT, DACVIM(Large Animal)
Clinician
Internal Medicine
Rood and Riddle Equine Hospital
Lexington, Kentucky
Colic in Foals
Uroperitoneum

Scott E. Morrison, DVM
Podiatry
Rood and Riddle Equine Hospital
Lexington, Kentucky
Lameness in Foals

Alison J. Morton, DVM, MSPVM, DACVS, DACVSMR
Associate Professor of Large Animal Surgery
Large Animal Clinical Sciences
College of Veterinary Medicine
University of Florida
Gainesville, Florida

Imaging, Endoscopy, and Other Diagnostic Procedures for Evaluating the Acute Abdomen

Freya M. Mowat, BVSc, PhD, MRCVS
Resident, Comparative Ophthalmology
Small Animal Clinical Sciences
Michigan State University
East Lansing, Michigan
Management of Corneal Ulcers

Rachel C. Murray, MA, VetMB, MS, PhD, MRCVS, DACVS
Centre for Equine Studies
Animal Health Trust
Newmarket, Suffolk, United Kingdom
Surfaces and Injury

Claudio C. Natalini, DVM, MS, PhD, DCBCAV
Universidade Federal do Rio Grande do Sul
Departemento de Farmacologia
Porto Alegre RS, Brazil
Spinal Anesthesia and Analgesia

Brad B. Nelson, DVM, MS
Post-doctoral Fellow and Staff Veterinarian
Gail Holmes Equine Orthopaedic Research Center
Large Animal Emergency Clinician
Veterinary Teaching Hospital
Department of Clinical Sciences
Colorado State University
Fort Collins, Colorado
Treatment of Joint Disease

Carlos Ramires Neto, DVM
Department of Animal Reproduction and Veterinary Radiology
Sao Paulo State University
Botucatu, Sao Paulo, Brazil
Cryopreservation of Stallion Semen

John R. Newcombe, BVetMed, MRCVS
Warren House Veterinary Centre
Equine Fertility Clinic
Brownhills, West Midlands, United Kingdom
Factors Affecting Fertility Rate With Use of Cooled Transported Semen

J. Richard Newton, BVSc, MSc, PhD, FRCVS
Head of Epidemiology and Disease Surveillance
Centre for Preventive Medicine
Animal Health Trust
Kentford, Newmarket, Suffolk, United Kingdom
World Status of Equine Infl uenza

Martin K. Nielsen, DVM, PhD, DEVPC, DACVIM
Assistant Professor
Maxwell H. Gluck Equine Research Center
University of Kentucky
Lexington, Kentucky
Internal Parasite Screening and Control

Philippa O'Brien, BVSc, CertEM(IntMed), CertEM(StudMed), MRCVS
Veterinarian (Stud Medicine)
Rossdales and Partners

Newmarket, Suffolk, United Kingdom
Retained Fetal Membranes

Stephen E. O'Grady, DVM, MRCVS
Veterinarian and Farrier
Northern Virginia Equine
Marshall, Virginia
Managing Acute Laminitis
Chronic Laminitis

Henry D. O'Neill, MVB, MRCVS, MS, DACVS
Resident/Clinical Instructor
Large Animal Clinical Sciences
Michigan State University
East Lansing, Michigan
Hemoptysis and Epistaxis

Maarten Oosterlinck, DVM, PhD, DECVS
Assistant Professor
Department of Surgery and Anesthesiology of Domestic
Animals
Faculty of Veterinary Medicine
Ghent University,
Merelbeke, Belgium
Canker

Dale L. Paccamonti, DVM, MS, DACVT
Professor of Theriogenology
Department of Veterinary Clinical Sciences
Theriogenologist
Interim head
Department of Veterinary Clinical Sciences
School of Veterinary Medicine
Louisiana State University
Baton Rouge, Louisiana
Induction of Parturition

Allen E. Page, DVM, PhD
Post-Doctoral Fellow
Department of Veterinary Science
Maxwell H. Gluck Equine Research Center
University of Kentucky
Lexington, Kentucky
Screening Herds for Lawsonia

Frederico Ozanam Papa, PhD
Professor
Animal Reproduction and Veterinary Radiology
FMVZ-Sao Paulo State University-UNESP
Botucatu, Sao Paulo, Brazil
Cryopreservation of Stallion Semen

Tim D. H. Parkin, BSc, BVSc, PhD, DECVPH, FHEA, MRCVS
Senior Lecturer in Clinical Epidemiology
School of Veterinary Medicine
College of Medical, Veterinary and Life Sciences
University of Glasgow
Glasgow, United Kingdom
Prevention of Musculoskeletal Injury in Thoroughbreds

Andrew H. Parks, MS, VetMB, MRCVS
Olive K. Britt & Paul E. Hoffman Professor of Large Animal
Medicine
Department Head
Department of Large Animal Medicine
College of Veterinary Medicine

University of Georgia
Athens,Georgia
Chronic Laminitis

Anthony P. Pease,DVM,MS,DACVR
Section Chief,Diagnostic Imaging
Small and Large Animal Clinical Sciences
Michigan State University
East Lansing,Michigan
Cerebrospinal Fluid Standing Tap
Diagnosis of Ventral Cranial Trauma

Simon F. Peek,BVSc,PhD
Clinical Professor of Medicine
Department of Medical Sciences
University of Wisconsin
Madison,Wisconsin
Hemolytic Disorders

Angela M. Pelzel-McCluskey,DVM
Equine Epidemiologist
Surveillance,Preparedness,and Response Services
USDA-APHIS—Veterinary Services
Fort Collins,Colorado
Equine Piroplasmosis

Justin D. Perkins,BVetMed,MSc,Cert ES (Soft Tissue),DECVS,MRCVS
Senior Lecturer in Equine Surgery
Department of Veterinary Clinical Sciences
Royal Veterinary College
Hatfi eld,Hertfordshire,United Kingdom
Update on Recurrent Laryngeal Neuropathy

John F. Peroni,DVM,MS,DACVS
Associate Professor
Large Animal Medicine
University of Georgia
Athens,Georgia
Thoracic and Airway Trauma

Duncan F. Peters,DVM,MS,DACVSMR
Associate Professor
Large Animal Clinical Sciences
College of Veterinary Medicine
Michigan State University
East Lansing,Michigan
Neck Pain and Stiffness
Diagnosis and Treatment of Suspensory Ligament Injuries

Annette Petersen,Dr. vet. med. ,DACVD
Associate Professor of Dermatology
Department of Small Animal Clinical Sciences
Veterinary Medical Center
Michigan State University
East Lansing,Michigan
Hypersensitivity Diseases

Jeffrey Phillips,DVM,MSpVM,PhD,DACVIM
Associate Dean of Research
Biomedical Sciences
College of Veterinary and Comparative Medicine
Lincoln Memorial University
Harrogate,Tennessee
Director of Oncology
Clinical Services
Animal Emergency and Specialty Center
Knoxville,Tennessee

Splenic and Other Soft Tissue Tumors
Melanoma

Caryn E. Plummer, DVM, DACVO
Assistant Professor
Large and Small Animal Clinical Sciences
College of Veterinary Medicine
University of Florida
Gainesville, Florida
Examination of the Eye

Sarah E. Powell, MA, VetMB, Assoc. (LA) ECVDI, MRCVS
Managing Partner of Rossdales Equine Diagnostic Centre
Rossdales and Partners
Newmarket, Suffolk, United Kingdom
Magnetic Resonance Imaging of the Fetlock Joint

Malgorzata Pozor, DVM, PhD, DACT
Clinical Assistant Professor
Large Animal Clinical Sciences
College of Veterinary Medicine
University of Florida
Gainesville, Florida
Emergencies in Stallions

Timo Prange, Dr. med. vet. , MS, DACVS
Clinical Assistant Professor, Equine Surgery
Department of Clinical Sciences
College of Veterinary Medicine
North Carolina State University
Raleigh, North Carolina
Cervical Vertebral Canal Endoscopy

Birgit Puschner, DVM, PhD, DABVT
Professor
Department of Molecular Biosciences/ California Animal Health and Food Safety Laboratory System
School of Veterinary Medicine
University of California-Davis
Davis, California
Common Toxins in Equine Practice

Nicola Pusterla, DVM, PhD, DACVIM
Professor
Veterinary Medicine and Epidemiology
School of Veterinary Medicine
University of California-Davis
Davis, California
PCR in Infectious Disease Diagnosis and Management
Equine Granulocytic Anaplasmosis (Formerly Ehrlichiosis)

Oliver D. Pynn, BVScCertEP MRCVS
Rossdales and Partners
Newmarket, Suffolk, United Kingdom
Managing Dystocia in the Field

Claude A. Ragle, DVM, DACVS, DABVP (Equine Practice)
Associate Professor of Surgery
Veterinary Clinical Sciences
Washington State University
Pullman, Washington
Postanesthetic Myelopathy

Ann Rashmir-Raven, DVM, MS, DACVS, PGCVE
Associate Professor
Large Animal Clinical Sciences

Michigan State University
East Lansing, Michigan
Photosensitization
Hypersensitivity Diseases

Stephen M. Reed, DVM, DACVIM
Rood and Riddle Equine Hospital
Lexington, Kentucky
Adjunct Professor
University of Kentucky
Lexington, Kentucky
Emeritus Professor
The Ohio State University
Columbus, Ohio
Cervical Vertebral Stenotic Myelopathy

Ruth-Anne Richter, BSc (Hon), DVM, MS
Staff Surgeon
Surgi-Care Center for Horses
Brandon, Florida
Therapeutic Shoeing for Tendon and Ligament Injury

N. Edward Robinson, B. Vet. Med, PhD, Hon DACVIM
Matilda R. Wilson Professor
Large Animal Clinical Sciences
Michigan State University
East Lansing, Michigan
Recurrent Airway Obstruction and Infl ammatory Airway Disease
Table of Common Drugs and Approximate Dosages

Nicole Rombach, MSc, PhD
Large Animal Clinical Sciences
Michigan State University
East Lansing, Michigan
Neck Pain and Stiffness

Alan J. Ruggles, DVM, DACVS
Staff Surgeon
Rood and Riddle Equine Hospital
Lexington, Kentucky
First Aid Care of Limb Injuries

Erin E. Runcan, DVM, DACT
Resident in Theriogenology
Department of Large Animal Clinical Sciences
College of Veterinary Medicine
University of Florida
Gainesville, Florida
Induction of Parturition

Harold C. Schott II, DVM, PhD, DACVIM
Professor
Department of Large Animal Clinical Sciences
Michigan State University
East Lansing, Michigan
Urinary Tract Infection and Bladder Displacement
Hematuria
Acute Kidney Injury
Chronic Kidney Disease

Eric L. Schroeder, DVM, MS, DACVECC
Holt, Michigan
Investigating Respiratory Disease Outbreaks

John Schumacher, DVM, MS
Professor
Clinical Sciences
Auburn University

Auburn, Alabama
Infiltrative Bowel Diseases of the Horse
Uteropexy in Older Mares

Stephen A. Schumacher, DVM
Chief Administrator
Equine Drugs and Medications Program
United States Equestrian Federation
Lexington, Kentucky
Impact of FEI Rules on Sport Horse Medications

Charles F. Scoggin, DVM, MS, DACT
Resident Veterinarian
Claiborne Farm
Paris, Kentucky
Resident Farm Veterinary Practice

Debra C. Sellon, DVM, PhD, DACVIM
Professor, Equine Medicine
Department of Veterinary Clinical Sciences
Washington State University
Pullman, Washington
Pain Management in the Trauma Patient

Ceri Sherlock, BVetMed (Hons), MS, DACVS, MRCVS
Resident in Diagnostic Imaging
Bell Equine Veterinary Clinic
Mereworth, Kent, United Kingdom
Phalangeal Subchondral Bone Cysts

Charlotte Sinclair, BVSc, PhD
Equine Associate Veterinarian
B&W Equine Group
Willesley, Gloucestershire, United Kingdom
Diagnosis of Ventral Cranial Trauma

Melissa Sinclair, DVM, DVSc, DACVAA
Associate Professor in Anesthesiology
Department of Clinical Studies
Ontario Veterinary College
University of Guelph
Guelph, Ontario, Canada
Sedation and Anesthetic Management of Foals

Nathan Slovis, DVM, DACVIM, CHT
Director, McGee Medical Center
Hagyard Equine Medical Center
Lexington, Kentucky
Biosecurity on Horse Farms

Gisela Soboll Hussey, DVM, MS, PhD
Assistant Professor
Department of Pathobiology and Diagnostic Investigation
Michigan State University
East Lansing, Michigan
Equine Alphaherpesviruses

Sharon J. Spier, DVM, PhD, DACVIM
Professor
Department of Medicine and Epidemiology
School of Veterinary Medicine
Veterinary Medical Teaching Hospital
Section Head
Equine Field Service
University of California-Davis
Davis, California
Corynebacterium pseudotuberculosis *Infection*

Beatrice T. Sponseller, Dr. med. vet., DABVP
Clinician
Veterinary Clinical Sciences
Iowa State University
Ames, Iowa
Urinary Incontinence

Kim A. Sprayberry, DVM, DACVIM
Associate Professor
Animal Science Department
California Polytechnic State University
San Luis Obispo, California
Gastroduodenal Ulcer Syndrome in Foals

Alice Stack, MVB, DACVIM
Post-Doctoral Fellow
Department of Large Animal Clinical Sciences
Michigan State University
East Lansing, Michigan
Exercise-Induced Pulmonary Hemorrhage

John Stick, DVM, MS, DACVIM
Professor
Department of Large Animal Clinical Sciences
College of Veterinary Medicine;
Chief of Staff
Veterinary Teaching Hospital
Michigan State University
East Lansing, Michigan
Meniscal and Cruciate Injuries

Susan M. Stover, DVM, PhD, DACVS
Professor
JD Wheat Veterinary Orthopedic Research Laboratory
University of California-Davis
Davis, California
Stress Fracture Diagnosis in Racehorses

Claire H. Stratford, BVetMed (Hons), MRCVS
Senior Clinical Training Scholar in Equine Medicine
Royal (Dick) School of Veterinary Studies
The University of Edinburgh
Roslin, Midlothian, Scotland, United Kingdom
Antimicrobial-Associated Diarrhea

Narelle Colleen Stubbs, B. appSc (PT), M. AnimST(Animal Physiotherapy), PhD
Assistant Professor of Equine Sports Medicine and Rehabilitation
McPhail Equine Performance Center
Large Animal Clinical Sciences
Veterinary Teaching Hospital
Michigan State University
East Lansing, Michigan
Physical Therapy and Rehabilitation

Jennifer S. Taintor, DVM, MS, DACVIM
Associate Professor
Department of Clinical Sciences
Auburn University
Auburn, Alabama
Lymphoma

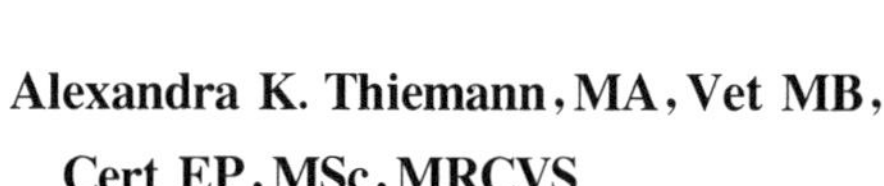

Alexandra K. Thiemann, MA, Vet MB, Cert EP, MSc, MRCVS
Senior Veterinary Surgeon
Veterinary Hospital
The Donkey Sanctuary
Sidmouth, Devon, United Kingdom
Table of Common Drugs and Approximate Dosages for Use in Donkeys

John F. Timoney, MVB, PhD, DSc
Keeneland Chair of Infectious Diseases
Veterinary Science
Maxwell H. Gluck Equine Research Center
University of Kentucky
Lexington, Kentucky
Strangles

Ramiro E. Toribio, DVM, MS, PhD, DACVIM
Associate Professor
Veterinary Clinical Sciences
The Ohio State University
Columbus, Ohio
Endocrine Diseases of the Geriatric Equid
Hypocalcemic Disorders in Foals

Carolyne A. Tranquille, BSc
Graduate Research Assistant
Department of Equine Orthopaedic Research
Animal Health Trust
Suffolk, United Kingdom
Surfaces and Injury

Josie L. Traub-Dargatz, DVM, MS, DACVIM
Professor of Equine Medicine
Clinical Sciences Department
Colorado State University
Fort Collins, Colorado
Equine Commodity Specialist
Center for Epidemiology and Animal Health
USDA-APHIS-VS
Fort Collins, Colorado
Equine Piroplasmosis

Laura K. Tulloch, BVSc, Cert ES (Soft Tissue), MRCVS
Comparative Neuromuscular Diseases Laboratory
Royal Veterinary College
Hatfield, Hertfordshire, United Kingdom
Update on Recurrent Laryngeal Neuropathy

Mary Lassaline Utter, DVM, PhD, DACVO
Assistant Professor of Ophthalmology
New Bolton Center
School of Veterinary Medicine
University of Pennsylvania
Kennett Square, Pennsylvania
Fungal Keratitis

Gerald van den Top, DVM
Boehringer Ingelheim bv
Vetmedica
Alkmaar, The Netherlands
Squamous Cell Carcinoma of the Penis and Prepuce

Dickson D. Varner, DVM, MS, DACT
Professor and Pin Oak Stud Chair of Stallion Reproductive Studies
Large Animal Clinical Sciences
College of Veterinary Medicine and Bio-

medical Sciences
Texas A&M University
College Station, Texas
Breeding Management of the Older Stallion With Declining Testicular Function
Low Sperm Count: Diagnosis and Management of Semen for Breeding

Laurent Viel, DVM, MSc, PhD
Professor
Clinical Studies
Ontario Veterinary College
University of Guelph
Guelph, Ontario, Canada
Equine Rhinitis Virus Infection

Dietrich Graf von Schweinitz, BSc, DVM, MRCVS, Cert Vet Ac
Orchard Paddocks, Iron Lane,
Bramley, Guildford
Surrey, United Kingdom
Acupuncture for Pain Control

Bryan M. Waldridge, DVM, MS
Georgetown, Kentucky
Polyuria and Polydipsia

Vicki A. Walker, BSc, MSc
Orthopaedic Research Assistant
Department of Equine Orthopaedic Research
Animal Health Trust
Suffolk, United Kingdom
Surfaces and Injury

Ashlee E. Watts, DVM, PhD, DACVS
Assistant Professor
Large Animal Clinical Sciences
Texas A&M University
College Station, Texas
Regenerative Medicine in Orthopedics

Laura A. Werner, DVM, MS, DACVS
Surgeon
Davidson Surgery
Hagyard Equine Medical Institute
Lexington, Kentucky
Hernias in Foals

Camilla T. Weyer, BVSc, MSc
Research Offi cer
Equine Research Centre
Faculty of Veterinary Science
University of Pretoria
Pretoria, Gauteng, South Africa
African Horse Sickness

Stephen D. White, DVM, DACVD
Professor and Chief of Service, Dermatology
Medicine and Epidemiology
School of Veterinary Medicine
University of California-Davis
Davis, California
Atopy
Congenital Skin Disorders

Melinda J. Wilkerson, DVM, MS, PhD
Diagnostic Medicine/Pathobiology
Kansas State University
Manhattan, Kansas
Anemia

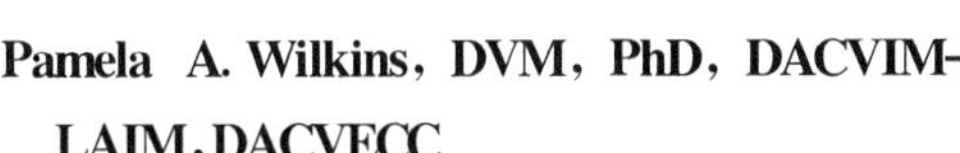

Pamela A. Wilkins, DVM, PhD, DACVIM-LAIM, DACVECC
Professor of Equine Internal Medicine and Emergency and Critical Care
Veterinary Clinical Medicine
College of Veterinary Medicine
University of Illinois-Champaign-Urbana
Champaign-Urbana, Illinois
Perinatal Asphyxia Syndrome

M. Eilidh Wilson, BVMS, MS, DACVIM
Post-Doctoral Fellow
Department of Large Animal Clinical Sciences
College of Veterinary Medicine
Michigan State University
East Lansing, Michigan
Recurrent Airway Obstruction and Infl ammatory Airway Disease

Pamela J. Wilson, RVT, MEd, MCHES
Zoonosis Control Program Specialist
Zoonosis Control Branch
Texas Department of State Health Services
Austin, Texas
Rabies

Thomas H. Witte, BVetMed, PhD, FHEA, DACVS, DECVS, MRCVS
Senior Lecturer in Equine Surgery
Clinical Science and Services
Royal Veterinary College
North Mymms, Hatfi eld, United Kingdom
Diseases of the Nasal Cavity and Paranasal Sinuses

David M. Wong, DVM, MS, DACVIM, DACVECC
Associate Professor and Section Head
Department of Veterinary Clinical Sciences
Iowa State University
Ames, Iowa
Hemopoietic Disorders in Foals

Stavros Yiannikouris, DVM, MS, DACVS-LA
Surgeon
Nicosia, Cyprus
Postanesthetic Myelopathy

前 言

作为我结束学术生涯、在退休前活动的一部分，我最近受邀在密歇根兽医协会做一场“最后的演讲”。这次演讲定于下午 6 时，鸡尾酒会前举行，并对公众开放，我很快意识到，在此时举行一场学术讨论会是完全不适宜的，于是决定利用这个时间来回顾一下从 20 世纪 60 年代初以来我的兽医职业生涯。我有过很多人不可能有的机遇和幸运的事业，将基础科学带入临床医学实践的愿望是我职业生涯的驱动力，也是我在伦敦皇家兽医学院接受临床培训期间确定的奋斗目标。在实现这一奋斗目标的过程中，我走向了两条平行的道路：一条是通过实验室内的科学研究创新知识，另一条是通过教学和写作来传播知识。作为后者的一部分，《现代马病治疗学》力图将马兽医学的最新知识纳入临床实践中；因为如果不这样做，世界上所有的研究都将没有意义。

与世间每个有价值的事物一样，连续四年的《现代马病治疗学》编撰工作，倾注了很多人的辛勤汗水，包含了他们美好的愿景。本书的作者自愿无酬将他们各自领域的专业知识转变为可供忙碌的临床医师们使用的实用技术。我感谢所有专业实践领域的作者们，他们从临床执业或者个人生活中抽出宝贵时间进行无薪写作。我感谢所有学术领域的作者们，因为大众书籍对于他们的职称晋升和永久职位任期委员会的评分，远不及那些深奥杂志论文的发表实惠和现实。

自从 1981 年我着手编撰第 1 版《现代马病治疗学》以来，马病医疗已经从主要依附于学术研究机构为基础的诊疗中心开展的移动式服务，发展成为一种依附于多个私人诊疗中心的具有丰富技术经验的临床服务。分子诊断检测的激增和现代成像技术的发展，使诊断手段彻底变革。马是现代医学发展的受益者，但与人类医学保健一样，马类医学保健的质量在很大程度上也是取决于畜主的支付能力，而非诊断工具的限制。在人类和马类世界里，对富裕者保健都会做得很好；但对于那些做非技术工作的（驴和骡子），其医疗保健就会差些。

知识的增长也给像《现代马病治疗学》这样的书籍内容编撰提出了挑战。第1版（650页，大字体，宽行间距）和第7版（1250页，小字体，窄行间距）相比就是小巫见大巫。难怪校对需要这么长的时间！马医学中的亚分类是人们对人脑仅能处理的有限信息的一种承认。《现代马病治疗学》的未来取决于我的后继者们。在此我还是要感谢所有购买这本书的兽医（是您帮我在湖边买了一幢漂亮的小屋，并帮助我的孩子们进入大学学习）、众多的作者和章节编辑，以及最近两个版本的合编者 Kim Sprayberry。我们是个小团队，我们致力于马匹健康事业的发展。社会尊重我们，期望我们提供有效的医疗服务，但可供我们用来创造这些医疗保健知识的资源却是很有限的。尽管如此，我们还是要继续努力，因为我们喜欢马儿的美丽和它惊人的运动能力，我们相信马儿必将受益于现代医疗保健的发展。

N. Edward Robinson

2014年2月18日

“Ed，你打算什么时候出版下一版《现代马病治疗学》?”

这是几年前 1 月份的一个深夜，我在急诊室值班时，在马入院进入新生幼驹重症监护病房的间隙，我检查电子邮件时，发给 Robinson 博士的一封电子邮件中的询问语。我一直在思考这个问题。我最近参加了美国马医师协会的年会，在年会上，一半以上是我感兴趣的话题讨论，我不能很好地理解。同样的事情也发生在几个月前举行的一次急危重症护理研讨会上。我当时正在审查一个研究基金会的摘要，发现我对研究计划中列出的部分新思路和需要验证的假设并不熟悉。尽管忙碌于临床实践工作，并在平时努力阅读多个期刊的文章，但我仍然觉得自己对大量新信息并不了解。

科学研究转化到医疗信息渠道的体量巨大，这样说毫不夸张。同样，随着分子生物学、生物技术的分支学科和再生医学等其他领域蓬勃发展，我们所从事的马兽医临床实践领域相关信息体系也在急剧扩大。上述及其他学科新信息的发展和发布速度是惊人的，这正是我们出版下一版本系列书籍的最好契机。刚毕业的学生和马兽医师，一方面要比以往任何时期更全身心投入到费用和复杂程度日益增加的实用护理中，另一方面要迎接核苷酸、基因组学和蛋白质组学等新信息时代带来的挑战。这些要素保障了我们的应用和理解，因为它们决定了宿主-病原体-环境三者动态关系中微生物的生物学特性和毒力特征以及宿主的先天特质和免疫防御能力。

教科书在兽医师的继续教育和参考资料投入方面占据有利地位。作为一个杂志编辑，我主张由编辑和审稿人执行严格的同行评审程序来确定期刊内容的主要来源。作为一个有资格和 N. Edward Robinson 一起编撰《现代马病治疗学》的学者，我对本书提供信息的可靠性和实用性非常满意。现实情况是，一个作者的研究发现要想被收入到一本读者众多的书籍中，必须先发表在读者很少的专业期刊中，这是医学出版界需要反思的问题。很多兽医都会订阅并尝试阅读几本期刊，但批判性阅读科学文献非常耗时。然而，将这些期刊中的信息汇编到像《现代马病治疗学》这样的书籍章节中，是信息从实验室传入临床兽医手中的有效手段。科学技术前进的脚步永不停息，这将促进继续教育商业化发展，也将会对实践医学和外科学的发展产生深远影响。但有一件事情永远都不会改变，我们期望兽医师在具备精湛全能技术的同时保持对我们已知专业的关注。

第二天早晨我收到了来自 Edward Robinson 的邮件，“亲爱的 Kim，我正在为即将举行的会议寻找科学计划主题，我们应该尽快谈谈如何运作下一个版本。你觉得怎么样?”

第 7 版《现代马病治疗学》的编辑工作就从这次谈话开始了。像往常一样，我们由衷地感谢作者们，他们是所在领域的领军人才，为本书提供了大量丰富的专业知识；我们感谢所有接受编辑说服和激励、在异常忙碌的档期下完成本书章节写作的人。与 Edward 和我一样，他们是在将自己的知识和经验奉献给了他们钟爱的马儿（以及驴和骡子）。

Kim A. Sprayberry

2014 年 2 月 18 日

（刘芳宁　译，王晓钧　校）

目　录

第2篇　疼　　痛

第3篇　运动医学

第4篇　传染病

第6篇 消化道疾病

第7篇 神经内科疾病

第8篇　肿瘤学

第9篇　泌尿系统疾病

第10篇　血液学

第11篇　心血管疾病

第12篇　皮肤病

第13篇 内分泌和代谢性疾病

第 14 篇　眼 科 学

第15篇　马繁殖

第16篇　马　驹

第17篇　骨骼和肌肉的疾病

第18篇 总　论

第 1 篇
创伤

第 1 章　车辆拖载事故

Rebecca M. Gimenez

与其他动物相比，马在其一生中经常被运输，有些马更可能经过上百次甚至是上千次的运输。运输马匹的车辆的司机通常未受过专门训练，有时运输拖车会有维护不当或拴系错误的情况发生。拖车使用不当或不正确的拴系可能会引起马匹摇摆而导致复合损伤的发生，最佳的防止车祸和马损伤的方法见框图 1-1。

框图 1-1　马拖车运输的最佳做法

1. 为提高马匹运输的舒适性和安全性，购买具有最佳安全设置的拖车。
2. 在拖车内，使用摄像机观察马匹的健康状态、情绪变化或意外伤害情况。
3. 使用无线测温计来监测拖车内的温度。
4. 备有对牵引车辆和拖车轮胎的胎压进行监测的装置，包括备件。
5. 至少保有两个拖车或牵引车的备用轮胎。
6. 拖车灯出现故障或车辆在紧急状态下停于路边时，在拖车后方和侧方贴上反光彩色带以增加能见度。
7. 路边拖车服务的电话号码和更换轮胎的全套工具及安全设备，可以应付比较小的紧急情况。
8. 定期监测刹车系统、灯光、垫子和分隔器，至少每年检查一次安全墙和地板，确保车轮、车轴和轮胎的质量。
9. 使用的缰绳质量要好，使用易割断的捆缚带子。
10. 在短途和长途运输中，用全腿绷带、运动医学靴来保护马的四肢。
11. 强化对司机的培训，包括拴系、驾驶习惯、并道、紧急停车和各种类型拖车的转弯。

拖车运送马匹的整个过程中，装车、运输途中和卸车，都可能发生意外。来就诊的马中，最常见的损伤是马攀爬、暴跳或跳跃上下拖车而造成的损伤。本章主要论述马在运输过程中的损伤。在许多情况下，这些本来应该由专业急救人员负责的工作，却被当作装卸工作来对待。这种损伤的急救所要做的，远比打开拖车门和把马匹放出复杂得多。每个事故各有特点，因此对于每一例事故的处置都没有通用的标准程序，但对于如何处置这些事故和对马匹进行专门解救，还是有最佳方法的。

现代马匹事故处置者应当是当地事故救援指挥系统（ICS，框图 1-2）紧急反应小组的成员。法律规定，道路一旦发生事故，必须拨打电话报警。在美国拨打 911，在澳大利亚拨打 000，在英国拨打 999。且必须使用 ICS 应急响应语言与兽医沟通，以保证马匹尽可能有效和安全地得以解救。由于马匹的生理脆弱性和损伤马匹在事故中病情可能持续恶化，通常需要在开始解救马匹前对马匹进行医疗保定。很多时候，在看似成功解救后的数天，马匹由于应激、缺血再灌注损伤综合征、低体温或休克并发症而导致意外死亡。

框图 1-2 事故处理组织流程

项目	项目说明
行动计划	一定要根据事故现场和复杂程度的范围或危险度，制定事故行动计划（简单和口头的或复杂和书面的）
协调员	事故处理指挥者协调事件应急响应，作为领导者担负着整个现场的责任，通常由消防队或警察的官员担任。这些人受过系统的专业训练并具有紧急救助的认证。实际工作者，特别是进行专门操作的人员不应该是救助指挥员，也不应该是受过 TLAER*（大动物紧急救助技术）训练或者大动物救助训练、溺水事故救助及事故安全管理和指挥系统训练以外的人员。
管理范围	一个人协调不超过 5～7 个操作者。
安全	现场指挥官须负责受害人和救援人员的安全。
任何自由职业者	依自身想法做出的反应或行动，给现场的其他人带来风险和不利影响。事故救援指挥员有权利将这样的人员驱逐出现场。

* Technical Large Anirral Emergeng Rescue，Inc.，Pendletor，sc。

一、始终需要应急服务

不论何种事故，是拖车倾覆、马匹困在胸栏之上或之下，还是梯子卡于分隔器中，从开始解救起，兽医就应该包含在 911 应急服务成员之中，这样可以极大程度地提高应急反应的整体效率。911 服务所包含的解救策略、技术和程序可以获得良好的结果，这些内容都是在不断发展以及总结前人经验基础上建立的。应急救助组必须考虑到：服务人员和动物的安全，可用的人员、设备、机械和后勤资源，气候，患马稳定性和治疗组到达时间等医学问题，以及预料到任何不同寻常的情形，如可及性、失事车辆或拖车的稳定性及相应固定装置结构完整性。例如，是否倾覆的拖车未脱离但悬荡在桥栏上？对于 911 工作人员来说可能每天都会遇到这样的情况，而兽医可能在整个职业生涯中只参加一次这样的事故救助。

二、实际工作者的作用

当发生上述事故时，在现场会存在许多危险情况。通常情况下，首先到达现场的是消防员或是警察，因此兽医并不能作为现场情况处理的直接负责人。所有参与救助人员必须服从 ICS 要求，因为现场救助负责人对所有参与者的安全负有道德和法律责任，必须对马匹解救策略的优劣做出判断。消防员和警察指挥交通、解救人员以及维护现场秩序，特别是稳定马主人的情绪，避免其因事故而情绪失控。当现场稳定和安全时，现场负责人则会考虑如何救护受伤马匹。兽医对马匹的生存可能性进行判定，然后与马主人及时协商做出有关治疗的决定或执行安乐死。从动物的角度和救援人员的感觉看事故，会有着明显的不同。橡胶垫、马匹躯体和分隔门都会因重力和动量矢量而加重损伤。横卧于拖车中的马匹可能会出现异常定位，因躯体重力作用，有时在几个小时内就可以导致肌肉局部缺血，继而在救助后发生充血和再灌注损伤。这些因素也会对机体造成损伤，所以要在对马主人提出合理化建议和及时治疗时加以考虑

（见第 3 章到第 11 章）。

拖车事故中，救助人员最常遇到的是马匹头、颈和下肢损伤。在发生撞击时，马匹向前跌落至胸笼中或隔板上，首先承受撞击的区域是面部和颈部，随后由于马匹急于站立而损伤下肢。即使发生灾难性拖车事故，只要让马匹停留在拖车内，马匹就能够惊人地生存下来。但是马匹本身巨大的体重可以产生足够大的动量矢量，导致马匹撞穿隔板壁、门和窗子。如果马匹被射出或拖车破碎，可能导致马匹瞬时死亡或存活预后不良。

安静躺卧的马匹，实际是遭受巨大应激所致；由于筋疲力尽，陷入困境的马匹通常在数分钟内安静地躺着，但其本能会抬起四肢、挣扎和逃离。这个时候，位置较高的马匹会咬或踢低位的马匹，因其无法确定人是否会加以帮助。马匹可以听到说话、工具、车辆、行走和解救设备的声音，能够看到拖车外边的阴影和反射。对于造成响亮声音的设备，除警报器或切割设备等必须使用外，要严格限制使用，一旦使用就不要停止。如果这些工具用起来有效，马匹似乎能适应这些工具产生的声音和振动。记住空气凿、往复式 K-12 和链锯声音很响，而其他如液压救生颚等声音很小。但切割边缘为锯齿状，选择和使用什么样的切割工具是消防部门的责任及专长；拖车结构材料囊括了从木材到钢和玻璃纤维，所有这些决定了需要有不同的救助策略。

失事马拖车可以任一端直立（最常见）或背侧、后侧甚至前侧倾倒（图 1-1）。在装载不平衡的拖车时，拴系于车棚上或地板上的马匹会发生侧卧。前向拖车被拴系于前方的马匹限制了自我调整的能力。后卧是常见的被困姿势，两匹马在前倾拖车中，通常发生脸对脸后卧，困于拖车前部。前倾是比较少见的拖车事故，为改变这种状况，可能会不正确地将拖车从道路上强行拖出，并猛力将之推入沟堤或树堤处。由于在面部、颈部和身体躺卧对侧发生损伤，这样的事故中马匹罕有存活。另外两种可以想象得到的具有高损伤和死亡率的情况是，拖车地板破坏及拖车与火车相撞。马匹常常处于极度震惊状态，并承受严重的损伤和痛苦，且极少的马匹保留有可以手术修复的肌肉和肌腱。

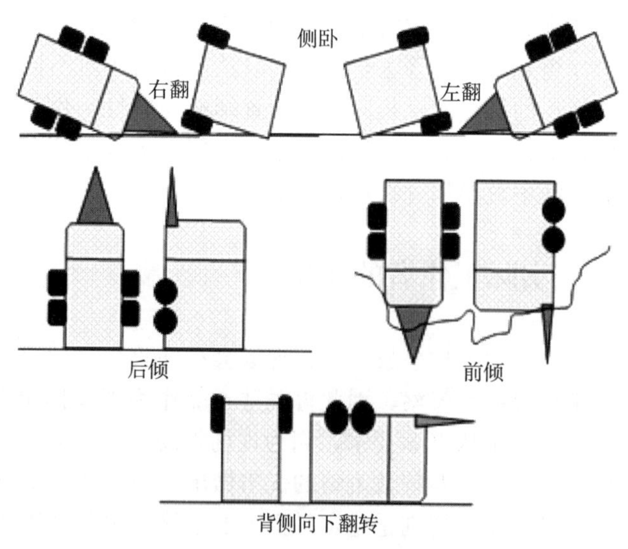

图 1-1　交通事故中拖车可能侧翻方向示意

三、事故情况评估

将里边有存活马匹的倾覆拖车翻正的情况几乎没有，但当确定马匹已在拖车中死亡时可以将之留在车内而将拖车移走。大多数的事故中，在马匹可以移除前拖车需要保持稳定或者移动到安全区域。这样的情况包括拖车滑到路堤下、悬垂在桥边、陷于树丛中或沉于水里。要注意到拖车的方向，在对马匹行为进行评价和制订可以松脱马匹计划前不要打开车门窗。可能需要使用梯子才能到达窗子或其他拖车顶部接近点。拖车的重量实际很轻，所以对于倾覆拖车进行移动时，一定要保持稳定，将拖车内受冲撞人员或在马匹试图卸载时，将拖车晃动的可能性降至最小。不容易控制状况（图1-2）时甚至需要将拖车移动数度重新定位，以提供更好的卸载马匹出口。

拖车内部情况应该从以下几个方面进行评估，包括：动物存活与否；存在哪些明显的外伤；马匹是否佩戴笼头，并拴在拖车上；是否存在挤压情形；马匹是站着还是躺着；分隔器、门或橡胶垫是否完好或下降；人员是否可以协助马匹从拖车中解脱出来；是否有一种安全的方式来能除或解开拖车的绳索，使马的身上和脖子上没有太多的绳子。消防队员可以根据这些信息来制订更好的解救方法。

图 1-2 由于路面结冰，一辆马匹运输车在洲际公路上垂直撞向护栏，这辆车内部空间较大，里面装了 4 匹马，由于有一定倾斜，必须先使车辆保持平衡固定，然后才能把里面的马匹牵出

在和动物交流之时，指示救援人员慢慢接近，通过窗口或其他的出口来判断马匹应激情况和体位。将噪声、警报器声和阴影尽可能降到最低。不打开窗子或卸载坡道是最安全的，并可防止马匹逃逸。马匹对于道路安全灯的持续闪烁适应比较快。刺激马匹会致其挣扎，可能导致进一步损伤。如果马匹能够起立，通常会在发生事故后很快站起。如果在你到达时马匹仍然卧地，那肯定是有原因的。光滑的地面，障碍物和缺乏杠杆或空间不一定都会导致站立失败，前者的条件必须进行评估，并且如果可能的话必须更正。

马可能试图通过比其身体小的出口逃跑，并且惊恐的马逃向灯光处对其自身和保定者都是非常危险的。消防员或救援人员有相应的设备来安全地稳固装载马匹拖车并开辟进入拖车的通道。根据拖车结构的完整性决定是否切割金属或玻璃钢，但开辟任何出口时必须至少达到 4ft① 宽和尽可能高，出口通路可以使马匹远离公路到达安全区域。

在身体条件允许时，马匹通常较安静地站立。在兽医和 ICS 队员研究下一步计划时，可以给予马匹牧草以使其安静。对倒卧或陷入困境不能活动的马匹，不要拍打或使用其他刺激方法使其起立，尤其是在对头带和缰绳做出判断前更是如此。短的缰绳，特别是没有断裂的，肯定会导致马匹无法起立。相反，缰绳断裂时对于马匹则无法控制。处于紧张状态勒紧缰绳对于人和马匹都是非常危险的。对于拖车运载马匹的缰绳，最佳的选择是使用优质并带有易分离特性的缰绳。

---

① ft（英尺）为非法定计量单位，1ft=0.304 8m。——译者注

四、危险区中的选择

兽医在解救马匹工作中，因相关的频繁接触和有时存在着疏忽，所以在常规接近马匹时受到损伤。紧急救护服务工作要减少对工作者伤害的机会，因此较好的方式是不要让人进入到拖车内去给马匹戴缰绳，因为在如此狭窄的空间会使操作者陷于马匹牙齿、身体及蹄子的危险区域内。救助者协助马匹自身解救是比较容易和安全的。如果可能，先将阻碍物移除，如出入门、设备、可移动马具室、卸载坡道和车门都可能阻断出路。倾覆车辆的窗子会成为“地板”上的孔洞，因此要用底板或橡胶垫加以覆盖，以避免马匹踏入。

有必要矫正马匹的位置时，应该借助编织带，将其置于马的四肢或头部。最好不要将马尾作为牵引点将马匹拖出。如果能够使用车门或卸载坡道，应用油布铺在开口处以作为马匹逃生的指示路线，要固定好车门或卸载坡道，避免其自行滑转回原处。通常大门、分割器和车门，甚至连同地板或墙壁，在安全解救站立马匹前需要移除或切割掉。车门和金属板放置不合理时，则不能形成安全的卸载坡道。当救助者尚未开辟出解救通道而存在有偶然通道时，就要在拖车的后边用牛板、油布、停靠车辆或防雪栅栏设置第二道防护设施，防止马意外离开。额外的缰绳和牵引绳也可以用来控制马匹。如果这些都没有，一个紧急绳吊索也是可以的。

如果马头被系在拖车里，在尝试解救之前，必须将其解脱。最好的办法是把缰绳切断且不要缠绕在马匹身体或头部。无论什么原因，在马匹没有镇静或麻醉时禁止人员进入失事拖车中，除非马匹站立且有完全的撤出通路——这样才有可能让人进入，切割拖车内带子，在安全引领马匹前接近牵引绳。固定带可以将安全带绑于长杆的切割器或弯的锐刀来切割，这便于救助者站于拖车外的安全位置来操作，也可以避免损伤手臂和手指。锯齿刀也可以使用，不过刀在缰绳带上的往复运动可能会刺激马匹和造成马匹的意外刺伤，而使用长杆切割器可以预防上述情形发生。不进入拖车而对马匹进行镇静，可以用管道胶带将注射器固定于长杆上制成长杆注射器来完成。

在马匹状态良好时，把马匹卸载在高速公路旁是很危险的。执法者在实施解救和卸载时始终需要阻断交通。在黑天、雨中或陡峭危险地形进行救助时，这些情形更为复杂。马匹缰绳如果没有明显断裂，则控制马头就非常重要。没有设置好第二道防护设施和停止交通前，无论如何不要把马匹移出拖车，因为马匹在公路上放纵奔跑，可能导致次生灾害或人员伤害。

五、马匹管理

如果可能，马匹管理者应该是具有驯养大动物经验的人，或者是治疗马的兽医或技术人员。大多数警察和消防员没有管理马匹的经验；大动物管理技术对于紧急救护是特殊的技能。缺乏训练可能会令他们对于受惊吓、陷于困境或受损伤的马匹超乎寻常的重量、力量和速度没有足够的认识，马匹管理者在事故处理指挥官的指导下，在

到达事故现场后，从应急救援者手中把马匹管理工作接过来。马匹管理者站在最好的角度来给救助人员提供有关马匹的医疗状态，或可能出现的行为，或出现的反应，以及建议着手处理技术。马匹管理者必须要向操作人员强调安全的重要性，包括对可能踢、咬或冲撞人员的马匹使用长把手工具。

六、操作者责任

兽医或技术人员要指导进行医学保定，但不要进入拖车。保定时要佩戴救助设备或实施具体救助。如果可能的话，让兽医以外的人员来管理马匹，对于专业的救助人员要允许其做自己的工作。为救助马匹兽医要进行更多的管理而少做干预，其主要工作是制定计划以及和医疗准备，为事故救援指挥者和马主人提供建议，以及让人员在危险区外停留避免伤害。

许多马主人在事故现场情绪很激动，而兽医受过保持冷静、做出理智决定和专业控制状况的训练。兽医与马主人密切合作，可以保证基于正确诊断提出早期治疗方案或在适当时候建议安乐死。

对于受到严重损伤的马匹，在没有对其损伤进行适当的急救处置前，不要转院到急救中心。骨折的马匹未放置夹板、未给予镇痛治疗、未防止休克行输液或其他治疗前不要卸载马匹。在现场对集体事故损伤要迅速有效地做出初步分类，而进一步分类在门诊或异地野战医院进行。

七、马匹技术解救的具体医疗问题

马匹陷于异常位置（背侧、后侧或侧位趴卧）可导致各种不利后果：脊髓缺氧、肺膨胀不全、脊髓病以及前肢或后肢麻痹。在开始医学保定之前采取不适当的救援有可能损伤马匹而致命；内科病患马需要在救助前或救助时对发生的代谢病症进行及时治疗。很多马匹需要在救助前进行检查和治疗。有时马看起来状态很稳定，如已经吃牧草，可能被当作马匹状态良好的迹象。但往往即使经过专业救助人员有效的救治，且在现场兽医及时治疗后，马匹仍可能死亡。特别是在寒冷潮湿救助地点的低体温马（框图 1-3），没能得到及时治疗是最常见的医源性死亡原因。

框图 1-3　影响热不稳定性的风险因素

因素	说明
脱水	脱水的马较正常马调节体温的功能降低。
年龄	较年轻的和年长的马匹调节体温的功能较差。
身体状况	肥胖的马更容易体温过高，非常瘦弱的马匹缺乏代谢物质储存以应对事故应激。
身体大小	面对热应激，体型大的马匹（表面积和体积比小）体温比小或瘦弱的马匹（表面积和体积比大）维持体温时间更长。
药物	全身麻醉药和镇静剂可加重低体温。
草率处理	对应激的草率处理，可能改变体温调节所必需的循环功能。

操作者应当携带基本的设备和工具以便于将拖车内或拖车外陷于困境或损伤的马匹解救出来（框图 1-4 和框图 1-5）。拖车事故对于操作者来讲是非常常见的急救情况，因此要讲清楚以便做好充分的准备。下列表格中列出了兽医专用车中可供使用的急救用品。

框图 1-4　急救包配备

1. 拨打 911 的手机。
2. 皮手套和医用手套。
3. 靴子：橡胶并带钢齿的。
4. 保护头盔［美国职业安全与健康管理局（OSHA*）认定的带下巴带的安全帽］。
5. 夹克或背心（具反射功能和鲜艳颜色的）。
6. 护目镜。
7. 刀或莱特曼多用刀具。
8. 护耳器。
9. 带有专业识别证明或标识的职业衬衫、夹克或擦洗用具。
10. 主要和次要证明徽章（一个用于自身，另一个用于“人力问责”）。

* OSHA，Occupational Safty and Health Administration。

框图 1-5　车辆应急配备

1. 道路风险预警装备，车辆后方表面粘贴反光带，车辆工作闪光灯，以及路边工作人员的反光背心。
2. 马匹和人员急救箱。
3. 锋利弯刀或安全带切割刀，只能用于紧急情况，可以穿过笼头带和绳索将其切断，以解救被缠绕而陷入困境的马匹头部或四肢。
4. 长 9.1m、宽 7.6～10.2cm 的编织绳，两端有环（即牵引绳），用以控制马的四肢或环躯体捆绑，以便将马匹调整到较安全的姿势。
5. 手杖、船头篙或可伸缩画架杆，可绑上刀具以切割带子，或用来制作长柄注射器以便不用过分接近马匹。
6. 使用可替换配件，如切割刀、竖钩、开启器或 S 形钩。
7. 拔出胸栏或分隔器门钉子的锤子。
8. 覆盖于躺卧马头部的毛巾和毯子，以镇静马匹。
9. 应急绞绳（1.3cm 粗、50.8～63.5cm 长的编织救护绳），索状马匹绞绳。
10. 全马头保护物（或者人救生衣、毛巾、运动衫等）以保护眼睛。
11. 耐磨绝缘马毯。
12. 大型动物特殊物理保定物，如限制马匹抽动身体的保定物*。
13. 33m 便携式围堵栏（建造塑料围栏，每间隔约 3m 有一个聚氯乙烯把手）。
14. 耐磨帆布。
15. 储备充足的优质干草，给被困或解救出来的马匹在等待救助时采食和放松。

* Udderley EZ，是 EZ 动物产品和惠勒企业有限公司的一个部门。

推荐阅读

Cregier S. Reducing equine hauling stress：a review. J Equine Vet Sci，1982，2：186-198.

Ferguson DL，Rosales-RuizJ. Loading the problem loader：the effects of target training and shaping on trailer-loading behavior of horses. J Appl Behav Anal，2001，34（4）：409-423.

Friend TH. A review of recent research on the transportation of horses. J Anim Sci，2001，79（E Suppl）：E32-E40.

Gimenez T. Accidental hypothermia in the horse. Retrieved January 22，2013，from http：//www. saveyourhorse. com/The%20Hypothermic%20Horse. pdf.

Gimenez T. The golden hours of equine emergency rescue. Equine Vet，2012，2. Retrieved January 22，2013，from http：//issuu. com/bocapublishing/docs/equine _veterinarian _mar-apr _2012? mode = window&backgroundColor = %23222222.

Gimenez R，Gimenez T，May K. Technical Large Animal Emergency Rescue. Ames，IA：Wiley-Blackwell，2008.

Knubben JM，Furst A，Gygax L，Stauffacher M. Bite and kick injuries in horses：Prevalence，risk factors and prevention. Equine Vet J，2008，40（3）：219-223.

Lee J，Houpt K，Doherty O. A survey of trailering problems in horses. J Equine Vet Sci，2001，21：237-241.

Pearson G. Advancing equine veterinary practice by application of learning theory. Proceedings of the International Society for Equitation Science. Royal（Dick）Veterinary School，Edinburgh，July 18-20，2012.

Quarterly horse trailering：USrider. org maintenance and safety publication. Retrieved January 22，2013，from http：//www. usrider. org/Hitchup PastIssues. html.

Welfare of horses during transport. Retrieved September 18，2012，from http：//www. animaltransportationassociation. org/Resources/Documents/Past% 20 Conferences/ Brussels/J _Woods _presentation. pdf.

（高利　译，王玉杰　校）

第 2 章　创伤病畜的疼痛处理

Debra C. Sellon

从传统观念来看，马在经历重大手术或经历重大创伤时，对其实施疼痛处置办法的主要目的是保护动物和相关人员的安全，同时有助于患马恢复健康或进行正常的生理活动。近年来，创伤案例的增多，促使对创伤相关疼痛治疗的研究获得了重大的进步。显而易见的是，急性或慢性疼痛处理不善，可给患畜的康复带来严重负面影响。

一、病畜创伤型疼痛

痛觉是动物察觉和感知由破坏组织潜在刺激因素所引起的疼痛，通过转换、传输、调整和感觉伤害性刺激而产生。化学（炎症）、热刺激或机械刺激激活局部疼痛感受器（转换），产生的动作电位沿感觉神经进入脊髓背角，并从那里传到更高的脑中枢（传输）。在这个过程中的每个步骤中，疼痛感受脉冲在到达皮质层之前都可能会增强或抑制（调整），最终在皮质层感受到疼痛。创伤感受的疼痛程度，因创伤部位、脊髓和高级脑中枢调整形式不同而有很大的差异。创伤部位感觉神经末梢处释放炎性介质，使感觉神经末梢对伤害性刺激高度敏感（局部或周围致敏）。脊髓和大脑的致敏可以导致持续的疼痛感受和影响慢性疼痛状态的发展。镇痛剂疗法的合理应用，可以迅速降低局部及次级致敏的发生，减小整体疼痛，并促进愈合和机能恢复。

如果对疼痛不加以控制，则会造成众多的不良反应。在对很多非马属动物术后康复阶段疼痛的研究发现，创伤或发病过程中的疼痛对于总体健康和痊愈有非常重要的作用。疼痛反应是整体神经体液应激反应的重要组成部分之一，受焦虑、体液流失、出血、全身炎症和感染的影响。应激反应诱导神经、内分泌、免疫、血液学和代谢发生变化，这些变化有促进机体重建内平衡的趋势。交感神经兴奋可以增加心率和血压，抑制胃肠道活动。急性疼痛抑制呼吸机能，降低潮气量和肺泡通气量，导致换气-灌注失调，而影响肺气体交换。皮质醇、胰岛素、胰高血糖素和其他激素释放的改变导致发生异化，特征为高血糖、脂肪异化和蛋白质异化，引起体重降低和影响创伤愈合。交感神经刺激表现为，在手术应激反应时皮质醇释放增加，内源性阿片类物质活化，抑制体液免疫和细胞免疫。医学上广泛探讨了使用合适的术后镇痛剂可有助于降低术后应激反应。镇痛剂使用的益处在于促进创伤愈合、降低心肺综合征（心肌梗死、血栓栓塞）、降低肠梗阻的风险、降低肺炎风险，降低血凝过快、减少术后感染、减少体

重下降以及减少住院费用。

目前，关于马匹手术或创伤后镇痛剂的使用对康复的影响，还没有积累足够资料。在某个研究中，为马匹做手术时，给予非甾体类抗炎药物（nonsteroidal antiinflammatory drug，NSAID）和阿片类（布托啡诺），比仅仅给予 NSAID 康复的效果好些（Sellon et al，2004 ）。与对照马相比，用联合镇痛剂的马手术后体重降低少，且较早出院。在医学上诸如此类的病例不断见有报道，人在腹部手术后使用适宜镇痛剂可以促进康复。另外，需要对马做进一步的研究，以此来确定这些效果，明确疼痛在创伤或大手术后的发病率和死亡中的作用。

即使疼痛刺激相同，但经受疼痛的程度在个体马中差异较大。对于疼痛的感受与年龄、遗传背景、性别、以前的疼痛经历、群体性、训练和应激程度有关。因此很难准确评价个体动物感受疼痛的程度。为制订良好的急性疼痛处理方案，临床工作者要知道对疼痛不加以控制的后果，对患马状态的影响，以及可以使用镇痛剂的基本根据和潜在副作用。

急性创伤疼痛处理特别具有挑战性，因为在此过程中易引起并发症，涉及血容量下降、交感神经系统的过多兴奋、心血管系统和呼吸系统的机能障碍以及休克。对于个体马，准确判断其循环状态、心血管机能和呼吸机能是做出选择适宜药物和剂量的基础。正如马匹个体对疼痛的感受都具有独特性，所以每匹马的疼痛处理计划也要因个体不同而不同。可能的时候，处理计划要包括合并使用镇痛剂，以在疼痛感受途径的不同部位同时调节活动的外周和中枢疼痛过程。

二、镇痛剂选择

自从美国南北战争起，静脉注射吗啡一直是战地士兵受伤后即时止痛的主要镇痛剂。相反，兽医已经主要依靠静脉注射 NSAID 辅以 α_2-肾上腺素受体激动剂和阿片类药物，以达到在马匹受伤后的即时保定和镇痛作用。可用于外伤马镇痛剂的推荐剂量汇总于表 2-1 至表 2-3。适宜的剂量对于个别马匹之间差异很大，取决于马匹所处的环境和状态。

表 2-1　马的常用镇痛药（除非甾体类抗炎药外）及建议剂量*

药物	给药途径	剂量	说明
阿片类药物			
布托啡诺	IV	0.01～0.05mg/kg，间隔 4h	副作用可能包括增加成年马的运动和孕马的镇静
	IM	0.04～0.1 mg/kg 4～6 /h	
吗啡	IV	0.12～0.66 mg/kg	联合应用 α_2-肾上腺素受体激动剂
丁丙诺啡	IV，舌下	0.005～0.01 mg/kg	可镇痛 6～10h，考虑与乙酰丙嗪 0.05 mg/kg 复合给药

（续）

药物	给药途径	剂量	说明
α_2-肾上腺素受体激动剂			
赛拉嗪	IV，IM	0.2～1.1 mg/kg	镇静，肌内注射达到静脉注射效果需要更高的剂量
地托咪定	IV，IM	0.005～0.03 mg/kg，间隔 6～12h	镇静，肌内注射达到静脉注射效果需要更高剂量
罗米非定	IV	40～120μg /kg	镇静，镇痛效果不好
杂环药物			
乙酰丙嗪	IM，IV	0.01～0.06 mg/kg	导致低血压；抗焦虑药，本身没有镇痛效果
	IV	0.3 mg/kg	
N-丁基莨菪胺	PO	5～10 mg/kg，间隔 8～12h	导致瞬态性心动过速和降低胃肠道的声音；副交感神经阻断剂
加巴喷丁	PO	最高 10 mg/kg?	最适合于神经性疼痛治疗
曲马多	IV	最高 3 mg/kg?	可能导致瞬间兴奋性效应

注：* 每一匹马剂量及给药途径，必须考虑临床诊断、全身状态、合并用药及其他相关问题。

表 2-2　用于硬膜外镇痛的药物

药物	剂量	持续时间	说明
尾硬膜外镇痛（第一尾骨的空间）			
利多卡因	0.2mg/kg	30～90 min	高剂量导致共济失调或躺卧
赛拉嗪	0.03～0.35mg/kg	3～5h	会阴部常见出汗
地托咪定	0.06mg/kg	2～3h	镇静、共济失调、全身性影响
复合尾硬膜外镇痛（第一尾骨的空间）			
利多卡因 赛拉嗪	0.22mg/kg 0.17mg/kg	5～6h	共济失调或躺卧、会阴出汗
腰骶硬膜外镇痛（通过导管）			
吗啡	0.1～0.2 mg/kg，间隔 8～18 h	8～24h	可能导致皮肤风疹或瘙痒
地托咪定	0.03～0.06mg/kg，间隔 20～24 h	8～24h	可能引起镇静、共济失调
氯胺酮	0.8mg/kg		
复合腰骶的硬膜外镇痛（通过导管）			
吗啡 地托咪定	0.1mg/kg 0.03mg/kg	8～24h	镇静，可能共济失调
氯胺酮 吗啡	0.5～1.0mg/kg 0.1mg/kg	12～18h	镇静，轻度运动失调
氯胺酮 赛拉嗪	0.5～1.0mg/kg 0.2mg/kg	>2h	轻微的镇静，心动过缓

表 2-3　镇痛药的输注持续时间和输注速度对马的影响

药物	给药途径	剂量	说明
利多卡因	持续给药	推注 1.3mg/kg，然后 0.05mg/（kg・min）	过量可能会导致癫痫、中枢神经系统兴奋，可以连续应用几天
地托咪定	持续给药	推注 8.4μg /kg；然后 0.5μg /（kg・min），连续 15min，然后 0.3μg /（kg・min）连续 15min，然后 0.15μg /kg 持续给药	会引起镇静、共济失调，间隔 1～4h 连续应用会产生镇静和镇痛，不适宜长期使用
布托啡诺	持续给药	推注 17.8μg /kg，然后 10～15μg /（kg・h）	可产生耐药性，通常间隔 12～24h
氯胺酮	持续给药	0.4～1.2mg/（kg・h）	可以使用数天到数周。高剂量可产生共济失调和听觉敏感

（一）非甾体类抗炎药（NSAID）

保泰松和氟尼辛葡甲胺是马最常用的镇痛药。它们的作用机制是通过阻断环氧合酶，并有效地控制由炎症引起的疼痛。其作用位置在受伤部位和脊髓内。由于这些药物对心血管功能的影响很小，被认为是对于大多数血容量正常和肾功能正常马适宜的用药。然而，这些药物在马的体液大量消耗以及出现氮质血症时必须谨慎使用。给药时，配合静脉注射等渗液体疗法适合于大多数接受 NSAID 的外伤患马。尽管它们被认为是有效治疗产生继发炎症疼痛的药物，但 NSAID 没有任何镇静作用，镇静通常被认为需要促进评价和治疗创伤马，单独使用 NSAID 可能对于继发于严重创伤的急性疼痛的镇痛不是很有效。多种镇痛剂可以同时使用，具有不同作用机制的多种镇痛药对于马匹治疗较好。

（二）α_2-肾上腺素受体激动剂

赛拉嗪、地托咪定和罗米非定是最常用的用于马止痛的 α_2-肾上腺素受体激动剂。它们可以激活脑和脊髓的 α_2 受体，减少兴奋性神经递质的释放，并干扰感觉过程和信号传递。除了镇痛作用，这些药物还具有镇静和肌松作用，可能导致深度昏迷、共济失调和运动惰性。当与阿片类药物，如布托啡诺或乙酰丙嗪联合使用时作用会加强。α_2-肾上腺素受体激动剂对心血管系统具有深度的抑制作用（低血压、心动过缓和心律失常），同时对呼吸（减少呼吸频率和潮气量）和胃肠道（减少活动）系统也有抑制。上呼吸道的肌肉松弛可引起马的吸气性呼吸困难，尤其是那些已经存在上呼吸道阻塞的马。当给予一些先前存在发热的马 α_2-肾上腺素受体激动剂时，呼吸速率和深度明显增加。这种不良反应的机制尚不清楚。这些不良反应对一些急性创伤马危害十分严重，临床医生需要谨慎调节个体马的剂量以便达到最佳镇静和疼痛管理且不损害心肺功能。在许多急性创伤中，甲苯噻嗪可能比地托咪定更适合帮助评价和管理患马，因为作用持续时间较短。出现这种情况时，一般建议采用反复低剂量给予，以达到所需的效果。恒定速率输注（CRI）地托咪定能够提供稳定的镇静和止痛，且不产生像一些马匹在难以控制剧烈疼痛时通过间歇推注药物产生的共济失调或镇静不足的变动。

地托咪定常用于马腰骶硬膜外止痛，缓解躯体后部的疼痛。同时硬膜外注射0.03mg/kg的地托咪定以提高镇痛效果。通常在这些剂量下观察不到共济失调。地托咪定是一个亲脂性药物，全身吸收迅速，使用高剂量（高达0.06mg/kg）而不配合吗啡使用的话，可能产生不同程度的共济失调、镇静、躺卧和心血管效应。因此对于极度虚弱或有躺卧倾向的马使用地托咪定时要特别注意。腰骶硬膜外导管在适当无菌技术下可以保持在马身上的安全时间为1～2周。这对严重后肢疼痛提供了一个简便的镇痛方法，同时也最大限度地减少了相似药物全身给药所产生的不良影响。

（三）阿片类药物

阿片类药物通过模拟内源性化合物和外围神经受体相互作用，抑制痛觉冲动在脊髓内和在更高层次的大脑中枢的传递。阿片类药物与NSAID具有协同效应，对马匹的急性疼痛管理非常有益。布托啡诺是马医学最常用的阿片类药物，但在一些创伤患马的疼痛管理时也可能会考虑吗啡与丁丙诺啡。布托啡诺是一个主要的 κ-受体激动剂，与吗啡和其他 μ-受体激动剂相比具有更少和更轻微的不良反应。布托啡诺单独使用对于马不是镇静剂，对心血管和呼吸功能有极小的抑制作用。布托啡诺肌内注射后迅速吸收，并且也可以与CRI静脉注射液一同使用。大剂量的静脉注射（每千克体重0.1mg静脉推注）已观察到与兴奋行为相关，使用运动增加并抑制胃肠活动。但较低剂量或肌内注射或CRI注射时，较少观察到这些不良反应。

为临床正常的马静脉给药时，如果不与 α_2-肾上腺素受体激动剂或乙酰丙嗪联用，吗啡可能会导致过度兴奋。有趣的是，吗啡不太可能引起疼痛马的中枢神经系统兴奋，这可能表明了这种镇痛方法治疗马外伤性疼痛而未被得以认识。肌内注射被认为可能会减轻兴奋性反应。硬膜外单独给予吗啡或与地托咪定联合应用，可以产生有效的后躯镇痛。硬膜外给予吗啡，通常剂量为每千克体重0.1～0.2mg，用0.9%盐水稀释至10～20mL（总给药量为每千克体重0.04mg）。在20～30min内可见镇痛效果，并且可以持续8～24h，而不会对运动功能产生不良影响。一些医生曾报道在使用关节镜或关节切开术时关节内注射吗啡来进行疼痛控制的效果。

丁丙诺啡，部分 κ-受体激动剂，在马舌下给药后很容易被吸收，这为创伤马镇痛提供了方便的途径。丁丙诺啡镇痛作用持续时间比布托啡诺要长得多（分别为8～10h和3～4h）。丁丙诺啡可诱导马运动增加，但这些影响可以通过合并静脉注射乙酰丙嗪0.05mg/kg得以缓解。丁丙诺啡在英国已被批准用于马匹的镇痛。

（四）局部麻醉剂

局部麻醉剂，如利多卡因、布比卡因和卡波卡因，作用机制为通过阻止钠离子通道，而防止感觉神经纤维产生和传导动作电位。大剂量还可以限制运动功能和诱发暂时性麻痹。根据给药途径不同，这些药物可以于外周神经、脊髓或脑产生同样的药效。这些药物经常用于局部神经阻断或关节内注射以降低身体特定区域的敏感性。在手术过程中使用，可降低手术的疼痛刺激反应并能够降低全麻药物使用量。神经周围注射、关节内注射和局部限行或组织阻断已经用于术中或术后增强镇痛剂作用，同样也被用于损

伤后。损伤部位局部麻醉对于急性疼痛管理有着极其明显的效果，且对心肺功能影响最小，对创伤愈合的影响也最小。在人和小动物医学实践中，几种局部麻醉药连续给予较长时间的新方法已有所报道，获得了不断增加对于创伤或手术相关疼痛管理新思路的认可（如局部贴剂和缓慢滴注）。但至今这些技术尚未在马的镇痛中得到广泛应用，表现为一个尚未使用的多元疼痛管理计划方法。在将商业用的利多卡因贴剂应用于正常无破损的马皮肤上，产生很小程度的药物系统吸收，但可能提供一定程度的镇痛。

另外，除了局部麻醉方面的应用，利多卡因因其全身镇痛效果、促进胃肠道运动以及抗炎效果，也被用于 CRI。与阿片类药物和 α_2-肾上腺素受体激动剂产生协同作用。利多卡因静脉注射时由于减少在静脉回流，对交感神经输出和心肌收缩力有抑制作用，可减少心输出量、动脉血压和心率。快速静脉注射可导致心率和血压下降。快速静脉注射利多卡因也可能刺激中枢神经系统，引起其兴奋、激动、癫痫、昏迷和呼吸停止。用于创伤患马时，利多卡因的 CRI 应给予一个自动泵系统可精确控制输液速度，并应对马密切监测。静脉注射利多卡因时在马半衰期很短，一旦发现潜在问题（如焦虑、肌肉震颤、心脏或呼吸速率的变化），立即停止输液，通常可以有效降低不良反应。

（五）氯胺酮

氯胺酮是一种分离性麻醉剂，它具有多种作用机制，包括 N-甲基-D-天冬氨酸受体在脑和脊髓的非竞争性颉颃作用。对阿片类药物、单胺和毒蕈碱受体和电压敏感的钙离子通道的作用也存在影响。氯胺酮也有较强的抗炎作用。它对胃肠活动和呼吸功能的影响很小。在马的治疗中，氯胺酮与 α_2-肾上腺素受体激动剂、地西泮和布托啡诺的组合用作麻醉剂超过 20 年。最近，氯胺酮被推荐作为站立马的尾骨硬膜外镇痛、局部麻醉阻断外周神经或 CRI 亚麻醉。当对马用 CRI 方式给药时，氯胺酮的分离和兴奋作用不太容易被观察到，并且没有明显的镇静作用。当输液停止时，有效浓度迅速下降至检测不到的水平。因为 N-甲基-D-天冬氨酸受体作用，氯胺酮可能最适合作为止痛剂，以降低预计有较长时间疼痛马的次级痛觉过敏反应。为了减少不良行为反应，建议临床医生在刚开始时应使用该药推荐剂量范围内的下限，然后剂量逐步增加至有效量。

（六）加巴喷丁

加巴喷丁是抗癫痫的药物，起初被许可用于治疗人癫痫。然而，最近有报道表明其在神经病理性疼痛治疗方面具有疗效。据报道，加巴喷丁对改变急性伤害性刺激的反应阈值无效，提示可能是最合适的治疗慢性疼痛药物。药物间的相互作用即使有也很小，主要经肾排泄。迄今为止，现有的兽医文献有关其治疗马疼痛的安全性和有效性的信息很少，但有报道表明其在多药物联用治疗疼痛的计划中有很好的效果。初步的药物动力学资料表明，在马口服给药后具有相对低的生物利用度。应用于马时很少观察到不良反应。在加巴喷丁作为人的疼痛管理的药物，其不良反应有嗜睡、头晕、镇静和共济失调。

（七）曲马多

曲马多是一种中枢拟阿片类 μ 受体活性激动剂。它可能也有非阿片类机制，可能是通过抑制神经元对去甲肾上腺素和5-羟色胺重吸收发挥作用。这种药物已被广泛用于人类和犬的疼痛管理中，但对马的安全性或有效性的信息很少。马的个体差异会限制其口服后的作用及吸收效果，尤其是当作为唯一的镇痛药时，将其加入多药物联合疼痛管理计划具有很好的效果。

（八）乙酰丙嗪

乙酰丙嗪被归类为吩噻嗪衍生精神药物，被认为是作用于多种受体，包括外周和中枢的多巴胺能、5-羟色胺能、毒蕈碱能、组胺能和肾上腺素能受体。虽然乙酰丙嗪不具有主要的镇痛作用，但它是一个有用的辅助镇痛药，因为它具有抗焦虑作用。它可以缓和一些马在使用了阿片类药物后出现的兴奋作用。由于其抗肾上腺素效应，乙酰丙嗪可以引起血压显著降低，因此在将乙酰丙嗪加入重大外伤或手术后的多元马急性疼痛管理计划中时应仔细考虑到这种影响。

推荐阅读

Mama KR，Hendrickson DA，eds. Pain management and anesthesia. Vet Clin North Am Equine Pract，2002.

Muir WW，ed. Preface. Pain in horses：Physiology，pathophysiology and therapeutic implications. Vet Clin North Am EquinePract，2010，26：xi-xii.

Sellon DC. Why and when to initiate a pain plan. Proc AAEP Focus Mtg，2009，203-211.

Sellon DC，Roberts MC，Blikslager AT，et al. Effects of continuous rate intravenous infusion of butorphanol on physiologic and outcome variables in horses after celiotomy. J Vet Intern Med，2004，18：555-563.

Tomasic M. Acute pain management. In：Orsini JA，Divers TJ，eds. Manual of Equine Emergencies：Treatment and Procedures. Philadelphia：WB Saunders，2003：749-756

（高利　译，王玉杰　校）

第 3 章　内出血和复苏

Samuel D. A. Hurcombe

马的内出血是一种罕见的但重要的临床症状。它可能发生在腹部（腹膜腔）、胸部（胸膜腔、纵隔）、组织和筋膜或中枢神经系统。临床兽医应该能够识别出血源并采取常规可行的止血步骤，理解低压复苏的概念和操作手法以及何时、如何输注全血。内出血是外伤或外科手术最常见的临床现象，其可能的原因是凝血功能障碍、肿瘤破裂或年老的马匹使用苯肾上腺素导致。

外伤性内出血可能是腹壁外部创伤的结果，如被其他马匹踢伤或高速撞击（赛马损伤），其中大部分的撞击和外力是由内部器官如脾、肾和肝来承受的。不运动时，这些实质器官总共接受心脏输出量的 40％以上；如果受伤，血液将广泛地进入腹腔及腹膜后间隙。生殖创伤和临产期出血对母马影响更明显，阔韧带（系膜）子宫中动脉破裂可发生在产前期、产后期或在分娩过程中。

在医院期间，腹部手术可能伴随术后出血，特别是施行了肠切除术、肠吻合术或切除肿瘤后。

任何情况下，不像外出血那样，内出血的程度难以确定，临床医生无法计算实际失血量。后者必须依据低血容量和失血性休克的迹象来估计。内出血的治疗也是困难的，因为血管破裂或撕裂，要通过基本的结扎来止血通常是不可能的：要么是在解剖学上无法接近，要么是在血液周围和损伤的组织中不可能观察到。一般情况下，还是不建议进行手术治疗。此外，即使应用外科手术来干预，患马是否能承受麻醉而获得良好的保定仍然具有不确定性。治疗过程中还要考虑的是在积极输液增加灌注和组织氧合后带来的新形成血块的移除。阻塞的血管内血容量的快速增加，可以导致高血压，可能会引起重新出血。

一、内出血的识别和失血量的估计

通过估计失血量，可以确定是否需要输血及其紧迫性，以及所需的输血量。在人类中，高级创伤生命支持（ATLS）分类法可用来估算低血容量性休克病人的失血比例（表 3-1）。虽然具体指导方针在马中不可用，但失血量可以从临床和病理结果中加以估算。马轻度（＜15％失血；ATLSⅠ类）内出血可能临床表现正常，或生理参数轻微异常。这些患马不需要输血治疗，而是需要密切监测和频繁的重新估计，以确保它们保持稳定性和出血程度没有恶化。马轻度至中度（15％～30％；ATLSⅡ类）血液损失可能表现出代偿性低血容量性休克的迹象。可观察到心动过速，兴奋或不安，呼吸急促，轻度绞痛和淡粉色的黏膜伴有毛细血管再充盈时间大于2s。出血的临床病理指标可以反映出氧输送过程中的轻微问题，例如，血乳酸浓度可能会轻微增加。红细胞比容（PCV）和总蛋白（TP）浓度可能是在开始时正常，直到毛细管压力降低，细胞间液补充进来稀释剩余的循环红细胞和蛋白质浓度。通常在出血后24h表现明显。这些患马输血效果很好；然而，如果出血已经停止并且生理指标是稳定的，输血就可能不是必要的，患马能对血容量和血压支持具有良好的反应。马的中度至重度（30%～40%；ATLSⅢ类）失血表现出代偿性低血容量性休克的迹象。生理紊乱都归因于交感神经系统的激活，临床表现明显，反映全面的氧和灌注不足。可观察到中度的心动过速，呼吸急促，鼻孔扩大，黏膜苍白，中度兴奋到嗜睡，伴随着绞痛样行为，出汗、发抖和共济失调。腹腔内出血可能使腹部膨胀，而呼吸困难、浅且快的呼吸可能是胸腔出血的显著特征。PCV可能不会大幅下降，但TP可能下降；然而，在急性期，由于细胞间液的再分配，导致不可能真实反映大量失血所引起的红细胞丢失量。血L-乳酸浓度将会增加，即使是注射了晶体液。这些病例需要立即输血治疗。马重度（＞40%；ATLSⅣ类）失血有死亡的高风险，即使有积极的输血治疗。心率是非常快的，但实际上可能会降低濒死状态。神经功能恶化是这些马的一个突出特点；迟钝，昏迷，瞳孔对光的反应慢或无瞳孔扩张，喜卧，癫痫发作和异常的呼吸模式可以被观察到。严重出血的马可见腹泻，可能反映了急性全面的缺氧所致肠道损伤。由于全面缺血和缺氧，PCV和TP是低的，血乳酸浓度明显变高。不治疗的患马会死亡，即使采用积极的输血疗法，很多患马也没有反应或康复。

表3-1　高级创伤生命支持的分类方案：在人类上，估计失血量的标准

等级	脉搏（每分钟）	血压	中枢神经系统状态	尿量	估计的失血量
Ⅰ	＜100（马＜40）*	正常	轻微焦虑	正常	＜15%
Ⅱ	＞100（马40～60）*	正常	不安，极度兴奋	下降	15%～30%
Ⅲ	＞120（马60～80）*	下降	模糊不清，极度兴奋	极小	30%～40%
Ⅳ	＞140（马＞80）*	下降　监测不到脉搏压力	反应迟钝，昏迷	无	＞40%

注：*建议对出血的马心率监测进行调整。

二、辅助诊断

（一）超声

超声诊断是一种有效的手段，可以快速识别游离在腹部和胸腔增加的积液。血液是典型的混合性回声，可观察到在腹部（图3-1和图3-2）或胸部形成涡流样回声。临床医生也可能确定出血源，如脾、肝损伤部位（血肿，断裂或撕裂，团块）或肾病理（肾周出血）。低频超声探头对于探测成年马较深的实质结构效果较好（2.5～3.5MHz），而高频率的探头可能对诊断胸腔出血更有效。

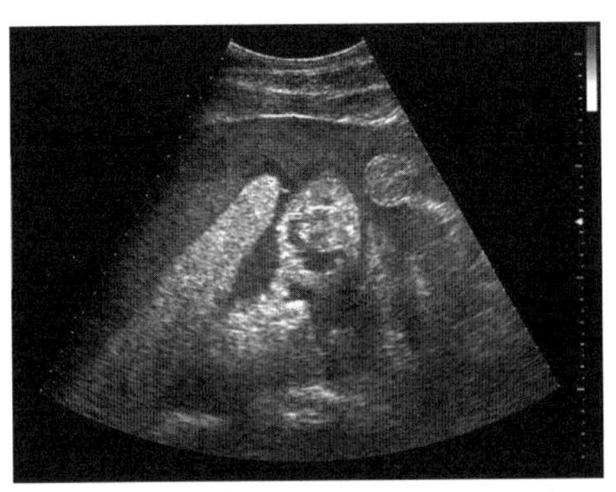

图 3-1 一匹阿拉伯母马被另一匹马踢到上腹部左侧，3MHz 曲线探头经腹部超声得到图像。注意腹部游离的液体（出血），清楚地显示了内部器官。在脾的轴向表面可以观察到脾结构被破坏（未显示）。这匹马疑似脾裂伤

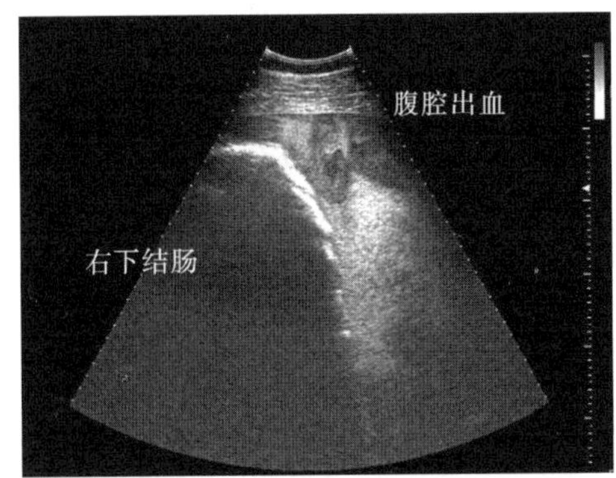

图 3-2 一匹中度积液的混合回声的阿拉伯母马，3MHz 曲线探头经腹部超声得到图像。在这里看到旋转的、相邻的右上大结肠。这种外观是典型的血腹

（二）直肠检查

直肠检查对于识别大量与腹部尾部相关的脏器有用，如子宫、阔韧带、卵巢、左肾、脾脏尾部、肠及肠系膜段。对于子宫系膜内血肿，触诊时应谨慎，应小心控制动作，以避免破坏不稳定的血块。

三、输血机制

除了认识到急性失血性休克的临床特征，实验室指标可能被用来决定什么时候需要输血。虽然在马身上没有定义明确的特异性输血机制被建立，但当估计失血量超过25%～30%，PCV 急性下降到低于 20%，血红蛋白浓度低于 7g/dL，血乳酸浓度高于 4 mmol/L 的时候，建议考虑输血。

四、治疗

（一）低血压复苏

治疗的目标是提高灌注量和氧气量并止血。低血压复苏法指的是通过心血管的支持，使不可控制出血的患马在不必输入过多容积液体来升高血压到正常水平时，血压保持在一个基础代谢功能值。这也被称为可容许性低血压。在人类医学中，提供流体支持，使平均动脉压为 50～65mmHg①，从而提高病人状态，而不依赖输血。虽然没

① mmHg（毫米汞柱）为非法定计量单位，1mmHg=133.322 4Pa。——译者注

有在马身上形成方案，但概念是合理的和严谨的，可作为治疗马内出血的指导。

（二）流体选择

高渗盐水因为成本低、实用、需要量少和作用速度快，是现场进行出血马复苏的备受关注的可选择的液体。急性期，通过给予 2～4mL/kg 的 7.2%氯化钠实现增加有效循环量。对大多数病例，高渗盐水的输注剂量应高于估计的失血量。

等渗多离子晶体液如乳酸林格尔液要以 40～60mL/（kg・d）的最大速率输注，除非马病情正在恶化或高渗溶液不可用。输注液体的目的是提供不扩张血容量而能有足够容量来支持氧传输，在马病情恶化或高渗溶液没有的情况下使用。

（三）输血

马发生内出血时需要输血，需要输注全血。估算失血量为 25%～50%需要通过输血补充；但在血液流入到腔内（如腹腔），丢失的高达 75%的红细胞可以回到循环中形成自输血。基于此观点，腹腔内出血输血需要的补充量比例可以稍低。把腹腔内的瘀血保留的另一个优点是，它可以增加腹内压，这可能有助于止血。

胸腔出血特别危险。虽然胸膜能够自动输送红细胞，但占位效应影响在胸膜空间内的血液，导致呼吸显著紊乱。在大多数情况下，胸腔出血的局部引流被建议用来改善呼吸功能。

从胸腔内抽出的血可以在病马身上重新应用。从胸腔（或任何其他腔）无菌采集的血液输送到含有 3.8%柠檬酸盐收集袋中，使血液与柠檬酸盐体积比为 9∶1，这是一种对马有效的自体输血。

（四）抗纤溶药物

在由创伤性血管破裂导致的急性失血性贫血的病例中使用抗纤溶药物。只有能够良好凝血的病例应用抗纤溶药物才有效，对于凝血障碍引起的内出血病例无效（例如，血小板减少和凝血因子缺乏）。抗纤药破坏了纤维蛋白中纤溶酶原和纤溶酶的相互作用。抗纤溶药物应用的目的是在组织和血管修复时稳定已形成的血凝块和提供广泛止血。如果凝块形成并持续下去，可限制在血管破裂部位再出血。

氨甲环酸和 ε-氨基己酸二抗纤溶药物已经被用于马身上。6-氨基己酸可以作为一个缓慢的静脉推注（10～40mg/kg 溶于 0.9%氯化钠溶液里，每 6h 静脉注射一次）或连续输注［70mg/kg，静脉注射超过 20min，随后为 15mg/(kg・h)］。氨甲环酸可静脉给药（10mg/kg 每 12h 静脉注射一次 ）或口服［每 6h 口服 20mg/kg］。抗纤溶治疗的持续时间短，所以应该继续应用，直到病情稳定、不再有活动性出血的迹象为止。

（五）其他治疗方法

依照限制血压急剧升高的目的，一些临床医生提倡用低剂量的抗焦虑药物，如在急性、不受控制的出血病例中使用乙酰丙嗪。全身血管舒张效应可以改善伴有疼痛、出血、交感神经系统激活的高血压病例。使用这种药物是有争议的，因为乙酰丙嗪的心脏抑制作用对于不稳定病例是持久和额外的。此外，出血的生理反应，包括外周血管收缩，可能有助于止血。乙酰丙嗪可在失去大量血液但表现兴奋的马中应用，这种表现可见于围产期出血的母马。这些马可能会疼痛，能从平衡镇痛药物，含较少的镇静作用药物获得更佳的效果，如小剂量赛拉嗪，或小剂量利多卡因、阿片类药物、氯胺酮多联组合镇痛。乙酰丙嗪仅用于稳定心血管状态的马，根据需要每 6～8h 0.02mg/kg静脉注射或肌内注射。

氧治疗通过鼻腔套管给药，可一定程度地改善血氧含量，特别如果是限制性胸腔疾病引起的肺泡通气不足。一个或两个鼻插管很容易完成 5～15L/min 氧流量（总）。此作用有限，因为增加氧气的吸入仅增加了血液中溶解氧，对总氧含量只占很小的百分比。通过晶体液体治疗和输氧未能改善氧合作用（表现为临床症状持续恶化或增加乳酸浓度），就需要输血治疗。

五、复苏治疗反应的监测

对复苏结果的积极反应可能包括改善精神状态，降低心率，降低呼吸速率，提高肠鸣，粉红色或浅粉色的黏膜颜色，毛细血管再充盈时间为 1～2s，提高了患者的舒适度，降低血乳酸浓度，改善食欲。所有这些结果代表了在器官上的灌注和氧合的改善。

马应保持在一个安静的，无应激环境。出血停止 24h，PCV 和 TP 恢复稳定，在这一点上是反映循环红细胞量的最低点。血尿素氮和肌酐的浓度最初可能高，可能反映了肾血流灌注不足，但应响应输液和输血作用尽快恢复正常。尿量增加也表明肾血流灌注。

在一定情况下，器官破裂的马，如脾或肝的团块（如淀粉样变性、肿瘤）破裂或大血管的破裂，如子宫中动脉撕裂或断裂，通常无力复苏而死亡。血液流入颅内或椎管内也可导致病情迅速恶化和死亡。这样的病例特别危险，变得危险且难以控制，所以临床医生应该采取一切安全措施以防止损伤。

推荐阅读

Arnold CE，Payne M，Thompson JA，et al. Periparturient hemorrhage in mares：73 cases（1998-2005）. J Am Vet Med Assoc，2008，232：1345-1351.

Conwell RC，Hillyer MH，Mair TS，et al. Haemoperitoneum in horses：a retrospective review of 54 cases. Vet Rec，2010，167：514-518.

Findling EJ，Eliashar E，Johns I，et al. Autologous blood transfusion following allogenic transfusion reaction in a case of acute anemia due to intra-abdominal bleeding. Equine Vet Educ，2011，23：339-342.

Frederick J，Giguere S，Butterworth K，et al. Severe phenylephrine-associated hemorrhage in five aged horses. J Am Vet Med Assoc，2010，237：830-834.

Hurcombe SD，Mudge MC，Hinchcliff KW. Clinical and clinicopathologic variables in adult horses receiving blood transfusions：31 cases（1999-2005）. J Am Vet Med Assoc，2007，231：267-274.

Magdesian KG，Fielding CL，Rhodes DM，et al. Changes in central venous pressure and blood lactate concentration in response to acute blood loss in horses. J Am Vet Med Assoc，2006，229：1458-1462.

Mudge MC. Blood transfusion in large animals. In：Weiss DJ，Wardrop KJ，eds. Schalm's Veterinary Hematology. 6th ed. Ames，IA：Blackwell，2010：757-762.

（高利　译，王玉杰　校）

第 4 章　胸部和气道创伤

John F. Peroni

马的气道和胸部外伤性损伤是很严重的疾病。虽然这些损伤可以在现场处理，但转诊到三级医疗机构往往是必要的步骤，也是因为基本医疗措施和手术处置的要求。通过咨询兽医、主治医师和马主人了解病例的详细情况，知道在转诊中心预期何时接受治疗，可使治疗效果达到最佳。对于呼吸道损伤病例了解这些十分重要，因为对于确定跟踪治疗的程度时需要知道这些，能保证获得成功的治疗。对于患马和主人来讲，兽医所能提供的基本信息就是在就诊中心治疗开始和结束的时间表，以及在此期间就诊中心提供治疗护理，可谓是患马非常理想的状态。对于呼吸道损伤，成功处理负伤马匹重要的方面包括确定损伤位置、马匹伤后的血液动力学状态、是否出现气胸和有效治疗计划的实施。

一、鼻旁窦外伤

鼻旁窦损伤常是由静止物体撞击、跌倒或踢蹴引起（见第 50 章）。经常导致前额、上颌窦、鼻骨板的凹陷骨折，形成鼻出血和不同程度的呼吸功能障碍，程度因损伤范围而异。治疗的目的是重塑解剖完整性，以达到功能和美学恢复效果。轻度伴有骨凹陷的鼻旁窦骨折通常采取自行恢复措施；但对于严重挤压损伤者，如果自行愈合会留下不规整的凹陷，需要进行手术治疗，把凹陷的骨板隆起，重塑解剖学轮廓。大多数鼻旁窦损伤即使有骨碎片缺失，但恢复机能的预后良好。损伤部位有一块皮瓣和其下的骨膜能够在损伤部位闭合，愈合就会很好。但是可能会因为窦的贯穿而导致持续存在的继发性窦炎、脓肿形成和慢性流鼻涕。这可以通过早期处理，包括应用广谱抗菌药物、适当的伤口护理和鼻旁窦灌洗避免发生。如果发生创伤后，鼻旁窦炎持续存在，应怀疑在损伤时有骨碎片分离存在。对这种病例重要的是进行仔细的影像学分析来确定分离的骨碎片，应将之清除和手术摘除。上颌臼齿损伤极为少见，如果此区域发生损伤后存在持续的窦炎，应当考虑这是可能的慢性感染源。

二、喉部外伤

马喉部外伤是不常见的。外部的喉部创伤可能因喉部区域损伤所致。结果是炎症可导致喉头水肿，可能严重到足以引起上呼吸道阻塞。如果是这样，应立即在气管近端 1/3 处施行临时气管切开术，恢复适当的呼吸。甚至在中等喉损伤的情况下，通过一个临时气管切开术分导气流，可帮助减轻喉水肿。此外，审慎使用非甾体类抗炎药常可以解决喉肿胀。

在吞咽时食物可损伤喉黏膜导致喉受创。像这种喉部内部的损伤比外伤更常见，并可能导致覆盖喉软骨黏膜损伤。这些情况下，临床医生应该意识到可能在黏膜损伤部位形成大量肉芽组织。肉芽组织可能会持续存在，并出现典型上呼吸道阻塞的现象，如喘鸣、运动不耐受、慢性咳嗽。持续的肉芽组织形成是有问题的，有必要使用内镜清创及进行药物治疗，包括抗生素和抗炎药物局部和全身用药。

三、气管损伤

内气管损伤通常是全身麻醉气管插管所致。长时间使用高压、低容量套式气管插管对气管壁产生压力，导致黏膜甚至气管壁全层缺血性坏死。马在全身麻醉下，套管过度充气、损伤性插管和没把套管放气就去除插管都可能导致黏膜的损伤。气管黏膜损伤的诊断不容易，当马全麻后出现慢性咳嗽和间歇性鼻分泌物时通常用内镜能诊断出来。

损伤后几天气管黏膜可能脱落，在此处形成肉芽组织。局部抗菌药物的应用可能有助于肉芽组织发展。黏膜损伤通常愈合并且无并发症，但可能在气管管腔形成瘢痕组织网，一旦愈合过程完成可能有必要进行清创。

外部气管损伤较常见，是由钝伤或穿透颈部或胸部区域的透创所致。这可能会导致气管伤口，或气管撕裂和断裂。钝性外伤很少引起气管损伤，因为马气管不会像人气管那样被脊柱压裂。

更普遍的是被踢或异物撞击引起马的气管穿孔。呼吸困难是气管损伤的主要表现，并伴有皮下气肿迅速形成。颈部气管破坏时更容易看到。如果胸部气管创伤时，其典型表现是气管塌陷并发生纵隔气肿和气胸，这样病例呼吸困难严重，可能危及生命。

当颈部和头部出现皮下气肿时应怀疑气管撕裂。通过颈椎 X 线片观察到气管连续性丧失和在颈部缩小。有时不能确定气管裂隙，可能需要使用内镜进一步判断。气管镜检查可被用来直接观察气管缺陷，但此操作可能导致进一步的呼吸道损伤，因此应该仅在马血流动力学稳定时使用。

气管裂伤有时需要紧急手术。根据损伤的部位，可能有必要在损伤部位远端进行临时气管切开术。如果颈段气管受损，在马站立和二期愈合条件下进行清创。已报道气管切除吻合术难以在马中进行，因为全麻苏醒期间有发生再损伤的危险。幸运的是大多数的气管裂伤都预后良好，因为发生在颈部，可以通过实施标准伤口护理措施成功治疗。临时气管切开术通过转移气流来促进伤口治疗，进一步加快气管损伤的愈合。

四、胸部创伤

胸部创伤诊断和治疗比较困难，临床医生应该准备制订急救方案，特别是损伤造

成胸开放或严重钝性外伤时。后者的表现不容易判断，因为挫伤、塌陷或肺撕裂都可能发生且没有明显外部损伤。此外，胸外创伤伴有心肺症状的，需要急救，通常急需送到医院。

（一）病理生理学

在评估胸部创伤的马时，兽医可能会面临气胸诊断和治疗的挑战。此外，开放性胸部损伤还会面临胸腔污染和感染、异物和肋骨骨折的危险。特别是外伤性气胸，通常是继发于胸部损伤；然而，非穿透性钝性外伤也可能通过压缩和破裂肺小叶内的肺泡，引起气胸，造成空气泄漏从下呼吸道进入胸膜腔。急性胸部创伤的马最容易受到影响，产生严重的并发症，因此应仔细观察和管理，因为它们可能需要紧急手术。

气胸表示在胸膜腔内有自由空气的存在。在大多数情况下，空气将局限于胸腔空间；然而，空气可能被包含在肺的外膜组织层（肺间质气肿）或在纵隔（纵隔气肿）。正常自主呼吸时，胸腔压力相对于肺泡与大气压力是负的。正常呼气末胸膜腔压力是低于大气压（约－5cmH_2O[①]），胸壁通过吸气肌收缩而扩张（主要是膈肌和肋间外肌）形成的吸气时更低（－7.5cmH_2O）。由于肺回缩和胸壁扩张，整个呼吸周期都保持胸腔负压。当气胸存在时，胸壁和肺之间的关系被打破，胸壁受反作用力影响趋于扩张，而肺则依靠自身的弹性而塌陷。当胸膜腔和大气压力平衡时，肺达到其最小体积，如果胸腔压力进一步增大（如空气积聚在胸膜腔）导致患侧胸壁扩张和纵隔向对侧胸部移位。在小马驹身上，纵隔向对侧胸部移位可以通过影像学检查来确定。在胸壁和肺实质撕裂时出现单向肉瓣时，即发生张力性气胸。在吸气时，空气进入胸膜腔并积累，由于单向肉瓣不允许吸入时进来的空气在呼气时释放出去。在这种情况下，胸腔压力增加高于大气压力。

肺塌陷影响肺的功能。总肺活量（在最大吸气末肺内所包含空气的量）降低，这也降低了肺活量（最大呼吸时空气量）。此外，换气不良肺区低通气灌注比例导致了动脉氧分压降低的发生。换气不良是气胸患马的肺部萎缩塌陷导致外周呼吸道关闭的结果。

气胸由于胸腔压力变化也减弱了心脏的功能。当损伤使胸部与大气相通，心脏周围的压力从其正常－5mmHg 值增加至 0mmHg。这导致静脉回流降低和心输出量减少。

（二）胸部损伤的类型

1. 穿刺伤口

多种类型的损伤都可以导致胸部穿透，最常见的可能是刺创。大多数刺创是单侧的，可能涉及腋区或侧胸壁及相关肋骨。当尖锐物体刺穿皮肤，造成的伤口深度比表面伤口的宽度大即发生刺创。血液或血清从开口处渗出，但表面可能迅速愈合并停止

① cmH_2O 为非法定计量单位，1cmH_2O=100Pa。——译者注

渗出。后者的特征使胸腔刺创诊断特别困难，因为很不容易确定胸壁是不是被刺穿。刺创数字化探查术是兽医可选用做诊断的极少方法之一，可用来评价刺创深度和施行合适的治疗。对周围组织进行彻底消毒后施行手术扩创，对于判定胸壁完整性非常必要。另外，考虑到如果漏过胸部透创对于彻底治疗的严重性，非常重要的是要建议进行进一步的诊断，如进行胸部超声或X线检查。

2. 肋骨骨折和连枷胸

肋骨骨折可因钝伤或穿透伤引起。经常在原发损伤后，有时骨折肋骨引起胸腔透创，这样临床医生应仔细检查伤口，要假设肋骨断裂可能存在胸部透创。第3到第8根肋骨最容易受伤，在成年马身上可能通过胸部X线片观察到有肋骨骨折碎片，作为偶然发现的陈旧性创伤产物。肋骨骨折在新生马驹比成年马更常见，可发生在妊娠或分娩期间。出生体重大的马驹和难产时牵引产出的马驹可能发生。

诊断是通过观察临床症状，包括呼吸困难、昏睡和患侧朝上躺卧。肋骨的触诊通常显示不对称性和单侧捻发音，在站立的小马驹表现最为明显。通常，一连串的肋骨可能向一侧开张。与单侧肋骨骨折相比较，双侧肋骨骨折非常罕见。

多个与严重的肋骨骨折可合并成“枷”的胸部。这发生在当一部分胸壁包括两个以上的肋骨从胸壁上分离时，也可能发生在一个肋骨发生两处骨折或脱离肋软骨连接处时。这种类型的损伤分离部分独立移动到其他的胸壁上，并因胸腔负压以至于被吸入而向内塌陷。这种向内塌陷导致下面肺不能有效换气。

早期检测和休息是肋骨损伤须选择的治疗方法。对损伤更严重的患马的治疗应包括胸腔穿刺，减少血胸，如不处理可导致肺萎缩。患有连枷胸的马驹应保持镇静，深度舒适睡眠，患侧在下的平卧，以有利于气体在未被损伤的胸部交换。

3. 外伤性气胸

胸壁钝性或锐性外伤和医源性损伤（胸部导管的放置、引流管或胸腔手术）是导致马体气胸的原因。虽然有可能，由于强大的肌肉覆盖在胸部区域、第1肋之间的狭窄的胸部开口和胸部的前部分的抛物线形，损伤很少涉及胸内结构。在受伤的时候，马表现出创伤性休克和气胸合并症状。不安和忧虑、心动过速、呼吸急促、呼吸困难以及黏膜发绀为常见体征。与气胸相关症状轻重程度取决于损伤后肺塌陷速度、双侧气胸和开放性还是闭合性损伤。气胸的临床诊断是通过胸部听诊呼吸音减弱来判定。马表现特征性不安，伴浅呼吸和高心率。X线检查是确诊气胸的最佳方法，超声也可发现在肺部向胸膜腔后背侧滑动而提示气胸。

气胸的两个重要并发症有严重的和典型的临床症状：张力性气胸和纵隔气肿。如上所述，张力性气胸是由空气单向漏入胸膜腔造成的。胸部创伤后产生的高胸腔压力可导致严重的心肺损伤。过度的肺泡内压导致肺泡破裂时气胸可能导致纵隔气肿。对成年马很难诊断出纵隔的空气，当临床症状如心动过速、呼吸急促严重时，临床医生可怀疑发生了纵隔气肿。

（三）胸部创伤后的应急处理

气胸处理的两个主要目标：第一，消除胸膜腔空气；第二，防止复发（框图4-1）。

在自发性气胸病例中，治疗方法包括简单的观察，使空气缓慢地从胸膜腔发散。靠机体自行吸收气体需要时间，24h 内一侧气胸气体大约 1.25%被吸收，这意味着 20%的气胸会耗费 16d 左右的时间来自愈。在气管内输入 100% O_2，胸腔气体的吸收率可以提高 4～6 倍。据此在人类医学中，推荐对任何类型的气胸住院患者均不做穿刺或置管引流术，只进行高浓度氧的补充治疗。马和马驹可以通过气管内或鼻内给氧进行治疗。原因如下：气胸时气体通过脏层和壁层胸膜毛细血管进出胸膜腔。各气体的运动取决于毛细血管和胸膜腔的分压之间的梯度，每单位面积的血流以及周围组织中的每种气体的溶解度影响气体交换。通常，在一个患马呼吸室内空气的毛细血管的分压总和大约是 760mmHg 汞柱（P H_2O = 47，P CO_2 = 46，PN_2 = 573，PO_2 = 40mmHg）。如果假定胸腔压力接近大气压（760 mmHg），当有气胸时，然后气体吸收的净梯度仅为 54 mmHg（760－706）。如果患者被给予 100%的纯氧，然而，在毛细血管的分压总和可能会下降低于 200mmHg（ PN_2 将接近 0mmHg，而 P O_2 将保持低于 100mmHg）。因此，气体吸收的净梯度将超过 550mmHg，超过患马呼吸室内空气压力的 10 倍。

框图 4-1　在急性胸部创伤后现场急救总结

1. 进行一个全面的身体检查以确定马的血流动力学状态。心率大于每分钟 60 次，呼吸率大于每分钟 40 次，表明马存在严重的心肺功能障碍，怀疑发生张力性气胸。
2. 使用正确和极可能少的镇静，对伤口进行彻底的检查。诊断应首先主要评价是否肋骨骨折，肋骨骨折会进一步增加肺撕裂伤的机会。
3. 从伤口处除去任何明显的碎片。
4. 放置胸管引流。如果找不到适宜的引流管，那么任何可用的导管或扩大设置都可用于从胸部疏散空气。

a. 于胸壁背侧第 12、第 13 肋间做手术准备和局麻。

b. 避开沿肋骨尾部边缘运行血管，做一个 2cm 的皮肤切口。使用弯止血钳，通过肋间肌、胸膜刺穿插入胸管，需要时用钳夹引导插入导管。

c. 将至少 5cm 导管插入胸内。可把外科手术手套手指缝合到管端制造一个单向阀系统。用荷包缝合方式将导管缝于胸部。

5. 此时如可能可以将胸部伤口缝合，或可能用纱布和绷带覆盖缠绕马的胸部。在施行胸部导管安置后闭合胸腔是非常重要的。
6. 开始使用广谱抗菌和抗炎药物。讨论研究选择转诊到三级诊疗中心来对损伤进行进一步诊断。

加速气胸气体的排出也可以通过几种手术方法。用针和大注射器进行简便的抽吸可以降低气胸发病率。虽然此方法通常用于小动物，但已经在成年马原发的自发性气胸治疗上获得成功。胸腔导管常用于原发胸部创伤已经闭合的开放性胸部创伤的马（图 4-1）。空气最初可用机械抽吸装置吸出，随后于尾侧第 3 肋间隙胸廓内切口插入一个大口径的胸管。胸管装有由可折叠橡胶手套做成的 Heimlich 阀门。当吸气时，胸腔负压传递给橡胶手套，手套凹陷阻止空气进入胸腔。相反，在呼气时胸内正压打开套管，允许存在于胸内的空气排出。

复张性肺水肿可能是由于采用抽吸方法迅速减少气胸而出现的并发症。急性肺水肿后可能再度复发，并可导致低氧血症和低血压。快速的高压肺膨胀机械性刺激肺毛细血管损伤，保留蛋白质能力较差，水肿液渗漏到肺间质。渗出液的高蛋白含量支持水肿是源于损伤的毛细血管，而不是血管内静压增加积累的结果。特别是在气胸已经存在了好几天时复张性肺水肿的发展机会增加。为此，临床医生应该避免在治疗气胸时造成强烈的胸腔负压。20mmHg 的压力或低于此应用于胸部被认为是安全的。

当存在肋骨骨折导致肺撕裂、异物存在或支气管胸膜瘘这些情况没有解决时，要进行开胸手术或胸腔镜。作为医生和外科医生要明确胸腔镜使用的益处，在诊断马的急性或慢性胸腔损伤带来影响方面，应用越来越普遍。胸腔镜在胸部创伤的检查类似于那些被推荐用关节镜在马持续性关节创伤的诊断。探查一侧胸部创伤可以移除保留在胸内的异物，评估血胸的可能原因（如肋骨骨折）、判断肺损伤的程度和（与准确引流灌洗援助的放置）直接灌洗创伤的胸腔区域。

马从胸部损伤中幸存下来，最常见的并发症是瘢痕组织形成，导致胸膜壁层和脏层之间粘连。这些粘连通常是良性的并且不导致长期的并发症，但是它们可能会限制肺的运动和当马运动时削弱肺的功能。

推荐阅读

Boy MG，Sweeney CR. Pneumothorax in horses：40 cases（1980-1997）. J Am Vet Med Assoc，2000，216：1955-1959.

Collins MB，Hodgson DR，Hutchins DR. Pleural effusion associated with acute and chronic pleuropneumonia and pleuritis secondary to thoracic wounds in horses：43 cases（1982-1992）. J Am Vet Med Assoc，1994，205：1753-1758.

Hassel DM. Thoracic trauma in horses. Vet Clin North Am Equine Pract，2007，23：67-80.

Klohnen A，Peroni JF. Thoracoscopy in horses. Vet Clin North Am Equine Pract，2000，16：351-362，vii.

Peroni JF，Horner NT，Robinson NE，Stick JA. Equine thoracoscopy：normal anatomy and surgical technique. Equine Vet J，2001，33：231- 237.

Peroni JF，Robinson NE，Stick JA，Derksen FJ. Pleuropulmonary and cardiovascular consequences of thoracoscopy performed in healthy standing horses. Equine Vet J，2000，32：280-286.

（高利　译，王玉杰　校）

第 5 章　四肢受伤的急救护理

Alan J. Ruggles

马的骨损伤是对其生命的一种潜在威胁，因此正确的理解和应用急救技术去保护肢体避免受到二次伤害，甚至有时可以拯救其生命。兽医通晓恰当的固定和运输方法，可为马的良好恢复提供最佳契机。此外，骨科损伤对于马和人类都是严重的伤害。兽医具备控制这种情况的能力，可为马减轻伤痛，清楚地为马主人提供建议，从而促进患马康复，同时可为患马和马主人创造将困难环境变得更易于控制的条件。

一、准备

一个合理的急救措施起源于良好的准备。当骨科损伤发生的时候，有经验的医生会随时携带着通用的绷带或夹板在汽车里，或者快速地得到这些材料。在兽医专用车或兽医室中放置的夹板，最有用的应是比较宽厚的聚氯乙烯（PVC）管（从至少直径10.2cm 的管切割而来）。商业型的夹板，如 Kimzey 腿救护夹板或创伤靴是针对不同程度损伤的通用急救装置，包括掌指关节或跖趾关节。夹板可以是预制的或用标准硬件级刀锯和 PVC 管切割定制。扫帚柄、击剑围栏或伸缩柄在必要时也可作为夹板的材料。无菌和未灭菌的绷带材料、黏合带和胶带是最容易获得的用品。塑型材料也偶用于固定损伤肢体或增强夹板应用。重量轻而牢固的材料是作夹板的现成合适材料（框图 5-1 ）。

框图 5-1　在现场急救夹板工具箱材料*

1. 无菌和无菌绷带材料。
2. 两预制 PVC 夹板，长度足够从蹄底到腕部加以固定。
3. 两预制 PVC 夹板，长度足够从蹄底到肘关节加以固定。
4. 卷轴绷带或弹力绷带。
5. 能够用手或刀锯定制一定尺寸夹板的材料及工具。

*这个列表是包括最小的材料在内的试剂盒。

二、评估

当遇到一个马骨科急诊的时候，认识到完整的或可能延伸的受伤程度是非常重要的，这样可以让主人及时了解到马的受伤程度和治疗方案。虽然在运输和转诊前很自然的注意到严重损伤的非常明显的一些表现，但是一定要做全面的体检以确保没有忽视重要的额外损伤。评估应当包括观察马全身心血管状态，包括失血、脱水或休克。由于骨科损伤出现疼痛，心率快是其特有的表现，而血管内血容量减少是由于失血、出汗或饮水不足，同时也会引起心率加快，要合理评价，在必要时要进行纠正。肢体不稳定经常让马处于一种痛苦的状态。一般可以通过夹板来缓解肢体的这种痛苦，也可以提供局部负重。触诊不稳定的肢体可能会发现损伤位置和受伤程度及症状，但损伤的完整评估最好是进行 X 线照相。如果一匹马由于不稳定肢体处于巨大的痛苦中，首先最重要的应该是使用夹板提供支撑，然后使用 X 线检查。严重损伤肢体和其他肢体软组织损伤应该进行评估。非常重要的是确定软组织损伤是否是影响骨折修复次要或主要的并发症。Ⅰ型开放性骨折断端导致的磨损和刺透创口对于骨折完全修复具有副作用。然而，如果治疗及时的话，这种风险是相对较低的。在Ⅱ型或Ⅲ型开放性骨折或损伤时，软组织出现严重血管损伤，常大大影响骨折修复决策和骨折修复结果，在检查时须及时判别并和主人商讨。开放性骨折的分类总结如下：

- Ⅰ型：小（<1cm）的皮肤刺口，锐利的端骨钉状末端导致。没有明显皮肤损伤或血管损伤。
- Ⅱ型：大（>1cm）的皮肤撕裂但没有皮肤的丢失。可能暴露出骨头，软组织和骨的污染很小。
- Ⅲ型：广泛的皮肤撕裂或软组织丢失，软组织或骨有或没有污染，或二者都有污染。

三、控制

马的保健专业人员应掌握紧急情况处理技能，这些紧急情况包括马的生理性受伤，以及马主人及其相关人员的心理伤害。大多数情况下有必要对患马镇静，以进行评估、施行诊断检测和实施急救。镇静须根据对任何相关异常的理解谨慎使用，如失血或休克，这可能会影响药物使用剂量。受伤马和健康马相比较，由于兴奋状态和疼痛相关的因素，对于镇静剂的反应不如预期效果。使用 α_2-肾上腺素受体激动剂，如赛拉嗪进行镇静，通常能够允许有效评价损伤和急救。必须谨慎照料避免过度镇静，否则可能会导致马很难站立或难以运输。每千克体重 0.4～0.5mg 剂量赛拉嗪通常适合初始检查。如果马受困或肢体受困和躺卧，稍微重度些的镇静或有时短时麻醉对于降低马和救治人员的风险是必要的。阿片类兴奋-颉颃药如布托诺啡可增强疼痛缓解效果，可以与赛拉嗪合并应用。根据需要可以进行重复镇静。

四、诊断测试

主治兽医必须评估情况以确定需要什么样的急救。对受伤部位的细心观察和物理检查是必不可少的。刺入滑膜结构伤口可以明显地被观察到，或者观察到在伤口有滑

膜液。滑膜刺创也可能表现得不明显，这就需要进行损伤关节抽吸检查（见第 186 章）。这些在急救过程中不是经常检查的，但在转院中心或临床症状持续且关节炎症明显时需要检查。超声检查对四肢检查不是特定的，但在对胸或腹腔区域并发症识别是需要的。如果提示需要时可以进行，X 线检查通常可以提供损伤程度的明确信息，有助于确定合适的治疗方法。尽快获得直接 X 线片，现场进行评价以及及时将图片电子传递给转院中心有助于建立更准确的评估和治疗计划。

五、伤口护理

创伤急救的目的应该是去除杂物，以及减少深层和表面的污染（见第 186 章）。如果要在现场处理损伤，建议采用标准化的伤口处理方式。如果计划用船把马运送到转诊中心，那么就要用浸泡在生理盐水或 2%洗必泰生理盐水或生理盐水抗菌药物溶液中的纱布尽可能清除异物。在对损伤做进一步评估时，洗涤伤口前不是必须对伤口剪毛，当条件允许时再剪毛。用无菌绷带并施以一定的压力可以阻止伤口进一步污染并控制出血和减少肿胀。适宜的辅助治疗方法是给予破伤风类毒素、抗生素和非甾体类抗炎药。

处理撕裂伤时，要确定所涉及的伸肌或屈肌筋腱损伤。这些撕裂伤可能会刺入滑膜鞘，且损坏筋腱结构，导致腿机能的丧失。对这些病例的仔细评价和伤口管理是改善后期康复的重要步骤。需要清洗伤口、放置无菌辅料和使用夹板来替代丧失的伸肌或屈肌筋腱功能（见肢体固定）。

六、肢体固定

受伤马的四肢不稳定可导致巨大的痛苦和进一步的伤害。不稳定肢体的固定，即使它不能做到完全负重，也可为马和马主人减轻压力提供一定的帮助。为进行肢体固定，对局部解剖的了解是必要的。在可能情况下，理想的方式是将骨柱在矢状面和背面对齐，然后用适当的夹板保持这种对准的姿势。这些平面对齐，提高受伤马的舒适性，可以允许部分负重，并防止进一步软组织、血管结构和骨端损伤。对于损坏悬吊组织的损伤必须进行保护，用这种方式来保护，可以防止血管过度拉伸，这可以暴露血管内膜，导致血栓形成和指端完全缺血性坏死。如果可能，任何脱位或半脱位都应该在使用夹板前加以纠正。球节脱位矫正通过弯曲球节，然后用力按压马蹄来让球节复位。Kimzey 腿保护夹板是特制的装置，可以预防蹄部和球节发生此类损伤综合征。受伤前肢固定相比后肢比较容易，因为后肢交互固定装置在北侧平面固定时带来困难（框图 5-2、图 5-1、图 5-2）。

框图 5-2 固定的原则

1. 保护肢体绷带包扎以及适当的压缩，但填充物不要过多。
2. 放置商品化或自制夹板或塑形材料，固定损伤区以上和以下关节，一直延伸到地面（图 5-1）。
3. 安置夹板防止肢体外展内收，限制骨折断端造成进一步的软组织损伤（图 5-2）。

使用绷带固定肢体要合并使用充足材料来保护软组织，但不要过多。过多使用绷带可以让装置夹板、保护装置松脱，固定能力和舒适度消失以及软组织可能出现损伤。商品化的夹板，如拉链式压迫靴[①]或 Kimzey 腿保护夹板（图 5-3）已经用于指端损伤（如掌指关节或跖趾关节处或下方损伤）。创伤靴对于指骨和籽骨骨折很有效。Kimzey

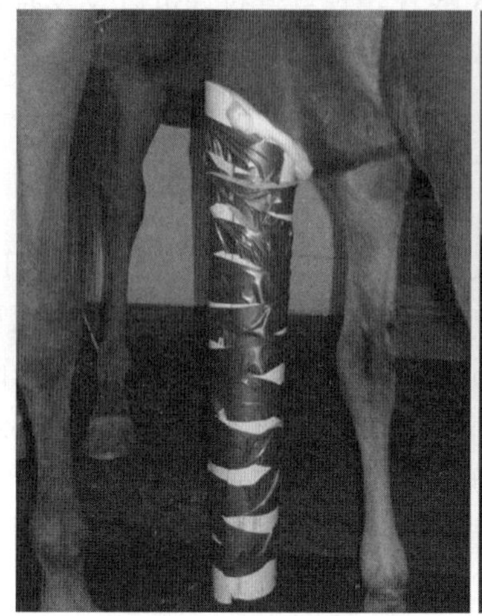
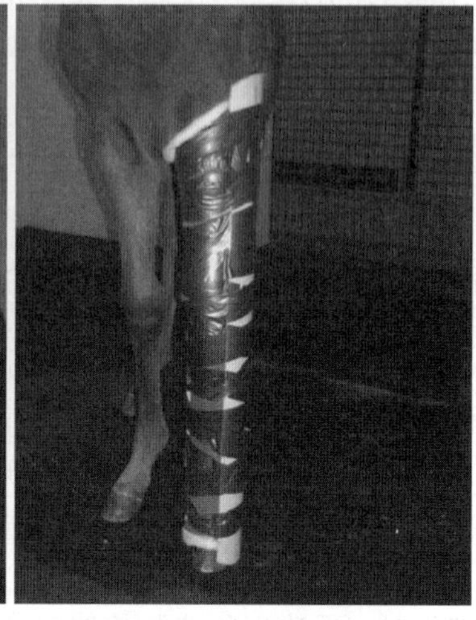

图 5-1　马驹的掌骨横骨折用卷轴绷带固定并用胶带缠绕

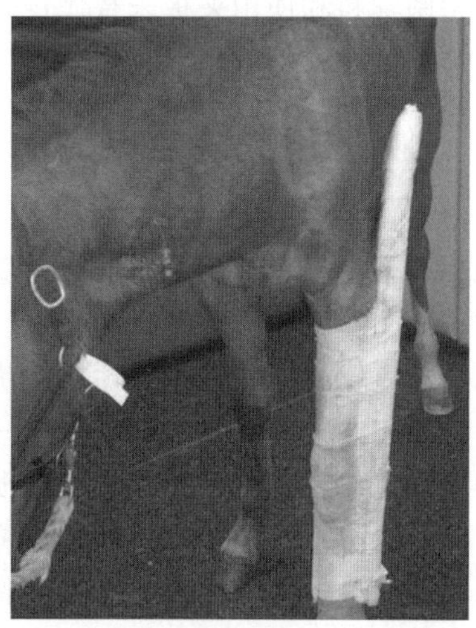

图 5-2　1 周岁马尺骨骨折，利用掌部外侧夹板固定。注意，为防止肢体的外展活动，外侧夹板一直延伸到肩胛骨上端

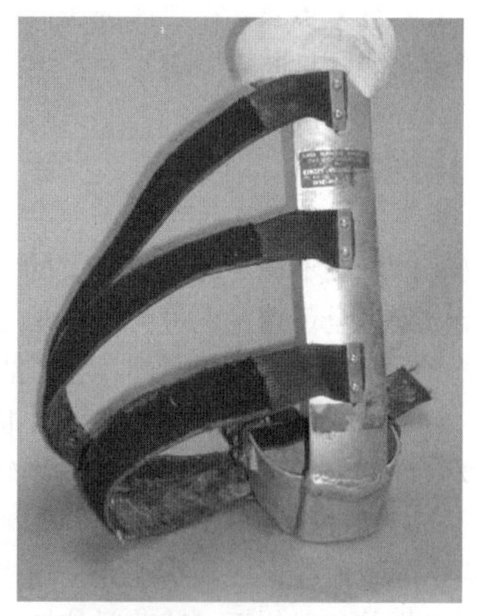

图 5-3　Kimzey 腿保护夹板，放置在绷带外面与四肢的远端骨并列，该装置能够快速放置，对有伸肌开放性损伤的病例早期救助特别有用

① 马的支撑解决方案，Bushnell，FL。

腿保护夹板对于悬吊组织损伤或球节区域损伤是非常有效的。表5-1为前肢和后肢损伤时夹板的使用方法。

表5-1 建议前肢和后肢损伤夹板的使用方法

解剖部位	损伤类型	建议夹板
趾	撕裂（稳定）	只用绷带
趾	关节脱位	铰接压缩装置；Kimzey腿保护夹板，背侧夹板放置位置为从蹄部到腕部
指骨	无移位指骨骨折	铰接压缩装置；背侧夹板放置位置为从蹄部到腕部；Kimzey腿保护夹板
指骨	移位粉碎性指骨骨折	外伤引流；背侧夹板放置位置为从蹄部到腕部；Kimzey腿保护夹板
球关节	移位或不移位横向或中间髁部骨折	填充的双层绷带（铰接压缩启动Kimzey腿保护夹板或不推荐）
球关节	撕裂	绷带，使用Kimzey腿保护夹板，从蹄到腕部使用背侧夹板，如果固定不确实有必要的话使用铰链
球关节	支持部位创伤性损伤	Kimzey腿保护夹板
掌骨和跖骨	完全掌骨或跖骨骨折	掌部外侧夹板绷带一直到肘关节水平位置，跖部夹板绷带一直到跟结节外侧上方
腕骨	简单骨折，没有背部向掌部的不稳定	标准的全肢体绷带
腕骨	粉碎性骨折，脱臼，矢状或额状面不稳定	掌侧夹板绷带一直延伸到肘部
桡骨	无移位骨折	没有连接，除非运输，然后用掌侧夹板绷带固定，夹板一直延伸到肩胛骨上端
桡骨	移位骨折	掌侧夹板绷带，夹板从肘部延伸到肩胛骨近端外侧
肘突	移位或不移位骨折	通常没有连接，有些马利用腕部末端夹板固定舒适，但这会加重骨折移位
肱骨或肩胛骨	移位或不移位骨折	没有连接
胫骨	移位骨折	侧夹板一直延伸到骨盆
股骨或骨盆	移位或不移位骨折	没有连接

七、沟通

根据受伤的类型、程度及损伤处理计划与马主或在检查时的有关人员进行沟通是最基本的。清晰沟通可让马主人开始明白在损伤以后的评估和治疗时预期出现的结果。

在马运输前要与转诊中心做好沟通，并询问对其是否进行额外的急救治疗。让客户明白未来损伤的评估和治疗期望。要给转诊中心提供使用的药物和药量及全部处方。如果可能，将所有影像的拷贝件一起送达，或将数字图像转发到转诊中心。

八、运输

马运输时装配适当夹板是安全的，担心运输出现问题不应该成为不运送损伤马匹去转诊中心做决定性治疗的理由。即使有合适的夹板，特别是肢蹄上部损伤，对于损伤马的移动也可能非常困难。当可以安全运输时，需要采用运输车，否则不可以运送。对于马主人来说，倾向于在大围栏中运送，可以让马自由活动。但事实上相反的方式更好。肢体损伤马在运输过程中应严格限制在独立尺寸围栏，并在拖车或厢式货车中有标准隔栏。限制区域可以让马依靠在运送围栏的周围以保持平衡，且便于装卸。如果是前腿受伤，马应该面朝前运送，后腿受伤则相反，以便在车停止时让其重量置于两健康腿上。如果需要的话，可以用镇静剂来控制兴奋，但要十分注意，避免过度镇静，这可能会引发共济失调或失去平衡。发生附属脊柱骨损伤的马不出现典型的躺卧。如果马不能自行或辅助站立，就要考虑脊柱损伤。对于躺卧马匹运输可能最好的方法是进行深度镇静或麻醉，但如果有其他损伤迹象，则不允许如此做。使用捕捉笼或运输滑板让躺卧马匹进入拖车来运输有益。除非马训练过使用悬吊索，如果有其他迹象表明不合适，就不建议使用吊索来运输马匹。

推荐阅读 

Bramlage LR. First aid and transportation of fracture patients. In：Nixon AJ，ed. Equine Fracture Repair. Philadelphia：WB Saunders，1996：36-42.

Fürst AE. Emergency treatment and transportation of equine fracture patients. In：Auer JA，Stick JA，eds. Equine Surgery. 4th ed. St Louis：Elsevier，2012：1015-1025.

Fürst AE，Auer JA. Prehospital care of equine fracture patients. AO Foundation Dialogue，2008，1：36-39.

Gustillo RB，Merkow RL，Templeman D. The management of open fractures. J Bone Joint Surg，1990，72：299-304.

（高利　译，王玉杰　校）

第 6 章　大面积皮肤缺失/皮肤撕裂伤

Daniel J. Burba

皮肤撕裂伤是皮肤与皮下组织分离的创伤。这些伤害最常发生在四肢，但也可以发生在其他地方，如在头或躯干。皮肤撕裂伤多发生于肢体被卡住的情况下，如马踢破围墙或肢体悬挂在门上。头部皮肤撕裂可能发生于动物的撕咬（如犬或鳄鱼），而躯干皮肤撕裂伤，常发生于被突出物品所刮划，如门闩（图 6-1）。撕裂伤的相关问题是损伤时皮肤或血液供应的丢失。四肢皮肤也是如此，当不同途径限制血液供应和当血液供应损伤或丧失时会发生皮肤死亡。对于肢体远端基底皮肤瓣基本血液供应的缺失要特别关注，因为会发生缺血性坏死。如果骨膜露出或损坏，对伤口必须进行快速处理，以防止形成死骨。本章阐述了撕裂伤治疗和其他能导致的广泛皮肤丢失。

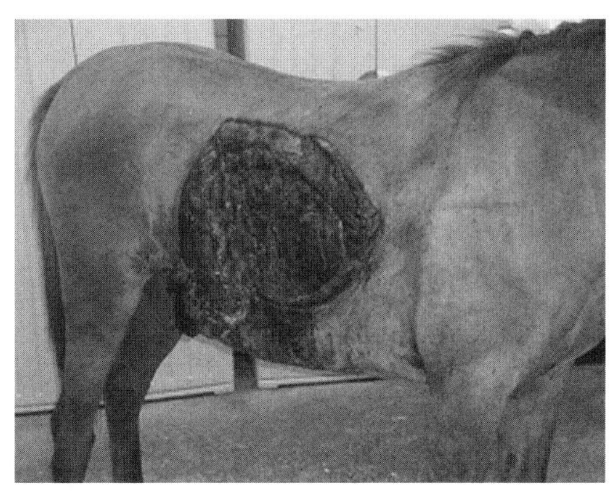

图 6-1　马胸腔部位皮肤撕裂伤

一、初步诊断

撕裂伤的初步诊断应确保保持组织湿润，直到伤口得以确实治疗，尤其是当运送动物做进一步处理时。骨外露的干燥部分会导致死骨形成，这是病马的四肢迁延不愈的常见病因。皮下组织的干燥也损害生存能力，并导致愈合并发症。皮肤撕裂伤必须首先从伤口处尽可能去除全部明确的碎屑。然后用戴手套的手探查确定损伤的范围，探查异物或骨碎片。因为损伤相邻滑膜结构、肌腱和韧带，可能影响马损伤最终愈合结果，损伤程度必须准确地确定，以及邻近结构损伤要适当地标明（见第 186 章）。在全部骨碎片都移除后，使用非黏性湿或干绷带。这种类型的绷带通过使用厚的非黏性吸收垫诸如棉花结合片，浸泡在生理盐水或平衡电解液（BES），并覆盖于创部。随后在其外边使用外绷带。最好是用等渗盐水或 BES 而非低渗水，因为前两者都比较符合露出的仍有活力细胞的生存。如果碎屑不能有效地通过彻底的清洗除去，黏附湿绷带或干绷带也将有助于伤口清创。这可以通过将润湿的一次性厚棉片（黏合垫）直接敷在伤口完成。绷带要保留至少 12h。污垢和碎屑通过毛细作用吸入绷带，在更换绷带时被去除。这样操作要进行到伤口能够常规清洗时。

二、创伤清理

清理和修复创伤时需要全身麻醉。处理是否良好取决于伤口在身体的位置、损伤的范围和患马合作与否。全身麻醉可以对伤口更近观察、细致清洗和去屑以及伤口修复。如果伤口有一个皮瓣也不要过分的紧张，在准备和缝合伤口时一定要保持皮瓣湿润。伤口可以用消毒的刷子温柔地刷洗，然后用生理盐水，最好用 BES 冲洗。为了帮助清理碎屑，对伤口用稀释的消毒溶液冲洗：洗必泰比较好，稀释的碘附溶液也可以应用。有效冲洗伤口的关键是使用加压溶液；70psi① 是最好的，较高的压力会导致皮下组织积水。冲洗要一直持续到所有的明显碎屑被清除。

三、伤口修复

伤口应尽可能闭合，因为良好封闭伤口可以起到整形效果以及促进伤口愈合。影响伤口闭合的因素包括大范围的死腔、皮肤张力和运动的范围内，所有这些都可以增加裂开的机会。裂开是治疗四肢皮肤撕裂伤尤其需要关注的问题：不能很好地控制伤口裂开，修复就不能成功。

四、大伤口死腔处理

密闭性伤口所形成的死腔会导致皮下血肿或积液和破坏修复。处理包括利用步行缝线放置在皮下空间或通过，或经皮肤缝合闭塞的死角和穿透皮肤连到皮下组织固定。后者主要用在躯体大伤口。在肢体上，牢固地放置压缩绷带对于消除死腔是非常有效的。引流是一种可使血液和血清从死腔排出的方法。引流分为主动引流和被动抽吸。Penrose 引流是用于马伤口最常见的被动引流，在大多数病例中非常有效。主动引流，是不会被压扁有孔的引流②，对于从死腔中抽吸血液和血清更为有效，但需要加以注意（图 6-2）。只要负压（吸力）应用于引流，就可以防止像被动引流所产生的细菌向内迁徙。无论采取何种引流，引流管都应放置于死腔部位，仅仅部分缝合皮肤开口。因为

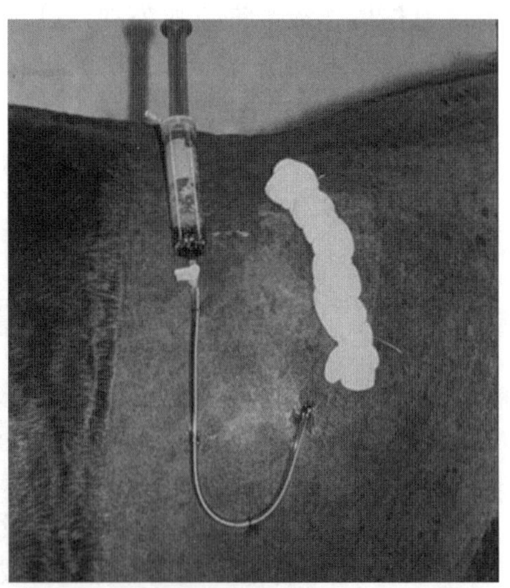

图 6-2　马躯干创伤引流装置，注射器用来作为吸引装置，术部缝合包扎绷带

① 1psi＝6.895 kPa。

② Jackson-Pratt，Allegiance，Dublin，OH。

需要无菌安置引流，对于不是全麻且修复尚未进行的马在缝合处采用局部麻醉以助于缝合。引流管放置不应超过 72h，因为时间过长会增加移行感染的危险，可能出现伤口开裂。

五、伤口张力处理

在一些撕裂伤病例中，伤口边缘皮肤可能出现很大程度的回缩，使闭合困难。特别是肢端损伤更是如此。采取一定的技术拉伸皮肤使皮肤边缘对向牵拉以闭合。这可用巾钳来操作。在伤口清洗和除屑准备好缝合后，交叉使用巾钳横过伤口牵拉伤口复位。如果对镇静患马施术，使用巾钳需要采用局部麻醉（图 6-3）。当皮肤边缘复位后，伤口缝合张力可以采用 2-0 单股缝线距伤口 2～4cm 处做大的减张垂直褥状缝合来降低或消除，缝合时则去除巾钳。重要的是，应注意在缝合这种类型的伤口时，如果只是简单地将伤口边缘对合，甚至是将皮肤伤口边缘来回拉动来使伤口边缘对合，则容易因为缝合导致组织割伤。当所有的减张缝合都完成后，才开始真正缝合皮肤伤口。

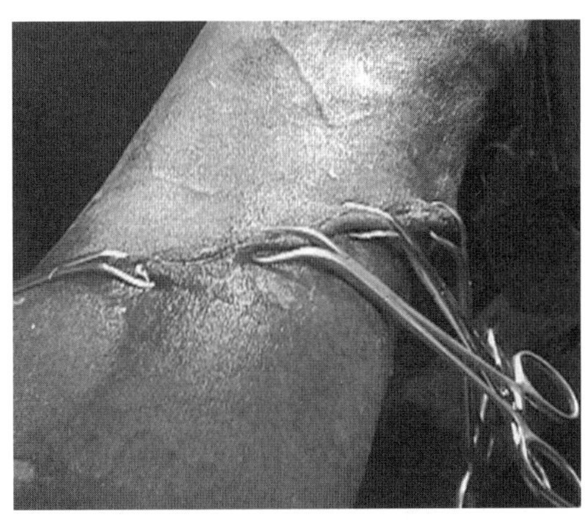

图 6-3 四肢上部皮肤撕脱创，用创巾钳牵拉皮肤对合，然后缝合皮肤

六、开放性伤口处理

不是所有的撕裂伤都可以通过简单的伤口缝合来处理。始终处于开放的伤口会二期愈合，结果是在伤口收缩后肉芽组织生成，有希望形成上皮组织。二期愈合对于肢体伤口通常是必然的愈合过程，过度生长的肉芽组织可能产生不必要的结果，所以控制这些组织是有一定问题的。有几个方法可以控制肉芽组织，包括传统的商业化复方制剂，有些还具有腐蚀性。修理和矫形也是控制肉芽组织的有效方法。锐性切除仍然是去除肉芽组织较好的方法。这个技术迅速而有效，因为肉芽组织通常没有神经支配，可以在镇静下而不用局部麻醉即可操作。如果伤口大于 $100cm^2$，就需要使用止血带来控制出血，可以减少血液流失和提供欲切除组织良好视野。但是根据患马的位置和顺从程度，有必要采取全身麻醉。在马镇静或麻醉后，扎系止血带（如果显示需要），用大的手术刀刀片（$22^{\#}$）或尖锐的直手术刀削除肉芽组织至皮肤表面以下。压力绷带（半咬合泡沫敷料或与棉花共用为宜）覆于伤口上。在伤口局部喷洒抗微生物喷雾剂或涂以软膏（例如，新霉素、多黏菌素 B 和杆菌肽），绷带使用保持 2～3d。使用腐蚀性药物可能损害到周围的组织，但局部使用可以减少反复削除组织：硼酸和硫酸铜粉末 1∶1的比例混合很有效。将由晶体粉碎之后的等量硼酸粉末和硫酸铜粉末，直接涂敷

在肉芽组织，必须保持药剂湿润，必要时可用水润湿。将绷带绑在伤口上。绷带需要每天更换以便温柔清洗伤口，除去任何形成的结痂，将腐蚀性药粉撒在肉芽组织上，直到肉芽组织减少到正常皮肤的水平。这个阶段就不要连续使用腐蚀性药粉，而应局部使用抗微生物药。

七、骨暴露

远端肢体创伤潜在的后遗症之一是死骨片的形成，最容易出问题的是管骨。掌骨和跖骨皮层的外 1/3 的血液供应由骨膜供给。当其上覆盖的软组织剥脱时，骨膜由于血管损坏而失去活力，而形成死骨片。死骨片形成指证包括慢性渗出、伤口回缩和上皮形成失败和不健康快速生长肉芽组织带来的问题。大伤口伴有骨暴露时需要更长时间形成肉芽床，延缓伤口收缩。大多数病例需要几周才会形成死骨片，所以出现临床症状时，在 X 线下死骨片很明显。这种情况下必须手术切除死骨片，以达到满意的伤口愈合。

减少骨坏死技术包括暴露骨皮质开小孔。用小钻头（2.7mm）打孔，钻入骨皮质的较深区域，不要进入髓腔。打这些孔到骨深层空隙中是为了让血液到达皮质的表层。而全层打孔是从皮质层打到髓腔，这可以让髓腔成骨因子进入外层的皮质。这个技术可以直接从皮质孔形成肉芽组织，而尽快在撕裂创上覆盖。皮质孔在损伤后尽快钻出。

八、伤口外敷处理

对于开放式撕裂创有各种可用包扎技术和材料。最基本目标是实现痊愈的闭合伤口。但是，在慢性损伤时，发生大范围皮肤缺失，为创面准备进一步手术操作如皮肤移植，需要进行包扎。理想的包扎材料不仅可以加速伤口愈合，而且还可以减少蛋白质、电解质和体液从伤口流失，并尽可能使疼痛和感染最小化。现行的意见是支持湿润伤口愈合，与早期的暴露伤口令其干燥的实践形成鲜明的对比。选择最好的开放创包扎具有挑战性，因为对于伤口处理的概念仍然处于不断变化中，新的产品被频繁地引入市场。密闭包扎要能够让伤口持续接触周围液体中的蛋白酶、补体、趋化因子和生长因子，如果伤口暴露于外这些都可能会流失。甚至刺激成纤维细胞和上皮细胞移行的电梯度也可以在潮湿愈合得到更好的保持，避免造成创伤的进一步损伤。新的包扎疗法能够加速表皮再生速度、刺激胶原蛋白合成、创造伤口低氧环境以促进血管再生和降低伤口表面的 pH。这些作用可以营造对细菌生长不利环境和降低损伤感染速率。

局部抗微生物药是否使用仍是争论的焦点。作者的经验是局部抗微生物药对于伤口愈合有益，即使对于闭合性撕裂创也是如此。降低皮肤或伤口表面细菌感染能让患马免疫系统更有效地控制任何潜在感染。有效的局部抗微生物药包括磺胺嘧啶银合并新霉素、多黏菌素 B 和杆菌肽。这些合并应用对于改善开放性上皮形成已多次得到证实。

必要时为防止进一步损伤和闭合处破裂，伤口覆盖和肢体固定是基本的，可以使用厚重绷带和夹板或使用石膏固定。半肢石膏固定对于肢体大范围伤口治疗，在实践中得到强烈推荐（见第204章）。这种固定可以在保持对开放性伤口湿润愈合环境提供覆盖和保护作用。同时也固定肢体，以进一步减少伤口愈合过程的破坏。与开放性撕裂创处理中频繁更换绷带相比，石膏固定也具有价格优势。轻型包扎在石膏固定前使用，保持约2周时间。当石膏被拆除时，首先要取出任何缓解张力的缝合线，随后3～4d拆除基础的伤口缝合。

对于头部伤口，使用非黏性敷料，并用胶带①按"8"字形缠绕在鼻孔上方的口鼻处，穿过两眼睛之间，然后通过耳朵后面固定。这可降低绷带滑落或被蹭掉的概率。对于胸部、胸侧、腹部或肢上部的伤口，支架包扎特别有用（图6-2），最普遍应用于封闭伤口。支架绷带可以采取不同方式使用，但作者青睐的一种技术是用大（2-0）单丝缝合线在闭合伤口边缘的3～4cm处打眼，放置卷好的纱布（较小伤口）或纱布垫（大伤口）在缝合处上方，使用花边脐带条穿过针孔横过纱布。这便于解开脐带条和更换伤口敷料。支架绷带另外优点是将缝合伤口对向张力分散到花边脐带条和针孔上。

对于胸侧或腹部大伤口，使用常规非黏性垫是不切实际的，但将棉片裁成一定尺寸应用效果很好，在其上覆盖一层局部抗菌药，再敷在伤口上，并用几层宽的弹性胶性绷带环绕整个腹部或胸部来护卫躯体。开始时要每天更换绷带，清洗伤口和除去碎屑，直到伤口长满肉芽组织。以后每隔一天更换一次绷带。

九、真空辅助闭合

当伤口愈合的早期闭合或延迟闭合不可行或不成功时，伤口闭合可能需要几周时间。真空辅助闭合（VAC）是人医伤口处理的新方法，现已被认为适合于促进马的伤口闭合（图6-4）。该处理可以用于伤口愈合的任何阶段。低于大气压的压力（真空压力＝125mmHg）连续或间断地施于伤口上。局部组织压力降低的结果是增加血液流量、减少伤口细菌数量和降低伤口边缘的水肿。VAC组成部分有开孔聚氨酯泡沫敷料（400～600μm直径的孔径）、带孔排泄管、不透水屏障帘、液体收集容器和商品性可调真空泵。清洗伤口和除去碎屑，大范围剪除伤口周围的被毛。按照伤口大小剪切一块聚氨酯泡沫，从而将整个伤口都填满泡沫。将真空管有孔端嵌入到泡沫。不透水屏障帘覆盖于泡沫及抽吸管周围，而形成密封环境（图6-4）。另外，使用胶带保证固定到位，因为维持密闭性是VAC系统有效的基本条件。抽吸管连接到液体收集容器，再连接到真空泵。密闭环境的建立可以通过泡沫塌陷来证实。除非密闭环境马上被破坏，否则泡沫敷料通常需要每3～4d更换一次。VAC极大地促进了二期愈合：负压对于伤口边缘增加了很强的收缩力，限制了感染和干燥。

---

① Elastikon，Johnson & Johnson，Skillman，NJ。

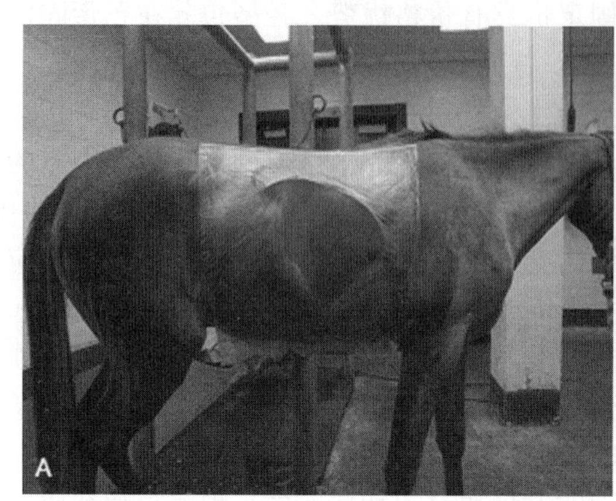
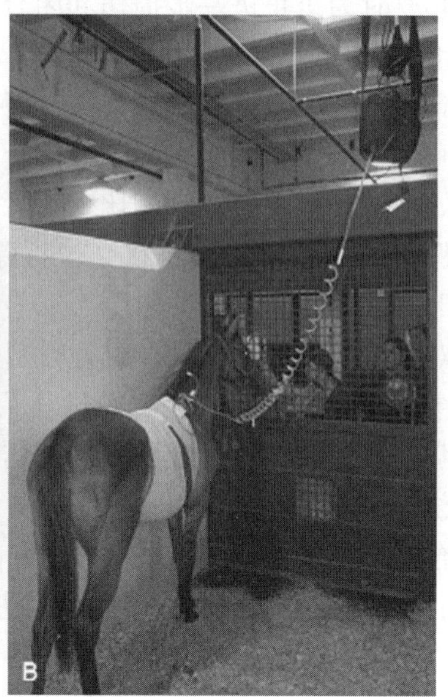

图 6-4　马胸部创伤利用 VAC 保护系统

A. 利用聚氨基甲酸酯泡沫胶进行密闭黏结保证密闭　B. 将真空抽吸管通过密闭线植入泡沫材料中，并与负压泵连接，泵悬挂在马背上方

十、皮肤移植

任何对于由于大范围皮肤损失导致的慢性损伤的治疗，特别是马肢体部位的损伤，不考虑皮肤移植，即使为大的开放性愈合伤口进行真皮覆盖，都是不完整的。皮肤移植将在第 126 章做深入的描述。多数情况下，作者更倾向于小块或打孔移植。这些技术更容易进行，不需要昂贵的设备和全身麻醉。重要的是要记住，如果要进行移植手术，并且需要移植物生存，必须有健康的肉芽组织面。扎好止血带后，伤口创面通过修整或切除旺盛肉芽组织至低于正常皮肤。如果大面积出血，应使用非黏性绷带，移植延迟 12～24h。这时对马镇静，对供皮位置进行准备——胸部、胸腹部、侧腹部或鬃毛下颈部外侧面。笔者更倾向于胸部或侧腹部。剪毛并对该区域消毒。在供区采取大圆圈形局部麻醉（胸部）或倒 L 块麻醉（侧腹部）。局部麻醉剂不应直接注入供体皮肤下，因为这可能造成组织积水或对供体组织产生损害。不要破坏肉芽组织面以免诱发出血。使用布朗安德森斜角肌镊子夹三块供皮，用 15# 手术刀切下。一次取约 6 块皮，直径为 4～6mm，并放置在无菌的浸泡 BES 纱布垫上，并移到伤口创面。使用相同的手术刀片，从伤口的最远端部分开始，以 45°角刺入伤口表面肉芽组织。从 BES 浸泡过的纱布中拿出皮瓣，将之置于刺口中，被毛朝外。从远端向近端成行排列，移植物间隔约 1.5cm。将移植物埋植后，在伤口上放置包被抗微生物药的非黏附敷料，并用绷带绑好。伤口敷料保持 3d 不动，以便移植物和纤维蛋白的生长不受外界的干扰。

推荐阅读

Gemeinhardt KD，Molnar JA. Vacuum-assisted closure for management of a traumatic neck wound in a horse. Equine Vet Educ，2005，17 (1)：27-32.

Gift LJ，BeBowes RM. Wounds associated with osseous sequestration and penetrating foreign bodies. Vet Clin Equine，1989，5：695.

Hanson RR. Degloving injuries. In：Stashak TS，Theoret CL，eds. Equine Wound Management. 2nd ed. Ames，IA：Wiley-Blackwell，2008：427-443.

Hendrickson DA，ed. Wound Care Management for the Equine Practitioner. Jackson，WY：Teton New Media，2005.

Hendrix SM，Baxter GM. Management of complicated wounds. Vet Clin Equine，2005，21：217-230.

Höppner S，Hertsch B. Bone sequestration in horses. Praktische Tierarzt，2005，86：28-35.

Jordana M，Pint E，Martens A. The use of vacuum-assisted wound closure to enhance skin graft acceptance in a horse. Vlaams Diergeneeskundig Tijdschrift，2011，80：343- 350.

Latenser J，Snow SN，Mohs FE，et al. Power drills to fenestrate exposed bone to stimulate wound healing. J Dermatol Surg Oncol，1991，17：265.

Moon CH，Crabtree TG. New wound dressing techniques to accelerate healing. Curr Treat Options Infect Dis，2003，5：251- 260.

Sarabahi S. Recent advances in topical wound care. Indian J Plast Surg，2012，45：379-387.

（高利　译，王玉杰　校）

第 7 章　挤压伤和骨筋膜间室综合征

Linda A. Dahlgren

马易发生多种类型的损伤，包括坠落引起或与其他马匹或物体碰撞发生的钝性损伤，与马厩或围栏有关的神经挤压伤以及踢伤等。除了对皮肤和皮下软组织迅速造成明显损伤之外，通常会发生更大范围的组织损伤，但在最初 4～7d 症状并不明显。这些情况引起的组织损伤可能是由挤压伤或骨筋膜间室综合征的进一步发展而来。主治兽医师必须清楚这些与急性损伤相关的潜在并发症，而且在制订处理方案、与畜主探讨预后和治疗费用时应考虑到这些问题。本章将就挤压伤和骨筋膜间室综合征，及其有效的诊断工具和治疗方法进行探讨。

一、挤压伤

马容易发生锐性撕裂伤、去颏套伤、钝性损伤和擦伤或烧伤。通过兽医的常规处理后这些损伤大多能完全康复。然而，由高能撞击所引起的损伤很难成功治疗。挤压伤发生时组织所受的外力可造成大面积组织受损，包括神经和供给远端肢体的血管，由于整个受损范围不太明显，因此，很难准确判定受损的确切程度。兽医师应意识到这些损伤有加重的可能性，而且在讨论预后和处理方案时应将这些信息告知畜主。

由于绊伤可引起大量软组织损伤，且可能形成血栓和引起周围神经受损，因此，绊伤的治疗难度较大。绊伤包括一肢卡入围栏或钢丝网或马房的门下、通过凸凹不平的拖车地板引起的严重擦伤、绳索烧伤和挤压伤。有时对所有受损组织的充分评估和准确预后只能等到接受几天到 1 周的治疗、经过一系列重新检查和特殊影像学检查后才能确定。

（一）初步评估

对严重损伤的评估与对其他损伤的评估类似。首先对受损组织进行彻底的检查非常重要，包括脉搏的触诊、正常皮肤感觉的评判以及肢体温度的评估。评估包括滑膜结构、血管、神经、骨骼以及肌腱和韧带完整性的确定。在很多病例中，可通过 X 线检查对骨折进行确诊，通过超声诊断对软组织的评估。首先要对外伤进行常规处理。为控制创伤清除带来的组织损伤，应在创伤的早期阶段给予护理。不能去除可能存活的组织。损伤发生后的 3～10d，活组织与不可恢复的受损组织之间的界限越来越明显，可通过一段时间的连续清创进行治疗。马四肢远端任何有活力的组织在完成外伤

功能恢复过程中都起着重要作用。

(二) 影像学检查

仅通过物理学检查很难确定远端肢体的组织活力。对于这些病例，血管位相闪烁扫描术和静脉造影术可能有助于治疗方案的确定。闪烁扫描术的数据和骨位相通常有助于跛行诊断，而且可能有助于挤压伤或夹伤所引起的隐性骨折的诊断。然而，血管相虽然应用很少，但相对于肢体远端血流灌注的评估特别有用。在高能损伤发生 5～7d 后，利用传统的主观评估法（温度、颜色、肿胀程度、对刺激的反应性以及动脉搏动情况）不可能确定组织的活力。采用客观方法，如血管内荧光素染料造影、多普勒超声和动脉对比造影术确定组织活力也不够理想。

在一本专著中描述了 3 个病例（严重的绳索撕裂伤、严重的去颏套撕裂伤和陷入栅栏后引起的骹骨撕裂伤）利用血管闪烁扫描术成功确定远端肢体的血管灌流情况。这些病例中，成功应用了锝-99m 亚甲基二磷酸盐和锝-99m 高锝酸盐。由于长期治疗严重损伤的成本很高，如果闪烁扫描术能帮助确定供给肢体远端血管的完整性，并确定治疗方案是否合理或预后是否良好等问题，选择该方法比较理想。也可通过肢体远端静脉造影术确定血管的完整性，该技术与闪烁扫描术相比具有设备简单和费用低等优点，操作时应在受损部位的近端加上止血带，并通过导管将造影剂注入止血带远端的外周静脉内，立即进行 X 线片检查。(见推荐读物中的具体操作细节)。由于该操作可能增加血栓的形成和血管痉挛，因此，禁止进行动脉造影。当大量液体存在于静脉周围时，液体所形成的压力将会逆行灌入动脉血管。

(三) 总结

高强度冲击所造成的损伤可引起严重的软组织损伤，并使血流发生改变。软组织损伤通常要比损伤刚发生时所表现的症状更为严重，损伤发生后 4～7d 血管损伤可能会让失活组织变成腐肉。对于评估肢体远端血管灌流的完整性来说，影像学技术如血管闪烁扫描术和静脉造影术是非常重要的物理检查方法。

二、骨筋膜间室综合征

骨筋膜间室综合征是由闭合的筋膜或骨筋膜内压力增大所引起的。增大的压力将向间隙内组织供给的毛细血管血流量减少到了保持组织活力必需的血流量以下，如果未得到及时处理将造成局部缺血坏死。骨筋膜间室综合征可由局部损伤所引起，如跌落、其他马匹的踢伤或与固定的物体或机动车发生碰撞。受损时的力度可引起软组织肿胀、血肿，或在筋膜间隙内出现因出血形成的液体沉积或血清肿。骨筋膜间室综合征形成的另一机制是由于绷带、石膏或热损伤所造成的间隙确实变小所致。无论引起压力增大的原因是什么，结果都是在无弹性组织形成的间隙内无法进行扩充。

虽然任何软组织均可被骨筋膜间室综合征所影响，但肌肉组织受到的影响最大。除了麻醉后肌病外（在第 209 章讨论），前肢后外侧（前臂屈肌间隙）是马最常发生骨筋膜间室综合征的部位。这个间隔是由外侧尺骨肌和外侧指伸肌的肌间隔膜、桡骨和前臂筋膜的内侧附着点所形成。该间隔内包含的重要组织结构包括正中动脉和正中神经、指浅屈肌和指深屈肌。伸肌和头静脉未在该间隔内。

（一）临床症状

临床症状与损伤发生的部位有关，但对肿胀部位进行触诊时压力均有增高。对马来说，前臂筋膜的骨筋膜间室综合征最常见的症状是跛行。由于腕骨的伸展和屈曲能引起间隔内的压力增大，并相应地引起疼痛增加，受损马试图使腕骨部分屈曲，因此，仅将趾尖踏地。腕骨的被动屈曲和伸展运动可使疼痛加重。压力的增大使得触诊时受损局部疼痛，而且局部坚实或肿胀。可触及受损部位的远端脉搏具有特征性；但在肢体屈曲或伸展时可能触及不到。由于神经压迫，受损部位的皮肤敏感性降低；对于这种情况的解释可能是与全身性的反应降低有关。

（二）诊断

对于刚发生和发生数小时至几天以上的马骨筋膜间室综合征的诊断主要依据临床症状。完整病史对于帮助慢性病例确诊或制订强有力的预防措施非常重要，这种措施在伤后会迅速阻止骨筋膜间室综合征的进一步发展。马通常是在伤后数天至 1 周后已经形成慢性骨筋膜间室综合征后才到医院进行评估鉴定，此时需要通过积极治疗来阻止组织持续性损伤、跛行或死亡。在一个病例报道中，两匹马在冰面上滑行并跌倒，在堤岸上发生持续性损伤数小时后被评估为严重的非承重跛行。在就诊的 2～6h，病情逐渐恶化，必须手术。一匹马跛行变得更为严重，并造成患肢的活动范围减小、肿胀以及脉搏减弱。另一匹马肌肉发凉，指部脉搏减弱。

尽管间隔内压力的测定在人医临床且可能在犬临床上是一种比较常用的诊断方法，但在马的临床实践中，诊断和治疗的方案通常仅单纯依靠临床症状。休息时，间隔内压力在 0～15mmHg，压力超过 30mmHg 时被视为异常。对于慢性病例也可在运动时进行压力检测。受伤的运动员间隔内压力超过 80mmHg，运动前维持在此水平之上 15～30min 是很常见的。

（三）治疗

保守治疗主要是对全身和局部应用抗炎药，如非甾体类抗炎药物、二甲基亚砜和水疗。在临床症状逐渐加重的情况下，保守治疗必须通过液体抽吸或紧急筋膜切开术来减轻压力，并重新恢复受损组织的血流。在液体积聚增多造成压力增加的病例当中，抽吸液体可能会成功减轻临床症状；然而，在大部分病例中，液体只是原发性肌肉损伤的一个症状，它的移除可能不会明显减轻症状。筋膜切开术通常可持久性地减轻症状。必须采用一种合适的手术方案避免不可修复的组织坏死和慢性跛行的产生，而且方案的选择要依据临床判定和疾病恶化的程度而定。

根据马的性情、外科医生的喜好以及外科医生对马能否安全经受全身麻醉的能力评估，筋膜切开术可能需要在全身麻醉或站立状态下进行。如果在对马进行全身体格检查以排除相关损伤如骨折之前需要进行紧急筋膜切开术，可能首选站立状态下进行。对于前臂屈肌骨筋膜间室综合征病例，手术切口应选择在前臂的后外侧，而且尺外侧肌上方的筋膜切开的长度应足以减轻间隔内的所有张力，而且能够对受损区域进行充分探查。对解剖位置而言，可能需要 30cm 甚至更长的切口；但是，切口的长度必须与病例个体的情况相匹配。筋膜张力消失后，筋膜会自发地弛缓伸长 3～4cm。皮下组织和皮肤常规闭合，在远端留下 2～3cm 的切口便于引流。可能需要在切口远端放置一个引流管以便于引流。

术后可能要全身应用抗菌药，而且要根据外科医生的需要开具药物，同时还要考虑组织损伤的程度和特性。术前应该考虑术中是否使用预防性抗菌药的问题，而且要根据术中的发现情况制订相应的治疗措施。可能要采用支持绷带控制肿胀、减少死腔和保持伤口清洁。伤口引流可能会排出大量液体，这样会影响绷带的使用。根据术后跛行的严重程度以及恢复情况，术后数天内应该用手扶着马匹进行限制性运动。这些运动将会降低受损肌肉发生潜在性萎缩，而且可在肌肉恢复过程中帮助减轻肿胀和加快手术部位的引流。根据临床症状的缓解情况，可在最初 5min 手扶运动之后增加马匹的活动量。

（四）预后

预后主要依据损伤的程度、发生时间以及治疗效果。前面提到的两匹马中，一匹马在手术后 6d 出院，就诊 1 年后跛行消失或仅见残存的后遗症。另一匹马在术后 1 周发展为内毒素血症和蹄叶炎，但 10d 后状态充分改善并出院。在出院后 1 周内，该马发生急性腹泻，最终未康复。由于文献报道内容有限，将该病的预后留给了主治医师进行临床判定。当然，防止伤后骨筋膜间室综合征继续发展的早期治疗和适时手术处理，将会产生最好的治疗效果。

推荐阅读 

Bell BT，Long MT，Chambers MD，et al. Vascular phase scintigraphic evaluation of equine distal limb perfusion following trauma：3 cases. Equine Vet J，1995，27（3）：228-233.

Redden RF. A technique for performing digital venography in the standing horse. Equine Vet Educ，2001，13（3）：128-134.

Sullins KE，Heath RB，Turner AS，et al. Possible antebrachial flexor compartment syndrome as a cause of lameness in two horses. Equine Vet J，1987，19（2）：147-150.

（董海聚　译，王玉杰　校）

第 8 章　滑膜结构透创

Eileen S. Hackett

滑膜结构透创常继发于外伤，而且引起伤口与关节和腱鞘相通。在一些报道中，滑膜结构透创影响腱鞘的频率与影响关节的频率相当或较高。马的四肢发生创伤后容易导致滑膜结构透创。掌握滑膜结构的细节知识对于确定伤口是否与滑膜结构相通非常重要。

一、分类

对怀疑有滑膜结构透创的马来说，判定有无透创非常重要，而且一开始与畜主接触就应该加以考虑。马的四肢或蹄部发生任何创伤时都应该立即对受伤部位进行评估，尤其是肢体的远端，因为滑膜外面的软组织保护较少。应告知畜主对伤口周围进行清洗，如果有条件可以用绷带对患部进行保护。如果有一钉子刺入马蹄的向阳面，但没有刺到影响站立的部位，在迅速进行 X 线检查之前可将钉子保留于原位不动。在动物医院对马进行处置通常要进行全身的一般检查，并对可疑的滑膜损伤进行处理。虽然使用抗菌药会影响关节滑液的细菌培养，但在送往医院之前可以全身应用抗菌药。根据受损的严重程度，如侧副韧带或屈肌腱损伤，在送往医院之前可能要进行外固定。

二、诊断

患有滑膜结构透创的马通常有中度至重度跛行、运动范围缩小、发热、疼痛，或受损部肿胀。可能会从伤口处看到有滑液流出。确定或排除滑膜结构透创和污染是对滑膜结构外伤口评估的第一要务。无菌准备后，对于大的伤口可能需要戴上无菌手套进行触诊，此时可通过对关节面或屈肌韧带结构的触诊来确定是否存在透创。另外，也可在可疑的关节腔上方离伤口远的位置插入一根细针。插入细针后，可尝试通过细针进行抽吸，然后注入生理盐水。如果滑膜腔完整，注入的生理盐水将使滑膜腔内压力增大，并出现可见的肿胀。如果滑膜腔已发生透创，盐水可能从透创处流出，而且在伤口表面比较明显。在诊断过程中如果马来回移动，在注射器和针头之间放置一根 76.2cm（30in[①]）长的静脉注射装置非常有用。对于开始检查前刺创已经闭合的马匹，

① in（英寸）为非法定计量单位，1in=0.025 4m。——译者注

必须用其他诊断方法对滑膜结构进行评估。

从发生透创的腔隙内流出的滑膜液可能会有颜色、混浊和黏稠度不一致。对滑膜液评估的主要临床病理指标包括总蛋白浓度、有核细胞总数以及白细胞分类计数。滑膜液总蛋白超过4 g/dL，有核细胞数超过30 000个细胞/μL或更高，同时有超过80%或更高比例的中性粒细胞提示滑膜腔与伤口连通。滑膜液pH低于6.9，乳酸盐浓度高于4.9 mmol/L，而且血浆与滑膜液内的糖浓度差高于39.6 mg/dL也提示发生了败血症。尽管有污染，并非所有透创关节内的滑膜液都会出现细菌的阳性培养结果。一般情况下，透创感染后滑膜液中的细菌分离株主要包括葡萄球菌、链球菌、大肠杆菌、放线杆菌、肠杆菌、假单胞菌、化脓棒状杆菌、放线菌、巴斯德菌、芽孢杆菌和曲霉菌。滑膜液收集后立即转接到血液增菌培养基上能提高培养的成功率。感染开始后，通过药敏试验确定合适的抗菌药非常重要，通过在含有抗微生物抑制剂培养基中加入大量样品液体进一步改善培养的成功率。

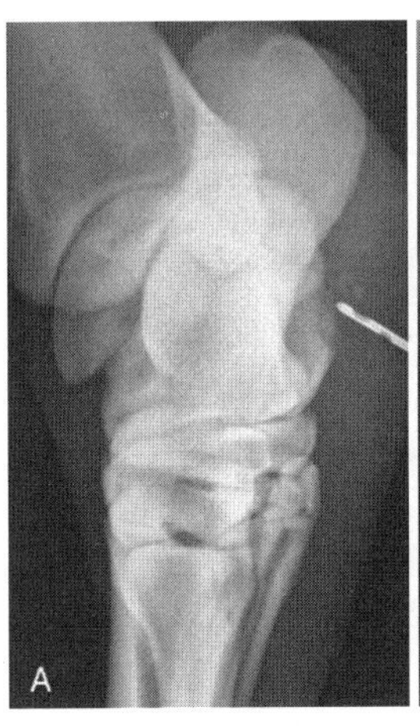

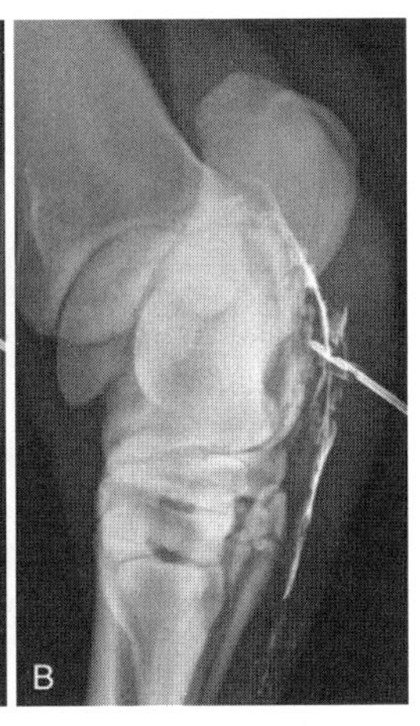

图8-1　A. 患有滑膜结构透创的马匹左侧跗关节背外-掌内方向X线平片。一根乳头插管已经插入透创内准备进行瘘管造影术。注意继发于透创的载距突的跖肌部发生了骨断裂　B. 通过乳头导管注入透创内的碘化物造影剂沿着跗骨外鞘向近端和远端扩展，确定为滑膜透创

确定滑膜结构透创的另一方法是在伤口内注入硫酸钡造影剂后进行瘘管内X线照射。如果伤口很小，可使用乳头灌注管将造影剂注入腔内（图8-1）。如果注入伤口内的造影剂在接下来拍摄的X线片上充满了滑膜腔，就确定了伤口与滑膜腔之间是连通的。另外，也可以将造影剂注入伤口邻近的滑膜腔，通过造影剂漏到伤口周围显出的影像也可确定为透创。标准的碘造影剂具有抗微生物作用，注入伤口和关节内用于诊断比较安全。加入造影剂之前拍摄平片对于评价相邻的骨结构有无损伤也有一定的作用（图8-1）。其他的影像学检查，如超声和核磁共振可能对于败血性滑膜炎的典型病例诊断具有一定的意义。

三、治疗

对患有滑膜结构透创的马的治疗包括全身和局部抗菌药联合应用，同时准确应用非甾体类抗炎药物、处理伤口和外科冲洗滑膜腔。尽管透创是局部损伤，但在外伤性滑膜结构透创发生后应全身应用广谱抗菌药进行治疗。首先采用非肠道抗菌药疗法，通常选择氨基糖苷类和β酰胺内酯类药物联合应用，也可转为间隔时间较长的肠道内用药（表8-1）。对于简单的滑膜透创，全身性抗菌药治疗的一般疗程包括3～5d的静脉注射和随后10～14d的口服用药。

表 8-1　治疗马滑膜结构透创的全身用抗菌药

抗菌药	剂量	途径	注释
阿米卡星	24h 一次，每次每千克体重 15～25 mg	静脉注射，肌内注射	肾毒性；幼驹首选
氨苄西林	8～12h 一次，每次每千克体重 5～20 mg	静脉注射	
头孢唑林	6～8 h 一次，每次每千克体重 11～22 mg	静脉注射	
头孢噻肟钠	6 h 一次，每次每千克体重 25 mg	静脉注射	
头孢噻呋	8h 一次，每次每千克体重 3～4 mg	静脉注射	
氯霉素	6～8h 一次，每次每千克体重 44 mg	口服	限制人接触该药物
多西环素	12h 一次，每次每千克体重 5～10 mg	口服	
恩诺沙星	24h 一次，每次每千克体重 5～7.5 mg	静脉注射，口服	幼驹的安全性不明确
庆大霉素	24h 一次，每次每千克体重 6.6 mg	静脉注射，肌内注射	肾毒性；确保水合作用
亚胺硫霉素-西拉司丁钠	6h 一次，每千克体重 10～20 mg	静脉注射	仅用于确定的培养和有限的药敏试验
青霉素	6～12h 一次，每次 22 000～44 000 U/kg	静脉注射，肌内注射	
甲氧苄氨嘧啶-磺胺甲基异噁唑	12h 一次，每次每千克体重 20～30 mg	口服	
甲硝唑	6～8h 一次，每次每千克体重 15～25 mg	口服	

除了全身治疗外，可在滑膜受损处直接进行滑膜腔注射和静脉局部灌注抗菌药进行治疗（表 8-2）。滑膜腔注射可使滑膜腔内的药物浓度最高，而且直接及局部用药能使滑膜液中的抗微生物水平维持在最小抑菌浓度之上超过 24h，在骨骼内维持 8h 以上，同时可维持合适的血药浓度。静脉内局部灌注是应用一个或多个止血带隔离滑膜处伤口，并通过导管或针头将抗菌药注入浅表易接近的静脉内，通常包括头静脉、隐静脉或指掌侧静脉。注入 20～100mL 药物之前应用 300～600mmHg 压力的充气止血带可使局部保持较高的药物浓度，并可增加流体静脉压，其原因可能是通过纤维蛋白和抗炎基质扩张了微循环。使用充气止血带是使局部抗菌浓度保持最高的最有效方法。当应用宽的橡胶 Esmarch-style 止血带时，抗菌药的浓度仍然维持在治疗水平，但是窄的橡胶管道型止血带在此处应用无效。注射抗菌药后要使止血带保持 30min，另外，利用局部浸润麻醉或静脉注射麻醉可能有助于该过程的进行。根据治疗效果，可在每天或间隔几天重复灌注，如果需要多次重复灌注，可考虑埋置静脉留置针。对于一些患马来说，静脉内局部灌注在某些部位，如股二头肌囊和更近的关节（膝关节和肘关节），可能比较困难。

表 8-2　治疗马滑膜结构透创的局部用抗菌药

抗菌药	剂量	途径
阿米卡星	250～2 500 mg	滑膜腔内（小剂量）或静脉局部灌注；去除全身用药剂量
头孢西丁	1 000 mg	静脉内局部灌注

（续）

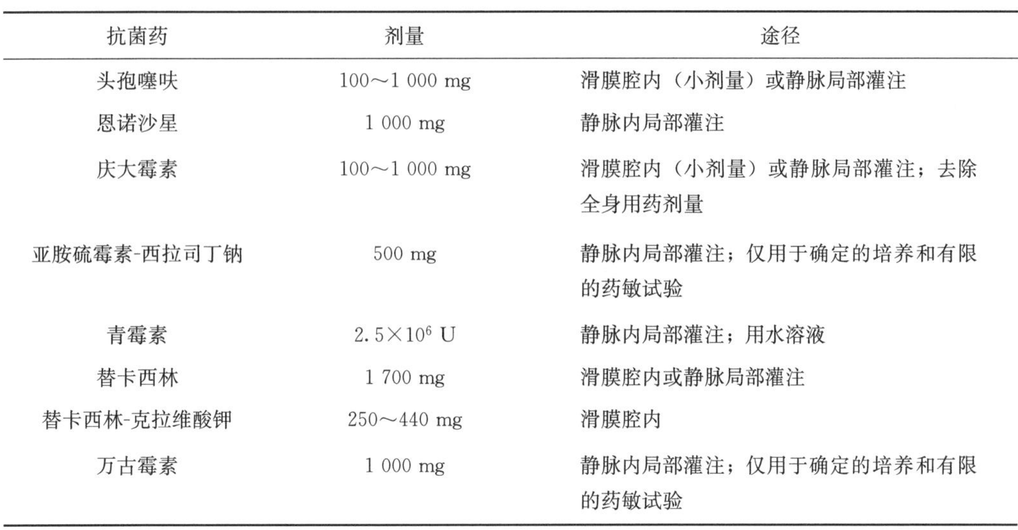

抗菌药	剂量	途径
头孢噻呋	100～1 000 mg	滑膜腔内（小剂量）或静脉局部灌注
恩诺沙星	1 000 mg	静脉内局部灌注
庆大霉素	100～1 000 mg	滑膜腔内（小剂量）或静脉局部灌注；去除全身用药剂量
亚胺硫霉素-西拉司丁钠	500 mg	静脉内局部灌注；仅用于确定的培养和有限的药敏试验
青霉素	2.5×10^6 U	静脉内局部灌注；用水溶液
替卡西林	1 700 mg	滑膜腔内或静脉局部灌注
替卡西林-克拉维酸钾	250～440 mg	滑膜腔内
万古霉素	1 000 mg	静脉内局部灌注；仅用于确定的培养和有限的药敏试验

局部治疗的其他方法通常用于最初治疗效果较差的病例，如饱和抗菌药颗粒法、注有抗菌药的胶原海绵法和连续或周期性灌注抗菌药的滑膜腔内插管术。尽管饱和抗菌药颗粒能够成功地通过钻孔进入远端跗关节可对败血性骨髓炎和关节炎进行联合治疗，但是，当饱和抗菌药颗粒沉积在关节时，可能导致明显的滑膜炎和软骨侵蚀。饱和胶原海绵可在12～48h迅速释放抗菌药而且没有有害的机械性或炎性刺激，该法类似于滑膜腔注射，而且这种方法对患有开放性滑膜结构透创的马匹比直接进行腔内注射更有效。虽然严格无菌操作，但对于难以治疗的病例重复直接注射也会带来炎症，滑膜腔内插管可以限制发生炎性反应。滑膜腔内插管术不仅能够给予抗菌药，也可为滑膜腔内灌注建立通道。对于以前治疗无效的慢性感染马匹，可通过留置导管连续向滑膜腔内灌注抗菌药，据报道能获得良好的治疗效果，而且发生短期或长期并发症的可能性最小。

确定滑膜结构透创后用含有多种离子的平衡液进行灌洗，灌洗时可能要对马进行站立保定或全身麻醉。通过全身麻醉灌洗时，容易对患马进行操作，而且容易进行无菌操作。灌洗时可用大号针头、外科插管或内镜进行反复冲洗。除了大量灌洗外，也可用内镜对受损滑膜腔进行评估，并对腔内碎片、污染物和纤维蛋白凝集物进行移除。在所选的病例当中，内镜手术通常用于并发骨软骨损伤和软组织损伤的初步治疗。虽然注入大量灌洗液有利于内镜操作，但对破口较大的透创，由于很难维持腔隙的膨胀度，因此，使用内镜操作比较困难。也可将其他清洗及清创技术与内镜技术联合应用。充分的清创和手术灌洗后，伤口可能很快就会闭合。根据处理后的组织情况，一般在初次治疗后每天或间隔几天要进行滑膜腔灌洗以清除炎性产物。在传统上，对于肢体远端的伤口可通过放置指部石膏绷带进行治疗，在放置石膏绷带之前可能需要6d左右的时间用于滑膜腔的直接治疗和评估。

通常根据对跛行情况及滑膜腔的肿胀与否来评价治疗的效果。由于滑膜创伤和持续性渗漏的位置可能被封闭起来，最终造成腔内压力加大。因此，对跛行和其他临床症状的监测具有重要的临床意义。滑膜液参数变化主要是有核细胞数的提高，其指标的变化对于污染或感染消除与否具有明显的提示作用。滑膜腔注射的抗菌药或灌洗液可引起滑膜液的总蛋白、总有核细胞数和中性粒细胞数升高，且会在注射后 12～24h 达到峰值。解读滑膜液参数时要考虑到治疗的作用。系列的放射学检查对于确定继发于穿透性滑膜损伤的骨髓炎非常重要（图 8-2）。

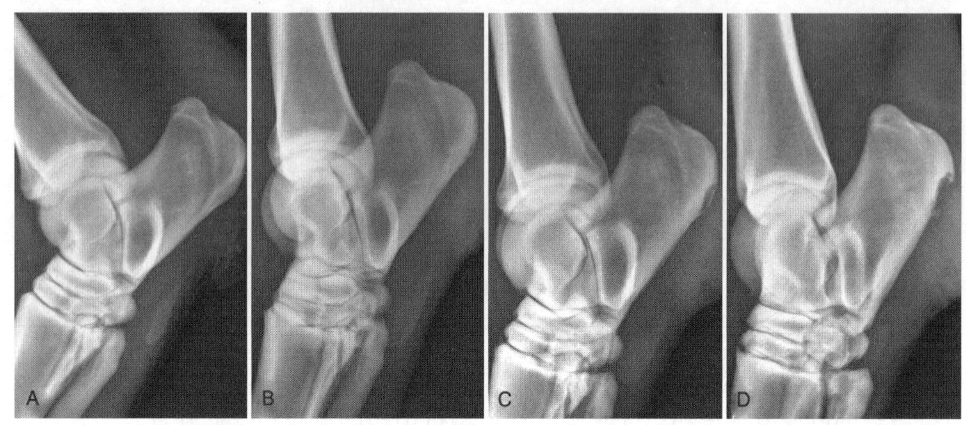

图 8-2　患有与跟腱囊相通的关节透创马匹的左侧踝关节放射学检查。放射性检查结果显示伤后第 1 天（A）、第 29 天（B）、第 42 天（C）和第 50 天（D）。一系列的放射性检查显示已经发展为滑膜败血症的跟结节跖面骨髓炎

四、预后

接受紧急处理，而且继发症状不复杂的滑膜结构透创预后一般良好，死亡率低且通过较长时间的恢复治愈率高。穿透性损伤发生后出现问题的滑膜结构的数量和类型不一定与结果呈正相关，而且在一些报道中发现，发生滑膜结构透创的马与未发生滑膜结构透创的马预后结果相似。尽管如此，由于治疗失败能引起马发生永久性跛行和死亡，因此，所有涉及滑膜结构的损伤均被视为致命损伤。损伤和适宜治疗时间间隔延长对预后起着不同程度的影响，尽管如此还是要尽可能地缩短治疗间隔，避免滑膜腔污染向感染或细菌定植的转变。另外，伤及其他支持结构如侧副韧带和屈肌腱的滑膜结构透创很可能会进一步影响伤口的恢复。在可能影响预后的治疗初期，内镜手术能提供骨软骨损伤和鞘内肌腱及韧带损伤的关键信息。当没有腱损伤限制时，对于指屈肌腱鞘损伤的马来说，通过早期恢复可控的被动运动或少量运动可减少粘连而改善恢复结果。近期的一些报道显示，对于滑膜液培养阳性（葡萄球菌）和在治疗过程中滑膜的临床病理特征恢复延迟的马匹来说，滑膜结构的感染降低了它的运动功能。对于创伤性滑膜损伤后发生骨髓炎的马匹来说，其存活和恢复后可利用的预后均较差，这一点在临床上已得到了反复验证。骨髓炎能继发于关节和腱鞘的败血症，而且已经报道通过损伤的滑膜感染比其他途径更易发生。

推荐阅读

Dykgraaf S, Dechant JE, Johns JL, et al. Effect of intrathecal amikacin administration and repeated centesis on digital flexor tendon sheath synovial fluid in horses. Vet Surg, 2007, 36: 57-63.

Frees KE, Lillich JD, Gaughan EM, et al. Tenoscopic-assisted treatment of open digital flexor tendon sheath injuries in horses: 20 cases (1992-2001) . J Am Vet Med Assoc, 2002, 220: 1823-1827.

Kelmer G, Tatz A, Bdolah-Abram T. Indwelling cephalic or saphenous vein catheter use for regional limb perfusion in 44 horses with synovial injury involving the distal aspect of the limb. Vet Surg, 2012, 41: 938-943.

Ketzner KM, Stewart AA, Byron CR, et al. Wounds of the pastern and foot region managed with phalangeal casts: 50 cases in 49 horses (1995-2006) . Aust Vet J, 2009, 87: 363-368.

Lescun TB, Vasey JR, Ward MP, et al. Treatment with continuous intrasynovial antimicrobial infusion for septic synovitis in horses: 31 cases (2000-2003) . J Am Vet Med Assoc, 2006, 228: 1922-1929.

Levine DG, Epstein KL, Ahern BJ, et al. Efficacy of three tourniquet types for intravenous antimicrobial regional limb perfusion in standing horses. Vet Surg, 2010, 39: 1021-1024.

Stewart AA, Goodrich LR, Byron CR, et al. Antimicrobial delivery by intrasynovial catheterisation with systemic administration for equine synovial trauma and sepsis. Aust Vet J, 2010, 88: 115-123.

Walmsley EA, Anderson GA, Muurlink MA, et al. Retrospective investigation of prognostic indicators for adult horses with infection of a synovial structure. Aust Vet J, 2011, 89: 226-231.

Werner LA, Hardy J, Bertone AL. Bone gentamicin concentration after intra-articular injection or regional intravenous perfusion in the horse. Vet Surg, 2003, 32: 559-565.

Wright IM, Smith MR, Humphrey DJ, et al. Endoscopic surgery in the treatment of contaminated and infected synovial cavities. Equine Vet J, 2003, 35: 613-619.

（董海聚　译，王玉杰　校）

第 9 章　急性神经损伤

Samuel D. A. Hurcombe

马的头部受损可引起脑损伤，头部受损是一种常见的具有潜在致命风险的损伤。对这些疾病的治疗，即使最终能够成功，但治疗非常昂贵，且费力费时。尽管近来有一报道称头部受损马匹的存活率比以前预想的要高，但是仅有 62%的马匹在平均住院 9d 后出院。年轻动物（平均 1 岁）最可能遭遇脑损伤，在这个群体中，最常见的急性临床症状为共济失调、精神状态异常和眼球震颤。大部分病例的血液生化指标和细胞学检查结果正常，只有与肌肉相关的肌酸激酶和天冬氨酸转氨酶活性有轻度升高。未存活者的红细胞比容比存活者的要高。发生损伤后躺卧超过 4h 的马与发生其他脑损伤的马相比其存活率可能低于 18 倍以下。然而，伴有枕底骨骨折的马（比如马突然翻转并遭受头部损伤时）的存活率可能低于 7.5 倍以下。治疗脑损伤马匹的方法包括抗炎药物、利尿药、静脉输液、渗透剂、抗惊厥药、抗微生物药和抗氧化剂，尚无可提高存活率的特殊治疗方法。然而，这个结论只是通过回顾性分析而来，由于未设对照组、没有充分的统计数据，而且受试对象所经受的损伤不一致，因此，有关治疗效果的判断不一定确实。在存活的病例当中，90%的马在出院时存在神经缺陷，但不能认为这些后遗症会危及生命。在发生脑损伤 6 个月后，出院的大部分马预期能够执行损伤前的指令。

一、急性脑损伤的病理生理学

颅骨骨折可分为颅盖、非颅盖、简单、粉碎性、移位（凹陷）、非移位和基底部骨折。脑部损伤可能为原发（碰撞或对冲性损伤），也可能为继发。对于碰撞伤，组织损伤（出血、挫伤和裂伤）发生在碰撞的部位。相对而言，对于对冲性损伤，碰撞部位的远侧脑组织可受到加速和减速的力量，最终造成颅顶内的脑部受损。继发性损伤通常发生于原发损伤部位和相毗邻的边缘组织，通常表现为局部缺血、再灌注损伤、炎症、水肿（血源性和细胞溶解性）、氧供减少、颅内压增高（ICP）、代谢紊乱（如缺氧、钙毒性、兴奋性神经递质激活、三磷酸腺苷耗竭）、血管损伤、坏死和凋亡。

二、处理和治疗

许多患有颅骨和脑损伤的马匹同时会伴有浅表和深层的软组织损伤，包括裂伤、

眼损伤以及有时可能发生的舌裂伤，记住这些要点非常重要。

有关恰当处理马匹脑损伤的文献所提出的建议非常有限，因此，推荐的方法主要还是根据人脑损伤的急诊处理方法。处理和治疗创伤性头部损伤或脑损伤的目标是确定损伤的种类并防止进一步损伤；使脑部灌注最佳化以确保中枢神经系统的供氧和代谢底物的传递、吸收和利用；固定骨折；以及减少继发性中枢神经系统损伤。常用的药物、剂量和使用的一般说明见表 9-1。

表 9-1　马神经损伤治疗的常用药

药物	作用	剂量	用药途径
静脉注射液体和具有渗透作用的药物			
等渗晶体液	增加大脑灌注	开始每千克体重 60～80mL，随后每小时按照每千克体重 2～4mL	静脉注射
高渗盐水（7.2%）	增加大脑灌注	开始每千克体重 4mL；根据需要可按照每 6h，每千克体重 2mL	静脉注射
甘露醇	增加大脑灌注	根据需要每 4～6h，每千克体重 0.25～1g	静脉注射
羟乙基淀粉（6.2%）	增加大脑灌注	每天每千克体重 10～20mL	静脉注射
血管舒缩药			
多巴酚丁胺	增加大脑灌注	每分钟每千克体重 2～8μg	静脉注射
去甲肾上腺素	增加大脑灌注	每分钟每千克体重 0.05～1μg	静脉注射
输氧	增加中心静脉氧饱和度（$S_{cv}O_2$）和氧分压（PaO_2）	5～15L/min	鼻插管（单侧/双侧）
抗癫痫药			
地西泮	癫痫控制	每 10min 每千克体重 0.1～0.25mg	静脉注射
咪达唑仑	癫痫控制	静脉恒速输注：每小时每千克体重 4～8mg	静脉注射
苯巴比妥	癫痫控制	每千克体重 3～12mg，治疗浓度为5～45μg/mL	静脉注射
苯巴比妥（最小量的最佳选择）	癫痫控制	静脉恒速输注：每小时每千克体重 1mg 或2～20mg/h 滴注 4h	静脉注射
抗炎药/止疼药			
氟尼辛葡甲胺	抗炎	每 12h 每千克体重 0.5～1mg	静脉注射
保泰松	抗炎	每 12h 每千克体重 2～4mg	静脉注射
酮洛芬	抗炎	每 12h 每千克体重 2.2mg	静脉注射
非罗考昔	抗炎	首次用每千克体重 0.27mg，然后按照每天 0.09mg/kg 体重	静脉注射
强的松龙	抗炎；免疫调制	首次用每千克体重 25mg，然后按照每小时 5～8mg/kg 连续用药 23h	静脉注射
地塞米松磷酸钠	抗炎；免疫调制	每 24h 每千克体重 0.1mg，3d 后逐渐减量	静脉注射

（续）

药物	作用	剂量	用药途径
二甲基亚砜	清除自由基	10%～20%的浓度按照每千克体重0.5～1g，24h用药一次，连续3d	静脉注射
硫酸镁	N-甲基-D-天（门）冬氨酸拮抗剂；降低神经兴奋性	静脉恒速输注：每千克体重每小时15～30mg	静脉注射
利多卡因	止痛；抗炎	首次用1.3mg/kg（持续20min以上）；静脉恒速输注：每千克体重每分钟0.05mg	静脉注射
抗氧化剂			
维生素E	抗氧化剂	每24h每千克体重40IU	肠内用药
维生素C	抗氧化剂	每12～24h每千克体重25mg	静脉注射；肠内用药
维生素B_1	神经膜稳定剂	每千克体重20mg加在5L等渗晶体液中	静脉注射

（一）患马的分类和定位

确保人和马的安全是治疗的前提。保持呼吸道畅通非常重要，这一点可通过气管切开术或插入鼻咽导管来完成。必须在静脉内放置并固定一根导管建立静脉通道。最理想的状态是将导管插入颈静脉。同时，还需要在头颈部放置绷带和垫料来限制马进一步发生损伤。将头部垫高，一般高出肩部30°，这样可能有利于减少头部和呼吸道的被动性充血和水肿。通过降低颈静脉压力也可使颅内压降低。为防止发生额外损伤，将头部复位之前对颈部损伤进行仔细检查非常重要。将马固定后，快速评估其他损伤也很重要，因为这可能有利于评估马匹的整体预后，以及提出临床兽医师的治疗建议，例如，如果存在开放性滑膜结构损伤或长骨骨折，马主人可能会决定放弃治疗。

为方便确诊和对患马进行一般处理，通常需要进行镇静或短时间的全身麻醉。常用的α_2-肾上腺素能受体激动剂药物可降低脑脊液的压力。因此，该药对脑损伤或创伤引起的头部损伤患马是最合适的选择。赛拉嗪或地托咪定单独使用或与阿片类肌松药布托啡诺联合应用能达到很好的镇静效果。除了分离麻醉药（如氯胺酮）之外，大部分注射麻醉药均可降低大脑代谢率，并相应降低需氧量、大脑血流和颅内压。虽然有关巴比妥类药物可能对脑损伤处理效果较好的说法存在争议，但它们对机体产生损害的可能性不大，而且可通过加强γ-氨基丁酸与其受体之间的亲和力帮助抑制惊厥的发展。

（二）低温神经保护

体中心温度的增加可加速继发性脑损伤的发展，因此，降低体中心温度非常重要，尤其是发热时，它可降低代谢率和颅内压。对于发生脑损伤的马来说，温度降低的最佳状态尚不确定。然而，鉴于马的体型比较大，降温措施虽然不会引起体温急剧下降，但可降低继发性损伤的强度。降温措施包括在头颈部（尤其是在颈动脉上）放置浸有水或冰水的纱布，在头颈部进行冰水或酒精浴，用风扇蒸发降温和静脉内注射冷却的液体。理论上合理但比较激进且费力的冷却策略包括胃内和囊内灌注冰水或冷的等渗晶体液，尤其是灌注后者。非甾体类抗炎药物也能降低炎症引起的发热。

（三）使脑部血流和灌注最佳化

维持脑部血流供给与降低颅内压的措施一致，它能优化脑部血流灌注，这对于氧和糖的递送，代谢废物（包括蓄积的细胞毒性产物和细胞凋亡产物）的排出非常重要。大脑灌注压（CPP）等于平均动脉压（MAP）减去颅内压（ICP）：CPP＝MAP－ICP。因此，为使大脑灌注压达到最佳状态，应寻找提高平均动脉压、降低颅内压，或者同时找到解决这些问题的方案。

增加平均动脉压可引起大脑灌注压的升高。增加平均动脉压的方法包括静脉内液体的补充（等渗液、高渗液和胶体液），可加上或者不加血管舒张药如多巴酚丁胺或去甲肾上腺素。对于人，补充液体和增压治疗的目标是至少在最初的 72h 内维持平均动脉压在 90～100mmHg。对马来说，这很可能就是治疗的现实目标。然而，在实践中，灌注充分与否可通过尿液排出量、末梢温度、皮肤弹性测试、黏膜颜色和毛细血管再充盈时间进行判断。

也可考虑通过补充氧气来维持 100mmHg 动脉血的氧分压以及大脑的充分供氧。对于成年马，通过鼻腔吸入 10～15L/min 流速的氧气通常可足以增加吸入氧气比例。由于活性氧簇的形成可产生继发性的中枢神经损伤，因此，禁止过量供氧。

（四）降低颅内压

在渗透压方面有效的药物如高渗盐水和甘露醇，可通过降低颅内压，将大脑间隙的液体带进血管内，由此增加平均动脉压，最终引起大脑灌注压的升高。由于这个原因，补充高渗液体对增加大脑灌注压实用而有效。尽管近年来一些文献报道高渗盐水在降低颅内压和作用持续时间方面更有优势，但在人医的急诊中甘露醇仍然被作为首选。甘露醇可使颅内出血恶化的说法在人医临床尚未得到证明，而且甘露醇通常用于脑水肿、膨大或神经功能恶化的受损马。作者从临床实践中发现，对于创伤性脑损伤病例，使用 7.2％高渗盐水或甘露醇同样有效，用药后马的步态和精神状态均有改善。高渗液体的选择还应考虑患马使用的剂量和脱水状态。在患马循环血量减少的情况下，应该选用高渗盐水而非甘露醇，因为甘露醇可有效地利尿，且可通过降低血流和平均动脉压而减少大脑灌注。另外，应避免使用髓袢利尿剂如呋塞米以免血容量过低和降低大脑灌注压。因此，对于血容量低的患马，高渗盐水可能是最好的高渗性药物选择。

高渗液体的作用是有限的，而且马可能需要频繁给药，应该对这种供给进行调节以免造成血容量不足和高钠血症。为确保肾灌流和尿量的排出，可在补充高渗液的同时补充等渗晶体液如乳酸林格氏液，这种方法对于维持平均动脉压和帮助加快尿液中钠离子的排出非常有效。对于发生创伤的马匹，任何液体治疗的基础都是补充多离子晶体平衡液，每天至少补充 40～60mL/kg 的剂量。过度补充液体可能会造成流体静脉压的显著升高，对于低头伸颈的患马应特别注意，因为头部水肿可能压迫了气道。

应该避免过度补充钙剂，因为细胞内钙的沉积可诱发神经细胞凋亡、坏死和进一步的继发性代谢性脑损伤；但应对临床上发生明显钙离子缺乏症的患马进行钙离子补充。

（五）皮质激素和抗炎药物

对创伤性脑损伤患者使用皮质激素具有一定的争议。分析人医的文献发现，皮质激素不可能提高存活率或者改善神经意识，而且实际上可能是有害的。在有关家畜发生创伤性脑损伤的兽医文献中未见有相关的前瞻性研究，选用皮质激素进行治疗仍然是医生自己判断的结果。使用该药物的可能理论依据是该药能维持细胞膜的稳定性、抑制脂质过氧化作用和炎症细胞因子的产生、调节免疫功能、改善血管灌注、限制水肿发生以及阻止细胞内钙的沉积。在治疗创伤性脑损伤的早期，兽医经常使用水溶性短效糖皮质激素如泼尼松龙或地塞米松。然而，糖皮质激素的毒副作用如引起高血糖和组织渗透性加大可能对患马产生危害。如果要使用这些药物，在创伤发生后迅速使用，其作用可能会达到最大化。笔者对于创伤性脑损伤病例的治疗不常用皮质激素。

非甾体类抗炎药物可用于发生创伤性脑损伤的患马。对于脑内肿胀的患马可通过使用非选择性环氧合酶抑制剂如保泰松和氟尼辛葡甲胺来缓解炎症及止痛。环氧化酶-2-选择性疗法（包括非罗考昔）可能被用于灌注和尿量异常的患马。

有经验的兽医师也将二甲基亚砜用于神经损伤的治疗，其理论依据可能是该药可减少花生四烯酸代谢产物的形成、固定细胞膜磷脂以及能清除自由基，尤其是氢氧根和过氧化亚硝酸盐。由于二甲基亚砜为亲脂性物质，它能够透过血脑屏障并可能对神经组织直接进行作用。然而，由于没有证据支持或反对二甲基亚砜的使用，因此，使用该药主要依据兽医师的判断。

（六）止痛法

对患有神经损伤的马进行止痛非常重要，而且止痛的目的在于减少炎性疼痛和控制慢性疼痛路径。非甾体类抗炎药的使用已在前面讨论，除非有很重要的证据提示禁止使用外，应给予此类药物。多模式镇痛代表了一种广泛性疼痛的管理措施，在该措施中有多种药物的应用，这些药物合在一起可能会产生更大累加效应。多模式止痛的另一优点是能够降低每种药物的使用剂量。能够用于治疗的联合用药包括盐酸利多卡因、硫酸镁、α_2 受体激动剂和阿片类。在人医临床上有一些证据支持钠离子通道阻滞剂（如利多卡因）具有神经保护作用。

尽管阿片类对于大脑血流和颅内压的直接作用很小，但它可间接增加脑脊髓液压最终导致呼吸抑制和二氧化碳潴留。因此，应该谨慎使用阿片类；在受损的神经组织中发现了内源性阿片类物质的增加，事实上，已有对脊髓受损小鼠使用纳洛酮（一种 μ 受体拮抗剂）后可引起血流量增加的报道。在临床上，给予小剂量的阿片类药物配合其他止痛药不会对机体造成伤害。对患有癫痫发作的病人使用硫酸镁，可通过抑制

N-甲基-D天冬氨酸受体功能而起到一定作用。如有可能，应避免使用另一N-甲基-D天冬氨酸受体抑制剂和止痛药（盐酸氯胺酮），因为该药能增加颅内压和交感神经系统的释放。颅内压升高的结果可能引起进一步的神经系统恶化。

（七）癫痫和抗癫痫治疗

应该对任何形式的癫痫进行治疗以降低癫痫通路的兴奋性，诱导产生的兴奋性增强可增强代谢率和中枢神经的损伤。苯（并）二氮卓类药物是通过与二乙基溴乙酰胺氯通道上的苯二氮卓类药物受体结合来产生γ-氨基丁酸的作用，γ-氨基丁酸是主要的神经介质抑制剂，可以增强神经元细胞膜超极化。苯（并）二氮卓类药物作用迅速且半衰期短，因此可作为抗癫痫药物的首选，并可重复使用。难治和复发性癫痫通常可以利用频繁给予或连续静脉注射苯（并）二氮卓类药物，如咪达唑仑，来加以控制。

对苯（并）二氮卓类不耐受的癫痫发作应使用巴比妥类药物进行治疗。巴比妥类药物也可使苯（并）二氮卓类效应成为可能，且能引起神经膜超极化，但是通过苯（并）二氮卓类却不能达到此效果。巴比妥类药物对于顽固性癫痫发作比较常用，因为该药对神经极性的连接和作用的时间比苯（并）二氮卓类要长。对于小驹，使用异丙酚可能对于癫痫的控制有一定效果，但是苯（并）二氮卓类和巴比妥类药物为首选。

（八）抗微生物和脓毒症的控制

开放性颅骨骨折或涉及鼻上颌窦、额窦、蝶腭骨窦，或咽喉囊的损伤形成了中枢神经系统感染的潜在通道，应该予以治疗。这些结构受损后的表现可能包括鼻出血、颅骨内陷和从耳内流出脑脊液（耳溢）。影像学和内镜检查对于确定损伤累及中枢神经系统的程度非常有用。如果怀疑存在异常，可使用广谱抗菌药进行治疗，因为中枢神经系统感染的结果严重影响着发病率和死亡率。当患有中枢神经系统损伤的马同时存在严重肌肉损伤、长时间侧卧或咽下困难且可能将胃肠道内容物吸入呼吸道时，也很有必要应用抗菌药进行治疗。

对于中枢神经系统损伤，血脑屏障至少在发病初期可能会发生炎症并产生损伤，在此阶段，正常情况下难以进入中枢神经系统的药物可能有效。但是，第三代头孢、氯霉素、甲硝唑和恩诺沙星与其他抗菌药相比具有更好的穿透性，因此被作为首选。

（九）神经保护性抗氧化剂和营养品

中枢神经系统损伤的试验性研究发现内源性抗氧化剂，如α生育酚（维生素E）、维甲酸（维生素A）、抗坏血酸（维生素C）、硒和一些辅酶Q10（辅酶Q）水平下降，原因可能是发生损伤后组织的消耗增加。根据这些发现，已经开始提倡给马补充抗氧化剂和神经保护性营养品如维生素E，这些药物也不会对机体产生毒害作用。

在人医，其他的一些药物包括促红细胞生成素、他克莫司、环孢霉素A、神经节糖苷、利鲁唑、去铁敏、甲状腺释放激素类似物和米诺环素等已经被推荐用于神经损伤的治疗。虽然不是全部有效，大多数药物的使用目的是减少继发性脑损伤的发生，但尚未在马匹治疗中得到验证。治疗受损马匹的基本原则是确保充足的中枢神经系统灌注、降低颅内压、确保充分供氧、镇痛、控制癫痫发作和减少进一步损伤。

三、预后

尽管对马匹不同类型和不同严重程度的中枢神经损伤缺乏评价治疗和用药效率的相关研究，但已经确定了一些提示预后不良的指标：受损后侧卧时间超过4h以上；双侧瞳孔缩小转变为双侧瞳孔放大；红细胞比容较高（超过48%）；中央静脉氧饱和度低（低于50%）；持续性高血糖（血糖浓度高于180mg/dL）；精神状态极差，尤其是意识丧失；癫痫持续发作；头部损伤；耳溢；基蝶骨骨折；开放性粉碎性或凹陷性颅骨骨折；以及自主神经功能失调。

对所有中枢神经受损的马匹，实时监控临床症状和重要检测指标的变化至关重要。笔者认为，尽管存在一些上述确定预后不良的指标，但对高渗性药物有反应的马匹比没有反应的马匹预后要好。如果马在最初治疗的12h内得到很小的助力即能保持站立，该马匹在短时间内预后良好。

推荐阅读 

Alderson P，Roberts I. Corticosteroids for acute traumatic brain injury. Cochrane Database Syst Rev，2005，25：1-27.

Feary DJ，Magdesian KG，Aleman MA，et al. Traumatic brain injury in horses：34 cases（1994-2004）. J Am Vet Med Assoc，2007，231：259-266.

Reed SM. Head trauma：a neurological emergency. Equine Vet Educ，2007，19：365-367.

Rosenfeld JV，Maas AI，Bragge P，et al. Early management of severe traumatic brain injury. Lancet，2012，380：1088-1098.

Tennent-Brown BS. Trauma with neurologic sequelae. Vet Clin North Am Equine Pract，2007，23：81-101.

（董海聚　译，王玉杰　校）

第 10 章 眼部创伤

Brian C. Gilger

马容易发生眼及眼周组织损伤。其原因可能是马的眼睛较大，而且位于头部的最侧面（图 10-1）。相对暴露的位置再加上马受到惊吓后快速有力地移动头部也可能造成眼部发生创伤。兽医师应尽可能确定创伤的类型，是钝性创伤还是锐性创伤，因为这些损伤的症状明显不同。钝性损伤，比如厩舍门、柱子、蹄或鞭子引起的损伤最为常见，通常可引起最严重的眼部损伤，而且视力恢复预后较差。由金属钉、铝板、玻璃碎片或修蹄刀所引起的锐性损伤并不常见，尽管视力恢复的预后，随着致伤物进入眼睛的深度增加而变差，但一般视力恢复的预后较好。本章内容主要根据损伤发生的原因（钝性损伤或锐性损伤）进行组织。然而，对于很多病例来说，畜主不知道损伤发生的类型。如果具有完整的病史，充分讨论损伤发生的可能原因，并详细检查所在环境后仍未能确定损伤根本原因，那么在有充足证据确定原因前，医师可以推断为钝伤。如果可以确定病因，应该让畜主纠正以前的问题，以避免对患马或其他马造成再次损伤。

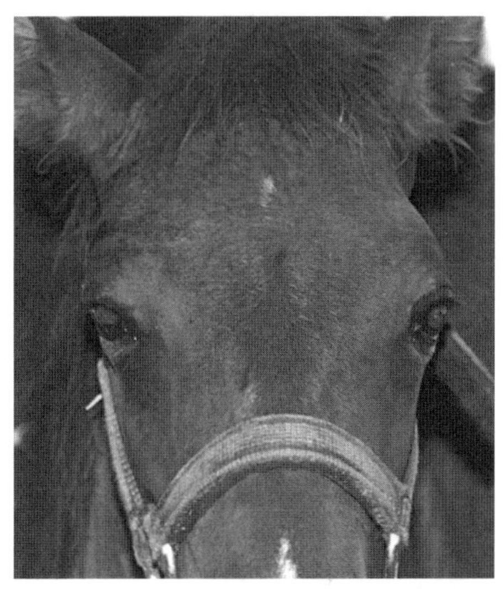

图 10-1 马比其他动物更易发生眼和眼周损伤。这可能与马的眼睛较大且位于头的最外侧有关，通过这匹驹可以看出

一、钝性损伤引起的眼损伤

（一）眼眶及眶周结构

与犬不同的是，马有一个完整的骨性眼眶，由前方的眼眶边缘和后方的眼眶壁所构成。由于这个原因，马比其他家畜更易发生眼眶骨折。然而，由于这种完全的骨性眼眶提供了良好的保护作用，因此，除了易发生骨折外，马眼很少出现其他损伤（除角膜受到直接碰撞之外）。

1. 眼眶骨折

眼眶的背侧边缘骨折最易发生，最初通常发现马眶周组织肿胀，同时伴有或没有

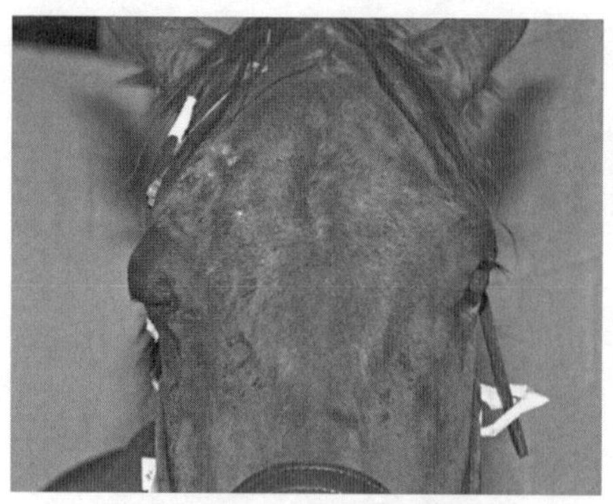

图 10-2 眼眶背侧缘骨折非常常见。该病最初主要表现为眶周肿胀和眼移位，注意该马的右眼

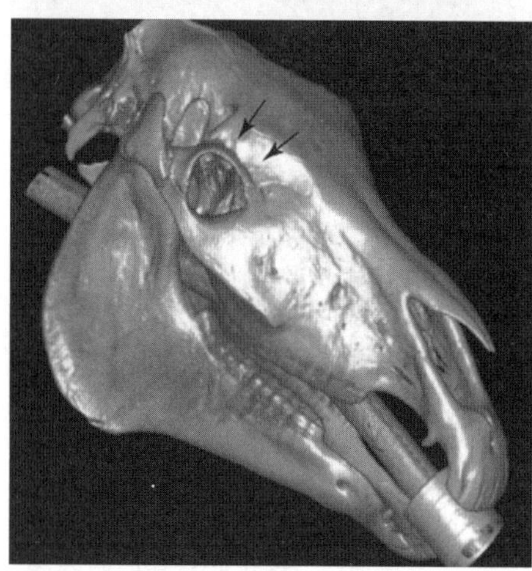

图 10-3 CT 扫描的三维结构重建图可清楚显示眶周骨折的范围。从这个扫描图上可以看出眼眶背侧缘发生骨折，头部被踢伤造成的肿胀压迫（箭头所指）

眼移位（图 10-2）。由于该部位眼眶边缘的外侧面和旁侧面凸起，因此易于发生损伤。根据损伤发生的类型，眶周边缘的其他部位也可发生骨折。例如，被另一匹马踢伤可造成腹侧眼眶边缘骨折。眼眶边缘骨折可能引起眼球移位、受损、功能抑制或撕裂。枕底骨骨折可能会由交通事故或向后摔倒并且颅骨受到撞击所引起，随后可能会造成内侧眼眶的枕底骨骨折。如果视神经受损或眼球直接受损可能会造成失明。

完整的眼科检查包括用手指从外侧和结膜表面对眼眶边缘进行触诊，应该能够对可能的眼眶边缘骨折进行诊断和评估。对于这种检查，需要对马进行充分的镇静和保定，而且在进行局部麻醉后要戴上手套并蘸上润滑油，然后仔细对眼眶边缘和眼眶壁进行触诊。禁止对眼球和眼眶边缘进行施压。在考虑进行外科手术前应进行 X 线检查，采用 CT 扫描更好。可以对马眼眶施行 X 线检查，但是很难对结果进行解释，而且很难充分评估骨折的范围。然而，CT 扫描的三维影像重建系统能够明确指示骨折的范围，而且在需要的情况下还可提供正确的手术计划（图 10-3）。眼部超声对球后部分的诊断非常有益，球后部分主要包括晶状体、玻璃体和视网膜，但该法不能提供良好的眼眶影像，且不能判断眼眶骨折。超声检查可帮助确定骨折是否伤及球后部分，或确定是否存在球内损伤。

应减少或清除伤及眼球或眼眶内容物的所有骨切面，以防对眼造成伤害。闭合性非错位性骨折和一些未伤及眼眶组织的闭合性错位性骨折通常允许进行二期愈合。为达到最好的美容效果并有利于视力恢复，建议在全身麻醉状态下施行闭合性骨折整复术。颧突骨折可使用骨牵引钩将骨碎片调整到正常位置得以复位和闭合。更复杂的眶骨背侧缘骨折可用具有延展性的金属板或骨板进行复位固定。骨折应在骨痂生长之前尽早进行复位，最多在损伤后不超过 7d 进行。开放性骨折的处理包括清创、整复变位但具有活力的骨折片段和清除小的严重污染的骨折片段。根据污染的程度，一些或者所有伤口应保持开放以便充分引流，或通过放置引流装置利于伤口愈合。

2. 眶窦疾病

能够引起眶周骨折并使眶窦外露的钝性损伤可引起肺气肿和鼻出血。眶窦骨折可

被视为开放性损伤，应利用大量抗菌药和合理的外伤处理方法积极治疗（见第 50 章）。如有感染迹象，如出现脓性渗出物或细胞学检查发现有细菌或真菌存在，应对伤口进行引流，如果引流不畅，可以考虑向外或向鼻腔内设置引流管。

3. 眼睑裂伤与挫伤

眼睑创伤和裂伤十分常见，通常与厩舍门、柱子或拖车车厢碰撞有关。当眼睑及相关结构在硬固的致伤物和骨性眼眶缘之间受到挤压时，这些钝性损伤可引起眼睑挫伤和裂伤。眼眶缘骨折和眶周炎症通常也与这些损伤有关。因此，全面的眼科检查对于确定是否存在其他问题如角膜溃疡、葡萄膜炎、眼前房出血或视网膜脱落非常重要。有时，当马在一个陌生环境中受到惊吓或惶恐时，眼睑被金属物件划伤也可造成眼睑撕裂（图 10-4），这种撕裂伤通常会被主人及时发现，而且会及时得到兽医评估。

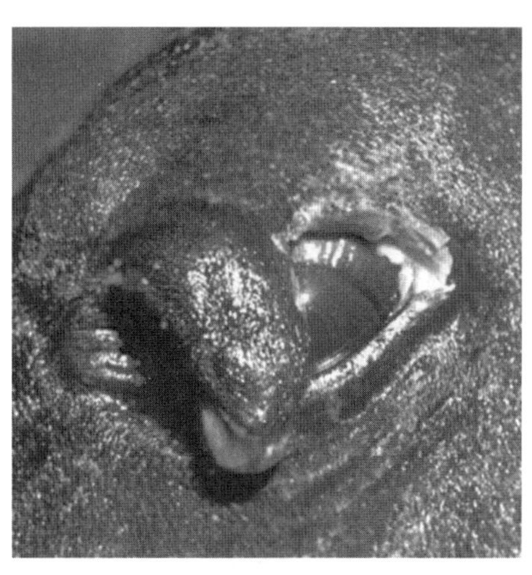

图 10-4　眼睑撕裂伤或裂伤通常是眼睑挂在钝性钩状物上之后由马头部运动所引起

即使损伤很小，所有的眼睑撕裂伤几乎都要进行手术治疗，因为眼睑边缘的缺失可能造成严重的、慢性的、影响视力的角膜炎，主要原因是缺乏眼睑的保护及泪膜的覆盖。由于眼睑具有非常丰富的血流供给，因此，大部分眼睑撕裂的修复能够达到功能相对稳定和矫形美容的效果。不要去除悬吊的眼睑蒂，且手术时要尽可能小范围清创。用可吸收缝合线如 6-0 丙交酯乙交酯共聚酯 910，首先对深部的结膜下层进行连续缝合，总共缝合两层，这种缝合方法能确保伤口在愈合过程中眼睑的结膜部分没有裂口，同时可减少瘢痕形成。结膜缝合不合理可导致疤痕形成，结膜缝合不完全复位（如全层结膜缝合）可造成角膜外伤，这分别是开裂和综合征最常见的原因。通过对眼睑边缘进行第一层缝合，小心将眼睑边缘复位，最好用4-0～6-0 号的不可吸收缝线进行“8”字形缝合。根据需要可另外用简单间断皮肤缝合闭合眼睑缺损部。皮肤缝合线可在10～14d 拆除。

（二）角膜损伤

1. 角膜溃疡

角膜溃疡是指角膜上皮破裂，露出角膜基质。马的角膜溃疡多由创伤引起。主人通常可在其急性发生时发现这种损伤，常伴有严重的流泪、眼睑痉挛、羞明、结膜充血和眼球表面呈云雾状。钝性创伤时角膜损伤通常比较浅表；但是，相关的眼内损伤，如葡萄膜炎、眼前房积血、玻璃体出血和视网膜脱落比较常见。要对患马进行彻底的全面眼科检查，如果由于角膜水肿或瞳孔过小无法观察球后部分，还要进行眼部超声检查。另外，要对结膜穹窿及第三眼睑下方进行仔细检查，确定有无异物和环境碎屑。清除异物对于角膜溃疡的愈合非常重要。由于马的眼部敏感疼痛剧烈，在检查时允许镇静和对眼睑进行局部麻醉，使用的药物是局部麻醉药（1.0%的盐酸丙美卡因）和血管收缩药（2.5%的盐酸去氧肾上腺素）。对于大多数马，局部使用广谱抗菌药（如新霉素、杆菌肽和多黏菌素B溶液或软膏）每6h一次，每12～24h用1%盐酸阿托品眼药水局部点眼一次，全身应用氟尼辛葡甲胺（每千克体重1.1mg，静脉注射或口服）可使角膜溃疡快速愈合。每2～3d应该对马评估一次，直到角膜上皮覆盖溃疡部位为止。想了解更多关于角膜溃疡的诊断与治疗信息，请参考第143章。

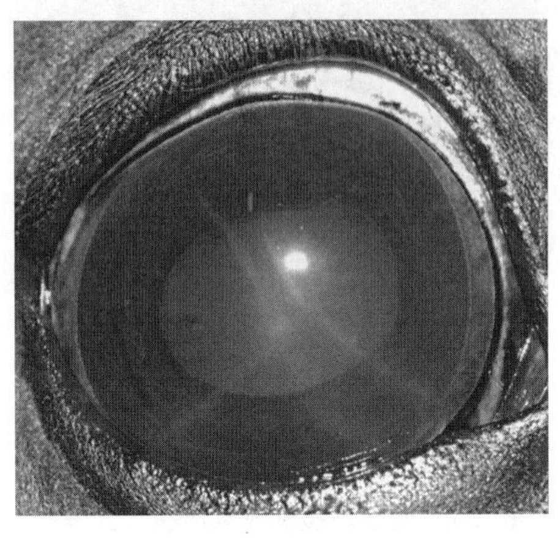

图10-5 角膜皱褶是由后弹力膜破裂所引起的线形病变和有时产生分支的细小角膜线形病变。这些病变可发生于急性钝性角膜损伤，但最常见于慢性青光眼

2. 角膜水肿

角膜水肿的急性发作可能源于眼部的钝性外伤，通常与眼内炎症有关。因此，有必要对动物进行彻底的眼科检查，包括眼内压的检测。除了治疗眼内炎症之外，尚无治疗角膜水肿的具体方法。

3. 角膜皱褶

角膜皱褶呈线形，有时分出细小的、较深的、线形角膜混浊，这些均为后弹力膜受损的结果（图10-5）。角膜皱褶最易继发于慢性青光眼，因为当眼内压持续性增加时眼睛增大会使后弹力膜发生撕裂。然而，特别是青年马，钝性外伤也可造成角膜皱褶，且看上去与青光眼引起的皱褶相似，但这些病例的眼内压、视力和眼内结构一般都正常。对于外伤性角膜皱褶，线形混浊逐渐变小，甚至在数月至数年内可消失。如果表现出炎性症状，除了治疗眼内炎症外，尚无治疗角膜皱褶的具体方法。

（三）眼内损伤

1. 急性葡萄膜炎

原发性的急性葡萄膜炎常见于钝性眼外伤，该病必须与马的慢性复发性葡萄膜炎相区别（ERU；见第150章）。正如名字所示，ERU具有多发性和复发性特点，是一种免疫介导性综合征，而急性葡萄膜炎仅为单一的疾病。与急性前色素层炎相关的典型临床症状为前色素层受损和继发性的血-房水屏障受到破坏。症状包括羞明、眼睑痉挛、角膜水肿、房水闪烁、眼前房积脓、瞳孔缩小、玻璃体混浊和脉络膜视网膜炎（图10-6）。

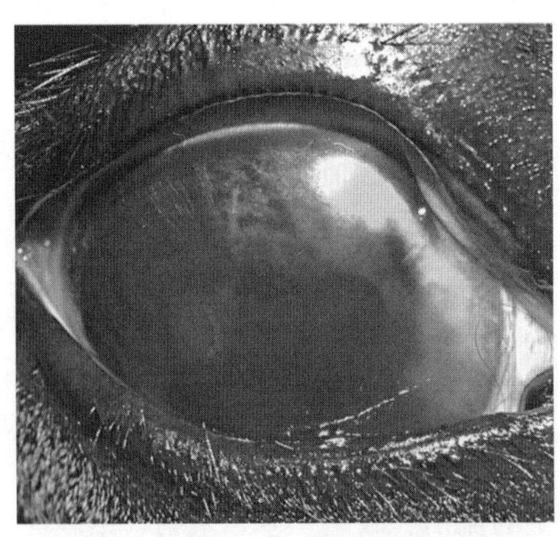

图10-6 外伤性急性葡萄膜炎患马的眼睛。临床症状包括眼前房积血、瞳孔缩小、黄色的血清漏出液以及浅表的角膜溃疡

对于发生钝性外伤相关性葡萄膜炎的马，强烈推荐使用眼部超声来确定预后。如果炎症主要限于眼前段，视力恢复的预后通常较好。如果通过超声检查确定了其他问题的存在（如白内障、在玻璃体内发现可能由出血或细胞浸润所引起的强回声物质）或存在视网膜脱落，视力恢复的预后较差（图 10-7）。

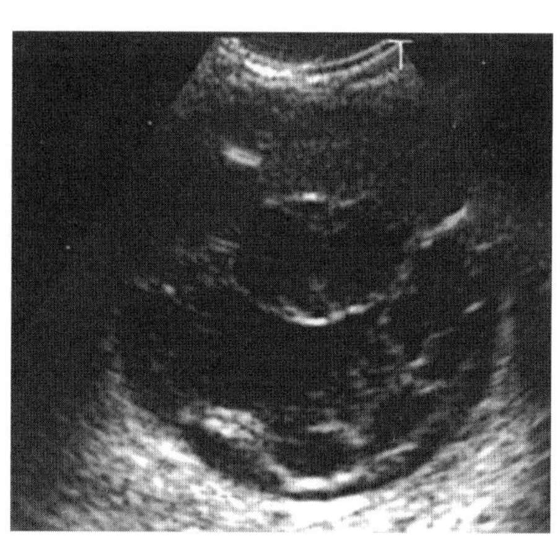

图 10-7　一匹完全眼前房积血患马的眼部超声图。注意玻璃体内的强回声碎屑和视网膜脱落。这匹马视力恢复的预后很差

通常采用全身和局部治疗来处理创伤相关性眼内炎症，包括抗菌药、皮质激素和抗炎药物的使用。至少在最初 2 周内要用足量的药物进行治疗，待临床症状缓解后 2 周以上可逐渐减少药量。对于大多数病例，可放置下眼睑灌洗管以方便局部用药，尤其对于疼痛严重和眼周肿胀明显的马。通常局部使用皮质激素（如 1%的泼尼松龙和 0.1%的地塞米松）减少炎症。治疗的频率可根据疾病的严重程度而定，可由每小时局部用药 1 次到每天 1 次不等。在没有放置下眼睑灌洗管的情况下，临床上最常使用地塞米松，因为其膏剂应用方便，而且价格便宜。局部应用皮质激素的潜在副作用包括潜在性感染、胶原蛋白酶引发的角膜溶解、延缓角膜溃疡上皮形成，以及可能形成钙化性带状角膜病变。由于这些原因，当角膜损伤伴发葡萄膜炎时应禁止局部使用皮质激素。

也可局部使用非甾体类抗炎药物（如 0.03%的氟比洛芬、0.09%的溴芬酸钠或 0.1%的双氯芬酸钠）治疗急性葡萄膜炎。这些药不会促发感染，但能延缓角膜溃疡的上皮形成。一般情况下，局部使用非甾体类抗炎药物的抗炎作用远小于局部使用地塞米松和泼尼松龙。然而，如果不能使用类固醇激素治疗，溴酚酸可能是最好的选择，其作用强且有良好的眼部穿透力。

由于葡萄膜炎也能影响脉络膜，且局部治疗在脉络膜处不能达到治疗浓度，因此，需要进行全身用药。口服、肌内或静脉注射氟尼辛葡甲胺是眼部最有效的抗炎方法之一。保泰松和阿司匹林的作用效果较差。全身应用地塞米松和泼尼松龙也有效，但一般仅用于使用其他抗炎药物无效的严重病例。

2. 眼内出血

马眼在受到钝性损伤后常见眼内出血或眼前房积血（图 10-8）。一般情况下眼前房积血的治疗方法和葡萄膜炎的治疗方法相似，不需要其他治疗。如果眼前房全部积血使视力模糊，有必要通过眼部超声检查确定出血的位置和判定视力恢复的预后。如果出血主要局限在眼前房，视力恢复的预后通常比较良好。如果存在其他异常，如白内障、玻璃体内存在强回声物质（可能为出血，细胞浸润）、视网膜脱落，视力恢复正常的可能性较小。如果由于持续的纤维蛋白凝块和血凝块导致粘连形成，可通过前房内注射 50～100μg 组织纤溶酶原激活剂进行治疗。纤维蛋白凝块通常会在注射 30～60min 溶解。然而，如果眼部出血严重，使用组织纤溶酶原激活剂后前房积血症状可

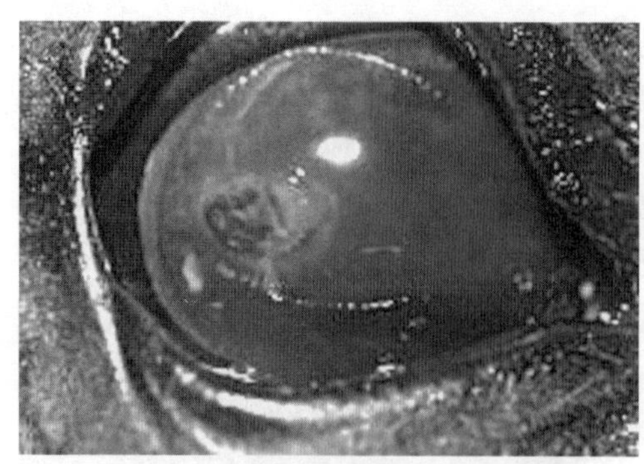

图 10-8 一角膜穿孔和虹膜脱出患马的眼内出血，或眼前房积血

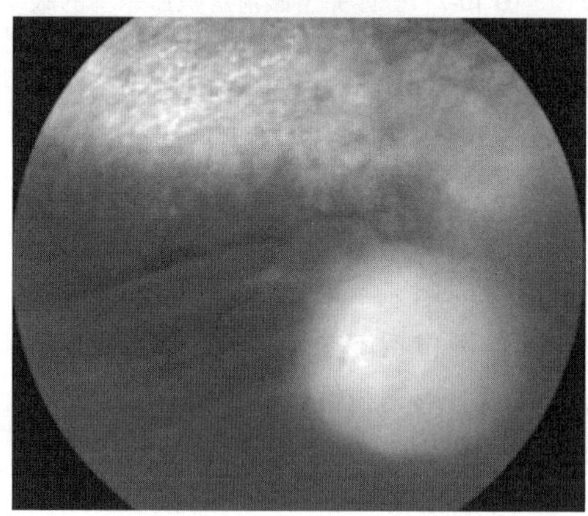

图 10-9 背侧断裂的完全视网膜脱落。视网膜看上去像覆盖在视神经上的灰白色面罩

能会加重。

3. 晶状体脱位

脱位的晶状体（进入眼前房或眼后房的晶状体）通常会立即或在发生脱位后数周内形成白内障。晶状体脱位不是眼部损伤常见的并发症，常伴发于慢性葡萄膜炎或慢性青光眼。马的晶状体脱位或半脱位多伴有严重的疾病过程，如 ERU、青光眼和预后不良的严重创伤。因此，手术治疗后视力恢复的预后较差。通常使用药物去除脱位的潜在病因或治疗该病以减少相关的炎症反应从而固定眼球，而非通过手术摘除晶状体进行治疗。一般推荐将失明和剧烈疼痛的眼球摘除。

4. 视网膜脱落

视网膜脱落是指感觉神经性视网膜从外面的视网膜色素上皮层分离，通常发生于眼部的严重钝性外伤。视网膜脱落的原因包括视网膜下液体积聚、视网膜撕裂、钝性强力损伤或继发于玻璃体出血治疗时向玻璃体方向的牵引。视网膜完全脱落表现为视网膜看上去像灰色的漂浮物朝着晶状体的方向向玻璃体延伸（图 10-9）。视网膜脱落后视力恢复的预后主要根据其发生的严重程度、潜在的原因和损伤的慢性程度，但通常预后不良。用于诊断葡萄膜炎的超声检查可帮助确定视网膜脱落，并能推测视力恢复的预后。如果通过超声检查发现除视网膜脱落之外还存在如白内障或玻璃体内存在强回声物质（来自出血或细胞浸润），其视力恢复预后不良。

5. 巩膜破裂

作用于眼部的严重钝性外伤可引起巩膜破裂，通常发生于巩膜缘，但也可发生于后段巩膜。后段巩膜破裂通常发生于视神经或视神经附近，因为这个地方最为脆弱。由于巩膜破裂与严重的外伤有关，因此该病通常伴发其他损伤，包括严重的葡萄膜炎、眼前房积血、玻璃体出血、细胞浸润和视网膜脱落。该病的预后判断通常基于眼部的超声检查（图 10-10），而且通常挽救眼睛的希望很小。

6. 视神经损伤

作用于马眼或头部的钝性创伤可能引起急性单侧或双侧失明。当马向后退或跌倒碰伤头部，或一侧面部受到钝性损伤，如踢伤、马缰绳或其他装置引起的损伤时，容易发生视神经损伤。失明可能是视神经损伤的结果之一，这种视神经损伤被称为创伤性视神

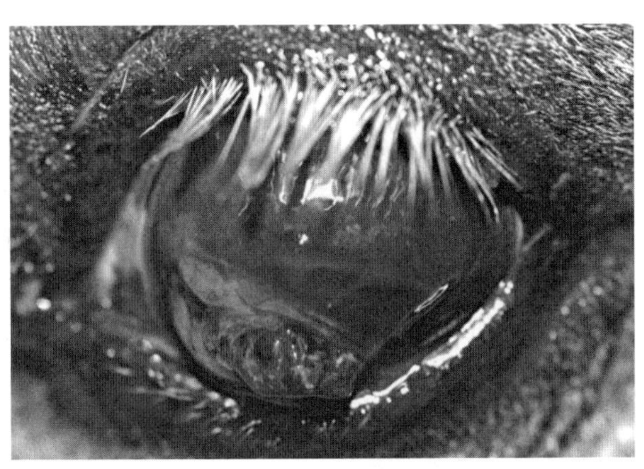

图 10-10 由钝性创伤所引起的马角膜和巩膜破裂。也存在明显的眼前房积血。挽救视力或眼球的希望不大

经病。这种损伤的发生原因可能是视神经的拉伸（对冲性损伤）或来自视神经附近骨折所造成的损伤。最初的检查发现恫吓反应阴性、炫眼反射阴性，或直接或交感性瞳孔对光反射阴性。除了瞳孔散大和偶尔可见的视神经乳头充血外，其他眼科检查结果可能都是正常。视神经很快开始退化，而且变得苍白，视神经乳头周围血管消失。一小部分马头部受损后，在急性期全身抗炎治疗后能够好转，不过通常视力恢复预后不良。

二、锐性损伤引起的眼部问题

锐性致伤物引起眼部的损伤可能会造成穿入创（刺创）、透创（全层穿入），或撕裂创。由于这些致伤物仅伤及局部区域，因此，通常情况下锐性致伤物比钝性致伤物引起的损伤要小。锐性致伤物引起眼部的刺创越深，其视力恢复的预后越差。锐性致伤物应该都是有菌的，这就增加了感染的风险，可影响眼球和视力。对于很多病例来说，继发感染比最初的损伤更难处理。最好的例子是角膜发生刺创或透创后分别发生了深部间质性脓肿和细菌性眼内炎。

（一）眼睑或眼周撕裂

眼睑或眼周组织发生的锐性损伤通常会造成深部组织撕裂。临床医师必须认真评估眼和眼周结构以确定损伤发生的范围，因为深部结构如角膜也经常同时发生损伤。眼睑损伤的修复对保护角膜是绝对必要的，因此，应尽可能对其进行修复。手术修复的技术与本章前面讲到的钝性眼睑撕裂中描述的方法一样。

（二）角膜损伤

1. 撕裂伤和穿孔

马的角膜撕裂很常见，可引起角膜瓣的形成或造成角膜穿孔。由锐性外力引起的角膜瓣通常在一侧比较浅，朝向中心的一侧比较深（图 10-11）。对于这种病例，临床医师要通过赛德尔试验（用于检测房水是否渗漏的试验）来确定角膜瓣深层区域是否发生透创，这一点非常重要。通过在怀疑透创的区域放置干的荧光素钠试纸进行全强度荧光素钠检测。如果有房水渗漏，可在局部稀释橘色的荧光素钠，使其呈现黄绿色荧光。很少对角膜瓣进行保留，一般建议对其进行切除，随后按照角膜溃疡进行治疗。如果造成角膜损伤的厚度超过角膜厚度的 50%～70%，可用结膜瓣或类似的移植物进行辅助治疗。

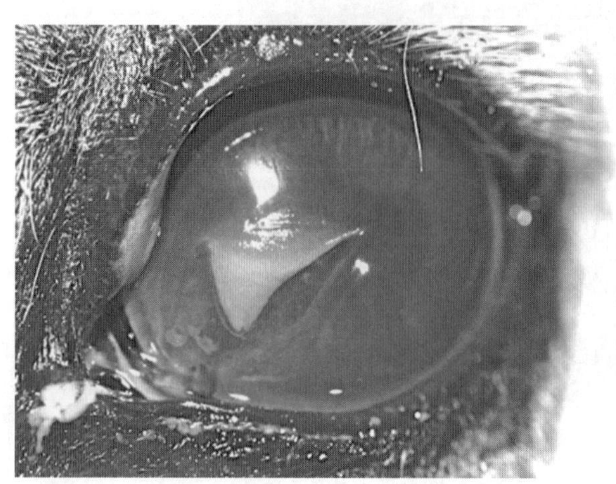

图 10-11 由尖锐的撕裂伤引起的角膜瓣。这些角膜瓣的厚度一般有所不同，通常一侧较浅表，朝向中心的部分比较深。应通过手术去除角膜瓣，然后伤口按照角膜溃疡进行治疗，或者如果有必要，可用移植物进行治疗

2. 角膜穿孔

角膜发生穿孔后，视力及挽救眼球的预后通常较差。如果角膜撕裂伤涉及角膜缘、出现严重的眼前房积血、晶状体穿孔、由于撕裂造成大部分葡萄膜移位，或缺失炫目和交感性瞳孔光反射，角膜穿孔的预后会更糟糕。对于穿孔患眼的评估包括完整的眼科检查（包括炫目反应和交感性瞳孔对光反射），同时要对马进行充分的镇静和眼睑神经阻滞以确保在诊断时不发生进一步损伤。如果眼后段（玻璃体和视网膜）不能通过眼科检查进行评估，应进行超声检查。如果晶状体和眼球后段正常，建议对撕裂伤进行修复或对穿孔进行纠正。如果马没有交感性瞳孔对光反射、出现大部分玻璃体脱出，或者超声检查发现玻璃体有大量出血，或者视网膜脱落，可考虑进行眼球摘除术。

3. 晶状体破裂

严重的深部角膜穿孔可能会穿透晶状体。晶状体受损后，晶状体蛋白的释放可引起严重的葡萄膜炎和继发性白内障。小动物发生晶状体破裂时，可考虑通过晶状体摘除以防出现长久的并发症，并可帮助保持视力。然而，马的损伤相关性晶状体破裂，视力长期预后尚未见报道。

4. 眼穿孔

眼穿孔指穿过眼部的损伤。这种损伤多与枪伤有关，长的尖锐物如钉子也可引起，但很少见。目前，尚无有关此种损伤发生后挽救眼的预后报道，但很可能预后不良。

三、结论

马眼会经常遭受损伤。比较严重的钝性损伤可对眼部造成严重的伤害，并危及视力和眼球。锐性致伤物引起的损伤随着致伤物进入眼内的深度增加，对视力和眼球造

成的危害也越大，预后也越差；但是，一般情况下，锐性致伤物比钝性致伤物造成损伤的预后好。完整的病史、眼科检查和眼部超声检查有助于医生确定损伤发生的类型和范围。临床医师应假定损伤是由钝性致伤物所引起，直到证实了其他因素的存在。最后，如果确定了损伤发生的原因，马主人应及时解决问题以防在马群内发生同样的损伤。

推荐阅读

Brooks D，Gilger B，Plummer C. Complications and visual outcomes associated with surgical correction of lens luxation in the horse. American College of Veterinary Ophthalmologists 40th Annual Conference，2009.

Caron JP，Barber SM，Bailey JV，et al. Periorbital skull fractures in five horses. J Am Vet Med Assoc，1986，188：280-284.

Colitz C，McMullen R. Diseases and surgery of the lens. In：Gilger B，ed. Equine Ophthalmology. 2nd ed. Philadelphia：Elsevier，2011：282-316.

Dwyer A. Practical general field ophthalmology. In：Gilger BC，ed. Equine Ophthalmology. 2nd ed. Philadelphia：Elsevier，2011：52-92.

Gilger BC. Diseases and surgery of the globe and orbit. In：Gilger BC，ed. Equine Ophthalmology. 2nd ed. Philadelphia：Elsevier，2011：93-132.

Gilger BC. Equine recurrent uveitis：the viewpoint from the USA. Equine Vet J Suppl 37，2010：57-61.

Gilger BC，Deeg C. Equine recurrent uveitis. In：Gilger B，ed. Equine Ophthalmology. Philadelphia：Elsevier，2011：317-349.

Gilger BC，Michau TM. Equine recurrent uveitis：new methods of management. Vet Clin North Am Equine Pract，2004，20：417- 427，vii.

Guiliano E. Equine ocular adnexal and nasolacrimal disease. In：Gilger BC，ed. Equine Ophthalmology. 2nd ed. Philadelphia：Elsevier，2011：133-180.

Hollingsworth S. Diseases of the uvea. In：Gilger B，ed. Equine Ophthalmology. Philadelphia：Elsevier，2011：267-281.

Martin L，Kaswan R，Chapman W. Four cases of traumatic optic nerve blindness in the horse. Equine Vet J，1986，18：133-137.

Rebhun W. Repair of eyelid lacerations in horses. Vet Med Small Anim Clin，1980，75：1281-1284.

Reppas GP，Hodgson DR，McClintock SA，et al. Trauma-induced blindness in two horses. Aust Vet J，1995，72：270-272.

Scotty NC, Cutler TJ, Brooks DE, et al. Diagnostic ultrasonography of equine lens and posterior segment abnormalities. VetOphthalmol, 2004, 7: 127-139.

Strobel BW, Wilkie DA, Gilger BC. Retinal detachment in horses: 40 cases (1998-2005). Vet Ophthalmol, 2007, 10: 380-385.

（董海聚 译，王玉杰 校）

第 11 章　烧　　伤

R. Reid Hanson　Elizabeth J. Barrett

烧伤对于马来说相对少见。马最严重的烧伤多见于厩舍着火，而且通常波及大面积皮肤。其他烧伤的原因包括灌木丛火灾、缰绳摩擦伤、电灼伤、晒伤、射击伤和烙印伤，或者由腐蚀剂引起的化学伤。

马烧伤的预后与烧伤的范围、严重性、烧伤组织的结构、烧伤引起并发症的严重程度以及对马所进行的合理照料与治疗有关。马可能经历过最初的热损伤后能够存活下来，但其运动功能会受到一定影响，其主要原因是瘢痕的形成影响了关节活动或持续的烟雾损害造成下呼吸道损伤。在对大面积烧伤进行治疗之前，应对机体的每个系统进行详细评估检测。需要详细告知主人烧伤的预后、较长时间的治疗费用和潜在的并发症。

一、烧伤的分类

根据损伤深部不同可将烧伤分为不同的级别。一度烧伤仅表皮层受损，表现为疼痛、局限性红斑、水肿和皮肤表层脱皮。一度烧伤愈合的特点是愈合良好，没有疤痕（图 11-1）。

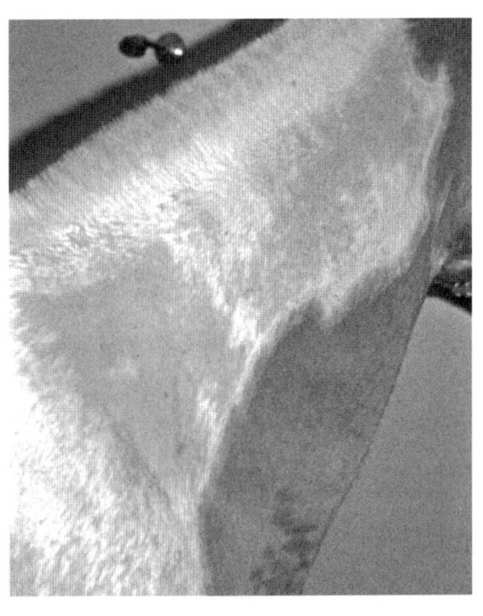

图 11-1　伴有上皮浅表层红斑、水肿和脱屑的一度烧伤。这些烧伤虽然引起疼痛，但愈合较快，而且没有并发症

二度烧伤可分为浅表或深层烧伤。对于浅表性烧伤，仅有一些表皮的基底生发层细胞受损、疼痛，触觉感受器保持完整。由于大部分基底层未发生损伤，创伤的愈合很快，多数在 14d 内愈合而且疤痕很少（图 11-2）。深层二度烧伤伤及表皮全层，引起红斑、表皮和真皮交界处水肿、表皮坏死和焦痂形成。由于这种烧伤破坏了表皮基底层内的疼痛感受器，因此，疼痛不明显。为防止产生过大的瘢痕组织，深层二度烧伤通常需要进行皮肤移植。

三度烧伤伤及表皮和真皮的全层。受损区域的颜色从白色到黑色之间均可出现，而且无痛。这种烧伤可引起明显的液体丢失、在烧伤边界处发生严重的细胞学反应，以及形成焦痂。此种烧伤的并发症很常见，主要包括休克、伤口感染、败血症和菌血症。伤口愈合的过程非常缓慢，而且伤口愈合需要伤口边缘的上皮移行来完成。皮肤移植可能有助于伤口的愈合（图 11-3）。四度烧伤伤及范围包括皮肤全层和下面的肌肉组织、筋膜、韧带和骨骼（图 11-4）。

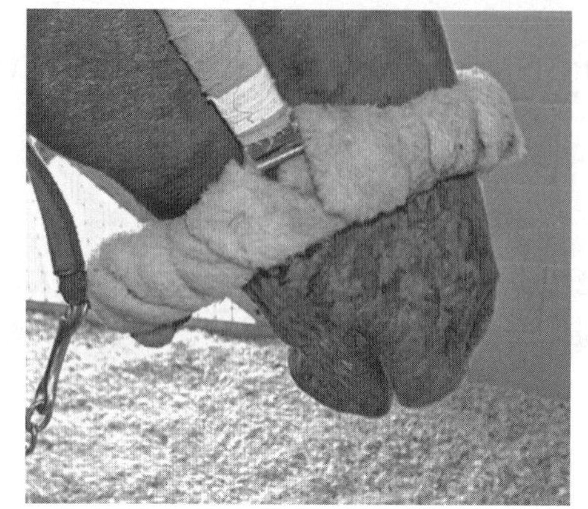

图 11-2 浅表的二度烧伤。由于上皮基底层保持完整，烧伤的愈合良好，仅有很少量的疤痕形成

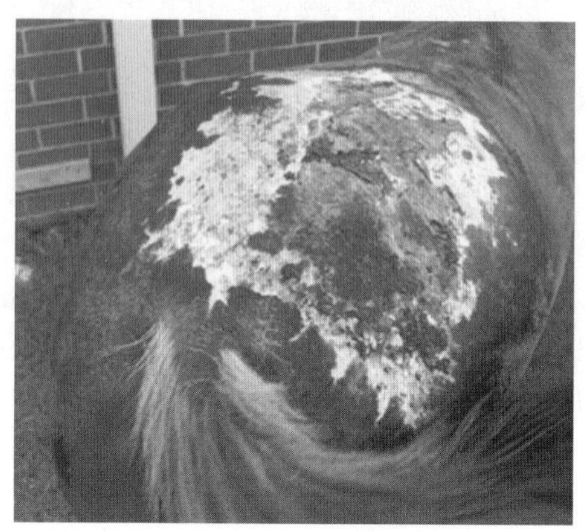

图 11-3 厩舍着火引起的三度烧伤。中心的深部区域被二度和一度烧伤所包围

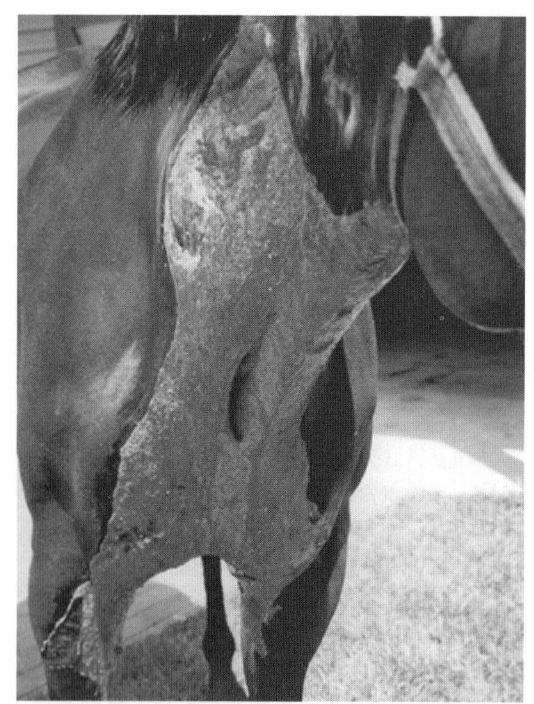

图 11-4 伤及皮肤全层及其下面组织的四度烧伤，这些组织包括肌肉、骨骼、韧带、脂肪和筋膜

还可根据烧伤的范围和严重性对其进行深入描述。烧伤的范围是指烧伤涉及体表的面积。严重性主要与组织所暴露环境的最高温度以及烧伤所持续的时间有关。九分法是人医评估烧伤整体面积的方法。每个手臂代表体表面积的 9%、每个肢体代表 18%、头颈代表 9%、胸部代表 18%、腹部代表 18%。尽管没有特定的原则用于大动物的烧伤处理，但对于深部部分皮肤到全层皮肤烧伤面积达到体表面积的 30%～50%以上的马，建议进行安乐死。烧伤面积大于 10%～15%的马预后不良。对于烧伤预后和损伤范围的最终评判应在烧伤48～72h 后进行。因为热从组织中慢慢消散，烧伤的确切范围变得清晰之前需要一定的时间（图 11-5、图11-6）。

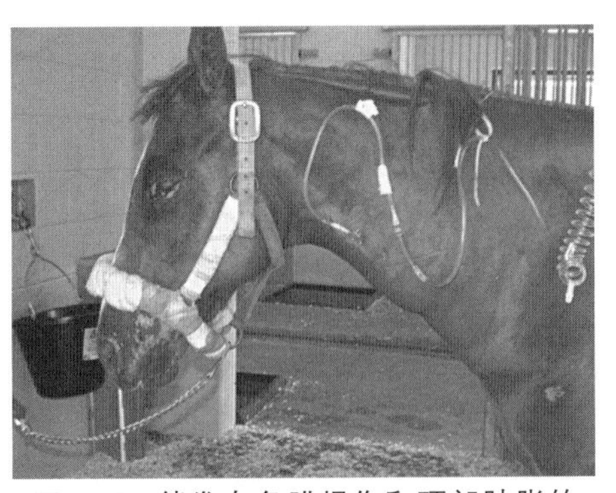

图 11-5 伴发有角膜损伤和颈部肿胀的马出现泪溢，显示烧伤比较严重

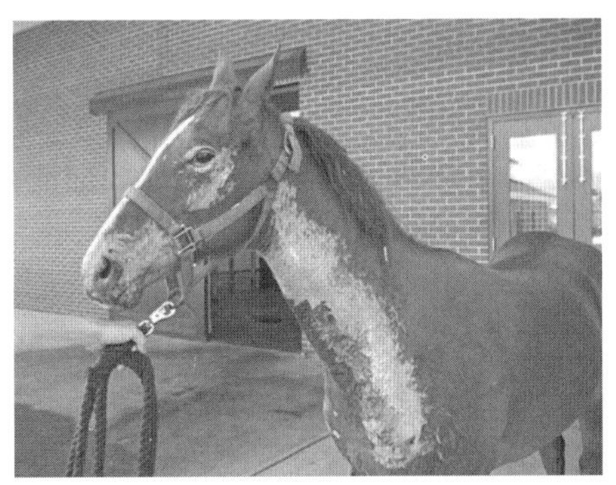

图 11-6 与图 11-5 为同一匹马，出现症状后 8d 的情况。注意图 11-5 中水肿的地方已出现腐肉，显露出了深层组织

二、治疗

对烧伤动物的处理包括对烧伤的治疗并处理烧伤所引起的所有继发性损伤。继发性损伤包括角膜溃疡和因吸入烟雾造成的肺部损伤，表现为反应性肺炎和低氧血症。最初的体格检查应该注重每个系统，特别是烧伤常损害的部位。严重的烧伤可造成特征性的心血管疾病，称为烧伤性休克，在临床上与低血容量性休克类似。治疗包括马各系统的稳定和维持、继发性损伤和局部外伤处理。

（一）维持系统稳定

保持适当的血压是治疗的第一目标。在烧伤的最初阶段，作为对热和炎性介质的反应，局部和全身毛细血管通透性大大增加。另外，循环心肌抑制因子可引起心输出量减少。血容量和心输出量的减少共同造成严重的血容量不足，即所谓的烧伤性休克。必须通过静脉输液来补充血容量，可加入血浆、羟乙基淀粉，或者必要时加入高渗盐水。可依据血象和血液生化指标确定补充的液体。如果指标未见异常，可按照每千克体重 2～4mL 的剂量补充等渗液体超过 24h 以上，再加上根据烧伤面积计算的维持需求量。例如，除了维持需求量之外，烧伤面积为 15％的 500kg 体重的马需要另外补充 15L（500kg×2mL/kg×15＝15 000mL＝15L）液体以纠正因烧伤引起的液体流失。

应加强护理，防止水分过度丢失，尤其对由烟雾引起的肺部损伤，要防止肺水肿的形成。然而，遭受烟雾吸入和局部烧伤的马与单纯遭受局部烧伤的马相比其治疗需要补充更多的液体。

应该使用抗炎治疗去除疼痛和减少炎症反应。根据需要可使用氟尼辛葡甲胺（每千克体重 0.25～1mg 静脉注射，每 12～24h 1 次）或非罗考昔（每千克体重 0.1mg，口服，每 24h 1 次）。另外，可在烧伤发生的前 24h 内使用二甲基亚砜（DMSO；每千克体重 1g 静脉注射，用乳酸林格氏液稀释至＜10％的浓度，每 12～24h 1 次）减轻水肿和抗炎。己酮可可碱（每千克体重 7.5mg，口服或静脉注射，每 12h 1 次）可用于减轻由于烧伤部位血流降低所引起的疼痛。

当烧伤超过总体面积的10%以上时，机体代谢率的增加与烧伤的面积大小成比例。烧伤面积为30%的马所耗费的能量是它们正常状态下的2倍。应该连续称重以监测体重的下降情况。必须相应地增加能量和饮食中的蛋白摄入量以防体重下降、肌肉萎缩和皮肤的延迟愈合。

(二）继发性损伤

对呼吸系统进行仔细检查以确定马是否发生烟雾吸入性损伤，这一点对防止烧伤并发症的发生非常重要。遭遇厩舍火灾或遭受包括面部在内的大面积损伤的马，应该假定已经发生烟雾吸入性损伤，并让其接受相应的治疗。保持呼吸道畅通、充分供氧和通风对于任何可能发生烟雾吸入性损伤的马都非常重要。按照15～20L/min的速度通过鼻腔或气管吸入加湿的100%氧气直到马能够维持正常的氧合作用，这一作用可通过连续的血气监测和全身检查指标进行判定。烟雾吸入可对气管黏膜造成严重的损害，如果上呼吸道被纤维性坏死性脱落物阻塞，需要通过气管造口术来维持适当的供氧。

烟雾吸入损伤发生后，肺泡巨噬细胞的功能降低会使肺的自我防御机能大大下降，此时应对马进行认真监测以防肺炎继续发展。人们对全身预防性应用抗菌药的治疗存在争议：有人推荐使用，也有人认为应在确定有感染的情况下使用。一种治疗方法是单独使用青霉素（每千克体重22 000U，静脉注射或肌内注射，每6～12h 1次），另一种治疗方法是将头孢噻呋（Naxcel，每千克体重2～4mg静脉注射，每12h 1次）与甲硝唑（每千克体重15mg，口服，每6～8h 1次）配合使用。应将垫料和垫草浸湿以减少吸入环境中的微粒刺激物。

在最初的24h可用二甲基亚砜（DMSO；每千克体重1g静脉注射，用乳酸林格氏液稀释至<10%的浓度，每12～24h 1次）或呋塞米（每千克体重0.5～2.0mg静脉注射，每12～24h 1次）处理肺水肿。在烧伤初期，对使用呋塞米和二甲基亚砜反应较差的肺水肿病例，可按照每千克体重0.5mg的剂量静脉注射地塞米松一次。

由于马的眼及眼睑结构比较精细，因此，应对烧伤部位进行特殊护理。可用荧光素钠染色确定角膜有无溃疡和坏死组织存在。面部尤其是眼睑有任何损伤的马可用人工泪液对眼部进行处理。可用生理盐水浸湿的棉签对角膜表面的坏死区域进行小心处理。根据需要局部应用三联眼膏和阿托品预防反射性葡萄膜炎。

(三）伤口护理

烧伤本身的处理措施要根据创伤发生的严重程度和烧伤的深度而定。一度烧伤只需简单进行冷水水疗、冷敷和使用创伤贴以帮助减轻疼痛。二度烧伤多伴有大水疱和小水疱，应保持其完整性以减轻疼痛和防止感染。水溶性抗菌敷剂，如磺胺嘧啶银可用于治疗二度烧伤直至焦痂形成。

三度烧伤有多种处理措施，但处理更加困难。处理前先对马进行镇静。伤口可通过闭合、半开放或完全开放技术或切除和移植进行治疗。根据烧伤的发生部位和大小，

选择适宜的方法进行治疗。

闭合技术包括用闭合的人工敷料覆盖在伤口表面，但敷料要经常更换。每次更换敷料时都要对伤口进行清创和清洗。这种技术可通过减少热量水分丢失、减少微生物数量和保护肉芽组织面而加速伤口的愈合。如果伤口过大，频繁更换敷料可能比较昂贵，而且比较疼痛。羊膜是一种有用的保护屏障，常用于闭合性治疗：它可减少液体和蛋白丢失、控制细菌增殖并能减轻创伤部位的疼痛。羊膜的物理结构与皮肤相似，而且还包含有增强纤维组织形成的生长因子。

半开放治疗技术可保持焦痂的存在，但要用浸有抗菌药的敷料如磺胺嘧啶银对其进行覆盖。敷料可保护创伤、防止细菌感染和减少液体蒸发丢失。

开放性治疗技术是指保持伤口开放，受损部位可形成自身的生物学屏障，即形成焦痂。焦痂是由渗出液、胶原蛋白和坏死皮肤层所构成。焦痂不能防止细菌污染、热量丢失或水分蒸发。在这种开放技术的干燥处理过程中，组织破坏的深度可能在边缘部位逐渐增加。焦痂表面可涂抹抗菌药，一天 2 次。焦痂完整时伤口不会愈合。焦痂通常在 4 周内脱落，此时尚可对伤部进行移植，或伤口开始愈合。对大面积烧伤的马，这种技术最常用，可避免闭合处理技术对烧伤所造成的一些感染并发症。

在采用开放性治疗技术处理烧伤之前，应对伤口周围进行修剪，并清除伤口表面所有的失活组织，然后用冰块或冷水浴冷敷皮肤。可用 0.05％的洗必泰溶液对伤口进行大量冲洗，用灭菌生理盐水对 2％的洗必泰溶液进行 40 倍稀释即获得 0.05％的溶液。然后在伤口表面涂上水溶性抗菌软膏（磺胺嘧啶银）。渐渐的，当坏死区域变得明显，应对其进行清除。每天对伤口清洗 2～3 次，而且每次清洗后要涂上抗菌软膏以减少细菌的数量。除了磺胺嘧啶银之外，其他局部涂抹药物包括芦荟胶、洗必泰、聚乙烯酮碘和硫酸双生霉素软膏。

马的小面积烧伤可通过切痂术做到成功治疗，如果存在大量可用的供体皮肤，也可进行皮肤移植。

由于全身应用抗菌药不能透过无血管的焦痂，因此，该法不能保护伤口不受感染。局部应用抗菌药可防止浅表性毒血症向深层感染和转变为全身性毒血症。

焦痂移除后，伴随着健康肉芽组织的形成，皮肤移植可能对加快和增强伤口的愈合非常有利。

三、并发症

烧伤可引起剧烈瘙痒，特别是在伤口愈合的后期，可能需要用交叉缰绳固定限制马的活动或者镇静以防自残。在发痒的循环过程中，利血平可能有止痒效果（每匹马 2～5mg，口服，24h 用药 1 次）。

可能发展的其他并发症，包括丽线虫病、疤痕疙瘩样增殖、类肉瘤和其他肿瘤的形成。大面积的疤痕可限制动物的使用。临床上也常见到由于嵌闭所形成的疝痛，另外也有发生蹄叶炎的报道。

在牧场，轻度的一度烧伤和浅表性二度烧伤很容易治疗。超过 30％的大范围一度和二度烧伤，以及三度或四度烧伤的治疗最好是在监护条件良好的地方进行，这样效果更好。

推荐阅读

Gaughan EM，Hanson RR，Divers TJ. Burns and acute swellings. In：Orsini JA，Divers TJ，eds. Equine Emergencies：Treatment and Procedures. 3rd ed. St. Louis：Saunders，2008：219-236.

Hanson RR. Management of burn injuries in the horse. Vet Clin Equine，2005，21：105-123.

Hanson RR. Burn Injuries. In：Stashak TS，Theoret CL，eds. Equine Wound Management. 2nd ed. Ames，IA：WileyBlackwell，2008，584-599.

Knottenbelt DC. Management of burn injuries. In：Robinson NE，ed. Current Therapy in Equine Medicine. 5th ed. Philadelphia：Saunders，2003：220-225.

Marsh PS. Fire and smoke inhalation injury in horses. Vet Clin Equine，2007，23：19-30.

（董海聚　译，王玉杰　校）

第 2 篇
疼痛

第 12 章　疼痛的识别

Erin K. Contino　Khursheed R. Mama

一、疼痛

国际疼痛研究联合会将疼痛定义为：一种与显（隐）性组织损伤或诸如此类的损伤相关的知觉和情绪上的不愉快的经历。马不能言语，不能对这种不愉快的经历做出回应。在镇静和麻痹条件下，马无法对疼痛做出反应。这种状况下，我们发现，首先应该懂得如何识别疼痛、量化疼痛。遗憾的是，过去 20 年里，尽管我们致力于研发和制订科学及客观的疼痛评分量表，马的疼痛评估仍备受质疑。因为这种评估容易受到不同的疼痛表现形式和类型的干扰。比如，我们可以这样描述疼痛：机制（损伤性、神经性、炎症性）、发生部位（躯干、脏器）、持续时间（急性、慢性）、频率（持续性、间歇性）、程度（温和的、剧烈的）。

马可以像其他采食动物一样，通过抑制疼痛避免其他损伤。这种现象称之为“压力诱导镇痛”，这种现象很大程度上解释了为什么马在肢体骨折后继续疾驰。当危险过后，疼痛感则会加剧，如触诱发痛（正常刺激下的疼痛感）、痛觉过敏（伤害性刺激可提升疼痛应答）。这有助于防止进一步损害已经受伤的组织。触诱发痛和痛觉过敏会以一种病理和疾病性质存于自体中，除非损伤不再。而这种状况又被认为是一种正常的机体应答。另外，最近发现，动物经历恐惧、焦虑后对疼痛感知有一定影响。有报告指出，恐惧可镇痛，而焦虑则造成痛觉过敏。

二、疼痛评估的一般标准

由于疼痛性质多样和品种特异性，马疼痛的评估是一种极大的挑战。为了最大限度地进行准确评估，兽医应尽可能地使用标准一致的主客观相结合的系统测量方法。应考虑到马匹正常体温、品种、年龄间疼痛表现的差异。如老龄马和使役马比纯种马、青年马和马驹更加耐受。马出现异常行为时，应该及时咨询马主和饲养者，因为他们最了解马。评估马疼痛时，应该选择正常、熟悉的环境，陌生环境会使马兴奋。而隔离观察会造成压力，影响评估结果。

进行马疼痛评估时从远处静静地观察是非常重要的一步。当然，面对紧急医疗事故时，可进行适量调整。马匹能够改变和遮蔽类似人类的疼痛行为。正如很多非野生

型动物一样，影像记忆则非常有意义，能够提升疼痛指数的准确度。远距离观察可以了解马的整体状况、姿势、肢体位置、食欲、检查耗时长度、应答四周环境能力。评估马的直接环境也是很重要的，因为它能够揭示出马的活动是否异常（如草垫是否杂乱）、生理机能是否正常（如粪便是否呈堆状，是否呈散状位于栏舍周围和墙壁上）。

通过安静的观察，评估马对观察者的反应和互动情况。最后，进行应激测试以获取物理参数，如温度、脉冲、呼吸频率、非侵害系统的动脉血压（如果可能）和腹鸣频率。对于疼痛的预估可能没有提供一个高水平的敏感度和特异性的差数，但是当一直考虑其他参数时，它们仍然是有用的。例如，心动过速有很多种原因，在给马服用大剂量的 α_2 受体兴奋剂（可减少心率）进行镇静时，胎心率是显著性问题的指标，疼痛感应该列入特别的考虑。此外，应激测试对参数的评估是依据疼痛的类型和起源，之后会做详细的讨论。

通过持续的努力来建立疼痛评分标准，可促进这些准则的实践。科罗拉多州立大学的科研人员和职员发明了一种评分准则。该准则是一种可视化的模拟准则，包括客观的发现、身体姿势和面部的表情。尽管这些没有被证实，但它包含许多上述的标准（图 12-1）。

科罗拉多州立大学 日期：__________

兽医医学中心 时间：__________

马舒适度评定量表

＊该表依据每匹马的临床表现进行评分。如有异议请在下面进行说明。

疼痛评分	行为表现	临床评估	体位特点
0 级	□对栏舍外的来人感兴趣 □不停转动，关注来往的人 □头位于马肩隆以上 □自由移动 □静卧休息	□心率：____（一般≤40 次/min）____ □眼睛：放松，反应正常 □肌肉：张力正常 □病灶区：不发热 □触诊：不敏感	□未见跛足或支撑负担 □可大幅、灵活移动
1 级	□头位于马肩隆以上 □直视前方 □活动量下降 □对栏舍外的来人感兴趣 □环顾四周	□心率：____（可能≤40 次/min） □肌肉：轻度肌紧张 □病灶区：中度发热 □黏步、向一侧倾斜或者逃避触诊，间或肌肉抽搐	□偶见跛行，不易发现 □运动中轻度损伤或强直
2 级	□头与马肩隆呈同一水平线 □静卧且运动缓慢 □坐立不安或表现焦躁 □人近前时才做出反应 □缺乏热情、兴趣低、反应慢 □较少注意周围来人	□心率：____（可能≥48 次/min）____ □呼吸急促。呼吸频率：____ □发汗 □发热区域广 □触诊时明显表现出厌恶感	□某种情况下可见跛行，如单腿支撑 □明显运动强直

疼痛评分	行为表现	临床评估	体位特点
3 级	□头至少低于马肩隆水平线 □转头朝后或者面向来人 □表现出明显的坐立不安 □视力不集中、远眺、无神 □反应迟钝 □一侧站立 □变得内向 □较少注意周围来人	□心率：____（可能≥60次/min）____ □呼吸急促。呼吸频率：____ □发汗 □严重的肌紧张 □发热区域广	□中度跛行，四肢能支撑体重，更倾向一肢或其他肢干负重 □明显不适，负重转移 □弓背 □严重的运动强直 □站立姿势异常
4 级	□头低于马肩隆的水平线 □立于人前或面向墙壁 □耳朵向后塌，困倦 □频繁的焦虑症状 □极度不适，恐慌 □极度内向、孤僻 □不愿直立 □忽视四周环境及行人	□心率：____（可能≥70次/min）____ □呼吸急促。呼吸频率：____ □大量出汗 □极度的肌肉紧张/僵化甚至震颤 □发热区域广 □严重的厌恶触诊，可能有攻击行为	□不能或不愿支撑 □不能移动 □频繁转移负重 □站立姿势严重异常 □依着胸骨卧地或桡侧斜靠

疼痛处理方式：

意见：____

A

科罗拉多州立大学

兽医医学中心

马舒适度评定量表

行为特征指标列表

常规

■刨地
■跺脚
■无事也甩尾鞭打身体
■转圈
■频繁扩张鼻孔
■无明显原因下频繁摇头
■反复行为：如摩擦、踱步
■频繁起立、躺卧
■晃动四肢
■发出咕噜声
■很难安定下来

肌肉和骨骼特点

■频繁的转移负重
■晃动四肢
■跺脚
■变形（如蹄叶炎引发）

腹部特点

■刨地
■肋骨显现
■咬腹癖
■磨牙
■踢腹
■打滚
■打咕噜
■抖动

触诊反应

触诊的厌恶反应表现如下：
■夹板疗法
■肌肉颤搐
■痛觉过敏/触诱发痛
■刺痛
■攻击性
■踢腿

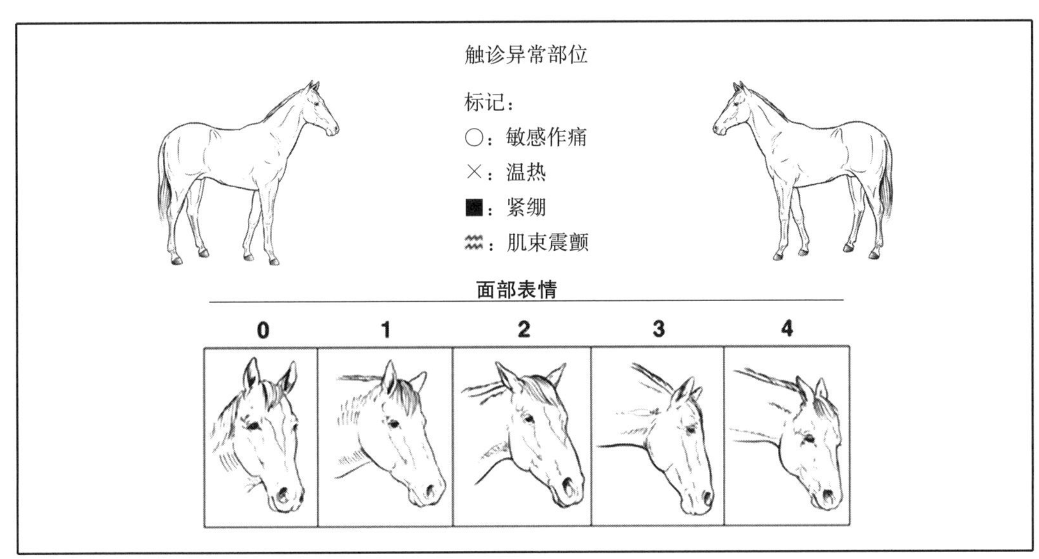

B

图 12-1 科罗拉多州立大学开发的马舒适度评定量表

A. 眼观评价表 B. 行为描述一览表（源自科罗拉多州立大学，经 P. W. Hellyer 授权再版）

另外一组研究人员针对骨科疼痛发明了一种疼痛等级表（CPS），该表采用生理、相互作用、行为变量进行混合评估。该疼痛分级具备很好的组内、组间重复性，敏感性和特异性。CPS 所包含的这些参数，如姿势、踢腹、触诊反应以及与人的互动行为，都有非常好的特异性评价。也就是说，一般情况下，非疼痛患马不出现这些行为。姿势、头的运动、踢腹、刨地、触诊反应和平均血压在区分不同疼痛等水平，都具有极好的特异性。最近，人们采用该 CPS 系统，成功地对急性手术和非手术引起的身体或内脏疼痛进行了疼痛监测。

三、疼痛的非特异性临床症状

疼痛的非特异性临床症状可能包括：不安、激动、恐慌、站姿僵硬、不愿移动、头位降低、眼睛盯住一点不动、鼻翼扩张、牙关紧锁、夹尾巴、攻击其他马匹（物品或人）；疼痛患马不愿与观察者互动，且对周边环境不感兴趣，喜欢站在马厩里面以避免与人接触；与非疼痛马匹相比，患马饮食时间减少。无论什么原因引起的严重疼痛，患马通常表现为不安、呼吸加快、心跳加快、激动、大汗。

四、特殊类型疼痛的评估

（一）肌肉骨骼疼痛

肌肉骨骼疼痛可以分为不同等级，从轻度病态强直到运动表现不良再到完全无法负重的跛行等级别。若患马疑似肌肉骨骼疼痛，应对主要肌肉区域进行触诊评估，并对局部温度、疼痛或出汗情况进行检查。患马疼痛区域的触诊反应是对患马疼痛评估参数中最敏感和特异的一个。触诊肌肉区域可能呈现明显高渗现象，其原因可能是对受伤部位附近组织的一个保护机制或源于对异常步态的代偿。四肢疼痛可能表现为：患肢不愿移动、跺脚、左右两肢交替抬起和负重以及异常站姿。举例来说，据报道，患有舟状软骨病的马匹会将较疼痛的患肢点地，并可表现为将垫料集于蹄底以抬高蹄踵。患有急性蹄痛的马匹，如蹄局部脓肿，通常表现为指/趾动脉脉搏增强且蹄壁增温，脓肿区域蹄夹检测可呈敏感现象或出现蹄冠线触诊敏感。

对于救护车送诊的患马，应进行跛行诊断。目前，有很多马跛行分级方法用于辅助马的跛行评估。在美国，最常用的跛行分级评估法是美国马医联合会发表的马跛行分级表（表 12-1）。该表以及其他跛行分级表都是主观的，在不同的跛行评估人之间缺乏高度的一致性。有人致力于发明更加客观的跛行检测方法。例如，使用测力板对垂直地面的反作用力进行动力学检测，以及通过在马身上做反射标记并采用高速摄像机进行动力学评估。但是，大多数马医无法接触到这些系统。即使在配备该系统的机构，运用该系统对病例进行跛行评估也不切实际。另外，有一种跛行定位便携检测系统。该系统通过使用置于马体的惯性传感器和一个陀螺仪对马体的不对称性运动进行定量检测。目前，该系统并未广泛应用。虽然该系统对马跛行进行评估并非为了替代马医，但是与人为跛行评估相比，其在获取更加客观的跛行数据上具有明显优势。

表 12-1　美国马兽医联合会跛行评估指引

0 级	任何情况下，无跛行症状
1 级	无论什么情况下（例如，上鞍、打圈、坡行、硬地面运动等），很难观察到跛行，跛行症状的出现是非持续的
2 级	行走或直线快步很难发现跛行，但是在某些特殊情况下运动可出现跛行症状，例如负重、打圈、坡行或硬地面运动
3 级	在所有快步运动情况下，持续出现跛行症状
4 级	马匹行走时跛行明显
5 级	运动和/或安静状态下，肢体轻度负重，或完全无法运动

注：版权属于美国马医联合会，2014 年 2 月 7 日查询网址为：http：//m. aaep. org/health _ articles _ view. php?id=280。

对骨骼肌肉疼痛进行评估的客观方法还包括：压力检测、角度检测和热成像。压力检测仪由一个弹簧和其上的一个小的胶皮柱塞组成，用于测量所施加的压力的大小。对马身体某部位进行触诊时，施加导致马匹退缩反应的压力的大小，可作为疼痛敏感性比较的参数。这一参数可用于对马体各局部或对同一局部不同时间的触诊反应进行比较。目前，压力检测已经过验证并用于田纳西驮马（walking horse）骹骨区域酸痛的检查。角度检测就是对某关节在无痛感时可呈现的最大角度进行测量。其可用于检测一段时间内成对关节之间或同一关节的运动范围。最后，热成像可用于对骨骼肌肉的检查，尤其是对马背部疼痛的检测。毫无疑问，该技术的应用以及其成像的解释都必须由有经验的热成像师来完成，因为很多结果容易谈判。

（二）蹄叶炎疼痛

蹄叶炎性疼痛是马的一种极其疼痛和身体虚弱的状况。若两前肢都出现蹄叶炎，马表现为两前肢前伸的典型站姿，身体重心后移，后肢置于躯体下面；马匹步伐小心翼翼。急性蹄叶炎时，典型特征是蹄温升高，指动脉脉搏加强。患马对蹄夹压力测试敏感，尤其是在蹄头和蹄叉顶点的位置。患马可能出现不愿走动、拒绝抬蹄的情况。患马可能出现频繁的前后肢交替负重，严重病例的患马可能卧地不起。基于这些临床表现，Obel 于 1948 年建立了蹄叶炎分级系统（表 12-2）。因为，蹄叶炎可使患马的姿态发生改变。因此，兽医有必要对马的代偿性疼痛进行检测。触诊可发现敏感性肌肉，如胸肌、臀肌和腘绳肌。另外，慢性蹄叶炎可引发抑郁，所以，对患马精神状态的评估是很重要的。这些额外的临床发现有助于指导恰当的治疗，不仅有助于对蹄叶炎疼痛的理解还有助于对二次疼痛的理解。

表 12-2　Obel 蹄叶炎分级系统

一级	安静状态下，马匹四肢频繁交替负重。行走时，无跛行。慢跑时，跛行出现短暂且不太僵硬
二级	患马愿意行走，无前肢不愿抬起的表现。行走时，出现跛行，且不太僵硬
三级	患马前肢不愿抬起，不愿行走
四级	患马拒绝行走，除非强行驱使

（三）脏器疼痛

绞痛是马匹最常见的脏器疼痛。虽然引起绞痛的原因非常多，但是马匹绞痛有某些特殊的表现行为，有助于临床上将绞痛与其他疼痛进行鉴别诊断。症状包括打滚、刨地、回视、踢腹、卷上唇、夹尾巴、深度呻吟、磨牙、打转等。绞痛患马出现反复起卧、站起。站起后通常不会像正常马匹一样抖掉被毛的垫料。也可出现卧地不起的现象。可出现激动、抑郁、消沉、精神沉郁等症状。患马通常缺乏食欲，玩水但不饮水。患马可能出现便秘或无便，频繁出现排尿动作或排出少量尿液。有些患马表现为紧张姿势，出现背部肌肉紧张、弓背以及收腹的姿势。还有些患马出现伸展的站立或卧地姿势。某些绞痛可能出现腹胀，可通过在马腹部标记点，并随着时间推移对经过这些点的腹围进行逐次测量。严重的绞痛病例很可能出现心动过速，这些患马可能出现震颤、哆嗦、大汗以及无所顾忌的突然卧地等症状。

五、结论

判断马匹是否疼痛，并尽可能确定疼痛来源，这不论从医治角度上还是从人道角度上考虑，对患马都很关键，因为这有助于制订恰当的治疗方案。虽然马匹的疼痛评估很困难，但是，在每次评估中，都采用同一个主、客观的参数，并运用同一个评估系统进行疼痛评价，将有助于兽医对疼痛进行更加准确和可靠的定性和定量（表 12-1、表 12-3），本书提供了疼痛评价分级方法，希望对马医有用。兽医也可制订个人的疼痛分级方法，以辅助其对马匹疼痛的诊断。

表 12-3 数字化多因素马疼痛分级评估

项目	评分标准	分数
体格检查		12
心率（与基础值相比）	升高<10%	0
	升高 11%～30%	1
	升高 31%～50%	2
	升高>50%	3
呼吸频率（与基线值相比）	升高<10%	0
	升高 11%～30%	1
	升高 31%～50%	2
	升高>50%	3
肠音	正常消化道运动声音	0
	消化道运动降低	1
	消化道无运动	2
	消化道过强运动	3
直肠体温（与基础值相比）	浮动<0.5℃	0
	浮动<1℃	1
	浮动<2℃	2
	浮动>2℃	3
反应		06
互动活动	对人的动作出现正常的关注	0
	对声音刺激的反应夸张	1
	对声音刺激反应过度或出现攻击性反应	2
	对声音刺激呈现昏迷、虚脱或无反应现象	3
疼痛区的触诊反应	触诊无反应	0
	触诊有轻度反应	1
	触诊抵触	2
	触诊抵抗	3
习性		21
表现（不愿移动、不安、焦虑\恐慌）	精神正常，头耳下耷、无不愿运动现象	1
	警惕、偶有头部运动、无不愿运动现象	2
	不安、耳朵竖起、异常脸部表情	3
	兴奋	4
排汗	无明显排汗	0
	触感体表潮	1
	触感体表湿，体表出现汗珠	2
	大量排汗，体表汗珠成串下流	3

（续）

项目	评分标准	分数
踢腹	安静站立，无踢腹动作	0
	异常踢腹，每 5min 1～2 次	1
	异常踢腹，每 5min 3～4 次	2
	异常踢腹，每 5min>5 次，间歇性出现欲打滚的动作	3
蹄刨地	安静站立，无刨地动作	0
	偶有刨地动作（每 5min 1～2 次）	1
	频繁刨地（每 5min 3～4 次）	2
	持续刨地（每 5min>5 次）	3
姿势（负重和体态）	安静站立、正常行走	0
	偶有四肢交替负重，轻度肌肉震颤	1
	不负重，异常负重	2
	镇痛姿势、排尿姿势，前倾姿势，虚脱、肌肉震颤	3
头部运动（头部左右或上下摆动）	无不适症状，多数情况下头部正常，处于正常抬起状态	0
	间歇性头部运动，头回视侧腹或卷唇（每 5min 1～2 次）	1
	间歇性，头部快速运动，头回视侧腹或卷唇（每 5min 3～4 次）	2
	持续性头部运动，头回视侧腹或卷唇（每 5min>5 次）	3
食欲	随时有吃草欲望	0
	出现食草犹豫	1
	对食草兴趣不大，吃草但是不咀嚼或吞咽	2
	既无食草兴趣又无食草动作	3
总 CPS		分数/39

资料来源：Bussières G，Jacques C，Lainay O，et al. Development of a composite orthopaedic pain scale in horses. Res Vet Sci 2008；85：294-306，经授权再次印刷。

推荐阅读

American Association of Equine Practitioners. Lameness exams：evaluating the lame horse. Available at http：//www. aaep. org/ health_articles_view. php? id =280. Accessed September 2012.

Ashley FH，Waterman-Pearson AE，Whay HR. Behavioural assessment of pain in horses and donkeys：application to clinical practice and future studies. Equine Vet J，2005，37：565-575.

Belknap JK, Parks A. Lameness in the extremities: the foot. In: Baxter GM, ed. Adams and Stashak's Lameness in Horses. 6th ed. West Sussex, UK: Wiley-Blackwell, 2011: 542-544.

Bussières G, Jacques C, Lainay O, et al. Development of a composite orthopaedic pain scale in horses. Res Vet Sci, 2008, 85: 294-306.

Keegan KG. Evidence-based lameness detection and quantifi cation. Vet Clin Equine, 2007, 23: 403-423.

Muir WW. Physiology and pathophysiology of pain. In: Gaynor JS, Muir WW, eds. Handbook of Veterinary Pain Management. 2nd ed. St. Louis: Mosby Elsevier, 2009: 13-41.

Pritchett LC, Ulibarri C, Roberts MC, et al. Identifi cation of potential physiological and behavioral indicators of postoperative pain in horses after exploratory celiotomy for colic. Appl Anim Behav Sci, 2003, 80: 31-43.

Van Loon JPAM, Back W, Hellebrekers LJ, et al. Application of a composite pain scale to objectively monitor horses with somatic and visceral pain under hospital conditions. J Equine Vet Sci, 2010, 30: 641-649.

Wagner AE. Effects of stress on pain in horses and incorporating pain scales for equine practice. Vet Clin Equine, 2010, 26: 481-492.

（孙凌霜　译，王雪峰　校）

第 13 章　镇痛药理学

Heather K. Knych

人们对疼痛的认识源于对伤害感受器的认知。伤害感受器是一种组织刺激受体，无论是受到物理（热、冷或机械压力）还是化学刺激，该受体都会产生神经冲动信号，传至脊髓背角。在这里，神经冲动信号通过慢速信号传导的 C 神经纤维或快速信号传导的 A 神经纤维，刺激脊髓灰质炎内的二阶神经元。最终，该信号通过特殊路径传递至丘脑、脑干、外周神经系统。在疼痛刺激信号传递的过程中，会产生一些化学介质。这些介质在外周疼痛和脊髓背角对刺激的反应过程中发挥传递信号的作用。在这些介质中最常见的有：糖皮质激素、内源性阿片类药物、儿茶酚胺、内啡肽和脑啡肽、P 物质、兴奋性和抑制性神经递质（天冬氨酸、γ 氨基丁酸和前列腺素）以及单胺。它们是药物干预疼痛刺激信号传递的重要靶点（表 13-1）。

表 13-1　美国马常用止痛药

药物		剂型	途径	剂量
非甾体类抗炎药物（NSAID）				
	Phenylbutazone 保泰松	片剂、膏剂、 注射粉剂	PO IV	4.4mg/kg，隔 24h 2.2mg/kg，隔 12h 2.2～4.4mg/kg，隔 12h
	Flunixin 氟尼辛葡甲胺	注射膏剂、颗粒	IV，IM PO	1.1mg/kg，隔 24h 1.1mg/kg，隔 24h
	Ketoprofen 酮洛芬	可注射剂	IV	2.2mg/kg，隔 24h
	Firocoxib 非罗考昔	可注射膏剂	IV PO	0.09mg/kg，隔 24h 0.1mg/kg，隔 24h
	Diclofenac 双氯芬酸	脂质体霜	局部	73mg（约 13cm 范围），隔 12h
α_2-肾上腺素能受体激动剂				
	Xylazine 赛拉嗪	可注射剂	IV IM	0.2～1.1mg/kg 0.6～2.2mg/kg
	Detomidine 地托咪定	可注射剂	IV IM	0.02～0.04mg/kg 0.02～0.04mg/kg

（续）

药物		剂型	途径	剂量
α_2-肾上腺素能受体激动剂				
	Romifidine 罗米非定	可注射剂	IV	0.04～0.12mg/kg
阿片类药物				
	Butorphanol 布托啡诺	可注射剂	IV	0.01～0.1mg/kg
	Morphine 吗啡	可注射剂	IV	0.2～0.6mg/kg*

注：*与乙酰丙嗪（0.05mg/kg，IV）、赛拉嗪（0.5～1.0mg/kg，IV）或地托咪定（0.01～0.02mg/kg，IV）合用，以降低兴奋性。

一、非甾体类抗炎药

在马匹抗炎治疗的药物应用中，非甾体类抗炎药（NSAIDs）是最常用的一类。虽然这类药物归类于抗炎药，但它们因其抗炎功效而同时具备镇痛作用。机体炎症反应时，组织的损伤导致炎症介质的释放，这些炎性介质包括前列腺素。NSAIDs 的主要作用机制就是通过抑制环氧化酶（COX）的活性，而 COX 参与前列腺素的生成过程，因此，NSAIDs 可抑制前列腺素的合成。迄今为止，共发现 3 种 COX 酶（COX-1、COX-2、COX-3）。其中，COX-1 在体内持续、稳定表达。因此，常称为“看家”COX，它在凝血、血液稳态的调节、肾脏保护、胃保护及循环激素调节中发挥作用。在多数情况下，马长期使用 NSAIDs 产生的慢性不良反应都与 NSAIDs 抑制 COX-1 的生成有关。这些不良反应包括胃肠道刺激和溃疡、肾毒性、肝毒性、抑制止血、血液恶液质以及推迟分娩、软组织和骨折的愈合等。虽然，有部分病例因 COX-1 受抑制而引起严重不良反应。但是，大多数接受治疗的马匹，在治疗剂量内不良反应都很微小。然而，在人们试图使用非选择性 NSAIDs 来进行治疗，以避免其不良反应时，发现 NSAIDs 的应用出现了选择性抑制 COX-2 的药效。COX-2 既可以是结构酶又可以是诱导酶，这决定于其所在的器官。虽然，其主要与炎症过程的组织损伤作用有关。但是，实际上，其同时生成促炎细胞因子和抑炎细胞因子并具有组织保护作用。具有潜在组织损伤性的诱导型 COX-2 是由促炎细胞因子、生长因子、脂多糖和有丝分裂原刺激产生的。

一直以来，保泰松、氟尼辛和酮洛芬都是最常用的马用 NSAIDs。因为它们同时抑制 COX-1 和 COX-2，因此，它们同属于非特异性 COX 抑制剂。虽已有与 COX-1 抑制相关的不良反应报道，但是，在推荐剂量、短期应用时，患马不良反应很罕见。保泰松、氟尼辛和酮洛芬都可用于减轻与肌肉骨骼系统有关的疼痛和炎症，氟尼辛还用于治疗与绞痛有关的内脏疼痛。氟尼辛和酮洛芬给药后 2h 内发挥作用，12～16h 药效达到峰值。大多数的 NSAIDs 具有相对短的血浆消除半衰期（1～6h）。但是，已有报

道表明保泰松单次给药效果可持续长达 24h，而氟尼辛可达 30h。

非罗考昔是选择性抑制 COX-2 的 NSAIDs。与其他非选择性 NSAIDs 相比，其具有良好的安全范围。因此，非罗考昔在马病治疗中的使用率不断升高。非罗考昔用于治疗马匹的肌肉骨骼疼痛以及与骨关节炎有关的跛行。2012 年，西尼和同事发现非罗考昔用药后 7d 内即可改善跛行。与其他 NSAIDs 药物相比，其长期使用可在体内富集，且清除半衰期延长（口服 36.5h）。在 14d 治疗期的末次用药后的 26d，仍可检出非罗考昔。非罗考昔的另外一种制剂形式已经获准用于犬的临床治疗使用。尽管非罗考昔在马治疗中看起来有效。但是它在马匹治疗应用中的绝对/相对生物利用度仍无研究报道。

双氯芬酸是用于马的另一种 NSAID 药物。它混于脂质体乳膏中，用于外部局部给药。据报道，这种配方形式的优点是它降低了药物的全身吸收性，规避了因此引发（如其他非选择性的 NSAID）的不良反应。

二、α_2-肾上腺素能受体激动剂

除镇静作用外，α_2-肾上腺素能受体激动剂还具有镇痛作用，特别是对脏器疼痛具有很好的镇痛效果。马临床最常用的 α_2-肾上腺素能受体激动剂有赛拉嗪和地托咪定，以及应用程度稍低的罗米非定和右旋美托咪啶。α_2-肾上腺素能受体是细胞膜上的 G 蛋白耦联受体，该受体位于中枢神经系统（CNS）和外周神经系统的神经元上，其活化可降低钙传导、减少去甲肾上腺素释放，最终抑制疼痛的传入通路。迄今为止，已发现 3 种 α_2-肾上腺素能受体亚型：α_{2A}、α_{2B}和 α_{2C}。α_{2A}亚型存在于脑和脊髓，其介导 α_2-肾上腺素能受体激动剂的镇痛和镇静作用。在大多数情况下，α_2-肾上腺素能受体激动剂具有持续镇痛的效果。

除 α_2-肾上腺素能受体，大多数的 α_2-肾上腺素能受体激动剂还对 α_1-肾上腺素能受体有一定程度的刺激活性。α_2-肾上腺素能受体激动剂对 α_2：α_1-类肾上腺素能受体的选择性也各不相同。α_2-肾上腺素能受体激动类药物对 α_2：α_1-肾上腺素能受体的选择性越大，其镇静剂和止痛的能力就越强。最常用于马的 α_2-肾上腺素能激动剂是甲苯噻嗪（α_2：α_1=160∶1）。其选择性结合 α_2-肾上腺素能受体，是最有效的 α_2-肾上腺素能受体激动剂。相对于赛拉嗪，地托咪定对 α_2：α_1-肾上腺素能受体的选择性更高（260∶1）。目前，罗米非定对 α_2：α_1-肾上腺素能受体的选择性还没有报道。但是，临床应用上表明，其选择性可能介于前两者之间。α_2-肾上腺素能受体激动剂在临床的应用存在一些不良反应，多归因于其与 α_1-肾上腺素能受体结合产生的副作用。这些副作用包括心动过缓、房室传导阻滞、短暂性高血压（随后低血压）和短暂性呼吸频率降低并伴随氧分压轻度增高和二氧化碳分压降低。另外，这些作用还包括降低肠胃蠕动和绞痛、提高血糖、降低胰岛素、增加排尿、促进大量排汗等功能。

α_2-肾上腺素能受体位于脑和脊髓，通过硬膜外注射 α_2-肾上腺素能受体激动剂可达到止痛的效果。但是，通常情况下，α_2-肾上腺素能受体激动剂采用全身给药（静脉注射或肌内注射）。该类止痛药的硬膜外给药，可降低其镇痛和对心血管的药效。赛拉

嗪采用硬膜外给药将很快出现药效，且药效时间更长，而且比其他 α_2-肾上腺素能受体类激动剂的使用剂量更小。与全身给药剂量相比，赛拉嗪的硬膜外麻醉剂量要小（0.17～0.25mg/kg）。但是，地托咪定的两种给药途径所用剂量相似（0.02～0.06mg/kg）。

地托咪定也可采取舌下给药方式。虽然，该给药方式的药物代谢动力学、镇定以及对心脏的药效已有报道。但是，目前仍无该药镇痛效果的任何信息与报道。与静脉注射相比，该药的舌下给药方式对心脏的药效似乎较弱。

三、阿片类药物

阿片类药物是用于人和马的一类强效镇痛药。主要用于手术过程中和术后疼痛的控制。为方便马匹站立诊疗操作，阿片类药物也可与镇静剂共同给药以提供化学保定。虽然，目前阿片类药物已在马匹诊疗中使用，但仍缺乏其使用依据。其对马匹的镇痛效果和最佳使用剂量仍须进行大量研究。使用阿片类药物对马进行完全镇痛时，通常会对给药后马匹的兴奋性进行检查。但是，当其与镇静剂合用或用于手术镇痛时，给药后马匹对刺激的反应却很少有人进行观察和评估。在马匹手术镇痛应用中，低剂量阿片类药物诱导马匹兴奋性缺乏，这一现象与低剂量阿片类药物的功能仍须确定。阿片类药物的受体属于G蛋白耦联受体，该受体位于突触前膜和突触后膜，分为 μ、κ、和 δ 三类。阿片受体常见于脊髓和其上级神经组织以及一些外周组织中，如滑膜和角膜中。激活突触前膜的阿片受体可降低钙内流速率，从而减少神经介质的释放。而激活突触后膜的阿片受体则可使神经元超极化。这是通过增加钾离子通道的通透性和降低损伤信号的传递而产生。在大脑内，阿片受体与激动剂结合，释放肾上腺素并抑制血清素通路。在外周组织中，阿片类药物调节由炎症致敏的C神经纤维活性。

阿片类药物可根据其受体类型的不同进行分类，也可以进一步根据其结合某一特定受体后产生的活性进行分类（激动剂、激动剂-拮抗剂、拮抗剂）。马常用的阿片类药物包括：布托啡诺（激动剂-拮抗剂）和吗啡（激动剂），以及作用程度较小的芬太尼（激动剂）和曲马多（兴奋剂）。布托啡诺是马匹最常用的阿片类镇痛药。其常与镇静剂合同用药，如 α_2-肾上腺素能激动剂，用于化学站立保定，并作为麻醉前操作的一部分。布托啡诺的兴奋作用比纯 μ-受体激动剂要弱，这也可能与其使用剂量有关。当使用标准剂量（0.1mg/kg）的阿片类镇痛药，单独给药时，马匹可出现共济失调、运动增加、心跳过速、肌肉束颤等现象。有些马匹还会出现胃肠道蠕动下降。

吗啡是纯 μ-受体激动剂，其在马匹的应用频率较低。有报道表明其高剂量给药时，马匹可出现兴奋、习性改变、活动性增加等现象。马匹很少使用吗啡镇痛的另一个原因是：其影响胃肠道蠕动性，且增加绞痛发生的可能性。与布托啡诺相似，吗啡类镇痛药常用于马匹的站立保定和麻醉前镇痛。吗啡类药物采用非全身性（硬膜内或关节内）给药方式，这可减少严重的全身给药副作用。吗啡受体存在于马的关节面。在对试验诱导的滑膜炎的镇痛研究中，关节内注射0.05mg/kg的吗啡可延长镇痛作用时间至24h。

曲马多是一种合成类阿片药，其在小动物镇痛中的应用越来越受欢迎。但是，其对马镇痛效果的研究非常少。曲马多的镇痛效果部分源于其代谢产物——氧去甲基曲马多，其镇痛能力是曲马多的200倍。虽然曲马多在马体内可以迅速代谢为高镇痛效果的代谢物。但是，其代谢产物经耦合清除的速率同样很快，以至于很可能抵消了曲马多用药时该代谢产物产生的任何镇痛效果。

四、局部麻醉

当镇痛药用于局部麻醉时，对患马身体局部单独用药可在马匹意识清醒的状态下使其局部失去知觉。镇痛药也可与其他镇静剂和麻醉剂合用，使中枢神经系统活动发生改变。镇痛药的局部麻醉作用主要是通过阻碍钠离子通道（降低膜对钠离子的通透性），并通过防止动作电位的产生和传播实现麻醉效果。当局部麻醉采用高浓度给药时，镇痛药也会干扰钾离子通道的通透性。镇痛药进行局部麻醉时，不仅可使局部对疼痛的感觉消失，也使局部对温度、接触和压力的感觉消失。当配合全身麻醉时，镇痛药的局部麻醉使用过量可产生副作用。其产生的中枢神经系统毒性表现为不同程度的抑郁、肌肉震颤和惊厥等。其还可诱发心血管不良反应，包括心动过缓、传导障碍、心肌抑制、血压降低，严重的还可引发心血管功能衰竭。

马匹局部麻醉最常用于马的跛行诊断，用以确定疼痛的源发部位。但是，局部麻醉药也可在手术前后对局部炎症反应提供止痛作用。利多卡因和甲哌卡因都可迅速发挥麻醉作用（15min），因此常用于局部麻醉。与利多卡因相比，甲哌卡因的药效时间长且对组织的刺激小。若需更长的局部麻醉效果，可使用布比卡因进行局部麻醉，其镇痛效果可达4～6h。同样，对试验诱导的马滑膜炎进行关节内局部麻醉注射也具有镇痛效果。罗哌卡因（40mg）和甲哌卡因（80mg）都可在30～45min产生临床镇痛效果。其中，罗帕卡因的镇痛效果可达3.5h。

硬膜外麻醉是另外一种常用的局部麻醉药给药途径。研究表明，进行利多卡因（0.35mg/kg）硬膜外麻醉后，马匹对热刺激的反应时间延长。该麻醉后很快出现镇痛效果（15min内），且会阴区的镇痛效果可持续3h。有报道发现，该给药途径可产生中度后肢共济失调，但是该情况在给药后1h内消失。采用负荷剂量利多卡因（2%浓度，2mg/kg，静脉注射）注射20min，随后配合利多卡因50μg/kg每分钟匀速滴注2h，可对热刺激反应产生显著而持续性身体局部镇痛作用，但未见其内脏镇痛效果。

推荐阅读

Dhanjal JK，Wilson DV，Robinson E，et al. Intravenous tramadol：effects，nociceptive properties，and pharmacokinetics in horses. Vet Anaesth Analg，2009，36：581-590.

Kay AT，Bolt DM，Ishihara A，et al. Anti-inflammatory and analgesic effects of intra-articular injection of triamcinolone acetonide，mepivacaine hydrochloride，or both on lipopolysaccharide-induced lameness in horses. Am J Vet Res，2008，69：1646-1654.

Knych HK，Corado CR，McKemie DS，et al. Pharmacokinetics and pharmacodynamics of tramadol in horses following oral administration. J Vet Pharmacol Ther，2012，36（4）：389-398.

Lindegaard C，Thomsen MH，Larsen S，et al. Analgesic effi cacy of intra-articular morphine in experimentally induced radiocarpal synovitis in horses. Vet Anaesth Analg，2010，37：171-185.

Olbrich VH，Mosing M. A comparison of the analgesic effects of caudal epidural methadone and lidocaine in the horse. Vet Anaesth Analg，2003，30：156-164.

Orsini JA，Ryan WG，Carithers DS，et al. Evaluation of oral administration of firocoxib for the management of musculoskeletal pain and lameness associated with osteoarthritis in horses. Am J Vet Res，2012，73：664-671.

Robertson SA，Sanchez LC，Merritt AM，et al. Effect of systemic lidocaine on visceral and somatic nociception in conscious horses. Equine Vet J，2005，37：122-127.

Santos LC，deMoraes AN，Saito ME. Effects of intraarticular ropivacaine and morphine on lipopolysaccharide-induced synovitis in horses. Vet Anaesth Analg，2009，36：280-286.

（孙凌霜　译，王雪峰　校）

第 14 章　蹄叶炎的疼痛控制

Keith R. Branson

蹄叶炎的疼痛控制与护理对防止患马遭受蹄痛是极其重要的。此外，良好的疼痛控制有助于蹄叶炎的治疗，减少马蹄的进一步损伤。当蹄叶炎患马受严重而持久的疼痛时，马主常为患马选择无痛安乐死。局部和全身镇痛药的使用是为了帮助患马达到减轻痛苦和减小全身疼痛影响的目的。

一、病理药理学

蹄叶炎造成的疼痛是由如下 3 种机制引起的：炎症、疼痛中枢传导的辅助作用、神经性疼痛。炎症是蹄叶炎疼痛的重要成因。在蹄叶炎患马蹄部已发现很多炎症化学递质，如补体、激肽、细胞因子和二十烷类。它们可通过两种机制增强机体对高阈值的 C 痛觉神经的反应性。首先，炎症过程中，正常痛觉受体的高阈值降低；其次，神经纤维的激活频率的升高使炎症介质的局部浓度成比例的增加。这种外周疼痛感受器的反应性增加，通常称为外周敏化作用。相对的，中枢敏化作用则是指疼痛在中枢神经系统传导的增加。其产生原理是：激活的化学介质（比如，谷氨酸、P 物质、前列腺素、细胞因子等）的释放导致脊髓突触兴奋性加强。蹄叶炎患马出现趾侧神经损伤产生的化学标志，则表明其存在神经性疼痛。与这些神经相连的背根神经节也会增加活化转录因子和 Y 神经肽的表达。它们通过不同的机制导致这些脊髓神经的自主活动增强。这些机制包括：正常脊髓背角神经抑制缺失，交感痛觉神经耦联活动增强（压迫加强疼痛感），背根神经节钠离子通道开放增加，以及局部神经对兴奋性产物的敏感性增加。

在疾病过程中，注意疼痛来源的变化也很重要。在临床症状出现的前 48～72h，疼痛主要是由于炎症和初级痛觉感受器受到刺激而引起的。随着病情的发展及向慢性疾病的演变，疼痛则主要是由外周和中枢敏化作用引起的神经病理性疼痛。记住这些机制对于使用不同的镇痛药来减轻蹄叶炎引起的疼痛是非常重要的。

二、全身性使用镇痛药

通常，全身性使用镇痛药是进行蹄叶炎疼痛控制的基础。常用的几类全身性镇痛药包括：非甾体类抗炎药（NSAIDs）、α_2 受体激动剂、阿片类药物、利多卡因、加巴喷丁和氯胺酮。因为 α_2 受体激动剂有不良的副作用。所以，通常很少用于长效全身性镇痛。

非甾体类抗炎药

非甾体类抗炎药是一类重要的马用镇痛药物。它们的应用很普遍，因此，本书对这类药物的介绍将会在一些具体的应用中进行注解。总的来说，非甾体类抗炎药的混合使用不会提高药物的有效性，反而可能加重不良反应。通常，环氧酶-2 特异性药物（如非罗考昔）很少引发副作用，尤其是在应激和慢性疾病的控制方面。事实上，各类非甾体类抗炎药应用的区别并不清楚，因为不同的马对药物的有效性和副作用反应的严重性各不相同。

1. 阿片类药物

阿片类药物通过激活中枢神经系统 G 蛋白耦联受体来调节疼痛的传导。药物激动剂和受体结合，降低神经元兴奋性，使疼痛信号在中枢传递时有所减少。这种兴奋性的降低在突触前和突触后都会发生。阿片类药物是在中枢发挥作用的，它减轻了痛觉并激活不同的镇痛途径。另外，越来越多的证据表明，损伤组织可引发外周阿片类药物受体的活动，至少在炎症里是这样的。在受伤后的前 1～3d，通过传入神经元已经存在的或者后来出现的受体的活性增加，外周阿片类药物受体的活动增加。

阿片类药物可以间断使用，也可以通过静脉注射持续使用。静脉注射的镇痛作用更好，全身性的不良反应更少。最常用的阿片类药物是布托啡诺，在一次性注射 18mg/kg 的剂量后，按 13～24μg/（kg·h）的频率注射给药。另外，也可按以下方法使用丁丙诺啡。每天 2 次，每次用量 0.005mg/kg，静脉注射或肌内注射。这种剂量的丁丙诺啡，会导致马的兴奋性降低、胃运动减少。其他的阿片类药物，如芬太尼或者吗啡，主要是作为常用镇痛药的辅助用药，或者是保定马匹时的镇静药。另外，芬太尼透皮贴剂作为一种阿片类药物给药系统已被用于慢性镇痛。这种方法可以用于长期镇痛。马匹间的镇痛效果不同。通常，按马的每 150kg 体重补充给药 100μg/h。给药部位要求是干燥、干净、无毛或已经剃掉毛的地方。给药数小时后才能达到有效的血浆浓度，过程持续 48～72h。

对于后肢的镇痛，硬膜外传导麻醉是一种有效的给药途径，它可提供 12～18h 的镇痛效果。吗啡是其中最常用的阿片类药物，剂量为 0.1～0.2mg/kg。丁丙诺啡也可用于马匹的硬膜外麻醉，剂量为 0.005mg/kg。其与地托咪定（15～30μg/kg）合用，能够增加吗啡或丁丙诺啡镇痛的有效性和药效持续时间。若须重复给药，可以放置一个硬膜外导管。引针按原有的方法刺入近尾端硬膜外，当 Tuohy 穿刺针（Tuohy needle）进入到硬膜外腔时，将导管向头侧推进大约 10cm。然后，将导管固定在患马身上。编者更倾向于使用非线圈强化导管（non-coil-reinforced catheters）。因为，这样在护理时可以将它缩短，方便护理。

2. 利多卡因

在全身性使用利多卡因进行镇痛时，可不使用治疗剂量的局部镇痛药对外周组织进行镇痛。它在慢性疼痛中的作用方式是减弱与神经病理性疼痛有关的钠离子通道的

活性。越来越多的人将其称为钠离子通道阻断剂，从这些术语可看出其控制疼痛的原理。它在神经病理性疼痛的控制中是最有效的，可以减弱受损神经元的超兴奋性。众所周知，利多卡因可以通过持续的输液来控制疼痛。其常用剂量是1.3mg/kg，一次性给药。然后，以每分钟0.05mg/kg的速率输液。一般长期使用不会导致严重中毒。

3. 加巴喷丁

加巴喷丁的结构与神经递质γ-氨基丁酸的结构相似，但是作用不同。加巴喷丁的作用机制尚不清楚。它可能包括：通过非N-甲基-D-天冬氨酸盐受体（NMDA）相关的作用机制，减少谷氨酸（一种兴奋性神经递质）的合成；或在背角神经元处，作为钠离子通道阻断剂发挥作用。尽管加巴喷丁也用于急性疼痛，但其最常用于神经性疼痛的镇痛。它对马匹的镇痛效果不稳定，且在疼痛控制中须与其他的镇痛合用。其剂量也不是很明确，但有报道说每12h口服2.5mg/kg能有效发挥镇痛作用。

4. 氯胺酮

氯胺酮是一种NMDA-受体拮抗剂，它可以通过降低中枢疼痛的敏化作用，抑制中枢疼痛的传递和突触可塑性。另外，NMDA受体的活化是中枢敏化过程的一部分。以每小时0.4～1.2mg/kg的速率输液，能够达到不同程度的镇痛效果，除了会轻微减缓胃肠道的蠕动之外没有其他全身性影响。

5. 曲马多

曲马多的作用机制尚不清楚，它可活化阿片样物质受体、抑制血清素和去甲肾上腺素的重吸收。此外，曲马多可能导致血清素的释放。血清素在机体内有很多作用：在局部，它增加疼痛感；在中枢神经系统，它减少疼痛信号的传递，产生幸福感。曲马多的代谢物也具有药理活性，对阿片类物质受体的影响比曲马多本身还要大。目前，曲马多在慢性疼痛控制的应用中有一定的效果。但是，因为曲马多在马匹应用的药理知识太有限，而无法给出使用建议。

三、局部疼痛的控制方法

使用局部镇痛药的好处是可以完全干扰疼痛传递到中枢神经系统，同时也可限制中枢疼痛的敏化作用。局部疼痛的控制方法包括：①传统的神经阻断，其通常是远端籽骨神经阻断，在治疗时用于降低蹄的敏感度；②新型的长效麻醉，其在长期镇痛的应用上可能体现明显优势。放置外周导管来持续或频繁且间断地使用局部麻醉药，是一种很好的给药途径。但是，导管的长期固定是有困难的。进行该麻醉的同时，可使用硬膜外导管或者输液导管。每20mL的0.125%丁哌卡因溶液，加1∶200 000肾上腺素和0.1mL 8.4%碳酸氢钠，以2mL/h的速率给药。在不久的将来，通过局部给药，让麻药在局部持续释放，从而达到长效神经阻断，可能会是一种新的给药选择。另外一种未来的可能性麻醉药是选择性的钠离子通道阻断剂，阻断和疼痛传递有关的钠离子通道。

总的来说，蹄叶炎疼痛的控制一定是采用多种镇痛疗法，而不能依赖于一种镇痛药。一种药对这匹马有效，但经常对另一匹可能无效，也可能是开始时有效，但随着时间发展，有效性降低。有些药（比如加巴喷丁或氯胺酮）可能在治疗开始时起效慢，但到后来则会产生更好的镇痛效果。

推荐阅读

Flecknell P，Waterman-Pearson. Pain Management in Animals. New York：WB Saunders，2000.

Muir WW. Pain in horses：physiology，pathophysiology antherapeutic implications. Vet Clin North Am Equine Pract，2010，26（3）：467-680.

Pain and pain therapy. In：Muir WW，Hubbell JA，Bednarski RM，et al，eds. Handbook of Veterinary Anesthesia，5th ed. St. Louis：Elsevier，2013：348-365.

Collins SN，Pollitt C，Wylie CE，et al. Laminitic pain：parallels with pain states in humans and other species. Vet Clin North Am Equine Pract，2010，26：643-671.

（孙凌霜　译，王雪峰　校）

第 15 章　术后疼痛控制

Khursheed R. Mama　Erin K. Contino

疼痛的负面影响是深远的，人们已对此有了很好的描述。在围手术期，疼痛与患者所呈现的病变相关。这可能是由于手术过程造成的，或者是两者共同作用的结果。对急性疼痛的适当治疗可减轻慢性、致人虚弱性疼痛状况发生的可能性，本章会对这些内容作重点介绍。

一、非甾体类抗炎药物

非甾体类抗炎药物（NSAID）是马的主要镇痛药，用来减少损伤或外科手术创伤产生的一般性炎症。通常，NSAID 采用麻醉前或者麻醉中静脉给药。这样才能在整个手术期间有效。苯基丁氮酮和氟胺烟酸葡胺是马医长期使用的 NSAID。诺洛芬、卡洛芬和新出的非罗考昔的使用也在增加。有兴趣的读者可以参考额外的资料来了解药物的疗效和毒性，以及环氧酶亚型的反应。药物及其剂量的总结见表 15-1。

表 15-1　马围手术期疼痛的非甾体类抗炎药物全身用药治疗的常用剂量

药物	途径	剂量
苯基丁氮酮	口服或者静脉注射	第 1 天 2.2～4.4mg/kg，每天 2 次；第 2 天到第 4 天每天 2 次，剂量 2.2mg/kg
氟胺烟酸葡胺	口服或者静脉注射	用药 5d，每天 1 次，每次 1.1mg/kg
非罗考昔	口服或者静脉注射	第 1 天 0.3mg/kg，之后 0.1mg/kg
卡洛芬	口服或者静脉注射	0.7mg/kg 静脉注射或者 1.4mg/kg 口服，7d，每天 1 次
诺洛芬	静脉注射	2.2mg/kg，5d，每天 1 次

马的非甾体类抗炎药物（NSAID）相关药物中毒主要是胃肠道反应，也会出现肾乳头坏死和凝血不良等中毒反应。联合使用各种非甾体类抗炎药会增加毒性，不推荐使用。在比较研究中，氟胺烟酸和诺洛芬的毒性比苯基丁氮酮要低。但是，也有其他研究表明，当苯基丁氮酮的使用剂量小于等于 2.2mg/kg 时，其毒性最低。有文献表明，在进行肌肉骨骼疼痛的治疗时，对成年马的骨骼疼痛首选苯基丁氮酮，治疗内脏疼痛时，首选氟胺烟酸葡胺。而非罗考昔则用于频繁的骨骼肌肉疼痛和内脏疼痛，主要是因为它的胃肠道副作用较小。以上 3 种药可以口服或者静脉给药。

另外，使用非甾体类抗炎药物治疗全身性疼痛时，应当注意在围手术期要使用双氯芬酸钠脂质体悬浮液，这能够减少外科手术包扎引起的炎症。如果在术后使用，需要注意避免药物接触切口表面或者缝合处。另外，兽医应该意识到，当双氯芬酸在绷带下使用时有些马有轻微的皮肤反应。

尽管围手术期疼痛治疗的主要药物是非甾体类抗炎药物，但其他马匹常用麻醉药也具有良好的镇痛特点，本章也会对这些药物进行综述。

二、α_2-肾上腺素能激动剂

α_2-肾上腺素能激动剂通常用于麻醉前给药，以起到镇静的作用。另外，它可通过中枢抑制疼痛达到镇痛的作用。对于马匹的站立麻醉或全身麻醉，α_2-肾上腺素能激动剂可用于围手术期的镇痛。地托咪定（持续给药剂量每小时 0.02～0.04mg/kg）普遍用于马匹站立麻醉的镇静和止痛，这会减少多达 55％的吸入麻醉药的所需剂量。另一种 α_2-肾上腺素能激动剂——美托咪定的用法与地托咪定类似，给药量为每小时 3.5μg/kg。在美国容许使用的右旋美托咪定（由右旋异构体组成），其普遍使用剂量是 1～2μg/kg。对于喜好简单操作的兽医，还可使用甲苯噻嗪（0.5～1mg/kg）进行术前给药镇痛，其能够减少 25％～35％吸入麻醉药的使用。

该药物的副作用包括：镇静、心血管压抑、排尿增加、胃肠蠕动减少，这限制了该类药物的长期使用。但是，我们可以通过其他给药途径减少这些副作用，例如，硬膜外或者关节内用药，以达到缓解疼痛的作用。在进行硬膜外麻醉时，使用甲苯噻嗪（0.17mg/kg，骶尾部注射）可使会阴部麻醉保持 2.5h，而仅出现极小的共济失调而无全身性副作用；而使用地托咪定（20～40μg/kg）进行骶尾部注射麻醉时，因其更具亲脂性，在骶尾部的吸收更多，尽管可以部分区域止痛，但系统性的副作用也更多。对正常成年马进行会阴部镇痛时，每种镇痛药都须用生理盐水稀释到 5～7mL。为延长四肢的镇痛作用，总注射体积可以增加到 20mL。该方法仅适用于地托咪定，因为甲苯噻嗪在颅骨的传播会导致明显的共济失调，更甚者可导致局部麻醉倒地。

三、阿片类药物

阿片类药物，尤其是布托啡诺，在马匹中经常联合做镇静使用。但是，它的镇痛作用还有争议。一项研究认为：马在手术前给予吗啡，可减少追加麻醉药的使用，且术后恢复的也更好（可能源于其较好的镇痛作用）。这比非阿片类镇痛药的效果要好。与吗啡相似，马术前注射布托啡诺，其手术后皮质醇含量更低，且住院时间更短。芬太尼与非甾体类抗炎药物合用具有镇痛作用。这些报道认为阿片类药物对马具有镇痛作用。

也有代表性的文献对该观点持反对意见。比如，使用牙科痛觉测量方法对非麻醉马匹的疼痛进行测量的研究表明，α_2-肾上腺素能激动剂和阿片类药物缺乏叠加或协同镇痛效果。与此相似，在采用温觉阈值或者肠道膨胀模型对非麻醉马静脉注射芬太尼的研究中，作者无法证明芬太尼具有麻醉效果。麻醉时，在血浆药物浓度处于镇痛水

平或轻度镇痛剂量的情况下，μ-受体激动剂（如芬太尼和吗啡）不能降低维持麻醉所需吸入麻醉剂的剂量。就像我们看到的非麻醉马匹进行吗啡类药物给药后可能由于镇痛的原因导致轻度镇痛效应的减弱一样，虽然，吗啡类药物可能刺激中枢神经系统，但是，值得注意的是其与 α_2-肾上腺素能激动剂合用并不能降低维持麻醉对 α_2类药物进行追加给药所需的剂量。

阿片类药物对马的作用效果可能因马而异。因此，在全身性使用阿片类药物时，要更加注意它的副作用。胃肠道蠕动停止、兴奋性行为（包括运动增加）都是最常见的副作用。其副作用也与药物的使用剂量相关。

当进行非全身给药时，与 α_2受体激动剂相比，阿片类药物不仅具有麻醉效果而且副作用更小。硬膜外注射吗啡（0.1～0.2mg/kg，20mL 生理盐水，骶尾部注射）时，镇痛的起效时间因个体而变化，但其镇痛的持续时间很长（最多 18h）。同样的给药途径，双氢吗啡酮和美沙酮在注射 15～20min 后，即可出现镇痛效果，但其镇痛效果只有 4～5h 的持续时间。若进行关节内镇痛，则推荐使用 α_2受体激动剂，主要是因为马关节存在阿片类受体，且体外试验表明该药物对软骨细胞的毒性也最低。目前，推荐的使用剂量还不明确。但是，作者的临床经验认为：对一个关节进行阵痛时，可使用无防腐剂吗啡（浓度 1mg/mL），注射总体积为 5～20mL，具体给药的合适体积视关节而定（如：球关节处注射 5mL）。举例来说，对外周神经使用吗啡（浓度 15mg/mL）进行注射，其镇痛作用很好，且会减轻患马的跛行症状。通常情况下，将 7.5～15mg 的吗啡（若需大剂量则可用生理盐水稀释）注射于内、外侧掌神经处，用于局部麻醉。

人们对 μ-受体激动剂芬太尼的透皮给药途径的药效进行了评估，与其他给药途径相似，芬太尼药效的个体差异很大。因此，不建议采用芬太尼单独给药进行镇痛。若坚持使用该药，则建议在胸外侧、前臂内侧、后肢内侧局部除毛，然后放置 2 个 10mg 芬太尼贴片进行镇痛。芬太尼的起效时间差异很大（其吸收时间为 2～14h，且贴片的位置也会影响吸收时间），建议在手术前数小时就应贴上芬太尼贴片。

四、氯胺酮

马兽医常使用氯胺酮对马匹进行诱导麻醉。而氯胺酮也可用以减少吸入麻醉剂的剂量。最近，有人发现：低剂量［2～10μg/(kg・min)］氯胺酮能够有效减少脊柱僵硬（spinal facilitation，“wing up”）并因此可能调节颈部慢性疼痛状态。尽管氯胺酮在马匹全身麻醉和站立麻醉的手术前后都可使用，但应该注意的是：即使低剂量的使用氯胺也偶有马匹出现明显的行为异常。

五、局部麻醉剂

局部麻醉剂通过阻断神经传导达到麻醉效果，其常用于跛行的诊断和外科手术干预。例如，麻醉药可以通过撒在伤口周围、注入手术位置或周围区域（如阉割前在睾丸周围注射），或者使用止血带后进行静脉注射等方式进行给药。四肢静脉局部浸润麻醉常用于患肢的镇痛。无论什么情况下，当必须进行静脉注射麻醉时，推荐使用利多卡因。因为丁哌卡因有严重的心血管毒性，且目前仍缺乏对其他局部麻醉药物静脉注射给药的完整评价（如卡博卡因）。而对神经周围或者硬膜外腔麻醉途径的选择（有本体感受阻碍或者运动阻碍，或者两者都有）取决于预期的麻醉药效长度。当进行关节内麻醉时，给药剂量应因关节大小而异（如最少 3～7mL，最多 10～20mL）。使用1%～2%的利多卡因比使用 0.5%的丁哌卡因对软骨细胞毒性更低，而卡博卡因对软骨细胞作用的研究还很有限。

另外，局部麻醉药的应用还包括对外科手术或伤口处使用透皮利多卡因贴片。目前，有一种新的方法通过使用留置导管持续给药，从而对肢蹄外周神经进行持续性神经传导阻滞。但该方法仍待研究。

人们也对局部麻醉药的全身性用药做了描述，特别是对利多卡因的全身性用药。在发现局部麻醉药的全身性用药有促进肠蠕动的效果后，局部麻醉药开始用于马的静脉注射。目前，利用其肠蠕动促进作用及可能的镇痛效果，局部麻醉药常用于清醒和麻醉马的静脉滴注，滴速在 30～70μg/(kg・min)。至少有一个研究表明，该方法对非麻醉马有肌肉镇痛效果。该方法的另一个优点是，可减少吸入麻醉剂的使用剂量，从而减少麻醉开支，尤其是对新型吸入麻醉剂来说。

六、其他药物

其他药还没有普遍用于术后镇痛，包括曲马多、加巴喷丁、普瑞巴林。若患马存在非常明显的神经性疼痛，使用加巴喷丁（2.5～10mg/kg，PO，每天 2～3 次）和普瑞巴林（临床前试验，剂量未知）具有很好的镇痛作用。药代动力学研究表明，普瑞巴林口服的吸收效果比加巴喷丁要好。但是，复合使用的效果还不明确。关于曲马多（2.5～10mg/kg）镇痛作用和副作用的报道差异较大。一些报道表明其没有镇痛作用，而另外一些报道则认为有作用。曲马多也可激活阿片类受体，其硬膜外给药具有镇痛作用。但是，该途径给药的不良反应限制了其对大多数临床病例的应用。目前，在美国兽医临床上，该药仅有口服剂型可用，很大程度上限制了其在围手术期镇痛上的应用。

已有大量文献记载，疼痛控制有助于患马术后向好的方向转归。但不幸的是，兽医在对马进行围手术期疼痛控制时，其用药选择仍非常有限。本章重点介绍了传统镇痛药（如 NSAIDs）以及其他联合用药在马围手术期疼痛控制中的应用和局限性。

推荐阅读

Bennett RC，Steffey EP，Kollias-Baker C，et al. Influence of morphine sulfate on the halothane sparing effect of xylazine hydrochloride in horses. Am J Vet Res，2004，65：519-526.

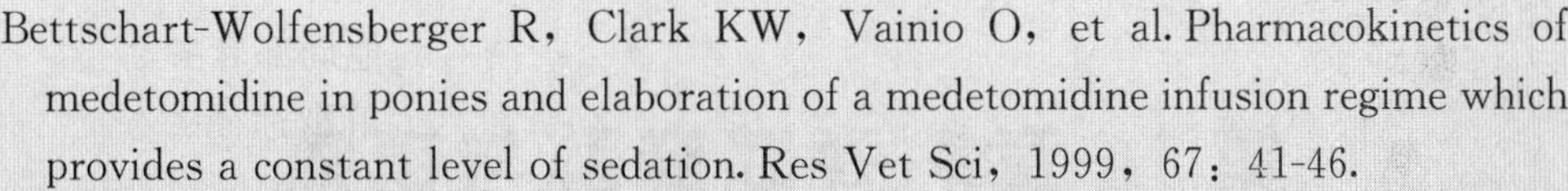

Bettschart-Wolfensberger R，Clark KW，Vainio O，et al. Pharmacokinetics of medetomidine in ponies and elaboration of a medetomidine infusion regime which provides a constant level of sedation. Res Vet Sci，1999，67：41-46.

Brunson DB，Majors LJ. Comparative analgesia of xylazine，xylazine/morphine，xylazine butorphanol，and xylazine/nalbuphine in the horse，using dental dolorimetry. Am J Vet Res，1987，48：1087-1091.

Clark L，Clutton RE，Blissitt KJ，et al. Effects of peri-operative morphine administration during halothane anaesthesia in horses. Vet Anaesth Analg，2005，32：10-15.

Clark L，Clutton RE，Blissitt KJ，et al. The effects of morphine on the recovery of horses from halothane anaesthesia. Vet Anaesth Analg，2008，35：22-29.

Goodrich L，Mama K. Pain and its management in horses. In：McIlwraith CW，Rollin BE，eds. Equine Welfare. Ames，IA：Wiley-Blackwell，2011.

Robertson SA，Sanchez LC，Merrit AM，et al. Effect of systemic lidocaine on visceral and somatic nociception in conscious horses. Equine Vet J，2005，37：122-127.

Sellon DC，Roberts MC，Blikslager AT，et al. Effects of continuous rate intravenous infusion of butorphanol on physiologic and outcome variables in horses after celiotomy. J Vet Intern Med，2004，18：555-563.

Steffey EP，Pascoe PJ，Woliner MJ，et al. Effects of xylazine hydrochloride during isofl urane-induced anesthesia in horses. Am J Vet Res，2000，61：1225-1231.

Sanchez LC，Robertson SA，Maxwell LK，et al. Effect of fentanyl on visceral and somatic Nociception in conscious horses. J Vet Intern Med，2007，21：1067-1075.

Taylor PM，Pascoe PJ，Mama KR. Diagnosing and treating pain in the horse. Where are we today Vet Clin North Am Equine Pract，2002，18：1-19.

（孙凌霜　译，王雪峰　校）

第 16 章　脊髓麻醉与镇痛

Claudio C. Natalini

在人医及兽医领域，轴索麻醉与镇痛（包括脊髓及硬膜外麻醉与镇痛）常用于对急性和慢性疼痛患者的治疗。其也用于超前镇痛、术中及术后镇痛。硬膜外和脊髓麻醉是通过将麻醉药（如类罂粟碱、α_2-肾上腺素受体激动剂和分离麻醉药（dissociative agents）注射入硬膜外腔或者蛛网膜下隙，在药物扩散至脊髓背角灰质后发挥作用。糖皮质激素因具有抗炎作用，最近常用于人医治疗领域。局部麻醉药产生的轴索麻醉作用可致交感神经麻醉，产生痛觉丧失和运动障碍。尽管对动物进行脊髓和硬膜外麻醉都可产生以上相似表征。但是，两者仍然存在明显的生理和药理差异。脊髓麻醉是通过小剂量或小体积的麻醉药在蛛网膜下隙神经根周围沉积，进而引发深度、可重复的痛觉丧失。因此，几乎没有系统的药理学效应。而硬膜外麻醉则必须使用大剂量或大体积的局部麻醉药，将麻醉药注射入硬膜外腔进行神经根浸润麻醉。大体积麻醉药的使用可能导致全身血液充盈而引发不良反应，并产生临床并发症。因为，硬膜外注射是马匹麻醉最常用的给药途径，所以，这是本章的重点。

一、轴索麻醉与镇痛的解剖学基础

疼痛刺激通过 Aδ 和 C 神经纤维传入脊髓神经中枢。一级神经元突触存在于脊髓背角灰质中，其中包含几种不同的二级神经元群。痛觉特定神经元仅传递疼痛刺激，而宽动态范围神经元传递非疼痛信号。二级神经元存在于脊髓的大部分区域，可将疼痛刺激传入大脑。刺激部位、对侧脊髓腹侧白质中脊髓丘脑束的数量至关重要。这些神经元的激活引发脊髓发射，同时激活上传支，将疼痛信号传入脊髓以上神经中枢，从而完成一次疼痛反射通路。

马脊髓和脊膜一般终止于骶骨中段区域。蛛网膜下隙注射，可通过第 6 腰椎和第 2 骶椎间中线凹陷区进入椎管。在此腰骶关节区，椎管位于皮下 15～20cm 处，该区域限制了单一硬膜外注射的有用性，然而却是脊髓硬膜外联合麻醉的理想注射部位（图 16-1）。

有一条连接两个髋关节的假想线穿过骶尾关节中线，但由于在一些马匹中被融合，而很少用作注射部位。较瘦马可触摸到第 1 尾骨的棘突和其后的第 1 尾关节。该关节最常用于骶管硬膜外麻醉，通常为尾部的第一个可移动关节，可在尾巴升降移动时看到和触摸到。它位于距尾毛根部 2.5～5cm 处，即尾巴升高时尾部两侧可见的皮肤褶

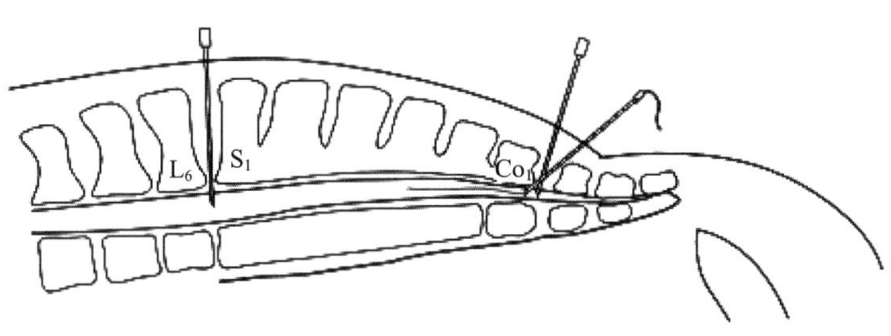

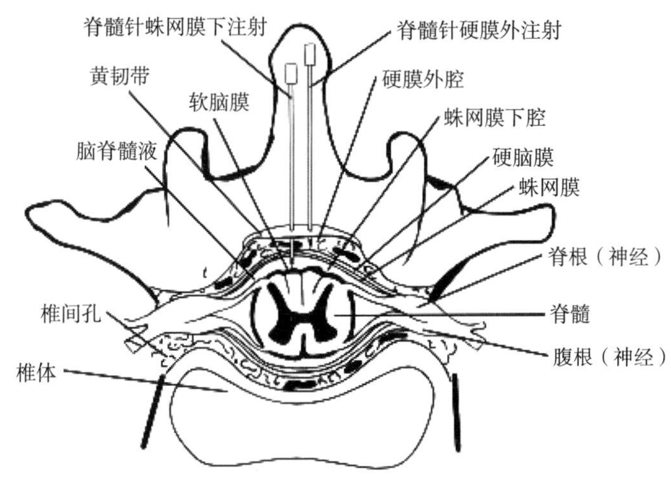

图 16-1 硬膜外与脊髓注射与插管术位点示意

皱处。皮肤、不同量的脂肪、背椎棘突之间的结缔组织和弓间韧带（黄韧带）覆盖在硬膜外腔。椎孔位于两尾骨的椎弓之间，马的弓间隙比牛小，有时难以找到入针的位置。

二、临床注意事项

尾骨间或尾鳍硬膜外注射局部麻醉药是诱导有意识站立马匹尾部以及会阴结构镇痛和局部麻醉的便利方法。通过将导管置入马的硬膜外腔以提供长效镇痛和麻醉，对该技术进一步开发。最近，阿片类药物，α_2-肾上腺素受体激动剂，克他命和其他镇痛剂以及抗炎剂（皮质甾类）已被用于尾鳍硬膜外注射，可为有意识站立和侧卧麻醉马匹缓解疼痛。

技术描述与要求

硬膜外和脊髓麻醉技术可运用于六柱栏内站立马匹（图 16-2）或全身麻醉侧卧马匹局部麻醉。当选择站立保定时，硬膜外或脊髓麻醉通常能迅速进行，原因在于该情况下注射部位易于寻找。然而，在手术台侧卧麻醉的马匹，某些必要的注射位点不能暴露。此时的局部麻醉可能会变得很费时也可能会失败。

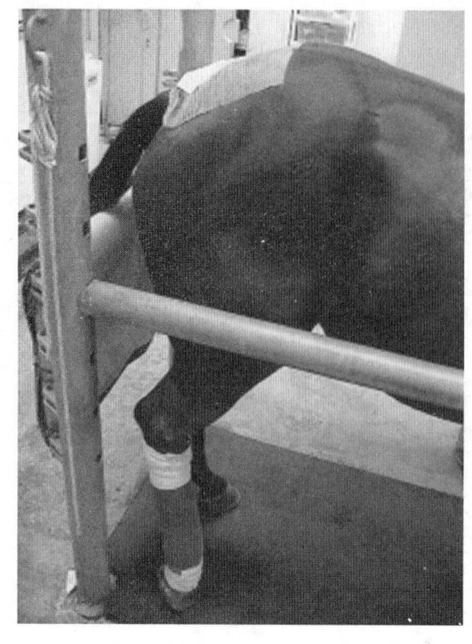
图 16-2 马匹硬膜外或脊髓（轴索）注射或插管术的保定

理想情况下，选择一种或多种麻醉药物应具有高安全范围，高功效的特性，副作用小，而且副作用能被一种颉颃药物逆转。麻醉功能持续时间与所实施的麻醉程序相对应。运动和感觉阻滞依赖于局部麻醉剂以及某些情况下 α_2-肾上腺素受体激动剂和氯胺酮的选择，然而阿片类药物单一用药就可以获得感觉阻滞。

在临床上推荐马背髓镇痛药用于后肢、会阴部、尾巴和腹壁急性和慢性疼痛控制。药效持续时间受脊髓液和脊髓组织中药物分子维持量及药物解离动力学的影响。因此，每一种麻醉药的起效、扩散和持续时间均不相同。大部分马匹急性和慢性疼痛均涉及组织损伤，此时全身非甾体类抗炎药物的应用有利于马匹的治疗。

附加药物的使用，如肾上腺素、去氧肾上腺素以及 α_2-肾上腺素受体激动剂具有某些相关作用，因为这些药物可有效减少脊髓血液流动。局部麻醉剂与 α_2-肾上腺素受体激动剂联合使用可延长局部麻醉剂的运动和感觉阻滞时间。该延长机制可能与 α_2-受体刺激所致血管收缩和镇痛作用有关。

三、药物的起效与持续时间

马匹脊髓注射单一或联合麻醉剂或镇痛药，其起效与持续的时间是不同的。某些联合用药适用于长期镇痛，而另一些则更适用于短期镇痛程序（表 16-1）。当局部麻醉剂与某种强效血管收缩剂，如去氧肾上腺素或肾上腺素联合使用，可增加运动和感觉阻滞的持续时间。其他药物，如 α_2-肾上腺素受体激动剂（如甲苯噻嗪和地托咪定），当与局部麻醉剂联合使用时，同样也能增加运动和感觉阻滞的持续时间。

表 16-1 马匹硬膜外或者脊髓麻醉或镇痛药物使用方案

药物	体积（mL）	注射位点	起效（持续）时间（h）	建议
硬膜外麻醉/镇痛单一用药				
利多卡因 1%～2%	5～8	Co1～Co2	0.5（0.75～1.5）	每间隔 1h 追加注射 3mL
利多卡因 1%	20	Co2	0.75（3）	引发中度共济失调
甲哌酰卡因 2%	5～8	Co1～Co2	0.5（1.5～3）	
丁二氨卡因 0.2%～0.5%	5～8	Co1～Co2	0.5（3～8）	
罗哌卡因 0.2%～0.5%	5～10	Co1～Co2	0.5（3～8）	快速起效：10min，较少共济失调风险

（续）

药物	体积（mL）	注射位点	起效（持续）时间（h）	建议
甲苯噻嗪 0.17mg/kg	10	Co1～Co2	0.5（1.0～1.5）	可能引起镇静/共济失调
地托咪定 30μg/kg	10	Co1～Co2	0.5（2～4）	可能引起镇静/共济失调
美托咪定* 2～5μg/kg	10～30	Co1～Co2	0.5（4～6）	可能引起中度镇静
吗啡 0.05～0.2mg/kg	10～30	Co1～Co2	1～3（3～16）	硬膜外导管连续恒速输注（0.5～2mL/h）也有效
美沙酮 0.1mg/kg	20	Co1～Co2	0.5～1.0（5）	
凯他明 0.5～2.0mg/kg	10～30	Co1～Co2	0.5（0.5～1.25）	
双氢吗啡酮 0.04mg/kg	10～30	Co1～Co2	0.5～1.0（4～5）	
平衡区域镇痛的联合用药				
利多卡因 2%＋ 甲苯噻嗪 0.17mg/kg	5～8	Co1～Co2	0.5（4～6）	
利多卡因 2%＋ 吗啡 0.1～0.2mg/kg	5～8	Co1～Co2	0.5（4～6）	
丁二氨卡因 0.125%＋ 吗啡 0.1～0.2mg/kg	10～30	Co1～Co2/L～S	0.5～0.75（8～>12）	硬膜外导管连续恒速输注（0.5～2mL/h）也有效
甲苯噻嗪 0.17mg/kg＋ 吗啡 0.1～0.2mg/kg	10～30	Co1～Co2/L～S	0.5～1.0（≥12）	
地托咪定 30μg/kg＋ 吗啡 0.1～0.2mg/kg	10	Co1～Co2/L～S	0.5（24～48） 0.5（6～8）	轻度疼痛
利多卡因 1%～2%＋ 吗啡 0.1～0.2mg/kg＋ 丁哌卡因 0.125%	5 30（总共）	Co1～Co2 L～S	0.5～1.0（0.75～1.5） 0.5～1.0（12～>24）	Tuohy 针头安置硬膜外导管，硬膜外导管深入≥5cm

注：＊不可用于美国。

马匹硬膜外单独注射吗啡、氢吗啡酮、曲马多都具有镇痛作用。硬膜外注射吗啡可诱导深度镇痛，但在急性疼痛情况下，由于它起效缓慢而无法发挥镇痛作用，所以它需要与起效快的硬膜外麻醉剂（如 α_2-肾上腺素受体激动剂或者芬太尼）联合使用。曲马多与芬太尼联合使用也被运用于马匹的严重顽固性疼痛的镇痛。这些联合用药通常可产生持续 12～24h 的深度镇痛。硬膜外导管的放置可运用于马匹的长期疼痛控制。

在站立马的手术中，通过硬膜外注射吗啡、氢吗啡酮、美沙酮和曲马多，或蛛网膜下腔注射高压吗啡（即吗啡溶液密度高于脊髓液密度）和美沙酮不会引起运动障碍和深度镇痛作用，提示这些药物可与低剂量的局部麻醉剂（如利多卡因、马比佛卡因或丁哌卡因）联合使用以产生持久的手术麻醉或镇痛期，以及延长术后疼痛控制时间，而不产生高剂量局部麻醉剂导致的共济失调或卧倒的症状。

（一）阿片类药物特异性作用

阿片类药物硬膜外注射所起的镇痛作用反映该药物可跨过硬脊膜扩散至脊髓并激活脊髓内阿片受体。μ 阿片受体的激活主要起到棘上和脊髓镇痛。μ_1受体的激活推测产生镇痛作用，而 μ_2受体的激活可导致肺换气不足、心动过缓和躯体依赖性。证据显示，硬膜外注射阿片类药物所起的镇痛作用主要为局部效应所致，尽管存在全身性吸收。据报道，高度亲脂性阿片类药物如芬太尼及其衍生物诱导的镇痛主要通过全身吸收，因此硬膜外注射此类药物将不占优势。

阿片类药物脊髓镇痛的起效与持续时间均与其脂溶性相关。吗啡与芬太尼相比镇痛起效最慢，但镇痛持续时间显著要长。硬膜外腔注射阿片类药物可被硬膜外脂肪吸收，或被全身吸收，或跨脊膜扩散到脊髓液中。

最近，溶于10％葡萄糖溶液的丁丙诺啡、美沙酮或者吗啡诱导的脊髓（轴索）镇痛运用于马可产生有效的局部镇痛作用且没有可检测的不良影响。潜在兴奋性药物吗啡和美沙酮的头侧扩散作用被溶液的节段性沉积所阻断。

布托啡诺是马全身给药中最常用的 κ（OP2）阿片激动剂。对于马尾硬膜外镇痛，与单独使用利多卡因相比，布托啡诺联合利多卡因给药可提高镇痛质量和延长镇痛持续时间。使用剂量为 0.08mg/kg 的布托啡诺进行单一的硬膜外注射不能诱导可靠的镇痛作用。

（二）α_2-肾上腺素受体激动剂特异性作用

α_2-肾上腺素受体激动剂可用于马硬膜外或脊椎注射，其中甲苯噻嗪和地托咪定最为常用，且甲苯噻嗪已被广泛研究。这些药物在脊髓后角灰质中发挥作用。已证实甲苯噻嗪对脊神经具有局部麻醉作用，而且其他 α_2-肾上腺素受体激动剂也有可能具有该作用。α_2-肾上腺素受体激动剂已成为尾硬膜外麻醉和镇痛常用药物，原因在于这类药物易于获取、作用持续时间比大多数局部麻醉剂都长，除超剂量情况下不会产生运动阻滞。当 α_2-肾上腺素受体激动剂单独使用时，即使镇痛效果扩散至腰椎和胸椎区域马匹依然能保持站立姿势。然而个别马匹可能出现共济失调和卧倒的并发症。α_2-肾上腺素受体激动剂与局部麻醉剂不同，但类似于阿片类药物，倾向于诱导多位点而不是扩散性镇痛，因此，这些药物，如阿片类药物常与局部麻醉剂联合使用。在马匹，由 α_2-肾上腺素受体激动剂引起的任何不良反应均可通过阿替美唑（40μg/kg，iv）或育亨宾（50μg/kg，iv）逆转。

对于硬膜外注射，甲苯噻嗪（0.17mg/kg）在最佳剂量下可产生 2.5h 会阴镇痛，无后肢共济失调、镇静或心肺功能的影响。若甲苯噻嗪不与其他药物合用，在一些涉及会阴部的手术程序中须提高使用剂量（0.22～0.25mg/kg）。在母马，将甲苯噻嗪稀释于 6mL 生理盐水中，浓度为 0.25mg/kg，进行尾部硬膜外麻醉，可降低心率和呼吸速率，引起二级房室传导阻滞，并引起尾部松弛和后肢共济失调的运动障碍，副交感神经阻滞可导致外阴松弛和直肠扩张。

硬膜外注射地托咪定可产生强效镇痛和镇静的效果。原因在于地托咪定的高度亲

脂性，可从硬膜外腔到全身迅速地吸收。尽管剂量低至 20μg/kg，仍能产生镇静、共济失调、斜卧作用并对心血管产生影响。然而，30μg/kg 的地托咪定不能产生可靠的镇痛作用。由于这些原因，对于大多数马匹，硬膜外注射地托咪定的最佳剂量似乎是 60μg/kg，将其稀释于 10mL 的无菌水中。对于马匹中衰弱或易发生斜卧的临床病例，首先使用剂量应为 20～40μg/kg。剂量为 80μg/kg 时可产生明显的副作用，如深度镇静和斜卧。硬膜外腔或蛛网膜下隙注射地托咪定（60μg/kg），可产生从尾骨至 T15 的镇痛作用，并伴随镇静、心跳和呼吸速率下降、全身血压降低、二级房室传导阻滞和多尿的症状。通常情况下，硬膜外注射产生的会阴部镇痛持续时间要比脊髓注射的长。

（三）氯胺酮特异性作用

硬膜外注射和蛛网膜下隙注射氯胺酮均可诱导马匹短时镇痛。当单独使用氯胺酮进行尾部硬膜外注射时，可产生 30～90min 的镇痛作用，伴随轻度镇静，但不产生心肺功能改变。氯胺酮诱发镇痛作用的主要原因被认为是氯胺酮的非竞争性 N-甲基-D-天冬氨酸受体拮抗作用。因而氯胺酮适用于防止或治疗有害性疼痛刺激反复激活脊神经元而产生的慢性疼痛病症所诱发的继发性痛觉过敏。高浓度的氯胺酮也可通过阻断钠通道而产生局部麻醉样作用。

（四）轴索麻醉中其他药物的作用

在人医领域，硬膜外注射糖皮质激素已用于对下腰痛的治疗。虽已广泛使用，但该给药途径为未经临床试验认可的“标示外（off-Label）”途径。另外，也有一些报道曲安奈德混悬液或者倍他米松磷酸钠和倍他米松醋酸酯混悬液的临床应用。一些缓释型制剂中聚乙二醇的使用会引起神经中毒症的风险。这是一个需要考虑的问题。在马匹背痛病例中，有一些使用去炎松对其进行治疗的有趣试验。该方法的临床药效仍需进一步细致研究。人医领域研究揭示：硬膜外皮质甾类药物给药几天后可降低血浆皮质醇浓度。

四、尾椎硬膜外麻醉与镇痛

马匹尾椎硬膜外麻醉被用于降低肛门、直肠、会阴、阴道、尿道和膀胱的敏感性。目的在于诱导手术区域麻醉而不产生后肢运动功能损伤。局部麻醉剂与 α_2-肾上腺素受体激动剂或阿片类药物联合使用是最常用的选择，因为联合用药可延长马匹、人类以及小动物硬膜外麻醉或镇痛的作用时间。

（一）尾椎硬膜外注射技术

对于站立状态成年马的尾椎硬膜外注射，受马匹种属的限制可使用 18 号 7.5cm 无菌脊髓针与探针于第 1 尾骨硬膜外腔注射。常规的 20 号 3.75cm 皮下注射针也可用于尾椎硬膜外注射。注射位点可通过在尾巴背腹方向移动过程中触诊确定。注射区域皮肤进行剪毛和手术准备处理。在找到第 1 尾骨椎间隙位点后，该区域皮肤和皮下组织通过使用5/8in（16mm）25号针头注射3mL 2%利多卡因或2%马比佛卡因脱敏。在注射部位套上一透明有孔塑料袋以防止污染。对于皮厚的马匹，可使用15号手术刀片在注射部位切开一个小切口或使用18号脊髓针以便于进针。脊髓针垂直插入皮肤后先斜向上进针，然后沿正中矢状平面向下进针直至穿透弓间韧带（黄韧带）。通常情况下，针头穿过韧带时可感觉到一爆裂感。如果针头向下插入到椎管骨板，应该撤回约0.5cm以避免将药物注射进入椎间盘。注射前，硬膜外腔注射针头的正确位置通常经过悬滴或阻力损失技术进行检测。同前所述，在脊髓针穿过皮肤和皮下组织后将探针迅速抽出，将一滴无菌生理盐水放置在针座内，当针头进入硬膜外腔后，该滴生理盐水会因负压的存在而被吸入硬膜外腔。后一个检测技术，当脊髓针穿透弓间韧带时迅速将探针抽出，可检测到阻力的突然丧失，同时将一充满空气的5mL注射器固定到针座上，可无阻力将空气注入，提示硬膜外腔注射定位正确。另外，也可将一充满无菌生理盐水和一个空气泡的5mL注射器固定到针座上，生理盐水注入过程中，注射器内空气泡不出现变形或者压缩，提示硬膜外腔注射定位正确。为了确认静脉窦是否被不小心穿透，在注入硬膜外制剂之前均需要回抽注射器以观察是否有血液被抽出。

另外，脊髓针可与椎管成10°～30°角插入第1尾骨硬膜外腔。研究表明，硬膜外腔的针尖通常位于Co至SS椎间隙。脊髓针须更长一些，18号8.75cm或18号15cm的脊椎针头均可以使用。这种方法适用于先前硬膜外腔注射后尾椎区域纤维组织增生的马匹的硬膜外腔注射。

麻醉剂或镇痛剂的注射量取决于给予药物的种类和马匹的体格大小。标准局部麻醉药（如2%利多卡因、2%马比佛卡因、0.5%～0.75%丁哌卡因或0.5%～0.75%罗哌卡因）的使用，成年马匹注射体积通常少于10mL，以避免后肢腰骶神经麻痹。成年马匹单一注射镇痛药物，总体积在10～20mL时，镇痛药可从注射部位向颅侧扩散6～10个椎骨。

（二）并发症及副作用

对于马匹，硬膜外注射药物，特别是α_2-肾上腺素受体激动剂和脂溶性阿片类药物，全身性吸收可以起到镇静作用。镇静作用体现在对外界刺激反应迟缓和头部以及下唇下垂。标准剂量的硬膜外麻醉药偶然可引起严重的共济失调和斜卧，特别是局部麻醉剂和α_2-肾上腺素受体激动剂或阿片类药物联合使用，如利多卡因和甲苯噻嗪的组合，但原因不明确。局部麻醉剂向颅侧传播太远，可麻痹怀孕母马或肥胖马匹的腰骶神经，原因在于其硬膜外腔狭窄。原发疾病虚弱马匹或疲惫马匹硬膜外腔注射，或者全身性给药的镇痛药物用于硬膜外腔给药，均可引发副作用。蛛网膜下隙注射μ阿片类药物可引起中枢神经系统兴奋。

如果出现运动障碍，马匹依然能保持站立姿势，可使用尾绳进行支撑直至马匹后肢力量恢复为止。如果马匹已卧倒，对于外科手术或者控制焦躁马匹必须对其进行全身麻醉。

造成镇痛或麻醉不足的可能原因是技术不当、解剖学异常，或先前的硬膜外注射所致的纤维附着，所有这些都可能导致该技术的失败。已有报道马匹硬膜外注射吗啡可产生节段性镇痛作用，其中由腰骶神经支配的背皮区比腹皮区具有更强的镇痛作用。这将导致某些马匹后肢的腹侧区域镇痛不足。使用局部麻醉剂出现单侧麻醉的原因可能是硬膜外腔存在先天性膜或者粘连所致。错误的硬膜外导管的放置（如从腹侧硬膜外安置）或通过椎间孔放置也可能导致单侧麻醉。

由硬膜外制剂引发的神经和脊髓损伤所致的神经中毒症是一个存在争议的问题。有报道指出，马匹使用临床剂量的局部麻醉药不会引起神经中毒症，然而对于啮齿动物，含有抗氧化剂亚硫酸氢钠的溶液可造成神经元损伤。

利多卡因或者甲苯噻嗪注射区域出现发汗。甲苯噻嗪注射后被发现会阴水肿。某些马匹在注射吗啡后在会阴部出现皮肤水肿性风疹块，这可能与局部组胺释放有关。甲苯噻嗪或者地托咪定注射后，心血管功能受影响，如心动过缓和二度房室传导阻滞。

(三) 尾椎硬膜外导管的放置

对马匹进行硬膜外导管的放置（图 16-3）时，须将马匹镇静，如静脉注射 1.0mg/kg 的甲苯噻嗪。硬膜外导管的放置技术与前面对尾椎（即尾骨间）硬膜外注射所描述的技术相同。目前，已有许多厂家生产适用于马匹的硬膜外盘或试剂盒。硬膜外 Huber（Tuohy 公司）点针被用来代替脊髓针。与常规脊髓针相比，此针末端略微弯曲，这有助于在放置导管过程中向正确方向引导导管。另外，针头末端钝化处理，降低切断导管的概率。我们建议在导管插入之前用新鲜无菌肝素生理盐水（10IU/mL）冲洗导管，以避免在插入过程中血液污染导致血液或血纤维蛋白凝固。

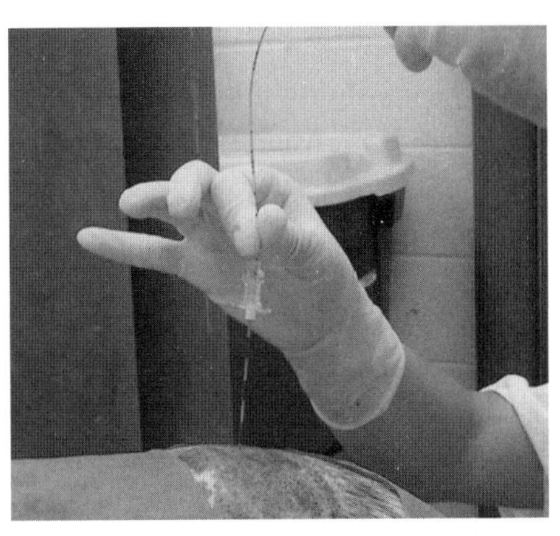

图 16-3 马匹腰骶蛛网膜下隙导管的放置

推荐阅读

Gomez de Segura IA, De Rossi R, Santos M, et al. Epidural injection of ketamine for perineal analgesia in the horse. Vet Surg, 1998, 27: 384-391.

Goodrich LR, Clark-Price S, Ludders J. How to attain effective and consistent edation for standing procedures in the horse using constant rate infusion. Proceedings of the 50th American Association of Equine Practitioners, Denver, CO, 2004: 229-232.

Martin CA, Kerr CL, Pearce SG, et al. Outcome of epidural catheterization for delivery of analgesics in horses: 43 cases (1998-2001). J Am Vet Med Assoc, 2003, 222: 1394-1398.

Muir WW，Hubbell JAE. Equine Anesthesia：Monitoring and Emergency Therapy. St. Louis：Saunders，2009，185-209.

Natalini CC. Spinal anesthetics and analgesics in the horse. Vet Clin North Am Equine Pract，2010，26：551-564.

Natalini CC，Linardi RL. Analgesic effects of subarachnoidally administered hyperbaric opioids in horses. Am J Vet Res，2006，67：941-946.

Natalini CC，Robinson EP. Evaluation of the analgesic effects of epidurally administered morphine，alfentanil，butorphanol，tramadol，and U50488H in horses. Am J Vet Res，2000，61：1579-1586.

Olbrich VH，Mosing M. A comparison of the analgesic effects of caudal epidural methadone and lidocaine in the horse. Vet Anaesth Analg，2003，30：156-164.

Robinson EP，Natalini CC. Epidural anesthesia and analgesia in horses. Vet Clin North Am Equine Pract，2002，18：61-82.

Skarda RT，Muir WW. Continuous caudal epidural and subarachnoid anesthesia in mares：a comparative study. Am J Vet Res，1983，44：2290-2298.

Skarda RT，Muir WW. Local anesthetic techniques in horses. In：Muir WW，Hubbell JAE，eds. Equine Anesthesia：Monitoring and Emergency Therapy. St. Louis：Mosby，1991，199-246.

Skarda RT，Muir WW. Caudal analgesia induced by epidural or subarachnoid administration of detomidine hydrochloride solution in mares. Am J Vet Res，1994，55：670-680.

Skarda RT，Muir WW. Comparison of antinociceptive，cardiovascular，and respiratory effects，head ptosis，and position of pelvic limbs in mares after caudal epidural administration of xylazine and detomidine hydrochloride solution. Am J Vet Res，1996，57：1338-1345.

Skarda RT，Muir WW. Analgesic，hemodynamic and respiratory effects of caudal epidurally administered ropivacaine hydrochloride solution in mares. Vet Anaesth Analg，2001，28：61-74.

Wittern C，Hendrickson DA，Trumble T，Wagner A. Complications associated with administration of detomidine into the caudal epidural space in a horse. J Am Vet Med Assoc，1998，213：516-518.

（孙凌霜　译，王雪峰　校）

第 17 章　针灸对疼痛的控制

Dietrich Graf Von Schweinitz

一、马针灸的理论基础

纵观历史，中兽医针灸中穴位的位置与人的针灸是不同的。这是因为中兽医针灸对不同动物的运用有不同适应证的原因。此外，传统的动物针灸图上的穴位与人体经络中的穴位是没有关联的。其中原因并不完全清楚，虽然偶有报道显示针灸时病人会有沿着某些路线或“经络”的感觉传导现象。显然，这些感觉在动物身上无法获知。马类似的现象表现为：当刺激（图 17-1）沿着髂肋肌和胸段到骶段的背侧最长肌的边界的膀胱经（图 17-2）穴位时，偶尔会看到马的竖毛反应。这些穴位与控制浅表组织感觉的每个脊神经的神经血管束有关。竖毛反应只是针灸产生的躯体内脏反射（一种交感神经反应）的一个例子，即使是只刺激几个节段也会影响大部分的胸椎、腰椎、骶段，这种反应主要在马的椎旁肌出现弥漫性肌筋膜疼痛迹象时发生。

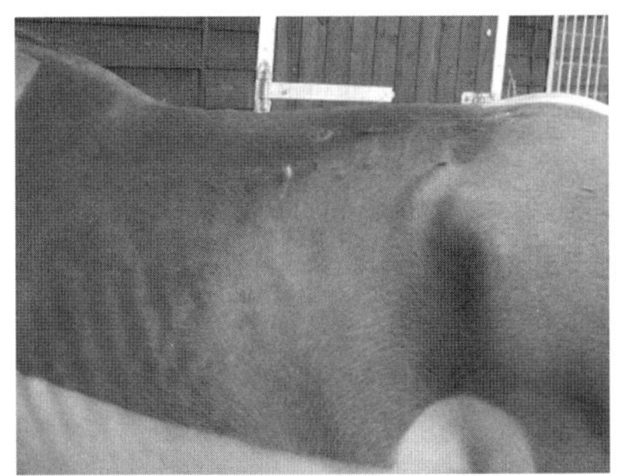

图 17-1　沿着脊柱两侧的膀胱经进行针灸会出现竖毛反射。该匹纯血马患有长期性背腰部肌筋膜疼痛，通过手指钝性按压确定针灸位点，再用干针分别刺入背腰骶部的“百会”穴与邻近的 BL-26。即使针刺很少的几个经络节段，也会有躯体交感神经反射和弥漫性多节段性效应的发生（迪特里希·格拉夫·冯·施韦尼茨）

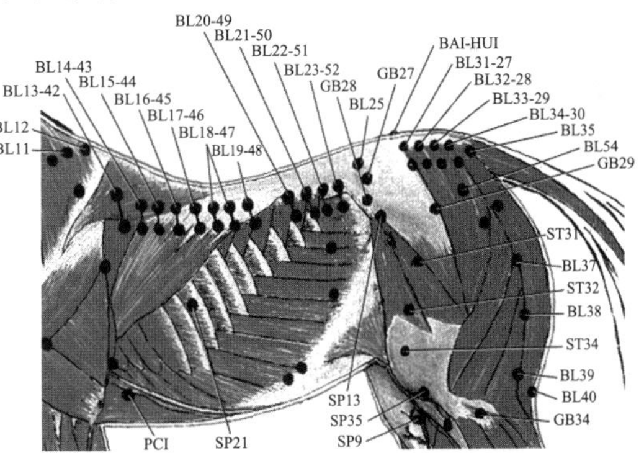

图 17-2　正如人体经络图，马膀胱经的内外侧穴位随着轴上的肌肉分布，其中有些穴位称为背俞穴（五脏六腑之气汇聚），有些作为治疗疾病时的诊断穴位。这些穴位的异常反应与机体相应的内部器官是紧密联系的，当这些穴位感觉有压痛时往往暗示：局部浅表组织损伤，深层组织转移至浅表或者有内脏发生病变（佩格弗莱明博士）

(一) 针灸图

在20世纪70年代，许多西兽医发现学习中兽医穴位很难。早期的兽医爱好者，在西方建立的人体针灸学校内学习中医针灸系统，并将其应用到动物身上。因物种差异带来的解剖和生理的不同（如，马有18节胸椎，人有12节胸椎）以及肢体解剖的显著差异，在将人体针灸穴位转换到动物身上时出现了很多问题。尽管如此，研究这些问题仍对认识动物穴位有着深远的意义。

中国人继续沿用传统马针灸技术，采用没有经络相关性的大约176个穴位，而经典人体经脉含有360个穴位。学习人体穴位位置及命名比较简单，因为每个穴位都指定对应于成对的12条经脉之一（以器官命名）或背侧和腹侧中线的经脉（命名为脉）。每个经脉都有双字母代码（LU、LI、ST、SP、HT、SI、BL、KI、PC、TH、GB、LR、GV、CV），每个位点沿着特定的经脉从第1到最后编号（如，BL1到BL67）。这种字母与编号的方法使西兽医不用记忆传统动物穴位的汉语拼音。但是，其忽略了马针灸的历史应用及其与传统方法间的显著差异，这包括：不同的脊柱节段指定对应特定的内脏器官。从实际应用的角度看，问题不大，因为每个器官都有4～6个对应的脊柱节段，而且没有脊神经供应。但是，当运用以经络为基础的治疗策略时有很大不同，它们包括各种“指令穴、络穴、募穴、主穴、会穴、母穴、子穴、特定穴”，这些穴位已在人体内发现，但还没有应用到动物上的相关参考材料。因为这些原因，即使西兽医声称其正在应用中医或者中兽医针灸，那也是比较接近中兽医的西式兽医针灸。

(二) 中医、中兽医、西式针灸

苏理耶·德·莫昂特在20世纪早期形成了有主导地位的中医西化理论，它以循环于经络的能量和生命力的形而上学的概念为基础。我们知道这种理论是建立在对古代中国医学文本（尤其是《黄帝内经》）的不精确的理解之上，而原始的针灸理论更基于可认识的解剖和生理现象。最近的一个观点认为：针灸是一种生理型的医学，它通过新兴的神经介质科学逐渐变得更易理解。其被称为西式针灸，定义为：符合目前知识和循证医学原则的中国针灸的改版。

当一个兽医在选择课程来源时，应当考虑西式针灸与中医、中兽医矛盾的哲学与实践。在一些国家这一过程更加复杂。因为，由从业人员进行的针灸练习必须是合法的（如发生在人体的练习）。

二、针灸镇痛机制的研究现状

若要领会针灸生理学，则必须对疼痛生理学有最新的、合理的理解。但是，在过去的25～30年里，人们很大程度上忽略了这一点。组织损伤产生的炎症性疼痛这种传统模式的疼痛生理学是远远不够的。要领会针灸缓解疼痛的作用机理，读者应该学习当前针灸对马的疼痛生理学综述的内容。

（一）内脏躯体和内脏躯体反射

在古代医学中，最令人吃惊的发现是内脏躯体和内脏躯体反射以及对阴阳相互关系的认识。这在医学方面，分别与副交感神经和交感神经系统有关。虽然这些反射尚不完全清楚，但我们认为其是由在脊髓和脑干的躯体传入神经及内脏自主神经汇聚产生的。大约2000年前，中医们准确地记载了与脏腑疾病相对应的穴位压痛反应点（如腧募穴），这些穴位与亨利·海德爵士在19世纪90年代提出的被称为“Head zones（海德带）”的不重叠诊断密切相关。这些穴位压痛点作为诊断工具与治疗手段形成了针灸穴位图的基础。

（二）自主神经反应

紧张状态下可以激活交感神经系统、增加疼痛敏感性和抑制副交感神经。针灸可调节和恢复正常自主神经功能。许多研究表明，针灸能抑制交感神经系统活动，例如，针灸时感到皮肤变暖与相关的疼痛减轻。对马局部（对非伤害性神经元刺激做出的反应）或过敏性疼痛（增加疼痛的敏感性）部位进行针灸治疗并在治疗前后使用红外热像仪进行热成像研究，发现异常冰冷的部位在针灸后能有效的逐渐变暖（观察图17-1显色板）。马针灸局部受影响变暖表明，交感神经系统过度兴奋导致的血管收缩得到调节，而马规律性的血管收缩则表明疼痛的迹象得以缓解。也有记载发现针灸可刺激诱导副交感神经兴奋。拟胆碱类抗炎药的作用途径除了在调节内脏功能方面比较重要外，还能通过刺激迷走神经来激活网状内皮系统，从而抑制肿瘤坏死因子和其他促进炎症反应的细胞因子的释放。

（三）下行抑制和内源性阿片肽

最近，有人对针灸镇痛的其他重要因素进行了综述（Han，2011），本书对其关键点进行了如下总结。针灸的局部镇痛是通过针刺作用产生外伤，引起腺嘌呤核苷的释放，从而抑制附近痛觉传入神经末梢而发挥作用的。另外，针刺还通过门控，抑制痛觉传送到大脑。其是通过活化血清素下行抑制通路而介导的。由于研究人员对“假点”和安慰剂对照组的错误假设，致使大多数针灸研究和评论都存在不足之处。这些研究中，针刺“假点”的位置往往是在“真点”1cm以内。因此，可想而知，在脊柱节段Aδ和Aβ神经纤维附近针刺会有一定的针灸效果。而“假点”和“真点”间针刺效果的轻微敏感性不同。这源于不同脊柱节段附近神经纤维的密度差异。手动行针（例如，旋转、退针、进针、进针深度和引发“得气”）是针灸治疗的一个关键因素，同时也是针灸操作艺术的一部分。但是，很难从科学的角度对手动行针进行量化和控制，这包括：设计合适的对照组针灸操作程序。大多数手动针灸能刺激Aδ和Aβ神经纤维，而C纤维在很多的行针中也能受到刺激。电针在神经纤维刺激上也可能具有上述类似的镇痛作用范围，这取决于电针刺激强度。因电针刺激可以量化，这使它成为科学研究中备受青睐的方法。

人们很早已确定内源性阿片类物质参与针灸镇痛反应。电针研究发现，低频刺激

（1～4Hz）优先增加脑啡肽和内啡肽，而高频电针（80～100Hz）则增加脑啡肽的释放。现在，大多数治疗性电针具有10～30min的低、高频率交替刺激（通常被称为疏密波针灸）功能。这可以诱导协同效应并提高镇痛效果。运用不同机制可达到不同的局部和远程镇痛效果。但是，长时间的刺激可引起耐受性，从而减少镇痛作用。在进行电针镇痛时，减轻疼痛所使用的必要刺激强度似乎随病人的生理状态而变化（而如何确定该刺激强度，则是针灸实践领域中的另一项技能）。一般来说，炎症或疼痛越严重，能够达到镇痛最佳水平所需的强度越小。通常在有感觉和疼痛阈值之间选择刺激强度。因为，过度的疼痛刺激也可导致针灸的耐受。试验研究表明，大约30min的刺激能达到最大的镇痛效果，而1～2h的刺激往往降低镇痛效果。这种耐受性与一种阿片类受体拮抗剂（中央胆囊收缩素，CCK）的释放有关。大量的CCK释放，在很大程度上导致针刺无应答。而每匹马CCK释放和内源性阿片肽上调的潜力，部分受个体遗传因素的控制。

在人医领域，围术期针灸可以减轻术后疼痛、恶心、呕吐和镇痛药所致的药物毒性。在大鼠的某些实验性疼痛的治疗中，每周一次针灸比每周两次针灸更有效。然而，每周连续5次针灸没有治疗效果。在对慢性疼痛的镇痛应用中，每周进行一组针灸，持续3～5周，具有长期镇痛效果。针灸持续时间长度是一个涉及个体差异的变量，该变量与动物的疼痛阈值、疼痛程度、焦虑水平等易感性有关。

（四）大脑边缘系统

功能性核磁共振成像法发现，人脑在针灸时发生脑区反应，为针灸的镇痛作用提供了证据。针灸常引起大脑边缘系统（情绪中心）失活并有镇静的效果。在马和大多数其他物种身上，这种效果很明显（图17-3）。研究表明，大脑边缘系统失活效应可导致包括镇痛、缓解焦虑、整合自主神经、内分泌、免疫、感觉功能在内的其他效应的失活。

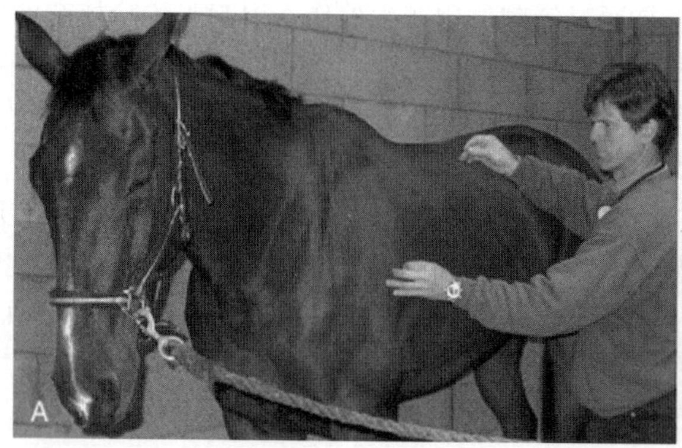

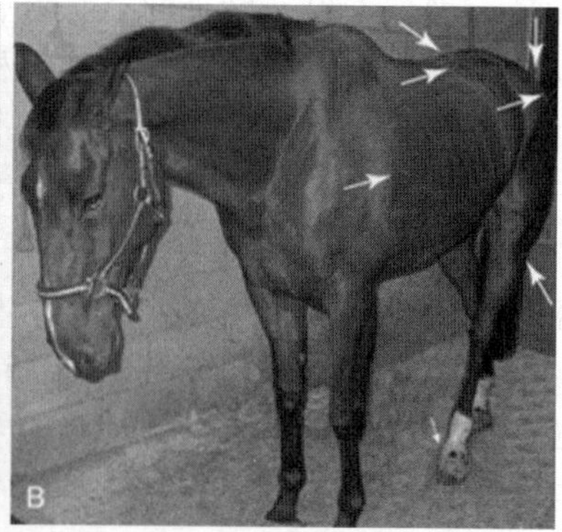

图17-3　A. 马穴位的检查和针灸治疗穴位的选择。兽医对针灸穴位的选择应涵盖：有反应或疼痛的穴位以及影响肢体远端的穴位和“井穴”。治疗方案通常包括对局部、邻近和远端（非节段型）穴位进行针灸　B. 所选穴位如图（箭头）所示。注意马匹镇静的表现，其是与针灸相关的大脑边缘系统的活化和内源性阿片肽作用的结果（迪特里希·格拉夫·冯·施韦尼茨）

(五) 研究的局限性

在对慢性疼痛病例的治疗上，进行 3 个月以上针灸治疗的病患，治疗效果显著优于不治疗病例。而且，偶有针灸治疗病患的治疗效果优于采用标准干预疗法治疗的病例。其疗效与模拟针灸治疗的效果相似，而与安慰剂组相比，疗效差异较大。根据《考科蓝回顾》，有证据表明，在人的治疗中，针灸对偏头痛、颈部疼痛和外周关节炎有疗效，但对肩部疼痛、肘关节外侧疼痛、腰痛的治疗效果尚无定论。在患病动物的治疗中，慢性疼痛治疗的最常用方法是针灸。大部分兽医针灸师表示（坊间传闻）：针灸大约 80%有效果。针灸实操过程中涉及许多变量，它们与疗效关系重大。不幸的是，马针灸疗效的研究结论大多缺乏必要、严谨的科学性。

2007 年，针灸研究学会在研究针灸的过程中，为解决以往研究悖论，提出在研究计划中两个迫切需要改进的问题："假"点与"真"点的特异性，不同针灸参数和治疗效果的生理学效应。鉴于这些惰性干预的失败，对假点和安慰剂研究结果的错误理解十分严重。要对针灸有效性进行更加准确的评估，可通过与标准治疗方法获得的治疗效果进行比较。

三、适应证

(一) 行为：慢性疼痛的识别

诊断马是否疼痛会使马医感到沮丧，因为，马的疼痛指示仅仅表现为焦虑行为，以致兽医在进行疼痛诊断时，要面对一匹脾气大且有潜在危险行为的马。对于没有跛行或者其他明显临床疼痛症状的马，进行针灸触诊评估（acupuncture palpation assessment）是非常有价值的（有时甚至能挽救马的性命）。它可以发现慢性疼痛体征以及未知病理情况的潜在感觉障碍。触诊疼痛的指示迹象包括肌张力增加、诱发疼痛、敏感、肌筋膜疼痛触发点（MTPs）。这些可能是由于中枢致敏和神经可塑性（功能、化学、神经结构的变化）导致的，其会引起疼痛感觉加剧、焦虑、交感神经兴奋、副交感神经抑制。这也是针灸的潜在治疗机会。这些触诊迹象并非罕见，其也可出现在不管有没有性能和跛行问题的马上。非甾体类抗炎药（NSAIDs）、类固醇类、休息、其他常规疗法对上述类型的疼痛均没有作用。这些触诊发现的局部问题对患马的影响是轻度至中度的，且骑手和兽医视肌筋膜疼痛触发点为亚临床或不重要的症状，除非针灸治疗后马的性能（积极性、柔软性、动力、性情）有所改善。

(二) 肌筋膜疼痛综合征

在人的疼痛转诊中心，肌筋膜疼痛综合征很常见，且有大量医学教材与文献谈到该问题。其中，最著名的是《肌筋膜疼痛与机能障碍：触发点手册》，分为第一册和第二册。在人的慢性非创伤性单侧肩部疼痛的研究中，对该病的病理生理学方面了解甚少，且当前的治疗方案也几乎找不到支持的论据，也很少有文献提到肌筋膜触发点的特征。然而，通过适当触诊，对初步诊断为该病的 72 个病例进行观察研究发现：所有

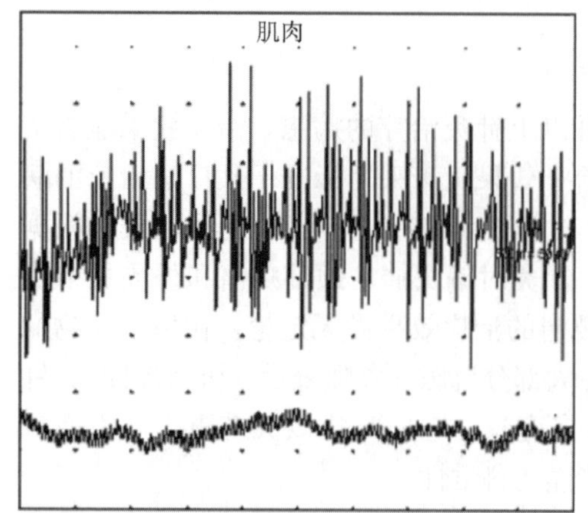

图 17-4 针肌电图对肌筋膜疼痛综合征患马的不规则终板噪声的典型肌电图（EMG）记录。这源自肌筋膜触发点（上层迹线）和在头臂肌上的无疼痛触发点（下层迹线）产生的自发脑电活动和峰电活动

受试者均有肌筋膜触发点，且主要位于冈下肌和斜方肌。作者同样在马身上发现了肌筋膜疼痛综合征的高发区域，其肌筋膜触发点附着在头臂和与肩相连的其他肌肉上。患有肌筋膜疼痛综合征的患马在运动中表现为步长缩短、动作僵硬。作者还通过针肌电图对这些患马进行研究，证实了肌筋膜触发点的存在（图 17-4）。这与人和兔子的肌筋膜疼痛的研究结果相同。若对马匹进行必要的针灸触诊，肌筋膜疼痛综合征将是运动马的一个常见问题。且其肌筋膜疼痛触发点的位置一般与马匹所从事的赛事类型有关。如何找到肌筋膜触发点，这需要兽医具备触诊技巧。兽医不仅仅理解 MTPs，还要知道其对马匹的真正临床意义所在。因此，一般情况下，针灸师所遇到的患马通常既未曾被诊出 MTPs，也未得到过合理的治疗，这时，推荐采用干针疗法。患有肌筋膜疼痛综合征的动物，其肌肉缩短且拉伸受阻，活动范围缩小并导致肢体僵硬。对上述症状患马进行诊断时，若马匹伴有明显跛行症状，可采用神经传导阻滞排除。但这不能排除肌肉僵硬和运动障碍。在患病关节上用药以及使用非甾体类抗炎药可以治疗明显的跛行。但是，持久性僵硬则需要对 MTPs 进行适当的治疗。

尽管肌筋膜疼痛综合征和肌筋膜触发点在病理生理学上的原理还不是很清楚，但其与炎症没有关系。因此，该术语称其为“综合征”而非“病”。肌筋膜触发点通常存在于不明显的跛行患马，即使最彻底的常规检测方法也很难发现患马肌肉僵硬、运动表现欠佳的主要原因。使用热成像、闪烁扫描和其他影像学方法对其进行检查的效果不明显，甚至还会引起误诊。目前的假设认为：肌筋膜疼痛综合征是指生理机能上的肌肉异常，包括：肌肉局部启动终板的功能性障碍和综合性脊髓机制引起的中枢敏化和疼痛终结。

人的纤维性肌痛是一种严重的弥散性疼痛，与肌筋膜疼痛综合征有共同的病理生理学机制。尽管马的有些特征性疼痛与人的纤维性肌痛看起来相似，但它们的持续性疼痛以及相关不协调行为使这些动物不可能在赛事上表现良好。用“纤维组织炎”定义纤维性肌痛是不恰当的。因为，该病无炎症过程。因此，可称其为严重的“中枢疼痛过敏”（伴有广泛的感觉过敏）和“触摸痛”。马背部的弥漫性疼痛常为纤维性肌痛。纤维肌痛在患有严重焦虑、抑郁、睡眠障碍的女性群体中发病较多。在患纤维肌痛的人中，针灸的疼痛往往令人无法忍受并可能会进一步增加痛苦。然而，患肌筋膜疼痛综合征（MPS）的马匹对针灸一般有良好的耐受性，且针灸能够改善其临床症状。在人类疼痛综合征里，肌筋膜疼痛综合征（MPS）和肌筋膜触发点（MTPs）的报道很多。但是，目前，主要的马兽医出版物上尚未出现该病的报道，兽医们可在其他医学出版物上找到相关的信息（见推荐阅读）。

(三) 减少赛马药物依赖并遵守药物管制

一般对马针灸，旨在减轻那些对非甾体类抗炎药和标准治疗没有足够反应的慢性疼痛。由炎症引起的急性疼痛正常能通过标准的治疗得到有效的控制，即用非甾体类抗炎药、冷敷疗法、运动限制，但在某些情况下要担心药物测试呈阳性，这使得在控制由擦伤、扭伤、劳损引起的急性疼痛时会选择针灸。例如，作者经常在竞赛的前几天和竞赛或高强度训练的2～3d后，治疗参加国际马术比赛的马，用针灸治疗赛季时持续肌肉紧张和疼痛的马是可以理解的。及时解决肌肉疼痛和随之发生的肌肉萎缩，可以说能减少一些发生肌腱和韧带损伤的风险。在诊断出肌腱或韧带损伤后，有恢复的充分证据前，平常运动的限制和针灸所起的镇痛作用，不能说明可以恢复训练。赛马也经常有较轻程度的慢性疼痛，如骨关节病，针灸可以明显缓解这种疼痛的。

一些驯马师和兽医针灸师发现在比赛当天针灸是有益的，我的建议是最好在比赛前两天做针灸，因为通常观察发现催眠效应和内源性阿片类物质的上调，以及它们与免疫反应的相互作用需要时间。对于人，接受针灸治疗当天建议避免剧烈运动，这样的原则应该同样适用在动物身上。一些监管机构也限制针灸、激光、某些物理疗法在比赛中使用。

(四) 针灸的其他适应证

虽然针灸主要是治疗肌肉疼痛的一种选择，但是一些内脏的健康状况，包括呼吸系统和消化系统紊乱，也可以通过针灸成功治疗。作者在用针灸治疗马每周或者更长时间规律性绞痛时有极好的效果。这些马已经经过了全面的检查，包括胃镜检查，有的是腹腔镜检查，都是呈阴性结果。牢记针灸的自主和边缘效应，针灸的成功应用并不像许多人认为的那样牵强。系统性地回顾兽医针灸的研究，有证据表明针灸在腹泻和皮肤疼痛病例治疗中是有益处的。类似的，一些马的严重复发气道阻塞，用盐酸克仑特罗难以治疗，但是用针灸却有好的反应。摇头、头部倾斜、下颌疼痛、颈部和背部疼痛、肚带感觉过敏以及其他类型的疼痛，用标准治疗方法没有改善，却适合用针灸。

(五) 主要应用和辅助应用

作者认为针灸是常规做法的补充。它可以与常规护理和药物结合使用，包括非甾体类抗炎药和关节内用药物，但是建议最好不要在使用类固醇时一起使用（因为它们抑制正常的垂体反应）。许多类型的慢性疼痛最好用多种方法同时治疗，包括针灸和合理用药的物理疗法。在作者的经验中，用常规方法治疗局部关节疼痛能得到更有效的控制，但由于肌筋膜触发点（MTPs）引起的或其他肌肉疼痛症状，配合针灸治疗结果会更好。许多接受针灸治疗的马都有多次联合抗炎注射，但有效果不佳的病史。

针灸前的非甾体类抗炎药试验是有用的。假如非甾体类抗炎药不能缓解所有的疼痛，那么针灸是一种合理的治疗选择。如果能完全通过使用非甾体类抗炎药来缓解疼痛，那么针灸唯一适应的就是避免药物使用。老年马和那些有胃溃疡或有非甾体类抗炎药禁忌证的马，也应该将它们定为潜在的针灸对象。对选择用针灸治疗的所有案例，进行一次彻底的常规调查并给出准确的诊断很重要，然而因为畜主因素，这一过程不可能总是能进行，因此在这些案例中，知情同意就显得非常重要。针灸是相对安全的，只要遵循合理的预防措施，包括使用针的各个过程，严重不良事件的发生极其少见。

四、针灸技术

（一）触诊和压痛点

学习安全有效针灸技术的先决条件，是所有的感官都必须做出对病畜最好的总体性（整体性）评估，同时有能力接近和处理各种类型的马。中兽医的追随者可能采用一些类似中国的把脉和舌诊的古老的检查方法，但最重要的检查是大多数马针灸师认同的触诊。这种技能需要有耐心，以及练习并专心于从头到脚的触诊所有的病例，即使疾病的焦点仅限于特定的区域（图 17-5）。记住对疼痛迹象、异常的肌张力、肌肉紧绷、局部抽搐反应、集中或分散的触摸痛、感觉过敏、产生的自发性收缩的鉴别很重要，它们可能会也可能不会出现在相关的感兴趣的领域中。这些发现中很多可能被描述为代偿性的和特定的。当穴位触诊发现痛感时，可作为诊断依据或指示点。这些发现不应该给予过度的显著意义，因为那些同时进行的常规跛行研究表明，它们与特定的压痛穴位模式相关性很差。能够得到的结果就是，特定脊髓节段有一个受到干扰的部位，这可能是局部和表面的因素或者是深层和潜在的深层因素造成的。区分这些需要所有的其他诊断技巧，中兽医方法是使用中医辨证（例如，特定的经脉或器官系统中的血瘀或气滞），而西医针灸的方法是使用常用的医学术语来表达结果，尽管许多术语是从人类的医学上借用的，因为马兽医的文本里还没有承认某些慢性疼痛（例如，MPS 或涉及器官的疼痛）。

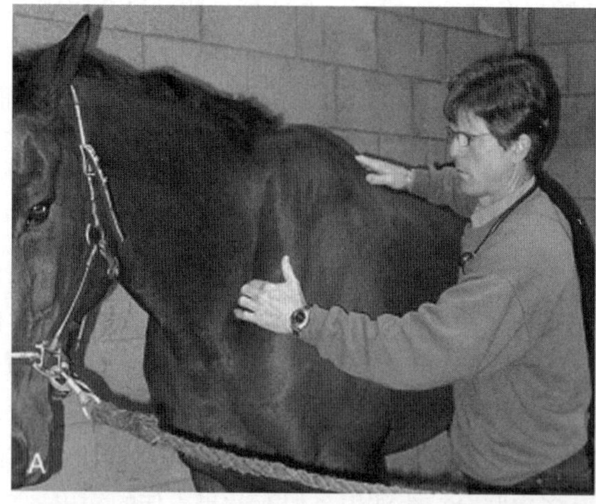

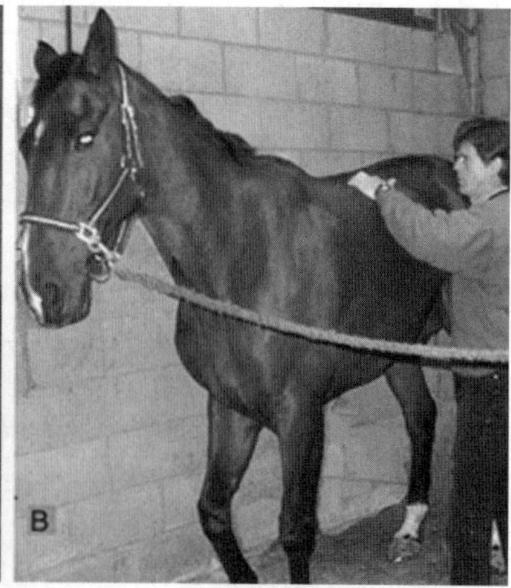

图 17-5　A. 对马进行系统的穴位检查，以定位异常区域、肌肉紧张、疼痛触发点或肌肉自主收缩　B. 检查过程中，马表现出疼痛迹象

用皮下注射针的针帽沿着颈部、躯干和后腿的“经脉”检查，这种流行的马针灸检查技术有夸大和假阳性疼痛反应的风险，同时会错失重要的触诊结果。更糟糕的是，在施针之前不当的使用针帽的边缘，紧接着用钝端针灸之后通过检查来证实成功地“疏通经络”或减轻疼痛。检查者使用指甲也可能是个问题，当不使用手动触诊时，最好选择塑料试管的圆端或类似的设备。

(二) 干针及对应的注射针头和针的安全

作者更喜欢使用长13～150mm直径0.25～0.35mm的一次性中国针灸针。有些人喜欢用注射针并注射维生素 B_{12} 或其他溶液（即执行水针）来避免留针会出现的问题，包括由于肌肉收缩导致的针体弯曲或脱落。水针比干针操作更快，干针必须保留在刺入位置10～20min，而水针注射后即被拔出。某些穴位靠近重要的部位（如眼睛和关节），必须特别小心，以避免医源性损伤。在实施针灸时，最好使马站在一个裸露的表面上，这样落针就可以轻易地被发现。长针灸针（长达150mm）置于组织深处时，当肌肉收缩时可能会发生弯曲。在极少的情况下，马会突然很痛苦，需要立即将针拔除，因此正当的做法是不要离开无人照顾的正在施针的马。

(三) 针刺穴位量，进针深度，针的操作和留针

当检测到压痛点时，针灸师就会决定在这一组穴位上进行针灸治疗，这组穴位可能包括所有的压痛点（如果小于12个），同时选择历史上通用的和被视为有影响力的、主要的、其他通过验证特殊作用的末梢或非分段的穴位点。特定穴位和穴位数量的选择会根据针灸师的训练和经验而有所不同。选择合适长度和规格（按医生的喜好用于浅刺或深刺）的针应用于选定的穴位，通过可变的操作引起针刺感或明显的肌肉抽搐，然后留在原地，通常保持10～20min并可能有进一步的针刺操作。在急性情况下，针刺可能包含几针，但很简捷。简单的问题需要简单的针灸：例如，愈合缓慢的溃疡或伤口，可以围绕伤口边缘进行针刺，这被称为“阿是穴”。更复杂的情况需要更仔细的对待，尤其是紧张状态下的马。共情（Empathy）和直觉也起一定作用，这使得统计针灸效果和结果时增加了许多复杂的因素。触诊操作本身就是一种触摸疗法，这对于针灸治疗有着积极的效应。

(四) 电针与激光

对于大多数马，电针耐受性良好，如果可以正确使用的话，当发生肌肉萎缩情况时电针是最受青睐的疗法。虽然使用针术的偏好不同，但一般认为电针可以减少针刺的数量。通常在被疾病侵袭的片段进针，这些针成对地连接到可以控制脉冲频率和强度的装置的电极上。激光是不常用的，部分原因是因为它们的费用问题，部分原因是因为顾虑激光穿透的深度，限制其对表面刺激的应用。

五、结果和护理

治疗次数及间隔时间

一般情况下，最好是每周 1 次，连续进行 2～5 周的针灸治疗。然后，逐渐延长针灸的间隔时间，直至病患有很明显改善。大多数情况下，2～3 次针灸治疗就足以有一个良好的反应。有一些患马在一次治疗后就会有反应，而其他患马可能需要 5 次或者更多次的针灸治疗才会有效果。根据患马状态进行针灸治疗的情况下，患马产生轻微反应或没反应并不常见。但那些有慢性问题的患马需要几周到几个月的偶尔维持治疗。当患马针灸诊断出超过 20～30 个疼痛穴位时，或者过敏和疼痛区扩散时，患马对针灸的反应很低，有时甚至没有反应。对极度紧张的马进行针灸时，需用低剂量的 α_2-肾上腺素兴奋剂对患马进行轻度镇静。通常情况下，仅在第一次针灸治疗时需要镇静。

六、针灸师的寻找与选择

下面列出的针灸课程培训机构网址有助于马医从业者找到兽医针灸师。尽管针灸从业人员对针灸哲学思想和方式的理解，因各自所受培训和偏好而有所不同。但是，针灸诊疗所获得的结果一般都很相似。作者认为，与中医或中兽医相比，了解和熟悉西医针灸理论更合适。因为，中医或中兽医的理论描述都依赖于对古代概念的过度和不确切的翻译，虽然这些概念中有些可能很精彩。

针灸课程培训机构

美国：
兽医针灸学
科罗拉多州兽医协会
http：//www. colovma. org/

美国和国际：
兽医针灸学基础课程
国际兽医针灸学会（IVAS）
http：//www. ivas. org/

兽医针灸与中药介绍
气研究所
http：//www. tcvm. com/

英国：
兽医针灸基础课程
http：//www. abva. co. uk/

推荐阅读

Fleming P. Transpositional equine acupuncture atlas. In：Schoen AM，ed. Veterinary Acupuncture，Ancient Art to Modern Medicine. 2nd ed. St. Louis：Mosby，2001：393-432.

Han JS. Acupuncture analgesia：areas of consensus and controversy. Pain，2011，152：S41-S48.

Harbacher G，Pittler MH，Ernst E. Effectiveness of acupuncture in veterinary medicine：systematic review. J Vet Intern Med，2006，20（3）：480-488.

Hwang YC，Yu C. Traditional equine acupuncture atlas. In：Schoen AM，ed. Veterinary Acupuncture，Ancient Art to Modern Medicine. 2nd ed. St. Louis：Mosby，2001：363-392.

Kendall DE. Dao of Chinese Medicine：Understanding an Ancient Healing Art. Oxford，UK：Oxford University Press，2002.

Macdonald AJR. Acupuncture's non-segmental and segmental analgesic effects：the point of meridians. In：Filschie J，White A，eds. Medical Acupuncture，A Western Scientific Approach. Edinburgh：Churchill Livingstone，1998：83-104.

Macgregor J，Graf von Schweinitz D. Needle electromyographic activity of myofascial trigger points and control sites in equine cleidobrachialis muscle：an observational study. Acupunct Med，2006，24（2）：61-70.

Muir WW. Pain in horses：physiology，pathophysiology and therapeutic implications. Vet Clin North Am Equine Pract，2010，26（3）：467-493.

Myofascial Pain and Dysfunction：The Trigger Point Manual，volumes 1 and 2.

Ridgway K. Acupuncture as a treatment modality for back problems. Vet Clin North Am Equine Pract，1999，15（1）：211-221.

Simons DG，Travell JG，Simons LS，et al. Travell & Simons Myofascial Pain and Dysfunction：The Trigger Point Manual. 2nd ed. Philadelphia：Lippincott，Williams & Wilkins，1999.

vonSchweinitz DG. Thermographic diagnostics in equine back pain. Vet Clin North Am Equine Pract，1999，15（1）：161-177.

（孙凌霜 译，王雪峰 校）

第 3 篇

运动医学

第 18 章　表现不佳马匹的评估

Elizabeth J. Davidson

表现不佳是所有品种和竞技用马的常见问题。通常需要做综合测试来精确地诊断导致马表现不佳的原因。精确疾病史、合适的诊断工具和专业的技术进行细致的临床检查，是评估的关键。

一、什么是表现力

马在承载着骑手或者牵引着驾乘者时，能完成跑、转弯和跳跃多种障碍的动作。因表现不佳而评估一匹马时，应该考虑它的类型和竞技要求。成功的赛马必须胜过同场竞赛马匹率先通过终点线。非速度赛马型的运动马的运动能力更难以定义。对于这种类型的马，其运动能力常常被主观地与竞争对手相比较。判断标准可能是完成特定动作的高雅程度，或者是纯粹的跳跃能力。尽管实施检查的兽医未必会成为一个熟练的骑手或练马师，但如果他/她对此有一个清晰的理解，并且熟悉马匹用途的相关知识，这对于兽医师的准确评估是有帮助的。对于先前缺乏了解“高质量”伸长快步知识的人，是很难准确评估“低质量”伸长快步的。无论什么类型的比赛，为使马匹能充分表现，其运动能力依赖于动作的协调和许多身体系统的复杂关联。

二、限制表现力的因素

最佳的表现需要整个身体系统达到或者接近它们最大的能力。对于健康马匹，运动限制因素取决于它们所从事的运动类型。在速度马中，能否以最高时速奔跑受到携氧能力的限制。任何氧利用度的下降（如喉返神经病变后喉横截面积的减少会降低氧气供应）将使呼吸系统的运动能力下降，这会相应地影响身体的其他系统。然而，如果表现力并不要求最高，身体功能的损伤是可以容忍的。举例来讲，患有喉麻痹的盛装舞步马，尽管与之相关的异常呼吸杂音可能使其表演能力逊色，但马仍然可能进行表演。了解每个马种在训练中的身体情况和用途，对于临床兽医而言非常重要，以便于能够探测马匹表现力下降的可能原因。

肌肉骨骼损伤是最常见的引起马匹表现不佳的原因。所有类型马匹都有可能跛行，大多数马匹迟早会受此影响。马业每年因为跛行所造成的损失就超过 10 亿美元，造成大部分损失的原因在于马匹不能使用。在美国，每年马匹跛行发生率为每 100 个事件

中大概有9～14个跛行事件，约1/2的马手术病例中就有1例或者更多有关马匹跛行的报道。与大牧场或农场、繁殖机构或个人用途的马厩相比，寄养和训练机构的马匹更容易发生跛行。这个差异可能是由于马匹从事训练的强度不同所造成的，抑或是部分马主有较好的预防跛行的意识。跛行在全年马匹损失中占有的比例接近8%。

对于所有类型的竞赛马，呼吸疾病的发病率也很高。很多实例报道，呼吸道失调只发生在运动过程中。上呼吸道阻塞和下呼吸道疾病是最常见的。心血管系统疾病导致心输出量的减少也对马的表现能力产生负面影响。在表现上很难确定心脏状况的影响，因为许多具备正常功能的马匹也伴有心脏杂音和心律失常，大多数是天生的，对表现力的影响微不足道。

肌肉挫伤、撕裂和疼痛在竞技马中也较常见。运动性的横纹肌溶解症在表现力不佳的马匹发生率接近3%，亚临床疾病在速度马的发生率多达15%。表现不佳的较不常见原因包括神经疾病。明显的共济失调或者失蹄可容易辨认，但模糊的衰弱和轻度共济失调则需要更为精确和精细的临床检查。数量繁多的代谢失衡、内分泌失衡和电解质失衡也是运动能力丧失的一个原因。

三、表现不佳测试

当一个或多个身体系统发生功能性损坏时，马将表现不佳，测试应关注引起能力减退的原因。对一些马，表现不佳的原因是很明显的，患有严重肌肉骨骼系统损伤的马匹将会发生严重的跛行。然而，在多数情况下，马匹有轻微的或逐级下降的表现力，有较少的或不易区分的异常临床表现。骑手、驯马师或者马主也提到马匹在比赛后程表现下降，恢复期较长，或者可观察到的不是“那么正常”。对这类表现不佳的马匹，临床症状可能是微弱的、间歇的，或者仅在运动中出现。

导致马匹表现不佳的可能因素越少，测试所提供的信息越为有价值。比如，在训练中运动马发出大声持续的异常呼吸音时，运动中的内镜检查可能查出明确的病因。然而，鉴于专业操作者的人数和机器使用的复杂性，对表现不佳或表现能力丧失的调查仍具有挑战性。对于实施检查的兽医来讲，真正的检查工作以获取一个清晰明确的疾病史为开端，接下来进行一个全面的身体检查。这也可能涉及大量的诊断性测试、多个临床医生的专门意见，以及细胞学和病理学的分析结果（图18-1）。

不能过分强调获得详尽精确疾病史的价值，还应包括当前的详细主述、病程的持续时间、过去和现在的表现能力评估记录。获得一份精确的数据库需要良好的沟通技能。进行检查的兽医，通过使用开放式的问答，相对于使用封闭式的“是”或者“不是”的问答，更能获得正确的信息。举例来讲，当“你给你的马匹使用任何药物吗?”这样的封闭式的问答被提出时，客户的答案几乎经常是“不”。重新定位这个问题为一个开放式的，像“你怎样管理你的马呢?”的提问方式，会要求客户提供超过一个字的回答。答案可能以列表、段落或者论文的形式出现，但对任何“无药物处理”的事件中的回应，几乎经常“是”。客户并没有错，而仅仅是因为一个不佳的提问方式导致的结果。尽管这些问题能消磨时间，然而组织紧凑的问题和积极地听取回应是关键的，

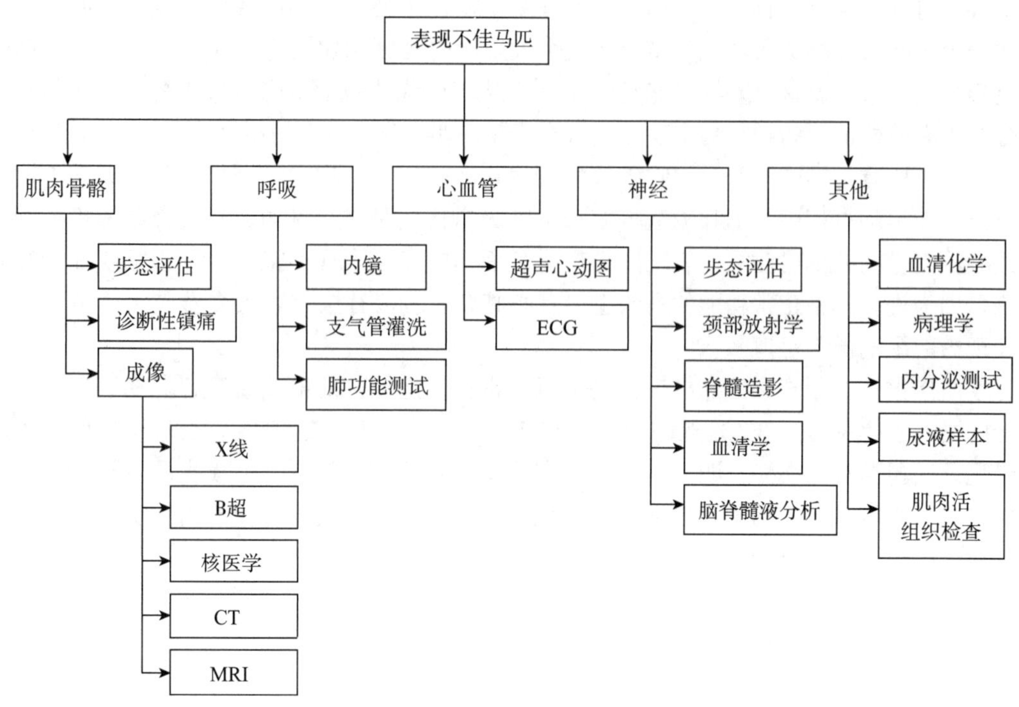

图 18-1　在评估一匹运动不佳马匹期间所使用的描述诊断性的工具和技术的流程

CT：计算机断层扫描；MRI：磁共振成像；ECG：心电图

能指导兽医确定适合的诊断方式。

因为可以获得大量真实的影像学资料，检查者往往不会对马进行一个完整的细致身体检查，或者完全省略。尽管向客户索要 5 张跗骨放射影像学图片要比进行 5min 肢体末端触诊容易，然而进行身体检查具有更大的诊断价值。以静态观察为开始，应该注意可观察到的异常情况，如关节肿胀和肌肉萎缩。这也是将马匹整体结构在脑海中进行记录的时候。应该注意肢体轴线，尤其是特殊的错乱轴线。有证据表明结构异常也可能是跛行的风险因素，同时这也是观察体重分配的时机。一匹马持续前肢蹄尖点地是提示该肢体蹄踵疼痛的迹象。除肌肉骨骼系统以外，对呼吸和心血管系统也应给予特别的关注。任何身体系统都能影响表现能力，因此推荐对整匹马进行详尽的检查。

由于肌肉骨骼损伤是最常见的引起表现能力丧失的原因，表现不佳的评估应该包括一个详尽的肌肉骨骼检查。尽管明显的跛行容易被辨认，是一个可接受的表现不佳的原因，而轻度或微弱的跛行对运动能力降低的潜在影响则经常被忽视。根据步态失调的本身特点，特殊的运动也可能是必需的（如训练在有束缚下进行跳跃和评估）。与所有的跛行检查一样，诊断性的镇痛技术（神经或关节封闭）也常被推荐用来查明真正的疼痛根源。必须牢记在心的是，一些好的运动马尽管有肌肉骨骼疼痛，但仍能取得成功：一匹患有慢性足部疼痛的杰出的障碍马可能在运动场外时跛行，但却在奔跑和跳跃时正常。从某种程度来讲，肌肉骨骼疼痛的鉴定是重要的，但同样重要的是其对表现能力的影响。

大量的影像学工具可帮助兽医对多处肌肉骨骼损伤进行鉴定。放射影像学和超声影像学是基本诊断工具，不仅适用于表现不佳的评估，也适用于表现良好的马匹（如在购买前的兽医检查期间）。核闪烁扫描术仍然是早期辨识未发展成毁灭性损伤的应力性骨折的黄金标准（见第202章）。可与其他压力相关的骨损伤进行有效鉴定，这对表现不佳马匹是非常重要的。因为受影响的马匹经常发生不连贯的、微弱的或者多个肢的跛行。对诊断兽医来讲使用计算机断层扫描和磁共振成像进行诊断的可行性越来越高，其对于评估蹄部和软骨疾病尤其有效。

表现不佳的马匹中也常见呼吸系统损伤的情况。如咳嗽或流鼻涕等临床症状，通常必须通过静息状态下内镜检查来预测训练中上呼吸道功能的能力。预测训练中上呼吸道功能的能力必须经常基于静息内镜的发现。训练状态下异常呼吸音，是一个常见的、与上呼吸道阻塞相关的临床线索，但多达30%的患有间歇性软腭背侧异位的马匹并不发出杂音。因此训练状态下的内镜特别地有帮助，能促进对多种表现力受限的上呼吸道阻塞的诊断（见第51、54和55章）。尽管存在杂音，一些表演马可能耐受上呼吸道阻塞。马匹头和颈的屈曲、某些特定科目和运动要求的姿势以及表演马的步态，能使异常呼吸音或者运动不耐受加剧。下呼吸道炎症或疾病是另一个重要的降低运动能力的原因，可通过肺部功能测试确定，如强迫振荡和肺泡液细胞学。亚临床肺病在所有类型的运动马中皆常见，其诊断极具挑战性。

竞技马心脏杂音的发生率也较高，二尖瓣和三尖瓣的瓣膜回流成为最常见的，尽管大多数杂音对表现能力的影响极小（见第122章）。心律失常也常见，一些节律不齐，如心房颤动，与继发于心输出量降低的表现不佳有关（见第121章）。心电图（ECG）评估对于平地上或跑步机训练中的马相对容易操作，通常有助于判断。在峰值运动过后，立即进行训练后压力性的超声心动图有助于评估心肌功能。

对于怀疑有神经疾病的马匹，需要进行额外的步伐和姿势评估。还包括观察精神状态、头部位置、视野和肌肉的对称性。辅助诊断性包括脊髓液分析、颈部放射影像学、脊髓造影和血清学检测。对于怀疑有内分泌、代谢病或电解质异常的马匹推荐大量的额外测试。

四、运动测试

对于临床症状微弱、时断时续或者动态的马匹，运动测试可能对于评估表现不佳是必要的。理想情况下，测试在与竞赛完全相同或相似的状态下完成，例如，马匹的评估要在场地、马匹的步态和速度相似于真实竞赛时进行（如场地测试）。在这些情况下的测试也要把骑手或驾乘人考虑在内。一个可选择的测试方法是让马匹在跑步机上运动。跑步机测试的一个可考虑的优点是使用更多的设备评估生理学指标。然而，在竞赛期间，马匹并不在跑步机上跑步。在大多数情况下，运动测试有专一性优势，而跑步机测试有多系统调查的优势。

（一）场地测试

场地测试的最大优点是具有和竞赛状况的相似性。另一个显著优势是通常在马匹平时训练和比赛的区域进行，对马主、练马师和骑手来讲是方便的。跛行评估最好在场地内进行，因为跑步机运动与室外环境运动的差异较大。这对于需要进行一些特定动作的运动马来说更是一个现实的问题。举例来讲，进行西部骑乘的马匹无法在跑步机上复制其动作。

场地测试最主要的缺点是对评估变量的数量上的限制。过去，场地测试仅限于简单的测试，如测量运动中的心率，而大多数其他更复杂的测试在训练前或后立即进行。近期技术上的进步极大地提高我们在评估场地训练条件下心脏和上呼吸功能的能力。能固定在马匹身上并在场地训练中使用的场地遥感心电图（图 18-2）和内镜系统（图 18-3）市面有售，且被应用得越来越多。尽管携带性测试设备仍然存在限制，但它们对于在跑步机测试中无法复制情况的评估价值尤其大。

图 18-2　带有心电图监测设备的盛装舞步马的场地训练测试

图 18-3　平地动态内镜

（二）跑步机测试

跑步机评估的最主要优点是大多数测试能有效地在一匹固定位置的马匹身上进行。最常见的仪器包括心电图记录系统、系统动脉内的导管插入（例如，面横动脉）进行一系列的血气分析，测量核心体温的方式以及放置内镜来观察上呼吸道（图 18-4）。用作气道压力的面罩和固定插管能被用来评估气流力学，但通常被保留做实验用。

典型的跑步机测试首先涉及一个熟悉期，在此期间马匹变得适应跑步机和相关的设备。实际的训练测试由一阶段的热身慢步、快步和中间跑步（或标准速度马的快步步调），接下来一个高速测试，根据马匹自身能维持的最高速度跑 1 600～2 400m，具体速度和距离因个体而异。额外的高时速测试通过马匹的性格、适应性和个体马的能力来决定。但大多数，最快速度将会接近 12～14m/s。上坡运动可能适合于部分马匹，尤其适合对于一些用于竞赛的马匹，包括跳跃，如障碍赛和耐力赛。

跑步机测试的缺点是马匹在没有骑手的情况下进行训练，其模式是线性模式，无

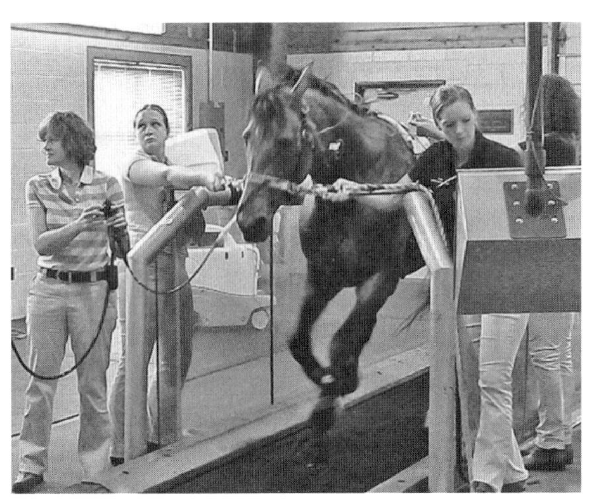

图 18-4 标准速度马使用上呼吸道内镜、心电图和动脉气血采样的跑步机测试

转弯或跳跃。由于并不是所有马匹都服从跑步机训练，所以须经过一定的训练熟悉期。另外，跑步机上的步态与那些平地上的不同，会限制对肌肉骨骼系统的有效评估。

五、兽医管理

对表现不佳者的兽医管理应该集中在寻找表现能力下降的真实原因上。因为表现能力下降的原因经常是多因素的，强烈推荐进行综合测试。进行过喉成形术并伴有下呼吸道炎症的马匹如没有被有效鉴别和治疗，则其运动能力可能会比预期差。“最佳猜测（Best guess）”的治疗应该谨慎使用，因其可能延长疾病的鉴别或者使其损伤恶化。并不是所有短步、双侧后肢拖沓步态的马都有跗关节末端疼痛，因此并不是所有的马都可使用跗关节关节内药物。双侧球节、后膝关节、近端悬韧带炎甚至骶髂疼痛的马匹能有全部相似的步态异常。临床兽医应获得良好的疾病史，批判性地评估跛行，进行神经或关节封闭，在开始治疗前可对怀疑区域拍摄图像。较早地、清晰地精确辨识表现能力下降的原因以及后续正确的管理实践，对于运动马匹的福利和安全是至关重要的。

推荐阅读

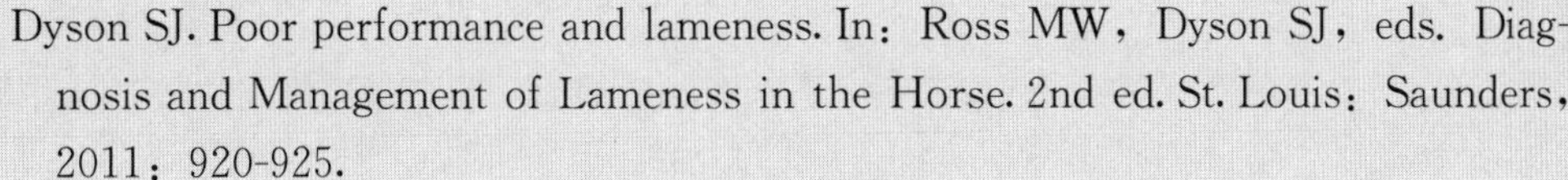

Dyson SJ. Poor performance and lameness. In：Ross MW，Dyson SJ，eds. Diagnosis and Management of Lameness in the Horse. 2nd ed. St. Louis：Saunders，2011：920-925.

Martin BB，Davidson EJ，Durando，et al. Clinical exercise testing：overview of causes of poor performance. In：Hinchcliff KW，Kaneps AJ，et al，eds. Equine Sports Medicine and Surgery. Philadelphia：Saunders，2004：32-41.

Martin BB，Reef VB，Parente EJ，et al. Causes of poor performance of horses during racing，training，or showing：348 cases（1992-1996）. J Am Vet Assoc，2000，16：554-558.

U. S. Department of Agriculture. Lameness and laminitis in U. S. horses. USDA：APHIS：VS，CEAH，National Animal Health Monitoring System. Fort Collins，CO. ＃N318. 0400，2000.

（董文超　译，那雷　校）

第 19 章　表现不佳中的心血管疾病

Sophy A. Jesty

尽管肌肉骨骼和呼吸疾病是马匹表现不佳的最常见原因，但已证明有 21％的表现不佳马匹中存在心脏异常。评估心脏系统对表现不佳的影响最主要的困难是心脏系统的高代偿性以至于异常情况可能仅在高水平的训练下时才出现明显的临床症状（或可察觉到的）。鉴于此原因，表现不佳马匹心脏系统的评估通常需要在跑步机上或者自身环境下，马匹进行满额训练时开展。

一、因心脏原因导致的表现不佳

一些特定疾病可能会导致心脏功能异常。但广义上来讲，功能异常可以分为机械功能异常和心电功能异常。机械功能异常可能导致心脏输出量下降，因此训练中氧气的运载能力会下降。机械功能异常是由退行性的瓣膜疾病导致重要的二尖瓣或主动脉返流而引起，致使容量过载。容量过载是由心肌炎或心肌症引起收缩力的重大下降，或由先天损伤引起再循环和容量过载。如果心律失常足够严重，因为收缩和心搏出量未达标，心电功能异常可能导致心输出量下降，但另一些更危险的心电功能异常的后果是心脏猝死。

二、诊断

（一）超声心动图

在运动期间心脏里发生的机械变化包括在心脏舒张的末期体积增大，心脏收缩压峰值上升，心脏收缩期收缩速度加快，心脏舒张期放松速度增加。这些变化增加心搏出量、心输出量并导致氧气消耗量和代谢能力增加。尽管测量压力是评估心脏功能的理想方法，但由于需要对心脏进行有创插管，因此用此种方法对表现不佳马匹进行评估不是一个适合的选择。超声波心动描记术早已成为对马术马的心脏机械功能进行无创评估的首选诊断工具。应使用静息和负荷超声心动描记术。马匹超声心动描记术的具体操作已有相关文献的详细描述。在训练后有一系列的超声心动图变化，包括左心室尺寸和肌肉块增加，静息时收缩性指数下降，如缩短率和射血率。负荷超声心动图检查必须在运动后立即进行，在 90～120s 即获得全部视图。在马匹平静下来前获得用于评估左心室收缩性的价值是最重要的。评估左心室大小和收缩性的最佳视图是右侧胸骨旁横断面左心室视图（图 19-1）。

静息状态超声心动图提供关于心房尺寸、收缩性、二尖瓣回流和先天病损信息，但在大多数明显的病例中只提供重要心脏功能异常的诊断。收缩性的评估通常是基于缩短率，但须注意不能过于依靠静息状态时收缩性的评估，因为缩短率和射血分数实际上在马处于静息状态时是下降的。标准速度马的超声心动描述检查经常提示当马在休息时收缩性下降，但在应激测试期间收缩性正常。

因年龄增加而产生的瓣膜返流情况在运动不佳马匹中是非常常见的。然而，事实上大多数瓣膜返流并不影响马匹运动能力。超声心动描记显示的静息马匹中出现高比例的轻度返流，这一结果不应作为表现不佳的一个原因而考虑在内。一项研究表明这些轻度的瓣膜返流的现象可随训练而减轻。

偶尔可能会在静息超声心动图观察到先天性病变引起的严重的瓣膜返流、严重的收缩性降低或明显分流。对这些病例，应该考虑这些异常会引起马匹表现不佳。大多数病例，休息时马匹的超声心动图是不值得注意的。在这些情况下，应该在训练时进行负荷超声心动图来评估运动时心脏的机械功能。大体来讲，马匹心率在紧张的训练后下降，在大约 90s 内从>220 次/min 下降到 100 次/min。负荷超声心动图需要在此时间范围内完成。正确的胸骨旁的横断面左心室图应该是负荷超声心动图第一个被看到的图像（图 19-1）。缩短率应比训练前的缩短率要高，通常大于 50%。

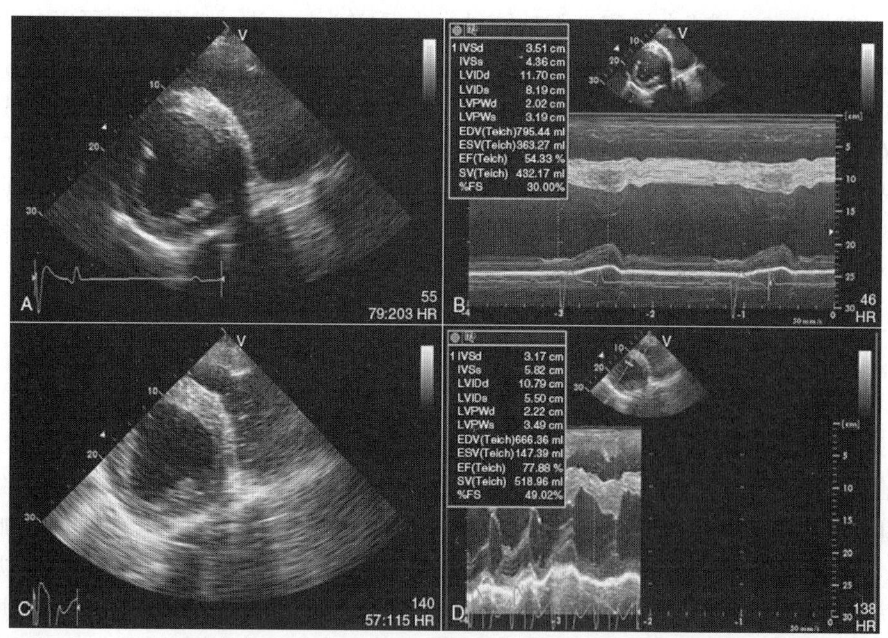

图 19-1 正常马匹的超声心动图。显示右胸骨横截面左心室观（A 和 C），伴有 M 模式图像用来计算缩短率（B 和 D）。A 和 B 是静息状态下采集，而 C 和 D 是相同马匹在运动后立即采集的。注意心房直径的变小和运动后缩短率的升高。右心室回声灶是在运动后可普遍观察到的

超声心动描记是评估心脏功能中微小改变的一个较不敏感的方法。在未来，负荷

超声心动图的评价方法将会被其他评价心脏功能的方法所取代，比如微创心输出量监测。

（二）心电图

在马术马中，心电图（ECG）诊断是测试评估心脏电功能的首选。大体来讲，当速度加快时，心率会剧增、射血过多，然后进入到一个新的恒定值。对于每匹马，心率与速度呈正相关，但仅测量心率是无法区分马匹的运动能力的，因为不管马匹的训练水平如何，最大心率在所有的马匹中是相似的。基于此原因，最大心率被认为是评价运动能力的一个差的指示。区别运动能力的方法正在优化，如指定心率时的速度。马匹的最大心率在220～240次/min。超过这个范围，心输出开始下降，因为心舒张充盈时间减少。如前所述，正常马匹心率随着训练的停止而突然下降，在60～90s下降一半。

除非马匹表现为继发于心房颤动的明显减弱，否则静息状态下马匹的心电图不能显示表现不佳的原因。健康马匹静息状态下最常见的节律不齐是因二级房室传导阻滞产生，这是马属动物迷走神经紧张的生理表现。如果可见心房或心室的早搏（VPC），应该更加怀疑表现不佳是由心脏疾病导致，但也有一些马匹在静息时有偶尔的节律不齐，随后在运动时完全消失。

运动心电图是评价马术马心脏功能的一个重要部分，因为表现不佳马匹所表现心脏异常大多数是节律不齐。评估电生理活动可在训练期间进行，而非规定在运动后立即检测。关于运动期间的节律异常的定义正在改变。过去广泛认为，训练中节律异常是不正常的，且会引起表现不佳。多个研究现已揭示节律异常在热身和冷却期间相当普遍，甚至出现在没有表现方面问题的正常马身上。笔者的经验，节律异常最可能出现在训练后，心率在100～150次/min。在此期间，再度出现的副交感神经系统活动与仍然增加的交感神经系统活动同时发生，导致电异质性和增加节律异常的风险。鉴于此原因，笔者认为，可忽视许多训练之后期间内的节律异常情况，除非它们在形态和时间上是吻合的（图19-2）。大多数研究表明，因运动本身导致心律失常的概率是相当低的，极少数研究也报道，运动时发生心律失常的概率相当高（尤其是心房的），甚至在正常马匹中也经常出现。更令人费解的是，有研究发现，尽管研究者认为此节律异常的分类（心房和心室）可以评价静息状态下的ECGs，但是节律异常的精细分类还是不足的（框图19-1）。

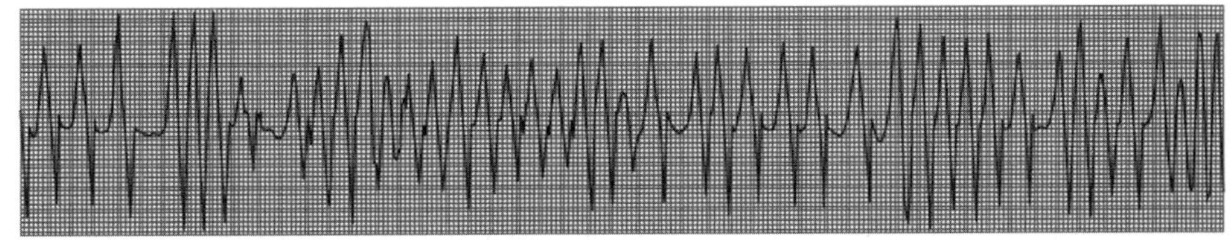

图19-2 负荷状态下的心电图描绘节律异常，在形态学和时限上是复合的。最大瞬间心率是300次/min。跑步机检查提前终止。有正常超声心动图，但高血清心脏肌钙蛋白浓度的马匹，休息45d，在此期间内使用递减剂量的皮质类固醇。再次检查，马匹各指标显示正常，可重新训练。纸速=25mm/s，幅度=10mm/mV

框图 19-1　运动中评估心电图记录的意见

1. 心率增加达到最大心率应该稳定而不是突然的，最大心率应该与正在进行的工作水平相关。
2. 在最大心率建立后（窦性心律），节律应该是规律的。
3. 在峰值运动中一些单个的房性期前收缩并不是关注的原因。这不是患有经常性房性期前收缩、二级偶联、三联律、室上性心动过速或任何心室节律异常的运行的病例。
4. QRS 电选择常在窦性心动过速后发生，这可能是步态的功能。
5. 如果观察到复合的心室节律不齐，运动测试应该早点结束。
6. 当 QRS 形态分化并不清楚时，在早期复合波后存在非补偿性（一个舒张间隔）和补偿性（>一个舒张间隔）暂停，这被用来区分心房和心室异位。
7. 大多数节律异常发生在运动后，不值得注意。

近期的研究显示，正常马匹在训练中可发展为心律不齐，此现象容易被忽视。是否忽视峰值运动中发生的心室异位有待商榷，不是因为单纯的室性早搏会影响表现，而是这样的节律异常对马匹和骑手来讲是潜在的危险。因为心律不齐的高潜在率，使再极化期室性早搏概率增加（也就是 R-on-T 现象，图 19-3）。这个现象代表突然的心室肌电异质，增加心室纤维化的风险和突然的心脏死亡风险。

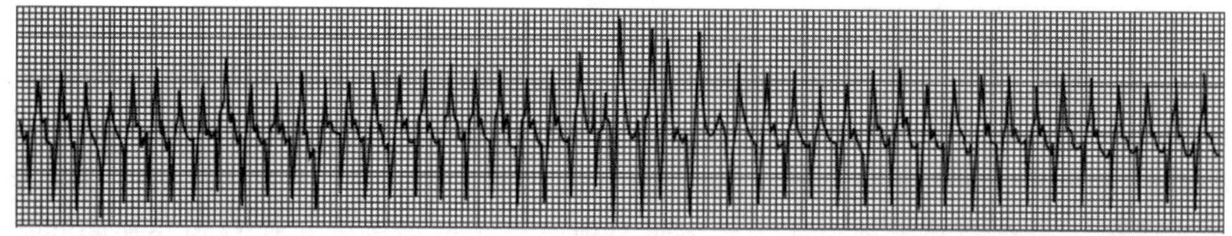

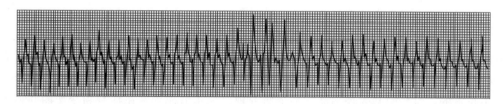

图 19-3　负荷状态下的心电图揭示室性心动过速复合出现时间。第二和第三心室复合显示 R-on-T 现象，极大地增加了心室颤动的风险。这匹马休息 30d 并使用剂量递减的皮质类固醇治疗。再次检查中，该马各指标显示正常并成功地重新训练。纸速＝25mm/s，幅度＝5mm/mV

（三）生物标记

生物标记是生物进程的指示，可以是生理的或者病理的标记。两个最常见的评估心脏的生物标记是肌钙蛋白和利钠肽，两者都已被用于对运动中马匹的评估。肌钙蛋白是心肌细胞损伤的高度敏感的特异性指示物，已经取代 LDH-1 和 CK-MB 作为生物标记使用。血清中心脏肌钙蛋白Ⅰ（cTnⅠ）的浓度升高是伴随着心肌细胞应变或坏死而发生的，因此可作为运动中马匹心脏损伤的指示。速度马心脏肌钙蛋白Ⅰ在训练或竞赛后通常不显著地增加，至少到目前为止试验检测不明显。然而，耐力赛马匹心脏肌钙蛋白Ⅰ会在赛后增加。有趣的是，研究显示已完成比赛的前 10 名马匹，心脏肌钙蛋白Ⅰ浓度高于其他马匹。这表明，在高强度运动中，心脏肌钙蛋白Ⅰ浓度自身可发生轻微增加，而并不能作为疾病的指示物。尽管该指标增加率在最出色的耐力马中具有统计上的显著性，但增加的程度还是轻微的，笔者相信一个更大的心脏肌钙蛋白Ⅰ增加值（>1ng/mL）切实反映了重要的和异常的心肌细胞应变或坏死程度。获得心脏肌钙蛋白Ⅰ升高的血样的最佳采血时间可能是训练后的 3～6h。应该注意，因为肌

钙蛋白试验标准的缺乏，一个试验的参考范围不能用来作为其他试验的参考范围。

心房利钠肽（ANP）和B型利钠肽（BNP）最近才开始在马匹上有研究。利钠肽增加是心腔内容量或压力过载的结果。一项研究显示，患有心脏疾病的马匹心房利钠肽增加，这提示心房利钠肽可能作为运动时心脏压力过高的标志。然而，在心房利钠肽作为运动马的常用检查手段之前，在这个领域仍有很多的工作需要开展。

三、治疗

表现不佳马匹的心脏疾病治疗很重要，取决于疾病进程的严重程度和可逆性。尽管已给予治疗，但也不应该期望先天心脏疾病和退行性的瓣膜疾病会随着时间改善。因此，如果怀疑一匹马由于患有先天性心脏疾病或退行性瓣膜疾病导致的运动能力下降，那么该马应该退役从事不十分剧烈的工作。对于患有来自任何原因的心力衰竭马匹，应该进行保守治疗来改善临床症状，但马匹绝不应该再做运动用途使用。然而，继发于病毒感染、免疫介导的疾病或者中毒的心肌症和心肌炎，可能在一定程度上可逆，因此应该进行治疗。治疗这些病例最重要的是让心脏休息。根据损伤的严重程度，笔者推荐30～60d严格的马房内休息，仅人工牵遛。另外，要考虑发生心脏炎症的可能性，特别是患有心肌炎，应给予皮质类固醇（剂量逐渐减少）。地塞米松（30mg一日一次持续3d，然后20mg一日一次持续3d，之后10mg一日一次持续3d，最后10mg每隔一日一次持续3次）也是首选的治疗手段。通常不需要其他治疗，如应用正性肌力作用药物或抗节律异常的药物。心房颤动不适用该疗法，因为马匹重返工作可能会需要心脏复律（药物的或电学上的）。许多患有心房颤动的马匹能承受一般比赛的强度，但是通常不能承受更高水平的比赛。在训练中心率峰值高于200次/min是良好的指示，这说明心房颤动正在影响其表现能力。不管诊断和治疗，出于安全考虑，在重新回到满额训练前再次全面地评估马匹是非常重要的。

四、预后

患有先天心脏疾病、严重瓣膜疾病或任何已经导致心力衰竭疾病的马匹，一般预后不良。心肌症和心肌炎功能从一般恢复到良好的预后情况，取决于刺激的原因和不可逆转的损伤程度。1～2个月后通常会重新检查来确定这些马匹的异常是否有改善或解决。有一些马匹，尽管有心脏休息和抗炎症治疗，但仍持续存在轻微的节律不齐。对这些病例，决定其能否重新回归工作要考虑到其安全性和训练能力。

五、结论

心脏功能紊乱在运动不佳马匹中的流行程度比许多临床医生意识到的要广泛，任何全面的表现不佳的病情检查中都应包括心脏评估。目前，最普遍的正在被使用的评估运动期间心脏功能的诊断工具是超声心动描记术、心电图和生物标记。未来，超声心动描记术可能会被高敏感度的诊断测试所取代。尽管一些心脏疾病是渐进且不可逆转的，但心肌症和心肌炎在一定程度上可逆转，患有这些状况的马匹应保证心脏休息的治疗方案，使用或不使用皮质类固醇。恢复功能的机会是相当高的，但在马匹被认为是安全之前再评估非常必要。

推荐阅读

Barbesgaard L，Buhl R，Meldgaard C. Prevalence of exercise-associated arrhythmias in normal performing dressage horses. Equine Vet J，2010，42：202-207.

Buhl R，Ersboll AK. Echocardiographic changes in left ventricular size and valvular regurgitation associated with physical training during and after maturity in Standardbred trotters. J Am Vet Med Assoc，2012，240：205-212.

Buhl R，Meldgaard C，Barbesgaard L. Cardiac arrhythmias in clinically healthy showjumping horses. Equine Vet J，2010，42：196-201.

Holbrook TC，Birks EK，Sleeper MM，et al. Endurance exercise is associated with increased plasma cardiac troponin Ⅰ in horses. Equine Vet J，2006，38：27-31.

Martin BB，Reef VB，Parente EJ，et al. Causes of poor performance of horses during training，racing，or showing：348 cases（1992-1996）. J Am Vet Med Assoc，2000，216：554-558.

Nostell K，Haggstrom J. Resting concentrations of cardiac troponin I in fi t horses and effect of racing. J Vet Cardiol，2008，10：105-109.

Reef VB. Equine Diagnostic Ultrasound. 1st ed. Boston：Saunders，1998.

Trachsel D，Bitschnau C，Waldern N，et al. Observer agreement for detection of cardiac arrhythmias on telemetric ECG recordings obtained at rest，during and after exercise in 10 Warmblood horses. Equine Vet J，2010，42：208-215.

Trachsel DS，Grenacher B，Weishaupt MA，et al. Plasma atrial natriuretic peptide concentrations in horses with heart disease：a pilot study. Vet J，2012，192：166-170.

（董文超　译，那雷　校）

第 20 章　上呼吸道阻塞

Elizabeth J. Davidson

上呼吸道阻塞是马匹表现不佳的较常见的原因，其发生频率仅次于肌肉骨骼损伤。这些异常可在静态休息时明显可见，抑或在动态运动中可见。完整的疾病史、临床症状、身体检查和上呼吸道的内镜检查对于确定上呼吸功能异常的确切原因非常必要。

一、上呼吸道阻塞的病原学

上呼吸道是空气流通的管道。这个管道的充分开放至关重要，因为马是专属用鼻呼吸的动物，任何阻塞都能对其呼吸能力产生负面影响。开放的上呼吸道对于运动中的马匹尤其重要，在这个过程中通气量明显增加，以满足骨骼肌对氧气巨大需求（表 20-1）。这些高气流通过膈肌收缩被驱动，这也反过来在上呼吸道内产生大的气压变化。为了维持全部开放和功能，上呼吸道必须抵消这些大的气压变化。

上呼吸道刚性程度较高的骨和软骨的结构受气道的动态变化影响最小。然而，刚性程度较低的软组织和肌肉结构，如鼻翼、鼻咽部和喉，在呼吸时依靠神经肌肉活动来维持稳定性。在这些结构上任何的功能减弱和结构的缺损都可能导致上呼吸道无法抵抗气道压力渐变和气流。当渐变值和气流值非常大时，这在运动中变得非常重要。任何导致气道直径和功能的下降的上呼吸道异常情况都会限制呼吸功能，尤其是竞技马匹。

表 20-1　马匹静息和最大训练强度期间呼吸参数值

呼吸参数	静息	最大训练强度
呼吸频率（每分钟呼吸数）	10～15	120
潮气量（L/s）	3～5	12～15
每分钟通气量（L/min）	60	1 400～1 800
气流（L/s）	3	75～85
吸气压峰值（cmH_2O）	−2	−40
呼气压峰值（cmH_2O）		15
上呼吸道气流阻力影响（%）	66	80

二、流行

上呼吸道阻塞真正流行的原因尚不清楚，为了获取这个结果则必须用大量的马匹作为样本，这是一项不可能执行的任务。通常出现表现不佳、训练不耐受、呼吸异常杂音或同时出现在若干个此类异常的马匹中，有阻塞性功能失调流行的报道。在训练或比赛时，速度马对气流的需求最大，甚至患有轻微的上呼吸道阻塞的速度马，它们也可能因此有受限表现。训练中的内镜研究揭示间歇性的软腭背侧异位（DDSP）是速度马上呼吸道阻塞的最常见原因。喉麻痹（RLN）、软腭不稳定、咽壁塌陷和杓状会厌褶的轴偏差也可导致上呼吸道阻塞。复合动态上呼吸道阻塞很常见，强调不仅是在休息状态，还应在运动中精确评估咽喉功能的重要性。

活动不太剧烈的马匹对气道阻塞的耐受度较高，可在出现运动表现受限前耐受更高程度的气道阻塞。在运动马，常见的是非正常的呼吸杂音，会对骑乘的美感产生负面影响。美国马术联合会规则强调"马匹必须不能表现出肺气肿的迹象"，即使不妨碍表现，患马可能被处罚或取消比赛资格。非正常的呼吸杂音或训练不耐受也可能因为头部和颈部的屈曲而加重，而这个姿势在一些特定的马术项目中是必需的或希望其达到的。对表演马来说，咽壁塌陷、上腭不稳定和喉麻痹是最常见的动态上呼吸道阻塞。

三、诊断

当评估马匹上呼吸道机能障碍时，精确的疾病史和全面的身体检查是必需且始终进行的。常见症状包括异常呼吸杂音、训练不耐受和表现不佳。速度马表现能力突然下降、在竞赛后程逐渐衰退或其他定义不清楚的运动不佳形式也是常见的问题。运动马最常见的病史发现是马匹发出异常呼吸杂音。在需要加强头顶的屈曲或绷紧状态的项目中比赛的马匹，当其以这个特定姿势运动时可能发出异常的呼吸杂音。身体检查集中在头和颈，应该包括外围的喉部手法触诊来探明杓状软骨畸形或继发于环杓背肌萎缩的喉麻痹马匹的肌肉突异常突起。腹侧喉勒区域或者外侧喉部增厚可能见于之前进行过气道手术的马匹。

视像上呼吸道内镜检查是鉴定上呼吸道失调的黄金标准。使用可弯曲的光学纤维内镜很容易检查鼻道、咽、喉和颅侧气管。为了检查，马匹应该充分地被保定，通常鼻拭子是最必需的保定工具。化学镇静药物可影响正常咽喉部功能，应避免使用。在使用内镜进入鼻咽部之前，应评估其解剖学结构和休息时的功能。应检测软腭的位置和其背部移位的松弛程度、喉软骨的尺寸和形状。对于病史不完整的马匹，腔室和声襞缺失或杓状软骨的不可移动，是明显地提示之前做过喉假体成形术（所谓的后置）。喉腹侧疤痕形成和软腭有凹口的尾部边缘提示先前的喉切开术和悬雍垂切开术。为了诱导杓骨移动，通过内镜的活组织检查腔滴注少量的水或使用活检钳施加轻度压力刺激喉部。在诱导马匹吞咽后，立即评估杓状软骨功能（表 20-2）。气管的内镜检查，从喉的尾部到其分叉然后进入两个主支气管（隆突），完成可录像的内镜检查。

表 20-2 喉部功能分级体系

等级	描 述
Ⅰ	对称、杓状软骨同步移动，可达到并维持完全的内收和外展
Ⅱ	杓状软骨不能同步移动（颤抖、迟缓），能达到并维持完全的内收和外展
Ⅲ	杓状软骨不能同步或对称移动，或两个都有；不能达到和维持完全的外展
Ⅳ	杓状软骨和声襞完全不能移动

完全的喉麻痹和结构上的上呼吸道异常在静息时内镜检查是很容易被鉴别的。然而，许多阻塞是动态的，静息时观察运动中上呼吸道功能是不可信的。对那些怀疑喉部或咽部功能失常以及有在运动中发出异常呼吸杂音记录，但又无法在静止内镜检查时发现明显问题的马匹，须使用动态内镜检查来准确诊断其阻塞。

四、具体情况

（一）翼状襞塌陷

翼状襞是由腹侧鼻甲向颅侧延伸的皮肤皱褶。假鼻是位于翼状襞背侧的一个空间。在运动中，翼状襞是紧张的，空间是闭塞的。不适当的鼻孔扩张或多余组织导致在训练中翼状襞塌陷。这种情况起初在标准速度马中被描述。患马在静息时正常但在训练中发出大的令人反感的颤动的呼气杂音。诊断可以在通过翼状襞放置缝线并在背侧位置进行固定来完成。在缝线放置后，运动杂音明显消失。治疗包括手术切除皱褶或者在训练时固定它们。在大多数手术矫正的马匹中，可以达到杂音消失和重返竞赛的效果。

（二）杓状软骨炎

杓状软骨炎是一个或两个杓状软骨的炎症状况，这种情况的病因尚不明确。患病的软骨其严重程度从轻微程度的增厚到带有黏膜溃疡的重大畸形、肉芽组织形成和化脓各异（图 20-1）。除软骨病之外，常见到一些程度的喉麻痹（laryngeal paralysis），在疾病进程的早期，软骨炎可能被误认为是喉返神经病（RLN）。患马训练不耐受，发出异常的呼吸杂音，经常咳嗽。在进行内镜评估期间，应仔细地检查对侧的杓状肌，因为可能由于与软骨接触而导致黏膜的吻合病变（磨损或肉芽组织的结节）（图 20-2）。

治疗取决于病变的程度。黏膜溃疡可以通过鼻咽插管在喉部喷抗炎症药物治疗。突出的肉芽组织可用手术方式切除，通常可在站立保定并镇静的马身上应用激光。对于慢性或严重感染杓状骨的马匹，推荐部分杓骨切除术。手术潜在的并发症包括误吸、咳嗽和喉门尺寸不足。患有杓状软骨病马匹在治疗后的预后是多种多样的，单侧部分杓状骨切除之后，大多数速度马会在手术后出赛，而患有严重双侧疾病的马不可能重新回到竞技水平。

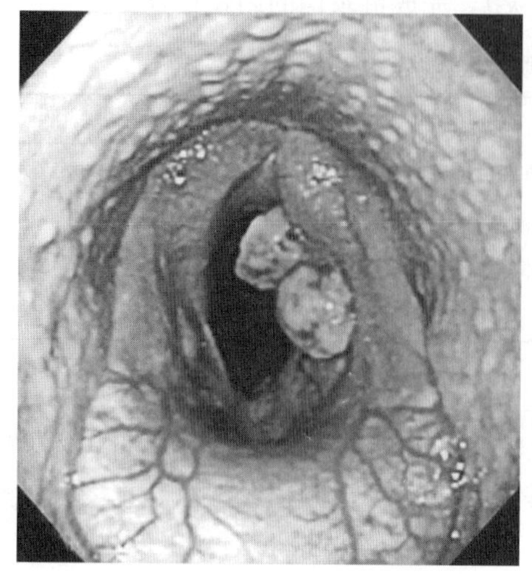

图 20-1 一匹患有严重杓状软骨炎的马匹，其左侧畸形的杓状软骨的轴向有两个大的肉芽肿

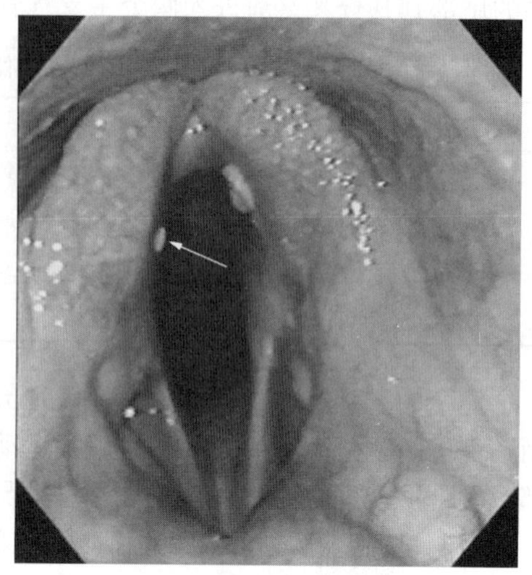

图 20-2 一匹患有杓状软骨炎的马，黏膜刺激沿着左侧杓状软骨的轴向并带有吻合病变（箭头所指）在其右侧杓状软骨

（三）杓会厌褶的轴向偏差

杓会厌褶的轴向偏差只能在运动中的内镜评估中被诊断出来（图 20-3），在静息内镜状态时，该组织显示正常。一侧或双侧褶可能受影响，这种状况经常连同其他上呼吸阻塞被鉴定出。杓会厌褶轴向偏差最常见于速度马，影响严重的马匹可从手术切除中受益。在站立保定并镇静的马匹上应用激光进行切除是首选的治疗方法。大多数马在手术之后表现能力有所改善。

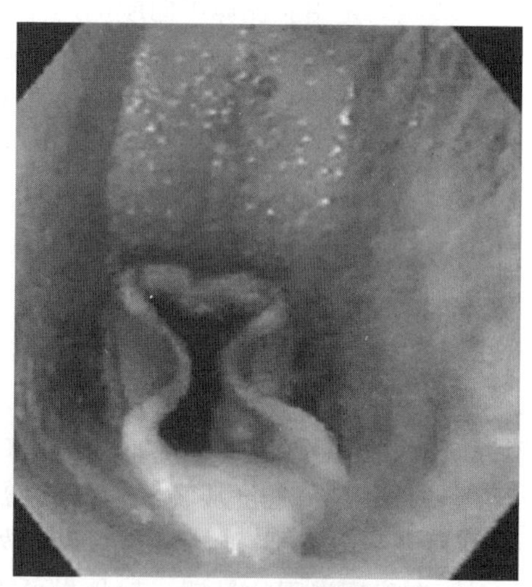

图 20-3 患有杓会厌褶双侧轴向偏差的马匹训练中内镜下的图片

（四）软腭背侧异位

在马术马中软腭背侧异位是最常见的上呼吸道功能异常情况。患马训练不耐受，经常被马主或练马师描述为“击墙”“咽气”或“吞咽它们的舌头”。上呼吸道内镜通过掀起位于会厌背侧的全部软腭而确诊（图 20-4）。在这个排列中，软腭减小了鼻咽部横截面区域，引起气流的功能性阻塞。软腭尾侧自由边距的振动引起一个呼气“汩汩”“振抖”或“打鼾声”的呼吸杂音（图 20-5）。在异位期间，许多患马并不发出异常呼吸杂音。这些“沉默的异位者”占到了患马总数的 30%。典型的呼气堵塞发生在训练末期或者变换训练强度期间的马匹疲乏时。在一些马软腭异位之前，可立即见到后半软腭（如上腭不稳定）渐进的背腹侧振动运动（“翻腾”）。在另一些马，频繁的或者不适当

的吞咽或杓会厌褶的轴向偏差可能在异位前被观察到。头部的装备、头颈部的屈曲、衔铁上的压力和骑手或驾乘人的作用也是诱发因素。

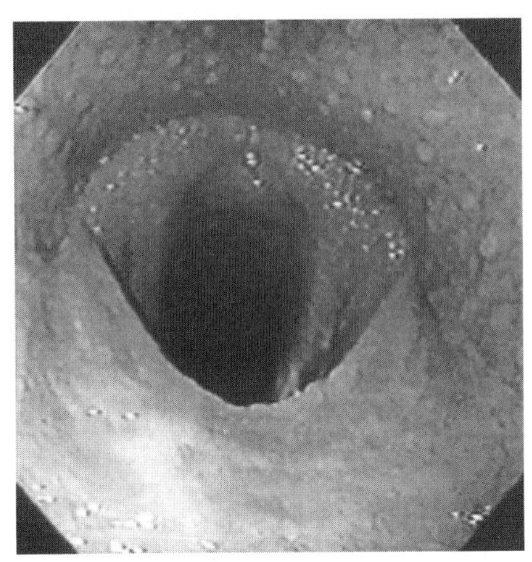
图 20-4 软腭背侧异位马匹的内镜图片

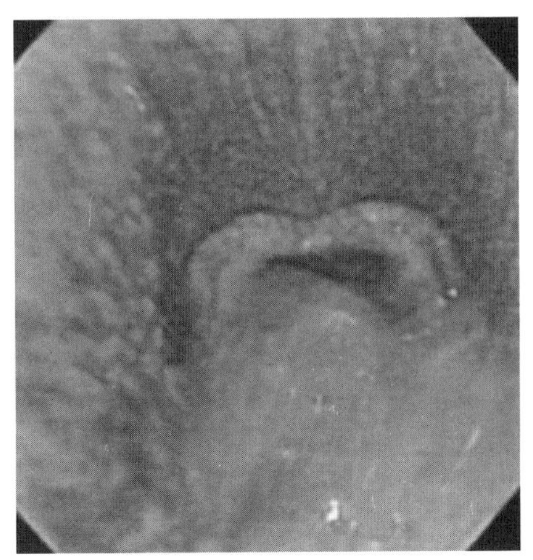
图 20-5 软腭背侧异位马匹运动中的内镜图片。注意软腭尾部游离边缘的振动几乎完全挡住声门裂

大多数时候，软腭背侧异位的诊断是基于临床症状做出的，如在运动能力上的突然退化（也就是速度上突然的降低），上呼吸的“汩汩”杂音和站立状态时内镜观察结果。尽管静息状态时的内镜对探明上腭异常的物理原因有帮助，如咽部囊肿或会厌包埋，但在静息和训练之间，上腭功能有很小甚至没有关联。静息时上腭异位的马匹在动态内镜检查中常常是正常的。相反的，一些马在静息时内镜检查正常，在训练期间发展成为软腭背侧异位。因为这个不定时发生的上呼吸道阻塞在高速训练中发生，所以运动中的内镜是确诊这个情况最明确的方法。

治疗选择有很多。保守治疗包括进行固定修正，如添加一个舌结或 8 字形的鼻革。抗炎症的喉部喷雾和休息也是有益处的。手术治疗有很多包括悬雍垂切除术（切除软腭的尾侧游离边缘）、多种类的带状肌肉切除（胸骨甲状肌、胸骨舌骨肌、肩胛舌骨肌）和卢埃林术式（胸骨甲状肌腱切断术和悬雍垂切除术）。会厌增大术被用于治疗会厌迟缓。然而，注射用的 Teflon 膏剂现已不再出售。像内镜介导的热烙术或激光“点焊”软腭黏膜的腭成形术也被提倡，但尚不确定能否使软腭僵硬。在喉前置的过程中，喉被缝合在前方背侧位，通过带状肌肉预防喉的尾部牵引，是现在优先选择的手术。回顾分析提示已治疗的马匹有较好的预后。

顽固性的软腭背侧异位是以在内镜检查中无论何时检查都无法观察到会厌为特征的罕见情况，包括重复诱导吞咽后。患马发出大的“咔嗒咔嗒”杂音和经常有一些程度的发音障碍、咳嗽和吸入性肺炎。这种状况通常继发于之前的病理学变化，如咽部囊肿、咽部轻瘫或会厌异常。一般认为预后不良，但喉前置手术可能会有帮助。关于软腭背侧异位治疗的回顾可在第 54 章中找到。

（五）会厌包埋

会厌包埋发生在多余的杓会厌组织封住会厌时。通过内镜评估诊断，正常的锯齿状会厌边缘和其血管供应被包埋黏膜遮盖。包埋黏膜的轴体层分割（分裂）是首选的治疗手段。这个过程可在站立保定并镇静的马匹身上使用激光或先进的带钩手术刀通过处于麻醉状态的马的口腔完成。在手术后使用局部和全身性抗炎症药物。预后很好，大多数经过治疗的马匹可恢复之前的功能。潜在的并发症包括再包埋和软腭背侧异位的发生。

（六）会厌后倾

会厌后倾是罕见的导致运动不耐受的原因，只能在动态内镜检查中被诊断。在运动中，会厌提升到背侧，会厌尖端翻转到声门裂或气管（图 20-6）。软腭维持其位置不翻腾到气道。患马在吸气时发出大的“咔嗒咔嗒”或“汩汩”音。这种失调可在试验中再现，也在临床上观察到。可考虑是舌下神经功能障碍。成功的会厌 Teflon 扩大和在会厌基部和甲状软骨之间缝合固定已经在少数受限的马身上应用。

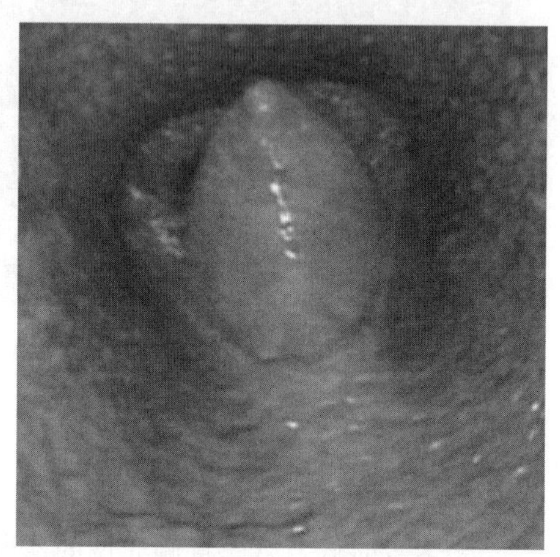

图 20-6 处于训练中马匹会厌后倾的内镜图片。会厌尖端已翻转到声门裂

（七）上腭不稳定（软腭分裂）

这种情况以运动中软腭渐进的背腹分裂为特征。这种情况可由头顶屈曲诱导。运动中内镜发现软腭尾面腹侧不稳定，会厌平整与软腭相对。上腭不稳定可能先于软腭背侧异位发生，被认为是与上腭神经肌肉组织功能障碍相同，是导致软腭背侧异位的部分原因。然而，这种阻塞也能发生在软腭背侧异位离开时。速度马和运动马可观察到此现象。保守治疗和腭成形术基本上无效。

（八）咽壁塌陷

咽壁塌陷是以一处或多处咽壁（逐步发生）的塌陷为特征。内镜检查患马在静息时是正常的，运动中的检查方可确诊。咽壁塌陷以圆周、背侧或外侧分类。在速度马和运动马上已有失调的报道。严重影响的马匹发出咆哮般的噪声。头顶屈曲能进一步加剧这种状况，患有高钾性周期性瘫痪的马匹有发展成此种疾病的风险。停止训练长期休息和应用抗炎症药物在年轻的未成熟马匹是有效的。然而，这些方法对年龄较大的马作用有限，尚无有效疗法。关于更多的咽壁塌陷的扩展回顾见第 55 章。

（九）喉麻痹

喉麻痹是喉神经末端先天的外围神经疾病，导致固有的喉肌神经萎缩。环杓背肌萎缩可见于患马的喉部鉴定触诊。发生率2.6%～8.3%，且病因不明。患马发出“咆哮”般吸气杂音，对高强度运动不耐受。损害程度取决于动态塌陷的程度和体育竞技的持续时间及强度。

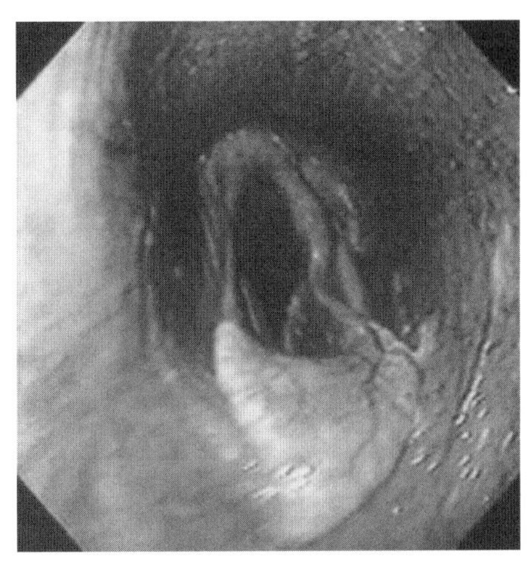

图 20-7　处于训练中马匹喉部内镜图片，左侧杓状软骨和声门裂动态的塌陷

可通过内镜评估上呼吸道进行诊断。静息时的喉部功能，包括杓状软骨的内收和外展，能在吞咽之前立即评估（表 20-2）。吞咽反射可由活检绀或成滴的水温柔地触碰喉黏膜。马喉部Ⅰ级和Ⅱ级功能在静息时达到全部的杓骨外展，在训练中罕见地不能维持全部的外展。大多数处于Ⅲ级的马（77%～82%）喉轻偏瘫和所有静息时Ⅳ级的马在最大练习期间有明显的杓状骨塌陷（图 20-7）。推荐使用训练中内镜测试来精确地评估动态功能，因为在训练中有喉部充分外展的马匹，不是好的手术候选者。手术治疗是伴有喉室声带切除术的假体喉成形术（“后置固定”）。马术马有较大的机会恢复至先前的功能水平，而速度马的预后是一般到良好（见第 52 章关于喉麻痹的诊断和治疗回顾）。

（十）会厌下囊肿

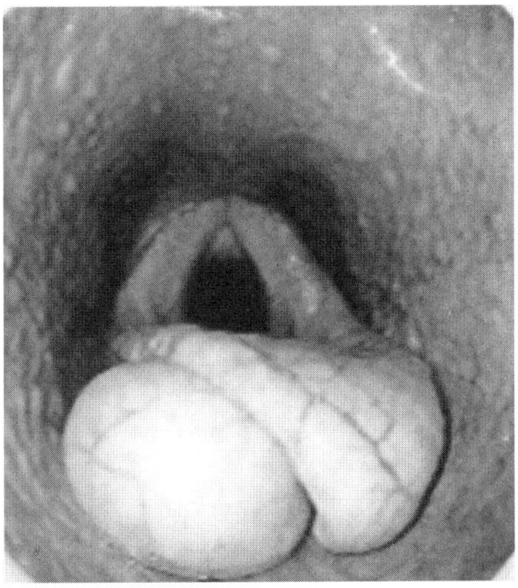

充液的会厌囊肿发生在会厌下（图 20-8），可见于软腭的鼻或口腔侧。临床症状包括咳嗽、运动不耐受和异常呼吸杂音。囊肿位于背对软腭的位置，在内镜检查和放射影像学检查中很容易被鉴定。口腔内的囊肿是很难被鉴定的，患马可能有异常的临床症状。偶尔地，囊肿在软腭背侧和腹侧之间的位置波动，使诊断变得困难。大的有蒂囊肿可能翻转到声门，产生阻塞和杂音。首选的治疗手段是移除。囊肿可通过喉切开术的切口分离，使用勒除设备移除，或用激光除去。切除后的预后是极好的。

图 20-8　会厌腹侧大的会厌下囊肿

（十一）气管塌陷

气管塌陷是罕见的上呼吸阻塞，迷你马是最常见受影响的。如号角音、“吱吱”声或者呼哧呼哧的呼吸杂音经常伴随这种失调。马匹运动不耐受，即使是静息也呼吸困难。动态内镜评估气管可以确诊。塌陷经常影响气管的颅部。放射影像学检查对于评估比如腔外包块、气管环畸形和内腔狭窄等伴随的气管异常有帮助。

推荐阅读

Davidson EJ，Martin BB，Boston RC，Parente EJ. Exercising upper respiratory videoendoscopic evaluation of 100 nonracing performance horses with abnormal respiratory noise and/or poor performance. Equine Vet J，2011，43：3-8.

Franklin SH. Dynamic collapse of the upper respiratory tract：a review. Equine Vet Educ，2008，20：212-214.

Holcombe SJ，Ducharme NG. Abnormalities of the upper airway. In：Hincliff KW，Kaneps AJ，Geor RJ，eds. Equine Sports Medicine and Surgery，London：Saunders，2004：557-598.

Lane JG，Blandon B，Little DRM，et al. Dynamic obstructions of the equine upper respiratory tract. Part 1：Observations during high-speed treadmill endoscopy of 600 Thoroughbred racehorses. Equine Vet J，2006，38：393-399.

（董文超　译，那雷　校）

第21章 热应激

Benjarnin R. Buchanan

热相关疾病是一个高温综合征的集合，这在马匹中较少被提到，其包括热痉挛、热衰竭及热射病。热应激应与微生物感染造成的高温相区别。马匹的临界温度尚不明确，但在人类中，身体温度高于41.7℃会导致酶体系衰竭以及较高的死亡率。热相关疾病的治疗应致力于降低身体核心温度，保持体液和电解质平衡。

一、体温调节

身体的冷却是通过热辐射、对流、蒸发和传导来进行的。马匹散热的特点尚未有明确的文献记录，但最常见的散热方式是辐射和对流。当环境温度较高或马匹处于封闭的通风不良温热的空间中（如拖车）时，对流和辐射的散热效果不佳，主要的散热途径转变为汗液的蒸发。同样，在训练中，散热的主要途径是经皮肤表面汗液和呼吸道水分的蒸发。在环境温度较高或湿度较大环境中训练时，热传递过程明显受阻，其原因是在此情况下汗液或呼吸道分泌物的蒸发无法正常进行。环境温度升高时，马匹需要进行散热，末梢血管扩张使皮肤血流增大，从而将更多的热量传递到末梢。这个过程造成的皮温上升导致汗液分泌增加，从而通过蒸发来促进散热。

头部、颈部以及四肢皮肤血流的增强使外周空气升温，这也将通过增强对流加快散热。皮肤的对流散热通过外周空气上升，然后被温度较低的环境空气替代被动进行。然而，对流在热空气持续地被冷空气取代而产生的空气运动中更为有效。运动中呼吸系统也会出现类似的蒸发散热增强现象。吸入的冷空气在鼻腔、气管和大支气管中被加热，因为运动过程中每分钟通气量增加时，呼吸散热也得到增强。

血流是一种有效地将身体核心热量传递到体表的方式。通过改变通往器官的血流，循环系统扮演了重要的体温调节系统的角色。增强的血流将热量传递到可以进行热传导和热对流的皮肤。增强的血流流至皮肤将热量通过热传导和热对流的方式传递至能够消散的区域。增加的血流也为汗液的产生和蒸发散热提供液体。马匹的热暴露会增加心脏输出量，并在增加皮肤血流的同时也不减少其他组织的血流。在热量增加时，热量也会被传递到后肠的内容物中，在此处热量可以被储存随后可排出体外。在多数情况下，散失的热量与产生的热量相等，从而保持一个稳定的核心温度。当马匹达到一个特定的核心温度时会开始出汗。此过程受β肾上腺素交感神经控制，通过增加血浆中的儿茶酚胺浓度来进行。

蒸发散热是马匹在运动中散发多余热量的主要途径。马匹能够以人类运动员两倍的新陈代谢速率进行运动，但其体表面积体重比大约是人类的一半。在最大运动量时，马匹单位面积可能需要散发的热量大约是人类的 4 倍。在运动中，热量迅速累积，核心温度以散热机能与热量产生达到平衡的方式达到一个稳定阶段。马匹拥有多种储存短时高强度运动产生的热量并在之后散发的机制，长时间的次高强度运动仅能在运动中的散热足够时才能承受。

二、热适应

热暴露时马匹体内发生的生理变化已在前文中进行阐述，在几天的常规性热暴露后马匹开始出现热适应。这些生理变化包括增强离子调节来增加血浆容量并增强控制血浆容量降低的能力，降低运动中的心率及核心温度，泌汗率增高同时机体分泌汗液的体温阈值降低，汗液含盐量减少，增强对环境热量的呼吸反馈，增加至皮肤的血流等。在恢复期内，整个机体的汗液流失减少，因为身体快速对出汗适应和调节。在针对人类的热适应研究中发现，没有热暴露之后的 7d，这些适应性很多会消失。

三、临床症状

从中等强度到高强度工作，在中枢血液温度达到 42.5℃时机体会发生疲劳，而此时肌肉温度可能会达到 45℃。超过 45℃时，一些酶类开始发生变性，同时新陈代谢也发生改变。因为马匹具有一定的适应环境压力的能力。因此，大多数情况下，中暑的情况只发生在极其恶劣的环境下或发生于体弱马匹超时工作在不利的环境下。临床症状包括精神抑郁、身体虚弱、运动表现变差、血容量过低、心动过速、直肠温度过高（通常超过 42℃）和电解质紊乱等。过量汗液流失造成的高渗体液流失降低了渗透刺激。血容量减少和血管舒张导致心输出量减少。皮肤血流减少，导致热量传递效率降低、汗液分泌减少。相对于钠和其他电解质氯离子流失过多而导致的代谢性碱中毒，可导致并发同步膈颤振。其他的并发症还包括横纹肌溶解、消化道瘀滞和肾衰竭等。在严重的患马中，可导致神经性损伤、摔倒甚至死亡。

四、诊断

中暑无特异性诊断手段。一系列的临床症状结合病史是诊断的基础。尽管中暑发生通常与过劳有关，但也可发生于空气循环不良的拖车中、运输的马匹或在恶劣环境中工作的马匹以及患有无汗症的马匹。

五、治疗

急诊治疗包括终止训练、开始降温干预以及纠正水电解质平衡。降温策略应以增

强辐射、对流、传导和蒸发来增强散热。将马匹直接从日射下移至有强空气流动的区域是重要的一步。反复的使用冷水冲淋头部、颈部、躯干以及四肢可以增强散热。水在直接接触马匹时，会被迅速加热至皮肤温度，所以必须刮去原来的水再用更多的冷水冲淋才能起到较好的降温效果。以前认为使用冰水会导致末梢血管收缩从而导致适得其反的效果。然而，研究表明这个想法其实并不正确，冰水其实是一直有效的降温手段。降温手段应在中暑发生时立刻开始执行，并持续使用至直肠温度恢复正常为止。为恢复充足的循环容量，应使用大容量的等渗溶液，如乳酸钠林格注射液或醋酸盐注射液（如 Normosol R，见第 207 章）。起始时，对中暑的马匹应在 30～60min 内给予 20mL/kg 的迅速大剂量补液。在马匹进行重新检查后，若症状仍存在，则应给予第 2 次10～20mL/kg 的迅速大剂量补液。这种迅速大剂量补液应反复进行直到马匹小便正常且中暑症状消除为止。

若消化道功能能够承受，可使用鼻胃管灌注冷水（每次 6～8L）来帮助恢复体液容量及降低核心温度。口服补液应包含电解质，添加葡萄糖还可能增强小肠的吸收。在出现并发的横膈扑动的马匹上，液体中还应添加钙。

六、预防

了解环境压力情况对防止中暑和热应激非常重要。此外，让马匹适应环境并在训练中保证电解质和水的供应可以降低发病风险。湿球温度指数可用于评估环境温度、湿度、寒风指数以及马匹所受的辐射（通常是阳光）的综合影响。该项指数被用于很多比赛场馆以确定热相关疾病的风险并设定比赛限制。马匹适应环境性压力状况的时间应超过 3 周，以使马匹发生生理变化。让马匹适应环境对于从凉爽干燥的气候被运输至温暖潮湿气候的马匹尤其重要。马匹在温暖潮湿的环境中运动时，汗液和电解质会大量流失（可以超过体重的 5%）。为训练中的马匹提供电解质，以及在运动后迅速为马匹提供水和电解质非常重要。在运动中给予电解质水或电解质膏可以增加耐力赛中马匹的总主动水摄入量。

七、预后

中暑的早期及简单病例中，预后良好。在并发了明显的血容量过低、横纹肌溶解症、肾疾病以及神经功能紊乱的严重病例中，完全恢复的预后慎重。

推荐阅读

Geor RJ，McCutcheon LF. Thermoregulatory adaptations associated with training and heat acclimation. Vet Clin North Am Equine Pract，1998：1475-1495.

Guthrie AJ，Lund RJ. Thermoregulation. Vet Clin North Am Equine Pract，1998，14：45-59.

Hodgson DR，Davis RE，McConaghy FF. Thermoregulation in the horse in response to exercise. Br Vet J，1994，150：219.

Hodgson DR，McCutcheon LJ，Byrd SK，et al. Dissipation of metabolic heat in the horse during exercise. J Appl Physiol，1993，74：1161-1170.

Lindinger MI，McCutcheon LJ，et al. Heat acclimation improves regulation of plasma volume and plasma Na^+ content during exercise in horses. J Appl Physiol，2000，88：1006-1013.

McConaghy FF，Hodgson DR，Rose RJ，et al. Redistribution of cardiac output in response to heat exposure in the pony. Equine Vet J Suppl，1996，22：42-46.

McCutcheon LJ，Geor RJ. Effects of short-term training on thermoregulatory and sweat responses during exercise in hot conditions. Equine Vet J Suppl，2010，38：135-141.

Moster HJ，Lund RJ，Guthrie AJ，et al. Integrative model for predicting thermal balance in exercising horses. Equine Vet J，1996，22 (Suppl)：7-15.

Nyman S，Jansson A，Dahlborn K，et al. Strategies for voluntary rehydration in horses during endurance exercise. Equine Vet J，1996，22 (Suppl)：99-106.

（周晟磊　译，那雷　校）

第 22 章　背痛管理

Kevin K. Haussler

随着马匹运动医学领域的发展，保持骨骼系统轴向部分的良好功能已经成为参与骑乘和非骑乘所有科目运动马的一个重要临床问题。表现不佳是马主对于患马最常见的表述。然而，背痛并没有一个特异性的表现，对于存在表现不佳迹象的马匹需要进行大量的鉴别诊断。跟其他任何一种疾病一样，只有在做好诊断的基础上才能获得好的治疗效果。笔者将背痛看作是一个症候群或一系列临床症状的集合。若出现背痛，则提示有轴向骨骼系统的结构性或功能性异常。脊椎功能失常的主要表现，包括发热、肿胀、疼痛、肌肉紧张以及僵硬。然而，患有慢性背部问题的马匹通常没有明显的局部热感和肿胀。因此，治疗通常是针对缓解疼痛和肌肉紧张程度，并增加脊椎的弯曲程度。多年来，对于背部问题的马匹，采用了许多治疗方法，如使用不同的药物、手术、物理治疗、营养及骑乘手段等。然而，几乎没有良好临床疗效的药物治疗手段。越来越多的证据表明，手法治疗、针灸以及物理治疗方法是比较有效的治疗方法（表 22-1）。治疗方法通常是多样化的，且因不同执业者的临床偏好不同或在辅助治疗方面的继续教育培训不同而不同。这些辅助治疗方式是由人医上延伸出来并应用于马匹的。对于马匹背痛的病理生理学理解仍然很有限。人医的发展帮助兽医发展出了针对患马的合理治疗方法和护理措施。本章的重点是回顾现有的针对常见的马匹脊椎功能失常问题的治疗方法。这些问题包括韧带的、肌肉的、骨骼的、关节的及神经性的失常。

表 22-1　当前背痛管理常用的有效治疗与康复手段的文献回顾

治疗选择	文献来源
脊柱松动术及推拿	Haussler KK：Equine Vet J Suppl 2010；Nov（38）：695-702 Haussler KK：Vet Clin North Am EquinePract 2010；26：579-601 Sullivan KA：Equine Vet J 2008；40（1）：14-20 Gómez Alvarez CB：Equine Vet J 2008；40（2）：153-159 Haussler KK：Am J Vet Res 2007；68（5）：508-516 Wakeling JM：Equine Comp Exer Physio 2006；3：153-160

（续）

治疗选择	文献来源
脊柱松动术及推拿	Faber MJ：J Vet Med A Physiol Pathol Clin Med 2003；50：241-245
手术治疗	Coomer RP：Vet Surg 2012；41：890-897 Desbrosse FG：Vet Surg 2007；36：149-155 Perkins JD：Vet Surg 2005；34：625-629 Walmsley JP：Equine Vet J 2002；34：23-28
针灸	Rungsri PK：Am J Traditional Chinese Vet Med 2009；4：22-26 Xie H：J Am Vet Med Assoc 2005；227：281-286 Skarda RT：Am J Vet Res 2002；63：1435-1442
按摩治疗	Sullivan KA：Equine Vet J 2008；40：14-20 McBride S：J Equine Vet Sci 2004；24：76-81
拉伸练习	Stubbs NC：Equine Vet J 2011；43：522-529
局部麻醉	Roethlisberger Holm K：Equine Vet J 2006；38：65-69
双膦酸盐类药物	Coudry V：Am J Vet Res 2007；68：329-337

一、轴上肌疾病

轴上肌萎缩可以是局部的也可以是全身的，可以是单侧的也可以是双侧的，可以是对称的也可以是不对称的。脊椎或臀部肌肉萎缩的分布规律和严重程度，可能用于其病原学及预后的判断。广泛性及双侧的对称性肌肉萎缩，提示全身性废用或影响整体身体状况及导致失重的全身性疾病。这些疾病包括进食不足、严重的消化道寄生虫感染以及齿列不整。肌肉废用性萎缩发生于身体状况不佳或长期缺乏足够工作或运动的马匹。若能通过肌电图证明或发生于已知的脊椎疾病或慢性背痛的区域局部或非对称性的肌肉萎缩，则提示可能的病因是局部疾病，包括局部外伤或神经萎缩。神经性肌肉萎缩的原因还可能是马原虫性脊髓炎。马原虫性脊髓炎可导致局部明显的轴上肌

萎缩。更常见的是臀肌萎缩。脊椎骨性病变，如棘突冲突或关节面骨关节炎，可导致明显的局部或区域性的背痛以及随之而来的肌肉废用或神经萎缩。与骨关节炎相关的椎间孔毗邻骨质增生可导致脊神经压迫。然而，发生于胸椎及腰椎区域的异常较难在活体上进行诊断。

轴上肌失常整体上可分为局部和广泛性的肌肉疾病。局部的背最长肌伤病通常继发于内在因素（如过载或脓肿）或外在因素（如咬伤或撕裂伤）的组织创伤。急性肌肉伤病的特征为局部疼痛、组织破坏、发热以及患部的肿胀。超声影像学诊断有助于对患部组织的区别以及损伤的范围和严重程度判断。在核扫描成像中偶可见在特定炎症区域或单一肌肉的放射药剂吸收。大多数轴上肌浅层触诊表现出疼痛的马匹，没有明显的病因。然而，应该排除不合适的鞍子或训练、不平衡的骑手及继发于慢性跛行的代偿性步态改变的影响。大约30%的跛行马匹同时患有背痛。

治疗

急性疲劳性横纹肌溶解症，可以通过降低工作强度、时间或频率来限制持续性的肌张力，实现治疗并使软组织修复。非甾体类抗炎药可用于缓解软组织的疼痛和炎症。严重的横纹肌溶解症可能需要住院治疗，静脉内补液以及更激进的疼痛控制策略。急性药物治疗可能包括美索巴莫、硝苯呋海因及苯妥英的治疗。美索巴莫（4～25mg/kg，缓慢静脉滴注）是一种特异性作用于脊髓中间神经元以缓解骨骼肌痉挛但不会改变肌张力的强力骨骼肌松弛剂，通常通过口服给药作用于中度（1～4mg/kg）或重度（4～11mg/kg）的肌肉过度紧张。硝苯呋海因是一种减少肌浆网钙离子通道钙离子释放的R1型利阿诺定受体拮抗剂，肌浆网钙离子通道钙离子的释放是骨骼肌正常收缩所需要的。该药物（1～4mg/kg，口服每24h）的最佳给药方式是给存在风险的马匹剧烈运动前2～3h空腹给药。苯妥英（6～8mg/kg，口服每24h）作用于肌肉和神经钠离子和钙离子通道，该药物的治疗水平应被调整到8～12μg/mL的血浆浓度。急性横纹肌溶解症的辅助药物治疗还可能包括乙酰丙嗪或赛拉唑等镇静剂和二甲亚砜。

若可能，局部性的轴上肌疼痛或创伤性损伤的治疗应确定并清除病因。若可行，局部背部疼痛的一般治疗方法应包括休养、冷敷、非甾体类抗炎药以及压迫治疗。严格的畜舍休养/马房内休息是大多数肌肉伤病的禁忌。而受控的牵遛、小围场放牧以及降低强度、持续时间或频率的训练可以帮助减小局部组织的张力并提供保持肌肉功能性、降低纤维化所需要的低强度肌肉活动。将大的碎冰袋与水混合使患部的热传导最大化并用数层毛巾覆盖隔绝以防止冰袋的迅速融化，这样可以使冷敷的效果最大化。对急性肌肉伤病使用冰袋冷敷的最佳方法是，每小时用冰袋冷敷20～30min直到患部的热感和痛感减轻，一个疗程可能持续2～4d。冰按摩也是一种缓解疼痛和炎症的有效手段。一个纸杯或泡沫塑料杯的水冰冻后操作，可以为组织提供冷却同时又保护了操作者的手指。非甾体类抗炎药对于缓解急性的炎性疼痛效果良好。最常使用的药物包括保泰松（根据具体病例需要在开始的1～3d中4.4mg/kg，每12h口服，接下来2.2mg/mL每12h口服）和氟尼辛葡甲胺（根据具体需要0.5～1.1mg/kg，每12～24h静脉注射或口服）。压迫疗法是所有急性肌肉骨骼系统伤病的建议治疗手段，尽管在躯干区域并不是那么实用。腹部压迫带或加重沙袋或许可用于躯干的背部，可单独使用也可配合冰袋使用。在大的血肿或脓肿的治疗中，可以使用针吸或手术引流。在肌肉损伤的亚急性期及恢复期中，可使用针灸、按摩以及用于缓解疼痛、活动毗邻软组织的温和个性化伸展运动。额外的中期目标包括恢复与本体感受、肌梭以及动力控制等相关的神经生理机能。该阶段的治疗性运动包括导向性障碍训练、地杆训练、水中跑步机训练以及核心稳定性训练。长期目标是致力于恢复整体的肌肉耐力和肌肉力量。

二、慢性软组织背痛

慢性软组织背痛的特点是普遍性的肌筋膜痛症候群或特定肌肉（如中间臀肌）可触的离散性高张力带。可触的离散性高张力带可为活跃的（也就是深入触诊有痛感），也可为非活跃的（也就是可触及，但深入触诊无痛感）。这些高张力带也被称作扳机点，其是可触性的肌纤维紧张带相关的过激性骨骼肌病灶。在人医中，扳机点的治疗方法包括深部的缺血性压迫、机械振动、脉冲型超声波、激光疗法、电刺激法、干针疗法、使用蒸汽冷冻喷雾剂进行“喷雾和拉伸”以及局部拉伸法。在保守的治疗方法失效的时候，直接在扳机点进行注射可能更有效果。注射物包括生理盐水、局部麻醉药、糖皮质激素以及肉毒素。上面提到的这些治疗方法在患马上的治疗效果仍无正式书面报道，但据说很多方法都已经被应用并取得了临床疗效（表 22-1）。

三、广泛性肌病

典型的广泛性肌病是过劳性横纹肌溶解症，是在运动中积累造成的。其临床表现为轴上肌或臀肌疼痛和过度紧张、肌束震颤、胸腰部僵硬、后肢步态异常以及勉强工作甚至无法工作。更多的表现可能包括多汗、心动过速、呼吸急促以及继发于肌肉坏死的肌红蛋白尿。单一或零星发作的过劳性横纹肌溶解症的成因可能是超过现有水平的运动强度、肌肉的过度使用以及因电解质或维生素 E 和硒缺乏造成的代谢紊乱。复发性或慢性过劳性横纹肌溶解症的典型成因是遗传性的基因缺陷，包括多糖沉积性肌病和周期性过劳性横纹肌溶解症。过劳性横纹肌溶解症的特征是血清中的肌酸激酶和天冬氨酸转氨酶水平较高。刺激运动测试或可帮助确定肌肉损伤的严重程度和病程。有报道，称在患有广泛性过劳性横纹肌溶解症的马匹中出现轴上肌中广泛性的放射药物吸收。为确诊疑似基因缺陷的马匹，可以采全血或毛根样品进行基因检测或用肌肉活检样本进行组织化学分析。

广泛性横纹肌溶解症的治疗应建立在遗传易感性的确定或非遗传因素（如饮食因素和训练水平）的诊断的基础上，其原因是这些信息可用于指导患马治疗方案的选择。过劳性横纹肌溶解症预防的重点是训练的调整以及日粮管理。复发性的过劳性横纹肌溶解症被认为是由刺激诱发的细胞内钙离子水平紊乱。因此，其治疗方案应该包括减少应激、维持常规性的可持续的训练日程以及使用脂肪来替代谷物作为能量来源。多

糖沉积性肌病是一种糖原贮积症，其可通过提供有规律的日常训练、淀粉和糖含量（如谷物和糖浆）极低的高纤维日粮（如米糠）以及植物油作为脂肪补充来有效地治疗。在炎热或潮湿天气中工作的马匹经常会发生电解质失衡，可提供自由舔舐的盐砖或在饲料中添加电解质。在开始一个降低强度的运动或训练计划前 24h 内，应强制执行限制训练量或畜舍休息的计划。保持或逐渐增加日常运动量被认为是增加有氧代谢和糖原调动的必要手段。应避免完全停止运动。开始阶段每天快步和慢步打圈 5min，注意跟进监控肌肉僵硬程度，以每天增加 2min 的速度逐渐增加打圈时间至 30min 快步。之后可开始恢复 20～30min 的骑乘训练，逐渐增加训练强度和时间。

四、棘突冲突

棘突冲突或压迫是一个常见的临床问题，其特征是由异常的骨性解除和棘突间隙变窄造成的局部疼痛、软组织炎症、骨重塑及骨硬化。棘突冲突发生概率最高、程度最严重的是在脊椎的胸腰段或鞍区（也就是 T14-T17），但通常会影响多个椎段。棘突冲突的放射影像学改变在正常的马中也很常见，因此重要的是与有明显临床症状的棘突损伤相区别。有软骨下骨溶解、核扫描阳性表现或多发性的严重棘突冲突等表现的病例临床症状比较明显。临床上为了确诊，可在患马棘突两侧用马比佛卡因进行轴外浸润来进行诊断性麻醉。棘突冲突常并发在相同椎间位置的关节面骨关节炎，这可能会增加背痛临床症状定位的复杂性。有报道称放射影像学结合核扫描可以为腰背部疼痛做出最准确的诊断。

治疗

棘突冲突的保守治疗包括休养、使用抗炎药物以及复健。考虑到非甾体类抗炎药长期使用疗效较为有限，一般建议使用皮质激素类药物进行损伤周围注射，以缓解与多发性棘突冲突相关的疼痛和炎症。常用的几种皮质激素类药物包括曲安奈德（10～30mg 最大总剂量）、氟甲松（每个注射点 0.5～1.0mg，最大总剂量 4mg）、地塞米松（每个注射点 1.5～2.5mg，最大总剂量 10mg）以及甲基泼尼松龙醋酸酯（每个注射点 60mg，最大总剂量 200mg）。棘突间注射可以通过触诊操作或使用超声波或放射影像学引导。一些兽医支持使用体外振荡波疗法来治疗与棘突冲突有关的嵌入点韧带病或骨性疼痛，但对于其疗效无书面报道。使用振荡波在患病棘突的轴向和轴外向进行 3 次治疗，每次间隔 7～10d，每次振荡 500～1 000 次，可在一定程度上缓解患马的疼痛。一些兽医建议患马进行 3～6 个月的休养或非骑乘训练，但这个建议可能会使局部功能障碍加剧并限制核心稳定性的发展。保持训练及重点突出的康复计划，似乎更能解除疼痛和持续性的棘突冲突并获得长期恢复所需要的区段稳定性，最终恢复比赛。

马匹对于大多数类型背痛的自然反应是伸长躯干或塌背，这会使冲突的棘突进一步闭合。因此，伸展训练和脊椎动员时应鼓励马匹进行躯干收缩和侧向弯曲。这些训练可以与引诱性伸展训练配合使用，引诱性训练可以增强该区段多裂肌的横断面积并恢复左右肌肉的对称性，以达到增强区段力量和稳定性的效果。加强躯干弯曲的辅助训练还包括胸骨提升和骨盆弯曲反射、使用副缰、低头的自由打圈训练以及接地柱的合并和 cavaletti 训练（图 22-1）。中期和长期康复训练的重点应该是增强腹部腹侧肌肉力量以支持核心稳定性以及在加强静态训练和运动训练中（骑乘和非骑乘）腰背部弯曲。也可见轴上肌萎缩，有时在患有慢性棘突冲突的马匹中较严重。其最佳治疗方法是侧向弯曲训练，这不会引起过多的躯干伸展而加剧持续性的棘突冲突。

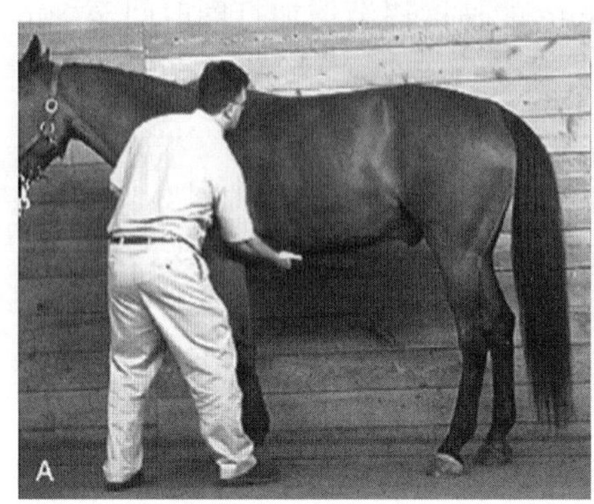

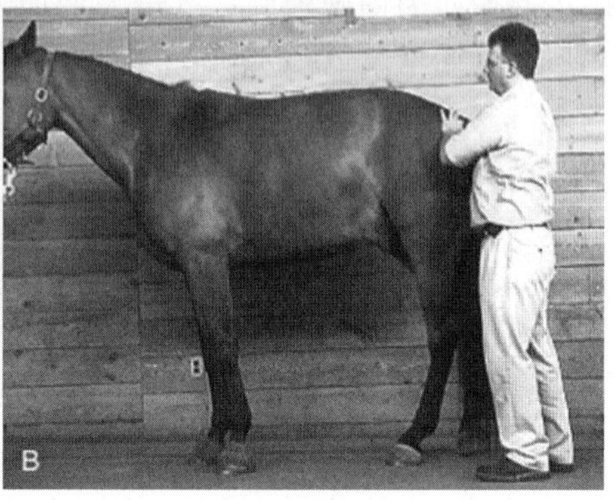

图 22-1　在胸骨区域的腹中线位置（A）或在股二头肌和半腱肌的肌间连接处（B）两侧位置使用手指刺激诱发躯干屈曲的照片，后者在大多数马的位置是向尾部外侧和背侧分别 10cm 左右。指尖的紧实压力应持续施加直到脊椎发射被诱发，然后慢慢释放压力使姿势保持 20～30s/次，每个疗程重复指压 8～10 次

棘间韧带切开术是在最近研究中被提到的棘突冲突的治疗手段，已与棘突间皮质激素注射疗法做了对比试验。在这项研究中，手术治疗组和药物治疗组中的大多数马都已出现了明确的背痛症状，然而，药物治疗组有大约 50%马匹复发而手术治疗组没有马匹复发。再次进行放射影像学检查显示，进行棘间韧带切开术的马匹术后棘突间隙明显变宽。文章作者推测轴上肌肌张力下降或核心稳定性下降可能在棘突冲突的发病机理中扮演着重要的角色，并提出恢复核心稳定性的术后训练是手术治疗必不可少的一部分，但对于肌肉活化所承担的角色却没有进行评估。在人类中，棘间韧带和多裂肌是高度神经支配的，据报道在脊柱区段的稳定性中起着重要作用。当这些结构损伤或萎缩时，常会促使顽固性的慢性背痛的发生。人类的棘间韧带退化的严重程度与区段稳定性下降及椎间盘、关节面退化加重有关。因此，需要考虑的是从长期来看棘间韧带切开术造成的脊柱区段失稳，可能会在实际上加剧背痛并刺激毗邻关节面的骨关节炎的发展。因患部棘突的切除以及随之而来的区段失稳可能会加剧原发性的骨关节炎，所以关节面骨关节炎被认为是手术的禁忌证。对于批判地评价棘间韧带切开术和棘突切除术在患有或不患有关节面骨关节炎的马匹时的疗效，以及棘间韧带切开术和棘突切除术配合或不配合针对增强区段和整体核心稳定性的治疗性训练时的疗效，需要进行进一步研究。

据报道，手术切除或不完全骨切除术是棘突冲突严重或难治病例的治疗方法。有文章报道了使用镇静剂和局部麻醉在站立保定的马匹上进行棘突骨髓炎、骨折或冲突的病变区域的骨切除术。该术式被认为是安全及有效的，未造成明显不适且出血很少。另一种术式是在全身麻醉下进行的棘突根治切除术，切除数量 1～6 根不等，最常发生的位置是第 15 胸椎至第 17 胸椎。长期跟踪显示，棘突冲突手术治疗的马匹大多数能恢复到完全运动强度工作，可在术后 2 周恢复打圈训练并在术后 3～6 个月开始骑乘训练。

五、关节面骨关节炎

毗邻脊椎的前后关节突形成滑膜关节（也就是关节面），它的功能是提供区段稳定性和引导脊柱运动。关节面是骨关节炎的常见部位，且被认为是一个明显的背痛成因。局部生物力学异常或炎症介质作用于滑膜关节从而导致关节炎症、软骨退化和异常的骨质增生。骨关节性病变的特征是软骨下骨硬化和关节面唇形病变、骨赘、关节周围骨溶解、关节内侵蚀以及关节僵硬。关节面骨关节炎最常发生于胸腰椎结合段（也就是 T15-L1），且通常在患马中会影响多达 3 个椎段。放射影像学、超声影像学及核扫描都曾被用于胸腰椎关节面的诊断，但所发现异常与背痛之间的联系仍不清楚。与那些患有背部疼痛的马匹相比，更严重及更广泛的脊椎损伤似乎是临床上形成明显背痛的来源。关节突的局部放射药物吸收、骨硬化、关节周围新骨、关节间隙狭窄以及毗邻多裂肌不对称是最常发现的损伤。患有关节面骨关节炎的马匹比患有棘突冲突的马匹更易出现胸腰椎疼痛，两种损伤的同时出现会导致马匹患胸腰椎疼痛的概率更高。有推测认为，棘突冲突可能会限制区段椎体活动性并改变关节面的生物力学，会增加患骨关节炎的概率。

治疗

关节突骨关节炎的治疗方法与其他滑膜关节的治疗方法类似，一般包括控制分解代谢并增强合成代谢、受控运动以及保持关节活动性。保泰松可用于控制急性炎症，但曾有报道称，该药物对马匹慢性背痛的疗效甚微。多个研究报道，马匹关节面的关节内注射和关节附近注射方法具有可行性。有人提议使用皮质激素、局部麻醉药以及 Sarapin（译者注：一种由猪笼草中提取的止痛消炎药物）的不同组合注射治疗与关节面骨关节炎有关的疼痛，然而对于这些药物的疗效未见临床实验报告。在临床表现为健康的马匹注射局部麻醉药确实提高了脊椎动力学，猜测这种现象是继发于本体感受和肌肉区段稳定性的改变。因需要在损伤位置进行靠近中线的双侧深部注射且需要进入多裂肌内，局部关节突注射最好在超声引导下完成。典型的注射方法是使用有管芯针的 10cm 长 18G 套管针，在离背中线 1～2cm 的位置向下向内进针，直到与关节背侧缘发生骨性接触为止。已报道替鲁膦酸钠（Tildren）是一种因关节面骨关节炎引起背痛、在马匹使用后能提高脊椎灵活性的双膦酸盐药物。

关节突骨关节炎的康复目标和康复训练与棘突冲突的相似，包括疼痛管理和鼓励躯体收缩和侧向弯曲训练以恢复脊椎灵活性和区段稳定性（图 22-2）。

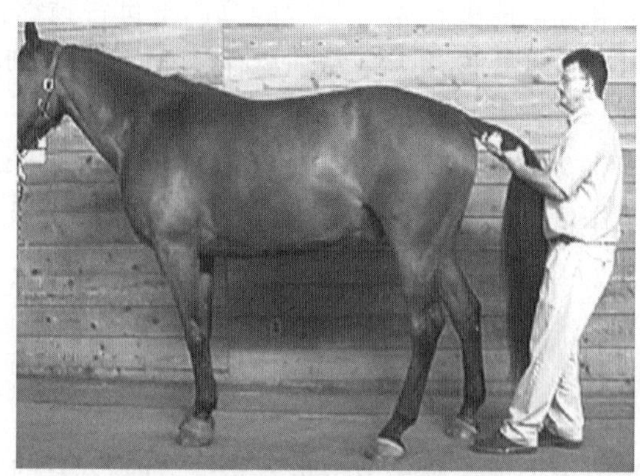

图 22-2　诱发躯干区域骨盆屈曲及通过缓慢循环往复施加于尾部的力增强核心稳定性的照片。每次牵拉应使用最大力保持2s，然后在2s内慢慢释放，每个疗程重复20～30次。最佳的反应是诱发中间臀肌强烈的双侧收缩并伴有躯干和骨盆活跃的屈曲和远离牵拉方向的头侧运动

推荐阅读

Coomer RP，McKane SA，Smith N，et al. A controlled study evaluating a novel surgical treatment for kissing spines in standing sedated horses. Vet Surg，2012，41：890-897.

Denoix J-M，Dyson SJ. The thoracolumbar spine. In：Ross MW，Dyson SJ，eds. Diagnosis and Management of Lameness in the Horse. 2nd ed. St. Louis：Saunders，2011：592-605.

Fuglbjerg V，Nielsen JV，Thomsen PD，et al. Accuracy of ultrasound-guided injections of thoracolumbar articular process joints in horses：a cadaveric study. Equine Vet J，2010，42：18-22.

Girodroux M，Dyson S，Murray R. Osteoarthritis of the thoracolumbar synovial intervertebral articulations：clinical and radiographic features in 77 horses with poor performance and back pain. Equine Vet J，2009，41：130-138.

Harman J. Integrative therapies in the treatment of back pain. In：Henson FMD，ed. Equine Back Pathology：Diagnosis and Treatment. Oxford，UK：Wiley-Blackwell，2009：235-248.

Haussler KK. Review of manual therapy techniques in equine practice. J Equine Vet Sci，2009，29：849-869.

Jeffcott LB，Haussler KK. Back and pelvis. In：Hinchcliff KW，Kaneps AJ，Geor R，eds. Equine Sports Medicine and Surgery. Philadelphia：Saunders，2004：433-474.

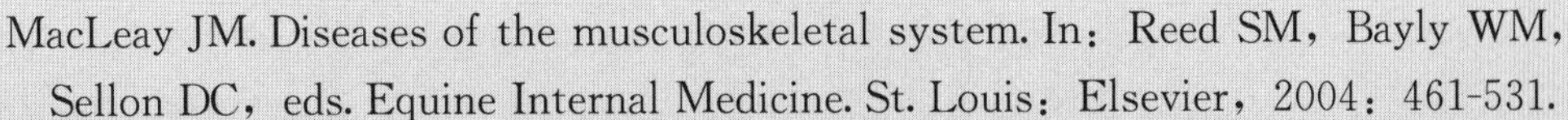

MacLeay JM. Diseases of the musculoskeletal system. In：Reed SM，Bayly WM，Sellon DC，eds. Equine Internal Medicine. St. Louis：Elsevier，2004：461-531.

McKenzie EC，Firshman AM. Optimal diet of horses with chronic exertional myopathies. Vet Clin North Am Equine Pract，2009，25：121-135，vii.

Piercy RJ，Weller R. Muscular disorders of the equine back. In：Henson FMD，ed. Equine Back Pathology：Diagnosis and Treatment. Oxford，UK：Wiley-Blackwell，2009：168-178.

Stubbs NC，Kaiser LJ，Hauptman J，et al. Dynamic mobilisation exercises increase cross sectional area of musculus multifidus. Equine Vet J，2011，43：522-529.

Sullivan KA，Hill AE，Haussler KK. The effects of chiropractic，massage and phenylbutazone on spinal mechanical nociceptive thresholds in horses without clinical signs. Equine Vet J，2008，40：14-20.

（周晟磊　译，那雷　校）

第 23 章　颈部的疼痛和僵硬

Duncan F. Peters　Nicole Rombach

在运动马中，颈部疼痛是影响运动表现的最常见原因之一。确定疼痛的来源难度较高，即使是在外部表现较容易确认时。大量的临床症状，包括刷马时的敏感、对骑手指令的抗拒、僵硬、触诊疼痛、衔铁或缰绳的问题以及表现不佳，都可提示骑手或练马师马匹有颈部疼痛的问题。然而，尽管在一些马匹中颈部是疼痛的来源，但很多这些临床症状却继发于其他的问题，如较难发现的轻微跛行。

在颈部，疼痛或僵硬可能会有急性或慢性的起因，如在训练强迫保持头颈位置或头颈过紧、因事故或摔伤导致的颈椎骨折或软组织损伤、原发的肌肉疼痛或颈椎关节及支持软组织的炎症。骨关节炎、其他的骨质增生及软组织炎症也可以导致椎间孔的神经根压迫，从而引起抗拒检查者正常屈曲测试和局部神经阻导麻醉的前肢跛行。颈部还可以是一些表面上的“口腔问题”的来源。这种马匹一般表现为不受衔且通过“避衔”来抗拒工作。因此，应该先排除疼痛来源为牙科问题或颞颌关节疾病。无论成因是哪个，一个彻底的体检和针对性的诊断方法配合完整的治疗手段，大多数时候都可以确定成因并有效地缓解颈部或颈椎疼痛的症状。

一、颈椎的功能解剖、生物力学以及神经运动控制

头部和颈部总共占体重的 10%左右。在颈椎关节的特殊可动性辅助下，头部、颈部与躯干一起为头部的本体感受器官提供了稳定性，从而使马匹可以在运动中保持空间定位。颈椎的长度、重量和方向，椎体的尺寸以及关节突关节的方向导致了一些运动稳定性和易伤性方面的独特问题。颈部是支撑头部的悬梁，运动强加给了颈部对于自体生物力学的需求来抵消体育运动强加的外力，从而保持稳定性。

马有 7 节颈椎。与剩余的颈椎相比，头两节颈椎（寰椎和枢椎）在形状上不典型。第 3 到第 7 颈椎（C3-C7）在形状上一致，都有大的椭圆形关节突及便于肌肉和韧带附着的粗糙表面。从第 3 颈椎到第 7 颈椎椎体的形态学无区别，但第 5、第 6 和第 7 颈椎的横突的形状和尺寸不同。颈椎的关节连接形成了一个 S 形的曲线，在颈部的头段和尾段分别形成了后凸和前凸的形状。颈胸连接形成了一个便于整个颈部运动的铰链。毗邻的颈椎在 3 个位置形成关节：钩椎关节和成对的关节突关节。后者是由前一颈椎的后关节突与后一颈椎的前关节突形成关节。每个关节突关节都由两个相对的形状不同的关节突组成，能够进行一定范围的屈曲、伸展、侧向弯曲、轴向旋转、横向剪切、

纵向压缩以及垂直剪切运动。颈部形状的改变是由所有单个颈椎椎间关节的独立运动累加造成的。

在站立的马匹上，屈曲、伸展以及侧向弯曲在颈椎头段和尾段的活动性更强的关节上程度最大，而在颈椎中段仅能观察到较小程度的运动。寰枕关节在背腹侧的屈曲和伸展幅度的贡献中占到了32%，且可进行较大程度的侧向弯曲和滑移。寰枢关节承担了77%的轴向旋转。从寰枢关节（C1-C2）往后的颈椎侧向弯曲的长度一致。在运动中，被动支撑（项韧带）和主动支撑（肌肉）的组合抵消了颈椎上重力和惯性的影响。这些力量导致在健康的马匹中可见明显的颈部振动和胸骨的背腹向位移。在健康马匹慢步时，每一个完整步幅有两次纵向振动；在快步时，每一个完整步幅在两次纵向振动之外还有两次垂直振动；在跑步时，每一个完整步幅有一次向下-向上的颈部头段旋转。在出现疾病时这些振动可被改变。

颈部的肌肉有两个功能。浅层的头半棘肌和夹肌提供了反重力支撑并在运动中辅助提升头部和颈部。深层的颈多裂肌和颈长肌是椎体周围肌肉。在人类中，后两块肌肉的萎缩与颈部疼痛有关。这些椎体旁肌肉的肌束跨越多达3个椎段，在关节突关节（多裂肌）、颈椎的横突和椎间盘及颈胸连接的内侧肋椎关节（译者注：即肋头关节）（颈长肌）上有直接附着点。这些结构为马匹颈椎和胸椎头段提供了相应的区段动态稳定性和支撑。多裂肌和颈长肌的功能失常可能与颈椎的失稳、功能失常、疼痛、本体感受缺失及连带的神经运动控制影响有关。曾有人提出人类多裂肌和颈长肌的萎缩或未达到最佳活化程度与相应椎段关节突的退行性病变有关。

在人类和实验动物中，神经运动控制、本体感受和关节稳定性会受椎旁稳定性肌肉功能失常的影响。在马匹上，在第3颈椎到第5颈椎区段颈多裂肌和颈长肌的横截面积都最大，该区域也是最严重的关节突关节退化性骨损伤最常发生的位置。

骨损伤在颈椎两侧发生的概率均等，但在年龄较大和体型较大的马匹中发生概率更高。在马匹颈椎的关节形态学、肌肉结构和运动生物力学合理性的基础上，有人提出颈椎的退行性骨损伤不是起始的问题而是代表了继发于椎旁肌神经肌肉控制不足的慢性关节失能（原文为slow-onset joint failure）晚期的表现。在人类的一些类型的颈部疼痛中，医生会建议使用一些特殊设计的治疗性训练来加强椎旁肌肉以提高椎间稳定性并减缓骨退行性病变的进程。马深部椎旁肌神经运动控制与颈椎退行性骨损伤的关系值得进行进一步的研究。

二、临床评估和诊断

颈部疼痛的临床诊断需要对整匹马进行观察和检查。轻微的颈部疼痛或僵硬通常继发于影响多个系统的其他问题。兽医应完全排除下肢的疼痛，这个问题可能会影响马匹的姿态并导致颈部和肩部的肌肉疼痛。慢性的前肢疼痛或跛行可能会引起运动马的颈部疼痛，其原因是为了试图保护前肢，会使得颈部肌肉僵化。不合适的备鞍、牙科疾病或口腔溃疡导致的口腔疼痛以及衔铁和缰绳调整不恰当都可以成为不适的原因，并可能导致马匹选择舒服的位置和采取保护姿势，最终导致颈部疼痛。马属动物胃溃痧症候群和其他的腹部疼痛也可能导致身体姿态的改变以及相应的颈部僵硬或疼痛。

(一) 视诊

马匹颈部的检查方法应该包括视诊、触诊，并配合运动测试以评估运动幅度和不适程度。在检查开始时，应将马匹置于马房或由人牵着进行观察，这样可观察到头部和颈部的姿态和位置。马匹在进行头部和颈部的一侧到另一侧和垂直平面的运动时应表现为轻松和灵活。后一个运动应包括对侧向弯曲进行补充并使之平顺的旋转分量。颈部肌肉之上的皮肤应表现为放松和柔软。作为对于周围动静或声音的反应，大多数的马匹会自由地转动其头颈部以充分观察发生的动静。应注意任何颈部僵化、僵硬或阶段式或痉挛性运动的迹象。显得绷紧或隆起的肌肉可能是做出保护姿势的迹象。不正常的汗迹块可能预示着某些潜在的神经功能损伤且可能需要进行进一步检查。通过观察马匹驱除厌恶的刺激的尝试（如昆虫叮咬），可以确定头颈部的运动是否存在任何局限性，或确定马匹在运动中保持身体平衡有无困难。

(二) 触诊

诊断颈部的机构异常或疼痛反应时应使用系统性的手指触诊。掌握能发现真正的疼痛反应所需要的缜密而柔和的触诊技术可能需要较长的时间，但检查者应努力地树立触诊的信心并相信自己的检查结果。触诊应包括颞颌关节和寰枕关节区域。左右两侧应同时进行触诊以发现结构性的不对称（骨骼或软组织）或指压造成的不适。笔者（DP）触诊颞颌关节和寰枕关节区域时，面朝马匹的胸部和颈部的腹侧使马匹的头部在笔者的一侧肩膀上，然后笔者将手抬起到马匹头部两侧来进行。对于顶部的触诊应该谨慎地进行，对于反应的判读也应该仔细地进行，因为很多正常的马匹在检查者探查该区域时也会表现出不配合。很重要的一点是在触诊颅部后背侧骨骼时应同时触诊项韧带、头肌的两侧肌腱附着点和肌肉组织。触诊的一个方法是检查者用一只手握住马匹的笼头，另一只手从耳后开始慢慢地触诊颈部的侧面。检查者在进行剩余的颈椎区域即第 2 颈椎到第 7 颈椎的触诊时可以面朝马匹的胸部站立，将一只手放于一侧的颈部头侧，然后朝着肩部的方向移动，进行系统的触诊。在最初的检查时，可以用平整的手面进行大致的检查，以发现肌肉或骨骼的形状或尺寸的任何差异、总体的排列不齐或皮温的局部变化等异常情况。指尖可用来对单个颈椎面及它们的突起进行精细的触诊。横突及关节突区域需要评估的是对称性或增加在按压结构或肌肉附着点时直接压力的任何疼痛或不适的迹象。这项检查应尽可能远地向颈部的尾侧延伸，并记录任何被发现的异常以便进行进一步的活动度测试。最后，沿着颈嵴和项韧带的长轴触诊直至鬐甲部的棘突背侧附着点为止，以探查结构性异常或抵触指压的迹象。

(三) 自由运动的观察

在打圈或骑乘时观察马匹的自由运动可以对颈部疼痛问题有一个深入的了解。前肢伸展不良或一侧前躯抬升不足则可能存在颈部疼痛。马匹在自由活动或打圈时希望保持后段僵硬或不愿向前下方伸展头颈部可被认为是原发的颈部疼痛的迹象。马匹在

骑乘或使役时，头颈部在特定位置时出现一致的重复的抗拒、不安和不服从，应对颈部进行进一步的诊断性探查。有趣的是，因颈部问题导致前肢跛行的马匹在颈部侧向屈曲试验后进行快步时，跛行加剧。

（四）活动度测试

活动度测试在确定颈部的活动范围是否存在限制或运动时是否存在一定程度的疼痛时作用最大。这类测试可以通过使用人力来完成或使用食物引诱来让马匹在它们的舒服的运动范围内完成测试。在许多病例中，马匹对于检查者使用人力屈曲或侧向弯曲颈部更为抗拒，从而导致假阳性反应。使用胡萝卜来诱导伸展在测试颈部充分的侧向和背腹侧的屈曲以及旋转运动时可以起到很大的作用。颈部的方向性动作应该很平顺，且马匹不应通过试图调整姿势或移动身体的其余部位来追寻诱饵。应鼓励马匹向任一侧的肩部位置进行弯曲和旋转，之后是胸部中间区域。向胸部及前肢腕关节或球节的伸展可以测试颈部和寰枕关节的屈曲度以及在运动中的任何不适。使用人力或食物刺激来抬举马匹的头部可以对同一区域的伸展进行评估。大多数马匹应该可以平顺而连续地完成这些伸展并获得食物。运动过程中不平顺的尝试、在某个方向不能进行完全的转动、出现后退的迹象、对诱饵明显缺乏兴趣、头部或颈部头段的严重扭转或旋转以及后躯向颈部弯曲的相反方向移动都是活动范围缩减和可能的颈部疾病的提示。急性项韧带和颈部肌肉拉伤也可能造成严重疼痛并使马匹的头部或颈部不愿从其希望保持的固定位置离开，进行抬升、降低、弯曲或旋转等动作。这种类型的疼痛最常见于摔伤之后或在马房休养的马匹应用塑形绷带时。部分患有中度到重度颈部疼痛的马匹，在检查者尝试用人力进行颈部活动范围测试时，可能会表现出不自然的、僵硬的颈部姿势，焦虑的面部表情，颈部肌肉震颤以及运动不协调，甚至可能出现摔倒。因此要极其谨慎。

（五）诊断影像学

在颈部僵硬或疼痛的马匹的诊断中，放射影像学和超声影像学是有效的诊断工具。现代电子放射影像学设备配合合适的镇静剂，使颈部的局部放射影像学检查成为一种相对简单的关节突和椎体损伤检查手段。诊断影像学检查应在体检结果的引导下进行。颈椎的背腹侧斜向视角可用于关节突和横突损伤的检查并可帮助确定可能发生问题的颈部侧面。超声影像学的用途极大，可用于颈部骨骼、关节以及软组织异常的检查。诊断性超声影像学在关节突关节细微变化的诊断上敏感性很高，且在合适时还可用于注射治疗的引导。核扫描检查有助于对组织代谢活动的评估，且可对有活动性炎症的区域进行深入检查。热成像影像学在有经验的检查者手中也可起到一些帮助。

三、治疗

颈部疼痛的治疗可以通过多种手段来完成。全身性的非甾体类抗炎药可能迅速缓解病症，对于简单的急性拉伤或轻微的关节炎这样的程度可能已经足够。新近研发出的2型环氧合酶抑制剂可更安全地用于有消化道病史的马匹或需要延长治疗的马匹。中枢性肌肉松弛剂，如美索巴莫可缓解可能伴有间歇性肌肉痉挛的急性或慢性疼痛。

在关节突关节炎的病例中，皮质激素类药物（倍他米松、曲安奈德或甲基泼尼松龙）的关节内注射可以有效地改善活动度及缓解继发于骨关节炎的症状。在原发部位前后的关节突关节同时进行注射治疗一般可以取得更好的临床反应。这类关节注射最好配合超声引导进行，以确定药物进入适当的位置。应特别注意，针头不可穿过关节突关节进入椎管或脊索。使用皮质激素类药物（3mg曲安奈德或倍他米松）配合玻璃酸钠或不配合玻璃酸钠，进行颞颌关节的关节内注射治疗，同时修正衔铁和缰绳的问题，可能对患有颞颌关节疾病的马匹起到较好的缓解作用。

中胚层疗法对于颈部疼痛的治疗很有效。这项技术是将可溶性的皮质激素药物或局部麻醉药或两者一起进行皮内注射，这可有效地中断局部疼痛反射弧，从而减轻肌肉痉挛和局部不适。这可增加很多患有慢性颈部疼痛的马匹的活动范围，在配合其他的物理疗法时疗效可持续数周或数月。未经证实的报道称硫酸雌酮的肌内注射对于慢性颈部疼痛治疗也有效果。此药物的给药方法为大体上作为一个25mg的总剂量给予，每周或两月一次，持续2～3月（建议给本书作者发邮件详询）。

（一）辅助治疗

针灸可作为对颈部或颈椎疼痛的其他治疗手段进行补充的辅助疗法。多次重复的治疗可以取得更好的长期疗效。脊椎按摩疗法在缓解颈部的疼痛和肌肉痉挛方面可能有一定好处，但这些信息大多数事实上只是传闻。脉冲磁场疗法通常通过长期的使用来治疗疼痛并缓解肌肉痉挛的症状。经皮的超声波治疗对特定的孤立的浅层肌肉疼痛的治疗有效。体外振荡波治疗可提供直接的疼痛缓解，是有效的疼痛管理手段。对这些治疗方法需要进行进一步的双盲测试以确定它们是否能提供治愈或改善疾病的效果。

（二）物理治疗

物理治疗配合动态活动度训练是马匹颈部或颈椎疼痛的有效治疗方法。这些训练可以帮助保持活动度，辅助肌肉再训练，稳定椎间关节并促进本体感受肌肉的发展。关节稳定度对提高运动表现和预防伤病都有重要作用。训练应从基础开始慢慢提高，每天进行，并持续数月。这种物理治疗对一些颈部的慢性疾病可起到良好的疗法，但需要照料者长期的付出。

物理治疗的另一个方面是训练管理，特别是骑乘中头颈部的位置。尽量减少马匹在过长的时间内承受极限的屈曲或侧向屈曲姿势的概率，这可降低肌肉的痉挛和疲劳以及相应的疼痛。装备（如副缰、边缰及调教背包）的不恰当使用使马匹头颈部不能从某个固定的位置得到阶段性的放松，可加剧软组织和骨骼的问题。

四、鬐甲部疼痛

鬐甲部（T4-T8）的疼痛可能导致颈部疼痛并影响马匹表现。该区域的不适可能

会影响马匹弯曲背部和颈部的能力，而这个能力正是场地障碍、盛装舞步或其他的需要收缩的项目所必需的。装备不合适、比赛中的损伤以及直接的外伤都可能导致鬐甲部的疼痛。这种疼痛可能来源于软组织韧带结构、肌肉附着点或骨骼。对于鞍具不合适造成的病例，其解决方法很简单，但实际情况是即使是最有经验的骑手也有可能发生这个问题。胸椎棘突背侧的韧带附着点疾病导致的项韧带问题可以转化为颈部姿势的改变和疼痛。皮质激素类药物配合或不配合，如 Sarapin 等顺势疗法药物进行局部注射，可以缓解特定痛点的疼痛。振荡波疗法可被用于缓解鬐甲部特定位置的韧带起止点炎的疼痛或改善鬐甲部的慢性韧带起止点病。脊椎按摩疗法和针灸可能帮助缓解并发的肌肉不适。鬐甲部棘突的严重外伤或骨折可能需要在较长时期内限制运动量，这个时间需要 6～12 个月可能康复。

推荐阅读 

Buchner HHF, Savelberg HHCM, Schamhardt HC, et al. Inertial properties of Dutch Warmblood horses. J Biomech, 1997, 30: 653-658.

Clayton HM, Kaiser LJ, Lavagnino M, et al. Dynamic mobilizations in cervical flexion: effects on intervertebral angulations. Equine Vet J, 2010, 42 (Suppl 38): 688-694.

Clayton HM, Kaiser LJ, Lavagnino M, et al. Intervertebral angulations in dynamic mobilizations performed in cervical lateral bending. Am J Vet Res, 2011, 73: 1153-1159.

Gellman KS, Bertram JEA. The equine nuchal ligament 1: structure and material properties. Vet Comp Orthop Traumatol, 2002, 15: 7-14.

Mattoon JS, Drost WT, Grguric MR, et al. Technique for equine cervical articular process joint injection. Vet Radiol Ultrasound, 2004, 45: 238-240.

Pagger H, Schmidburg I, Peham C, et al. Determination of the stiffness of the equine cervical spine. Vet J, 2010, 186: 338-341.

Rombach N. The structural basis of equine neck pain. Chapter 2: Gross anatomy of the equine deep perivertebral musculature, *M. multifidus cervicis* and *M. longus colli*. Thesis, College of Veterinary Medicine, Michigan State University, 2013.

Whitwell KE, Dyson S. Interpreting radiographs 8: Equine cervical vertebrae. Equine Vet J, 1987, 19: 8-14.

（周晟磊　译，那雷　校）

第 24 章　物理治疗和康复

Narelle Colleen Stubbs

马的物理治疗适用于运动马匹的机能优化和防止损伤，并有助于损伤、手术、神经或其他疾病治疗后的康复。基于医学、临床报道和人比较运动学的理论形成了马物理治疗和康复的基础，主要以组织愈合、生物力学和神经运动的控制为重点。

一套标准的物理治疗方案不可能适用于给定损伤类型或已确诊的每一匹马。应该针对每匹马制订治疗方案，并考虑到马匹、骑术的类型、短期和长期的成绩目标以及总的康复预后。治疗应该结合能促进组织愈合、有助于正常生理机能恢复和还原以往运动潜能的医疗管理。马的物理治疗（PT）包括手法治疗、电疗、功能再锻炼和基于治疗性运动的处理，同时要注重对马的主人进行教育和持续性管理。

兽医需要对马的康复过程中存在的潜在问题进行分析、对马功能进行详细客观的评价并与其他专家进行会诊。这些专业的特殊知识与技巧重点在于确定马的运动潜能，同时整合所有的信息和混杂因素，以建立准确的功能性诊断、问题列表、管理计划和目标。在康复过程中，必须通过可靠的客观方法对治疗反应进行评价。损伤后应尽早进行康复治疗，而且应该与止痛和抗炎处理同时进行。因此，必须由一个多学科的专家组成的团队对其进行康复治疗。

没有单独的章节能描述马康复治疗的所有方面。本章描述了物理治疗和康复的基本概念，重点集中在手法治疗、电疗和基于锻炼的治疗方法。最近的一本教科书（McGowan et al，2007）描述了动物物理治疗的基础，并提供了基于实际情况进行康复治疗较好的参考文献。其他有用的参考文献见补充阅读。

一、物理治疗和康复的临床与客户需求

肌肉骨骼损伤是引起运动马匹淘汰和死亡的主要因素。据报道，其中屈肌腱和悬韧带损伤是马在高速奔跑和跨栏受损时最常见的问题。兽医的处理、机能恢复和物理治疗能降低慢性低度损伤的程度。对进行花式骑术表演、障碍超越和马术比赛的马更为重要。尽管盛装舞步马和障碍赛马经常发生悬韧带炎，但悉尼奥运会的 4 个金牌得主均诊断有该病。对于马术比赛的马匹，肌腱和韧带损伤发生率更高。由于这些马参加马术比赛时，要遵守国际马术联合会有关非药物治疗的规则（参见第 26 章），因此，细心的处理、机能恢复和物理治疗非常重要。

马背疼痛可能是影响步态和成绩的主要原因，但普遍认为机能恢复措施在临床中

应用广泛。对于纯种赛马，后段胸腰椎部和骨盆部损伤通常不能得到全面诊断，对于盛装舞步马同样也出现类似的问题。当马背疼痛时，马主对补充治疗的要求多于进行兽医护理，这一点也反映了他们对多方位治疗的需求。对慢性和再发性背部疼痛，对马的治疗主要是物理治疗结合药物治疗，这一点与人的背部疼痛治疗一致。

二、手法治疗

应用手法治疗时，技师通过非常特定的被动或主动性辅助运动，来处理或缓解关节、神经和肌肉系统的疼痛及异常。这些技术包括被动的附属运动和生理性的关节运动技术，而且已经成功运用于马匹的治疗。这些技术产生主要是基于与椎间和椎周结合部、肌筋膜和神经系统相关的方法和理论。大量的肌筋膜和神经系统运动技术也在使用，其中包括推拿（摩擦、轻抚、揉捏、敲打、减震和摇动）、触发点治疗、直接和间接肌筋膜释放、位置释放、反射抑制术、气功疗法、逆向神经紧张术和牵引术等方法。

为有效地确定治疗方案和应用这些技术，通过对肌肉骨骼和神经系统进行准确的功能评价和触诊检查以确定原发和继发性损伤非常重要，这些结果有助于评价疼痛和功能丧失。评估应包括静止和运动状态下的检查，并进行触诊。触诊方法包括特定的手法测试和激发试验。这些过程应该能够确定运动范围、运动质量、肌肉功能障碍和组织应激变化的部位。

三、关节的被动运动

退行性关节疾病是一类常见的功能障碍性疾病，可运用手法对其进行治疗。这种被动运动可通过作用于相关神经肌肉和筋膜组织的治疗技术应用于关节系统（包括脊柱与外周关节）。这些反复的被动运动对关节内、关节周围（关节囊和韧带）和关节外结构（肌肉、筋膜和神经组织）有明显作用，并由此对关节复合体进行被动和主动抑制，主要是有助于疼痛的调节。手法治疗产生的最初效果是减轻特定部位的痛觉和影响交感神经的兴奋性，其结果是随后出现非阿片类介导的疼痛减轻。

根据对关节复合体的评估结果和生物力学特性，可采用不同的幅度、速度，并按不同的活动方向对动物进行被动运动。笔者的经验是当以合适的速度进行节律运动时，马匹可以承受被动运动治疗技术对于关节、软组织，或神经结构的处理。这种被动运动可能也包括快速推力技术。

通常有两种高效的运动技术多用于恢复马的关节运动和减轻疼痛。被动的生理性运动能够再现受损关节沿着3个轴随意运动时所产生的力量。相反，被动的附属运动所产生的运动伴随着旋转，这种旋转马不能自发产生。图24-1显示了这种技术运用于腕关节的例子。在笔者的临床实践中，这种技术最好应用于中部或远端的位置，也是人的物理治疗常用技术，而不是仅在站立状态下使用。临床上，这种技术对于脊椎的节间运动处理特别有效。操作者可利用联合的运动技术（后述）或者可以让助手使马保持合适的姿势。可将手放在背侧棘突、肋骨和椎体上（脊椎的颈椎部，图 24-2），以及远端功能区的横突上（腰椎）直接进行背腹和侧向被动辅助滑行。

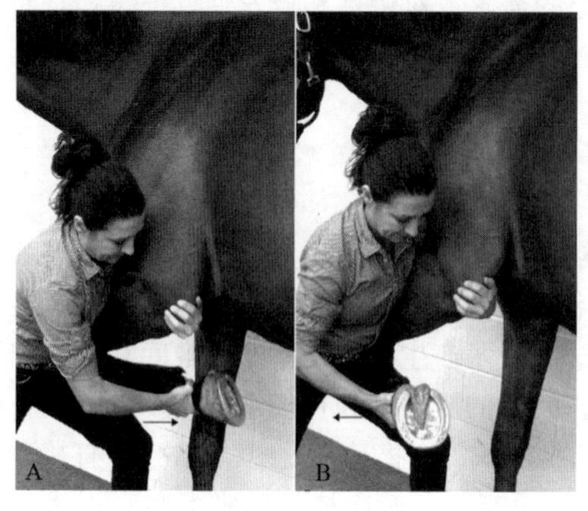

图 24-1 腕部运动技术的应用。当重复活动掌骨时，臂骨被固定于肘突。肢体末端内收时掌骨向中间外侧旋转（箭头方向）（A），在肢体末端外展时掌骨向外侧中间旋转（箭头方向）（B）。根据疼痛反应和软组织——关节抵抗力（Maitland 分级系统）不同，极限运动的抵抗力也有所不同。可进行 3 组 30～60 次活动为一组的活动（大约 1s 一次），两组之间间隔 1min。在锻炼之前和之后要对腕部活动的范围进行评估

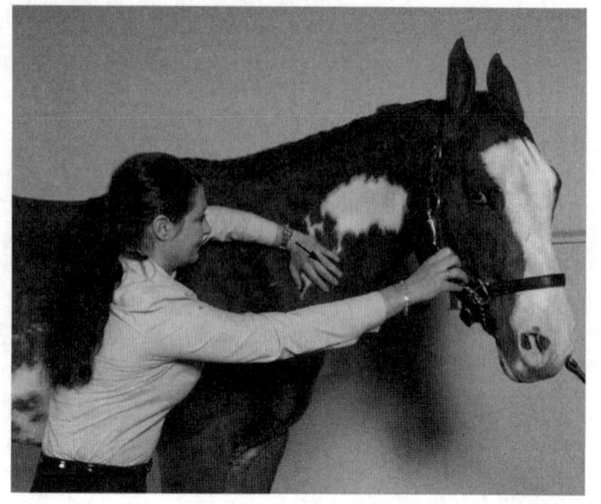

图 24-2 颈椎节间运动技术可用于减轻疼痛或增加活动的范围。可进行 3 组 30～60 次活动为一组的活动（大约 1s 一次），两组之间间隔 1min。每次活动中，移动马头部直至其表现轻度的抵抗或有疼痛反应。根据对治疗时的比较，这种抵抗可分为 1～4 级（Maitland 分级系统）。箭头所指为关节活动或滑行的方向，位于小平面关节的平台上（如背腹内斜向）

四、软组织动员

直接作用于肌筋膜、肌腱和韧带的手法治疗技术旨在使组织感应性、肌肉紧张度、伸展性、长度、收缩力、强度和一致性恢复正常，最终改善运动控制力。对于肢体或背部疼痛的马，肌肉功能的失调通常继发于潜在的骨骼病变，但也存在原发性的肌肉萎缩、肌肉病或肌肉损伤：运动马的肌肉损伤多由不合适的马鞍所引起。

软组织损伤后，在其愈合过程中可采用动态牵张疗法恢复和保持其运动能力。对于采取限制运动疗法治疗或被限制在马厩中的任何马匹来说，这种技术也可防止因不运动所引起的副作用。对马进行治疗时通常采取站立保定，因此，牵引过程通常是动态的，从来都不是完全被动。作为一种较缓和的牵引术，“体位释放”对于慢性限制性筋膜炎的治疗有一定效果，在镇静或全麻状态下对马的治疗具有一定的成功率（见 Pusey et al，2010）。由于全身麻醉风险过大而不能用其他方法治疗时，可选择此法。

由于马的组织牵引术并非完全为被动运动，“伴随着运动的组织动员”对于多数牵

引术而言可能更为适合。根据想要获得的反应和对组织产生的影响，可选择有节律或持续性地进行牵引。在后面的章节“伴随着运动的组织动员”中会有相应的操作实例。

如果肌肉、韧带或肌腱发生了原发性的软组织损伤，牵引术或伴随着运动的组织动员配合其他疗法可能适合于试图防止伤口愈合的亚急性和慢性期间形成过多瘢痕和纤维方向发生改变的情况。对于远端肌腱和韧带损伤的修复，在人医的文献中已广泛报道，应用基于动力运动控制运动可加速其损伤和牵引力的恢复，尤其是跟腱损伤的修复。对马来说，这意味着损伤稳定后，在开始运动的同时应注意休息。作者也提到了一些增强动态核心肌群强度的未界定的锻炼方式。纤维变性肌病是可通过反复和持续的牵引锻炼进行治疗的经典慢性病，可通过对患肢进行人为的极限活动来加强软组织结构的功能。

五、伴随着运动的组织动员

与直接的手法治疗技术配合使用，利用运动和锻炼技巧进行的间接组织动员在临床上也有效果，尤其对于功能动力控制相关的损伤。运动功能（神经肌肉功能）的变化可能是由于脊椎或周围关节损伤造成，或者二者皆有。相关的炎症和疼痛引起运动神经元的反射抑制，最终导致相关的肌肉无力和萎缩。对于赛马，多裂肌的严重萎缩已经被认为是由胸腰椎损伤所引起。人医也有关于骨损伤造成肌肉萎缩的类似报道。恢复这些由脊椎支撑的肌肉功能所运用的物理疗法对人有效，可能对马也有效果。

许多组织动员技术和锻炼是利用与肌肉促进和抑制相关的神经肌肉反射而开展的。人在进行特定活动锻炼时，可告诉病人收缩和舒张特定的肌肉，而且通常会让病人对抗作用于身体某部位的力量。这种活动可通过激发高尔基腱反射促使肌肉松弛，从而引起肌肉交替抑制和等长后舒张。比如，如果存在因三头肌高长性所引起的肘部屈曲范围丧失，将肘部处于屈曲的极限范围，此时二头肌（收缩肌）产生对抗性收缩，这样就诱发了三头肌（对抗肌）舒张。之后最大限度地对关节进行反复屈曲，最终使得活动范围增加。其他技术充分利用了对抗-抑制反射来加强恢复活动范围，与此同时治疗师应在等长收缩后立即对肌肉进行牵拉。这种情况可能是由于该肌肉的神经肌肉器暂时性的抗拒和不能对进一步的兴奋产生反应所引起。

作者认为这些技术当中的许多方法可用于康复、保养和提高马的运动能力、力量和动态稳定性，尤其像背部这些区域，由于马的形态结构特点，很难触及这些部位受影响的关节联合。对马匹的中轴骨骼进行指压时，马匹会反射性地将姿势改变为背腹屈曲，并同时发生侧弯与旋转。当马由于疼痛、肌肉痉挛或关节机能障碍而造成胸腰盆区发生轻度背腹屈曲时即可出现这种反射。这种反射不仅能增强关节的活动力，而且能激发和增强肌肉的力量，这种力量能使其身体达到某种预想的状态。在这些简单的训练当中（图 24-3），治疗师在腹中线和背侧荐骨区同时施以缓慢持续的压力。通过激活马的中轴肌肉（腹侧锯肌、胸肌、腹肌和髂腰肌），该方法有利于进行极限范围的运动锻炼，以期获得预想的姿态，和相对的轴上肌肉的放松或延长。也可利用间接技术动员其他不易触及的区域如颈胸结合部，对头臂肌的远端 1/3 处进行深部触诊或激发试验（用食指和拇指持续按压）可以产生肌肉反射，诱导该区域屈曲。该法也可与从腹侧向胸骨施压的方法结合以动员关节结合部，增加颈部向胸腔上部屈曲的范围。

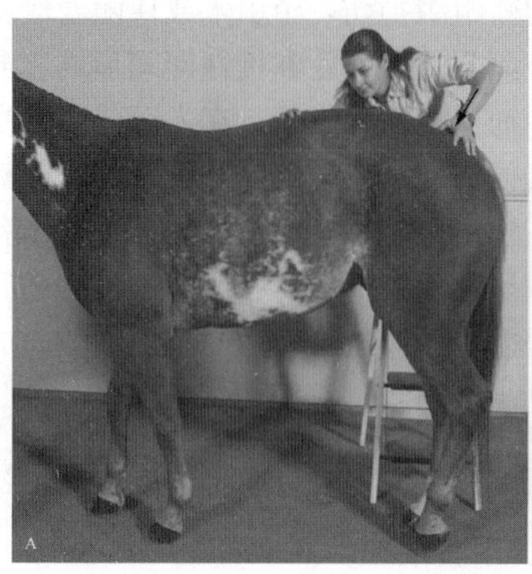

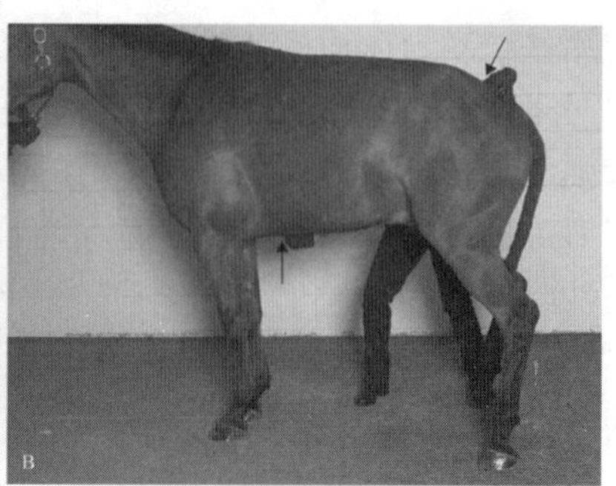

图 24-3　应用伴随着运动的组织动员技术的治疗师。在这一复合性反应性锻炼中，治疗师对荐部背侧进行缓慢的持续性压迫（A：箭头指出了治疗师的手和手指施压的方向），而且，如有可能同时作用于腹中线（B：箭头指出了治疗师的手和手指施压于荐部背侧区域和腹部区域的方向）。通过激活马的中轴肌肉（腹侧锯肌、胸肌、腹肌和髂腰肌群），并结合放松和延长相对的轴上肌，这些锻炼通过扩大极限范围的活动达到了预期想要获得的姿势。保持这个压力和姿势 3～5s，然后反复多次重复该操作可恢复活动的范围并增强中轴肌肉的力量

（来源于 Stubbs NC，CLayton HM. 编写的《运动马》一书中的“激活你的马中轴”部分，2008 年再版）

前面已经描述过被动运动、核心肌群增强以及平衡稳定练习联合的处理方法（McGowan et al，2007 ）。这通常也包括使马移动到预想的位置而进行的食物诱导或饵诱（如胡萝卜）（图 24-4）。这些诱导性练习的目的不仅能锻炼骨架的中轴和远端，而且有利于锻炼中轴肌肉（胸部悬吊、体轴下/体轴以及骨盆部肌肉）活力，随着时间的推移，还可改善神经肌肉控制和力量。这是人康复理疗和运动医学的核心概念。

六、物理因素：治疗方式

用于加速组织愈合和减少废用性萎缩、制动和去神经的生物物理因素和电处理模式超出了本章的范畴。建议读者参考由 McGowan 等编写教材中获得更多有关电处理的信息。

七、冷冻疗法

物理因素：治疗方式

在受损愈合的急性期（如最初的 48h），冷疗可有效地减轻炎症反应和疼痛。冰敷

得越早越好。与人踝关节扭伤恢复至正常功能的速度相比，伤后立即冰敷和受损36h后冰敷最终恢复正常功能的时间分别为13.2d和33d。

对于马，在蹄叶炎的急性期应用于肢体末端的冷疗可减少致炎因子的产生和降低急性综合征的严重程度。冷疗最有效的方式是冰水浸，这是一些马术常规训练如三日赛后的操作方法。马匹将忍受较长时间的冷浴，冷浴范围要超过腕关节。由于缺乏具体的调查结果，笔者建议，将压碎的冰袋或冷冰块包在湿毛巾中，敷于患处，每次20min以上，2～4h重复一次，这样可避免组织受损和受冷导致的血管舒张。这种方法不大可能造成组织损伤，对人而言，除非组织温度降低至10°C或更低，否则不会造成组织损伤。

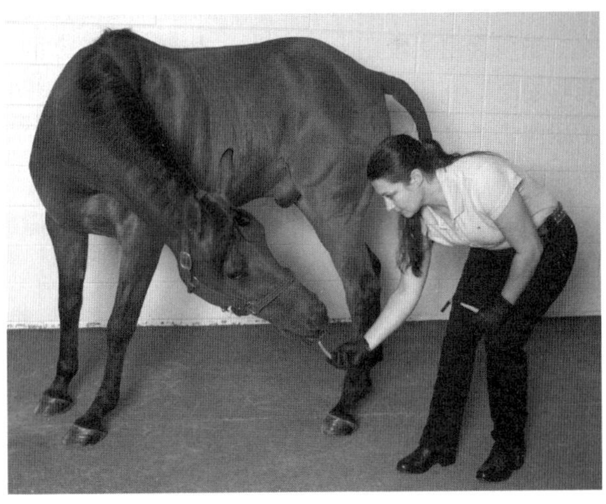

图24-4 用于诱导同时发生侧向和旋转性弯曲和屈曲的诱导性锻炼。在这张图片上，用胡萝卜诱导马的下巴向侧方和踝关节方向移动。通过这样操作，马正在向着颈胸和腰盆区域进行极限运动。这种活动的目的不仅可活动中轴和远端的骨骼，而且可增强中轴肌肉的活力(如胸部悬吊、体轴下/体轴以及骨盆部肌肉)以提高神经肌肉控制和增强肌肉组织

（来源于Stubbs NC，CLayton HM.编写的《运动马》一书中的“激活你的马中轴”部分，2008年再版）

八、热疗

物理因素：治疗方式

目前缺乏浅表性热疗对马病治疗有效支撑证据。事实上，在一研究中发现，当对掌部皮肤进行热疗时，浅表和深部组织的温度不可能达到41℃的治疗阈值。利用热敷和热水浴可对组织增温，但热敷和水的温度不能超过50℃。尽管缺乏有力的证据，常用于人的超声波治疗能对3～5cm深的组织进行加热。对于马来讲，同样缺乏超声波热疗的有效性证据，没有可利用的相关报道。需要考虑的是马的被毛（在应用超声波治疗时需要剔除干净）以及皮肤、筋膜和皮下脂肪的厚度。

九、电疗

物理因素：治疗方式

根据想要达到的效果，可利用电流的不同波形和频率对身体进行电疗。经皮电刺激神经疗法（TENS）是通过释放脑啡肽和激活脊髓水平的抑制性中间神经元而达到暂时性减轻疼痛的目的。尽管尚无TENS对马治疗的有效证据，但根据作者的经验，

马对该法具有很好的耐受性，在临床上应用有效，而且可作为其他治疗方法的补充。

当肌肉由于废用、不运动，或者一定程度的神经损伤出现萎缩使得病人的肌肉不能收缩时，利用神经肌肉电刺激（NMES）可产生最大随意收缩力的80%～90%。对于肌肉去神经支配的病例，文献中仍存在争议，一些案例表明NMES延缓了去神经性肌肉萎缩。尽管缺乏NMES应用于马的文献报道，根据作者的观点，如果马能耐受NMES，NMES可作为评价和治疗肌肉功能障碍或萎缩患马（如肩胛上或桡神经麻痹患马）的有益补充。

十、运动控制：基于锻炼的治疗技术

正常的姿势和运动包括来自关节、腱、韧带、筋膜和皮肤的本体感受性以及机械感受性传入反馈，这些反馈能调节输出性神经肌肉控制。基于此，肌肉骨骼和神经机能的恢复不仅需要解决疼痛和机能障碍问题，而且还要对运动功能进行重塑。这就确定了要长时间对合适的神经肌肉路径进行刺激和强化，以使马匹恢复其最佳的特定运动功能。

据报道，对马来说，感觉统合技术是一种非常有效的临床工具，它包括了运动过程中的触觉刺激（Clayton et al，2011和Walker et al，2013）。这些技术可通过刺激传入性本体或机械感受器的输入而调控和统一运动功能。由于马的皮肤机械刺激感受器系统作用于潜在的皮下躯干肌筋膜附着点，该技术对马来说具有潜在的治疗作用。通过这个系统，马能感觉到像苍蝇轻触一样的最小触觉刺激，并以浅表性躯干的自发性收缩作为反应。因此，可将触觉刺激或信号作用于目标区域（包括肢或特定的肌肉）上方的皮肤，从而改变机械刺激感受器和本体感受器的反馈，达到潜在性改变运动控制的目的。在人医的文献中有重要的证据认为该技术可增强运动控制和运动能力。近来的两项研究显示，对蹄冠应用非常轻（55g）的触觉刺激改变了步态的动力学和运动学特征，包括在举步时相过程中增加了蹄部悬空最高点的高度。有人认为轻的触觉刺激不同于较重的筒靴诱导产生的效果，因此，应用刺激疗法可产生非常具体的预想结果和训练。

在训练过程中可应用的其他感觉统合形式包括作为缩身衣的绷带和the Pessoa and Equiband系统。这些装置可缠绕在马的后腿及臀部、腹部，或胸部周围。根据作者的观点，绷带系统可能在临床上最为有效，因为它可增加马体的身体意识（肌肉运动知觉）和运用其中轴肌肉的能力。Equiband的优点在于它便于控制，而且可用于骑乘（图24-5）。

在临床上，另一有效的感觉刺激方法是功能性本体感受性绷带技术，该技术广泛应用于人的康复理疗、运动医学和机能改善上。在兽医文献中，Ramon等（2004）报道，对球节进行强有力的机械性绷带技术未改变踏地时前肢的运动学特性，但是限制了举步时相期间球节的屈曲。然而，该法减轻了最大垂直力，这可能是增加的本体感受效果所造成的结果。该研究的作者推断，减弱的最大垂直力可能有利于防止或减少损伤，并可能应用于马的腱或韧带机能恢复。这些效果可能不同于非机械性的功能绷带技术产生的效果，这点研究得比较透彻，而且目前常用于运动员。Kinesio Tex Gold是一种应用效果很好的品牌绷带。该绷带具有弹性大、低过敏性和半防水特点，而且

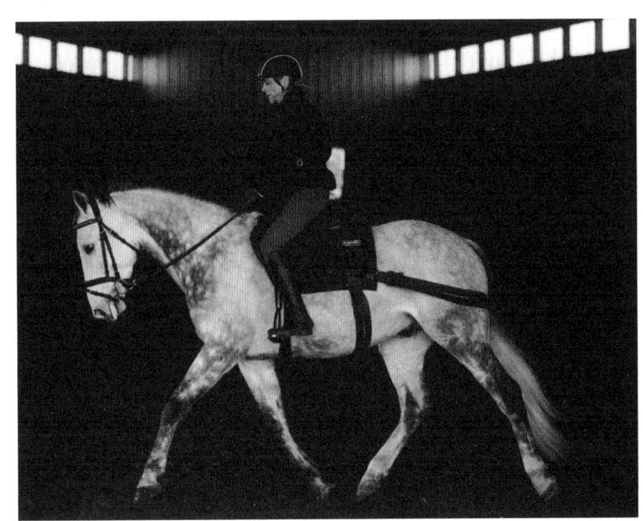

图 24-5 骑手在配有马鞍的马身体上演示基于锻炼的治疗技术，该技术可用于在训练和机能恢复过程中的感觉统合。在这幅图上，正在利用 Equiband 系统对行进中的马进行本体感受和机械性刺激感受的兴奋，以及中轴肌肉组织的激活

由于其多孔的编织特点，不影响马排汗。可将该绷带拉伸并沿着肌肉长轴的方向放置在需要修复的部位。绷带的张力可增加肌纤维的肌肉运动知觉，这些肌纤维需要得到抑制。固定绷带的同时，马能够进行特定的运动，包括在佩戴马鞍的情况下进行特定的运动活动。随着时间的推移，这种方法可能对神经肌肉功能的改变产生作用。作者已经成功将绷带技术运用于马身上具有临床效果的部位包括中轴动力稳定性肌肉群，特别是股二头肌和腹肌。

在文献中已广泛描述，这些绷带技术可能需要与多种形式的手法和骑乘锻炼进行结合。治疗师根据具体情况安排具体程序，而且要由经验丰富的操作者每天进行处理。训练程序应该遵循逐渐适应的原则，要对马的运动状况进行不断的再评估以确保利用最少的其他策略，并获得明显的预期效果。机能恢复程序应该通过增加锻炼时间而逐渐得以改进；改变步态、过渡期和方向；在不同的地面和坡度上对马进行锻炼，同时不断检测是否发生过度疲劳。可利用训练辅助工具如长的套筒、Pessoa 穿刺系统和装置的不同组合来改变步态。柱栏、可调整高度的栅栏障碍、平衡板、不同的地面（柏油地、草地、碎石地、沙地和水地）、游泳池和跑台或有水的跑台均可用于恢复马的运动控制、训练神经肌肉和心血管系统。

十一、结论

尽管机能恢复策略和物理治疗正在迅速发展，更多的研究和临床经验对于发展合适的技术及其效果判定非常有必要。作者的观点和临床经验表明机能恢复和物理治疗策略可成功组合成传统的兽医学，但包括专家在内的治疗团队对于选择合适的机能恢复策略、物理治疗技术和锻炼程序非常重要。不间断的再评估，以及采用有利于治疗的具体方法至关重要。

推荐阅读

Clayton HM，Kaiser LJ，Lavagnino M，Stubbs NC. Dynamic mobilizations in cervical fl exion：effects on intervertebral angulations. Equine Vet J，2010 (Suppl 38)：688-694.

Clayton HM，Kaiser LJ，Lavagnino M，Stubbs NC. Intersegmental spinal motion during dynamic mobilization exercises performed in cervical lateral bending. Am J Vet Res，2012，73：1153- 1159.

Clayton HM，Lavagnino M，Kaiser LJ，Stubbs NC. Swing phase kinematic and kinetic response to weighting the hind pasterns. Equine Vet J，2011，43：210-215.

Clayton HM，White AD，Kaiser LJ，et al. Short term habituation of equine limb kinematics to tactile stimulation of the coronet. Vet Comp Orthop Traumatol，2008，21：211- 214.

Cottriall S，Ritruechai P，Wakeling JM. The effects of training aids on the longissimus dorsi in the equine back. Comp Exerc Physiol，2008，5：111-114.

Denoix JM，Pailloux JP. Physical therapy and massage for the horse. 2nd ed. London：Manson，2005.

Kaneps AJ. Tissue temperature response to hot and cold therapy in the metacarpal region of a horse. In：Proceedings of the American Association of Equine Practitioners，2000，46：208-213.

McGowan C，Goff L，Stubbs N. Animal physiotherapy：assessment，treatment and rehabilitation of animals. Ames，IA：Blackwell，2007.

Pusey A，Brooks J，Jenks A. Osteopathy and the treatment of horses. Chichester，UK：Wiley-Blackwell，2010.

Ramon T，Prades M，Armengou L，et al. Effects of athletic taping of the fetlock on distal limb mechanics. Equine Vet J，2004，36：764-768.

Stubbs NC. Rehabilitation. In：Back W，Clayton HM，eds. Equine Locomotion. 2nd ed. St. Louis：Saunders，2013.

Stubbs NC，Kaiser LJ，Hauptman J，Clayton HM. Dynamic mobilization exercises increase cross sectional area of multifidus. Equine Vet J，2011，43：522-529.

Walker VA，Dyson SJ，Murray RC. Effect of a Pessoa training aid on temporal，linear and angular variables of the working trot. Vet J，2013，198：404-411.

Wennerstrand J，Johnston C，Rhodi M，et al. The effect of weighted boots on the movement of the back in the asymptomatic riding horse. Equine Comp Exerc Physiol，2006，3：13-18.

（吴丙桥　译，那雷　校）

第 25 章　矫形外科再生医学

Ashlee E. Watts

有观点认为胚胎发育期已经有效而准确地形成了肌肉、肌腱、软骨和骨。胎儿的肌腱损伤可完全愈合，而且愈合后的完整结构无法与未受损组织进行区分，进一步支持了这个观点。不幸的是，出生后肌肉骨骼组织的愈合没有那么有效或精准。愈合不完全的原因在于瘢痕组织的细胞和基质成分发生了变化。对马而言，肌腱、韧带和软骨的愈合非常重要。由于肢体的直接负重和移植物对疲劳不耐受的特性，造成了马骨折愈合不良的问题尤其严重。

再生医学是指利用自然愈合过程，从不同方面改善组织的修复，从而获得更好的功能性愈合的一种方法。再生医学的圣杯应该是对胚胎发育过程的概括，最终使愈合组织不能与未受损组织区别开来。到目前为止，尽管尚未获得这种肌肉骨骼组织，但应用再生技术获得成效的潜力相当重要。因此，再生疗法在马矫形手术中的研究和临床应用越来越广泛。用于矫形外科的一些再生医学工具包括干细胞、富含血小板的血浆、自体条件性血清、生长因子和基因治疗。再生医学可通过病灶内、病灶周围、关节内或静脉注射得以实施。

一、干细胞

（一）概念

与体细胞不同，干细胞具有自我更新、高速增殖和多谱系分化的特点。最终的干细胞是在卵子受精时产生的。受精后，受精卵包括可形成与胎盘组织一样的所有的 3 个胚层结构的全能干细胞。受精卵变成前植入胚泡之后，内细胞群包含多能干细胞，该细胞将产生所有的 3 个胚层——外胚层、中胚层和内胚层，而且该细胞不再形成胎盘组织。在那个阶段，干细胞属于胚胎细胞。第 8 天之后，细胞变成体细胞（终极分化的）或定型为具体谱系的干细胞（多能的）。此后，尽管干细胞仍存在于胚胎组织中，但被认为是成熟的干细胞。谱系定型的多能干细胞的局部环境在整个生命中一直存在于成年组织中用于正常组织的重塑和修复。随着年龄的增长，干细胞的数量、扩张潜能、分化潜力和所谓的效能均会下降；因此，人们对异体胚胎干细胞和胎儿源干细胞以及来源于出生后样本中储存的自体干细胞越来越感兴趣。

最初，人们对干细胞在再生医学方面的关注与其具有组织特异性分化的能力有关，因为被植入损伤关节内的干细胞将会移植，变成软骨细胞，并可产生软骨基质。随着科研和临床资料的积淀，大部分或一部分干细胞治疗可能是局部产生生物活性分子和免疫调节，而非植入细胞的组织特异性分化和长期植入。干细胞的确切治疗效果如何是一个重要的问题。这个答案可能会回答何种情况下用干细胞治疗？使用何种来源的干细胞？如何使用干细胞以及经何途径？多久使用一次以及使用细胞的数量？为了回答这些问题，需要进行更多的临床和实验研究。

由于马胚胎干细胞的分离、扩增和超低温保存存在一定的困难，因此，尚未应用于马的再生医学研究，且未在本章中进行讨论。相反，成年源干细胞（非胚胎干细胞）通常被认为具有安全和诱发肿瘤风险极低的特点，且易于分离和增殖，已广泛应用于马的疾病治疗。本章将重点讨论成年源干细胞，也将研究并简单讨论干细胞（胚胎干细胞和成年源干细胞）分化的修饰。一种修饰是在体外已被调控为更像胚胎干细胞的胎儿源干细胞。已经开发并测试了用于马的这些产品。这类干细胞的一个重要作用是作为成品可直接使用，以及其似多能性（似胚胎源）状态下具有增强的潜能。另一种修饰是诱导的多能干细胞（iPS），在体外，这些细胞是由成年体细胞（如皮肤成纤维细胞）去分化而来，最后被诱导为似干细胞状态。当前，已有多个马研究小组对 iPS 细胞进行了研究。

成年源间质干细胞（MSCs）被认为是用于肌肉骨骼再生治疗的优良干细胞，因为它们很容易从多种组织中获取，而且由于非自身间质干细胞的免疫耐受使得自体和异体细胞均可应用，其来源于中胚层谱系，并且能够分化为软骨、肌腱和骨。MSCs 的免疫特许状态可能是缺乏主要组织相容性复合体二级蛋白表达和存在大部分抗原递呈细胞的经典共刺激分子的结果。近来的研究也发现除了免疫特许外，MSCs 具有免疫调节作用，可通过化学诱导物的分泌进行免疫细胞（T 细胞和 B 细胞）激活的调节。

最后，MSCs 也可通过抑制 γ 干扰素和肿瘤坏死因子、刺激金属蛋白酶抑制物和抗炎白介素，如白介素-10 而达到抗炎效果。MSCs 最令人兴奋的一个特点是对它们所处微环境的精确反应，细胞可根据其被放置的环境而做出相应的反应。通过这种方式，MSCs 可对疾病的程度做出合理的反应，并根据减弱的炎症反应、减少的细胞凋亡和增强的内源性细胞及组织特异性细胞的基质合成情况调节局部环境。

由于与其他细胞群具有较多的重叠，因此，根据细胞表面标志很难准确对 MSCs 进行分类。鉴于此，许多实验室通过扩大集落形成细胞可塑性黏附群的组织培养来挑选和分离 MSCs。要经历 2～3 周的体外培养才可从临床样品中分离和增殖出用于自体治疗的 MSCs。对于马，MSCs 可从骨髓（图 25-1、图 25-2）、脂肪组织（图 25-3）、肌腱、肌肉、脐带血和组织、齿龈和牙周韧带、羊水和血液当中分离。组织来源不同，细胞的获取、增殖潜能和分化潜能也有所不同。一些学院和商业实验室提供了来自多种不同组织的干细胞的分离、扩增和低温保存情况，如骨髓、脂肪和脐带血及组织。来自每个实验室的细胞收集和运输程序指南都十分有效。到目前为止，来源于马和人的骨髓源 MSCs 研究得最为深入，而且具有大量的证据证实该细胞具有形成软骨、腱和成骨的作用，并且有利于软骨、肌腱和骨的修复，能调节关节内炎症反应和软组织的修复。

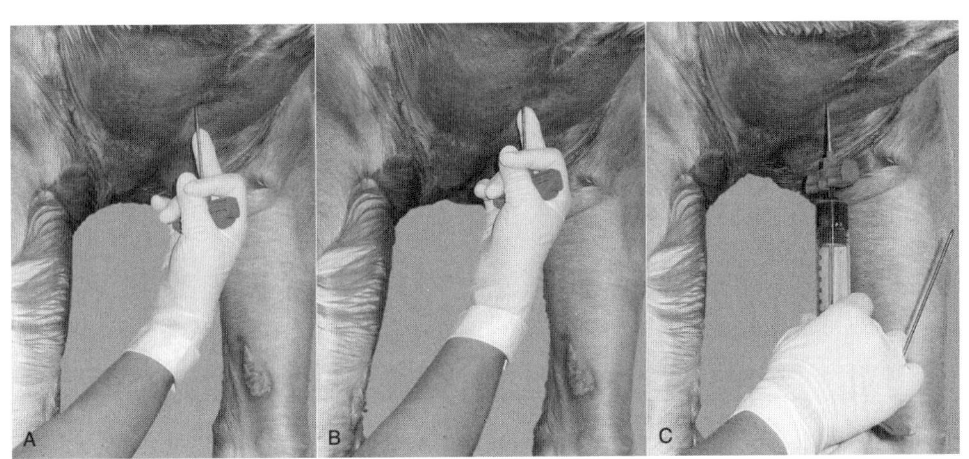

图 25-1　在胸骨处放置一根 11 号 110mm 长的穿刺针用于骨髓的采集。对马镇静，并进行皮下局部麻醉

A. 沿着穿刺针长轴方向用中指抓紧穿刺针，并将其固定在肘关节水平线部位的皮肤上　B. 将穿刺针旋转着向深部刺入，直到中指的指尖触及皮肤为止（大约进针 2cm），将针牢牢地固定在骨骼上　C. 抽出针芯，取出骨髓

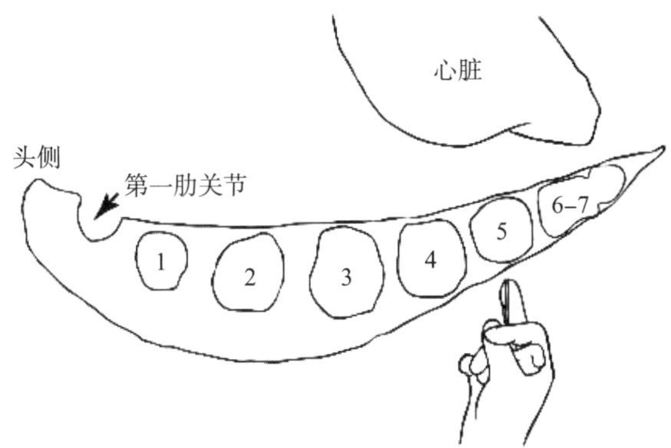

图 25-2　在胸骨处用于骨髓穿刺的穿刺针放置位置线条图。如图 25-1 所示，针头放置在第五胸骨处。此处骨髓腔的背侧到腹侧的高度为 5cm 左右。心脏刚好位于该胸骨背侧，而且与第六和第七胸骨最近

（二）自体或异体治疗

到目前为止，自体疗法已经广泛应用于马。自体细胞的应用被认为是安全的，传播疾病的风险极小。除非在受损前已对细胞进行储存，否则需要 2～3 周的时间才可分离和扩增出自体细胞，这点是自体细胞的重大缺点。

尽管许多实验室正在提供自体 MSCs 库，但长时间冷冻的 MSCs 活力尚未完全阐明。使用试剂盒浓缩干细胞是可以避免自体 MSCs 培养延迟的一种方法。已经有几个商品化的试剂盒可用于富集有核细胞，利用少量的样品即可获得较高浓度的 MSCs。另一避免延迟的方法是采用异体细胞（非自身）。由于 MSCs 具有免疫特许的特点，异

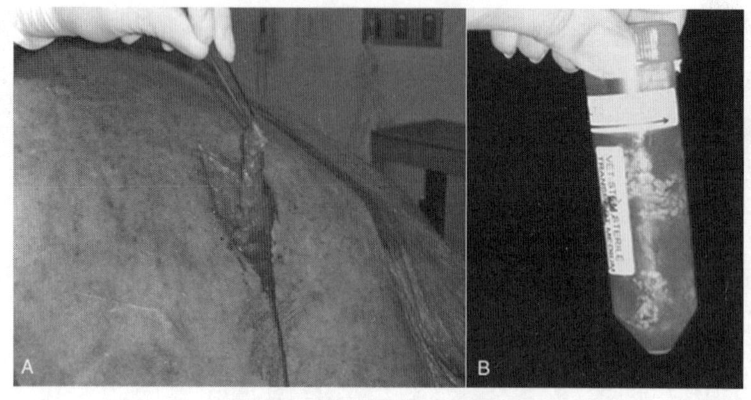

图 25-3 采集臀部脂肪的手术切口

A. 作纵向切口 B. 采集的 20g 脂肪组织被放置在一个 50mL 的圆锥形管中

（图片由康奈尔大学 Alan Nixon 博士提供）

体细胞也可用于非相关的个体，而且不用进行免疫检测。尽管大多数物种都有关于该理论的报道，但目前尚无马的相关报道。使用异体干细胞系意味着使用现成的干细胞产品，该产品具有多个优点。首先，它可减少治疗间的差异，因为两个和多个病人之间的不同培养物具有不同的特点；其次，它可缩短诊断和治疗之间的时间；再次，对于年龄大的马可考虑从胎儿、青年，或年轻的成年动物组织中获取较年轻的干细胞，这样可增加干细胞的潜能，而且可能会增加治疗的效果；最后，通过简化程序、减少就诊次数和细胞准备时间减少费用。然而，FDA 认为异体干细胞是一种药物，因此，与药物审批的程序一样，需要进行同样的安全性检查和有效性试验，以及与药物制剂一样的生产进程。这些试验费用昂贵、费时，而且异体干细胞尚未被允许进行商业化生产。相反，兽医上自体干细胞的应用目前未受到 FDA 的干涉。

（三）再生医学在矫形外科上的应用现状

到目前为止，干细胞在肌腱和韧带损伤方面的应用为其良好修复能力提供了重要的证据。有报道显示，在持续追踪 2 年多的观测中，105 匹国家狩猎马通过干细胞治疗后肌腱弯曲复发率很低（大约 25%），传统治疗方法的复发率为 55%（历史对照）。用于治疗的其他肌腱损伤包括掌部和蹄部的指深屈肌腱损伤和韧带损伤（包括悬韧带和侧副韧带）。通常情况下，干细胞来源于血清、血浆、富含血小板的血浆、骨髓上清液，或其培养基，一般在损伤后 3～6 周于超声引导下直接在创伤区进行注射。

治疗马的急性关节损伤可在清创后关节内注射干细胞，这样可减缓骨关节炎的发展。通过对骨关节炎的一些动物模型的研究发现，与其他不同研究结果对比，干细胞注射可减少软骨退化和延缓骨关节炎的进一步发展，并可加速软组织的愈合。对于马，有试验证明关节内注射 MSC 后因微裂缝所造成的关节损伤恢复良好，同样也有人报道该法对于半月板损伤引起的膝关节损伤治疗效果良好。关节内注射干细胞后偶尔出现关节外斜，可能与培养基中的异物污染有关。对于关节内注射，将干细胞与血浆、血清或骨髓上清液混匀，有无透明质酸酶均可，但不能有微生物污染，因为关节注射的

常规剂量在污染后即可对细胞产生毒性。

直接用关节镜将 MSCs 植入到关节受损部，可用于治疗马的分离性骨软骨炎、骨软骨损伤，或囊样损伤，这种方法已在试验和临床中得到验证，效果良好。在这种实践中，用支架，或一个三维基质如自体纤维凝块确保将 MSCs 放在关节软骨受损处。利用关节镜对分离性骨软骨炎分离瓣进行补救治疗时不比使用支架，可直接将干细胞植入到分离瓣下方。干细胞，尤其是来源于骨髓的干细胞，具有强大的骨形成潜能，对于马的骨折固定和关节融合治疗具有重要作用。通过加快骨的生长速度，干细胞在植入物松散或废用前可帮助完成充分的愈合。干细胞在骨折部位的应用通常是用支架将细胞放置于骨折的位置。

二、富含血小板的血浆

创伤发生后，当血小板暴露于基底膜时，循环中的血小板沉积并被活化。活化可引起血小板脱粒并释放生物活性物质，这些物质能促进损伤愈合、刺激血管新生、补充内源性干细胞和调节炎症反应。由活化的血小板释放的高浓度特异性生长因子包括血小板源生长因子、β转化因子、成纤维生长因子、表皮生长因子、胰岛素样生长因子和血管内皮生长因子。富含血小板的血浆（PRP）是血液的一部分，这部分血液中血小板的浓度为基底膜部位的 2～4 倍，由于其具有合成代谢的特点而被大量应用。PRP 的其他成分是溶解于水中的血浆蛋白（如黏蛋白、纤维蛋白溶解因子、蛋白酶和抗蛋白酶、碱性蛋白和细胞膜糖蛋白）、不同浓度的粒细胞、偶见的红细胞和干细胞。

PRP 的主要优点在于可在患马获取并直接应用，费用相对较低。PRP 可通过外周血离心或过滤获得，一般可在 15min 内完成。不同的厂家进行血液采集和准备的程序有所不同，这将影响产物的成分和质量（如血小板和白细胞可发生成倍的变化）。PRP 的成分可能对临床治疗结果的有效性具有一定影响，目前对于 PRP 中血小板和白细胞的理想浓度标准尚不明确。当然，随着血小板浓度的增加，影响因子的浓度也随之增加。因此，人们希望获得血小板浓度较高的 PRP。为支持这种观点，一项有关体外肌腱移植的报道显示肌腱和韧带基因的表达随着血小板浓度的增加而增加。在同一研究中，白细胞浓度的增加提高了筋膜Ⅲ型基因（瘢痕组织的蛋白成分，不希望获得的蛋白）的表达。

多余的 PRP 可在－20℃冻存，以备后期使用。在冻存过程中，PRP 中的粒细胞将会溶解，血小板将被活化，意识到这一点非常重要。尽管一些人建议用不同的添加物（氯化钙、凝血酶）或冷冻可对新鲜的 PRP 进行血小板活化，但这些措施可能没有必要，因为局部环境应该足以活化血小板使其释放生长因子。如果 PRP 作为凝块被应用，需要额外添加氯化钙和凝血酶。临床经验表明，对于急性肌腱和韧带损伤，在超声引导下将 PRP 注入急性到亚急性损伤内部是有益的。PRP 也可用于关节病和延迟骨愈合的治疗。据传，注射 PRP 后出现关节闪烁（joint flares），可能与血小板与白细胞的比率以及白细胞的浓度有关。

三、自体条件性血清

自体条件性血清（ACS）是一种自然产生的拮抗蛋白——白介素-1 受体颉颃蛋白（IRAP），可用于中和炎性介质——白介素-1。抑制白介素-1 的产生，可达到与抗炎作用一样的止疼作用，因此，ACS 因对抗代谢的特性而得以广泛应用。现在已有商业化的试剂盒用于 ACS 的生产，在生产过程中，将血液用医疗级玻璃珠孵育过夜。这种孵育可通过血液中的粒细胞和血小板引起储存的外源性物质（包括 IRPA）重新合成和释放。24h 后，将样品离心并收集上清（血清），无菌过滤（0.2μm 滤膜）后将其分装。将部分 ACS（通常为 2mL）注入受损部位，剩余的可冷冻保存（－20℃）大约 1 年时间。在这个过程中，尽管 IRAP 是制备的目标蛋白，ACS 中可能含有大量使其产生治疗效果的不同影响因子。

马的 ACS 已经获得广泛应用，主要通过关节内注射治疗关节疾病、骨关节炎或滑膜炎。医生已经将 ACS 用于受损肌腱或韧带内注射。据传，能接受并对 ACS 有反应的马匹大多对关节内类固醇治疗不敏感（频繁的多次类固醇注射有效的马除外）。对于 ACS 治疗，不同医师采用的时间安排有所不同。一些医师主张每周 1 次，连续注射 3～4 次，有些主张每月注射 1 次。

四、生长因子和基因疗法

生长因子的添加，无论是直接添加蛋白质，还是通过基因治疗技术刺激其产生，已经应用于一些矫形外科的处理。与半衰期极短的蛋白直接注入相比，基因治疗允许基因的持续表达，它可增加生长因子的作用时间。通过关节内进行蛋白或基因治疗，生长因子的转化生长因子家族成员和胰岛素样生长因子已经用于激发透明软骨的形成、软骨下骨结构的生长和抗炎反应的抑制；骨形态发育蛋白和基因治疗已经在骨折和囊肿样损伤中用于刺激骨的生长；胰岛素样生长因子蛋白和基因治疗已经在腱损伤治疗中用于刺激腱的修复；生长激素释放激素基因治疗已经用于蹄叶炎的治疗；而且 IRAP 基因治疗也已用于降低关节炎症的处理。

用于基因转移的许多方法均有效果。为获得较好的转导效率和有效的蛋白表达，已报道的最好的基因治疗过程包括病毒媒介的应用，如逆转录病毒、腺病毒相关病毒、腺病毒及其他。对马来说，已经有腺病毒相关病毒和腺病毒的应用报道。非病毒法也可使用，但研究相对较少。在由病毒介导的基因治疗技术中，基因整合和接下来的转基因表达过程存在着较大的变异。在矫形外科的临床应用上是需要长时间还是永久性的转基因表达尚不清楚。基因治疗技术目前尚不适合临床应用，但在将来的实践中可能会成为一种常规疗法。

五、结论

在再生性治疗方面有很多治疗成功的范例，包括适应证、技术、通路、剂量、最佳时机和使用频率。有几方面的因素导致了治疗依据的缺乏，第一，大多数再生性技术不受联邦法规的限制，而且这些技术可用于不同情况的治疗，其使用材料的加工过程不同，治疗的措施也有所不同；第二，自体再生性产物有不同的成分，患马与患马之间，甚至同一患马不同的采集批次的成分也不相同。不同产品的广泛应用使得产生合理的结论越来越困难。根据再生性技术的抗炎效果和该技术通过内源细胞捕获及营养因子调整组织修复和再生的能力，早期治疗和可能情况下的重复治疗是有益的。

推荐阅读 

Fortier LA. Making progress in the what，when and where of regenerative medicine for our equine patients. Equine Vet J，2012，44（5）：511-512.

Fortier LA，Smith RK. Regenerative medicine for tendinous and ligamentous injuries of sport horses. Vet Clin North Am Equine Pract，2008，24（1）：191-201.

Stewart MC. Cell-based therapies：Current issues and future directions. Vet Clin North Am Equine Pract，2011，27（2）：393-399.

Yingling GL，Nobert KM. Regulatory considerations related to stem cell treatment in horses. J Am Vet Med Assoc，2008，232（11）：1657-1661.

（吴丙桥　译，那雷　校）

第 26 章 FEI 规则对运动马医疗的影响

Kent Allen Stephen A. Schumacher

1921 年，法国、美国、瑞典、日本、比利时、丹麦、挪威和意大利在瑞士洛桑成立了国际马术联合会（FEI），其目的主要是规范国际马术赛事，如障碍赛、盛装舞步赛和三日赛。目前，FEI 对 8 种马术比赛的规则进行了规范管理：障碍赛、盛装舞步赛、三日赛、耐力赛、马车赛、绕桶赛、马上技巧赛和残疾人盛装舞步赛。马术运动（不包括比赛）在世界范围内越来越流行。在国际上，障碍赛、盛装舞步赛和三日赛是包括人马组合的仅有的奥林匹克运动项目。这些项目成为现代奥林匹克运动的元素已经有 100 多年的历史，初见于 1912 年。2012 年伦敦奥运会的马术比赛是门票最先被售完的几个项目之一。

与马术运动相关的所有监管机构一样，兽医的主要职能是保护参与马匹的福利。有时，这种职能可能会与行业的某些商业利益发生冲突，但马的福利必须放在第一位。作为国际性监管机构，FEI 扮演着这个角色，也要求所有参与国际马术比赛的人必须遵守有关马匹福利的 FEI 行为准则。这个准则包括理解和接受在任何条件下马的福利是至高无上的，决不受制于比赛或商业利益的影响。到目前为止，FEI 坚持着行为准则，监管着运动马匹竞赛的各个方面，如竞赛马匹的准备和训练、比赛场地、马厩、合理的兽医护理、比赛损伤、药物使用等。

一、FEI 行为准则对运动马治疗的影响

对比赛中的马进行治疗时，兽医必须熟悉并坚持比赛的行为准则。在 FEI 监管下，对参赛马进行治疗的兽医来说，熟悉哪些药物在比赛中允许使用、哪些药物在比赛中或比赛前不能使用、如何在 FEI 的监管下进行药物治疗，以及进行治疗所需要的必要参考依据是很重要的。另外，按照 FEI 的要求在 FEI 监管的比赛中担当治疗兽医也很重要。兽医必须在赛前进行考虑，以确保所有的治疗均符合 FEI 的行为准则。这样既可避免违规，又可避免客户遭受处罚。

二、FEI 有关药物使用的原则

FEI 的原则是马匹应该在完全公平公正的前提下进行竞赛，药物的使用可能会造成比赛不公平。另外，马匹应该能够胜任比赛，不需要使用一些能够掩饰损伤的药物，这些药物可能会造成更严重的损伤、跛行，或疾病，或缩短马匹的潜在运动生涯。FEI 有关药物使用的原则已得到了很好的完善，但潜在的问题是比赛过程中

用于马的大部分治疗和治疗的药物都是禁止的。另一重要的概念是绝对责任的法律性原则。像其他运动监管机构一样，FEI 已经采用了有关比赛中马匹违禁药品检测的规则：对参赛马匹负有责任的人员有义务降低违禁药物摄入的可能性。不管意图如何，检测到比赛中马匹使用违禁药物即被定为违反规则。为了明确责任，FEI 认为骑手负有责任。在调查过程中，根据其他人参与的情况以及违禁药物存在的最后检查结果，FEI 可能确定其他人也负有一定的责任。这些人员可能包括马夫、练马师、马主，或兽医。

三、FEI 和净化运动

作为对 2008 年奥运会比赛的大量兴奋剂案例的回应，FEI 成立了马反兴奋剂和违禁药物委员会，世界反兴奋剂机构副总裁 Arne Ljungqvis 教授任主席。该委员会的成立目的是推荐可行的方案并建立最可能的体系以促成无违禁药物使用的马术比赛。实践已经证明运动员及其顾问并不清楚确切的违禁药物。在 2009 年 FEI 纯粹运动委员会的报道和其中的一些建议中，委员会提议了一系列违禁药物。在这些药物中，一致认为应该明确区分兴奋剂和普通用药。在世界上很多地方，兴奋剂这个单词被理解为使用了一些药物治疗、毒品、物质，或自体物质以提高运动员和动物的比赛成绩。马术比赛中的兴奋剂是指对马匹没有合理的治疗用途，仅作为提升成绩的物质。一般来说，由于有能力逃避检查，兴奋剂也会被选择滥用。

FEI 透漏净化行动始于 2010 年 4 月，首次公布马匹违禁药物名录（EPSL），同时出台了马反兴奋剂和可控药物规范。马匹违禁药物名单中的所有药物在比赛时均禁止使用。FEI 采纳了 EPSL，并努力区分可用于马匹损伤或患病时所用的合法治疗药物与违规使用药物，因为这些违规药物没有合法的使用目的或者存在滥用的高风险性。FEI 每年对 EPSL 进行一次更新。FEI 药物名录委员会由化学家、临床兽医、药物学家和马医疗领域的专家组成。该组织每年由 FEI 任命，而且每年召开数次会议商讨哪些药物应该被纳入或被剔出 EPSL，以及 EPSL 现有药物的分类变化。首先考虑的是马匹的福利和安全，以及使用药物后造成比赛的不公平。名录当中的两类药物包括禁用药物和受控药物。

禁用药物是指 FEI 认为对马匹的诊疗无合法治疗作用的药物。通常被认为具有很高的滥用风险，包括人的抗抑郁药、安定药和中枢神经兴奋药等。

受控药物是指具有治疗作用，通常可用于进行患病或受损马匹治疗的药物。这类药物包括局部麻醉药、镇咳药、支气管扩张剂和短效镇静药。尽管这类药物具有治疗作用，但绝对不能在参赛的马匹体内检测到。

在 FEI 规则内参赛的马匹体内不能检测到任何一种禁用药物和受控药物，理解这一点非常重要。发现 EPSL 名录内列出的药物即被认为违反了 FEI 规则。

在 FEI 规则内这两类禁用药物区分的不同点在于处罚的严重程度不同。违规使用禁用药物的处罚为停赛 2 年，违规使用受控药物的处罚相对较轻，但最高也可判罚停赛 2 年。除了停赛的处罚之外，FEI 也会对负有责任的相关人员强制进行罚款。

四、FEI 规则内允许使用的药物

当前 FEI 允许使用的药物包括补水液、抗微生物药（普鲁卡因青霉素钾除外）和抗寄生虫药（抗蠕虫药）。另外，也可给予一些用于治疗或预防胃溃疡的药物（如雷尼替丁、西咪替丁和奥美拉唑）。目前，对于出现发情期相关行为问题的母马允许使用烯丙孕素。给种马或骗马使用烯丙孕素被认为是违规使用受控药物。非禁用药物可通过喷雾、蒸汽或口服用药。

五、经许可的治疗兽医

在兽医能够对 FEI 赛事马匹进行治疗之前，她/他需要通过国内联盟组织向 FEI 提交申请。一旦通过国内联盟组织的面试，即可向 FEI 提出申请，并进行在线测试。测试为开卷考试，内容主要覆盖 FEI 兽医准则和马反兴奋剂及受控药物准则。通过测试后，兽医即获得 FEI 许可的治疗兽医编号，需要打印出资格证并在上面贴上照片以完成 ID。这张经许可的治疗兽医资格证通常在 FEI 比赛现场可以见到，它可作为进入监管区域的出入证。

六、临近比赛或比赛中进行治疗的准备

如果马匹必须接受治疗，而且已经安排要进行比赛，FEI 也要进行相应的准备。在对马匹进行治疗前，与赛场的官方 FEI 兽医代表商量治疗方案十分重要。药物从马匹血液循环当中消除的时间有所不同。如果几种药物同时使用，药物检测的周期就不可预知，而且可能比单用一种药物检测的时间更长。除了前面描述的一些允许使用的药物之外，比赛时马匹体内不能有药物残留。如果马匹在运往赛场的过程中或临近比赛时接受了治疗，或者有任何有关马匹血液循环内是否仍有某种物质的怀疑，到达后必须立即向官方 FEI 兽医代表进行报告，要求必须由治疗兽医完成并签下合理的兽医申请书方可允许比赛。如果马匹在比赛过程中需要兽医的救助或治疗，治疗兽医在处理前必须先要征得官方 FEI 兽医代表的允许。一旦接到兽医的申请书，FEI 兽医代表将与现场陪审团主席商议马匹在治疗后是否允许继续比赛。这个决定主要依据治疗后马匹是否能经得起比赛，以及治疗后马匹继续比赛是否存在不公平。从来没有出现过涉及 EPSL 禁用药物使用的兽医申请书得到批准的情况。

七、FEI 公布的常用药物及其检测时间表

检测实验室收集了一些有关运动马匹日常兽医治疗药物检测时间的数据。已经建立的检测时间表可在 FEI 官方网站中的净化行动一栏的 FEI 检测时间名录中查到（表 26-1）。检测时间不同于休药期，而且并不精确，只是大概的一段时间，在这段时间内药物仍在马的血液循环内，而且能够进行实验室检测，是一个时间范围。休药期必须由治疗兽医建立，可能是根据检测时间加上兽医的专业判断和把握而得到的安全期而

定，兽医考虑的内容包括不同马匹的体型大小、代谢能力、适应程度、近期的发病情况和其他因素。根据FEI规则，一个特定药物的检测时间存在与否将影响阳性结果的有效性，或一种药物或反兴奋剂违规的确定。

表 26-1 FEI 药物检测时间一览表

通用名	制剂	用量‡	给药方式	检查次数	检测时间（h）§
保泰松	保泰松（阿诺德）	4.4mg/kg 体重，12h 一次，连续 5d	口服	2	168
	Phenylarthrite（威隆公司）保泰松（英特威公司）	每千克体重 8.8mg，第 1 天 12h 一次，接下来几天每千克体重 4.4mg，12h 一次	口服	6	168
		每千克体重 8.8mg	静脉注射	6	168
氟尼辛*	福乃达（先灵葆雅）	每千克体重 2.2mg，24h 一次，连用 5d	静脉注射	6	96
酮洛芬+	酮保泰松（梅里亚动保）	每千克体重 2.2mg，24h，一次用 5d	静脉注射	6	96
安乃近*	曲安缩松（英特威公司）	每千克体重 30mg	静脉注射	10	72
美洛昔康	美洛昔康（勃林格殷格翰）	每千克体重 0.6mg，连用 14d	口服	8	72
登溴克新	二硫苏糖醇（勃林格）	每千克体重 0.3mg，12h 一次，用 9 倍剂量	口服	6	140
甲哌卡因	内-埃皮卡因（阿诺德）	每千克体重 0.07～0.09mg（每 40mg 2mL）	皮下注射（下肢侧部）	6	48
登溴克新	二硫苏糖醇（勃林格）	每千克体重 0.28～0.35mg	皮下注射（脖子）	6	48
地托咪定＋利多卡因	三甲丁酯（芬兰奥立安集团）	每千克体重 0.02mg	静脉注射	10	48
地托咪定＋利多卡因＋	盐酸地托咪定（芬兰奥立安集团）	60～300mg	皮下注射	6	48
克仑特罗*	盐酸克仑特罗（勃林格殷格翰）	每千克体重 0.8mg，12h 一次，连用 8d	口服	6	168
正丁基东莨菪碱	解痉灵（勃林格殷格翰）	每千克体重 0.3mg	静脉注射	6	24
地塞米松	—	10mg 磷酸钠盐	关节内注射	6	48
甲强龙	甲强龙（辉瑞）	每 3 个关节 200mg	关节内注射	5	672
		每 2 个关节 100mg		5	336
曲安奈德	缓释曲安西龙 40（40mg/mL）	一个关节 12mg	关节内注射	6	168

注：*研究表明，有些药物能通过马的粪便或是被污染的稻草垫而被马重新摄取（如安乃近、氟尼辛、克仑特罗），而这些药物会导致检测期的延长，因此，正在使用非固醇类抗炎药或正在接受其他治疗的赛马保持每天的清洁非常必要。这尤其适合使用了口服药且被饲养在稻草垫不及时更换的马厩里的马。

+酮洛芬如果用于局部治疗会导致检测时间的延长，因此酮洛芬不建议用于局部治疗。

‡对所有药物来说，有一个临床判定标准非常重要。它能保证赛马的福利不会因为在比赛临近时使用药物而受到侵害，而有些药物可以掩盖症状并能使临床症状恶化。运动器官出现问题的马尤其要注意进行持续的足够休息。

§检测时间和休药期不是同一回事。检测时间是指药物在马体内留存并能被实验室检测到的大概时间段，仅提供指导意见。休药期必须由主治兽医来决定，它是以一个药物的检测期加上安全限度作为基础，并且有专业的判断标准。这个标准包含个体之间的差异，包括体型、代谢状况、适应能力、最近的疾病情况等。

八、FEI 兽医申请书

由 FEI 使用的 4 种不同兽医申请书可用于证明在 FEI 赛事中参赛马匹使用药物的情况。

兽医申请书 1 用于申请受控药物的使用。该申请用于到达赛场前、运往赛场过程中，或比赛中受损后的治疗。如果要提出申请，必须在进行任何处理之前向 FEI 兽医代表递交申请。FEI 兽医代表将审阅申请书，并根据对马匹的临床判断，可能会同意治疗。关于马匹是否能够胜任比赛将由现场陪审团主席与 FEI 兽医代表商讨而定。如果治疗得到许可，同时允许马匹参加比赛，治疗必须在预设的治疗区域内进行。

兽医申请书 2 是指对母马使用烯丙孕素治疗的申请。该申请用于母马出现发情期相关行为异常问题时的治疗，选用的药物是烯丙孕素。由马匹责任人或经许可的治疗兽医提交申请，使用规则是必须按照生产厂家推荐的剂量进行使用。所有的兽医申请书 2 必须在马匹到达赛场后立即向 FEI 兽医代表提交。由于该药主要通过口服，治疗允许在预设的区域外进行。

兽医申请书 3 用于支持疗法和处理，可申请 EPSL 以外的任何药物，或自选药物名录的任何药物，任何喷雾或蒸汽治疗，抗微生物药，或用于补充水分的静脉注射液体。该申请书与其他几种申请书递交的方式一样，而且在同一天内一场比赛的不同回合之间不允许进行治疗。根据 FEI 的一些规定，赛前 12h 内或比赛期间禁止通过静脉内补充液体。另外，除了喷雾和蒸汽疗法之外，所有的治疗必须在预设的治疗区域内进行。在兽医申请书递交并得到 FEI 兽医代表授权之前禁止进行任何治疗。

兽医申请书 4 用于自选药物的使用。这种申请书必须在用药之前完成并递交，但无须得到 FEI 兽医代表的审阅。兽医申请书 4 中包括一系列自选药物，也包括关节支持药物（仅通过肌内或静脉注射：不允许进行关节内注射）、注射用维生素和一些注射用同种疗法用药。和其他兽医申请书一样，除了兽医申请书 2 之外，所有的治疗必须在预定的治疗区域内进行。

九、预设的治疗区域

根据 FEI 赛事规则，为了对马匹进行治疗处理，FEI 在马厩内使用了预设的治疗区域。经兽医申请书 1、3 或 4 授权的所有治疗必须在特定的区域内进行，并且接受 FEI 官方的监管。在该区域进行治疗的同时，一旦 FEI 兽医代表或其他 FEI 官员有相应要求，治疗兽医必须提供一份授权的兽医申请书及 FEI 兽医资格证。在提前得到允许用于静脉输液或有明确的紧急情况下，可以不在预设的治疗区域内进行治疗。使用 EPSL 以外药物，或者自选药物进行喷雾或蒸汽疗法时不必在预设的治疗区域内进行。

十、结论

很明显，在 FEI 规则下对于参赛的运动马匹进行疾病治疗与其他情况下的治疗明显不同。考虑哪些疗法和药物是允许的，哪些是不允许的，包括不允许使用的药物中哪些是禁用药物，哪些是受控药物，了解这些情况很有必要。治疗时机的选择也很重要，而且必须考虑是应该在比赛前进行治疗以留出足够的时间便于药物代谢，还是在马匹到达赛场前进行治疗，还是让马匹积极参加比赛。了解合适的用于申请治疗的兽医申请书以及根据 FEI 比赛规则在何处进行治疗非常重要。必须了解 FEI 治疗准备与国内治疗准则之间的差异。兽医可能同时在两个组内处理马匹。对不同规则和操作环境的全面理解将有利于减少医疗检测时漏掉阳性结果的风险。FEI 完善了这些规则以确保参赛马匹的福利，并为其提供更好的比赛场地。FEI 一直努力地改善着规则的透明性，并提供维持马匹健康和遵守规则的兽医。委托方一直努力让治疗运动马匹的兽医必须要了解 FEI 的规则，因为不能以对规则的无知作为借口。

补充信息：

United States Equestrian Federation，www. usef. org.

United States Equestrian Federation Equine Drugs and

Medications Program，Telephone 800-633-2472 or www. usef. org/contentpage2. aspx?id＝dm.

（吴丙桥　译，那雷　校）

第 27 章　英国马鞍对赛马的适应性效果评价

Hlapy M. Clayton

马鞍在骑手与马之间起着连接作用，在配有马鞍的马术比赛中可增加舒适性与安全性。马鞍的下方应该与马的背部形状相适应，同时其上方应与不同骑手的髋部和股部相匹配。与马匹不相适应的马鞍是造成马匹疼痛或不适的潜在原因，临床上表现出不同的异常行为，其表现从厌恶套上马鞍到被骑乘时做出危险动作。

一、马鞍结构

英式马鞍是以坚实的木材为基础制作的，这种马鞍可将骑手的重量分散到马背上的大片区域（图 27-1）。然而，如果马鞍不能与马匹完全匹配，制作马鞍的木材的硬度可能会产生局部压力点。拱梁，也称齿槽板或头板，支撑着马鞍的前鞍桥，其尖端从拱梁处向下延伸跨过马肩隆而固定马鞍的前部。尖端的发散角应该与马肩部的外侧斜面相匹配，而且尖端的长度应该足以固定马鞍的前部（图 27-1、图 27-2）。

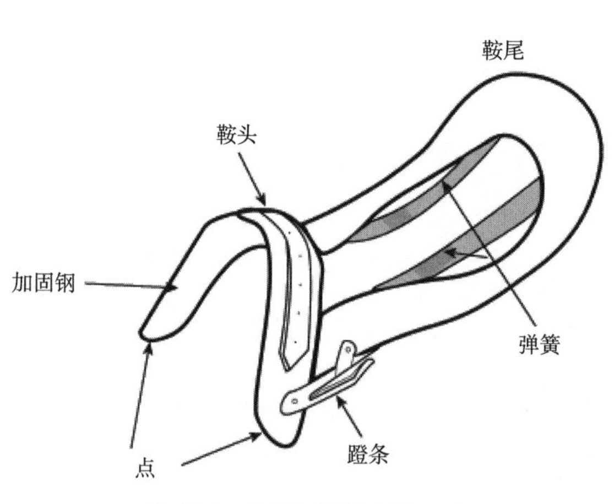

图 27-1　英国马鞍的结构示意

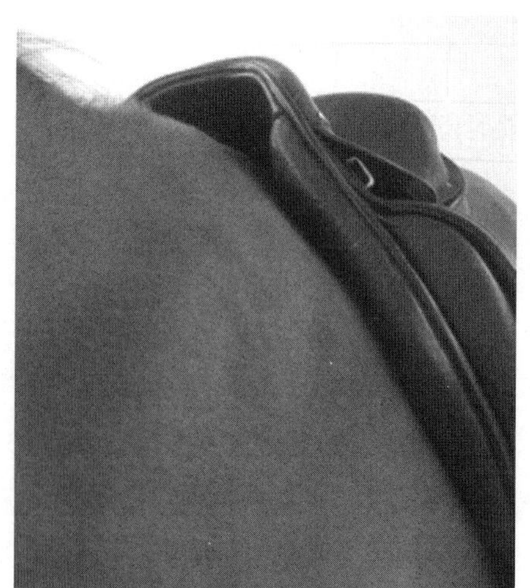

图 27-2　马鞍的前侧观，其树的宽度和形状与马的肩部很匹配。注意鞍头的高度和宽度与马肩隆具有好的一致性

连接杆是马镫皮革的支持装置，鞍尾位于座位的下方。树附着于皮革的外层，根据马匹和骑手的外形以及马参加的运动不同在形状和大小上变化较大。盛装舞步马鞍有一个特别的、直的前缘活瓣用来适应骑手相对较大的臀角和垂直的股部。障碍赛马鞍有一个较圆的活瓣适应跳跃时骑手屈曲的臀角和膝盖向前活动的空间。附着于马鞍下方的嵌板在马背的每一侧轴上肌肉组织的上方均提供了大的对称的负重表面。左右两侧的嵌板通过一管孔在中间分开，而且管孔的高度和宽度应足以确保不能对棘突造成直接压迫（图27-3）。

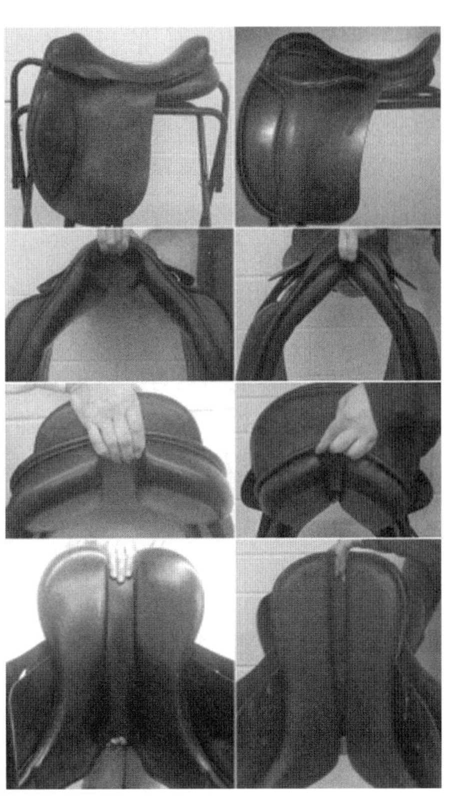

图 27-3　两个盛装舞步马马鞍。从上到下，侧面观显示嵌板的形状。正面观，左侧的马鞍具有较宽的齿槽，其嵌板附着的位置相当低，右侧的马鞍具有非常窄的齿槽，其嵌板附着在鞍头的位置较高。后侧观，左侧的马鞍具有较宽的齿槽，配有深度适中的有坡度的嵌板。马鞍的下方，左侧的马鞍具有较长和较宽的具有光滑的表面轮廓嵌板，而且齿槽在马鞍的长轴方向上的宽度一致；右侧的马鞍朝向鞍头方向的齿槽特别狭窄

（引自 Clayton HM，O'Connor KA，Kaiser LJ. Force and pressure distribution beneath a conventional dressage saddle and a treeless dressage saddle with panels. Vet J 2014；199：44-48）

二、马鞍的力度和压力

马的椎骨是由对椎间关节提供被动和主动支持的韧带、肌腱和肌肉所连接。软组织产生的力量可对椎骨进行压迫，对于横向椎骨结构的四足动物更是如此。胸腰椎在前肢和后肢之间充当着桥梁作用。当骑手的重量压在马背时，可引起椎间关节的伸展，即形成了背部中空的状态。中空的程度与骑手的重量有关。在行进过程中，胸腰椎在每个步幅内按照可预知的方式移动。在行走时，背部明显侧弯，脊椎远离延长的后肢方向。在小跑和慢跑时，背部在肢体悬空阶段发生弯曲，并且因重力和惯性影响大的内脏团而在站立时相背部处于伸展状态。骑手的存在与整个运动过程中椎间关节的大幅度延伸有关，但脊柱运动的范围保持不变。椎间关节的过度伸展使棘突靠得更近，对于椎间隙较小的马匹，骑马时会增加棘突碰撞的可能性。

马站立时，骑手和马鞍的重量决定了马背的受力。在行进过程中，马四肢和躯干运动、造成马背形态局部变化的肌肉收缩以及骑手的活动使得马匹以反复循环的特定步态前行，此时整个力量随着运步而发生变化。

电压力图可提供有关每个步态中马背受力

及压力分配模式的信息。在行走和慢跑时，步态比较对称，马背左侧和右侧的驱动力及受力基本相似。行走时，总力显示在骑手加上马鞍重量的附近有轻度的摆动，并在每一大步中存在6个高峰和低谷。行走时的总力仅比骑手和马鞍重量稍多一点。快走时，每一大步的总力显示两个大的摆动，在悬空阶段，骑手向上提举消除马鞍负重时马背没有负重，在对角站立时相，由于骑手向下对马鞍施力，马背负重最大。最大力约为骑手和马鞍重量的2倍，每一大步可出现两次这种情况。慢跑时，每一大步的总力有一单个大摆动，在悬空阶段马背不受力，在站立时相的中间阶段马背受力最大。慢跑时的最大力是骑手和马鞍重量的2.5～3倍，每个大步出现一次。这样一来，在快走和慢跑时马背上的受力比行走时的受力高得多，而且骑手的重量决定了作用于马背的最大力和椎间关节延伸的程度。通过电压力图测量的压力分布情况在每个步态内都会以特定的循环方式发生改变，压力扫描评估对于高压区域的定位会有所帮助（图27-1）。

高压的影响

马鞍可对皮肤及其下方组织产生压力。如果马鞍产生的压力超过了毛细管压（4.7kPa的等级），可能就会发生组织缺血，肌肉组织对压力诱导产生的缺血性损伤更敏感。压力大小与引起压力性褥疮所需压力的持续时间呈反比。尽管在骑马过程中通常会出现过高的毛细管压，由于存在负重和不负重交替的循环模式，毛细管并未受到持续压迫，因此，只要压力间歇性施加于机体，机体可承受远高于毛细管压的压力。压力诱导性组织损伤对身体部位、接触面的特点和压力作用的强度与持续时间高度特异。比如，在马背侧与马肩隆上方造成背部疼痛或马鞍疮相比，前者所需的压力更小。

马鞍下方的马背经常出汗，预示汗腺缺血的干燥区域多发生于压力较大的部位。马鞍疮的临床表现（热、肿、触诊时疼痛）可能与较大的压力有关。根据对这些损伤有关的总压力研究发现，在小跑时建议背部所受的平均压力阈值应低于11kPa，最大压力应低于30kPa。马鞍下发生的大部分损伤是摩擦伤而非真正的压力疮。这些损伤来源于马鞍或衬垫与马皮肤之间的运动。最初的症状可能是背毛破损或擦伤，如果摩擦继续进行，皮肤的摩擦伤可能会持续加重。以前发生过摩擦伤或马鞍疮的位置通常会永久性产生白毛，提示毛囊有损伤。

三、马鞍适应性问题

由于树具有坚固性，因此，也带来了很多马鞍适应性问题。破损的树不能有效地将作用于马背的压力均匀分布，可能会将压力集中于小的区域。检测破损树的简单方法是将鞍头放在检查者的股部，并向鞍头方向牵拉鞍尾。完整的树可对抗弯曲，但破损的树会使马鞍跨过座位并发生弯曲（图27-1）。

树也可发生扭曲，通常是由于骑手常坐在同一侧，尤其是左侧所引起。当使用左侧马镫的马被骑乘时，拱梁作用于马肩隆的压力可阻止马鞍向左侧滑动。同时，骑手通常将鞍尾向左侧牵拉，这样就形成了作用于树的扭曲力。随着时间的延长，树就会

发生永久性扭转，这样就造成马鞍不对称，最终引起局部压力不均。扭曲的树不能被拉直。

悬挂马镫皮革的连接杆通常是凹陷的，以免将压力作用于骑手的股内侧，但如果过于凹陷，将会对马肩隆后方区域的背部肌肉造成挤压。该区域特别易发压力诱导性损伤。

马鞍在生产和出售时树的厚度有不同的规格（窄、中和宽）。当树过窄时，马鞍的前方在马肩隆处向上支撑得太高，因此，骑手向后倾斜。使用窄树的目的是连接马背，将压力较高的区域限定在嵌板的前部和后部，以及中部相对不负重的区域（图 27-1）。相反，如果树过宽，马鞍会在马肩隆处下沉太低，这样会使骑手向前倾斜。压力通常会集中于沿着最靠近拱梁的嵌板边缘。

用于分开硬树和柔软可变形的背部肌肉的嵌板应该有一个长的宽大接触区域，可用于分散马背上方大面积的重量。嵌板是用可吸收震荡的物质所填充，如羊毛、合成羊毛、泡沫材料、马鬃，或空气。应对嵌板进行充分填充以产生坚实具有弹力的感觉，同时没有任何团块。填充不充分的垫板可能会与马背的轮廓不相适应，或不能吸收能量。填充过实的垫板硬度过大且向外膨出，会减少与马背的接触。在使用垫板的第一年内通常有必要调整填充的程度，之后可周期性地进行调整。使用羊毛对马背轮廓的适应性进行微调相对容易，但会随着时间的推移而发生变化。泡沫材料能很好地保持其外形，较新的泡沫材料和记忆泡沫稳定性较好，与羊毛相比，需要再填充的频率较低。然而，调整充满泡沫的马鞍外形较为费时。空气填充的马鞍膨大，如有必要可以放气，但应指出过分膨大的空气衬垫很硬，而且，空气的压力会随环境温度的变化而改变，因此，要相应地调整空气的量。

如果马鞍比较适合，嵌板的角度（坡度）和形状必须在前后和内外侧均与马背相适应（图 27-3）。与马背相比，如果嵌板存在太多坡度，其外侧缘会产生较多的压力。如果嵌板没有充分的坡度，其内侧缘会产生较多的压力。从前到后具有香蕉状弯曲的嵌板可能会适应背部歪斜的马，但对大多数赛马不合适。从内向外弯曲的嵌板会将重量集中于狭窄的脊部，这个部位的弯曲结构与马背相接触。

位于棘突上的齿槽板（图 27-3）在其整个长轴上都应很高和很宽，以免在马背向侧方弯曲时与脊椎的棘突相接触，当骑手坐在马鞍上时，齿槽板的高度应该足以与马肩隆分开。对于马肩隆较长且向后延伸过多的马，应检查马鞍的适应性，以确保在马肩隆背侧没有齿槽板压力的存在，这些情况从鞍头的前方来看比较困难。

（一）马鞍适应性不良的表现

对很多马来说，马鞍适应性不良的表现比较轻微，全面了解在马厩中和工作状态下的马的态度或姿势变化非常重要。马棘突的任何一侧轴上肌都应发育良好且突出于体表。如果使用的马鞍太窄或者垫子太厚会导致背上的纵向肌肉发育较差或者局部凹陷。肌肉萎缩通常在压力消失后消失。

具有马鞍适应性问题的马可能对触摸比较敏感，如在梳理毛时低头，马背部远离受压部位、不愿意静止站立，或单蹄抬高站立困难。马很快就知道马鞍与背部疼痛有关，而且当骑手用手触摸疼痛部位时，马匹会变得不安或表现反感。

由于马匹可预知疼痛，因此，装配马鞍可能也存在一些问题。在安装过程中或骑乘的最初几分钟内，有些马弓背、胸腰部弯曲，抬蹄或撅臀。出现这些症状的马被称为冷背，即在装马鞍的最初几分钟表现不适的一种俗称。引起这种情况的首要因素可能是马鞍适应性不良或者其他的一些物理性问题，如棘突间的碰撞，其症状可因骑手的重量过大而加重。

当马匹被骑乘时，伴有因马鞍不适引起的疼痛，或其他不同的行为表现，包括摇头、甩尾、过度惊吓、不愿前移或改变步态、短跨、后肢僵硬或跛行、跑步节奏改变、弓背、背部不弯曲、在栅栏处急冲、在栅栏上方扭转、抬蹄和撅臀。马鞍适应性不良不是引起这些症状的唯一因素，但应被考虑为一种可能性因素。骑手将训练的问题归结为马鞍适应性不良所引起是正常现象。

（二）马鞍适应性评估

目测马的舒适性将提示身体的某些区域可能存在与马鞍适应性有关的问题。相关的特征包括马肩隆的高度和长度、胸腰棘突突出、背最长肌发育情况、与围线相关的肩胛骨位置、肩部和马肩隆侧的宽度和坡度、肋骨的弹性、背轮廓和马肩隆与臀部的相对高度。许多马的左侧和右侧肩部、背部或臀部都存在不对称的肌肉发育。当肩部不平衡时，左侧肩部通常较为突出，而且位置更靠后。如果偏差过大，马鞍将向着较小的肩部滑动。背部肌肉的不平衡可能由肩部不对称所引起，也可能由疼痛或马鞍的不适或骑手的位置所引起。如果马的一侧臀部高于另一侧，马鞍将被推向对侧的肩部。综上，从上方观察易发现肩部结构问题，从后方看最易发现臀部结构问题。当检测到不平衡问题时，在利用木片填塞或修整马鞍以调节不平衡之前，应该研究一下使用蹄铁术、按摩、肌肉治疗，或重置姿势等方法处理的可能性。

在触诊过程中，背部肌肉应该比较柔软，而且马对触诊或较深的压迫不反抗。肌肉颤搐、纤维性颤动、僵直，或向背侧下沉可能提示有疼痛，但要将这些情况与正常的反射性运动进行区分。

从上、下、前或后方观察，马鞍的左右两侧在大小和形状上应该对称。马鞍前面的轮廓应该与马肩隆的宽度和轮廓相匹配，而且应位于肩胛骨后界的后方或被修整后能够使肩胛骨自由转动。前开口马鞍的游离缘在肩部延伸，而且应具有足够的柔韧性以使肩胛骨能自由运动。为了检查马鞍与马背之间的接触情况是否均匀，可将马鞍放置于没有衬垫的马背上。在马鞍下将手放平滑动，从嵌板或树下方的前鞍处向后移动，注意压力要均匀，以确定是否存在压力集中或没有接触的区域。在马背与马鞍接触的区域用指尖对马背肌肉进行触诊可能也有作用。嵌板的斜面应该与前背侧和内侧方向的马背弧度相匹配。齿槽板的高度和宽度（6～8cm）应足以让整个纵向的棘突显露（图 27-2）。

骑乘时，在马鞍的下方配有干净的浅色衬垫，汗或污垢的分布情况就显示了马鞍与马背部的接触情况。理想状态下，接触区域下方衬垫的污染应该比较均匀，且齿槽板下方没有污染。在与马背接触较少或没有接触的马鞍前后污染严重区域提示为桥接

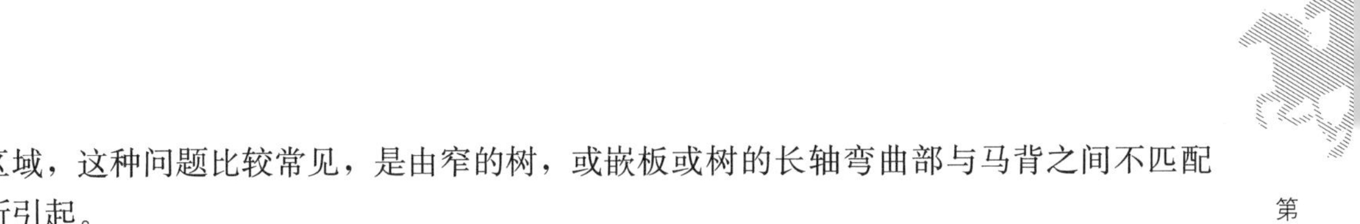

区域，这种问题比较常见，是由窄的树，或嵌板或树的长轴弯曲部与马背之间不匹配所引起。

评估马鞍和马背连接度的半定量法是使用装有制模油灰（类似于牙印模的物质）的衬垫，这些油灰被装在乙烯树脂材料内。在骑马前将衬垫放置于马鞍和马背之间，骑马过程中，马鞍压迫印膜物质，形成较深的压痕就提示该部位的压力较大。

电压力扫描检测垂直于感受器表面的力度，并用彩色扫描图显示结果（彩图27-1）。另外，可能会显示作用于所有感受器的总力和单个感受器的最大压（图27-4）。马或骑手位置的轻度改变即可影响压力模式，因此，在收集统计资料时，马站立的方式和骑手坐的方式应一致，这点非常重要。

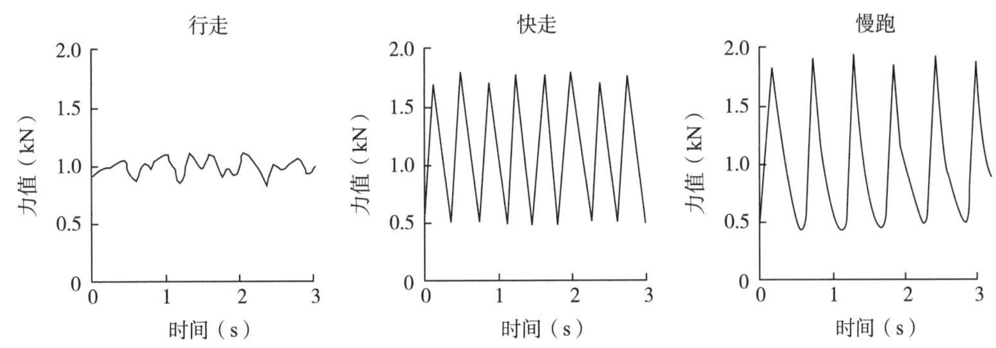

图 27-4　行走（左侧）、快走（中间）和慢跑（右侧）3s 内的总力图

注意快走和慢跑的速度较慢，因此，这些步法下的最大力值相对较低。在快速运动中，最大力值较高

（引自 Clayton HM. Review of the measurement and interpretation of saddle pressure data. Comp Exerc Physiol 2013；9：3-12）

在购买新的马鞍之前，为了对马背进行评估，可在蛇尺或动作捕捉设备的帮助下绘制马背的轮廓，这是匹配马背间隔弧度的一种绘图工具。可将形状印在画板上，然后剪下来。另一种可替代的方法是制作一个背部的石膏模型。所有这些测量形状的方法普遍存在的问题是缺乏水平线的内在调节，这种调节可确保马鞍的前后平衡，不会出现由前向后的上下倾斜。该问题可通过带有内置水平仪（图27-5）的可调节的马鞍轮廓系统进行调节，这种内置水平仪能为其工作提供一个较为准确的模板。

（三）马鞍适应性问题的解决方法

随着马背的生长发育和训练时发生的变化，马鞍适应性问题是一个持续存在的问题，应经常提及。解决马鞍适应性问题的方法包括更换马鞍、重整马鞍和应用衬垫或木片改善其舒适性。不幸的是，更换马鞍并不能保证其更好的匹配性，即使是量身定做的新马鞍也存在这个问题。高价的马鞍只是反映了皮革的质量，而非手工的质量，而且一些价廉的现货供应品牌可能与定做的马鞍差不多。购买马鞍之前，应该在马静止和运动过程中评估马鞍与马匹和骑手之间的匹配程度。

在马鞍与马背之间放置衬垫可保持马鞍下方清洁并提供缓冲，或矫正马鞍适应性的小问题。马鞍比较狭窄时加上衬垫无用，就像在很小的鞋子外面套上一个厚袜子一样。已经证实，像羊皮这样的天然纤维能更均匀有效地分散压力。可将薄的木片放置于马鞍特定部位的下方以调整微小的压力不均。木片的周围应该削薄以免沿着其边缘产生压力峰。

众所周知，马肩隆较高的马很难适应马鞍。如果嵌板的厚度不足以提举前鞍超过马肩隆，可用去掉马肩隆部位的厚的衬垫来提高整个马鞍，同时也不会失衡。

接触密切的可跳性马鞍通常有薄的嵌板和小的鞍点，这样可使重量集中在马背和肩膀的较小区域。骑手通常会使用多个或厚的衬垫进行调整，这些衬垫可使整个系统失衡。最好的解决方法是使用带有更厚嵌板的马鞍，足够厚的衬垫，厚嵌板能更均匀地分散重量。

图 27-5 由马鞍商 Andy Foster 研发的设备（AJ Foster，Lauriche Saddlemakers，Walsall，U. K.）用于测量马背的形状。用手指在腹中线施压以模拟训练时的姿势使背部隆起和变圆，并将垂直的钢针向下与马背的外形相匹配。该装备的水平方向是用来确保马鞍的位置处于水平状态

（图片由运动马出版社提供）

四、无树马鞍和无鞍骑乘

人们认为无树马鞍与马背的背侧外形相一致，并且适合不同体型和大小的马。当使用无树马鞍或者进行无鞍骑乘时，可通过相对较小的负重区域传递作用力，而且骑手坐骨下方会立即成为压力集中的区域。与有树马鞍相比，其平均压和最大压都相当高，如果骑手太重或骑马的时间过长，需要考虑这个问题。应用无树马鞍冲力吸收衬垫需要确定何种物质对于分散和缓冲无树马鞍下受力最有效。

推荐阅读

Belock B，Kaiser LJ，Lavagnino M，et al. Pressure distribution under a conventional saddle and a treeless saddle. Vet J，2012，193：87-91.

Clayton HM. Review of the measurement and interpretation of saddle pressure data. Comp Exerc Physiol，2013，9：3-12.

Clayton HM，Belock B，Lavagnino M，et al. Forces and pressures on the horse's back during bareback riding. Vet J，2012，195：48-52.

DeCocq P，van Weeren PR，Back W. Effects of girth，saddle and weight on movements of the horse. Equine Vet J，2004，36：758-763.

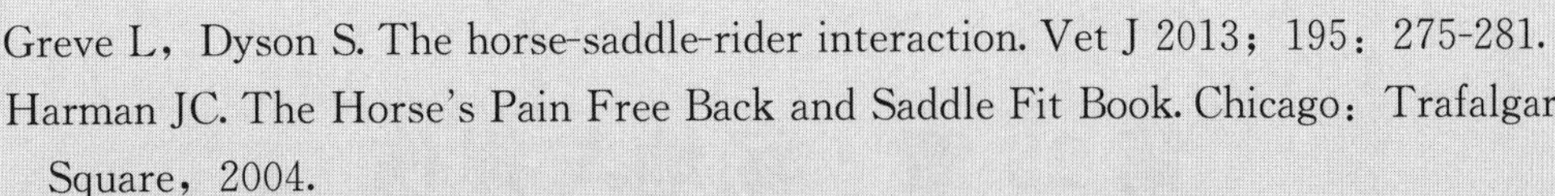

Greve L, Dyson S. The horse-saddle-rider interaction. Vet J 2013; 195: 275-281.

Harman JC. The Horse's Pain Free Back and Saddle Fit Book. Chicago: Trafalgar Square, 2004.

Meschan E, Peham C, Schobesberger H, et al. The influence of the width of the saddle tree on the forces and the pressure distribution under the saddle. Vet J, 2007, 173: 578-584.

Nyikos S, Werner D, Müller JA, et al. Measurements of saddle pressure in conjunction with back problems in horses. Pferdeheilkunde, 2005, 21: 187-198.

VonPeinen K, Wiestner T, von Rechtenberg B, et al. Relationship between saddle pressure measurements and clinical signs of saddle soreness at the withers. Equine Vet J, 2010, 42 (Suppl 38): 650-653.

（吴丙桥　译，那雷　校）

第 28 章　场地与损伤

Rachel C. Murray　Vicki A. Walker　Cardyne A. Tranquille

越来越多的马匹训练已选择在人造沙地上进行，尽管相关的信息有限，有证据显示，在不同的沙地上骑乘对马的运动方式会产生一定的影响。另外，沙地的类型、维护及使用情况存在着引起马匹损伤的隐患。鉴于此，了解马匹与地面的作用非常重要，因为不同的地面可能适合不同的赛事。较差的地面可增加马匹受损的风险并降低马匹的比赛成绩；然而，想要创造一个好的比赛环境需要考虑多方面因素。

一、马匹与场地之间的相互作用

马匹与场地之间的相互作用对马四肢及相应关节和软组织的负重具有决定作用，因此，这些部位受损的风险也受它们之间相互作用的影响。马匹与场地之间最初的相互作用产生于蹄与地面表层之间。该作用包括两个重叠的冲击阶段：第一阶段指首次触地与蹄在地面负重之间的阶段。此时，蹄一旦与地面接触，速度迅速减慢，但作用力相对较小，因为马身体的很小一部分参与了与地面的碰撞。当马的重心逐渐转向倾斜的肢体时，第二个碰撞阶段就发生了，结果造成作用力逐渐增加，直到站立中期的最后阶段为止。在这两个阶段，作用于肢体的力量是由地面的反弹力（硬度）和剪切阻力（蹄部下沉时的抵抗）所决定，较大的反弹力和剪切阻力形成了一个较为稳定的表面，但肢体负重较大。站立中期过后，肢体向前推进，因此，马匹蹄部离开地面，并进入迈步阶段。在此阶段，较大的弹力和剪切阻力将支撑和辅助马匹前行。

二、赛场地面的构成

赛场地面的构成很大程度上与赛场的功能特点有关，因此，马匹的受损风险与其密切相关。但是，赛场地面有无根基及其构成情况对地面浅层的构建有较大的影响，缺少根基的地面与地面的表面性质不良有关，会增加马匹受损的风险。赛场的大小也很重要，赛场越小，马发生损伤的概率越高。可能原因是在小场地内马匹更喜欢来回运动，重复使用场地，最终造成地面被压得太实。

无论是单用还是与其他材料一起使用，沙是最常用的地面材料，其性能取决于颗粒大小和形状、湿度和松密度等特性。认真选择和利用这些特性能获得较为理想的地面。由粗糙的圆形颗粒组成的干沙，或含有较低松密度的沙，具有很高的活动性，能

形成不稳定的表面，这种表面可能会使马匹摔倒或失去平衡。选用好的多角沙并增加沙的湿度（最好的湿度为8%～17%）既可改善沙粒的黏性也可形成稳定的表面。沙的来源也很重要，因为它决定了沙的硬度和耐用性。与方解石相比，水晶沙更硬实，更经久耐用。

在沙里添加一些其他成分，如橡胶、纤维，或聚氯乙烯或用凡士林或蜂蜡对沙进行包被能减少水分的挥发，利于保持疏松度和提高稳定性。添加物的多少及混合程度可影响其表面特性。流行病学资料显示，赛场上使用橡胶块多于橡胶条，而且将橡胶用于场地的最外层要比与沙混合使用更容易保持地面的均一性。尽管蜂蜡包埋有利于维持地面的稳定性，但蜂蜡的使用量应该与赛场表面的温度范围相适应。由于温度变化会影响蜂蜡的物理特性，因此，也会影响赛场地表的情况。对于经受温度变化较大的赛场，使用蜂蜡具有挑战性，因为要保证在整个温度范围内地面保持均一性非常不易。人们并不希望看到赛场的地面随天气变化而发生较大的变化。随天气或环境而改变的地面与马匹遭受损伤的高风险相关，这些条件包括在热环境下变干或出现斑块，或湿环境下变得颜色较深或有泥泞。

木屑、木条和锯屑也可用于赛场的地面，而且与沙地一样，其稳定性会受到组分大小的影响。基于木屑的地面与其他地面相比表面硬度相对较低，这会造成肢体的负重峰值相对较小。然而，这通常与较大的表面迁移率有关。据报道，基于木屑的地面引起马匹滑倒和失去平衡的比率是其他地面的12倍以上。根据不同材料的特性，不同的地面可能更适合某些马术比赛，比如盛装舞步比赛中，绊倒与沙地有关，而滑倒与木屑有关。然而，马匹在不同的场地接受训练，对马匹本体感受的发育也十分重要。对于盛装舞步马，使用基于沙子的地面可增加马匹受损的风险，但经常在这种场地接受训练的马匹受损风险会减少，可能与使用次数增加后适应性增强有关。根据这种适应性，在接受最大负荷训练强度之前考虑花费时间适应新场地非常重要；马匹在新场地训练时，应在适应不同场地特点后才可加大训练强度。

三、与赛场和人造地面相关的跛行发生特定风险因子

（一）障碍赛

训练、热身和竞赛场地对于障碍赛马匹的肌肉骨骼健康具有非常重要的作用。这些活动必须在草地和人造地面上进行。马匹在软而深的地面活动时需要付出较大的力量，潜在意义上来讲，这种地面与肌肉、肌腱和韧带的过早疲劳有关。硬地与较大的冲击损伤相关，潜在地增加了骨、关节和薄片蹄相关损伤风险。

马跨栏后一旦着地，蹄在地面上会有一个小幅度滑动，以免对肢体产生突然制动力，这一点非常重要。但是，马在比较稳定的地面上比赛更有信心，稳定的地面使马易于调节急转弯，并对起跳更有把握。这些结果可能也会受到有无铁蹄的影响。通过对优良障碍赛马在草地上佩戴蹄铁和在沙地上不佩戴蹄铁时蹄落地和制动的特点进行比较发现，沙地上的蹄制动负荷时间晚于草地上的负荷时间。沙地松散的表层使蹄在着地时容易向前滑行，同样，在草地上，蹄铁能引起较早的制动。需要进一步的研究

去评估肢体负重时足跟进入地面的情况，因为这种情况在草地上比沙地上更明显。

过去，夏季的比赛大多在草地赛场上举行。现在，全年都有室内和室外比赛，因此，在人造地面上进行比赛的比率正逐渐增加。室外场地的特点主要依据天气状况，不同的地方差别较大，而且在预定级别的场地内整个过程的地面也有所不同。室内地面受天气影响较小，但除了在进行特定比赛或要求相应级别的场地需要改变场地外，在使用频率特别高的地方，地面可能会不规则或比较硬实。

近来的一篇有关障碍赛优良赛马训练和比赛赛场地面的国际研究报道显示，在草地上进行训练和比赛具有浪费训练时间的风险。这些都归因于在不同地方、不同天气条件下，或比赛的不同阶段草地和沙地所具有的可变性，对马来说，适应这些易变的场地较为困难。在混有木屑的沙地上进行训练和比赛具有良好的保护性，可能归因于此地面对肢体产生的冲击力较小。

（二）盛装舞步

盛装舞步马主要在人造地面上进行训练和比赛。一般认为盛装舞步马在训练时损伤的发生及受损部位与训练动作的重复性有很大关系。近来的一篇调查研究强调了引起损伤的几种地面相关风险因素，包括地面建设、位置、表面的构成、保养及使用等情况（框图 28-1）。

框图 28-1　增加和减少与赛场结构及地面有关的损伤风险影响因素汇总

增加损伤风险的因素	降低损伤风险的因素
没有基底	石灰石基底
正常情况下的团块或地面不平	正常状态下保持场地一致性
较深或泥泞的湿地	空气干燥和湿润时保持场地一致性
绊倒	
滑倒	
失去平衡	
室内赛场	
较小的赛场	
场地维护期间有较多马匹训练	
自家庭院式场地	
使用橡胶条（>5cm）	

对于盛装舞步马来说，地面稳定性是需要考虑的最大问题。在跑动中负重（如慢跑芭蕾）时，赛场地面必须能为马匹提供浅表的支撑，并且在推进过程中能提供一定阻力以利于马匹进行有效的大步展示。需要使用黏性较好的颗粒以保证地面的稳定性，但地面不能过于硬实，而且保证当马匹蹄着地时仍有一定程度的前行是非常重要的。站立时相开始时，蹄的滑行是消散能量的一种有效方法，因此，在负重时肢体吸收的能量就很少。摩擦力大的地面可能会增加肢体损伤的概率，这种地面不利于蹄的滑行或轻度旋转。一致性和均匀性也是需要考虑的重要问题。快走的马根据地面特性的变化会相应地大幅度改变步幅，当马以接近其极限的步幅运动时，这种情况会更明显。不一致的地面可能会使马的运步频率发生改变，引起过早疲劳并潜在地降低马的信心，

可能会对比赛成绩造成不良影响。

(三)其他比赛

进行三日赛的马在比赛过程中可能经历不同类型的场地。盛装舞步和障碍赛阶段会在人造场地上进行，越野赛在草地上进行。这些比赛场地应该按照准备单纯盛装舞步或障碍赛的要求进行准备，以限制马匹肢体经受的负荷。

西方驾车赛和绕桶赛的训练场地对马的跛行具有重要影响，因为这些马需要在地面上滑行，而不是迅速停止。沙地通常是这些赛事场地的首选。场地的表面应有充分的活动性以使马在滑行停止时能推动其前行，但这种表面又不能太深，否则会增加软组织受损的风险。沙地应该比较轻，但不能太粗糙，因为沙会接触到骹和球节的背面。

马球比赛也是在人造场地上进行。场地的稳定性可确保马匹能做轻度的回转，同时仍能适度滑行将阻力降到最小，这样在高速运动时肢体不会遭受过大的负重。

四、日常维护对人造场地力学特性的影响

场地的日常维护可降低赛事中马的受损风险，这一点非常重要。一篇有关盛装舞步场地评估的报道显示，在每个维护时间间隔中，赛场内比赛的马较多时会增加受损的风险。在不愿改变场地特性且使用频率较高的赛场比赛，受损风险较高，过去两年内，在这些场地接受训练的马比在利用率低的场地内训练更易出现跛行。

有关运动马所用场地维护的程序尚无太多可用的信息。过去的研究发现，耙地可降低木屑、沙、土和泥土跑道的硬度，并能提高泥土和木屑地面的均匀度，因此，可提高作用于蹄部垂直力的一致性。

运动马赛场地面的维护（浅表耙地和洒水）可改变地面的特性和马匹的运动模式。在另一报道中，通过浅表耙地和碾压来检测地面条纹，最后，也得出了相似的结论。这两个结果都提示马对地面特性的变化较为敏感，对不同的赛场之间和同一个赛场内地面特性的变化均敏感。鉴于此，在不同的场地对同一运动马进行交叉训练，对其本体感受的改善具有重要作用。场地维护的一个重要目标是，在同一赛场使地面特性保持最大的一致性，因为如果地面特性的变化较大，会引起马的步态发生变化，这样易造成马匹疲劳，而且存在影响成绩和易发损伤的风险。

制订适合假定赛场的地面组成、使用方式和不同位置的维护日程表非常重要。对蜂蜡包埋的沙地和橡胶场地进行浅层耙地意味着将要重新分配地面的最上层成分，并提高了它的稳定性，但这种方法仅对地面最上层有效（大概 5cm）。然而，浅层耙地对于改善赛场表面的均匀性无效，因为均匀性通常会受到较深层特性的影响，但耙地工具不易达到这个深度。因此，常规的深层耙地配合浅层耙地可能有利于保持地面所有层次的一致性。在沙地和纤维地面上洒水可改善地面的稳定性和一致性，这样有利于维持马匹平衡和减少表面不稳定相关的损伤风险。尽管用水保持地面的均匀性十分重要，但地面的湿度不能太大，因为区域湿度不均匀和泥泞的地面会增加损伤的风险。

推荐阅读

Barrey E，Landjerit B，Wolter R. Shock and vibration during the hoof impact on different track surfaces. In：International Conference on Equine Exercise Physiology 3，Uppsala，Sweden，1991：97-106.

Biomechanical effects of track surfaces. In：International Conference on Canine and Equine Locomotion 7，Stromsholm，Sweden，2012：69-80.

Chateau H，Robin D，Falala S，et al. Effects of a synthetic all-weather waxed track versus a crushed sand track on 3D acceleration of the front hoof in three horses trotting at high speed. Equine Vet J，2009，41：247-251.

Clayton HM. The optimal surface for training and competing. In：Management of lameness causes in sports horses，conference on equine sports medicine and science，Cambridge，England，2006：33-42.

Hernlund E，Egenvall A，Roepstorff L. Kinematic characteristics of hoof landing in jumping horses at elite level. Equine Vet J，2010，42：462-467.

Kai M，Takahashi T，Aoki O，Oki H. Influence of rough track surfaces on components of vertical forces in cantering thoroughbred horses. Equine Vet J，1999，30 (Suppl)：214-217.

Murray RC，Walters JM，Snart H，et al. Identification of risk factors for lameness in dressage horses. Vet J，2010，184：27-36.

Murray RC，Walters J，Snart H，et al. How do features of dressage arenas influence training surface properties which are potentially associated with lameness? Vet J，2010，186：172-179.

Parkin TDH. Workshop report：epidemiology of training and racing injuries. Equine Vet J，2007，39：466-469.

Peterson ML，McIlwraith CW. Effect of track maintenance on mechanical properties of a dirt racetrack：a preliminary study. Equine Vet J，2008，40：602-605.

Peterson ML，McIlwraith CW，Reiser RF. Development of a system for the in-situ characterization of thoroughbred horse racing track surfaces. Biosystems Eng，2008，101：260-269.

Peterson ML，Reiser RF 2nd，Kuo PH，et al. Effect of temperature on race times on a synthetic surface. Equine Vet J，2010，42：351-357.

Ratzlaff MH，Hyde ML，Hutton DV，et al. Interrelationships between moisture content of the track，dynamic properties of the track and the locomotor forces exerted by galloping horses. J Equine Vet Sci，1997，17：35-42.

（吴丙桥　译，那雷　校）

第 4 篇
传染病

第 29 章 兽医院的生物安全

Helen Aceto

本章主要目的是对生物安全进行概要性论述，并有针对性地给出管控马医院感染风险的建议。

一、何为生物安全？为何需要注意生物安全？

在兽医院中，“生物安保”一词（防止一种疾病病原进入某生物种群）的含义与“生物保护”（控制某引进病原的扩散）常被混淆，使得“生物安保”常与“感染控制”交替使用，主要指所有旨在阻止或者限制传染病引入一组病畜和被看护动物群体内并在群体内传播的行为措施，进而保护人类、动物和环境健康。但对于兽医院，临床上动物感染的各种病原有潜在传染给医院其他动物的可能，同时处于亚临床状态的病原携带者又可能无法有效诊断，这些情况经常存在。此外，兽医院里的动物与正常状态下的动物情况有所不同。兽医院里的马匹，比正常马匹更容易传播或感染病原体。这是因为它们可能处于应激状态，对病原产生免疫应答的能力较弱，可能营养失衡或菌群紊乱，可能接受抗生素治疗，可能与已知的各种感染危险因素接触，并与暴露在其他风险因素下的动物近距离接触。此外，来自不同马场的马匹，常被混入一群，这也会给传染性病原体感染非感染马提供潜在机会。毫无疑问，马医院是一个容易发生传染源引入和再发感染的地方，并且也是导致传染病蔓延的病原体长期存在的地方［比其他地方出现多重耐药（MDR）菌的概率更高］，可能出现大量病原，并容易传染给易感动物。事实上，兽医院里的马匹作为与不同马群联系的网络节点，会在向其余马群传播病原中起到一定作用。而当需要考虑生物安全时，这一点必须予以重视。因此，每个兽医院的护理准则应包括高水平的卫生保健、规避传染源在人与动物之间的传播风险，以及在任何情况下尽可能减少感染风险的规程。而制订一个生物程序（ICP）的目的，就在于通过制订一些必需的方针和步骤去有效管控和降低感染风险，包括医院获得性感染。

二、生物安全计划的制订与执行

没有任何一个生物安全程序（ICP）可以互相替换或适合所有的兽医院，但 ICP 的某些方面是所有马医院应考虑的。无论何等规模的兽医院，在诊治动物疾病过程中，

都需要管理者的支持和全体员工的参与及对ICP的必要理解，这对成功很重要。有效的ICP应同时兼具可行性和可评估性；最理想的方式是最好有专人对生物安全进行监督和报告。当然，这对于大一些的兽医院可能是可行的，同时也是被要求的，对小兽医院来说可能并不适用。对于小规模的兽医院来讲，如果有一个精通数据管理的人，能够每天审查和管理监测数据、监测每天的感染动态和感染控制工作，同时将监测的结果报告给主管兽医或政策制订负责人，是比较可行的办法。用于指导建立一个综合性ICP的基本步骤见框图29-1。尽管框图29-1中的原则是基于小到中型兽医院而制订的，但对于所有类型的马医院来讲，本质上是类似的。当然，一个马医院到底可以将生物安全执行到何种程度，这还要综合考虑多种因素，包括门诊病例的大小和类型、兽医院设施的大小与设计特征、工作人员的水平与财力因素，以及风险规避的水平等。

框图 29-1　小到中型兽医院的生物安全程序

1. 应指定一个高级别人员总体负责感染控制。
2. 应考虑委派一名专业技术人员开展日常活动，包括监测、数据采集、恰当地进行预防工作以及其他职责等。
3. 统计以下情况的发生率：
   a. 接触传染性疾病的病原体，如沙门菌、马链球菌、马疱疹病毒1型（EHV-1）、马传染性贫血及其他可能发生在医院及转诊区的病马中的病原。
   b. 伤口感染及其他医院获得性感染。
   c. 耐药菌感染及核对有效的抗菌药物谱。
4. 有计划地收集以上a、b、c三方面信息。
5. 应设定隔离区用于处置疑似沙门菌、马链球菌、马疱疹病毒1型、马传染性贫血病毒和其他可能发生的病原体（框图29-2）感染的马匹。应制订有效策略用于保障隔离区的运行。
6. 查看可用的设施和人员情况；确定是否接收可能需要隔离处置的马匹（框图29-2）。即使决定不接收须隔离马匹，还须考虑到在常规住院期间发生病原体感染的马匹对隔离设施的需求。
7. 对病例进行总结并分类。根据现有设施和人员的情况，评估在兽医院对不同类别感染马匹进行分区域隔离的实际可行性。
8. 考虑控制感染时要时刻注意查看相关设施和通行的情况（动物和人）；哪些地方可行，哪些需要做必要的改变。
9. 确定接触传染性疾病和医院获得性感染的发生率，以此作为制订ICP的基础和评估传染病流行率的手段。在获得上述数据的基础上，制订一个前瞻性的监测计划，有针对性地收集信息并提交采自病患和医院环境的细菌用于培养分析。以基于实时掌握的临床病症（如炎症）和体征检查（如胃肠道）的综合辨证法，监测医院获得性感染动物，替代更为费钱、费力的实验室诊断。即便病例的数量和性质并不支持进行主动监测，仍须密切监测病患以及关注对与感染问题相关的临床报告的判定结果。同时，还要制订相应的行动预案。当确认感染发生符合设定标准时，该预案可自行启动及执行相应应答措施。
10. 检查兽医院的抗菌药物的使用情况，应遵循审慎使用的原则。如有必要，须根据MDR感染的发生率和本质特征制订相应对策。
11. 制订清洁、消毒、废物处理及表面维护的程序和时间表，以确保环境的封闭和洁净。
12. 要向医院的兽医、工作人员和客户讲解时刻警惕感染的必要性和所制订感染控制策略的内容。确认已告知客户有关感染的风险，且所有沟通应有相应记录。
13. 定期回顾收集的数据和所制订策略是否合适。
14. 不断评估、优化效益与风险及效益与成本间的比例。

三、生物安保计划的构成

（一）保护性措施

1. 依据风险程度进行隔离

应该将患病动物划分到不同的风险组别：按高、中、低来进行风险组别划分是比较方便和容易理解的方式。划分高、中和低风险组的基本原则为，低风险组仅在某些情况下存在，中等风险组应包括非胃肠急症和接受抗生素治疗超过 72h 的患病动物，而高风险组别主要倾向于易感传染病个体，如新生幼驹，尤其是明显体弱的个体。除此之外，高风险组别应主要指有已知感染或疑似感染或与患畜有接触史的个体，这些个体的存在会给其他动物和医院的环境带来风险。如果马匹感染的是人兽共患病的话，还会给兽医院工作人员带来风险。有充分证据表明，患急性腹痛的病马存在双重威胁，一方面，病马有患各种类型传染病的可能；另一方面，又可能通过肠道排出病原微生物，尤其是沙门菌。只要存在感染的可能，就应将不同风险组别的患畜分开饲养，同时应限制或禁止（对于隔离区的病畜）不同饲养区间的动物和人的相互接触。如果患病动物住院期间风险评估状况发生变化，须立刻通知病畜主人，并在病历中做好相应记录。在马医院里，应该有指定区域用于隔离病畜（框图 29-2），且最好是与低风险动物实现物理性的隔离。至少应设置一个或多个远离人员与动物主要流动区的畜栏用于隔离存在感染风险的动物。当空间有限时，可以在畜栏周围或畜栏与医院其他区域间设置屏障以限制进入；有时胶带等简单物品也可以起到隔离作用，虽然它们可能并不是最理想的隔离方案。

框图 29-2　应须隔离动物（或至少进行障碍隔离）的确定

- 证明粪便中有沙门菌或发生胃肠道返流的动物，即便没有任何临床症状。
- 出现急性腹泻的动物。
- 不明原因发热和白细胞计数异常的动物。
- 发生与抗菌药物使用或其他情况相关的腹泻，如进食过量时，需要评估其他临床症状以确定是否需要隔离。
- 发生急性腹痛且同时伴有沙门菌感染的相应临床症状的马匹。
- 已知或疑似感染马腺疫，或来自发生过马腺疫疫情马场的马匹。
- 出现神经症状且疑似感染 EHV-1 或直接或间接与 EHV-1 感染阳性马属动物有过接触的马匹。
- 近期发生过流产且原因可能是 EHV-1 感染的母马。
- 疑似感染狂犬病的马匹。
- 确定或疑似感染隐孢子虫的马匹。
- 确定马匹发生耐甲氧西林金黄色葡萄球菌感染，而感染发生的地点又是使用明沟排水的区域。
- 发生 MDR 感染，且呈现潜在人兽传染风险的马匹。
- 发生严重的癣、寄生虫病和细菌感染性皮肤病的马匹。
- 疑似感染任何外来病或美国农业部及世界动物卫生组织通报的必须隔离的传染性疾病的动物，必须予以隔离处理，同时应与相应部门取得联系。

2. 卫生、消毒

为预防传染源在患畜间或从污染的环境向动物传播，有效的清洁与消毒是非常必要的。为了有助于环境清洁和消毒，动物房和诊室的空间表面应确保做到无缝隙且表面最好喷涂油漆。选择消毒剂时的注意事项和普遍使用的清洁、消毒程序见框图 29-3、框图 29-4。如果使用动力喷雾器，一般推荐选用低压力型设备。虽然高压设备可帮助去除顽固病原，但同时也可能使病原微生物进入到木材等的缝隙、孔洞中，不利于对病原的彻底清除。高压装置还可能会产生大量气溶胶或发生过量喷洒，致使病原体可能播散到之前并未被污染的区域。如果条件允许，熏蒸可能是最有用的清洁方式。显然，对剪毛刀、剪毛刀片以及所有用于病畜的其他设备，都应该进行适当的清洁和消毒。而手的卫生和整体清洁度就更无须过多强调。应该注意对工作人员强调，做好手的清洁是个人的责任，以及使用恰当方式保持手部卫生的必要性（即在处置病畜时须戴手套）。

框图 29-3　清洁剂和消毒剂的选择

- 如果表面不干净是不能被有效消毒的！
- 应该使用常规阴离子清洁剂对动物房、保定区和手术设施等进行清洁。
- 选择消毒剂时，考虑成本固然重要，但更应充分考虑消毒剂的有效性、易用性以及可能的毒副作用等。
- 确保选择的所有清洁剂和消毒剂是相容的；避免组合后生成氯气。
- 警惕消毒剂对设备、工作人员和环境的潜在负面影响。例如，长期使用一些消毒剂，尤其是强氧化剂如过氧化物，可破坏设施的表面材料（特别是除不锈钢以外的金属、混凝土、瓷砖等）。表面完整性被破坏后，很难再保持表面的密封性，清洁起来也将更加困难。
- 一些消毒剂的长期使用，可在一些表面形成一层薄膜，尤其是在足浴盆和门垫上。由于薄膜比较光滑，妨碍有效的清洁。适当改变足浴盆和门垫的摆放位置或调换不同的消毒剂，可避免发生上述问题。
- 预包装的消毒布对精细设备和敏感区域硬表面的消毒很有用。在一般情况下，用戊二醛或加速过氧化氢制备的消毒布优于含有季铵盐消毒剂的消毒布。

框图 29-4　一个有效且广泛应用的清洁、消毒程序案例

1. 准备用于清洁和消毒工作的全部材料安全数据表（MSDS），按照说明进行混合、处理，并穿戴好个人防护设备（如手套、眼罩）。
2. 开始清洁前，应先移除所有可见有机物（如草垫和粪便）。
3. 用阴离子去垢剂清洁表面。表面清洁可以去除掉生物膜和难除掉的有机物，该清洗过程在动物饲养区尤为需要。
4. 用清水冲洗。必须时刻注意清洗的范围和消毒用品的使用程序，以避免过度喷洒。
5. 冲洗后，须使表面干燥或至少应去掉大部分水。如果有多余水留存，可能会使后续使用的消毒剂被稀释，影响消毒效果。
6. 之后开始使用消毒剂并确保适当的作用时间。稀释后的漂水（2%～4%浓度）至少需要作用 15min，才能保证效果。该消毒剂比较便宜，但也不一定是最有效的选择。可选的其他消毒剂还包括季铵盐消毒剂（如 Roccal D，Zoetis Inc.）、含有季铵盐和戊二醛的消毒剂（如 Synergize，Ivesco）、含苯酚的消毒剂（1-Stroke Environ，Steris Life Sciences）、过氧化氢（Accel TB，Contec Inc.）或其他过氧化物类消毒剂（Virkon-S，DuPont）。不同的消毒产品常有不同的推荐稀释度和作用时间。使用定量喷壶或泡沫发生器可确保准确的稀释度，泡沫喷洒可以提高接触效果。
7. 之后，用清水充分冲洗，并让清洗表面尽可能充分干燥。
8. 在已知污染或高风险区域，可使用另一种消毒剂，如过氧化氢等，再进行一次消毒处理。同时需要保证至少 10min 的作用时间。

（续）

9. 再次用清水冲洗（尽管一些消毒剂使用后未必都需要清水冲洗，但冲洗过程可防止残余物随时间的增长而积聚）。
10. 干燥过程对实现最好的消毒效果非常重要；在重新放回动物或铺垫草之前，应使消毒区域尽可能干燥（最好能做到完全干燥）。如果收集清洁后期的环境样品，那么消毒区域必须完全干燥。

3. 防护服和隔离管护

处于低或中度风险组别的患病马群，使用隔离预防措施的可能相对较低，应依据传染病的发生率确定是否进行隔离。一般情况下，处理这些病马时，不需要穿防护服，但好的手部卫生与鞋（应该是安全、可防护和干净的）、衣服、个人设备（如听诊器）的清洁是很重要的。对处理高风险或隔离病畜时使用个人防护设备的建议见框图 29-5。除个人防护外，摆放好消毒脚盆或门垫等是必要的（特别是在强制隔离的情况下）。放置消毒脚盆的作用有多大，意见常不统一。但如果管理不当，则一定没有效果。一旦摆放了消毒脚盆，则须保证脚盆的清洁和定期更换消毒液，至少每天 2 次。

框图 29-5　用于隔离管护的个人防护装备的使用建议

- 虽然会明显增加开支，但必须考虑使用一次性防护服，包括塑料防护衣或一次性工作服、手套、塑料靴等。对于那些挂在围栏门上的重复使用的防护服，在使用或悬挂的过程中，里外都有被污染的可能。
- 用于隔离管护的理想的个人防护设备，应包括一次性连体工作服，橡胶高腰套靴并外配塑料鞋套、手套、外科用面罩和发罩（可能不是所有情况都需要），以及护目镜或护面罩，某些情况下（如感染狂犬病）还须使用 N95 型口罩。
- 推荐使用连体防护服而不是长外衣，因为长外衣并不能充分保护小腿部位。即使穿了高筒靴，腿部后面仍很难予以完全遮盖。
- 不防水的聚丙烯材料的工作服相对便宜，一般情况下使用也比较好，但如果发生遇水的情况（如跪在关有马驹的马厩旁或近距离接触患腹泻的马驹或严重腹泻的成年马时），应穿戴具有防水作用的 Tyvek-型（杜邦）连体防护服。
- 无论使用何种类型的个人防护装备，使用者均须掌握使用规范及区分清洁和污染的差别，以确保装备的正确使用和脱去装备，以及人员在这些区域间的适当转移。
- 当个人防护装备发生破损时（即使只有手套破损），也必须要注意正确的洗手和消毒，用于洗手的器具或酒精消毒液等须做到随时可用，最好在最接近脱去防护装备区域进行清洗消毒。

4. 废物处置

具有传染性的废物会污染环境并会成为感染人畜的传染源，所以具有传染性的废弃物的管理也是医院生物安全管理中的一个重要组成部分。所有尖锐物品应放入指定容器或根据当地法规进行处理。其他感染性物料，在处理前应于恰当区域高压蒸汽灭菌。处理大量垫料等废弃物比较合适的方法包括堆肥降解、投入指定的垃圾填埋池或进行蒸汽熏蒸等。

5. 抗菌药物使用

细菌性病原体的耐药性不断提高，并且许多与马医院相关的病原属于广谱耐药菌。一个好的 ICP，应确保抗菌药的使用尽量保守并与用药原则相一致。建议根据临床情况确定抗菌药物使用原则，该原则的制订也需要基于对微生物耐药趋势的监测。如果有必要，还须考虑在一些规定处方中限制抗菌药物的使用。

6. 其他考虑

控制昆虫、啮齿动物、鸟类和其他动物等可能接触和传播相关病原的生物。适当使用牧草和小牧场以限制感染风险。控制访客和以步行方式发生的人员流动。建立措施用于调控对高风险病例的接触，除某些极特殊情况（比如对病患进行安乐死之前）外，否则禁止来访者接触。

7. 教育

培训和教育需要有效整合到任何 ICP 中。其重点应放在关注动物疫病的重要性，疫病的传播途径，如何保持高标准的卫生措施，以及如何正确使用个人防护装备等。

（二）监测和监督

1. 内部、病畜和环境

做好对病畜的监测，是控制感染的基础。这包括主动收集、整理医院获得性感染的数据（如血栓性静脉炎、麻醉或呼吸机相关性肺炎和手术部位的感染等）；评估广谱耐药菌的感染及临床分离的细菌的耐药趋势；以及部分或全部病畜的特定病原体的主动监测。医院环境的监测并不意味着只是进行微生物的评价，也应包括确保恰当的卫生措施和控制可能妨碍清洁的杂物。然而，环境样本收集有助于确定哪些患畜、何种流动形式以及用于指示医院污染风险的程序等；在大型的动物医院，沙门菌是通常用于评价 ICPs 的生物反应器，而使用其他有机体作为生物反应器时，则须在特殊情况下做必要程序调整。一旦开始环境监测，人畜频繁流动区域、治疗区域以及饲养高风险病畜的畜舍等都应是需要予以重点关注之处。如果一个环境采样策略可行，则首先需要收集一些基础数据。如果没有这些基础数据，则很难对发生疫情的可能性做出有效评估，包括确定是否为医院获得性感染、感染率是否增加以及采用的干预措施是否有效等。

2. 外部

负责监管生物安保程序的人员需要知道，基于已有依据为基础对生物安保程序进行不断地修正、完善，是必须要进行的工作且该过程对于生物安保程序的持续成功应用是至关重要的。这要求监管人员不仅要及时掌握医院内发生的感染事件，同时还要了解发现医院外发生的感染威胁。对生物安保程序的调整，即需要依据已有相关文献的研究总结，又需要对医院内外、国内甚至国际传染病疫情流行威胁的全面认知。

推荐阅读

Aceto HW. Biosecurity. In：Southwood LL，ed. Practical Guide to Equine Colic. 1st ed. Ames，IA：Wiley-Blackwell，2013：262-277.

Aceto H，Dallap Schaer BL. Contagious and zoonotic diseases，and standard precautions and infectious disease management. In：Orsini JA，Divers TJ，eds. Equine Emergency Treatment and Procedures. 4th ed. ，St. Louis：Saunders Elsevier，2013，in press.

American Association of Equine Practitioners. Biosecurity guidelines. Available at http：//www. aaep. org/pdfs/control _ guidelines/Biosecurity _ instructions% 201. pdf；and Biosecurity guidelines for suspected cases of diarrheal disease. Available at http：//www. aaep. org/pdfs/control _ guidelines/Diarrheal % 20Guidelines. pdf. Accessed March 12，2013.

Bain FT，Weese JS，eds. Infection control. Vet Clin North Am Equine Pract，2004：20（3）.

Benedict KM，Morley PS，Van Metre DC. Characteristics of biosecurity and infection control programs at veterinary teaching hospitals. J Am Vet Med Assoc，2008，233：767-773.

Caveney L，Jones B，Ellis K，eds. Veterinary infection prevention and control. 1st ed. Ames，IA：Wiley-Blackwell，2012.

Center for Food Security and Public Health，Iowa State University. Disease information and many biological risk management，infection control，and disinfectant resources. Available at http：//www. cfsph. iastate. edu/? lang = en. Accessed Mar 12，2013.

Dallap Schaer BL，Aceto H，Rankin SC. Outbreak of salmonellosis caused by Salmonella enterica serovar Newport MDR-ampC in a large animal veterinary teaching hospital. J Vet Intern Med，2010，24：1138-1146.

Dunowska M，Morley PS，Traub-Dargatz JL，et al. Biosecurity. In：Sellon DC，Long MT，eds. Equine Infectious Diseases. 1st ed. St. Louis：Saunders Elsevier，2007：528-539.

Morley PS，Weese JS. Biosecurity and infection control for large animal practices. In：Smith BP，ed. Large Animal Internal Medicine. 4th ed. St. Louis：Mosby Elsevier，2009：1524-1550.

Morley PS，Burgess B，Van Metre D. Biosecurity standard operating procedures：James L. Voss Veterinary Teaching Hospital. Fort Collins，CO：Colorado State University，2011. Available at www. csuvets. colostate. edu/biosecurity/biosecurity _sop. pdf. Accessed Mar 12，2013.

Morley PS，Anderson ME，Burgess BA，et al. Report of the third Havemeyer workshop on infection control in equine populations. Equine Vet J，2013，45：131-136.

National Association of State Public Health Veterinarians，Veterinary Infection Control Committee：Compendium of veterinary standard precautions for zoonotic disease prevention in veterinary personnel and model infection control plan for veterinary practices 2010. J Am Vet Med Assoc，2010，237：1405-1422.

Sellon DC，Long MT，eds. Equine Infectious Diseases. 1st ed. St. Louis：Saunders Elsevier，2007.

Smith BP，House JK，Magdesian KG，et al. Principles of an infectious disease control program for preventing nosocomial gastrointestinal and respiratory tract diseases in large animal veterinary teaching hospitals. J Am Vet Med Assoc，2004，225：1186-1195.

（王晓钧、马建　译，李春秋　校）

第 30 章　马场的生物安全

Nathan Slovis

马行业里一直将兽医认为是获取有关感染和感染预防知识的来源。马主也认为兽医了解传染病的病理生理学，所以他们也知道传染病的预防、控制和流行病学。而现在，兽医的作用已经扩大到生物安全和生物防护。鉴于兽医们的专业技能，当疫情发生时，马行业里已将他们视为可承担应对疫情的领导者、教育者和导师的角色。生物安全和生物防护程序的有效使用，不仅对于兽医院，而且对于马匹的日常饲养场、训练场和任何其他马匹成群饲养的地方，都十分必要。

生物安全程序的评估应该像体检一样。其主要目的是找出在设施设计、标准操作程序、人员培训、动物饲养和动物转移等方面的不足之处。如果业主或雇员根本没有真正想进行评估，仅仅是为达到职业卫生安全与健康管理局的要求而希望通过评估，此时进行的评估是毫无意义的。当与管理者或员工交谈时，重要的一点是发现标准操作程序的执行情况。通过单独询问雇员一些问题，如"如何处理流产胎儿、动物腹泻和新引入动物?"，如果他们的答案一致，才能确认他们接受的训练效果。在走访马场前，兽医应该要求被走访的马场不要在他们到达前准备任何应对方案或程序。兽医应该主动观察马场的日常活动情况并拍摄相应的照片，同时也应记录相关细节，这有助于帮助他们在离开马场后更容易回忆起走访时的调查发现。最理想的情况是，在马场处于正常情况时进行生物安全的评估，但实际上绝大多数情况下，马场都是因为疾病暴发才进行生物安全评估。

一、传染源传播的控制

在任何生物安全计划中，预防都是最重要的措施之一。传染源的传播需要一个提供传染病病原的来源（或储存库），一个可感染病原的易感宿主，及一定的传染源传播模式。通过确定病原体存在的区域或借由何种方式完成传播，为采取恰当措施尽可能降低该传染源的传播提供了机会。在为抵御传染病而进行的评估、实施预防及控制活动过程中，需要找出每种病原体传播链上的最薄弱环节（传染源-传输途径-宿主）。如果可能的话，建议在允许动物合理流动和活动的情况下，完成上述工作。

感染动物和有接触性传染病患病史或传染病临床症状的动物必须禁止与养殖场内其他健康动物直接接触。应根据传染源的传播方式，确定切断传播途径的策略。例如，发生可通过空气传播的传染病时，应将感染马隔离在未饲养健康马匹的圈舍里或不与

健康马匹共享空间的场所。若传染源使用的传播媒介是生物媒介，如水疱性口炎可通过虫媒传播，则需要通过使用驱虫剂消灭传播载体，进而阻止传播。鼠类常作为传染病的传播载体，因此，应定期捕鼠，这就需要时刻确保捕鼠诱饵的新鲜。

一般来讲，针对传染病最好的预防方法是改变宿主，如通过主动接种和加强免疫提高宿主免疫力。如果有可用的疫苗，接种疫苗应作为传染病综合防控主要的措施，但同时还应该综合考虑其他针对宿主的控制措施，如使用抗菌药物进行预防或通过改善因营养缺乏而抵抗力低下动物的营养状况以增强其对疾病的抵抗能力。

防控策略的可行性也是评估的内容。是否可行不仅取决于种群数量等因素，而且要考虑实施中对设施的要求，实施成本和资源的可用性。即便是执行和维持一个最基本的生物安全措施，也需要训练有素的工作人员和有适当监管的人力资源部门。多起疫情调查的结果表明感染的发生与人员配备不足是有关联的，该关联同时也与较差的手部卫生有关。以碎木覆盖的旧牲口棚非常难清洁（图30-1）。用聚氨酯密封墙可能会有帮助，但该操作必须在既定、循环的基础上重复进行。有些农场可能无法做到如对每匹马都配备专用的牵绳和笼头等这样的理想状况。由于不能做到对新买入的马匹强制检疫和认真隔离，经常进行买、卖马等活动也可能会带来传染病暴发的风险，如链球菌感染等。

图 30-1　木墙表面裂纹且地板需要重铺的旧牲口棚，对于这种结构的设施很难做到有效地消毒

监测作为传染病控制程序的一部分内容，对评估生物安全程序的有效性至关重要。监测过程中收集的数据，不仅可提供有关当前执行程序的信息，也可提供对存在潜在威胁的传染病的早期预警。监控工作的类型将取决于成本、效率和圈舍中发生高风险病例的发生数等因素。

（一）监控程序

主动监测很容易进行且可以采取多种形式，如果只想监测一个或多个相关病原，最常用的方法是从马场的病马中采集一种或多种样品（鼻拭子或粪便）。因为对每匹马都采集样本用以检测可能的传染源是不可行的，因此建议监测时只需对农场中的高危马群进行主动监测，并确定最应关注的病原体。例如，刚从兽医院出院的马匹可能会排出沙门菌，从而导致沙门菌病的暴发。因此，对于一个大农场，当将大量马匹送入诊所进行骨科矫正或胚胎移植后，出院时对这些马匹的粪便做细菌培养，对该农场的马群健康是有好处的。对于明确排出沙门菌的马，需要给予相应的防控措施，同时须进行医院源沙门菌感染的快速检测。

在马场，环境监测是比较容易执行的。主要需要对环境样品进行采集用以对已知存在于土壤、灰尘或水中的微生物进行培养。如在可能存在破伤风杆菌感染的农场，可用静电布擦拭畜栏、设施、处理室的表面以采集环境样品，并通过实时聚合酶链式反应对采集样本予以检测。

(二) 感染控制计划

在制订感染控制计划之前，应委派该农场的一名员工作为该感染控制工作的负责人。该员工应该与兽医师的工作密切相关，并负责感染控制计划（兽医师写的）的执行，包括至少一年对程序进行一次更新，处理疫情报告，收集及传送数据，负责记录并监督实施等。正如美国公共卫生兽医协会的兽医预防标准纲要所要求的，一个有效的感染控制计划必须符合一定的标准。它应当反映之前提及的感染控制原则，对具体实施的马场及操作模式具有针对性，具有较好的灵活性以便于整合入新出现的问题和增加新知识，以及需要提供清晰、有条理的指导原则，明确所有工作人员在感染控制计划中的任务等，同时还需包括一个对感染控制执行的评估程序。此外，该计划还应提供联系信息，资源，参考文献，需专门报告的疾病列表，当地公共卫生部门的联系方式，狂犬病防治规范和环境卫生管理条例，职业安全与健康管理局的要求，以及网站和客户教育材料等。

感染控制计划的另一个重要内容，是需要对制订的计划进行持续更新。对于新发和再次发生的传染病，如流感和耐药菌感染，至少应每年根据传播、预防和病原体防控的新进展对感染控制计划进行更新。感染控制计划中还应包括对不同类型的马场相关病原体收集数据的有针对性的指导原则，如针对抗生素耐药病原菌、人兽共患病或医院源感染的指导原则等。

(三) 教育、培训和执行

没有对员工的教育、培训和执行，制订的感染控制计划不会有效。教育和培训有助于确保执行计划的一致性，也有助于检视制订感染计划的全过程。此外，已有政策表明严格评估感染控制计划的执行过程，从法律责任角度看，可能有助于控制医院源感染或人兽共患传染病的发生。

(四) 环境清洁和消毒

合理的清洁、消毒是减少环境中的传染病病原体的有效方式。在设施表面喷洒消毒液之前，须先去除污垢和有机物质。对消毒剂进行适当稀释并保证足够的作用时间，是杀灭环境中微生物的关键因素。一般情况下，漂白剂与水溶液按 1∶32（4oz[①] 漂白粉加入 1gal[②] 水中）的比例稀释后对存在较低水平有机物的区域是有效的。然而，在多数马棚内，有机物质很难被完全清除。通常需要使用在存在有机材料如酚类物质或强过氧化氢的情况下仍具有活性的消毒剂。此外，使用任何消毒剂时都应遵照生产商

---

① oz 为非法定计量单位，1oz=28.349 52g。——译者注

② gal 为非法定计量单位，1gal=3.785 412L。——译者注

的建议和说明书的要求。清洁时使用的刷子等工具在使用后需要浸泡在装有消毒液的容器中并确保达到最短的作用时间要求，以完成彻底消毒（框图 30-1）。

框图 30-1　马舍与运载车辆的消毒方案

1. 在马离开马厩后，须尽快执行消毒程序。
2. 在清理马厩时，要穿工作服、戴手套。
3. 清除完所有的粪便、草垫和饲料之后，把所有残留杂物堆积起来，并清理掉。
4. 使用水清洗马舍，但不要用高压水枪，以免产生气溶胶，引发传染性物质的播散。
5. 用低压水枪冲洗马舍里面的门、墙以及地板。
6. 尽量将所有可见的松散颗粒物质冲洗到下水道，或马舍及车外。
7. 使用硬毛刷蘸洗涤剂用力擦洗马舍及载运车内部，洗刷的力量至少达到 20lb①。
8. 使用长柄刷快速擦洗以除掉所有表面（地板、墙、窗户以及门）的杂物；使用短柄刷子清洗料槽、平底盆以及其他太小不适合用长柄刷清理的地方，如壁架、灯周围、马舍门插脚和排水口等。
9. 重复上述步骤直至圈舍里外表面包括门插脚和壁架等都被清洗至少两遍。
10. 用同样的方法清洗两次地面。
11. 轻柔地洗掉洗涤剂，如果仍有粪便、血液或泥土等黏在墙上，应再次进行擦洗，直到清洗干净为止。
12. 需要将所有遗留在马舍里的颗粒物冲入下水道或扫到外面去。
13. 最后，对马舍里面进行一次全面的消毒。如果该马舍分离出特定的病原体，则需要进行 3 次消毒工作。
14. 用合适的消毒水喷雾消毒马舍里的门、墙和地面，使用硬毛刷刷洗两次。
15. 让消毒水在表面作用 15min，然后再用清水冲洗。如果消毒进行了 3 次，那么应同样重复上述清洗的步骤。但在第 3 次消毒时，不用冲洗消毒剂，直接自然晾干即可。
16. 用橡胶扫帚扫掉马舍里面残留的水。
17. 将所有物品和工具晾干并收好，挂好水桶。
18. 进行上述清洗和消毒马舍的每一步骤结束后，均需要用消毒剂洗手。
19. 在运马车里，需要用消毒水喷洒所有手能接触到的地方，包括手推车、车门把手、方向盘和换挡器等。

二、对马场引入新马的生物安全评估的建议

当不同健康状况的马匹混养时，即存在发生传染病的风险。因此，对于马场来讲，完全消除各种传染病的发生风险是不可能的。这就要求农场主和管理人员必须明确马场可以接受何种水平的疾病发生风险。管理人员必须了解传染病的传播方式，以便能够对传染病发生风险做出适当评估，并确定应提前执行的生物安全措施。农场主和驯马员必须知道造成传染病传播的最大风险是马与马之间的直接接触，特别是易感马匹与排毒马匹之间的接触。病马的体液、鼻液、粪便或其使用过的垫草，均可能含有传染性病原体，并借此对圈舍、水桶、马具、服装、工作人员和车辆等造成污染。因此，新引入马场的马匹应至少隔离 2～3 周。这将有助于预防最近有过传染病病原暴露史但没有表现出任何临床症状的马匹将传染病传染给马场中的其他健康马匹。如果做不到完全隔离，也一定要尽量与农场中的大部分马匹隔离开。例如，应把新引进的马养在

① lb（磅）为非法定计量单位，1lb＝0.453 592 37kg。——译者注

马匹流动最少的牲口棚，并且在保定马或清洗马棚时，时刻注意手部卫生。最理想的情况是，将新引进马匹放在一个只有一条单独道岔的小围场饲养，该围场要与其他围场间保持一定的距离，同时使用单独的清洁工具清理该围场。

如果能够在马场建立自己的疾病或发病风险的筛查测试或方法，是很有用的。这种筛查有助于农场管理人员就如何应对由引入马匹带来的风险做出最正确的决定。以对新进马匹的疾病筛查应包括的马传染性贫血筛检为例：来自国家动物健康监测系统（NAHMS）的数据（2006 年）表明，马传染性贫血的筛检是对马场新进马匹进行传染病筛检中的常检项目（分别对 45%的流动但非引入马匹和 62%的引入马匹进行了马传染性贫血筛检）。而同样依据 NAHMS 2006 年的研究数据表明：仅对 9.7%的流动但非引入马匹进行了马腺疫感染的历史追溯调查或筛检，该比例对于引进马匹也只有 14.2%。对马匹进行全部传染病的检测是比较困难的，对于拿到的检测结果还应结合相关传染病理论和具体马匹可能带来的疾病风险进行综合分析。以对所有新引进马匹进行马疱疹病毒和流感病毒的筛查为例，如果管理人员和兽医没有应对马匹感染上述两种疾病的经验，那么他们对于这两种疾病筛检结果的准确分析还是有一定困难的。

（一）疫苗接种

马匹疫苗的接种和健康维护记录应与马匹同时转运。而马场主也应建立针对引入马匹的准入标准，该标准中必须要包括关于疫苗接种的要求。一般来讲，马匹进入或离开该农场 1 个月内，须进行相应的疫苗接种，以保证在可能暴露于疫情之前马匹体内可以产生足够滴度的保护性抗体。所有马匹都应该按照美国马医协会（AAEP）给出的必须接种的核心疫苗（包括破伤风、东部和西部马脑脊髓炎、狂犬病和西尼罗河热）的指导进行免疫。美国兽医协会对建议接种的核心疫苗的定义为：“对一个地区的地方流行病具有保护作用，上述流行病具有潜在的公共卫生威胁，致病力或传染性很强，和/或存在诱发严重病症的风险。”AAEP 也制定了基于疾病风险而给出的各种疫苗的接种原则，被推荐接种的疫苗包括马疱疹病毒疫苗、马流感疫苗、肉毒杆菌疫苗等。在完成风险-效益分析后，上述推荐接种的疫苗将可能被包含在最终形成的疫苗接种计划中。

（二）寄生虫的防控

所有新引进的马匹都应带有详细的驱虫记录。同时，还应通过粪便虫卵计数和马匹排出虫卵的能力对引进时的寄生虫感染状况进行评估。如果新引进的马匹排虫量较多，则须对其进行更密切的监护，以评估合适的驱虫频率，以保证不增加农场的寄生虫危害。只有在上一次驱虫药的作用完全消失后，才能较为准确地估计出马匹潜在的排虫能力（详见第 77 章）。选择合适的时间对于评估排虫能力和进行粪便虫卵计数是很重要的。因为在放牧季节外的其他时间，气候不利于寄生虫的传播，寄生虫会减少产卵。

三、对于管理农场病马的一些建议

（一）将病马与健康马匹进行隔离

已临床康复的腹泻病马或继续排出软便的马匹都有排出带传染性病原体粪便的可能，因此需要将这些马匹与其他健康马进行隔离。多数情况下，只需将这些马匹关在一个单独的马棚里进行隔离，操作相对容易。建立用于隔离的马棚时的注意事项，具体见框图30-2。通常，感染沙门菌的马匹建议至少隔离30d，感染轮状病毒或破伤风杆菌的马匹在粪便正常后仍至少隔离14d。感染沙门菌后康复的马匹，在回归健康马群前还应再次进行粪便沙门菌的培养以确定是否完全康复（详见回归健康马群部分）。此外，也不应使康复的马匹处于有压力的环境中或进行过多活动（如过分使役、长途运输、参加竞技比赛和接收某些兽医治疗等），因为上述情况可能重新引发腹泻或排出病原。

框图30-2 建立用于隔离的圈舍所需要的工具

- 运载车辆。
- 一次性工作服（如油漆工的连裤工作服）。
- 一次性手套。
- 橡胶靴。
- 脚浴消毒盆。
- 垃圾袋。
- 有盖垃圾桶。
- 一次性塑料鞋套。
- 每匹马分别配备的温度计。
- 每个马棚分别配备的清洗设备。
- 每匹马分别配备的缰绳和笼头。

（二）处理感染马

已临床治愈的腹泻马或持续排稀便的马匹都可能排出带有传染性病原体的粪便，因此应谨慎处理，以防止将粪便中的病原体传播到隔离地区以外的其他健康马群中。为避免交叉污染，当处理染病马时，农场工作人员应穿戴手套、靴子和防护服。这些防护用品脱掉消毒后，必须放置在马棚内以便再次进入时使用（最好使用一次性防护服）。此外，应安装消毒脚盆和洗手的设施（应使用肥皂水或手部消毒液，见框图30-3）。但只有在坚持且严格执行以上措施的前提下，防控工作才是有效的。农场工作人员应该时刻记住，传染性病原体是看不见的，可能藏在粪便中黏到马尾巴上并转而蔓延到身体的其他部位或马棚的墙壁、饲料桶、水桶（例如，当水管浸在被传染性病原体污染的水桶中后，无疑将会把病原体带到其他水桶中）和刷毛工具（刷子、梳子）上。农场人员应该了解沙门菌可感染人并致病。沙门菌和其他病原体可造成免疫力低下或缺损者的感染和发病。

框图 30-3　洗手的程序

洗手
1. 先取一条干毛巾搭在手臂上，用于擦拭洗完的双手，这样可以避免接触脏的水龙头或毛巾架。
2. 请使用流动的温水或热水。
3. 请使用肥皂（最好具有抗菌作用）。
4. 彻底清洗手的所有表面，包括手腕、手掌、和手背。
5. 请用指甲刷清洁手指和指甲。
6. 正确的洗手方法是，首先用肥皂泡涂满双手并进行 10～15s 的用力揉搓，然后用清水冲洗干净。
7. 如果手比较脏，可能需多洗一会。
8. 擦干时，应从手指开始向后到手肘。
9. 轻拍皮肤使之干燥要好于擦干，有助于避免皮肤的龟裂和开裂。
10. 用干毛巾关掉水龙头。

含酒精的手部消毒液
1. 仔细检查，以确保你的手看起来是干净的。如果不干净，请用上述肥皂和流水的方法进行手部清洗。
2. 消毒液的使用量：全力按压 1～2 次喷出的液体量或在掌心内足够形成 2～3cm 直径的圆圈大小的消毒液量即可。
3. 手上全部涂满消毒液，特别要注意指尖、手缝间、双手背面和拇指基部等。
4. 带着消毒液揉搓双手，直到手变干为止，这通常需要 20～30s。手在接触病畜或环境表面之前必须完全干燥。

（三）粪便处理

已临床治愈的腹泻马或持续排稀便的马匹可能排出带传染性病原体的粪便；因此，其粪便和污染的草垫不应该放到牧场中其他马匹或动物（如犬、猫和牛等）可以进入并接触到这些污染物的地方。理想的处理方法是，粪便和污染的草垫应予以填埋处理。如果堆肥的污物达到适当温度且几个月内不予使用，该过程可有效杀灭传染性微生物。

（四）清洁与消毒

清理马棚时，须先将草垫和粪便等污物全部清走。在有些情况下必须将墙壁或地板上的粪便擦干净。压力清洗机可能会造成有机体以气溶胶的形式播散到其他圈舍或污染马棚上面的椽子，当存在传染性病原体时，不推荐使用这种压力冲洗设备进行清洗作业。彻底清除粪便等污物后，用洗涤剂和水擦拭墙壁和地板，然后再用清水冲洗。在彻底清洗完毕后，应使用针对疑似感染病原体的消毒液（框图 30-1）进行墙壁和地板的喷洒消毒。

（五）回归正常马群

患病马匹经治疗康复后，不具备作为传染源的条件且也不能将病原体污染到周围环境时，可以放回到健康马群中，但该时间点依据感染病原体的不同而有所差别。感染沙门菌的马匹，可能排菌的时间过程长短不一。确定是否排菌的最好方法是进行粪便的沙门菌培养。大约 60％的沙门菌感染马在康复 30d 后，粪便沙门菌培养会呈阴

性，约95%的感染马匹则须在康复90d后粪便菌培养才能转为阴性。因为很难确定沙门菌感染马匹的排菌时间，因此至少应将感染马与健康马群隔离30d以上。之后，定期进行粪便培养。须依照兽医的建议，每天1次或每周1次采集粪便样本进行菌培养。无论采用何种采样检测频率，至少应获得连续5次阴性培养结果后，方可将该感染马重新放回健康马群。

一般认为，感染轮状病毒的马匹在正常排便后，仍可继续排毒14d。梭菌感染马也具有类似的排菌时间。

推荐阅读

AAEP Vaccination Guidelines. Retrieved May 30，2013，from http：//www. aaep. org/vaccination _ guidelines. htm. Benedict KM，Morley PS，Van Metre DC. Characteristics of biosecurity and infection control programs at veterinary teaching hospitals. J Am Vet Med Assoc，2008，233：767-773.

Burgess BA，Morley PS，Hyatt DR. Environmental surveillance for Salmonella enterica in a veterinary teaching hospital. J Am Vet Med Assoc，2004，225：1344-1348.

California Department of Food and Agriculture. Biosecurity toolkit for equine events. Retrieved May 30，2013，from http：//www. cdfa. ca. gov/ahfss/animal_health/equine_biosecurity. html.

Dunowska M，Morley PS，Traub Dargatz JL，et al. Biosecurity. In：Sellon D，Long M，eds. Equine Infectious Diseases. St. Louis：Elsevier，2007：528-539.

Madigan JE，Arthur R，Madigan S. Basic equine facility biosecurity for horse owners and horse professionals. Published by the University of California—Davis，Veterinary Medical Teaching Hospital. Retrieved May 30，2013，from http：//www. chrb. ca. gov/misc_docs/biosecurity_2011. pdf. NAHMS，2006. Equine biosecurity and biocontainment practices on U. S. equine operations. Retrieved May 20，2013，from http：//nahms. aphis. usda. gov.

Perry K，Caveney L. Chemical disinfectants. In：Caveney L，Jones B，Ellis K，eds. Veterinary Infection Prevention and Control. London：Wiley-Blackwell，2012：85-106.

Slovis N，Jones B，Caveney L. Disease prevention strategies. In：Caveney L，Jones B，Ellis K，eds. Veterinary Infection Prevention and Control. London：Wiley-Blackwell，2012：85-106.

Stockton KA，Morley PS，Hyatt DR，et al. Evaluation of the effects of footwear hygiene protocols on nonspecific bacterial contamination of floor surfaces in an equine hospital. J Am Vet Med Assoc，2006，228：1068-1073.

Traub Dargatz JL，Morley PS，Aceto HW，et al. Criteria for determination of infectious contagious disease risk level of large animal patients and on-farm new arrivals. 2009 American College of Veterinary Internal Medicine Convention Round Table Discussion，Montreal.

（王晓钧、马建　译，李春秋　校）

第 31 章　传染病疫情的处理

Rick W. Henninger

传染病疫情会发生在不同的马群中，不论马群的年龄、性别、品种或用途有何差别。然而，疫情频发的场所往往是来自不同区域马匹的聚集地，如在赛马场、马术表演场、骑马场、育种场和马医院等。在这些场所，马匹会被频繁转运，其所处的环境、管理、社群和饮食环境也相应频繁变化。此外，这些马匹经常被饲养在一个大的圈舍中，共享空间，彼此密切接触。在这些状况下，环境改变引发的应激和马匹间的密切接触将有助于感染的诱发和传播。应激会增强马匹对传染病的易感性，以及会造成隐性感染马体内病毒的再次激活和促进细菌感染马匹的体外排菌。而圈舍角度可影响疫情发生的因素还包括圈舍内马匹的数量和年龄，圈舍的布局和设施通风情况，以及常规的环境卫生和生物安全措施等。

从实际操作角度看，以上提及的多种传染病诱发因素不会被轻易改变。因此，预防传染病疫情暴发的最好措施是尽可能地落实综合、全面的生物安保计划（参见第 30 章）。尽管传染病控制措施不能完全阻止传染病疫情的发生，但它至少会有助于降低传染病引入的风险，并限制传染病在场区内的传播。同时，开展常规的传染病预防措施有助于增加员工对应对传染病发生所应注意的原则和措施的理解。对传染病疫情的处理会是一个花费较多且比较痛苦的过程。由其定义可知，传染病疫情与高发病率有关，这可导致马匹的工作时间减少，且感染马常会有明显的痛苦。经济方面的损失可能涉及因管理、诊断测试和治疗等而增加的成本以及明显减少的收入。出现高死亡率的疫情，往往还会给业主和员工带来极大的、痛苦的额外经济和感情负担。而由此引发的公众对出现疫情马场的负面看法，往往在传染病疫情得到控制后仍会持续很长一段时间。

一、疫情的处理

没有任何一种措施可能适用于所有传染病疫情的处理。疫情处理措施必须依据不同马场的具体情况而定。疫情发生时应最先注意发生疾病的可能种类、传播方式、感染马的数量、是否人兽共患病等。许多马场自身的因素，对执行疫病管理措施往往产生直接的影响，如马场的大小、通风情况、使用地板的种类和墙壁表面结构、病马隔离区、员工数量及工作能力、经济承受力等。制订疫情管理计划的一般步骤如下：

（1）初始病马的确定和检查。

（2）马病的特异性诊断。

（3）建立隔离区和指定有针对性的隔离制度。

（4）建立与相关工作人员的有效沟通机制。

（5）病马的监测和处理。

（6）解除隔离检疫限制，恢复日常管理工作。

疫情处理过程中最重要的一点是，要做到尽早发现并隔离疑似感染马。这需要马场管理人员能做到经常性的主动监测，并能够在意识到疫情可能暴发时采取果断的措施。这些措施有助于阻止或限制疾病的传播以及有助于发现潜在传染源、疾病的传播模式和潜在疫点等重要信息。请注意最先显示临床症状的马匹不一定是最早感染疫病的马匹，因为疫情可能是由临床不明显的马匹传播的，记住这一点非常重要。所有不明原因发热的马，都应先考虑是否具有传染性，直到找到准确的发热原因。尤其是发热马匹最近有出行或与其他新马群有接触史时，应特别考虑是否感染传染性疾病。当农场内多匹马有发热、呼吸道症状和消化道症状时，应怀疑是否出现了某种传染病；具有神经性疾病并伴随有发热的马匹，也应考虑是否是潜在的传染源。暴发的疫情可能与病毒性和细菌性病原体有关。在北美，常发的病毒性病原体一般包括马流感病毒、马疱疹病毒 1 型（EHV-1）、马传染性贫血病毒、轮状病毒和水疱性口炎病毒等。而细菌性病原体主要是马链球菌和沙门菌。

二、诊断

在传染病疫情发生时，通常可以根据病史、病程和临床检查情况做出初步的、综合性的诊断。该诊断有助于发现传染病的传播方式，并指导最初生物控制措施的制订。然而，仅基于上述诊断是不能准确、特异地判定传染病病原的。例如，EHV-1 感染引起的呼吸道疾病与其他某些病毒或细菌引起的疾病，在起始阶段症状极为相似。同样，神经系统以及消化道的症状，也可在多种传染病疫情发生时被观察到。因此，需要实验室检测对疫情进行特异性诊断。基于实验室检测提供的明确诊断信息是实现对传染病疫情整体管控的关键。实验室检测技术可以做到对病原的快速诊断，如聚合酶链式反应（PCR），这有助于快速制订防控对策。对初步诊断的进一步确定，则须通过病毒分离或细菌培养。两次以上的血清样本中抗体滴度的明显上升有助于确定处于疫情暴露状态但尚未出现临床症状的感染马匹。对组织和体液样本进行的组织学和细胞学检查也具有一定的示病作用。与此同时，须注意选择用于检测的合适马匹和基于病程确定恰当的采样时间。例如，患马腺疫的马匹，在感染初期通常不会通过鼻汁排出病原，一般在第 1 次发热的 1～2d 后才开始排出病原。因此，对鼻分泌物的早期 PCR 检测可能得到阴性结果。再有，当马匹感染 EHV-1 时，由于神经症状出现后流鼻涕和病毒血症便会消失，因此，在出现神经系统症状后再通过对鼻液或血浆的 PCR 检测来诊断是否为 EHV-1 感染，也是不可行的。恰当的样本采集和运输，对准确的诊断同样重要。在做出初步诊断和最终诊断后，临床医师还应尽快熟悉该病的流行病学及病理生理学。明确病原体的传播途径，病原体散布的时间点和持续时间，以及环境中病原体的存活时间，这些方面都是至关重要的。此外，须掌握传染病的多种临床表征、治疗方法和

合适的消毒方法等。这些方面，建议咨询熟悉相关疾病的专家。

三、建立隔离、检疫区的一般原则

虽然“隔离区”和“检疫区”这两个术语常互换使用，但“隔离区”主要是指对疑似感染或患病马匹进行物理隔离和限制的区域；而检疫区则倾向于对暴露于传染病的健康马匹的限制区域。在传染病疫情发生时，应根据疾病状况将所有马进行分类管理。一般可分为临床感染组、暴露但临床健康组和未暴露组。在疫情开始发生时，就应该完成分组并进行隔离管理，并且在整个疫情过程中要严密观察，随时调整。理想的情况是，每组马匹都应分别指派专人进行管理。当然，由于农场设施、隔离区、疾病的种类及传播方式、工作人员和花费的不同，所制订的隔离检疫程序也将有明显的差别。

（一）临床感染马匹

应将有某种传染病临床症状的马与未感染马和表现有其他不同临床症状的感染马进行隔离管理。理想的情况是，将这些马转移到农场中单独的圈或牲口棚里。或者也可以将马转移到设置于较远处的临时帐篷或牲口棚里。有时也可以在农场中划出单独区域进行病马隔离，但若传染源具有在环境中长时间存活的可能，则不建议做上述隔离。如果感染马没有单独的圈舍用于隔离或可用的隔离圈舍已满，也可考虑将农场的一部分区域用于隔离病马。划分出的隔离区与非隔离区间，应有尽可能多的物理障碍，如有一些空置的圈舍等。此外，隔离区外应设置障碍物和警示标识，以有效限制进入。即便采取了上述措施，当患病马与未感染马共处相同圈舍时，疫情的控制也是很困难的。在某些情况下，建议对整个马场进行监测和隔离检疫，而不是在马场内进行不同感染状况马匹的隔离管理。特别是当临床病例分散出现在整个马场时，对整个马场进行隔离检疫就可能是最好的一种选择。此外，制订隔离措施时还须考虑措施不要制订的过于严格，以至于可能限制了对病马的有效监测和相应治疗。好多情况下，如在EHV-1暴发时四肢麻痹的马，或由沙门菌引起肠炎的马，都是需要到马医院接受治疗的。对此，也可以考虑在农场内或附近设立一个治疗区，将需要治疗的病马转移到该区域内，以便对其进行更有效地监测和治疗（图31-1）。

（二）暴露于疫情的健康马匹

暴露组的马一般是健康的，但曾经有过直接或间接与有临床症状的感染马的接触史。暴露组马匹感染该传染病的可能性与病原体的传播途径及该农场的日常管理情况有关。疾病的直接传播常通过马匹间或马匹与分泌物间的直接接触。间接传播则多通过中间载体或生物媒介进行传染。如污染物、媒介昆虫、气流、水、饲料等。实际上，任何与临床感染的马或其污染的环境接触过的物品，都可能起到传播该疾病的作用。应将暴露组马匹关在一起隔离。这组马匹不应被放置到其他圈舍中与未暴露组的健康马接触，因为它们可能携带病原或处于发病的潜伏期，具有传播该传染病的可能。如果处于疫情暴露状态的马匹很多，则可以将它们分成几组进行隔离。该隔离措施将有

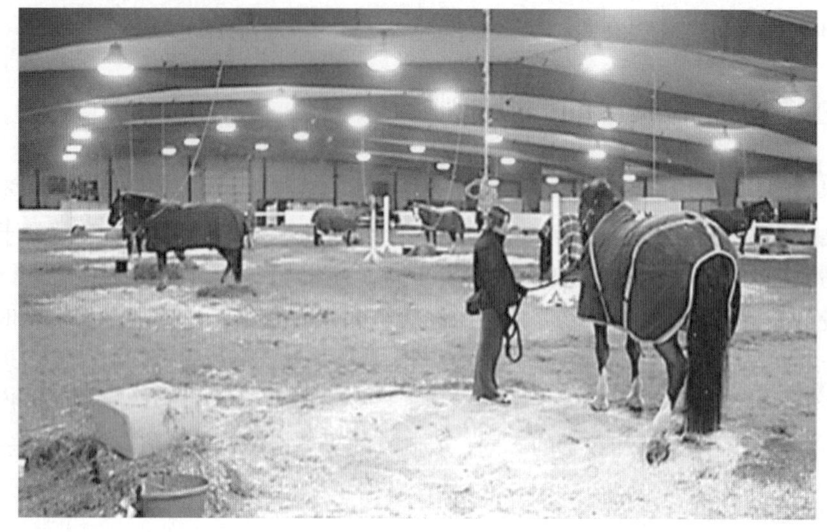

图 31-1 2003 年 EHV-1 疫情暴发期间，被隔离在芬德雷大学里的马匹。出现神经功能损伤的马匹被转移到学校的马术竞技场进行治疗。由于用于隔离的圈舍还未建好，病马只能拴到体育场的梁架上

助于限制暴露马匹间的疫病传播。对于暴露马，还应密切监测临床症状，包括每天测量体温等。当马匹出现任何可能的示病症状时，须立即移出该隔离组进行单独隔离。

（三）未暴露健康马匹

未暴露于疫情的健康马匹，应从未直接或间接接触过临床感染马或被隔离检疫马。这些马应由专门人员进行管理。如果做不到专人管理，管护人员应注意其在马场里的移动线路，其应该从未暴露于临床感染马区和隔离检疫马区，最后再到有临床症状的感染马隔离区。对未暴露健康组的马匹同样应该进行疾病临床症状的监测。一旦出现临床症状，应立即隔离该马匹，同时应扩大隔离区范围或设置新的隔离区。

四、隔离的指导方针和程序

当决定进行马匹的隔离后，一定要制订相应的隔离程序，以便进出隔离区的工作人员照此程序执行隔离区的日常管理工作。隔离防御、员工卫生、清洁与消毒等内容，都是隔离计划的重要组成，这些事宜应由熟悉这些生物安全措施的人来参与制订。该程序应可以调整，以适用不同类型的隔离区，如一个单独的牲口棚或一个大牲口棚里的小隔区、一个单独的隔离设施或是整体被隔离的马场等。采取措施的程度和形式要根据发生的疾病种类、传播形式、花费和可行性等来确定。隔离及检疫区应只设一个入口并给出明确标识。进入该区域进行马匹监测和管理的工作人员，对其进行的区域内流动要严格管理。最好能做到在隔离区的周围就可以观察到被隔离马匹的情况，从而减少进入隔离区的次数。有窗户或内置摄像头的马厩有助于实现这一目的。每个隔离区应配备专用的设备和供给，以防止任何其他外来物品与隔离区内马或环境的接触。

一般来讲，这些设备主要包括马笼头、牵绳、毛毡、喂马用具、清洗用具和用于马匹治疗的医疗器械等。如果不能配备专用设备，则也可以对用于其他马群的工具进行消毒后再使用。通过设置障碍进行的隔离预防可能是处理疫情的最重要措施。该措施可减少传染源对皮肤和衣物的污染，将可能降低传染源在马匹间传播以及人兽共患传染源传染给人的可能性。在进入隔离区时，工作人员须穿戴一次性手套、靴子、鞋套、连体工作服等。与马的直接接触，应仅限于必须开展的治疗，尽可能减少非必要的接触。应该避免与鼻腔分泌物、其他体液和粪便等直接接触。离开隔离区时，及时脱下防护服并放入隔离区内的专用垃圾桶。最后，应做好手部清洗，并用酒精消毒液进行消毒。也可穿专用的防护服、手套和橡胶靴，这样有助于减少花费。防护服应该在固定的地方洗，鞋子在进入或出隔离区时应该在消毒脚盆或门垫上做及时消毒处理。一些因素会影响消毒脚盆和门垫的消毒效果，包括使用的消毒液是否适合当前发生的传染病病原，靴子上附着的有机物种类，消毒液更换的频率以及环境温度等。

五、清洁和消毒

清洗和消毒是减少传染源传播的重要环节。我们在推荐的文献和第30、31章中已给出了正确选择和使用相关消毒剂的具体说明。疫情发生期间，隔离圈舍应保持清洁。污染的垫草垫应及时移除清除到远离马舍的垃圾处理区。水桶和料桶应每天更换、清洗、消毒。对马舍内通道和隔离区入口周边区域的清理消毒，将有助于减少环境污染。用于运输临床感染或暴露疫情马匹的拖车，每次使用后必须进行清洗和消毒。应控制昆虫、啮齿动物、鸟类等传染病传播的媒介生物。疫情发生后，必须对整个农场及其周围可能受影响的区域进行彻底地清理、消毒。

六、交流

与马主、训练员、圈舍管理员和饲养员进行有效地沟通，是做好传染病疫情处理的重要前提。在许多情况下，尽管事实上这些人并不熟悉生物安全的原则或措施，但这些人对传染病控制计划的实施效果却责任重大。必须认真强调全部措施的实施重点，确保任何与疫情管理直接相关的人员必须对如何有效地执行防控措施有清晰地理解。口头或书面的交流和演示将有助于对防控措施的正确执行。为顺利执行该疫情应对措施，制订总体计划时还应考虑马场的设施布局和资源，同时要与管理者进行充分地讨论并获得其批准。因此，通常需要各方共同合作以达到最好处理效果。在做出疫情病因的初步和最终诊断后，应对所有相关人员进行有关该传染病相关知识的教育。向大家说明该病的初始症状、传播方式、进程表现、转归情况和治疗方法等相关信息。工作人员对这些信息的及时掌握，有助于增加早期发现并隔离临床感染马的可能性。此外，探讨该病可能出现的严重表征，还有助于畜主就是否须将马送到马医院救治或给予何种护理和治疗等做出预判。传染病疫情的发生无疑会给马主和马场工人带来身体和精神上的压力。尤其是在疫情发生较为严重，造成大量马匹发病和死亡时，这会变得尤为严重。大家会被外界各种来源的错误信息所包围。这会严重影响畜主战胜疫情的信心，并可能破坏马场的声誉。因此，向相关人员或媒体传达正确、客观的疫情信息，是兽医工作者义不容辞的责任。

七、监测

在传染病疫情暴发期间，应每天对非临床和临床感染马匹进行监测并做好监测记录。监测工作主要是测量体温和观察临床症状。在疫情暴发过程中，应保存对所有马匹的医疗记录。发热是传染病发生时先于其他示病症状而最早出现的临床症状。每天测量温度有助于及时发现处于发病早期的临床病例，快速制订治疗方案，并明确疾病的分期，这些对于疫情的有效管理是非常重要的。因为，相关的诊断实验、治疗、检疫措施的确立都会受不同疾病分期的影响。例如，通常发生马腺疫的马匹鼻腔排毒是在开始发热的1～2d后。因此，如果对发热马能做到早隔离，便可以有效防止疾病的传播。同时，对感染马腺疫马匹如能做到在发病早期及时给予抗菌药物治疗，也可缩短病程并防止淋巴结脓肿的发生。此外，对在芬德雷大学暴发的EHV-1疫情处置的案例，也很好地证明了进行日常测温的必要性。在这次疫情暴发期间，病马的发热持续期与从发热期结束到神经症状发作的时间是一致的。该信息促使工作人员加强了对发热马神经症状的监测。而关于抗病毒治疗方案的制订也与这一信息有关。此外，EHV-1检疫期的长度也往往是最后一例发热马体温正常后的21～28d，而这就要求必须认真完成对所有马的体温测量和记录。

八、对临床感染马的治疗与护理

多种传染病病原与马传染病疫情的暴发有关，且不同疾病常表现出一系列有差异的临床症状。当确诊疫情病因后，临床医师应考虑并准备应对可能出现的各种疾病情形。当然对各种疾病的针对性治疗并不是本章要重点阐述的内容。简单讲，以EHV-1引发的疫情为例，治疗措施应重点集中在抗病毒药物的使用及对可能出现的肢体麻痹马匹的恰当治疗和护理。因为EHV-1感染引发神经损伤而导致的肢体麻痹的治疗是较为费力的事情，且常常预后不良。如果想试图治疗好这些马匹，则须准备吊车等可以将马匹适当吊起的设备。尿失禁、呼吸系统的并发症、褥疮、角膜溃疡及肠梗阻等都是肢体麻痹后发生的常见后遗症。对这些病马要给予充足的水和食物。此外，与病马的过多接触，会明显增加皮肤和衣物污染病原的概率，存在传播疾病的可能性。而在沙门菌等细菌病原或病毒感染引起的肠炎疫情发生时，应注意进行足够的输液以保证病马的酸碱平衡和电解质平衡。对于发生内毒素血症和蹄叶炎的马匹，必须要进行积极的对症治疗。而由感染马腺疫引发的传染病疫情常出现上呼吸道阻塞、内部形成脓肿（所谓的假性腺疫）、喉囊积脓、出血性紫癜、心肌炎等并发症。而对于传染病暴发期间，是否应对马匹进行紧急疫苗免疫，看法不一。一般情况下，应该对没有已知暴露史的马匹使用疫苗。如果马匹先前已接种过相关疫苗，此时的加强免疫会产生诱发

抗体的快速应答。虽然这不能保证马匹可完全抵御感染，但至少可以降低临床发病的严重程度和限制病原体的传播。

九、隔离检疫的解除

对于疫情隔离的解除，也需要做以下几点考虑。首先，要确定何时可以发布解除隔离和出入限制的消息。这个决定要依据传染源的已知平均排毒时间和最后一个出现临床病例马匹的时间。一般建议是维持隔离检疫期至几倍于（通常2～4个）正常排毒期的时间。目前，对EHV-1疫情的建议是，在最后一个临床病例消失28d之后，隔离检疫可以解除。另一个建议是，在最后一个临床病例痊愈后，再延长14d的隔离检疫期，并对鼻拭子进行实时PCR测试。感染马链球菌和沙门菌后康复的马匹，可能会长期持续向外散毒。在解除隔离检疫之前，最好对这些康复马进行PCR检测和粪便的细菌培养。将康复马重新放回到马场或进行表演时可能会遇到一些阻力。通过进行口头和书面的关于疾病流行病学及风险评估的沟通，有助于消除对接收康复马回归到健康马群中的顾虑。此外，再次进行对康复马的疾病检测，也会有助于减少这些顾虑。疫情处理完毕后的最后一项工作是重新制订或改进日常的生物安全防控措施，以减少未来再次发生传染病疫情的概率（详见第31章）。

推荐阅读

Allen GP. Epidemic disease caused by equine herpesvirus-1：recommendations for prevention and control. Equine Vet Educ，2002，4：177-184.

Bain FT，Weese JS，eds. Infection control. Vet Clin North Am Equine Pract，2004，volume 20.

Dwyer RM. Control of infectious disease outbreaks. In：Sellon DC，Long MT，eds. Equine Infectious Diseases. St. Louis：Elsevier，2007：539-546.

Henninger RW，Reed SM，Saville WJ，et al. Outbreak of neurologic disease caused by equine herpesvirus-1 at a university equestrian center. J Vet Intern Med，2007，21：157-165.

Kane AJ，Morley PS. How to investigate a disease outbreak. Proc Am Assoc Equine Pract，1999，45：137-141.

Lunn DP，Traub-Dargatz J. Managing infectious disease outbreaks at events and farms：challenges and the resources for success. Proc Am Assoc Equine Pract，2007，53：1-12.

（王晓钧、马建　译，李春秋　校）

第 32 章　PCR 技术在传染病诊断和处理上的应用

Nicola Pusterla　Christian M. Leutenegger

准确有效的病原学诊断方法，特别是针对处于感染期动物的诊断方法，可以使兽医尽早地对患马的病情和疾病控制做出正确的判断，采取适当的处理方法，及时通报和讨论处理方法以限制疾病的传播。在过去的 20 年里，对于传染病的认识、处理、诊断、控制和预防上，已经有了革命性的变革。出现了新型马用试剂、抗生素和疫苗，以及大量的诊断方法和分子检测手段。尽管如此，由于某些传染病死灰复燃、老龄易感马的日益增多，以及国际间马的贸易往来扩大了病原的地域分布，使得传染病仍然是影响马发病率和死亡率的主要原因。同时，传染病的快速诊断也成为焦点。最明显的变化就是，出现了以核酸扩增为基础的检测技术，主要是聚合酶链式反应（PCR），该方法几乎取代了临床微生物学上所有的传统检测手段，在疾病诊断上发挥了越来越重要的作用。近年来，PCR 以其快速、低成本、高敏感性和高特异性的特点，已经成为微生物诊断中越来越重要的工具。这些特点，促使基于 PCR 的分子诊断技术广泛地应用于传染性病原的诊断中。然而，各种 PCR 诊断方法层出不穷，如何来评价这些方法、通过比较最终使其标准化、如何使马业从业人员可直接选择最佳的方法，成为亟待解决的问题。

用于检测传染性病原所采用的分子诊断技术需要具备以下几个主要特点：①与大多数免疫学方法相比具有更高的敏感性和特异性；②自动化平台实现了高通量检测；③可对临床上有效病毒载量进行定量评价；④检测周期短，速度快，成本低；⑤可同时检测多种病原。

一、对分子诊断技术的认识和应用

很多兽医已经意识到分子诊断的可行性，也在实践中采用了这些技术。但是，一直缺乏一种在市场中占主体地位的分子诊断试剂，而且相对分散的市场也导致了分子诊断试剂的应用混乱。造成这种现状的原因很大程度上源于兽医工作者缺少相关信息教育培训。大多数兽医对于分子诊断技术方法的信息来源仅限于地方或国家提供的知识介绍。随着越来越多的从业者采用 PCR 对传染病进行诊断，因此，对试验过程的了解也越来越重要。此外，如何对 PCR 的检测结果进行解释也常常会引起人们的困扰，这就需要为兽医群体提供更多的培训机会。由于缺乏一种统一的操作标准，实验室之

间操作上的差异也会造成类似的困扰。

构建平行检测多重感染的标准化平台是分子检测的核心内容，这个平台能够对一份样品，同时实现 DNA 和 RNA 等多种病原的多重检测。从一份样品中获取更多更有意义的数据，是分子诊断领域发展的必然趋势。这种策略对于只有一般临床症状或无特异性临床症状的病马而言，可以有效地做出诊断。由于多种病原同时感染可能引起同一临床表现，所以仅凭临床症状是不足以让兽医轻易做出诊断的。近年来，许多临床症状都是由多重感染所引起的，在这种情况下，即便兽医更偏向于针对单一病原的检测，但是近年来由混合感染引起的各种综合征更为普遍。应用该检测平台对大规模样品进行检测，可揭示那些临床表现不典型的动物的双重或者三重感染。就像长期以来，人们一直认为一些与马Ⅱ型疱疹病毒不太相关的马传染病，实际上很可能是继发感染加重而产生散发的临床症状。伴侣动物的呼吸道感染就是最好的例子，它通常是由亚临床病毒所引起的继发感染。

二、送检样品的要求和检测结果的解释

一般来说，分子诊断实验室负责提供准确的样品收集和运输方案，其中包括对样品的类型、体积、抗凝剂、运输规格、储存和处理的要求等。采集的样品的类型很大程度上受到疾病发病机制的影响，并对检测效果和结果的解释起着关键的作用。由于样品的质量和核酸成分的保存情况直接关系到检测的效果，因此，建议兽医严格遵守实验室所推荐的方案。用含有 EDTA 的无菌真空采集管采集全血样品；用无添加剂的血清管收集体液（如胸、腹、关节、脊髓、气管、支气管肺泡和喉囊灌洗液）和组织样品；用纤维或涤纶拭子采集鼻腔或鼻咽分泌物于血清管或锥形管中；用小粪杯或采集管收集粪便。所有样品必须放在蓝冰冰袋中冷却保存，并确保第 2 天快递到实验室。冷冻样品应避免反复冻融，以免融化过程对 DNA 造成不利的影响。运输前 2～3d（如周末期间）短期保存应将样品放于冷藏室内。每个样品做适当的标记，同时递交一份含有动物类别、主人、兽医、样品类型以及可疑致病菌等信息的表格。大多数表格都可以从各自实验室的网站上下载。实验室方面应该事先得到通知，并了解样品的可用性、预期的检测周期和相关收费信息。收到的样品通常要在当天进行处理，样品 DNA 纯化过程的内部质控（确保收集、储存、运输和 DNA 提取过程无误的样品）和其他相关质控——如 PCR 反应的阳性和阴性对照、样品提取的内部阳性对照（确保不存在 PCR 抑制物）和阴性对照（确保 DNA 提取过程没有交叉污染）都没有问题的情况下，可在 24～72h（包括运输的时间）内获得 PCR 检测结果。兽医应多注意不同实验室送检样品在检测过程中的质量控制情况。

了解待检病原微生物的发病机制和生物学特性对于解释诊断传染病的分子检测结果是十分必要的。与其他微生物学检测方法的解释不同，分子水平检测结果的解释存在一定的挑战性。这主要表现在，DNA 检测结果很难解释病原微生物是否有活力以及检测到的 DNA 与疾病或者相关疾病发生之间的关系。

PCR 检测的敏感性、检测限、由内控样品定量分析体现出的 DNA 提取效率都是

解释阴性结果所需要考虑的数据。一个假阴性结果很可能是由于样品降解或者不稳定所造成的。样品量不足或样品类型不合适、样品处理不充分和运输问题也都可能引起假阴性结果。选择样品特异性的阳性内控可以排除上述问题的干扰。所谓阳性内控就是以样品的内源基因作为靶基因，如通用18S rRNA（单链 rRNA）和3-磷酸甘油醛脱氢酶（GAPDH）的基因。在对DNA含量进行定量分析时，阳性内控的检测结果直接关系到所用方法的检测限。此外，样品介质中含有的粪便、尿液，或带有环境污染物的土壤或地表水等物质都对PCR有抑制作用，因此，阳性内控还有助于评价PCR反应过程的抑制现象。

判定阳性结果需要考虑实验的特异性和污染情况两个方面的因素。聚合酶链式反应或其他扩增方法一样都要考虑上述情况。实时PCR方法闭管的检测过程大大降低了假阳性结果的风险。

一般情况下，分子水平的检测不能提供传染源活力方面的信息。除非检测DNA病毒、细菌和寄生虫中的RNA分子，如rRNA和用于形成信使RNA的转录基因而不非基因组。如果以特定病毒复制周期某一阶段产生的RNA作为靶点，PCR的检测结果就可以说明该病毒的复制活性。如果以弓形虫属和隐孢子虫等寄生虫的rRNA作为靶点，就可以知道虫体的存活情况，还可以提高检测敏感性。

检测到样品中的病原DNA并不一定说明疾病是由该种微生物所引起的。但是实时荧光定量PCR能够提供更进一步的信息，以病原EHV-1和EHV-4为例，定量病毒的DNA含量仅能说明样品中有溶解的、未进行复制的或潜伏病毒的存在。有研究表明，利用EHV-1和EHV-4 DNA高的病毒载量规定实验室特异性临界值，区分溶解的、未进行复制的病毒。在这种情况下，高的病毒载量通常会引起感染动物临床发病，病毒RNA转录子的存在也可提示病毒进行了复制。因此，实时定量PCR是一种能够提供疾病相关信息的检测手段，是马兽医做出正确诊断的一个重要标准。

兽医可以选择不同实验室的方法进行分子诊断。在提交分子检测样品之前，必须要注意几个问题，主要包括3个方面。一是，询问PCR检测平台是怎样的（常规PCR还是实时PCR）；二是，询问特定实验中的质量控制和质量保证体系。特别需要了解的是，是否整个实验过程都有质控，还是只有某一个操作点有质控，污染是如何避免的，以确认实验室不存在污染；三是，在样品被送检前询问检测的周期、价格和结果判定的标准。

三、马的常见病原体的检测

为了便于明确特定病例检测病原体的种类，许多现代化的分子研究实验室建立了以各种特异性组织器官为体系的检测平台（如呼吸系统、胃肠道系统、神经系统）。每个检测平台针对相应的组织器官体系中共同的几种病原体进行检测。本文总结了绝大多数应用PCR诊断马传染病的案例（表32-1）。

表 32-1 PCR 方法检测各种马病原体所需的样品类型

病原体	用于检测的样品类型
嗜吞噬细胞无形体	全血
假结核棒状杆菌	囊肿穿刺液和体液
马动脉炎病毒	NPS，TW，BAL
马冠状病毒	粪便
马流感病毒	NPS，TW，BAL
Ⅰ型马疱疹病毒	NPS，TW，BAL 和全血
Ⅳ型马疱疹病毒	NPS，TW，BAL
马鼻病毒 A 型和 B 型	NPS
马轮状病毒	粪便
细胞内劳森菌	粪便和血清学检测用血
里氏新立克次氏体	粪便和全血
沙门菌	粪便和选择性增菌肉汤
链球菌	NPS，NPL，GPL，淋巴结针吸液

注：BAL，支气管肺泡灌洗液；GPL，喉囊灌洗；NPL，鼻咽洗液；NPS，鼻/鼻咽拭子；TW，气管冲洗液。

(一) 呼吸道系统病原体

经过广泛的调查研究发现，兽医经常在没有做出原发性病原学鉴定的情况下，对临床上的感染型呼吸道疾病进行了诊断。最近的一次监测研究表明，761 匹来自美国的马，临床表现为急性发作的呼吸道感染，其中 26.4%的病例检测为 4 种常见呼吸道病原体（EHV-1、EHV-4、EIV 和马链球菌）中的 1 种或 1 种以上阳性。结果其中 EHV-4 的检出率最高，其次是 EIV、马链球菌和 EHV-1。对于一些初染性呼吸道病例而言，缺少病原学诊断的信息相对较少，一部分原因是因为人们过多地关注了最常见引起疾病感染病原体的鉴定。所以对于那些偶尔暴发或者散发、却又不形成流行性的疾病，受感染动物应该得到更加全面的检测（如 γ 疱疹病毒和马鼻病毒）。

病毒性呼吸道传染病的分子检测样品通常是鼻拭子，鼻拭子是用黏胶或涤纶尖拭子从鼻腔或鼻咽部采集。由于基于 DNA 的检测方法不需要目的病原体是活的，因此在运输鼻拭子的时候病毒运输液的使用并不是必需的。在对于 EIV、EHV-1、EHV-4 和马链球菌的检测方面上，聚合酶链式反应要比抗原捕获酶联免疫吸附试验（ELISA）和常规的培养方法更加敏感。分子检测方法的另一个优势是可以检测到失活的病毒，这样即使鼻拭子或者鼻咽拭子样品经过冷冻或者没能适当存储并及时送到实验室时都不会影响检测结果。此外，新型的 PCR 检测技术还可以对送检样品中的 DNA 或 RNA 进行定量分析，这对于分析病毒出芽的动力学规律、确定临床或亚临床感染马的治疗评价都是十分有意义的。

通常情况下，在马发热初期收集鼻分泌物进行马流感的检测（详见第 39 章），应用一步法、巢式法或者实时荧光定量反转录 PCR（RT-PCR）扩增 EIV 的单股 RNA，大多数的分子检测方法是以血凝素（HA）、核蛋白（N）和基质蛋白基因（M）

作为靶基因。血凝素基因的部分核苷酸及其推导的氨基酸序列常常被用来分析新发毒株的系统进化特征。

Ⅰ型和Ⅳ型马疱疹病毒是双链 DNA 的 α 疱疹病毒，它们可以感染马的呼吸道，在病毒暴露前会持续地潜伏感染（详见第 37 章）。用于诊断的样品是鼻拭子，它需要在本病发热期的早期进行收集。另外，因为 EHV-1 具有嗜淋巴细胞性，所以也可以从全血中检测到。由于 PCR 方法主要是检测病毒的基因组 DNA，因此不能够通过该方法区分出是溶解的、死亡的还是潜伏的病毒。不过，最近的一些分子检测方法利用实时定量 PCR 实现了对自然感染马体内病毒的不同感染状态进行鉴别。目前有以下几种方法：①瞄准一些重要基因（如糖蛋白、潜伏相关转录因子）；②在信使 RNA 水平检测目的基因的基因组 DNA 和转录活性；③采用绝对定量方法。定量阈值曾用于检测某些人的传染病（如人免疫缺陷病毒 HIV、丙型肝炎病毒和单纯疱疹病毒），从而判断疾病感染的阶段以及抗病毒治疗的效果。同样的方法也可以用于 EHV-1 和 EHV-4 感染马的诊断，从而区分溶细胞性病毒感染和不可复制型病毒感染，从而通过分析鼻分泌物中病毒的载量，确定马匹感染的危险程度，以便采取相应的应对措施。

马链球菌感染通过传统的培养方法很容易做出检测（详见第 41 章）。对鼻拭子、鼻咽拭子、咽喉冲洗液（pouch washes）或是脓肿分泌物的培养物进行马链球菌的检测，是该菌检测的金标准。但是在临床感染的早期阶段这些培养方法可能难以成功。而且，其他的 β-溶血性链球菌，特别是马链球菌兽疫亚种，在培养物中是很难区分的。因此，进行扩增检测。由于编码抗吞噬蛋白的 SEM 基因在两个马链球菌亚种中的核酸变异率较大，所以通过 PCR 的方法对该基因进行检测能够进行临床的鉴别诊断。PCR 方法不能明确病原体是否是存活的，所以阳性检测结果只能证明感染史，确定发生感染还需要进行细菌培养鉴定。目前，主要通过对 SEM 基因的定量或者在 RNA 水平检测反转录活性来判断病原是否存活。在一些研究中，已证明 PCR 检测的敏感性是细菌培养法的 3 倍。由于 PCR 方法在活的微生物消失数周后仍然能从喉囊洗液中检测到马链球菌，因此，使用 PCR 方法检测的同时对鼻拭子或咽喉囊灌洗液中的细菌进行培养，这样的控制程序对于找到可能的带菌动物更加有利。但对鼻咽部除外，因为鼻咽部有效地黏膜纤毛运动会清除有机体和 DNA。应用 PCR 方法可以检测亚临床感染的病原携带马、分析无症状马感染链球菌的情况、确定喉囊中链球菌是否被成功清除。此外，PCR 方法也无法区分野生型和无包膜、无毒力疫苗株的链球菌。这时，可以通过菌落形态、生化分析、分型鉴定和限制性酶切实验加以区分。这些方法综合使用，可以鉴别野生型菌株和疫苗菌株或者祖先菌株。

在暴发呼吸道疾病时，虽然由马鼻炎病毒 A 和 B（见第 38 章）和马动脉炎病毒引起的上呼吸道感染并不常见，但是也应该将它们列为应检测的病原。发生呼吸道传染病时 EHV-2 和 EHV-5 在马鼻分泌物中的情况目前尚不清楚。目前并不推荐检测 γ 疱疹病毒，以免增加 PCR 结果判定的难度。

（二）神经型病原

虽然 PCR 方法有高度的敏感性和特异性，但是却无法从患神经性疾病的马脑脊液

（CSF）中检测到病毒和原虫。一方面，病毒血症持续的时间很短；另一方面，脑脊液中的病原体对有核细胞不能吸附，这就使 PCR 方法在常规检测中发挥的作用很有限。因此，在发生系统性或神经性症状时，通常情况下检测不到病原体。但 EHV-1 感染引起的罕见的神经性疾病，又称为马疱疹病毒脑脊髓病（EHM）却是个例外。

EHM 的诊断主要是通过病史和临床表现（详见第 36 章）、马脑脊液中出现黄染和高浓度蛋白等现象进行判断，也可以对血液和鼻分泌物中的 EHV 进行 PCR 检测。病马通过鼻分泌物散毒，而健康马接触病马就会有被感染的危险。所以，确定病毒在易感马中扩散的风险、建立适当的传染病控制方案是十分必要的。为了明确病毒是溶解的、未复制的还是潜伏状态的，需要采用绝对定量 PCR 或者检测目的基因的反转录酶活性，选择的目的基因与 EHV-4 方法中的相似。最近有研究小组已经鉴定出不同 EHV-1 毒株（致病性的和非致病性的）基因组中的可变区域。DNA 聚合酶基因（ORF 30）上 2 254 位单核苷酸的多态性与患 EHM 的高风险率有关。已经建立了鉴别神经型和非神经型毒株的快速 PCR 检测方法。但是这些方法的特异性一般，在引起 EHM 的 EHV-1 毒株中，有 74%～87%是致病性的基因型。所以说这种方法并不是绝对的，其结果还应该结合临床表现进行判定。此外，还需要其他靶向 EHV-1 保守区基因的 PCR 方法进行辅助检测。

（三）肠道病原菌

马肠道病原的常规检测和分子水平检测都有一定的难度，这是因为这些病原菌一方面在细胞培养系统中很难生长，另一方面有致病性和非致病性两种形式存在，使检测结果难以判定。而且，粪便中存在的抑制物会干扰 DNA 的提取和扩增，导致分子水平的检测方法会出现假阴性的结果。然而，应用特异性提取试剂盒以及一系列对照（内参对照）可以提高粪便中 DNA 提取的量，增加分子检测方法的可用性。与其他生物样品类型一样，利用内部和外部的对照的设计，对样品的质量和抑制物进行检测是极为重要的。

里氏新立克次氏体是波托马克马热（PHF）的病原，能在各个年龄段的马中引起严重的小肠结肠炎。通过检测感染马血液和粪便中的里氏新立克次氏体，可实现对 PHF 病的诊断。虽然从细胞培养物中有可能分离到病原，但是耗时费力，很多实验室也多不采用该方法。里氏新立克次氏体特异性 PCR 方法的建立大大方便了 PHF 的诊断。这些分子检测方法是 PHF 流行病学调查的关键技术，有助于发现蠕虫的载体、中间体和最终的宿主，明确蠕虫的自然感染途径。虽然从自然或者实验感染马的血液和粪便中能够检测到新立克次氏体 DNA，但是这两种样品的检测周期并不一定一致。因此，建议对疑似感染 PHF 的马采集上述两种类型的样品进行检测，以提高里氏新立克次氏体分子检测的概率。

胞内劳森氏菌，马增生性肠病病原（EPE），是一种在壮年马中新出现的胃肠道病原菌（见第 79 章）。目前，胞内劳森氏菌无法从粪便中培养出来，所以该病的生前诊断主要依赖于血清学方法和 PCR。两种方法联合使用可以提高 EPE 检出率。PCR 检测的优势在于：快速，在发病早期还无法检测到抗体水平的情况下可检出阳性结果。

如果之前使用过抗菌药物，会对粪便中胞内劳森菌的检测产生负面的影响。因此，对于一个疑似病例而言，如想进行 PCR 检测，须在抗菌治疗之前先采集粪便。

近年来，兽医院逐渐也采用了 PCR 方法从马粪便中检测沙门菌。总的来说，正如一些研究所报道的，PCR 方法要比常规微生物培养方法有着更高的敏感性。PCR 对沙门菌检测率之所以高，是因为它可以检测没有活力的微生物和未知的沙门菌属的细菌微生物。采用新的毒力基因作为靶点，可以提高沙门菌分子检测的效率和准确性。在北美，越来越多的兽医院摒弃了传统的微生物培养方法，取而代之的是用沙门菌 PCR 方法作为传染病防控程序的一部分。这样，在粪便或者环境样品进行选择性富集 24h 后就可以进行 PCR 检测。PCR 方法可以有效地节约成本，减小潜在的污染风险，减少实验周期，一般在样品收集后的 22～28h 便可以获得结果（如 18～24h 富集样品加上 4h DNA 纯化和扩增）。对于留院治疗的动物，可以通过绝对定量 PCR 方法对动物的感染情况进行评估，若进行进一步监测和研究，还可以采取常规的培养方法。

由于马冠状病毒在健康马的粪便中也可以检测到，因此用 PCR 检测发热和腹泻马驹粪便中的病毒，则很难对结果进行解释。马冠状病毒能单独感染健康马，但在病驹中发现该病毒均是与其他病原共同感染。这一发现，与冠状病毒在其他种属动物中感染的情况是一致的，该病自身没有足够的致病力，但却可以造成局部的免疫抑制，引起二次感染的发生。在成年马中，冠状病毒引起的自身限制性疾病主要表现为抑郁、食欲不振、发热和少动，粪便性质改变和急性腹痛。此外，还需要更多的流行病学调查研究，增强人们对这一新发疾病的认识。

在世界范围内养马密集的地区，每到产驹的季节，马轮状病毒的流行都会给农场管理者和兽医们带来挑战。为了尽快隔离腹泻马驹，降低病毒传播的风险，采用一种快速可靠的诊断方法是必不可少的。从前，人们利用一种快速抗原-捕获 ELISA 方法诊断轮状病毒感染。最近建立的 PCR 方法，能够高度敏感、特异、准确地诊断马轮状病毒感染，在不久的将来，该方法很可能取代敏感性不高的 ELISA 方法。

（四）混合型病原体

杂菌马粒细胞无形体病是由粒细胞无形体所引起的一种疾病，该病原是立克次氏体，它通过硬蜱进行传播。通常根据感染的地域性认识、典型的临床症状、实验室检查的异常发现，以及通过外周血涂片在中性粒细胞和嗜酸性粒细胞细胞质中鉴定出特征性的病原体内含物等进行诊断。多年来，人们一直采用 PCR 方法对马粒细胞无形体病的流行病学和病理生理学方面进行研究。临床上采集全血作为检测样品。PCR 是一种非常敏感、特异的检测工具，特别是在疾病的早期和晚期阶段，此时微生物的数量太少以至于无法通过显微镜检测到，PCR 方法却可以做出有效的诊断。

在北美干旱地区，假结核棒状杆菌是引起马匹体内和体外脓肿的主要病原。最近通过 PCR 进行流行病学调查发现，苍蝇是该菌的主要传播媒介。假结核棒状杆菌很容易培养，用 PCR 方法检测只适用于某些特殊情况下（例如，当针吸液或体液培养结果为阴性时）。

此外，对于伯氏疏螺旋体、钩端螺旋菌属、分枝杆菌属、支原体属、巴贝斯虫、马泰勒虫、难辨梭状芽孢杆菌（抗原和毒素A及B）、产气荚膜梭菌、隐孢子虫、耐甲氧西林金黄色葡萄球菌也已经建立PCR检测方法，并已用于科学研究中。当更多的感染马临床样品的流行病学信息与检测的准确性得到证实时，PCR检测方法可能会在未来的诊断技术中发挥更大的作用。

推荐阅读

Lanka S，Borst LB，Patterson SK，et al. A multiphasic typing approach to subtype Streptococcus equi subspecies equi. J Vet Diagn Invest，2010，22：928-936.

Nugent J，Birch-Machin I，Smith KC，et al. Analysis of equine herpesvirus type 1 strain variation reveals a point mutation of the DNA polymerase strongly associated with neuropathogenic versus non-neuropathogenic disease outbreaks. J Virol，2006，80：4047-4060.

Pusterla N，Byrne BA，Hodzic E，et al. Use of quantitative real-time PCR for the detection of Salmonella spp. in fecal samples from horses at a veterinary teaching hospital. Vet J，2010，186：252-255.

Pusterla N，Kass PH，Mapes S，et al. Surveillance programme for important equine infectious respiratory pathogens in the USA. Vet Rec，2011，169：12-17.

Pusterla N，Mapes S，Wademan C，et al. Emerging outbreaks associated with equine coronavirus in adult horses. Vet Microbiol，2013，162：228-231.

Slovis NM，Elam J，Estrada M，Leutenegger CM. Comprehensive analysis of infectious agents associated with diarrhea in foals in Central Kentucky. Equine Vet J 2013 June 17；doi：10. 1111/ evj. 12119. ［Epub ahead of print］.

Vin R，Slovis N.，Balasuriya U，Leutenegger CM. Equine coronavirus，a possible cause for adult horse enteric disease outbreaks. J Equine Vet Sci，2012，32；S44-45.

Wolk D，Mitchell S，Patel R. Principles of molecular microbiology testing methods. Infect Dis Clin North Am，2001，15：1157-1204.

（王晓钧、胡哲　译，李春秋　校）

第 33 章　抗生素在选择和使用上的更新

K. Gary Magdesian

抗生素在马的临床应用中是不断更新和发展的。恰当地使用抗生素是最大限度减少细菌抗生素耐药性的关键。在使用抗生素前，要做充分的症状评估并以此为基础进行药物选择。本章是对以前版本的更新，提供了近期适用于马的新型抗生素，本章并未全部列出可在马体使用的抗生素。

一、头孢菌素：新药和新的使用方法

（一）头孢噻呋钠

头孢噻呋是已批准的、可通过肌内（IM）注射、在马体使用的第三代头孢菌素（马链球菌感染按标签使用剂量为每 24h 2.2～4.4mg/kg，肌内注射）。最近，研究者对头孢噻呋在静脉（IV）和皮下（SC）给药后的药代动力学进行了分析。IV 和 SC 给药途径产生的头孢噻呋浓度和代谢产物与 IM 给药相似。SC 途径适用于新生小马，而且往往耐受性比 IM 途径好。研究者每隔 12h 对新生小马进行头孢噻呋肌内注射（5～10mg/kg），可达到对抗细菌的有效浓度（最小抑菌浓度，MIC）。这个剂量高于引起新生小马腹泻的链球菌等革兰氏阴性菌所需的 MIC，但是并不能用于成年马，因为有可能造成肠道菌群紊乱进而引起肠炎。

（二）头孢噻呋结晶游离酸悬液

头孢噻呋结晶游离酸是头孢噻呋的新成分，最近批准应用于马病的治疗。这种头孢噻呋悬液可用于治疗马链球菌引发的下呼吸道感染。头孢噻呋钠的使用剂量为2.2～4.4mg/kg，肌内注射每天 1 次，连续 10d，每个注射部位最大量为 10mL。与此不同，头孢噻呋结晶游离酸的使用剂量是肌内注射 6.6mg/kg，间隔 4d 给药 2 次，连续 10d。

头孢噻呋结晶游离酸在 IM 注射后持续释放。第 1 次剂量注射后，该药在血浆中的浓度高于马链球菌的 MIC，并可持续 4d；第 2 次剂量注射后，该药在血浆中的浓度依然高于马链球菌的 MIC，并可持续 6d。使用剂量要求每个部位最大用量是 20mL，但为了减少注射部位的肿胀和疼痛，每个注射部位不应超过 10mL。以这种剂量注射后，头孢噻呋结晶游离酸在血浆中的平均浓度与头孢噻呋钠以 2.2mg/kg 剂量每天 1 次注射的效果相似。

但是，头孢噻呋结晶游离酸并不可用作广谱的抗菌药。如 MIC 为 0.25μg/mL 或

者更低的细菌，像放线菌属，巴斯德菌属和链球菌属等均对该药不敏感，但研究表明，在常规 2 次剂量注射后，进行每隔 1 周的 3 次剂量补加注射，具有较好的抗菌作用。

在头孢噻呋结晶游离酸使用的过程中，潜在的不利效果为注射部位的肿胀和敏感性。这些可以通过规定注射部位不超过 10mL 剂量来避免。除此之外，腹泻也是一种潜在的不利结果，但是这种风险很低。

(三) 第四代头孢菌素

目前，第四代头孢菌素已在英国广泛应用于马驹（头孢喹诺）。另外一种第四代头孢菌素-头孢吡肟可通过抑制 β 内酰胺酶活性，广泛作用于革兰氏阳性菌和革兰氏阴性菌。其类似于第三代头孢菌素的头孢他啶。由于头孢吡肟可穿过血脑屏障，因此具有广泛的使用范围，并可有效地治疗脑膜炎。头孢吡肟的缺点是对耐甲氧苯青霉素的金黄色葡萄球菌和肠球菌效果不佳，仅能有效地抑制厌氧菌。头孢吡肟用于马驹的剂量是 11mg/kg，每 8h 静脉注射 1 次。头孢吡肟不能用于成年马，因为实验表明该药可能会导致其肠道菌群紊乱。

头孢喹诺是另一种第四代头孢菌素，其在英国已经批准用于得败血症的马驹及有呼吸道疾病的马。建议使用的剂量为：1mg/kg 静脉注射或肌内注射，每 12h 注射 1 次（败血症马驹），对有呼吸道疾病的成年马每 24h 注射 1 次。

除此之外，头孢泊肟具有较强的抗菌活性，可以抑制多种革兰氏阳性和阴性细菌。在马驹中，头孢泊肟的推荐口服剂量为 10mg/kg，每 6～12h 口服 1 次。对于有较高最小抑菌浓度（MIC）值的微生物来说，包括大肠杆菌（75％的马大肠杆菌）和沙门菌，建议每 6～8h 给药 1 次。低于最小抑菌浓度（MIC）值的，像链球菌属、克雷伯菌属和巴斯德菌属均可以每 12h 给药 1 次。头孢泊肟对假单胞菌属、肠球菌属和马红球菌无效。药物在滑膜、腹膜液及浓缩的尿中分布良好，但不进入脑脊液中。通过实验研究发现，头孢泊肟如注射成年马，会有 1/3 的动物出现疝气症状。

二、β 内酰胺类药物的连续输液

抗生素的连续输液（CRI）给药正在人类和动物中越来越频繁地使用。具体给药方案的依据是以特殊药效学特性为基础，优化抗生素的药代动力学，特别适用于具有时间依赖性活性的抗生素，如 β 内酰胺类抗生素。β 内酰胺类药物如青霉素和头孢菌素，其药效依赖于该药物在血浆中的浓度高于体内 MIC 的持续时间。因为血浆中药物浓度须持续高于最小抑菌值，所以连续输液给药的治疗效果要优于时间依赖性抗生素间歇性给药的效果。对免疫力低下的动物进行抗生素的持续给药具有良好的效果，如伴有中性粒细胞减少症和败血症的新生小马，以及在患有严重败血症或败血症性休克的马中使用自动泵和流线管来维持 β 内酰胺类抗生素的 CRI 给药。

在临床实践中，可以通过两种剂量计算的方法算出最终的 CRI 率。连续注射期间的日总剂量与间歇注射期间给药总量应相同。例如，如果一种药物通常以 20mg/kg 每 8h 给药 1 次，连续注射剂量为 2.5mg/(kg·h)，以维持相同的日总剂量。

另外，可通过评估药物药效来决定药物剂量的。β内酰胺类抗生素要发挥药效，血浆中游离药物的浓度需维持为4倍的MIC，并且尽可能延长时间。因为β内酰胺类药物是时间依赖性的而不是浓度依赖性的，并且达到其最大杀菌率的浓度不能高于MIC的4倍。因此β内酰胺类药物的所需浓度是细菌的最小抑菌浓度（MIC）的4倍，并连续保持。剂量是以药物的清除成果和预期的平均药物（稳定状态的）血浆浓度来计算的。例如，如果药物的清除为每小时0.2L/kg和预期浓度是1μg/mL（4×有害细菌的最小抑菌浓度：在此例子里，最小抑菌浓度是0.25μg/mL），连续注射剂量计算方法如下：

$$注射剂量=0.2L/(kg \cdot h) \times 1\mu g/mL=0.2\mu g/(kg \cdot h)$$

许多药物的清除率是基于药代动力学的研究而获知的，对于不知道其清除率（Cl）的药物，可以通过已公布的药物半衰期（$t_{1/2}$）和分布容积（Vd）来计算：

$$Cl=[0.639 \times Vd]/t_{1/2}$$

当选择β内酰胺类药物连续输液（CRI）给药时，室温和冷藏条件下液态抗生素注射液的稳定性非常重要。如果在室温条件下药物的稳定性小于8h，抗生素溶液形式的配制就非常重要，另外给药应该按常规的间歇计量。头孢他啶、头孢噻肟、头孢吡肟和替卡西林室温条件下稳定性至少为24h。钾钠青霉素和头孢唑啉配制后稳定性为24h，而氨苄青霉素的稳定性则根据生产标签验证和复原溶液的浓度而变化。溶解后头孢噻呋的稳定性在室温条件下是12h，但需要避光保存。

最近，关于头孢噻呋药代动力学的研究是以对马驹连续输液（CRI）给药而进行的。在研究结果的基础上，研究者预测，以1.26mg/kg的负荷剂量推注之后，再以2.86μg/(kg·min)连续注射（CRI），血浆中药物的浓度将维持在至少2μg/mL。这等同于5.4mg/(kg·d)的日剂量。对于最小抑菌浓度（MIC）值较高的细菌来说，则需要更高的剂量。当马驹病情好转时，应从连续注射（CRI）改变到间歇推注给药，在连续注射（CRI）结束12h后开始推注给药。

另外，对1日龄矮小马驹使用头孢噻肟连续注射（CRI）和间歇推注给药的比较研究表明：按标准间歇剂量方案剂量为每6h 40mg/kg静脉注射，在最初以40mg/kg推注后，连续注射（CRI）给药160mg/(kg·d)[6.7mg/(kg·h)]。维持相同的头孢噻肟日总剂量，通过连续注射（CRI）剂量给药后，滑膜液中的药物浓度显著高于间歇剂量给药。另外，血浆浓度值持续高于易感病原体的最小抑菌浓度（MIC）（大约16μg/mL），而间歇剂量给药6h后药物浓度低于0.78μg/mL。许多假单胞菌属、甲氧苯青霉素限制的葡萄球菌和一些大肠杆菌对头孢噻肟不敏感，即使通过连续注射（CRI）剂量给药也不敏感。对于时间依赖性的抗生素如头孢菌素类，在药物浓度超过普通马病原菌的最小抑菌浓度（MIC）的优化期间进行连续注射（CRI）给药，药物效果非常好。

三、大环内酯类抗生素

红霉素因其协同活化作用常和利福平一起用于治疗马驹的马红球菌（*R. equi*）感

染。红霉素的不良反应很常见，包括结肠炎和腹泻，以及发热和呼吸窘迫综合征。较新的大环内酯类和大环内酯类衍生物，比如氮杂内酯类和酮内酯类药物现在有效地用于治疗马驹的细菌感染疾病。这些药物很少有不良反应而且对治疗由马红球菌感染引发的小马肺炎，比红霉素更加有效。这些药物在细胞中的浓度也比红霉素更高。在这类药物里广泛使用的是克拉仙霉素和氮杂内酯类药物如阿奇红霉素。

在马驹中，对阿奇红霉素的药代动力学研究表明，阿奇红霉素剂量是 10mg/kg，口服给药，起始给药间隔时间为每 24h，5d 之后是每 48h。阿奇红霉素的优点是其在中性粒细胞中的浓度，是血浆中的 200 倍。

在马驹中，对克拉仙霉素的研究表明，该药物的口服生物利用率非常高，约为57%。同阿奇红霉素相似，克拉仙霉素也聚集在细胞内，尤其是肺黏膜上皮细胞和支气管肺泡细胞。该药推荐的剂量是 7.5mg/kg，每 12h 口服给药。作为普通配方，克拉仙霉素是一种非常经济有效，可长期进行治疗的抗生素。比较红霉素、阿奇红霉素、克拉仙霉素特性的研究表明，克拉仙霉素在支气管肺泡细胞和肺黏膜上皮液中可达到最高的细胞内浓度，其次是阿奇红霉素。相反，在支气管肺泡灌洗液中红霉素活性与血浆中没有显著差异。

通过对阿奇红霉素、克拉仙霉素和红霉素治疗马红球菌引起的马驹肺炎的比较研究发现，用克拉仙霉素和利福平合并治疗效果好于阿奇红霉素合并利福平及红霉素合并利福平。有报道显示，用克拉仙霉素治疗马驹比用阿奇红霉素治疗马驹有更高的致腹泻发病趋势。克拉仙霉素给药伴发的腹泻风险与阿奇红霉素相近，而小于红霉素给药伴发的腹泻风险。

其他大环内酯类抗生素，包括托拉霉素，对患有肺脓肿的马驹给药，2.5mg/kg 剂量肌内注射每周 1 次，与口服给药的阿奇红霉素进行对比，托拉霉素治疗肺脓肿周期明显更长（53d 对 42d）。不良反应包括在 37 匹马驹中有 11 匹发生腹泻，6 匹马驹直肠温度升高，12 匹马驹注射部位发生肿胀。另外，托拉霉素体外抵抗马红球菌的活性很差，血浆和肺内的浓度低于最小抑菌浓度（MIC）。所以托拉霉素不推荐用于治疗马红球菌感染。相似的，替米考星缺乏在体外抵抗马红球菌的活性，并可导致注射部位损伤，因此不推荐在马驹中用于治疗马红球菌感染。

泰利霉素是一种口服内酯类抗生素，不能与托拉霉素混淆。药代动力学研究表明，泰利霉素对马红球菌的体外抑制活性明显高于阿奇红霉素、克拉仙霉素以及红霉素。每天 15mg/kg 的剂量给药可以充分抵抗敏感菌群。12h 1 次的剂量方案能有效抵抗大约 50%抗大环内酯类菌群。尽管如此，因为药代动力学的分析只是针对单一剂量，所以需要进行更多的研究，以确定在马驹中重复使用泰利霉素的安全性和临床效果。加米霉素是氮杂内酯类，其最早批准用于治疗牛的呼吸系统疾病。最近在马驹中以 6mg/kg剂量肌内注射对其进行研究，发现该药物维持在肺中性粒细胞的浓度高于马红球菌最小抑菌浓度（MIC）。体外抵抗马红球菌的活性与阿奇红霉素或红霉素相似。潜在的不良反应为注射部位肌肉疼痛以及腹泻。这个药物很希望治疗大环内酯敏感菌马红球菌，但是需要更多的研究进行证实。

最近关于感染马驹的马红球菌和抗生素治疗研究结果却令人担忧。首先，是大环内酯类和利福平耐药菌群的进化。研究者怀疑，因为大环内酯类和利福平联用的普遍化，使二者在选择压力作用下耐药性加强。普遍使用的形式包括：农村所有新生马驹的预防治疗，以及亚临床超声检查显示有肺部病变（有肺脓肿，但不确定是马红球菌引起）的治疗，尽管研究表明，通常这些亚临床和超声检测损伤可在没有治疗的情况下发生自愈。因此，怎样最好的处理可疑的亚临床脓肿感染，是当前需要更多的研究和考虑的焦点。迄今的结论是广泛使用大环内酯类或利福平具有风险，其在新生驹期不能用于预防及亚临床疑似感染的治疗。

近来，第二个关于马红球菌感染马驹的治疗发现，利福平（10mg/kg，PO，每12h）和克拉仙霉素合并治疗 11d，克拉仙霉素生物药效下降超过 90%，关于其生物药效下降的确切机制不完全清楚，可能是肠外排转运和肝代谢酶联合诱导，或肠道吸收转运被抑制的结果。尽管血浆浓度下降低于马红球菌最小抑菌浓度（MIC），肺黏膜上皮液和支气管肺泡灌洗细胞内浓度仍高于必需的最小抑菌浓度（MIC）。这些发现让人担忧，其意味着关于在马驹中合并使用克拉仙霉素和利福平的临床效果还不是非常清楚。合并用药抵抗马红球菌是协同作用，所以解决方法不是简单地在配任用药中去除利福平。另外，利福平在这些研究中所用的剂量（10mg/kg）是推荐剂量的高端范围（5～10mg/kg）。5mg/kg 利福平对克拉仙霉素的吸收有怎样的影响是未知的。是否这些发现会导致克拉仙霉素推荐剂量的增加目前还不清楚。进一步的研究表明，修改后用药的策略是使克拉仙霉素和利福平间隔 6h 分开给药。

四、强力霉素和米诺环素

（一）强力霉素

强力霉素是半合成四环素复合物。与米诺霉素相比，强力霉素更亲脂而且比传统四环素类有更高的口服生物药效。强力霉素通常通过肾和胆道无变化的排出，而且也可通过胃肠排出。与传统四环素类不同（如四环素、土霉素和金霉素），强力霉素可用于肾衰竭的马。

强力霉素价格相对便宜，使用时应该避免静脉给药途径，因为可导致马虚脱、心血管疾病及猝死症。马对口服制剂通常具有很好的耐受性，而且腹泻风险为低到中等。在一项研究中显示，与饲料一起喂养降低了强力霉素的生物药效，所以饲料喂养应该在给药前或给药后。灌胃后发现强力霉素的生物药效为 17%，但是在给药后只有 6%起到了作用。

在该研究中，6 匹马中只有 1 匹可接受每 12h 20mg/kg 的剂量，其他 5 匹发生了急性结肠炎或因此不治而进行了安乐死。在另一项研究中，5 匹马中没有一匹可以接受每 12h 10mg/kg 的口服剂量，这 5 匹马都发生了并发症。在这些研究结果的基础上，推荐对马使用 10mg/kg 剂量口服给药，每 12h 1 次。对马生物药效的评价表明，强力霉素仅用于治疗最小抑菌浓度（MIC）为 0.25μg/mL 或更小的微生物，其主要包括革兰氏阳性菌，如不动杆菌属、巴斯德菌属、马红球菌、许多金黄色葡萄球菌（包括能产生 β 内酰胺酶的菌群）、链球菌属和防线菌属。许多实验室对四环素进行了马细菌药物敏感性常规实验，发现如果菌株对四环素敏感，其对强力霉素也敏感。但菌株对强力霉素敏感而对四环素却有抗药性，在对四环素抗药的情况下，应该做强力霉素最小抑菌浓度检测。强力霉素可以用于马无浆体（formerly *Ehrlichia equi* ）和波多马克马热（*Neorickettsia risticii*）的治疗。强力霉素还可用于治疗钩端螺旋体和支原体感染，但是钩端螺旋体的最小抑菌浓度（MIC）可以改变，许多菌株的最小抑菌浓度（MIC）超过 0.25μg/mL，影响了强力霉素对马钩端螺旋体的使用。

强力霉素可以穿透组织细胞。药物分布到肺黏膜上皮液甚至更多进入关节。在一项研究中强力霉素渗透系数（$AUC_{组织}/AUC_{血浆}$）为 0.87，进入肺液，4.6，进入滑膜液。这使其成为治疗化脓性关节炎、滑膜炎和潜在骨关节炎的一个很好的选择。除了进入滑膜液，强力霉素还可渗透进入腹膜液。

在 4～8 周龄的马驹中，进行强力霉素药代动力学研究，发现血清中的浓度显著高于成年马。在第 5 次给药（10mg/kg，灌胃，每 12h 1 次）后的 2h 和 12h，血清中浓度分别为（3.5±0.69）μg/mL 和（2.67±0.88）μg/mL。滑膜和腹膜内浓度相似。强力霉素在尿液中浓度很高。在这些研究的基础上，10mg/kg 的剂量口服给药，每 12h 1 次，强力霉素可用于治疗链球菌和 β 溶血链球菌感染的马驹。

（二）米诺环素

近来绘制了米诺环素在马体的药代动力学曲线。用量为每 12h 4mg/kg 口服给药。与强力霉素一样，米诺环素相对安全。抗生素相关性腹泻和结肠炎是其潜在的危险，相比较于其他抗生素来说，这种风险的出现为低到中等，当停药后腹泻经常是自身限制性的。

米诺环素比强力霉素有许多潜在的优点。它更亲脂，从而导致更高的组织渗透和细胞内浓度。米诺环素具有口服生物药效，在成年马中仅对最小抑菌浓度（MIC）为 0.25μg/mL 或更小的细菌有抗微生物广谱性。这包括许多革兰氏阳性菌，少数革兰氏阴性菌（例如，放线菌属、巴斯德菌属），一些支原体，许多螺旋体。米诺环素可抵抗防线菌属和马红球菌。另外，乙螺旋体对米诺环素敏感。报道显示，人类菌株最小抑菌浓度（MIC）为 0.03～0.25μg/mL，所以米诺环素可用于治疗马脑膜炎或与莱姆病相关的神经炎。相反，强力霉素对包柔螺旋体的最小抑菌浓度（MIC）可低于 0.25 至 2μg/mL，而且强力霉素渗透进入健康马 CSF 的能力很差。因此，米诺环素是马莱姆病首选治疗方法。

米诺环素 4mg/kg，每 12h，口服给马，用药 5 剂的药代动力学研究评估表明，平均血浆峰浓度值是 0.67μg/mL。米诺环素的最高滑膜液浓度为 48h 达（0.33±0.12）μg/mL。最后服药后 1h CSF 浓度是（0.38±0.09）μg/mL（69.5%），其高于许多革兰氏阳性菌和包柔螺旋体的最小抑菌浓度（MIC）。米诺环素比强力霉素具有更强的穿透 CSF 能力。一项健康成年马的研究显示，每 12h 10mg/kg 胃内给药 5 个剂量后，在 CSF 没有检测到强力霉素。

米诺环素对眼球水状体的渗透作用比强力霉素效果更好。尽管如此，按照这个剂量［最后给药 1h 后，正常和眼房水屏障被破坏的马眼内的眼房水浓度分别为（0.09±

0.03）μg/mL 和（0.11±0.04）μg/mL，这个值低于大多数微生物的最小抑菌浓度（MIC）]，药物到达眼房水的浓度太低，不能治疗眼部感染。因此，对于治疗眼钩端螺旋体，米诺环素的使用剂量需要进行进一步研究。

米诺环素能对抗多数革兰氏阳性菌［包括马红球菌，最小抑菌浓度（MIC）为0.12～0.5μg/mL］，放线菌［最小抑菌浓度（MIC）为（0.03～0.12）μg/mL］。从这些结果中获得的结论是，可使用米诺环素治疗敏感微生物［最小抑菌浓度（MIC）小于或等于 0.25μg/mL］导致的马非眼部感染。四环素类抗生素，尤其是半合成的强力霉素和米诺环素以及化学修饰的四环素类（甘氨酰环素），如持续低于抗菌剂量，就会失去抗菌特性。研究表明，四环素类抗生素也影响骨骼及减少关节炎的严重程度，可刺激新骨生成和预防骨质疏松。人类临床研究显示了其在如红斑痤疮、大疱皮肤病和结节病的皮肤病的治疗作用。因为其具有免疫调节作用，所以新四环素在人类风湿性关节炎、硬皮病、癌症、主动脉瘤、牙周炎具有治疗作用。许多医生认为强力霉素和米诺环素可用于马炎症性疾病的治疗，如蹄叶炎、肺纤维化和关节炎。

在体外，通过还原基质金属蛋白酶活性和减少葡萄糖胺聚糖的损失，米诺环素对软骨可发挥保护作用。这种保护效果在滑膜细胞中比在软骨中更明显。

五、恩氟沙星

恩氟沙星不是新的抗生素，但是近几年日益频繁的用于马。恩氟沙星属于氟喹诺酮类药物，第二代喹诺酮。作用机制是通过抑制 DNA 解旋酶活性，而阻碍 DNA 包装，复制和转录。另外，拓扑异构酶Ⅳ也是氟喹诺酮类药物的作用目标，其可间接释放和解离 DNA 下游复制的酶。与氨基糖苷类，氟喹诺酮类药物相似，恩氟沙星具有浓度依赖性杀伤以及可进行高剂量每日一次给药的特性。

一般而言，氟喹诺酮类具有良好的抵抗革兰氏阴性菌作用，也可以抵抗某些革兰氏阳性菌，包括许多金黄色葡萄球菌。对厌氧菌作用较差。因为其亲脂作用，恩诺沙星具有良好的组织渗透作用。与饲料一起给药（精料或干草）一般不会导致临床上生物药效的降低。但包含高浓度二价阳离子的饲料除外，如苜蓿。恩诺沙星具有中等的生物药效，中等的蛋白结合和优先的组织结合作用。其经肝代谢后转化成环丙沙星和其他代谢产物。恩诺沙星主要经肾排出，而环丙沙星经肾和肝代谢排出。

中毒或不良反应包括腹泻和神经症状，以及幼畜的骨病。与其他抗生素相比较，许多医生认为恩诺沙星在诱导结肠炎上具有低到中等的风险。在人类报道的不良反应包括光过敏、癫痫、共济失调、震颤及其他神经症状和结晶尿。另外，在人类利用氟喹诺酮类治疗后或治疗中会发生肌腱炎和自发性肌腱断裂。

在马肌腱细胞培养中，恩诺沙星具有抑制细胞增殖，诱发形态学改变和改变蛋白多糖合成的作用。恩诺沙星对成年马以日剂量 5mg/kg 静脉长期给药（3 周）是安全的，不会导致跛行或关节炎、跗鞘或肌腱问题。12 匹马中的 3 匹使用高剂量（15～25mg/kg 静脉给药每 24h 连续 3 周）发生的问题，包括跖跗韧带蜂窝组织炎 1 例，浅表指腱炎 1 例，跗鞘膜腔积液 1 例。两周龄新生马驹以每 24h 10mg/kg 剂量口服恩诺沙星连续 8d 后，发现软骨损伤、滑膜关节积液、跛行、糜烂或软骨裂。另外，成年马快速静脉注射高剂量恩诺沙星（15 和 25mg/kg）后，可导致短暂的、10min 内的神经系统症状。缓慢注射（超过 30～60min）和稀释剂量（稀释在 500mL 的 0.9%盐溶液中）可改善神经系统症状。以 5mg/kg 的剂量静脉推注给药后，没有检测到不良反应。

在成年马中，恩诺沙星可以每 24h 7.5mg/kg 的剂量口服或静脉注射（溶解在 500mL 盐溶液中）缓慢给药。如果肌内注射给药有刺激作用并发生炎症时，可改以凝胶形式口服给药。但是，口腔溃疡的发生似乎与此有关，应该谨慎使用。因为有潜在发生关节病的趋势，所以恩诺沙星不能在马驹中使用。另外，在马中不能使用环丙沙星，因为口服生物药效较差并且会伴发严重的结肠炎和蹄叶炎。

推荐阅读

Bryant JE，Brown MP，Gronwall RR，et al. Study of intragastric administration of doxycycline：pharmacokinetics including body fluid，endometrial，and minimum inhibitory concentrations. Equine Vet J，2000，32：233-238.

Carrillo NA，Giguere S，Gronwall RR，et al. Disposition of orally administered cefpodoxime proxetil in foals and adult horses and minimum inhibitory concentration of the drug against common bacterial pathogens of horses. Am J Vet Res，2005，66：30-35.

Fultz L，Giguere S，Berghaus LJ，et al. Plasma and pulmonary pharmacokinetics of desfuroylceftiofur acetamide after weekly administration of ceftiofur crystalline free acid to adult horses. Equine Vet J 2013 Aug 30. doi：10.1111/evj.12107 [Epub ahead of print] .

Giguere S，Jacks S，Roberts GD，et al Retrospective comparison of azithromycin，clarithromycin，and erythromycin for the treatment of foals with Rhodococcus equi pneumonia. Am J Vet Res，2006，67：1681-1686.

Hewson J，Johnson R，Arroyo LG，et al. Comparison of continuous infusion with intermittent bolus administration of cefotaxime on blood and cavity fluid drug concentrations in neonatal foals. J Vet Pharm Ther，2013，36：68-77.

Peters J，Block W，Oswald S，et al. Oral absorption of clarithromycin is nearly abolished by chronic comedication of rifampin in foals. Drug Metab Dispos，2011，39：1643-1649.

Sapadin AN，Fleischmjer R. Tetracyclines：nonantibiotic properties and their clinical implications. J Am Acad Dermatol，2006，54：258-265.

Schnabel LV, Papich MG, Divers TJ, et al. Pharmacokinetics and distribution of minocycline in mature horses after oral administration of multiple doses and comparison with minimum inhibitory concentrations. Equine Vet J, 2012, 44: 453-458.

Slovis NM, Wilson WD, Stanley SD, et al. Comparative pharmacokinetics and bioavailability of ceftiofur in horses after intravenous, intramuscular, and subcutaneous administration. In: Proceedings of the 52nd Annual Convention of the American Association of Equine Practitioners, 2006: 535-538.

Suarez-Mier G, Giguere S, Lee EA. Pulmonary disposition of erythromycin, azithromycin, and clarithromycin in foals. J Vet Pharmacol Ther, 2007, 30: 109-115.

Vivrette SL, Bostian A, Bermingham E, et al. Quinoloneinduced arthropathy in neonatal foals. In: Proceedings of the 47th Annual Convention of the American Association of Equine Practitioners, 2001: 376-377.

Wearn JMG, Davis JL, Hodgson DR, et al. Pharmacokinetics of a continuous rate infusion of ceftiofur sodium in normal foals. J Vet Pharmacol Ther, 2013, 36: 99-101.

Winther L, Honore Hansen S, Baptiste KE, et al. Antimicrobial disposition in pulmonary epithelial lining fluid of horses, part Ⅱ: doxycycline. J Vet Pharmacol Ther, 2011, 34: 285-289.

Womble A, Giguère S, Lee EA. Pharmacokinetics of oral doxycycline and concentrations in body fluids and bronchoalveolar cells of foals. J Vet Pharm Ther, 2007, 30: 187-193.

（王晓钧、杜承　译，李春秋　校）

第 34 章　非洲马瘟

Alan J. Guthrie　Camila T. Weyer

非洲马瘟（AHS）是通过库蠓属蠓传播的马属动物的一种非接触性病毒传染性。该病在马群中致死率非常高（>70%）。该病的临床症状表现为发热、循环和呼吸系统功能损伤，这些损伤包括皮下、肌肉损伤和肺水肿，还包括体腔渗出和浆膜黏膜表面出血。

非洲马瘟病毒（AHSV）具有二十面体结构，10 条双链 RNA 片段，衣壳为两层，由 7 种结构蛋白组成，病毒直径大约 70nm。病毒属于呼肠孤病毒科环状病毒属。AHSV 同其他库蠓传播的环状病毒有类似的形态特征，这些病毒有蓝舌病毒（BTV）、马脑炎病毒（EEV）和流行性出血热病毒（EHDV）。AHSV 有 9 种血清型。

一、流行病学

非洲马瘟在撒哈拉以南非洲地区流行。在亚热带地区（包括南非），AHS 具有严格的季节性，通常在夏末首发，然后在秋季变冷时消失。AHS 曾在北非国家流行，并一直传播到非洲西海岸和尼罗河流域。中东（1944 年，1959—1963 年）和欧洲南部（1966 年，1987—1990 年）也曾出现过 AHS 流行。AHS 通过库蠓属蠓进行生物传播，库蠓在黄昏和黎明时最为活跃。在 AHS 流行地区，病毒的主要媒介是 imicola 库蠓和 bolitinos 库蠓。其他库蠓，如美洲的 sonorensis 库蠓、大洋洲的 brevitarsis 库蠓都可能成为 AHSV 的带毒媒介。受感染的蠓经风传播，在 AHS 局部传播中起重要作用。AHS 大范围传播通常是感染了 AHSV 的马匹的无意间运输引起的。1987 年欧洲南部的 AHS 流行就是纳米比亚感染 AHSV 的斑马运到西班牙的野生动物园引起的。

自然感染状态下 AHSV 潜伏期为 5～9d。试验感染 AHSV，该病毒的潜伏期为 5～7d，也有短至 3d 的病例。易感马匹的致死率为 70%～95%，该病通常预后极差。对骡子的致死率约 50%，对欧洲和亚洲驴的致死率是 5%～10%，非洲驴和斑马的致死率非常低。

近年来，BTV 在全球的分布和感染性质的变化引起了普遍关注，主要的变化是，病毒与以前的血清型以多种血清型混合的形式在美国东南部以及欧洲大部分地区传播。尽管气候变化主导了 BTV 对有蹄动物的感染，但是还无法确定人类活动对 BTV 感染的确切的影响情况。与 BTV 类似，这种变化在其他库蠓传播的环状病毒中也已发现，其中包括 EHDV、AHSV 和 EEV，因此，许多国家的兽医行政管理机构和马产业企业都已经制订了 AHS 应急预案。

二、临床症状

受 AHS 影响的马会引发大量的临床表现，其通常分为 4 种临床形式。Dunkop 或肺病形式病例，这种形式为急性发病，很难康复。AHS 潜伏期很短，一般为 5～6d，并随后迅速升高体温，可能达到 40～41℃。这种形式的疾病的特征是快速发生显著的进行性呼吸衰竭，呼吸率可能超过 50 次/min。感染动物往往出现前肢伸展站立、伸头和鼻口扩张等行为。经常出现强迫性呼气，并伴随腹部隆起线。常见大量出汗，最终可观察到阵发性咳嗽，咳嗽时伴有泡沫样液体、浆液蛋白性液体从鼻孔渗出。往往在很突然时发生呼吸窘迫现象，而且可能在出现症状后 30min 到几小时内死亡。

Dikkop 或“心脏病”形式的 AHS 发病病例，潜伏期为 7d 或更长，随后会发热 39～41℃，持续 3～4d。典型的临床症状往往在发热开始下降时出现。最初，眶上窝被下面的脂肪组织填充形成水肿，并抬起颧弓上的皮肤。之后，这种情况将扩展至眼睑、嘴唇、面颊、舌头、下颌以及喉部。皮下水肿一般向颈部至胸部不同程度扩展并填满颈部沟槽。但是并未观察到腹侧水肿和下肢水肿。在发病晚期，结膜和舌腹面出现出血点和出血斑。病畜变得很消沉，频繁躺倒，但只躺很短时间。偶尔会出现绞痛，而且止痛药也无效。最后，在发热 4～8d 后，一直匍匐的病畜死于心力衰竭。那些恢复过来的病畜，其肿胀经 3～8d 逐渐消退。

“混合型”的 AHS 病例都见于 AHS 致死的马和骡的尸体剖检。初始的肺部体征很温和，之后产生水肿和积液，最后由于心脏衰竭导致死亡。然而，在多数病例中，在心脏亚临床症状状态时，会突然出现明显的呼吸困难等典型的肺病症状。AHS 自然感染时，往往会忽视发热这种最温和的病症。潜伏期为 9d，之后体温在 4～5d 里逐渐升至 40℃。除了发热反应，其他临床症状均不明显。其他症状包括结膜轻微充血和脉搏率增加。AHS 这种形式的病症主要发生在免疫过的马中。

三、病理学

尸检观察到的病变取决于疾病的临床形式。在该疾病的肺病形式中，最有特点的变化是肺水肿或胸膜积水。在急性病例中，可见大量肺泡积水和斑驳的肺部充血。而在一些迁延不愈的病例中，可见广泛的间质性水肿。在个别病例中，肺部显示正常，但胸腔可出现多达 8L 的积液。其他非常见的病变包括：主动脉和气管周围水肿性浸润，胃的腺体基底弥漫性或斑片状充血，大肠小肠的黏膜和浆膜充血或点状充血，脾包膜下出血，肾皮质充血。大多数的淋巴结，尤其是那些在胸腔和腹腔的淋巴结发生肿大和水肿。心脏病变不明显，但有时可见心外膜和心内膜点状出血。

在 AHS 的心脏病形式中，病变出现在头部、颈部和肩膀的皮下和肌间筋膜，主要表现为黄色、凝胶状浸润的水肿。胸部、腹部和臀部也偶尔能发现这种病变。此类病的共同特点是出现中度至重度心包积液，心外膜和心内膜，尤其是左心室的心外膜

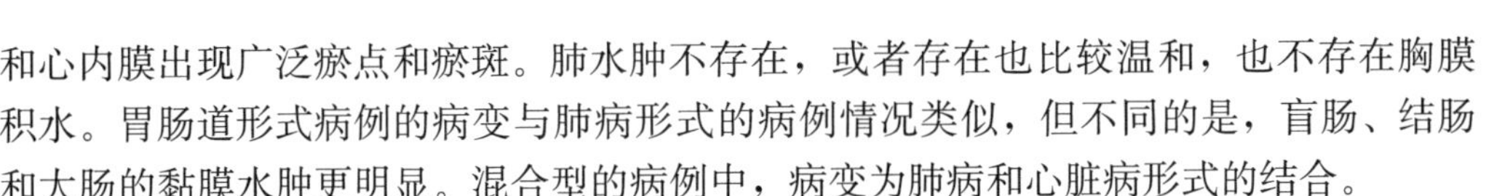

和心内膜出现广泛瘀点和瘀斑。肺水肿不存在，或者存在也比较温和，也不存在胸膜积水。胃肠道形式病例的病变与肺病形式的病例情况类似，但不同的是，盲肠、结肠和大肠的黏膜水肿更明显。混合型的病例中，病变为肺病和心脏病形式的结合。

四、诊断

AHS 发热早期时几乎不可能做出临床诊断，不过，一旦出现特征性临床症状，则可以做出初步诊断。典型的尸检结果可以支持初步临床诊断。非洲马瘟是列入世界动物卫生组织（OIE）名录的疾病，对于除撒哈拉沙漠以南的非洲以外的国家而言，AHS 属于外来动物疫病，因此，一旦发现疑似病例，必须向该国家兽医部门报告。国家兽医部门将做出相应的安排，现场采集有临床症状的动物的全血样品（含肝素或 EDTA），并提交授权实验室进行病毒分离和聚合酶链式反应诊断。尸检时，从死亡动物采集的脾、肺和淋巴结等器官样品应冷冻并带冰运送至适当的实验室执行诊断程序。

五、治疗、预防和控制

AHS 没有专门的治疗方法，因此，需要根据病畜的临床特征进行适当的治疗。在 AHS 流行的国家，已经授权使用小鼠脑或组织培养减毒活疫苗，该疫苗在几十年里已经成功用于控制 AHS。目前已授权在南非使用的多价疫苗是一种 3 价苗和一种 4 价苗，均须间隔至少 3 周接种，这些疫苗均可防护 9 种血清型的 AHSV。在 AHS 流行地区，死亡率根据以前免疫接种情况或自然感染产生免疫力的不同而异。尽管现在还没有商品化使用，灭活疫苗和重组疫苗将可以替代当前经修饰的活病毒疫苗。自然感染 AHSV 康复的动物对同源血清型病毒产生终身免疫，并可能对其他血清型病毒产生部分免疫。免疫母马所产马驹可以获得被动初乳免疫，保护它们免受感染 3～6 个月。

AHS 引入无疫情地区和国家的主要途径是 AHS 潜伏期马匹进入到该地区，从而将病毒带入。没有 AHS 临床症状的斑马和非洲驴尤其危险。从 AHS 感染国家进口的马属动物应该在出境和入境前在具有防虫设施的机构隔离检疫。目前，OIE 建议对来自 AHS 感染国家或地区的马匹在具有病毒媒介保护条件下的至少隔离检疫 14d，并对马匹进行合适的诊断试验。

当疑似 AHS 暴发时，必须立即执行控制措施。需要在疫情暴发的地区周围建立封锁区，并将该区域宣布为控制区。控制区内一切马属动物的活动都必须取消，严格执行运动控制。所有马属动物都需要留在马厩里，至少在夜间不许外出，马厩应喷撒驱虫剂和杀虫剂。如果没有足够的马厩，也可以使用谷仓。即使没有可防护病毒媒介的设施，谷仓之类的设施也可以降低感染的风险。另外，应定期检查该地区所有马属动物的直肠温度。一般在出现明显临床症状前 3d 出现发热，因此，检查直肠温度可以尽早发现感染动物。出现发热症状的动物在查明发热原因之前，需要收容在可防护病毒媒介的马厩中。

一旦确诊是 AHS，则应该考虑对所有易感动物进行 AHS 疫苗接种。疫苗接种的决定是由国家兽医主管部门主持执行的，并且受到已经采取的成功措施的影响。

推荐阅读

Guthrie AJ，Quan M. African horse sickness. In：Mair TS，Hutchinson RE，eds. Infectious Diseases of the Horse. Fordham，UK：Equine Veterinary Journal Ltd，2009：72-82.

MacLachlan NJ，Guthrie AJ. Re-emergence of bluetongue，African horse sickness，and other Orbivirus diseases. Vet Res，2010，41（6）.

Mellor PS，Hamblin C. African horse sickness. Vet Res，2004，35：445-466.

（王晓钧、郭巍　译，李春秋　校）

第 35 章　西尼罗热病毒

Rodney L. Belgrave

西尼罗热病毒（WNV）是一种新发的、通过蚊子传播的持续嗜神经性的黄病毒，1999 年在西半球首次发现该病毒。自从纽约的疫情开始，至今已经发现蔓延至美国、加拿大、中美洲、南美洲和加勒比海地区。造成该病毒持续在美国及其周边地区传播的原因有很多，其中包括：蚊子中的库蚊遍布美洲，病毒可以通过感染的雌蚊向后代垂直传播，病毒可在蚊子体内度过冬季，病毒可感染鸟类并通过鸟类迁移而传播。

西尼罗热病毒属于日本脑炎复合组，该组成员还包括圣路易斯脑炎病毒、墨累谷脑炎病毒和昆津病毒，一种在澳大利亚和马来西亚流行的黄病毒也被认为是西尼罗热病毒的一个亚型。总的来说，这些病毒是引起包括人类在内的脊椎动物宿主的虫媒病毒性脑炎的主要病因。

一、传播和流行病学

西尼罗热病毒在自然界中主要存在于嗜鸟的库蚊，以及这些库蚊吸血的鸟类中，形成鸟-蚊-鸟的传输循环，这类蚊种被称为扩增载体。其他蚊种被称为桥接载体，这些蚊子可以通过吸食带有病毒的鸟类的血液，从而将病毒从扩增循环转移到人类、马和其他非鸟类脊椎动物。人类、马和其他非鸟类脊椎动物形成的病毒血症很少能够产生足够感染蚊子的病毒量，因此，人类、马和其他非鸟类脊椎动物称为终宿主。不同地理位置的季节性和这些载体的持续期与一年中病例最流行的时间有关。曾经有一例报道，人通过剖检感染的马发生人畜间传播。也有记载实验室工人在对禽类尸检后被污染血液的针头刺伤感染。非病毒媒介传播西尼罗热病毒的水平传播方式包括母乳喂养、输血、器官移植，以及口腔和子宫内感染等。

西尼罗热病毒的传播媒介和感染宿主范围很广。家雀、乌鸦等雀形目鸟类在病毒的生命周期中占最主要地位，而且已在超过 300 余种鸟类中发现了西尼罗热病毒感染的证据。自 1999 年在美国出现西尼罗热病毒感染以来，西尼罗热病毒被认为是导致大量鸟类数量显著下降的原因。同时，禽类的大量死亡也已经作为病毒循环的一项重要指标。同样，已经在大约 30 种哺乳动物、60 余种蚊子和大量两栖爬行动物中发现了该病毒。

自该病毒于 1999 年传到美国之后（NY1999 毒株），由于具有大多数单链 RNA 病毒的特征，西尼罗热病毒的基因组迅速发生了进化。这种进化使新的毒株能够在禽类宿主中更快地复制，或者能够更有效地通过昆虫媒介进行传输。NY1999 毒株起源于曾在欧洲、中东、南非和澳大利亚发现的高毒力的谱系 1 毒株。在非洲和马达加斯加发现的谱系 2 毒株为低毒力株。自 2004 年以来，北美洲再未发现 NY1999 毒株，该毒株已被新的变异株 WN02 株取代。该毒株的出现恰逢 2002 年美国马属动物西尼罗病例的突然上升，2002 年病例为 15 257 例，2001 年病例为 738 例。自 2002 年以来，马属动物病例数逐渐下降，然而，在 2012 年度，该年统计至秋季已经报告了 566 例病例，已经是 2011 年病例（87 例）的 6 倍以上。

二、发病机理

西尼罗热病毒偏好感染马的中枢神经系统（CNS）。尽管西尼罗热病毒具有嗜神经性，但低于 1%的黄病毒感染的结果是天然感染 CNS。马被慢性感染的媒介传染后，病毒在皮肤的朗氏细胞和树突状细胞内复制。病毒从这些细胞开始向周围的淋巴结传播，进入血液和脾、肾等外周器官，在这里开始第二轮复制。病毒能够消除Ⅰ型干扰素的作用，躲避干扰素刺激的基因的抗病毒活性，从而在宿主体内增强复制能力。

病毒能在接种大约 1 周后侵入 CNS 的确切机制尚不清楚。目前已知的是，病毒血症水平直接与神经侵入的概率相关。一种假设是突破血脑屏障，病毒通过感染免疫细胞运输至 CNS，病毒从感染的外周神经元逆向侵入，并通过内吞作用通过血管内皮进入 CNS。另一种假设是病毒通过感染不属于血脑屏障保护范围的嗅觉神经元进入 CNS。

三、临床症状

尽管自 1999 年以来 WNV 导致北美大量马匹发病和死亡，但是，实验感染研究显示只有少量（8%）马匹在感染病毒后发生临床症状。一项前瞻性研究表明，在自然暴露于病毒后发生抗体转阳的未接种疫苗马中，只有 8%产生了 WNV 感染导致的神经症状。

疾病最初表现的临床症状为发热，嗜睡，并且食欲减退。急性发作性共济失调、虚弱或两者不同程度地同时出现。轻度瘫痪可发展为四肢瘫痪或趴窝。行为变化可见从具攻击性和兴奋到嗜睡或昏迷不等。

马匹发生 WNV 脑脊髓炎的标志之一是肌颤。肌颤多见于面部（鼻口部分和嘴唇）和颈部肌肉，主躯干以及前后肢的三头肌和四头肌区域也可见。知觉敏感通常伴随肌颤出现。少数病例会发生颅神经（VII，IX 和 XII）相关的面瘫和吞咽困难。脑桥和延髓的病理变化是导致这些异常的病理原因。

这些临床症状的结合是多样的，症状的严重程度和持续时间也是如此。大多数马匹在 3～7d 表现出临床症状，但是需要数周至数月完全康复，并且通常伴随长期的神经缺损。在临床改善的初始阶段 7～10d 可能出现病情复发，这种复发的确切病因不明。

四、诊断

很难只通过临床症状区分西尼罗热病毒或其他致神经性疾病的病原。需要将马匹的疫苗接种状态，地理位置，该区域的发病率和其他临床症状，如发热和肌肉颤动等情况等因素综合在一起判断神经性疾病的病原是否是西尼罗热病毒。发热的症状可以使兽医将西尼罗热病毒引起的疾病与马原虫引起的脑脊髓炎和颈区脊椎髓病变做出区分。需要排除的感染性疾病包括狂犬病、甲病毒属脑炎（东方马脑炎）和马疱疹病毒1型感染。应考虑的非感染性疾病包括肝性脑病，白质软化和低钙血症。

辅助诊断包括：血细胞计数，血清生化，脑脊髓液（CSF）分析，WNV病原学检测和WNV血清学检测。

CBC数值和血清生化概况一般都在正常范围内。那些感染马由于神经功能异常而有创伤或长期侧卧的马可能会有高水平肌酶情况。吞咽困难的马可发生类似脱水的症状，如高红细胞比容值、总蛋白值、血液尿素氮值和肌酸酐值。虽然在人感染WNV病例中有肾疾病的报道，但是在马感染WNV的病例中并未发现肾疾病病例。在WNV感染的人类以及WNV感染实验动物模型中已经发现病毒尿症、血尿症及蛋白尿症，急性感染后长达8个月都可检测到与肾病相关的组织病理变化。血液中氨浓度也应进行评估，以排除继发于胃肠道功能紊乱的肝性脑病或高氨血症。

脑脊髓液（CSF）分析显示单核细胞增多，表现为淋巴细胞占优势，总蛋白数增加。产生这样的细胞学异常的原因主要是，CSF主要是从腰骶区域而不是寰枕区域收集。CSF样品也要进行实时定量聚合酶链式反应检测病毒。本书第84章详述了如何从一匹站立的马采集CSF样品。

WNV的血清学诊断主要依据急性感染期马匹在8～10d内的免疫球蛋白M（IgM）抗体应答水平。这种抗体应答可在病毒暴露后持续6周。检测的方法是IgM抗体捕获酶联免疫吸附试验（MAC-ELISA）。疫苗接种后很少会发生IgM浓度升高的情况，因此，可对疫苗接种马进行该试验。噬斑减少中和试验（PRNT）可以检测到4倍量的中和抗体滴度升高，由于PRNT是针对病毒特异性中和抗体，因此，该方法可作为金标准。但是，接种疫苗后，很有可能会混淆该实验的结果。另外，一种使用中和性单克隆抗体的酶联免疫吸附试验（NT-ELISA）也已投入使用。

可以使用聚合酶链式反应、免疫组化以及从中枢神经系统（CNS）组织分离病毒等方法检测死尸中的WNV，从而确认病毒感染。

五、治疗

感染马的治疗通常使用输液抗炎症疗法。目前还没有专门针对黄病毒的抗病毒药物可用。

最常用氟尼辛葡甲胺（按体重每千克1.1mg，静脉注射，每12h 1次）这类非固醇抗炎药。在一些严重的病例中，也会使用地塞米松（按体重每千克0.1mg，静脉注射，每 24h 1 次）这类皮质类固醇和泼尼松龙琥珀酸钠（按体重每千克 1～2.5mg，静脉注射，每 24h 1 次）。甘露醇（按体重每千克 0.5～1g，静脉注射，每 6～8h 1 次）用于降低脑水肿。为了使动物镇静从而减少自我伤害，可以使用乙酰丙嗪（按体重每千克 0.02mg，静脉注射）或盐酸地托咪定（按体重每千克 0.02～0.04 毫克，静脉注射）。如果病畜由于本病或致肾毒性治疗而导致氮质血症，可以建议进行液体治疗。在确诊 WNV 或排除原虫性脑脊髓病之前，需要结合抗原虫药物同步治疗。2003 年，WNV 特异性免疫球蛋白产品研制成功并获得授权许可，但是现在并没有商品化产品。

六、预防

预防 WNV 应主要关注疫苗接种和控制病毒媒介。目前，在美国有 4 种防控马匹 WNV 病毒血症的疫苗得到了授权许可。每种疫苗的科学背景都不相同，给药方案也不一样。疫苗注射时需要根据制造商的产品标签进行免疫。

疫苗接种对预防 WNV 起至关重要的作用。一项对 2002 年内布拉斯加州和科罗拉多州马 WNV 病例的回顾性研究发现，589 匹患 WNV 脑炎的马匹中只有 11 匹进行了完全疫苗接种。实验数据表明，即使只完成部分疫苗接种免疫 WNS，也可以减轻病毒感染和致病的严重性。总体而言，未接种疫苗的马匹比接种疫苗的马匹的死亡率高 1 倍。一项类似的研究表明，未接种疫苗的马出现 WNV 临床症状的可能性是接种疫苗马的 23 倍。同样的一项对加利福尼亚州的疫苗接种马和未接种马感染 WNV 概率的前瞻性研究表明，只有未接种马可能会患病。该实验数据来自当时唯一一种商用疫苗，这种疫苗是一种灭活苗。各种鞘内和蚊子攻毒模型已经证明了疫苗对预防和降低临床疾病的有效性。需要在有蚊子的季节前完成疫苗初免或加强免疫。虽然多数现售的疫苗接种指南均建议免疫期为 12 个月，但是在有些地区，病毒媒介会在一年内多次出现，因此在这些地区可以多次接种疫苗。考虑到病毒在美国的流行情况，即使 WNV 病例有所减少，也需要严格执行免疫接种计划。

控制病毒媒介也是疾病预防的重要手段。对没有控制蚊子的地区进行马匹感染风险研究时发现，马匹感染本病的风险提升了 8 倍。由于库蚊有夜间活动的习性，马应该在夜晚带上防雨罩之类的防护罩，并使用驱蚊剂。

其他可增加患病风险的因素还有：在马圈中使用风扇；马圈中有死鸟和其他病马；个体的性别，如骟马染病的风险更高。非工业级强度的风扇不会影响蚊子的飞行方式，反而使那些吸引蚊子的气味扩散得更快。

推荐阅读

Blitvich BJ. Transmission dynamics and changing epidemiology of West Nile virus. Anim Health Res Rev，2008，9（1）：71-86.

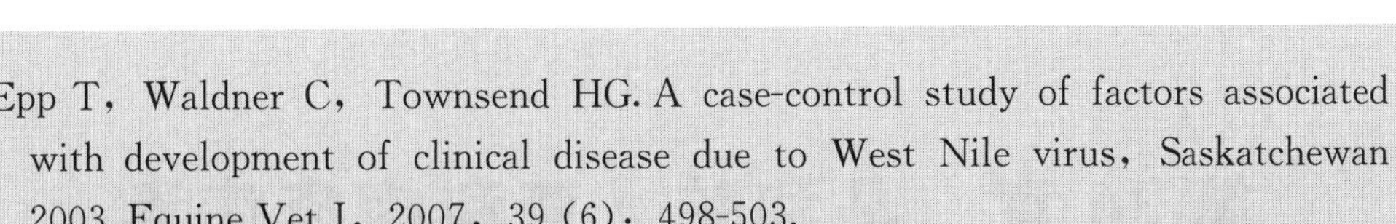

Epp T，Waldner C，Townsend HG. A case-control study of factors associated with development of clinical disease due to West Nile virus，Saskatchewan 2003. Equine Vet J，2007，39（6）：498-503.

Lim SM，Koraka P，Osterhaus ADME. West Nile virus：immunity and pathogenesis. Viruses，2011，3（6）：811-828.

Murray KO，Mertens E，Despres P. West Nile virus and its emergence in the United States of America. Vet Res，2010，41（6）.

Porter MB，Long MT，Getman LM，et al. West Nile virus encephalomyelitis in horses：46 cases（2001）. JAVMA，2003，222（9）：1241-1247.

Rios LM，Sheu JJ，Day JF，et al. Environmental risk factors associated with West Nile virus clinical disease in Florida horses. Med Vet Entomol，2009，23（4）：357-366.

Salazar P，Traub-Dargatz JL，Morley PS，et al. Outcome of equids with clinical signs of West Nile virus infection and factors associated with death. JAVMA，2004，225（2）：267-274.

Ulbert S. West Nile virus：the complex biology of an emerging pathogen. Intervirology，2011，54（4）：171-184.

Wamsley HL，Alleman AR，Porter MB. Findings in cerebrospinal fluids of horses infected with West Nile virus：30 cases（2001）. JAVMA，2002，221（9）：1303-1305.

Ward MP，Levy M，Thacker HL，et al. Investigation of an outbreak of encephalomyelitis caused by West Nile virus in 136 horses. JAVMA，2004，225（1）：84-89.

（王晓钧、郭巍　译，李春秋　校）

第 36 章　马和驴 γ 亚科疱疹病毒

Lutz S. Goehring

疱疹病毒科共分为 3 个亚科，即 α 疱疹病毒亚科、β 疱疹病毒亚科和 γ 疱疹病毒亚科。虽然已经发现 α 和 γ 疱疹病毒亚科中若干病毒能够感染马属动物，但至今还没有发现 β 疱疹病毒亚科中能够感染马的相关病毒。

γ 亚科疱疹病毒与 α 亚科疱疹病毒具有相似的疱疹病毒基本特性，同时也存在着差异明显的生物学表征。对宿主的终生感染是所有疱疹病毒最重要的共同特性之一。另一重要的共性是，疱疹病毒在感染过程中都具有宿主的种属特异性。在终生感染过程中，病毒感染周期呈现出典型的复制活性有明显差异的两个阶段：①急性感染期，病毒高复制活性随着感染后时间的延长逐渐减弱；②潜伏感染期，在此期间病毒停止复制。据此推测，在疱疹病毒感染宿主后的生命周期内，潜伏状态占据了绝大部分时间。明显的临床症状也只有在疱疹病毒复制活跃期才能显现。感染后，种群内个体间传播的前提就是病毒在机体内产生大量的子代病毒，特别是在与环境直接接触的器官内感染的病毒更能促进个体间的传播。呼吸道是疱疹病毒复制的常见部位，最简单的病毒传播方式就是鼻对鼻接触性传染。由于感染物种的专属性，宿主在感染后所表现出的临床症状为轻度，最多也就是中度，这对病毒本身十分重要。感染也不会造成宿主的死亡，从而保证了该病毒在宿主群中顺利扩散。马 γ 亚科疱疹病毒（γ-EHVs）均符合上述几点特征。与之相比，α 亚科疱疹病毒低水平复制阶段更加短暂，同时从 γ 亚科疱疹病毒容易从外周血单核细胞分离获得的角度比较，可以想象 γ 亚科疱疹病毒或许能够处于更长时间的低水平复制状态，从而造成持续性的慢性感染。也就是说，在潜伏感染期内 γ 亚科比 α 亚科疱疹病毒所处的免疫静默期更长。

时至今日，所有马疱疹病毒从潜伏状态到复发的诱因仍然是个谜。在运输过程中的条件性应激和大强度的训练周期都是非确定性的诱因，同时，也不能排除其他因素。在使用皮质类固醇激素后，马 γ 亚科疱疹病毒，尤其是马疱疹病毒 2 型（EHV-2）的发现率明显上升。

已知大多数疱疹病毒与其宿主建立有良性的共存关系。一些致死性或慢性虚弱性疾病等偶发情况很可能是免疫反应介导的生物学现象，而不是单纯的病毒致病。5 种 γ 亚科疱疹病毒已经被确定能够感染常见马、小型马和驴。EHV-2 和 EHV-5 显见于马体。另外 3 种主要感染驴，称为驴疱疹病毒（即 AHV-2、AHV-4、AHV-5）。本章内，所提及的马 γ 亚科疱疹病毒泛指马和驴的 γ 亚科疱疹病毒。然而，为了信息指代明确，在提及驴 γ 亚科疱疹病毒时也使用英文缩写 γ-AHV。

传统上，多数研究重点关注 α-EHV-1、α-EHV-3、α-EHV-4，而对γ-EH-V的了解比较匮乏，γ-AHV 的研究信息则更少。这种情况可能是因为 γ-EHVs 几乎不会引起马的严重疾病或病理性损伤。几十年来，由其所导致疾病为幼龄马和成年马轻度的呼吸道感染。而且，由 γ-EHV 造成的损伤也被视为“控门效应”，使得继发病原能够诱发临床疾病。例如，EHV-2 感染后可以促进马红球菌的继发感染。虽然进行了深入研究，但 EHV-2 在马发生角膜结膜炎过程中的作用仍处于讨论之中。也有一种说法，EHV-2 和 EHV-5 可引起慢性的下呼吸道炎症从而使得马匹无法正常劳作，但这一观点还在探讨之中。γ-EHV 普遍存在于马群中，上述问题悬而未决的根本原因是缺乏基于足够量实验动物的感染数据，以及无法精确滴定病毒滴度。有证据表明 EHV-5 与马的致死性多瘤性肺纤维化病（EMPF）相关。自 2007 年，在欧洲和北美的不同国家均有该病的突发报告。肺损伤的感染马都规律性地携带 EHV-5，而与其他 γ-EHV 共存的情况却极为罕见。然而，EHV-5 与该病之间是否存在因果关系，还是机会性感染或是简单的副反应，或者是恶化的免疫反应现象，都是未知的。

一、马 γ 亚科疱疹病毒的研究进展

(一) 诊断学

快速、灵敏、特异的检测方法（如聚合酶链式反应）的研发和快速基因组测序分析技术的应用大大推进了我们对 γ-EHV 流行病学和病理生理学的认知。然而，一些热点研究的很多结果却使得我们更加困惑。不像 α-EHV、EHV-2 和 EHV-5 基因组变异相当普遍，结果不同毒株间基因组存在很大差异。差异性毒株既可以在感染马驹群间也可在群内获得。这种差异也正好解释了在马驹群暴发大规模呼吸道疾病时，个体所呈现的临床症状存在差异。诊断实验室可以进行血清学诊断性检验。然而，很多试验还不能准确地甄别 γ-EHV 成员们与群体中流行株的血清型，因此这些试验方法可应用性并不是很强。鉴于 PCR 技术的可应用性，EHV-2 和 EHV-5 已经在全球范围内得以确定；有趣的是，在冰岛马群中 α-EHV 呈现血清学阴性。

(二) 马 γ 疱疹病毒和症状

在马 γ 疱疹病毒中，EHV-2 是研究重点，主要原因是，在 PCR 技术还未应用之前，该病毒就可以通过细胞培养分离获得。与之相反，在实验室难以分离 EHV-5。EHV-2 常见于马匹的呼吸道液（如鼻腔分泌物、肺支气管分泌液、气管分泌液）、外周血单核细胞和结膜内。在潜伏感染过程中，EHV-2 定居于外周血单核细胞。EHV-5 虽不常见但有时也可发现于呼吸道液，而且与马多瘤性肺纤维化病紧密相关。EHV-5 潜伏位点还不清楚，有几个潜在的组织位点：外周血单核细胞、肺巨噬细胞、树突状细胞、多种神经系统位置。EHV-2 也与 EHV-5 同时存在，EHV-5 与 γ-AHV 共存在患 EMPF 马群中。

就笔者所知，针对 EHV-2 仅报道了两个感染实验。大多数的实验结果都被实验马匹之前感染的 EHV-2 所干扰。未来的研究应该使用刚断奶的马驹群。在这些研究中，

EHV-2 常在实验动物中发现，也就是在马呼吸道液和外周血单核细胞中。这些发现都与中度的临床症状相关联，包括发热、流鼻涕、咽部滤泡增生和下颌淋巴腺炎。当 EHV-2 和 EHV-5 共存时，所引发疾病愈发严重。

交叉切片研究已经用于确认 EHV-2 或者 EHV-5 在特定马群中的存在与否，选择的马主要是呼吸道疾病或发热的马匹；呼吸道液（肺支气管或支气管分泌液）样品来自患有呼吸道疾病但无发热症状的马匹。研究者开展了一项针对发热并患有传染性上呼吸道疾病的马匹的检测性研究，马鼻拭子的多重 PCR 反应结果表明 EHV-2 和 EHV-5 共存于将近一半数量的样品，而且分析显示这一半样品也表现出 EHV-1、EHV-4、马流感病毒、马链球菌兽疫亚种阳性。大约一半的样品显示出 EHV-2 和 EHV-5 为阴性。该研究的结论就是马 γ 疱疹病毒可能是疾病诱因，另一种可能是其他未经鉴定的病原引起疾病。在患有炎性呼吸道疾病的马体内，当中性粒细胞含量升高时，气管或肺支气管分泌液极有可能含有 EHV-2（PCR 鉴定）。然而，容易造成混淆的是在健康马匹的呼吸道液中也能分离出 EHV-2 和 EHV-5，这同时再次引出一个老问题，那就是 EHV-2 和 EHV-5 到底是引起疾病的一级或二级病原，还是无实际作用的“旁观者”。

（三）马 γ 疱疹病毒与免疫调节

病毒有些基因与哺乳动物的免疫调节因子的基因序列同源。有一点的确很微妙，那就是宿主免疫反应的下调可能出现在病毒复制过程中以利于病毒复制。病毒编码的 IL-10 和 IL-8 受体类似物显出具有免疫调节功能；这两个分子对于宿主产生炎症和免疫反应都很重要。另外，马 γ 疱疹病毒可反式激活 EHV-1 和 EHV-4 的极早期基因表达，具有刺激马 α 疱疹病毒大量复制的可能性。两个机制（免疫调节细胞因子或反式激活极早期基因表达）中无论哪一个都可能使得病原永久复制，因此干扰已存在的宿主免疫力。

二、角膜结膜炎和马肺多瘤性纤维化病：可能是免疫介导性疾病

在过去，马 γ 疱疹病毒感染成年马仅能引起轻度或者无关紧要的疾病。正是角膜结膜炎和马肺多瘤性纤维化病的出现，并显示出与 EHV-2 和 EHV-5 的紧密联系，或许逐渐改变了这一看法。角膜结膜炎通常是单侧发病并伴有疼痛，具体情况也需要根据马眼睛自身特点而定。该病的主要特点是，初期围绕着眼内点状损伤出现急性睑痉挛并伴有角膜混浊，紧接着新生血管朝着损伤点生长性聚拢。随着 EHV-2 特异性 PCR 逐渐普及，从患病马匹角膜或结膜拭子中可以鉴定出来该病毒的存在。但是，健康马匹的同一部位样品中也能鉴定出来相应的 EHV-2。如果不及时治疗，这种情况最终引起角膜混浊以及视力下降或失明。此类疾病的治疗就要进行抗炎性药物和抗病毒药物的局部给药，同时也辅以系统性抗炎性药物。

从 21 世纪早期开始，普通马和矮种马呈现出从偶发性到集中确诊的趋势，临床症状包括严重的致死性呼吸道疾病，伴有明显的慢性肺炎和肺部肥厚的瘤状纤维化症状。

该病就是通常所称的肺多瘤性纤维化病，与EHV-5紧密相关，起初报道于北美地区多品系马匹的相关病例。现在，该病也报道于多个欧洲国家。马匹通常发热并伴有呼吸系统衰竭。皮质类激素治疗可以暂时缓解或者改善临床症状数周或几个月，但极易复发。绝大多数的病理变化见于瘤性纤维化占据的原本通气良好的肺部组织。根据病理检查，细胞核内包涵体的检测结果预示着疱疹病毒的复制，因此，应从病毒角度开启相关研究。PCR试验及其产物测序表明EHV-5的存在；偶尔，也会出现EHV-5与其他马γ疱疹病毒共存，譬如EHV-2，在一些情况下，也有AHV-5。

这两种症状，即角膜结膜炎和EMPF同时发生是极罕见的，特别是涉及单一动物时，尽管在相同的前提下随着时间的推移可能出现更多病例。对于任何物种而言，严重的疾病指的是危及生命（EMPF）或损害视力（角膜结膜炎）都不是疱疹病毒感染的一个典型特征。众所周知，γ-EHV可以在健康马检测到。存在几种可能的解释：首先，γ疱疹病毒可能是一个无辜的旁观者，因为它无处不在，它的存在是一个巧合。然而，在一项研究比较EHV-5在EMPF损伤和肺部无病理变化区域的病毒载量，后者的病毒载量则呈现不成比例的降低。它也可能是一个在肺部发病前期与淋巴细胞浸润有关的过程。这个过程可能会导致γ疱疹病毒从潜伏状态到复发感染或者再活化该病毒在淋巴细胞内慢性持续感染。同时，也存在着与其他病原共感染的情况。因为疾病本身很少出现在单一的动物，这种疾病因此很可能是免疫介导的结果，而不是一个该病原从头感染开始即可以根据科赫法则复制获得感染模型（编者注：威廉姆斯等人在2013年发表的论文中强烈建议EHV-5单独接种可以复制EMPF）。

三、马的肺多结节纤维化症状和诊断的最新研究进展

马的肺多结节纤维化症状是一个相当新颖的疾病，在第6版的《现代马病治疗学》中（见第65章）有所描述。迄今为止，患病马临床症状主要表现为呼吸困难和中度到重度呼吸系统衰竭。无论基于少量案例的病例报告阐述，还是关于该病的发病进程，或者马匹患病早期至预后是否良好等相关信息都缺乏细节性阐述。这种疾病会影响成年马和小马。患病动物常出现咳嗽、发热、消瘦。听诊检查显示肺部呼吸正常与非正常区域二者共存。可以听见湿啰音和哮鸣音，再呼吸检测耐受性较差。肺部区域叩诊所发出的闷声儿则能反映出肺部实变。全血计数和血液生化检测则显示出白细胞过多症，高纤维蛋白血症和高球蛋白血症。气管分泌液常带有黏液和大量的多核中性粒细胞，但并未发现胞内细菌。肺泡冲洗液的分析结果与气道分泌液极为相似，伴有更高比例的中性粒细胞数量。经验丰富的临床病理学家可能检测核内包涵体，提示疱疹病毒存在的可能性。放射影像显示出多处不透射性的病灶区。肺泡冲洗液经PCR分析显示EHV-5阳性结果与EMPF诊断结果相符。

考虑到其他可能原因可造成马匹肺部纤维化，如果PCR结果显示EHV-5阴性，应该采集活检肺组织进行组织学检查、细菌培养以及病原特异性PCR进行深入检测，也就是所说的疱疹病毒兼并PCR方法，其核心在于以绝大多数疱疹病毒基因组中极为保守且高度同源的序列作为扩增对象。

患病马的治疗主要包括使用支气管扩张剂（双氯醇胺）、糖皮质激素（地塞米松，0.1～0.2mg/kg，肌内或静脉注射，每天1～2次），以及支持性护理。抗病毒类药物的使用（伐昔洛韦口服和更昔洛韦静脉注射）会提高治疗的成本，而且并未证明其治疗EMPF的有效性，然而，抗病毒药物的应用并不意味着治疗不当，这种治疗可能会抑制病毒的复制。这些药物治疗效果的评估主要针对α疱疹病毒，尤其是EHV-1，并非γ疱疹病毒。

EMPH的预后一般较差，虽然可以观察到暂时的缓解，但最终还是复发，此类报道屡见不鲜。

四、结语

马γ疱疹病毒及其驴源相关病毒仍然是困扰研究人员和相关从业者最多的主要病原。病毒所导致的广泛传播且非致死性的疾病可能是主要的流行趋势。然而，零星出现的致死性EMPF或引起器官衰竭的角膜结膜炎可能是免疫反应介导的病理反应。马γ疱疹病毒基因组的不均一性、此类病毒的广泛存在、发病报告和定量PCR结果数量太少、实验性感染相关信息的稀缺都将会带来不确定的结论。从联合感染和马病角度来看，需要集中研究和考量这群病毒各自的角色。

推荐阅读

Brault SA，Bird BH，Balasuriya UB，et al. Genetic heterogeneity and variation in viral load during equid herpesvirus-2 infection of foals. Vet Microbiol，2011，147：253-261.

Brault SA，Blanchard MT，Gardner IA，et al. The immune response of foals to natural infection with equid herpesvirus-2 and its association with febrile illness. Vet Immunol Immunopathol，2010，137：136-141.

Carmichael RJ，Whittfield C，Maxwell LK. Pharmacokinetics of ganciclovir and valganciclovir in the adult horse. J Vet Pharmacol Ther，2013，36：441-449.

Dunowska M，Howe L，Hanlon D，et al. Kinetics of equid herpesvirus type 2 infections in a group of Thoroughbred foals. Vet Microbiol，2011，152：176-180.

Fortier G，van Erck E，Pronost S，et al. Equine gammaherpesviruses：pathogenesis，epidemiology and diagnosis. Vet J，2010，186：148-156.

Garré B，Gryspeerdt A，Croubels S，et al. Evaluation of orally administered valacyclovir in experimentally EHV1-infected ponies. Vet Microbiol，2009，135：214-221.

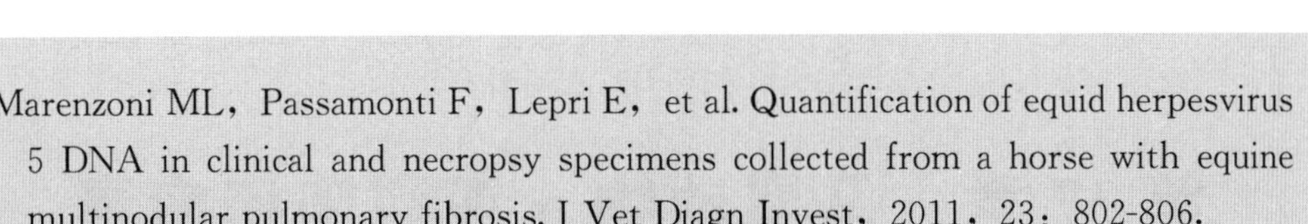

Marenzoni ML, Passamonti F, Lepri E, et al. Quantification of equid herpesvirus 5 DNA in clinical and necropsy specimens collected from a horse with equine multinodular pulmonary fibrosis. J Vet Diagn Invest, 2011, 23: 802-806.

Pusterla N, Mapes S, Wademan C, et al. Investigation of the role of lesser characterised respiratory viruses associated with upper respiratory tract infections in horses. Vet Rec, 2013, 172: 315.

Williams KJ, Maes R, Del Piero F, et al. Equine multinodular pulmonary fi brosis: a newly recognized herpesvirus-associated fibrotic lung disease. Vet Pathol, 2007, 44: 849-862.

William KJ, Robinson NE, Lim A, et al. Experimental induction of pulmonary fibrosis in horses with the gammaherpesvirus equine herpesvirus 5. PLoS One 2013 Oct 11; 8 (10): e77754. doi: 10. 1371/journal. pone. 0077754.

（王晓钧、刘荻萩　译，李春秋　校）

第 37 章　马属动物 α 亚科疱疹病毒

Gisela Soboll Hussey　Gabriele A. Landolt

疱疹病毒广泛存在，拥有庞大的双股 DNA 基因组，能够感染包括马属动物在内的大多数哺乳动物。马 α 疱疹病毒亚科包括马疱疹病毒 1 型（EHV-1），马疱疹病毒 4 型（EHV-4）和马疱疹病毒 3 型（EHV-4）。世界范围内，EHV-1 和 EHV-4 是造成马属动物呼吸系统疾病的主要病原之一。流行病学调查显示大多数成年马在整个生命周期内都能单独感染 EHV-1、EHV-4 或共感染。EHV-1 之所以给马产业造成损失，是因为它能引起晚期流产，马疱疹病毒脑脊髓炎和绒毛视网膜炎。EHV-4 能够诱发类似于 EHV-1 的次一级病症，但与后者相比此类情况却并不多见。在马繁育种群中，EHV-3 感染能够引起马交媾疱疹和生殖系统疾病。

α 疱疹病毒感染最鲜明的流行病学特点是感染发生在马生命早期，随后 70%的感染马建立终生潜伏感染状态。终生潜伏感染中还包括潜伏病毒的频发性再活化，也保证了此类病毒在马群中的长期存在。另外，该类病毒的生存还取决于一系列的病毒所主导的免疫逃逸和免疫抑制机制，从而防止宿主建立长期的保护性免疫。因此，自然感染或疫苗接种所诱发的免疫表现通常很短暂，接种疫苗防控 EHV 感染仍存在着许多有待解决的问题。

一、发病机理

（一）马疱疹病毒 1 型和马疱疹病毒 4 型

EHV-1 和 EHV-4 可通过呼吸道吸入气雾化病毒、鼻对鼻接触或接触污染物等方式感染。感染之后，病毒首先在呼吸道黏膜上皮复制，造成呼吸道黏膜的损伤，并且通过鼻腔分泌物向环境排毒。病毒很快就能扩散至黏膜基底组织，很典型的就是感染后 24～48h 就能在局部淋巴结检测到病毒的存在。EHV-4 感染大多数情况下局限于呼吸道和淋巴组织，而 EHV-1 还会在感染后 4～10d 造成细胞相关病毒血症，以及病毒被转运至发生次级感染的位点，在此处，EHV-1 与血管内皮细胞接触并引起内皮细胞感染、炎症、血栓和组织坏死，次级感染通常发生在感染后病毒血症出现的 9～13d。病毒血症的持续性和发生程度与脑脊髓炎呈正相关，而且无病毒血症并不产生脑脊髓炎，但是病毒血症马发生脑脊髓炎的比例很小，大约 10%。与脑脊髓炎发病相关的宿主和病毒因素还包括，马匹年龄、品系、性别，还有病毒编码的聚合酶基因所呈现的单核苷酸多态性。单核苷酸突变导致了相应位点氨基酸的突变（N752 突变为 D752），

D752 突变与神经致病性密切相关。有意思的是，EHV-1 感染造成怀孕后期流产的比例（50%）高于脑脊髓炎发病。这可能与马体怀孕后期的激素环境以及免疫系统发生的改变。然而，病毒侵染受孕子宫血管内皮细胞的致病机理与脑脊髓炎相似。病毒血症参与子宫内膜内皮细胞的感染，造成血栓以及微血管梗塞，还有血管周围坏死，病毒最终在血管破损处进行跨脐带传播。EHV-1 引起的绒毛视网膜炎不会造成严重的经济损失，也不会产生明显的临床症状。大多数眼部感染都是亚临床状态或者是一过性临床症状，极少导致眼睛的功能性丧失。实验性或自然感染之后，眼部损伤的马匹比例高于 50%。眼部发病就是由于血管内皮感染所导致的，伴随绒毛视网膜的局部损伤（这个局部损伤源自病毒血症和血管内皮的直接感染），由于毛细血管被色素沉积的视网膜上皮细胞掩盖，所以在感染的 1 个月内，眼部的体内损伤通常是不可见的（图 37-1）。在急性感染早期，发生脑脊髓炎之初，病理学分析仅能检测到病毒抗原，观察到炎症所造成的组织学变化。

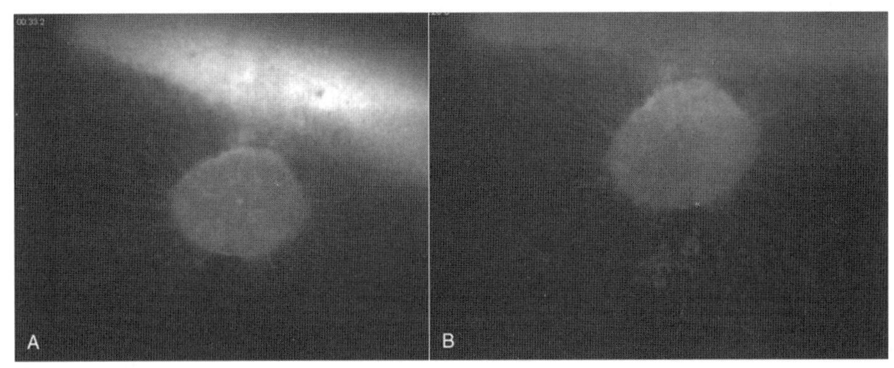

图 37-1　EHV-1 Ab4 株感染后造成的眼损伤。观察到的损伤呈现局部病灶型或多病灶型的小环形白斑病变，即脉络丛视网膜带有色素中心（通常所称的局部病灶型、多局部弹孔型或散弹型），此类损伤常见于视网膜维管结构边缘内的圆盘窝附近但并不绝对。

A. 感染前左眼血管荧光造影术　B. 感染后 54d 左眼的血管荧光造影

（二）马疱疹病毒 3 型

EHV-3 感染发生于交配过程中皮肤与皮肤间的接触或与携带活病毒分泌物间的接触（如人工授精过程中所用工具或手上被污染的分泌物，甚至是由于吸气出气时马匹间相互沾染到嘴唇和鼻子上的分泌物）。不破坏表皮屏障对于 EHV-3 建立感染是必要的。该病毒复制局限于鳞状上皮细胞，导致局部炎症并伴有典型的皮肤损伤，但并不向纵深组织扩散，也不通过血流传播。常见继发细菌感染，而且会影响疾病的持续性与严重性。马匹在感染后 2～3 周内自动清除感染，但是该病毒会在大多数马体内建立潜伏感染状态。在连续交配的季节，马匹会复发病毒感染并表现临床症状。

二、临床表现

（一）EHV-1 和 EHV-4

EHV-1 感染的临床症状包括感染初期的呼吸道疾病，怀孕后期流产，新生马驹夭折，脑脊髓炎，还有绒毛视网膜炎。EHV-4 感染通常仅局限于呼吸道感染。EHV-1 或 EHV-4 感染都影响到上呼吸道功能。对于高龄或者曾经感染的马匹，此类感染表现为轻度或无症状特征。相反，对于免疫系统还未完善的低龄马，EHV-1 能够引起很严重的呼吸系统疾病，而且持续 2～3 周。其发病特点为双相热、精神萎靡、厌食、咳嗽、流鼻涕和眼泪，刚开始均如水状清透，随后变得很浓稠。通常在几天内，病马表现呼吸道淋巴结肿大，并伴随着淋巴细胞减少和中性粒细胞减少等。下呼吸道疾病与继发细菌感染紧密相关，小马驹常出现呼吸急促、厌食和精神萎靡。EHV-1 和EHV-4 引起的呼吸道感染在临床上很难区别于其他类型的感染，除非对两种病毒进行定性诊断。

EHV-1 还是引起后期流产和早产的主要原因，早产马驹出生即死亡。感染的母马起初呈现健康状态，但是病毒感染或者再活化后的 2 周到数月之间出现流产。典型的流产出现在怀孕的后三分之一阶段而且事先没有任何征兆。一般来说，脐带和胎儿会粘连一起，胎儿死于窒息或者出生后死亡。个别孕马出现零星的流产是常见的，而 EHV-1 暴发性感染会引起 50%孕马流产，即所谓的流产风暴，已经有相关的报道。在各种给定条件下的感染表现，取决于畜群日常管理、免疫状态和病毒相关因素。在交配季节过后，母马恢复健康后即可生产健康马驹。也有偶然情况，出生明显健康的马驹在出生后 2 周内即表现出患病状态，呼吸衰竭、发热、难以保育、衰弱、腹泻、白细胞减少，而且对于治疗的反应欠佳。这些小马驹很可能是在临产期或者在出生时感染的。在种公马的精子中也可发现 EHV-1，但是至今也没有关于生殖转移感染的报道。

马疱疹病毒造成的脑脊髓炎会影响中枢神经系统，发病时的特点表现为大多数马匹呈现出轻度到中度的呼吸道疾病和发热，其中 10%～40%的马匹发展为脑脊髓炎。临床症状在病毒血症出现后随即出现，主要包括运动失调和肢体麻痹，后者引起身体侧卧和尿失禁，在这种情况下只能对其实行安乐死（见第 90 章）。

眼睛内皮细胞的 EHV-1 感染会造成绒毛视网膜疾病，从而造成马群中高比例的普遍性损伤，即“散弹式”损伤；然而，EHV-1 感染与眼部损伤之间的关系还未被确认。在最近的研究中，实验性感染造成了超过 50%的适龄马出现典型的散弹式眼部损伤，持续期为 4 周到几个月。损伤可能是单独病灶的，也有多病灶的或者呈现出稀少且分散式的，影响整个眼部健康。从临床角度来讲，只有分散式的损伤才能引起视力降低。

（二）马疱疹病毒 3 型

EHV-3 感染造成的损伤仅局限在母马与公马生殖器的表面皮肤。该损伤开始时表现为典型的小丘疹，而后从水泡发展为脓疱，随后就变为破皮或结痂式的损伤，或者引起阴道、阴茎、包皮和会阴处的溃疡，偶然也出现在嘴唇和乳头上。此外，局部炎症表现为明显的红肿。简单病症可在 10～14d 内治愈，但是皮肤伤疤或斑块则会持续更长的时间。特殊情况下，感染后马匹会出现发热，变得精神萎靡，但不明显。公马表现出性欲低下，而且拒绝负重。母马则出现尿频，并伴随脊背隆起和阴部渗漏。继发细菌感染对其感染的严重性和持续性影响明显，常见的就是兽疫链球菌感染。

三、诊断

虽然根据临床表现可以做出推测性诊断，但要想得到结论性判定，实验室检测是必要的。而且，在感染暴发之际迅速施用有效的生物安全方法，结合多种方法可以做出准确且快速的诊断。具体方法包括病毒分离、免疫荧光和聚合酶链式反应（PCR）以及血清学分析。

从鼻咽部拭子样品中，以及血液、粪便、脐带组织分离病毒是传统诊断方法，也是判断 EHV 感染的金标准。更重要的是，从临床样品中复苏病毒对于流行病学研究至关重要。然而，根据不同的毒株，也要面对病毒的质量、样品中病毒的数量、样品处理方法以及病毒培养方法等诸多问题，不仅会相当耗时也经常出现假阴性结果。

使用荧光染料标记抗体的直接免疫荧光技术可以用于检测鼻腔分泌物或冷冻组织中病毒抗原，灵敏度很高。PCR 检测技术相当灵敏，而且是检测 EHV 感染的关键技术。利用特异性引物，通过 PCR 技术可以快速而准确的定量分析。在很多实验室，检测 EHV-1、EHV-3 和 EHV-4 DNA 的常规 PCR 方法都已经得到普遍应用。近期，开始采用实时定量 PCR 技术应用于 EHV-1 和 EHV-4 的检测。不仅提供定性结果，而且还能评估样品中病毒的拷贝数（病毒载量）。此外，病毒 DNA 聚合酶基因中单核苷酸替换显示出与 EHV-1 神经致病性紧密相关。这一发现使得实时定量 PCR 方法可以区分 EHV-1 神经致病性和非神经致病性毒株。然而，尽管可以应用这些方法，但无论在感染马匹体内检测到何种基因型的病毒，都应采取严格的生物安全措施，因为基因突变与否不能完全推断病毒感染后的临床症状。

血清学方法也是一个鉴定 EHV 感染的关键方法，大多数血清学实验技术都很有效。然而，急性感染仅能通过检测配对样品（急性和愈后滴度）的方法才能做出诊断，而且样品中抗体滴度之间存在至少 4 倍差异（血清转换）。因此，这些血清学检测也只能提供回顾性的信息。而且，由于血清学实验方法固有的可变性，样品配对实验应该一直由同一个实验室来操作。补体固定实验最初用于鉴定 IgM 抗体。因此，补体固定实验滴度预计在感染后迅速升高，在感染后 20～30d 后达到高峰。相反，病毒中和抗体主要检测 IgG 抗体。因此，与补体固定滴度相比，病毒中和抗体产生的很晚但能在高水平持续较长时间。因为疫苗不能诱导高水平的抗体滴度，所以认为 1∶1 024 或更高水平的病毒中和抗体滴度可能是近期感染所诱导的。不幸的是，无论是病毒中和试验还是补体固定试验都不能鉴别 EHV-1 和 EHV-4 感染。相反，用来检测 EHV 特异性抗体的商品化酶联免疫法可以区别 EHV-1 和 EHV-4 感染。

四、预防

疾病预防很大程度上依赖于疫苗接种。虽然疫苗接种有助于预防呼吸道疾病和减少鼻腔排毒，但是几乎没有相关的证据表明疫苗接种能够预防脑脊髓炎，而且疫苗接种预防流产的相关信息还存在不少的争议。大多数 EHV-1 研究都针对这个问题开展，而且问题已经变得十分明朗：①病毒中和抗体可以减少鼻腔排毒，但无法预防脑脊髓炎或流产；②预防 EHV-1 感染主要依赖于诱导细胞毒性 T 细胞免疫反应以及预防病毒血症；③EHV-1 采取多重机制躲避细胞毒性 T 细胞攻击以及躲避机体的保护性免疫。这些都无疑给开发新型的免疫预防性制剂带来不少的挑战。目前，预防 EHV-1 感染的方法都依赖于降低疾病传播、病畜隔离，以及最小化应急诱导的病毒潜伏后再活化的风险，通过疫苗接种方法使种群内免疫效果达到最佳。现在还没有预防 EHV-3 感染的疫苗。

五、治疗与控制

在 EHV 感染暴发之际，快速使用有效的处理措施对于预防病毒在马群中的传播至关重要（见第 31 章）。与马的其他呼吸系统病毒（如马流感病毒）相比，马疱疹病毒的最初传播通过个体间的直接接触和彼此呼出空气中的污染物。生物安全措施包括使用严格的卫生隔离预警系统，还有将病马以及与其接触过的马匹隔离管理，其隔离周期最低 28d。在美国一些地区，EHV-1 感染是可报道的疫病类型，是否需要隔离都由各州行政部门给予官方决定，因此对该病感染具有足够的认知就显得十分重要。

对症疗法是治疗 EHV-1 或 EHV-4 感染引起呼吸系统疾病的基本治疗形式。虽然这些疾病通常是轻度的也是局限于自身的，但是也应该监测马匹感染后发生的并发症（例如继发性肺炎）。非类固醇抗炎药物的施用可能有助于降低感染马群的致死率。如果发生流产，应检查胎膜和母马以确保胎盘完全排出。

抗病毒疗法，包括终止 DNA 复制的核苷类似物（阿昔洛韦、伐昔洛韦、缬更昔洛韦），已经用于治疗患有脑脊髓炎的马匹。这些药物在体外对抗 EHV-1 流产株和神经致病性株感染的确有效。然而，尽管口服阿昔洛韦是安全的，但是对马匹而言它的生物应用性还是很低的，也就是说它用于治疗的可行性是有限的。静脉注射阿昔洛韦治疗人类疾病产生了副作用，例如恶心和其他胃肠道症状；同样，用于马匹治疗结果使得马匹变得焦躁不安和疝痛。假定就以静脉途径给药，阿昔洛韦应该以慢速输注且浓度不应该超过 7mg/mL。口服伐昔洛韦的生物应用性高于阿昔洛韦。目前推荐的治疗方法就是按照马匹体重 20mg/kg 每天给药 3 次。尽管更昔洛韦比阿昔洛韦对 EHV-1 有更高效的抑制作用，但是应用于马匹治疗可能受限于治疗成本。脑脊髓炎的治疗很大程度上凭借经验，包括使用非类固醇抗炎药物、糖皮质激素、二甲基亚砜和赖氨酸。如果不发生继发细菌感染，EHV-3 感染引起的生殖道损伤通常在无介入治疗的时候自行痊愈。

六、预后

如果没有细菌继发感染所产生的并发症，EHV诱发马匹呼吸系统疾病和交媾疱疹的治疗后结果是相当不错的。脑脊髓炎的治疗效果则取决于病情的严重程度。患病后惯于侧卧的马匹预后应更为慎重。马匹从EHV-1感染引起的神经症状恢复正常需要数月的时间。

推荐阅读

Allen GP, Kydd JH, Slater JD, et al. Equid herpesvirus 1 and equid herpesvirus 4 infections. In: Coetzer JAW, ed. Infectious Diseases of Livestock 2. Newmarket, UK: Oxford University Press, 2004: 829-859.

Allen GP, Upenhour NW. Equine coital exanthema. In: Coetzer JAW, ed. Infectious Diseases of Livestock 2. Newmarket, UK: Oxford University Press, 2004: 860-867.

Barrandeguy M, Thiry E. Equine coital exanthema and its potential economic implications for the equine industry. Vet J, 2012, 191: 35-40.

Lunn DP, Davis-Poynter N, Flaminio MJ, et al. Equine herpesvirus-1 consensus statement. J Vet Intern Med, 2009, 23: 450-461.

（王晓钧、刘荻萩　译，李春秋　校）

第 38 章　马鼻炎病毒感染

Andrés Diaz-Méndez　Laurent Viel

在常见的马呼吸道疾病中，病毒感染是主要原因。全世界都已发现此类感染，而且对马匹竞技比赛影响很大，其结果为马匹恢复期很长，延误正常训练的时间规程。

马鼻炎病毒分为甲乙两型，即 ERAV 和 ERBV。在众多呼吸道病毒中，马鼻炎病毒还不算重大疾病病原，只能引起马匹轻度的呼吸道疾病。在名称上，容易混淆马鼻肺炎和马鼻炎病毒感染。在先前命名时，由马疱疹病毒感染所导致的鼻肺炎与马鼻炎病毒感染不同。马鼻炎病毒（ERVs）是单股 RNA 病毒，隶属于小 RNA 病毒科。目前，马鼻炎病毒仅有 2 个属（ERAV 和 ERBV）和 4 个血清型：ERAV（马鼻炎病毒 1 型）、ERBV1（马鼻炎病毒 2 型）、ERBV2（马鼻炎病毒 3 型）、ERBV3（酸稳定小 RNA 病毒）。ERAV 群划分在口疮病毒属，而 ERBV1、ERBV2 和 ERBV3 则划归在小 RNA 病毒科的马病毒属。

近年来，世界范围内的疫情监测和血清阳性率调查结果表明这些病毒都是在马群普遍流行的（流行率为 20%～70%），而且都与临床呼吸道疾病紧密相关。然而，对于 ERVs 特征性描述至今仍未完善，ERV 作为主体诱发临床发病的作用还不清楚。ERAV 是马群中血清阳性率最高的马鼻炎病毒，早在 1962 年，英国即有记载，随后在全球范围内均有发现。有证据表明 ERVs 已经在马属动物种群中流行了几十年，而且多种病毒的共感染可能是病毒性呼吸道疾病大暴发的重要原因。重要的是，近些年报道了一株 ERAV 的非细胞病变毒株，该毒株已导致临床呼吸系统疾病，而且同时未发现其他病毒抗原。因此，可能低估了 ERAV 原发性感染所导致的临床疾病。值得关注的是，近期一项全基因组测序研究表明，与其他马呼吸系统疾病病毒相比，ERAV 进化速度可能很慢，因而，ERVs 可作为疫苗研发的良好候选株。

一、临床症状

ERVs 作为马呼吸道感染的主要病原或伴随病原，其临床意义至今还存在争议。在 1962 年，普卢默等人研究表明马匹鼻腔内实验性感染 ERAV 后，马匹表现出呼吸道疾病的临床症状，其特征为流鼻涕，发热和病毒血症。此症状会持续 4～5d，在此期间，没有其他临床症状。曾经在病畜粪便中分离到很少量的病毒，因此，ERV 最早曾被称为“马呼肠病毒”。一项近期的马体实验性感染研究确认了 ERAV 不仅能引起上呼吸道感染疾病，也能导致下呼吸道感染，这一结果与现地观察结果相一致。在此

项实验性研究中，感染后马匹呈现出体温逐渐升高，颌下淋巴结肿大，肺音异常，气管和支气管分泌黏性物质，流鼻涕，气管和支气管充血。感染24h后，实验感染的动物体温迅速升高，明显高于对照组动物，高体温从感染后第2天可持续到第6天。从感染后第2天开始，通过触诊方法发现颌下淋巴结出现疼痛症状，并会持续2周以上的时间。此外，感染后第1天，内镜检查可发现气管和支气管开始分泌黏性物质，并持续21d以上。在感染后7～14d，肺支气管冲洗液细胞学检查显示出中性粒细胞比例有所升高。与其他报道相反，感染后的1～7d内，当第一次检测血清抗体反应时，ERAV不仅能从上呼吸道中分离而且也能从下呼吸道获得。抗体反应检测所使用的方法是病毒中和试验，抗体水平可在感染后14d达到峰值，抗体滴度在1/1024到1/2048之间。在呼吸道疾病暴发之时，ERV滴度上升4倍。与此同时，也有偶然报道下肢水肿的情况，此类发现需要进一步确认与ERV的相关性。

二、排毒

尽管ERAV最初是从粪便中分离获得的，但是现在一般从马属动物呼吸道样品分离得到。在极偶然情况下，也能从唾液、腹水、尿液和血浆中分离获得。值得注意的是，只有ERAV能从非呼吸道分泌物中分离获得，而ERBV1似乎只能从呼吸道样品中分离得到。因为相关研究极为有限，所以ERAV是否仅能在上呼吸道复制还存在着争议。1992年和2010年的相关研究提示ERAV可能在尿道复制且存留，但还没有明确的结论性证据对其确认。根据以前的报道，ERAV在粪便中的滴度是很低的，并且现地和实验性研究也没有进一步描述、探究ERAV在胃肠道和泌尿道中的排毒和复制。从尿液和粪便中分离检测到ERAV并不意味着它就能在相应的位点复制。

三、种间感染

1962年，普卢默等人研究表明相关从业人员体内能产生很高效价的ERAV特异性抗体。这就预示着，与感染马匹的直接接触可能是造成人类感染的根本原因；然而，到目前为止还未有ERAV感染人的相关报道。2005年，一项对于来源于兽医从业者137份血清样品的调查发现，针对ERAV（2.7%）和ERBV1（3.6%）的中和抗体反应处于极其微弱的水平。因此，即使是高风险从业人员（如临床兽医），感染ERV的风险也是极低的。

ERV正常来说是由马传染给马；然而，已经确认ERAV可引起单峰骆驼的流产。最近一次记录是发生在阿联酋的迪拜，8匹怀孕单峰驼流产，能从脐带和胎儿的多种器官中分离获得ERAV。在流产前，母兽未出现呼吸道系统或生殖系统的临床症状。因此，ERAV是否引起马匹流产也就无从得知，尚不清楚ERAV能否导致流产。

四、诊断

不同病毒性呼吸系统感染不能仅从临床症状上进行区分，还应该致力于确定病原，然后对其加以确认。病毒分离已经成为确定引起病毒性呼吸道感染疑似病原的金标准。为了分离相应的病毒，在呼吸道疾病发生之际，就应该从疑似病马采集鼻拭子、鼻咽拭子或者两种拭子样品。在感染期间，从临床病例中只有很少的 ERV 样品被采集得到。获得样品的最佳时机就是感染发生后 24～36h。样品采集的时间点是影响病毒分离成功的关键因素。此外，ERAV 在一般情况下无法通过细胞培养的方法对其分离，引起呼吸道疾病的毒株可能是非细胞病变毒株。因此，呼吸道疾病暴发过程分离 ERV 的成功率依然很低。通过基因组测序与核苷酸比对，只能解析很少的 ERAV 分离株。即便 ERBV1 已于感染马匹成功分离，血清学检测证明世界范围内 ERAV 仍然是最流行的。虽然病毒分离被视为最敏感的方法，但其可靠性仍受其自身缺点所干扰，如试验周期长、非细胞病变毒株重复分离。其他样品，例如肺支气管灌洗液、全血、气管活组织切片、尿液和粪便很少被采集到，用于病毒分离的可靠性不强。

作为复核检测手段或样品初检方法，血清学诊断方法已经得到广泛应用。血清样品采集要在感染后至少 10～14d，同时建立样品配对分析模式。利用病毒中和试验测定 ERV 抗体滴度是传统做法。替代方法有补体介导血细胞溶解凝胶试验、补体固定、单向免疫扩散法，但这些方法都存在一定的不足，如可重复性差、灵敏性低、特异性不强等缺点。因此，病毒中和试验是检测抗体滴度的金标准。急性期抗体水平高于恢复期 4 倍可视为差异显著；然而，这种变化具有时间依赖性，应该对其进行仔细认真的说明。中和抗体滴度 1∶32 可能意味着是近期感染所导致。当需要建立疫苗防控规划和采取生物安全措施的时候，血清学结果是必不可少的。

以前，聚合酶链式反应（PCR）技术和反转录 PCR 技术已经成为感染性疾病诊断的重要方法。然而，更为传统、得到认可的并且高度特异性的检测技术如免疫荧光、免疫组织化学和电子显微镜技术都还属于高成本技术。虽然实时定量 PCR（qPCR）和常规的 RT-PCR 方法在检测临床样品中的 ERV 过程中均已开发成功并得以优化，但是目前这些技术还只能在少数诊断实验室应用或者直接作为一种研究型工具。虽然 RT-PCR 和 qPCR 可能在急性呼吸道疾病暴发时作为快速诊断工具，但是在临床样品检测中出现阳性结果还不足以说明该病毒就是暴发感染的诱因。

五、疫情预防与控制

虽然可应用的马流感和马疱疹病毒病商品化疫苗已经问市很多年了，但是还没有可应用的马鼻炎病毒疫苗。目前，自然感染是马匹获得免疫保护的唯一途径。将入群马匹或者疫病恢复期马匹隔离饲养还是必要的，而且建议采取的常规消毒方法也是疫病预防与控制体系中的一部分。感染后的马匹呼出或吸入呼吸道分泌物有感染性，因此，临床上患有呼吸道疾病的马匹应该隔离而后采取适当的生物安全措施。要特别注意，针对兽医用器具、污染物源（缰绳、牵引索、茅草）、料槽和水槽都应该建立相应的消毒措施。

六、治疗

像其他一些马属动物呼吸道病毒性感染一样，ERV 感染是自身性质的。在没有介

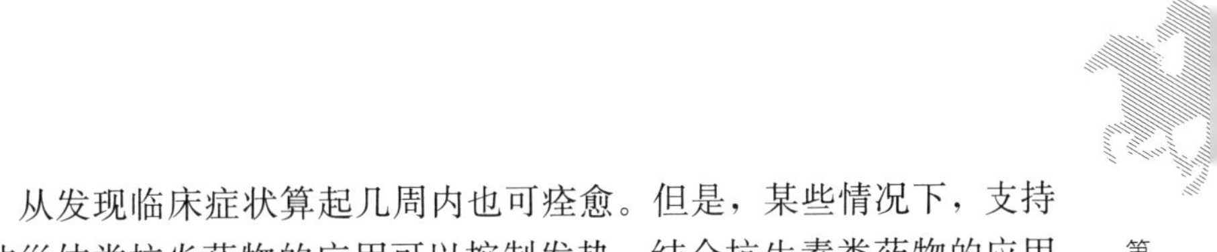

入性治疗的情况下，从发现临床症状算起几周内也可痊愈。但是，某些情况下，支持疗法也是必要的。非甾体类抗炎药物的应用可以控制发热，结合抗生素类药物的应用可以预防或降低细菌造成的继发感染。急性期就使用抗生素还存在一定的争议，但这种治疗模式已经是常规的做法。此外，小运动量的活动还是很重要的，可以进行一些绕场慢跑，当然需要在一个通风良好且无尘的环境中进行。充分的休息对于病毒感染后呼吸道上皮细胞的恢复性生长是很必要的。在大多数情况下，吸入的空气中含有霉菌或灰尘会使呼吸道炎症恶化，从而使临床症状更加严重。在病毒感染后呼吸道炎症恶化时，也可以考虑使用皮质类固醇激素和支气管扩张剂，使用周期为10～15d。

七、结语

马鼻炎病毒已经在马属动物中发现50年了，然而，与马流感和马疱疹病毒相比，其临床致病性的重要性是最低的。马鼻炎病毒的分离率和血清阳性率表明其是在全球范围内的马属动物中传播，而且通常情况下它们的临床意义的确被低估了。更重要的是，大多数诊断实验室都只检测ERAV和ERBV1，而在血清学筛选体系中忽略ERBV2和ERBV3。因此，可以设想如果ERBV2和ERBV3得以诊断，确定它们的流行真实性将为后续研究提供必要的参照。就已有知识而言，在不同的诊断工作中将马鼻炎病毒包括在内是很明智的，应将它们视为引起马属动物呼吸道疾病的潜在病因。

推荐阅读

Black WD，Hartley CA，Ficorilli NP，Studdert MJ. Sequence variation divides equine rhinitis B virus into three distinct phylogenetic groups that correlate with serotype and acid stability. J Gen Virol，2005，86：2323-2332.

Diaz-Mendez A，Viel L，Hewson J，et al. Surveillance of equine respiratory viruses in Ontario. Can J Vet Res，2010，74：271-278.

Li F，Browning GF，Studdert MJ，Crabb BS. Equine rhinovirus 1 is more closely related to foot-and-mouth disease virus than to other picornaviruses. Proc Natl Acad Sci U S A，1996，93：990-995.

Plummer G. An equine respiratory virus with enterovirus properties. Nature，1962，195：519-520.

Wernery U，Knowles NJ，Hamblin C，et al. Abortions in dromedaries (Camelus dromedarius) caused by equine rhinitis A virus. J Gen Virol，2008，89：660-666.

（王晓钧、刘荻萩　译，李春秋　校）

第 39 章　马流感疫情态势

Richard Newton　Debra Elton　Ann Cullinane

马流行性感冒（马流感）仍然是全球范围内重要的疫病之一，疫情暴发会导致马匹繁育、训练及马术比赛等相关活动中断。由于马流感对经济的严重影响，很多马相关的活动均要求对马匹进行马流感免疫。1979 年欧洲马流感疫情过后，英国、爱尔兰和法国于 1981 年规定，本国赛马必须强制免疫马流感。随着国际间马匹航空运输量以及隐形感染状态免疫马匹数量的增加，一旦不严格执行高水平的生物安全措施，就会导致长距离甚至跨洲的马流感疫情传播。2007 年，H3N8 亚型马流感病毒侵入澳大利亚，这一事件警示我们，马流感极易在未免疫马群中传播，同时，为了控制马流感这一高传染性疾病，必须保持全球疫病监测、疫苗成分不断优化、确保马匹出口前无病毒感染并采取最高水平的生物安全措施等行动来防止马流感传播。

一、马流感及其病原

马流感是一种具有高度传染性的病毒性疾病，在易感动物（即未免疫、不带母源抗体或近期未感染过病毒等无马流感抗体的马属动物）中可表现出干咳、流浆液性或脓性鼻涕及发热等临床症状。引起这些症状的原因是病毒破坏呼吸道纤毛上皮，使正常的黏膜纤毛清除机制暂时丧失，从而增强了细菌和过敏原等对呼吸道的感染性。在更严重的情况下可观察到抑郁、食欲不振、肌痛、水肿及颌下淋巴结肿大等症状。血液检查可见贫血、白细胞和淋巴细胞减少，这些症状为非特异性症状。马流感引起的临床症状通常可持续几周，很少致死，对于一些高危个体可继发感染，包括肺炎、胸膜炎及相关并发症，易导致死亡。临床症状的严重程度与毒株的毒力有关。在极少数情况下，马流感可能诱发脑炎，但神经异常和马流感病毒感染之间尚未发现明确的关联。

在易感畜群，可以通过频繁干咳等典型的临床症状判断是否发生马流感。在疫苗接种马群或部分免疫的马群里，马流感的临床症状通常很轻微，因此，可能误诊为轻度呼吸道感染。在这类畜群中，马流感的传播速度和发病程度远远低于易感畜群，不过，也可发现一些较温和的临床症状，尤其是流鼻涕的现象，而其他马属动物呼吸道疾病是不会出现此症状的。在进行过免疫的比赛马匹中，也会出现马流感病毒亚临床感染，因此，这些马匹可能会出现周期性的运动成绩不佳。

马流感的病原是正黏病毒科 A 型流感病毒，通过血凝素（HA）和神经氨酸酶

(NA) 区分血清型。目前，野鸟中共发现 17 种 HA 和 9 种 NA 亚型，但是，在马属动物中，只发现 H3N8 和 H7N7 两种亚型。现在流行的毒株均为 H3N8 亚型，进化树可溯源至 1963 年，于美国迈阿密州赛马中首次分离到该亚型毒株。马流感病毒毒株命名方法与其他流感病毒相同，顺序为：类型，宿主，分离地点，分离时间，以及亚型(例如：A/equine 2/Miami 1963 [H3N8])。

历史上，H7N7 亚型的发现时间早于 H3N8 亚型，两种亚型的毒株曾经在几十年里交替出现，至今为止，H7N7 亚型已经多年未见。普遍认为，该亚型毒株已经在马属动物体内绝迹。从 1979 年至今，所有马属动物发生的马流感疫情均由 H3N8 亚型引起。2009 年，在埃及发生马流感临床症状的驴群中分离到高致病性禽流感（HPAI）H5N1 亚型毒株，这次疫情与高致病性禽流感 H5N1 病毒跨物种传播有关，1989 年中国也发生过一次禽源 H3N8 流感病毒感染马并引起较高致死率的事件，这两次疫情提示我们，A 型流感病毒具有从鸟类到马科动物跨物种传播的潜在威胁。

二、全球疾病动态

在出现临床症状并具有感染性前，未曾患过流感但易感的马在感染马流感病毒后，会经历较短的病毒潜伏期（从感染到具有感染性的时期）和孵育期（从感染到首次出现症状的时期）（图 39-1）病毒感染可使个体产生免疫性，通常 7～10d 可清除病毒，但是，由于机体必须重新建立纤毛呼吸上皮组织，咳嗽等临床症状康复所需时间稍长。临床症状康复后的马匹在几个月内可对病毒的再次感染免疫。至今未发现马匹可长期隐性携带马流感病毒，马群中必须存在个体之间的传播链，一匹具有感染性的马平均至少感染一匹马，才会使马流感持续感染（即疫病流行）。据计算，在类似 1963 年美国马流感这类疫情中，每匹具有感染性的马能导致多达 10 匹马产生新的感染。在未接种疫苗的易感马群中，病毒在易感马体内的孵育期很短，易引发持续咳嗽，这些情况会加快病毒在马群中蔓延。在马群固定的场所中，由于空间固定，会增加病毒在这一

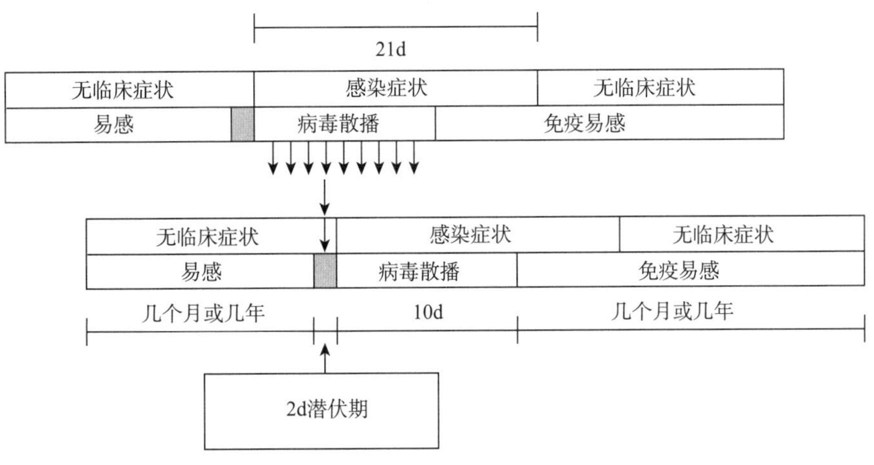

图 39-1 马流感病毒疾病传播的动态

空间集聚的危险。马匹秀、销售会、赛马比赛等活动中的马匹如果发生过马流感，从这些活动中解散的马匹可能会引起更大范围的病毒传播。

世界上多数有马群的地区都报道过马流感疫情，只有少数几个岛国例外，比如新西兰，该国为防止马流感病毒侵入，单独为进口马匹制定特殊看护制度；再如冰岛，该国禁止进口马匹。通常认为，马流感主要在欧洲和北美洲流行，该病对世界范围的马产业有重要的经济意义。南非（1986 年，2003 年）、印度（1987 年）、香港（1992 年）和澳大利亚（2007 年）进口了亚临床症状感染的疫苗接种马匹并且未执行严格的检疫程序，导致了马流感的大暴发。

马流感是高度感染性疫病，主要通过感染马和易感马之间直接接触，以呼吸途径传播，在条件适宜的情况下，也可通过空气传播更长的距离。人员和污物的间接感染也可能导致病毒的传播，2007 年澳大利亚马流感疫情发生时，进口马匹并未从入境检疫站中放出，因此，本次疫情可能是通过人员和污物的途径传播。1986 年和 2003 年南非的马流感疫情可能由污染的车辆传播。2007 年澳大利亚马流感疫情中，首次疫病传播发生于 8 月中旬新南威尔士州的一次马匹集散活动，至 2007 年 9 月最后一例病例确诊，已报道 1 万畜舍，7.6 万马匹被感染。

三、全球进化概况

马流感病毒的进化与其他流感病毒相同，其抗原漂移也是通过 HA 和 NA 基因突变的逐渐累积而发生的。这些突变最终会导致病毒发生可攻破宿主免疫系统的显著的抗原性变化。可以通过 HA 基因（很少使用 NA 基因）的序列信息构建 H3N8 亚型马流感病毒的进化树，该进化树清晰地展示了病毒随时间的进化规律（图 39-2）。

HA 序列的系统发育分析表明，1963 年至 20 世纪 80 年代中期，H3N8 亚型马流感病毒由单一谱系进化成两个完全不同的谱系。一条谱系中的毒株主要分离于美洲（因此称为美洲谱系毒株），另一条谱系中的毒株几乎只分离于欧洲和亚洲（因此称为欧亚谱系毒株或欧洲谱系毒株）。随着美洲谱系毒株传到欧洲，在欧洲由欧亚谱系毒株引起的马流感疫情逐渐减少，以致欧洲谱系的毒株现在可能已经灭绝。美洲谱系中出现 3 种亚系，占据主要位置的是佛罗里达亚系。佛罗里达亚系自身分 2 个抗原类型，即分支 1 和分支 2。两个分支毒株的糖蛋白表面发生了许多变化，这些变化可能就是这两个分支毒株抗原性差异的原因。

马流感病毒监测数据表明，分支 1 毒株主要在美洲大陆（北美洲和南美洲）流行，不过，该毒株也在南非、日本和澳大利亚引发过疫情。分支 2 毒株主要在欧洲流行，该毒株也在印度、蒙古和中国引发过疫情。分支 1 毒株已经传播到欧洲（英国在 2007 年和 2009 年两次发现该分支毒株），但到目前为止，分支 1 毒株还没有取代分支 2 毒株的主导地位。马流感病毒的全球分布情况由世界动物卫生组织（OIE）的参考实验室组成小型网络进行持续监控，这些参考实验室对提交给他们的病毒进行鉴定。通过对 1963 年至今的 H3N8 亚型马流感病毒系统发育分析表明，目前病毒零星地从北美洲入侵到欧洲和其他地区，随后一段时间将发生更为本土化的进化。

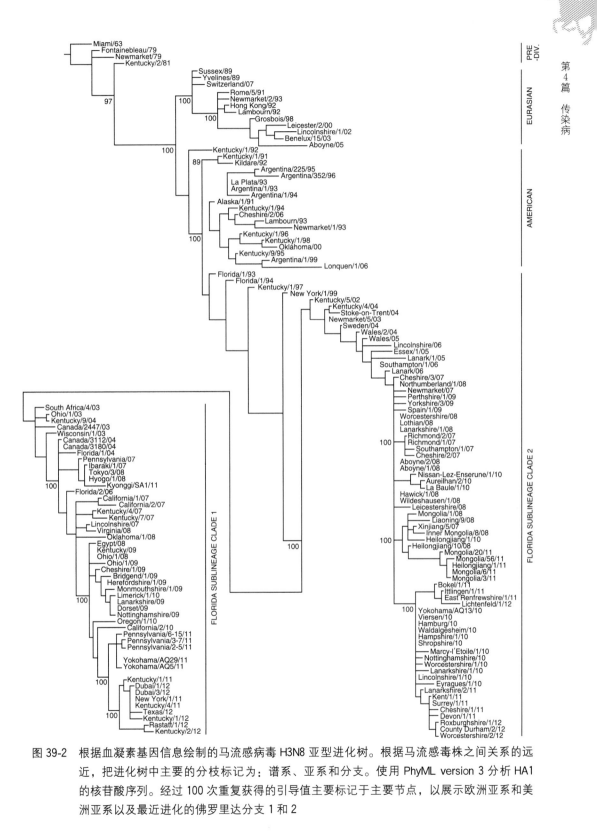

图 39-2　根据血凝素基因信息绘制的马流感病毒 H3N8 亚型进化树。根据马流感毒株之间关系的远近，把进化树中主要的分枝标记为：谱系、亚系和分支。使用 PhyML version 3 分析 HA1 的核苷酸序列。经过 100 次重复获得的引导值主要标记于主要节点，以展示欧洲亚系和美洲亚系以及最近进化的佛罗里达分支 1 和 2

四、预防

最近几十年马流感成功在洲际间传播的主要原因是育种或竞赛用马多通过航空运输，以及在出口前及到境后检疫程序的简化。目前，澳大利亚、迪拜、中国香港、日本和新西兰执行着比其他国家和地区更严格的检疫措施。澳大利亚和新西兰被认为是无马流感疫情的国家，这两国要求进口的马匹必须进行疫苗接种并持续监测，从而防止病毒进入本国易感畜群，其本国畜群只有在限定的情况下可以进行疫苗接种，比如，马匹计划临时输入到马流感疫情的国家。在这些无疫情国家和地区，也可在特殊情况下扩大本地马群的疫苗接种范围，比如，2007 年澳大利亚发生马流感入侵，为紧急控制疫情蔓延，进行了大范围疫苗接种免疫。在马流感无疫情国家以及无常规接种疫苗的国家和地区，使用疫苗会导致疾病临床检测的难度增加，而亚临床状态感染的病毒传播将可能促进感染范围扩大，从而导致马流感病毒在马群持续感染。在日本、迪拜和中国香港这些曾经无马流感疫情的国家和地区，马流感已经传入，因此，为了降低马流感入侵的影响，已经允许对本地马匹进行常规疫苗免疫。这一措施的有效性在日本已经得到了证明，在 1972 年，马流感第一次侵入日本，感染 7000 多匹马并导致赛马比赛暂停了 2 个月，这次疫情过后，日本开始执行马流感强制免疫。在 2007 年马流感第二次侵入日本时，部分马匹是免疫过的，赛马比赛只取消了 1 周时间。

在马匹混合和运输前进行疫苗接种，可以使马匹获得由疫苗诱导产生的免疫力，这一措施可以根本性地预防马流感病毒感染和继续传播。疫苗预防的措施可以使马匹由健康但易感状态变成健康且免疫状态，从而保护马匹不发病并且不能传染其他马匹。这就可以降低新发感染数量，并且使马群中的感染最终被消灭。为此，世界动物卫生组织陆生动物卫生法典建议马匹应在运输前 21～90d 内进行免疫，首免或加强免疫均可。不过，目前在各个国家和地区（无论该国马流感疫情如何）均没有统一的入境疫苗免疫标准。为了获得最佳的保护，将要运输至马流感无疫情国家的马匹应该在出口检疫（PEQ）前 14～28d 进行加强免疫。马匹需要在出口检疫（PEQ）和入境检疫（PAQ）期间采集鼻拭子样品，用反转录定量聚合酶链式反应（RT-qPCR）方法进行马流感病毒筛查。检疫程序应秉持“全进全出”的原则进行全面检查。在出口检疫（PEQ）和入境检疫（PAQ）期间，必须严格限定只有授权人员可在严格的生物安全措施保证下，在必要的流程中接触马匹，从而预防在此期间发生传染病侵入和流出。

在马流感流行的国家，可以通过对经常运输和混集的马群进行疫苗免疫，从而最大限度地减少马流感造成的经济损失。为了使疫苗免疫更加有效地控制疫病，不必强求对马群最大比例地接种疫苗，但为了避免马流感恶化，对马群中的高危牲畜（即易感马匹）还是应该进行强制免疫。1979 年发生横跨法国、爱尔兰和英国的马流感疫情后，重要的纯种马赛事均制定了强制免疫制度。这些制度一直沿用至今，所有参加法国、爱尔兰和英国比赛的马匹均需在 21d 和 92d（即 3 周和 3 个月）进行 2 次初免，以及第 2 针之后第 6 个月（150～215d，即 5～7 个月）进行第 3 次加强免疫，之后，每年进行 1 次重复免疫。虽然这种疫苗计划没有严格的证据基础，但是，自从 1981 年开始对赛马进行强制疫苗接种以来，爱尔兰或英国未发生因为马流感而取消赛马会或大型马术赛事的情况。

近年来，随着更多地向马体免疫系统提呈抗原的技术以及改进的佐剂等整合入传统疫苗和亚单位疫苗中，马流感疫苗的有效性在不断提高。另外，马流感病毒冷适应弱毒株疫苗和重组痘病毒疫苗也在全世界马匹中进行了应用。这种疫苗产品刺激机体的免疫反应更接近自然感染，但是其对马驹初次免疫后的免疫反应更弱更短，这一现象仍需进一步研究，有实例表明，在第2次初免（V2）和6个月加强免疫（V3）之间有一段马流感感染高危期，而时间还没有到进行第1次加强免疫的150d（即5个月）底线，在这种情况下，需要在V2过后3～4个月进行加强免疫以诱导更高的保护水平。

通过现地试验，了解免疫马获得的免疫持续时间才能总结出有效的疫苗接种计划。比如，针对年轻的赛马，疫苗的抗体反应都比较短暂，为了保持疫苗保护，最好间隔6个月进行加强免疫。与此一致，在这类马群中，免疫超过了这段时间，则将有马流感暴发的危险。根据现地发病情况以及实验攻毒结果等数据建立的数学模型也显示，6个月进行加强免疫比1年加强免疫更利于降低幼马发生马流感的危险。自从2005年以来，凡是参加国际马术联合会比赛（Fédération Equestre Internationale competitions）的马匹，必须在21d和6个月内进行马流感疫苗接种。美国马执业协会建议，根据马的年龄以及可能感染马流感的危险程度，每6～12个月进行加强免疫。由于长期重复免疫接种或者自然接触过马流感感染，已经加强免疫过多年的老马对马流感的免疫反应期会延长，因此，这些马每年进行1次疫苗接种就已足够。加强免疫后的抗体反应与免疫时的抗体水平呈负相关，因此，如果可行的话，建议进行血清学监测，对马群的免疫水平进行周期性评估，从而在马群最易感染马流感的时期之前，对马群进行加强免疫，使马群获得最大程度的免疫保护。疫苗接种反应差可能与遗传有关，马群中存在这些对疫苗接种反应差的个体，发现这些个体，对防止马群暴发马流感有重要的作用。在最近的一项对商用马流感疫苗的比较试验中发现，刚断奶的纯种马中，有超过40%马匹未能对V1接种产生阳性抗体。这些马对疫苗反应不佳，无法产生足够的保护性抗体，因此将增加被感染的危险，在面对病毒感染时，很可能与未接种过疫苗的动物一样，并且在长时间里传播大量的病毒。

这类动物一旦被感染，将在病毒传播过程中起重要作用，而且，也可能降低与它们接触的其他免疫马获得最佳免疫保护的概率。通过对检疫前的血清进行检测发现，疫苗接种反应差是2007年澳大利亚东克里克检疫站发生马流感疫情并随后传入澳大利亚的重要原因之一。

五、快速诊断及全球合作监控的重要性

在全球范围内成功控制和预防马流感需要建立一个优化的监控体系，该监控体系需要有更强的风险意识、快速准确的疫病诊断技术以及有效的沟通途径，以便及时通报合适的行动来阻止病毒的传播。

未接种疫苗的马发生快速传播的典型临床症状时，很容易做出疑似马流感的诊断，

但是，马流感的确诊或对疫苗接种马做出诊断，则需要进行确诊检测。对马流感的确诊需要检测到呼吸道样品中的病毒或者发现与疫苗接种及未接种时完全不同的血清学反应。应取发病急性期时的鼻咽拭子进行酶联免疫吸附试验（ELISA）检测马流感病毒的核蛋白或进行实时 RT-qPCR 试验检测病毒特异性核酸。目前，多数实验室使用 RT-qPCR 方法，该方法敏感性高，并且能在接收样品数小时内提供诊断结果。2007 年澳大利亚马流感疫情暴发期间，建立了一套将检测禽流感的实时 RT-qPCR 方法与样品 RNA 自动化提取系统相结合的高通量实验技术，该技术在马流感控制和根除计划中用于大量筛选马匹。尽管现在已经有商品化马流感 RT-qPCR 试剂盒可以使用，但仍需要对 RT-qPCR 方法进行调整，用于检测国际间运输的马匹，一些马匹在感染过后很长时间仍然会检测出阳性结果。

检测鼻拭子样品中高度保守的病毒核蛋白的人流感病毒即时检测试剂盒也可用于马流感诊断。这类试剂盒的优点是可以快速得到结果，不需要专用实验室仪器，未经过科学训练的人员也可操作。尽管这类试验已经在迪拜和香港用于进口马匹检疫，但是，它们的敏感性不如 RT-qPCR 方法，因此有出现假阴性结果的风险。与 ELISA 和 RT-qPCR 相比，病毒分离试验是敏感性最低的诊断技术，但是，该实验对病毒特征研究和毒株监测是必需的。因此，在样品已经通过 RT-qPCR 或核蛋白 ELISA 检测为阳性时，OIE 参考实验室可采用病毒分离方法从样品中分离病毒。

对马群中的马匹进行重复血清学检测可以有效地确定哪些马匹已经暴露在马流感疫情中。如果将血清复检方法与 DIVA（Differentiating Infected from Vaccinated Animals，从疫苗免疫动物中区分出自然感染动物）方法（该方法通过不同的抗体反应以区分出疫苗接种动物与自然感染动物）结合使用，可以有效地控制甚至根除马流感疫情，澳大利亚 2007—2008 年对马流感的防控案例就是很好的实例。有一种使用核蛋白建立的血清学 ELISA 方法，该方法可以用于区分金丝雀痘病毒重组疫苗接种马和自然感染马，该 DIVA 方法的原理是金丝雀痘病毒重组疫苗只表达马流感病毒的 HA 基因。

为了保证全球范围内马群能够抵抗马流感，我们需要重点关注马流感病毒的不断进化。疫苗接种能够给予保护并抵抗病毒散播的程度取决于疫苗株与感染毒株之间的抗原相近性。当疫苗接种的马匹引进到别国马群时，该国马群中的易感马匹能起到检查亚临床感染和不适宜生物安全措施的敏感哨兵的作用，这一作用非常重要。如果野毒株与疫苗株（“过时”毒株）不匹配，亚临床感染的疫苗接种马匹将更容易散播病毒。举例说明，2007 年，来自日本的疫苗接种马匹将马流感病毒引入了澳大利亚的检疫部门，而这些马匹免疫的疫苗中的毒株就是“过时”毒株，疫苗中没有包含 2004 年 OIE 建议的更新毒株。

由 OIE 马流感参考实验室的代表组成的马流感专家小组（专家监控小组）负责定期监测马流感病毒抗原漂移和基因进化。专家组每年对马流感疫情，尤其是疫苗接种马发生疫情的数据以及分离到的马流感病毒的抗原性和基因进化的特征进行回顾检查。如果需要更新疫苗株，则该建议将公布在 OIE 下一个季度公报中。2013 年的建议可以在网址：http：//www. oie. int/en/our-scientific-expertise/specific-information-and-recommendations/equine-influenza 中查找。自 2010 年开始，专家监控小组建议国际市场销售的疫苗需要包含 H3N8 亚型马流感病毒佛罗里达亚系分支 1 和分支 2 的代表毒株，不需要包含 H3N8 亚型欧洲株系和 H7N7 亚型毒株。提出该建议的原因是，近年来国际间马流感流行表现为这两类毒株交替出现，而且这两类毒株也在持续发生抗原变异。及时以适宜的毒株更新流感疫苗将最大限度降低马流感对全世界马群的威胁。

推荐阅读

Barquero N，Daly JM，Newton JR. Risk factors for influenza infection in vaccinated racehorses：lessons from an outbreak in Newmarket，UK in 2003. Vaccine，2007，25：7520-7529.

Callinan I. Equine influenza：the August 2007 outbreak in Australia. Report of the equine influenza inquiry，Commonwealth of Australia，2008.

Chambers TM，Shortridge KF，Li PH，et al. Rapid diagnosis of equine influenza by the Directigen FLU-A enzyme immunoassay. Vet Rec，1994，135：275-279.

Cullinane A，Weld J，Osborne M，et al. Field studies on equine influenza vaccination regimes in thoroughbred foals and yearlings. Vet J，2001，161：174-185.

Gildea S，Arkins S，Walsh C，et al. A comparison of antibody responses to commercial equine influenza vaccines following annual booster vaccination of National Hunt horses：a randomised blind study. Vaccine，2011，29：3917-3922.

Gildea S，Arkins S，Walsh C，et al. A comparison of antibody responses to commercial equine influenza vaccines following primary vaccination of Thoroughbred weanlings：a randomised blind study. Vaccine，2011，29：9214-9223.

Guthrie AJ，Stevens KB，Bosman PP. The circumstances surrounding the outbreak and spread of equine influenza in South Africa. Rev Sci Tech，1999，18：179-185.

Kirkland PD，Davis RJ，Wong D，et al. The first five days：field and laboratory investigations during the early stages of the equine influenza outbreak in Australia，2007. Aust Vet J，2011，89（Suppl 1）：6-10.

Paillot R，Hannant D，Kydd JH，et al. Vaccination against equine influenza：quid novi? Vaccine，2006，24：4047-4061.

Quinlivan M，Cullinane A，Nelly M，et al. Comparison of sensitivities of virus isolation，antigen detection，and nucleic acid amplification for detection of equine influenza virus. J Clin Microbiol，2004，42：759-763.

Quinlivan M，Dempsey E，Ryan F，et al. Real-time reverse transcription PCR for detection and quantitative analysis of equine influenza virus. J Clin Microbiol，2005，43：5055-5057.

Yamanaka T, Niwa H, Tsujimura K, et al. Epidemic of equine influenza among vaccinated racehorses in Japan in 2007. J Vet Med Sci, 2008, 70: 623-625.
Yamanaka T, Tsujimura K, Kondo T, et al. Evaluation of antigen detection kits for diagnosis of equine influenza. J Vet Med Sci, 2008, 70: 189-192.

（王晓钧、郭巍　译，李春秋　校）

第 40 章　狂 犬 病

Pamela J. Wilson

狂犬病是一种古老的病毒性传染病，除了极个别地区宣布净化狂犬病外，该病在世界范围内广泛存在。狂犬病是一种急性渐进性脑脊髓炎疾病，尽管人们比较关注人类感染的狂犬病，但该病毒能够感染所有的温血动物。该病是一种法定报告传染病。在马属动物上，该病不是一种常见的传染病，但病毒进入神经系统会导致动物死亡，因此狂犬病是一种具有公共卫生意义的动物疫源的人畜共患传染病。

一、病原学和流行病学

狂犬病毒属于弹状病毒科狂犬病毒属。马通过接触含有狂犬病毒的唾液感染该病。最常见的感染途径是通过感染动物的咬伤，其他感染途径包括黏膜或者开放伤口接触感染动物的唾液或者神经组织。粪便、血液和尿液中不含病毒，因而不具备传染性，臭鼬的喷射物同样不含有病毒。

除了夏威夷，美国 2008—2012 年连续 5 年报道有狂犬病病例。所有递交的检测样品中，最容易检测出狂犬病毒阳性的种属是浣熊（主要来自美国东部地区，浣熊狂犬病是一种地区性传染病，因为这种地区流行病在 20 世纪 70 年代晚期在当地流行，并出现了浣熊狂犬病毒突变株）、臭鼬、蝙蝠和狐狸。这些动物种属是特异性狂犬病毒突变株的储存宿主，而马不是。狂犬病感染非储存种属外的其他种属动物称为“溢出感染”。马发生溢出感染实例是感染臭鼬狂犬病毒变异株。马暴露狂犬病毒通常是与野生动物接触，通常是臭鼬、浣熊和狐狸。2008—2012 年，美国报道了 196 起马发生狂犬病疫情，其中 72 例检测出狂犬病毒变异株，并且 87.5%是臭鼬变异株，12.5%是浣熊变异株。

野生动物咬伤经常发生在马鼻孔和口鼻处，这可能是由于马，尤其是马驹和周岁马习惯观察出现在它们牧草或围栏的野生动物；四肢末端的咬伤也比较常见。畜棚是许多野生动物良好的栖息环境。患狂犬病的野生动物居无定所，不再恐惧大型动物，经常会躲藏在马厩中。食草动物之间的传播极其罕见。

一旦狂犬病通过咬伤或其他途径接触易感动物，狂犬病毒会在肌肉细胞中复制一定时间，然后进入中枢神经系统，沿着外周神经进入大脑。进入大脑后，病毒会沿着外周神经进入到唾液腺。因此，狂犬病的潜伏期变化不定，但平均在 2～6 周，报道通常在 2～9 周，也可能缩短或延长。

二、临床症状

马感染狂犬病的临床症状变化较多，表现形式也各不相同。受感染马可能会出现以下临床特征：行为异常（包括疼痛、进攻行为、过分亢奋、抑郁和嗜睡）、咬东西时感觉错乱（会引起马在原地摩擦和咀嚼）、畏光、感觉过敏、共济失调、转圈、头倾斜或压制、尾巴无力、上行性麻痹、跛行、肛门括约肌失常、膀胱失禁、里急后重、斜卧、惊厥、磨牙、用嘴唇前后画圈和发热。其他临床症状还可能包括噎塞，这种情况可能导致人感染狂犬病的发生，这是由于人试图取出马口内异物或者矫正牙齿问题而将手深入马口腔内感染狂犬病。狂犬病临床症状通常出现迅速，一般在 4～7d，也可能更短。死亡通常是由心肺失常导致。

在一项试验条件下导致的马感染狂犬病病例（21 例）研究中，狂犬病平均的潜伏期是 12d，平均的发病期接近 6d。口鼻部颤抖是最易见的临床症状，其他常见的临床症状包括本研究中 70％动物出现咽部痉挛或麻痹、共济失调或局部麻痹、昏睡或嗜睡。

三、诊断

考虑到狂犬病具有地方流行性特点和致死性结果，恰当的狂犬病诊断方法十分关键。到目前为止，还没有十分可靠的检测临死前马狂犬病的检测方法，仅仅通过死后检测确诊。常见的鉴别诊断方法非常耗时。与之相互鉴别的疾病包括破伤风、马鼻肺炎、疝气、食物中毒、铅中毒、发霉食物中毒、马原虫性脑脊髓膜炎、脑或脊髓损伤、东方或西方马脑脊髓炎（非洲锥虫病）、委内瑞拉马脑炎病毒病和西尼罗热病毒病。一旦出现中枢系统症状，狂犬病都应作为鉴别诊断的疾病，这是因为狂犬病的临床症状不具备特殊病症。

四、样本递交

死后诊断包括所递交的整个头部或脑，包括脑干。实验室人员已经观察到狂犬病毒并不总是均匀地分布在动物大脑。除了脑干，脑部其他部分也是检测必须考虑的组织，包括小脑和海马区。递交样本前要与检测实验室联系沟通组织样本要求以及包装和运输的细节。当获得组织样品时，应该穿戴个人防护装置以免潜在暴露于感染组织或脑脊液中的狂犬病毒。样品应该冷藏保存（0～7.2℃），不能冷冻和置于固定剂中，并且在运输的过程中，要一直维持这一温度范围。狂犬病检测的金标准是对脑组织应用免疫荧光技术，通过荧光抗体检测狂犬病毒抗原。有关特殊的狂犬病毒变异株可以进一步通过单克隆抗体和聚合酶链式反应来进行检测。过去已有报道疫苗免疫马中存在狂犬病感染，疫苗免疫并没有提供完全的保护。因此，如果马出现神经系统临床症状，那么即使已经免疫过的马也必须进行实验室检测。如果考虑到除了狂犬病外，还需检测其他疾病，那么优先递交狂犬病检测样本，这是因为该病是一种重要的人畜共患病。

五、治疗

一旦狂犬病毒进入神经系统，治疗就没有任何价值，马最终会死于该病，推荐将这些动物进行安乐死。如果暴露感染已经发生，那么应该立即清理受感染的伤口以便阻止感染，在清洁过程中个人应该穿戴个人防护装置以便阻止人暴露于狂犬病毒。如果感染马已经接种狂犬病疫苗，那么应该立即再接种，并持续观察45d。如果马未免疫接种，美国国家公共卫生兽医学会（NASPHV）推荐将动物进行安乐死，或者个别情况下观察、隔离6个月。其他方法还包括在为期90d严格隔离情况下，在第3周和第8周对动物立即进行加强免疫。执行暴露后狂犬病预防措施的时间越长，拖得越久，动物治愈的效果也就越差。然而不幸的是，被患狂犬病动物咬伤经常不会被发现，因此不推荐使用暴露后预防措施。

处理咬伤时，应该考虑感染破伤风的可能。

六、预防

马应该接种狂犬病疫苗。美国国家公共卫生兽医学会推荐，所有的马都应接种狂犬病疫苗。美国马医师协会认为，狂犬病应该是马的关键疫苗。目前，美国农业部批准的所有狂犬病疫苗生产商都推荐在2～4月龄初免，然后每年免疫1次。狂犬病疫苗的副作用极为罕见。马体检测到的狂犬病病毒抗体表明马经历了疫苗免疫或者感染，然而目前还没有可用数据表明一定程度抗体水平（效价）能够提供保护。因此循环抗体的效价测定不应该替代疫苗免疫。

最大限度避免马接触野生动物会减少马患狂犬病的可能。在美国，为了解决不同野生动物作为狂犬病天然宿主的问题，口服狂犬病疫苗项目已经在美国东部许多州（主要针对浣熊）、亚利桑那州（主要针对灰狐狸）和得克萨斯州（主要针对灰狐狸和山犬）开展。航空投递或人工投递疫苗的方式由政府机关执行，这种疫苗不适合个别动物使用。这种口服疫苗由一个塑料胶囊包裹，外面再包裹一层可食饵料或者覆盖一层能够吸引目标野生动物的调味料。家畜食用这种疫苗不会产生危害，包括马。即使近期摄入这种口服疫苗，无论是否到期，投递动物用非口服的狂犬病疫苗也是安全的。

为了阻止狂犬病在感染马和兽医工作者、兽医技师和其他处理那些病马的动物卫生人员之间的传播，这些职业的人员应该完成一系列的狂犬病暴露前免疫接种。

推荐阅读

American Association of Equine Practitioners. Retrieved June 26, 2013, from http//www. aaep. org/rabies. htm. AVMA Council on Biologic and Therapeutic Agents. Guidelines for vaccination of horses. J Am Vet Med Assoc, 1995, 207: 426-431.

Barakat C，McCluskey M. Rabies prevention protocols studied. Equus，2011，April：403.

Beran GW. Rabies and infectionsbyrabies-related viruses. In：BeranGW，Steele-JH，eds. Handbook of Zoonoses. 2nd ed. Boca Raton，FL：CRC Press，1994：307-357.

Blanton JD，Dyer J，McBrayer J，et al. Rabies surveillance in the United States during 2011. J Am Vet Med Assoc，2012，241：712-722.

Green SL. Equine rabies. Vet Clin North Am Equine Pract，1997，13：1-11.

Green SL，SmithLL，Vernau W，et al. Rabiesinhorses：21 cases (1970-1990). JAm Vet Med Assoc，1992，200：1133-1137.

Hudson LC，Weinstock D，Jordan T，et al. Clinical presentation of experimentally induced rabies in horses. J Vet Med，1996，B43：277-285.

Kahn CM，Line S，eds. Rabies. In：The Merck Veterinary Manual. 9th ed. Whitehouse Station，NJ：Merck & Co，2005：1067-1071.

National Association of State Public Health Veterinarians，Inc. Compendium of Animal Rabies Prevention and Control，2011. Retrieved June 26，2013 from http：//www. nasphv. org/ Documents/RabiesCompendium. pdf.

Niezgoda M，Hanlon CA，Rupprecht CE. Animal rabies. In：Jackson AC，Wunner WH，eds. Rabies. San Diego：Academic Press，An Elsevier Science Imprint，2002：163-218.

Sidwa TJ，Wilson PJ，Moore GM，et al. Evaluation of oral rabies vaccination programs for control of rabies epizootics in coyotes and gray foxes：1995-2003. J Am Vet Med Assoc，2005，227：785-792.

Thomas HS. Rabies in horses. The Equine Chronicle Online. Retrieved June 26，2013，from http：//www. equinechronicle. com/lifestyle/rabies-_in-horses. html.

University of Kentucky，College of Agriculture，Cooperative Extension Service，Equine Section，Department of Animal Sciences. Rabies in horses. Retrieved June 26，2013 from http：//www. uky. edu/Ag/AnimalSciences/pubs/asc125. pdf.

Wilson PJ，Oertli EH，Hunt PR，et al. Evaluation of a postexposure rabies prophylaxis protocol for domestic animals in Texas：2000-2009. J Am Vet Med Assoc，2010，237：1395-1401.

（王晓钧、戚亭　译，李春秋　校）

第41章 马腺疫

John F. Timoney

马腺疫是一种急性、高度接触性传染病，其特征是发热、上呼吸道黏膜炎症反应、脓性鼻分泌物，下颌骨和咽后淋巴结肿大。其致病微生物马链球菌马亚种是马科动物专性寄生菌，很少感染其他宿主。马链球菌是兽疫链球菌的一个克隆变异体，表现出非常小的抗原变异特征，在恢复期能够刺激机体产生保护性免疫反应，足以清除大多数马体内所有感染病菌。马链球菌 SeM（类 M 蛋白）等位变异株被列在数据库 http://pubmlst.org/szooepidemicus/。马腺疫感染通过直接接触传染给易感马匹，通过患有单侧或两侧喉囊积脓的病菌携带马匹间歇性排毒。大多数暴发始于引入该病潜伏期马匹或者近期刚刚康复但还没有彻底清除感染的马匹。SeM 等位基因测定可有效用于追踪感染源。大多数马群在经历一次马腺疫暴发之后最终会达到无马腺疫状态，因此许多马牧场、地区和国家（如阿根廷、日本和爱尔兰）在 20 世纪很长一段时间都是无马腺疫状态。

马腺疫通过口或鼻进入马体，立即吸附在口咽和鼻咽的扁桃体组织。几小时之后病菌就能透过易感马匹的表面组织，然后就会在扁桃体囊泡组织进行繁殖。其所形成的胞外菌团会伴随大量的中性粒细胞形成炎症反应，一些细菌会通过扁桃体隐窝和黏液逃到鼻咽分泌物中。经过 3～11d 潜伏期之后，病马会突然发热，然后出现一个或多个淋巴结肿大。病菌会导致机体针对所有或部分 SePE-H、I、Lhe M 型致热外毒素产生局部发热和其他急性期反应，包括高纤维蛋白原血症和中性粒细胞增多症。其他重要的毒性因子包括抗吞噬蛋白 SeM、Se18.9 和 IdeE 以及透明质酸外壳。马链球菌不像其他兽疫链球菌 I 型（这类链球菌不表达和 SeM 及 Se18.9 高度同源的蛋白）会高度抵抗机体吞噬，因此易在感染的淋巴结存在，其淋巴结胞外链会又数以百计的病原微生物组成。脓肿的破裂或排干会引起临床症状减轻并恢复常态。马链球菌在大多数马出现临床症状后 2～3 周时间内通过流涕排出体外。

马腺疫在小马感染比较严重。对老马，尤其是免疫过的马，该病可能仅表现无热的卡他形式，伴有很小的、很少有疼痛的肿胀。然而无论如何，由病马排出的病原微生物对幼马或易感群体具有很高的毒力。一些没有临床症状的马也可能是感染马并且能够排出有毒力的马链球菌。

一、马腺疫免疫学

（一）免疫反应

感染能产生获得性免疫反应，能在75%马匹中产生长达5年之久的免疫保护。曾经感染过马腺疫的母马所生幼驹能够抵抗该病菌3～4个月。恢复期血清和黏膜抗体反应主要针对马链球菌20多种表面抗原和分泌蛋白。针对SeM的抗体是具有调理活性的，针对致热外毒素的抗体能够中和致敏源，特异性结合扁桃体蛋白的黏膜免疫球蛋白A（IgA）能够阻止吸附。在急性期和恢复期血清，IgGb是SeM特异性免疫球蛋白同型抗体中的优势亚群。感染马再次感染后该同型抗体显著减少，IgGa能够在2周内检测到。IgG（T）特异性抗体在1周或2周后出现。针对SeM和马链球菌其他蛋白的保护性抗体浓度会在暴露后5周达到高峰，在随后6个月会逐渐下降，直至到达初始感染的水平。鼻黏膜IgA在感染后6周达到高峰，比IgGb晚1～2周，但消退速率和特异的血清IgGb基本相当。

人们对于马腺疫保护性免疫反应了解甚少。目前，人们只发现马链球菌少数几个蛋白和保护性免疫反应有关。SeM、胶原结合蛋白、纤连蛋白结合蛋白和白蛋白结合蛋白，如CNE、ScLC、EAG、FNE和SFS等不同结合形式，在小鼠体内有保护效果。针对超抗原外毒素SePe-Ⅰ、L和M抗体能中和马体内致热源。然而，和在皮下接种活弱毒疫苗和马腺疫康复马相比，试验条件下皮下接种马链球菌序列特异的蛋白成分，包括SeM、黏附素和菌毛蛋白SzSe、CNE和T抗原（Se51.9），不能激发机体产生保护性反应。热灭活马链球菌混合物（死疫苗）同样也无效。事实上，感染马腺疫后康复的马能够在扁桃体部位1h内清除经鼻接种的致病剂量的马链球菌，并且其血清抗体并不能与免疫原性蛋白反应，这表明扁桃体阻止了病原微生物入侵。

（二）疫苗

有关马腺疫疫苗最早可追溯到18世纪末。当时英国一位兽医理查福特使用类似天花接种的免疫方式。他将马唇内边缘擦伤，然后用浸有马腺疫脓汁的绒布反复擦伤口。这样导致感染扩散至局部淋巴结，诱导机体产生针对自然感染的抵抗力。后来，法国军队兽医使用血清疫苗途径，先接种高免血清，然后皮下接种马链球菌培养物。虽然这些方法在激发机体产生高水平的免疫保护方面非常有效，但是由于经常在接种部位产生脓包，最终这些方法都没有流行起来。无论如何，这些研究方法表明马链球菌活疫苗制备物能够作为有效的疫苗（表41-1）。

表41-1 马腺疫疫苗

疫苗	类型	接种途径	免疫程序	副反应
Pinnacle IN[1]	减毒无包膜突变株活疫苗	经鼻接种	间隔2～3周免疫2倍剂量，以后每年加强1次	淋巴结炎，紫癜，接种部位肿大
Equilis StrepE[2]	减毒aroA缺失突变株活疫苗	黏膜下层接种（上唇）	间隔4周免疫2倍剂量，每3个月加强1次	淋巴结炎，局部炎症，注射部位肿大

（续）

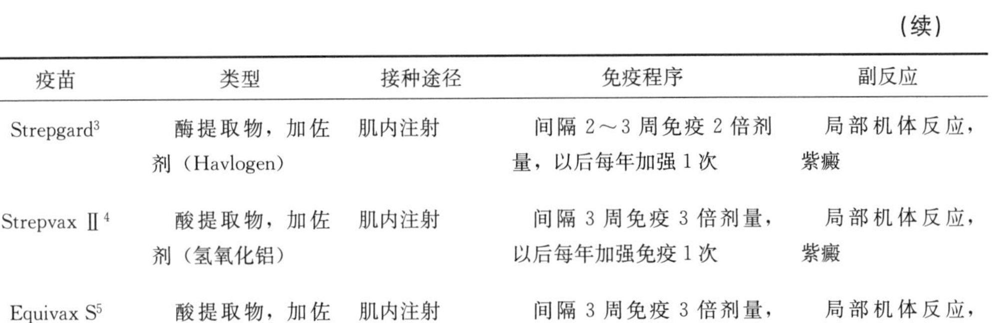

疫苗	类型	接种途径	免疫程序	副反应
Strepgard[3]	酶提取物，加佐剂（Havlogen）	肌内注射	间隔2～3周免疫2倍剂量，以后每年加强1次	局部机体反应，紫癜
Strepvax Ⅱ[4]	酸提取物，加佐剂（氢氧化铝）	肌内注射	间隔3周免疫3倍剂量，以后每年加强免疫1次	局部机体反应，紫癜
Equivax S[5]	酸提取物，加佐剂（氢氧化铝）	肌内注射	间隔3周免疫3倍剂量，以后每年加强免疫1次	局部机体反应，紫癜

注：1 密歇根州，卡拉马祖，硕腾；
2 英国，荷兹敦，MSD动物保健；
3 特拉华，Millsboro，英特威；
4 密苏里州，St. Joseph，勃林格殷格翰；
5 新西兰，Auckland，NZ，辉瑞动物保健。

（三）菌苗

20世纪40年代澳大利亚和20世纪60年代美国都曾通过对数期培养细菌，然后微热处理制备马腺疫菌苗，然而都不能激发机体产生类似自然感染诱导的保护反应。并且菌苗经常激发机体局部性和全身性反应，因此，逐渐被更为安全的提取物疫苗代替。

（四）提取物疫苗

马链球菌免疫原性蛋白，包括热酸提取或变溶菌素加去污剂处理后用氢氧化铝吸附制备的SeM，在北美广泛用作马腺疫疫苗，被证明能够有效诱导机体产生SeM特异的血清IgGb抗体反应，但不能诱导产生黏膜IgA抗体。这些疫苗通过肌肉接种或皮下接种，能在7～10d后刺激机体产生血清抗体反应。这些抗体反应是Th2细胞因子来源的，主要是SeM特异性血清IgGb和IgG（T）。不能有效激发黏膜IgA和扁桃体滤泡中能够针对细胞内杀伤马链球菌的细胞免疫反应。自然状态下的马和马驹需要间隔2周免疫2～3倍剂量，然后每年加强免疫1次。母马在其临产日期前1个月免疫接种，能够提高初乳中抗体水平。

菌苗的免疫保护效果让人比较失望，而提取物疫苗的保护效果仅次于天然感染产生的保护效果。例如，加强免疫后几周进行攻毒，疫苗组临床保护率达到50%以上。此外，这种疫苗相关副反应，包括肌肉强直、接种部位肿胀、紫癜出血，已经减少到人们能够接受的程度。优先筛选SeM特异抗体的有价值马匹对于预测紫癜发生风险有重要意义。当SeM特异性抗体效价超过1∶1 600，或者当马匹在接种疫苗前2年有过临床马腺疫感染，那么就不应该再免疫。

没有证据表明自身菌苗比商品化疫苗更有优越性。如果马链球菌无性繁殖，免疫原性蛋白缺乏显著的变异，自身菌苗就不能像提取物疫苗或早期菌苗那样刺激机体产生保护性反应。

（五）减毒活疫苗

自从1997年起，有2种马链球菌减毒活疫苗上市，分别是Pinnacle IN和Equilis StrepE。Pinnacle IN是减毒的、无包膜的马链球菌CF 32突变株（该突变株失去利用碳水化合物的功能），这种疫苗在北美销售，经鼻内接种到咽部和舌扁桃体靶点，能够诱发机体产生类似自然感染后所产生的免疫保护。一次接种必需投递超过足以克服鼻咽黏膜纤毛清除所需的接种量。安全性问题包括残余毒力、缓慢诱发下颌骨肿胀、流涕、偶尔有紫癜形成和远处接种点意外污染导致"注射"肿胀等。然而，接种部位肿胀很容易通过严格的卫生措施和禁止同时接种其他注射物而避免。

使用Pinnacle马腺疫疫苗应该间隔2～3周注射2剂量给没有流涕的无热马。在暴发疫病的情况下，疫苗仅仅适用于没有接触到感染动物的马匹。保护性免疫反应会在2～3周后刺激产生。给已经感染的马匹注射疫苗可能更加有利于有毒力的马链球菌扩散，进而导致疫苗免疫失败。

Equilis StrepE是通过删除*aro*A基因致弱的马链球菌减毒株，因为这种毒株失去了合成芳香氨基酸类和*p*-氨基苯甲酸能力，它不能持续在组织定殖。这种疫苗已获许在欧洲销售，主要通过上唇黏膜下接种0.2mL的方式免疫动物。加强免疫在首免后4周完成。该疫苗针对经鼻攻毒的免疫保护力不超过3个月，因此仅次于自然感染马腺疫康复马匹产生的免疫保护力。然而，在初次免疫后6个月进行加强免疫会产生抗性。安全性问题包括唇部疼痛反应、颅淋巴结和其他疫苗接种部位肿胀形成。有关Equilis StrepE刺激机体产生保护性免疫反应的机理还不是十分清楚。

（六）血清学

测定血清中SeM特异性抗体的酶联免疫吸附试验（ELISA）有助于诊断近期马链球菌感染、转移性脓肿和出血性紫癜，有助于判定是否需要进行加强免疫。比较双份血清的效价有助于判断暴露和感染的状态。血清效价高峰大约会出现在暴露后第5周，并持续6个月，甚至更久。针对提取物类型的疫苗效价高峰大约出现在免疫后第2周，持续时间和前者相同。

感染过程中个别马匹中SeM抗体水平变化情况差异很大。对于第二种蛋白Se7S.3（马链球菌特有表达蛋白）抗体的试验能够极大提高血清学检测大多数马针对马链球菌的抗体反应能力。同样，过度反应的马匹对马链球菌SeM蛋白和其他蛋白能够产生非常强的抗体反应，这样就容易产生在其脉管系统有免疫复合物的风险，如果暴露抗原就有可能形成紫癜。因此马SeM特异抗体效价超过1∶3 200者就不应该免疫。效价在1∶（800～1 600）者通常在感染后2～3周形成，在随后几周会达到1∶6 400甚至更高。有转移性脓肿或者紫癜出血的马匹的血清抗体效价能够达到1∶12 800或更高。日本的一份近期报告表明可以使用脯氨酸-谷氨酸-脯氨酸-赖氨酸多肽来检测马链球菌暴露2周内的抗体水平变化情况。

测定SeM特异性抗体水平变化情况有助于决定是否需要免疫，诊断马链球菌相关紫癜出血，鉴定超敏马发生紫癜的风险，检测近期感染和诊断转移性囊肿形成情况。

二、管理

马腺疫是有可能根除的疾病，这是因为马链球菌是高度宿主适应的，在宿主以外环境中不能长期生存，并且无一例外地在恢复期会被彻底清除。因此这些疾病在较长时间内会在一定地理区域内消失，而又会在引入新的感染马匹后再次出现。

环境存留情况

有关马链球菌环境存留的野外证据还没有报道。饲养过患马腺疫病马的马棚和马厩在经历 3 个月的调整期而没有该病发生就可以再次使用。然而，在寒冷气候下，马链球菌可以无限期地在排泄物中存活。

实验室研究表明该微生物能够在土壤和马粪中存活 1～3d，在灭菌的木头和草中可以存活更长时间（7～9 周）。热灭菌的马粪便，能够提高马链球菌存活时间达 2 周，这表明粪便菌群在抑制马链球菌生长方面具有重要作用。事实上该微生物能够在室温条件下的水中存活 6 周以上，表明水供给在该病暴发时传播和再感染过程中发挥重要作用。因此当疫情暴发时，水槽必须每天排空和消毒。自动化小容量饮水器很难积累大量的马链球菌，因而更适合作为饮用水源。

三、预防

应该强调尽量减少向已经确定的没有马腺疫感染的马群中引入链球菌风险的可能性。其他包括护理母马、暂时和来自其他地方的马进行交配的本地马、接受兽医治疗或训练马，都必须隔离 14d 并严密监测发热、颅淋巴结肿胀和鼻分泌物流出。在马被引入到一个常规马群之前，该疫病感染情况必须通过对鼻分泌物或冲洗物进行细菌培养或 PCR 鉴定确诊。马链球菌可能会定殖在一匹正在潜伏感染马腺疫的易感马匹，或很少情况下在长期喉囊感染的慢性病马。

感染也可能通过污染的兽医装备引入，包括导胃管、内镜、口绀、压板和粗牙锉。病菌可以通过栅栏直接传播，或通过以附近排泄物为食的苍蝇间接传播。这就需要加强围栏管理，并随时了解附近农场有关马腺疫的流行病学情况。

四、临床样本马链球菌检测

（一）培养

用哥伦比亚 CNA 血琼脂或相似培养基培养仍然是检测马链球菌的金标准。检测在乳糖、山梨醇和海藻糖上的类黏蛋白 β-溶血活性以鉴别区分兽疫链球菌、类马链球菌和马链球菌。典型的样品包括鼻拭子、冲洗物、抽吸脓汁和用内镜从喉囊取出的液体或软骨样组织。在检测马链球菌方面，鼻冲洗物（50mL）比鼻拭子更加敏感，这是因为前者采集整个鼻咽表面样本。一般在出现发热症状后 1～2d，病菌才会排毒到鼻咽，因此在疫病暴发时每天监测直肠温度有利于在病菌传播到同群更多动物之前识别和分离新毒株。喉囊携带者会在许多月内间歇排毒，这样鼻冲洗物或鼻拭子在很长时间培养就会是阴性结果。一些暴露马匹临床表现仍然正常或者仅仅有轻微的流鼻涕（非典型的卡他性马腺疫），用鼻拭子或冲洗物培养就会是阳性结果。

（二）聚合酶链式反应（PCR）

1997 年，Gluck 马研究中心测定马链球菌 SeM 基因序列，迅速引发建立特异性检测马链球菌的 PCR 诊断方法，其敏感性至少是细菌培养的 3 倍。此后其他类型 PCR 和目的基因的选择都有报道，并且都具有相似的敏感性。但是，PCR 诊断方法不能区分死微生物和活微生物 DNA，因此通过巢式 PCR 检测为阳性的马匹，再用细菌学培养却是阴性。1997 年肯塔基首次报道，当细菌学培养是阴性时，PCR 结果也是如此，这一结果和黏膜纤毛能有效清除 DNA 和细菌的结论一致。需要强调的是，除非使用选择性的细菌学培养基如哥伦比亚 CNA 血琼脂，会有助于平板接种样本，数量较少的马链球菌很难在非选择性血琼脂培养基上生长。此外，细菌培养后几周 PCR 检测 SeM 序列阴性表明实验室培养马链球菌技术失败或者马周围环境中高度污染了不易观察的马链球菌或其 DNA。同样，通过分析喉囊携带者的马链球菌分离株基因组序列已经出现遗传衰退和丢失基因功能，就会导致微生物失去在人工培养基上生长的能力。无论如何，虽然细菌培养和分离的敏感性低于 PCR，但是仍然是实验室诊断马腺疫的金标准。PCR 试验的优点是在鉴定排毒非常轻微的非典型临床症状携带马匹和间歇成功细胞培养情况下等待时间短和敏感性高。然而，细菌培养明显是阴性的临床样本的 PCR 假阳性反应结果也会增加不必要的担忧，并且在暴发期间增加额外的隔离过程。PCR 检测方法的高敏感性加之样品极易发生污染，这就需要兽医工作者在收集临床样品时执行更高标准的卫生措施。

五、暴发管理

当马腺疫暴发时重要目标是尽量减少宿主暴露于传染性物质。疾病的严重程度部分取决于马暴露的马链球菌的数量和暴露的持续时间。大多数马群马腺疫死亡率会随着暴发进程而增加，这一点人们很早已经知道。同样，湿冷环境会诱发更高的发病水平和更严重的疾病程度。维持较小的马群比较有实用性，并且应该把马按照年龄分类，使马更容易避免过多的热、风和雨等变化。

以下措施有助于最大限度地控制传播范围和降低疫病暴发时的暴露风险：

- 每天对群居水槽进行消毒。
- 每天测量暴露马匹的直肠温度，立即隔离那些体温升高超过 1.5℉[①]的动物。
- 对在马厩饲养的马使用单独标记的饲料和水槽。
- 分离单独马厩中或小马群中的临床感染马和近期发热马。

---

① ℉为非法定计量单位，1℉＝－17.2℃。——译者注

- 护理员照顾病马时穿戴专门的防护服和长筒靴。
- 将感染马的垫料和未使用过的饲料堆积在受保护的隔离位置。
- 在清理前和清理后对污染了排泄物的物体表面进行消毒。
- 在温暖季节执行灭蝇控制措施。
- 在病原微生物繁殖前，转移和静置感染马匹所饲牧草 1 个月。
- 对每次使用后的导胃管、内镜、压板和其他兽医器械进行消毒处理。
- 在临床恢复期后隔离血清阳性马 2 周以上。

有问题的畜群如果再次发现马腺疫病例，表明存在 1 个或多个临床静止的病原携带动物，它可能会间歇性地从喉囊积脓中排毒，这可能占恢复后马匹的 10%。鉴定带毒马匹最有效的方法是将马群分割成 10 匹或 10 匹以内的小群体，然后对个别动物的鼻咽拭子或冲洗物进行细菌学培养筛查或者 PCR 鉴定。假如间隔几天采样，头一轮或第二轮检测结果都是阴性，那么这样的方式应该持续到第 3 次采样。一种有效的检测群体中包括携带者的试验方法是 PCR 检测共同的水源，这是因为携带马匹会间歇性地向它饮水的水源中排毒。通过细菌培养或 PCR 鉴定的排毒马要进行隔离，然后要进行内镜检查、洗胃和实施恰当的抗微生物治疗措施。细菌培养或 PCR 鉴定以及内镜检查鉴定排毒马已经被证实是地方流行性马群净化马链球菌的一种有效手段。

六、治疗

马链球菌对包括普鲁卡因青霉素在内的大多数抗生素都非常敏感，没有证据表明马链球菌存在抗药性。在急性期早期（刚出现发热）用青霉素治疗通常可以治愈，并保护其免受进一步感染。伴有高热、严重沉郁、吞咽困难、气道闭塞的马匹在进行抗生素治疗的同时应该结合非甾体类抗炎药物，如保泰松或氟尼辛葡甲胺联合使用。咽部淋巴结迅速肿大和局部水肿导致的气道闭塞需要紧急进行气管造口术。立即用普鲁卡因青霉素（每千克体重 22 000U，肌内注射，每隔 12h 用药）或者氨苄青霉素 G（每千克体重 10 000U，肌内注射，每隔 24h 用药）治疗，病情通常会在几个小时内得到缓解。

虽然青霉素治疗能够改善临床病症、使发病动物直肠温度恢复正常、增加食欲、缓解淋巴结肿胀，但是不一定彻底清除肿胀中心的马链球菌病原微生物，出现临床复发也是十分常见的。并且，即使彻底治愈，这样的马也可能再次感染，这是因为没有激发恢复期的免疫应答。通常，不复杂的马腺疫病例最好不要治疗。大多数马会平安地恢复过来，并且产生对再次感染的免疫力。

在饲料或饮水中添加低浓度的四环素（200mg/kg），可以预防大多数初步诊断出马腺疫的马群的进一步感染。这种方法来自 20 世纪 70 年代，由猪链球菌引起的猪腺疫通过饲喂低浓度的四环素最终从北美猪群中清除。

喉囊持续性感染（积脓）可以通过 0.9%生理盐水灌囊和滴注溶入 50mL 明胶（5%）的 1 000 万 U 的氨苄青霉素钠 G 的水溶液。放置于内部的 35cm 的 Foley 导管会有利于反复灌洗和排水。软骨样组织取出需要使用有内镜的螺旋形的存储篮。

转移性脓肿，通常也被称为恶性马腺疫，在胸部和腹部形成，通常很难使用抗生素治疗，这可能是由于抗菌剂很难渗透或结合，并且浓汁可以将其失活。持续的静脉注射抗菌药物要比其他间歇性给药更为有效。

推荐阅读

Brazil T. Strangles in the horse：management and complications. In Practice，2005，27：338-347.

Newton JR，Verheyen K，Talbot NC，et al：Control of strangles outbreaks by isolation of guttural pouch carriers identified using PCR and culture of *Streptococcus equi*. Equine Vet J，2000，32：515-526.

Sweeney CR，Timoney JF，Newton JR，et al：*Streptococcus equi* infections in horses：guidelines for treatment control and prevention of strangles. J Vet Intern Med，2005，19：123-134.

Timoney JF，Kumar P. Early pathogenesis of equine *Streptococcus equi* infection (strangles). Equine Vet J，2008，40：637-642.

（王晓钧、戚亭　译，李春秋　校）

第 42 章　钩端螺旋体病

Thomas J. Divers

钩端螺旋体病是由高度侵入的钩端螺旋体属螺旋体细菌引起的，其病原能同时感染人类和动物。人们对马钩端螺旋体的了解并不比常见家畜（猫除外）多。根据DNA-DNA 杂交研究，钩端螺旋体属成员可分成 13 个已命名的种属和 4 个复合群，其中一些既包含致病性又包含非致病性血清变型。根据旧的表型分类，血清变型有时被分为引起宿主适应感染或偶见宿主感染。宿主适应株很少引起宿主临床发病，拖延感染和排毒，针对感染的血清学反应也很低。相反，偶发宿主血清变型更容易引起并维持宿主临床发病，感染后能引起标志性的血清学反应，并从宿主体内短暂排毒。

在北美感染马中，钩端螺旋体血清变型波摩那型 Kennewicki 是占优势的偶发血清型，狐狸、负鼠、浣熊、鹿和臭鼬被认为是这种血清变型最常见的维持宿主。在欧洲，重要的马钩端螺旋体株是 *Leptospira kirschneri* 的 Grippotyphose 血清变型，包括 *duster* 毒株（西欧）和 *moskva* 毒株（东欧）。在南美，出血性黄疸型和 *copenhageni* 型钩端螺旋体是主要毒株。大多数研究者认为钩端螺旋体血清变型 Bratislava 型是马的宿主适应的血清变型。然而，这种认识也受到一些质疑，主要是因为马针对血清变型 Bratislava 型能够产生很高的抗体效价，而一些调查者认为它对马是有致病性的。

一、临床症状

致病型钩端螺旋体感染马时似乎对肾、眼或母马生殖道有一定的器官嗜性（图 42-1）。感染会导致胎盘炎、流产、新生幼驹黄疸、急性肾衰竭或血尿症，更重要的是葡萄膜炎。近些年来，有报道显示 5 匹 1～3 月龄马驹会出现血小板减少症、急性肺出血伴随呼吸性窘迫、发热和急性肾衰竭临床症状。

（一）生殖道感染

钩端螺旋体血清变型波摩那型流产在流行地区大约占母马细菌性流产的 13%，但每年发生的频率各不相同。有关流产发生频率的年龄因素影响尚不清楚。波摩那血清型中 kennewicki 型是北美地区导致钩端螺旋体流产最重要类型，但其他血清变型感冒伤寒型和哈尔乔型也有报道。大多数流产发生在怀孕 9 个月，在母马患有钩端螺旋体病情况下，很少会有活驹出生。更多情况下，钩端螺旋体进入胎儿胎盘、脐带、肾和肝等部位，引起胎盘炎。肉眼病变主要是水肿和绒毛膜区域坏死。显微病变包括坏死

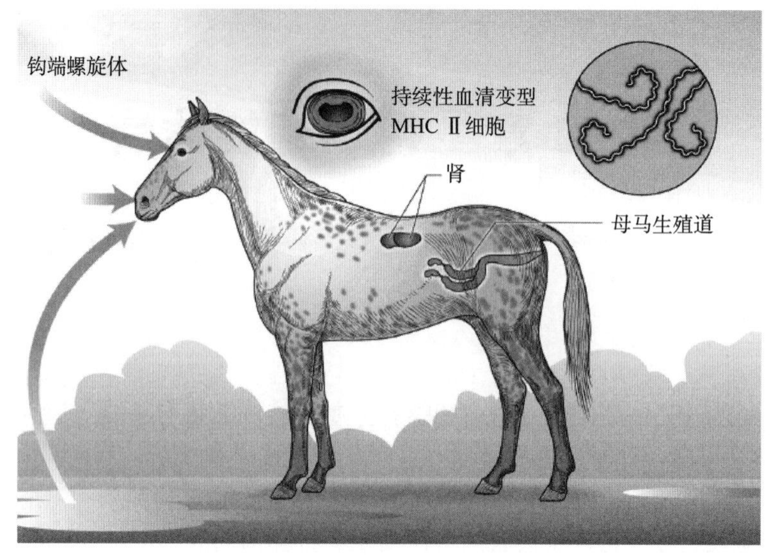

图 42-1 马致病性钩端螺旋体感染似乎对肾、眼睛和母马生殖道有器官嗜性

和胎盘钙化。胎盘疾病会导致母马羊水过多。胎儿肝肉眼可见黄色斑点。肝疾病是由多灶性坏死和巨细胞肝病引起。在流产胎儿的肾中可能检测出肾小管坏疽和间质性肾炎。脐带炎症（脐带炎）可观察到弥散的微黄色变色斑点。现在还不知道流产原因是不是因为胎盘炎、脐带炎或胎盘感染，或者是上述三者一起。虽然一个农场多匹母马可能因为钩端螺旋体感染流产，但是在流行地区流产并不常见。发生流产母马和其他最近感染的马能够在尿中排毒 2～3 个月。在一个农场有一例或几例钩端螺旋体流产病马最终在几周后导致葡萄膜炎形成。

（二）急性肾衰竭

偶然情况下，波摩那型钩端螺旋体能引起马发热和急性肾衰竭。肾由于肾小管肾炎而导致肿胀，尿分析会有血尿和脓尿，但不含细菌。在很少情况下，断奶马或周岁马在波摩那钩端螺旋体感染后可能会出现发热和急性肾衰竭现象。

（三）复发葡萄膜炎

在北美地区成年马波摩那型钩端螺旋体和欧洲 kirschmeri 血清型感冒伤寒型钩端螺旋体引起的最严重的临床疾病是复发葡萄膜炎（见第 150 章）。两种似乎与波摩那型钩端螺旋体感染相关的不同的眼病是：最常见的马复发葡萄膜炎（ERU）和免疫相关的角膜炎。ERU 和波摩那型钩端螺旋体之间直接关系可以追溯到 20 世纪 50 年代，当时公认这是一种免疫介导的疾病，因为抗特定钩端螺旋体抗原的抗体，尤其是特异性抗 LruC 外膜蛋白的抗体，能够和晶状体、角膜，或视网膜等组织发生交叉反应。

2000 年以来，大量科学研究证实在患有复发葡萄膜炎的马眼色素层组织、眼房水或玻璃状液等组织中检测到活的钩端螺旋体。与血清抗体滴度相比，眼房水中高浓度的抗波摩那型钩端螺旋体的抗体，表明存在持续的局部抗原刺激。面对高浓度眼部抗

体而存活的微生物表明在清除细菌方面缺乏免疫细胞或分子（如补体），表明眼部免疫和中枢神经系统的情况相似。该病复发感染可能与 Th17 自身反应性反应有关，随之而来的是模拟和分子间和/或分子内的抗原表位扩散。

遗传因素也可能参与疾病过程，有助于解释为什么只有一些感染钩端螺旋体的马患有葡萄膜炎。阿帕卢萨马是有遗传倾向的。复发葡萄膜炎是导致马失明最常见的病因。ERU 的流行情况尚不可知，但有报道表明 1%～7.6%的马会发生该病。一些 ERU 病例有可能与钩端螺旋体感染无关，这可能随地理位置不同而异。在一些地区，超过一半 ERU 病例与钩端螺旋体持续眼部感染有关。钩端螺旋体葡萄膜炎可引起角膜、眼前房和后房等部位疾病。因此，临床症状可能出现角膜水肿，通过眼底检查可观察到的临床上静止的视网膜病灶以及明显的复发和恶化的葡萄膜炎。眼球的慢性感染可能会导致白内障、视网膜退化或甚至青光眼。

二、诊断

钩端螺旋体导致流产的诊断方法是对胎盘、脐带、胎儿肝或胎儿肾进行荧光抗体试验（FAT）或免疫组化检测。在这些组织（不包括尿）中，FAT 检测的敏感性和特异性接近 100%。用银染肾样品检测患有肾病马的准确性并不高，这是因为检测结果可能有假阴性和假阳性，与非致病性血清变型十分相似。PCR 检测方法推荐用于检测液体成分，如尿液、眼睛液体和血液。显著增加的血清抗体效价经常伴随钩端螺旋体流产或急性肾衰竭，但患有复发葡萄膜炎马的血清抗体效价可能下降，这是因为该感染呈慢性和局部感染。较许多血清型（尤其是出血性黄疸型），急性波摩那型钩端螺旋体感染经常引起抗体效价显著提高，但是非感染血清型抗体效价相比急性感染血清型抗体效价通常几周后迅速下降。服用呋塞米后收集排尿样品可以提高 PCR、暗视野染色或培养检测的敏感性。对眼房水进行血清学、细菌培养和 PCR 检测并进行综合分析，是唯一确诊钩端螺旋体相关葡萄膜炎的方法。在 ERU，微生物在玻璃体中最常见，而不是眼房水，这会限制眼内液 PCR 检测的设计应用。

三、治疗

抗生素主要用于钩端螺旋体引起的发热和急性肾衰竭马匹的治疗。替卡西林、青霉素和恩氟沙星已经被成功用于治疗急性肾衰竭的马匹。其他针对钩端螺旋体病的抗微生物药物包括氨苄西林、头孢菌素、四环素和多西环素。在一份报告中，钩端螺旋体病引起流产后，使用土霉素、青霉素 G 和链霉素来降低尿道排毒是无效的。输液疗法作为治疗急性肾衰竭的支持疗法。如果不能随着输液治疗开始而出现多尿，就应给马服用呋塞米和其他可能会影响肾内血流动力学的药物（如多巴胺）。通常能够治愈钩端螺旋体感染引起的急性肾衰竭。

为了减少炎症反应，人们已经采用了许多针对 ERU 的治疗药物，如皮质类固醇和环孢菌素，但是这些通常仅能提供暂时的缓解，大多数受感染的马都会失明或摘除眼球，因为该病非常难治并且持续疼痛。玻璃体切割术并用庆大霉素灌洗已经成功用于欧洲。数据表明，在一些地区许多 ERU 马存在活跃的钩端螺旋感染，这有助于解释目前治疗 ERU 的措施存在局限性的原因。如果认为钩端螺旋体与 ERU 病例相关，就应谨慎采取措施治疗可能的感染。然而，抗生素治疗眼睛钩端螺旋体病并不容易，因为血-眼屏障会抑制抗生素药物扩散到眼睛。即使有炎症，来自血-眼屏障的一些干扰也可能存在。在一份健康马驹的调查研究中，以每 12h 给药 2mg/kg 剂量，连续治疗 21d 后，马眼房水中仍不能检测到多西环素（检测下限是＜0.3μg/mL）。在最近的体外研究中，恩氟沙星针对波摩那型钩端螺旋体的最小抑菌浓度（MIC）值和最小杀菌浓度值都很低（0.3μg/mL）。在重复静脉注射 7.5mg/kg 药物，眼房水中恩氟沙星[①]最高浓度是 0.32μg/mL。其他能够达到眼睛治疗浓度并且针对钩端螺旋体有效的抗微生物药物是静脉注射土霉素或口服米诺霉素。局部抗生素给药也能达到眼房水的充足浓度，但是通常很难扩散到玻璃体中。

四、预防

急性感染马或钩端螺旋体感染导致流产的母马应该被隔离 14～16 周，或者感染马尿液应该用 PCR 方法检测母马是否排毒。限制马匹暴露于不流动的水和该病潜在的维持宿主，有助于控制钩端螺旋体。对波摩那型钩端螺旋体马进行接种免疫，尽管未被临床试验认可，但有时会在出现地方流行性流产或葡萄膜炎高发的农场使用。许多授权的犬类或牧场动物疫苗已经在马上应用，副反应除了接种部位有肿胀外，其余少见。兽医通常在免疫前先用氟尼辛葡胺预处理，免疫后推荐在接种部位进行间歇冷敷 1～2d。疫苗免疫的血清学应答通常很好，但是疫苗保护是血清学特异的，因此波摩那型只是疫苗的其中一种。使用疫苗接种感染马，理论上会引起 ERU，但是这在实际中很少发现。一种有效而安全的可应用于马的钩端螺旋体疫苗，将会是非常受欢迎的马预防药物。

推荐阅读

Bernard WV，Bolin C，Riddle T，et al. Leptospiral abortion and leptospiruria in horses from the same farm. J Am Vet Med Assoc，1983，202：1285-1286.

Brem S，Gerhards H，Wollanke B，et al. *Leptospira* isolated from the vitreous body of 32 horses with recurrent uveitis (ERU). Berl Munch Tierarztl Wochenschr，1999，112：390-393.

Broux B，Torfs B，Wegge B，et al. Acute respiratory failure caused by *Leptospira* spp. in 5 foals. J Vet Intern Med，2012，26：684-687.

① 拜有利 100，拜耳医疗，动物保健部。

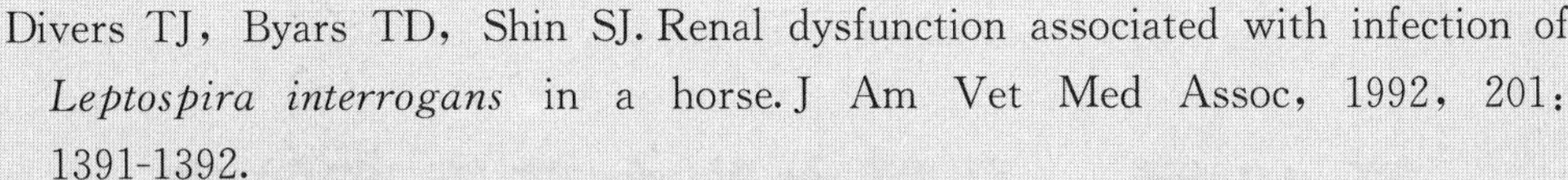

Divers TJ, Byars TD, Shin SJ. Renal dysfunction associated with infection of *Leptospira interrogans* in a horse. J Am Vet Med Assoc, 1992, 201: 1391-1392.

Donahue JM, Williams NM. Emergent causes of placentitis and abortion. Vet Clin North Am Equine Pract, 2000, 16: 443-456.

Faber NA, Crawford M, LeFebvre RB, et al. Detection of *Leptospira* spp. in the aqueous humor of horses with naturally acquired recurrent uveitis. J Clin Microbiol, 2000, 38: 2731-2733.

Frellstedt L, Slovis NM. Acute renal disease from *Leptospira interrogans* in three yearlings from the same farm. Equine Vet Educ, 2009, 21: 478-484.

Kim D, Kordick D, Divers T, Chang YF. In vitro susceptibilities of *Leptospira* spp. and *Borrelia burgdorferi* isolates to amoxicillin, tilmicosin, and enrofloxacin. J Vet Sci, 2006, 7: 355-359.

Regan DP, Aarnio MC, Davis WS, et al. Characterization of cytokines associated with Th17 cells in the eyes of horses with recurrent uveitis. Vet Ophthalmol, 2012, 15: 145-152.

Shanahan LM, Slovis NM. *Leptospira interrogans* associated with hydrallantois in 2 pluriparous Thoroughbred mares. J Vet Intern Med, 2011, 25: 158-161.

Szeredi L, Haake DA. Immunohistochemical identification and pathologic findings in natural cases of equine abortion caused by leptospiral infection. Vet Pathol, 2006, 43: 755-761.

Timoney JF, Kalimuthusamy N, Velineni S, et al. A unique genotype of *Leptospira interrogans* serovar Pomona type kennewicki is associated with equine abortion. Vet Microbiol, 2011, 150: 349-353.

Verma A, Matsunaga J, Artiushin S, et al. Antibodies to a novel leptospiral protein, Lru C, in the eye fluids of horses with *Leptospira*-associated uveitis. Clin Vaccine Immunol, 2012, 19: 452-456.

Wollanke B, Rohrbach BW, Gerhards H. Serum and vitreous humor antibody titers in and isolation of *Leptospira interrogans* from horses with recurrent uveitis. J Am Vet Med Assoc, 2001, 219: 795-800.

Yan W, Faisal SM, Divers T, et al. Experimental *Leptospira interrogans* serovar kennewicki infection of horses. J Vet Intern Med, 2010, 24: 912-917.

（王晓钧、戚亭　译，曹宏伟　校）

第 43 章　马群中胞内劳森菌筛查

Allen E. Page

马增生性肠炎（EPE）是由胞内劳森菌感染引起。虽然在马体发现超过 30 年，然而在最近 10～15 年时间里，这种疾病才受到人们的关注。EPE 主要引起刚断奶驹和幼驹发病，随着时间推移发病率逐渐升高。然而，未发表数据表明该病发病率没有变化，EPE 病例的增多是由于对该病发病率理解的不断深入。考虑到该病非特异性临床症状（厌食、抑郁或嗜睡、坠积性水肿、体重减轻、发育不良表现、发热、绞痛或腹泻）以及在公共拍卖中对周岁马价格的影响，许多农场会选择筛查胞内劳森菌感染或出现 EPE 症状的断奶驹和周岁马，来预防该病的发生或降低该病的严重程度。

一、腹部超声波扫描

胞内劳森菌引起的增生性肠炎的典型特征是黏膜增生，经常出现在马回肠或空肠末端。腹部超声波扫描是一种有效的诊断方法。以作者的经验，腹部常规超声检查时用弯曲凸面或者微凸探头能够详细地检测到大部分腹腔。虽然直线直肠探头可能很难获得精确的检测结果，但是这种探头也是可以使用的。如幼驹腹腔直肠壁厚度超过 3mm，即使没有出现 EPE 典型的临床症状，都提示该幼驹可能患有 EPE。当辅以适当的临床或临床病理学症状时，小肠壁增厚可用于诊断该病。

超声检查没有观察到小肠壁增厚时尤其应该仔细检查，这是因为有报道马出现临床 EPE 时其肠壁厚度可能处在正常范围。没有研究工作明确报道小肠壁厚度的增加程度与 EPE 临床症状之间的关系。因此，EPE 的临床症状和小肠壁厚度的增加可能同时发展，这使得超声波筛查不能真实地反映 EPE 病情。考虑到该方法的成本，以及较低的敏感性，腹腔超声检查更多被推荐作为确诊诊断试验，而不是作为畜群筛查工具。

二、临床病理学变化

有报道马血白蛋白减少以及进一步的低蛋白血症虽不是 EPE 特有的，但能高度指示 EPE 的病理变化。这些变化都能反映蛋白减少和感染小肠吸收不良。总蛋白和血清白蛋白浓度在经历 4～7d 会迅速降低。总蛋白或白蛋白分析是进行 EPE 筛查可行的选择，该方法需要每周至少 1 次（最好 2 次）筛查 1 项或 2 项标志物。如果需要经历数月筛查大量马匹，这种频繁筛查所需成本巨大。然而，农场工作人员使用屈光计很容

易测得总蛋白含量，这为EPE提供了一种迅速、低廉的筛查方法。虽然畜群参考范围可能有差异，但总蛋白浓度一般低于5.5mg/dL，而白蛋白浓度在2.8～3.0mg/dL应该分别诊断为低蛋白血症和白蛋白减少。需要注意的是有许多情况，包括肾病、大肠炎、沙门菌病和肠寄生虫等，都能引起白蛋白浓度降低，因此伴有总蛋白或白蛋白水平含量低的马匹建议进行其他疾病诊断试验。

至于其他临床病理学检测，包括生化仪检测、全血计数和纤维蛋白原含量检测，这些方法都不能作为特异性方法用于EPE筛查。这主要是因为EPE感染导致的常规临床病例缺乏可检测的炎症反应，并且胞内劳森菌主要定位于肠细胞内。并且，在不复杂的EPE病例，代谢紊乱很少发生，除非马有严重腹泻，感染呈慢性的，或伴有并发症。

三、粪便的聚合酶链式反应检测

粪便的聚合酶链式反应检测胞内劳森菌可能是已知的最特异的检测方法，这是因为它检测细菌特异的DNA序列。与血清学检测（后面讨论）不同，胞内劳森菌PCR检测不是种属特异的。然而，当进行胞内劳森菌PCR检测时会出现问题，这是因为细菌会在感染马匹间断排毒，并且粪便中总会有不同的PCR抑制物存在。此外，收集粪便样本前对病马使用抗生素也会降低试验的敏感性。

过去针对EPE流行农场的断奶马驹的研究表明，每月收集2次粪便来进行胞内劳森菌PCR检测来进行畜群EPE筛查是不够的。虽然制订更频繁的收集时间表可能会增加检测到粪便中微生物的可能性，但是对应的花费可能过大，这种调查可能用总蛋白、白蛋白含量筛查或血清学检测更好。和腹部超声检查相比，当考虑到可能为假阴性结果时，粪便PCR检测胞内劳森菌可以作为确定性试验。对于粪便PCR检测出微生物阳性，而还没有EPE临床症状的马匹，推荐立即进行标准的抗菌处理流程，以阻止EPE临床症状出现以及消灭感染。

四、血清学检测

目前，有几种有效检测马属动物胞内劳森菌特异的血清学诊断方法。起初用于猪病检测的常规试验，即免疫过氧化物酶单层细胞试验（IPMA），已经被开发为商品化试剂盒应用于马①，现在人们已经研发了几种不同的商品化的IPMA诊断试剂盒②。除美国外，阻断ELISA也是应用于马的商品化检测方法③，而一种新型的ELISA检测方法④目前在美国处于研发和有限商业应用阶段。无论试验类型如何，所有的血清学试验都是对胞内劳森菌感染高度特异的。值得注意的是，这些试验检测针对细菌免疫球蛋白G的全分子，而不是临床EPE或者正在感染的指示方法。另外，马匹对胞内劳森

---

① 明尼苏达大学兽医诊断实验室。

② 加利福尼亚大学，戴维斯兽医学校荧光定量PCR研究和诊断中心以及Hagyard马医学研究所实验室。

③ Synbiotics公司，Zoetic Inc。

④ 肯塔基大学Maxwell H. Gluck马研究中心。

菌感染反应程度各不相同，暴露和感染的严重程度目前还不能通过产生抗体值来反映。近期肯塔基中部有关纯种马的研究工作表明幼马中很大部分（有些马场达 100%）在 EPE 流行时（8 月至翌年 2 月）就发生血清阳转，并且所有农场，无论是否有过 EPE 流行史，都有暴露胞内劳森菌的马匹。研究发现，大多数 EPE 地方流行性农场的血清阳性率都高于 60%，但仅有 5%～10%血清阳性马匹演变成临床 EPE。这种差异目前尚不知确切的原因，但很可能是多种因素导致的，可能取决于马匹个体的免疫反应、感染细菌的剂量以及胞内劳森菌的分离株。

使用血清学方法筛查畜群已经被证明行之有效，尤其是辅以确诊检测试验，如总蛋白和白蛋白浓度含量测定。目前已经有许多种血清学诊断方法可用，并且一些诊断方法操作简单，允许快速检测临床样本和更快给出检测报告。在试验研究中，用胞内劳森菌攻毒的马血清阳转发生在攻毒后 14d，大多数马匹在感染后 19～21d 出现 EPE 临床症状。这些试验马匹接种了远超过自然感染情况下的细菌剂量，因而可能会减少细菌感染的潜伏期。正因如此，每月 2 次血清筛查提供的检测结果可用于对新暴露马做进一步确诊检测。在一份没有公布的对多个畜群的研究报告中，每月 1 次筛查检测可在演变成 EPE 之前检测到阳性马匹。

对猪的研究工作表明试验条件下感染胞内劳森菌能阻止随后发生临床疾病。虽然这项研究工作并没有在马体进行，但有理由推断应该有相同的实验结论。血清学是唯一可靠的检测手段，无论是否有临床症状出现，它都可在细菌暴露前检测出阳性结果。正因此，农场和兽医师有必要检测这些马匹，在检测到胞内劳森菌抗体后 2 周观察这些马匹，然后把没有出现临床症状的马匹从筛查血清阳性马匹中移去。

五、临床观察

根据作者的经验，检测胞内劳森菌最好、最便捷的方法是临床观察，这需要农场员工十分熟悉每匹幼马。这包括常规体重测定，这是因为临床或亚临床感染的马匹并不会和同群其他未感染马一样增长体重。并且，检测到厌食（无论多么轻微）都要及时报告给农场兽医工作站，因为厌食会先于临床 EPE 症状前几天出现。虽然筛查胞内劳森菌是为了完全防止临床 EPE 出现，但是在疾病早期适当治疗会减轻对马的影响，也会减少该病的后遗症。

六、结论

由于缺少 EPE 死前诊断的金标准试验，兽医师不能通过可靠的试验来筛查马群。因此，筛查马群胞内劳森菌最有效的方式是需要结合目前现有的所有方法。理想情况下，出现地方流行胞内劳森菌疫情的农场应该尽力每天 2 次监测刚断奶马和周岁马的 EPE 临床表现，并且将任何临床症状和变化立即报告给兽医，以便进一步检测。此外，这些农场应该每周 1 次或 2 次用屈光计检测总蛋白浓度，追踪观察白蛋白检测中低浓度者。最后，农场应该应用一种可行的检测技术每月 1 次或 2 次测定胞内劳森菌抗体水平。在测定抗体水平当周，农场可以不必选择抽血来化验总蛋白浓度，随后用总蛋白和白蛋白水平测定，以及连续几周增加临床监测，来持续追踪最新的血清阳性马匹。一旦临床 EPE 筛查通过，这些马就有可能从筛查方案中移去。在北半球，检测应该从 8 月或 9 月初开始，并一直持续到次年 1 月或 2 月，这是因为此时会有大量的断奶和周岁马出现。在下半年出生的马驹，检测时间可以有所改变。如果仅限于筛查马驹、刚断奶马和周岁马，就会有效节约成本，这是因为 EPE 通常很难在老马中发生。

对于许多农场，由于时间和费用的限制，不会实行这些筛查方案。而使用血浆或人造胶质（或两者一起）治疗不复杂的 EPE 病马大约需要花费 1 000 美元，复杂病例需要住院治疗，花费可能是前者 10 倍以上，并且治疗也不一定能确保痊愈。因此出现劳森菌地方性流行的农场应该和他们的兽医一起建立一个体系来最大限度作出 EPE 早期诊断，从而平衡筛查过程中花费时间和金钱方面的关系。

推荐阅读

Frazer ML. *Lawsonia intracellularis* infection in horses：2005- 2007. J Vet Intern Med，2008，22：1243-1248.

Page AE，Fallon LH，Bryant UK，et al. Acute deterioration and death with necrotizing enteritis associated with *Lawsonia intracellularis* in four weanling horses. J Vet Intern Med，2012，26：1476-1480.

Page AE，Slovis NM，Gebhart CJ，et al. Serial use of serologic assays and fecal PCR assays to aid in identification of subclinical *Lawsonia intracellularis* infection for targeted treatment of Thoroughbred foals and weanlings. J Am Vet Med Assoc，2011，238：1482-1489.

Page AE，Stills HF，Chander Y，et al. Adaptation and validation of a acteria-specific enzyme-linked immunosorbent assay for determination of farm-specific *Lawsonia intracellularis* seroprevalence in central Kentucky Thoroughbreds. Equine Vet J，2011，43 (Suppl 40)：25-31.

Pusterla N，Gebhart C. Equine proliferative enteropathy caused by *Lawsonia intracellularis*. Equine Vet Educ，2009，21：415-419.

Pusterla N，Higgins JC，Smith P，et al. Epidemiological survey on farms with documented occurrence of equine proliferative enteropathy due to *Lawsonia intracellularis*. Vet Rec，2008，163：156-158.

Pusterla N，Jackson R，Wilson R，et al. Temporal detection of *Lawsonia intracellularis* using serology and real-time PCR in Thoroughbred horses residing on a farm endemic for equine proliferative enteropathy. Vet Microbiol，2009，136：173-176.

Williams NM, Harrison LR, Gebhart CJ. Proliferative enteropathy in a foal caused by Lawsonia intracellularis-like bacterium. J Vet Diagn Invest, 1996, 8: 254-256.

（王晓钧、戚亭　译，曹宏伟　校）

第 44 章　假结核棒状杆菌感染

Sharon J. Spier

假结核棒状杆菌是一种革兰氏阳性、多形的、细胞内的兼性厌氧杆菌，分布于世界各地。该细菌可引起马溃疡性淋巴管炎，皮下外脓肿和内部脓肿（全身性感染）。该病在北美地域主要分布在美国西部和西南部地区，但在整个美国均报道有假结核棒状杆菌感染的病例。近年来，在美国西北和中西部以及加拿大西部地区这种微生物引起疾病的患病率有所增加。

在硝酸盐还原差异的基础上，已确定假结核棒状杆菌的两种特异性生化反应型，而且 DNA 指纹技术已揭示了存在多种类型菌株。从小反刍动物分离出来的生化型为硝酸盐还原阴性，而从马分离的都是硝酸盐还原阳性。基于 DNA 研究的结果，研究者提出了存在马硝酸盐阴性生化型（*biovar equi*）和绵羊硝酸盐阳性生化型（*biovar ovis*）两种菌的观点。自然的跨物种传播似乎并不发生在羊和马之间；然而，牛可能感染任何一种生物型。

假结核棒状杆菌的生物储存库是土壤。马型菌株能够在各种各样的环境条件下的不同类型土壤中生存繁殖。

土壤传染性微生物的侵入门户是通过皮肤或黏膜的擦伤或伤口。流行病学研究表明，这种疾病可以通过马与马接触或从感染的易感马由昆虫、其他媒介或污染的土壤传播，潜伏期估计 3～4 周。许多昆虫可作为载体传播疾病给马，其中包括扰血蝇、家蝇和厩螯蝇。脓肿的区域位置显示，腹中线皮炎是感染的诱发原因。

该病的发病率波动很大，推测是因为环境因素的影响，如干旱、温度以及群体的免疫力。迄今为止，环境因素导致感染的传播尚未确定。虽然病例可能全年可见，但观察到发病率最高的是在夏季和秋季。

大多数的马在经历单一偶发感染后的几年里可抵抗感染。一个回顾性研究表明，9%的马在随后几年有复发感染，8%有全身感染。外部感染 1～2 个月后，经常发现马存在全身感染和更多复杂的情况。但没有品种或性别因素记录在案。所有年龄的马均可能受到侵袭，但小于 6 月龄的马驹发病率较低，所以认为在流行地区可能是母马的初乳对新生小马具有保护作用。

一、临床病例特征

（一）外脓肿

外部脓肿可能出现在身体的任何位置，但在胸部区域和沿腹部的腹侧中线最常发现。这种感染的形式俗称鸽发热，因为胸大肌脓肿使轮廓变得尺寸很大或出现鸽子胸。脓肿棕褐色，无异味，脓性渗出物通常被包裹。其他部位脓肿形成具有偏爱性，包括包皮、乳腺、腋窝、三头肌、四肢和头部。不常见的部位是颈部、腮腺、咽鼓管囊、喉、侧腹、脐、尾巴和直肠，也有报道脓毒性关节和骨髓炎。

与外部脓肿相关的常见临床症状是区域性水肿，发热和未愈合的伤口。其他临床症状包括跛行、腹侧皮炎、体重减轻、精神沉郁、食欲减退和乳腺或包皮肿胀。一般情况下，外部脓肿的马不发展全身性疾病的症状，尽管 1/4 会发热。如果出现全身性疾病的症状，就需要进一步的诊断检测，以排除内部感染。外部脓肿形成的马，在该部位经常观察到大面积水肿。由于脓肿成熟，该区域变得坚硬和疼痛。脓肿会变得相当大，特别是在胸部区域。脓肿通常有一个厚厚的荚膜，如果位于腋窝、三头肌或腹股沟区域可能导致严重的跛行。如果脓肿深入肌肉会缓慢成熟而且引流困难。

引流建立后，或者通过自发破溃或穿刺，多数马在 10～14d 恢复，无并发症。脓肿可能含有 5～400mL 浓稠的、棕褐色脓性渗出物。超声检查可以帮助确定外部脓肿，并建立引流的最佳位置。马外部脓肿的病死率很低（0.8%），一般在 2～4 周内恢复，很少有马持续发展或复发感染持续 1 年以上。

如马严重急性或慢性跛行，而脓肿深入与四肢相关的肌肉骨骼，应该手术引流，而不是等待脓肿成熟的保守处理。侵袭马的通常有膨胀炎性白细胞，并发贫血和高球蛋白血症。超声波可用于辅助病灶定位及易于引流手术，以减轻跛行。很少会发展为骨髓炎或化脓性关节炎及预后不良。

除了假结核棒状杆菌感染的外部特征，还可观察到的临床病理学特征包括慢性贫血性疾病、中性粒细胞增多、纤维蛋白原血症和高蛋白血症。这些血液学变化可能伴随内部和外部的脓肿发生。

（二）内部感染

受侵袭的马约 8%发展成内部感染，而且会导致 30%～40%的病死率。一项回顾性研究表明，在 90%的马中（30 匹中的 27 匹），感染只局限于特定的器官，发现 37%的马（27 匹中的 10 匹）多个内脏器官感染。最常涉及的器官是肝脏和肺部，肾脏和脾脏受影响较少。对于鉴别具体受影响的腹部器官，腹部超声检查是一种有用的诊断工具。

内部感染诊断以临床症状、临床病理资料、血清学、影像诊断和细菌培养为基础。最常见的临床症状是并发外部脓肿、食欲减退、发热、嗜睡、体重减轻以及呼吸系统疾病或腹部疼痛等。马内部脓肿引起的其他症状包括腹部水肿、腹面皮炎、共济失调、血尿（肾脓肿引起）和少数流产。内部脓肿的马还具有慢性贫血性疾病、中性粒细胞增多和高盐的共同特性。马发生外部和内部脓肿后中性粒细胞增多分别为 36%和 76%。同时也观察到，马发生外部和内部脓肿后，血清球蛋白浓度增加，进而引起高蛋白血症，分别为 38%和的 59%。

马腹部脓肿经常出现腹膜液异常。在一项研究中，可从 32%的受侵袭的马腹膜液样本中分离到假结核棒状杆菌。该菌可定位于腹膜，在一个厚的隔离荚膜后。

(三) 溃疡性淋巴管炎

在北美，溃疡性淋巴管炎是马最常见的感染形式，但也有报道表明全球都存在这种发病形式。马发病后，可以观察到四肢肿胀、蜂窝组织炎，经常出现严重跛行、发热、嗜睡、食欲减退等。可通过抗生素治疗。该疾病有可能转变为慢性，最终导致四肢水肿、跛行、虚弱、体重减轻等。

因为假结核棒状杆菌引起的外部和内部脓肿临床表现非常不同，所以鉴别诊断较为容易。当马发生典型的腹中线或胸大肌脓肿时，应推测为发生了该病。

二、诊断

(一) 培养

典型的临床表现为一个或多个成熟的胸大肌脓肿，有时伴有腹侧中线脓肿。特异的培养物呈黄褐色或淡血色，无气味的渗出液具有很高的诊断价值。穿刺或引流脓肿后，经细菌学培养 24～48h，微生物在血琼脂中大量增长。出现小、白色和不透明的菌落，革兰氏染色为阳性。马内部感染后，在超声波引导下穿刺受侵袭器官所获得的样本，经培养也可以得到阳性结果。内部脓肿额外的诊断检测还包括腹腔穿刺、血培养、经气管灌洗和剖检的细菌分离。

(二) 血清学

如没有阳性细菌培养，医生必须依赖血液学、临床化学和血清学检测，以支持诊断。血液学变化是非特异性的。血清学检测可以有助于内部脓肿的诊断。可通过测量免疫球蛋白 G 对假结核棒状杆菌外毒素进行检测。血清学检查一般不用于外部脓肿的诊断，因为在疾病的早期过程，甚至在脓肿引流期时，结果可能是阴性的。与外部感染相比，马内部脓肿一般有相应较高的抗体滴度。关于内部感染的一项研究表明，抗体效价为 512～20 480。16 或更低的滴度常被认为是阴性的，而效价从 16～128 被认为是疑似的或指示暴露。在一般情况下，抗体检测对内部脓肿的发现非常有用。

(三) 超声检查法

超声检查可以非常有效的诊断马内部感染，不仅可用于识别受侵袭的器官，也用于确定腹腔内脏受损的性质和范围。腹部超声检查，可用于肝脏和肾脏活检标本的收集以及在做出明确诊断前的脓肿穿刺。胸部超声检查应该用在受侵袭的马，以确定肺部疾病的严重程度，除此之外，还可用于评估治疗的结果。超声波成像通常使用低频（2.5～3.5MHz）和中频（5MHz）传感器。腹部的完整检查包括扫描左和右腰椎旁的两个小窝区域，从腹侧肺边缘所有肋间隙到肋软骨交界和从胸骨至腹股沟区域的腹侧的部分。这样，可以观察到腹腔液、肝、脾、肾、胃、十二指肠、小肠、盲肠和大结肠的外观或结构异常。

与假结核棒状杆菌感染马相关的肝脏异常包括肝肿大，多个小低回声区导致虫蛀的外观和离散的、圆形的无回声到低回声区。肾脓肿可能显示为一个单一的、大的（直径为 10～15cm）区域或多个无回声到低回声区包括皮质或髓质。也可观察到脾异常，包括小的、形状不规则的低回声区和没有明显的包囊。马的肺部受损，检查胸部时，可以显示胸膜缺陷、实变、胸腔积液或心包积液的存在。

因为发病初期临床症状非特异性的特点（如食欲不振、发热、嗜睡和体重减轻等），内部感染的早期诊断显得非常困难。在流行地区，马有外部脓肿持续 6 个月，然后发展为全身性疾病的症状，应怀疑有内部假结核棒状杆菌感染。对于马的这段病史，常推荐超声检查和血清学试验，用于辅助内部感染的诊断。

三、治疗

（一）外部脓肿

根据每匹马疾病发展的严重程度，治疗方案必须适合马个体的需要，这些因素包括全身性疾病（如发热和食欲减退）、软组织炎症程度、脓肿的成熟度，以及是否可以建立脓液引流。建立引流是最主要的治疗方法，并使疾病更快的消退和恢复运动机能。腹正中线脓肿通常不到 1cm 深，但范围要大于 10cm 深的胸部、腋窝、三头肌或腹股沟脓肿。浅表脓肿的穿刺和引流较容易进行，超声波诊断的使用有助于对更深脓肿的定位和判断脓肿的成熟度。如果脓肿是未成熟的或者不能安全地切开，就有必要进行超声检查，以确定一个理想的时间切割脓肿。

（二）抗菌治疗

抗菌治疗的适应证为马匹溃疡性淋巴管炎或内部脓肿。当全身性疾病症状（如发热、精神沉郁、食欲减退）或广泛性蜂窝组织炎存在，或马有严重或反复感染时，抗菌治疗就显得非常必要。穿过健康组织切割马深部肌内脓肿和引流时，也可辅助使用抗生素。

在体外，假结核棒状杆菌对许多常用于马的抗生素均敏感，包括青霉素 G、大环内酯类、四环素类、头孢菌素类、氟喹诺酮类和利福平，但有些菌株对氨基糖苷类有耐药性。当选择抗生素时应考虑几个因素：渗出物的存在、脓肿荚膜的厚度、治疗的预期持续时间以及该药物的成本和是否便于给药。尽管在体外敏感，但在某些情况下由于细菌的性质和丰富渗出液使某些抗生素无效。复方新诺明（5mg/kg，基于甲氧苄啶成分，每天 2 次，口服）和普鲁卡因青霉素 G（20 000 U/kg，每天 2 次，肌内注射）对治疗外部脓肿很有效，尤其是在腹侧中线。

（三）内部感染

抗生素治疗的适应证为由假结核棒状杆菌引起的马全身感染。抗生素治疗的持续时间是 36d。假结核棒状杆菌对各种抗生素是敏感的，可以用来治疗内部感染。利福平（2.5～5mg/kg，每天 2 次，口服）与头孢噻呋组合（2.5～5mg/ kg，每天 2 次，静脉或肌内注射）用于治疗内部脓肿非常有效。有报道表明，复方新诺明、青霉素 G

钾（20 000～40 000U/kg，每天 4 次，静脉注射），强力环素（10mg/kg，每天 2 次，口服）或恩诺沙星（7.5mg/kg，每天 1 次，口服）合并使用，可治疗内部脓肿。但不可单独使用复方新诺明，因为有脓液存在的情况下，该抗生素可能会失效。

胸和腹部超声波可用于监测治疗效果。超声波结果，加上临床病理学数据，有助于制订是否继续使用抗生素治疗的决策。

据报道，内部感染相关的总体死亡率为 30%～40%，但一项研究表明，没有接受抗生素治疗的马致死率为 100%。抗生素用于内部脓肿和溃疡性淋巴管炎的治疗，必须连续进行 1～3 个月。通常是以临床症状，正常临床病理值和免疫球蛋白浓度的下降为基础，来确定感染是否消退。具有非常高抗体滴度的马可保持血清阳性长达 1 年。在这种情况下，临床医师应监测血清中抗体滴度稳步的下降。如在全身感染的马观察到出血性紫癜或血管炎，需要抗生素和皮质激素同时给药。

（四）溃疡性淋巴管炎

如马发生溃疡性淋巴管炎或蜂窝组织炎，应该用抗生素尽早积极治疗；否则，很可能发生跛行或肢体肿胀。通常静脉注射抗生素（噻呋或青霉素 G），单独或与利福平（口服）结合，给药直至跛行和肿胀改善，随后的治疗改用口服抗生素，如复方新诺明或利福平连续给药以预防复发。除此之外，推荐使用物理疗法，包括水疗法、协助步行和腿部包裹物以及非类固醇类抗炎药给药。

四、预防和控制

该细菌可在干草和刨花中存活长达 2 个月，在土壤中存活超过 8 个月。实验研究显示，粪便有利于土壤中存在的细菌的生存和复制。

严格按照生物安全实践进行操作，可减少对环境的污染和通过昆虫或污染物的传播，进而限制假结核棒状杆菌的传播。当检测受侵袭的马时需戴一次性检查手套，检查完毕后需洗手。可能受侵袭的马应该隔离。对所有的马定期使用驱虫剂，以防止其与昆虫接触。饲料产品应含有昆虫生长调节剂如灭蝇胺，其抑制甲壳素形成，比有机磷酸酯产品更安全，并且可以通过控制传播媒介种群而减少疾病的发病率。除此之外，对有伤口的马建议进行细致的护理（应用局部驱蝇剂、抗生素软膏和绷带），以防止其从污染的环境中受到感染。

目前，在美国还没有批准的商品化疫苗应用于马假结核棒状杆菌的控制。

推荐阅读

Aleman M，Spier SJ，Wilson WD，et al. Retrospective study of Corynebacterium pseudotuberculosis infection in horses：538 cases. J Am Vet Med Assoc，1996，209：804-809.

Doherr MG，Carpenter TE，Wilson WD，et al. Evaluation of temporal and spatial clustering of horses with Corynebacterium pseudotuberculosis infection. Am J Vet Res，1999，60：284-291.

Jeske JM，Spier SJ，Whitcomb MB，et al. Use of antibody titers measured via serum synergistic hemolysis inhibition testing to predict internal Corynebacterium pseudotuberculosis infection in horses. J Am Vet Med Assoc，2013，242：86-92.

Knight HD. A serologic method for the detection of Corynebacterium pseudotuberculosis infections in horses. Cornell Vet，1978，68：220-237.

Nogradi N，Spier SJ，Toth B，et al. Musculoskeletal Corynebacterium pseudotuberculosis infection in horses：35 cases（1999-2009）. J Am Vet Med Assoc，2012，241：771-777.

Pratt SM，Spier SJ，Vaughan B，et al. Clinical characteristics and diagnostic test results in horses with internal infection caused by Corynebacterium pseudotuberculosis：30 cases（1995-2003）. J Am Vet Med Assoc，2005，227：441-448.

Spier SJ，Leutenegger CM，Carroll SP，et al. Use of real-time polymerase chain reaction-based fluorogenic 5′ nuclease assay to evaluate insect vectors of Corynebacterium pseudotuberculosis infections in horses. Am J Vet Res，2004，65：829-834.

Spier SJ，Toth B，Edman J，et al. Survival of Corynebacterium pseudotuberculosis biovar equi in soil. Vet Rec，2012，170（7）：180.

（王晓钧、杜承　译，曹宏伟　校）

第 45 章　马原虫性脑脊髓炎

Martin Furr

马原虫性脑脊髓炎（Equine protozoal myeloencephalitis，EPM）是马的一种常见疾病，其在 1964 年被 J. Rooney 发现，被称作“阶段脊髓炎”。病原虫体在 1991 年从病马中分离培养得到，因为其与神经元有关，所以命名为神经元肉孢子虫（*Sarcocystis neurona*）。之后又从几匹共济失调的马中分离到多株虫体。除了神经元肉孢子虫，原生动物寄生虫新孢子虫（*Neospora hughesi*）也可从患疑似马原虫性脑脊髓炎（EPM）疾病的少数马中获得，研究者认为其有可能是导致马原虫性脑脊髓炎（EPM）的一个原因。

一、流行病学

马原虫性脑脊髓炎是美洲大陆的一种疾病，由 *S. neurona* 感染引起。在美国的马中，*S. neurona* 血清阳性率较高，范围从 10%到 60%。虽然加利福尼亚州报告显示，*N. hughesi* 的血清阳性率是 37%，但其在整个美国相对较低。

所有的马易发展为 EPM，但是流行病学调查显示，年轻的马（3～4 岁）对患该病具有较高的风险，报道中病例的年龄范围从 2 月龄到 24 岁。所有品种的马都会感染而且没有性别差异。一些病例中会有个体差异，但没有发生过 EPM“暴发”。

虽然虫体的检出率很高，但是只有少部分马（也许<1%）发生临床疾病。这表明马体对寄生虫的免疫清除非常有效，但未知因素会导致某些情况下该临床疾病的发生。寄生虫的剂量与细菌特异性毒力发挥的作用不同，可诱发 EPM 的其他因素，包括装运、训练、展览和妊娠相关的生理压力。研究者推测这些应激因素可导致某种程度的免疫抑制，这也是原生动物寄生虫感染中常见的关联因素。生理压力作用的其他证据是，发现应激的马比自然感染（无应激）的马有更多的临床症状。因此，应激可能在 EPM 的发展中具有重要作用，但是相互作用复杂，而且具体机制还不清楚。

S. neurona 是典型的球虫寄生虫，在它的生命周期中有 2 个宿主。有性生殖发生在终宿主，而无性生殖（例如生长和复制）发生在中间宿主。许多年前已知 *S. neurona* 的终宿主是负鼠。很多饲养研究和野生负鼠检测以及分子生物学分析已经证实这一点。此外，研究发现 EPM 的临床疾病与负鼠生活的环境范围相一致。目前，关于中间宿主仍然存在争议，研究中已确定多个中间宿主，包括浣熊、臭鼬、犰狳，也可能是家猫。马通过食用负鼠留在环境中的具有感染性的孢子囊而感染。很多研究

认为马是终宿主，并且不能传染其他的马。然而，这种观点受到了质疑，因为文献记载在具有 EPM 临床症状、4 月龄的马驹中存在成熟裂殖体和肉孢子虫。这一发现需要进一步的研究。

二、病理生理学

在 *S. neurona* 的正常生命周期内，孢子囊通过负鼠的粪便、污染的饲料和水被中间宿主摄入。在宿主胃肠内，孢子囊脱囊释放 8 个孢子，穿过肠道后进入不同器官动脉上皮细胞。在宿主细胞内裂殖体发育，然后破裂，释放裂殖子进入血液。在适合的中间宿主内，肉孢子虫在不同肌肉组织中定植发育。当中间宿主死后，宿主消耗，完成生命周期。

在免疫缺陷小鼠中研究 *S. neurona* 的繁殖，发现在小鼠内寄生虫的血液性分布发生很快（1d 内），而且在组织内广泛传播。在具有免疫力的马中，寄生虫的繁殖还没有类似的研究，然而，已经证实了在免疫缺陷马中的寄生虫血症，有报道显示具有免疫力的马口服 *S. neurona* 后可产生暂时性寄生虫血症。

虽然寄生虫进入中枢神经系统（CNS）的机制还不清楚，研究者推测虫体很有可能是通过感染内皮细胞，进而直接进入 CNS，或者可能是虫体通过感染的淋巴细胞进入 CNS，该过程适用于“特洛伊木马”亥伯假说。

马体对 *S. neurona* 的抵抗力，通常认为是体液免疫和细胞免疫联合作用的效果。感染虫体后，抗体产生相对较快（例如 13～32d），其出现取决于接种的剂量和伴随的压力。研究表明，抵抗原生动物寄生虫的抗体可以阻断虫体的感染，相关抗体可与 SN14 和 SN16 表面蛋白（类似于 snSAG-2）作用，进而阻断了虫体对靶细胞的感染，当阻断 SN30 表面蛋白（类似于 snSAG-1）时，对虫体感染并没有影响。

尽管循环抗体可显著影响虫体的感染，但细胞介导免疫对胞内寄生物的排除是必须的。在具有免疫力的小鼠感染 *S. neurona* 后，总 $CD8^+$ 脾细胞和 $CD8^+$ 外周血淋巴细胞百分比显著增加。$CD8^+$ T 细胞（例如细胞毒性 T 淋巴细胞）是干扰素-γ（IFN-γ）的一个重要来源，研究者认为其对抵抗 *S. neurona* 非常重要。事实上，仍需要大量的研究工作来阐明有关 *S. neurona* 感染马的病理生理机制。

三、临床症状

在虫体感染神经系统后，可导致局部炎症的临床神经症状。一般而言，*S. neurona* 诱导的神经系统疾病（以及 *N. hughesi* 导致的疾病）会导致肌肉萎缩和共济失调，并伴有不对称。这反映了虫体在中枢神经系统中的随机分布，影响上运动神经元、下运动神经元，或者两者兼而有之，并以脊髓症状为主，导致共济失调，磕磕绊绊或无力。臀肌似乎是最常受影响的（或至少是最容易被发现的），但也涉及任何的肌肉，包括舌头。临床症状的发展通常是慢性的，但急性症状也偶有发生。脊髓炎病例已报道多达 12%。这些症状包括颞肌和咬肌萎缩，斜颈或吞咽困难。脑症状也可发生，包括失明、

癫痫和心理状态的改变。

四、诊断

EPM 的临床诊断对兽医工作者来说仍然是一个具有挑战性的工作。变化的、微弱的临床症状和固有的、复杂性的检测，使得对临床病畜做出确切的 EPM 诊断显得非常困难。目前，EPM 的诊断必须考虑假定在活马中进行。鉴于这些限制，临床上的仔细解读和适当辅助的实验室测试可以做出高度可信的诊断。诊断程序如下：确认存在与 EPM 一致的临床体征，结合临床症状并通过适当的检测方式，如脑脊液分析、放射线摄影以及血清学排除其他潜在的原因，并利用免疫诊断检测的几种方法，确定 *S. neurona* 或 *N. hughesi* 特异性抗体的存在。

（一）临床检测

在 EPM 诊断的基础上，需要进行一个彻底的全身和神经系统检查。中枢神经系统疾病（CNS）存在的确凿证据，可有力地支持 EPM 的诊断。除此之外，应排除肌肉和骨骼疾病，可能涉及屈曲和局部神经或关节阻断试验，但必须考虑并发症的可能。全身性疾病的症状通常不可见，如发热、食欲减退、呼吸窘迫、体重减轻和脱水等。体检结束后，收集进一步的信息对辅助检测是非常重要的。通过神经系统检查的结果可以确定辅助检测的性质和程度，最常见的是，包括颈椎部分的 X 线片和脑脊液的收集和评估。

对患中枢神经系统（CNS）疾病马的全面检查，建议进行脊髓液收集和评估，包括对红细胞和有核细胞计数、总蛋白和葡萄糖浓度，以及细胞学检查。脑脊液的全面评估在鉴别马病毒性或细菌性脑膜脑炎、肿瘤或外伤都是非常重要的，其是对患 CNS 疾病马重要的鉴别诊断方法。

（二）免疫诊断学检测

可以对血清或 CSF 进行免疫诊断学检测，并且也有多种商品化的有效检测方法（表 45-1）。所有可用的免疫诊断学检测的目的是针对抗原，检测马体内抗体的存在，其可以是整个虫体［检测有间接荧光抗体检测（IFAT）或 Western blot（WB）检测］或特异的表面蛋白（snSAG-1 至 snSAG-5）。已对许多商品化、可用的检测方法进行诊断的准确性评估。血清中存在寄生虫抗体，但体内不一定存在活的寄生虫。但在 CSF 中 *S. neurona* 特异性抗体的存在，却极大地表明动物体受到感染。

表 45-1 马原虫性脑脊髓炎商品化可用的诊断检测方法

检测类型	内　容
Western blot	非定量；范围广。一些实验室提供定量的 17-kD 带。可在血清或 CSF 中使用
Western blot（修改版）	非定量。可在血清或 CSF 中使用
免疫荧光（IFA）	定量；可在血清或 CSF 中使用

（续）

检测类型	内　容
snSAG-1 ELISA	定量；可在血清或 CSF 中使用。商业检测的诊断性能未评估。基于 snSAG-1 蛋白的其他检测显示非常低的灵敏度和特异性
snSAG-2，-3，-4 ELISA	定量；可在血清或 CSF 中使用。高诊断效率
snSAG-2	血清/ CSF 比率或特定的 C 值和抗体的指数在暴露和活性疾病
Stall-side ELISA	使用 snSAG-1 抗原。灵敏度和特异性没有评估
PCR	范围广；推测低灵敏度。没有正式的评估

注：CSF，脑脊髓液；ELISA，酶联免疫吸附测定；PCR，聚合酶链式反应。

用于诊断 *S. neurona* 感染的最初检测方法是 WB。许多实验室仍在使用这种方法，有些在原诊断检测方法有细微修改。密歇根州立大学诊断实验室通过使用具有高滴度的抗肉孢子虫血清结合 30kD 的表面蛋白，修改常规 Western 印迹（简称 mWB）。有报道称这个实验的灵敏性和特异性很高（接近 100%），但这项研究只在少数 EPM 阳性的马中进行过，其他研究者后来对 mWB 的评估显示其灵敏性和特异性低很多，值分别为 89%和 69%。

已开发整个虫体的 IFAT，当前至少有两个商业实验室的 IFAT 用于检测。该检测提供了一个特定的抗体滴度，已经报道显示 IFAT 的诊断性能比常规 WB（cWB）和 mWB 更好。加州大学的 *N. hughesi* 的 IFAT 可以采用，目前它已包含在由实验室提供的“EPM 检测板”中。

另一种类型的商品化、可采用的 EPM 诊断检测是酶联免疫吸附试验（ELISA），其抗体针对各种 *S. neurona* 表面蛋白，命名 snSAG-1 至 snSAG-5。已有研究表明，不是所有 *S. neurona* 产生 SAG-1 蛋白，因此，假阴性结果可能基于 SAG-1 抗原检测。另外，当前商品化可用的，使用 snSAG-1 抗原进行检测的诊断性能尚未得到严格的评估。目前商品化 ELISA 检测均以确定 snSAG-2，snSAG-3 和 snSAG-4 蛋白的抗体滴度为标准，灵敏度和特异性值分别为 95.5%和 92.9%。

因为 EPM 致使中枢神经系统（CNS）感染，早期诊断集中在评估马脑脊髓液中针对感染因子存在的抗体。最初认为，在健康动物中，没有抗体穿过血-脑屏障。临床经验和明确的实验研究证明，这是不正确的。很显然，在正常、健康的动物中有一些抗体可以进入脑脊液，并且这可以通过各种试验来检测。当结合使用 CSF 和血清的情况下，EPM 检测结果就更加准确了。

研究表明，在 CSF 中抗原特异性抗体的量与血清中同一抗体的数量密切相关。因此，最近的诊断方法已经可以确定血清和脑脊髓液中 *S. neurona* 特异性抗体滴度的比例。这可以通过使用特定的公式（戈德曼-威特默系数或 C 值，或该抗体指数）进行数学计算，其也可以是血清滴度与 CSF 效价的简单比值，数值低于 100 提示活性感染，而当 C 值或抗体指数比值大于 1 表明活性感染，这两种方法是商业化检测常采用的。研究表明这种方法可区别暴露和活动性感染，并具有非常高的敏感性和特异性。

五、治疗

抗原虫化合物给药是 EPM 治疗的基础。目前可用的多种化合物，包括泊那珠利、地克珠利及磺胺嘧啶和乙胺嘧啶联合（表 45-2）。硝唑尼特对 EPM 的治疗以前是由美国食品和药物管理局批准的，不在市售。

表 45-2 几种抗原虫药物的临床疗效检测比较

药物	检测数量	治疗时间（d）	剂量	随访（d）	成功（%）
泊那珠利	47	28	5	90	60
泊那珠利	55	28	10	90	58
S/P	26	90～270	20/1	不同	61
地克珠利	42	28	1	20	67

注：N，检测数量；S/P：磺胺嘧啶-乙胺嘧啶联合。

一种广泛使用和推荐的治疗 EPM 的药物是泊那珠利，剂量为每天 5mg/kg，最少 28d。泊那珠利可通过口服较好的吸收，而且以 5mg/kg 体重剂量治疗，可在马的脑脊液中形成有效的血浆稳态浓度。在 101 匹患 EMP 的马中研究泊那珠利，发现有效性（定义为临床改善：临床级别 1）约为 60%。动物典型的应答反应是在 10d 内，而且通常持续提高。实践中延长治疗时间为 2 个月。实践研究表明，加倍剂量至 10mg/kg，有效性并没有改变。在泊那珠利给药前，应饲喂 2oz 玉米油，可提高血药浓度，在临床上被推荐使用。

研究表明泊那珠利是非常安全的，即使高剂量（每千克体重 30mg）使用长达 56d 时，也没有全身毒性发生。另外，泊那珠利不影响雄性激素或精子的产生，在妊娠母马中使用也没有明显的问题。

最近由美国食品和药物管理局批准和销售的地克珠利，也可用于 EPM 的治疗。地克珠利是三嗪抗原生动物药类的成员（如泊那珠利），并在化学上与泊那珠利非常相似，以外面包裹苜蓿颗粒的形式出售。一个田间疗效研究发现，以 1mg/kg 治疗 28d 后，治愈率为 67%。增加剂量至 5～10mg/kg 没有产生更高的治愈率。随访期对马使用地克珠利的研究，实质上少于泊那珠利，这可以解释总体有效性的微小差别。由于短期随访期间无法计算，因此没有给出地克珠利的复发率，然而，在 90d 内泊那珠利的复发率为 8%。与泊那珠利相似，地克珠利很少或几乎没有全身毒性，未见报道对母马繁殖性能和去势的家畜有影响。

从历史上看，磺酰胺和乙胺嘧啶（S / P）并用可治疗 EPM。S / P 的田间药效研究显示以每千克体重 20mg 磺胺嘧啶和每千克体重 1mg 乙胺嘧啶剂量的商业产品，口服每天 1 次治疗几个月后，有效性为 57%。S / P 混悬液的弱点是为获得有效的应答反应，需要延长治疗时间，进而造成了复合物的毒性。中毒的症状包括贫血、胎儿流产和胎儿畸形。S / P 并用的好处是成本较低。

EPM 治疗的最佳持续时间难以确定，并且对病马何时结束治疗仍然是个问题，因为没有建立客观标准。建议一直治疗直至CSF的WB结果变为阴性为止，但是大多数马匹携带CSF滴度时间很长，这似乎是一个无法实现的目标，所以不推荐使用。主要方法为，用泊那珠利或地克珠利治疗1个月后评估马匹，如果观察到有好转但临床症状仍然存在，建议进一步治疗1个月，当治疗费用有限或马临床上表现正常，治疗可以停止，但马应在治疗1个月后再进行检查，以确保没有复发。另外，对S/ P治疗后的1～2个月的随访有助于最大限度地减少复发的机会，建议S / P的最小疗程为4个月。

辅助治疗可以包括各种抗炎药物的使用，如保泰松、氟尼辛葡甲胺、二甲基亚砜（静脉内或口服）或皮质类固醇。皮质类固醇可以用来帮助调节马匹在治疗初期严重的神经系统异常；然而，应避免使用类固醇超过3～4d。除此之外，也提倡预防性使用非类固醇类的抗炎药以缓解“治疗危机”。

六、预后

疗效研究报道显示治疗后，60%被感染的马至少一个神经级好转；20%以上可完全恢复，也就是说，变为神经正常。疑似马及时治疗且不严重的情况下很可能有最好的结果，这样的马的治愈成功率高达80%。

七、预防

EPM的预防仍然研究很少。简单的措施包括，移除谷物、落下的果实、动物或鸟类饲料，避免吸引中间宿主到马的环境中。粮油店应采取防护措施，使觅食的中间宿主无法进入和污染饲料。

通过用泊那珠利连续预处理马，证明可以预防EPM。当每天1次以5mg/kg体重的剂量给药，临床EPM的发生率显著减少。该方法虽然有效，但不符合成本效益，但可在感染EPM风险增加的特定情况下使用，例如伴有应激事件、展览或运输等情况。

推荐阅读

Duarte PC，Daft BM，Conrad PA，et al. Evaluation and comparison of an indirect fluorescent antibody test for detection of antibodies to Sarcocystis neurona，using serum and cerebrospinal fluid of naturally and experimentally infected，and vaccinated horses. J Parasitol，2004，90：379-386.

Dubey JP，Davis SW，Speer CA，et al. Sarcocystis neurona n. sp. （Protozoa：Apicomplexa），the etiologic agent of equine protozoal myeloencephalitis. J Parasitol，1991，77：212-218.

Freedom of Information Summary. Original New Animal Drug Application. NADA 141-168. Protazil Antiprotozoal Pellets. Retrieved August 30, 2012, from www. fda. gov/downloads/AnimalVeterinary/…/ucm062320. pdf.

Freedom of Information Summary. Original New Animal Drug Application. NADA 141-240. ReBalance Antiprotozoal Suspension. Retrieved August 30, 2012, from www. fda. gov/downloads/AnimalVeterinary/…/ucm118057. pdf.

Furr M. Antigen-specific antibodies in cerebrospinal fluid after intramuscular injection of ovalbumin in horses. J Vet Intern Med, 2002, 16: 588-592.

Furr M, Howe D, Reed S, et al. Antibody coefficients for the diagnosis of equine protozoal myeloencephalitis. J Vet Intern Med, 2011, 25: 138-142.

Furr M, Kennedy T, MacKay R, et al. Efficacy of ponazuril 15% oral paste as a treatment for equine protozoal myeloencephalitis. Vet Ther, 2001, 2: 215-222.

Furr M, McKenzie H, Saville WJA, et al. Prophylactic administration of ponazuril reduces clinical signs and delays seroconversion in horses challenged with Sarcocystis neurona. J Parasitol, 2006, 92: 637-643.

Hoane JS, Morrow J, Saville WJ, et al. Enzyme-linked immunosorbent assays for detection of equine antibodies specific to Sarcocystis neurona surface antigens. Clin Diagn Lab Immunol, 2005, 12: 1050-1056.

Marsh AE, Barr BC, Madigan J, et al. Neosporosis as a cause of equine protozoal myeloencephalitis. J Am Vet Med Assoc, 1996, 209: 1907-1913.

Vardeleon D, Marsh AE, Thorne JG, et al. Prevalence of Neospora hughesi and Sarcocystis neurona antibodies in horses from various geographical locations. Vet Parasitol, 2001, 95: 273-282.

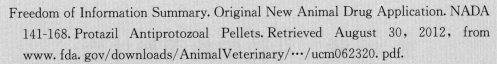

（王晓钧、杜承　译，曹宏伟　校）

第 46 章　马粒细胞无形体病（原埃立克氏体病）

John E. Madigan　Nicola Pusterla

马粒细胞无形体病（Equine granulocytic anaplasmosis，EGA）是一种常见的、季节性的、经蜱传播的、立克次氏体感染的马病。基于 DNA 序列的关于埃立克氏体和无形体的分类是有争议的，因此，马无形体病以前也称作马埃立克氏体病、无形体吞噬细胞病及马山麓蜱热。病原体属于立克次氏体目无形体科，该科还包括一些其他的噬粒性细胞无形体，主要临床表现包括：发热、食欲减退、精神沉郁、肢体浮肿、黄疸、共济失调。血液学变化为血小板减少、高血浆黄疸指数、低红细胞比容、白细胞显著减少（主要包括淋巴细胞和中性粒细胞减少）。该病主要呈蜱媒介的季节性发生，在美国、加拿大、巴西和欧洲北部检出率较高。

一、病原体

EGA 的病原体是嗜吞噬细胞无形体（原称马埃立克氏体）。该病原在感染宿主细胞内（主要为粒细胞）形成包涵体。这些包涵体由一个或多个球形或球杆形的有机体组成，呈桑葚胚状，直径为 0.2～5μm，在高倍或油镜下可见。用姬姆萨或赖特-利什曼染色时，颜色从深蓝色到淡蓝灰色。

嗜吞噬细胞无形体基因亚型包括动物粒细胞无形体（原名为埃立克氏体）和最近报道的人粒细胞无形体（Human granulocytic anaplasmosis，HGA），以前在美国和欧洲称为人粒细胞性埃立克氏体病（Human granulocytic ehrlichiosis，HGE）。这些基因亚型在血清学和遗传学上密切相关。在康涅狄格和加利福尼亚州，自然感染无形体的马外周血的 16S rRNA 基因序列与 HGA 的相同。此外，用 HGE 患者的血注射给马会导致典型的马埃立克氏体病，并可以传播给其他马，而这些马在马埃立克氏体攻毒后可得到保护。这些数据表明，EGA 和 HGA 的病原可能是同种的。

二、流行病学

任何年龄的马都易感，但年龄不超过 4 岁的马临床表现不严重。来自该病流行区的马嗜吞噬细胞无形体抗体的血清阳性率高于非流行区的马。此外，引入流行区的马比本地马更容易发展为 EGA。在自然或实验感染的动物中嗜吞噬细胞无形体的持久性尚未得到证实。该病不会接触传染，但输入 20mL 左右感染马的血液可以很容易感染易感马。大多数情况下，在同一牧场一群马中可以观察到一匹感染的马。在美国科罗拉多州、伊利诺伊州、明尼苏达州、康涅狄格州、佛罗里达州、威斯康星州，以及加拿大、巴西和欧洲北部已经有该病的报道。

最近，实验证明 EGA 可由西方黑脚硬蜱和鹿蜱（肩突硬蜱）传递。在美国东部和中西部，小型啮齿类动物如白足鼠、花栗鼠和田鼠，以及白尾鹿，是嗜吞噬细胞无形体潜在的重要储存宿主。在加利福尼亚州，白脚鼠、灰黑脚木鼠、蜥蜴和鸟类被认为是储存宿主。

三、临床症状和血液学调查结果

实验显示蜱感染 EGA 后，潜伏期为 8～12d，血液注射接种后潜伏期为 3～10d。EGA 临床症状的严重程度与马的年龄和疾病持续时间有关。EGA 临床识别很难。4 岁以上成年马一般发展特有的渐进症状，发热、精神沉郁、部分食欲减退、四肢浮肿、黄疸、共济失调。临床和实验上，年龄不超过 4 岁的马似乎症状较轻，包括中度发热、精神沉郁、中度四肢水肿、共济失调。在 1 岁以下的马，临床症状可能更难以辨认，只出现发热。在感染的第 1～2 天，发热一般很高，从 39.4～41.3℃。最初看到的唯一临床症状可能是发热，轻度沉郁和部分食欲减退。如果不进行治疗，临床症状的进展会超过数天。未治疗的马常在 10～14d 恢复。

最常见的初始临床症状是不愿活动、共济失调、精神沉郁，有时黄疸和鼻中隔黏膜轻度血淤积。严重的虚弱和共济失调可以导致马跌倒后发生骨折。在大多数情况下，发生部分食欲减退和四肢水肿，3～5d 内疾病发展更为严重，未治疗的马发热和疾病持续 10～14d。心脏速率往往不太高（50～60 次/min），可以观察到室性心动过速和室性早搏，临床过程范围 3～16d，而发生死亡常常是因为继发性感染和由共济失调导致外伤而引起的损伤。妊娠的母马未发现流产也没有蹄叶炎是临床综合征报道的特点。

该疾病的初始阶段，当只有发热出现时，可能被误认为是病毒感染。EGA 鉴别诊断包括出血性紫癜、肝脏疾病、马传染性贫血、马病毒性动脉炎和脑炎。

马 EGA 实验室检查特征包括白细胞减少、血小板减少、贫血、黄疸以及中性粒细胞和嗜酸性粒细胞包涵体特征（桑葚胚）。桑葚胚是多形性，颜色从蓝灰色到深蓝色，并且往往具有辐条轮外观。

四、病理学

对实验感染马，肉眼可见的病变特征是黏膜出血（通常表现瘀点、瘀斑）和水肿。水肿出现在四肢、腹部腹壁和包皮。出血常见于皮下组织、筋膜和远侧肢体的肌外膜。组织学上，小动脉和静脉的炎症主要发生在皮下组织、筋膜、四肢的神经、卵巢、睾丸和蔓状网组织。血管病变可以是增生性或坏死性的，表现为内皮细胞和平滑肌细胞肿胀、血栓细胞、单核细胞和淋巴细胞聚集在血管周围。也有报道称，感染动物的肾、心脏、脑和肺中发现轻度发炎的血管或间质病变。有时可观察到受侵袭的马室性心动过速及室性早搏收缩，因此认为与心肌血管炎有关。此外，马慢性细菌感染可能会发展严重（如支气管肺炎、关节炎、心包炎、淋巴结炎、蜂窝组织炎）。

五、免疫

免疫学研究表明，嗜吞噬细胞无形体临床感染可产生细胞和体液两种免疫应答。实验性感染恢复的马在感染 21d 后发生体液免疫应答和细胞免疫应答。自然感染的马，在出现临床症状后 19～81d 出现抗体滴度高峰，免疫力持续至少 2 年，并没有出现潜伏感染或携带状态。以前感染的和自然恢复的或四环素治疗过的马的血液不具有传染性。

六、诊断

诊断依据为：感染地的区域情况，典型的临床症状，实验室检查结果，外周血涂片通过姬姆萨染色或瑞氏染色后发现中性粒细胞和嗜酸性粒细胞特有的桑葚胚（图 46-1）。因为马白细胞减少，应始终进行血沉棕黄层涂片以集中中性粒细胞，进而增加包涵体被检测的可能性。

具有桑葚胚状变化的细胞数目可从最初少于 1％的细胞到经过 3～5d 感染后的 20％～50％。或者，采用间接荧光抗体试验，和抗体滴度试验检测其显著上升性（4 倍或以上）。然而，由于在发热期的中期阶段包涵体总是可见，在流行地区的马抗体检测就不再需要了。最近，研究者开发了用于吞噬细胞无形体基因亚型诊断的聚合酶链式反应试验，其具有高度敏感性和特异性。在早期和晚期阶段，微生物的数量太小而不能用显微镜诊断时，通过聚合酶链式反应分析检测，对 EGA 的诊断是有非常必要的。

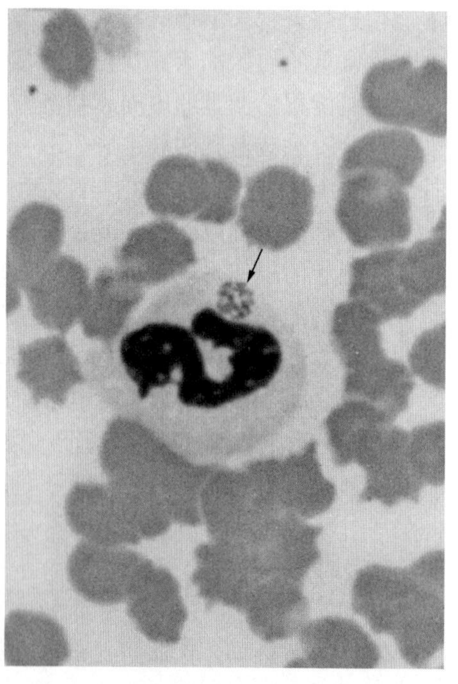

图 46-1　马粒细胞无形体病马中性粒细胞中的嗜吞噬细胞无形体（箭头）（血沉棕黄层涂片，姬姆萨染色，放大 1 000 倍）

七、治疗和预防

土霉素以 7mg/kg 的剂量，每天 1 次，5～7d 静脉注射，对 EGA 能有效地治疗。在治疗 12～24h 内可以看到食欲增加、异常表现和发热减少，健康状况迅速改善。如 24h 内体温未能下降到正常水平，表明有可能是另一种疾病引起。其他可治疗的抗生素是多西环素（10mg/kg，静脉注射，每天2次）或米诺环素（4mg/kg，静脉注射，每天2次）。当不进行治疗和并发感染存在时，疾病在2～3周内被限制，但体重减轻、水肿和共济失调的严重程度增加并持续时间延长。治疗过的马，共济失调最多持续2～3d，四肢水肿可能持续数天。在治疗第1天后，包涵体一般很难找到，并且于48～72h内不再存在。在严重的情况下，可进行额外的护理措施，包括液体和电解质疗法，支持性肢体包裹，严重共济失调的马应用厩栏约束，以防止二次伤害。症状严重的马，可将地塞米松（按每千克体重0.04mg，每天1次1～2d），连同抗生素药物一起使用，可减少共济失调和四肢水肿。

目前，对EGA没有疫苗可用，预防仅限于蜱控制措施。

推荐阅读

Suggested Readings Gribble DH. Equine ehrlichiosis. J Am Vet Med Assoc，1969，155：462-469.

Madigan JE，Gribble DH. Equine ehrlichiosis in northern California：49 cases（1968-1981）. J Am Vet Med Assoc，1987，190：445-448.

Madigan JE，Hietala S，Chalmers S，et al. Seroepidemiologic survey of antibodies to *Ehrlichia equi* in horses of northern California. J Am Vet Med Assoc，1990，196：1962-1964.

Richter PJ，Kimsey RB，Madigan JE，et al. *Ixodes pacificus*（Acari：Ixodidae）as a vector of *Ehrlichia equi*（Rickettsiales：Ehrlichieae）. J Med Entomol，1996，33：1-5.

（王晓钧、杜承　译，曹宏伟　校）

第 47 章　疫苗免疫程序

Elizabeth Davis

疫苗接种的主要目的是保护宿主健康，免受严重的传染病威胁。用于制定疫苗免疫程序的决策树分析，其目的是在于保护马匹免受可导致严重或致死后果的烈性传染病或可造成严重衰竭和高发病率的传染病的危害。

一、疫苗免疫程序

设计疫苗免疫程序时需要考虑的因素包括：马匹的免疫情况、马匹的年龄和健康状况，如果免疫对象是母马，是否怀孕等。此外，可以到以下网址查找关于马疫苗使用建议的更多细节（ http：//www. aaep. org/vaccination_guidelines. htm）。

（一）新生马驹第一年的初始免疫程序（已免疫母马生的小马驹）

初始免疫是为了诱导马驹产生最佳的免疫应答。通过产生抗原特异性的和记忆性的免疫应答，以帮助马驹抵抗传染病的感染。一般可通过 3 次免疫接种，达到初始免疫的最佳效果。第 1 次免疫应在马驹 4～6 月龄时，之后间隔 3～6 周进行第 2 次免疫，而第 3 次免疫的时间应该在马驹 10～12 个月龄时。之后的免疫时间间隔则应遵循疫苗产品的说明，一般需间隔 6～12 个月，须视具体疾病情况而定。

（二）新生马驹第一年的初始免疫程序（母马免疫状态未知或未免疫）

此种情况，建议按照疫苗说明书执行免疫程序。但一般对于未接种疫苗或疫苗接种状况不明的母畜，第 1 次免疫一般在小马驹 3～4 个月龄时开始。初始免疫程序仍然包括 3 次疫苗接种，第 1 次和第 2 次接种之间仍为 3～6 周的时间间隔，但第 3 次接种约在第 2 次接种的 8 周后。对于预防季节性传染病，如病毒性脑炎，则需要缩短免疫时间间隔，以确保在蚊虫高峰季到来前完成 3 次免疫。

（三）已免疫的成年马

按说明书执行免疫，加强免疫需要按规定的时间间隔执行。根据不同的疾病，间隔时间一般为6～12 个月不等。

（四）未免疫或免疫情况不详的成年马

与疫苗产品说明书相一致，进行间隔 3～6 周的 2 次疫苗接种，可提供足够的感染保护。

二、核心疫苗

（一）马脑脊髓炎（昏睡病）

目前，对于东部马脑脊髓炎、西部马脑脊髓炎和委内瑞拉马脑脊髓炎的预防，可以使用灭活的二价或三价疫苗。首免程序应该包括间隔3～6周的连续3次免疫。根据被免疫马所处地理位置、年龄和健康状况的不同，每年须给予2～4次不等的加强疫苗。

（二）西尼罗热

对于西尼罗热病毒性脑脊髓炎（WNV）的预防，和其他媒介生物介导的脑脊髓炎一样，需要严格注意控制媒介昆虫，且需要制定有效的免疫程序。目前，经美国农业部批准的用于预防马感染西尼罗河热的上市疫苗有4种：2种灭活疫苗，1种非复制性的金丝雀痘载体疫苗和1种黄病毒重组灭活疫苗。

接种西尼罗热灭活疫苗时，应按照说明书的要求，初免为间隔3～6周肌内注射2次，之后间隔12个月再加强1次。对于重组金丝雀痘载体疫苗，由于是将西尼罗热病毒的保护型抗原克隆到金丝雀痘病毒载体上进行表达，而不是病毒本身在马体内的复制，因此该疫苗需通过其包含的佐剂增强免疫效果。根据该疫苗说明书的要求，接种时应包括间隔4～6周的肌内注射2次，之后间隔12个月再次接种。灭活的黄病毒重组疫苗也包含佐剂，是将西尼罗热病毒的保护型抗原借助黄热病病毒载体予以表达。对该疫苗的接种，一般包括间隔3～4周进行2次初始免疫，1年后需要再次免疫。

对于已免疫过西尼罗热病毒疫苗的成年马，应该在每年春季进行年度免疫，因为蚊虫季节即将来临。对于未接种西尼罗热病毒疫苗或免疫状况未知的成年马，应执行间隔3～4周2次初免，12个月后再次免疫的接种策略。虽然目前尚缺乏评价西尼罗热病毒疫苗免疫妊娠种母马的安全性和有效性的数据，但临床兽医一般仍倾向于推荐进行疫苗的免疫接种，毕竟这会有效降低该病的感染风险。如果希望在初乳中出现病毒特异的免疫球蛋白，则加强免疫应在分娩前的4～6周进行。

先前有报告表明，在马驹体内存在明显母源抗体的情况下接种疫苗可显著提升马驹体内针对WNV的内源性体液免疫应答。当前的建议是在马驹4～6月龄时开始免疫。首先间隔4～6周进行初免和二免，三免应在12月龄时进行，并尽可能在蚊虫季节来临之前完成。为了能够在蚊虫高峰季节来临之前完成3次免疫的接种计划，对于由未免疫的（或免疫情况不详）母马产下的马驹应该在3～4月龄接受西尼罗热病毒疫苗接种。首免和二免的时间间隔应接近30d，同时应该在二免约60d后进行三免。如果在蚊虫季节进行免疫，所有的免疫程序则应该在8周时间内完成。

（三）破伤风

由于在环境中和马胃肠道内均存在破伤风芽孢杆菌，因此，对所有马匹均应进行破伤风疫苗免疫。类毒素是毒素的无毒衍生物，被用作免疫用抗原。所有马匹每年都应该进行一次破伤风的加强免疫。当发生贯穿伤或入侵式外科操作时，也应该给予疫苗接种，尤其是距之前的疫苗接种已超过 6 个月时。对未进行免疫或免疫情况不详的马匹应接受间隔 4～6 周的二次免疫。当需免疫马匹为一岁以内的马驹时，连续的三免程序应在 4～6 月龄时开始，间隔 4～6 周完成首免和二免，之后在 10～12 月龄时进行第 3 次加强免疫。如果马匹受伤且疫苗接种情况不详，应按初次免疫策略执行对该马匹的免疫。此外，还应在不同的肌肉位置注射破伤风抗毒素。在三次首免计划结束的 4～6 周后需要进行二次加强免疫。因为在注射破伤风抗毒素后有发生泰勒病的风险，需要有应对这种风险的周密考虑。

对妊娠种母马应该进行合适的免疫，以有效预防破伤风。如果先前没进行过免疫，应给予间隔4～6 周的二次免疫。所有母马在产驹前的 4～6 周还应进行破伤风疫苗的加强免疫。这将有效保护母马避免因产驹损伤、胎衣不下或子宫内膜炎等继发破伤风。此外，也将有助于给新生的小马驹足够的母源抗体。对于未接种疫苗的母马生产的马驹，应在 1～4 月龄时开始进行破伤风疫苗接种。同样需要进行三免，以确保达到最佳免疫效果。最初的两次疫苗注射应该间隔 4～6 周，二免后的 4～6 周后再进行三免。建议所有马匹每年都进行加强免疫。由未免疫母马生下的小马驹患破伤风的风险极高，因此除接种疫苗外，还应注射破伤风抗毒素。

（四）狂犬病

目前，有 3 种灭活疫苗被批准用于对马感染狂犬病的预防。狂犬病病毒的抗原性较强，注射一种疫苗就可以诱导明显的血清学反应。在狂犬病流行地区的所有马都应给予疫苗接种。在注射狂犬病疫苗前，马兽医应该仔细阅读疫苗使用说明书。

作为常规预防性保健计划的组成部分，所有成年马每年都应进行狂犬病疫苗的加强免疫。妊娠传种母马应该在产驹前的 4～6 周，进行一次加强免疫，以保证初乳中有足够的免疫球蛋白浓度。当然，因为狂犬病病毒的免疫原性很强，且血清学反应保持时间也比较长，因此对于母马也可在配种前进行狂犬病疫苗免疫，而不是在产驹前进行加强免疫。这将有助于减少妊娠母马产驹前的疫苗使用量。狂犬病疫苗的说明书中并没有允许使用该疫苗对妊娠母马进行免疫，但在狂犬病流行期或高风险期，对处于高危的个别动物进行免疫也是可行的。如果待接种马匹为 1 岁龄内的马驹，且生产该马驹的母马的疫苗使用状况也是清楚的，则应给予 2 次狂犬病疫苗免疫，初免建议在约 6 月龄时，间隔 4～6 周后进行加强免疫。建议所有马每年进行加强免疫。而对未接种过疫苗或疫苗接种状况未知的母马生产的马驹，狂犬病疫苗的首免应在 3～4 月龄时进行，之后间隔 4～6 周进行加强免疫。

三、根据风险情况确定是否免疫的疫苗

（一）呼吸系统传染病

1. 马流感

马流感是由正黏病毒科 A 型流感病毒 2 型（A/2）病毒引发的马属动物呼吸道最

常见的传染病之一。马流感很少会在马群间持续循环，常通过感染个体传入马群中。原因在于，马的免疫系统可迅速清除流感病毒的感染。因此，适当的隔离检疫（一般为引入马匹后的14d）和疫苗免疫能有效地控制该疾病的发生。因此，饲养场和训练场的所有马匹都应定期接种马流感疫苗。与该疾病发生相关的风险因素包括：①1～5岁龄的幼马；②血清流感特异性抗体的低（无效）水平；③高风险环境，例如可经常接触到大量马匹。流感可通过含流感病毒的液体，例如感染个体的呼吸道分泌物（通过咳嗽传播），在不同马群之间迅速传播。处于不完全免疫保护状态的马匹可以感染流感病毒并成为亚临床感染状态，但随后可不断排出病毒。接种灭活疫苗后获取的免疫可能维持时间较短。因此，为有效预防流感的感染，应选用经合法批准的效果明确的疫苗（见第39章）。

目前，市售的流感疫苗有3种：

（1）经肌内注射的灭活苗。这种疫苗包含许多目前传播的A2型流感病毒株。建议免疫3次，首免和二免应间隔4～6周，之后于8～12周后进行三免。灭活疫苗也适合对母马在产驹前的系列免疫，可有效诱导高水平初乳抗体的产生。

（2）经鼻腔免疫的修饰性冷适应性马流感A/2型活疫苗。这种疫苗可以对未免疫马提供快速保护。尽管产品说明书指出本疫苗适用于11月龄或者更大马匹的免疫，但用于对6月龄或稍大马匹的免疫接种，也是可以的。产品说明书中仅指出疫苗免疫保护期为6个月；然而，一般认为免疫该疫苗后可提供大约12个月的免疫保护。此外，免疫该疫苗后，外周血中循环的抗体水平并未见明显升高，提示疫苗可能通过诱导局部黏膜免疫发挥作用。

（3）经肌内注射的金丝雀痘活载体疫苗。该疫苗对于最早4月龄的马驹免疫是安全的。接种该疫苗后，可诱导强烈的体液免疫应答，支持其用于妊娠后期注射，可明显提高初乳中的抗体水平。

对于暴露于流感疫情风险中的之前免疫过流感疫苗的成年马匹，每年进行2次疫苗免疫，即可有效预防感染。如果感染流感的风险相对较低，则每年1次加强免疫也可提供足够的免疫保护。对于之前未接种过疫苗的成年马匹，可通过鼻腔内接种修饰性活病毒疫苗（modified live virus，MLV）并结合间隔6个月的加强免疫来建立抗流感病毒的机体免疫。此外，也可考虑采用两次注射金丝雀痘活载体疫苗或三次免疫流感灭活疫苗的策略来建立集体的免疫保护。当采用三次灭活疫苗免疫策略时，初始两次疫苗注射间应有3～4周的时间间隔，然后在3～6月后进行第3次免疫，便可诱导产生良好的免疫保护。之后的加强免疫，常在三免后的6～12月后进行，需依据马匹的暴露风险和疫苗使用的具体情况而定。

对于已经接种过流感疫苗的种母马，需要使用灭活疫苗或金丝雀痘活载体疫苗在预产期前4～6周进行一次加强免疫。如果种母马未进行过任何流感疫苗免疫，则在分娩前应给予3次灭活疫苗的免疫接种，一免和二免之间间隔4～6周，三免应在预产期前4～6周完成。另外，也可选择使用金丝雀痘活载体疫苗进行两次注射免疫，二免也需要在预产期前4～6周完成。

1岁龄以内的幼驹，应在6月龄左右时进行第一次疫苗免疫。如果选用鼻腔免疫的修饰活病毒疫苗，应在 6～7 月龄进行首免，并在 11～12 月龄进行加强免疫。如果使用金丝雀痘活载体疫苗，同样应在 6～7 月龄进行首免，但需要在 4～6 周后进行二免加强。如果使用灭活疫苗，则应进行三次连续免疫，首免在约 6 月龄时进行，间隔 4～6 周进行二免，并在二免后的 3～6 月进行三免。即便生产小马驹的母马未进行过流感疫苗接种，但仍可能获得一定的母源抗体；为避免母源抗体的干扰，一般建议将疫苗的首免时间定在 6 月龄左右。

2. 马疱疹病毒 1 型和 4 型

马疱疹病毒 1 型（EHV-1）和 4 型（EHV-4）均可引起马上呼吸道疾病（马鼻肺炎），但 EHV-1 还可引起流产与神经系统疾病。所有养殖或用于训练的马匹都应定期注射疫苗以预防 EHV 的感染。目前，商品化的疫苗包括几种灭活疫苗和一种修饰活病毒疫苗。对妊娠母马进行疫苗免疫，可以预防 EHV-1 感染导致的流产，并可预防马驹发生因感染 EHV-1 和 EHV-4 引发的呼吸道疾病。一般建议使用高毒价疫苗免疫妊娠母马。目前，还没有哪种疫苗的说明书写明其可以有效预防因病毒感染引发的神经系统疾病。

进行疫苗免疫时，应采用三次免疫，每次免疫间隔 4～6 周进行的免疫策略。对于幼驹，首免应在 4～6 月龄时进行，间隔 4～6 周进行二免，之后在 10～12 月龄时进行三免。之后建议每间隔 6 个月进行加强免疫以维持足够的免疫力。妊娠种母马的免疫应在妊娠期的第 5、7、9 月分别进行，接种灭活的高抗原含量的疫苗，以预防流产。许多临床兽医也会选择在妊娠 3 个月时进行免疫。为诱导足够的初乳抗体，建议使用 EHV-1 和 EHV-4 灭活疫苗，在产驹预产期前 4～6 周进行加强免疫。在饲养场的其他马，如不孕母马、公马和试情公马，应该在繁殖季节开始时进行免疫接种，并间隔 6 个月进行加强免疫。成年马应每隔 6～12 个月进行疫苗接种。幼马因其年龄、被转移概率大和常混合饲养等因素，常面对较高的病毒感染风险，因此建议每隔 6 个月进行加强免疫，以确保有效预防病毒的感染。

3. 马链球菌

建议对可能感染马腺疫的高风险马进行疫苗免疫接种，例如当马匹被引进到流行马腺疫的马场时。目前，市售的马腺疫疫苗有两种：一种是灭活亚单位疫苗，肌内注射；一种是修饰的活菌苗（MLV），经鼻内接种。最近又有关于马腺疫发病机制和疫情控制等的研究报告，详细数据请查阅推荐阅读中的美国大学兽医内科（ACVIM）共识报告（Sweeney 等，2005）。

虽然接种疫苗可以降低传染病的严重程度，但也不是没有产生副作用的风险。因此，在确定是否进行疫苗接种以预防马链球菌感染时，应首要考虑马匹是否处于马腺疫感染的高风险暴露状态。使用修饰活菌苗的潜在不良反应是形成局部脓肿。如果和其他疫苗同时进行接种免疫时，注意应先完成其他疫苗的注射，然后单独准备和进行修饰活菌苗的接种。此种做法可以避免活菌经肌内注射入体内引发意外伤害。此外，使用马链球菌疫苗时还可能诱发出血性紫癜——一种免疫性血管炎，常发生于马链球菌病感染恢复马或疫苗接种后，特别是在马腺疫发病过程中进行的疫苗接种。因此，对于马临床兽医来说必须要谨慎考虑疫苗接种的风险，并参考 2005 年 ACVIM 的共识

报告以确保尽可能减少不良反应的发生。

先前未接种过马链球菌疫苗的马匹，建议接种 MLV 疫苗，间隔 3～4 周完成连续 2 次的鼻内免疫。之后应根据风险评估和疫苗说明，确定间隔 6 或 12 个月进行加强免疫。使用活疫苗免疫成年马匹时，先进行间隔 4～6 周的连续 3 次肌内注射，之后依据风险评估情况和疫苗说明书，确定间隔 6～12 个月进行加强免疫。对于处于高危状态的马驹，应该在 4～6 月龄用灭活疫苗进行免疫接种，执行分别间隔 4～6 周的连续 3 次注射。加强免疫应于 6～12 个月后进行。鼻内免疫的 MLV 疫苗也可被用于马驹的免疫，首免开始于 6～9 月龄，间隔 3 周进行二免。但将 MLV 疫苗免疫幼驹时，不良反应的发生危险随之升高。

（二）非脑炎型神经系统传染病

肉毒杆菌病

肉毒芽孢杆菌产生的毒素与毒素感染型肉毒中毒、牧草中毒、伤口型肉毒中毒和马青草病等的发生相关。大多数情况下，马驹抖动综合征是由 B 型肉毒梭菌引起的，该细菌的感染已成为对肯塔基和亚特兰大中部地区的 2 周龄至 8 月龄马驹的重要威胁。在美国，目前仅有一种用于预防 B 型肉毒杆菌类毒素中毒的商品化疫苗。而已有资料认为马青草病是由 C 型肉毒杆菌感染引起的。因此，使用 B 型肉毒杆菌疫苗并不能预防马青草病。接种 B 型肉毒杆菌疫苗的主要作用是通过使免疫母马产生高滴度抗体的初乳而达到预防马驹发生马驹抖动综合征的目的。至撰写本章内容时，尚没有足够数据用于支持新生马驹可对疫苗免疫产生明显应答并获得抵御此病的能力。当被动获得的母源抗体水平下降后，建议对分布于本病流行区域的马驹进行疫苗接种。

对于母马使用该疫苗的建议是：已免疫母马需要在预产期前 4～6 周进行加强免疫；未免疫过该疫苗的母马，应进行 3 次连续免疫，且保证第 3 次免疫应在预产期前 4～6 周时完成。连续 3 次免疫后，每年应在预产期前 4～6 周进行加强免疫 1 次。

对于幼驹，进行肉毒杆菌疫苗的免疫要趁早进行，特别是对于未免疫母马产出的马驹。目前还没用证据表明母源抗体会干扰马驹注射肉毒杆菌疫苗，因此，可以在母源抗体存在时就开始进行免疫。未免疫母马生产的小马驹，可以在 1～3 月龄时开始接受连续 3 次的疫苗注射，且每 2 次免疫之间间隔 4 周。处于高风险暴露状态的马驹，甚至可以在 2 周龄进行有效的免疫。尽管不能证明可提供完全保护，但输入疫苗免疫马的血浆或是注射 B 型肉毒杆菌的抗毒素均可以帮助马驹预防肉毒中毒。由已免疫母马生产的马驹，应在 2～3 月龄时开始进行连续 3 次的疫苗注射，且每 2 次免疫之间须间隔 4 周。其他处于高风险的马匹，因为有可能感染 B 型肉毒杆菌并引发相关疾病，因此也应接受分别间隔 4 周的连续 3 次疫苗注射，并且每年进行加强免疫。因为肉毒中毒后恢复期马匹体内抗肉毒杆菌毒素的免疫持续时间个体间差异很大（无论成年马或幼马），所以建议对肉毒中毒康复马的疫苗接种，应从该病完全恢复后再进行。建议进行 3 次连续免疫，之后每年进行 1 次加强免疫。

（三）流产性疾病

1. 马病毒性动脉炎

马病毒性动脉炎是由感染马动脉炎病毒引起的马属动物传染病。其对马健康的最主要危害是使妊娠母马流产，引起小马驹发病、死亡和使种公马处于长期带毒状态。根据引起该病的病毒特征和流行病学数据，可以制订出有效的方案用于对马病毒性动脉炎病的防控。可通过减少或避免直接或间接接触感染马各种分泌物、排泄物或组织，来控制感染的发生。当然，疫苗接种也是有效控制该病传播的重要手段。MLV 疫苗可以有效诱导免疫个体产生保护力。因为很难做到对自然感染和疫苗免疫产生抗体的有效鉴别，因此，在接种疫苗前强烈建议采集血清，需要经美国农业部认定的实验室进行抗体检测并确定为阴性时，才可以进行疫苗免疫。因为保护性免疫不会立即产生，因此对种公马的疫苗免疫至少应在配种的前 4 周完成。同样，对于母马的免疫也应在配种前至少 4 周进行。此外，同样由于不能马上产生保护性免疫，免疫母马应与任何可能传播该病毒的马匹隔离。对于妊娠母马和小于 6 周龄的幼驹不应进行该疫苗的免疫。

2. 马疱疹病毒 1 型

具体见前面有关 EHV 相关鼻肺炎的预防建议。种母马应该在妊娠期的 3、5、7、9 个月进行免疫，并建议使用标注有可以预防流产型 EHV-1 感染的灭活疫苗产品（高抗原滴度疫苗）。

（四）其他

1. 炭疽

炭疽病是一种严重的、常可致命的败血性感染，由感染炭疽杆菌所引发。因为已报道多例幼马和半成年马匹因接种炭疽疫苗而引发副作用，一般只建议对在此病流行区和处于感染高风险状态的马匹接种疫苗。这些副作用包括注射部位的疼痛和肿胀，通常在数天后才能痊愈。

已免疫的成年马每年应进行加强免疫。未免疫马匹应进行连续 2 次的疫苗接种，皮下注射，间隔 4～6 周。如果马匹处于炭疽流行区，每年还应相应进行加强免疫。不建议种母马和幼马进行该疫苗的常规免疫。

2. 波托马克马热

波托马克马热（马单核细胞埃里希氏体病）由感染新立克次氏体属的立氏埃里希体所引发（以前称埃立克氏体属立氏埃里希氏体），是马属动物主要于春末秋初感染的一种季节性传染病。临床症状可能包括发热、腹泻、腹痛、蹄叶炎、胃肠蠕动迟缓等。在该病的流行地区，接种疫苗是用于降低疾病流行程度的有效手段。2 种商品化的灭活疫苗可被用于对处于感染高风险马匹的预防免疫。妊娠母马患该病有流产的危险，但目前的 2 种商品化疫苗均未说明可用于对感染该病所致流产的预防。在该病感染高峰季节来临之前，尤其是在春季，应对已免疫成年马匹进行加强免疫。由于疫苗诱导产生的免疫力持续时间较短，在感染高风险状况下，建议间隔 3～4 个月进行疫苗的加

强免疫。以前未进行该疫苗免疫的马匹应给予间隔3～4周的连续2次免疫，并确保在该病高发期到来之前的2～3周，完成二免。在预产期前约4～6周，应对母马进行1次加强免疫。如果母马以前未接受过波托马克马热疫苗接种，则应给予连续2次的疫苗接种，且需要在预产期前约4～6周完成二免。对于幼驹，应该在其5～6月龄时进行首免，在3～4周后进行二免，之后10～12月龄时进行三免。根据疾病的发生风险，建议间隔3～6个月进行加强免疫。在流行地区的5～6月份，也应该进行加强免疫。

3. 轮状病毒

轮状病毒是无囊膜的RNA病毒，是引起马驹腹泻的重要原因之一。尽管多种因素例如环境条件、高密度饲养等都可能诱发马驹腹泻，但对母马进行轮状病毒疫苗免疫，可诱导产生高抗体水平的初乳，进而伴随马驹血清抗体滴度的明显提高，降低马驹腹泻发生概率 。现地试验证明此方法有助于减轻轮状病毒性腹泻的发生，因此支持通过对母马接种轮状病毒疫苗以减少幼驹腹泻的发生概率。

已商品化的一种含有A型轮状病毒轮状病的灭活疫苗，其可用于提高母马初乳中抗A型轮状病毒免疫球蛋白的滴度。不论之前免疫情况如何，对母马都应在妊娠期的8、9、10个月进行连续3次的疫苗接种。在饲养有大量母马和马驹的地区，建议常规接种这种疫苗；除此之外，母马在被转移到高养殖密度地区之前，也应给予疫苗免疫，以有效应对暴露于轮状病毒可能产生的风险。需要确保马驹可从疫苗免疫母马处获得足量的初乳，这一点对于马驹抵抗轮状病毒感染十分重要。没有证据支持需对新生马驹接种轮状病毒疫苗。在约60日龄时，马驹血清中初乳抗体的滴度开始下降；虽然此时存在感染轮状病毒引发腹泻的风险，但风险相对较低，并且即便感染发病，通常都可以自愈。

4. 抗蛇毒疫苗

马被毒蛇咬伤的案例会经常出现在北美一些地区。基于暴露风险分析，很有必要对在高风险区域使用响尾蛇（西部菱斑响尾蛇）类毒素疫苗对马匹进行免疫。目前，有一种类毒素疫苗，在确认马有被响尾蛇咬伤风险的情况下可以被有条件的用于预防性免疫。该疫苗的说明书指出，其可帮助免疫马匹抵抗包括西部菱斑响尾蛇、侏响尾蛇和铜斑蛇等多种毒蛇毒液的攻击。对于东部菱斑响尾蛇的毒液，可提供部分保护，但不能用于抵抗蝮蛇、莫哈韦响尾蛇和珊瑚蛇毒液的攻击。

依据说明书所述，该疫苗可用于6月龄以上的马匹。基本的免疫程序包括连续3次首免，每次间隔1个月，随后间隔6个月进行加强免疫。尚未有关于使用该疫苗对妊娠母马进行免疫的公开研究数据，如果需要进行对妊娠母马的免疫，建议提前向疫苗制造商进行咨询。

推荐阅读

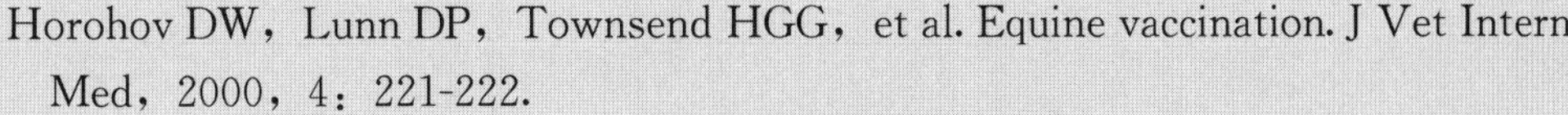

Horohov DW，Lunn DP，Townsend HGG，et al. Equine vaccination. J Vet Intern Med，2000，4：221-222.

Krebs JW, Mandel EJ, Swerdlow DL, Rupprecht CE. Rabies surveillance in the United States during 2004. J Am Vet Med Assoc, 2005, 227: 1912-1925.

Kydd JH, Townsend HG, Hannant D. The equine immune response to equine herpesvirus-1: the virus and its vaccines. Vet Immunol Immunopathol, 2006, 111 (1-2): 15-30.

Madigan JE, Pusterla N. Ehrlichial diseases. Vet Clin North Am Equine Pract, 2000, 16 (3): 487-499.

Powell DG, Dwyer RM, Traub-Dargatz JL, et al. Field study of the safety, immunogenicity, and efficacy of an inactivated equine rotavirus vaccine. J Am Vet Med Assoc, 1997, 211: 193-198.

Sweeney CR, Timoney JF, Newton JR, et al. Streptococcus equi infections in horses: guidelines for treatment, control and prevention of strangles, 2005; ACVIM Consensus Statement. Retrieved September 3, 2012, from http: // www. acvim. org/ websites/acvim/index. php?p=22.

Timoney PJ, McCollum WH. Equine viral arteritis. Vet Clin North Am Equine Pract, 1993, 9: 295-309.

Townsend HGG, Lunn DP, Bogdan J, et al. Comparative efficacy of commercial vaccines in naive horses: serologic responses and protection after influenza challenge. In: Proceedings of the 49th Annual American Association of Equine Practitioners Convention, New Orleans, 2003.

Whitlock RH, Buckley C. Botulism. Vet Clin North Am Equine Pract, 1997, 13: 107.

（王晓钧、马建　译，曹宏伟　校）

第 5 篇

呼吸系统疾病

第 48 章　下呼吸道疾病的诊断方法

Renaud Léguillette

下呼吸道的病理诊断需要建立在多种诊断方法的基础上，需要综合考虑病史、临床症状以及全面的肺部听诊等检查结果。例如，在缺乏病史或临床症状的情况下，支气管肺泡灌洗（bronchoalveolar lavage，BAL）细胞学检测结果不能单独用于诊断复发性呼吸道梗阻（recurrent airway obstruction，RAO）或炎症性呼吸道疾病（inflammatory airway disease，IAD）。因为，按照规定，这些疾病需要通过临床症状和辅助检查结果来综合判定。完整的病史和体检有助于提高马下呼吸道疾病诊断的准确性，另外，还需要依据每一种检测方法的敏感性和特异性来决定使用哪种诊断方法。下呼吸道疾病诊断方法可以分为影像诊断、采样检查和生理检查。

一、内镜检查和评分

成年马下呼吸道和肺部位于胸腔中部，因此难以直接视诊检查。呼吸道内镜检查和胸部超声检查因其便捷、成本低而成为常规检测项目。

气管、气管隔膜、支气管的内镜检查可用于判断黏液和炎症的发展程度，也可用来识别出血、包块、异物，甚至肺线虫感染。单独使用内镜检查无法确诊下呼吸道疾病。然而，下呼吸道内镜检查对下呼吸道炎症和潜在的感染是一种灵敏的检查方法。对于上、下呼吸道内镜检查结果应该单独评估，因为从广义的气道炎症来说，“一个气道，一种疾病”这个概念似乎并不适用于马。

(一) 设备和方法

用于马匹检查的内镜一般长约 1.2m，该长度可用来观察体型较小的马的下呼吸道气管和气管隔膜，但不能从更深的气道中采取液体样本。2.2m 长的内镜（如人肠道内镜）或便携式马胃内镜都能达到更好的气管隔膜和支气管成像效果。用 1.2m 长的内镜做下呼吸道简单检查，常不需要使用镇静剂。下呼吸道有黏液集聚或炎症的马，在做内镜检查时，会有咳嗽。当用长的内镜检查气管隔膜和下支气管时，应按 450kg 体重使用 10mg 布托啡诺（α_2 受体激动剂）镇痛。在咽喉和气道黏膜内镜检查中，应使用 0.5%利多卡因滴注来减少咳嗽反应，并实施气道局部麻醉。

(二) 结果分析

为确保诊断的准确性，临床医生对马支气管树解剖结构必须熟悉。马肺分左、右

两部分，每个部分都有一个大支气管和多个二级支气管。可采用两位数字命名系统来标记马支气管。第一位数字标记主干支气管（右=1，左=2），第二位数字标记二级支气管分叉位置（例如：1.4 对应右肺主支气管第 4 个二级支气管）。

评价气管隔膜厚度、气管和支气管黏液量和血液量时常使用呼吸道评分系统。黏膜呈现红色是一种主观性的判定，不容易客观评分，而且需要仪器色彩校准。气管内发现食物、溃疡、包块、结节性软骨突出时不能进行客观评分。气管和支气管的黏液积聚量的评价可采用 0～5 级评分体系。黏液积累具有许多临床意义，用评分体系准确的评判至关重要。例如，纯种赛马黏液评分为 2 或更高时，表明其运动性能不良。此外，气管和下呼吸道黏液量与中性粒细胞数量相关。肺部轻度到重度的炎症或感染过程能够引起黏液量增多，空气中的灰尘也能产生同样效应。气管隔厚度不能作为临床显著特征，与黏液评分也无相关性。但是较高的气管隔厚度得分与较高的支气管黏膜得分相一致，并且在肺部严重炎症的马中分数更高。

最后，评价运动诱发肺出血（exercise-induced pulmonary hemorrhage，EIPH）患马气管中血液量也具有重要的临床意义，因为气管中血液量能影响赛马性能。有两种评分体系可用于评估血液积聚严重程度（0～4 级和 0～5 级）。下呼吸道内镜检查对 EIPH 有更高特异性，但是这高度依赖于气管检查的时机。为了降低获得假阳性结果的风险，内镜检查应在运动后 30～90min 进行。

二、影像检查方法

（一）胸部超声波

超声检查动物脏器图像不够直观，比如检查充满气体的肺脏，但该方法具有临床价值，比通过胸部 X 线检查疾病更灵敏。持续改进超声波设备，也变得更加经济。该技术用于肺部成像的步骤见框图 48-1 和图 48-1。在判断超声检查结果时应谨慎，避免过度解读。比如，在健康马的右胸，脂肪通常靠近肺脏，远离心脏胸膜壁层的腹侧和尾侧，应避免误判为肺炎。

框图 48-1　胸部超声检查步骤

1. 备检马匹准备：
   A. 冬天没有保暖衣时，可不必剪掉毛发。特定区域的详细检查可以剪掉毛发。
   B. 70%异丙醇用作超声耦合剂可提高成像清晰度（浓度高于 90%则会损坏超声探头）。
2. 超声波换能器/探头多为宽频探头，线形或扇形。使用时将探头密贴马肋间隙，由上至下依次检查。
3. 分析：肺部超声结果呈现混响伪像表明肺充满空气（正常的）。重点关注吸气和呼气时肺部超声情况。肺部超声病变应注明病变类型。常见病变类型包括：肺不张、粘连、坏死和脓肿。

马胸膜肺炎常伴有胸腔积液或产生慢性炎性包块，超声波在诊断积液和包块是检测敏感性高，便于病程发展监测，因此常被用于马胸膜肺炎诊断和用作随访的金标准。此外，在肺炎和胸膜肺炎病例中，肺部超声检查肺内气体呈现强回声提示存在厌氧菌感染。肺炎时超声检查也可见肺实变和肺不张，病变可大范围深度分布，也可表现为浅表病变，即呈现边缘伪像和彗星尾伪像（图 48-1）。马流感时也可见上述病变。胸部

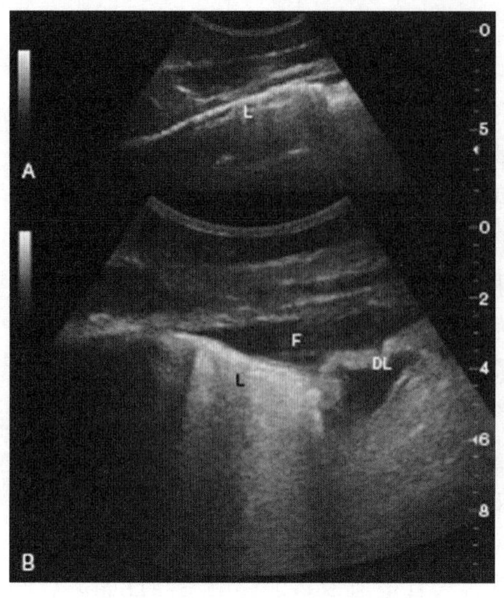

图 48-1 肺超声检查结果

A. 胸膜肺炎病例（L）中度彗星尾伪像 B. 中度胸腔积液病例（F），心包横隔膜韧带（DL；不要与纤维素渗出混淆），以及肺表面（L）这匹马的胸膜液中不包含纤维蛋白和气体，但继发了严重的低蛋白血症出液

超声既可以发现胸膜浅表的非特异性病变（如少量纤维素渗出引起的胸膜粗糙），也可以检测肺脏深部脓肿（回声呈彗星尾伪像）。超声检测类型包括：A 超、B 超、M 超和彩超。M 超检查气胸的灵敏度高于 X 线检查。M 超可以灵敏地检测到气胸时胸壁和肺脏中间存在的大量气体，此时超声图像呈平流层征（也称平行线征）。此外，该方法也可准确判定发生气胸的部位是在左肺还是右肺。在赛马中，探测彗星尾伪像也是诊断 EIPH 的一种高敏感度方法，但不是特异性方法。某些胸部肿瘤可见胸腔积液，弥散性血管瘤和粒状肺细胞瘤可见胸膜表面有不规则的肿物。在马结节性肺纤维化和广义肉芽肿病例中，胸部超声检查可见非特异性异变，如高回声提示肺表面结节性病变。胸部超声检查也可用于特殊诊断，如模膜膜疝时可见腹腔液和小肠进入胸腔，但模膜膜疝时，更易观察到肺体积缩小，而非肠管进入胸腔。

（二）胸部 X 线

马的体格较大，开展肺部 X 线检查和诊断较难。马体表和脏器间的距离可造成放大失真和形状失真，同时极大地降低了图像分辨率。此外，X 线数字成像系统屏幕通常较小，屏幕尺寸不足以用于马胸部拍片。成年马只能采用侧片位，不可采用平片位。助确定病变矢状面（框图 48-2）。在判读马肺部 X 线片时，应该考虑到年龄、大小、呼吸周期，因为这些因素可能影响肺部 X 线特征。

框图 48-2 肺部 X 线检查注意事项

1. 固定 X 射线机（仅限于转诊中心）＞100kVp 和 30mA，应配套大的稀土增感屏（43cm×35cm）和快速成影系统。
2. 曝光时间应尽可能短（在 X 线照射的时候）。4 个视角（胸侧、腹侧、头侧、尾侧）来检查整个肺部，或者多达 8 个的双侧视角。
3. 呼吸期：应在吸气末尾时拍照，以提高肺野清晰度。与在吸气时拍照相比较，在呼气时拍照能诊断空气滞留，该症常见于复发性气道阻塞患马和肺气肿患马。

读片时应区分间质、支气管、肺泡和血管形态。X 线不适宜诊断肺组织轻微病变，但可较好地诊断某些严重病变。此外，支气管肺炎、间质性肺炎显示地病变常弱于肺泡肺炎所显示的病变程度。健康马支气管和间质 X 线检查也可存在少量阴影，因此在判定轻度支气管肺炎和轻度间质肺炎时应注意区分。炎性渗出物的分布位置对于通过 X 线判定马肺脏病变部位至关重要，肺炎时渗出物常分布于肺脏的腹侧，所以腹侧 X

线阴影明显，而阴影分布于肺尖部或散在分布时常见于孤立的肺脓肿、间质性病变额肺水肿时。X 线还可用于判定肺通气不足，如肺炎、肺脓肿、间质性肺炎、特异性肉芽肿性肺炎、肺部肿瘤等。与其他方法型配合，X 线检查还可用于马肺脓肿的预后判定。胸部 X 线检查可用于判定气胸，但敏感性较 M 超差；胸部 X 线检查用于诊断 EIPH 等肺部轻微病变的效果较差。此外，由于 IAD 和 RAO 均表现出支气管和间质弥散性渗出病变，故 X 线检查难以区分着这两种疾病。某些重度 RAO 病例存在支气管扩张病变，依据病变程度制订评分体系来判断 RAO 存在理论可行性，但实际效果仍难以与 IAD 准确区分。

三、采样方法

（一）气管液体样本采集

气管液体样本对于判断马下呼吸道传染性疾病有重要作用，但不适合判定非传染性肺炎。在感染性肺炎中，由于肺脏的任何部位都可以产生黏液，细菌可以通过黏液从肺泡、支气管移位至气管内，采集气管样品即可通过培养物鉴定发病类型。研究表明，气管黏液样品的可采集量是支气管黏液可采集量的 5 倍。由于炎症性气道病（IAD）分为感染性和非感染性两种，两者既可以单独存在，也可以共存，因此，要明确感染因素导致的 IAD 的比例较为困难。

气管液可以为判定感染性肺病提供有利的证据，然而，气管（中心气道）中的分泌物和细胞成分与外周气道产生的分泌物和细胞成分存在差异的原因尚不明确。基于此，有研究认为支气管肺泡灌注液细胞学检查结果比气管冲洗液的细胞学检查结果更准确。因此，通常认为使用支气管肺泡灌注液细胞学检查结果来判定炎症性气道病更为可靠。但实际上，气管冲洗液细胞学检查在赛马以及无法开展支气管肺泡灌注液细胞学检查时仍然普遍使用。但是，气管液体中中性粒细胞数量与气管黏液量无关，因此，其作为临床诊断参数仍存在争议。此外，气管冲洗液中的细胞通化程度及嵌入黏液内的程度比 BAL 中的细胞更高，因此检测结果准确性更低。

（二）内镜采样

通过内镜采样的主要问题是如何避免上气道和内镜本身造成的样本污染。已经设计出多种防止通过内镜气道采样污染的系统，包括含刷子的封孔导管以及多种封孔塞伸缩导管。然而这些设计仍旧不完美，同经皮穿刺气管方法一样，双鞘或者三鞘导管都不能有效防止污染。为了使得细胞学分析更准确，建议在马运动后采集气管样本，运动能增加检测气道炎症和 EIPH 的机会。

（三）经皮穿刺气管清洗

经皮穿刺气管清洗样品可用于微生物培养，该方法对诊断气管、下呼吸道病非常关键。经皮穿刺气管清洗是一种参考方法，但由于该方法具有侵犯性，需要镇痛和剪毛（图 48-2），因此，有一定局限性。该方法的具体程序细节见框图 48-3。经皮穿刺气管清洗主要的并发症是皮下脓肿，甚至可引起颈部或纵隔蜂窝织炎和感染。原发肺炎的病菌参与并发症后将会加大治疗难度。

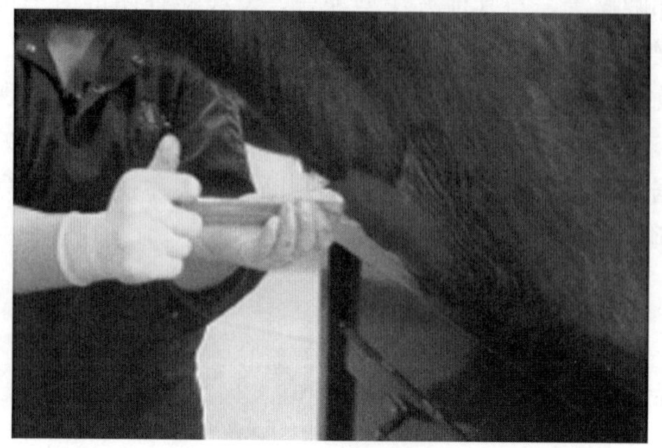

图 48-2　马经皮穿刺气管清洗操作图。在马颈部气管中 1/3 部位气管软骨环间隙做皮肤切口，插入穿刺针，并将冲洗管沿穿刺针插入气管

框图 48-3　经皮穿刺气管清洗程序

1. 病马准备：皮肤消毒，在气管中 1/3 部位气管软骨环间隙，用利多卡因局部麻醉。
2. 皮肤切口：在穿刺处皮肤做一长度大于 2cm 的垂直切口。如果气管液体中的致病菌一旦在皮下组织定居繁殖并感染，能很容易清除。切口太小会加大蜂窝组织炎的风险。
3. 将穿刺针插入两气管环之间，将冲洗管沿穿刺针小心地插入气管内。
4. 用注射器注入适量无菌生理盐水（成年马 10mL）并及时回吸。如果马咳嗽，生理盐水很难吸出；应该缓慢上下移动冲洗管，以便于回吸冲洗液。
5. 待检样品放置在含有树脂珠的血培养瓶中，以便于运输，或置于特制的培养管中用于培养鉴定。

四、小支气管和肺脏检查

支气管肺泡灌洗

支气管肺泡灌洗的目的是用于诊断肺周围气道的细胞构成和诊断小气道弥漫性病变。研究证实，BAL 细胞学检测与肺组织学变化明显相关。BAL 是检测肺部炎症的一种敏感、可靠技术，可结合临床症状和病史来综合诊断 IAD 和 RAO。BAL 细胞学检测不受运动、肺功能检测或重复操作等影响。尽管该技术较安全，但应避免用于呼吸困难的马，即使这在实际中能暂时改善由 RAO 引起的呼吸困难，呼吸困难的改善则可能是由于通过灌洗清除了阻塞物。马支气管肺泡灌洗液特殊染色方法、细胞计数和结果判定方法见后。开展 BAL 细胞学检测分析对操作者经验和检测平台的条件要求较高。

开展支气管肺泡灌洗液细胞学检查时，可用内镜引导采集灌注液（需要＞2.2m 的内镜）。若无内镜引导，则需要一个长的、特制的冲洗管（图 48-3）。无内镜引导支气管肺泡灌洗细胞学检查程序见框图 48-4。

BAL 细胞学分析需要用到染色和细胞计数技术。肥大细胞较难识别，罗曼诺夫斯基染色法、梅-格林瓦尔德-姬姆萨染色法和甲苯胺蓝染色法是肥大细胞最好的染色方法，但改良的瑞氏染色法最常用。计数 100 个细胞的常规检查可能导致误诊。研究发现，在 500×总放大倍数下计数 5 个高细胞密度区域能使 BAL 分类计数检测肥大细胞的可靠性达到最大。细胞分类计数比计数总数能更好地诊断马肺部炎症，这是因为灌入和回吸后液体的体积因马和疾病的不同而不同。健康马 BAL 细胞结构是什么？由于地区和种群的差异，这个问题不好回答。健康马 BAL 细胞计数参考值如下：巨噬细胞，50%～70%；淋巴细胞，30%～50%；中性粒细胞，小于 5%；肥大细胞，小于 2%；嗜酸性粒细胞，小于 0.1%。中性粒细胞百分比增加超过 5%提示有下呼吸道炎症，RAO 病马 BAL 洗液中有中度到重度的中性粒细胞增多，典型的超过 25%，有时超过 80%，然而 IAD 患马通常只有轻度到中度的中性粒细胞增加，伴有或不伴有肥大细胞或嗜酸性粒细胞的增加。BAL 细胞学检测分析还需要结合临床表现，谨慎判断。例如，IAD、寄生虫（肺蠕虫）或自发性、慢性、嗜酸性粒细胞性肺炎都能导致嗜酸性粒细胞增加。

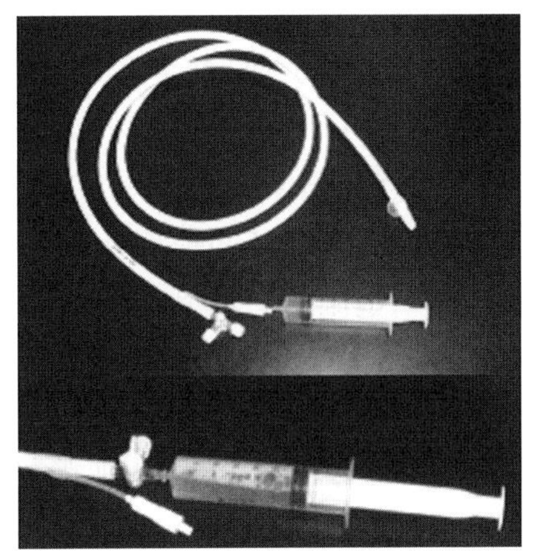

图 48-3 无内镜辅助时使用的支气管肺泡灌洗管。插图显示了一个装有 BAL 液体并伴有泡沫（正常）的注射器

框图 48-4 支气管肺泡灌洗细胞学检查程序

1. 病马准备：最重要的是确保充分的镇静和足够的局部麻醉时间，操作得当能够避免马匹咳嗽。咳嗽导致回吸的灌洗液减少。局麻时一般滴注利多卡因（2%的储备液稀释到 0.66%～0.25%，共 80～120mL）。
2. 插入冲洗管：在无内镜引导时，实施 BAL 应将马头部尽可能伸直以引导冲洗管进入气管。然后通过冲洗管与气管壁接触声响来确定冲洗管在气管的位置。在冲洗管或内镜进入支气管前，要持续滴注利多卡因。在肺脏尾叶 2.8 或 2.9 支气管处进行灌洗可提高对 EIPH 的诊断的水平。
3. 灌洗和吸出：将共 300～500mL 温热无菌生理盐水灌注到 BAL 导管中（或者通过内镜），灌洗 2 次。然后利用真空泵（10～15cm 小压）或注射器吸出收集液体。第一次灌洗液回收量（30%～40%）通常比第 2 次少（60%～70%）。RAO 患马的回收量明显比正常马少。对于 RAO 患马，应注意调节真空泵的气压，以免下呼吸道过度萎缩。
4. 样品处理和分析：可将 2 次收集液体混合，液面上会有一层泡沫（表面活性剂）；灌洗液混浊度提示细胞收集效果良好。转移样品到 EDTA 管中，冰上运输以保持细胞形态。采样后 8h 内制作涂片，以防止肥大细胞脱粒。涂片由实验室经细胞离心制备。

BAL 检查 EIPH 更敏感，气管内镜检查 EIPH 阴性时 BAL 可能检测到红细胞。EIPH 病例中轻度出血后 BAL 洗液中含铁血黄素巨噬细胞数量持续升高并能维持 3 周时间，可用于诊断 EIPH。

五、肺组织活检样本采集

活组织检查是肺部非传染性疾病检查的最有效的参考方法。然而该方法存在一些问题。首先，活检只能取肺浅表组织，不能获得深部组织，这就意味着该样本只能用于诊断弥散性疾病，如 RAO，或者用于诊断马肺周边的异常组织（如某些肿瘤样东西）。其次，该技术可能诱发肺出血和气胸，这也是 BAL 比肺活检更受欢迎的原因。此外，活检技术获取的样品量非常少，不足以用于组织检测。使用带弹簧自动取样针经皮完成肺活检是最可行的。实施该技术，导致包括亚临床出血在内的肺出血的风险大约是 10%。与自动取样针相比，常规组织活检针（Cardinal Health，Dublin，Ohio）不够实用，会增加肺出血、血肿和鼻出血的风险。在肺纤维化病例中，肺出血不易被检测出来。

六、下呼吸道生理功能分析方法

马肺功能可以通过肺力学检查和核素肺通气显像来进行客观评估。虽然这些技术具有研究价值，如呼吸感应性容积描记仪，但它们在实际诊断中不实用。

（一）肺力学检查和支气管激发试验

检查肺力学性能，需要测量胸腔压力（用一个食道气囊和导管）和气流（使用面罩和流量计）来计算参数值，如肺阻力，支气管收缩能导致肺阻力增加。这些技术已被广泛应用于马研究中，评价不同方法治疗 RAO 的功效，但检测轻度呼吸道梗阻敏感性差。其他技术，如受迫振动、脉冲振荡法、受迫呼吸和二氧化碳容量描记，在人医临床大量使用，用于马兽医诊断马肺部疾病的敏感性也较高。然而，这些方法常缺乏特异性，难以进行操作和定性诊断。当怀疑马肺功能异常时——如在休息时没有呼吸困难的临床症状，支气管激发试验可用来检查肺功能。马肺功能受损时（如 IAD）用低浓度组胺或乙酰甲胆碱可刺激支气管表现出明显的支气管收缩。

（二）核素肺通气显像

核素肺通气显像常与肺通气灌注配合使用来检查马肺脏通气功能。该技术常用来测定肺泡和黏膜纤毛清洁度，以及评估基于各种设备的雾化药物的扩散作用。核素肺通气显像也用来检查赛马 EIPH，也能检查肺尖灌注和通气，并能提供 RAO 病马的通气分布相关的、有价值的诊断信息。

推荐阅读

Couetil LL，Hoffman AM，Hodgson J，et al. Inflammatory airway disease of horses. J Vet Intern Med，2007，21：356-361.

Dixon PM，Railton DI，McGorum BC. Equine pulmonary disease：a case control study of 300 referred cases. Part 3：Ancillary diagnostic findings. Equine Vet J，1995，27：428-435.

Doucet MY，Vrins AA，Ford-Hutchinson AW. Histamine inhalation challenge in normal horses and in horses with small airway disease. Can J Vet Res，1991，55：285-293.

Fogarty U. Evaluation of a bronchoalveolar lavage technique. Equine Vet J，1990，22：174-176.

Grandguillot L，Fairbrother JM，Vrins A. Use of a protected catheter brush for culture of the lower respiratory tract in horses with small airway disease. Can J Vet Res，1991，55：50-55.

Hinchcliff KW，Jackson MA，Brown JA，et al. Tracheobronchoscopic assessment of exercise-induced pulmonary hemorrhage in horses. Am J Vet Res，2005，66：596-598.

Koblinger K，Nicol J，McDonald K，et al. Endoscopic assessment of airway inflammation in horses. J Vet Intern Med，2011，25：1118-1126.

Leguillette R. Recurrent airway obstruction：heaves. Vet Clin North Am Equine Pract，2003，19：63-86，vi.

Meyer TS，Fedde MR，Gaughan EM，et al. Quantification of exercise-induced pulmonary haemorrhage with bronchoalveolar lavage. Equine Vet J，1998，30：284-288.

Nykamp SG. Equine lower respiratory system In：Thrall DE，ed. Textbook of Veterinary Diagnostic Radiology. St. Louis：Saunders Elsevier，2013：632-649.

O'Callaghan MW，Pascoe JR，O'Brien TR，et al. Exercise induced pulmonary haemorrhage in the horse：results of a detailed clinical，post mortem and imaging study. VI. Radiological/pathological correlations. Equine Vet J，1987，19：419-422.

Reef VB，Boy MG，Reid CF，et al. Comparison between diagnostic ultrasonography and radiography in the evaluation of horses and cattle with thoracic disease：56 cases（1984-1985）. J Am Vet Med Assoc，1991，198：2112-2118.

Robinson NE. International Workshop on Equine Chronic Airway Disease. Michigan State University，June 16-8，2000. Equine Vet J，2001，33：5-19.

Venner M，Schmidbauer S，Drommer W，et al. Percutaneous lung biopsy in the horse：comparison of two instruments and repeated biopsy in horses with induced acute interstitial pneumopathy. J Vet Intern Med，2006，20：968-973.
Votion D. Scintigraphy In：Lekeux P，ed. Equine Respiratory Diseases. Ithaca，NY：International Veterinary Information Service，2004.

（邓小芸、祁小乐　译，王建发　校）

第 49 章　呼吸道疾病疫情调查

Eric L. Schroeder

呼吸道疾病对于马很常见，常造成重大经济损失。包括马流感病毒、马疱疹病毒（equine herpesviruses-1，EHV -1；EHV-4）、马动脉炎病毒（equine arteritis virus，EAV）、马鼻炎病毒 A（equine rhinitis virus A，ERAV）、马鼻炎病毒 B（ERBV）、马腺病毒（equine adenovirus，EADV-1）在内的病毒性感染经常导致马的上呼吸道疾病（upper respiratory tract disease，URTD），且所有种类的马匹均易感。这些病毒病的临床表现在不同马群中变化多样，通常没有病毒特异性。先前已感染的马再次感染后发病严重时的临床表现会减弱，但对于幼马则会造成更严重的发病率和高死亡率。此外，诱发马呼吸道疾病的常见细菌有马疫链球菌兽疫亚种和马链球菌亚种，其中马链球菌亚种能造成马腺疫。通过实施管理和治疗措施能有效控制疾病并防止疫病暴发，所以马呼吸道疾病早期诊断非常重要。

呼吸道疾病疫情调查，需要了解常见的呼吸道病毒病和细菌病，接触与感染的相对风险、传播方式、筛查与诊断方法，以及当前治疗方法等相关知识。同时，还要了解如何制订隔离和生物安全方案，如何确定疾病暴发是否需要上报，这些也非常重要。本章概述了关于造成呼吸道疾病常见的病毒和细菌感染，这些感染有可能导致发病、死亡以及经济损失。本章对每一种病的病原和致病机理、临床症状、诊断方法以及治疗等方面进行了介绍。关于生物安全以及呼吸道疾病发生后的控制内容见第 30 章和第 31 章。

一、呼吸道疾病疫情调查方法

当临床兽医首次接触可能的呼吸道疾病疫情，必须在到达发病地区之前尽可能多的获得与疾病相关的信息。这些信息包括疾病暴发史、传染病传播的特定因素，比如外来马匹的引进、参加表演以及其他一些活动的情况、近期呼吸道疾病的发病史和迹象。兽医必须通过询问马的饲养人员或训练人员以及用药记录来确定马群的免疫状况以及其他相关的用药史。对以上数据的掌握将会有助于识别可能的病原，并将其列入治疗的范围。其次，兽医需要确定感染动物的临床症状以及持续时间，以此形成初步的拟消除病原的清单。例如，多少马匹被感染以及多少马匹发热或食欲减退？有多少存在咳嗽现象？有多少有流鼻涕的症状？是否出现淋巴结肿胀或破裂？以上这些信息可以用于建立有效的计划来对农场进行访问调查，确定诊断用品供给；用于建立初步的生物安全措施以防止疾病进一步的传播；提供病例鉴定资源；确定疾病传播方式以及持续时间；最后这些信息还可用于兽医与农场工作人员、训练人员、农场主以及当地兽医机构进行沟通交流。

前往农场之前，兽医需确定马场目前已经采取的措施。需要确定农场管理者是否已经实施农场内部自己的生物安全措施，是否已经将感染马隔离以及是如何管理的。针对这些问题需要制定恰当的调查方案，以便对马场、未感染马以及疾病通过其他因素（人为或污染物等）进一步传播等进行有效的检测。不能遗漏任何感染病例，确保所有诊断检测能获得足够的信息。

二、农场或马场调查

兽医到达农场后，首要任务是对疫病检测方案进行研讨，如有需要可进行修改，然后防止不同组之间交叉污染和误检。在样本采集和检测前，需要穿防护服，这样不仅可以防止疾病在检测组间传播，还能防止污染兽用工具和设备。防护服必须包括足够量的一次性外衣或鞋子、手套和帽子等，以便在不同组动物间进行检测。

调查、检测和样品采集顺序是：先是未感染的马，然后是暴露在感染环境中但仍健康的马，最后是发病马。绝对禁止主治兽医或其他医务人员在忽视生物安全方案的情况下返回并接触先前已经检测过的马。这种检测顺序具有许多优点：它能鉴定出任何表面上健康但具有亚临床症状的需要隔离的马；便于兽医与农场主、训练人员以及工作人员就生物安全措施进行会商，以防止被隔离的健康马被感染。

具体的生物安全计划见第 30 章，但简单措施需要呈现给独立负责每一组马的工作人员。工作人员不能对本组之外的马进行接触、治疗、饲养、清洗等。每一组工作人员需独立提供和分配马饲料和水以及独立处理粪便，以防粪便成为疾病传播的污染原。在人所能经过的主要区域外边还应设有消毒池（1 份漂白剂加到 4 份水中）。消毒池每天至少更换一次，以防止杂物积累。

采集的血液［柠檬酸盐、乙二胺四乙酸（EDTA）和血清］、深部鼻咽拭子、淋巴结排出物等样品应放到单独的生物安全袋中，并在其上标明马的详细信息，送到相应实验室进行诊断评估。样品应来自所有的已感染马和一些疑似的可能危害马场生物安全的马。基于疑似或已诊断的疾病，进一步采集样品评价抗体效价来确诊疾病。

主治兽医应对所有马或者至少是感染的和暴露的动物进行体检，并将结果记录到病历中。农场工作人员可以按照医嘱，记录马的体温、心率、引流淋巴结排出物的特点、每天 2 次的咳嗽频率。以上数据都必须写入每匹马的病历中，以此来评价疾病的发展情况。这些看似不重要的记录是评价疾病进展所必需的，也是主治兽医决定取消任何隔离措施所必需的。

如果出现一些感染发病的马，主治兽医需要提供日常治疗和对患病马的评估。这样可以防止出现因多人参与治疗带来的弊端，也能帮助防止疾病传播给其他健康马。

三、常见马传染性呼吸道疾病概况

(一) 马流感病毒

1. 病原和发病机理

马流感病毒是有囊膜的单链RNA病毒，属于正黏病毒科。该病毒能感染所有马，是造成马上呼吸道疾病最常见的病原。由于流感病毒具有极强的传染性，能造成高发病率，所以流感在世界范围内流行。只有A型流感病毒对马有感染性。依据病毒表面糖蛋白——血凝素（HA）和神经氨酸酶（NA），将A型流感病毒进一步细分成许多亚型。HA决定宿主特异性，是受体结合蛋白，在宿主来源的脂质囊膜中NA嵌入到离子通道蛋白M2中。目前大部分流感暴发是由A型流感病毒中的H7N7和H3N8造成的，其中包含H3N8的毒株出现了两个不同的进化分支：欧洲分支和美洲分支，后者又产生了类似美洲分支的3个分支（见第39章）。

病毒进入马体内后，在呼吸道上皮细胞中迅速复制，并释放到局部区域，造成整个呼吸道病变，且在下呼吸道损伤最明显。细胞水平上，该病毒能造成气管和支气管中有纤毛的呼吸上皮细胞凋亡和死亡，导致大量黏膜纤毛损伤以及细菌、黏液和病原和细胞碎片的积累。

2. 临床表现

通常在感染病毒后3～5d就能较快地出现临床症状。接触病原或已感染马的免疫状态决定疾病的严重程度：幼驹容易出现大量发病并导致死亡，而通过自然感染或免疫获得免疫力后发病率就会降低。通常流感发病后死亡率较低，强毒感染或未免疫马匹发病后死亡率较高。感染马的临床表现为发热（约达40.5℃）、流浆液性鼻涕、干咳、抑郁和厌食。一些病例还出现下肢水肿、外周淋巴肿大、肌肉发炎、肌痛。首先出现的症状是发热。其他症状消失后咳嗽还能持续数天到数周。镜检表明，上呼吸道出现中度到重度的咽炎和气管炎，气管伴有可见的黏液。A型马流感病毒感染的普通临床表现会在感染后7～14d消失，但是接下来出现的体重减轻、细菌性肺炎、肌炎、下肢水肿、肌痛和心肌炎将会持续数周。

3. 样本采集和诊断

大多数患马血细胞计数和血清生化指标都在正常范围之内，而严重感染的马会有色素性贫血和白细胞减少症（中性粒细胞减少症和淋巴细胞减少症）。聚合酶链式反应（PCR）可以检测深部鼻咽拭子病毒基因并快速做出诊断，是常用的诊断方法。血清学试验（补体结合试验、血凝抑制试验、病毒中和试验和酶联免疫吸附试验）结合病毒滴度测定，可以用于进一步确诊。深部鼻咽拭子的病毒分离和培养对疾病诊断提供的信息有限，除非样本是在接触病原后24h内采集的。

4. 治疗

鉴于马流感病毒高感染性和传染性的特点，治疗的主要措施有：护理；利用非类固醇类抗炎症药物处理发热和食欲减退的马；建立生物安全措施。研究表明，使用抗病毒药物不能有效减轻临床症状，也不能治愈。作为必须上报的疾病，若发生，必须及时上报兽医当局。

（二）马疱疹病毒

1. 病原和发病机理

马疱疹病毒（EHV-1 和 EHV-4）属于疱疹病毒科，α 疱疹病毒亚科，基因组为双链 DNA（见第 37 章）。疱疹病毒呈世界性分布，大部分的马、驴和骡在 2 岁时易被感染。马疱疹病毒遵循周期性感染模式，首先感染宿主，然后进入潜伏期，再次活化，释放到环境中，再次感染易感动物。这种周期性感染使得疱疹病毒和神经性突变株成为呼吸道疾病暴发的重要因素，呼吸道疾病的暴发是每年必须公布的。马疱疹病毒主要通过气溶胶和污染物进行传播，还可以垂直传播。病毒主要感染呼吸道，持续排毒 7d，然后病毒转移到局部的淋巴结，引起白细胞相关的病毒血症，并扩散到其他器官。病毒在潜伏期主要存在于在淋巴网状内皮细胞系统和三叉神经节；病毒再次活化后导致上呼吸道感染，潜伏病毒释放到环境中。这种循环感染使得病毒能持续长期的释放到环境中，并且在宿主体内终生存在。

2. 临床表现

EHV-1 和 EHV-4 均能造成马的上呼吸道疾病，EHV-1 感染产生的临床症状比 EHV-4 更严重。根据马的易感性不同，起初的潜伏期是 1～3d。通常 3 岁以下的动物感染后能引起临床发病。该病有时造成单一马匹感染，但通常能造成疾病暴发，能感染不同年龄阶段的马，造成疾病的程度和临床症状严重性也是多样的。临床表现为短暂的双相热，在感染后 24～48h，伴随上呼吸道感染会出现第一个感染高峰期。第二个高峰出现在感染后 4～8d，并伴有病毒血症。在感染后 5～7d，该病通常表现为厌食和抑郁，进而伴随浆液性鼻腔分泌物，并且在感染后 5～7d 发展为黏脓性鼻腔分泌物。其他的临床表现还包括淋巴结病变、嗜睡、下肢肿胀以及眼结膜有少许分泌物。初期感染仅出现轻微的临床症状或呈亚临床感染，这给诊断造成了较大的困难。

3. 样品采集和诊断

PCR 作为最常用的诊断方法，其样品通常来自深部的鼻咽拭子或者是从抗凝血中分离的单核细胞。PCR 方法检测速度快并能区分 EHV-1 和 EHV-4。其他诊断方法还有病毒中和试验、病毒分离、免疫荧光、补体结合试验、血清学和组织学方法。病毒分离被认为是金标准，但是操作费时费力，对于突发疫情并非最理想的检测方法。

4. 治疗

仅针对临床诊断进行疾病治疗有其自身的局限性，所以有必要进行一些小的干预性和非针对性的治疗。非类固醇类抗炎药物可用于发热和厌食的对症治疗，有助于病马进食。通常不建议使用抗病毒和抗菌类药物，除非在临床症状、理化检测和血液学上证明已继发细菌性肺炎，才能使用以上药物。鉴于病毒具有高感染性和传染性，必须采取有效的生物安全措施防止疾病传播。该病是必须上报的疫病，一旦发现应及时联系兽医当局。

(三) 马病毒性动脉炎病毒

1. 病原和发病机理

马动脉炎病毒属于动脉炎病毒科，为单股有囊膜的 RNA 病毒。该病毒存在于马群中已有几个世纪，大多数表现为亚临床感染，很少造成呼吸道疾病的暴发。EAV Bucyrus 株，最早是在 1953 年从患有呼吸道疾病和流产的马中分离到的，属于已知的唯一血清型。尽管马动脉炎病毒只有一个血清型，但不同分离毒株之间在抗原性和致病性方面存在较大差异。

鼻内接种 EAV 后，病毒会侵入呼吸道上皮和肺泡巨噬细胞。72h 后，在支气管淋巴结、内皮、支气管和肺泡巨噬细胞中可以检测到病毒，最终扩散到全身。感染后6～8d，病毒聚集到动脉血管内皮，造成坏死性动脉炎。

2. 临床表现

大部分感染马不表现临床症状。有症状的马表现为发热（体温最高可达到 105°F，持续 1～5d）、厌食、抑郁、流浆液性鼻涕、鼻塞以及慢性持续性咳嗽。下肢、腹中部、阴茎和阴囊肿胀是造成血管炎的直接原因。最常见的临床症状是妊娠期不同阶段发生流产。

3. 样品采集和诊断

患马临床病理表现为白细胞减少、淋巴细胞减少、血小板增多。马病毒性动脉炎也是必须上报的疫病。病毒可存在于单核细胞中 30d，甚至更长。从鼻咽拭子、结膜、EDTA 或柠檬酸盐处理的血液、阴道分泌物和精液中分离病毒是很困难的，目前 PCR 是最常用的检测方法。深部鼻咽拭子需存放到细胞培养液或平衡盐溶液中。血清学诊断可以通过病毒中和试验、补体结合试验、免疫扩散和免疫荧光方法进行，但需要确定急性期和恢复期抗体效价。血清学诊断中阳性样品与阴性样品之间的差异至少在 4 倍以上。目前市场上已经有商品化 ELISA 试剂盒，但是没有一个试剂盒能得到广泛应用。

4. 治疗

仅针对临床诊断进行疾病治疗有其自身的局限性，所以有必要进行一些小的干预性和非针对性的治疗。针对高烧的马应使用抗发热药物或非类固醇类抗炎药物进行治疗，而针对发生下肢肿胀的马，可以使用利尿剂和下肢护腿带控制肿胀。兽医当局需要对该病发生和流行情况充分重视。

(四) 马鼻炎病毒

1. 病原和发病机理

马鼻炎病毒属于小 RNA 病毒科，小的无囊膜单链 RNA 病毒（见第 38 章）。该病毒可以造成世界马群临床和亚临床呼吸道感染。马鼻炎病毒包含 2 个血清型：ERAV 和 ERBV。马鼻炎病毒 A 型感染呈世界性分布。根据马的年龄不同，中和抗体的产生也不同，大部分被感染马通常在第 2 年出现中和抗体。马通常在晚冬和初春容易被 ERAV 感染。目前人们对 ERBV 的流行情况和临床意义还不是很清楚。研究表明，尽管被感染的马很少出现抗体滴度升高的现象，但是 ERBV 是造成上呼吸道疾病发生的一个重要病原。

2. 临床表现

ERAV 急性感染能造成发热、流浆液性鼻涕并发展为黏脓性、咳嗽、厌食、咽炎、下颌淋巴结病变。极少数病例会出现喉炎和轻微的支气管炎，持续的咽喉炎和咽炎可造成马咳嗽数周。然而对大多数马，ERAV 感染是一过性的，可很快康复。

ERAV 感染马造成病毒血症，这一特点不同于鼻病毒感染其他物种。病毒血症持续 4～7d，伴随着中和抗体滴度的升高，血液中的病毒也随之消失。

3. 样品采集和诊断

间隔 2 周分别采集样品，检测中和抗体滴度，依据抗体滴度升高即可诊断 ERAV 和 ERBV 感染。通过 PCR 检测抗凝血或鼻咽拭子可以对 ERAV 或 ERBV 进行诊断。ERAV 和 ERBV 的诊断没有金标准，PCR 通常被用作最初的诊断方法，建议利用中和抗体滴度升高进行确诊。

4. 治疗

不需要特殊的处理，当有症状出现时可进行治疗。

（五）马腺病毒

1. 病原和发病机理

马腺病毒（EADV）属于腺病毒科，是无囊膜的二十面体 DNA 病毒。大部分脊椎动物体内至少存在一种腺病毒。腺病毒具有群特异性。目前已经从正常成年马和驹体内分离出腺病毒。EADV-1 被认为是造成成年马和马驹急性上呼吸道疾病、结膜炎的一个重要病原，同时也是造成阿拉伯马驹（伴有严重免疫缺陷综合征）渐进性、严重的、致命性肺炎的重要病原。EADV-1 在上呼吸道疾病中的具体作用还不清楚，但目前认为该病毒在成年马的疾病发生中发挥很小的作用，而对幼马和驹可造成严重的致命性或非致命性呼吸道疾病，并伴有完全的或部分的免疫缺陷综合征。

EADV-1 可以通过直接接触、污染物或感染的圈舍进行传播。成年马上呼吸道可以被持续性感染，并成为带毒宿主。

2. 临床表现

马腺病毒能造成急性上呼吸道疾病，并伴有流鼻涕、结膜炎、持续咳嗽以及下颌淋巴结病变。伴有完全或部分免疫缺陷的马和驹可发展为呼吸困难、严重的支气管肺炎、黏脓性鼻腔分泌物、滤泡性结膜炎、厌食、发热、腹泻和呼吸急促。

3. 样品采集和诊断

能从鼻咽和结膜拭子中能分离到病毒，但概率很小。PCR 是最简单有效的检测方法，被认为是样品检测的金标准。其他方法还包括免疫沉淀试验、补体结合试验、血凝试验、血凝抑制试验和血清中和抗体检测。对于死亡病例，还可以通过组织免疫荧光检测 EADV-1。

4. 治疗

不需要特殊的处理，但当有症状出现时可进行治疗。

（六）马链球菌兽疫亚种

1. 病原和发病机理

马链球菌兽疫亚种（*S. zooepidemicus*）属于链球菌兰氏分群的C群β-溶血链球菌，该群与马链球菌兽疫亚种的同源性是98%。该类微生物能发酵乳糖和山梨醇，不能发酵海藻糖。马链球菌兽疫亚种缺少抗吞噬的M蛋白（SeM）和耐热外毒素SePE-1和SePE-H，以及其他暴露在外表面的蛋白。

马链球菌兽疫亚种通常存在于马的口腔、咽和呼吸道中，作为一种机会性病原体，还能造成呼吸道疾病（鼻炎、支气管炎、轻微或严重的支气管肺炎、胸膜炎、胸膜肺炎），是一类最常分离到的与马各种类型肺炎相关的细菌。

2. 临床表现

马链球菌兽疫亚种感染引起的临床症状多样，且与感染部位和最初呼吸道感染疾病的严重程度有关。临床症状可能局限于肺组织，但也可能发展为暴发性的威胁生命的脓性胸膜肺炎。病情进一步发展导致发热、食欲不振、沉郁、恶臭的浆液性鼻分泌物并发展到脓性鼻液、咳嗽、体重减轻、胸膜痛、呼吸急促、呼吸困难，其中发热是早期最常出现的临床症状。

3. 样品采集和诊断

在上呼吸道内镜检查中，利用无菌的导管，可以获得流过内镜的气管清洗物。这些样品需要经过进一步培养、细胞学检查以及革兰氏染色以鉴定肺中感染细菌的数量和类型。通过鉴定肺两侧支气管的分泌物，有可能确定肺的哪一侧发生肺炎。支气管肺泡灌洗液的采集对诊断意义不大，因为支气管肺泡灌洗液只是肺软组织的一小部分。胸部超声波扫描可以检测胸膜表面粗糙程度、病灶在肺叶间的扩散、胸膜渗出物的量、纤维性粘连。超声波扫描是一种快速、无损伤的用来检测疾病发展的方法。如果扫描发现一些潜在的分泌物（胸膜表面在腔壁和内脏胸膜表面之间出现大于2～3 cm的液面），可以采集样品用来做细胞学、细菌学培养（需氧或厌氧）以及革兰氏染色。在第2次感染马链球菌兽疫亚种的严重肺炎病例中，胸部X线扫描有助于肺囊肿的鉴定（通过描述气-液交界面），并进一步判定是否发生了肺实变。

4. 治疗

针对急性肺炎疑似病例最重要的治疗措施就是使用广谱抗菌剂。非类固醇类抗炎药物和其他的抗发热药物可以用来治疗发热和控制胸膜炎。通过导出胸腔积液可以控制疾病在呼吸系统内的传播。使用盐溶液灌洗胸腔可以冲洗掉顽固的纤维性坏死组织，并使得一些感染病灶被彻底清除。针对晚期胸膜肺炎病例，使用胸廓切开术或外科手术去除坏死病灶可以使感染马完全康复。

（七）马链球菌亚种

1. 病原和发病机理

和马链球菌兽疫亚种类似，马链球菌亚种（*S. equi*）属于兰氏分群的C群链球菌，具有广泛的β-溶血现象，对山梨醇、乳糖以及海藻糖不完全发酵。马链球菌亚种是造成马腺疫（马传染性链状球菌热）的病原，该病具有高感染性，可以感染所有的马属动物（见第 41 章）。马链球菌亚种通常不在马的上呼吸道中共生，其他细菌或病毒的前期感染不是马链球菌亚种感染马所必需的。感染常发生于1～5 岁的年轻马，但也不仅仅局限于这一年龄阶段。对于易感染的幼马，发病率是 100%，而如果进行适当治疗，死亡率可低于 10%。自然感染的情况下，大约 75%的已接触病菌的马体内保护性免疫力会持续 3 年。

马链球菌亚种通过直接接触感染马的鼻或淋巴结分泌物进行传播，还可以通过暴露于污染的马圈发生间接感染。该病暴发的最主要原因是：引进新的马匹；大量马匹的运输；通过马圈的间接传播。针对马匹的引进，需要注意的是，尽管马的咽喉是正常的，但可能成为马链球菌亚种的携带者。如果这种携带马链球菌亚种的马引入幼马群中，就会造成临床感染，并发生马腺疫。

当被病原污染的水滴或分泌物吸入鼻子或嘴中后，马链球菌亚种便黏附于鼻咽或口咽的扁桃体，并进行胞外复制。马腺疫通常影响上呼吸道，包括喉囊和相关的淋巴结。感染的血细胞或淋巴细胞能造成腹部和胸部淋巴结肿（特指恶性马腺疫）。感染马发热 2～3d 后，病原开始从鼻排出，当停止流鼻涕后，病原排出还将持续数周。

2. 临床表现

该病的潜伏期 2～6d，感染马在潜伏期内表现为精神沉郁、食欲减退、发热。感染马还出现流浆液性鼻涕，并在几天后发展为黏脓性鼻涕，以及咽后和下颌淋巴结病变。严重的淋巴结病变病例，会出现严重的喘鸣、呼吸困难或疼痛，以及气管伴有嘎嘎声的湿咳。马腺疫严重病例临床上出现明显的头部神经损伤，导致头歪斜、耳朵和嘴唇下垂、霍纳综合征、吞咽困难、精神状态发生变化。马链球菌亚种极少感染传播至下呼吸道。

3. 样品采集和诊断

马腺疫引起的血液学变化通常表现为明显的中性粒细胞减少症、血纤维蛋白原过多以及慢性贫血。诊断通常基于临床症状和细菌培养，其中细菌培养被认为是诊断的金标准。用于细菌培养的样品来源广泛，最常用的是来自深部鼻咽拭子。还可对鼻腔流出物、淋巴结分泌物和喉囊分泌物进行细菌培养。来自喉囊（诊断无临床症状携带者的金标准）或鼻咽灌洗液也可用于马链球菌亚种培养。PCR 可以用于检测马链球菌亚种 DNA，并用于对已暴露马的初始筛选。如果样品检测为阳性，则需要通过细菌培养进一步鉴定。血清学也可用来鉴定马链球菌亚种。马链球菌亚种有 15 个表面或分泌性的蛋白，能刺激机体产生较高水平的抗体。在这些蛋白中最常检测和容易反应的蛋白是 SeM。目前有商品化的 ELISA 试剂盒用于检测 SeM。ELISA 阳性表明马近期感染过马链球菌亚种，并有助于鉴定造成出血性紫斑和迁移性脓肿的原因

4. 治疗

马链球菌亚种的治疗措施取决于疾病发展的进程和临床症状的严重程度。出现早期临床症状（发热但无淋巴结病）的马，可以使用抗菌剂进行至少 5～10d 的治疗，针对仍暴露在污染环境中的马进行更长时间的用药治疗。马链球菌亚种对青霉素（22 000U/kg）非常敏感，尚未发现青霉素抗性，因此抗菌剂仍是治疗马腺疫的理想

选择。抗菌剂不能形成有效免疫保护，所以马在发病后期仍处于易感状态。

马在出现淋巴结病变但其他正常的情况下，不需要使用抗菌剂，因为抗菌剂治疗将会延缓已被感染的淋巴结化脓，并拖延疾病发展进程。一般情况下，这种状态下的马只需要饲喂适口的浸泡过的饲料。热敷被感染的淋巴结将有利于化脓、破裂和脓汁的排出。只有在脓肿的淋巴结化脓后方可进行外科手术将脓汁排出。手术后每天用3%～5%的聚乙烯吡啶酮-碘溶液清洗切口，直至脓汁流尽为止。非类固醇类抗炎症药物可以改善马的整体上的行为活动，减轻局部炎症，促使马进食、饮水、呼吸顺畅。此外，还要仔细检查马的呼吸强度和频率，因为上呼吸道再次出现完全的障碍会进一步扩大淋巴结，致使需要进行气管切开术。需要气管切开术治疗的马通常可以通过非类固醇类抗炎症药物和抗菌剂来缓解被感染的上呼吸道淋巴结的肿胀。马腺疫在一些国家属于必须上报的疫病。

四、隔离、生物安全和管理

所有以上提到的疾病均能导致参加马术运动的马和其他任何马群造成严重的发病和死亡。对疾病的暴发鉴定和控制需要掌握临床相关知识、样品采集、治疗方案的快速制订，以及如何防止疾病传播。第 29 章和第 30 章深入地阐述了疫病暴发后有关隔离等生物安全方面的知识。第 31 章给读者提供了疫病暴发后管理方面的渐进性指导；对感染马、已接触病原的马和未接触病原的马进行分类；隔离和检疫程序；环境净化。所有这些呼吸道疫病都需要兽医相关人员进行诊断、治疗，防止造成大规模的疾病暴发。

推荐阅读

Allen GP. Epidemic disease caused by equine herpesvirus-1：recommendations for prevention and control. Equine Vet Educ，2002，4：177- 84.

Bain FT，Weese JS，eds. Infection control. Vet Clin North Am Equine Pract，2004，20：507-674.

Balasuriya UB，MacLachlan NJ. Equine viral arteritis. In：Sellon DC，Long MT，eds. Equine Infectious Diseases. St. Louis：Elsevier，2007：153-164.

Benedict KM，Morley PS，Van Metre DC. Characteristics of biosecurity and infection control programs at veterinary teaching hospitals. J Am Vet Med Assoc，2008，233：767-773.

Dwyer RM. Control of infectious disease outbreaks. In：Sellon DC，Long MT，eds. Equine Infectious Diseases. St. Louis：Elsevier，2007：539-546.

Henninger RW, Reed SM, Saville WJ, et al. Outbreak of neurologic disease caused by equine herpesvirus-1 at a university equestrian center. J Vet Intern Med, 2007, 21: 157 -165.

Kane AJ, Morley PS. How to investigate a disease outbreak. In: Proceedings of the American Association of Equine Practitioners, 1999, 45: 137-141.

Landolt GA, Townsend HGG, Lunn PD. Equine influenza infection. In: Sellon DC, Long MT, eds. Equine Infectious Diseases. St. Louis: Elsevier, 2007: 124- 134.

Lunn DP, Traub-Dargatz J. Managing infectious disease outbreaks at events and farms: challenges and the resources for success. In: Proceedings of the American Association of Equine Practitioners, 2007, 53: 1- 2.

Sellon DC. Streptococcus equi subsp. zooepidemicus. In: Sellon DC, Long MT, eds. Equine Infectious Diseases. St. Louis: Elsevier, 2007: 256- 257.

Slater J. Equine herpesvirus. In: Sellon DC, Long MT, eds. Equine Infectious Diseases. St. Louis: Elsevier, 2007: 134-153.

Studdert MJ. Miscellaneous viral respiratory diseases (equine adenovirus, equine rhinitis virus A and B). In: Sellon DC, Long MT, eds. Equine Infectious Diseases. St. Louis: Elsevier, 2007: 171-180.

Sweeney CR, Timoney PJ, Newton JR, et al. *Streptococcus equi* subsp *equi*. In: Sellon DC, Long MT, eds. Equine Infectious Diseases. St. Louis: Elsevier, 2007: 244-256.

（邓小芸、祁小乐　译，王建发　校）

第 50 章　鼻腔和鼻旁窦疾病

Thomas H. Witte

一、临床解剖生理学特征

马鼻翼两侧和鼻孔两侧由软骨和肌肉支撑，[illegible]泳的时候闭合，在做大量运动的时候舒张。但是如果发生了神经肌肉功能障碍，该部位则会出现病理性萎缩。具有示病性临床症状的部位包括腹侧皮肤黏膜连接处的鼻泪管开口、鼻憩室或鼻盲囊。这些盲端、内衬鼻毛的囊状结构与侧面的外鼻孔密切相关，在此处，外鼻孔被鼻翼软骨分开。

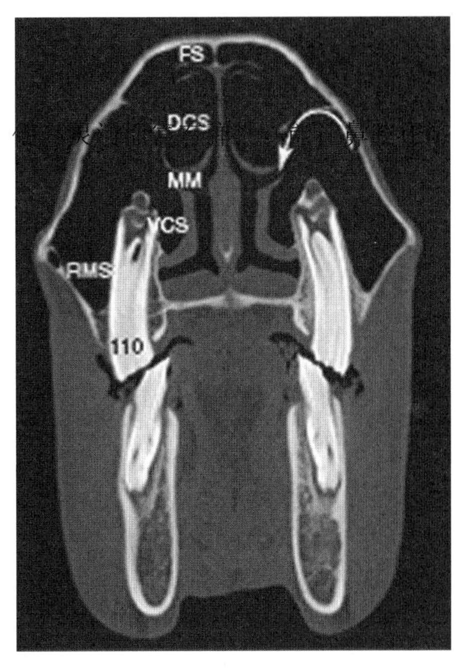

图 50-1　鼻腔和鼻旁窦在 110 号牙齿处的 CT 断层扫描图像

FS（frontal sinuses）：额窦；DCS（dorsal conchal sinuses）：背侧鼻甲窦；FS 和 DCS 通常称为联合鼻甲额窦；MM（middle meatus）：中鼻道；RMS（rostral maxillary sinus）：上颌窦后室；VCS（ventral conchal sinus）：腹侧鼻甲窦。弯曲的箭头指来自上颌窦引流通道；注意腹侧鼻甲与额窦基底之间的位置关系。一块环状骨围绕着眶下管；注意它与上颌窦后室、腹侧鼻甲窦和上颌的臼齿之间的位置关系

鼻翼软骨的持续外延，使得鼻中隔软骨把鼻腔分为左右两个部分。这两个腔隙被背侧和腹侧的鼻甲进一步细分为背侧鼻道、中鼻道、腹侧鼻道和总鼻道（图 50-1）。两侧鼻甲呈弯曲样的骨片状，形成鼻腔外侧壁的一部分。弯曲的鼻甲围成的内部空腔又被分为头端和尾端。鼻腔头端又称隐窝，从背侧和腹侧的鼻甲窦开始，分别与前额和头端的上颌窦相通，其临床诊断意义不及鼻腔尾端。

鼻腔的黏膜下层富含血管，因而可以给吸入的空气加热、加湿。由于鼻腔受外面坚硬的骨头的限制，所以此处发生的任何占位性病变都会对气流畅通和（后继的）运动性能产生显著的影响。医源性的颈静脉血栓性静脉炎、霍纳氏综合征中交感（神经）紧张的功能丧失，都会造成单纯性的血管充血，血管充血又限制了自身的功能。如果该症状未能及时发现，将会影响其他上呼吸道干预治疗的效果。

鼻腔尾端在背侧以中鼻甲为边界，中鼻甲通过精巧而富含血管的筛骨（盘卷复杂的薄骨）卷曲围绕在其尾端，这部分统称为筛骨迷路。筛骨迷路的存在增加了嗅觉表面积，这些区域外面覆盖着嗅觉上皮和感觉神经，感觉神经元的轴突融合构成了嗅神经（第一对脑神经）。在研究该区域治疗方案的时候，尾端筛板的完整性对筛骨来说至关重要，然而内镜技术无法检测其完整性。

鼻旁窦位于鼻腔的侧面，尽管由 6 对空腔组成，但是可以把它们看作 2 个功能区室：鼻旁窦头端和鼻旁窦尾端。这 2 个功能性的管腔通过头端和尾端的上颌窦和一个共同的开口分别通入中鼻道。利用标准的内镜技术和设备，不能直接观察到上颌窦的开口，通常也不能通过鼻孔而直接观察鼻旁窦。所以，在鼻咽腔背部的鼻甲管腔的背侧和腹侧夹角处，正对着鼻甲骨中部，鼻旁窦疾病的内镜诊断常受液体流出的限制。

尾鼻侧的区室由前额甲、上鼻甲、上颌骨尾端和蝶窦构成。头端区室与尾端区室被倾斜弯曲的上颌骨和腹甲窦的筛骨泡所分开，头端区室由上颌骨头端和腹甲窦构成。上颌骨头端和腹甲窦在眼眶下的通道处相通，两者在腹侧被支撑此结构的隔板分开，或者被上颌骨臼齿分隔开，这些取决于马的年龄（图 50-1）。腹甲窦尾端向外突出被称作是腹甲窦的筛骨泡，是外科手术的一个重要标记物。自头端区室和尾端区室进入中鼻道的引流通道，与该结构关系密切。

联合的蝶窦和腭窦（称为蝶腭窦）在筛骨下面和颅骨的基部延伸（图 50-1）。该部位发生任何占位性病变，都可引起压迫视神经、大脑和脑垂体，导致异常的病痛。

鼻旁窦中任何一个腔隙的健康都依赖于足够的通过天然窦孔的通气，以及基于纤毛柱状上皮的黏膜纤毛运输。黏膜系统在来自上颌窦的引流通道处发挥作用，在鼻腔中维持了一个连续的保护性黏液层。黏液的流动在低头的时候由重力辅助，但在其他时候仍须持续对抗重力的作用。狭窄的引流通道在原发性病程中非常容易堵塞和变形，并可能受损，需要对其进行干预处理。外科手术干预治疗应当依据充分，治疗目的是维持或恢复正常黏膜纤毛的清洁功能，而不是在一个不同的地方制造新的引流通道开口。人医方面的功能性鼻旁窦手术旨在尽可能保留窦内黏膜。内镜技术的进步推动了鼻旁窦手术治疗的革命性发展。

臼齿和鼻旁窦之间的位置关系是具有临床意义的。上腭 08 号（Triadan 系统编号）牙齿和 09 号的整个齿龈系统通常都与头端上颌窦的基部相关，而 10 和 11 号的齿龈与尾端上颌窦的基部相联系（彩图 50-1）。与多数头端牙齿（06～08 号）相比，这些牙齿的根尖周病通常会导致继发性的鼻旁窦炎。邻近的牙齿使上颌窦的环钻术变得困难而且效果不佳，特别是当鼻旁窦腔隙较小的幼马该部位需要较大范围区域保护的情况。仅依据 X 线照片，不能判断臼齿顶端和相应鼻旁窦之间的精确联系：如果存在尾端上颌窦的头端延伸和上颌隔的倾斜，那么 08 和 09 号牙齿的疾病就能导致尾端区室的鼻旁窦炎。然而如果有腹侧鼻甲窦的尾端延伸，那么 10 和 11 号牙齿的根尖周病能导致头端区室的鼻旁窦炎。因此，试图推测哪些牙齿感染是基于哪些鼻旁窦病变的做法不具有可行性。

二、检查

（一）病史

患有鼻腔鼻旁窦疾病的马，其临床症状包括从轻微的性能降低、流泪、摇头，到更为常见的流鼻涕、面部肿胀、呼吸困难。由于很多马直到病症可见时才表现出临床症状，所以当开始对马进行诊断治疗的时候，病情已经恶化了。掌握该病的发病过程，对建立一个有效的鉴别诊断和选择准确适当的诊断方法是至关重要的。特别是分泌液的体积、气味、时间、性质、持续时间和偏侧性，会随着时间的推移提供丰富的诊断/症状信息。

（二）体检

从两侧对头部进行检查，检查是否对称、肿胀，以及触诊时的疼痛部位。除了鼻泪管开口处有明显少量的眼泪，鼻孔应当干燥而且没有结痂。在外鼻孔处要检查通气情况，可用多种方法使被检马呼吸暂停，或使用棉线、羽毛等刺激鼻黏膜，可以使被检马症状表现更明显，轻微症状检出机会增大。马各部位呼吸道的通气受阻都可能使其两侧的鼻孔扩张。鼻孔应当保持自由活动且触感灵敏状态，对内部和外部的触诊反应灵敏。鼻旁窦外的面部轮廓的变形表明鼻旁窦内压的升高，通常提示发生了占位性病变，比如囊肿或肿瘤。然而，因为引流通道的完全闭塞可以造成内医升高，所以不能排除严重的继发性鼻旁窦炎造成面部变形的可能性。鼻旁窦内有液体分泌物、肿瘤、包囊时，体外叩诊浊音明显（健康时叩诊清音），触诊颌下淋巴结也可部分反映鼻部疾病，但两者仅能作为辅助诊断方法，不具有单独确诊的作用。

（三）内镜检查

内镜检查鼻腔和鼻旁窦疾病时，一般包括鼻镜检查、牙齿检查和内视镜检查。鼻镜检查对内镜的标准规格和灵活度要求较高。电子内镜能够对检查结果进行连续的评估，尤其有助于占位性病变的诊断治疗。在鼻孔内有分泌物流出时，可用鼻镜检查法确定病变部位。常规鼻镜检查应当对鼻咽、筛骨迷路、引流通道、背侧和腹侧鼻甲之间的夹角、鼻黏膜和鼻道进行细心地检查。对于病因不明的单侧鼻腔流鼻液患马，应使用内镜进行牙齿检查或是牙齿咬合面检查，还应对牙周组织进行彻底检查。认真记录检查结果有利于对病程进行连续监控，也有助于和畜主之间的交流。内视镜虽然是重要的诊断工具，但随着 CT 的广泛应用，内镜重要性已逐渐下降。然而在没有条件使用 CT 的情况下，内视镜在诊断过程中仍发挥基础性的作用。对几种进入各个鼻旁窦区室的方法已经进行了描述，但最普遍的方法是创造一个大小合适的额窦入口，以允许一个灵活的内镜的进入，至于孔径的大小，则取决于外科医生的偏好（彩图 50-1）。尽管在内镜的协助下或者借助 CT 技术，进入额窦的主要方法仍具有治疗作用，但这些方法具有引起臼齿医源性损伤的风险，而且从实际治疗情况来看该方法效果不佳。进行内镜检查时需要使马保持站立状态，并注射镇静剂，使马保定确实，并防止操作不当引起的出血性损伤。如有可能，可配置一个抽吸装置配套使用。某些情况下还可使用骨钻在马鼻甲骨做圆环形切，一般钻孔直径以 2.5cm 为宜，钻开鼻骨时要边钻边用无菌液冲洗，避免笔架碎渣进入皮下和鼻腔。钻孔不宜过大，如辅助使用内镜或其他设备操作时，钻孔直径可长约 1cm，钻孔尽量避开额窦的骨缝（图 50-2）。骨缝常位于双眼内侧眼角之间，钻孔位置或其他截骨术也经过此线，使其变得更有可能随着截骨术的范围大小而变化，并可能导致严重的缝合骨膜炎。进入额窦的标准方法是中间沿着一条线在眼睛内眦水平处绘制垂直于中线的线，该方法能够对上颌窦和额窦进行直接的探查，没有损坏筛窦的风险。损坏筛窦会导致大出血，使诊断和干预治疗难度增大。内镜可以从额窦通过大的额颌开口进入上颌窦（彩图 50-1）。筛骨泡是腹侧鼻甲窦的下端突起，位于额颌开口的上端边缘下方。筛骨泡的形状和大小因马而异，鼻旁窦发生慢性变形的马筛骨泡消失，为探查上颌窦上方和鼻甲窦下方，可以对其进行切除。在慢性鼻旁窦炎的病例中，鼻甲窦下方往往是鼻涕存在的部位，此时可通过该方法诊断和治疗。必要时，可以用骨钻在上颌窦钻孔作为内镜入口，在内镜引导下，该方法能够更安全地实施。还可通过额窦入口置入灌洗管，既保证冲洗干净又不用使用骨钻。术后必须小心控制灌洗液流体的压力，以避免液体渗入皮下。

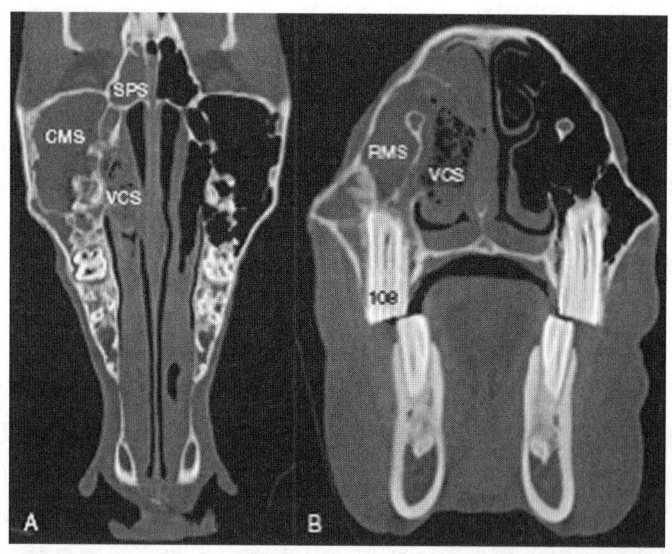

图 50-2 鼻甲窦（ventral conchal sinus，VCS）下方异物可引发左侧 8 号牙齿牙髓炎和牙周炎。注意，左侧 8 号牙髓腔内存在气体（黑色）（A），提示患牙髓炎，齿槽间距增大提示根尖牙周病。虽然原发性疾病过程发生鼻腔上部，但可导致鼻甲筛骨泡变形使引流通道阻塞，尾端上颌窦（caudal maxillary sinuses，CMS）和蝶窦（sphenopalatine sinuses，SPS）可见混浊现象。液体的性质可以通过 CT 检查结果预测，用内镜也可以确定其性质。VCS 中充满了异物，CMS 和 SPS 中充满非脓性的液体。由该病例可见，当鼻腔内部变形时疏通引流通道的重要性

三、影像诊断

鼻旁窦的标准横位和斜侧位的 X 线视图对诊断该部位疾病意义较大。为更准确诊

断该部位疾病，也可采用特定位置的 X 线观察，如口腔 X 线片和开口位 X 线片。背腹侧的视图在探查腹侧鼻甲窦病变和鼻中隔变形中特别有用，如果可以通过投影处理把下颌骨干扰消除，还可以观察到牙齿的结构。

单独上颌臼齿的理想投影，尾端到直侧面取角 15°，背侧到横轴取角 30°。核素显像术可以帮助确定一个 X 线诊断结果的临床意义，或者在更多的情况下，它可以为杂乱或模糊的成像建立一个牙齿或鼻旁窦的预测。头部横侧位和腹侧位的闪烁扫描造影是容易获得的，依据病症和病史，可以对全身任何部位表现不佳的骨骼进行扫描。最重要的是，对于难诊断、难治疗且反复发作的病例来说，尤其在有条件对站立状态的马使用 CT 技术的情况下，有必要借助该技术。该技术被认为是对窦内占位性病变完整评估和对口腔病理进行明确检测的金标准，尤其是在有疑似肿瘤的病例中。CT 技术有助于手术方案的制订，使医生能够识别患病区域和重要结构之间的关系，比如眶下神经、鼻泪管和筛板。这些信息有助于先进的、微创的、功能性的内镜技术应用于鼻旁窦疾病的全方位治疗。

四、鼻腔疾病

（一）表皮囊肿

2 岁左右马鼻憩室中出现大小各异、柔软、有波动感的肿胀时，有时会被误认为粉瘤。实际上，这是表皮囊肿，是从憩室内侧脱落的鳞状上皮细胞持续扩大形成的。大多数情况下这种病变不会危及气道内腔，因为它们只是向外侧隆起，不是特别明显。可通过肉眼观察病变部位特征以及穿刺肿胀部位（穿刺液灰色、无味、油腻液体）来确诊该病。已经有报道称可通过切开外部皮肤完整地移除肿块，也可以使用注射福尔马林法治疗该病。使用揭盖法，即用骨钻打开与鼻腔相接的囊壁，再由此切除肿块，可使术部更美观，建议首选此方法治疗该病。

（二）翼状褶塌陷

翼状褶塌陷会引起上呼吸道出现异常杂音，此种情况必须与咽和喉的功能性障碍区分开来。马处在静息状态或者做剧烈运动时，均能够听到此类杂音，呈低沉的啰音或吸气和呼气时的捻发音。出现类似杂音或马性能降低时应考虑该病。使用随身呼吸内镜有助于排除其他一些引起异常上呼吸道杂音和性能降低的原因，但是如要确诊，则需要临时性地缝合鼻翼褶。通过局部麻醉，缝合线通过各个鼻翼褶绑在背侧的鼻骨上，封闭鼻憩室。若缝合处理后噪音消失而拆线后再次出现，可确诊为鼻翼褶塌陷，须采用手术切除鼻翼褶。手术时，麻醉后马可侧躺也可保持站立状态。切除鼻翼褶时，可经行未塌陷侧，也可切开塌陷侧鼻孔侧翼，充分暴露鼻翼褶，以保证切除完全。

（三）外鼻孔创伤

当第二期愈合时，外鼻孔的创伤能够使鼻孔的轮廓变形，影响其灵活性和功能。为保证鼻孔的功能性和美观性，在清创处理之后，可以采用三层缝合来实现鼻孔形态重建。特定情况下，如严重污染或组织溶解时，才需要第二期愈合。其他情况时，多主张清创及抗菌处理后的延期一期愈合。

（四）鼻歪斜

鼻先天性侧向偏离，即所谓的歪鼻子，病因未知。可能与子宫内环境和遗传因素有关。阿拉伯马易发生鼻歪斜。该病可影响上颌骨、鼻腔、切骨和鼻中隔，并对呼吸产生深远的影响。鼻歪斜可能影响马驹吮乳能力，但马驹吮乳能力受限时应排查是否由腭裂导致。手术矫正马鼻歪斜可能影响赛马运动性能，如作为种畜选留应谨慎，一般术后不影响普通骑乘和性能。

（五）口咽隔膜闭锁

口咽隔膜闭锁也称为后鼻孔闭锁，可导致一系列的临床症状，如孕马产死胎、运动后呼吸杂音等。在胚胎发育的过程中，口咽隔膜从鼻咽处发育出鼻腔。其发育遗迹可能是单侧的或者双侧的，完整的或者不完整的，膜性的或者骨性的，这导致了该病临床症状的多样性。在新生马驹中，吸气性喘鸣和耳咽管囊膨胀症状明显，诊断口炎隔膜闭锁要结合上述症状，同时也可使用胃管探诊法判断（探诊管长度如果超过咽部应注意气管阻塞的风险），还可借助内镜检查或 X 线检查来诊断该病。该病的治疗方法为手术法，术前应对患马进行必要保定和局部麻醉，手术方法可采用内镜引导法和鼻骨揭盖法。对于生长发育期患马应注意手术缝线导致的发育畸形。使用鼻骨揭盖法治疗该病时，钻孔需要保持开放，因为治疗过程中需要重复操作。

（六）真菌性鼻炎

鼻腔和鼻旁窦黏膜的一般腐生性真菌感染（如烟曲霉菌和波氏假阿利什菌）通常会引起先前损伤（如外伤或手术）的继发感染。然而，多数病例病因不明。长期接触发霉的干草和稻草的圈养马易感真菌性鼻炎。呈现的典型症状包括单侧恶臭脓性鼻涕，偶尔可见鼻子间歇性轻度出血。该病的诊断方法是鼻拭子培养物具备霉菌斑块典型培养特征。治疗需要区分原发性疾病、除去真菌斑和局部使用抗真菌药。能够有效抵抗曲霉属真菌的药剂包括伊曲康唑、氟康唑、恩康唑、咪康唑、酮康唑、纳他霉素、克霉唑、两性霉素。以粉末或液体的形式施用这些药品，有效性会有差异。粉末状的给药方式在接触时间方面有优势，但使用不便捷。

五、鼻旁窦疾病

鼻旁窦疾病被分为原发性感染、继发性感染和占位性病变，各个类别存在重叠。

（一）传染性鼻旁窦炎

鼻旁窦的原发性感染通常会继发上呼吸道其他部位感染。最常见的致病菌为链球菌属成员，尤其是链球菌兽疫亚种和兽疫链球菌。原发性鼻旁窦炎对任何年龄段的动

物都会造成影响，而且涉及所有的鼻旁窦腔隙。如果给予及时有效的治疗，对患马中长期影响较小；但是如果该过程转为慢性，并伴随腹侧鼻甲窦黏液凝缩，这种情形只能通过手术进行治疗。原发性鼻旁窦炎通常在内镜检查之后做出诊断，内镜检查可用于确定鼻旁窦是否为流鼻液的根源。鼻旁窦内引流通道的横向和斜向X线片可进一步帮助判定疾病进程。严重病例时，鼻旁窦引流不畅，阴影广泛存在，与占位性病变很难做出区别。穿刺术与鼻旁窦灌洗结合使用（图50-2）。穿刺时可以用14号针头在木槌的协助下插入鼻骨内，或者用骨钻钻孔对诊断该病有作用，然后把犬用导尿管插入探诊。细胞学检查和组织培养的结果有助于排查潜在的病因。鼻旁窦炎最有可能由原发性细菌感染引发。若鉴定出多个菌株，应当怀疑是否发生了牙周炎和口鼻瘘。

在原发性鼻旁窦炎的急性病例中，可使用广谱抗生素和消炎药治疗，也可与鼻旁窦灌洗配合治疗。灌洗过程中，应评估引流是否通畅，这是保守治疗可行的前提。为有效判定预后，应及时对临床症状复发的潜在原发性原因做进一步的调查。

在多数慢性病例中，为判定鼻窦液是否凝固或引流通道是否畅通，应进行内镜检查并对应治疗（图50-2）。建议切除患马腹侧鼻甲窦的筛骨泡，这样利于术后从单一额骨开口对头端空间和尾端空间直接进行灌洗。也便于处理腹侧鼻甲窦中的凝固物。该部位筛骨泡的切除将增强中鼻道的引流效果，而且在引流管严重受损的病例中，这一解剖操作可以从内侧和腹侧持续剥离腹部鼻甲游离壁的背缘，扩大其开口。该方法与不损伤黏膜功能的方法相符，优先考虑在一个单独的部位植入人造引流管，比如在腹侧鼻甲窦的内侧。但该做法会造成更多的创伤，很可能扩大瘢痕组织，而且通过正常的鼻旁窦开口不能重建黏液纤毛的清除功能。在不导致大出血的前提下，很难在站立状态的马身上进行操作，而且需要进行术后填塞。即使在鼻旁窦严重变形的慢性病例中，扩大鼻内引流通道也是可行的，并且是优先选择的方法。

（二）慢性鼻旁窦炎

鼻旁窦的继发感染最常见的原因是牙齿疾病。在所有的鼻旁窦炎病例中其中有一半源于上颌臼齿的感染，齿隙患有严重的牙周炎、原发性牙齿骨折、臼齿的移位或增生（图50-3）。

患有源于臼齿根尖周炎导致的鼻旁窦炎患马，常有一侧性鼻液长期病史抗菌药治疗中断后，单侧鼻腔恶臭脓性鼻涕的症状就会复发。流恶臭鼻液是该类疾病的一个普遍特征，但它绝不是根尖周炎的特征性病症，因为在任何具有组织坏死的疾病都会有此特征。后臼齿（08～11号）与鼻旁窦炎的联系更为密切，而吻齿（06～08号）的根尖周炎最常导致面部或引流通道的肿胀。根尖周炎的扩散和引流管直接进道入鼻腔也可能出现类似的症状。

根据鼻内镜诊断的结果不能从继发感染中区分出原发性感染。保守治疗无效的鼻旁窦炎病例，需要进行口腔检查。观察马牙齿是否存在咬合面并不能完全确认或排除某一病因。因此，诊断时必须特别小心，以确保关键和不可逆的治疗的成功。只有在确定某颗牙齿是造成鼻旁窦疾病的原因之后，才能采取拔牙这一治疗手段。X线片可以提供诊断线索，特别是在被硬化区域所包围的根尖周的骨质溶解、齿根平端化、薄

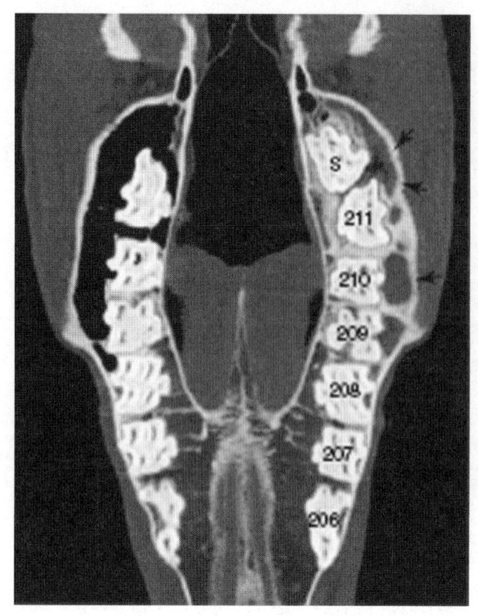

图 50-3 牙齿发育异常

在 212 号位置可以看到一个多余的牙齿(S)。小箭头指出牙周袋（牙周袋是病理性加深的龈沟，是牙周炎最重要的临床表现之一），以及上颌窦内阴影密度增加（与正常的右侧相比）。在这种情况下，为解决鼻旁窦炎和牙周炎，拔牙是必要的。但情况并非总是如此。多余的牙齿类似于正常的牙齿，必须和先天的牙齿加以区分，这些牙齿由生长于同一齿槽的多个牙齿组成。拔取这样的牙齿是会更加困难，也没有必要。在考虑进行拔牙操作之前，CT 检查有助于明确界定疾病的进程，为呈现的临床症状建立一个清晰的牙源性认知

层硬脑膜齿管界定受损的病例中，但 X 线诊断的敏感性较差，采用不同的倾斜度，开口和口腔内视角拍片可完整反映牙齿的内部结构，有助于得到更精确的诊断结果。核素显像技术判定疾病发展进程更灵敏，但也已经被 CT 技术取代。运用 CT 技术可对注射过镇静剂、站立状态的马经行影像检查，无需对马进行全身麻醉即可完成整个诊断过程。CT 可对薄层硬脑膜齿管的根尖周炎的变化进行诊断，异常的牙齿内部解剖结构，如积气导致的牙髓炎、各髓室之间的间隔变宽、腔室壁不规则及漏斗形龋齿或牙骨质发育不全（图 50-2）。

确诊鼻旁窦疾病需对潜在的病因进行明确判定。对于治疗牙齿疾病继发的鼻旁窦炎，一般建议拔除患牙，而非保守治疗。病马保持站立状态即可实施拔牙术，而不必过多暴露鼻旁窦或在鼻骨钻孔，但是对于牙齿严重移位或久治不愈的患马仍需经鼻旁窦或在鼻骨钻孔来拔除牙齿，此类病例很少。口腔拔牙最重要的一个优点就是保持了齿槽骨板的完整，有利于降低该部位形成口鼻瘘管的风险问题。拔牙后最初几天内，牙槽应用浸有稀碘液的纱布进行包扎，目的是缓解齿槽内可能形成的血肿，以及在炎症初期阶段保护齿槽。拔牙 5d 之后就不再需要包扎。高浓度的碘液或其他刺激性药物能够促进齿槽内肉芽的增生；在鼻旁窦炎以外病例中，牙齿从口腔中拔出的过程中发生断裂，这时没有必要拔除残留的牙根。但在牙根尖病变和继发鼻旁窦炎病例中，牙根残留可能引发其他临床症状，必须被完全取出（图 50-4）。该病也可采用口腔微创手术治疗，如使用螺钉和微型骨钻的微型颊造口术，使用斯坦曼钉的牵伸术。两种微创术均可用于站立马匹拔牙。拔牙前，应在内镜引导下进行鼻腔冲洗，待冲洗干净后可利于牙病的诊断。拔牙后 5d 内，应当使用抗菌药和消炎药促进创口愈合。

相比于齿槽保持不变的口腔拔牙，发生牙齿排斥之后，形成口鼻瘘管是一个很严重的风险。齿槽壁的螯合或者牙齿残余都可能导致愈合延迟，或者在齿槽愈合之前牙科手术填充可能会过早丢失，导致鼻旁窦被饲料污染。形成口鼻瘘管后，其典型症状是突发鼻液增多，鼻液中混有饲料。患马出现上述症状后应通过 CT 来诊断引起上述症状的病因，并建议使用微创法消除残留的牙齿碎片（图 50-4）。同时拔除两个相邻的牙齿，可增加鼻瘘的形成风险。此外。两颗相邻牙齿被同时拔除，牙槽肿胀程度较大，

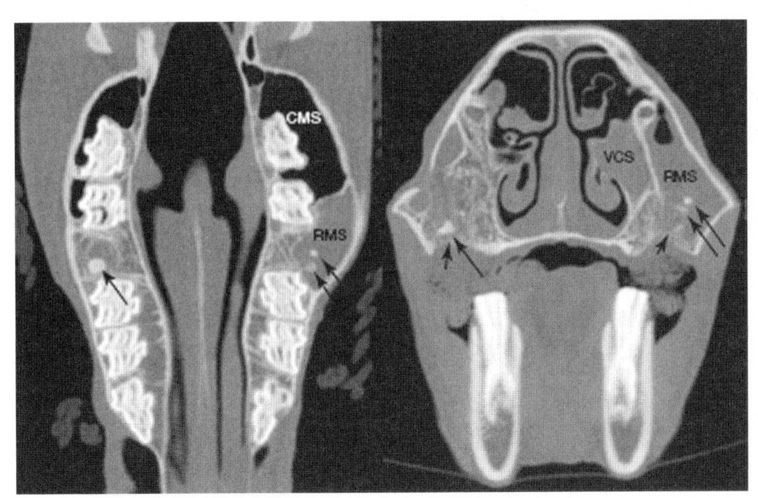

图 50-4 齿槽内残留牙根碎片的 CT 图像。残留的碎片引发了双侧慢性鼻旁窦炎。确诊病因后，手术移除碎片，使马匹康复、工作性能提高

不便于包扎。因此，如果两颗相邻牙齿均需拔除，建议在拔除其中一颗牙齿 4～6 周后，再拔除相邻的牙齿。

（三）鼻旁窦创伤

马鼻旁窦因其固有结构易形成创伤性骨折，额窦和鼻腔骨折多见于踢伤和撞伤等情况。在这种情况下，在最初的 24～48h 必须避免一般的麻醉操作，还应对马的精神状态进行监视，并且进行必要的治疗。CT 技术能提供最完整的诊断，如果能对站立状态的马进行此操作，在初期推荐使用该技术诊断。CT 扫描时应避免全身麻醉。当骨折处含有大量骨碎片时，要特别小心。开放复位内固定术适宜处理骨折处骨碎片但是往往需要全身麻醉，潜在风险是马清醒后，处理后的骨折部位可能遭到破坏。更复杂的损伤能够导致骨膜附属物的完全丧失，需要进行必要的清除而不仅仅是替换。自由曲面的石膏板可用于对严重的外部接合进行包扎紧固，以避免气肿的发生，并利于在术后对该修复部位进行保护。

（四）渐进性筛骨血肿

渐进性筛骨血肿（Progressive ethmoidal hematomas，PEH）是通常起源于筛骨迷路的非肿瘤性、渐进性、局部破坏性血肿。通常发生于成年马匹中，其病因可能是黏膜下层反复出血的外伤。这些血肿可以扩大到损伤局部内部结构的程度，并可能突出于鼻旁窦外（图 50-5）。它们能压迫鼻腔、使鼻甲发生位移，或者直接生长进入鼻腔，从而导致呼吸困难。PEH 很少引起面部变形，因为在此症状发生之前，血肿通常已经突出于鼻腔了。最常见的病症是反复性鼻出血。血肿大小、位置不同，其他症状也可能有差异，主要包括运动不耐受和呼吸困难。通过 X 线和内镜观察可直接确诊该病，内镜观察可见明显的肿物（呈红、绿、黄、褐色）。在筛骨迷路中进行内镜检查时，早

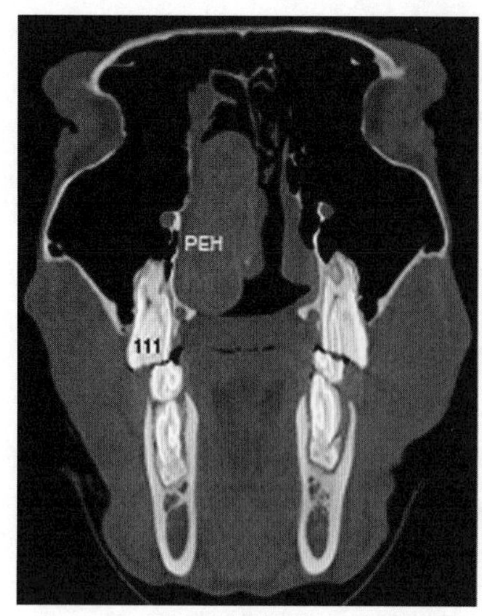

图 50-5　大块的渐进性筛骨血肿始发于筛骨迷路，突出于鼻咽部并在一定程度上阻塞鼻腔。血肿的基部穿过前额环钻和背侧鼻甲窦的内侧壁。在该肿块中注射福尔马林，24h后在鼻镜和内镜的指导下进行手术切除

期的 PEH 可能不易见到，但依据反复出血可进行初步诊断。CT 技术可以帮助在早期或更晚期的病例中确定病灶范围。在使用甲醛治疗时，CT 可增加治疗的安全系数，因为在注射甲醛之前，可以确定筛板和眶下管的完整性，从而避免损伤神经功能。

PEH 保守治疗包括通过纤维黏膜下层囊腔经内镜直接注射福尔马林（4%甲醛）。间隔 2～4 周重复注射，直到肿块消失。处理堵塞鼻腔的大块血肿，可以采用内镜法在病变的基部注射福尔马林，在接下来的 24h 内通过销蚀法，吸出血性内容物，最终去除肿物（图 50-5）。肿块中必须注入福尔马林，直到注射针孔周围有液体溢出。必须避免过多的甲醛泄漏到周围的腔窦中，而且有必要对泄漏的甲醛进行彻底的灌洗。血肿可以经手术切除或者经内镜激光烧蚀，进行此操作时建议使病马匹保持站立状态，从而减少出血。在切除基部位于筛骨迷路的血肿前，应选择好后续输入操作的供血马，尤其是在全身麻醉的情况下实施骨瓣截骨术进行切除手术时。一般术后复发率高达 44%。血肿组织在进行局部福尔马林处理之后，可紧接着进行手术切除。

（五）鼻旁窦囊肿

鼻旁窦囊肿是膨胀性、充满黏液的占位性病变，通常导致鼻旁窦的外部和内部解剖结构的变形。该病可发生在所有年龄段马匹中，其病因尚不清楚。随着鼻旁窦的完整影像学检查技术的问世，鼻旁窦囊肿通常作为继发性病变与其他症状一块儿进行鉴定，如牙齿疾病，鼻旁窦囊肿可提示可能的外伤性或炎症性病因。鼻液积聚继发的囊肿使内部解剖结构变形，常导致黏液性或脓性鼻液。若 X 线检查可见鼻旁窦内软组织，其内膜偶有明显的营养不良性矿化，提示鼻旁窦囊肿。CT 检查可以判定囊肿的密度，与周围的软组织的 HU（hounsfield unit，HU，亨氏单位：测定机体某一局部组织或器官密度大小的一种计量单位）进行比较，可判定囊肿的部位。穿刺可见淡黄色蛋白质液体。手术切除是首选的治疗方法，根据医生的偏好、病灶的大小和位置和可用成像技术的灵敏度，可以使用内镜引导通过前额和上颌的入口，或通过骨切开术完成。理想情况下，必须去除囊肿膜，以尽量减少复发的可能性，但是在囊肿扩展到蝶窦的情况下，这样做可能尤为困难。

（六）瘤变

尽管随着影像技术的进步和治疗方法的发展，我们能更早地识别出示症性临床症

状，但马鼻腔和鼻旁窦肿瘤仍然较难诊治。鼻腔肿瘤发生较少，鳞状细胞癌临床较多见，被报道的其他类型肿瘤还有：梭形细胞肉瘤、肥大细胞瘤、血管肉瘤、血管肉瘤、淋巴肉瘤、骨瘤、骨软骨瘤、纤维瘤和纤维肉瘤。因上述肿瘤没有特异性的临床症状，往往导致送诊和确诊延误。内镜检查、影像检查、穿刺活检是确诊的最佳手段。应尽可能从肿块中获取有代表性的组织样本，而不是简单地获取增厚黏膜样本。良性肿瘤，比如一些来源于骨和牙齿的肿瘤，可以通过使用骨钻手术切除，预后良好。但是浸润性肿瘤，如恶性肿瘤和肉瘤，只能进行保守治疗，并且常常病程迅速，突发严重临床症状，如眼球突出和持续性鼻出血。

(七) 额骨外生性骨疣

额骨外生性骨疣和缝线诱发的骨膜炎是指硬质无痛或偶尔疼痛的肿块，覆盖在额骨和鼻骨之间，或者鼻腔和泪骨之间的骨缝上（彩图 50-2)。这些骨疣可自发产生，也可因创伤部位缝合线引发，包括外科手术，比如额鼻旁窦切开术或大的额骨钻孔（图 50-6)。骨疣产生的病因不明。CT 扫描已证实某些骨膜和骨内膜有很明显的骨碎片和骨溶解反应。在手术之后，必须排查感染性过程。但是在不能识别是否发生骨感染或螯合时，不能进行手术干预。随着消炎药的合理使用，有明显疼痛感的软组织肿块迅速消失。与此相反，手术干预可能增加无菌操作过程中的感染，或加剧病情。肿块可能在几年内迅速或缓慢消退，也可能保留下来。

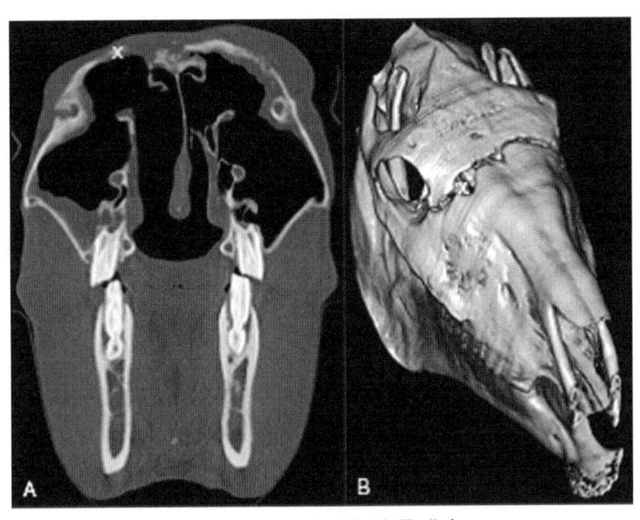

图 50-6 缝线诱发的骨膜炎

图 50-5 中的马右侧 PEH 手术 6 周之后的横断面（A）和三维重建（B)。注意前面的圆形的缺陷：骨钻（X）直接作用在额鼻骨缝线上。手术后 2 周，马的两眼之间和左眼周围就出现了软组织和骨的急剧反应，而且在吃东西的时候有不适感。马经过 6 周的保泰松治疗之后，肿胀和疼痛几乎完全消退。只要不发生感染，就不应该进行手术干预。在许多病例中，截骨时不可能彻底避开骨缝，但进行小规模的截骨术时，避开骨缝就会容易些

推荐阅读

Perkins JD，Bennett C，Windley Z，et al. Comparison of sinoscopic techniques for examining the rostral maxillary and ventral conchal sinuses of horses. Vet Surg，2009，38：607-612.

Perkins JD，Windley Z，Dixon PM，et al. Sinoscopic treatment of rostral maxillary and ventral conchal sinusitis in 60 horses. Vet Surg，2009，38：613-619.

Schumacher J，Crossland LE. Removal of inspissated purulent exudate from the ventral conchal sinus of three standing horses. J Am Vet Med Assoc，1994，205：1312 -1314.

Schumacher J，Dutton DM，Murphy DJ，et al. Paranasal sinus surgery through a frontonasal flap in sedated，standing horses. Vet Surg，2000，29：173-177.

Schumacher J，Honnas C，Smith B. Paranasal sinusitis complicated by inspissated exudate in the ventral conchal sinus. Vet Surg，1987，16：373-377.

Schumacher J，Moll HD，Schumacher J，et al. A simple method to remove an epidermal inclusion cyst from the false nostril of horses. Equine Pract，1997，19：11-13.

Tremaine WH，Clarke CJ，Dixon PM. Histopathological findings in equine sinonasal disorders. Equine Vet J，1999，31：296-303.

Witte TH，Perkins JD. Early diagnosis may hold the key to the successful treatment of nasal and paranasal sinus neoplasia in the horse. Equine Vet Educ，2011，23：441-447.

（邓小芸、祁小乐　译，王建发　校）

第 51 章　动态内镜检查

Kate Allen　Samantha H. Franklin

运动马的动态上呼吸道（upper respiratory tract，URT）塌陷的确诊需要借助内镜。对休息时的马进行内镜检查有利于识别静止的病变，并且也是一种相当灵敏的预测运动时杓状软骨外展的方法。也有研究表明，用内镜在马休息时检测影响上呼吸道疾病的其他动态诱因可靠性不高。

20 世纪 80 年代后期，动态内镜检查被用于在跑步机上检测马运动时病变情况。目前该技术现已广泛用于诊断马运动时上呼吸道阻塞和鼻咽部的情况。该方法检测的马的数量少于未经确诊即实施上呼吸道手术的马。建立低成本场地检查技术，并在手术前确诊运动时上呼吸道阻塞。最初主要依靠分析呼吸声录音，但该技术有诊断局限性，因为许多上呼吸道障碍可以产生相同频率的声波。因此，为了满足运动时的检测要求，研制出了便携式内镜系统。上呼吸道的内镜检查在户外运动中比在马用跑步机上检查更有优势。运动检测进行的典型环境就是比赛，即在比赛中采用符合要求的方法检查马匹。此外，马具和骑手也影响检查结果。

2008 年首次认证时随身内镜可以在骑行运动中获得上呼吸道检查图像。随后多种动态内镜系统的使用被报道，这项新技术的价值被逐渐认可。

一、设备

现已有多种商品化的随身内镜，但采用的是早期发展阶段的技术，而未来该类技术可能不断升级。通常，内镜系统是由一个插入马鼻孔内的内镜探头连接到固定在马身上的图像传输单元组成。内镜图像传输到手持式屏幕供兽医实时观看。部分系统是安装在马的头部，而其他的处理器、传输器和电池组装在马鞍垫或骑手的背包中（图 51-1至图 51-3）。最初有对携带该系统的骑手安全问题的担心，然而一些临床医生已经广泛使用了该系统，迄今为止尚没有报道过任何相关事故。部分系统的小型化仍然面临问题。目前新的小型化思路倾向于采用光输出，控制内镜的尖端，并包含一个空气-水泵。传输距离随着传输设备差异而发生变化，但通常取决于 100～200m 的看得见的直线距离。内镜镜头成像模糊是该类设备的主要问题，图像模糊主要是因黏液覆盖内镜镜头所致，因此需要使用遥控的空气-水清洗泵清洗镜头。当自动冲洗不可用时，必须停止检查，待内镜清洗和更换后重新开始检查。最理想的应该是按要求选择空气和水。然而，某些系统只能设置预定的时间间隔进行水冲洗，这可能会导致清洗液滞留在鼻咽，并在运动过程中刺激过度吞咽。内镜图像被记录到硬盘，这样可将图像慢速回放，一幕幕全面的回看是非常重要的。

图 51-1　将随身内镜系统安装在马头部和马鞍垫动态检查马呼吸道的照片。兽医可实时查看马运动时呼吸道内镜图像

图 51-2　另一种赛马随身内镜系统。部分设备由骑手背在背包内

（引自 Courtesy M. Hillyer）

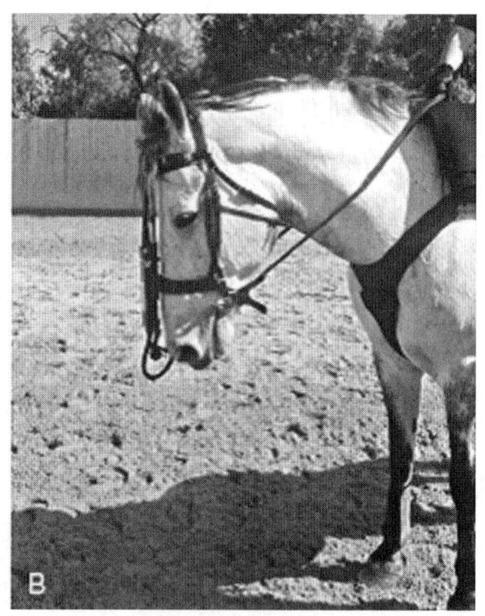

图 51-3　室内（A）和户外竞技场上（B）进行的马匹随身内镜检查（系统设备位于马鞍前）

通常在马静止时将设备固定在马上。然后让马进行短时间的热身运动，并在正式运动检查前适应设备。安装内镜后，马匹常出现甩头或用力吸气情况，但开始运动后多会停止此类动作。对赛马进行随身内镜检查时，也可与 GPS 配合使用，进而同步监测马匹的心率、心电图，以及速度、距离、倾斜和运动强度。

二、运动试验

建立运动时诊断气道塌陷的方法，选择合适的运动试验类型至关重要，检查赛马

和其他运动马时采用的运动方式是不同的。

(一) 运动马

随身内镜是评价运动马的上呼吸道塌陷的一种有效技术。马头部和颈部屈曲常常会加剧马匹上呼吸道塌陷。头部和颈部屈曲在运动时影响马呼吸道空气动力学，并可能导致多种类型的上呼吸道塌陷。盛装舞步马和障碍赛马多发此类疾病，建议在竞赛场地开展随身内镜检查，检查时应让马匹做适度的头部和颈部屈曲练习。为了获得观察上呼吸道的更好效果，骑手可以反复改变马头的伸展和屈曲位置。对于赛马，运动时上呼吸道障碍通常发生在越野赛时。因此，检查赛马时，应模拟越野赛环境让马匹快速奔跑，便于疾病诊断。

运动时随身内镜和跑步机内镜检查，对马运动时上呼吸道障碍的检出效果不一致。一项研究发现，相同的9匹马采用运动时随身内镜检查可以检出3匹患马，而跑步机内镜检查未检出患马。这可能与骑行时马头部和颈部的屈曲幅度增大有关。另一项研究发现，采用运动时随身内镜检查法检查了129匹马，其中106匹检出了不同程度的上呼吸道障碍。研究还发现，90%的赛马在运动时因骑手的干预、运动时头颈部屈曲而增大上呼吸道障碍的发生风险。约有81%的马匹可因骑手收紧缰绳、鞭策、步态变化、转向、转圈等行为加重上呼吸道障碍。这两种情况对上呼吸道障碍的影响，盛装舞步马匹比障碍赛马更显著，可能是因为盛装舞步马通常要进行更大程度的头颈部屈曲。

(二) 竞速赛马

对于竞速赛马，随身内镜检查应在快速奔跑或赛道驰骋时进行。检查时应尽量让马处于飞奔状态，兽医可以指示骑手加速或减速。同时，还应注意马匹的敏感性变化、牵拉力变化、是否需要骑手奖励以及马呼吸杂音的发生部位，这些对诊断也具有重要意义。此外，当设备传输能力有限时，一定要注意检查，以保证诊断影像被记录。

使用随身内镜检查竞速赛马的价值可因马的类型、骑手的主诉情况而有差异。确诊疾病时还取决于可用的设施设备情况。在英国，有些竞速赛马在训练场上训练过程中发生呼吸杂音，但是有些马只在竞速比赛时发生呼吸杂音，还有一些马仅在赛道上疾驰或转圈时才发生呼吸杂音。因此，在进行随身内镜检查时，应尽可能模拟竞速赛马发生呼吸杂音的环境，才能提高诊断运动时上呼吸道障碍的效果。

但是，随身内镜检查易漏诊软腭的背侧移位（dorsal displacement of the soft palate，DDSP)。研究显示，跑步和内镜检查时3/4的马匹有DDSP，但在随身内镜检查时全未检出。而实际上，这些马在竞赛时已经出现了呼吸杂音。在一项更大规模的研究中，50匹经随身内镜检查过的赛马检查结果按马的年龄、性别、主诉、是否参加过平地竞速和越障竞速与跑步机内镜检查结果相比较，结果显示，这两种类型的内镜在检查动态的喉疾病方面无显著差异。然而，DDSP确诊的马匹在随身内镜检查中只有12%的检出率，而跑步机内镜检查有36%检出率。跑步机运动较平地运动更耗费体力，马匹易产生持续性疲劳，马匹的最快速度较平地速度慢。英国对这一差别较为重视，多数马术培训师都有私人竞速场或者在跑步机上训练时设置训练间歇，以保证马匹的体力恢复，延缓疲劳。

在美国，标准种马资格赛允许使用内镜检查，赛程距离为 1 600m 研究显示 46 匹标准种马中 74%的马匹曾经出现过呼吸杂音或竞技能力下降，21 匹马被诊断出上呼吸道障碍；22%的马匹被诊断出 DDSP，但比赛中只有一半的 DDSP 马发病，另一半赛马一直坚持到比赛结束；11%的马匹被诊断出腹内侧杓状软骨移位，该检出率比跑步机内镜诊断率更高。其临床意义还不清楚。

在纯血马比赛中，不允许使用随身内镜。因此，重新模拟比赛环境对纯血马呼吸内镜检查至关重要。为了避免假阴性结果，驯马师应重新描述一下马匹在比赛时的症状表现。重建比赛环境需要让马到赛道上飞奔并使用其他赛马与之竞速。有些疾病只有在比赛的末期才更明显，因此检查时应让马匹奔跑负荷达到一定程度，这样才能做出更准确地检查。如果允许，最好是能在比赛中直接实施随身内镜检查。

检查时必须注意，运动测试时发现的症状应与兽医、驯马师、骑师描述的症状一致，这对诊断上呼吸道障碍十分重要。

三、小结

随身内镜是一种有价值的诊断技术，但建立一个诊断运动时上呼吸道障碍的方法必须满足三个要求。第一，必须为马选择正确的运动试验，这样在比赛和竞技条件下发生的所有异常在诊断检查时才能够重建。第二，兽医必须能够正确识别异常表现，多种疾病可能同时存在于一匹马。第三，兽医必须能够评估马匹的竞技价值。例如，一匹盛装舞步马与一匹患有上呼吸道障碍的一流赛马相比有更大的竞技价值。所有这些努力将有助于兽医优化马的诊断和治疗，从而提高马的性能。

随身内镜诊断上呼吸道障碍的技术发生了很大变化，使得更多数量的马匹在运动过程中可以进行内镜检查。该技术提高了我们对上呼吸道功能的理解，但也存在许多没有解决的问题。现在随身内镜已被广泛用于初步诊断及干预有效性的后续评估。如果使用得当，我们相信该技术将继续被广泛应用于临床工作和研究。

推荐阅读

Allen KJ，Franklin SH. Comparisons of overground endoscopy and treadmill endoscopy in UK Thoroughbred racehorses. Equine Vet J，2010，42：186-191.

Allen KJ，Franklin SH. Assessment of the exercise tests used during overground endoscopy in UK Thoroughbred racehorses and how these may affect the diagnosis of dynamic upper respiratory tract obstructions. Equine Vet J Suppl，2010，38：587-591.

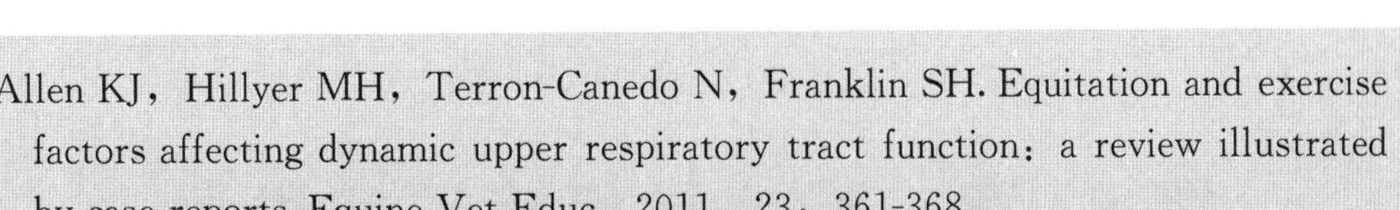

Allen KJ, Hillyer MH, Terron-Canedo N, Franklin SH. Equitation and exercise factors affecting dynamic upper respiratory tract function: a review illustrated by case reports. Equine Vet Educ, 2011, 23: 361-368.

Desmaizieres LM, Serraud N, Plainfosse B, et al. Dynamic respiratory endoscopy without treadmill in 68 performance Standardbred, Thoroughbred and saddle horses under natural training conditions. Equine Vet J, 2009, 41: 347- 352.

Franklin SH. Dynamic collapse of the upper respiratory tract: a review. Equine Vet Educ, 2008, 20: 212-224.

Franklin SH, Burn JF, Allen KJ. Clinical trials using a telemetric endoscope for use during over-ground exercise: a preliminary study. Equine Vet J, 2008, 40: 712-715.

Pollock PJ, Reardon RJ, Parkin TD, et al. Dynamic respiratory endoscopy in 67 Thoroughbred racehorses training under normal ridden exercise conditions. Equine Vet J, 2009, 41: 354-60.

Priest DT, Cheetham J, Regner AL, et al. Dynamic respiratory endoscopy of Standardbred racehorses during qualifying races. Equine Vet J, 2012, 44: 529-534.

Van Erck E. Dynamic respiratory video endoscopy in ridden sport horses: effect of head flexion, riding and airway inflammation in 129 cases. Equine Vet J Suppl, 2011, 40: 18-24.

Van Erck-Westegren E, Frippiat T, Dupuis MC, et al. Upperairway dynamic endoscopy: Are track and treadmill observations comparable? In: Proceedings of the 4th World Equine Airways Symposium, Berne, Switzerland, 2009: 254-255.

Witte SH, Witte TH, Harriss F, et al. Association of owner reported noise with findings during dynamic respiratoryendoscopy in Thoroughbred racehorses. Equine Vet J, 2011, 43: 9-17.

（邓小芸、祁小乐　译，王建发　校）

第 52 章　喉返神经病研究进展

Laura K. Tulloch　Justin D. Perkins

喉返神经病（Recurrent laryngeal neuropathy，RLN）是导致竞技马上呼吸道阻塞和功能障碍的常见疾病。

一、病理学

喉返神经病（RLN）以喉返神经的双侧远端轴突病变为主要特征，导致粗有髓纤维渐进性萎缩，左侧喉返神经严重受损（图52-1）。喉返神经是体内最长的神经，在胸腔内，左侧神经环绕主动脉，右侧神经环绕锁骨下动脉。马左侧喉返神经的总长度超过 250cm（比右侧喉返神经长 30cm）。喉返神经主要由中等长度的有髓纤维构成。轴突病变包括髓鞘崩解，髓鞘厚度相对增加，施万/雪旺细胞膜簇再生，所谓的“洋葱鳞茎”形成，这提示节段性脱髓鞘和髓鞘再生。

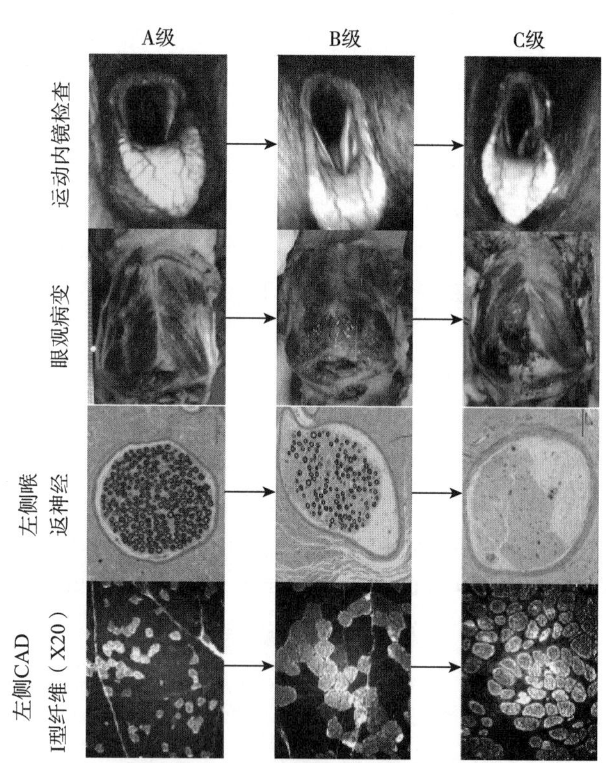

图 52-1　杓状软骨外展的比较，左侧和右侧环杓背肌（CAD）外观，左侧喉返神经的组织病理，运动时喉功能 A、B、C 三级马匹的左侧环杓背肌的Ⅰ型纤维分布。与右侧环杓背肌相比，左侧环杓背肌苍白而略小。喉功能 C 级马匹的左侧喉返神经几乎没有残存的神经纤维了。具有正常喉功能的马匹，Ⅰ型纤维呈正常的嵌合形式分布，但运动时有喉功能障碍的马匹的Ⅰ型纤维有同型肌群化的倾向，且长度呈多样性

神经支配受损导致神经原性喉内肌肉萎缩，组织学上表现为肌纤维萎缩和肥大、同型肌群化、角纤维出现、Ⅰ型肌纤维减少而Ⅱ型肌纤维增多、纤维变性、脂肪置换。失神经肌肉侧支轴突出芽和再生（同型肌群化）表明肌肉正在试图修复。环杓侧肌（cricoarytenoideus lateralis，CAL；喉内收肌）比环杓背肌（cricoarytenoideus dorsalis，CAD；喉内收肌）先受

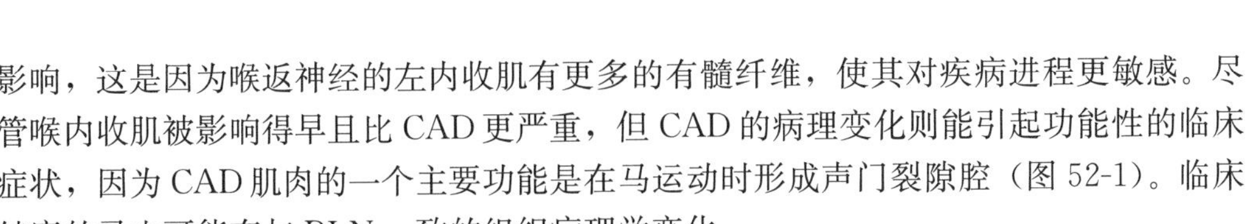

影响，这是因为喉返神经的左内收肌有更多的有髓纤维，使其对疾病进程更敏感。尽管喉内收肌被影响得早且比 CAD 更严重，但 CAD 的病理变化则能引起功能性的临床症状，因为 CAD 肌肉的一个主要功能是在马运动时形成声门裂隙腔（图 52-1）。临床健康的马也可能有与 RLN 一致的组织病理学变化。

二、病因学

喉返神经病（RLN）的决定性病因尚不明确，但遗传和后天因素都可能诱发该病。马驹有与喉返神经病相关的组织学变化，因此，不能忽视遗传因素。与健康种马相比，患有 RLN 的种马生的后代更容易患 RLN，一些学者认为 RLN 遗传具有多基因特征。近来，在一项对 500 多匹马的全基因组相关研究中（Dupuis 等，2011），尽管没有鉴定出 RLN 相关基因，但两个大基因座显示具有 RLN 抗性。后天病因包括颈静脉周围注射刺激性物质和铅中毒。

三、临床症状和诊断

患有喉返神经病（RLN）的马常表现运动性能降低，运动时有异常呼吸音。如果杓状软骨不能很好地外展，声门裂横交叉面积则会减少。因此，吸气气流受阻而湍流增加，就形成了异常的吸气杂音。RLN 马剧烈运动时呼吸用力，缺氧导致过早疲惫。与健康马相比，患有 RLN 的赛马可表现出氧分压低、二氧化碳分压升高和酸中毒等症状。喉部触诊时，可以检测到左侧环杓背肌萎缩。

休息和运动（最好是运动）时的喉部内镜检查（跑步机内镜检查或随身内镜检查见第 51 章）可以对 RLN 进行确诊。站立状态喉部内镜检查时，未麻醉马的杓状软骨和声带一定能被探测到。严重 RLN 的诊断较容易，但是轻微的 RLN 确诊较难。通过内镜往咽部冲淋少量水，或者用内镜鼻尖端或导管轻触咽部黏膜，造成马的吞咽或鼻孔受阻，可使杓状软骨最大程度地外展。诱发吞咽可用来评估杓状软骨的外展和内收。目前，静态内镜检查时，有一个“7 级系统”可以用于左侧杓状软骨的功能的打分（表 52-1）。也有些临床医生采用“4 级系统”或“5 级系统”来进行喉部功能分级。曾有报道，马喉部功能评分一天内有一定的可变性。单次静态内镜检查结果的判读需要慎重。基于三点系统（表 52-2）的动态内镜检查，有利于对这样的马匹进行诊断，即静止时喉部相对正常，然而剧烈运动时杓状软骨塌陷（表 52-3）。

表 52-1　哈弗梅耶内镜喉部分级体系*

分级	特征	亚级
Ⅰ	所有杓状软骨运动是同步和对称的，所有杓状软骨外展都能呈现和保持	未分亚级
Ⅱ	杓状软骨运动偶尔不同步不对称，但所有杓状软骨外展都能呈现和保持	1. 瞬时不同步、震动、运动延迟 2. 杓状软骨和声襞移动性下降后，声门裂大部分时间不对称。但是偶尔，特别是吞咽和鼻堵塞时，完全的对称型外展能够呈现和保持

（续）

分级	特征	亚级
Ⅲ	杓状软骨运动不同步不对称，所有杓状软骨外展均不能呈现和保持	1. 杓状软骨和声襞移动性下降后，声门裂大部分时间不对称。但是偶尔，特别是吞咽和鼻堵塞时，完全的对称型外展能够呈现，但不能保持 2. 明显的杓状软骨外展缺陷，杓状软骨不对称，不能外展 3. 典型而不完全的杓状软骨外展肌缺陷，杓状软骨不对称，不能外展
Ⅳ	杓状软骨和声襞完全不能活动	

注：* 该体系用于站立非麻醉马的喉部功能分级；所列特征指相对于右侧的左侧杓状软骨。

表 52-2　随身内镜喉部功能分级三点系统*

分级	特征
A	吸气时杓状软骨完全外展
B	杓状软骨部分外展（介于完全外展和休息状态之间）
C	吸气时杓状软骨外展程度低于休息时的状态，杓状软骨塌陷至对侧声门裂

注：* 所列特征一般指相对于右侧的左侧杓状软骨。

表 52-3　1299 匹马喉部功能内镜静态分级和运动分级之间的关联*

静态分级（四点法）	杓状软骨完全外展（A）	杓状软骨部分外展（B）	杓状软骨塌陷	运动时杓状软骨功能障碍
1	97.7%	2%	0.3%	2.3%
2	92%	6%	2%	8%
3	32%	25%	43%	68%
4	0%	0%	100%	100%

注：引自 Barakzai SZ 和 Dixon PM 的综合数据。Correlation of resting and exercising endoscopic findings for horses with dynamic laryngeal collapse and palatal dysfunction. Equine Vet J 2011；43：18-23；Ducharme N：4-Grade system for equine laryngeal function. In：Dixon PM，Robinson NE，Wade JF，eds. Proceedings of a Workshop on Equine Recurrent Laryngeal Neuropathy，Havemeyer Foundation Monograph Series No. 11. New market：R&W Publications，2003：21-23；and Lane JG，Bladon B，Little DR，et al. Dynamic obstructions of the equine upper respiratory tract. 2. Comparison of endoscopic findings at rest and during high-speed treadmill exercise of 600 Thoroughbred racehorses. Equine Vet J 2006；38：401-407。

超声波法检查疑似患 RLN 马喉部的技术日渐普及。2006 年，Chalmers 及其同事报道了这一技术。RLN 相关的成像窗口是喉部的左侧面和右侧面（图 52-2）。腹侧成像窗口可以透过环甲软骨肌韧带检测两个声带肌。RLN 诊断的基础是比较左、右环杓侧肌，RLN 病马的左环杓侧肌回声反射性增强。最近又有两项研究对 200 多匹马在运动时的超声波数据和喉功能的关联性进行了评估，相对于右环杓侧肌，左环杓侧肌回声反射性正常或增强。以动态喉内镜术检测杓状软骨塌陷的方法为参考，喉部超声波检测法的敏感性为 90%～95%，特异性为 95%～98%。这两项研究显示，与用静态内镜分级技术预测运动时杓状软骨塌陷的方法相比，超声波检测法敏感性、特异性更好。

用喉部超声波法预测喉部功能的纵向研究很有必要，但超声波技术更可能成为上呼吸道检测的金标准，将会被列为贸易检疫的项目之一。喉部超声波也可以用于 RLN 与其他喉部症状的鉴别诊断。杓状软骨发炎时，可以用喉部超声波法检测杓状软骨增厚、局限性脓肿形成、液体流出等症状。喉部超声波还可以用于诊断第四鳃弓畸形：静态内镜法可以检查到左侧或右侧杓状软骨麻痹，但经超声波诊断符合，CAL 回声反射性正常，且大多数病例的甲状软骨背侧边缘将会掩盖杓状软骨脊突。对于 RLN 的诊断，喉部超声波还不能够取代动态内镜，因为许多患有杓状软骨塌陷的马匹同时伴有其他上呼吸道障碍，如杓会厌襞轴向偏移（见第 54 章和第 55 章）。

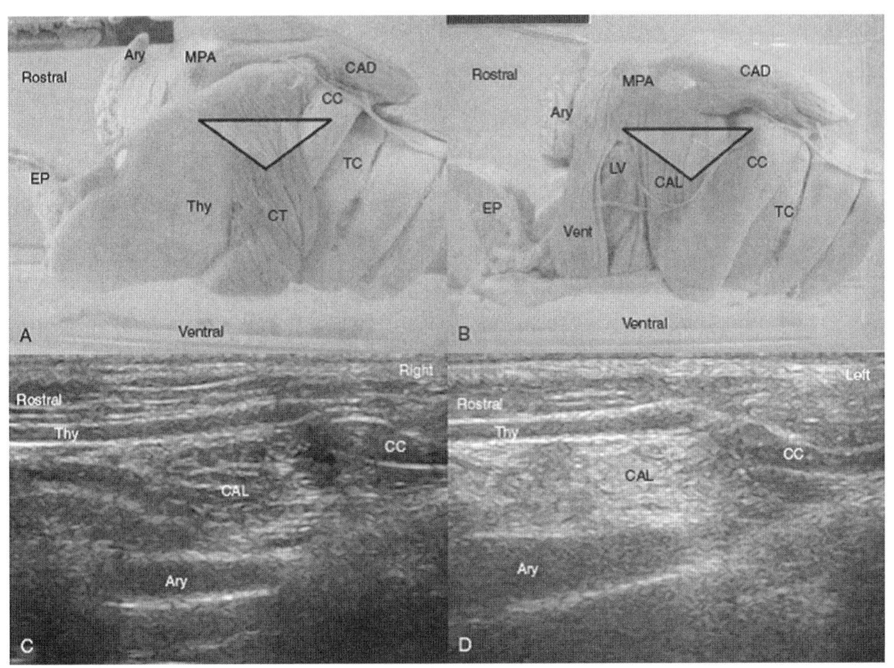

图 52-2　A. 组织标本显示喉部超声环杓侧肌（CAL）的侧部窗口（箭头）。Ary（Aryepiglottic cartilage），杓会厌软骨；CAD，环杓背肌；CC（cricoid cartilage），环状软骨；CT（cricothyroideus muscle），环甲肌；EP（epiglottic cartilage），会厌软骨；MPA（muscular process of the arytenoid cartilage），杓状软骨肌突；TC（tracheal cartilage），气管软骨；Thy（thyroid cartilage），甲状软骨　B. 组织标本显示甲状软骨去除后的喉部超声波环杓侧肌（CAL）的侧部窗口（箭头）。LV（Laryngeal ventricle），喉室；Vent（ventricularis muscle），室肌　C. 右侧环杓侧肌（CAL）的侧部窗口显示正常的回声反射性　D. 侧部窗口显示一匹动态喉部功能 C 级马的左侧环杓侧肌（CAL）回声反射性增强

四、疾病发展

喉返神经病（RLN）被认为是一种进行性疾病：在 RLN 病程的研究中，重复做静态内镜检查 48h 后，15%～28%的马喉部功能不良。RLN 的发病机理仍需要进一步

的研究。建立新的在预测喉部功能方面优于内镜检查的诊断方法非常必要。

五、治疗

遴选治疗喉返神经病（RLN）的最佳治疗方案时，马的年龄、用途、疾病的严重程度都必须考虑。可选择的外科手术方案包括脑室切开术、喉室声带切除术、喉成形术以及组合方案。临床上，最常见的外科选择是是否进行喉室声带切除术或组合的喉室声带切除术和喉成形术。不同的方案选择有不同的目的，当然也要取决于畜主的要求。尽管具有严重的喉部损伤，许多马匹可以按畜主要求进行处理，特别是对运动性能要求不高的马。然而，赛马不能这样，因为变窄的声门裂将严重影响其表现。马的气管比声门裂还要狭窄。研究显示，如果运动时85%的杓状软骨外展，气流则不会显著下降。以往经验表明，如果一匹马性能下降，且喉功能动态内镜分级为B或C，左侧喉室声带切除术、右侧脑室切开术、喉成形术的组合治疗方案将是最佳选择。喉室声带切除术以及喉室声带切除术和喉成形术的组合治疗方案中，马的发病率升高。在做出外科手术的决定前，畜主必须被告知这一事实。

激光喉室声带切除术目前应用较普遍。该技术的主要特点是能容易地对站立马进行无创操作。如果与喉成形术组合实施，通常在喉成形术麻醉前实施激光喉室声带切除术。

通常在普通麻醉状态下对马实施人工喉成形术，赛马的成功率为50%～70%，马术马是90%，这取决于对愈后的界定。操作方法是：用缝合线环绕环状软骨以及杓状软骨肌突，将杓状软骨固定于永久外展的状态。喉成形术后的左侧杓状软骨的永久外展状态的部分缺损较常见，降低这种缺损的新技术已被报道。在喉成形术置入缝合线之前打开环杓关节并进行刮除治疗，能够促进关节强直，并降低术后杓状软骨外展的缺损。另一种促进外展固定的技术是，在喉成形术置入缝合线之前往环杓关节中注入聚甲基丙烯酸甲酯骨水泥。植入后失败并不多见，但可能产生严重的并发症。

遗憾的是，喉成形术造成了喉部结构的永久性变化（如吞咽时左杓状软骨不能够内收），这导致气道不能被保护以及术后并发症，特别是下呼吸道疾病。40%的马术后出现持续咳嗽。可选的替代技术有神经肌肉蒂移植，通过将部分第一颈神经和肩胛舌骨肌移入萎缩的环杓背肌（CAD）来尽可能解决这一问题。移植体仅在头部运动或伸展时起作用。该手术9个月后才能发挥功能，所以通常不用于比赛期赛马。另一项新技术是环杓背肌（CAD）的功能性电刺激，也具有一定的替代价值。

推荐阅读

Barakzai SZ, Dixon PM. Correlation of resting and exercising endoscopic findings for horses with dynamic laryngeal collapse and palatal dysfunction. Equine Vet J, 2011, 43: 18-23.

Cahill JI，Goulden BE. Equine laryngeal hemiplegia. I. A light microscopic study of peripheral nerves. N Z Vet J，1986，34：161-169.

Chalmers HJ，Cheetham J，Yeager AE，et al. Ultrasonography of the equine larynx. Vet Radiol Ultrasound，2006，47：476-481.

Chalmers HJ，Yeager AE，Cheetham J，et al. Diagnostic sensitivity of subjective and quantitative laryngeal ultrasonography for recurrent laryngeal neuropathy in horses. Vet Radiol Ultrasound，2012，53：660- 666.

Dixon P，Robinson E，Wade JF. Proceedings on a workshop of equine recurrent laryngeal neuropathy，September 7-10，2003，Stratford-upon-Avon，UK.

Dixon PM，McGorum BC，Railton DI，et al. Clinical and endoscopic evidence of progression in 152 cases of equine recurrent laryngeal neuropathy（RLN）. Equine Vet J，2002，34：29-34.

Dixon RM，McGorum BC，Railton DI，et al. Long-term survey of laryngoplasty and ventriculocordectomy in an older，mixed-breed population of 200 horses. 1. Maintenance of surgical arytenoid abduction and complications of surgery. Equine Vet J，2003，35：389-396.

Ducharme N：4-Grade system for equine laryngeal function. In：Dixon PM，Robinson NE，Wade JF，eds. Proceedings of a Workshop on Equine Recurrent Laryngeal Neuropathy，Havemeyer Foundation Monograph Series No. 11. Newmarket：R&W Publications，2003：21- 23.

Duncan ID，Amundson J，Cuddon PA，et al. Preferential denervation of the adductor muscles of the equine larynx. I. Muscle pathology. Equine Vet J，1991，23：94-98.

Duncan ID，Reifenrath P，Jackson KF，et al. Preferential denervation of the adductor muscles of the equine larynx. Ⅱ. Nerve pathology. Equine Vet J，1991，23：99-103.

Dupuis MC，Zhang Z，Druet T，et al. Results of a haplotype-based GWAS for recurrent laryngeal neuropathy in the horse. Mamm Genome，2011，22：613-620.

Garrett KS，Woodie JB，Embertson RM. Association of treadmill upper airway endoscopic evaluation with results of ultrasonography and resting upper airway endoscopic evaluation. Equine Vet J，2011，43：365-371.

Hahn CN，Matiasek K，Dixon PM，et al. Histological and ultrastructural evidence that recurrent laryngeal neuropathy is a bilateral mononeuropathy limited to recurrent laryngeal nerves. Equine Vet J，2008，40：666-672.

Lane JG，Bladon B，Little DR，et al. Dynamic obstructions of the equine upper respiratory tract. 2. Comparison of endoscopic findings at rest and during high-speed treadmill exercise of 600 Thoroughbred racehorses. Equine Vet J，2006，38：401- 407.

Perkins JD，Salz RO，Schumacher J，et al. Variability of resting endoscopic grading for assessment of recurrent laryngeal neuropathy in horses. Equine Vet J，2009，41：342-346.

Robinson P，Derksen FJ，Stick JA，et al. Effects of unilateral laser-assisted ventriculocordectomy in horses with laryngeal hemiplegia. Equine Vet J，2006，38：491-496.

（邓小芸、祁小乐　译，王建发　校）

第 53 章　喉部超声

Katherine S. Garrett

尽管上呼吸道内镜检查（静态和动态）对于咽喉疾病的诊断仍然是主要手段，但喉部超声波也能够提供有用的补充信息。超声检查能够通过图像显示喉软骨、喉部肌肉组织和舌组织。这比单一的内镜检查能够更彻底地评估病情，对上呼吸道疾病的诊断和治疗都有作用。

一、设备和准备

喉部超声检查采用 8～10MHz 线形或扇形的超声波换能器，也会用到直肠探头，但不易操作。备皮能够提高图像的质量，但通常不用备皮，除非毛又粗又厚。喉部涂抹上异丙醇，需要有一位助手或立柱固定马头，以方便由尾侧向下颌骨的方向探测喉部。使用甲苯噻嗪镇静剂（0.4 mg/kg，静脉注射）让马匹安静。

二、超声技术

在拍摄喉部图像时，应该选取背侧位拍摄，同时还应选取外侧横断面、背外侧横断面以及腹侧位拍摄。将超声探头密贴于喉部，可采集甲状腺、环状软骨、杓状软骨、环杓侧肌和声带肌的图像（图 53-1）。将超声探头在背侧移动，然后轻转至背斜侧，从喉部背外侧的角度探测环杓背肌侧部（背外侧图像；图 53-2）和环甲软骨肌。旋转超声探头至垂直位置从侧窗获得甲状腺、杓状软骨、环杓侧肌和声带肌的纵向图像（图 53-3），与喉部横切位一致。从喉部腹侧位获得环状软骨、甲状软骨、声襞和舌骨纵向、横向图像。更多的超声波技术描述请参阅推荐阅读。

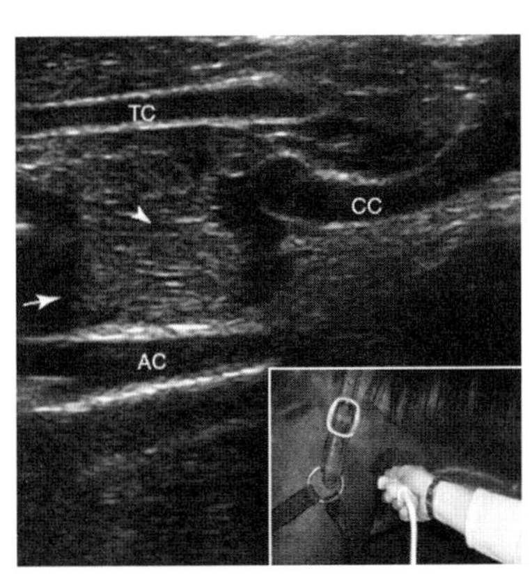

图 53-1　正常喉部背平面侧图像

环杓侧肌（箭头）和声带肌（箭）位于甲状软骨（thyroid cartilage，TC）和杓状软骨（arytenoid cartilage，AC）之间，回声反射性正常。注意 TC 和环状软骨（cricoid cartilage，CC）的正常关系（箭头）。头部在图像的左侧，尾部在右侧。插图显示超声探头在马体上的位置

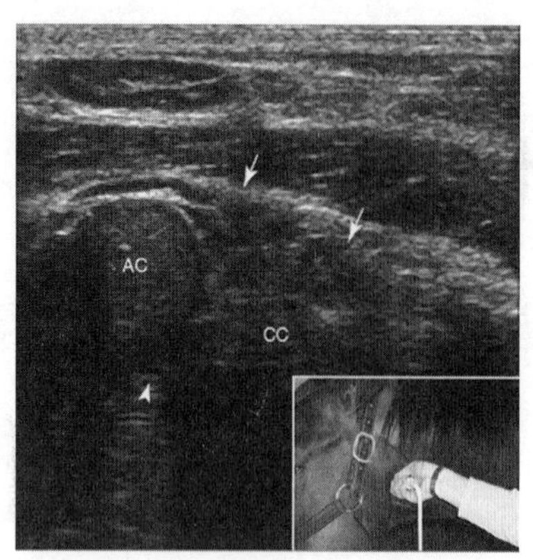

图 53-2　正常喉部的背斜面的背外侧图像

环杓背肌的侧部（大箭头），杓状软骨肌突（AC）和环状软骨（CC）之间回声强度正常。箭头指示环杓关节的位置。头部在图像的左侧，尾部在右侧。插图显示超声探头在马体上的位置

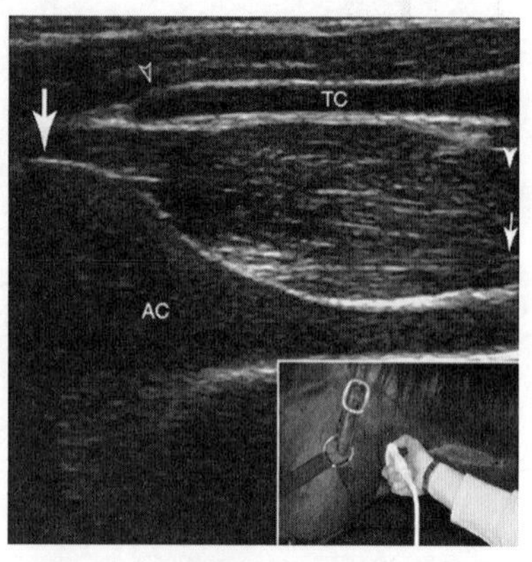

图 53-3　正常喉部的横切面的侧图像

杓状软骨（AC）呈现正常的“喇叭”状。环杓侧肌（箭头）和声带肌（箭）位于杓状软骨和甲状软骨（TC）之间，回声正常。甲状软骨板（空心箭头）和杓状软骨肌突（大箭头）之间的位置关系正常，杓状软骨肌突被向于甲状软骨板。头部在图像的左侧，尾部在右侧。插图显示超声探头在马体上的位置

三、病理特征

（一）喉返神经病

患有喉返神经病的马匹，受喉返神经支配的杓状软骨内收肌和外展肌发生神经性肌萎缩。内镜下显示为杓状软骨不能外展或外展不完全。与此关联的临床症状包括非正常的上呼吸道杂音，运动不耐以及性能不佳。

患有喉返神经病的马匹，具有特征性超声检查症状，环杓侧肌、环杓背肌、声带肌相比于对侧回声反射性增强（图 53-4）。去神经萎缩造成正常肌肉组织的纤维和脂肪置换，是回声反射性增强的一个原因。因为肌肉组织回声反射性增强是相对于对侧或非喉返神经支配的肌肉（如环甲肌）做出的判断，所以其精准性也有赖于技术经验。

喉返神经病的确诊通常需要运动时上呼吸道内镜检查（见第 51 章），因为上呼吸道静态内镜检查不能较准确地预测运动时杓状软骨的功能，特别是对于哈弗梅Ⅱ或Ⅲ级的杓状软骨运动。然而喉部超声检查不仅可以用于喉返神经病的诊断（如果超声波结果是阳性的），也可用于调查上呼吸道疾病的其他原因（如果超声结果是阴性的）。在不能进行上呼吸道随身内镜检查时，喉部超声检查是个特别有用的方法。在一项研究中，对于预测杓状软骨外展不完全方面，超声检查优于静态内镜检查；环杓侧肌的强回声的超声波诊断的敏感性是 90%，特异性是 98%，总的准确率是 96%，而同一批马的静态上呼吸道内镜检查的敏感性、特异性、总准确率则分别是 80%、81%和 81%。当然，超声技术不能取代内镜检查。

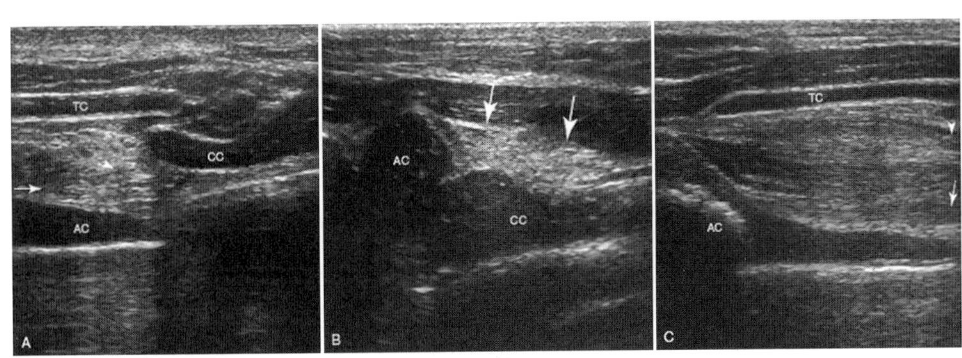

图 53-4 喉返神经图像

A. 侧窗背投图像 B. 背外侧窗的背斜位图像 C. 侧窗的横位图像

环杓侧肌（箭头），环杓背肌的侧腹部（大箭），声带肌（箭）回声反射性均增强（与图 53-1、图 53-2、图 53-3 相比）。在图 A 和 B 中，头部在图像的左侧，尾部在右侧。图 C 中，尾部在图像的左侧，头部在右侧

AC. 杓状软骨 CC. 环状软骨 TC. 甲状软骨

（二）杓状软骨炎

引起杓状软骨外展障碍、性能不佳、呼吸道噪音异常的另一个病因是杓状软骨炎，它是一种杓状软骨体或杓状软骨分别或同时发炎增大的炎性过程。超声诊断时，患杓状软骨炎的马杓状软骨变大、形状异常、边缘不规则，回声反射性不均一地增强（图 53-5）。

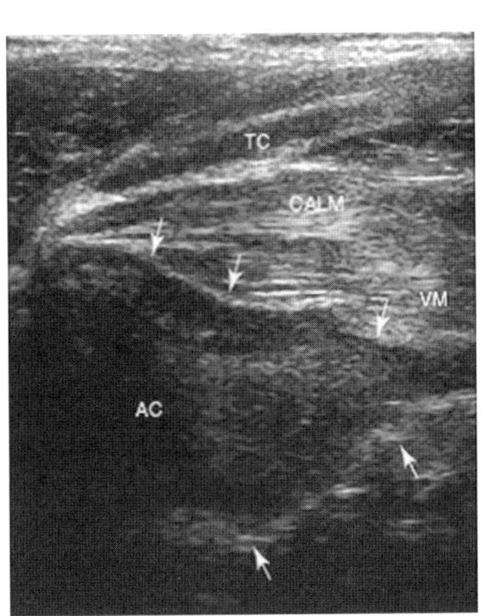

图 53-5 杓状软骨炎侧窗的横切位图像。杓状软骨（AC）增大，边缘不规则（箭头），内部软骨回声反射性增强。杓状软骨正常的“喇叭”形状消失。头部在图像的左侧，尾部在右侧

CALM（cricoarytenoideus lateralis muscle），环杓侧肌；TC，甲状软骨；VM（vocalis muscle），声带肌

尽管上呼吸道静态内镜能够很容易地对杓状软骨炎做出诊断，但当其不能确诊时，超声诊断技术是相当有用的。喉肌肥大、喉内脓肿形成，或者喉周肿块等异常状况常导致与杓状软骨炎类似的症状。但有时对于杓状软骨炎病马的杓状软骨局部进行内镜检查，结果也可能是正常的。在内镜检查不能确诊时，超声诊断在治疗和预后的判断方面的优势更明显。

如果在杓状软骨的吻合处检测到肿块（疑似肉芽肿），检测其下面的杓状软骨是否同时是颗粒状的，或者是否同时并发杓状软骨炎就非常重要，因为这对于给出治疗建议很重要。如果只是有肿块而不是杓状软骨炎，移除肿块就可以解决病痛，而不用实施杓状软骨切除术，这也是一个可能有后遗症的手术。然而，如果杓状软骨在有肿块的同时伴发炎症，为了恢复马的运动比赛价值，杓状软骨切除术可能是最恰当的治疗方案。对于双侧杓状软骨炎的病例，如

果计划实施单侧的杓状软骨切除术，可以用超声波检测来确定哪一侧的杓状软骨肿大的更严重。

对患有杓状软骨炎的马进行持续的检查评估发现，患病的杓状软骨经治疗后看起来也不会完全恢复正常。然而，超声波法可以用于监测软骨间或喉周脓肿的消散康复。

（三）喉发育不良（第四鳃弓缺陷）

第四鳃弓在胚胎发育过程中有助于喉软骨、喉内肌、咽肌的形成。发育异常会导致结构畸形，包括环甲肌关节缺失和甲状软骨板异常背伸。在喉发育不良的病例中，也存在环咽肌畸形。畸形可能是单侧的或双侧的，但以单右侧病变最为常见。

喉发育不良马有一系列的临床症状和上呼吸道内镜检查病变。典型的内镜病变包括腭咽弓喙移位和杓状软骨外展不全。然而，腭咽弓喙移位可能是间歇的，在未患喉发育不良的马匹中也可能出现。右侧杓状软骨障碍也可能存在于未患喉发育不良的马匹中，如右侧颈静脉血管周注射时可能诱发该病。杓状软骨正常但软腭背移位在双侧畸形的马匹中也存在。左侧功能障碍的马匹中也存在左侧杓状软骨外展不完全。喉部触诊可发现环状软骨和甲状软骨间有一条沟，比时需要进一步诊查。

内镜检查症状的多变性，再加上上呼吸道的其他异常情况，仅仅依靠内镜进行确诊较困难。超声检查可以以图像的形式显示喉部的异常情况，并做出确诊。喉部的侧位超声能显示出环甲肌关节缺失和甲状软骨板异常背伸（图 53-6）。磁共振成像对诊断环状软骨旋转和咽肌畸形作用较大。

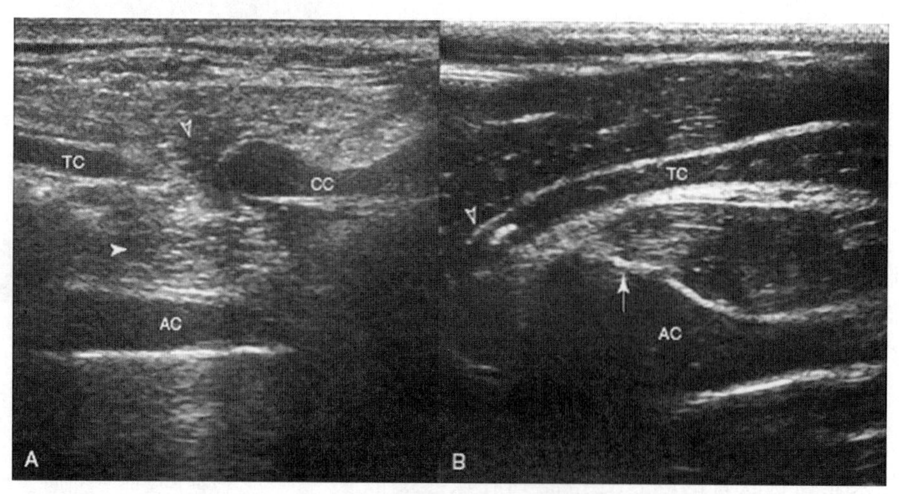

图 53-6　喉发育不良超声图像

A. 侧窗的背投图像。甲状软骨（TC）和环状软骨（CC）间有一条沟（空心箭头）。正常位于甲状软骨深处的环杓侧肌（箭头）则变位于该沟中。与图 53-1 相比（正常）。头部位于图像左侧，尾部位于右侧　B. 侧窗横切位图像。甲状软骨（TC）板背延到杓状软骨（AC）肌突（大箭头和空心箭头）。头部位于图像左侧，尾部位于右侧

手术治疗之前做出喉发育不良的确诊是很关键的，对治疗方案的确定和告知畜主都很重要，不同畜主对是否选择手术的反应不同。在杓状软骨活动不完全的病例中，

如果考虑人工喉成形术，外科医生必须意识到该手术操作远比常规的喉成形术困难，术中发生的甲状软骨板接触杓状软骨肌突较难处理。而且，由于解剖学上异常产生的临床症状，外科手术的结果可能差于健康马上实施的同类手术效果。目前尚不知道如何校正这种畸形。尽管如此，成功的案例还是很多的。对于患有上呼吸道异常噪音的非赛马，利用外科手术常可成功解决该问题。

(四) 其他应用

喉部和咽部的其他不常见的解剖结构畸形也能用超声技术做诊断。用内镜检查，患有这些特殊疾病的马匹通常表现为较多的典型的上呼吸道症状。但是通过超声检查，这些特殊的结构畸形才能被确定。譬如，对于软腭背侧移位患马，内镜检查仅观察到典型的上呼吸道症状，通过超声检查还可发现舌骨畸形，并经核磁共振成像技术确诊。喉结手术治疗该症状未能成功。然而，由于事先认识到了结构异常造成的复杂情况，所以术后采取了适当的补救措施，畜主对结果也有心理准备。

有时畜主不了解马的既往病史。如果怀疑之前做过喉成形术或喉结手术，超声检查可以在杓状软骨肌突和背环状软骨之间（喉成形术造成）或者舌骨和尾侧的甲状软骨板之间（之前的喉结手术）发现有手术痕迹。在某些情况下，缝合失败可能由于缝线张力不够所致。

四、小结

在笔者的临床实践中，喉部超声已经被作为上呼吸道检查的一种常规方法。在各种病例中，它都能够对诊断和治疗提供有价值的补充信息。手术方案的确定越来越依赖于超声检测结果。然而，喉部超声是一种辅助检测，尚不能取代站立时和运动中的内镜检查。

推荐阅读

Anonymous. Workshop summary consensus statements on equine recurrent laryngeal neuropathy. In：Dixon PM，Robinson E，Wade JF，eds. Havemeyer Foundation Proceedings of a Workshop on Equine Recurrent Laryngeal Neuropathy. Stratford-upon-Avon，UK：R & W Publications，2003；93-97.

Chalmers HJ，Cheetham J，Yeager AE，et al. Ultrasonography of the equine larynx. Vet Radiol Ultrasound，2006，47：476-481.

Fulton IC，Anderson BH，Stick JA，et al. Larynx. In：Auer JA，Stick JA，eds. Equine Surgery. 4th ed. St. Louis：Elsevier，2012：592-623.

Garrett KS. How to ultrasound the equine larynx. Proc Am Assoc Eq Pract，2010，56：249-256.

Garrett KS，Woodie JB，Embertson RM. Association of treadmill upper airway endoscopic evaluation with results of ultrasonography and resting upper airway endoscopic evaluation. Equine Vet J，2011，43：365-371.

Garrett KS，Woodie JB，Embertson RM，et al. Diagnosis of laryngeal dysplasia in five horses using magnetic resonance imaging and ultrasonography. Equine Vet J，2009，41：766-771.

Hammer EJ，Tulleners EP，Parente EJ，et al. Videoendoscopic assessment of dynamic laryngeal function during exercise in horses with grade-Ⅲ left laryngeal hemiparesis at rest：26 cases（1992-1995）. J Am Vet Med Assoc，1998，212：399-403.

Holcombe SJ，Ducharme NG. Abnormalities of the upper airway. In：Hinchcliff KW，Kaneps AJ，Geor RJ，eds. Equine Sports Medicine and Surgery. Philadelphia：Saunders，2004：559-598.

Lane JG，Bladon B，Little DRM，et al. Dynamic obstructions of the equine upper respiratory tract. 2. Comparison of endoscopic findings at rest and during high-speed treadmill exercise of 600 Thoroughbred racehorses. Equine Vet J，2006，38：401- 407.

（邓小芸、祁小乐　译，王建发　校）

第 54 章　软腭背侧位移

Kate Allen　Samantha H. Franklin

赛马上呼吸道功能（upper respiratory tract，URT）研究中，准确的诊断至关重要。由于不全面或者不正确的诊断所导致的损失应予重视。这不仅要考虑不恰当治疗所造成的损伤，还要权衡马的康复期、无效的训练、额外的手术、收入的损失以及赛马的贬值。此外，赛马进行不当手术所引起的动物福利问题也尤其重要。其中，软腭背侧位移是多种动态 URT 梗阻的一种。本章总结了软腭动态间歇性背侧位移（dorsal displacement of the soft palate，DDSP）的诊断和治疗的相关临床资料。关于疗效研究的完整的参考文献列表，Allen et al（2012）有报道，见本章最后的推荐阅读。

一、诊断

（一）主诉

DDSP 的临床发现可以从兽医/驯马师/骑师的主诉中获取信息。马通常表现为状态欠佳或者训练耐受差，在赛马中可表现为在接近比赛终点时逐渐或是突然止步。研究表明，58%～85%的马患 DDSP 后会出现呼吸音异常。虽然出现呼吸音异常本身不足以作为诊断 DDSP 的特征，但 URT 呼吸杂音的诊断准确率达 0.77，灵敏度达 0.5。“汩汩”的呼气声是由软腭的自由边界特异性的振动产生的，它与其他形式的软腭动态 URT 梗阻所出现的呼吸音有很大不同。然而，考虑到振动的频率，不是所有马的呼吸音都能听到。最近研究表明，与赛马相比，患有 DDSP 的骑行用马很少产生呼吸杂音，这是因为这些马呼吸时产生的气流速度较低。

（二）喉部超声

喉部超声对于诊断马的喉部功能障碍很有帮助，但是在诊断 DDSP 方面存在争议。尽管有一项研究表明，马休息时舌骨超声波测量深度与训练中 DDSP 的发生密切相关，但是在随后的研究中没有得到证实。目前，尚无足够的证据支持该技术作为诊断 DDSP 的最佳方法。

（三）内镜检查

使用内镜检查休息时马的上呼吸道是一项常用技术。有证据表明，间歇性的 DDSP，软骨溃疡以及小而软的会厌软骨可能提示在马在训练中会出现 DDSP。有证据表明，软腭持续的位移以及马是否能够轻易通过吞咽矫正位移是 DDSP 发生的重要信号。然而，这些因素产生的效应都还未被严格评估。在已经确诊 DDSP 的病马中，使用内镜检查时，软腭发生位移的概率为 8%～51%。马休息时，使用内镜检测到 DDSP 症状的特异性很高（0.89～0.96）。然而，敏感性通常比较低（0.02～0.64），甚至对于同时伴发有呼吸汩汩声史的病例，也不能很好地确诊上腭功能障碍，其误诊率甚至可达 35%。

在运动中观察到 URT 的发生是确诊该病的金标准。这可以通过跑步机内镜检查或运动中随身内镜检查来实现。然而，这两项技术都存在误诊。我们知道，跑步机训练不能替代在地面上训练。在这两种训练方式中，心率、血乳酸、步频以及步长都有很大不同。目前的研究表明，赛马在地面上比在跑步机上检查 DDSP 时其发病率更低一些。然而，对于骑行用马来说，在地面上运动检测时的发病率更高一些。这可能主要是因为在使用地上内镜检测 DDSP 时赛马的训练强度较低，特别是在英国，这种检测用跑道比赛马跑道的距离要短。而对于骑行用马来说，骑手、马具压迫及其他因素导致的头颈部屈曲可能导致该病高发，而在跑步机上检查则不存在此类诱发因素。总之，诊断 DDSP 的最佳时机是选择与马比赛时近似的检查环境。

二、治疗

在 DDSP 确诊之后，兽医需要向马的主人提供最合适的针对病马的治疗方案。为了能够提供切实的指导意见，兽医不仅需要了解临床治疗研究的结果，还要了解他们职业发展所需的基础理论及科学依据。DDSP 的治疗方案有很多种，但是，需要注意的是没有一种治疗方案是适用于所有情况的。治疗方案的多样性反映了我们缺乏对于该病致病机理的很好了解。临床治疗方案的决策应该尽可能是在我们所了解的最好的证据上做出的。对于 DDSP 干预措施有效性的系统评价最近开始进行。因此，从目前的治疗案例中关于这些措施的真正疗效很难得出确定的结论，也不能确定哪些措施对于治疗 DDSP 是最有效的以及伤害性最小的。

本章对相关的研究进行了综述。

（一）软腭治疗方案

虽然有一些关于提高软腭张力和强度的外科治疗方法，目前尚无足够证据表明软腭强度的提高对于其功能的发挥是否有利。这些方法不是强调软腭组织的肌肉强度，而是着眼于减弱软腭对于肌纤维的感应。强度主要是指增加软腭的先天力量，让它抵抗高强度训练所引起较大的压力变化。

（二）烧烙

烧烙的部位是软腭的表面，这是在全身麻醉的状态下进行的。还没有研究对于烧烙的组织学反应或者烧烙对软腭硬度的影响进行评估。在系统的综述中有关于烧烙临床效果的 5 项研究，这些研究在样本量、确切的诊断以及结果评估方面有些差异。尽

管在早期的研究中多数驯马师（72%）认为这项治疗有效，然而只有48%的马被报道在治疗后停止发出汩汩呼吸声。在另外一项研究中，对6匹DDSP病马在高速跑步机上使用内镜检查，3匹仍然还有DDSP，另外3匹马在受到干预治疗后转变为软腭不稳固。然而，本研究中大部分的马没有进行反复的内镜检查，结果可能有偏差，尤其是在那些不成功的案例上。另外3项研究使用比赛形式作为评估标准。评估使用比赛的数量，以及收入、等级、成绩指数都不一样。报告中显示比赛成绩改善的比例变化很大（28%～59%），因为这取决于使用哪种比赛参数。

也有其他研究比较了烧烙法与喉部前束术和保守疗法的结果。研究显示这些方法在治疗效果上差异不明显。目前多数研究表明，软骨烧烙法可能有效性很小。该方法还存在一些轻微的副反应，表现为轻微不适乃至术后24～48h的食欲减退。

（三）激光烧烙术

口鼻部位表面软腭的激光烧烙需要使用多种设备，如二级激光管、CO_2激光以及Nd：YAG激光。一项关于组织学的研究评价了二极管激光治疗鼻部表面软腭的效果，结果表明该技术引起肌纤维组织反应。软腭骨骼肌肉的消失是激光治疗引起的仅次于激光热伤的二级伤害。除了肌肉纤维化外，颚骨硬度通常会减弱，与对照马相比受到治疗的马软腭实际上会更易弯曲。肌肉组织的缺失随后被认为对于软腭的稳定性不利。骨骼肌纤维化或消失均可能引起软腭硬度下降，具体原因尚需研究。激光烧烙术对改善软腭背侧位移有一定的作用，但不能增加软腭强度。此外，术后导致的骨骼肌缺损对马匹长期健康可能不利。

（四）上腭硬化疗法

该疗法副作用较小，一般使用十四烷基硫酸钠和L-乳酸作为硬化剂，将其注射至软腭的黏膜下层，以促进软腭硬化。注射L-乳酸可以引起组织纤维化，但是十四烷基硫酸钠盐注射并不会引起组织纤维化。临床研究证实，上腭硬化疗法治疗后，60%的马停止发出呼吸杂音，70%的马竞速性能有了提升，多数马需要进行二次治疗。

（五）埃亨疗法（口部张力软腭切除）

尚无该疗法对软腭组织学变化和硬度变化的研究。一项研究报道该疗法具有74%的临床治疗成功率，但结果评判较主观。

（六）悬雍垂切除术

悬雍垂切除常通过手术切割，最近也利用激光切除。该技术可引起软腭尾部边缘的纤维化以及硬化。使用激光进行悬雍垂切除术后，软腭的边缘因结缔组织的过度增生而变厚。该技术减小了软腭的长度，进而扩大了咽喉。由于不是通过阻止移位，该技术减少了因为移位而引起的阻塞发生程度。该技术影响了马的上呼吸道结构，与未接受手术的马相比，该技术可导致马在训练中气管和上呼吸道阻力大幅增加。对上腭功能紊乱的临床病例的呼吸参数还没有进行研究。一项关于悬雍垂切除术单独治疗的研究表明，从赛马经济收入角度看，成功率评估为 59%。该技术的不利影响尚未研究，但是应该考虑术后可能引起 DDSP 高发。

（七）咽喉位置

治疗可以通过阻止喉头尾部的回缩（如通过腱切除术或者肌肉切除术切除胸骨甲状肌、胸骨舌骨肌或肩胛舌骨肌中的一条或多条）或者喉头前移（通过喉头前移术或者使用喉部支撑设备）来改变喉部的位置。然而，在自然情况下，喉头尾部回缩是否可能引起 DDSP，这个推测还没有被证实。

（八）喉部前束术

喉部前束术（laryngeal tie-forward，LTF）涉及甲状腺软骨与舌骨缝合的部位，以重新产生甲状舌骨肌。该技术在缝合部位确定后实施，6 匹马中的 5 匹在舌骨体切除后发生 DDSP。X 线摄像证明 LTF 可以使舌骨向背侧和尾部移动，使喉头向背侧和一侧移动。在 10 匹正常马中证实这项技术不会对气道压力（气管内的气压）产生明显影响。

临床研究表明，基于比赛成绩判断的手术成功率为 80%（在几项研究中已被证实）。但是结果可能存在偏差，因为在术后没有完成 3 个比赛的马并未被包括在分析样本中。随后的研究表明，这项技术将比赛收入恢复到了患病前的基本水平。在每项研究中，只有一部分马是确诊的。另外一项研究证实，患有颚部功能紊乱的 31 匹马中，LTF 的成功比例在 26%～62%不等，这由基于比赛成绩的判定标准而定。跑步机结合内镜用来评估术前和术后的疗效，但是只有少数进行了评估。8 匹马中的 7 匹在术后仍患有 DDSP；然而本研究中对不成功案例的评估可能存在偏差。尽管早期的研究表明了该技术具有很好的疗效，但其他的研究表明成功率并不高，与其他被报道的技术并没有什么不同。

有报道称，LTF 的术后并发症发生率为 7%，虽然它们的机制并不清楚。另一个案例表明，LTF 后可能发生两侧声带失声。而且这匹马接受手术后仍然存在 DDSP。我们需要深入了解喉头部位的作用。因为研究表明，与具有圆形喉头的马相比，具有背侧位舌骨和甲状腺的马在术后更有可能参加比赛，LTF 技术的整套理论尚存争议。

（九）胸骨甲状舌骨肌和肩胛舌骨肌的髓鞘和腱切除术

尽管舌骨和喉头部位的胸骨甲状舌骨肌切除后的效果尚未研究，正常马在切除胸骨甲状肌和胸骨舌骨肌后会增加气管的吸气压力。这些结果表明，胸骨甲状肌和胸骨舌骨肌在保持上呼吸道稳定性方面很重要，该方法可对上呼吸道呼吸力学产生不利影响。

相关的临床效果研究有 5 项。在一项研究中，跑步机内镜技术在用于胸骨甲状舌骨肌切除术之前和之后的 3 种情形中，可确定该技术的效果。术前和术后的所有 3 种情况下，都观察到了软腭的背侧位移，该技术在该马上的作用是无效的。在其他研究中，基于比赛成绩判定治疗是否成功，报道称成功率为 50%～70%。只有一项研究观

察到了几乎可忽略的副作用。

（十）联合手术疗法

为提升单一治疗方法的效果，几种外科手术联合疗法已经被采用。最常见的联合疗法是 LTF 结合烧烙疗法，胸骨甲状肌切除术结合悬雍垂切除术。结合目前的证据来看，还不能确定这些联合手术疗法相对于单一疗法是否有可靠的优势。

（十一）会厌手术

1. 会厌增大术

会厌增大术增加了会厌的大小、厚度和硬度，以阻止训练中 DDSP 的发生。目前，没有足够的证据表明会厌在软腭动力学功能紊乱中发挥作用。对休息的马以及发生会厌翻转的马的研究表明，会厌在软骨位置中并没有作用。然而，临床观察研究表明，在运动中会厌结构的改变与 DDSP 的发展有一定联系。在会厌腹侧的黏膜下注射聚四氟乙烯导致会厌顶端增厚 40%，杓会厌附着区增厚 29%。该技术不会改变会厌的长度。该技术产生的会厌增厚归因于纤维结缔组织包绕形成的肉芽肿所导致的黏膜下层膨胀。聚四氟乙烯此前被广泛用于人声带麻痹的治疗（参见注射喉结整形），但是病人会产生严重的长期并发症，如聚四氟乙烯肉芽肿。因此，人类医疗上已不再使用该药物。

关于会厌增大术效果的研究有两项。两项研究选择的马匹均患有 DDSP，其中一项结果表明实施会厌增大术的 8 匹马中，有 4 匹马赛季比赛收入有所增加。通过跑步机运动测试结合内镜观察分析了会厌增大术的效果，发现术后马匹会出现会厌发红、水肿等并发症，术后咳嗽持续了 3 周。8 匹手术马中有 3 匹没有发生软腭背侧位移，被认为手术成功。但是由于病例数量偏少，其真实效果和副作用仍需深入研究分析。

2. 会厌下黏膜切除术

会厌下黏膜组织的机动性可能在软腭背侧位移中发挥了促移位或保持位移的作用。因此，切除该组织对治疗该病可能具有有益作用，但证据还不够充分。

（十二）药物治疗

药物治疗包括早期使用肾上腺皮质类激素减轻由初期上颚功能障碍以及后期的咽部神经分支功能紊乱引起的炎症。然而，目前没有足够的临床证据表明上呼吸道炎症在上颚功能紊乱中的影响。

一项研究评估了 6 匹 DDSP 病马口服肾上腺皮质激素类药物与休息的关系。结果根据比赛表现评定，报道称治疗方法 100%有效果。结果证明了该方法的效果；然而，这项研究中的马数量较小，需要更深入的研究提供更多证据来支持此观点。

（十三）保守疗法

在软腭功能障碍治疗中有许多保守疗法。通过调整马具，如鼻羁（笼头）和压舌带，可阻止张嘴和舌根回缩，进而通过扰乱软腭的开口使其耐受 DDSP 影响。然而，腭部封口的重要性还有待证实。此外，张嘴对于舌头和软骨位置的影响尚无研究。交叉的或者下降的鼻羁阻止张嘴，澳大利亚鼻羁使马嚼子保持在马嘴的上部，在理论上降低马舌头卡到嚼子里面的可能。有报道称，具有尾部张力的马嚼子可以在舌头背部产生压力。不带马嚼子的缰绳也是治疗 DDSP 的一个方法，因为这可以减少唾沫产生以及防止舌头回缩。这些方法尚需更多的临床研究去证实。

压舌带的作用是阻止舌头尾部的回缩，还具有牵拉喉头向前的作用。然而，压舌带的使用并不能改变正常马在训练中的气管动力学，也不能增加鼻咽部的直径或者改变舌骨的位置。下压舌根而非上提舌根是预防 DDSP 的一种重要方法，但这并不能简单通过鼻羁或压舌带来实现。一项研究中首先使用跑步机结合内镜检查诊断了患有 DDSP 的 6 匹马，之后马戴上压舌带后重新进行跑步机内镜检查。有 2 匹戴有压舌带的马没有发生 DDSP；然而它们依然被检测到了软骨不稳固。剩余 4 匹马中的 3 匹在训练中，戴上压舌带后 DDSP 发生的更早，但是差异并不显著。另外 2 项研究评估了一系列保守措施（比如通过鼻羁或压舌带的使用获得休息，增加舒适感），这些保守措施的成功率为 53%～63%。这些研究中使用的保守措施的效果和上面介绍的外科疗法效果差不多，虽然有个别研究表明这些保守措施的效果是暂时的。由于当兽医向马主人建议这些保守疗法后，不确定他们是否会采纳这些建议，所以这些研究中所使用的保守措施的疗效证据还不确实。

喉部支撑装置（laryngohyoid support device，LHS）又称康奈尔结（Cornell collar），旨在重置喉部位置，是一种非手术的喉部前置方法。该方法的目的是通过向甲状软骨施加向上的压力使喉部向背侧移动，以及向舌骨体尾部施加向前的压力使喉部向一侧移动。X 线检查显示，LHS 技术是将喉部向背部一侧移动，将舌骨体向一端移动。因此，LTF 和 LHS 看起来对喉部具有相似的功效（比如向一端和背侧移动），但是对舌骨体的作用不一样，LTF 使舌骨向尾部移动，LHS 使舌骨移向一侧。LHS 对正常马在训练中血液中的气体、气道压力、气流比率没有明显影响，并且可以阻止切除肌腱的马发生 DDSP。关于康奈尔结对于自然发生的 DDSP 治疗效果，目前尚未见报道。

有数据显示，在青年赛马中，训练会使 DDSP 逐步改善，并且会越来越适应。如果真是这样的话，不知道咽部扩张肌是否对于训练有反应，运动肌肉的发展是否会降低呼吸系统的功能。我们知道，运动肌肉会对系统运动训练有反应，很可能的是上呼吸道的肌肉对于运动训练也有反应。

进行手术和药物治疗的同时休息一段时间（至少 4～6 个月），或者单独实施，会有利于马匹的康复，但这个建议是根据经验得出的。许多临床治疗师建议休息更短的时间（1 个月左右）并结合手术治疗。很明显，让马休息与增加训练水平以提高上呼吸道肌肉水平的建议是完全矛盾的。休息可以使马从可能的刺激诱因比如 URT 感染中恢复，组织病理学的变化可能是 DDSP 中软骨振动反复发作的结果。

三、小结

选择适合的治疗方案因马而异，然而现有的数据让临床兽医比较困惑。许多驯马师在尝试保守疗法后选择手术疗法，但是他们应该了解手术的局限性。可是虽然成功率不高，他们可能更希望尝试外科疗法，因为比赛成绩本质上受 DDSP 的影响很大。最后，希望将来对于发病机理的深入了解有助于更多有效方法的研究。

推荐阅读

Allen KJ，Christley RM，Birchall MA，et al. A systematic review of the efficacy of interventions for dynamic intermittent dorsal displacement of the soft palate. Equine Vet J，2012，44：259-266.

Barakzai SZ，Dixon PM. Correlation of resting and exercising endoscopic findings for horses with dynamic laryngeal collapse and palatal dysfunction. Equine Vet J，2011，43：18-23.

Barakzai SZ，Finnegan C，Boden LA. Effect of tongue tie use on racing performance of Thoroughbreds in the United Kingdom. Equine Vet J，2009，41：812- 816.

Barakzai SZ，Hawkes CS. Dorsal displacement of the soft palate and palatal instability. Equine Vet Educ，2010，22：253-264.

Beard WL，Holcombe SJ，Hinchcliff KW. Effect of a tongue-tie on upper airway mechanics during exercise following sternothyrohyoid myectomy in clinically normal horses. Am J Vet Res，2001，62：779-782.

Cehak A，Deegan E，Drommer W，et al. Transendoscopic injection of poly-L-lactic acid into the soft palate in horses：a new therapy for dorsal displacement of the soft palate? J Equine Vet Sci，2006，26：59-66.

Chalmers HJ，Yeager AE，Ducharme N. Ultrasonographic assessment of laryngohyoid position as a predictor of dorsal displacement of the soft palate in horses. Vet Radiol Ultrasound，2009，50：91-96.

Delfs KC，Hawkins JF，Lescun TB，et al. Soft palate laser palatoplasty in the horse using the diode laser：a clinical，histopathological，MRI and biomechanical examination. In：Proceedings of the American College of Veterinary Surgeons Annual Congress，San Diego，2008：9.

Ducharme NG，Hackett RP，Woodie JB，et al. Investigations into the role of the thyrohyoid muscles in the pathogenesis of dorsal displacement of the soft palate in horses. Equine Vet J，2003，35：258-263.

Holcombe SJ，Beard WL，Hinchcliff KW，et al. Effect of sternothyrohyoid myectomy on upper airway mechanics in normal horses. J ApplPhysiol，1994，77：2812- 816.

Lane JG，Bladon B，Little DR，et al. Dynamic obstructions of the equine upper respiratory tract. 2. Comparison of endoscopic findings at rest and during high-speed treadmill exercise of 600 Thoroughbred racehorses. Equine Vet J，2006，38：401- 407.

O'Rielly JL，Beard WL，Renn TN，et al. Effect of combined staphylectomy and laryngotomy on upper airway mechanics in clinically normal horses. Am J Vet Res，1997，58：1018- 1021.

Tulleners E，Hamir A. Evaluation of epiglottic augmentation by use of polytetrafluoroethylene paste in horses. Am J Vet Res，1991，52：1908-1915.

（邓小芸、祁小乐　译，王建发　校）

第 55 章　鼻咽塌陷

Elizabeth J. Davidson

鼻咽塌陷是赛马、体育表演马和小型马上呼吸道障碍的常见原因，受影响的马表现出异常的上呼吸道噪声和运动不耐受。鼻咽塌陷是一个动态过程，发生在运动过程中，动态内镜检查是其确诊所必需的。动态内镜检查可见一个或多个咽壁的动态塌陷。严格来讲，软腭间歇性背移（intermittent dorsal displacement of the soft palate，DDSP）是鼻咽癌最常见的病症，它发生于当软腭尾部（腹侧咽壁）背移到会厌进而阻碍上气道时（见第 54 章）。术语咽部塌陷（pharyngeal collapse，PC）在动态内镜检查时用来描述背部、侧部、周围的咽壁塌陷。术语软腭失稳（soft palate instability）、腭失稳（palatal instability）、腭翻转（palatal billowing）被用来描述软腭的腹侧失稳或向背腹侧翻转。该病症被认为可能是 DDSP 的一部分，通常先于 DDSP 出现，或由单独的阻塞引起。所有的鼻咽癌障碍中，运动中的上颚可见唯一明显的症状。

一、咽部塌陷

咽部塌陷病马的病史调查结果包括运动过程中的表现不良和异常的上呼吸道噪声。影响严重的马会发出低频或咆哮的吸气噪声。基于踏车内镜检查的回顾分析，表现不良的赛马中发病率是 3%～20%。在体育表演马中，提高头和颈部的承重量会进一步加重临床症状，踏车内镜已检测到 31%的表演马患病。高钾性周期性瘫痪的纯合马，尤其那些有喘鸣症状的马，具有患咽部塌陷的危险。

咽部塌陷的病因尚未得知，但被认为与神经肌肉疲劳加上在高速运动中鼻咽形成的负压有关。缺乏骨或软骨的支持，鼻咽部的完整性由咽部肌肉维持。这些肌肉的收缩导致鼻咽部的扩张和稳定。在鼻咽黏膜，许多感官感受器检测到在呼吸过程中发生的很大的腔内压力变化。受体活性的增加提高了咽部肌肉的活化。复杂的神经肌肉反射的任何功能障碍都可能导致运动过程中咽的不稳定和动态塌陷。喉黏膜的局部麻醉已经被应用于改善动态咽部塌陷的程度。双侧舌咽神经麻醉后也会产生咽背侧壁塌陷，导致茎突咽肌功能障碍，造成较大的鼻咽扩张。喉囊臌胀和 DDSP 也被视为引起该障碍的原因。

（一）诊断

即使患病的马匹，休息时的内镜检查结果也是正常的。许多马匹，在实施鼻阻塞操作时可观察到咽壁背侧塌陷。然而，马休息时和运动时咽功能内镜检查结果是没有相关性的。事实上，大多数马匹在运动中不表现咽部塌陷。有趣的是，一项踏车试验研究表明，66％年轻纯种马在休息时，内镜检查很难重新定位软腭位移，而在运动时有咽部塌陷。然而，其他许多研究均不能阐明马在静止和运动时上气道之间的关系。一般来说，在动物休息时内镜检查结果不能用于诊断该病。

在运动过程中鼻塌陷的诊断是通过内镜检查上气道确认的。该检查可以踏车内镜或地上内镜进行。咽部塌陷是渐进的，随着运动的增加而恶化（图 55-1）。在最大速度飞奔时，受影响的马往往有不良的气体交换（严重低氧血症和高碳酸血症），这解释了许多类似动物严重运动不耐受的原因。咽部塌陷可能被认为是一个异常的动态塌陷形式或与其他阻塞性疾病有关。对于演出马，操作侧缰绳使马匹头部和颈部弯曲可能是确诊所必需的。相应的异常吸气呼吸的噪声也可以察觉，但声音异常不能作为诊断的唯一标准。

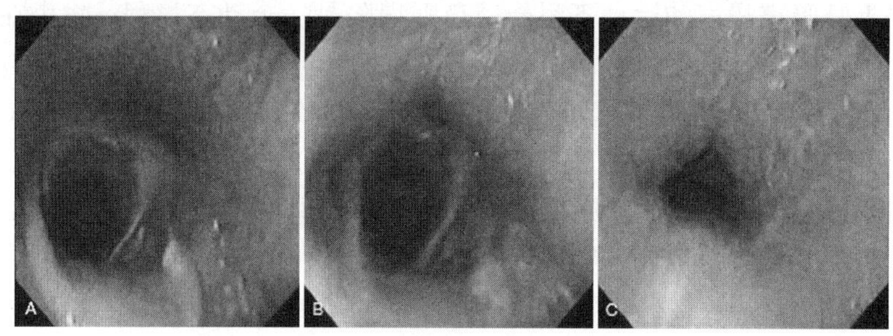

图 55-1　A～C. 咽壁渐进性塌陷病马运动时的鼻咽内镜图像

有两个分级标准已被用来划分动态的咽部塌陷的程度。第一个分级标准表明受影响咽壁的数量：1～4 级表明 1～4 个壁的轴向偏差（图 55-2）。大约 50％受影响的马有 3 个咽壁的动态塌陷：两侧及咽顶或咽底，这被认定为 3 级咽部塌陷。由于受影响的咽壁的数量并不总是对应于梗阻的程度，第二个标准也可用于估计声门梗阻的严重程度。依据这个分级系统，轻度梗阻显示咽壁塌陷但没有声门裂阻塞，或低度塌陷且阻碍 30％的声门（图 55-3）；高度塌陷阻碍 50％的声门；重度梗阻是指与对面咽壁相互接触将声门完全封闭。大多数受影响的马呈现低度或高度阻塞。

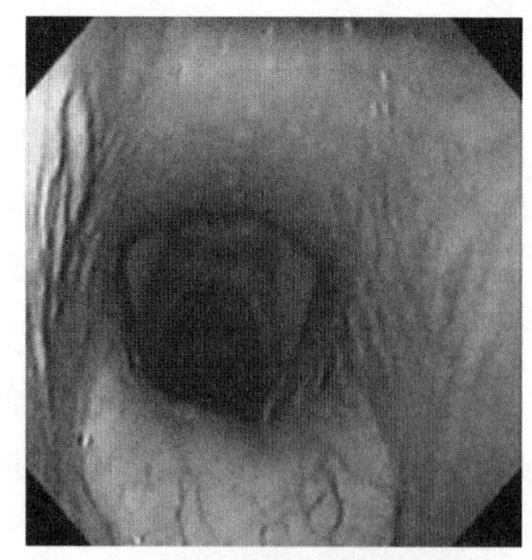

图 55-2　Ⅰ级咽部塌陷的内镜图像，显示了咽壁背侧的轻度塌陷。该图像在运动过程中获得

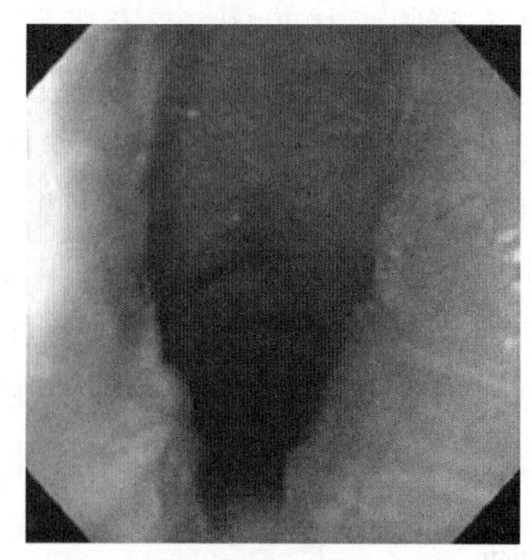

图 55-3　运动马的双侧中低程度的咽部塌陷和鼻咽背部基底

(二) 治疗

没有已知的咽部塌陷治疗的有效方法，一般认为该病预后较差。对于一些年轻的未成熟的马，该病是自限性的，训练后休息几个月就可能改善或痊愈。对于有鼻咽炎症的马，系统地皮质类固醇治疗可能有效果。对并发疾病，尤其是下呼吸道疾病，应该治疗。延长竞赛或剧烈运动的时间可降低咽的神经肌肉疲劳。对于纯种马，较短距离的比赛可以提高赛马性能。对于老的赛马（≥4 岁）和 3 个咽壁受影响的马，任何治疗都无法改善。体育表演马的预后通常认为是很差的，尤其是咽部塌陷与弯曲的头和脖子的姿态有关系，这些姿势是某些骑术规则要求的。乙酰唑胺对患有高钾性周期麻痹的纯合马可能有疗效。

二、软腭失稳

与其他上呼吸道阻塞障碍病马相似，软腭失稳（soft palate instability，PI）病马也表现为呼吸噪声异常和运动不耐受。已确诊的有赛马和马术马，矮种马患该病的情况有可能被夸大了。踏车内镜检查报道的马的发病率为 3%到 33%。头部和颈部弯曲可以诱发或加重临床症状。PI 的病因尚未可知。试验证实，腭帆张肌腱的切除会导致软腭喙部的功能障碍。肌腱切断后，软腭背侧翻入气道；然而，PI 临床上的特定病因尚未确定。

运用内镜检查运动中的马是软腭失稳的诊断方法。内镜检查中，休息的马的结果是正常的，在运动中没有表现特定的功能障碍。运动马内镜检查中的典型特点包括软腭尾部的渐进性背腹侧位移，以及会厌腹面被软腭背面压扁（图 55-4）。软腭在翻转运动中保持其正常的会厌下位置。这种阻塞状态随着运动增加而严重，弯曲可能诱发或加剧咽部肌肉已经疲劳的马的 PI（图 55-5）。

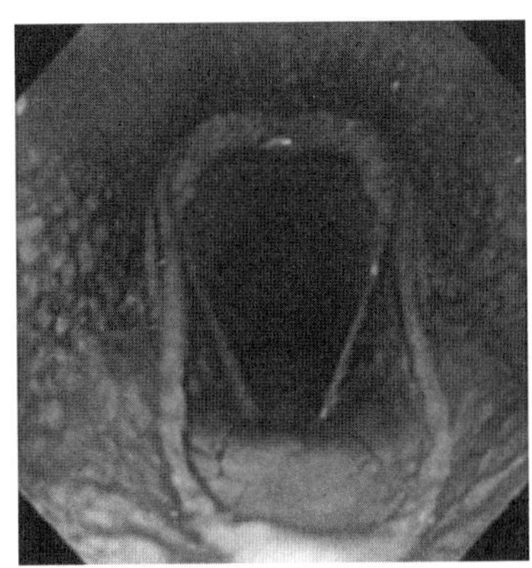

图 55-4 腭失稳。注意变平的会厌和软腭的翻转入上呼吸道但未阻塞上呼吸道

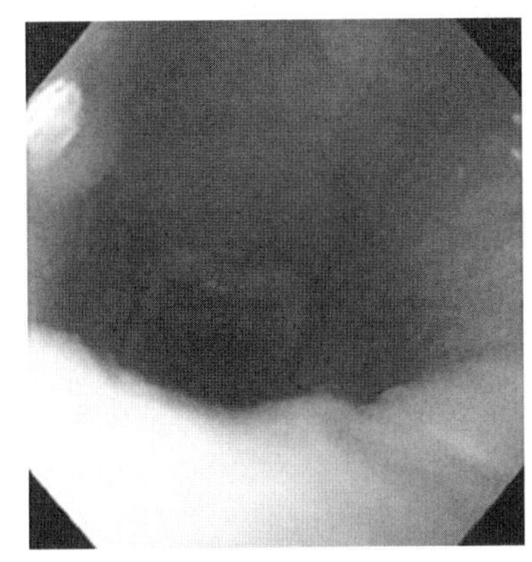

图 55-5 腭失稳和声门裂阻塞

录像的慢速回放显示，一些马在软腭间歇性背移（DDSP）之前出现软腭翻转。因此这提示是 PI 与 DDSP 同时发生。然而，DDSP 可能发生在没有 PI 时，反之亦然，患 PI 的马并不总是患 DDSP。运动过程中的会厌构象变化也与 PI 有关联。随着 PI 严重程度的增加，会厌更可能失去其正常的凸的形状，外观更平。杓会厌皱襞（axial deviation of the aryepiglottic folds，ADAF）严重轴向偏斜的病马，会厌通常有一个倾斜外观。同时，大多数 ADAF 病马也有一定程度的 PI。然而，会厌在 PI 形成过程中的确切作用尚不清楚。会厌构象变化是否改变上颚开口的密封进而导致 PI 的发展，或者会厌无力是否是次要的原因，会厌无力是否是由于软腭翻转造成的腹压或杓会厌襞塌陷导致的会厌张力的改变引起的，这些问题都尚未可知。

PI 治疗方法的选择是有限的。腭裂修复术及各种使软腭纤维化的技术均没有疗效。休息、增强体质、调整马钉和吸入糖皮质激素也是无效的。并发上呼吸道梗阻的治疗，如 ADAF 病马的杓会厌襞激光切除，可以缓解一些临床症状。一般认为预后较差，特别是对由于过度屈曲引起的 PI。

总之，鼻咽塌陷是一个悬而未决的上呼吸道阻塞性疾病。休息马的内镜检查是徒劳的，确诊只能通过运动时内镜检查。鼻咽塌陷经常被发现与其他上呼吸道障碍疾病并发，这事实上强调了动态内镜检查的重要性。咽部塌陷（DDSP）和软腭失稳（PI）的病因尚未可知，治疗手段的选择有限，预后较差。这对老年马和必须做弯曲运动的马是灾难性的。

推荐阅读

Allen K，Franklin S. Characteristics of palatal instability in Thoroughbred racehorses and their association with the development of dorsal displacement of the soft palate. Equine Vet J，2012，45：454-459.

Boyle AG，Martin BB，Davidson EJ，et al. Dynamic pharyngeal collapse in racehorses. Equine Vet J Suppl，2002，34：408-412.

Holcombe SJ，Derksen FL，Stick JA，et al. Effect of bilateral tenectomy of the tensor veli palatini muscle on soft palate function in horses. Am J Vet Res，1997，58：317-321.

Lane JG，Bladon B，Little DRM，et al. Dynamic observations of equine upper respiratory tract. 1. Observations during high-speed treadmill endoscopy of 600 Thoroughbred racehorses. Equine Vet J，2006，38：393-399.

Tessier C，Holcombe SJ，Derksen FJ，et al. Effects of stylopharyngeus muscle dysfunction on the nasopharynx in exercising horses. Equine Vet J，2004，36：318-323.

（邓小芸、祁小乐　译，丁一　校）

第 56 章　如何实施马厩的空气质量管理

Melissa L. Millerick-May

马厩环境长期以来被认为是呼吸道疾病的一个诱因。早在 17 世纪中期，Gervase Markham 报道了马匹多种类型的咳嗽与马厩糟糕的空气质量有关。目前，如果马匹患有复发性呼吸道梗阻（Recurrent airway obstruction，RAO）或气道炎症疾病，通常建议畜主让马待在牧场里。如果难以实现，畜主和马厩管理者会被建议尽可能地改善马厩的内部通风设备，并且采取措施尽量减少因饲料和草垫形成的粉尘。当然减少粉尘的管理措施，需要管理人员改变习惯做法，严格实施。多了解这些问题和针对性干预措施，马厩管理者应制订和实施低尘管理方案，这不仅有利于患有呼吸道疾病的马，而且对健康马也有好处。本章主要涉及：①马厩常见室内空间污染的鉴定，以及其与呼吸道疾病的关系；②污染源以及常见的相关管理风险的鉴定；③降低接触污染空气的方法；④改善马厩通风情况；⑤RAO 的处置。

一、悬浮微粒

悬浮微粒（Particulate matter，PM）是描述粉尘的技术术语。空气中悬浮微粒的成分和尺寸多种多样。传统上，有机粉尘主要研究与复发性呼吸道梗阻（RAO）相关的粉尘，主要源于干草。除了有机粉尘（如霉菌和植物碎屑），无机粉尘与人的呼吸道疾病也有关。马厩中常见的无机粉尘包括铁和结晶二氧化硅，接触过多时可导致职业性呼吸系统疾病。一般微粒和尤其是含二氧化硅的微粒均可以诱导产生活性氧和炎症因子（如白细胞介素-6、白细胞介素-8 和肿瘤坏死因子 α）。而且铁等金属离子也能产生类似于这些微粒样的毒性作用。狄塞耳微粒最近被国际癌症研究机构确定为致癌物质，它也有可能存在于马厩。狄塞耳微粒含有碳和能被碳吸附的成分（如重质烃和水合硫酸），以及源于汽车和拖拉机尾气的多环芳烃（固态）。

颗粒尺寸决定着它们进入肺的深度。肉眼可见的大颗粒通常被马呼吸防御机制所捕获，如鼻甲的嵌闭。马呼吸道中堆积物的颗粒尺寸和位置也已被确定。颗粒尺寸之于人呼吸道疾病的重要性可以作为一个参考，考虑到马和人上呼吸道尺寸的差异，相当比例的大尺寸颗粒在嵌闭和沉积发生之前能够进入马呼吸道更深的位置。对于人，仅有 1%的直径 10μm 的颗粒能够抵达肺泡，而超过 80%的直径 2μm 的颗粒能够抵达该位置。马的体细胞的平均直径约为 10μm，红细胞直径小于 5μm，细菌直径约 1μm。从地板上和从距地 3m 的墙壁上获得的颗粒的尺寸见图 56-1。尽管这些颗粒具备被上呼吸道捕获的尺寸，取自墙壁的样品直径较小，有相当比例的颗粒直径小于 10μm，还有一部分直径约 1μm。上面提到的狄塞耳微粒材料直径通常小于 1μm。需要注意的是，许多小颗粒汇集成一个单一大颗粒，这些小颗粒则能停留更长时间，因而增加了它们抵达下呼吸道的机会。鲜有研究去探讨悬浮颗粒与马呼吸道炎症的关系。PM_{10}（直径≤10μm 的颗粒）和 $PM_{2.5}$（直径≤2.5μm 的颗粒）常常与人日益增加的呼吸道疾病住院案例和呼吸综合征报道相关联。最近研究显示，马厩中 PM_{10} 和 $PM_{2.5}$ 的浓度与纯种赛马气管黏液和气管中性粒细胞数量增加有关。

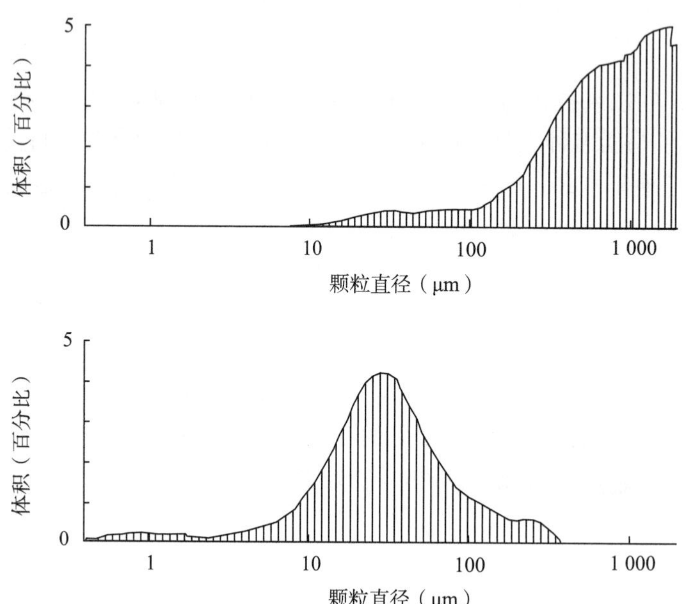

图 56-1　源于地板（上图）和墙壁（下图）样品颗粒直径（μm）的分布

正如预期的那样，在人员活动的高峰期，在少雨的季节，在气温低且通风换气设施（窗和门）关闭的时候，马厩悬浮微粒的浓度最高。良种赛马过多的气管黏液影响比赛成绩，这种普遍现象与马厩中悬浮微粒的浓度有关（图 56-2）。因为肉眼不能看到的与呼吸道炎症相关的悬浮微粒具有长时间悬浮在空气中的尺寸，马厩管理者极有可能忽视这种污染，实际上达到一定浓度这种微粒就可能危害呼吸道健康。另外，必须意识到，马厩走廊中的悬浮颗粒浓度与马呼吸区（鼻

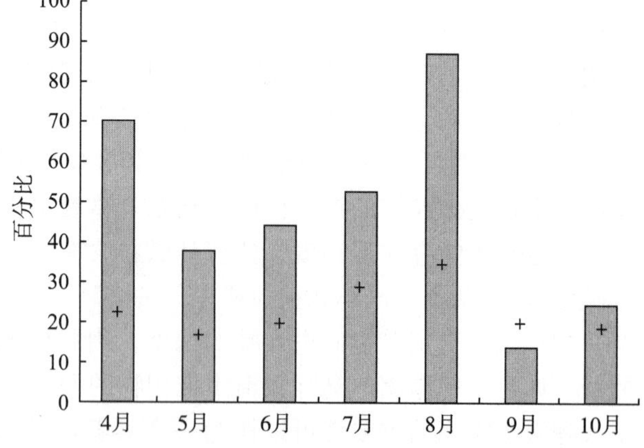

图 56-2　每月大于 10μm 的悬浮微粒（PM_{10}）浓度与气管黏液得分≥2 的马匹比例。过多的气管黏液会干扰比赛成绩（黑星号）

孔周围区域）灰尘的浓度没有很大的联系。因此马厩管理者对于马厩空气质量的认知可能有偏差，因为他们大多数时间是待在马厩外面，而不是马经常待的马厩的里面。

二、刺激物质

氨是一种众所周知的马厩中常见的呼吸道刺激物。与氨过多接触可能会造成眼、鼻、喉和支气管刺激，进而导致喉水肿、咳嗽、支气管痉挛和肺炎。通过马厩氨浓度了解马厩空气质量和草垫类型的研究文献很少，这恰恰对改善空气质量（如降低氨浓度）非常重要。然而，在几乎每个研究中，所报道的氨浓度会因季节、草垫和马厩管理规范的不同而变化，马厩清洁的频率，马厩清洁和草垫更换的彻底程度，通风设备的尺寸和分布，都是影响因素。氨浓度达到超过公布的排放标准也是不常见的，但马匹的鼻子相当长的时间是处于与地面较近的位置（如进食和睡觉时），这个位置氨浓度是最高的，极有可能诱发炎症。

三、空气污染的源头和扩散

室内空气污染的源头是多种多样的。马厩管理者能够轻易辨别的悬浮微粒源头包括饲料、垫草、地板和竞技场的场地材料。其他的源头包括马厩中牵引车或其他车辆的尾气，钉蹄铁时的金属离子，公路和停车场周边的悬浮微粒，当地工业的空气污染也可能通过打开的门窗进入马厩。氨等挥发性气体也会扩散进入周边的空气中。

悬浮微粒的扩散发生在马匹运动和人员活动时。当马进食、行走或者滚动时，源于饲料和垫草的微粒会扩散到马厩的空气中。发生于马厩里的常规管理活动实质上也会增加微粒的扩散。饲喂（投掷干草）、清洁马厩、打扫通道、移除蜘蛛网、运动场表面维护以及梳理马都会使微粒扩散，这种小微粒会较长时间地保持悬浮状态，吸入后能够进入下呼吸道。最近，鼓风机常被用于清洁地板和其他硬面，或者移除蜘蛛网。在密闭的空间里使用高速气流来移除碎屑，除了固有的物理性危险，大量的小微粒会很轻易地扩散，造成空气高速传播，导致比常规非机械清理方式大得多的微粒吸入。正如所料，与仅有一两个人在马厩工作相比，同时有很多人活动的马厩（如马厩大扫除、耙松通道和捆扎干草）会有较高浓度的空气污染。

跑道和运动场的材料多种多样。过去，土质和沙质（结晶二氧化硅）材料是主要材料，有各种颗粒大小的种类可供选择。多年以来，多种其他的材料被使用，包括颗粒状或碎的橡胶、木屑或树皮、粉状混凝土、丝纤维、毛毡等。基于最大限度地保护肌肉和骨系统、成本、易于维护等考虑，被重点关注的是运动场地基的深度和类型，而非马的呼吸系统健康。地基材料最初安装时，颗粒尺寸尽可能大且不易于随风传播。久而久之，这些地基材料破碎，它决定了空气传播的可能污染类型。例如，沙质地基破碎释放出结晶二氧化硅，过度接触则会导致硅肺病。多来自报废轮胎的颗粒状或碎的橡胶或其他相关材料会释放金属离子和被烃类包裹的粉尘。

新近推出的基于碎纤维的地基也会破碎，因颗粒的尺寸不同，会导致纤维粉尘的暴露，这对肺有潜在危害：能够彻底处理并清除这些纤维的巨噬细胞等肺免疫细胞可能会妥协。生产这些产品的大多数工厂会将其广告为“无尘”，但必须按照推荐的方式维护（使用粉尘抑制剂涂料）且经常更新。这种地基材料破碎后是否会对呼吸系统健康造成威胁，目前尚无科学的报道。

四、降低或减少粉尘接触

尽管杜绝粉尘刺激性气体接触似乎不可能，实施低尘管理模式是容易做到的且成本合理。一些研究试图鉴定利于马呼吸道健康的最佳饲料类型（干草包、圆柱形草捆、方形草捆、谷粒和颗粒饲料）和垫草类型（刨花、稻草、木屑和泥炭土）。结果是混杂的，但有一点是明确的，尽可能用质量好的，譬如从清洁角度（如无尘或无霉的干草或稻草）。总之，干净的稻草和袋装刨花比散装的锯屑或木屑要少扩散粉尘。刚打包的或储存良好的干草（室内）比过期储存（过冬或更长时间）或者湿了又变干的草要干净一些。大量储存设施的底部的草包比那些上层的通常更脏，因为它们被储存的时间更长而更干（进的早用的晚）。商品化的饲料，包括青贮饲料和颗粒饲料（苜蓿），粉尘较少，但仍有释放呼吸道疾病相关霉菌孢子的可能。在倒入料槽时，立方形饲料会释放和干草一样多的粉尘。绝大多数甜饲料和全价饲料因为黏合剂（糖蜜或油）的使用而粉尘较少，但因为营养限制和马吃草的需要，不能作为单一饲料。糟糕的是，马的主人和管理者时常犯错，有什么用什么。如果使用了最好的饲料和垫草仍不能减轻临床症状，能极大地减少粉尘的措施就必须实施了。

饲喂时有多种办法可以用来减低微粒的扩散。不能将干草越墙抛掷或从阁楼上扔下。将干草彻底弄湿（不是浸泡）会降低微粒扩散，同时不损伤其营养成分（图 56-3）。这就是说，饲喂之前干草必须被弄湿，因为马最前面几口通常吃的比较兴奋而释放出最大浓度的粉尘。与在地板上饲喂相比，料槽的使用会在马呼吸区集聚更高浓度的微粒。如果必须使用料槽，将草弄湿会降低微粒的接触。草料必须在干之前被吃完，因为黏附在湿草上的微粒在草干之前会重新扩散。另外，湿草会催生霉变。干草蒸笼的使用最近比较流行，通过增加干草的水分含量，微粒扩散减轻了。和湿的干草一样，蒸过的干草也要一次吃完。

RAO 或 IAD 病马的饲养管理，推荐饲喂方形干草来降低微粒或霉菌的接触。令人吃惊的是，当方形干草被放入桶里时，马鼻孔周围的微粒浓度会升高，或许没有饲喂捆装干草时高（图 56-3）。另外，用桶饲喂的另一面可以阻止污染扩散，减少接触污染的时间。和干草一样，饲喂前给方形干草加些水将会几乎消除微粒的扩散。

不含糖蜜或油等黏合剂的颗粒饲料或全价饲料在贮藏时会粉化，倾倒入料槽时会释放出相当浓度的微粒进入马的呼吸区。饲喂前在这些饲料中混入少量的水、油或糖蜜将极大地降低微粒接触。意外吸入粉状的添加剂或药物也必须引起重视，因为在马进食时从上方将这些东西倾倒入料槽的现象经常发生，药物等就会在马鼻孔周围形成云状物。饲喂前将药物或添加剂混入甜食或颗粒饲料，倒入料桶时做好防范措施，将有助于消除微粒接触。

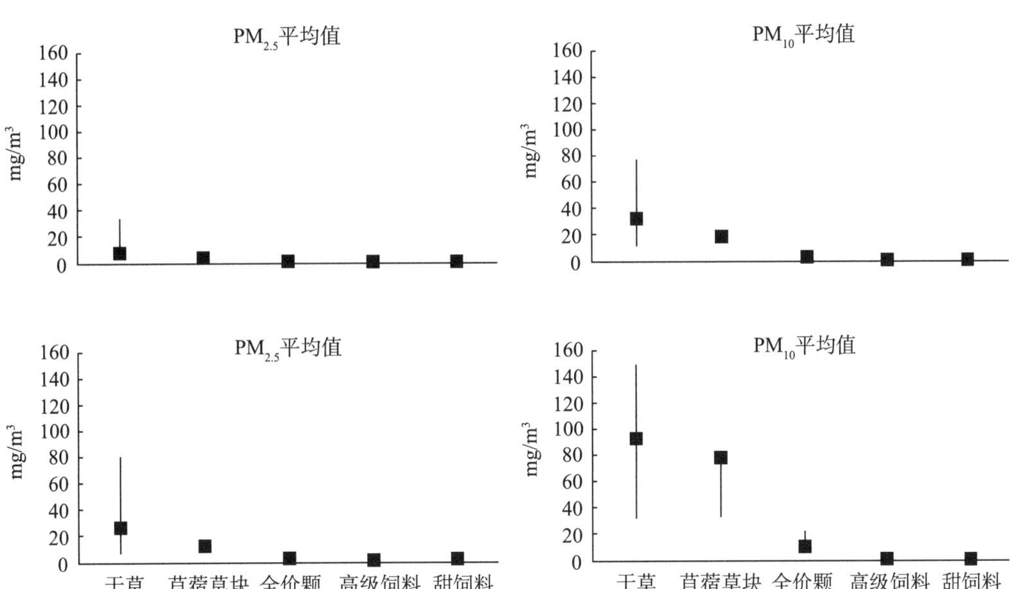

图 56-3 饲喂不同干草饲料的马匹呼吸区的 PM_{10} 和 $PM_{2.5}$ 的浓度（mg/m^3）。显示浓度的平均值和高峰值

绝不要将牵引机或其他车辆留在马厩里使用。马厩清洁，耙松或整理通道，以及清除蜘蛛网等活动，务必在马匹出外放风或训练时进行。补充或堆垛干草、堆积刨花等工作也要在马不在马厩时完成。这些活动中产生的微粒会保持悬浮状态数小时，如果时间仓促，或许马回到马厩后这些悬浮微粒仍存在。如果没有采取专门的通风评估来确定这些微粒沉积的必需时间，建议管理者最好实施这些活动时将门窗全部打开。在清扫和耙松通道前将通道或其他表层用水润湿，会极大地减少微粒扩散。较高位置表层的清洁以及清除蜘蛛网，使用吸尘器（具有高效空气过滤器）是个好方法。如果没有吸尘器，使用电动清洗器也很好，因为水滴将会封装微粒，使它们快速沉降。经常清理马厩的垫料有助于降低氨浓度，因为污染从源头被清除了。

跑道和竞技场的地基是粉尘的一个重要来源。用手动喷雾器、洒水车或安装洒水装置在竞技场和通道上洒水，会降低地基粉尘的扩散。另外，建议管理者使用洒水或雾化设备取代供水管道，以免有害菌滋生。10％或更多的含水量能起到最大的除尘功效。商品化的除尘器等效而持久。从生产地基材料的角度，建议增加地基除尘的使用说明，而不仅仅是预防纤维的意外粉碎和破坏。

五、改善马厩通风

马厩的通风设施设计各不相同，但目标都是让不开门窗的通风不良的建筑能与外界相通。一些高举架的马厩具有屋脊风口，其他低举架马厩具有很高的干草垛。无论结构怎么设计，目的是要让建筑里最大限度地通风，重点是让新鲜空气进入马厩，排出马匹呼吸区的污染。最好使空气进入一个下坡的设施（如新鲜空气从高于污染源的位置进入，污染空气从地面高度排出），而不是从地面将空气抽上来，这样污染就会被夹带通过马的区域。从高于地面的位置引入新鲜空气也有利于引导气流，降低微粒接触。

门窗开关与否是由站在马厩外面的管理者决定的。如果管理者感受的是通道的空气，他或她通常推测马厩内部的空气流通也是这样的。除非门或窗隔着金属格栅或篱笆直接横穿马厩的情况，上述判断是错误的。空气倾向于沿着直线流动，不会转向 90°而进入马厩。马厩之间坚实的隔断妨碍了马厩间自由的空气流动。畜主或管理者要认识到上述要点，尽可能地让门窗打开，这有利于马厩通风的改善。必要时用机器（如位置恰当的风扇）协助引导马厩中的气流。需要考虑冬天的冷空气，马匹可以使用毛毯。需要注意的是，马会产生大量的代谢热，在人感觉冷的温度下也会感觉很舒适。

如果方向因素被考虑到，使用风扇向马厩里输送清洁空气，同时排出呼吸区的污染非常有帮助。禁止将风扇放在地板上，因为这样会造成二次扬尘。风扇应该放在高于地板的垂直墙上。吊扇应该按照向下通风的方式安装，洁净空气向下吹向马匹，使得悬浮微粒下沉而离开呼吸区，决不能把地板上的含尘空气经过马呼吸区吹向天花板。马厩风扇要高于地板安装，以免将干草和垫料中的粉尘扩散到空气中，应采用正确的安装方式（如靠近窗、门或通道）将洁净空气吹入马厩。所有的风扇必须是工业环境级别的，以免因粉尘进入风扇马达而导致火灾隐患。

六、患呼吸道疾病马的管理

目前，如果可能的话，推荐 RAO 病马在牧场室外生活，因为在粉尘浓度较高的室内，抗原的接触会激发免疫反应。当然，不能总是将马放在牧场上。有时候，RAO 病马的抗原反应呈现季节特征（如可能对室外常见的花粉或霉菌反应），这样的马待在室内更好。

RAO 病马应该尽可能在接近自然通风的马厩中饲养，譬如有开放的窗户，或者处于过道尽头的马厩。做这些的时候，也可利用风扇优化室内空气。应该使用袋装刨花等低尘垫料以及低尘饲料。如果没有这个条件，应采用上述的润湿的方法进行粉尘控制。马厩其他区域的活动也会影响马厩内微粒的浓度，了解这些对于马厩管理也很重要。通常，不用药物，上述这些措施就可以使 RAO 病马痊愈。

如果低尘管理措施已经实施了，但仍有马匹患病，做一个活动日志，涵盖病马的活动和马厩的总的活动，或许有帮助。这就像过敏哮喘的人筛查敏感抗原一样。接触抗原到有反应通常有 3d 的时间。认识到这一点，就有可能发现一个一种或几种事件与临床症状之间的模式关系。一旦能够诱发临床症状的事件被确定，就可以采取积极措施减少与该事件的接触。

推荐阅读

Clarke AF，Madelin T，Alpress RG. The relationship of air hygiene in stables to lower airway disease and pharyngeal lymphoid hyperplasia in two groups of Thorough-bred horses. Equine Vet J，1987，19：524-530.

Clements JM，Pirie RS. Respirable dust concentrations in equine stables. 2. The benefits of soaking hay and optimizing the environment in a neighbouring stable. Res Vet Sci，2007，83（2）：263-268.

Crichlow EC，Yoshida K，Wallace K. Dust levels in a riding stable. Equine Vet J，1980，12：185-188.

Holcombe SJ，Jackson C，Gerber V，et al. Stabling is associated with airway inflammation in young Arabian horses. Equine Vet J，2001，33（3）：244-249.

Holcombe SJ，Robinson NE，Derksen EJ，et al. Effect of tracheal mucus and tracheal cytology on racing performance in Thoroughbred racehorses. Equine Vet J，2006，38（4）：300-304.

Ivester KM，Smith K，Moore GE，et al. Variability in particulate concentrations in a horse training barn over time. Equine Vet J，2012，44：51-56.

McGorum B，Ellison J，Cullen R. Total and respirable airborne dust endotoxin concentrations in three equine management systems. Equine Vet J，1998，30：430- 434.

Millerick-May ML，Karmaus W，Derksen EJ，et al. Particle mapping in stables at an American Thoroughbred racetrack. Equine Vet J，2011，43（5）：599-607.

Millerick-May ML，Karmaus W，Derksen EJ，et al. Local airborne particulate concentration is associated with visible tracheal mucus in Thoroughbred racehorses. Equine Vet J，2013，45（1）：85-90.

Riihimaki M，Raine A，Elfman L，Pringle J. Markers of respiratory inflammation in horses in relation to seasonal changes in air quality in a conventional racing stable. Can J Vet Res，2008，72：432-439.

Vandenput S，Istasse L，Nicks B，Lekeux P. Airborne dust and aeroallergen concentrations in different sources of feed and bedding for horses. Vet Q，1997，19（4）：154-158.

Woods PS，Swanson MC，Reed CE，et al. Airborne dust and aeroallergen concentration in a horse stable under two different management systems. Equine Vet J，1993，25（3）：208-213.

（邓小芸、祁小乐　译，丁一　校）

第 57 章　咯血和鼻出血

Henry D. O'Neill

根据定义，咯血是指咳出下呼吸道（即气管、支气管和肺）的血痰；而鼻出血是指直接从鼻孔出血，血可能来自上呼吸道或下呼吸道。咯血和鼻出血的根本原因是多种多样的，尽管一些常规诊断可以很容易地进行，如详尽的病史、体格检查和某些图像，但是确诊则需要参考医院提供的先进成像技术。延误诊断对于一些病患可能是致命的，比如喉囊真菌病。其他的情况可能是低风险的，能够自己解决的（如鼻腔鼻旁窦创伤）。剧烈运动后的出血可能是由于运动性肺出血（exercise-induced pulmonary hemorrhage，EIPH），或者其他原因（见第 58 章）。本章包含检查和诊断典型马鼻出血的一般原则，并且介绍一些常见的具体疾病。

一、一般检查

马的鼻出血虽然没有品种特异性的原因，但在某些条件下病患年龄具有提示意义。易怒的马驹和头部曾有外伤病史的年轻马，后摔、急性神经症状或颈部疼痛更可能引起鼻旁窦外伤或头的腹直肌（头长肌和头腹直肌肌肉）断裂。中年马进一步可能发展成窦血肿（不是绝对的），而老年马更可能发展成潜在的肿瘤。

区别单侧和双侧鼻出血，有助于查明具体呼吸道出血位置。喉囊的开口是很好的指示，出血起源于头端至开口，常是单侧；出血起源于尾端至开口，常是双侧。出血起源于一个单一的喉囊表明为单侧或双侧鼻出血，较大量的出血则趋于双侧出血。

令人失望的是，身体检查结果经常在本质上是非特异的，当然也有少数例外。单侧颅神经缺损或霍纳氏综合征（上睑下垂，瞳孔缩小，眼球内陷，头和颈部多汗）与鼻出血一起并发提示可能是喉囊真菌病。头部或剪毛区的触诊敏感性可提示近期的创伤。腮腺和颅颈部的触诊疼痛提示喉囊疾病。1 个或 2 个鼻孔气流减少提示鼻阻塞性疾病，但不能提示任何梗阻的确切特征。因此大多数情况需要额外的诊断检测。

二、诊断检测

（一）内镜检查

呼吸道内镜检查容易操作，且在大部分病例中是可以确诊的，或至少明确出血的解剖区域。柔性内镜的长度和直径决定着呼吸道检查的范围，对于大部分成年马，长 1.7m 与直径 10mm 的内镜足以充分检查从鼻孔到气管分叉以及主支气管的呼吸道区

域。全面的评估包括：鼻腔通道；鼻腔的背、中间及腹侧；鼻筛窦迷路；鼻颌开口；鼻咽；喉囊内容物；喉、气管及其分支。出血或浆液性出血的位置需要局部检查。使用一个导丝通过活组织检查通道协助内镜在喉囊定位。有异常软组织时，内镜的活检通道也可以采样用于组织学评估。

（二）X线造影

上呼吸道（以及上呼吸道的小部分）的影像学检查往往与内镜检查结合进行，两种方式相辅相成。随着移动数字成像设备技术的提高，大多数的马医能够做出高质量的头部图像。X线造影提供了一个有用的非侵入性的方法，便于详细检查鼻旁窦和沿着鼻咽部和喉软骨相关头部骨结构。头部的优质图像可以相对容易地获得，然而损伤经常叠置于周围的结构上，比如球体、鼻眶、筛窦鼻甲和正常的窦内骨小梁，所以对异常部位的检测和判断比较有挑战性。头骨正交视图可以协助定位病理变化的区域。

（三）鼻旁窦镜检查

鼻旁窦镜检查可以进行鼻旁窦腔内成像。过去使用4mm关节镜，但现在使用比较常见的柔性内镜（直径≤10mm），其可以探测到窦室区周围所有区域。安静马站立时，鼻旁窦镜检查是很容易操作的。据报道70%的病例获得了准确诊断。有多个进入鼻旁窦的位置可以用，但最好的初始入口位于眼角中部和头颅中线间之间的鼻颌开放处。该技术的完整描述见第50章。该技术对老马更有用，因为老马的窦室由于齿冠磨损而扩大，并且病变不会完全消除该空间。通过检查获得的信息可能有助于进一步的活组织样品的采集和分析，也有利于扩大进入窦瓣的环钻位点以进行手术探查。笔者现在已经不这样操作了，转而通过一个小的骨瓣进行操作，因为通过较大的洞进行必需的固定干涉治疗更加容易和快速，此技术具有良好的颜面外形恢复效果。

（四）先进的成像

在诊断或病变部位尚未确定的情况下，核磁共振成像（magnetic resonance imaging，MRI）和计算机断层扫描技术（computed tomography，CT）可提供优质的头部成像，而且CT在一些参考医院已经成为常规检查项目。由于机器和成年马尺寸的限制，这两种方式只能对近颈部的鼻孔尾端以上的区域成像。闪烁扫描术是另一种高敏感的成像技术，可以进行骨重建区域的检测，但特异性较差。

三、病症

（一）渐进性筛骨血肿

渐进性筛骨血肿（progressive ethmoid hematoma，PEH）是一种赘生的膨胀性肿块，通常发生于筛骨迷路，有时一些病变源于或蔓延到鼻旁窦。大多数病马有间歇的单侧的血性鼻涕流出史。鼻出血一般不会出现该病的特征。流鼻涕可能是自发地或在运动后发生，所以应排除运动性肺出血（EIPH）为并发疾病。其他临床症状可能包括双侧流鼻涕、鼻腔气流减少、面部畸形、臭味和呼吸运动不耐受。PEH 的外观特征、位置及起源仍不清楚。据推测，呼吸道上皮细胞的黏膜下层反复出血慢慢扩大肿块面积。最近的一项回顾性研究表明，纯种马和去势马患该病比例较高，受影响的马年龄涵盖 3～20 岁（平均 12 岁）；然而该病在母马、小马驹及其他品种马中也存在。该病变不会向身体远处转移，但由于不断增大也会造成局部破坏，所以检查时发现多个鼻腔或鼻旁窦肿块并发不足为奇。

1. 诊断

如果病变出现在鼻腔通道或筛骨迷路，内镜下应该是可以看到的。它们的球形绿黄胶囊样外观较易区别于正常组织。对于鼻旁窦病变，如果肿块大到能够看到，X 线影像有利于其检查。然而如果病变很小，或者窦腔充满软组织实体或流体材料，探索式窦切开术可能是唯一的确诊方式。无创性影像学检查如 MRI 或 CT 被证明是非常有用的替代方法，能为难以观察到的区域提供最佳的图像，如蝶腭窦。在一项回顾性研究中，通过 X 线影像确定 16 匹马中有 15 匹患 PEH。然而其中的 5 个病例病变位置预示错误。同时，8 例双侧病马仅检测到 2 例。这强调了在手术前实施先进影像学检测的重要性。鉴别诊断包括可能引起持续性或间断性鼻出血的其他条件，如运动性肺出血（EIPH）、溃疡性或真菌性鼻炎、外源物质、筛窦肿瘤、喉囊真菌病或肿瘤、颅骨骨折、肿瘤、感染或鼻旁窦囊肿、肺脓肿或肿瘤、感染性胸膜肺炎。

2. 治疗

对于渐进性筛骨血肿（PEH），目前的治疗方法是用化学药品消融病变，即在局部注射 4%甲醛。该技术对镇静的站立马匹较容易操作，根据病灶的大小注入不同量的 4%甲醛。输液装置包括一个可伸缩的聚丙烯导管套和市售 23 号针，很容易买到。一般来说，输液直至在针头附近能看到病变充分扩张及渗出。大多数马可以配合该治疗，但应事先告知马主人血肿完全治愈需要多次治疗，血肿初步治愈需要注射 1～18 次，大多数病例平均需要 5 次。作者见过一个病例，在 7 年间进行了超过 30 次治疗，多次缓解后复发。因此，建议注射后连续观察 3～4 周以评估病变的复原。马注射后最大的风险是出现伴有较大筛骨血肿的综合征，有筛板穿孔的风险。一些马注射后表现出严重的神经症状。内镜介导的 Nd：YAG 激光切除术也被报道过，但也存在与甲醛注射相关的风险。激光术适合于鼻底直径小于 5cm 的病变。该技术不适于已经蔓延到鼻旁窦的病变。要想成功切除病变，同样需要实施多次手术。运用功率 60W 的非接触技术，病变能获得最好的切除效果。但病变表层碳化后，建议至少 7d 后实施下一轮切除治疗。病灶的手术切除曾被认为是 PEH 的主要治疗方法，但有些病变很难触及且有致命的风险，术中出血限制了其仅能用于少数病例。因此，只能在紧急情况下，用于治疗 PEH 的外科手术才能在参考医院进行。如果不持续治疗，手术预后则不利，因为该病是渐进的，最终可能导致气道阻塞、呼吸困难。常规去除手术的复发率是比较高的。建议马主人重视手术后定期进行两侧鼻道内镜检查，防止复发，促进痊愈。

（二）喉囊霉菌病

在所有可能引起马鼻出血病症中，喉囊霉菌病（guttural pouch mycosis，GPM）

是最致命的。据报道，如果不治疗，约50%的病马会死亡。烟曲霉菌被认为是最常见的病原体，其嗜性趋向于颈内动脉、颈外动脉或上颌动脉的血管壁。已报道过马驹感染喉囊霉菌病，似乎没有什么品种、性别、年龄或地理的倾向。其症状由于病变的范围和血管发生侵蚀的程度不同而不同。病马通常不会死于初次出血阶段，但这也不绝对。通常，初次出血伴随中度鼻出血，间隔几天或数周，更严重的甚至致命的症状将发生。因此，延误诊断或治疗可能是致命性的。病变虽然最初始于一个喉囊，然而糜烂可以通过中间隔膜蔓延到对侧喉囊。

1. 诊断

单侧或双侧鼻腔分泌物存在鲜红的动脉血，对临床医生的提示为，马可能感染GPM。在内镜检查中，通常能看到1个或有时2个的喉囊有血液流出。由于存在大量的血液和凝块，出血后应立即尝试查看喉咙内容物可能存在的问题。最好避免通过手动清除血块或冲洗喉囊来提高可见度，这可能会有出血复发的风险。尝试确定真菌斑块的精确分布和其下方的组织结构比较有挑战，但这是很重要的，因为它提示了可能参与该病症的组织结构。

真菌肿块有一层大小不等的白喉膜，该膜由坏死组织、细胞碎片、各种细菌和真菌的菌丝体组成。肿块通常是位于喉囊的背尾侧部分。那些位于舌骨骨内侧的肿块可能涉及颈内动脉，而那些位于侧面的肿块更可能涉及外部颈动脉或其分支。舌骨骨折也可能同时存在，外观表现异常增厚，虽然这不会引起任何额外的临床症状。如果相邻的喉囊顶部的颅神经也被涉及，并发的神经症状会使病症更复杂。这会导致吞咽困难、发音困难、呼吸窘迫、面部神经麻痹和霍纳综合征。对于这些病例，需要花时间观察软腭和杓状软骨的运动，评估任何麻痹或瘫痪的迹象。有些重症病例，并发吞咽困难和吸入性肺炎很有风险，检查下呼吸道的器官材料将提示已经发生的污染水平。并发神经症状将不利于预后，马主人必须意识到，尽管菌斑解决了，神经缺损可能是永久性的，恢复的机会很小。底层膜的侵蚀可能导致在对侧的囊或咽形成瘘。

2. 治疗

GPM的治疗目标是通过闭塞受肿块影响的血管，以限制危及生命的出血。基于内镜检查结果选择血管进行闭塞处理。当肿块大量存在但不能断定哪根血管不涉及该病症时，可以实施动脉造影或血管整体封闭术。传统上，血管闭塞技术是将马全身麻醉。然而最近的一份报告确认，对服镇静剂但仍站立的马实施血管闭塞手术也是安全的。这预见了该技术的流行，越来越多的外科医生将该技术作为一项常规技术。

各种方法已被用于实施血管闭塞，包括球囊导管、镍钛合金插头、栓塞线圈。所需设备的成本和实用性将影响其是否被采用。每项外科手术的详尽描述可参阅本章结尾“推荐阅读”部分所列的外科读物。

局部的抗真菌药物治疗是否比血管闭塞术好，仍然有争议。治疗周期延长，结果不一致，这增加了可能发生致命出血的风险。每天灌洗时通过内镜直接定位受影响的区域，可以直接浸渍真菌肿块。然而，进行局部抗真菌药物治疗一个绝对必要的前提是，该血管已经被永久封闭了。局部用药方案的使用，如聚维酮碘或噻菌灵，加或不加DMSO，取得了综合效果（每天口服噻苯达唑50mg/kg）。然而，由于最近一个病例详细报告了喉囊黏膜用 60mL 1%的碘溶液冲洗后蜕皮，所以只允许使用非常稀的碘溶液。其他抗真菌剂如制霉菌素、咪康唑和纳他霉素对曲霉菌似乎没有作用，但两性霉素 B 是有效的。对两性霉素 B 潜在的全身毒性作用的关注限制了其对马的使用。

（三）头长肌和头腹直肌的断裂

头长和头腹直肌肌肉成对断裂通常出现在年轻马头部严重创伤之后，通常包括马匹后摔，撞击固体表面。这对肌肉插入在基枕骨和基蝶骨缝合线的中间。临床症状发展迅速，鼻出血通常伴有神经症状。偶尔，病马最初可能看起来没有感染，只是迅速发展成神经症状，在接下的几分钟到数小时变得致命。创伤的迹象可能出现在头部和颈部，马常常抵触该区域周围的任何触诊或操作。内镜可以显示喉囊的出血，血凝块在一个或两个囊内，或一个大的血肿在囊的中间隔膜，挤占了囊内大部空间。查看颅骨 X 线照片是为了确定是否有损坏的头盖骨。检查颅骨 X 线照片时，应注意蝶枕缝合线直到 5 岁才骨化，不应该混淆为骨折线（见第 95 章）。治疗和预后因积累的损伤量的不同而不同。在某些情况下，损伤是迅速致命的，而在其他情况下，保守治疗可取得满意的效果。兽医应该警告马主人神经症状可能长期存在。

（四）鼻旁窦外伤

类似于头长肌和头腹直肌的断裂，与鼻腔鼻旁窦外伤相关的鼻出血往往是急性的，数量不定，且持续时间短。面部外伤常伴随着临床症状，但也有特例。通常涉及鼻、额骨，但有时上颌骨和泪骨也可能被损坏。通过内镜可以看到，出血起源于鼻颌开口处或损坏的鼻甲。通过颅骨 X 线照片可以评估骨折的严重程度，CT（如果可用）可提供所涉及结构的最完整的信息和最方便的术前计划。

包括开口复位和松散碎片稳定的手术修复，应该不影响外部美观。非移位性骨折会自行痊愈且无并发症，但移位的碎片、不能重新排列和固定的片段则会导致并发症，如面部畸形、慢性瘘、死骨形成和伤口难愈合。大多数马的外科教材上对多种手术修复技术及说明有详细的描述。

（五）鼻旁窦肿瘤

鼻腔鼻旁窦肿瘤只引起极少量的马鼻出血。病马往往是老年马，经常出现其他的临床症状，如面部畸形或脓鼻涕。鳞状细胞癌诊断率最高，预后不好，这是因为该病的侵蚀性，而且切除时难以获得干净的边缘。该病只能达到组织学的确诊，通过内镜技术采集的活体样品可能无法获得深处的典型组织。因此，在某些情况下切除组织的活检可能是诊断肿瘤的唯一有效方法。

推荐阅读

Barakzai SZ，Dixon PM. Tutorial article：epistaxis in the horse. Equine Vet Educ，2004，4：207-217.

Freeman DE. Complications of surgery for diseases of the guttural pouch. Vet Clin Equine，2009，24：485-497.

Nickels FA. Nasal passages and paranasal sinuses. In：Auer JA，Stick JA，eds. Equine Surgery. 4th ed. St. Louis：Elsevier，2012：577-588.

Textor JA，Puchalski SM，Affolter VK，et al. Results of computed tomography in horses with ethmoid hematoma：16 cases（1993-2005）. J Am Vet Med Assoc，2012，240：1338-1344.

（邓小芸、祁小乐　译，丁一　校）

第 58 章　运动诱发型肺出血

Alice Stack

一、疾病发生情况

运动诱发型肺出血（Exercise-induced pulmonary hemorrhage，EIPH）是从事剧烈运动马匹的一种常见病，发病率高达 75%。研究表明，对剧烈运动后的 3 个不同品种马匹进行气管支气管镜检，至少在一种评估方式中能看到所有马匹都有大范围的出血情况。尽管普遍认为 EIPH 常发于纯种赛马和（美国）标准竞赛用马，但是在其他诸如比赛用夸特马和马球马等品种的马中也有报道。

二、对赛马性能的影响

运动诱发型肺出血对赛马的性能有负面影响。澳大利亚做了一项研究，对赛后的 744 匹纯种赛马用内镜进行检测，发现与有中度或严重 EIPH 现象的赛马相比，患有轻度 EIPH 或没有出血迹象的马最终获胜的概率是前者的 4 倍，进入前 3 名的几乎是前者的 2 倍。

三、风险因素

运动诱发型肺出血在一定程度上影响绝大部分甚至全部从事剧烈运动的马匹。除了运动以外，其他诱发 EIPH 的因素还不明确。最新的一项评估诱发 EIPH 的研究显示，与 40 次或更少比赛经历的马相比，多于 50 次比赛经历的马匹患 EIPH 的可能性要高 1.8 倍。虽然年龄和性别与患 EIPH 的风险无关，然而周围环境温度低于 20℃，以及比赛结束后到进行检查前长达 60min 的等待时间，会增加内镜检出马匹患 EIPH 的概率。

赛后鼻出血（严重 EIPH 的一种表现）诱因与单纯用内镜检测出来的 EIPH 并不完全相同。然而，鼻出血现象在老年马中的发病率比 2 岁的小马要高，母马要高于种公马，短距离剧烈运动或速度赛马较常见，耐力赛马匹中则较为少见。

四、病理生理学

（一）EIPH的发病机理

为了商讨出针对这一情况的治疗方法，必须首先详细了解它的病理学和之前提出的致病理论之间的联系。尽管先前的一些著作中对EIPH的临床和病理特征有大量的描述，但是仍然缺乏详细的确切致病机制。

第1篇，也是到目前为止描述EIPH致病性最全面的是20年前的一篇文章。特别的是，肺部后叶背面胸膜颜色发生明显的变化（深黑色），组织学检测发现胸膜和小叶间隔有大量的含铁血黄素沉着以及毛细支气管炎。这项研究的作者提出，细支气管炎在EIPH的过程中发挥了决定性的作用。然而，现有的几种证据不支持这种联系。

首先，在最近的研究中没有发现细支气管肺炎与EIPH其他的组织病理学特征有关。另外，英国的一项流行病学调查结果显示，在参加训练的纯种赛马中发现EIPH和呼吸道疾病有关。然而这两种联系不能解释为一种因果关系，因为这两种情况在被研究群体中的发病率都很高。再者，如果呼吸道炎症是一种明显的因素，那么日常治疗呼吸道炎症的药物，如全身性的或喷雾的糖皮质类固醇、非类固醇类抗炎症反应药物，抗生素治疗等，应该能够抑制EIPH。尽管后者的治疗方案从未被正式调研过，但至少在临床方面这种治疗方案不影响EIPH的发病率和严重程度。

1993年的一项突破性研究证明，在有明显红细胞外渗的肺组织中通常能够检测到毛细血管破裂或断裂。在肺间质和肺泡周围都能检测到血管外红细胞。这项工作显著地表明EIPH出血的来源是肺循环，并且在此数据的基础上，它们提出所谓的肺毛细血管的压力失调继发于运动过程中由于肺毛细血管导致的瞬时的但意义重大的肺循环高血压。这一观点通过检测血压在运动中的马肺循环中的重要性中得到了证实。肺动脉的血压大约相当于100mmHg，根据这种测算方法，可以估算出肺毛细血管的血压应该在72.5～83.3mmHg。这种程度的压力在其他任何一种哺乳动物中都是罕见的。结合另一篇文章中描述的肺毛细血管的抗破裂强度（75mmHg），这些信息使肺毛细血管的压力失调成为EIPH的一种可能的发病机制。然而这一理论并不能解释患有EIPH马的肺脏所看到的全部病理变化。

（二）病理学

最新的很多关于EIPH病理学特征的描述，已经明确了EIPH使马的肺部产生了一种新的病变——静脉重建。这种病变影响到小肺静脉（外口径介于100～200μm），以外膜胶原蛋白的积累为特征，而且在某些血管中会出现平滑肌增生。在严重受损的血管内腔会出现阻塞。在其他物种中，血液快速流动时再增加外部压力、剪毛等刺激时，会引起血管重建。因为在运动的时候，肺部的血流速度和血管的压力会急剧增加，这些刺激可能会引起肺静脉血管的重建。肺静脉重建和生成导致血管堵塞，失去了血管原有的依从性，都会对上游肺静脉血管产生深远的影响。实际上，在肺静脉完全闭塞的情况下，运动过程中肺毛细血管的压力会达到和肺动脉相同的压力（96.5mmHg），更易引起毛细血管破裂。在受影响的组织中，间质出血和含铁血红素沉着促进了纤维化过程，引起明显的病变。

在训练和比赛的过程中，每一回合都会增加肺静脉的压力，这种反复的高压可能会导致静脉的重建、出血和纤维素化。因此，长久大量的比赛会增加患 EIPH 的风险也就不足为奇了。EIPH 的病变主要出现在肺背叶区域。有趣的是，在休息和运动的时候，血液总是优先分配到肺背部区域。很有可能这些部位血流压力的增加导致 EIPH 病理学的特征性分布。

为了更完整地揭示 EIPH 的致病机制，20 世纪 90 年代出现了一种理论，该理论与解释在纤维素化的肺脏中 EIPH 病变的独特的分布特征相矛盾。这一理论认为从上肢穿过胸腔壁到达肺组织的传动器官的纤维素性病变或者是由于运动冲击所引起的外壳损伤，反过来会加重纤维素化肺组织的损伤。这与颅骨前侧遭受冲击后而对侧颅内出血的解释相似。目前，这一理论只是一种建模概念，并不能解释静脉重塑等疾病的特征性病理特征，尚缺乏可靠的数据支持。

五、临床症状

患 EIPH 的马匹不会表现出全身性的特征性临床症状，而且体检时唯一能检测到的可能只有鼻出血。在赛马中只有 0.15%的马能检测到鼻出血。众所周知，利用其他的诊断方法检出大多数的赛马都有不同程度的 EIPH，所以没有出现鼻出血症状的马匹并不能排除患 EIPH 的可能性。

六、诊断

任何疑似 EIPH 的马匹的临床评价，不论是何种品种，都应该进行认真的心脏听诊。这么做的原因是，心房纤维颤抖的马匹在运动过程中比普通马匹的肺动脉压要高，而且在心脏快速跳动时会发生心室被动充血，容易导致肺静脉充血以及肺毛细血管破裂。据报道，在“轻骑兵”品种的马中，鼻出血和心脏的纤维素化有关。根据笔者的临床经验，在心房纤维素化的马匹中，严重 EIPH 很常见。

对于马的 EIPH 的诊断，临床观察、气管支气管镜检、支气管肺泡镜检结合起来相对会科学一些。

(一) 临床观察

运动后观察到鼻出血是一种很少见的现象，而且尽管鼻出血是严重 EIPH 的一种表现，但是不出现鼻出血并不能排除患 EIPH 的可能。尽管 EIPH 是引起劳累性呼吸道出血最可能的原因，但是其他的诱因也有可能（见第 57 章综合检查部分）。

(二) 气管支气管镜检

这种简单的诊断技术应该在训练后 60～90min 内进行，太早或太晚都会出现假阴性诊断。内镜检查很容易就能确定肺是否是出血的源头（根据咽和鼻腔的结构）。有一个五级的分级系统（经多次重复验证）能很好地描述气管支气管镜检的发现（表58-1）。目前还不清楚在可见的出血出现在大的气道之前会发生多大程度的渗血，并且基于支气管肺泡灌洗（basis of bronchoalveolar lavage，BAL）的数据，可以认为即使内镜检查结果显示气管和腔室远离血管时也会发生一定程度的出血。

表 58-1　运动诱发性肺出血支气管镜检查结果分级

分级	镜检结果
0	咽、喉、气管以及主支气管未见出血
1	在气管和气管分叉处的主支气管有 1 处出血或多处出血斑，1～2 处短的（小于气管总长度的 0.25%）、狭窄的（小于气管表面积的 10%）出血
2	1 处长的出血（长于气管总长度的 50%），或多于 2 处短的出血（小于气管长度的 33%）
3	超过气管总长度 33%的大面积的出血，但是胸部没有出血
4	气管 90%以上大面积出血，胸腔出血

注：引自 Hinchcliff KW，Jackson MA，Brown JA，et al. Tracheobronchoscopic assessment of exercise-induced pulmonary hemorrhage in horses. Am J Vet Res 2005；66：596-598。

（三）支气管肺泡灌洗

支气管肺泡灌洗是一种常用的技术，能够检测马的呼吸道特别是小腔室，包括小支气管、细支气管和肺泡的细胞学特征。这种技术在运动后不能立即进行内镜检查，但可在高强度运动很长时间之后进行检测，而且非常有效。用支气管肺泡灌洗液检测红细胞和细胞分解产物的方法来诊断 EIPH，在高强度运动几周到几个月内都可以检测。这种技术的灵敏度很高。基于支气管肺泡灌洗流动的细胞学特征，运动的马匹中 EIPH 的患病率接近 100%。即使在出血很少的情况下，支气管肺泡灌洗技术也能够确定马匹是否患有 EIPH。因此，基于支气管肺泡灌洗的细胞学特征来诊断 EIPH 应当要谨慎，而且不能作为赛马表现不佳的依据。

基于这方面研究的最新文献，笔者推荐下面这种 BAL 技术（见推荐阅读）。为了整个诊断过程的安全，强烈建议静脉给药（α_2-肾上腺素能受体激动剂，或混合使用酒石酸布托啡诺）麻醉，痉挛时也有可能会用到。可以用一端带有充气臂带的硅胶 BAL 管以及双向的近端薄膜来吸引和冲洗，也可以用带有灌洗管的 3m 长的内镜进行支气管肺泡灌洗。尽管用 BAL 方法获得的样品不能用来做细菌和真菌培养（因为器械通过鼻腔时可能引起污染），但是最好在检查之前对鼻腔外表面、插管和内镜进行高压灭菌消毒。

在插管的过程中马匹可能会咳嗽（通常非常剧烈），可以用 20mL 预热的 1%的利多卡因灌注鼻咽和大气道。硅胶管或内镜通过鼻腔腹侧壁到达咽部。如果用内镜观察喉头，当杓状软骨外展时吸气内镜可以很快进入喉管。虽然用 BAL 管这样操作看似盲目，但是却很容易实现。为了插管更容易，可以拉直马的头和颈。由于看不到硅胶管和颈部左侧食管的可见部分，通过吸气可以把插管插入到气管的正确位置。这时候咳嗽是很正常的一种现象，在仪器正确插入之前可以用利多卡因缓慢而稳定地注射。直到不能再轻柔的插入时再停止插入。如果使用 BAL 硅胶管，根据生产厂家的推荐容积，这时橡胶球一端可能会鼓起来。如果是使用内镜，在这个位置的全过程一定要小心的抓住并确保“楔子”没有丢失。咳嗽停止后，缓慢灌入灌洗液。用 300～500mL 生理盐水缓冲液或磷酸盐缓冲液进行冲洗。先缓慢地灌注一半（用含 60mL 灌洗液的注射器注射或用含灌洗液的球挤压），紧接着注入 60mL 空气，然后缓慢打开连接到灌洗管上的开关回收灌洗液。所有可以回收的液体被回收回来以后（预计小于灌注体积的 50%），第二次灌注和回收按第一次的操作方法进行而不用再重新插管，直到楔子不能再支持以及液体不能再回收。如果回收液里面存在气泡，那么小气管和肺泡里面的液体将会非常容易辨别。由于红细胞的存在，液体可能会呈现淡红色。这有可能是由于运动后造成的 EIPH 引起的，也可能是吸入性或 BAL 检查时内镜、硅胶管的创伤引起的。遗憾的是，尚没有办法用肉眼区分这两种诱因。

所有液体回收完后，把样品全部混合。如果提交有延迟，最好冷藏保存。送样的样本可以是 BAL 回收液（冰盒运输），也可以是预先处理好的切片。提交之前最好提前联系好实验室。准备好的切片需要先进行离心（转速<300g），重悬细胞，取 250μL 于载玻片上。在室内用 Diff-Quik（甲苯胺蓝）对玻片进行染色，能很好地区分不同的细胞。要了解更多具体的染色技术，推荐参考标准的临床病理学书籍。建议马匹在进行 BAL 检查后 72h 内不要进行训练。

很多文章中采用 BAL 细胞学（红细胞计数以及含铁血红素巨噬细胞的存在）的方法定量 EIPH 的严重程度，特别是在评估药物疗效的时候。但是，在解释细胞 BAL 细胞学数据的时候一定要谨慎。在进行 BAL 检测时，肺脏的一定部位会作为采样区（通常是右肺的尾叶，因为仪器刚好嵌合在这一部位），从而限制了被评估的呼吸道区域。没有证据表明 EIPH 的症状表现为一侧肺叶比另一侧严重，但是每次运动后 EIPH 的严重程度在整个肺部区域并不完全一致。另外，黏膜纤毛的运动可以将红细胞和含铁血黄素巨噬细胞运输到距离出血源头较远的部位。最后，由于含铁血黄素巨噬细胞清除红细胞需要几个月的时间，所以可能会产生多次运动的累积效应。所有这些因素使得对于一侧肺脏一定区域的 BAL 细胞学数据的解释成为一个难题，至少对于 EIPH 是这样。

（四）猝死

剧烈运动过程中或过后立即引起的猝死不是一种常见的现象，确定死亡原因之前进行尸体剖检通常是很有必要的。有很多文献中都提到，猝死可能是由严重的肺出血引起的。最近的一项有关于 268 匹赛马猝死诱因多样性的研究中，能够明确诊断出死因的只有 53%。尽管在尸体剖检中出现严重肺出血症状的占 70%，但是这 70%中肺出血严重到足以致马匹死亡的只有 18%。目前还不清楚由肺出血引起的死亡和非重症 EIPH 引起死亡的分子机制是否一致。

七、治疗措施

（一）药物治疗

尽管从 18 世纪就已经有报道提到赛马因运动产生鼻出血，但直到现在也没有好的

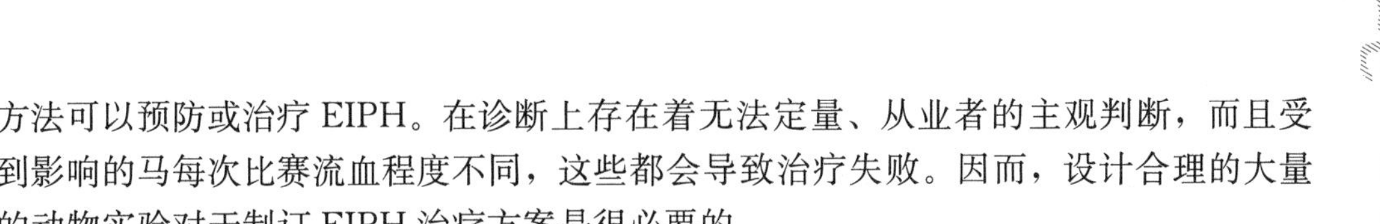

方法可以预防或治疗 EIPH。在诊断上存在着无法定量、从业者的主观判断，而且受到影响的马每次比赛流血程度不同，这些都会导致治疗失败。因而，设计合理的大量的动物实验对于制订 EIPH 治疗方案是很必要的。

1. 呋塞米

呋塞米是一种已经被证实可以有效地减弱 EIPH 反应的利尿剂。呋塞米｛2-［（2-呋喃甲基）氨基］-5-（氨磺酰基）-4-氯苯甲酸｝是一种高效利尿剂，在美国注册以每匹 250～500mg 的剂量每天 1 次或 2 次，治疗马的水肿（如肺淤血、腹水）、心功能不全和急性炎症性组织水肿（http：//www. accessdata. fda. gov/scripts/animaldrugsatfda/details. cfm？dn＝034-478）。呋塞米也是治疗急性肾衰竭和预防 EIPH 的一种常用药。

呋塞米分布于肾近曲小管，药物首先作用于肾小管上的 Na-K-2Cl 离子通道。它会抑制管腔中 Cl 离子和 Na 离子的运输，这样降低了间质的渗透压，使得水分无法重吸收。呋塞米的药代动力学也已经研究清楚了，通过一个三室模型试验，对于 0.5mg/kg 的剂量，α-、β-和 γ-相位半衰期分别为 5.6、22.3、158.6min。对于 1mg/kg 的剂量，半衰期变化差异不显著，所以在赛马使用剂量范围内，呋塞米的药代动力学是非剂量依赖的。

呋塞米可引起快速的大量排尿，服药后 30min 后尿量就可达到体重的 2%～4%，相当于血浆体积下降了 13%。如果没有饮水或者静脉补液，4h 内血浆体积不会恢复。此外，无论是在休息还是在运动的情况下，呋塞米还能显著的降低肺动脉压，这种效应同样会持续 4h。重复使用药物或者在运动前 4h 内使用药物，不会缓解 EIPH。4h 之后的药效情况没有报道。使用呋塞米 4h 后在血液动力学的表现被认为是积极的，因为比赛对于药物的控制规定是截止到赛前 4h。赛会规定这个时间是因为如果赛前 4h 使用呋塞米，赛后的尿检是可以检测到的。这项规定可以使得对用药的马匹进行统一标准的判定。在北美，超过 90%的赛马在赛前使用呋塞米。

在大家证实呋塞米有效性之前，呋塞米就已经被用来在赛马中预防 EIPH。2009 年，一项为期 1 周的模拟比赛的双盲交叉实验，在赛后用气管支气管镜检查来证实呋塞米是否有效。使用盐水的对照组中出现中等程度或严重的 EIPH 的马匹要比使用呋塞米治疗组的多 67.5%，使用呋塞米后 EIPH 分值降低了。

赛马服用呋塞米后可以获得更好的成绩。目前还不清楚是否是因为呋塞米对 EIPH 有效所以获得了好的成绩，这种情况被认为是不好的。很难把这种因素与呋塞米引起的体重减轻区分开来。尽管相关研究已经完成，但体重的减轻对成绩是否有影响还没有定论。

无论呋塞米是如何提高赛马成绩的，它对 EIPH 的缓解是毋庸置疑的，至少现在是这样。关于药物是如何发挥作用的，有这样一种假说：毛细血管血压不足可能在 EIPH 中起重要作用，在使用了呋塞米后，由于血浆体积缩小导致肺部毛细血管血压的降低恢复了大约 10mmHg，这可能是由于毛细血管渗透压降低或者毛细血管破裂产生的。

关于呋塞米对心输出量的影响说法不一；但运动时心输出量不受呋塞米的影响的

说法占据主流。众所周知，呋塞米可以使肺部的血液在运动时分布得更均匀，可以加快肺边缘部分的血液循环，达到预防 EIPH 的效果。有证据表明，肺部不同区域的血管敏感性不同，对呋塞米的敏感性如何还不清楚。在其他物种中呋塞米在血管中有特异性反应，并且马在运动的过程中呋塞米血液动力学效应不仅仅是因为血浆体积缩小。

正如前面所说的，肺部血液的重新分配和静脉上游毛细血管血压的改变，会使得静脉扩张（呋塞米介导），进而对毛细血管产生相反的作用（如保护作用）。

除了呋塞米，还有一些对排血有辅助作用的药物也在使用中，而且对于新型、高效药物的研发一直没有停止。目前还没有别的药物被批准用于此目的，而且仅有的几种药物需要在赛会的监督下才能使用。接下来我们会讨论。

2. 一氧化氮

一氧化氮（NO）在肺部血液调节中的作用已被证实，通过调节 NO 的释放来治疗马的 EIPH。L-NAME 是一种 NO 合成酶抑制剂，与对照组相比，服药组的马匹右心房、肺动脉和毛细血管的血压上升，这可能是由 NO 抑制剂介导的，但在剧烈运动的马匹中没有检测到，在一项与之相关的实验中，硝酸甘油作为一种 NO 的供体，是上述表现呈剂量依赖性减少。这意味着 NO 在控制肺部血压中起关键性作用，至少在休息的时候。研究者希望利用 NO 介导法来降低肺动脉血压，经历多次试验但效果不理想。事实上，2001 年的一项研究表明，与对照组相比 NO 抑制剂与 EIPH 程度加强有关。这些数据都说明，动脉和毛细血管前平滑肌张力可以保护下游毛细血管。使用 NO 会降低这种张力，静脉扩张会使得更多的动脉压转移到毛细血管，这样一来毛细血管会更容易发生破裂。

3. 西地那非

枸橼酸西地那非是一种 5 型磷酸二酯酶抑制剂，它能通过降解环磷酸鸟苷酸和舒张血管来降低全身和肺部的血压。对肺部血压的调节作用的报道是在缺氧情况下完成的。在对马进行剧烈运动测试前 1h 用药，对肺部动脉血压、肺出血和其他生理指标没有明显的影响。

4. 卡巴克洛

卡巴克洛磺酸钠水合物（又称肯塔基红）在登革热患者上被用来作为毛细血管稳定剂。一些实验证明，它可以降低肺部血管的通透性。没有证据表明，卡巴克洛对马有像呋塞米一样的保护作用。唯一的研究表明，用药组和对照组没用明显的差距。

5. 氨基己酸

氨基己酸是一种纤维蛋白溶解抑制剂，在人医临床上被广泛用于防止术后大出血，在赛马中用于降低 EIPH 程度。还没用证据表明马在运动中会有凝血障碍，但会出现肺部毛细血管破裂，药物的机理还不清楚。在现有的实验中，这种药物不会减弱 EIPH 的程度，但这还不能说这种药就没有作用。

6. 己酮可可碱

己酮可可碱是一种甲基化黄嘌呤衍生物，也是磷酸二酯酶抑制剂。人医上广泛应用于抑制血小板聚集，增加红细胞活性和可塑性，降低血液黏稠度。由于这些原因，这种药物应用于多个物种，也包括马。在体外，呋塞米也可以改变红细胞的可塑性和

血液黏稠度，但临床上还是建议使用己酮可可碱。在交叉实验中，6 匹马作为对照组，治疗组在运动前服用己酮可可碱。实验发现，治疗组所有马匹都产生了 EIPH，尽管预期呋塞米的服用会缓解是肺动脉血压，但己酮可可碱没有将红细胞的可塑性“恢复”到可以阻止 EIPH 的程度。

7. 盐酸克仑特罗

盐酸克仑特罗是一种 β_2-肾上腺素受体激动剂，广泛作为支气管扩张药使用，不能降低马因运动产生的高血压，也不能提高呋塞米在这些指标的影响。不出所料，盐酸克伦特罗对 EIPH 没有明显效果。

8. 糖皮质激素

尽管血液进入呼吸道后可以导致 BAL 中巨噬细胞数量升高，但炎症在 EIPH 中的作用还不清楚。糖皮质激素是否可以用来治疗由于 EIPH 产生的间质纤维化病变尚不清楚，而且对马使用糖皮质激素会带来很大的副作用，所以不推荐使用。

9. 富血小板血浆

最近有一篇报道提到用血小板丰富的血浆来治疗 EIPH，但不是双盲实验。同时还没有别的实验支持这种治疗方法。

（二）非药物性治疗剂

1. 鼻带

把胶带交叉粘在马鼻子上，通过扩张鼻腔来减少气体流通的阻力。这样做的原因是因为马鼻腔天生狭窄，减少了通气量。毛细血管破裂是由于毛细血管跨壁压力造成的，毛细血管压力由血管内压（正）和气道压（负）构成，跨壁压会随着气道压的减小而减小。毛细血管跨壁压减少了，血管破裂的情况就少了，出血情况就减轻了。虽然有些地方还有自相矛盾的情况，但在使用中还是有效果的。不过，在使用了呋塞米的同时使用鼻带，没有出现更好的保护效果。

解决造成上呼吸道阻塞的其他因素，如喉返神经病变和软腭背侧位移都会造成气道阻塞，促进 EIPH 的发生。目前还无法证明这些条件与 EIPH 有直接联系。

2. 休息

应该通过赛会制度来规定，在发生出血后应该及时休息。尽管目前还不清楚休息是否会减少或缓解出血情况。

推荐阅读

Derksen F，Williams K，Stack A. Exercise-induced pulmonary hemorrhage in horses：the role of pulmonary veins. Compend Contin Educ Vet，2011，33：E1-6.

Hinchcliff KW. Exercise-induced pulmonary hemorrhage. In：McGorum BC，Dixon PM，Robinson NE，Schumacher J，eds. Equine Respiratory Medicine and Surgery. Philadelphia：WB Saunders，2007：617-629.

（邓小芸、祁小乐　译，丁一　校）

第 59 章　呼吸道复发性梗阻及炎症性疾病

M. Eilidh Wilson　N. Edward Robinson

呼吸道复发性梗阻（recurrent airway obstruction，RAO）和炎症性疾病（inflammatory airway disease，IAD）是马气管支气管系统常见的炎症性梗阻性疾病。RAO在这两种疾病中最为严重。用可逆性气道阻塞的发病周期来定义 RAO，接触有机粉尘可诱发此病。RAO 和不太严重的 IAD 之间的关系正处在研究当中，数据显示一些患有 IAD 的马，其病程处在 RAO 的早期阶段。然而许多患有 IAD 的马从来也没有出现 RAO 的典型体征。IAD 在现役赛马中的体征可能与老龄赛马不一样。

一、呼吸道复发性梗阻

患有 RAO 的马对干草中的灰尘过敏，这种敏感性是天生的。尽管马从很小的时候就开始接触干草粉尘，但这种疾病仅出现在成熟的成年马中，通常这些马都超过5 岁。该病的特点是具有 2 个临床阶段：活动期和缓和期。在吸入干草灰尘之后，进入疾病的活动期。干草尘作为一种免疫源性物质触发肺部的反应，这些反应的特征是支气管收缩、产生黏液、支气管中性粒细胞炎症。炎症、呼吸道阻塞、肺功能障碍的程度在不同的病例中千差万别，但是该疾病的特征就是，当干草或者灰尘等诱导源被除去之后，炎症和支气管收缩的症状会逐步消退。在这段时间，可以认为马处于疾病的缓和期。之后马匹终生都具有敏感性，任何再次接触干草灰尘的情况下，都会重新引发疾病；因此马就趋于处在活动期和缓和期之间摇摆不定的状态，而且还有长期掉毛的病史和减弱的呼吸道疾病。通常畜主都会说自己的马有咳嗽、有非脓性鼻涕、体能下降的症状，而且在休息的时候呼吸困难。

临床检查的结果取决于疾病表现的严重性，但在疾病的活动期，马在休息的时候(或者使用呼吸袋诱发)，可能听诊到吸气喘鸣和早期的吸气爆裂音，并且在颈部远端可以听诊到黏液移动产生的咯咯嘎嘎的声音。疾病活动期的特征就是马休息时有异常的呼吸模式；呼吸速率和用力程度增加（腹部的努力特别明显），节奏变得更规律。临床评分系统可对疾病的严重程度进行分类（表 59-1）。在疾病的活动期进行肺功能的检测，可发现肺通气阻力增大，胸膜内压增加至最大值，动态顺应性降低，但是这些检测一般只存在于研究中。受影响马的其他方面是健康的，没有证据表明患有全身性疾病。

表 59-1　呼吸道复发性梗阻病马的临床评分

得分	鼻孔红肿情况	得分	腹部活动
1	鼻孔松弛，不发热	1	每次呼吸时腹部运动轻微
2	鼻孔有轻微、偶尔的发热（例如，约每 5 次呼吸时明显）	2	每次呼吸时腹部运动可轻易辨别
3	鼻孔有红肿波动，不会完全松弛	3	每次呼吸时腹部呼气推送十分明显
4	严重发热，吸气和呼气时鼻孔有较大肿块	4	呼吸时腹部来回抖动明显

注：对呼吸时鼻孔和腹部的特征分别进行评估和归纳，得出总分。2/8＝呼吸努力正常；(3～4)/8＝轻度呼吸努力；(5～6)/8＝中度呼吸努力；(7～8)/8＝严重呼吸努力。

基于临床症状、病症、反复发作的咳嗽病史、呼吸努力增加，接触干草或其他灰尘这些因素，中度至重度的 RAO 是比较容易诊断的。虽然有些诊断操作并不总是必需的，但是可以进行支气管肺泡灌洗（BLA）（见第 48 章），非变性中性粒细胞炎症（中性粒细胞比例＞20％）的细胞学检测结果可以诊断出 RAO。在某些马中可能会检测到中性粒细胞的比例特别高（如 50％～80％）。对 RAO 易感的马来说，在缓和期其体检结果正常，并且临床评分得分正常，BAL 细胞学检查和标准的肺功能检测结果均正常。如果马的病情已经缓解了一段时间，它将无异于一匹正常的马。然而，即使在缓和期，马也会有亚临床炎症和支气管收缩的症状，这些会影响高水平赛马的运动性能。

治疗

RAO 的成功治疗是非常困难的，因为有效的治疗方案从根本上需要长期对饲养管理方案进行修改，以减少干草灰尘的接触和提高空气质量（见第 56 章）。理想的情况下，易感马最好 24h 待在全年无休的牧场里，严格避免接触干草，但是这种情况是无法实现的。或者可以通过使用低尘性的垫料（如木材刨花或者纸垫），或者改变日常清洁程序（在打扫圈舍或者过道时，可以先把马从圈舍中赶出来），室内的空气质量可以得到明显的改善。邻近的圈位应当进行同样的处理，因为附近的干草或秸秆仍会增加空间里的灰尘。对于受此影响严重的马匹，干草应该完全从饲料中撤除，然后完全替换成颗粒饲料；然而畜主可能不会接受这样的变化，因为这样做增加了成本和劳动量。再者，可以对干草进行浸泡处理，但是该做法可能会很费力、杂乱，而且在冬天实施起来很困难，如果干草的内部没有得到充分浸泡，这样做就没有效果。对干草进行蒸汽处理看起来是一种切实有效的方法，这样做可以减少干草的抗原性，但蒸汽的成本可能会限制该方法的使用。在凉爽的气候中，饲喂袋装的青贮饲料是防止 RAO 病情加重的有效方法。但是在比较温暖的气候中，青贮饲料在开袋之后可能迅速变质。

虽然改变生存环境应该是所有治疗方案的重点，但是当环境变化不明显时（表 59-2），就需要使用皮质类激素和支气管扩张剂。皮质类固醇能够减轻炎症，改善肺的功能，然而支气管扩张剂很大程度上使症状得到缓解。糖皮质激素和气管扩张剂的选择取决于疾病的严重程度、药品的费用、耗时长短、畜主的投资意愿。地塞米松是治疗严重 RAO 时首选的皮质醇类药物，而且当大剂量使用时会在 2h 之内明显改善肺通气功能。地塞米松可以静脉注射也可以口服给药，但是由于胃肠道中的食物能够降低药物的生物利用率，因此皮质类固醇药物（地塞米松和泼尼松龙）最好在空腹时口服给药。

表 59-2 呼吸道复发性梗阻或呼吸道炎症性疾病患马的治疗[1]

		给药途径	起始作用	持续运动时间	频率	剂量
支气管扩张剂						
沙丁胺醇	β_2受体激动剂[2]	雾化吸入	迅速（5min）	短时（1～3h）	间隔 3h	360～720μg
盐酸克仑特罗	β_2受体激动剂[2]	口服		长时（6～8h）	间隔 12h	0.8～3.2μg/kg
溴化异丙托品	抑制副交感神经系统冲动	雾化吸入	快速（15～30min）	适中（4～6h）	间隔 6h	360μg
溴东莨菪碱	抑制副交感神经系统冲动	静脉注射	迅速（2min）	非常短（30min）	单剂量	0.3mg/kg
阿托品	抑制副交感神经系统冲动	静脉注射	快速（15min）	短时（1～2h）	单剂量	0.02mg/kg
皮质类固醇						
丙酸氟替卡松		雾化吸入			间隔 12h	2 000～6 000μg
氯地米松		雾化吸入			间隔 12h	1 500～3 000μg
地塞米松		肌内注射/静脉注射			间隔 24h	0.05～1.0mg/kg
		口服（60%可吸收性）			间隔 24h	0.05～0.16mg/kg
泼尼松龙		口服			间隔 24h	2mg/kg
呼吸道炎症性疾病中的抗生素使用						
头孢噻呋		肌内注射			间隔 24h	2.2～4.4mg/kg
土霉素		静脉注射			间隔 12～24h	5～10mg/kg
多四环素		口服			间隔 12h	10mg/kg
甲氧苄啶磺胺类[3]		口服			间隔 12h	15～30mg/kg
青霉素 G		肌内注射			间隔 12～24h	22 000U/kg
钠/氯化钾盘尼西林（青霉素）		静脉注射			间隔 4～6h	22 000～44 000U/kg
呼吸道炎症性疾病其他治疗方法						
色甘酸二钠（色甘酸钠）		雾化吸入			间隔 12～24h	0.2～0.5mg/kg
重组人α干扰素		口服			间隔 24h	90U

注：1 根据运动训练监督管理机构的规定，马的主人和教练应注意这些药当前的停药时间。

2 当单独用于治疗时，可导致肾上腺素受体下调。可通过与皮质类固醇联合用药减轻此影响。

3 链球菌可能对这类药物有抗性。

在治疗人的哮喘中雾化类固醇是主要的治疗方法，其优点是能够直接向肺中递送高浓度的药物而不导致全身性的不良反应。很多手持型的定量吸入器是可用的，当与合适的面罩一块使用的时候，可以给马投递准确剂量的雾化药品。虽然在严重的疾病中，药物进入外周的呼吸道会被呼吸道阻塞所削弱，但是可以使用氟替卡松和倍氯米松的雾化剂治疗 RAO。然而气雾疗法成本很高、耗时而且需要技巧。鉴于口服类固醇药物成本较低，而且所需的劳动力较少，因此口服给药对大多数畜主来说是一个更加合适的选择。所有的糖皮质激素（包括雾化剂型）都存在剂量依赖的药动学模式，能诱发肾上腺功能抑制。应按照最低的有效浓度使用该药物，以减少不良影响的风险。通常需要长时间的治疗（例如 3～4 周），并逐步减少使用剂量（每 5～7d 减少 25%的剂量），这将有助于避免医源性肾上腺皮质功能减退。

同样，支气管扩张剂的选择将取决于患者的特定需求。对于患有严重呼吸窘迫的马，药效快速的支气管扩张剂（如沙丁胺醇气雾剂）能够提供及时的救助，但它们的药效时间有限。长效支气管扩张剂，如盐酸克仑特罗和异丙托溴铵更适合 RAO 的维持治疗。在盐酸克伦特罗以最低的药效剂量使用时，治疗的反应是可变的，并且有必要增加剂量。虽然有些记录中说盐酸克伦特罗有抗炎的功能，但是作为一种抗炎药在呼吸道疾病活动期中的作用，有待进一步的研究。

二、呼吸道炎症性疾病

炎性气道疾病是下呼吸道（小气道）的非感染性炎症疾病，能够影响所有年龄的马匹。临床症状随着疾病的严重程度而各不相同，而且没有特异性的临床症状。相应的临床症状包括：流鼻涕、表现不佳、康复时间延后。与处在 RAO 活动期的马相比，患有 IAD 的马休息时的呼吸模式没有变化，肺部听诊通常是正常的。

该病的特征是外周气道中黏液和炎性细胞（例如中性粒细胞、嗜酸性粒细胞、肥大细胞）的过度累积。一些马还会发生气道高反应和轻度支气管痉挛。IAD 各个发病类型都有不同炎性细胞数量升高的指征，据此分类对炎性细胞进行检测，而且往往会检测到异常炎性细胞混合存在的状况。有证据表明，具体的细胞学检查的结果与不同促炎性因子或者不同的疾病表型有关，可能具有不同的发病机制和病原学途径。

流行病学研究已经确立了两个主要的致病因素：细菌感染（在赛马中）和空气中颗粒物质（即粉尘）的吸入，但是确切的致病机制尚未得以阐明。虽然 IAD 影响所有年龄或种属的马，但是这次主要调查了英国的赛马。在该种群中，可以从患有 IAD 的马的气管灌洗液中检测到兽疫链球菌、放线杆菌、巴氏杆菌属的细菌过度繁殖。然而，检测到细菌并不表示发生了细菌性支气管肺炎，因为受 IAD 影响的马其他方面都很健康（眼睛明亮、炯炯有神、不发热、白细胞相正常）。在英国，对于赛马这一特殊的种群，IAD 的流行情况随着训练时间的增加而逐渐下降，这就支持了一种假说，即随着年幼的马驹对传染性病原体的免疫力的逐渐建立，发病率会逐渐减小。当免疫力不成熟的马发生混合感染时，人们认为细菌感染只是一个显著的危险因素，就像赛马首次进入训练一样，同样也是一个危险因素。与此相反，长期接触灰尘是一个更加普遍的危险因素。在马传统的饲养管理中，比如室内马厩以及干草和秸秆的使用，空气中颗

粒物（灰尘）的含量很高，这与气管黏液的积累、气管和外周气管中中性粒细胞增多有关。

该病的诊断是很困难的，因为仅依据临床体征做出的诊断是非特异性的和不敏感的。运动性能不佳是一个常见的体征，如果运动性能不佳归因于 IAD，那么就应当排除其他的一些病因，比如：跛行、肌病和上呼吸道功能障碍。不同的标准已经用于 IAD 的诊断，这些包括临床症状的会诊、气管黏液的视诊、气管清洗液的细胞学检查、BAL 细胞学检查、肺功能的检测。以上所有的诊断检测的执行，将能对气管提供更加全面的评估，这种想法很好，但是往往行不通。

气管的内镜动态影像评估在检测中是一个重要的组成部分，因为在赛马和运动马中，黏液积聚（黏液评分≥2，图 59-1）与马匹的性能降低有关。

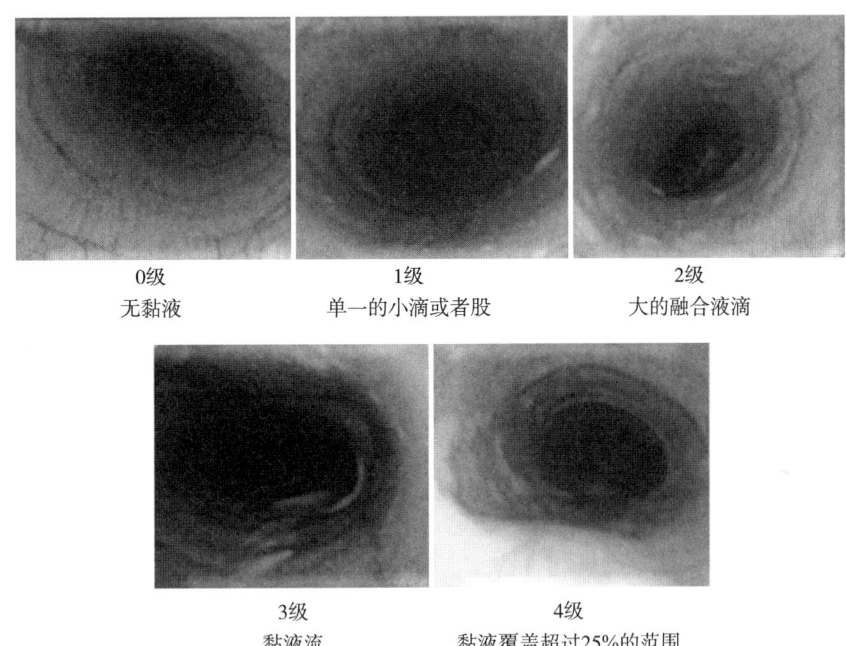

图 59-1 内镜动态影像检查中黏液积聚的分级标准。气管黏液评分系统是基于内镜检查中黏液数量和质量的得分：观察者及马的不同、黏液黏度与呼吸道炎症之间的关系

（引自 Gerber V，Straub R，Marti E，et al. Endoscopic scoring of mucus quantity and quality：observer and horse variance and relationship to inflammation，mucus viscoelasticity and volume. Equine Vet J 2004；36：576-582）

传统上，认为气管清洗液细胞学检查是一个核心的诊断检测，中性粒细胞的比例在 25％以上，就认为发生了 IAD。然而，许多无症状的马的中性粒细胞却有很高的分值，而且这些马并没有出现性能降低的症状。此外，气管灌洗液细胞学检查结果并不表示周边气管的炎症状态。因此在没有黏液增多时，气管中中性粒细胞的临床意义是不清楚的。

呼吸道炎症性疾病是外周气管的疾病，因此相应地，在可能的情况下，对病马进行一次BAL检查是非常重要的。在BAL细胞学检查中，能够发现一种或多种细胞的数量过多：中性粒细胞（>5%，非感染性），嗜酸性粒细胞（>0.1%），异染性细胞(肥大细胞和嗜碱性粒细胞，>2%)。外周气道炎症，如黏液增多，也与赛马的运动性能下降有关。然而，在无症状的运动马中，外周气管炎症的发病率也较高，但是这些马并没有表现不佳的临床迹象。这就表明轻度下呼吸道炎症对马性能的临床影响取决于马对氧气的需求。

多项研究表明，长期持续接触气源性的灰尘，健康马的气管或小气管中会形成中性粒细胞炎症，这表明中性粒细胞聚集可能是一种与生俱来的保护性反应。虽然对没有临床症状的马解释IAD细胞学检查依据的临床意义很困难，轻度的肺部炎症可能预示着需要减少与空气中的颗粒物的接触，并且改善空气质量。

呼吸道过敏和亚临床呼吸道阻塞可分别与组胺支气管激发试验、强制振动试验一块进行检测。然而，这些肺功能的检测，通常只有在专科医院中才能进行。

治疗

对照研究对IAD治疗的评估是有限的，而且治疗也是经验性的，很大程度上基于对RAO的建议。再者，治疗的初步目标是减少灰尘吸入和创造洁净的空气环境（见上文和第56章）。在实践中，当怀疑赛马有细菌性感染（表59-2）时，经常会使用广谱抗生素，但是没有数据支持其有效性。当饲养管理方案正在进行修改和制订时，可以联合使用糖皮质激素和支气管扩张剂进行治疗。但是参比RAO的治疗，IAD治疗时通常使用的剂量比较低。在IAD中以异染性细胞比例升高为特征时，有人建议使用肥大细胞稳定剂（表59-2）。使用α干扰素（与休息结合）有益于受IAD影响的赛马。此外，一项研究也表示，停止训练，让赛马休息对疾病治疗也是有利的。

三、坚持治疗

RAO和IAD的主体治疗方法是改变生存环境，因为在较差的饲养管理和治疗方案情况下，治疗常常是不成功的。无法坚持治疗在人医中也是一个很大的问题。患者无法坚持治疗有4个主要因素，分别是患者对疾病或治疗的认识、患者对疾病或治疗的态度和看法、患者配合治疗的意愿、医患关系。举例说明这一问题，在一项研究中调查坚持治疗哮喘的情况，大多数病人并没有意识到炎症在病理生理学中的重要性，并认为治疗只是短暂性的。此外，因为治疗的千篇一律、缺乏对治疗好处的认识、担忧药物的副作用，很多患者中断了治疗。类似的情况很可能出现在兽医和马匹受RAO或IAD影响的畜主之间。

不能坚持治疗就表明改变生存环境是不起作用的，增加了对糖皮质激素和支气管扩张剂的依赖，也增加了畜主和兽医的挫败感。然而从人医那里得到的数据已经确定了特殊的沟通技巧，有利于提高患者的依从性（坚持治疗）和治疗效果。原则上，兽医和畜主之间必须建立起合作关系，一些简单的沟通将有助于实现这一目标。首先，畜主应当接受关于疾病的教育，可以通过兽医提供的文献实现，但是兽医必须避免说

教。其次，引出畜主的意见来确定治疗方案的关键点是基于双方的共识。这些关键点包括：①马确实患有RAO或IAD（诊断是正确的）；②所患疾病对马的生活质量和性能有负面影响；③干草或环境中的颗粒物质是触发因素；④改善马的生活环境实际上是治疗的一部分。对以上内容的认同感薄弱的畜主，根本不会有意愿和动机去坚持兽医提供的任何建议。

促进兽医和畜主之间良好的关系，鼓励畜主提出问题。这样做可以提高依从性（坚持治疗），而且在治疗方案的制定中发挥着积极的作用；只是简单地给畜主提供一系列建议经常导致治疗的失败。努力改善马的生存环境往往需要日常管理的大幅修改、增加时间、劳动力或者费用，而且制定出客户能做到的并感到自信的具体策略是至关重要的。如果所有的护理人员，包括教练和农场员工，在制定的计划中能够通力合作，治疗计划的依从性就能得到改善。最后，有效积极的关系应当建立在对客户工作进展和马的状态进行监护的基础上。

推荐阅读 

Abood S. Increasing adherence in practice：making tour clients partners in care. In：Cornell KK，Brandt JC，Bonvicini KA，eds. Small Animal Practice：Effective Communication in Veterinary Practice. Philadelphia：Saunders Elsevier，2007：151-164.

Bayer Animal Health Communication Project. Available at：http：//www.healthcarecomm. org.

Christley R，Rush BR. Inflammatory airway disease. In：McGorum BC，Dixon PM，Robinson NE，et al，eds. Equine Respiratory Medicine and Surgery. Edinburgh：Saunders Elsevier，2007：591-600.

Couëtil LL，Hoffman AM，Hodgson J，et al. Inflammatory airway disease of horses. J Vet Intern Med，2007，21：356-361.

Gerber V，Straub R，Marti E，et al. Endoscopic scoring of mucus quantity and quality：observer and horse variance and relationship to inflammation，mucus viscoelasticity and volume. Equine Vet J，2004，36：576-582.

Inflammatory airway disease：defining the syndrome. Conclusions of the Havemeyer Workshop. Equine Vet Educ，2003，15（2）：61-63.

Lavoie JP. Recurrent airway obstruction（heaves）and summer-pasture-associated obstructive pulmonary disease. In：McGorum BC，Dixon PM，Robinson NE，et al，eds. Equine Respiratory Medicine and Surgery. Edinburgh：Saunders Elsevier，2007：565-89.

（邓小芸、祁小乐　译，丁一　校）

第 60 章　重症肺炎和呼吸窘迫综合征

Harold C. McKenzie Ⅲ

在成年马和马驹中，下呼吸道感染是一个常见的问题，从轻微的病毒感染到复杂的细菌感染都有发生。一般情况下，下呼吸道细菌性感染有并发症，包括从形成脓性病灶到发展成为胸膜肺炎。因为这些并发症有重大的风险，所以细菌性感染具有较大的临床影响。通常，并发性肺炎不能得到很好地预防，但是一旦出现此病症，就需要对此进行早期的积极干预治疗，以获得可以接受的结果。重症肺炎的治疗给临床医生带来严峻的挑战，在制订治疗方案的时候，要求医生认真考虑病马因素和用药原则。

在成年马中，从上呼吸道吸入的细菌是细菌性肺炎的原发性病因，与新生马驹不同，新生马通常是由于血源性细菌感染造成肺炎。因此，大多数成年马的呼吸道感染最初发生在呼吸道黏膜表面，然后发展到肺实质。在机体的物理性或者免疫性清除机制无法完全消除病原体的情况下，肺部就会形成脓肿。当肺组织炎症相关的损伤继发细菌性支气管肺炎，使肺实质和肺胸膜发生功能障碍的时候，病原体就能进入胸膜腔，这就导致了胸膜肺炎的发生。因为该部位的免疫应答的反应效果不佳，所以当感染扩散到胸膜腔内，就很难进行处理。而且胸膜腔内炎性细胞和浆液的积聚为病原体提供了扩大繁殖的空间。在伴有严重感染或炎性损伤的肺中，严重的肺功能障碍能够继发无法应对的炎症反应，并且可能导致急性肺损伤（acute lung injury，ALI）或者急性呼吸道窘迫综合征（acute respiratory distress syndrome，ARDS）。这些综合征具有高发病率和死亡率，需要对此进行积极广泛的治疗。

一、疾病的发生发展

马患下呼吸道疾病的风险似乎有些许的提高，其原因有多个。第一，马和马驹通常是以群体的形式管理，这就使病毒和细菌易于在个体之间传播。第二，马和马驹往往被长距离运输，导致下呼吸道免疫功能的损伤，使下呼吸道发生炎症。农场或稳定的环境频繁引入新马，也增加了病原体引入当地动物群体的可能性。由于在幼年的时候细胞免疫应答功能仍不健全，所以年幼马驹下呼吸道感染的风险较高。在某些情况下，新生驹获得的母原抗体少同样与之有关。

通常，肺部炎症反应的作用是增强机体消灭或清除呼吸道和肺泡中病原体或异物的能力，但是这种反应同样可能有不利的影响。严重的炎症将会导致呼吸道和血管张

力发生改变，这可能损害肺发生感染的区域参与气体交换的能力，或者炎性碎片和液体的积累可能会导致受损的肺组织实变，并且完全丧失气体交换能力。正常的代偿反应能够适应气体交换的局灶性损失，但是如果疾病过程是弥散性的而且很严重，肺的通气功能就会极度受损，因此导致的低氧血症和高碳酸血症可能会危及生命。由于这些原因，临床医生必须确保治疗工作不仅要清除所有的原发性病原体，而且要使肺通气功能正常化，肺部炎症得以消退。

二、诊断

肺炎的临床症状包括发热、咳嗽、流鼻涕、呼吸急促、呼吸困难、抑郁、食欲不振、胸壁触诊疼痛（胸膜痛）。体检是确定下呼吸道损伤的范围和严重程度的关键，并且在大多数情况下需要进行再呼吸检查。再呼吸检查大大提高了临床医生对下呼吸道炎症的听诊检查能力，但是对于处在静息状态呼吸努力已经严重增加的病马来说，应该避免使用该方法。在呼吸检查时诱导咳嗽提示较大呼吸道的炎症或过敏。异常呼吸音（譬如噼啪声、喘息声或者啰音）说明下呼吸道有炎症，然而呼吸道有很响亮的呼吸音或者没有呼吸音可能指示肺组织实变或胸腔积液。不愿移动或者触诊或敲击胸壁有胸膜痛的迹象，可能表明胸膜有炎症。

临床检查结果在患有下呼吸道疾病的马的评估中非常重要，因为下呼吸道的细菌感染过程往往伴随着白细胞、中性粒细胞的增多，以及中性粒细胞核左移。测定血清淀粉样蛋白 A 的浓度同样有助于识别肺部或全身性炎症。动脉血气体分析能够揭示患有弥散性下呼吸道炎症的病马同时具有低氧血症和高碳酸血症。急性重症低氧血症的症状可能会呈现出来，而且在严重的情况下难以进行吸氧治疗。

影像学检查有助于对下呼吸道感染进行分期和定位，超声检查在评估肺的浅表组织和胸膜腔时特别有用。超声检查在用于对马驹的监测时同样有效，可用于与细菌性肺炎相关的肺部脓肿的早期发现，并且可能实现早期治疗（见第 176 章）。获得成年马的胸部 X 线照片很不容易，但对马驹则很容易。胸廓的 X 线照片为肺部炎症提供了更加全面的评估，因为它可以对胸膜以下的肺组织进行评估。因此，X 线照片是最有用的深层肺组织病理检测手段，并且在一些疾病的诊断中显得至关重要，比如肺脓肿、瘤变、急性呼吸窘迫综合征、马的多结节性肺纤维化（equine multinodular pulmonary fibrosis，EMPF）（图 60-1）。

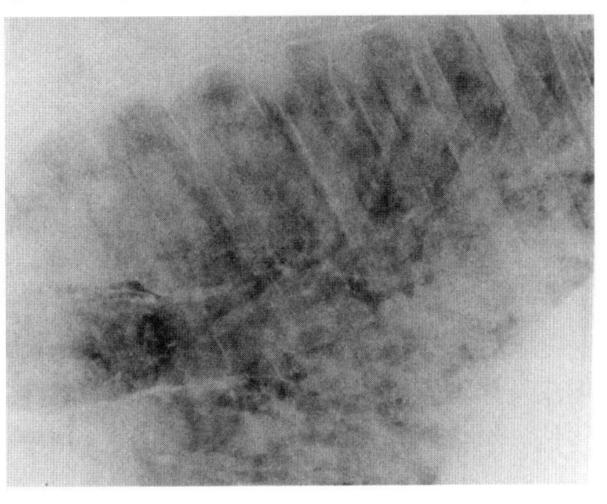

图 60-1　X 线照片显示出严重的弥散间质性的多结节性混浊病灶的区域，与马的多结节性肺纤维化一致

虽然在对患有轻度下呼吸道疾病的马作初始评估时，通常不需要进行气道细胞学检查，但是对于重度或持续性下

呼吸道感染的病例，该检查却是至关重要的。气道的细胞学检查将会提供肺部炎症特点的更为清晰的指征，特别是能够识别出存在的炎性细胞的主要类型和细菌的种类。因此如果在无菌气管中收集到吸出物细菌，就表示患者先前的抗菌药物治疗肯定没有成功，或者患有严重的下呼吸道感染。使用经皮穿刺的方法，或者采用内镜的方法，以无菌操作的方式，气管吸出物很容易获得。采用内镜的方法时，内镜抽吸导管用来获得适合培养的液体样品。

在下呼吸道感染的评估中，支气管肺泡灌洗（bronchoalveolar lavage，BAL）不太常用。因为采样管通过上呼吸道的过程中存在污染的可能性，这就使之后的细菌培养的结果不可信。尽管有此局限性，BAL 能提供出小气道炎症和损伤的重要指征，疑似局灶性肺部损伤是支气管内镜检查和支气管灌洗的一个指征。当通过成像技术已经证实胸腔积液存在的时候，需要经行胸腔穿刺（图 60-2）。这一操作同时具有诊断和治疗的功能，因为在获得用于细胞学检查和组织培养的无菌样品的同时，也除去了胸膜腔中的液体。多次的细胞学检查有助于下呼吸道炎症和感染状态变化的记录，但是在大多数临床症状表示消退的情况下，就不再要求做细胞学检查了。

对于疑似患有弥散性肺部疾病的马，经皮肺穿刺活检可提供有价值的诊断信息。从任何其他缺少尸检样本的诊断检查中无法得到这一信息。经皮肺穿刺活检技术（图 60-3）已经得到很好的描述（参见推荐阅读），而且对经过适当镇静和约束的个体来说，该技术是安全和有效的。可以通过对感染部位的样品的超声检查提高诊断率，但是通常不需要直接超声波引导。在执行此操作的过程中，相比使用手动的活检针，使用全自动的活检针似乎更加安全和有效。

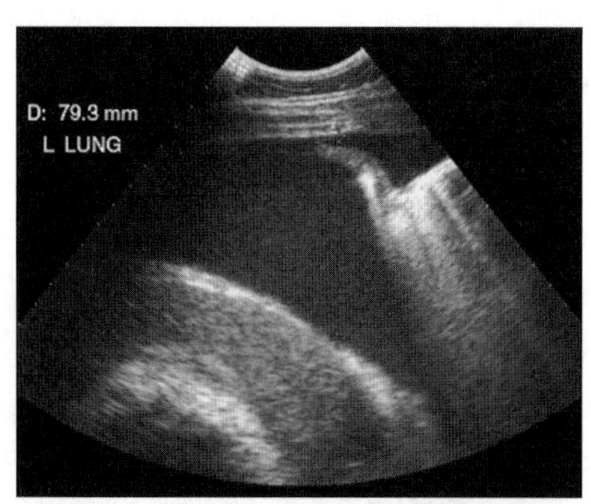

图 60-2　细菌性肺炎成年患马左侧胸腔的超声波图像，显示胸腔积液

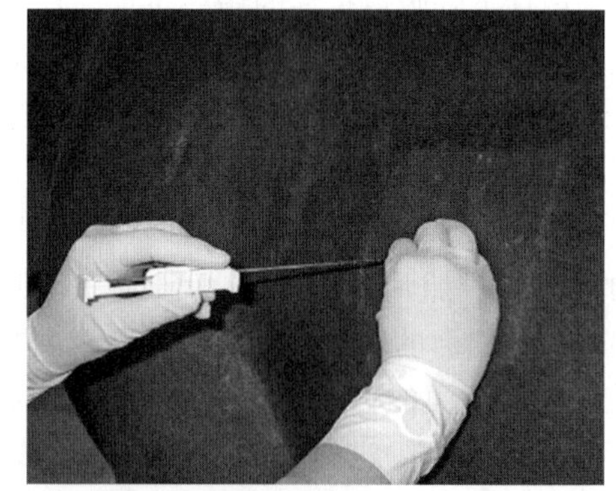

图 60-3　使用手动活组织检查设备进行经皮肺穿刺活检

临床状况的变化往往代表着下呼吸道感染病程的重要指征，其中包括持续性的发热或发热加重。临床状况的恶化表明需要再次进行彻底的评估，可能包括体检、临床评估、影像学检查、用于细胞学检查和组织培养的呼吸道分泌物的采集。

三、疾病症状

尽管在成年马中，大多数病毒性下呼吸道感染是温和的，并且有自限性［如马流感病毒、马疱疹病毒1型（equine herpesviruses types 1，EHV-1）和4型（EHV-4）、马动脉炎病毒、马鼻病毒]，这类感染会损害局部肺组织的免疫应答，增加继发细菌性肺炎的风险。呼吸道损伤引起感染，伴有炎性细胞的聚集和下呼吸道免疫功能的抑制。因为流感病毒对呼吸道纤毛上皮细胞造成不利影响，导致下呼吸道清除功能的严重损害。所以感染流感病毒时，继发性细菌感染是一个特别值得关注的问题。马驹严重的临床疾病与以上的病毒感染有关。EHV-1可引发新生马驹严重和致死性的肺炎，随着接触病原时间的增加，发病的严重程度会降低。尽管EHV-4引起的感染很少见，但是该型病毒在新生马驹的重度肺炎中仍有涉及。马动脉炎病毒也能造成新生马驹罕见的暴发性传染，导致预后不良的间质性肺炎。

细菌性下呼吸道感染是重症肺炎最常见的类型，通常是由上呼吸道共生的微生物引起，最常见的就是马链球菌兽疫亚种。多种细菌已经被确认为引起马下呼吸道感染的病原菌。发生重症肺炎时，临床医生必须特别注意G^-和G^+需氧菌及厌氧菌混合感染的可能性。检查成年马肺脓肿和胸腔积液能够确认是否有厌氧菌的参与。对马驹来说，马红球菌引起的感染可能会变得严重和复杂，而且会发展成为严重的间质性肺炎，并具有发展成ALI和ARDS的可能性。

真菌性肺炎在马中很少见，其通常与免疫抑制有关，原发性免疫缺陷或者免疫缺陷引起的继发性全身性炎症都能导致免疫抑制。曲霉属菌株在真菌性肺炎中是最常见的病原体，但在少数情况下，也会涉及其他的一些病原微生物，包括隐球菌、组织胞浆菌、粗球孢子菌、白色念珠菌。严重的下呼吸道炎症也与吸入的无机物质（硅肺病、脂质肺炎）有关，并有明显的免疫介导过程，包括嗜酸性粒细胞浸润和间质性肺炎。

间质性肺炎是一个描述性术语，用于描述所有类型的间质性炎症和纤维化肺部炎症。间质性肺炎发生于马驹和成年马中，其病因可能非常宽泛。包括细菌、病毒、毒素、瘤变和免疫应答。无论初始的病因是什么，肺组织都会有严重的炎症损伤。在马驹中，该病症通常与细菌和病毒感染有关，受此影响的动物表现为严重的呼吸窘迫，难以进行补氧的低氧血症。这些病例中的大多数属于急性肺损伤的范畴，最糟糕的情况就是急性呼吸窘迫综合征（ARDS）。在努力确定和指出原发性病因的同时，还应当提供辅助呼吸，并对严重的肺炎进行处理。间质性肺炎在成年马中很少发生，这一病症最好的描述是马多结节性肺纤维化（equine multinodular pulmonary fibrosis，EMPF；见第36章）。患有EMPF的马通常表现为消瘦、心动过速、呼吸急促、白细胞增多、中性粒细胞增多和纤维蛋白原血症。虽然下呼吸道细胞学检查表明气道中中性粒细胞增多，但没有细菌感染的证据。胸部X线照片显示出一个弥散性粟粒状至结节状密度增加的斑块，然而如果病灶存在于邻近胸膜表面的部位，进行超声检查时则只能检测出异常。通过获得肺组织的活检标本或者尸检标本，进行组织学检查，从而获得明确的诊断结果。EHV-5似乎与EMPF相关，这可以通过对肺组织或肺泡灌洗液作聚合酶链式反应（PCR）的检测来确定。在任何患有间质性肺炎的病例中，需要确保预后生存，一个积极的治疗方案有可能使某些马生存下去，比如使用甾体类抗炎药。

急性肺损伤和呼吸窘迫综合征（ARDS）是下呼吸道炎症和功能障碍最为严重的

形式。该类型的综合征在马中首次报道时所用的术语是间质性肺炎，而不是急性肺损伤和 ARDS。但报道的临床表现似乎非常符合后来的研究，在后面的研究中引入了 ALI 和 ARDS 这两个专业名词。受此影响的动物表现为呼吸窘迫和 X 线片中严重的弥散性肺部浸润。对这些动物进行血气分析可揭示出重度的低氧血症和高碳酸血症。通过计算氧合指数（PaO_2/FiO_2＝动脉氧气压力/吸入氧气浓度）可进一步明确低氧血症的严重程度。该计算是通过动脉氧气压力（ratio of arterial oxygen tension，PaO_2）除以吸入氧气浓度（fractional inspired oxygen concentration，FiO_2），标准大气压下 FiO_2 等于 0.21。正常的马呼吸室内空气，预期的比值大概是 475（100/0.21）。在与人医相关定义一致的基础上，ALI 以下列的异常情况为特征，包括急性严重的低氧血症（PaO_2/FiO_2 的比值在 200～300），胸部的 X 线片显示出弥散性浸润，并且没有充血性心脏衰竭的迹象。ARDS 的特征是 PaO_2/FiO_2 的比值小于 200，胸部的 X 线片显示出弥散性浸润，并且没有充血性心脏衰竭的迹象。认识到 PaO_2/FiO_2 比值低的重要性是至关重要的，因为当马的这一比值小于 200，那么该马在呼吸室内空气时的 PaO_2 就会小于 42mmHg，这时这匹马如果没有呼吸机的支持，就很可能不能存活。然而当马的这一比值是 300，PaO_2 的值就是 63mmHg，这表示严重的低氧血症，就需要进行补充氧气。马和人之间的根本区别就是，所有 ARDS 的患者都会得到机械通气，但是这种干预措施只能在装备精良的重症监护病房用于特殊的马驹，对于成年的马来说是不现实的。

四、治疗

下呼吸道的细菌性感染显然依赖于抗生素治疗，但是由于呼吸道上皮屏障的存在，抗生素进入受感染部位是相当困难的。感染或者炎症可以增加药物的渗透性，从而增强抗生素跨越呼吸道上皮细胞的能力，但是随着炎症的消退，这种作用将会越来越小，而且在清除细菌的最后阶段就会阻碍抗生素的进入。因此抗生素的选择不仅取决于药物假定或确定的敏感性情况，而且还基于对药物在肺组织中的药动学的理解。青霉素类、头孢菌素类、氨基糖苷类药物很难渗入到支气管内表面的液体中，然而大环内酯类和氟喹诺酮类药物能在支气管内衬液体和气道的巨噬细胞中积累，其浓度高于血清中浓度的峰值。氯霉素是高度脂溶性的，而且在呼吸道分泌物中的渗透性良好。其他类型的抗生素，特别是四环素和增效磺胺，能非常顺利地渗入到呼吸道的分泌物中，但这部分药物的浓度小于体循环中药物的浓度。利福平与其他大多数抗生素有协同效应，并且具有优异的组织穿透性。因此在一些复杂的下呼吸道感染的病例中，利福平在辅助性治疗中很有效果。对于轻度的下呼吸道感染，头孢菌素或四环素可用于最初经验性治疗，但是面对更加严重的感染，在初始的经验性治疗中，临床医生就要考虑使用广谱抗生素，或者尝试广谱药物的配伍使用。应当采集重症肺炎患者的病料进行细菌培养和药敏试验，从中获取的资料使得治疗方案可以根据需要进行适当的改进。G^+ 细菌对 β 酰胺类、增效磺胺类、四环素类、大环内酯类抗生素和氯霉素敏感。G^- 细菌对氨基糖苷类、氟喹诺酮类、合成 β 内酰胺类抗生素、新一代头孢菌素类抗生素、

增效磺胺类和四环素类抗生素敏感。

因为胸膜肺炎的病例中很可能涉及厌氧性细菌感染，因此治疗方案中应当包含针对此类细菌的抗生素。甲硝哒唑是有效的、耐受性良好的药物，而且代表治疗厌氧菌感染用药的金标准。青霉素也有抗厌氧菌的活性，但是不能很好地渗入肺组织的隔离区域。针对厌氧菌，氯霉素具有良好的抗菌谱，并且具有很好的组织渗透性。

可以通过不同的给药途径，以实现抗生素在支气管腔中达到高浓度，包括支气管内给药和气雾给药。肺内给药优先考虑浓度依赖性抗生素，马最常用的就是氨基糖苷类抗生素。时间依赖性抗生素，比如头孢菌素类，可经肺内途径使用，但是很可能需要更频繁地补充剂量，比如头孢噻呋通常间隔 12h 给药 1 次。

在合适的抗生素疗法确定之后，应当注意用药时间，确保这段时间足以消灭肺组织中的病原微生物。对于无其他并发症的肺炎，这可能需要 7～14d。但是对于传染性胸膜肺炎，这可能需要长达几周至数月的时间。多次的气道细胞学检查有助于检测抗生素治疗的效果，因为仅仅基于临床的理由来确定治疗方案可能有些困难。重复的影像学检查同样有助于检查抗生素治疗的效果，因为在停药之前，超声波或 X 线检查在确定病灶是否被清除非常重要。

诸如使用支气管扩张剂和消炎药之类的辅助性疗法，并不完全适用于所有的下呼吸道感染的病例。用以消除临床症状的对症治疗、在治疗完成之前鼓励畜主或教练对病马进行身体锻炼，这些做法实际上可能适得其反。然而，支气管的扩张有助于最大限度地减轻通气血流失衡的严重性，所以治疗中使用支气管扩张剂，对于患有严重呼吸困难和气道高反应性的马来说是有用的。β_2型肾上腺受体激动剂（如沙丁胺醇和克仑特罗）被经常使用，因为它们易于使用而且还有其他的作用，包括增强纤毛的清洁能力。相比于全身性给药的方式，笔者更倾向于采用气雾给药的方式。这种给药方式不仅能取得立竿见影的效果，而且避免了全身性中毒的发生。无论何种途径的给药方式，β_2型肾上腺受体激动剂连续使用都不能长于 3～4 周，这是因为呼吸道平滑肌细胞中 β_2型受体的表达量下调和对这些药物的应答能力降低。抗胆碱能类药物是非常有用的，比如溴化异丙托品。并且可以单独使用或者与 β_2型受体激动剂配伍使用。大多数情况下，异丙托溴铵只能通过使用定量吸入器以气溶胶的形式给药。气雾给药大大降低了其他抗胆碱能药物引起的肠梗阻的风险，而且有效引发支气管扩张的时间长达8h。因为在 β_2型激动剂产生的快速但短期（1.5h）的作用之后，异丙托品接着产生了一个较长期（2～8h）的作用，所以 β_2型受体激动剂和异丙托品联合使用时会产生协同作用。然而，在对严重低氧血症患者使用支气管扩张剂时，需要相当谨慎。因为这类药物能够造成通气血流失衡的严重恶化，并可能导致不断恶化的低氧血症。基于这个原因，在使用支气管扩张剂之前，建议对此类群的病马进行输氧。

对已经证实患有低氧血症或无应答的呼吸窘迫的马，需要进行输氧治疗。经鼻孔吹入氧气不难实施，但是需要一个可用的氧气供应。便携式 E 型氧气瓶很容易买到，而且易于搬运。这些氧气瓶装满时能够装入 660L 的氧气，在 10L/min 的标准流量下，可以使用 1h。在马移送至转诊中心的过程中，可以使用它来支持马对氧气的需求，到达转诊中心之后就会有更持续的氧气供应源。经鼻吹入氧气是非常有用的，但对于患有严重低氧血症并伴有重度肺动脉损伤的马驹来说，使用该方法还远远不够，而且这些病畜可以只凭借机械通气来有效得到氧气的供应。经鼻吹入氧气的局限性主要是它只能将吸入氧气浓度（FiO_2）增加到中等的程度。这个局限性是因为氧气与周围的空气和上呼吸道呼出的空气混合了，而且物理因素对经鼻吹入氧气的体积也有限制。在严重的病例中，两个鼻孔都可以放置鼻充气导管，以至于可以到达 20L/min 的氧气输入量。对于健康的马驹（50kg），单侧鼻孔以 5L/min 的流量可以将 FiO_2 增加至 0.31；10L/min 时，FiO_2 将增加至 0.53。然而双侧鼻孔以 5L/min 的流量输氧时，FiO_2 的值将达到 0.49，10L/min 时，FiO_2 的值将达到 0.75。在患有下呼吸道疾病的马驹中，应注意到这些数值将会很小，这非常重要。可以通过健康的成年马证实这种作用，即通过双侧鼻孔以 10L/min 的流量（总量是 20L/min）进行输氧，导致 FiO_2 从 0.20 增加到 0.62，然而患有复发性气道阻塞的马，以同样的流量单位进行输氧，FiO_2 仅从 0.20 增加到 0.40。

非甾体类抗炎药（nonsteroidal antiinflammatory drugs，NSAIDS）通常被用于治疗下呼吸道的细菌性感染，主要是为了抑制发热症状，并帮助减轻不适感。有证据表明其他种类的 NSAIDS 不仅能控制发热症状，而且还能改善与下呼吸道感染相关的临床体征，并且调节呼吸道和全身性炎症反应。成年马用药时，氟尼辛葡甲胺是笔者最常用的 NSAIDS，这种药物似乎很有效而且相当安全。非罗考昔在临床上作为一种有效的止痛药，是一种非常有潜力的新药，但是该药用于细菌性感染的消炎能力却少有报道。鉴于存在肾和胃肠道毒性的风险，所以无论使用何种药物，只要药物使用后不再清楚地显示出效果，就需要停止 NSAIDS 的治疗。在监测患者治疗中对 NSAID 的应答时需要特别小心，因为使用 NSAID 时，发热症状得以抑制，这可以被认为是对抗生素治疗的积极应答。基于这个原因，在给予下一剂量的 NSAIDS 之前，建议立即对直肠温度进行检测。因为这个时候，患者体温会有上升的趋势，如果操作不及时，就会错过这个时间。

类固醇消炎药（糖皮质激素）不用于大多数马的下呼吸道细菌性感染的治疗，但是在一些特殊的情况下，这类药物也会用于明确的治疗。这些特殊情况中最重要的就是那些患有 ALI 或者 ARDS 的马，这些马都有严重的肺部炎症和重度的肺功能障碍。如果炎症不能快速得到控制，这种情况下的预后生存就不容乐观。就这些情况下使用糖皮质激素而言，人类的医学文献中存在相互矛盾的报道，因为皮质类固醇的使用并没有使长期的死亡率得到改善。然而对于马来说，这种情况是完全不同的，因为机械通气很少能行得通。为此，临床治疗时必须努力快速恢复马下呼吸道的功能。人医中，ARDS 患者使用皮质类固醇可以减少对呼吸机的依赖。对于患病的马而言，使用皮质类固醇明显可以提高间质性肺炎和急性肺损伤的生存率。但是马和马驹最佳的皮质类固醇疗法还没被明确的规定。治疗剂量已经发表的药物包括地塞米松、泼尼松龙琥珀酸钠。前者每 12～24h 静脉注射 0.03～0.20mg/kg，后者每 8～12h 静脉注射 0.8～5.0mg/kg。

在复杂肺炎的病例中，可能会进行局部渗出液的引流，这样做既能减少炎性碎片的体积，还能降低患者体内细菌的数量。引流能提高患者的舒适度，减轻炎症的严重程度，而且还能提高治疗的效果。用于引流的方法对渗出物聚集的部位依赖性很大。胸腔穿刺是最常用的方法，用于清除胸腔渗出液，很容易在注射过镇静剂保持站立状态的马上实施。曾有报道建议使用留置的胸腔套管针引流管（导管内径 24～28Fr，长 41cm）（1Fr＝1/3mm），进行连续或反复引流。如果两侧的胸腔都有渗出液，那么两侧可能都需要进行引流，因为马的纵隔可能完整，或者不完整的纵膈会被纤维蛋白沉淀封闭。通过使用装有单向阀门的胸导流管进行连续引流，但在某些情况下，医生可能选择进行间歇性引流，特别是在试图定量渗出液的产生速率的情况下。可以通过复合胸腔灌洗来改善胸腔引流的效果，灌洗采用适当体积的加热过的多离子等渗液（成年马每匹使用 5～10L 乳酸林格氏溶液），通过胸腔引流管将上述灌洗液注入胸膜腔，在左侧留置 30min 之后，灌洗液在重力的作用下排出。灌洗液中可加入适量的抗生素（如每升灌洗液加入 5 000～10 000U 的青霉素钾），这样可以使胸腔内保持较高的药物浓度。如果胸腔内纤维蛋白的积累干扰了灌洗效果，就可以考虑使用胸膜腔内纤溶疗法，使用重组纤溶酶原激活剂和重组脱氧核糖核酸酶（阿法链道酶）的方法在马的相关文献中已有报道。然而，由于种种原因，重组组织纤溶酶原激活剂的成本较高，导致在治疗中的用量可能会小于临床疗效要求的给药剂量。

在更加严重或持久的胸腔感染的情况下，仅进行引流被证明是不够的，因为胸膜腔内存在浓缩的浓汁或脓肿的形成。在这种情况下，需要采取更加积极的干预治疗，站侧胸廓切开术是最易于操作的方法。当使用这种方法时，临床医生会选择做出肋间切口，或者如果需要切开更多的位点，则可采用肋间肌切除术。配合使用局部麻醉，这些方法易于在站立状态、镇静的马身上使用。至于更大的切口，可以采用肋骨切除术，尽管这样做更具侵袭性，而且通常恢复时间会更长。选择对患者进行侧向开胸术时需要特别小心，因为如果所选的切口位点没有被胸膜粘连很好的分离开来，就会导致气胸的发生。如果发生气胸，临床医生应该准备放置胸腔导管进行抽气，进行二次开胸手术。开胸术在患有胸膜肺炎的马中的适当使用，似乎可以减少治疗的持续时间和提高对这种严重疾病的疗效。

定向的支气管镜灌洗也可以用于肺内渗出液重点积聚部位的探查。必须注意内镜在使用前需要进行适当的清洁和消毒，需要对患者进行适当的镇定和局部镇痛处理，以尽量减轻患者的压力和不适。执行此操作不需要对支气管解剖学有很详细的了解，因为通常可以通过炎性碎片的明显的踪迹追溯到感染的部位（图 60-4）。一旦找到感染部位，可以通过内镜活检通道向患部灌输温热无菌的等渗灌洗液（生理盐水溶液或乳酸钠林格氏液），从而对患部进行灌洗。灌注后，液体或者所有可移动的渗出物都可以通过穿刺活检通道被吸出。而且这个过程需要不断重复，直到没有进一步的渗出物活

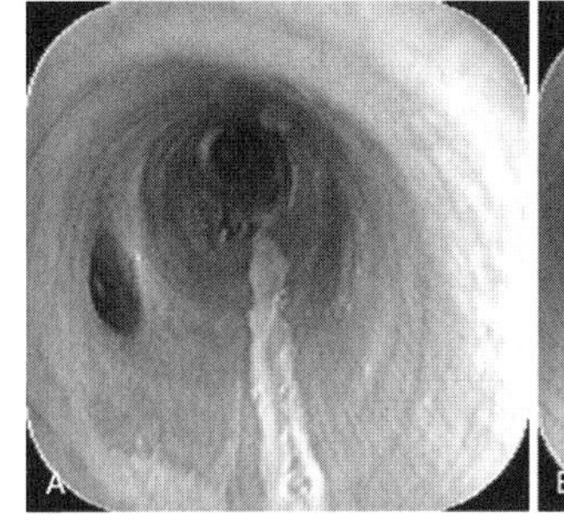

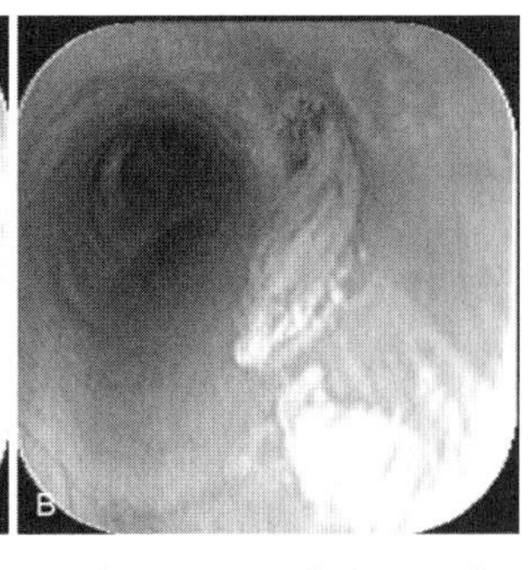

图 60-4　支气管镜的镜头展示脓性物质的踪迹，经常被用来指导肺中受侵袭区域的定位。A 显示的脓性物质通向了 B 中展示的气道的引流管

动。在一些情况下，脓性黏液形成结实的栓塞可能会堵塞气道，但是通过反复的灌洗或者使用内镜活检钳，这些栓塞都能被清除。从肺受侵袭的区域除去渗出液之后，我们可以向患部注射治疗用药物，从而实现患部药物有较高的浓度。虽然支气管内给药在马中未见报道，但是这种给药方式已经用于人医，抗菌药和抗真菌药的疗效和安全性都有报道。然而，当使用这种给药方式的时候，必须要考虑到存在局部刺激或毒性的可能性。笔者使用阿米卡星、庆大霉素、头孢噻呋和甲硝唑作为局部注射液时，无明显的不良反应，使用的剂量小于全身剂量的 25%～30%，稀释比例为 100%～300%。

无论何种病因，剩下的内容是对于所有下呼吸道感染的治疗计划都很重要的组成部分。因为感染的清除需要 1～2 周或者更长的时间，炎症的消退和呼吸道上皮的愈合可能需要额外的 2～4 周时间。在炎症完全消除之前进行运动，使呼吸道暴露在寒冷干燥的空气中，有可能导致进一步的呼吸道损伤和下呼吸道炎症的复发。这种炎症为感染的复发或继发性感染的发生创造了有利的环境。简单的管理工具也是有用处的，这其中就包括喂食时最大限度地减少抗原物质的吸入，比如饲喂切碎的食物或颗粒饲料，并且从地面水平喂养，从而有利于气管分泌物的引流。垫料使用低粉尘的材料，如刨花、纸板或报纸，将会降低环境中的可吸入颗粒的含量，最大可能地减少下呼吸道上的抗原负载。

推荐阅读

Bell SA，Drew CP，Wilson WD，et al. Idiopathic chronic eosinophilic pneumonia in 7 horses. J Vet Intern Med，2008，22：648-653.

Dunkel B. Acute lung injury and acute respiratory distress syndrome in foals. Clin Techn Equine Pract，2006，5：127-133.

Dunkel B. Pulmonary fibrosis and gammaherpesvirus infection in horses. Equine Vet Educ，2012，24：200-205.

Hilton H，Aleman M，Madigan J，et al. Standing lateral thoracotomy in horses：indications，complications，and outcomes. Vet Surg，2010，39：847-855.

Hilton H，Pusterla N. Intrapleural fibrinolytic therapy in the management of septic pleuropneumonia in a horse. Vet Rec，2009，164：558-559.

Ito S，Hobo S，Eto D，et al. Bronchoalveolar lavage for the diagnosis and treatment of pneumonia associated with transport in Thoroughbred racehorses. J Vet Med Sci，2001，63：1263-1269.

Johnson PJ，LaCarrubba AM，Messer NT，et al. Neonatal respiratory distress and sepsis in the premature foal：Challenges with diagnosis and management. Equine Vet Educ，2012，24：453-458.

Venner M，Schmidbauer S，Drommer W，et al. Percutaneous lung biopsy in the horse：comparison of two instruments and repeated biopsy in horses with induced acute interstitial pneumopathy. J Vet Intern Med，2006，20：968-973.

Wilkins PA，Otto CM，Baumgardner JE，et al. Acute lung injury and acute respiratory distress syndromes in veterinary medicine：consensus definitions. The Dorothy Russell Havemeyer Working Group on ALI and ARDS in Veterinary Medicine. J Vet Emerg Crit Care，2007，17：333-339.

Wilkins PA，Seahorn T. Acute respiratory distress syndrome. Vet Clin North Am Equine Pract，2004，20：253-273.

（邓小芸、祁小乐　译，丁一　校）

第 61 章 肥大性骨病

Lisa Michelle Katz

肥大性骨病（hypertrophic osteopathy，HO）又称马里病（Marie's disease），在马中是一种罕见的疾病，该病的特点是双侧对称性渐进性的骨膜下骨骼及纤维结缔组织增生。因为此病通常与胸部疾病有关，所以肥大性骨病也被称作肺性肥大性骨病或骨关节病。现在发现该病能够引起继发性胸腔外部的疾病，因此认为使用肥大性骨病这一术语较为合适。人医方面，经常使用肥大性骨关节病这一名词，因为已有病例说明滑膜变化和关节损伤导致了关节活动范围减少。然而对于包括马在内的大多数家畜来说，HO 这一术语则更为合适，因为 HO 通常不涉及关节表面，虽然在马的关节周围常常可以观察到骨组织增生的现象。

一、病因及其发病机制

在人医上，肥大性骨关节病（HO）有原发性和继发性两种形式。原发性 HO 是一种遗传性疾病，此种情况下患者呈现出骨骼、神经肌肉和皮肤的变化。然而继发性 HO 有其原发病因，由原发性的胸腔疾病或胸腔外疾病发展而来。在人类中继发性 HO 通常与原发性肺部病变相关，最常见的就是肿瘤，经治疗之后通常能完全康复。相比来说，在马中只有继发性 HO。与人类一样，尽管也会遇到多种类型的胸腔外部疾病，但马的继发性 HO 往往和原发性的胸部疾病有关。有意思的是，在马中胸腔肿瘤是非常罕见的，与之相关的肥大性骨病则更少有报道。相比之下，10%的患有胸内恶性肿瘤的人类患者同时患有 HO。因为 HO 在马中的报道非常罕见，所以当发现此病例时，就有必要对马胸内和胸外疾病经行彻底的的评估。

在马中，HO 与胸内肿瘤病变有关，包括鳞状细胞癌、颗粒细胞肿瘤、肺转移性肿瘤。非肿瘤性的胸腔内病变包括脓肿、肉芽肿、肺梗塞、肺结核、肺炎（肺结核或结核分枝杆菌，或细菌性肺炎）、胸膜炎、感染性气道炎（inflammatory airway disease，IAD)、纤维化纵隔淋巴结炎、肋骨骨折、纤维性心包炎或心外膜炎、马多结节肺纤维化、降主动脉近端部分矿化。在马中，肺结核曾一度是 HO 最常见的原因，HO 的发病率随着肺结核报告病例的下降而下降。HO 与肉芽肿病变之间的关系，参考文献中也有很多报道，40%马的病历记录与肉芽肿性炎症病变有关。

在马中也有报道称 HO 与胸腔外的疾病有关，比如卵巢肿瘤、多囊肝病、垂体腺瘤、胃鳞状细胞癌、脾肿大和怀孕（多产）。除此之外，一些报道称患有潜在性疾病的马还没有得到确诊；在人类身上，这被称为骨膜增生性厚皮症。有趣的是，在进行活体诊断时，大部分的病例没有检测到胸内的病变，在尸体剖检中却检到胸内病变。由于这个原因，研究人员假想那些经过诸如 IAD 或复发性气道阻塞（recurrent airway obstruction，RAO）的活体检查或没有经活体检查的马，可能已经错过了早期肺颗粒细胞瘤的诊断时间。病马在肿瘤的这个阶段通常没有明显的临床症状或者有 IAD 或 RAO 的轻度症状，在尸体剖检中大多数随后被诊断出肺颗粒细胞肿瘤。

肥大性骨病的病因尚不清楚，但在此病初期，流向四肢远端部分的血流快速增加。随着新骨垂直于皮层的后续的沉积，导致血管的结缔组织增生。血管增生、水肿、过量的胶原蛋白沉积等症状都已得到确定，所有的这些都导致了肢体远端肿胀的发展。骨膜增生潜在性地进一步阻断了肢体循环，助长了水肿的恶化。血流增加的具体原因仍旧未知，但是推测的原因包括激素异常、肺动静脉短路、骨膜缺氧、副交感神经刺激。

HO 在马中的总体发病率很低。确诊患有 HO 的马的平均年龄为 5.4～8.8 岁。尽管已经有报道称公马的患病率略高，但是该病没有明确的性别倾向。大多数的报道指出该病对不同品种的马都有广泛的影响，只有一个报道称小马对该病的感染更为频繁。

二、临床症状和诊断

患有 HO 的马通常呈现出双侧对称的渐进性的骨肿胀症状。这些肿胀源于软组织水肿和骨膨大，尽管前肢受到的影响更为严重，但是这些水肿一般都涉及两个前肢和后肢（图 61-1）。HO 的临床疑似病例可以通过影像学识别新骨形成得以证实，包括四

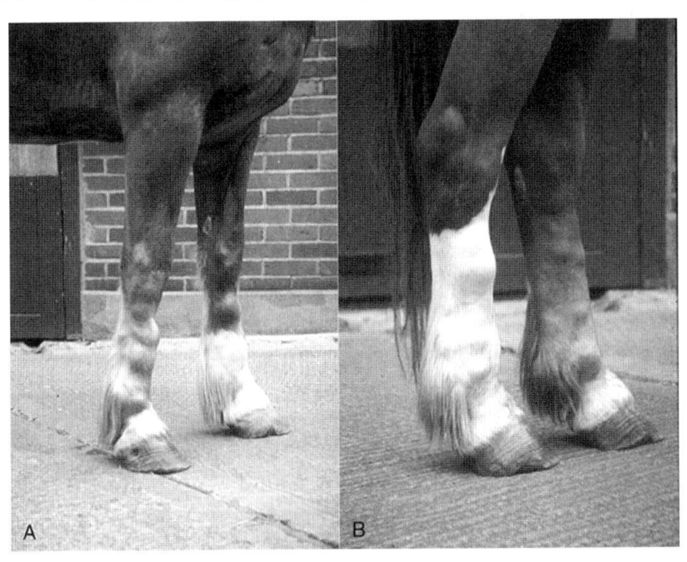

图 61-1　6 岁杂种去势马的掌骨（A）和跖骨（B）增生

［引自 Enright K，Tobin E，Katz LM. A review of 14 cases of hypertrophic osteopathy（Marie's disease）in horses in the Republic of Ireland. Equine Vet Educ 2011；23：224-230］

肢和面部骨骼的骨干和干骺端。虽然这些形式通常不会同时都有，但是对于 HO 病马来说，关节边缘的新骨形成被广为报道。虽然掌骨和跖骨最常受到影响，但是病变也会出现在其他地方，包括趾骨、桡骨、腕骨、胫骨、踝骨，以及在一些病例中，头盖骨（如下颌骨、上颌骨、鼻骨）也会出现病变。在马中 HO 涉及下颌骨（图 61-2）病变的比例较低，但是大多数情况下上述病变会入侵性地和广泛性地参与四肢受累，以至于研究人员推测下颌骨的病变可能是疾病进程和严重程度的一项指标。这可能是 HO 一种更具入侵性的形式，尤其是在一些病例中，刚出现临床症状，这项参数就被发现。

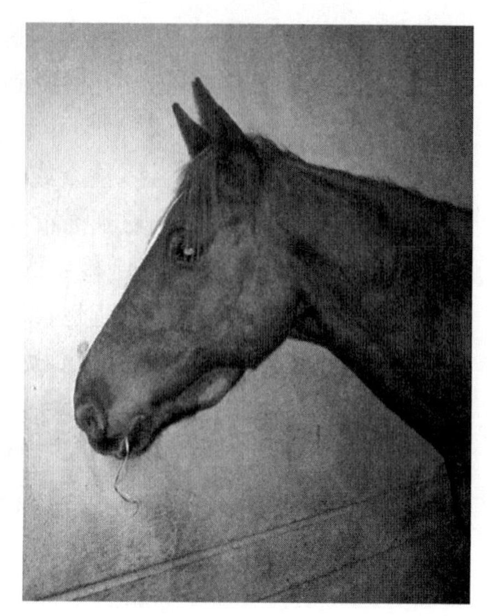

图 61-2 6 岁杂种母马，沿下颌骨腹侧有骨膨大症状

［引自 Enright K，Tobin E，Katz LM. A review of 14 cases of hypertrophic osteopathy (Marie's disease) in horses in the Republic of Ireland. Equine Vet Educ 2011；23：224-230］

在大约 25％的马 HO 病例中，肢体肿胀以疼痛为特征。除了对称的远端肢体肿胀，受影响的马通常发展成为不同程度的跛行，不愿运动，滑膜积液和变硬，关节的灵活性减少。根据潜在的原发疾病的进程，受影响的马可能也会出现腹侧皮下水肿、嗜睡、发热、荨麻疹、呼吸速率和努力增加、咳嗽等症状。在大多数情况下，会出现伴随肢体肿胀恶化的渐进性退化和日益加重的疼痛或者跛行，在某种程度上潜在的变病反映疾病的发展进程。临床病理的异常是可变的，而且通常可能反映潜在疾病的过程，经常出现中性粒细胞增多和高纤维蛋白原血的症状。

放射学检查中，沿着骨干、干骺端，或者两者都有，垂直于皮质，新骨增生经常有栅栏状外观。在更为慢性的病例中，这些骨头往往更平稳，而且骨变化不活跃（图 61-3 和图 61-4）。放射照片可能经常需要稍微减少曝光率以检测新生的骨组织。

三、治疗和预后

当原发性的潜在疾病能够得以确诊和治疗，病情得到改善或者甚至相关骨的改变完全消退，那么 HO 的病程发展就终止了。然而，活体诊断检查往往难以正确地发现潜在的疾病。在某些病例中，使用抗炎药物、抗菌药物的对症治疗，或者两者都取得成功，这都说明这种疾病具有某些未知的因素对抗生素治疗有应答的可能性。虽然它们尚未在马中进行完全的评估，但是二膦酸盐用于治疗人的 HO 正处于研究当中。对于大多数的没有生前原发病因的马进行 HO 评估可能会得到鉴定，而且需要经行尸体剖检。胸内的病变是 HO 最主要的原因。HO 耐过马的预后判断依然需谨慎。

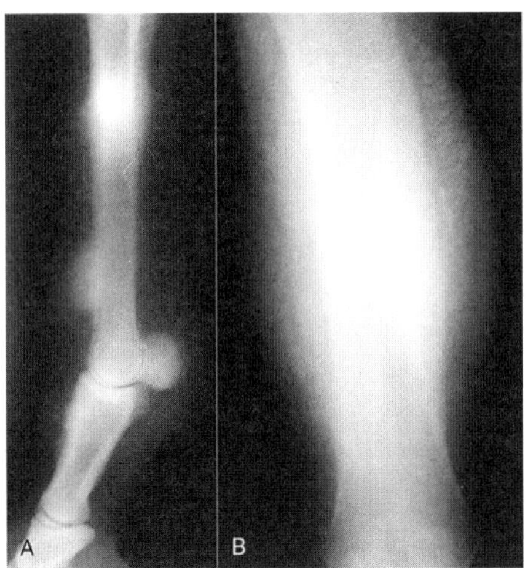

图 61-3 A. 图 61-1 中去势马的第三掌骨、球关节和右前肢第一趾骨的侧面 X 线照片。请注意光滑静态的骨膜新骨的形成 B. 10 岁纯种母马的第三掌骨的中部骨干区域的侧面 X 线照片。请注意活跃的栅栏状的新生骨和骨膜反应（这张 X 线照片是故意曝光不足以突出新骨的形成）

［引自 Enright K，Tobin E，Katz LM. A review of 14 cases of hypertrophic osteopathy (Marie's disease) in horses in the Republic of Ireland. Equine Vet Educ 2011；23：224-230. Photo courtesy Ms. Hester McAllister］

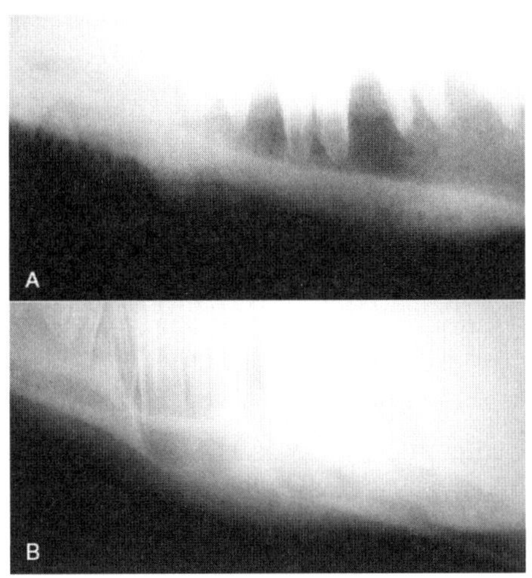

图 61-4 A. 一匹 2 岁大的纯种成年公马的斜位 X 线照片，显示出活跃的侵入性的骨质增生的变化 B. 图 62-1 中去势马的左侧下颌骨的侧面 X 线照片。请注意新骨形成的相对平滑的外观

［引自 Enright K，Tobin E，Katz LM. A review of 14 cases of hypertrophic osteopathy (Marie's disease) in horses in the Republic of Ireland. Equine Vet Educ 2011；23：224-230. Photo courtesy Ms. Hester McAllister］

推荐阅读 

Axiak S，Johnson PJ. Paraneoplastic manifestations of cancer in horses. Equine Vet Educ，2011，24：367-376.

Davis EG，Rush BR. Diagnostic challenges：equine thoracic neoplasia. Equine Vet Educ，2011，25：96-107.

Enright K，Tobin E，Katz LM. A review of 14 cases of hypertrophic osteopathy (Marie's disease) in horses in the Republic of Ireland. Equine Vet Educ，2011，23：224-230.

Mair TS, Dyson SJ, Fraser JA, et al. Hypertrophic osteopathy (Marie's disease) in equidae: a review of twenty four cases. Equine Vet J, 1996, 28: 256-262.

Mair TS, Tucker RL. Hypertrophic osteopathy (Marie's disease) in horses. Equine Vet Educ, 2004, 16: 308-311.

Packer M, McKane S. Granulosa thecal cell tumour in a mare causing hypertrophic osteopathy. Equine Vet Educ, 2012, 24: 351-356.

Pusterla N, Norris AJ, Stacy BA, et al. Granular cell tumors in the lungs of three horses. Vet Rec, 2003, 153: 530-532.

Schleining JA, Voss ED. Hypertrophic osteopathy secondary to gastric squamous cell carcinoma in a horse. Equine Vet Educ, 2004, 16: 304-307.

Tomlinson JE, Divers TJ, McDonough SP, et al. Hypertrophic osteopathy secondary to nodular pulmonary fibrosis in a horse. J Vet Intern Med, 2011, 25: 153-157.

Van der Kolk JH, Geelen SNJ, Jonker FH, et al. Hypertrophic osteopathy associated with ovarian carcinoma in a mare. Vet Rec, 1998, 143: 172-173.

（邓小芸、祁小乐　译，丁一　校）

第 6 篇
消化道疾病

第62章　驴的牙齿疾病

Nicole du Toit

驴的牙齿疾病在最近几年中得到了人们更多的重视。现在，大部分驴被当作宠物来饲养，但驴的牙齿健康没有像骑乘用马那样得到足够的重视。此外，目前流行的观念是，相对于马，驴需要较少的照顾，就能够维持健康。然而，事实上，只有驴的牙齿得到定期正确的护理，它们的寿命才会更长。

同马一样，驴的常规牙齿护理应该在幼年的时候就开始进行，这样任何渐行性牙齿疾病都可以得到及时的控制，以免其进一步的发展。但是对于一名兽医来说，驴的常见牙齿疾病多见于老龄驴，并且疾病往往已经发展到后期。对于那些非骑乘用途的家畜，牙病的临床表现多为咀嚼障，如采食粗硬饲料时出现咀嚼困难，食团停留在颊部。而在一些病例中，消瘦是牙齿疾病的首要症状。

一、牙齿的检查和器械

兽医对驴完整的临床检查第一步应为整体状况的观察。整体观察应该包括对营养状况的评分，以判断驴是否出现了营养不良或者消瘦，同时，这也是评估治疗是否有效的一个重要指标。此外，如果一头驴突然厌食，或者采食量突然下降，那么这时就应该对其血脂进行测量。测算甘油三酯的浓度是十分重要的，因为一些驴会有甘油三酯过高的问题，但是缺少明显的临床表现。在一些病例中，牙齿治疗（锉牙）过度时，驴可能会表现出初期的不适，同时采食量会变少。治疗后口腔的不适和治疗时的保定应激会造成甘油三酯升高，兽医应当采取一些预防性的治疗措施。

驴的口腔检查与马相同。检查幼年的驴，同幼马一样，都有一定的难度。易于保定的驴不需要进行镇静就可以实施口腔检查，常规的药物保定法也可用于驴的检查和治疗。最常见的镇静方法是静脉注射地托咪定（0.02～0.04 mg/kg）配合布托啡诺（0.01～0.02 mg/kg）。对于同等体重的马来说，药物的用量可以适当增加。

兽医使用何种口腔内镜取决于驴的体型。同时，在对驴进行牙齿护理的时候，可以使用马的牙锉，但是，使用锉头较薄的牙锉更适合对幼年和小型的驴。电动牙锉更适合用在牙齿情况复杂的病例。然而，兽医应该注意在锉牙过程中由于摩擦产生的高温，避免由于热对牙齿造成的损伤。

二、切齿疾病

口腔中的切齿损伤不会造成严重的临床症状，因为对于兽医和家畜主人来说，切齿损伤是更容易发现和观察到的。在幼年驴切齿断裂可能是最常见的问题，这是由于幼龄动物玩耍的天性所导致，有时可以在牙齿上观察到愈合的伤口。及时拔掉损伤的切齿是必要的，因为损伤的切齿可能会影响恒齿的出生。通常情况下，乳齿相比恒齿更加靠近嘴唇，在拔牙时需要进行X线检查来确定需要拔掉的牙齿。老龄驴的老年性的牙裂是很常见的，但是往往只会导致轻度齿龈炎。治疗齿龈炎时，可以要求主人每天对驴的牙齿进行刷洗，清理残留在牙裂上的食物残渣，同时可以通过扩大牙裂来减少食物的残留（图62-1）。

有的老龄驴可能出现破牙细胞再吸收和牙质增生，也可通过X线检查以排除齿龈炎和牙周疾病的可能性。对于这些感染的牙齿，拔牙是唯一可行的治疗方法。

驴切齿的咬合面通常在中部都会有一些向外的弯曲（图62-2）。此外，需要对咬合面畸形导致的嘴唇不正等问题进行进一步检查。如果切齿咬合面的畸形是由于臼齿问题所导致的，在治疗的时候应该先治疗发病的臼齿，然后对切齿采取最少的治疗。切齿的咬合面问题会随着臼齿疾病的修复而改善。如果牙齿的畸形是由于生理畸形所导致的，比如歪唇和牙床不正，那么切齿的咬合面就不需要锉平。在治疗切齿的咬合面不整时，兽医不需要进行过多地锉牙，仅需锉去部分牙齿，使切齿长度保持一致即可。

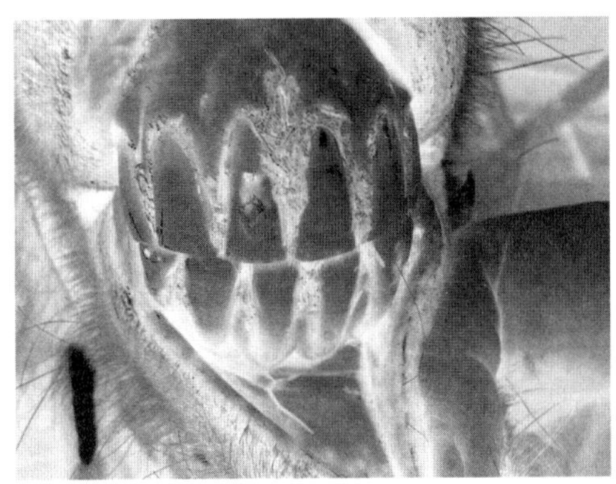

图62-1 发生于齿隙虚位的轻度食物残留

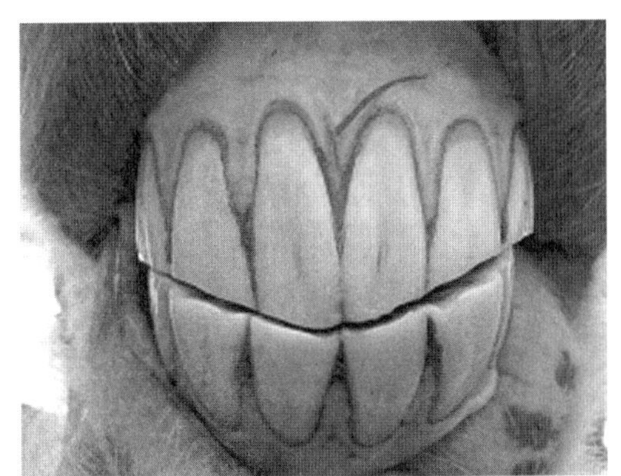

图62-2 轻度上切齿下突，但这一现象被认为是正常的现象

有的驴可能会有上颌前突的问题，有时还会有下颌前突的问题，但是后者相对前者更少见一些。如果驴有这些生理畸形，那么随着时间的推移，会出现上下切齿咬合不正。对于这些病例，定期（如每6个月）锉去数毫米的切齿是非常有必要的。同时，如果这些问题导致了臼齿的咬合面不整，臼齿上会出现釉质的过度生长，形成钩状或喙状齿，需要兽医定期将其锉掉。

三、臼齿疾病

（一）牙釉质锋利凸起

驴锋利的牙釉质凸起并不像马那样能引起很严重的问题，主要是因为驴很少用于骑乘。一项对于驴的研究表明，98%的驴有着牙釉质锋利的问题，但是只有很少的一部分造成了溃疡（少于15%）。溃疡多由于驴带的鼻革过紧或者笼头的项圈过紧，压迫面颊和釉质锋利反复摩擦所导致。随着年龄的增加，牙釉质会明显减少。这是由于随着年龄的增加，釉质对于牙齿的包裹逐渐减少和牙齿上部逐渐变薄所致。尽管对家养驴牙釉质过度生长的危害尚不明确，但是如果在口腔探查的过程中检查到了釉质的过度生长，兽医也应该将多余的釉质去除。

（二）牙齿磨损

同马一样，驴的牙齿磨损程度会随着年龄的增长而增加。这是多种因素结合的结果，包括随着年龄增加牙齿疾病会到达一个顶峰。因为不是所有的牙齿疾病都可能通过治疗完全治愈，牙齿的疾病可能会伴随动物一生，同时随着年龄的增加，可能会越来越严重。如有时一颗臼齿的缺失或者严重变位可能会导致对位臼齿的过度生长。一些牙齿的异常会导致咀嚼的改变，这就会造成不对称或者异常的外力导致其他臼齿磨损问题或者切齿磨损问题。随着年龄自然而然的增加，臼齿顶部的磨损或增加，同时也会导致一些磨损的疾病，如滑齿。最常见的问题包括滑齿、长短齿和波浪齿（图62-3），这些问题是由于牙齿磨损或者过度生长导致的。在对这些疾病治疗的时候，兽医必须时刻保持一个清醒的头脑，要尽可能保留牙齿咬合面的功能完整，并且保证口腔的舒适度和咀嚼能够有效地进行。严重的病例需要8～12周为间隔的持续治疗，防止牙髓角在磨合过多后暴露出来。波浪齿很难通过一次治疗彻底矫正，同时在修整牙齿的时候要尽可能少锉去釉质，避免驴在锉牙后没有咬合面接触。对于年老的驴，波浪齿的治疗可能会没有效果，而治疗的目的也只是阻止病情进一步的恶化。

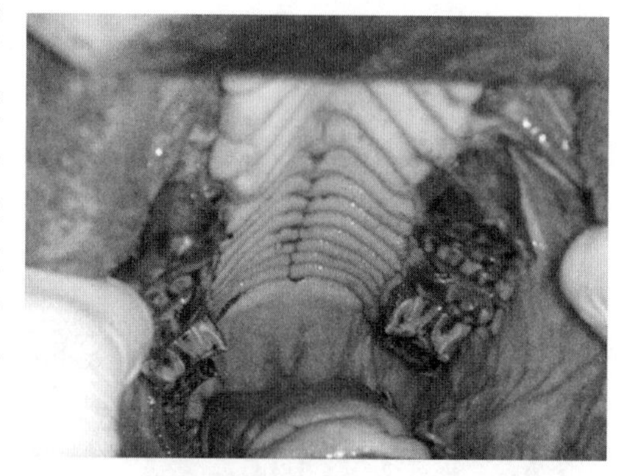

图62-3　双侧颊侧齿出现波状齿及两侧第7和第9臼齿磨损

斜齿（剪口）比较少见，主要表现为一侧的臼齿有过大的咬合角度。这种情况应该首先考虑是因为某些牙齿疼痛导致牙咬合面磨损不同步。然而，最新的证据指出，这些问题更有可能是由于上颚角度的问题导致牙咬合面不能正常闭合所致。对于斜齿的治疗，包括用锉去修整上腭臼齿外部和下颌臼齿内部。这种治疗手段可以防止咬合角度进一步扩大，但是不能根治次发的斜齿（剪口）。

老年驴可能会出现严重的咬合面不平衡的问题，并且会导致多个牙齿丢失、过度生长的问题。同时，剩下的牙齿也有可能会有不规则的形状出现，并且丧失很多牙齿咀嚼的功能。对于这些病例，最重要的就是在锉去牙面的凸起、锉平过度生长的牙齿后，要保证口腔的舒适性，并且保证动物能够维持一定水平的咀嚼功能（图 62-4）。

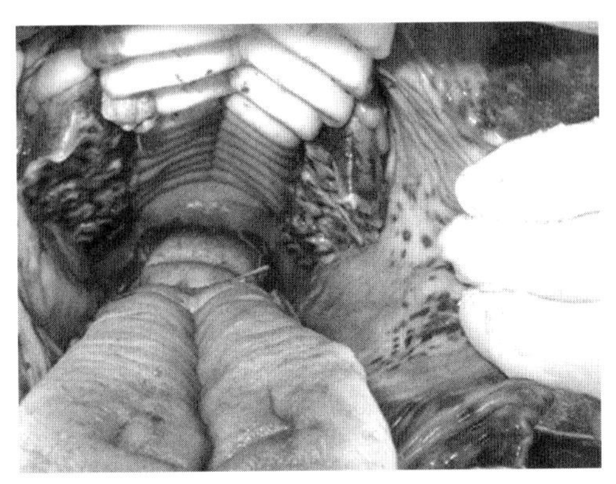

图 62-4　两侧斜坡齿（剪口）伴随着不平整的臼齿

（三）牙裂和牙周疾病

牙齿开裂是老年驴的常见病，并且经常伴发牙周疾病。因为牙周疾病是马属动物最疼的几种口腔疾病之一，所以在临床上有重要意义。牙齿开裂绝大多数是由于其他疾病继发造成的，这种情况会导致臼齿移位。或者有些牙齿开裂是由于牙间距过大造成的，比如变位的牙齿或者釉质骨折。牙齿开裂多发于下颌齿和颊部末端的牙齿。食物在口中的残留是齿裂导致齿龈炎的主要原因，并且会进一步导致牙周疾病。牙裂治疗的主要目的是防止食物进一步的残留。如果可能的话，要进一步治疗诱发牙裂的原因，比如过度生长的臼齿，因为这些原因会造成牙齿进一步分离。保守治疗可用聚硅氧烷冲洗牙裂上的创腔，或者用相似的材料。在一些病例中，也许要使用更加激进的手段，比如扩大裂口或者拔牙。

四、膳食管理

在一些牙病的病例中，需要进行膳食管理以保证驴足够的营养摄入。驴主人必须了解长期有效的饲喂方案。驴每日需要一个稳定的日粮摄入，干饲料需要达到1.3%～1.8%的体重重量，这比马需要的要少。对于驴的心理和生理的健康，驴需要每天消耗大量的时间来觅食，所以他们的饲喂方案要基于大量的稻草和干草上。然而，牙齿有疾病的驴可能无法进行正常的咀嚼，这时它们就无法消化拥有长纤维的稻草和干草，轧碎的稻草和干草来替代正常的稻草和干草，可能对有轻度和中度牙齿疾病的驴有效。然而，饲喂短而硬的饲料对于患有牙裂疾病的驴也许并不是最佳选择。因为短的草杆可能会卡在牙裂缝内，并且导致更严重的疼痛。所以对于那些有吞咽咀嚼困难的驴，推荐使用更容易咀嚼的团状饲料。

推荐阅读

Duncan J，Hadrill D，eds. The Professional Handbook of the Donkey. 4th ed. Wiltshire，UK：Whittet Books，2008.

du Toit N, Burden FA, Dixon PM. Clinical dental examinations of 357 donkeys in the UK. Part 1: prevalence of dental disorders. Equine Vet J, 2008, 41: 390-394.

du Toit N, Burden FA, Dixon PM. Clinical dental examinations of 357 donkeys in the UK. Part 2: epidemiological studies on the potential relationships between different dental disorders, and between dental disease and systemic disorders. Equine Vet J, 2008, 41: 395-400.

du Toit N, Burden FA, Dixon PM. Clinical dental examinations of 357 donkeys in the UK: Part 1: prevalence of dental disorders. Equine Vet J, 2009, 41: 390-394.

du Toit N, Gallagher J, Burden FA, et al. Post mortem survey of dental disorders in 349 donkeys from an aged population (2005-2006) . Part 2: epidemiological studies. Equine Vet J, 2008, 40: 209-213.

Easley J, Dixon PM, Schumacher J, eds. Equine Dentistry. 3rd ed. St. Louis: Saunders Elsevier, 2010.

（王志、单然、张剑柄　译，徐世文　校）

第 63 章　食道疾病

Pilar Camacho-Luna　Frank M. Andrews

食道疾病并不是马的常见疾病，本章将介绍与马健康密切相关的食道疾病。这些疾病绝大多数都会造成食物通道的损伤，并且伴随着临床症状的出现。

一、食道梗阻

食道梗阻是最常见的食道疾病，通常是由于食物和异物引起。

（一）病原学

单一的食道阻塞是由于饲料的品质不良，摄入食物过快，或牙齿状况不好和口腔溃疡造成咀嚼不充分（比如由马疱疹病毒 2 型造成的口腔溃疡）。此外，采食块根饲料或异物等，如胡萝卜、苹果、玉米棒、木屑，或者是药丸都能够造成食道的阻塞。其他病因还包括在镇静和全麻后过早地饲喂，饲喂片状或者块状的饲料同时没有摄入充足的水。食道阻塞也见于解剖学的异常结构阻塞食道所造成的情况。食道内的阻塞可能是由于食道狭窄、食道憩室、炎症、黏膜溃疡、先天性紊乱（包括巨食道症、食道狭窄、囊肿、血管环异常）和肿瘤疾病。食道外阻塞的原因包括纵隔团块和颈部团块，其中包括肿瘤和脓肿。在一项对 61 匹马食道阻塞的研究发现，由食物性原因造成的阻塞有 27 匹，先天性狭窄有 18 匹，食道穿孔有 11 匹，食道憩室有 5 匹。另一项研究表明，34 匹有食道梗阻的马中 28 匹是食物性阻塞造成的。

食道梗阻的发病率可能会随着年龄增加，然而老龄马和马驹发病率较高，可能是相对的不良的牙齿状况和异食癖引起的。食道阻塞的后遗症包括食道溃疡、食道撕裂和狭窄，所有的这些后遗症都会造成梗阻的再次发生。

（二）临床症状

食道阻塞的临床症状包括鼻孔返流食物和唾液、唾液分泌增加、咳嗽，以及频繁的吞咽动作。对 34 匹有食道梗阻的马的研究表明，鼻返流食物和唾液占 74%，咳嗽占 50%，呼吸困难占 44%，流涎占 41%。其他不常见的症状包括颈部扩张，不正常的唇部运动，流汗，躁动不安和精神沉郁。在一些病例中颈部扩张可能正好位于梗阻的位置。长时间梗阻导致的并发症包括脱水、电解质紊乱、消瘦、吸入性肺炎和食道撕裂。

（三）诊断

食道梗阻属于急症，初步的诊断要基于鼻孔返流内容物、唾液分泌增加、咳嗽和对喉部与会厌的触诊进行判断。在颈部左侧进行触诊，可能会摸到压紧的团块梗阻物。如果兽医无法将鼻胃管或者内镜投入，提示食道完全堵塞。投胃管是一个确定堵塞位置的方法，该过程的操作需要谨慎，但是并不能说明食道本身的状态。内镜检查可以帮助确定堵塞物的性质和状态，但内镜并不是一个很好的解决梗阻的仪器，根据堵塞物的性质不同，内镜去除堵塞物的作用亦不同。超声检查可以表明梗阻发生的位置和长度及食道的完整性。同时，超声检查还可以帮助发现食道撕裂后食道外的团块和蜂窝织炎。然而，这些辅助的诊断方法多用在梗阻解决之后。

当兽医有便携式X线机时，可对颈部食道进行X线检查，X线检查可以发现气体在卡住的食物和液体上方大量积聚。为了对梗阻进行更好的评估，在X线检查前应避免进行镇静和任何操作。气钡双对比检查对于确诊狭窄、憩室、撕裂和团块是非常有用的。钡餐可以通过大药丸的方式或鼻胃管的方式给药，排除食道和其他解剖学因素的干扰。

为了最终判断阻塞物的长度和性质，需要进行内镜检查。内镜的长度应在1.6～3m，以检查胸腔入口和食道末端部位。经鼻的内镜绀可以用来移除异物和饲料以解决梗阻。但是根据绝大多数的活检设备的尺寸，这种解决方法可能要消耗大量的时间而且效果不明显。如果怀疑消化道动力不足，就应该对食道的蠕动水平进行评估，在使用内镜检查的时候，不应当使用镇静药物。如果可能，在取出梗阻后应当再次进行内镜检查（例如，梗阻是否由憩室或者团块造成），并且对梗阻的并发症进行检查，判断是否有溃疡或者撕裂。

在梗阻取出后，胸腔的听诊和超声检查，对于判断是否有肺炎和肺部积液十分重要。X线对前下部肺叶的肺泡检查是十分重要的，尤其是对吸入性肺炎的检查。在食道狭窄和憩室的病例中，吸入性肺炎会发生得非常快，尤其是在发病的初期，或者是在再次发病的时候转变为慢性肺炎。如果怀疑马有吸入性肺炎，就应当进行血细胞计数和血浆纤维蛋白原的检查来评估炎症的程度。同时也可以进行细菌培养和药敏试验，但是吸入性肺炎常常由多种细菌感染所致。

（四）管理

绝大多数马可以忍受超过24小时的食道阻塞，而不会对食道造成很严重的损失。然而由于可能导致缺水、电解质平衡紊乱、吸入性肺炎和食道溃疡，所以紧急治疗就显得十分重要。

对于食道阻塞的初期治疗包括镇静和支持疗法。因为在许多病例中，给马通过静脉输液进行补水，并让马的食道肌肉放松，那么其梗阻可能自行消失。通过使用赛拉嗪（0.25～0.5 mg/kg，静脉注射）或地托咪定（0.01～0.02 mg/kg，静脉注射），并配合乙酰丙嗪（0.05 mg/kg，静脉注射）使用，或者布托啡诺（0.01～0.02mg/kg，静脉注射）会引起食道肌肉的松弛、低头的趋势，这对从鼻孔中排出食物和唾液十分有利，并且能够阻止食物进入气管。可以使用催产素（0.11～0.22 IU/kg，静脉注射）来松弛颈部的食道横纹肌以解除梗阻。

如果单一的镇静没有对梗阻起到任何作用，主流的治疗食物性梗阻方法是鼻胃管冲洗。先灌注 2%利多卡因溶液 30～100mL，可以对食道黏膜进行局部麻醉，并且减少食道的痉挛。然后缓慢地灌入温水何以溶解大部分的食物团块，并且能够让食物沿着胃管通过嘴和鼻孔流出。在拔出鼻胃管时，动作应该温柔。

如果轻微的冲洗并不能解除梗阻，那么可以尝试将马匹保定并配合镇静，同时在采取进一步治疗之前，需进行数小时的静脉补液。如果进一步的治疗不能成功地治疗梗阻，那么可以尝试更加强力的冲洗。这一操作可以在马匹处于全麻的状态或者站立镇静的状态下完成。在任一种情况下进行治疗的时候，需要在马匹的呼吸道中放置一个 Cuffed（原文中的 Cuffed 指的是插管的一头带有一较粗的胶管管头，可以放置在鼻腔中，撑起鼻腔）鼻气管插管，或者向食道内放置一个较大的 Cuffed 胃管，管内有一较小的管子，以用来冲洗阻塞物。在全麻的状态下，气管插管能够为呼吸道提供有效的保护，并且在使用后能够通过肉眼观察到食道肌肉的松弛。在麻醉的状态下，马匹摆放的位置应当有利于梗阻物的排出。为了防止肺吸入，在马匹麻醉复苏的过程中应放置一个带有管头的气管插管。在对食道进行液体冲洗的时候，可以使用矿物油或者二辛基钠琥珀酸盐，使用这些物质的时候应谨慎小心，因为吸入这些物质会导致肺炎的发生。在少数情况下才需使用食道切开术，使用食道切开术应该在多种治疗手段无效之后才采取。

吸入性肺炎是食道阻塞的常见并发症，在治疗的时候，应当选用广谱抗生素。尤其是在肺炎发生的 12 小时之后。氟尼辛葡甲胺（1.1 mg/kg，PO 或者静脉注射，每 12h 1 次）或者保泰松（4.0 mg/kg，口服或者静脉注射，每 12h 1 次）可以用于控制感染和疼痛，以防止感染和疼痛所导致的食道狭窄。

（五）对该病的进一步评估和恢复饲喂

在食道梗阻疏通的 24h 之内，应使用内镜来判断食道损伤的情况和范围。如果食道内没有明显的损伤或者损伤情况比较轻微，在这种情况下应允许马匹饮水。如果马匹仅患有轻度的食道梗阻，并且食道的损伤并不明显，那么可以缓慢地恢复马匹食用饲料（糊状饲料或者充分浸泡过的颗粒饲料）和青草。在一些更复杂的病例中，如出现了黏膜溃疡，那么马匹应首先禁食 48h，随后逐渐缓慢地恢复饮食。饲喂时，应当选用易消化的颗粒饲料，可以将饲料做成糊状或者粥状。同时，也可以让马匹每隔几小时进行一次 15 分钟左右的放牧。当马匹食道疼痛吞咽困难的时候，软化的饲料有利于马匹吞咽。干草和长茎饲草应逐渐恢复饲喂，恢复的过程需要数天甚至数周。时间的长短取决于食道受损的程度。在马匹恢复的过程中要做到少食多餐，这一做法能够把食物对食道的伤害和疤痕组织的形成降到最低，并且能够防止食道狭窄。硫糖铝（22mg/kg，PO，每 6～8h 1 次）能够保护食道的溃疡面并有助于伤口的愈合。

（六）并发症与预后

食道梗阻的并发症十分常见，据报道约有 51%的食道梗阻病例伴随着并发症的发生。最常见的并发症是吸入性肺炎、食道狭窄（平滑肌收缩性和病理增生性）、发热和食道憩室的形成。相对少见的并发症有食道穿孔、蜂窝织炎、纵隔炎、胸膜炎、左侧喉麻痹和蹄叶炎。与患病后并发症相关的因素有性别因素（种公马更容易患并发症），年龄因素（15 岁以上的马匹更容易），进行过全麻的马匹更容易患病，放射影像学检查有吸入性肺炎的症状，总蛋白数高于 7 mg/dL。严重的食道损伤、食道梗阻的时间长于 48h 容易发生并发症。呼吸频率大于 22 次/min 和中度到重度的气管污染，能明显地增加吸入性肺炎的继发概率。

在梗阻得以缓解的 24h 内应对马匹进行内镜检查，如果观察到了食道扩张和食道黏膜损伤，在之后每隔 2～4 周进行一次内镜检查。如果黏膜的完整性没有被破坏，但是发生了黏膜变色或瘀血，那么在接下来的 1 周内应进行内镜的复查，同时可以通过放射学检查来评估食道的功能和状态。

（七）预防

马匹每年应进行至少一次的牙齿检查，并及时纠正牙齿的异常。如果马匹的进食速度过快，可以通过少食多餐来改善马匹的情况。同时，这种情况也能够通过人为添加障碍物进行改善，例如在马匹的食槽内放置较大的石头，能够有效地减慢马匹进食的速度。

二、食道病理性狭窄

食道病理性狭窄是由食道内壁收缩，进一步导致食道内腔狭窄和吞咽困难的一种疾病（图 63-1）。食道病理性狭窄根据发病部位可分为食管蹼和食管环型两种，可能是由于黏膜或者黏膜下损伤所造成。食道壁狭窄可能是由于食道黏膜层和浆膜层损伤和食管环收缩所造成的。

（一）病理学

食道狭窄可能是原发性的也可能是获得性的。导致食道狭窄发生的因素包括：口服具有侵蚀性的药物、颈部的创伤、原发食道阻塞、胃食道返流疾病、食道炎、食道下端括约肌机能紊乱、食道活动障碍、食管裂孔疝。这些损伤均能造成食道的黏膜损伤，尤其是食道的外层。当损伤愈合的时候，会在损伤处形成疤痕组织，所形成的组织能加厚食道，增加食道扩张的阻力，导致马匹吞咽障碍。

（二）临床症状

该病的临床症状与食道梗阻相似，因为食道病理性狭窄能够导致食道的部分阻塞，并且导致食物在食道腔内的积累和残留。

（三）诊断

仅依据临床症状做出诊断是十分困难的。食道能够通过内镜清楚地观察到（图

63-1），还可以通过口服钡元素或者其他元素造影剂来诊断食道狭窄或者食管环收缩。一项研究指出，在食道损伤后的第30天，食道内径减少达到最大程度。因此在梗阻治疗后第30天的时候使用内镜进行检查。基于这点，可以观察到食道的收缩，同时也可以据此采取一定的方式来缓解食道收缩。

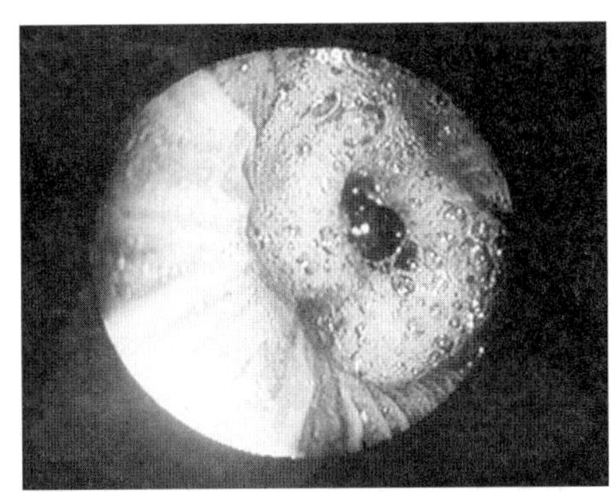

图63-1 通过内镜检查观察到的马匹食管环状狭窄，狭窄是由于一圈食道梗阻后生长的结缔组织所导致的

（四）疾病管理

暂时性的梗阻可能会在黏膜肿胀或者食道痉挛后发生。在最初的梗阻发作后，可能会导致数周内反复发作的梗阻，并且能够通过药物治疗得到缓解。药物选择包括非甾体类抗炎药、黏膜表面覆盖剂（硫糖铝，22mg/kg，口服每6～8h 1次）、抗生素和利多卡因灌药。在食道溃疡发生后的60d内，食道都会进行重塑。在此期间，应对马匹饲喂流食或者适口的饲料，或者是在一些严重的病例中，通过放置胃管来为马匹饲喂流食，71%食道梗阻的马匹在通过恰当的治疗之后，在随后的60d并未观察到明显的临床症状，甚至严重的黏膜损伤（如10cm^{2}的圆形损伤）在愈合后不会形成食道狭窄。如果在60d内食道的损伤没有痊愈，可以通过食道探条扩张术并配合末端充气扩张来消除梗阻。食道探条扩张术指的是通过向食道内插入一可扩张的圆形探条，并通过扩张探条末端来恢复收缩的食道。也可以通过使用带有可充气的末端的鼻胃管来进行治疗（图63-2、图63-3）。但可能需要反复治疗来达到一个理想的治疗效果。

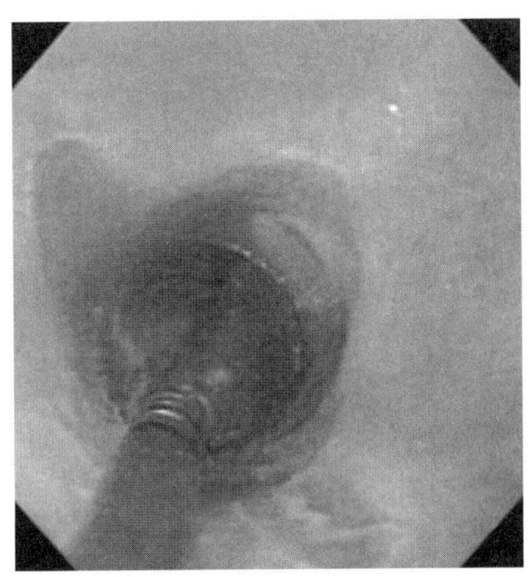

图63-2 通过内镜来辅助完成食道狭窄扩张术，通过对扩张探条的末端充气来扩张收缩狭窄的食道

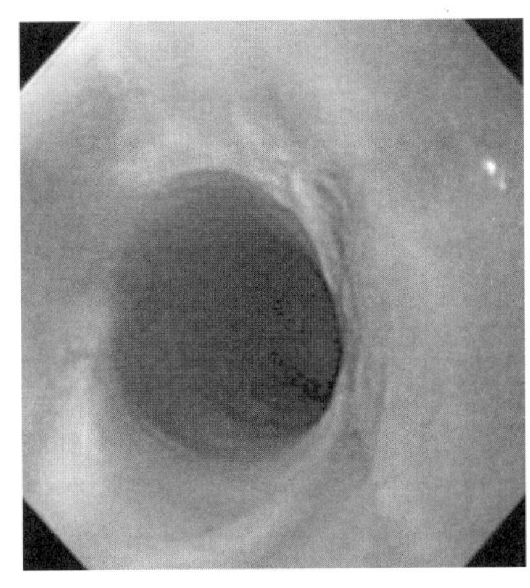

图63-3 通过内镜对食道进行观察，该食道通过上图所示设备治疗了食道梗阻

一些手术方案，如食道切除断段吻合术，食道暂时性切开术和开窗术，黏膜层和浆膜层收缩的食道肌层切开术，以及可以通过使用术部的肌肉层来完成食道切口覆盖闭合术（patch grafting）。切口覆盖闭合术可以用来治疗食道收缩，但是在临床上，很少使用这些手术方案，因为这些治疗方式会造成预后不良，再者食道切开术能够造成典型的食道狭窄。

（五）继发病和预后

轻度食道收缩和食道黏膜发炎的预后往往良好。但是对更深部食道管腔狭窄的预后往往要谨慎对待，因为它能造成严重的纤维化狭窄，甚至是在手术治疗之后。食道切除术和切口覆盖闭合术常见的后遗症为食道内容物流出和食道狭窄的再次形成，所以一些病例需要长期的药物治疗。马匹在吞咽时候颈部运动或者压力通常能够阻止断段吻合术的愈合。在一项对 18 匹马的研究中，只有 6 匹马长期存活下来。此外，相比于慢性食道损伤，药物治疗对患有急性损伤的马匹有更好的治疗效果。然而，对于慢性食道损伤，手术治疗结果会更好。

三、食道憩室

（一）病理学

食道憩室指的是食道内发生的囊状扩张，为原发性疾病或者继发性疾病。原发性食道憩室分为两种类型，牵拉型食道憩室和内压型食道憩室。牵拉型食道憩室是由于食道外周的组织损伤或者炎性反应导致纤维素渗出并形成粘连，这一过程造成了食道在外力的作用下管腔发生了扩张，从而形成食道憩室。内压型食道憩室是由于食道内部压力增加，或者是食道内深部炎症反应，造成食道黏膜层受损，进而导致黏膜层或者黏膜下层通过疝孔进入黏膜基层。内压型食道憩室会造成食物在其中的残留，而其他部位的食道却处于排空的状态，从而导致扩张的加重。发生牵拉型食道憩室的时候，食道黏膜的完整性没有受到破坏，并且食道内的食物会随着食道的休息得以排空。横膈上憩室是一种比较少见的食道憩室类型，这种类型的食道憩室常常见于食道末端靠近膈肌的部位，横膈上憩室通常会包括一些食道的平滑肌层，同时这种食道憩室的病因是未知的。

（二）临床症状

因为肌肉和黏膜完整性没有受到破坏，牵拉型食道憩室的临床症状往往不明显，然而对于内压型食道憩室，由于食道肌层发生了撕裂，更容易发生食物在损伤的位置残留，从而进一步导致食道梗阻的发生。体积较小的食道憩室往往呈现为亚临床表现，但是较大的食道憩室往往会导致进食后的呼吸困难，这是由于上呼吸道梗阻或者继发于食物吸入呼吸道中；其他临床症状还包括食道返流，以及由于食道梗阻导致的食欲废绝。

（三）诊断

当马匹患有反复发作的食道梗阻或者颈部肿胀的时候，应当考虑马匹患有食道憩室的可能性，如果对马匹进行鼻胃管检查时遇到了阻力，则可以确定食道内存在梗阻，进行鼻胃管检查术时，应小心操作以避免造成食道憩室穿孔。内镜检查能够探查食道内部的情况并看到梗阻物。通过放射学造影检查，使用钡造影剂，能够检查食道憩室范围和性质。在一些病例中明显的颈部下部扩张可能表示发生了牵拉型食道憩室，而细颈形的造影可能表明发生了内压型的食道憩室。

（四）疾病管理

牵拉型食道憩室很少导致食道梗阻的发生，也不需要治疗干涉。治疗期间应饲喂马匹较为温和的饮食，最好以流食或者软化的饲料为主，并举高食槽，这样做能够促使马匹的颈部处于伸直的状态，减少梗阻发生的可能性。在一些严重的病例中，尤其是内压型食道憩室，可以采取手术治疗，对于脱落的黏膜可以通过矫正或者切除来矫正食道壁上的缺陷，对于体积较小的食道憩室，手术治疗有很好的效果，但是对于较大的食道憩室，手术治疗的预后相对较差，而且手术治疗可能增加马匹患食道憩室的风险。据报道，腹腔镜手术能够有效地修复较大的横膈上食道憩室，但是并发症的发病率相对较高。通过进行腹腔镜-胸廓切开结合术，能够有效地治疗在纵隔膜上方的食道憩室，或者适用于颈部较大的马匹，因为对于这种类型的马匹有更多的空间来操作腹腔镜。

四、食道撕裂

食道撕裂包括食道黏膜层撕裂和食道其他结构撕裂。

（一）病理学

食道撕裂常继发于长时间的食道梗阻、异物贯穿（包括鼻胃管插管）、外界创伤，或者是食道周围组织感染所致。因为食道的位置较靠近体表，钝挫伤能够将食道挤向颈椎，从而进一步损伤食道，导致食道发生撕裂。较为少见的是胸腔内食道撕裂，胸腔内食道撕裂往往会导致马匹死亡。

（二）临床症状

食道撕裂的症状包括了呼吸困难，当伴随食道梗阻发生时，食物经口鼻流出，精神不振，食欲减退，封闭型穿孔可引起组织坏死，坏死组织会穿过筋膜层进入胸腔纵隔膜和胸腔，从而导致纵隔炎和胸膜炎，然而胸腔内的食管穿孔可能会导致腹痛、发热、心动过速、呼吸过速，以及胸膜性肺炎，马匹往往在24h内死亡。

（三）诊断

食道内镜和放射造影是主要的诊断方法，封闭型食道撕裂较难诊断，除非食道外部出现了瘘管。然而这些疾病能够很快地发展为皮下气肿和蜂窝织炎，这些病症都能够作为颈部放射学诊断的依据。胸部超声诊断能够用于确诊胸膜炎和胸腔积液或者证实食道外周脓肿的存在。

（四）疾病管理

小的急性的损伤可以通过手术清创来进行治疗，在马匹食道损伤愈合期间，可以将一个较小的鼻胃管或者留置饲管放置在食道内，使其末端处于损伤的下端。通过这种方式能够为马匹提供流食和质地较软的食物。食道封闭型损伤应尽量开放引流，防止发展成食道破裂导致胸腔污染。所有慢性或者严重污染的损伤更容易通过手术引流来进行治疗，同时也可以通过从食道末端向食道撕裂口进行食道造口术处理，来保证马匹能够正常地进食。食道损伤的区域在二次进食后，仍然能够良好地愈合。同时，还应及时地使用广谱抗生素和抗破伤风药物。

（五）并发症和预后

食道撕裂的并发症包括牵拉型食道憩室、霍纳氏综合征、左侧喉麻痹及在一些病例中形成需要手术矫正的瘘管。马匹的食道撕裂预后较差，在一项回顾性研究中，11匹患有食道穿孔的马匹，仅有 2 匹存活下来。如果马匹出现颈部扩张，通常在 24h 内死亡。有一项研究指出，处于这种状态的马匹往往需要进行安乐死。

五、食道肿瘤

食道肿瘤在马上较少发生，最常见的类型是来自胃黏膜的鳞状上皮癌导致食道发生扩张。但是体积较大的甲状腺肿瘤和腮腺黑色素瘤可能会造成食道腔外性阻塞，这些疾病能够造成与食道梗阻相似的症状。

（一）临床症状

食道肿瘤的主要症状是体重减轻，并且伴有腹痛、口腔或者鼻腔食物返流及反复发作性的窒息，如果肿瘤的位置靠近食道括约肌的位置，其造成的食道返流能够造成食道溃疡（图 63-4）。

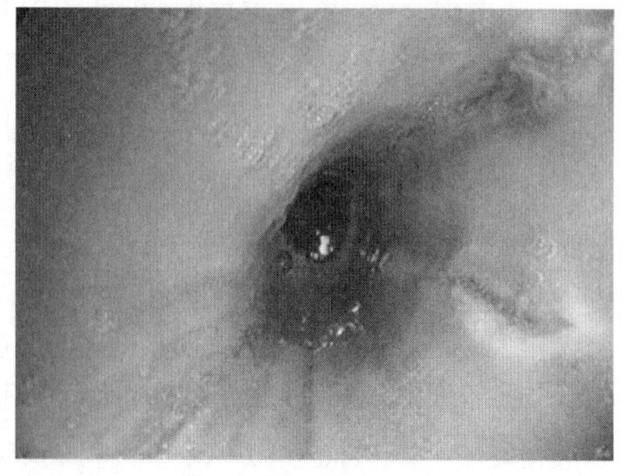

图 63-4　通过内镜观察到的纵向食道溃疡

（二）诊断

鳞状上皮癌能够通过内镜进行诊断，同时可以通过放射学检查对腔外性肿块进行诊断。该病的最终确诊需要通过穿刺取样进行。马食道肿瘤的预后一般较差，如果不能对肿瘤进行切除，则最好对马匹实行安乐死。

六、巨食道症

巨食道症是一种持久性、弥散性造成食道极度扩张的疾病。同其他一些疾病一样能够造成食物在食道内的残留。

(一) 病原学

食道梗阻诱发的巨食道症，通常由长期食道梗阻所引起，导致梗阻部位食道的背部发生扩张，造成食道蠕动能力降低。

食道蠕动性相关巨食道症较为少见，这种症状是由马匹青草症、肉毒素中毒、铅中毒、铊中毒或者抗胆碱酯酶、马原虫性脑脊髓炎（见第 45 章）、马疱疹病毒性脑脊髓炎（见第 90 章）、自发性迷走神经系统疾病等引起，使用乙酰丙嗪和地托咪定镇静会造成同样的效果。另一项病例的研究表明，一匹患有神经节细胞缺乏症的幼马被观察到在神经缺乏的局部出现了巨食道症。

(二) 临床症状

临床症状包括昏睡、流涎、吞咽困难、食道返流、流鼻涕、食道触诊膨胀，并发吸入性肺炎。较少见的症状包括了发热、厌食、磨牙、腹泻、咳嗽、呼吸困难、呼吸增速和消瘦。

(三) 诊断

通过观察临床症状可以初步诊断巨食道症，但是确诊需要通过内镜检查和放射学造影检查。使用荧光标记法来标记食物，对诊断该病很有帮助。造影剂在食道内聚集和处于蠕动过程中食道收缩动作的消失都能表明巨食道症。通过食道内镜检查，能够观察到食道的扩张和蠕动波的消失。

(四) 疾病管理

该病的治疗应首先集中于治疗导致巨食道症的原发病，使用糊状或者片状饲料有助于食物的下咽，此外在饲喂马匹的时候应该把食槽抬高，有利于食道运送食物。如果返流性食道炎是导致巨食道症的病因，可以使用甲氧氯普胺（0.02～0.1 mg/kg，皮下注射，每 4～12h 1 次）或者氨甲酰甲胆碱（0.025～0.075 mg/kg，皮下注射，每 8～12h 1 次或 0.25～0.75mg/kg，口服，每 6～12h 1 次）能够增加食道运动的节律，减少返流，并有助于胃部排空。

(五) 预后

该病的预后取决于诱因，原发性巨食道症的预后较差。

七、原发性食道异常

马匹的原发性食道异常较为少见。食道多发性囊肿是由食道近段增殖所导致的，囊肿能够从食道外部压迫食道造成食道梗阻。超声检查能够有效地探查囊肿并且不对肌体造成伤害。使用穿刺针抽取食道的鳞状上皮细胞进行细胞学检查能够对食道囊肿进行确诊。通过袋形缝合术能够有效地对囊肿进行治疗，食道壁开裂会造成囊肿的消退，同时还会引发纵隔炎。

持久性右动脉弓是一种少见的马匹疾病，往往是由于肺动脉韧带和动脉之间收缩影响其中的食道造成的，这种状况能够造成食道扩张和吞咽困难。这种疾病常见于幼驹和刚断奶的马驹，表现为马驹在摄入固体食物的时候表现出食道返流症状。X线平片和X线造影如果能显示食道近肺动脉韧带段扩张，则证实该病的存在。有一例经手术纠正该病例的报道。

原发性食道狭窄是另一种导致食道梗阻的病因。对比造影可用于诊断同轴心的食道狭窄，如果梗阻存在于食道内，则能够观察到饲料存于食道内。内镜检查能够用于检查管腔内狭窄和饲料阻塞。

推荐阅读

Abutarbush SM. Esophageal laceration and obstruction caused by a foreign body in 2 young foals. Can Vet J，2011，52（7）：764-767.

Bezdekova B. Esophageal disorders in horses：a review of literature. Pferdeheilkunde，2012，28（2）：187-192.

Breuer J，Reischauer A，Muller K，et al. Retrospective analysis of 74 horses with disorders of the esophagus. Pferdeheilkunde，2011，27（1）：15-24.

Chiavaccini L，Hassel DM. Clinical features and prognostic variables in 109 horses with esophageal obstruction（1992-2009）. J Vet Intern Med，2010，24：1147-1152.

Graubner C，Gerber V，Imhasly A，et al. Intrathoracic esophageal perforation of unknown cause in four horses. Schweiz Arch Tierheilkd，2011，153（10）：468-472.

Yamout SZ，Magdesian KG，Tokarz DA，et al. Intrathoracic pulsion diverticulum in a horse. Can Vet J，2012，53（4）：408-411.

（王志、单然、张剑柄　译，徐世文　校）

第 64 章　马胃溃疡综合征

Pilar Camacho-luna　Frank M. Andrews

马胃溃疡综合征（Equine Gastric Ulcer Syndrome，EGUS）中的溃疡多发生在食管末端、胃中无腺体和有腺体部分以及最靠近十二指肠一端的溃疡。马胃溃疡综合征是极其复杂的，由很多病因导致。马驹和成年马的患病率分别为 25%～51%和 60%～90%，病理变化取决于马的特征、伴发病、病情程度和溃疡的位置。胃溃疡最常见于幼龄马（小于 10 岁）以及在激烈训练和竞赛中纯血马和标准马。短距离速度马中也有少量发病情况的报道。然而，最近的研究指出，在同样饲喂条件下的怀孕和未怀孕母马的发病率分别是 66.6%和 75.9%。马胃溃疡综合征在怀孕母马上的高流行率意味着 EGUS 的多因素性质，并强调了马对于这一类病的敏感性。

一、发病机理

侵袭黏膜因素（盐酸，胃蛋白酶，胆汁酸和有机酸）与保护黏膜因素（碳酸氢盐和黏液）之间的失衡是造成 EGUS 的原因。因为胃有腺部黏膜的保护因素要多于无腺部黏膜，两个位置胃溃疡的形成原因可能不同。黏液-碳酸氢盐膜覆盖了有腺黏膜的表面。前列腺素 E_2 加快了黏膜中血液的流动，刺激分泌层并加强黏膜保护和重碳酸盐保护。另外，前列腺素通过刺激表面活性保护磷脂层，加强黏膜修复来维护无腺部和有腺部黏膜的完整，通过刺激经上皮细胞的钠运输来阻止细胞肿胀。马驹分娩所带来的应激或成年马训练带来的应激，都可能导致过多的内源性糖皮质醇的释放，从而抑制前列腺素合成。前列腺素的减少可能会引起黏膜保护因子的减少并促进溃疡的发生。胃有腺部和无腺部黏膜溃疡都需要酸性环境，但是同时可能会被黏膜保护因子中和。

无腺部黏膜溃疡主要由于长时间暴露于盐酸和有机酸中引起，如挥发脂肪酸，其致病机理与潜在性胃—食道返流病相似。过度暴露于盐酸之中会很大程度上引起无腺部黏膜上的溃疡，暴露于挥发脂肪酸中稍好一些。无腺部黏膜没有相应的黏膜层，能够在酸的刺激下会增加角蛋白层厚度，其黏膜层仅起到微小的防酸作用。胃溃疡的形成也许会与胃复层鳞状上皮细胞的脱落有关，因为患有胃溃疡的小马驹体内总是不能及时替换已脱落的上皮细胞。成年马的胃溃疡与胃 pH 有密切联系，在溃疡高发区褶缘处的 pH 比胃的有腺部要低。另外，有大约 50%患严重胃溃疡疾病的马的胃 pH 比患轻度或无胃溃疡马要明显低。

除了胃盐酸之外，由胃中的细菌通过发酵碳水化合物产生的挥发性脂肪酸，通过协同作用会引起马 EGUS。当胃 pH 低于 4.0，挥发性脂肪酸变成非游离状态，并且渗入到无腺部鳞状上皮细胞中，造成细胞酸化，钠离子转运抑制，造成细胞胀大和溃疡。同时引起鳞状黏膜细胞损伤的盐酸和挥发性脂肪酸有剂量和时间依赖性。因为运动马会摄入大量可发酵性碳水化合物，其体内产生挥发性脂肪酸的量足以诱导胃溃疡。

幽门螺杆菌是造成人类胃溃疡的主要原因。但是，幽门螺杆菌不是从马胃黏膜中培养出来的；再者，在马胃无腺部位产生的胃溃疡相比由幽门螺杆菌感染引起的人胃溃疡要多出很多不同的发病机理。调查者从马的正常和侵蚀腺体、鳞状上皮中分离出了螺杆菌特异 DNA。另外，一种新型螺杆菌——马幽门螺杆菌（*Helicobacter. equorum*），最近从 7 匹（28.6%）不到 1 月龄的马驹中的 2 匹马的粪便和 59 匹（67.8%）1～6 月龄马驹中的 40 匹马的粪便中被发现。并且在 10 匹纯种马的胃中监测到幽门螺杆菌样 DNA，其中 7 匹马中有 2 匹患有胃溃疡，5 匹中的 3 匹患有胃炎，6 匹中的 5 匹患有以上两种疾病，1 匹的胃黏膜正常。然而，在这次研究中，39%的幽门螺杆菌检测阳性马没有胃损伤。这个结果表明，马幽门螺杆菌可以在低位肠段内繁殖并随粪便排出，但是这并不能证明螺旋杆菌与胃肠疾病有联系。

在无腺黏膜形成胃溃疡后，定居在胃中的多种细菌包括在马胃中发现的大肠杆菌（*Escherichia coli*）可以在溃疡面上迅速生长，延迟溃疡愈合。多种细菌，乳酸菌属能在乙酸性胃溃疡面上快速生长并促进小鼠的愈合能力。因为摄入乳果糖，其中的乳酸菌在溃疡面上增殖，有益于愈合加速，抑菌剂治疗或激活乳酸菌机能的治疗都可用于患有慢性顽固溃疡的马匹。

二、风险因素

（一）应激和训练

训练和并发疾病都会诱发胃溃疡的发生。训练和竞赛的马胃溃疡发病率为 60%～93%。运动会延缓胃的排空造成胃溃疡，并增加胃酸分泌，或两者同时发生。在跑步机上高速跑步马的腹部压力会增加，导致胃的体积减小。在高强度训练中胃被压缩，有腺黏膜中的酸渗入无腺黏膜中，造成酸损伤。此外，运动马的血清促胃液素浓度增加，这会增加腺体的盐酸分泌，从而导致酸损伤。赛马的不佳表现与溃疡恶化的增加有关。

赛马患溃疡的概率最高，但近期的研究表明胃溃疡高度流行（56.5%～93%）于耐力比赛用马，它们在训练中展示跳跃，花式骑术或西式表演，胃溃疡出现在比赛中和比赛后。因此竞赛马和表演马都有患胃溃疡的危险，马兽医应该将此病作为马不佳表现的一个原因来考虑。

在澳大利亚的一项研究中阐述了其他与应激相关的因素，在城市训练的马患胃溃疡概率比在市郊训练或半乡村训练的马高 3.4 倍。并且工作时间长、料槽粗糙尖锐，保持体重困难和在马厩播放收音机都被认为是风险因素。在这项研究中，能够放牧并可以与其他马接触的马，以及在家中训练的马，要比在竞技场训练的马患胃溃疡的概率低。

(二) 药物

非甾体类抗炎药(NSAIDs)的使用与马胃溃疡有关。NSAIDs 作用于马驹及成年马胃的有腺部和无腺部黏膜。均能抑制环氧合酶的合成，从而抑制前列腺素 E_2 的产生，导致胃酸分泌的增加，减缓了黏膜血液的流动，并干扰了碳酸氢盐屏障。

当马匹摄入了比医嘱更多剂量或更频繁摄入 NSAIDs 时，更易产生溃疡；然而，使用治疗剂量也同样会使马患上溃疡。因此，兽医应该谨慎使用 NSAIDs，如苯基丁氮酮保泰松和氟尼辛葡甲胺，因为这也会促进溃疡的发生。

非罗考昔是一种较新的 NSAIDs，它是一种选择性环氧合酶-2 抑制剂，也许有降低胃溃疡发生的可能性。这种药可以有效地治疗马匹跛行，在连续 30d 每 24h 口服 0.1mg/kg 这种药的马的体内未检测出溃疡。

(三) 饲喂

食欲废绝也与胃无腺部黏膜溃疡相关，这可能与黏膜频繁暴露于酸性 pH 环境下有关。速度赛马与持续饲喂干草的马，有较低的 24h 胃液 pH 较低。当马匹采食粗饲料时，马匹会进行数小时的咀嚼并不断分泌唾液，唾液中含有大量的 HCO_3^-，HCO_3^- 能够碱化胃部中和胃酸，从而粗饲料的种类和饮食的时机也有可能是导致胃溃疡的因素。相对于被饲喂高淀粉含量饲料的马匹，饲喂低淀粉含量谷物的马匹胃排空更快；前者会在胃中囤积许久，很有可能会发酵产生可挥发性脂肪酸和乳酸，它们会降低胃 pH 并促进胃溃疡的形成。最近研究表明，饲喂少量高淀粉谷物(每 100kg 体重饲喂 0.5kg 谷物)，频率不少于每 6h 一次，这种方法可以降低 EGUS 发作的风险。为了降低患胃溃疡的风险，每日夜都应该供给高质量的干草牧草，如果马匹需要，可以提供谷物饲料，但不能超过每 6h 一次，对于一匹体重为 1 000lb 的马每次饲喂量不能超过 5lb。对于一些更加活跃的马，可以通过向定量谷物中加入玉米油(1 杯，口服，一天两次)或甜菜汁(浸透的)的方法增加能量。

相比青草饲料，苜蓿饲料针对无腺黏膜更具有保护效果；在一项研究中表明，食用苜蓿饲料的马，患胃溃疡的概率明显低，并且胃酸 pH 较高。苜蓿饲料中的高浓度钙和蛋白质，被认为能起到缓冲胃内容物的作用。

三、临床综合征

(一) 马驹胃溃疡

胃溃疡主要会造成哺乳期后期马驹和断奶初期马驹的发病和死亡，死后剖检得出发病率为 25%，胃窥镜检验得出发病率为 51%。全部年龄段的马驹都会受到影响，近期的一次报告指出，在未能存活到成年的马驹中，胃-十二指肠溃疡的发病率为 30%(20T/691)，断奶马驹中发病率为 30%，小于 10 日龄马驹的发病率为 15%。然而，发病率与抗溃疡药物的使用无关，尤其是对于 10 日龄以下的马驹，抗溃疡治疗是没有必要的。在最近的研究中，相比未被治疗的马驹，10 日龄以下的马驹如果接受抗酸药物治疗，则有患腹泻的可能。

马驹胃溃疡有 4 种临床表现型：无症状型（临床症状不明显）溃疡；活跃型（临床症状明显）溃疡；穿孔并伴有腹膜炎型溃疡；幽门收缩型溃疡，该类型溃疡会导致胃返流性阻塞。

在马驹身上可能最普遍的胃溃疡是亚临床型胃溃疡。这种溃疡通常被发现于胃大弯的无腺部，与褶缘相邻，但它们也被发现于有腺部的黏膜中。这种溃疡常见于 4 月龄以下的马驹。亚临床型溃疡即使不进行治疗也会痊愈，同时也可能在尸检时发现。

活跃型胃溃疡常见于 270 日龄以下的马驹，这一类型溃疡常见于胃大弯或者胃小弯靠近褶缘无腺部黏膜，或者有腺部黏膜。当溃疡变大或者多个溃疡融合在一起的时候，马匹会表现出胃溃疡的临床症状。腹泻和食欲不振是患病马驹最常见的临床症状，同时还可能观察到的临床症状包括生长缓慢，被毛粗糙，腹围膨大，磨牙，仰卧，唾液分泌过多，吮吸中断以及急腹症，患有大面积胃溃疡的马驹会表现出严重腹痛，并表现出打滚和仰卧的症状，胸骨剑骨突后部触诊疼痛。这些症状可能提示胃扩张或者胃食道返流。

穿孔型溃疡较为少见，但是会出现于胃无腺部（最常见的部位）的黏膜，或胃有腺部的黏膜，或者马驹的十二指肠。这种类型的胃溃疡会导致弥散性腹膜炎，而这种疾病往往是致命的。在胃部发生破裂前，疾病的临床症状往往不明显。在胃部出现破裂之后，马匹很快出现内毒素中毒，腹部扩张和腹痛。发病风险较高的马驹应该预防性地使用质子泵抑制剂或者 H_2 受体拮抗剂来预防胃破裂。

幽门或者十二指肠溃疡在马驹身上较为少见，但是当溃疡溶解的时候会导致胃收缩或者胃返流性梗阻。全年龄段的马驹都会出现发病症状，但是 3 月龄到 5 月龄的马驹最容易受到感染。马驹幽门、十二指肠溃疡的临床症状不明显，如果出现症状，多为胃返流性梗阻所导致。与胃返流型阻塞有关的症状有磨牙，返乳，过度流涎，少量腹泻，餐后腹痛，胃返流，发热，以及排粪减少。马驹可能会表现出吸入性肺炎、胆管炎、糜烂性食道炎、胃食道返流疾病，以及严重的胃溃疡，在一些严重的病例中，还会出现由于十二指肠狭窄和胃返流性堵塞导致的脱水和全身低氯性代谢性碱中毒。

(二) 1 岁马和成年马的胃溃疡

1 岁马和成年马的胃溃疡综合征会造成严重的经济损失，但是它的重要性尚未得到足够的重视。隐性感染或者无症状的是最常见的类型，但是临床胃溃疡，十二指肠溃疡，十二指肠狭窄，糜烂性食道炎以及胃部破裂是最常见的症状。胃溃疡常见于胃的无腺部黏膜，毗邻胃大弯和小弯的褶缘。胃有腺部的溃疡较多见于马驹，少见于 1 岁马和成年马。1 岁马和成年马的胃溃疡多与使用 NSAID 药物有关。轻度多病灶性胃溃疡多见于处于训练中的 1 岁和 2 岁马匹，而少见临床症状。即使是严重的胃溃疡，处于这一年龄段的马匹也很少表现出临床症状。导致这一年龄段马匹发病的风险因素有训练、应激、并发的疾病和 NSAID 药物的使用。出现临床症状的马匹往往会表现出来，复发性或者急性腹痛，体况较差，食欲减退，表现不佳，食量降低以及性情变化。相比于无症状的马匹，当马匹表现出明显的症状时，往往意味着胃溃疡的情况比较严

重。胃溃疡可能是马匹腹痛原发病或者其他胃肠道疾病导致的。而且通过内镜检查，并未发现胃溃疡的严重程度和临床症状之间的联系。

四、诊断

胃溃疡的诊断基于临床症状，内镜检查和对于治疗的反应（表 64-1）。

内镜检查用于确认胃溃疡的存在，确定胃溃疡的位置和其严重程度，以及评估治疗效果。成年马匹需要使用 2m 的内镜来进行胃内镜检查。但是长度为 130～140cm 的内镜能够用于检查 30～40 日龄的马驹，内镜从鼻腔进入食道，进而进入胃部。胃部充气后会发生膨胀，应对胃的有腺部和无腺部进行溃疡评估。

如果马驹出现了胃返流性阻塞，通过放射学检查能够发现胃部和食道的扩张，以及充满食物，同时还能够发现吸入性肺炎。通过使用钡造影剂能够观察到胃液返流、胃轮廓扩张及胃液排空超出 2h 以上（正常为 30min）。通过超声检查能发现十二指肠肠壁厚度、肠道蠕动性和肠腔直径发生异常。

胃损伤主要发生于鳞状上皮的褶缘，对于幼年的马驹，损伤经常发生于胃有腺部或十二指肠，尤其是伴随着其他临床症状的马匹，譬如轮状病毒诱导的腹泻或者败血症。对于日龄较大的马驹（＞60 日龄），损伤多见于褶缘和胃小弯的鳞状上皮，这可能是同成年马一样，依靠由于日趋成熟的黏膜保护机制的结果。

五、治疗

多种类型的药物可以用于治疗马匹的胃溃疡。其中包括抗酸药物、H_2 受体拮抗剂、硫糖铝、前列腺素类似物及奥美拉唑（表 64-1）。用量及算法见图 64-1。

表 64-1　常见用于治疗和预防成年马和马驹胃溃疡的药物

药物	剂量（mg/kg）	给药间隔	给药途径
雷尼替丁	6.6	每 6～8h	口服
雷尼替丁	1.5	每 6h	静脉注射，肌内注射
奥美拉唑	4.0（治疗）	每 24h	口服
奥美拉唑	1.0～2.0（预防）	每 24h	口服
奥美拉唑	0.5～1.0	每 24h	静脉注射
泮托拉唑	1.5	每 24h	静脉注射
胃溃宁	20～40	每 8h	口服
氢氧化铝/镁	0.5mL/kg	每 4～6h	口服
前列腺素类似物	1～4μg	每 8h	口服

单独使用抗酸药物不能有效地治疗胃溃疡，抗酸药物仅用于改善临床症状，或者在使用有效的药物治愈胃溃疡之后再使用，防止胃溃疡的复发。抗酸药包括氢氧化铝、

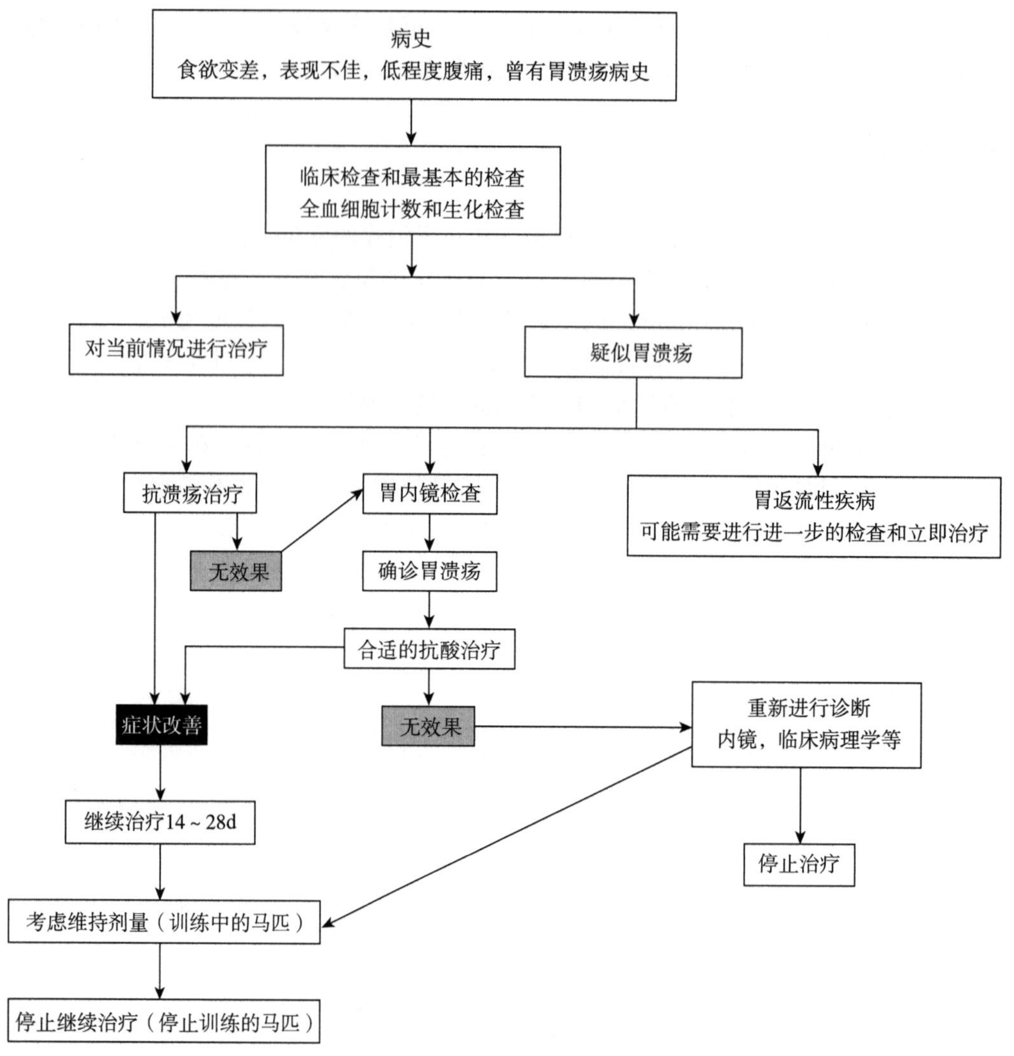

图 64-1 马匹胃溃疡治疗的流程

[引自马胃溃疡疾病委员会推荐的马胃溃疡综合征诊断和治疗流程 Equine Vet Ed 1999; 11 (5): 262-272]

氢氧化镁、碳酸钙。大多时候使用的是氢氧化铝和氢氧化镁的合剂。镁盐和碳酸钙合剂能够有效地中和胃酸，但是不能长时间作用于中和胃酸。例如，180mL 的氢氧化铝-氢氧化镁合剂能够提升胃液 pH 3.0 左右，作用时间 15～30min。氢氧化铝和氢氧化镁（0.5mL/kg）口服，每日 3～6 次，能够有效地防止胃溃疡的复发，然而并不能用于胃溃疡的治疗。

H_2 受体拮抗剂能够通过与壁细胞 H2 受体可逆性结合和竞争性结合，抑制 HCl 的分泌。在一项研究中，对 55 匹胃溃疡患马使用 H_2 受体拮抗剂进行治疗，随后通过内镜检查，可以观察到有 32 匹马的症状得到了改善。雷尼替丁和西咪替丁是两种常用于马匹的药物。雷尼替丁（6.6 mg/kg，口服，每 8h 一次；或者 1.5 mg/kg，静脉注射或者肌内注射，每 6h 一次）有不同类型的剂型，如药片，糖浆，悬浊液和针剂。32

匹进行治疗的马，其中有 16 匹治疗效果良好，胃溃疡有了很大的改善，甚至完全治愈。但是在这项研究中并没有设立为治疗的对照组。在最近的一项研究中指出，雷尼替丁在对速度马胃-十二指肠溃疡综合征的治疗效果不如奥美拉唑，前者需要 45～60d 的用药时间达到治疗效果，然而，相比之下奥美拉唑只需要 28d 的治疗就起到治疗效果。然而，胃溃疡痊愈的时间变化较大。西咪替丁对于胃-十二指肠溃疡作用不大。

胃溃宁是一种多糖硫酸酯与硫糖铝和氢氧化铝的合剂。胃溃宁的作用机制包括黏附在溃疡黏膜表面，进而形成一层蛋白质保护层，进一步刺激前列腺素 E_1 和黏液分泌。研究指出，胃溃宁（22.0 mg/kg，口服，每 8h 一次，14d）未能加速马驹或成年马胃溃疡的愈合，因此最好同其他抗酸药物共同使用。除了能覆盖存在的溃疡之外，胃溃宁还能灭活胃蛋白酶吸附胆酸。胃溃宁有两种剂型，分别是片剂和悬浊剂。

前列腺素类似物，主要是合成的前列腺素 E_2 类似物，米索前列醇（1～4 μg/kg，口服，每 8h 一次）可以用于治疗食道-胃溃疡综合征。这种药物能够通过增加碳酸氢根分泌强化黏膜保护胃的机制，并预防非甾体类抗炎药物诱导的胃溃疡。现已报道，人服用前列腺素类似物的副作用包括腹痛、腹泻、腹腔膨胀，以及腹壁抽搐。这些症状同时还见于马身上。一项对于马匹用药的研究表明，经药物治疗后的马匹。相比于未治疗的马匹，胃中游离酸明显减少。

奥美拉唑，一种替代苯并咪唑的质子泵阻断剂，能够通过阻断壁细胞 H^+-K^+ 三磷酸腺苷酶泵来减少氢离子的分泌（即质子泵）。奥美拉唑能够与酶发生不可逆的结合反应，所以它能够长时间地抑制胃酸分泌。在马身上，奥美拉唑能够抑制胃酸分泌长达 27h。对于训练中的马匹使用奥美拉唑糊剂，能够有效地促进溃疡的愈合（77%），并改善胃溃疡的情况（>90%）。全剂量或者半剂量的奥美拉唑能够用于预防马匹的胃溃疡综合征的复发（2.0 mg/kg，每 24h 一次）。GastroGard 是美国食品药品监督管理局（FDA）唯一认可的对食道-胃溃疡综合征有效的治疗和预防药物。目前对于治疗的剂量是 4 mg/kg，口服，每日一次；预防剂量为 1.0 mg/kg，每日 1 次。

近期的一项研究表明，泮托拉唑（1.5 mg/kg，静脉注射或者灌服）服用后，能够在新生马驹身上观察到明显的血浆浓度上升，以及 41%的生物活性。在这一研究中，静脉注射和灌服泮托拉唑，能够长期使胃 pH 处于一个较高的水平。静脉注射泮托拉唑能够作为口服奥美拉唑的替代品，尤其是在一些无法对马驹灌服奥美拉唑的情况下。

最近一项研究指出，静脉注射奥美拉唑（0.5 mg/kg，静脉注射，每日 1 次）能够有效地提升胃液的 pH。在治疗初期应使用速效剂量（1 mg/kg，静脉注射），随后改为 0.5 mg/kg，每 24h 一次直到溃疡痊愈。这种静脉注射的产品只适合于有胃返流或者吞咽困难的马匹，或者有其他原因不能口服 FDA 批准使用的奥美拉唑糊剂。

由于已获批准的产品价格昂贵，在一些情况下可以使用预混奥美拉唑粉剂来替代商品化的产品。但这一药物并不是规范产品，同时对胃溃疡的治疗效果也不尽人意。使用这一产品将违反 FDA 中心所规定相关兽医的法律。

最近对于使用植物萃取物（植物以及浆果）来治疗胃溃疡的趋势愈发增加，因为植物萃取物有很好的潜在治疗价值。沙棘（*Hippophae rhamnoides*）作物的浆果可以有效地治疗人和小鼠的胃溃疡。一些最近进行的研究指出，口服含有沙棘果和其他成分的药物，如益生菌，能够提供有效的治疗和保护作用。果胶和卵磷脂结合抗酸药物同时使用，能够在 5 周内改善马匹胃溃疡。天然添加剂可作为一种比较便宜的化学药品替代物，能够维持胃的健康水平，而不改变内部的 pH。但是笔者并不推荐使用萃取物来替代奥美拉唑治疗胃溃疡。自然萃取物应当仅用于辅助治疗和维持运动马匹的胃部健康。

推荐阅读

Huff NK，Auer AD，Garza F Jr，et al. Effect of sea buckthorn berries and pulp in a liquid emulsion on gastric ulcer scores and gastric juice pH in horses. J Vet Intern Med，2012，26：1186-1191.

Jassim RA，Andrews FM. The bacterial community of the horse gastrointestinal tract and its relation to fermentative acidosis，laminitis，colic and stomach ulcers. Vet Clin North Am Equine Pract，2009，25（2）：199-215.

Martineau H，Thompson H，Taylor D. Pathology of gastritis and gastric ulceration in the horse. Part 1：range of lesions present in 21 mature individuals. Equine Vet J，2009，41（7）：638-644.

Martineau H，Thompson H，Taylor D. Pathology of gastritis and gastric ulceration in the horse. Part 2：a scoring system. Equine Vet J，2009，41（7）：646-651.

Moyaert H，Decostere A，Pasmans F，et al. Acute in vivo interactions of Helicobacter equorum with its equine host. Equine Vet J，2007，39（4）：370-372.

Reese RE，Andrews FM. Nutrition and dietary management of equine gastric ulcer syndrome. Vet Clin North Am Equine Pract，2009，25：79-92.

Ryan CA，Sanchez LC，Giguère S，Vickroy T. Pharmacokinetics and pharmacodynamics of pantoprazole in clinically normal neonatal foals. Equine Vet J，2005，37（4）：336-341.

Videla R，Andrews FM. New perspectives in equine gastric ulcer syndrome. Vet Clin North Am Equine Pract，2009，25（2）：283-302.

（王志、单然、张剑柄　译，徐世文　校）

第 65 章　胃梗阻

Heidi Bance

马胃梗阻相对较少，在腹痛的案例中占比小于 1%。胃梗阻通常分原发性和继发性。原发性病因见于功能或解剖学改变，包括胃排空减慢、胃酸分泌减少、幽门狭窄。而继发性病因则包括咀嚼变少、脱水、肝病或任何一种可以造成肠梗阻的肠胃紊乱的疾病所导致。胃梗阻经常与摄入遇水膨胀的物质有关，包括干草、柿子（图 65-1）、糠、豆、甜菜渣和稻草。

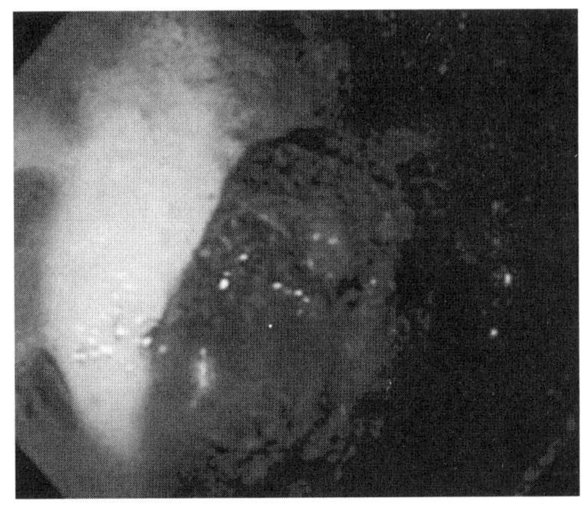

图 65-1　内镜观察胃内的柿石

（照片由 Dr. Lyndi Gilliam 提供）

一、临床症状

胃梗阻的临床症状范围较广，从食欲不振到急性腹痛。疼痛通常为轻微疼痛，但也可表现为剧痛。一项研究表明，食欲不振是最普遍的临床症状（在马案例中出现率约 50%），继而发生急性腹痛（35%）或周期性腹痛（35%）。发热，吞咽困难，流鼻液，排泄量减少，昏睡，体重减少和流涎这些症状也有报道。在胃柿石案例中也有腹泻发生。临床症状的持续时间多变，范围从一天到数月。

二、诊断

因为临床症状不确切，胃梗阻的诊断很有难度，但是如在调查中发现了采食膨胀性食物，应怀疑此病。禁食 18～24h 后用内镜进行胃内容物观察，可作为胃梗阻的诊断依据。然而，对扩张的胃进行内镜检查困难较大，并且内容蓄积也是普通肠梗阻的胃排空延迟的标识。在疝气案例中，直肠检查、腹部超声检查、腹膜液分析、腹部 X 线检查等会帮助排除其他的有差别意义的疾病。患有胃嵌塞的马，可能有系统免疫的血液学证据（白细胞增多，白细胞减少或血纤维蛋白过多）。引起原因不明确，但是据推测是与细菌移位或继发性腹膜炎和胃壁损伤有关。触诊直肠可能会显示出脾内侧移位和胃嵌塞。需要时，使用超声波会帮助确认是否有胃嵌塞。然而，超声检查胃嵌塞的准确性还未经评估。剖腹探查术也是确诊的方法之一。

三、治疗

药物是治疗胃梗阻的首选。治疗的首要措施是补充肠道水分。经常补充肠内液体（大约 2L/小时）可帮助补水以及软化梗阻物。等渗液体能够快速地水化梗阻物，并且效果比纯水要快。通过静脉补液水化胃肠梗阻的效果要低于饮水的效果，但是也许对于马匹的初期脱水治疗会有帮助。通便剂，包括二辛基琥珀酸钠（每 24h 用 10～50mg/kg 药剂混入 2～4L 水中）、硫酸镁（0.5～1 g/kg 混入 2～4L 水中 ）或矿物质油（2～4L，每 12～24 小时），可用于治疗胃梗阻的病例，但这种治疗手段的效果尚未明确。一些报道指出，镁中毒出现在应用硫酸镁治疗的马匹中，因此，如果马匹摄入了多次剂量的硫酸镁，应该监测马的血镁浓度。对于该病的治疗可以尝试洗胃，但通常治疗效果甚微。如在临床上采取洗胃的操作，冲洗所用的水量应控制在体积较小的范围（2～4L），并用鼻管多次排水。

并发胃溃疡的马匹，经胃溃疡治疗病情好转。使用抑酸剂药物（奥美拉唑，4mg/kg，口服，每 24h；雷尼替丁，6.6mg/kg，口服，每 6～8h；或雷尼替丁，1.5mg/kg，静脉注射，每 6h）是最有效的治疗方法，但是抗酸药物（氢氧化铝或氢氧化镁 0.5 mL/kg，口服，每 4～6h 一次）仅能够暂时地提升 pH。胃溃宁（20～40mg/kg，口服，每 6h 一次）可与胃酸抑制药联合使用。但是，临床工作中并未证明胃溃宁对溃疡的治疗效果，所以不应该用作唯一的治疗药物。

在治疗的初期，对马肠道进行补水时，马匹会感到不适，因为梗阻物在水合作用下会膨胀。如果在液体治疗后观察到腹痛的症状，那么应使用一个口径较大的鼻胃管来导出多余的液体和胃内容物。胃破裂是胃梗阻可能并发症，因此，在治疗时要仔细监测临床指标并正确使用液体治疗，尤其是在治疗初期。在患有柿石症的人群中，一些胃结石的小块（由内镜碎石技术所导致，或部分溶解的结石）会造成小肠阻塞。

原发性饲草导致的梗阻在数天内就能够溶解。过度饲喂造成的结石，如柿石梗阻，可能需要数周甚至数月的药物治疗才能解决。长期治疗需要做到增加饲喂次数减少饲喂量，必要时才进食可提供所需营养的颗粒饲料，并且避免增加梗阻。

对于药物治疗无效果的胃梗阻案例，可用探查剖腹手术来击碎或移除梗阻。外科手术进行的同时，使用鼻胃管补充液体，并同时按摩胃内容物，或穿壁（胃）注射液体并同时按摩胃内容物，都可以解决梗阻。这一方法较胃切术有很大优点，术后患腹膜炎的风险减少。然而，如果治疗失败，则需要进行二次手术来取出梗阻物，而充满液体的胃部不易开口。马的胃切开术能够成功地治疗胃梗阻，但是伴随着腹膜炎的风险。胃切开术的优点是能够迅速解决梗阻和便于胃部损伤的观察。

胃柿石的治疗

对于胃部形成的柿石，可以通过灌服可乐或纤维素酶来溶解，或通过内镜向胃石内注射乙酰半胱氨酸，该方法有助于胃石的溶解。也可以使用含糖或者无糖的可乐对胃石进行治疗，用该方法对人或者马胃石的治疗均有成功病例的报道（包括胃柿石）。

可乐能够溶解胃石的生理机制还未知，但是已被认为是酸的 pH 引起的，碳酸氢钠的溶解效应，或由二氧化碳引起的纤维断裂。建议使用的可乐疗法的剂量是成年轻型马约 24L/d，可以间隔每 2h 服用 2L 或持续摄入可乐，维持在每小时摄入 1L 的剂量。治疗时应该谨慎使用含咖啡因的可乐，因为摄入剂量过高会引发咖啡因中毒。虽然进行可乐治疗法的马匹并未出现蹄叶炎症状，但可乐含有大量非结构性碳水化合物，大剂量会继发蹄叶炎。纤维素酶（300mg/d～3g/d）和向内结石注射的乙酰半胱氨酸（15～30mL，稀释在生理盐水中），都有在人类成功治疗的报道，但对马是否有效果还未知。

四、预后

胃梗阻的预后状态良好。在一项研究中的 20 个案例里，90%的病例存活了下来，而长期（大于一年）存活的马占 75%。在一些案例中胃梗阻会复发，因此建议对患马缓慢地恢复到牧草饲喂，并在饲喂期间密切监控。对于胃功能障碍的马匹，严格限制饮食，例如仅饲喂颗粒状饲料。

推荐阅读

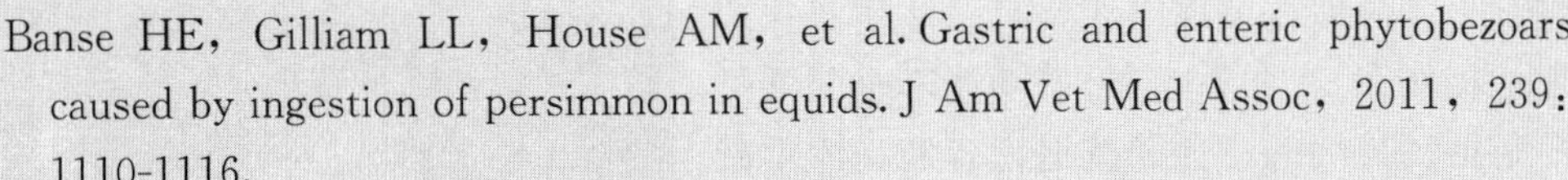

Banse HE, Gilliam LL, House AM, et al. Gastric and enteric phytobezoars caused by ingestion of persimmon in equids. J Am Vet Med Assoc, 2011, 239: 1110-1116.

Barclay WP, Foerner JJ, Phillips TN, et al. Primary gastric impaction in the horse. J Am Vet Med Assoc, 1982, 181: 682-683.

Buchanan BR, Andrews FM. Treatment and prevention of gastric ulcer syndrome. Vet Clin Equine, 2003, 19: 575-597.

Honnas CM, Schumacher J. Primary gastric impaction in a pony. J Am Vet Med Assoc, 1985, 187: 501-502.

Murray MJ. Diseases of the stomach. In White NA, Moore JN, Mair TS, eds. The equine acute abdomen. Jackson, WY: Teton NewMedia, 2008: 578-591.

Owen, R, Jagger DW, Jaffer F. Two cases of primary gastric impaction. Vet Rec, 1987, 121: 102-105.

Vainio K, Sykes BW, Blikslager AT: Primary gastric impaction in horses: a retrospective study of 20 cases（2005-2008）. Equine Vet Educ, 2011, 23: 186-190.

（王志、单然、张剑柄　译，徐世文　校）

第 66 章　马的肝脏疾病

Kelly L. Carlson

肝脏是马体内最大的脏器之一，肝脏在机体内的功能多样。肝脏负责营养物质的新陈代谢，调节体内平衡，并且还负责合成、储存和释放葡萄糖。肝脏还能分泌胆汁，代谢废物，排出毒物，并能合成多种蛋白质，如白蛋白、纤维蛋白原和凝血因子。成年马肝脏功能的紊乱相对常见，但幼年马偶然发生。

一、临床症状

肝病的临床症状通常是非特异性的，并且症状会跟随着肝病的病程和严重程度改变。通常情况下，肝病在表现出症状时，往往意味着肝脏的损伤在 80%以上。肝脏功能不全的常见症状包括精神沉郁，食欲减退，疝痛，体重减轻。特异性的临床症状还包括黄疸，光敏作用，以及肝性脑病。肝性脑病（HE）的临床症状有多种形式，包括精神沉郁，暴躁不安，打呵欠，转圈或者不停地行走，以及用头抵墙（图 66-1）。双侧喉麻痹、肠梗阻和里急后重等症状均是肝性脑病少见的继发症。

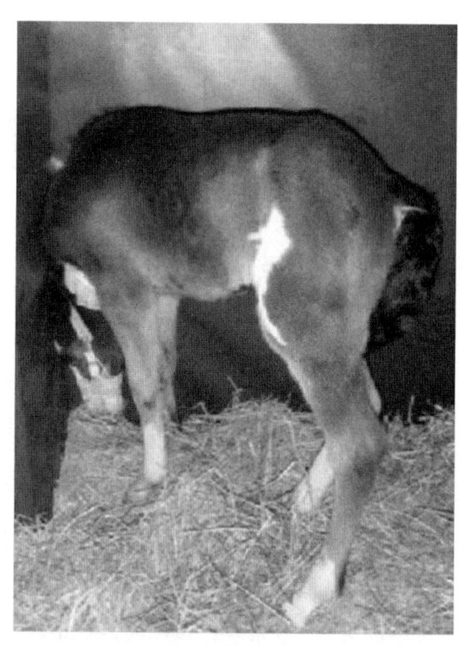

图 66-1　肝性脑病导致马驹表现出典型的“头抵墙”姿势

二、诊断

（一）血液生化检查

常规的血液生化能够反映肝脏疾病的指标，有山梨醇脱氢酶（SDH）、天冬氨酸转移酶（AST）和乳酸脱氢酶（LDH）。SDH 是马急性肝损伤最具特异性的一个指标，但 SDH 的测定并不是在每一个诊断实验室中都能进行，其活性在室温的条件下保持时间低于 12h，所以如果不能及时地将血浆或者血清送检，务必要将其分离并冷冻保存。SDH 的半衰期仅有数小时，所以该值的升高表示着肝脏的损害还在活跃期。尚未满月的马驹可能检测出高于成年马正常水平的 SDH。

其他肝细胞中的酶类，如 AST 和 LDH 也经常作为诊断的依据。AST 并没有明显的特异性，因为 AST 的主要来源是破裂的肌细胞和红细胞。相比于 SDH，AST 的半衰期要更长一些（可以持续 7～8d），如果该指标值比较高，则 SDH 升高会持续 1 周，或者持续到肝脏损伤修复之后。相似的是，LDH 的特异性也是相对较低的，因为 LDH 也是从肌细胞中释放出来的。不同 AST，LDH 的半衰期也比较短（小于 24h）。尽管这些指标的升高意味着肝细胞的异常，但是 SDH、AST 和 LDH 升高并不意味着特异性的肝脏疾病。

标准的肝胆疾病血液生化指标，包括谷酰转氨酶（GGT）、碱性磷酸酶（ALP）。GGT 是胆管上皮损伤的一种特异性指标，并且是马肝脏疾病最敏感的指标。GGT 活性升高是胆管损伤、胆管增生或者胆汁淤积的结果。在 49%患有右上大结肠变位的马血清中出现了 GGT 活性升高，据推测这是由于胆管阻塞所造成的。GGT 在血液中的半衰期较长（可以持续 3～4d），升高后的该指标在致病因素消失后继续持续数周。未满月的马驹 GGT 水平会高于成年马，ALP 的释放组织较多，包括肝脏、骨骼和肠道，所以说该指标的升高并不是肝脏疾病的特异性表现。在马患有胆管阻塞或者慢性肝病的时候，ALP 也会随之升高。马驹的 ALP 值大概是成年马的 2～3 倍，这是因为生长过程中的骨活性。GGT 的升高和 ALP 的升高并不是肝病的特异性指标，仅表明该马患有肝病的可能性较大。

血浆或血清的胆红素升高，可以出现在马的任何一种肝病。胆红素可以分为结合性胆红素、非结合性（游离）胆红素和总胆红素。轻度的胆红素升高（总胆红色和非结合性胆红素），意味着马匹可能会有厌食或者采食量受到了限制。明显的非结合性胆红素升高，往往意味着严重的肝损伤或者溶血。结合性胆红素所占的比重升高（尤其是在总胆红素中所占的比例大于 25%时），表明胆管阻塞或者肝胆管疾病。

血氨可以作为评估肝功的重要指标。血氨的样本在采集后必须保持冷冻并及时送检，所以该指标并不是在所有的诊所都能进行检查。理想状态下，从临床上采取的健康马的对照样本，应同临床病例进行同时评估。高血氨是由于肝脏肿块造成的（可以诱发 NH_4^+ 在肝门静脉血中的清除率下降）或者门体静脉分流（门静脉的血液不再通过肝，从而达到清除 NH_4^+ 的目的）。先天性的尿循环缺陷会导致摩尔根马的高血氨血症。当马患有急性胃肠道疾病而无肝病的时候，血氨的浓度也会升高（详见 139 章）。

（二）肝脏的超声检查

对有明显临床症状和临床病理学异常，并伴有肝功能异常的马进行经腹壁的肝脏超声检查，具有很大的诊断意义。肝区超声检查是一种安全、无伤害性的诊断手段，能够提供关于肝脏形状，大小和位置的相关信息。此外，超声波还能检查肝脏的实质细胞和胆汁的性状。超声波还可以帮助进行肝脏的活体穿刺。正常马的肝脏可以通过超声波来识别，根据肝脏的分支血管和回声明显的肝门静脉血管壁，以及同质化的肝脏实质细胞（图 66-2），肝脏实质细胞的回声反射强度，要高于肾脏的皮质部和髓质部，但低于脾脏（图 66-3）和肾盂。

通过超声检查能够发现数种马匹肝脏的异常，肝脏病变可以导致肝脏形状的改变，如肝脏发生纤维化时能够导致肝脏萎缩（表现为肝脏的下侧出现空白区域）或肝脏肿瘤导致的肝区变大。当肝脏出现局灶性的病变时，提示肝脏的棘球蚴病、多囊肝、肝脏脓肿和肿瘤。弥散性肝脏损伤表现为肝脏密布高回声区（图 66-4）。肝脏的实质回声强度的改变意味着肝脏的坏死或者纤维化，脂肪肝，结节性肝病，肝脏淀粉样病变和胆管肝炎。胆管的改变，包括胆管结石和胆管扩张，也能通过超声检查所发现。

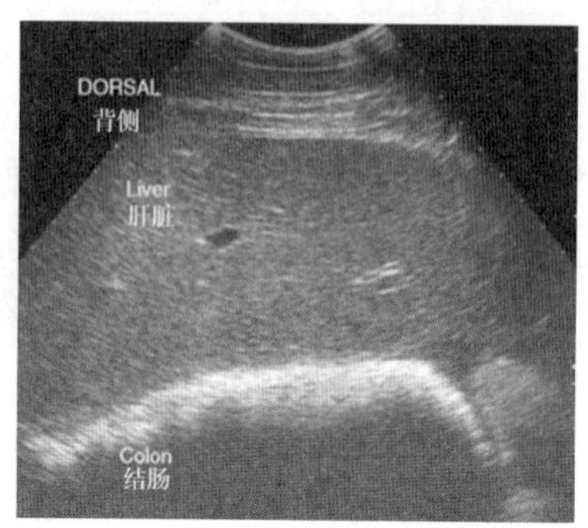

图 66-2　超声波显示的马正常肝脏声像图特征

上侧为整个图像的左侧。该图像在腹腔右侧的第 10 肋间采集到。超声所使用的探头为 5MHz

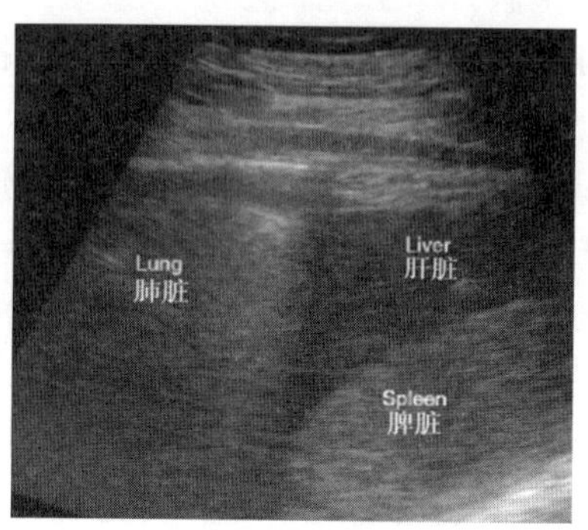

图 66-3　超声显示为一匹正常马匹的肝脏和脾脏声像图特征

图像的上侧是影像的左侧。该图像从腹腔左侧的第 6 肋间采集到。超声所使用的探头为 5MHz

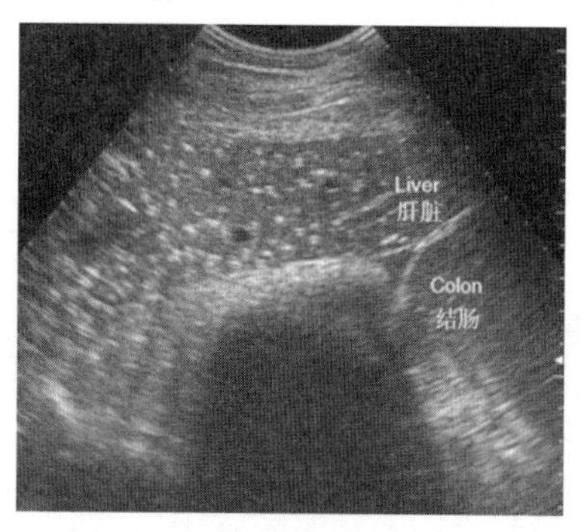

图 66-4　超声显示肝脏中分布着许多高回声区

图像的上侧是影像的左侧。该图像从腹腔的右侧第 12 肋间隙采集到。超声所使用的探头为 5MHz

肝脏检查时需使用 2.5MHz 或者 5MHz 的探头。新生马驹则需要 7.5MHz 或者 10MHz 的探头。对于成年马和马驹，最大范围的肝区在腹腔的右侧，位于右肺的后方下部，在第 6～15 肋间。较小范围的肝区呈现在左侧腹腔前侧的下部，紧邻脾脏，位于第 6～9 肋间。对于年老的马来说，右侧的肝叶容易萎缩，减少了右侧腹腔肝脏可以探测的范围。此外，胸腔中肺脏的扩张、结肠臌气和脾脏肿大都会造成肝脏成像模糊。

（三）肝脏穿刺

当马匹患有肝脏疾病的时候，肝脏穿刺是一种有效的确诊手段。病史、临床症状和临床病理学异常都可以给兽医工作人员提供一个大概的诊断方向，但是活检穿刺能表明肝脏病变的性质和严重性，这对诊断疾病的病程是十分有帮助的。根据马匹的解剖学特征，进行肝脏穿刺的部位在肩胛到髋结节的连线上，位于第 14 肋间隙。然而，并不能从所有的马身上在这个部位取得肝脏组织，并且进行穿刺时，还有可能取出结肠、肺脏或者膈肌的组织。因此，可以通过超声来选取一个合适的超声位点，以引导肝脏穿刺。

在进行肝脏穿刺之前，可以先进行一次血凝检查。同时，还应从正常的马匹身上取样进行对照试验。尽管肝脏疾病有时会导致亚临床型的血凝障碍，但是很少会出现由于肝脏疾病导致的大出血或者严重的临床损伤。在肝脏穿刺后，可以通过超声来检测出血的状况。笔者推荐使用 14G 的活检枪多点采集或者 14 号的自动活检设备来收集足够多的组织，来进行病理学分析。小号的活检针通常无法采集到足够的样品。

所采集的样品应足够进行细胞学检查和细菌培养。如果采集的肝脏组织较少，细胞学检查是应该优先进行的重要的细胞学发现包括主要炎性浸润细胞的类型和门静脉周围是否存在纤维化及其程度。对于肝细胞或者肝胆管病变，都存在着胆管增生的可能性。通过活检穿刺所检查出来的可以检查炎性浸润细胞的类型，能够帮助进行治疗，而纤维化的表现和严重程度能够帮助诊断。总的来说，出现成熟的胶原纤维并在肝门静脉处形成纤维聚集，表明了预后不良。较少或者无纤维聚集，则表明较好的预后。

（四）鉴别性诊断

通过诊断来区别慢性和急性肝病是十分具有挑战性的，尤其是肝病有着多种临床症状。此外，马匹在表现出临床症状的时候，就意味着大量的肝脏实质已经受到了损伤，所以说即使是刚刚表现出来的症状也有可能意味着慢性肝病。而慢性肝病的特征是肝脏的纤维化，而这个特征只能通过病理学检查查出来。为了进行讨论，本书将肝病被分为急性和慢性两种。

1. 急性肝病

（1）泰勒氏病　自发性脑脊炎（急性坏死性肝炎、血清相关性肝炎和血清病）在马身上被发现已经有一百多年的历史了，但是该病具体的病因仍未调查清楚。泰勒氏病被认为是造成急性肝衰竭的最常见原因之一。该病往往是单独发作，但也有群发的时候。总体来讲，患有泰勒氏病的马在出现症状的时候，往往都会有在 4～10 周前接受过生物性抗血清治疗的记录。能够造成该病的生物制品包括疫苗、抗血清、破伤风抗毒素和血清。一些研究报道，泌乳期的母马如在分娩后注射了破伤风抗毒素，在一段时间后会表现出泰勒氏病的症状。然而，也有一些马的感染是不明原因的。马匹患有急性肝衰竭的症状包括厌食、黄疸及溶血。受损肝脏的病理学变化包括肝中心小叶到肝中带细胞的坏死并伴随出血。这种疾病无特异性疗法，只有根据症状来进行支持性治疗。该病的预后既有可能为不良，也有可能为良好。在肝病发作后，在第一周没有死亡的马通常都能够存活。

（2）细菌性肝炎　泰泽氏病是由于梭状芽孢杆菌（*Clostridium piliforme*）所引起的一类马驹身上常见的细菌感染性肝脏疾病。该病往往出现在 7～42 日龄的马驹，经常造成不明原因的急性死亡或者是无特异性症状的肠炎和肝炎。梭状芽孢杆菌可以存在于健康成年马匹的粪便中和环境中。马驹可以通过接触含有梭状芽孢杆菌的土壤或者粪便而感染。导致急性局灶性肝炎和肠炎的病原微生物，可以通过病理学检查在肝脏中发现。泰泽氏病是一种高致死性的疾病，仅有少数的病例在抗生素和支持性治疗的作用下存活下来。

坏死性肝炎（黑死病）是由 B 型诺氏梭菌所导致的，马很少发病。马发生的感染多是由临近羊群传播所导致。该病的感染是十分致命的，在动物死亡后，由于皮下毛细血管膨胀而导致机体发黑，迅速扩散到身体各个部位（这也是该病名字的由来）。其他导致马细菌性肝炎的诱因十分少见。新生马驹可能会由于败血症发生细菌性肝炎。对于这种疾病，支持性治疗和抗生素治疗是主要的治疗方案。

马也可发生细菌性胆管肝炎，多由于胆汁淤积、胆管结石或者其他从胃肠道上行的感染所导致。鉴别诊断要基于疾病的病理学变化和肝脏活检中穿刺所得到样品的细菌培养。分离得出的细菌往往是肠道菌群，如沙门菌、埃希氏菌、克雷伯杆菌和不动杆菌。对于该病的治疗包括支持治疗和使用长效抗生素。

（3）病毒性肝炎　最常见的病毒性肝炎是由Ⅰ型马疱疹病毒（EHV-1）通过子宫传播给胎儿所导致的。即使胎儿能够顺利分娩，新生下来的马驹也会表现得非常虚弱，并且会有后继的肝脏坏死和肺炎。通过实验室检查能够在肝脏细胞核、胆管上皮细胞中发现嗜酸性核内包涵体。而且，该病的预后往往为不良。其他能够导致成年马病毒性肝炎的病毒包括马传染性贫血病毒和马病毒性脉管炎。

（4）寄生虫性肝炎　寄生虫性肝炎多是由于寄生虫感染所引起的。肝脏的损伤通常情况下都是由于虫体移行导致的局灶性损伤，而原发性肝脏损伤是非常少见的。能够导致寄生虫性肝炎的病原包括马副蛔虫病（*Parascaris equorum*）、无齿圆形线虫（*Strongylus edentatus*）、马圆形线虫（*Strongylus equinus*）和普通圆形线虫（*Strongylus vulgaris*）。患有细粒棘球绦虫的马能够在肝脏中发现棘球蚴。通过超声检查可以发现肝脏上密布着高亮（高回声）的点状物，则证明马匹的肝脏上存在着纤维化的结节。这是由于慢性的血吸虫病所引起的。但是在本研究中其他 18 匹马身上有 15 匹发现了这种结节，并且这种结节是由于其他疾病所导致的，因此，肝脏的结节化并不是很重要的临床指标。

（5）中毒性肝病　大量的化学物质、药物、霉菌毒素和植物毒素都能造成肝中毒，但是在马身上这些病因很少会导致急性肝脏衰竭。但是一些物质会有直接的肝脏毒性，而一些物质则会通过肝脏的生物作用成为毒性代谢产物。一些物质会造成肝脏中央带的损伤，而该部位恰好是氧化作用最低的部位。而其他一些毒素会造成门静脉周围区域的损伤，该部位是最先接触毒物的位置，从血液或者肝脏中发现的毒物，是最有可能导致疾病的病因。

研究表明，多种有毒植物（表 66-1）都能够导致马的急性肝坏死。许多驱虫药、杀虫药、除草剂和防腐剂都能导致肝脏中央带坏死。而许多种抗生素都能造成动物个体的特异性肝中毒。根据记载，一些含有延胡索酸亚铁的铁补充剂能够导致马驹的畸形、致死性的肝脏疾病。新生马驹补充铁元素，会导致游离的铁元素增加，并会增加肝脏坏死的风险。霉菌毒素也会造成马急性的肝脏衰竭。最常见的霉菌毒素是黄曲霉素和红霉素，这两种毒素经常发现于霉变的干草中；烟曲霉毒素 B_1 能够导致马的脑白质软化，也会导致肝脏的损伤。

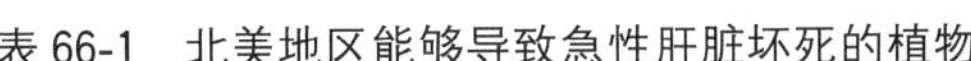

表 66-1 北美地区能够导致急性肝脏坏死的植物

植物种名	通用名
莴苣龙舌兰 *Agave lechuguilla*	龙舌兰 Lechuguilla
捕蝇蕈属/盔孢伞属 *Amanita*，*Galerina*	毒蘑菇 Poisonous mushrooms
决明属 *Cassia* spp.	望江南（子） Coffee senna，coffee weed
堆心菊属 *Helenium* spp.	喷嚏草 Sneezeweed
马樱丹属 *Lantana* spp.	马樱丹 Lantana

2. 急性胆管阻塞

急性胆管阻塞会导致黄疸和腹痛的症状。胆管阻塞往往是由于胆管结石或者大结肠变位所导致的。如果胆管结石或者大结肠变位导致腹痛，那么就需要进行手术来纠正症状。患有肝叶损伤的马表现出来的症状是腹痛和肝酶的升高。在一项研究中，肝叶切除成功治愈了这匹马。

3. 高血脂和脂肪肝

高血脂（血浆甘油三酯浓度＞500mg/dL）能够影响马驹、迷你马和驴。体重过高或者怀孕的大型马都会表现出来这种症状。高血脂会造成肝脏脂肪堆积，肝病的症状和预后不良。肥胖、应激、能量摄入与消耗不平衡和激素紊乱都是导致高血脂的主要原因。发病的动物都有一段时间内会发胖或者怀孕的历史，并且伴有应激的发生，或者是由于潜在正在进行的疾病所导致的。该病的临床症状包括黄疸、厌食、虚弱和发热。马猝死往往是由于肝脏破裂所导致的。该病的诊断是通过测定血浆中甘油三酯的浓度和非常浑浊的血浆。对于该病的治疗包括支持疗法，对于潜在疾病的治疗和肠道及外周营养的平衡。该病的预后很难得到保证，尤其是当甘油三酯的浓度大于1 200mg/dL时。

4. 慢性肝病

患有慢性肝病的马也可能表现出急性的临床症状。然而，如果在不考虑病因的前提下，纤维化病变是典型的慢性肝病的特征。下列描述的疾病被归类为慢性疾病，是基于这些疾病在疾病过程中表现出来的纤维化，或者是由于一些已知的病因所导致的慢性肝功异常。

（1）慢性巨红细胞肝病　在全世界均有发病的报道，在美国这种疾病往往被认为是由于慢性肝功能衰竭所导致的。美国一些地区会分布着含有双吡咯烷生物碱（PA）的植物（表 66-2）。含有生物碱的植物并不具有适口性，所以在食物充足的情况下，马匹一般是不会采食含有生物碱的食物。双吡咯烷生物碱是一种十分稳定的化学物质，所以马匹采食了含有生物碱的干草、燕麦片或者谷物，都会导致中毒。马匹对于生物碱的敏感性相对比较高，同时 PA 的毒性是逐渐增加的，所以 PA 的毒性是慢性的，由采食积累增加所导致。往往马匹在摄入 PA 4 周到 12 个月后才会表现出临床症状。中毒的马匹往往表现出光敏或者肝性脑病的症状。其他较为少见的症状包括厌食、体重减轻、轻度黄疸和不爱运动。对于该病的诊断是通过组织学检查发现巨红细胞增多、胆管增生和肝脏的纤维化。对于这种疾病的治疗主要为支持性疗法。当这种疾病导致肝脏出现纤维化的时候，往往意味着预后不良。如果在马场中出现了该病的病例，那么也应关注其他没有症状的马，因为这些马也可能摄入一些 PA。在出现发病后，要及时移除含有 PA 的物质，如果可能的话，应及时进行支持性疗法（饮食管理，采用药物的手段来消除肝脏的纤维化），并连续地检测肝脏中的酶指标。

表 66-2　含有吡咯双烷生物碱的植物

学名	通用名
新疆千里光 *Senecio jacobea*	美狗舌草
Senecio riddellii	燕草
长条千里光 *Senecio longilobus*	长叶燕草
欧洲千里光 *Senecio vulgaris*	普通狗舌草
（类）鹰爪千里光 *Senecio spartioides*	扫帚狗舌草
麻迪菊 *Amsinckia intermedia*	琴颈草，火龙草，黏草
野百合属 *Crotolaria* spp.	野百合
车前叶蓝蓟 *Echium plantagineum*	牛舌草
天芥菜 *Heliotropium europaeum*	土柴胡

（2）三叶草中毒　在马出现的三叶草中毒往往是由于马采食了瑞典三叶草（*Trifolium hybridum*）或者红三叶草（*Trifolium pretense*）。这两种三叶草能够导致马的光敏性皮炎和肝脏疾病。当马匹每日摄入的三叶草占日粮 20%以上时，就会发生上述的肝病。病理学损伤包括胆管的增生和门静脉的纤维化。对于该病的治疗，主要为支持性疗法，而预后则取决于纤维化的严重程度。

（3）慢性活动性肝炎　慢性活动性肝炎（CAH）是一种自发性的、慢性的、进行性的肝病。该病的病理组织学特征是胆管增生，门静脉或者胆管发炎并且伴随着肝细胞的损伤。临床症状多为间歇性的，并有一定的潜伏期，主要表现为精神沉郁、厌食、体重减轻、疝痛、黄疸和发热。一些患有 CAH 的马还能表现出由于潮湿导致的脱落性冠状带皮炎。导致 CAH 的具体病因是未知的，可能的病因包括自身免疫性疾病、超敏反应和慢性胆管炎。患马的 GGT 和 ALP 会显著提高，同时通过组织病理学检查会发现肝脏的桥接坏死、纤维化和炎症细胞浸润。对于该病的治疗包括常规的支持性治疗，用皮质固醇类来治疗炎症，如果存在着胆道感染，还需使用抗生素治疗。

（4）胆管结石　胆管结石（胆道结石的形成）会导致马的多种肝病。胆结石指的是在胆道内任何位置上形成的结石，然而肝胆管结石指的是在肝脏内胆管上所形成的结石，胆总管结石是在胆总管内形成的结石。当胆总管被结石堵塞的时候，就会显示出临床症状和肝脏衰竭。胆管结石多发于成年马（6 岁到 15 岁的中年马）。常见的临床症状包括黄疸、腹痛、发热、精神沉郁。多表现不明显，但总胆管完全堵塞时，会发生持续性的腹痛。马的胆结石主要成分为胆红素钙，并且会有胆管炎的并发，这有可能是由于肠道的感染所导致。患有胆管结石的马往往表现出 GGT 升高，粪便中胆汁酸浓度的升高以及总胆红素和直接胆红素浓度的升高。肝脏超声可以发现胆管扩张，胆管内的胆结石表示为胆管内的高回声区。总胆管无法通过经腹壁超声观察到，所以总胆管内的结石只能在剖腹探查术时通过触诊或者内镜检查到。组织学病理变化包括门静脉的纤维化、胆汁淤积和增生，以及胆管炎。对于该病的治疗为支持疗法和长期使用抗生素直到 GGT 指标恢复正常。二甲苯亚砜（DMSO）的使用有助于胆结石的溶解，非甾体类抗炎药有助于缓解肝炎和胆管发炎。对于有持续性腹痛的马匹，则需要通过手术治疗来缓解症状。该病的预后取决于肝脏纤维化的程度、临床症状的严重性及胆结石的数量和位置。

（5）肝肿瘤　原发性的肝脏肿瘤在马身上比较少见。胆管癌是最常见的一种原发性的肝脏肿瘤，尤其是在老年马身上。肝细胞癌和肝母细胞癌在青年马（4 岁龄以下）身上偶有发病的报告。肝脏肿瘤多是由于其他部位的肿瘤转移所导致。淋巴肉瘤是肝脏最常见的转移性肿瘤。肝脏超声检查能够发现由肿瘤构成的离散型团块或者肝脏的实质异常，但是确诊还需进行病理组织学检查。

（6）肝淀粉样变　淀粉样变指的是组织内发生了淀粉样蛋白沉积。淀粉样蛋白会侵犯正常的组织并能造成肝脏功能不可逆转性的损伤。肝脏和脾脏是马最容易发病的两个器官。该病的主要发病诱因为严重的寄生虫感染或者慢性的感染性炎症。

（7）先天性或者遗传性肝脏异常　门静脉短路在幼驹上的发病并不多见。据报道记载，该病曾见于一些 2 月龄到 6 月龄的马驹，这些马驹患有先天性的肝内门静脉短路或者肝外的门静脉短路。该病的临床症状十分明显，包括间歇性的失明、共济失调和严重的精神沉郁并伴有肝性脑病，以及发育不良。实验室检查异常包括血液中的尿素氮升高和血液中氨基酸浓度升高。确诊需要通过放射元素扫描、肠系膜门静脉造影术或者尸体剖检来确诊。此外，马驹的先天性胆管闭锁也是比较少见的病例。

三、治疗

肝脏疾病的治疗，主要通过移除诱病因素（尤其是生物碱中毒类的肝病）和支持性疗法。具体的治疗方案要基于病原菌的培养和穿刺得到的病理组织学结果。肝脏有着再生的能力，所以治疗的目的是减轻肝脏的负担或者预防纤维化的产生。肝病的治疗过程中营养的支持是十分重要的，包括对于急性期内的马进行静脉葡萄糖补液，以及长期饮食平衡的调节。能够减少氨产生和其他毒素产生的药物，在急性期内对疾病的改善有很大的作用。在怀疑肝脏内存在细菌感染的时候，可以使用一些抗生素类药物。抗炎药的使用能够减轻肝脏组织的纤维化。

当马出现由于高血氨症所诱发的肝性脑病时，兽医需采取最佳的治疗方案。治疗的目的是减少额外的氨合成，并提供非特异性的治疗。乳果糖（333mg/kg，口服，每 8h 一次）是一种能够减少氨通过大肠吸收的酸化剂，它能够将氨转化成铵离子，这种形式的离子无法通过肠管吸收入血。此外，一些口服抗生素，诸如新霉素（10～100mg/kg，口服，每 6h 一次）或者甲硝唑（15mg/kg，口服，每 6～8h 一次）能够抑制大肠内产氨细菌的生长。

治疗所用的药物应尽量通过注射器从口腔注入，以避免由于鼻胃管导致的鼻腔出血。因为这些马存在着由于肝功障碍所导致的血凝功能降低，这会导致鼻衄发生的概率加大，而破损的红细胞会增加受损肝脏的氨代谢负荷。在操作的时候，可以通过低剂量的赛拉嗪或者地托嘧啶来进行镇静以保护操作人员和马匹。对于患有肝性脑病的马禁止使用地西泮，因为它增强 GABA 的效果从而加剧临床症状。

治疗时输液可以保证组织的灌注并且能够纠正电解质紊乱和酸碱紊乱。低血钾或碱中毒会导致肾脏产氨增加和氨扩散进入中枢神经系统，因此酸化的溶液（0.9%生理盐水）或者钾离子补充剂对该病的治疗都是十分有益的。葡萄糖（2.5%～5.0%）有助于低血糖的纠正和减少病变肝脏中糖质新生。输血或者输血浆能够帮助治疗低白蛋白血症或者凝血病。使用 DMSO（0.5～1.0g/kg，稀释为 10%的溶液，每 12～24 小时一次）或者使用甘露醇（0.25～1.0g/kg，稀释为 20%的溶液，缓慢地静脉注射，每 6 小时一次）能够有效地缓解造成肝性脑病的脑水肿。

马的胆管型肝炎和胆道结石能够由小肠感染诱发。因此长效抗生素是治疗的关键。在理想条件下，应先对肝脏穿刺采集到的样本做细菌培养，然后选择抗生素进行治疗。但是，如果药敏实验的结果为阴性或者无法进行药敏实验，应选用广谱抗生素，可用的抗生素有磺胺类药物、氟喹诺酮类和头孢菌素类药物。甲硝唑类药物可以治疗厌氧菌的感染。抗生素的治疗应需要持续到临床症状消失，并且血浆中 GGT 和 ALP 的指标保持正常 2～4 周。因此，该病的治疗用药时间应该延长。许多马在治疗后表现出明显的临床症状改善，诸如食欲恢复、发热消失和体重增加，如果这些症状都没有改善则说明血液生化异常加剧。治疗失败的时候表现为生化指标的恶化，因此在这种条件下应持续治疗，直到生化指标有所改善。在治疗期间进行超声的复查，有助于评估肝肿大的消退和胆道扩张的减轻。也可以通过超声检查评估结石是否溶解。在疾病的急性期可以采用输液的方法对疾病进行治疗。DMSO（0.5～1.0g/kg，稀释至 10%静脉注射，每 12～24h 一次）可用于溶解马最常见的胆红素钙结石。当马出现严重腹痛的时候，则需要进行手术治疗。

造成马慢性肝炎的病因尚未明确，但是慢性肝炎发生的时候在临床上可见淋巴细胞浸润、嗜酸性粒细胞浸润和浆细胞浸润。尽管甾体类药物对于该病的治疗原理尚未明确，但是很多兽医工作人员会凭着经验使用甾体类药物进行治疗。在使用甾体类药物的时候要根据病理学检查来确定非化脓性的胆道型肝炎或者非化脓性肝炎。在治疗炎症性肝病时，可使用地塞米松（0.05～0.1mg/kg，每 24h 一次）或者泼尼松龙（1mg/kg，口服，每 24h 一次），在治疗时要逐渐减量（持续数周或者）。甾体类药物能够通过减少胶原纤维的产生和胶原纤维成熟来阻止肝脏纤维化的发生。

己酮可可碱（8.5～10mg/kg，口服，每 12h 一次）能够减少人类肝脏纤维化的发生，所以说这个药物在马匹身上使用是安全的。但是尚未进行任何对照研究来研究该药物在马身上的有效性。秋水仙素是一种有效的抗纤维素药物，能够缓解人类和犬的肝脏纤维化。然而，该药也尚未进行马匹临床的药物研究。该药在马临床上使用的剂量为 0.01～0.03mg/kg，口服数周后并未有任何副作用。水飞蓟素（乳蓟）有很好的阻止肝脏纤维化的功能，能够促进肝脏细胞的再生，并能对人类的肝脏细胞提供抗氧化的作用。同样，该药的使用在马尚未进行对照试验，但是本文的作者曾经用过地面水飞蓟种子的产物治疗过一匹马（病马体重为 1 000lb 译者注：1lb=0.453 6kg；药物剂量为 5g，口服，每 12h 一次），治疗后马匹的临床症状消失。其他的抗氧化剂，如腺苷蛋氨酸（SAMe）或者维生素 E，也有很好的作用。

患有肝脏疾病的马应选用高碳水化合物、低蛋白的饮食，建议所摄入的蛋白要以支链氨基酸蛋白为主，支链氨基酸蛋白要好于芳香族氨基酸。对于患有血氨浓度升高或者表现肝性脑病的马，饮食中的氨基酸平衡是十分重要的。饮食中的甜菜粕、玉米粒、高粱、麸皮或者黍子都含有大量的支链脂肪酸。建议使用的糖浆（molasses）中应含有两份甜菜粕、一份玉米粒，每日饲喂 2.5kg/100kg（按体重）。少食多餐（每日4～6 餐）能够减轻肝脏葡萄糖异生的负担。对于患有肝病的马，应尽量避免饲喂苜蓿草和豆科牧草，除非马拒绝采食其他能量饲料。牧草是一种理想的放牧资源，因为相比豆科牧草而言，蛋白质的含量较低，同时还能促进消化。青草和干燕麦也是适口性非常好并且易于消化的饲料。还可向饲料中添加些水溶性维生素（维生素 B_1 和叶酸）。脂溶性维生素（维生素 A、维生素 D、维生素 E 和维生素 K）添加剂同样有助于胆汁淤积症的缓解。尽管在饮食方面要考虑马匹肝病的问题，但是饲料的适口性也是一个需要考虑的因素。同时还应保证马匹的能量摄入和体重的维持，所以在治疗过程中转换饲料也是十分重要的，尤其是马匹食欲不好的时候。

推荐阅读

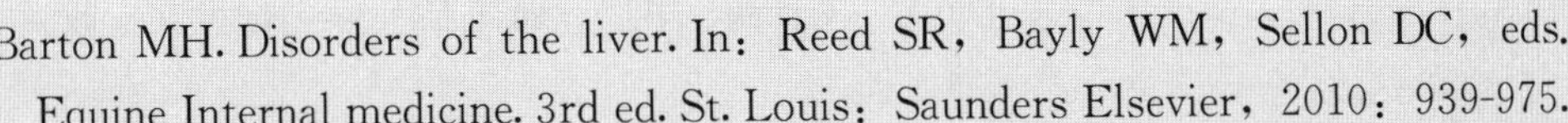

Barton MH. Disorders of the liver. In：Reed SR，Bayly WM，Sellon DC，eds. Equine Internal medicine. 3rd ed. St. Louis：Saunders Elsevier，2010：939-975.

Beeler-Marfisi J，Arroyo L，Caswell JL，et al. Equine primary liver tumors：a case series and review of the literature. J Vet Diagn Invest，2010，22：174-183.

Burden FA，Du Toit N，Hazell-Smith E，et al. Hyperlipemia in a population of aged donkeys：description，prevalence，and potential risk factors. J Vet Intern Med，2011，25：1420-1425.

Carlson KL，Chaffin MK，Corapi WV，et al. Starry sky hepatic ultrasonographic pattern in horses. Vet Radiol Ultrasound，2011，52 (5)：568-572.

Durham AE，Newton JR，Smith KC，et al. Retrospective analysis of historical，clinical，ultrasonographic，serum biochemical and hematological data in prognostic evaluation of equine liver disease. Equine Vet J，2003，35 (6)：542-547.

Elfenbein JR，House AM. Review of pasture-associated liver disease. In：Proceedings of the American Association of Equine Practitioners，2011：206-209.

Johns IC，Sweeney RW. Coagulation abnormalities and complications after percutaneous liver biopsy in horses. J Vet Intern Med，2008：185-189.

McGorum B，Murphy D，Love S，et al. Clinicopathological features of equine primary hepatic disease：a review of 50 cases. Vet Rec，1999，145 (5)：134-139.

McKenzie HC 3rd. Equinehyperlipidemias. Vet Clin North Am Equine Pract，2011，27 (1)：59-72.

Messer N, Johnson P. Idiopathic acute hepatic disease in horses: 12 cases (1982-1992) . J Am Vet Med Assoc, 1994, 204: 1934.

Oliveira-Filho JP, Cagnini DQ, Badial PR, et al. Hepatoencephalopathy syndrome due to Cassia occidentalis (Leguminosae, Caesalpinioideae) seed ingestion in horses. Equine Vet J, 2013, 45 (2): 240-244.

Peek SF. Liver disease. In: Robinson NE, Wilson MR, eds. Current Therapy in Equine Medicine. 5th ed. St. Louis: Saunders Elsevier, 2003: 169-173.

Peek SF, Divers TJ. Medical treatment of cholangiohepatitis and cholelithiasis in mature horses: 9 cases (1991-1998) . Equine Vet J, 2000, 32 (4): 301-306.

Stockham SL, Scott MA. Liver function. In: Stockham SL, Scott MA, eds. Fundamentals of Veterinary Clinical Pathology. Ames, IA: Iowa State Press, 2002: 461-486.

Tennent-Brown BS, Mudge MC, Hardy J, et al. Liver lobe torsion in six horses. J Am Vet Med Assoc, 2012, 241 (5): 615-620.

（王志、单然、张剑柄　译，徐世文　校）

第 67 章　前部肠炎

Rodney L. Belgrave

前部肠炎（Anterior Enteritis，AE）是一种由于回肠引起的小肠前段到中段的急性炎症。该病又称十二指肠-空肠前段肠炎、前段肠炎、胃十二指肠空肠炎。该病的特征是十二指肠炎症、空肠前端炎症，或者是两段肠管共同发炎导致的鼻胃管返流，导致肠道扩张和腹痛。

该病的病因尚不清楚，可能是由于沙门菌（*Salmonella* spp.），产气荚膜梭菌（*Clostridium perfringens*）和艰难梭菌（*Clostridium difficile*）引起。但是这些细菌在患病和非患病马的胃液或者粪便中都可以采集到。该病在马小肠疾病性腹痛中所占比例从 3%～22%不等，同时该病的发病有明显的地域性特征，在美国的东南部该病的发病率更高更严重。

一、病理学

前部肠炎的发病原因尚未清楚。相对其他患有肠梗阻的马，兽医能够在患有前部肠炎马的胃返流液中分离出少量的艰难梭菌和产气荚膜梭菌，这表明这些细菌都能够导致小肠的炎性反应。一些不良的饲养习惯，比如说饲料中谷物含量过高，也会导致前部肠炎的发生。然而，到目前为止的前肠炎病例，只有很少的一部分是由于日粮比例失调所引起的。无论何种原因，由内毒素和炎性因子所导致的炎性反应，比如类花生酸类能够诱发和导致小肠血液循环障碍。这些炎性因子也是小肠分泌增加的原因，所以在炎症期间，肠道内积液会增加。

发病的肠道内绒毛的表面会出现瘀斑样的出血，所以黏膜表面会出现弥散性的出血，并伴随着不同程度的瘀血或者溃疡。发病小肠内的液体可能呈现红棕色。

二、临床病理学

马匹患有前部肠炎的临床病理学变化包括肠管的炎症和内毒素中毒，还有前段胃肠道肠管内液体的积累（肠管的前 1/3 段）。因此，患病的马会表现出血氨症、血浓缩（红细胞比容升高）、高血乳酸症和高蛋白血症。严重的血浓缩和血氨症意味着马的预后不良。而马匹的白细胞数量从白细胞减少到白细胞增多都有可能出现。

代谢性酸中毒会是碳酸氢根丢失造成的阴离子间隙增加的特征，低氯血症和高乳酸血症经常出现在这个疾病中。阴离子间隙增大到15mEq/L或者以上时，马的死亡率会明显增加。

患有前部肠炎的马伴有持续性肝损伤的可能性要高于其他的小肠梗阻疾病。γ-氨基转移酶（GGT）、碱性磷酸酶（ALP）和谷草氨基转移酶（AST）指标升高在该病中是十分常见的。肝脏损伤是由于肠道中的细菌沿着总胆管侵入到肝脏并伴发的内毒素血症引起的。患有AE的马GGT的指标比患有小肠绞窄性肠梗阻的指标高12倍。在临床上的一项研究中，可以将GGT活性高于22U/L定为区分前部肠炎和其他梗阻性疾病的临界点指标，而这个临界点指标具有很高的特异性。

肠道浆膜层炎症和受影响小肠的扩张都会造成腹腔积液的发生，腹腔积液蛋白浓度升高（>3.5g/dL）和轻度到中度的白细胞数升高。对于腹膜液的分析可以帮助判断该病的预后，腹膜液中总蛋白浓度与该病的死亡率密切相关。

三、临床症状

前部肠炎确诊的最大的挑战是如何将该病同小肠梗阻区分开，而小肠梗阻则需要兽医进行手术治疗。患有AE的马腹部疼痛的症状会随着胃部减压而减轻，相比之下堵塞性或者较窄的疼痛是不会因胃部减压而减轻的。在美国的东南部，将该病同回肠阻塞相区分，也具有一定的挑战性。

马匹患有AE通常表现出腹部疼痛，从轻度到重度不等；心率升高尤为明显，在疾病严重时心跳为60～100次/min，并且马匹会出现呼吸急促。在多数情况下，马匹还会出现体温升高症状（体温大于38.6℃）；黏膜充血。如果继发内毒素血症，则马出现中毒性出血点。毛细血管再充盈时间延长。肠鸣音变弱。在一些危重病例中，马匹鼻孔中出现返流。患马可能会出现蹄叶炎，或者是在治疗的过程中出现蹄叶炎。患有AE的马蹄叶炎的发病率为7.5%～28.4%。该病的其他并发症还包括肺炎和内血栓性静脉炎。

四、诊断

AE的确诊需要通过手术或死后剖检。根据胃部减压和疾病的病程能够达到实验性诊断的目的。在投放鼻胃管之前，直肠检查能够发现浮肿扩张的小肠。通过直肠检查摸到梗阻的回肠，就排除了AE的可能性。

腹腔超声能提供AE诊断十分有用的信息。在腹部的侧后方第十二肋间隙出现无回声的液体和液体气体交界面是胃扩张的证据。在右肾后缘的背侧能够发现十二指肠的蠕动音减弱或消失。十二指肠和远端的小肠直径会扩大5cm。小肠的肠壁会出现增厚的症状，并且只要疾病存在，小肠的肠壁就会持续增厚。患有小肠绞窄性梗阻的马在相同的肠管位置会出现比AE更严重的肠壁增厚和水肿。在胸腔前方上部的两侧肺脏可能出现由于误吸造成的肺炎。

超声检查可用于评估是否出现了腹腔积液，以及腹腔积液的体积和性质。总的来

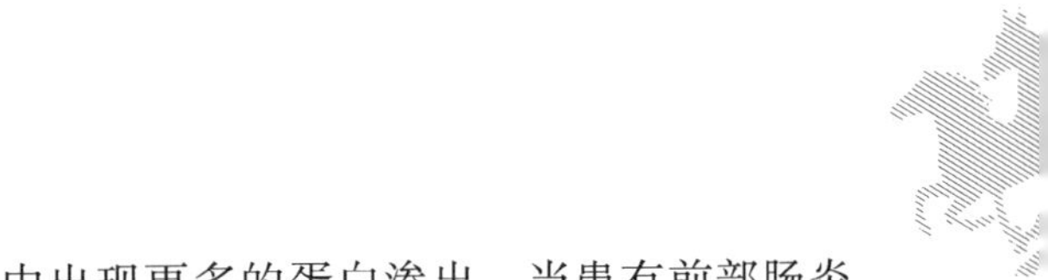

说，马匹患有绞窄性梗阻的时候会在腹膜液中出现更多的蛋白渗出。当患有前部肠炎的马腹腔液蛋白总量高于3.5g/dL时，其死亡可能性是腹腔液蛋白总量低于3.5g/dL的马的4倍。

五、药物治疗

在治疗AE时主张采用药物治疗，因为手术治疗并不能减少鼻胃管返流液的体积。药物治疗的主要目的是胃扩张的减压。投入胃管后，胃管应留置并每隔2h检查返流情况。胃管的另一端应固定在胸下以测定返流液的体积。返流液的排放可能需要3～5d，取决于肠道发病的严重程度。通过胃镜评估胃液返流能够更好地评估胃和十二指肠中的积液，尤其是在返流受到阻滞时。胃部和十二指肠能够在同一时间进行评估。通过胃镜能够发现鳞状细胞出现弥散性溃疡。但如果反复或者长期投入胃管，可能会造成一系列的并发症如咽炎和食道炎。

主流的液体治疗选用的液体为复方盐水。液体治疗需要维持住细胞外液的体积，纠正酸碱平衡和电解质紊乱，并且加强肾脏的灌流。可以使用7%高渗盐水（HSS，4～6mL/kg，用作强灌注给药）或者羟乙基淀粉（HES，10mL/kg）用于治疗低血容量休克的早期症状。相对于晶体补液药品，这些液体能够有效地纠正静脉血容量减少。HES纠正心脏病的效果要好于HSS。如果该病出现了内毒素中毒，就会抑制HES和HSS改善心脏输出、血液中乳酸的含量和平均动脉压的效果。使用小容量的HSS或者HES进行复苏治疗的时候，应随后迅速地补充平衡的电解质。对于初期饥饿液体治疗应当基于马的体液平衡状态。当一匹500kg的马匹发生中度脱水时（8%），大概损失的液体为40L。在进行补液时应选择使用孔径较大的套管针，这样就能在短时间内为马匹补充足够的液体。为了弥补马匹胃肠道丢失的液体，需要连续每天补充大于60L的液体。在治疗期间要管理好电解质和液体的平衡，防止出现电解质的大量丢失而造成胃肠道第三间隙液体增多。这个平衡需要通过连续的收集和监护胃肠道的返流来实现，马匹的体液平衡情况要根据连续的查体和测定血浆蛋白浓度、血液中的乳酸和尿素氮浓度得出。此外，还应通过复方盐水补充电解质。

因为患病的马匹往往都有蛋白丢失性肠病，所以需要通过使用胶体维持血管的渗透压，所采用的药品可以是HES（每天10mL/kg）或者是解冻血浆（每天12mL/kg）。低渗透压会造成外周水肿和肠道水肿。出现这些症状或血液中总蛋白/白蛋白浓度降低的时候应补充胶体液。胶体液结合HES治疗效果优于单一血浆治疗。

非甾体类抗炎药，如氟尼辛葡甲胺（0.25～0.5mg/kg，静脉注射，每8h一次）或非罗考昔（0.1mg/kg，静脉注射，每12h一次）用于抗败血症治疗和镇痛，同时也可以用于减轻内毒素对心血管系统的毒性。氟尼辛葡甲胺常被认为是一种有效的镇痛抗炎药，但是要考虑其造成伤口延期愈合和营养不良动物的肾毒性，同样在使用非罗考昔时也应考虑这些副作用。布托啡诺是一种阿片类的激动拮抗剂，常用于镇痛，使用时可以采取输液的方式（每小时13μg/kg）。

使用多黏菌素B（3 000 U/kg，静脉注射，每12h一次）和己酮可可碱（7.5mg/kg，静脉注射，每 8～12h 一次）也能用于治疗内毒素中毒。

关于 AE 的抗生素治疗始终是有争议的。如果患有 AE 的马是由某些梭菌感染引起时，应该使用青霉素 G（22 000～44 000U/kg，静脉注射，每 6h 一次）或甲硝唑（20mg/kg，直肠给药，每 6h 一次）。此外还可应用一些广谱抗生素类药物，如氟喹诺酮类药物中的恩诺沙星，来防止细菌在肠道中移位造成的感染。在马匹肾功能差的情况下，可以使用庆大霉素来代替恩诺沙星。

多种肠道促动力药对于感染肠管的作用始终是不确定的。然而，静脉滴注利多卡因（2mg/kg，静脉给药时间要大于 15 min，输液速度在每分钟 50μg/kg），可以有很好的镇痛效果。在一项病例报告中，采用利多卡因治疗 AE 和术后肠梗阻能够有效地减少胃液返流，并且能够减少马匹住院的时间。甲氧氯普胺是一种多巴胺拮抗剂，在给药时应采用的速率为每小时 0.04mg/kg。同时会增强十二指肠和空肠的蠕动能力，增强胃的收缩能力，并且能够松弛幽门括约肌以促进胃的排空。而该药可作用于锥体束外的神经，副作用为马躁动不安。

马匹因为投入胃管会有一段时间的禁食，对于这种情况，应使用一些全部或者部分静脉营养来维持。在禁食 24h 的时候会出现能量负平衡，并且会出现甘油三酯和总胆红素的升高。在马匹进行小肠切除和断端吻合术后，全部静脉营养能够提高马匹的营养状况，所以对于患有 AE 的马，这种治疗方法也应是有效的。

六、手术治疗

手术治疗的适应证是，当腹部不适，心动过速和机械性梗阻无法通过药物治疗来排除时，就需要通过手术的方式治疗。当腹腔内积液的性质和体积发生改变时，有核细胞计数和液体中蛋白含量增加时都需要剖腹探查。对于本病来讲，手术的目的在于诊断而不是治疗。手术治疗后，鼻胃管返流液体的量不会明显减少，而药物治疗则很快就会达到这个目的。手术可以采用分流的方法让食糜或者液体绕过发病的小肠直接进入盲肠。手术治疗结合药物治疗（静脉注射甲硝唑和普鲁卡因青霉素）的成功率是 95%。手术包括手动将小肠内容物排空进入盲肠，这个操作的理论是基于梭菌是该病的病原，并且该病治疗的成功率源于疾病病因的差异。

七、预后

该病的预后从 25%～95%不等。根据病例记载，药物对于该病的治愈率要高于手术。不过，需要手术治疗的通常是病情严重的病例，并且是药物治疗无效的。该病在治愈后很少复发。

总之，阴离子间隙、血液中乳酸浓度和腹腔液蛋白浓度的监测是对该病预后判断很重要的指标。该病可能会出现的并发症包括蹄叶炎和肺炎。

推荐阅读

Arroyo LG，Stampfli HR，Weese JS. Potential role of Clostridium diffi cile as a cause of duodenitis-proximal jejunitis in horses. J Med Microbiol，2006，55：605-608.

Cohen ND，Toby E，Roussel AJ，et al. Are feeding practices associated with duodenitis-proximal jejunitis? Equine Vet J，2006，38：526-531 .

Davis JL，Blikslager AT，Catto K，et al. A retrospective analysis of hepatic injury in horses with proximal enteritis（1984-2002）. J Vet Intern Med，2003，17：896-901 .

Edwards GB. Duodenitis-proximal jejunitis（anterior enteritis）as a surgical problem. Equine Vet Educ，2000，12：18-321 .

Freeman DE. Duodenitis-proximal jejunitis. In：Robinson NE，ed. Current Therapy in Equine Medicine 5. Philadelphia：Saunders，2003：120-123 .

Griffi ths NJ，Walton JR，Edwards GB. An investigation of the prevalence of the toxigenic types of Clostridium perfringens in horses with anterior enteritis：preliminary results. Anaerobe，1997，3：121-125 .

Seahorn TL，Cornick IL，Cohen NK. Prognostic indicators for horses with duodenitis-proximal jejunitis. J Vet Intern Med，1992，6：307-311 .

Underwood C，Southwood LL，McKeown KP. Complications and survival associated with surgical compared with medical management of horses with duodenitis-proximal jejunitis. Equine Vet J，2008，40：373-378 .

（王志、单然、张剑柄　译，徐世文　校）

第 68 章　马急性结肠炎

Rebecca S. Mcconnico

急性结肠炎通常能引起马迅速衰竭和死亡。如果治疗不及时，大约 90%马会因此死去或被安乐死。而如果治疗及时得当，马通常能痊愈，并在 7～14d 逐渐恢复。与之相关的腹泻零星发生，表现为有液体潴留在肠道、中度至剧烈的腹痛及严重的水样腹泻，由此导致内毒素血症、白细胞减少症及低血容量。该病可以发生在所有的成年马，但通常发生在 2～10 岁龄的马，发病突然和病程进展迅速，该病往往是急性过程。仅有约 20%的病例得到准确诊断，多数的马则在临死前或死后的检测中才能做出明确的诊断。

因为需要大量液体来补充流失的体液，结肠炎的治疗代价是非常大的。目前没有根治的方法，治疗措施就是补充体液、电解质，预防或改善内毒素血症的状态，血浆蛋白替代疗法，提供营养支持，如果必要时需要使用抗菌药物。

一、病理生理学和临床症状

急性结肠炎引起的腹泻使盲肠和结肠黏膜的体液和离子转运异常，吸收障碍和过度渗出是导致体液流失的原因。在正常情况下，肠隐窝内的上皮细胞分泌的水和电解质，大部分在肠黏膜上皮细胞被重吸收。当大肠黏膜上皮细胞大量分泌体液，加上重吸收障碍，引起肠道分泌和吸收异常，导致严重的脱水，以致死亡。

急性结肠炎是盲肠和结肠炎或两者都有炎症的通称。成年马主要表现急剧腹泻，与其他家畜和人类比较，马的急性结肠炎是突发的，大量体液流失和电解质紊乱能引起马匹死亡，独特的临床表现可能是由于马属动物大肠炎症的特性引起。同其他家畜比较，马的大肠有大量产生内毒素的革兰氏阴性细菌，非常高浓度的黏膜前列腺素和氯化物。特有临床症状的另一个原因可能是在肠道细菌产物作用下肠道固有黏膜和黏膜下吞噬细胞被激活，从而破坏黏膜屏障而引起剧烈炎症反应。

急性结肠炎的病因在《现代马病治疗学》第 4 版已经表述。某些特有的临床、病理或诊断特性，可能有助于区别引起急性结肠炎的不同病因（表 68-1）。但不管发病原因如何，常见的临床和病理特征表明结肠炎的病理生理过程是相同的。典型的血液学变化为低血容量、脱水、代谢性酸中毒、电解质紊乱、白细胞减少症和核左移、中毒性中性粒细胞、淋巴细胞减少和氮血症。临床表现为精神抑郁、食欲减退、发热、心动过速、口腔发干、皮肤皱褶、贫血、腹痛、伴有恶臭的水样腹泻。

表 68-1　马感染和非感染性结肠炎的鉴别诊断

病因	鉴别特征
沙门菌感染	细菌培养或 PCR 分析的鉴定
梭状芽孢杆菌属（尸毒芽孢梭菌，艰难梭状芽孢杆菌）感染	每克粪便或肠内容物＞10^3 CFU/g；证明肠毒素或细胞毒素 A 或 B（梭状芽孢杆菌）
Neorickettsia risticii 感染	发病季节 7～10 月；发病地点（美国加利福尼亚州、明尼苏达州、纽约、俄亥俄州，大西洋、加拿大和欧洲）附近的淡水河流或池塘；往往出现双相热；血清抗体滴度显著上升或下降；在粪便或血液中 PCR 结果阳性
盅口线虫和圆线虫感染	冬末春初发病；这与驱虫治疗、驱虫程序不健全、寄生虫耐药有关
非类固醇类抗炎药物毒性	起效较慢，口腔溃疡；早期低蛋白血症、腹水肿；或肠溃疡
抗菌药物（四环素类、大环内酯类、头孢菌素类、克林霉素、林可霉素、氟苯尼考、增效磺胺其他抗菌药物）	临床使用过的抗生素
砷中毒	明显里急后重；肌肉震颤；严重的毒血症；出血性腹泻；短暂的临床病程
斑蝥中毒	斑蝥在干草（通常是苜蓿）中；皮肤棘层松解；口腔糜烂；尿痛，血尿；膈肌痉挛，低钙血症，低镁血症；尿或胃内容物中含有斑蝥素
结肠炎/坏死性小肠结肠炎	病理解剖：盲肠和大结肠大面积出血和坏死
食沙过多	在住宅或牧场或马厩有出现过沙子；粪便中检测有沙；腹部听诊肠蠕动音伴有沙摩擦音

注：PCR，聚合酶链式反应。

病理解剖的结果是盲肠-结肠炎通常表现水肿，有时出血，并且肠腔内存有液状食物（图 68-1 ）。常见的微观变化是回肠远端及盲肠和大结肠的浅表黏膜损伤，损伤的特征是黏膜上皮糜烂和溃疡，黏膜和黏膜下层水肿以及不同程度的黏膜炎症。这些病灶致使肠黏膜纯溶质吸收能力减弱而增加纯体液进入肠道，并增加黏膜通透性，以及刺激前列腺素介导的离子分泌。上皮细胞被破坏引起内毒素侵袭。

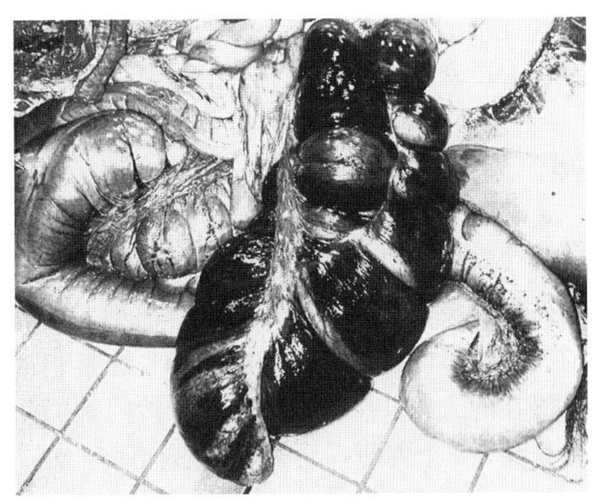

图 68-1　一匹腹疝痛 6h、水样腹泻 2h 马的尸体剖检（盲肠呈黑色，表明严重的炎症和坏死）

二、临床诊断

在结肠炎发生的几个小时前马出现嗜睡，食欲减退，腹疝痛和水样粪便的临床症状。在马结肠炎早期阶段临床检查可发现呼吸和心率加快，肠积液或臌气导致的腹部不适，或继发炎症反应。直肠温度增高可能是毒素通过破坏肠黏膜屏障而渗入引发的炎症反应。腹痛减弱时表现卧地不起或食欲减退，当严重时卧地打滚，往往腹胀非常明显。这些病症可能与其他大肠疾病易混淆，如大肠扭转。

马急性结肠炎是一种可以危及生命的疾病，因此早期诊断和治疗是至关重要的。当马结肠炎突然发生时，大量的体液集聚在肠管内并在几个小时内出现水样腹泻。因此，当肠道流失的体液量相当于马的整个细胞外液的总和时，脱水和低血容量的体征可能是很危险的。黏膜呈暗红色并发绀，毛细血管再充盈时间延长，皮肤弹性降低。逐步加重的低血容量和随后的循环性休克导致黏膜发绀和脉搏微弱。急性结肠炎的马可能继发蹄叶炎（如跛行、指动脉亢进、蹄温升高），在病程中的任何时间都可能出现危及生命的并发症。

三、实验室检查

检测马的血常规和生化对诊断是很重要的，可以用于确定发病程度与补充体液的量。红细胞比容（PCV）和血浆总蛋白（TPP）数高于正常，表明脱水的严重程度。临床上无论总蛋白值正常还是低于正常范围，高 PCV 值就表示马的总蛋白在流失。对于确定补充体液和蛋白质的量，每天检测 PCV 和 TPP 是非常必要的。

进行白细胞总数和白细胞分类计数，通常有中性粒细胞减少和粒细胞核左移，中性粒细胞发生中毒形态变化：细胞质空泡化、嗜碱性颗粒、“有毒”颗粒和杜勒氏小体。全身症状改善通常表现异常形态和功能的白细胞较少。在急性结肠炎后期马可能表现纤维蛋白和中性粒细胞增多的全身性炎症反应。马结肠炎通常表现代谢性酸中毒和电解质紊乱如低钠血症、低氯血症、低碳酸血症、低钾血症、低钙血症和氮质血症。

四、发病原因

了解病史以确定急性结肠炎的发病原因是非常重要的，特别是包括治疗药物如非甾体类抗炎药物（NSAIDs）、抗菌剂、驱虫剂；饲料的更换，驱虫次数不足，应激反应。排除沙门菌与大结肠炎的相关性是非常重要的，因为沙门菌能感染其他动物，具有潜在的人兽共患的危险。由于沙门菌通常是间歇性排出，所以在 24h 内间歇收集粪便样品，5 个粪便样品（重 5g 或更多）培养和检测，抽取 3 个粪便样本进行聚合酶链式反应（PCR）①。

① Texas Veterinary Medical Diagnostic Laboratory，College Station，TX。

Neorickettsia risticii 是波托玛克马热的病原体，引起双相热、蹄叶炎、重度的结肠炎。该病在美国许多地区普遍存在，如加利福尼亚州和大西洋中部地区，在加拿大和欧洲也有发生，主要发生在淡水池塘和溪流附近的地区。在温带地区，春末秋初时是最常见的。通过免疫荧光分析测试技术[①]检测血清滴度支持 *N. risticii* 引发大结肠炎的诊断，应用抗原检测确认诊断：在疾病的急性期在白细胞中检到 *N. risticii* 桑葚胚；从白细胞分离到 *N. risticii*；或在白细胞或粪便中用 PCR 检测到。

艰难梭状芽孢杆菌已经确定是引发接受抗生素治疗的马、接受马红球菌肺炎治疗携带马驹的母马、腹泻未经治疗马的急性结肠炎病原。检测艰难梭菌毒素（A 和 B）[②]和细胞毒素基因可以用于诊断艰难梭状芽孢杆菌引起的腹泻。这些测试是酶联免疫吸附检测法或 PCR 技术。至少 5g 的粪便采集后冷冻或冰盒密封立即送检。

越来越多的证据表明，马冠状病毒可能是马的急性结肠炎的病因，粪便 PCR 筛选检测到马冠状病毒。

尽管因为有效的驱虫药和驱虫程序使得肠道寄生虫不再成为（医学上）主要问题，但是很多肠道寄生虫尤其是盅口线虫仍是导致急性结肠炎的原因之一。而这主要是因为对一些曾经有效的驱虫药产生抗药性而导致的，原因在于临床兽医在用药时没有考虑这个问题。虽然粪卵数可以确定寄生虫的危害，即使粪卵计数很少，成熟的虫体仍然可以引起肠道炎症。

研究人员最近开始研究马肠道微生物与结肠炎有无关系，研究表明，结肠炎可能是肠道菌群失调而不仅仅是一种病原菌过度增生的疾病。

五、治疗

马急性结肠炎治疗原则是恢复血浆容量、镇痛、消炎、消除内毒素和微生物的影响，并维持营养。

（一）输液疗法

临床上静脉点滴[③]补液总量是根据脱水程度计算出来［例如，8%或中度脱水，补液体积将是 0.08L/kg×450kg（体重）＝36L］。缺失的体液要迅速补充（450kg 的成年马需 6～10L/h）。血浆量恢复后，马已经补充足够的体液时，补液量可以调整，根据持续的流失情况，每天仍然以高达每千克体重 120mL 补液量。在紧急情况下，静脉注射少量高渗生理盐水（7%的生理盐水 1～2 L）可以迅速补充血容量和增加心输出量。血渗透压增加是体液快速从细胞外进入血管中的结果，可以改善微循环状态，有助于防止如脓毒血症和多器官功能衰竭的并发症。高渗盐水具有增强免疫、抗炎和强心的作用。然而电解质也可以适度增加血容量，并能迅速补充间质组织，高渗盐水可增加

① Louisiana Veterinary Medical Diagnostic Laboratory，Baton Rouge，LA；real-time PCR assay，Ohio State University。

② Texas Veterinary Medical Diagnostic Laboratory；College Station，TX。

③ Veterinary Normosol，R；Abbott Laboratories，North Chicago，IL。

血容量的3～4倍量，补充体液可以持续60min。然而，值得注意的是，高渗盐水不能替代在腹泻中流失的体液。为此，高渗盐水注射后，就要通过静脉输入大量的等渗电解质溶液（至少2 L /h)，直到流失的体液得到补充。

许多结肠炎引起的脱水及电解质紊乱的马能主动喝光各类电解质补充液。除了提供一个新鲜干净的水源，另外提供一桶混合的电解质水更为有益。混合物中可添加：①小苏打水（10 g/L)，②NaCl、KCl、水（即低浓度盐：6～10g/ L)，③混合有市面出售的电解质溶液的水。

（二）胶体置换

低的胶体渗透压能引起血容量减少和组织水肿。马急性结肠炎时，血浆总蛋白可能会下降到2～3g/L，白蛋白浓度可少于2g/dL。如果白蛋白浓度小于2g/L，马就会发生体位性水肿，因此只要证明有血浆蛋白含量持续下降的可能就要考虑静脉注射血浆或组合血浆或人工合成血浆[①]。

体重450kg的马需要6～10 L血浆或合成血浆来提高血浆胶体渗透压。新鲜或新鲜冷冻血浆是理想的。除了白蛋白，还有血液中主要的胶体成分，血浆中有的其他提供血液系统支持的成分，包括纤连蛋白、补体抑制剂、弹性蛋白酶和蛋白酶抑制剂、抗凝血酶Ⅲ。

羟乙基淀粉（6%）给药的剂量是5～10mL/kg体重。由于淀粉是大分子颗粒，这种溶液能有效地增加血浆容量，改善红细胞比容的持续降低，血浆蛋白浓度伴随着胶体渗透压（增加）而增加。临床上发生严重低血容量性休克时，羟乙基淀粉和血浆的混合使用是非常有效的急救方法（每450kg标准大小的成年马用6～10L的总胶体溶液）。

（三）抗内毒素治疗

急性结肠炎的马由于肠黏膜屏障被破坏故吸收大量的内毒素，马极易发生蹄叶炎、血栓性静脉炎、弥散性血管内凝血。应每天监测脉搏3～4次直到结肠炎全身症状减轻。除了静脉输液和一般的支持性护理措施外，专门针对防治内毒素血症的治疗对病马的生存是至关重要的。

马急性结肠炎控制和治疗内毒素血症的主要方法包括：①在内毒素与炎性细胞发生作用之前中和内毒素；②综合防治，排出或中和活性的作用；③一般的支持性护理措施。

1. 中和内毒素

内源性血清（Endoserum）[②] 是马接种鼠伤寒沙门菌重组缺陷突变型的高免血清（1.5mL/kg，静脉注射，1∶10或1∶20稀释在生理盐水或乳酸林格氏液）。这个稀释比例是减少免疫介导的过敏反应风险推荐的浓度。多黏菌素B（1 000～6 000 IU/kg体重，8～12h静脉注射1次，最多3d）结合并中和脂质A类型的内毒素分子。由于多黏菌素B对肾有潜在的毒性，应谨慎使用，氮质血症的马不推荐使用。

---

① Hetastarch (6%)，Abbott Laboratories，North Chicago，IL。

② Endoserum，Immvac，Inc.，Columbia，MO。

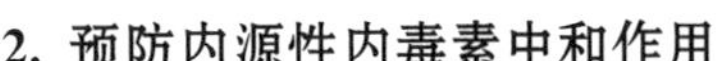

2. 预防内源性内毒素中和作用

预防马内毒素诱导的前列腺素合成推荐低剂量的氟尼辛葡甲胺（0.25mg/kg 体重，6～8h 静脉注射 1 次）。与其他药物相比（如非甾体类抗炎药物（NSAIDs）会引起消化道溃疡、肠梗阻、肾乳头坏死），氟尼辛葡甲胺的副作用较低。环氧合酶-2 抑制剂药物非罗考昔副作用很小，可以作为非甾体类抗炎药物替代药，在体外使用糖皮质激素抑制花生四烯酸途径的中和作用。但这些药物的临床使用可能增加蹄叶炎发生的风险。单次使用短效糖皮质激素（如泼尼松龙琥珀酸钠 1 mg/kg，静脉注射）可以减少内毒素血症引发的急性期蹄叶炎发生。

二甲基亚砜（0.1 g/kg，静脉注射，10%或更低浓度的溶液）有利于阻断脂质过氧化。但大剂量能加重马的肠再灌注损伤。嘌呤醇（5 mg/kg，静脉注射）也能阻止脂质过氧化。己酮可可碱［8mg/kg，每 8h 口服或静脉注射（无菌粉末用液体稀释）1 次］，磷酸二酯酶抑制剂因为能阻止内毒素诱导的细胞因子、血栓素和促凝血酶原激酶的产生，可减少马蹄叶炎的发生。

(四) 抗炎药和止痛药

非甾体类抗炎药物是最常见的治疗马腹痛的药物。典型的药物包括氟尼辛葡甲胺（1.1mg/kg，12h 静脉注射 1 次）和保泰松（2.2mg/kg，12h 静脉注射 1 次）；但是保泰松能导致的肠道上皮屏障功能进一步受损，所以应该低剂量和减少用药次数。对于马使用环氧合酶-2 抑制剂非罗考昔是安全并且也有类似的抗炎作用，它的作用与非选择性非甾体类抗炎药相同。兽医必须权衡使用非选择性非甾体类抗炎药，它在发挥有效镇痛作用同时，能影响黏膜前列腺素对肠阻塞引起肠道的进一步损伤起到的保护作用。内源性前列腺素是肠道炎症的重要抑制剂，而阻止这些药物作用的非选择性非甾体类抗炎药可以延迟发生炎症肠道的肠黏膜恢复和愈合。另一个潜在的镇痛药组合，对胃肠运动的影响最小的是布托啡诺（0.06～0.1mg/kg，肌内注射）和地托咪定（0.01～0.02mg/kg，肌内注射），每 6～8h 给药 1 次。另外，稳定的布托啡诺溶液（每小时 13μg/kg，静脉注射），为了给药方便将 15mg 布托啡诺添加到 5L 乳酸林格氏液或其他盐类注射液中，溶液滴注速率 450kg 的马为 2L/h。

(五) 抗菌药物

根据疫源地流行性、临床症状、临床病理数据和微生物鉴定，*N. risticii* 与马的肠炎有着极大关系，用土霉素治疗（6～10mg/kg，12h 静脉注射 1 次）有效。对于不明病因的且没有查明原因急性肠炎的马，静脉注射广谱抗菌药物应该谨慎。轻度和短暂的中性粒细胞减少症或发热可能不必使用广谱抗菌药物，当马有着严重的或持续性中性粒细胞减少，并伴有脓毒症并发症的危险，如腹膜炎、肺炎、蜂窝组织炎、血栓性静脉炎、弥散性血管内凝血时就要考虑使用广谱抗菌药物。青霉素 G 钾（22 000U/kg，6h 缓慢静脉注射 1 次）结合庆大霉素（4.4～6.6mg/kg，24h 静脉注射或肌内注射 1 次）是一种常用的治疗马全身性疾病的方案。不建议使用口服广谱抗菌药物，可能进一步破坏肠道微生物菌群。感染梭菌属的马可以口服甲硝唑（10～15mg/kg，8h

1次)。甲硝唑可能有局部抗炎作用,但可引起一些马食欲减退。

(六)抑酸剂

有效的抑酸分泌药物在马大结肠的疗效并未确定。因为大肠内有大量的内容物,所以碱式水杨酸铋或类似的保护剂在治疗成年马大肠腹泻并不见得有效。思密达(复合硅铝酸盐,蒙脱石散剂)能吸附如内毒素和外毒素,并吸附马艰难梭状芽孢杆菌毒素A和B以及产气荚膜梭状芽孢杆菌肠毒素。这种天然的水合复合硅铝酸盐的吸附机理与活性炭相同,是一种普通的肠道吸附剂。蒙脱石粉末与水混合应使用鼻饲管投入,起始剂量为0.5kg,以后常规剂量按照0.25～0.5kg,每6～12h一次。

(七)营养管理及肠道菌群的重建

由于恶病质和蛋白损失性肠病而丢失蛋白,大多数急性结肠炎患马表现食欲减退或废绝,马如果食欲减退超过3～4d,那就需要部分或全部注射补充营养。患有结肠炎马通常会有食欲,应该继续饲喂优质干草、新鲜青草和极易消化的12%～14%蛋白浓缩饲料。马只要继续吃就会有更好的恢复可能性。

益生菌有助于恢复由抗菌药物引发的艰难梭状芽孢杆菌结肠炎的结肠定植菌的主导地位。使用未经批准的产品,肠道的不良影响可能增加。兽医必须告诫自己和他们的客户对马使用经安全批准的治疗性生物制品并按规定操作方法执行。使用健康马的粪液转给其他病马,保证供体的马健康无病是非常重要的,因为沙门菌就是通过这种途径传播,因此这个方法对病马的结果是不确定的。

六、痊愈和预后

采取快速适当的治疗措施能改变急性结肠炎马的预后。然而,受感染的马即使采取了积极治疗也可能迅速恶化。马如果有频繁、大量的水样腹泻,持续的全身性内毒素血症和败血症,预后较差。腹泻的马匹有氮质血症,临床表现持续的血液浓缩和低蛋白血症,预后不良。抗菌药可能会引起腹泻,患与抗菌药物相关性腹泻的马会比其他类型急性腹泻预后差。马结肠炎常见的并发症有急性蹄叶炎、血栓性静脉炎、衰弱和明显的消瘦。

推荐阅读

Argenzio RA. Pathophysiology of diarrhea. In: Anderson NV, ed. Veterinary Gastroenterology. 2nd ed. Philadelphia: Lea & Febiger, 1992: 163-172.

Cohen ND, Woods AM. Characteristics and risk factors for failure of horses with acute diarrhea to survive: 122 cases (1990-1996). J Am Vet Med Assoc, 1999, 214: 382-390.

Costa MC，Arroyo LG，Allen-Vercoe E，et al. Comparison of the fecal microbiota of healthy horses and horses with colitis by high thoughput sequencing of the V3-V5 region of the 16S rRNA gene. PLoS One，2012，7（7）：e41484.

Feary DJ，Hassel DM. Enteritis and colitis in horses. Vet Clin North Am Equine Pract，2006，22：437-479.

Gomez DE，Arroyo LG，Stämpfli H，et al. Physicochemical interpretation of acid-base abnormalities in 54 adult horses with acute severe colitis and diarrhea. J Vet Intern Med，2013，27：548-553.

Marshall JF，Blikslager AT. The effect of nonsteroidal antiinflammatory drugs on the equine intestine. Equine Vet J Suppl，2011，39：140-144.

McConnico RS，Morgan TW，Williams CC，et al. Pathophysiologic effects of phenylbutazone on the right dorsal colon in horses. Am J Vet Res，2008，69：1496-1505.

Papich MG. Antimicrobial therapy for gastrointestinal diseases. Vet Clin North Am Equine Pract，2003，9：645-663.

Pusterla N，Mapes S，Wademan C，et al. Emerging outbreaks associated with equine coronavirus in adult horses. Vet Microbiol，2013，162：228-231.

Tomlinson J，Blikslager A. Role of nonsteroidal antiinflammatory drugs in gastrointestinal tract injury and repair. J Am Vet Med Assoc，2003，222：946-951.

（况玲　译，徐世文　校）

第 69 章　抗菌药物相关性腹泻

Claire H. Stratford　Bruce C. Mcgorum

抗菌药物相关性腹泻（antimicrobial-associated diarrhea，AAD）是马属动物使用抗菌药物不当引发的最常见的副作用。严重程度从轻度的限制性腹泻到致命的急性中毒性肠炎不等。它导致马匹住院时间延长，治疗成本和死亡率增加。尽管几乎所有口服和注射的抗菌药物都与 AAD 有关，但某些抗菌药物可能危险性更大。

抗菌药物相关性腹泻是指与非治疗胃肠炎的抗生素使用在时间上有一定关系的急性腹泻，而且这个急性腹泻没有其他相关原因。尽管 AAD 可能受到质疑，因为在临床上通常无法建立明确的因果联系，许多相关文献有一定的推测性结论。

一、风险因素

（一）抗菌药物原因

某些抗菌药物的使用情况与 AAD 发生频率的增加有关，而且均能诱发 AAD。不同抗菌药物是否能诱发 AAD，取决于它们对肠道厌氧菌的作用。包括给药剂量、给药途径、药物在肠道产生的有效浓度（因口服生物利用率差，以及肝肠或胆汁循环的抗菌药物其浓度增加）及药物对厌氧菌的抗菌谱。例如，对厌氧菌作用弱的抗生素（如甲氧苄啶磺胺、氟喹诺酮类和氨基糖苷类），与对厌氧菌作用强的药物（如大环内酯类、林可酰胺类、β-内酰胺类和四环素类）相比，导致 AAD 的可能性低些。口服和静脉给药均能引发 AAD，并且联合使用抗生素风险可能增加。

（二）病畜原因

AAD 能影响所有年龄和性别的马。然而，AAD 在哺乳的马驹上很少发生，可能是因为与成年马相比小马驹抗生素口服药物利用率高以及它们肠道菌群不发达。另外，小马驹的 AAD 通常是温和型的，在停药后抗生素能迅速代谢。

AAD 的发病率和发病范围在地域上表现出差异性；这可能反映出肠道携带潜在的病原体（如艰难梭菌、产气荚膜梭菌、沙门菌）以及它们的毒性和对药物敏感性的差异。AAD 的风险性随着诸如运输、住院以及接触到医源性感染和耐药细菌菌株的增加而增加。

二、发病机理

宿主胃肠道菌群是由厌氧菌占据主导地位的许多种类细菌组成的微妙平衡。大结肠微生物群落种群在微生物消化、体液调节、离子转运方面起着重要的作用，抵抗病原体定植被称为定植抗力。AAD的发病机理似乎是复杂和多种因素的，一般是因为宿主肠道菌群因抗菌药物介入发生改变，从而导致：

- 肠道细菌定植抗力的减弱，肠道中病原菌或环境细菌的趁机增殖及其相关细菌的毒素产生可引发肠黏膜炎症。
- 肠道微生物的正常代谢功能的改变，从而引发糖、挥发性脂肪酸和胆汁酸的代谢紊乱，导致胃肠分泌增加而水的吸收减少（即渗透性腹泻）。

此外，某些抗菌药物，诸如大环内酯类抗生素（如红霉素）和青霉素钾，有直接促进胃肠运动的效果，因而影响排便频率和干稀度。几乎没有因为对抗生素的超敏反应和毒性反应而引发AAD。

抗菌药物相关性腹泻可能开始于使用抗生素的24h之内，或者在抗菌药物治疗停止之后从几天到几周不等。然而，AAD经常会在抗生素治疗的最初几天出现，表明在使用抗菌药物后很快就出现肠道菌群紊乱。

三、频率

（一）马的种群

AAD的发病率在临床和实验研究中有显著的不同，主要受到不同定义的影响（例如，关于腹泻的时间），很难做出明确的诊断，过多的突出了以医院为因素的研究，在医院引发的腹泻可能混合因素是最高的。在美国多项研究报道以医院为原因的患病率为0.6%。然而，随着抗菌药物使用频率增高AAD的发病率普遍较低。

（二）引发腹泻的比例

之前抗菌药物被认为是引发成年马急性结肠炎最重要的危险因素。事实上，在不同的报道中有22%～94%的急性结肠炎与之前使用的抗菌药有密切的联系。

四、常见相关细菌

在AAD中艰难梭状芽孢杆菌是最常见的细菌，相比之下C型产气荚膜杆菌和沙门菌不太常见。类似于其他病因引发的腹泻，在AAD病例中仅有50%的假定病原体得到验证。艰难梭状芽孢杆菌已经从假定AAD的马中培养出来，健康或以前没有接受过抗生素结肠炎马中没有分离出来。艰难梭状芽孢杆菌过度生长被认为是细菌对常用抗菌药物产生了耐药性。使用过红霉素的怀孕母马发生急性肠炎与艰难梭状芽孢杆菌过度生长有关。C型产气荚膜杆菌和不常见的A型和β_2-产毒型均可引发AAD。庆大霉素能加剧C型产气荚膜杆菌产生β_2毒素导致结肠炎的严重程度。某些抗生素，诸如青霉素G钾、土霉素和林可霉素可能会增加住院马的沙门菌持续排出时间。

五、临床症状

抗生素相关性腹泻可以引起短暂的自限性腹泻和急性中毒性肠炎，任何一种在临床症状上都与其他病因导致的腹泻难以进行区别。

六、诊断检测

如前所述，AAD的诊断是推测性的，直接的抗菌关系不能作为临床确诊的条件。考虑其他潜在病因或诱因是很重要的，诸如最近是否使用非甾体类抗炎药物或驱虫药物。另外，包括验证相关细菌的诊断，毒素酶联免疫吸附测定法测试梭菌属和培养沙门菌对治疗具有指导意义（见《现代马病治疗学》，第6版，第93章）。

七、治疗

AAD的大多数病例是温和的，在抗菌药停用或因不同抗菌药使肠道菌群发生改变后能痊愈。就急性中毒性肠炎病例而言，加强支持性护理是必要的。虽然在有些病例建议停止抗菌药的使用，在严重病例继续抗菌疗法是必要的，或许在马驹会增加细菌改变和继发菌血症的风险。对于严重的梭菌性大肠炎，甲硝唑（15mg/kg，每8h口服1次）已被证明有效，能提高存活率并且可迅速消除肠道中细菌代谢产物及相关毒素。这也可能反映出甲硝唑对严格厌氧菌药效果和在肠道中的抗炎作用。

含有非致病酵母布拉酵母菌的益生菌能减少AAD的严重程度和持续时间，但是在马需要进一步的确认。双三面体蒙脱石对艰难梭状芽孢杆菌毒素A和B在体外有显著抑制作用，也可以同时服用甲硝唑。然而，对马体内梭菌结肠炎疗效却是未知的。

八、预后

很明显，预后与腹泻严重程度有明显的关系。最新的多方追溯调研显示，死亡率为18.8%（32例中6例死亡），其他所有存活的马在1d内仅出现短暂的腹泻症状或更少。在6例死亡病例中有2例检测出艰难梭菌毒素A和B。在不同的调查中，具有抗生素使用史急性腹泻病马的死亡率是未使用抗生素的4.5倍。但是不知道这些是否为真正的AAD病例。

九、预防

尽管担心AAD但并不能限制抗生素的使用，但抗生素使用应受到控制，循证医

学的方法要考虑到作用方式、药效范围、药物动力学、药效学、特异性症状和可能产生的副作用。此外，认知这些抗生素必须与在肠道特定区域的小肠结肠炎关系，才能指导治疗方案。这种谨慎使用抗生素的方法已经成功地降低了人类 AAD 的发病率。最后，益生菌的使用在人类预防 AAD 方面是有益的；然而，在马方面这些方面的价值目前未知。

推荐阅读

Barr BS，Waldridge BM，Morresey PR，et al. Antimicrobial associated diarrhoea in thee equine referral practices. Equine Vet J，2013，45：154-158.

Haggett EF，Wilson WD. Overview of antimicrobials for the treatment of bacterial infections in horses. Equine Vet Educ，2008，20：433-448.

Hollis AR，Wilkins PA. Current controversies in equine antimicrobial therapy. Equine Vet Educ，2009，21：216-224.

Mc Gorum BC，Pirie RS. Antimicrobial associated diarrhoea in the horse. Part 1：overview，pathogenesis and risk factors. Equine Vet Educ，2009，21：610-616.

McGorum BC，Pirie RS：Antimicrobial associated diarrhoea in the horse. Part 2：which antimicrobials are associated with AAD in the horse? Equine Vet Educ，2010，22：43-50.

（况玲　译，徐世文　校）

第 70 章　急腹症的成像、内镜检查和其他诊断方法

Alison J. Morton　Anje G. Bauck

急性腹痛、疝痛在马属动物中很常见，通常包含整个胃肠道疾病。尽管原因不同，但马疝痛的临床症状往往是相似的，疝痛的准确和及时诊断对确定使用的药物和手术治疗，达到治疗目的是至关重要的。系统的诊断要充分利用询问病史、临床检查、临床病理检测和影像学诊断获得的信息。

一、常规诊断程序

（一）病史和临床检查

对任何情况的诊断而言，获取临床特征的症状、完整的病史与全面的临床检查是非常必要的。关于年龄、临床症状持续时间、饲养管理与其他相关信息可以为鉴别诊断提供线索。临床检查参数可以预测疾病严重程度，预测预后，同其他疾病进行鉴别诊断，有助于准确诊断。

（二）胃管探查

胃管探查通常是一种常规诊断方法，甚至能起到挽救生命的治疗方法。由于不能呕吐，患有胃肠道阻塞（物理性或功能性）的马胃需要减压和灌洗胃内液体或食物。胃返流物的量、颜色、浓度、气味和 pH 反映不同特征的病因，诸如胃阻塞、十二指肠空肠炎和绞窄性小肠疾病。胃返流物的微生物培养可以诊断可能的传染性病原，如梭状芽孢杆菌。

（三）直肠触诊

直肠触诊也是马的常规检查方法，但要求马有适当体型和习性。在整个检查过程中应该做好保定和使用足够的镇静剂（如 α_2 受体激动剂，静脉注射或肌内注射），并且在药物诱发直肠松弛（0.9mg/kg 丁溴酸东莨菪碱，静脉注射）时进行，要防止对病畜和检查者的损伤。可触摸到的范围限定于后腹部，能感觉到小肠、盲肠、大结肠、小结肠、脾、泌尿生殖器官以及肠系膜血管、腰下血管、腹股沟血管和淋巴结的异常。直肠触诊可以发现腹腔器官结构的大小、厚度、位置和内容物的异常，除了提供诊断依据外还能进一步确定治疗的效果，可以指导进一步的诊断和治疗。

（四）临床病理检验

全血细胞计数、生化检测、血气、排泄物和腹腔积液分析用于马疝痛的诊断。针对全身状态、心血管状态、器官功能以及体液和电解质失衡，全血细胞计数、生化和血气分析可以提供诊断信息并指导治疗。这些检测结果可以帮助诊断疝痛的特殊病因，如传染性结肠炎、胆石症、肠道出血、尿道梗阻和其他。此外，许多马疝痛常常发生脱水、代谢性酸中毒和电解质紊乱，需要补充适当的液体和电解质。对直肠触诊收集的粪便进行检查，包括肉眼检查粪便的一致性、颜色、气味和黏液或有无砂粒的存在，对胃肠道病原微生物培养，对于体内寄生虫漂浮或直接涂片显微镜检查是可行的。

无菌采集腹腔积液并进行分析对确定腹腔异常是非常有价值的。检查腹腔积液总的特性，包括相对体积、颜色和浊度。包括细胞类型、数量和活性的检查，测定总蛋白、pH、葡萄糖、乳酸可能有助于进行几种疾病的鉴别诊断，包括肠道功能减弱、化脓性腹膜炎、出血、肿瘤以及其他疾病。腹液的乳酸浓度应与外周血乳酸浓度进行比较，腹液的乳酸浓度高于外周血表明肠缺血，肠缺血时腹腔液 pH 和葡萄糖值较低，这些也是感染性腹膜炎的特征。中性粒细胞增多和高蛋白血症通常见于肠缺血和感染性腹膜炎，腹腔液分析只有高蛋白血症而无其他明显异常显示马可能患小肠炎。可以对疑似感染性腹膜炎病例的腹腔液进行细菌培养，连续取样可以用来监测疾病的发展以及对治疗结果的判断。

二、影像学诊断

（一）腹部超声检查

马驹和成年马的腹部超声波不仅对急性疝痛非常有用，而且对复发性疝痛和消瘦也很有用。超声检查可以诊断其他影像诊断技术例如 X 线技术、内镜不能检测到的脏腑器官，因而成为诊断马腹疝痛的主要手段。腹部超声检查提供了有助于诊断结构信息以及腹腔液的位置、体积和浓度，可以指导其他的诊断技术，如腹腔穿刺和活检。

腹部超声检查可通过皮肤或直肠进行，两种方法在准备工作、所需设备和识别传感器有所不同。皮肤超声波需要较低的频率换能器。最常见的是 2.5～5MHz 频率传感器，但对于马驹和体格瘦小的成年马来说频率 5～10MHz 是可用的。一般来说，使用高频率能形成更清晰图像和更高分辨率，但是穿透力弱；一个较低的频率穿透较深，但分辨率较低。凸面或扇形传感器是最合适的，即使在肋骨间定位也很方便，而且容易操作。虽然大多数马不用剪毛也可以获得影像，但是理想情况是，应该剪毛，彻底清洁皮肤，应用耦合剂。整个腹部都能成像。可成像的结构包括胃、十二指肠、空肠、回肠、盲肠、大结肠、肝、脾和泌尿生殖器官。直肠超声检查使用线性或小凸面频率范围为 5～10MHz 传感器。对马进行直肠超声检查的准备与直肠触诊相似，包括适当的保定、镇静、直肠松弛、润滑并清除直肠内粪便。成像的组织与直肠触诊时感觉到的相似。多普勒超声波是另一种可用于腹部的超声波技术。它可被用于检查肠道推进运动，从混合（非蠕动）运动中区别空肠的蠕动，有助于诊断肠梗阻或肠道阻塞。

大多数肠道的肠壁表现有5层声像图，包括高回声的浆膜、低回声的肌层、高回声的黏膜下层、低回声的黏膜和高回声的黏膜界面（气体和食物）。例外情况包括胃和回肠。回肠表现有7层声像图外加肌肉层组成。在小肠和大肠正常的肠壁总厚度的范围是2～3.75mm。肠壁总厚度在肠腔膨胀时可能会变薄，在患浸润性疾病如肠炎、肠绞窄或肿瘤时厚度会增厚。胃肠道气体内容物产生高回声型和声影，液体内容物表现低回声，食物表现高回声，异物则没有声影。

所有的超声检查结果和随时间变化的报告对于区分不同的疾病是十分重要。方便、无创性，也使它成为有用的诊断检查方法，可以对结果异常的马进行监测和判断手术的预后。例如，在剖腹探查的腹部超声波系列中，可以看到小肠有内容物的低回声的运动减弱，结果与术后轻度肠梗阻或肠炎一致。在术后第1周，肠道轻度增厚并不少见，但在结构上不包括原发病灶。大结肠绞窄性病变确定做手术的马，正如超声波测量所示术后结肠壁恢复期较长，并且与预后不良和多器官功能障碍综合征的风险增加有关。

在紧急情况下，对患急腹症的马进行快速彻底的影像学检查很重要。标准的方法如快速腹部超声波定位（Flash切面）技术可以有效检测主要的腹腔异常。利用这种技术，急性腹痛马最常见的异常可以确定几个标准的部位进行检查和诊断。对于有经验兽医，Flash方法大约需要10min，可同时执行其他程序。

1. 胃

胃可以成像的部位较小，可在腹部的膈区成像，临近膈膜。胃壁厚度可变，可以测到7.5mm。超声检查可看到胃扩张或胃积食，胃体的增大和液性内容物的增多（胃扩张时）。发生胃炎和肿瘤时可看到胃壁的增厚。胃的肿瘤、脓肿形成或穿孔时可看到浆膜表面粗糙和形成的粘连。

2. 小肠

小肠可以通过直径小、缺乏囊腔和蠕动活动频繁区别于胃肠道的其他部分。成年马的正常小肠直径为0～5cm，内容物包括气体、液体或食物。蠕动收缩频繁，6～15次/min十二指肠位于右肾腹侧，在第16和17肋间成像。空肠和回肠的近端在腹部的中部，位置是可变的，回肠远端部分位于盲肠底内侧，经直肠超声波很容易看到。

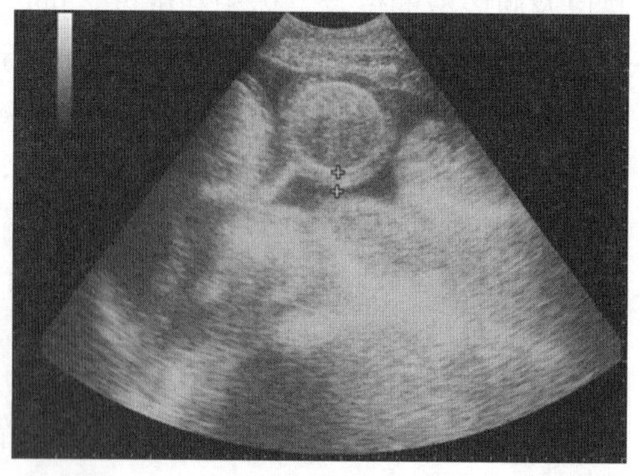

图70-1 8岁的纯血骟马腹疝痛的空肠壁增厚多回路的超声波图像

图像是使用3.5MHz凸阵传感器从腹部左肷窝部经皮肤超声波获得

超声检查急性小肠疾病最常见的是肠臌气，通常可见低回声液性内容物，强回声膨胀的气体也可检测到。可以看到沉淀的内容物，肠蠕动减少。在肠疝痛、肠炎、肿瘤、炎症性肠病和腹膜炎中可以看到壁厚增加（图70-1）和肠壁各层的分离。痉挛性疝痛可能出现胃肠运动过度，而肠炎或绞窄性肠梗阻在使用α_2肾上腺素能受体激动剂镇静后可能出现胃肠运动不足。

3. 大肠

盲肠和大结肠可以通过内容物状态、大直径的肠道、较弱的蠕动以及肠袋与小肠区分。小结肠可以通过直径较小、有肠系膜和肠袋以及高回声内容物与其他肠道区分。大肠的内容物主要是气和食物，它表现为高回声与明显的声影；这通常不包含整个大肠直径和大肠深处的结构。通过大肠的位置和解剖特点可以确定大肠的不同部分。盲肠沿体壁位于腹部右后方，呈囊状，有袋上带与脉管系统相连沿着背腹蠕动。大结肠（右和左背侧和腹侧结肠）是沿腹侧体壁左后腹部骨盆弯曲，在剑状软骨区和膈区弯曲不易检查到。腹侧结肠肠袋随着袋上带由头尾向的蠕动。小结肠位于腹腔中背部是最容易通过直肠超声检查到的。

由于很多大肠疾病导致产气和食物的膨胀，超声检查往往局限于肠道表面。即使如此，超声波诊断在诊断大结肠异位上仍然很重要，如脾肾嵌顿、肠扭转、膈疝和其他。影像检查在诊断左后方移位（脾肾嵌顿）时极其重要。正常情况下，大结肠位于脾内侧，在脾肾之间是没有肠管的。压迫时，在腹侧移位的脾和左侧肾之间能发现臌气的肠管，大结肠通常会掩盖肾。超声波影像检查在验证马大结肠右背侧移位或180°扭转方面也很重要。与盲肠血管不同的是变位的结肠肠系膜血管位于腹部的右侧（图70-2）。然而，这些血管的缺失可作为诊断的依据。

超声检查也可用于检测壁厚度增加（图70-3）如肿瘤疾病，右上大结肠炎，绞窄性病变（扭转），和其他渗透性和炎症性疾病。与成年小型马1.5～2mm和6个月龄的小马驹1.3～3.5mm相比，正常马大肠壁厚度是2～3.75mm。

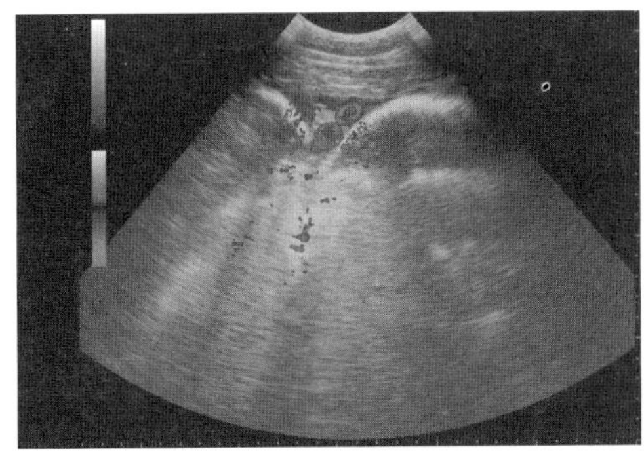

图70-2 超声波图像为10岁温血骟马变位位于结肠血管与右上大结肠（使用3.5MHz凸阵传感器从腹部右肷窝处获得）

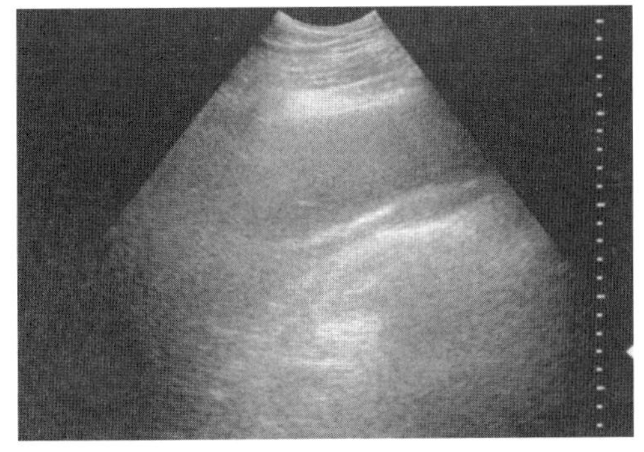

图70-3 12岁的纯血母马右上大肠炎图像（显示增厚的右上大肠，使用5MHz凸阵传感器经皮肤超声波在第十二肋间从右膈区背侧区域获得）

4. 腹水

少量的腹水通常可以在腹腔腹部确定。正常的腹水是低回声且均匀的。超声检查能确定穿刺部位，并可提醒检者体壁的厚度以成功收集腹腔液。它可以用于诊断腹水总体特性的变化，包括体积的相对增加和超声回声的改变。

在许多疾病中腹水量会异常增加（图70-4）。回声与腹水旋转性增强通常表示腹水细胞数增加，这通常在出血和感染性腹膜炎上比较常见。胃肠道破裂时可以发现回声不均质，腹水体积异常以及含有杂质（食物）的液体和位于上部的气体。

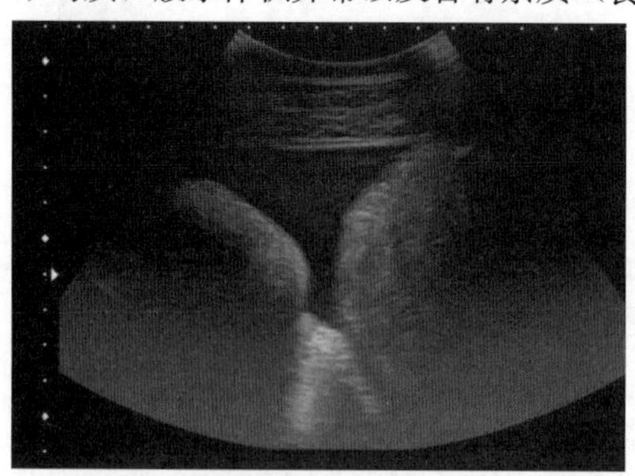

图 70-4　3 岁夸特小母马疝痛图像（显示低回声性液体回声增强，从腹中线超声波获得）

5. 其他腹部结构

除了胃肠道的结构，在腹腔超声检查时还可以对肝、脾、泌尿生殖器官、腹部血管和腹腔淋巴结进行诊断。

肝位于腹部左侧膈区紧贴横膈膜在左侧第 6～9 肋间、右侧第 6～15 肋间成像。正常情况下，肝是均质的、中等回声，血管和胆管是低回声。胆管有强回声边界，这可与血管相区分。一些肝疾病可以用超声波确诊，包括胆囊结石、胆管性肝炎和肝脓肿引发的疝痛。

脾位于左侧腹壁第 8 肋间和肷窝之间，并在左肾腹侧中线沿背侧延伸。脾回声均匀，有中等回声的血管，这点与肝相似但回声比肝强。脾异常表现包括疝痛、血肿、脓肿、肿瘤和扭转，可以使用超声波确诊。

超声波对马的肾、输尿管、膀胱、尿道很容易识别。最常见的泌尿生殖道的疾病可以用超声检查诊断，包括成年马尿道任何部位阻塞性结石的急性腹部疼痛和小马驹的膀胱破裂。

马腹腔血管和淋巴结的异常引发的疝痛可以通过超声检查确诊，包括血管栓塞、肿瘤和脓肿。

（二）腹部 X 线检查

由于马体型大和伴随着腹部超声检查使用的增多，X 线作为一种诊断技术对腹腔重要性已经降低，除了少数例外，很少用于成年马腹部疾病的诊断。尽管在成年马使用有限制，但 X 线对马驹腹部疾病诊断以及在少数情况下当超声波不能为成年马提供诊断的时候是有用的。

对于 50kg 左右的马驹，设定 10∶1 栅比的 400 胶卷速度系统和焦点胶片距离 40in，对于站位侧面投影适当的影像条件应该在 80～90kV 和 15～20mA 内调节。当马驹采用侧卧位时应稍微降低摄影条件，腹背位投影时应稍微提高条件。这两种摄影时射线应以最后肋骨为中心。成年马通常需要更高的技术条件，需要更大和更昂贵的设备。在成年马，光束集中在更需要关注的部位。在 X 线摄影和超声检查失败后或者需要动态信息（如胃排空及运动研究），可进行对比研究，包括阳性对照、双对比和钡餐灌肠。

腹部 X 线可诊断马驹的多种腹痛疾病，包括胃肠道扩张、胃肠道的变位、肠套叠、腹水、臌气、膈疝和泌尿道疾病。在成年马疝痛，X 线技术可以用于识别膈疝、肠石症和肠积沙（图 70-5）。马腹部 X 线检查诊断怀疑可能是沙阻塞时应谨慎。主观评价积沙量可能是不准确的，使用参数诸如位置、均匀度、相对不透明度、尺寸和数

量的累积客观评分系统能更准确预测砂砾性疝痛的可能性。肠结石症的诊断腹部X线是很重要的，特别在高发病地区。计算机和数字摄影比模拟成像更敏感和特异，故X线检查阴性不能保证没有肠结石。大肠内气体可能降低X线摄影的灵敏度，小结肠的结石用X线检查难以检测到。

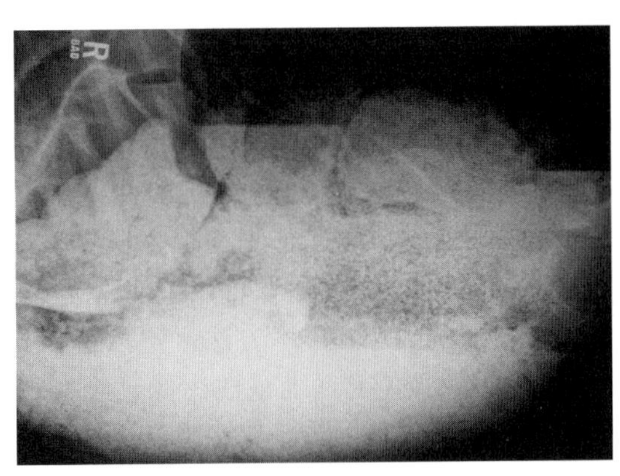

图70-5　6岁夸特骟马小结肠沙阻塞（左侧腹中外侧大结肠的X线影像）

（三）消化道内镜检查

1. 胃镜检查法

食道、胃和十二指肠近段可以用专业、灵活的光纤相机或摄像机的内镜设备检查。成年马的内镜外径10.0～14.5mm、长度为275～300cm。马驹需要的内镜最大外径为10.0mm，长度为110～180cm。马和马驹要适当禁食促进胃排空以利于检查。一般情况下，成年马和超过3月龄马驹应推迟6h或更长的时间，以便胃足够的排空。在新生马驹或是患病马驹即使不能接受肠外葡萄糖来预防低血糖，胃镜检查前2～3h依然要禁止哺乳。胃镜检查的目的是诊断、分类，并监测胃炎和胃溃疡，以及明确治疗的效果，这些病是马驹和成年马频繁腹痛的主要病因。胃镜检查可以揭示（用于监测治疗的反应）源自上消化道的疝痛的其他原因包括胃阻塞、肿瘤、寄生虫、异物、十二指肠疾病，也可用于获得活检样品，取出小型异物或压实的饲料，以及内镜激光手术。

2. 结肠镜手术

直肠和远端结肠的内镜检查可以用和胃镜检查相同的设备进行。与经直肠超声检查准备相似，包括适当的保定、镇静、直肠松弛、直肠粪便清除和生理盐水灌洗。黏膜外观应该是浅桃色至浅红色、光滑、有光泽和柔软的。黏膜增厚、水肿、缺陷、撕裂和腔内肿块可以通过结肠镜检查、活检或治疗。

3. 腹腔镜检查技术

虽然腹腔镜检查技术需有大量的对于专业技术和专业设备的要求，但腹腔镜仍是一个有诊断价值和微创性治疗的工具。腹腔镜检查技术可对站立或麻醉的病畜进行，定位受适当的解剖通路限制、马的习性和腹部不适程度的影响。腹腔镜对诊断腹部肿块、器官活检、术前和术后腹痛的原因和选择适当的治疗是有用的。腹腔镜检查技术已被用来治疗和预防腹痛，包括粘连分开术、结肠固定术、脾肾射频消融术、腹股沟疝修补术、直肠撕裂修复和其他。

（四）其他腹部影像学检查

核素显像、计算机断层扫描（CT）和核磁共振成像（MRI）不常用于马急性腹痛的诊断，但在特定情况下可以提供有价值的信息。核素显像可用于诊断胃排空，并且通过利用标记的白细胞可以给胸腹腔部的炎症部位包括腹腔脓肿定位。由于舱门的直径限制，CT 和 MRI 只能用于诊断小马和幼驹腹部，并且这些是针对病马的有限的专门设施。为了进行这些检查，先进的技术如多排螺旋 CT 扫描及高强磁场的 MRI 是必需的，但需要长时间的全身麻醉或深度镇静，检查时间可能是 5～30min。CT 和 MRI 比其他方式能提供更详细的信息，更准确地诊断腹腔器官病变大小和位置。MRI 比所有其他的成像方式能更清晰地检查软组织，为诊断幼驹腹痛的病因提供了非侵入性的方法。随着 MRI 的使用，可以不使用更多的微创技术就能提供更准确的诊断，以及能指出更具体的治疗和手术方法。增强造影 CT 已被用于诊断马驹的腹腔疾病。随着专业软件的开发，CT 三维重建图像已经实现。这提供了高分辨率且没有叠加局限的解剖结构。尽管到目前为止它在腹部成像的使用是有限的，该技术已经被用于肢体远端、牙齿和鼻旁窦、喉、颈椎关节突的疾病诊断。这可能是诊断年轻马和小马腹部疾病的权威工具。

推荐阅读

Busoni V，De Busscher V，Lopez D，et al. Evaluation of a protocol for fast localised abdominal sonography of horses（FLASH）admitted for colic. Vet J，2011，188：77-82.

Freeman SL. Diagnostic ultrasonography of the mature equine abdomen. Equine Vet Educ，2003，86：407-420.

Lester GD，Lester NV. Abdominal and thoracic radiography in the neonate. In：Kraft SL，Roberts GD，eds. Modern Diagnostic imaging. Philadelphia：Saunders，2001：19-46.

Trostle S. Gastrointestinal endoscopic surgery. In：Hendrickson DA，ed. Endoscopic Surgery. Philadelphia：Saunders，2000：329-342.

（况玲　译，徐世文　校）

第 71 章　疝痛病例的现场处理

Benjamin R. Buchanan

大多数疝痛病例的发生都始于农场。临床兽医师经常会被邀请在野外对患有疝痛的马匹进行检查，而那里可以用来帮助诊疗疾病的设备和材料很有限。当由于各种原因不能转诊时，那么，在农场里进行现场治疗成为唯一的选择。幸运的是，有些疝痛病例可以在农场里成功的处理。

一、检查

（一）设施情况评估

不同的农场所拥有的设施有很大差异，难以对患病的马进行保定，并且缺水或者缺电。有时出诊兽医被要求对患疝痛的马进行检查，兽医到达农场，应该先仔细查看有什么设施，并且决定哪些设备可以被利用，安全地对患病动物进行检查、实施静脉输液和直肠检查。有足够的保定场所吗？自来水是否可用？有足够带动超声检查的电源吗？这些都是对患疝痛的马进行诊断和治疗时要考虑到的问题。

（二）病马诊断

兽医对于病马的第一印象，应当将病马归类于以下 3 种类别中的 1 种：轻微疼痛、中度疼痛或剧烈疼痛。对于腹部轻微疼痛的马应该进行全面和详细的检查，并且可以成功地在农场进行治疗。对腹部中度疼痛的马应进行全面的检查，同时讨论转诊治疗的问题。马最初可能是安静的，但是如果要选择转诊，运输车中要具备当马可能发生代谢紊乱时进行处理的设备；对于腹部剧烈疼痛的马要进行快速的检查，主要是抢救和镇痛治疗，运输马的车要稳定并具有外科设备。

每个详尽的临床检查都应了解详细的病史。饮食最近有没有改变，或是否新更换了干草？训练水平是否发生了改变，或者进入了牧场？更换食物和改变运动强度往往会增加马疝痛的风险。关于用药史的问题，有时可能有助于发现药品带来一些问题，或者可能帮助确定某个问题。问一些广泛的问题，比如：“你能告诉我你有什么问题吗？”或者“你认为是什么问题？”，经常比直接的问题得到更多有用的信息。

不管针对哪种疼痛程度的病马，在早期诊断时都应该考虑转诊的问题。如果有必要，畜主要确定马匹准备运送到哪里，预期的成本，转诊中可能的问题等。在许多情况下，必须为马准备好运输工具，一旦确定转诊，畜主就应该准备运输车。在诊断的一开始就要告知畜主预计的费用，以及询问马匹的保险情况等。

当马相对安静就要进行详细检查，兽医的初步印象是马的外貌状态，了解不正常的症状，比如鼻孔开张或者呼吸加快？在眼睛周围是否有伤口，提示之前有过疼痛和打滚？病马浑身是否有泥或垫草？马是否颤抖或出汗？

任何一个检查都应遵循一定的规律。兽医应该从黏膜检查开始的。黏膜有许多的颜色描述，中毒性出血点/线（*toxic line*）是经常提到的术语。作者更倾向简单的方法。黏膜充血并有明显的毛细血管扩张。黏膜潮红是血液灌注过度造成的，全身炎症反应综合征（SIRS）是早期心输出量增加的结果。随着病情的发展，黏膜变得苍白，是机体在心输出量降低情况下为稳定血压而使毛细血管收缩的结果。最终，血管舒张出现严重的低血压和低的心输出量，导致黏膜发绀，这些变化与全身炎症反应综合征（SIRS）的后期阶段相一致。黏膜的颜色变化有助于兽医判断马血容量状况以及是否需要静脉补液。黏膜颜色苍白或发绀提示需要静脉补液。黏膜黄染常见于厌食症、肝疾病或者溶血性的疾病。毛细血管再充盈时间（CRT）可以从口腔黏膜毛细血管血液灌注时间判断。毛细血管再充盈时间（CRT）延长提示需要口服或者静脉补充液体。CRT 延长并且黏膜颜色不正常说明急需静脉补液。黏膜的感觉对于诊断是非常有用的，因为口腔黏膜触诊的变化和组织脱水状态有很大关系。口腔黏膜发黏提示脱水，需要口服和静脉补充液体。在检查马的面部时，兽医应该观察鼻腔的分泌物和气味，在许多情况下可能提示引起疝痛的肠道疾病。忽视呼吸系统疾病的症状，可能导致兽医错过引起疝痛症状的主要原因。同口腔黏膜一样，巩膜则提示机体炎症或黄疸。皮肤的弹性受到组织液的影响，皮肤皱褶时间延长提示脱水。随着年龄的增加，皮肤弹性降低，即使在正常时，皮肤皱褶时间有一定程度的延长。另外，有些遗传性的皮肤病也能影响皮肤皱褶时间。

颈静脉再充盈时间是诊断血液容量的指标。阻断静脉 2s 左右会导致颈静脉明显的扩张。颈静脉充盈时间延长表明低血容量和需要静脉补液。同样，心搏频率也会受到血容量的影响。心输出量是心率和每搏输出量的结果：$CO=H\times SV$。每搏输出量减少需要增加心率来稳定心输出量。作为应激、疼痛和系统感染的结果，心率也会增加。心脏和肺脏听诊应该仔细、有条不紊地进行。应该注意心跳的节奏、性质和频率。对肺和气管部位进行全面的听诊，对水泡音、湿啰音、哮鸣音或胸腔摩擦音进行诊断。肺部叩诊有助于发现合并胸腔积液。心脏和肺部变化可以诊断马疝痛的程度。腹部的听诊不能太过仓促，应该用相当长的时间专注地听取肠音。不同的声音特征有助于区别腹痛是由肠梗阻引起的还是肠蠕动过强的肠痉挛导致的。腹部叩诊可能出现“呼”样声音，揭示腹腔存在一个气液界面，这是结肠臌气和大肠梗阻的一种表现。

直肠的温度很重要，因为许多感染都会引起发热。直肠的温度并不总是和体温一致。低直肠温度被认为与低血容量有关，低血容量引起血液充盈不足可导致充气性直肠（pneumorectum）。腹部的外部触诊可确定腹下水肿，是由于流到组织间隙的体液超过了淋巴管回流的量。胸腔积液、低渗透压和炎症是常见的造成胸腹水肿的原因。

二、检测诊断

胃管探查既是诊断也是治疗。回流液的量、色、气味、均质性以及有无饲料残渣，是值得注意的。胃幽门或者小肠阻塞时会发生食物的返流。胃的适当减压并不能缓解疼痛的强度，则应该考虑绞窄性病变。并不是所有的小肠梗阻都表现返流。许多远端小肠梗阻（如回肠远端梗阻、变位）在小肠内未积聚足够的液体返流到胃就已经表现出腹痛。排除小肠梗阻之前，任何经口治疗措施都要十分小心。

直肠触诊可以为查明腹痛病因提供很多信息。然而，当对马、操作者或临床医生有任何危险时不要进行直肠检查。在农场对马进行直肠触诊的保定可能有难度。在农场进行直肠检查获得有助于诊断的资料很少，病马可能需要转院；而触诊则是决定是否要转院的最有价值的方法。镇静、硬膜外麻醉和应用抗胆碱能的药物（如 N-丁溴东莨菪碱）有助于马匹放松则能够进行直肠检查。直肠检查应该遵循一个标准的模式，相同的结构每次都应该被确定下来。

进一步诊断决定治疗措施，如手术治疗或转院，腹腔穿刺术是很有用的辅助方法。虽然最初的腹腔液分析并不能够做出诊断，基于细胞计数、蛋白浓度和乳酸浓度（框图 71-1）作为参考至关重要。在大多数情况下腹部最佳的穿刺点位于腹正中线的右侧。腹部超声检查能经常看到腹腔液体的存在，但不能检测腹腔积液，因为超声波诊断与腹腔穿刺液不相关。超声波影像与腹腔穿刺的关键在于确定腹壁和腹腔脂肪层的厚度，以便选择穿刺针的长度和乳头套管的长度。大多数的马匹，用 18 号×1.5in 的针足够穿透腹壁和收集液体。大多数的马在用鼻捻子保定的情况下能够忍受操作过程，但兽医师还是要在整个过程中对马保持高度警惕。对一些体格大或肥胖的马，可能需要使用一个脊椎穿刺针或乳头插管收集样品。偶尔，注射针中吸入 10mL 的空气将有助于针位置的固定。如果针尖穿透腹膜脂肪层，则可以听到空气从针后溢出的声音。如果针已穿过腹膜，空气则向背部移行，针孔偶尔会被大网膜或浆膜堵塞。液体应收集到适当的管中用于细胞计数、总蛋白浓度、天冬氨酸转氨酶（AST）活性、乳酸浓度的检测，偶尔进行细菌培养。在野外几乎不可能对腹腔液进行细胞计数，但是能判断机体严重的程度，不正常的颜色或者不正常的量，提示需要转诊。总蛋白和乳酸浓度可以用监测仪（point-of-care monitors）在现场进行检测。当乳酸值超过 9.4 mmol/L 时预后需谨慎。高的总蛋白和乳酸值提示需要进行进一步的检测诊断和转诊。

框图 71-1　正常腹腔穿刺液的性状

体积：缓慢滴出；不呈线状流出
颜色：黄色透明
白细胞总数：＜5 000/μL
细胞分类计数：中性粒细胞＜50%
总蛋白浓度：＜0.4g/dL（通常＜1.5 g/dL）
血清乳酸浓度：通常＜2 mmol/L

腹部超声检查提供了一个非侵入性的诊断内部器官的方法。腹部超声检查的价值不局限于大型医院或转诊中心，因为很多的诊断信息能够利用目前市场上大多数用生殖检查超声波仪器获得。用于腹部超声波的任何设备都应该设定最低的频率和足够的成像深度以便穿透腹壁。剪毛和应用耦合凝胶能提高图像的质量，但通过简单地使用大量的酒精可以得到许多重要的临床信息。因为与正常肠段比较，大多数病变肠段出现水肿和重量增加，通常下沉腹底在腹部进行成像。肠壁水肿、肠梗阻、小肠膨胀和腹液量增加的鉴别诊断在现场很容易完成。

护理监测仪能使兽医在现场运用更多血清中指标提高诊断能力。手持式监控设备可测定血液中的肌氨酸酐、肌酐、葡萄糖、Na^+、K^+、Cl^-、Ca^{2+}和乳酸。这个设备的使用正变得越来越普遍。然而，在现场不能经常进行详细的血液学分析。许多预后研究的结果表明，红细胞比容（PCV）是一个重要的因素。虽然红细胞增多症不是常见病症，但高 PCV 值可以表明心血管问题和需要转诊进行更有效的治疗。大多数医生不会在出诊车上携带离心机，但只要用 10mL 注射器抽取全血并让注射器保持垂直就可以使医生合理估算 PCV 值。10 mL 血的每个 1 mL 代表 10％的体积，所以红细胞柱沉积物为 4 mL 时估计 PCV 值约为 40％。当 PCV 值等于或大于 50％时，临床医师应考虑开始实施补液和进行附加的液体治疗。

三、治疗方法

所有重症监护的关键就是维持体液和血压。这些并不是相互排斥的方法，因此应用时会互相影响。虽然技术是现成的，目前大动物诊疗并不经常进行测量。然而，在大多数情况下，测量值受体液体积的直接影响。体液容量由血液、组织间液和细胞液 3 部分组成。

在农场通过体况检查通常就能够确定是静脉或口服补液。血容量低的标准包括颈部静脉充盈延长，毛细血管再充盈缓慢、心率快、脉搏弱。组织间质脱水的标准包括皮肤恢复延长和黏膜干涩。细胞内脱水的标准包括精神状态的改变和肠音缓慢到消失。只要没有肠阻塞或梗阻，各种形式脱水均可根据灌注液质量和疾病状态确定口服补液进行治疗，一些低血容量状态，可能需要静脉补液治疗。实施静脉补液时需要放置一个导管。在颈静脉充盈不足情况下，放置一个导管在静脉内是具有挑战性的，因为回流到针管内的血液流速会特别慢。有时可以听到通过静脉导管被吸入空气的声音，这表明负压力和更严重低血容量现象。最初的积极静脉补液治疗对这些马恢复很有好处。即使导管被放置成功，在农场进行补液还具有一定的困难。可以根据病情建立一个连续补液系统并教会畜主或护理员如何更换输液袋和观测静脉导管是否正常。静脉补液不能在农场进行时，应当将马转院到能够进行静脉注射的地方。在许多情况下，静脉补液对于恢复是必要的，而出诊车上并没有携带需要的 40～60L 液体量。在这种情况下，可以采用低容量补液措施。高渗电解质溶液和胶体在一起使用。胶体的添加不能改善任何测量参数。给予 7.2％高渗盐水（HSS）比 0.9％等渗盐水能更快补充血管内容量的不足。按照 4 mL/kg 的剂量使用 HSS 能迅速将间质液和细胞内液渗入血管中而提高血液循环量。使用 HSS 时应该注意增加附加的液体治疗。

内毒素血症和疝痛会导致多种电解质的改变。若要给予静脉补充钙、镁、钾等，必须先进行血清离子分析。目前的数据并不能证明补充电解质对马的恢复或最初液体治疗是有益或有害。

为了充分恢复患马的健康，需要给患马补充大量液体，这在农场里施行静脉输液，不太现实。许多情况下，口服补液疗法可以提供适当的体液。此外，口服补液法是治疗大肠梗阻的首选方法。类似于连续静脉输液，可以将鼻饲管固定在马体上，并可以给畜主示范如何通过鼻饲管实施补液。

泻药、口服液经鼻饲管灌服。还没有数据表明，使用超出平衡电解质溶液的泻药（例如硫酸钠、硫酸镁）会增加粪便含水量或减少肠阻塞。肠内使用电解质溶液很容易在农场里完成，并且是治疗腹泻导致的轻度电解质紊乱的最好方法。

非甾体类抗炎药物（NSAIDs）是并将继续是马腹痛早期治疗的重要的药物。NSAIDs 既被用作缓解疼痛也被当成诊断的一种药物。如果马对单味疼痛药物的治疗没有完全的反应，则应该考虑它有一个更复杂的病变，同时应该考虑及时转诊。NSAIDs 的使用应当慎重，如果没有其他检测而无限制重复给药可导致胃肠道和肾功能紊乱并发症。尽管其作为治疗疝痛的一线药物被广泛接受，但最近的研究质疑这些药物的真正作用。常用控制疝痛的 NSAIDs 包括氟尼辛葡甲胺（flunixin meglumine，1.1 mg/kg，静脉注射或口服），非罗考昔（Firocoxib，0.09 mg/kg，静脉注射或口服），保泰松（phenylbutazone，4.4 mg/kg，静脉注射或口服），美洛昔康（meloxicam，0.6 mg/kg，静脉注射或口服）和酮洛芬（ketoprofen，2.2 mg/kg，静脉注射）等。使用镇静药物对于兽医在诊断疾病过程中的安全是有利的。一些镇静剂同时具有止痛的功效，在马转诊进行检测时考虑使用这些药物。通过超声波诊断确定 α_2 受体激动剂和阿片类药物镇静剂的作用能引起马的暂时性肠梗阻。这可能是错误地使用地托咪定或布托啡诺镇静剂后肠音缺乏而引发更严重的小肠梗阻。

N-丁溴东莨菪碱①是抗胆碱能药物，用来治疗肠痉挛和直肠检查时促进肛门括约肌松弛。它目前作为初期治疗药物用来治疗慢性完全阻塞和痉挛性疝痛。使用这种药物的禁忌证包括肠梗阻、高血压、青光眼。N-丁溴东莨菪碱标明是用来治疗肠痉挛、臌气和完全阻塞引发的腹痛，剂量 0.3mg/kg，静脉缓慢注射。另有研究显示，该药肌内注射作用时间较长，对心率影响很小。

推荐阅读

Archer DC，Pinchbeck GL，Proudman CJ. Factors associated with survival of epiploic foramen entrapment colic：a multicentre，international study. Equine Vet J，2011，43 (Suppl 39)：56-62.

① Buscopan，Boehinger Ingelheiv Vetmedica Inc.，St. Joseph，MO。

Bertone JJ. Evidence-based drug use in equine medicine and surgery. Vet Clin North Am Equine Pract, 2007, 23 (2): 201-213.

Fielding CL, Magdesian KG. A comparison of hypertonic (7.2%) and isotonic (0.9%) saline for fluid resuscitation in horses: a randomized, double-blinded, clinical trial. J Vet Intern Med, 2011, 25 (5): 1138-1143.

Hallowell GD. Retrospective study assessing efficacy of treatment of large colonic impactions. Equine Vet J, 2008, 40 (4): 411-413.

Hudson JM, Cohen ND, Gibbs PG, Thompson JA. Feeding practices associated with colic in horses. J Am Vet Med Assoc, 2001, 219 (10): 1419-1425.

Lopes MA, Walker BL, White NA 2nd, Ward DL. Treatments to promote colonic hydration: enteral fluid therapy versus intravenous fluid therapy and magnesium sulphate. Equine Vet J, 2002, 34 (5): 505-509.

Lopes MA, White NA 2nd, Donaldson L, et al. Effects of enteral and intravenous fluid therapy, magnesium sulfate, and sodium sulfate on colonic contents and feces in horses. J Vet Res, 2004, 65 (5): 695-704.

Orsini JA, Elser AH, Galligan DT, et al. Prognostic index for acute abdominal crisis (colic) in horses. Am Vet Res, 1988, 49 (11): 1969-1971.

Pantaleon LG, Furr MO, McKenzie HC 2nd, Donaldson L. Cardiovascular and pulmonary effects of hetastarch plus hypertonic saline solutions during experimental endotoxemia in anesthetized horses. J Vet Intern Med, 2006, 20 (6): 1422-1428.

Pantaleon LG, Furr MO, McKenzie HC, Donaldson L. Effects of small- and large-volume resuscitation on coagulation and electrolytes during experimental endotoxemia in anesthetized horses. J Vet Intern Med, 2007, 21 (6): 1374-1379.

Van Den Boom R, Butler CM, Sloet van Oldruitenborgh-Oosterbaan MM. The usability of peritoneal lactate concentration as a prognostic marker in horses with severe colic admitted to a veterinary teaching hospital. Equine Vet Educ, 2010, 22 (8): 420-425.

（况玲　译，徐世文　校）

第 72 章　马浸润性肠道疾病

John Schumacher

无论涉及哪些细胞类型，由炎症或肿瘤细胞引发的马肠道浸润都有相似的症状和临床病理。胃肠道黏膜和黏膜下层浸润大量嗜酸性粒细胞、淋巴细胞、巨噬细胞、浆细胞或嗜碱性粒细胞被称为浸润性肠病（IBD）。在部分马，用超声波可以检测到肠壁增厚的变化（图 72-1）。另外部分马，在超声检查或（手术过程中）肠壁的增厚并不明显，病变只在用显微镜检查病变的组织时才被发现。肉芽肿变化是许多 IBD 马的典型的组织学变化。肉芽肿是一种巨噬细胞（组织细胞）紧密聚集的组织，这些细胞聚集能消除或隔离外来物质。不考虑涉及的细胞类型，IBD 马常伴随有蛋白质丢失性肠病和营养吸收不良，出现消瘦、嗜睡、腹泻和沉积性水肿等的一系列临床症状。对于有些马，浸润的是炎性细胞，并且这种浸润最后被证明可能是杯口线虫（cyathostomosis）、腐霉（*pythiosis*）或分枝杆菌（mycobacterial）感染，或可能是有毒植物（如毛苕子）引起。另外的一些马，浸润细胞可能是肿瘤性的而不是炎症。因为在很多情况下，引起肠道炎症的原因是不确定的，所以有些经常被诊断为慢性特发性炎症性肠病（CIBD）。对马有影响的慢性特发性炎症性肠病（CIBD）的种类包括肉芽肿性肠炎（GE）、淋巴细胞浆细胞性肠炎（LPE）、多系统嗜酸性趋上皮性疾病（MEED）、特发性局灶性嗜酸性粒细胞性肠炎（IFEE）与结节病。由细胞内劳索尼亚菌引起的马驹增生性肠病被一些学者认为是马的炎症性肠病，感染的马肠壁增厚是由肠黏膜肠上皮细胞增生引起的，而不是炎症细胞浸润的结果。

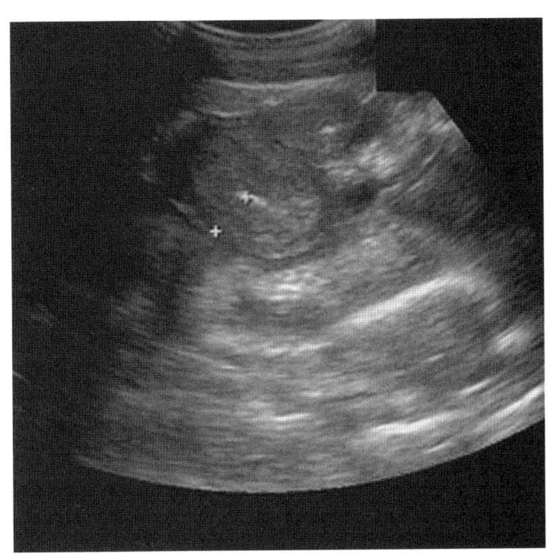

图 72-1　该超声波图像光标之间显示一匹 17 岁母马的小肠壁增厚

这匹马诊断为渐进性消瘦。血液和生化检测发现有贫血、低血浆总蛋白和低蛋白血症；其他的测试不支持上述诊断。母马初步诊断为浸润性肠道疾病，并用地塞米松进行了治疗

虽然对马的特征性描述、临床症状、腹部超声波、临床病理学及肉眼病变等常常可为 IBD 的诊断提供线索，但确诊则需要建立在组织学检查结果的基础上。CIBD 的

病理诊断往往是主观的，因为它是基于对炎症细胞浸润程度的评价，它本身是主观的，因为正常肠道炎症细胞数在不同物种之间、不同的个体、不同的肠段差异很大，故难以诊断。肠壁内发现嗜酸性粒细胞或淋巴细胞的意义难以解释，因为可以在临床上正常的马肠壁内发现这些细胞的增加。用于生前组织学检查的组织通常是通过剖腹或直肠活检得到的。利用全层肠活检的体外或体内腹腔镜技术已能成功地收集 IBD 马的肠组织。研究表明直肠活检样本的组织学检查对于大约 1/2 的 GE 或 MEED 病马的诊断是有用的，但是对于确诊 LPE 和 IFEE 似乎没有任何帮助。如果炎症细胞浸润十二指肠，胃十二指肠镜辅助的小肠活检可以帮助 IBD 的诊断。关于十二指肠范围内正常的炎性细胞种群的数据已有报道（见推荐阅读，Divers et al，2006）。

一、慢性炎症性肠病

（一）肉芽肿性肠炎（GE）

患 GE 的马常有肠壁增厚和小肠之间粘连的变化。受影响最常见和最严重是回肠，而且受影响小肠的大部分也不正常；如果影响到大肠则表现较轻。固有层和黏膜下层有成纤维细胞、巨噬细胞、多核巨细胞、淋巴细胞和浆细胞组成的病灶。由于肉芽肿性肠炎的组织学病变与牛的副结核（Johne's disease）和人的克罗恩病（Crohn's disease）相似而经常被放在一起进行比较。许多品种的马都有肉芽肿性肠炎发病的报道，但这些相关报道所涉及的多是纯血马，提示该病的发生可能与遗传易感性有关。受该病影响的通常是青年马，并且几乎无一例外的因为消瘦和厌食症而要求兽医进行检查。患有皮肤病通常被认为是 MEED 与 GE 区分的特征，但一些 GE 病马也有皮肤病变，通常出现在头部和四肢，特别是头的顶部。

丢失蛋白性肠病的马经肠道可损失各种分子量的蛋白质，但由于球蛋白产生的速度往往比白蛋白快，导致 CIBD 病马的最突出临床病理特征是低白蛋白血症。大多数 GE 病马表现为贫血，但因为血浆白蛋白浓度降低导致血浆容量变少而使贫血表现的不是很明显。输注血浆可引起 GE 病马的红细胞比容明显下降。

GE 病马碳水化合物吸收试验通常表明葡萄糖或木糖吸收会出现异常。碳水化合物吸收不良可能源于整个小肠的绒毛严重的弥散性萎缩。一些 GE 病马碳水化合物吸收试验结果是正常的，这大概是因为疾病没有发展到影响整个绒毛吸收能力的程度，或由于肠道病变局限于某个地方使它们不会干扰整体吸收能力。

治疗人类克罗恩病的药物不适合治疗患 GE 的马，如柳氮磺胺吡啶和甲基磺胺吡啶。有报道表明少数 GE 病马用地塞米松进行治疗时效果极佳，但未见有关用任何药物长期治疗后生存率方面的报道。在一篇报道 2 匹 GE 病马被切除了几米严重受损的回肠和远端空肠反应良好。然而，用手术治疗大多数 GE 病马是不可行的，因为肠道病变通常是弥散性和涉及很长的肠段。

尽管兽医有详细的病史资料，对受影响的组织进行了组织培养和组织学检查，包括电子显微镜的检查，但大多数报道 GE 病例的病因还是不能确定。铝中毒合并寄生虫感染被认为是一个农场 6 匹马的发病原因，其临床症状、大体和组织学损伤疑似

GE。自然或实验感染的马结核分枝杆菌亚种副结核病有与克罗恩病相似的显微特征、肉芽肿和肠道病变。一些有争议的证据表明人类的克罗恩病是由结核分枝杆菌亚种副结核菌引起的。这种微生物的DNA经常在克罗恩病患者肠黏膜活检标本中被检出，据此推断，通常易感个体对于分枝杆菌的免疫应答反应低下，使分枝杆菌持续性感染状态存在。慢性感染可能再次激活炎症反应。

(二) 淋巴细胞浆细胞型小肠结肠炎（LPE）

淋巴细胞浆细胞型小肠结肠炎的特点是大肠或小肠固有层浸润有淋巴细胞和浆细胞。马的淋巴细胞浆细胞型小肠结肠炎病经常有报道，但一些关于该病的报道并没表明哪些年龄、品种或性别的马更易感此病。LPE病马经常因为消瘦而被检查，但是也有一些是因为腹泻或反复出现腹痛症状而检查。大多数LPE病马碳水化合物吸收异常，但在马贫血和低蛋白血症情况并不一致。因为许多肠道疾病的马直肠组织发现淋巴浆细胞和浆细胞，包括结节病（肉芽肿）、杯口线虫病和恶性淋巴瘤等，所以直肠活检发现淋巴细胞性直肠炎，特别是轻微的，可能不足以作为LPE的诊断依据。

已经有报道表明，淋巴细胞和浆细胞群通常存在于人类和其他一些物种的正常小肠的各段，如犬和猫，关于马肠道免疫细胞群却只有少量可用的信息。品种、环境、饲草料、运动情况和寄生虫感染情况等均可能影响肠道中的免疫细胞群。因此，马LPE病的诊断是主观的，并且诊断的准确性取决于病理学家对组织学检查的经验。

在大多数关于LPE病马报道中，一些病例对地塞米松胃肠外给药治疗有很好的反应，有些则在停止治疗后再次发生LPE。然而，通常使用皮质类固醇激素治疗，最严重的马匹因为治疗条件差或治疗效果差而被宰杀。

在其他的物种，比如犬，推测LPE是肠道对各种病因引起的肠道损伤的一种非特异性免疫反应。就犬而言，仅通过组织学检查区分胃肠道淋巴肉瘤和LPE是困难的，在马也有类似的情况发生，一些被诊断为LPE的马可能患有淋巴肉瘤。也许和犬一样，淋巴细胞浆细胞性肠炎的马，可能是肠道的淋巴肉瘤性疾病。

(三) 嗜酸性粒细胞嗜上皮多系统病（MEED）

各种报道中，MEED被称为嗜酸细胞性胃肠炎、嗜酸性粒细胞性肠炎、嗜酸性肉芽肿、嗜酸性粒细胞增多综合征、脱落性嗜酸性粒细胞性皮炎和口腔炎。这种慢性特发性炎症性肠病（CIBD）特征是嗜酸性粒细胞形成的肉芽肿不仅仅聚集在肠道，还可出现在其他器官，最常见于皮肤、胰腺和肝。嗜酸细胞性胃肠炎或嗜酸性肠炎这些名词是用来描述病变局限于胃肠道的CIBD。MEED和IFEE被认为是相对独立的疾病，因为嗜酸性粒细胞只浸润马的肠道，临床特点和预后不同于那些肠内和肠外都有嗜酸性粒细胞浸润的马。

如GE一样，大多数报道的MEED病例主要涉及年轻马，品种主要是纯血品种。落叶性天疱疮皮炎是MEED病马最常见的特征。发病的马常在面部、四肢、腹部的腹侧部分出现渗出性皮炎，头顶部和口腔出现溃疡灶。不像GE病马，MEED病马很少感染线虫。通常马的白细胞数是正常的，但部分马嗜酸性粒细胞会明显增多。MEED

病马普遍有肝和胰腺疾病，并且 γ-谷氨酰转移酶活性升高。超声检查或肝活标本组织学检查可辅助诊断与 MEED 相关的肝疾病。许多发病的马，MEED 通过对直肠黏膜的组织学检查得到确诊，但对直肠的组织学检查结果的解释应谨慎，因为正常的马直肠黏膜和黏膜下层有时也可发现嗜酸性粒细胞浸润。诊断 MEED 时，要考虑进行嗜酸性肉芽肿的检测，以及直肠组织血管炎和血管内壁纤维素样坏死的检测。大多数患 MEED 的马有正常的碳水化合物吸收，因为 MEED 病变与小肠相比更可能危及大肠。

用抗菌药物、驱虫药物和皮质类固醇药物治疗 MEED 病马几乎无法成功。但也有例外，一匹病马接受多次注射地塞米松后至少存活 18 个月。另一匹马也对地塞米松胃肠外给药治疗有反应，并且停止继续治疗后仍然表现正常。人类嗜酸性粒细胞增多综合征（HES）有不同的发病机制，因此治疗及预后的结果有所不同。皮质类固醇治疗一些人类 HES 患者效果很差，但用细胞毒性药物如羟基脲或长春新碱治疗时反应良好。马外用地塞米松给药没有效果，但是口服羟基脲却有一定的效果。其他用于治疗人类 HES 患者的药物还包括免疫调节药物，如干扰素 α 和环孢霉素等。尚未有 MEED 病马使用此类药物的报道。

虽然应用电子显微镜、流行病学和细菌学进行研究，但 MEED 的病因依然不清楚。一些研究报告推测 MEED 病因是反复发作Ⅰ型超敏反应，或者是食入、吸入的物质或寄生虫诱发的速发型超敏反应。因为皮肤和胃肠道都受到该病的影响，又因为糖皮质激素治疗效果很差，所以一般考虑 MEED 病马可能是由食物过敏引起的。为了验证这一理论，可以给受感染的马喂一种新的食物（即它们之前没有接触过的一种干草和谷物）。

分子生物学和免疫学的最新进展，使人们揭示了人类 HES 有不同的病因。有些 HES 症状比较严重的人，有一个染色体突变导致一种骨髓增生性疾病的发生。这种类型的 HES 人群，用皮质类固醇激素治疗的效果不大。在其他情况下，受影响的个体体内存在表型异常、活化的 T 淋巴细胞群，它们能产生嗜酸性粒细胞因子，尤其是IL-5。这种类型的 HES 病人通常用皮质类固醇治疗有效。对并发淋巴肉瘤的 MEED 病马和其他的一些并发严重的 T-细胞淋巴组织增生的 MEED 病马的诊断，提示有时淋巴组织增生性疾病可能参与 MEED 的形成。这些报告建议，MEED 病马应该检查其克隆 T 细胞潜在增殖情况。正如人的嗜酸性粒细胞增多综合征，MEED 可能有不同的病因，感染的马会有不同的预后。

（四）特发局灶性嗜酸性粒细胞性肠炎（IFEE）

就一些 IBD 病马而言，嗜酸性粒细胞浸润仅局限于肠。这些马都有不同的临床症状，但预后比 MEED 病马要好，从而单独分类为特发局灶性嗜酸性粒细胞性肠炎。回顾 IFEE 病马有关研究可以追溯到 1988 年的一篇文章和发表于 1997 年的另外一篇文章。自那时起，美国和欧洲不断有这种疾病的报告，这表明它是一个新发现的病。IFEE病马主要临床表现是腹痛而不是消瘦。当疾病损害大肠时，接近骨盆弯曲的一段左上结肠将受到影响，骨盆弯曲形成软的嵌入，同时可经直肠触诊时感觉到左腹侧结肠。当疾病影响小肠时，小肠襻膨胀，触诊或经腹超声检查时可以确定。嗜酸性粒细

胞肠炎的马腹腔液含有高浓度蛋白和正常的白细胞数；节段性嗜酸性粒细胞结肠炎马的腹腔液是混浊的或出血性的，蛋白质和白细胞浓度均增加。受感染的马不发生贫血、低白蛋白血症或低蛋白血症。

IFEE不能通过直肠活检诊断，因为嗜酸性粒细胞浸润（与MEED病马直肠黏膜嗜酸性肉芽肿相似）可以在正常马的直肠黏膜中发现。该病的诊断依赖于对病理解剖或剖腹探查获得的病变肠段的组织学检查。有水肿或出血性病变的大肠或小肠段各层都有弥散性嗜酸性粒细胞浸润。在剖腹探查时，有些马小肠或大肠内发现周壁带。周壁带是IFEE特有的，被认为是嗜酸性粒细胞诱发的酶刺激纤维结缔组织的结果。

在一篇报道中IFEE病马小肠病变段被切除。当病变发展到结肠考虑切除病变的肠段，随着病程的发展病变处常会发生坏死。切除病变的小肠段通常能解决腹痛症状，预后良好。手术治疗后临床上再复发是罕见的。

用糖皮质激素治疗的同时，实施多次少餐，饲喂营养全价的颗粒饲料后，有肠壁带的马疝痛复发的问题也可在不做手术的情况下痊愈。在一份涉及许多马在腹腔剖开术治疗腹痛时发现周壁带病例的报道中，将小肠内容物挤压到盲肠而不用切除病变肠段的治疗方法效果很好。疝痛发作的过程中要给予镇痛药，直至不再出现疝痛症状。

治疗IFEE病马往往使用具有杀虫活性的驱虫药，因为肠组织中嗜酸性粒细胞的浸润往往是由寄生虫感染引起的。但是肠道寄生虫病不太可能是IFEE发生的主要原因，除嗜酸性粒细胞以外，浸润的其他炎症细胞群不是典型蠕虫感染所具有的。

二、结节病（Sarcoidosis）

结节病是一种罕见的疾病，也被称为特发性肉芽肿病或马组织细胞病。患结节病的马往往有和MEED病马相类似的症状。发病似乎与年龄、性别、品种没有差别。临床症状主要是皮肤的病变，类似于落叶性天疱疮、MEED或嗜皮菌病。萎缩、结痂、剥脱性皮炎可能会或可能不会伴有瘙痒，从面部或肢体开始进而发展到躯干。鬃毛和尾巴通常不会受到影响。这种疾病可能（通常不知不觉）涉及肺、肝、肠、骨骼或肾。当疾病影响到肝和小肠时，马会表现为消瘦、黄疸和腹泻。对感染马进行临床研究结果是不一致的，但受感染的马通常有中性粒细胞增多，纤维蛋白原血症和高球蛋白血症。生化检测或脏腑功能检查的异常比皮肤病变更能反映脏腑的病变。组织学病变与GE病马的病变是相似。皮肤和其他受感染的脏腑典型的病理变化是包括含有多个组织巨细胞肉芽肿。该疾病的临床过程应与GE相区别。

进行人和马结节病发病原因的研究都失败了，但结节病的原因被怀疑是一种对感染因子、化学物质或异物的过度免疫应答。对马的研究表明，病因可能不是微生物。

马结节病的治疗主要是应用免疫剂量的糖皮质激素。马结节病的预后是参考少数的病例报告，但这些报告的结果表明，当在疾病的早期，仅皮肤受损时进行治疗，症状会得到缓解，甚至预后良好。当病情发展到内脏器官，如肠，则其对治疗的反应就差。

少数的一些在有毛苕子覆盖作物牧场放牧的马会患一种致命的肉芽肿性疾病，其病理表现和临床症状与马的结节病相似。牛在毛苕子地放牧时和马匹相比更有可能发展为中毒的迹象，但大多数牛和马吃这种豆科牧草没有发生疾病。毛苕子中毒的病理机制尚未确定。

三、肠道淋巴瘤（Intestinal lymphoma）

肠型的淋巴瘤可发展为弥散性浸润性肿瘤细胞或实体瘤，会致使大肠、小肠或两者都被侵害。消瘦往往是唯一的临床症状，但也有发热、水肿、嗜睡、腹泻和复发性臌气等症状的报道。偶尔在对直肠活检标本的组织学检查中可以发现异常（即有淋巴细胞性直肠炎或者在直肠黏膜下存在肿瘤细胞）。肿瘤性淋巴细胞有时是在腹腔液细胞学检查时发现的。

患病的马用糖皮质激素如地塞米松治疗可延长生存时间。糖皮质激素能减少机体在对抗肿瘤反应时产生的大量的炎性细胞，并可能使淋巴瘤收缩，使之更便于手术摘除或者化疗。马也可以用化疗药物进行治疗，如环磷酰胺（见第 96 章）。和其他动物相比，马倾向于更能接受大剂量化疗药物治疗。马的抗肿瘤药物使用办法已经公布（见推荐阅读）。临床和实验证据表明，应用孕酮可以影响马的一些淋巴瘤的生长。一些淋巴瘤有孕激素受体，因此使用孕激素或抗孕激素药物，可以帮助马淋巴瘤的治疗。

四、杯口线虫幼虫病（Larval cyathostomosis）

肠道感染杯口线虫幼虫后，在蛰伏阶段后大量幼虫出现时引起黏膜损伤，导致消瘦、腹泻和水肿，但幼虫也能通过诱导大肠或小肠黏膜固有层和黏膜下层的炎症性单核细胞和嗜酸性粒细胞产生炎症反应，而引起上述临床症状。诊断是困难的，因为粪便虫卵计数太低，还因为同群动物可能不受影响。杯口线虫幼虫引起的马 IBD 病，杀虫驱虫药治疗可能不起作用，但同时使用皮质类固醇治疗通常会产生快速的效果。

五、肠结核（Intestinal tuberculosis）

马结核病是很少被报道的。通常，这种疾病会影响多个器官系统，但在一些报道中马有单一器官病变。当疾病只影响肠时，其临床症状、临床病理学和病理剖检发现组织学病变与 GE 病马相似。肠系膜淋巴结肿大、小肠或大肠区增厚，有巨噬细胞、淋巴细胞和多核巨细胞炎性浸润。在对抗酸（Ziehl-Neelsen）染色的组织进行组织学检查时看到抗酸杆菌。结核分枝杆菌分类在胞内分枝杆菌属，包括分枝杆菌亚种副结核病（可能是 GE 的一个发病原因），结核分枝杆菌亚种和胞内分枝杆菌亚种，是大多数报告的马匹肠道结核疾病的致病原因。

结核病马的生前诊断很困难，因为正常的马用哺乳动物和鸟类用的结核菌素作结核病皮内试验时阳性结果将近 70%。对于有些马，生前直肠组织活检发现抗酸杆菌时可做出肠结核诊断。肠结核是马的一种致命性疾病，受感染的马要宰杀，因为他们目前对免疫功能低下的人类和其他动物有风险。

推荐阅读

Divers TJ，Pelligrini-Masini A，McDonough. Diagnosis of inflammatory bowel disease in a Hackney pony by gastroduodenal endoscopy and biopsy and successful treatment with corticosteroids. Equine Vet Educ，2006，18：284-287.

Edwards GB，Kelly DF，Proudman CJ. Segmental eosinophilic colitis：a review of 22 cases. Equine Vet J Suppl，2000，32：86-93.

Klion AD. Recent advances in the diagnosis and treatment of hypereosinophilic syndromes. Hematol：Am Soc Hematol Educ Prog，2005（1）：209-214. Available at http：//asheducationbook. hematologylibrary. org/content/2005/1/209. short.

Mair TS，Couto CG. The use of cytotoxic drugs in equine practice. Equine Vet Educ，2006，8：149-156.

Perez Olmos JF，Schofield WL，Dillon H，et al. Circumferential mural bands in the small intestine causing simple obstructive colic：a case series. Equine Vet J，2006，38：354-359.

Scott DW，Miller WH Jr. Skin immune system and allergic skin disease. In：Equine Dermatology. 2nd ed. St. Louis：Saunders Elsevier，2011：263-313.

Singh K，Holbrook TC，Gilliam，et al. Severe pulmonary disease due to multisystemic eosinophilic epitheliotropic disease in a horse. Vet Pathol，2006，43：189-193.

Spiegel IB，White SD，Foley JE，et al. A retrospective study of cutaneous equine sarcoidosis and its potential infectious aetiological agents. Vet Dermatol，2006，17：51-62.

Trachsel DS，Grest P，Nitzl D，et al. Diagnostic workup of chonic inflammatory bowel disease in the horse. Schweiz Arch Tierheilkd，2010，152：418-424.

（况玲　译，徐世文　校）

第 73 章　蛋白丢失性肠病诊断方法

Harold C. Mckenzie Ⅲ

蛋白丢失性肠病（PLE）是一种临床综合征，肠道疾病或功能障碍引起蛋白由胃肠道丢失，导致低蛋白血症。虽然这通常被认为是一个独立的综合征，许多不同类型的肠道疾病均可引起蛋白质进入肠腔流失。然而，在许多情况下，蛋白丢失很难检测。一些疾病的病理改变可导致肠道中蛋白的丢失，包括溃疡、炎症、糜烂、肿瘤、小肠隐窝细胞增殖、渗透压增大和细胞间隙增大。吸收不良和消化不良也可能引起蛋白质的摄入和吸收减少，也会导致低蛋白血症的发生。临床上很难区分蛋白丢失性肠病（PLE）和吸收障碍病，因为这两种疾病都可能影响到马。在马明确的诊断这种病变得更具挑战性，因为要获得有助于诊断的肠道活检标本是困难的。尽管存在这些挑战，临床兽医必须使用可获得的最可靠信息确定诊断并制订合适的治疗方案。

一、临床症状

PLE 最常见的临床症状是水肿，这主要是由潜在的低蛋白血症引起的。水肿可能在以下部位出现：下颌区（下颌间隙），腹胸部和腹部，或四肢远端。PLE 的其他临床症状包括急性或慢性腹泻，消瘦，嗜睡。在发病后期也可能出现腹水、胸腔积液或心包积液。临床病理学揭示低白蛋白血症，可伴有低、正常或高蛋白浓度。由于高球蛋白血症或并发脱水，总蛋白浓度往往显示正常，但低蛋白血症却是仍然存在。

二、鉴别诊断

肠道蛋白丢失可能还与其他疾病有关，包括炎症性肠病（IBD）、传染性肠道疾病、消化道溃疡和肠内寄生虫病。蛋白质在身体内是恒定循环的，然而，肠壁不是一个不流失的屏障。据估计，每天约 10%循环中的白蛋白流失进入肠道，但这种损失通常被肝产生的白蛋白抵消。低蛋白血症发生时，损失率超过更新率，这是因为肠道损失增加而且在肝的产生减少。因此，许多疾病过程并不涉及胃肠道，但仍可导致低白蛋白血症或低蛋白血症，包括蛋白丢失的肾病和肝的产生不足。体外出血也会消耗全身蛋白质储存并可能导致低蛋白血症。波及第三腔体液聚积状态，如腹膜炎、胸膜炎，也可能导致血清白蛋白浓度降低。严重的蛋白质或能量不足导致蛋白产生的减少，继发低白蛋白血症或低蛋白血症，或由于吸收不良和消化不良障碍，限制了养分的吸收。

4 种基本的病理生理过程导致肠道蛋白丢失性胃肠病，非糜烂性的胃肠道疾病，糜烂性胃肠道疾病，肠系膜淋巴管梗阻，中心静脉压升高造成的疾病。在马 PLE 的多数病例是与糜烂性或非糜烂性的胃肠炎有关。许多综合征疾病归于非糜烂性疾病，炎症性肠病（IBD）是最常见的，而浸润性肠疾病、肠道寄生虫和增生性肠病是不太常引发 PLE 的。传染性结肠炎或小肠肠炎伴有 PLE，除了肠道蛋白丢失这些疾病还有许多临床症状。PLE 最相关的糜烂性肠炎是右上结肠炎，胃、小肠、大肠或其他部分溃疡或糜烂也可能与 PLE 相关。罕见病例的肠系膜淋巴管阻塞可能增加，往往造成肠系膜肿瘤。中心静脉压增高可引起严重的肝脏疾病和充血性心脏衰竭。

三、诊断方法

许多动物患有 PLE 表现非特异性临床症状，这是对临床医生试图做出诊断的挑战。收集详细的病史是非常关键的，因为大多数马是慢性病，PLE 发生的一些原因与环境的影响很重要。彻底的身体检查包括胸部和心脏听诊的重要性已被证实。与 PLE 相关的很多病案唯一特征性的临床症状是沉积性水肿，这通常由于低蛋白血症引发。这里重要是对患有沉积性水肿的马进行血生化分析，以确定是否存在低蛋白血症。低蛋白血症是全部蛋白都表现降低，可能并不总是可以看到，然而，因为球蛋白浓度不总是与血清白蛋白同时下降，实际上它可能在慢性炎症或脱水时反而增加。患有 PLE 的马而无其他异常，通常是要看血液生化分析，然而总钙浓度较低通常是与低蛋白血症有关。全身性炎症、贫血或白细胞数异常必须进行全部的血细胞计数检测。血清淀粉样蛋白 A 或纤维蛋白原浓度增高在马提示发生局部或全身炎症反应，但这些都是非特异性的标记。

腹部超声波是对患有 PLE 的马诊断的重要组成部分，因为它可以根据小肠和大肠肠壁厚度进行诊断。肠壁增厚在浸润性炎性肠道疾病常见，也是增生性肠病的一个显著特征（图 73-1）。在解释这一现象时必须注意，当马出现严重的低白蛋白血症，肠壁增厚可能作为次要的现象，并且在胃肠病理学都没有描述，而在肠系膜损伤淋巴引流病例中有描述。此外，肠壁增厚，临床医生应考虑腹腔积液，这可能是腹部炎症的表现（腹膜炎）或可继发于低蛋白血症或淋巴引流障碍（腹水）。肝应检查是否纤维化、阻塞或其他异常。同时，胸部也应进行检查，主要是否有胸腔积液，充血性心力衰竭也是一种可能，进行超声波心电图

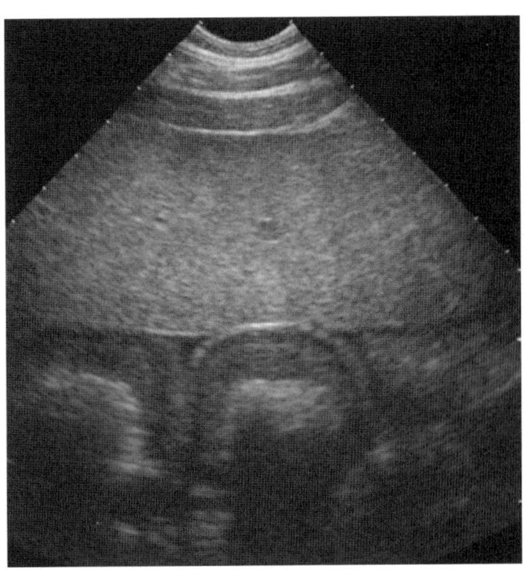

图 73-1 经腹腔超声检查增厚的小肠袢轴
(图片由 Anne Desrochers 博士提供)

检查是必需的。当腹腔内怀疑有肿块或脓肿时，在这种情况下腹部X线检查可能是有用的，或外来物质可能在胃肠道中存在（如砂性肠病、结石）。

根据初步的检查结果，可选择性地进行一些辅助诊断的测试，包括腹腔穿刺、胃镜、十二指肠镜、十二指肠活检、直肠检查、直肠活检诊断。当腹腔液体积增加时进行腹腔穿刺，当肠胃异常时进行肠腹超声检查，即使超声检查无异常，但往往也要做一个全面的诊断。当腹腔液浸到所有的内脏器官，即使没有其他明显的异常，它仍可以检测腹腔液中的炎性变化。白细胞数高于2 500 /μL时表示腹腔有炎症，并且白细胞的类型可以指示发生的病理变化。腹腔液蛋白浓度高于2.5 g/dL时表示腹膜有炎症，而蛋白浓度低则可能是腹水。腹腔液中出现异常细胞可能表明腹部肿瘤，但是这并不是高度敏感的，因为一些腹部肿瘤细胞不脱落。在腹腔液中有细菌的存在则表示有腹膜炎，特别是有大量的白细胞时，必须进行细菌学检查。在严重或顽固PLE病例中，腹腔探查术是一个诊断方法，它包括收集全层肠活检标本和适当的肠系膜淋巴结活检标本。

胃镜检查可排除胃溃疡，胃的病变很少引起大量的蛋白质流失，导致临床上发生PLE。胃溃疡导致马发生PLE，但它最有可能是一个继发病而不是原发病。在诊断方面胃肠道内镜是重要的，十二指肠镜可以诊断小肠的炎症或溃疡。在PLE病例中可能出现十二指肠的异常，并且发现可能与原发疾病综合征有关。检查可发现十二指肠黏膜炎症、糜烂、溃疡、疤痕、包块等一些潜在的变化。十二指肠镜还可以被用于做内镜活检组，采集十二指肠黏膜活检标本。建议收集2～3个标本，而不是1个单一的样本，这样能提高疾病诊断准确度。十二指肠的内镜活检的主要限制是，它很难获得深层黏膜的样本，原发部位的炎症或浸润经常发生在黏膜层内。

对大多数患有PLE的马直肠触诊是可行和有效的诊断方法。直肠触诊可以发现腹内肿块、肠位置异常、肠肿胀或小肠壁增厚。经直肠超声检查也可能是有帮助的，特别是在直肠检查发现异常时。经直肠超声检查往往会比经腹超声波图像分辨率更高，尤其是采用腹部成像检查不是很清晰的腹腔后部部位。直肠触诊也可以进行直肠黏膜活检，并可发现炎性或浸润性病变。直肠活检的局限性在于样本是从远离小肠或大肠病变的原发部位获得。出于这个原因，在直肠组织中可能观察不到病理变化，或观察到的变化可能也不是主要的疾病变化。尽管有这些限制，直肠黏膜活检依然具有诊断患有PLE马匹的价值。

另外还要考虑的诊断实验包括粪便漂浮寄生虫卵，粪便培养沙门菌，聚合酶链式反应（PCR）测试粪便的胞内劳森菌、艰难梭状芽孢杆菌和产气荚膜梭菌，以及胞内劳森菌血清学检测。粪便还可以检测潜血和白蛋白，但在马这些试验的敏感性、特异性和真实性需要考虑。潜血检测只是显示出血性溃疡在胃肠道中的某处，而不是具体的位置。粪中白蛋白的存在可能提示糜烂或溃疡病，但也可能表明是主动或被动的过程引起的蛋白分泌的损失，与黏膜完整性无关。在人类和小动物，粪便检测蛋白酶-α_1抑制剂可作为肠内蛋白质流失的早期检测，即使是在全身性低蛋白血症发生前也能非常敏感地检测到蛋白质流失。但这个测试尚未在马的诊断中验证。

此外，确定是否有肠道形态或结构异常，对于临床上评估肠道功能是非常重要的。

在许多情况下，小肠吸收试验提供了非常有用的诊断信息，所有辅助诊断测试均可进行。吸收试验的金标准是D-木糖吸收试验，该化合物在体内不被产生或代谢，使它不受任何机体代谢的影响。这个测试是给禁食12～18h马通过鼻饲管按每千克体重灌服10%D-木糖水溶液0.5g。从给药前开始，用肝素抗凝管每30min收集血液样本测定D-木糖，一直持续180min。胃肠道功能正常的马在90～180min应出现至少高于15mg/dL的D-木糖浓度吸收峰值（图73-2）。D-木糖浓度曲线平缓表示吸收不良，而峰值延迟显示胃排空延迟。

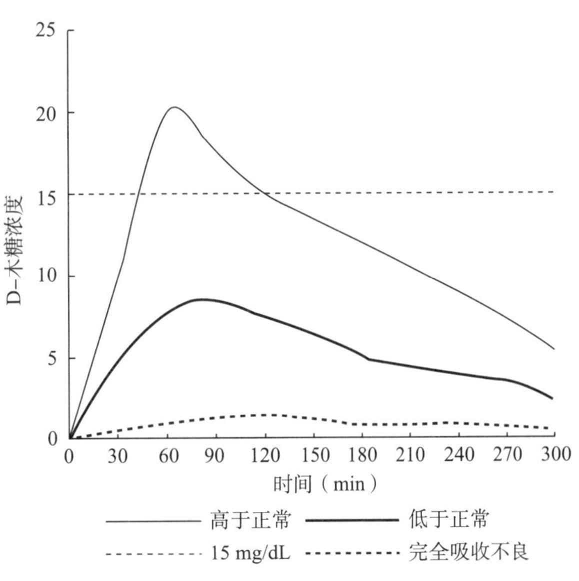

图73-2 D-木糖吸收曲线

高和低曲线描述是正态曲线，15mg/dL是诊断分界点。这显示一个典型马D-木糖吸收不良曲线

不幸的是，D-木糖吸收试验不是常规能完成的，因为得到D-木糖和找到一个能进行D-木糖试验的临床实验室是很难的，因此，大多数临床医生使用葡萄糖吸收试验。这个测试是有用的，但很容易受到吸收的葡萄糖代谢结果的影响，高血糖导致内源性糖代谢异常，或在应激反应中产生内源性葡萄糖。尽管有这些限制，葡萄糖吸收试验依然对检测受损的小肠吸收能力有用。葡萄糖吸收试验是在12～18h内快速进行，按照每千克体重1g配成20%的葡萄糖水溶液通过鼻饲管灌服。做这个最简单的方法是使用50%葡萄糖溶液，葡萄糖溶液给药体积（mL）很容易确定，马体重（千克数）乘以2（500kg×2＝50%葡萄糖1 000mL）。50%葡萄糖溶液应稀释至终浓度为20%，也就是葡萄糖溶液量增加1.5倍的水（50%葡萄糖溶液1 000mL×1.5＝1 500mL的水）。最终质量浓度为20%的葡萄糖（500g葡萄糖2 500 mL总体积＝20%葡萄糖）。从给药前就开始，每30min收集血液样本用氟化草酸管进行血糖测定，至少持续180min。在90～150min时，血糖浓度应增加到正常马的基线以上80%浓度峰值。葡萄糖浓度曲线平缓，表明吸收不良，而在峰值延迟则显示胃排空延迟。即使在正常的马也可以有一些变化，峰值浓度小于65%但大于15%以上的基线表示局部吸收不良，小于15%以上的基线血糖峰值浓度定义为完全吸收不良（图73-3）。

四、临床综合征

（一）炎症性肠病

炎症性肠病（IBD）包括淋巴细胞浆细胞性肠炎（LPE）、肉芽肿性肠炎（GE）、嗜酸性粒细胞嗜上皮多系统病（MEED）、原发性嗜酸性粒细胞性肠炎（IEE）。这些

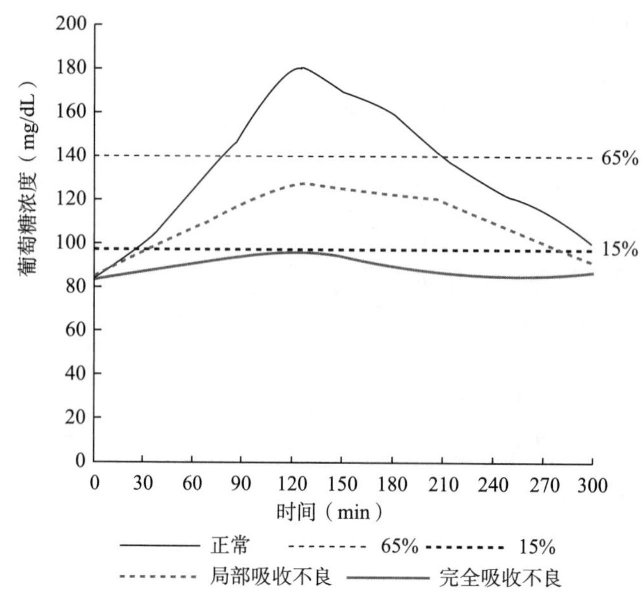

图 73-3　血糖浓度曲线图正常，局部吸收不良，完全吸收不良

诊断分界点 65%和 15%的超过基线，这表明局部和完全的吸收不良

病的名称表明了侵袭到受感染动物黏膜及黏膜下层炎症细胞的种类。淋巴细胞浆细胞性肠炎是一种罕见的疾病，但有报道任何年龄、性别和品种的马对该病都易感。LPE 死前诊断是具有挑战性的，尽管低蛋白血症并不总是能检测到，但最影响动物还是低蛋白血症。据报道，大多数感染动物的吸收试验是异常的。不幸的是，直肠黏膜活检的结果与尸检的结果不一致，因为轻度淋巴细胞浆细胞性直肠炎可以看到 LPE 以外的其他症状。皮质类固醇激素可能对患有 LPE 有些马有效，但长期使用预后较差。有人猜测，犬的 LPE 可能发展成淋巴肉瘤。

肉芽肿性肠炎以淋巴细胞和巨噬细胞浸润与肠黏膜绒毛明显萎缩为特征。这种情况非常类似于人和熊的克罗恩病以及牛的副结核病。任何年龄、品种、性别的马都可能发生 GE，但最易发生的是年轻的纯种马，有些观念认为这可能是种群的遗传易感性。GE 的病因是未知的，但值得关注的是，可能与结核分枝杆菌在副结核病和人类克罗恩病发挥的作用相似。一些研究已经确定感染抗酸杆菌的马病变类似于 GE。GE 的典型症状包括消瘦、厌食，部分动物发生腹泻或腹痛。一些患有 GE 的马有皮肤病变，通常在头部或四肢部位。最常见的临床病理变化是贫血，在感染最严重的动物能检测到低蛋白血症。在诊断 GE 时口服吸收试验没有意义，但直肠黏膜活检可能有帮助，因为直肠组织活检和 GE 手术或病理解剖与 LPE 有一定的相关性。GE 治疗通常是没有价值的，并且预后较差，有报道用糖皮质激素对部分受感染的个体可能在短期（周、月）有所改进。甲硝唑常用来治疗人的 IBD，似乎对这类病有较好的作用。假如 GE 患马感染了细菌病，给予甲硝唑可能有一些作用，因为这种药物的抗炎作用，可能会加强其他抗感染药物的作用。

原发性嗜酸性肠炎的特点是嗜酸性粒细胞和淋巴细胞浸润小肠黏膜，而 MEED 的

特点是嗜酸性粒细胞弥散性浸润肠道同时浸润皮肤、胰腺、肝、肺和肠系膜淋巴结。原发性嗜酸性肠炎是罕见的、少发的，大多数患 IBD 的马的症状有腹痛，通常体重不减轻。在 IEE 的部分病例中，嗜酸性粒细胞呈弥散性浸润，肠道的大部分部位被浸润，但部分病例发展为周壁带的局灶性肠病变。虽然 IEE 发生似乎与年龄、品种、性别无密切关系，但据报道 MEED 一直与标准马和纯血马相关，标准马被怀疑有遗传倾向。IEE 生前诊断可能是困难的，通常在确定腹部疼痛后进行腹腔探查。直肠黏膜活检是有用的，并且其活检结果与手术或尸检感染肠道的组织病理学有大约 50%的相关性。皮肤检测有助于 MEED 的诊断，在这些病例中皮肤活检可以确诊。直肠黏膜活检也可能是有用的，随着嗜酸性肉芽肿与纤维素样坏死性血管炎的检测相关性证实 MEED 特征。IEE 和 MEED 推荐用驱虫药和皮质类固醇治疗，马有肠壁褶病灶，切除病变的肠段是有益的。不管是否切除，手术后需要进行药物治疗。IEE 的马切除病灶比单纯药物治疗预后要好。一般来说，MEED 的治疗就有更多问题，因为疾病严重并且多个系统受影响。虽然有些马用激素和驱虫药治疗数周或数月有疗效，但 MEED 预后很差。

（二）马增生性肠病

马增生性肠病（EPE）是由专性细胞内的胞内劳森菌引起，这也是马驹和刚断奶幼驹发生蛋白丢失性肠病（PLE）最常见的原因。自从 1982 年首例马被确诊，这种病例随着诊断频率在增加，大多数病例在过去 10～15 年被报道。EPE 的典型特征是在 2～8 月龄马驹发病，外周水肿是最常见的症状。发病马驹也可能表现腹泻、嗜睡、消瘦、厌食、发热、腹痛。受感染的马驹最一致和显著的异常临床病理是严重的低蛋白血症和低白蛋白血症。肠道的蛋白质流失不引起溃疡，而导致分泌型上皮增殖。最有用的辅助诊断工具是腹部超声波，因为大多数感染马驹有增厚的小肠段（图 73-1）。结合特征、临床症状、低蛋白血症和小肠超声波增厚基本可确诊，血清学和粪便 PCR 可作为辅助诊断。血清学检查最常见的是免疫过氧化物酶单层细胞试验，但结果必须谨慎，因为只是有过阳性结果的报道。胞内劳森菌的粪便 PCR 具有高度特异性，但敏感性较低，已经有报道在慢性或亚临床疾病动物应用抗菌治疗后进行测试出现假阴性的结果。针对严重的低蛋白血症，初期治疗是用马血浆和合成胶体，或两者复合静脉给药，以恢复循环正常的胶体渗透压。抗生素治疗表明许多抗菌药物被报道是有效的（如单独使用大环内酯类、大环内酯配合利福平、土霉素、强力霉素或氯霉素）。四环素类是最常用的抗生素，并且是安全有效的，建议治疗期为 3 周。尽管治疗后预后良好，但在 1 岁龄驹拍卖会上，感染过的纯血马驹可能只会有较低的价格。

（三）消化道溃疡

虽然胃溃疡是目前马消化道溃疡诊断最常见的类型，但它不能引发临床 PLE。另一方面，在临床诊断中小肠溃疡很少单独发生，但这可能是 IBD 的特点。大肠的溃疡，尤其是右上大结肠最易发生的溃疡，与马发生 PLE 密切相关。这种情况被称为右上大结肠炎（RDC）是非甾体类药物中毒的表现。溃疡可能是大面积的，随着黏膜上皮表面大面积的溃疡，导致富含蛋白质的体液从破坏表面的黏膜下层渗出。RDC 的慢性病症是疾病的主要类型，典型的症状是轻度至中度腹痛、水肿、消瘦，但可能发生腹泻也可能不发生腹泻。病理变化主要是低蛋白血症继发低白蛋白血症，一些马发展为轻度贫血。RDC 的诊断可能是具有挑战性的，腹部超声检查是有用的，右上大结肠壁增厚（>6mm）可以确诊，具有突出的低回声层提示 RDC。超声检查的最佳部位在右侧 11～13 肋间，仅低于肺边缘和肝脏的中轴。RDC 的治疗主要是避免使用非甾体类药物，应用少量多次的饲喂方法。辅助车前草胶浆和玉米油的饲料添加剂可能是有益的。米索前列醇能够改善黏膜血流量，但有些马服用药物后会变得不舒服甚至发生腹泻。硫糖铝、甲硝唑、柳氮磺胺吡啶也可治疗这种情况。马柳氮磺胺吡啶没有建议剂量，但其他药物的使用剂量范围从 10～30mg/kg（按每千克体重计），每 8～24h 口服 1 次。作者使用这种药物，口服，10～20mg/kg（按每千克体重计），每 12～24h，通常开始在 20mg/kg，以后每 12h 缩减剂量直到最低有效量。柳氮磺胺吡啶的主要功能是作为非甾体类药物，允许缓解或维护甾体化合物量，从而达到减少甾体化合物剂量目的。许多感染的马对使用药物有反应，预后并不是很好，提示在一定程度上 PLE 可能存在。在严重或顽固性的发病中小肠外科手术切除或建立旁路的可能是必要的，但并不能成功治愈 PLE。

（四）肠道寄生虫感染

与 PLE 有关的主要寄生虫是小圆线虫或盅口线虫。这类寄生虫在过去 10～15 年已经具有的临床重要意义，尽管临床疾病与常规驱虫程序是不一样的。有越来越多的证据表明，小圆线虫对常见的驱虫药产生抗药性，并且小圆线虫感染疾病的临床报告增加。临床综合征已被确定与盅口线虫幼虫并与同时在肠壁内出现大量包囊期 L4 幼虫相关，并导致肠壁出现严重的损伤；受感染的动物身体状况通常会出现不良反应和腹泻，甚至可能会出现疝痛和水肿。最常见的临床病理变化是低蛋白血症和中性粒细胞增多症、贫血综合征、嗜酸性粒细胞增多症，在某些个体有淋巴细胞增多。低蛋白血症可能不会检测到，这是因为一些个体有高的球蛋白血症或脱水。该综合征是最常发于 1～3 岁幼畜，并具有明显的季节性，在大多数情况下出现在温带地区早春和热带地区的秋季。诊断是具有挑战性的，除非有大量的幼虫在粪便中检测到，但这并不是完全一致的。粪便虫卵计数可能不能准确反映感染的严重程度，因为在这些情况下出现的可能是没有发育成熟的幼虫和没有受精的虫卵。手术活检可以确定，但这种诊断方法在大多数情况下是不合适的。腹部超声检查可以识别部分肠壁增厚，但在大多数情况下，诊断基于临床特征、病史和发病时间，还应排除其他可能的因素。治疗可能是无价值的，肠道严重受损及潜在的抗药性，使得预后可能较差。支持性治疗是重要的，主要包括输液治疗（血浆、羟乙基淀粉）、适当的驱虫药（莫西菌素、芬苯达唑）和抗炎治疗。当遇到疑似或确诊盅口线虫幼虫病例，临床兽医应假定农场环境被小型圆线虫严重污染，应适当进行调查和提出畜群管理建议（见第 77 章）。

推荐阅读

Barr BS. Infiltrative intestinal disease. Vet Clin North Am Equine Pract，2006，22：e1-7.

Brown CM. The diagnostic value of the D-xylose absorption test in horses with unexplained chonic weight loss. Br Vet J，1992，148：41-44.

Corning S. Equine cyathostomins：a review of biology，clinical significance and therapy. Parasit Vectors，2009，2 (Suppl 2)：S1.

Frazer ML. Lawsonia intracellularis infection in horses：2005-2007. J Vet Intern Med，2008，22：1243-1248.

Jones SL，Davis J，Rowlingson K. Ultrasonographic findings in horses with right dorsal colitis：five cases（2000-2001）. J Am Vet Med Assoc，2003，222：1248-1251.

Kalck KA. Inflammatory bowel disease in horses. Vet Clin North Am Equine Pract，2009，25：303-315.

Peregrine AS，McEwen B，Bienzle D，et al. Larval cyathostominosis in horses in Ontario：an emerging disease? Can Vet J，2006，47：80-82.

Pusterla N，Gebhart C. Equine proliferative enteropathy caused by Lawsonia intracellularis. Equine Vet Educ，2009，21：415-419.

Schumacher J，Edwards JF，Cohen ND. Chonic idiopathic inflammatory bowel diseases of the horse. J Vet Intern Med，2000，14：258-265.

Steinbach T，Bauer C，Sasse H，et al. Small strongyle infection：consequences of larvicidal treatment of horses with fenbendazole and moxidectin. Vet Parasitol，2006，139：115-131.

（况玲　译，徐世文　校）

第 74 章　大结肠（升结肠）疝痛的药物治疗

Vanessa L. Cook

马大结肠紊乱导致的腹痛十分普遍。这种腹痛常见于幼年或者中年的表演马，因经常摄入大量谷物和甜菜所致。碳水化合物通常水解成为单糖并且主动吸收进入小肠。然而，大量水解的碳水化合物在同一时间被消耗，小肠分解碳水化合物的负担会过大，同时未分解的碳水化合物会进入盲肠和大结肠，它们在其中受到细菌发酵作用，会导致肠道内容物变得稀软且含有更多的气泡，而那些平时吃碳水化合物较少的马就不会有这种情况。这种肠道内容物性质的变化能够引起大肠发生变位甚至扭转。此外，每天饲喂一顿或者两顿大量的饲料可能会导致餐后瞬时脱水和肾素-血管紧张素-醛固酮系统的激活来保水。在结肠内容物中共同吸收作用最终会导致肠梗阻的发生。由此推荐，每次给料量不要超过马体重的 0.2%（对于一匹 450kg 的马，饲料量大约 0.45kg）如果马需要摄入高热量的饲料，可以每天增加饲喂的次数，而不是增加每次的饲喂量。

绝大多数患有结肠疝痛的马都可以通过药物治疗。唯一例外的是患有结肠扭转的马，对于患有结肠扭转的马尽早进行手术治疗是康复的关键。因为许多患有结肠变位或者梗阻的马对于强化的药物治疗都有一个很好的反应，治疗效果远远好于在 10～15 年前所采取的手术治疗方案。药物治疗的花费远远小于手术治疗的费用，并且能够让马尽早回到工作中去。在手术治疗受到经济，距离，设备或者个人原因限制时，药物治疗同样为畜主提供了一个另外的选择。在这种情况下，可以尝试通过加大治疗药物的剂量以得到一个良好的治疗效果。

一、是否应该在这种情况下尝试药物治疗？

在决定进行进一步的药物治疗之前，应该采取所有的检查方法以确定疝痛而不是肠管的缺血性损伤，如大肠扭转，因为这种疾病需要进行手术来进行矫正。如下几种诊断工具对于确诊有很大的帮助：①腹腔超声探查，应该是确诊的起始。尤其是当通过直肠检查可以检查到大结肠出现肠臌气时；②超声波，可以用于区分大结肠扭转是否需要进行手术治疗和结肠变位能否通过药物治疗。大结肠中的气体和内容物能够干扰声波穿透结肠，因此超声检查应该首先用于评估大结肠肠壁的厚度。结肠肠壁厚度的评估，在腹前部做超声的效果最好，即从胸骨后侧的位置（在做腹腔穿刺的位点上）。结肠的肠壁厚度通常少于 5mm，但是在结肠壁水肿时会大于 9mm。当观察到结肠水肿，并且有其他并发症状时，如心跳增快和严重疼痛，那么 100%应确定为结肠扭转。急性结肠扭转在病程的早期，肠壁厚度可能不会超过 5mm，但是肠壁会在静脉回流受阻时开始增厚。所以，如果在结肠扭转发生 1h 后进行超声检查，会观察到肠壁增厚。

另外一种用于诊断严重肠道问题是否可以通过药物来进行治疗的重要诊断技术，是腹腔穿刺。腹腔液的颜色可作为诊断绞窄性肠梗阻的重要指标，因为红细胞可以从局部缺血的肠道中渗出到腹腔液中。如果从腹腔中抽出了浆液血性液，就说明肠道的损伤 99%需要手术来矫正。同时也需要对腹腔液中的总蛋白进行测定。总蛋白浓度大于 2.5g/dL 能够说明局部缺血或者炎症，如腹膜炎或肠炎。小肠损伤的腹腔液的变化比大肠损伤更敏感，并且在肠扭转时腹膜液会呈现出正常的颜色。尽管如此，腹腔穿刺还是十分有用的，当发现正常的腹膜液颜色的时候，能够确认马确实有着大结肠问题，并且像网膜孔嵌闭疝这种问题不会被忽视掉。

最后一种技术可以用于检测严重的结肠问题，即测量血液中乳酸浓度。丙酮酸是葡萄糖进行糖酵解反应后的产物，随后用于三羧酸循环中生成三羧酸腺苷。然而，在缺氧的条件下，丙酮酸被转化成为乳酸。血液中增加的乳酸浓度是早期厌氧代谢和不良的末梢血管灌流所致。乳酸浓度可以通过使用手持式测乳器来快速经济地测定。血液中乳酸浓度应该少于 0.8mmol/L。马轻微的乳酸升高十分常见，说明了疝痛造成了能量的消耗。然而，对于任何患有疝痛的马，血液中乳酸浓度低于 4mmol/dL 表明了不良的组织微循环灌注，在这时就需要对马进行大量的静脉注射补液。当马患有大结肠扭转并且血浆中乳酸的浓度高于 6mmol/L，通常都表示预后不良。采集腹膜液也能够测量乳酸浓度。通常情况下腹膜液和血液中的乳酸浓度是相同的，但是因为乳酸十分容易从受损的肠管渗出到腹腔液中，所以当腹膜液中的乳酸浓度要高于血液中的时候，就表明了肠管局部缺血或者发炎。

如果从这些基本检查中得到结果的数值都在正常范围内，那么马的升结肠的疾病就不会那么严重，而且不需要进行手术治疗或者安乐死。并且可以尝试进一步药物治疗。接受药物治疗的马应该定期检查，并且当马的疼痛加剧或者心血管系统出现功能问题的时候，要重新检查。

二、某些特殊的大结肠疾病的治疗

（一）骨盆曲梗阻

大结肠的梗阻往往发生在骨盆曲或者右上的位置。发生的诱因包括水分摄入减少和骨盆曲蠕动减缓等。母马发病的概率会更高一些，并且有些个体的梗阻有重新发作的倾向。

对于肠梗阻，传统的治疗方法是通过鼻胃管灌矿物油。在灌服矿物油的时候要注意绝对不要把矿物油注入嘴中，因为矿物油不会激活鼻咽的吞咽反射，反而会因马的呼吸而进入呼吸道，这样的结果往往是致命的。矿物油既不能将梗阻物溶解掉，也不能润滑肠道以使梗阻物排出，其唯一的作用是作为一个标记物，从肠道一端流向另一端，所以矿物油的作用是微乎其微的，但是动物主人都对此抱有很大的期望。其他用于治疗梗阻的药物包括缓泻药，如硫酸镁或者硫酸钠，以及一些表面活性剂像多库酯钠。通过静脉注射晶体液体来提高体液平衡有助于肠道内的分泌，因此能够对梗阻进行再水化。在一项研究中，比较了硫酸钠、硫酸镁、静脉注射补液、水和口服平衡电解质对于提高结肠水含量和血浆电解质浓度的效果，结果表明，口服平衡电解质是结肠梗阻最好的治疗药物，因为该药是唯一能够水化右上大结肠肠道内容物而不导致电解质失衡的药物。

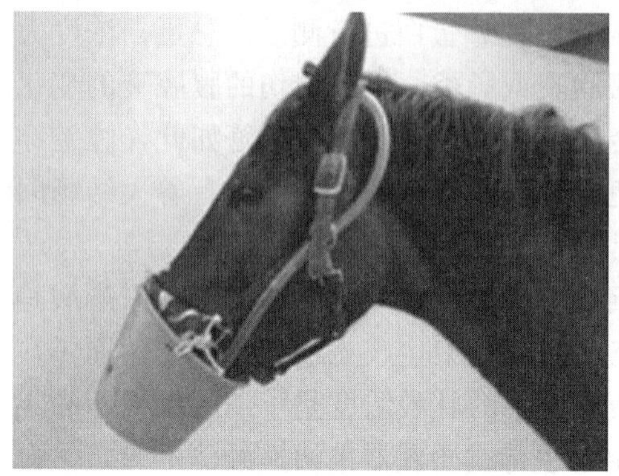

图 74-1　一匹插着胃管的马。胃管绑在笼头上，并用口套防止胃管掉出来

对于治疗骨盆曲梗阻的最好选择是肠道内补充等渗液体，这样能够解决 99%的梗阻。治疗时很少需要进行静脉补液，除非是心血管功能受到了损伤。消化道内补液不仅能够有效地水化梗阻物，还能够造成胃扩张，这样能够引出胃和结肠的返流和造成结肠的收缩。该作用能够有助于梗阻的排出。在给药的时候，应该将胃管绑在笼头上来保证胃管始终能够维持在那个位置上。大多数马能够忍受，但是也应该使用口套来防止马将管子在治疗的时候推出（图 74-1）。对于给药前检查胃返流是十分重要的，因为软化的梗阻物膨大，将压迫十二指肠阻止胃的排空。如果从胃管中出现了返流，那么就要停止给药了。通常将电解质添加到 4～6L 的温水配成等渗溶液。可以选择的配方有多种，但是包含 NaCl 和 KCl 的配方对于防止电解质平衡紊乱是十分有效的。在之前提及的调查研究中，等渗溶液最有效的配方是每升水含有 5.27gNaCl、0.37gKCl 和 3.78g$NaHCO_3$。一个简单的替代配方是 30mL NaCl 和 30mL KCl 溶解于 4～6L 水中。由于一次给药的液体过多，所以应该在胃管的末端接上一个漏斗，通过重力作用将液体灌入到胃中（图 74-2）。

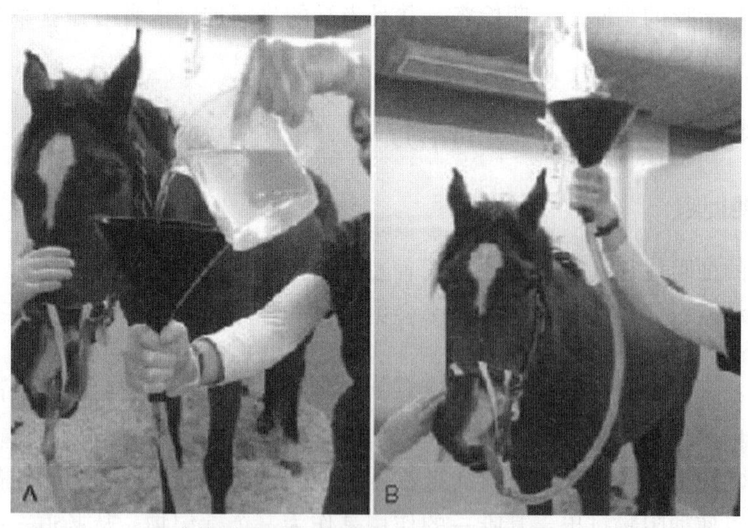

图 74-2　A. 正在接受肠道补液治疗的马　B. 补液量大，液体可以在重力的作用下通过漏斗灌入，而不是用泵

有时在给药后马会出现疝痛加重的症状。这有可能是因为胃部扩张或者结肠在梗阻的部位收缩造成的，这有可能进一步造成液体的返流，并且不能认为这是治疗失败的表现。在给药后，对马进行 5～10min 的牵遛对治疗十分有帮助的。一些马忍受不了投放胃管，会导致马不断地呕吐和咀嚼胃管。在这些病例中，会有发生食道穿孔的风险，所以这个时候应该用其他的替代疗法。

在一项研究中，讨论了等渗肠内补液治疗的几种方式的有效性。通过鼻胃管每隔 30min、1h 或 2h 灌服 4～6L 的等渗溶液，结果显示，每隔 30min 或者 1h 给药 1 次的马大约需要 40L 水，然后梗阻在 12～24h 的时候会完全排出，采取这种治疗方法需要的药剂和治疗的时间均小于每隔 2h 给药一次的方案。通过静脉注射并用两倍的给药速率［5mL/（kg·h)］补液，则梗阻平均在 72h 的时候溶解掉，并且需要超过 80L 的晶体液体，总共需要液体体积是通过消化道给药的 4 倍。所以研究表明，通过肠道等渗液体治疗，每隔 1h 灌入 4～6L 液体是最有效的治疗方法。

同时，对于插着胃管的马，不应给予任何食物和水。在直肠检查确诊梗阻已经排出之后，可以逐渐恢复给料，在最开始的时候应给青草。因为大结肠的支配神经活动能力还比较弱，所以有些马可能还会有梗阻复发的可能性。因此，在寒冷的月份里使用加热器对水进行加热和每天对马进行放牧增加胃肠活动能力，也是十分重要的。

（二）右上大结肠变位

大结肠变位造成的疝痛，会伴随着结肠臌气的发生和肠系膜韧带的拉紧变化，可以通过直肠检查摸到，通常结肠肠壁增厚会通过超声观察到。转诊中心对于此类病例采取的治疗方式更多的开始选用药物治疗，同时可以在农场中进行此类的药物治疗。药物治疗的目的是排空结肠内容物和气体然后结肠就能够回复到正确的位置。这种变位往往成为右上侧变位，因为结肠位于腹部右侧的背侧位，在盲肠和腹壁之间。

右上大结肠变位患马，疼痛往往是由于肠系膜的牵拉和结肠的扩张和拉伸造成的。当气体从肠内移除后，肠腔的扩张和疼痛会得到缓解。此外，减少结肠内的气体扩张能够减轻盲肠和结肠肠道内的压力，并且会提高胃肠道的蠕动能力。大量的气体可以通过套管针穿刺来排除，这种治疗操作可以在站立，镇静的马身上进行。扩张的结肠或者盲肠可以通过直肠结肠或者腹部超声来确认，最明显的超声部位是腰椎窝。在右侧肷部臌气最为明显的部位剃毛清洗并进行消毒（图 74-3）。可以在皮下到腹斜肌之间注射 1～2mL 的 2%利多卡因溶液。可以用标准 13.3cm（5.25in）14G 的套管针垂直刺透腹壁，穿过肠壁进入含气的肠管，然后在管子的末端闻到肠道的异味。检查气体是否存在的最简单方法是将管子的另一头浸没在水中（图 74-3）。在水中接连出现的气泡表明了气体在持续地离开。当气泡停止的时候，拔出套管针然后在穿刺孔周围注射 300mg（3mL）庆大霉素。腹壁套管针穿刺的术后并发症并不常见，但是最常出现的是腹壁局部脓肿的形成。在套管针拔出的时候，注射一定的庆大霉素是防止脓肿发生的关键环节。对于肠道造成的损伤和感染性腹膜炎是少见的，同时如果在穿刺之后还进行手术探查，通常会对穿刺点进行检查。

除了腹腔穿刺外，当出现骨盆曲梗阻的时候，结肠的运动性可以通过肠道内补液

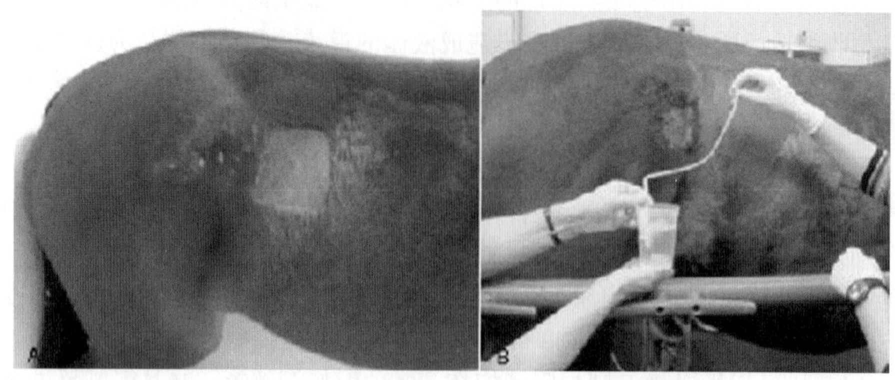

图 74-3 左肷部进行套管针穿刺的典型部位

A. 该部位在进行操作前要剃毛并且清洗消毒 B. 将套管针通过腹壁穿刺进入臌气的肠管内，可以通过放置一根延长的管子并通到水中观察水中出现的气泡来确认气体的存在

的方式来刺激。这也能够帮助分解在大结肠变位的时候右上大结肠出现的梗阻。使马慢跑或者快步 10～15min 并静脉注射浓度为 25ml/L 葡萄糖酸钙也能帮助治疗结肠变位。低剂量的镇痛药，包括氟尼辛葡甲胺和赛拉嗪，能够用于控制疼痛。肠胀气可能是一个好的症状，说明肠道的运动正在恢复，变位正在被矫正。当各种治疗方式结合使用的时候，总计的治愈率可以达到 64%。通过药物治疗右上大结肠变位，应该从始至终的每隔数小时都对其进行一次检测，直到疼痛减轻。严重的或者持续的疼痛并且对于止疼药治疗效果不敏感，并且临床检查出现器官功能不全，或者直肠检查发现症状加重的时候，就说明需要进行手术对变位进行矫正。

（三）脾肾韧带嵌顿

脾肾韧带嵌顿是指大结肠左上方变位发生在结肠左侧腹部四分区上移的时候，然后挂在了肾脏和脾脏韧带上。通过直肠检查可以发现结肠挂在了肾脏和脾脏的区域。此外，还能通过超声检查进行确诊。当发生脾肾韧带嵌顿时，左侧的肾脏由于肠道中气体的存在阻挡了回声的传递所以无法观察到。由于十二指肠受到结肠的压迫，所以会发生胃部胀气，该病变会阻止胃部的排空。因此，建议在药物治疗前先用胃管排空胃部的空气。有时，发生这种病变的马往往会发生严重的腹痛，类似于发生结肠扭转的马，但是在超声检查的时候不会出现结肠壁增厚，并且直肠检查的时候两种病变的症状不同。

绝大多数病例通过药物治疗可以成功治愈。当结肠出现嵌顿的时候，结肠会阻止静脉血液从脾脏中流出，导致脾脏严重充血，并且将结肠“卡在”肾脏脾脏区。因此，标准的治疗方案是使用苯肾上腺素，一种 α_1 受体激动剂，使得脾脏收缩。这样结肠就能够顺利地掉落下来，回到正常的位置，标准的苯肾上腺素剂量 3μg/kg，通过静脉注射。通常 1mL 的药瓶含有 10μg。因此使用的剂量大约是 10mg 或 20mg，20mg 的剂量（两小瓶）可以用于一匹大的混血马。因为 α_1 肾上腺素的作用，苯肾上腺素能够导致血管收缩，心动过缓，血压升高。所以在给药的时候应该逐渐缓慢的给药，最好的操作办法是将药物溶解到 60mL 的等渗溶液中，花费 10min 左右的时间进行注射。在给药的时候应该对心

率进行监护，并且注射时候的心率应该控制在 20 次/min。在给药后的 20min 内，药效能够达到最大效果；因此只要是给药后，就应该让马保持运动 20min。

根据报道记载，15 岁龄以上的马在使用了苯肾上腺素后，可能会偶然发生致命的出血。受到损伤的马使用苯肾上腺素会出现急性的心血管系统症状，在 5 个报道的病例中有 4 匹马死亡。死亡的马或者出现胸腔出血或者出现了腹腔出血，但是真正的出血源只在一匹马身上得到了确认，该马是一匹种母马，在子宫中央动脉中发现了出血。总的来说，对于 15 岁以上的马，苯肾上腺素导致的出血是年轻马的 64 倍。引起这种现象的原因尚不清楚，但是根据推测由于老年马血管顺应性的变化和动脉平滑肌变薄会导致血管由于高压撕裂。

因为有致命的出血风险，所以在对老年马进行苯肾上腺素用药的时候应该考虑利弊。采取手术治疗的时候，应该考虑手术所带来的风险和可能的并发症。总体的苯肾上腺素治疗脾肾韧带嵌顿成功率是 76%。然而，保守治疗方式包括停止进食，同时或者分别进行肠道和静脉补液，并进行镇痛治疗而不给苯肾上腺素，这种治疗成功率大约在 80%。因此，对于老年马的脾肾韧带嵌顿治疗在初始的时候应该与治疗大结肠变位相似，而不用苯肾上腺素治疗。

如果使用了苯肾上腺素，在牵遛后要时常对马进行直肠检查或者超声检查来确定脾肾韧带嵌顿是否已经矫正过来了。如果排出气体或者粪便，则说明治疗有效。在牵遛后，最好将马放在畜栏内以便观察疝痛是否重新发作。持续的疼痛是好的表现，因为脾肾韧带嵌顿没有被矫正，并且需要进一步进行药物治疗或者手术治疗。对于苯肾上腺素可以反复进行给药，但是兽医必须肯定疝痛是由于脾肾韧带嵌顿造成的。然而，在一些情况下结肠始终处在悬挂的状态。在这个时候，可以采取打滚复位法来矫正，但是这种方法仅供参考，而不是治疗的一个选项。患马应该采取野外麻醉的麻醉方法，采用赛拉嗪和氯胺酮进行麻醉，并且使马向右侧躺下。着就能让脾脏远离腹壁同时气体能够托举结肠离开肾脏和脾脏的空位。然后将马推至背躺的体位，保持该姿势 1～2min，随后进一步将马完全推向右侧，使其右侧躺在地面上，在该姿势下脾脏会紧贴左侧腹壁。在这时，如果需要再通其胸骨滚一圈然后返回右侧平躺的位置，这样就能够对右肾进行超声检查来判断该治疗方式是否成功。在这时，超声检查和直肠检查均对假阴性结果有一个很高的排除率，所以如果在治疗后有任何疑惑，在马从麻醉中恢复后要对马是否还存在疼痛进行检查，这样要好过手术中对马实施安乐死。一项最近的研究表明，58%马通过打滚复位法能够完全康复，同时在全麻之前可以通过注射苯肾上腺素来提高治疗的成功率。

三、总结

多数大结肠问题导致的疝痛，预后良好。药物治疗在临床治疗受到越来越多的推崇，而只有在疼痛是持续的并且表现出心血管症状的时候才采取手术治疗。但是本文中描述的一些方法需要大量的人力，这些方法为野外工作的兽医提供了一个除安乐死之外的治疗的方法。

推荐阅读

Baker WT，Frederick J，Giguere S，et al. Reevaluation of the effect of phenylephrine on resolution of nephrosplenic entrapment by the rolling procedure in 87 horses. Vet Surg，2011，40 (7)：825-829.

Frederick J，Giguère S，Butterworth K，et al. Severe phenylephrine-associated hemorrhage in five aged horses. J Am Vet Med Assoc，2010，237 (7)：830-834.

Hallowell GD. nteral fluid therapy in 108 horses with large colon impactions and dorsal displacements. Vet Rec，2010，166 (9)：259-263.

Hardy J，Bednarski RM，Biller DS. Effects of phenylephrine on hemodynamics and splenic dimensions in horses. Am J Vet Res，1994，55 (11)：1570-1578.

Hardy J，Minton M，Roberson JT，et al. Nephrosplenic entrapment in the horse：a retrospective study of 174 cases. Equine Vet J Suppl，2000，32：95-97.

Johnston K，Holcombe SJ，Hauptman JG. Plasma lactate as a predictor of colonic viability and survival after 360 degrees volvulus of the ascending colon in horses. Vet Surg，2007，36 (6)：563-567.

Kalsbeek HC. Further experiences with non-surgical correction of nephrosplenic entrapment of the left colon in the horse. Equine Vet J，1989，21 (6)：442-443.

Lindegaard C，Ekstrom CT，Wulf SB，et al. Nephrosplenic entrapment of the large colon in 142 horses (2000-2009)：analysis of factors associated with decision of treatment and short-term survival. Equine Vet J Suppl，2011，(39)：63-68.

Lopes MA，White NA 2nd，Crisman MV，et al. Effects of feeding large amounts of grain on colonic contents and feces in horses. Am J Vet Res，2004，65 (5)：687-694.

Mc Govern KF，Bladon BM，Fraser BS，et al. Attempted medical management of suspected ascending colon displacement in horses. Vet Surg，2012，41：399-403.

Monreal L，Navarro M，Armengou L，et al. Enteral fluid therapy in 108 horses with large colon impactions and dorsal displacements. Vet Rec，2010，166 (9)：259-263.

Pease AP，Scrivani PV，Erb HN，et al. Accuracy of increased large-intestine wall thickness during ultrasonography for diagnosing large-colon torsion in 42 horses. Vet Radiol Ultrasound，2004，45 (3)：220-224.

（王志、单然、张剑柄　译，徐世文　校）

第 75 章　小肠腹痛

R. Reid Hanson　Valeria Albanese

小肠引起的腹痛被分为绞窄型和非绞窄型。绞窄型会阻断肠内容物的流动和肠道的血液供应，导致组织坏死（如绞窄型脂肪瘤）。非绞窄型不影响血液供应。非绞窄型的成因有阻塞和炎症两种。阻塞型损伤引起肠道运输机能破坏（如回肠嵌塞）；发生炎症时，炎症介质作用于肠内神经系统和肌肉组织，导致肠梗阻，前端小肠炎如前部肠炎。患有小肠疾病的马表现出中度到重度腹痛。心率增加是一种典型症状。通常在48 次/min或更高，取决于疼痛、脱水和内毒素血症的严重程度。呼吸频率可能正常也可能升高。可能看到腹部臌胀。胃肠音可能减弱，也可能正常。损伤的类型和持续的时间不同，黏膜的颜色、毛细血管再充盈时间也可能不同。胃管返流的量也可能不同，但应该能发现一些胃液。如果损伤在远端，而且腹痛的时间较短，可能无胃管返流。通常在直肠检查时发现膨胀的小肠肠袢。由于缺乏小肠内容物的流入，大肠内容物通常干硬。

腹部超声探查能发现直肠检查不能发现的一些细小的损伤。腹部超声探查能通过与生殖系统检查时使用的直肠探头轻易实现。一般情况下，很难发现有收缩能力的小肠。然而能发现多个圆形、直径超过 4cm 的小肠肠袢横断面，肠壁增厚时为小肠疾病的示病症状。多个多边形、直径小于 3cm、能移动的肠袢通常是由于镇静或其他药物（如丁溴东莨菪碱）引起的。

内毒素血症症状，包括毛细血管再充盈时间延长，心率超过 60 次/min，黏膜颜色发白，中毒性出血点/线，指示可能为绞窄型损伤或前部肠炎。绞窄型损伤时，马的直肠温度通常正常、全血细胞计数指数正常。绿棕色的胃管返流量可能不同。由于疼痛主要是由肠管闭塞和肠绞窄引起，通常在胃返流减压后疼痛更加明显。

前部小肠炎时，可能出现发热。全血细胞计数指数异常（经常是白细胞减少或增多，核左移）。纤维蛋白酶原浓度升高。胃返流液很多，颜色为浅红色至棕色，恶臭。腹痛大多是由于胃胀，减压后疼痛减轻。非绞窄型小肠阻塞时，全身症状较轻级，通常疼痛也更轻。内毒素血症不常见。病马轻微脱水。黏膜颜色正常，毛细血管再充盈时间或略延长。腹腔液评估有助于确定小肠损伤的原因。绞窄型损伤时，蛋白质和红细胞从肠壁渗漏到腹膜液中，白细胞随后渗出。腹腔膜液颜色为从草黄至浅红，这是绞窄型损伤最早期的、最敏感的指征。随后蛋白质浓度增加（正常值＜2g/dL），这些变化发生于白细胞数量增加之前。尽管成年马腹腔液白细胞计数 5 000～10 000 个/μL 报告为正常，大部分正常马的白细胞计数为＜1 000个/μL。对于马驹，腹膜液白细胞计数＞1 500 个/μL 时表示异常。

一、小肠绞窄型损伤

（一）病因学

目前已发现小肠绞窄的原因有以下几种。

脂肪瘤：是由脂肪组织形成的圆形瘤状物，通常位于肠系膜上。虽然脂肪瘤是良性的，可能随着马的年龄增加而变大。与肠系膜相连的部分为长杆状，可能包裹一部分肠系膜或小肠的肠袢。这种疾病在年轻马中不常见，在超过 15 岁的马中常见，特别是骟马和矮马（图 75-1）。

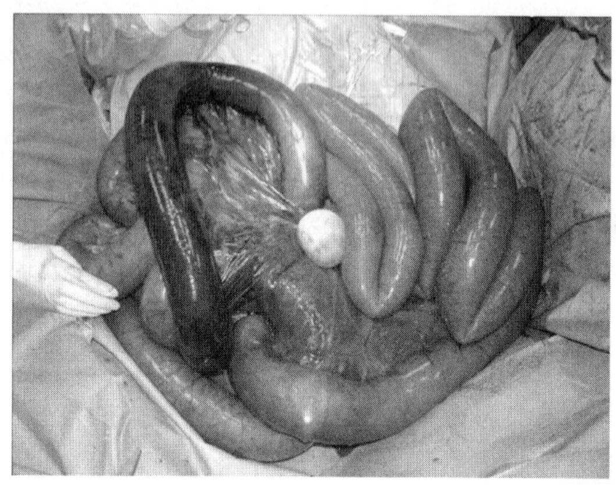

图 75-1　绞窄脂肪瘤造成小肠严重臌气、坏死

小肠嵌入网膜孔：网膜孔是网膜囊的开口。一般为开口于腹腔右背侧的头侧的长 5cm 的裂缝，以胃胰褶为边界，位于肝十二指肠韧带尾部、门静脉腹侧、肝尾状叶头侧、后腔静脉背侧。小肠可能以从右向左或从左向右的方向嵌入这个孔中。咽气癖是导致这种情况的众所周知的危险因素之一（可能引起膈撕裂），只要小肠不是永久性嵌入网膜孔中，患马只是表现出强度和持续时间不同的腹痛症状。如果嵌入的小肠在腹腔中膨胀，则患马表现出不同程度的呼吸困难。

腹股沟（阴囊）疝：发生于公马。一部分肠道通过腹股沟内环滑入腹股沟管，进入阴囊中。特别是在役用后易发生。病马单侧阴囊变大，温度低，触诊疼痛。直肠检查发现变大的腹股沟环中有小肠。

引起小肠绞窄的因素还包括胃脾韧带嵌闭和小肠扭转，不过不常见。

（二）病生理学

大多数病例，肠系膜静脉和部分维持血液供应的动脉在早期阻塞，会引起受影响肠道出血性损伤，从而导致充血、黏膜变性，最终坏死。肌层、浆膜层随后也受到影响。其余的肠管可能由于膨胀而损伤，也可能在绞窄被纠正后发生再灌注损伤。由于损伤肠管的渗透性增大，所以常发生内毒素血症。空肠远端和回肠最易受影响。

（三）临床症状及临床病理学

血管闭塞能引起不同程度的肠道损伤。临床症状与肠道损伤的程度相对应。血管闭塞还能引起伴随内毒素血症的渐进性心血管损坏。腹痛从中度到重度不等，心率增加（>60 次/min）这些是受到疼痛和内毒素血症的影响。皮肤弹性降低、眼球凹陷，脱水指征严重。鼻胃管插管通常能见到返流，胃减压之后不能减轻疼痛。一些严重的病例可能出现明显的腹部臌胀。常见低血钙、低血钠、低血钾、代谢性酸中毒、高阴离子间隙值、高乳酸血糖浓度也可能升高。胃肠停滞与真性肝损伤相反，肝脏酶值通常高。侧卧时间延长、反复打滚、快步运动，肌酸激酶可能增高。

（四）诊断

小肠臌胀在直肠检查和超声诊断中是可以明显发现的。小肠肠壁呈现渐进性水肿和增厚。腹腔穿刺液高蛋白质浓度（>2g/dL），病程时间较长的情况下，白细胞计数会大于5 000个/μL。腹腔穿刺液，乳酸浓度比外周血乳酸浓度显著升高。

（五）治疗方案和效果

手术整复是一种治疗方案，应在第一时间将马转诊至手术室。在进行检查或马匹运输之前可以使用赛拉嗪（0.2～1mg/kg，静脉或肌内注射）或地托咪定（0.01～0.02mg/kg，静脉注射）合用控制疼痛，以保证安全完成检查。氟尼辛葡甲胺（1.1mg/kg）静脉注射能控制疼痛，并能减轻内毒素引起的炎症反应。麻醉前必须使心血管系统恢复到正常状态，尽量在运输前做到。早期可以使用高渗盐水（1～2L/500kg，静脉注射）或胶体液（羟乙基淀粉8～10mL/kg），随后应立即使用等渗液体以保证血管内血容量。

尽早进行手术治疗能够降低切除肠管的概率，也是决定术后存活率的最重要的因素。但是，由于诊断和手术的延误，小肠迅速发生坏死，大部分马需要对小肠坏死段进行小肠断段吻合术。常见的术后并发症包括肠梗阻、粘连、死亡。术后肠梗阻是由于缺乏渐进性小肠运动而导致，引起连续的、大量的胃返流。肠梗阻持续的时间完全不可预料，一些马返流数周，需要通过胃肠道外给予营养和重复的胃减压。液体疗法需补充需要量和补充丢失的液体，但应注意避免过度补水，这会导致胃肠返流的量增加。治疗术后肠梗阻的药物包括利多卡因［1.3mg/kg，静脉注射15min后按0.05mg/(kg·min)的恒定速率滴注］。其他药物有甲氧氯普胺［0.04mg/(kg·h)，静脉注射］、西沙必利（0.1mg/kg，肌内注射）、氨甲酰甲胆碱（0.025mg/kg，皮下注射）、红霉素（0.5mg/kg，静脉注射）、新斯的明（0.02mg/kg，静脉注射）。

小肠粘连可能影响很小，只表现为非特异性、轻微的腹部不适；也可能严重到引起肠道阻塞或绞窄。术后1～2周临床症状通常不明显。一些病例可能只需要减少日粮的摄入量就能自愈。但是如果阻塞或绞窄未见减轻，则需要手术治疗。年轻马容易发生粘连，复发率也高。小肠切除术后短期长期的存活率分别是75%和65%。影响存活率的因素有手术前的时间，内毒素血症持续的时间以及系统受影响的程度、小肠臌胀和炎症的程度、手术持续的时间、术者的经验、断端吻合类型，例如，进行空肠-空肠吻合术比空肠-盲肠吻合术的马预后好。

二、非绞窄性损伤——十二指肠炎-近端空肠炎

（一）病因学

十二指肠-近端空肠炎（DPJ），也被称作前或近端小肠炎，以小肠近端部分炎症为特点，小肠及胃中积液，导致内毒素血症和腹痛。病因不明，有报道检出沙门菌和梭

状芽孢杆菌，尚未能证实两者与此病有因果关系。

（二）病理学

在十二指肠和近端空肠通常有肉眼可见的损伤，浆膜面见出血斑和出血点。黏膜层充血，有瘀斑和溃疡。炎症导致黏膜分泌到小肠中的钠和氯离子增加，伴随着水分子的运动。蛋白质最终穿过破坏的黏膜和毛细血管内皮漏入肠腔。内毒素使得肠神经系统的活性降低、运动性减少，从而导致近端小肠积液性臌胀、胃臌胀、返流、脱水和循环性休克。

（三）临床症状和临床病理学检查

病马表现为中度到重度疼痛。随着时间延长，可能表现为精神沉郁。心率可达 60 次/min。疾病早期，胃减压后心率变慢。然而，一旦形成内毒素血症，即使重复进行胃肠减压，仍可能出现持续心动过速。

由于内毒素血症和全身性炎症反应，发热是疾病早期常见的症状。

根据内毒素血症和脱水的程度，口腔黏膜可呈明亮的粉红色或暗红色，可能发绀，毛细血管再充盈时间可能为 2～3s。胃返流量可能很大（＞4L），呈暗红色到棕色，味恶臭。臌胀的肠袢直径超过 4cm。直肠触诊或腹部超声探查能检查到小肠壁变厚可能＞4mm。十二指肠可在腹部右侧发现，在右肾水平线的近头侧。

白细胞计数结果因疾病病程而异。大多数病例表现为高纤维蛋白酶原血症（＞200 mg/dL），伴随退行性核左移。由于脱水导致血液浓缩，红细胞比容和白蛋白浓度增高。腹膜穿刺液为草黄色到浑浊，白细胞计数正常，黏膜疾病导致严重的浆膜炎症，进而可引起穿刺液中蛋白质浓度升高。常见电解质紊乱，包括代谢性酸中毒、氮质血症、高乳酸血症、低氯血症、低钠血症、低钾血症和低钙血症。肝酶活性（γ-谷氨酰转移酶、天冬氨酸转氨酶、碱性磷酸酶）通常升高。

（四）诊断

因为临床表现区别很细微。疾病早期很难分辨，很难与小肠绞窄性损伤和回肠嵌闭区分，强烈建议小肠臌胀性和返流性疝痛的马转诊到手术条件好的医院就诊（图 75-2）。

（五）治疗

支持疗法。为了缓解疼痛、防止胃破裂，需要重复多次鼻胃管减压。只要有胃返流，就应对马禁食禁水。早期应积极进行静脉补液支持治疗，纠正电解质异常。如果血浆总蛋白浓度降到 4g/dL 以下，白蛋白降到 2g/dL，可以通过给予羟乙基淀粉（8～10mL/(kg・d)、血浆或两者结合维持渗透压。对于一匹 500kg 马，可以输 10L 新鲜或冷藏的血浆（1g/dL）提升其总蛋白浓度。

氟尼辛葡甲胺通过减少体内循环的前列腺素来降低机体对内毒素血症产生的应答。早期标准剂量（1.1mg/kg，每 8h 静脉注射）用以控制炎症和疼痛；治疗时先必须维持体液平衡，也可长时间使用小剂量（0.25～0.5mg/kg，每 8h，静脉注射）的氟尼率葡甲

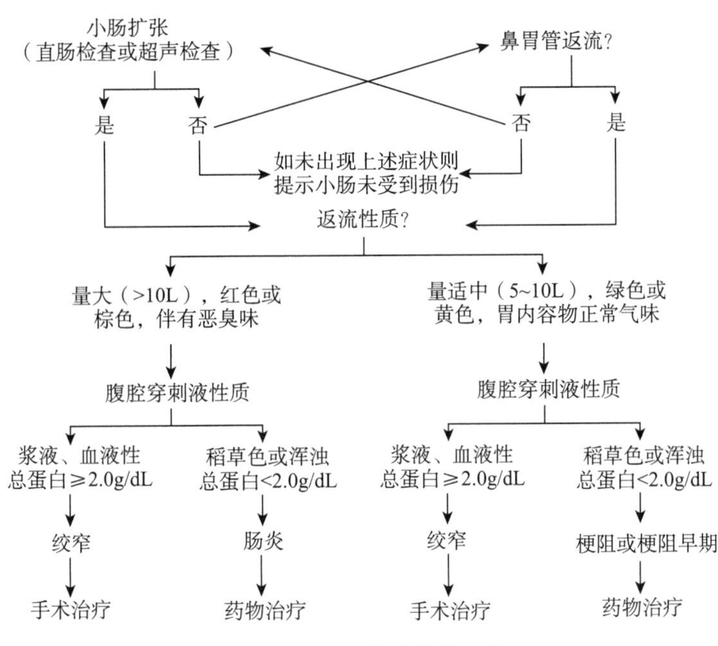

图 75-2　小肠腹痛诊断程序

胺。多黏菌素 B（1 000～5 000 IU/kg，每 12h 静脉注射一次）是一种抗内毒素药物（通过阻断革兰氏阴性菌脂多糖部分）。这种药物有肾毒性，脱水马应慎用。实验研究已经发现这种药物的效力在内毒素灌注前或刚灌注时使用更好。但临床上建议在马完全补液后使用。

多黏菌素 B 使用不能超过 72h，治疗时应检测肾功能，以避免肾损伤的风险。全身性抗生素的使用存在争议。十二指肠-近端空肠炎的病因还未查明。严重情况下，当白细胞减少到 1.5×10^3 个/μL，配合使用广谱抗生素能预防继发感染。促胃肠动力药物有益于该病治疗。甲氧氯普胺（胃复安）可按 0.04mg/(kg·h) 的恒速静脉注入，或利多卡因初始剂量 1.3mg/kg 静脉注射，15min 后按 0.05mg/(kg·min) 的恒定速率输注。患马由于内毒血症存在蹄叶炎的风险。应使用一些措施降低这种风险，如支撑蹄底和冷敷。

当发生绞窄型损伤和机械性阻塞时必须手术。药物治疗无效时应手术治疗。手术常见的并发症包括形成肠粘连和创口感染。手术包括人工减压、灌洗。顽固病例可考虑小肠旁路技术。

（六）预后

据报道，十二指肠-近端空肠炎患马的存活率从 25%～95%不等，如果在 24h 内治疗有好转，则预后良好。如果出现并发症（如蹄叶炎），则预后不良。

三、回肠梗阻

（一）病因学

回肠梗阻是成年马小肠非绞窄型阻塞最常见的原因。在美国东南部，与马匹摄入海岸生长的禾本科狗牙草（Bermuda grass）有关。这种饲草通常干燥、纤细，木质素含量高，难消化。尤其是夏末收割或在草垛中储藏的草难消化。回肠梗阻也与圆线虫感染有关。叶形裸头绦虫感染导致的回肠梗阻更常见（第 77 章）。

（二）临床症状和临床病理学检查

腹痛是小肠梗阻部位臌胀和痉挛的结果。疼痛为中度到重度，呈间歇性。臌胀的小肠袢通常能通过直肠检查触摸到。有时回肠梗阻可在腹部的右背侧摸到，约为 1 点钟位置，呈“香肠”状。这种坚硬的质地能一直延伸到盲肠内侧。

病程早期胃管可能导不出液体，但作为早期诊断，大部分马会有中等量的黄绿色返流液体，并有酸臭味。胃减压不能降低疼痛。与患十二指肠-近端空肠炎或绞窄型损伤的马相比，回肠嵌闭的马有较好的心血管功能，不如前者发生全身性恶化快。轻微或中度脱水（如毛细血管再充盈时间 2～3s，皮肤弹性测试时间延长；黏膜发绀）症状常见，如果梗阻持续，则这种症状更加明显。脱水可能继发血细胞、血生化异常：红细胞比容和总蛋白升高，血液尿素氮或肌酐增高，轻度酸中毒，乳酸轻度升高，或阴离子间隙增加。

（三）诊断

腹腔穿刺得到稻草色到澄清的液体。蛋白浓度可能正常（＜2.0g/dL），也可能轻微升高；有核细胞数目（＜5 000 个/μL）和分布正常。马的绞窄型小肠损伤，如果在疾病晚期回肠被牵连，腹腔穿刺液的性质也会发生改变。

（四）治疗

治疗包括静脉输液疗法，抗炎、镇痛（氟尼辛葡甲胺 1.1mg/kg，静脉注射）和解痉（丁基东莨菪碱 0.3mg/kg，静脉注射）。应密切监测病马，只要有胃返流就要禁食。这种情况下，一定程度的补液过量有助于液体进入肠腔从而软化、移动梗阻物。静脉注射平衡多离子液体 2～3 次［120～180mL/(kg・d)］。

通常在早期肠梗阻的痉挛期重复使用镇静剂如赛拉嗪（0.2～1mg/kg，静脉注射）、地托咪定（0.01～0.02mg/kg，静脉注射）或布托啡诺（0.01～0.02mg/kg，静脉注射）。大部分回肠梗阻能通过药物治疗得以解决（图 75-3）。如果进一步发展，其他腹部疾病会同时发生，出现无法耐受性疼痛时才会进行手术。如小肠绞窄。目前有多种方法可以治疗梗阻，包括手动排空、肠道切开术，空肠-盲肠吻合术（可以配合空肠切开术）。手动排空是手术治疗的首选方法（图 75-3）。

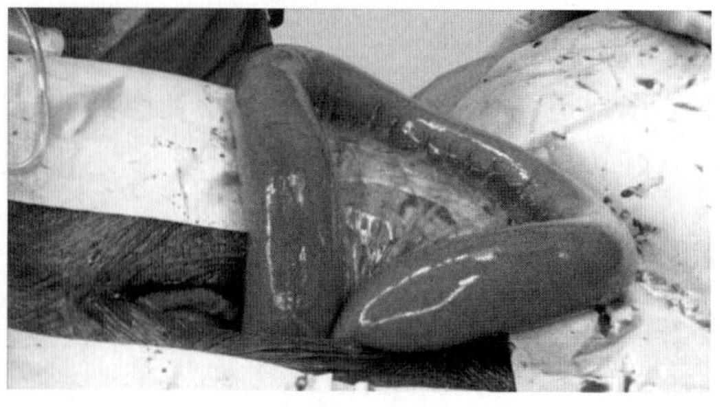
图 75-3　一匹肠阻塞的马正在接受手术（注意回肠系膜小肠游离带）

（五）预后

该病如在早期进行药物治疗，一般效果较好。小肠臌胀和胃返流为预后良好的指征。消除梗阻后，应让马逐渐少量进食易消化的饲料，如青草或糊状饲料。应避免进食质量差的狗牙根草。

推荐阅读 

Archer DC，Pinchbeck GL，Proudman CJ. Factors associated with survival of epiploic foramen entrapment colic：a multicenter，international study. Equine Vet J，2011，43（Suppl 39）：56-62.

Edwards GB，Proudman CJ. Diseases of the small intestine resulting in colic. In：Mairs T，Divers T，Ducharme N，eds. Manual of Equine Gastroenterology. 3rd ed. Philadelphia：Saunders，2002：249-265.

Freeman DE，Hammock P，Baker GJ，et al. Short-and long-term survival and prevalence of postoperative ileus after small intestinal surgery in the horse. Equine Vet J，2000，32：42-51.

Freeman DE：Small intestine. In：Auer JA，Stick JA，eds. Equine Surgery. 3rd ed. Philadelphia：Saunders，2006：232-256.

Gayle JM，Blikslager AT，Bowman KF. Mesenteric rents as a source of small intestinal strangulation in horses：15 cases（1990-1997）. J Am Vet Med Assoc，2000，216：1446-1449.

Hanson RR，Baird AN，Pugh DG. Ileal impaction in horses. Compend Contin Educ Pract Vet，1998，17：1287-1296.

Hanson RR，Schumacher J，Humburg J，et al. Medical treatment of horses with ileal impactions：10 cases（1990-1994）. J Am Vet Med Assoc，1996，208：898-900.

Hanson RR，Wright JC，Schumacher J，et al. Surgical reduction of ileal impaction in the horse：28 cases. Vet Surg，1998，27：555-560.

Kelmer G. Updates on treatments for endotoxemia. Vet Clin North Am Equine Pract，2009，25：259-270.

Lester GD. Gastrointestinal ileus. In：Smith BP，ed. Large Animal Internal Medicine. 3rd ed. St. Louis：Mosby，2002：674-679.

Mair TS，Smith LJ. Survival and complication rates in 300 horses undergoing surgical treatment of colic. Part 2：Short-term complications. Equine Vet J，2005，37：303-309.

Seahorn JL，Seahorn TL. Fluid therapy in horses with gastrointestinal disease. Vet Clin North Am Equine Pract，2003，19：665-679.

Underwood C，Southwood LL，McKeown KP，et al. Complications and survival associated with surgical compared with medical management of horses with duodenitis：proximal jejunitis. Equine Vet J，2008，40：373-378.

（王志、单然、张剑柄　译，徐世文　校）

第76章　驴腹痛

Nicole du Toit　Faith Burden

如同此问题在马上一样，导致驴发生腹痛的诱因是多种多样的，而绝大多数诱因是胃肠道疾病引起的。这些诱因可以归结为饮食运动性疾病，胃肠道的变位，感染（细菌，单核生物，内寄生虫）和发炎，包括溃疡。然而，马和驴在生理学与行为学上的不同决定了驴腹痛的症状是与马不同的，比如驴的腹痛不像马那样有特点并且症状明显。痉挛性腹痛是一种在马身上最常见的腹痛，并且往往是兽医优先考虑的选项，但是这一种腹痛仅仅在驴腹痛中占了很小一部分的比例。这种差别可能与驴的行为有关，驴并不会表示出明显的临床症状和通常时间较短的痉挛性腹痛。相对而言，由于肠梗阻引起的腹痛被认为是驴身上最常见的腹痛。其他的由于胃肠道引起的驴腹痛包括了结肠变位，肠扭转和结肠炎。

一、临床症状

驴因疼痛引起的症状要比马的症状轻微得多。因为驴的天性就是沉静少动的，所以如果要判断驴是否生病，就要对驴正常的行为有所了解。通常认为驴会经常出现快感缺乏（无行为）而不是单一的疼痛反应。行为的轻微改变，如耳耷头低，独自离群，食欲不振，对外界刺激反应不明显都可能作为腹痛的指标（图76-1）。此外，生病的驴往往会表现出假吃。在此方面，它们可以能站在料槽的边上，偶尔假装吃了一口饲料，但是不会吞咽或者真正的吃下去。这可能会对已经发生厌食的驴做出错误的判断，并且导致兽医出诊不及时。因为驴腹痛的症状十分轻微，所以所有的病驴都应该被视为急诊，因为病畜的病程可能会比畜主反映的时间还要长。如果发生急性腹痛，比如胃肠道扭转，驴可能会出现明显的腹痛症状，如回头顾腹、踢腹、流汗和打滚。

图76-1　头低耳耷，独自离群，轻微的临床症状提示这是一头病驴

二、临床检查

对驴所做的临床检查可能对于判断腹痛的诱因和严重程度是有帮助的。患有腹痛的

驴可能会出现心动过速（心率＞44 次/min），但是在一些病例中肠梗阻、心动过速可能不会特别严重（心率＞44～60 次/min）。由于其他诱因导致的驴腹痛可能会有一个严重的心动过速（＞80 次/min）。心率与疼痛因素息息相关，同时也与血浓缩、体液平衡和内毒素血症有关，这些都会导致心率极大的增加。相对于马来说，驴对于脱水的生理反应更加敏感。同马相比，驴的后肠是重要的储水器官，所以在水供应不足的时候会发生粪便干重减小和粪便脱水。但是驴也可以在脱水程度达到 20％的时候，维持自身的血浆浓度，所以当驴出现明显的脱水症状时，往往脱水已经超过了 10％。

对黏膜进行评估来判定脱水的严重程度是有用的。健康的驴往往有着淡粉色的黏膜，并且很少出现像马有食欲不振或者厌食时出现的黄染。干燥的黏膜加上延长的毛细血管再充盈时间（正常条件＜2s）表明中度或者重度的脱水。患有内毒素血症驴的黏膜同患有该病的马一样，可能会变成深红色或紫红色。直肠温度升高在患有内毒素血症的驴身上可观察到，如肠扭转或结肠炎。

轻度的呼吸急促（呼吸频率＞20 次/min）可能在腹痛时观察到，但是驴的呼吸疾病该症状变得更加明显。然而，当肠道变位或者胃扩张并对膈肌造成压力增大时可能会出现严重的呼吸急促。

腹部听诊可以判断肠音是增强还是减弱了。由于肠梗阻，大结肠变位或者扭转导致的腹痛往往会出现肠音减弱。

辅助诊断方法

直肠检查是评估病驴的重要指标。对于在幼龄驴身上进行直肠检查会相对安全的，但在操作时应进行良好的保定（使用或者不适用镇静药）和充分的润滑。因为驴狭小的腹腔和扩张的肠道。在出现大肠扭转伴发结肠扩张时进行直肠检查是十分困难的，检查驴的肠梗阻相对于马来说要更加困难一些。肠道的骨盆曲是驴发生肠梗阻最常见的部位，但是不同于马的骨盆曲肠嵌闭是可以在骨盆腔内可以触摸到的大量柔软的组织，但是驴的肠梗阻往往是小肠质地发硬，椭圆形（图 76-2）。肠梗阻往往是向背部或者腹侧变位进入腹腔而被误认为是原发性结肠位移。在直肠内出现干燥的、表面覆盖黏液的粪球提示血脂过高。血脂过高可能是原发性的，也有可能是由于其他疾病诱发的，比如腹痛。因此，在怀疑高血脂的时候应该进行直肠检查。

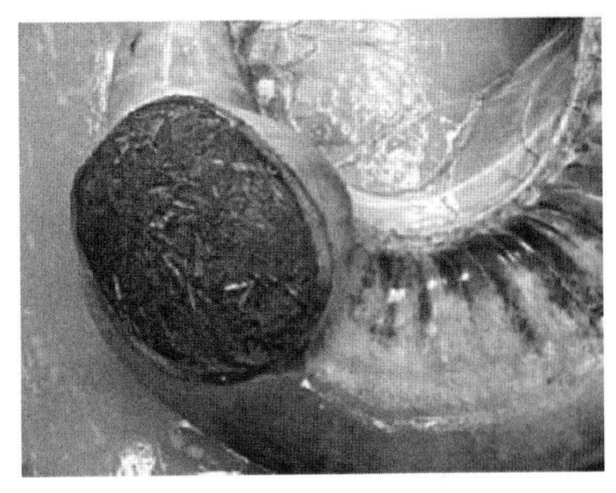

图 76-2　死后剖检的图片展示了一个典型的，椭圆形的骨盆曲梗阻不能通过药物来进行治疗

腹部超声检查对于有经验的兽医来说是非常有用的诊断方法，并且经常用于马在做直肠检查前检查胃肠道扩张、变位或者炎症。相似的是，该检查方法对于驴同样适用。尤其是超声波探查可以用于诊断结肠炎，在临床上观察到的结果是结肠厚度

增加。

腹腔穿刺同样是一种适用于驴疝痛的诊断方式，可以用来检查区分医源性或者手术源性的腹痛。从驴的腹腔中采取腹腔液相对于马要更加困难，因为驴在腹白线区域的脂肪垫要更加厚一些。在采样的时候，可能需要使用肾脏穿刺针或者奶头插管来进行穿刺，因为皮下脂肪层的厚度可能会超过 10cm（图 76-3）。

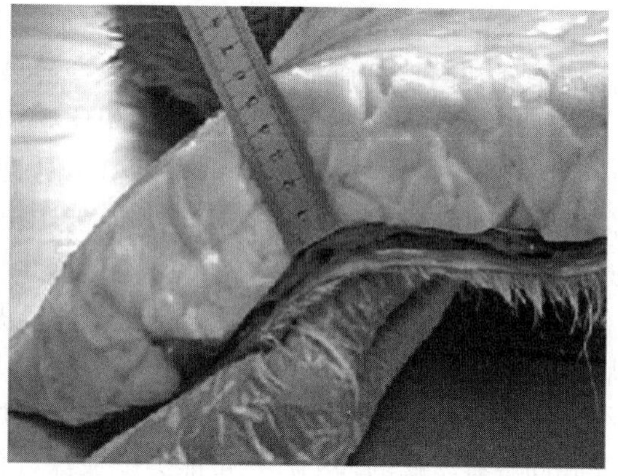

图 76-3　在腹白线部位的皮下脂肪通常厚度为 4～5cm，但是对于一些驴，这一厚度可以超过 10cm，可对腹腔穿刺术的操作造成困难

对于发生胃肠停止蠕动或者内脏扩张的驴，必须要用鼻胃管来评估胃返流液，可使用一个小直径的胃管（9～11mm）并进行良好的润滑防止引起鼻黏膜损伤出血。对于体型较小的驴，超过 1L 的返流应该考虑出现了胃潴留和扩张。

对于血液样本，通过检查红细胞比容和总蛋白浓度来评估体液平衡是十分重要的；甚至在对驴进行的检查时候更加重要，根据要求应该检查是否出现高血脂（甘油三酯浓度＞2.7mmol/L）。因为任何患有腹痛的驴都有发生高血脂的风险，甘油三酯的浓度应该每隔 6～8h 就检测一次。尤其是在胃肠道疾病不能确诊或者怀疑有并发症的时候，血液检查对于评估其他器官的健康同样重要，如肝脏，肾脏和胰腺。

三、腹痛治疗

通常对于马的治疗方案在驴身上全部适用。镇痛，维持正常的体液平衡，重新保持胃肠道的畅通和运动性。然而，在驴身上应维持正确的能量平衡来防止高血脂的发生。

在驴身上最常用的非甾体类抗炎药是苯基丁氮酮（4.4mg/kg，静脉注射，每 8～12h 一次）和氟尼辛葡甲胺（1.1mg/kg，静脉注射，每隔 12～24h 一次），然而对于驴来说正确的给药间隔镇痛功效加上最小中毒的可能性仍然有待确定，但是在给药的时候，这些药需要提高给药的频率，因为药物在驴体内的血浆半衰期要更短一些。唯一的例外是卡洛芬（0.7mg/kg，静脉注射，每 24h 一次），该药在驴体内的血浆半衰期要更长一些。因为血浆半衰期对于药物的临床有效性并不是十分准确，对非甾体类抗炎药的临床反应也许是一个评价药物效果更好的指标。在数个腹痛病例中，每隔 12h 注射一次氟尼辛葡甲胺可能会提供一个很好的临床镇痛的效果。当出现肠痉挛引起的腹痛时，可以使用一些解痉药，如丁溴东莨菪碱（单一剂量 0.3mg/kg 或者 1.5mL/100kg）或者丁溴东莨菪碱（4mg/mL）与安乃近（500mg/mL），在那些允许使用这种配方的国家，这种用药方案是十分有效的。后者的剂量时 5mL/100kg 静脉给药。

液体治疗可以通过静脉补充平衡电解质溶液或者口服补液，或者将二者结合。对于有胃返流或者术后腹痛的驴不应进行口服补液，但是对于有肠梗阻的驴，推荐使用口服补液。因为患有腹痛的驴往往都存在高血脂的风险，所以对于医源性腹痛并不推荐完全停止进食。推荐使用含有易消化的饲料按少食多餐的喂食方案进行饲喂。提供放牧或者提供浸泡过的去除掉糖分的甜菜或者浸泡过的纤维片来保证充足的水分摄入并且提供营养。

原发性的大结肠变位通常会通过口服或者静脉补液和使用易消化的食物少食多餐，如选用青草治疗。对于驴的骨盆曲梗阻的治疗往往成功率低于马，因为梗阻使得很难吸收口服泻药比如说渗透性泻药，如泻盐（硫酸镁）或者芒硝（硫酸钠）。在小直径的肠腔内坚硬的梗阻通常会导致肠黏膜和黏膜下层的炎症，血流量的减少，最终导致坏死的发生。根据驴的年龄和腹痛时间的长短而定，可以对骨盆曲梗阻采取手术治疗。相似的是，在发生小肠或者大肠扭转后，对驴进行细心的临床评估来判定腹痛的时间长短和临床状态，能够帮助判断预后和手术的成功性。然而，由于驴对于疼痛的过于耐受，所以在判断时可能会错过手术的最佳时期。

结肠炎往往预后不良，除非采用大量的药物治疗（静脉补液、抗生素治疗、镇痛、驱虫药和类固醇药物）。这可能是因为驴的结肠炎是由于多种原因导致的，而应激是主要的原因。此外，当疾病感染的范围较大时，会蔓延到更多的大肠肠管，如盲肠和腹侧结肠，而不是像马那样仅感染右上大结肠。

胃溃疡可能是驴腹痛的一个主要原因，但是通常是其他疾病的并发症，比如高血脂或者是肾脏疾病。使用浓缩饲料进行饲养可能会导致鳞状上皮细胞溃疡的发生。

四、饮食管理

对于驴来说，采用饲料为基础的饲养方式就能很容易维持其生存，饲料包括了谷物类，比如直茎谷物、甜菜，同时应该避免会导致胃溃疡的混合饲料。同时要对牧场的可用性变化与气候季节进行预测，因为饲料的突然改变有可能会导致驴的胃肠功能失调。在变换饲料时，应该有4～6周的缓冲，这样就能够将与饮食相关的腹痛风险降到最低。而按“顿”进行饲喂的方式对于驴来说不推荐的，因为将充足的饲料在1顿或2顿喂完会极大增加腹痛和胃溃疡及高血脂的风险。

有时补饲是必要的，如患有牙病的驴，怀孕或者泌乳期的驴，或者体重过轻的驴，额外的饲料应遵循“少食多餐”的原则，根据个体的需求量提供切碎的纤维或者饲料（针对患有牙病的驴）或者在饲料的比例中增加能量的密度，或通过提供更多的干草或者青干草。

预防驴的肠梗阻，关键是要提供足够清洁的饮用水。因为驴是耐渴性非常强的生物，与马不同的是驴在非常干旱的条件下仍然能够维持一个非常好的食欲。此外，驴对于饮水是非常挑剔的。尤其是当环境温度变低的时候，驴通常不愿意饮用凉水或者冰水。综上所述，检测驴饮水的情况和保证冬天饮用水的水温是对防治肠梗阻及其后期诊断出现非常重要的。

推荐阅读

Burden FA，du Toit N，Hazell-Smith E，et al. Hyperlipaemia in a population of aged donkeys：description，prevalence and potential risk factors. J Vet Intern Med，2011，25：1420-1425.

Burden FA，Gallagher J，Thiemann A et al. Necropsy survey of gastric ulcers in a population of aged donkeys. Animal，2009，3（2）：287-293.

Cox R，Burden FA，Gosden L，et al. Case control study to investigate the risk factors for impaction colic in donkeys in the UK. Prevent Vet Med J，2009，92：179-187.

Duncan J，Hadrill D，eds. The Professional Handbook of the Donkey. 4th ed. Wiltshire，UK：Whittet Books，2008.

Du Toit N，Burden FA，Getachew M，et al. Idiopathic typhlocolitis in 40 aged donkeys. Equine Vet Ed，2010，22：53-57.

Grosenbaugh DA，Reinemeyer CR，Figueiredo MD. Pharmacology and therapeutics in donkeys. Equine Vet Educ，2011，23：523-530.

Kasirer-Izraely SMA，Choshniak I，Shkolnik A. Dehydration and rehydration in donkeys：the role of the hind gut as a water reservoir. J Basic Clin Physiol Pharmacol，1994，5：89-100.

Mealey KL，Matthes NS，Peck KE，et al. Comparative pharmacokinetics of phenylbutazone and its metabolite oxyphenbutazone in clinically normal horses and donkeys. Am J Vet Res，1997，58：53-55.

Morrow L，Smith KC，Piercy RJ，et al. Retrospective analysis of post-mortem findings in 1，444 aged donkeys. J Comp Pathol，2010，144：145-156.

（王志、单然、张剑柄　译，徐世文　校）

第 77 章　内寄生虫的检查与控制

Martin K. Nielsen

在近几十年来马的寄生虫感染并没有得到足够的重视。马可以广泛的接触到无处不在的各种寄生虫，并且能够导致严重的临床疾病和生长发育不良，但是由于价格便宜，安全和广泛有效的驱虫药片和糊状配方减少了精确诊断寄生虫病的必要性。治疗的原则是通过定期驱虫预防寄生虫感染。有时，这是一个简单安全的寄生虫控制途径。定期的治疗方案被广泛地使用，同时绝大多数马在一年内会接受 4～8 次的治疗。

马属动物的寄生虫防控现在经历着巨大的改变，因为不断增加的驱虫药耐药性正在强迫整个产业改变格局然后寻求一个可持续的发展。杯口线虫对苯丙咪唑和噻嘧啶盐的耐药性已经是世界性难题，同时人们对伊维菌素和莫西克丁是否会出现耐药性的担心也与日俱增。在世界范围内，更受到广泛关注的问题是已经出现的马副蛔虫对伊维菌素和莫西克丁的耐药性。大圆口线虫（圆线虫属）始终对于驱虫药治疗敏感，这对该病在良好管理马群中的低重发率做出了解释。耐药性的发展会导致一种偏离基于病历记录的治疗方案，和治疗更倾向于基于系统寄生虫监测。治疗的基本原理是减少驱虫药治疗的强度，以保持驱虫药的有效性尽可能地长久。在欧盟区，数个国家已经施行了对所有的驱虫药仅凭处方购买的法案。这项立法阻止了预防性治疗，同时要求在用药前必须提供寄生虫感染的证明。所以，现在许多兽医都采取粪便虫卵计数的方法作为诊断依据，并且在那些国家中给药治疗的频率极大地降低了。然而，这并不是欧盟单方面的趋势，在美国，越来越多的马兽医开始提供粪便虫卵计数作为检测寄生虫水平的指标，同时避免驱虫药的耐药性进一步发展已经变为广泛接受的事实。这使得人们对马属动物寄生虫诊断重要性的认识得到了提高。

一、诊断测试

（一）粪便虫卵计数法

定量粪便虫卵计数法始终是马属动物寄生虫诊断的重要方法。因此，在进行虫卵计数前要对虫卵计数法的本质有详细的了解，这样就能对数量繁多和多种多样的虫卵有着透彻的了解。广泛使用的经典虫卵计数法包括 Stoll 法、Wisconsin 法和 McMaster 法。这些方法都是基于漂浮法使粪便和虫卵分离，使得虫卵能够通过显微镜进行计数检查。任何一种已知的虫卵计数法的特征都有两个，第一个是检测限度（detection limit）和重复检查之间的变化性。检测限度（与该方法的倍增因数是同一的）与能够检查到的最少虫卵数相关，尤其对粪便虫卵减少测试实验至关重要，因为在治疗后虫卵的数目会减少。变化性是与最大虫卵数相关检查方法，在解读测试结果的时候应该将其考虑在内。由于虫卵检验的方法是一种单凭经验来做的检查，所以虫卵检查的结果上下浮动在50%。这就意味着如果虫卵检查的结果是200粒每克粪便（EPG），那么其结果就应该为100到300EPG。FLOTAC检查法是McMaster检查法的一个最新的方式，该方法彻底地降低了传统检查方法的变化性。由于这种检查方式可将检测限度降低到1EPG，所以该方法非常适用于粪便虫卵减少实验。

进行虫卵计数检查有多重目的，但要注意单一的测试无法满足该检查的目的。虫卵检查最重要的三个目的是：①评估驱虫药的效果；②确定虫卵的孵化程度，从而选择一种特效驱虫药；③对于马的寄生虫病进行确诊。

（二）粪便虫卵减少实验

FECRT（框图77-1）始终是检查驱虫药耐药性最好的方法，也是检查放牧马群寄生虫数量最好的方法。在测试中，每一匹仅能代表该马的体内寄生虫水平，并且由于变化性的因素，FECRT必须表示的是放牧群虫卵减少的平均水平。而检测限度对于FECRT也是十分重要的，因为驱虫药减量将通过治疗后马匹粪便样品少量的虫卵来判断。本质上来说较高的检测限度能够导致假性的药物效果评估过高。举例来说，如果治疗前虫卵计数是300EPG，并且使用治疗效果为90%的药物，治疗后的虫卵计数应该为30EPG。如果虫卵计数法的检测限度为50EPG，那么假性的治疗后效果可能显现为0EPG，导致计算出的FECRT为100%。有两种方法能够避免这种情况的出现。其一，是保证在治疗前选用虫卵检查非常高的马用作FECRT（比如1000EPG），所以即使是药物治疗效果为90%的时候，50EPG的检测限度也是可行的。然而，如此高的虫卵数很少出现在成年马身上，所以在马场中很少能找到合适的马匹。另外一种测量方法是使用较低的检测限度。McMaster法在兽医实际工作中被广泛采用，因为这种方法测量十分简单，而其检测限度恰好为25～50EPG，所以这种方法并不适用于FECRT测试。而FLOTAC测试法的检测限度为1EPG，所以这种方法非常适合用于FECRT，但是该方法的问题是需要特殊的手动计数器，增加了检测所需要的时间，并且还需合适的离心设备。因此，在虫卵计数方法选择上面，不仅要考虑测试的成本还需考虑检测限度和变化性。

（三）虫卵重新出现的时期

虫卵重新出现的时期（ERP）指的是在驱虫药治疗后粪便中重新出现虫卵的周数。测定ERP最简单的方式是在治疗两周后通过FECRT去测量。早期通过ERP来评估各类型药物的效果来判断有效的治疗需基于病历记录。如今，ERP是一种用于监测驱虫药物抗药性非常有效的手段德尔抗药性，因为ERP在FECRT表现出驱虫药在使用2周后药性下降时同时减少。这一点有效地说明了在线虫感染后伊维菌素和莫昔克丁的ERP分别为8周和12～16周。但是现在多项研究表明这两种药物的ERP在许多农场中已经降低至了4～5周。由此，可以通过进行ERP检测线虫对莫昔克丁和伊维菌素的抗药性。这需要改进FECRT测试，将原本2周的测试间隔改为5周。

框图 77-1　粪便虫卵减少测试

FECRT 能够通过虫卵的减少来评估驱虫药的效果。粪便虫卵计数（FEC）应在使用驱虫药 14 天后进行。粪便虫卵减少 FECR 应可以通过下述公式来计算：

$$\%FECR=100\times[(FEC_{pre}-FEC_{post})/FEC]$$

在进行计算的时候，我们推荐使用检测限度为 25EPG 或者更低，并在测量前后使用同样的测量方法。选用的马匹应该为虫卵数最高的马匹，并且永远不测量虫卵数低于 200EPG 的马匹。

在进行 FECRT 试验时，应该统计一定数量马匹个体的 FECR 并推算出平均的 FECR 值。由此我们推荐选用 5～10 匹马进行试验。

根据实验得出的推荐分界值取决于用于测试的药物，如下是大型圆线虫的通常用药分界值：

苯并咪唑：90％

噻嘧啶：90％

伊维菌素：95％

莫昔克丁：95％

如果该农场平均 FECR 低于如上指标，应怀疑存在着驱虫药的耐药性。然而，还应尽量排除可能会导致药效减退的其他因素，比如药量不够或者储存不恰当。同时我们也应考虑总计测试了多少匹马和初始的 FEC 值。在一些情况下，遗传因素能够影响 FEC 的统计，所以有些时候对于数据的处理会比较困难。在这种情况下应重复试验。

(四）确定持续排虫卵的带虫马匹

一些成年马在驱虫药治疗后表现出体内的圆线虫虫卵水平迅速地回复到治疗之前，尤其是一些马匹的虫卵含量较低的时候（小于 200EPG）。由于这种原因，如果马匹确定存在圆线虫污染的可能性，那么马匹体内的虫卵水平会一直保持下去。这一理论是选择性治疗的基础，如果马匹的虫卵数超出了为治疗设定的阈值，那么马匹就应接受治疗。在对体内 EPG 大于 200 的马匹使用效果为 99％的驱虫药，并且大于 50％的马匹不进行治疗时，总体虫卵减少的量为 95％。

随着时间进行系统的粪便虫卵计数检查能够有效地检查出长期体内虫卵数水平为低、中、高的马。通常马匹体内虫卵数相应的为低于 200、200～500，以及大于 500EPG 的马匹分别对应为低、中、高三个水平。但是分界值的选择还应该根据马场的情况所决定。还应强调的是，4 岁龄以下马匹的虫卵水平是不稳定的。由于 4 岁龄以下马匹体内虫卵计数往往较高并且多变，所以对这一类马匹不推荐使用选择性治疗。

(五）临床诊断

尽管虫卵计数经常用于检查怀疑有感染了寄生虫病马匹的粪便，但是由于某些原因这种方法也有无效的时候。首先，由于多数马匹寄生虫或多或少都是无孔不入的，并且无法彻底清除，所以有时在粪便中出现虫卵或者幼虫并不证明马匹患有寄生虫病。此外，假性或者阴性虫卵检查并不是不常见的。其次，移行性幼虫或者成囊期幼虫能够表现出致病性，而并不产生虫卵，但虫卵计数代表着成虫在肠道内产生的虫卵的能力。目前，还没有任何诊断技术能够诊断马匹的迁移幼虫或者成囊期幼虫。最后，没有任何证据表明实际的虫卵计数和体内寄生虫的数量有关。单纯的高虫卵数并不代表体内的寄生虫数量高。然而，对于马驹来说，虫卵计数常用于区分圆形线虫和蛔虫虫卵。因为对于圆形线虫有效的药物可能对蛔虫无效，反之亦然。因此，虫卵计数能够帮助抗生素的选择（表 77-1）。

表 77-1　目前马场中主要线虫对三种驱虫药的抵抗力

药物分类	线虫病的类型	大型圆线虫	马副蛔虫
苯并咪唑	传播预防	无	早期治疗
嘧啶类	通常治疗	无	早期治疗
大环内酯类	早期治疗	无	传播预防

总之，临床上诊断马的寄生虫病不能依赖于虫卵计数或者幼虫培养。反而，诊断要依据临床检查发现的症状和实验室工作。尽管寄生虫感染的症状通常没有特异性，并且没有一个特殊临床病理学发现，一些特定的临床症状可以怀疑是寄生虫导致的。例如，一些 1～4 岁龄的马驹会出现腹泻或者低蛋白血症，这就应怀疑为杯口线虫幼虫病。当冬天或者炎夏的时候出现这种症状，或者在近期使用了驱虫药后仍然有明显的症状时，那么马匹患病的可能性就会加大，因为所有这些症状都被认为是重要的患杯口线虫幼虫病的风险因素。与其相似的是由 *Pequorum* 导致的马驹或者幼龄马梗阻或者腹围扩张。通常，该病能够通过腹腔超声确诊，因为寄生虫本身多为高回声，并能在扩张的小肠内发现。

感染了移行期的普通圆线虫幼虫可能会导致腹痛，但这种腹痛很难诊断。没有任何一种诊断手段能够达到这种目的，通过粪便样品进行幼虫培养或者通过聚合酶链反应只能检测在血管中已经移行了数月的成虫，可以通过直肠超声来测量腹腔肠系膜动脉直径和血管增厚的情况。然而，这种检查并没有固定的标准，同时这种方法也受到了马匹体型的限制，因为有些动物太大或者太小都会导致检查者的手无法触及肠系膜前动脉。临床上由于普通圆线虫导致的感染变得少见。

（六）绦虫的诊断技术

诊断马匹的绦虫感染是十分具有挑战性的，一些生理特征将绦虫和线虫区分开。对于绦虫来说，虫卵成块存在，往往会完整地存在于绦虫释放的孕节中，所以就导致了绦虫的虫卵并不是在粪便中平均分布的，常规德尔粪便虫卵检查往往会导致假阴性结果。如果常规虫卵检查为阳性，而这一结果应当作为寄生虫检查的诊断依据，这种情况下马匹的体内可能会存在着大量的寄生虫。为了测量绦虫的虫卵，需要将虫卵计数法中采集粪便的量增加到一个理想的结果，也能增加测试本身的敏感度。常规的 McMaster 操作通常使用 4g 粪便，而绦虫的虫卵测试则需要 30～40g。诊断叶状裸头绦虫最好的虫卵测试检查方法是增强离心漂浮法，该方法的敏感性能够达到 0.68，同时特异性能够达到 0.95，能够检查单一的虫体。对体内存在 20 条绦虫的马匹进行检查时，该测试的敏感度达到了 0.90，这表明了虫卵计数能够可靠地检测大量存在的绦虫。其他两种能够感染马匹的绦虫为乳头裸头绦虫［*Anoplocephaloides*（*Paranoplocephala*）*mamillana*］和大裸头绦虫，这两种绦虫的临床意义不大，但是这些绦虫能够通过虫卵将他们同叶状裸头绦虫区分开，并且需要精确的虫卵计数和内部结构的

观察。

通过聚合酶链反应（ELISA）对叶状裸头绦虫感染进行检查是英国利物浦大学动物医院马属动物门诊中一项商业检查法，检测法检测的是虫体的外分泌抗原，这一方法是检查外分泌抗原特异性的免疫球蛋白G（T），该法用于诊断群体的绦虫感染是有效的，但是对诊断个体的抗体滴度是无效的，因为抗体会在治疗后数月仍然保持较高的水平。所以该诊断方法的敏感性较差，同时在一项研究中发现了大量的假阳性结果。在美国田纳西州大学兽医学院的诊断实验室提供了一种改进的裸头绦虫的ELISA检验法，但是并未标明其测试的敏感性。同时也没有任何有效的方法来测量马绦虫的驱虫药耐药性。

二、驱虫药治疗

目前在市面上有多种驱虫药可供选择，但是可供选择的药物种类较少（表77-2）。驱虫药分类对于驱虫药的对象十分重要。不仅是因为一些驱虫药针对的是相同的寄生虫品种，还应注意药物对移行性和成囊圆形线虫幼虫的效果，因为这些幼虫正处于致病阶段。

表77-2 马临床可选用驱虫药的广谱性

药物	蛔虫	圆虫属	马胃蝇蛆	绦虫	移行期幼虫	成囊期幼虫
苯并咪唑	+	+	−	−	+*	+*
嘧啶类	+	+	−	+†	−	−
哌嗪类	+	+	−	−	−	−
伊维菌素类	+	+	+	−	+	−
莫昔克丁	+	+	+	−	+	+‡

注：该表的药效仅说明了驱虫药在不存在耐药性时候的药物广谱性，但无耐药性的药物非常少见；＊芬苯达唑的给药剂量为10mg/kg，连续用药5d；†需要使用两倍的剂量（13.2mg/kg）；‡据报道该药的有效性为60%～90%。

一些驱虫药的运用已超过了50年，但是根据现有的治疗方案寄生虫逐渐表现出了耐药性。这一现象背后的主要原因如下。

（一）间隔剂量法

该驱虫法从20世纪60年代开始广泛用于马匹的驱虫。该方法基于所有的马都处于相同的全年定期间隔这一前提。最初的时候间隔治疗在观察的ERP为两个月的时候开始。随后，通常根据使用药物的种类进行循环治疗，并假定这种治疗方式能够抵消寄生虫抗药性的发展。如今，人们清楚地发现，间隔治疗法能够有效地筛选并造成小圆（口）线虫和马副蛔虫的耐药性，所以该方法不再被推荐使用。此外，通过实验和计算机模拟证明了循环使用多类药物并不是一种很好的避免耐药性出现的方法。事实上，一些药物存在着共同的耐药性分子机制，所以循环用药反而会导致选择出抗多种药物的寄生虫。

（二）对策性剂量

这一术语在大动物寄生虫学上经常被误解，因为对这一概念存在着多种定义。在本章，对策性被定义为与寄生虫生活周期、季节和气候相关的信息并以此为依据进行寄生虫的治疗。这种治疗方法并不需要进行诊断测试，并在活跃的放牧期使用。例如，在冬季，并不存在圆形线虫和绦虫的传播，所以不需要对严格管理的马匹进行驱虫。对于怀疑感染了马副蛔虫的幼驹需要针对这种寄生虫使用特定的对策性治疗。对策性治疗还应结合下文提出的检测性治疗同时进行。

（三）每日连续治疗

在美国的马场放牧季节，可以使用酒石酸噻嘧啶进行每日的治疗。这一方法能够将消化道中的三期幼虫在进一步侵蚀黏膜组织之前杀死，并能够有效地治疗成虫。每日的连续治疗能够有效地在牧场中控制大量排出的圆口线虫，并能为马驹提供预防马副蛔虫感染的能力。对于在牧场中广泛使用酒石酸噻嘧啶治疗存在着导致耐药性的担忧。而在美国酒石酸噻嘧啶的耐药性明显高于世界其他地区，但目前还不确定导致这一现象的具体原因。

（四）选择性治疗

选择性治疗（有目的选择性治疗），在本章的开头已经有所介绍，这是一种在畜牧领域中广泛使用并推荐的治疗方式。该方法的原理是通过筛查牧场中所有的动物寄生虫感染的情况，并对符合预设标准的动物进行治疗。在一个牧场内，寄生虫感染情况并不遵循标准分布的规律，但是少量的动物内往往携带者大量的虫子。这特征往往被称为二八定律，即为20%的动物体内含有牧场内80%的寄生虫或者是虫卵。对于马来说，个体治疗取决于牧场内个体的虫卵计数，并对体内虫卵数较高的马匹进行治疗。这种治疗方式显著减少了治疗的强度，但会将总体的虫卵数减少。对于体内虫卵较少的马匹，并没有治疗的必要，因为即使不使用驱虫药治疗他们体内会常年携带少量的虫卵。

在临床上对于体内虫卵数较高的马可以采用更频繁的治疗方法或者是使用一些能够长期抑制虫卵排出的药物，诸如莫昔克丁或者每日给酒石酸噻嘧啶。虫卵计数比较低的马匹可以使用单一剂量的驱虫药，这在马场中已经经过证实有很好的治疗效果，而对于那些虫卵计数在临界值以下的马匹可以不用治疗。

在丹麦的马场中，选择性治疗得到了广泛的应用，大多数农场对于全部的马匹一年进行两次的粪便虫卵计数检查。并且相比美国，驱虫药的耐药性也是相对较低的。最近在丹麦进行的一项研究建议每匹马应该每年接受1～2次的驱虫药治疗，可避免大型的圆线虫复发，诸如普通圆线虫的重复感染（*S. vulgaris*）。同样，对于存在着绦虫感染的区域也建议每年进行一次治疗。这种治疗方式是对策性治疗和选择性治疗的一种结合操作。

（五）根治疗法

除了在本章节前面提出针对群体的不同驱虫治疗方法，临床工作者还可能面对着需要为单一马匹进行驱虫的情况。单一驱虫与群体驱虫有很大的区别。首先，只要马匹没有在群体内接受过高强度的驱虫治疗，就不会存在驱虫药耐药性的风险。相反的是，对于个体的治疗要根治马匹体内的寄生虫，并且将驱虫药的药效发挥到最大。然而，对于体内寄生虫情况十分严重的马匹，驱虫药治疗可能会导致严重的并发症，在治疗时应该小心这些风险。在治疗室并没有通用的规则去遵守，因为个体差异是广泛存在的。本节后面对一些特殊的寄生虫综合征进行了讨论。

三、临床寄生虫学

（一）杯口线虫幼虫病

杯口线虫幼虫病的特征是能够感染大肠的肠壁，是由于成囊期幼虫进入肠管所引起的，因为每一个幼虫都能够造成肠壁上一个小的损伤，所以会导致肠管的炎症反应，大量的幼虫能够造成马的广泛盲肠结肠炎。疾病急性期的临床症状为大量的水性腹泻，有时粪便中伴随着血丝，马匹也会出现严重的脱水和循环休克。蛋白质会丢失进肠道，导致病马出现腹水肿。如果治疗时使用的药物对于成囊期幼虫没有很好的效果（例如，伊维菌素或者嘧啶类药物），就会导致此病的发生，清除肠道内的杯口线虫会使成囊期幼虫的迅速生长。1 到 4 岁龄的并在冬季进行了驱虫的马匹尤其危险。治疗急性期病例时还需要大量的液体治疗和住院。同时还应该使用非甾体类抗炎药治疗内毒素中毒和循环休克。驱虫药可以选用单一剂量的莫昔克丁（400μg/kg），因为这种药物能够有效地控制成囊期幼虫。重要的是，在莫昔克丁治疗后肠道的炎症反应相比使用其他药物治疗明显的减轻。如果虫体对芬苯达唑没有耐药性，可以使用双倍剂量的芬苯达唑（10mg/kg）连续给药 5d 作为替代治疗。在实际工作中，临床工作者会将驱虫药治疗配合口服不同剂量的糖皮质激素控制肠道的炎症反应。在进行莫昔克丁治疗前，会使用芬苯达唑，伊维菌素和糖皮质激素交替治疗杯口线虫幼虫病。由于莫昔克丁的亲脂性，单一剂量的莫昔克丁就能够有效的治疗该病，并且不需要将其与其他药混合治疗。

（二）蛔虫导致的小肠梗阻

马驹体内如果存在着大量的马副蛔虫，那么马匹就会有发展为小肠梗阻的风险，该病的预后往往能够通过手术治疗得到保证。对于出现这种疾病症状的马匹，要在腹痛出现的 24h 内进行驱虫药治疗。一些证据表明有些驱虫药有着一定的麻醉效果，诸如伊维菌素和噻嘧啶类药物。在许多国家莫昔克丁不允许给 6 月龄以下的马匹使用。另一方面苯并咪唑类药物并不能产生很好的麻醉效果，但是苯并咪唑能够与细胞微管相结合干预细胞的代谢和运输机制。因此，在用药数天后虫体会逐渐死亡并排出体外。由于苯并咪唑类主要用于治疗马副蛔虫，所以对于幼驹可以广泛使用该药。

在临床上出现的蛔虫性肠梗阻，治疗的方法主要取决于马驹出现的症状。如果马驹表现出的症状符合手术治疗的标准，诸如出现了胃部的返流并且疼痛治疗无效，那么在这就需要采取手术治疗而不是考虑其他治疗方法。对于一些轻度病例，如果没有出现胃部返流，那么就可以使用药物的方式来进行治疗。使用芬苯达唑（5mg/kg）并通过胃管灌入矿物油，结合液体治疗和充分的镇痛，这一方法的疗效在许多病例得到了证实。在疾病发作的24h内，应每隔3h就通过胃管监护食管返流的情况。通常能够通过胃管观察到大量的死亡虫体。

（三）寄生虫和疝痛

通常认为胃肠道寄生虫能够引起疝痛，但是在出现疝痛的时候很难确认疝痛是否由于寄生虫所导致的。举例来说，叶状裸头绦虫能够导致痉挛疝，回肠梗阻和肠套叠发生的风险增加，但是感染绦虫的马往往没有表现出胃肠道的不适。同样已知的是，杯口线虫、大圆形线虫和马副蛔虫感染能够导致疝痛的发生。简单对普遍存在的寄生虫进行检查，从而确诊疝痛的病因并不能得出一个满意的结果。因此，在临床上寄生虫检验的意义并不大，如果怀疑马匹患有寄生虫病，那么推荐在马匹疝痛症状消失后，进行一次驱虫药治疗。

在使用驱虫药治疗后，马匹会出现轻度的腹痛和暂时的腹泻，所以兽医人员应嘱咐马主人持续观察治疗后的副作用和马匹的反应。

推荐阅读

Cringoli G，Rinaldi L，Maurelli MP，Utzinger J. FLOTAC：new multivalent techniques for qualitative and quantitative copromicroscopic diagnosis of parasites in animals and humans. Nature Protocols，2010，5：503-515.

Kaplan RM. Drug resistance in nematodes of veterinary importance：a status report. Trends Parasitol，2004，20：477-481.

Kaplan RM，Nielsen MK. An evidence-based approach to equine parasite control：it ain't the 60s anymore. Equine Vet Educ，2010，22：306-316.

Lyons ET，Tolliver SC，Collins SS Probable reason why small strongyle EPG counts are returning “early” after ivermectin treatment of horses on a farm in Central Kentucky. Parasitol Res，2009，104：569-574.

Nielsen MK，Baptiste KE，Tolliver SC，et al. Analysis of multiyear studies in horses in Kentucky to ascertain whether counts of eggs and larvae per gram of feces are reliable indicators of numbers of strongyles and ascarids present. Vet Parasitol，2010，174：77-84.

Nielsen MK，Haaning N，Olsen SN. Strongyle egg shedding consistency in horses on farms using selective therapy in Denmark. Vet Parasitol，2006，135：333-335.

Proudman CJ，Edwards GB. Validation of a centrifugation/flotation technique for the diagnosis of equine cestodiasis. Vet Rec，1992，131：71-72.

Proudman CJ, Trees AJ. Use of excretory/secretory antigens for the serodiagnosis of Anoplocephala perfoliata cestodosis. Vet Parasitol, 1996, 61: 239-247.
Reinemeyer CR, Nielsen MK. Handbook of Equine Parasite Control. Oxford, UK: Wiley-Blackwell, 2012.

（王志、单然、张剑柄 译，徐世文 校）

第78章 粘　　连

Vanessa L. cook

腹腔内粘连多在马患有腹膜炎后发生，并且很多马在进行了开腹探查后极有可能患上腹膜炎。然而，真正的腹膜炎发生率是很难评估的，因为有些马在患腹腔内粘连的时候可能不会有临床症状。

粘连通常是腹痛复发的一个症状，因为粘连能够引起部分肠腔单纯性阻塞，限制肠内容物的流动。腹痛的症状是由于粘连引起的肠扩张和过度拉伸导致的。肠道粘连往往变得长期扩张和过度增大。可以通过尸检、剖腹探查和再次的剖腹手术评估马匹腹部严重粘连的发病率。该研究表明，10％～20％的腹痛病例在术后都会有粘连的出现。粘连的发病率也会因马实施如下手术的缘故而升高，如肠道切开或者切除、小肠手术、多次的剖腹手术、术后肠梗阻、术后切口感染并发肠梗阻。这些风险因素的致病机制是腹膜炎症。粘连发生的部位由初始手术创口的部位所决定。在小肠手术后，粘连往往发生在手术部位的浆膜表面和相邻的小肠肠管。也常在小肠和肠系膜根部形成，或者是在肠管断端吻合的部位形成。结肠手术粘连往往发生在结肠和小肠之间、脾脏和腹腔底部，或者是结肠和网膜之间。

一、病理学

粘连发生是由于腹膜间皮细胞的炎性反应所致。炎性的诱因包括手术、局部缺血和化脓性腹膜炎。这些诱因诱导了血清的分泌，而血清中含有大量的纤维蛋白原附着在肠道的表面。纤维蛋白原在凝血酶的作用下被转变成可溶的纤维蛋白，最后在凝血因子ⅩⅢa的作用下（纤维蛋白固化因子）形成纤维性粘连（图78-1）。因为纤维性粘连的存在，肠道开始与其他器官粘连，但是可以通过外力作用分离开。在正常的情况下，纤维性粘连可以通过纤维蛋白溶解机制来溶解掉。纤维蛋白溶解机制的关键是激活血纤维蛋白溶酶。未激活的血纤维蛋白溶酶是血纤维蛋白溶酶原，该酶原是血浆蛋白的组成部分。血纤维蛋白溶酶原在数种介质的作用下激活，包括组织纤溶酶原激酶（tPA），是通过受损组织释放的；尿激酶、激肽释放酶和凝血因子Ⅺa和Ⅻa。在血纤维蛋白溶酶原激活成为血纤维蛋白溶酶后，它将纤维蛋白分解成纤维蛋白降解产物，比如D-二聚体（D-dimer）。在这种条件下，大多数纤维性粘连可以通过该机制溶解。此系统受到抑制纤维蛋白溶解机制的介质影响。血纤维蛋白溶酶激活原抑制剂-1（PAI1）是一种内皮依赖性蛋白，可以抑制tPA和尿激酶的活性，进而抑制纤维蛋白溶解机制，α_2-抗纤维蛋白溶酶和 α_2-巨球蛋白能够同血纤维蛋白溶酶形成一个复合物，清除血液中的血纤维蛋白溶酶来抑制纤维蛋白溶解机制。当介质之间的平衡受到破坏时，问题就出现了。根据记录表明，当脓肿和炎症出现的时候，tPA 和血纤维蛋白溶酶原，尿激酶都会下降，而 PAI-1 反而增加，这些都会导致溶酶反应减少。因此，纤维性粘连变成顽固性粘连而不是降解。随后大量成纤维细胞和胶原沉积在纤维性粘连处，从而导致永久性纤维粘连的形成。

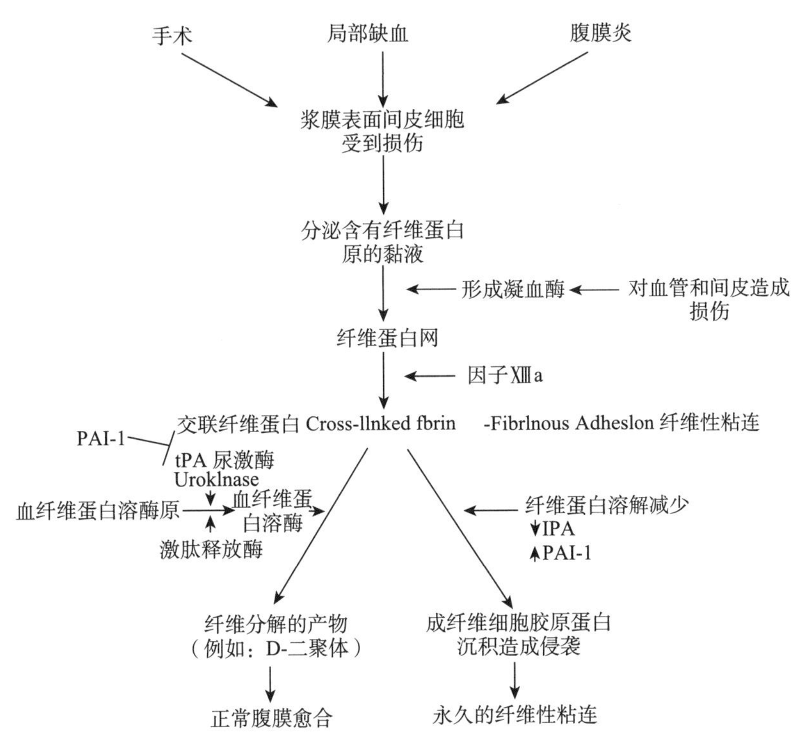

图 78-1 描述腹膜感染造成纤维性粘连形成的树状图，纤维性粘连在正常腹膜愈合时溶解，而纤维蛋白溶解失效会造成永久性的纤维粘连

PAI-1：纤溶酶原激活物抑制剂-1；tPA：组织纤溶酶原激活物

相比于成年马来说，幼龄马更容易形成腹腔粘连，幼龄马发生腹腔粘连的概率高达 33%。但是这种情况的原因尚不清楚。最近一项由 Watts 及其同事对患有腹痛和正常的幼龄马（小于 6 月龄）和成年马（大于 5 岁）血液和腹膜液中纤维蛋白原浓度，血纤维蛋白溶酶原活性，抗纤维蛋白溶酶活性和 D-二聚体浓度分别进行了测量和测定。(作者假设样本中的小马驹，纤维蛋白溶解机制会受损，这解释了低血纤维蛋白溶解酶原活性和低 D-二聚体浓度，而有无纤维蛋白沉积的增加，则由抗纤维蛋白溶酶活性和纤维蛋白原浓度说明。）从患有腹痛的马上采集到的病例表明了四个变量中确实存在着明显的差异，指出了纤维蛋白溶解能力受损和纤维蛋白沉积增加；然而，这对于成年马和小马驹并没有差异。所以成年马和小马驹在溶解纤维蛋白的能力上的区别并不是增加小马驹粘连形成的诱因。

二、预防粘连的形成

（一）将腹膜发炎形成降至最低

剖腹手术是一个导致腹膜发炎和后续粘连形成的主要原因。通过手术来纠正粘连往往会导致进一步粘连的形成。因此治疗的目标是在最初的时候阻止粘连的形成。减少腹膜和浆膜的炎症是至关重要的，因为这样可以减少纤维蛋白原的分泌。最重要的步骤是在手术中遵循 Halstead 原则，并且保证手术中小心的触碰肠管并且随时用电解质平衡液保持肠管湿润。当进行肠切开术、肠管切除术或者肠管断端吻合术时，应该采取相应的措施将污染的可能性降至最低，并且保证黏膜是翻转的。在围手术期通过抗生素和非甾体类抗炎药进行 72 小时治疗是减少粘连形成的关键。

一项研究表明，使用氟胺烟酸葡胺、青霉素和庆大霉素对局部缺血诱导的粘连模型进行治疗，可以有效地阻止粘连的发生。在同一研究中表明使用低剂量的 DMSO（20mg/kg，静脉注射，每隔 12h 一次）也能够组织粘连的形成。该剂量明显低于 1g/kg 通常用于治疗颅内压增高的剂量。因为高剂量的药物被证实有加重缺血再灌注损伤的可能性，而低剂量的药物则可能有抗炎的作用。

关于在剖腹探查时是否应该使用羧甲基纤维素始终存在着不同的观点。一些兽医认为使用 1%的羧甲基纤维素撒布在肠管浆膜的表面可以减少在触碰肠管时浆膜的损伤，或者是进行肠管切开术时内容物和细菌的污染。羧甲基纤维素可能还有一个直接的抗炎作用。Fogle 及其同事的研究表明，在手术中使用 500mL 到 1L 的羧甲基纤维素会减少死亡的风险，尤其是对于那些患上手术后腹痛和肠梗阻的。作者推测这是由于在早期阶段减少粘连的形成，但这没有尸体剖检结果或者重复性实验支持。其他报告则表明商品化形式的羧甲基纤维素可能会导致腹膜发炎和粘连发生的概率极大增加。将所有的研究报告考虑在内，羟甲基纤维素可能会有减少粘连形成的效果，但是大量的使用会导致腹膜发炎，所以在使用时应该适度。

（二）加强纤维蛋白溶解机制

另外的一个阻止形成严重粘连的步骤是提高纤维蛋白溶解的能力，这样就算纤维性粘连确实会形成但能被溶解掉。常用于减少纤维蛋白形成的药物是肝素。肝素是对抗凝血酶Ⅲ辅因子，可以通过与凝血酶结合成为凝血酶-抗凝血酶复合物来降低血液中的凝血酶的复合物。肝素可以改变抗凝血酶的构型，这将提高其与凝血酶结合的能力。凝血酶通常可以将纤维蛋白原转化成为纤维蛋白，但是这个步骤会由于肝素的存在而减慢，显著的减少可以用来形成纤维性粘连的纤维蛋白原的数量。为了能使肝素有效地发挥作用，在血液循环中必须有足够水平的抗凝血酶因子Ⅲ，而在手术后腹痛的病例中，该因子的数量往往会降低。静脉注射新鲜的冷冻过的血浆将会提供抗凝血酶因子Ⅲ，同时如果可能的话应该对其血清浓度进行测量。肝素最常用的浓度是 40IU/kg，每 8h 一次皮下注射。腹腔内使用肝素（30 000IU 溶解在 1L 生理盐水中，在手术结束的时候倾倒在腹腔内）可以有效地将粘连发生率降低至 2.8%，而不使用肝素的马匹

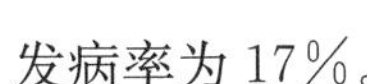

发病率为17%。

(三) 分离并列的肠管

术后肠梗阻增加了粘连形成的风险，因为停止蠕动的相邻肠管更有可能形成纤维性粘连。尽管正常的肠道愈合能够防止自身粘连的发生，但术中仍应隔开并行的肠管，在手术后的36h用10L的乳酸林格氏液进行4次腹膜冲洗可以有效地减少粘连发生的概率。水浮法（Hydrofl otation）可以机械性地分开肠管而防止粘连的形成，同时这个技术还可以用于从腹腔中移除纤维蛋白。然而实际上，这个操作并不是十分实用，因为引流条会经常堵住，同时腹腔内存在异物可以作为引起腹膜炎症和后续感染的诱因。因此该技术没有广泛的使用，除非在手术中出现大范围的感染。

预防并列粘连的肠管，也可以通过使用一种可生物性吸收的透明质酸膜和羧甲基纤维素。这种12.7cm×15.24cm（5in×6in）的膜可以放在有发生粘连风险的位置上，即比如像肠道断端吻合口。在放置后的24h内，膜开始变成胶状物，并且能持续存在7d。在人医领域内，透明质酸和羟甲基纤维素薄膜被广泛地研究，并且使用来防止粘连的发生。Cochrane综述文献确定了使用这个薄膜降低了粘连发病率、严重程度和粘连的长度。在马身上的实验表明，薄膜降低了实验介导粘连的发生率，并且没有阻碍断段切口的愈合。一项最近的研究比较了在进行空肠断端吻合术后用该薄膜包裹创口的结果，极大地降低了长期的死亡率和术后腹痛的发病率。使用这种薄膜的劣势是仅能保护部分区域，而如果使用多张薄膜手术成本会上升。手术过程中应当小心的放置薄膜，因为薄膜一旦放置在肠管后就无法再次移动。使用时应该佩戴干燥的手套并且在手术结束的时候使用。

最近，对一种新型的叫作岩藻多糖的药物进行了防止粘连效果的评估。岩藻多糖是一种多糖硫酸酯，从褐藻中提取获得。它被认为能够在腹膜愈合早期提供一层临时的物理性屏障防止粘连的形成。在一项对6匹患有介导性浆膜损伤马驹的研究中，在手术10d后，使用腹腔镜检查腹膜内放置岩藻多糖的结果，结果表明极大地降低了粘连的严重程度并减少了粘连的发生。对于马来说，每50mL岩藻多糖可以溶解在5L的乳酸林格氏液中，然后在腹白线闭合之前倾倒在腹腔内。对于做完空肠断端吻合术的马，使用这种药物不会造成任何不良临床症状或者对断段愈合不良的作用，但是会诊查到腹白线出现组织学愈合状况差，对于造成这一现象的机理尚不明显。

(四) 腹腔大网膜切除术

临床严重的粘连通常会将腹腔大网膜包括在内，所以在手术前期切除尽可能多的腹腔大网膜有助于减少粘连的形成。腹腔大网膜可以通过分成几块来进行摘除，通过结扎缝合将每个部分的大网膜进行结扎，然后将结扎处进行横切。根据44个腹痛病例的记载表明了这样做的好处。对比19匹进行了腹腔大网膜切除术的马，尸检或者腹腔内镜复检表明，未进行腹腔大网膜切除术的马粘连形成的概率非常大。然而，使用鼠模型的实验表明腹腔大网膜切除术会减少纤维蛋白溶解的能力，并且增加粘连形成的可能性。研究表明，保留腹腔大网膜可以减轻移植修复体壁缺损鼠模型的粘连。因此，对于马来说，正确的治疗的方法还不确定，然而，许多兽医习惯于在闭合腹腔切口前都会切掉撕裂的腹腔大网膜。

三、对于已经成形的粘连的处理

对纤维性粘连的治疗可能导致严重的临床问题，因为反复的腹腔切开可能会导致腹膜炎症的加重，进一步形成粘连。在一些病例中，需要一个规律的饲喂方案和低残留全价配合饲料，可以降低腹痛的程度。通过腹腔内镜手术来进行粘连松解术相对于传统的剖腹探查术有降低发炎的优势。然而，使用这个技术，新的腹膜粘连可能会在最初的腹腔内镜入口处形成。因此，可以使用一些上文中提到的技术来防止粘连的形成。在一些医院中，内镜粘连松解术经常在马驹剖腹术后 7d 左右时使用，用来提高腹痛手术的预后。

四、总结

粘连可能是一个导致手术后诱发腹痛的重要原因。反复的剖腹手术治疗会造成腹膜发炎，促进发生粘连。对兽医来说，在治疗初期阻止粘连的发生是十分重要的。在治疗时，小心的接触组织器官，熟练的手术技巧结合抗生素和抗炎药的合理使用是治疗的第一步。马属动物有粘连发病的高风险，比如说小肠切除的马，更多的措施比如使用肝素、羟基纤维素、可吸收的生物薄膜，或者岩藻多糖溶液可以降低粘连形成的可能性。

推荐阅读

Boure LP，Pearce SG，Kerr CL，et al. Evaluation of laparoscopic adhesiolysis for the treatment of experimentally induced adhesions in pony foals. Am J Vet Res，2002，63（2）：289-294.

Cable CS，Fubini SL，Erb HN，et al. Abdominal surgery in foals：a review of 119 cases（1977-1994）. Equine Vet J，1997，29：257-261.

Fogle CA，Gerard MP，Elce YA，et al. Analysis of sodium carboxymethyl cellulose administration and related factors associated with postoperative colic and survival in horses with small intestinal disease. Vet Surg，2008，37：558-563.

Freeman DE，Schaeffer DJ. Clinical comparison between a continuous Lembert pattern wrapped in a carboxymethylcellulose and hyaluronate membrane with an interrupted Lembert pattern for one-layer jejunojejunostomy in horses. Equine Vet J，2011，43：708-713.

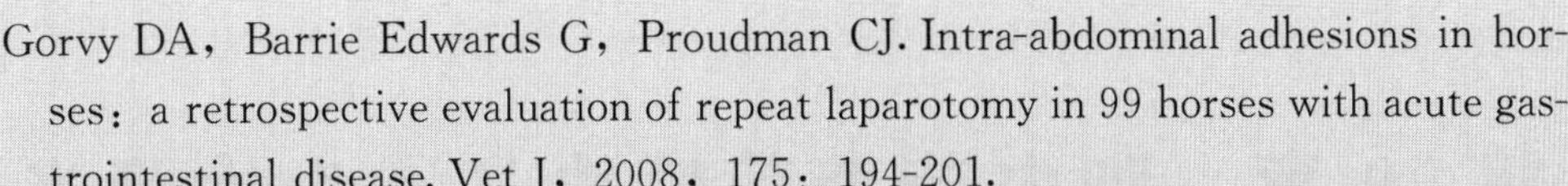

Gorvy DA, Barrie Edwards G, Proudman CJ. Intra-abdominal adhesions in horses: a retrospective evaluation of repeat laparotomy in 99 horses with acute gastrointestinal disease. Vet J, 2008, 175: 194-201.

Kuebelbeck KL, Slone DE, May KA. Effect of omentectomy on adhesion formation in horses. Vet Surg, 1998, 27: 132-137.

Kumar S, Wong PF, Leaper DJ. Intra-peritoneal prophylactic agents for preventing adhesions and adhesive intestinal obstruction after non-gynaecological abdominal surgery. Cochrane Database Syst Rev, 2009, 21 (1): CD005080.

Lansdowne JL, Boure LP, Pearce SG, et al. Comparison of two laparoscopic treatments for experimentally induced abdominal adhesions in pony foals. Am J Vet Res, 2004, 65: 681-686.

Mair TS, Smith LJ. Survival and complication rates in 300 horses undergoing surgical treatment of colic. Part 3: long-term complications and survival. Equine Vet J, 2005, 37: 310-314.

Morello S, Southwood LL, Engiles J, et al. Effect of intraperitoneal PERIDAN™ concentrate adhesion reduction device on clinical findings, infection, and tissue healing in an adult horse jejunojejunostomy model. Vet Surg, 2012, 41: 568-581.

Mueller PO, Hay WP, Harmon B, et al. Evaluation of a bioresorbable hyaluronate-carboxymethylcellulose membrane for prevention of experimentally induced abdominal adhesions in horses. Vet Surg, 2000, 29: 48-53.

Murphy DJ, Peck LS, Detrisac CJ, et al. Use of a high-molecular-weight carboxymethylcellulose in a tissue protective solution for prevention of postoperative abdominal adhesions in ponies. Am J Vet Res, 2002, 63: 1448-1454.

Phillips TJ, Walmsley JP. Retrospective analysis of the results of 151 exploratory laparotomies in horses with gastrointestinal disease. Equine Vet J, 1993, 25: 427-431.

Sullins KE, White NA, Lundin CS, et al. Prevention of ischaemia-induced small intestinal adhesions in foals. Equine Vet J, 2004, 36: 370-375.

Watts AE, Fubini SL, Todhunter RJ, et al. Comparison of plasma and peritoneal indices of fibrinolysis between foals and adult horses with and without colic. Am J Vet Res, 2011, 72: 1535-1540.

（王志、单然、张剑柄　译，徐世文　校）

第 79 章　胞内劳森菌感染与增生性肠炎

Michele L. Frazer

长时间以来，由胞内劳森菌造成的增生性肠炎通常被认为是属于猪的疾病，但是在过去的几十年中胞内劳森菌开始作为马属动物的病原出现。第一例被发现的猪增生性肠炎是在 1931 年，根据是否有肠道出血，该病被证实存在 2 种不同的综合征。尽管弯曲杆菌不断地从猪的增生型肠炎病例中分离出来，但是在肠道出血的病例中并不多。在 20 世纪 80 年代苏格兰兽医 Gordon Lawson 确认了致病微生物不是弯曲杆菌，而且致病微生物被称为弯曲杆菌样微生物或者胞内微生物。为了纪念 Dr. Lawson 的研究，在 1995 年时，该病原微生物被命名为胞内劳森菌。

对于马属动物来说，增生性肠炎是 1982 年首次被发现。在 20 世纪 90 年代数例被报道的肠道损伤与猪增生性肠炎存在相似，说明可能由同样的病原菌引起。在 1996 年，马增生性肠炎（EPE）的病原菌被确认是胞内劳森菌。从此以后，在南美洲和北美洲、欧洲和澳大利亚陆续出现该病的报道。胞内劳森菌和典型的增生型肠炎病理变化均在许多物种上发现，包括马、猪、浣熊、仓鼠、小鼠、大鼠、兔、鸸鹋、鸵鸟、猴、绵羊、白尾鹿、犬、猫、狐狸、雪貂、豚鼠等非人类灵长类动物。

一、病理生理学

胞内劳森菌是一种专性细胞内寄生的革兰氏染色阴性的弧状杆菌，并且属于无芽孢细菌。肠道的损伤一般最先在回肠底部开始出现，有时在大肠内出现。水肿最先出现在浆膜层并且导致坏死组织增多和黏膜增厚。隐窝细胞变得扩大和延长，同时病原菌经常在受感染细胞的顶端部分细胞质中出现。有丝分裂的细胞变得多样化，然而炎性细胞和杯状细胞减少或者消失。正常组织和异常组织之间的分界变得清晰明显，通常病变的结构为上皮细胞层而不是固有层或者黏膜肌层，但后者在某种情况下也有可能被包含进去。老年动物更容易患出血性增生性肠炎，正好与断奶年龄的动物相反。在出血性肠炎的病例中，黏膜增厚并不是十分明显，但是会出现黏膜血管充血并且在固有层中呈现出炎性细胞。

如同感染猪一样，胞内劳森菌在感染马时也对窝细胞造成影响。这会造成进行有丝分裂的细胞增加，因此回肠黏膜增生。然而，增生的细胞缺少功能性刷状缘，这最终会导致肠道的吸收障碍和并发的临床症状。

慢性患病仔猪是该病的传染源。对于马来说，主要的病原来源于广泛的环境，但

始终是未知。根据最近的研究表明，猫、鼠和兔可能是宿主或者传播宿主。马匹之间的疾病传播很有可能是通过粪口传播途径进行。与猪和仓鼠不同，马多是个体发病，很少有群体暴发。

二、临床综合征

胞内劳森菌主要感染马驹和6～7个月龄以下的刚断奶马驹。对于马驹来说，母体抗体效价的降低，同时由于断奶，疫苗注射，寒冷和训练给刚断奶的马驹带来的应激反应都会造成该年龄段的马发病。一般马出现该病的时候都是在秋冬交际，很多马驹在这时都已达6～7月龄，但环境和其他季节性因素的影响也不能被排除在外。同时，关于性别或者品种对于发病的影响还未发现。

马感染胞内劳森菌的普遍临床症状是腹水肿，这一症状在81%的患病动物身上得到了体现。腹水肿的程度从轻微（轻微的胸颈部肿胀）到严重，严重的病例可能会导致皮肤破裂和浆液性或者脓性液体从胸，腹部或者阴囊区域流出。马匹可能会由于严重胸部水肿造成呼吸困难。

在26%的患病马身上出现了轻微或者严重的腹泻。在轻微腹泻的病例中，可能不会出现脱水，电解质和酸碱失衡和氮血症。其他临床症状包括体重减轻、发热、嗜睡、腹痛、被毛粗糙、腹围膨大和营养不良。

三、实验室检查

低血蛋白症，尤其是低白蛋白血症是胞内劳森菌感染的一般发病症状。其他异常包括高纤维蛋白原血症、中毒性中性粒细胞核左移、氮血症、代谢性酸中毒、高肌酸酶。

四、诊断

可以通过聚合酶链反应（PCR）来诊断粪便中的病原菌，如果病畜粪便减少或者无法采集到样本，可以用肛门拭子来收集。如果在采样前对病马进行了抗生素治疗，病原菌DNA可能不会在试验中表现出来，而使结果出现假阴性。阳性结果可说明了胞内劳森菌DNA的出现，但是并不能证明存在激活的感染，所以说PCR的结果应该结合表现出的临床症状，进行诊断结果的判断。

血清学检查采用ELISA来检查抗体的存在，是对显性感染和隐性感染更有效的指标。假阴性的结果可能表明马没能达到一个足够的免疫反应。同时，关于抗体的持续时间始终尚未确定。所以如果仅仅采取一个样本的话，可能会出现误诊，因为在感染初期时抗体量会升高，但是随着采样时间的推移抗体量会逐渐降低。

诊断测试的黄金标准是使用银染色法来证实死后剖检的肠道组织和穿刺采样中是否存在病原微生物。通过穿刺活检取得的十二指肠肠黏膜（通过胃镜取得）或者直肠活组织检查并没有典型的含有病原菌，但是能够在回肠、空肠或者结肠内出现明显的病变。

此外，更缺乏有效性的诊断形式包括电镜检查和粪便病原菌培养。尽管病原菌能够通过电镜检查出来，但绝大多数实验室没有进行该项检查的能力，而且该检查对于临死前检验来说并不实用。通过培养基进行粪便病原菌培养也是困难的，因为常规培养基不能培养该细菌，该病原菌需要肠细胞培养基。

腹部超声诊断胞内劳森菌感染是十分有用。肠道的增生往往能够导致严重的小肠肠壁，结肠肠壁或者是同时增厚。如果小肠的肠壁厚度大于 3～4mm，结肠的厚度大于 4～5mm 就考虑为肠壁增厚。

根据临床症状，超声波影像和排除其他的关于低白蛋白血症的诊断往往可以做出推定诊断。在等待实验室结果确认时就开始进行早期的治疗，这样可能会得到一个良好的预后结果。其他典型的临床症状类似于马驹和断奶幼驹低蛋白血症。常见病因也包括寄生虫病［如蛔虫、圆口线虫和蠰蚴期小圆（口）线虫］，其他感染源（沙门菌、梭菌和轮状病毒）。其中不常见的病因包括肠溃疡、肝病、肾小球疾病、红球菌感染和严重的营养不良。对于患有低白蛋白血症和低蛋白血症与出现临床症状的断奶幼龄马驹，初始的基础诊断应当包括以下检查，如检查粪便中沙门菌、轮状病毒，以及可能存在的梭菌，寄生虫检查同时还要通过血清和粪便对胞内劳森菌进行检查。

五、治疗

治疗胞内劳森菌感染的目标是清除病原菌和维持疗法。清除病原菌需要使用具有良好细胞渗透性的抗生素。可供选择的药物包括大环内酯类（阿奇霉素、克拉霉素或者红霉素），四环素类（氧化四环素或者强力霉素）和氯霉素类。为了防止由抗生素引起的腹泻，大环内酯类的抗生素应当仅限于使用在尚未断奶且体重少于 150～200kg 的马驹。在马驹接受该药物的治疗时候为了避免可能的致命的中暑反应，马驹在接受药物治疗的时候以及治疗之后的 1 周应该避免暴露在过热的条件下和太阳直射。

四环素可能会有肾毒性作用，因此，在使用该药后，应监测动物肾脏的功能和体液平衡状态。氧化四环素的循环与白蛋白紧密相连，所以患有低白蛋白血症的马体内游离的药物量会增加，这就增加了肾毒性的可能。为了防止由于螯合钙积累所导致的并发症，氧化四环素应该通过静脉缓慢注射，并且可能在血液中稀释。由于疏忽造成的药物流出血管会导致造成对组织的刺激，所以在进行静脉注射的时候最好使用套管针进行静脉注射。强力霉素可以通过口服给药，但是其肠道吸收性会有所不同。

氯霉素可能会导致或者加重小肠结肠炎，所以马排出的粪便质地应该受到密切检测。同时，使用该药物对动物进行治疗的医疗人员必须了解暴露于氯霉素有诱发再生障碍性贫血的风险。在给药时通过佩戴乳胶手套，在碾碎药片时配戴口罩等措施都会降低此风险。使用氯霉素糊剂和悬浊剂都能避免和降低碾碎药片时吸入药品的风险。

根据文献报道，其他可治疗胞内劳森菌的抗生素包括利福平、青霉素、恩诺沙星、

氨苄西林和甲硝唑。甲硝唑可以结合氧化四环素或者大环内酯类药物共同使用，这可以提供局部胃肠道的抗炎作用和免疫抑制作用。

理想的抗生素治疗时间始终未知，具体用药时间依病情而定。受感染得马可能需要数月或者更长的时间来恢复到之前的身体状况，但是这并不表明细菌始终在肠道中繁殖生长并且需要持续的抗生素治疗。腹泻、高热以及嗜睡的症状在停止抗生素使用之前应该得到缓解。腹水肿和肠道水肿可能需要更长的时间来缓解，同时这些症状的消失不是停止治疗的指标。白蛋白的水平可能会在疾病痊愈后长时间保持在一个较低的水平，但是在抗生素停药之前，白蛋白浓度应该有一个朝着参考值增加的趋势。

胶体治疗是治疗由于胞内劳森菌或者其他诱因导致的低蛋白血症必要的治疗措施。胶体是高分子量的分子，不能够稳定的穿过血管上皮。胶体在血液中是维持胶体渗透压的重要物质，可提高微血管灌注，使用晶体液体治疗相对能立即提高血管内容积，并且不会引起水肿的形成。胶体治疗有两种药物可供选择，包括使用血浆或者人工合成的胶体治疗。血浆可以通过白蛋白来直接提升血浆胶体渗透压，同时也能够提供凝血因子，抗凝血酶和免疫球蛋白。商品化血浆可以通过购买得到，或者由一些医院饲养的动物提供。血浆的用法是20mL/kg，但是由于受到经济原因的限制血浆的用量往往低于这个值。尽管血浆可提供更好的有利因素，但是在马身上也会有副作用。血浆应该应该通过一个装有滤过器的专门为注射血液制品而设计的针头注射。在注射药物后马匹应当受到一个严格的监护，以观察是否有心跳加快，呼吸抑制和腹痛的症状，因为这些症状可能说明了马匹在药物治疗之后出现了副作用。如果出现了如上述症状中的一种，血浆就应该及时的停用直到反应消失。

羟乙基淀粉是一种常用的合成胶体。该胶体的用量是10mL/kg，每48h通过静脉注射给药。给予低剂量的羟乙基淀粉对患畜有一定的好处，研究报道表明使用羟乙基淀粉24～48h内具有降低神经末梢和肠道水肿的作用，但同时该药物会通过降低体内假性血友病因子-因子Ⅷ的含量而导致凝血障碍。可以将羟乙基淀粉和血浆混合使用。

维持疗法包括通过静脉补液来纠正脱水、电解质失衡和氮血症。患病动物经常会有代谢性酸中毒的问题，并且会因为碳酸氢根进入肠道导致碳酸氢根的损失。这些患病动物会需要补充额外的碳酸氢根，可以通过静脉注射碳酸氢钠也可以通过口服碳酸氢盐来补充。因为体液会通过肠道丢失，马匹往往会脱水，并且导致氮血症；因此应当对血清肌酸酐和血液中尿素氮进行及时监测。此外，对于一些比较虚弱或者食欲不振的动物，需要及时补充一些胃肠道外营养，比如氨基酸、葡萄糖和脂肪。甚至有些没有食欲的动物也能从补充肠道外营养获得好处，因为这些马可能有吸收障碍的问题。

六、预后

如果在疾病的早期给予治疗，大多数胞内劳森菌感染的病例都会存活，然而，马匹的身体状况在治愈后的数月内会比较糟糕。但当它们到达体成熟的时候，他们往往不会有疾病的后遗症。一项最新的研究表明，同龄的曾患有胞内劳森菌感染的马匹拍卖价格要低于对照组（未患病）的价格，但是其平均比赛收入并没有受到影响（图 79-1 和图 79-2）。

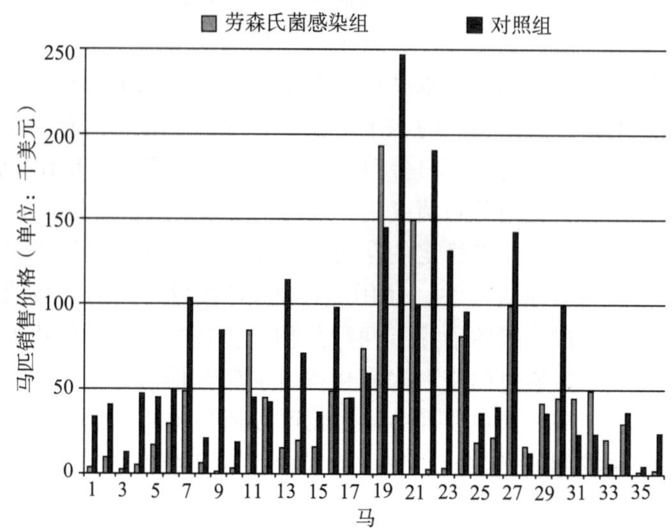

图 79-1 感染过胞内劳森菌马匹售出的价格。该图展示了在纯血马公共拍卖行拍出的曾感染胞内劳森菌马的价格（胞内劳森菌感染组）和同等年龄未感染种马的价格（对照组）。相比对照组，曾经感染过劳森菌的马价格明显降低

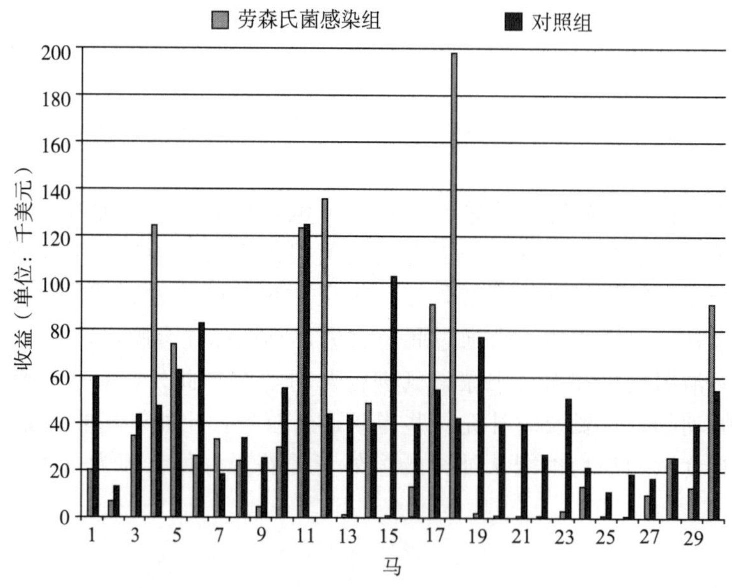

图 79-2 曾患有胞内劳森菌感染马的奖金收入。此图表说明了在美国曾患有胞内劳森菌的纯血马在比赛中的奖金收入和生涯中种马后代或者 2 岁龄种马的平均收入（控制组）。曾经患有胞内劳森菌感染的马相比于对照组并没有明显的奖金收入减少

推荐阅读 

Dauvillier J，Picandet V，Harel J，et al. Diagnostic and epidemiological features of Lawsonia intracellularis enteropathy in 2 foals. Can Vet J，2006，47：689-691.

Frazer ML. Lawsonia intracellularis infection in horses：2005-2007. J Vet Intern Med，2008，22：1243-1248.

Lavoie JP，Drolet R Parsons D，et al. Equine proliferative enteropathy：a cause of weight loss，colic，diarrhoea and hypoproteinaemia in foals on three breeding farms in Canada. Equine Vet J，2000，32：418-425.

Lawson GHK，Gebhart CJ. Proliferative enteropathy. J Comp Pathol，2000，122：77-100.

McGurrin MKJ，Vengust M，Arroyo LG，et al. An outbreak of Lawsonia intracellularis infection in a Standardbred herd in Ontario. Can Vet J，2007，48：927-930.

Page AE，Fallon LH，Bryant UK，et al. Acute deterioration and death with necrotizing enteritis associated with Lawsonia intracellularis in 4 weanling horses. J Equine Vet Sci，2012，26 (60)：1476-1480.

Pusterla N，Higgins JC，Smith P，et al. Epidemiological survey on farms with documented occurrence of equine proliferative enteropathy due to Lawsonia intracellularis. Vet Rec，2008，163：156-158.

Pusterla N，Mapes S，Gebhart C. Further investigation of exposure to Lawsonia intracellularis in wild and feral animals captured on horse properties with equine proliferative enteropathy. Vet J，2012，194：253-255.

Pusterla N，Mapes S，Johnson C，et al. Comparison of feces versus rectal swabs for the molecular detection of Lawsonia intracellularis in foals with equine proliferative enteropathy. J Vet Diagn Invest，2010，22：741-744.

Pusterla N，Sanchez-Migallon Guzman D，Vannucci FA，et al. Transmission of Lawsonia intracellularis to weanling foals using feces from experimentally infected rabbits. Vet J，2013，195：241-243.

Pusterla N，Wattanaphansak S，Mapes S，et al. Oral infection of weanling foals with an equine isolate of Lawsonia intracellularis，agent of equine proliferative enteropathy. J Vet Intern Med，2010，24：622-627.

Sampieri F，Hinchcliff KW，Toribio RE. Tetracycline therapy of Lawsonia intracellularis enteropathy in foals. Equine Vet J，2006，38：89-92.

Schumacher J，Schumacher J，Rolsma M，et al. Surgical and medical treatment of an Arabian Filly with proliferative enteropathy caused by Lawsonia intracellularis. J Vet Intern Med，2000，14：630-632.

Van den Wollenberg L，Butler CM，Houwers DJ，et al. Lawsonia intracellularis-associated proliferative enteritis in weanling foals in the Netherlands. Tijdschr Diergeneeskd，2011，136：565-570.

Wuersch K，Huessy D，Koch C，et al. Lawsonia intracellularis proliferative enteropathy in a filly. J Vet Med A Physiol Pathol Clin Med，2006，53：17-21.

（王志、单然、张剑柄　译，徐世文　校）

第 80 章　腹膜炎

Andrew J. Dart　Hannah-Sophie Chapman

一、解剖学与生理学

腹膜由一层单层鳞状上皮细胞构成，紧贴在皮肤的疏松结缔组织上，内有血管、淋巴管和神经。在解剖学上，腹膜可以进一步分为壁层和脏层。腹膜的壁层分布于膈肌、腹壁和骨盆腔。腹膜的脏层是壁层的连续，并将所有的腹膜内器官都囊括在腹膜内，并且进一步形成腹腔大网膜和肠系膜。腹膜内存在少量的腹膜液，用于润滑脏侧和壁侧的腹膜。腹膜和腹膜液的存在能防止粘连的发生。正常的腹膜液是透明的淡黄色血浆超滤液，蛋白总密度不超过 1.5g/dL（15g/L），同时有核细胞总数不超过 2 000 个/μL（2×10^9个/L）。腹膜液的分布和不断的流动保证了腹膜液对进入腹膜腔内细菌、细胞和异物的有效清除机制。在腹腔液细胞中，中性粒细胞占到 24%～60%。如果蛋白密度大于 2.0～2.5mg/dL（20～25g/L）同时有核细胞总数高于 5 000～10 000 个/μL（5×10^9～10×10^9个/L），表明有炎症发生。

二、病理生理学

马的腹膜炎可能是由于感染（细菌、病毒、真菌或者寄生虫）或者非感染因素（创伤、化学或者肿瘤因素）所致（表 80-1）。根据病原学腹膜炎可以分类为原发性和继发性的（根据病因学依据）；亚急性、急性或者慢性（根据病程）；弥散性和局灶性（根据发病区域）；化脓性和非化脓性（根据是否存在细菌感染）。

表 80-1　马腹膜炎的常见诱因

脓毒性腹膜炎		非脓毒性腹膜炎
胃肠道病因	创伤	
手术并发症	输卵管撕裂	蠕虫动脉炎
胃肠道撕裂	生产事故	膀胱破裂伴发尿腹膜炎
腹壁脓肿	腹壁损伤	出血
直肠撕裂	其他类型感染	化学试剂烧伤
腹腔（肠）穿刺术	败血症	肿瘤
	马驹放线菌感染	钝器击伤
	脐尿管感染	

急性、弥散性、化脓性腹膜炎常常是由于胃肠道手术的不当操作和胃肠道穿孔所造成的最常见的临床表现形式。脓肿型腹膜炎多数是由于多种细菌混合感染所导致的，细菌可能来源于胃肠道，也有可能是来源于穿刺所带入污染（表 80-2）。从渗出性腹膜炎病例中分离出的常见菌种包括肠杆菌科、专性厌氧微生物和革兰氏阳性菌。根据研究表明，厌氧菌在腹膜炎中所占的比例高于 20%～40%。感染初期仅有少数的器官受到影响，但其实在感染的早期阶段多个组织都会受到影响。这被认为是细菌之间选择性竞争的一种结果。

腹膜炎的发展阶段是相互独立分开的。

表 80-2　从马腹膜炎中分离出的病菌

马驹放线杆菌	大肠菌群
马链球菌马亚种	葡萄球菌属
马棒状杆菌	拟杆菌属
假结合棒状杆菌	消化链球菌属
埃希氏菌	梭菌属

（1）污染期　持续的时间 3～6h 不等，这一期的特征是血管通透性增加，使富含蛋白质和白细胞的液体流入腹膜腔内，造成炎性介质释放。

（2）弥漫性急性腹膜炎期　可以持续至 5d 并且能够反应细菌在腹膜内扩散的方向。炎性反应会随着液体的积累，纤维蛋白形成和炎性反应的形成而加剧，同时还会造成由交感神经介导的回肠梗阻。这些病程能够反应污染扩散的进程。如果机体的免疫系统不能将细菌全部杀死，腹膜炎会进一步发展成菌血症和内毒素血症，进一步会发生血容量降低和血液蛋白不足，最终导致粘连和脓肿的形成，该阶段的死亡率最高。

（3）急性局部期　在最初的感染后 4～10d 发展形成。纤维蛋白开始凝聚，试图将感染固定在局部。

（4）慢性脓肿形成　在感染的 8d 后直至持续到愈合。

三、临床症状

腹膜炎往往没有特定的临床表现和相关的病因，常见的临床症状包括发热、精神沉郁、食欲减退、心动过速、胃肠道蠕动减慢，以及腹痛、腹泻和体重减轻。因为机体受到细菌感染和内毒素中毒的原因，败血症型腹膜炎的临床症状要比非化脓型腹膜炎更加严重。唯一的例外是当腹膜炎由马驹放线杆菌感染所致的时候，患马往往表现出精神不安、食欲不振、发热、轻度腹痛和其他少量的局部症状。

严重的腹膜炎会导致马的死亡或者严重内毒素中毒的症状，后者能迅速地导致马循环休克和数小时内死亡。典型的症状还包括严重的精神沉郁、流汗、肌肉痉挛、心动过速、浅表性呼吸、末梢厥冷、可视黏膜发绀，毛细血管再充盈时间延长。临床上出现的发热并不是此病的一个典型的症状，而是重症时的表现。急性腹膜炎的前驱期较长，因为感染的细菌会在腹腔内缓慢的扩散。患病马匹可能出现间歇性的腹痛，同时还会变得精神沉郁、食欲不振、发热、脱水、心动过速、呼吸急促、黏膜充血以及

再充盈时间延长，还伴有肠梗阻或者腹泻。慢性腹膜炎可能会伴随着其他轻微的不典型症状，包括间歇性或者持续性体重减轻、脱水、间歇性轻度腹痛、排便减少、肠道运动减缓、间歇性腹泻和腹水肿。

四、临床检查和诊断

诊断的操作流程包括血液学检查和血浆生化测定、腹腔穿刺、直肠检查、超声检查、泌尿生殖系统检查、腹腔镜检查和开腹探查术。

血液学和血浆生化的改变会随着发病时间、严重程度和腹膜炎的类型而各有不同。患有亚急性腹膜炎的马通常会出现红细胞比容升高、急性血容量降低伴随着血清蛋白不足，液体转移和腹腔内蛋白渗出。然而血浆蛋白的密度可能表现出正常值，因为同时并发的急性体液丢失和大量的脱水。严重的白细胞减少症与中性粒细胞减少和退行性核左移变化是在这过程中常见的。血清尿素氮和肌酐增加与肾前的氮血症、电解质失衡，可能出现的症状包括低钙血症、低钠血症、低钾血症和血氯过少，并且伴随着代谢性酸中毒。患有急性腹膜炎的马通常都会有高红细胞比容和血清蛋白不足，其特征是低血清白蛋白和白蛋白与球蛋白比值的降低，而纤维蛋白原通常在发病 48h 后升高。在疾病的初始阶段，白细胞和中性粒细胞可能会减少，随后发生白细胞和中性退行性核左移。血清电解质的变化，以及尿素、肌酐、酸碱平衡的变化通常能够反映疾病的变化趋势，但是这些变化可能不会像患有亚急性腹膜炎的马那么严重。对于患有慢性腹膜炎的马，血液学和血清学检查的结果会有很大程度的不同。尽管贫血是慢性疾病的一个特征。马可能会有一个较高的红细胞比容，共同点是会出现白细胞增多和中性粒细胞发生或者不发生核左移。在一些病例中白细胞计数可能表现为正常，血清蛋白含量可能会升高，并出现高丙种球蛋白血症，以及出现纤维蛋白原升高并且抵消掉球蛋白损失的影响，这些变化可能是轻微的。血清电解质可能会表现为正常，甚至在存在肾前性氮血症和代谢性酸中毒的前提下。

对腹膜炎进行确诊需要进行腹腔穿刺术。穿刺液的收集需要用 EDTA 抗凝管来进行细胞学分析、蛋白质分析和革兰氏染色，在普通灭菌试管中进行有氧和厌氧条件下的细菌培养，如果需要进行生化分析，还应在肝素锂试管中进行细菌培养。对腹膜液的常规分析应该包括总蛋白浓度的测定和有核细胞计数与细胞分类计数。如果细胞计数证实了败血症的存在，那么下一步应该进行细胞学分析和革兰氏染色，同时还应进行有氧和无氧环境下的细菌培养。

及时对腹膜液进行眼观检查可以推测出腹膜炎的发展进程。液体可能呈现出多种内容物，浑浊或者含有浓汁并且黏稠。如果马患有肠血管损伤，那么液体可能会呈现出淡红色或者含有血丝，在疾病后期，液体颜色变深，并且释放出腐败组织的臭味。如果液体呈现出棕绿色或者有绿色成分存在可能说明了肠道撕裂。正常血液污染的液体应该与真正的异常液体或内出血后收集液体区分开。液体样品如果受到了脾脏穿刺的污染，红细胞比容会高于外周血。由于血液的污染，腹腔穿刺液中会看到血小板的存在，然而内出血的时候，血小板在穿刺液中非常少见，有时在细胞学涂片中会看到噬红细胞现象。

总蛋白＞2～2.5mg/dL（20～25g/L）表明有炎症的可能性，同时，如果存在着脓毒性腹膜炎，那么总蛋白值可能升值5mg/dL（50g/L）或者更高。纤维蛋白原浓度如果大于10mg/dL，反映了急性炎症过程。如果马患有急性腹膜炎，总体有核细胞计数通常会明显的升高（100 000～800 000个/μL或者100～800×10^9个/L），然而在慢性的腹膜炎中，总体有核细胞计数是典型的降低（20 000～40 000个/μL或者20～40×10^9个/L）。总体细胞计数并不能反映病原学、严重性和预后，同时腹膜液的分析应当结合疾病的病程和临床症状。比如说，一例由于马驹放线杆菌引起的腹膜炎，腹膜液会呈现出浑浊和化脓，总体有核细胞计数＞50 000个/μL（＞50×10^9个/L），然而这匹马的临床症状的特点是只有轻微的临床表现，血液学和血清生化变化不明显，对药物治疗反应敏感。

在大多数腹膜炎的病例中，中性粒细胞占据了细胞总数的90％以上，而在败血症腹膜炎的细胞学检查中性粒细胞会呈现出明显的退行性变化。在70％的病例中游离或者吞噬细菌可能会通过分离培养所得到，或者通过细胞学检查查出，然而只有16％～25％的病例能够得到一个阳性的培养结果；只有在20％的病例中能够分离出来厌氧菌。通过革兰氏染色可以鉴别出不同的细菌，然后再选择有效的抗生素进行治疗，尤其是在缺乏阳性培养结果的前提下。如果未能识别细菌或者没能单独培养出细菌，也不应该排出感染性腹膜炎的可能性。

测定腹膜液的pH值、血浆成分的比较和腹膜液葡萄糖浓度的测定，对区分化脓性腹膜炎和非化脓性腹膜炎是有帮助的。如果血浆的葡萄糖值变化超过了50mg/dL（2.8mmol/L），则表明化脓性腹膜炎。同样，如果腹膜液的pH低于7.3，腹膜葡萄糖低于30mg/dL（1.7mmol/L），纤维蛋白原大于200mg/dL，也提示化脓性腹膜炎的存在。

腹部超声检查可以发现肠管有纤维渗出、粘连和腹部化脓。直肠检查对腹膜炎的类型和病因往往不具有特异性而不能最终确诊。

五、治疗

治疗的目的是去除病因、消除感染、减轻炎症和缓解疼痛，纠正血容量减少和血液蛋白不足、电解质紊乱，治疗内毒素中毒并提供营养支持。

对腹膜炎采取手术治疗还是药物治疗是一个有争议的问题。在大多数病例中，不考虑病因的条件下，在病因调查的过程中对马进行镇静是有益的。当药物治疗没有明显的效果时，并且有明确的手术治疗指标时，应当及时采取手术治疗。

及时用补充等渗电解液纠正丢失的体液和离子。必要时需补充额外的钾和钙。当马的血浆蛋白浓度低于4g/dL（40g/L）时，还需要足够的胶质，最好的选择是血浆。使用新鲜的血浆或者超敏血浆可以解决一些菌血症和内毒素中毒所带来的消极影响。体循环量的回复可以解决绝大多数病例中的代谢性酸中毒和肾前性氮质血症。在理想条件下，应当每4～6h对红细胞比容、总蛋白、酸碱平衡和电解质平衡进行一次检查，以此来评估治疗的效果。

在确定感染是由于混合的革兰氏阴性、革兰氏阳性和厌氧菌造成的时候，应该尽快使用抗生素（表 80-3）。在使用抗生素治疗的时候，推荐使用静脉给药途径，因为这样药物能够在腹膜液中提供更可靠的浓度。青霉素或者头孢噻呋和庆大霉素，或者阿米卡星和甲硝唑是最常见的广谱抗菌组合。可以根据细菌培养和药敏试验对抗生素治疗做出适当的调整。氨基糖苷类药物在静脉给药后血浆浓度可以达到 50%～80%。然而，尽管氨基糖苷类可以穿透腹部的脓肿囊壁，但是药物在脓肿的酸性环境下活性最低，而恩诺沙星在治疗成年马腹部脓肿的时候效果更好一些。在使用抗生素治疗时应该持续用药直到临床症状消失和临床病理指标恢复正常。检测腹膜液总蛋白浓度和有核细胞计数可以作为治疗的效果的评估，但是反复性的检测反而会导致腹膜发炎，这会干扰对结果的解读。疾病的治疗可能会持续数周甚至数月。

表 80-3　常用治疗马腹膜炎的抗生素剂量

抗生素	剂量	给药途径	间隔时间
青霉素钠	22 000～44 000IU/kg	静脉注射	6h
青霉素钾	22 000～44 000IU/kg	静脉注射	6h
普鲁卡因青霉素	22 000～44 000IU/kg	肌内注射	12h
头孢噻呋钠	2～4mg/kg	静脉注射	8～12h
硫酸庆大霉素	6.6mg/kg	静脉注射	24h
硫酸阿米卡星	9～12mg/kg	静脉注射	8h
甲硝唑	15～25mg/kg	口服	6～12h
氨苄青霉素钠	11～25mg/kg	静脉注射	6～8h
恩诺沙星	5mg/kg	静脉注射	24h
	1.5～2.5mg/kg	口服	12h
联磺甲氧苄啶片	30mg/kg	口服	12h

由马驹放线杆菌所导致的腹膜炎通常对青霉素的治疗反应效果良好。然而，有研究表明在青霉素治疗后会出现耐药性，为了解决这个问题，可以将青霉素和庆大霉素结合使用，以消除可能出现的意外情况，直到能够进行细菌培养和药敏试验为止。

氟尼辛葡甲胺（0.25～1.1mg/kg，静脉注射，每 6～24h 一次）常用来缓解疼痛和减轻前列腺素的影响。当使用最大的氟尼辛葡甲胺剂量时候（1mg/kg，静脉注射，每 6～8h 一次）止痛效果最好。在最低剂量（0.25mg/kg，静脉注射，每 4～6h 一次）给药，可以改善内毒素带给心血管功能的毒副作用。

腹部引流冲洗可以引出过多的液体、细菌和异物、退化的中性粒细胞、炎性反应副产品、血液和纤维蛋白。关于引流和冲洗在腹膜内大面积治疗和分散的有效性还值得商榷，同时还存在一个值得担心的问题，就是引流冲洗也许会使得局部感染扩散。尽管如此，冲洗和引流还是对疾病治疗有好处，尤其是在疾病的早期。

引流时可以使用 32F 胸腔留置针、弗利导管。引流条通常放置在腹底部正中线，并且同时用作冲洗管和排水管。然而额外的冲洗管可以放置在腰椎窝的部位，来改进冲洗液的分布。放置引流条的时候，马匹可以采取站立的姿势，并且采用局部麻醉。

常用等渗电解液作为溶剂进行冲洗。然而，对于在溶剂中加入额外的防腐药、抗生素或肝素能够提供额外的好处这一说法始终没有得到证实。冲洗一天可以进行两次。10～30L 的等温渗电解液在重力的作用下灌注到腹腔内，然后让马行走 15～30min，使液体在排除前能够在腹腔内分散。排出的液体体积应该和注入的液体体积相等，同时液体的颜色也是评估治疗效果的一个重要指标。在引流之后，对引流管再次封闭之前应当在管中放置一些肝素钠。冲洗应当持续数日，直到排出的引流液变得清亮或者冲洗引流不再起作用。冲洗引流的并发症包括放置引流管时内脏穿刺受损，病畜由于冲洗引流造成的不适，皮下水肿液积累，留置口感染或者蜂窝组织炎，上行性感染和留置口网膜内疝或者外疝。当然，如果进行合理的伤口管理，并发症出现的可能性还比较小。

六、预后

腹膜炎的死亡率为 25%～75%。患有亚急性腹膜炎的马预后不良较多。总体来说，对于那些胃肠道手术后患腹膜炎和在初期治疗没有明显效果的马，预后要更差一些。不能通过一个单独的临床或者实验室指标来评估预后，但是一些因素比如像内毒素中毒，严重的腹痛症状、凝血障碍和蹄叶炎，回肠炎和腹泻都预示着一个较差的预后。马驹放线杆菌所导致的腹膜炎通常对连续的抗生素治疗都很有效，并且会有一个良好的预后。

推荐阅读

Dabareiner R. Peritonitis. In：Smith B，ed. Large Animal Internal Medicine. 2nd ed. St. Louis：Mosby，1996：742-749.

Dabareiner R. Peritonitis. In：Robinson NE，ed. Current Veterinary Therapy. 4th ed. Philadelphia：WB Saunders，1997：206-214.

Dabareiner R. Peritonitis. In：Smith B，ed. Large Animal Internal Medicine. 4th ed. St. Louis：Mosby，2009：761-767.

Davis JL. Treatment of peritonitis. Vet Clin North Am，2003，19：765-7780.

Mair T. Other conditions. In：Mair T，Divers T，Ducharme N，eds. Manual of Gastroenterology. Philadelphia：WB Saunders，2002：317-363.

Matthews S，Dart AJ，Dowling BA，et al. Peritonitis associated with Actinobacillus equuli in horses：51 cases. Aust Vet J，2001，79：536-539.

Murray MJ. Peritonitis. In：Reed SM，Bayly WM，eds. Equine Internal Medicine. Philadelphia：WB Saunders，1998：700-705.

Nogradi N，Toth B，Cole Macgilivray K. Peritonitis in horses：55 cases. Acta Vet Hung，2011，55：181-193.

（王志、单然、张剑柄　译，徐世文　校）

第 7 篇

神经内科疾病

第 81 章　脑　干

Amy L. Johnson

脑干疾病在马中相对少见，但及早发现对病马有较好的治疗效果（如对马原虫性脑脊髓炎病例）或保障人类健康（如狂犬病病例）。因此从业者应该熟悉脑干功能障碍的症状以及可引起脑干功能障碍的疾病。

一、脑干的结构和功能

解剖学上，脑干可细分为间脑（丘脑、下丘脑），中脑（中脑），腹侧后脑（脑桥）和末脑（延髓）。在功能上，与脑干的其余部分相比，间脑更类似于端脑（大脑半球），它应该被认为是前脑的一部分。因此，在本章中脑干通常指中脑、脑桥和延髓。脑干有几种不同的功能，包括产生和控制运动（通过上运动神经元和本体感受神经束）、指挥头部（通过颅神经）、维护意识（通过网状结构上行激活系统）。脑干的基本功能有控制心功能、呼吸功能、睡眠、饥饿和干渴。颅神经（CNs）与脑干的每个部分相关联，如视神经（CN2）与丘脑，动眼神经（CN3）和滑车神经（CN4）与中脑，三叉神经（CN5）与脑桥，以及外展神经（CN6），面部神经（CN7）、前庭蜗神经（CN8）、舌咽神经（CN9）、迷走神经（CN10）、脊髓副神经（CN11）和舌下神经（CN12）与髓质。

二、脑干疾病的临床症状

脑干疾病的认识对鉴别诊断中所列疾病以及准确的预后是很重要的。与影响脑神经外周或影响脊髓的疾病相比，影响脑干功能的疾病一般预后较差。

马脑干疾病的 3 个主要临床症状是精神状态变化、颅神经障碍和共济失调。依据笔者的经验，在临床上很少能发现基本功能的变化，如心脏或呼吸抑制等，这可能因为这些功能变化常常伴随严重疾病，而这些疾病可导致患病动物在兽医进行神经功能测定前就死亡。在对神经系统进行全面检查时，马匹所表现出的脑干疾病征兆应该非常明显。

因为损坏的网状结构上行激活系统（ARAS）可能会导致精神状态的变化，从沉闷到昏迷，所以应仔细评估马的反应和行为。大多数马匹脑干疾病是钝痛或反应迟缓。对脑干疾病可能会出现的症状也要做到谨慎考虑，纯血马中的小公马表现出特别安静的运动失调可能提示其患有脑干疾病而不是颈椎脊髓疾病。

应进行完整的颅神经检查。颅神经检查有许多不同的方式，以下描述的是基于区域的方法。首先从眼睛检查开始。做威吓反应试验（CNs 2 和 7），评价瞳孔大小，并检查瞳孔光反射（CNs 2 和 3），评估眼位（斜视表明 CN 3、4 和 6 神经支配的眼外肌问题或 CN 8 神经支配的前庭问题），检查正常的生理性眼球震颤（CN 8 以及眼外肌和 CNs 3 和 6），并确保没有异常眼球震颤（CN 8 或中央前庭组件）。评估睑裂大小和对称性（CNs 3、7 和交感神经）以及评价眼睑反射（CNs 5 和 7）；再看第三眼睑（交感神经）的突出；评估马的正常面部表情和耳朵活动性，眨眼的能力，并扭动鼻孔或嘴唇（CN 7）。评估咀嚼肌的大小和通过触摸头的所有区域（CN 5）评估面部感觉。张开马口以评估颌张力（CN 5），并挪动舌头以评估马的舌头力度和舌头的肌肉对称性（CN 12）。观察马饮食，评估吞咽能力（CNs 9 和 10）。在动物有吞咽障碍时，用内镜直接观察咽、喉以及吞咽能力是非常有用的。对 CN1（嗅觉）很少有专门测试，在马匹食欲正常的时候通常有正常的嗅觉。CN 11 支配颈椎部肌肉，通常也没有特定的测试。面瘫、前庭疾病和吞咽困难是脑干疾病常见的症状。

脑干疾病可表现出两种类型的共济失调，即前庭和本体感受失调。患有前庭病的马匹通常表现头倾斜和平衡能力减弱，倾向斜于一侧。马在伏卧时往往倾向于趴在患侧。在前庭疾病的急性期（12～24h），病马有可能并不表现出常见的异常眼球震颤。普通的共济失调马匹表现出本体感受性缺失（脚趾变形或拖动，延迟伸展，出现突球、交叉、踩着本身，打圈时表现旋转，出现不均匀或不规则的步幅长度）。通常本体共济失调几乎总是伴随着上运动神经元（UMN）麻痹，这会导致本体共济失调的长步幅症状样（如脚趾变形或拖动、延迟伸长）。一般情况下，脑干疾病患马的四肢具有痉挛性麻痹和共济失调（双侧疾病），或在两肢同侧病变（单侧疾病）。严重的疾病可能会引起痉挛性四肢瘫痪。非脑干疾病特例的出现更多地受限于喙脑疾病，这可能会导致侧步态缺失，患有运动神经元疾病和常规感觉束疾病。

从业人员必须区分外周前庭疾病与中央前庭疾病，外周前庭疾病一般预后较好。患有外周前庭疾病的盛装舞步马表现站姿基部距离远并且步行缓慢。甚至是在前庭性共济失调时，这些马都会表现出精神变化。面神经缺损而其他颅神经无缺损时，则可能观察到同侧患病。盛装舞步马中央前庭疾病常常表现出显著的本体缺失，轻缓精神状态（因为上行网状激活系统干扰）以及多个颅神经症状（如面神经功能障碍和吞咽困难）。结合网状结构上行激活系统或运动神经束检查来确认脑干疾病。

三、脑干疾病的评估

除了先前讨论的临床症状，多种辅助诊断测试可以为脑干疾病的评估提供帮助。咽喉部位内镜检查可用来评估舌咽和迷走神经。此外，喉音袋内镜检查可评估周边颅神经，并可确认周边（而非中央）神经的伤害。面瘫和马前庭综合征最常见的病因是颞舌骨的骨关节病（THO），其实也是一种外周神经障碍，可在喉音袋内用内镜对茎突舌骨和颞舌骨关节进行仔细的评估。尽管 X 线片被认为是诊断颅骨病变的非敏感手段，但颅骨 X 线片依然可以发现外伤或感染的证据。适用的领域包括舌骨（为颞舌骨的骨关节病），岩颞骨和鼓膜大疱（颞舌骨的骨关节病、中内耳炎或断裂）和颅底骨（骨折）。虽然颞舌骨的骨关节病和中耳炎通常影响脑神经，但上行感染是可能的，脑膜脑炎可导致脑干疾病。也可进行脑脊液（CSF）的分析，如发现异常，通常为中枢神经系统而不是外周神经系统功能障碍。最好是经小脑延髓池收集脑脊液（详见第84章中描述如何从站立的马匹中小脑延髓池获得脑脊液），从腰骶部收集也可以，这样可以避免全身麻醉带来的风险。如果脑脊液收集顺利，除了进行特定的免疫检测、全细胞学分析外，还可以检测抗肉孢子虫、新孢子虫或莱姆病螺旋体抗体，做出初步诊断。

可以利用先进的成像和电生理技术进行脑干的结构和功能的额外评估。计算机断层扫描（CT）提供了完整的颅骨图像，但厚岩颞骨的射束硬化伪影影响了脑干的图像分辨率。因此核磁共振成像是对脑干架构评价的适用模式，用它诊断马原虫性脑脊髓炎脑干疾病非常有效。最常用的电生理测试是脑干听觉诱发响应，其测量前庭蜗神经和脑干听觉通路声音的电生理学反应。这种试验可以在马匹清醒或麻醉时进行，已经有研究者报道用此来区分外周神经障碍和中枢神经的脑干损伤。此外，有学者对电诱导眨眼和面部运动神经传导速度参考值进行了描述，这些参数有助于脑干病的诊断，但不常用。

四、脑干疾病的鉴别诊断和治疗

与中枢神经系统的其他部分不同，目前还没有有关脑干方面的具体鉴别疾病列表。大多数疾病在影响脑干的同时会影响中枢神经系统的其他区域。这使得制订马临床症状鉴别诊断列表更具挑战性。

传染病是马脑干疾病的最常见原因，但这些疾病的危害不仅仅限于脑干，其中任何一个均可单独或者与其他不利条件综合引起脑干疾病信号。一般情况下，病毒和寄生虫是比细菌和真菌更为常见的致病原因。在美国，受关注的病毒包括狂犬病病毒、东部马脑炎病毒、西部马脑炎病毒、西尼罗河病毒和马疱疹病毒1型（EHV-1）。通常，马疱疹病毒1型脑脊髓病主要表现脊髓方面的症状，东部马脑炎病毒、西部马脑炎病毒表现出前脑方面的症状，西尼罗河脑炎则表现前脑和脊髓病共有的症状。狂犬病常常表现脑干疾病的症状，因而若怀疑是脑干疾病时，应考虑是否是狂犬病。已有原生动物和线虫寄生虫引起脑干疾病的报道，由肉孢子虫或新孢子虫引起的马原虫性脑脊髓炎（EPM）可导致脑干损伤，和引起脊髓损伤相比，导致脑干损伤的马原虫性脑脊髓炎疾病预后更差。笔者在实践中发现，导致脑干损伤的马原虫性脑脊髓炎比仅有脊髓损伤的马原虫性脑脊髓炎复发率要高得多。因此，应延长脑干损伤性马原虫性脑脊髓炎的治疗周期。可导致脑干症状的线虫有破坏微线虫、大口胃线虫（*Draschia megastoma*）、原圆科线虫（*Parelaphostrongylus tenuis*）。尽管没有报道表明广州管圆线虫、圆线虫、腹腔丝虫等可特异性引起脑干疾病症状，但它们亦可导致脑干损伤。同样，任何细菌种类引起的脑膜脑炎均可能导致脑干症状。细菌性脑膜脑炎在免疫系统发育成熟的成年马是罕见的，发病的病例通常继发于创伤或感染。在没有外伤或感染时，神经莱姆病可被视为一种可能的原因；几匹感染了博氏疏螺旋体的马表现出了脑干症状。常导致反刍动物脑干疾病的李斯特菌很少引起马的发病。一例新型隐球菌引起脑干发病的病例曾被报道过。真菌感染有可能导致马脑干疾病，但很罕见。

影响脑干的肿瘤或其他占位性结构一般不出现脑干症状。有记录显示肿瘤包括神经上皮的肿瘤、黑色素瘤、黑错构瘤和颅内表皮样囊肿。此外，笔者曾发现过中枢神经系统淋巴瘤导致马出现脑干症状的病例。

有一些退化性疾病可影响脑干，但是这些疾病通常不引起临床症状。例如，马退行性脑脊髓炎、神经轴萎缩症和马运动神经元疾病导致脑干核病变。前两者表现为颈脊髓病的临床症状，而第三个呈现神经肌肉疾病的临床症状。

可能影响脑干的其他几个大类疾病，包括外伤、中毒、血管疾病。青年马翻转可导致颅底骨骨折，造成脑干损伤。黑脓疮脑软化症是马匹食入祁州草（*Rhaponticum repens*）、矢车菊草、矢车菊或入侵种植物黄矢车菊导致的中毒病。苍白球或黑质有病变可引起采食和咀嚼障碍，导致特征性面部扭曲和重复咀嚼动作。虽然尚未明确证实雷击有脑干损伤，但这是引起脑干体征和前庭疾病的潜在原因，天然存在的梗死和医源性血管损伤可能导致脑干症状，他们可能是先天性的，也有可能是与其他疾病相关联（如自感染马疱疹病毒1型，饲喂串珠镰刀菌污染玉米），也有用球囊导管治疗喉囊炎发生的医源性损伤时导致脑干症状的报道。

临床兽医应该认识到有多种疾病可能会影响外周颅神经而表现和脑干疾病相似的症状。这些疾病包括颞舌骨骨关节病和马多发性神经炎等。如前所述，应使用咽喉部内镜检查舌骨和颞舌骨关节。马多发性神经炎通常引起与尾部脊髓障碍类似的症状［如尾运动无力（weak tail tone）］、会阴区及尾的高度敏感或迟钝、肛门和直肠脱、膀胱麻痹，尽管上述疾病具有显著的颅神经异常，而症状可能比较轻微。这些疾病既不会出现显著的精神症状也不会引起前后肢的本体共济失调。一旦出现了神经症状或者后肢的本体共济失调，常提示是脑干的问题，而不是外周神经损伤的问题。

五、结论

脑干疾病在马中是比较罕见的。脑干疾病典型特征是精神状态明显的改变、颅神经异常、本体共济失调。感染性疾病，包括马原虫性脑脊髓炎、异常线虫迁移、病毒性脑炎是马脑干疾病最常见的病因。因此，诊断应包括脑脊髓液评价和对疑似病原的免疫测试。治疗方案取决于具体的诊断，一般情况下要有预后不良的准备。

推荐阅读

Anderson WI，de Lahunta A，Vesely KR，et al. Infarction of the pons and medulla oblongata caused by arteriolar thrombosis in a horse. Cornell Vet，1990，80：285-289.

Anor S，Espadaler JM，Monreal L，et al. Electrically elicited blink reflex in horses with trigeminal and facial nerve blocks. Am J Vet Res，1999，60：1287-1291.

Bacon Miller C，Wilson DA，Martin DD，et al. Complications of balloon catheterization associated with aberrant cerebral arterial anatomy in a horse with guttural pouch mycosis. Vet Surg，1998，27：450-453.

Bedenice D，Hoffman AM，Parrott B，et al. Vestibular signs associated with suspected lightning strike in two horses. Vet Rec，2001，149：519-522.

Bistner S，Campbell RJ，Shaw D，et al. Neuroepithelial tumor of the optic nerve in a horse. Cornell Vet，1983，73：30-40.

Covington AL，Magdesian KG，Madigan JE，et al. Recurrent esophageal obstruction and dysphagia due to a brainstem melanoma in a horse. J Vet Intern Med，2004，18：245-247.

Elliott CRB，McCowan CL. Nigropallidal encephalomalacia in horses grazing Rhaponticum repens（creeping knapweed）. Aust Vet J，2012，90：151-154.

Hermosilla C，Coumbe KM，Habershon-Butcher J，etal. Fatal equine meningoencephalitis in the United Kingdom caused by the panagrolaimid nematode Halicephalobus gingivalis：Case report and review of the literature. Equine Vet J，2011，43：759-763.

Javsicas LH，Watson E，MacKay RJ. What is your neurologic diagnosis? Equine protozoal myeloencephalitis. J Am Vet Med Assoc，2008，232：201-204.

Mair TS，Pearson GR. Melanotic hamartoma of the hind brain in a riding horse. J Comp Pathol，1990，102：239-243.

Mayhew IG，Lichtenfels JR，Greiner EC，et al. Migration of a spiruroid nematode through the brain of a horse. J Am Vet Med Assoc，1982，180：1306-1311.

Mayhew IG，Washbourne JR. A method of assessing auditory and brainstem function in horses. Br Vet J，1990，146：509-518.

Peters M，Brandt K，Wohlsein P. Intracranial epidermoid cyst in a horse. J Comp Pathol，2003，129：89-92.

Rutten M，Lehner A，Pospischil A，et al. Cerebral listeriosis in an adult Freiberger gelding. J Comp Pathol，2006，134：249-253.

Tanabe M，Kelly R，de Lahunta A，et al. Verminous encephalitis in a horse produced by nematodes in the family Protostrongylidae. Vet Pathol，2007，44：119-122.

Teuscher E，Vrins A，Lemaire T. A vestibular syndrome associated with Cryptococcus neoformans in a horse. Zentralbl Veterinarmed A，1984，31：132-139.

（侯志军　译，戚亭　校）

第 82 章　颈椎椎管狭窄症

Stephen M. Reed

颈椎椎管狭窄症（CVM）是马患有脊髓性共济失调最常见的原因，全世界都有分布。该病的特征是可以导致马的四肢失调。该病既可以在幼驹（6 月龄前）身上发现，也可在 5 岁以上马中发现。当在幼驹发现时，可制订一个保守的饮食与运动计划来谨慎控制该病的发展。另外，在马的任何年龄阶段都可通过马腹侧平衡进行手术矫正。

一、临床症状

通过神经学手段可以诊断出颈椎椎管狭窄症，该诊断可确定脊髓颈部受影响的神经解剖学位点。诊断主要是仔细评估马的步态，因为患病后马对反射测试和姿势反应都迟钝，但要注意有时在大动物进行这些测试是非常危险的。马颈椎椎管狭窄症的临床症状通常包括对称性共济失调、麻痹、四肢痉挛（尤其是后肢）。上运动神经元和脊髓本体感受束损伤的结果就表现为该病的症状。降低运动神经元传导束有助于调节肌肉张力和支持身体重力并进行运动，这些束的损坏会导致神经痉挛。损坏上行本体感受束导致肢体在空中时失去控制，使马失去协调能力，出现共济失调，而且往往有不均匀的步幅长度和高度。

在进行神经系统检查时，应观察马是否走直线，以此发现虚弱的信号，如关节突出，步履蹒跚，走路时臀部低下或拖拽脚趾。其他异常包括步幅异常，四肢在空中划动并出现四肢或身体摇摆（如躯干摇摆）。在走圆圈时，受影响的马经常转圈或下肢向圈外摆动。马走路时头部的抬高会加剧这些现象，有时会导致步调和躯干摇摆。可用于评估后肢强度。在马站立休息时或行走时拉动马尾做尾拉力测试。前肢强度可通过拉动鬃毛或马前肢跳跃时评估。许多患有脊髓病的马后退很困难，只能缓慢向后拖动四肢。

颈椎椎管狭窄症的临床症状可在幼驹发现，在一些病例中病马不足 3 月龄。年龄较大的马匹观察到病情时，往往是由关节突接合处病变和椎间体关节炎所导致，并且与马头部和颈部被操控时运动和疼痛缩减有关联。在许多马匹中，临床症状的发作是急性的，尽管事实上关节炎可能已经存在并缓慢进展了几个月。

二、诊断

（一）神经系统检查

除神经解剖学定位外，识别颈椎椎管狭窄是诊断颈椎椎管畸形最有价值的测试，这些都始于对颈椎脊柱的侧面影像学图的评估。在一些情况下，椎骨排列过于异常，只需主观检查足以诊断出颈椎椎管狭窄症（图 82-1 和图 82-2）。

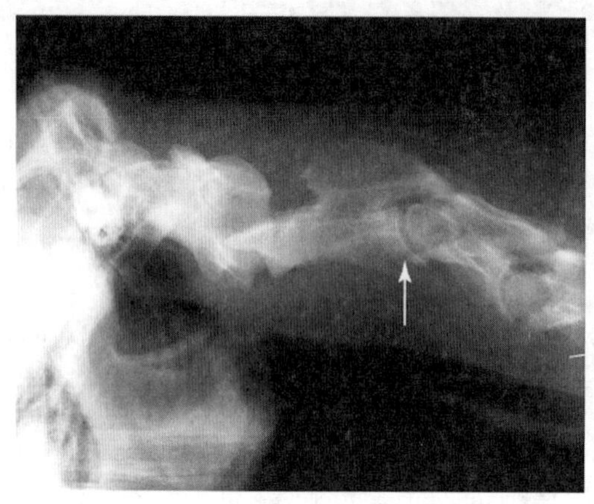

图 82-1　X 线片中 1 周岁田纳西州走马在 C2-C3 关节有固定的半脱位关节

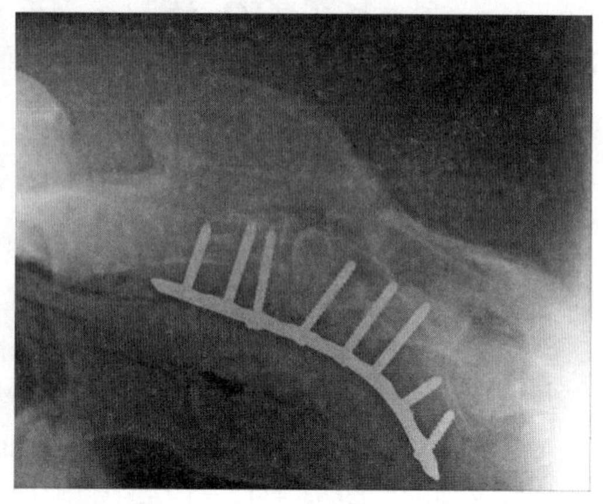

图 82-2　和图 82-1 一样，为同一只马的 C2-C3 半脱位与锁定钢板和螺钉的手术修复后 X 线片

（二）马站立时颈椎 X 线片

为马站立颈部造影，应该将其头部和颈部保定在身体的中线位置。暗盒放置在马的一侧，X 线管和光束放在马另一侧的盒子上中心位置。这看似简单，但其实是非常具有挑战性的。以笔者的经验，缺乏良好的影像学定位和无法确定测定的适当地标常常导致无法衡量椎与椎管内矢状比率。拍照时可能需要在马脖子和头部的适当位置处放置垫和楔形物进行定位，使颈部的脊柱与地面平行。根据马的大小，3～4 张连续的图像一般可以获得 T1 或 T2 处的颈椎和胸椎近端脊柱完整照片。放射学的观点是应该提供一些位置重叠来确保所有的 7 个颈椎都包括在内，以便正确定位识别每个椎体的解剖特点，评估关节突接头处的尺寸和形状，以及对脊椎排列的评价。

正常马椎管在颈部区域中应该表现出一个柔和的曲线、排列有序的椎体。半脱位或相邻椎骨之间的异常角度可以说明畸形或椎管狭窄（图 82-3）。上椎体异常变化包括长骨体生长部增生与尾椎椎体骨骺的背投影（通常被称为滑雪坡道外观），年幼的马患有关节突关节的骨软骨病，老马则为骨关节炎。通过 X 线片可以明显看到患有颈椎椎管狭窄症的马，其背纹层侵入到椎间隙高于相邻颅骨骺的尾椎的伸长。鉴定颈椎狭窄症的研究可以验证此结果，但这些改变不足以诊断脊髓受压的确切位置，需要脊髓造影来确定位置或狭窄的部位。椎管的客观测量可以通过使用矢状比率技术完成（图 82-4），矢状比可被计算为椎孔的最小矢状直径与椎体的最大矢状直径的比值。椎体的测量是在椎骨的颅方面，通常是从尾椎到颅骨骺并垂直于椎管。

矢状比率（图 82-4 中 A/B）C3、C4 与 C5 均小于 50％，C6 小于 52％，C7 小于 56％表示椎管狭窄（Moore et al，1994）。在椎管任何部位，椎间矢状比率小于 48％时显示 100％狭窄（图 82-4 中 C/B）。

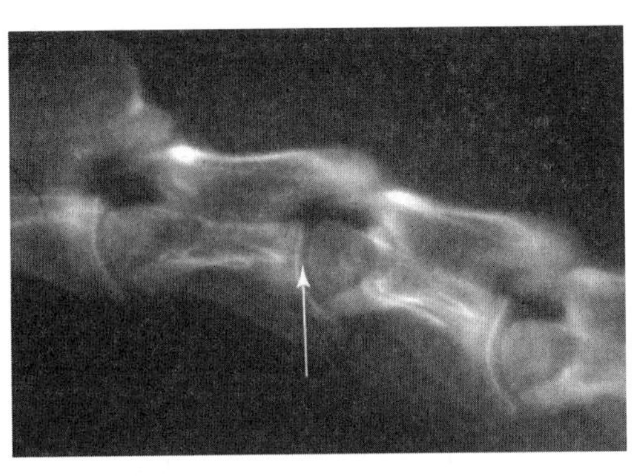

图 82-3 X 线片显示 C3 和 C4 之间的主观外观关节半脱落（箭头所指处）

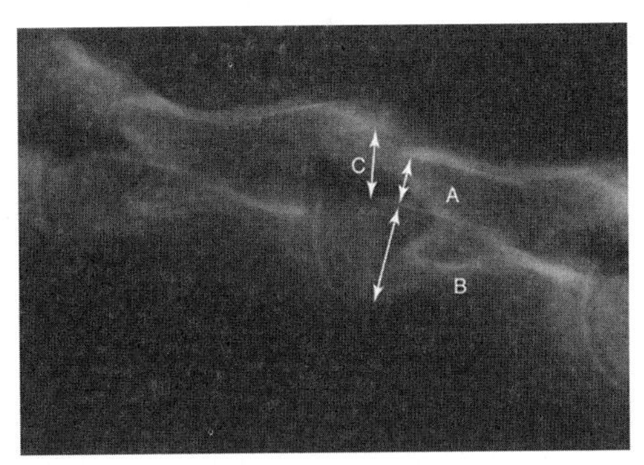

图 82-4 X 线片显示狭窄部位的椎管内（A/B）和椎间（C/B）矢状比

（三）脊髓造影

当手术干预是必要时，脊髓造影是必不可少的。以笔者的经验，在马体内进行脊髓造影是一种安全的方法，即使是患有最严重的共济失调症的马也可以进行手术。手术应该在全麻的情况下进行，尽管已经有文献说明也可以给清醒、镇静的马匹做手术。研究表明，马的颈椎脊柱可在脊髓造影手术时短暂恶化，但在公开发表的文献和作者超过 1 500 个脊髓（X 线）造影照片的经验来看，手术后极少发生马不能站立的情况。如果可以，最好避免在马患有神经系统疾病或感染性炎症的情况下做手术。如果观察马站立的 X 线片怀疑有严重的压缩，就应最大限度地减少脊柱和脊髓的操作。拍摄时颈椎应与颈部处于中位，弯曲和伸长位置（图 82-5 和图 82-6），同时小心注意避免脊柱的过度弯曲或屈曲反射，因为这可能导致进一步损坏脊髓。

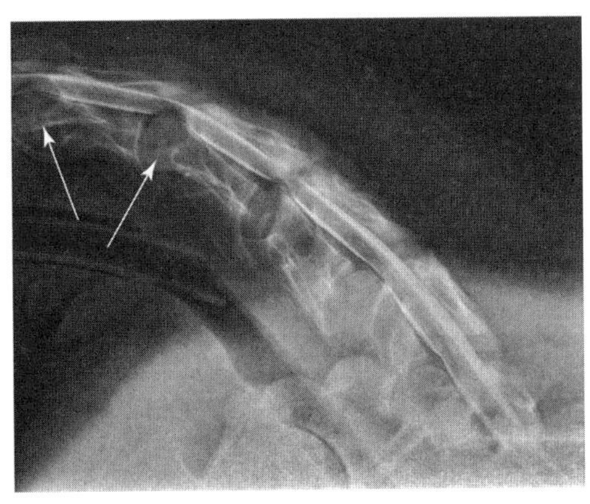

图 82-5 在 C3-C4 和 C4-C5 脊髓造影显示出动态压缩（箭头）

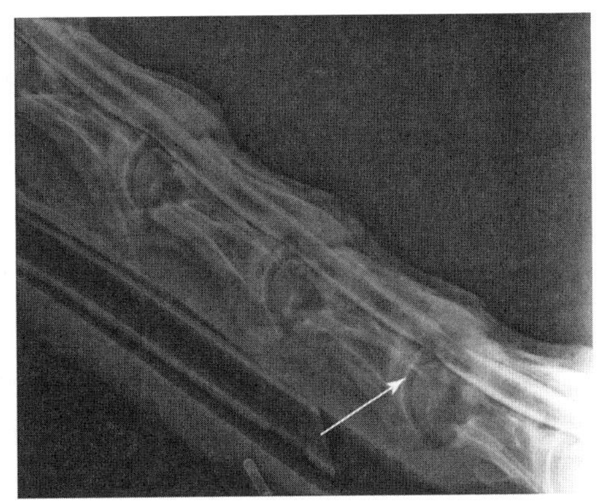

图 82-6 在 C5-C6 脊髓造影显示出颈部在中间位置时的静态压缩

颈椎脊髓造影的阐述一直是临床兽医之间辩论的主题，也是多个出版物在过去的 30 年间有特色的话题。虽然脊髓造影是决定一匹马是否适合外科矫正的必要因素，也可能是最重要的因素，但作者认为，没有单一的标准可以用来确定一匹马是否适合外科手术，如腹侧稳定。相反，更重要的是考虑其病史、临床症状的严重性、解剖定位、站立X线图片结果及辅助测试结果以排除其他疾病，如马原虫性脑脊髓炎（EPM）、马疱疹脑脊髓炎和脑膜炎。

当马被诊断为硬膜外脊髓压迫症并怀疑是颈椎狭窄症时，颈椎脊髓造影柱对比列高度的阐述一直是马最好的尸检方法。在作者的医院里，该阐述一般是基于寻找与空白前后位置背对比列的降低量，50%的衰减视为异常。当脊髓X线检查在作者的医院进行时，在图像获取同时作者即对脊髓造影进行初步评估，随后在研究完成后及马恢复期进行再次评估。其次，这项研究是由外科医生独立完成检查，之后作者和医生共同回顾一下照片、讨论临床体征和诊断测试，在联系主人或代理人之前进行治疗的选择。当脊髓X线片尤其难以解释时，将最终建议保留，直到得到所有测试的最终结果及一些额外的信息。

已公布的脊髓造影的评价标准表明，从颈椎畸形诊断出脊髓压迫时，降低脊髓造影术对比列的高度具有较低的敏感性和中度的特异性，研究者指出对脊髓造影的解释应谨慎进行。在我们医院，我们利用所有已公布的文献和其他个人经验作为指导方针，一般情况下会选择在早期做手术。

三、鉴别诊断

脊髓共济失调的典型原因必须与颈椎狭窄症区分，包括马原虫性脑脊髓炎（EPM）、马疱疹脑脊髓炎（EHM）和脊髓损伤。马原虫性脑脊髓炎最早是在1974年发现马的神经系统疾病与原虫相关。该病认为是由2种原虫导致，即肉孢子虫（*Sarcocystis neurona*）和洪氏新孢子虫（*Neospora hughesi*）。肉孢子虫的生命周期有两个主要宿主，负鼠是终末宿主和几个已知的中间宿主。洪氏新孢子虫较少引起马原虫性脑脊髓炎，但加州大学戴维斯分校的调查人员通过血清学分析表明美国至少29个州的马都有阳性结果。马患有马原虫性脑脊髓炎和患有颈椎狭窄症的症状类似，尽管许多患马原虫性脑脊髓炎的马都有不对称性共济失调，常与下运动神经元有关例如肌肉萎缩，并且也有脑和脑干牵连的现象。马疱疹病毒1感染和脑炎髓炎神经系统表现的报道很少，虽然在过去10年中发现患有EHM的马匹似乎有所增加。EHM病马经常有发热病史或曾与其他发热马匹邻近。多数马在相同或相近的时间受疾病侵袭。常见的临床症状包括虚弱和共济失调，失调往往是对称的，并且经常是后肢向上抬，偶有发展为斜卧，甚至死亡。受影响的马可导致马尾颜色浅，膀胱功能障碍与尿失禁或潴留。患有外伤性脊髓损伤的马可具有多种临床症状，这取决于脊柱损伤的位置。

四、治疗

马颈椎狭窄症的药物治疗目的是减少脊髓肿胀和炎症。当这些症状出现在刚断奶或小于12月龄的马匹时，可以制订以管理变化为导向的保守方法，这些变化包括运动水平降低和仔细注意饮食。理想的饮食应防止体重过量增加，同时提供大量矿物质的平衡（钙和磷），以及微量矿物质铜、锌和锰。我们也经常给年轻的马补充维生素E和硒，特别是在美国缺硒的地区。成年马伴有外压性病变，并且不适合进行手术干预，我们会给它们使用抗炎剂，如非类固醇类药物和短期使用的皮质类固醇，与限制运动相结合，有时可能会使病马成功地在竞技中使用。在马关节突的关节炎，关节内可使用皮质类固醇结合药物用来促进软骨愈合。当进行手术矫正时，最好的治疗方法是腹椎间融合。对人类应用时称为克罗沃德技术，在马匹中称为前椎间融合技术，是克罗沃德技术的改进型。自1979年开始使用此技术为颈椎狭窄症病马进行手术矫正。最初的过程是在临近椎骨钻一个小孔，然后使用骨钉从小孔穿透以稳定椎骨位置。随后，含有许多小孔的不锈钢圆筒被植入并填充有松质骨移植以提高骨融合。随着时间的推移，Dr. Bagby和他在格兰特的同事，基于应用于人类腰椎融合的椎间钛合金支架（BAK）植入开发了钛螺纹植入（西雅图回旋马植入物，图82-7）。在该技术中，无论是部分还是完全螺纹圆柱体都拧到与前面对应的钻孔位置。该过程涉及逐渐加宽且可清洁切口的圆锯的使用，可留下受影响的两个椎骨的骨峡部，从而加速骨融合。术前注意事项应包括评估马的上呼吸道系统是否异常、检查阑尾骨架是否有任何限制治疗的骨科问题。马应在全麻术之前给予抗生素及非甾体类抗炎药。手术过程中，马是麻醉的并且背斜卧保定。术中的X线片是至关重要的，可在放置植入物前用其确定适当的手术部位或位点来放置钻具引导器和评估钻孔的深度。在下腹中线位置切口到适当的长度以分开皮肤和肌肉并能够立即识别颅椎骨的腹侧脊柱，例如，如果在C3-C4联合处进行外科手术植入，可看到C3的腹侧脊柱，然后用骨凿和槌将其除去。大部分的解剖是用手指和其他钝器小心翼翼进行以避免损坏颈动脉干或喉返神经。找到腹侧脊柱后，将颈上的肌肉仔细剥离以方便将弯曲骨刀放置在该位点去除脊骨，并为钻具引导器的放置提供一扁平的表面。在手术过程中应利用上多个射线照片以确定适当的部位，并确保椎骨与椎骨之间均等的定位。放置钻具引导器后，钻出一系列钻孔（薄芯锯、厚芯锯、13mm钻头、25mm钻头、切缝吸尘器等），随后轻敲位点将植入物就位。

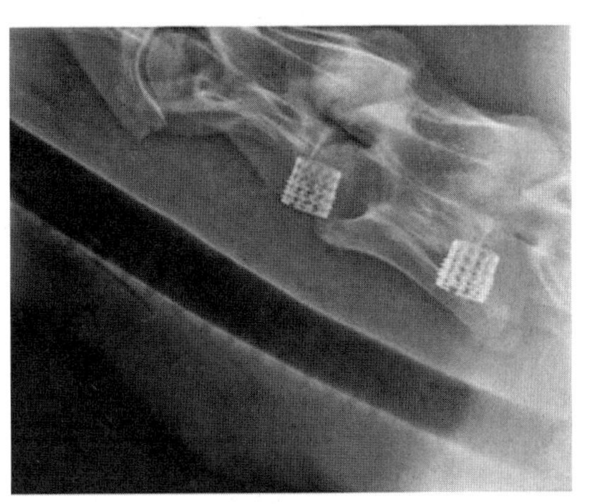

图82-7 术后C5-C6和C6-C7关节X线片西雅图回旋马植入物

尽管该方法是可行的，使用腹稳健程序依然受到限制，因为该病的遗传基因发挥了什么样的作用仍是个问题，手术矫正后的马何时能够骑行仍然是个挑战。肯塔基大学格鲁克中心利用SNP为基础的全基因组关联研究对相同年龄、性别对照马与受影响马进行了遗传学调查。但几十年的工作都没有拿出令人信服的证据表明该病是可以遗传的。在英国，一项涉及纯血马的研究也不能提供证据表明病马患有遗传性疾病。迪莫克和同事们的早期工作第一次证明了颈椎狭窄症在雄性个体随机发生的概率是雌性的 3 倍。

关于马脊髓压迫手术矫正的另一个问题是安全问题。虽然有些主人是把马作为牧场宠物养马到终老，但马匹必须充分恢复才能返回到运动场或用来繁殖。在人类中，80%椎管狭窄症患者与马狭窄观察类似，在椎板切除和融合后改善；80%～90%脊髓损伤继发于椎间盘突出或其他椎间盘受伤患者，在腹椎间隔融合后得到改善。关于犬的颈椎关节病影响尾椎骨的类似研究报道，89%的犬得到改善。马的一项研究表明，77%提高运动能力，46%可以返回运动场中进行表演。有趣的是，在犬中，无论是使用保守或手术治疗，诊断后平均存活时间为 36 个月。手术矫正后有些马已经存活了长达 15 年，其余的位置没有受到影响。一项通过比较腹稳定和背椎板切除术治疗马椎管狭窄病的研究表明，腹稳定组中有 56%恢复了正常运动能力，只有 37%不能恢复。在背椎板切除术组中，57%恢复正常活动，27%的马在手术 1 年后只有一级损伤。

推荐阅读

Furr M，Reed S. Neurological examination. In：Furr M，Reed S，eds. Equine Neurology. Ames，IA：Blackwell，2008：65-76.

Grant BD，Schutte AC，Bagby GW. Surgical treatment of developmental diseases of the spinal column. In：Auer JA，Stick JA，eds. Equine Surgery. 3rd ed. Philadelphia，PA：Saunders，2006：554-565.

Hahn CN，Handel I，Green SL，et al. Assessment of the utility of using intra- and intervertebral minimum sagittal diameter ratios in the diagnosis of cervical vertebral malformation in horses. Vet Radiol Ultrasound，2008，49：1-6.

Levine JM，Adam E，MacKay RJ，et al. Confirmed and presumptive cervical vertebral compressive myelopathy inolder horses：a retrospective study（1992-2004）. J Vet Intern Med，2007，21：812-819.

Levine JM，Ngheim PP，Levine GJ，et al. Associations of sex，breed and age with cervical vertebral compressive myelopathy in horses 811 cases（1974-2007）. J Am Vet Assoc，2008，213：31-33.

Mayhew IG，Donawick WJ，Green SL，et al. Diagnosis and prediction of cervical vertebral malformation in Thoroughbred foals based on semiquantitative radiographic indicators. Equine Vet J，1993，25：435-440.

Moore BR，Reed SM，Biller DS，et al. Assessment of the cervical part of the spine in horses with cervical vertebral stenotic myelopathy. Am J Vet Res，1994，55：5-13.

Nixon AJ，Stashak TS. Dorsal laminectomy in the horse I. Review of the literature and description of a new procedure. Vet Surg，1983，12：172-176. [added by KAS]

Nout YS, Reed SM. Cervical vertebral stenotic myelopathy. Equine Vet Educ, 2003, 15: 212-223.

Reardon RJM, Bailey R, Walmsley JP, et al. An in vitro biomechanical comparison of a locking compression plate fixation and kerf cut cylinder fixation for ventral arthrodesis of the fourth and fifth equine cervical vertebrae. Vet Surg, 2010, 39: 980-990.

Reed SM, Grant BD, Nout Y. Cervical vertebral stenotic myelopathy. In: Furr M, Reed S, eds. Equine Neurology. Ames, IA: Blackwell, 2008: 283-298.

Stewart RH, Reed SM, Weisbrode SE. Frequency and severity of osteochondrosis in horses with cervical vertebral stenotic myelopathy. Am J Vet Res, 1991, 52: 873-879.

Unt VE, Piercy RJ. Vertebral embryology and equine congenital vertebral anomalies. Equine Vet Educ, 2009, 21: 212-214.

Van Biervliet J. An evidence based approach to clinical questions in the practice of equine neurology. Vet Clin Equine Pract, 2007, 23: 317-328.

Van Biervliet J, Mayhew IG, deLahunta A. Cervical vertebral compressive myelopathy. Clin Tech Equine Pract, 2006, 5: 54-59.

（侯志军　译，戚亭　校）

第 83 章　与源发颅神经症状相关的疾病

Caroline Hahn

颅神经（CN，又称脑神经）来自脑干（中脑、脑桥髓质和小脑），包括感觉和运动神经元。脑干和颅神经共同协调和控制无意识感觉（unconscious sensory）、本体感受（proprioceptive）和运动功能（motor functions）。这些结构的功能紊乱会表现出来一系列的异常神经症状。

12 对颅神经从头部延伸到体内，并且每条神经含运动或者感觉神经元，或这两种类型的混合神经纤维，可调解本体、自主或同时两种功能类型（表 83-1）。了解颅神经的位置和颅神经的功能对神经系统的检查非常关键（《现代马病治疗学》，第 6 版，第 130 章）。颅神经和它们的中枢神经系统（CNS）的组成部分按顺序从头到尾附着在大脑基部，有 CN Ⅰ（嗅神经）、附加到前脑的 CN Ⅱ（视神经）、与中脑（脑干延髓）相关联 CN Ⅲ（动眼神经）和Ⅳ（滑车神经），与脑干中后部相关联的 CN Ⅴ（三叉神经）、Ⅵ（外展神经）、Ⅶ（面神经）、Ⅷ（前庭神经）、Ⅸ（舌咽神经）、Ⅹ（迷走神经）、Ⅺ（副神经）、Ⅻ（舌下神经）。除视神经和嗅神经外，其他都有施旺细胞形成的髓鞘。CNⅠ和 CNⅡ并不是外周神经，是中枢神经系统的延展，早期解剖学家认为它们是外周神经，所以其命名一直延续到现在。颅神经根据它的感觉或运动功能拥有两个命名。例如，CN Ⅲ的动眼神经核支配一些眼外肌，而 CN Ⅲ的副交感神经支配眼球和眼眶平滑肌。一些核包含多个颅神经的神经元，但所有这些神经元有类似的功能。例如疑核（nucleus ambiguus），其包括与 CN Ⅸ、Ⅹ和Ⅺ关联神经元，支配喉和咽的横纹肌。

了解颅神经的位置（图 83-1）和其外围的相对位置（图 83-2）对判断特定脑神经症状是由单个病灶或多个病灶引发非常重要。一个特定的颅神经病变可能会影响外周神经或脑干细胞，因此需要进行全面的神经系统检查。脑干的损伤会影响其他的颅神经功能，如上运动神经元和本体感受器。假如上行网状激活系统也受到影响，动物会出现异常兴奋。CN Ⅲ到Ⅻ的神经元分布在脑干的细胞核中。

表 83-1　临床症状与脑神经测试

功能	神经分布	临床检查	功能紊乱
视觉	Ⅱ Ⅱ a Ⅶ e	对外界刺激的反应 瞳孔对光的反应 Ⅱ a Ⅶ e（副交感神经）	失明，瞳孔扩张（可能也和 CN Ⅲ功能紊乱有关）
瞳孔大小	Ⅱ a Ⅶ e 交感和副交感神经	瞳孔对光的反应，药物检验	瞳孔大小不等；瞳孔放大（↓CN Ⅱ或者副交感神经）

（续）

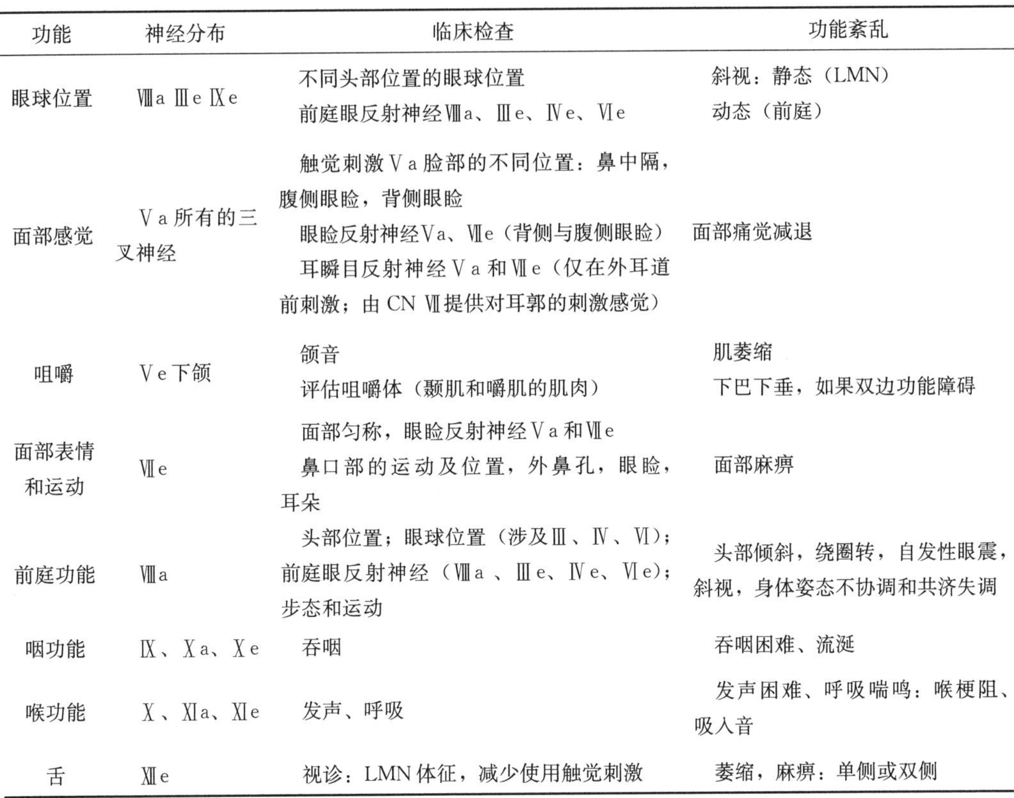

功能	神经分布	临床检查	功能紊乱
眼球位置	Ⅷa Ⅲe Ⅸe	不同头部位置的眼球位置 前庭眼反射神经Ⅷa、Ⅲe、Ⅳe、Ⅵe	斜视：静态（LMN） 动态（前庭）
面部感觉	Ⅴa 所有的三叉神经	触觉刺激Ⅴa 脸部的不同位置：鼻中隔，腹侧眼睑，背侧眼睑 眼睑反射神经Ⅴa、Ⅶe（背侧与腹侧眼睑） 耳瞬目反射神经Ⅴa 和Ⅶe（仅在外耳道前刺激；由 CN Ⅶ提供对耳郭的刺激感觉）	面部痛觉减退
咀嚼	Ⅴe 下颌	颌音 评估咀嚼体（颞肌和嚼肌的肌肉）	肌萎缩 下巴下垂，如果双边功能障碍
面部表情和运动	Ⅶe	面部匀称，眼睑反射神经Ⅴa 和Ⅶe 鼻口部的运动及位置，外鼻孔，眼睑，耳朵	面部麻痹
前庭功能	Ⅷa	头部位置；眼球位置（涉及Ⅲ、Ⅳ、Ⅵ）；前庭眼反射神经（Ⅷa、Ⅲe、Ⅳe、Ⅵe）；步态和运动	头部倾斜，绕圈转，自发性眼震，斜视，身体姿态不协调和共济失调
咽功能	Ⅸ、Ⅹa、Ⅹe	吞咽	吞咽困难、流涎
喉功能	Ⅹ、Ⅺa、Ⅺe	发声、呼吸	发声困难、呼吸喘鸣：喉梗阻、吸入音
舌	Ⅻe	视诊：LMN 体征，减少使用触觉刺激	萎缩，麻痹：单侧或双侧

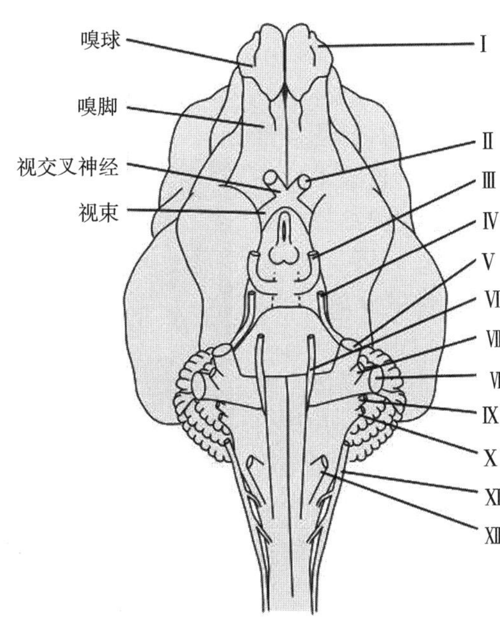

图 83-1 大脑腹侧部位脑神经示意图

（引自 Thomson CE，Hahn C：Veterinary Neuroanatomy：A Clinical Approach，Saunders，Ltd.，2012）

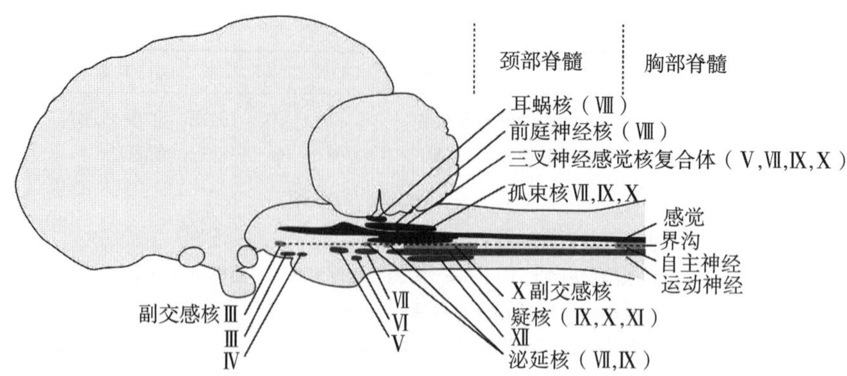

图 83-2　自主神经和躯体运动核（和柱）在脑中的相对位置

（引自 Thomson CE，Hahn C：Veterinary Neuroanatomy：A Clinical Approach，Saunders，Ltd.，2012）

影响脑干和颅神经的常见疾病

（一）喉囊（guttural pouch）感染

喉囊在奇蹄动物中非常常见（奇趾非反刍有蹄类动物如马、貘、犀牛）。内侧隔室中有 CN Ⅸ，Ⅹ，Ⅺ、Ⅻ以及颈内动脉、部分交感神经干和颅颈神经节。外侧室的背侧部靠近颅神经Ⅶ和颈外动脉和静脉上颌骨。喉囊疾病通常涉及脓胸［常由链球菌感染或霉菌病（烟曲霉）所致，见第 57 章］。这种感染会影响咽喉黏膜和其中的神经及血管结构。该部位的黏膜受真菌感染引起的颅神经功能障碍，通常是单一症状，最常见临床症状包括单侧鼻腔分泌物、吞咽困难、鼻出血。

（二）中-内耳炎

中耳和内耳的感染在马匹中不是很常见，但是在将来，通过先进的影像技术也许会发现新的病例（图 83-3）。岩颞骨神经病变是 CN Ⅶ通过沿中耳的边缘（其包含在岩颞骨），并从薄薄的一层黏膜中分离出来。CN Ⅷ是唯一没有离开颅骨的颅神经，它具有调节平衡和听觉的外周感觉神经受体。感染可以从一个耳隔室蔓延至另一个，并且病畜会表现出不同程度的 CN Ⅶ或 CN Ⅷ功能障碍。不像小动物和人类，马颅颈神经节的节后交感神经纤维不穿过中耳，霍纳氏综合征也不是中耳炎症状（见第 86 章）。由于耳的水平耳道式解剖学结构，难以进行鼓膜切开术和中耳冲洗，可运用青霉素或磺胺甲氧苄啶进行合理的干预治疗。

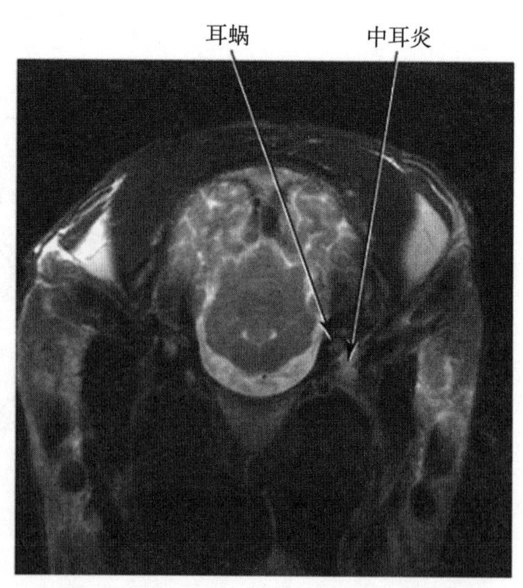

图 83-3　T2 加权磁共振检测的一匹患单侧面神经麻痹和中耳炎的 6 月龄纯血马

（三）西尼罗河病毒性脑炎

西尼罗河病毒引起的病毒性脑炎（也许由墨累山谷病毒引发，日本乙型抗原组的另一成员）不具有其他形式的脑脊髓炎的皮质特性（见第35章）。与此相反，脑干的对称或不对称的症状，特别尾脊髓损伤发生时，典型症状通常包括鼻孔肌束震颤（CN Ⅶ核），唇、鼻孔（CN Ⅶ）、舌（CN Ⅻ）的麻痹，精神沉郁和肢体共济失调或轻瘫。

（四）马疱疹病毒脑脊髓病

最近的证据表明，大多数马疱疹病毒1型（EHV-1）脑脊髓炎病例是由一个变异程度高的毒株引发，该毒株能引起高病毒血症，具有优先感染CD4淋巴细胞的能力，在未被病毒中和抗体中和时就发生感染至内皮细胞。如名称所示，脊髓炎比脑炎更常见，虽然一些马出现脑部病变的症状，包括昏迷和弥漫脸、下颌、舌和咽的轻瘫，极少部分会有前庭症状。

（五）马原虫性脑脊髓炎

肉孢子虫偏好感染马神经系统的原因还不知道，一般认为马是这种原虫的特异性中间宿主。有趣的是，一个病例报告提到了在马的舌头和骨骼肌存在成熟肉孢子虫，而在马的大脑和脊髓存在裂殖体，这说明马有作为真正的中间宿主的潜力。无论哪种方式，该生物体的目标是非常具体的神经元。少于5%的患有马原虫性脑脊髓炎的马具有明显的脑部疾病临床症状，以非对称性脑干症状为主，包括各种前庭疾病、面部神经麻痹、舌肌肌肉萎缩。吞咽困难和呼吸喘鸣也非常常见（参见第85章鉴别诊断和治疗部分的详细讨论）。

（六）肉毒杆菌毒素和破伤风

肉毒杆菌毒素是导致梭菌中毒和破伤风的原因。该毒素具有可以和神经纤维结合、膜转位、特异的酶解胞吞组织等功能。破伤风毒素与神经肌肉结合处的突触前膜结合，内化，然后反轴突运输到脊髓。破伤风神经毒素性弛缓性麻痹是由脊髓抑制性中间神经元的神经递质功能障碍所致。肉毒神经毒素导致弛缓性麻痹是由于神经肌肉结合处乙酰胆碱释放被抑制。颅神经支配的肌肉痉挛或者麻痹通常会导致吞咽、呼吸、面部表情及咀嚼障碍，甚至会危及生命。

（七）马的多发性神经炎

马的多发性神经炎是免疫介导的、对神经根较为严重的渐进性损伤，它主要影响马匹的尾部，表现出颅神经的不对称症状。面瘫和前庭症状是颅神经受损的最常见表现，而且可能会发生在马尾部症状表现出来之前。

（八）颞舌骨的骨关节病

成年马的颞舌骨的骨关节病特点是引起急性颅神经功能障碍（最常见单侧），继发于颞舌骨关节和近端骨茎突舌骨的神经系统疾病，最终会导致颞舌骨联合融合。在正常舌头和喉后可发生茎突舌骨联合和茎突舌骨外面融合。岩颞骨骨折可损害中耳和内耳，并导致 CN Ⅶ、CN Ⅷ或者二者的共同损害，这种损害可伴有面部神经麻痹和外周前庭症状。在一些案例中，骨关节炎的病因可由于中耳炎或内耳炎的扩散产生，但最近的证据表明，它更可能是由年龄或创伤有关的退化所引起。目前本病在有前庭症状马匹中的发病率还不清楚。可用内镜（图 83-4）或先进的成像技术检测舌骨近端的肿胀。包括切除舌骨的手术可能有用，但是对有前庭症状的马匹在重返运动场的预后是合理的。

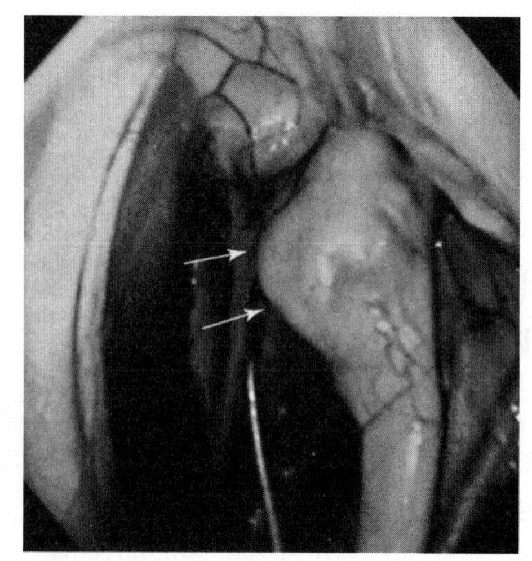

图 83-4　颞舌骨处舌骨肿胀（箭头处）

（引自 Auer JA，Stick JA. Equine Surgery. 4th ed. St Louis：Elsevier，2012）

（九）铅中毒

家畜铅中毒与接触含铅油漆、油毡、嵌缝胶、电池、旧机械油、铅酸蓄电池等有关。马很少会铅中毒，如果有的话则表现脑症状，而不是因铅中毒导致消瘦和嗜睡，会表现出局限于颅神经的症状。这会导致喉和咽麻痹、喉鸣（roaring）和吞咽困难，这最有可能是外围轴突病变的结果。其他运动神经可受到影响，会导致咽、食管、面部、肛门瘫痪。马双侧喉麻痹可表现呼吸困难至狂躁，甚至疯狂，除非进行气管切开术，否则不能恢复正常呼吸。在慢性发病的马匹中，除了马喉肌萎缩外没有其他神经病理学变化。

该病很难做到直观明了的诊断。虽然偶尔检测到有核红细胞，但马通常有一个正常的血象，血液中的铅浓度大于 0.6mg/L 就可能发生铅中毒。然而，通过乙二胺四乙酸二钠钙（EDTA）螯合治疗后，检查尿铅浓度似乎更有效。如果发现饲草料中铅浓度超标，则基本可以对铅中毒进行确诊。对解剖时获得的组织样品进行铅浓度的测定可以评估铅在动物体内的累积效应和动物对铅暴露的敏感度和耐受度。血铅浓度为 0.35mg/L，肝脏铅浓度在 10mg/L，肾皮质铅浓度在 10mg/L 即可诊断为铅中毒。

治疗铅中毒的首要措施是切断铅的摄取通道，可使动物逐渐恢复正常。可连续 4d 每 24h 口服 25mg/kg 内消旋-2，3-二巯基琥珀酸来螯合铅。内消旋-2，3-二巯基琥珀酸比 EDTA 对铅有更好的螯合作用。如果马表现出了喉麻痹，则预后不良。

（十）马缺氧缺血性脑脊髓病

产前、围产期、产后脑血管血流减慢和缺氧可导致缺氧缺血性脑损伤。缺氧是因为脐带挤压、子宫胎盘循环不良、脐带脱垂、子宫破裂、肩难产、阴道臀位分娩。脑血流减慢和缺氧诱发低能效无氧代谢，消耗高能磷酸储备，乳酸累积，导致无法维持细胞平衡。这些变化使临界跨细胞离子泵失能，导致细胞水肿和钙积累。钙的增加不仅刺激兴奋性氨基酸如谷氨酸的释放，而且还抑制它的吸收。谷氨酸是未成熟的大脑正常脑发育和可塑性的重要营养物质，能加重未成熟脑兴奋毒性细胞死亡的敏感性。

新生马驹脑病这一概念一直用来指所有新生驹的神经异常。缺氧缺血性脑脊髓病是一种特殊类型的新生马驹脑病。缺氧缺血性脑脊髓病的主要皮质症状见第177章。在一些马驹，严重的抑郁提示脑干损伤，并可以从特定的脑干核局部缺血损伤不对称症状看出，包括头部倾斜、转圈和咽轻瘫。这些病症恢复非常缓慢，并且不能完全恢复。

（十一）喉返神经病

喉返神经病（见第52章）可能是马最常见的颅神经异常，也是最重要的阻塞性上气道障碍。这种疾病会导致左侧气道阻塞和降低马匹运动性能（2.6％～8.3％），影响身材高大的马。远端轴突病的病因依然不明，但最近的临床研究显示复发性喉神经病变在许多马匹是渐进性紊乱。此外，现在的理解是，这种疾病不仅影响喉返神经，还可以被归类为一种区别于其他人类或犬神经病的多神经遗传的遗传病。

推荐阅读

Borges AS，Watanabe MJ. Guttural pouch diseases causing neurologic dysfunction in the horse. Vet Clin North Am Equine Pract，2011，27：545-572.

Dickey EJ，Long SN，Hunt RW. Hypoxic is chemic encephalopathy：what can we learn from humans? J Vet Intern Med，2011，25：1231-1240.

Hilton H，Puchalski SM，Aleman M. The computed tomographic appearance of equine temporohyoid osteoarthropathy. Vet Radiol Ultrasound，2009，50：151-156.

Mayhew IG. Large Animal Neurology. 2nd ed. Ames，IA；Blackwell，2008.

Walter J，Seeh C，Fey K，Bleul U，Osterrieder N. Clinic observations and management of a severe equine herpesvirus type 1 outbreak with abortion and encephalomyelitis. Acta Vet Scand，2013，55：19.

（侯志军　译，戚亭　校）

第 84 章　脑脊液的站立采集

Anthony P. Pease

脑脊液（CSF）收集对于诊断具有神经系统症状的马病有重要的帮助作用，例如怀疑有马原虫性脑脊髓炎的时候。在腰骶部池和颈部的小脑延髓池两个主要部位都可以收集脑脊液。通常在马站立并局部麻醉下进行腰骶部手术，但若要通过寰枕区的小脑延髓池宫颈穿刺就必须进行全身麻醉，此法会使患神经功能失常的马在恢复期间有受伤的风险。由于这一风险，通常用腰骶方法获得马的脑脊液样品来诊断神经系统疾病，即使来自小脑延髓池的样品更具有诊断价值。最近，一种新的来自小脑延髓池的方法已被应用于马站立时的手术中。该手术在 C1 和 C2 之间提供了一个横向方法，此方法为马站立时进行腰骶部手术提供了一个方便、安全的替代品。

一、腰骶法

腰骶部槽收集了尾部椎管内的脑脊液。该位点用 18 号 15.2cm（6in）针从颅体恰好穿到可以接触到颅块 L6 和 S1 的骶骨断面。对于体型较大的马，例如温血马，则需要用 20cm（8in）的针。同时可以通过超声波协助识别在矢状面和横切面的 L6 和 S1 之间的关节，在深度约 12cm 处具有 2～5MHz 传感器成像。7.5MHz 的探头也可以使用，但会因为椎管深度的需要而降低椎管的图像质量。一般将马拴在树上并注射地托咪定盐酸盐（0.01mg/kg，静脉注射）和酒石酸布托啡诺（0.01mg/kg，静脉注射）。由于医学治疗而导致脑脊液被医源性出血污染的现象非常常见，特别是对表现神经症状的马匹。发生污染可能是因为在实验采样时损坏了硬膜外静脉、脑膜血管、脊髓血管或肌肉大量出血。医源性出血很快就会消失，轻轻吸取并丢弃脑脊液的前几毫升将获得适当的脑脊液。一旦发生了出血，就需要更换针或等停止出血后再重复操作。因为在操作过程中不能观察到针尖，潜在的并发症可能是一个神经根穿刺或横穿脊髓的一部分引起的反应。当这种情况发生时，针必须马上拔出，稍后再重复该过程。

二、小脑延髓池法

1968 年研究人员首次发表了马站立时进行的背部颈椎穿刺寰区进入小脑延髓池术。伴随这种方法的主要问题是要抬高马头并且将针头插入脊髓的高风险。在一案例中，马在手术过程中昏迷，但在约2h后苏醒。一个更安全的方法是使用超声波引导，从C1-C2关节运动处获得脑脊液。检查马的骨骼显示，C2棘突从背侧到小窝，腹侧到顶部，是脊髓露出来的一个3cm的区域（图84-1）。用4～10MHz的微凸或7.5～12MHz的线性探针可较容易评估此位置的脊髓。由于脊髓在皮肤下方6cm处，一个18号8.9cm（3.5in）的脊椎针头可以用来获得脑脊液样品。针头大小和操作步骤与马的大小无关，操作已在重773kg（1 700lb）的役用马身上进行过。在手术时马可拴在树上或栅栏上，也可横躺着（无须站立）。在完成这部著作的撰写时，作者已经完成了近20匹马脑脊液采集手术，没有出现并发症与神经系统症状。

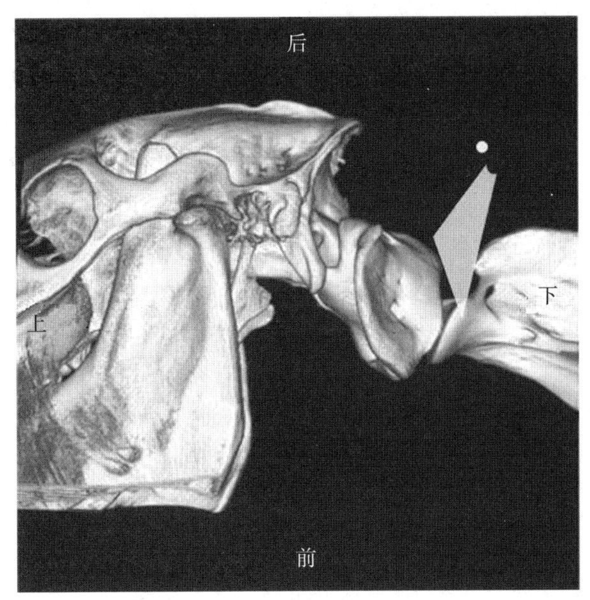

图84-1 计算机断层扫描的三维重建马颈部扫描

注意C1和C2之间的区域。梯形表示的是脑脊髓流体穿刺过程超声波探头。点指示在超声波探头上的方向标记

不管马的精神状态如何，应给马服用镇静剂地托咪定盐酸（2～5mg，静脉注射），在3min后注射硫酸吗啡（30mg，静脉注射）。马重量小于450kg时可使用较小的吗啡剂量（15mg）。因为硫酸吗啡的影响至少持续1h，所以在必要时可以增加地托咪定盐酸的给药次数，但硫酸吗啡不需要反复给药。

使用兽医专用的无菌探头和无菌手套等设备在C1和C2之间的区域进行无菌处理，以尽量减少感染的风险（图84-2）。为了尽量减少不适和随之而来的身体或头部运动，应在针插入前注射甲哌卡因盐酸盐或其他局部麻醉剂。扭鼻子（nose twitch）可用于固定头部。超声波探头放置在颈的后1/3处，针放置在超声波探头的腹侧。我们的目标是将针放置在蛛网膜下腔的背侧，避开脊髓和椎动脉，它可以在超声过程中被识别（图84-3）。针插入到硬脑膜处，探针可以取出，也可先刺破硬脑膜再取出（图84-4）。这两种方法都已证明没有不利的影响。当针头刺破硬脑膜时，马几乎无反应。把5mL

注射器连接到针上，并缓慢地拉出以获得脑脊液（图 84-5），除非马是低着头，一般不会从针溢出。事实上，探针被去除后空气进入针是常有的事。可以将拇指放置在针头接口处以最大限度地减少这种空气污染。

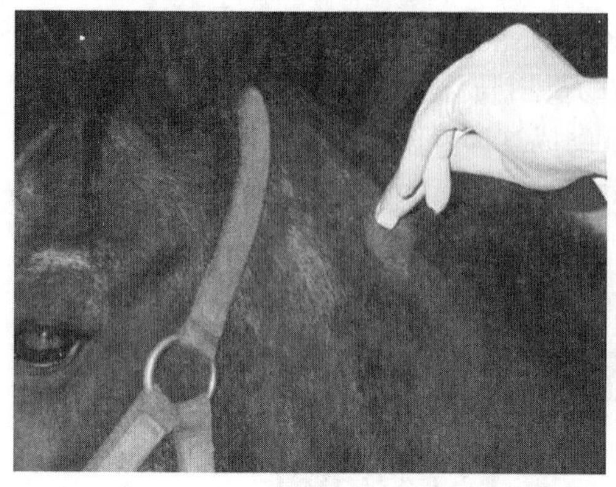

图 84-2　超声波探头的正确使用步骤

注意背腹方向超声波探头。应将针顺着探头的腹侧插入，然后往中间稍后的方向推进

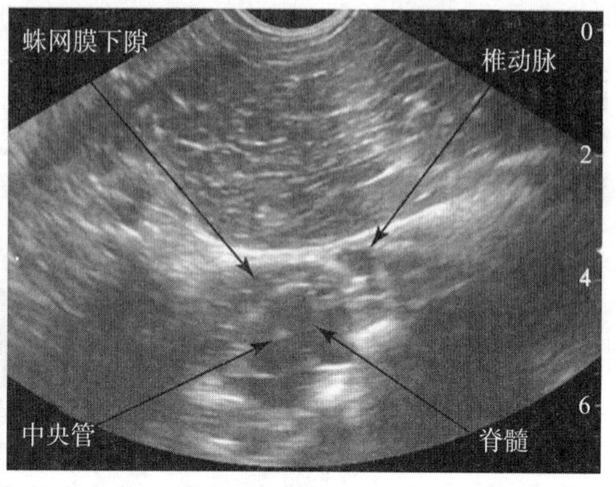

图 84-3　C1 和 C2 横切面的超声波图像

能清楚地看到脊髓、蛛网膜下腔和中央管。在蛛网膜下腔小回声灶空间被认为是提供脚手架的小梁硬脑膜和软脑膜支持

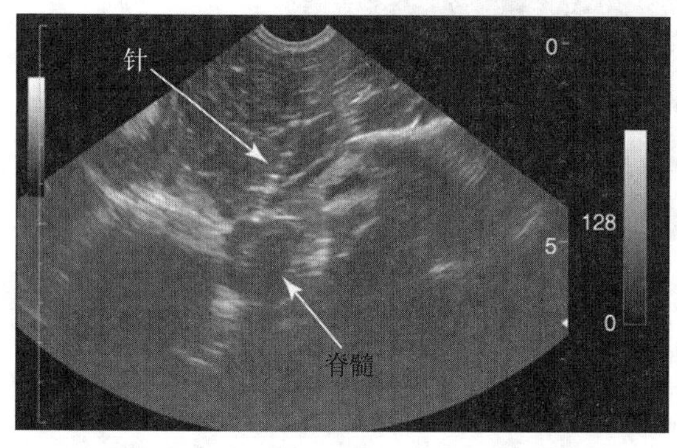

图 84-4　18 号针头到硬脑膜水平超声波图像

注意针从超声波探头和探头的腹侧延伸到蛛网膜下腔的背侧。这可以最大限度地减少脊髓意外穿刺的风险

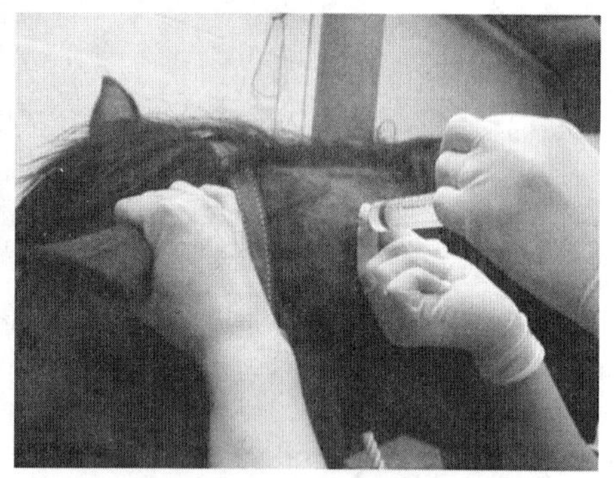

图 84-5　轻柔的吸取脑脊液

这张照片展示的是使用一个 20mL 注射器，但进一步的研究显示，用 5～6mL 注射器多次吸取在减少吸力和丢弃污染样品上效果更好

多数脑脊液样品会含有红细胞（RBCs）0～2/μL。患有神经系统症状的马，甚至正常的马偶尔也会有一些出血（高达 940 个/μL）。若多次定位针头，或者手术中马动了，极有可能发生血液污染，这被认为是由肌肉出血引起的而不是从硬脑膜下出血。实验过程中谨慎操作，可减少血污染的发生。此外，丢弃第 1 个 3mL 脑脊液，用 6mL 的注射器收集样品的其余部分将有助于减少样品中的医源性出血。分析连续获得的血液污染的初始样品表明，脑脊液中红细胞数从 245 个/μL 减少至 27 个/μL。获得所述

样品的总时间是 2min。如果针头进不去，偶尔可发现硬脑膜层面上出现多重反射伪影，因为这个伪影会使脊髓成像模糊，这时需要从侧面获得样品。

推荐阅读

Aleman M，Borchers A，Kass PH，et al. Ultrasound-assisted collection of cerebrospinal fluid from the lumbosacral space in equids. J Am Vet Med Assoc，2007，230：378-384.

Johnson PJ，Constantinescu GM. Collection of cerebrospinal fluid in horses. Equine Vet Educ，2000，12：7-12.

Pease A，Behan A，Bohart G. Ultrasound-guided cervical centesis to obtain cerebrospinal fluid in the standing horse. Vet Radiol Ultrasound，2012，53：92-95.

Schwarz B，Piercy RJ. Cerebrospinal fluid collection and its analysis in equine neurological disease. Equine Vet Educ，2006，18：243-248.

Spinelli J，Holliday T，Homer J. Collection of large samples of cerebrospinal fluid from horses. Lab Animal Care，1968，18：565-567.

（侯志军　译，戚亭　校）

第 85 章　吞咽困难

Sameeh M. Abutarbush

在马匹中吞咽困难并不少见。有很多原因可引起该病，可以是先天性或获得性的，基本是多系统症状或疾病，或肌肉或神经系统疾病的一部分表现。诊断比较复杂，并且在大多数情况下适当的早期管理对该病是非常重要的。

吞咽困难这个词源于希腊词*dys*（无序的，痛苦的，或困难的）和*phagein*（吃）。马兽医通常使用术语吞咽困难来描述马的临床症状，而不是该问题的机制或发生位置。吞咽困难在兽医文献中有几个略有区别的定义。有人把它定义为吞咽困难、无法吞咽、进食困难。因此吞咽困难是不能而不是不愿意采食。本章中所使用的定义是困难的摄食、咀嚼或吞咽。

一、病理变化、发病原因、临床症状

1. 摄取

唇具有摄取的主要作用，受神经支配，是高度发达并不断地移动的，由它们咬住饲料，然后通过门齿切断。大脑皮质和基底节控制摄取中枢的自主工作，动力输出来自面神经的颊支（脑神经Ⅶ），感官输入通过三叉神经（Ⅴ）。因此，不能摄取饲料可能是嘴唇、门牙、下巴、颊肌肉出现问题的结果，也可能与中枢或外周神经系统的病变有关系。

摄取困难相关的原因和条件总结见框图 85-1。受影响的动物通常能够吞下却无力抓紧饲料并送入到口中。摄取困难的临床症状包括流涎、饲料从口中掉出，并试图用牙咬住饲料尝试抛头将饲料移动送到嘴里。具有摄取困难的马在饮水时降低了鼻咽部的水平线。如果存在颅神经Ⅴ和Ⅶ功能障碍，也可能发生嘴唇感觉迟钝、嘴唇下垂或饲料在口腔中积聚的症状。

框图 85-1　摄取困难的原因和条件

唇或颊部肌肉损伤
- 伤口或溃疡

牙齿或颌疾病
- 断裂或松动的切牙
- 肌肉控制错误或丢失
- 先天性缺陷的短颌（鹦鹉嘴）或者凸颌、上颌骨偏离、额外牙

唇或颊肌肉的炎症
- 光过敏
- 蛇咬伤

中枢神经系统损伤
- 黄星蓟中毒
- 顶羽菌中毒

外周神经系统损伤
- 直接或间接神经功能障碍；脑神经Ⅴ，Ⅶ（中耳炎或内耳炎）

2. 咀嚼

前磨牙、磨牙、咀嚼肌肉（由脑神经Ⅴ和Ⅶ神经支配）都可进行咀嚼。颊肌可以防止饲料积聚在颊囊，唾液腺可以产生唾液软化饲料并初步消化。虽然流涎是由副交感神经控制，腮腺只在有节奏的下颌运动后才能流出唾液。

由异常咀嚼导致吞咽困难的临床症状，包括无咀嚼意识、拒绝张口、过度流涎且有时呼出臭气。提供饲料时马可能愿意将饲料放入口中，但后来犹豫不决，饲料从嘴里掉出。

由咀嚼导致的吞咽困难通常与异常的齿（最常见）、舌、腭和颞下颌关节相关（框图 85-2）。疼痛、神经功能缺损或肌肉受损等可抑制下颌和上颌牙齿正常的闭塞和咀嚼运动，这些均可引起咀嚼困难。

框图 85-2　咀嚼困难的相关条件与疾病

牙齿或颌疾病
- 牙齿或颌折断
- 牙根脓肿
- 锋利的齿尖和齿钩

颞下颌关节疾病
- 炎症

口炎
- 粗饲料或植物芒（狐尾草）
- 药物中毒（如新型非甾体类抗炎药）
- 病毒性（如水疱性口炎）
- 异物

咀嚼肌紊乱
- 萎缩——马尾神经炎（马多发性神经炎）
- 痉挛——破伤风和低钙血症
- 炎症或变性——肌炎和白肌病

舌疾病
- 炎症（霉菌性或细菌性）
- 异物（线，其他的）

神经或肌肉缺损
- 正常牙合与磨削的抑制

3. 吞咽

吞咽（咽下）分为进入口、咽和食管的三个阶段。当饲料被输送到咽部时吞咽启动。饲料在口咽形成丸的形态并通过舌的活动将丸经咽移动；呼吸暂停软腭提升，封堵鼻咽部，会厌顶端向后弯曲。这个顺序过程保护喉和上、下呼吸道。接下来，头部的咽头肌肉缩小以移动饲料丸。上食管括约肌松弛接收饲料丸，然后咽头缩小，以防止饲料丸返回到咽。在吞咽的食管阶段，丸剂到食道的近端部分后，原发性蠕动波发起携带饲料丸到贲门。舌、喉和咽涉及协调吞咽动作，舌受舌下神经（Ⅻ）支配将其悬浮于舌骨装置，喉和咽主要是由尾脑干疑核和孤束核通过舌咽神经（Ⅸ），迷走神经（Ⅹ）和副神经（Ⅺ）控制。

在大多数无法吞咽的情况下，病情逐渐加剧，历时数小时或数天。起初，马可尝试吃或喝。随后，坐立不安，作呕，咳嗽，唾液和饲料从口流出，可观察到唾液、饮食物或者饲料的鼻腔返流。吃料时咽部有时会引起喘鸣的嵌塞；在慢性病例中可能发生口臭或渐瘦。无法吞咽的主要原因是由神经系统、机械或医源性等因素引起（框图 85-3）。

框图 85-3　吞咽困难伴有的条件和原因

中枢神经系统紊乱
- 狂犬病
- 病毒与脑炎
- 寄生虫性脑炎
- 马原虫性脊髓脑炎
- 脑膜炎
- 脑脓肿
- 肝性脑病
- 发霉的玉米中毒
- 创伤
- 肿瘤

外周损伤
- 慢性铅中毒
- 背侧移位
- 喉囊真菌病
- 喉囊积脓症
- 茎突或颞骨骨折
- 腹直肌肌破裂
- 马自主神经异常

医源性疾病
- 投药器损伤
- 鼻胃管损伤
- 手术切除过多的软腭矫正导致背侧移位

神经肌肉接点障碍
- 肉毒中毒
- 蜱瘫痪
- 高血钾型周期性麻痹
- 有机磷中毒
- 重症肌无力

占位性病变
- 瘤（鳞状细胞癌）
- 咽后的淋巴结肿大
- 喉囊肿胀

先天性缺陷
- 会厌或咽囊肿
- 腭裂
- 第四鳃弓缺损

咽和食管的炎症反应
- 手术切除过多的软腭矫正
- 食道炎

食道梗阻
- 原发性（管腔内的饲料压紧或异物）
- 继发性（管腔狭窄、憩室、囊肿和肿瘤；通过影响食管腔外阻塞和巨食道症）

二、临床评估和诊断

一个完整准确的病史对诊断吞咽困难的病因非常重要。马的系统性临床检查，尤其应将头部、口腔和喉作为检查的重点。可以对咽、喉并沿着食道方向的颈部进行触诊。吞咽困难常导致双侧流鼻液，鼻液含有唾液或饲料（图 85-1 和图 85-2）。恶臭鼻涕表示长期吞咽困难、组织坏死、吸入性肺炎的存在。经过检查之后，在提供饲料给马食用时应进行观察。在此观察基础上，临床兽医应尽量注意摄取、咀嚼、吞咽困难等症状。

插鼻胃管对检测物理障碍有帮助。在极少数情况下，胃阻塞或小肠梗阻可引起鼻腔返流，但这些通常伴有严重腹痛。

当出现吞咽困难时可用内镜检查咽、会厌、软腭、喉囊和食道。如果通过内镜将水冲入鼻、咽刺激吞咽时，软腭发生永久性移位，则可怀疑马发生咽麻痹。通常，马发生软腭错位并不不常见，这样的马有时会表现不愿吞咽的症状。病理情况常发现饲料停留在上软腭、喉的周围，或在气管里。在软腭的喙移位的情况下，腭咽弓通常出现延髓的杓状软骨角状的过程，有时在食道的上部可以观察到。喉囊的开口应检查排出物。喉囊内镜检查可发现霉菌斑（真菌病），有时会出血。黏液脓性物质或软骨样

（浓缩的脓）的喉囊显示积脓。也可以在检查喉囊的过程中看到异常颞舌骨的关节或骨茎突舌骨。

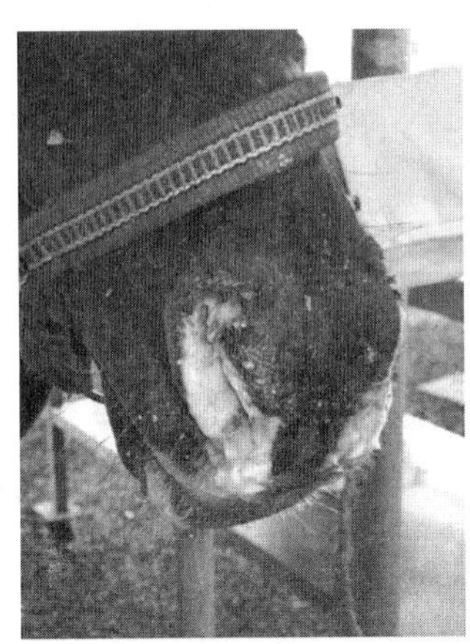

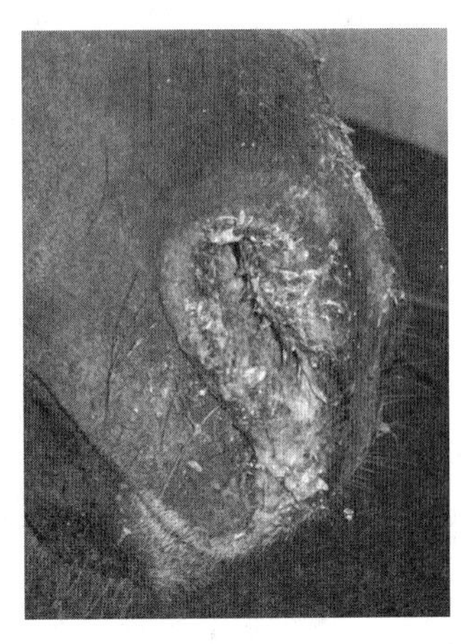

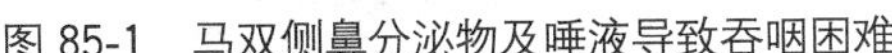

图 85-1　马双侧鼻分泌物及唾液导致吞咽困难　　图 85-2　马双侧鼻分泌物及唾液导致吞咽困难

对一些类型吞咽困难的病例，X线片和造影检查头部、喉头、颈段和胸段食管对诊断有帮助，并且可提供有价值的信息。射线摄影可以检查到牙齿、骨折或关节异常。也可评估背部和软腭的喙移位，会厌的位置，会厌囊肿，咽喉囊等软组织异常（如咽后肿块）。喉囊鼓音及脓胸可以很容易地做出诊断。如果有软组织的过度肿胀，钡造影研究可用于勾勒感兴趣区域的解剖结构。如果咽麻痹，钡通常泄漏到鼻咽、喉或气管。钡泄漏是通过从马驹的口咽、鼻咽部腭缺陷进入。此外，对比造影对于确定食管梗阻，尤其是憩室或腔外阻塞的原因是非常有用的。鉴别诊断：应该进行完整彻底的神经系统检查，尤其是对颅神经Ⅴ、Ⅶ、Ⅸ、Ⅹ和Ⅻ。吞咽困难的神经原因很多，相关的临床症状取决于病因和病变中神经系统的位置。神经系统病变可能影响三个阶段（摄取，咀嚼和吞咽）的一个或多个。在神经系统中吞咽困难可能不是唯一的情况。患有黑质苍白球的马脑软化，可因摄入黄星蓟（矢车菊）或俄罗斯矢车菊（顶羽草）中毒造成，特点是面部扭曲、抑郁症、运动异常。大多数情况下，中毒发生在夏季和深秋。马中耳炎或内耳炎可以引起前庭症状，如歪头及眼球震颤，可以用内镜和X线检查进行确认。多发性神经炎引起后肢共济失调、尾部下降、肛门松弛、膀胱麻痹和臀肌萎缩。呼吸困难、全身僵硬、僵硬的站姿、第三眼睑脱垂（图 85-3）、下巴僵硬、耳朵直立，并伴有马尾提起是破伤风的特征，病马可能有深伤口史。病毒性脑炎引起异常精神状态和行为，多匹马都会受到影响，每年接种疫苗的时间和接种史是很重要的指标。狂犬病导致上行性麻痹，并局限存在于某些地理区域。狂犬病是渐进性的，并可能导致其他症状，如绞痛、跛行分别是精神状态改变和行为异常。引发马原虫性脑脊髓炎的原虫在流行地区有特定终末宿主和中间宿主，如负鼠和浣熊。在神经系统中这种疾病会导致多灶性或弥漫性病变，伴随着非对称的肌肉萎缩。霉变玉米中毒（脑白质软化症）会导致抑郁症、前冲、漫无目的地游荡、高反应性和不协调。脑脓肿通常是由链球菌引起的，并导致严重的抑郁症，朝向病变的一侧的强迫性盘旋、前冲、局灶性神经功能缺损、癫痫发作。食物中毒导致进行性肌肉无力、肌颤、舌头张力减弱、瞳孔散大、眼睑下垂和斜卧。慢性铅中毒的特点是消瘦、感觉迟钝、喉麻痹、嘴唇和舌头的异常运动和贫血（图 85-4）。喉囊霉菌感染导致咳嗽、鼻出血、贫血和软腭位移。低钙血症或手足搐搦症通常只见于哺乳期的母马。马自主神经功能异常或青草病（grass sickness）是青年牧马的神经退行性疾病。该情况会导致出汗、眼睑下垂、干燥性鼻炎、肠梗阻、疝气、慢性消瘦。

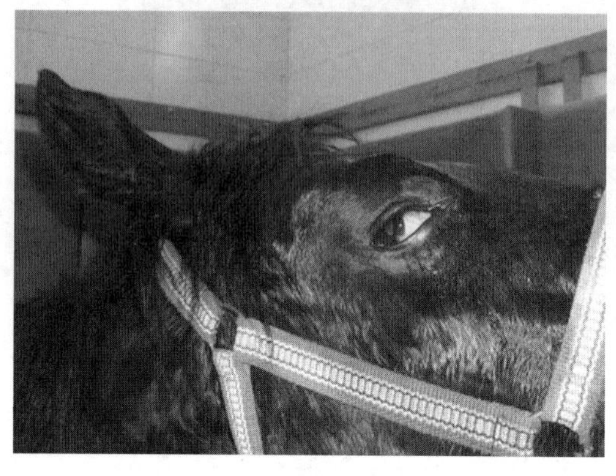

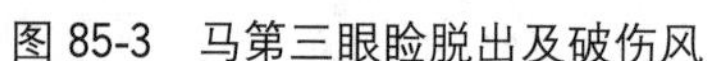
图 85-3　马第三眼睑脱出及破伤风

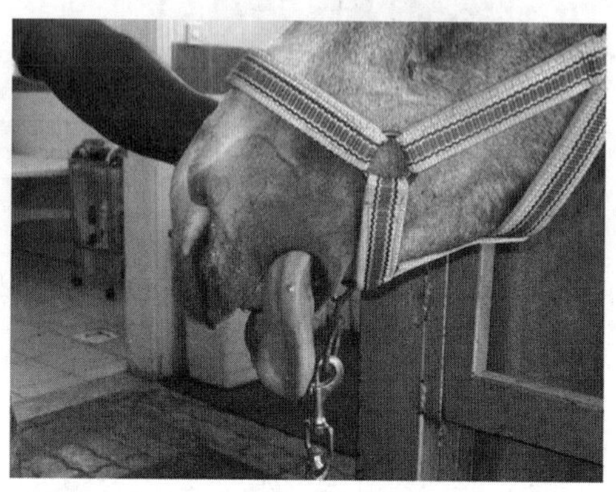

图 85-4　马铅中毒导致舌质下降和延迟回缩

全血细胞计数可识别炎症性疾病（如咽后脓肿形成）并对贫血、喉囊霉菌病、慢性铅中毒潜在后遗症的评估有帮助。血清肝酶、氨、胆汁酸浓度在评估马肝性脑病时是特别重要的。对马的搐搦症或低钙血症可用测定血清钙浓度来评估。脑脊髓液的分析和评价是怀疑马患有多发性神经炎、马脑炎、脑膜炎、马原虫性脑脊髓炎、脑脓肿或肿瘤、头部外伤等疾病时重要的诊断方法。当怀疑狂犬病时，应该采取一切预防措施，并通知官方。狂犬病只能在尸检检验时确认。应评估患吞咽困难马的饲料中的有毒植物、霉玉米、肉毒杆菌孢子和毒素。应进行可能接触到的铅的调查，并测量马血液中铅的浓度以证明是否为铅中毒。

血清生物化检查法可以用来评估所有吞咽困难马匹的电解质浓度。吞咽困难的马会流失唾液，唾液中氯含量高，碳酸氢盐含量低，从而导致代谢性碱中毒。马吞咽困难的最常见并发症是吸入性肺炎。细菌培养、气管冲洗的灵敏度对治疗有帮助。

三、治疗及预后

治疗和对吞咽困难的预后是高度可变的，这取决于疾病的首要诱因。可用内科、外科、基于管理方式改变等方法进行治疗。在一些情况下，治疗可能是不成功的，并且吞咽困难不能得到解决。

支持治疗和预防并发症是发生吞咽困难时所必须采用的措施。受影响的马不应该被允许摄取饲料、垫料或其他物质。如果吞咽困难是一种全身性的神经系统疾病，受到影响的马应关进畜舍里休息并给予很厚的垫草以防止肌病、褥疮和其他形式的身体创伤或长时间斜卧。应使用调整体液平衡的口服或静脉液，并应控制疼痛和焦虑。如果需要，应协助受影响的马排便。必须提供马可吞服的适口饲料来增加营养。如果马不能吞咽，应饲喂混悬粒饲料或流质饲料来给予食物。马不能吞咽时可采用鼻饲或静脉营养。如果鼻饲插管要经常使用，建议用留置管。如果需要长期口服喂养，可进行食道造口术。由于吸入性肺炎是吞咽困难的常见并发症，应给予具有广谱抗菌药物预防。

根据不同的病因，吞咽困难的预后和预防不是固定的。

推荐阅读

Abutarbush SM. Dysphagia in horses. Large Anim Vet Rounds 2004；4（2）：1-6.

Abutarbush SM. Diseases of the gastrointestinal tract and liver. In：Abutarbush SM，ed. Illustrated Guide to Equine Diseases. Ames，IA：Wiley-Blackwell，2009：3-118.

Abutarbush SM. Esophageal laceration and obstruction caused by a foreign body in two young foals. Can Vet J，2011，52（7）：764-766.

Abutarbush SM，Carmalt JL，eds. Equine Endoscopy and Arthroscopy for the Equine Practitioner. Jackson，WY：Teton Newmedia，2008：34-122.

Cohen ND. Neurologic evaluation of the equine head and neurogenic dysphagia. Vet Clin North Am Equine Pract，1993，9（1）：231-240.

Fuller M，Abutarbush SM. Severe glossitis subsequent to an inadvertent intra-lingual injection of oxfendazole in ahorse. Can Vet J，2007，48（8）：845-847.

Wagner PC. Dysphagia and choke. In：Brown CM，ed. Problems in Equine Medicine. 1st ed. Philadelphia：Lea & Febiger，1989：67-80.

（侯志军　译，戚亭　校）

第 86 章　霍纳氏综合征

Martin Furr

霍纳氏综合征，是一系列反映头部交感神经临床症状的综合征，在人类和许多动物中有许多病例报道。虽然该综合征是为纪念瑞士的医生 Johann Horner（1869 年）命名的，但却是由 Francois Pourfour du Petit 在 1727 年首次提出。虽然霍纳氏综合征的一些报道已经公开，但是关于它的流行并没有专门的报道。该病相对罕见。

一、解剖学、病理生理学、临床症状

支配头部的交感神经，从中脑脑干的区域、脑桥和延髓腹外侧方面的区域，下行至脊髓突触横向索并至颅胸段，在神经细胞上组成交感神经干。轴突在 T1-T2 位退出中枢神经系统（CNS），穿过前纵隔，上行延伸成为与颈动脉有密切联系的颈交感神经干，终止于尾背内侧表面间的喉囊-颅颈神经节（CCG），在颅颈神经产生节后神经元，支配着眼瞳孔扩张器和球后眼肌、眼睑平滑肌和皮肤的汗腺。

霍纳氏综合征的临床症状可对任何神经产生继发性损伤，包括之前所描述的交感神经通路（框图 86-1）。颈交感神经干的损伤常与颈静脉注射、血管周围炎症、脓肿、颈部肌肉的炎症、裂伤或是钝力所致外伤有关。多方面原因引起的中枢神经系统损伤可导致霍纳氏综合征，以及因纵隔脓肿块而产生胸椎或胸膜疾病也可能引起霍纳氏综合征。对颅颈神经节或是节后神经元的损伤可能与头部的钝力损伤、眼眶周围炎症、喉囊积脓或霉菌炎、下颌骨骨折及相关软组织损伤有关。在大多数情况下，从发病原因的性质看，该临床现象是单侧发生的，但是有报道带有颅纵隔肿块的马患有双侧性霍纳氏综合征。

框图 86-1　马霍纳综合征被报道的引发的条件

马多发性神经炎
颈内动脉、静脉注射，血管注射；脓肿或肿块
喉囊真菌病
颈部肌肉麻醉后肌炎
骨折
眼眶、基蝶骨、岩骨、颞下颌关节（包括脱位），下颌、骶椎或胸椎
马原虫性脑脊髓炎
前纵隔肿块或纵隔炎
颈动脉结扎或外伤
颈交感神经干的撕裂
臂丛神经根性撕脱伤

霍纳氏综合征的经典临床症状是眼睑下垂、瞳孔缩小和眼球内陷。马的显著临床症状是多汗，这点不同于人类所表现出的临床症状。偶尔可见患侧鼻腔黏膜充血。然而，临床症状和表现通常并不简单，症状的表现程度不一，不是所有的症状在每个发病个体都可见。报道的霍纳氏综合征的临床症状会因为病变的部位和慢性病变而不同。在试验诱导霍纳氏综合征中，将颈交感神经干切断，其临床症状包括持续眼睑下垂、瞳孔缩小、眼球内陷、瞬膜脱垂、单侧出汗。鼻黏膜的充血是常见症状（在 6 匹实验动物中的 2 匹出现），体温记录发现皮肤温度升高。虽然这些研究结果具有很大的误差，但这也似乎是大量动物间表现出的临床症状差异。

支配皮肤的交感神经的缺失可导致马出汗，并伴有单侧病变，汗水从耳朵基部流出，沿着一个清楚的范围，流到头部中央，并延伸至第一颈椎。在霍纳氏综合征实验中，在最初的 48h 左右之后，出汗变得片状且不规则。然而在许多报告的临床病例中，显著出汗持续数天至数周，并且这很有可能反映出神经功能障碍上有所不同。

在许多作者报道的马霍纳氏综合征中，眼睑下垂是一致的，并且是显著特征。眼睑下垂是由眼皮平滑肌张力下降所致，并且在不明显的情况下，通过正面观察睫毛角更容易被辨别出来。当眼睑下垂时，睫毛会指向下方，而不是横向。眼球内陷的产生是由肌肉的张力下降所致，但通常都是轻微的，能否出现第三眼睑下垂，取决于眼球内陷程度。在马霍纳氏综合征中，瞳孔缩小的表现通常也是轻微的，与健侧相比，最大差异不会超过 2～3mm。

已被证实喉偏瘫不是马霍纳氏综合征的常见临床症状。这可能是由于没有对患有霍纳氏综合征的马进行定期内镜检查有关。如果用内镜对患有霍纳氏综合征的马匹进行喉偏瘫检查，也许会发现喉偏瘫发病率会很高。在 10 例霍纳氏综合征案例中只有 2 匹马的并发症为喉偏瘫。其他还有一些零星的报道。

二、鉴别诊断和解释（病例分析）

当经典的临床症状出现时，霍纳氏综合征的诊断是相当直接的。但是除了诊断，还需要确定特定个体的发病原因和有效治疗方法。详细的病史对于确定其他临床症状是很重要的，例如咳嗽，流鼻涕史，运动不耐受或体重下降的病史，可能会提示是胸腔病，而近来的创伤或静脉注射可能暗示颈交感神经干损坏。通过神经系统检查来确定是否有其他中枢神经疾病出现，如果出现则要通过一个完整的诊断来确定造成此神经症状的原因。中枢神经系统的损伤可能会引发霍纳氏综合征，而不引发其他神经症状。这虽然是可能的，但是这种概率很小。通过常规体检，确定呼吸异常或呼吸用力、颈静脉异常或是水肿，则提示为胸腔积液。对这些异常需要进行进一步鉴定（如 X 线检查、超声检查和细菌培养）。鼻出血或有分泌物，或是吞咽困难，提示应进行咽和喉的内镜检查。

导致头部和颈部出汗的其他原因包括颈脊髓损伤或神经损伤椎旁的压迫（如脓肿或肿瘤）。面部神经损伤是眼睑下垂的另一个原因，但在大多数情况下会出现伴随面部神经疾病的其他表现，如口头歪斜、耳朵下垂或不能闭上眼睛。头歪斜通常与霍纳氏综合征无关，因为其不像小动物一样，马体内交感神经节后纤维不与鼓泡有密切联系。马青草病有时会表现双侧眼睑几乎总是不变化，所以在青草病流行区应对此情况加以考虑。患有青草病的马匹，给予 0.5mL 的 0.5%去氧肾上腺素滴眼液，10～30min 后即可以扭转上眼睑下垂，同时青草病还伴有其他临床症状。

三、治疗与预后

因为霍纳氏综合征是临床症状的综合，所以没有特定的治疗方法，它取决于最终具体的病因诊断。霍纳氏综合征最重要的是要了解并且治疗并发症，已经报道的并发症包括眼周和耳朵基部的掉毛和炎症、鼻水肿和充血（可能非常严重）、喉偏瘫、角膜溃疡。在一次研究中发现，10 匹马中有 8 匹马有以上并发症（10 匹中，其中 3 匹掉毛，5 匹黏膜水肿，1 匹角膜溃疡）。其他并发症的出现可能取决于发病原因的特性。

关于患有霍纳氏综合征马匹的预后的文献比较少见。虽然通过静脉注射后，发现相关症状持续不到 48h，但是多数典型的临床症状将持续数周至数月。在 10 个案例中，临床症状持续时间平均为 4.9 个月，各种迹象会从第 14 天到第 15 个月内出现。主要病因是进行预后判断的基础。意外注射到外周血管导致的预后可能会持续数月，并可能不会完全恢复（如眼睑下垂可能不会得到改善）。与此相反，颈交感神经干的完全性裂伤最有可能导致永久的眼睑下垂症状。

推荐阅读

Green SL，Cochrane SM，Smith-Maxie L. Horner's syndrome in ten horses. Can Vet J，1992，33：330-333.

Hahn C. Miscellaneous disorders of the equine nervous system：Horner's syndrome and polyneuritis equi. Clin Tech Equine Pract，2006，5：43-48.

Palumbo MI，Moreira J，Olivo G，et al. Right sided laryngeal hemiplegia and Horner's syndrome in a horse. Equine Vet Educ，2011，23：448-552.

（侯志军　译，戚亭　校）

第 87 章　癫 痫 病

Véronique A. Lacombe

癫痫病是在人类和犬中常见的慢性神经系统疾病。与其他物种相比，马有相对高的癫痫发作阈值，所以马的癫痫病不常见。突然发作是癫痫病的一个显著特点，发作后往往非常严重。癫痫还可称为发作、中风、痉挛。然而，真正的癫痫发作是大脑皮层的快速、过度或超同步电活动导致非自愿改变运动活动、意识、自主神经功能或感觉的临床表现。因此癫痫发作都有特定的神经来源，它可能发作一次，也可能重复发作。

和小动物癫痫的分类相似，马的癫痫病分为局部性与全身性癫痫。局部性癫痫起于大脑皮层不连续的多部位神经元同时发作。局部性癫痫还可以分为简单局部癫痫（保持正常的警觉和意识）和复杂性局部癫痫（意识丧失）。神经局灶性癫痫往往是大脑外周多个神经局灶点同时发作，它不扩散，表现出局部症状。涉及整个大脑皮质发作称为全身性癫痫。全身性癫痫还可以分为原发性全身性癫痫（primary generalized seizures，发病起源于两个大脑半球或者其中一侧），继发性全身性癫痫（secondary generalized seizures，继发于简单或者复杂性局部癫痫）。癫痫有时也指临时的系统紊乱疾病（例如电解质失衡或其他代谢紊乱）。癫痫连续发作 30min 或者两个及以上癫痫发作期间没有意识的情况可诊断为癫痫。这种情况在马身上较罕见。癫痫症（来自希腊字 epilambanein，意思是逮捕或攻击）指至少 2 次以上的癫痫发作，并伴随有慢性脑功能异常所致的神经紊乱。24h 内连续发作的癫痫可认为是一个单独的事件。癫痫分为原发性（即遗传起源）和继发性或获得性（症状性和隐源性）。如果经神经检查发现脑功能异常，但是不能找到发病原因的癫痫称为多发症状。如果癫痫周期性发作，但是神经检查没有发现异常称为原因不明症。即使神经检查没有发现问题，特别是诊断不全面的时候，颅内疾病仍然值得怀疑。具有遗传倾向的癫痫病称为先天性癫痫病。除了阿拉伯马马驹，马很少患先天性癫痫病。

一、病因和发病机制

癫痫不是特定的疾病，它包括颅内和颅外两种不同类别的神经功能紊乱疾病。癫痫最常见的病因是颅内疾病，包括瘤形成、头部外伤、脑脓肿、血管病变、脑炎或脑膜炎、先天性异常、中毒（例如铅、聚乙醛、食用发霉玉米和疯草）。有报道称马也因胆固醇肉芽肿导致癫痫。颅外疾病包括电解质或代谢紊乱（如肝性脑病、低钠血症、低钙血症和尿毒症）和败血症。成年马癫痫发作最常见的原因是脑外伤、肿瘤、肝性脑病。马驹癫痫发作最常见原因是缺氧缺血性脑病、头部外伤、细菌性脑膜炎，尤其是阿拉伯马马驹的先天性癫痫。

不论何种病因，癫痫发作的发病机制涉及神经元的异常超同步电活动，这是由兴奋性和抑制性神经传导之间的不平衡引起的。如果这种平衡偏向过度兴奋（兴奋性突触后电位理论）或降低抑制，将导致神经元聚集体延长的去极化（简称为阵发性去极化）发生。几种机制被认为会造成阵发性去极化的变化，包括增加兴奋性神经激发（谷氨酸），降低抑制性神经激发（γ 氨基丁酸，GABA），改变神经激发受体的部位或神经元内部细胞代谢紊乱。值得注意的是，大量的研究都集中在大脑中的主要兴奋性神经递质谷氨酸盐及其受体复合物 N-甲基-D-天冬氨酸（NMDA）。一次去极化到达突触前神经末端引起谷氨酸的释放。谷氨酸结合 NMDA 受体上的突触后膜，打开钠和钙通道，并导致这些离子进入突触后神经元。这种离子的移动导致突触后去极化并产生兴奋性突触后电位。相反，当主要的抑制性神经递质 GABA 附着于突触后的 $GABA_A$ 受体，氯通道被打开。氯化物进入突触后神经元，导致超极化的状态和一个抑制性突触后电位。当周边抑制区域未能阻止初始焦点癫痫活动的蔓延则可使发作聚集并在整个皮质扩散弥漫。当触发经过神经元的临界区，不受控制的电活动遍及大脑皮层，可能产生癫痫发作。

二、临床症状和诊断

癫痫发作的临床表现可涉及大脑皮层的各个区域且程度不同，并且独立于病因。临床表现可能会有所不同，从轻微的意识改变、局灶性肌肉束颤到斜卧甚至强直性痉挛。部分性癫痫发作引起局部部位的异常放电，导致局部感觉或运动症状，例如一个肢体的不对称抽搐、面部抽搐、过度咀嚼、强迫性运动、自残等。局部性癫痫发作持续的时间是可变的，并且局部性癫痫发作可发展为全身性癫痫发作。全身性癫痫发作涉及整个大脑皮层，导致广义双侧运动活动遍布全身，包括抽搐发作（以前称为大发作）、非抽搐发作性（以前称为小发作）或肌肉阵发性痉挛。此外，人们可以观察到全身性癫痫发作的三个临床特征：控制力降低（在不同程度上）、偶发攻击（突发性的）、重复动作。另外，癫痫发作通常有三种不同的临床阶段，其中包括发作前期、发作期、发作后期。就在发作前期（即先兆或发作前阶段）马可有异常行为，如烦躁、焦虑与不安的迹象。发作后期可表现轻度精神沉郁、僵直、盲目性，可以持续几小时到几天。因此，神经系统检查应在间歇期进行。给马诊断癫痫是很有挑战性的。类似于其他物种，大多数反复发作的癫痫病病因都不明。成年马脑成像的方式受到限制。此外，脑病所表现的症状可能与癫痫相似，要对癫痫和破伤风、肉毒中毒、高钾型周期性麻痹和导致疼痛发生情况（疝痛、四肢骨折、劳累性肌病）等进行鉴别诊断。在后一种情况下，马不失去意识，且仍然清醒、警觉。此外，癫痫难以和晕厥、睡眠障碍等区分。例如心律失常、后天器质性心脏疾病（心脏衰竭）、循环性休克都能表现晕厥，这可能与癫痫发作混淆。嗜睡症和猝倒也可能与癫痫发作混淆，虽然大多数嗜眠症的马仍然站立，但头却紧贴地面。如有可能，应该用视频监控来记录这些情况并监测马的睡眠方式。

因为对很多马不可能全天候观测，可能癫痫发作后又恢复了正常活动，但依然具有神经系统的体征。癫痫发作后可能只发现了不明原因的擦伤与头部、眼睛和四肢的割伤。如果在其他时候发现马出现可识别的情绪及行为的变化，这可能是癫痫发作的前驱征兆。对护理者进行问诊，询问癫痫发作的持续时间和频率、受到的刺激因素（如不慎颈动脉注射、创伤、暴风雨，焰火）、发热、用药、行为异常、遗传史等方面的内容。如果马在室外或者与其他动物相接触，应该先排除任何可能的中毒因素。后者是非常重要的，因为马呈现癫痫发作时应主要与狂犬病进行鉴别。

通过体检，应对和癫痫有相似症状的非脑疾病进行区别，发现颅脑外疾病可能导致癫痫发作。鼻腔分泌物或鼻出血表明鼻腔鼻旁窦肿瘤或感染向颅内延伸。神经结构损伤性癫痫有神经功能障碍的症状，但是在发作间隙进行神经检查可能发现不了任何问题。全血细胞计数和血清生化分析可发现引发癫痫的颅外疾病。全血细胞计数和纤维蛋白原值可能指向炎症（白细胞增多和血纤维蛋白原过多）或病毒感染。应进行完整的血清生化检查（包括钠、镁、钾、钙的浓度），排除代谢异常。检测血清胆汁酸和氨的浓度可诊断肝性脑病。低血糖可能是导致新生驹和成年马癫痫发作的一个原因，虽然低血糖引起的癫痫发作是罕见的。应排除肾脏疾病和高脂血症。严重低钠血症导致马驹的神经系统缺陷，包括癫痫发作。高钾周期性麻痹的临床症状是高钾血症，其可作为癫痫活性的标志。

脑脊髓液（CSF）分析可用于脑结构异常导致的癫痫诊断。高的总蛋白浓度和细胞计数常见于传染病。中性粒细胞增多常暗示病毒性脑炎，用血清学方法对血清和脑脊液进行检测，还可同时对脑脊液进行培养（culture）。也应该对原虫性脑脊髓炎进行检查，因为已经有由原虫导致马脑脊髓炎的病例。在一般情况下，应在寰枕腔收集马的脑脊液，这是最接近疑似神经管病变的部位，以增加发现脊髓液细胞学异常的可能性，确定病原体（见第 84 章）。如果怀疑脑脊液压力改变，担心全身麻醉的风险或成本，可用腰骶腔作为替换，其前提是镇静的动物可以站立，以便安全地执行腰椎穿刺。

脑电图（EEG）是一种非侵入性的神经生理诊断技术，定义为从大脑皮层产生节律性的生物电活动的图形记录。它已被广泛地用于人类和小动物的癫痫调查和管理，可用于反复发作癫痫的治疗和预后。脑电图可在马镇静或麻醉下进行。虽然对马的调查有限，但在这一物种中脑电图也是颅内疾病的敏感性诊断方法。虽然不能对癫痫的发病原因做出最终的判断，但是它可以反映疾病的进程（如急性与慢性，局灶性与弥漫性，炎症性与退行性变化）。对脑电图记录的信息进行准确的解读对诊断神经性疾病非常有用。应该对脑电图记录的背景进行评估，以发现异常频率和幅度、发病部位的不对称。癫痫患者的脑电图可记录局灶性、多灶性、全身性癫痫发作。这取决于大脑皮层的参与和放电的部位（localization of the discharges，图 87-1）。与此同时，癫痫发作被定义为阵发性异常瞬态事件，如棘波、尖波、和尖峰波浪放电，它们可作为对癫痫诊断的支持证据。应该记住，马的颅外疾病，如代谢紊乱也可能有异常脑电图记录。以下这些因素可限制电生理检查：①只有大脑皮层表面的电波被记录；②因为频率和振幅呈状态依赖性（即失眠、嗜睡、昏睡和被注射镇静剂与麻醉的状态）并随年龄改变，所以建立正常值仍然困难；③临床兽医必须具有丰富的专业知识；④无法对脑电图做无限时长的记录，因此没有脑电图异常也不能排除有癫痫发作的可能。人类做 24h 动态脑电图很普遍，但这种方式并没有在马身上使用。

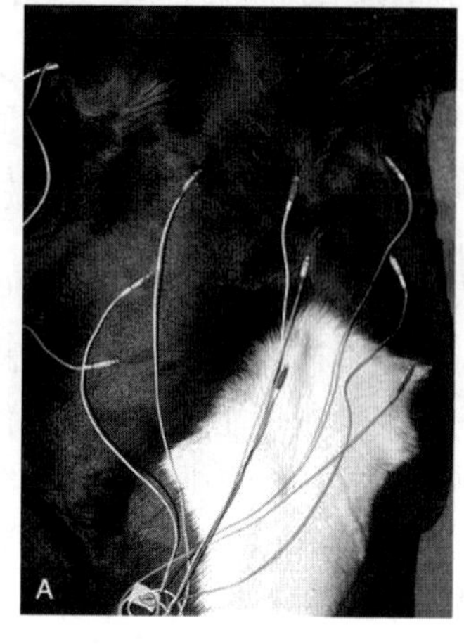

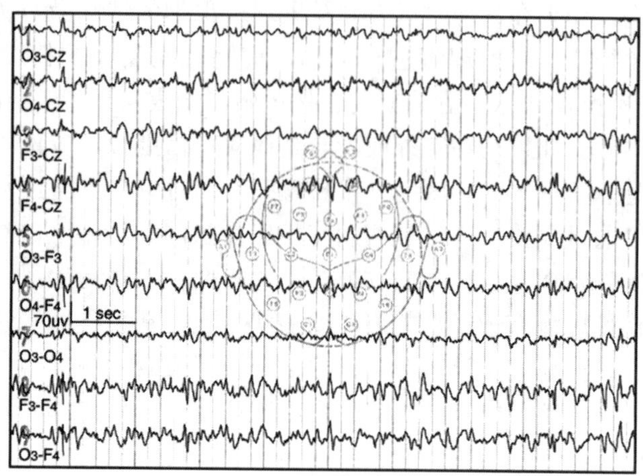

图 87-1　用脑电图诊断患癫痫的病马

A. 定位在额头的脑电图电极　B. 脑电图记录一个 10 岁的骟马在一周的时间间隔有 2 次发作

注意阵发性癫痫样的活动区域，主要是在右前方区域（F4）。提示结构性病变：F（额头）；O（枕骨）；P（顶叶）

颅骨 X 线片可能有助于确定一匹发作癫痫病的马是否具有创伤性颅骨骨折，例如涉及蝶底骨或脓肿或肿瘤的窦。类似于传统的 X 线成像，计算机断层扫描（CT）可以测量 X 线光子束穿过与体内的衰减信号，但有些例外是那些成功从多个方向透过组织的信号。计算机断层扫描具有骨性结构成像的超强能力，可以发现任何可能由于骨性结构的叠加常规 X 线检查未能发现的潜在颅骨骨折。因此，头部的 CT 主要用来排除头部外伤和颅骨骨折（图 87-2）。虽然 CT 也是钙化和大脑急性出血的诊断方法，但它在检测到膨胀炎性病症或弥漫性实质性病变诊断价值有限。因此脑电图和核磁共振成像（MRI）大多已取代 CT 用于人类和小动物癫痫诊断。不幸的是，大多数诊断中心不具备适应成年马的头部的 MRI 设备。站立的 CT 可以提高颅内疾病诊断的准确性，同时也降低了对神经功能异常马进行全身麻醉的风险。

三、治疗

1. 初始治疗：控制癫痫发作

及时控制癫痫发作是当务之急，因为长期或反复发作可导致颅内压增高及神经元坏死。此外，重要的是要尽量降低马和护理者受伤的可能。

地西泮、苯二氮抗惊厥药，已经常规地用于即时治疗。苯二氮卓类药物通过结合 GABA 受体超极化神经元细胞，使细胞抵抗去极化，总的目标是减少癫痫发作电活动和增加癫痫发作的阈值。地西泮的推荐用量为 0.05～0.2mg/kg（成马约 50mg），静脉

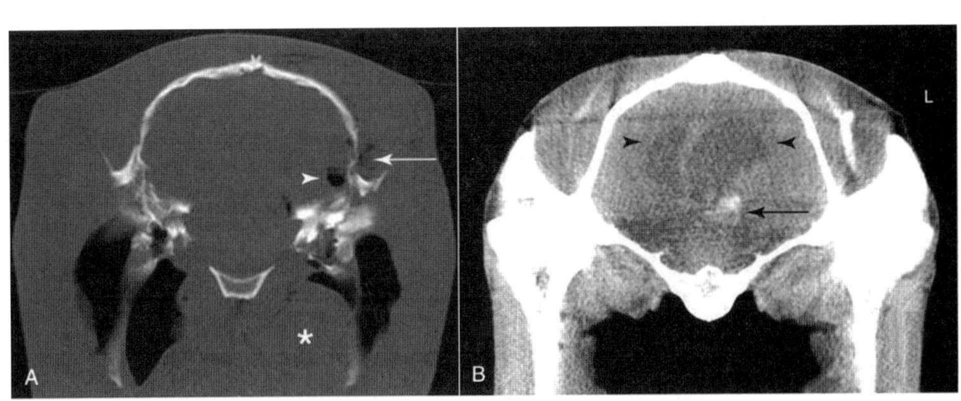

图 87-2 计算机断层扫描（CT）作为诊断马发作性疾病的诊断方法

A. 马颅脑外伤及患癫痫：在茎突舌骨骨水平的骨窗横向平扫头颅 CT 图像与骨窗（窗宽：3000HU；窗位：400HU）

注意（短箭头指示）临近颅顶空气的左颞骨（长箭头指示）有轻微的骨折且相邻颞肌有轻微损伤。其他异常包括左喉囊（星号）组织密度增大，右边的喉囊出现血肿

B. 马继发性全身性发作对比增强颅骨 CT 图（窗宽：250HU；窗位：25HU）

注意左颞叶腹侧部的颅内质量效应，继发性畸变和心室扩张（短箭头）。该块的边缘不太清楚。（长箭头）不规则的高密度点，应该是营养不良导致的钙化或者是局部出血。尸检发现少突胶质细胞瘤

[A 引自 Sogaro-Robinson C，Lacombe VA，Reed SM，et al. Factors predictive of abnormal results for computed tomography of the head in horses affected by neurologic disorders：57 cases（2001-2007）. J Am Vet Med Assoc 2009；235：176-183.　B 引自 Lacombe VA，Sogaro-Robinson C，Reed SM. Diagnostic utility of computed tomography imaging in equine intracranial conditions. Equine Vet J 2010；42：393-399]

或肌内注射给药。由于地西泮半衰期短（10～15min），重复给药可能是必要的。在马对地西泮的初始给药没有反应时，可以按每小时 0.1mg/kg 恒定速率输注。咪达唑仑是一种有效的短效苯二氮卓类药物，已经用于治疗马驹的抗惊厥，可静脉或肌内注射给药（推荐剂量为 0.05～0.1mg/kg）或作为连续输注速率（50kg 马驹的可用 1～3mg/h）。为了快速控制癫痫发作，可以考虑静脉注射苯巴比妥（初始剂量为 12～20mg/kg，稀释于盐水，注射时间不少于 30min。然后每 8～12h 注射 1～9mg/kg），因为它能迅速达到很高的血药浓度，并迅速使癫痫停止发作。苯巴比妥能降低脑代谢速率，当怀疑脑水肿时应该慎重注射。马的持续癫痫可用戊巴比妥（长达 24h）的连续输注麻醉。一些镇静药，如乙酰丙嗪、赛拉嗪、氯胺酮，其他抗癫痫药如苯妥英（可使电压依赖性的神经元钠通道失活）、扑米酮（其代谢为苯巴比妥和苯乙基丙二酰胺）应谨慎用于癫痫的紧急发作的治疗。

2. 维持治疗：癫痫发作的预防

长期抗惊厥治疗的目的是降低癫痫发病的频率、持续时间和癫痫发作的严重程度，而不会引起不可接受的不良影响。当刚发作的癫痫已经被控制住后，兽医需要依据癫痫发病的频率、严重程度、发病的原因决定是否需要长期用药。当确定是颅内疾病时，除治疗原发病因外，还需要按照初发癫痫病进行治疗。当没有已发现的病原体时，是否进行长期的治疗取决于癫痫发作的频率（每年超过三四次，或每月 2 次）和是否为

导致自身伤害的严重全身性癫痫。除了这些医疗方面的考虑，主人的偏好和长期用药费用也应考虑。主人应意识到，抗惊厥治疗，特别是在成年马，常常需要至少几个月甚至几年。另外，治疗开始并不能保证可杜绝癫痫发作，骑马和接触也可能是不安全的。

应选择单一抗惊厥药物维持治疗。选择包括苯巴比妥、溴化物、苯妥英、扑米酮，长期维持马的首选药物是苯巴比妥，推荐剂量为5～11mg/kg，每12～24h口服十次。类似苯二氮，苯巴比妥对GABA受体的结合有利于氯通道成神经元细胞和超极化状态。口服苯巴比妥吸收良好，并在肝代谢。经过长期的苯巴比妥口服给药，药物激活肝细胞色素P-450酶复合物，不仅使巴比妥，而且使其他基础药物的代谢率增加。因此，剂量可能需要随时间调整。建议的治疗性血药浓度为15～45μg/mL。它通常需要大约5个消除半衰期（成年马消除半衰期为14～24h）以达到稳态水平，因此，应从监测开始治疗，监测大概需要持续4～5d。每当剂量已被调节或当不能控制癫痫的发作时，应当测定苯巴比妥浓度。虽然监测苯巴比妥浓度是很重要的，但是对临床治疗反应（没有任何不良影响）同样是很重要的。因此必须调整治疗剂量以适应个体、使用最低有效浓度并监测血清药物浓度。当癫痫发作得到控制，苯巴比妥给药到大约60d通常是足够的。虽然马对苯巴比妥耐受性良好，成年马和马驹的潜在副作用包括过度镇静、呼吸抑制、心动过缓、低血压、新生马驹低体温。兽医应避免使用已经公布与苯巴比妥有相互作用的其他药物，如伊维菌素（GABA受体阻滞剂）。此外，四环素和氯霉素抑制肝微粒体酶，从而延长对苯巴比妥的作用时间。如果副作用是不可接受的或者第一种抗惊厥药物没能控制癫痫发作，可以开始考虑第二种抗惊厥药物如钾溴化物。

在苯巴比妥对犬和马癫痫发作无作用的时候可使用溴化物（钠或钾）。溴化物与氯化物竞争超极化神经元膜，增强GABA激活的氯化物电导。由于这种药物在马体内的消除半衰期为3～5d，所以经常需要几周以使马达到一个稳态水平（5个消除半衰期，15～25d）。长半衰期的溴化钾不应单独用于治疗成年马的癫痫持续发作，可以和苯巴比妥组合使用，以每天25～40mg/kg的起始剂量，口服给药。在单独使用溴化物作为治疗药物时，每天120mg/kg的起始剂量连用5d，随后变为每天40mg/kg，直到血药浓度达到1mg/mL。从对犬的研究中推测，单独使用溴化物的浓度为1～3mg，与苯巴比妥组合使用时的浓度为1～2mg/mL。对马几乎不存在副作用。

很难说什么时候可以停止使用抗癫痫药物，但下面的准则可以参考。在明确药物没有产生毒副作用时，除非以下情况，否则兽医不能轻易减少用药的剂量或者用药周期：①一匹隔几天就发作一次的马已经至少1个月没有癫痫发作。②经过治疗后，癫痫间隔期比治疗前至少延长了3倍时间。比如说，一匹马原来癫痫发作间隔2周，现在间隔6周。对于患癫痫的马，至少应该全力以赴地治疗6个月都没有好转才能放弃治疗。如果马需要停止抗癫痫治疗，应该是缓慢停药，因为突然停药可能会使病情发作。

3. 辅助治疗

甾体或者非甾体类抗炎药物是有效的辅助疗法，以控制大脑皮层水肿，减轻中枢神经系统炎症，降低颅内压。皮质类固醇可以稳定神经细胞膜，减少癫痫病灶的反应。地塞米松（0.1～0.2mg/kg，静脉注射，每24h）是治疗马神经系统疾病最常用的皮质类固醇。对于马驹，使用短效的糖皮质激素，如泼尼松龙琥珀酸钠，效果要好于使用长效皮质类固醇。二甲基亚砜可清除受损组织释放的氧自由基，并通过减少血栓素的形成来维持神经血管血液的正常流动。血栓素具有血管收缩和血小板凝集功能，因此可通过10%乳酸林格氏溶液或者5%葡萄糖溶液静脉给予马1g/kg的二甲基亚砜。甘露醇可用于控制大脑皮层水肿，但是在颅内出血时禁止使用，因为它可能会加剧出血。α生育酚（维生素E：每匹成年马5 000～20 000 IU，口服，每24h）、抗坏血酸（维生素C：20mg/kg，口服，每24h）、别嘌呤醇（黄嘌呤氧化酶抑制剂，5mg/kg，缓慢静脉注射）可减少中枢神经系统氧自由基的产生。此外，硫酸镁，NMDA受体拮抗剂，虽然其疗效尚未确定，但已经在马驹缺氧缺血性脑病和马脑损伤治疗中使用过（50mg/kg，缓缓静脉注射）。

护理对于抽搐患马的恢复非常重要，包括：①提供必要的水分和营养物质支持（特别是在马和马驹不能或不愿喝水或吃食）；②在马脑水肿、卧位动物代谢率下降时通过静脉输液确保适当的脑灌注；③保证大脑有充足的营养和氧气；④在癫痫发作时或者躺卧时，要防止皮肤创伤或者其他伤害的发生。患马在躺卧时，应该给予厚的垫草，如果条件允许，还应该给其带上保护头盔，以防止损伤眼睛和头部。周围环境应保持安静，灯光的强度不应突然升高，以尽量减少外界潜在刺激的影响。

推荐阅读

Aleman M，Gray LC，Williams DC，et al. Juvenile idiopathic epilepsy in Egyptian Arabian foals：22 cases（1985-2005）. J Vet Intern Med，2006，20：1443-1449.

Berendt M，Gram L. Epilepsy and seizure classification in 63 dogs：a reappraisal of veterinary epilepsy terminology. J Vet Intern Med，1999，13：14-20.

Lacombe VA，Andrews M. Electrodiagnostic evaluation of the nervous system. In：Reed SM，Furr M，eds. Equine Neurology. Ames，IA；Blackwell，2007：127-148.

Lacombe VA，Mayes M，Mosseri S，et al. Epilepsy in horses：etiologic classification and predictive factors. Equine Vet J，2012，44：646-651.

Lacombe VA，Podell M，Furr M，et al. Diagnostic validity of electroencephalography in equine intracranial disorders. J Vet Intern Med，2001，15：385-393.

Lacombe VA，Sogaro-Robinson C，Reed SM. Diagnostic utility of computed tomography imaging in equine intracranial conditions. Equine Vet J，2010，42：393-399.

Lyle CH，Turley G，Blissitt KJ，et al. Retrospective evaluation of episodic collapse in the horse in a referred population：25 cases（1995-2009）. J Vet Intern Med，2010，24：1498-1502.

Sogaro-Robinson C，Lacombe VA，Reed SM，et al. Factors predictive of abnormal results for computed tomography of the head in horses affected by neurologic disorders：57 cases (2001-2007) . J Am Vet Med Assoc，2009，235：176-183.
Williams DC，Aleman M，Tharp B，et al. Qualitative and quantitative characteristics of the electroencephalogramin normal horses after sedation. J Vet Intern Med，2012，26：645-653.

（侯志军　译，戚亭　校）

第 88 章　前脑疾病

Caroline Hahn

前脑包括两个大脑半球（大脑/端脑）和丘脑（间脑）。大多数的灰质位于表面，形成大脑皮层，但灰质也位于半球内的深处区域，如海马、基底核和隔核。脑半球分为多个裂片，主要以覆盖的头骨命名，这些裂片与不同功能松散地相关联。大脑皮层有一些关键功能，包括意识、复杂的行为、精细运动活动、感觉信息处理和视觉。边缘系统包括颞叶和额叶的部分，它负责许多情绪和先天生存行为，如母体保护反应。间脑的主要结构是丘脑，其作为一个大脑的入口，所有输入信息（除了嗅觉）都会穿过丘脑。此外，该网状结构上行激活系统，有助于保持意识，让信息从中脑通过丘脑到达大脑皮层。

一、前脑疾病的特点

局灶性和弥漫性脑病变可导致癫痫、行为异常和敏感、强迫转圈，头部和颈部异常姿势、中枢神经性失明、对侧痛觉迟钝，偶尔会有轻微的面部、舌、咽麻痹。前脑损伤较深的马在直线行走时步态正常。

前脑疾病的可见临床症状的性质和严重程度受损伤位置和障碍程度的影响，因而由此导致的临床症状可能会有所差别（subtle）。在大多数情况下，表现为警觉性下降，其范围从轻微迟钝、情绪低落到迟钝、木僵和昏迷等不同程度。涉及的上行网状激活系统的病变往往会引起特别严重的精神沉郁，如昏迷，而不仅仅是降低警觉性。一定的脑病变会导致对外界刺激的响应增加，如焦虑、躁狂或具有攻击性。边缘系统的病变是特别容易引起这些行为的变化。临床兽医面对狂躁的马时，可考虑使用安定药地托咪定（80mg/kg）、吗啡（0.3mg/kg）和乙酰丙嗪（0.1mg/kg），混合在同一个注射器然后肌内注射。如果不可以用吗啡，则用布托啡诺（0.05mg/kg）。

对任何非人类动物评估前脑功能是困难的。2 岁的小马若表现异常安静，需要马主（owner）或者驯马师（trainer）来判断是否患病，比如需确定是正常的表现，还是实际上患有精神沉郁。如果怀疑前脑病变，应该进行一个完整的神经系统检查（《现代马病治疗学》，第 6 版，第 130 章），应特别注意对头部的检查。如果瞳孔对光的反射正常，检查者应该意识到马对威胁反应（menace response）的表现应该是对称的。如果对威胁响应迟钝，可能是枕叶或中枢性失明的问题。通过触摸马两侧的鼻中隔可检查顶叶功能是否受到抑制。

因为马没有有效的皮质脊髓束，所以当运动皮质损伤时它们的步态仍然是正常的。在极少数马运动皮质损伤的情况下才会出现轻度侧偏瘫、舌头不能收回到口腔的症状，这是皮质核束损伤引起的，它可以将运动皮质直接连接到脑干体下运动神经元。当马有局灶性丘脑及大脑病变时，偶尔可表现出高度紧张、面部表情痛苦（面部肌肉反射亢进）。可见的病例包括马的基底核坏死继发于摄入黄星蓟（美国西部）或俄罗斯矢车菊（澳大利亚）。

癫痫是脑疾病（见第 87 章）的另一个标志，并常见于其他神经系统异常中。癫痫发作时大脑皮层脑电活动发生阵发性变化。癫痫一般表现突然发作和突然结束，并可能再次复发。马的癫痫发作是非自愿发出的，这往往与意识的丧失有关。但是马有很高的癫痫发作阈值，人类和小动物的先天性癫痫（即急性发作，全身性发作持续到成年，这在纯种动物很常见）未在马属动物上发现。当癫痫发作时，一般认为是后天的或者反应性的，可以表现出局部性或者是全身性发作，也可以先局部性发作，然后全身性发作。全身性发作与意识丧失、崩溃及不同程度的强直性痉挛有关。部分性发作与少数的神经元有关，它导致局部不自主运动，有明显或者不明显的意识改变。与部分性发作相关的异常活动的常见症状包括肌肉抽搐（脸或者单边肢体）、表情痛苦、头部转动。有些局部性发作会扩散到大脑皮层并转为全身性发作。

癫痫突然发作以后的一段时间里，还有一个特点是行为改变，如嗜睡、躁动和焦虑。有些马可有暂时性失明。通常，发作后持续数分钟到数小时，但偶尔可持续数天。在一些情况下，并未观察到癫痫发作，只能通过动物行为的改变、身体的伤害（怀疑是癫痫发作后的行为改变）这些特征来推断。

用抗惊厥药治疗马的癫痫不是一件简单的事情，不能轻易骑马，因为不能完全确认抗惊厥药已经完全抑制了癫痫的急性发作。抗癫痫治疗和监测信息汇总见下（表 88-1）。在紧急情况下，应给地西泮（50mg，静脉注射），并且可以重复给药。如果没有地西泮，可以使用标准剂量的 α_2-激动剂药物。

表 88-1 抗惊厥药物

药物	剂量	给药途径	用药频率
急性调节			
地西泮	50mg/次	静脉注射	每 30min 1 次
戊巴比妥钠	2～20mg/kg	静脉注射	每 4h 1 次
护理 *†			
苯巴比妥	最初 5mg/kg，然后每 2 周增加 20%的计量，直至控制住癫痫 如果副作用引起的嗜睡或者治疗癫痫无效。减少 20%的计量然后补钾	口服	每日 1 次
溴化物镇静剂			
负荷剂量	120～200mg/kg，1～5d	口服	每日 1 次
护理计量	25～90mg/kg	口服	每日 1 次

（续）

药物	剂量	给药途径	用药频率
给药后，监测血药浓度并且控制其在治疗范围内			
苯巴比妥：15～40μg/mL			
溴化钾：1 000～4 000μg/mL			

注：*如果马6个月完全无癫痫发作，逐次减少药物。如果癫痫再次发作，再次提高剂量。

†避免使用大环内酯类驱虫药（如伊维菌素）。

引自 Mayhew IG. Large Animal Neurology. 2nd ed. Blackwell，Chichester，UK，2008。

二、前脑疾病的异常行为

颅内原因（如脑炎或创伤）和颅外原因（中毒或代谢紊乱）均可引发前脑疾病。当面对有前脑疾病征兆的马，兽医必须判断这些是否是由于代谢和胃肠道疾病而表现出的前脑症状。

多种疾病均伴有意识和行为异常的症状。肝性脑病和东部马脑脊髓炎的脑部症状明显。而其他疾病如马原虫性脑脊髓炎、马疱疹病毒1型和西尼罗河病毒感染，主要表现脊髓的症状。

1. 外伤

轴突的局灶性或者弥漫性的损伤、血管变化、挫伤和裂伤、缺氧缺血和脑肿胀等继发症常可用以判断创伤性脑损伤。治疗主要依靠护理，如对狂躁的动物用最小剂量α受体激动剂的药物镇静。大量的人体治疗病例说明糖皮质激素不能用于头部外伤的治疗。如果马昏迷，在20min内可用高渗液体（如20%甘露醇）静脉注射（0.25～1.0g/kg）。在给予头部受伤的马匹一段时间的支持治疗后，马匹可很好的恢复。

2. 肝性脑病

肝性脑病的特点是继发于肝功能不全的异常精神状态的一种临床综合征。虽然肝性脑病的确切病理生理学仍然不确定，但所述综合征可能涉及多种因素，如神经毒素的积累（主要是氨）、芳香族氨基酸的代谢减少引起的假神经递质积累，抑制性神经递质如γ氨基丁酸（GABA）的增加等。肝性脑病的临床症状一般表现脑功能障碍。在疾病的早期过程中，症状可以是细微的和非特异性的。主要特征是行为上的变化，这时马一般是精神沉郁，但偶尔也表现兴奋，甚至难以控制。患病的马匹有时会表现打哈欠。继发于喉麻痹时，极少情况下患病动物会表现吸气性喘鸣，但确切的机制还不清楚。肝性脑病意味着肝脏受到严重损害，尽管有些马通过护理得以恢复，但是预后还是要慎重。应当注意要将先天性高氨血症作为（见第139章）鉴别诊断的一部分内容。

3. 脑白质软化症（霉玉米疾病）

脑白质软化症是由于马摄入了串珠镰刀菌污染的玉米导致的中毒病。它在全球范围发生，但最常见的是在北美。病理生理学尚不完全清楚，但主要的真菌毒素可能是伏马菌素B1，它能干扰鞘脂代谢、破坏内皮细胞壁和脑室膜。损害可导致神经液化性坏死和变性，两个大脑半球（或其中一个）的白质软化。病变还可见于其他组织，但主要是肝脏。

诊断主要是通过鉴别排除有类似临床症状的其他疾病，如在玉米中常见的真菌及毒素。脑脊液可能是正常的。需要丢弃不合格的饲料和纠正错误的护理，再用止痛药等治疗以减少脑肿胀。大多数马匹在临床症状变表现出来后不久死亡。患病轻微的马恢复后很少或者无后遗症。

4. 病毒性脑炎

几种黄病毒科黄病毒属的囊膜病毒是马神经系统疾病的重要原因。这些病毒全球分布，但是在北美造成的损失最具破坏性。甲病毒属在美洲有东方马脑炎病毒（EEE）、西方马脑炎病毒（WEE）、委内瑞拉马脑炎病毒（VEE）3 种病毒，在亚洲和大洋洲有毒力较弱的盖塔病毒。这些疾病通常在早期阶段表现发热和精神沉郁。东部马脑脊髓炎是灾难性的脑疾病，严重影响马匹并且不可恢复。虽然马患 EEE 和 WEE 最终会死亡，但是 VEE 发展为毒血症后，可加剧该病的严重程度。

西尼罗河病毒是一种黄病毒，可引起脑脊髓炎（见第 35 章）。临床症状包括发热、麻痹或共济失调、肌肉束颤。前脑症状可能不明显，临床症状是不对称和多部位发作。虽然许多马匹会留下后遗症，但一般马匹可在 6 个月内恢复。西尼罗河病毒可分为两个谱系，其中 1 系病毒最近曾在欧洲和北美造成暴发，并包含强毒和弱毒。2 系（非洲）病毒被认为是弱毒株，其是最近东欧暴发的原因。通常被认为限定在欧洲和北美发病的 1 系病毒，最近也在非洲出现。其他黄病毒，包括日本脑炎病毒、加利福尼亚脑炎病毒（雪兔脑炎病毒）、圣路易斯脑炎病毒、墨累谷脑炎病毒、卡奇谷病毒、梅恩郡病毒以及其他脑炎病毒，也已经有零星的报道，最近的一次报道是在澳大利亚发病。害虫控制和预防接种是控制甲病毒和黄病毒的主要措施。可用针对血清和脑脊液中的病毒或者抗体进行特异性诊断。

另外两个可引起脑炎的病毒是狂犬病病毒和亨德拉病毒。狂犬病是具有毁灭性的人畜共患病，并且可以表现多种临床症状。但自体损伤是狂犬病最常见的症状（图 88-1）。另一种人畜共患传染病是亨德拉病毒感染，也就是在澳大利亚零星报道的副黏病毒感染。该病毒是由果蝠携带，马被认为是终末宿主（dead-end hosts）。另外，马疱疹病毒可影响马的前脑，导致昏迷。

图 88-1　患狂犬病的驴自残

（引自 Knottenbelt DC，McGarry JW，editors. Pascoe's Principles and Practice of Equine Dermatology. St Louis：Elsevier；2009）

5. 马原虫性脑脊髓炎

马原虫性脑脊髓炎主要是由感染肉孢子虫造成的，但在极少数情况下，新孢子虫也可导致发病。原生动物引起中枢神经系统的炎症和坏死，主要是在脊髓和脑干。很少有行为异常和癫痫发作的报道。马原虫性脑脊髓炎在第 45 章有更全面的讨论。

6. 脑脓肿

脑脓肿被定义为导致大脑神经坏死和死亡细胞积累性化脓性症。虽然报告病例数较少，但马链球菌似乎是最常见的致病微生物。该病具有多样化且经常

是不对称的症状，这取决于脓肿的精确位置和大小。对侧眼视力下降和广义皮质症状，如精神沉郁、旋转、癫痫发作是常见的。先进的成像技术可用于定位脓肿，并确定其大小。

7. 脑肿瘤

有一个事实也许会让许多马主人感到非常惊奇。马表现的坏脾气原来是罕见的脑肿瘤导致的。最常见的肿瘤是垂体腺瘤（见第136章）。偶尔，由胆固醇结晶构成的良好肿瘤，与脉络丛血管渗漏有关，能够在侧脑室形成胆甾体肉芽肿。罕见的原发性和转移性肿瘤可以导致渐进式的、局灶性临床体征。先进的影像技术正成为首选的诊断方式。

8. 寄生虫脑炎

寄生虫移行性脑脊髓炎虽然罕见，却是马神经疾病的重要发病原因。在马的中枢神经系统发现的寄生虫有后圆线虫（*Parelaphostrongylus tenuis*）、血液丝虫线虫（*Setaria* spp.）、小杆线虫（*Halicephalobus gingivalis*）、圆线虫（*Strongylus vulgaris*，*Strongylus equinus*，*Angiostrongylus cantonensis*）、大口德拉西线虫（*Draschia megastoma*）和蝇类的幼虫（*Hypoderma* spp.）。

在寄生虫转移到了非适宜宿主或者宿主的非适宜组织时，这些感染都是异常的。普通圆线虫可造成急性梗死，但多数情况下会引起中枢神经系统的炎性病症。临床症状通常是急性不对称性和进行性发作。诊断比较困难，但是脑脊液检查中性粒细胞、嗜酸性粒细胞、红细胞增多和黄变常对诊断有帮助。驱虫药和抗炎药可以用于治疗，但在预后恢复时需谨慎使用。

9. 疯草中毒

马食入分布于北美的紫云英和棘豆属植物、澳大利亚的苦马豆可导致在美国被称为疯草病的综合征。疯草的有毒成分被认为是吲嗪啶生物碱，其抑制 α 甘露糖苷酶，并导致甘露醇储积症。病变有多个组织胞浆空泡。在神经系统中，主要在大脑皮层和小脑的细胞出现病变。在马采食相关植物的2周到2个月间出现临床症状。典型的临床症状包括精神沉郁、行为改变、共济失调和体重下降。防止动物继续采食有毒植物可以改善临床症状，但不太可能完全康复。

10. 脑膜炎

脑膜炎可以由病原体直接进入脑内或者随血液进入脑内而发生。直接感染发生在颅骨骨折、鼻旁窦炎、中内耳炎和喉囊疾病。血行播散最常见的是新生驹败血症。虽然有真菌性脑膜炎报道，但是大多数情况下是细菌引起的。该病完全康复预后需谨慎。需要积极的抗菌和支持疗法。

11. 缺氧缺血性脑疾病

缺氧缺血性脑病（HIE）在新出生纯种马中的概率可到2%（见第175章和第177章）。缺氧缺血性脑病的细胞损伤机制仍然不清楚，但由窒息产生的级联炎性和神经化学物质可导致神经细胞死亡。虽然发病年龄从出生至约24h内，但是大多数情况下，受影响马驹出生正常，但几个小时内开始表现出一些症状。临床症状与缺氧缺血性脑病有关，包括精神状态发生改变。但需要排除其他新生马驹综合征，如败血症。医学护理可明显改善该病的症状。

推荐阅读

Mayhew IG. Large Animal Neurology. 2nd ed. John Wiley and Sons Ltd，Chichester，United Kingdom，2008.

Palomero-Gallagher N，Zilles K. Neurotransmitter receptor alterations in hepatic encephalopathy：a review. Arch Biochem Biophys，2013，536（2）：109-121.

Shankaran S. Hypoxic-ischemic encephalopathy and novel strategies for neuroprotection. Clin Perinatol，2012，39：919-929.

Unterberg AW，Stover J，Kress B，Kiening KL. Edema and brain trauma. Neuroscience，2004，129：1021-1029.

（侯志军　译，戚亭　校）

第 89 章 马神经轴索营养不良

Carrie J. Finno

马神经轴索性营养不良（NAD）是一种常见的影响许多品种马的神经紊乱性疾病。该病以对称性共济失调、休息时底部宽的异常站立以及四肢本体感受缺失等为典型特征，这些症状通常在 6～12 月龄前出现。患病马驹常有低浓度血清维生素 E。神经轴索营养不良在临床上与马退行性脑脊髓病（EDM）不可区分，二者在神经性紊乱方面的唯一区别是在中枢神经系统的神经轴索退化位置不同。这些状况可能具有遗传基础，在遗传上易感的马驹受饲喂的维生素 E 影响而表现出临床症状。但导致发生 NAD 和 EDM 的遗传学缺陷目前还未知。

基于尸检研究的数据，1978 年，康奈尔大学的 Mayhew 和其同事将 NAD/EDM 评定为是在马属动物上引起脊髓病的第二大常见病因（占所有案例的 24%），同时，蒙特利尔大学对 1985—1988 年的病例分析认为 NAD/EDM 是引起脊髓共济失调的第二大原因。目前，基于颈部放射成像或者脊髓造影术，马原虫脑脊髓炎检测阴性和低血清维生素 E，特别是 α-生育酚的浓度可支持做出临床诊断。对中枢神经系统尸检的详细的组织学评价是目前确诊 NAD/EDM 的唯一方式。由于没有死前诊断测试手段，对 NAD/EDM 进行鉴别诊断很不容易，而在尸检组织病理学变化上二者差别也非常细微。

一、术语

马 NAD 以及与其密切相关的对应的 EDM 在临床上是不可区分的，并且与其他引起对称性脊髓共济失调的病如颈压迫脊髓病（CVCM）相似。NAD 和 EDM 的区别主要在于组织损伤的分布。在 NAD 和 EDM 中，二者组织损伤都包含神经元与神经轴索的退化，临床现象也主要由损伤的位置而区分。马 NAD 损伤主要局限于脑干的神经核，即核楔束侧体（图 89-1）、核楔束中体、核股薄肌和脊髓胸廓部分的额外特定核（胸核）。EDM 的组织损伤则延伸到脊髓白质的特定区域，即脊髓小脑束的背腹部、脊髓颈胸廓的腹内侧精索（图 89-2）。夸特马有与 EDM 相符的组织病理变化，也有与 NAD 一致的损伤。因此，NAD 用来描述最初的疾病进程，而 EDM 被认为是较严重的 NAD。

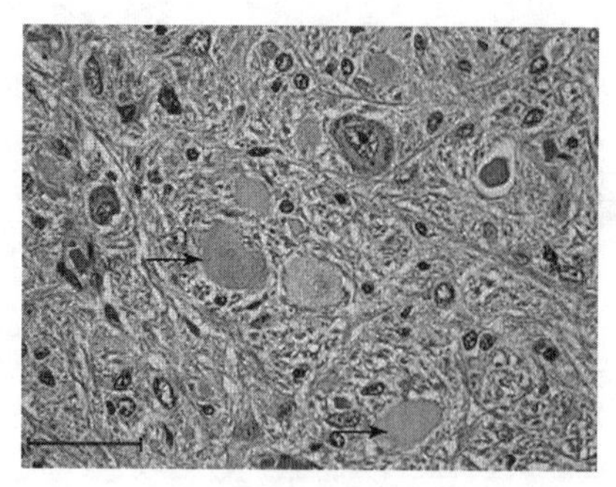

图 89-1　患有 NAD 的摩根马的脑干核楔状旁体的显微图像

注意在轴突球体处（箭头）广泛严重的神经轴突坏死。形成空泡的坏死神经元细胞体和微神经胶质增生。苏木精-伊红染色；比例＝50μm

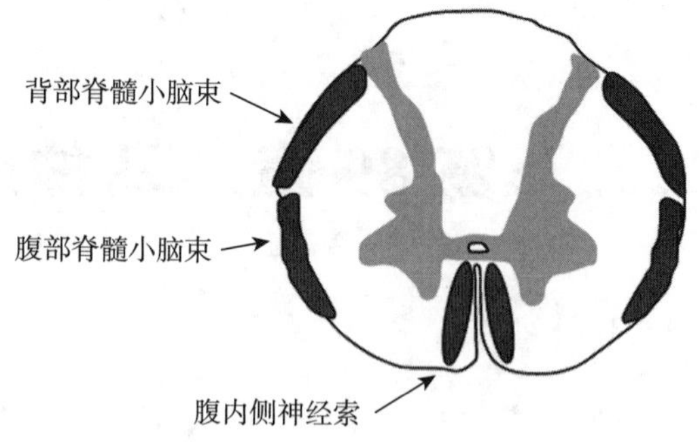

图 89-2　胸廓部分的脊髓简图

表明 EDM 病马的系统神经束。在这些神经束内，可见轴突退化，伴随神经轴索丢失的脱髓鞘和星形角质化

二、病因学

（一）α-生育酚的作用

在遗传学上易感的马驹，维生素 E 特别是 α-生育酚对 NAD 和 EDM 的发生发挥了重要作用，这些重要作用可以在如下证据中得到佐证。与未患病的公马繁育的后代相比，EDM 受影响的公马繁育的马驹具有明显的低浓度血 α-生育酚，在马驹 1 岁时或者对怀孕母马和马驹同时补充 α-生育酚可以降低整体的 NAD 和 EDM 的发病率和严重性。尽管维生素 E 在易感马科动物中起一定作用，但是并不是所有的 NAD 或者 EDM 患病动物都表现低血 α-生育酚。进一步来讲，当血 α-生育酚浓度低时，其并不与异常的维生素 E 吸收相关。这表明病马或者易感马在维生素 E 需求或者代谢方面有差异。总之，有力的证据表明 NAD 和 EDM 是遗传性的神经功能紊乱，目前的研究也表明血 α-生育酚浓度作为环境改性剂决定着 NAD 和 EDM 的整体严重程度。

（二）遗传

有力的证据表明 NAD 和 EDM 具有遗传基础。曾经生产过患 EDM 马驹的母马生产的马驹比其他母马生产的马驹具有 25 倍高的发生 EDM 的风险。在有预期的育种试验中，患病摩根马生产的 15 个马驹中，有 9 个患 EDM，而对照组中的 22 个马驹则均未发生 EDM。在相关马中案例聚簇分析也提供了更强烈的证据表明 NAD 和 EDM 具有遗传学基础。基于育种试验提出了变异表达显性遗传学模型或多基因遗传学模型；然而，这一理论没有得到完成证实。

最近在具有 NAD/EDM 临床表现特征并同样面临 α-生育酚缺陷风险因子的夸特马中，遗传因素估计占 70％。复合分离分析排除了伴 *X* 基因遗传模型和完全常染色体显性遗传模型（例如，具有遗传学变异的案例，100％表现了该病的表型）。因此，NAD 和 EDM 可能被不完全常染色体显性遗传，同时伴随着 1 岁内低维生素 E 特别是 α-生

育酚浓度的情况而改变着患马的整体表现。

比较来说，患 NAD 或者 EDM 的马的临床症状类似人类维生素 E 缺乏导致的共济失调（AVED）。人类 AVED 由 α-生育酚转运蛋白基因（*TTPA*）的各种突变引起的。TTPA 编码的蛋白，负责维生素 E 在肝脏的转运和整合 α-生育酚到低密度脂蛋白（LDL）进而转运到身体各处，而 α-生育酚是维生素 E 的主要成分。笔者的调查已经排除 *TTPA* 作为引起夸特马 NAD 的候选基因。既然排除了解释 NAD/EDM 的最可能的候选基因，目前正在进行基因组范围内相关的研究和进一步的基因表达分析，以进一步提供在夸特马和其他品种引起 NAD 和 EDM 的遗传原因的新观点。

（三）临床表现

NAD 和 EDM 的临床案例在一些品种的马中已经报道，包括标准竞赛马、帕索菲诺斯马、夸特马、蒙古马、阿帕卢萨马、哈菲林克尔马、阿拉伯马、摩根马、卢西塔诺马、纯种马、美国花马、田纳西走马、挪威峡湾马、威尔士小马和美洲小马。作者在安达卢西亚马马驹上也发现了该病。尽管大多数马在 6～12 月龄前显示临床症状，但是该病没有公母的偏向性，并且可在从出生到 36 月龄间发病。

所有病例的临床症状都包括对称性共济失调，休息时异常下宽式站立和本体感受缺失（图 89-3）。而对称性共济失调则在后肢表现比前肢要严重。患 NAD 的马受影响的神经解剖束主要包括感知束，临床表现也与感知共济失调相一致。由于涉及的神经解剖束也包括腹内侧索运动神经束，更严重的 EDM 可能导致马匹四肢麻痹。在一些报告中，颈、颜面和躯干皮肤的反射减弱和喉收肌反射缺失也有描述。其他各种发现包括精神不振（图 89-4）和减弱或不一致的双侧恐惧反射，但不伴随明显视力缺失。病马可保持正常的对称肌肉组织，而斜卧较少见。由于步态缺失，在一些病例可以发现异常蹄壁构造。能活到 2～3 岁的伴随 NAD 或者 EDM 的马通常表现为终生不变的神经缺陷，这一现象有别于在犬、猫、羊和人类 NAD 病例中观察到的临床结果。其他动物的情况是以进行性临床病征为特征的。

图 89-3　患 NAD 的 1 岁夸特马异常姿势
注意异常前肢的下宽式站立和后肢的收窄站立

图 89-4　患 NAD 的 1 岁夸特马（具有典型病马的精神不振）

(四) 诊断

只能通过临床症状特征，自主低血维生素 E 浓度以及排除其他神经系统疾病来做出 NAD 或者 EDM 的死前诊断。目前，只有通过死后脊髓和脑干组织的组织学评价来确诊。需要慎重选择脑干的合适区域进行组织学评价来进行诊断。在马兽医临床上由于该病还没有用于死前诊断的实验方法而可能被忽略。特别是许多神经疾病病例在死后并没有对脊髓和脑干进行综合的组织学评价来鉴定出与 NAD 和 EDM 相吻合的损伤。被笔者确诊 NAD 和 EDM 的许多马同时被认为是颈部压迫脊髓病或 EPM 病。当颈部放射显影或者髓腔镜术显示没有压迫脊髓病的证据和 EPM 检测是阴性时，应该考虑 NAD/EDM 作为鉴别诊断病，并且进行尸检评价确定。尸检时可能轻易地忽略在脑干和脊髓的细微组织损伤。

对一些可能的病例进行死前诊断可发现，尽管伴随低血 α-生育酚浓度，且脊髓液的 α-生育酚的浓度也经常较低，但脑脊髓液的细胞学检查并没有异常。肌肉和周边神经的活组织检查则没有显著变化。尽管患病马匹有异常的精神状态和非持续性恐惧反射，脑电图和视网膜电图通常显示正常。另外，马运动神经元病也是一种与低 α-生育酚相关的神经肌肉紊乱疾病，具有运动神经元疾病的马经常在视网膜具有脂褐素沉淀，并且视网膜电子照片异常，而患 NAD 或 EDM 马，则并没有视网膜异常。目前，没有可用的生物标记或者成像技术来辅助对 NAD 和 EDM 病马进行死前诊断。

(五) 治疗

在已经确诊 NAD 和 EDM 的马群，对怀孕母马和 2 岁以下的马驹建议补充 α-生育酚。α-生育酚的浓度应该高于 2007 年美国国家研究委员会的最低要求。维生素 E 可以从天然或者人工合成来源获得，但是二者的结构是不同的。天然维生素 E 由一种异构体（d-α-生育酚，RRR-α-生育酚）组成，其在动物组织中是最具有生物活性的。合成的维生素 E 是 8 种同分异构体（d_l-α-生育酚，所有类型的 α-生育酚），其中只有一种与天然异构体一致。这 8 种同分异构体在相对生物效能方面差异非常大。并且，当合成或天然维生素 E 按配方制造作为饲料添加剂时，为延长贮存期限，其要以酯化的形式（α-生育酚乙酸盐）生产。α-生育酚酯要在体内利用，酯基必须被转移并且通过胆汁盐（微胶粒作用）的作用使 α-生育酚可以分散在血中。这些额外的步骤也限制了 α-生育酚酯在马体内的吸收。

考虑到维生素 E 的不同结构和生物可利用性，建议给怀孕母马和遗传学易感的后代以水溶的形式（比如液体）补充 10 IU/kg 的 RRR-α-生育酚。这种形式的维生素 E 是机体最易利用的，并且服用后可以迅速提高血和组织的 α-生育酚的浓度。然而，一定要认识到，尽管补充足够多的维生素 E，马驹仍然可能存在继发于 NAD 或者 EDM 的神经缺陷。引进新的品种到种群中对完全阻断 NAD/EDM 的发生是必须的一步。

在实践上疑似 NAD 或 EDM 的马匹经常用 α-生育酚治疗；然而，这极少能改善神经症状。目前对 NAD 或者 EDM 还没有有效的治疗方式，尽管神经异常能够在马 2～3 岁逐渐稳定，病马仍然表现神经异常，不能用于表演活动。

推荐阅读

Aleman M，Finno CJ，Higgins RJ，et al. Evaluation of epidemiological，clinical，and pathologic features of neuroaxonal dystrophy in Quarter horses. J Am Vet Med Assoc，2011，239：823-833.

Beech J，Haskins M. Genetic studies of neuraxonal dystrophy in the Morgan. Am J Vet Res，1987，48：109-113.

Beech J. Neuroaxonal dystrophy of the accessory cuneate nucleus in horses. Vet Pathol，1984，21：384-393.

Blythe LL，Craig AM，Lassen ED，et al. Serially determined plasma alpha-tocopherol concentrations and results of theoral vitamin E absorption test in clinically normal horses and in horses with degenerative myeloencephalopathy. Am J Vet Res，1991，52：908-911.

Blythe LL，Hultgren BD，Craig AM，et al. Clinical，viral，and genetic evaluation of equine degenerative myeloencephalopathy in a family of Appaloosas. J Am Vet Med Assoc，1991，198：1005-1013.

Dill S G，Correa MT，Erb HN，et al. Factors associated with the development of equine degenerative myeloencephalopathy. Am J Vet Res，1990，51：1300-1305.

Dill S G，Kallfelz FA，deLahunta A，et al. Serum vitamin E and blood glutathione peroxidase values of horses with degenerative myeloencephalopathy. Am J Vet Res，1989，50：166-168.

Finno CJ，Aleman M，Ofri R，et al. Electrophysiologic studies in American Quarter horses with neuroaxonal dystrophy. Vet Ophthalmol，2012，(Suppl 2)：3-7.

Finno CJ，Famula T，Aleman M，et al. Pedigree analysis and exclusion of alpha-tocopherol transfer protein (TTPA) as acandidate gene for neuroaxonal dystrophy in the American Quarter Horse. J Vet Intern Med，2013，27：177-178.

Finno CJ，Higgins RJ，Aleman M，et al. Equine degenerative myeloencephalopathy in Lusitanohorses. J Vet Intern Med，2011，25：1439-1446.

Finno CJ，Valberg SJ. A comparative review of vitamin E and associated disorders. J Vet Intern Med，2012，26：1251-1266.

Mayhew IG，Brown CM，Stowe HD，et al. Equine degenerative myeloencephalopathy：a vitamin E deficiency that may befamilial. J Vet Intern Med，1987，1：45-50.

Mayhew IG，deLahunta A，Whitlock RH，et al. Equine degenerative myeloencephalopathy. J Am Vet Med Assoc，1977，170：195-201.

Mayhew IG，deLahunta A，Whitlock RH，et al. Spinal cord disease in the-horse. Cornell Vet，1978，68 (Suppl 6)：1.
Nappert G，Vrins A，Breton L，et al. A retrospective study of nineteen ataxic horses. Can Vet J，1989，30 (10)：802-806.

（李兆利　译，戚亭　校）

第 90 章　马疱疹病毒相关性脑脊髓病

Lutz S. Goehring

马疱疹病毒相关性脑脊髓病（EHM）是一种偶发但是可产生严重后果的马类疱疹病毒Ⅰ型（EHV-1）感染。马疱疹病毒相关性脑脊髓病由对中枢神经系统（CNS），主要由脊髓的多脉管损伤而引起的。马疱疹病毒Ⅰ型在世界范围内高度流行，其主要临床表现为发热和呼吸系统疾病，特别是在刚断奶马和青年期马中。EHV-1 的初期感染和免疫反应、免疫接种、病理以及病毒建立潜伏感染等的相关内容见第 37 章。

马疱疹病毒相关性脑脊髓病在 EHV-1 感染暴发时可以发生。该病可以影响到的感染马和病毒血马可高达 50%。在不同的马养殖场中患病率显著浮动，并且严重依赖于统计数据和与马养殖相关的特定风险因子。被广泛接受的一个事实是，近年来在欧洲和北美，EHM 暴发的频率和整体严重性在提高。尽管目前科学研究取得了一些进展，然而对 EHM 突发或者暴发的原因的了解仍然有限。

一、过去 10 年的重要发现、进展以及目前的状况

受益于改良的更快的诊断方法，以及法律法规的变化和意识的增强，世界范围内对 EHM 暴发认识已逐步提高，现已具备报告和备案体系。

由于对单核苷酸多态性的作用进一步认识，已知病毒聚合酶变异体 D_{752} 为神经毒性，而 N_{752} 为非神经毒性。尽管变异经常发生并且与神经系统致病性强烈相关，值得注意的是，也许由于高病毒血症，在 1/4 的 EHM 病马中，也鉴定发现了非致病性病毒变异体。

EHM 暴发的流行病学显示以下是风险因子：季节（秋冬和春季），拥挤和混群，品种年龄（EHM 较少发生于 3 岁以下的马）。

导致病毒从潜伏到激活的原因还未知。

几种体内和体外模型的建立可以研究 EHV-1 感染。这已经加深了对 EHM 致病机制的关键步骤的认识：侵入宿主细胞，与细胞相关的病毒血症和 CNS 内皮细胞感染。

EHV-1 的环境存活能力和污染物传播风险。曾经认为环境因素破坏病毒囊膜后，病毒可迅速丢失二次感染能力的说法最近被驳斥。对紫外线影响和周围环境变化以及表面接触的体外初步实验结果表明，室内马厩环境和特定接触面可以支持病毒在 48h 后仍然具有感染能力。

马属动物的抗病毒药物，特别是胸苷激酶抑制剂伐昔洛韦（阿昔洛韦）和更昔洛

韦的药物动力学和功效明确。

二、流行病学和致病机理：完美风暴

EHM 暴发极少发生。EHM 暴发的常见表现是发热的马匹数目超过具有神经性疾病的马。在纽约时报的一个采访中，科罗拉多州立大学的 Paul Morley 教授比喻 2011 年犹他州奥格登的 EHM 暴发为气象学上的“完美风暴”。在流行病学中，与疾病感染提高或者降低相关联的风险因素也是变化的。在“完美风暴”中，所有促进因素在同一时间、同一地点同时出现，而抑制因素则没有出现或者被忽略。总的影响因素决定患病动物的病情严重程度和数量。EHM 的传染源是一匹或者多匹排毒马，并且易感马靠近排毒动物。然而，考虑到实验时在鼻咽接种大量神经毒株并不能在感染的动物中成功产生与 EHM 相一致的症状，很明显，其他风险因素是从最初呼吸道感染到发生临床 EHM 所必需的。其他的推进 EHM 暴发达到高潮的风险因素包括：运输或者参赛（混群）；秋季，冬季或者春季（可能与室内赛事和活动相关）；拥挤；共享空间。因为高个品种的成年马（比如役用马、温血马、北美西部表演马、标准竞赛马和纯血马等品种）比小马品种的成年马具有较高的风险发生 EHM，所以年龄和品种也是 EHM 发病率高的风险因素。在暴发期缓解或者介入治疗，隔离和圈养病马，采取预防措施（比如对所有阴性马进行生物安全防护和免疫接种），所有这些可降低发病风险。

EHM 发展的关键因素是与细胞相关的毒血症，在这一点上，含有病毒的淋巴细胞和单核细胞，共同称为周边血单核细胞（PBMCs）循环。感染的 PBMCs 与上皮细胞（ECs）在 CNS 的脉管系统相接触，可以使病毒从 PBMCs 转移到 ECs。由于在感染 ECs 的临近区域脉管的病理变化可见，有人认为病毒的转移和 EC 的感染可能导致 EHM 继发脉管炎、局部血栓症和出血。

三、临床症状

发热是 EHV 感染的一种典型症状。从实验感染的研究中认识到，EHV 感染期发热是双相性的，在感染后 48h 内出现首次发热，在毒血症时出现二次发热。毒血症期或者毒血症一旦停止，就会发展出临床 EHM 症状。EHM 的临床症状依赖于脊髓局部缺血性损伤的数量、大小和部位。因为该病是典型多病灶性的，任何局部性的神经元反射系统（灰质病）或者长脊髓束（白质病）都可受到影响。同一长神经束系统的不同位点均可受到影响。这种病变会导致不同程度的对称性共济失调、辨距不良和前后肢孱弱。由于膀胱的上运动神经元受损，患 EHM 的马经常排尿困难。在这种情形下，尽管膀胱逼尿肌收缩，但括约肌紧紧闭合，所以病马不能排尿。在临床该病通常由急性开始，但是在24～48h 内快速发展，然后稳定下来，恢复到完全或接近完全的功能改善需要数周到数月的时间。温和感染还没有严重到卧地不起的病马通常完全康复的机会较大。

四、诊断

通过 CNS 组织 PCR 或者免疫组化检测可达到对马个体 EHM 的确定诊断。EHV-1 病毒检测与相应的临床发现和临床病理学发现相结合可以得出初步诊断结果。在急性病例中，如果将 EHM 作为鉴别诊断，应该收集样品并递交到专业实验室检验，包括鼻拭子（理想情况下，放入病毒分离专用运输培养基运送）；加入 EDTA 收集静脉血样品；如果可能可收集脑脊髓液样品和急性血清样品。

鼻拭子和 PBMCs（静脉血）PCR 分析是快速和敏感诊断 EHV-1 感染的方法。鼻拭子和 PBMCs 疱疹病毒阳性的结果可有力表明表现出临床神经症状的马患有 EHM。重要的是在鼻腔排毒结束甚至检测到毒血症时 EHM 才发生，由此如果出现了 EHM 的临床症状需要重复检测，诊断结果不能仅仅因为分离不到 EHV-1 而排除诊断。目前，传统和定量 PCR 分析被广泛应用并具有高特异性。但是，传统 PCR 的敏感性不如实时 PCR。扩增 gB 基因是目前最有效和敏感的方法。区分 D_{752} 和 N_{752} 遗传标记的传统和实时 PCR 也有应用。目前认为这些测试不如基于 gB 的测试那样敏感，并且这些测试结果的应用对 EHV-1 暴发管理或者个别马处于 EHV 感染或者潜伏感染期并不确定。出于这些原因，推荐使用扩增 gB 序列的实时 PCR 测试来检测病毒。

当 PCR 还没有结果的时候，脑脊液分析可支持 EHM 诊断，或者具有诊断价值。高达 50%的患 EHM 并出现神经症状的马可发现脑脊液黄变、脑脊液细胞未见增多而蛋白浓度升高。然而，不管多点还是分散式 CNS 脉管系统病变都表现相似。因此，重要的是要认识到，伴有传染病风险因素的任何马都可假定患有 EHM。

血清抗体转阳是检测 EHV-1 感染的一种可靠实验室诊断手段。然而，其需要在出现临床症状后 3 周收集另一份血清样品，并且滴度要升高 4 倍。

病毒分离培养耗时（3～5d），并且需要有经验的实验室才能完成。然而，对流行病学研究和科学研究而言，该方法是有价值的检测方法。

五、治疗

在 EHV-1 感染和 EHM 损伤期间，会遇到以下 3 组中的任何一组：非发热的未感染马、亚临床感染马和没有 EHM 证据的后发热马（Ⅰ组），发热马（Ⅱ组）和有 EHM 症状的（曾经）发热马（Ⅲ组）。病毒在上呼吸道复制能引起高热，但发热更多是由毒血症引起的。有临床表现的 EHM 马可受到轻度到中度甚至重度（卧地不起）影响。

由于疑似感染和感染阶段的宽泛性，最重要的是阻止病毒在马群间进一步扩散。每匹马都应该配备专用隔离服接近和照料，包括一次性手套、隔离衣和头部覆盖物。所有的马都要每天 2 次直肠测温（警戒温度 38.3℃），这样有利于在疾病的早期发现感染。

对症治疗或者补充药物可能有用，可使用包括如维生素 E、抑制病毒药物、非甾体类抗炎药（NSAID）和皮质类固醇等药物。应该根据疾病的不同阶段用药。由于患临床 EHM 的马可能需要连续导尿，所以系统性抗菌是必需的。

（一）抗氧化剂

CNS 系统内高水平的抗氧化剂，比如维生素 E，在炎症阶段各反应具有自我保全作用。在急性 EHM 阶段短期补充维生素 E 的益处非常有限，这需要几天到数星期的时间来提高 CNS 中维生素 E 的浓度。抗氧化剂类产品的费用是可以承受的，并且可以帮助马康复。维生素 E 的用量为 5 000～10 000 IU，口服每天 1 次。在 EHM 暴发和暴发后，建议对马群所有马进行补充。

（二）抗病毒药物：伐昔洛韦和更昔洛韦

抗病毒药服用后可抑制病毒复制。使用后可在呼吸系统抑制排毒，降低毒血症病毒载量并有可能缩短病程。在 CNS 上皮细胞被感染后抗病毒药是否仍然有效还不清楚。在 EHV-1 感染中抗病毒药药物的效力并不都是理想的。另外，抗病毒药治疗通常太贵并且还有风险。有建议发热的第 1 天就给药（Maxwell et al，2009）。口服伐昔洛韦时，以 30mg/kg 浓度，前 48h 每 8h 给药，然后降到 20mg/kg 每 12h 给药 1 次，药物可以达到有效血药浓度。用更昔洛韦静脉注射给药，可能更有效。初步数据显示，如果在毒血症的第 1 天就注射，更昔洛韦比伐昔洛韦在预防神经性后遗症方面更有效。更昔洛韦的建议剂量是 2.5mg/kg，前 24h 每 8h 静脉给药 1 次，然后同样剂量每 12h 给药 1 次。

（三）非类固醇消炎药

在 EHM 暴发时，对使用皮质类固醇药物有不同的观点。曾经，由于疑似免疫复合病，患严重 EHM 的马被给以高剂量的皮质类固醇药物。然而，较小剂量的地塞米松磷酸盐（0.01～0.1mg/kg，每 24h 静脉给药 1 次）可能在整体降低炎症反应和重新连接由于炎症反应而分离的上皮细胞时更合适。许多临床兽医认为皮质类固醇给药不应该给有 EHM 临床症状的马。因为地塞米松可能会干扰组织再生，所以地塞米松给药不应超过 5d。地塞米松给药后，推荐换用非甾体类抗炎药（NSAID）继续治疗。

（四）严重患病卧地不起的马

卧地不起的严重病马需要更多的关注和照料。这些马缺少力量和协调性。卧地不起和全身系统衰竭会迅速导致褥疮损伤的形成和自残。膀胱功能紊乱的马需要经常插导尿管或者留置导尿管。对这些马，使用持续静脉点滴（CRI）地托咪定对马的镇静作用非常有效，建议剂量为每小时 10μg/kg。另外，卧地不起马需要静脉注射支持和肠外营养。完全卧地不起的马应该最大限度地给予经常翻身，至少每 6～8h 一次。如果试图使卧地不起的马站立起来，并且在之后平衡它们，使用吊索是必不可少的。如果使用了地托咪定 CRI，应在使用吊索前 30～60min 停止使用，并且注射阿替美唑来有效对抗残留的地托咪定的效果。同时施以广谱抗生素治疗。

六、暴发管理

当识别到 EHV-1 暴发的早期阶段或者仅仅一例 EHM 病例发生时，就应该采取一系列的措施来限制 EHM 在同一马厩或者其他马厩间的进一步传播。

（1）隔离　对马应隔离操作，在感染传播风险结束之前不准离开隔离地。应该避免马匹相互接触，应该认识到 EHV-1 传染源传播的重要性。

（2）生物安全防护　接近和处置每匹马都应该使用专马专用的保护工作服、一次性手套，接触马后手部消毒也非常关键。推荐使用一次性头套。重要的是要认识到，所有的 EHM 患马从开始临床症状出现后至少 14～21d 都具有传染性。

（3）确诊　PCR 检测的样品应该从最近发热马和患有 EHM 的马收集。完整的尸检应该在马死后立即执行。从所有患病马和在隔离区 20%未患病马采取的血清应该保存起来（保存在−20℃）。

（4）直肠温度监测　每天检查 2 次有助于监测暴发进程和估测何时结束。发热是毒血症的重要症状，应该加速治疗。

（5）解除隔离　这是时间的问题，也颇具争议。在一些国家，如美国和加拿大的一些省份，由政府部门管理隔离。假定所有的动物的体温都有记录，解除隔离有一系列的标准，包括暴发后 28d，或者在隔离区最后一次记录的发热后 14～21d。如果使用的 PCR 检测是全面且是敏感的，PCR 检测鼻拭子是有价值的。这类 PCR 检测应该在最后一次发热后至少 14d 才能使用。

七、预防

预防 EHM 的策略和预防任何 EHV-1 感染的预防措施相同。生物安全防护措施最具价值，并且没有疫苗表现出可以确定预防或者减轻 EHM 暴发的能力。然而，预防接种仍然是控制疾病的基石。可以简单地总结为，个体的免疫门槛效能越低，引发传染病发生的病毒剂量也就越低。预防接种和考虑周密的生物安全防护在控制疾病方面应该联手推进。

面对 EHM 暴发，使用疫苗紧急接种手段仍具有争议。马匹入场的近期历史，特别是在高风险季节，一匹本地马从表演或者活动后回到居住群，与 EHM 的暴发有极大的关联。因此，隔离检疫这类动物和在回群后进行体温监测是一种非常有效预防疾病暴发的策略。

推荐阅读

Allen GP. Risk factors for development of neurologic disease after experimental exposure to equine herpesvirus-1 in horses. Am J Vet Res，2008，69：1595-1600.

Carmichael RJ, Whitfi eld C, Maxwell L K. Pharmacokinetics of ganciclovir and valganciclovir in the adult horse. J Vet Pharmacol Ther, 2013, 36 (5): 441-449.

Carr E, Schott H, Pusterla N. Absence of equid herpesvirus-1 reactivation and viremia in hospitalized critically ill horses. J Vet Intern Med, 2011, 25: 1190-1193.

Garre B, Gryspeerdt A, Croubels S, et al. Evaluation of orally administered valacyclovir in experimentally EHV1-infected ponies. Vet Microbiol, 2009, 135: 214-221.

Goehring LS, Soboll Hussey G, Ashton L V, et al. Infection of central nervous system endothelial cells with EHV-1. Vet Microbio, 2010.

Goehring LS, van Winden S C, van Maanen C, et al. Equine herpesvirus type 1-associated myeloencephalopathy in The Netherlands: a four-year retrospective study (1999-2003) . J VetIntern Med, 2006, 20: 601-607.

Kurtz BM, Singletary L B, Kelly S D, et al. Equus caballus major histocompatibility complex class I is an entry receptor for equine herpesvirus type 1. J Virol, 2010, 84: 9027-9034.

Maxwel LK, Bentz B G, Bourne D W, et al. Pharmacokinetics of valacyclovir in the adult horse. J Vet Pharmacol Ther, 2008, 31: 312-320.

Maxwell LK, Bentz B G, Gilliam L L, et al. Efficacy of valacyclovir against disease following EHV-1 challenge. Proc Am Coll Vet Intern Med, 2009: 176.

Nugent J, Birch-Machin I, Smith K C, et al. Analysis of equid herpesvirus 1 strain variation reveals a point mutation of the DNA polymerase strongly associated with neuropathogenicversus nonneuropathogenic disease outbreaks. J Virol, 2006, 80: 4047-4060.

Perkins GA, Goodman L B, Tsujimura K, et al. Investigation of the prevalence of neurologic equine herpes virus type 1 (EHV-1) in a 23-year retrospective analysis (1984-2007) . Vet Microbiol, 2009, 139: 375-378.

Pusterla N, Hussey SB, Mapes S, et al. Comparison of four methods to quantify equid herpesvirus 1 load by real-time polymerase chain reaction in nasal secretions of experimentally and naturally infected horses. J Vet Diagn Invest, 2009, 21: 836-840.

Pusterla N, Mapes S, Madigan JE, et al. Prevalence of EHV-1 in adult horses transported over long distances. Vet Rec, 2009, 165: 473-475.

Saklou NT, Burgess BA, Morley PS, et al. Environmental "survival" of EHV-1. J Vet Int Med, 2013, 27 (3): 618.

Slater J. Equine herpesviruses. In: Sellon DC, Long MT, eds. Equine Infectious Diseases. St. Louis: Saunders Elsevier, 2007: 134-153.

Vandekerckhove AP, Glorieux S, Gryspeerdt AC, et al. Replication of neurovirulent versus non-neurovirulent equine herpesvirus type 1 strains in equine nasal mucosa explants. J Gen Virol, 2010, 91: 2019-2028.

Wong DM, Maxwell LK, Wilkins PA. Use of antiviralmedications against equine herpes virus associated disorders. Equine Vet Educ, 2010, 22: 244-252.

（李兆利　译，戚亭　校）

第 91 章　莱姆病的神经学后果

Amy L. Johnson

一、马莱姆神经病

在北美和世界其他地区已逐渐发现伯氏疏螺旋体可在马属动物引起感染。伯氏疏螺旋体，一种蜱生螺旋体，是莱姆病的主要病原体。然而，莱姆病的临床发病率还未知。长期来看由疏螺旋体感染马引起的症状和问题包括慢性体重下降、散发跛行、僵硬、关节炎、关节肿大、肌肉压痛或者消瘦、肝炎、蹄叶炎、发热、流产、感觉过敏、行为改变、葡萄膜炎和脑炎。所有相似症状中，许多马发生了感染和血清转阳，但是临床表现极不明显甚至没有临床症状。一些诊断为疑似莱姆病的马表现了类似临床症状，但是实际上由其他疾病病程引起，比如骨关节炎。由于血清学诊断方法的限制，以及感染后不同的临床表现，使临床诊断具有挑战性并且令从业者感到灰心，一些临床兽医认为该病低于诊断标准，还有人认为该病根本就不存在。最近一份在美国西北部马兽医的调查显示 45%的行医者认为没有或者很少有伯氏疏螺旋体感染，28%的人认为感染是普遍存在的，只有 8%的人认为临床上莱姆病是常见的，而 2%的人认为马不患该病。与美国类似，在针对德国兽医的一项调查中，56%的行医者认为，伯氏疏螺旋体感染在马中引起莱姆病，而 18%的受调查者认为马不患该病。感染实验模型已经确认伯氏疏螺旋体可以感染马，可转移到许多组织和器官，并且诱导宿主免疫反应。然而，在一个实验研究中，受感染的矮种马并没有发展出莱姆病的临床表现，所以，这类疾病的科赫法则依然需要完善。

二、莱姆神经性疏螺旋体病的报告病例和症状

当伯氏疏螺旋体感染外周或者中枢神经系统，可能导致莱姆神经性疏螺旋体病(LNB)。该病在人类和马中均有记载，并且可在啮齿类和灵长类上实验性地诱导产生。在人医中，LNB 最常引起定义明确的三联炎症的一个或者多个。三联炎症包括淋巴细胞脑膜炎、颅神经炎和神经根神经炎。较多病例可能发生弥散性神经疾病，而极少病例发生脊髓炎或者脑炎。尽管 LNB 的症状已经在人类中明确定义，但是由于其多种临床表现，这种疾病又以“伟大的仿效者”而为人所知。

有限但相当令人信服的信息表明，伯氏螺旋体可以引起马 LNB。尽管实验性地感染矮种马没有表现 LNB 的临床症状，但用 PCR 方法确定伯氏疏螺旋体感染了试验组

7 匹马中的一匹小马的脑膜，而在另一组试验中，4 匹马中的一匹引起了淋巴细胞周边神经炎和神经炎。另外，马 LNB 的 5 个自然发生的病例也在文献中有描述。首先被认识到的病例发生在 25 年前，威斯康星州的一匹马有脑炎症状，包括头歪，尾巴松弛性麻痹，吞咽困难，并且有异常行为如无目标的走动。这匹马伯氏疏螺旋体血清阳性；在尸检后从脑部分离培养到伯氏疏螺旋体；并且使用直接免疫荧光进行了后续鉴定。后来，有报道发现英国的一匹马有嗜睡、厌食、发热、共济失调、感觉过敏、葡萄膜炎和多滑膜炎症状。这匹马的血清和滑膜分泌液用酶联吸附试验（ELISA）检测为抗伯氏螺旋体免疫球蛋白 G 抗体阳性。值得注意的是，其脑脊液（CSF）抗体阴性。尽管用土霉素进行了治疗，但这匹马病情恶化，发展到僵直、卧地不起和危险行为，最后被安乐死。尸检结果表明其患有淋巴细胞与组织细胞软脑脊膜炎和血管炎。富集培养后 PCR 确定在脑和其他组织样品中有伯氏螺旋体感染。

更近一些时候，在美国描述报道了另外 3 例马 LNB。亚特兰大中部地区的一匹马表现了行为异常、颈僵硬和弱表演力等症状。脑脊液分析表明脑脊液中性粒细胞增多，并伴随总蛋白量升高。检测相隔 3d 获取的血清样品，尽管 ELISA 结果一直保持阴性，但 Western blot 测试显示从可疑到低或者中等阳性结果的转化。脑脊液 PCR 的结果是伯氏螺旋体阳性，尽管首先采取了使用土霉素和保泰松的治疗，但是治疗中断后，病马重新出现了神经症状，包括颈僵硬、共济失调、战栗、单侧前庭病、恐惧反应缺失和异常行为。症状的快速发展迫使对其采取了安乐死，尸检结果显示有软脑脊膜炎和脉管炎，同时有淋巴细胞性颅神经炎和周边神经根神经炎。死后尸检，脑组织 PCR 伯氏疏螺旋体检测显示阴性。在另一报告中，患有进行性神经症状的马被诊断为 LNB。一匹马最初患有颈背痛、腰部感觉过敏、嗜睡、食欲不振、体重下降和葡萄膜炎，最后发展到共济失调、面部麻痹、行为异常、头颈战栗和卧地不起。尽管这匹马在 9 个多月里在 2 个实验室，3 次血清学检测诊断一直是莱姆病阴性。另外一匹马有一个长期的过程，包括消瘦、逐渐肌肉萎缩、步态缺失和感觉过敏、共济失调和行为变化。而感觉过敏导致了面部神经反应缺陷。两个病例的尸检结果与淋巴细胞性脑膜炎、神经根神经炎和轻微的脑炎的诊断相一致。通过银染、PCR（1 例）和免疫组化实验中的直接观察，两病例确诊为 LNB。

总之，马 LNB 的症状多变，并且与其他疾病出现的症状类似，包括马原虫脑脊髓炎、病毒性脑炎（西尼罗河病毒、东方或西方马脑脊髓炎、狂犬病、马疱疹病毒-1 型脑脊髓病），或者细菌脑膜脑炎。初始症状可能模糊不清，没有特异性，但是包括嗜睡、颈背痛、食欲减退、体重下降和异常行为。然而，症状可能发展到神经系统疾病的特定症状，包括感觉过敏、精神状态变化加重、颅神经反应缺失、共济失调、肌肉战栗和神经性肌肉萎缩。病程进展可快可慢，并且其他问题比如脉管炎和多滑膜炎，可能伴随神经症状。由于报道的临床症状多样性和在世界某些地区有伯氏疏螺旋体流行，马兽医应该将 LNB 包含在针对伯氏螺旋体流行地区且有神经症状马的鉴别诊断中。

三、神经性伯氏疏螺旋体病的诊断

感染伯氏疏螺旋体可用血清学诊断方法确定。在马检测中已经使用的几种检测方法包括间接荧光抗体实验（IFAT）、动态酶联免疫吸附试验（KELA 或者 ELISA）、Western blot（WB）和临床（in-clinic）ELISA（C6 SNAP）。近些年来，基于荧光珠的多重检测（Multiplex）已经可以商业化获得，并且发展了荧光素酶免疫共沉淀技术（LIPS）。后两者有可提供抗伯氏疏螺旋体抗原的抗体定量结果的优点，可提高检测和特征鉴定马传染病的效能。Multiplex 可检测抗 3 种伯氏疏螺旋体外表面蛋白（OspA、OspC 和 OspF）的抗体。对犬做的试验表明疫苗免疫后产生抗 OspA 抗体，早期感染阶段产生抗 OspC 抗体，而抗 OspF 的抗体则在慢性感染中出现。尽管推测认为马可能产生和犬类似类型的抗体，同时，马抗 OspA 的抗体可能由于自然感染所致而不是特异的免疫标记，但还缺少关于马抗体形态的试验数据。LIPS 试验检测抗伯氏疏螺旋体的其他抗原的抗体，包括 C6 多肽、OspC 和两个核心蛋白多糖结合蛋白（DbpA 和 DbpB）。尽管结果显示马抗体反应差异显著，但同样缺少实验性抗体分析数据。总之，目前已有的信息表明，任何血清学检测的阳性结果都可以说明动物曾经暴露于伯氏疏螺旋体，但不能确定正在发病。而阴性结果则表明，受检测马从来没有暴露于伯氏疏螺旋体或者暴露后但没有产生可被试验检测到的抗体。

很难对患 LNB 马进行死前确定性诊断，因此通常需要死后尸检。不管使用哪种血清学检测，阳性结果只能表明以前或者目前感染，而不能确定观察到的临床症状由伯氏疏螺旋体引起。目前，尽管兽医使用类似于人类检测的标准，但还没有建立马死前检测的标准。马必须在伯氏疏螺旋体疫区生活一定时间，才可能暴露于感染源。神经症状必须记录在案。脑脊髓液分析应该有异常发现，伴随细胞计数增多、蛋白水平上升、中性粒细胞性和淋巴细胞性的脑脊液细胞增多等。然而，极少量脑膜受到影响的病例可能不会显示 CSF 异常。实验室检测应该具有支持性。实验室最具支持性的 LNB 检测结果包括 PCR 检测到 CSF 中有病原，或者通过配合分析 CSF 硬膜内抗体和血清抗体的报告。血清阳性结果也具有支持性。另外，排除其他可能疾病有助于做出诊断。

由于以下几个原因，生前诊断是令人失望的。临床症状多变，马发病临床症状定义不清，并且可产生其他更常见神经疾病的症状比如马原虫性脑脊髓病或者颈椎骨关节炎。即使病马的 CSF 进行 PCR 检测，并不一定能得到可靠的阳性结果。在文献和笔者的经历中，更大的麻烦是，死后尸检确定是伯氏疏螺旋体病的一些马呈血清阴性。因此，对临床疾病而言，阳性血清不能确诊为该病，阴性结果也不一定就能排除该病。在人医报道也有同样的问题，一些医生相信血清学对莱姆病来说特别不可靠。然而，其他的医生则反对这个观点，并且相信，莱姆病血清阴性结果是基于误诊和不完美的病例定义。这些观点在马病上的真伪将由时间来证明。

在缺少死前诊断可靠方法的情况下，一些兽医选择用抗生素治疗疑似 LNB 并监视病马对治疗的反应这一手段来作为诊断测试。但这个方法也是不可靠的。最常用的抗生素（土霉素、多西环素和米诺环素）具有独立的抗菌效应，通过抑制细胞间质非金属蛋白酶达到消炎的效应。因此，炎症疾病比如骨关节炎可能得到治疗，但当停止治疗时会再出现。这种治疗效应使许多马主人相信他们的马患有慢性莱姆病，即使实际上是其他的病。

四、伯氏疏螺旋体的治疗

人类 LNB 的治疗已经被广泛研究。在美国最常用的是使用青霉素、头孢曲松或者头孢噻肟的非口服治疗方案。然而，在欧洲越来越多的证据表明口服多西环素对治疗 LNB 有同等的效应。治疗通常持续 2～4 周，没有证据表明更长时间的治疗是有益的。

还不清楚对马 LNB 的理想治疗方法。唯一的马莱姆病治疗研究是在实验感染的矮种马中进行，并比较土霉素、多西环素和头孢噻呋的效用。不幸的是，尽管试验记录所有的马都感染了伯氏疏螺旋体，但是在治疗前没有一匹表现了莱姆病的临床特征。在这项研究中，土霉素是最有效的抗生素，在所有 4 匹马中消除了感染。多西环素则只在 1 匹马消除了感染，头孢噻呋则是 2 匹。附加说明一点，抗生素剂量低于许多兽医的用量。在这项研究中，5mg/kg 剂量的土霉素，每 24h 静脉给药；10mg/kg 的多西环素，每 24h 口服给药；2.2mg/kg 的头孢噻呋，每 24h 肌内注射给药。如果使用更典型的剂量策略，如多西环素（10mg/kg，每 12h 口服 1 次）和头孢噻呋（2.2mg/kg，每 12h 肌内注射或者静脉注射），还不清楚是否会出现相似的结果。另一点是，该试验的治疗方案并没有特别地针对 LNB 病例，而对 LNB 的治疗必须考虑药物是否能穿透血脑屏障。

如上报道的病例所述，尽管使用四环素和多西霉素治疗，病马仍然病死于 LNB。对这些治疗失败的可能解释包括四环素在马 CSF 的弱分布和低生物获得性（约 2.7%）。已经有建议使用米诺环素，4mg/kg 每 12h 口服给药，认为这是一种比多力霉素更有希望的口服治疗方式，其具有较高的生物获得性（估计在 23%），并表现了良好的、对 CSF 的穿透性。但笔者也见到过这种治疗方法无效。

尽管治疗马 LNB 的方案仍然具有风险，推荐使用类似人医的治疗方法。如果经济上允许，非口服给药，以高剂量的青霉素（44 000 U/kg，每 4～6h 静脉注射），头孢噻肟（25～50mg/kg，每 6～8h 静脉注射），头孢曲松（25～50mg/kg，每 12h 静脉给药）或者头孢他啶（20～40mg/kg，每 6～12h 给药）的治疗方案也许最有效。如果承受不起这些选择方案的费用，米诺环素（4mg/kg，每 12h 口服 1 次）可能比多力霉素和四环素更有效。

一些从业者倡导使用疫苗作为一种预防措施。尽管没有批准马使用的疫苗，犬重组 OspA 疫苗已经在实验模型成功预防感染。据反映，兽医从业者已经在马安全使用这种疫苗，但是其预防天然感染的效力未知。

五、伯氏疏螺旋体病的预后

由于缺少死前检查的金标准和所有病例都因为疾病的进展而施以安乐死，所以预后是很难估计的。在 5 个报告案例中的 2 个，尽管 LNB 的治疗方式看来合适，但是产生临床效果很差。笔者也长时间（多于 2 个月）用米诺环素治疗了 2 匹患 LNB 的矮种马，在治疗中，发现 2 匹马都死于疑似上呼吸道阻塞（继发于双侧喉麻痹）。尸检时发现2例都有显著的进行性脑膜炎证据。为了改善治疗方案，其他患LNB马尸检诊断也有报道，但是不能确定这些马的症状是由伯氏疏螺旋体引起的。

推荐阅读

Burgess EC, Mattison M. Encephalitis associated with *Borrelia burgdorferi* infection in a horse. J Am Vet Med Assoc, 1987, 191: 1457-1458.

Chang Y-F, Ku Y-W, Chang C-F, et al. Antibiotic treatment of experimentally *Borrelia burgdorferi*-infected ponies. Vet Microbiol, 2005, 107: 285-294.

Chang Y-F, Novosol V, McDonough SP, et al. Experimental infection of ponies with *Borrelia burgdorferi* by exposure to Ixodid ticks. Vet Pathol, 2000, 37: 68-76.

Chang Y-F, Novosol V, McDonough SP, et al. Vaccination against Lyme disease with recombinant *Borrelia burgdorferi* outer-surface protein A (rOspA) in horses. Vaccine, 2000, 18: 540-548.

Divers TJ, Chang Y-F. Lyme disease. In: Robinson NE, Sprayberry KA, eds. Current Therapy in Equine Medicine. 6th ed. St. Louis: Saunders, 2009: 143-144.

Hahn CN, Mayhew IG, Whitwell KE, et al. A possible case of Lyme borreliosis in ahorse in the UK. Equine Vet J, 1996, 28: 84-88.

Halperin JJ. Nervous system Lyme disease. Infect Dis Clin N Am, 2008, 22: 261-274.

Imai DM, Barr BC, Daft B, et al. Lyme neuroborrelios is in 2 horses. Vet Pathol, 2011, 48: 1151-1157.

James FM, Engiles JB, Beech J. Meningitis, cranial neuritis, and radiculoneuritis associated with *Borrelia burgdorferi* infection in a horse. J Am Vet Med Assoc, 2010, 237: 1180-1185.

O'Connell S. Lyme borreliosis: current issues in diagnosis and management. Curr Opin Infect Dis, 2010, 23: 231-235.

（李兆利　译，戚亭　校）

第 92 章　神经肌肉失调

Monica Aleman

一、解剖学和功能

神经肌肉（NM）系统，由运动单元组成，是神经系统的重要组成。单低级运动神经元组成的运动单元位于中枢神经系统（CNS），分布于脑干（Ⅲ～Ⅶ，Ⅸ～Ⅻ）的颅神经核或者脊髓的灰质前角。运动神经元通过其突触到达外周神经。这些神经元位于腹侧神经根或颅神经。这些突触，由产生髓磷脂的施旺细胞环绕，终止于 NM 接头。每一个肌肉纤维（肌纤维或者肌细胞）被单一 α-运动神经元支配，但是根据某一肌肉的功能不同，单一一个运动神经元可能支配几个到上千个肌纤维。所有的支配骨骼的运动纤维是具兴奋性的，单一运动元兴奋性神经递质可以导致其所支配的肌纤维的运动。然而，在脊髓的神经元对运动神经元既没有激活也没有抑制效应。

NM 接头或者运动终板由运动神经元的突触终端的突触前膜、突触腔、后突触膜和肌纤维的肌浆组成。在 NM 接头释放的神经递质是乙酰胆碱（Ach），乙酰胆碱结合到后突触膜的烟碱受体，从而产生终板电位。终板电位可产生动作电位和骨骼肌的收缩。关于 NM 系统的解剖学和功能的更多信息，请参阅推荐阅读。

二、分类

神经肌肉紊乱可能影响 NM 系统的任何一个成分以及其所支持的细胞。神经肌肉紊乱基于受影响的运动单元的成分，可以分为如下种类：神经疾病包括神经元细胞体紊乱、神经失调［突触退化（触突病）或者脱髓鞘（许旺细胞病）］；神经肌肉接头病是 NM 接头的紊乱（前突触、突触和后突触）；肌病是一种肌肉紊乱。可能有混合紊乱，并且可能既影响神经元又影响肌肉。本章将不讨论肌病，除非异常后突触膜传导导致的肌病。NM 紊乱的原因在本章做了总结（表 92-1）。

表 92-1　神经肌肉失调的部位和原因

部位	亚部位	分类	示例
中枢神经系统	中间神经元		痉挛
			不定性步态缺陷（辨距不良）
	低级运动神经元		马运动神经元疾病

（续）

部位	亚部位	分类	例子
末梢神经系统	神经	药物诱发	顺铂
			秋水仙素
			长春花新碱
		免疫介导	马多发性神经炎
			其他不确定多神经元疾病
		致瘤	淋巴瘤
		中毒	砒霜
			铅
			离子载运体
			水银
			有机磷酸盐
			假蒲公英（猫耳菊）
			西洋蒲公英
		创伤	感觉缺失相关压迫缺血神经疾病
	肌肉神经结节	前突触	食物中毒（毒素：A、B、C、D）
			蜱性麻痹（雌性、全环硬蜱、革蜱属）
			电解质失衡（高钙血症、高镁血症、低镁血症）
			甲硝唑
			硫唑嘌呤
			氨基吡啶类、其他药物*
		突触	有机磷酸盐
			溴吡斯的明
			依酚氯铵
			溴化斯的明
		后突触	重症肌无力疾病
			蛇毒
			琥珀胆碱
			阿曲库铵
			四环素、其他药物*
			电解质失衡（高钙血症、低钙血症、抽搐、高钾血症）
			高钾血周期性麻痹
			肌强制性疾病（蜱性肌强直、耳刺残喙蜱、先天性肌强直、肌强直型进行性肌肉萎缩症）

注：* 前突触和后突触效应因子：氨基糖苷、普鲁卡因盘尼西林、多黏菌素 B、各种抗心律不齐药（奎尼丁、普鲁卡因胺、利多卡因、苯妥英和维拉帕米）。

三、临床症状

NM功能失调的症状根据受影响的NM系统的特定区域和疾病的严重程度以及阶段而多种多样。例如，松弛性轻瘫或者瘫痪可能由于Ach的NM阻断或者耗尽而致，然而强直性轻瘫或者瘫痪，像在僵直性痉挛中一样，可在缺少从中间神经元向较低级神经元抑制输入时出现。重要的是要注意到尽管有不同的病因，不同的NM紊乱可能在临床上表现相似。比如食物中毒，蜱性麻痹等都出现类似松弛性轻瘫急性开始阶段的症状。

影响低级运动神经元的紊乱可导致发散或者集中型的肌无力、轻瘫到瘫痪、肌紧张降低和神经性肌肉萎缩。颅神经和脊髓节段反射可正常，减弱或者缺失。肌无力可表现为肌束震颤、头颈的低姿态、站立马前后肢置于腹下、足趾拖曳和训练不耐受。战栗可见于出现如下状况的马：食物中毒、蜱性麻痹、马运动神经元疾病、铅中毒、电解质失衡（比如高钙血症和高钾血症）、高钾血性周期性麻痹（HYPP）和西尼罗河病毒脑脊髓炎。前肢的特定神经损伤（比如肩胛上神经、臂丛神经、桡神经）和后肢的特定神经损伤（比如股神经、闭孔神经、腓骨神经、胫骨神经以及坐骨神经）可导致特定的步态缺陷。高钙血症可表现为肌束震颤、绞痛、绞痛类似症、消瘦、流涎症、同步横膈肌膜震颤、抽搐、高抬腿步态、牙关紧闭症、震颤、癫痫样活动、惊厥、蹒跚、共济失调和卧地不起。如果发现有吞咽困难、发声困难或者呼吸困难，并且非神经原因已经排除，临床医生可以将NM功能紊乱作为一个可能的原因。

如果观察到食用商品化饲料的马出现横纹肌溶解、心肌病或者神经病症状，那么就应该考虑离子载运体作为中毒的原因。羧基离子载运体在禽类和牛中用来作为生长促进素。其也能结合特异阳离子，这些离子载运体可以扰乱跨膜离子梯度，由此扰乱跨膜电位，这样可以改变神经组织和心脏骨骼肌肉中可兴奋细胞的功能。这类中毒通常是偶尔用牛饲料替换马饲料或马饲料中混合了牛饲料造成的。

通常可以通过使用含有有机磷酸盐（OP）杀虫威的颗粒全价饲料来实现蚊虫控制。但是杀虫威可以引起马中毒。由于OP杀虫威可以抑制胆碱酯酶，OP中毒最经常表现为毒蕈碱受体激活的急性表征。这些表征包括流涎、流泪、排尿和腹泻等。在一些情况下，可观察到烟碱受体激活（比如强直、震颤和无力）和中枢兴奋（震颤和惊厥样行为）。在OP中毒的严重病例，以引起严重坏死的肌病为特征的横纹肌溶解，可影响骨骼肌肌肉组织，包括咽头肌、喉头肌和呼吸系统肌肉，心肌也受影响。在中毒马也观察到包括肌无力、吞咽困难、鼻孔潮红、肌束震颤、头部低姿态、不愿走动和肌肉疼痛（特别是涉及咬肌）等表现。

影响后突触肌肉膜离子通道的紊乱可引起如类肌无力紊乱（运动引起的肌无力）和HYPP一样的肌无力；或者像蜱性肌强直、肌强直性营养不良和先天性肌强直一样的肌强直。肌强直以持续的肌肉收缩为特点。持续的肌肉收缩可以偶尔发生，或者以随意肌收缩或者叩击而诱发。肌强直可以是局部的、多部位的或者是扩散性的。异常步态、僵硬、肌肉高张性和肥大是常见症状。肌肉萎缩和衰弱可在进行性肌肉强直后发生，比如肌强直型肌肉萎缩。

四、诊断方法

在调查疑似 NM 紊乱时完整的病历是必不可少的。如果有多匹马患病，应考虑营养性的（比如低维生素 E 或硒）、毒性的（食料中偶然掺有离子载运体）和传染性的原因。在新生和较大的马驹上应该考虑先天性肌肉强直和肌强直性进行性肌肉萎缩症。必须全面体检和进行神经学检查以决定 NM 紊乱的神经解剖学定位。与 NM 疾病表现类似的紊乱必须排除。瘦弱、不能站立和张力减退是患病马驹多种紊乱疾病的共有特征。全血计数、血清生化检测和尿检是病情诊断学检查必不可少的部分。钙镁离子是对正常 NM 功能所必不可少的生理活性离子。pH 的变化可以改变钙镁离子的浓度，因而也影响了 NM 的内稳态。在离子载运体和有机磷酸盐中毒、营养性肌变性和蜱性麻痹都可见肌酶活性升高。患 NM 疾病的马脑脊髓液细胞学指标通常正常或没有特定变化。然而 CSF 细胞学检查可提供 CNS 或者末梢神经淋巴瘤的定性诊断。并且，嗜中性和单核脑脊液细胞增多，伴随 CSF 蛋白增多可能支持（但并不是确诊）马多发性神经炎的诊断。

在疑似中毒病例，分析食料、水、土壤、体液或者体内容物可提高确诊。早期马厩和马栅栏的涂料含有铅，因此，习惯性咀嚼这些物品的马可能会急性或者慢性中毒。如上所述，喂养商品饲料的马，如果出现了横纹肌溶解、心肌病或者神经症状，应对马（饲料、胃肠内容物和排泄物）进行有机磷中毒调查。不管是否伴随横纹肌溶解，有毒蕈碱中毒、烟碱中毒或者中枢神经症状的马，同时饲喂了 OP 防蝇食料或者驱虫药，都应该通过分析食物、胃肠内容物或者排泄物来测试 OP 中毒。将暴露在风险中的马与健康马的全血胆碱酯酶活性进行评价和比较［在笔者的医院，正常活性一般高于 1.6μmol/(L·g·min)］。

从饲料和组织样品包括伤口中鉴定肉毒梭菌孢子和毒素相当困难。但是，有报道称可在 34%成年马的排泄物中检测到孢子和在 20%～70%的马驹中检测到孢子和毒素，通过 ELISA 检测到抗肉毒梭菌毒素血清中和抗体可支持该病的诊断。小鼠接种试验已被认为是诊断人类和动物食物中毒的金标准。该检测方法可以确定特定食物中毒毒素。最近，已经应用 PCR 技术在组织、食物和粪便中检测引起食物中毒的神经毒基因。

如果临床上可以排除其他情况，则可以使用显像技术，比如 X 线光成像、超声波、闪烁扫描术、CT 或者核磁共振成像技术。应由专业的神经病理学家对死亡马全身尸检，包括对神经系统的透彻评价以确定或者建立尸检诊断。

电反应诊断试验已被证明是调查 NM 紊乱的首要方法，这些诊断试验包括肌电描记术（EMG）、神经传导速度测试（NCV：运动神经和感知神经）、反复神经刺激（RNS）和单纤维肌电图（SF-EMG）。反复神经刺激和单纤维肌电图是检测接头病较特异的方法，比如食物中毒、类重症肌无力紊乱和高镁血症。这些诊断模式的操作和解释需要有经验的临床兽医、良好的程序、定量数据参考值，而对一些检查过程（比如 NCV 和 RNS）需要全身麻醉。损伤 NM 功能的马进行全身麻醉时可能会表现出一些诊断试验的局限性。值得注意的是，在急性神经性紊乱中（但是不是急性肌肉紊乱），可能在受伤后多达2周不出现EMG变化。

最后，肌肉和活组织检查是可能导向或者提供NM疾病确诊的其他诊断模式。肌肉的组织和组化变化可能并不总在受影响NM接头的紊乱疾病中出现，并且如果出现，通常是变化不定的。收集标本必须收集代表了病理学进展的组织。比如，在无显著特点的全身紊乱，任何位置的肌肉均可收集，但是在局部紊乱症状中，必须收集特定的肌肉。关于肌肉活组织检查详细信息，读者可以参考其他文献。肌肉取样前，行医者必须联系诊断试验室寻求关于组织收集和运输的指导（比如需要提交新鲜的还是固定的样品），以求获得具有诊断价值的样品。出于安全考虑、可能出现并发症和大多数临床医生对技术的不熟悉，一般不建议做神经活组织检查。

五、治疗和预后

根据不同NM紊乱、严重程度、病程节段、继发临床症状和并发症，其预后也不同。不管是哪种特异紊乱，支持性护理必须通过解决水合作用、营养、排尿、排便和垫料来支持关键的身体功能。预防并发症，包括卧地不起有吞咽困难马的吸入性肺炎、受压肌病、神经肌病和低胃肠活动等也非常重要。卧地不起或者面部神经功能受损的病例需要进行常规眼睛润湿，以防止暴露性结膜炎。使用支撑吊索有助于病马康复和对病马进行评价，并且可以防止卧地不起引起的并发症。但是，并不是所有的马能忍受或者受益于吊索辅助。

推荐阅读

Aleman M. Miscellaneous neurologic or neuromuscular disorders in horses. Vet Clin Equine，2011，27：481-506.

Aleman M，Katzman SA，Vaughan B，et al. Antemortem diagnos is of polyneuritis equi. J Vet Intern Med，2009，23：665-668.

Aleman M，Magdesian KG，Peterson TS，et al. Salinomycintoxicosis in horses. J Am Vet Med Assoc，2007，230：1822-1826.

Aleman M，Williams DC，Nieto JE，et al. Repetitive stimulation of the common peroneal nerve as a diagnostic aid for botulism in foals. J Vet Intern Med，2011，25：365-372.

DeLahunta A，Glass EN. Lower motor neuron. VeterinaryNeuroanatomy and Clinical Neurology. 3rd ed. Philadelphia：Saunders Elsevier，2008：77-167.

Johnson AL，McAdams SC，Whitlock RH. Type A botulism in horses in the United States：a review of the past ten years（1998-2008）. J Vet Diagn Invest，2010，22：165-173.

Madigan JE，Valberg SJ，Ragle C，et al. Muscle spasms associated with ear tick（*Otobius megnini*）infestations in five horses. J Am Vet Med Assoc，1995，207：74-76.

Mayhew J. Large Animal Neurology. 2nd ed. Chichester，UK：Wiley-Blackwell，2009.

Myers CJ，Aleman M，Heidmann R，et al. Myopathy in American miniature horses. Equine Vet J，2006，38：272-276.

Wijnberg ID，Owczarek-Lipska M，Sacchetto R，et al. A missense mutation in the skeletal muscle chloride channel1（CLCN1）as candidate causal mutation for congenital myotonia in a New Forest pony. Neuromuscul Disord，2012，22：361-367.

（李兆利　译，戚亭　校）

第 93 章　睡眠紊乱

Monica Aleman

一、睡眠

对马而言，睡眠是必不可少的。缺少睡眠或者睡眠紊乱可以破坏马的健康、表演能力和生活质量。对马正常睡眠的有限认识可导致对正常睡眠和异常睡眠的错误解释、睡眠紊乱的误诊和管理失败。马类的睡眠研究主要依赖于行为观察，这是评价睡眠最关键的一步。除观察之外，刺激脑电描记术通过决定睡眠的脑电图（EEG）特征和睡眠的不同阶段已经被用来重新定义睡眠医学。由于人类定义不同睡眠紊乱依赖于鉴定睡眠的结果、持续时间以及睡眠的阶段类型的变化，所以新技术定义的睡眠医学非常重要。睡眠分期是基于 EEG、眼电图（EOG）、肌电图（EMG）、心电图（ECG）和呼吸类型所记录的特定特征来划分。总之，这些研究和对他们的解释统称为多道睡眠描记术。在兽医学，多道睡眠描记术是一门新兴的科学。

马每天平均睡 3～4h，在给定的 24h 周期具有多阶段的休息和睡眠（换言之多相睡眠者）。马的睡眠大多发生在夜里。在观察研究中发现，在夜间马大约有 6 个阶段的休息和睡眠。据报道，野马和圈养马在夜间外侧卧时间分别占 2%～9%和 5%～15%。在野外，马轮流休息和睡眠，一些马保持警戒，而其他马休息或者睡眠。警戒马站在高处区域，以便能够轻易看到捕猎者。马驹，特别是新生马驹，比成年马睡眠更多。他们的休息和睡眠的周期在数量和频率上更高，比成年马具有更长的持续时间。马驹需要休息和睡眠的时间随着其成熟而减少。对包含野马和圈养马的观察研究已经揭示睡眠时间在不同情况下的转变，到 3 月龄时，马驹的睡眠时间大为下降。品种和性别间的差异也有报道。役用品种比轻型马休息时间长，小雌马比小雄马休息时间长。许多因素可以影响马的睡眠，包括环境、安全程度、同伴、在群中的地位、生理状态以及年龄、训练、饮食和疾病（表 93-1）。通过驯化，人类可能改变了天生是群居动物马的睡眠模式。

表 93-1　睡眠不足的原因

环境	野马	捕猎者	
		群中地位	统治地位（一直警觉于）
			处于群中底层（被其他骚扰）
			正在群中建立地位

（续）

		持续寻找食物	
		极端天气	比如极端热
		自然灾害	比如火
		生理状态	比如泌乳马保护小马驹
	驯养马	住处	室内马厩
		人为原因	比如在马厩有很多人，特别是在夜里
		捕猎者	
		群中地位	
		缺少伴侣	
		卧具	没有或者不舒服的卧具
		旅行和表演	
		隔离区	
		住院	特别是细致的护理单元
非神经医学问题	疼痛（特别是慢性）	整形外科/骨骼肌肉疾病	
		胃肠道疾病	如肠结石
		胸膜肺炎	
神经问题	不能躺下（或者感觉躺下不安全）		
	不能站起（卧下）		
	神经性疼痛		

二、睡眠阶段

由于在自然环境下很难进行马脑电图检查，马的睡眠分阶段不像人类睡眠分阶段那样复杂。然而，在兽医学上最近引入了遥感勘测 EEG 单元，这对研究马类的睡眠提供了极好的机会，尽管根据特定的 EEG 单元，仍在有限的距离内提供记录，但远程 EEG 可以远距记录 EEG 活动，且并不干扰马的日常活动。维持 EEG 电极也是一个挑战，但表面电极能够用火棉胶长时间固定在一个位置。另外，肌肉和运动伪影可严重降低对 EEG 的评价和解释。然而这有可能使警觉的马获得可解释的 EEG。

人类清醒和睡眠的阶段包括睁眼清醒、闭眼清醒、非快速动眼（non-REM）睡眠（第一阶段——瞌睡期、第二阶段——浅睡期、第三阶段和第四阶段——慢波睡眠或者 delta 睡眠）和快速动眼睡眠。通过观察，同步录像和 EEG 记录可以确定马的警觉的 4 个阶段。电生理学评价通过 EEG、EMG、EOG、ECG 和呼吸监测来决定马睡眠的阶段。4 个阶段包括清醒、瞌睡、慢波睡眠和 REM 睡眠。在清醒阶段，马伶俐而警觉、站立，并且非运动时四肢负重；常见（眼睛、耳朵、下腭和头部）活动伪影和 EMG 活动；心率和呼吸频率在参考值内。人类从闭上眼睛的清醒阶段转变到瞌睡期是通过从在清醒阶段观察到的 α 节律（8～13 Hz）到 θ（4～8 Hz）和 δ 活动（<4 Hz）

的转化来决定。然而，尽管一些背景活动处在 α 频率范围之内，马缺少一个真正的 α 节律。如果仅仅以 EEG 结果来诠释，将很难对从清醒到瞌睡的转化做出定义。伴随这一阶段睡眠的观察，间歇性 4-Hz 活动显示马采取了另一站姿，这一站姿以两个前肢和一个后肢负重，同时另一个后肢蓄势待发（可能随时踢捕食者）为特征。健康马也观察到偶尔的顶尖波（V 波）和不稳定的显示为类癫痫的良性变异。这些与人类在这一睡眠阶段观察到的现象类似。在剥夺睡眠的马中也观察到这些良性变异。

人类的第二阶段到第四阶段对应睡眠阶段在马中可以统称为慢波睡眠。在这一阶段，其他的正常瞬时活动睡眠梭状波和 K-复合波可被记录，并且这一阶段相当于人类的浅睡眠期。在不同的物种间高振幅 δ 活性相似，都是逐渐出现，意味着较深程度的睡眠［人类慢波睡眠期（第三阶段和第四阶段）］。马进入这一睡眠阶段，其头保持低位，若其感到安全和舒适，则采取俯卧体位。在这一睡眠阶段的很多马发展进入二等房室传导阻滞，而二等房室传导阻滞在警觉的其他阶段并不出现。

REM 睡眠在不同品种间类似：低伏特和混合频率 EMG 活动出现并伴随间歇性的快速眼运动。偶尔，甚至可能没有 EMG 活性。马在这一阶段约保持 15%的总睡眠时间。在俯卧体位时，或者将头部放在地上或者某一物体上时，或者在感到安全和舒服时的侧卧位时，马可能有 REM 睡眠。在 REM 睡眠期，肌紧张缺失。然而，快速眼运动之外，可能观察到颤搐、眨眼、鼻孔潮红，甚至四肢张开。这些运动曾经被错误地解释为惊厥。短暂的立式 REM 睡眠也有记录，但是由于伴随肌紧张缺失不可能进入延长期，并且会导致虚脱。缺乏 REM 睡眠会导致睡眠不足。

三、睡眠不足

睡眠不足是由于缺乏足够的睡眠所致。马应该以个体为基础来考虑什么情况才是足够或者充分的睡眠。睡眠不足的个体间差异是存在的。白天过量睡眠的马或者虚脱发作的马可发现睡眠不足。睡眠不足的马通常易在腕和球关节背部发生擦伤。睡眠不足被认为是虚脱的一个可能原因，但前提是必须排除其他的原因。一个完整的病历，是否有并发病和马睡眠环境的信息在调查睡眠改变时是必不可少的。马会遭受许多不同的可干扰正常睡眠的因子（表 93-1）。

四、睡眠紊乱

关于马的睡眠紊乱了解不多。马兽医学上报道过一些紊乱或者疑似紊乱的病例，包括睡眠过度，伴随猝倒的发作性睡病和 REM 紊乱。在诊断睡眠紊乱前，必须首先排除睡眠不足。睡眠过度是指过量的睡眠时长，尽管可观察到睡眠过度的马卧倒时间非常长，有明显正常的睡眠周期，但是缺少 REM 睡眠期。除了过度的睡眠，优良行为减弱是患睡眠过度马的共同特征。这种紊乱可能继发于其他疾病，比如内分泌病（怀疑下丘脑功能障碍和垂体中间部分功能障碍）、神经疾病［脑炎、脑创伤、马属动物原虫脊髓炎和西尼罗河病毒（笔者观察到）］和其他未鉴定的疾病。目前这些疾病引起睡眠不足的特定机制还不可知。

发作性睡病是一种睡眠紊乱，以过量白天睡眠，被扰乱的夜间睡眠以及异常 REM 睡眠现象为特征。这些紊乱的表现包括猝倒（突然失去肌张力）、睡眠麻痹和类似人类的睡前幻觉（睡眠刚开始）。猝倒是发作性睡病所特有的，并且是最好的诊断标志。然而，发作性睡病可以不伴随猝倒发生。人类发作性睡病可以由强烈的感情引起，比如幽默、惊讶和愤怒，而犬在玩耍或者喂食时的兴奋亦可引起。人类发作性睡眠在遗传学上是复杂性紊乱，在患者中出现 HLA DQBi* 0602 等位基因则显示该病是有自身免疫基础的。等位基因的出现导致产生下丘脑泌素的下丘脑神经元早熟丢失。有报道在不同品种犬中发生族群式、散发或获得性发作性睡病。作为常染色体的隐性特征而被遗传的下丘脑泌素-2 基因突变是杜宾犬、拉布拉多猎犬和腊肠犬品种族群式病例的元凶。散发或获得性发作性睡病与不能产生下丘脑泌素有关，并且这种情况已经在很多品种的犬中有报道。在米兰矮马、萨克福马、谢德兰矮马、费尔马、杂交矮马和利比扎马已经报道或者怀疑发生族群发作性睡病。多有推测散发或者获得性病例，但是记载很少。有报道经水平测量发现，有垂体中间部功能障碍的马和发作性睡病的冰岛马马驹的脑脊髓液中下丘脑泌素的水平低。

五、诊断、治疗和预后

具有虚脱病史或者在腕和球关节的背部观察到擦伤或者纤维变性可提醒临床医生有发生睡眠紊乱的可能性，但必须排除其他的虚脱原因。这些症状可能源于心血管、呼吸、神经或电解质紊乱。至少持续 7d 的 24h 视频监视能够提供关于患病马睡眠行为的更多信息。理想情况下，这些视频通常应在马睡眠的环境中拍摄。尽管压力、噪音和不熟悉的领地等能极大地改变马的睡眠模式，但住院视频监视是有用的，建议使用。关于环境、野生动物、同伴、食料、旅行、表演、医疗情况、疼痛情况以及用药等特别问题的调查问卷应当由马的主人或者驯养人来填写。在考虑睡眠紊乱之前，睡眠不足作为异常睡眠行为的起因应该被排除，因为睡眠不足的主要原因得到改善后，异常睡眠行为可以得到纠正。

必须进行完整的生理和神经检查。如果疑似神经紊乱，那么何日何时发生紊乱，发生的频率和持续的时间，是诱导发生还是偶然发生，是否与生理活动相关，兴奋或者休息期等都应记录下来。如果异常睡眠是诱导产生，应该尝试鉴定诱因。兴奋（比如转场、马驹玩耍或者吃喝）、过量白天睡眠和异常睡眠的马有可能发生发作性睡眠。如果在非正常睡眠发作期发生虚脱，可能发生猝倒症。目前针对过量白天睡眠，但是在休息时发生了“睡袭”的睡眠紊乱还没有好的定义。笔者曾经观察到在 REM 睡眠期，发生类似于惊厥的全身各部分过量运动。没有同步录像和电诊断实验就不能确定是否经历睡眠各阶段还是阵发性的活动，如发生了惊厥。

针对疑似患发作性睡病的马，有研究使用毒扁豆碱（0.3mg/kg，静脉注射）和阿托品（0.005～0.02mg/kg，静脉注射，肌内注射或皮下注射）做过刺激实验，两种药物分别可以诱导、加重或者改善状况。但是从这些测试得到的结果多变，并且即使患有严重病情的马也难以解释。丙咪嗪（1～1.5mg/kg，口服，每8～12h），一种三环类抗抑郁剂可用于治疗疑似发作性睡病和猝倒。如前所述，继发于其他疾病或者因子也可导致一些睡眠紊乱或者睡眠不足的发生。所以，首先要鉴定和解决主要原因。控制疼痛包括使用保泰松药物治疗，有助于决定是否由疼痛引起马缺少睡眠。

由于缺乏对马原发性的睡眠紊乱的了解，因此很难给出推荐药物治疗。对健康马，可以提供安全和健康的环境或者同伴。一项研究解释，如果用刨花作为垫料，马匹采取俯卧体位的时间要长于侧卧体位。当用草垫作为垫料时，则采用两种体位的时间没有区别。本书编辑（NER）在 Thirstledown 赛道观察发现，在厚草垫垫料上时，赛马长时间在夜间侧卧。据本书编辑的父亲（一位马经纪人）的回忆，役用马没有在夜间侧卧位休息是拍卖交易废弃的重要原因。对马睡眠行为的良好记录有助于调查可能发生的睡眠紊乱；缺少信息或者信息有限则导致误诊和管理失败。

推荐阅读

Aleman M，Williams C，Holliday T. Sleep and sleep disorders in horses. AAEP Proc，2008，54：180-185.

Dallaire A，Ruckebusch Y. Sleep patterns in the pony with observations on partial perceptual deprivation. Physiol Behav，1974，12：789-796.

Ludvikova E，Nishino S，Sakai N，et al. Familial narcolepsy in the Lipizzaner-horse：a report of three fillies born to the same，sire. Vet Q，2012，32：99-102.

Lunn DP，Cuddon PA，Shaftoe S，et al. Familial occurrence of narcolepsy in miniature horses. Equine Vet J，1993，25：483-487.

Mignot EJ，Dement WC. Narcolepsy in animals and man. Equine Vet J，1993，25：476-477.

Peck KE，Hines MT，Mealey KL，et al. Pharmacokinetics of imipramine in narcoleptic horses. Am J Vet Res，2001，62：783-786.

Williams DC，Aleman M，Holliday TA，et al. Qualitative and quantitative characteristics of the electroencephalogram in normal horses during drowsiness and spontaneous sleep. J Vet Intern Med，2008，22：630-638.

（李兆利　译，戚亭　校）

第 94 章　颈椎管内镜技术

Timo Prange

颈椎椎管狭窄症（CVSM），也称进行性颈椎松动症，是一种马颈椎骨的发育性疾病，也是马类非感染性脊髓共济失调的主因。这种状况以颈椎椎管狭窄为主要特点，并且引起硬膜外压迫脊髓病。压迫点经常位于第 3 和第 7 颈椎，可以引起共济失调，瘦弱和痉挛。对 CVSM 的治疗一般选择椎间融合术，该外科手术可以提高临床症状高达 3 个（5 个中的）神经功能级别。为了手术成功，必须鉴定脊髓压迫的准确位置。

一、诊断

CVSM 的预诊断经常可以通过病历、特征描述和临床症状再辅助于侧位颈椎骨的 X 线成像做出。尽管特异性的骨错位（比如脊柱半脱位，或者关节突的骨关节炎）鉴定可暗示是 CSVM，但这些错位并不能在有无该病上做出可靠的鉴别诊断。一种较精确测定脊椎管管径的客观评估是测定椎管矢状中径比值和椎体矢中径比值。两种技术都提供了关于颈椎椎管狭窄出现的有价值信息，但是两种方法都不能提供可信的脊髓压迫的精确位置。脊髓造影术是定位压迫位点和决定做椎间融合位置的标准成像模式。然而，实施了脊髓造影术的马的脊髓样品的组织学评价揭示了放射检查技术经常不精确，特别是在中颈部位置。在对照加强的 CT 成像中也发现了同样的限制性，最近同样的问题出现在核磁共振成像技术（MRI）中。这种窘境使马兽医还没有一种诊断手段来精确定位患 CVSM 马的脊髓压迫位置。

二、人类椎管内镜检查

首篇同行评议的关于颈椎管内镜检查的文章发表于 1931 年，描述了用关节内镜检查人类尸体脊骨。在接下来的数十年里，在下半部背痛的患者辅助诊断中，这一手段得以广泛应用。该技术可以直接观察椎管内的各种病理变化，包括椎管内神经炎、椎管内狭窄和椎管内肿瘤。最近，CT 和 MRI 在人类脊髓相关的疾病诊断中成为优先选择的工具。然而，这些技术并不能提供结论性诊断，但椎管内镜能用来提供额外的诊断信息并有助于治疗。比如，硬膜外内镜检查可以用来鉴定具有慢性背痛病人的发炎神经根，并同时注射靶皮质类固醇来治疗这些神经根。蛛网膜下腔内镜则可以对蛛网膜下腔的物质进行评价和活组织检查，并用于蛛网膜囊肿的外科移除。

三、解剖学

马的颈椎骨由7块椎骨组成。C1～C7的椎孔形成颈椎管，环绕并保护脊髓、髓膜、脊神经、血管、脂肪和连接组织。椎管内有两个腔，即硬膜外腔和蛛网膜下腔（可以用内镜检查来评价）。硬膜外腔处于硬脑（脊）膜和环绕椎骨间，其主要包含脂肪、淋巴管和血管（包括腹中脊椎静脉丛）。另外，从脊髓发出的脊髓神经根经过硬膜外腔，通过椎间孔出椎管。蛛网膜下腔和硬膜内腔是蛛网膜和软脑脊膜间的空隙，其包含清亮无色的脑脊液，而脑脊液包围着脑和脊髓。脊髓蛛网膜下腔的解剖学结构包括脊髓、腹部和背部脊髓神经根、血管、连接蛛网膜和软脑脊膜的小梁、齿状韧带和副神经的外部分枝。

蛛网膜从硬膜（即健康马中密切融合在一起的两层髓膜）分离后形成了硬膜下腔。该腔只在尸体或者病理进程后发生，所以又被称为假腔或潜在腔。

四、术语

颈椎管内镜技术（CVCE）是指颈椎管的内镜检查。其包括蛛网膜下腔的内镜检查，即脊髓镜技术和硬膜外腔的内镜检查，即硬膜外腔技术。

五、准备工作和手术方法

（一）术前准备

与其他外科手术相似，对准备做CVCE的马匹的准备工作包括充分的临床检查、适宜的实验室测试、注射非甾体类固醇类消炎抗菌药和术前至少6h停止进食。另外，应该详细备案标准的神经学检查结果。氯霉素（50mg/kg，每隔6h口服）可以良好地渗透到中枢神经系统（CNS），并可在脑脊液（CSF）达到高浓度，可作为这一检查特别是蛛网膜下腔检查的推荐用抗生素药物。

（二）麻醉

尽管通常认为氯胺酮是一种安全麻醉剂，但是由于其可以提高马颅内压，降低惊厥的阈值而导致潜在的CNS损伤，因此不推荐使用。硫喷妥纳（4mg/kg，静脉注射）具有神经保护的特质，所以可以与静脉注射愈创甘油醚（50mg/kg，静脉注射）共同用来进行全身麻醉。麻醉状态可以用氧气中添加异氟醚来维持。应该有正压通气装置来避免在手术过程中高碳酸血症和次级管内压增高。麻醉监测应该按照美国兽医麻醉师学院的准则来做。

（三）手术方法

马匹侧卧绑定，将头部做90°弯曲。将寰枕骨腔区域夹住，无菌处理，并用手术布掩盖。在寰枕两翼的颅缘上方中央位置的腹中线做一 15cm 的皮肤切口。将皮下和脂肪组织中线剖开后，可见项韧带。其在头夹肌和头半棘肌肌肉间的一侧分离，收缩到另一侧。继续沿中线切开分离左右头背直肌大小肌肉，直到暴露背寰枕膜。一旦切开这层膜，就打开了硬膜外腔，可以进行硬膜外窥镜检查。

打开背寰枕膜可见硬脑膜的白色表面。为进入蛛网膜下腔，必须切开硬脑膜和与其紧密相贴的蛛网膜。在背中线做一个 1.5cm 的切口，然后做两个简单的间断缝合。这些缝合将硬脑膜切口分成等长的 3 份，内镜可在两个缝合间插入。通过轻轻地收紧缝合，可以围绕设备将设备密封起来，以防止在脊髓镜检查期间 CSF 的丢失。

（四）内镜要求

为了从寰枕腔通到 C7～T1 的脊椎腔管，内镜必须足够长，而外径必须细小。有报道使用一个柔性的外径 4.9mm 和工作长度 110cm 内镜录像机对颈椎硬膜外腔和蛛网膜下腔进行了成功检查。

（五）硬膜外腔内镜技术

在硬膜内镜镜检中，硬膜作为围绕脊髓的保护层，可以消除对神经组织的直接损害。这样，硬膜外腔内镜镜检比脊髓镜镜检技术要安全。正常硬膜外腔可见的结构包括硬脑膜外膜，脂肪和结缔组织，腹中脊椎静脉丛和背腹脊髓神经根（图 94-1）。这些神经根从脊髓中发出，在每个椎间腔内以每 10～12cm 的间距跨过硬膜外腔。因此，看到神经根时，在插入位置通过读取插入到脊椎腔管的距离标记就有可能决定内镜尖端的精确位置。当试图确定脊椎腔管狭窄或者其异常的精确位置时，这是非常关键的认识。

硬膜下腔的丰富的脂肪组织限制了内镜检查的视野。通过设备通道，间歇性注射少量的平衡电解质液有助于开阔视野，并且可以进一步检查特定的解剖结构。但是如果注射太快，硬膜下压力瞬间可以上升，上升的压力可以转移到充满 CSF 的蛛网膜下腔，可能最终导致伴随心动过缓、血压升高和呼吸暂停（库欣反射）的颅内压升高。为避免发生这些并发症，液体必须被缓慢注入，如果需要，应该持续监测平均动脉压。

一旦完成这些手术，切口要四层缝合：头背侧大直肌、项韧带和头夹肌间的切口、皮下组织切口和皮肤切口。

（六）脊髓镜技术

在充满液体的蛛网膜下腔镜检技术定向操作要较硬膜腔容易，并且图片质量较高。只有当在软脑脊膜和蛛网膜间小梁阻挡了视野再注射电解质液。当内镜从尾部前进时，小梁被破坏掉，当收回内镜时，可以形成较好的视野。在脊髓镜检查中可以鉴定下列解剖结构：脊髓的背中间、侧沟和脊髓表面、在软脑脊膜和蛛网膜间的小梁形成、背腹侧脊髓神经根及其相关的血管以及在脊髓表面的血管、连接软脑脊膜到蛛网膜和硬膜的齿状韧带和副神经的外延分枝（图 94-2）。由于硬膜在这一过程中不能保护脊髓，可能有对脊髓、神经根和蛛网膜下血管的医源性损伤的并发症。缓慢和精细的操作可

以降低这些风险，特别是在插内镜到蛛网膜下腔时必须进行缓慢和精细操作。蛛网膜下血管的损伤可导致出血，并可能形成蛛网膜下血肿。目前已有这种并发症的报道，在插入内镜时伤到了接受内镜检查的马血管，尽管这匹马最后得到了完全的康复，但持续 6d 出现神经症状。脊髓蛛网膜下血肿可能引起永久的神经损伤，是内镜检查技术的一种严重并发症。

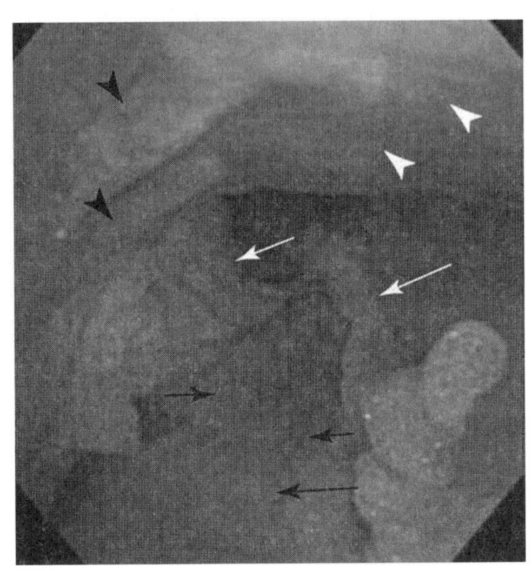

图 94-1 硬膜下内镜

在这一视野，观察者从尾部来看，硬膜下腔对脊髓来讲是腹侧。图片的上方是背侧。已经通过活组织解剖通道注入液体，便于观察解剖学组织。内镜摄像被放置在椎间腔的水平，可以以右腹侧神经丛的出现为标志（黑箭头）。注意腹中脊椎静脉丛（黑箭标），硬膜的腹侧面（白箭头）和硬膜下脂肪（白箭标）

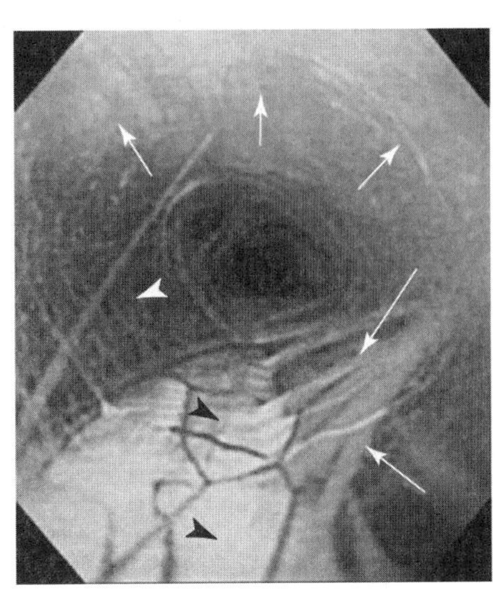

图 94-2 脊髓镜技术

脊髓镜被放置在对应脊髓的背侧，这一视野是向尾部方向。图片的上方是背部。蛛网膜硬膜是背面（白箭标），可见左背神经根（长白箭标），和一些血管伴随的软脑脊膜包裹的脊髓是腹侧（黑箭头）。一些在蛛网膜和软脑脊膜之间的小梁形成已经被内镜检查破坏（白箭头），从而改善了视野

当进入蛛网膜下腔时也必须在考虑 CSF 不可避免的损失。一种减少 CSF 损失的方式是上文提到的在硬膜中做两个缝合的处置，以在内镜检查时创造一个环绕内镜的封口。另外，手术台可以倾斜到 20°角，这样可抬高马的头部高于尾部（反式特伦德伦伯卧位），可减少在寰枕腔水平的 CSF 压力和切开硬膜后即刻产生的 CSF 损失。脊髓镜检查结束后，硬膜用 4-0 丝线以简单连续的方式缝合。其余的切口按上文所述方法缝合。

（七）麻醉恢复和术后照料

经过了脊髓镜检查的马头部应该在康复马厩保持较上抬的姿势以降低在硬膜切口处的压力。由于同样的原因，术后 14d 这些马也应该从悬高的草网采食。氯霉素和非甾体类抗炎药应给分别使用 3d 和 7d。

六、诊断价值

颈椎管内镜技术是相对新的手术程序，其安全性只在没有神经疾病的马中测试过。

这些健康动物可以忍受这些过程，并且非复杂内镜检后没有神经功能障碍的症状出现。CVCE 对患 CVSM 马的诊断价值的报道很少，但令人欢欣鼓舞。一匹 3 岁的纯种马，患对称性共济失调，并且 X 线放射成像显示了 CVSM 症状，在病例报告中对其 CVCE 的结果进行了描述，脊髓成像检查发现了在 C5 和 C6 椎骨间的压迫点。然后做了 CVCE，但是在硬膜外内镜检查中没有发现异常。然而，髓镜检查表明在 C6 和 C7 的椎间腔有实质狭窄。这匹马在检查中进行了麻醉，组织评价显示的损伤与在 C6～C7 有狭窄脊髓病一致，确定了脊髓内镜的诊断。而在 C5～C6 脊髓压迫的脊髓成像检查结果被驳倒了。

七、未来展望

引用的病例报告表明脊髓内镜技术可以精确定位患 CVSM 马的压迫位置。与硬膜外腔相比较，蛛网膜下腔的良好视野有助于对椎管的直径变化做出较好的评价。现在需要大量马的预期临床研究以决定 CVCE 在鉴定患 CVSM 马的压迫点中的诊断价值。

患有其他不常见颈椎管疾病的马，如硬膜外血肿和滑膜囊肿也可能受益于硬膜镜或者蛛网膜下内镜技术。

推荐阅读

Koenig HE，Liebich HG. Nervous system. In：Koenig HE，Liebich HG，eds. Veterinary Anatomy of Domestic Animals. Stuttgart：Schattauer，2007：489-520.

Mitchell CW，Nykamp SG，Foster R，et al. The use of magnetic resonance imaging in evaluating horses with spinal ataxia. Vet Radiol Ultrasound，2012，53（6）：613-620.

Prange T，Carr EA，Stick JA，et al. Cervical vertebral canal endoscopy in a horse with cervical vertebral stenotic myelopathy. Equine Vet J，2012，44：116-119.

Prange T，Derksen FJ，Stick JA，et al. Endoscopic anatomy of the cervical vertebral canal in the horse：a cadaver study. Equine Vet J，2011，43：317-323.

Prange T，Derksen FJ，Stick JA，et al. Cervical vertebral canal endoscopy：intra- and post-operative observations. Equine Vet J，2011，43：404-411.

Reed SM，Grant BD，Nout Y. Cervical vertebral stenotic myelopathy. In：Reed SM，Furr M，eds. Equine Neurology. Ames，IA：Blackwell，2008：283-298.

Saberski LR，Brull SJ. Spinal and epidural endoscopy：a historical review. Yale J Biol Med，1995，68：7-15.

Scrivani PV，Levine JM，Holmes NL，et al. Observer agreement study of cervical vertebral ratios in horses. Equine Vet J，2011，43：399-403.

Smith A. Anesthetic considerations for horses with neurologic disease. In：Reed SM，Furr M，eds. Equine Neurology. Ames，IA：Blackwell，2008：149-155.

van Biervliet J，Scrivani PV，Divers TJ，et al. Evaluation of decision criteria for detection of spinal cord compression based on cervical myelography in horses：38 cases（1981-2001）. Equine Vet J，2004，36：14-20.

（李兆利 译）

第 95 章　颅骨腹侧创伤的诊断

Charlotte Sinclair　Anthony P. Pease

一、颅骨腹侧解剖学概述

青年马中，组成颅骨腹面的蝶底骨-枕骨底部骨的骨头在蝶底骨和枕骨底部骨之间有一个骨缝（图 95-1）。从放射影像学来看，该骨缝是头部最后闭合的骨缝，在马匹约 5 岁时闭合。青年马中，该骨缝在放射影像学上很像骨裂。因此，当诊断马涉及颅骨腹面外伤损伤时，重要的是在挫伤部位寻找骨错位和评价咽鼓管囊情况（图 95-2）。出血、壁血肿和侧室压迫是诊断蝶底骨-枕骨底部骨外伤的重要放射显影观察指标。

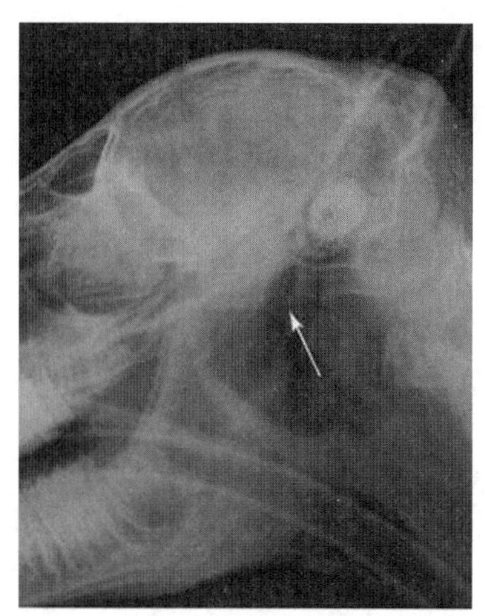

图 95-1　2 个月龄的夸特雄马的蝶底骨-枕骨底部骨间正常纤维软骨联合（箭头）的侧面放射图像视图

嘴部向左；背部向上

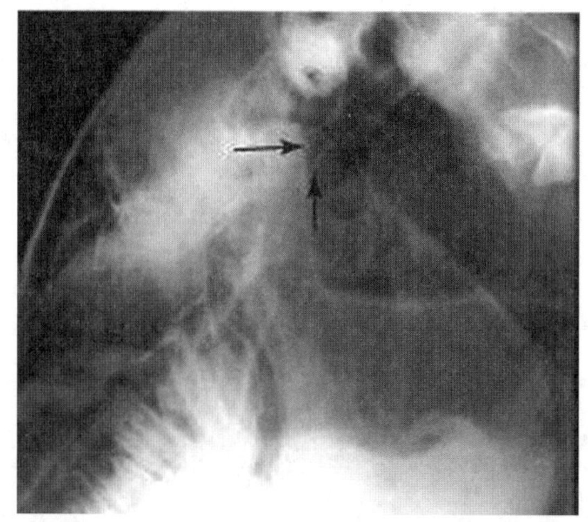

图 95-2　纤维软骨联合处严重错位的枕骨底部骨骨裂的侧面放射视图

嘴部向左；背部向上。箭头处是损伤的背侧面和腹侧面

（图片经 Dr. Katherine Garrett，Rood and Riddle Equine Hospital，Lexington，KY. 允许使用）

头腹侧大直肌起于颈椎 C3 和 C5 的横突，穿入枕骨基底部和蝶底骨的主体结合处；头腹侧大直肌可以从背腹面和侧面伸入头部。头腹侧小直肌处于头长肌背面。其起于寰椎的腹弓，穿入枕骨底部骨（临近头长肌的插入位置）。头腹侧小直肌起着伸缩寰骨-枕骨关节的作用。头腹侧肌和头长肌可见于咽鼓管囊的内侧缘和中间室。二直肌

可见于咽鼓管囊侧室的黏膜层。二直肌起于枕骨的颈静脉突，穿入下颌骨腹侧边缘的内侧面。

二、颅骨腹侧创伤的病因学和表现症状

涉及颅骨腹侧的外伤伤害经常发生于后腿直立而向后跌落或者头被门或者栅栏夹住过经历的马。由外部枕骨隆突作为顶柱引起的寰骨-枕骨关节过度延展能导致头长肌，头腹侧肌或者两块肌肉一起断裂，导致咽鼓管囊中断，并导致出血或者伴随着蝶底骨-枕骨底部骨的撕脱伤（图 95-3、图 95-4）。蝶底骨-枕骨底部骨的撕脱伤和断裂通常发生于 5 岁龄以下的马，这时马的生长骨骺板仍然开放着。在较老的马中，肌肉通常可以撕离骨骼而不至于骨裂。而如果出现腹侧头骨破裂，病马有可能出现并发神经症状，而在头曲肌单独破裂的情况下极少出现神经损害。

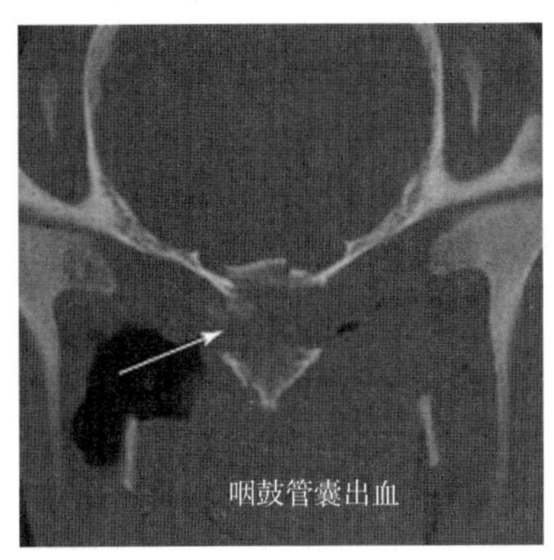

图 95-3　尸检头部横切 CT 扫描

CT 扫描显示纤维软骨联合处枕骨底部骨严重错位骨折和出血，出血充满和掩盖了左侧咽鼓管囊。右侧向左；背侧向上

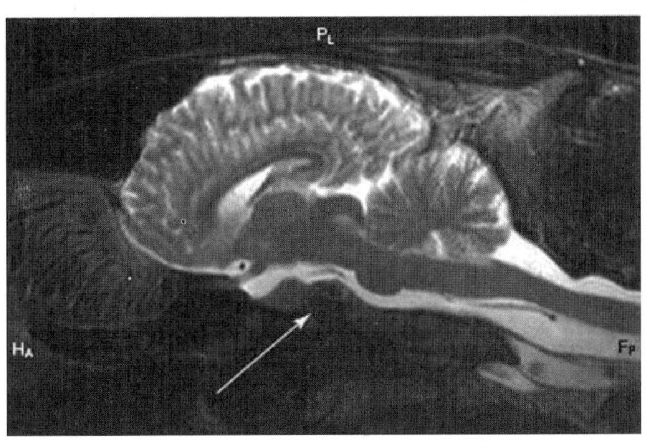

图 95-4　图 95-2 中同一匹马的 T2 加权矢状面 MRI 图像

注意纤维软骨联合处的硬化和骨质增生。嘴部向左；背部向上。箭头指示创伤附侧面

（图片经 Dr. Katherine Garrett，Rood and Riddle Equine Hospital，Lexington，KY. 允许使用）

在内镜检查时，曾经发生过头部创伤的马可能有咽部肿胀并在咽鼓管囊咽口处有出血。通过咽鼓管囊的深入检查可以排除由炎症和临近组织的损伤导致的咽鼓管囊挤压或者咽鼓管囊出血。伴随头长肌和头腹侧肌损伤，在内侧咽管囊室轴面可见肿胀和血栓形成，而二腹肌肌肉损伤导致侧室肿胀和压迫。如果头长肌、头腹侧肌或者二腹肌损伤后咽鼓管囊黏膜内衬撕裂，出血可进入咽鼓管囊。流血停止 24h 内，咽鼓管囊内的淤血可以流干；但是血肿和持续的软组织肿胀可能继续限制咽鼓管囊内镜检的进行，进而不能进行头长肌和头腹侧肌的评估。

三、颅骨腹侧成像

当初步怀疑颅骨腹侧损伤时，反射显影成像是最实用的诊断成像技术。侧面观

察头部尾区可以看到腹颅面，头部尾区也是寻找错位骨折证据的位置。也可获得垂直背腹视图。然而由于颅骨的叠影和（为获得更充分的尾端图像而延展头部的需要），垂直背腹视图的诊断价值十分有限。在青年马（小于 5 岁）蝶底骨-枕骨底部骨的开放骨缝线应该通过马的年龄和评价放射图像确定排列错乱后再与骨裂相鉴别。

由于马脑颅复杂的三维解剖构造和结构的放射叠影，用放射显影解释马颅骨基底是困难的。因此放射显影可能不能诊断出脑颅损伤也因为这个原因，计算机 X 线断层扫描（CT）是目前骨病理成像模式的金标准。CT 成像可以形成优良的对照分辨率，可以不受结构错层的干扰评价交叉区域的结构，对发现急性出血非常敏感，并且可以提供骨细节。该技术已经用于检测马的颅内出血，但是在不使用对照介质时对检测脑实质的损伤的价值有限。CT 照片获得较快，并且比核磁共振成像技术（MRI）便宜。尽管其比 MRI 低级，但是因为部位交错的处理模式，用 CT 对软组织评价要优于放射显影成像。该方法的主要局限是缺少立式 CT 的设施。尽管这些设施变得常见，目前马匹还必须进行全身麻醉，并且将马头部伸展来成像，而伸展头部可能造成进一步的错位骨裂，对共济失调的马匹可能造成伤害。在头部创伤病例中，全麻后发生中枢神经区域的神经疾病已有报道。这种并发症可能与预后不良与低存活相关联。在一例头部损伤的病例中，在全麻时造成了颅内出血，因此马匹的头部损伤可能成为一个额外的风险。即使是立式 CT 在操作过程中也需要镇静状态，共济失调可导致马摔倒或者运动，因此，使用立式 CT 并不是没有风险，但是其风险性远比全身麻醉要低。能够进行 CT 后加工重建图像，包括三维重构的优点，有利于对病变的精确定位和评价，然而由于外科手术很少介入治疗，所以操作过程中的风险仍然被认为高于回报。由于这些原因，通常为了保险起见而仅在全麻前使用 CT 成像。

在颅骨腹侧创伤的情况下，CT 可以用于评价软组织创伤的情况，而这些情况用内镜检查看不到。比如，CT 在使用静脉收缩介质时，可辅助区分肌肉损伤和血肿形成。CT 可以通过区分蝶底骨-枕骨底部骨折和头长肌、头腹侧肌损伤来辅助诊断咽鼓管囊出血。在多数医院在全麻情况下，对马匹 CT 诊断，但是这可能导致有头部损伤马匹的发生并发症。

四、结论

在头部损伤的情况下，CT 对精确诊断骨折非常关键，但是，考虑到并不采用外科介入治疗，目前这一操作在中枢神经障碍马匹的风险要超过益处。因此，放射成像技术仍被认为是在有头部创伤的共济失调马诊断中的首选，可用来评价咽鼓管囊来确定软组织混浊和评价蝶底骨来确定错位骨折。CT 和 MRI 使用内镜或者普通放射成像，可提供不明显的关于软组织损伤的额外信息，据此可由外科医生和药物临床医师决定是否可以进行麻醉，但其他的诊断帮助有限。在立式 CT 扫描仪变得越来越便宜的情况下，可以做立式 CT 以显著降低操作时间，但是在共济失调马采取镇静状态时，必须谨慎使用。

推荐阅读

Avella CS, Perkins JD. Clinical commentary: computed tomography in the investigation of trauma to the ventral cranium. Equine Vet Educ, 2011, 23: 333-338.

Beccati F, Angeli G, Secco I, et al. Comminuted basilar skull fracture in a colt: use of computed tomography to aid the diagnosis. Equine Vet Educ, 2011, 23: 327-332.

Butler JA, Colles CM, Dyson SJ, et al. The head. In: Butler JA, Colles CM, Dyson SJ, et al, eds. Clinical Radiology of the Horse. 3rd ed. Oxford, UK: Wiley-Blackwell, 2009: 413-504.

Chalela JA, Kidwell CS, Nentwich LM, et al. Magnetic resonance imaging and computed tomography in emergency assessment of patients with suspected acute stroke: a prospective comparison. Lancet, 2007, 369: 293-298.

Kinns J, Pease A. Computed tomography in the evaluation of the equine head. Equine Vet Educ, 2009; 21: 291-294.

Puchalski SM. Computed tomography in equine practice. Equine Vet Educ, 2007, 19: 207-209.

Ramirez O, Jorgensen JS, Thrall DE. Imaging basilar skull fractures in the horse: a review. Vet Radiol Ultrasound, 1998, 39: 391-395.

（李兆利　译）

第 8 篇
肿瘤学

第96章 淋巴瘤

Jeninifer S. Taintor

淋巴瘤，又称为淋巴肉瘤或者恶性淋巴瘤，是一种起源于淋巴结、脾、肠相关淋巴组织等淋巴组织的造血组织肿瘤。关于此类肿瘤的相关术语很容易被混淆。白血病这个术语曾被用于描述骨髓中一种由淋巴细胞系或髓细胞系转化而来的渐进性肿瘤，尽管淋巴瘤被划分为一种淋巴组织增生性疾病，但它起源于淋巴组织并能发展到骨髓，因此又称为淋巴瘤伴发白血病或白血病淋巴瘤。马很少发生白血病，但有文献报道马可在淋巴细胞或髓细胞系发生此类肿瘤。

通过对穿刺样本或活检样本的细胞学评估，人医将淋巴瘤分为两大类：霍奇金淋巴瘤和非霍奇金淋巴瘤。尽管两种肿瘤都发生在淋巴组织，但区别显著，前者表现为以恶性 Reed-Sternberg（里-斯）细胞的出现为特征的组织病理学变化。恶性 Reed-Sternberg（里-斯）细胞是一种巨型细胞，通常由 B 淋巴细胞转化而来。确诊的家畜淋巴瘤大多数为非霍奇金淋巴瘤。与人医类似，在发现淋巴瘤后，兽医肿瘤学家一般通过测定 B 细胞、T 细胞、NK 细胞的免疫表型，将非霍奇金淋巴瘤进一步分类，这种分类有助于肿瘤的诊断、分级、预后评估、治疗选择以及对病程进行监测。

一、发生率与流行病学

马淋巴瘤于 1858 年首次被报道，目前已经成为世界范围内马最普遍的一种造血系统肿瘤。在马所有肿瘤中，淋巴瘤的总体发病率为 1.3%～2.8%，马的群体发病率为 0.002%～0.5%。淋巴瘤没有种属和性别偏好性，任何年龄的马都可以发病，但是大多数报道的病例集中在 4～10 岁。目前尚未鉴定出确切的风险因子，也没有发现能引起淋巴瘤形成的遗传缺陷，但有报道称，在 1 匹流产的胎马和 2 匹不到 1 岁的马驹中也发现了淋巴瘤。曾有报道猜测逆转录病毒的恶性转化可能是引起马淋巴瘤的原因，但这一猜测遭到了质疑，因为病毒感染时并没有淋巴瘤形成，这不符合科赫法则。

二、临床症状

马淋巴瘤的临床症状可分为多中心或散发型、消化道型、纵隔型、皮肤型、单独存在于淋巴结外的孤立型等。临床症状能反映肿瘤涉及器官的功能变化，也能反映疾病的发病程度及持续时间，但所有类型的马淋巴瘤都表现出一些共同的症状，包括体

重减轻、精神沉郁、嗜睡、腹部体壁及肢端水肿、回归热，涉及外周淋巴结的病例会出现淋巴结肿大。临床上淋巴瘤通常表现为隐性发展，也可突然暴发出现急性症状，这取决于病变所累及的器官。不幸的是，在大多数患病的马中，因为这种肿瘤的隐秘性以及缺少特异的证病性临床指标，淋巴瘤通常在晚期才能被确诊。马淋巴瘤相关的副肿瘤综合征有过报道，其症状包括瘙痒症、发热、恶病质、红细胞增多、血钙过多等。副肿瘤综合征的出现可能是肿瘤分泌的激素或者细胞因子作用的结果，也可能是机体对肿瘤免疫应答反应的结果。有些情况下，副肿瘤综合征的症状会先于淋巴瘤症状或掩盖淋巴瘤的症状，这些症状可能会干扰对原发肿瘤的治疗。

（一）多中心淋巴瘤

多中心淋巴瘤是所有马淋巴瘤中最常见的类型，其特点是肿瘤广泛浸染外周和内部淋巴结及其他器官，这种淋巴瘤最有可能通过淋巴循环转移。肝、脾、肠、肾和骨髓（淋巴瘤细胞白血病）等器官最易发病，但发生在支气管、中枢神经系统、心脏、肾上腺、生殖器官和眼的淋巴瘤也有报道。多中心淋巴瘤的症状能反映出相应器官的功能变化，且多种临床症状可能同时出现。患多中心淋巴瘤的马通常表现出体重减轻、腹部体壁水肿、淋巴结肿大（淋巴结病）、体温升高、脉搏和呼吸频率加快等症状，其他症状还包括腹部膨胀、黄疸、吸收不良综合征、血尿和多饮多尿等。肿瘤侵袭至中枢神经系统时，会导致神经症状，包括共济失调、颅神经缺损、Horner's 综合征、尿或大便失禁、痉挛等。在一例马颈胸部发生硬膜外淋巴瘤引起共济失调的病例中，肿瘤组织出现在眼睑、喉头以及多个关节的内关节面。多中心淋巴瘤在眼部的表现包括间歇性眼睑水肿（可由一侧眼睑转移至另一侧）、慢性眼分泌物增多、第三眼睑水肿、单侧眼球突出、巩膜出现肿块和难以治愈的慢性眼色素层炎。也有报道称，发生多中心淋巴瘤时，可见假性甲状旁腺机能亢进、副肿瘤性瘙痒症和脱毛等症状。

（二）消化道型淋巴瘤

10%～20%马淋巴瘤为消化道型。与患淋巴瘤马平均年龄不同，消化道型淋巴瘤主要发生在老龄马（平均年龄 16 岁）。马小肠发生肿瘤的概率比大肠高，小肠和大肠的不同区段均可以发生，并能转移至其他器官或淋巴结，这一特征导致很难区分消化道型淋巴瘤与多中心淋巴瘤（图 96-1）。消化道型淋巴瘤易发生于低于 10 岁的年轻马肠道的不同部位，老龄马易发生局灶性肠病变。体重减轻、嗜睡及厌食是消化道型淋巴瘤最常见的症状，部分发病马也会出现腹痛和腹泻，其主要原因是肠道吸收不良和蛋白流失。

（三）纵隔型淋巴瘤

纵隔型淋巴瘤，又称为胸廓或胸腺淋巴瘤，是胸部最常见的肿瘤，各年龄马均可发病。除了常见的各种淋巴瘤症状外，患纵隔型淋巴瘤的马还表现出呼吸困难、咳嗽以及颈静脉扩张等症状。胸部听诊时心音低沉，胸部叩诊和超声检查可发现胸腔积液。此外胸腔镜检查是发现胸腔中可能存在的肿块并获取活检样本的有效方法。

(四) 皮肤型淋巴瘤

皮肤型淋巴瘤的特点是出现多病灶的皮下结节，并伴有黄色液体渗出、脱毛和溃烂（图 96-2)。皮肤型淋巴瘤常见发病部位包括头部、四肢、躯干和会阴。有趣的是，有报道称一些母马在怀孕期间皮下肿瘤结节可自行消退，但产后这些肿瘤结节又再次出现。

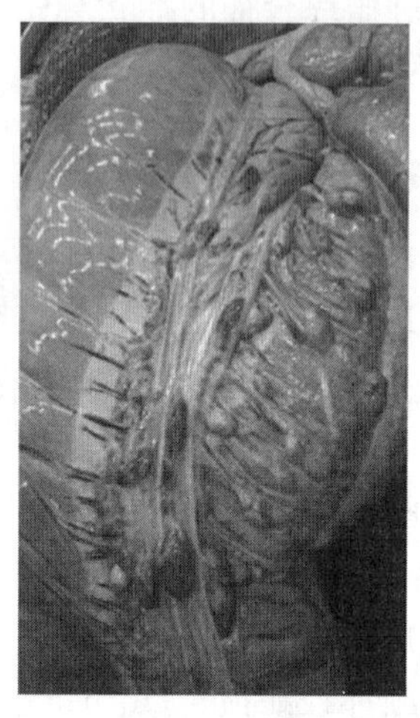

图 96-1　马大结肠肠系膜淋巴结病大体解剖图片

该病变常见于马多中心淋巴瘤和腹部淋巴瘤

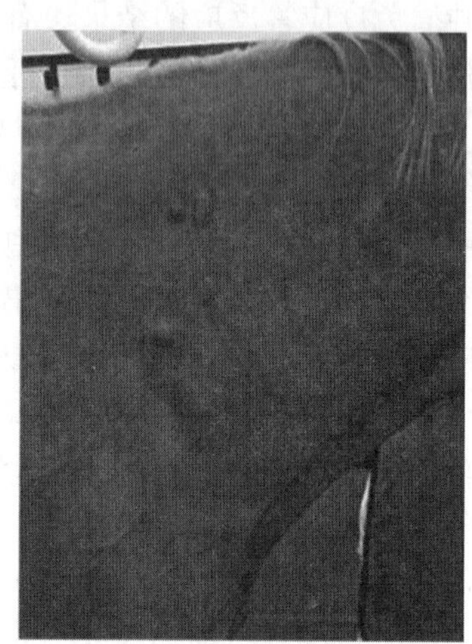

图 96-2　马皮肤淋巴瘤结节

(五) 结外淋巴瘤

许多病例报道证实了马结外淋巴瘤（孤立性淋巴肿瘤）的存在，此类肿瘤的发病部位包括脾、心、上腭、鼻咽、鼻腔、鼻窦、舌、下颌、眼、脑膜、乳腺组织、子宫和骨盆等。对马结外淋巴瘤的回顾研究发现，肿瘤发生在眼睑、第三眼睑、角膜、结膜和巩膜时，不仅会出现单个结节，还会出现弥散性病灶。在报道的 26 例病例中，14 例出现了结节性病变，12 例出现了弥散性病变，1 例是多中心淋巴瘤，3 例是皮肤型淋巴瘤。第三眼睑是最常发病的眼外部位，有结节型病灶和弥散型病灶的出现。在这 26 例中有 8 例出现双侧眼外淋巴瘤。

三、诊断

对疑似患淋巴瘤的马应做初步检查，项目包括体格检查、腹腔器官的直肠触诊、全血细胞计数、血清生化检查等，对胸部和腹部进行超声检查则有助于病灶的定位和累及器官与局部淋巴结的判断。对淋巴结或肿瘤组织进行穿刺或活组织检查是较为理想的诊断手段，但如果病灶在胸腹部，则穿刺会十分困难。虽然肿瘤细胞很少从淋巴瘤上脱落，但对体腔穿刺所收集的液体做细胞学检查仍对肿瘤诊断有重要意义。借助腹腔镜或胸腔镜进行活检或穿刺，以及在超声波引导下进行穿刺所收集的活组织，对细胞学和组织学诊断有一定必要性。

患淋巴瘤的马通常表现出贫血症状，原因包括覆盖抗体的红细胞在早期遭到破坏，以及脊髓痨、慢性炎性贫血、肠溃疡性出血等。然而有报道称，在一头患有淋巴瘤的马出现了红细胞增多症，原因疑似为副肿瘤作用导致的促红细胞生成素产生增多。虽然此类病例很少，但红细胞增多症在发生淋巴瘤的人和犬病例中曾有报道。白细胞增多症可能是由肿瘤坏死引起的中性粒细胞增多的结果，但淋巴细胞增多很少见，若病马同时患有白血病，通过外周血涂片进行细胞学检查，可见非典型或未成熟的异常淋巴细胞（图 96-3），这种未成熟的异常淋巴细胞比中性粒细胞大，核数量增多，染色质稀疏。对发生白血病的马进行外周血涂片检查还可发现其他的异常细胞，包括海因茨小体和 Sézary 细胞，这些细胞是具有髓样核的大中型淋巴细胞，类似于单核细胞，细胞质少。恶性肿瘤侵袭到骨髓时会出现其他血液病变，包括血小板减少症和全血细胞减少症，最常见的血清生化异常包括高纤维蛋白原血症、低白蛋白血症、高球蛋白血症等。人患淋巴瘤时体内白细胞介素-6（IL-6）升高，马患淋巴瘤时很可能与人一样，血液中纤维蛋白原浓度的增高是因为在肿瘤细胞增生过程中，相同的细胞因子分泌增多而导致。低白蛋白血症是最常出现的症状，很可能由蛋白丢失性肠病所导致，尤其是马消化道型淋巴瘤。马肝脏发生淋巴瘤时会出现白蛋白合成减少，血清白蛋白含量的降低也可能是对血清球蛋白含量增加的一种代偿反应，而血清球蛋白含量的增加可能是淋巴瘤抗原免疫应答的结果。虽然高血钙症可伴随淋巴瘤发生，但很多患淋巴瘤的马因为有低白蛋白血症而出现低血钙症。

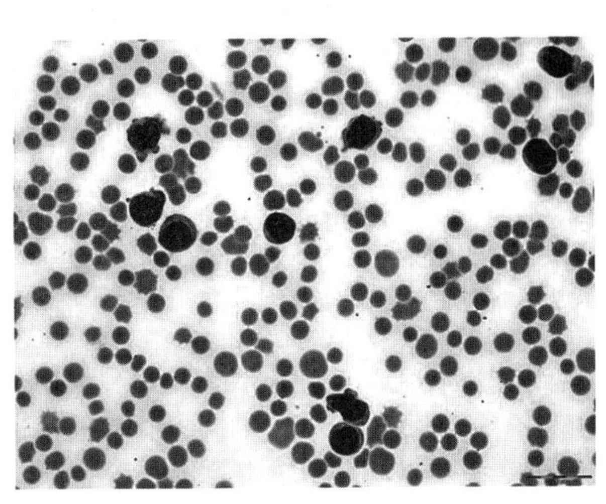

图 96-3 外周血涂片中的异常淋巴细胞，区别于白血病时的淋巴细胞

由于淋巴瘤常伴发 IgM 缺乏症，因此检测血清 IgM 浓度可能有助于肿瘤的诊断。对马淋巴瘤的研究表明，IgM 浓度在 60mg/dL 或者更低时，淋巴瘤诊断的检测灵敏性为 50%，特异性为 35%。另一项研究中，比较正常马与患淋巴瘤马发现，IgM 浓度为 23mg/dL 或更低时才能视为 IgM 缺乏，运用这一指标诊断淋巴瘤，检测灵敏性降低到 23%，检测特异性则显著增加至 88%。但因为检测的灵敏性低，IgM 也不是可靠的马淋巴瘤诊断指标。

对疑似病变部位进行穿刺或活组织检查是淋巴瘤诊断的首选方法。组织样本不仅能做组织学检查，而且可进行淋巴瘤细胞分类（如 B 淋巴细胞或 T 淋巴细胞）、确定细胞增殖速度、判定是否存在激素受体等。淋巴瘤的组织学特点包括压迫和破坏正常组织结构、染色质分布杂乱、核仁多形、滤泡旁细胞萎缩（图 96-3），这些特点不同于淋巴细胞增生。目前对淋巴瘤进行组织学诊断通常是最后诊断，但进一步进行像对人类肿瘤那样的分类工作，可能有利于获得更准确的预后、治疗方案以及治疗性肿瘤监测。使用抗体检测免疫表型能判断细胞来源是 T 细胞还是 B 细胞。确定免疫表型的方法有两种：一是免疫组化方法，可用于固体组织；二是流式细胞术检测，可用于外周血、体腔渗出液和细胞悬浮液。在马 T 细胞源性肿瘤细胞中，免疫组织化学方法可观察到 CD3 T 细胞，流式细胞术检测方法可观察到 CD4 T 细胞。在 B 细胞源性肿瘤细胞中，免疫组织化学方法可发现 CD79＋细胞，流式细胞检测方法可观察到 B29A 和 E18A 阳性细胞。之前对患淋巴瘤的马进行肿瘤性淋巴细胞的免疫表型分析表明，多中心淋巴瘤和消化道型淋巴瘤主要是 T 细胞来源，纵隔型淋巴瘤则几乎都是 T 细胞来源，皮肤型淋巴瘤既有 T 细胞来源，也有富含 T 细胞的 B 细胞来源。最近的一项研究表明，富含 T 细胞的 B 细胞淋巴瘤（TCRBCL）是最常见的类型，占多中心淋巴瘤的 34%，消化道型淋巴瘤的 30%，皮肤型淋巴瘤的 71%，而 T 细胞来源的淋巴瘤占多中心淋巴瘤的 26%，消化道型淋巴瘤的 25%，皮肤型淋巴瘤的 16%。有报道称，化疗对人、犬、猫的 TCRBCL 有良好效果。在犬和人的一些病例中，TCRBCL 被怀疑可发展成为 B 细胞淋巴瘤。T 细胞源淋巴瘤则是一种侵袭性更强的淋巴瘤，和 B 细胞淋巴瘤相比其预后更差。通过免疫组织化学检测与细胞周期相关抗原来确定肿瘤增殖速度，是人和小动物肿瘤诊断的另一个工具，可为获得肿瘤预后和监控治疗反应提供帮助。迄今为止，通过免疫组织化学发现，T 细胞和 B 细胞淋巴瘤均具有高增殖速度。为了明确诊断结果、预后和治疗反应之间的相关性，还需要通过肿瘤诊断获得更多的有用信息。

在有皮肤损伤且在孕期肿瘤退行的母马中，使用免疫组织化学技术检测肿瘤细胞的黄体酮受体可显示出雌激素或孕激素受体在多种类型的马淋巴瘤中的数量，并为治疗提供选择。正常的马淋巴组织孕酮受体阳性率为 1.9%，但在淋巴瘤中，尤其是富含 B 细胞的淋巴瘤中，孕酮受体阳性率很高（平均为 55%，B 细胞淋巴瘤中为 64%，富含 T 细胞的 B 细胞淋巴瘤为 58%，T 细胞淋巴瘤为 33%）。雌激素受体在正常组织与淋巴瘤组织中均非阳性。淋巴瘤的解剖位置与具有孕酮阳性受体的肿瘤细胞的百分比有一定的关系（100%的脾淋巴瘤，67%的皮肤型淋巴瘤，60%的胸部淋巴瘤，40%的多中心型淋巴瘤和 25%的消化道型淋巴瘤有孕酮受体）。鉴于肿瘤的激素疗法如孕酮对患乳腺癌的女性有积极疗效，孕酮或抗孕酮药物治疗可能对一些患有淋巴瘤的马有疗效。

人类淋巴瘤的分类在不断完善，最新的分类系统由世界卫生组织（WHO）于 2008 年发布。但人类肿瘤分类系统并不太适合对家畜淋巴瘤的分类。为了将家畜淋巴瘤分级，专家们对人非霍奇金淋巴瘤的分类法和 WHO 分类系统进行了修订，但是目前修订的分级系统还没有提供与人医相同的预后和治疗反应预测。

四、治疗

马淋巴瘤的治疗反应和预后往往是未知的，因为大多数肿瘤确诊时都已经发展到

晚期，预后不良导致马主人大多倾向于选择安乐死。如果马淋巴瘤存在肿瘤分期，这种分期可能有助于治疗方案的确定。WHO已经为家畜淋巴瘤制定了一套临床分期系统，该系统基于动物解剖部位、器官受累程度以及临床特征对肿瘤进行分期（框图 96-1）。根据临床分期，可供选择的治疗方案包括单个肿瘤的外科手术切除、放射性疗法以及化学疗法。需要提醒马主人的是，这些治疗很可能只能治标而不能治本。

有文献报道马孤立性淋巴瘤肿块的切除手术，涉及的器官包括大结肠、眼和上呼吸道。数据显示外科手术切除眼外肿瘤结节对肿瘤的缓解率可达 80%，但是该缓解现象（通过切除受累眼球）只出现在 1 例弥散性肿瘤病例。还有报道称在切除颗粒泡膜细胞瘤后，母马皮下淋巴瘤结节消退。有趣的是，对于这匹马和其他马，肠外注射合成孕酮后，马皮下肿瘤结节也会消散。马上呼吸道发生淋巴瘤时，外科手术切除只能缓解症状，但结合放射疗法可对治疗有一定的促进作用。

框图 96-1 世界卫生组织家畜淋巴瘤临床分期系统

分期	肿瘤描述
1	肿瘤局限于单个淋巴结或单个器官内的淋巴组织
1a	无全身症状
1b	有全身症状
2	局部有多个淋巴结出现肿瘤
2a	无全身症状
2b	有全身症状
3	全身淋巴结都出现肿瘤
3a	无全身症状
3b	有全身症状
4	除 3 期症状外，肝脏和脾脏也出现肿瘤
4a	无全身症状
4b	有全身症状
5	除 4 期症状外，血液、骨髓和其他器官也出现肿瘤
4a	无全身症状
4b	有全身症状

马肿瘤的放射疗法有两种，即近距离放射疗法和远距离放射疗法。近距离放射疗法是通过表皮植入或表面使用密封放射源（铱-92、碘-125 或锶-90）对目标组织进行治疗。远距离放射疗法是采用外部射线进行照射，如线型加速器或放射性钴-60 仪，远距离放射疗法通常要求辐射源距离肿瘤 80～100cm。放射疗法是否可行还取决于肿瘤的位置和体积，通常远距离放射疗法被用来治疗第一阶段淋巴瘤或者不确定的病灶，例如某个关节面或会阴部的皮肤淋巴瘤。辐射剂量要根据肿瘤位置、大小和深度来确定。确定辐射总剂量后，放射治疗的次数越少越好，减少放射治疗次数能增加正常组织的耐受能力，减少病畜全身麻醉的次数。由于需要进行精确定位和马匹保定，必须

对马实施全身麻醉。马肿瘤放射疗法的不良反应主要出现在放疗处理所在的位置，包括炎症、溃疡和坏死，出现在皮肤上时可导致毛色变白和短暂性局部淋巴结肿大。最近有一则报道，对 3 例患有淋巴瘤的马进行放射治疗，其中 2 例是单一的皮肤肿瘤，另一例是鼻道内的肿瘤。截至报告完成，这 3 匹马已经 9 年无肿瘤复发。

单独使用糖皮质激素治疗是一种传统的保守疗法，可对肿瘤进行短期控制（犬1～2 个月）。糖皮质激素可通过破坏染色质致淋巴瘤细胞死亡，对患肿瘤的马使用地塞米松或强的松龙后，观察临床症状几周发现，这两种药物改善临床症状从没有效果到效果显著，差异很大。对 2 匹患眼外结节状淋巴瘤的马在病灶区分别单独注射糖皮质激素、甲基强的松龙或者氟羟氢化泼尼松时，单独注射或结合外科切除手术都有一定的积极作用。犬肿瘤治疗时仅使用糖皮质激素，会产生化疗耐药表型，从而导致再次使用其他治疗方法时难以获得成功。

化学疗法的原则是最大限度杀死肿瘤细胞，同时尽量降低对动物局部和全身的副作用。虽然化学疗法通常是一种保守疗法，但对于单个肿瘤病灶也有治愈效果。为防止耐药性的产生，常使用多种药物混合治疗。多种药物混合治疗时化疗药物的选择需要根据兽医的经验，尽可能使用最大推荐剂量，同时避免出现毒副作用。使用没有叠加毒性的药物，同时最好使用对肿瘤有明确效果的药物。已有文献报道治疗马淋巴瘤的几种药物搭配方案，并获得了不同程度的成功（表 96-1、表 96-2）。药物使用剂量计算时所用的体表面积可以根据下面的公式计算：体表面积（m^2）＝体重（$g^{2/3}$）$\times 10.5/10^4$。化疗开始后 2～4 周可见淋巴瘤症状缓解，但治疗需要再持续 2～3 个月。此后，如果症状缓解仍很明显，且副作用达到最小化，可以继续进行化学疗法并延长给药间隔 1 周（从最初间隔算，根据药物配方做调整；表 96-1 和表 96-2），再持续治疗 2～3 个月，之后可以再延长给药间隔 1 周。这种持续治疗可以让动物保持正常状态 6～8 个月，但一旦停止给药，淋巴瘤有可能复发。化学疗法的副作用包括骨髓抑制、胃肠失调、脱毛和蹄叶炎，但这些副作用并不经常出现。在治疗期间，建议经常进行体检（每 2 周 1 次）和全血细胞计数。如果体格检查或者全血检查出现明显异常，需要推迟化疗直至指标恢复到可接受的范围。选择化疗方法，除了多种药物搭配外，也包括单一化疗药物的使用，进行全身性用药或对单一病灶进行局部注射用药。阿霉素静脉注射剂量为 30～60mg/m²，每 2～3 周 1 次。化疗药物必须谨慎使用，因为这些药物可能导致心肌损伤和肺纤维化等并发症。在病灶内注射含顺铂的芝麻油对治疗马皮肤型淋巴瘤有效。有报道称，每立方厘米肿瘤 1mg 顺铂，注射部位间隔 1cm，每隔 2 周重复注射 1 次，直到肿瘤消退，该方法治疗马皮肤型淋巴瘤的成功率可达 96.2%。

表 96-1　治疗马淋巴瘤的化学药物

药物类型	药物名称	药物作用机制	毒副作用
烷化剂	环磷酰胺	抑制 DNA、RNA 和蛋白质合成	骨髓抑制、膀胱兴奋
	苯丁酸氮芥	抑制 DNA、RNA 和蛋白质合成	骨髓抑制
抗代谢药	阿糖胞苷	杀死 S 期细胞、阻断 G1-S 期的 DNA 合成	血小板减少、中性粒细胞减少
抗菌剂	阿霉素	抑制蛋白质合成、产生自由基	心脏和肾毒性、水泡变性

（续）

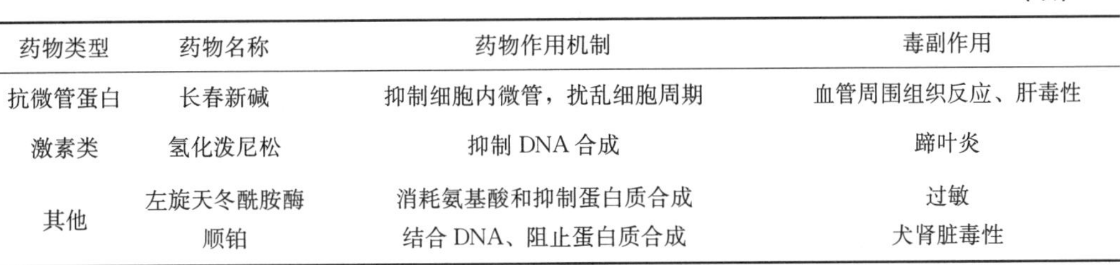

药物类型	药物名称	药物作用机制	毒副作用
抗微管蛋白	长春新碱	抑制细胞内微管，扰乱细胞周期	血管周围组织反应、肝毒性
激素类	氢化泼尼松	抑制 DNA 合成	蹄叶炎
其他	左旋天冬酰胺酶	消耗氨基酸和抑制蛋白质合成	过敏
	顺铂	结合 DNA、阻止蛋白质合成	犬肾脏毒性

表 96-2　马淋巴瘤化学疗法

治疗方案	药物	剂量	给药方法	实施方案
CAP	环磷酰胺 阿糖胞苷 氢化泼尼松	200mg/m^2 每次 1.0～1.5g 1mg/kg	静脉注射 肌内注射/皮下注射 口服	每天 1 次，每 2 周更换药物
COP	苯丁酸氮芥 阿糖胞苷 或 环磷酰胺 氢化泼尼松 长春新碱（最初没有效果时加入）	200～300mg/m^2 20mg/m^2 200mg/m^2 1.1～2.2mg/kg 0.5mg/m^2	肌内注射/皮下注射 口服 静脉注射 口服 静脉注射	每 7～14d 每 48h 每 7d 每 14d 每 14～21d
单一药物治疗	左旋天冬酰胺酶 环磷酰胺 或 长春新碱	10 000～40 000 IU/m^2 200mg/m^2 0.5mg/m^2	肌内注射 静脉注射 静脉注射	每 2～3 周 每 2～3 周 每 2～3 周
化疗药物和自体疫苗联合	环磷酰胺 自体疫苗	300mg/m^2 2ml 四点注射	静脉注射 肌内注射	第 1 天和第 36 天 第 4，21，39 天
单一药物	阿霉素 顺铂（1mL 10mg/mL 的顺铂加 2mL 芝麻油）	30～65mg/m^2 1mg/m^{3}或 1mg/1cm 肿瘤	静脉注射 瘤内注射	每 3 周 每 2 周

推荐阅读 

Burns T，Couto CG. Systemic chemotherapy for oncologic disease. In：Robinson N，ed. Current Therapy in Equine Medicine. 6th ed. St. Louis：Saunders，2008：15-18.

Durham AC，Pillitteri M，Myrint MS，et al. Two hundred three cases of equine lymphoma classified according to the World Health Organization（WHO）classification criteria. Vet Pathol，2013，50（1）：86-93.

Meyer J，deLay J，Bienzle D. Clinical，laboratory，and histopathologic features of equine lymphoma. Vet Pathol，2006，42：214-924.

Savage CJ. Lymphoproliferative and myeloproliferative disorders. Vet Clin North Am，1998，14（3）：563-578.

Schneider DA. Lymphoproliferative and myeloproliferative disorders. In：Robinson N，ed. Current Therapy in Equine Medicine. 5th ed. St. Louis：Saunders，2002：369-362.

（戚亭　审）

第 97 章　副肿瘤综合征

Anna R. Hollis

副肿瘤综合征是一种疾病或一种临床症状，随肿瘤的发生而出现，但不是由于肿瘤细胞的局部出现而自接引发。副肿瘤综合征的病理生理学机制很复杂，这些症状由肿瘤细胞产生的激素、细胞因子、铁元素等必需物质的逐渐耗尽以及肿瘤的免疫调节等因素介导，在多数情况下，无法明确其病理生理方面的原因。在患肿瘤人群中，副肿瘤综合征的发生率为 2%～20%。副肿瘤综合征可出现在各种类型的肿瘤病例中，肺、乳腺、卵巢和淋巴系统（淋巴瘤）发生肿瘤时最容易出现副肿瘤综合征。副肿瘤综合征常在恶性肿瘤被检出之前出现。因此，当出现副肿瘤综合征时必须进行彻底的检查，以确定引起这类临床症状的真正原因，但这种原因通常不会立即被发现。识别副肿瘤综合征十分重要，因为其出现在肿瘤早期，因此有助于肿瘤的早期诊断。副肿瘤综合征的严重程度可以反映肿瘤的严重程度，这也意味着副肿瘤综合征的改善或消除也能提示肿瘤对机体影响的改善，这对肿瘤监测非常有用。此外，对一些副肿瘤综合征引起的代谢异常的处理，对有效治疗肿瘤十分重要，在一些病例中，副肿瘤综合征的临床症状也许比肿瘤直接引起的症状更明显。

副肿瘤综合征分为以下几种类型：混合型（非特异型）、风湿型、肾型、胃肠型、血液型、皮肤型、内分泌型和神经肌肉型。由于副肿瘤综合征的多样性，兽医需要对任何不明原因的临床症状或血液、生化异常进行全面检查。副肿瘤综合征是马内科学的研究热点，尽管本章中所描述的大多数临床表现更多是由非肿瘤因素所引起，但副肿瘤综合征的确给兽医带来了复杂的具有挑战性的临床问题。

一、混合型（非特异型）副肿瘤综合征

癌症引起的恶病质是肿瘤患者最常见的副肿瘤综合征，常导致人变得虚弱甚至危及生命，也是预后不良的主要原因。癌症恶病质的发病原因很复杂，影响因素包括厌食、消化功能受损、肌肉分解加快以及合成受损、肿瘤组织增生引起的营养需求增加、营养渗出性流失、炎症反应、各种代谢和内分泌紊乱等，许多体液因素也加剧了癌症恶病质的发展。混合型副肿瘤综合征临床表现为体重严重减轻（主要由肌肉和脂肪的大量消耗），并常伴有肌无力和肌肉疲劳，影响生活质量。单纯增加营养并不能改善这些症状。外周黑皮质素被认为在癌症恶病质发展过程中起重要作用，目前的研究热点是拮抗外周黑皮质素作用药剂的开发，但目前还没有商业化药品。

发热是公认的副肿瘤综合征的一个症状，在淋巴瘤中十分常见，表现为非特异性间歇热或弛张热，但其发生机制尚不完全清楚。白细胞介素-1（IL-1）、白细胞介素-6（IL-6）和肿瘤坏死因子是致热源，并能通过培养一些肿瘤细胞系获得，它们通过诱导下丘脑中的血管内皮细胞合成前列腺素 E2，影响体温调节神经元的功能引起发热。

肿瘤溶解综合征是以严重代谢紊乱为特征的一种急性症状，在接受治疗的淋巴细胞增生性肿瘤患者中最为常见，但偶尔也发生在没有治疗的患者中。肿瘤溶解综合征是由肿瘤细胞快速更新或肿瘤细胞的大量破坏，导致细胞内离子和代谢副产物释放并进入体循环引起。最常见的症状是高钾血症、高尿酸血症和高磷酸盐血症，尽管这些症状在家畜中少见，但急性肾功能衰竭是一种常见的症状。当病马出现肾功能衰竭和肿瘤症状的时候，应该考虑肿瘤溶解综合征的可能性。

淀粉样变性是浆细胞瘤，尤其是多发性骨髓瘤的一种副肿瘤性表现。鼻腔和皮肤发生淀粉样变性时，全身性轻链淀粉样变性在患有多发性骨髓瘤、浆细胞瘤、淋巴瘤以及腺瘤的马中已有报道。尽管原发肿瘤难以确定，但对任何不明原因的应激性淀粉样变性都应及时进行恶性肿瘤检查。

二、风湿型副肿瘤综合征

肥大性骨病（HO），俗称 Marie's 病，是结缔组织、骨膜下层骨组织沿着四肢骨干和干骺端的对称性增生。该病通常会导致四肢肿胀，25%的患者会感到疼痛。HO 也可发生于下颌骨、上颌骨和鼻骨中。四肢的血液循环可能会受到骨膜增生的影响，导致远端肢体的水肿。发生 HO 的马会出现典型的跛行、四肢僵硬、不愿活动、关节灵活性降低以及滑膜液减少等症状。马骨膜内新骨几乎不影响关节面，这一点与人发生 HO 不同，后者常伴有关节受累。影像学表明，新生骨通常呈栅栏状并且垂直于骨密质。人和犬的 HO 病例大部分继发于胸腔疾病，尤其是胸腔内肿瘤，而马 HO 通常继发于胸部炎症而非胸部肿瘤，这可能是由于马胸部肿瘤相对少见的缘故。马与 HO 有关的胸腔内肿瘤包括鳞状细胞癌、颗粒细胞成肌细胞瘤以及转移性肺肿瘤。许多非肿瘤性胸腔病变也能诱发马 HO，诊断时应注意鉴定排除这些情况。此外，有报道称 HO 与胸外环境有关，但目前还没有发现相关的刺激因素。医学中将没有原发病因的 HO 称为骨膜增生型厚皮症，最近有报道表明 HO 可能与血管内皮生长因子（VEGF）产生过量有关，这就解释了为什么许多低氧症和肿瘤病例会发生 HO。关于 HO 的病理生理学机制尚不清楚，患 HO 后 VEGF 的水平增加，许多恶性肿瘤通过产生 VEGF 来促进和维持其无限增殖。二膦酸盐被认为是治疗人 HO 潜在的有效药物，但尚未对马进行治疗试验。

三、肾型副肿瘤综合征

肾型副肿瘤综合征包括电解质紊乱（最明显的是由肾小管和肾小球受损而导致的高钙血症）、激素分泌性肿瘤（抗利尿激素分泌紊乱综合征和肾素分泌性肿瘤）或肾小

球抗原抗体复合物病理性沉积。肿瘤溶解综合征也会影响肾功能。肾脏疾病可使动物更加虚弱，而早期诊断和治疗可以显著提高动物的生活质量。

四、胃肠型副肿瘤综合征

伴随有电解质紊乱的水样腹泻、精神错乱、精力衰竭等症状，是患甲状腺癌、黑色素瘤、骨髓瘤、转移性肺病、卵巢肿瘤、松果体肿瘤及其他肿瘤病的副肿瘤综合征，该综合征被认为是由前列腺素介导，表现出随之而来的吸收不良和继发性营养不良。

五、血液型副肿瘤综合征

继发性绝对性红细胞增多症可导致红细胞总量增加，其原因可能是肿瘤细胞直接产生或前列腺素应答反应所导致的红细胞生成素异常增多。马肝母细胞癌和成肌细胞瘤与红细胞增多症有关，用羟基脲（15mg/kg，口服，每12h一次，服用10d）对红细胞增多症进行治疗的成功案例也有报道。

血小板减少症可能继发于血小板消耗剧增、血小板生成量下降、脾和血窦血小板储存过多。35%患淋巴瘤的马表现出血小板减少症，并通常并发骨髓痨，骨髓痨是一种由于肿瘤细胞及其分泌的骨髓抑制因子浸润到骨髓所引发的骨髓抑制性疾病。马血管肉瘤也常表现出血小板减少症，与青年马相比，老龄马更常见，并呈散发态势，表现为皮下出现病灶、肢体肿胀及关节渗出液增多，这些可能是血小板消耗增加的继发症状。

贫血可能是慢性贫血病、自身免疫性溶血性贫血、微血管溶血性贫血以及再生障碍性贫血的结果。慢性贫血病继发于伴有炎症的恶性肿瘤，会产生抑制骨髓的多种细胞因子，如转化生长因子-β、IL-1、IL-6、干扰素-γ等增加铁调素诱导的、对铁的吸收与代谢抑制，而骨髓的肿瘤坏死因子α对红细胞生成素具有拮抗作用。

弥散性血管内凝血是威胁生命的副肿瘤综合征。高纤维蛋白原血症与肿瘤相关，是由于作用于肝脏的IL-6水平增高导致急性蛋白反应所致。当原发肿瘤被成功治愈后，高纤维蛋白原血症也会得到缓解。

单克隆丙球蛋白病，尤其是低蛋白血症和高丙球蛋白血症，通常与多发性骨髓瘤有关，并在马中有报道。IgG是恶性浆细胞产生的最为常见异常球蛋白，但在患多发性骨髓瘤的马匹中也可能会出现高浓度的IgA。

高铜血症和血清铜蓝蛋白水平升高是人和马的一种副肿瘤综合征。在临床实践中很少对马的血铜和血浆铜蓝蛋白水平进行检测，因此这种副肿瘤综合征可能被低估。医学中血铜和血浆铜蓝蛋白浓度测定有助于肿瘤的早期诊断及预测，例如，眼部铜沉积与多发性骨髓瘤和淋巴细胞增生性白血病有一定的关系。目前还没有治疗高铜血症和血浆铜蓝蛋白浓度增高的有效方案。

六、皮肤型副肿瘤综合征

瘙痒症是一种公认的副肿瘤综合征，被认为是细胞因子异常导致T细胞功能紊乱的结果。与肿瘤相关的瘙痒症的其他潜在病理机制包括神经压迫、肿瘤生长、胆管收缩和胆汁淤积。马副肿瘤瘙痒症已有报道。

马副肿瘤脱毛症也有报道，被认为是与细胞因子相关的毛囊萎缩的结果。其他皮肤型副肿瘤综合征例如水泡性口炎和肉芽肿性皮炎也有报道。

七、内分泌型副肿瘤综合征

恶性肿瘤导致的高钙血症是马最常见的副肿瘤综合征，25%的患胃鳞状细胞癌的马会出现此症状。其他会导致高钙血症的肿瘤包括多发性骨髓瘤、各种癌、成釉细胞瘤、卵巢间质瘤和淋巴瘤。高钙血症常常由肿瘤组织导致的甲状旁腺激素和甲状旁腺激素相关蛋白的异常表达引起，从而造成骨质再吸收和血钙浓度的升高。引起血钙浓度升高的其他因素还包括前列腺素、破骨细胞活化因子以及广泛的转移灶处骨细胞溶解。高钙血症可以引起许多临床症状，包括胃肠道、心血管、神经、肌肉和泌尿生殖系统的症状。胃肠蠕动减弱会导致厌食和便秘；心肌收缩能力下降会引起虚弱无力和昏厥；动物行为发生改变，出现沮丧、抑郁、昏迷、痉挛、肌肉抽搐。肾浓缩功能下降导致多饮多尿，严重时，肾小管中高浓度钙离子的毒性作用会导致急性肾功能衰竭。

癌和间皮瘤常伴发低血糖，与之区别的是极为常见的假性低血糖症，其病因通常是由于对血样的处理不当，或是发生严重的其他无关疾病如内毒素血症。真性低糖血症常常由胰岛素样生长因子Ⅱ的产生所导致。

八、神经肌肉型副肿瘤综合征

人类有6%的癌症患者会出现神经肌肉型副肿瘤综合征，尤其是卵巢和肺肿瘤患者。已经报道的症状多种多样，包括重症肌无力、脑炎、脑脊髓炎、小脑退化、感觉神经疾病等。虽然还没有在马中报道，但这些症状是肿瘤性疾病的潜在影响，因此，在鉴别诊断时，需对任何表现出神经肌肉症状的马匹进行肿瘤诊断。

推荐阅读

Axiak S，Johnson PJ. Paraneoplastic manifestations of cancer in horses. Equine Vet Educ，2012，24（7）：367-376.

Davis EG，Rush BR. Diagnostic challenges：equine thoracic neoplasia. Equine Vet Educ，2013，25：96-107.

Marr CM. Clinical manifestations of neoplasia. Equine Vet Educ，1994，6（2）：65-71.

（张万坡　译）

第 98 章　阴茎和包皮鳞状细胞癌

Gerald Van Den Top

阴茎和包皮肿瘤是马属动物最常见的肿瘤之一。包皮和阴茎的表面都由一层皮肤包裹，因此易发生上皮或间叶来源的肿瘤。该部位的鳞状细胞癌（SCC）常导致动物不适，有时也会引起严重的后遗症，甚至导致死亡。

一、流行病学和病因学

马肿瘤有约 6%～10%为外生殖器肿瘤，其中 SCC 最常见，占 49%～82.5%。阴茎和包皮 SCC 主要发生在平均年龄为 17.4～19.5 岁的成年马。有关生殖器肿瘤繁殖遗传缺陷的报道多模糊不清，且难以解释其原因，因为群体研究表明马生殖器肿瘤的发生有很强的品种偏好性。这可能是由于某些品种在研究领域使用较多而被重复计算。雄性幼驹的生殖器肿瘤发生率较高，这可能与它们寿命更长有关。生殖器有白斑的马品种，例如阿帕卢萨马和美国花马，易发生 SCC。

人类男性感染乳头瘤病毒可导致鳞状细胞癌，但需要辅助因素的存在。马也可能有类似的现象，因为对马阴茎肿瘤的组织病理学调查发现，SCC 通常是由乳头状瘤转化而来。马皮肤上皮的基底细胞层感染宿主特异性乳头瘤病毒被认为是发生乳头状瘤的原因，并且促使乳头状瘤的形成，这表明马阴茎和包皮的乳头状瘤是由乳头瘤病毒引起。马乳头瘤病毒 2 型（EcPV-2）被认为是马阴茎和包皮 SCC 发生的主要原因，一些研究者从马阴茎乳头状肿瘤、阴茎上皮内肿瘤和马 SCC 中都检测出 EcPV-2。

取马包皮垢注射于鼠，可在鼠注射位置诱发乳头状瘤和 SCC，因此，马包皮垢也被认为是引起马外生殖器 SCC 的主要原因。然而，上述研究并不能确定包皮垢本身是致癌物质。马阴茎 SCC 和乳头状瘤的混合出现已有报道，这表明尽管乳头瘤病毒可能才是马 SCC 形成的原因，但阴茎垢起到了促进剂作用。卫生条件差、慢性感染的刺激和龟头包皮炎被认为是马生殖器癌症的诱因。

二、临床症状和诊断

包皮或阴茎 SCC 的临床症状可由肿瘤或继发炎症感染引发，其临床原发症状通常包括斑块状褪色、阴茎或包皮表面的不规则化以及伴随或不伴随肉芽组织增生的不易愈合的糜烂（图 98-1）。肿瘤晚期可形成有菜花状或无菜花状外形的肿块，并包含大面积的坏死区域。SCC的临床症状还包括出现出血性或脓性分泌物、可能由坏死导致的继发感染引起的刺激性气味、包皮水肿以及排尿困难。严重的SCC会影响马的交配、阴茎的正常勃起和回缩。其他临床症状包括阴茎和包皮表皮脱落、阴茎频繁勃起、步态异常、四肢站立位置增宽。在马的阴茎和包皮SCC病例中，有53%～84%会涉及阴茎龟头。

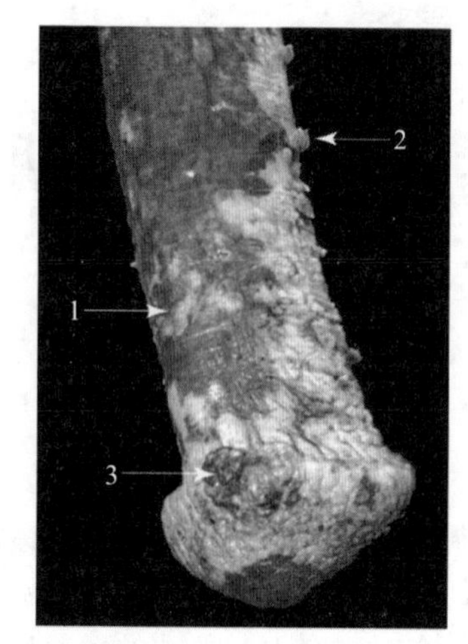

图98-1 马阴茎鳞状细胞癌T2期，肿瘤已经浸润到阴茎海绵体

1. 阴茎上皮内肿瘤病变 2. 乳头瘤状病变 3. 明显可见的有形肿瘤组织

[引自Van den Top JGB, Ensink J, Barneveld A, van Weeren PR: Penile and Preputial Squamous Cell Carcinoma in the Horse and Proposal of a Classifi cation System. Equine Vet Educ 23 (12): 636-648, 2011]

马外生殖器肿瘤的诊断应先进行视诊和对包皮与阴囊皮肤的触诊。对明显的原发性肿瘤的评估，应包括肿瘤的大小、移动性、侵袭性和位置（肿瘤是否出现在尿道、阴茎海绵体、尿道海绵体、或混合发生）。检查阴茎和包皮的内部褶皱比较困难，因为在非镇静状态下，这些结构会收缩在包皮内。马在排尿时会将阴茎伸出，因此可以通过将马置于马厩或使用利尿剂促进其排尿来检查阴茎。注射乙酰丙嗪（0.04～0.1mg/kg，静脉注射）、地托咪定（0.01mg/kg，静脉注射）或者甲苯噻嗪（0.5～1mg/kg）可使马镇静，从而完成对阴茎的全面触诊和视诊。对于阴茎没有伸出和抵触检查的马，可联合使用0.02～0.05mg/kg乙酰丙嗪和0.2～03mg/kg甲苯噻嗪，能有效保证阴茎松弛，效果良好，且比单独使用甲苯噻嗪的药效时间更长。尽管地托咪定比乙酰丙嗪诱导阴茎缩肌放松的效果略差一些，但地托咪定能更迅速地使马匹安静下来。吩噻嗪镇静剂已被报道能够引起轻度包茎、异常勃起、阴茎麻痹，而地托咪定则没有这些不良反应。

超声检查操作简单，可用于简单检查肿瘤的发展程度和机体不同结构的受损程度，非常适合评估软组织肿瘤。

原发性肿瘤手术前的组织学评估是对肿瘤分级和制订治疗方案的必要步骤。通过穿刺活检（FNAB）、打孔取样或肿瘤切除可获得组织样品。穿刺活检可用于鉴定具有恶性肿瘤特征的细胞，但不是评估SCC的可靠方式，因为早期的肿瘤、增生发育异常的角质化细胞都会出现相似的细胞学特征。肿瘤结构和浸润程度，只能通过对大样本评估才能确定，因此对病灶全层活检比FNAB的效果好。不管肿瘤是哪种类型，病变严重的肿瘤在任何情况下都要彻底切除，外科手术切除或肿瘤细胞杀灭的同时可进行组织学检验材料的取样。

肿瘤的转移性对诊断马外生殖器SCC十分重要。有报道称12.5%～16.9%发生外生殖器SCC的雄性马，肿瘤能转移到腹股沟淋巴结，因此，还应该对局部淋巴结进行触诊。但由于阴茎肿瘤可能引起继发感染导致腹股沟淋巴结肿大，所以会出现假阳性结果。在马阴茎和包皮的各种类型肿瘤中，腹股沟淋巴结肿大的检出率相对较高

(34.1%)，但只有32.1%的腹股沟淋巴结肿大是由肿瘤的转移所导致。并且由于马的腹股沟区有大量的脂肪沉积，因此对马腹股沟淋巴结进行触诊十分困难。

当阴茎肿瘤发生转移时，最常出现在腹股沟浅淋巴结，其次是髂内淋巴结。可以通过直肠触诊和超声波进行检查，如果发现肿大的淋巴结，可以通过超声波引导，利用穿刺取样进行组织学检查。尽管肿瘤细胞鉴定是确定肿瘤转移的可靠指标，但即使没有鉴定出转移的肿瘤细胞，或者没有发现淋巴结肿大，也不能排除肿瘤转移的可能。在转移性肿瘤中，有36%的病例不会出现淋巴结肿大，这种情况称为隐匿性转移，是对发生阴茎扭转的动物进行整块阴茎和包皮切除术或者对淋巴结进行死后组织学检查时发现的。肿瘤的远距离转移很少见，但有时也能在肺的X线片上发现肿瘤转移。

三、组织学特征

浸润性SCC通常表现为颗粒状、不规则的岛屿状、巢状或者角化的肿瘤细胞由皮肤表面（表皮）向下侵入到真皮形成条索状结构。常见的病理变化包括角蛋白形成、珍珠样凸起、出现有丝分裂相以及细胞的异型性，有时也会出现细胞核质比变大、核膜增厚、异染色质增多等现象。根据分化程度的不同，分化程度良好的肿瘤中可见组织的整体结构，但是分化程度低的SCC中经常没有这种结构。阴茎上皮内癌变，也称原位癌，用于描述尚未侵入到更深的皮下组织而仅局限在上皮的一簇恶性肿瘤细胞。

四、肿瘤分类

理想情况下，对肿瘤进行分级和分期有助于准确预测肿瘤的发展。

（一）分级

肿瘤的病理组织学分级是通过活检或切除手术评估肿瘤细胞分化程度来划分，分级的基础是对肿瘤细胞的外形和功能与相同组织类型的健康细胞的相似程度。简单来说，分化程度高或分化等级为1的SSC，其基底层和旁基层细胞异型性小，而分化程度低或分化等级为3的肿瘤与正常组织相比相似性很低。分化等级为2的肿瘤是指分化程度介于等级1和3之间的肿瘤。鳞状细胞癌具有多相性，在同一个肿瘤的不同区域存在分化程度不同的细胞。

（二）分期

马阴茎包皮肿瘤的TNM分期系统与人的肿瘤分期系统类似（表98-1）。在该系统中，T描述肿瘤的大小以及是否侵入临近组织，N描述邻近淋巴结的受损程度，M描述肿瘤远端转移的程度。其分期依据是通过各种物理检查以及影像学技术（比如X线、超声波、尿道镜检查）所获得的肿瘤扩散程度信息。病理学信息是通过大体观察和显微镜观察肿瘤边缘以及附近淋巴结而获得。

马阴茎和包皮肿瘤的TNM分类（表98-1），可通过外科手术切除和组织学评估来确定。局部淋巴结（N1，N2）的转移增加了肿瘤复发的风险，当肿瘤转移至盆腔淋巴结（N3）或更远的淋巴结（M1）时，还没有能够治愈的报道。

表 98-1 马阴茎和包皮肿瘤 TNM 分类

		TNM 分类		
T		原发性肿瘤（外部检查、影像学检查、组织学检查）		
	TX	不能评估的原发性肿瘤		
	T0	没有证据表明是原发性肿瘤		
	Tis	原位癌（阴茎上皮内肿瘤）		
	Ta	非浸润性疣状癌		
	T1	T1a：肿瘤侵入阴茎或包皮上皮下结缔组织但未进入淋巴和血液		
		T1b：肿瘤侵入阴茎或包皮上皮下结缔组织并进入淋巴和血液		
		T1c 肿瘤侵入阴茎或包皮上皮下结缔组织进入或没有进入淋巴和血液		
	T2	肿瘤侵入尿道或阴茎海绵体		
	T3	肿瘤侵入尿道		
	T4	肿瘤侵入其他相邻组织		
N		局部淋巴结（外部检查、影像学检查、组织学检查）		
	NX	局部淋巴结不能评估		
	N0	没有局部淋巴结转移		
	N1	双侧或单侧腹股沟淋巴结转移		
	N2	腹股沟淋巴结转移或周围组织淋巴结转移		
	N3	盆腔淋巴结转移或其他淋巴结转移		
M		远端转移（外部检查、影像学检查）		
	M0	没有远端转移		
	M1	远端转移		
		pTNM 病理分级		
		p 对应于 T 和 N 类阴茎包皮肿瘤的组织学评估。pN 是基于手术切除后的组织学评价。pM1 是已经显微证实的远端转移		
		分期		
0 期		Tis	N0	M0
		Ta	N0	M0
Ⅰ期		T1a	N0	M0
		T1b	N0	M0
Ⅱ期		T1c	N0	M0
		T2	N0	M0
		T3	N0	M0
ⅢA 期		T1，T2，T3	N1	M0
ⅢB 期		T1，T2，T3	N2	M0
Ⅳ期		T4	任意 N	M0
		任意 T	N3	M0
		任意 T	任意 N	M1

注：引自 Van den Top JGB，Ensink J，Barneveld A，van Weeren PR：Penile and Preputial Squamous Cell Carcinoma in the Horse and Proposal of a Classification System，Equine Vet Educ 23（12）：636-648，2011。

五、治疗

目前治疗方案包括局部治疗和阴茎扭转时包皮和阴茎的整体切除。外科手术治疗取决于病变的大小和部位，以及是否存在（腹股沟）转移。理想的治疗方法是在切除肿瘤的同时保留生殖器的功能（如排尿、勃起、射精等），但不是所有病例都可行。一些外科手术（例如阴茎包皮部分切除术、阴茎扭转时的阴茎和包皮整体切除术）可能会引起动物的术后不适，所以应该在手术前加以考虑。有时由于马主人不愿意对马进行创伤性手术，会选择不能彻底切除肿瘤风险性较高的非根治方法。

（一）非手术疗法

热疗（利用热疗仪对肿瘤加热到温度高于50℃）已经成功的治疗了马肉瘤和眼部肿瘤。利用高温改变细胞膜的结构和功能、影响细胞内蛋白质的合成和运输、抑制修复酶阻碍RNA或DNA合成以及改变DNA的结构，从而破坏和杀死癌细胞。除了破坏和杀死癌细胞，高温还减少了肿瘤组织的血流量，从而降低了供应给肿瘤的氧和营养，并诱导酸中毒。尽管理论上这种热辐射疗法可以用于马阴茎和包皮肿瘤的治疗，但目前临床上还没有用该方法治疗马生殖器肿瘤的报道。

冷冻疗法可用于治疗较小或早期的马阴茎和包皮肿瘤。肿瘤冷冻后7～10d通常会出现组织脱落，冷冻产生的创伤进入二期愈合。冷冻疗法创伤小，不需要无菌设施，是治疗马早期肿瘤的一种较好的方法。冷冻疗法的主要限制性因素是肿瘤的大小，冷冻前需要先减小肿瘤的体积。在治疗小鼠肿瘤时，冷冻能够诱导抗肿瘤的特异性免疫，但在马尚未得到证实。

放射疗法已被报道用于男性阴茎和包皮癌的治疗，包括外部放射线照射和内部放射源植入（B放射源）。因为在治疗过程中需要特殊的专用设备以及特殊的房屋设施，一般情况下很少对马使用放射疗法。

局部使用5-氟尿嘧啶可有效治疗马外生殖器非转移性SCC，这种药物干扰细胞DNA的合成导致肿瘤细胞的率先死亡，并能增强免疫系统对这些肿瘤细胞的识别和破坏能力。5-氟尿嘧啶对于较小的阴茎和包皮肿瘤的治疗十分有效，但治疗较大肿瘤之前需要先进行手术减小肿瘤体积。

铂化合物（3.3mg/mL，乳化剂）已被用于瘤内注射治疗肿瘤（1mg/cm^3，每2周1次，共注射4次），但仅对小肿瘤或与手术疗法联合使用时才有效。化疗前进行肿瘤缩小对降低肿瘤复发率非常重要，对于转移性SCC而言，使用局部或瘤内化学疗法的效果均不佳。

吡罗昔康（0.2mg/kg，口服，24h 1次）是一种非选择性环氧化酶-2抑制剂，已被报道成功用于一例马的下唇SCC合并转移到局部淋巴组织病例的治疗，3个月内原发肿瘤完全消失，肿瘤区域的淋巴结也恢复到正常大小。除此之外，目前没有使用全身化学疗法治疗马生殖器官转移性SCC的报道。

（二）手术疗法

在肿瘤原发部位进行手术的目的是切除恶性病变组织或具有明显界限的病变组织，

以降低复发的风险。手术方式包括简单切除、节段性包皮成形术、阴茎部分切除、阴茎及包皮部分切除、阴茎扭转时包皮和阴茎全部切除。

对于较小的阴茎肿瘤和不累及白膜的肿瘤，可以进行局部切除，避免切除阴茎。然而，不完全切除的复发风险很高。由于疏松组织的致密程度有差异，包皮肿瘤比阴茎肿瘤的切除手术更简单。

节段性包皮成形术可治疗面积大不能切除的包皮肿瘤。节段性包皮切除术也称为包皮环切或者"收口"，其目的是切除阴茎表面肿瘤组织或不深入到真皮的包皮病变，同时保留包皮的伸缩功能。缝合由于切除肿瘤和创造阴茎无包皮端的无肿瘤边缘所导致的伤口比较困难。在大多数情况下，马肿瘤被发现的时间相对较晚，一般发现时都已经扩散。

部分阴茎切除术（即使用 Scott、Williams 或 Vinsot 技术进行阴茎部分截短）常用于以下情况：肿瘤侵入白膜或者肿瘤大量扩散而不能运用侵入性技术或微创手术治疗，肿瘤伴有复杂的阴茎永久性麻痹或无法修复的创伤。当肿瘤发生在龟头或位于包皮皱褶内时，可以采用部分阴茎切除进行治疗（图 98-2）。局部阴茎切除术，如 Williams 技术，治疗 SCC 不成功的现象（复发、不完全切除）很常见（43.5%），这可能是因为能够被切除的组织有限，并且常伴随在阴茎近端部分或包皮上出现癌前病变肿瘤，比如乳头状瘤可以转化为 SCC。此外，有时在采用 Williams 技术时，原发性肿瘤可能太靠近切口而无法留出足够的切除位置。肿瘤复发率高的另一个可能原因是龟头 SCC 与龟头附近的 SCC 相比更易于向皮下组织浸润，因为尿道海绵体腺的白膜很薄且与远端表皮紧密接触。因此，部分阴茎切除术，如 Williams 技术，只适合阴茎末端部分的肿瘤，并且肿瘤没有扩散到阴茎近端区域或转移至包皮以及淋巴结。

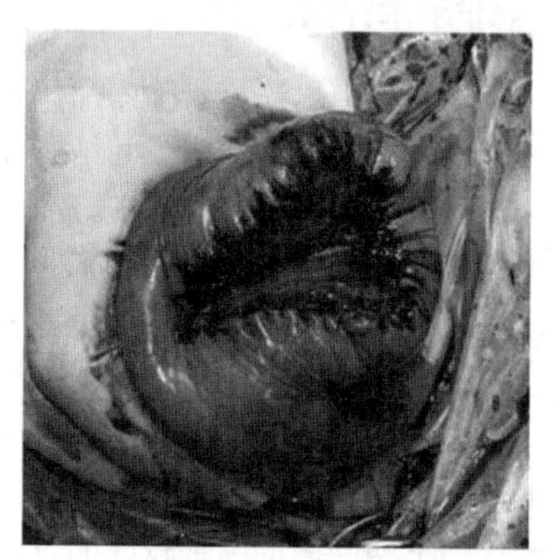

图 98-2　利用 Williams 法对马阴茎末端进行部分切除

［引自 Van den Top JGB，Ensink J，Barneveld A，van Weeren PR：Penile and Preputial Squamous Cell Carcinoma in the Horse and Proposal of a Classification System，Equine Vet Educ 23（12）：636-648，2011］

当肿瘤发生于包皮、尿道、海绵组织或淋巴结时，可以采用阴茎和包皮部分和整体切除手术，这是更为激进的治疗方法。包皮和阴茎的整体切除时，大部分的阴茎、整个包皮以及腹股沟淋巴结均被切除。切除后要对阴茎进行扭转，并制造一个通往肛门的小孔。该手术会出现并发症，包括尿道造口开裂、腹侧皮肤切口开裂、尿烫伤、严重的出血、膀胱炎以及腹泻等。

采取阴茎和包皮部分切除术时，靠近病变组织的阴茎轴被切除，并在腹侧制造包皮穹窿和一个人造口。尽管不是常规治疗方法，但该手术也适用于淋巴结切除（即部分阴茎切除术），其术后主要并发症包括出血、黏膜粘连、疼痛等，但发生率低于阴茎完全切除手术。

六、标准化诊疗方法

根据标准化诊疗方法，原发性肿瘤的诊断首先应进行大体病变评估，然后通过超声诊断判断其大小，再进行组织学检查评估肿瘤分型和分期。通过超声或 FNAB 检查局部淋巴结，对区分肿瘤的淋巴结转移和淋巴结炎性反应非常重要。根据这些结果，可以选择治疗方法。目前已开发出一套诊断和治疗阴茎与包皮 SCC 的系统（图 98-3）。

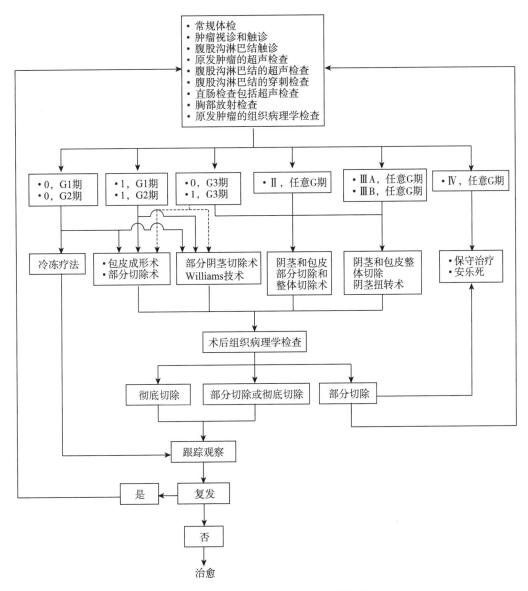

图 98-3　马阴茎和包皮 SCC 的标准化诊断与治疗方法

［引自 Van den Top JGB，Ensink J，Barneveld A，van Weeren PR：Penile and Preputial Squamous Cell Carcinoma in the Horse and Proposal of a Classification System，Equine Vet Educ 23（12）：636-648，2011］

七、预后

SCC 的复发是影响预后的主要因素，大多数肿瘤会在 1 年内复发，复发率为11%～30%。肿瘤的分期和分级很大程度上会影响肿瘤的预后。肿瘤大小（入侵的深度和范围；T）和原发性 SCC 的等级是其是否经淋巴结转移的主要指标。肿瘤的侵袭性是其是否易于转移，以及是否能够完全切除的主要因素。马 SCC 发生在实质组织和尿道时转移风险很高。把肿瘤分级与其治疗结果对比，中度和低度分化的 SCC 的治疗不成功的比例比（2 级肿瘤为 42.9%，3 级肿瘤为 66.7%）高度分化肿瘤高（1 级肿瘤不成功率为 30.8%）。

肿瘤经过治疗后复发率的报道多基于少量马的数据样本，所以参考时要慎重。在一项研究中，利用 5-氟尿嘧啶对肿瘤进行局部治疗时，在 7～52 个月的观察中，8 匹马都没有出现复发。简单切除或冷冻结合切除术进行治疗的复发率为 50%，运用部分切除法（Williams 技术）治疗马阴茎和包皮 SCC，不管是否存在乳头状瘤，其治愈成功率都仅为 54%～67%。保留阴茎的治疗技术［包括使用 5-氟尿嘧啶、简单切除、冷冻技术、部分切除（Williams 技术），不排除未来的育种技术］出现较高复发率的原因很可能是由于肿瘤边缘的切除不彻底。术后的组织病理学研究发现，在不完全切除治疗时，阴茎部分切除后有 18%的马依然存在肿瘤细胞。包皮或阴茎弯的完全切除对肿瘤的治愈成功率更高，尽管也存在局部转移，但术后成活率达80%～86%。在一项研究中，运用该技术治疗的 9 匹马中有 8 匹没有复发。类似的通过阴茎包皮部分切除进行治疗 8 匹马中，长期的跟踪调查表明，没有出现肿瘤复发或并发症。

推荐阅读

Doles J，Williams JW，Yarbrough TB. Penile amputation and sheath ablation in the horse. Vet Surg，2001，30：327-331.

Fortier LA，MacHarg MA. Topical use of 5-fluorouracil for treatment of squamous cell carcinoma of the external genitalia of horses：11 cases（1988-1992）. J Am Vet Med Assoc，1994，205：1183-1185.

Howarth S，Lucke VM，Pearson H. Squamous cell carcinoma of the equine external genitalia：a review and assessment of penile amputation and urethrostomy as a surgical treatment. Equine Vet J，1991，23：53-58.

Mair TS，Walmsley JP，Phillips TJ. Surgical treatment of 45 horses affected by squamous cell carcinoma of the penis and prepuce. Equine Vet J，2000，32：406-410.

Markel MD, Wheat JD, Jones K. Genital neoplasms treated by en bloc resection and penile retroversion in horses: 10 cases (1977-1986) . J Am Vet Med Assoc, 1988, 192: 396-400.

Scase T, Brandt S, Kainzbauer C, et al. EcPV-2: an infectious cause for equine genital cancer? Equine Vet J, 2010, 42: 738-745.

Theon AP, Wilson WD, Magdesian KG, et al. Long-term outcome associated with intratumoral chemotherapy with cisplatin for cutaneous tumors in equidae: 573 cases (1995-2004) . J Am Vet Med Assoc, 2007, 230: 1506-1513.

Van den Top JGB, De Heer N, Klein WR, et al. Penile and preputial squamous cell carcinoma in the horse: a retrospective study of treatment of 77 affected horses. Equine Vet J, 2008, 40: 533-537.

Van den Top JGB, Ensink JM, Gröne A, et al. Penile and preputial tumors in the horse: literature review and proposal of a standardized approach. Equine Vet J, 2010, 42: 746-757.

Van den Top JGB, Ensink JM, Barneveld A, et al. Penile and preputial squamous cell carcinoma in the horse and proposal of a classification system. Equine Veterinary Educ, 2011, 23: 636-648.

（张万坡 译）

第 99 章 马肉瘤

Edmund K. Hainisch Sabine Brandt

肉瘤是马最常见的肿瘤，在马属动物（马、驴、斑马和骡等）中的发病率为 1%～12%。肉瘤是皮肤良性肿瘤，具有局部侵袭性，可在动物身体的任何部位发生，但头部、颈部、腹部等处具有偏好性。肉瘤可出现一个或多个病灶，根据外观可分为 6 种类型：温和隐匿型、疣状、结节型、纤维肉瘤、混合瘤和恶性肉瘤。

隐匿型肉瘤的病灶通常表面平整、无毛、近似圆形，可能有小的皮肤结节或轻微角化过度（图 99-1，A）。病灶常出现在眼、口的周围，以及颈、胸部或其他相对少毛的部位。隐匿型肿瘤通常生长缓慢并能沉寂数年，也可能发展成疣状病变（图 99-1，B），或转化为具有侵袭性的纤维肉瘤（图 99-1，D），特别是当病灶逐渐受到损伤时更易发生这种转化，这种现象可能是病毒感染造成的。疣状肉瘤常见于耳、腋窝、腹股沟和鞘，肿瘤表面粗糙，呈疣状外观，边界不清，可影响大片皮肤。疣状肉瘤的病灶通常生长缓慢，但有创伤时可迅速发展为成纤维肉瘤。结节性肉瘤的好发部位包括眼、胸、腹股沟和鞘，病灶表现为坚硬、有柄或无柄的皮下结节，这些结节最初被正常皮肤覆盖，自发性或创伤介导的肿瘤生长时，覆盖的皮肤变薄，黏附于结节，最终溃烂并转化成纤维肉瘤。

纤维肉瘤的特点是具有肉状、溃烂外观，并有血清渗出（图 99-1，D）。纤维肉瘤易发生于腹股沟和眼睑，可作为原发病灶自发形成，也可继发于机体任何部位其他类型肉瘤的意外或医源性损伤。恶性肉瘤（图 99-1，F）较为罕见，是肉瘤中最具侵袭性的类型。纤维肉瘤常见于头、颈、肘或大腿内侧区域，病灶通常为纤维性病变并在皮下向四周扩散。而与其他所有类型的肉瘤不同，恶性肉瘤病灶牢牢附着在底层筋膜和肌肉组织。大部分恶性肉瘤表面皮肤的外观正常，这些肉瘤能扩散到局部淋巴管形成线性肿块。

混合性肉瘤表现为肿瘤混合体，可包括前面提及的任何类型肿瘤的任何方式的组合。常见于面部、眼睑、腹股沟、肘部和大腿，通常继发于长期病变或肿瘤治疗无效。

病灶类型和数量，对不同的马产生的影响存在差异，有些马可承受单一静止病灶多年，有些马则可以形成多种类型的数百个肉瘤。目前，人们认为组织损伤可诱发肉瘤形成并促使其从温和到严重，从单一病灶到多发病灶转化。因此，早期诊断和有效治疗至关重要。肉瘤的组织学特点是成纤维细胞增殖、表皮增生和角化过度。真皮成纤维细胞常常形成沿表皮真皮接合部垂直排列的“栅栏”结构，且普遍呈现出一些特殊结构，包括螺旋状及其他杂乱的结构模式。

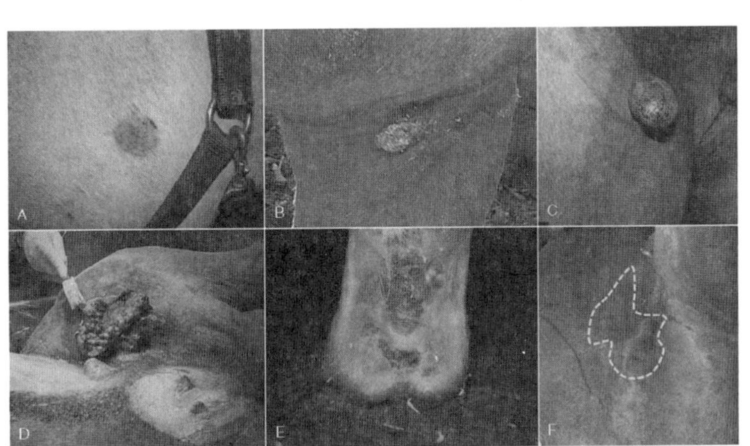

图 99-1 各种类型的马肉瘤

A. 隐匿型 B. 疣状 C. 结节型 D. 纤维肉瘤 E. 混合瘤 F. 恶性肉瘤

所有马属动物都可发生肉瘤，但去势后的马、青年马以及某些品种的马如夸特马、阿帕卢萨马和哈福林格马发生肉瘤的风险似乎更高。此外，来自不同品种马的数据表明，一种白细胞抗原单倍型可能是该病的遗传因素。

一、牛乳头瘤病毒感染与肉瘤形成

乳头瘤病毒是小型二十面体病毒，由衣壳和双链 DNA 基因组组成。乳头瘤病毒有高度的宿主特异性，需要在上皮细胞中完成复制，在其他细胞尤其是皮肤成纤维细胞中，往往以环状 DNA 游离体存在，进行复制并继续表达调控蛋白和转化蛋白，转化蛋白控制被感染细胞的增生、无限增殖以及肿瘤细胞的转化。牛感染 1、2 型牛乳头瘤病毒（BPV-1、BPV-2）或两者合并感染通常会诱发良性疣，并可自行消退。在少数情况下，特别是摄入蕨菜中含有致癌物质时，病变可发展成肿瘤。除了可诱发牛肿瘤，BPV-1 和 BPV-2 也可感染马属动物，诱发马肉瘤，这是病毒能够感染两个不同物种的罕见例子之一。BPV-1 或 BPV-2 可导致马肉瘤最早在 20 世纪 20 年代初的动物感染实验中被证实。BPV-1 在欧洲流行较广，而 BPV-2 在美国西部流行较广。牛 BPV-1 和 BPV-2 的病毒基因组和病毒蛋白在几乎 100% 的病变中可被检测到，各种体外和体内研究揭示了病毒诱导肿瘤的发病机制。重要的是，BPV 感染并不局限于肿瘤病灶，还涉及动物的整个皮肤和外周血单核细胞，这对肉瘤的诊断和治疗具有重要意义。但马感染 BPV-1 或 BPV-2 后没有明显临床症状，这仍是一个悬而未决的问题。

二、诊断

意外损伤或医源性损伤会引发机体的自我修复。伤口的愈合包括一个增生阶段，其特征是形成新的血管、成纤维细胞和上皮细胞的快速增殖。在肉瘤细胞特别是真皮成纤维细胞和白细胞中，BPV 基因组主要位于染色体外，呈游离状态，但其复制与细胞分裂同步，因此创伤引起的伤口愈合能促进病毒的复制，并导致病毒 DNA 拷贝数的显著增加和相应的肿瘤蛋白表达增加，这就解释了为什么介入治疗后，肉瘤常常会以侵袭性更强的形式复发或出现在更多的部位。因此，尽管穿刺和局部或组织楔形切除活检能够对肿瘤进行确诊，但却不建议使用。

某些情况下，肉瘤具有典型的临床症状并易于辨别。但有时肉瘤病变在临床上也可能被误诊为其他的肿瘤，包括鳞状细胞癌或鳞状细胞癌早期病变，如乳头状瘤或原位癌（尤其是发生在眼和生殖器的疣状肉瘤或纤维母细胞瘤）、灰色马乳头状瘤和肥大细胞瘤（结节性病变）以及皮肤淋巴肉瘤和淋巴瘤（发生恶性肉瘤时）。另外，肉瘤也可能被诊断为非肿瘤性疾病，包括皮肤真菌病和嗜皮菌病（隐匿肉瘤）、马胃线虫肉芽组织增生或肉芽肿。对肿瘤症状有怀疑时，有两种鉴别诊断方法，一是无创收集肿瘤皮屑、咽拭子或病灶及周围的毛根，从中提取 DNA，通过 PCR 检测 BPV-1 或 BPV-2，阳性结果说明这些材料中存在病毒基因组，即为肉瘤。这种方法适用于所有类型的肉瘤，特别是隐匿型肉瘤的诊断。当肿瘤切除手术可行，且马主人同意时，可将尚未鉴定的病变视为肉瘤，进行完全切除（即切除活检），并采取辅助治疗措施防止肿瘤复发。

三、治疗方案

目前尚无全面有效的肉瘤治疗方法，因此，兽医应该开发能够掌握并适用的多种治疗方案，根据肿瘤的类型、大小、损伤部位选择最合适的肿瘤治疗方法。马对治疗的耐受性、病史［包括以前的治疗干预（不成功的治疗尝试越多，预后越差）］、马主人对治疗及术后护理费用的承受能力、治疗用设备和药品是否易于获得等因素都应予以考虑。作为一般原则，对肉瘤应尽可能早和彻底的治疗，治疗方案的选择应取决于是否有效预防复发。

肉瘤治疗方案可分为手术疗法、辐射疗法、免疫疗法以及局部应用细胞毒性和抗有丝分裂的化合物疗法，常见的方案是对发生多种类型肿瘤的马使用几种不同方法进行治疗。外科手术疗法包括使用专门的钳子或弹性结扎线对肿瘤组织进行环状结扎，阻断创伤处的血液供应，这种廉价快速的方式适用于创口狭窄的创伤。大面积切除或肿瘤减小术（完全切除不可行时）联合化学疗法或局部使用阿昔洛韦软膏也是有效的治疗方式。目前的化学疗法是使用顺铂，它以一种可生物降解的葡聚糖珠的形式存在，可用于肿瘤内部，或作为辅助治疗将其植入切口边缘以防止肿瘤复发。与使用液体药物相比，使用珠状药物对于操作者的危害更小，且用这种葡聚糖珠的淋洗至少要进行 10d，以将顺铂持续输入肿瘤或创伤表面。鉴于顺铂可快速杀死正在分裂的细胞，可抑制伤口愈合，因此对已完成切除手术且主要创口已愈合时，可在切除边缘植入铂珠。铂珠可植入用 11 号手术刀切开的独立切口中（在距离创口约 15mm 位置形成正方形切口或沿创口边缘植入），然后进行简单缝合或交叉缝合。

阿昔洛韦（环鸟苷酸，5％软膏）对治疗扁平型（肿瘤厚度＜5mm）和温和型肿瘤效果良好，作为肿瘤切除或减瘤后的局部辅助治疗手段也有很好的效果。治疗时要在病灶或创口上每天涂抹1～2次药膏，以防止伤口干燥。单独使用阿昔洛韦软膏进行治疗时，马乳头状瘤的完全治愈可能需要1～8个月，配合手术治疗时，疗程可缩短为2个月。世界各地均可买到不同品牌的阿昔洛韦软膏或其复方产品。马对阿昔洛韦的耐受性很好，不会引起瘙痒和疼痛反应。

局部治疗可选择的其他药物包括氯化锌乳膏、AW 4-LUDES（利物浦乳膏）或咪喹莫特乳膏（Aldara乳膏），这些乳膏可以有效治疗局部体积小的肿瘤。不是每匹马都能够耐受这些药物，使用时可能会导致局部炎症反应、瘙痒、疼痛等，因此有时不得不中断或停止治疗，以防止更严重的组织损伤。

最近的报道表明，CO_2激光切除尤其是术后配合使用阿昔洛韦乳膏时治疗成功率很高，该治疗方法肿瘤复发率低，原因可能是血管的瞬间封闭、肿瘤周围细胞的破坏以及阿昔洛韦乳膏持续的抗病毒效应。其他治疗手段包括冷疗、热疗以及电灼疗法，这些方法的治疗效果取决于所治疗的肿瘤类型，其成功率还有争议。用伽马射线或者线性加速器进行放射疗法成功率很高，有报道称，用近距离放射疗法对眼周肿瘤进行治疗没有复发，也有用线性加速器逐步提高放射剂量成功治疗恶性肉瘤的报道。然而，该方法需要特殊的设备，治疗费用也较高。

人乳头状瘤病毒可以导致不同部位的良性病变或肿瘤。治疗人乳头状瘤病毒的某些药物在马肉瘤治疗中也可能有效。曾有报道局部使用西多福韦成功治愈了一匹母马双后肢足底部位混合型肉瘤。另一个引用人医的治疗方法是局部使用丝裂霉素，尤其是丝裂霉素A和丝裂霉素C。丝裂霉素是从链霉菌属中提取的一种具有抗肿瘤作用的药物，丝裂霉素C通常用于人类癌症的治疗，而丝裂霉素A已被证实可有效治疗眼部肉瘤，与CO_2激光手术联合使用时，也可治疗其他类型的肉瘤。还有报道使用疫苗来治疗马肉瘤，但没有广泛使用。免疫治疗的一种廉价且简单的方法是进行肉瘤组织的自体免疫，简单来说，就是将一个病灶切除，分成很多小块，将这些小块包裹在纱布中，液氮冻融后沿颈部植入皮下的4个部位。在一份报告中，使用该方法后，15匹病马中有12匹的肿瘤在几个月后完全消退。

四、预防

BPV-1和BPV-2的传播方式和机制还不清楚，该病毒曾被认为是通过昆虫媒介从牛传播到马属动物。然而，对比从马肉瘤中分离的BPV-1与从牛疣中分离到的毒株，发现它们的基因组有差异。体外转染实验显示，牛成纤维细胞不能感染来源于马的BPV-1，表明这种BPV是只在马种内传播的。这一结果也得到了同厩饲养试验的进一步证实，该试验将感染肉瘤和未感染肉瘤的驴进行同厩饲养，结果后者也患了肉瘤。也有报道在隔离的马群中也可以发生肉瘤传染。传染性牛乳头瘤病毒对干燥的耐受性极强，能在马的皮屑和环境中存活数周。从感染乳头瘤病毒的马和驴附近采集的牛蝇和牛虻体内也检测到了病毒基因组，表明肉瘤是一种真正的传染性疾病。与其他传染病相比，该病毒毒力相对较低，可以通过几个简单措施降低传染风险。感染马和健康马不能共用器具，特别是有皮屑污染的剪毛工具、马鞍、缰绳和毛毯等。此外，肉瘤感染的马应有专门的笼、水槽和饲料槽，且不应在畜栏之间进行转移。对于马的主人来说，要意识到疾病的传染性，被感染的马应该被隔离饲养。

目前对该病的研究主要集中在利用体外表达的病毒样颗粒（VLPs）制备疫苗，这些颗粒由具有免疫原性的病毒空衣壳组成，该方法已经商业化应用于预防妇女宫颈癌病原体（HPV-16 和 HPV-18）。马通过肌内注射免疫 BPV-1 VLPs 是安全的，并能诱导持久的 BPV-1 或 BPV-2 特异性抗体。此外，越来越多的证据表明，这种基于病毒样颗粒的候选疫苗在 BPV-1 感染和相关肿瘤形成试验中能对马产生有效的保护。由于 BVP-2 试验也得到了相似的结果，因此，在不久的将来，有望出现马肉瘤疫苗。

推荐阅读

Borzacchiello G，Roperto F. Bovine papillomaviruses，papillomas and cancer in cattle. Vet Res，2008，39：45-87.

Brandt S，Haralambus R，Schoster A，et al. Peripheral blood mononuclear cells represent a reservoir of bovine papillomavirus DNA in sarcoid-affected equines. J Gen Virol，2008，89：1390-1395.

Carr EA，Theon AP，Madwell BR，et al. Bovine papillomavirus DNA in neoplastic and nonneoplastic tissues obtained from horses with and without sarcoids in the western United States. Am J Vet Res，2001，62：741-744.

Chambers G，Ellsmore VA，O'Brien PM，et al. The association of bovine papillomavirus with equine sarcoids. J Gen Virol，2003，84：1055-1062.

Hartl B，Hainisch EK，Shafti-Keramat S，et al. Inoculation of young horses with BPV-1 virion leads to early infection of peripheral blood mononuclear cells（PBMC）prior to pseudo-sarcoid formation. J Gen Virol，2012，92：2437-2445.

Knottenbelt DC. A suggested clinical classification for the equine sarcoid. Clin Tech Equine Pract，2005，4：278-295.

Martens A，De Moor A，Ducatelle R. PCR detection of bovine papilloma virus DNA in superficial swabs and scrapings from equine sarcoids. Vet J，2001，161：280-286.

Nasir L，Campo MS. Bovine papillomaviruses：their role in the aetiology of cutaneous tumours of bovids and equids. Vet Dermatol，2008，19：243-254.

Scott DW，Miller WH Jr. Sarcoid. In：Equine Dermatology. St. Louis：Elsevier Science，2003：719-731.

（张万坡　译）

第 100 章　脾和其他软组织肿瘤

Jeffrey Phillips

一、脾肿瘤

马脾肿瘤很少见，只占马各类肿瘤的 1%。脾肿瘤分为良性肿瘤和恶性肿瘤，肿瘤可为原发组织癌变，也可由其他原发性肿瘤转移形成，后者最为常见，这些肿瘤可能来源于血管内皮组织、血管平滑肌、结缔组织（成纤维结缔组织）和血液淋巴组织。虽然此前没有系统报道将脾肿瘤分为不同亚型，但临床最常见的亚型是淋巴增生性肿瘤，包括淋巴瘤和白血病。2006 年死亡的美国著名的速度赛冠军马——Lost In the Fog，在其尸检报告中就记载患有转移性脾肿瘤。最常见的转移性脾肿瘤来源于消化道肿瘤（胃>小肠>结肠），此外，还有一些不容易发生转移的肿瘤包括胃肠道间质细胞瘤、肾细胞癌、卵巢癌、子宫癌和子宫肉瘤。有报道称转移性脾肿瘤可来源于腹腔外的原发性肿瘤，其中最常见的为转移性黑色素瘤（图 100-1）。

图 100-1　马脾转移性黑色素肿瘤（黑色素瘤是马脾最常见的转移瘤）
（图片由 Ms. Karla Clark 提供）

（一）组织学分类

对脾良性肿瘤通常不进行临床检查，因此不做讨论。来源于间叶的恶性肿瘤包括纤维肉瘤、平滑肌肉瘤和血管肉瘤。这些肿瘤在诊断时通常已经为晚期或广泛性转移，因此治疗困难。目前报道的马脾肿瘤包括组织细胞肉瘤和淋巴组织的恶性肿瘤。组织细胞肉瘤是脾肿瘤广泛转移过程中的一部分，简称为恶性组织细胞病。脾淋巴瘤通常作为混合肿瘤的一部分，有时也可单独发生。脾淋巴瘤通常分级较高并具有高弥散性，细胞形态较大且无分裂象，报道中也曾提及小淋巴细胞的脾淋巴瘤。脾淋巴瘤的增殖模式包括单发肿块及弥散性浸润性生长。大多数情况下，脾淋巴瘤（>80%）是 BLA-36 抗原阳性的 B 细胞恶性肿瘤。报道的案例中大约 1/3 被进一步诊断为富含 T 细胞的

B 细胞淋巴瘤的变异型。在这种变异型中，肿瘤实质部分是由 BLA-36 抗原呈阳性的 B 细胞构成，CD3＋T 细胞为非肿瘤成分。

（二）诊断和治疗方法

原发性脾肿瘤的诊断主要通过腹腔超声检查和肿瘤穿刺组织的细胞学评估相结合来进行。脾的超声波图像中淋巴瘤的特异性表现为单个或弥漫性低回声结节，但也可以表现为弥漫性回声改变。超声波指导下的穿刺活检或吸抽脾病变组织检查是最常规的检查，腹水分析对腹腔肿瘤的形成，包括脾肿瘤的诊断也至关重要。腹腔中的出血性积液是马血管肉瘤最常见的症状，但腹腔积液中并没有肿瘤细胞。患实体恶性肿瘤如肉瘤和癌的动物，很少有足够的脱落样品可供检查，淋巴肿瘤和转移性黑色素瘤脱落的部分可以通过常规的腹腔积液检查。有报道在马的腹部肿瘤诊断过程中应用血清学检测（IgM 分析）和对血液指标进行分析，但这些指标在脾脏肿瘤中没有特异性变化。

原发性脾肿瘤确诊后，治疗方案取决于肿瘤的类型和肿瘤发展程度。确定肿瘤恶性程度时，检查手段十分重要，其中包括全血检查、胸部 X 线检查、腹部超声检查、腹水的分析和直肠触诊。腹腔镜检查在良性和恶性脾肿瘤的诊断中均有报道，同时也可以评估肿瘤在腹腔内是否扩散。对马的单个脾实体瘤或罕见的淋巴瘤，首选的治疗方案为脾切除术。多种方式的脾切除术均有报道，在必要的情况下，为暴露脾位置需切除部分肋骨，经胸廓从第 16 肋骨颅侧切开腹腔和膈肌，经胸切除第 17 肋骨后，再切除脾。腹腔镜辅助同样可应用于脾切除术，并可以缩小切口和降低并发症的发生率。马的淋巴系统恶性肿瘤不适合一般的脾切除术。化疗可以缓解病情，包括使用不同剂量的泼尼松龙、长春新碱、环磷酰胺和多柔比星（表 100-1）。这些药物可以单独或联合使用，但药效未知，通常认为药效较低。

表 100-1　马局部和全身肿瘤治疗药物和剂量①

药名	剂量	使用方法
顺铂	按肿瘤体积 1mg/cm^3	瘤内注射，最大剂量～100mg/1 000lb②
卡铂	按体表面积 225mg/cm^2 按肿瘤体积 10mg/cm^3	静脉注射 瘤内注射，最大剂量为～1 200mg/1 000 lb
五氟尿嘧啶	按肿瘤体积 50mg/cm^3	瘤内注射，最大剂量～800mg/1 000 lb
环磷酰胺	按体表面积 200mg/cm^2	仅静脉注射
长春新碱	按体表面积 0.5mg/cm^2	仅静脉注射
阿霉素	按体表面积 35mg/cm^2	仅静脉注射
Regressin-V	按肿瘤体积 0.25mL/cm^3	仅瘤内注射

注：①环磷酰胺、长春新碱和阿霉素在皮下注射时会引起严重组织损伤，只能静脉注射。计算最大剂量时，马体表面积一般按照 5～6m^2 计算。Regressin-V 的最大剂量未见报道。

②1 lb=0.45kg。

(三) 总结

马的原发性脾肿瘤非常罕见，而转移性肿瘤较为常见，黑色素瘤是脾最常见的转移性肿瘤。原发性脾肿瘤的生物学特征还不清楚，但通常认为有侵袭性。脾的血管肉瘤和淋巴瘤在许多疾病的诊断过程中都会出现。马的单个脾肿瘤可以考虑脾切除术，脾切除术治疗脾肿瘤的预后主要取决于肿瘤的发展程度和组织学性质。在良性和恶性的肿瘤病例中都有存活时间长的报道。

二、软组织肿瘤

马的软组织肿瘤为马的高发肿瘤，包括良性肿瘤和恶性肿瘤，占马所有肿瘤的5%。本章对原发性表皮肿瘤不做讨论。恶性软组织肿瘤包括原发性肿瘤和转移性肿瘤，尽管真正的转移性软组织肿瘤非常罕见，可能只包括黑色素瘤和淋巴瘤。原发性软组织肿瘤起源于皮下组织和更深的组织，包括肌肉、血管和结缔组织。最常见的恶性原发性软组织肿瘤是肉瘤，通常称为软组织肉瘤，而最常见的良性软组织肿瘤是纤维瘤，这些良性和恶性的肿瘤占马所有软组织肿瘤的95%以上。软组织肿瘤的发生没有性别的偏好性，和慢性炎症以及已经存在的结节相关。紫外线照射与软组织肿瘤的发生也无明显关联性。

(一) 组织学分类

良性软组织肿瘤通常来源于成纤维细胞（纤维瘤）或脂肪细胞（脂肪瘤）。纤维瘤最常发生在口腔、鼻腔或鼻旁窦的骨组织中，但有一些报道称纤维瘤也可发生在四肢(图 100-2)。脂肪瘤一般发生在内脏系膜的脂肪组织，偶尔也生长在外部。良性肿瘤以膨胀生长为主，对肿瘤周围的正常组织造成挤压。恶性软组织肿瘤通常由成纤维细胞构成，分为纤维肉瘤和神经鞘瘤，纤维肉瘤在临床中被视为偏良性的肉瘤。其他常见的组织学类型包括血管肉瘤（血管肉瘤和淋巴管肉瘤）、未分化肉瘤、组织细胞肉瘤、平滑肌肉瘤和破骨肉瘤、巨细胞瘤以及其他更少见的类型。马的软组织肿瘤并没有组织学分级系统，但临床上表现为血管浸润、有丝分裂象增多和具有侵袭性的显著的肿瘤坏死。

恶性软组织肿瘤的生物学行为不固定，局部生长可造成肿瘤对周围软组织的侵袭，但很少会影响周围的骨组织。而未分化肉瘤、组织细胞肉瘤以及破骨肉瘤已有报道证实可以侵入骨组织。此外，对血管肉瘤（血管肉瘤和淋巴管肉瘤）和成纤维肉瘤发展的研究比对临床表现的了解更加深入。血管肉瘤可以形成可触摸到的肿块，由筋膜面的一个微小病灶不断扩大，淋巴管肉瘤会不断弥漫浸润到周围组织。虽然较大的肿块很容易判定，但微小的病灶却并不明显，若切除不彻底极易引起复发。相反，正如前文所提到的，成纤维细胞肉瘤（纤维肉瘤和神经鞘瘤等）通常被认为是连续的浸润生长到组织深层的结节瘤，因此，在进行手术切除时提出了“区域性癌变”的概念（图100-3），这就意味着成纤维细胞肉瘤有向深层组织发展的危险，从而导致较大的异常增生肿块向肿瘤发展。对于肉瘤来说，最危险的因素是角质化细胞和上皮成纤维细胞感染牛乳头状瘤病毒1型和2型（BPV-1和BPV-2），一部分病例表明，这一过程可以导致恶性成纤维细胞肉瘤（见第99章）。手术切除可用于已确诊的肿瘤组织及周围组织，但目前还无法识别“癌前”或“有风险”的组织，这种异常组织在易患病马匹可以多次复发或转移形成多种肿瘤。马的恶性软组织肿瘤有转移到体内其他组织的可能，虽然没有明确的报道，但具有侵袭性和破坏性的软组织肿瘤，如血管肉瘤（血管肉瘤和淋巴管肉瘤），具有较高的转移率，常见的转移部位包括肺、胸膜、肌肉、脾和肝脏。

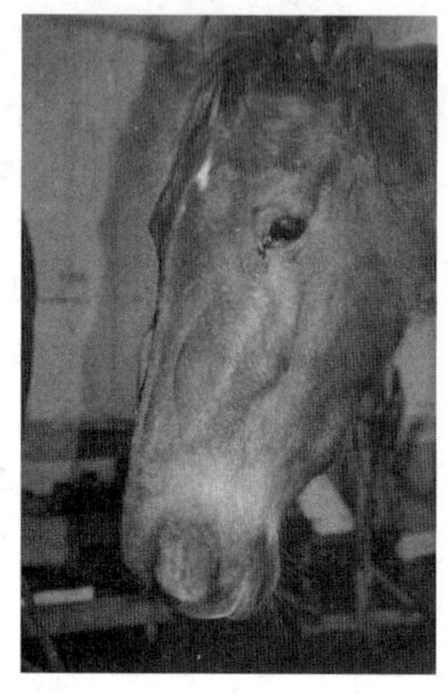

图 100-2　纯种去势马双侧上颌骨骨化性纤维瘤

注意双侧对称的上颌软组织瘤

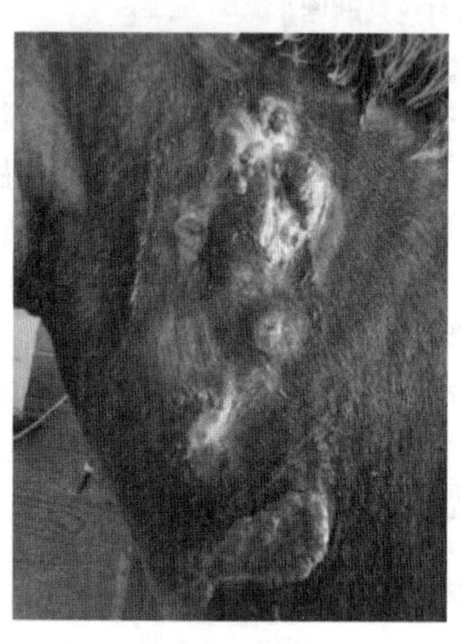

图 100-3　去势夸特马颈侧多病灶软组织肉瘤

该图所示为牛乳头瘤病毒（BPV-1 和 BPV-2）感染后继发癌变区域，病毒感染导致肉瘤发生，并致组织遗传物质变异，易于形成肿瘤。在该病例中，尽管已经做了手术切除治疗，但仍然在局部复发

（二）诊断和治疗方法

软组织肿瘤无论是良性还是恶性，都表现为可触及的肿块。肿瘤引起的其他局部表现包括肿胀、疼痛、溃疡、坏死、跛行和动物情绪差等。全身表现常常继发于局部肿瘤晚期或肿瘤转移扩散，症状包括嗜睡、发热、体重减轻、呼吸变化、心率过快、神经功能障碍和绞痛，而血液指标无特异性变化。马的血管肉瘤会出现急性或慢性出血，可表现出贫血、白细胞增多、血小板减少、红细胞形态的变化等。肿瘤的确诊需要通过活检和组织病理学检查，细胞学诊断结果可满足制定初期治疗计划和治疗的需要。所有患浸润性肿瘤的马匹都应进行全血检查、胸部X线检查、局部淋巴结穿刺、腹部超声和直肠触诊，以确定肿瘤的发展程度。

马软组织肿瘤治疗的首选方法是手术切除，其他保守疗疗法可用于一些不适合进行手术的病例。手术治疗良性肿瘤只需要边缘切除，但如果肿瘤涉及骨组织，则应切除发生肿瘤的整块组织（例如口腔骨化性纤维瘤）。对于软组织的恶性肿瘤，整

块肿瘤组织切除是首选。以治疗为目的的手术切除，对切除范围的确定还没有明确的报道，但通常情况下建议切除肿瘤及其周围3cm的健康组织以及至少一个筋膜平面或肌束。病理组织学研究证明肿瘤周围组织对其浸润性传播有重要意义。以往的病例大多进行手术切除治疗，而放射治疗一般作为手术切除治疗初期的辅助手段，且能有效消除残余的肿瘤细胞。目前对马的放射治疗包括远距离放射治疗例如线性加速器和近距离放射治疗。远距离放射治疗要求必须对马进行全身麻醉，把总处方剂量分多次使用。目前，美国有超过80个兽医远距离放射治疗站点，但是治疗马的站点却极少。近距离放射治疗是将放射源直接放置在治疗部位或者放置在距离治疗部位很近的位置，使用总处方剂量或分少数几次进行。近距离放射治疗只需要简单麻醉，因此与远距离放射治疗相比更易实施。马的近距离辐射治疗所需设备少，是未来马肿瘤治疗的最有希望的发展方向。最近常用的近距离放射治疗是由Axxent电子近距离放射治疗系统提供，这个系统是完全的电子系统，不需操作放射源递送治疗，且需要的辐射屏蔽较为简单。

马局部肿瘤的晚期或转移性肿瘤一般不考虑手术切除治疗，通常选择其他的治疗方法，如热疗或化疗。热疗是指局部热能治疗，一般单独使用或与化疗相结合使用，是治疗实体肿瘤的常用方法。为方便治疗，进行热疗的肿瘤通常应小于2～3cm，但一种应用微波能量的新型治疗系统可用于治疗较大肿瘤，与瘤内化疗相结合通常可以取得较好的治疗效果。单独使用化疗多用于治疗处在发展期的局部肿瘤和预防转移性肿瘤，并且在适当的情况下可以预防局部肿瘤复发。瘤内化疗包括直接在肿瘤内或肿瘤周围组织注射和放置药物，在治疗原发性肿瘤时，瘤内化疗比全身化疗更加有效。卡铂、顺铂和5-氟尿嘧啶可直接注射到体积较大的肿瘤内用于治疗。治疗的有效率与肿瘤体积呈负相关，治疗的细节在其他章节有详细描述。卡铂和顺铂作为植入的磁珠用于治疗时，可以完全被机体吸收或控制化疗剂量释放到周围组织中，这些磁珠的植入可以防止轻微（即不完全的）手术切除后的软组织肿瘤复发。每个磁珠应间隔1～1.5cm以方格状排列放置在创面。磁珠防止肿瘤复发的有效性与肿瘤组织学特点以及创面的大小有关，小创面、组织学分级低的肿瘤在磁珠植入后约有80%的有效率。化疗也可用于治疗或预防转移性肿瘤，马的全身性化疗药物包括多柔比星、卡铂、长春新碱和环磷酰胺，但目前没有研究评估这些药物的有效性。

用于治疗局部和全身性软组织肿瘤的另一种方法是通过媒介来刺激免疫系统，使机体产生抗肿瘤免疫，这些处理是非特异性免疫疗法，刺激机体局部或全身的炎性反应来诱发机体抗肿瘤反应。目前已有证据表明这些药物拥有和细菌脂蛋白、局部免疫增强剂（咪喹莫特）以及细胞因子白细胞介素-12和白细胞介素-18等一系列蛋白类似的功能。免疫疗法还包括靶向药物，这些药物能够激活针对特定肿瘤成分（通常是蛋白）的免疫反应，从而实现抗肿瘤活性。例如治疗肉瘤（潜在的纤维肉瘤）的药物——乳头瘤病毒衍生物与犬的黑色素疫苗之间产生交叉反应，治疗马的黑色素瘤。还有更多有针对性的免疫疗法目前正在开发中。

（三）总结

马软组织肿瘤比较常见，最主要的治疗方法是手术切除，对于组织学分级低的肿瘤，手术切除是最基础的治疗方法，但成纤维肉瘤有较大的局部复发风险。组织学分级高的肿瘤（血管肉瘤），单纯的手术切除很难治愈，需要局部治疗和全身治疗相结合，但往往预后不良。

推荐阅读

Bristol DG，Fubini SL. External lipomas in three horses. J Am Vet Med Assoc，1984，185：791-792.

Bush J，Fredrickson R，Ehrhart E. Equine osteosarcoma：a series of 8 cases. Vet Pathol，2007，44：247-249.

Chaffin M，Schmitz D，Brumbaugh G，et al. Ultrasonographic characteristics of splenic and hepatic lymphosarcoma in three horses. J Am Vet Med Assoc，1992，201：743-747.

Cotchin E. A general survey of tumors in the horse. Equine Vet J，1977，9：6-21.

Hewes C，Sullins K. Use of cisplatin-containing biodegradable beads for treatment of cutaneous neoplasia in equidae：59 cases（2000-2004）. J Am Vet Med Assoc，2006，229：1617-1622.

Johns I，Stephen J，Del Piero F. Hemangiosarcoma in 11 young horses. J Vet Intern Med，2005，19：564-570.

Kelley L，Mahaffey E. Equine malignant lymphomas：morphologic and immunohistochemical classification. Vet Pathol，1998，35：241-252.

Ortved K，Witte S，Fleming K，et al. Laparoscopic-assisted splenectomy in a horse with splenomegaly. Equine Vet Educ，2008，20：357-361.

Powers B，Bush J. Equine giant cell tumor of soft parts：a series of 21 cases（2000—2007）. J Vet Diagn Invest，2008，20：513-516.

Recknagel S，Nicke M，Schusser G. Diagnostic assessment of peritoneal fluid cytology in horses with abdominal neoplasia. Tierarztl Prax Ausg G Grosstiere Nutztiere，2012，40：85-93.

Smrkovski O，Koo Y，Kazemi R，et al. Performance characteristics of a conformal ultra-wideband multilayer applicator（CUMLA）for hyperthermia in veterinary patients：a pilot evaluation of its use in the adjuvant treatment of non-resectable tumours. Vet Comp Oncol，2013，11：14-29.

Southwood L，Schott H，Henry C，et al. Disseminated hemangiosarcoma in the horse：35 cases. J Vet Intern Med，2000，14：105-109.

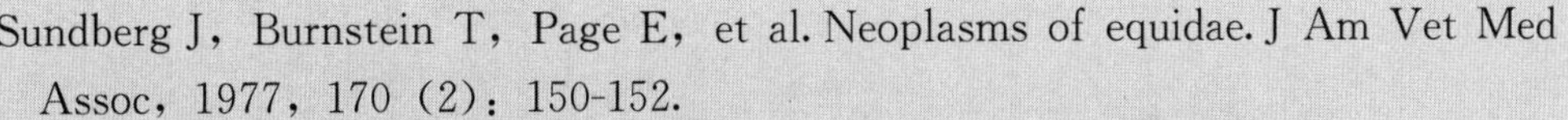

Sundberg J，Burnstein T，Page E，et al. Neoplasms of equidae. J Am Vet Med Assoc，1977，170（2）：150-152.

Théon A. Radiation therapy in the horse. Vet Clin North Am Equine Pract，1998，14：673-688.

Théon A，Wilson W，Magdesian K，et al. Long-term outcome associated with intratumoral chemotherapy with cisplatin for cutaneous tumors in equidae：573 cases（1995-2004）. J Am Vet Med Assoc，2007，230：1506-1513.

（张万坡　译）

第 101 章　乳腺肿瘤

Luiz Claudio Nogueira Mendes

马乳腺肿瘤极其罕见，Surmont 于 1926 年首次报道，后来关于该病也只有一些零星的报道。法国的一项研究中，对屠宰的 39 800 匹马进行观察发现，乳腺肿瘤的发病率仅为 0.11%。而在意大利的一项研究中，对来自诊所或屠宰场的马尸体剖检标本进行为期 4 年的观察，没有发现任何乳腺肿瘤。1986—2003 年，在诺曼底进行的 1 771 例的马尸检调查中，只有 1 例乳腺癌。

马乳腺肿瘤初期常被误诊为乳腺炎，因为二者有相似的临床表现和症状。马乳腺肿瘤中恶性肿瘤发生率显著高于良性肿瘤，因此，长期存活马往往预后不良。马乳腺肿瘤中最常见的是癌和腺癌，其他肿瘤如淋巴瘤、腺瘤和肉瘤（恶性纤维组织细胞瘤）也有报道。

一、乳腺癌

尽管马乳腺癌很少见，但在乳腺肿瘤病例中，乳腺癌的发生率最高。乳腺癌多见于老龄马，通常在 12～25 岁发生，临床症状包括：一侧或两侧乳腺肿大疼痛、可触摸到形状不规则的肿块或像纤维样坚固的肿块、表面出现溃疡、有臭味或伴有血丝的脓性分泌物、腹侧和后肢出现水肿等。随着肿瘤体积增大，马可能会出现行走姿势僵硬，发展到晚期时，会导致马身体状态下降，甚至衰竭。乳腺癌复发的临床症状是乳腺部皮肤发生溃疡。

通过病理组织学检查，马乳腺癌可分为实体癌、乳头状导管癌和导管癌。因为确诊时往往已转移到多个器官，因此所有病例均预后不良，尚没有证据表明乳房切除术能延长患乳腺癌母马的寿命。

二、乳腺淋巴瘤

淋巴瘤是最常见的马造血系统肿瘤，可发生在四个部位，包括淋巴结（多中心），淋巴结外部位如皮肤、胸腺、消化道（第 96 章）。马发生淋巴瘤时，通常会出现贫血、纤维蛋白原血症和低蛋白血症。其临床症状取决于受影响的器官或系统。非特异性症状有慢性消瘦、发热、嗜睡、厌食、精神不佳、外周淋巴结肿大、慢性腹痛和腹泻。一例患有乳腺淋巴瘤的母马发生两侧乳腺增大（图 101-1），其乳腺实变、发热，按压疼痛并伴有分泌物；马黏膜苍白，腮腺淋巴结增大。马淋巴瘤的低发病率导致鉴别诊断时易被直接排除，直到发展为慢性疾病，此时常规治疗已经无效果。

图 101-1 患乳腺淋巴瘤的母马乳腺增大

三、乳腺腺瘤

腺瘤在肾上腺、甲状腺、皮肤和肾脏中已有报道，而乳腺腺瘤仅在 2008 年有一例报道，临床特征为左侧乳腺增大，乳头分泌血清样液体。触诊发现乳腺深部有一个质地较硬的圆柱形肿块连接乳腺周围纤维组织，肿块不发热且不能移动，触诊有痛感，运动时可发现左下肢有轻微外展。据主人描述，乳腺腺瘤是在对马重复给予激素诱导发情和受孕后逐渐出现的。

四、乳腺肉瘤

乳腺肉瘤占人原发性恶性肿瘤的比例不到 1%，并且在肉瘤中，恶性纤维组织细胞瘤（MFH）更罕见。据报道，恶性纤维组织细胞瘤已在几种家畜的多个部位发生，包括马的颈部软组织、大腿、后膝关节以及前肢。

母马乳腺恶性纤维组织细胞瘤的临床症状包括乳腺肿大、左侧乳头基部有可触及的硬结节样肿块、右侧乳腺内有位于右侧乳头背部硬肿块。触诊乳腺肿块不会引起疼痛反应，乳头也没有分泌物。

人的乳腺肿瘤很常见，但乳腺肉瘤十分罕见，且通常预后不良。人类乳腺肉瘤可局部复发，能转移至内脏器官，但不转移至淋巴结。马乳腺肉瘤的形态学和肿瘤行为学仍有待进一步研究。

五、诊断

因和乳腺炎具有相似的表现和临床症状，母马乳腺肿瘤初期常被误诊为乳腺炎，表现为单侧或双侧乳腺肿大、疼痛、发热、发红、产生化脓性分泌物，偶尔可见到皮肤或深层组织溃疡和坏死。

对乳腺肿胀的母马进行诊断时，必须考虑用药史、生育史以及地理位置。应对动物进行全面的体格检查，重点是对乳腺检查，至少应包括体表观察、触诊和内容物特征的检查。其他检查测试还包括收集液体进行细胞学和细菌学检查。细胞学检查可以观察到中性粒细胞、嗜酸性粒细胞、具有较高核质比的细胞群以及形态不规则的单核和双核细胞。活体穿刺或乳腺分泌物的细胞学检查通常意义不大，这是因为大多数肿瘤病变都会有炎症。

乳腺超声检查是辅助诊断方法，能够提供腺体实质部分的影像，可对乳腺肿瘤进行高效、无创诊断评估。用5MHz线性阵列探头很容易操作，这种探头通常用于生殖系统的检查。大多数马在保定程度较低的情况下就可进行检查，但对那些不配合或疼痛反应较强的马，可注射地托咪定（0.01mg/kg，静脉注射）和布托啡诺（0.01mg/kg，静脉注射）进行镇静以便进行检查。腺体组织可见同质均匀高回声，强回声线可指示突出的腺间间隔，在泌乳期和非泌乳期马均可观察到乳头窦。

在一例乳腺腺瘤的病例中，使用7.5MHz的扇形探头对乳腺进行超声检查，显示有一个非均质的结节肿块，其余实质被一个大的圆形无回声区占据。在MFH病例中，采用8.5MHz的微凸传感器和13.5MHz线性传感器进行超声波评估，显示右侧乳腺肿块中有一个2.5cm的同质区域，该区域被强回声致密基质区和低回声小腔所包围。几条血管贯穿整个肿块，且大部分区域被一层薄膜包围。乳腺癌超声检查显示其具有异质外观，伴有少量正常实质、高回声区和一些圆形至卵圆形的低回声区。一般情况下，异质的超声波表现多见于恶性肿瘤，低回声区可能为化脓或者肿瘤坏死。肺部X线检查对于诊断癌转移和判断预后有重要作用。

乳腺肿瘤的确诊可通过手术切除组织的病理学检查来进行。选取与溃疡和引流部位有一定距离的组织中心进行切除，因为从溃烂处所取的组织样品可能只会显示炎症和坏死，而没有足够能用于鉴定和确诊的肿瘤组织。恶性肿瘤的组织学特征包括：细胞异型性、高有丝分裂率、肿瘤细胞侵入周围组织、肿瘤细胞出现在脉管系统、肿瘤细胞出现在淋巴管或区域淋巴结（证明已经转移）、坏死以及肿瘤小叶周围的纤维化。

免疫组织化学方法有助于判断肿瘤组织来源，并能通过肿瘤标记物来确定肿瘤的类别。乳腺肿瘤中，免疫组化方法常用于检测雌激素和孕激素类固醇受体，这些受体在马乳腺组织肿瘤中很少（＜10%）。理论上认为马的乳腺肿瘤通常是恶性的，在早期就已去分化并失去类固醇受体的表达，因此利用激素进行抗肿瘤治疗收效甚微。在一匹患浸润性导管癌的马乳腺癌细胞中，人细胞角蛋白Lu-5和乳清蛋白呈强阳性，人细胞角蛋白AE1/AE3及波形蛋白呈弱阳性，波形蛋白在母马MFH乳腺肿瘤细胞中呈阳性表达，证实了这种肿瘤来源于间质。

六、鉴别诊断

马乳房容量小，不易发生下垂，生长位置易受保护，这些都有助于降低乳腺疾病的发生，因此马乳腺疾病发生率低于其他家畜。造成乳腺扩张或肿胀的原因很多，如

肿瘤、乳腺炎、溢乳、脓肿、创伤、不恰当的哺乳、寄生虫幼虫移行症、皮肤组织胞浆菌病、围产期乳房水肿、鳄梨中毒和乳房前脂肪组织增厚等。对伴有乳头分泌物的乳腺肿胀进行鉴别诊断时，应进行仔细检查，并进行相关的检测。需要鉴别诊断的乳腺疾病包括炎症（乳腺炎）和肿瘤。

因为临床症状相似，乳腺肿瘤常被误诊为乳腺炎。肿瘤中的炎性成分，如中性粒细胞，乳头分泌物中和穿刺活检组织中的细菌，是造成这种误诊的主要因素。从溃疡区分泌物和组织取材检查，可能会导致初步诊断结果为乳腺炎而不是乳腺肿瘤。使用抗菌和抗炎药物对乳腺肿瘤进行治疗时，开始可能会有一些疗效，但这种疗效是短暂的并会复发。任何情况下，当乳腺炎治疗无效或治疗后反复发作时，都应进行乳腺肿瘤的鉴别诊断。

七、治疗

马乳腺肿瘤的治疗比较复杂，易受多种因素影响。肿瘤确诊常因最初的误诊而被延迟，通常直到抗菌药物无效时才尝试肿瘤诊断，确诊时可能已经转移到附近或远处的淋巴结或组织中。

家畜乳腺肿瘤首选的治疗方法是乳腺和局部淋巴结切除手术，但手术并发症较多，包括肿瘤复发、伤口开裂、感染、伤口难以愈合以及腹膜炎等。有关辅助治疗的作用目前还不确定，不能进行手术切除的病例可考虑放射治疗，在马乳腺肿瘤中还没有使用化学疗法的报道，目前已有手术切除与 Nd：YAG 激光辐射相结合成功治疗一例马前肢 MFH 的报道。

目前还没有证据表明切除乳腺可延长病马的寿命，但在乳腺肿瘤早期进行手术可能会取得较好的效果，因此，这种方法可考虑作为一种备选方案。有报道称未进行手术治疗的 3 匹马存活时间从 3 个月到 2 年，而进行了乳房半切手术或乳房全切除手术的 3 匹马存活时间从 3 个月到 7 年。患乳腺肿瘤的马 5/6 都被实施安乐死。

八、预后

一般情况下，乳腺肿瘤的预后很差，因为很多情况下，乳腺肿瘤都发现较晚，且常在发生转移之后才被发现。

推荐阅读

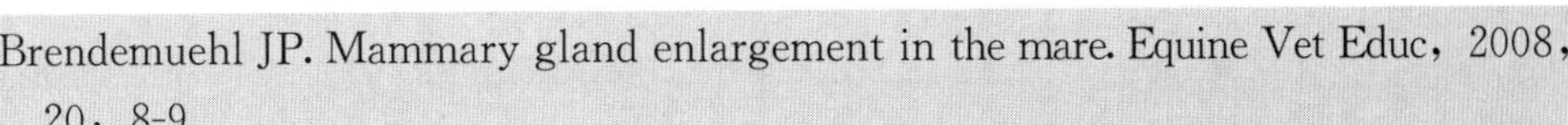

Brendemuehl JP. Mammary gland enlargement in the mare. Equine Vet Educ，2008，20：8-9.

Brito MF，Seppa GS，Teixeira LG，et al. Mammary adenocarcinoma in a mare. Ciencia Rural，2008，38：556-560.

Gamba CO，Araujo MR，Palhares MS，et al. Invasive micropapillary carcinoma of the mammary gland in a mare. Vet Q，2011，31：207-210.

Hirayama K，Honda Y，Sako T，et al. Invasive ductal carcinoma of the mammary gland in a mare. Vet Pathol，2003，40：86-91.

Kato M，Higuchi T，Hata H，et al. Lactalbumin-positive mammary carcinoma in a mare. Equine Vet J，1998，30：358-360.

Laus F，Mariotti F，Magi GE，et al. Mammary carcinoma in a mare：clinical，histopathological and steroid hormone receptor status. Pferdeheilkunde，2009，25：18-21.

Mendes LCN，Araujo MA，Bovino F，et al. Clinical，histological and immunophenotypic findings in a mare with a mammary lymphoma associated with anaemia and pruritus. Equine Vet Educ，2011，23：177-183.

Prendergast M，Basset H，Larkin HA. Mammary carcinoma in three mares. Vet Rec，1999，144：731-732.

Reesink HL，Parente EJ，Sertich PL，et al. Malignant fibrous histiocytoma of the mammary gland in a mare. Equine Vet Educ，2009，21：467-472.

Shank AM. Mare mammary neoplasia：difficulties in diagnosis and treatment. Equine Vet Educ，2009，21：475-477.

Smiet E，Grinwis GCM，van den Top JGB，et al. Equine mammary gland disease with a focus on botryomycosis：a review and case study. Equine Vet Educ，2012，24：357-366.

Spadari A，Valentini S，Sarli G，et al. Mammary adenoma in a mare：clinical，histopathological and immunohistochemical findings. Equine Vet Educ，2008，20：4-7.

疑难词汇汇总表——肿瘤部分

词汇	建议译文	词汇出处：原文段落
Hodgkin's lymphoma	霍奇金淋巴瘤	见第 96 章 In human medicine，lymphoma is classified as either Hodgkin's or non-Hodgkin's lymphoma on the basis of cytologic evaluation of an aspirate or biopsy sample.
Reed-Sternberg cells	Reed-Sternberg（里-斯）细胞	见第 96 章 Although both arise from lymphoid tissue，Hodgkin's lymphoma is distinguished from non-Hodgkin's lymphoma by the presence of Reed-Sternberg cells，a giant cell usually derived from B lymphocytes.

（续）

词汇	建议译文	词汇出处：原文段落
T-cell-rich B-cell lymphoma	富含T细胞的B细胞淋巴瘤（TCRBCL）	见第96章 A recent study found that T-cell-rich B-cell lymphoma (TCRBCL) was the most common subtype in multicentric (34%), alimentary (30%), and cutaneous equine lymphomas (71%), with a T-cell origin present in 26% of multicentric cases, 25% of alimentary cases, and 16% of cutaneous cases.
Secondary absolute erythrocytosis	绝对性红细胞增多症	见第97章 Secondary absolute erythrocytosis results in an increased total circulating red blood cell mass, which may occur because of inappropriate, excessive erythropoietin production either directly by a tumor or in response to tumor prostaglandin production.

（张万坡　译）

第 9 篇 泌尿系统疾病

第 102 章　泌尿系统检查

Elizabeth A. Carr

一、病史和体格检查

评估马的泌尿系统疾病，临床兽医应收集完整的病史资料，并对其进行全面的体检。病史调查主要包括与饮食有关的相关信息、药物管理、对治疗的反应、发病的马匹数量和临床体征的持续时间及类型，非甾体类抗炎药（NSAID）的重复使用或复发性横纹肌溶解症病史会增加马患肾脏疾病的概率。此外，还应进行饮水量和尿量的评估，例如，畜主可能将尿频误认为多尿、尿量增加。区分这两者的情况有助于形成一个诊断方案。尿频常发生于胆囊结石或膀胱炎、母马的发情期。多尿则通常发生于肾脏疾病、尿崩症、糖尿病、垂体性疾病。细心的畜主可能观察到动物运动后口渴加剧或者尿外观的改变，如因多饮和多尿而出现的更加清澈的尿液。

通过关闭自动供水装置，给马提供定量的充足饮水，来确定在 24h 内的饮水量。饮水量可因饮食、环境条件及活动水平等有很大差异，因此重复测量多个 24h 期间的饮水量能更加准确的确定平均日饮水量。在阴凉环境中饲喂大量的干物质饲料的情况下可能每天仅需要 15～20L 水，而在炎热的气候条件下使役的马匹一天需 90L 水。马肾功能正常时，平均每天排出 5～15L 尿液，所以对水的摄入量更加难以确定。可利用尿液收集工具完成 24h 尿液的收集；另外，Foley 导尿管配合收集器可用于量化尿液。

马泌尿系统疾病最常见的症状是体重下降以及排尿异常，其他临床症状如绞痛、发热、食欲不振、抑郁、腹壁水肿、口腔溃疡、牙石过多，会阴或后肢的淋伤随病因与发病部位不同而变化。有报道称患有尿石症的马匹会发生绞痛症状，同时伴随血尿、尿频，频繁排尿紧张。虽然腰部疼痛、后肢跛行为肌肉骨骼疾病主要症状，但泌尿系统疾病也会发生此类症状。体能下降可能是肾脏疾病的早期症状，但是体能低下也可能是由于轻微贫血及伴随尿毒症而造成的结果，而不是肾区疼痛。

对疑似患泌尿疾病马匹除进行常规检查外也应进行直肠检查，触诊膀胱应确定其大小、壁厚薄、结石或肿块的存在。因为触诊膨胀的膀胱可能遗漏膀胱结石和肿块，当膀胱充盈时，应在膀胱导尿或排尿后再次进行触诊。通过触诊可明确大多数马的左肾尾端的大小与纹理。除非输尿管扩大或发生病理性阻碍，否则无法通过触诊摸到输尿管。输尿管扩张可通过在背侧腹壁或母马阴道壁的触诊进行评价。在患有肾盂肾炎或输尿管结石时可发现输尿管的扩张，还应通过触诊生殖道确定是否是生殖系统疾病导致的肾脏疾病。

二、血液学及血清生化

白细胞计数和血清蛋白或纤维蛋白原含量的升高，提示炎症以及感染性疾病。慢性肾衰的马中，促红细胞生成素下降以及红细胞寿命的缩短会导致轻微贫血（红细胞比容20%～30%）。

尿素氮（BUN）和血清肌酐浓度是评估肾功能尤其是肾小球滤过率（GFR）最常用的指标。尿素氮在肝脏蛋白质代谢过程中产生，并能受饮食中蛋白质水平的影响。因马属动物与食肉动物的饲料相比，为相对恒定的低蛋白饮食，饮食对尿素氮浓度影响不大。尿素氮浓度可能因胃肠道出血而增加，或者因肝功能不全而下降。由于小马驹的蛋白合成效率较高，小马驹的尿素氮浓度较低。尿素是一种高度过滤的可被重吸收的分子，取决于水的排泄量和电解质的过滤量。尽管大多数尿素氮（90%）是通过肾脏排泄的，但是由于近乎一半的尿素氮可以通过重吸收进入体循环，所以其并不被认为是检测肾小球滤过率的有效手段。

肌酐是肌肉在机体内代谢的产物，其在肌肉发达个体血清中的浓度会更高。血尿素氮与之类似，血清肌酐值不受草食动物的采食影响。因为肌酐是由具有重吸收作用或分泌功能的肾小球进行过滤的，血清肌酐水平与肾小球滤过率（GFR）相关，可用于评估肾过滤水平的变化。

在患有肾疾病的新生马驹中可以检测到较高的肌酐浓度。其原因可能是由于子宫内胎盘功能不全，但在出生后的几天内血清肌酐值会下降到正常水平。某些疾病或者药物应用可能引起肌酐浓度的变化。内源性色素沉着、高血糖、高蛋白血症和酮症可能会使肌酐浓度升高。头孢类抗生素的使用也可导致血肌酐浓度增加。此外，高胆红素血症可能导致肌酐浓度降低。

75%肾单位失去功能才会导致血清尿素氮和肌酐水平的增加。例如，当一侧肾功能完全丧失时，只要其对侧的肾及肾小管功能正常，肌酐浓度就不会增加。因此，血肌酐并不能反映早期、轻度的肾功能下降。当肾的大部分遭受病理损伤，肾小球滤过率下降比例较大时（超过50%），此时血肌酐值升高的情况才可能在临床上显现出来。

血中尿素、肌酐、尿酸等非蛋白氮（NPN）含量显著升高，称氮质血症（azotemia）。肾前氮质血症是由于肾血流灌注减少，而肾后氮质血症是由尿路梗阻导致的。因此，对血清生化检测结果的评估，应结合动物饮水情况及其他症状判断。虽然不能具体区分氮质血症与肾疾病导致的血尿素氮和肌酐的升高，但是尿素氮肌酐比值可提示肾或肾性氮质血症的发生。肌酐是一种带电分子，比尿素渗透性小，因此，与血尿素氮相比较，肌酐的变化更能准确地反映出肾功能的变化。同时，肌酐的增加比例大于血尿素氮的上升比例，导致尿素氮与肌酐比值可以用于区分肾前性氮质血症或急性肾功能衰竭与慢性肾衰竭。当发生氮质血症时，血尿素氮与肌酐比值通常更高，这是因为重吸收的尿素氮又回到系统循环。同样，当尿腹膜炎时血清尿素氮较高，这是由于尿素与肌酐在腹膜表面能发生更快速的吸收作用。在急性肾功能损害中，尿素氮肌酐比值小于10∶1，而慢性肾功能衰竭时比例应超过15∶1。尿素氮与肌酐比值虽可提供一定的参考，但有其局限性，尤其是动物发生慢性肾功能衰竭时，血尿素氮可随膳食蛋白摄入的变化而变化。

对尿肌酐浓度测量（详见下面尿检）或尿-血清肌酐比值可以提供有用的信息。超过 50∶1（反映尿浓缩尿）的尿-血清肌酐比值提示马氮质血症，而小于 37∶1 的比率提示原发性肾病。

除了血尿素氮和肌酐，血清电解质、蛋白质（白蛋白和球蛋白）、血糖浓度和肌酸激酶的活性同样应进行实验室检测。在多尿性肾衰竭中，低氯血症是最常出现的电解质异常。低氯性代谢性酸中毒可出现肾小管酸中毒。2/3 有潜在肾病马匹会表现出体能低下，体重减轻以及食欲不振。也有报道马的肾疾病中可伴随低钠血症，常见于泌尿系统的破坏和尿腹膜炎。血清钾浓度一般正常，但是当马患有急性肾衰或尿腹膜炎时可能升高。马患有肾疾病时钙磷浓度会发生变化，高钙血症和低磷血症主要见于饲喂苜蓿干草的慢性肾功能衰竭马，而低钙血症和高磷血症更常见于急性肾衰。在蛋白丢失性肾小球疾病时，由于白蛋白的分子量较低，白蛋白的丢失程度比球蛋白更高。虽然在许多物种中，低总蛋白和白蛋白浓度伴随着慢性肾疾病的发生而变化，但是马的低蛋白血症和肾病综合征更加难以治愈。当球蛋白浓度增加时，提示慢性抗原刺激与病变，肾小球肾炎、肾盂肾炎或淀粉样变性。由于压力、运动、败血症、垂体中间部功能障碍或糖尿病所导致的高血糖症［血糖＞（175～200mg/dL）］也可能导致糖尿的发生。当发生色素尿时，肌酶活性检测有助于鉴别肌红蛋白尿、血尿和血红蛋白尿。

三、尿液分析

疑似患有泌尿道疾病的马匹都应进行尿液分析。当马排尿时，可以通过留置导尿管或者膀胱穿刺术进行尿的收集。在收集时，应对尿液的颜色、透明度、气味、黏度和比重进行评估。正常马尿是浅黄至深褐色，因尿液内含有大量的碳酸钙晶体和黏液，所以尿液是混浊的。排尿时尿液外观经常发生变化，特别是对于排尿结束时，会排出较多的晶体。如果出现色素尿或血尿，临床兽医应注意尿液颜色变化、持续的时间来帮助定位病变来源。全程色素尿提示肌肉坏死、膀胱或肾脏损伤，而排尿起始与结束时尿液颜色变化更常见于尿道或副性腺的病变。

尿比重测定主要用于了解肾脏的浓缩和稀释功能，同时还可用于某些疾病的辅助诊断和病情监测。在脱水情况下，正常肾功能的马能够产生尿比重为 1.025～1.050 的浓缩尿。与此相反，马驹由于大量乳汁的摄入，尿比血清更稀薄（超稀或比重＜1.008）。虽然多尿减少了髓质间质产生较高渗透压梯度的能力，但是当脱水时，马驹能产生比重高于 1.030 的尿液。患有肾脏疾病的个体浓缩（比重＞1.025）或稀释（比重＜1.008）尿的能力下降。因此，慢性肾功能衰竭的马通常表现为产生与血清相似渗透压的尿液。

对各种病因导致脱水或休克的马，尿比重的测定有助于肾前性与肾性氮质血症的鉴别。高尿比重（＞1.035）发生于肾前性氮质血症，而脱水性浓缩尿不能用于肾脏疾病诊断。应该强调的是，尿比重的测量是最有效的，但应在输液治疗前采集尿液样品，因为输液治疗会导致生成的尿液被稀释。脱水时，可能导致肾脏浓缩尿液的能力降低，其他病变还包括败血症和内毒素血症等疾病、肾性尿崩症、肾髓质疾病，以及垂体或下丘脑疾病导致的中枢性尿崩症。

马尿的pH通常为碱性（7.5～9.0）。高强度运动或细菌感染可导致pH转为酸性。后者可以进一步导致病畜尿液产生氨味，因为尿素的分解依赖细菌脲酶。而尿的稀释通常会导致尿液pH下降。当检测碱性蛋白样品时，市售的尿试纸条可能产生假阳性结果。采用比色法进行半定量的磺基水杨酸沉淀试验，或在尿蛋白与尿肌酐比值的结果比较中，出现蛋白尿是最好的评估指标。正常马驹和马中，也可能出现1.0或者更低的临界值。

伴随蛋白尿同时出现的还有脓尿、细菌尿、肾小球疾病或运动后一过性的疾病。一过性蛋白尿见于新生马驹摄入初乳后。正常马尿不应包含葡萄糖，而糖尿可伴随上述疾病或葡萄糖溶液的输入或肠外营养产品引起的高糖血症同时发生。此外，糖尿病可能是由α_2激动剂或外源性糖皮质激素的应用引起的。在高血糖情况下检测到糖尿，应怀疑是原发性肾小管功能障碍。在尿液样本中，尿试纸血阳性结果可能是由于血红蛋白、肌红蛋白或血尿所引起。结合硫酸铵沉淀试验检测肌红蛋白的血清溶血及红细胞尿沉渣的检查可帮助区分尿液种类。

尿沉渣检查尿液中细胞、管型以及细菌应在30～60min内进行，这是因为在低渗尿中细胞可能出现溶解。正常尿液样本中高倍视野下仅有不到5个红细胞。在每个高倍视野下可见到尿红细胞数量的增加，这可能是由于炎症、感染、中毒、肿瘤或运动导致的。脓尿（白细胞/高倍视野>5个）最常见于感染性或炎症性疾病。管型是由肾小管管腔的细胞与蛋白形成，并随后进入膀胱。管型在正常马尿中少见，但在炎症或感染过程中可见。在碱性尿液中，管型不稳定，因此，对收集到的尿沉积物应尽快进行评估，以确保准确性。正常马尿中无细菌。在沉积物评价中细菌较少，但不排除它们的存在，然而在肾盂肾炎和膀胱炎疑似病例中应进行导尿管插入或者穿刺，对所收集到的尿液进行细菌培养。

马尿中含有丰富的晶体。大多数是大小不一的碳酸钙晶体，但是在正常马尿液中也可见到三磷酸盐晶体，偶尔可见到草酸钙晶体。在一些样品中，有必要加入几滴10%乙酸溶液以溶解结晶来准确评估尿沉积物。

γ-谷氨酰转移酶（GGT）是一种位于肾小管上皮细胞刷状缘上的酶。尿中GGT来源于近端肾小管细胞更新，肾小管损伤以及上皮细胞脱落入管腔内会使其活性增加。尿GGT活性值与尿肌酐浓度的比值（UCR）相关，如高于25认为是异常，计算方法为尿中γ-谷氨酰转移酶活性/(尿肌酐浓度×0.01)。在马中，这一比值是急性肾小管损伤的敏感指标，并作为肾小管早期损害的指标，并有助于监测肾毒性药物的应用。然而，脱水和初始或二次肾毒性药物应用后也可以发现高尿GGT与肌酐比值。但是，UCR在慢性肾小管损伤（肾小管上皮细胞受到破坏和损失）时降低。因此，虽然其结果可能反映了急性肾小管损伤，但在实际情况下UCR对于诊断并不是非常准确的。

四、电解质清除率分数

可用电解质清除率分数用来评估肾小管分泌及吸收功能。下列公式中清除率分数表示为内源性肌酐清除率：

清除率分数 A=(尿液 A)×(血浆肌酸酐)/[(血浆 A)×(尿液肌酸酐)×100]

马肾功能：重吸收超过99%的过滤钠，但钾被保留的极少。因此，正常的清除率分数值，钠是小于1%的，钾则是15%～65%（表102-1）。钠、磷清除率比例的升高是肾小管早期损伤的指标。在马静脉点滴时，钠清除率分数会人为地增加。

表 102-1　马电解质的清除率分数

电解质	正常范围
Na^+	0.02～1.00
Cl^-	0.004～1.60
K^+	15～65*
PO_4^-	0.00～0.50†
Ca^{2+}	0.00～6.72‡

注：* K^+清除率分数可能超过高钾饮食马的上限。

†PO_4^-清除率分数超过4%表明摄入过多。

‡Ca^{2+}清除率分数应超过2.5%与膳食钙摄入量充足。

五、水剥夺试验

水剥夺试验是用来确定稀薄多尿是否是由于一些行为问题，如精神性烦渴所引起或是中枢性或肾性尿崩症的结果。水剥夺试验不应在患有临床脱水或氮质血症的动物中进行。在试验开始时，应将膀胱排空并用导尿管进行病畜标准尿样本的收集，同时在移除食物和水之前，应测量血清尿素氮、肌酐浓度和体重。在12h（通常为过夜）或24h后，测量尿比重和重量损失。当尿比重达到1.025或更大，损失5%的体重或脱水变得明显时，应停止试验。由于髓间质渗透梯度的破坏，长期受精神性烦渴影响的马不能完全浓缩尿。在这种病畜中，延长测试时间超过24h也没有任何意义。然而，经过几天的禁水（每天的水摄入量限制为40mL/kg）后，病畜会生产比重更高的尿液。在水的剥夺测试中，中枢性或肾性尿崩症的马不能浓缩尿。当怀疑这些疾病时，应每4～6h对马进行检测，因为禁水6h内可能发生严重脱水。

六、外源性抗利尿激素应用

马匹如不能对尿液进行重吸收以应对水剥夺，则认为患有尿崩症（DI）。这种疾病可以由缺乏血管升压素（抗利尿激素）引起（神经DI），或肾小管对血管升压素缺乏反应引起（肾性DI）。外源性血管加压素的应用可以用来鉴别是神经性还是肾源性尿崩症。过去，从垂体中提取垂体后叶素并制成油剂用于诊断DI，但这种产品已经不再生产。在任何患有多尿的小动物中，人工合成的血管加压素类似物，醋酸去氨加压素（DDAVP）可以用于神经性地诊断和治疗。在评估马尿崩症时，静脉注射20μg DDAVP（相当于80IU加压素的抗利尿活性）是一种有效的诊断方法，人类鼻雾喷剂

(100μGDDAVP/mL) 用于正常马研究中时，静脉注射0.2mL，尿比重会增加（>1.020)，而反复的鼻饲管喂水造成马的多尿和低渗尿（尿比重<1.005)。

七、内镜

马排尿异常时，泌尿系统内镜检查是一种有效的诊断方法。此外，当在超声检查期间某个肾脏不能成像时，内镜可用来确定病畜双肾功能是否正常。外直径为12mm或更小，最小长度为1m的内镜足够完成对任何性别的成年马的尿道和膀胱检查。下尿路内镜检查前应先对内镜进行消毒。马镇静后，应彻底清洗阴茎或阴部。内镜以与导尿管相同的方式导入，间歇地通过空气控制使尿道或膀胱膨胀。正常尿道黏膜呈浅粉色并有纵褶，当空气扩张时，黏膜变平，同时可能会出现颜色变红以及明显的充盈的血管。内镜检查前导管通路的取样收集或清空膀胱，通常会导致尿道黏膜轻度刺激和红斑的出现，这些体征为正常现象。尿道扩大到坐骨弓区壶腹部分，应仔细检查骨盆顶部的精液囊以及远端尿道括约肌，因为这些位置是去势或种马排尿后或生产后出血的常见位置。经空气膨胀后，内镜穿过尿道括约肌后续通路应用于评估膀胱结石或炎症。观察三角区的背侧输尿管开口可以帮助确定血尿或脓尿的来源，可以观察到输尿管非同步的排出少量尿液，大约每分钟1次。此外，还可进行膀胱或尿道内的肿块活检。临床兽医应用无菌聚乙烯导管通过对内镜的活检通道完成输尿管导管插入术，并以此来获得尿液样品。最近有报道称，一种小内镜（外直径4.9mm）可用于输尿管和肾盂的检查。

八、超声波扫描术、X线照相术和核闪烁扫描术

泌尿道的超声波扫描术可经直肠或者经腹部检查完成。用5MHz探头经直肠可很好完成膀胱的成像，可检查膀胱结石，因为结石表面可产生回波并产生一个声音阴影。同样，成像和触诊也可检查膀胱壁的包块。

右侧的肾呈三角形或者马蹄形，可经腹部背外侧的最后两到三肋间的范围很好的成像。左肾在左腰椎窝处，呈豆形，并深藏于脾后。因为左肾比右肾更深，很难被完全的成像，故应用2.5～3MHz探头可便更好成像。两侧肾的大小和形状，结构和实质的回声反射性都应该检查。在急性肾脏衰竭中，肾大小增加，皮质、髓质结构模糊。慢性肾功能衰竭导致肾比正常更小以及更多的反射波。在肾实质内发现囊性或矿化区域可能与肾疾病或先天畸形有关。在肾盂里的结石通常会投射一个声学的阴影，但受肾盂积水的影响。由于在肾和腹壁之间有直肠，可能会有一个甚至两个肾不能成像，在此种情况下，通常需要后续的检查。

X线成像术在评价马的泌尿道疾病中极少被使用。尿路的放射诊断仅被用于怀孕的或小型的马。如临床兽医怀疑肾功能降低或鉴定发育不全的肾脏，或是输尿管异位，应进行排泄性尿路造影检查。尿路造影一般需要麻醉。逆行性对比研究可用于怀疑膀胱破裂的怀孕马。这个方法也有助于尿道狭窄、膀胱包块的诊断。然而，内镜检查法

对诊断这些疾病更为准确。

核闪烁扫描法成像用于检测肾功能，对肾功能提供一个质量评估。当由于肠管干扰或单侧肾切除后导致的超声检测模糊时，可应用肾脏闪烁扫描法。肾功能的检测使用内镜更容易明确，膀胱镜检查可以观察尿从输尿管排出过程。肾脏核闪烁扫描使用锝-99m（^{99m}Tc），标记放射药剂葡庚糖酸盐，其被邻近的管状上皮细胞吸收，显示肾脏组织细节；二乙酸胺五乙酸（DTPA）与菊庚糖相似，因为它在过滤后不能被分泌和重吸收；或者巯乙酰三苷氨酸，类似氨基马尿酸盐，因为它主要被肾小管分泌，用于评价肾血流量。放射性药物^{99m}Tc-DTPA（二乙烯三胺五乙酸）也可用于测量 GFR（肾小球滤过率），且不需要外置的放射显影照相机。此方法的使用需要静脉注射放射性药物，在一段时间内收集多个血液样本，以消除差异。

九、肾活组织检查

肾活组织检查应用于确定受损伤肾单位的区域、病变的类型、疾病的严重性。虽然与超声检查同步完成活组织采样是相对安全的过程，但它也存在内在风险，包括肾脏被膜下的出血和血尿，故此检查一般不常用。采样时，病马保定并使用镇静剂，探针穿透到肾实质区时，可通过超声束对肾脏进行成像。在活组织采样前应进行超声检查成像确定活组织采集位点和深度。被收集的组织应保存在福尔马林中固定，而后进行病理组织学检查。必要时，应采集额外的样本，用于细菌培养和荧光免疫检验，组织需要进行特殊保存。

在对马 151 个肾活组织检查标本的回顾性研究中，组织病理学发现，仅有 72%的案例与检测结果对应。虽然理论上肾活检结果对确诊肾脏疾病提供有用的信息，但是这些结果也表明，除非通过与病史、荧光免疫检测法等结合进行分析，在慢性疾病中肾活检不能检测到致病原因。在临床症状出现前，可能发生 75%或者更多的肾小球功能缺失。而在晚期肾病时，所有的肾小球可能都发生病理性损伤。在某些病例中，活检结果对分析肾衰竭病因是传染性（肾盂肾炎）还是先天性（肾脏异常发育）疾病有帮助。虽然这些结果对制定治疗方案有益处，但是肾活组织检查有其局限性和风险性，因此在诊断马慢性肾功能衰竭时应慎重使用。

十、肾小球滤过率的测量

肾小球滤过率用于衡量肾功能。肾小球滤过率降低时可能同时出现原发性肾疾病、肾灌注降低或阻塞性肾疾病。一些诊断测试可用于肾小球滤过率的评估。血清尿素氮和肌酐的浓度在约 75%的肾功能损害时开始增加。此外，对 GFR 变化更加敏感的检测包括内源性和外源性肌酐清除率、菊粉清除率、对氨基苯磺酸钠的清除，以及^{99cm}Tc-DTPA的清除。这些指标的测试需要定时收集尿样，反复采血以及专门的实验室化验。因此，这些检测在临床是有局限的。在最近的一份报告中，描述了碘克沙醇与水溶性造影剂的使用，对 GFR 进行估计，这种技术可能在临床上有效。

十一、尿道压力分布图

膀胱内压描记法和尿道压力分布图用于评估逼尿肌和尿道的肌肉功能。两个技术是通过导尿管在膀胱或尿道的膨胀期间，对管腔内压力进行测量。这些技术对犬和人的膀胱以及尿道肌肉和神经性疾病的诊断是有效的。该技术已在正常母马和小马中进行试验，但是，这些技术在临床病例中还未进行应用。

推荐阅读

Grossman BS, Brobst DF, Kramer JW, et al. Urinary indices for differentiation of prerenal azotemia and renal azotemia in horses. J Am Vet Med Assoc, 1982, 180: 284-288.

Kohn CW, Chew DJ. Laboratory diagnosis and characterization of renal disease in horses. Vet Clin North Am Equine Pract, 1987, 3: 585-615.

Matthews HK, Andrews FM, Daniel GB, et al. Measuring renal function in horses. Vet Med, 1993, 88: 349.

Sullins KE, Traub-Dargatz JL. Endoscopic anatomy of the equine urinary tract. Comp Cont Educ Pract Vet, 1984, 6 (11): S663-S668.

Traub-Dargatz JL, McKinnon AO. Adjunctive methods of examination of the urogenital tract. Vet Clin North Am Equine Pract, 1988, 4 (3): 339-358.

（王晓钧　校）

第 103 章　多尿和多饮

Bryan M. Waldridge

多尿和多饮（PU/PD），分别指尿量排出增多和饮水增多。一般来说，病史、整体及一般检查、常规临床检查如血常规、血清化学和尿分析将很容易排除很多本章中所讨论的鉴别诊断疾病。肾功能评估是马属动物 PU/PD 诊断检查中重要的第一步，使临床兽医能够更好地制订不同的鉴别诊断方案，做出其他必要的诊断程序（框图 103-1）。

框图 103-1　多尿症、多饮症鉴别诊断

- 精神性多饮
- 医源性（例如输液过多、α_2受体激动剂镇静剂、皮质类固醇）
- 库兴氏综合征
- 马代谢综合征
- 急性肾功能衰竭
- 慢性肾病
- 内毒素血症
- 败血症
- 尿崩症
- 糖尿病
- 精神性盐耗症

一、鉴别诊断

（一）精神性多饮

精神性多饮是马 PU/PD 的最常见原因。马一天大多时间关在畜栏内，只能有限地使用牧场和饲喂干草，容易引起精神性多饮。精神性多饮是典型的疾病，马属动物很大程度被限制在畜栏内，不能持续的觅食草料，无聊导致马不断喝水然后排尿。如果水摄入受到限制，精神性多饮的马能够生产浓缩尿。精神性多饮治疗措施包括提供活动来缓解无聊和恢复正常马的生活习惯，如尽可能牵遛、少量和多次饲喂，而不是定时饲喂 2 次、最好畜栏内饲养时能全天提供饲料。

（二）医源性（药物或液体疗法诱导的）多尿

如尿路功能正常，静脉注射或内服液体疗法会增加尿的生成。皮质类固醇激素减少抗利尿激素（ADH）的分泌，α_2受体激动剂、镇静药都能降低 ADH 和胰岛素的分

泌，增加尿量。给药后，α_2受体激动剂诱导的低胰岛素高糖血症可持续长达 150min，尽管糖尿少见，并且也不太可能诱导渗透性多尿。

二、内分泌疾病

（一）垂体中间部功能障碍和马代谢综合征

马垂体中间部功能障碍（PPID）或马代谢综合征（EMS）、高皮质醇血症和可能会超过肾阈的高血糖能够引起 PU/PD。皮质醇抑制 ADH，导致稀释的尿液排出增加。大多数 PPID 或 EMS 的马的高血糖不超过肾阈值。患有 PPID 的马一般都是高龄的马，但也有 7 岁的马被确诊为 PPID 疾病。许多患 PPID 的马除了多毛症和 PU/PD，很少有其他临床症状。马代谢综合征经常发生于年轻肥胖并有异常脂肪沉积的马（一般为 5～15 岁），病马往往患有蹄叶炎。

诊断需做内分泌测试，如地塞米松抑制试验、结合地塞米松抑制和促甲状腺素释放激素应答检测，以及血糖、胰岛素、皮质醇的测量和促肾上腺皮质激素浓度检测，这些指标有助于诊断和区别 PPID 和 EMS。PPID 和 EMS 在第 135 章和第 136 章中分别进行详细的讨论。

（二）尿崩症

抗利尿激素（精氨酸加压素）作用于远端肾小管和集合管，其主要作用是提高远曲小管和集合管对水的通透性，促进水的吸收，是尿液浓缩和稀释的关键性调节激素。这种作用能够浓缩尿液并且节约体内水分。中枢或神经性尿崩症是由下丘脑或腺垂体功能减退引起的，降低了抗利尿激素的产生或释放。肾性尿崩症是髓质集合管缺少抗利尿激素受体引起的。马很少发生肾性尿崩症和中枢性尿崩症。但马驹有过肾性尿崩症报道，其中 2 例是孪生的，这表明，在某些情况下，肾性尿崩症可以遗传。有肾性尿崩症的马驹与其他马驹相比，体型瘦小。后天性尿崩症可能是突发的或者是由于外伤、血管异常、脑炎，或赘生瘤造成。在一病例中，证实尿溢出性尿失禁是由获得性肾性尿崩症引起的。有人认为尿崩症和马垂体中间部功能障碍、后脑垂体后叶受压迫、抗利尿激素的释放减少有关。

患有肾性尿崩症的马驹可用限盐饮食治疗，在饲料中不额外添加盐，仅限于饲料本身含有的盐，每天供应 5～6 次定量饮水。马驹体重增加，能保持正常的生产，但仍继续产生稀释尿液。

在另一起病例报告中，10 日龄马驹疑似为先天性中枢性尿崩症，表现多尿和呼吸急促，但该马驹血浆加压素浓度与同年龄对照马驹无差异性，用醋酸去氨加压素水合物滴眼剂治疗后，尿比重从 1.012 增高到 1.019。马驹的血浆加压素浓度在眼睛给药后增加了，这表明眼用氨加压素可被吸收，并且对于治疗中枢性尿崩症是有效的。24 个月后，马驹正常长大，但仍不能产生浓缩尿。

（三）糖尿病

糖尿病在马中鲜有报道。该诊断主要基于持续性高血糖和低胰岛素症。马的糖尿病与胰腺炎、双边颗粒卵泡膜细胞瘤和自身免疫性内分泌腺病综合征相关联。患糖尿病的马病例只见于少数报道，均伴随尿糖出现。马的肾脏葡萄糖阈值是 180～200mg/dL，并且可能会低至 150mg/dL。

（四）急性肾功能衰竭

患有急性肾功能衰竭的马可表现为多尿、少尿或无尿。全血细胞计数和血清化学检查可以发现氮质血症和脱水。通常情况下，有脱水、溶血和横纹肌溶解、暴露于肾毒素或使用具有潜在肾毒性药物进行治疗的病史（见第 110 章）。

（五）慢性肾疾病

马患有慢性肾疾病时表现为消瘦，同时伴有多尿或多饮。临床病理异常通常包括贫血、氮质血症、低蛋白血症、高钙血症。慢性肾功能衰竭在第 111 章中进一步讨论。

（六）精神性盐耗症

在一个病例报告中，描述雌性小马由于饮食中盐摄入量过多表现 PU/PD，身体状况不佳，步态僵硬，肌肉震颤。该报告表示病马饲喂 1%的盐精矿和随机种类的矿化盐块。临床病理异常包括低渗尿、尿中钠与氯排泄分数升高。禁水试验结果正常。除去盐块，限制水的摄入量以维持正常需求（每天 50mL/kg）后症状消失。饲喂盐过多可能引起 PU/PD，应限制钠的摄入量，摄入量为仅满足维护正常机体需求和汗液的损失。

（七）内毒素血症和败血症

败血症如腹膜炎除典型临床症状，可能伴发多尿/多饮。内毒素刺激产生的血管舒张物质前列腺素 E2，从而增加肾血流量，并且可以抑制抗利尿激素，导致尿量的增加。无论多尿还是脱水均可发生在马的内毒素血症中，对因治疗后这两种症状均会消失。

三、尿浓缩功能的评估测试

（一）禁水试验

禁水试验仅适用于非氮质血症或脱水的马。在试验开始时，马称重，并且通过导尿管排空膀胱。开始禁水，测量尿比重作为标准，然后每 6～12h 测量 1 次。一旦马体重减少其体重的 5%，出现氮质血症或临床脱水时，禁水应停止。临床上，当尿比重至少为 1.025 时，禁水试验可随时停止。

除了尿比重，尿渗透压可以评估尿液浓度。尿渗透压通常为 3～4 倍的血清渗透压，是 900～1 200 mOsm/kg。在普通马中，禁水会增加尿渗透压以及尿比重。

（二）禁水调节试验

某些多尿和多饮的马匹，失去尿浓缩能力会间接导致肾髓质中间质渗透压梯度紊乱。肾髓质渗透压梯度可以通过限制水的摄入量而恢复，饮水量为每天 40mL/kg，且连续 3～4d。禁水调节试验按照上述描述进行。

（三）Hickey-Hare 测试

Hickey-Hare 测试有助于兽医鉴别尿崩症是否为精神性多饮。以每分钟 0.25mL/kg 静脉注射高渗盐溶液（2.5%）45min，会导致正常马和精神性多饮马的浓缩尿输出减少。而患有尿崩症的马静脉注射高渗盐溶液后不会产生浓缩尿并且会保持多尿的状态。

（四）抗利尿激素水平的测定

在禁水或静脉注射高渗盐溶液下连续测定血中抗利尿激素水平可鉴别肾性尿崩症和中枢性尿崩症。患有肾性尿崩症的马在禁水或静脉注射高渗盐溶液情况下，血中抗利尿激素水平会升高。抗利尿激素水平主要在脱水、高钠血症和中枢性尿崩症中发生变化。临床上，一般实验室很难进行抗利尿激素的检测，因此该方法无法进行常规使用。

（五）注射加压素

注射合成加压素有助于鉴别肾性尿崩症和中枢性尿崩症。连续静脉注射（2.5 mU/kg 配合 5%葡萄糖，60min）或肌内注射（0.25～0.5 U/kg）加压素。正常马注射加压素 60～90min 后尿比重至少应为 1.020。患肾性尿崩症的马在给予外源性加压素后不能产生浓缩尿，但可能有部分反应并且尿比重会轻度增加。

（六）注射去氨加压素

去氨加压素乙酸甲酯（DDAVP；20μg，IV）是一种合成抗利尿激素类物质，可鉴别肾性尿崩症和中枢性尿崩症。一例实验性诱导正常马多尿的研究中，去氨加压素醋酸鼻腔喷雾（0.05μg/kg，IV，无菌水稀释）后 2～7h，尿比重高于 1.020。患肾性尿崩症的马在注射去氨加压素不会产生浓缩尿。

推荐阅读

Brashier M. Polydipsia and polyuria in a weanling colt caused by nephrogenic diabetes insipidus. Vet Clin Equine，2006，22（1）：219-227.

Breukink HJ，Van Wegen P，Schotman AJH. Idiopathic diabetes insipidus in a Welsh pony. Equine Vet J，1983，15：284-287.

Buntain BJ，Coffman JR. Polyuria and polydipsia in a horse induced by psychogenic salt consumption. Equine Vet J，1981，13：266-268.

Knottenbelt DC. Polyuria-polydipsia in the horse. Equine Vet Educ，2000，12：179-186.

Kranenburg LC，Thelen MHM，Westermann CM，et al. Use of desmopressin eye drops in the treatment of equine congenital central diabetes insipidus. Vet Rec，2010，167：790-791.

McKenzie EC. Polyuria and polydipsia in horses. Vet Clin Equine，2007，23（3）：641-653.

Morgan RA，Malalana F，McGowan CM. Nephrogenic diabetes insipidus in a 14-year-old gelding. N Z Vet J，2012，60：254-257.

Schott HC，Bayly WM，Reed SM，et al. Nephrogenic diabetes insipidus in sibling colts. J Vet Intern Med，1993，7：68-72.

（张子威、徐世文　译，王晓钧　校）

第 104 章　尿 失 禁

Beatrice T. Sponseller

尿失禁是由于膀胱括约肌损伤或神经功能障碍而丧失排尿自控能力，使尿液不自主地流出。尿失禁会引起尿液间歇或持续性的排出。尿失禁根据病因可分为神经性或非神经性、先天性和后天性下泌尿道异常以及神经分布异常。

一、非神经性尿失禁

非神经性尿失禁与输尿管异位开口以及其他先天畸形（见第 105 章）、尿结石（见第 108 章）、下泌尿道瘤形成等有关。对于母马来说，繁殖疾病、难产或者多次生产导致的外部尿道括约肌损伤均可能引发尿失禁。阴道内镜检查引起尿道和膀胱损伤可引起母马尿失禁。有报道母马由于尿道括约肌迟缓导致雌激素性尿失禁。尿频是膀胱炎的常见症状，炎症对膀胱壁中牵张反射器的刺激，导致频繁的自发的逼尿肌紧缩，成为急迫性尿失禁。细菌性膀胱炎在马中比较罕见。

二、神经性尿失禁

神经性尿失禁意味着与尿频相关的神经通路功能失调。排尿神经通路包括大脑脑干和脑皮层中心控制下的骶椎副交感神经（骨盆神经），体壁（阴部神经）和腰交感神经的（下腹部神经）神经元的反作用。神经源性尿失禁根据病变部位的不同可分为前段（UMN）运动神经元障碍和后段（LMN）运动神经元障碍。骶脊髓节段或盆腔和阴部神经损伤引起膀胱逼尿肌和尿道括约肌弛缓，从而导致尿潴留和溢出性尿失禁（膀胱 LMN）。马 LMN 膀胱麻痹的原因包括马疱疹病毒 1 型（EHV-1）脑脊髓病、马尾神经炎、高粱苗中毒、马原虫性脑脊髓炎（EPM）、骶椎创伤和肿瘤。另外，马硬膜外给药可导致医源性膀胱麻痹。

骶脊髓或脑干如发生病变，尿道括约肌张力变大，进而引起排尿调节功能丧失。膀胱常发生扩张和难以收缩（膀胱 UMN），通过骶脊髓反射可以维持膀胱功能，但排尿不完全，导致大量的晶体沉积物堆积，称为沙质尿石病。沉积物的重量使逼尿肌过度伸长，由于张力缺乏并最终导致溢出性尿失禁，同时伴随膀胱 LMN。UMN 功能障碍导致的马尿失禁比较罕见，但可能与 EHV-1 脑脊髓病、EPM、寄生虫感染或外伤相关。马的原发疾病进程有时不影响骶脊髓节段（即脊髓型颈椎病、马退化性髓-脑病）出现类似膀胱 LMN 麻痹。

三、原发性膀胱麻痹综合征

原发性膀胱麻痹临床特征为尿失禁和多沉渣尿石症，主要发生于阉马，表现为明显的神经机能障碍，致病原因仍不清楚，但可能与神经系统疾病或系统疾病病史有关。此外，也可能继发于慢性腰骶部疼痛、不正确的排尿姿势导致的膀胱不能完全排空，在这种情况下，发生多沉渣尿石症，刺激膀胱括约肌和逼尿肌引起肌源性膀胱功能障碍。

四、临床症状

马尿失禁表现为间接或持续的尿淋漓，腹压增加时更加明显，如运动、嘶鸣和咳嗽。其他常见的症状包括尿液气味重、尿液过热以及母马会阴部和肛门溃伤。如果尿失禁是神经源性的，会伴有其他神经功能障碍。随着 LMN 的功能障碍，尿滴连续，其他症状如肛门松弛和尾下垂，粪便潴留，后肢无力，阴茎脱出，及会阴部感觉障碍。随着 UMN 的功能障碍，最初尿漏是间歇性的，并且可能伴有脊髓性共济失调。如果尿道括约肌压力持续超出肌肉的压力，则可能发生膀胱破裂。

五、诊断

尿失禁的诊断根据临床症状、病史，并结合物理和特殊检查的结果判定的，后者应包括神经系统检查、直肠触诊、直肠腔内超声检查、下尿路内镜检查。对幼驹检查主要是进行排泄性尿路造影、肾盂造影、膀胱造影或 CT。膀胱内压描记法和尿道侧压技术可用于评估尿道压力性尿失禁，并有助于评估逼尿肌和尿道括约肌功能。

病史调查可了解是否有创伤史，如犬坐姿势或其他创伤，或者涉及骶脊区损伤的育种或难产病史的母马。某些先天性畸形如膀胱颈分隔，在出生后可能不会导致尿失禁，但多数病例出生以后持续尿失禁可考虑先天性尿路畸形。直肠检查可能有助于区分膀胱 LMN 的扩张及迟缓程度，膀胱 LMN 经按压膀胱后尿液能够顺利排空，而膀胱 UMN 经按压膀胱后尿液不易排出。由炎症或肿瘤引起的结石或膀胱壁厚度变化可通过触诊和超声波检测。内镜检查可直接检测到尿路结石、肿瘤性疾病、狭窄和其他后天性或先天性异常。此外，如脑脊液分析和脊柱的骶部影像检查，有助于鉴别感染导致的神经源性尿失禁的致病原因。泌尿道感染是一种常见的后遗症，因此排尿障碍疾病常引起的马尿常规和定量尿培养的改变。血液学参数显示感染或炎症，输尿管梗阻或双侧肾盂肾炎可以引起明显的氮质血症。

六、治疗

神经性尿失禁的治疗，首先要去除原发性病因，如手术去除结石、矫正异位输尿管、去除阻塞性疤痕，使用苯甲酸雌二醇或环戊丙酸治疗雌激素敏感导致的尿失禁

(5～10μg/kg，IM，隔1天)。除一些无法治愈的病因，如晚期肿瘤或严重的先天性异常等，马尿失禁的一般预后良好。

神经源性膀胱失禁，应撤掉导管，每天3～4次经直肠的按摩引导排尿，这有助于避免尿石症的发展和逼尿肌的过度延伸。公马经会阴尿道造口术留置导尿管有利于膀胱反复排空。如果由长期大量晶体沉积物积累导致的神经性或突发性膀胱麻痹，应用大量液体反复灌洗膀胱可暂时改善或缓解尿失禁。通过反复膀胱灌洗或导尿与抗菌治疗，去除尿路结石，可有效治疗膀胱麻痹。但是，马长期慢性膀胱麻痹可导致不可逆的逼尿肌功能丧失，若逼尿肌仍然有功能，可使用氯化胆碱(0.025～0.075mg/kg，SC，或0.2～0.4mg/kg，PO，每8h)，兴奋副交感神经，刺激膀胱收缩，治疗应根据个体反应从最小剂量开始。UMN功能障碍使用降低尿道阻力的药物疗效不确切。α-肾上腺素阻滞剂苯氧基-苯扎明(0.7mg/kg，PO，每6h)作用于近端小管功能，已用于成年马。乙酰丙嗪(0.02～0.05mg/kg，肌内注射，每8h)除了其镇静作用外，也有α-肾上腺素阻滞剂活性，地西泮(0.02～0.1mg/kg，缓慢，IV)通过对骨骼肌松弛作用降低尿道外括约肌张力。

无论何种原因导致的大小便失禁均应进行抗菌治疗。增效磺胺类药物(甲氧苄啶与磺胺嘧啶、磺胺甲噁唑组合；25mg/kg，PO，每12～24h)有广谱抗菌活性，可用于预防或治疗敏感病原体。此外，漏尿皮肤区域应每天进行清洁并保持彻底干燥，覆盖氧化锌软膏或凡士林以预防淋伤。通过阴离子阳离子平衡膳食，减少饮食中钙的摄入量和尿的酸化，限制碳酸钙晶体和多沉渣结石形成。尿失禁症状消失后即可停止治疗。然而，马神经源性尿失禁通常预后谨慎，自限性神经疾病如EPM或EHV-1脑脊髓病是不能治愈的。

推荐阅读

Coleman MC，Chaffin MK，Arnold CE，et al. The use of computed tomography in the diagnosis of an ectopic ureter in a Quarter Horse filly. Equine Vet Educ，2011，23：597-602.

Gehlen H，Klug E. Urinary incontinence in the mare due to iatrogenic trauma. Equine Vet Educ，2001，13：183-186.

Rendle DI，Durham AE，Hughes KJ，et al. Long-term management of sabulous cystitis in five horses. Vet Rec，2008，162：783-788.

Schott II HC. Urinary incontinence：a drippy problem. In：Proceedings of the Central Veterinary Conference，2010：870-873.

Sponseller BA，McElhaney R，Carlson GP，et al. Frontal septation of the bladder in a mare. J Vet Intern Med，1998，12：313-315.

Watson ED，McGorum BC，Keeling N，et al. Oestrogen-responsive urinary incontinence in two mares. Equine Vet Educ，1997，9：81-84.

(张子威、徐世文　译)

第 105 章　泌尿道的先天性疾病

Emily A. Graves

马的泌尿道先天性疾病十分罕见。少数新生马驹中可以发现泌尿道生理缺陷，成年马的尸体剖检偶尔也会发现此情况。生理缺陷包括输尿管异位、开放性脐尿管、肾脏发育不全、尿路器官的发育不全或发育不良、多囊肾以及肾囊肿、膀胱缺陷、直肠阴道瘘或直肠尿道瘘、输尿管缺陷，以及血管异常。

一、输尿管异位

输尿管异位是由于中肾或后肾导管及组织胚胎异常发育造成的。特别是由于后肾导管障碍致使肾乳头迁移至膀胱三角区，或使之成为泌尿生殖窦的一部分。同样的，在幼龄母马中，中肾导管的异位导致输尿管向子宫及阴道开放。在雄马驹中，中肾导管异位可成为 Wolffian 导管系统——一种生殖系统的导管体系。

最常见的临床表现是雌性马驹终生伴随尿失禁，并同时伴随椎间盘突出。虽然没有足够评估此病发生的性别偏向，但一些研究显示雌性马驹更为常见。这可能表明在幼龄马中，尿液从尿道的骨盆部分正常逆流至膀胱，使幼龄马很少出现尿失禁现象，雄性马趋向于长期患有慢性泌尿道疾病。

该病的诊断，雌性马驹的可用内镜检查，如尿道、膀胱及阴道的内镜检查。同时也可运用 X 线成像术进行对比。检查应该明确发病状况是单侧的还是双侧的。内镜检查通常适合确定输尿管开放异常的位置。另外，在利用内镜检查时，向膀胱或者静脉注射染色剂能够帮助确定尿流的来源。

此类疾病也可以应用影像学诊断，如膀胱造影术或尿道造影术、静脉尿路造影术以及静脉内的肾盂造影术。后两者在老龄动物上应用有困难，因为缺少适合的放射摄影术技术，但当有可能运用这两种摄影技术时，这些放射性检查能够在外科手术前对更深部位的尿路检查提供有用的帮助。其他重要的诊断性包括肾超声检查法、全血细胞计数、血清化学分析，以及尿液培养。随着超声检查法或 X 线成像术的运用，发现与输尿管的异位相关的异常症状，如患侧输尿管积水和肾盂积水。尿路感染治疗原则是先完整系统的抗炎治疗后再进行手术。对侧肾脏功能可以通过血液分析进行评估，这些分析包括肾小球滤过率的检测、排泄性尿路造影以及核素显影技术。

手术治疗输尿管异位是在膀胱三角区进行输尿管移植术。首先在输尿管的黏膜下

层开孔，然后在膀胱三角区附近确立一个新的输尿管开口，同时对输尿管背侧与膀胱背外侧壁进行侧侧缝合。手术前注意患病动物是否有肾盂肾炎的病史。双侧患病时，手术前需要了解病畜是否有正常的排尿功能，以及正常的尿道括约肌功能。另外，如果发生单侧异位，单侧肾切除也是一种现实可行的治疗选择。但肾切除手术的前提是对侧肾功能正常，相关的病例报道表明，预后良好。手术主要并发症包括无效的输尿管开口残留、大出血、术后腹膜炎，以及术后的组织粘连。

二、开放性脐尿管

在胎儿时期，脐尿管连接膀胱和尿囊腔以及储存尿囊液的功能，并可贮存胎儿的尿液。正常情况下，脐尿管在胎儿出生后就关闭并退回入肚脐处。在新生驹中，开放性脐尿管可能是先天性的，也可能是由败血症或生后闭合障碍导致的。先天性开放性脐尿管的病因现在仍不清楚。目前有几种学说，其中包括脐带长度不适或脐带扭曲。次要的病因是怀孕时发生脐炎或脐静脉炎所致。临床特征包括肚脐处偶尔漏尿或在排尿期间漏尿，肚脐处持续性潮湿，以及尿频。败血症马驹可能每日都能观察到开放性脐尿管的特征，同时超声检查法可以发现膀胱破裂，甚至在住院治疗或抗菌剂治疗数天至数周后，败血症马驹也可能发展为开放性脐尿管。

一些临床兽医推荐局部应用多种化学药剂，并灼烧开放性脐尿管的残余部。药剂包括：稀碘酒或洗必泰、浓缩苯酚溶液或硝酸银的应用。尽管许多育种场预防性地执行这种治疗方法，但这些试剂很可能刺激到脐带和其周围的皮肤，反而促进了脐炎或脐静脉炎的发展。如果开放性脐尿管和脐带感染同时发生，则需要进行外科手术治疗，包括切除脐尿管及膀胱顶部的小部分去除。

三、肾发育不良、肾发育不全和肾发育异常

肾发育不良（Renal agenesis）可能是单侧的或双侧的。它是胎儿后肾组织中后肾导管融合失败的结果。单侧病例可能偶尔在成年动物中发现，尤其是在生殖道检查时，因为许多病例会并发生殖道异常。马驹双侧肾发育不良，会在分娩后几小时内发生严重的氮血症，同时在尸检时还发现同时存在多种生殖系统的缺陷。在单侧发育不全时，如果对侧肾发育不完全则临床症状明显，如出现并发肾结石和肾盂积水。

肾发育不全（Renal hypoplasia）是指肾总质量少于正常肾质量的1/3，或单个肾至少比正常肾质量少50%。这是由后肾组织减少或肾单位形成的异常所导致的。典型单侧发育不全表现为对侧肾的过度肥大同时肾功能正常。双侧发育不全疾病会导致慢性肾衰竭。

肾发育异常（Renal dysplasia）是肾组织发育紊乱并次生异常分化，在子宫内胎儿的输尿管梗阻、胎儿病毒感染，或畸形胎儿形成导致的。临床特征和血液分析异常包括肾质量的减少、低血压、氮血症、低血钠症及低血氯症。受影响的肾通常具有肾的正常形状，尽管它们会逐渐变小、变得不规则，如同慢性肾衰竭进程。单侧

和双侧发育不良病例组织学的改变包括肾小球减小及肾小管发育不成熟，不包括炎症的发生。

四、多囊肾及肾囊肿

已有记录多个成年马发生多囊肾疾病。但其发病机制尚未清楚，但根据人多囊肾研究多推测发病机理具有遗传学基础。马的症状包括体重下降、血尿症或食欲不振等。直肠触诊可见双肾增大，病马有氮血症症状。超声检查可见多种形态囊肿贯穿了肾皮质和肾髓质。根据人医的研究，肾衰竭被认为是随着囊肿的扩大压迫正常肾实质而发生的。同样的，在肾小管基底膜及上皮细胞上的改变可能导致肾小管障碍，进一步促进囊肿的形成。已有马双侧肾囊肿发生的报道，病马发展成慢性肾衰竭的特征。病马确诊为肾囊肿时或几个月后一般做安乐死。

肾囊肿可能在尸检中偶尔被发现，其发生在肾皮质多于肾髓质。肾囊肿的发病机理尚不清楚，但推测是由肾小管扩张引起的基底膜缺陷造成的。先天的囊肿由于缺乏相关的纤维化而不同于后天的囊肿。

五、膀胱发育不良、发育不全以及融合失败

膀胱发育不良、发育不全以及融合失败的患病率仍不清楚。受影响的马驹具有伴随性尿源性腹膜炎的典型特征，包括低血压、痛性尿淋漓、腹胀、低血钠症、低血氯症、高血钾症。尽管许多病例被认为是在分娩期间的体外创伤所致，但一些外科兽医报告，在手术中发现了位于膀胱壁背侧的全厚皮瓣及光滑边缘的缺陷，表明这些病例不是外伤造成的，是发育缺陷造成的，这在文献中已有记录，如背侧及腹侧膀胱壁缺陷。外科手术是治疗该病的方法。

六、游离肾

游离肾是另外一种在马匹中稀少的异常现象，偶尔会在直肠触诊中被发现。经直肠触诊显示出一个可移动的肾，并且肾通过一个结缔组织薄片连接体壁。其潜在的临床问题包括输尿管障碍，这种障碍是由肾的自循环引起。

七、直肠阴道瘘或直肠尿道瘘

直肠阴道瘘，仅影响雌性马驹，而直肠尿道瘘是由于直肠褶皱的缺陷，通常是直肠及泌尿生殖窦在分化发育时尾部扩张膨大造成的。这两种症状很少见，同时与其他发育异常相关，包括有输尿管闭锁、脊柱侧凸、尾椎的发育不全及小眼畸形。在全身麻醉的条件下，瘘及其并发缺陷可经外科手术修复，但手术较复杂。因为该病具有遗传因素，所以患病动物不能用于配种。

八、输尿管缺陷

输尿管缺陷的临床症状包括腹膜炎，或同时并发有腹膜后间隙的积尿。单侧和双侧发病均有报道。病因包括发育缺陷或外伤性撕裂。腹部的超声波及排泄性尿路造影可以结合在一起诊断腹膜炎，并分别用于诊断相关缺陷或病症。在大多数病例中，剖腹术能够对缺陷定位，就像诊断马驹的腹膜炎时，可以直接运用外科手术的方法来代替进一步的全身诊断测试。在手术时，利用膀胱切开术进行输尿管导管的插入，通过亚甲基蓝的逆向注射，可以确定缺损位置，然后对缺陷输尿管进行缝合，已在2个病例中成功实施。

九、血管的异常现象

在马匹中，尿路血管的异常非常罕见。临床特征包括局部输尿管障碍、肾盂积水、血尿症、血红素尿及绞痛。异常可为肾外的或肾内性的（也称肾动脉畸形）。马驹的主动脉瘤以及相关的动脉输尿管瘘已有报道。青年马肾内性血管异常临床特征为集合管附近血管异常血管扩张及扭曲、血尿症及血红素尿。

诊断性测试应该集中于测定尿路受影响至何等级，同时功能失调是发生在单侧还是双侧。如果畸形是单侧的，同时对侧肾功能正常时，可对患侧实行肾切除术。另外，为了防止血尿的发生，可进行肾栓塞治疗。如马匹表现轻微的临床特征时，可进行保守治疗。

推荐阅读

Chaney KP. Congenital anomalies of the equine urinary tract. Vet Clin North Am Equine Pract，2007，23（3）：691-696.

Richardson DW. Urogenital problems in the neonatal foal. Vet Clin North Am Equine Pract，1985，1：179-188.

Schott HC. The urinary system，developmental malformations of the urinary tract. In：Reed SM，Bayly WM，eds. Equine Internal Medicine. Philadelphia：WB Saunders，1998.

（张子威、徐世文　译，王晓钧　校）

第 106 章 尿路感染和膀胱异位

Harold C. Schott II

与其他动物相比，马属动物原发性尿路感染较为罕见。虽然败血症时肾内寄生虫迁移偶尔会引起脓毒性肾炎，但获得性尿路感染仍较为常见。母马由于其尿道口较短，比去势马及种马发生尿路感染的风险更高。复发性及慢性尿路感染与尿道括约肌及逼尿肌机能障碍密切相关，其病因有很多种，如发育缺陷病、神经性疾病、多胎妊娠、难产以及公马特发性膀胱麻痹综合征，这些疾病常伴有多砂尿石病。有趣的是，细菌更多的滋生于马的泌尿道结石中而非尿液中。因此，定量的尿液微生物培养，以及去除尿结石后的培养来说明尿结石的原因是比较重要的。

一、膀胱炎

膀胱及尿道的解剖缺陷、尿结石、膀胱瘤、膀胱麻痹，或使用膀胱留置导管会引起膀胱炎。膀胱炎可以导致尿频、小便涩痛、血尿、脓尿和尿失禁等。母马的会阴处、公马的包皮开口处及后肢前部可见溃伤及尿结晶的蓄积，这些现象不应该与正常母马发情混淆。

诊断性评价包括物理检查和直肠检查，收集尿液样本分析，定量微生物培养。血液学及血清学检查一般正常。没有尿结石及其他囊肿物蓄积的情况下，直肠触诊通常是正常的。而膀胱内镜检查可能有助于评估发生膀胱炎的马黏膜的损伤情况。由于正常的马尿液中富含大量的结晶体和黏液，不适用尿液眼观检查，但对于一些患有膀胱炎的马沉积物检查，可能会看到大量的白细胞（每个高倍视野>10个）及细菌。事实上，尿沉渣检查正常也不能排除尿路感染，最后的诊断需要做定量的细菌培养，通过膀胱插管导入术收集的尿液样本，超过 10 000（cfu）/mL 菌落即可确定为尿路感染。为了达到最佳效果，尿沉渣应在 30～60min 内进行收集评估，培养的样本在运输的过程中要保持低温。检查到的微生物可能包括大肠杆菌、奇异变形杆菌、克雷白氏杆菌、肠杆菌、链球菌、葡萄球菌、绿脓杆菌和肾棒状杆菌。通常情况下会分离出多种微生物菌落，当内置的膀胱导管使用多天后，肠球菌尿路感染是常见的并发症。下泌尿道念珠菌感染见于使用广谱抗菌药物治疗脓毒症的新生马驹体内。患有呼吸道疾病的马的尿液中能够检查到马鼻炎病毒，但膀胱炎的临床症状并没有这种感染。

治疗膀胱炎需要修复解剖缺陷或尿结石形成并全身应用抗菌药、非甾体类抗炎药物。尿液培养结果未确定期间，应用甲氧苄胺类磺胺嘧啶药物结合四环素、头孢噻呋、

氨苄西林，或青霉素及氨基糖苷类药物治疗3～7d。抗菌药的代谢途径是另一个考虑因素。例如，磺胺甲噁唑在尿液排泄前代谢为无活性产物，而磺胺嘧啶在尿液中大致保持不变。非甾体类抗炎药使用1～3d时，对膀胱炎镇痛是有效的。但是，当用非甾体类抗炎药治疗后仍然有尿道疼痛的症状时，使用非那吡啶（4mg/kg，PO，每8～12h）治疗可能会缓解患畜的下泌尿道疼痛。对于人来说，非那吡啶可以缓解尿路感染所致的发热、刺激、不适和尿频尿急。作为输尿管、膀胱和泌尿道黏膜的局部麻醉药，没有抗菌活性，药物能够将尿液染成橙色，而这种颜色可能会染到手上或者衣服上。首次使用后，药效明显，但仅可以使用2～3d。另外，尿路感染的病畜可进行放牧，日粮中添加50～70g的散盐，在寒冷天气中提供热水以增加水分的摄入量及尿液的排出。

持续的尿路感染需要更长时间的治疗（数周或数月），抗菌药物的选择要根据分离出的菌种而决定（需额外考虑使用方法及成本）。由于尿液样本浓缩，病畜尿液在体外培养中产生耐药性并不防碍体内治疗成功。实验报告只提供血清而非尿液的最小抑菌剂量的数据。为了确定尿液分离出的特殊细菌是否对尿液药物浓度受到影响，可以通过实验室检测一些生物体的实际最低抑菌浓度。同样，体外试验确定药物敏感性通常不能确定治疗的成功性。例如，肠球菌通常是留置膀胱导管的孤立菌种，虽然它们在体外对磺胺类组合药物敏感性较强，但这种菌种在体内具有耐受性。当然，移除膀胱导管对于这些尿路感染的治疗通常是必需的。理想状态下，治疗完成停药后尿液应进行细菌培养1周。

二、结痂性膀胱炎

公马、母马均可能发生结痂性膀胱炎，这与隐秘杆菌和化脓杆菌引起的上行感染有关，很多受到感染的马其他方面都很健康，但有中度到重度的排尿困难和尿失禁，而且还有一些并发膀胱麻痹，进而诱发尿路感染。此类感染与人类和小动物解脲棒杆菌引起的尿路感染相似。此类微生物可以将尿素分解成铵离子，尿液pH呈碱性是尿路持续感染的重要因素。感染的人和动物通常会发生皮层钙化，化脓尿蛋白黏附于下部，使膀胱黏膜发炎，形成结痂性膀胱炎。利用间歇性膀胱灌洗和清创术结合长期抗菌治疗以及间歇性使用非甾体类抗炎药对病马进行治疗，虽然临床症状有所减轻，但尿路感染还不易被彻底治愈。

三、多砂尿石病

膀胱麻痹的马通常有大量的尿沉渣堆积在膀胱的内部，可能会与膀胱结石混淆。这种情况被称为多砂尿石病，因为典型的膀胱结石的马的膀胱较小，而多砂尿结石通常有较大的膀胱，所以直肠触诊与膀胱结石不同；在多砂尿结石的马中，经直肠给予膀胱压力时会发生尿失禁。压力使多砂尿结石的晶体与大量沉淀物的相互混合（当膀胱有导管插入排尿后更明显）。区别膀胱结石和尿沉渣堆积是非常重要的，因为膀胱结石需要手术治疗，而多砂尿石病可以通过膀胱灌洗而进行治疗。虽然很多药物可以添加到多离子灌洗液中，但最重要的是选择适量洗液将晶体物完全从膀胱冲出。每30～90min为一个周期，重复周期的灌洗并留置一个导管引流除去沉积物。根据膳食中钙含量及马的个体差异性，灌洗可能需要以月或年为周期的重复进行，以使病畜完全康复。几乎所有患有膀胱麻痹和多砂尿石病的马（无论自发性还是继发于下行尿路反复感染的）最终都会发展为上行尿路感染。实践中，尿路感染无法治愈，被感染的马终身进行抗菌治疗，通常每天口服1次甲氧苄胺嘧啶磺胺类药物结合多西环素。

四、肾盂肾炎

获得性上尿路感染在马中罕有发生，因为背侧膀胱壁的输尿管远端形成一个像阀一样的物理屏障，可以阻止尿液从膀胱输尿管倒流。输尿管异位或膀胱膨胀可以干扰这种屏障，并增大输尿管尿液倒流的风险，这些问题可能是由于膀胱麻痹或尿道梗阻所引起的。最终，尿液倒流会随着肾盂肾炎的风险增加而导致输尿管扩张并形成肾瘢痕。这解释了异位输尿管开口的小马通常发生输尿管扩张。对于单侧异位输尿管治疗，首选单侧肾切除术而非输尿管中再植术，因为肾是血管发达的器官，脓性肾炎的发展可能与败血症相关，尤其在新生驹。伴随单侧肾盂肾炎（获得性的）或脓性肾炎（造血性的）的发生，通常不发生氮血症，而会引起上尿路感染，这可能表现出不明的发热，或体重的减轻，也可能没有任何表现。严重的肾盂肾炎也可能在数月或数年后导致肾结石或肾脓肿的发生。另一个与单侧肾盂肾炎相关的临床症状是复发性的尿道结石阻塞。

上尿路感染的诊断评估包括物理检查和直肠检查，尿液检查及定量尿液微生物培养。尽管在慢性病例中肾可能会发生皱缩，但触诊时也可发现增大的输尿管及肾。空的尿道中可能会残留化脓物或血液，尿液分析可以发现白细胞（每个高倍视野>10个）。与膀胱炎中相似，尿液中存在大量微生物。此外，马造血性化脓肾炎中可能分离出马驹放线杆菌、链球菌、红球菌及沙门菌。全血细胞计数和血清生化检查对炎症和肾功能进行评价，腹部及直肠超声波检测法成像也可以识别输尿管扩张及肾结石。肾实质出现无回波区，提示阻塞或脓肿的形成。膀胱内镜检查可以对输尿管口进行评估（可能扩张并有尿黏蛋白附着）并观察每个开放口的尿液流动。输尿管插管（通过内镜活检通道采用聚乙烯导管或8～10F1的聚丙烯导管）可以从每个输尿管收集尿液样本从而区别单侧和双侧的泌尿道感染。最后，小直径内镜也可以用于输尿管中肾盂和肾结石的成像。

治疗上尿路感染需长期使用适当的抗生素（基于病原体易感性测试结果进行选择）。遗憾的是，双侧肾盂肾炎的成功治愈很罕见，但是预后不良可能与发病晚期才正确诊断相关。对于单侧肾脏疾病，可以考虑感染肾脏切除术和输尿管切除术。肾切除术的前提条件包括单侧疾病病史实验室检查结果肾脏功能正常（无氮血症）和对侧肾收集的尿液中细菌微小的复苏量（<10 000cfu/mL）。核素成像可用于肾功能半定量的检测，如果肾功能发生实质性的病变（最小吸收及放射性药物的消除），可以建议进行肾脏切除术。

五、寄生虫性尿路感染

寄生虫性病灶与线虫密切相关，偶尔会发现在马肾脏中可发现圆线虫属、有齿冠尾线虫和肾膨结线虫。在某屠宰场中20%以上的马中发现圆线虫的幼虫在肾动脉中移动。虽然较为罕见，但有齿冠尾线虫感染常危及生命，因中枢神经系统受到其伤害，导致各种神经症状，此类病马通常会进行安乐死。只有雌性寄生虫才存在于马组织中，通常存在于血管发达的器官中。肾脏内大肉芽肿病灶处通常会发现大量的杆状线虫。有齿冠尾线虫的生命周期未知，但此类病原在世界范围内广泛分布。很多马口腔中发现牙龈病变及肉芽肿，提示口腔摄入可能是感染途径。在尿液中未找到线虫蠕虫或虫卵。马是否是偶然宿主，是否对寄生虫的生命周期发挥重要作用尚不清楚。在腐烂的有机碎片中（如树桩中）可以发现寄生虫独立的生存形式。感染的马神经损伤的前2周都出现尿淋漓和多尿症，但肾损伤并不明显。有齿冠尾线虫为较大的亮红色的线虫，雌性的可以达到100cm长。宿主通常是肉食性物种，但这种寄生虫偶尔会感染马，当马进食或饮水过程中摄取中间宿主（环节动物蠕虫）而受到感染。这种寄生虫寄生于肾脏局部时可以存活1～3年，其虫卵从尿液中流出。其感染可以完全破坏肾实质，当其死亡时可导致宿主肾脏萎缩纤维化。肾盂积水和血尿症并不常发生，但这是这种感染的严重并发症。

与线虫形不同，克洛虫（一种球虫寄生虫）的感染很普遍，但对于感染马仍然很少见。其生命周期也没有完全的阐明，但人们已经提出摄入的孢囊可以进入血液循环，并在肾小球内皮细胞中分裂生殖。裂殖性孢子被释放到肾小囊腔，并在肾小管上皮细胞内继续分裂生殖。最终，大量的裂殖子变为雌雄配子。目前缺乏肾脏组织中寄生虫的繁殖引起炎症应答的证据。孢子被释放到尿液中进行孢子生殖。虽然克洛虫感染还没有发现临床症状，但它已经在马、驴及斑马中广泛存在。

六、膀胱异位

由于阻塞及排尿困难引起的膀胱异位较少见。在母马体内，膀胱可以通过阴道撕裂挤压或膀胱外翻脱出而移位。阴道阻塞也可以引起阴道或子宫脱出。雄性马可能发生膀胱阴囊疝，但非常罕见。膀胱异位通常会出现腹肌的反复紧张和收缩。因此，膀胱异位大多与分娩相关而且伴有轻微绞痛。因会阴外伤或产驹而引起的会阴撕裂，可能导致挤压，而过度的挤压即使没有撕裂，也会导致膀胱脱出。因为脱出时膀胱的内侧向外翻，所以我们可以通过膀胱黏膜的外观及输尿管的开口对其进行诊断，膀胱外翻并不一定会引起尿道阻塞。

随着尿道阻塞的发生，纠正膀胱异位前应该将导尿管伸入膀胱内。如未发生阻塞，修复会阴部损伤及阴道裂伤的过程中，要进行挤压部位的修复。因可能会引起盆腔脓肿和腹膜炎等并发症，应使用一个疗程的广谱抗菌药及抗炎药物。对膀胱外翻进行手动复位的方法在某种程度上是有效的，可以进行尿道括约肌切开术对膀胱进行复位。

某些情况下，因为翻转的膀胱可能会填满整个骨盆层，使体力下降，故避免使用剖腹手术。在外阴道括约肌处进行荷包缝合防止脱出的再次复发，因尿路感染是潜在的并发症，故同时使用广谱抗菌药及抗炎药的治疗。

推荐阅读

Divers TJ，Byars TD，Murch O，et al. Experimental induction of Proteus mirabilis cystitis in the pony and evaluation of therapy with trimethoprim-sulfadiazine. Am J Vet Res，1981，42：1203-1205.

Hermosilla C，Coumbe KM，Habershon-Butcher J，et al. Fatal equine meningoencephalitis in the United Kingdom caused by the panagrolaimid nematode Halicephalobus gingivalis：case report and review of the literature. Equine Vet J，2011，43：759-763.

Pascoe JR，Pascoe RRR. Displacements，malpositions，and miscellaneous injuries of the mare's urogenital tract. Vet Clin North Am Equine Pract，1988，4：439-450.

Reppas GP，Collins GH. Klossiella equi infection in horses；sporocyst stage identified in urine. Aust Vet，1995，72：316-318.

Schott HC. Urinary incontinence and sabulous urolithiasis：chicken or egg? Equine Vet Educ，2006，8：17-19.

Zimmel DM. Urinary tract infections. In：Sellon DC，Long M，eds. Equine Infectious Diseases. 1st ed. St. Louis：Saunders，2006：103.

（张子威、徐世文　译，王晓钧　校）

第 107 章　输尿管疾病

Michelle C. Coleman

一、输尿管缺陷或撕裂

输尿管缺陷或撕裂引起的成年马或马驹腹腔积尿是比较少见的，在马驹仅有少量病例报道，而在成年马更少，但可以明确的是这种疾病无性别和品种的差异。同一段输尿管上可同时发生单个或多个输尿管缺陷，大多数缺陷发生位置靠近肾的输尿管，尿液最初积聚在腹膜后间隙，当腹膜后膜破裂时引起腹腔积尿。由于此类尿液渗漏速度比膀胱破裂慢，往往在马驹出生 5～10d 后临床症状才出现。临床症状包括食欲减退、抑郁、腹痛、腹胀和腹泻。阴道黏膜可能出现肿胀，血钾升高和肌肉痉挛。临床病理与腹腔积尿一致，包括高钾血症、低钠血症、低氯血症和氮血症。成年马可以通过直肠超声检查进行诊断输尿管远端情况，如果存在腹膜后液体回声，则诊断为肾和肾盂的扩张。如果腹膜后膜破裂引起腹腔积尿，超声波也可以观察到。在这种情况下，腹腔液体中肌酐与血液中肌酐比率为2∶1。此外，也可进行定位诊断，如膀胱造影、肾盂造影和尿路造影，以及用导尿管经尿道向膀胱、肾盂导入造影剂进行定位。

常见的病因为发育异常，但马驹输尿管缺陷的病理生理学基础还不清楚。研究中发现，成年马输尿管缺陷和破裂多数是由创伤引起的。人类腹膜后积尿多是由于腹部钝伤导致输尿管破裂后引起。有研究发现，马驹输尿管缺陷也可由创伤引起，包括腹部挫伤和创伤，尸体剖检和病理组织学检查可以明确病因。

输尿管缺陷必须应用外科手术进行治疗。手术包括输尿管支架、通过经皮肾造瘘术、输尿管改道和输尿管切除等。马的腹腔积尿会导致代谢紊乱和心血管功能障碍，建议手术前纠正电解质失衡，注意麻醉方法的选择。术后并发症包括尿路感染、输尿管或尿道阻塞，膀胱撕裂、输尿管炎、缝合处或支架漏尿等。该病预后谨慎，如果修复成功，则预后良好。

二、输尿管异位

输尿管异位是一种先天性异常，单侧或双侧输尿管开口于膀胱膀胱三角区外。输尿管异位通常是由胚胎发育异常引起，是后肾和中肾导管的发育异常的结果。该病无马种和性别差别。但临床上多见于雌性，可能是由于雌性更容易观察到尿失禁。

最常见的临床症状是出生后持续或间歇性的尿失禁，并且缺乏其他神经症状。临床症状取决于性别、输尿管终止位置，以及单侧或双侧输尿管异位。会阴部皮炎通常继发于尿失禁。临床病理学的血清生化分析通常无显著变化，缺少并发症。

输尿管异位可应用以下几种不同的成像方式进行诊断。雌性检查可以用开膣器观察阴道前庭处输尿管尿液外流，也可以直接用输尿管膀胱镜检查。静脉注射染料如酚红（1mg/kg，红色），百浪多息（2mg/kg，红色），荧光素钠（10mg/kg，黄绿色），二磺酸靛蓝（0.25mg/kg，靛蓝），可以将尿液染色，有助于定位输尿管的开口位置。超声波、CT以及超声波引导下肾盂造影、尿路造影术也能确切识别异位输尿管。CT（图107-1）和磁共振成像是首选诊断方法，可以准确诊断出肾脏至下泌尿生殖道的异位输尿管。核闪烁扫描术（核素显像）可以用来诊断肾功能正常的输尿管异位，但无法确定输尿管末端的解剖细节。无论使用何种诊断方法，首先要定位输尿管末端并确定是单侧还是双侧异常，还是需要进行外科手术。此外，手术修复之前，如果肾功能正常，应该进行尿路感染的评估，如尿失禁是术后最常见的问题。因此建议术前应评估逼尿肌和输尿管括约肌的功能是否正常，可以通过注入盐水简单地评估膀胱内压力、容量和尿失禁，临床上犬已经应用此检查。

手术方法包括输尿管吻合术或单侧肾切除术，主要根据肾脏功能状态、输尿管积水情况，以及异位是单侧或双侧。肾切除术只在单侧异位情况下进行，临床上有成功病例的报道。单侧肾切除术的并发症包括肾窝出血、对侧肾脏疾病、蛋白尿、肾性高血压、腹部粘连和乳糜腹。因输尿管扩张和扭曲，输尿管再造术在技术上具有挑战性。成功的手术矫正预后良好。

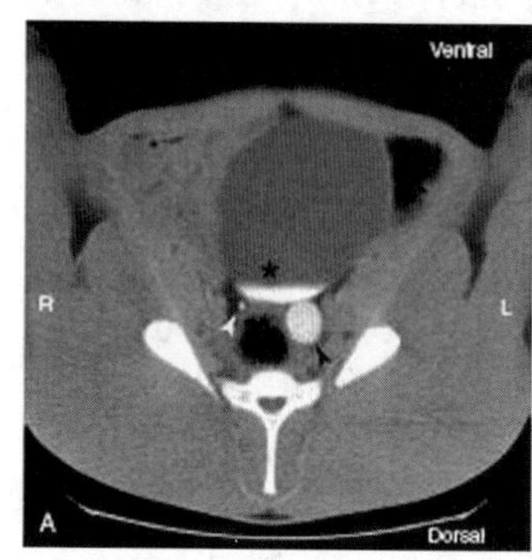

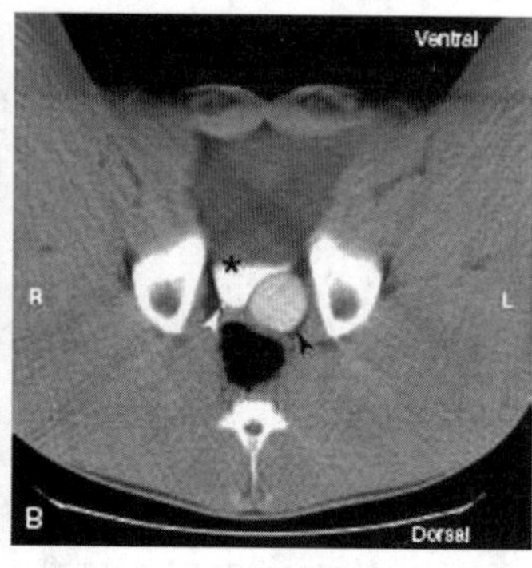

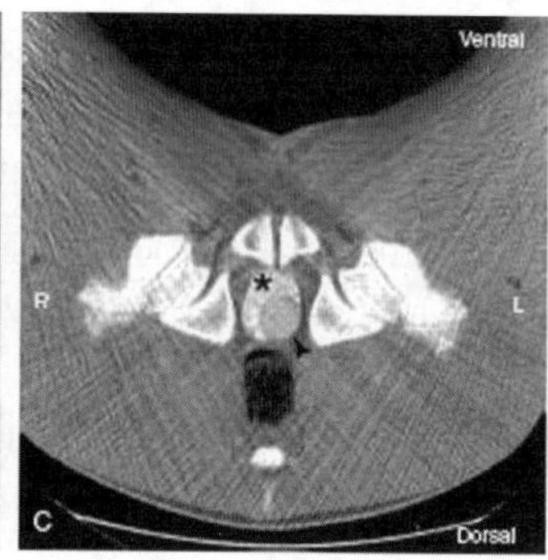

图107-1 计算机断层扫描图像

A. 后腹部骶髂关节水平图像 B. 髂骨中段图像 C. 骨盆腔图像

注意黑色箭头示左边输尿管严重变大，白色箭头示正常输尿管，★表示扩张的输尿管尾部延伸到膀胱三角区。左侧扩张的输尿管插入尿道形成异位输尿管疝（C）

推荐阅读

Blikslager AT, Greene EM, MacFadden KE, et al. Excretory urography and ultrasonography in the diagnosis of bilateral ectopic ureters in a foal. Vet Radiol Ultrasound, 1992, 33: 41-47.

Coleman MC, Chaffin MK, Arnold CE, et al. The use of computed tomography in the diagnosis of an ectopic ureter in a Quarter Horse filly. Equine Vet Educ, 2011, 23: 597-602.

Cutler TJ, Mackay RJ, Johnson CM, et al. Bilateral ureteral tears in a foal. Aust Vet J, 1997, 75: 413-415.

Diaz OS, Zarucco L, Dolente B, et al. Sonographic diagnosis of a presumed ureteral tear in a horse. Vet Radiol Ultrasound, 2004, 45: 73-77.

Divers TJ, Byars TD, Spirito M. Correction of bilateral ureteral defects in a foal. J Am Vet Med Assoc, 1988, 192: 384.

Gettman LM, Ross MW, Else YA. Bilateral ureterocystostomy to correct left ureteral atresia and right ureteral ectopia in an 8-month-old Standardbred filly. Vet Surg, 2005, 34: 657-661.

Jean D, Marcoux M, Louf CF. Congenital bilateral distal defect of the ureters in a foal. Equine Vet Educ, 1998, 10: 17-20.

Modransky PD, Wagner PC, Robinette JD, et al. Surgical correction of bilateral ectopic ureters in two foals. Vet Surg, 1983, 12: 141-147.

Morisset S, Hawkins JF, Frank N, et al. Surgical management of a ureteral defect with ureterrhaphy and of ureteritis with ureteroneocystotomy in a foal. J Am Vet Med Assoc, 2002, 220: 354-358.

Schott HC, Woodie JB. Kidneys and ureters. In: Auer JA, Stick JA, eds. Equine Surgery. 4th ed. St. Louis: Saunders, 2012: 913-926.

Voss, ED, Taylor DS, Slovis NM. Use of a temporary indwelling ureteral stent catheter in a mare with a traumatic ureteral tear. J Am Vet Med Assoc, 1999, 214: 1523-1526.

(张子威、徐世文 译，王晓钧 校)

第 108 章　尿 石 症

Michelle C. Coleman

马尿石症的发病率较低。流行病学调查显示，动物医院接诊马的发病率为 0.11%，泌尿道疾病的诊断率为 7.8%。公马尿石症发病率较高，这可能是由于其尿道比较长和狭窄，结石排出困难。其中膀胱尿结石占 60%，肾脏尿结石为 12%、输尿管尿结石为 4%、尿道尿结石为 24%。在 9%的马尿结石病例中，多处发生尿结石的情况多于仅在一处发生尿结石。

结石形成的原因尚未完全明确。在有利于晶体生长的情况下，病灶周围在矿化作用下开始形成结石。尿液淤滞、过度饱、大量的钙和尿酸浓度的增加都可促进病灶的形成。病灶内含有坏死的碎片、黏蛋白、白细胞、脱落的上皮细胞，或像缝合材料之类的异物。结石会在球形碳酸钙晶体或者结石表面晶体沉积作用下增大。

尿石病分为两类。1 型是最常见的，结石呈黄-绿色，表面针状，含有多种水合碳酸钙盐。2 型尿石症较少发生，结石呈白-灰色，表面光滑。2 型尿结石的成分大多是碳酸钙盐，但是也可能包括镁和磷。2 型尿结石的组成更为坚固，使它们比 1 型尿结石更难被击碎和移动。结石的构造和障碍的程度对临床症状、诊断方法和治疗方案有显著改变。

一、肾结石和输尿管结石

肾和输尿管结石比膀胱结石少见。马膀胱结石也可能有伴随上尿路结石。通常在病灶周围形成的肾结石是肾疾病如肾盂肾炎、肾小管或乳头状坏死，或赘生瘤导致的潜在结果。据推测，非类固醇类抗炎药物的长期应用导致的肾髓质损伤，会增加肾结石的形成风险。

患肾结石或输尿管结石的马可能没有临床症状，上尿路结石只有在剖检时偶尔见到，如果梗阻性疾病和肾疾病发展会出现临床症状。梗阻性疾病的非特异性临床症病包括绞痛、淋证、血尿；也见与尿毒症一致症状，包括性能低下、食欲降低、昏睡和体重减轻等。

肾和输尿管结石的诊断经常以直肠触诊或超声检查为基础。直肠结果可能包括肾增大和输尿管膨胀；偶尔能触诊到膨胀的输尿管中的结石。肾和输尿管中的大结石可以通过超声波来确定。直径小于 1cm 的结石很难被定位。超声检查结果能诊断出上尿路池阻塞性结石病，包括肾骨盆或临近输尿管扩张及肾盂积水。马肾结石和输尿管结

石病的评估应该将尿液定量与并发尿路感染的潜在性相结合。

未患慢性肾疾病的马，清除结石最有效的方法是进行手术移除。手术方案包括肾切除，肾切开，输尿管切开和剖腹及腰椎旁切开取石术等方法。在不存在氮血症的情况下，肾切除术后防止上尿路感染。微创手术包括通过液电碎石术和体外冲击波碎石术来清除大量沉积的结石。最近报道有用子宫活检钳侧立位方式，将输尿管结石成功清除的病例。这种方法耗费低，专业设备要求低。

二、膀胱结石

膀胱结石在马结石病中很普遍。膀胱结石一个常见的症状是伴随着运动的血尿。其他常见临床症状包括排尿困难、痛性尿淋漓、少尿及尿频；也见里急后重，后肢下卧和漏尿。膀胱结石的诊断以病史、直肠检查、超声检查（图 108-1）及内镜检查、尿液分析为基础。直肠触诊经常能检查出膀胱结石。当膀胱空虚时很容易触诊到结石，触诊时应进行硬脑膜外麻醉或使用 N-溴丁东莨菪碱（0.2～0.3mg/kg，静脉注射）进行镇静。单独的结石是很常见的，但是也存在大量结石的情况。手术前应该做内镜检查，以便了解膀胱黏膜状态、结石的外观，两侧的输尿管的外观、位置和功能，评估整个尿路系统是否存在其他结石。收集结石用于分析和微生物定量培养，评估整个尿道的情况。

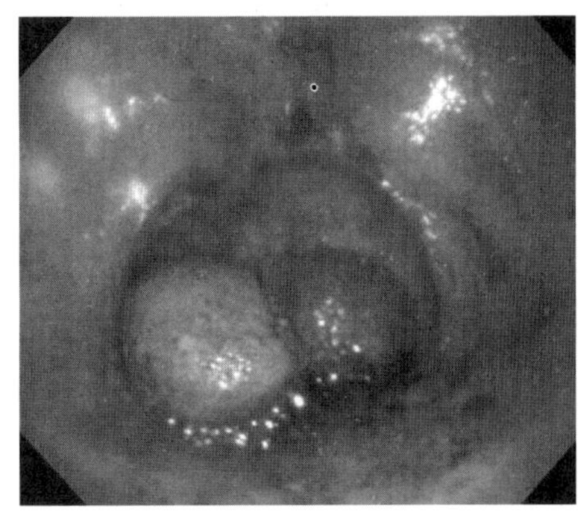

图 108-1 马膀胱内的两个大结石伴有膀胱黏膜出血

(Dr. Canaan Whitfield-Cargile)

手术移除是膀胱结石的一种治疗选择。手术方案取决于马的性别，结石的类型和大小，设备的实用性，外科医生对手术方案的熟悉程度及经济考虑等。

母马膀胱结石最常见的手术路径是经尿道，可结合尿道背侧括约肌切开术。如果结石小，可以徒手清除。如果结石大或徒手很难接触到，可以使用长柄器械通过尿道移除。如果这种方案没有成功，则可以按照公马结石手术方法进行移除。

公马清除膀胱结石最常见也最推荐的方法是膀胱切开术。小块膀胱结石很少可顺利通过内镜使用会阴尿道切开术取出。长柄器械可沿着内镜的活检通道进行结石清除，一些不同的碎石法也被用来进行结石的清除。通过内镜会阴尿道切开术，可完成脉冲染料激光碎石。然后灌洗膀胱来清除碎石。钬激光碎石术（钇-铝-石榴石激光）以同样的方式，利用热辐射碎石。因为水能吸收激光能量，所以如果激光接触黏膜只会造成软组织损伤。但是在一例报道中，对于膀胱结石内的碎石，钬激光不及脉冲染料激光有效。通过 3m 长、易弯曲的内镜（避免会阴尿道切开术）对 20 匹马使用电冲击波纤维进行碎石，19 匹马获得了成功。这种将电能量转化成机械能的碎石技术，产生一种电动液压冲击波。弹道冲击波碎石术使用精确的探头通过直接的接触将机械能传导至结石。此方法因缺少热传递和直接物理损伤，对软组织损伤最小。不管使用哪种技术，公马使用会阴尿道切开术移除膀胱结石（或通过内镜经远端尿道口）都无法普及，这是因为结石取出过程中会造成二次损伤形成尿道狭窄，在取出结石过程中所使用仪器的高成本和适用性，以及过长的手术时间，都限制了手术治疗技术的推广使用。

马膀胱切开术及结石取出术的其他手术路径也有报道。这些路径包括膀胱旁侧切开术、腹股沟子宫中部或侧部切开术、手动辅助腹腔镜技术、腹腔镜技术。膀胱侧方切开术仅有的优点是不需要专门设备，并且可以在马站立时完成。这种方法也有一些缺点，其中包括膀胱视野和术区受限，以及一些潜在的高危并发症，包括致命出血和感染性腹膜炎。腹股沟中部切开术方案的优点包括不破坏重要腹部血管和不需要包皮反射，因此，降低了手术的生命危险。

随着对微创外科技术意识增强和优势的了解，马的腹腔镜检查和手动腹腔镜检查技术有了发展。其优点是微创特性和极好的可视性。这些方法的缺点是需要专业的设备和熟练手术经验。

有报道称41%的马膀胱结石病有复发的可能，复发间隔时间为1～32个月（平均13个月）。与子宫外切开术比较，会阴尿道切开术术后复发的概率更高。

三、多沉渣尿石症

马多沉渣尿石症并不常见，由膀胱排空障碍和尿失禁导致大量晶体的沉淀物（主要是碳酸钙晶体）积聚在膀胱底部引起。并可以继发神经功能障碍或非神经障碍病。多沉渣尿石症最常见的临床症状是伴随后肢灼伤的尿失禁。若出现后肢无力或共济失调症状，应进行完整的神经系统检查。直肠检查有典型的膀胱清音。直肠或内镜可确定尿内含有沉积物（图108-2），与膀胱结石不同。药物治疗包括通过反复膀胱冲洗来清除结石。其他的治疗包括使用促进膀胱排空的药物并且应用广谱抗生素。多沉渣尿石症多出现预后不良，其中主要原因是由功能障碍导致的。

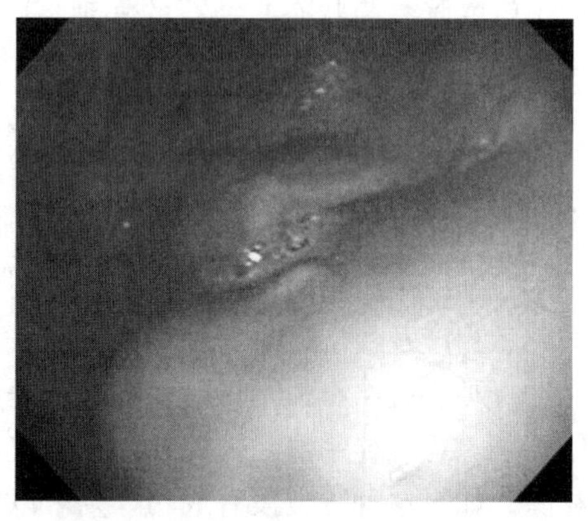

图108-2　膀胱腹侧尿沉渣中晶体累积
(Dr. Tracy Norman)

四、尿道结石

尿道结石症是马第二类常见的结石病，公马易发。尿道结石最常见的发生部位是坐骨弓处，此处尿道最为狭窄。尿道内的结石可能阻碍尿道。临床症状包括膀胱膨胀、频尿姿势和腹部疼痛等。长时间的阻塞（<1～2d）可导致膀胱泄露或者破裂，继而导致尿因性腹膜炎。尿道管探诊或内镜检测能确定阻碍物的位置。通过直肠触诊，可知肛门下膨胀的泌尿管和膨满的膀胱确诊阻塞物，偶尔可在坐骨弓处触诊到结石。如果

发生膀胱破裂、尿因性腹膜炎，马可表现出沉郁和腹痛的临床症状。腹腔液中肌酐和血清肌酐比值大于2∶1，即可确诊腹膜破裂。

治疗尿道结石最有效的手术方法是会阴尿道切开术和尿道末端切开术。根据结石的位置可以通过这些方法将结石直接取出，或尝试借助内镜用输尿管将结石置于手术区域。报道称手术后可形成尿瘘管和尿道狭窄等并发症。手术后应该放置导尿管并留置5～7d，防止尿道狭窄发生。如果留置导尿管，术后应该应用广谱抗生素，控制上尿路感染的风险。同时，建议使用非类固醇类抗炎药物3～5d。体外冲击波治疗也能有效破碎排出尿道结石。

五、长期管理

无论结石的位置在哪，术后管理的目标是通过彻底清除所有结石碎块以降低复发率，并尽量减少手术创伤。马主人应该密切关注结石复发引起的排尿姿势的改变。

结石形成的病因还没有完全被阐明，这使管理和预防具有挑战性。酸性尿液和改变饮食有助于预防疾病的复发。碳酸钙晶体在碱性溶液中形成并溶解在酸性环境中。建议口服硫酸铵（175mg/kg，口服，每天2次）、氯化铵（40～100mg/kg，口服，每天2次），或抗坏血酸（4g，口服，每天2次），这些药物可在不同程度上降低尿液的pH。

改变饮食的目的在于降低日粮中钙含量和控制日粮中阳-阴离子的平衡，调节体内pH和尿中矿物质的排出。建议增加饮水和降低日粮内蛋白质、钙、磷和镁的含量。将饲喂含钙量高的干草（紫花苜蓿和三叶草）改为放牧。需要更多的研究证实尿液酸化和饮食调节是否可以防止马尿石症的复发。

推荐阅读

Abjula GA，Garcia-Lopez JM，Doran R，et al. Pararectal cystotomy for urolith removal in nine horses. Vet Surg，2010，39：654-659.

Beard W. Parainguinal laparocystotomy for urolith removal in geldings. Vet Surg，2004，22：386-390.

Duesterdieck-Zellmer KF. Equine urolithiasis. Vet Clin North Am Equine Pract，2007，23：613-629.

Frederick J，Freeman DE，MacKay RJ，et al. Removal of ureteral calculi in two geldings via a standing flank approach. J AmVet Med Assoc，2012，241：1214-1220.

Grant DC，Westropp JL，Shiraki R，et al. Holmium：YAG laser lithotripsy for urolithiasis in horses. J Vet Intern Med，2009，23：1079-1085.

Holt PE，Pearson H. Urolithiasis in the horse：a review of 13 cases. Equine Vet J，1984，16：31-34.

Keen JA，Pirie RS. Urinary incontinence associated with sabulous urolithiasis：a series of 4 cases. Equine Vet Educ，2006，18：11-19.

Laverty S，Pascoe JR，Ling GV，et al. Urolithiasis in 68 horses. J Vet Surg，1992，21：56-62.

Rocken M，Furst AP，Kummer M. Endoscopic-assisted electrohydraulic shock-wave lithotripsy in standing sedated horses. Vet Surg，2012，41：620-624.

Schott HC. Obstructive disease of the urinary tract. In：Reed SM，Bayly WM，Sellon DC，eds. Equine Internal Medicine. 3rd ed. St. Louis：Elsevier，2010：1201-1209.

（张子威、徐世文　译，王晓钧　校）

第 109 章 血 尿 症

Harold C. Schott II

血尿是多种泌尿道疾病引起的一种症状。从相对较轻的疾病到严重的疾病均可引起血尿，严重的出血可危及生命。结石、尿路感染和肿瘤是血尿的一些常见病因，血尿其他的病因包括运动引起血尿、近端尿道破裂、先天肾性血尿以及先天性膀胱炎。

检测尿沉渣时，正常尿液每毫升包含约 5 000 个红细胞，或在每个高倍视野下少于 5 个红细胞（RBC）。血尿经显微镜观察可检测出沉淀物中 RBC 增加（10 000～2 500 000/mL）或者尿试纸检测呈＋＋＋反应。试纸检测结果非常重要，是利用血红蛋白和肌红蛋白的过氧化物酶样活性来氧化测试点的色原体，不区分血红蛋白和肌红蛋白，因此阳性结果对血尿并非是特异的，试纸阳性结果也可称为色素尿。尽管有这些缺陷，试纸测试板上颜色变化时，试纸结果仍可区分血尿、血红素尿及肌红蛋白尿，这是因为完整红细胞被吸附至测试板上溶解，通过血红蛋白对显色底物的活性产生局部的颜色变化。肉眼观察到的反应指示尿中血红蛋白含量高于 2 500 000～5 000 000/mL，可通过离心样品来区分血尿和其他色素液，血尿离心后底部形成红细胞团，上部红色消失。

血尿出现的时间对定位尿道出血点有重要意义，全程血尿与肾脏、输尿管或膀胱的出血有关。初始血尿通常与尿道末端疾病有关。终末血尿一般是近端尿道或膀胱颈出血的结果。在评价尿道出血部位和病因时，应进行体检、直肠检查、血液和尿液分析、末端泌尿道内镜检查和超声波等检查在内的一个完整的诊断评估。

一、尿石病

任何程度的泌尿道结石都会刺激黏膜引起出血，从而导致血尿。去势动物膀胱结石的典型症状是运动后血尿，然而患有结石的马可能会有尿失禁或尿路梗阻及绞痛的症状，通常伴有滴尿现象。尿道和膀胱的结石会导致尿痛的症状，包括痛性尿淋漓和尿频。直肠检查有助于确定膀胱结石的存在，因为结石通常位于骨盆边缘下方，尿道结石阻塞尿道部位的上端一般会膨胀，外部触诊能够触摸到。当触诊到可疑的膀胱结石时，检查者应记住，排尿困难和尿频可能是一个小的膀胱结石所导致，这个小的膀胱结石存在于骨盆沟中。在这种情况下，手腕深入触诊能够检查到膀胱和圆盘状膀胱结石。如果手进一步深入，越过骨盆边缘寻找膀胱，会错过膀胱结石，这是因为它可能只存在于手腕和前臂下方。与此不同的是，阻塞性尿道结石会出现明显的膀胱变大。

马的尿道结石是由碳酸钙晶体组成，并伴有大量碳酸盐，与饮食成分无关。因此，治疗膀胱结石包括外科手术以及其他多种方法。在准备手术时，应收集尿样做定量细菌培养，因为尿路感染可能伴随尿石的形成。另外，不论整块结石还是一小块膀胱结石，应该在取出后进行细菌培养，因为来自结石中的细菌比尿样中的更容易培养。输尿管切开术或肾切除术是治疗马单侧阻塞性结石一种有效方法，但伴发慢性双侧性肾病、肾结石和输尿管结石，预后需谨慎。

二、尿路感染

马虽不易患尿路感染，但尿路感染会导致血尿。上段尿路感染时，部分病马出现食欲减退、体重减轻和体温升高等症状。膀胱炎病马通常有痛性尿淋漓和尿频。有的病例出现单侧肾盂肾炎，并发展为反复发作的尿道结石的症状。诊断性评估包括定量尿液培养、肾脏超声检查和下泌尿道内镜检查。有一些马可能会有膀胱憩室或其他组织缺陷，易导致膀胱炎。治疗方法包括抗生素治疗，当尿石出现时应手术除去。

三、泌尿道肿瘤

血尿是肾脏、输尿管、膀胱或尿道肿瘤最常见的临床症状。腺瘤是最常见的肾脏肿瘤，鳞状细胞瘤是最常见的膀胱和尿道肿瘤。物理检查、直肠检查、实验室检查、膀胱内镜和超声检查通常可定位肿瘤的位置。除非通过肾切除术或膀胱局部切除术来除去灶性肿瘤，否则多数预后不良。远端尿道肿瘤（鳞状细胞癌或肉状瘤）同样也可以通过外科手术切除和局部抗肿瘤药如氟尿嘧啶和铂化合物治疗。

四、运动相关血尿

运动通常引起穿过肾小球血管屏障的滤过红细胞的增加。通过显微镜检查可见典型的血尿，偶尔可观察到尿液变色。眼观血尿多提示膀胱黏膜糜烂，见于运动时腹部内容物撞击膀胱碰撞骨盆导致的损伤。在高强度运动前将膀胱排空会增加该病发生的风险，正如长期低强度运动（通常在耐力马中被称为“小膀胱鼓”）。血尿发生 48h 内，膀胱内镜检查见膀胱糜烂或溃疡及对侧外伤即可确诊；但运动相关血尿的诊断，通常应排除如膀胱结石等其他原因的尿血之后才能确诊。运动相关性血尿是自限性疾病，因为膀胱黏膜病灶会在几天内痊愈。

五、尿道破裂

近端尿道坐骨弓破裂是种马血尿症的一个公认的病因，也是去势马血尿症的一个常见的病因。由于破裂通常在进行诊断时痊愈，在没有高分辨率内镜成像仪器及对损伤的外观和定位缺乏经验时，很难被检测到。因此，血尿也被归因于尿路感染、尿道炎或尿道脉管系统的静脉瘤出血。典型的尿道破裂导致排尿过程结束时的血尿，与尿道收缩有关。病马通常排泄正常量的不变色尿液。在排尿的结束阶段，受影响的阉马有一系列的尿道收缩动作，导致从阴茎末端喷射或滴出鲜红的血液。在大多数情况下，不会出现疼痛状况，也不会导致尿频。尽管在应用抗生素治疗时，血尿可自发性消退，但对膀胱炎和尿道炎症状疗效不佳。

尿道破裂病马通常没有全身症状。与此相反，继发于尿石或肿瘤的血尿马常表现为尿频、阴茎鞘恶臭或污着。偶尔会发现虽然有轻度贫血，但是尿道破裂（马）的血液生化检查结果显示肾功能正常。通过输尿管或膀胱导管收集的尿液正常。尿液分析结果正常或尿沉渣中红细胞数量增加，这与尿试纸血液阳性结果一致。尿液细菌培养阴性。尿道内镜检查，在坐骨弓沿着尿道的背尾端方向观察到典型的一处或多处损伤。当血尿持续数周时，会造成连接阴茎尿道海绵体（CSP）脉管系统出现瘘管。在这个区域做尿道外部触诊通常不敏感，但可以帮助定位损伤的位置。

尿道破裂多见于阴茎尿道海绵体向尿道内腔裂开。射精时收缩球海绵体肌导致 CSP 压力增加。排尿结束时，球状海绵体肌也会经历一系列的收缩来排空尿道中的尿液。因此，排尿结束时尿道管腔内的压力突然减少而 CSP 压力还保持在高水平。尿道破裂发生后，排尿最后阶段出现血尿。值得注意的是，发病最多的是 stock 型阉马，尽管没有流行病学调查结果，但可以推测有品种倾向性。仔细检查受影响阉马的会阴部可以发现尾巴下部回音不对称或扩张（图 109-1）。

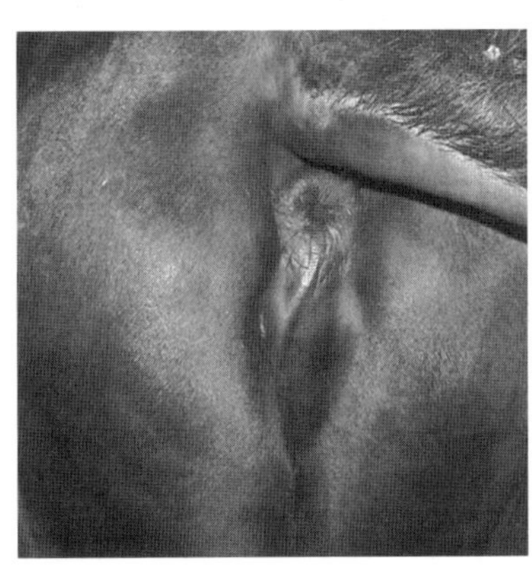
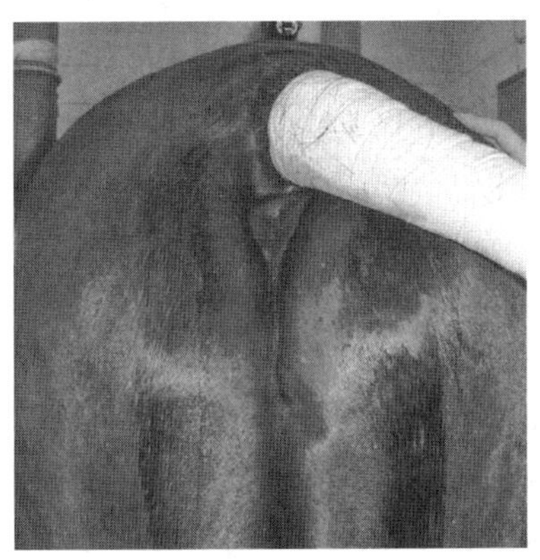

图 109-1　在马尿道近端会阴撕裂往往比较宽（左）而且是不对称的（右）
（引自 Auer JA，Stick JA，eds. Equine Surgery，4th ed. St. Louis：Elsevier，2012）

有的尿道破裂马血尿可自愈，最初不需要任何治疗。如果血尿持续超过 1 个月或者出现明显的贫血，应进行会阴尿道切开术。在镇静和硬脊膜外麻醉或局部麻醉下，作垂直切口，插入导尿管，切口应该贯穿包围 CSP 的纤维鞘，但是不要伸入尿道内腔，形成一个“泄压阀”。手术需要数周痊愈，术后最初的几天内，从会阴尿道切开术部位到后肢会出现轻度出血。其他的治疗包括局部创口护理及预防性抗菌治疗 4～7d。手术后 1 周内血尿症消失。

六、自发性肾血尿

自发性肾血尿（IRH）是一种以突然发生血尿为特点的综合征。由 1 个或 2 个肾出血引起的，尿液中存在大量血栓。内镜检测尿道和膀胱无异常结构，但可在一侧或两侧输尿管管口观察到血栓（图 109-2）。尽管某些马有明显的肾出血，但找不到原发病因，这种症状称为自发性肾血尿。本病没有性别和年龄差异，多见于阿拉伯马。

马的自发性肾血尿源于人类和犬的严重肾出血性疾病。人和犬血尿多提示单侧肾疾病，病马中观测到的结果与其一致。IRH 病马仅表现严重血尿。作者治疗过的患病阿拉伯马中，均未检测到尿路感染和尿结石，血尿严重时需要反复输血治疗。伴有喉囊真菌感染的病马，会出现不定期自愈性出血。IRH 出血量较尿结石或尿路感染血尿多，有时出现脓尿，尿液培养结果阴性。在作者的经验中，出血最初的一次或两次发作后数月乃至数年中会发生严重的失血危象。值得注意的是，IRH 病马未见肾绞痛。

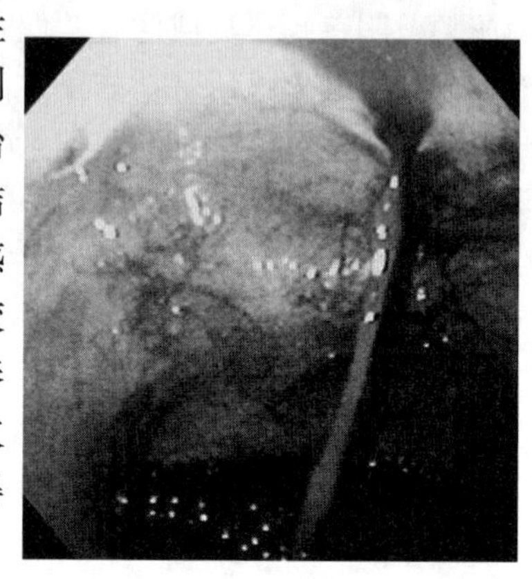

图 109-2　原发性肾性血尿的马的膀胱镜像图

右输尿管口有尿液并伴有血凝块

（引自 Reed SM，Bayly WM，Sellon DC. Equine Internal Medicine，3rd ed. St. Louis：W. B. Saunders，2010）

IRH 的诊断需要排除系统疾病、其他血尿原因和止血法改变等因素。临床症状表现为心跳过速、呼吸急促及黏膜苍白，与急性失血症状一致。直肠触诊可见膀胱不规则扩大，这是膀胱内大量血凝块造成的。如果出现氮血症，可采用补液疗法治疗。内镜检查可以确诊血尿是否来源于上泌尿道，判断是单侧还是双侧出血，后者需要做重复检查。超声检查可以排出肾结石和输尿管结石，还偶尔可以检测出作为血尿成因的脉管空间扩张或肾血管异常。

IRH 的治疗包括急性失血的支持性护理如输血，也可使用药物促进止血（如 α-氨基己酸、福尔马林），但是其疗效还未经过验证。单侧肾病变引起严重、反复发作的血尿时，可做肾切除。当血尿被确诊，受损肾的功能明显减少时，肾切除术是最好的选择。而根据作者的经验，切除了受损肾后的 2 匹阿拉伯母马，10d 内对侧肾发生血尿。因此，对患有 IRH 的阿拉伯马不推荐使用肾切除术。迄今为止，作者处理过的 8 匹患有 IRH 的阿拉伯马，都在初次诊断后 2 年内被安乐死。

七、原发性膀胱炎——膀胱疼痛综合征

自发或间质性膀胱炎是人类尤其是女性骨盆和膀胱疼痛的重要原因。尽管该综合征没有明确的定义，但是骨盆（膀胱）疼痛和尿频严重影响病患的生活质量。和典型的膀胱炎不同，尿液培养结果呈阴性，使用抗菌药物治疗疗效甚微。大约 25%受影响人类能检出镜下血尿。相似的综合征在猫也有报道。

作者曾见过2匹与膀胱疼痛综合征症状类似的马。值得注意的是，这2匹都是骟马，且都出现眼观血尿、尿频和轻度间歇性绞痛的症状。2匹马的尿液培养结果均是阴性，直肠触诊膀胱壁变厚。膀胱镜检查显示膀胱内大部分黏膜下层弥散性出血。

多数情况下，间质性膀胱炎表现为膀胱壁增厚及肥大细胞浸润，但病因还不明确。人类这种综合征特征是尿路上皮渗透性增加，尿液中高浓度物质进入膀胱壁，刺激痛觉感受器，表现出临床症状。人类和猫膀胱疼痛综合征的治疗包括改变生活方式和饮食，特别是避免应激与某些刺激性食物导致尿中排泄物的增多。另外，也可以配合使用镇痛和精神类药物。

作者使用抗菌和镇痛药物治疗开始的几天内，患病骟马的症状明显改善。由于尿样中细菌培养阴性，所以可能止痛药物是最有效的治疗。

推荐阅读

Abarbanel J，Benet AE，Lask D，et al. Sports hematuria. J Urol，1990，143：887-890.

Schott HC，Hines MT. Severe urinary tract hemorrhage in two horses（letter）. J Am Vet Med Assoc，1994，204：1320.

Schott HC，Hodgson DR，Bayly WM. Hematuria，pigmenturia and proteinuria in exercising horses. Equine Vet J，1995，27：67-72.

Schumacher J. Hematuria and pigmenturia of horses. Vet Clin North Am Equine Pract，2007，23：655-675.

Schumacher J，Varner DD，Schmitz DG，et al. Urethral defects in geldings with hematuria and stallions with hemospermia. Vet Surg，1995，24：250-254.

Schumacher J，Schumacher J，Schmitz D. Macroscopic hematuria of horses. Equine Vet Educ，2002，14：201-210.

Taintor J，Schumacher J，Schumacher J，et al. Comparison of pressure within the corpus spongiosum penis during urination between geldings and stallions. Equine Vet J，2004，36：362-364.

Vits L，Araya O，Bustamante H，et al. Idiopathic renal hematuria in a 15-year-old Arabian mare. Vet Rec，2008，162：251-252.

（张子威、徐世文　译，王晓钧　校）

第 110 章　急性肾损伤

Harold C. Schott Ⅱ

一、术语的演化以及急性肾功能衰竭的发病率

肾前性肾衰为一种急性的血液中含氮废物可逆性增加（氮质血症）的疾病，它与肾功能的短暂下降而继发肾灌注不足有着密切关系。尽管人医和兽医的医学文献中公认这个定义，但这个定义可能导致对伴有其他问题的亚临床肾损伤的忽视。这主要是因为肾储备能力很大，75%以上的肾功能受损才会出现临床症状。在肾衰竭发生前，肾最重要的功能是保证尿液浓缩能力（尿比重＞1.035）以及正常血清和尿液电解质的浓度。遗憾的是，很少有兽医在病马入院时检测尿液样本的尿比重。应用液体支持疗法治疗时尿渗透压下降，尿 Na^+ 浓度迅速增加。因此，通过测定已接受液体支持疗法6～12h 的病马尿比重来区分肾衰竭和内在的肾损害（肾性氮质血症，以浓缩能力受损为特征）很困难。可以通过试剂条检测尿蛋白、尿色素和尿糖以及尿沉积物确定肾小球和肾小管结构和功能完整性的变化。

尽管可逆性氮质血症和尿的改变与肾衰竭有关，肾衰竭大多数发生在肾损伤（和一定程度的肾单位损失）的情况。通过对亚临床肾损害病人的肾血流量（RBF）和肾小球滤过率（GFR）减少的研究，急性肾损伤（AKI）已被引入到人医和小动物医学。急性肾损伤是指血清肌酐浓度低至 0.3mg/dL（25μmol/L）或比基准值增加 50%，但肌酐可能保持在参考值范围内，血清电解质浓度正常。此外，适当的支持治疗可以缓解肌酐的增加。当 AKI 进展到典型的急性肾衰竭（ARF），血清电解质浓度（低钠血症、低氯血症，偶见高血钾）异常，更严重的氮质血症（肌酐＞2.5mg/dL，或＞220μmol/L），浓缩能力下降（尿比重＜1.020），肾功能衰竭的临床症状明显。在作者的动物医院，以血清生化指标作为诊断的一部分时，马重度氮质血症的发病率略低于 5%；但是重度氮质血症肌酐＞10mg/dL 或 880μmol/L 或血气分析时高肌酸血症的马死亡率较高（表 110-1）。

表 110-1　兽医教学医院的病马发生氮质血症（和相关的死亡率）(1997 年和 2000 年)

	1997 年	2000 年
检测马匹数	1902	2289
经过允许进行血清生化检测的马数量及其百分比*	397（21%）	423（18%）

（续）

	1997 年	2000 年
肌酐≥2.5mg/dL 的马的数量及百分比	82（4.3%）	81（3.5%）
肌酐≥5mg/dL 的马的数量及百分比［死亡率］	15（0.8%）［31%］	19（0.8%）［44%］
肌酐≥10mg/dL 的马的数量及百分比［死亡率］	2（0.11%）［100%］	3（0.13%）［33%］†
原发性肾脏疾病的马及百分数	3（0.16%）	2（0.09%）

注：* 假定马没有血清化学表现也没有氮质血症。

† 患肌酐酸症幸存的两匹新生驹肾衰竭的诊断指标，可以作为肾性衰竭的鉴别依据。

二、急性肾损伤与急性肾衰竭的发病原因

急性肾损伤通常继发于低血容量和以长时间的 RBF 和 GFR（例如结肠、小肠结肠炎、出血或耐力运动）的减少为特征的其他复杂的疾病。当持续肾缺血或由于暴露于肾毒性药物使肾损害加剧时，急性肾损伤可能进展为 ARF。导致 AKI 与 ARF 的具有肾毒性的物质包括内源性色素（肌红蛋白或血红蛋白）、维生素 D 或维生素 K_3、重金属（如汞、镉、锌、砷、铅）和单宁等。应用肾毒性药物包括非甾体类抗炎药（NSAIDs）、氨基糖苷类抗菌药物或土霉素（校正新生驹弯曲畸形时最常用的药物）进行治疗，仍然是马发生医源性 ARF 的一个重要的危险因素。血流动力学介导的 AKI/ARF 常伴有少尿（尿输出＜0.5mL/kg 超过 6h），而肾毒素造成的 AKI/ARF 的尿量通常保持正常（非少尿型 AKI）。新生马驹败血症可以并发急性肾功能衰竭，尤其是在感染放线杆菌的情况下。马属动物的钩端螺旋体感染也可发展为急性肾衰竭。

三、非甾体类抗炎药（NSAIDs）

只要剂量适当以及在治疗时不发生脱水，大多数马在应用非甾体类抗炎药时没有明显的副作用。当脱水或大量血液流出肾（如运动时）致使 RBF 减少时，肾会产生前列腺素（PGE2 和 PGI2）。肾前列腺素通过环氧合酶（COX）途径在肾髓质组织中大量产生，肾髓质组织是肾中血流量最低且能在相对缺氧的环境中行使功能的一个区域。因此，因 NSAIDs 的使用造成的、以内髓（髓嵴或乳头状）坏死为主的病变并不奇怪（图 110-1）。跟非甾体类抗炎药的胃肠道不良反应类似，某些个体肾脏对这些药物的不良反应更敏感。因此，当由于 NSAIDs 的使用造成副作用时，笔者在治疗观察其不良影响时更倾向于描述为“非甾体类抗炎药过敏”而不是“非甾体类抗炎药中毒”。近年来，COX-2 选择性非甾体类抗炎药的发展已经得到相当的重视，并且这些非甾体类抗炎药可能比非特异性 NSAIDs 药物的肾毒性要小。然而，这种新一代的 COX-2 选择性非甾体类抗炎药在其他物种中尚未被证明具有肾脏保护作用，因此，在马属动物上这种药物对肾的保护作用可能也不理想。

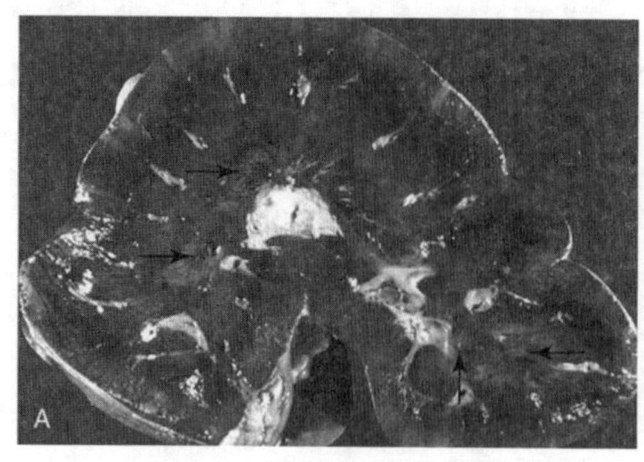

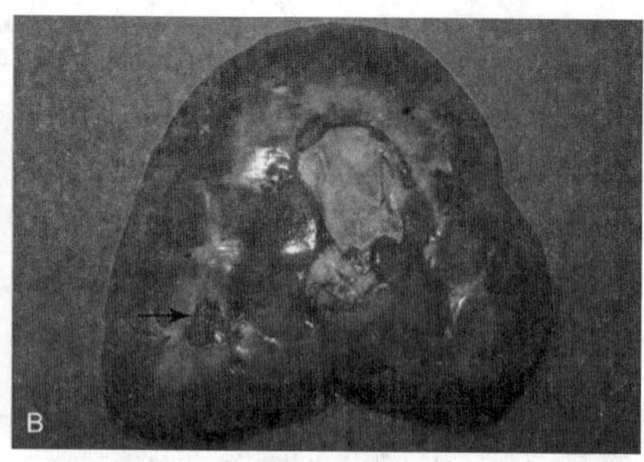

图 110-1 A. 与 NASIDs 相关的内髓（延髓或乳头状）的坏死 B. 由于难以治愈的蹄叶炎而被安乐死的患马肾组织的空洞样变

这两个病例的肾功能已经恢复正常，但仍能可以看到肾的病变（箭头）

四、氨基糖苷类抗生素

长期使用氨基糖苷类药物会使药物蓄积在管状细胞内，当达到一定剂量后该药物能导致细胞新陈代谢的紊乱，使细胞肿胀，死亡，向管状器官的内腔脱落。大多数情况下氨基糖苷类的肾毒性不是因为氮血症患者用药过量导致的。事实上，健康的肾脏通常可以一次性承受正常剂量 10 倍的氨基糖苷类药物而不会中毒。在脱水情况下，持续使用初始剂量的氨基糖苷类抗生素可失去对肾脏的保护作用和治疗败血症的作用。如初始实验室数据显示温和氮血症（例如肌酐＞5mg/dL 或＞440μmol/L），则应考虑替代氨基糖苷类抗生素治疗，然而，使用治疗剂量的氨基糖苷类不太可能显著加剧急性肾损伤。特定细菌感染的高危患马（这些都是长期亚临床脱水患马或生病的新生驹）的治疗必须使用氨基糖苷类抗生素，并且必须要保证用量最小化，同时还应密切监测肌酐变化。在临床上，肾毒性通常发生于反复使用该药治疗胸膜肺炎或肌肉骨骼感染，病马会表现出适度饮水以及食欲正常。因此当对病马进行血清化学分析监测时，指示急性肾衰竭的指标——轻微氮血症的出现会是一个重要信号，这提示需要用其他药物代替氨基糖苷类药物。由于肾小管吸收和积累氨基糖苷类抗生素与其血清浓度直接相关，与过去每天使用多倍剂量疗法相比，目前每天 1 次的标准做法减少了氨基糖苷类药物肾毒性的风险，因为细菌对氨基糖苷类抗生素有浓度依赖性，每天 1 次的用量既保证了血液中药物的抗菌浓度，又可长期在低于阈值的范围内使用该药物。肾小管损伤通常在持续大剂量使用时才会发生，所以每天 1 次的剂量能够起到保护肾脏的作用。在高危病畜中，每隔 2～3d 需进行尿蛋白含量和尿 γ 谷氨酰转移酶（GGT）的活性检测，以便发现早期的肾小管损伤。近端小管顶端细胞膜有一个高度发达富含 GGT 的刷状缘，这种酶的活性通常用尿肌酐的比值来表示（GGT/肌酐，正常值＜25），它的增加伴随着肾小管上皮细胞脱落入管腔。在氮质血症发病前几天尿生化异常通常能被检测出来。但是许多临床兽医认为，这个检测容易受到很多因素的影响，因而无法确定这类药物用于治疗一个特定感染时的停药时期。在最初 7～10d 每天 1 次的用药后，

停止使用这些药物后的替代物可能会进一步将给药间隔延长到 36～48h。

五、急性肾损伤和急性肾衰竭的临床症状

患有急性肾损伤（AKI）的马，临床症状通常表现为原发性疾病过程：绞痛、腹泻、运动障碍、横纹肌溶解或运动后衰竭。某些临床症状可提示急性肾衰竭的发生，这些症状包括昏睡与食欲不振，特别是少尿型的急性肾衰竭。液体支持治疗可引发水肿，随后造成的持续的无尿症或少尿症和伴随着液体滞留导致的体重增加，这是急性肾功能衰竭更明显的临床症状。当发生横纹肌溶解或溶血症状时可看到明显的色素尿，严重的非甾体类抗炎药损伤也能观察到血尿，当然这些应先排除结石及下尿路疾病（见第 109 章）。重症 ARF 马偶尔会表现出明显的结膜水肿的早期症状，而后发展为共济失调或明显的脑功能障碍，这与代谢性脑病及肝性脑病有相似之处。在更严重的情况下，病马可能很快发生腹泻和蹄叶炎。

六、急性肾损伤和急性肾衰竭的诊断

如前所述，急性肾损伤是一种较难诊断的并发症，可伴随着许多内科和外科的问题。在治疗马急性肾衰竭过程中应注意与原发性疾病症状相区别，急性肾衰竭会伴随较为严重的嗜睡和厌食症。在开始进行液体疗法的 6～12h 内，没有尿液产生，这种少尿是急性肾功能衰竭的一个危险信号，但当临床兽医把其注意力全放在执行诊断程序和强化支持性护理上的时候，这个少尿的现象可能被忽视。对患有急性肾功能衰竭的马进行直肠检查时，可能触诊到肾脏轻微的肿大，一些动物肾区中部触诊疼痛，这种肿大的现象能通过肾的超声波扫描术检测到（重 500kg 的马肾长度上大于 20cm）（图 110-2）。肾超声波扫描术可以检测到肾周围回声低沉处有肾周水肿，肾皮质回声反射增加（在皮质和髓质之间的区别更明显），以及肾盂扩张（图 110-2）。肾超声波扫描术也能确诊慢性肾疾病（例如，单侧发育不全或肾结石）。剖检时，患有急性肾功能衰竭马的肾皮质，因为水肿在截面处有典型的发白和凸起。通过病史、曾暴露于潜在的肾毒素、临床症状和实验室诊断结果可以确诊急性肾功能衰竭。实验室诊断评估显示肌酸酐的增加好几倍的（2.5～15mg/dL 或 220～1 320μmol/L），高于血尿素氮的浓度（30～100mg/dL 或 10～36mmol/L）。低血钠、低血氯以及低血钙常有发生，在某些严重的情况下，还会检测出血钾过高，血磷酸盐过多，代谢性酸中毒的现象。伴随着少尿或尿腹膜炎，会发生很严重的高血钾现象（＞7mmol/L），这也可能导致心律失常，甚至危及生命（心室纤维性颤动）。应该对所有怀疑患有急性肾衰竭的马进行尿液检查。脱水、有或无血尿症和蛋白尿，低尿比重（＜1.020）、尿 Na^+ 浓度的增加（＞20 mEq/L）和部分的 Na^+ 清除（＞1％）是常见的体征现象（表 110-2）。在无高血糖症时，糖尿和尿 GGT（谷酰转肽酶）的活性增加可能对近端小管造成损害。尿沉渣的检验也表明，管状细胞、红细胞和白细胞的数量增加，尿晶体的数量也有增加。此外，在补液开始之前收集尿液，对尿比重和尿液中 Na^+ 浓度进行评估最准确。饮食中盐的供应也

能增加尿液中 Na^+ 的浓度，会混淆检测结果。

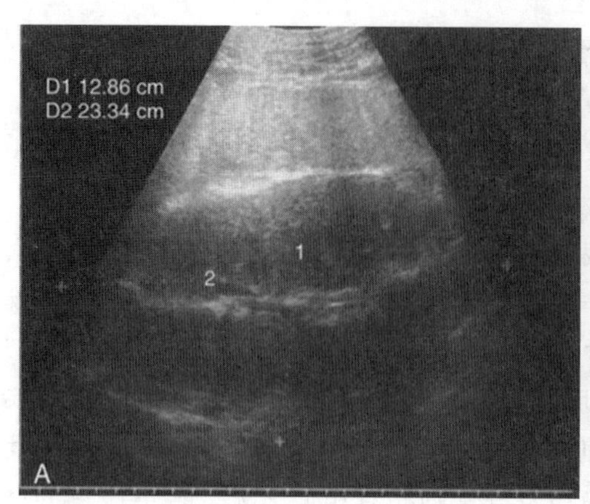

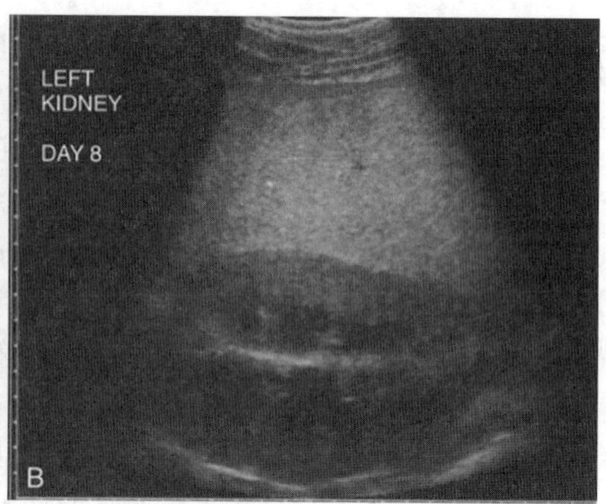

图 110-2　两匹急性肾功能衰竭的马的腹部超声

A. 扩大的左肾（23.3cm）　B. 肾皮质比正常的回声更大

表 110-2　肾前性肾衰竭与肾性肾衰竭的一些诊断指标

诊断指标	正常	肾前性肾衰竭	肾性肾衰竭
尿渗透压（mOsm/kg）	727～1 456	458～961	226～495
尿渗透压：血渗透压	2.5～5.2	1.7～3.4	0.8～1.7
尿氮：血氮	34～101	15～44	2～14
尿肌酸酐：血肌酸酐	2～344	52～242	3～37
尿钠浓度（mEq/L）	Variable*	<20	>20
部分钠清除率（%）	0.01～0.70	0.02～0.50	0.80～10.10

注：*尿钠浓度会随着饮食中添加的钠而不同，但一般<20mEq/L。

根据 Grossman BS 等修改。

七、急性肾损伤和急性肾衰竭的治疗

初期治疗重点是应用补液疗法以纠正血容量不足、电解质紊乱及酸碱平衡紊乱。因为这些症状往往是由于原发疾病引起，而与急性肾衰竭或急性肾功能衰竭无关。一些具有多尿性的急性肾衰竭应当应用 Na^+、K^+ 和 Cl^- 替代物治疗，同时配合静脉注射聚离子替代物或在饲喂中加入电解质。在过去的几年，人重症监护病房中过度液体疗法会导致急性肾衰竭患者发病率和死亡率上升，同时人们也在努力通过在可以维持正常需要的前提下限制液体支持疗法的用量。非少尿型急性肾衰竭马的血清 K^+ 浓度一般正常，但是当病马连续几天食欲不振，体内的 K^+ 储备被消耗后，血清中的 K^+ 浓度一般会下降。与之相反，无尿或肾后性氮血症（输尿管、膀胱阻塞或破裂导致的尿腹膜炎）降低血清中的 K^+ 是必要的。高钾血症的治疗主要使用无 K^+ 液体进行静脉注射以扩充血容量。口服碳水化合物（糖蜜、玉米糖浆）或添加葡萄糖静脉输液（根据注射速度稀释为 2%～5% 的溶液，500kg 马每小时 50g）能刺激胰岛素的释放，增加细

胞 Na^+/K^+-ATP 酶活性以驱动 K^+ 进入细胞内。高钾血症通常会引起心电图的改变(通常是全程的 T 波峰，QRS 增宽，P 波损耗，正弦波结构，最终心室纤维性颤动和心搏停止)，静脉注射葡萄糖酸钙溶液可能有助于抵消高钾对细胞膜的兴奋性影响。缓慢给药（3～5min）23％葡萄糖酸钙溶液 100mL 是相对安全的，这样可以给 500kg 的马细胞外液提供 2.1g 钙或约 25％的钙，也可以用 250mL 23％的葡萄糖酸钙溶液添加到 5 袋 0.9％的 NaCl，30～60min 内注射完。对于某些尿液性腹膜炎病马，纠正高钾血症最重要的是将 K^+ 丰富的液体（尿）从腹部排出。

对于肾前性衰竭而不是原发的急性肾衰竭，在应用支持疗法的 24h 以内，肌酐将减少 30％～50％。与之相反，患有急性肾衰竭病马的肌酸酐通常保持不变或略为增加。使用流体或电解质取代物治疗 12～24h 后，若病马还是少尿则可使用呋塞米（每 2h 静脉注射 1～3mg/kg）。呋塞米无法使患有急性肾衰竭的病马排尿量增加，这主要是因为肾小管为防止药物达到髓袢升支上皮细胞的顶膜的 $Na^+/K^+/Cl^-$ 协同转运蛋白而将其代谢出去。尽管在人医上，甘露醇的使用还存在争议，如果在第二次应用呋塞米后，尿量略微增加则可以应用甘露醇（静脉注射 10 ％～20 ％的溶液，0.5～1g/kg）。在包含马在内的很多动物，肾小球动脉含有多巴胺Ⅰ型受体，因此，恒定速率注射多巴胺（每分钟 3μg/kg）可使正常肾脏的肾血流量、肾小球滤过率以及尿的输出都增加。因此这种药物已经在人医上治疗无尿性急性肾衰竭应用了数十年，因此这种药物也被推荐在年老的马属动物上应用。然而，对患有急性肾衰竭病马应用多巴胺后进行分析发现，这种治疗对改善生存率的作用很有限，并且它还有诱导或恶化心律失常的副作用。因此多巴胺已经不再是推荐的治疗方法，取而代之的是多巴胺 1 型受体激动剂，这种药物对肾小球动脉有特异性，并且副作用小。马属动物，少尿症会发展为多尿症，在发展成为急性肾衰竭后的 48～72h 内，预后仍然是谨慎的。幸运的是，大多数马是非少尿型而不是少尿型急性肾功能衰竭，因此没有必要使用呋塞米或甘露醇。当少尿症持续超过 72h 将会预后不良。此时可以尝试腹膜透析，但是还没有文献报道成功的案例，这种方法仅可以替代安乐死。

当低血容量得到纠正，尿量增加后，病马通常在恢复正常饮食饮水之前只需要应用液体疗法。进一步的液体疗法除了促进血清肌酐更加快速的下降没有太多用处。在某些情况下，如果马有永久性肾损伤会导致慢性肾脏疾病，肌酐在几周内可能不会减少到低于参考范围的上限值，或者肌酐水平可能仍然很高。只要马饮食情况好，就可以出院进行进一步的恢复。进入牧场后，饮食、水和 ω-3 脂肪酸丰富的草场是从急性肾功能衰竭恢复到健康的理想饮食。

八、急性肾损伤和急性肾功能衰竭的预后

如果马进行适当的支持性护理，并成功治疗潜在的原发性疾病，AKI 预后良好。相比之下，ARF 好转预后仍然谨慎，在重症监护病房的病马死亡率近乎是 AKI 的 2 倍。此外，最近针对成功治愈 AKI 患马的长期随访研究也表明，其再次患慢性肾病的风险增加了近 10 倍。

推荐阅读

Bartol JM, Divers TJ, Perkins GA. Case presentation: nephrotoxicant-induced acute renal failure in five horses. Compend Cont Educ Pract Vet, 2000, 22: 870.

Bayly WM. A practitioner's approach to the diagnosis and treatment of renal failure in horses. Vet Med, 1991, 86: 632.

Chaney KP, Holcombe SJ, Schott HC, et al. Spurioushypercreatininemia: 28 neonatal foals (2000-2008). J Vet Emerg Crit Care, 2010, 20: 244-249.

Coca SG, Singanamala S, Parikh CR. Chronic kidney disease after acute kidney injury: a systematic review and meta-analysis. Kidney Int, 2012: 442-448.

Divers TJ, Whitlock RH, Byars TD, et al. Acute renal failure in six horses resulting from haemodynamic causes. Equine Vet J, 1987, 19: 178-184.

Divers TJ, Yeager AE. The value of ultrasonographic examination in the diagnosis and management of renal diseases in horses. Equine Vet Educ, 1995, 7: 334-341.

Geor RJ. Acute renal failure in horses. Vet Clin North Am Equine Pract, 2007, 23: 577.

Groover ES, Woolums AR, Cole DJ, et al. Risk factors associated with renal insufficiency in horses with primary gastrointestinal disease: 26 cases (2000-2003). J Am Vet Med Assoc, 2006, 228: 572-577.

Grossman BS, Brobst DF, Kramer JW, et al. Urinary indices for differentiation of prerenal azotemia and renal azotemia in horses. J Am Vet Med Assoc, 1982, 80: 284-288.

Lattanzio MR, Kopyt NP. Acute kidney injury: new concepts in definition, diagnosis, pathophysiology, and treatment. J Am Osteopath Assoc, 2009, 109: 13-19.

Nadeau-Fredette AC, Bouchard J. Fluid management and use of diuretics in acute kidney injury. Adv Chronic Kidney Dis, 2013, 20: 45-55.

Roussel AJ, Cohen ND, Ruoff WW, et al. Urinary indices of horses after intravenous administration of crystalloid solutions. J Vet Intern Med, 1993, 7: 241-246.

Seanor JW, Byars TD, Boutcher JK. Renal disease associated with colic in horses. Mod Vet Pract, 1984, 5: A26-A29.

（张子威、徐世文　译，王晓钧　校）

第 111 章　慢性肾病

Harold C. Sohott II

一、慢性肾功能衰竭发病率

在过去的 10 年中，慢性肾功能衰竭在人医和小动物医学中被广泛描述。该病不是简单地将病人描述为患有慢性肾功能衰竭（CRF，通常为终末期的问题），而是在肾病早期阶段检测时提出慢性肾病（CKD）概念。国际肾脏学会根据血清肌酸酐浓度将犬和猫 CKD 做了系统的分期（图 111-1），马属动物慢性肾脏病分期与之类似。CKD 本质是渐进性疾病，早期的发现及干预可能会减缓疾病发展的速度。在小动物上，伴随 CKD 的并发症包括高血压和蛋白尿。通过饮食和药物控制并发症后，可减缓 CKD 病程。虽然高血压和蛋白尿不常用于马属动物的评估，但高血压和蛋白尿还可以发生于马科动物中，那么控制这些并发症的发生也会改善马匹 CKD 的长期管理。

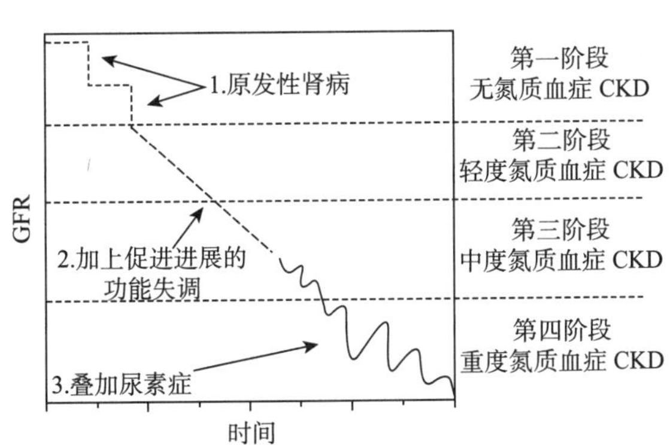

图 111-1　国际肾病学会确定的慢性肾病分期

犬，血清肌酐浓度值小于 1.4mg/dL（<125μmol/L）为第一阶段，1.4～2.0mg/dL（125～179μmol/L）为第二阶段，2.1～5.0mg/dL（180～439μmol/L）为第三阶段，大于 5.0mg/dL（>440μmol/L）为第四阶段。第二和第三阶段期间的饮食和医疗管理，往往侧重于控制高血压和蛋白尿，会减缓 CKD 进展到第四阶段终末期肾病

（引自 Courtesy Dr. Hal Schott and Dr. Kim Sprayberry，University of Georgia；and Compendium）

幸运的是，晚期慢性肾功能衰竭在马中并不常见。从美国普渡大学兽医医疗数据库检索到的数据显示，1964—1996 年，在兽医教学医院接诊的 442 535 例中有 515 例

患有 CRF，患病率 0.12%。但该数据可能低于该病的发生率，因为很多马在没有经过有效诊断前，发生慢性体重减轻而进行安乐死处置。老龄马 CRF 发病率比年轻马高，15 岁以上的马匹发病率提高到 0.23%。15 岁以上种马发病率为 0.51%，表明种马有更大的 CRF 的风险。

二、慢性肾病的病因

马 CKD 的病因可分为发育异常、肾小球肾炎、肾小管间质疾病（又被称为慢性间质性肾炎）。在一份慢性肾功能衰竭的报告中（共 99 匹马），品种因素如纯种马（29%）、标准竞赛用马（10%）、克莱兹代尔马（10%）发病率更高。性别因素为 44%的母马、40%阉马和 16%的种公马。1/3 病例都发生在小于 6 岁的马中，而 16%马中都发现患有先天性肾疾病。大约一半的病例病因为肾小球肾炎（53%），其余的有慢性间质性肾炎（39%）及终末期肾病（8%）。以笔者的经验，原发性肾小球肾炎出现的概率是很少的，且对马科动物 CKD 的发展诱因中也不到 10%。

三、发育异常

先天性疾病包括肾缺失和发育不全、肾发育不良以及多囊性肾病。对马来说，只要肾组织中含有 30%～40%的正常肾单位数量，即使发生单侧肾缺失或先天肾功能底下性肾发育不全，也可能不会出现肾功能不全的临床症状。然而，如果马匹受到其他疾病（如绞痛或肠炎）的影响，这些异常可能会促发 CKD 的发生，并伴随一定程度的急性肾损伤（AKI），当使用潜在肾毒性药物后还可能导致一些功能性肾单位的损失。肾发育不良是一种胚胎疾病，其中肾小球和小管不能正常发育，导致肾小球大小改变，肾小管从正常结构变为无法正常工作的盲端结构。多数肾发育不良的病例都是在 1 岁多青年马中发现的，但患病个体在 CKD 确诊前也存活多年。多囊肾疾病在马科动物中有少量的报道。在人、犬和猫中，多囊肾通常是一种遗传性疾病，具有显性和隐性的遗传模式。出生后，肾内囊结构慢慢增大，导致肾功能进行性减退。在一些情况下，肾的大小显著增加，而在其他形式的疾病中，虽然肾肿大不明显，但却包含多个大小不一的囊肿（图 111-2）。虽然多囊肾病在马中很罕见，而且无家族性发病的描述，但也被认为是一个遗传性疾病。小于 10 岁的 CKD 马，且没有其他危险因素（如伴随着长时间的血容量不足、发病前败血症或暴露于肾毒性物质）的影响，可考虑发育异常。

四、肾小球肾炎

肾小球损伤导致肾小球疾病是马常见病理学损伤，但其发展成为临床 CKD 是非常罕见的。在一份尸检报告中，53 匹马中有 16%发生肾小球病变，42%（22/53 受监测的马）发生免疫球蛋白沉淀或补体免疫荧光染色反应。虽然这些发现表明，1/3 的马

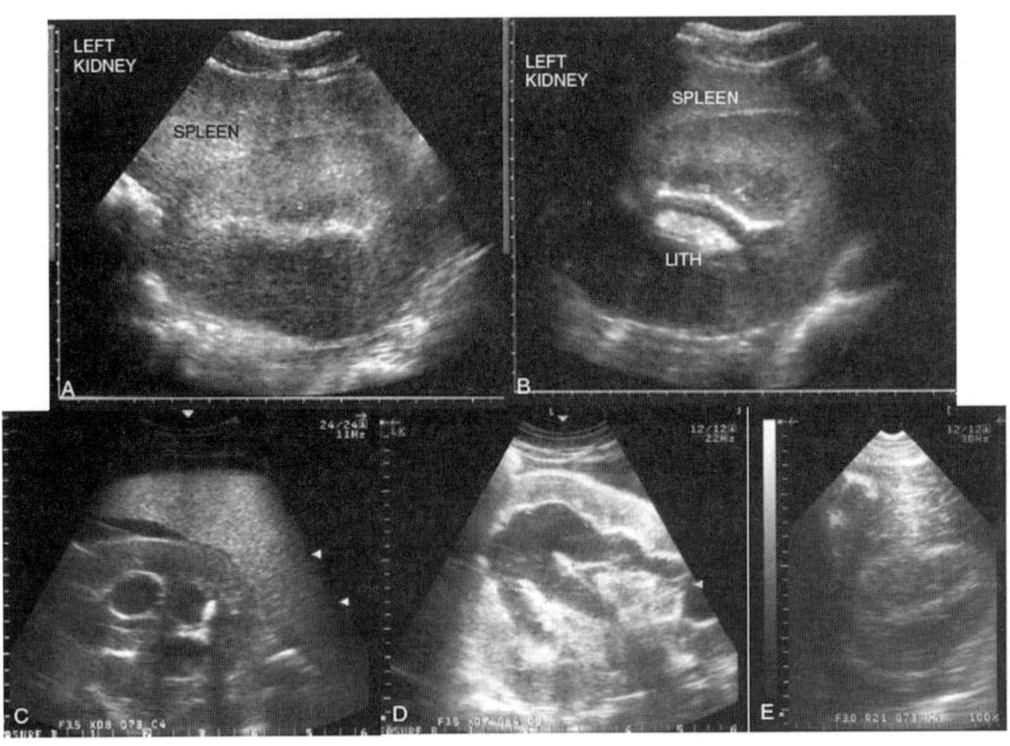

图 111-2 患有慢性肾病的两匹马左肾超声波图像

A. 1 周岁马左肾慢性间质性肾炎，氨基糖苷类抗生素和氟胺烟酸治疗 11 个月后。注意，与脾相比较，广泛肾实质回声增强 B. 相同周岁马左肾，不同的平面上探针指示，显示相邻肾盂出现肾结石 C. 种马左肾与输尿管结石梗阻引起肾积水。注意肾结石的图像的中心产生一个声影 D. 相同种马左肾，平面旋转 90°成像，显示肾积水所致的阻塞性疾病 E. 相同种马左肾，通过电碎石治疗输尿管梗阻后。肾变小，肾实质有肾纤维化弥漫性回声

具有肾脏病的超微变化，在本次调查中只有一例马匹有 CRF 的迹象。肾小球肾炎概念主要描述免疫介导的肾小球肾病是诱发 CKD 的关键因子。肾小球肾炎的特征是肾小球屏障通透性增加，以蛋白尿及镜下血尿（偶尔眼观血尿）为特征。光镜检查显示肾小球簇细胞增多（增生性肾小球肾炎）或肾小球屏障增厚（膜性肾小球肾炎）。抗马免疫球蛋白抗体染色，免疫组化显示免疫荧光以散在（分布不均的）或者线性（膜）模式分布，这与肾小球基底膜内的免疫复合物沉积或者自身抗体基底膜抗原附着于肾小球滤膜是一致的。

慢性感染导致疾病病程延长，血液中免疫复合物可以沉积在肾小球基底膜并导致肾小球肾炎。例如，实验性钩端螺旋体波莫纳菌株感染导致亚急性肾小球肾炎以浸润细胞过多和肾小球毛细血管水肿为特征。同样，实验感染马传染性贫血（EIA）病毒，出现肾小球肾炎组织学及免疫荧光特征分别占 75%和 87%，且发现肾小球基底膜洗脱出 EIA 病毒抗原。然而，临床肾病未在任何实验感染马中观察到。人类链球菌感染性肾小球肾炎是 CKD 的诱因，马链球菌兽疫亚种和马球菌亚种是马慢性感染的常见诱因。已在患 CRF 马肾小球基底膜上鉴定出 C 组链球菌抗原及免疫球蛋白 G 组成的免疫复合物，已知此类 CRF 是由感染 S 球菌兽疫亚种引起呼吸系统疾病所导致的。肾小

球肾炎偶见于自身免疫性疾病，其自身抗体作用于自身基底膜抗原。同样，在慢性病患和中度至重度低蛋白血症和蛋白尿的马都有所报道，肾小球基底膜与免疫球蛋白 M 存在免疫反应，但没有证据表明该病是由传染病病原体引起的。最后，患有传染病的马均未检测出亚临床性肾小球肾炎。例如，笔者观察到马紫癜可以伴有血尿和蛋白尿，但这些马尚未发展为临床性 CKD。

五、慢性间质性肾炎

慢性间质性肾炎是肾小管或者间质的疾病的总称。肾小管间质疾病通常被认为是急性肾小管坏死引起继发缺血、败血症，或暴露于肾毒性化合物（见第 110 章）所引起的。周围血管的损坏、急性肾小管坏死、管状细胞再生过程中的细胞周期停滞，可导致组织持续缺氧及细胞因子的产生，最终导致进行性间质纤维化。因此，CKD 的病程几个月到几年，前期伴有 AKI 的发生。

上行尿路感染可造成肾盂肾炎或阻塞性疾病输尿管结石或肾结石而引发慢性间质性肾炎，最终导致 CKD 的发生。事实上，上尿路结石是慢性间质性肾炎马的一种常见并发病。马肾结石几乎完全由碳酸钙组成，结晶可在正常肾的远端肾小管和集合管中发现。晶体沉淀并在肾实质损伤处生长。因此，与人肾结石不同，人肾结石主要为肾盂中梗阻性草酸钙结石，而马尿路结石诱因应主要考虑为慢性肾脏病继发，而非肾脏疾病。慢性间质性肾炎伴随肾结石非常常见，但很少是阻塞性结石，因此不需要排石治疗，除非结石引起复发性肾绞痛或持续的败血症（或当结石引起阻塞导致肾积水）。

六、终末期肾病

终末期肾疾病指各种慢性肾疾病的终末阶段，与尿毒症的概念类似，只是诊断标准有所差异。表现为肾苍白、皱缩和坚实，表面不规则且有附着囊。组织学上，出现严重的肾小球硬化和广泛的间质纤维化。当马处于 CKD 晚期（第四阶段）时，终末期肾病需要进行病理学诊断。

七、临床症状和实验室检查结果

CKD 马最常见的临床症状为消瘦，前肢之间腹部水肿，中等水平的多尿症和烦渴通常也出现于疾病过程的某些阶段。在 99 例马 CRF 病例报告中，出现临床症状包括消瘦、多尿、烦渴以及腹部水肿的比率分别为 86%、56%和 42%。晚期 CKD 马可观察到牙结石（尤其是门牙和犬齿）、牙龈炎、口腔和肠道溃疡。赛马一个典型的早期症状是性能下降，肾发育不全或发育不良的马表现为发育不良。CKD 也可出现轻、中度高血压，在临床诊断中进行间接血压测量具有重要价值。

CKD 马的实验室检查结果会和饮食和肾损害的原因和程度相关。多数具有慢性肾病的马都具有中度至重度氮质血症（Ⅳ级和Ⅲ）。血清学检测可诊断 CKD 早期阶段。血液中的尿

素氮（BUN）-肌酐比通常大于10（mg/dL～mg/dL）或大于0.05（mmol/L～μmol/L）。轻微的低钠低氯血症可能伴随CKD发生，但这些电解质的血清浓度经常保持在正常范围内。CKD马实验室检查的特有结果是高钙血症，血清钙浓度有时接近20mg/dL（5mmol/L）。因病马甲状旁腺激素的浓度中并不高，所以高钙血症不是甲状旁腺功能亢进症的后果。高钙血症的幅度依赖于饮食，将苜蓿改为干草饲喂几天后，血钙值就可以回到正常范围内。酸碱平衡基本正常，CKD晚期可发生代谢性酸中毒。促红细胞生成素减少造成许多CKD马表现中度贫血（红细胞比容，25%～30%）。肾小球肾炎的马出现低蛋白血症，而慢性肾病晚期的马也有轻度低蛋白血症，而这一症状与肠道溃疡有关。

CKD病因不同可致尿液分析的结果有所不同。某些马肾小球肾炎中重度蛋白尿的比重高达1.020，但是慢性肾脏病的一个特点是尿特异性比重处于等渗尿范围内（1.008～1.014）。尿液中缺乏正常的黏液和晶体，尿液色淡、透明。试纸分析表明有蛋白尿出现，但碱性尿检测中常有假阳性结果的出现。准确评估蛋白尿必须进行尿蛋白浓度的定量检测。正常马的尿蛋白浓度通常低于100mg/dL，尿蛋白与肌酐比率应小于0.5～1.0。伴随明显蛋白尿，该比率通常大于1.0，甚至可能超过5.0。马慢性间质性肾炎通常不会发生蛋白尿。尿沉渣检查可以观察肾盂肾炎中细菌和白细胞的量。如果有全身炎症等体征（如轻度发热、白细胞增多），也需要进行定量尿培养。

八、慢性肾脏病的诊断

氮质血症以及等渗尿是马慢性肾病的诊断依据，病马主要表现为体重减轻、性能下降。检测并发的高钙血症也能作为诊断慢性肾病的有力依据。马如果发生输尿管结石，进行直肠检查可发现输尿管肿大，也可以通过腹膜后间隙触及病灶。尽管马患有慢性肾病后肾脏变小，表面不规则，但这些变化在左肾尾部不能明显触及。超声波成像对评估肾脏大小是非常有效的，可以明确液性腹胀（积水）或肾结石的存在（图111-3）。马发生严重肾实质损害和纤维化时，通常会肾组织的回声增强，这种回声可与脾类似。

九、慢性肾病的治疗

不幸的是，先天CKD一般为不可逆性疾病，表现为进行性肾小球滤过率降低，肌酐浓度增加。因此输液疗法在治疗马CKD方面只能改善肾功能。如果马发生脱水或并发急性肾损伤，应进行短期输液以减少最小肾单位损伤（见第110章）。慢性肾病在发病2～3d会发生多尿的情况，出现多尿症状时，应用静脉注射的方式治疗此病。短期输液疗法可缓解CKD并可提供预后信息，如果马能够充分排泄出过多的体液，而不发生潴留进而发展为水肿，提示CKD为早期阶段，预后较好。在马CKD的治疗中，不建议使用非甾体类抗炎药和其他潜在肾毒性的药物。马患有肾小球肾炎和蛋白尿时，应用糖皮质激素进行治疗可能有效，降低尿蛋白质与肌酐比率。此外，当发生高血压

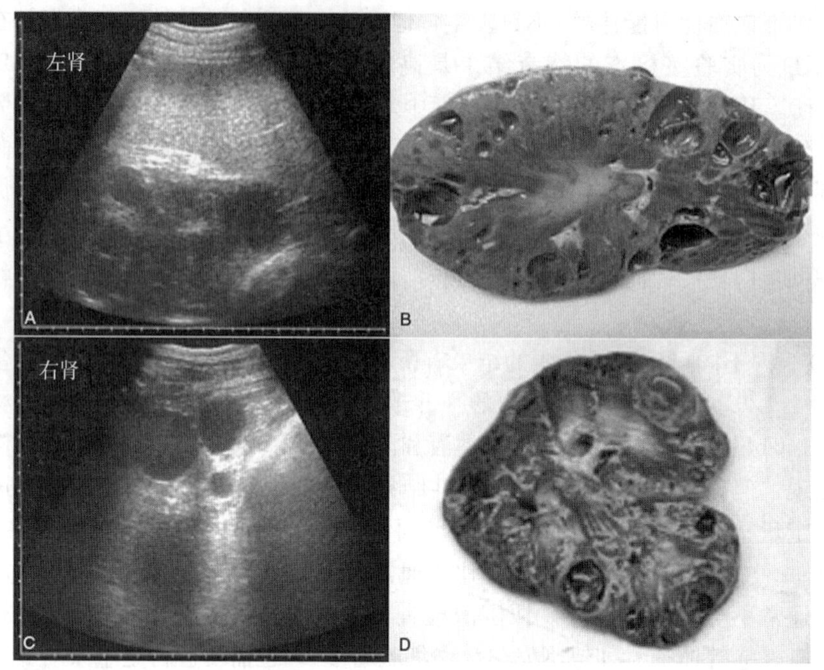

图 111-3　阿拉伯母马慢性肾病导致多囊肾病
左肾（A）、右肾（C）及左肾（B）和右肾（D）横截面超声波图像

时，使用血管紧张素转换酶抑制剂治疗可控制血压和减小蛋白尿。最近有报道，贝那普利（0.5mg/kg，口服，每 24h）可以作为正常马的一种有效的血管紧张素转换酶抑制剂。

管理 CKD 马重在控制采食，保持正常代谢。提供优质牧草，增加碳水化合物（粒）的摄入，并添加脂肪增加热量的摄入。理论上发生低钠血症和低氯血症应补充盐剂，但切记不可过量补充，可能会加剧高血压的发生。补充 ω-3 脂肪酸（鱼油和植物油富含亚麻酸）减缓实验诱导的或正常发生在犬和猫 CKD 的进展。目前，饲喂 ω-3 脂肪酸对于 CKD 马疗效还不清楚，但补充饲料中的脂肪可以增加热量的摄入，因此选择补充丰富的 ω-3 脂肪酸（牧草是 ω-3 脂肪酸的极好来源）是很好的选择。限制饮食中蛋白质摄入量在过去的几十年中被认为对 CKD 病马有良好的效果；近年来的建议是在饲喂中提供足量的蛋白质和能量，达到或略高于所需要的量以保持中性氮平衡。蛋白质的摄入量可以通过监测尿素氮（BUN）与肌酐的比率进行估算，值大于 15（mg/dL）或大于 0.075（mmol/L～μmol/L），表明蛋白质摄入过多，而数值低于 10（mg/dL）的或小于 0.05（mmol/L～μmol/L）指示蛋白质、热量摄入不足。

十、慢性肾病预后

CKD 渐进性肾单位功能缺失治疗效果不明显。然而，许多早期 CKD 马匹能够保持正常代谢并存活很长一段时间（几个月到几年）。在一般情况下，只要血清肌酐小于 5mg/dL

(<440μmol/L)，BUN与肌酐比率为10～15（mg/dL）或0.05～0.075（mmol/L～μmol/L），病马就能够保持正常的精神状态、食欲和身体状态。然而，一旦肌酸酐超过5mg/dL（440μmol/L），慢性肾脏病的发展速度就会加剧且诱发尿毒症的产生（厌食、被毛蓬乱、身体进行性消瘦）。鉴于疾病发展状况，应根据病例的个体状况处理，维持身体状态。

推荐阅读

Bayly WM. A practitioner's approach to the diagnosis and treatment of renal failure in horses. Vet Med，1991，86：632-639.

Coca SG，Singanamala S，Parikh CR. Chronic kidney disease after acute kidney injury：a systematic review and meta-analysis. Kidney Int，2012，8：442-448.

Divers TJ. Chronic renal failure in horses. CompendContinEducPract Vet，1983，5：S310-S317.

Divers TJ，Timoney JF，Lewis RM，et al. Equineglomerulonephritis and renal failure associated with complexes of group-C streptococcal antigen and IgG antibody. Vet Immunol Immunopathol，1992，32：93-102.

Divers TJ，Yeager AE. The value of ultrasono graphic examination in the diagnosis and management of renal diseases in horses. Equine Vet Educ，1995，7：334-341.

Ehnen SJ，Divers TJ，Gillette D，et al. Obstructive nephrolithiasis and ureterolithiasis associated with chronic renal failure in horses. J Am Vet Med Assoc，1990，197：249-253.

McSloy A，Poulsen K，Fisher PJ. Diagnosis and treatment of a selective immunoglobulin M glomerulonephropathy in a Quarter Horse gelding. J Vet Intern Med，2007，21：874-877.

Schott HC. Chronic renal failure in horses. Vet Clin North Am Equine Pract，2007，23：593-612.

Schott HC，Patterson KS，Fitzgerald SD，et al. Chronicrenal failure in 99horses. In：Proceedings of the 43rd Annual Convention of the American Association of Equine Practitioners，1997：345.

Van Biervliet J，Divers TJ，Porter B，et al. Glomerulonephritis in horses. Compend Contin Educ Pract Vet，2002，24：892-902.

（张子威、徐世文　译，王晓钧　校）

第 10 篇

血液学

第112章 贫 血

Mandy J. Meindel Melinda J. Wilkerson

贫血，定义为红细胞减少或血红蛋白浓度降低或红细胞比容降低，是马的一种常见病理状态。贫血的一般原因包括失血或大出血，溶血及红细胞生成不足。临床症状为组织供氧不足，由缺氧的严重程度、发展速度及马的生理需求决定，常出现心动过速、呼吸急促、运动耐受力降低、嗜睡、黏膜苍白及黄疸。马的慢性贫血症在红细胞比容小于15%之前呈现亚临床症状。急性发作的贫血（发生在12～24h），临床症状可能会更严重，包括绞痛、蹄叶炎、失明、共济失调以及继发于缺氧或低血容量的虚脱。

诊断贫血需要进行红细胞比容、红细胞浓度、红细胞指数［红细胞平均体积（MCV)、平均红细胞血红蛋白量（MCH)、红细胞平均血红蛋白浓度（MCHC)］以及细致的血液涂片检查，在某些情况下，还需要检查骨髓。马对贫血的生理反应很独特，因为没有明显的证据表明外周血再生（释放网织红细胞），因此必须对其他检查结果进行评定，以此来评估再生反应（例如红细胞大小不等的大红细胞症需要通过血涂片检查或增强MCV来评定）。当马严重贫血或给予高剂量的外源性促红细胞生成素时，网织红细胞可大量释放。近来，使用RNA敏感染料，利用全自动血液分析仪①能够检测循环血中网织红细胞。缺铁性贫血的小红细胞症检查与慢性外出血最一致，低MCHC和MCH同样表明铁缺乏。持续1周以上的非再生性贫血，可通过健康马正常参考区间的红细胞指数诊断。

血涂片检查应该一直应用，这样有助于贫血分类和鉴定疑似病原。与再生有关的红细胞形态特征，如有核红细胞、嗜碱性粒细胞和多染性细胞在马中较罕见。偏心细胞、海恩茨小体（Heinz bodies）和固缩红细胞可能在氧化损伤的病例中观察到，如红枫树叶中毒、红细胞酶或辅助因子缺乏。对于包括巴贝斯虫和泰勒虫属的血液寄生虫感染必须仔细检查红细胞。血涂片上的凝集反应表明红细胞表面免疫球蛋白和免疫介导的病原的存在。然而，必须确认红细胞凝集反应并且将其与马正常红细胞叠积现象相区分，这可通过混合9滴0.9%生理盐水和1滴抗凝全血并且制备血涂片检查。这种盐稀释操作能分散红细胞叠积而不能分散红细胞凝集。

缺乏外周血象异常表现可造成诊断质疑，因此可能需要骨髓穿刺来评估再生反应性及寻找潜在的病因。伴随着多染性增加（假设没有被外周血稀释）和继发于红细胞系统增生的髓细胞系与红细胞系的比率降低，红细胞系前体的增加表明骨髓内出现再

---

① Advia，Siemens，Erlangen，Germany。

生反应。通常，溶血性贫血在发病几天内是再生性贫血。外出血性贫血，如血管撕裂或胃肠道出血，最初是再生性贫血，但是随着红细胞生成必需材料“铁”的耗尽可能转变为非再生性贫血。在缺铁性贫血的骨髓中，普鲁士蓝染色的铁量很低。相比之下，内出血（如子宫动脉或脾破裂）时，因为红细胞通过淋巴循环重新进入血液循环，因此铁被重吸收。在红细胞系成熟和髓细胞系与红细胞系比率增加的时期，红细胞系前体的数量减少或成熟停止证明红细胞生成不足。

一、再生性贫血

（一）失血

根据失血的严重程度、病程以及病因不同，失血性贫血可引起多种临床症状和实验室检查结果。失血性贫血的原因见表 112-1。外出血的原因可以是显而易见的如撕裂，也可是更敏感寄生虫病的如胃肠道寄生虫病。内出血除非有相关的临床病史，否则很难诊断，这种情况下贫血通常很严重，并且伴有明显的低血容量性休克。

表 112-1 失血性贫血的原因

外出血	内出血
胃肠道寄生虫	子宫动脉破裂
• 圆线虫	脾动脉破裂
体外寄生虫	血管肉瘤
• 虱子	凝血障碍
• 蜱	• 遗传因子不足（Ⅶ、Ⅸ、Ⅺ）
• 螯蝇	• 弥散性血管内凝血
消化道溃疡	• 发霉的草木樨中毒
胃鳞状细胞癌	• 华法林中毒
喉囊真菌病	• 血小板减少
鼻出血	• 血管炎（过敏性紫癜，马病毒性动脉炎，马传染性贫血，马埃里希氏体病）
裂伤	• 血小板功能症（血管性血友病因子缺乏症）
泌尿系肿瘤	
外科手术	
凝血障碍	
• 遗传因子缺陷（Ⅷ，Ⅸ，Ⅺ）	
• 弥散性血管内凝血	
• 发霉的草木樨中毒	
• 华法林中毒	
• 血小板减少	
• 血管炎（过敏性紫癜，马病毒性动脉炎，马传染性贫血，马埃里希氏体病）	
• 血小板功能紊乱（血管性血友病因子缺乏症）	

在体液转移至脉管系统并稀释剩余的红细胞之前贫血不会立即出现，体液转移发生在 12～24h 内。随着体液转移入脉管系统，由于血液成分的稀释和含丰富蛋白的血

浆丢失，总蛋白、白蛋白和球蛋白的浓度也一定会降低。内出血的低蛋白血症和贫血通常比外出血消退快，因为蛋白质和大部分的红细胞会通过淋巴管返回血浆。外出血时，红细胞和血浆蛋白丢失，从而引起骨髓和肝细胞补偿循环池中的细胞和蛋白质。在发生严重慢性外出血时，铁耗尽可引起以继发性无效红细胞生成为特征的非再生性贫血。

（二）免疫介导性溶血性贫血

免疫介导性溶血性贫血（Immune-Mediated Hemolytic Anemia，IMHA）是一种Ⅱ型超敏反应，抗体致敏红细胞被脾脏中的巨噬细胞所破坏（血管外溶血）或由补体介导的抗体包被的细胞在血管中溶解（血管内溶血）。免疫介导性溶血性贫血分为原发性或继发性两种。在原发性 IMHA 中，抗正常红细胞表面抗原的抗体形成（即自身免疫性溶血性贫血），从而引起红细胞抗原的自身耐受性降低。自身免疫性 IMHA 在马中很罕见并且很难证明。在同种免疫性溶血性贫血（另一种形式的原发性 IMHA）中，产生抗外源性红细胞抗原抗体，见于不相容性血型输血和新生驹病。新生驹病是新生马驹致命性 IMHA 的重要原因，其由母体直接针对遗传至父系而自身不具有的小马驹红细胞抗原产生的同种抗体造成。分娩过程中新生马驹红细胞进入母体循环致敏母体免疫系统，这对后来出生的遗传自父系抗原的马驹具有临床意义。当新生马驹吸吮母体初乳中的免疫球蛋白 G（IgG 抗体）时，便会发生血管外或血管内溶血。马红细胞的 32 种血型抗原，已经报道的同种抗体最常见的是 Aa、Qa、Ab、Ac、Db、Pa、Pb、QC 和 Ua。该病治疗方法包括给小马驹带上口套以防止进一步接触母源抗体，输血和支持疗法。

继发性 IMHA 发生在抗包被红细胞的外源性表位的抗体或抗由于感染、肿瘤和药物接触而形成的新生抗原的抗体形成时。与梭状芽孢杆菌感染相关的免疫介导性溶血性贫血常见于感染马，这是由于梭菌毒素破坏红细胞膜，暴露出新的或改变的抗原，从而刺激抗体产生的结果。其他原因包括马传染性贫血（EIA）病毒、链球菌、淋巴瘤、黑色素瘤、药物或毒素，如青霉素、磺胺类和有机磷农药。还有其他系统的疾病，如蛋白丢失性肠病、出血性紫癜也可引起该病。在 EIA 病毒感染中，EIA 病毒的血凝素亚基结合红细胞，引起变构红细胞抗体形成，随后导致补体结合并激活级联反应出现溶血。

诱导抗体的药物作为半抗原起作用，当与大分子载体（如血液中的白蛋白或红细胞膜蛋白）共轭连接时仅具有免疫原性。这种复合物可单独诱导药物产生抗体，也可诱导产生针对药物部分和载体蛋白部分的抗体，或者单独针对载体蛋白的抗体。常用于马的药物青霉素 G，能导致一些马 IMHA。当有可代替药物时，停止使用该药物是最好的治疗方法。

原发性和继发性 IMHA 的临床症状包括发热、萎靡不振、黄疸和血红蛋白尿。严重再生性贫血的检查［红细胞比容（PCV）通常小于 20%，MCV 增加］可诊断 IMHA，并且血涂片上可见红细胞凝集。证实免疫介导性原因需要使用直接抗球蛋白试验（Coombs 试验）或用流式细胞仪直接免疫荧光试验检查红细胞表面抗体。这两个

试验均需要用马特异性抗血清来孵育病马洗涤过的红细胞。流式细胞仪检测使用荧光标记的抗马抗体能够检测比 Coombs 试验更低浓度的被抗体包被的细胞，因为流式细胞仪检测不依赖凝集反应作为一个端点。此外，流式细胞仪能够识别细胞与类特异性抗体（IgG、IgM 或 IgA）的结合率，这在治疗中监测病畜非常有效。最近，堪萨斯州立大学的临床免疫学实验室开发了一个改良的间接凝集试验用于检测青霉素诱导的溶血性贫血，其方法为：首先将青霉素 G 包被的供体马红细胞同病畜血清孵育，然后同荧光标记的抗马 IgG、IgM 和 IgA 抗体孵育。在一例青霉素诱导的马溶血性贫血中，描述了一个血清 IgG 和 IgA 抗体针对青霉素包被的细胞反应的阳性试验（图 112-1）。

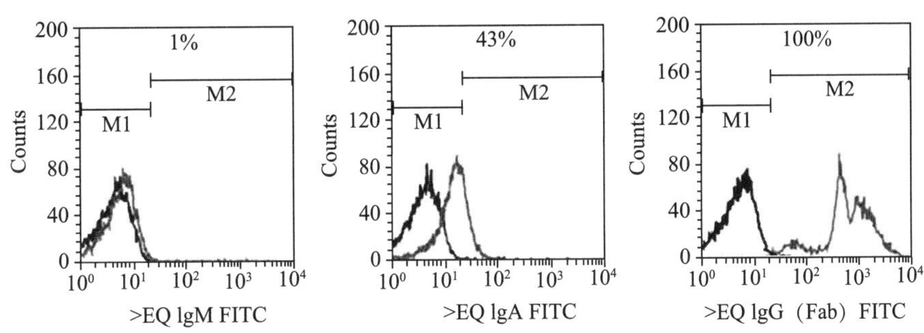

图 112-1　患有 IMHA 的马血清抗体 IgM、IgA 和 IgG 检测的百分比直方图

其与青霉素 G-包被的供体马红细胞发生反应（浅灰色线），与健康的贫血马血清比较（黑线）

（三）氧化性损伤

红细胞暴露于多种内源性或外源性的氧化损伤中。内源性氧化剂可产生于炎性疾病、肿瘤、糖尿病或正常细胞代谢的中间产物。马最常见的外源性氧化剂包括摄入枯萎的红枫树叶、洋葱、大蒜以及吩噻嗪中毒。这些化合物引起硫高铁血红蛋白形成或过量的高铁血红蛋白形成。当保护机制由于逆转或阻止氧化损伤的酶或辅酶因子（即葡萄糖-6-磷酸脱氢酶或黄素腺嘌呤二核苷酸）缺乏或过量、过长时间的与氧化剂接触而失效时，就会发生由于红细胞破坏所引起的血管内或血管外溶血性贫血。

氧化损伤的特点包括轻度到重度的典型再生性贫血，可伴有海恩茨小体、固缩红细胞增多症、异形细胞增多症、高胆红素血症、胆红素尿、血红蛋白血症、血红蛋白尿或高铁血红蛋白血症。海恩茨小体是附着于红细胞膜上的变性沉淀的血红蛋白（图 112-2），并且在新亚甲基蓝染色的血涂片上清晰可见。海恩茨小体导致红细胞破裂是因为受影响的红细胞容易被脾脏捕获并裂解，血管中的红细胞更脆、更易溶解，并可导致内源性抗体识别的新抗原形成，这导致脾脏和肝脏巨噬细胞吞噬红细胞。

当采用流式细胞仪-血液分析仪测量时，海恩茨小体可错误地升高网织红细胞浓度，海恩茨小体同样使受影响的红细胞抵抗血液分析仪溶解剂，并可将其计数为淋巴细胞。由于血红蛋白血症和海恩茨小体干扰血红蛋白检测，因此，MCHC 可错误性升高。除非已知与外源性氧化剂接触，否则氧化损伤的诊断往往是根据病史、临床症状和化验结果推测而来。在未知的氧化剂接触病例中，必须考虑对潜在疾病或 6-磷酸葡萄糖脱氢酶和黄素腺嘌呤二核苷酸缺乏的附加检测。

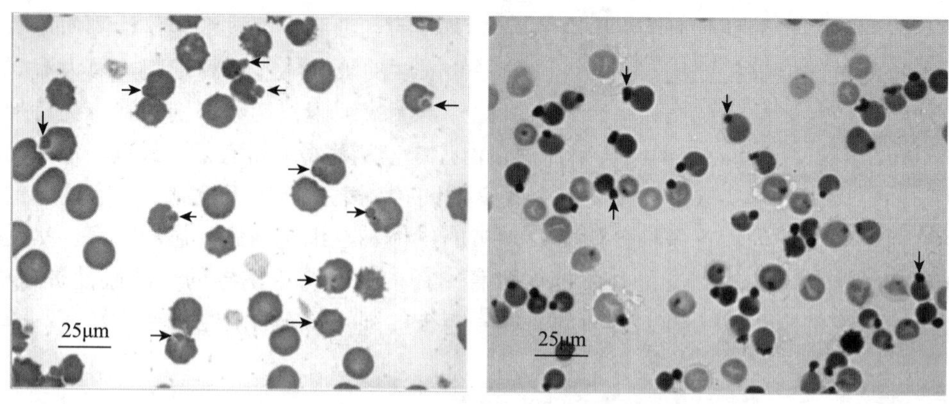

图 112-2 患海恩茨小体贫血的马血图片

许多海恩茨小体（黑色箭头）吸附在红细胞表面和偶尔游离在背景中瑞氏染色（左），新亚甲基蓝染色（右）；放大 1 000 倍

二、非再生性贫血

非再生性贫血定义为至少在 3～4d 的贫血期间内骨髓造血不足。由于红细胞的寿命长（马约 145d），因此贫血的发展通常是渐进性的，在临床症状明显出现前往往持续数周到数月。血象结果可显示正常细胞或小细胞以及不同严重程度的正常色素或低色素性贫血。骨髓分析可显示髓细胞系与红细胞系的比率增加。骨髓铁贮存量可增加（例如继发性炎症）或减少（例如继发性缺铁），其取决于贫血的原因。

虽然炎性疾病是马非再生性贫血最常见的原因，但也有其他潜在的原因，此类贫血通常是由于炎症细胞因子、营养缺乏、毒副反应、促红细胞生成素减少、代谢率降低或骨髓病而引起骨髓红细胞生成不足或生成无效红细胞。附加的检测包括化验、尿检、营养分析和 Coggins'（科金斯）试验，这些检测可帮助确定贫血的原因。在排除其他原因后，必须实行骨髓穿刺或髓芯活检以评估骨髓反应。各种疾病引起的非再生性贫血的预期化验结果见表 112-2。

表 112-2 与非再生性贫血相关疾病和实验室检查结果

原因	实验室检查结果
慢性炎性疾病	炎性白细胞像 正常及高的骨髓铁含量 正常及高的血清铁蛋白 正常及低的总铁结合力
• 马传染性贫血病毒	• Coggins' 试验阳性
• 慢性肾功能衰竭	• 氮质血症、等渗尿、高钙血症
• 慢性肝功能不全	• 酶正常及增高；低蛋白血症、低血糖、血尿素氮和胆固醇浓度降低
药物和激素	可能的再生障碍性贫血或单纯红细胞再生障碍性贫血
• 保泰松、氯霉素	
• 重组人红细胞生成素	

（续）

原因	实验室检查结果
营养和矿物质缺乏	
• 铁	• 小红细胞症，血红蛋白过少，血清铁蛋白浓度低，骨髓铁储量降低或无，正常及高总铁结合力
• 铜	• 小红细胞症
• 钴和维生素 B_{12}（钴胺素）	• 红细胞大小不均，多叶核中性粒细胞减少症，巨型血小板
• 叶酸	• 大红细胞症
骨髓疾病	髓系与红系比可能增加
• 纯红细胞再生障碍性贫血	• 在骨髓中显著降低或缺少红细胞
• 再生障碍性贫血	• 全血细胞减少，骨髓细胞减少
• 骨髓纤维化	• 细胞过少的纤维化骨髓，泪滴形红细胞，卵形红细胞
• 脊髓痨	• 肿瘤细胞取代脊髓造血细胞
• 骨髓增生异常综合征	• 一种或多种细胞发育异常的血细胞减少症
• 骨髓增生性疾病	• 血液涂片上的肿瘤细胞
• 淋巴组织增生性疾病	• 血液涂片上的肿瘤细胞
肿瘤	取决于类型和瘤样病变的位置

三、治疗和预后

贫血的治疗取决于其严重程度、持续时间和临床症状。就 IMHA 而言，传染性原因、氧化性损伤以及非再生性贫血，治疗的目的是纠正潜在的机能紊乱。对于氧化性损伤而言，往往采用支持性治疗，包括静脉注射晶体液、输血、抗氧化剂（抗坏血酸维生素 C）以及口服核黄素补充剂。红细胞比容大于 20%的轻度或中度贫血，尤其是再生性贫血，最好不予治疗而（仅进行）密切监护。即使红细胞比容大于 20%，重度或急性贫血也必须要输全血或红细胞，直到骨髓有所反应或潜在的疾病得到控制。如果条件允许，必须在输血前进行血型鉴定和交叉配血，尤其是预料到额外的输血或者该马曾经输过血或已经怀孕。马可能存在 40 万种以上的血型，并且没有真正的万能输血者存在。马可以在输液 1 周内产生同种抗体，所以必须在第二次输血前进行交叉配血。如果在第一次输血的 2～3d 内进行再输血，不进行交叉配血输血也是安全的。Aa 和 Qa 血型抗原性很强，因此应避免 Aa 或 Qa 供血者。驴子和骡子不应作为马的供血者，因为他们拥有能够刺激受血者形成抗体的独特的红细胞抗原。相容性输血通常持续不超过 1 周。在预期的外科手术中，如果失血是预先考虑到的，该马可作为自身供血者（the horse can be used as its own donor），在这种情况下，输液必须持续 12d 以上。

推荐阅读

Blue JT，Dinsmore RP，Anderson KL. Immune-mediated hemolytic anemia induced by penicillin in horses. Cornell Vet，1987，77：263-276.

Cooper C，Sears W，Bienzle D. Reticulocyte changes after experimental anemia and erythropoietin treatment of horses. J Appl Physiol，2005，99：915-921.

Lumsden HJ，Valli VE，McSherry BJ，et al. The kinetics of hematopoiesis in the light horse III. The hematological response to hemolytic anemia. Can J Comp Med，1975，39：332-339.

Mudge MC. Blood transfusion in large animals. In：Weiss DJ，Wardrop KJ，eds. Schalm's Veterinary Hematology. 6th ed. Ames，IA：Wiley-Blackwell，2010：757-761.

Robbins RL，Wallace SS，Brunner CJ，et al. Immune-mediated haemolytic disease after penicillin therapy in a horse. Equine Vet J，1993，25：462-465.

Seino KK. Immune-mediated anemia in ruminants and horses In：Weiss DJ，Wardrop KJ，eds. Schalm's Veterinary Hematology. 6th ed. Ames，IA：Wiley-Blackwell，2010：233-238.

Stockham SS，Scott MA. Erythrocytes. In：Fundamentals of Veterinary Clinical Pathology. 2nd ed. Ames，IA：Blackwell，2008：207-221.

Tvedten H. Recticulocyte and heinz body staining and enumeration. In：Weiss DJ，Wardrop KJ，eds. Schalm's Veterinary Hematology. 6th ed. Ames，IA：Wiley-Blackwell，2010：1067-1072.

Weiss DJ，Moritz A. Equine immune-mediated hemolytic anemia associated with Clostridium perfringens infection. Vet Clin Pathol，2001，32：22-26.

Wilkerson MJ，Davis E，Shuman W，et al. Isotype-specific antibodies in horses and dogs with immune-mediated hemolytic anemia. J Vet Intern Med，2000，14：190-196.

（孙东波　译，张万坡　校）

第 113 章　马传染性贫血

Charles J. Issel　R. Frank Cook

马传染性贫血（Equine infectious anemia，EIA）是由马传染性贫血病毒（EIAV）引起的疾病，该病毒侵害的宿主范围仅限于马属动物。病毒引起宿主终身感染。该病未见于其他奇蹄类动物，这表明病毒是在某一时间随着犀牛和貘的分支进入马属动物的，该分支发生于进化史中八九百万年前。尽管马传染性贫血病毒不像人类和猴的免疫缺陷病毒有名，但它与这两个病毒有亲缘关系。马传染性贫血病毒不感染 CD4 +辅助性 T 淋巴细胞（TH），因此不会导致慢性免疫缺陷或获得性免疫缺陷综合征（AIDS）样症状。事实上，感染 EIAV 后的临床症状极为多变，极个别病例除外，除非是最细心的主人或兽医，否则临床症状很可能会被遗漏或错误的解释。此外，马属动物间对 EIAV 所引起病变的敏感性可能存在显著差异，比如驴（*Equus asinus*）比马（*Equus caballus*）更耐受该病。然而，这个结论可能不够准确，因为迄今为止所进行的感染性实验所使用的病毒，其来源及繁殖都是使用马或小型马，而不是驴。因此，驴可能不是天生就对 EIAV 引起的疾病具有耐受性，因为病毒为了最佳生长必须适应每个马科动物。

除了接触病毒后的临床表现在动物个体间有明显差异外，EIAV 流行病学和传播最重要的因素之一是大多数受感染的动物获得控制病毒长期复制的能力，因此导致缺少所有明显的疾病症状。这种情况下，“隐性感染者”仍然是潜在的传播者。但是，如果不使用特异性的诊断试验，不能轻而易举地从非感染性同伴中将其辨认出来。考虑到基于临床症状鉴别诊断 EIA 固有的困难，最新发现的病例已经涉及没有接触过传播媒介的马，也就不太奇怪了。在许多国家（除意大利外），最近（2007—2012 年）进行了国家监督程序，EIA 强制检测仅限于被出售、繁殖或是从一个地点运输到另一个地点参与竞技马术活动的马。在有强制性规定的地方，测试群体的 EIA 检测率通常很低，新的病例刚刚被发现，例如先前未检测的出售马。EIA 是血源性疾病，吸血昆虫（特别是马蝇、斑虻、厩螫蝇）被认为是自然传播的重要载体。然而，对于这个传染或疾病来说最有效的传播载体是人类。在皮下注射器和针头里的残余血量至少是马蝇口器内血量的 1 000 倍以上。此外，当 EIA 贮存在相对安全环境的皮下注射器时，它能够比暴露于快速干燥的昆虫口器中存活更长时间。因此，必须鼓励所有的马师依据严格的标准或通用的预防措施进行操作，以减少他们对 EIAV 和其他血源性病原体传播的影响。

一、病因学

1904 年 EIA 病原体被认为是一个过滤性物质或病毒，在 20 世纪 70 年代被证明是逆转录病毒科家族的一员。现在被列在慢病毒属正反转录病毒亚科，其与人类免疫缺陷病毒（HIV）、猴免疫缺陷病毒（SIV）、猫免疫缺陷病毒（FIV）、牛免疫缺陷病毒（BIV）和小反刍动物的慢病毒（SRLV）相关。因此，马科被包含在哺乳动物物种数量相对较少（非洲非人灵长类动物、牛、猫、绵羊、山羊和最近的人类）的慢病毒的自然宿主中，这些病毒的独特特征是单核巨噬细胞系细胞是其主要的宿主细胞类型。这些细胞是不分裂细胞，除了 5′脱氧尿苷三磷酸（dUTP）外，这些细胞含有很低水平的脱氧核苷酸，因此，为许多病毒提供了一个不利的环境。因为这一核苷酸有与鸟嘌呤错配的倾向，它能够引起突变效应。此外，除了先天和适应性免疫反应，哺乳动物进化出了复杂的细胞内抗逆转录病毒的防御系统，如载脂蛋白 β 编码的复合 3 系列分子（APO β EC3）。为了抵消不分裂的宿主细胞的不利环境和所谓的逆转录病毒的限制因子，除了所有逆转录病毒都具有的典型的 *gag*、*pol* 和 *env* 基因外，慢病毒基因组还包含有大量的短开放阅读框（ORF）。因此，慢病毒被称为复杂的逆转录病毒，EIAV 病毒是现存的最简单的代表，与 HIV-1 的 6 个 ORFs 相比，它只包含了 3 个额外的 ORFs。由于其遗传相对简单，EIAV 将被称为 HIV-1 和 SIV 等灵长类慢病毒的“乡下表弟”。EIAV *gag* 基因编码由基质蛋白（P15）、主要衣壳（P26）、核衣壳蛋白（P11）和晚期域蛋白（P9）组成的群特异性抗原。聚合酶（pol）基因产物在感染细胞内产生的量很少，包括蛋白酶、逆转录酶、核糖核酸酶 H（RNase H）、磷酸酶（dUTPase）及整合酶。而 *env* 编码表面单元（SU 或 gp90）在黏附进入细胞过程中起重要作用的跨膜包膜糖蛋白（TM 或 gp45）。结构抗原 P26 能诱导感染马产生强烈的免疫反应，因此在 EIA 的血清诊断中 P26 与 gp90（SU）、gp45（TM）同样重要。

“逆转录病毒”这一术语反映了病毒的复制方式，在复制过程中病毒单链 RNA 基因组被反转录为双链前病毒 DNA。在这些病毒中，遗传信息的传递与在所有活细胞中发现的双链 DNA 被转录成许多单链 RNA 分子的校准生物学模式相反。此外，这种前病毒 DNA 分子可以被病毒编码的整合酶整合到宿主细胞染色质中。为了生产病毒蛋白和全长基因组 RNA 以组装成子代病毒，整合后，它被视为一个“正常”细胞的基因并且利用宿主转录因子复合物转录成信使 RNA。慢病毒的基本特征之一是它们引起宿主持续性感染，这是由前病毒整合策略和易出错的逆转录过程引起的高突变率，使其逃避对主要抗原决定簇的适应性免疫应答。

马科动物宿主的临床反应取决于病毒和宿主的多种因素，还未被彻底阐明。已连续在马体内传代的病毒株对该物种的致病性明显的增强。类似地，已经适应了在马科动物细胞中复制的毒株在成年马体内变弱了，而不是在胎儿中。与这些改变相关的病毒的一些基因变化已经被映射到宿主细胞转录因子结合位点的特定改变，这些改变包含长末端序列（LTR），同时伴随囊膜糖蛋白的突变和 ORF 编码的 Rev 蛋白的突变，Rev 蛋白对病毒 RNA 分子核转运是非常关键的。

在一个适应病毒株的典型感染马中，早期或急性病毒复制导致血浆中的病毒载量升高，这与明显的发热反应有关。通常，轻度至重度血小板减少有时与口腔黏膜点状出血有关。在一些个例中，这种发热反应有增无减，并且是超急性或急性死亡的原因。在其他的马中，最初的发热反应消退后，随着时间的推移临床反复发作，导致更多的慢性 EIA 典型的临床症状：发热、水肿、恶病质、贫血、抑郁、倦怠和一般症状。

现在，进行 EIA 检测的很多马科动物临床上是正常的，并且通常仅在规定测试时才被发现。这些隐性 EIAV 携带者可能有轻微的发热期，这可能与初始接触病毒或终生感染但临床上仍为正常有关。目前推测很多国家出现了相对温和的 EIAV 株，这是因为我们剔除了更多的感染致病毒株。然而，人们认为病毒的遗传可塑性允许任何毒株恢复毒力并且引起严重的疾病症状。这种可能性已经说服监管机构采用同一准则对待所有的 EIAV 感染马，无论检测时的临床状态如何。这种做法是有道理的，因为每个携带者在压力应激或免疫抑制药物抑制后都有可能表现出 EIA 的临床症状。

二、发病机理

在 EIAV 感染马属动物中，临床症状和为了引发疾病而必须达到一个临界或阈值的组织相关病毒载量有着密切的关系。能否达到这个水平依赖于病毒、宿主的免疫反应或尚未完全确定的其他潜在的宿主因素。它也可能取决于马科物种，因为感染高致病性毒株的驴仍然无临床症状，并且病毒滴度峰值比等量感染的马或小马至少低 1 000 倍。尽管这些来源于马的 EIAV 毒株可能不能在驴中优化复制，但它们在驴、马外周血单核巨噬细胞培养中能产生相同的抗体滴度，这表明临床反应的差异不能简单地归因于两个品种间宿主细胞对 EIAV 不同的适应性。

虽然马传染性贫血病毒感染导致宿主巨噬细胞死亡，但很多急性 EIA 的发病机理是间接产生的，当组织相关的病毒载量达到或超过阈值时，于是开始释放多种炎症细胞因子。肿瘤坏死因子 α（TNF-α）、白细胞介素-1（IL-1α 和 IL-1β）、IL-6 激活花生四烯酸途径，增加前列腺素 E2 的产量从而诱导发热反应。此外，转化生长因子 β 和 TNF-α 可通过抑制巨核细胞生长引起血小板减少，而后者细胞因子的过度产生导致红细胞生成抑制性贫血。尽管临床症状可能由免疫介导的病理反应加剧，但炎症细胞因子在 EIA 慢性期过程中发挥了重要作用。例如，在 EIAV 感染马属动物中，红细胞被补体 C3 包被吞噬，引起肝、脾和淋巴结的巨噬细胞中出现含铁血黄素颗粒。同样，免疫介导的血小板破坏（由于他们拥有显著数量的结合免疫球蛋白 G 或 M）有助于促进了脾脏和肝脏的肿大，而沉积在基底膜上的免疫球蛋白补体 C3 导致毛细血管丛增厚。

三、流行病学

马传染性贫血病毒几乎遍布全世界，尽管对不同地理毒株间变异程度才刚刚开始调查，但在个别感染动物中可看到大量的病毒变异。确定分离毒株之间的变异程度对于未来所有疫苗的设计是必不可少的。目前，只有四个 EIAV 全长基因组序列被公布，它们来源于北美洲、中国、欧洲和日本。有趣的是，系统进化分析表明，这些毒株由独立的单系群构成，证明它们从共同的祖先分离后进行了独立地进化。因此，基于有限数量的毒株，可以预见，马传染性贫血病毒分子流行病学研究很可能非常复杂，因为其由大量的单系群或分支构成。

四、免疫反应

感染后（PI）14～28d 使用敏感的酶联免疫吸附实验（ELISA）或免疫印迹实验能够检测出EIAV非中和抗体。相反，在感染后第 38～87 天通常检测不到毒株特异性中和抗体，并且在感染后的第 90～148 天中和抗体可能不会达到最大浓度。因为细胞毒性淋巴细胞在实验感染后短短 14d，也是中和抗体未出现前就能很好地检测出来，目前认为在 EIAV 感染的最初控制阶段发挥作用的是细胞免疫而不是体液免疫。

已经证明马传染性贫血病毒有抗原漂移现象，并且受感染个体的每个发热期都是由不同变异的抗原引起。虽然变异可以产生于整个病毒基因组，但他们最常发生于编码 gp90 的序列（SU）。也许这是中和抗体识别的唯一抗原（比任何其他抗原），构成了该病毒的免疫原性。事实上，SU 能够在初级氨基酸序列中发生相当大的变化，包括没有明显功能损失的相对大的插入或缺失，这无疑有助于 EIAV 的持久性。

尽管感染后最初的免疫反应可以减少病毒负荷并使临床症状暂时消失，但是他们无法清除病毒。相反，它们产生的病毒变种能够成功地逃避现有的免疫反应，因而引起后续的发热。试验表明，早期的针对 EIAV 的体液免疫反应具有毒株特异性，因此不可能保护宿主抵抗病毒新的变异抗原。然而，这种情况随着越来越多的能中和广泛 EIAV 株的交叉反应抗体的出现逐渐发生了变化。有趣的是，这种变化似乎与宿主隐性携带状态相关。除了毒株特异性之外，最初的体液免疫应答一般包括低亲和力的针对线性表位的抗体反应，而在大约感染后 6 个月，体液免疫应答表现出与结构依赖的多数抗体识别表位亲和力明显增高。最近的证据表明，细胞介导的免疫反应也经历了一个反应性的扩展，特别是在公认的病毒抗原表位数量上。

无临床症状以及维持隐性带毒状态有赖于功能性免疫反应，这是因为糖皮质激素的免疫抑制导致血浆中相关病毒的负荷增加，可能导致疾病的复发。免疫应答的不同可能解释这一事实，在用相同的病毒株感染实验中一些马有较强的控制病毒复制的能力，因此表现出无明显临床症状。然而，如果动物对 EIAV 临床反应的差异导致免疫反应不同，那么二者之间的关系就比较复杂了。这是因为中和抗体或细胞介导的免疫反应与防止接触这种慢病毒而发病之间没有关联。事实上，与该属的其他成员一样，EIAV 免疫介导的保护相关性尚未确定。

五、治疗

目前还没有有效的 EIAV 市售疫苗。此外，如前所述，如果接触这种病毒，马仍然会终身感染，尽管一些个别马可能保持极低的组织相关病毒载量，但是，没有任何资料

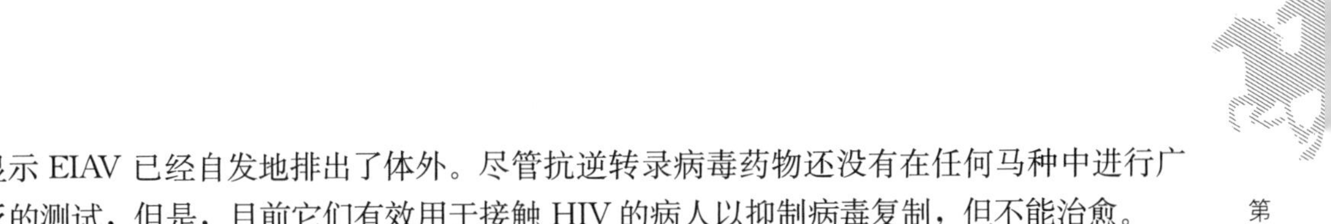

显示 EIAV 已经自发地排出了体外。尽管抗逆转录病毒药物还没有在任何马种中进行广泛的测试，但是，目前它们有效用于接触 HIV 的病人以抑制病毒复制，但不能治愈。

此外，在某些情况下已观察到了 HIV 的耐药变异株。因此，还没有考虑使用这种药物治疗 EIA 马。因此，在缺乏可以清除病毒的有效的疫苗或药物之前，目前正在通过识别和转移或分开感染动物以切断传播途径来控制 EIA。

六、感染的诊断

与 EIA 相关的临床症状不是特异的，并且很明显隐性感染马没有症状。因此，诊断有赖于实验室的检测。感染 EIAV 的马属动物会产生针对病毒蛋白的抗体，其可以通过多种血清学检测出来。通常在接触病毒后大约 30d 首次检测出这些抗体，而且几乎总是前 60d（正常范围，14～45d）。琼脂免疫扩散试验（Agar gel immunodiffusion test，AGID）是最早的并且也是最被认可的检测 EIA 实验，也被称为科金斯试验（Coggins' test），这是以 20 世纪 70 年代早期第一次应用该实验检测 EIA 的勒鲁瓦・科金斯的名字命名。这是唯一的与接种 EIAV 的实验马有关的血清学试验，并且其结果获得了广泛的国际认可。

从那时起，额外的检测也被证明有效。目前，在许多国家使用多个商品化的 AGID 和 ELISA 检测试剂盒。此外，一些国家仍保持严格的控制检测，并且使用内部开发的试剂。目前，在美国有 500 多个美国农业部（USDA）授权的实验室可以检测马属动物 EIA。美国授权的国有和私人实验室有很大的不同。有较多城市的州（例如新泽西）仅仅授权国家实验室。有较多农村的州（例如，有 90 多个农村的得克萨斯州）授权州实验室和私人实验室测试。由于 EIA 已成为大多数国家高度管制的传染病，因此，为了采取适当的监管措施，所有的测试结果必须报告给州或联邦当局。

40 多年的琼脂免疫扩散试验经验发现，一部分感染 EIAV 本土毒株的马属动物针对 AGID 中使用的 p26 抗原仅能产生很低水平的抗体，因此，他们可能以阴性结果被错误的报告了。这是因为 AGID 的阳性结果需要比 ELISA 检测需要更多的抗体，才能形成可见的沉淀线。鉴于此，一些司法和监管机构所倡导 EIA 的检测应包括高敏感性的 ELISA 试验结合高特异性的 AGID 试验。一些 ELISA 检测阳性结果的马 AGID 检测为结果阴性。因此，这些多数都是没有感染 EIAV 病毒的，因为在免疫印迹试验中，EIAV 3 个主要蛋白（p26、gp90 和 gp45）中至少 2 个在它们的血清中识别不出。在一些地区，少数的 EIAV 感染马，也许多达 20%AGID 检测结果为阴性，而 ELISA 检测和免疫印迹试验为阳性结果。

尽管有这种限制，自 1972 年以来，国际上控制 EIA 疾病主要由用 AGID 试验。需要采用三重诊断策略（首先 ELISA，然后 AGID 证明，免疫印迹法解决不同样品）从陆地上根除这一传染病。

在美国，经常发生重复测试同一个检测阴性的马，因为检测往往是集会、运动及马匹交易需要的。2010 年（见推荐阅读）由 USDA 制作的关于 EIA 的视频提倡一种更灵活的 EIA 检测，通过针对未经检测的群体以减少同一个没有风险的阴性马的重复检测，其由要求测试的区域每隔 2 年提出 1 次，而不是每年 1 次。采用这种策略估计每年节省 1 千万美元以上，同时降低了所有未检测马感染的风险。

技术层面上在所有抗体检测阳性的感染马中证明 EIAV 的存在是不可能、不实际的或不可行的。许多毒株不易在马体外培养，并且随着时间的推移和个体差异病毒载量有着显著变化。然而，现代的聚合酶链反应技术，在某些临床情况下已被证明是有用的辅助检测方法，特别是在主动传播阶段，因为在 AGID 或 ELISA 检测出抗体之前的 5～7d 病毒就可能存在血浆样品中。

七、自然界中感染的传播（无人为因素）

在自然界中 EIAV 的传播主要是通过吸血昆虫在马属动物间的血液机械性传播发挥作用。在对照研究中最有效的载体是虻的家庭成员，包括马蝇和鹿蝇。当它们的口器咬穿皮肤以形成一个供口器吸食的血池时，它们施以疼痛地叮咬。这种疼痛常可引起马反应性移动以阻止叮咬。当叮咬中断后，它们会搜寻并完成叮咬，因此会返回叮咬过的马或附近的另一匹马。增加感染马和未感染马的距离能打破传播周期；虽然通过双面围墙（＜10yd①）增加间距在某些情况下可以减少感染，但监管者普遍接受 200yd 或 200m 的安全距离。虽然出现 EIA 急性症状的感染马属动物的所有分泌物或排泄物是潜在的感染源，但是实地观察表明它们在传播中的作用是次要的。例如，缺乏昆虫媒介的传播，包括人类，感染很少发生。公马和母马之间 EIAV 的交配传播以及垂直和水平传播到它们的后代是可能的，但许多实地研究表明，即使在传播昆虫多的地区，感染马的后代也能提高抗感染力。实际上它们可能比同一环境下的成年马感染的风险低，这是因为他们未能被传播媒介所感知或因为传播媒介不能捕食它们，因为他们具有较强的抵抗蝇叮咬的防御反应（如在整个牧场中奔跑以及在泥中打滚）。

八、自然感染的流行病学及其人类对传播的影响

在没有人为干预的自然条件下 EIAV 的传播和传播动力学可以被预测，但当人类干预时就无法预测了。EIAV 传播涉及人类的主要因素是人类在马之间转移的血液剂量指数级的高于吸血昆虫之间转移的马血液。例如，如果一只中型马蝇吸食处于急性发热症状的 EIA 的马，当暂停进食时，其口器中的血液量大约是 0.000 01mL，可含有附近 10 匹马 EIAV 的感染剂量。相比之下，如果一个兽医收集同一匹马血液样本，穿刺点的一小滴血中就含有大概 100 000HID_{50}（半数感染量）。用来收集血液的 20 号针头的残余血中将含有大约 1 000 个 EIAV 的 HID_{50}。如果兽医没有采取足够的措施擦去马颈部的血液，那么由兽医转移一个感染剂量的可能性是巨大的。爱尔兰 2006 年暴发 EIA 的分析结果显示，绝大多数的 EIA 新病例都被认为是人类引起的，推荐使用已颁布的标准的或综合的预防措施来防止医源性传播。

---

① yd 为非法定计量单位，1yd（码）＝0.914 4m。——译者注

推荐阅读

Craigo JK, Durkin S, Sturgeon TJ, et al. Immune suppression of challenged vaccinates as a rigorous assessment of sterile protection by lentiviral vaccines. Vaccine, 2007, 25: 834-845.

Craigo JK, Leroux C, Howe L, et al. Transient immune suppression of inapparent carriers infected with a principal neutralizing domain-deficient equine infectious anaemia virus induces neutralizing antibodies and lowers steady-state virus replication. J Gen Virol, 2002, 83: 1353-1359.

Craigo JK, Zhang BS, Barnes S, et al. Envelope variation as a primary determinant of lentiviral vaccine efficacy. Proc Natl Acad Sci USA, 2002, 104: 15105-15110.

Foil LD. A mark-recapture method for measuring effects of spatial separation of horses on tabanid (Diptera) movement between hosts. J Med Entomol, 1983, 20: 301-305.

Foil L, Issel CJ. The mechanical transmission of equine infectious anemia virus in the United States. In: Proceedings of the International Symposium on Immunity to Equine Infectious Anemia, 1985: 251-259.

Issel CJ, Cook SJ, Cook RF, et al. Optimal paradigms to detect reservoirs of equine infectious anemia virus (EIAV). J Equine Vet Sci, 1999, 19: 728-732.

Issel CJ, Cordes T. Equine infectious anemia: how to avoid spreading it. Horse, 2011. Retrieved November 2, 2013, from http: //www. thehorse. com/18596.

Issel CJ, Sadlier M. Reducing the risks of infection in veterinary practices: recent lessons learned with equine infectious anemia (EIA). The Horse, 2009. Retrieved November 2, 2012, from http: //www. thehorse. com/ViewArticle. aspx?ID=14553.

Issel CJ, Scicluna MT, Cook SJ, et al. Challenges and proposed solutions for more accurate serological diagnosis of equine infectious anaemia. Vet Rec, 2013, 172 (8): 210.

Leroux C, Cadore, JL, Montelaro RC. Equine infectious anemia virus (EIAV): what has HIV's country cousin got to tell us? Vet Res, 2004, 35: 485-512.

USDA video from 2010 on Equine Infectious Anemia. Available at: http: //www. aphis. usda. gov/wps/portal/aphis/ourfocus/animalhealth?1dmy&urile=wcm%3apath%3a%2Faphis_content_library%2Fsa_our_focus%2Fsa_animal_health%2Fsa_animal_disease_information%2Fsa_equine_health%2Fsa_equine_infectious_anemia%2Fct_eia_index

（孙东波　译，张万坡　校）

第 114 章　马梨形虫病

Angela M. Pelzel-Mccluskey　Josie L. Traub-Dargatz

马梨形虫病（Equine piroplasmosis，EP），也被称为巴贝斯虫病，是由顶复合器血原虫引起的疾病，主要感染马、驴、骡和斑马。病原体是马泰勒虫（原名马巴贝斯）和驽巴贝斯虫。两种虫体的双重感染在马中已有报道。驽巴贝斯虫和马泰勒虫都是专性血细胞内寄生虫。马属动物是驽巴贝斯虫和马泰勒虫的自然宿主，某些种类的蜱是传播媒介。蜱感染是通过吸食感染马的含有配子体的红细胞（血细胞）引起。在蜱的消化道，配子体发育成配子融合形成合子。驽巴贝斯虫受精卵繁殖，侵入蜱的多种组织和器官，包括卵巢，但最初不包括唾液腺。驽巴贝斯虫感染可以通过卵巢传给下一代，在幼年蜱和成年蜱的唾液腺中发育到马属动物的感染期。相反，马泰勒虫受精卵发育成动合子，入侵蜱的血淋巴和唾液腺细胞。已经证明美国得克萨斯州南部的自然范围内的卡延钝眼蜱是马泰勒虫的有效传播媒介。目前，在美国已确定的有传播能力的其他种类的蜱包括存在于整个美国东南部的变异革蜱以及只存在于南得克萨斯和墨西哥之间永久性隔离区内的镰形扇头蜱（蜱）。能够传播巴贝斯虫的蜱包括变异革蜱、白纹革蜱（存在于整个美国）及光亮革蜱（暗眼蜱属）鲷（这仅发现于美国南部的热带地区）。在革蜱（暗眼蜱属）鲷体内的巴贝斯虫的经卵传播具有流行病学意义，因为这种蜱是除持续感染马之外的传播宿主。

这些病原体也可以通过使用消毒不当的针头、注射器或手术器械机械传播，以及通过感染的供体马输血传给受血马。已有记录显示马泰勒虫可垂直传播并且研究显示其可导致流产和新生驹的终身感染，但这种传播途径很少发生。

一、地理分布、美国进口和报告的要求

目前，除了波多黎各和美属维尔京群岛，美国是公认的无马梨形虫病（EP）的国家，疾病的孤立暴发很少发生在美国大陆。同样，EP 在澳大利亚、加拿大、英国、冰岛、爱尔兰和日本也不常见，然而，这种疾病已被发现于非洲、加勒比海地区、中美洲和南美洲、中东、东欧和南欧。马产业的日益国际化显露出从国外引入 EP 的潜在风险。美国的许多地区都具有适合作为疾病载体的外国蜱或本地蜱的气候。因为 EP 不流行，因此美国大多数马匹对该病的急性感染高度敏感。

美国要求从大多数国家进口的马在进口检疫设施释放出来之前血清驽巴贝斯虫和马泰勒虫的抗体为阴性。该进口检验是在美国农业部动植物检疫局国家兽医服务实验

室（National Veterinary Services Laboratories，NVSL）进行。2005 年 8 月之前，进口程序中的官方检测是补体结合试验（complement fixation test，CFT）。由于CFT对慢性携带者的检测具有较低的灵敏度，因此官方检测方法已改为竞争抑制酶联免疫吸附实验（competitive inhibition enzyme-linked immunosorbent assay，cELISA）。

在美国，马梨形虫病是一种外来动物疫病，因此，疑似或确诊病例必须上报给州和联邦卫生官员。之后，监管当局将做出反应。

二、临床症状

超急性和急性病例的症状包括发热、黄疸、贫血、血红蛋白尿、胆红素尿以及消化道或呼吸道症状，偶尔发生死亡。亚急性梨形虫病马可能有厌食、嗜睡、消瘦、贫血、下肢水肿、性能降低、心率和呼吸频率增加及脾脏肿大等症状。慢性梨形虫病在临床上不易与其他慢性炎症疾病相区分，并且通常呈现出非特异症状，如食欲不振、膘情差、性能降低。重要的是要意识到许多慢性携带者可能几乎不表现出临床上的异常，且临床和血液学正常。慢性感染马可能不贫血或轻微贫血，这些动物可作为携带者及蜱储存和医源性传播宿主。马一旦感染驽巴贝斯虫或马泰勒虫，除非进行某种有效的化学治疗，否则将持续感染。

由于 EP 临床症状多变及非特异性，且必须采用实验室诊断以确认感染，因此临床上无法区分驽巴贝斯虫和马泰勒虫感染。鉴别诊断包括马传染性贫血、特发性免疫性溶血性贫血、血小板减少症、血小板减少性紫癜、植物和化学中毒及对以前服用药物的反应。

三、诊断

血涂片检查有助于急性临床症状的马梨形虫病诊断。姬姆萨染色的血涂片进行显微镜检查时可以发现急性期病马红细胞内的寄生虫。驽巴贝斯虫以成对梨形出现（图 114-1）。马泰勒虫以 4 个梨形的寄生虫形成十字交叉型出现（图 114-2）。由于从临床疾病恢复的马寄生虫血症水平非常低，因此，在慢性携带者感染检测中不考虑使用血涂片检查。

为了确诊临床病例和慢性携带者，需要进行血清学检测。有多种类型的血清学试验用于检测驽巴贝斯虫和马泰勒虫抗体。其包括 CFT、cELISA 试验、间接免疫荧光抗体试验。可使用驽巴贝斯虫 cELISA 检测试剂盒及马泰勒虫 cELISA 检测试剂盒，这些试剂盒由美国农业部动植物检疫局兽医生物制品中心批准许可，并且在某些情况下由 NVSL 批准在实验室进行 cELISA 检验。

在疫情暴发时，同时进行 CFT 和 cELISA 试验以检测马的感染阶段可能是十分必要的。CFT 实验更适合检测急性期马，cELISA 实验更适合检测慢性感染马。在美国，有 EP 临床症状的马的样品应提交给 NVSL 检测。

一些非动植物检疫局实验室已被批准为州际或州内转运的无临床症状的马进行

cELISA 检测，对于出口其他国家的马匹，不要求 NVSL 进行检测，并且除了 cELISA 检测之外不进行其他任何检测。在 NVSL 网站上列出了已经认可的实验室名单。

目前，已经开发了几种用于研究目的检测寄生虫的聚合酶链式反应（PCR）。PCR 检测将在确定马的官方感染状况中起到什么样的作用还未确定。

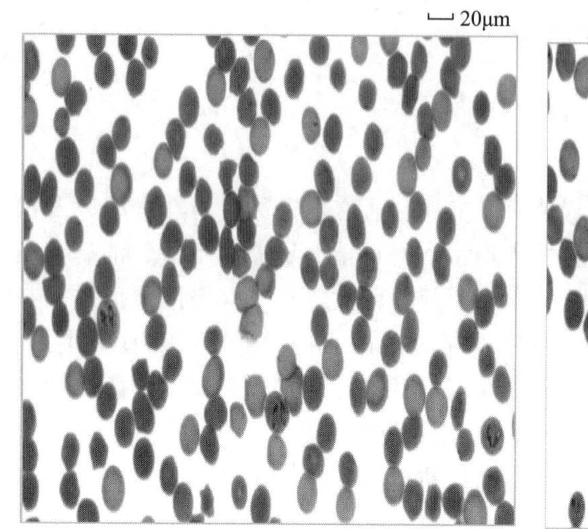

图 114-1　红细胞内驽巴贝斯虫裂殖子的形态
（照片由 D. Knowles，Pullman，WA 提供）

20μm

图 114-2　红细胞内马泰勒虫滋养体和裂殖子阶段
（照片由 D. Knowles，Pullman，WA 提供）

四、美国最近发现的感染马

在 2008 年佛罗里达州和 2009 年密苏里州的宗教夸特马赛马中发现了马泰勒虫感染。宗教夸特马赛马行业的感染马流行病学调查的证据表明，在某些情况下，马泰勒虫是经重复使用的针头及输血传播的。广泛的蜱调查是作为调查该病的一部分进行的，并没有证据表明是蜱导致的传播。

2009 年 10 月，在得克萨斯州南部牧场的夸特马被确诊为马泰勒虫感染。随着对有临床症状的感染马诊断及对该牧场彻底深入的流行病学调查发现，在调查期间，通过流行病学检测的 2 500 多匹马中，其中 413 份马血清呈马泰勒虫阳性反应。现场确认了至少由两种硬蜱（卡延钝眼蜱和变异革蜱）进行传播。该事件中，来源于这个牧场的阳性马，可追踪到多个其他州的牧场。南得克萨斯州外没有检测到蜱传播的病原体，流行病学调查结果表明该农场至少从 1990 年起就已经存在感染。

为了应对 2009 秋季得克萨斯州指定牧场马泰勒虫的感染，一些州要求对来自得克萨斯的马进行州际转运检测。2009 年 11 月，新墨西哥州开始对所有的赛马进行国家批准的主动监控。此外，赛马委员会和马的组织者开始要求对其他州进入特定赛事和场地的马进行检测。自 2009 年 11 月以来，通过增加 EP 监测和转运检测，美国国内超过 200 000 匹马已经进行了 EP 病原体感染检测，并且截至 2012 年 9 月，与得克萨斯州暴发无关的另外 189 个附加试验阳性马已被确定。这些非临床血清学阳性马已被

确定为属于2个特定的高危群体：2005年引入补体结合试验检测之前进口到美国的马，或在批准的赛马行业发现的个别或群体试验阳性病马，主要是未经授权的赛马场用于比赛的夸特马。这些病例的流行病学调查表明，在赛马群体中马泰勒虫的传播是通过医源性传播而发生的，如重复使用的针头和注射器、纹身设备以及提高性能的输血。美国实行主动监测后，在这两个高危群体中很少能发现检测阳性的马。

五、治疗

几种不同的抗原虫药物和治疗方案已被用于治疗马泰勒虫感染，这些药物包括抗巴贝斯虫的化合物二丙酸咪唑苯脲、抗泰勒虫的化合物帕伐醌和布帕伐醌及各种化学药物。治疗结果的差异可能与药物的剂量和治疗方案、不同的马泰勒虫株对个体的敏感性或抗性不同以及评价治疗成功的方法不同有关。一般认为，马泰勒虫感染率高的流行地区的马，通过预防来防止继发感染和疾病。预防是由持续的亚临床感染诱导的保护性免疫，因此，流行地区马治疗的目标是减少临床疾病，而不是清除病毒。然而，已清除感染的马的免疫反应尚未完全评估，目前还不清楚这些免疫反应是否可以预防再感染。与此相反，在不流行地区马的治疗目标（如美国）是消除感染及排除传播的风险。目前，在美国二丙酸咪唑苯脲能有效地对抗马泰勒虫株引起的马感染，因此可作为首选药物。值得注意的是，在美国EP是一种监控性疾病，只允许在联邦和州动物卫生部门的监督下进行治疗。

二丙酸咪唑苯脲①是均二苯基脲衍生的抗原虫化合物，并且用于犬巴贝斯虫病的治疗。其作用机制尚不清楚。多个品种给予不同剂量的药物代谢动力学数据表明，目前马的二丙酸咪唑苯脲治疗方案能在肝脏和肾脏组织中维持高水平的存储，从而达到长期的杀虫作用。另外，从这些组织释放的亚致死浓度的药物可以促进未清除的马泰勒虫的排出。

给马肌内注射2、4、8、16或32mg/kg二丙酸咪唑苯脲，每天2次，并进行毒性评估。LD_{50}为16mg/kg，死亡发生在第1次注射后的6d内。肾脏毒性和肝脏毒性剂量依赖性研究表明，死亡归咎于16～32mg/kg剂量导致的急性肾皮质肾小管坏死和急性肝门静脉周围坏死。

马泰勒虫的治疗方案（消除体内寄生虫为目标）包括肌内注射4mg/kg二丙酸咪唑苯脲4次，每次间隔72h给药。不良反应常见，但通常是短暂的，主要是药物的抗胆碱酯酶作用的结果，这些不良反应包括痉挛性绞痛，腹泻，食欲不振。为了尽量减少这些不良反应，建议使用硫酸阿托品预处理。然而，为了避免术前使用阿托品导致疝气的可能性，二丙酸咪唑苯脲用药前先静脉注射0.3mg/kg溴丁东莨菪碱②，被认为是更安全的，并且可以作为二丙酸咪唑苯脲术前用药或作为治疗严重或长期疝气的用药。在预防马胆碱酯酶抑制剂相关的副作用时，格隆溴铵（0.002 5mg/kg，静脉注

① Imizol，Intervet/Schering-plough Animal Health。

② Buscopan，Boehringer-Ingelheim。

射）作为二丙酸咪唑苯脲的术前用药是阿托品更安全的替代品，这种治疗方案已被证明不会引起临床上显著的肝功能损害，如实验小马的血清 γ-谷氨酰转肽酶（GGT）活性和胆汁酸的浓度没有增加。在实验小马驹治疗期间出现的表明肾功能改变导致的尿 GGT 与肌酐比值升高以及出现的轻度氮质血症虽然短暂，但必须考虑到。

先前描述的治疗方案（每间隔 72h 肌内注射 4mg/kg 丙酸咪唑苯脲）显示出可清除实验马持续性驽巴贝斯虫感染及消除感染风险。这项研究中，马被提前接种驽巴贝斯虫波多黎各虫株并进入感染持续期。70d 之后，根据上述方案采用二丙酸咪唑苯脲进行治疗。经 5d 的治疗后，使用定量 PCR 或更敏感的巢式 PCR 已经检测不出治疗马血液中的寄生虫。经过 9 个月治疗后治疗马 PCR 检测结果保持阴性，而整个时期未经治疗的对照马 PCR 检测结果仍为阳性。治疗马在 56d 通过 CFT 检测和 201d 内通过 ELISA 检测血清变为阴性，未经治疗的对照组保持抗体阳性。从每一匹治疗 3 个月后的马采血 100 mL 不能引起受血马感染驽巴贝斯虫，而从未经治疗的对照组采集相同体积的血液很容易使受血马感染驽巴贝斯虫。最后，采集 2 匹治疗马的未感染的变异矩头蜱（暗眼蜱属蜱）未能将驽巴贝斯虫传播给自然马，而吸食过未经治疗对照组的蜱，在吸食自然马 12d 内能将驽巴贝斯虫传播给自然马。

根据高剂量二丙酸咪唑苯脲能治疗驽巴贝斯虫感染马并消除传播风险的实验证据，最近暴发的得克萨斯州超过 160 匹自然感染马泰勒虫的马，以及其他几个地区自然感染马泰勒虫血清阳性的马，已经使用同一治疗方案进行治疗。来源于得克萨斯牧场的 25 匹治疗马的实验组结果已经公布，在治疗后 30d 内 25 匹中的 24 匹马定量 PCR 和巢式 PCR 检测结果转为阴性。研究中 1 匹马在第 1 组 4 次二丙酸咪唑苯脲治疗后未能完全清除感染，并且在治疗后立即进行的 PCR 检测中确定仍为感染。虽然使用相同治疗方案（肌内注射 4 次 4mg/kg 二丙酸咪唑苯脲，每次间隔 72h 给药）停药数月后能成功清除感染，但研究强调了连续治疗后的诊断检测以确定治疗马感染状态的重要性。重要的是，这 25 匹治疗马的传播风险通过将 120 mL 的血液输入给高度敏感脾切除的自然马进行测定。测试迄今为止，将每一个成功治疗马的血液输给脾切除的马都未能引起马泰勒虫的传播，即使是将治疗马 2 年后的血液进行输血也不能引起马泰勒虫的传播，这表明已经彻底清除了传播的风险并且治疗成功的马不再复发。虽然关于蜱传播的研究正在进行，但这一试验项目关于清除马泰勒虫感染阶段的结果令人鼓舞，这是未来控制策略的关键。

最新的治疗研究确定的一个复杂因素，是许多应用二丙酸咪唑苯脲治疗马泰勒虫的感染马治疗后很长一段时间内 cELISA 检测血清阳性，尽管 PCR 结果和如前所述的输血证明已清除寄生虫。例如，在试验项目中治疗的 25 例清除马泰勒虫的马报道中，只有 1 匹马在治疗 3 个月后血清 cELISA 检测转为阴性，另外 6 匹马在治疗 8 个月后血清 cELISA 检测转为阴性，16 匹马在治疗 12 个月后血清 cELISA 检测转为阴性。此外，另一个研究中治疗成功的 1 匹马大约 2 年后血清 cELISA 检测转为阴性。一种假说解释这种病原体清除后持续性的长期抗体滴度，其与特定的马治疗前感染时间长度及随后持久性的长期记忆性 B 淋巴细胞或浆细胞有关。对这些马治疗后长时间的抗体滴度检测显示，大多数最终转为抗体阴性。需要其他的研究来确定与治疗马（其他检测结果显示已经清除感染）抗体持久性相关的免疫性原因。一个值得研究的方面是确定这种持续时间是否确实与成功治疗和清除寄生虫的马感染时间有关。

可以根据临床症状对由马泰勒虫和驽巴贝斯虫感染引起的急性病马进行支持治疗。在严重溶血性贫血时，可能需要输血，因此为了确定供血马与患马红细胞类型是否具有兼容性而进行的交叉配血试验是十分重要的。在伴有血红蛋白尿的马中，静脉点滴等渗液显示将减少色素尿对肾损伤的可能。在伴有临床不适症状的马中，应根据肾功能指标和病马的其他临床情况来进行疼痛治疗。必须对马进行蜱检查，如果检测出寄生虫，应采用有疗效的并批准用于马的抗蜱剂进行治疗，注意遵循所有的标签说明。

六、预防

处理感染和暴露马的长期指南由美国农业部动植物卫生检疫局兽医机构（USDA-APHIS-VS）制定，并且属于州和联邦卫生官员监控政策的一部分。马科动物医生在识别和处理可疑马梨形虫病病例和客户关于疾病和预防策略的教育上发挥关键作用。向马主人传输的最重要的预防策略是防止血源性病原体的医源性传播途径。使用无菌一次性的注射器和针头，且每次使用后彻底清洗和消毒可能被血液污染的设备（如牙科设备、外科手术设备、纹身器械），可以减少血源性病原体的传播风险。必须明确地避免针头或注射器的重复使用以及重复使用针头污染的多剂量药物瓶或疫苗瓶。任何作为输血来源的马在作为供血马之前，必须进行马泰勒虫和驽巴贝斯虫感染检测。其他的预防策略包括蜱传播的疾病的缓解。应鼓励适当使用标记有驱除马蜱虫的杀螨剂，如拟除虫菊酯。

推荐阅读

Donnellan C，Page P，Nurton JP，et al. Effect of atropine and glycopyrrolate in ameliorating the side effects caused by imidocarb dipropionate administration in horses. In：Proceedings of the American College of Veterinary Internal Medicine Annual Forum，Abstract #303. Page 454，2003.

Available at：http：// www. vin. com/acvim/2003/Equine piroplasmosis. In：OIE，AHS. “Manual of diagnostic tests and vaccines for terrestrial animals.” Office International des Epizooties，Paris，France（2008）.

Mealey RH，Ueti MW，Traub-Dargatz JL，et al. Equine piroplasmosis：concepts for treatment and prevention. In：Proceedings of the American College of Veterinary Internal Medicine Annual Forum，2011.

Available at：http：// www. vin. com/acvim/2011/National Veterinary Services Laboratory，List of APHIS approved Laboratories for EP testing.

Available at：http：//www. aphis. usda. gov/animal_health/lab_info_services/approved_labs. shtml.

Scoles GA，Hutcheson HJ，Schlater JL，et al. Equine piroplasmosis associated with *Amblyomma cajennense* ticks，Texas，USA. Emerg Infect Dis，2011，17（10）：1903-1905.

Short MA，Clark CK，Harvey JW，et al. Outbreak of equine piroplasmosis in Florida. J Am Vet Med Assoc，2012，240：588-595.

Traub-Dargatz JL，Pelzel AM，Knowles DP，et al. Equine piroplasmosis：overview and current status in the U. S. A. In：Proceedings of the American College of Veterinary Internal Medicine Annual Forum，2011.

Available at：http：//www. vin. com/acvim/2011/Traub-Dargatz JL，Short MA，Pelzel AM，et al. Equine piroplasmosis：in-depth session. In：Proceedings of the 56th Annual Convention of the American Association of Equine Practitioners，2010：1-7.

Ueti MW，Mealey RH，Kappmeyer LS，et al. Re-emergence of the apicomplexan theileria equi in the United States：elimination of persistent infection and transmission risk. PLoS One，2012，7（9）：e44713.

（孙东波　译，张万坡　校）

第 115 章　输血和输血反应

Kelsey A. Hart

全血输血是控制马和马驹严重贫血的一个重要组成部分。因为马贫血的完整诊断评估和处理有时需要专门的检查方式，这些方法仅能作为参考，大部分还需要经验丰富的临床医生根据实地情况来完成。本章介绍马和马驹贫血的病因学及诊断评价，探讨输血指征（如输血触发），描述马血液和血液制品的采集和管理协议，并探讨输血反应的机制和管理。

一、马贫血的发病机理及诊断

（一）贫血机制

在任何一种动物中，导致贫血的机制主要有 3 个方面：①失血（外出血或进入体腔或器官的内出血）；②溶血；③促红细胞生成障碍（障碍性贫血）。马和马驹贫血的常见具体原因见表 115-1。值得注意的是，在急性失血时，动物可能出现低血容量和组织缺氧有关的症状（例如心动过速，呼吸急促或高乳酸血症），甚至贫血前通过实验室分析能检测出来。通常情况下，在红细胞比容大幅减少前就能见到血浆蛋白浓度的降低，血管外液体的这两种转移是为了保持血管容积及通过脾应激性收缩释放贮存的红细胞。并发的凝血功能障碍有助于外出血或内出血，因此应考虑是否是失血性贫血。伴有原发性止血障碍的动物（如血小板减少或血小板功能障碍）往往有黏膜出血征象，如鼻出血或胃肠道或泌尿生殖道出血，而伴有继发性止血障碍的动物通常表现为腔内出血（例如血胸），如凝血因子不足，倾向于大血管出血。

溶血性贫血可由多种机制产生。马原发性先天性自身免疫性贫血并不常见，但是，与药物治疗、感染或肿瘤有关的继发性免疫介导性溶血性贫血（IMHA）在马溶血性贫血中有很大不同。导致溶血性贫血的毒性机制常常导致海恩茨小体形成和继发于氧化损伤的红细胞溶解。同样值得注意的是，一些引起溶血性贫血的传染性原因，如马传染性贫血，实际上可以通过多种机制引起贫血，包括血管内溶血、血管外溶血以及骨髓抑制。

再生障碍性贫血是在骨髓水平上的促红细胞生成障碍引起的贫血，与失血或溶血相比，在马中不太常见。马再生障碍性贫血最常见的形式是慢性炎症性贫血，其继发于螯合铁（缺铁），一般骨髓再生障碍，红细胞寿命的降低，这些都有细胞因子介导。该结果是轻度至中度，正常红细胞的正常色素性贫血通常不需要特殊治疗。与铁、铜、维生素 B_{12} 或叶酸缺乏有关的贫血可见于营养不良的马、患肠道吸收不良疾病的马，或长期乙胺嘧啶或磺胺治疗（叶酸抑制引起的）的马。骨髓衰竭的其他原因，如脊髓发育不良或脊髓痨，虽然罕见但也不应忽视。

表 115-1　马和马驹贫血原因

<table>
<tr><td rowspan="2">失血性贫血</td><td>外出血</td><td>• 创伤
• 手术
• 喉囊霉菌病中颈动脉受损
• 脐带残端出血（马驹，少见）
• 土凝血病</td></tr>
<tr><td>内出血</td><td>• 创伤
• 手术
• 肿瘤或传染性侵蚀血管
• 动脉瘤破裂
• 胃/结肠溃疡①的消化道出血
• 泌尿生殖道出血
　• 子宫动脉破裂（围产期）
　• 特发性肾性血尿
• 土凝血病</td></tr>
<tr><td rowspan="4">溶血</td><td>中毒</td><td>• 红枫叶中毒
• 野洋葱
• 吩噻嗪
• L-色氨酸-吲哚（罕见）</td></tr>
<tr><td>感染</td><td>• 无浆体病
• 巴贝斯虫病
• 钩端螺旋体病
• 马传染性贫血</td></tr>
<tr><td>免疫介导</td><td>• 原发性自身免疫
• 继发性自身免疫
　• 药物引起（β-内酰胺类抗生素最常见）
　• 感染引起（产气荚膜梭菌，链球菌，肠球菌）
• 肿瘤引起
• 新生驹病</td></tr>
<tr><td>其他</td><td>• 终末期肝衰竭的溶血
• 医源性（例如，低渗液体，＞10％的 DMSO②溶液）</td></tr>
<tr><td>红细胞生成障碍</td><td></td><td>• 维生素 B_{12} 或叶酸缺乏症
• 铁或铜缺乏症（在马中很罕见）
• 慢性炎性疾病引起的贫血
• 肾功能衰竭（促红细胞生成素减少）
• 脊髓发育不良
• 脊髓痨或骨髓纤维化
• rEPO③治疗后红细胞发育不良
• 费尔小型马综合征（马驹）</td></tr>
</table>

注：①马的消化道溃疡引起的严重贫血并不常见。

②DMSO，二甲基亚砜。

③rEPO，重组人促红细胞生成素。

(二) 贫血病马的诊断评价

为了评估疝气手术马的贫血，通常的诊断示意图见图 115-1。这一过程的主要步骤包括通过评价红细胞比容和血浆总蛋白（TP）浓度来评估出血引起的贫血。失血性贫血的典型特点是具有低 TP 浓度的贫血，而适当 TP 浓度的贫血符合溶血或红细胞生成障碍。偶尔并发消化道或肾蛋白流失的溶血或障碍性贫血最初表现的低血细胞比容和低 TP，类似于失血性贫血。如果无法确定是外源性失血或内源性失血就必须考虑这种可能性。

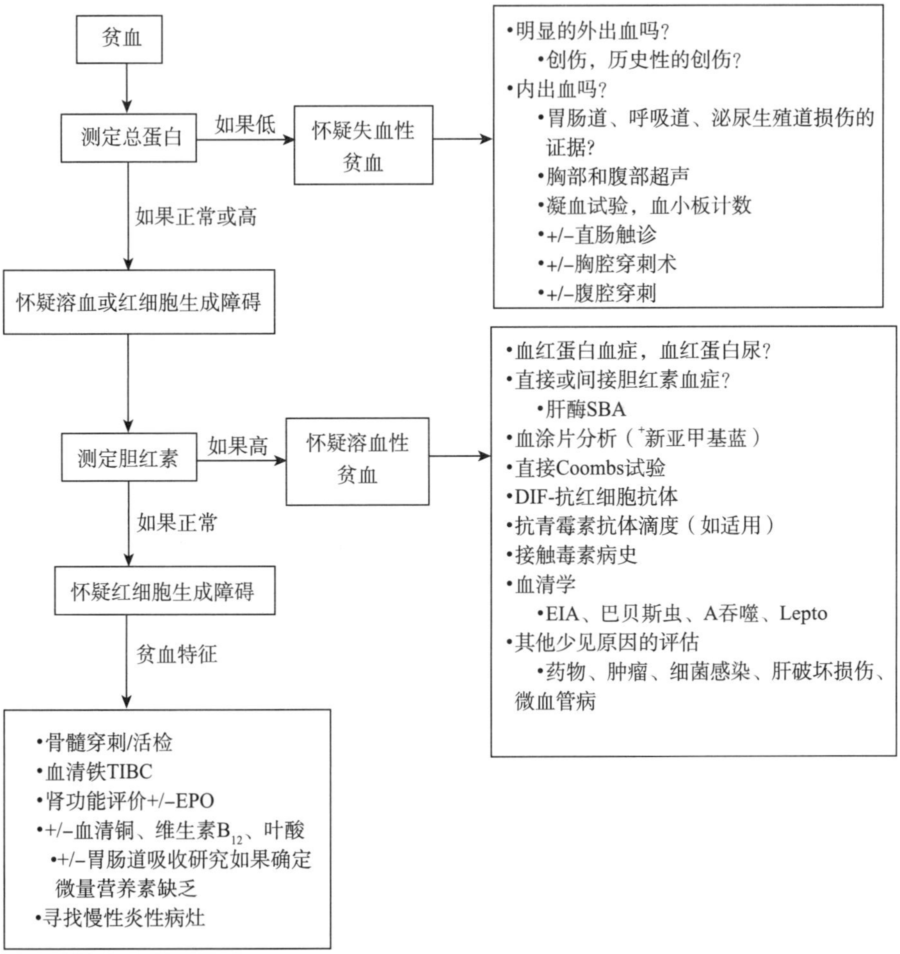

贫血
→ 测定总蛋白

测定总蛋白 —如果低→ 怀疑失血性贫血 →
- •明显的外出血吗?
  - •创伤，历史性的创伤?
- •内出血吗?
  - •胃肠道、呼吸道、泌尿生殖道损伤的证据?
  - •胸部和腹部超声
  - •凝血试验，血小板计数
  - •+/–直肠触诊
  - •+/–胸腔穿刺术
  - •+/–腹腔穿刺

测定总蛋白 —如果正常或高→ 怀疑溶血或红细胞生成障碍
→ 测定胆红素

测定胆红素 —如果高→ 怀疑溶血性贫血 →
- •血红蛋白血症，血红蛋白尿?
- •直接或间接胆红素血症?
  - •肝酶SBA
- •血涂片分析（+新亚甲基蓝）
- •直接Coombs试验
- •DIF-抗红细胞抗体
- •抗青霉素抗体滴度（如适用）
- •接触毒素病史
- •血清学
  - •EIA、巴贝斯虫、A吞噬、Lepto
- •其他少见原因的评估
  - •药物、肿瘤、细菌感染、肝破坏损伤、微血管病

测定胆红素 —如果正常→ 怀疑红细胞生成障碍 —贫血特征→
- •骨髓穿刺/活检
- •血清铁TIBC
- •肾功能评价+/–EPO
- •+/–血清铜、维生素B_{12}、叶酸
  - •+/–胃肠道吸收研究如果确定微量营养素缺乏
- •寻找慢性炎性病灶

图 115-1 贫血的马和小马驹的诊断

DIF：直接免疫荧光；EIA：马传染性贫血；EPO：促红细胞生成素；Lepto：钩端螺旋体病；SBA：血清胆汁酸；TIBC：总铁结合力

溶血性贫血的标志是血管内、血管外的红细胞破坏严重。血管内溶血导致伴有或不伴有蛋白尿的血红蛋白血症，通常表现为粉红色或红色的血浆或尿液。虽然在患有新生驹溶血贫血病例中常见结合胆红素和非结合胆红素均高的情况，但血管外溶血通

常导致间接（非结合胆红素）高胆红素血症。如果总胆红素浓度超过 1.5～2mg/dL，则临床表现明显的黄疸。中度至明显的间接胆红素血症也会发生在禁食至少 24～48h、血清胆红素浓度很难解释的贫血或厌食马。作为高胆红素血症的原因，肝脏疾病也必须要排除。最后，如果溶血发生很慢或红细胞比容很低，可能见不到高胆红素血症或血红蛋白血症。

红细胞形态的细胞学评价对可疑性溶血性贫血的诊断很重要，球形红细胞症与 IMHA 是一致的，而海恩茨小体的存在、红细胞内寄生虫分别支持中毒和感染原因引起的溶血。当怀疑 IMHA 时，必须进行直接 Coombs 试验和直接免疫荧光抗体检测抗红细胞抗体。但可能会出现假阴性结果，尤其是当发生大多数抗体包被的细胞已经溶解并离开血液循环的溶血时。在溶血性贫血中，红细胞抗体的缺乏同样也能表明接触溶血性毒素或感染性因素。

在马贫血疾病中，当排除失血或溶血性贫血以及当术后贫血马缺乏及时而有效的再生反应时，必须考虑红细胞生成受损。通常，红细胞比容在出血或溶血停止后 5～7d 开始增加，并且在 3～45d 内返回至参考区间。由于马外周血中未见再生征象（大红细胞、多染性和网状细胞），因此，必须进行骨髓穿刺或活检标本的诊断以确定是否有适当的红细胞再生。如果在骨髓诊断中明显可见适当的红细胞再生反应，有必要进行隐性内失血及溶血的重新诊断。

二、输血指征和初始稳定

不论贫血的病因如何，贫血的马和马驹往往需要全血输血。通常情况下，在红细胞比容低于 18%～20%的急性或持续性出血时，或在很长一段时间内红细胞比容等于或低于 12%～14%时，必须考虑全血输血。然而，值得注意的是，致命的急性出血时红细胞比容没有明显的降低，因此，是否需要全血输血最好由红细胞比容值以外的其他因素决定，即所谓的输血触发。输血触发是持续而重要的组织继发于血液-载氧量降低的能力的指示信号，包括：①动物急性失血时失血性休克的临床症状——心动过速，呼吸急促，黏膜面苍白或灰色，或脉弱；②伴有慢性失血的等容性贫血患马，其持续的组织缺氧的临床症状——溶血或障碍性贫血，持续性心动过速或呼吸急促；③组织缺氧的临床病理学特征包括高乳酸血症（＞2mmol/L）、静脉血氧分压（PvO_2＜30mmHg）或氧饱和度（SvO_2＜50%）降低。这些特征表明无论血细胞比容多少，需要输血以增加携氧能力。为了提供准确的结果，进行血气分析的静脉血样必须迅速采集于大静脉，直接注入肝素抗凝注射器，厌氧密封，并立即进行分析。

在重度贫血或失血性休克输血同时必须使用等渗晶体液或非携氧胶体的短期液体，或两者同时使用。请记住，尽管这样的液体给药可导致贫血动物红细胞比容量进一步减少，这是因为血浆容量增加了而不是实际的红细胞数减少了。因此，晶体或胶体疗法不会使贫血恶化，而且实际上会提高休克和贫血动物的组织灌注和氧合作用。在活动性出血复苏时应慎用羟乙基淀粉溶液，因为较高剂量的羟乙基淀粉溶液可能会导致止血障碍。在持续出血的马中使用大容量等渗液或高渗盐水快速扩容是有争议的，因

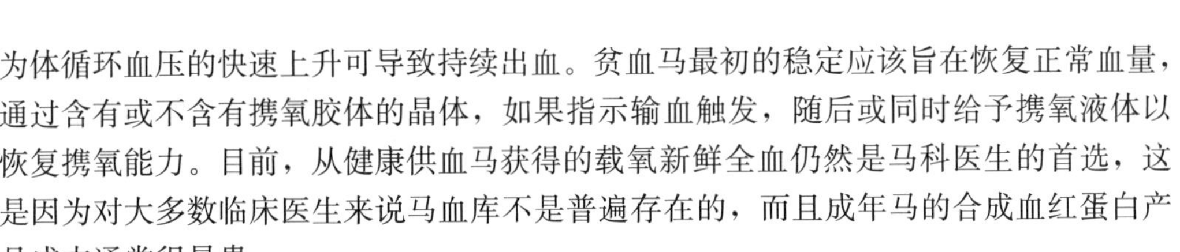
为体循环血压的快速上升可导致持续出血。贫血马最初的稳定应该旨在恢复正常血量，通过含有或不含有携氧胶体的晶体，如果指示输血触发，随后或同时给予携氧液体以恢复携氧能力。目前，从健康供血马获得的载氧新鲜全血仍然是马科医生的首选，这是因为对大多数临床医生来说马血库不是普遍存在的，而且成年马的合成血红蛋白产品成本通常很昂贵。

三、马血液的采集和保存

（一）供体马的选择

马有 7 种血型：A、C、D、K、P、Q 和 U。各种血型等位基因表达在含有抗原位点（对称因子，当提到动物的血型时用小写字母表示）的红细胞表面分子上，目前在马中公认的有 34 个这样的因子。因此，马可能有许多血型，并没有一个特定的血型是有效的万能供血者。马的 Aa，Ca 和 Q 抗原是报道最多的抗原基因，因此专门医院或农场所有的供血者最好选择不携带这些抗原的马。然而，紧急情况下，第一次输血通常可以从无交叉匹配的未知血型动物安全地进行。在这种情况下，一个相似体格大小和品种的健康去势马是理想的供体；传种母马不适合做供体选择，因为在育种或产驹中，当它们接触其他血型时可能产生自身抗体。在马和驴、骡需要多次输血时，为了确保兼容性，输血之前必须进行主要（供者红细胞，受体血浆）和次要（供体血浆，红细胞受体）交叉配血。如果没有可用的兼容供血者，为了提供载氧能力，给予一种合成血红蛋白产品[①]往往是唯一选择。

（二）收集和保存建议

在持续性出血时，输血量的计算很难；建议更换 20%～50%的估计失血量，但在大多数情况下这很难计算。下面的公式对于估计需求量是有用的，虽然在实践中很少能达到所需的红细胞比容（PCV）：

$$输血量（L）=0.1（BW，kg）\times\frac{PCV_{目标}-PCV_{接收者}}{PCV_{供体}}$$

一般来说，6～10L 的全血通常是一个 450kg 成年马的初始输血量，而 1～2L 通常适合大多数 50kg 的新生马驹。

为了立即输血，血液应该从供血马通过一个大口径颈静脉导管（10～12g）注入无菌袋或无菌瓶。为了（将血液）收集到真空密封瓶中，使用针两端带有 12～14 规格大口径的采血装置直接静脉穿刺或经导管非常有效，颈静脉压力绷带的暂时膨胀或使用真空吸入瓶将加速血液收集（图 115-2）。血液应该直接收集到含有适当体积的下列抗凝血剂的容器内：①柠檬酸钠或酸性柠檬酸葡萄糖（ACD）一般 9 份血液比 1 份柠檬酸（每升血液 2.5%～4%的 ACD 140mL）；或②每毫升血液 1IU 肝素。从一匹健康的 450kg 供血马可以安全采集 8～10L 血液，但 30d 内不应再次采集同一匹供血马。

---

① Oxyglobin，Biopure。

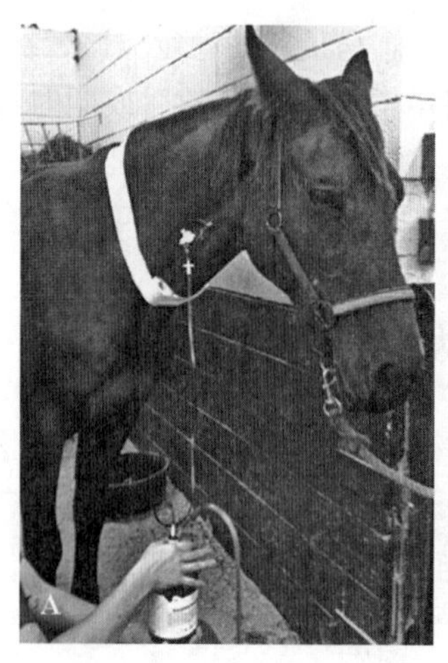

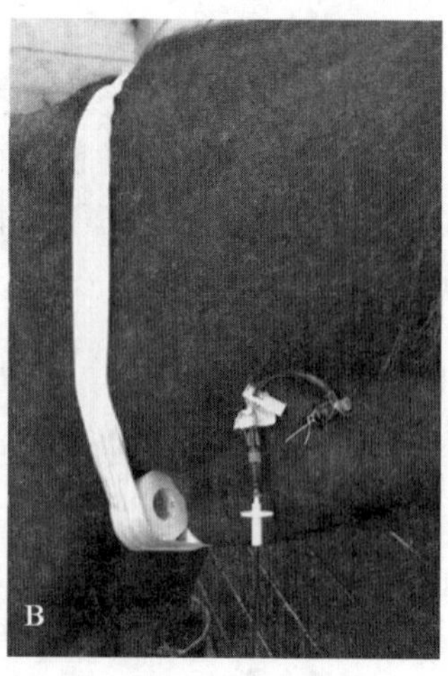

图 115-2　成年马的血液采集

A. 注意该两端采血装置用来直接从导管收集到含有抗凝剂的连接有真空吸管的无菌玻璃瓶　B. 注意用作止血带的一卷白色胶带可以扩张两侧颈静脉。真空管和颈静脉扩张均能加速采集

如前所述，应立即给予（24h 内）所采集的血液。如果使用另一种抗凝血剂（柠檬酸磷酸葡萄糖，有或没有补充腺嘌呤），全血可以在 4℃条件下的塑料容器中保存数天到数周，但是，保存在塑料容器中的样品血小板功能只能维持 3d。

在腔内出血后从腹腔或胸腔采集血液用于自体输血能够在提供方便的血液来源的同时避免异体输血带来的不良反应与相关的风险。然而，采集和输血过程中必须坚持严格无菌，并且以这种方式采集的血液不能被长期保存以供后来使用。然而，此种情况下，腔内出血引起的腹腔或胸腔内压增加可能在减缓出血并促进止血中发挥作用，所以，如果是持续性出血，应谨慎进行采集腔内血的自体输血疗法。在患有新生驹溶血性贫血的马驹中，洗涤的母马红细胞是合适的输血选择。为了制备洗涤的红细胞，如前所述采集血液，通过 30～60min 的重力沉降或 1 500r/min 离心 15～20min 使红细胞沉淀下来，吸出血浆，添加等体积室温的 0.9%的无菌生理盐水溶液，并重复重力沉降或离心。给予前除去盐水并重复 2 次洗涤。

四、马的全血输血

全血必须由一个血液过滤装置以缓慢的初始速度（每小时 5～10mL/kg；500kg 的马每小时0.5～1L）给予。初始时每 5～10min 必须密切监测受血马的输血反应症状（见后）。如果在最初的20～30min 内没有输血反应发生，速度可逐渐增加至最大速率约每小时 20mL/kg，同时持续监测不良反应。如果使用真空瓶输血，带有通气接头或针头以获得充足流通的通风瓶很重要。血液过滤装置通常在使用每 2～3L 后必须更换。可以给予合成的血红蛋白制品，以 10～30mL/kg 静脉注射，缓慢地进行 3～4h 以上，其可提供 24～48h 的携氧能力，虽然 PCV 在随后的观察中并未增加。

如果初始输血后，出现心动过速、呼吸急促与高乳酸血症的临床或临床病理学表现，低静脉血氧分压（PVO_2）或低静脉血氧饱和度 SVO_2，持续存在或复发，可能需要额外的输血。因为输血不良反应的可能性增加，在接受多次输血或全血及马血浆的动物输血前必须进行交叉配血。同种异体输血的红细胞的寿命平均只有 2～4d；因此，严重贫血、持续出血或促红细胞生成障碍的马可能需要连续输血。

五、输血反应：机制与管理

输液反应可以是免疫介导或非免疫介导，可立即发生或延迟至输血几小时到几天后发生，可有不同的临床表现。非免疫介导的输血反应，比如血源性传染病的传播、输血相关的败血症或循环超负荷、电解质紊乱或源于抗凝血剂使用过量的凝血病在马中不常见，通常由全血的采集、处理及给予引起。多次输血能导致含铁血黄素沉着症（铁过载），并且可导致肝功能衰竭，这在需要多次输血的同种溶血病（NI）新生驹中特别值得关注。血液采集和保存过程中注意无菌操作，所有血液制品缓慢而保守的输血，容量及代谢状态应仔细监测，这些措施可使非免疫介导性反应最小化。

直接免疫介导的不良反应是与输血相关最常见的不良反应，并且通常是最大的问题。这种反应包括溶血、非溶血性发热反应（FNHTR）、过敏反应、输血后紫癜或血小板减少症及输血相关急性肺损伤（TRALI）。以作者的经验，FNHTR 或过敏反应在马中最常见。FNHTR 最好的理解是一种由白细胞输血相关因素如供血马血中的炎性细胞因子和受血马血浆的抗白细胞抗体引发的全身性炎症反应。随着时间的推移，白细胞和血小板释放细胞因子，因此，FNHTR 的发病风险随着血液储存时间的延长而增加。马的抗白细胞抗体自然发生的频率是未知的，但是曾接受输血的传种母马可能有抗体介导的 FNHTR 增加的风险。这样的反应通常表现为发热和全身不适，在输血期间，任何一匹马的体温升高 1℃（1.8°F）或更多时，都必须考虑 FNHTR。然而，发热也可发生在其他类型的免疫性输血反应中，因此，必须仔细评估马的溶血和其他类型的反应。关于 FNHTR，管理措施包括减慢或暂停输血并给予氟尼辛葡甲胺（flunixin meglumine）（1.1mg/kg，静脉注射）或其他非类固醇抗炎药。

过敏反应是由 IgE（immunoglobulin E）介导的超敏反应，其由供血者抗原与受血者先前形成的 IgE 抗体之间相互作用而引发肥大细胞释放组胺并激活补体引起的。过敏反应的症状包括竖毛、瘙痒、荨麻疹、呼吸道症状（呼吸急促或鼻或肺水肿）或与肠组胺释放有关的肠绞痛。严重的过敏反应和过敏性反应可表现为严重低血压，休克，甚至猝死。与其他类型的输血反应相比，发热很少见于过敏性反应中。轻度过敏反应可通过暂停输血和给予抗组胺药处理（例如，苯海拉明，0.5～2mg/kg，静脉注射或肌内注射；羟嗪，0.5～1mg/kg，肌内注射；或琥珀酸多西拉敏，0.5mg/kg，缓慢静脉注射，肌内注射，或皮下注射）。然而，表现为烦躁不安和兴奋的抗组胺药的不良反应，在马中很常见。因此，该处理方法当然不适用于抵抗力严重缺乏的病马。为了处理马输血相关的过敏反应，笔者更倾向于使用皮质类激素，尤其是强的松龙琥珀酸钠（1mg/kg，静脉注射）或地塞米松（0.05～0.1mg/kg，静脉注射或肌内注射）。对进展快速的过敏反应和过敏性反应，应立即停止输液治疗，应给予皮质类固醇激素，如前所述的肾上腺素（0.01～0.02mg/kg，静脉注射或肌内注射）。

免疫介导的溶血性输血反应可发生在输血过程中或输血几天之后。速发型溶血是输血时由受血者的自身抗体针对供血者红细胞抗原引发的。迟发型免疫介导性溶血是由输血后产生的抗体引起，通常发生于输血后3～5d。临床症状包括发热，烦躁不安，心动过速，呼吸急促，血红蛋白血症，血红蛋白尿和渐进性或持续性贫血。溶血性输血反应应通过暂停输血以及维持血管内容量、晶体和/或胶体灌注来处理。如果有可用的供血者，也可以考虑其他兼容供血者的全血输血。有时，为了控制迟发型免疫介导的持续溶血反应，免疫抑制的皮质类固醇激素治疗是必要的，因为该反应偶尔还能针对患马自身红细胞。

一般来说，免疫介导性输血反应的风险可以通过确保供血者和受血者的血液兼容性降至最小。理论上，这是由供血者和受血者的血型和同种抗体筛查，以及输血前进行的主要和次要交叉配型血来保证。马的标准血型及同种抗体筛查目前仅在专业实验室可完成。因此，这样的测试通常需要数天到数周，这对于紧急输血来说显然是不切实际的。交叉配合可在大多数实验室里更迅速地进行，因此对于紧急处置时潜在的供血者和受血者兼容性的筛选更有效。检测红细胞表面抗原的快速凝集试验（如分型卡），可应用于其他动物但不适合于马，尽管这种方法在当下很流行。

输血前检测兼容性并不能保证不发生输血反应，记住这一点并提醒客户很重要。血型和交叉配血不能筛选潜在的FNHTR或过敏反应，并且低水平的抗红血细胞抗体可能有助于迟发型免疫性溶血反应的发展，其通常是被标准的交叉配型实验忽略的。

六、结论

总之，不论引起贫血的原因是什么，全血输血仍是治疗贫血马时需要考虑的一个重要方法。单一的新鲜全血输血在有合适的供血者、无菌血袋或瓶、抗凝血剂和过滤给药设备的场地很容易进行。然而，考虑到马贫血鉴别诊断的复杂性，一些病例的诊断检查方面最好在医院设置中完成。需要多次输血的动物与供血者兼容性至关重要，因为输血不良反应的风险随着输血次数的增加而增加。在这些情况下必须进行交叉配型，因为不良反应仍可能发生，最好通过减慢或停止输血以及给予抗炎或免疫抑制药物来治疗。

推荐阅读

Doyle A，Freeman D，Rapp H，et al. Life-threatening hemorrhage from enterotomies and anastomoses in horses. Vet Surg，2003，32：553-558.

Hart KA. Evaluation and management of anemia in the post-operative colic. Equine Vet Educ，2008，20：427-432.

Hart KA. Pathogenesis, management and prevention of blood transfusion reactions in horses. Equine Vet Educ, 2011, 23: 343-345.

Mudge M, Macdonald M, Owens S, et al. Comparison of 4 blood storage methods in a protocol for equine pre-operative autologous donation. Vet Surg, 2004, 33: 475-486.

Tocci L, Ewing P. Increasing patient safety in veterinary transfusion medicine: an overview of pretransfusion testing. J Vet Emerg Crit Care, 2009, 19: 66-73.

（孙东波　译，张万坡　校）

第 116 章　马驹免疫缺陷综合征

Sarah Blott

马驹免疫缺陷综合征（FIS）是一种能够引起严重贫血和淋巴细胞缺乏的遗传性疾病。1996 年首次报道 FIS 是费尔小型马品种所特有的综合征。患病马驹通常在出生时临床表现正常，但在 2～8 周龄时，逐渐发病并表现严重贫血。在 3～4 周龄时，免疫缺陷症症状明显，马驹偶然感染后表现出腹泻，体重减轻，流鼻涕，咳嗽等症状，紧急治疗死亡率也可达 100%。通常在 3 个月内，患病马驹死亡或安乐死。

已证明原发性 B 细胞缺陷和抗体数量降低的马驹更易感。免疫球蛋白 IgM 和 IgG［IgG（A）、IgGb（B）和 IgG（T）］的浓度降低。患病马驹无法产生适应性免疫应答，因此，一旦 3～6 周初乳中免疫球蛋白含量降低就会导致免疫缺陷。母源性抗体的缺失符合 FIS 的发病迹象。同时，患病的马驹表现为溶血性、渐进性、非再生性严重贫血，严重的会引起死亡。这种贫血最初发现时兽医就会决定对动物进行安乐死。

虽然 FIS 最初被认为是费尔小型马品种特有的，但 2009 年首次报道了关于戴尔斯小型马的该病病例。随着 DNA 测序发展并应用于疾病的检测，英国的小马驹 FIS 患病率下降为 10%，其中大约 1%的患病率发生在戴尔斯小型马种群，同时马驹免疫缺陷综合征在荷兰、德国、捷克和美国的费尔小型马也有报道。

一、FIS 的遗传基础

FIS 的临床症状和病理变化主要是由遗传复制起点的缺陷引起。未患病个体生出患病马驹是典型的常染色体隐性遗传，患病马驹系谱分析确定了一个共同祖先，很可能是原始动物，这种动物的特征是同时具有费尔和戴尔斯小型马血统。

费尔和戴尔斯小型马都是被珍稀品种生存信托基金组织认可的稀有物种。戴尔斯小型马被列为濒危物种，有 300～500 个繁殖个体，费尔小型马也面临灭绝风险，它只有 900～1 500 个繁殖个体。在稀有物种间近亲繁殖的程度高，这往往是由于其种群规模小，用于繁殖的种畜很少。近亲繁殖会导致过度使用一些受欢迎的雄性种畜，种群近亲繁殖在遗传疾病上的风险高于非近亲繁殖，近亲繁殖的结果使它们的基因组同型结合的比例更高。当它们处在纯合子状态时（两份突变基因从携带此种基因的父母遗传而来），有害的变异就在种群中传播从而导致疾病的蔓延。

已明确由遗传原因决定的疾病，下一步将通过 DNA 测序确定基因及突变情况。这种检测可以用于诊断，同时可以协助育种者识别携带者，并可进行计划性交配以避

免病畜的产生。常染色体单基因可以通过纯合性映射技术特定的映射到基因组的某一位置进行隐性基因突变，目的是确定所有受影响的个体相同的基因区域。自 2007 年，马基因组被测序后，可用于马基因映射的工具已经取得较大进步，目前可用于畜种比较。有效的高密度单核苷酸多态性（SNP）基因分型芯片和新一代测序技术的应用进一步加速疾病基因的发现，DNA 测试的发展大大缩短了疫情报告的时间。

2011 年费尔和戴尔斯小型马 FIS 的相关突变基因被确定。在一个关联映射的研究中，18 匹 FIS 病马和 31 匹对照戴尔斯小型马被用来检测 54 602 个 SNP 标记，确定了 FIS 在 26 号染色体 29.6Mb 和 32.2Mb 之间的相关联区域。该区域是通过添加一个额外的 62SNP 标记，发现所有感染个体所共有的纯合子片段 992kb，包含 14 个基因，其中包括一些已知参与调节免疫的基因。5 个已选的个体核心区域重新排序，包含1 匹感染马驹，2 匹预留携带者种马，1 匹正常的马，1 匹基于基因分型在这个区域内通过专性载体选择的最大纯合体，对感兴趣的区域使用序列捕获阵列捕获并测序。通过对已选的 5 匹符合隔离模式马的研究以证实变种的原因和发现变异的过程。

FIS 偶联 SNP 发现在钠/肌醇协同转运基因（*SLC5A3*）的单一外显子内，细胞膜转运蛋白负责协同转运的钠离子和肌醇。SNP 是非同义突变位点，引起脯氨酸到亮氨酸在氨基酸序列 446 残基上的替换，与其他 SLC5 家族的蛋白质序列对比表明这种氨基酸位于跨膜螺旋，它参与形成基质凹处（在衬底转移时的衬底腔），基质转移时它发生倾斜。*SLC5A3* 是一种渗透压力反应基因，它能起到防止因细胞外环境渗透压增加和细胞功能破坏引起的脱水。渗透反应机制表明其对淋巴细胞发育和功能至关重要。然而，在 FIS 中 *SLC5A3* 与 B 细胞的功能联系还有待确定。

二、繁殖管理避免患病个体的产生

通过基因突变识别全部的疾病表型，可用于疾病诊断和为育种者提供帮助，避免携带者之间交配。在第 1 年，测试结果显示 49% 的费尔小型马和 18%的戴尔斯小型马是 FIS 缺陷基因的携带者，实例说明疾病流行降低，在戴尔斯小型马为 1%，这确实只是冰山一角，携带者之间结合潜在更高的概率。其他品种的马被认为与已确定携带 FIS 缺陷基因的费尔或戴尔斯小型马杂交存在着风险，包括克莱兹代尔马、高地小型马、埃克斯穆尔高地小马、威尔士 D 区小型马。所有这些品种都是对 FIS 无免疫性，除了杂色马和矮种马，其他都有 1%的携带者。

DNA 测序的发展有利于明确识别 FIS 携带者，并可以详细地预测交配结果。建议育种者避免此基因携带者之间交配，但是可以让携带者和正常个体间交配避免严重的基因消耗。携带者与正常者间产生正常者和携带者的概率各为 50%。在这个阶段，育种者应该检测这些交配的后代以便区分以上两种结果，理想情况下应该从正常个体中选择种畜。自 2011 年以来，繁殖期首次应用 DNA 测序，感染 FIS 的费尔和戴尔斯小型马数量已经大幅下降，但种群中携带者的数量还未减少。

根除隐性遗传性疾病的关键是从种群中删除携带者。对于稀有品种，这必须慢慢来，因此谨慎地计划管理近亲繁殖的比率，尽可能引入新的遗传个体，未来问题将会减少。也可能需要采用更加尖端的技术，例如最佳贡献技术，计算近亲繁殖的比率，降低缺陷隐性等位基因的频率。挑选用于繁殖的个体应该基于与其相关的其他 FIS 基因型个体，从而使近亲繁殖比率限制在可持续的水平。实现这一繁殖计划需要育种者们密切合作，安全地从种群中去除严重的隐性遗传疾病，为稀有马品种创造一个健康的未来。

推荐阅读

Butler CM，Westermann CM，Koeman JP，et al. The Fell pony immunodeficiency syndrome also occurs in the Netherlands：a review and six cases. Tijdschr Diergeneeskd，2006，131：114-118.

Carter SD，Fox-Clipsham LY，Christley R，et al. Foal immunodeficiency syndrome：carrier testing has markedly reduced disease incidence. Vet Rec，2013，172：398.

Charlier C，Coppieters W，Rollin F，et al. Highly effective SNP-based association mapping and management of recessive defects in livestock. Nat Genet，2008，40：449-454.

Dixon JB，Savage M，Wattret A，et al. Discriminant and multiple regression analysis of anemia and opportunistic infection in Fell pony foals. Vet Clin Pathol，2000，29（3）：84-86.

Fox-Clipsham LY，Brown EE，Carter SD，et al. Population screening of endangered horse breeds for the foal immunodeficiency syndrome mutation. Vet Rec，2011，169：655-658.

Fox-Clipsham LY，Carter SD，Goodhead I，et al. Identification of a mutation associated with fatal foal immunodeficiency syndrome in the Fell and Dales pony. PLoS Genet，2011，7（7）：e1002133.

Fox-Clipsham LY，Swinburne JE，Papoula-Pereira RI，et al. Immunodeficiency/anemia syndrome in a Dales pony. Vet Rec，2009，165（10）：289-290.

Gardner RB，Hart KA，Divers TJ，et al. Fell pony syndrome in a pony in North America. J Vet Intern Med，2006，20：198-203.

Jelinek F，Faldyna M，Jasurkova-Mikutova G，et al. Severe combined immunodeficiency in a Fell pony foal. J Vet Med A Physiol Pathol Clin Med，2006，53：69-73.

May A，Leipig M，Gehlen H. Case report of a Fell pony immunodeficiency syndrome foal in Germany. Pferdeheilkunde，2011，27：507-513.

Richards AJ，Kelly DF，Knottenbelt DC，et al. Anemia，diarrhea and opportunistic infections in Fell ponies. Equine Vet J，2000，32（5）：386-391.

Scholes SF，Holliman A，May PD，et al. A syndrome of anemia，immunodeficiency and peripheral ganglionopathy in Fell pony foals. Vet Rec，1998，142（6）：128-134.

Thomas GW，Bell SC，Phythian C，et al. Aid to the antemortem diagnosis of Fell pony foal syndrome by the analysis of B lymphocytes. Vet Rec，2003，152（20）：618-621.

Thomas GW，Bell SC，Phythian C，et al. Immunoglobulin and peripheral B-lymphocyte concentrations in Fell pony foal syndrome. Equine Vet J，2005，37（1）：48-52.

Windig JJ，Meuleman H，Kaal L. Selection for scrapie resistance and simultaneous restriction of inbreeding in the rare sheep breed "Mergellander." Prev Vet Med，2007，78：161-171.

（丁玉林、王凤龙　译，张万坡　校）

第 117 章　溶血性疾病

Simon F. Peek

溶血是指红细胞（red blood cells，RBCs）遭破坏寿命缩短的过程。这种破坏既可以发生在血管中（血管内溶血），也可以发生在其他组织或器官（血管外的溶血）中，大部分出现在脾脏和肝脏的网状内皮组织中。血管内溶血导致血红蛋白直接进入血浆和珠蛋白结合，因此，血管内溶血引起的血浆游离珠蛋白数量下降和红细胞溶解释放血红蛋白数量成正比。结合珠蛋白是在肝脏合成的，促炎症的状态会上调它的表达，因此有效的血浆结合珠蛋白水平与游离的血红蛋白相互作用依赖于肝脏的生物合成功能和同时发生的炎症刺激。血红蛋白过度释放进入血液循环，使珠蛋白结合饱和会导致血浆中出现游离的血红蛋白（血红蛋白血）。这些血红蛋白在肾脏被过滤，于近端小管被重吸收，同时在这里分解代谢（异化）。当近端小管超出吸收能力时会出现血红蛋白尿。通常仅在马急性重症血管内溶血后出现典型的血红蛋白尿，因此可以和常见的从血浆离心分离出通过持续释放肌红蛋白棕红色淡染（有些许味道）的色素尿区别开来。血红蛋白比肌红蛋白的分子质量大，所以不易被肾小球过滤，并且随血液循环持续时间更长。值得注意的是，在尿检中，血红蛋白尿、肌红蛋白尿和血尿以常用的联苯胺检测均为阳性反应。为进一步的分解代谢，组织器官的网状内皮系统可以自行将结合珠蛋白-血红蛋白复合物去除，尤其在肝脏中。据报道，马正常红细胞循环寿命最长是 155d，较其他动物和人类的红细胞寿命都要长。

外周血分析表明，有典型的临床相关性溶血的马会发生实质贫血症。轻度溶血性疾病与贫血症没有联系，在临床上研究较少。从患有溶血性贫血的马体内获得的抗凝血样品并不能证明血液再生。然而，在溶血性马红细胞再生评价期间很难获得骨髓活检标本。身体检查结果显示，血管内溶血病可包括黄疸和尿液变色（脱色的）继发性血红蛋白尿，但其会根据贫血的严重性和心肺代偿的程度发生变化。心动过速和呼吸急促是由贫血后的血氧不足反射性引起的。发热首先考虑传染性的原因，但也可能是由溶解红细胞释放的非特异性致热源引起的非传染性溶血性原因。色素性肾病综合征是一种常见的、潜在危及生命的急性溶血性的并发症，在马巴贝斯虫病和急性毒性溶血性疾病中必须提前考虑并治疗，它不会有像免疫系统介导的溶血性疾病或慢性血管外溶血那样的肾脏功能障碍后遗症。当有溶血危象及进行相应晶体液治疗时，应谨慎证实氮质血症是否存在及其程度，同时注意，在初始评价中，一些马可能已经少尿甚至无尿。急性血管内溶血通常伴有平均红细胞血红蛋白浓度的增加。有经验的病理学家对患有溶血性疾病的马匹外周血涂片进行评估，溶血与寄生虫和传染源标志物相关，如巴贝斯虫、泰勒氏虫、嗜吞噬细胞无形体。血清学测试、免疫荧光检测埃利希体马型，补体结合试验检测巴贝斯虫，只能证明感染而不能确定临床疾病。聚合酶链反应广泛用于检测焦虫病和边虫病，且效果很好，能够确认感染。库姆斯检测用于检测特异性免疫介导的溶血性贫血、多因素引起成年马溶血疑似病例，库姆斯试剂会产生瞬时的阳性结果。

马溶血性疾病分为 3 大类：感染型、中毒型和免疫型，每一类都将在本章中详细介绍（框图 117-1）。

框图 117-1　成年马和马驹溶血性疾病的原因

成年马的溶血性疾病引起黄疸

中毒

- 红枫叶、洋葱、吩噻嗪（现在是非常罕见的）

免疫

- 主要或次要免疫介导性溶血性贫血，常见的次要原因，包括：
  - 细菌感染（链球菌、梭菌）
  - 病毒感染（EIA）
  - 药物反应（β-内酰胺和磺胺类药物）
  - 肿瘤（淋巴肉瘤）

传染性

- 巴贝斯虫病（梨形虫病）；努巴贝斯虫；马泰勒虫
- 粒细胞性埃利希体病毒传染（嗜吞噬细胞无形体）

其他

- 慢性弥散性血管内凝血（DIC），家族性高铁血红蛋白症

医源性

- 低渗的液体治疗，DMSO 剂量（>10%溶液）

马驹溶血性疾病引起的黄疸

免疫

- 新生驹溶血贫血（见出生后 12～48h）
- 二次免疫介导溶血性贫血：药物反应（β-内酰胺类）

传染性

- 细菌性败血症（罕见的并发症，预后严重）；感染大肠杆菌、放线杆菌、梭状芽孢杆菌
- 钩端螺旋体病（月龄大的马驹，罕见）

其他

- 输血后红细胞破裂或大量体腔内出血

一、传染性溶血的病因

传染性溶血主要是由寄生在红细胞内的焦虫（巴贝斯虫、马泰勒虫、驽巴贝斯虫）引起，在世界范围内广泛流行。美国、加拿大、澳大利亚、新西兰和许多欧洲国家并不被认为是焦虫病的流行地区，然而，这些区域存在传播媒蜱。在美国历史上焦虫病暴发仅限于佛罗里达州，该病通常发生在进口马和接触了受感染的进口马的马匹中，主要传播途径是接触被污染的针头和饲养管理较差，而不是传统的昆虫媒介传播。

许多传染病伴有暂时的临床溶血并发症，虽然病原体没有作为与溶血相关的主要原因，但是病原体确实寄生在红细胞内。例如马传染性贫血（EIA）、马动脉炎病毒（EVA）、马锥虫病、无形体病（马粒细胞性埃利希体）等。溶血的机制尚未清楚，但在骨髓和脾脏噬红细胞作用增强。目前尚不清楚 EIA、无形体病和 EVA 病是否为免疫介导的红细胞破坏或减少。一些马伴有严重的炎症状况和造成严重的全身性炎症反应综合征的临床症状，可能也在晚期或濒死期发展为溶血。严重的结肠炎和胸膜肺炎

是可以引起这种状况的两个条件。在疾病晚期，偶尔有马暴发肝衰竭，肾衰竭少见，也可能发生急性溶血性过程。溶血性尿毒症综合征是一种严重的危及生命的状况，在人类已有记录，尤其是与特定的大肠杆菌菌株接触的儿童，但在马中罕见。然而，已经发表 2 例回顾性报告和 1 例马临床和病理组织学报告，表明从产后患有子宫炎的母马分离的大肠杆菌菌株 O103：H2 携带志贺毒素-1 的基因，但在后面 2 项研究中没有进行微生物病原学的鉴定。

二、免疫溶血的病因

马的免疫介导溶血分为原发自身免疫介导的溶血性贫血（IMHA）和继发性 IMHA。IMHA 见于新生马驹溶血贫血，是一过性的病例，但临床上有重要的意义；原发性 IMHA 母源同种免疫性抗体与父系衍生红细胞的同种抗原相对应，马通常 A 血型，驴骡为 Q 血型。

继发性 IMHA 发展可能与某些药物（如青霉素和磺胺类药）、红细胞表面抗体沉积（链球菌、梭菌、EIA 病毒和红球菌）和肿瘤（典型淋巴瘤）疾病相关。尽管发表的关于马原发性和继发性 IMHA 抗体的文献数量并不多见，病马可能有红细胞表面结合免疫球蛋白 G 介导的疾病。因此，在室温条件下应用 Coombs 试剂测试，检测具有典型症状的病马，结果显示阳性。为了进一步阐述马 Coombs 试验，对一些正常马在 4℃（39℉）产生冷凝集反应进行观察，冷环境条件下血液样本发生自发凝集。

三、中毒性溶血疾病病因

有报道发现，关于氧化物毒素食入导致的继发性溶血性贫血，包括吩噻嗪、乙酰苯肼和亚甲蓝。此外，马食入某些含有氧化有毒成分的植物也可导致急性溶血，如洋葱、油菜、甘蓝和干的或枯萎的红色枫叶。总的来说，氧化溶血性贫血被称为亨氏小体贫血。红细胞氧化损伤会导致血红蛋白破坏和变性，可能沉积并在细胞内形成大小不等的包涵体（海恩茨小体），包涵体能够通过美蓝和瑞氏染色检测。红细胞脆性的增加导致受损血红蛋白沉淀析出并改变细胞表面形态，从而使网状内皮系统吞噬作用增强，同时使红细胞通过改变血管内溶血渗透压发生血管内溶血。红细胞表面氧化损伤可能因此会引起血管内和血管外两者结合性溶血。例如，红枫叶中毒往往引发血管内和血管外两者结合性溶血，引起严重贫血、血红蛋白血、黄疸、血红蛋白尿。此外，许多严重的红枫叶中毒的马将发展成高铁血红蛋白症，血红蛋白分子从氧化亚铁氧化成三价铁。临床上可以通过黏膜和血样的褐色变色进行鉴别。马并发的高铁血红蛋白症与临床相关的氧化溶血密切相关，病马不仅贫血而且携氧的能力已经严重损害，因为高铁血红蛋白不能运输氧，缺氧持续恶化而危及生命。回顾性研究表明，在大学附属兽医院就诊的马中 50％～70％死亡与食入干的或枯萎的红枫叶有关，同时尸体剖检发现多伴有严重色素性肾病。

有毒物质引起血管内红细胞溶解，医院失误导致静脉注射大量的低渗溶液，二甲

基亚砜用药浓度超过10%，这些状况涉及医院低渗液体的管理，可以从自己常备静脉注射的溶液中将无菌水增加到5L、10L或20L。偶尔会忽略增加常备溶液，马被静脉注射大量的水溶液。在危重症、脱水和内毒血症的情况下，随之而来的溶血可能是致命的。

四、溶血性疾病的治疗

溶血症的治疗要根据疾病发生的原因确定，对小马驹或成年马溶血疾病诊断初期检查期间，确定是否需要输血很重要。这个决定可根据严重贫血和是否是急性或慢性疾病做出。例如，许多急性红枫中毒和溶血贫血马驹将要死亡而无法输血，但是患IMHA的马必须要进行输血的病例非常少见。免疫介导的溶血性贫血通常持续超过数天到数周，可能不需要输血，但会导致血细胞压积率维持在百分之十几。而红色枫叶中毒引起的急性或极严重溶血性贫血产生类似的血细胞压积，必须进行输血。

通常情况下出血性失血的急性期，在最初12～24h，对急性溶血贫血马实施输血是必要的。在严重的出血性失血阶段，外围血细胞压积和严重贫血之间的差异比较简单。急性失血干扰血细胞压积，贫血引起脾萎缩，而发生溶血时血液的体积没有变化。因此，在发生急性溶血性危机时，血细胞压积率维持在百分之十几，建议作为全血或红细胞输血的一个分界点。当不能准确了解病史、身体检查情况和溶血持续时间，随意使用血细胞压积分界点是有缺陷的。在实践中，临床医生应考虑将心率和呼吸速率的变化作为心肺补偿的证据和需要输血的潜在重要指标。尤其是在面对10岁至20岁之间的个体发生急性失血性贫血时、严重的心动过速和呼吸急促时需要输血。临床医生应选择适合的实验室使用血液气体分析设备评估组织氧合和血液携氧的能力。

理想情况下，在接受捐献者血液之前，至少应该进行主要的交叉配血，建立有限的可用献血者情况，应考虑选择一匹一次性献血马。献血候选马匹应是未怀孕过且从未输过血的马，或是常用于提供马血浆产品的马。严重溶血的马可以考虑使用清洗的红细胞，该成分也可用于治疗同种免疫性溶血性疾病，如溶血贫血新生驹。输血液量可以用受捐者和捐助者血细胞压积和目标血细胞。

血细胞压积公式计算：

$$输血量（L）=0.1（BW，kg）\times\frac{PCV_{目标}-PCV_{接收者}}{PCV_{供体}}$$

然而，实际的因素（如供体耐受性、可用性或者可能需要重复输血）常常意味最初的输血量是由经验决定的。经验表明，给新生驹可以输入1～2L的全血，而一匹成年马可能需要6～10L。通常成年供体马允许提供6L血液，但是除去较大容积或重复捐赠者，通常需要更换液体疗法，或从不止一个捐赠者获取血。读者可以通过Divers和Sprayberry的文章了解到关于分别在成年马和马驹血液成分治疗的评论（见第115章）。

治疗溶血性疾病的其他方法包括对氮血症使用的透明溶液给药、色素性肾病的预防和皮质类固醇激素给药治疗假设的原发性和继发性IMHA。急性溶血性疾病在使用皮质类固醇激素给药前，必须了解引发该病的原因和条件，因为如果是一个潜在的感染源（如焦虫病）引起的话，使用免疫抑制治疗会使病情加重。在中毒的溶血性疾病（枫叶红和洋葱）中，虽然有些医生给予地塞米松以试图稳定红细胞膜，但是皮质类固醇给药没有直接的疗效。也许值得注意的是，迄今为止大量描述马红枫叶中毒中使用皮质类固醇治疗实际上与马的存活率呈负相关。然而，在原发性或继发性 IMHA 贫血症较严重时，还是应该考虑糖皮质激素。地塞米松注射初始剂量达到 0.2mg/kg，每 24h 给药 1 次，根据临床反应逐渐减少用药剂量。个人倾向于使用地塞米松肠道外给药 0.1mg/kg，每 24h 给药 1 次，假定 IMHA 马给药 1～3d，在接下来的 2～4 周剂量逐渐减少。这已被证明不仅在感染性和肿瘤性病因引起的继发性 IMHA 中，而且在贫血症较持久和严重时都是有疗效的。如果随着给药治疗（如 β-内酰胺类抗生素），马的溶血情况加重就应该停止用药。一些马需要长期皮质类固醇治疗，但那些轻微贫血马通常不需要。

治疗真正的马原发性 IMHA 是很难的，虽然也有长期使用皮质类固醇治疗可缓解贫血的相关文献报道，但有限的经验也很难有一个较长时间的预后，且大多数是由于长期皮质类固醇治疗中治疗剂量不在控制范围内而引起的问题（如类固醇诱导性问题、蹄叶炎或严重的免疫抑制）。其中一份报告已经公布，已成功使用环磷酰胺（1.1mg/kg，肌内注射，每 24h）和硫唑嘌呤（1.1mg/kg，肌内注射，每 24h 1 次）治疗一匹以糖皮质激素难以治疗的 IMHA 马。最近的药代动力学研究结果表明，每天口服 3mg/kg 咪唑硫嘌呤作为成年马长期治疗剂量是可以接受的，可以提高这类药物在治疗一些自发性疾病例如原发性 IMHA 和免疫介导的血小板减少症治疗的可能性。在马驹 IMHA 或免疫介导的血小板减少症治疗中，使用相同剂量的咪唑硫嘌呤可能需要 7～10d，随后递减为每天剂量 1.5mg/kg，超过 2～4 周以 50%递减以期最后停药。忌对溶血贫血新生驹进行免疫抑制治疗。

食用洋葱、红枫叶、吩噻嗪药物引起的马继发性氧化损伤性溶血，辅助抗氧化治疗，如用维生素 C 30mg/kg 静脉注射可能有用，因食入红枫叶或洋葱造成的马溶血可使用活性炭或泻药治疗。马食入几小时内可通过鼻胃管导出。焦虫病引起的马溶血表现为氮血症和色素肾病，有时出现贫血需要进行输血，但最有效的是控制原发感染。常用药物双咪苯脲和三氮脒，前者疗效更好。

四环素也曾用于治疗，但疗效不明显，尤其是对驽巴贝斯虫。治疗前也应该考虑马分布区域及临床症状程度，如果处于疫区的马可能容易再次感染，并伴有严重病症，应使用抗生素，因为亚临床型、慢性感染型与传染病的免疫、保护状态及持续低水平的寄生虫血症的自主免疫相关。对于临床上严重的急性二次感染的驽巴贝斯虫病，咪唑苯脲 2mg/kg，肌内注射，每天 1 次，2d 有效；而剂量为 4mg/kg，每 72h 1 次，连续使用 4 个疗程，对马媾疫锥虫非常有效。通过灭菌后聚合酶链反应测试证实，与相关文献对剂量范围和有效性存在着较大差异。应用高度敏感的诊断技术后，最近许多出版物质疑以前的治疗方案，包括原有的使用剂量。驴对双咪苯脲的副作用敏感，应注意胆碱酯酶抑制剂会引起马潜在的胃肠道副作用，表现为急性腹痛和腹泻。

推荐阅读

Alwrad A，Corriher CA，Barton MH，et al. Red maple leaf toxicosis in horses：a retrospective study of 32 cases. J Vet Intern Med，2006，20：1197-1201.

Dickinson CE，Gould DH，Davidson AH，et al. Hemolytic uremic syndrome in a postpartum mare concurrent with encephalopathy in the neonatal foal. J Vet Diagn Invest，2012，20：239-242.

Divers TJ. Monitoring tissue oxygenation in the ICU patient. Clin Tech Equine Pract，2003，2：138-144.

Donnellan CMB，Marais HJ. Equine piroplasmosis. In：Mair TS，Hutchinson RE，eds. Infectious Diseases of the Horse. Ely，UK：Equine Veterinary Journal Ltd.，2009.

Johns IC，Desrochers A，Wotman KL，et al. Presumed hemolytic anemia in two foals with *Rhodococcus equi* infection. J Vet Emerg Crit Care，2011，21：273-278.

Lumsden JH，Valli VE，McSherry BJ，et al. The kinetics of hematopoiesis in the lighthorse. III. The hematological response to hemolytic anemia. Can J Comp Med，1975，39：332-339.

Messer NT，Arnold K. Immune mediated hemolytic anemia in a horse. J Am Vet Med Assoc，1991，198：1415-1416.

Mudge MC，Walker NJ，Borjesson DL，et al. Post transfusion survival of biotin labeled allogeneic RBCs in adult horses. Vet Clin Pathol，2012：4156-4162.

Sprayberry KA. Neonatal transfusion medicine，the use of blood，plasma，oxygen carrying solutions，and adjunctive therapies in foals. Clin Tech Equine Pract，2003，2：31-41.

White SD，Maxwell LK，Szabo NJ，et al. Pharmacokinetics of azathioprine following single dose intravenous and oral administration and effects of azathioprine following chronic oral administration in horses. Am J Vet Res，2005，66：1578-1583.

Wilkerson MJ，Davis E，Shuman W，et al. Isotype-specificantibodies in horses and dogs with immune-mediated hemolytic anemia. J Vet Intern Med，2000，14：190-196.

（丁玉林、王凤龙　译，张万坡　校）

第 118 章　血小板紊乱

Bettina Punkel

血小板也称凝血细胞，是无细胞核的血细胞，它们是以骨髓多倍体前体（巨核细胞）的边缘出芽方式形成的。除马以外，所有动物的血小板都是在外周血内产生的，特别是在肺循环内，而肺循环也是除脾脏以外的血小板主要的储存部位之一。据估计，机体每天产生大约有 35 000 个/μL 血小板。放射性标记的马血小板在被肝、脾和骨髓内的巨噬细胞从血液循环中清除前的平均寿命是 4～5d。尽管马的血小板与其他动物的血小板基本类似，但在形态和功能上略有差异，如缺乏开放管道系统和对一些介质的应答性不同。

近些年，对血小板功能的研究越来越清楚，除了具有止血作用外，还在炎症、免疫、组织再生和很多疾病的病理生理学中起着至关重要的作用。其他动物的血小板不仅含有和释放大量的炎症介质和再生介质，也能通过从亲本巨核细胞获得的信使 RNA 的快速信号依赖翻译来合成新的细胞因子，如白细胞介素-1β（IL-1β）。血小板也能积极地与其他细胞相互作用，特别是白细胞和内皮细胞，并且在人哮喘和动脉粥样硬化、缺血再灌注性损伤动物模型和出血性脂多糖诱导休克的动物模型中吸引白细胞到达炎灶或组织损伤部位等方面起重要作用。对哮喘病人，血小板能够活跃由细菌肽和过敏刺激物刺激所引起的细胞移动和梯度趋化性。在马属动物中，血小板活化在复发性的气道堵塞、蹄叶炎、胃肠疾病中起作用，并且随着在这一领域的不断研究，发生血小板活化的疾病范围有可能扩大。随着对马血小板兴趣增加和评价血小板更多方面功能的仪器设备广泛使用，包括细胞表面标记表达和与其他细胞的相互作用研究，在不远的将来，关于马血小板的知识必然会迅速增加。

一、马血小板紊乱

以乙二胺四乙酸（EDTA）抗凝血进行自动血小板计数时，假性血小板减少是一个常见现象，而且在用肝素抗凝血计数中也能出现，而在柠檬酸盐抗凝血中不常见。在 EDTA 抗凝血中，血小板随钙螯合作用能形成聚集物，人为性地引起血小板数量减少。无论机器测出的血小板数量是否准确，在血涂片时，特别是沿着血片羽状边缘，手动血小板计数能快速确定。真正的假性血小板减少很罕见，可能在个别马会遇到，这是由 EDTA 依赖性抗体形成和并发的血小板聚集引起的。不同抗凝剂的使用可以避免那些罕见情况下的血小板凝集。

(一) 继发于全身性疾病的血小板减少

通常被定义为血小板数少于 100×10³ 个/μL 的血小板减少症很少发生。在一项研究中，进行全血细胞计数的住院马匹中大约有 1.5%的马发生血小板减少症。血小板减少症最常见的原因，特别是住院马匹，是继发于原发性疾病过程对血小板利用和破坏增加。血小板减少症常与传染性疾病、炎性及绞窄性缺血性胃肠紊乱有关，低至 4 000 个/μL的血小板数量常见于上述情况。血小板数量减少常伴发红细胞比容增大，带状核中性粒细胞比例增高，白细胞增多，但血浆蛋白凝聚物往往降低，出现广泛性的系统性炎症。患有亚临床性和临床性的弥散性血管内凝血（DIC）的马匹常有血小板减少症，血小板减少症被认为是弥散性血管内凝血的灵敏度指示器。在一般的住院马匹和患有结肠扭转的马匹中，证实血小板减少症和预后不良之间有关联。血小板减少症也常常在其他的疾病中出现，如马传染性贫血，血小板减少症是由免疫介导的血小板破坏和血小板生成减少共同作用引起的；嗜吞噬细胞无形体感染，推测最少是部分由骨髓抑制引起血小板减少症；肿瘤病中的血小板减少症推测是免疫介导的；蛇毒液螫入引起血小板扣留、增加聚集和常与 DIC 有关的消耗增加。

(二) 新生驹同种免疫性血小板减少症

曾有报道，随初乳摄入含有抗血小板的抗体后，马驹和骡驹出现免疫介导的血小板破坏，且人们怀疑在骡驹中更常见。血小板可能是唯一受影响的细胞，或血小板减少症与新生驹同族红细胞溶血症（新生驹溶血性贫血）共同发生。在骡驹中，血小板破坏可能是由具有胶原受体（GPⅠaⅡa）靶向作用的免疫球蛋白 G 介导的。继发于黏附抗体的血小板功能障碍在这些马驹中已描述，明显的事实是出血的危险不仅是由血小板的数量，而且也是由它们的功能状态所决定的。有理由认为，血小板功能障碍可能在其他免疫介导的血小板减少症的病例中也起作用。

溃疡性皮炎综合征、血小板减少症和中性粒细胞减少症在 6 个不同品种的新生驹中已被描述，血小板数量在 0～30 000 个/μL 范围内，6 匹马驹中有 4 个有出血点和出血斑。马驹都完全恢复，血小板减少症好像对服用皮质类固醇的马驹敏感，表明皮质类固醇是一个免疫介导成分。尽管确切的病因学没有被认定，通过初乳的抗体传送和其他因素最有可能（见推荐阅读 Perkins，et al）。

(三) 免疫介导的血小板减少症

免疫介导的血小板减少症在成年马匹中是一种罕见的疾病，主要通过排除其他病因对其诊断。不适当的免疫应答指向原有的血小板抗原和结合在血小板细胞膜上的抗原、物质或病原体。如果自身抗体引起血小板破坏，免疫性血小板减少性紫癜这一术语偶尔被提及。然而，根据临床表现来区分初级免疫应答和次级免疫应答是很难的。一个病例服用青霉素和另一个病例服用甲氧苄啶-磺胺多辛临床上怀疑涉及免疫介导的血小板减少症，但不确定。通过血小板膜上和巨噬细胞表面的抗体检查，增强了对免疫介导的血小板减少症的怀疑。对免疫抑制疗法的积极临床反应也是强有力的支持。

继发于结合抗体的血小板功能障碍也可能发生。

二、血小板增多

血小板数量高于 400 000 个/μL 时常被确定为血小板增多，但青年公马血小板数有时可能高达 500 000 个/μL。

（一）原发性或克隆性血小板增多症

原发性（也指本质的或克隆的）血小板增多症是一个罕见的慢性骨髓增生病，已怀疑有一匹马患有这种慢性骨髓增生病。这种情况是与持续性的巨核细胞增生和血液循环中血小板数量增加有关。人的这一疾病与血栓形成风险增大和用血小板抑制药物治疗有关。目前，还没有对疑似这一疾病的马匹进行尝试治疗。

（二）反应性或继发性血小板增多症

继发性血小板增多症要比疾病的原发病更常见，但在一项研究中，大约 1%的进行血液学检查的住院马匹发生继发性血小板增多症。血小板数量增多是由于在炎症、传染病或肿瘤性疾病过程中细胞因子（白细胞介素-1、白细胞介素-4、白细胞介素-6、肿瘤坏死因子-α 和血小板生成素）过度释放和细胞因子介导的巨核细胞增生而引起的。有报道表明，血小板数量能达到 400 000～1 104 000个/μL。并发的血液异常情况可能包括白细胞增多、贫血和高纤维蛋白原血症。在一项研究中，尽管在统计学上人们不能确定血小板增多症与机体存活降低有显著关系，有 33%的患有血小板增多症的马匹没能存活。人们也提出马驹的血小板增多症和马红球菌感染之间有关系，但目前还未被证实。

三、血小板功能变化

（一）格兰茨曼氏血小板无力症

格兰茨曼氏血小板无力症是指在血小板膜上的纤维蛋白受体（也指的 GP Ⅱb/Ⅲa、$\alpha_{IIb}\beta_3$整联蛋白或 CD41/61）的数量缺乏或质量缺陷。它是一种常染色体隐性遗传紊乱，且遗传缺陷已定位在编码基因 GP Ⅱb（也称为 α_{IIIb}）。在夸特马、纯种马、标准竞赛用马、温血种马和一匹秘鲁巴索马中报道了这一疾病。最常见的临床症状是长时间的或反复性的鼻出血，然而出血点和出血斑等其他症状不一定出现。疾病的诊断是基于确定正常血小板数量、凝血病组合检查值，包括凝血酶原时间、激活部分促凝血酶原激酶时间、血管性血友病因子活力测量。其他单一的临床试验，如证明出血时间延长和血块凝缩延长，也暗示血小板功能紊乱，但不能确切诊断。同样，指示凝血强度减弱或聚集反应降低的异常的黏弹性凝固组合检查证实血小板功能障碍，但确诊只能通过用流式细胞仪测定血小板表面 CD41/61 表达减少来确定。对血小板刺激做出的反应中纤维蛋白结合的缺乏可能也用于诊断。

对该病无有效治疗的措施可用，但服用氨甲环酸减少了1匹马鼻出血的发作次数及严重程度。就笔者所知，氨甲环酸在马体内的药代动力学还未确定，但建议用每12h静脉给10mg/kg氨甲环酸，或每6～12h口服5～25mg/kg氨甲环酸。理论上，服用ε-氨基己酸也能达到相同的效果。

(二) 纯种马结合纤维蛋白原减少

最近已证明，英国良种马具有次级遗传性血小板缺陷，这一缺陷与结合纤维蛋白原减少有关，但与格兰茨曼血小板无力症不同。在对444个动物的一项调查中，估计有0.7%动物发生。这种缺陷被认为是在继发血小板分泌反应缺陷激活后导致不能产生凝血酶。临床上，人们注意到了创伤后的严重出血和模板出血时间延长。实验室异常情况包括胶原和凝血酶聚集反应中的滞留时间延长。与患有格兰茨曼氏血小板无力症的马匹相比，CD41/61的正常数量可以通过流式细胞仪测定，并且凝血酶刺激后的结合纤维蛋白原仅减少，而不是完全没有。

(三) 与全身性疾病有关的血小板功能改变

随着直接测定血小板功能的能力不断提高，在全身性疾病过程中，血小板功能中的凝集变化逐渐变得更明显。已经证明，在患有气道炎症、蹄叶炎和绞窄性肠损伤马匹存在血小板活化。血小板功能影响的凝血强度很大程度的降低与患有急性胃肠道疾病马的存活率降低有关。已在病危马驹中观察到血小板功能降低和不良结局及血小板功能降低与凝血病之间有关。在另一项研究中，确认与高凝状态和血小板活化相关的凝血强度增加在败血性马驹中存在。很明显，进一步工作是阐述血小板对马病的病理生理学的作用。

(四) 医源性的血小板功能障碍

医源性血小板功能障碍较少，血小板功能增强可能发生在服用许多对血小板性能具有或多或少深远影响的治疗药物。已使用的具有影响血小板功能的药物已列出（表118-1）。

表118-1　药理学上对马血小板功能有影响的已用药物和推荐使用剂量

效果	药物和剂量	作用方式	说明
降低血小板活化和聚集	阿司匹林 每24h 10～20mg/kg，口服 每24h 4～12mg/kg，静脉注射	环氧化酶的不可逆性抑制	减少胶原蛋白诱导的血栓素产生比其他的非类固醇性抗炎药更有效 不影响其他活化剂的效应，如血小板活化因子、凝血酶和腺苷二磷酸 推荐剂量对一些马没有反应（可能与人的阿司匹林抵抗相似）

（续）

效果	药物和剂量	作用方式	说明
降低血小板活化和聚集	氯吡格雷 每 24h 2mg/kg，口服	$P2Y1_2$ ADP 受体拮抗物	ADP 诱导的但不是胶原蛋白诱导的血小板聚集减少 不影响血浆血栓素或血清素浓聚物
	己酮可可碱（PTX） 每 12h 10mg/kg，口服 氨茶碱（AM） 每 12h 10mg/kg，静脉注射或每 12h 5～10mg/kg，口服	非特异性磷酸二酯酶抑制药	己酮可可碱：不减少胶原蛋白诱导的和 ADP 诱导的血小板聚集 氨茶碱：增强 ADP 诱导的聚集
增强血小板功能	酚磺乙胺 12.5mg/kg，静脉注射	止血药，不具血栓形成功能 通过增加血小板的 P 选择蛋白表达和聚集物形成来增强初级止血	轻微增加体外和个别马匹体内血小板 P 选择蛋白表达 对出血时间无影响
	甲醛 0.37%或 0.74%甲醛，静脉注射 1L 等渗液加 10% 福尔马林缓冲液 10～150mL，静脉注射	可能通过激活山羊和人的血小板来增强初级止血	不影响马的出血时间、激活凝固时间、凝血酶原时间或部分促凝血酶原时间
	氨甲环酸 10mg/kg，静脉注射，每 12h 1 次；5～25mg/kg，口服，每 6～12h 1 次 ε-氨基己酸 100mg/kg，静脉注射；或每分钟 3.5mg/kg，持续 15min，接下来按每分钟 0.25mg/kg 灌输	通过抑制纤维蛋白溶酶原活化面具有抗纤维蛋白溶解作用	患有格兰茨曼血小板无力症的人，推存在鼻出血后或小外科手术前使 局部应用浸有氨甲环酸的海绵控制患格兰茨曼血小板无力症人的出血 能减少患有格兰茨曼血小板无力症马的出血还没有报道
	去氨加压素（人用） 剂量：0.3μg/kg，总剂量 20μg	增加人的血管性血友病因子和因子Ⅷ的血浆浓聚物 推测增加血小板黏着和血小板聚集	对患有遗传性血小板功能障碍的人有效（对格兰茨曼血小板无力症效果有限）；作用机制不知 据笔者所知，去氨加压素在马体内能否增加血小板功能还未进行研究

推荐阅读 

Christopherson PW，Insalaco TA，van Santen VL，et al. Characterization of the cDNA encoding alphaⅡb and beta3 in normal horses and two horses with Glanzmann thrombasthenia. Vet Pathol，2006，43：78-82.

Dallap Schaer BL，Bentz AI，Boston RC，et al. Comparison of viscoelastic coagulation analysis and standard coagulation profiles in critically ill neonatal foals to outcome. J Vet Emerg Crit Care（San Antonio），2009，19：88-95.

Delesalle C，van de Walle GR，Nolten C，et al. Determination of the source of increased serotonin（5-HT）concentrations in blood and peritoneal fluid of colic horses with compromised bowel. Equine Vet J，2008，40：326-331.

Dunkel B，Rickards KJ，Page CP，et al. Platelet activation in ponies with airway inflammation. Equine Vet J，2007，39：557-561.

McGurrin MK，Arroyo LG，Bienzle D. Flow cytometric detection of platelet-bound antibody in three horses with immune-mediated thrombocytopenia. J Am Vet Med Assoc，2004，224：83-87，53.

Norris JW，Pratt SM，Hunter JF，et al. Prevalence of reduced fibrinogen binding to platelets in a population of Thoroughbreds. Am J Vet Res，2007，68：716-721.

Perkins GA，Miller WH，Divers TJ，et al. Ulcerative dermatitis，thrombocytopenia，and neutropenia in neonatal foals. J Vet Intern Med，2005，19：211-216.

Ramirez S，Gaunt SD，McClure JJ，et al. Detection and effects on platelet function of anti-platelet antibody in mule foals with experimentally induced neonatal alloimmune thrombocytopenia. J Vet Intern Med，1999，13：534-539.

Sellon DC，Grindem CB. Quantitative platelet abnormalities in horses. Compend Contin Educ Vet，1994，16：1335-1346.

Sellon DC，Levine J，Millikin E，et al. Thrombocytopenia in horses：35 cases（1989-1994）. J Vet Intern Med，1996，10：127-132.

（王金玲、王凤龙　译，张万坡　校）

第 119 章　止血的评价

Kira L. Epstein

通过初级和次级止血，适当的血块形成是预防血管损伤失血所必需的。同样重要的是，纤维蛋白溶解和抗凝血药限制了必要的血块大小和预防正常血管内的血块形成，这些系统间的不平衡会导致广泛出血和凝血。因此，可用出血、血栓形成以及那些已知的能激活凝血和纤维蛋白溶解的泛发性活化疾病的临床症状来评价马的止血。

一、样品收集和处理

用于凝固试验的血液样品应该通过洁净无创的静脉穿刺来收集，并且避免真空采血器的过度使用，使血小板活化最小化。应使用没有用于采血、投药或导管插入且无血肿形成的静脉进行血样收集。对于反复性或困难的采血，最初的样品应被丢弃或用于其他试验。应检查所有样品，任何有血块形成的管子都应丢弃。

在多数凝固试验中都选择枸橼酸钠（1∶9 柠檬酸盐∶血液）作为抗凝剂。多种浓度柠檬酸盐和多类型管子都是可用的，并且一些试验需要替代性的抗凝剂。对于多数化验，应在样品收集的 4h 内完成，或应该在血浆收集 1h 内冷冻。

不同实验室检测效果不同。一些试验需要迅速检测全血，这只能在那些有检测设备运转的医院内进行。提交测试之前，兽医人员应该检查和测试实验室，以确保适当的样品收集和避免不准确的结果。

二、大出血

大出血几乎总是由凝血功能降低所导致的。然而，纤溶功能亢进和增高抗凝集活性如发生于肝素治疗期间，也可能导致出血。血块形成减少是初级止血（血小板栓子形成）或次级止血（交联纤维蛋白凝块形成）缺乏的结果。在一些情况下，临床体征可以用来确定血块形成的哪一方面最受影响，并选择后续测试。然而，因代表体内凝固的以细胞为基础的凝固模型比传统级联模型好，血小板和其他细胞（如内皮细胞）的作用目前在次级止血中已经得到认可。鉴于初级和次级止血相互交织，很难明确区分二者哪一个与大出血有关。

三、初级止血

（一）临床症状

血小板数量减少（血小板减少症）或功能异常（血小板病）都能影响初级止血。通常，初级止血的缺乏引起黏膜表面、外科创口、外伤创口、静脉穿刺部位和导管放置部位出血。擦伤和瘀斑以及静脉穿刺和导管部位的血肿形成也能与初级止血异常同时发生。瘀点（非常小的出血点）是与血小板减少症有关的临床症状，但不是血小板病。擦伤、瘀斑和瘀点在呼吸道、胃肠道和泌尿生殖道黏膜上和薄的无色素皮肤区域最多见。因此，口腔、眼睛、鼻和外阴黏膜以及内耳郭在体检过程中应该彻底检查。

（二）颊黏膜或模板出血时间

颊黏膜和模板出血时间分别是由口腔黏膜或皮肤上形成的可控创口所决定的，记录时间要求到出血停止。血小板减少和血小板病延长了颊黏膜和模板出血时间，遗憾的是，这一试验重复性差和变化大，限制了其在临床的应用。

（三）血小板计数

血小板计数通常是全血计数的一部分，可以用自动血液分析仪或血细胞计数器人工计数。然而，马非常易患 EDTA 引起的假性血小板减少症，因此，在用 EDTA 抗凝血进行全血计数中计算血小板数量时应该注意。假性血小板减少症是由体内血小板聚集引起，并引起假性血小板计数降低。理想情况上，自动和手工血小板计数应该用枸橼酸盐抗凝血样品，而不是 EDTA 抗凝血样品。然而，血小板计数是为了其他原因进行的，且血小板数量正常，用柠檬酸盐血进行的血小板计数这一额外花费可以省去。

在放大 100 倍的显微镜下，可在血涂片中快速计数出血小板的大约数量。在这一倍数下，每微升血液中血小板计数量大约是 1 个视野下看到的血小板数量乘以 15 000。当估计数量时，检查血涂片毛边和血小板聚集处很重要。如果注意血小板聚集，估计的血小板数量可能会错误地降低。如瘀点、擦伤和血肿形成等临床症状在血小板数 40 000～50 000 个/μL 以上是不常见的。在血小板数降到 10 000～20 000 个/μL 之前，自发出血是很少见的。

（四）血小板功能测试

血小板功能测试一般在样品收集后 4h 内进行，并需要专门设备和处理。由于这些限制，血小板功能测试一般只在大型专业实践中应用。已经用于马的血小板功能测试包括血小板集合度测定、流式细胞术和自动血小板功能分析仪（PFA-100）测定血小板栓子形成时间。

(五) 血管性血友病因子

血管性血友病因子在血小板黏附方面起关键作用，这一因子的缺乏引起初级止血功能障碍。测量血管性血友病因子可用血浆，马的血管性血友病因子正常范围已有报道。然而，能进行化验的实验室数量有限。

四、次级止血

(一) 临床症状

可溶性凝固因子的功能降低或数量减少能引起次级止血的功能障碍。所引起的出血常常是进入体腔，并且在没有见到创伤的情况下发生。临床症状可表现为严重的急性失血性休克，或对受影响的体腔可能是特异性的，如关节积血引起的跛足，胸腔积血引起的呼吸窘迫或心包积血引起的心脏压塞症状。

(二) 凝血时间

凝血时间是测量形成血块所必需的时间。在大多数测试中，活化剂用于启动凝固和检测凝固串联模型的一个部分或整个部分的反应。血凝时间的异常是相关的凝固因子数量减少或功能降低的结果。

2 个最常用的凝血时间的测定方法是凝血酶原时间（PT）和激活部分促凝血酶原激酶时间（aPTT），这些测试在大多数临床病理实验室广泛使用，一般是用自动凝固分析仪进行测定。这些化验用新鲜或冷冻的混有磷脂、钙和活化剂的血浆。对于凝血酶原时间，活化剂是包括组织因子在内的促凝血酶原激酶；而对于激活部分促凝血酶原激酶时间，活化剂是凝血因子Ⅻ活化剂，如鞣花酸、白陶土或硅藻土。凝血酶原时间评价外在（因子Ⅶ）和通用［因子Ⅹ、因子Ⅴ、因子Ⅱ（凝血酶原）和因子Ⅰ（纤维蛋白原）］途径，激活部分促凝血酶原激酶时间评价外在（前激肽释放酶、高分子量激肽原、因子Ⅻ、因子Ⅺ、因子Ⅸ和因子Ⅷ）和通用途径。对于凝血酶原时间和激活部分促凝血酶原激酶时间，通常认为二者时间多于正常时间范围上限的120%属异常。

活化凝固时间（ACT）是一个快速检测方法，通过直接将全血收集到含有内在途径活化剂硅藻土的管子里进行的。在体温状态下［约 37℃（99℉）］，记录血凝块形成时间。就激活部分促凝血酶原激酶时间而言，活化凝固时间评价内在途径和共同途径。然而，用硅藻土活化省略了内在途径的接触阶段，所以，试验不能测定前激肽释放酶、高分子量激肽原或因子Ⅷ、因子Ⅸ、因子Ⅱ和因子Ⅰ的缺乏。活化凝固时间的延长是发生在因子Ⅷ、因子Ⅸ、因子Ⅱ和因子Ⅰ缺乏时，对于检测这些凝固因子的缺乏，活化凝固时间不如激活部分促凝血酶原激酶时间敏感。

(三) 个体因子

在商业上，这些试验可用于评价个体凝血因子来进一步描述马的出血和凝血时

间延长的特征。多数试验或是通过凝血酶原时间或激活部分促凝血酶原激酶时间的改良，或是通过产生的活性因子的显色检测来评价个体因子的功能。这样，这些试验都能检测选择性因子的功能的降低和数量的减少。然而，除了因子Ⅰ（纤维蛋白原）试验，很少进行分析个体凝固因子试验，因此很可能仅在一些指定的实验室能进行。

尽管纤维蛋白原在凝血过程中起着重要作用，其数量减少和功能降低能引起大出血，纤维蛋白原浓度的测定方法最常用作马急性炎症的指示器。纤维蛋白原的测定方法包括克劳斯法、改良凝血酶原时间试验和热变性的估算。大多数实验室用克劳斯法，此方法是凝血酶启动的凝血率的改良。最近，使用改良的凝血酶原时间试验的一个侧位纤维蛋白监视器已经确定对马有效。热变性方法也易于操作，不需要将样品送到外部实验室，但结果仅提供了半定量信息（所得结果是一个周期 100mg/dL）。

（四）黏弹性凝固试验

一些黏弹性凝固试验在商业上已被应用，并在数量有限的健康马和发病马中得到验证。基于单个原则的改良，这些试验衡量血块形成和纤维蛋白溶解的机械（强度）和动态（时间）方面。因此，可以用来评估低凝状度和纤溶亢进，二者均能引起大出血。这些试验一般用新鲜的或含枸橼酸盐的全血进行，全血收集后立即或在 30min 内进行试验，这限制了已有的测试设施的使用。然而，事实上使用全血化验可使凝血细胞和血浆成分交互作用，可能会引起更接近体内的凝血。不幸的是，这些试验测得的不同马之间的差异性高，可能限制其临床使用。

五、过度血块形成或血栓形成

引起血栓形成的初级血液凝固紊乱是高凝性、抗凝剂活性不足和低纤溶性。马的原发性血栓性疾病罕见，血栓形成常是继发于创伤，是由单个血管损伤引起，或因系统性疾病引起（见弥散性血管内凝血的诊断）。

（一）临床症状

血栓形成的临床症状随其发生部位和原因不同而变化。因炎症或感染引起的症状也是静脉血流减少（如水肿）或动脉血流减少（如四肢冰冷和器官功能障碍）的结局。

（二）影像诊断

依靠血管或受影响的血管，用超声波、X 线造影、热成像、计算机断层扫描或磁共振成像方法对受影响区域的成像能鉴定血流减少、机体低温区域，或缺血和血栓形成区域。

（三）纤维蛋白溶解产物

纤维蛋白溶解产物的增多常用于指示血块形或血栓形成增加。纤维蛋白（原）降解产物（FDPs）是由纤维蛋白原或任何纤维蛋白纤溶所产生的碎片，无论该纤维蛋白是否被纳入成熟血块（交联的）。因为这一原因，这些碎片对于提高血块形成不是特异性的，并能在任何纤维蛋白原增多的情况下出现，如那些与急性炎症或凝血激活相关的但与血块形成不相关的纤维蛋白原。右旋二聚体是由仅交联的纤维蛋白纤溶所产生的碎片。因为纤维蛋白（原）降解产物有对血块降解的特性，右旋二聚体的测量在很大程度上取代了纤维蛋白（原）降解产物检测。

（四）抗凝剂

抗凝血酶是最常被检测的抗凝剂。尽管临床应用的检测有效性比较受限制，蛋白C也被测量。抗凝血酶或蛋白C二者任何一个降低都能诱发血栓形成。

（五）黏弹性凝固试验

黏弹性凝血测试也可用于检测能引起血栓形成的血液高凝状态和低纤溶状态。

六、弥散性血管内凝血的诊断

弥散性血管内凝血（DIC）是由原发病引起的血液凝固和纤维蛋白溶解的全身性病理变化。依赖于促凝血激活和纤溶激活之间的平衡，弥散性血管内凝血能引起血栓形成或大出血。微血管血栓形成降低氧输送并导致器官功能障碍，能影响身体多个系统。随时间推移，细胞和血浆的凝血成分、抗凝血剂和与纤维蛋白溶解有关的蛋白消耗殆尽，并再次依靠各种成分间的消耗平衡，或引起血栓形成或引起大出血。

因炎症和凝血之间存多重联系，很多与弥散性血管内凝血有关的原发病都能引起多发性或全身性炎症反应。马的胃肠道疾病和新生驹败血症是最常见的与弥散性血管内凝血有关的疾病。

（一）临床症状

因弥散性血管内凝血不是原发病，受影响马匹的很多临床症状与潜在疾病有关。基于弥散性血管内凝血的严重程度和前凝血素、抗凝剂及纤溶因子的相关活化和消耗程度不同，DIC的症状从亚临床期（无症状）到血栓形成和自发性出血高度不同，其他临床症状可能与继发微血管血栓形成的器官功能障碍有关。

（二）弥散性血管内凝血检测

通常，弥散性血管内凝血检测包括血小板计数、凝血酶原时间（PT）、激活部分促凝血酶原激酶时间（aPTT）、纤维蛋白原的浓度、抗凝血酶和右旋-二聚体或纤维蛋白（原）降解产物（FDPs）。异常情况是与前凝血剂（血小板数量减少、凝血酶原时间延长、激活部分促凝血酶原激酶时间延长、纤维蛋白原数量减少）和抗凝剂（抗纤维蛋白酶减少）的消耗和纤溶的存在［右旋-二聚体或纤维蛋白（原）降解产物增多］是一致的。当6个指标中至少有3个异常时才能诊断为DIC。

推荐阅读

Lubas G，Caldin M，Wiinberg B，et al. Laboratory testing of coagulation disorders. In：Weiss DJ，Wardrop KJ，eds. Schalm's Veterinary Hematology. 6th ed. Ames，IA：Wiley-Blackwell，2010：1082-1100.

Morris D D. Alterations in the clotting profile. In：Smith BP，ed. Large Animal Internal Medicine. 4th ed. St Louis：Mosby Elsevier，2009：417-421.

Mudge MC. Hemostasis，surgical bleeding，and transfusion. In：Auer JA，Stick JA，eds. Equine Surgery. 4th ed. St Louis：Elsevier，2012：35-47.

Sellon DC，Wise LN. Disorders of the hematopoietic system. In：Reed SM，Bayly WM，Sellon DC，eds. Equine Internal Medicine. 3rd ed. St Louis：Saunders Elsevier，2010：730-776.

（王金玲、王凤龙　译，张万坡　校）

第 11 篇

心血管疾病

第 120 章　先天性心血管疾病

Sophy A. Jesty

家畜中，马患先天性心脏病概率最低，大致范围为 1%～3.5%。这些疾病从意外发生到直接危及生命，临床上的后果相差很大。大部分的先天性心脏缺陷可以通过听诊和全面彻底的超声波心动图进行准确检查。除二维、M 型和多普勒超声波心动图检查之外，造影超声波心动图对先天性心脏病的诊断也非常有用。颈静脉注射生理盐水，生理盐水可以在右心产生微气泡回波，而只有在心脏右至左分流时才能在左心看到微气泡回波，所以使用这种技术很容易检测出心脏右至左分流。必须对每种先天性心脏病的预后评估都进行论证，因为这将作为判断家畜在买卖、载重、安全性以及判断预期生命值的重要指标。本章综述了最常见的先天性心脏病。所有这些列出来的在简单先天性心脏病发病时出现的缺陷，都可以看作是复杂先天性心脏病的一部分。

一、临床症状

一般的先天性心脏病可能导致：左心充血性心力衰竭（主要表现为：呼吸急促，呼吸困难，鼻孔微张，咳嗽，运动不耐受，皮肤及四肢冰凉，脉搏减弱，食欲不振，昏睡），右心充血性心力衰竭（腹侧皮下压凹性水肿，继发于肝肿大和腹水的腹部增大，颈静脉扩张或搏动，虚弱，昏睡），或者紫绀心脏疾病（生长不良，运动不耐受，昏睡，呼吸急促，呼吸困难，食欲不振，晕厥，精神状态改变）。在对先天性心脏病的讨论中，描述了先天性心脏病综合征（例如左心衰竭、右心衰竭、紫绀心脏疾病），但对特征性的临床症状没有反复叙述。

二、先天性缺陷

下面将讲述马最常见的先天性心脏缺陷。除此之外，有许多先天性心脏病只在少数病例中见过，包括肺静脉异位引流、主动脉弓畸形、肺动脉窗、心房中隔缺损、左心室双进口、右心室双出口、左心发育不良综合征、内脏逆位、法洛五联症和大动脉转位。如果超声波心动图检查发现本文未提及的异常，鼓励读者们寻找更多关于这些罕见疾病的信息。

(一)简单的先天性心脏缺陷

1. 动脉导管未闭(PDA)

动脉导管是在马驹出生后才慢慢闭合的，动脉导管未闭的杂音特征通常在马驹3日龄后消失。然而，相当数量的7周龄马驹也能检查到导管杂音，并且在彩色多普勒超声波心动图上发现分流。除非有严重的肺高压，否则导管分流血液都是由左(主动脉)到右(肺动脉)。一般来讲，临床检查可以在左心基部听到最明显的连续杂音。因为动脉导管连接到降主动脉，而经胸超声心动图看不到降主动脉，所以不能清晰地观察到动脉导管，但可以看到导管连接到主肺动脉的位置和主肺动脉的扩张。如果分流的流量很大的话，也可看到左心室和左心房的扩张。彩色多普勒超声波心动图显示连续的高速血流进入主肺动脉。导管局部闭合的程度决定了预后。尽管有报道称PDA患马活到了20岁，但是如果分流太大的话，PDA可导致左心充血性心力衰竭。如果刚断奶或者稍微大点的马驹发生PDA，且存在明显的心脏重塑提示着心脏衰竭时，要通过开胸进行导管结扎手术。

2. 二尖瓣、三尖瓣、主动脉或肺动脉瓣发育不良

马瓣膜发育不良是不常发的先天性心脏缺陷，简单的缺陷尤其不常发生。4个瓣膜任何一个发育异常都可能导致返流、狭窄或两者兼而有之。马的二尖瓣、三尖瓣和主动脉瓣发育不良通常引起返流，而肺动脉瓣发育不良通常引起狭窄。肺动脉瓣狭窄常见于复杂先天性心脏畸形，如法洛四联症。心脏杂音取决于相关的瓣膜，二尖瓣和三尖瓣发育不良引起的返流以及肺动脉瓣发育不良引起的狭窄都会引起收缩期杂音(二尖瓣回流在左心尖部，三尖瓣回流在右心尖部，以及肺动脉瓣狭窄在左心基部)，而主动脉瓣发育不良引起的返流与舒张期杂音相关(在左心基部)。

超声波心动图可以观察到：增厚、短小的或冗长的心脏瓣膜，异常腱索(二尖瓣和三尖瓣的)或异常乳头肌(二尖瓣和三尖瓣的)。彩色多普勒超声波心动图可显示高流速、紊乱性返流或与受影响的瓣膜有关的狭窄。虽然相关病例报告认为马瓣膜发育不良的预后谨慎，本文作者认为瓣膜发育不良的严重程度有一个范围，因此相应的预后也不同。返流或狭窄的程度决定了马的运动性能和寿命。评估返流的程度时，要通过返流束的大小、接收返流的心房和心室的扩张，以及任何收缩力的减少进行评估。评估狭窄的程度可以通过流出速度、狭窄后扩张的大小以及心室增厚的程度进行。如果瓣膜发育不良仅导致轻微的返流或狭窄，马的运动性能和寿命可能一直不会受到影响。但如果瓣膜发育不良造成严重的返流或狭窄且有明显的心肌重塑，马就可能有早期心力衰竭的风险。

3. 室间隔缺损(VSD)

室间隔缺损(VSD)是马最常见的简单的先天性心脏缺陷，它也可能是构成复杂先天性心脏疾病的重要组成。室间隔缺损可出现于沿室间隔膈膜的任何地方，但最常见于主动脉瓣下膜区(图120-1)。在这种情况下，听诊可听到右侧收缩期杂音和轻微的左侧心基部收缩期杂音。如果VSD是在流出道(例如肺底)，左心基部的收缩期杂音可能比右侧的要大声。超声波心动图通常显示室间隔的缺失(在该区域观察不到隔

膜），但如果VSD非常小的话，就可能很难鉴别出来。如果VSD导致左心衰竭，左心房和左心室扩张，可能会伴随有收缩力的降低。如果VSD发生在肌肉中，右心室也可能扩张。如果VSD导致左心和右心衰竭，4个心腔均会扩张。彩色多普勒超声波心动图几乎都是显示左心室到右心室的分流；仅在肺动脉狭窄或肺高压的重症病例中分流才是双向或从右到左。很多患有VSD的马表现正常性能和预期寿命，但如果VSD很大，就可导致左心衰竭，还可继发右心衰竭。衡量VSD严重性的重要指标是它的直径和分流流速。患有VSD的马测量直径小于2.8cm，以超过4.0 m/s的速度分流往往有较好的运动性能。对于小马和马驹，VSD直径与主动脉根部的大小相关联；如果VSD直径小于1/3的主动脉根部，则VSD可能并不严重。如果马的VSD大于3.5cm及分流速度小于3.0 m/s，往往有可能使性能下降，有时发展为心力衰竭。

（二）复杂的先天性心脏缺陷引起紫绀心脏疾病

1. 房室间隔缺损（心内膜垫缺损，房室管畸形）

房室管由完整形成的下部心房间隔，上部室间隔，以及心房和心室之间的心内膜垫分成4个心腔。这3种结构融合失败导致房间隔缺损（ASD）、室间隔缺损（VSD）以及二尖瓣和三尖瓣发育不良。心脏十字（心房和心室间隔把心脏分成左右两侧，房室沟将心脏分成上下的小室）缺失，导致4个腔室之间血流相互流通。根据缺损部位的解剖结构，分流的方向有从左到右为主的，双向的或者右到左为主的。听诊会听见与ASD和VSD分流以及与二尖瓣和三尖瓣返流相关的左侧和右侧收缩期杂音。超声波心动图显示下部的房间隔和上部的室间隔缺失以及二尖瓣和三尖瓣异常（图120-1）。彩色多普勒超声波心动图检查显示血液在4个腔室之间的紊流混合。房室间隔缺损发展的结果为死亡，马驹往往因无法健康成长或者运动不耐受而在早期就被进行安乐死。

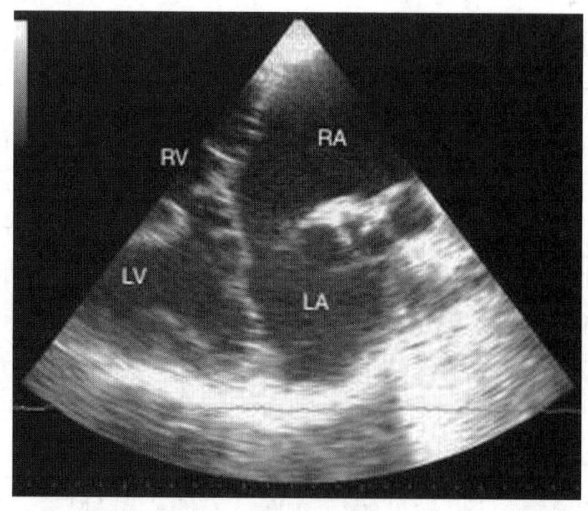

图120-1 房室隔缺损小马驹的右侧胸骨旁四腔心切面的超声心动图。图像显示右心房（RA）、右心室（RV）、左心房（LA）和左心室（LV）。注意房间隔较低部位和室间隔较高部位缺失，以及出现单个房室瓣跨越两个心室

2. 永存动脉干

永存动脉干是指主动脉和肺动脉分隔失败而留下共同的动脉干（或共干）。有明显的永存动脉干时，动脉干横跨室间隔，并且几乎总是在干下存在膜性 VSD。由于解剖学上的紊乱，体循环、肺循环和冠循环血供均直接来自动脉干，并有脱氧和氧合血进入共干混合。听诊发现两侧都有收缩期杂音，是由 VSD 流和血液紊流从两个心室进入动脉干引起的。超声波心动图可显示一个大的血管覆盖右心室和左心室，并且缺少离散的肺动脉。彩色多普勒超声波心动图显示出在 VSD 和主干入口区域的血液紊流。小马驹随着运动不耐受和不能茁壮成长等临床症状的出现，一般存活数小时或数星期后死亡。

3. 法洛四联症（TOF）

法洛四联症是最常见的复杂先天性心脏畸形，也是导致马紫绀心脏疾病最常见的原因。法洛四联症诊断的 4 项标准包括 VSD、右移位主动脉或主动脉骑跨、肺动脉狭窄和右心室肥大，这些在超声波心动图中都可以看得出来。主动脉中混合了动脉血和静脉血，造成马面色发绀。室间隔缺损和肺动脉瓣狭窄导致的收缩期杂音分别在右心尖部和左心基部可听到。不过这种声音有可能很小（6 级中的 2 级到 3 级），因为在复杂的心脏畸形中，心脏不同腔室的压力比较相近，导致分流速率降低。超声波心动图显示室间隔缺损、主动脉根部骑跨于室间隔之上、肺动脉瓣或环狭窄伴有肺动脉变细和右心室增厚。彩色多普勒超声波心动图可发现有通过狭窄的肺动脉瓣的高流速血流和通过 VSD 的分流，方向可以从右向左、从左向右，也可以是双向的。一般情况下，患有复杂型先天性心脏病或者紫绀型先天性心脏病的马不具备正常的运动能力。由于肺动脉狭窄、主动脉骑跨程度以及 VSD 的大小程度的不同，TOF 病马的存活时间从几小时到几年不等。

4. 三尖瓣闭锁

三尖瓣闭锁是右心房和心室之间的连接先天性缺失，是马第二常见的复杂先天性心脏病，也是紫绀心脏疾病的病因。三尖瓣闭锁会出现 ASD、心室发育不良或单室心，而 ASD 导致血液从右心房分流到左心房。如果右心室是存在的，右心室通过 VSD 与左心室相通。听诊可听到由 ASD 和 VSD 分流引起的双侧收缩期杂音。使用超声波心动图可在心脏舒张期间观察到，三尖瓣区域有不能打开的厚的组织回声带。右心房和左心室会变大，右心室会变小或者没有。彩色多普勒超声波心动图显示从右到左的房间隔分流，也可能有从左到右的 VSD 分流。三尖瓣闭锁的发展结果为死亡，马驹多由于多病和运动不耐受在 2 月龄之前进行安乐死。

三、治疗

除了极少数像 PDA 这样的病例外，大多数先天性心脏病的马由于无法实施心脏手术而无法治愈。如果发生心力衰竭，可以长期使用利尿剂（呋塞米，2mg/kg，皮下注射，每 8～12h 1 次），血管舒张药（肼苯哒嗪，0.5～1mg/kg，口服，每 12h 1 次），血管紧张素转换酶抑制剂（喹那普利，120mg/kg，口服，每 24h 1 次），或者使用地高辛（0.01mg/kg，口服，每12h 1次）。治疗紫绀心脏疾病，可进行放血和必要的补液以防止高黏血症，还要维持系统正常血压。

四、预后

以上列出的先天性心脏病，自动物出生后其预后须慎重。因此，安乐死是最明智的选择。所列出的病症由于症状的严重性不同预后也不同。例如，患有VSD或瓣膜发育不良的马可能有正常的或者接近正常的性能和存活时间。这就是为什么当有持续或者显著的心脏杂音以及有临床症状指向心脏病时，马驹都要进行彻底的超声波心动图检查。

五、结论

先天性心脏缺陷在马不一定完全罕见，可能会彻底影响马的性能和寿命。鉴于此，当有持续或者大声的心脏杂音以及有临床症状指向马驹的心脏病时，都要进行彻底的超声波心动图检查。这样不仅可以进行特异性诊断，还可以评估此类疾病的严重程度，为畜主尽早做出决定提供依据。

推荐阅读

Collobert-Laugier C，Tariel G. Congenital abnormalities in foals：results of a seven year postmortem survey.（Malformations congenitales du poulain. Etude retrospective sur sept annees d'autopsies.）Pratique Veterinaire Equine，1993，25：105-110.

Gehlen H，Bubeck K，Stadler P. Valvular pulmonic stenosis with normal aortic root and intact ventricular and atrial septa in an arabian horse. Equine Vet Ed，2001，13：286-288.

Hall TL，Magdesian KG，Kittleson MD. Congenital cardiac defects in neonatal foals：18 cases（1992-2007）. J Vet Intern Med，2010，24：206-212.

Jesty SA，Wilkins PA，Palmer JE，et al. Persistent truncus arteriosus in two Standardbred foals. Equine Vet Ed，2007，19：307-311.

Kutasi O，Voros K，Biksi I，et al. Common atrioventricular canal in a newborn foal：case report and review of the literature. Acta Vet Hungarica，2007，55：51-65.

Macdonald AA，Fowden AL，Silver M，et al. The foramen ovale of the foetal and neonatal foal. Equine Vet J，1988，20：255-260.

Reef VB. Evaluation of ventricular septal defects in horses using two-dimensional and Doppler echocardiography. Equine Vet J Suppl，1995，19：86-95.

Reef VB，Mann PC，Orsini PG. Echocardiographic detection of tricuspid atresia in two foals. J Am Vet Med Assoc，1987，191：225-228.

Schmitz RR，Klaus C，Grabner A. Detailed echocardiographic findings in a newborn foal with tetralogy of fallot. Equine Vet Ed，2008，20：298-303.

Schober KE，Kaufhold J，Kipar A. Mitral valve dysplasia in a foal. Equine Vet J，2000，32：170-173.

（董强　译，张万坡　校）

第 121 章　心律失常

M. Kimberly J. McGurrin

心律失常是指在正常的心肌电冲动中发生的任何异常。正常情况下，心肌去极化最先发生在窦房结，经心房传导到房室结，通过希氏束和浦金野纤维系统到达心室肌，使得心室肌去极化。马具有广泛树状结构的浦金野系统，使其心室去极化基本上是同步的。异常传导造成的影响是由异常冲动的位置、频率，运动中是否会产生异常，以及任何影响心率的因素共同决定的。

心律失常对作为运动使用的马的性能和健康具有潜在影响，所以心律失常应该引起重视。马心律失常表现为休息时心跳节律不整和明显的临床症状以及性能的下降。当马存在心律失常的这些可疑症状时，我们都需要做进一步的研究分析。运动性能不佳的马存在心律失常时，不管是单个异位搏动还是一连串的，都可能是造成运动不佳的原因或辅助因素。

马常发生良性节律异常，导致对其性能不佳因素的分析变得复杂。仔细的听诊以及心电图检查发现，多达 25%的马在休息时存在节律异常。相对于其他家养动物，马在休息时心脏更多依靠副交感神经系统调控，这样就更容易导致迷走神经介导的节律异常，听诊可听到这些异常的节律。然而，大多数人认为迷走神经介导的节律异常只是生理上的异常现象，而无潜在的病理变化，也不会影响到马的性能。减少迷走神经活动，例如运动或激动等，这种节律异常就会减轻。

通常马休息时，如果出现心律失常而未表现出来或者不能证明是迷走神经介导的，就更难确定该心律失常的意义。在这种情况下，对心脏进行全面检查是十分必要的。

一、临床体检

心律失常的诊断最初都是通过心脏听诊和脉搏触诊而确定的，最重要的是进行仔细的临床检查。通过这些手段可以确定心律失常是否是在休息时发生，是间歇性发生还是休息时持续性发生。通过听诊，也可以确定心律失常对心脏节律和整体节律的影响。在心脏节律中出现轻微的变化是很正常的，完全规律的节律只能说明缺乏自主调控。轻微运动后的马可以靠听诊判断非临床性的心脏节律异常、不频发的停顿以及异位搏动。

二、静息心电图

对所有怀疑存在心律失常的马都必须进行静息心电图检查。静息心电图对检测马

休息时出现的心率不正常以及检测潜在生命危险的心律失常具有十分重要的意义。当被怀疑存在间歇性或者运动中的节律异常时，用静息心电图的基线确定马匹“正常”窦性节律。

没有证据表明马有心脏病和性能不佳的表现时，只做静息心电图就足够了。但对于存在心律失常和性能不佳的动物来说，单靠静息心电图不能提供足够的诊断信息。许多限制性能的节律异常在休息时并不表现（心房颤动是个重要的例外），而想要检测间歇性的心律失常还需要长时间的临床记录观察。表 121-1 总结了常见心律失常的心电图结果。

在人和小动物中，多导联心电图已被用于对心腔扩大的诊断，而且已经建立了正常参考值。但在马属动物中，由于浦金野系统在心室肌壁中形成的广阔的分支，使得多导联心电图没有特别好的利用价值。单导联一般就够了，最常见的是 A-B 导联或者类似这样的导联。放置电极的目的，是优化顺着心室所产生的电冲动最大峰值的方向的信号，这样放置的电极基本上与该冲动相平行。

常见和比较满意的放置电极的操作是：先在胸骨柄放置负极，标记为 RA（右前肢，常为白色），再在剑状软骨附近放置正极，标记为 LA（左前肢，黑色），再在任一侧颈部连接接地电极标记为 LL（左后肢，红色或绿色）。导联的一致有利于促进心电图的判读。通过这样的配置，心电图仪设置为Ⅰ导联（其他心电图控制设置改变肢导联极性），25mm/s 的纸张移动速度是马属动物心电图记录的标准速度，有时用更快的速度来获得更多的细节。要得到最佳心电图，需限制马和使其保持静止不动。还需要进行相对较长时间的心电图来获取充足的样本记录。马在休息时的心率较低，因此在评价心律失常时，需要充足的心电图记录来评估心脏的节律。例如，在心脏 30 次/min 的搏动中，记录 15s，则记录的结果还不到 8 次，如果要诊断更准确则需要记录 30s 或者更长的时间。

表 121-1　马的心律失常、心电图发现以及重要的观察结果

节律	P 波	QRS 综合波	其他观察
窦性节律	形态正常；每一个 QRS 波群前有一个与其相关的 P 波	形态正常	
窦性心律不齐	形态正常；每一个 QRS 波群前有一个与其相关的 P 波	形态正常	与交感神经的增强相关，较其他物种少见，运动过后恢复期间常见
二级传导阻滞	形态正常；一些 QRS 波群前无与其相关的 P 波	形态正常	与交感神经的增强相关联，去极化在房室结发生阻断，极少表现出临床症状
三级传导阻滞	形态正常；不是所有的 QRS 波群前都有一个与其相关的 P 波	形态正常	心房与心室的去极化完全分离，心室节律低下，病理性节律，少见
房性早搏	形态改变	形态正常	异位起搏点（心房），现需做进一步检查，特别是频繁出现时
心房颤动	未出现	形态正常	不规则的不规则节律，F 波与心房活动相关，运动能力受到限制，需要对潜在疾病进行研究

（续）

节律	P波	QRS综合波	其他观察
房性心动过速	形态改变	形态正常	>4 次房性早搏 少见，需要对潜在疾病进行研究，运动能力受限
室性早搏	QRS 波群前无与其相关的 P 波	形态改变，增宽	异位起搏点在心室上，意义不同
室性心动过速	QRS 波群前无与其相关的 P 波	形态改变	>4 次室性早搏 单形或多形，心率大于 100 次/min 时需急诊，临床症状各异，研究较多

三、静息心电图解读

为了确实理解心电图结果，需要理解心脏电冲动的产生和正常波形变化的机理，需要用标准化的分析来减少误差，提高可重复性。为了保证心电图诊断质量，操作者必须评估心电图伪差，例如动物的运动和电信号干扰造成的心电图的不规则。由于电极接触不良或者运动等产生心电图伪差，其心电图波形粗糙、大小不等以及变化无规律。区分异位冲动和伪差的关键在于伪差后面没有 T 波。电干扰往往较小，频率高，一般太高的频率变化不可能是心源性的。

接下来，检测者可继续检测心率、心脏节律以及其他异常。裂成两半的 P 波（两个峰值）在马属动物中普遍存在，这可能与心房去极化不同步有关（右心房去极化在先）。双向或只有向上的峰值都是正常变化。由于波前去极化产生方向变化，哪怕没有心脏节律的改变，P 波形态也可能有变化。PR 段波形向下突起是由于心房复极化（Ta 波）导致的。

电信号在房室结处传导较慢，在心电图中可以观察到 P 波和 QRS 综合波之间有延迟（持续多达 0.5s）。在 QRS 综合波中，第一个出现的向上的波的是 R 波，但马属动物的 A-B 导联很少有 R 波，所以主要的波都是向下的，尤其是大 S 波。马属动物 T 波的形态相对不稳定，可随心律变化而变化，其结束位置往往也是很难被发现。

四、心电图的延伸使用

单做静息心电图不能提供足够的数据来评价心律失常，还需要长时间的心电图监测。两种心电图仪可用于较长时间的心电图描记：遥测心电设备利用高频无线电波远程传输到记录站而得到心电图；Holter 心电监测仪可安装在动物身体上来记录心电图，但这两种心电图仪都是数字化数据记录。

通过遥测心电图仪绘制心电图的优势在于记录长时间的心电图不需要大量的纸张，这类设备通常利用电脑软件来处理数据，并能对一些干扰数据进行加工，纠正运动或噪音造成的干扰。遥测心电图仪可用于记录动物在休息时的短期基准线，和在抗心律失常治疗期间或病危时的监测，以及运动时的监测。目前可用的设备并不能像传统的

心电图设备一样具有良好的采样频率，并且心电图记录的质量也会下降。对于一些要求严格和需要进一步深入分析的结果（例如，在一个心动周期中被诱发的异位途径的精确点）的案例，遥测心电设备的有效采样频率是不够的。然而，这些设备可达到检测心脏节律的目的。目前可用型号的主要弊端是自身的局限性和容易受干扰。

若要评估有病史提示有间歇性心律失常的马，尤其是休息时发生的，建议选择 Holter 心电监测仪。大多 Holter 心电监测仪在记录过程中没有 ECG 显示，会将数据录入 SD 卡中，而不是在简短的采样窗口显示捕获的图像。它相对遥测心电图仪有较高的采样频率，但也不是很高，也不能绘制出与传统心电图仪同样高质量的心电图。Holter 心电监测仪是最适合进行时间长达 24～48h 心电监测的仪器，其与遥感式心电图仪相比，主要缺点是当它正在收集数据时不能直接观察到已经录入的心电图的质量。

因为马会产生大型的 P 波和 T 波，在使用心电图的软件分析时要十分谨慎。目前的应用软件容易高估波形，从而导致检测的心率偏高。这些软件也很难分析出正常心率和复杂结构。大多数心电图系统显示“心动过缓”的心脏速率比马的心脏正常速率还高。一些软件可以从标准 RR 间期（%偏差）得到间期偏差。这是证明一个“过程”正在发生的合理手段，例如在剧烈运动时，RR 间隔会比之前短 10%，系统将会提示进行检查。而事实上，没有什么能够代替仔细的临床观察诊断。

五、运动心电图

当评估发现马性能不佳，尤其是怀疑存在心律失常时，建议记录运动时的心电图。保证马处于适当的健康状态，并且基线心电图与运动不矛盾后，尽可能使马运动达到运动不耐受，进行观察。跑台运动允许控制速率，同时进行尽可能多的并行运动测试，但也不能完全模拟出实地运动和达到赛马的最大速度或力量。现场实际测试条件更为真实，有时我们可以对正在比赛的马进行检测记录，但会更容易出现电极移动的伪差。

我们可以利用 Holter 或遥测心电图仪记录动物在运动时的心电图。电极的放置位置没有标准。适用于静息心电图的 A-B 导联因为放置在这些位点的电极都太容易受运动的影响，所以并不适用于记录运动心电图。电极应放置牢固以减少乘坐或者马鞭对导联造成的干扰，同时也可减少运动伪差。电极所放置的位置因马的用途和检测设备而不同，同时也可能因使用的监测系统而不同：有的监测系统有 4 个或 5 个电极等等。四电极的导联系统运行良好，首先我们将红色电极（RA）放置于马肩隆（脊椎）右侧下方 10～15cm 处（在马钉的前面或者下面），绿色电极（LL）可放置在与左肘部同一水平线上的腰身的下面或者后面，黄色电极（LA）放置在绿色电极上方 10cm 处。黑色电极（RL）作为地线可以放置于任何部位。这样的系统中存在三个导联（Ⅰ导联：负极 RA 到正极 LA；Ⅱ导联：负极 RA 到正极 LL；Ⅲ导联：负极 LA 到正极 LL）。

评价时，应该考虑马在正常情况下表现出的运动水平以及其健康水平。不管是用于马术表演的马还是赛马都需要进行不同速度和不同持续时间的运动测试，而在不适宜的运动情况下所获得的相关性结果是没有意义的。

马在低于最大限度运动时会维持一定水平的迷走神经紧张性，在这些动物中，迷走神经对心律失常的影响需要加以考虑，这些马可能存在更强的室上性搏动。相比室性早搏，室上性搏动对性能的影响较低。

现在对于运动心电图的建议是：如果在运动高峰时有 2 个以上的单独的异位搏动，在紧急恢复期有 5 个以上的异位搏动或者在任何时候有一对以上的异位搏动，都是不正常的。这些建议的前提是马已被评估为性能不佳。然而，近期的研究为了建立不同训练模式下马的正常指标时，研究者们对这一建议提出了质疑。事实上最近的研究表明，原本认为的运动过程中或者之后出现的异常心率变化在高性能动物上可能是相当常见和典型的。这类研究仍然在继续，我们应该利用临床病史来帮助确定运动心电图的临床意义。

六、超声波心动图

超声波心动图对研究心脏节律异常具有重要价值。利用它可检查危及生命的心律失常，同时也可作为进一步诊断和判断预后的重要工具，以及确定发生心律失常的结构基础和整体心脏功能是否正常的证据。通过它可发现相关的心脏疾病，例如瓣膜的异常和由于心房颤动导致的潜在性心房扩张等。随着超声心动图的发展（例如斑点追踪），节段性功能障碍更易被发现。此外，还需要考虑超声心动图的应用时机。功能性指数异常最常发生在心律失常发作期间或发作之后的时刻，需要连续性的检查评估预后和性能恢复。

推荐阅读 

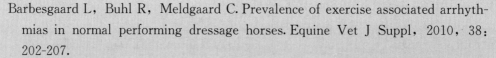

Barbesgaard L，Buhl R，Meldgaard C. Prevalence of exercise associated arrhythmias in normal performing dressage horses. Equine Vet J Suppl，2010，38：202-207.

Bonagura JD，Reef VB. Disorders of the cardiovascular system. In：Reed SM，Bayly WM，Sellon DC，eds. Equine Internal Medicine. 2nd ed. St. Louis：Saunders，2004：355-459.

Boyle AG，Martin BB Jr，Davidson EJ，et al. Causes of poor performance of horses during training，racing or showing：348 cases（1992-1996）. J Am Vet Med Assoc，2000，216：554-558.

Buhl R，Meldgaard，Barbesgaard L. Cardiac arrhythmias in clinically healthy showjumping horses. Equine Vet J Suppl，2010，38：196-201.

Jose-Cunilleras E，Young LE，Newton JR，et al. Cardiac arrhythmias during and after treadmill exercise in poorly performing Thoroughbred racehorses. Equine Vet J Suppl，2006，36：163-170.

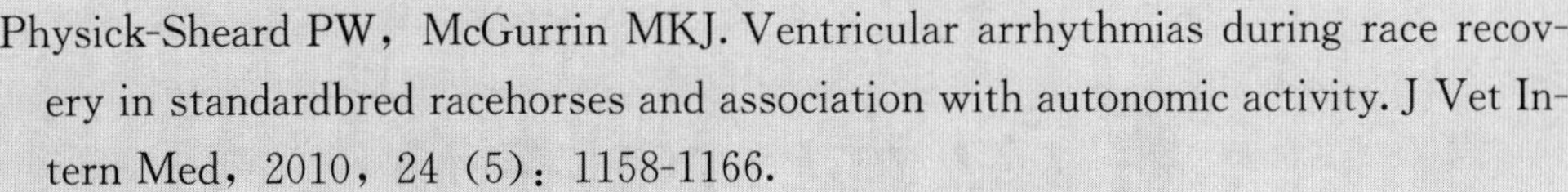

Physick-Sheard PW, McGurrin MKJ. Ventricular arrhythmias during race recovery in standardbred racehorses and association with autonomic activity. J Vet Intern Med, 2010, 24 (5): 1158-1166.

Ryan N, Marr CM, McGladdery AJ. Survey of cardiac arrhythmias during submaximal and maximal exercise in thoroughbred racehorses. Equine Vet J, 2005, 37: 265-268.

Trachsel DS, Bitschnau C, Waldern N, et al. Observer agreement for detection of cardiac arrhythmias on telemetric ECG recordings obtained at rest, during and after exercise in 10 warmblood horses. Equine Vet J Suppl, 2010, 38: 208-215.

（董强　译，张万坡　校）

第 122 章　心脏杂音

Rikke Buhl

对马兽医来说，要通过听诊得到的心脏杂音的临床意义是有挑战的。正常情况下，生理性杂音是普遍存在的。因此，心脏杂音可能让人混淆，难以明确其临床意义。尽管大多数心脏异常是轻微的而且也不影响其运动性能，但引起心脏异常的心血管疾病对动物有很大的影响，并且导致性能下降和潜在的致命风险。可以肯定的是，早期心血管最重要的检查是既往病史和仔细听诊。听诊对明显的瓣膜疾病或先天缺陷敏感性很高。

一、心脏杂音的分类

（一）生理性杂音

马属动物普遍有生理性杂音，如流动杂音。流动杂音是在心脏收缩期心室中大量的血液快速进入大动脉，引起瓣膜振动产生的。类似地，舒张早期大量的血液进入心室也可能导致杂音的产生。一般来说，这些流动杂音持续的时间短、范围小。生理性杂音由全身性疾病，如贫血、发热、脱水，或者当原发病痊愈时内毒素血症消失等导致的。

检查者需认真区分生理性和病理性心脏杂音。若通过病史和包括仔细听诊的临床检查，确诊为生理性杂音后则可不做深入评估。然而，有时当一个生理性杂音达到一个较高的强度（例如，马疝痛时心脏收缩的生理杂音），容易与二尖瓣返流（MR）混淆。同时，在青年赛马中功能性心室充盈性杂音会导致响亮的舒张早期乐音音质或吱吱响的杂音（通常被称为 2 岁吱吱音），会被误诊为主动脉瓣返流。在这些情况下，应使用超声波心动图进一步诊断。本章的其余部分主要阐述由最常见的心脏瓣膜或结构异常引起的病理性杂音。

（二）病理性杂音

引起马病理性杂音的主要原因是获得性瓣膜功能不全，特别是瓣膜返流（也被称为瓣膜关闭不全）。造成经瓣膜血流返流的病因尚不明确，但瓣膜的任何部位均可发生功能障碍。其常见发病原因是瓣膜环、瓣叶、腱索或乳头肌的退行性变化中的黏液瘤样变性。体能训练可能导致与退行性变化无关的轻度瓣膜返流；但也可能导致继发于过度运动的心肌肥厚，进一步引起心脏瓣膜闭锁不全。大多数马的这种心脏瓣膜闭锁不全引起的血流返流，可通过彩色多普勒超声波心动图进行诊断，但难以通过听诊诊断。腱索的断裂、细菌性心内膜炎和心瓣膜炎是较常见的瓣膜返流的原因。需要注意的是马很少发生瓣膜狭窄。病理性杂音还可由先天性心脏畸形引起，室间隔缺损（VSD）是马最常见的心脏畸形。

两心腔之间或一心腔和大动脉之间压力差的大小和持续时间，可影响病理性心脏杂音的强度、持续时间和频率。这里对杂音进行了分类和概述（表 122-1）。通常，临床上明显的杂音响亮而持久，杂音的强度不仅与返流的血液量有关，而且与心脏的驱动压力和形态也有关系。因此，仅靠听诊对严重程度分级往往是不够的，需要进一步的诊断检查，同时给出准确的诊断和预后。

表 122-1　听诊对心脏杂音的分类

杂音分类	描述
强度	一级：非常轻的杂音，在安静的环境下仔细检查，才能在心脏局部区域听到 二级：轻度杂音，在其最高心跳强度点立刻听到 三级：中度杂音，很容易听到 四级：响亮杂音（尤其在 S1 和 S2 处），在一个广泛的区域可以听到但没有明显的心前区震颤 五级：响亮杂音，伴有明显震颤 六级：非常响亮的杂音，可以用听诊器离开胸壁一定距离听到，有明显的震颤
时期和持续时间	分类为收缩期杂音、舒张期杂音或连续杂音 分为早期、中期、晚期收缩期或舒张期杂音 全收缩期或全舒张期杂音可分别在收缩或舒张时听到，但心音仍然清晰 全收缩期或全舒张期杂音掩盖了第一、二或第一和第二心音
最高心跳强度点	杂音最强烈的区域 表明杂音的可能来源 因此鉴定瓣膜位置很重要，但总的来说，心脏分心尖区（二尖瓣和三尖瓣）和背侧位的基底部（主动脉瓣和肺动脉瓣区域）
形状	随时间的推移改变强度 经常被描述为渐强（增加强度）、渐弱（强度下降）或带形（平稳），整个杂音保持一个恒定的强度 形状有时也有助于杂音形成原因的确定
特性	杂音可以描述为柔和、粗糙或刺耳，或乐音样 乐音样杂音是和谐的，通常是由结构振动引起的（有孔的瓣膜、腱索断裂）

二、诊断检查

（一）超声波心动图

心脏的超声检查（超声波心动图）是评估心脏杂音最重要的诊断方法。二维及 M 型超声波心动图可用于检查心腔、瓣膜、心包的可视结构和功能，而多普勒超声波心动图用于检测血流的方向和速度。由于血液湍流往往是杂音产生的重要原因，高灵敏度的彩色多普勒超声波心动图就成为评价瓣膜返流的金标准。

（二）心电图

当怀疑杂音是由心脏肥大引起时，必须进行心电图检查。例如，马有主动脉瓣返流时会出现左心室扩张和冠状动脉灌流减少，可因此继发室性心律失常，从而影响马的性能，对骑行安全造成威胁。通常这些心律失常会间歇性地发生，因此有必要连续进行超过24h或48h的动态心电图监测（Holter monitoring）。同时，为研究运动诱发的心律失常，必须在运动训练时做遥测心电图检查。

（三）运动测试

马兽医通常很难判断性能不佳是否与心血管、肺、肌肉骨骼系统有关，或者仅仅与训练不足和缺乏运动有关。运动测试有助于解决这个问题，同时也是评价心脏杂音临床意义的关键，因为运动过程中瓣膜返流一般产生心律失常。目前，马没有一个标准的运动测试方案，因此选择测试方案时应考虑被测马的个体差异、是否有必要检测轻微的心血管疾病，以及是否有严重的心律失常。由于以上原因，运动测试方案在临床情况下对运动耐力进行定性评价，而不进行定量检测。应当注意的是：马是否具备达到工作要求的能力；运动时心率的变化和恢复时间；运动时和运动后心律失常的发展过程。为了诊断或评价预后，检查运动时心脏杂音强度的升高或降低有重要意义，但很难实现标准化。一般情况下，在运动过程中轻微的瓣膜返流会逐渐消失，而严重的返流则强度不变甚至更强。

（四）实验室测试

诊断心脏杂音时，全血细胞计数和血清生化检测作用不大。虽然也测定马属动物血液心肌损伤生化标志物浓度，如心肌肌钙蛋白I（cTnI）、T（cTnT）和C（cTnC），以及肌酸激酶心肌型（CK-MB）和心房利钠肽（ANP），但尚不能用于诊断和评价预后。

三、心脏收缩期杂音

（一）二尖瓣返流

二尖瓣返流是导致马性能降低最常见的心脏瓣膜返流，没有品种、年龄或性别倾向，但在马驹或1岁的家畜很少被诊断出患有该病。马的二尖瓣返流临床表现随着严重程度而变化。通常，收缩期杂音是在出售前或一般临床检查中偶然发现的，并且这些马没有心脏疾病的临床症状。在马性能不佳的情况下，也能诊断出二尖瓣返流。在严重的情况下，马表现出心力衰竭的迹象。

临床检查会发现收缩期杂音（六级中的二到五级）。通常为全收缩期杂音，但持续时间和强度取决于房室压力差和血液返流的方向与血流量。在二尖瓣区和主动脉瓣区

正背面的位置存在最高心跳强度点（PMI）。在大多数情况下，这是马休息时唯一的异常表现。在少数情况，根据 MR 的严重程度，马会出现心动过速、呼吸急促、颈静脉怒张或搏动、体位性水肿、呼吸音增强；严重心力衰竭的病例，可能出现肺水肿的泡沫性鼻液和毛细血管再充盈时间延长。最初，这些症状可能只是在高要求时发生，如运动时发生，但它会进一步发展，并在马休息时成为其永久性症状。因为可能会出现间歇性或持续性心律失常如心房颤动或房性早搏，建议使用运动心电图或 Holter 心电图监测。

诊断 MR 和判定其严重程度，推荐使用超声波心动图。随着严重程度的增加，返流的血液湍流量也在增加，占据了左心室越来越多的部分（彩图 122-1）。当 MR 血液动力学改变明显时，可导致左心容量负荷过重，最终会导致左心房和左心室的扩大，而左心室外观变圆，形态或多或少类似于犬的心室。如果容量负荷过度且超过了血管的代偿机制，肺血管的压力就会增加，导致右心室后负荷增加，肺动脉、右心室和心房扩张。

马 MR 的预后会根据上述结果的变化而变化。对存在心脏衰竭症状、严重的心脏扩大或严重的心律失常（如马心房颤动）的马，可预测其作为运动用途或娱乐用途的效果都会是很差的。超声波心动图无明显异常且临床症状轻微或没有明显症状的马，预后通常很好，但这取决于马的性能（例如，一个花式骑术马对心血管的要求比赛马低）。然而，疾病发展过程是不可预知的，检查时很难确定 MR 对未来性能的影响。因此，建议经过 6～12 个月的追踪检查来评估疾病的发展情况。

在大多数情况下，没有必要对 MR 进行针对性治疗。对马管理的目的在于定期监测心脏功能和进行客户教育。如果发展为心力衰竭，则患马需要治疗，但一般不建议对患心力衰竭的马进行治疗，除非是一些种马或马的主人希望对其进行治疗。马心力衰竭的支持疗法包括：使用利尿剂（呋塞米，1～2mg/kg，静脉注射，每 12h 1 次）减少血管充血；结合使用血管舒张药物，如血管紧张素转换酶抑制剂（依那普利，0.5mg/kg，口服，每 12h 1 次；或喹那普利，0.25mg/kg，口服，每 24h 1 次）。如果马有严重的心动过速，可用地高辛（静脉注射，0.002 2mg/kg，每 12h 1 次；或口服，0.011mg/kg，每 24h 1 次）。

（二）三尖瓣返流

三尖瓣返流（TR）是最常检查到的赛马心脏杂音，但 TR 几乎没有临床意义，哪怕是很严重的 TR。TR 没有品种、年龄或性别倾向，但一般在马驹或 1 岁的家畜中很少检查出。马 TR 的临床表现是正常的，偶尔发现有杂音。因为在右侧胸部听到杂音，而这里心脏听诊更难，所以可能会错过一些返流音。性能不佳的马也常见三尖瓣返流；因为 TR 一般不太可能导致性能变差，对于马性能差的原因，临床医师应排除其他原因后再考虑 TR。

临床检查会发现收缩期杂音（六级中的二级到五级）。杂音可能产生于全收缩期或收缩中晚期。收缩期杂音的 PMI 在三尖瓣区，胸腔的右侧位置，这里可以最清楚地听到心音，而杂音通常传到背侧。三尖瓣返流很可能是杂音强度与返流血量体积关系密切的返流类型。如果在右胸腔部听到一个响亮的杂音，为了避免忽略室间隔缺损，最好在左胸肺区重复听诊（稍后介绍）。重度 TR 可以观察到有明显的颈静脉扩张和搏动，在收缩期，明显的压力波在颈静脉处向上延伸超过了 10cm（在检查时，马的头部应保持中立位，高度不低于心脏水平位置）。如果出现细菌性心内膜炎，或继发于肺病或左心衰竭的肺动脉高压的右心衰竭，可以观察到心脏衰竭的症状。TR 可能很少伴随心律失常，如心房颤动。

超声波心动图可显示 TR 严重程度分级。彩色多普勒超声波心动图可将血流返流可视化。因为右心室和心房几何结构不同，不同马的右心大小的一致性不如左心，所以很难量化右心腔室的扩大。右心房和心室的大小只能通过与左心室对比进行主观估计。肺动脉高压对 TR 的影响，可通过采用脉冲波或连续多普勒超声心动图测量三尖瓣返流血流速度峰值进行评价。

患有 TR 的马一般预后良好，除非存在右心衰竭，一般 TR 很少影响马的性能。当患有心脏衰竭时，可考虑之前描述的 MR 治疗方法。除非患有心律失常或怀疑性能低下，否则一般不需要跟踪检查。

（三）室间隔缺损

室间隔缺损（VSD）是一种以室间隔有小缺损为特征的先天性心脏缺陷，左、右心室之间形成异常血流通道。VSD 发病率较高的是阿拉伯马和威尔士山小马，其原因尚未明确，可能是遗传因素，然而其他的品种也会出现 VSD。室间隔膜上的缺陷通常位于其基部，刚好在三尖瓣和主动脉瓣下面。它一般是一个孤立的缺陷，但有时是复杂的先天性畸形的一部分，如法洛四联症、肺动脉闭锁、三尖瓣闭锁和永存动脉干。

VSD 的病理生理学特点是有从左心室到右心室的血液分流，这种左到右的分流使肺血流量和血管的压力增加，从而导致流入左心房和左心室的血液量增加，造成左心室肥大。当缺损、输送血液量和肺动脉压力够大时，也会导致右心室肥大。在严重的情况下，还可能导致心脏衰竭。由于大多数 VSD 存在于主动脉瓣的下方位置，失去了主动脉基部的支持，主动脉瓣有脱垂进入缺损部位的风险。该瓣膜可能反常地密封室间隔缺陷，但这增加了慢性主动脉瓣关闭不全的风险。

马 VSD 的临床表现随缺陷的严重程度而变化。在一些马中，会偶然发现 VSD。小马驹和 1 岁的家畜会出现消瘦、生长迟缓、呼吸困难或心力衰竭的表现。训练过后，一些 VSD 马表现出性能降低和运动不耐受。

单纯室间隔缺损通常可以通过仔细的听诊得到诊断。在右胸部临床检查时，当血液快速地进入右心室时会有一个响亮刺耳的全收缩期杂音（六级中的三到六级）。常可在心前区触诊检查到震颤。因为返流的血液进入右心室方向是向下的，PMI 往往出现在三尖瓣区腹侧朝向胸骨的部位。随着右心室容量负荷过重，肺动脉瓣变得相对狭窄，使得收缩期杂音可在左侧胸壁的肺动脉瓣上听到，这种杂音通常比右侧轻。

当 VSD 伴随其他畸形或心脏功能异常时，听诊会有不同的发现。如果杂音在肺动脉瓣上比右胸壁听诊更响亮，VSD 可能伴随其他异常，比如导致严重的肺动脉狭窄的法洛四联症。此外，如果主动脉瓣返流继发主动脉瓣脱垂导致的室间隔缺损，可在胸

部左侧心基部听到全舒张期杂音。当心脏容量负荷过重，MR会发展并导致收缩期杂音，位于左侧胸腔心尖部。区分肺动脉瓣区和二尖瓣区收缩期杂音是有难度的。马患严重容量负荷超载，心肌肥厚和心律失常的，心律失常如心房颤动等可能伴有VSD，导致心脏节律混乱。

虽然仅靠听诊可以诊断心脏畸形，但右心室超负荷和维持左、右心室之间压力梯度的严重程度只能用超声心动图测量。

超声波心动图是确诊和进行血流动力学评估的最佳手段（彩图122-2）。通过二维超声波心动图，可以鉴定隔膜缺口及其大小。因为缺口常是隔膜的一个狭缝，所以应在多个成像平面进行仔细检查。一般的经验认为，马通常可以耐受直径小于2.5cm的缺损，但前提是排除左心室或右心室肥大、心室功能改变或肺动脉扩张。如果很难获得缺口清晰的图像，可用彩色多普勒超声波心动图来识别分流。为评估右心室和左心室之间的压力梯度，需进行连续多普勒扫描。血流速度与压力梯度成正比，速度超过4.5m/s时表明缺损小和右心室压力正常。随着缺损开口大小的增加，右心室压力增加，左右心室压力梯度降低，通过室间隔缺损的血流速度降低。当血流速度低于3m/s，通常表示严重的血流动力学不足。其他的超声波心动图发现包括：左心室或右心室肥大；肺动脉高压继发TR；左心室容量负荷过重继发MR；主动脉瓣脱垂进入缺损的隔膜引起的主动脉瓣返流。如果除了VSD，马还存在先天性畸形，超声波心动图的其他发现可能更重要。当有潜在的心律失常的可能时，可用心电图诊断。

马VSD的预后取决于缺损的血流动力学改变的严重性。如果缺损小而且限制血液流动，马很可能会表现良好并且不表现出心血管功能失代偿的迹象。相反，马患有严重的室间隔缺损而导致的肺动脉高血压和心肌肥厚会表现出性能低下，并有潜在发展为心力衰竭的风险。一般的建议是，这些马不适合做种用，也不建议治疗。出现心力衰竭症状时，治疗类似MR，即用呋塞米、地高辛和血管紧张素转换酶抑制剂来缓解。

四、心脏舒张期杂音

（一）主动脉瓣返流

主动脉瓣返流（AR）常见于老年马，是主动脉瓣最常发生病理变化，常可能为退行性变化，如瓣叶结节和纤维化导致的瓣叶增厚。当舒张期无冠瓣被拉至缺损的间隔时，VSD可继发主动脉瓣脱垂。

AR往往是在临床检查中偶然发现的。一般来说，AR不会造成性能降低，除非继发其他心脏病，比如MR、心房颤动或室性心律失常。这些心脏病可以导致共济失调、衰竭或性能降低。

发生AR时，听诊能够发现心脏全舒张期杂音。PMI位于左半胸壁主动脉瓣基底面，并向各个方向辐射。由于主动脉瓣位于心脏中心，杂音也可能在右胸壁听到。杂音的变化是从六级中的二级到六级，但其强度与疾病的严重程度无相关性。往往是全舒张期杂音，当听到渐弱的乐音样杂音时，比较容易诊断。然而，如果有时听到刺耳的吹风样杂音，且心音淹没在杂音中，很容易被临床医生误诊为收缩期杂音。这时，临床兽医应评估杂音的持续时间，若杂音持续时间很长则很可能是舒张期杂音。马驹患有短的舒张早期杂音（两岁吱吱声）时，则为心室充盈所引起的功能性杂音。严重的AR可以减低外周舒张压，因为在舒张期泄漏的瓣膜不能维持主动脉压力。相反，左心室容量负荷过重会导致较高的收缩压，当收缩压和舒张压差异增大，则引起“水锤”脉冲，有时在外周动脉如面部动脉能够触诊到脉冲波。主动脉瓣返流可能会伴有MR，引发一个额外的收缩期杂音，其PMI在二尖瓣听诊点。心律失常通常与AR同时发生。

虽然AR与马性能低下几乎没有相关性，但诊断AR需要进一步的检查，这是因为AR导致左心室容量负荷过重，可引起心室扩张和异常的左心室肥厚。扩大的心脏最终将导致心肌耗氧量增加，在运动时耗氧量明显增加。不幸的是，因为只有在舒张期心肌才能通过冠状动脉供血，所以患有AR时冠状动脉灌流会减少。这些动脉的入口位于主动脉瓣的正上方，在AR时导致舒张压迅速下降，血流减少。由此而引发的心室缺血可能导致致命性的室性心律失常。

对于左心室肥厚，超声心动图可确定大多数情况下的AR，尤其是鉴别心肌肥厚（彩图122-3）。二维超声波心动图可以观察到主动脉瓣增厚，还可以在某些情况下观察到右冠状动脉瓣脱垂。如果返流血流朝向二尖瓣，则可以观察到室间隔二尖瓣的高频振动。根据AR的严重程度，左心室扩张、心尖钝圆可能与偏心性心肌肥厚一起出现。同时，增加缩短分数，有时可见夸张的左心室壁运动。在彩色多普勒超声波的帮助下，可以半定量返流血流的大小和方向，多普勒信号源特别宽时则提示严重的血液返流。出于对骑手和马的安全考虑，应对休息中、高强度运动和恢复过程中患有中度至重度AR的马进行心电图检查，要重点鉴别室性心律失常。如果马患有中度至重度AR时仍继续用于骑行，则追踪检查要包括超声波心动图和心电图。

患有AR的老龄马一般预后良好。因为AR经过很多年后才会加重，所以不会影响当前的性能。对于青年或中年马，很难进行预后评估，但是如果没有容量负荷过重，或未出现MR并且随后的检查中AR进展的速度很慢，则预后良好。心力衰竭只发生在极个别的患AR的马，因此未见治疗方法的报道。

（二）肺动脉瓣返流

肺动脉瓣返流时，肺循环和右心室之间的压力差太低，不能产生可被听见的紊流声音，因此通过听诊难以诊断，需用多普勒超声波心动图进行诊断。此外，肺动脉瓣返流很少表现临床症状。明显的肺动脉瓣返流一般继发于左心衰竭导致的肺动脉高压。因此，肺动脉瓣返流对马一般不会造成影响，无须临床兽医干预，也不用进一步治疗。

（三）心内膜炎

心内膜炎是由心脏的心内膜表面感染引起，涉及瓣膜，也有涉及心脏壁，但涉及心脏壁很罕见。马的心内膜炎不常见，在报道的病例中，最常受影响的瓣膜是左

二尖瓣和主动脉瓣，其次是三尖瓣和肺动脉瓣。细菌性心内膜炎是菌血症期间的微生物定植在心内膜所导致，之后形成细菌团块，导致瓣膜返流或极少数瓣膜出现狭窄。引起细菌性心内膜炎的微生物涉及葡萄球菌、链球菌、放线杆菌、巴氏杆菌属细菌、大肠杆菌和其他生物包括圆形线虫和曲霉菌。一些案例报道了继发于由静脉插管导致血栓性静脉炎的感染性心内膜炎，但通常入口和原发灶都没有确定。如果其他器官，如关节、肌腱、肺和肾脏发生感染性转移，可能会导致与这些器官相关的临床症状。

心内膜炎的临床特点因具体情况而异，最常见主述持续性或间歇性发热。也可能会出现体重下降、嗜睡、厌食、抑郁、间歇性跛行等症状，少数出现心力衰竭等症状。

心内膜炎时可能出现任何等级的心脏杂音。如果不涉及瓣膜结构，可能没有杂音。杂音的分类取决于感染的瓣膜以及是否有瓣膜返流或狭窄。如果是二尖瓣或三尖瓣引起的瓣膜返流，会在左侧或右侧胸部听到收缩期杂音。如果是主动脉瓣受影响，瓣膜返流时通常听到的是舒张期杂音。继发于感染瓣膜占位性病变的瓣膜狭窄较少见，如果三尖瓣或二尖瓣狭窄会在其狭窄区域听到收缩期杂音；如果主动脉瓣狭窄则可导致心基部收缩期杂音。杂音的等级和音质可能随着疾病的发展而变化。严重心内膜炎有比较突出的心力衰竭的症状。存在继发感染时，可能会出现跛行、关节和腱肿胀、咳嗽等。

当出现发热、抑郁、体重减轻甚至心力衰竭的症状，以及听诊有心脏杂音时，可怀疑有心内膜炎。血液学显示慢性感染的非特异性症状，即白细胞增多、中性粒细胞增多、高纤维蛋白原血症、高蛋白血症以及贫血。然而，以上这些症状是非特异性的，任何器官的炎症都可能表现出这些症状。只有通过血液培养阳性和超声波心动图检查鉴定有感染瓣膜病变，才能确诊心内膜炎。

通过二维超声波心动图观察不同大小的团块和不规则的心内膜表面，可准确诊断心内膜炎（图 122-1）。多普勒超声波心动图可以量化瓣膜返流或狭窄的程度。根据血流动力学的严重性和感染的结构，可能会出现心肌肥厚、功能异常和压力增加。在许多没有心内膜炎病史的马，超声波心动图能偶然看到纤维化和结节状增厚的瓣膜。虽然这些结构通常无炎性成分，超声波心动图很难将其与心内膜炎的病变区分开，但无炎性结构往往能导致心脏杂音。在这样的情况下，通常没有临床症状或感染的血液学特征，除非有其他器官感染。在有感染症状以及有心脏杂音的马，需要确定

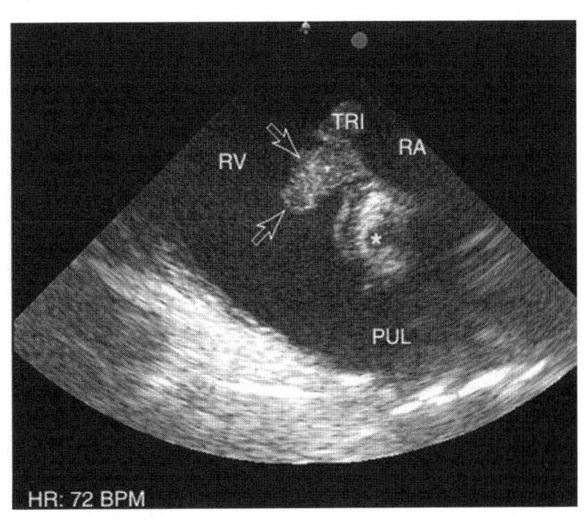

图 122-1　右侧胸骨旁二维超声心动图

右侧流入和流出道显示发生在三尖瓣的心内膜炎（箭头所示）

★：冠状动脉；PUL：肺动脉；RA：右心房；RV：右心室；TRI：三尖瓣

这种杂音是最近发生还是已长期存在的，还是可能已经在之前的检查中听到过。心内膜炎不太可能引起一个长期存在的杂音，它应该由非感染性的病因引起。

有些马的心内膜炎会发展成严重的心律失常，如室性心动过速、房性或室性早搏以及心房颤动等。应该对这些马定期进行心电图检查以追踪其病情的进展。

细菌性心内膜炎的治疗需要抗生素。在血液培养和药敏实验的结果出来之前，选择注射广谱抗生素。一个例子是高剂量穿透纤维强的青霉素（50 000 IU/kg，静脉注射，每 8h 1 次）联合庆大霉素（6.6mg/kg，静脉注射，每 24h 一次）。根据药敏试验结果改变治疗药物，即使细菌培养呈阴性，治疗也必须持续至少 5～6 周。如果有必要治疗心力衰竭，采用上述治疗 MR 的方案。

由于存在栓塞和充血性心力衰竭的风险，细菌性心内膜炎的马预后慎重或预后不良。通常二尖瓣和主动脉瓣病变的马比三尖瓣和肺动脉瓣病变的马预后更差。如果超声波心电图显示损伤小且没有全身炎症的表现，预后可能会好些。

治疗效果的监测可以通过超声波心动图进行。治疗后病变的大小应该减少，表面应更平整。应该对治疗反应良好的马定期追踪检查。

推荐阅读 

Aalbaek B，Østergaard S，Buhl R，et al. Actinobacillus equuli subsp equuli associated with equine valvular endocarditis. APMIS，2007，12：1437-1442.

Boon JA. The echocardiographic examination. In：Boon JA，ed. Manual of Veterinary Echocardiography. Baltimore，MD：Williams & Wilkins，1998：35-150.

Buhl R，Ersbøll AK，Eriksen L，et al. Use of color Doppler echocardiography to assess the development of valvular regurgitation in Standardbred Trotters. J Am Vet Med Assoc，2005，227：1630-1635.

Buhl R，Ersbøll AK，Eriksen L，et al. Changes over time in echocardiographic measurements in young Standardbred racehorses undergoing training and racing and association with racing performance. J Am Vet Med Assoc，2005，226：1881-1887.

Gehlen H，Vieht JC，Stadler P. Effects of the ACE inhibitor quinapril on echocardiographic variables in horses with mitral valve insufficiency. J Vet Med Ser A，2003，50：460-465.

Maxson AD，Reef VB. Bacterial endocarditis in horses：ten cases（1984-1985）. Equine Vet J，1997，29：394-399.

Naylor JM，Yadernuk LM，Pharr JW，et al. An assessment of the ability of diplomates，practitioners，and students to describe and interpret recordings of heart murmurs and arrhythmia. J Vet Intern Med，2001，15：507-515.

Patteson M, Blissitt KJ. Evaluation of cardiac murmurs in horses. 1. Clinical examination. In Practice, 1996, 367-373.

Reef VB, Bain FT, Spencer PA. Severe mitral regurgitation in horses: clinical, echocardiographic and pathological findings. Equine Vet J, 1998, 30: 7-12.

Virtums A, Bayly WM. Pulmonary atresia with dextroposition of the aorta and ventricular septal defect in three Arabian foals. Vet Pathol, 1982, 19: 160-168.

（董强　译，张万坡　校）

第 123 章　心包疾病

Sophy A. Jesty

马的心包炎不常见但也时有发生。此病越早发现，治疗效果越好。马心包炎可继发心脏压塞，需要进行急救治疗。在这一章，我们总结马心包炎的起因、临床症状、诊断、处理和预后。

对马来说，导致心包炎的病因有：病毒性感染和细菌性感染，例如马疱疹病毒 1 型（EHV-1），马疱疹病毒 2 型（EHV-2），流感病毒，链球菌，马驹放线杆菌，假单胞菌，多杀性巴氏杆菌，金黄色葡萄球菌，不动杆菌，大肠杆菌，粪肠球菌，化脓棒状杆菌，猫支原体，痤疮丙酸杆菌，假结核棒状杆菌和梭菌；免疫介导性疾病，例如嗜酸性心包炎，肿瘤，创伤；毗邻或附近组织持续扩散而来的炎症。然而，很多马的心包炎病例，被认为是先天性的。

现已报道的心包炎暴发病例有 3 起。最彻底的一次调查研究是在美国肯塔基及其附近区域，从 2001 年春天开始（至少持续到 2002 年），与母马繁殖丧失综合征（Mare Reproductive Loss Syndrome，MRLS）有关。其他的 MRLS 的表现包括早期和晚期的流产、眼内炎、晚期马驹虚弱和放线杆菌相关的脑炎。将近 60 匹马发展为心包炎。所有的病例中，超声波心动图可发现心包膜上附着纤维蛋白和心包腔液体积改变，并且很多马并发肺炎。所有受感染的马都需要反复进行心包穿刺放液，少数几个病例中使用心包灌洗。

病例中的积液有 2/3 是无菌纤维素渗出，其余 1/3 是化脓感染。使用标准的培养方法从化脓性积液中分离出的细菌包括：马驹放线杆菌、链球菌、多杀性巴氏杆菌、金黄色葡萄球菌、不动杆菌和假单胞菌。分离出来的最常见的细菌是马驹放线杆菌，可能特征性地侵害马的心包；链球菌是第二常见的细菌。对冰冻储藏的心包液样品中需要复杂生长环境的细菌，使用昆虫细胞培养液培养，可以生长出痤疮丙酸杆菌、金黄色葡萄球菌、链球菌和假单胞菌。如果分离出各种各样的细菌，则推测心包腔的细菌感染可能是不同诱因继发的条件致病菌引起。患有无菌性心包炎和化脓纤维蛋白性心包炎的马，马病毒性动脉炎、EHV-1、EHV-2、EHV-4、马流感病毒、支原体和组织胞浆菌的检测都呈现阴性结果。从病死马体内可分离出的细菌有马驹放线杆菌、链球菌和粪肠球菌，未分离出病毒和支原体。心包液聚合酶链反应检测 EHV-2，呈阳性结果，这个结果在马是普遍存在的。

MRLS 的临床症状与零散的东部天幕毛虫侵害有关。以前曾认为毛虫刚毛引起胃肠道损伤，导致胃肠道正常菌群传递到胎水、心包液和眼房水受到阻滞。支持胃肠道损伤假设的证据是，被毛虫感染的马体内，在刚毛嵌入的胃肠黏膜下层观察到微肉芽肿损伤。

有趣的是，从这些心包液中分离出的放线杆菌和健康马胃肠道中分离出来的是一样的。

一、临床症状

心包炎发病初期，从急性心包液积累到慢性、长期的心包液积累，出现或者不出现心包纤维化，其发展变化的速度差异很大。当心包积液积聚引起的心包内压力升高（心脏压塞）或者心包膜纤维变性限制了正常的扩张性时，舒张期心脏充盈受影响，导致全身静脉充血和心排血量减少。心包压力的增加是由心包液的量、蓄积率和心包性能决定的。因为在塌陷前，心脏左侧比右侧承受跨壁压力的能力强，所以会先出现右心功能紊乱的症状。

进行初步评估时，主述一般无特异性，主要为食欲不振、嗜睡、体重下降、疝痛、呼吸急促等。心脏或呼吸道疾病的症状常会导致兽医之间转诊。心脏压塞时，如果有大量的心包液，大多数病马的症状表现包括心动过速、颈静脉和全身其他静脉怒张、腹水肿、弱脉冲、黏膜苍白或发绀，还会听到心音微弱。对于多数马来说，心脏压塞可检查到包括心包摩擦音（渗出物为纤维蛋白）、抑郁、发热、呼吸急促或呼吸困难和腹侧肺听诊音减弱。心包摩擦音有着经典的三相，分别可在心房收缩、心室收缩和舒张早期充盈后听到。

在马心脏压塞时可能检测到奇脉，要与吸气时系统血压正常降低的夸大相鉴别。这种降低是在吸气时左心室心搏量下降的结果，因为静脉回流和右心室充盈是以左心室充盈为代价的，并且瞬间减少了肺静脉和左心房间的灌流梯度，也减少室间隔到左心室的收缩。对于患有心脏压塞的马，有时周围脉搏太弱以至于检测不到奇脉。

二、诊断

血象可能显示感染或应激白细胞象，包括白细胞升高、中性粒细胞增多（有或没有核左移）以及高纤维蛋白原血症。血清生化检查结果可能正常，或者预示着脱水、低蛋白血症、心包积液（第三间隙液体）导致的电解质紊乱，或者出现与心脏压塞导致的终末器官损伤相一致的变化，比如氮质血症和肝脏酶活性增高。

心电图可能会表现出心动过速，QRS 波振幅降低（图 123-1）。心脏压塞的一个特异但不敏感的现象是电交替或 R 波振幅的逐搏交替变化。X 线可能显示心脏轮廓增大，但是如果有胸腔积液存在，心脏边缘可能难以评估。

诊断马心包炎，首选超声波心动图。超声检查通过测量腔室的大小及右心房和心室塌陷程度，可以检查到积液的量和性质、纤维蛋白的存在及其多少，也可评估心脏压塞的程度（图 123-2 至图 123-4）。

采集心包液样品时须通过心包穿刺术才能获取心包液真实和具体的特征。对积液应该进行细胞学分析，需氧和厌氧细菌培养与抗生素的敏感性试验，以及病毒和分枝杆菌的分离。可以收集血液进行血清中心包炎抗体效价分析，同时进行 EHV-1、马病毒性动脉炎和感冒病毒抗体效价的分析，3～4 周后评估抗体效价是否升高或者降低 4 倍或者 4 倍以上。

心源性酶，如心肌肌钙蛋白 I，可以作为敏感而特异的心脏损伤标志物，而且可以以它对心肌参与程度进行评估（见《现代马病治疗学》，第 6 版，第 47 章）。

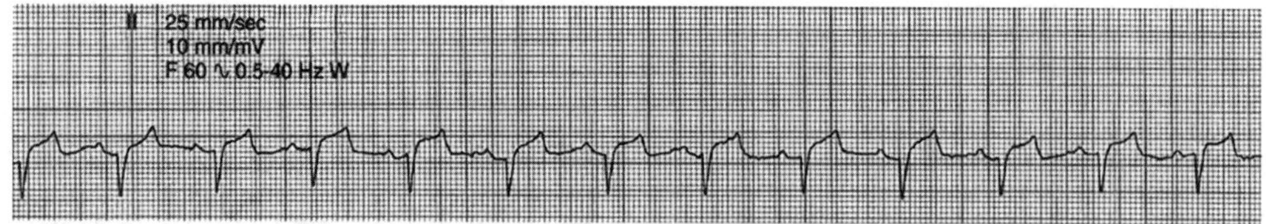

图 123-1　马患严重心包积液和心脏压塞的心电图

观察到窦性心动过速（72 次/min）和 QRS 波低振幅。此心电图上未出现心脏压塞常见的电交替。纸速度 25mm/s，振幅 10mm/mV

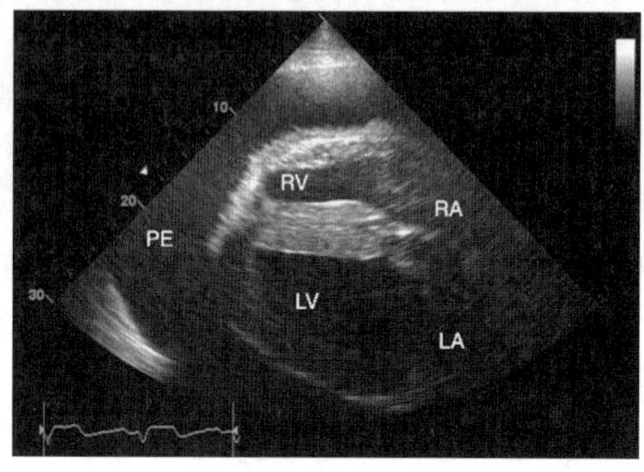

图 123-2　马心包积液时心脏的右胸骨旁长轴四心腔切面的超声波心动图

轻度至中度的纤维蛋白沉积于心外膜和大量心包积液。右心房可以发现自发性造影或者“烟雾”，这经常出现在马的超声波心动图。这匹母马患有原发性纤维蛋白溢出性心包炎，成功治愈。LA：左心房；LV：左心室；RA：右心房；RV：右心室；PE：心包积液。扫描频率：1.7 MHz；扫描深度 30cm

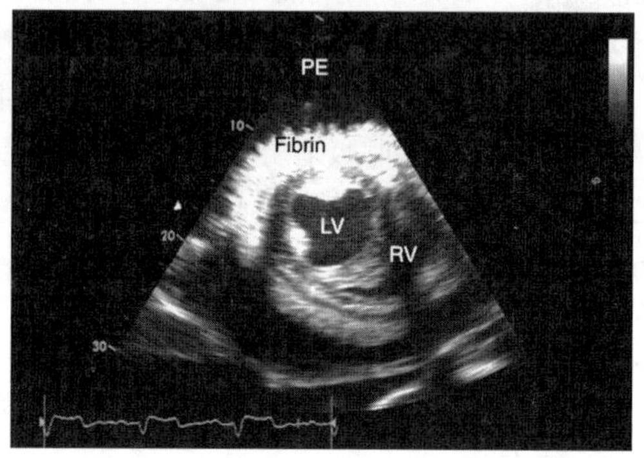

图 123-3　马心包积液的超声波心动图

图为心脏左侧胸骨旁短轴两心腔切面。可见严重心外膜纤维蛋白沉积和大量心包积液。这匹马患有化脓性心包炎，最后实施安乐死，剖检证实了当初的诊断。Fibrin：纤维蛋白。LV：左心室；RV：右心室；PE：心包积液。扫描频率：1.7 MHz；扫描深度 30cm

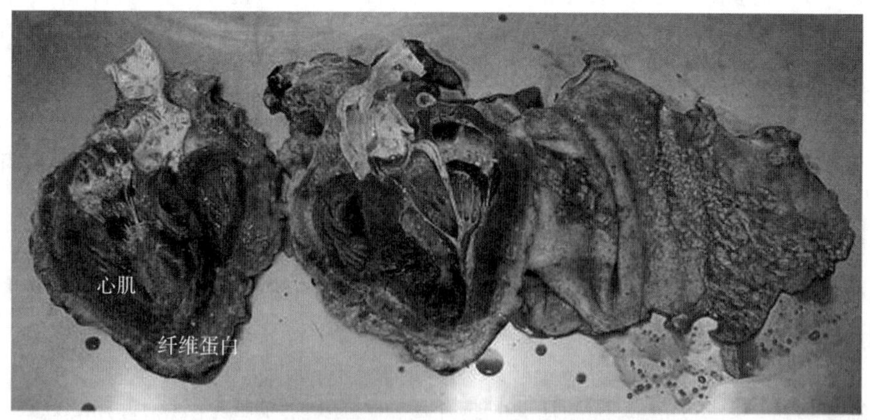

图 123-4　与图 124-3 同一匹马的剖检照片

剖检发现严重的心包积液和纤维蛋白沉积。注意附着在心外膜纤维蛋白的厚度，右侧为心包壁层（感谢 Dr. Kiran Palyada 提供尸检图片）

三、治疗

只要安全有保证就可以进行心包穿刺术，既可以用于诊断也可以用于治疗。在超声波引导下进行心包穿刺是最安全的。一般情况下，大型动物的心包穿刺术在左侧第五肋间隙靠近肋软骨结水平线上进行，在这个区域操作可保护壁薄的右心。另外一种方法，一些临床医生喜欢在右侧第五肋间隙进行手术以避开冠状血管，因为冠状血管在左侧更粗。要确定最佳的心包穿刺术位置，需要在超声波引导下进行，所得到的位置可能在每匹马身上都不同。

只有在心包积液量很少，插入大口径的导管危险的情况下，才可以进行不排出积液的心包穿刺手术。在这种情况下，可插 10～14G 以上的非针导管到心包腔内，吸出积液用于诊断。心包腔积液深度如果大于 5cm，可以尝试使用套管针导管使口径足够大以保证排出积液（图 123-5）。导管的直径应该大到马可以安全地留置，通常使用的范围为 16～28 Fr（1 Fr=1/3mm）。

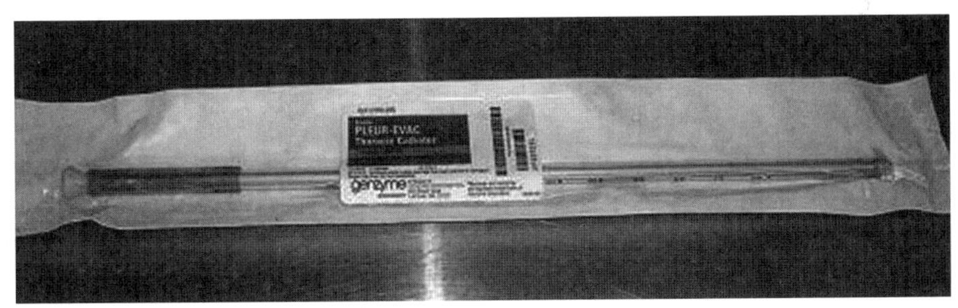

图 123-5　套管针导管的样品，可用于心包引流和灌洗
（Pleur-EVAC 胸导管套管针）

穿刺前，皮肤、皮下组织和肋间肌局部麻醉，在皮肤上做一个刺切口，可以把套管针导管插入。当套管针插入体壁困难以及马反抗时，需要对马实施镇静。当套管针导管穿透心包侧壁，有时会有爆破的感觉。当液体开始填满导管时，导管应在套管针中往前推进进入心包腔，使得它不会因为积液排出和心包腔空间减少而移位出来（图 123-6）。导管可以往前推进，直到只有 5～10cm 的导管留在马体外，或者当感觉到心脏跳动在导管顶端时，到达此处后导管应该稍微收回。当导管在肋软骨交界左侧第五肋间插入时，有可能从心包腔（相对于胸膜腔）引流，但位置可以在超声波心动图下进行确认。引流的速度是由导管的大小决定。一些临床医生更喜欢缓慢地除去心包液来减轻液体的变化和血流动力学失代偿造成的影响。

因为正好作用于心脏压塞压力-容积曲线的陡峭阶段，甚至小幅减少积液量能显著降低压力，所以在相对少量的液体排出后，心脏速率和脉冲质量立即得到改善。在心包穿刺术之前，应建立静脉通道以在整个过程中快速给药。因为穿刺时通常发生起源于心室的心律失常，整个过程中进行持续心电图监测是十分重要的。心律失常继续发展也不能停止继续穿刺，但是应减少导管进入心包腔的深度。心脏压塞被疏通之后心

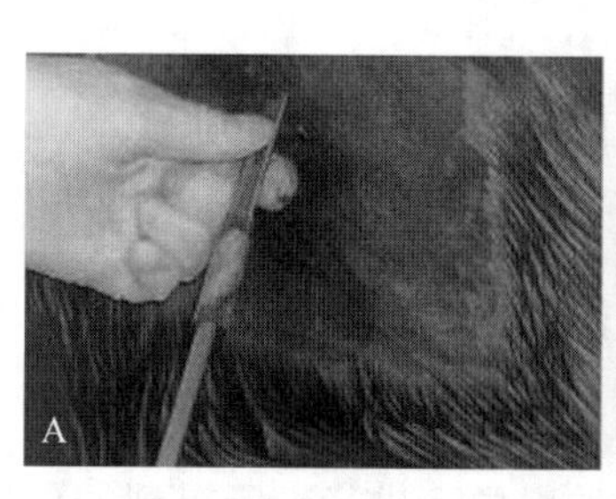

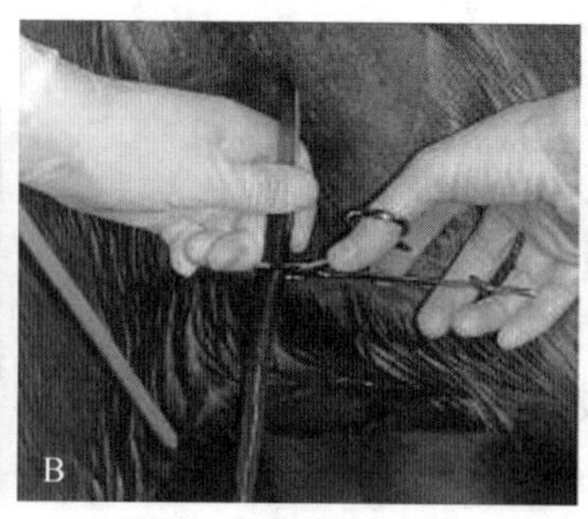

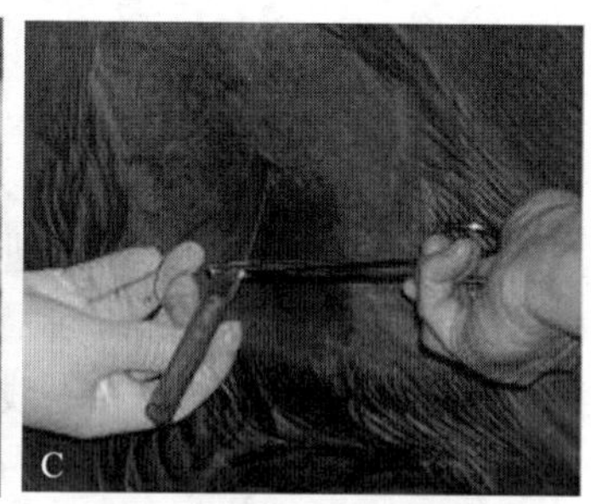

图 123-6　心包引流术

A. 通过左侧第五肋间隙将套管针的导管深入到心包腔，图为当心包液充满导管时，正在缩回套管针　B. 已移除套管针，通过导管将心包液自由地排出。当排液开始变缓，用止血钳夹住导管防止心包积气　C. 在留置心包导管处用中国式绕指缝合法缝合。保持止血钳不动，直到导管的端部可以安全的套上一个单向Heimlich翼瓣引流管或乳胶套

排血量会激增，因此在手术过程中或手术开始前要静脉输液，而且输液也能促进缺血组织的灌流。

在心包穿刺手术前禁止使用利尿剂，不管怎样这些药都不能很快的降低心包液的量。而且，利尿剂通过降低前负荷而减少心脏充盈，加剧心脏压塞。在心包引流术后，可用呋塞米增加肾血流量。

在心包引流术完成后，利用中国式绕指缝合法将导管固定，留置在适当的位置。这个管子应该使用单向 Heimlich 翼瓣引流管或者乳胶套来关闭夹紧或者打开，以降低上行感染或心包积气的风险。最好留下留置管，可以确定心包积液的性质、流体的积累率，以及心包内给药。通常，这意味着导管将保留 1～3d。一些医生不愿安装留置管，而是去进行多次心包穿刺术以降低上行感染或者心包积气的风险。

不管积液是否具有脓性，心包灌洗都是有利的，尤其在心包腔内有纤维蛋白时。用 5L 均衡聚离子液体每天冲洗 2 次，会将纤维蛋白、炎症细胞、病原体和免疫复合物冲洗出来。每次灌洗之后，在心包腔内留下将近 1L 的液体，会有利于防止心外膜和心包表面之间形成粘连。心包管可以留在原处，如果出现移位，或者 24h 积累的液体少于 1L，或者不再需要通过其注射药物时，管子就可以撤掉。

具体治疗方案要依据积液性质决定。如果已经确定了积液性质，建议使用广谱抗生素静脉注射，可以考虑青霉素和氨基糖苷类或者氟喹诺酮联合使用。如果心包液是脓性的（心包液存在大量变性的中性粒细胞和细菌，特别是巨噬细胞），持续静脉注射抗生素 7～14d，之后抗生素应口服2～4 周。要依据药敏试验的结果选择抗生素，在药敏试验结果出来前，应该使用持续广谱抗生素。当心包留置管仍然留置时，也要使用抗生素进行心包灌注。心包灌注的安全药物有青霉素钠、庆大霉素、头孢噻呋、氨苄青霉素或替卡西林。当用于心包灌注，青霉素钠比青霉素钾更好，因为高浓度的钾会引起心律失常。抗生素（青霉素钠 10×10^6 U 或 1g 庆大霉素）可以混合于 1L 的均衡聚离子液体，在排空积液之后加入心包腔内，每天 2 次。

通常情况下，如果是非脓性心包液，就可以停止使用抗生素。对于怀疑的免疫介导

心包炎（通常是病毒引起的）的马匹，全身性使用或者心包内灌注皮质类固醇（20～50mg 地塞米松，每 24h 静脉注射或心包内注射 1 次；100mg 的氢化泼尼松琥珀酸钠，心包内注射；30mg 曲安奈德，心包内注射）或者心包内灌注。也可以不顾及心包炎的性质，系统性使用非类固醇抗炎剂治疗。

控制马心包炎的药物还有抗凝剂（肝素，5 000 IU，心包内注射），防止纤维化的药物（秋水仙碱，0.01～0.03mg/kg，口服，每 24h 一次），改变血液流变学特征的抗炎剂（已酮可可碱，7.5mg/kg，口服，每 8～12h 一次），抗氧化剂（维生素 E，每匹马 6 000～8 000 IU，口服，每 24h 一次）。虽然这些药物的疗效还未经证实，但使用这些药物对有些马有帮助。

治疗缩窄性心包炎需要手术进行心包切除或者心包切开。如果压缩部分在心包壁层，就可以治愈。但如果压缩发生在心外膜，手术有一定难度，并有心外膜出血的危险，而且可能复发，导致预后不良。

四、预后

一般认为心包炎患马预后都不好，但最新的报道已经否定了这个说法。如果心包炎及早发现并给予适当的治疗，预后会显著改善。先天性、怀疑病毒感染或者免疫介导心包炎往往预后良好甚至痊愈。如果给予适当的抗菌药物，化脓性心包炎的患马预后也不错。肿瘤或者创伤性心包炎的患马往往预后不良。患有纤维素性心包炎可在几个月甚至几年后，继发缩窄性心包炎，但马的这种并发症是很少的。

推荐阅读

Bolin DC，Donahue M，Vickers ML，et al. Microbiological and pathologic findings in an epidemic of equine pericarditis. J Vet Diagn Invest，2005，17：38-44.

Lorell BH. Pericardial diseases. In：Braunwald E，ed. Heart Disease：A Textbook of Cardiovascular Medicine. Philadelphia：WB Saunders，1997：1478-1534.

Reimer J. Pericarditis outbreak：management and prognosis. In：Proceedings of the 20th Annual American College of Veterinary Internal Medicine，2002：133-134.

Slovis NM. Clinical observations of the pericarditis syndrome. In：Proceedings of the First Workshop of Mare Reproductive Loss Syndrome，2002：18-20.

Worth LT，Reef VB. Pericarditis in horses：18 cases（1986-1995）. J Am Vet Med Assoc，1998，212：248-253.

（董强　译，张万坡　校）

第 12 篇
皮肤病

第 124 章　役用马淋巴水肿

Verena K. Affolter

慢性淋巴水肿（Chronic progressive lymphedema，CPL）是役用马的一种致残性疾病，以四肢远端肿胀、过度角化、皮肤显著纤维化以及形成皮肤皱褶和结节为特征。该疾病常因细菌和寄生虫的反复感染而变得复杂，会进一步损害淋巴引流。马慢性淋巴水肿与人的原发性淋巴水肿类似，也被称为疣状败血性象皮肿（Elephantiasis verrucosa nostra）。人原发性淋巴水肿是一种与许多基因（包括 *FOXC2* 基因）有关的遗传性疾病。

马慢性淋巴水肿病在夏尔斯马（Shires）、克莱兹代尔马（Clydesdales）和比利时矮马中更为常见。虽然 CPL 相应病变也在吉普赛马（Gypsy Vanners）、英国短腿马（English Cobs）和弗里斯马（Friesians）中出现，但并未对这些马的发病情况进行深入研究。美国的佩尔什马（Percheron horses）似乎通常不发生慢性淋巴水肿，但欧洲的佩尔什马却发现有慢性淋巴水肿的发生。作为一种慢性渐进性消耗性疾病，慢性淋巴水肿可使马严重畸形，因跛行丧失使用价值，并过早采取安乐死。

一、临床症状

慢性淋巴水肿的临床症状因患病阶段和有无继发感染而不同。虽然四肢均可受到影响，但后肢的病变会更加明显。初期病变可能在 2 岁时即出现。通常，早期点状水肿和轻微的皮肤角化会被浓密的被毛所掩盖，所以早期的轻微症状不易觉察。如果剪掉被毛，就能发现皮肤表面的点状水肿和轻微起皱的皮肤（图 124-1），尤其在球节和骹骨区病变最为突出。在这一阶段，可能会发生继发感染并引起皮肤和皮下组织炎症。任何炎症都会进一步使淋巴流的干扰加剧。随着点状水肿的发展，胫骨、肌腱和球节清晰的轮廓消失，四肢呈现圆锥形。

继发感染主要包括葡萄球菌（*Staphylococcal* species）和足螨（*Chorioptes* mites）感染，但偶尔会存在刚果嗜皮菌（*Dermatophilus congolensis*）和其他细菌的感染。足螨感染引起明显的皮肤瘙痒症状，可通过观察蹄部重踏来证实。由于瘙痒而经常摩擦四肢，进而会造成表皮脱落。

持续的点状水肿引发皮肤和皮下组织的纤维变性和硬化，进一步使淋巴流减弱加剧。除了远端腿部周长增加外，掌部和骹骨部的足底区最先出现坚硬的皱褶和结节。随时间推移，皱褶和结节逐渐增大（深度和直径分别可达几十厘米）。最终，皱褶和结节会向球节附近发展，也可能会通过各种方式延伸至腕骨和踝骨。皮肤表面严重的角质化和过度鳞屑化。

该病进入后期，厚密的被毛也不能掩盖明显的病变时，畜主才能察觉。随着淋巴水肿硬化，淋巴引流和适当的组织灌注显著受损，导致皮肤皱褶和结节的糜烂和溃疡，并且继发性细菌和寄生虫感染会更频繁地发生且病情会更严重，皮肤表面会有渗出物、出血以及痂皮形成。这些病变不仅瘙痒，而且疼痛，因此许多病马不愿让四肢有触碰。特别是当发生炎症时，具有突出皱褶和结节的显著硬结会干扰正常步态，此外，较大的皱褶会被对侧肢蹄自伤（图 124-2）。持续感染可发展至深层组织，并引发淋巴管炎和整个肢蹄部肿胀。具有渗出表面的深部皮肤皱褶易引起蝇蛆感染。

患有慢性淋巴水肿的马，其马蹄质量也很差，以脆性、蹄壁碎裂为特点，且冠状带显著角化，马蹄变宽变形。常见蹄叉腐疽和深层蹄部脓肿，一些马匹会发展成为蹄叶炎。

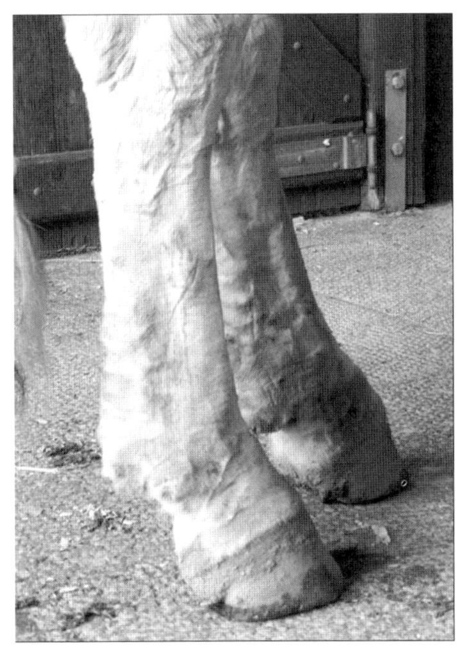

图 124-1 患有慢性淋巴水肿病的 4 岁吉普赛母马的肢体远端

清除被毛后可见下肢轻微增厚和轻微皮纹

图 124-2 患慢性淋巴水肿的 13 岁夏尔斯阉马肢体远端

在该病的晚期，病马远端肢体严重变厚，伴有坚硬、纤维化的增生性结节和皱褶。皮肤表面因水肿和继发感染而不断渗出液体

二、病因学

马慢性淋巴水肿的确切病因尚不明确。与人原发性淋巴水肿相似，马慢性淋巴水肿与循环和淋巴引流受损有关，其可导致皮肤屏障功能受损，而皮肤屏障功能受损与

厚密的被毛共同形成密闭的环境，为细菌（葡萄球菌和刚果嗜皮菌）和寄生虫（足螨）的反复感染创造了条件。弹力蛋白在淋巴管发挥有效功能以及正常淋巴引流中起关键作用。在受感染的夏尔斯马、克莱兹代尔马和比利时马中，弹力蛋白新陈代谢发生改变以及弹力蛋白发生降解，组织学中弹力蛋白网状结构的形态变化，抗弹力蛋白循环抗原水平增加。在受感染的马种中，10 岁以上的马几乎均患有淋巴水肿病。此外，某些役用家系更易感，表明这种疾病具有一定的遗传背景，提示患有原发性淋巴水肿病人也可能具有同样的情况。然而，至今还没有马慢性淋巴水肿的遗传倾向的报道。一份报告中显示，在受检的患马中，马 *FOX*2 基因核苷酸多态性并不一致。

三、病理学

表层活检样本显示，由于淋巴水肿典型的原发病变在真皮和表皮深层最为明显，因此，继发感染一般不具有很高的诊断价值。然而，用特异的酸性苔红素姬姆萨（Acid-Orcein-Giemsa）染色可显示出真皮层弹力蛋白网络排列混乱。双冲孔活检技术（Double-punch biopsy technique）通常更有效，能显示淋巴管和脉管系统的变化。此方法第一步：制作一根孔径为 8mm 的打孔器穿过表皮层到达真皮层的中间层；第二步：制作一根孔径为 6mm 的打孔器从初始位置穿入采集真皮和表皮的深层组织。肿胀的淋巴管被水肿和显著纤维化组织包围，缺少完整的环状弹力蛋白网状结构（经酸性苔红素姬姆萨染色可见）。继发感染引起表皮内脓疱、糜烂、溃疡、结痂和管腔毛囊炎。显著的慢性炎症见于真皮层，也可能会向深层组织发展。严重病例的组织具有淋巴管炎的特征。

四、诊断

临床表现具有诊断意义，尤其在晚期。虽然早期症状被长被毛掩盖难以识别，但对下肢全面触诊通常可以发现轻微病变，包括胫骨和屈肌腱界限不清晰，缺乏球节至骹骨区的过渡，以及皮肤表面过度角化和轻微的皮纹。全面反复的皮肤刮片可发现足螨的感染。如前面所述，活组织检查不一定对慢性淋巴水肿有诊断价值。

淋巴显影术（Lymphoscintigraphy）能清晰地识别组织液郁积和淋巴引流迟缓，这甚至对早期慢性淋巴水肿的诊断非常有效。但是，淋巴显影术尚不能应用，且价格昂贵，使得该方法不适合用于育种计划前马匹的评估筛查。

感染马匹的抗弹力蛋白循环抗体水平会有所增加。然而，ELISA 检测结果的诊断阈值还没有在每个患病品种中经过较大范围的验证。因此，ELISA 不能作为一种可靠的诊断方法。迄今为止，还没有基于遗传学研究而建立的可靠诊断筛查方法。

五、管理

目前，还没有有效治疗慢性淋巴水肿的方法。即使继发细菌感染和螨虫感染得到

恰当治疗，马的管理仍是一项循序渐进的过程。只有严格管理方能彻底改善状况，延缓病程，有助于避免反复感染。有效管理最重要的一步就是剪掉被毛便于评估病变的程度并进行适当的局部治疗，这虽然常遭到畜主的强烈反对，但可使畜主放心的是剪掉的被毛经过10～12个月的生长可长到最初的长度。

六、感染治疗

（一）局部治疗

四肢必须常规性地进行清洗、清洁和干燥。避免用力搓或使用干燥肥皂，因为这将进一步刺激皮肤，加剧淋巴水肿。推荐使用无刺激性的硫黄洗发剂。尤其在被毛恢复生长期，需要吹干保持腿部干燥。局部喷洒氟虫腈喷雾剂（fipronil spray）可有效治疗螨虫感染；但是氟虫腈喷雾剂在马匹上的使用还没有经美国食品和药物管理局的批准，不鼓励用于孕马和泌乳期的母马。石硫合剂是一种经济有效的足螨局部治疗药物，并且它对孕马是安全的。可湿性硫黄粉与矿物油混合制成乳膏。皮肤皱褶处的细菌感染可用局部抗菌药物进行治疗。交替使用抗菌药物和正确的治疗方法能有效防止产生耐药性。

（二）全身性治疗

频繁使用伊维菌素（ivermectin）治疗有助于防止螨的反复感染。如果有严重的细菌性皮肤感染，需全身使用抗菌药物。

（三）环境

厩舍使用杀虫剂有助于预防螨对马匹的持续性反复感染。定期运动非常关键，有助于促进循环以及淋巴流动和引流。给马匹带上加压绷带做轻微运动是按摩治疗的一个组成部分。尤其在运动后，推荐用冷水冲洗剪过毛的四肢。但是，每次冲洗完后，彻底吹干四肢很重要。患有慢性淋巴水肿的马需进行严格日常蹄部护理。及时查看蹄叉腐疽部位很关键，因为任何炎症可加剧淋巴水肿的病程。

（四）联合消肿治疗

在第一阶段，每天进行人工淋巴引流按摩，接下来使用专用多层加压绷带和低张力压力绷带在四肢上形成一个梯度压，目的是为了将感染区域的淋巴转移至正常运行的淋巴系统中。人工淋巴引流有助于刺激淋巴系统清除掉组织间隙中累积的蛋白质和水返回到循环中。正确应用人工淋巴引流可使纤维化和硬化的组织分解消散，而清剪被毛可使治疗更加有效。应该强调的是，必须让经过正规训练的人执行人工淋巴引流。

为了加压，应用专用的张力压力绷带小心垫在四肢。在第一阶段，每周7d，每天24h持续使用这种绷带，能达到最理想的治疗效果。最初，由于淋巴水肿产生渗出液，所以需要每天更换绷带。如果可以忍受，马匹就可以带着绷带进行一些像散步的轻微运动。张力压力绷带按摩结合轻微的运动可减少肿胀，因此，运动后重新包扎绷带非常必要。

如果进行人工淋巴引流和加压绷带治疗后，情况仍未得到改善，就需要进行第二阶段的治疗。继续进行皮肤护理和运动，并用特制棉质编织物加压外套辅助，防止瞬发的淋巴水肿复发。有时也需要进行淋巴引流进行治疗。

推荐阅读

De Cock HEV，Affolter VK，Farver TB，et al. Measurement of skin desmosine as an indicator of altered cutaneous elastin in draft horses with chronic progressive lymphedema. Lymphat Res Biol，2006，4：67-72.

De Cock HEV，Affolter VK，Wisner ER，et al. Progressive swelling，hyperkeratosis，and fibrosis of distal limbs in Clydesdales，Shires，and Belgian draft horses，suggestive of primary lymphedema. Lymphat Res Biol，2003，1：191-199.

De Cock HEV，Affolter VK，Wisner ER，et al. Lymphoscintigraphy of draught horses with chronic progressive lymphedema. Equine Vet J，2006，38：148-151.

De Cock HEV，Van Brantegem L，Affolter VK，et al. Quantitative and qualitative evaluation of dermal elastin of draught horses with chronic progressive lymphedema. J Comp Pathol，2009；140：132-139.

Fedele C，von Rautenfeld DB. Manual lymph drainage for equine lymphoedema-treatment and therapist training. Equine Vet Educ，2007，19：26-31.

Ferraro GL. Chronic progressive lymphedema in draft horses. J Equine Vet Sci，2003，23：189-190.

Mittmann EH，Momke S，Distl O. Whole-genome scan identifies quantitative trait loci for chronic pastern dermatitis in German draft horses. Mamm Genome，2009，21：95-103.

Momke S，Distl O. Molecular genetic analysis of the ATP2A2 gene as candidate for chronic pastern dermatitis in German draft horses. J Hered，2007，98：267-271.

Powell H，Affolter VK. Combined decongestive therapy including equine manual lymph drainage to assist management of chronic progressive lymphoedema in draught horses. Equine Vet Educ，2012，24：81-89.

Rüfenacht S，Roosje PJ，Sager H，et al. Combined moxidectin and environmental therapy do not eliminate Chorioptes bovis infestation in heavily feathered horses. Vet Dermatol，2011，22：17-23.

van Brantegem L，De Cock HEV，Affolter VK，et al. Antibodies to elastin peptides in sera of Belgian Draught horses with chronic progressive lymphedema. Equine Vet J，2007，39：418-421.

Young AE，Bower LP，Affolter VK，et al. Evaluation of FOXC2 as a candidate gene for chronic progressive lymphedema in draft horses. Vet J，2007，74：397-399.

（宋军科　译，赵光辉　校）

第 125 章　黑 素 瘤

Jeffrey Phillips

黑素瘤（melanoma）是由正常黑色素细胞（是一类存在于皮肤以及全身各处的色素生成细胞）转化而形成的肿瘤。虽然黑素瘤可在所有哺乳动物中自然发生，但却是马最常见的肿瘤。在马的所有皮肤瘤中黑素瘤占到 3.8%～15%，其发生频率仅次于肉样瘤。据研究显示，马黑素瘤发病率有可能正在不断上升，这与报道的人黑素瘤发病率升高的情况相一致。尽管该病被认为有性别倾向性，但这种偏好性还未被证实。相比之下，尽管不同品种和颜色的马匹均有黑色素瘤发生，但灰色马具有显著罹患该病的倾向，而年龄较大的灰色马匹患病率高达 80%。

一、组织学分类

几个世纪以来，马的黑素瘤一直被公认为是一种生长缓慢但可频繁转移的局部浸润性肿瘤。从良性黑素瘤（痣）到间变性恶性变异，黑素瘤涵盖了所有组织学和临床上的变异种类。非灰色马中，黑素瘤仅存在良性和恶性变异种类。然而在灰色马中，良性和恶性肿瘤之间似乎是一个临床上的连续统一体，并且黑素瘤疾病过程被进一步延伸，包括色素沉着和真皮及表皮浸润，导致斑块状病变形成，而不是真的增生或肿瘤。

组织学上，肿瘤黑色素细胞被认为是一种具有常染色质核的轻度至中度多形性上皮样梭型细胞。此类细胞很少出现双核，但易形变并常见高细胞质色素沉积，偶尔也会发生有丝分裂。根据肿瘤细胞的形态和在皮肤附件的位置，这些肿瘤被分为不同的组织亚型。在真皮表层和真表皮连接处的良性黑色素细胞集合称为黑素瘤（黑色素痣）；深层真皮处的肿瘤，以及由分化完全的具有致密细胞质色素沉积和最小恶性标准的黑素细胞组成的肿瘤均被归类为真皮黑素瘤。临床上，真皮黑素瘤被进一步细分成由少量分散团块和结节构成的肿瘤，以及更弥散的多重频繁融合的肿瘤（真皮黑瘤病）变体。根据肿瘤细胞的形态特征以及传统的恶性肿瘤标准，另一种描述性分类法将肿瘤分为良性变种或者恶性变体。良性变体包含高度分化和重度着色的黑色素细胞。良性肿瘤常包含于假包膜内，这些细胞具有多种有丝分裂指数。恶性肿瘤常以多形性增加、可变色素沉着、中度至高度的有丝分裂率、血管和淋巴管浸润、表皮浸润以及肿瘤边界模糊为特征。

二、分子遗传学

许多研究一直试图阐明马黑素瘤的分子基础，以作为人黑素瘤的比较模型。由于灰色马肿瘤形成的风险性增加与灰化后毛色丢失有一定关联，大多数研究者主要关注灰色马。最近的研究表明，少年白的遗传学基础是在 *STX*17 基因内含子 6 中有一个长 4.6kb 的复制子，可导致 *STX*17 和相邻基因 *NR*4*A*3 的过表达。这个复制子有可能含有黑色素细胞特异效应的调控元件。这些效应会将一个弱增强子转化成一个强的黑色素特异性增强子，每一个增强子编码小眼球相关转录因子的结合位点。小眼球相关转录因子调控黑色素细胞的发育，并且 *STX*17 基因内的这些转录因子结合位点为灰色等位基因（包括毛发变灰、黑素瘤易感性和白斑）的黑素细胞特异效应提供了一个似乎合理的解释。虽然 *STX*17 以常染色体显性方式进行遗传，但黑素瘤形成的风险及其与突变相关的其他特征似乎与多种基因有关。

为了确定黑皮质素-1 受体（melanocortin-1 receptor，MC1R）在黑素细胞瘤发生中的作用，已经对 MC1R 信号突变进行了研究。值得注意的是，MC1R（C901T）的一个单核苷酸多态性与栗毛色和黑素瘤发生的低风险性有关。刺鼠信号蛋白（agouti signaling protein，ASIP）是一种已知的 MC1R 的拮抗剂。ASIP 中功能突变体（ADEx2）的丧失与黑毛色和黑素瘤形成风险的增加有关。除了上调下游基因（如酪氨酸酶），通过 MC1R 通路增强信号也能导致黑色素细胞中 NR4A 核受体亚群表达显著增加。如前所述，虽然 NR4A3 的过表达与人或马的黑素细胞肿瘤没有直接关系，但灰色马黑素瘤中已发现了 NR4A3 的过表达。

黑素瘤恶性转化的分子基础也已被研究。已在灰色马的黑素瘤组织中发现 *STX*17 复制子的拷贝数增加。据推测，拷贝数的增加可能与肿瘤侵袭性有关。蛋白激酶 C 受体蛋白（Receptor for activated C-kinase 1，RACK1）作为蛋白激酶 C 的锚定蛋白，有可能在细胞信号中起到至关重要的作用，也与黑素瘤的转化有关。RACK1 的免疫荧光检测有助于区别良性和恶性黑素细胞瘤。

三、诊断和治疗方案

病马肿瘤常出现于会阴区、尾下、沿腹侧或四肢、包皮上、头或颈部、或内脏中，而转移常见于其他皮肤部位、淋巴结和内脏器官（图 125-1）。黑素瘤常具有致密的色素沉着，但肿瘤组织中可见褪色区和白斑区。此外，无黑色素和缺乏色素沉着的肿瘤在灰色和非灰色马中均可发生。肿瘤可发生在较深层的真皮组织中，也可发生在浅表真皮和表皮组织。随着表皮组织肿瘤的扩大，常使整个上皮发生溃疡。当血液供给需求的过快时，进行性肿瘤增大也能导致中心部位发生坏死。

马黑素瘤常根据病征（灰色马）和病变外观进行诊断。在某些病例中，组织检查可用于非灰色马或缺乏色素沉着的肿瘤的确诊。总的来说，90%以上肿瘤的初始表现都是良性的，但如果不进行治疗，高达 2/3 的肿瘤会发展成明显的恶性行为。区别这

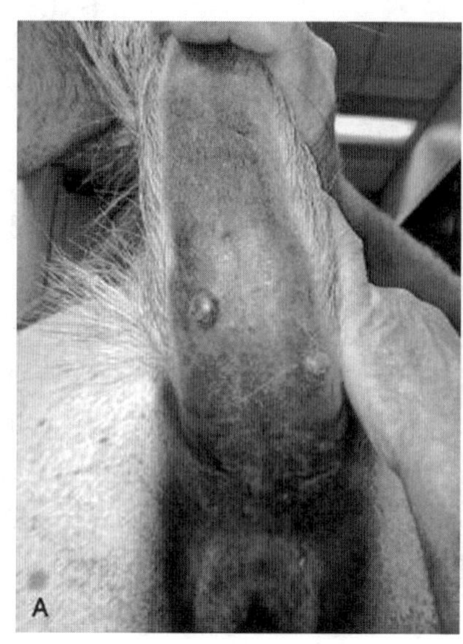

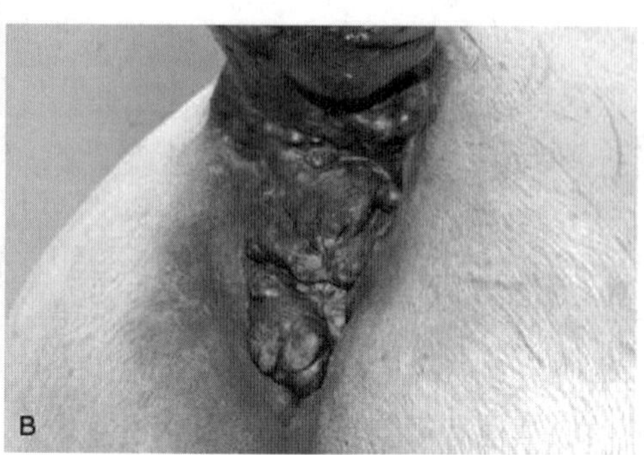

图 125-1 灰色马黑素瘤临床期的变化

A. 单一性尾根部真皮黑素瘤 B. 并发的直肠周围真皮黑素瘤（黑瘤病）

注意感染部位周围弥散性真皮浸润和增厚

些良性和恶性肿瘤主要依据外观、局部生长方式以及是否累及系统。如前面所述，分子检测也是可用的，但它们大范围应用的可靠性仍然没有被证实。

像血检和影像学这样的检查很少在临床期诊断时被采用，除非马匹具有一些特异性且不能直接通过明显的肿瘤负荷解释的临床特征。这些难以解释的症状包括慢性疝痛、神经功能损伤、跛行、体重减轻及其他特征。在这些马中，如果血检呈高球蛋白浓度，则可推测归因于肿瘤负荷，但也可能是别的非特异性因素。成像辅助检查有助于确定病因和制定可能的治疗方案。但是，系统治疗的有限数量以及在深层和浸润性肿瘤的治疗中困难常限制了高级诊断检测的有效性。

患黑素瘤马的治疗方案可分为局部和全身疗法。局部治疗方案可单独使用或在原发肿瘤治疗中联合使用，包括手术、辐射、温热疗法以及病变内疗法。手术切除术被认为是治疗的主要方法，但是由于肿瘤的大小和位置等原因，根治性手术常不可行。单纯性的和良性的真皮黑素瘤似乎更适合采用手术切除术进行治疗。手术方法常用于较晚期肿瘤，但主要包括肿瘤减灭术以缓和症状，手术成功率可能多变。

由于放射治疗在治疗大的和深层的肿瘤时存在困难，加之这种治疗方式在治疗病马中的利用率有限，因此，放射治疗的适用性受到限制。已用于马的放射疗法包括远距放射治疗机、直线加速器和短程治疗法。远距放射治疗需要在马全身麻醉情况下进行，并且总处方剂量需要在整个综合治疗过程中给出。缓释疗法是指将放射源直接放入肿瘤组织中或与肿瘤组织非常接近之处进行治疗的方法，并且总处方量单次或少量给药治疗。虽然两种方法已成功地用于马单一性黑色素瘤的治疗和控制，但作者认为，在马的治疗中，缓释疗法最有前途。最近，一个先进的缓释疗法已投入商业应用，它是一个具有完全电子化且无须放射源并可将防护需求最小化的系统。

温热疗法是一种局部单独加热或与化疗联合应用治疗实体瘤的方法。超声波、射频或微波均能有效加热肿瘤组织。已经有用射频技术治疗马黑素瘤的相关报道，但仅限于小的（2～3cm）且易接近的病灶治疗。一种利用微波的新技术也已建立，可以治疗更大和更具侵入性的肿瘤，并且与瘤内化疗结合时特别有效。

病变内疗法就是将药物直接注射进肿瘤或肿瘤周围组织内。像卡铂（carboplatin）和顺铂（cisplatin）这类细胞毒化疗药物已经被有效应用。这些药物可以直接注射，也可以与油（油、药比例为1∶3）混合后使用，按每立方厘米肿瘤组织约 1mL 的药量使用（一般马的最大用量为 100mL）。使用油乳剂是为了延缓全身性吸收；但据作者经验，油乳剂的主要作用是引起肿瘤周边组织短暂的肿胀和水肿。在化疗制剂中添加肾上腺素也是为了延缓全身吸收，10mL 药物添加约 1mL 肾上腺素（浓度为 0.001%），其优点就是添加剂的量可以忽略。诸多报道认为药物的效应与肿瘤体积呈负相关。有趣的是，在进行病变内注射时，乳香油也被认为有作用，但未有可用的同行评估报道描述这种方法。其他具有疗效的病变内制剂有 DNA 质粒编码的 IL-12 和 IL-18，但这些制剂尚未商业化。

许多马患有局部晚期肿瘤，全身性肿瘤扩散，或者两者同时存在；因此，在这些马中，必须进行有效的全身治疗以提高它们的存活率。通常情况下，化疗常用于治疗或防止恶性肿瘤的扩散和缓解不能切除的实体肿瘤；但是，化疗并未被证明在治疗动物黑素瘤中有作用。某些报道也应用组胺 2（Histamine-2，H_2）受体拮抗剂——西咪替丁（cimetidine）治疗马黑素瘤。西咪替丁被认为可通过抑制肿瘤细胞 H_2受体、活化自然杀伤细胞的非特异免疫效应以及调控调节性 T 细胞活性等多种机制实现抗肿瘤作用。已报道用于治疗马黑素瘤药物的口服剂量为每 24h 1.6mg/kg 至每 8～12h 7.5mg/kg。但服用西咪替丁的临床效果有待商榷。仅有一个小病例分析显示其具有临床疗效，而一些大范围的临床试验不能达到同样的疗效。

另一种全身疗法与鉴定和确定靶向肿瘤相关抗原有关。肿瘤相关抗原是一些单独或优先表达于肿瘤组织的蛋白，它们可成为抗肿瘤效应的靶标。酪氨酸酶蛋白是黑素瘤的一个合理的靶标，这种酶可以将羟基化的酪氨酸催化为二羟基苯丙氨酸，这是黑色素合成中的关键一步。通常，酪氨酸酶的表达受到时间和空间的严格控制。然而，在肿瘤组织中，酪氨酸酶的表达似乎是持续性地增加。美国农业部已批准编码人酪氨酸酶（HuTyr）异体 DNA 疫苗用于犬黑素瘤的治疗。该疫苗利用人与犬酪氨酸酶的高度同源性（92%），产生一种酪氨酸酶特异性的抗肿瘤应答并能明显提高犬的存活率。相比而言，马和人的酪氨酸酶序列具有 90%的同源性；基于此，在马中 HuTyr DNA 疫苗的可能会出现交叉反应性。

该疫苗的安全性和活性已在正常马匹中进行了评估。作者在该疫苗未经批准的情况下对许多患肿瘤的马进行治疗，并且一些马已经产生了显著的肿瘤缩小。一个由莫里斯动物基金（Morris Animal Foundation，D12EQ-037）资助的持续性临床试验目前正在利用患肿瘤马对该疫苗不同剂量的安全性和有效性进行评估（图 125-2）。早期的结果很好，许多马在接种疫苗后出现肿瘤缩小。虽然该疫苗目前没有标明用于马，但这些研究支持药品的非标签使用。

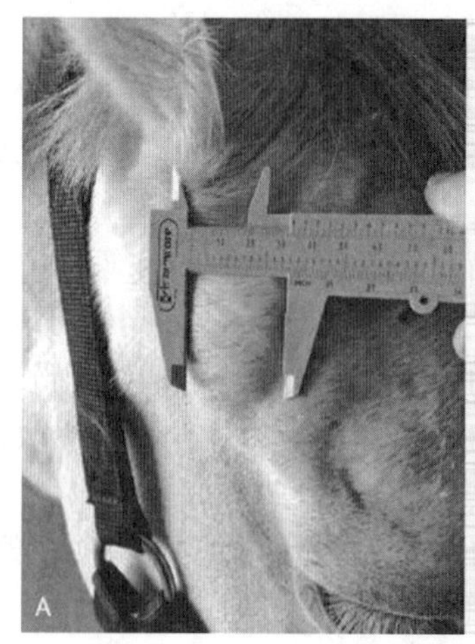
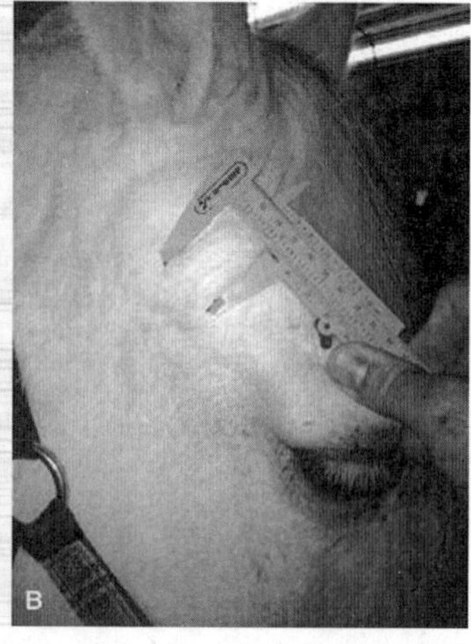

图 125-2　酪氨酸酶疫苗治疗马的临床反应

A. 单一性真皮黑素瘤治疗前图片　B. 治疗后图片显示初次疫苗免疫后 6 周肿瘤缩小

四、总结

黑素瘤是一种在灰色马中最常见的肿瘤。标准的局部治疗方案可用于治疗单一性早期病变，但解决不了复发性肿瘤形成和内部病灶的潜在风险。虽然已表明 *STX*17 是肿瘤形成的最大风险因素，但控制发病年龄、肿瘤范围和发展等次要因素尚未找到。目前的工作着重于鉴定这些次要因素和阐明 *STX*17 突变的作用。清楚地了解这些因素将有助于使靶向疗法用于治疗和理想地预防内部和外部疾病。

推荐阅读

Campagne C，Julé S，Bernex，F，et al. RACK1，a clue to the diagnosis of cutaneous melanomas in horses. BMC Vet Res，2012，8：95-104.

Curik I，Drumi T，Seltenhammer M，et al. Complex inheritance of melanoma and pigmentation of coat and skin in grey horses. PLOS Genet，2013，9（2）：1-9.

Foley G，Valentine B，Kincaid A，et al. Congenital and acquired melanocytomas（benign melanomas）in eighteen young horses. Vet Pathol，1991，28：363-369.

Laus F，Cerquetella M，Paggi E，et al. Evaluation of cimetidine as a therapy for dermal melanomatosis in grey horse. Israel J Vet Med，2010，65：48-52.

Lembcke L，Kania S，Blackford J，et al. Development of immunologic assays to measure response in horses vaccinated with xenogeneic plasmid DNA encoding human tyrosinase. J Equine Vet Sci，2012，32：607-615.

MacGillivray K，Sweeney R，Del Piero F. Metastatic melanoma in horses. J Vet Intern Med，2002，16：452-456.

Müller J，Feige K，Wunderlin P，et al. Double-blind placebo-controlled study with interleukin-18 and interleukin-12-encoding plasmid DNA shows antitumor effect in metastatic melanoma in grey horses. J Immunother，2011，34：58-64.

Rosengren P，Golovko A，Sundström E，et al. A cis-acting regulatory mutation causes premature hair graying and susceptibility to melanoma in the horse. Nat Genet，2008，40：1004-1009.

Seltenhammer M，Simhofer H，Scherzer S，et al. Equine melanoma in a population of 296 grey Lipizzaner horses. Equine Vet J，2003，35：153-157.

Smrkovski O，Koo Y，Kazemi R.，et al. Performance characteristics of a conformal ultra-wideband multilayer applicator（CUMLA）for hyperthermia in veterinary patients. Vet Comp Oncol，2013，11（1）：14-29.

Sundberg J，Burnstein T，Page E，et al. Neoplasms of equidae. J Am Vet Med Assoc，1977，170：150-152.

Sundström E，Komisarczuk A，Jiang L，et al. Identification of a melanocyte-specific，microphthalmia-associated transcription factor-dependent regulatory element in the intronic duplication causing hair greying and melanoma in horses. Pigment Cell Melanoma Res，2012，25（1）：28-36.

Théon A. Radiation therapy in the horse. Vet Clin North Am Equine Pract，1998，14：673-688.

Théon A，Wilson W，Magdesian K，et al. Long-term outcome associated with intratumoral chemotherapy with cisplatin for cutaneous tumors in equidae：573 cases（1995-2004）. J Am Vet Med Assoc，2007，230：1506-1513.

Valentine B. Equine melanocytic tumors：a retrospective study of 53 horses（1988-1991）. J Vet Intern Med，1995，9：291-297.

（宋军科　译，赵光辉　校）

第 126 章　皮肤移植

Linda A. Dahlgren

马的创伤比较常见，从无须处理的浅表性擦伤到需要花费大量人力和财力进行治疗的严重创伤都会存在。在治疗马的创伤中，兽医起着至关重要的作用，他们能为畜主提供至关重要的指导，建议畜主哪些创伤可进行保守治疗，哪些创伤需要尽快积极主动地进行兽医方面的护理。这个决定的影响意味着成功恢复正常运动和慢性跛或安乐死之间的不同。伤口的处理是非常有益的。获得满意结果的重要手段之一就是恰当的皮肤移植技术的应用。皮肤移植不仅提供了功能性和美容性覆盖面，刺激伤口收缩，而且也使整体治愈过程加快。最常需要进行皮肤移植的伤口是躯体上的大创伤和四肢远端的创伤。使肢体远端部的撕脱伤取得一个满意的疗效可能非常困难。

当不能通过手术愈合或者不能单独通过收缩和表皮生长使伤口愈合时，就需要进行表皮移植。肉芽性创伤的皮肤移植是一种比较经济有效的治疗方法。皮肤移植省去了在绷带包扎和伤口护理方面所花费的时间和费用。因为伤口规模大小以及慢性伤口易于发展成静止伤并停止收缩，如果不进行移植，许多伤口的治愈需要极其漫长的时间。慢性伤口使绷带和畜栏限制时间延长，需要更多的花费。

一、移植类型

根据是否与供皮区维持联系，可将皮肤移植分为带蒂移植（pedicle grafts）和游离移植（free grafts）。带蒂移植至少需要给供皮区保留一个可以帮助其恢复血液供给的附件。游离移植必须在受体伤口区建立一个新的血管连接以保证供皮的存活。因为肢体伤附近的皮肤缺乏弹性和移动性，所以游离移植更常用于马。最常用于马创伤的皮肤移植是自体移植，这种移植方法就是指将一匹马上的一处皮肤移植到它的另一处。

另一个可行性的分类方法是根据移植厚度对皮肤移植进行分类。含表皮和整个真皮层的移植称为全层移植（full-thickness），是一种具有高度持久，并且可提供良好美容效果的一种移植方法；然而，相比分层厚皮片移植（split-thickness grafts），没有多少人愿意接受全层移植。分层厚皮移植具有表皮层和真皮层的多种蛋白，虽持久性和美容效果欠佳，但却有利于提高移植存活率。对某一个具体病例来说，需要根据伤口大小、位置、美容效果、主人的经济条件、现有设备以及从业者的专业知识等各个方

面的因素来选择其最适合的移植类型。

岛状移植（island grafts）或种子移植（seed grafts）就是指将全层或分层厚皮的小片放置于肉芽创面床中，然后在其周围形成一个表皮层环。常见的岛状移植类型包括孔状移植、颗粒状移植和管状移植。从技术上讲，孔状和颗粒状移植容易在温和镇静状态下站立的马上实施，而且是治疗大多数常见马创伤的一种经济有效的方法。管状植皮虽不常用，但对于不能使用绷带的部位则比较理想。如躯体部或因使用绷带影响移动的部位（如肘关节背部）。

片状移植（Sheet grafts）是指将获取的大片全层或部分厚皮肤用于一整块大的肉芽性创伤中的皮肤移植。在马中，片状植皮常采用厚皮以增加移植成活率。然而，最近一小部分病例中，在治疗撕裂和肿瘤切除造成的创伤时，使用全层移植治疗可获得好的成功率。此外，经常通过在植皮上进行一系列交错切割形成多孔状或网状的片层植皮使皮肤在原来的面积上扩大几倍。植皮网格化不仅可以覆盖比本身面积大的伤口，而且植皮上的网格开口便于植皮下层的血清、血液和分泌物排出，以防止植皮破损。网格开口可以使局部抗生素与肉芽床接触，而不仅仅只接触到植皮表面。无论选择哪种植皮，受体部位、创口面的仔细处理以及专心的术后护理对于获得理想的效果都是至关重要的。

二、移植生理学

最初在黏附阶段，植皮被受皮区分泌出来的纤维蛋白固定，并通过被动扩散的方式从周围液体中暂时的接受营养，也称血浆自吸（plasmatic imbibition）。移植后24～48h，植皮开始血管再生，最后受体部血管与植皮中的血管汇合并提供营养，这个过程被称为接合（inosculation）。此外，受皮区还可通过毛细血管出芽的方式侵入到植皮中使血管再生。3～4d，纤维母细胞开始侵入植皮中，并在植皮和受体部位间形成粘连，9～10d后，植皮被纤维化粘连和交错分布于植皮与宿主界面的功能性血管牢固地黏附。

随着覆盖在肉芽组织上的植皮脱落，移植后1～2周，颗粒状皮片开始在肉芽床内出现黑点。孔状或颗粒状移植后3～4周，在移植物周围可观察到环状粉红色上皮；42～56d后，移植区开始生长毛发。孔状或颗粒状移植的成活率为60%～75%。但是，超过90%的移植物成活率也很常见。种子移植一个重要的优势就是一个或几个单一移植的失败不会导致整体移植失败。移植肉芽创伤可刺激原始创伤的收缩和上皮形成（图126-1），这对伤口最终的愈合有重要作用。

三、创伤面的处理

一个没有感染和坏死组织并具有良好血液供给的健康受植面是任何皮肤移植手术取得良好效果的关键。根据经验，如果是一个足以形成新上皮边缘的健康肉芽创伤，那么它对于移植也非常有益。如果只需对某个创伤的一部分进行移植，而另一部不进行移植，那么岛状移植可用于指定部分的移植，却不会影响移植结果的成功。因伤口收缩和表皮

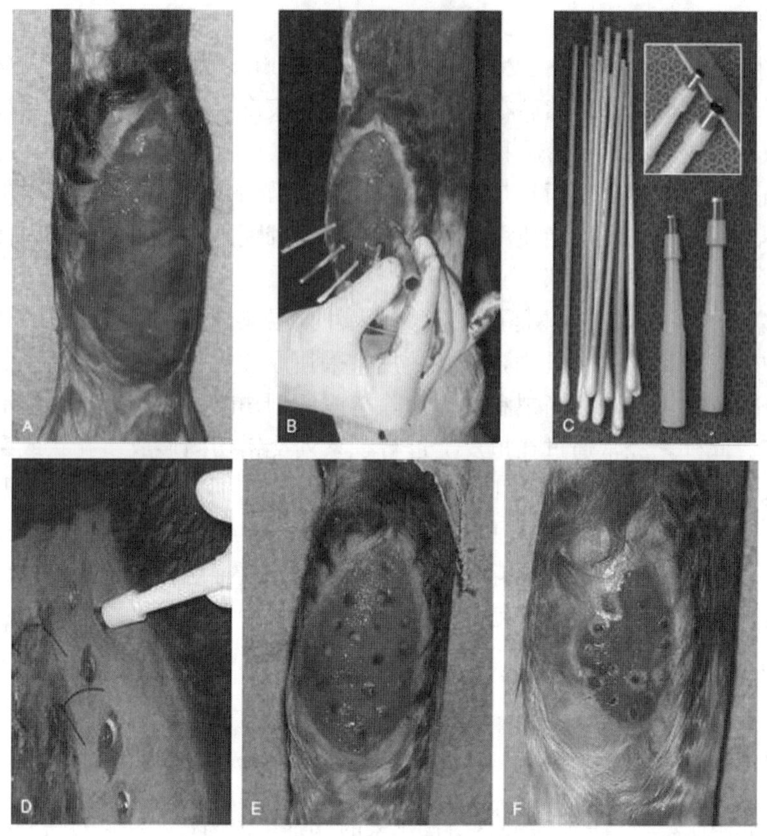

图 126-1 跖骨距侧面上部肉芽性创伤的孔状移植过程

A. 移植前修整过一次后的受植区 注意创伤表面蓄积的渗出物、皮肤上的突起和不规则表面。这是一个修整整齐，接下将要准备进行孔状移植的创面 B. 孔状移植过程中受植区使用的棉签涂抹器和打孔用的 4mm 皮肤活检穿孔器 处理后的创伤面和皮肤一样平整、光滑，颜色也更红，从 A 图中可以看出，1 周后创伤已经显著收缩 C. 孔状移植中所用的器材包括棉签棒和两个不同尺寸的活检穿孔器 D. 从带有缝合伤和未缝合伤的颈部获取 6mm 孔状植皮 E. 移植后 1d 孔状移植物的外观 F. 移植 3 周后创伤愈合进展 注意在创伤边缘周围有大面积的上皮增生，并且已经在植皮周围形成了新的上皮创伤收缩和色圈。一些植皮在创伤中放置得更深，因此上述情况开始出现较慢。创伤已从四肢中间线迁移漫延至肢体内侧，推测可能是由于这一区域存在张力的原因

形成而导致的肉芽表面积减少可以使移植过程加速愈合。随后可进行其他的移植。

在移植的准备中，用手术刀片或单边剃刀片将肉芽创伤面快速切至稍低于周围皮肤。肉芽组织的切除应从创伤的腹部向最近端进行，以避免整修时出血造成视野不清。由于肉芽组织缺乏神经分布，常不需要镇静便可容易地对站立马实施修整。由于上皮边缘敏感，因此应小心避开该区域。根据肉芽面的健康状况，肉芽面的修整应在移植前数天至数周进行。一个完整的肉芽创伤可能在移植前 24～48h 需要进行一次修整，而不太成熟的创伤可能需要数轮修整以获得光滑的、无裂缝和无凹凸的创伤面。露骨创伤和不规则、含有纤维蛋白的有凹凸肉芽组织不适合进行移植（图 126-2）。这些创伤需要每隔 4～7d 重复修整直至获得光滑、健康的肉芽床，并且骨头也被肉芽组织完全覆盖。修整旧的慢性肉芽创伤有助于形成新的符合肉芽组织愈后良好的血管床。慢

性创伤可能需要在修整后 3～4d 才形成健康的肉芽床。由于肉芽组织血管分布较多，应在修整后加重绷带控制出血。绷带通常每 24h 更换 1 次，并应在移植前24～48h 前应用清洁的绷带。抗菌霜或软膏（如三联抗生素软膏或银磺胺嘧啶霜）可帮助减少创伤表面的细菌数量。在创伤表面应用替卡西林钠-克拉维酸钾粉（ticarcillin disodium-clavulanate potassium powder）是控制细菌感染的一种有效方式，将它的粉末喷涂在创伤上能形成一层薄涂层。

形成健康、红润、新生的肉芽床（这种肉芽床在轻拭时容易出血），产生少的排出物和拥有光滑的轮廓是成功移植的目标（图 126-1）。处理创伤面需要付出的努力与进行的移植类型直接相关。就创面处理而言，岛状移植片的最大的优势就是比片层移植物更具宽容性，尽管受植区不太理想，它也有高的移植物接受率。片层移植物需要一个无裂缝、肿块及渗出物的近乎完美的受植区。花在创伤面处理上的时间越短，移植接受率回报越大。在创伤处理阶段急于求成通常会付出很高代价。

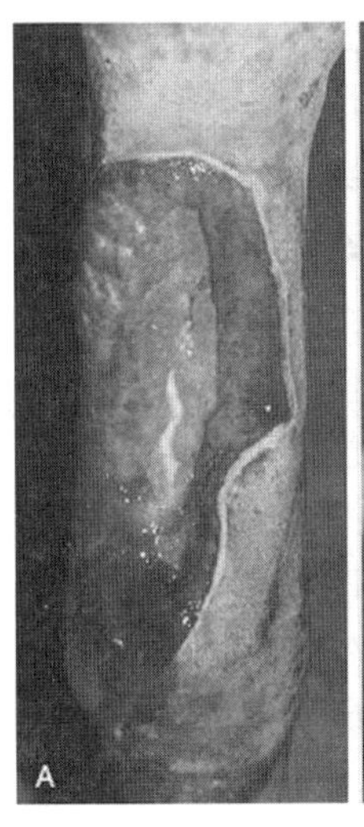

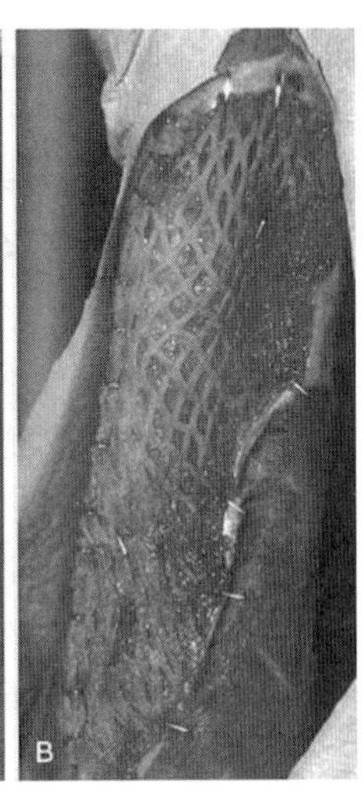

图 126-2　掌部背面的肉芽创伤

A. 去除坏死骨片不久的创伤　肉芽组织开始在骨上生长并覆盖了整个暴露的骨头。创伤面的其余部分边界不规则、凸出并含有纤维蛋白。在等待骨头被健康的肉芽组织覆盖期间，要对肉芽组织的周围进行 2～3 次的移植前修整　B. 用于此创伤的分层厚皮网状移植皮片用皮钉固定。骨头被覆盖后，被死骨延误的低洼处肉芽就不会影响移植的成功

四、供皮区的准备

皮肤移植的供皮区应选择在不显眼的造成的伤疤在美容学上可接受的部位。获取马植皮更理想的部位有胸肌区、鬃毛下的颈侧部、侧腹和腰区。为了与受皮区的毛色和质地匹配，要对供皮区进行仔细选择。供皮区应具有与所取植皮类型相匹配的毛发生长方向、合适的厚度和柔韧性。胸肌区和颈部皮肤更好的柔韧性更适用于颗粒状移植（pinch grafts）和全厚片层移植（full-thickness sheet grafts），而腰区较硬的皮肤更适合孔状移植。用 40# 刀片剪掉供皮区的毛发；如果在站立马中取皮，要提前对供区进行无菌处理并对取皮区进行局部麻醉。应该用无菌的生理盐水彻底地冲洗供皮区，以清除去污剂或异丙醇等有害残留物。建议在剃掉毛发的皮肤上面进行裁剪，以便保留毛发生长的方向。虽然植皮可以在受植区处理前获取，但为了保证植皮的健康，取皮和移植之间的持续时间应尽量缩小。植皮应存储或包裹在盐浸的纱布海绵中以保持其湿润。也需要多取一些植皮并进行存储，以备首次移植失败时使用。如果将前面所述的任何一种植皮放入生理盐水或乳酸林格氏液并存储于冰箱中，它们均可维持数周活力。长期储存则需要将其存储在加有血清的营养培养基里。

孔状植皮是利用 6mm 活检穿孔器以常规方式获得的全层移植物（图 126-1）。建议

使用新的锋利穿孔器割取植皮。穿孔器旋转直至穿透整层皮肤，用 Brown-Adson 按捏钳从供皮区轻轻剥离移植物边缘，然后用 15# 手术刀片或一对 Metzenbaum 剪刀剪取植皮，去掉皮下组织连接处附近的深层真皮及脂肪。也可以在剥离皮肤后，快速切除皮下组织。脂肪去除对移植物血管再形成很关键。在潮湿的纱布海绵上对植皮进行组织调整很方便，便于将每块植皮的毛发生长方向调整一致。如有条件，可在取皮的同时，另一个助手对受植区进行处理。植皮应按约 1cm 大小的对称形状从供皮区获取以改善外观。取皮所致创伤可以保持开放，也可以用 2-0 或 3-0 非吸收单丝缝合线以单纯间断、十字形或水平褥式缝合的方式进行缝合。也可使用缝皮钉。

颗粒状植皮是通过快速切除隆起的皮肤部分而获得的部分厚植皮。用精细组织镊或弯头皮下针使皮肤隆起，抬升的皮肤部分用手术刀片切除。这样就会得到一块直径约 3mm 中间厚边缘薄的圆形皮肤。对于孔状移植，在移植前，植皮应保存于用生理盐水浸湿的纱棉中。与孔状移植一样，供皮区可以保持开放，也可以进行缝合。

管状移植是指将全层或部分厚度的条形皮肤植入受植面肉芽组织内构建的管道中。通过皮下注射利多卡因或无菌生理盐水，可形成宽 2～3cm，比受植创伤稍长一点的线状鞭痕。将直形肠钳伸入鞭痕基底部，会使皮肤突出于镊子上方，用手术刀片快速切除突出的皮肤。进入肠钳内皮肤的多少决定了条形皮肤的厚度和宽度。必须去除任何多余的脂肪和皮下组织。形成的创伤可保持开放，也可进行缝合。

厚片网格植皮可用滚轴式取皮刀、鼓式切皮机或电动取皮机获取。虽然已有在站立马中获取片层植皮的报道，但全身麻醉取皮效果更好。一般认为厚度在 0.63～0.76mm 的植皮可使美容性、持久性和植皮接受性达到最佳。获取植皮的部位应选择大而平的区域，在整个取皮区域中，刀或皮刀易于滑动不受牵制。由于肋弓上的腹侧部提供了固定的表面，所以此处能更顺利地获取植皮。在皮刀前方的皮肤使用无菌生理盐水以减少阻力。当植皮被皮刀或刀片切下时，助手帮助固定植皮，不仅可使其保持轻度张力，也能使已切下的植皮远离取皮区，不会妨碍继续取皮。根据创伤的大小决定植皮尺寸。网孔扩张性可使所需植皮比创伤更窄，长度更小。植皮网格化可以用手工的方式来制作，就是先将植皮围绕一张 X 线胶片进行包裹，然后对植皮的两侧做直线平行切口，类似于制作雪花。也有商品化的扩张器可用于植皮网格化，这种扩张器就是由一系列交错排列的平行刀片组成。植皮放置于刀片上，加压滚动 Teflon 滚削（Teflon rolling pin）对皮肤进行切割。得到的植皮扩张孔数量取决于刀片或切口的数量和组织排列。要存储厚片植皮，应先将其放入灭菌纱布内，外层再加盖灭菌纱布然后卷起，并按每平方厘米植皮用 1～2.5mL 储存培养基的比例存储到灭菌容器。

五、受植区的准备

对于孔状植皮而言，用 4mm 活检穿孔器在受植面上可获得相应大小的孔。受植孔应起始于创伤床的腹面，受植孔间隔 6～8mm 并距离创伤边缘 6～8mm。受植孔较小的直径和供体植皮的轻度收缩可使 6mm 供体植皮与 4mm 的受植孔相匹配，这更有益于移植物的固定。当在肉芽床上打出受植孔时，这些孔被插入棉尖拭子以防止出血

(图 126-1)。需将棉拭子过长的木棒折断以减少它们的长度。在抽出棉拭子的同时，用精细组织镊放置供体植皮，并注意对齐毛发生长的方向。

颗粒状移植的受植区处理就是在肉芽组织上制作一个可使植皮滑入其中的浅袋状裂缝。用 15# 手术刀片以锐角角度，间隔 1cm 的距离进行 1～2mm 深度切割，形成平行排列、有向上开裂点的口袋。移植应从创伤远端部开始，与孔状移植所述一样，应避免移植过程出血而使手术区模糊不清。平整后的植皮置于靠近袋口处，将毛发方向调整一致，然后在皮下注射针或封闭组织钳的辅助下使其滑入袋内。也可在取植皮前制作受植孔，这样可以在移植前有充足的时间进行袋内止血。

管状植皮被置入肉芽组织表面下约 6mm 隧道内，该皮下隧道是利用大口径针或鳄嘴钳在肉芽床下制作的。为了使植皮适应受植面的凹凸不平和它的宽度，在肉芽床内部和外部需要对该植皮进行编织。植皮条按约 2cm 的间隔，相互平行的方式放置。小心确保移植物的方向合适，带有表皮的一侧应朝向创伤表面。在皮肤边缘处合适的位置将末端缝合。7～10d 后，如果植皮上的肉芽组织还未脱掉，需要将其切除至与植皮同等水平。

在放置厚片网格植皮之前，需要用压舌板轻刮或纱布海绵擦拭肉芽床，直至血清从其表面渗出。这些血清形成的纤维蛋白胶可使植皮固定于此。允许植皮边缘与创伤边缘重叠，植皮用缝线、肘钉和组织黏合剂进行固定（图 126-2）。也可在植皮中心放置皮钉以增加安全性。植皮放置于创伤面上，便于毛发按正确的方向生长。最后，植皮上敷上凡士林纱布，在远离创伤边缘处装钉。在开始的 4～5d，需保留凡士林纱布敷料以保护植皮。在更换绷带后，可将之去除。

六、术后创伤护理

放置植皮后，使用绷带对新移植的创伤进行保护。绷带产生的压力可以防止出血和固定植皮，并使环境保持湿润有助于上皮形成。选用绷带的类型与创伤的程度和位置有关。最小的绷带一般适用于颗粒状移植。孔状移植需要用填有柔软垫料的绷带产生的压力防止出血和固定植皮的位置。创伤应用无粘连的涂有抗生素软膏的敷料覆盖，或者在伤口处持续用替卡西林钠-克拉维酸钾粉末（ticarcillin disodium-clavulanate potassium powder），直至植皮已经长好。在移植处使用弹性胶带有助于第一层敷料的固定，这样可以避免其滑移和活动，进而防止植皮因此被破坏。最初可优先选用凡士林纱布敷料，其多孔性易于渗出物流出，远离创伤。

植皮被取走后，用不粘连敷料垫进行伤口处理有助于上皮的快速形成。与皮肤直接接触的胶带越多，在绷带和植皮之间产生的移动就会越少，这对于网孔皮移植片非常重要。在敷料上使用常规的固定绷带。对于跗关节和腕骨等处的创伤，是很难进行整体缠绕包扎的，所有的敷料需用弹性胶带覆盖以保护植皮，但要保证关节的运动性。移植初期，应每天更换绷带，以监测植皮接受情况，并对创伤表面进行清理。为了防止在取绷带时，马突然运动而使植皮发生意外移动，在开始更换绷带时，即使性格温顺的马匹也要进行镇静。随后，当植皮已经生长，并且创伤没有过多的渗出，可以每 2～4d 更换 1 次绷带。如果植皮黏附到敷料上，在取绷带时就应该更加小心，以防止在取绷带时将植皮撕开。用喷壶轻轻喷洒无菌盐水并耐心等待绷带完全浸湿脱掉，这样可避免植皮的意外移动。绷带持续使用 3～4 周直至伤口上完全上皮化。

七、结论

应根据创伤的位置、兽医师的专长和偏好、美容需求和肉芽床的性质选择移植类型。孔状和颗粒状移植相对比较便宜，可在拥有基本器械、最少的专业技能和不太理想的肉芽床的情况下，对站立镇静后的马匹进行皮肤移植。包括腕骨、跗关节背面在内的高移动区处的关节易使孔状植皮爆裂而脱离受植区，所以在这些地方应用颗粒状移植是最佳选择。颗粒状移植主要缺点就是美容效果不好，会留下鹅卵石样外观和植皮上丛生的长毛发。部分厚植皮的性质决定了其皮肤趋于变脆，并因运动而易于破裂出血的缺点。因为孔状移植是全层植皮，所以也同时移植了毛囊及其他皮肤附件结构，所以它能提供更为美观和持久的效果。网格移植的美容效果最好，是进行大创伤皮肤移植的最好选择。在愈合创伤过程中，应该在早期阶段考虑采用皮肤移植术，而不是将其作为最后的补救手段，这样会大大节省时间和节约绷带材料。移植失败最常见的原因就是植皮下积液、感染和移动。创伤面的细心处理、植皮的正确选用和术后良好护理将避免这些问题的出现，从而获得良好的结果。

推荐阅读

Dahlgren LA，Booth LC，Reinertson ELL. How to perform pinch/punch grafts for the treatment of granulating wounds in the horse. In：Proceedings of the 52nd Annual Convention of the American Association of Equine Practitioners. 2006：626-630.

Schumacher J. Skin grafting. In：Auer JA，Stick JA，eds. Equine Surgery. 4th ed. Philadelphia：Saunders，2012：285-305.

Schumacher J. Free skin grafting. In：Stashak TS，Theoret C，eds. Equine Wound Management. 2nd ed. Ames，IA：Wiley-Blackwell，2008：509-542.

Stashak TS. Principles of free skin grafting. In：Equine Wound Management. Philadelphia：Lea & Febiger，1991：218-237.

Theoret CL，ed. Wound management. Vet Clin North Am Equine Pract，2005，21：1-230.

Theoret CL：Update on wound repair. Clin Tech Equine Pract，2006，3：110-122.

Toth F，Schumacher J，Castro F，et al. Full-thickness skin grafting to cover equine wounds caused by laceration or tumor resection. Vet Surg，2010，39：708-714.

（宋军科　译，赵光辉　校）

第 127 章　起疱黏膜病

Brian J. McCluskey

一、传染性因素

(一) 水疱性口炎

水疱性口炎（Vesicular stomatitis，VS）是马、牛和其他家畜的一种病毒性疾病，多发生于西半球。该病以出现短暂性水疱为特征，这些水疱可发展为溃疡和糜烂，多见于舌头、口腔、鼻黏膜和冠状垫等处。该病的病原是水疱性口炎病毒（vesicular stomatitis virus，VSV），其有两个血清型，即：VSV Indiana（VS-IN）和 VSV New Jersey（VS-NJ）。

该病暴发时，感染率（血清阳性率）和临床发病率在不同地方马匹间差异很大。可能在某一地的动物发病明显，但相邻地区的动物临床正常。约 30%的感染动物会出现临床症状，放牧马匹的临床流行率似乎更高。这可能与病毒的传播方式或马匹个体损伤有关。

当病毒侵入动物宿主后，体内检测不出病毒血症，所以认为病毒增殖局限在上皮细胞内。感染后 1～3d，水泡形成。病变通常在 7～14d 愈合。在水疱中存在高浓度的病毒颗粒，并会从活动性病变中排出。病毒在感染后 6～7d 停止排出。

临床上，水疱性口炎很难与口蹄疫鉴别。因此，在美国和世界各地的口蹄疫控制程序中，水疱性口炎是一个关键的考虑因素。可能源于这种相似性（尽管口蹄疫不会在马中发生），美国必须向世界动物卫生组织报告已确认发现的水疱性口炎。一旦美国确认有水疱性口炎，未感染的地区和其他国家应开始严格禁运，并通过加强感染地区的监督管理和检疫防止家畜流动。

1. 临床症状

水疱性口炎典型临床症状就是在黏膜上出现水疱样病变，主要感染部位为口腔黏膜、鼻黏膜、舌头和嘴唇（图 127-1 至图 127-3）。病变也可出现在乳腺、外生殖器和冠状垫等处，也见于耳部和面部。多达 70%的感染动物无明显临床症状，某些感染动物可能只出现几天轻度抑郁症状。1～3d 的潜伏期后，出现脱皮区域，这些区域随后形成水疱。动物通常在水疱期有发热症状，也可伴有广泛的黏膜坏死和脱落，尤其舌背面。病变常在 10～14d 后完全消失。

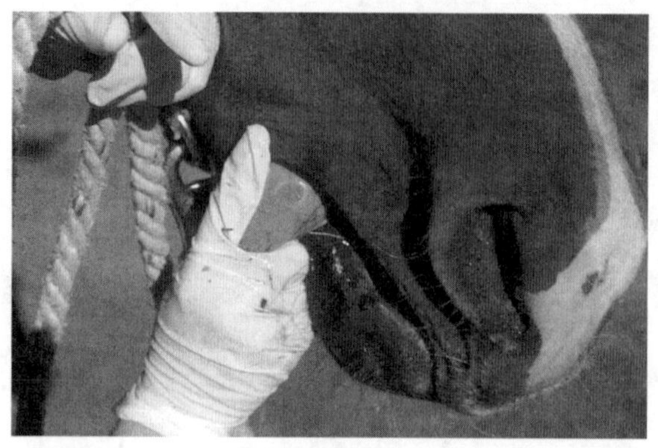

图 127-1　患马舌上的水疱形成——新泽西血清型

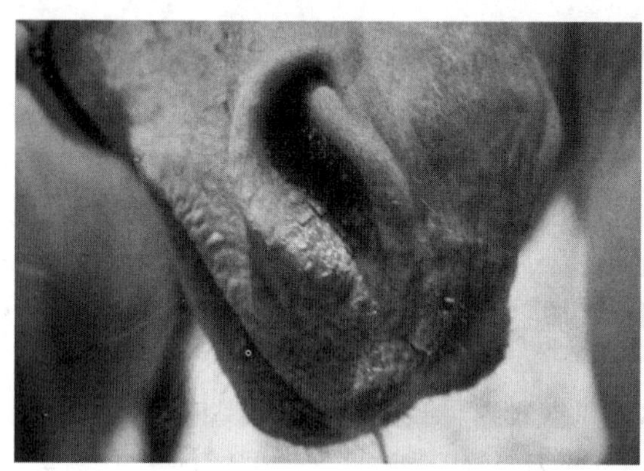

图 127-2　患马鼻黏膜表面的水疱病变——新泽西血清型

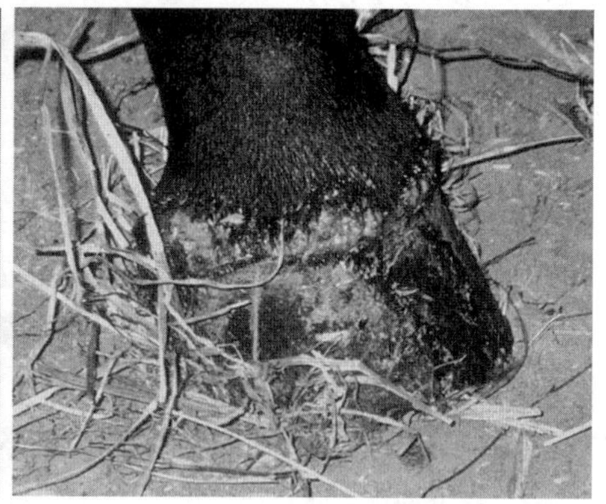

图 127-3　疑患水疱性口炎马的冠状垫病变
该马匹水疱性口炎病毒检测阴性

2. 诊断

血清学检测可用于检测抗 VSV 的血清抗体。竞争酶联免疫吸附试验（competitive enzyme-linked immunosorbent assay，cELISA）曾用于筛选试验。该方法快速，能同时检测 IgM 和 IgG 两种免疫球蛋白。也可采用血清中和试验（serum neutralization，SN）和补体结合试验（complement fixation，CF）。感染后 5～8d 内可以检测到抗体。cELISA 和 SN 均可检测出血清中 IgG，因此，可能在 1～3 年内检测到血清中的抗体，但是使单个血清样本滴度的解释变得困难。单个血清样本中高 CF 滴度对新近感染更具有诊断意义。因此，需要 SN 或 CF 滴度的增加来最终诊断新近的 VSV 感染。病毒分离可用于检测活动性病变的上皮结节、棉签拭子或活检样本中的活病毒。在病变开始消退后进行病毒分离会毫无收获。

3. 治疗和预防

临床水疱性口炎通常短暂且自限。在大多数病例中，无须经过特殊治疗，马能在 1～2 周康复。即使重症病例，只需进行支持性护理和预防继发性并发症发生，直至病变消退。使用普通温和性防腐剂或应用局部抗菌剂经常清洗病变部位，可减少继发性细菌感染。添加适口性好的饲料（如谷物或者经水软化的全价颗粒饲料）可以避免和治疗恶病质。对于严重厌食的马，须将流食或者饲料通过胃管进行饲喂。如果出现极其罕见的严重脱水症状，就需要进行静脉输液支持。如果因蹄壁畸形发展为冠状垫病变，严重影响了蹄部的正常功能，则需要进行蹄部矫正修复。水疱性口炎是一种人兽共患的疾病，因此，推荐采用良好的生物安全操作，如戴一次性防护手套和经常洗手。

常规管理措施可以减少该病在房舍间或房舍内的传播。在地区性暴发期间，所有新进马匹、设备或资产均应视为可疑，应隔离检疫 3～5d。禁止在感染的（或疑似）和未感染的动物之间混用诸如供料器、饮水器、盐块、刷子和大头钉等器材。在引进未感染动物前，应对设备和饲养场进行消毒。病毒很容易被 1%福尔马林、10%的次氯酸盐以及其他常用消毒剂灭活。水疱性口炎病毒经节肢动物传播，因此，以下措施可能有助于控制疾病的传播：在昆虫活动频繁时将马赶入厩舍，以减少昆虫与其接触；马体表使用驱虫剂；控制养马区域内的昆虫；夏季使动物远离有水道的牧场。在美国，还没有用于控制水疱性口炎的商业化疫苗。

（二）詹姆斯城峡谷病毒（Jamestown Canyon Virus，JCV）

除水疱性口炎病毒外，很少有其他病原体与马起疱黏膜疾病有明显关系。虽然病例报道已显示有包括詹姆斯城峡谷病毒、马动脉炎病毒（equine arteritis virus）、杯状病毒（caliciviruses）、马腺病毒（equine adenoviruses）和马疱疹病毒（equine herpesviruses）等多种病原与马起疱黏膜疾病有关，但还并未经实验和流行病学研究证实。

JCV 是布尼亚病毒科（Bunyaviridae）中的一员，属于加利福尼亚病毒群（California virus group）。在 1997 年美国暴发水疱性口炎期间，科罗拉多州马拉里默县的一匹马在蹄冠带出现水疱，舌和下唇出现破裂水疱。从口腔病变的水疱和组织中收集血清和液体进行诊断性检测。在血清中未检测到抗水疱性口炎病毒的抗体，从水疱内分离的病毒也不与水疱性口炎病毒抗血清反应。通过电镜及血清中和试验证实该病毒是 JCV。这是 JCV 与 VSV 具有相似病变的首次报道。

（三）马病毒性动脉炎（Equine Viral Arteritis）

在 1992 年西班牙的一次马病毒性动脉炎暴发中，病马出现了流涎和水疱糜烂性口腔炎等非典型临床症状，以及腹部和四肢水肿等典型的马病毒性动脉炎临床症状。在那次暴发时，急性期和恢复期马血清中马动脉炎病毒的血清转化情况能提供证实诊断信息，但未能成功分离出病毒。

二、非感染原因

（一）斑蝥（blister beetle）

斑蝥素是斑蝥（*Epicauta* spp.）体内的一种毒素。这种毒素具有剧烈刺激性，当接触到皮肤或黏膜面时，会形成囊泡。斑蝥遍布美国大陆，当牧场的苜蓿开花时，成年斑蝥群集并进行交配。采食被污染的干草会导致动物出现临床症状，通常为全身性并且严重，包括休克、胃肠道和泌尿系统炎症、心肌衰竭、低钙血症和死亡；也可见在口腔黏膜表面起疱。临床症状的严重程度取决于毒素剂量，单个虫体间范围宽，并取决于感染疱内虫体的干重。斑蝥素中毒通常采用保守治疗。活性炭和矿物油可减少毒素的吸收，而镇痛药、液体和补充电解质可缓解毒素的某些全身反应。预后决定于食入虫体数量和及时有效的治疗。

（二）机械性创伤

口腔溃疡和糜烂常归因于因采食粗饲料或植物芒而造成的物理性创伤。在一例报告中，口腔检查发现严重的口腔溃疡和糜烂的溃疡面上存在大量的小黑麦干草芒。在密苏里的一个马厩也暴发了具有明显红斑和溃疡的齿龈炎，有80%的马匹被感染。在感染动物的病变处发现了细毛发状物质，同时齿龈表面活检标本的组织病理学观察发现在固有层横切面上存在草芒。在该农场干草中发现了狗尾草（也称狐尾草，*Setaria* spp.）种子的头部。

（三）药物相关的黏膜病

服用任何药物均可能发生不良和意想不到的反应，常表现为皮疹及口腔黏膜起疱等反应。非类固醇抗炎药（Nonsteroidalantiinflammatory drug，NSAID）中毒通常影响胃肠道，导致厌食、体重减轻及血浆蛋白丢失引起的腹水肿。然而，口腔溃疡也可作为非类固醇抗炎药中毒的一个症状。对患有黏膜水疱马匹的任何调查均应考虑当前和近期给药的情况。

（四）苦木属（Quassia）

由苦木科（俗称 Amargo，Bitterwood，Marupa 或 Quassia）刨花引起的水疱与两起马口腔炎的暴发有关，分别发生在伊利诺伊州和阿根廷。临床症状包括鼻内及/或周围大疱性病变，口腔内和舌面上水疱病变，鼻、嘴唇和肛门周围皮肤干裂。全身性症状包括黄疸、血尿和厌食症。流行病学和实验研究证实，与苦木属刨花的接触是引起临床症状的原因。苦木属植物可含有苦木素或新苦木素化合物。据报道，这些化学物质具有驱虫剂或杀虫剂活性，这与人体皮肤表面接触这些植物时产生水泡有关。

（五）皮肤病

一些已知的皮肤病与水疱性口炎的临床特征相似，包括落叶性天疱疮（Pemphigus foliaceous）、马脱皮性嗜酸性粒细胞皮炎（Equine exfoliativeeosinophilic dermatitis）和口腔炎（Stomatitis），以及光过敏。

落叶型天疱疮是一种自体免疫性疾病，其中产生了抗角质细胞的抗体。这种疾病会在头部或四肢上皮组织出现散在的水疱和脓疱。可通过病史、临床症状、皮肤活检的组织病理学变化以及直接免疫荧光等方法对落叶型天疱疮进行诊断。多数情况下，活检标本的组织学检查观察棘细胞具有诊断意义。使用免疫抑制剂量的糖皮质激素是首选治疗，许多病例需要对马终生进行治疗。

马脱皮嗜酸性粒细胞皮炎和口腔炎病因不明，与水疱性口炎的临床症状类似。这种疾病似乎是一种由寄生虫或病毒感染引起的超敏反应。因为此病常见于标准竞赛马（Standardbreds）和纯种马（Thoroughbreds），所以该病可能有遗传的因素。临床症状包括口腔溃疡、脸部或蹄冠部缩小结痂。可通过病史、临床症状及活检标本的组织病理学显示嗜酸性粒细胞和淋巴浆细胞性皮炎进行诊断。糖皮质激素对本病的治疗效果不佳，大多数病马最终被施予安乐死。

光过敏（见第70章）是由摄入植物、注射（如吩噻嗪）或局部应用的药物引起。肝功能紊乱可抑制叶红素的正常代谢，导致光过敏。也可发生无任何诱发的光敏化剂的晒伤，尤其是在高海拔地区。任何原因引起的光过敏表现为红斑、水肿以及水疱形成，随后发展为白毛区域的糜烂和结痂，尤其是头部周围。但病变通常不感染口腔。对病马的治疗包括避免阳光直射马匹、消除光敏感剂、服用糖皮质激素降低炎症。

推荐阅读

Bridges VE，McCluskey BJ，Salman MD，et al. Review of the 1995 vesicular stomatitis outbreak in the western United States. J Am Vet Med Assoc，1997，211：556-560.

Campagnolo ER，Trock SC，Hungerford L，et al. Outbreak of vesicular dermatitis among horses at a Midwestern horse show. J Am Vet Med Assoc，1995，15：211-213.

Hurd HS，McCluskey BJ，Mumford EL. Management factors affecting the risk for vesicular stomatitis in livestock operations in the western United States. J Am Vet Med Assoc，1999，215：1263-1268.

Hutchinson RE，eds. Infectious Diseases of the Horse. Cambridgeshire，UK：Equine Veterinary Journal Ltd，2009：138-143.

Johnson PJ，LaCarruba AM，Messer NT，et al. Ulcerative glossitis and gingivitis associated with foxtail grass awn irritation in two horses. Equine Vet Educ，2012，24：182-186.

McCluskey BJ，Mumford EL. Vesicular stomatitis and other vesicular，erosive，and ulcerative diseases of horses. Vet Clin North Am Equine Pract，2000，16：457-469.

Sahu SP，Landgraf J，Wineland NJ，et al. Isolation of Jamestown Canyon virus（California virus group）from vesicular lesions of a horse. Vet Diagn Invest，2000，12：80-83.

Schmitt B. Vesicular stomatitis. Vet Clin North Am Food Anim Pract，2002，18：453-459.

（赵光辉　译，王雪峰　校）

第128章　光过敏

Ann Rashmir-Raven　Rebecca S. McConnico

光过敏是皮炎的一种不常见原因，但在马中，却是一个潜在地严重问题。与光过敏相关的疾病谱从牧草接触引起的简单损害到肝源性致命性危机。典型情况下，临床症状起始于强光暴晒后几小时，包括红疹、水肿、渗出、结痂以及皮肤坏死。当皮肤被光动力剂致敏或紫外线（UV）照射时，发生光过敏。晒斑或光照性皮炎不同于光过敏，两者的发生均不依赖于光动力剂。兽医在早期识别和治疗光过敏的能力可以在所有病例中为病马提供最佳的舒适度，增加肝源性病例的存活机会。

一、光动力剂

引起光过敏的光动力剂实际上可以是光毒性的，也可以是光过敏性的。在适宜条件下，光毒性剂能诱导几乎所用动物的光敏反应。光过敏剂需要动物首次被这种复合物致敏。光毒性和光过敏性复合物均能通过血流或直接接触到达皮肤，最常见的途径是通过体循环。光动力剂的化学结构使其能吸收特殊波长的紫外线（UV）或可见光。其中许多光动力剂吸收光谱超过了UV-B的范围。在这些情况下，暴露在光化辐射之下通常将伴发马皮肤的严重损伤。当光动力剂暴露在光子时它们会被激活，产生的高能分子可与生物底物或氧分子发生反应。此反应会产生如超氧阴离子、单重态氧和羟基自由基等活性氧中间体。这些活性分子的释放导致某些大分子（如氨基酸、蛋白质、脂蛋白）的损伤。细胞核、细胞膜和细胞器，特别是溶酶体和线粒体是光毒性反应的主要靶标。浅表血管和表皮首当其冲。

在动物中公认有4种光过敏，包括原发性光敏（primary photosensitivity）又称1类光敏（type1 photosensitivity），肝源性光敏（hepatogenous photosensitivity）又称2类光敏（type 2 photosensitivity），继发于异常色素合成的光敏（卟啉病，porphyria）和不明原因性光敏。

二、原发性光敏

当经消化道摄取和直接吸收了光动力剂，并通过循环系统到达皮肤时，就产生原发性光敏。这些光动力剂主要通过植物获取，特别是圣约翰草（贯叶连翘）、荞麦（荞麦属，*Fagopyrum* spp.）、小欧芹（野胡萝卜，*Cymopterus watsoni*）和阿米芹属

(*Ammi* spp.) 植物。尽管罕见发生，典型例子是在含有圣约翰草的草场中放牧的马，该植物的叶子中含有红色荧光素和金丝桃素，而金丝桃素就是一种光动力剂。圣约翰草是一种入侵毒草，常见于美国、南美、欧洲、新西兰和澳大利亚。金丝桃素含在植物叶片有净点的区域中，呈现于植物生长的各个阶段。圣约翰草有五瓣橘黄色花，花瓣边缘偶有黑色斑点。当植物丰富或有嫩梢，食物缺乏或该植物干燥并与干草混在一起时，马匹易食入大量的这种杂草。因此，由圣约翰草引起的光过敏也可在冬季发生。临床症状从开始摄入毒草的 21d 内出现。马食入大量毒草后 2d 内就可出现症状。

由其他含有与圣约翰草金丝桃素相似毒素的植物如荞麦（荞麦属中毒病，Fagopyrum toxicosis）引起的原发性光过敏在马中不常见。同样，由春天欧芹、阿米芹和兜状荷色牡丹（呋喃香豆素中毒病，Furocoumarin toxicosis）等引起的光过敏作用更常见于羊、牛和圈养猪。

最常见接触光过敏的病例已在含有各种豆类植物（以三叶草最常见）牧马场中的放牧马报道。目前还不清楚为什么偶尔牧场放牧会积累光动力剂。由于某些三叶草能引起肝的光过敏，对有光过敏症状的马进行肝脏疾病评估势在必行。

除了源于植物的光过敏，许多药物和化学制品不常见的副作用会通过各种机制（表 128-1）表现为原发性光过敏。以作者的经验，某些蝇喷雾剂、抗菌皂和四环素抗菌剂是马临床引起光过敏最常见的物质。除了前面提到引起光过敏的物质，从乳品浓缩配方中摄入的谷蛋白也与马原发性光过敏有关。

表 128-1 原发性光过敏的病因

物质	光动力剂
贯叶连翘（圣约翰草、山羊草、克拉马斯杂草）、*Hypericum pseudomaculatum*（大圣约翰草）、贯叶连翘蠹（斑点圣约翰草）	金丝桃素（食入）
荞麦、荞麦叶、*Fagopyrum tatoricum*（荞麦）	荞麦碱、*photofagopyrin*、假金丝桃素
聚伞翼（春香菜）	呋喃并香豆素
白芷（大阿米芹）	呋喃并香豆素
Thamnosma texana（兜状荷包牡丹）	呋喃并香豆素（食入）
黑麦草（多年生黑麦草）	佩洛林
Froelichia humboldtiana	*Naphthodianthrone derivative*
Medicago denticulate（毛刺三叶草）	蚜虫
杂三叶（瑞士三叶草）、红三叶	食入及可能接触未知的照片和光毒性
苜蓿属（苜蓿）	未确认
Sphenociadium capitellatum（白穗，ranger's buttons）	食入未确定的光动力剂
Heracleum mantegazzianum（巨型猪草）	呋喃香豆素
风雨兰（雨百合）	未确认
燕麦	未确认

（续）

物质	光动力剂
油菜	未确认
白菜（芥菜）	未确认
野豌豆	未确认
霉菌毒素	
芹菜和欧洲萝卜的真菌	植保素（花椒毒素、tripsoralen）
药物和化学品	
吩噻嗪	吩噻嗪亚砜
噻嗪类	未确认
类视黄醇，治疗性显影剂	他佐罗汀（表面应用）
异丙嗪	未确认
吖啶黄	未确认
玫瑰红	未确认
亚甲蓝	未确认
磺胺类药	未确认
四环素	未确认
氯丙嗪	未确认
奎尼丁	未确认
煤焦油衍生物	未确认
速尿	未确认
一些抗菌皂	未确认
内源性代谢物	
卟啉	遗传性异常（卟啉）
叶红素	肝衰竭（食入性）
胆红素	肝、血液病（内源性）

注：引自 Scott DW，Miller WH，eds. Equine Dermatology. 2nd ed. Maryland Heights，MO：Elsevier Saunders，2011。

原发性光过敏的治疗包括去除致敏原以及将马限制在畜栏中，或将马限制在一个能进行夜间放牧的畜栏中，直到清除光敏性。或者，使用防蝇帘、面具和靴子来减少紫外线照射，足以治疗轻度病例。应用 SPF30～55 的防晒霜也非常有用。全身性糖皮质激素或非甾体类抗炎药的使用、局部应用类固醇、普莫卡因或其他舒缓剂，预防和控制蝇蛆病对偶尔患病马有益。重症马可能需要全身性抗菌剂防止细菌继发感染，以及较少情况下对感染部位进行清创术。

三、继发性或肝源性光过敏

肝源性光敏是感染马最常见的光过敏类型，继发于肝损伤。肝损伤导致皮肤叶红素浓度增加。叶红素是叶绿素的降解产物，它通过肠道微生物形成于肠道并经门静脉循环运送到肝脏。叶红素随后被肝细胞吸收并被排泄入胆汁。当肝功能受损时，肝脏的排泄叶红素能力同样受损，导致叶红素积累。由于叶红素是光动力剂，皮肤中高水平的叶红素使动物呈光敏性。当血清中叶红素浓度大于 8μg/dL 时，一般会出现临床症状。任何能导致严重肝损伤和胆汁淤积的疾病过程（如胆结石、细菌性胆管炎和寄生虫移行）均可引发肝源性光过敏。然而，肝源性光过敏常由摄入有毒植物和霉菌毒素引起（表 128-2）。马生活的地区和马采食干草的来源为找到相关毒素提供线索。例如，采食千里光属和阿姆辛基属草引起的生物碱中毒在生长在美国西部的干草更加普遍，而干草中的瑞士三叶草中毒在东北部较常见。在一般放牧情况下，如果有大量好的牧草可食用，马通常不会吃肝毒性的植物。

表 128-2 肝源性光过敏的病因

疾病	
胆总管阻塞、炎症、肝结石、寄生虫移行	
泰勒氏病、血清肝炎免疫性疾病	
慢性活动性肝炎	
胆管肝炎	
上行性细菌感染	
物质	**肝毒素**
植物	
千里光（美狗舌草）、*Senecio riddellii*（里德尔千里光）、*Senecio douglasii*（绵千里光）、欧洲千里光（普通千里光）	吡咯里西啶类生物碱（惹卓碱）
阿姆辛基植物（麻迪菊、提琴颈花）	吡咯里西啶类生物碱
野百合（大响铃草）	吡咯里西啶类生物碱
蓝蓟（Salvation Jane、Patterson curse）	吡咯里西啶类生物碱
Heliotropicum europeaum（普通天芥菜）	吡咯里西啶类生物碱（毛果天芥菜碱、天芥菜碱）
琉璃石斛	吡咯里西啶类生物碱
地肤（杂草、燃烧灌木）	未确定
Myoporum laetum（沼泽树）	艾纳酮
马缨丹	岩茨烯
刺蒺藜（山羊头、蒺藜）	未确定
Nolina texana（丛生禾草、诺力草）	未确定
Narthecium ossifragum（美洲纳茜菜）	未确定
灰四胞菊（金花矮灌木）、光滑四胞菊	未确定
杂三叶（瑞士三叶草）	未确定
苜蓿（狗牙草）	未确定
Holocalyx glaziovii（Alecrim）	未确定

（续）

疾病	
过江藤（女贞过江藤）	未确定
蓝黍（蓝柳枝）、着色黍（克莱因草）、洋野黍（smooth witchgrass）、大黍（羊草）、黍稷（小米）、柳枝黍（柳枝稷）	皂苷（薯蓣皂苷配基、tamagenin、表异菝葜皂苷元）
墨西哥龙舌兰（莴苣龙蛇兰）	皂苷
珊状臂形草（澳大利亚草）、俯仰臂形草（信号草）、腐殖生臂形草、白菜（羽衣甘蓝）	皂苷
霉菌毒素	
微胞藻（水中的蓝绿藻）	环肽
半壳孢样拟茎点霉（羽扇豆上）	拟茎点霉毒素
纸皮思霉（面部湿疹、多年生黑麦草蹒跚、葚孢菌素）	未确定
羽扇豆（羽扇豆中毒）	未确定
紫苜蓿（发霉的苜蓿）	未确定
镰刀菌（发霉的玉米）	T-2 毒素
曲霉	黄曲霉毒素
毒物和化学物质	
四氯化碳	
二硫化碳	
Phenanthridium	
铜	
磷	
铁	
其他	
血清和抗血清	免疫复合物疾病
肝病（脓肿、瘤样病变、寄生虫移行、胆结石、炎症）	炎症介质

注：引自 Scott DW，Miller WH，eds. Equine Dermatology. 2nd ed. Maryland Heights，MO：Elsevier Saunders，2011。

四、吡咯里西啶生物碱中毒的病理生理学

吡咯里西啶生物碱见于全世界的植物，常引起放牧动物和人类中毒。由于该植物普遍存在，以及从摄入到出现中毒症状的延迟，吡咯里西啶生物碱中毒很可能诊断不出来。吡咯里西啶生物碱被肠道吸收后运送到肝脏，并在此处代谢成吡咯。这些代谢产物在肝细胞内具有化学活性，与蛋白质和核酸结合。一旦结合 DNA，这些分子具有抗有丝分裂效应，阻止细胞分裂，导致巨红细胞的形成。当巨红细胞死亡后，被纤维取代。最终，大量细胞死亡和肝功能衰竭，这往往导致出现肝性脑病的临床症状，也可导致继发性光过敏。因此，吡咯里西啶生物碱中毒引起马的光过敏往往预后不良，常死于肝功能衰竭。待临床症状出现时，肝损伤通常不可逆转。除了光敏性，可发生

与肝性脑病有关的神经系统疾病。餐后血清胆汁酸浓度是一个预后指标，其值大于50mmol/L就认为与生命不相容。

幸运的是，马不吃含吡咯里西啶类生物碱的植物，除非没别的草吃。然而，动物不能识别和拒绝用干草或青贮饲料中经过加工的这些植物。因此，吡咯里西啶生物碱中毒通常发生在晚冬和早春，并且当初夏紫外线水平提高时，马会表现为慢性肝炎。

瑞士三叶草（*Trifolium hybridum*）有点特别，因为它可引起马原发性和继发性光过敏。原发性光过敏呈急性发生，且与肝脏疾病无关。慢性紫苜蓿中毒与肝坏死、纤维化和硬化相关，产生与吡咯里西啶中毒相似的临床症状。牧草中瑞士三叶草含量低于25%一般认为对牧马是安全的。

肝光过敏的其他原因（表128-2）包括结晶性肝病、药源性肝病和非植物源性毒素。泰勒病（也被称为血清性肝炎、急性肝坏死和血清病）可能是继发性光过敏的来源，因为它散发性造成成年马的肝衰竭。泰勒病通常与服用马源性生物制品有关，并呈季节性发生，在夏秋最常见。对其他肝脏疾病采取如前所述的支持疗法可能会取得成功，但往往不值得做。同样不值得做的肝光过敏病因包括过量服用含铁补充剂引起的铁中毒病和铜毒病。据报道食入含铜的木材防腐剂可导致马肝衰竭和死亡。对铁和铜中毒治疗往往不值得做，因为一旦表现临床症状，肝损伤很严重。关于这些肝脏疾病的更加详细的讨论见第66章。

五、卟啉症：继发于异常色素合成的光过敏

卟啉症是一种罕见的、先天性光过敏形式，它由异常色素合成引起，在马中还没有报道。在牛、猪和猫，卟啉症由尿卟啉原Ⅲ协同合成酶代谢缺陷引起，而该酶是血红蛋白合成所需的酶。卟啉症也称骨血色病或粉齿症，因为病牛牙齿、骨骼和尿液变色，颜色从粉红色到红棕色。当患病动物暴露在阳光下时，无色素区可见皮肤病变。许多品种的牛都受影响，包括短角牛、海福特牛和荷斯坦牛。遗传突变呈常染色体隐性遗传模式。

六、患马光过敏的诊断

（一）临床症状

光过敏的临床症状通常发生在毛发稀疏、白色或无色素区，包括鼻口和眼睑（图128-1）、面（图128-2）、耳朵、外阴、会阴和阴茎鞘（图128-3），偶尔见于蹄冠部。深色皮肤和毛发浓密的部位具有吸收紫外线的能力，在紫外线激活发色团和损伤皮肤组织前将其吸收，进而受到保护。无毛区域病变尤为明显，包括鼻口、鼻孔和眼睑。最初的反应表现为红斑和水肿，可能会伴有瘙痒。马可能因瘙痒摩擦、抓、踢受感染的部位。可能会出现血清渗出、皮肤糜烂或溃疡，通常导致继发细菌感染。严重病例，可能发展为广泛坏死，随后受损组织脱落。由于肝脏对胆红素代谢能力缺陷，黄疸是通常肝源性光过敏的一个特征。皮肤血液循环中红细胞损伤可能会出现，导致溶血发生，导致继发于毒性及脓毒症性皮炎及血管炎的红细胞脆性增加。

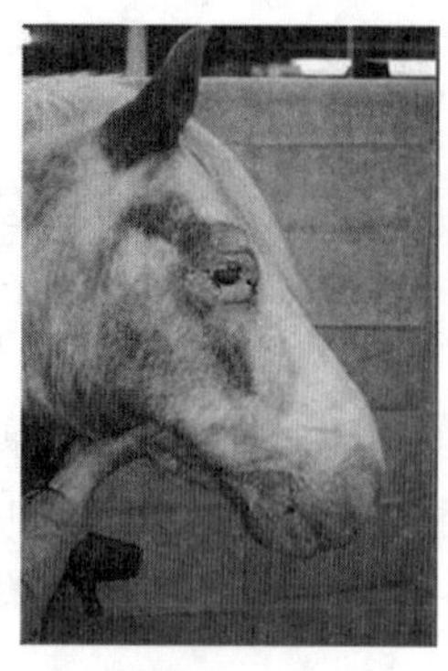

图 128-1 鼻、口和眼睑的光过敏

注意红斑、皮肤增厚和结痂（彩图 128-1）

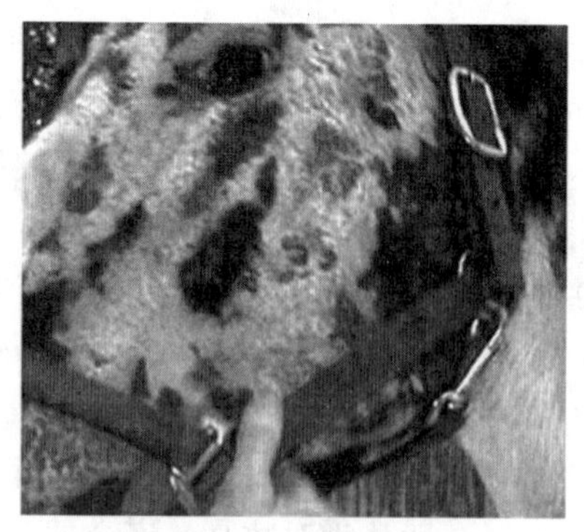

图 128-2 面部的光过敏

注意严重皮肤增厚和结痂

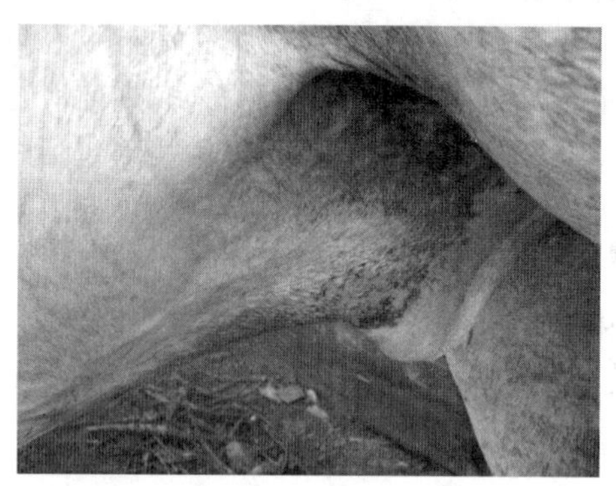

图 128-3 阴茎鞘的光过敏

出现皮肤增厚、无毛和红斑（彩图 128-2）

（二）光过敏的诊断

任何局限于马体无色区的皮炎，应怀疑光敏性原因。因此，任何有光敏性症状的马应评估其肝功能，也应考虑病马的数量。光过敏的单一病例或群发性光过敏可能分别提示光敏性或肝源性病因。也应注意病变的身体分布。广泛性病变提示肝脏受损，而嘴唇和四肢远端处的局部病变提示为原发性光过敏。应获取有关最近服用药物的详细病史资料，并应对牧场和干草中的光敏植物进行检查。遗憾的是，在动物出现症状前，有问题的干草可能已经在饲喂，可能不再有检查的价值。取自患病区活检标本的组织学检测将揭示表皮血管变性和血栓形成，并伴有血管周围炎症。慢性病灶可能出现淋巴细胞性血管周围皮炎、表皮增生和过度角化，伴有严重痂皮形成。可能出现凋亡角质细胞，即所谓的晒伤细胞。

光过敏治疗的主要目的是阻止进一步的损害。这可以通过将动物限制在远离阳光直射的黑暗畜栏、去除光动力剂的来源、对感染部位进行对症治疗来完成。应轻轻地彻底清洗病灶。根据受损阶段，可以应用防护药膏、温和收敛剂或防腐剂。糖皮质激素可用于减轻炎症和瘙痒，如果继发细菌感染，则必须用抗菌药物进行治疗。如果有肝脏疾病，必须及时处理。

继发于肝病的光过敏的诊断和治疗可能有挑战性。除了感染皮肤的临床症状外，常有一些模糊的非特异的症状，可能包括食欲不振、体重减轻、黄疸、发热及轻度绞痛。有些马可能只有模糊的症状或最初根本没有任何临床症状。虽然马似乎已严重感染，但病理学则是慢性和渐进性的。常见的病史和体检异常包括黄疸、身体条件较差、厌食、嗜睡以及间歇性轻度绞痛。神经系统异常通常与晚期的肝功能障碍有关，可从轻微的行为异常到恍惚、压头和昏迷。肝脏疾病的其他症状可能包括结肠炎、多饮和颅神经异常（如吞咽困难和吸气性喘鸣）。

根据疾病的阶段，可见血液学异常，对渐进性肝细胞和胆汁淤积性肝病有提示意义。病程越慢，血清γ谷氨酰转移酶（GGT）活性水平越高。有可能有正常的或增强的山梨醇脱氢酶（SDH）和天冬氨酸转氨酶（AST）活性、低血糖，以及白蛋白、血中尿素氮浓度减少。凝血因子异常，伴有活化部分凝血活酶时间和一步凝血酶原时间（one-step prothrombin time，OSPT）延长。血清球蛋白含量升高。胆汁酸常升高，提示肝功能异常。厌食可导致低钾血症。急性肝病将导致血清天冬氨酸转氨酶（AST）和山梨醇脱氢酶（SDH）活性升高。如果有内毒素血症，可见中性粒细胞增多或左移的中性粒细胞减少症。随着慢性化增加，可能出现非再生性贫血和高纤维蛋白原血症。亚临床吡咯里西啶中毒的马会出现高谷氨酰转移酶活性（GGT）升高，所以当出现与已知患有吡咯里西啶中毒病的马症状相同的情况时，连续性监测马的GGT也许是有利的。

如果实验室检查异常，提示马有肝脏疾病，经皮肤肝穿刺活组织检查有助于确诊和预后。经腹超声波能评估肝脏大小和构造，检测肿块或结石，评价血管和胆道系统（在推荐阅读中可查阅肝脏超声检查和肝活检技术的信息）。在经皮穿刺活检前，应对凝血谱（凝血酶原时间、活化部分凝血活酶时间）进行评价。活检标本应同时提交显微镜检查和微生物培养。

七、肝源性光过敏的治疗

恰当的治疗和管理有助于肝源性光过敏马匹的好转。即使通常预后不良，甚至出现明显临床症状，也要给予支持疗法和合理的营养搭配获得成功的管理。此病最好的预防措施是从牧场中去除所有有毒植物，保证干草不含有毒植物。

对肝病治疗通常采用支持疗法，如果知道疾病的原因，可以针对潜在病因进行针对性治疗。除了移除有害植物，目前没有用于与牧草相关肝病的特异的直接疗法。如果活检显示肝脏严重的桥接纤维化，那么治疗并不会给马带来任何实际的益处。治疗将会根据临床症状的严重程度或肝功能衰竭程度进行。某些病例，添加5%葡萄糖和钾离子的静脉注射液可能有益于治疗，推荐在肝性脑病治疗中使用。低蛋白、高能量的饲料可能有利于疾病治疗。支链氨基酸治疗可能降低神经症状的严重程度。己酮可可碱（Pentoxifylline，每12h给药剂量8～10mg/kg）是一种抗炎性的药物，能减轻人体的肝纤维化。

不论何种原因造成的光过敏，均应限制马匹接触阳光。有害植物、毒素或者其他的光动力剂均应从马匹所生活的环境中移除。将马匹安置于马厩，饲喂新鲜、优质的干草将防止阳光损害，进一步降低马匹暴露于有毒物质的机会。尽早识别和诊断有助于通过快速积极的干预取得良好的结果。任何诊断和治疗延误都会增加并发症和死亡率，使成功治愈疾病变得困难。

通常情况下，轻到中度皮炎最好使用诸如磺胺嘧啶银等水溶性抗菌药物进行局部治疗。局部甚至全身性糖皮质激素常须用于控制炎症，尽管糖皮质激素类可能会对肝脏有副作用。如果患病组织被严重感染，则需要更积极的疗法。冷水疗法有助于清除皮肤表面的异物，降低炎症并防止蝇蛆病。患病区域应在干燥后进行绷带包扎。对于肿胀和渗出物渗出的患病肢体，绷带要使用干净的非粘连材料和脱脂棉，使用弹性绷带（绷带宽度≥3in）保证适度的压力。

患有严重皮炎和蜂窝织炎的马匹在患部会出现发热和肿胀。病马也会有疼痛和跛行症状，常伴有低热或中等发热（39～40℃）。严重感染的马匹会从单独感染时出现食欲不振以及严重不适等临床症状。感染的肢体触摸时会有剧烈疼痛感，马患肢会表现出中度到重度的跛行。有蜂窝织炎的病马应采用全身抗菌疗法，药物的选用应基于其广谱抗菌性能和组织穿透力。β-内酰胺类抗菌药应用于梭菌性疾病和其他的厌氧菌感染。按标准剂量给予头孢噻呋钠（每 6～8h 静脉注射或肌内注射 2.2mg/kg）、青霉素普鲁卡因（每 12h 肌内注射 22 000 U/kg）或青霉素钾（每 6h 静脉注射 22 000 U/kg），加一种氨基糖苷类药物和甲硝唑（每 8～12h，20～25mg/kg，口服或直肠灌肠），以上药物能治疗大多数细菌微生物感染。对蜂窝织炎的抗菌治疗应持续 10～14d，根据需要酌情延长。严重感染的动物需要输液和全身性抗菌药物治疗。患有肝脏疾病的马需要饲喂低蛋白食物、干草（推荐饲喂燕麦草）以及甜菜浆等，不宜食用高蛋白谷物。通过静脉注射或肌内注射补充维生素 B 有助于该病的治愈。

八、马光过敏的预防

良好的饲养管理对预防光过敏十分必要。预防的关键一步是不要在生长有能引起吡咯里西啶生物碱中毒的植物区域进行苜蓿干草的首茬收割。第二茬以及以后收割的苜蓿会为苜蓿清除大多数有毒杂草提供时间，因此它比第一茬收割的干草更为安全。应从信誉良好的商家购买干草，定期检查牧草，在牧场管理中采用包括除草控制和避免过度放牧等，将进一步减少马匹与有害植物及有毒物质接触的机会。可惜的是，尽管为避免光过敏已做了所有努力，偶尔个别马还是会发病。

九、光刺激性皮炎和光敏性血管炎

尽管光刺激性皮炎不是真正的光过敏，它是引起无色四肢炎症相当常见的原因，可能在某些病例，它与未知的光敏剂有关系，也很有可能与光过敏混淆。急性光敏性皮炎表现为剧痛渗出、皮肤无色素区域结痂；有些马也会出现红斑和水肿。更多的慢性病例可能表现为皮肤增厚、鳞屑、结痂，偶见有患马发展为糜烂及溃疡（图 128-4）。由于病变出现在无色素区，所有都应排除光过敏。患有光刺激性皮炎的马匹有正常的肝功能和酶活性，没有接触光敏剂。由于表层血管受损，患病区域的活组织检查有助于进行诊断。某些病例会出现IgG或补体C-3部分的沉积。病马通常在白天圈于马厩中进行治疗（当没有可用的厩舍时，也可对腿部进行包裹治疗），服用全身性糖皮质激素（每天肌内注射或静脉注射0.05mg/kg磷酸地塞米松，或者口服1mg/kg泼尼松龙）和己酮可可碱（每12h口服8～10mg/kg）。局部应用糖皮质激素一般不足以控制疾病。对怀疑有继发细菌感染的病例，推荐使用甲氧苄啶-磺胺嘧啶（trimethoprim-sulfadiazine，每天口服15～25mg/kg）。

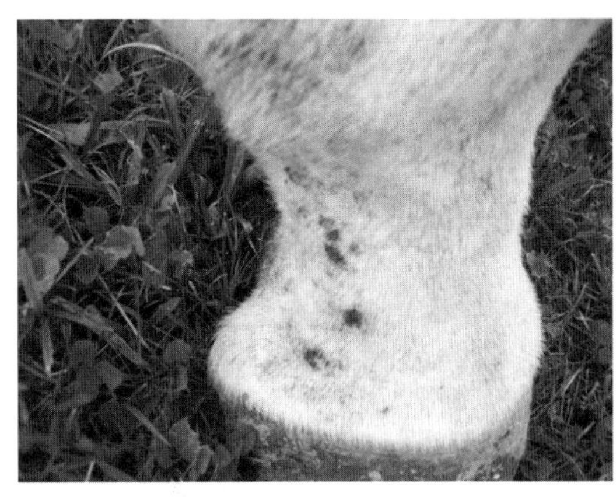

图128-4　光刺激性皮炎
皮肤增厚、鳞屑、结痂，糜烂和溃疡（彩图128-3）

十、光过敏的鉴别诊断

鉴别诊断疾病包括单纯的晒伤、接触性皮炎、晒伤、沙蚤病、光敏性血管炎、落叶性天疱疮、细菌或真菌感染（也可继发于光过敏）及其他血管炎病因（如药物反应、出血性紫癜等免疫介导疾病）。通过调查病史、病程、皮肤活检、血液学发现以及其他的诊断测试排除其他全身性疾病对诊断非常有用。

推荐阅读

Fadok VA. An overview of equine dermatoses characterized by scaling and crusting. Vet Clin North Am Equine Pract，1995，11：43-51.

Knottenbelt DC. The approach to the equine dermatology case in practice. Vet Clin North Am Equine Pract，2012；28：131-153.

Knottenbelt DC，McGarry JW. Chemical，toxic and physical dermatoses. In：Knottenbelt DC，ed：Pascoe's Principles and Practice of Equine Dermatology. 2nd ed. New York：Saunders Elsevier，2009：303-305，348，351.

Nation PN. Alsike clover poisoning：a review. Can Vet J，1989，30：410-415.

Pearson E. Photosensitivity in horses. Compend Contin Educ Pract Vet，1996，18(9)：1026-1029.

Scott DW. Large Anim Dermatol. Philadelphia：W. B. Saunders，1988：76-80.

Scott DW，Miller WH Jr. Environmental skin diseases：photodermatitis. In：Equine Dermatology. 2nd ed. Maryland Heights，MO：Saunders Elsevier，2011：413-417.

Stannard AA. Photoactivated vasculitis. In：Catcott EJ，Smithcors JF，eds：Equine Medicine and Surgery. 2nd ed. Wheaton，IL：American Veterinary Publications，1987：646-647.

Stegelmeier BL. Equine photosensitization. Clin Tech Equine Pract，2002，1：81-88.

Tennant B，Evans CD，Schwartz LW，et al. Equine hepatic insufficiency. Vet Clin North Am，1973，3：279-289.

Thomsett LR. Noninfectious skin diseases of horses. Vet Clin North Am Large Anim Pract Dermatol，1984，6：62-63.

White SD，Affolter VK，Dewey J，et al. Cutaneous vasculitis in equines：a retrospective study of 72 cases. Adv Vet Dermatol，2008，6：312.

Wright R. Sunburn，Photosensitivity or Contact Dermatitis in Horses. Ontario，Canada：Ontario Ministry of Agriculture and Food，2003.

Yeruham I，Avldar Y，et al. An apparently gluten-induced photosensitivity in horses. Vet Human Toxicol，1999，6：386-387.

（赵光辉　译，王雪峰　校）

第 129 章　过　　敏

Stephen D. White

过敏性皮炎（Atopic dermatitis）可定义为对环境中如花粉、灰尘和霉菌等过敏原的一种异常免疫应答。它正逐渐被公认是引起马皮肤瘙痒的一种原因。根据接触的过敏原不同，该病可能呈季节性或非季节性发生。未见该病在年龄、品种和性别上偏好性的广泛报道，但该病可能存在家族遗传性。

推测其病因是由 IgE 介导的Ⅰ型（速发型）超敏反应。证据表明，患遗传性过敏症的马会产生过敏原特异性 IgE 抗体。当过敏原在肥大细胞表面结合 2 个或更多的 IgE 抗体时，肥大细胞会释放含有多种物质的颗粒，引起红斑、血管渗漏和瘙痒。

一、临床症状

瘙痒是最常见的临床症状，常出现于马面部、四肢末梢部分和躯体部。脱毛、红斑、荨麻疹和丘疹等症状均可出现。荨麻疹病变可能很严重，但无瘙痒（图 129-1）。在加州大学戴维斯分校兽医学院的一项研究中，在 54 匹患过敏性皮炎的马中，28 匹马出现荨麻疹，8 匹有瘙痒症状，18 匹马两者同时存在。病马可能会继发脓皮病，以过度鳞屑、表皮小环形脱屑、结痂丘疹（粟粒状皮炎）为特征。

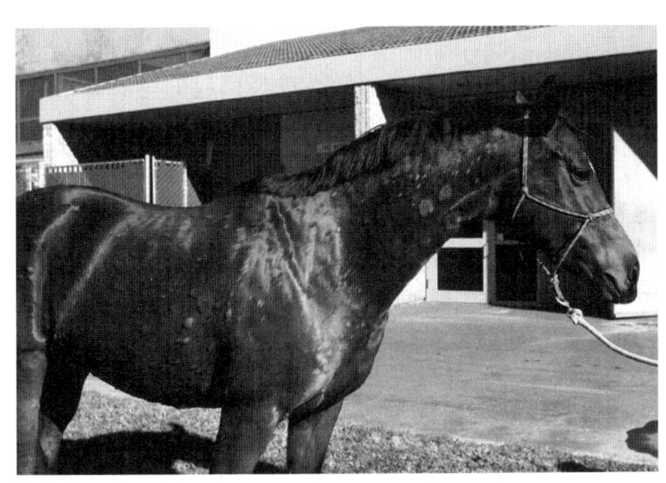

图 129-1　一匹过敏马的荨麻疹

二、诊断

根据临床症状诊断并排除其他瘙痒性皮肤病，尤其是昆虫叮咬（如库蠓，*Culicoides* spp.）过敏。畜主应选择过敏原特异性免疫疗法（脱敏，hyposensitization），过敏原应根据皮内试验（intradermal testing，IDT）或血清变态试验的结果进行选择。IDT 涉及一系列过敏原提取物水溶液的皮内注射，同时设立阳性对照（组胺）和阴性对照（盐水）。一般在颈侧部或胸部进行注射。观察注射部位 30min 至 24～48h，以获得注射部位风团（wheal）形状的证据。阳性结果并不一定意味着该马的临床症状是由反应过敏原引起的，而是这匹马存在相应过敏原的抗体，通过皮内接触，引发了这些临床症状。可能出现假阴性 IDT 反应，最重要的原因是在试验前使用了糖皮质激素、抗组胺药和吩噻嗪镇静剂。

俄亥俄州立大学调查健康马（对照）和患过敏性皮炎、复发性荨麻疹、慢性阻塞性肺病马匹的 IDT，发现患有过敏症的马比健康马具有更高阳性反应率，但不能仅凭 IDT 或血清学检测进行诊断（与其他物种一样）；相反，应结合发病史对这些试验进行解读（如具有季节性症状马更可能对某种呈季节性暴露的过敏原产生过敏反应，如夏天的花粉、冬季的仓尘）。马鞍褥也可能是房尘螨（*Dermatophagoides* spp.）过敏原的重要来源。

关于 IDT 和可用的血清学试验在马和其他家畜一直存在争议。这些试验从动物血液中检测过敏原特异性 IgE。加州大学的研究显示，用 IDT 和血清学检测马的脱敏效果并无显著性差异。如果畜主有意对马进行脱敏治疗，应优先对患有过敏性皮炎的马进行 IDT、血清学检测或两者同时进行。依据作者的经验，对于食物过敏症，IDT 和血清学检测结果都可能与实际无任何关系。

三、治疗

糖皮质激素疗法通常可有效治疗由过敏性皮炎引起的荨麻疹或皮肤瘙痒。尽管地塞米松（每 24h 给药 0.05mg/kg）也可以使用，但常用的口服药是氢化泼尼松（每 24h 给药 1mg/kg）。虽然临床上通过注射途径的地塞米松溶液的生物利用度在 60%～70%，但注射用地塞米松溶液也可用于口服。泼尼松通常对马无治疗效果。

糖皮质激素可引起马多种副作用，包括类固醇性肝病、蹄叶炎、医源性肾上腺皮质功能亢进等。因此，应尝试其他的治疗方法，如抗组胺药盐酸羟嗪（每 12h，每 500kg 给药 200～400mg）、盐酸西替利嗪（每 12h，0.2mg/kg）、盐酸多塞平（一种有抗组胺作用的三环类抗抑郁药，每 12h，每 500kg 300～600mg）。羟嗪、盐酸西替利嗪及盐酸多塞平都可能引起嗜睡或神经紧张，虽然上述副作用并不常见。西替利嗪价格昂贵，因为它是羟嗪的活性代谢产物，如果后者对个别马匹无效，那西替利嗪很可能对此马匹也无治疗效果。吡拉明马来酸盐虽然常用于马，但其口服的生物利用度差。另一选择是己酮可可碱，一种具有抗炎特性的甲基黄嘌呤衍生物，其使用剂量范围是每 12h，8～15mg/kg。己酮可可碱副作用不常见，偶见有神经质。最后，也可在饲料中添加一种必需脂肪酸产品（Dr. W. Rosenkrantz，个人交流，2012）。

通常来说，对马过敏性皮炎的任何症状脱敏注射的疗效应至少评估 12 个月。兽医应与客户经常进行沟通，以监督治疗进程，鼓励畜主对马进行全年的注射治疗。加州大学的经验表明，经过脱敏治疗，65%～70%患有过敏症的马匹有所好转。尽管大多数马匹一生都需要依靠注射药物维持脱敏状态，如果脱敏成功，最终可能多达 25%的马匹停止治疗但不会再出现临床症状。

推荐阅读

Dirikolu L，Lehner AF，Harkins JD，et al. Pyrilamine in the horse：detection and pharmacokinetics of pyrilamine and its major urinary metabolite O-desmethylpyrilamine. J Vet Pharmacol Ther，2009，32：66-78.

Jose-Cunilleras E，Kohn CW，Hillier A，et al. Intradermal testing in healthy horses and horses with chronic obstructive pulmonary disease，recurrent urticaria，or allergic dermatitis. J Am Vet Med Assoc，2001，219：1115-1121.

Kolm-Stark G，Wagner R. Intradermal skin testing in Icelandic horses in Austria. Equine Vet J，2002，34：405-410.

Lebis C，Bourdeau P，Marzin-Keller F. Intradermal skin tests in equine dermatology：a study of 83 horses. Equine Vet J，2002，34：666-671.

Lorch G，Hillier A，Kwochka KW，et al. Comparison of immediate intradermal test reactivity with serum IgE quantitation by use of a radioallergosorbent test and two ELISA in horses with and without atopy. J Am Vet Med Assoc，2001，218：1314-1322.

Lorch G，Hillier A，Kwochka KW，et al. Results of intradermal tests in horses without atopy and horses with chronic obstructive pulmonary disease. Am J Vet Res，2001，62：389-397.

Lorch G，Hillier A，Kwochka KW，et al. Results of intradermal tests in horses without atopy and horses with atopic dermatitis or recurrent urticaria. Am J Vet Res，2001，62：1051-1059.

Morgan EE，Miller WH Jr，Wagner B. A comparison of intradermal testing and detection of allergen-specific immunoglobulin E in serum by enzyme-linked immunosorbent assay in horses affected with skin hypersensitivity. Vet Immunol Immunopathol，2007，120：160-167.

Morris DO，Lindborg S. Determination of "irritant" threshold concentrations for intradermal testing with allergenic insect extracts in normal horses. Vet Dermatol，2003，14：31-36.

Peroni DL，Stanley S，Kollias-Baker C，et al. Prednisone *per os* is likely to have limited efficacy in horses. Equine Vet J，2002，34：283-287.

Rees CA. Response to immunotherapy in six related horses with urticaria secondary to atopy. J Am Vet Med Assoc，2001，218：753-755.

Stepnik C，Outerbridge CA，White SD，et al. Equine atopic skin disease and response to allergen specific immunotherapy（ASIT）：a retrospective study at the University of California-Davis（1991-2008）. Vet Dermatol，2012，23：29-36.

White SD. Advances in equine serologic and intradermal allergy testing. Clin Tech Equine Pract，2005，4：311-313.

（赵光辉　译，王雪峰　校）

第 130 章　与蜱和螨相关的皮肤病

Rosanna Marsella

一、蜱

蜱可以通过多种途径引起马的皮肤病，最常见在蜱叮咬的皮肤处出现结节。蜱同宿主的免疫应答作用可引起炎性反应。在蜱和宿主的首次接触后，蜱主要引起毒性反应，宿主的上皮、真皮组织会出现明显的坏死病变，继而出现由组织坏死引起的炎性反应。已经接触并产生过敏反应的动物，叮咬部位的炎性反应会更加严重并持续更长的时间。同时，叮咬部位坚硬的结节可能会进一步破溃流脓，临床上还常见明显的肉芽肿反应。皮肤的瘙痒程度取决于炎性反应的严重程度。

被蜱咬过的部位可能产生不同类型的变态反应。个别个体可能会产生Ⅰ型变态反应。一旦与蜱接触后，马匹会出现全身的丘疹反应，其他的症状包括全身的荨麻疹，可能会持续数周，甚至引发血管水肿。蜱还能引起Ⅲ型变态反应，进而引起脉管炎型病变。脉管炎表现的症状为损伤部位溃疡，严重的病例会出现大面积的坏死区域。易出现脉管炎的部位多为肢体末端（如耳尖、尾尖）。蜱还可引起全身不适、发热、水肿。蜱叮咬造成的继发感染十分普遍，对此应采取积极治疗。蜱具有传播病毒性、立克次氏体性、细菌性疾病的能力，这些疾病的发生也能引发脉管炎。根据分类，蜱可以分为软蜱和硬蜱。

软蜱中具有代表性的是梅格宁残缘蜱（*Otobius megnini*），也被称为刺状耳蜱。这种蜱能在皮肤裂缝和折皱中产卵，幼虫会侵入宿主的耳朵，引起严重的耳炎。临床表现包括严重的耳道炎症、摇头、蹭耳朵。严重病例还会出现头部向一侧倾斜、肌肉痉挛的症状。蜱感染的确诊可通过肉眼检查是否存在蜱。治疗包括对蜱的物理性摘除，清除渗出物。对于皮肤的继发感染也应该给予恰当的诊断和治疗。细胞学检查可能为早期感染提供信息（细菌和酵母菌的出现及类型）。

硬蜱以硬蜱科革蜱属（*Dermacentor*）和硬蜱科花蜱属（*Amblyomma*）为主，硬蜱可以传播由伯氏螺旋体感染引起的莱姆病（见第 91 章）。该病在马及新英格兰和美国中西洋地区的矮马中常见。虽然马对该病的易感性低于人，但仍能在马上表现出临床症状。对于马而言，该病的临床症状包括交替性的跛行、性能下降、性格改变、蹄叶炎、前葡萄膜炎、关节炎、发热、水肿和脑炎。人的早期临床症状可能包括典型的被称为慢性游走性红斑的圆形皮疹。被蜱咬过部位的病症发展从数天到数周不等。该部位常见红斑、温热，但通常不会表现出疼痛。这些圆形红斑中间会呈现损伤点，可进一步发展为牛眼状。马可能会出现皮肤损伤，但是由于体表覆盖着毛发，通常被忽视。莱姆病的诊断应结合临床症状和对抗原特异性抗体的血液检测。但是即使检测到了抗体，并不一定意味着临床症状是由莱姆病引起的。接种过疫苗的马匹，以及已经接触过莱姆细菌但尚未患病的马可以产生抵抗伯氏螺旋体的抗体。

最近研究评估了基于3种不同抗原靶标的抗体反应的荧光素酶免疫沉淀系统，以诊断马伯氏螺旋体感染，证实他们在莱姆病过程中的抗体应答评价中表现可靠。在另外一项研究中，在大约8%纽约州的马中发现了伯氏螺旋体的感染。

在莱姆病矮马实验模型中，皮肤病变由直径达2mm的淋巴组织细胞结节组成，它们散布在真皮的中部和深部。还有一例关于患有伯氏螺旋体的假性淋巴瘤的报告：病马在除蜱3个月后，被叮咬的区域出现多个真皮性丘疹。对丘疹样本的活组织穿刺的组织学检查提示，富含T淋巴细胞的B淋巴细胞淋巴瘤或是真皮淋巴细胞肥大。

二、螨

某些螨能诱发马的皮肤病，但是目前为止，美国农业部尚缺乏相关的记录。各个州可能会有对该病更加严格的控制需更进一步跟踪。因为该病在马群中传播的疥疮可能会导致严重后果。因此，如果怀疑疥或者痈是由于螨虫引起的，那么就应当及时联系有关部门采取措施。

（一）皮螨

皮螨感染是引起马皮炎的常见原因。这是一种浅表螨，会在宿主身上完成全部生活史。这种螨可以在环境中存活数周，所以环境灭虫是治疗中重要的一部分。在较冷的月份中，马身上寄生的螨虫数量会增加。所以该病在冬季的临床表现会比较严重。皮螨属造成的感染在长有距毛的马中最为常见。螨虫引发系部、球节严重的丘疹，由此得名腿癣。

瘙痒情况可能会有不同，尤其在皮肤继发感染时加剧。因此对于挽马系部皮炎，应考虑对于足螨的鉴别诊断（图130-1）。由于这种疾病可传染，所以马群中其他的马匹都有感染的可能，但感染的马匹临床症状会有不同。对于该病的确诊推荐使用皮肤刮片来进行诊断。由于螨移动迅速，在进行皮肤刮片前使用喷雾杀虫剂能有效提高螨虫的检测可能性。

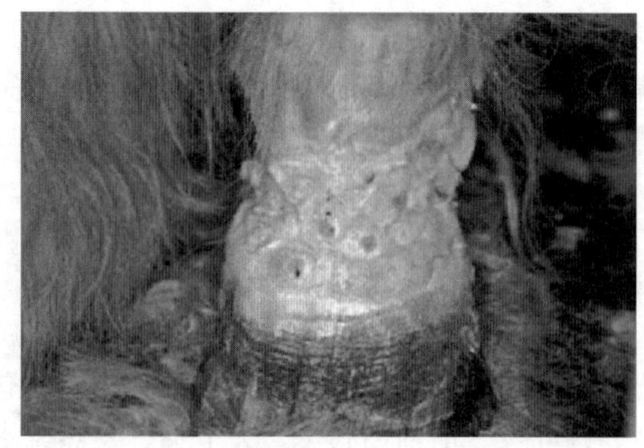

图130-1 一匹患有腿癣的挽马（通过清除羽毛化的毛发进行确诊和辅助治疗）

治疗这种浅表螨虫具有挑战性，临床上常见治疗失败及反复发作。重要的是，所有接触的马匹应同时接受治疗。

治疗必须持续至少螨虫的1个生命周期（3周），并且由于螨虫能在宿主外存活超过2个月，延长治疗疗程覆盖这个时间段是明智的选择。

莫昔克丁（0.4mg/kg，口服）每2周3次是该病有效的治疗方案。但是一项研究发现，在治疗长毛马的牛皮螨感染时，莫昔克丁与环境杀虫剂合用无效，过伊维菌素（0.3mg/kg，口服，每2周3次）治疗也无效，可能是因为这种螨栖息浅表的自然特性及其摄食习惯所致。5%石灰硫黄溶液每周1次，四个疗程可能对治疗皮螨属有效。药浴浸蘸之前使用有抗细菌的沐浴露（例如过氧化苯甲酰）清洗马匹能有利于去掉硬痂。使用石灰硫黄浸蘸能将毛发和皮肤染成黄色，并有强烈的刺鼻硫黄味。为确保长期活性，浸蘸后不要冲掉药品。据报道，Fipronil 喷雾也是一种有效的治疗药物，但是这是超出这种杀虫剂的标签外用法。

在治疗皮螨时，采取一些综合的改变手段也很重要。如果有距毛，最好剪掉距毛来进行治疗，有利于检查并清洁患处。尽管剪掉距毛非常有利于治疗这种疾病，总体来说，因为考虑到需要重新长出距毛的时间，有时马主会拒绝剪除距毛。另外，被饲养在泥泞、潮湿的环境中的马应该被转移到干燥、干净的马厩。

(二) 疥螨

疥螨引起的马皮肤病，美国已将这种疾病消灭多年。疥螨（*Sarcoptes scabiei*）能感染很多宿主，并存在着不同物种与人之间交叉感染的可能性。这种螨虫能够在表皮层掘洞，并引发剧痒的原发性丘疹。瘙痒是由螨虫自身和抵抗螨虫的变应反应共同造成的。

剧痒能够引起马匹的自我损伤，也可引起继发细菌感染。鉴别诊断包括过敏，特别是继发细菌感染的特异反应性皮炎和库蠓超敏反应。真菌皮肤病、潜蚤病、同时还应考虑接触性过敏作为瘙痒性丘疹皮炎的可能诱因。皮肤刮片发现这种螨虫即可最终确诊。由于在皮肤刮片上很难发现这种螨虫，不管有没有在刮片上发现螨虫，都应使用伊维菌素或石灰硫黄治疗。任何可疑的病例都应向当地官方报告。

(三) 痒螨

痒螨可引起全身性皮炎和耳炎。已报道多种痒螨可感染马。在这些种类中，美国有羊痒螨（*P. ovis*）感染的报告。自从1970年，美国未曾报告该病例，但在包括欧洲国家在内的很多国家，绵羊疥疮仍然存在。马痒螨可引起马体疥癣，呈现极度瘙痒，从头部和鬃毛、尾巴根部开始可遍布全身。经过一段时间可以呈现广泛的鳞屑和结痂，临床呈现为脂溢性皮炎。兔痒螨能侵染马、山羊、兔子，造成耳炎，极度瘙痒，表现为蹭耳朵、摇头、面部瘙痒。痒螨可在环境中存活长达2周，可由环境或直接接触传播。

该病的确诊依据为皮肤刮片上发现螨虫，但是在一般情况下螨虫难被发现。因此治疗应在怀疑为疥癣时就开始，即使在皮肤刮片中没有螨虫，也可使用伊维菌素治疗（0.3mg/kg，口服）。治疗应间隔2周用药1次，连用3次。据报道，局部应用依立诺克丁（0.5mg/kg，每周1次，4个疗程）对于痒螨的治疗也十分有效。

三、环境因素

（一）蠕形螨

蠕形螨寄居于马的毛囊中，同感染其他的动物时一样。然而，临床中马匹感染的病例非常少见，仅见于严重免疫抑制马匹。已报道了两种蠕形螨。

D. caballi 侵害马匹的眼睑和唇，而马蠕形螨（*D. equi*）侵害马匹的身体。该病的临床症状与毛囊炎（滤泡炎）有关，包括丘疹、脓包、脱毛。如果皮肤刮片中发现了蠕形螨，应该对潜在的免疫抑制疾病的情况给予诊断治疗。一旦潜在的免疫抑制疾病得到了治疗，蠕形螨病也会随之解决。

（二）饲料螨

已有报告指出饲料螨如球腹蒲螨［袋形虱螨（*Pediculoides ventricosus*）］、麦蒲螨（*Pyemotes tritici*）和粉尘螨（*Acarus farinae*）能引起马匹皮肤病。这种螨营自由生活，能在稻草和谷物上发现。被侵染的部位是直接和螨虫接触的部位，如面部和四肢。瘙痒性丘疹皮炎在接触部位发生，对于一些敏感个体，可能会出现荨麻疹反应。用显微镜证实在饲料或皮肤有这种螨虫即可确诊。污染清除后，皮炎自然得以解决。极度瘙痒的马可能需要短期使用糖皮质激素治疗。

（三）禽螨

鸡皮刺螨能引起马如其他物种一样造成皮炎。这种螨生活在鸟巢中，如果马厩上方有鸟巢，这种螨可能侵染马的背部，引发瘙痒性丘疹性皮炎。诊断时，通过皮肤刮片能发现螨虫存在。使用喷雾杀虫剂很容易杀死这种螨虫。但是净化环境防止再次蔓延非常重要。

推荐阅读

Burbelo PD，Bren KE，Ching KH，et al. Antibody profiling of Borrelia burgdorferi infection in horses. Clin Vaccine Immunol，2011，18（9）：1562-1567.

Chang YF，Novosol V，McDonough SP，et al. Experimental infection of ponies with Borrelia burgdorferi by exposure to Ixodid ticks. Vet Pathol，2000，37（1）：68-76.

Madigan JE，Valberg SJ，Ragle C，et al. Muscle spasms associated with ear tick（*Otobius megnini*）infestations in five horses. J Am Vet Med Assoc，1995，207（1）：74-76.

Onmaz AC，Beutel RG，Schneeberg K，et al. Vectors and vector-borne diseases of horses. Vet Res Commu，2012，36（4）：227-233.

Paterson S，Coumbe K. An open study to evaluate topical treatment of equine chorioptic mange with shampooing and lime sulphur solution. Vet Dermatol，2009，20（5-6）：623-629.

Rendle DI，Cottle HJ，Love S，et al. Comparative study of doramectin and fipronil in the treatment of equine chorioptic mange. Vet Rec，2007，161（10）：335-338.

Rüfenacht S，Roosje PJ，Sager H，et al. Combined moxidectin and environmental therapy do not eliminate Chorioptes bovis infestation in heavily feathered horses. Vet Dermatol，2011，22（1）：17-23.

Sears KP，Divers TJ，Neff RT，et al. A case of Borrelia-associated cutaneous pseudolymphoma in a horse. Vet Dermatol，2012，23（2）：153-156.

Szabó MP，Castagnolli KC，Santana DA，et al. Amblyomma cajennense ticks induce immediate hypersensitivity in horses and donkeys. Exp Appl Acarol，2004，33（1-2）：109-117.

Ural K，Ulutas B，Kar S. Eprinomectin treatment of psoroptic mange in hunter/jumper and dressage horses：a prospective，randomized，double-blinded，placebo-controlled clinical trial. Vet Parasitol，2008，156（3-4）：353-357.

Wagner B，Erb HN. Dogs and horses with antibodies to outer-surface protein C as on-time sentinels for ticks infected with Borrelia burgdorferi in New York State in 2011. Prev Vet Med，2012，107（3-4）：275-279.

（单然　译，赵光辉　校）

第 131 章　腹部皮炎

Rosanna Marsella

腹部皮炎是一种常见的临床皮肤疾病。造成腹部皮炎有几种不同的原因。本章总结了最常见的腹部皮炎的鉴别诊断，以帮助临床兽医对病例建立有序地正确诊断和治疗。最常见的病例与某种类型的超敏有关，这种超敏反应能抵抗寄生虫、昆虫或其他过敏原。除了潜在的原因，继发感染是常见的并发症。临床医生应以病史、季节、皮肤损伤在其他部位的呈现和分布、其他非皮肤病学临床症状、牧群动物是否出现相同症状为基础进行鉴别诊断。在诊断时，可以将细胞学检查和皮肤刮片考虑为初步评估的一部分。细胞学检查能提供是否存在感染、感染的类型以及炎症的类型等有用的信息。嗜酸性粒细胞增多常出现在过敏和寄生虫病中，当由细菌造成皮炎的时候，则表现为中性粒细胞增多。皮肤刮片可能发现寄生虫卵或螨虫。

一、皮肤盘尾丝虫病

皮肤盘尾丝虫病是腹中线皮炎的另外的发病原因，由盘尾属的微丝蚴引发，在世界范围内都有发生。在美国，马颈盘尾线虫（*Onchocerca cervicalis*）和牛颈（喉头）盘尾线虫（*O. gutturosa*）是最常见的病原。成虫寄生在马的项韧带中，微丝蚴被发现在真皮层中。微丝蚴最常出现的部位包括脸部、眼睑、颈部、腹中线，特别是脐部。昆虫如库蠓类、蚋是盘尾丝虫的传播媒介。

在较热的月份，微丝蚴非常多。这个时间段传播媒介也比较活跃。20 世纪 70 年代末期，皮肤盘尾丝虫病在美国尤其是南部各州非常普遍，超过 80%的马活组织检查微丝蚴呈阳性。现在，尽管很多马仍然被盘尾丝虫感染，但是由于普遍使用阿维菌素类驱虫药定期驱虫，清除了皮肤中的微丝蚴，因此该病的发病明显减少。在其他国家，也有盘尾丝虫病的报道。2004 年巴西的一项流行病学研究发现，在 1 200 个马的腹中线皮肤活组织检查样本中，发现 17.9%的马匹含有马颈盘尾线虫。16.6%的马匹在项韧带中发现了该虫。

与马颈盘尾线虫相关的皮肤病是机体对微丝蚴的过敏反应。这也是仅有一部分马发展为皮肤病，而大部分只是携带而不发病的原因。皮肤症状包括脱毛、鳞屑、脱色、斑块、结痂。前额中间（The center of the forehead）的环形损伤（Annular lesions）被认为是皮肤盘尾丝虫病的示病症状。马颈盘尾丝虫的微丝蚴也可侵染眼睛引起葡萄膜炎、角膜炎、球结膜白斑。感染马颈盘尾线虫和牛颈（喉头）盘尾线虫的马由于线

虫发育为成虫也可长出结节。瘙痒程度不同，在一些马中可能非常严重。同时，皮肤继发感染可引起瘙痒。

皮肤盘尾丝虫病的鉴别诊断包括库蠓引起的超敏反应、葡萄球菌性毛囊炎、真菌皮肤病、飞虫侵咬引起的皮肤病、环境过敏、食物过敏。间断、不及时的驱虫伴随特征性皮肤症状时，患皮肤盘尾丝虫病的可能性变大。皮肤盘尾丝虫病的诊断是有挑战性的。因为即使皮肤刮片发现了微丝蚴，可能是意外的发现，不能证明是其引起了皮肤病。皮肤活组织检查可发现浅表血管周围嗜酸性淋巴细胞浸润性皮炎。微丝蚴是嗜酸性粒细胞性炎症的目标，它也可以引起嗜酸性粒细胞性肉芽肿。微丝蚴以及其引起的炎症反应是高度提示皮肤盘尾丝虫病。治疗该病时应以杀死、减弱与超敏反应有关的炎症反应为目标。

伊维菌素、莫昔克丁都能有效杀死微丝蚴，但不能杀死成虫。所以应有规律地重复驱虫。一项研究评估了单一剂量伊维菌素（0.2mg/kg，注射或口服）治疗马颈盘尾线虫微丝蚴和皮肤损伤的效果。研究中20匹自然感染微丝蚴的马在治疗后，对其分别在第21、42、63天，进行了3次监测。在第21天时仅有一匹马还有微丝蚴，在第63天后，主动损伤有所改善或完全得以控制。活组织检查样本中，治疗后所有63匹马的炎症的严重程度都降低，但仍有一部分炎症细胞。在这项研究中没有发现任何不良反应。

使用伊维菌素治疗后，皮肤损伤在治疗时可能恶化，但微丝蚴基本死亡。对12匹马的研究发现，8匹患有不同程度的微丝蚴感染，在单一剂量伊维菌素治疗后4匹马出现了短暂的皮肤反应，包括荨麻疹和凹痕性水肿。对于严重受到感染的马，要通过联合使用驱虫药和糖皮质激素控制过敏反应并杀死微丝蚴。对于高度易感的马，建议实施常规驱虫药以防止复发。

二、对库蠓类的过敏反应

库蠓叮咬及其引起的超敏反应是另一项引起马匹腹中部皮炎的原因。一些库蠓明显偏好叮咬腹部造成腹部皮炎。

库蠓是一类非常小的飞虫，从黄昏到黎明时特别活跃，在静水中繁殖，如池塘、湖泊。它们的飞行能力弱，只能短距离飞行，不能顶风而飞。一匹马可能被不止被一种库蠓叮咬，根据种类的不同，损伤的分布主要在腹侧，但也可能发生在四肢下部、背部、耳朵、脸、颈部、臀部。

库蠓引起超敏反应被认为是机体对库蠓唾液中几种抗原的Ⅰ型和Ⅳ型变态反应的综合反应。损伤包括丘疹，严重的瘙痒，经常伴有细菌继发感染。库蠓超敏反应是引起马匹严重瘙痒的最常见原因之一。除了引起超敏反应，库蠓还能传播多种疾病，包括但不限于盘尾丝虫病、蓝舌病毒、非洲马瘟等。

库蠓超敏反应的诊断是建立在临床症状、病史（在大部分地区这是一种季节性皮炎，只发生在温暖的月份）、生活方式（外出在临近水源的牧场进行集中采集时）、没有持续使用驱虫药的马场。

过敏测试可以确定临床诊断的猜测，但是需要注意正常马可能对皮内和血清学测试也表现阳性结果。诊断测试发现抗原特异性免疫球蛋白 E，可认为其接触过类似病原，但这并不能确定是由库蠓引起。相反的，一些过敏马可能对库蠓皮内注射产生短暂阴性反应。马只有在测试后 24～48h 内明显，可能有Ⅳ型超敏反应。基于这些原因，过敏测试结果必须结合病史和临床症状进行综合分析。最终诊断取决于积极昆虫控制后，是否出现临床症状减轻。

由于库蠓引起的腹部皮炎的治疗包括使用驱虫剂防止继续被库蠓咬、根据炎症的严重程度使用局部或系统糖皮质激素控制炎症反应。尽管市面上很多产品标明为飞虫驱虫剂，但大部分是杀虫剂，不是真正的驱虫剂。真正的对抗叮咬昆虫的驱虫剂含有高浓度的拟除虫菊酯，这能对产生超敏反应的马提供有效的缓解。很多专业的产品规格含有 44%～64%的拟除虫菊酯，能提供良好的驱虫效果，特别适用于马。这些产品可以在患处使用，每周 1 次。使用较低浓度的药品（2%，拟除虫菊酯）喷洒身体其他部位。为了最大限度保护，喷雾剂应该每天使用。特别是在炎热湿润的季节，因为由于暴露在雨水和汗液下，药效会降低。其他合成拟除虫菊酯如含氯氰菊酯的产品①，如果每天使用，也是有效的驱虫剂。为了最低限度的减少叮咬，应将马匹转移到远离死水的围场，在昆虫叮咬高峰期将马放在有风扇的马房里。这些措施能降低与库蠓的接触，因为库蠓只能飞行较短距离，也不能逆风而飞。

其他防护办法包括及时更换干净、干燥的防飞虫面罩和马衣。不正确的使用和维护可能在夏季的高热下保持潮湿，使马易于继发感染。

因为很多库蠓超敏反应的马表现严重的瘙痒，大部分病例需要抗生素治疗。轻微病例可以使用局部疗法例如过氧化苯甲酰、洗必泰（每周使用），或每天使用氯氧化物的局部喷剂。

大多数严重病例，需要口服抗生素治疗。推荐使用口服的磺胺药至少 2 周。因为抗生素耐药性正引起越来越多的关注，所有病例都应先尝试使用局部治疗而不是系统性抗生素治疗。

三、角蝇皮炎

角蝇如扰血喙蝇（*Haematobia irritans*）可造成季节性腹部中线皮炎。角蝇是嗜血昆虫，在牛粪上产卵。一天中较冷的时候他们特别喜欢停留在牛背上，较热的时候停留在腹部。如果这种蝇在马粪上产卵就不能完成生命周期。这种皮肤病的发病需要接近牛和牛粪。

皮炎由角蝇叮咬所致，以产生既痒又痛的丘疹，留下明显的溃疡和结痂为特征，皮肤损伤会逐渐发生苔藓样变和脱色。同一个马群中多匹马受侵害是常见的。一些马变得极度瘙痒，导致自我损伤、继发感染。诊断基于临床症状和发现角蝇。后者几乎不离开宿主，因此很容易在马上发现。

---

① Endure，Tritec-14。

治疗包括控制角蝇，既要清除牛粪，又要使用驱虫喷雾剂，控制炎症和任何可能的继发感染。为了控制瘙痒和炎症，可以局部使用糖皮质激素。对更严重的病例，可能需要短期使用全身糖皮质激素。对于局部糖皮质激素，常用的选择是局部使用氟羟强的松龙。这种产品易于使用并可以使全身治疗的需要达到最小化，这样可以减少与全身糖皮质激素使用相关的不良反应。

四、其他与腹部皮炎有关的飞虫

其他能造成腹部皮炎的蝇类（表131-1）包括黑蝇（蚋属，*Simulium* spp.）。马蝇[虻，如牛虻（*Tabanus*）、斑虻（*Chrysops*）和（*Haematopota* spp.）]以及马房蝇（*Stomoxys calcitrans*）。黑蝇在流水中进行产卵。成虫在早上晚上最活跃，能飞较长距离。黑蝇能在少毛处叮咬引起疼痛。因此腹中线可以是一个被攻击的区域，引起荨麻疹和出血性损伤。

马蝇在距离水源近的植物上产卵，能存活数月。马蝇是非常具有攻击性的叮咬者，能引起疼痛倾向于叮咬腹部，叮咬后接着产生瘙痒，随后引起马匹自我伤害。

厩螫蝇能在湿的锯末和粪便上产卵。成虫造成痒、丘疹并在中部形成结痂。重复叮咬导致超敏反应发生。不论蝇类的种类，白天使用蝇类驱虫剂，清除蝇类潜在的繁殖条件对于控制蝇类是必要的。

五、特异反应性皮炎（过敏性皮炎）

皮炎是马特异性（过敏性）疾病的一种临床表现。尽管目前对于这种病的发病机制还不清楚。最广泛接受的观点是：对环境过敏原的Ⅰ型免疫反应。

在与健康对照组比较，初步数据似乎也支持受损伤皮肤屏障（表皮上层超微结构的改变）对过敏反应的马起的作用。

也有关于患过敏性皮炎的人和犬的皮肤屏障受损的报告。花粉很多时候会引起过敏，而过敏常常引起皮炎。

年轻的成年马容易得这种病，并有遗传倾向。大多数病例的病程是不断发展的，症状严重程度随过敏季节累加。皮肤损伤分布多在腹部（图131-1）。腋下、腹股沟部、胸腹部、腹部腹侧是常发部位。可能包括前臂和眶周部。受影响的马多数也对库蠓超敏。在有某些昆虫而且昆虫数量足够多的地区，过敏反应不仅仅简单地局限于环境过敏原。

表131-1　能造成马腹部皮炎的飞虫总结

通用名	物种	评论	产卵条件	叮咬时间
吸血蠓	库蠓属	飞行能力差；短距离，不能逆风	静止水源	从黄昏到黎明最活跃
角蝇	扰血喙蝇	整天待在宿主身上（较冷时在牛背上，较温暖时待在腹部）	牛粪	白天

（续）

通用名	物种	评论	产卵条件	叮咬时间
黑蝇	蚋属	飞行很远的距离采食（>10km）	流动水源	早上、晚上
马蝇、鹿蝇、黄蝇	牛虻、斑虻	飞行能力强，生命周期能延长到10个月	靠近水的植物	白天
厩螯蝇	厩螯蝇	飞行能力强	湿的垫料、粪便	白天

特应性皮炎诊断时要考虑病史、临床症状、病变的分布，并排除其他可能具有类似的临床表现的瘙痒疾病。应注意的是，过敏测试不能用作特应性皮炎的确诊手段，而只能用在已经确诊为过敏性皮炎的马上，以找出特定过敏原，来制备过敏免疫疫苗。这样做的原因是，无临床症状的，临床表现正常的马皮肤测试和血清学检测都可能出现阳性结果，以上两者的阳性结果并无临床诊断意义，它们可以仅表示为马匹曾接触了过敏原但尚未达到产生临床症状的一个临界值。

过敏性皮炎的治疗，包括了症状缓解到确定过敏原，以及对过敏原调节过敏反应的过敏原特异性免疫疗法的构成。症状缓解可以通过局部使用糖皮质激素和控制完成局部的继发感染。更严重的病例可能需要系统性糖皮质激素治疗的控制瘙痒。抗组胺药以及脂肪酸在过敏马中普遍使用。但是单独使用疗效不佳，最好与其他疗法联合使用。过敏性皮炎是由于昆虫过敏与继发感染共存而变得复杂，需要控制这些恶化因子。

（一）接触性过敏

接触性过敏是延发型（Ⅳ型）过敏反应，需要数周到数月的抗原暴露以诱发过敏反应。当过敏反应已经发生时，接触变应原24～48h后表现临床症状。引起接触性过敏的成分是不能识别皮肤蛋白质，导致接触性过敏为小的过敏原（半抗原），该半抗原必须通过与皮肤蛋白结合以具有过敏原性。接触性过敏原种类繁多，其中包括了多种化学制品，甚至一些局部用药如喷雾类药物和局部抗生素，特别是新霉素。厩养的马可能会对垫料过敏。接触性过敏以初级损伤例如丘疹为特征，瘙痒并迅速发展为结痂脓包，皮肤鳞屑。如果垫料是过敏原，皮肤损伤会出现在腹部和四肢下部。长期损伤后，会出现脱毛、表皮脱落、苔藓样变，色素沉着过度。

接触性过敏的诊断基于临床症状和在避免接触过敏原后，过敏反应消失。如将过敏原从环境中去除，彻底清洗皮肤，在没有继发细菌感染时，皮肤的过敏反应应在7～10d后消失。损伤修复后，诊断可以通过重新刺激得以确定：接触变应原24～48h后，如发现损伤恶化，则表明过敏测试为阳性。另一个诊断接触性过敏的方法是使用皮肤过敏试验测试。测试多种可疑变应原：少量植物成分、化学物质或垫料单独或共同在颈侧部使用。上述材料通过纱布敷在皮肤上24h。24h后去掉纱布，如出现阳性反应，皮肤上会长出小的丘疹。

对接触性过敏最好的长期治疗是远离变应原。对于急性发病或无法躲避过敏原的情况，使用糖皮质激素能抑制丘疹。其他已经证实成功的治疗方法是使用乙酮可可碱（10mg/kg，每12h口服1次）。这种药有免疫调节特性。

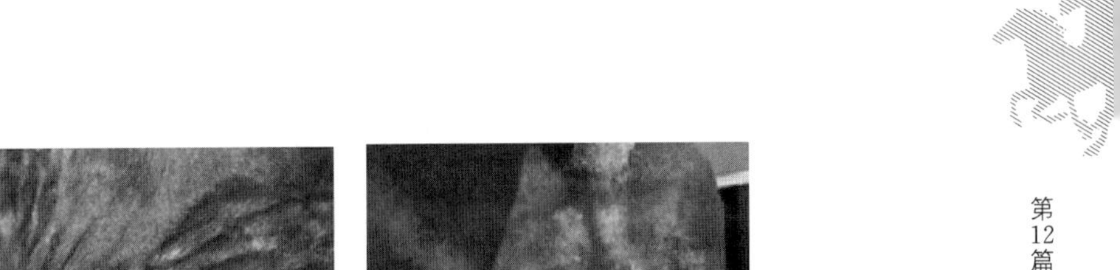

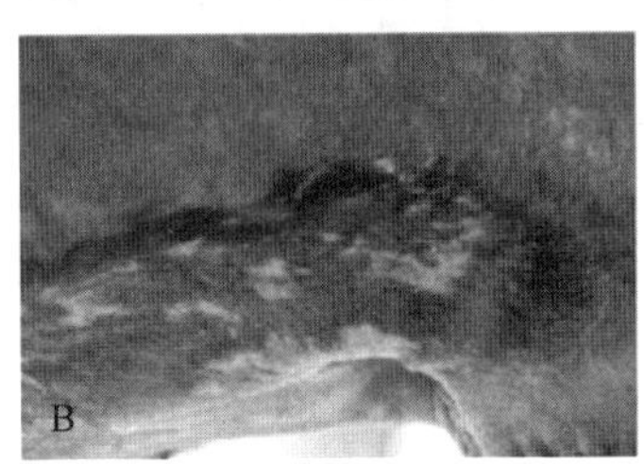

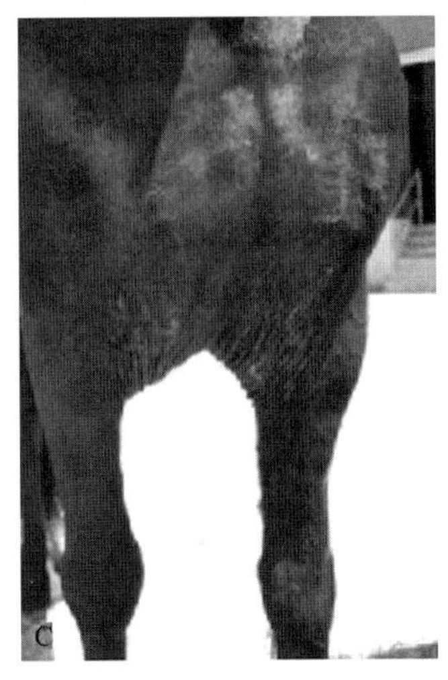

图 131-1　一匹患有季节性湿疹的 7 岁弗里斯兰马身体上出现遗传过敏性皮炎所导致的损伤

损伤是由于过敏原特异性免疫治疗导致的，明显出现在腋下（A）、腹面部（B）和颈部下方（C）

(二) 食物过敏

食物过敏能引发一系列的皮肤症状，包括腹部和会阴部的瘙痒性皮炎。一些马匹会发展出全身性的瘙痒性皮炎，还有一些马匹则表现为周期性风疹。由于食物过敏的表现非常多样化，当皮肤病不是季节性发病、其他治疗方案如控制感染、控制昆虫暴露无效时，应考虑食物过敏。

如果马匹按规律驱虫，积极控制蝇类，并已经对螨虫进行过治疗，仍然表现临床症状，这时就应考虑食物测试。这是诊断食物过敏唯一的方法，因为皮试对食物过敏的诊断并不可靠。当准备食物测试时，应准确地了解添加剂和有香味药物以及谷物和干草的使用历史。食物测试的主要目的是找出马匹过敏的谷物和干草。应避免苜蓿和花生干草，因为其丰富的蛋白质含量，经常造成食物过敏。食物测试应在 4～6 周内得出结果，如果使用某种单一饲料后，马匹的过敏症状得到改善，为了确定引起过敏的食物，还应单独使用某种干草或谷物进行针对性试验。根据所涉及敏感症的类型，临床症状复发可能立即发生（Ⅰ型超敏反应暴露过敏原 10～15min 后），或者可以更延迟（Ⅳ型超敏反应挑衅性试验在 1～2d 后出现）。

据报道，对食物过敏的其他物种使用糖皮质激素治疗时会有不同的反应。由于相关信息不足，不能说食物过敏的马与其他过敏相比对糖皮质激素的应答少。诊断和控制同时发生的皮肤感染也很重要，因为感染可能掩盖食物测试的结果。

六、恙螨病

当马匹卧在被污染的地上，或是在被污染并长有高草的场地骑乘时，恙螨属的幼虫能造成马腹部皮炎。恙螨成虫自由生存，以植物为食，幼虫可能攻击人类或马，引起瘙痒的丘疹。仔细观察可发现，橘黄色的幼虫寄生在损伤中央。幼虫叮咬后从马身上掉下，使疾病的诊断受到限制。对仍然有幼虫附着的马，可使用含有拟除虫菊酯的喷雾剂杀死幼虫。可以使用糖皮质激素减弱叮咬引起的瘙痒。

七、类圆小杆线虫皮炎

类圆小杆线虫皮炎是一种和类圆小杆线虫感染引起的不常见皮肤病。这种寄生虫幼虫能侵入皮肤，引起异常瘙痒、毛囊炎。这种疾病与卫生条件较差有关，当马接触到受污染土壤时，接触部位的皮肤会发生损伤。临床表现为异常瘙痒、丘疹，继而变为脓包、结痂。诊断基于临床症状和暴露在土壤环境的历史。深度皮肤刮片可发现幼虫。

八、葡萄球菌性脓皮症

不论原发病因是什么，葡萄球菌感染是常见的皮肤疾病并发症。腹部是常见的葡萄球菌感染的部位，因该部位潮湿，是多种昆虫最喜欢叮咬的部位。因此，多数腹部皮炎时应考虑葡萄球菌继发感染。最好的方法是细胞学评估。细胞学测试快速、经济，能提供细胞类型、细菌种类等有用的信息。依据感染严重程度的不同，可进行局部或者系统性治疗。局部治疗时可使用洗必泰或过氧苯甲酰，然后使用碱性的氧氯化物喷剂[①]。氧氯化物喷剂也是有效的抗菌药，适用于没有时间通过劳动密集清洗疗法的畜主。对于更严重的病例，可能需要全身疗法治疗葡萄球菌性脓皮病的，特别是口服增效磺胺。对于耐药性病例，抗微生物疗法应基于培养和敏感性测试。大多数马需要3周的治疗。对于特别瘙痒的动物，可以使用控制瘙痒的系统疗法结合使用含有糖皮质激素喷雾的局部疗法[②]。

九、总结

总而言之，对于腹部皮炎诊断的逻辑思路为逐步排除法，首先应排除最有可能的病原，这包括寄生虫性和继发感染。这些情况被治愈或排除后，继续再排除其他过敏原。因此，常见的首选治疗为对寄生虫的治疗（如伊维菌素实验），结合局部糖皮质激素和一些抗生素使用。

推荐阅读

Aybar CA，Juri MJ，De Grosso MS，et al. Species diversity and seasonal abundance of Culicoides biting midges in northwestern Argentina. Med Vet Entomol，2010，24（1）：95-98.

① Vetericyn spray，Innvacyn，Rio Alto，CA。

② 0.015% triamcinolone，Genesis spray，Virbac。

Cummings E, James ER. Prevalence of equine onchocerciasis in southeastern and Midwestern United States. J Am Vet Med Assoc, 1985, 186 (11): 1202-1203.

French DD, Klei TM, Foil CS, et al. Efficacy of ivermectin in paste and injectable formulations against microfilariae of Onchocerca cervicalis and resolution of associated dermatitis in horses. Am J Vet Res, 1988, 49 (9): 1550-1554.

Greiner EC, Fadok VA, Rabin EB. Equine Culicoides hypersensitivity in Florida: biting midges aspirated from horses. Med Vet Entomol, 1990, 4 (4): 375-381.

Klei TR, Torbert B, Chapman MR, et al. Prevalence of Onchocerca cervicalis in equids in the Gulf Coast region. Am J Vet Res, 1984, 45 (8): 1646-1647.

Lloyd S, Soulsby EJ. Survey for infection with Onchocerca cervicalis in horses in eastern United States. Am J Vet Res, 1978, 39 (12): 1962-1963.

Marques SM, Scroferneker ML. Onchocerca cervicalis in horses from southern Brazil. Trop Anim Health Prod, 2004, 36 (7): 633-636.

Marsella R, Samuleson, D, Johnson C, et al. Pilot investigation on skin barrier in equine atopic dermatitis: observations on electron microscopy and measurements of transepidermal water loss. Vet Dermatol, 2012, 23 (Ss1): 77.

Mellor PS. Studies on Onchocerca cervicalis Railliet and Henry 1910: IV. Behaviour of the vector Culicoides nubeculosus in relation to the transmission of Onchocerca cervicalis. J Helminthol, 1974, 48 (4): 283-288.

Mellor PS. Studies on Onchocerca cervicalis Railliet and Henry 1910: V. The development of Onchocerca cervicalis larvae in the vectors. J Helminthol, 1975, 49 (1): 33-42.

Ottley ML, Dallemagne C, Moorhouse DE. Equine onchocerciasis in Queensland and the Northern Territory of Australia. Aust Vet J, 1983, 60 (7): 200-203.

Polley L. Onchocerca in horses from Western Canada and the northwestern United States: an abattoir survey of the prevalence of infection. Can Vet, J, 1984, 25 (3): 128-129.

Pollitt CC, Holdsworth PA, Kelly WR, et al. Treatment of equine onchocerciasis with ivermectin paste. Aust Vet J, 1986, 63 (5): 152-156.

Rabalais FC, Votava CL. Cutaneous distribution of microfilariae of Onchocerca cervicalis in horses. Am J Vet Res, 1974, 35 (10): 1369-1370.

Schaffartzik A, Hamza E, Janda J, et al. Equine insect bite hypersensitivity: what do we know? Vet Immunol Immunopathol, 2012, 147 (3-4): 113-126.

Schmidt GM, Coley SC, Leid RW. Onchocerca cervicalis in horses: dermal histopathology. Acta Trop, 1985, 42 (1): 55-61.

（单然　译）

第 132 章　超敏反应疾病

Ann Rashmir-Raven　Annette Petersen

过敏性皮炎在马临床中十分常见。荨麻疹和瘙痒是最常见的临床症状。情况严重的马可能变得难于骑乘或管理。通过对过敏性皮炎进行诊断和治疗能提高马匹的生活质量。个别马同人和其他动物一样，通常会同时出现几种过敏，对多种过敏原敏感，如昆虫叮咬、花粉、食物和其他环境过敏原等。针对多种因素过敏通常需要进行充分的长期管理来治疗。

一、荨麻疹或风疹块

马比其他物种更易患荨麻疹。荨麻疹损伤主要由真皮肥大细胞释放多种生物活性复合物造成，包括组胺、血小板激活因子和前列腺素。

这些成分造成血管平滑肌细胞放松，内皮细胞收缩。这给血浆渗出、形成水疱（位于真皮内的水肿）提供了条件。非免疫学（生理性）风疹可能由热、冷、压力、运动引起。多数荨麻疹损伤中，皮肤表面本身看起来正常（图 132-1）；然而，如果皮肤水肿严重，浆液可能渗出到皮肤表面形成局灶性硬痂和局灶性脱毛。荨麻疹损伤呈现为急性单个突起或皮肤上反复出现损伤，动物可能经历慢性、反复性荨麻疹长达 6～8 周。形成的水疱直径从 2～3mm 到 20～40cm 不等。

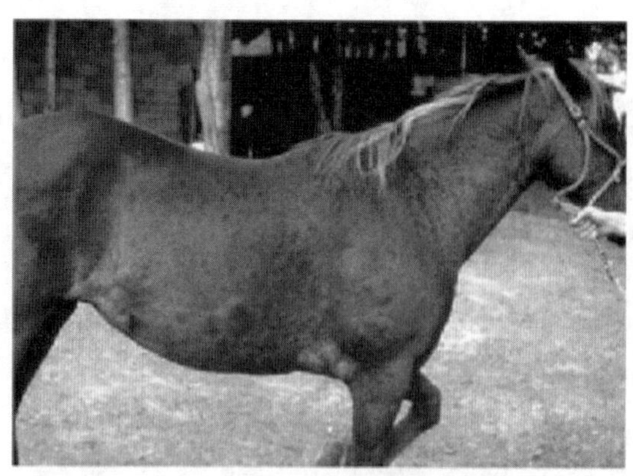

图 132-1　一匹患有重度荨麻疹并伴有瘙痒的马匹

丘疹水疱（直径 3～6mm）通常和昆虫叮咬有关，特别是蚊子。巨大的水疱或多环形（不规则形状）荨麻疹可能与药物的不良反应之间的关系更大。环形水疱和面包圈很相似。

血管性水肿更易产生影响皮肤和皮下组织的水肿。典型荨麻疹和血管性水肿损伤24～48h内消退，但仍可能复发。

在温暖气候下昆虫叮咬是已证实的马荨麻疹最常见诱因。但是其他环境过敏原，如花粉可存在任何气候下。药物不良反应、食物过敏引发反应的病例较少。蚊虫叮咬所导致的超敏反应是导致严重瘙痒皮炎的诱因，并且会随着季节的因素复发，并且在美国南部地区该病不会轻易随着季节因素而消失。

瘙痒是昆虫叮咬时的唾液性抗原引起的局部炎症的结果。由免疫蛋白E（IgE）介导，引起肥大细胞、嗜碱性粒细胞脱颗粒，释放组胺、白细胞介素、前列腺素、激肽和其他炎症介质。昆虫超敏反应倾向于在下一年更加严重、病程更长。最常见的与超敏反应有关的昆虫包括库蠓类、蚋属（黑蝇）、扰血喙蝇（角蝇）和厩螫蝇。

其他较少涉及的寄生虫包括马蝇、蚊子、马颈盘尾丝虫。当涉及库蠓时，这种疾病有时被叫作“汗痒（Sweet itch）”或“昆士兰痒（Queensland itch）”。库蠓类超敏反应夏尔马、威尔士马和雪德兰矮马、阿拉伯马中更加常见。进口到欧洲大陆的冰岛成年马特别敏感，超过50%的马匹表现出对昆虫超敏。

与其他物种类似，出生在欧洲的冰岛马有5%的流行率。有趣的是，7～10月龄的刚断奶的马运到欧洲后对库蠓过敏率没有其他品种的马高。冰岛没有发现库蠓，运到岛外的成年冰岛马没有免疫耐力，因此更易出现问题。库蠓超敏的临床症与其他昆虫叮咬相似，在背、腹侧中线，鬃毛、尾根形成损伤的概率较高。

除了风疹和瘙痒，其他典型的昆虫叮咬超敏临床症状包括蹭鬃毛和尾巴表皮脱落，结痂、脱毛。皮肤损伤的类型及部位取决于被哪种昆虫叮咬，及其叮咬的部位。损伤可能发生在包括腹部、面部、四肢、臀部或这些部位。

二、特异反应性

特异反应是遗传皮肤疾病（特异性反应性皮炎）和呼吸系统疾病（不常见，能引起呼吸道复发性梗阻）。病马形成的抗体（多数为IgE）可抵抗环境过敏原，包括牧草、杂草、柳絮、尘螨、霉菌、羽毛，但不对棉花、羊毛和其他纤维过敏原起作用。处于青年期的阿拉伯马和纯血马更易于出现该种遗传性皮肤病。与昆虫超敏反应机制相似、皮肤或呼吸道中的肥大细胞与致敏抗体发生抗原与IgE交叉结合，造成肥大细胞脱颗粒，释放炎症介质。炎症介质的释放及其后来对细胞产生的作用导致瘙痒。

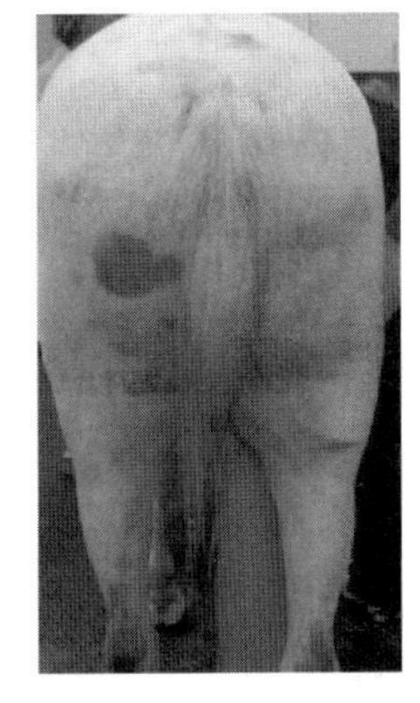

图 132-2　一匹出现特异性反应的马

注意：照片中毛发脱落的区域，这是马在马厩门上蹭痒的结果

特异反应既有可能是季节性的，也有可能是非季节性的，这取决于参与的特定的抗原。临床症状与脱毛、自我引起的脱皮（图132-2）、结痂、鳞屑、红疹、风疹、苔藓样变和色素加重、昆虫

叮咬超敏反应相似。最常影响的部位是面部、耳朵、腹部和四肢。马匹可能继发感染，导致丘疹结痂或过多鳞屑。鉴别诊断包括外寄生虫感染和其他类型的超敏反应（如昆虫、食物过敏）。对于诊断特异性反应，病马的病史和临床检查一定要与特异反应性皮炎相结合。其他引起瘙痒的因素必须首先被排除。

使用当地重要的过敏原进行皮试能够排除过敏，但不是必须诊断特异反应性皮炎的方法。皮试验证成为诊断马匹该种疾病的手段，要评估组织中固定 IgE，而不是血液循环中的 IgE。

尽管皮试在当前被认为是金标准，一些假阴性、假阳性反应可能仍然存在。对一些不能进行皮试的病例，本书其中一位作者（A. P.）认为实施检查环境过敏原的血清测试可能比不检查（随后采用免疫疗法）强。不管是皮试，还是血清检查，最好的方法是，检出特定过敏原后应避免与过敏原接触。

然而这一方法并不长期可行。变应原特异性免疫疗法（脱敏）是对过敏性皮炎以及在某些情况下反复性呼吸道阻塞的长期治疗的有用工具。此外，糖皮质激素，抗组胺剂，和 ω-3 或 ω-6 脂肪酸（见治疗）组合使用也可能提供最佳的长期控制。

三、草料过敏

食物过敏性皮炎是机体对食物不良反应的一种皮肤表现。但食物对于引起马匹过敏仍有争议。除了摄取食物，食物可能引起接触性过敏（如马在马厩中进食、躺卧时，食物可能会接触到身体表面）。食物过敏在年轻的速度赛马中更常见。尽管文献中没有关于这种病的品种、性别年龄偏好的记录，根据涉及的过敏原，食物过敏可能是季节性的或是非季节性的。广泛化或局灶化的瘙痒和荨麻疹是最常见的临床症状，也可能出现胃肠道症状。继发性损害如结痂、渗出性表皮脱落等是自我引起创伤的结果。慢性病例可能脱落和皮肤增厚（苔藓样变）。面部、颈部、躯干、后肢是最常受影响的部位，但也可能包括尾部和会阴部。

皮肤活组织切片样本通常揭示了非特殊性嗜酸性粒细胞性血管周围性皮炎。这些损伤与任何其他过敏性皮肤病的样本相同，因此并不有助于分辨不同类型的过敏（如昆虫、环境或食物过敏原）。

反而食物过敏的诊断可以通过移除或改变可能引起问题的日粮、马房或周边环境实现。马需要经历 4～6 周的日粮试验，在这个过程中为了移除致敏物，在没有周期性腹痛的前提下逐渐改变日粮。所有的谷物和添加剂应不应包含在实验日粮内。干草应换为青干草或苜蓿，反之亦然，取决于马以前在吃什么。

在马匹的临床症状得到改善后，应尝试重新引入饲料。临床症状的发生通常在24～72h 内，但是也可能更长。皮试和抗原特异性血清学过敏测试（放射变应性吸附法测试、酶联免疫吸附试验）对于食物过敏的诊断无用，不推荐使用。同时，亦不推荐低敏饲料。饮食或环境限制（是否能进入草场），糖皮质激素的使用，抗组胺药物和 Ω-脂肪酸可能对症状有改善作用。被认为直接皮肤接触的食物过敏病例，推荐使用凉水和胶状的燕麦片沐浴露给马洗澡。如果燕麦是可疑抗原，应将燕麦片沐浴露换为普莫卡因沐浴露。

四、接触性超敏反应

接触性超敏反应在马中相对少见，但是可能是因为植物、垫料、局部药物（沐浴露、杀虫剂、蹄油、药物）马具过敏。当发生接触性超敏反应时，一般会无期限持续。并且在将来与任何过敏原接触都会在1～3d内引起皮肤反应。少量病例中是由于马匹接触了刺激性物质所导致，在大多数病例中，马匹可能对一种物质接触数年并没有任何问题，而突然出现超敏反应。接触性超敏反应临床症状为水疱和破裂的丘疹。慢性病例中红斑渗出，皮肤表面结痂伴随脱毛、随后出现皮肤苔藓样病变，接触性过敏可能会造成荨麻疹。损伤分布的部位取决于抗原，也是最重要诊断接触性过敏的线索。如果植物是过敏原，损伤可能在唇部、系部、球节等其他能接触牧草的部位。接触性过敏的损伤位置多见于马鞍和肚带的位置。

如果症状是全身症状，应怀疑过敏原为沐浴露或杀虫剂。外寄生虫和以前提到的超敏反应应被考虑为鉴别诊断。可疑物质应停止接触7～10d。例如在一例垫料为可疑致敏原的病例中，推荐使用纸垫料。如在症状消退后，再直接接触该物质，如果以后看到症状复发则可确诊。当怀疑接触性超敏时，患处应被清洗，远离致敏原。如不能确定病原体，可以使用口服或局部使用糖皮质激素减弱炎症。

五、药物性皮炎

药物性皮炎描述的是机体对通过摄入、注射、吸入或局部吸收等途径作用于皮肤的化学复合物的一种皮肤性不良反应。这些反应可能在第一次接触药物时偶尔发生，但是反应本身可能延长至数周或数月。然而，临床上常见的反应出现在使用药物24～48h后。诱发皮炎的药物包括了在临床最常用的非甾体类抗炎药、抗微生物药（特别是青霉素和磺胺类药物）、吩噻嗪类镇静剂、利尿剂和局部麻醉药。药物性过敏常见的特点包括荨麻疹和血管性水肿、扩散性红斑、双侧对称性损伤、丘疹、强烈瘙痒、界线分明的损伤和溃疡、大小疱疹、光敏和非炎性获得性脱毛。中断用药后，症状可能持续不同时间，从数小时到超过6个月。鉴别诊断应考虑以前提到的其他类型的超敏反应、系统性红斑狼疮和天疱疮。应小心或避免使用含有过敏原的药物以及同族药物。

六、马匹超敏反应诊断

首先应对马匹进行全面的临床检查，并通过畜主了解马匹的病史。同时，应小心排除导致与超敏反应相似症状的疾病。最常见的疾病包括寄生虫感染，如虱、螨，细菌性毛囊炎，真菌性皮肤病。由于免疫介导性疾病如红斑狼疮或天疱疮，一些寄生虫疾病时常与超敏反应混淆。在治疗无效时，对马进行皮肤活组织检查可能有用。皮肤活组织检查一般不能区分不同的过敏疾病。样本应含有该病马的完整的病史，病理学家可以恰当地进行调查以达到最大收益。如果可能，应在皮肤活组织检查2～3周前停用抗炎药。

对反复发病的皮肤区域进行组织活检是非常重要的，如果可能，应避开继发感染的区域。不论何时可能，应该在活组织检查之前系统使用抗生素控制细菌继发感染。如获得处于不同损伤阶段的多个样本，可提供更多的信息。

如果进行活组织检查的部位有结痂或鳞屑，不应清洗或用棉球擦拭。因为痂皮可能提供最重要的诊断线索（如天疱疮）。准备用于培养的损伤皮肤应用无菌生理盐水冲洗，而不是用抗生素棉球擦洗。锋利活组织检查工具（直径 6～8mm）在多数病例中表现良好；然而，需要较大活组织检查样本、皮肤取样，脓包和水疱，以及深部采样时，需用一个 10 号或 20 号带把的外科手术刀。

七、过敏性皮肤病的治疗

（一）糖皮质激素和抗组胺药

对于怀疑昆虫过敏的马，可以使用小剂量地塞米松（0.05～0.1mg/kg，每 24h 口服、肌内注射、或静脉注射 1 次）3～7d 直到瘙痒和荨麻疹得以控制。然后剂量应逐渐减小到最小剂量，继续每 2 天用药 1 次（最小剂量，一般 0.01～0.02mg/kg）。

与地塞米松相比，一些兽医更倾向使用氢化泼尼松龙，他们认为氢化泼尼松龙不易诱发蹄叶炎。该药的剂量是 0.5～1.5mg/kg，每 24h 口服 1 次，诱导期 7～14d，随后逐渐减小到 0.2～0.5mg/kg，每 48h 1 次，维持用药 2～5 周。与氢化泼尼松龙相反，不推荐在马匹治疗时使用氢化泼尼松。

我们也不推荐给马长期使用糖皮质激素。建议使用其他药物来减少糖皮质激素的剂量和疗程。抗组胺药物就有这种作用，对羟基苯甲酸甲酯（1～2mg/kg，口服，每 8～12h）是被偏爱的马用抗组胺药。但是其他包括扑尔敏（0.25～0.5mg/kg，口服，每 12h），苯海拉明（1～2mg/kg，口服，每 8～12h）和多律平（0.5～0.75mg/kg，口服，每 12h）在一些马身上更有效果。

（二）脂肪酸添加剂

饲喂亚麻籽粉［一匹体重为 500kg 的马 1lb/天（1lb=0.453 6kg）］，适口性好的鱼油，或其他 Ω-脂肪酸能够减轻一些马对昆虫叮咬超敏反应。亚麻仁应当冷藏，并储存在相对干燥的地方，并在食用前进行研磨。不推荐购买研磨好的亚麻籽油或者亚麻籽粉，除非它们是在短时间内获得的。

（三）磷酸二酯酶抑制剂

己酮可可碱（8～10mg/kg，口服，每 8～12h）对于过敏马具有类固醇激素节制作用。由于其流变性可以使糖皮质激素诱发马患蹄叶炎的风险降到最小。己酮可可碱对过敏马有效的假说有几种，包括降低机体对炎症介质（细胞因子）的应答，改变、聚积单核细胞活化作用

（四）药浴

人和犬的过敏原传播的主要路径是通过皮肤。尽管目前仍然不清楚这是否对马也

是正确的，使用恰当香波进行局部治疗确实提高舒适度，移除刺激物、细菌、过敏原，减轻瘙痒，降低全身用药的需求。另外，给皮肤补水（Rehydration）有利于提高皮肤表皮层的完整的屏障作用。

在给马洗澡应用凉水。凉水会使浅层脉管收缩，使组胺和其他皮肤炎症介质的释放降到最小。使用药物之前使用非刺激性洗涤剂，如象牙肥皂能移除过敏原，降低药浴成本。使用香波时，接触时间是重要的考虑因素。因此建议最后清洗前应让马在马房待足够的时间（一般 10～15min）。局部止痒剂例如水溶燕麦粉利于干燥皮肤冷却、增加水分提高痒阈值。另外，含有局部麻醉剂的产品，例如普莫卡因，能短时间缓解症状。含有洗必泰、咪康唑、过氧化苯酰的沐浴露、喷雾剂和摩丝能降低皮肤继发感染的概率。

（五）减少暴露于昆虫叮咬的概率

对于昆虫叮咬的治疗，包括使用局部涂抹药膏、皮质激素和抗组胺药，但这些都是治疗症状的药物。所以使用这些药物时必须结合对于减少暴露昆虫叮咬的措施（图 132-3），使马的炎症应答最小化（框图 132-1）。

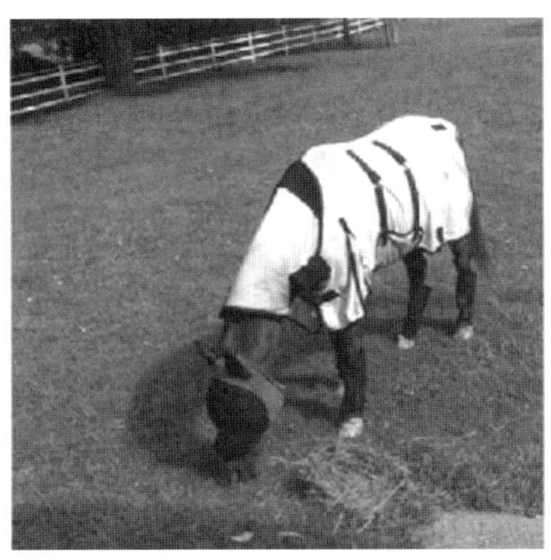

图 132-3 一匹对昆虫叮咬过敏的马匹被马衣遮盖

框图 132-1 昆虫超敏反应的预防

- 使用长效驱虫剂，特别是在晚上和早上的几个小时。最好的选择是现代拟除虫菊酯。例如氯氰菊酯（45%）与胡椒基丁醚联合使用提高效力。为了达到最大效果，每天使用 1～2 次。这个间隔比说明书频率更高。
    - 这些驱虫剂也可以用于苫布上。
- 可以使用灯光喷雾来喷洒福莱恩（Fipronyl，Merck）几周或几个月直到蜱虫得到控制。
- 当马匹在户外时可以使用苫布，带护耳的面罩和护腿（图 132-3）。
    - 也可使用灌注杀虫剂的苫布（Amigo Bug Blaster Fly Sheet）。
- 放置灌入合成除虫菊脂的不干胶贴于马鬃、尾巴、前额以达到另外的保护作用。
- 当叮咬昆虫非常多时，应让马匹待在马房里。
- 当大部分叮咬昆虫飞行能力差时，可以在马房中使用大风扇（正确放置风扇的方法见第 56 章）。
- 对受侵害马匹的马房使用独立装备的自动喷雾器或使用谷仓飞虫控制系统。

（续）

- 可以使用灭蚊磁场（Woodstream Corp.）或使用二氧化碳吸引，然后杀死蚊子、黑蝇、蠓蚊、沙蝇等昆虫。这种系统能防控 1acre* 范围内的蚊子。由于产卵雌蚊被消灭，蚊子数量在 6～8 周内骤降。
- 马匹出厩时应远离“昆虫天堂”，如水体、粪堆、或牛群。
- 定期清理水槽。
- 使用杀昆虫幼虫的饲料添加剂（SimpliFly，Farnam Corp.）。
- 利用蚊子的天敌马蜂。在每年的春季，蚊子流行之前散布马蜂虫卵并重复直到霜降时停止。
- 使用含有杆菌属苏云金杆菌亚种（Mosquito Dunks）的产品，在 1 个月或更长时间能够杀死水源中蚊子和黑蝇的幼虫。
- 经常清除粪便或者翻耕牧场来破坏粪堆。这不仅能控制在粪堆或其他有机物中的蚊蝇的幼虫，还对控制肠道寄生虫也有帮助。
- 不使用为人类设计的局部使用的驱虫剂。这种驱虫剂包含多种浓度的避蚊胺（N，N-diethyl-meta-toluamide，DEET）。根据相关报道，重复对马使用 DEET 会出现：大量出汗、刺激、表皮脱落以及皮脂分泌过多。

（六）脱敏作用

如果无法躲避过敏原，或者皮质激素药效不理想。可以尝试脱敏（免疫疗法）。皮肤测试以及随后的消除过敏注射应该在过敏季节的末期使用（框图 132-2）。这是最具意义的使用时间，利用冬季时间评估马对于治疗的应答。

框图 132-2 皮试和过敏原特异性免疫疗法（ASIT）

说明：

- 确定使过敏马匹皮肤敏感的特异性过敏原。
- 确定需要躲避或应包含在使用抗原特异性免疫疗法（allergy shots）脱敏计划的抗原。

特殊情况：

- 过敏原应根据需要从当地小动物兽医皮肤病学家处获得。因为抗原价格昂贵且储藏期短。
- 从可靠处获得变应原（Greer laboratories，Lenoir，NC，877-777-1080），因为变应原的标准化仍然是兽医临床中的一项问题。
- 测试 1～2 周前停用皮质甾类药物，3～7 周前停用抗组胺类药物。这并不是硬性要求，特别对于荨麻疹病例，停止上述药物的治疗而又不导致疾病复发是困难的。
- 还可根据马匹的病史、临床症状和环境来推断马匹的可能出现的过敏反应。
    - 马匹通常对多种昆虫反应。
    - 随着年龄增长，非过敏马皮试的阳性结果数量增加。

步骤：

- 站立姿势保定马匹。
    - 用赛拉嗪或地托咪定减少应激，促进内部释放糖皮质激素。
    - 避免使用酚噻嗪类镇静剂，因为这种药物会影响测试结果。
- 使用 10 号剃毛刀片在颈侧部大面积剃毛。
- 在注射时避开敏感部位 2cm 并做出标记避免次级敏感区域。
    - 使用无刺激、永久性毡头标记笔。
    - 对注射部位编号或画格子以便于辨别过敏原注射部位。
- 重新再构成过敏原或再构成并冷冻的时间少于 3 个月。
- 每种过敏原使用 25-G 或 26-G，10mm 的针头和 1mL 的结核菌素注射器注射，阴性对照注射 0.05 或 0.1mL 磷酸盐缓冲盐水；阳性对照注射 1∶100 000 磷酸组胺。

* acre（英亩）为非法定计量单位，1acre=4.046 856×10^3m^2。——译者注

（续）

- 注射30min和4～6h后，通过比较每个注射部位与阳性对照（4＋）和阴性对照（0）的尺寸和硬度，读取结果。
- 任何比阴性对照明显大而硬（如≥2＋）的反应如果也符合马的病史，应被认为是明显的阳性反应。
  - 反应的程度不一定与对特异性抗原过敏严重程度有关。
- 在测试部位使用皮质类固醇控制任何瘙痒（口服，肌内注射或者静脉注射或局部用药）。

免疫疗法：

- 初期特异性过敏原免疫疗法（ASIT）根据皮肤的阳性反应的。
  - 包括符合马的临床史的过敏原。
  - 限制过敏原每瓶的剂量少于12U；否则每个过敏原变得非常稀释。
- 一般规划出3种稀释度的抗原，浓度最大的瓶是维持瓶（也称作“三号瓶”）。
  - 混合0.5mL维持瓶的过敏原与4.5mL生理盐水制成“二号瓶”，再将0.5mL“二号瓶”与4.5mL生理盐水混合制成“一号瓶”（保持剂量稀释100倍）。
- 在一些情况下可以同马主或驯马师签订ASIT（Initiate allergen-specific immunotherapy）协议，可以使用结核菌素注射器28-G针头在马的颈部进行皮下注射。
  - 从“一号瓶”开始（稀释度最大），从0.1～1mL，逐渐提高注射量。
  - 一般隔日进行注射，但是长一点的间隔（例如每周）也可接受，不过要增加每次注射的剂量。
  - 当用过“一号瓶”的1mL剂量后，以相同的方式使用“二号瓶”和保持浓度。
  - 当“三号瓶”（保持浓度）达到后，注射间隔拉长，从每周到每2周，然后每3周，最后以1mL的保持浓度每月1次。
  - 保持剂量一般每月1次直至马匹生命终结。
- 临床症状的好转一般在用药4～6周后出现，但是完全达到临床效果有时可能需要1年或更长时间。
  - 使用ASIT的马50%～80%明显好转（疾病严重程度降低>50%）最高成功率发生在对于花粉、真菌、尘螨过敏的病例。
- ASIT不良反应较少，一般包括在注射部位出现肿胀。很少出现停用ASIT，临床症状不复发。
  - 如果注射数小时内发现肿胀，减少过敏原注射量通常能有效地减轻不良反应。
- ASIT是对环境过敏安全、廉价、有效的疗法。
  - 不幸的是，据报道，昆虫过敏对ASIT应答不好，躲避过敏原仍然是最好的疗法。

这在马匹暴露于昆虫叮咬的概率增加时确保维持免疫疗法水平。如果使用免疫疗法12～18个月未见情况好转，可能是因为治疗方案不正确或者没有对马进行后续治疗。免疫疗法对马的环境过敏最有效，对昆虫叮咬过敏的效果较差。

（七）其他治疗

一些未经证实的研究显示营养品和免疫调节剂成功应用于治疗一些马的昆虫叮咬超敏反应。本文的作者使用鳄梨-大豆非皂化物和APF（Advanced protection formula）高级保护配方，成功地进行了治疗，通过早期对马的纤维母细胞进行研究，组织培养表明ASU鳄梨-大豆非皂化物是一种有效的皮肤抗炎物质。同时其他产品，例如乳铁传递蛋白，也作为昆虫叮咬超敏的辅助疗法也广受关注。

八、蹭尾部

除了前面提到的引起马蹭尾部的过敏性原因，马蛲虫（*Oxyuris equi*）是引起马匹蹭尾部的常见原因。圆形线虫是小的、有点状尾巴、像大头针一样的白色蠕虫。由于马蛲虫的虫卵能很快感染宿主，马蛲虫治疗效果往往不好。马蛲虫主要生活在马的肠道中，但是雌虫在马的肛周、尾下产卵。产卵和包裹卵的胶的地方引起强烈瘙痒。这导致马匹在树木、杆、墙壁蹭后肢和尾巴，通常导致尾巴上的毛发和皮肤损伤、破坏。

蛲虫的治疗是通过使用伊维菌素、莫昔克丁、双羟萘酸噻吩嘧啶或苯并咪唑等进行的。驱虫的同时，还应清洗干净会阴部，以防马匹很快又被感染。用刺激性不强的肥皂刷洗几分钟后应涂上足够的防护油。牧场地区害虫侵袭可以通过在仲夏时耕地以减到最小。蛲虫卵不能在高温下生存。其他引起蹭尾部的因素包括马拉色菌性皮炎、乳房之间积聚过多皮脂肪和蜕下的皮肤细胞、马尾神经综合征和其他引起尾部神经损坏的因素。

腐皮病（也被称作福罗里达马水蛭病），是引起马匹瘙痒的不常见的因素，但可能威胁生命。是为数不多的马皮肤病学的急诊。致病物质是一种全球分布的类似真菌的有机体（*Pythium insidiosum*）。

腐皮病最常影响赤道地区的马，但是最近扩散到更多的北方气候地区，华盛顿州已有相关病例报告。腐皮病刚开始影响皮肤和皮下组织，然后发展到深层组织如肌腱、关节和骨头（彩图 132-1）。受损皮肤被认为是这种有机物进入机体的门户。游动孢子侵入真皮后，在侵入的地方发生严重的脓肉芽肿增生性炎症。这导致皮肤溃疡，肉芽组织增生和纤维化。

腐皮病的早期症状与很多其他马的皮肤病的症状相似，导致该病经常被误诊。该病的初步判断可基于瘙痒的程度、出现的部位、总体和组织学表现，以及皮肤“发霉”的呈现。这种诊断可以通过在泛美兽医实验室 4 的血清学测试得以确定，或者基于受侵害组织或“霉变”的组织学评估。

鉴别诊断包括蛙粪霉菌病、耳霉菌感染、皮肤丽线虫蚴病、（马的）葡萄球菌病、诺卡放线菌病、肉芽肿、瘤和活跃的肉芽组织。损伤最好使用联合疗法进行治疗，包括损伤组织的放射外科切除、根据规定的间隔皮下进行免疫疗法（泛美兽医实验室）以及局部使用抗真菌药物。

静脉注射碘化钠（70mg/kg，每 24h 1 次）是有效的附加治疗方法。对于不能进行完全切除以及骨组织已被侵染的病例，因考虑局部灌注抗真菌药物。如果及早发现并进行了积极的联合治疗，感染马皮肤腐皮病的马的预后良好。对于没有进行治疗的马，在出现临床症状 1 个月内预后迅速变差。

推荐阅读

Akucewich L. Equine dermatology Ⅱ. In：Proceedings of the North American Veterinary Conference：Large Animal. Vol. 19. Orlando，FL，January 8-12，2005：89-90.

Fadok VA. Overview of equine papular and nodular dermatoses. Vet Clin North Am Equine Pract，1995，11（1）：61-72.

Knottenbelt DC, ed. Pascoe's Principles and Practice of Equine Dermatology. 2nd ed. St. Louis: Saunders, 2009.

Marti E, Gerber V, Wilson AD. Report of the 3rd Havemeyer Workshop on Allergic Disease of the Horse, Holar, Iceland, June 2007. Vet Immunol Immunopathol, 2008, 126: 351-361.

Morgan EE, Miller WH Jr, Wagner B. A comparison of intradermal testing and detection of allergen specific immunoglobulin E in serum by enzyme-linked immunosorbent assay in horses affected with skin hypersensitivity. Vet Immunol Immunopathol, 2007, 120: 160-167.

Oldruitenborgh-Oosterbaan M, Poppel M, Raat I. intradermal testing of horses with and without insect bitehypersensitivity in the Netherlands using an extract of native Culicoides species. Vet Dermatol, 2009, 20: 607-614.

Olsen L, Bondesson U, Brostrom H. Pharmacokinetics and effects of cetirizine in horses with insect bite hypersensitivity. Vet J, 2011, 187: 347-351.

Pilsworth RC, Knottenbelt DC. Equine insect hypersensitivity. Equine Vet Educ, 2004, 16: 324-325.

Pilsworth RC, Knottenbelt D. Urticaria. Equine Vet Educ, 2007, 19: 368-369.

Schaffartzik A, Hamza E, Janda J. Equine insect bite hypersensitivity: what do we know? Vet Immunol Immunopathol, 2012, 147: 113-126.

Scott DW, Miller WH. Skin immune system and allergic disease. In: Scott DW, Miller WH, eds. Equine Dermatology. St. Louis, W. B. Saunders, 2011: 263-313.

Stannard AA. Immunologic diseases. Vet Dermatol, 2000, 11: 163-178.

White SD. Advances in equine atopic dermatitis, serologic and intradermal allergy testing. Clin Tech Equine Pract, 2005, 4: 311-313.

Yu AA. Equine urticaria: a diagnostic dilemma. Compend Contin Educ Pract Vet, 2000, 22 (3): 277-280.

（单然　译）

第 133 章　免疫介导性皮肤病

Gwendolen Lorch

免疫介导性皮肤病的确诊和治疗基于对这种疾病发病机理的理解。免疫系统作用于宿主防御，免疫系统由特定的细胞和蛋白质成分组成，发挥高度特异性作用，以复杂的方式中和、破坏危险的非自身成分保护自身成分。然而，当防御系统出现故障或信息表达错误时，免疫系统可能应答不足甚至产生有害机体的行动，引起皮肤任何一层（表皮、真皮、皮下组织）、附属器官、皮肤脉管系统。组织损伤的机制包括Ⅰ型和Ⅳ型超敏反应。尽管这些疾病在马中发生，但免疫介导性疾病还是相当罕见。

落叶性天疱疮：

落叶性天疱疮是马最常见的全身性免疫介导疾病。马落叶性天疱疮的发病率是 10 年内 1 000 个样本中有 10 例发病。临床病理学是机体产生作用于桥粒蛋白的抗体，桥粒蛋白对于鳞状细胞之间的黏附起重要作用。抗原抗体反应复杂地引起蛋白酶释放，导致细胞之间失去结合力、有核角化细胞得以释放（棘层松解）。引起落叶性天疱疮的因素被认为是药物（疫苗、驱虫药、抗微生物药和饲料添加剂）、季节性过敏原、昆虫叮咬、应激、系统性疾病和紫外线。

一、识别落叶性天疱疮（PF）

经报道，马发生落叶性天疱疮的年龄从 2 月龄到 25.5 岁不等。在矮马、马、驴中均有发现，该病不具有种属、性别特异性。落叶性天疱疮可发生多种暂时症状，这种疾病随季节加重或复发。温暖、潮湿、晴天被认为会加重皮肤损伤。这种病的特征是：浅表症状、脓疱、结痂、鳞屑，以反复性为特征的角质脱落性皮炎（表 133-1，图 133-1 和图 133-2）。该病应被认为是所有以结痂、鳞屑、没有渗出为临床表现的皮肤病鉴别诊断之一。

表 133-1　天疱疮的临床症状

免疫介导性疾病	临床症状
落叶性天疱疮	早期影响到颈部；常见影响部位包括鬃毛、躯干、头部、耳、四肢末端。数月后广泛化、全身化；冠状带炎可能是一种独特的症状 PF（Pemphigus foliaceus）的原发损伤是脓包，但是这可能很少见。浅表的结痂、含有结痂的鳞屑皮炎并存形成的明显红肿、脱毛的多病灶弥漫部位 脓疱性皮炎之前可能呈现短暂性、持续性荨麻疹。其他原发损伤包括大、小水疱。瘙痒程度可变化，从严重到不瘙痒。可能会疼痛。上皮细胞增生引起冠状带炎，冠状带结痂

（续）

免疫介导性疾病	临床症状
落叶性天疱疮	落叶性天疱疮继发损伤包括皮肤出现环形结痂、角质化、脱毛、表皮囊肿以及溃疡 系统性症状发生率大概是50%，包括腹部、肢体末端特别是后肢水肿。另外也会步伐僵硬、发热、昏睡、消沉、缺乏食欲。血液异常包括再障性贫血、中性粒细胞增多症、血清蛋白减少、高球蛋白血症、高钾高磷以及高纤维蛋白原浓度 食管和胃的食管部黏膜溃疡。唇、舌、眼、阴茎包皮和阴门处黏膜皮肤部位的溃疡性损伤相对少见
慢性天疱疮	病程发展缓慢、严重的病例在早期的数周的症状可能刚开始仅仅表现为色素脱失
大疱性类天疱疮	原发损伤是小水疱、大水疱或者两种并存 因而发生的口、口周黏膜溃疡可能扩散到食道、黏膜皮肤结合处以及黏膜和黏膜层与皮肤连接处，损伤还可能出现在外阴、会阴和肛门黏膜。损伤可能发生在皮肤和角化区之间。例如冠状带、距部 弥漫损伤可能出现在摩擦频率高的部位。例如，腹股沟、腋下、笼头经常摩擦的鼻梁处。可能出现大规模附着性结痂、浆液渗出、水肿。病情严重的马可能出现食欲不振、唾液分泌过多、发热和抑郁。两种疾病临床上难以区分，通过活组织检查和组织病理学发现诊断
副肿瘤性天疱疮	体重减轻、厌食、共济失调和轻度腹痛。黏膜上、舌头周围边缘上下、口腔前庭膜的疼痛的、完整或破裂的各种尺寸的大水疱。也可能全身化的结痂、鳞屑 血液异常，包括成熟中性粒细胞、贫血、高纤维蛋白原血症、高球蛋白血症 尿检可能发现蛋白尿症和颗粒管型 与网状细胞肉瘤有关 临床症状的解决伴随赘生物的移除

图 133-1　一匹患有落叶性天疱疮的马

在该马的面部，口鼻部和耳部出现了微型的皮肤脓疱，水疱，痂皮和局部或者整体的脱毛症状

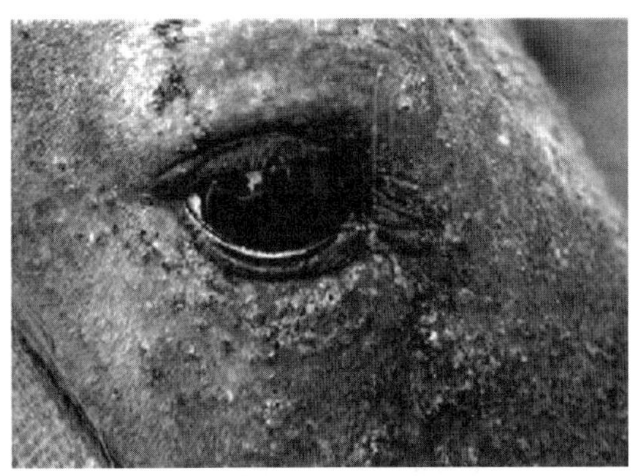

图 133-2　同图 136-1 所示的马是同一匹马，该马的上下眼睑部出现了散布的和连续的微型皮肤脓疱和环形的结痂

二、确诊

落叶性天疱疮确诊时应结合确凿的病史、临床症状，再加上细胞学、组织学发现。

诊断应通过排除其他鉴别诊断以及细菌、真菌培养阴性确定。诊断性细胞学最好从完整的脓疱或结痂下渗出处取样。

在脓疱结痂下或溃疡附近处直接压片取样是可靠的发现落叶性天疱疮细胞类型方法。细胞学采样时，为了采集到能说明问题的样本，脓包应朝向玻片，轻轻地被提起。然后，载玻片应压在患处或从一段拉到另一端。为了得到细胞样本，操作重点是直接在损伤上方施力。压片时，应使用食指或拇指，防止压烂玻片。

如果未染色的玻片上有细胞碎片，那么压片时用了足够的力量。另外，可以去掉结痂以暴露湿润的痂皮下组织。采集潮湿的渗出时，将玻片置于结痂下组织，多次轻轻地在玻片上施力。对于配合的病马，也可使用 25-G 针轻轻地挑破脓包，使其排出内容物，从而可以在化脓渗出处压片。然后使用商品化的细胞染液染色（如改良后的瑞氏染液，比如 Diff Quick），最后用清水冲干净。

低倍（10×物镜）显微镜用于扫描玻片，寻找理想的观察视野并进一步放大；观察的对象应包括中性粒细胞。通常在低倍镜下，能见到单个、圆形、有核独立细胞被称作棘细胞的表皮细胞。这种细胞被中性粒细胞或者嗜酸性粒细胞（很少）环绕、包围。

高倍镜（40×物镜，或 100×油镜）下，可看到非退行中性粒细胞，同时细胞学检查时没有细菌出现，则诊断为 PF 的可能性变大；然而，患 PF 的马匹可能得继发性脓皮症。尽管在棘细胞因为对抗细胞黏附因子的自身抗原，最常和 PF 联系在一起，其他引起棘层松解的因素包括皮肤病，如马发癣菌皮肤病和细菌性毛囊炎（中性粒细胞释放蛋白水解酶）。

落叶性天疱疮最可靠的诊断测试是对皮肤活组织检查样本的组织学评估，前提是选择合适的损伤部位进行抽检、评估（图 133-3）。组织学检查应由专门从事皮肤病理学研究的病理学家进行。皮肤样本应通过 6～8mm 生物穿刺设备获得。但不能在采样部位进行手术准备，因为这会改变表皮结构（改变诊断材料），采样后、缝合前进行手术准备是可行的，这样能减少感染的概率。理想的采样部位应包含完整脓包或小水疱的原发损伤；然而，由于马的这些损伤较脆弱、出现时间短暂，所以不易被发现。

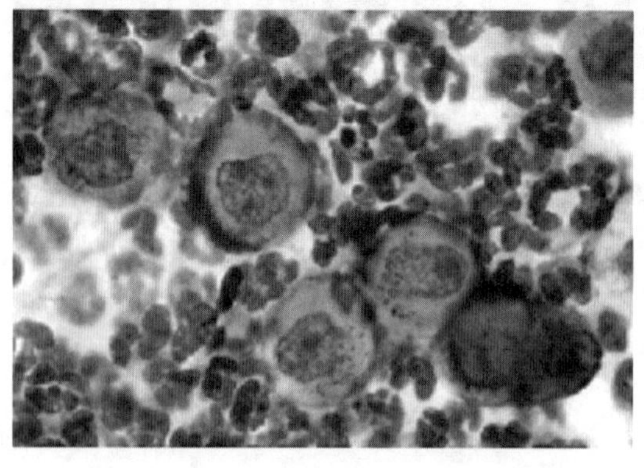

图 133-3　落叶性天疱疮脓疱的病理学样本

注意照片中的棘细胞的细胞核是周围中性粒细胞细胞核的大约 4 倍（100×）

第二个常用于取样的病变是环形结痂损伤或结痂荨麻疹。同时，因为结痂中含有松弛的皮肤棘层细胞，应作为重要的样品提交检样，尽管细胞通常是脱水干燥的，但对于病理学家确定形态学诊断和病因学仍然有用。特别是组织病理学发现大面积、不接触的角膜下或晶体内脓包或小水疱可能跨越几个囊泡，甚至延伸到滤泡的漏斗部或者滤泡的内腔。脓包由中性粒细胞、嗜酸性粒细胞组成。皮肤棘

层松弛的角化细胞染色为明亮的嗜酸性粒细胞状，在脓包内数量不等。特殊组织学组织染色不管是乌洛托品硝酸银还是过碘酸雪夫氏染色（PAF 染色），都可以用来排除真菌性皮肤病。

三、鉴别诊断

落叶性天疱疮的鉴别诊断包括：潜蚤病、真菌性皮肤病、细菌性毛囊炎、肉状瘤、皮脂溢出、药物反应、原发性角质化紊乱、多系统嗜酸性粒细胞性趋上皮病（multisystemic eosinophilic epitheliotropic disease）以及趋上皮淋巴瘤（epitheliotropic lymphoma）。

四、治疗

首先应告诉马主重要的一点为早期控制大部分中年马、成熟马的 PF 需要数周到数月时间。另外，由于该病会进一步恶化的特点，这种病需要长期治疗。只有很少一部分得 PF 的马会自动痊愈。由于免疫抑制药物是治疗 PF 的核心，治疗前应测血象、生化分析、尿检。

因为疗效广泛、价格低廉，氢化泼尼松龙是治疗马的免疫介导疾病时首先考虑的免疫抑制剂。氢化泼尼松龙比泼尼松的治疗效果更好，其原因是，马不能将氢化泼尼松转化为有效的生物活性代谢物，这可能是由于吸收差、排泄快、肝不能转化为氢化泼尼松或是所有这些成分的联合体。只有自由的糖皮质激素有代谢活性。特异的皮质类固醇结合球蛋白有相当低的结合能力，所以当使用大剂量糖皮质激素时，这种球蛋白的结合能力超过自身的极限，白蛋白变成结合蛋白。低血清白蛋白浓度的动物结合能力弱。自由类固醇使毒性增加。针对第二项原因，建议类固醇使用应有所改变，以适应低血清蛋白浓度的马。

单一使用糖皮质激素通常对于减轻症状有效。口服氢化泼尼松龙的免疫抑制剂量应在每天早上给药，以说明剂量（1.0～2.0mg/kg，每 24h 1 次）使用。在使用时，应与内源性可的松浓度的每天分泌节律符合。偶尔使用地塞米松（0.05～0.1mg/kg，口服，静脉注射，每 24h 1 次）7～10d 以达到免疫抑制的效果。口服地塞米松有快速的有效的生物利用率。然而，作用持续期从 36～54h，与氢化泼尼松龙相比对垂体-肾上腺轴的用弱。

对于减轻损伤，药物的剂量应在 4～6 周内逐渐降低，直到最低可能的隔日剂量保证减少临床症状。首要的原则是每 1～2 周剂量减少 20%～30%，直到达到控制剂量。如果剂量减少得太快，损伤有复发的趋势。有时会发现随后的抗药性。令人满意的维持疗法是氢化泼尼松龙隔日疗法（≤0.5mg/kg）或地塞米松（≤0.02mg/kg）。第二种的剂量应该逐渐变成到每 3d 或 4d 1 次。如果早期疗法的 2～4 周内没有看到明显提高，应对该病例进行细致的重新评估，同时排除并发脓皮病。对于这种病例，可能考虑使用另外的或替代的免疫抑制剂药物。使用糖皮质激素无效，或不良反应十分严重。

应考虑使用节制激素疗法药物。

独立或与其他疗法结合使用金盐疗法治疗 PF 都已成功。金硫苹果酸钠可注射金盐制剂在加拿大可用，但是目前在美国难以获得。这种疗法是推荐使用的人类药物引入的。建议连续每 2 周测试剂量每匹马 20mg，然后改为每匹马 50mg。这种复合物可能需要 6 周才能见效；然而一些报告指出出现完全的临床效果可能需要 16 周的治疗。因此，通常使用皮质激素达到早期效果，同时使用金盐疗法。使用金盐疗法时，可以停止皮质激素类的使用，或者至少降低其剂量。尽管目前没有关于金盐疗法的报道，也应经常测血象、生化分析、尿检以检测骨髓抑制［血小板减少（症）］、药物反应（嗜酸性粒细胞增多）和血管球性肾炎（蛋白尿）。

（硝基）咪唑硫嘌呤是另外一种能用于治疗 PF 的化合物。它是一种嘌呤类似物，在血液、肝等其他器官中代谢为 6-巯基嘌呤（6-MP）。AIA 作为拟核酸通过干扰 DNA 或 RNA 的合成，从而影响了细胞的复制。

从体内排出硫唑嘌呤取决于 6-巯基嘌呤通过硫代嘌呤甲基转移酶代谢为没有活性的代谢物。马的硫代嘌呤甲基转移酶的浓度低。当人的硫代嘌呤甲基转移酶浓度也低时，使用硫唑嘌呤时骨髓抑制的风险增大。

使用硫唑嘌呤的中毒反应明显低于人类可能是因为药物的生物利用率差。在一项包括 6 匹马的研究中，口服 3.0mg/kg 剂量的硫唑嘌呤的平均 SD 生物利用率是 4.0%±3.0%。另外，该项研究显示使用硫唑嘌呤 60d 的过程中，监测到的血象或血清生化没有明显的临床变化。除了口服的生物利用率低，还证明了这种疗法针对马的 PF 有效。

作者使用硫唑嘌呤（1.0～3.0mg/kg，口服，每 48h 1 次）与皮质激素合用。然后逐渐减小硫唑嘌呤的量至最小有效剂量，每 48～72h 使用控制症状。对于一匹 500kg 的马，硫唑嘌呤的大概花费是每天 300 美元。

可以使用多种方式的治疗方案以减少皮质激素的使用。疗法的选择包括维生素 E（13 IU/kg，每天口服）己酮可可碱（8～10mg/kg，每 8～12h 口服 1 次）。只有在类固醇剂量减少到被认为的控制剂量，然后逐渐将这些药物的减少到最小有效量。

必需脂肪酸供应可以通过 180mg 二十碳五烯酸每 10lb 体重来实现。另外每周的清洗疗法有益于清除结痂和鳞屑，防止继发脓皮症，但是不宜用于出现疼痛症状的马匹。每周用含有活性成分（如硫黄、水杨酸）的沐浴露进行药浴对于角蛋白溶解、清除弥散性结痂和鳞屑，提供抗微生物成分很有帮助。如果不需要角质层分解作用，可以使用浓度为 2%～4%的洗必泰沐浴露。由于阳光是 PF 的潜在诱发因素，紫外线强度高的时候应将马放在室内。

尽管皮质类激素便宜而且有效，但是长期使用会导致严重的并发症。通常表现为蹄叶炎、特别是用药时马已经患有急性、慢性或难以治疗的蹄叶炎或该马有蹄叶炎的病史。其他长期使用皮质激素的不良反应包括肝病、烦渴、暴食、分解代谢异常（表现为毛长、质量差，体重减轻、轻度腹部不适以及行为变化）。

五、预后

年龄是判断 PF 预后的重要因素。断奶超过 1 年的马可能患严重疾病的概率低。

一些非正式报告指出患 PF 的马驹预后非常好，不需要继续用药或出现很少的再度恶化。5 岁或更老的马会出现预后不良，通常需要更加积极、更高强度的治疗，可能伴随一生。非正式报告曾有记录：非病母马产下患病马驹，另一项报告提到一匹患 PF 的马 5 次怀孕期间 2 次病情恶化。

在一项回顾性研究中：13 匹马中有 5 匹由于严重的蹄叶炎或治疗对损伤无效被执行安乐死。蹄叶炎可能是由于使用皮质类固醇。并对剩下的 8 匹马中有 4 匹进行了临床跟踪观察，在进行免疫抑制治疗 3～12 个月后，都维持了 1～3 年的症状改善。

六、其他类型的天疱疮

马的另外 3 种天疱疮被发现，被认为是非常少的变体。通常这些变体都具有很强的临床侵害性，呈现为影响黏膜和黏膜皮肤交界的大水疱溃疡性疾病。自身抗体直接对抗基膜成分（大疱性类天疱疮）或寻常天疱疮，导致基底上层皮肤棘层松弛。

自身抗体也可能针对多种但还未确定的桥粒和桥粒蛋白质斑块（癌旁天疱疮），导致基底上的棘层松弛。多种游离的细胞凋亡角化细胞形成表皮内脓包。各种疾病有关的临床症状总结见表 133-1，各种这些疾病相互为鉴别诊断。其他的鉴别诊断包括系统性红斑狼疮、药疹、马 2 型、3 型、5 型疱疹病毒（EHV2、EHV3、EHV5）感染、疱疹性口炎和 PF。通过对完整大、小水疱的活组织检查来确诊。口腔中的水疱通常比 8mm 的活组织采样直径大；因此必须切除活组织检查以得到完整的损伤（图 133-4）。高剂量的皮质激素等免疫抑制剂很少能治愈这些疾病。对于有这些症状的马的预后是死亡。

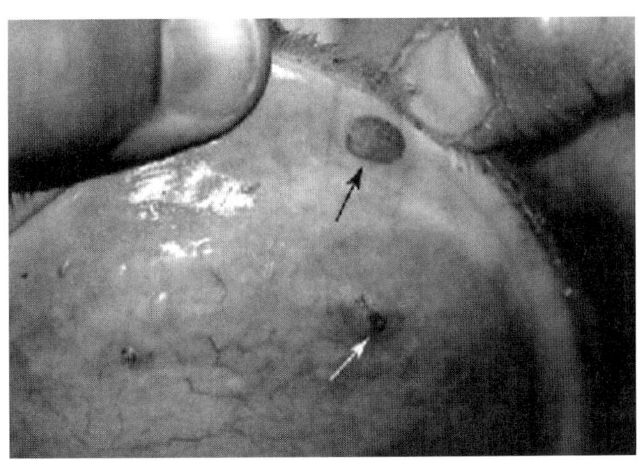

图 133-4 大疱性类天疱疮的黏膜水疱

在马匹上唇的颊肌上出现了一个完整的水疱（黑色箭头所指），相邻的是破溃的水疱留下的溃疡创（白色尖头所指）

推荐阅读

Knottenbelt DC. Immune-mediated/allergic diseases. In: Knottenbelt DC, ed. Pascoe's Principles and Practice of Equine Dermatology. 2nd ed. London: Elsevier, 2009: 264-270.

Olivry T, Borrillo AKG, Xu L, et al. Equine bullous pemphigoid IgG autoantibodies target linear epitopes in the NC16A ectodomain of collagen ⅩⅦ (BP180, BPAG2). Vet Immunol Immunopathol, 2000, 73: 45-52.

Scott DW, Miller WH Jr. Immune-mediated disorders. In: Scott DW, Miller WH, eds. Equine Dermatology. 2nd ed. Maryland Heights, MO: Elsevier, 2011: 317-327.

Vandenabeele SIG, White SD, Kass P, et al. Pemphigus foliaceus in the horse: a retrospective study of 20 cases. Vet Dermatol, 2004, 15: 381-388.

von Tscharner C, Kunkle G, Yager J. Immunologic diseases. Stannard's illustrated equine dermatology notes. Vet Dermatol, 2000, 11: 172-177.

Zabel S, Mueller RS, Fieseler KV, et al. Review of 15 cases of pemphigus foliaceus in horses and a survey of the literature. Vet Rec, 2005, 157: 505-509.

（单然　译）

第 134 章　先天性皮肤紊乱

Stephen D. White

一、致死白色综合征

马的致死白色综合征需和白化病区分开，致死白色综合征主要出现在花马身上（但不局限于花马，其他种类的马也有），缺陷基因存在于美国微型马、阿拉伯半血马、纯血马和花色非夸特马（由于含有过多白色而不能注册美国夸特马协会的马驹）。加州大学戴维斯分校兽医学院的兽医基因实验室能够提供确定携带者状态的诊断测试。白化病的致命性与肠神经节细胞缺失症有关。患病马驹出生后很快死亡。由于一些白色马驹未患该病，只有在出现肠神经节细胞缺失症时才被实施安乐死。这种病与人巨结肠病相似。巨结肠病和内皮素血管肽-B 受体基因突变有关。

二、遗传性局部皮肤松弛（皮肤过度松弛症 HERDA）

HERDA 在幼年马中发病。大部分患病马为夸特马，但是注册的花马、阿帕卢萨马与夸特马的杂交后代也患此病。且大部分患病夸特马来自高水平骑乘训练马。尽管报告的病例来自北美，这种疾病和其相关的基因缺失在欧洲和南美洲被报告。这种疾病（或相同症状）在一匹雌性阿拉伯半血马、一匹纯血骟马、一匹汉诺威幼驹和一匹哈福林格马被发现并报告。马的 HERDA 的假说是马真皮的中部、深部胶原纤维愈合过程或结构有缺失。患病马的皮肤比健康马的皮肤的抗拉强度差。

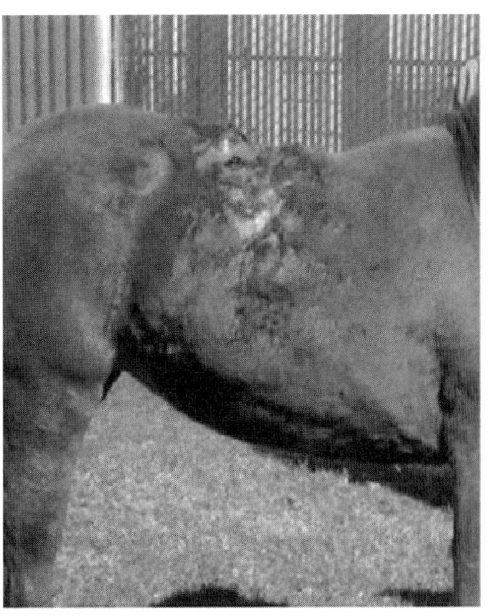

图 134-1　一匹 1.5 岁的夸特马出现了由于 HERDA 导致的真皮溃疡和血肿

这些区域是背部上方和颈部侧面。这些部位的皮肤可能容易磨损或拉伸，经常形成血清肿和血肿（水泡充满血清或血液，图 134-1）。这些损伤往往都愈合良好，但是可能形成难看的伤疤。诊断通常仅仅基于临床症状。组织学检查有时不明显，但是可能看到毛囊层下成群的排列紊乱的胶原纤维。据相关报道，真皮中部与深部分离已经出现在 2 匹马上，也在一些活组织样本中发现。导向差的胶原纤维有时可通过电子显微镜看到。有趣的是，病马也可能出现角膜增厚，泪液分泌增多，增加角膜溃疡的概率。

在大多数情况下，该病在马匹出生时就伴随着马匹，但是通常马在 2 岁时才发现 HERDA。开始用到马具、马鞍训练时，与马的摩擦导致特殊的损伤。由于存在很多基因疾病，还没有有效的治疗方案。一些这样的马被养作所谓的牧场宠物。

这种疾病随着一种常染色体隐性遗传，所以只有公马、母马同时携带这样的基因，马驹才会患这种病。如果相同的公马、母马再次交配，生出患病马驹概率大概是 25%。决定这种疾病的基因和马亲环蛋白 B（PPIB）突变有关。近期研究发现这种突变造成这种蛋白功能性缺失，导致催化胶原蛋白折叠步骤效率低下。VGL-UCD 提供了确定携带者或受损状态的诊断测试。疾病基因携带者或患病马不能参与繁殖计划。

三、表皮溶解水疱症（EB）

EB 包括几种典型的人和动物的皮肤病，通常在微创后发现水疱。该病多数是先天性的，出生后迅速变得明显。在人和动物中，EB 的类型通过皲裂和水疱的组织学位置而分类。这些分类及各自皲裂分布以 EB 并发症命名（包括表皮基细胞层），结合型 EB（侵蚀真皮细胞层和细胞基层）和营养不良型 EB。结合型 EB 在比利时马马驹的雌马和雄马、其他品种马及驴上都曾有报道。出生 3d 内通常能见到损伤，包括多处对称皮肤侵蚀和溃疡，通常结痂，损伤可能在冠状带（造成蹄裂、蹄脱落）口部、肛门、生殖器周围黏膜附近特别明显。组织学和超微结构发现提示在基底膜小叶间的亮区出现了裂开，这可能是浅表真皮中链接基膜的固定微丝缺失造成。层连蛋白 5（层连蛋白 3A32）缺失已经在比利时马和 2 匹法国挽马中被证实突变是在 *LAMC2* 基因的外显子 10 插入胞嘧啶。该病的诊断可以通过确定比利时挽马和相关品种基因携带者状态的诊断测试来确定。

临床症状和患病马驹年龄是诊断 EB 的基础。有条件的话，需要电子显微镜进行组织学确诊。对于该病目前没有有效的治疗方法。病马以及其繁殖母马和公马都不应该继续繁殖。该病是常染色体隐性遗传。这种病以前被美国骑乘者称为不全性上皮增生，而现在认为是结合型大疱性表皮松解。损伤常见于四肢、头部、舌头。严重的病例可能会发生蹄壁脱落。该病的临床表现通常就具有诊断意义。该病从中度到重度的死亡时间往往只有几天；马驹死亡的原因往往是因为败血症和其他进行性的疾病。轻度感染区域可能会自愈并形成疤痕组织。

四、慢性淋巴水肿

慢性淋巴水肿（CPL）是描述常出现在夏尔马、克拉斯戴尔马、比利时马等挽马的一种疾病。该病以进行性肿胀、四肢皮肤角化过度（变厚）、纤维化（硬化）为特征。这种慢性进行性疾病开始于幼年，终生发展，最终四肢变形、功能丧失。这种过

程是不可逆转的，导致马匹未成年即死亡。这种病已经导致比利时挽马种公马的平均寿命从 20 年降低到 6 年。

这种病的病理变化和临床症状与人的慢性淋巴水肿（或象皮肿）十分相似。四肢下部肿胀是由皮肤中的淋巴系统异常功能导致慢性淋巴积液（肿胀）造成。纤维化是免疫系统、皮肤继发感染综合结果。初步研究表明这种疾病含有相似的病理机制，侵害一些挽马。

这种疾病的临床症状高度多变。早期损伤以皮肤变厚、结痂为特征；只有在剪掉距毛后这两个特征才明显。病马四肢很容易发生继发感染。通常包括足螨病和细菌感染。深色和浅色皮肤马发病的概率是相同的。这些损伤和始终伴随系部皮炎。系部皮炎在其他品种的马中也能见到。然而，患 CPL 的马的损伤对治疗方案无应答。

随着疾病发展，皮肤上会形成 1 或 2 个皮肤褶皱。有时是多个小的分界清楚的溃疡，主要在系部后部。溃疡由结痂覆盖。人为去掉结痂或运动中摩擦会导致流血。可能多种药物早期对这种小疮有效，然而一些药物起反作用，如恶化、疮数目加倍。小的损伤聚积成大的、难以控制的皮肤溃疡。

经过一段时间，损伤向上扩散，通常影响到膝部或跗关节的皮肤。这些损伤对于马产生非常小的刺激，但有时会非常疼痛。严重病例通常发展成四肢大面积的肿胀。

因此这种疾病主要是淋巴系统疾病，这些挽马的系部皮炎继发于机体不能恰当地向四肢远端皮肤供应液体和氧气。一段时间后淋巴系统分解，富含蛋白质的液体渗入四肢下部的组织，导致皮下组织纤维化、变厚。组织纤维化导致腿部更严重的液体循环阻滞。这导致新血管形成，但这对于为组织供氧是无效的。

研究者怀疑结缔组织成分——弹性蛋白是马淋巴退化的潜在因子和可能诱因。病马皮肤的深部组织和淋巴管没有足够的、或恰当的弹性成分。缺少这种重要的组织成分明显引发了疾病进程和临床症状。一项研究记录了病马有高水平抗纤维抗原。最近研究发现病马颈部和四肢都有真皮弹性蛋白增加，但非患病马的弹性蛋白减少。这些发现支持了早期 CPL 是普遍疾病的假说。支持淋巴系统的弹性网络效率的降低可能解释了 CPL 的发展。

图 134-2　一匹患有慢性淋巴水肿的弗里斯兰马出现皮肤结节症状

随着病程变得更长，四肢下部肿胀变得不可逆，触诊肿胀坚硬。产生的皮肤褶皱和大的、难以相互分辨的、坚硬的结节更多。结节可能变得很大，达到高尔夫球甚至棒球大小（图 134-2）。皮肤褶皱和结节都首先在系部后面产生。随着病程发展，可能扩大并环绕整个四肢下部。由于这种结节影响马自由移动而且在运动中经常受损，引起马的运动问题。这种疾病经常发展为多种继发感染，产生大量含有恶臭的渗出。疾病可能广泛化，马匹可能虚弱无力甚至死亡。

在一项涉及多种挽马品种，可能具相同疾病

的研究中，作者发现血管周围皮炎是由T淋巴细胞主导，二型阳性主要相容性复合体（MHC）、树枝状细胞增加。细胞角蛋白（CK）5/6（4）、10和14免疫组织化学标记提示表达形式的变化。这和表皮增生的程度有关。提示角化细胞异常分化。皮肤损伤严重性和若干其他因素之间有重要统计联系。这些因素包括年龄、掌骨骨围的增加、重要的解剖结构（如球节上毛束、距毛）和球节突起。另外一项报告也涉及了含有一定数量CPL特征的挽马（Rhenish German，Schleswig，Saxon-Thuringian和South German）。

推荐阅读

De Cock HE，Affolter VK，Wisner ER，et al. Progressive swelling，hyperkeratosis，and fibrosis of distal limbs in Clydesdales，Shires，and Belgian draft horses，suggestive of primary lymphedema. Lymphat Res Biol，2003，1：191-199.

De Cock HE，Van Brantegem L，Affolter VK，et al. Quantitative and qualitative evaluation of dermal elastin of draught horses with chronic progressive lymphoedema. J Comp Pathol，2009，140：132-139.

Geburek F，Ohnesorge B，Deegen E，et al. Alterations of epidermal proliferation and cytokeratin expression in skin biopsies from heavy draught horses with chronic pastern dermatitis. Vet Dermatol，2005，16：373-384.

Grady JG，Elder SH，Ryan PL，et al. Biomechanical and molecular characteristics of hereditary equine regional dermal asthenia in Quarter Horses. Vet Dermatol，2009，20：591-599.

Graves KT，Henney PJ，Ennis RB. Partial deletion of the LAMA3 gene is responsible for hereditary junctional epidermolysis bullosa in the American Saddlebred horse. Anim Genet，2009，40：35-41.

Ishikawa Y，Vranka JA，Boudko SP，et al. Mutation in cyclophilin B that causes hyperelastosis cut is in American Quarter Horse does not effect peptidylprolyl cis-trans isomerase activity but shows altered cyclophilin B-protein interactions and affects collagen folding. J Biol Chem，2012，287：22253-22265.

Linder KE，Olivry T，Yager JA，et al. Mechanobullous disease of Belgian foals resembles lethal（Herlitz）junctional epidermolysis bullosa of humans and is associated with failure of laminin-5 assembly. Vet Dermatol，2000，11（Suppl 1）：24.

Metallinos DL，Bowling AT，Rine J. A missense mutation in the endothelin-B receptor gene is associated with lethal white foal syndrome：an equine version of Hirschsprung disease. Mamm Genome，1998，9：426-431.

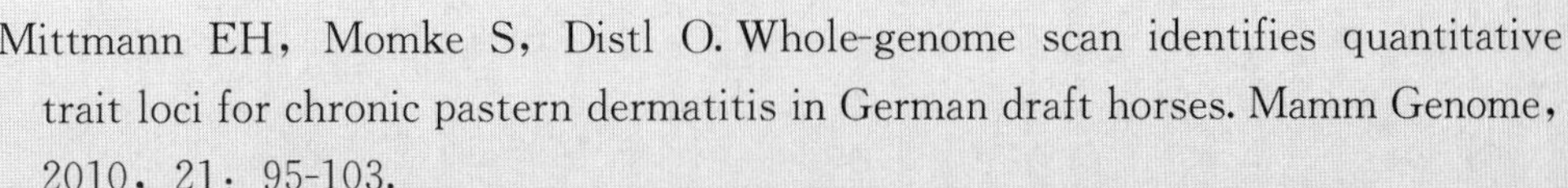

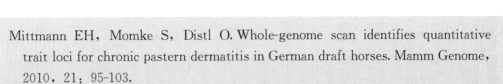

Mittmann EH, Momke S, Distl O. Whole-genome scan identifies quantitative trait loci for chronic pastern dermatitis in German draft horses. Mamm Genome, 2010, 21: 95-103.

Mochal CA, Miller WW, Cooley AJ, et al. 2010 Ocular findings in Quarter Horses with hereditary equine regional dermal asthenia. J Am Vet Med Assoc, 2010, 237: 304-310.

Schott HC, Petersen AD. Cutaneous markers of disorders of young horses. Clin Tech Equine Pract, 2005, 4: 314-323.

Spirito F, Charlesworth A, Linder K, et al. Animal models for skin blistering conditions: absence of laminin 5 causes hereditary junctional mechanobullous disease in the Belgian horse. J Invest Dermatol, 2002, 119: 684-691.

Tryon RC, White SD, Bannasch DL. Homozygosity mapping approach identifies a missense mutation in equine cyclophilin B (PPIB) associated with HERDA in the American Quarter Horse. Genomics, 2007, 90: 93-102.

van Brantegem L, de Cock HE, Affolter VK, et al. Antibodies to elastin peptides in sera of Belgian Draught horses with chronic progressive lymphoedema. Equine Vet J, 2007, 39: 418-421.

White SD, Affolter V, Bannasch DL, et al. Hereditary equine regional dermal asthenia (HERDA; "hyperelastosis cutis") in 50horses: clinical, histologic and immunohistologic findings. Vet Dermatol, 2004, 15: 207-217.

（单然　译）

第 13 篇

内分泌和代谢性疾病

第 135 章　马代谢综合征

Nicholas Frank

马代谢综合征（Equine metabolic syndrome，EMS）是马发生内分泌和代谢异常的统称，该病与马蹄叶炎的发生和发展密切相关。2010 年美国兽医内科学院发表的相关报告指出 EMS 的三大特点为：局部或全身性肥胖、胰岛素抵抗（insulin resistance，IR）引起的高胰岛素血症和易感染蹄叶炎。生产上可以通过调整饲养管理措施等方式减少或避免由 EMS 引发的蹄叶炎。因此，当前业界认为高胰岛素血症以及胰岛素抵抗、过度肥胖、高瘦素血症和高甘油三酯血症是 EMS 的主要表现。胰岛素紊乱（insulin dysregulation）与 EMS 的发生发展密切相关，其特征主要包括胰岛素分泌增加、肝脏对胰岛素的清除率降低和外周组织对胰岛素抵抗。

EMS 又称胰岛素抵抗综合征、外周组织库欣综合征、蹄叶炎前代谢综合征（prelaminitic）。以往认为 EMS 的临床症状主要是由于甲状腺机能减退造成的，但现在普遍认为患 EMS 马匹体内甲状腺激素浓度低是由肥胖继发引起的，并不是造成肥胖的主要原因。

一、临床表现

EMS 可见于各种家养马匹，其中矮马、摩根马、帕索·菲诺马和挪威峡湾马表现较明显，阿拉伯马、夸特马、骑乘马、田纳西走马等其他品种也可表现 EMS 症状。EMS 可发生在各类饲养条件下的成年马，而蹄叶炎的发病年龄则由饲养地草场环境决定。一般来说，如果放牧草场牧草生长茂盛，那么在该草场放牧饲养的青年肥胖马匹发生蹄叶炎概率会高于其他饲养方式饲养的马匹。但易感马匹如果饲养管理得当可减少甚至避免蹄叶炎的发生。如果马匹有亚临床型蹄叶炎病史，其患肢蹄部生长线可能有分叉现象，这对确定马匹蹄叶炎病史至关重要。健康马蹄部生长线一般位于足跟部，当马匹发生蹄叶炎后，可抑制患肢背侧蹄壳生长，马蹄生长线可伸出至冠状带背侧。EMS 病马的体格特征包括全身性肥胖、局部性肥胖或者两者兼有。局部性肥胖的表现形式主要是病马颈部背侧脂肪过度沉积、颈部周围组织对胰岛素不敏感等，其他表现还包括尾根部附近脂肪组织异常沉积，包皮或皮下不规则分布大量脂肪组织（图 135-1）。

放牧马匹在春季和秋季容易发生蹄叶炎，存在繁育问题的 EMS 病马也可表现出蹄叶炎临床症状，因此针对上述季节或重点马匹应特别注意监测蹄叶炎的发病情况。另外，生产中还应该关注 EMS 病马皮下脂肪瘤造成的绞痛问题。

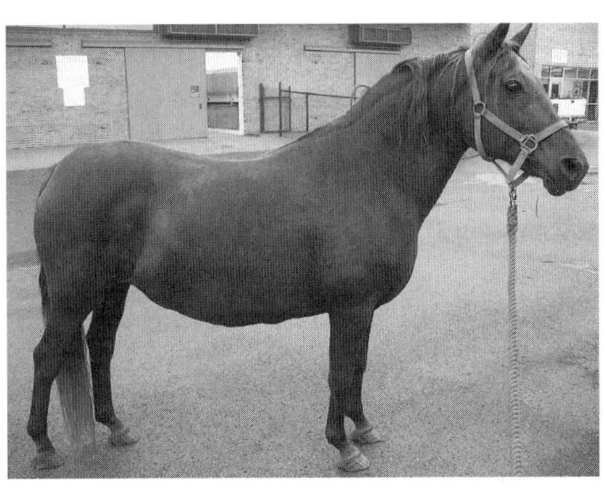

图 135-1 EMS 病马表现为颈部背侧脂肪过度沉积和胸腹部周围皮下脂肪组织沉积
（该照片由田纳西大学许可使用）

二、病理生理学

作为家养马匹常发的一种内分泌疾病，多年前人们就已经意识到 EMS 具有遗传性，并开始研究发生该病的遗传基础。对于遗传上易感 EMS 的马匹通过饮食控制和增强锻炼可能影响相关基因的表型。一般来说，过度饲喂的易感马匹更容易呈现 EMS 基因表型，而体型适度、饲喂合理、运动适当的同种马匹则可能保持健康。肥胖是另一种重要的遗传修饰因子，因为肥胖能诱导胰岛素抵抗，升高体内胰岛素浓度。理解病理性肥胖的概念时必须考虑肥胖发展过程中脂肪组织分泌的促炎细胞因子。促炎细胞因子是引起脂肪组织胰岛素抵抗的重要因素之一，当脂肪细胞激素分泌情况发生改变时，即瘦素分泌增加而脂联素分泌减少时常伴发脂肪组织分泌促炎细胞因子。当检测到高浓度瘦素时，证明脂肪代谢已经发生改变，并且高瘦素血症的发生与胰岛素紊乱（insulin dysregulation）相关。高胰岛素血症和高瘦素血症有助于管理人员依据代谢状态的改变识别马匹是否发生 EMS。

胰岛素紊乱是 EMS 的一个关键特征，牧草采食过度的放牧马易发蹄叶炎也主要是由采食后高胰岛素血症造成的。矮马或标准马静脉内灌注高浓度的胰岛素可人工诱发蹄叶炎。EMS 病马可不同程度表现采食后高胰岛素血症、禁食后高胰岛素血症和组织胰岛素抵抗，三者之间的关系还需要进一步研究。有人认为遗传上易感马匹首先发生采食后高胰岛素血症，随后才产生胰岛素抵抗。禁食后高胰岛素血症是由于脂肪酸刺激胰岛素分泌或随 β 细胞增生而最后发生的异常表现。采食后高胰岛素血症是 EMS 病马的可能诱因，因为高胰岛素浓度能通过同源性脱敏作用诱发胰岛素抵抗。当发生胰岛瘤或胰岛素超量分泌时可出现这种现象。蹄部组织微血管内皮细胞产生胰岛素抵抗可能通过促进血管收缩、改变正常血液流动动力学、减少蹄部组织的营养物质输送导致蹄叶炎发生。因此，高胰岛素血症诱发的胰岛素抵抗可能是胰岛素诱发蹄叶炎的潜在机制。

胰岛 β 细胞分泌功能亢进或血液清除率降低均可导致高胰岛素血症发生。糖类或其他营养素进入小肠后可刺激其分泌肠降血糖素如胰高血糖素样肽 1、胃肠多肽等，这些物质进入胰腺可刺激胰岛素分泌。因此，采食后胰岛素分泌增加可能是因肠降血糖激素分泌增加造成的。采食后，由于葡萄糖浓度升高可刺激胃肠分泌降血糖激素，肠降血糖激素可以刺激胰岛素分泌、降低胃排空速度进而使餐后出现高血糖症的概率降至最低。二肽转移酶-4 可降解肠降血糖激素，所以采食后高胰岛素血症可能因肠降血糖激素分泌增加或降解减慢所致。放牧场牧草中如果富含单糖、淀粉和蛋白质，马匹容易患采食后高胰岛素血症和蹄叶炎，可能就是因肠降血糖素分泌改变引起的。

三、检测诊断

EMS 的检测诊断标准见表 135-1。诊断 EMS 的常用检测方法包括：口服糖测试（OST）、葡萄糖-胰岛素合并测试（CGIT）、胰岛素耐受试验（ITT）等。现在普遍建议 EMS 疑似病例应该接受口服葡萄糖耐受测试。采食后胰岛素浓度会升高，因此对牧场放牧马匹而言，应该特别关注采食后高胰岛素血症。遗传上易感采食后高胰岛素血症的马匹也可能易发生肥胖，并存在较高的蹄叶炎发病风险。对于疑似病马，曾建议通过监测禁食后胰岛素浓度并联合开展 CGIT 来进行诊断。上述方法还可以用于诊断胰岛素抵抗，但它们都不能评估胰岛素对摄入糖类的反应，而这恰恰是马发生胰岛素紊乱时的首要表现。CGIT 的操作过程是先灌服 50%右旋葡萄糖溶液，然后立即静脉注射普通胰岛素，所以绕过了肠降血糖激素反应步骤。该动力学测试监测葡萄糖分配进入组织的速率，因此该测试可以反映胰岛素敏感性和体内胰岛素对葡萄糖的反应。胰岛素反应也可用于评价和反映胰岛 β 细胞分泌胰岛素分泌速率以及胰岛素清除率，但不能反映饲喂后肠降血糖激素刺激胰岛素分泌情况。

表 135-1　推荐的马 EMS 诊断检测方法

测试名称	操作程序	备注[1]
内分泌和代谢状态参数		
葡萄糖 胰岛素 甘油三酯 瘦素 ACTH[2]（促肾上腺皮质激素）	需要禁食。22：00 以前马厩仅放少量干草，并于翌日清晨采集血样 采集血样时 1 份为非抗凝血清，1 份为 EDTA 抗凝血	持续的高血糖提示马匹患有糖尿病（胰岛素浓度正常或升高） 如禁食后胰岛素浓度＞20μIU/mL（mIU/L）则判定为高胰岛素血症 甘油三酯浓度＞50mg/dL 判定为高甘油三酯血症；浓度＞27mg/dL 判定为疑似高甘油三酯血症 瘦素浓度＞4 ng/mL 判定为高瘦素血症 ACTH 浓度异常判定为 PPID（垂体中部功能障碍，见第 136 章）
口服糖试验（OST）		
推荐这个测试用于评估降血糖激素综合效果、胰岛 β 细胞胰岛素分泌情况、胰岛素抵抗情况 如果马主人担心可能诱发蹄叶炎，可采用两步法检测。首先测定禁食后胰岛素浓度，如在可疑浓度范围内则必须开展 OST 测试	需要禁食。22：00 以前马厩仅放少量干草，并于翌日清晨采集血样 马主人用 60mL 导管式接头注射器按 0.15mL/kg 体重给予谷物糖浆[3] 采集给予谷物糖浆 60 和 90min 后血液。测定葡萄糖和胰岛素浓度	60 和 90min 后血样胰岛素浓度＜45μIU/mL 判定为正常 胰岛素浓度＞60μIU/mL 判定为高胰岛素血症 胰岛素浓度介于 45～60μIU/mL，则稍后再进行测试或考虑开展其他测试 如血样葡萄糖浓度＞125mg/dL 判定为葡萄糖应答过度

（续）

测试名称	操作程序	备注[1]
试验餐 通过测定采食后胰岛素浓度，评估采食后高胰岛素血症发生情况	马主人正常饲喂马匹，当饲料采食完毕后联系兽医 兽医在马采食后 90～150min 内间隔 30min 采集 2 次血样	参考范围尚未确定
胰岛素耐受试验（ITT） 胰岛β细胞分泌胰岛素增加和/或胰岛素抵抗可造成高胰岛素血症。ITT 可用于检测组织胰岛素抵抗情况	需要禁食。22：00 以前马厩仅放少量干草，并于翌日清晨采集血样 第一步：先采集基准血样，然后按 0.03μIU/kg 体重剂量皮下注射或静脉注射胰岛素[4]，给药 30min 后第 2 次采集血样。如葡萄糖浓度未降低 50%以上则开展第二步 第二步：改日重复测试，但胰岛素给药剂量提高至 0.1μIU/kg 体重。 第二次采集血样后正常饲喂	正常马给予 0.1μIU/kg 剂量胰岛素 30min 后血糖浓度可降低 50%。如给予低于 30μIU/kg 剂量胰岛素就能使血糖降低 50%，则不需要进行下一步测试 该测试需要防止受试马出现低血糖，应提供葡萄糖溶液备用

注：1. 截断值由康奈尔大学动物健康诊断实验室操作完成。胰岛素和瘦素采用放射免疫法测定，ACTH 采用化学发光法测定。

2. 建议 10 岁以上马开展此项测试。

3. 该品牌谷物糖浆由 ACH 食品公司生产。

4. 重组人胰岛素由礼来公司生产。

（一）口服糖测试

口服糖测试（OST）可用于测定采食后高胰岛素血症和鉴定有较高患蹄叶炎风险马匹。OST 测试的操作过程是口服谷物糖浆或葡萄糖以诱导机体出现短暂的高胰岛素血症。谷物糖浆可从食品商店购买并通过胃管灌服。口服葡萄糖耐受测试操作过程是按每千克体重 1g 剂量给马灌服水溶性右旋葡萄糖，或灌服 1lb（0.45kg）非结构碳水化合物。灌服 2h 后取马匹血样，胰岛素浓度高于 85μIU/mL（mIU/L）则判定为高胰岛素血症。两种方法都可以用来测定采食后高胰岛素血症，但因测试方便、葡萄糖给予量小等优点，一般优先选用 OST 测试。尽管 OST 操作不会提高马蹄叶炎发病风险，但由于担心高胰岛素血症的发生，畜主有时不愿给马灌服糖类，所以在这种情况下可以采用两步法测试。第一步可先测定禁食后胰岛素浓度，这是因为中重度胰岛素紊乱往往容易发生蹄叶炎。如果胰岛素浓度在参考值范围内，即放射免疫法测定浓度低于 20μIU/mL，则需要开展 OST 测试。这种测试方法从实际出发考虑了畜主担心的副作用问题，但为准确鉴定易感马匹，第二步必须开展。另一种评估采食后高胰岛素血症的方法是在马采食后 1.5～2.5h 间隔 30min 采集 2 次血样，然后测定血液中胰岛素浓度。

（二）内分泌和代谢状态参数

虽然动力学测试可从一定程度上反映机体处于胰岛素紊乱状态，但仅靠采集血样、测定固定时间点激素和代谢产物浓度，并不能完整准确地反映疑似病例的内分泌情况和代谢状态。因此有人推荐使用内分泌和代谢状态参数表来解决这一问题，并用以评估 EMS 高发病风险马匹的身体健康状况。亲代患 EMS 马匹其子代马匹也有较高的胰岛素紊乱发生率，这些马匹都被列为高风险动物。外周组织胰岛素敏感性降低可使胰岛素浓度升高，并诱发代偿性胰岛素抵抗，因此应该监测禁食后胰岛素浓度。禁食后高胰岛素血症的发生机制主要包括进入到胰岛 β 细胞的脂肪酸增加，胰岛素清除率降低或 β 细胞增生。相反地，β 细胞不足时胰岛素浓度降低，并伴发葡萄糖浓度升高。这是由于葡萄糖浓度持续在较高范围或持久性高血糖病引起糖尿病时会代偿性诱导胰岛素抵抗。然而与其他动物相比，马很少出现 β 细胞不足，因此分析禁食后高胰岛素血症病因时需要与胰腺炎和垂体中部功能障碍（PPID）进行鉴别诊断。

高甘油三酯血症是鉴定矮马蹄叶炎发病风险的预警指标，两个研究使用同样数量的动物获得的甘油三酯阈值分别是 57mg/dL 和 94mg/dL。还有研究者根据现在马 EMS 遗传学研究基础，提出了新的更低的甘油三酯阈值（27mg/dL），未来研究人员还将提出不同品种马的甘油三酯参考阈值。瘦素浓度超过 4 ng/mL 时，即发生高瘦素血症，提示脂肪组织分泌了过多的瘦素，属于异常状态。高瘦素血症与胰岛素紊乱相关。即使禁食后胰岛素浓度在正常参考值以内也应该通过口服糖试验对高瘦素血症病马开展检测。

（三）胰岛素耐受试验

胰岛素抵抗的马可以检测到葡萄糖和胰岛素浓度升高的现象，所以 OST 测试在高胰岛素血症加重的情况下可以为诊断胰岛素抵抗提供证据。通过开展胰岛素耐受测试（ITT）或 CGIT 测试可以进一步确定受试马是否存在组织胰岛素抵抗问题。ITT 的操作方法已经在表 135-1 中进行了描述，如果马主人担心可能造成低血糖症可建议其使用两步法测定。开展 CGIT 测试时，受试马应该于前晚禁食，并放置静脉留置针以减少多次采血造成的应激。采集完基准血样后按每千克体重 150mg 灌服 50％葡萄糖溶液（500kg 的马可灌服 150mL），然后按 0.1μIU/kg 体重立即注射胰岛素（500kg 的马可注射 0.50mL）。在灌服葡萄糖后 1、5、15、25、35、45、60、75、90、105、120、135 和 150min 时分别采取血样，在野外操作不便时也可将采血时间设定为 0、15、30、45 和 60min。用手持式血糖仪测定葡萄糖浓度，如血糖浓度在第 45min 甚至更长时间仍比基准浓度高则判定为胰岛素抵抗。通过测定胰岛素浓度曲线下面积可以反映 β 细胞应答以及同源和外源胰岛素清除率。测量第 45min 血样胰岛素浓度可反映胰岛素浓度峰值信息，放射免疫法测定浓度超过 100μIU/mL 判定为异常。ITT 测试和 CGIT 测试都可能导致低血糖，如受试马血糖浓度低于 40mg/dL 时或出现出汗、肌肉震颤、虚弱等临床表现时应注意及时补充葡萄糖。

四、管理

（一）肥胖

肥胖是加剧胰岛素紊乱的一个因素，因此必须采取合理措施改善这一问题。肥胖

本身对马可能造成的附加健康风险还包括增加炎症细胞因子分泌、诱导高脂血症、引发不育和脂肪瘤等。通过限制肥胖马接触牧草的机会、去除日粮中的谷物、仅饲喂相当于马体重1.5%的干草（对于1 000lb马饲喂量应小于15lb干草）可降低马的体重。为平衡日粮营养，应注意补充维生素和微量元素，对于仅饲喂干草的马应额外补充蛋白以平衡日粮营养。如4周后马的体况仍未改善，每天给予的干草量应进一步降低，如再过4周体况仍未达到预期，可将干草供应量降低至体重当量的1.25%。对于肥胖矮马干草供应量应降低至体重当量的1.0%，但不应该再低。饲喂方式应遵循少量多次的原则，可选择性使用自动饲喂站进行饲喂。即便严格按照上述程序进行饲养管理仍有部分马匹会出现肥胖改善不理想的情况，即所谓的“减肥抵抗”（weight loss resistance）。某些肥胖马和矮马对体重控制反应较好，然而其他马则表现减肥抵抗。

如果不限制饲草摄入量，马的肥胖体况可能不会改善，因此应该限制其牧草采食量。建议通过将肥胖马匹限制在1/3到0.5acre（相当于120～150ft^2）的草地上活动以限制牧草消耗。另外，还可选择给马匹带上口笼以限制其采食牧草的机会。其他方法还包括缩短放牧时间（缩短至1h）、用电篱笆隔离放牧区、将马匹在牧草贫瘠围场放牧等。建议可针对每匹肥胖症病马单独制定个性化饲养管理方案。由于过量饲喂引起的肥胖而发生轻度EMS的马匹通过限制牧草接触机会可能较好的改善肥胖状况，并以佩戴口笼的方式进行牧场放牧。胰岛素紊乱病马采取清晨放牧比较安全，但应该避免牧草快速积累糖分时遭遇霜冻影响。相反，高胰岛素血症病马应该远离牧草直到胰岛素浓度有所改善。对不同症状病马管理措施的变更反应应该依据后续评估和马厩情况调整时间。

远离牧草的马应该每天补充1 000IU维生素E，以补充干草所缺乏的营养价值。蹄叶炎病马在蹄部结构稳定前不应该再参加训练，但健康马可以继续接受日常训练。训练计划必须依据马匹个体和主人情况进行个性化调整，但调整计划应以增加能量消耗和改善胰岛素敏感性为目标。紧张持久的训练计划可以使马匹消耗更大量的能量，所以马主人应该鼓励马匹接受更频繁的训练。例如，可让病马每天慢跑1h，在山坡工作或在跑步车锻炼1h以实现降低体重的目的。即使有些马不能锻炼到此水平，也应该让马跟随马群自由活动。

（二）高胰岛素血症患马日粮管理

如果受试马OST测试发现胰岛素浓度显著升高并且呈现餐后高胰岛素血症，那么应该选择给该马饲喂低NSC（非结构碳水化合物）干草。非结构碳水化合物包括单糖、淀粉和果糖，另外干草NSC含量应该计算水溶性碳水化合物和淀粉在总干物质质量中的百分比。这种计算NSC的方法使其包含了果糖，但果糖几乎不会引起采食后高胰岛素血症。所以另一种计算方法是计算淀粉和醇溶性碳水化合物所占干物质的百分比。使用后一种计算方法时，选择饲喂的干草NSC含量应该小于10%（尽管这并不是一个绝对的阈值）。如果干草NSC超过这个阈值（10%），可在饲喂前用冷水浸泡30～60min以降低单糖含量。但应该注意不同批干草浸泡后水溶性单糖损失量的混合计算问题。也可给EMS病马饲喂特制配方饲料和裹包青贮。

饲喂全价饲料时应选择低淀粉低糖配方饲料，并应避免其与含糖饲料在同一设备处理。对于一些体况中等或偏弱的EMS病马，饲喂上述饲料时还应该额外补充能量。这些病例的饲料配方建议组成如下：干草、低NSC颗粒饲料、均衡维生素和微量元素、0.5杯熟菜油（相当于125mL；含大约100g脂肪），每天饲喂2次。如主人无力购买商品化低NSC颗粒饲料，可选择用无糖甜菜渣替代，但饲喂时也应冷水浸泡移除单糖，并应该注意预防试管阻塞。

对于遗传上易感（牧草过食引起的）蹄叶炎的马匹，建议限制放牧时间或放牧时佩戴口笼。这一措施在绿草期和牧草快速生长期尤为重要，如夏季干旱来临前、夏季雨水丰沛期或进入冬季休眠期。在这些重要动态期间应该限制马匹接触牧草的机会。

（三）与垂体中部功能障碍的联系

EMS和PPID的关系仍有待深入阐明。慢性肥胖和胰岛素紊乱可增加马PPID的发病风险，所以应该对上述病马进行密切监测。长期试验研究显示有PPID临床表现的EMS病马屠宰后可观察到垂体瘤。马主人应该监测EMS病马是否存在被毛异常、肌肉量损失和代谢变化。如果病马之前存在肥胖抵抗、看起来消瘦并需要更多能量维持，则需要检查其是否存在PPID。PPID发生初期骨骼肌肌肉萎缩、全身性多毛症等现象可能并不明显，但发病数周后常可见局部多毛症。处于胰岛素紊乱期病马易表现PPID，因为肾上腺皮质功能亢进能诱导胰岛素抵抗并提高胰岛素浓度。高胰岛素浓度增加蹄叶炎的发病风险，除EMS病马外，这种现象在患PPID的中年马也容易观察到。因此，针对先前患有EMS的马开展PPID检查和控制十分重要。

五、药物治疗

治疗胰岛素紊乱有2种药物，左甲状腺素可用于肥胖马以促进其体重降低；二甲双胍可用于改善采食后高胰岛素血症。

（一）左甲状腺素钠

左甲状腺素可用于替代饮食控制疗法，起到加速肥胖马降低体重的作用，并能增加机体对胰岛素的敏感性。该疗法主要用于肥胖马或单发高胰岛素血症马或减肥抵抗马。有报道显示：用左甲状腺素预处理14d可以预防灌服内毒素诱导的健康马胰岛素抵抗。使用该药物时首次剂量为每千克体重0.1mg，每天口服1次，体重超过450～525kg的马首次使用的最大剂量是每千克体重48mg（4茶匙/d）。如使用1个月后马体重并未降低，可提高药物使用剂量至每千克体重0.15mg。因为该药物可能导致轻微的甲状腺机能亢进，所以使用该药物治疗的最长用药期为3～6个月。较低剂量的左甲状腺素在临床实践上可能对马匹无害，但仍需研究证实。

（二）盐酸二甲双胍

由于口服二甲双胍生物利用率较低（约7%进入了马粪中），因此有人质疑这种方法是否对改善马胰岛素敏感性有作用。最近有人针对这一问题开展了研究，结果发现在开展 OST 测试之前 30min 按每千克体重 30mg 口服二甲双胍后，葡萄糖和胰岛素浓度显著降低。该研究证实，虽然该药物对改善胰岛素敏感性作用较弱，但可以在肠道水平上有效限制采食后高胰岛素血症。因此，建议可在饲喂前 30～60min 口服二甲双胍，使用剂量是每千克体重 30mg，每天最多使用 3 次。用药时应注意，二甲双胍片剂可能使某些马匹出现口腔龋齿，如观察到口腔龋齿有关的异常表现应对症治疗并调整用药方案。

推荐阅读

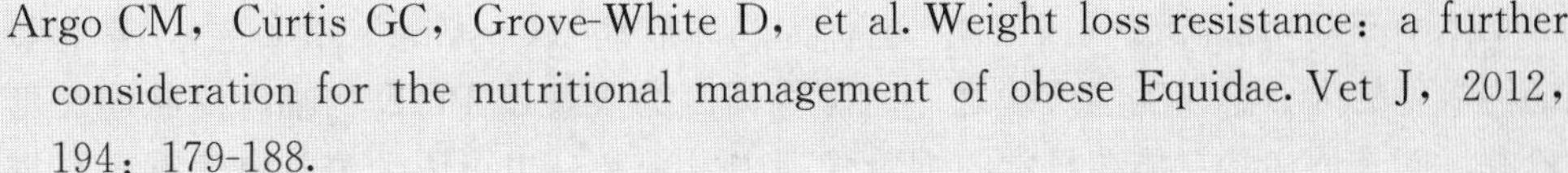

Argo CM，Curtis GC，Grove-White D，et al. Weight loss resistance：a further consideration for the nutritional management of obese Equidae. Vet J，2012，194：179-188.

Bertin FR，Sojka-Kritchevsky JE. Comparison of a 2-step insulin-response test to conventional insulin-sensitivity testing in horses. Domest Anim Endocrinol，2012.

Carter RA，Treiber KH，Geor RJ，et al. Prediction of incipient pasture-associated laminitis from hyperinsulinaemia，hyperleptinaemia and generalised and localised obesity in a cohort of ponies. Equine Vet J，2009，41：171-178.

Durham AE，Hughes KJ，Cottle HJ，et al. Type 2 diabetes mellitus with pancreatic beta cell dysfunction in 3 horses confirmed with minimal model analysis. Equine Vet J，2009，41：924-929.

Durham AE，Rendle DI，Rutledge F，et al. The effects of metformin hydrochloride on intestinal glucose absorption and use of tests for hyperinsulinaemia. In：Proceedings of the ACVIM Forum. New Orleans，2012. Available at：www. vin. com.

Hustace JL，Firshman AM，Mata JE. Pharmacokinetics and bioavailability of metformin in horses. Am J Vet Res，2009，70：665-668.

Longland AC，Barfoot C，Harris PA. Effects of soaking on the water-soluble carbohydrate and crude protein content of hay. Vet Rec，2011，168：618.

Thatcher CD，Pleasant RS，Geor RJ，et al. Prevalence of overconditioning in mature horses in Southwest Virginia during the summer. J Vet Intern Med，2012，26：1413-1418.

Treiber KH，Kronfeld DS，Hess TM，et al. Evaluation of genetic and metabolic predispositions and nutritional risk factors for pasture-associated laminitis in ponies. J Am Vet Med Assoc，2006，228：1538-1545.

Vick MM，Adams AA，Murphy BA，et al. Relationships among inflammatory cytokines，obesity，and insulin sensitivity in the horse. J Anim Sci，2007，85：1144-1155.

（武瑞、王建发　译，张万坡　校）

第 136 章　垂体中间部功能障碍（PPID）

Nicholas Frank

垂体中间部功能障碍（PPID），也称为马库欣病（Cushing's disease），是老龄马属动物常见的内分泌紊乱性疾病之一。有些马因为表现出 PPID 的临床症状而交由兽医检查，而其他症状只能在日常的饲养管理中发现。马也可因免疫抑制表现各种继发症状，包括牙周疾病、白线病和蹄底脓肿。

一、疾病晚期的临床症状

毛发过多（以前称为多毛症）和肌肉萎缩是 PPID 晚期最突出的临床症状。由于毛发生长初期延长，增加了马匹被毛的长度，PPID 晚期的马匹被毛长而卷，较正常马匹更暗淡厚密，因而用毛发过多形容 PPID 晚期马匹更为合适。病马冬季褪毛延迟或不褪毛，且整个夏季都保留被毛。除此之外，PPID 病马通常还表现以整个脊背肌肉萎缩为特征的肌群减损症，并且四肢大肌肉群也会随着时间的推移而减小。马匹的排汗会受到 PPID 的影响，且存在明显的差异，少汗或多汗症均有报道。由于通常栖息于户外，所以很难观察评估马匹是否存在多尿和烦渴表现。但在某些病例中，多尿和烦渴是 PPID 的并发症。

二、疾病早期的临床症状

（一）被毛异常

PPID 早期的马匹会出现轻微的被毛异常，其表现为冬季被毛延迟褪落，毛发较正常的马匹长而色泽暗淡。建议畜主记录马匹冬季被毛的脱落时间，并与同一马厩的其他马匹相比较，因为这一进程受制于日照长短，会因为纬度的变化而不同。某些 PPID 早期病马有局部性多毛症。这些病马虽然褪去冬季的被毛，但仍然保留着四肢掌部或底部、肘后或颌下部的被毛。

（二）新陈代谢的改变

畜主有时会报道 PPID 病马能量需求上的改变，特别是先前诊断有马代谢综合征（equine metabolic syndrome，EMS）的马。这类病马过去存在过度肥胖症状，或被畜主认为“易于饲养”，但是慢慢地病马肌肉群会发生减损，并且需要更多的能量摄入。

畜主可能会将这些体格减损归因于马匹的老龄化，而临床兽医应该判断这种肌群的减少是在马匹个体的合理范围还是减少太快。在许多病例中，肌肉群的减损会与老龄化的进程并存，并且要持续较长一段时期。

(三) 特定部位肥胖

特定部位肥胖指的是包括由有脂肪垫的头盖部和颈部到尾基部增大的脂肪组织。这些外在特征也是马代谢综合征（equine metabolic syndrome，EMS）的主要临床表现，该症状在马匹患 PPID 之后仍然持续并伴随广泛性的机体肥胖直到体格减损时终止。有趣的是，特定部位肥胖的 PPID 病马往往存在着并发胰岛素紊乱和蹄叶炎的可能。

(四) 精神状态和行为表现减弱

PPID 病马的此类症状模糊并且无实际示病意义，但却是许多病马病初表现的一部分。马匹表现反应呆滞、个性改变和精力不足。

(五) 跛行

该症状在早晚期 PPID 病马均有表现。PPID 与蹄叶炎有相关性，而且可能因为胰岛素抵抗和高胰岛素血症的加剧致使蹄叶炎加重。

(六) 生殖问题

当老龄雌性马匹出现肥胖问题时，就要考虑其是否可能患有 PPID。越来越多的研究关注 PPID 对生殖周期和子宫内环境的影响。当前，推荐解决该问题的有效药物是培高利特，该药物有助于 PPID 雌性病马繁殖能力的提高。PPID 雌性病马的哺乳期异常亦有报道。

三、病理生理学

在正常生理状态下，垂体中间部的促黑素细胞主要分泌 α 促黑激素（α-melanocyte-stimulatinghormone，α-MSH）、促肾腺皮质激素样中间肽（corticotropin-like intermediate peptide，CLIP）和 β 内啡肽。几乎所有的促肾上腺皮质激素（ACTH）都由远侧部的促肾上腺皮质激素细胞分泌，中间部也产生极少量的促肾上腺皮质激素，ACTH 作用于肾上腺，刺激皮质醇的释放。垂体两个区域分泌的激素源于阿黑皮素（POMC），在远侧部，ACTH 由激素原转化酶Ⅰ裂解 POMC 而来，并分泌到血液中，然而，在中间部由于激素原转化酶Ⅱ的作用，几乎所有的 ACTH 都转化成了 α-MSH 和 CLIP。

当垂体中间部出现增生或肿瘤时，POMC 合成增加，正常的酶促反应负担过重，最初 α-MSH 和 CLIP 分泌增加，ACTH 和其他 POMC 产物随着病情的进展而释放减少。中间部 ACTH 分泌显著增加是因为垂体功能受下丘脑-垂体-肾上腺轴负反馈调节机制的影响。中间部促肾上腺皮质激素分泌过多，进而引起肾上腺皮质功能亢进，表现为肌肉萎缩、高血糖、胰岛素抵抗、免疫抑制、多尿烦渴。然而，PPID与其他动物的肾上腺皮质功能亢进不同，因为POMC激素过度分泌，可导致马出现特殊的临床症状，包括冬毛脱落延迟和多毛症。

老年马更易发生PPID，因为随着年龄的增长多巴胺的抑制作用降低。多巴胺能神经元由下丘脑室旁核延伸至垂体的中间部，并产生多巴胺。这些神经元分泌的多巴胺与促黑素细胞上的D_2受体结合，活性被抑制。正常衰老过程中发生的氧化损伤可引起多巴胺能神经元退化，但一些马匹退化加速，更容易发生PPID。由于多巴胺能抑制作用降低，促黑素细胞变得更加活跃，并出现过度增生。过度增生易于滋生肿瘤，随着时间的推移，中间部就会发生功能性垂体腺瘤。

PPID与EMS之间存在密切关系，患有EMS的马更易诱发PPID。有证据表明，在马匹幼年时期这种情况亦有发生。EMS和PPID的品种倾向性是相似的，矮马和摩根马多发。过度肥胖、超高胰岛素血症和胰岛素抵抗是EMS的主要并发症，并且是PPID潜在的诱发因素。肥胖是否能增加脂肪组织炎性细胞因子的产生和诱导氧化应激的研究目前正在进行中，炎性细胞因子和氧化应激可能会促进多巴胺能神经元的退化。同时，由于肾上腺皮质功能亢进，胰岛素敏感性降低，并且皮质醇具有抑制胰岛素的作用，因而PPID对已存在超高胰岛素血症和胰岛素抵抗（现在通常指胰岛素调节异常）的马匹健康影响的研究也非常重要。需要缓解IR或因CLIP的促胰岛素分泌作用导致胰岛素分泌的增加，进而避免超高胰岛素血症进一步恶化。胰岛素调节异常可能与遗传相关，所以IR和超高胰岛素血症个体易感性不同。因此，对每一匹PPID病马，特别是对先前患有EMS马的胰岛素状态评估十分重要。马蹄叶炎与超高胰岛素血症相关，因此必须在潜在的胰岛素调节异常恶化前对PPID进行控制。

四、诊断

（一）疾病晚期

针对PPID的诊断试验，兽医首先要考虑的是疾病处于早期还是晚期。如果病马处于PPID晚期，那么多毛症可作为一个诊断指标，具有较高的特异性。但要注意与其他具有相似症状的疾病相鉴别，包括慢性系统性疾病、严重的寄生虫病、硒缺乏和营养不良。PPID晚期可以依据临床检查做出判断，但治疗前促肾上腺皮质激素（ACTH）、血糖、胰岛素含量的检测和日常饮食管理仍然是十分必要的。

部分病马全血细胞计数检查发现有应激白细胞血象，即成熟中性粒细胞增多症和淋巴细胞减少症。免疫抑制和细菌感染的PPID病马中，还会有中性粒细胞增多症合并其他炎症反应，包括血纤维蛋白原增多等。持续的高血糖症提示马匹患有糖尿病，而且在一些病例中尿糖阳性。当存在应激时，晚期PPID马会患有一过性糖尿病。如果系统疾病降低了马的食欲，那么就需要额外关注高甘油三酯血症。应定期对PPID病马进行粪便虫卵检测，因为它们的粪便中可能会有较高数量的寄生虫卵和虫体，例如马副蛔虫，其在成年马罕见。

(二）疾病早期

早期诊断PPID是有一定难度的，包含两个等级的化验（表136-1）。作为PPID筛查（等级1）试验，需要对血浆肾上腺皮质激素含量进行测定。早期PPID病马的肾上腺皮质激素含量有时会在参考值范围内。因而在PPID早期，该检测的敏感性很低。过夜地塞米松抑制试验是另一个等级1检测方法，但其对早期PPID的检测敏感性与上述方法是相似的。如果需要一个更为敏感的等级2检测，我们推荐促甲状腺激素释放激素（TRH）刺激试验。如果合成药物普罗瑞林（protirelin，人工合成TRH）得到有效应用，此试验将来可能成为第一道检测线。

表136-1　脑垂体中间部功能障碍诊断试验

检测项目	方法	说明
血浆促肾上腺皮质激素含量	除非胰岛素水平也要求评估，否则该项检查不做空腹要求。 收集血液样品于含EDTA的塑料管内。塑料管应放置在冰袋冷却器内，或于同一天上午或下午冷冻并离心。提交检测促肾上腺皮质激素（ACTH）	11月到翌年7月： 如果ACTH＞35 pg/mL*，确诊为PPID阳性。 8～10月： ACTH＝50～100 pg/mL为PPID弱阳性。如果出现临床症状，可将其解释为阳性结果并建议治疗。如果未出现PPID临床症状，需要监控并在3～6个月内进行复查。如果ACTH＞100 pg/mL可确诊为PPID阳性
促甲状腺激素释放激素（TRH）刺激试验	无须空腹。采集基线血液样本，而后静脉注入总剂量为1.0mg TRH。30min后采集第2份血液样本，如上方法处理血液样本并做ACTH检测	基线ACTH含量解释如上。 30min时，如果ACTH＜35 pg/mL，为PPID阴性 30min时，如果ACTH＝35～75 pg/mL（11月到翌年7月），为PPID弱阳性。如果出现临床症状，可将其解释为阳性结果并建议治疗。如果未出现PPID临床症状，3～6个月后复查。 30min时，如果ACTH＞75 pg/mL（11月到翌年7月），为PPID强阳性，建议治疗。 暂无8～10月时段的参考范围
胰岛素水平	作为筛选试验需测空腹时血糖和胰岛素含量。通过口服食糖做进一步评估	

注：*由美国纽约伊萨卡康奈尔大学动物健康诊断实验室应用化学发光试验测得ACTH含量。

ACTH值在夏末和秋季会高一些，因而必须制定出有季节特异性的参考范围。随着该参考范围的确定，PPID的诊断方法有所改变，目前所推荐的方法是在8～10月进行ACTH含量的测定，原因是这一时段的促黑素细胞激素对ACTH的生成起到一定的促进作用。每年8～10月，健康马匹血浆ACTH浓度会略有增加，但PPID病马血浆ACTH浓度升高更加显著。PPID病马可能因垂体中间部受刺激，而在夏末和秋季易检出ACTH异常结果。早期参考文献同样讨论了将离心血液样本立即进行ACTH测定的重要性，但是该激素较以往认识更加稳定，并且样本只需同一天的上午或下午离心即可。对于ACTH的检测，最重要的操作建议是样品的冷藏，同时需要选择一家能根据季节不同而调整参考范围的实验室和能够熟练处理马匹样本的检测人员。

如果血浆 ACTH 含量在参考范围之内并且马匹有患 PPID 可能，那么就需要参考 TRH 刺激试验。该试验易于完成，仅有的不良反应包括打哈欠，口唇运动增加，并且出现性嗅反射。这些症状往往很少被注意到，且仅持续几分钟的时间。垂体中间部的促黑素细胞含有 TRH 受体，并且接受外源 TRH 的刺激，当接收到刺激后，正常的促黑色素细胞会分泌 α-促黑激素和 β-内啡肽。增生或赘生的促黑色素细胞也能分泌大量的 ACTH。血浆 ACTH 含量的测定通常是在注射 TRH 之后的 10min 或 30min，该值在 PPID 病马会有明显的增加。

五、管理

PPID 主要还是通过药物干预进行管理，但是保证良好的体况、合适的医护、日常驱虫和牙科护理同样重要。管理建议总结如下（表 136-2）。PPID 晚期的病马很有可能处于免疫抑制状态，因此对细菌和寄生虫感染更加敏感。患马牙周疾病也需要进行积极治疗，通过开展定期排泄物漂浮试验以尽早发现寄生虫卵。如果存在多尿和烦渴症状，需要加强对马匹饮用水的补给。

表 136-2　PPID 病马的管理计划

最初治疗计划	药物培高利特的初始剂量为每天 2μg/kg（250kg 小型马，0.5mg；500kg 大型马 1.0mg），口服。28d 时复查
初始治疗效果（前 30d）	精神状态得以改善 活动性增强 多尿症/烦渴症有所好转 高血糖症得到控制
长期治疗效果（1～12 个月）	被毛异常改善 骨骼肌群增长 大肚腩减小 蹄叶炎好转或温和发作 细菌感染频度降低
时间线	应该复查 28d 后血浆 ACTH 含量 对 2 个月的临床治疗效果进行充分评估
治疗策略	准确的实验室检测： 如果在 30d 时检测结果呈阴性，药物剂量保持不变，并制定马每隔 6 个月一次的复查表，8～10 月需要加测一次。这样就考虑到病马 ACTH 含量季节性的增长，进而确保这一时段的治疗是适当的 不准确的实验室检测，但有好的临床治疗效果： 如果 30d 时试验结果仍为阳性，而病马的临床表现良好，药物用量可根据兽医的偏好保持不变或者增加 不准确的实验室检测，且临床治疗效果差： 如果 30d 时试验结果仍为阳性，而病马的临床反应不是很好，按照每天 1～2μg/kg（500kg 大型马 0.5～1.0mg）增加药物用量，30d 后复查
最高剂量	培高利特的最高剂量为每天 10μg/kg（500kg 大型马，5mg）。当培高利特的剂量达到 6μg/kg 时，可以联合应用赛庚啶：口服，每 12h 0.25mg/kg 或每 24h 0.5mg/kg

在做饮食建议前，需要清楚认识到一些 PPID 患马存在胰岛素调节异常，而有些病马可能不存在该问题，存在与否需要进行诊断试验。受之前 EMS 影响，患 PPID 之后存在胰岛素调节异常的马匹患蹄叶炎的风险较高，这类病例需要推荐低糖饮食（见第 135 章）。相反，胰岛素含量正常的马匹需要采食来源广泛的高能量饲料和经常投喂优质牧草。

（一）培高利特甲磺酸

培高利特为一种麦角生物碱多巴胺受体激动剂，用于 PPID 病马以恢复促黑素细胞的多巴胺能抑制作用。培高利特连接于 D_2 受体用来抑制 POMC 合成，并降低 α-MSH、ACTH 和其他 POMC 激素的分泌。通过临床治疗，马匹的机敏性和活力均有改善。培高利特的应用对垂体的增生和垂体瘤大小是否有抑制作用还不明确。但从该药物的作用机制来考虑，这些有益影响的存在似乎合理。培高利特（勃林格殷格翰兽药股份有限公司生产，商品名 Prascend）的规定起始剂量为 0.002mg/kg，这与大型马和小型马总的每天口服剂量分别为 1mg 和 0.5mg 大致相等。初次应用培高利特，临床大约 1/3 的病例有食欲不振的报道。为避免该不良反应的发生，用药的最初 2d 可由较低的剂量开始服用。增加剂量与否应视不良反应不出现为准（见表 136-2）。

（二）赛庚啶

培高利特和赛庚啶都能降低 PPID 病马血浆促肾上腺皮质激素的含量，但培高利特更有效。神经递质 5-羟色胺可以调节垂体中间部 ACTH 分泌细胞的兴奋性，而赛庚啶可通过拮抗 5-羟色胺来降低 PPID 病马血浆 ACTH 浓度。当马匹使用培高利特的剂量达到每天 0.006mg/kg 时，就可以联合用药。赛庚啶的口服推荐剂量是每 12h 0.25mg/kg。该药（默克公司生产，商品名 Periactin）通用形式为 4mg 的片剂，治疗时偶尔会出现嗜睡表现。

推荐阅读

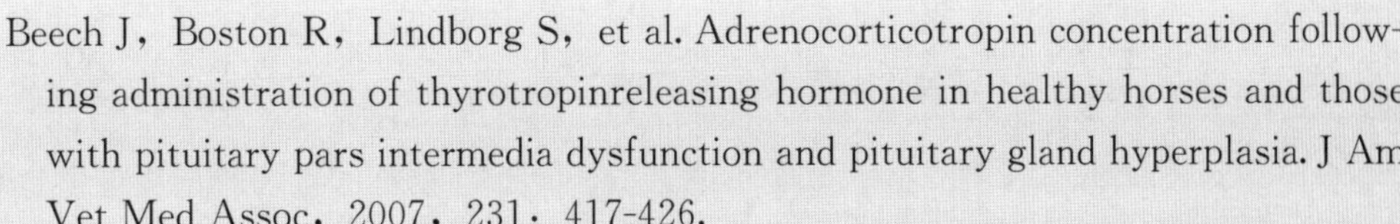

Beech J，Boston R，Lindborg S，et al. Adrenocorticotropin concentration following administration of thyrotropinreleasing hormone in healthy horses and those with pituitary pars intermedia dysfunction and pituitary gland hyperplasia. J Am Vet Med Assoc，2007，231：417-426.

Beech J，Garcia M. Hormonal response to thyrotropinreleasing hormone in healthy horses and in horses with pituitary adenoma. Am J Vet Res，1985，46：1941-1943.

Donaldson MT，LaMonte BH，Morresey P，et al. Treatment with pergolide or cyproheptadine of pituitary pars intermedia dysfunction（equine Cushing's disease）. J Vet Intern Med，2002，16：742-746.

Durham AE, Hughes KJ, Cottle HJ, et al. Type 2 diabetes mellitus with pancreatic beta cell dysfunction in 3 horses confirmed with minimal model analysis. Equine Vet J, 2009, 41: 924-929.

Frank N, Andrews FM, Sommardahl CS, et al. Evaluation of the combined dexamethasone suppression/thyrotropinreleasing hormone stimulation test for detection of pars intermedia pituitary adenomas in horses. J Vet Intern Med, 2006, 20: 987-993.

Frank N, Elliott SB, Chameroy KA, et al. Association of season and pasture grazing with blood hormone and metabolite concentrations in horses with presumed pituitary pars intermedia dysfunction. J Vet Intern Med, 2010, 24: 1167-1175.

Innera M, Petersen AD, Desjardins DR, et al. Comparison of hair follicle histology between horses with pituitary pars intermedia dysfunction and excessive hair growth and normal aged horses. Vet Dermatol, 2013, 24: e212-e247.

McFarlane D, Cribb AE. Systemic and pituitary pars intermedia antioxidant capacity associated with pars intermedia oxidative stress and dysfunction in horses. Am J Vet Res, 2005, 66: 2065-2072.

McGowan TW, Pinchbeck GP, McGowan CM. Prevalence, risk factors and clinical signs predictive for equine pituitary pars intermedia dysfunction in aged horses. Equine Vet J, 2013, 45: 74-79.

Perkins GA, Lamb S, Erb HN, et al. Plasma adrenocorticotropin (ACTH) concentrations and clinical response in horses treated for equine Cushing's disease with cyproheptadine or pergolide. Equine Vet J, 2002, 34: 679-685.

Place NJ, McGowan CM, Lamb SV, et al. Seasonal variation in serum concentrations of selected metabolic hormones in horses. J Vet Intern Med, 2010, 24: 650-654.

（武瑞、王建发　译，张万坡　校）

第 137 章　血脂异常

Phlip J. Johnson

从马医角度来看，血脂异常指的是在临床上血浆甘油三酯（TG）浓度升高到参考范围［6～54mg/dL（0.07～0.61mmol/L）］以上，也被称为高甘油三酯血症。已报道的驴和矮种马的血浆甘油三酯的参考范围更高（达到 290mg/dL）。高甘油三酯血症代表了一种正常的生理反应，需要动员体内脂肪的储备，通常在回应负面的能量平衡、生理压力或两者兼而有之。

如果外观检查血样的血浆浑浊度（乳汁状）明显（图 137-1），就被称为脂血症，但是脂血症并不是指临床症状。高脂血症在缺乏脂血症时用来描述轻微的高甘油三酯血症（54～500mg/dL）。高脂血症用来描述血浆甘油三酯浓度的大幅度升高（>500mg/dL），可能与脂血症有关，由脂质（尤其是肝和肾）渗透的器官和临床疾病，尤其是肝脂沉积症。小型马、矮种马和驴特别易于动员脂质（高脂血症）进而可能导致较严重的临床后果，因为它们经常并发胰岛素抵抗（IR）。胰岛素调节体内脂质动员，由于胰腺分泌不足或胰岛素抵抗从而丧失了胰岛素的作用，成为导致高脂血症的一个主要因素。最近，有明显的高甘油三酯血症而无脂血症或器官功能障碍的住院治疗的大品种马已经被确诊。马患严重的高甘油三酯血症的原因还不清楚，但应该考虑住院马面临的能量负平衡或生理压力。如果没有其他疾病，就称为原发性肝脂沉积症，如果有另外的疾病导致厌食症和先于肝脂沉积症，那么肝脂沉积症是次要的。

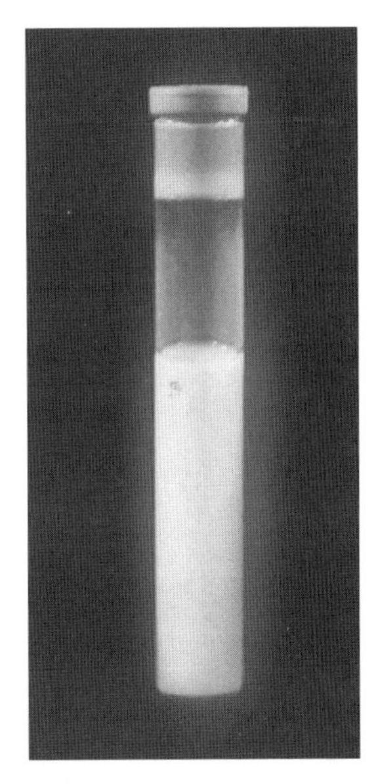

图 137-1　严重高脂血症病马血浆呈现乳汁状

胰岛素在调节甘油三酯循环中起着非常重要的作用，因为在处于健康状态时，胰岛素既能抑制脂肪组织的激素敏感性脂肪酶（HSL），还可激活从甘油三酯循环获得能量的外围组织脂蛋白脂肪酶（LPL）。激素敏感性脂肪酶与甘油三酯脂肪酶共同将大量的 TG 从脂肪组织中动员，这个过程被称为脂类分解或 TG 水解，即将脂肪组织中蓄积的 TG 分解为游离脂肪酸（FFAs）和甘油，使之进入血液循环。尽管某些脂肪分解激素（如胰高血糖素、肾上腺素、去甲肾上腺素、皮质醇激素、生长激素和睾酮）在通常情况下可以刺激脂肪分解，但在能量负平衡、生理应激等特殊时期，胰岛素可以通过促进酯化作用或促进脂肪生成作用来促进 TG 存储，进而抑制脂类分解。

禁食、饥饿或疾病引起能量负平衡时，胰岛素的分泌被抑制而胰高糖素的分泌增加，从而维持正常血糖。虽然葡萄糖通过刺激糖原分解和糖异生被动员，糖原储备是有限的，往往发展为低血糖。低血糖引起分解脂肪的激素释放从而尽力维持正常血糖（索莫吉氏效应）。通过脂肪组织（生理高甘油三酯血症）和氨基酸的动员来满足能量需求，马机体活动进入净分解代谢状态。氨基酸来自肌肉蛋白质而且可能在肝脏被转换成葡萄糖。此外，如果存在生理应激，应激激素释放会进一步刺激脂解作用和蛋白质分解代谢，即皮质醇能够抑制胰岛素的分泌和作用，儿茶酚胺能够直接刺激脂肪组织的脂解作用。

由非脂肪组织动员脂肪积累可能会导致器官衰竭（毒性）。例如，在骨骼肌中，过度肌细胞脂质会抑制胰岛素敏感性。此外，由肾小管细胞吸收堆积的脂质会导致氮血症和肾功能衰竭。氮血症是一个独立的高血压的危险因素，因为氮血症抑制脂蛋白脂肪酶而且与降低尿脂质的清除有关，因此降低肾小球滤过率。

通常循环游离脂肪酸被组织摄取而后通过 β-氧化被转化成能量，脂解作用加速和胰岛素缺乏增加了激素敏感脂肪酶的作用，能够导致过度的游离脂肪酸从脂肪组织存储库中释放。在这种情况下，游离脂肪酸由肝细胞从循环中删除，然后可能被用于 β-氧化，转化成酮体，或转换成甘油三酯。肝细胞重新包装甘油三酯，该甘油三酯在血浆当中是不溶解的，在血浆中以脂蛋白的形式循环，脂蛋白以极低密度脂蛋白（VLDL）的形式分布到周围组织。过度的游离脂肪酸的动员如果超过了肝细胞加工处理 VLDL 的能力，可导致肝脂沉积症和肝脏功能障碍（图 137-2、图 137-3）。在外周

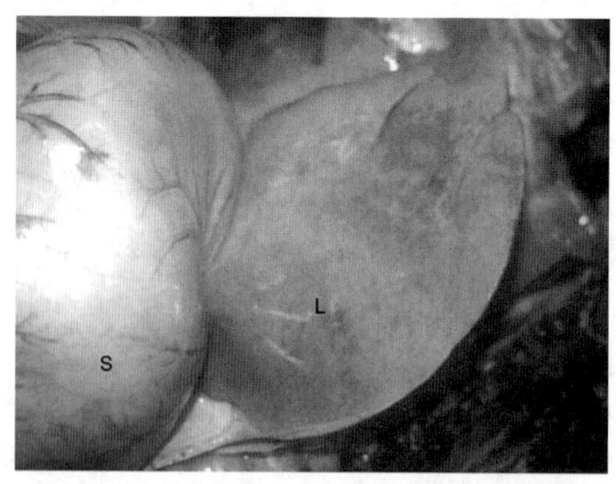

图 137-2　严重高脂血症病马安乐死后肝（L）剖检变化

由于体脂动员和肝脏脂肪沉积使肝脏呈现苍白色，并与胃（S）毗连

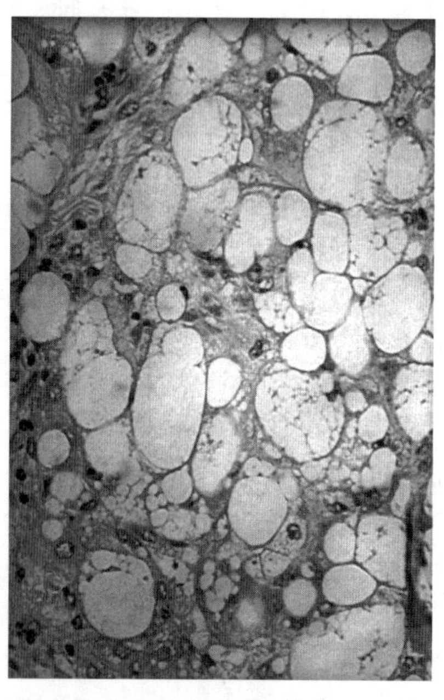

图 137-3　严重高脂血症病马肝组织病理学变化

肝细胞内的细胞质成分减少，并充满大量脂肪滴

组织的细胞用脂蛋白脂肪酶的目的是从循环 VLDL 中提取甘油三酯。脂蛋白脂肪酶的活性被胰岛素和葡萄糖依赖的促胰岛素多肽激活，肠降血糖素的释放是由于消化道消耗碳水化合物和脂肪。在马属动物中，高脂血症的特点是具有非常高的血浆 VLDL 浓度，高脂血症期间由肝脏产生过量的 VLDL 微粒与正常 VLDL 微粒相比是不同的，高脂血症期间 VLDL 微粒的平均直径增大了 44%，其结构载脂蛋白 apoB-48 取代了 apoB-100（这可能有利于甘油三酯的输出）。

在很大程度上，当马和矮马饲喂了高糖和高淀粉含量为特征的高能量饲料，这些都远超出日常能量需求，再加上缺乏活动，导致肥胖成为一个普遍的问题。缺乏活动和肥胖表示加重了胰岛素抵抗的风险因素，因此使个体易患高脂血症。

一、高脂血症的诱发因素

临床高脂血症和器官衰竭包括能量负平衡、缺乏胰岛素或胰岛素抵抗、压力和氮血症。能量负平衡可能是由于饥饿、采食了劣质饲料、消化道疾病期间禁食、为了治疗肥胖而过度的限制饮食以及疾病或服用药物引起的食欲不振。谢德兰矮马、小型马、驴这些品种天生有胰岛素抵抗。然而，高脂血症和肝脂沉积症也可以发生在大马，如田纳西州行走马和巴索非诺马。

除了品种诱因外，其他因素也可能促进和增加高脂血症的危险，包括肥胖、妊娠和泌乳。严酷的天气，尤其是寒冷、炎症、压力、疼痛、某些药物（糖皮质激素、噻嗪类利尿剂和吩噻嗪镇静剂）、高龄、缺乏锻炼以及与胰岛素抵抗相关的内分泌状况，例如马代谢综合征和垂体功能障碍。其他常见的主要因素有与高脂血症并发的包括小肠结肠炎、内毒素血症、内寄生虫、肿瘤、饲养管理的改变以及新生败血症。炎症疾病通过降低食物的摄入及提升促炎细胞因子的浓度来增加高脂血症的危险，例如促炎细胞因子肿瘤坏死因子-α（TNF-α）就属于一种胰岛素抑制剂。

二、临床症状及诊断

高血脂临床症状不明显，仅从诱发症状很难辨别。正如前面所说，大多数高血脂发生在肥胖、妊娠或哺乳期的矮马、中型马或驴。在许多情况下他们都有体重下降或劳役的发病史。高血脂早期症状为急性厌食、渴感缺乏和嗜睡。厌食是高血脂的原因和结果。

令人沮丧的是，吞咽困难作为高血脂早期的常见症状会一直持续到治疗阶段，即使马能正常摄食和咀嚼。例如，在补液后，马和驴经常在咀嚼草料之后却无法下咽，所以咀嚼时草料会从嘴里漏出。

其他常见的早期症状包括脱水、黄疸、肌无力、发热、共济失调、绞痛、腹泻等。一些病畜受到其他影响发展为腹侧皮下水肿，可能由脂质造成肾衰竭、静脉和淋巴管堵塞。在蹄叶炎中也有报道。严重的肝脂肪沉积可能引起肝功能衰竭和肝性脑病，肝脂肪沉积可以通过一些异常症状表现出来，例如前冲、打哈欠、磨牙、迟钝、攻击性、失明、衰竭等。有些病畜由于严重的肝脂肪沉积导致急性腹部出血，最终死于肝破裂。

高脂血症静脉穿刺时血浆呈乳汁状。然而，血浆呈乳汁状并不易察觉，应当注意血浆甘油三酯值，特别是易感个体。异常状况的辨别应通过血常规和血清生化测试，包括高甘油三酯血脂症（血浆 TG＞500mg/dL）和高循环浓度和生物标记的肝细胞损伤和胆汁淤积，如 γ-谷氨酰转移酶、天冬氨酸转氨酶、艾杜醇脱氢酶和胆红素。血糖浓度和胰岛素敏感性测试并没有一致性变化，如口服或静脉注射葡萄糖耐量测试，通常为葡萄糖耐量减少和外围胰岛素抵抗。肝功能衰竭也许是以高血脂和血清胆汁酸度高为特征，有些个体受到代谢酸中毒的影响（基于负离子的增长）。

通过超声波检测必须在肝脂肪含量达到 25％～30％时才能检测出来。肝实质回声反应增加并伴随肝门静脉有明显的损伤，表明肝肿大。马有伴随性肾脂肪沉积症，可以观察到肾实质的扩散。最终需要通过穿刺针取少量肝组织，观察细胞中脂肪滴数量，测定肝组织中甘油三酯含量来确定马是否患有脂肪肝。

三、治疗

高血脂和脂肪肝应尽早诊断，并且高度重视高血脂并发的厌食和其他症状。诱发症治疗的基本原则包括减少各种形式的压力、恢复能量平衡、抑制脂类的分解、外围组织刺激甘油三酯的吸收、肝功能衰竭的治疗等。生病住院的病畜应该增加休息，最大限度地减少休息时营养能量代谢需求，密切的观察。实验室检查血浆中的甘油三酯、葡萄糖和肝的相关生物标志物，提供肠内和肠外所需的能量。

血容量不足比较常见，静脉输液疗法是防止脱水及酸碱、电解质紊乱重要的措施，并可以帮助恢复食欲。在此期间需要对马进行观察，以确保其进行摄食。通过集中给予其口粮（如糖蜜包被的饲料和优质牧草）以提高肠内营养。口服玉米糖浆葡萄糖（15～30mL，每 6～8h）对该病有明显疗效。虽然高脂肪的饲料可以提高 LPL 的活性以促进血浆中甘油三酯的清除（可能是由于刺激抑胃肽分泌），但必须谨慎使用，因为这种方法可能会影响葡萄糖耐受量和胰岛素敏感性。通常情况下，主动摄入肠内的食物营养可以忽略不计，但另外补充的肠内营养必须考虑。如果肠内途径是无效的（如高脂血症是消化道疾病的并发症），须提供肠外营养。

在发生疾病时，通过肠内途径和肠外途径很难为机体提供 100％的能量（估计成年马每天可以获得能量 22～23 kcal①/kg）。过多的补充肠内营养和肠外营养会导致虚弱腹泻、电解质紊乱（低血钾）、血栓性静脉炎，败血症容易并发高血糖，逐步发展成高甘油三酯血症。幸运的是，大多数疾病情况下，不需要完全矫正机体的能量负平衡状况。机体每天获得 5～10kcal/kg 的能量就可内源性地刺激胰腺分泌胰岛素。分泌胰岛素可以抑制脂类分解并对 LPL 进行刺激有助于其活化，促进高甘油三酯血症逆转。高果糖玉米糖浆对此有较好的效果（每 2h 60mL，口服，可为 500kg 的马每天提供能量约5 kcal/kg）。如果要为一个食欲废绝的病畜提供更多的肠内营养，则需要间歇性

① cal（卡）为非法定计量单位，1cal＝4.186 8J。——译者注

的插胃管便于食物的输送。市场上已经开发了此类用途的商品。

静脉输入含有5%葡萄糖的电解质溶液，能够有效地刺激内源性胰岛素的分泌（输液速度为每小时1mL/kg，每天能提供能量大约4 kcal/kg）。如果一台输液泵可以用恒定的速度输液，静脉输入含有50%葡萄糖的电解质溶液（输液速度为每小时0.5mL/kg，每天能提供大约20 kcal/kg）还应该考虑到，病畜超过24h不自主摄入食物或者肠道不吸收营养是不可能发生的。50%的葡萄糖电解质溶液需要与等渗溶液联合使用，这样才能减少血管内皮细胞被破坏的风险。最好的办法是，氨基酸加上50%的高糖来支持糖异生并减少组织分解代谢。治疗高脂血症，脂质不应该应用于肠外的营养吸收，因为静脉输液脂质会促进胰岛素抵抗。

外源性胰岛素的应用对患有严重高血脂的马的诊断有显著提升。用胰岛素治疗必须严格检测病畜血糖浓度。间歇性注射胰岛素（0.15 IU/kg加锌胰岛素，12h 1次 ）。如果是高血糖病畜，可增加剂量0.05 IU/kg。然而，这种方法排除了快速治疗高血脂和高血糖时胰岛素的剂量，并不能有效治疗严重的高血脂。

对于严重的高血脂，最好的处理方法是通过联合静脉注射葡萄糖和胰岛素（恒速注射）并实时监测血糖浓度。这种方法能够使胰岛素快速起到作用并能够随时调整其剂量。血糖浓度随着最初设定的浓度或胰岛素注射速率的调整发生改变大约需要90min。因此，血糖浓度的确定或调整胰岛素的恒速注射速率应该在1～3h之后。重要的是调整胰岛素的恒速注射速率，而不是调整葡萄糖的输入速率或者试图同时调整二者的速率。一个初始胰岛素恒速注射速率为每小时0.07IU/kg（选择范围每小时0.02～0.2IU/kg）的耐受实验：如果高血糖（血糖＞180mg/dL）持续2h后，胰岛素的注射速率应该增加50%，并且每小时进行血糖浓度监测。如果持续低血糖，要快速静脉注射50%葡萄糖（0.25mL/kg）至少3～5min，每30min进行血糖浓度监测。如果仍然出现低血糖，应该建立另一个葡萄糖静脉通道，并且降低胰岛素注射速率50%，其次进行血糖浓度监测。通常在3～6h后血糖会处于稳定状态，不需要再调整胰岛素的输入速率，在第1天每3～6h监测一次血糖浓度。当停止治疗后，静脉营养和胰岛素的输入速率应该逐渐减少（每4～6h递减25%～50%），而食物的摄入量应该逐渐增加，并持续进行血糖浓度监测。

其他治疗高血脂的方法包括注射肝素（每12h 40～250IU/kg，皮下或肌内注射），这有利于通过刺激脂蛋白分解酶从而清除血中的甘油三酯；左旋甲状腺素钠（48mg/d，口服）或者二甲双胍（30～60mg/kg，口服，每12h 1次）提高胰岛素的敏感性；烟酸能够抑制牛体内的脂肪分解，但还没有在马属动物体内应用。特别是对肝脏衰竭病例的肝素治疗，会导致凝血机制紊乱，并且二甲双胍在马属动物体内的口服利用率十分有限。运动能够提高胰岛素的敏感性，因此适当运动会有益于高脂血症的治疗。其他治疗方法包括非甾体类抗炎药、二甲基亚砜、己酮可可碱、乳糖和新霉素，这种方法对肝性脑病来说较为重要，不在这里详细阐述。

四、结论

兽医必须要了解各种易感动物高脂血症的危险并且能主动对高危动物进行血浆甘

油三酯浓度的监测。高危动物的畜主应该接受关于肥胖的不利影响、任何形式厌食症的危险、高脂血症的发展趋势以及这种潜在致命疾病的早期临床症状等的相关培训。对于严重的原发性高脂血症的预后，近年来有显著的好转，可能是由于增加使用了营养物质结合胰岛素输入治疗方法的结果。

推荐阅读

Burden FA，DuToit N，Hazell-Smith E，et al. Hyperlipemia in a population of aged donkeys：description，prevalence，and potential risk factors. J Vet Intern Med，2011，25：1420-1425.

Dunkel B，McKenzie HC 3rd. Severe hypertriglyceridaemia in clinically ill horses：diagnosis，treatment and outcome. Equine Vet J，2003，35：590-595.

Durham AE. Clinical application of parenteral nutrition in the treatment of five ponies and one donkey with hyperlipaemia. Vet Record，2006，158：159-164.

McKenzie HC 3rd. Equine hyperlipidemias. Vet Clin North Am Equine Pract，2011，27：59-72.

Waitt LH，Cebra CK. Characterization of hypertriglyceridemia and response to treatment with insulin in horses，ponies，and donkeys：44 cases (1995-2005). J Am Vet Med Assoc，2009，234：915-919.

Watson TD，Burns L，Love S，et al. Plasma lipids，lipoproteins and post-heparin lipases in ponies with hyperlipaemia. Equine Vet J，1992，24：341-346.

（武瑞、王建发　译，张万坡　校）

第 138 章　老龄马属动物的内分泌疾病

Teresa A. Burns　Ramiro E. Toribio

众所周知，各种动物随着年龄的不断增长，许多疾病的发病率也会不断升高，其中包括内分泌失调。尽管衰老本身不是一种疾病，但许多疾病经常伴随着衰老而发生。随着老龄马属动物（即年龄超过 18～20 岁的马）疾病在兽医工作中的比例越来越高，内分泌疾病在实践中也会更加频繁地出现。中老年马常见的内分泌失调包括垂体中间部功能障碍（pituitary pars intermedia dysfunction，PPID）和胰岛素抵抗（insulin resistance，IR）与马代谢综合征（equine metabolic syndrome，EMS）。尽管甲状腺功能失调和恶性肿瘤体液性高钙血症（humoralhypercalcemia of malignancy，HHM）在马病中并不常见，但在老年马经常会被诊断出该疾病。其他与机体老化相关的内分泌失调，如Ⅱ型糖尿病、甲状旁腺功能亢进和肾上腺皮质功能减退（包括脱氢表雄酮缺陷综合征），以及骨代谢病在马属动物上较少发生。马不发生这些与年龄有关的内分泌失调性疾病令人难以置信，但缺少发病记录可能确实是因为在马属动物上发生较少。

在大多数情况下，老龄马内分泌功能障碍性疾病具有明显的临床症状而诊断比较简单，但在某些情况下，该病的诊断也比较复杂。有些内分泌失调性疾病在发病的早期或发展期缺乏特征性临床症状，在这种情况下，必须通过一个系统的方法即分析全面的体检结果，并结合支持诊断的测试结果来获得准确的诊断（图 138-1、138-2），这对老龄马的内分泌失调性疾病的诊断特别重要。本章主要目的是为老年马属动物常见内分泌疾病的诊断和治疗提供帮助和指导。

一、垂体中间部功能障碍

马的垂体中间部功能障碍又称为马的库欣病（Cushing's disease），其临床症状主要表现为老龄马属动物的多毛症、蹄叶炎、多尿和多饮、体重减轻，并且反复感染。

（一）流行病学

垂体中间部功能障碍是老龄马最常见的内分泌疾病。基于血浆促肾上腺皮质激素（adrenocorticotrophic hormone，ACTH）和 α 黑素细胞刺激素（α-melanocyte stimulatinghormone，α-MSH）浓度的统计报告显示，该病在 15 岁以上马的发病率为 15%～22%。老龄马多毛症包括区域性和/或弥漫性，发病率为 14%～30%。7～40 岁的马均能发生该病，其中 19～21 岁的马症状最为明显。10 岁以下马很少有该病的报道。最近

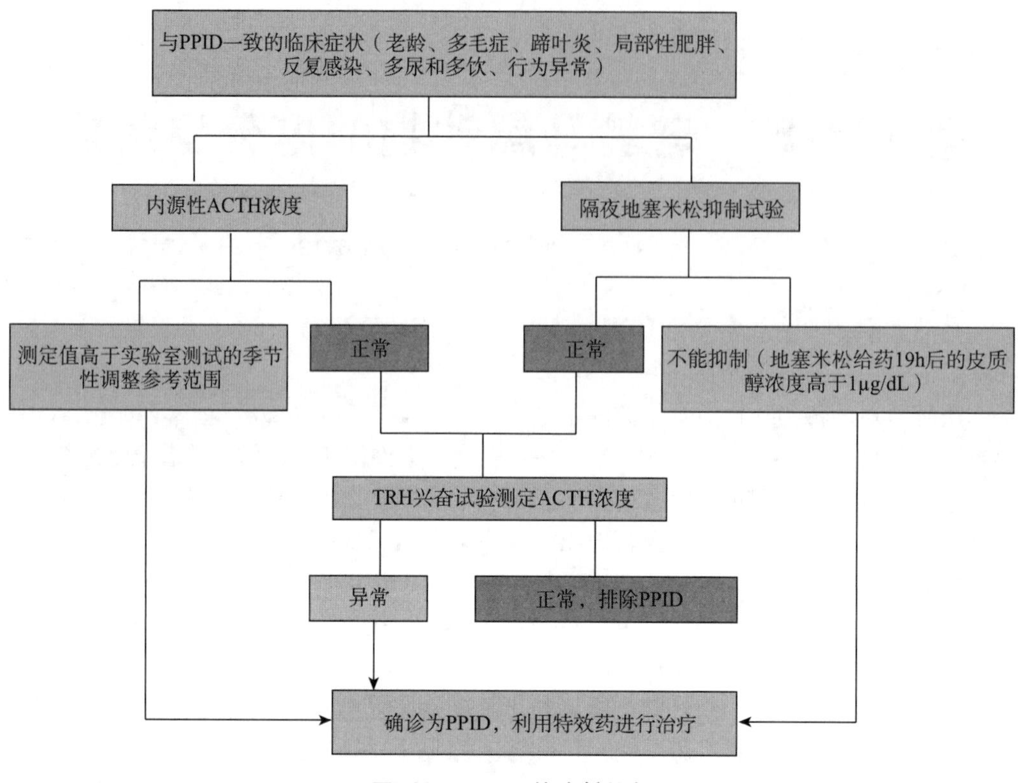

图 138-1　PPID 的诊断程序

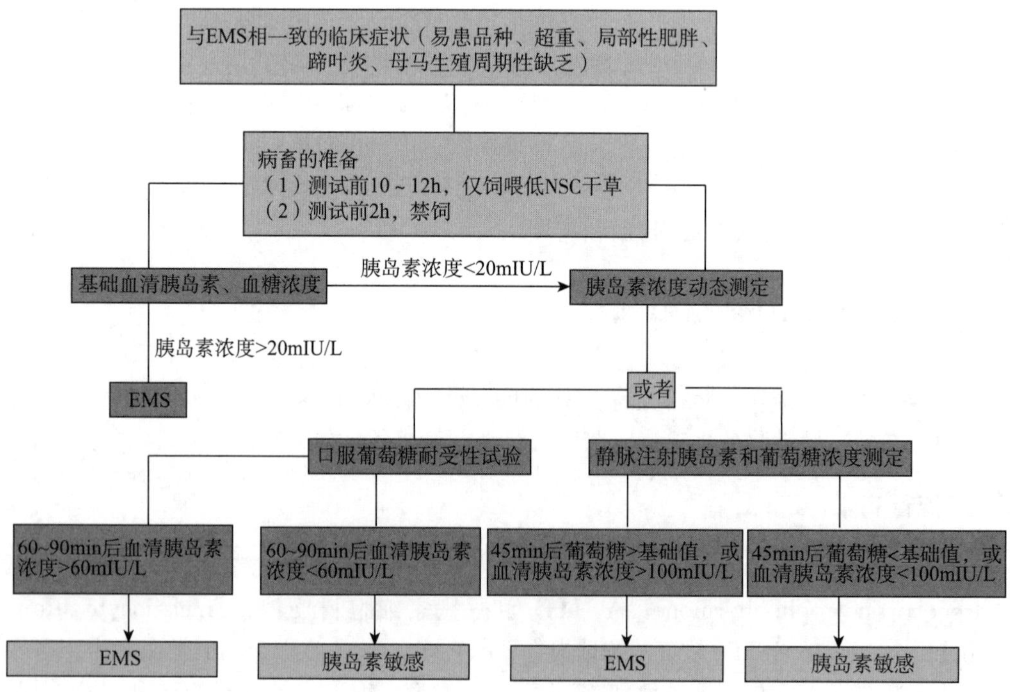

图 138-2　马 EMS 的诊断程序

针对老龄马的研究发现该病的发生与品种（包括马与矮种马）、性别及体质指数无关。多毛症多发生于矮马，蹄叶炎经常和内分泌疾病伴随发生，最近的研究报告表明，内分泌疾病性的蹄叶炎是马蹄叶炎中最常见的形式，在老龄动物中更常见。在此基础上，如新诊断蹄叶炎病例与炎症或胃肠道疾病无关，则应考虑其可能与内分泌疾病有关，为谨慎起见应对该类病例开展内分泌检测。

（二）发病机理

阿片-促黑素细胞皮质素原（pro-opiomelanocortin，POMC）是一种大的肽前体，由脑下垂体中间部的促黑素细胞和远侧部的促肾上腺皮质激素细胞加工而形成不同的剪接体。POMC 在垂体远侧部的主要产物是 ACTH，在垂体中间部的主要产物则是 α-MSH。在生理条件下，促黑素细胞对 POMC 的合成、加工和分泌功能可通过下丘脑室周神经元紧张性地释放多巴胺（激活多巴胺 D_2型受体）而抑制。这也指明了用多巴胺 D_2受体激动剂治疗 PPID 的理论基础，其实质是替换在疾病过程中失去功能的这些紧张性抑制剂。

最近的数据表明，PPID 主要是一种下丘脑神经变性性疾病，主要是多巴胺抑制剂的缺失导致促黑素细胞增生，腺瘤的形成，并增加了 POMC 衍生肽的合成及分泌（特别是促肾上腺皮质激素，α-MSH，β 内啡肽，见第 136 章）。马 PPID 的具体发病机制尚不清楚，但在 PPID 病马中，氧化应激可能促成了神经元细胞损伤和死亡。从病马脑室周围的多巴胺能神经元的神经末梢发现有 3-硝基酪氨酸水平（氧化应激的一个标志）增加，也在患 PPID 马的垂体神经部和下丘脑束支配的脑垂体中间部发现有脂褐质色素积聚（细胞氧化的一个标志），但是，目前还没有证据表明全身性的促氧化状态可导致老龄马的 PPID。

在人类帕金森病中，错误折叠的 α 突触核蛋白在多巴胺能神经元中聚集可破坏细胞的功能，导致细胞凋亡，并促进疾病的发展。在这方面针对马的信息极其稀少，但在其他物种中，α 突触核蛋白的积累主要来源于合成的增加，清除率降低，氧化或硝化和基因突变。有趣的是，已经在患 PPID 马的垂体中间部发现了丰富的硝化 α 突触核蛋白。有研究者已经提出将马的 PPID 作为研究人类多巴胺能神经退行性疾病的天然动物模型。

（三）临床症状

PPID 的临床症状主要包括蹄叶炎，多毛症，被毛粗乱，多尿多饮，机体消瘦，体重减轻，温顺，嗜睡，多汗症，发作性睡病，失明，癫痫，伤害感受降低，多食和反复感染。当然并不是所有这些临床特征都会出现。导致这些临床症状的发病机制仍不清楚，仅处于推测性的阶段。多毛症和季节性脱毛失败是较常见的症状，但某些患 PPID 的马没有多毛症（至少在发病的初期），因此在缺乏异常被毛症状的情况下，鉴别诊断时不应排除 PPID。据推测增加肾上腺雄激素及 POMC 肽的分泌，异常年度节律性活动，下丘脑功能障碍均有可能导致毛发生长和脱落的异常。肌肉萎缩（肌少症）影响轴上、臀、侧腹肌肉（导致脊柱前凸或腹部膨隆），并导致糖皮质激素增加、抗胰岛素性产生和慢性炎性反应。内分泌性蹄叶炎是一种常见的症状，患 PPID 的马和矮种马 30%～50%有该症状，实际上，往往原因不明的蹄叶炎最终诊断为 PPID。在 PPID 患病动物中，发生蹄叶炎的原因尚不清楚，但潜在的原因与皮质醇增多症和高胰岛素血症有关。约有 30%以上的患马伴有多饮多尿症状的出现，据推测可能与血管加压素（抗利尿激素）分泌的降低、高血糖症（合成的渗透性利尿）以及糖皮质激素浓度的升高有关。约 30%的病马有脂肪储存分布异常（局部性肥胖）。目前约 32%的病马出现抗胰岛素性（详见后面）。据报告，1/3 的 PPID 会发生继发性感染，主要包括鼻旁窦炎、牙齿感染、肺炎、脓肿、嗜皮菌病和体内寄生虫病。发生 PPID 时，糖皮质激素、促肾上腺皮质激素、α-MSH、β 内啡肽的浓度升高、白细胞功能受损，这些变化都可能引起免疫抑制。β 内啡肽浓度增加和能量代谢异常（抗胰岛素性）可使患马变得嗜睡和温顺。PPID 患马生育能力往往下降。此外，失明、癫痫、嗜睡和共济失调等神经症状在 PPID 患马上也有报道。

（四）实验室检查

病马的血液学和生化异常包括贫血、中性粒细胞增多、淋巴细胞减少、嗜酸性粒细胞减少、血糖和血胰岛素和甘油三酯增多、肝酶增高、糖尿。在最近的一项针对 69 匹病马和 256 匹健康马的研究中，大多数血液学和生化指标都未发现差异。在这项研究中，血清 γ-谷氨酰转移酶活性和纤维蛋白原、总蛋白和胰岛素浓度高于健康马，高胰岛素血症始终与蹄叶炎病史有关。

（五）检测

目前，已有多种检测方法应用于马 PPID 的诊断，其中，地塞米松抑制试验（dexamethasone suppression test，DST）和促甲状腺激素释放激素（thyrotropin-releasing-hormone，TRH）兴奋试验是最可靠的两种方法，这两种方法都是基础血浆 ACTH 和 α-MSH 浓度的检测进行 PPID 的诊断。ACTH 浓度的测定是一种比较好的诊断方法，因为当其他方法检测无法确诊或怀疑为类固醇诱导的蹄叶炎时，可以用该方法进行诊断和确诊。最近的临床研究证明在北半球，健康马的促肾上腺皮质激素的浓度通常是秋季高于春季，为了提高 DST 检测 ACTH 的灵敏度和特异性，有人建议检测应在每年的同一时间进行。已有报道设定了不同的临界值用于 ACTH 浓度的检测，但公认的时间是，除秋季外，临界值大于 30 pg/mL（6.6 pmol/L）提示为 PPID。而在秋季，大部分健康的矮种马和马的 ACTH 浓度要低于 200 pg/mL，而在其他季节，ACTH 浓度则低于 30 pg/mL。在 11～7 月时 ACTH 测定值大于 30 pg/mL，在 8～10 月时 ACTH 测定值大于 47 pg/mL，均提示为 PPID。静息状态下，α-MSH 浓度与健康马的 ACTH 的分泌模式相似，全年均提示有 PPID。目前，α-MSH 浓度的测定仅用于科研，但在未来可能会成为一种常规的诊断方法。据报道，在一项研究中，静息状态下 α-MSH浓度阈值大于等于 30pmol/L 时，敏感性和特异性分别为 68%和 93%，而阈值大于 50pmol/L 时敏感性和特异性则分别为 63%和 93%。

促甲状腺激素释放激素兴奋试验因其简单可靠而日益流行。TRH 可使健康马和

PPID病马的α-MSH和ACTH分泌增加，但PPID病马的增加量更大，作用更持久。TRH处理健康马后ACTH和α-MSH分泌水平变化具有季节性，与冬季比较，夏秋两季的测量值更高。因此，注射TRH后测量ACTH浓度可作为鉴别健康马和PPID病马的方法。注射TRH后测定α-MSH浓度可用来评估甲状腺功能。

试验步骤：采集注射前血液样品作为对照，然后静脉注射1mg TRH，分别在10min和30min后采血，测定ACTH或/和皮质醇浓度，需要α-MSH时也可测定。在10min和30min后，PPID病马的ACTH的浓度会超过对照的4倍，而皮质醇浓度则超过对照的2倍。在注射TRH 10min和30min后，血浆ACTH浓度分别高于100pg/mL和35pg/mL，则说明患有PPID。注射TRH 4min后，ACTH和α-MSH的测定值就有诊断价值，并且它将来可能成为马PPID诊断的常规方法。在给已经确诊为PPID的马注射TRH 30min后采集血液样本，当ACTH的浓度大于或等于36pg/mL时，敏感性和特异性分别为88%和91%，α-MSH大于或等于30pmol/L时，敏感性和特异性分别为93%和87%，α-MSH大于50pmol/L时，敏感性和特异性分别为81%和93%。马在注射TRH后，出现了颤抖、打呵欠、嘴唇和舌头的运动、唾液分泌过多等不良反应。本次试验的一个限制因素就是使用了医疗级TRH。然而，化学级的TRH可从多家公司购买，用生理盐水稀释后过滤灭菌，按1mg分装后冷冻保存备用。

（六）治疗

发生该病时，必须加强饲养管理，并结合药物治疗。应适当加强营养，注意保护蹄和并防止感染寄生虫。不能季节性换毛的马有可能发生中暑，因此可以进行全身剪毛，并提供阴凉环境和毯子，注意控制环境温度，加强皮肤和呼吸道感染监测。蹄叶炎是一种严重的并发症（见第200章和第201章），应避免饲喂富含可溶性碳水化合物饲料，同时尽可能地加强运动。伴发蹄叶炎时，尤其是复发性跛行或病情恶化的病例，常规踏板造影技术可以准确诊断。

多巴胺D_2受体激动剂（如培高利特，溴隐亭）能有效抑制POMC的合成和分泌，缓解PPID的临床症状。甲磺酸培高利特是治疗该病的首选药物，对于普通体重马的推荐剂量为每天1mg。由于该病无法治愈，建议按照推荐剂量终身用药。在动物临床上，赛庚啶与培高利特联合用药并不能改善培高利特单独用药的药效，因此赛庚啶作为单药治疗的功效值得怀疑。曲洛司坦（3-羟类固醇β脱氢酶抑制剂）仅用于治疗马的肾上腺皮质增生症，这在文献资料中也很少有记载。

二、胰岛素抵抗与马EMS

从临床经验来看，马兽医长期以来都认为超重和肥胖的马很容易发生蹄叶炎，即使这种并发症机制尚不清楚。马的肥胖也与外周胰岛素抵抗具有关联性，和其他物种一样，马科动物的肥胖和胰岛素抵抗的发生率也会随着年龄的增加而升高。由于人的EMS在医学文献中描述日益完善，现在已经在人类肥胖的EMS和马肥胖的临床综合征之间建立相关性，随着时间的推移，肥胖综合征（尤其是局部性肥胖）、外周胰岛素抵抗、血脂异常，患内分泌性蹄叶炎的风险加大，最终发展成马 EMS。

最近美国大学的兽医内科学界，在整合现有研究成果的基础上，确定了 EMS 诊断的 3 个主要标准：①肥胖加重（全身性或/和局部性肥胖，尤其是项韧带和尾基部脂肪组织积累）；②全身性胰岛素抵抗（各种评估方式见表 138-1）；③在不存在另一危险因子的情况下，如脓毒性疾病或肠内碳水化合物总量过载，有发展为蹄叶炎的趋势。已报道的与 EMS 相关的其他因素，如高瘦素血症（空腹瘦素浓度＞7 ng/mL），季节性平均动脉血压升高和母马生殖周期性改变等因素，并没有包括在目前公认的诊断标准内；当然随着研究的不断深入，将来这些其他因素可能会包括在内。

表 138-1　诊断和监测人和马胰岛素抵抗的方法

名称	步骤	判定标准	优点	缺点	备注
血清胰岛素测定	上午 8～10 时采血；所有饲料放置 2h 后取样，低 NSC 干草则要放置 12h 后取样	据经验，测量值＜20mIU/L 时判为阴性	单一的血样、简便、快速、便宜、可进行连续的评估监测、特异性好	敏感性较差，不是一个动态测定	1mIU/L ＝ 6.945pmol/L；FSIGTT 可从空腹胰岛素和血糖数据计算，公式如下： RISQI＝1/√［insulin］ MIRG＝800－0.3（［insulin－50］^{2}/［glucose－30］） RISQI≌SI；MIRG≌AIRg
OGTT	按照 1g/kg 由鼻饲管给葡萄糖；分别在 0、30、60、90、120、180、240、300 和 360min 后收集血液进行葡萄糖浓度测定	在 90～120min 后达到血糖峰值，4～6h 后应回归到基线；该曲线表明胃排空延迟，小肠吸收不良，或胰岛素敏感性增加；曲线延迟提示胰腺功能降低或 IR	动态测试；模拟自然状态、简单；适于田间试验	特异性不好，其他因素如胃排空、小肠吸收、肠促胰岛素作用均会影响血糖浓度	可由 OST 代替（见下文）
IVGTT	按 15mg/kg 静脉注射葡萄糖，分别在 0、5、15、30、60、90、120、180、240 和 300min 收集血液，对血糖和胰岛素的测量	如给药 60min 后血糖高于基准值提示 IR；同时胰岛素浓度应与葡萄糖浓度相一致，在给药 30min 后达到峰值	动态测试；比 OGTT 变异少；能够反映内源性胰岛素对葡萄糖的反应信息	需要静脉导管；耗时；价格昂贵	可以使用便携式血糖仪
IVITT	按 0.2～0.6IU/kg，静脉注射普通胰岛素，分别收集 0、5、15、30、60、90 和 120min 血液，测定血糖浓度	注射胰岛素 20～30min 后血糖浓度大约降至基线的 50%，如果胰岛素敏感，则在 1.5～2h 后重回基准线	动态测试；可通过测定胰岛素浓度直接测量组织的胰岛素敏感性	存在低血糖风险；需要静脉注射导管，费时；无内源性胰岛素对葡萄糖反应的任何信息	可由 CGIT 代替（见下文）

(续)

名称	步骤	判定标准	优点	缺点	备注
CGIT	测量基线血糖，静脉注射 150mg/kg 葡萄糖，接着注射 0.1 IU/kg 普通胰岛素（0 分钟）；分别于在 1、5、15、25、35、45、60、75、90、105、120、135 和 150min 收集血液测定葡萄糖并在 45min 后测胰岛素浓度	如血糖＞基线值，或在 45min 胰岛素＞100mIU/L，则判为 IR 阳性	动态测试；田间试验可缩短到 60～75min	需要静脉注射导管，费时；无内源性胰岛素对葡萄糖反应的任何信息	可以使用便携式血糖仪
OST	按照 15mL/100kg 口服轻型玉米糖浆，75min 后采血测量胰岛素	胰岛素浓度＞60mIU/L 提示 IR	动态测试；模拟自然状态、简单；适于田间试验	其他因素如胃排空，小肠吸收，肠促胰岛素作用均会影响血糖浓度	卡罗玉米糖浆
FSIGTT	按 150mg/kg 静脉注射葡萄糖，在 0、1、2、3、4、5、6、7、8、9、10、12、14、16、19min 采血，在第 20min 按 0.1IU/kg 静脉注射普通胰岛素，采集 22、24、26、30、35、40、50、60、70、80、90、100、120、150 和 180min 的血液，测定血糖和胰岛素	SI ＜ 1.0L/(min·mU) 判为 IR 阳性	动态测试；IR 诊断的金标准；能够反映内源性胰岛素对葡萄糖的反应信息	需要静脉注射导管；不区分导致 IR 的原因；样品较多，费时费力，价格昂贵	
EHC	程序详见 Pratt，et al 2005，JVIM，19：883-888)；计算最后 60min 内的胰岛素敏感指数（M/I）	M，全身葡萄糖摄入量；M/I，胰岛素敏感指数（每单位胰岛素对摄入的葡萄糖）	动态测试；IR 诊断的金标准；可直接测量胰岛素敏感性；通过技术的改进，可区分肝 IR 与骨骼肌肉 IR；可变性较低，比 FSIGTT 重复性高	需要静脉注射导管，费时，昂贵，不能分析内源性胰岛素对葡萄糖反应	需要液压泵

注：AIRg，急性胰岛素反应葡萄糖；CGIT，结合血糖和胰岛素耐受性试验；EHC，正常血糖-高血浆胰岛素钳夹技术；FSIGTT，多样本静脉葡萄糖耐量试验；[]，浓度；IR，胰岛素抵抗；IVGTT，静脉注射葡萄糖耐量试验；IVITT，静脉注射胰岛素耐受试验；MIRG，修改胰岛素比葡萄糖；mIU/L，毫国际单位/升；OGTT，口服葡萄糖耐量试验；OST，口服糖试验；RISQI，胰岛素平方根指数的倒数；SI，胰岛素的敏感性。

三、肥胖与 EMS

患 EMS 的马通常超重甚至肥胖，体况评分（body condition score，BCS）均在 7.0～9.0，有些甚至超过 9.0。虽然大多数的报告表明，该病的发病风险存在品种差异，像矮种马、摩根马、美国骑乘马、田纳西走马、西班牙慕斯唐马和温血马品种所占比例较高。但实际上所有品种的马都有发生该病的风险，尤其是驴和骡子发病风险更高。矮种马是马科动物中最长寿的品种，这也是矮种马胰岛素抵抗发生率较高的部分原因。在高风险的品种中，最受关注的发病个体是有明显局部性肥胖的，特别是在颈部韧带和尾基部脂肪沉积。

一份报告表明，胰岛素抵抗马的颈部形态评估（包含的项韧带肥胖程度的评估）可以辨别出胰岛素敏感的马。有趣的是，尽管胰岛素抵抗的程度与马的体重有一定的相关性，但不是所有肥胖的马都是胰岛素抵抗马。相反，一些相对瘦的马可能是严重的胰岛素抵抗马，特别是那些易感品种。

四、蹄叶炎与 EMS

与人 EMS 不同，马 EMS 不表现心血管并发症，但病马发生蹄叶炎的风险较高。最近研究表明，体况评分、血浆甘油三酸酯浓度和 IR 的程度可稳定作为早期预警矮种马 EMS 与放牧性蹄叶炎（一种马类最常见的内分泌性疾病）的 3 种高效标记物。事实上，预判马匹是否患蹄叶炎的预警标记物不止 3 种，如果 3 个以上预警标记物都高于风险值，那么暴露于高淀粉牧草的马匹患蹄叶炎的发病风险会急增。一项研究表明，给 13 匹矮种马饲喂高淀粉牧草，利用预警标记物可正确预测 11 匹马发生蹄叶炎。有多项实践证据表明 EMS 是发生蹄叶炎最常见的原因。如果按照 EMS 诊断标准发现 EMS 病马从未发生蹄叶炎，那么这类马匹最适合采取相关措施预防蹄叶炎的发生。此外，诊断没有临床症状蹄叶炎的难度较大，而事实上，这些动物蹄的形态在一定程度上已经发生变化，只不过我们忽略了患一过性蹄叶炎的动物。对高风险易感品种而言，如有 IR 发病史，或者是超重肥胖的，常规踏板造影技术是一个很好的筛查方法。

五、患 EMS 马的 IR 临床评估

全身性 IR 的确诊需要进行 EMS 的诊断，它可能与一些特殊品种马患蹄叶炎风险有一些关联（特别是最近一些直接实验证明血浆胰岛素浓度增高和蹄叶炎之间存在一定联系）。与那些胰岛素敏感性高的马相比，IR 病马发生蹄叶炎的风险更高。已经评估了几种实验室检测方法，并用于人和马 IR 的诊断和监测，包括空腹血浆胰岛素和葡萄糖浓度测定、口服葡萄糖耐受性试验、静脉葡萄糖耐受性试验、改进的静脉胰岛素和葡萄糖耐受性试验、静脉内胰岛素耐量试验、正常血糖-高血浆胰岛素钳夹（the euglycemic hyperinsulinemic clamp，EHC）技术和多样本静脉葡萄糖耐量试验（the fre-

quently sampled insulin-modified intravenous glucose tolerance test，FSIGTT；见表 138-1）。在这些方法中，只有 FSIGTT 和 EHC 能够对胰岛素敏感性进行准确的定量评估。与血浆葡萄糖浓度测定相结合的空腹血清胰岛素浓度测定因其实用性强、单一血液样品易于收集而广泛应用。但是，单个血液样品不能展示胰岛素和葡萄糖的动态变化；单一的“正常”的胰岛素浓度往往不能预测口服或静脉注射葡萄糖后的胰岛素敏感性，这些检测无法直接和平行样本进行比较。一些违背实验研究（EHC 或 FSIGTT）金标准但在临床上更可行的检测方法（如空腹血清胰岛素浓度，或组合的葡萄糖和胰岛素试验）获得认可，将有助于未来建立 IR 的标准检测方法。

六、治疗

加强饲养管理是 EMS 治疗的关键，其具有双重目标：视病情鼓励减肥，并尽量减少高胰岛素血症。第一个目标可以通过调节马的卡路里摄入量实现；第二个目标需要仔细评估热量摄入的类型，尽量减少高血糖饲料的摄入。减肥期间，应进行干草测试，以确保非结构碳水化合物（nonstructural carbohydrate，NSC）含量（理想情况下＜10％）约低于其理想体重的 1.5％；任何时候草料不应低于理想体重的 1％。没有必要使用浓缩饲料（尤其是那些具有高血糖指数的饲料应禁止添加），但是每天应提供少量的蛋白质、维生素和微量矿物质补充剂（每天 0.5～1lb），而盐和洁净水不受限制。此外，对于牙齿不好的老龄马，由于咀嚼干草困难，需要通过饲喂营养均衡的颗粒饲料来满足其基本营养需求。由于许多饲料含有糖蜜，因此应特别注意商业颗粒饲料的 NSC 含量，NSC 含量高的饲料不能饲喂 EMS 患马。

在减肥的开始阶段，病马应饲养在较为干燥无法接触牧草的环境中，否则无法量化和控制热量的摄入。当达到理想的身体状况时再放归牧场。在此过程推荐使用口笼。

除了限制饮食，规律性的有氧运动对 EMS 病马也是有利的。加快新陈代谢可促进体重减轻，这也有利于改善胰岛素敏感性。然而，对许多物种而言，有氧运动仅仅只能在运动后的数小时内改善胰岛素的敏感性，对整个身体状况而言无任何变化。EMS 马应每周进行 3～5 次有氧运动，每次 30～45min（如奔跑或较长距离的散步），即使体重减轻和胰岛素敏感性目标得以实现，该方案也应当继续。临床活跃期的蹄叶炎动物不应强制进行有氧运动，对于这些动物，为了改善外周胰岛素敏感性，在加强饲养管理的同时，应尽早给予药物治疗。

治疗 EMS 病马主要是应用胰岛素增敏剂改善 IR 状况，以及应用抗炎镇痛药物（主要非甾体类抗炎药）来缓解蹄叶炎。已有报道，临床上用甲状腺素和二甲双胍改善 IR 治疗 EMS。左甲状腺素的口服推荐剂量是 0.1mg/kg，每天 1 次，有典型临床症状时治疗期为 4～6 月。当身体状况达到理想状态和对胰岛素敏感性已经实现时，该药物逐渐在 2～4 周内停止用药。二甲双胍口服给药时，马科动物的生物利用度较低。按照人用推荐剂量（15mg/kg，口服，每天 2 次）使用可能对治疗马科动物 IR 无效，建议用更高的剂量（30mg/kg，口服，每天 2 次）以治疗动物 EMS。

新诊断为 EMS 的多毛症动物，开始治疗后还应建立针对治疗反应的监测方案。

每 2～4 周应利用病马医疗记录整理得到的数据对身体状况和减肥进行相应的主观［Henneke BCS（亨氏体况评分），电子图像评分］和客观（体重、体型和胸围评分）评估。之后，每隔 6～8 周进行一次胰岛素敏感性测试，并且每次最好使用相同的测定方法。如果减肥进展缓慢或根本没有效果，可以逐步增加限制饮食，即使如此，也要适当的结合药物治疗。由于矮种马的临床症状更明显，所以认为矮种马更易患 PPID。

蹄叶炎的治疗是 EMS 病例管理的一个重要方面，详见第 200 章和第 201 章。

七、甲状腺功能紊乱

无论是甲状腺功能减退还是功能亢进在老龄马都有记载，但是这些疾病在任何年龄的马科动物都是罕见的。

（一）甲状腺功能减退

虽然甲状腺功能减退临床上多发生于老龄、肥胖和患蹄叶炎或 PPID 的马，实际上大多数情况下都是误诊，因为这种病在马上并不常见。

有一些患病老马容易导致甲状腺激素（thyroid hormones，THs）浓度降低，而这种激素减少会继发出现甲状腺功能减退的病理过程，而这些病理过程并不是因为甲状腺功能减退导致的。这种现象被称为正常甲状腺病态综合征（the euthyroid sick syndrome，ESS）或非甲状腺疾病综合征（the nonthyroidal illness syndrome，NTIS）。炎性细胞因子糖皮质激素和瘦素都是非甲状腺疾病综合征发病过程中的关键中间分子。因此，血清甲状腺激素浓度低并不一定等同于甲状腺功能减退。

甲状腺功能减退是指因甲状腺激素缺乏而影响甲状腺功能，导致外源性化合物合成甲状腺激素减少和下丘脑或垂体功能紊乱的疾病。甲状腺功能减退按照病程表现包括三期，即一期、二期和三期。一期甲状腺功能减退与碘过量（Wolff-Chaikoff 效应）、碘缺乏（甲状腺肿）、甲状腺炎、肿瘤或癌形成、生化缺陷、甲状腺发育不全、自身免疫性甲状腺疾病和外源性化合物有关。报道表明，马的碘过量、碘缺乏和肿瘤能引起甲状腺功能减退。肿瘤是引起老马甲状腺功能减退最常见的原因。一期甲状腺功能减退的特点是甲状腺素（thyroxine，T4）和三碘甲状腺氨酸（triiodothyronine，T3）的浓度偏低和促甲状腺激素浓度偏高。二期甲状腺功能减退症多由垂体或下丘脑功能障碍所导致。PPID 具有继发甲状腺功能减退的潜在危险。报道显示，严重的 PPID 病马甚至可以继发三期甲状腺功能低下。

据报道，马甲状腺功能减退症的临床表现包括嗜睡、肥胖、蹄叶炎、下肢水肿、被毛差、脱毛、食欲下降、生育障碍、贫血、无汗，运动能力下降和体温、心率、呼吸率和心输出量减少。但有趣的是，甲状腺切除的母马能怀孕并顺利分娩。

甲状腺功能减退症的诊断是比较具有挑战性的，因为很多因素如疾病、外源性药物或化合物都会影响诊断结果。有报道称患骨科疾病的马因服用保泰松和糖皮质激素而误诊为甲状腺功能减退（假甲状腺机能减退）。在这种情况下，经常会诊断为甲状腺

功能减退，因此为了正确诊断甲状腺功能减退，必须进行动态测试。TRH 兴奋试验是评估马甲状腺功能的最佳方法。收集注射前的血样作为基线血液，静脉注射 1mg 的 TRH（矮种马减半），然后分别于 2h 和 4h 后收集血液样本。在注射 TRH 2h 和 4h 后，甲状腺功能正常的马血清 T3 和 T4 浓度加倍。缺乏对 TRH 反应则提示垂体或甲状腺疾病。

为了利用一次检测来同时评估甲状腺（甲状腺功能减退）和垂体（PPID）功能，可采用 TRH 给药后进行连续采血的办法进行。具体操作是：收集注射前的血样作为基线血液，然后静脉注射 1mg TRH，分别收集 10min 和 30min 后血液样进行 PPID 评价，最后分别收集 2h 和 4h 后血液样本进行甲状腺功能评估。并按照前面所述进行数据分析。

治疗甲状腺功能减退的首选药物是左甲状腺素钠，按照每天 0.1mg/kg 口服。

（二）甲状腺功能亢进

有关马患甲状腺功能亢进的充分证据较少。当马摄入过量的含碘化合物（如祛痰剂、诱导剂、药物、含碘马腿涂料或含碘腿部涂料和聚维酮碘等）可诱发甲状腺功能亢进，引起甲亢的这种机制被称为碘致甲亢（碘甲亢）[指在给予碘负荷后，所出现的甲状腺机能亢进表现] 现象。有报道称患甲状腺瘤和腺癌的马发生甲状腺机能亢进。腺瘤都是 16 岁以上马最常见的甲状腺肿瘤。大多数腺瘤是单侧良性肿瘤，有时需手术切除。据报告甲亢的临床症状包括震颤、多动、心动过速、多汗、多饮、多食、脱毛、怕热和体重减少，有时出现甲状腺增大。

甲状腺功能亢进的诊断必须以临床症状（如出现代谢过剩）、多次测定 TH 浓度、皮穿刺活检和 T3 抑制试验结果为基础。对甲亢症的马肌内注射 2.5mg T3，每天2 次，连续 4d，进行 T3 抑制试验，结果在第 5～10 天时达到 T4 浓度的最小抑制。为了对结果进行正确的解释，建议使用的参考值来自提交样本相同的实验室。

作为治疗的一部分，重要的是要尽快消除含碘化合物。对严重的甲亢应给予肾上腺皮质激素以缓解临床症状。对单侧甲状腺肿瘤进行患侧甲状腺切除术能够使 TH 浓度恢复到正常范围。可以口服碘化钾（1g/day）进行抗甲状腺治疗。口服丙硫氧嘧啶 [8mg/(kg·d)] 已成功治愈 19 岁甲状腺腺癌母马的甲状腺功能亢进。丙硫氧嘧啶隔日给药，连续数周到数月，安全，有效，廉价。甲亢马匹预后不定，这主要取决于病因和疗效。对于单侧甲状腺肿瘤，手术切除后预后良好。

老马甲状腺增大一般与甲状腺滤泡性腺瘤有关，然而，甲状腺 C-细胞腺瘤也可诱发甲状腺肿大。老马因活化的 C-细胞腺瘤或腺癌而导致甲亢病例到目前为止还未见报道。

八、恶性肿瘤体液性高钙血症

恶性肿瘤体液性高钙血症（Humoralhypercalcemia of malignancy，HHM）又称为假性甲状旁腺机能亢进、癌症相关的高钙血症，是人、小动物和马的一种副肿瘤综合征。马的 HHM 与鳞状细胞癌（胃、外阴、包皮）、肾上腺皮质癌、淋巴瘤、多发性骨髓瘤、造釉细胞瘤和间质肿瘤有关。虽然已有年轻马发生 HHM 报道，但迄今为止大多数癌症相关的高钙血症病例都发生于老龄马。癌细胞分泌的甲状旁腺激素（parathyroid hormone，PTH）相关蛋白（parathyroid hormone（PTH）-related protein，PTHrP）能与甲状旁腺激素受体相互作用，以增加骨吸收，促进肾脏对钙的重吸收和对磷的排泄。实验室检查异常包括高血钙、低血磷、低钙尿、高磷酸盐尿、PTH 浓度正常或偏低和 PTHrP 浓度增加，也可能出现软组织的钙化。

HHM 的临床症状主要是肿瘤形成过程中出现的那些症状，包括抑郁和体重减轻。鉴别诊断马高钙血症时，注意鉴别 HHM、甲状旁腺功能亢进、慢性肾功能衰竭、维生素 D 过多、钙质沉着和特发性全身性肉芽肿病。任何马发生持续高钙血症，同时无明显的肾脏疾病，血 PTH 浓度低或在正常范围内时都应注意肿瘤的发生，HHM 患马一般预后不良。如果尝试治疗，可以用化疗药物；如果发生鳞状细胞癌可采用手术切除，也可两种方法同时进行。

推荐阅读

Beech J，McFarlane D，Lindborg S，et al. α-Melanocyte-stimulating hormone and adrenocorticotropin concentrations in response to thyrotropin-releasing hormone and comparison with adrenocorticotropin concentration after domperidone administration in healthy horses and horses with pituitary pars intermedia dysfunction. J Am Vet Med Assoc，2011，238：1305-1315.

Breuhaus BA. Disorders of the equine thyroid gland. Vet Clin North Am Equine Pract，2011，27：115-128.

Frank N，Geor RJ，Bailey SR，et al. American College of Veterinary Internal Medicine. Equine metabolic syndrome. J Vet Intern Med，2010，24：467-475.

Funk RA，Stewart AJ，Wooldridge AA，et al. Seasonal changes in plasma adrenocorticotropichormone and α-melanocytestimulating hormone in response to thyrotropin-releasing hormone in normal，aged horses. J Vet Intern Med，2011，25：579-585.

Geor RJ，Harris P. Dietary management of obesity and insulin resistance：countering at risk for laminitis. Vet Clin North Am Equine Pract，2009，25：51-65.

McFarlane D. Equine pituitary pars intermedia dysfunction. Vet Clin North Am Equine Pract，2011，27：93-113.

McFarlane D，Dybdal N，Donaldson MT，et al. Nitration And increased alpha-synuclein expression associated with dopaminergic neurodegeneration in equine pituitary pars intermedia dysfunction. J Neuroendocrinol，2005，17：73-80.

McGowan TW，Pinchbeck GP，McGowan CM. Evaluation of basal plasma α-melanocyte-stimulating hormone and adrenocorticotrophic hormone concentrations for the diagnosis of pituitary pars intermedia dysfunction from a population of aged horses. Equine Vet J，2013，45：66-73.

McGowan TW，Pinchbeck GP，McGowan CM. Prevalence，risk factors and clinical signs predictive for equine pituitary pars intermedia dysfunction in aged horses. Equine Vet J，2013，45：74-79.

Toribio RE. Disorders of calcium and phosphate metabolism in horses. Vet Clin North Am Equine Pract，2011，27：129-147.

（武瑞、王建发　译，张万坡　校）

第 139 章　马肠道高氨血症

Bettina Dunkel

高氨血症（HA）是指血液中铵离子（NH_4^+）浓度高于 60μmol/L 的一种疾病。该病的发生和发展主要是由于 NH_4^+ 产生加强、吸收加强、清除减弱，或者是这 3 种机制共同作用的结果。马高氨血症的发生常和严重的肝脏疾病及肝性脑病继发引起的 NH_4^+ 清除减弱密切相关。有关文献报道总结了该病相关临床诊断记录，证明在无肝疾病发生的情况下，马血液中 NH_4^+ 浓度升高可引起不同综合征。NH_4^+ 浓度的升高发生在肠道内，因此将该综合征称为肠道高氨血症。肠道高氨血症可能是由于大肠或小肠内脲酶产生菌的过度繁殖造成的，或胃肠道对 NH_4^+ 吸收增多造成的。肠道高氨血症能改变肠道屏障的通透性。

一、铵代谢

铵离子主要在肝和肠道内产生。氨基酸脱氨基作用释放出来的 NH_4^+ 迅速通过肝和肾转变成尿素，从而最大限度地降低机体与有害物质的接触机会。在肠道内，尿素和肠腔内氨基酸可分解产生 NH_4^+，脲酶产生菌蛋白也可分解产生 NH_4^+。这些情况主要是发生在大肠内，但是以往报道的马高氨血症病例绝大多数表现为小肠疾病。脲酶产生菌包括多种肠杆菌，尤其是奇异变形杆菌、假单胞菌、克雷伯氏菌、葡萄球菌、棒状杆菌、解脲支原体、彭氏变形杆菌。肠道高氨血症病马体内很少分离到病原菌，目前仅有 2 例肠道高氨血症病马分离到潜在病原菌的报道，一例分离出了索氏梭菌，另一例分离出了产气荚膜梭菌，未见其他病例分离到潜在病原菌的报道。

二、临床病理学

不同品种、不同年龄马均可患马肠道高氨血症。通常，肠道高氨血症发病规律呈现散发性，但也有报道证实该病在多种动物可能存在流行性暴发。截至目前，关于该病的确切病因尚无统一定论。肠道高氨血症患马常伴有胃肠道疾病症状，包括腹痛、腹泻或腹痛腹泻交替进行以及精神沉郁和发热等。肠道高氨血症病马的上述症状预示其可能伴有大肠或小肠疾病并伴有血管损伤，然而也偶有观察不到肠道异常病变的病例。在该病的发展过程中，神经性症状可能最具有参考价值，也可能是仅有的临床表现。该病呈现的神经症状主要有共济失调、中枢性失明、无目的徘徊、无原因的强迫运动、流涎、磨牙、突然的攻击、暴力行为、强迫行走和转圈运动、癫痫大发作、衰竭、侧卧。实验室研究结果发现有血浓缩、氮质血症、严重代谢性酸中毒并经常伴随着血乳酸浓度上升、高血糖和电解质异常等现象。已有报道称低钙血症可能与同步膈扑动有关。其他异常现象对严重的胃肠道疾病也有指示作用，诸如白细胞减少症、低蛋白血症、凝血病都是很常见的。尸体剖检显示在任何器官系统中没有或有极少的严重的组织学病变，另外该病可能导致严重的胃肠病理变化，如溃疡性或坏死性大肠炎。因此，可以推测肠组织病变不明显的轻微患病马可能仅是因细菌过度生长所致，而继发高氨血症的患马可导致肠道通透性增强，进而引起严重的肠道病变。

三、诊断

在没有明显肝疾病及其他原因引起高氨血症的情况下，肠道高氨血症可以通过血浆中 NH_4^+ 浓度增加程度进行诊断。目前尚不能确定血铵是否能够导致神经系统症状，但是血铵浓度可能受疾病的发展过程、电解质异常和其他潜在的神经毒性介质释放的共同影响。据报道，NH_4^+ 浓度正常是 174.5～1 369μmol/L，但是，当血铵浓度超过 100μmol/L 并伴有上述临床症状时，则可判定马匹可能患有肠道高氨血症。

一些其他因素也可引起高氨血症，包括肠道出血（也可以认为是肠道高氨血症一种表现形式）、机体其他部位感染脲酶产生菌、先天性或后天性门脉系统分流、由于血栓或肿瘤导致的门静脉梗阻。肠道高氨血症应与类似于人高鸟胺酸血症、高氨血症和同型瓜氨酸尿的一种摩根马驹遗传性疾病进行鉴别诊断，尿素中毒和刺槐中毒的症状也与该病有相似之处，应注意鉴别诊断。值得注意的是运动或全身性癫痫发作后血浆中 NH_4^+ 浓度也可以显著升高。运动后血浆中 NH_4^+ 浓度可以达到 150μmol/L。

NH_4^+ 浓度可以用手持式铵离子浓度测定设备，该设备所用试纸条由美国 Arkray 公司生产，产品号为 PocketChem PA-4130 来测定，这种方法普遍应用于人血氨测定，在马血氨测定方面应用并不广泛。该方法测定的结果与实验室测定的结果符合度极高。但是测定范围局限于 8～285μmol/L，该法对测定严重的高氨血症病例还存在问题。如果不能尽快检测血样，那么采样时必须用 EDTA 或肝素处理过的抗凝血。分离出来的血浆应立即在 4℃（39.2℉）下储存，1h 内冰浴条件下开展检测。该储存方法效果比较理想，储存 6h 内检测结果仍较准确。如果样品在分离 6h 后仍不能开展检测，分离出的血浆应储存在－20℃，48h 内分析最佳。然而，在－20℃保存长达 7d 后分析出来的结果仍然可用，其测定值仅比准确值有轻微升高。如果在临死前没有得到可用于检测的血液样本，那么在脑脊液和眼房水中也可以检测到 NH_4^+ 浓度升高。从人体残骸的脑脊液中得到的 NH_4^+ 在 4℃下可以稳定保存长达 48h。通过对临床诊断患肠道高氨血症的病畜进行尸体剖检发现有组织学病变，在患有急性型高氨血症的病畜上可观察到有星形胶质细胞肿胀，在更多的慢性型高氨血症病例中可观察到有老年痴呆Ⅱ型星形胶质细胞增多症。

四、治疗

治疗肠道高氨血症的方案主要是参考了肝性脑病处置方案，目前广泛使用的疗法包括：改善缺血和电解质紊乱，选择性配合广谱抗生素和非甾体类抗炎药物的使用。可以使用新霉素（10～100mg/kg，每 6h 口服 1 次）和乳果糖（0.3mL/kg，6～12h 口服 1 次）以减少肠道 NH_4^+ 的产生和吸收，但是它们的治疗效果并不确切，并可能引发腹泻和蹄叶炎等副作用。静脉注射高渗盐水（2～4mL/kg）在一定程度上可以降低颅内压，起到迅速改善症状的效果。为控制和缓解神经症状，避免马匹出现自我伤害，应多次反复给予大剂量镇静剂，给药方式可选择口服丸剂或静脉注射。如果怀疑摄入了有毒物质，可给予活性炭、矿物油或其他药剂来减少肠道内潜在的毒素吸收。

五、预后

预后在很大程度上取决于潜在的病因和控制神经症状，以及预防自我创伤。有 2 个文献对该病预后情况进行了报道，一个报道了 11 匹马的病例，其中有 7 匹马预后不良（64%），分别转归死亡或进行了安乐死；另一项多中心的回顾性研究报道了 32 匹马的病例中有 10 匹（29%）存活下来。多数情况病程均较短，死亡或痊愈都发生在 24～72h 之内。但是，马高氨血症的病程可能超过 10d。即便有些病马存在严重的神经系统功能异常，只要其胃肠结构性损伤轻微或无损伤，通过控制病马的神经症状也可能使其痊愈。病马如能治愈，多为痊愈，通常不会存在长期复杂的并发症，复发的可能性小。因此，细菌感染或摄入毒素而导致高氨血症的马匹，如果在初期阶段就进行治疗，要比那些发展至高氨血症后期阶段而引起严重胃肠疾病的马匹有更好的预后效果。

推荐阅读

Desrochers AM, Dallap BL, Wilkins PA. Clostridium sordelli infection as a suspected cause of transient hyperammonemia in an adult horse. J Vet Intern Med, 2003, 17: 238-241.

Dunkel B. Intestinal hyperammonaemia in horses. Equine Vet Educ, 2010, 22: 340-345.

Dunkel B, Chaney KP, Dallap-Schaer BL, et al. Putative intestinal hyperammonaemia in horses: 36 cases. Equine Vet J, 2011, 43: 133-140.

Fortier LA, Fubini SL, Flanders JA, et al. The diagnosis and surgical correction of congenital portosystemic vascular anomalies in two calves and two foals. Vet Surg, 1996, 25: 154-160.

Lindner A, Bauer S. Effect of temperature, duration of storage and sampling procedure on ammonia concentration in equine blood plasma. Eur J Clin Chem Clin Biochem, 1993, 31: 473-476.

McConnico RS, Duckett WM, Wood PA. Persistent hyperammonemia in two related Morgan weanlings. J Vet Intern Med, 1997, 11: 264-266.

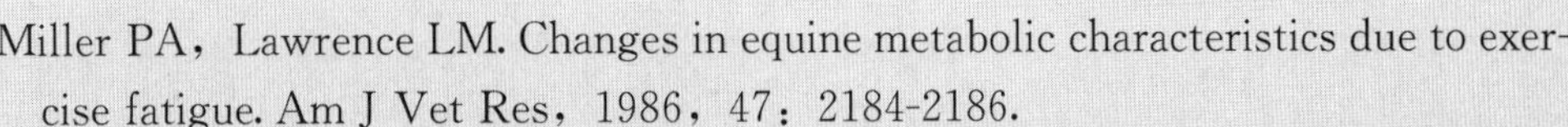

Miller PA, Lawrence LM. Changes in equine metabolic characteristics due to exercise fatigue. Am J Vet Res, 1986, 47: 2184-2186.

Patton KM, Peek SF, Valentine BA. Gastric adenocarcinoma in a horse with portal vein metastasis and thrombosis: a novel cause of hepatic encephalopathy. Vet Pathol, 2006, 43: 565-569.

Peek SF, Divers TJ, Jackson CJ. Hyperammonaemia associated with encephalopathy and abdominal pain without evidence of liver disease in four mature horses. Equine Vet J, 1997, 29: 70-74.

Ogilvie GK, Engelking LR, Anwer MS. Effects of plasma sample storage on blood ammonia, bilirubin, and urea nitrogen concentrations: cats and horses. Am J Vet Res, 1985, 46: 2619-2622.

（武瑞、王建发　译，王雪峰　校）

第 14 篇
眼科学

第 140 章　眼部检查

Caryn E. Plummer

一、初始检查

大部分眼部结构可直接或间接观察，经过完整的眼科检查可以对许多眼科疾病做出快速、准确的诊断。完整的眼科检查包括：获取病史、在亮环境和暗环境下观察动物的行为和反应，暗环境中检查眼部结构，按照提示信息收集支持诊断的数据和样品。眼部本身就适合用众多简单高效的方法进行诊断，其中有多数可在常规检查中进行。这些程序大多数是无创伤性的，通过全面了解这些程序有助于鉴别、诊断，还可以对疾病进行预判。

获取完整的眼部病史，应该包括马的特征及用途、生活环境和与繁育相关的明确信息。操作者需询问初始临床症状，其疾病发作、病程发展期间出现的问题，既往和当前的治疗情况，病马对治疗的反应，任何并发的非眼性症状或行为变化。

一般体格检查时应该包括全面的眼科检查，特别是那些伴随全身症状的眼科病症。由于眼睛与中枢神经系统有着紧密的联系，对怀疑有神经性眼疾病的马要进行完整的神经系统检查。

接受初始检查的马必须在镇静之前进行，操作者离马要有一定的距离。以便认真观察马整体匀称性、体态、姿势和辨别方向的能力。眼部检查尽量近距离，尤其马在陌生环境中的观察。马遇到物体或障碍物突然停止，转弯时停顿或牵引时反向行走等，被认为是视力存在问题的一些依据。马的舒适性和匀称性评估通过观察睑痉挛、眼球位置和前、侧面观察眼周壁以及眼睫毛的对称性来实现。睫毛向下偏离可能暗示眼部疼痛、眼球内陷或眼睑功能障碍（下垂症，面神经瘫痪）。

然后进行测试每只眼睛对恐吓的响应，以及其他主观视力的评估试验（如对双眼用眼罩交替覆盖的迷惑试验）。若马视力正常，操作者迅速做出的恐吓的手势或操作者手指向马眼的动作会引起马眨眼或头部对刺激躲避的反应。需要注意的是进行此试验时避免在操作时产生的气流朝向眼部，因为这样是在测试感觉而不是测试视力试验。恐吓的反应是非特异性试验，所以不能适用于幼驹，尤其是对 2 周龄以下的马驹进行试验。

在使用任何药剂之前要进行瞳孔反射、眩目反射和眼睑反射试验。瞳孔反射试验可以评估视网膜、视神经、中脑、动眼神经和虹膜括约肌是否正常。除刺激光度特别亮之外，正常马瞳孔对光做出的反应慢且不完全。1 只眼受到刺激会使 2 个瞳孔都收缩，也就是说，对侧眼应该有响应的一致性。用光刺激对侧眼并且观察间接反应，是检查视网膜功能较有价值的试验。直接对光瞳孔反射是不客观的，比如，严重的角膜或眼前房浑浊、阿托品使用不当等均会影响测试结果。

眨眼或者眯眼是一只眼对强光刺激做出的正常反应。眩目反射在皮质下发生且需要视网膜、视神经和面神经的参与。此试验需要亮的焦点光源，特别是视轴线损害阻塞的动物。

眼睑反射试验适用于眨眼不完全的马。如恐吓的反应评估时，中、侧眼角轻轻吻合，在正常情况下会刺激反射引起眨眼。

眼部检查时专门使用的基本必需设备、物品列于框图 140-1。必须具备 1 个足够亮的焦点光源，如芬恩透照器，可以帮助操作者进行眼部观察记录。书写描述或描图是完整医学记录的最低要求。这些技术可以用数码相机完成，经过长期的练习，可以摄取高质量的眼部图像（像素在 4 兆及其以上）。图像存于马病史档案，后期间断性的拍摄眼部图片，有助于判断病情的进程。

框图 140-1　马眼科检查设备以及物品

足够亮的焦点光源（芬恩透照器）
鸣管和小孔针
镇静剂（赛拉嗪或地托咪定）
利多卡因
泪液分泌测试带
无菌药棉拭子
表面麻醉剂（0.5%丙美卡因或丁卡因）
规格为 10# 或 15# 的解剖刀片，抹刀或细胞检查用刷
载玻片
无菌荧光染色带
无菌洗眼剂
无菌棉球棍
眼压计
膨胀剂（1.0%托吡卡胺，短效）
检眼镜（直接的，展示全景的；或屈光镜为 14、20 的间接的）
利多卡因凝胶或利多卡因乳膏
开放式 tomcat 或用于冲洗鼻泪的，管规格为 14 的Ⅳ型导管
人工眼泪软膏（对后来试验起润滑作用）
数码相机

二、使用镇静剂和局部神经阻滞试验

大部分马进行完整的眼科检查时都要使用镇静剂和进行局部神经阻滞试验。限制程度取决于马的脾性、对镇静剂的反应以及不安的程度。静脉注射镇静剂和 α_2 激动剂在眼科检查中是十分必要的。在更加疼痛或创伤性的检查中，可以加量使用镇静剂或使用阿片样物质（如布托啡诺）。

耳睑阻滞试验有助于马眼部的检查。这种运动阻滞可以使受面部眼睑分支神经支配、负责睑闭的眼轮匝肌的活动能力减弱。马眼睑是非常结实的，这种运动阻滞在眼部疼痛时非常关键。当眼球失去或没有这种阻力，上眼睑不能睁开会导致眼球破裂。对这种阻滞通过小规格针（规格为25），在邻近神经部位皮下注射1～2mL麻醉剂（利多卡因、马比佛卡因或布比卡因）。在注射过程中要稳固针头接口，避免针头折断留在注射部位。如果注射过程中受到阻力，针头需要转移到另一个部位，因为针头容易扎入皮肤内。耳睑神经的眼睑分支可以在颊骨弓尾部最高点的侧面，或在位于颊骨弓尾部与髂骨相接的骨刺进行触诊和阻滞试验。压迫耳基部前侧和腹侧，下颌骨尾界与颞骨颊骨骨突交界处耳睑神经阻滞可恢复到初始状态。麻痹会持续1～2h。重复进行耳睑神经阻滞试验有时会出现镇静剂对马无效的现象，为了避免此现象的发生，需要使其长时间停止运动或加大镇静剂的剂量。

如进行上眼睑麻醉、修复眼睑破损或进行下眼睑清洗治疗时需要进行额神经阻滞试验。额神经支配上眼睑中部和中央区域，在额骨之间的眼窝孔有神经阻滞。拇指放在眼窝边缘背侧下面，中指放在眼窝边缘背侧上面（眼窝凹之间），食指放在2只手指中间的眼窝孔邻近区域（图140-1）。此外，进行运动阻滞试验时，需要皮下注射1～2mL局部麻醉药。如果要进行上眼睑或下眼睑的横向麻醉，要在眼窝背侧或腹侧边缘进行线性阻滞试验。

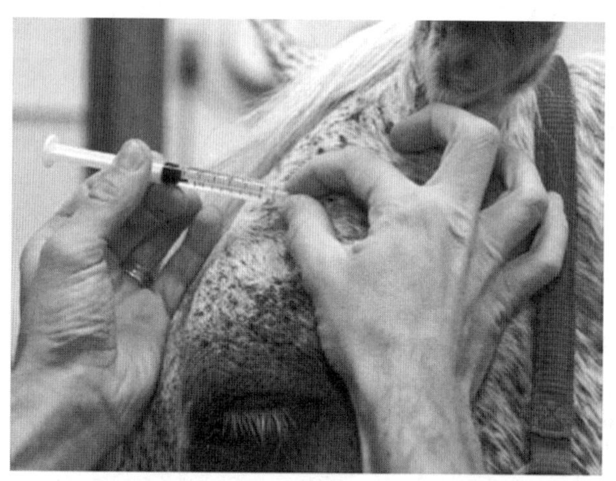

图 140-1　耳睑运动阻滞试验

三、诊断性试验

眼球表面或眼内部检查可以快速检测出潜在的眼科疾病。然而，精确诊断和实行最佳治疗过程是由附加的诊断性试验来完成。为了避免干扰和形成复杂结果，某些试验或观察过程必须优先于其他试验（框图140-2）。微生物样本的收集必须在滴注诊断性药剂之前进行。如怀疑有干燥性角膜结膜炎（干眼症），在使用滴眼液或软膏之前需要进行泪液分泌试验。使用局部麻醉剂会导致测试值偏低。为了避免眼内压估计值不

精确，形成对眼的进一步损害，而导致青光眼的发生，在滴注散瞳剂之前需要进行张力测定试验。

框图 140-2 马眼科检查步骤

1. 获取病史（眼科和其他疾病）。
2. 检查马的行走和使役时的状态。
3. 评估马头部结构的对称性（眼球位置，眼窝状况，眼睑和睫毛位置及方向，瞳孔大小，耳朵和嘴唇的位置）。
4. 进行视力测试（恐吓反应、迷惑试验）。
5. 进行神经性眼科评估（瞳孔反射、眼睑反射、眩目反射）。
6. 进行泪液分泌试验（若需要）。
7. 进行镇静。
8. 进行耳睑神经阻滞试验。
9. 使用焦点光源直接照明，检查眼附器、角膜、前房和巩膜。
10. 收集需要进行培养和敏感性试验的病料。
11. 如果需要进行局部麻醉。
12. 收集需要进行细胞学实验的病料。
13. 进行眼表面结构的局部荧光素试验。
14. 如果需要进行眼压测量。
15. 若无禁忌，诱导瞳孔放大。
16. 利用焦点光源进行晶状体、玻璃体检查。
17. 进行直接或间接的检眼镜检查。
18. 如果需要，具备鼻泪冲洗设备。

泪液分泌试验适用于测量反射撕裂、眼角膜干燥、眼部慢性或复发性溃烂和神经障碍（如面部麻痹）。测试条包住颞骨下眼睑缘凹陷处并嵌入凹陷处终端，1min 后拿去测试条，可以测量其湿度的长度。1min 后频繁使测试条浸透，可以导出测量范围。如果测试范围在 14～34mm（湿度/min）为正常，如果少于 10mm（湿度/min）可以推断病马为干眼症。

微生物培养和敏感性试验是选择合适的抗微生物制剂，进行慢性、不愈合性、深度或融化性角膜溃疡和任何创伤性炎性细胞浸润检测时的重要方法。需要培养的病料应在滴注药物前进行采集，以防止防腐剂抑制试管内微生物的生长。为了获取培养的病料，眼睑需缓慢收缩，无菌湿拭子向前回转至需要进行培养病料的角膜或结膜区域。需要注意的是，病料不能接触到眼睑缘、毛发、皮肤和其他周围组织。

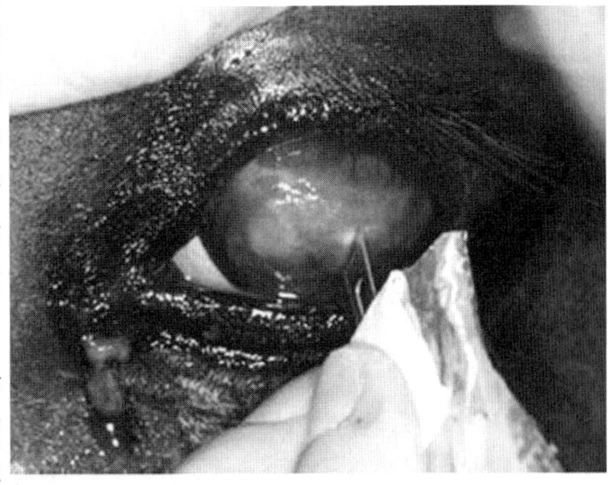

图 140-2 使用局部麻醉剂后，利用解剖刀片钝端获取需要细胞的学评估的病样

细胞学诊断是细胞性伤口的特征性诊断方法。眼部进行局部麻醉，病料利用细胞刷、抹刀或解剖刀片后端在伤口边缘提取（图 140-2）。注意避免损害脆弱的角膜，尽量提取理想且具有代表性的伤口病

样。因为表面擦刷可能不会去除杂物，所以在采集病样前，需要去除表面杂物。Diff-Quick 染色可揭示是否存在感染（细胞内或细胞外细菌或真菌感染），炎症或肿瘤疾病。眼部表面细胞学检查的结果会影响微生物培养和敏感性试验对抗微生物剂的选择，革兰氏染色可进一步确定细菌特性并且提供可使用的临床用药。

角膜荧光染色在诊断角膜疾病中起重要作用。可用于诊断所有的眼部疼痛，如睑痉挛、充血、眼裂或其他疼痛症状、眼部外伤，即使局限于眼附器，眼色素层炎，尤其是开始使用局部甾族化合物之前。荧光染色是亲水性的，黏附于暴露的基质和失去上皮细胞的轮廓区域，但不黏附于后弹力层，所以后弹力层不会被荧光染色，除了创伤边缘暴露的基质区域外。为了确保无菌，局部用条带最好是可溶解的。纸条带浸入含有 0.5mL 的 0.9%无菌盐水或洗眼水的注射器，取出针头，轻轻注射到角膜和结膜。操作者用一只手放在马头部，在进行眼局部操作或药物治疗时应注意避免马因迅速躲避而产生的创伤。缓慢滴入荧光染色剂后，眼睑处于关闭状态或将眼部遮盖。轻轻除去眼部多余的荧光染色剂后，可使角膜或结膜损坏部疾病的诊断简单化。直接使用检眼镜或使用具有钴蓝滤器的裂隙灯生物显微镜可以提高荧光染色效果和溃疡的鉴别诊断效率。荧光染色素还可以判定角膜全层完整度是否被破坏，因为当眼房水渗漏至角膜时，橙色会变为绿色（赛德尔试验）。进行赛德尔试验时，可以大量应用未稀释的钠荧光素滴入眼角膜，且不需要清洗。如果眼角膜的完整性遭到破坏，裂缝侧边会呈现少量的绿色荧光素，表现为染色液的局部稀释。

荧光染色素还具有对泪膜完整度和质量评估的作用。当给眼部表面使用高浓度荧光素时，眼角膜被染成广泛均匀的绿色，从而可完成泪膜破裂试验。眼睑张开直到染色剂开始消散且暗斑点出现。如果染色速度很快，少于 8s 时，泪膜蒸发过快，会有引起暴露性角膜炎的风险。荧光染色素还可以用于评估鼻泪管系统的开放性。眼部表面使用荧光染色素要多次冲洗，操作应控制在 10min 内，鼻孔凹陷处形成绿染即可。时间过长或管道堵塞可暗示局部或完全阻塞，随后要人工冲洗导管。

鼻泪管逆行灌洗在马属动物检查中是一种常用的方法（图 140-3）。马站立保定，在位于外部鼻孔黏膜与皮肤的接合点，鼻泪管远端开口处使用局部麻醉软膏。用 1 根短聚乙烯管（14 号静脉留置针、4～6 号法国尿道管、tomcat 导管或 5 号法国饲管）插入并向近中心推进，直到尖端被利多卡因胶覆盖为止。注射 10～15mL 的无菌盐水，灌洗液中加入少量荧光素有助于提高可见性。应该从眼内角观察上下泪点液体的流失。在进行此操作时马会打喷嚏，有时会很强烈。每个泪点都可以利用数字压力机轮流堵塞对面的泪点进行评估。当逆行灌洗顺利进行时，获取需要培养的病料在此区域进行外科手术有时需要插入鼻泪导管器至眼角泪小点。如果病样在灌洗过程中从鼻泪器中获得，即可用做培养或进行敏感试验。细胞学

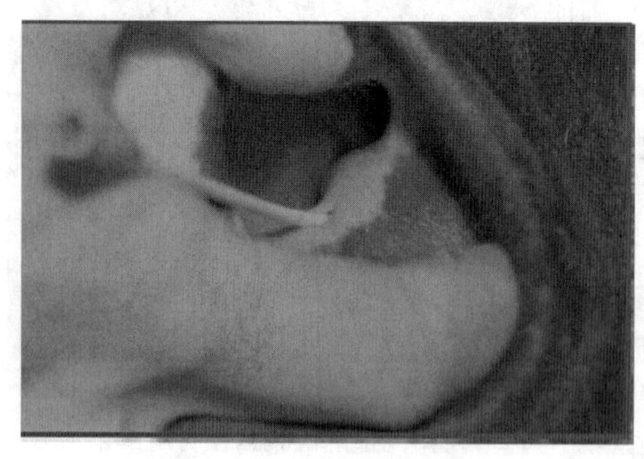

图 140-3 逆行灌洗鼻泪器

试验也有助于引导治疗。

玫瑰红染色是评估眼泪膜是否发生改变和功能缺失的重要方法。发生角膜结膜炎（在马中罕见，但也会发生）或实质性泪膜功能丧失时，角膜会被玫瑰红染成弥漫状或斑驳状。在某种情况下，当泪膜发生机械性损伤（如真菌性角膜炎）时，玫瑰红染色呈现点状且不规则。

当马患有眼色素层炎或青光眼时需要进行眼内压检测。利用扁平眼压计或回弹式眼压计进行检测，健康马眼内压一般在 16～30mmHg。大部分马眼压最低值高于10mmHg，最高值低于 20mmHg，眼内压值高或低可提示一个疾病进程。使用扁平眼压计进行眼内压检测时需要对角膜进行局部麻醉，而使用回弹式眼压计时，则不需要进行局部麻醉。无论用何种仪器检测眼内压，马头部必须高于心脏。如果头部低于心脏的水平位置，检测结果会不准确。

四、眼科检查

（一）眼窝与眼附器

马眼部进行系统的检查是非常重要的。即便表现出来的问题显著，兽医也必须要耐心的观察眼周壁和眼部结构的状况。亮的焦点光源，例如用芬恩透照器对眼部进行不同角度的直接照射。利用直接照明和数码摄像技术联合放大眼部检查范围。放大镜或其他形式的放大有助于操作者掌握细节。直接检眼镜绿色点的旋转盘可以放大眼前部和眼周围结构。

眼窝经视诊、触诊眼眶骨和眼睑闭合后眼球后退等方法进行评估。若各眼球容易在眼窝内向后移动，受到阻碍可说明存在眼球后病变（炎症、肿瘤）、眼球大小以及眼窝内容物的变化。眼球主要观察其对称性、大小、位置、方向以及运动变化，也要注意分泌物的出现及性状。

眼睑的观察包括其位置、运动性以及皮肤病变的构造变化。观察外侧表面和眼睑缘是否有偏离、缺陷、夹杂物、创伤和其他溃疡性病变，包块、睫毛或毛发是否异常（如倒睫症、双行睫和异位睫毛等）。也可以人为的眼睑外翻观察眼结膜表面。上眼睑的运动性比下眼睑强，承担着保护眼球的大部分工作。受到损坏会影响上眼睑的结构和功能，从而对眼球的正常活动造成影响，所以处理要迅速。

检查瞬膜前、后面，从而注意结膜表面、外来杂物、肿瘤或肉芽肿等引起的不规则性病变，同时还要观察瞬膜的位置。瞬膜突出表明疼痛或眼窝内容物以及眼部周边结构发生了变化。人为的后推眼球可使瞬膜突出，有利于检查瞬膜前表面。

（二）眼前节

检查角膜时，角膜必须清晰、有光泽且平整。不能有缺陷、偏离、细胞浸润或外来杂物。一般情况下角膜中无血管，若出现血管说明感染、创伤后愈合反应或存在持续性炎性过程。进行常规的荧光素染色鉴定角膜溃疡，尤其是鉴别小型溃疡。

马虹膜角膜角的检查不需要专门设计的前房角镜。马驹虹膜角膜角的完整程度和其鼻部、成年马盘状软骨的虹膜角膜角通过角膜清晰可见。当怀疑有眼色素层炎或青光眼时要进行角膜的检查。成年马虹膜角膜角的一部分通常代表整个角膜角，但马虹膜角膜角的异常是罕见的。

利用窄波光检查眼前方，其最佳方法是利用狭缝光束。前房包括清晰可见的眼房水，当有眼内炎症时会变得不透明。前房蛋白的增加临床上呈现房水闪光。前房出现白细胞和红细胞分别称为眼前房积脓和眼前房积血，表明有活动性眼内炎症的存在，纤维蛋白的凝结表明有眼色素层炎的存在。

巩膜的检查是观察其颜色、表面轮廓、瞳孔大小及形状、新血管形成、损伤程度和虹膜粘连来完成的。巩膜颜色的变化通常表明具有活动性、原始性炎症或肿瘤。眼内发炎时蓝色或异色的虹膜变为黄色。有色素沉着的巩膜一般是慢性眼内炎症的结果。

晶状体主要检查其位置和混浊度的变化。有些晶状体的浑浊可以被认为是正常的变化过程：突出的晶状体缝合，与透明器的结合点，屈光同心圆以及核硬化。正常马在成长过程中会导致晶状体核的不断云集（核硬化），始于 9～12 岁，但这不是白内障，不会影响视力。白内障影响视力主要是晶状体混浊，会引起不同程度的视力受损。白内障对于眼色素层炎有先天性或后天性，继发性或原发性，在某些马品种中白内障是可遗传的。马眼晶状体除了眼色素层炎或者青光眼外不会轻易脱位或发生位置变化。这两种病变下晶状体悬韧带会受到损害并导致前（虹膜前方）、后（玻璃体内）脱位或不完全脱位。焦点光源或狭缝光束有助于确定病变在晶状体间的位置或晶状体的位置不正（如果晶状体有变化，眼前房会变窄、变深）。如果晶状体不在正常的位置，瞳孔扩大试验有助于操作者确定白内障的程度。

（三）眼后节

检眼镜检查是一项复杂且重要的操作，是临床检查者需掌握的诊断方法。经过努力练习可以熟练掌握，并可以帮助兽医研究病马和其他疾病。直接检眼镜检查是许多临床检查者所熟悉的，因为装有耳镜且便于携带。直接检眼镜检查由电源和卤素同轴光学系统组成。光直射通过检眼镜或棱镜到病马眼，随后从眼晶状体反射到检眼镜让检查者观察。旋转镜要调到 0，并观察视网膜和神经。

放大瞳孔不是任何病例都需要的，但有助于检查眼球后节部分。局部用 1%托品酰胺溶液是瞳孔放大试验中选用的试剂。正常马可诱导瞳孔扩大 15～20min，持续 4～8h。阿托品是用于治疗散瞳症的药物，可以使正常马的瞳孔扩大 2 倍以上。操作者将直接检眼镜紧密地放在自己的眉头并确定病马的基底或眼球，眨眼反射要有一臂的距离。确定基底反射后，操作者向病马靠近直到找到离眼 2～3cm 的点。在检查过程中马头和眼的运动都可能引起操作者镜像的丢失。如果发生了此情况最快的方法是快速重新校正距离，寻找眼球放光反射，逐渐接近病马。直接检眼镜可以使视野放大，显示实像（如准确的原始镜像），但检查基底外周时会受限。

间接检眼镜检查相比直接检眼镜检查，操作者检查视野范围会比较大一些，还可以使操作者与病马保持相对安全的距离。间接检眼镜检查镜像为反向且逆转的（如颠倒的和相反的），掌握这项技术在眼部检查中是不可缺少的。镜像的放大程度比直接检眼镜检查要小，但会有较好的基底视野。当2种方法同时应用时，检查过程中会起到相互补充作用。如果用间接检眼镜检查溃疡，当进一步检查时可用直接检眼镜放大镜像进行观察。间接检眼镜检查必须包括一个强焦点光源和聚光透镜。进行间接检眼镜检查时操作者需站在离病马一个臂长的距离，光源接近于操作者眼睛并直照向病马眼睛。确定眼球放光反射后，操作者眼前顺着向下移动屈光度为20或14的透镜显示基底镜像。操作者需在他眼睛、透镜和病马眼睛保持直线（图140-4）。有一种商标（Panoptic）的检眼镜提供直接和间接检眼镜的中间放大效果。其呈现的镜像和直接检眼镜一样为实像。

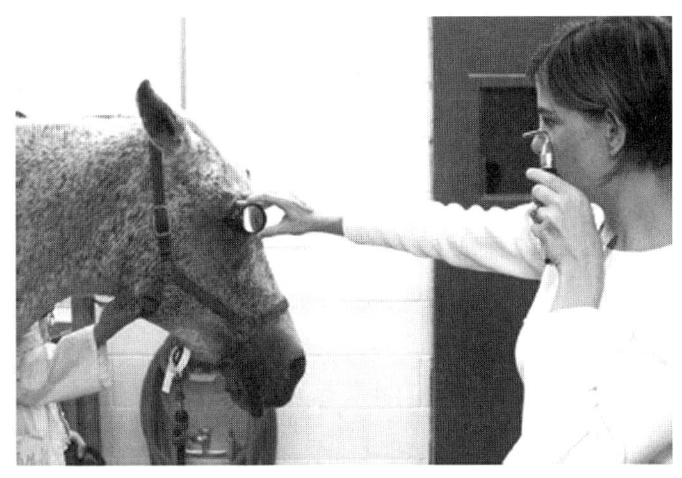

图140-4 利用间接检眼镜检查眼基底

成年马玻璃体一般没有明显的混浊。玻璃体混浊因马年龄变大或眼色素层炎继发引起，尤其是反复发作的眼色素层炎。自然情况下为良性。检查基底是否有视网膜或神经炎症、退化或脱离。与此同时也要留意视网膜血管的颜色、性质和情况。视乳头周围的色素脱失可能是既往的或原先发病的眼色素层炎导致的。认真检查基底腹侧到视神经盘无眼球放光反射区域，因为这个区域常见焦点视网膜伤痕。视网膜脱落可能是先天性的、创伤性的或者是眼色素层炎继发引起的。眼神经退化一般是后天性的，可能由眼色素层炎、青光眼或创伤引起。

如果眼后节由于角膜浑浊或瞳孔缩小不能被检查，可利用眼超声波进行眼后部的检查。超声检查法也有助于检查眼球后的状况，即便在大部分病例中确定溃疡的蔓延情况，计算机断层扫描或核磁共振成像也可显示。

推荐阅读

Bauer G，Spiess B，Lutz H. Exfoliative cytology of conjunctiva and cornea in domestic animals：a comparison of four collecting techniques. Vet Comp Ophthalmol，1996，6：181-186.

Brooks DE，Mathews A. Equine ophthalmology. In：Gelatt KN，ed. Veterinary Ophthalmology. Ames，IA：Blackwell，2007：1165-1274.

Craig EL. Fluorescein and other dyes. In：Mauger TF，Craig EL，eds. Havener's Ocular Pharmacology. Philadelphia：Mosby，1994：451-467.

Dwyer AE. Ophthalmology in equine ambulatory practice. Vet Clin North Am Equine Pract，2012，28（1）：155-174.

Gilger BC，Stoppini R. Equine ocular examination：routine and advanced diagnostics. In：Gilger BC，ed. Equine Ophthalmology. 2nd ed. Maryland Heights，MO：Saunders，2011：1-51.

Hendrix DVH. Eye examination techniques in horses. Curr Tech Equine Pract，2005，4：2-10.

Manning JP. Palpebral，frontal，and zygomatic nerve blocks for examination of the equine eye. Vet Med Small Animal Clin，1976，71：187-189.

Rubin LF. Auriculopalpebral nerve block as an adjunct to the diagnosis and treatment of ocular inflammation in the horse. J Am Vet Med Assoc，1964，144：1387-1388.

Samuelson DA. Ophthalmic anatomy. In：Gelatt KN，ed. Veterinary Ophthalmology. 4th ed. Ames，IA：Blackwell，2007：37-148.

Wilkie DA. Ophthalmic procedures and surgery in the standing horse. Vet Clin North Am Equine Pract，1991，7（3）：535-547.

（巴音查汗　译，李靖　校）

第 141 章 眼科疾病基因学

Matthew Annear

在过去 10 年中，人类眼科疾病基因学已取得了重大的突破。先进的分子生物学技术、投入资金的增加以及基因组序列测定技术等共同促进了眼科遗传学的发展。当前这些技术手段，可以进一步用于研究马的有遗传性基础的眼科疾病的某些潜在基因突变。经一系列的调查研究已经明确了"先天性静止性夜盲症（CSNB）"和"多重性先天性眼异常综合征（MCOA）"是由相关基因突变引起的，后续的研究将会揭示导致这些疾病的突变基因所在。这些研究的目的是在亚细胞水平的基础上阐述该类疾病的发病机理有了更深的认识，将更有利于该类疾病的诊断和临床治疗。随着对马遗传性眼科疾病的日益重视，这一领域的研究将会持续稳定的发展。

一、眼科疾病的遗传基础

基因表达多样性促进了许多眼科疾病的研究。其中，遗传性眼科疾病是指母代能将特定的突变基因遗传给子代。非遗传性眼科疾病是指基因突变引起的疾病，但不涉及生殖细胞，因此不会传递给后代。该篇章主要描述的是遗传性眼科疾病。

遗传性眼科疾病可能是由于单个基因突变导致了相关蛋白质缺失或改变，最终导致表型发生改变。此外，这些疾病还有可能是多基因型、多因素的，且多与环境因素有关，导致在基因表达上出现多样化。然而，即使遗传了单个的突变性疾病，也会导致不同的表型。这些差异性表型可通过基因修饰或改变等位基因而实现。此外，由遗传基因造成的疾病（如白内障）在其他个体上往往存在非遗传性因素，从而使得遗传性疾病很容易被忽视。

迄今为止，一些怀疑为马眼科遗传性疾病已经被报道。然而，这些疾病的遗传模式和基因学特性仍是未知的。这与其他物种的情况相反，如人类和小鼠，其遗传因素已被详细研究，许多致病性基因突变部也被描述。虽然我们对马遗传性眼科疾病的认识还处于起步阶段，但依靠目前的分子生物学诊断技术和马基因组最新测序结果，这一领域的研究前景广阔。

二、遗传性眼科疾病的调查

对于疑似遗传性眼科疾病的调查，首先应详细描述其表型。应对所有马进行检查，并且记录疾病的不同程度。这些数据可以被用来生成遗传谱系，理想的跨度不少于2代，以此确定为一种遗传模式。这通常需要一个孟德尔遗传模式识别，比如常染色体隐性遗传，或由多个基因和环境因素相互作用引起的多因素遗传模式。遗传模式的确定将有助于通过连锁分析对该性状的染色体定位。连锁分析是指用与该病有内在联系的遗传标记来绘制致病基因位置图。继而通过确定这些基因位点是否与病情有关，进一步检测映射区域内的候选基因，这是根据谱系内的基因分型来实现。如果位点与疾病有密切关联，将其定义为可疑致病性突变基因。

上述努力的最初目的是为了建立以DNA为基础的疾病检测方法，可以通过以聚合酶链式反应为基础的特定突变基因检测，也可连接标记性试验。这些试验技术的发展不仅使马眼科专家将分子手段用于遗传性眼科疾病的临床诊断，还可用于临床诊断的验证。这将有助于提供具体的佐证资料，更准确地预测疾病的发病过程，以及制定切实可行的治疗方案。

三、疑似遗传性疾病

（一）先天性静止性夜盲症

先天性静止性夜盲症是一种视网膜疾病，马在昏暗的光线下视力明显降低。这种病是由于光感受器或传导器受损的结果，是由基因突变引起的。在人类眼科疾病中，CSNB是由12个单独的基因突变造成的，有多个不同的遗传模式。在阿帕卢萨（Appaloosa）和夸尔特（Quarter）的品种马中，CSNB的表现情况类似于人类，灯光昏暗时视力降低，视网膜传导反应也随之降低。在普通种马（Thoroughbred）、标准竞赛用马（Standardbred）和埃尔帕索菲诺（Paso Fino breed）等品种马中，也有该疾病的报道。在阿帕卢萨（Appaloosa）品种，CSNB以常染色体隐性遗传的方式被遗传，并且与该品种的特有的外套模式LP区复合体相关。LP区域主要在马染色体1（ECA1）上，该区域的一个候选基因（*TRPM*1）已被确定。最近研究已证实：包含了*TRPMI*基因的ECAI染色体与CSNB有关，并且作为一个致病性的基因突变位点被标识。

（二）多发性先天性眼部异常综合征

多发性先天眼部异常综合征是一种常见的眼部异常疾病，已在落山基马（Rocky Mountain Horse）、美国小马（American Miniature Horse）、冰岛马（Icelandic Horse）、肯塔基州马（Kentucky Saddle Horse）等品种马中发现报道。人们常将这种情况称之为前段眼部异常，是一种具有显著变异表型和遗传变异性的疾病。病马常表现为虹膜睫状体囊肿、虹膜发育不全、球形角膜、白内障、视网膜发育异常或视网膜脱落等。在落山基马（Rocky Mountain Horse）中，MCOA遗传模式是不完全显性的，并且它与马6号染色体（ECA6）有关，ECA6与马匹是否为银毛有关。最近研究表明：调节MCOA综合征的基因位点，与ECA6上的大小为208kb的区域有关，这个区域中有15个候选基因，其中*PMEL*17基因是区别于其他物种眼缺陷性疾病的特异性基因。用新一代测序技术对该基因进行研究，以确定该基因的候选突变区，从而对其功能性加以研究。

(三) 马其他疑似遗传性眼部疾病

这里描述马的其他几个临床症状，推测为遗传性眼部疾病。最近报告的双行睫毛，指的是异常的睫毛从眼睑边缘的睑板腺开口处长出，可能与菲里斯种马（Friesian breed）基因的遗传有关。无虹膜伴有白内障和皮样囊肿在普通种马（Thoroughbred）和夸尔特马（Quarter）等品种马中已有报道，可能是由于常染色体显性遗传的，但尚未得到证实。先天性青光眼被认为可在普通种马（Thoroughbred）中发生遗传，遗传模式也只是推测。先天性晶状体异常可单独出现或与其他眼部异常并发，如MCOA综合征诊断的一部分。当单独发生时，先天性晶状体异常在普通种马（Thoroughbred）和摩根种马（Morgan Horse breed）中都有发生，是以常染色体显性遗传的。单独未知的先天性遗传性白内障在普通种马（Thoroughbred）、比利时马（Belgian Draft Horse）和夸尔特马（ Quarter Horse breed）等品种中也有报道。双边进行性视网膜变性在普通种马（Thoroughbred）中也已报道，但它的遗传模式还未知。显然，这不可能列举出所有的疾病，但如上所述，遗传因素与环境因素的相互作用被认为是导致各种眼部疾病的原因。

四、将来

随着对各类眼部疾病的深入性研究，如对CSNB的研究一样，现有的先进检测装备，有助于从遗传学层面探索马眼部疾病。事实上，这是显而易见的，我们当前的知识状态还有很大的进步空间。现在面临的问题是，一个重要的目标是运用现有检测技术促进我们对疾病发病机理的探索，包括复杂的相互作用的蛋白质水平研究和对给定突变结果的生化水平的研究。另一个目标是，未来不断发展的检测技术可使马眼科专家不仅能准确地找出眼科疾病遗传基因，同时也能制定出以基因为基础的治疗方案，比如运用基因疗法治疗这些疾病所展现的预期效果。

推荐阅读

Andersson LS，Juras R，Ramsey DT，et al. Equine multiple congenital ocular anomalies maps to a 4.9 megabase interval on horse chromosome 6. BMC Genet，2008，9：88.

Andersson LS，Lyberg K，Cothran G，et al. Targeted analysis of four breeds narrows equine multiple congenital ocular anomalies locus to 208 kilobases. Mamm Genome，2011，22（5-6）：353-360.

Beech J，Irby N. Inherited nuclear cataracts in the Morgan horse. J Heredity，1985，76：371-372.

Bellone RR，Forsyth G，Leeb T，et al. Fine-mapping and mutation analysis of TRPM1：a candidate gene for leopard complex（LP）spotting and congenital stationary night blindness in horses. Briefings Funct Genomics，2010，9（3）：193-207.

Halenda RM，Grahn BH，Sorden SD，et al. Congenital equine glaucoma：clinical and light microscopic findings in two cases. Vet Comp Ophthalmol，1997，7（2）：105-109.

Joyce JR，Martin JE，Storts RW，et al. Iridial hypoplasia（aniridia）accompanied by limbic dermoids and cataracts in a group of related Quarter Horses. Equine Vet J，2010，22（S10）：26-28.

Utter ME，Wotman KL. Distichiasis causing recurrent corneal ulceration in two Friesian horses. Equine Vet Educ，2011，24（11）：556-560.

Wade CM，Giulotto E，Sigurdsson S，et al. Genome sequence，comparative analysis，and population genetics of the domestic horse. Science，2009，326（5954）：865-867.

（巴音查汗　译，李靖　校）

第 142 章　白 内 障

Alison B. Clode

白内障是由蛋白结构改变和蛋白率结合发生变化导致晶状体发生不可逆性混浊所引起的疾病。在临床上具有重要性的根本原因在于其可引发代谢改变、视轴梗阻、恶化及其他眼部疾病。综合考虑这些致病因素，做出明确的分类是十分必要的，这有助于确定最佳的治疗方案及预后效果。根据白内障的分类标准包括病因、年龄、晶状体的位置和病变程度（如白内障的成熟程度）可分为原发性白内障和继发性白内障。原发性白内障在其他物种中被认为具有遗传性，但在马中未得到证实。白内障通常是由眼色素层炎（最常见）、外伤、中毒或营养和代谢异常而引起的。病马年龄的增大是该病发生的根本原因，若 6 月龄以下的马诊断为白内障，表明是先天性白内障，是由遗传因素或在子宫内接触有毒物质所引起。马驹白内障是具有遗传性，而老龄马白内障可能是由于晶状体老化所引起。若不能确定动物繁育年龄是发生白内障的根本原因，则可推测为遗传因素引起，并应终止繁育计划。白内障的分类基于白内障发生的位置［前侧或后侧、轴向（极面）、轴旁或外周；囊袋、皮质或核区］、白内障的成熟度和弥漫程度［初发期（<10%）、幼稚期（10%～99%）、成熟期（100%）、过熟期（晶状体液化吞噬和晶状体囊膜障碍）］以确定白内障对视力的影响和潜在的威胁（图 142-1、图 142-2）。通常位于晶状体核间的白内障是非进行性的，但是皮质性白内障是进行性的并可以持续数月至数年。位于视轴线间的白内障，即使只是很小的一点，也会对视力造成严重的影响，尤其是在亮环境下瞳孔发生收缩时。

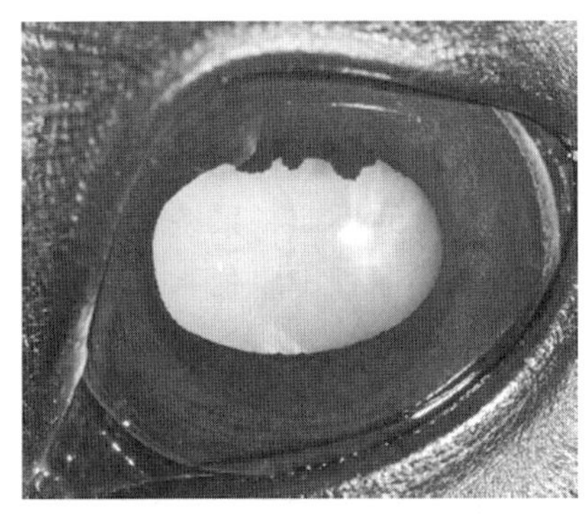

图 142-1　马白内障成熟期

直接焦点照射显示晶状体白色浑浊，无可见的内反射区域

图 142-2　高度成熟的白内障

慢性炎症包括眼部变小、巩膜高度着色，中部可见多灶性后粘连和纤维性粘连。慢性白内障症状包括晶状体呈现多种透明样外观，侧面观察时可见不规则的前表面，晶状体内容物缺失

一、临床症状及诊断

畜主可观察到的临床症状包括单眼或双眼的视觉障碍、眼部外观变化、眼部不适，如：斜视、流泪和潮红等。这些非特异性症状也可以由其他疾病引起，包括眼角膜溃疡、葡萄膜炎和青光眼等，白内障的诊断需要全面检查，最佳的诊断为暗区进行散瞳试验（1%托品酰胺，5min内1～2次，局部滴眼0.1～0.2mL）。初步的诊断包括对恐吓的反应评价、直接和间接焦点照明法及对强光的反应。病马视网膜功能应有正反射，对应激反应的呈现或消失取决于白内障的成熟度。利用焦点光源直接照射眼部（直接照射）时白内障呈现白色浑浊，从几英尺远的地方利用强光线照射眼球从而获得内反射（后映照，图142-3），病马表现内反射受阻。应用荧光染色素评估角膜健康的研究表明其可能与眼内疾病的发生存在相关性。眼内压（IOP）的测量也可作为参考，当IOP（>30mmHg）表明是青光眼，当IOP（<10mmHg）为眼色素层炎。在进行直接或间接检查时，若单眼的白内障为初发期或幼稚期阶段，部分眼底是可见的，如果眼底不可见说明此眼为白内障成熟期。

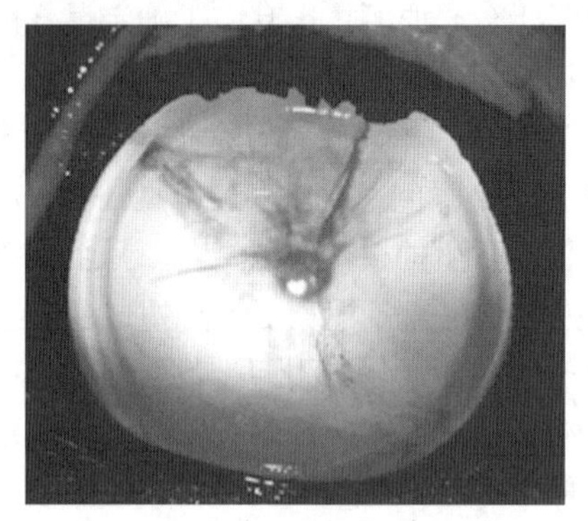

图142-3　白内障初期的后映照

光线照入眼睛，引起反光色素层向外反射，尖状白内障变化阻挡光的路径，从而导致暗外观

白内障的诊断应及时分析其致病原因和可能继发的眼部疾病。因眼色素层炎（葡萄膜炎）和外伤引起的白内障很常见，故获得完整的病史很重要。任何外伤史都应记录，特别是穿透性眼外伤，因为外伤引起的白内障可能持续发展几星期至几个月。由于白内障也可引发（晶状体引起的）眼色素层炎（葡萄膜炎），所以鉴别白内障是否继发于眼色素层炎（葡萄膜炎）就更加困难。一般来说，在白内障形成过程中慢性葡萄膜炎起着到重要作用，且马白内障导致眼色素层炎（葡萄膜炎）的现象少于其他物种。因此，在大多数马中眼色素层炎（葡萄膜炎）的发生可能先于白内障。调查完整的眼科疾病史，包括特定症状、持续时间、既往的治疗方法、对治疗的反应、系统性疾病症状的诊断等，通过眼部全面检查，有助于做出区分。在眼部检查中眼色素层炎的临床症状包括眼压降低（IOP<10mmHg）、瞳孔缩小及药理性瞳孔放大、房水混浊、眼前房出血或眼前房积脓、角蛋白沉淀、内皮残渣物沉积、玻璃体细胞碎片等。此外慢性眼色素层炎的临床症状包括眼球萎缩（眼球痨）、虹膜色素沉着、黑质萎缩、白内障的发展程度（图142-2）、晶状体半脱位或脱位、玻璃体变性和视网膜功能减退或视网膜脱落。若症状不是继发的眼色素层炎且确定无外伤史，可推断为遗传性白内障。

二、治疗

（一）药物治疗

由于晶状体代谢紊乱而导致的白内障具有不可逆性，目前，已有的药物治疗不能防止白内障恶化。马局灶性和轴向白内障可进行药理散瞳与局部副交感神经阻滞药物（1%托品酰胺，1%阿托品）治疗，可以观察瞳孔直径变化，达到恢复白内障周围视力的目的。但也会导致恐光症和相关的不适，尤其是在考虑单剂量阿托品对正常马眼的影响可持续 14d。

无论是眼色素层炎（葡萄膜炎）引起白内障或白内障引起眼色素层炎（葡萄膜炎），只要并发眼色素层炎（葡萄膜炎），就必须对其进行药物治疗。通常包括局部和全身抗炎药物（即皮质类固醇、非类固醇炎性药物，两者兼可）和瞳孔放大剂-睫状肌麻痹剂（即阿托品），给药频率和疗程取决于眼色素层炎（葡萄膜炎）的严重程度（见第 150 章）。虽然眼色素层炎（葡萄膜炎）的治疗不会对白内障的治疗和预后效果带来影响，但有助于确定白内障是否可以进行外科治疗。

（二）外科治疗

彻底治疗白内障包括由兽医眼科医生进行的外科手术切除。但是，外科手术切除不能在所有马白内障的病例中进行，尤其是伴随显著继发症的病例，如眼球痨，晶状体半脱位或脱位，视网膜脱落或继发性青光眼。白内障切除是最坏的选择的方案，因为继发的病症往往会伴随明显的不适，导致视力严重受损。此外，角膜溃疡是一种临时的手术禁忌证，进一步要求为该驹是健康的且能经受全身麻醉，并适合于术后药物治疗，通常药物治疗会持续到手术后至少 2 个月。

马在进行眼部初步检查后认为适合手术的即可实施手术，除此之外术前眼部的检查包括由眼科医生进行的视网膜电图（ERG）和眼超声检查。对于一般不表现出症状并达不到手术条件的病马，这两个测试可以提供眼后段的发病情况。ERG 可以测试视网膜电生理，表示视网膜的视路内发起信号的转导，而眼部超声波可以辨别继发的晶状体异常、视网膜脱落、严重的玻璃体疾病或眼内肿瘤的存在，从而避免手术中的异常及术中并发症。

如果白内障摘除术中 ERG 值是在正常范围内且眼超声波未显示结构异常，即可进行白内障超声波乳化术，最好植入一个人工晶体（IOL）。简而言之，在全身麻醉下，无论马头部横向或背卧放倒，均将病眼朝上，眼前房通过透明角膜切口进入，在前晶状体囊切开一圆孔。晶状体超声波乳化操作手柄通过角膜切口和前房，插入囊袋，并使用超声波能量来乳化晶状体，从眼睛中抽吸晶状体成分。若外科医生认为合适，IOL 是可以通过角膜切口和囊孔插入，可由剩余晶状体囊代替。IOL 植入的目的是在摘除晶状体后恢复眼球屈光力。近年来，因为马人工晶体的快速发展，人们对马眼部术前屈光度和 IOL 术后效果有了更深入的了解。尽管不同个体在术前屈光力不同，但制造具有个体特征的马人工晶体是不切实际的，因此目前正在广泛利用开发标准化的

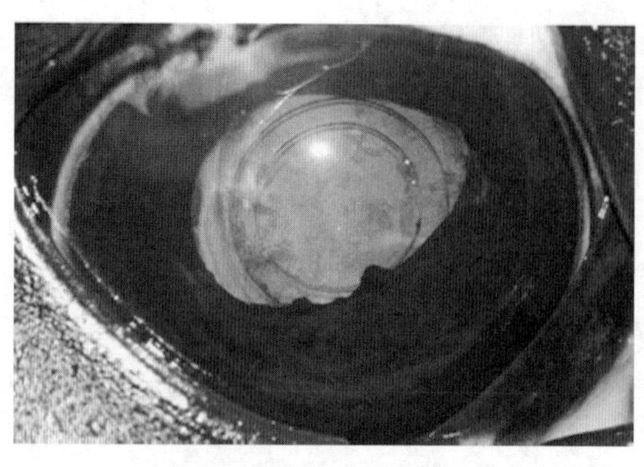

图 142-4 进行超声波乳化白内障吸出术和眼内晶状体移植

切口的部位是在角膜背外侧方的纤维；瞳孔变形的形成是粘连的结果；图中 IOL 是通过瞳孔中可见的同心环所表示，周围的 IOL 的白色混浊表明是后囊膜混浊

人工晶体来恢复大部分马的视力和对焦能力。最新研究表明，使用 a＋14D 或 a＋18D 晶状体是最合适的（图 142-4）。

术后药物治疗通常根据兽医处方来完成，其中包括局部皮质类固醇的使用和每天 3～4 的抗生素眼药，局部治疗用的睫状肌麻痹扩瞳药（阿托品）每天 1～2 次，全身性非甾体类抗炎药和全身性抗生素（表 142-1），是为了控制眼内炎症和疼痛及降低眼内感染的风险。最佳的外用药物治疗方法是通过一只眼睑灌洗导管，至少持续 2～3 月并给以良好的护理。进行外科手术的马至少 1 个月内不应劳作，以使切口愈合和炎症消退。经兽医复查后决定是否减少药物使用剂量。

表 142-1 马白内障术超声波乳化后的药物治疗

药物	给药途径	剂量	频率	用药目的
1. 皮质类固醇（醋酸泼尼松龙；新霉素-多黏菌素 B-地塞米松）	局部	0.1mL	4～6h	控制眼内炎
2. 抗生素（新霉素-多黏菌素 B-地塞米松；莫西沙星）	局部	0.1mL	4～6h	预防眼内感染
3. 阿托品	局部	0.1mL	12～24h	治疗瞳孔放大引起的睫状肌麻痹；控制眼内炎症
4. 氟胺烟酸葡胺	静脉注射或口服	1.1mg/kg	12h×7d，逐渐减少至 1/2 剂量	控制眼内炎症；镇痛
5. 磺胺甲氧苄啶	口服	20mg/kg	12h×10～14d	预防感染
6. 奥美拉唑	口服	2mg/kg	24h	预防胃肠道溃疡

三、预后

术后早期继发症包括角膜水肿或溃疡形成切口裂开、眼内出血、感染、炎症或纤维素沉积、玻璃体脱出进入眼前房、术后眼压升高等。此外，还可能出现的继发症包括持续性眼内炎症与粘连形成、感染性眼内炎、后囊膜浑浊化或视网膜脱落。在对 39 匹马进行白内障超声波乳化术，但无人工晶体植入术后的走访调查中，介于 1 日龄至 9 岁（平均 4 岁）马中，短期内 81％的马匹预后视力良好。病马的年龄、白内障的发病原因和已存在的眼内疾病是手术成功的重要因素，先天性白内障的幼驹前眼节异常和白内障继发葡萄膜炎会导致较差的术后效果。与白内障相关的视觉不全的马，虽然白内障摘除及人工晶体植入术具有恢复马视力的疗效，但是任何马进行了晶状体摘除，无论有或无人工晶体的植入，均应被视为不健全马。外科手术对于马白内障的治疗具有改善马生存和工作质量的重要意义。

推荐阅读 

Colitz CMH，McMullen RJ Jr. Diseases and surgery of the lens. In：Gilger BC，ed. Equine Ophthalmology. 2nd ed. Maryland Heights，MO：Elsevier Saunders，2011：282-316.

Fife TM，Metzler A，Wilkie DA，et al. Clinical features and outcomes of phacoemulsification in 39 horses：a retrospective study（1993-2003）. Vet Ophthalmol，2006，9：361-368.

Matthews AG. Lens opacities in the horse：a clinical classification. Vet Ophthalmol，2000，3：65-71.

McMullen RJ Jr，Davidson MG，Campbell NB，et al. Evaluation of 30-and 25-diopter intraocular lens implants in equine eyes after surgical extraction of the lens. Am J Vet Res，2010，71：809-816.

Townsend WM，Jacobi S，Bartoe JT，et al. Phacoemulsification and implantation of foldable ＋14 diopter intraocular lenses in five mature horses. Equine Vet J，2012，44：238-243.

（巴音查汗　译，李靖　校）

第 143 章　角膜溃疡的防治

Freya M. Mowat

角膜溃疡是角膜上皮细胞或基底膜的脱落。溃疡可以延伸至角膜基质，甚至损伤到达后弹力层（德斯密氏膜），使眼球的完整性受到破坏，并可能导致全层角膜穿孔和破裂。角膜溃疡伴有疼痛症状且严重时会导致视力受损甚至失明。角膜良好的通透性、曲率及厚度是保证足够光线聚焦在视网膜上的关键。角膜溃疡的诊断与治疗是为了在最小伤害的前提下尽早治愈。虽然原发性感染很少会造成角膜溃疡，但某些健康马结膜囊中存在菌体，包括酵母菌、真菌和细菌，在因创伤导致角膜轻微磨损或其他致病因素的情况下会迅速发展成感染。眼部有许多自发性机制可以减少溃疡和感染的发生。首先眼睑是对创伤的一种物理屏障，并且在角膜表面存在泪膜，眼泪可以向下流入鼻泪管。眼泪可以物理性去除角膜表面的异物和污染物，并且泪液中包含的可溶性抗微生物化合物和免疫细胞也可去除异物。马浅表的角膜损伤愈合是快速的，以每天 0.6mm 的速度愈合。基质愈合的速度相对较慢，并会由于感染等因素致使愈合时间延长。

一、角膜溃疡的诊断

在无干扰光源的房间内进行溃疡检查是最理想的。使用焦点光源非常必要，如直接检眼镜或笔灯。检查效率可以通过静脉注射镇静剂、局部神经阻滞或局部镇痛药的应用得到提高。甲苯噻嗪（0.2～1.1mg/kg，静脉注射）、地托咪定（0.000 5～0.02mg/kg，静脉注射）与布托啡诺（选用，0.033～0.066mg/kg，静脉注射）是马角膜溃疡检查中常用的镇静剂。使用利多卡因注射液（1～1.5mL）进行眼睑神经阻滞，使上眼睑肌麻痹，从而提高检查效率。怀疑存在深度角膜溃疡时动作要尽可能轻柔，因为即使是非常小的压力也可以使深度溃疡造成穿孔。当溃疡深至角膜基质时严禁使用眼压计。当视网膜因为有眼内疾病或角膜疾病不能被观察时，间接瞳孔光反射试验（PLR）和炫目反射试验（对明亮光源做出的眨眼反射）可以帮助检查者进行疾病的预判，特别是怀疑存在创伤的病例。利用直接检眼镜的狭缝光束有助于区分溃疡的深度，因为向内弯曲的光束可在角膜溃疡处形成一个“坑”，坑的曲度提示溃疡深浅的程度，判断溃疡是否深入到角膜基质，并且可以保证更准确地诊断和治疗，以及与眼科医生进行病情讨论。荧光素染色检查是必要的，使用蓝色光源照射角膜，可见溃疡的存在，即致密的绿色荧光染色区域。亲水性的角膜基质被染色时，表明角膜上皮全层完全脱落，当角膜上皮完好时不能被荧光素着色。在深度溃疡时，荧光染色的“壁”上可能有一个不被着色的区域，通过裂隙灯的检查可以观察到区域中心，这表明后弹力层的暴露（即后弹性层的突出；因为后弹力层不能被染色）。如果发现后弹力层的暴露，应立即转为手术治疗。荧光素染色与赛德尔测试可用于评估一个深度溃疡是否存在潜在房水泄露问题。用干燥浓缩的荧光素试纸条直接作用到溃疡部位的下缘，使用时会出现橙色，如果房水从溃疡处泄漏，流出的液体会稀释荧光素，呈荧光绿色向下流入角膜。赛德尔测试阳性表明角膜穿孔，立刻选择手术治疗或进行眼球摘除术。

眼角膜细胞学检查与病料培养可以在镇静的病马中进行，眼睑运动神经阻滞可以为兽医提供更多有用的病样。另外应考虑给予局部止痛药点眼使药物作用在角膜表面，包括0.5%的丙美卡因溶液；1%的盐酸丁卡因（凝胶或液体）也可以用于局部止痛，并且可以提供更大程度的镇痛效果，使兽医采集到深层病变样本。然而这些镇痛药制剂中含有防腐剂，这对细菌种群是有害的，从而导致细菌培养失败。通过使用湿棉签、细胞刮刷或无菌棉签可以直接采集病料，较深的病变可用钝尖刀片进行采样（Kimura抹刀或无菌手术刀柄），因为从基质更深的位置可以采集更多病料，但是此操作在深度溃疡时禁用，会增加角膜穿孔的风险。尽管角膜细胞学可以提供直接的信息及病原学的诊断（如细胞内细菌或真菌），但当没有检出明显的病原体时，不能确定溃疡是否存在感染性。因此，对处于感染风险的任何病变都应考虑进行细胞学检查与病料培养（细菌、真菌），阴性结果并不能排除传染性角膜炎的潜在致病因，制订治疗方案时应综合考虑。细菌药敏试验也有助于治疗，许多实验室可提供眼部专用药用面板进行药敏试验。眼角膜细胞学检查有助于马嗜酸性角膜炎的诊断。

二、角膜浅表溃疡

角膜浅表溃疡是由于角膜上皮细胞和上皮细胞基底膜的脱落，从而暴露最外层基质而引起。浅表溃疡疼痛难忍，表现为眼睑红肿、结膜充血和眼睑痉挛的综合症状，马可在畜栏上摩擦眼睛或用前肢摩擦眼睛。溃疡周围轻度角膜水肿（具有朦胧蓝色或灰色外观），并与泪膜撕裂继发的疏水性上皮缺损与浅表基质水化关联。轻度葡萄膜炎“反应”可能与浅表溃疡有关，几乎不可见眼内炎症，但可出现瞳孔缩小和轻微的低眼压症状。眼分泌物自然情况下为浆液状，慢性浅表溃疡将会引起角膜新生血管化、肉芽组织沉积以及纤维化等。荧光素染色在角膜表面没有明显坑的时候表现为无边界着色（彩图143-1）。

角膜浅表溃疡有较多潜在病因，虽然浅表创伤磨损也可能是诱因，但应进行进一步详细检查以排除其他致病因素。结膜和眼睑中的异物是常见的原因，这些异物多来自植物或环境中的物质，因此应该进行仔细排查，包括结膜表面以及背侧的第三眼睑。先天性或后天性眼睑异常，包括双行睫、眼睑内翻、眼组织残缺、外伤、炎症、肿瘤和疤痕等都可导致角膜的磨损，应及时处理潜在致病因以防角膜损伤。不愈合的浅表溃疡（通常指7d未愈合的）都应进行进一步检查，包括细胞学检查、细菌培养、泪膜检查（泪液量检查和泪膜破损试验）和活组织检查。其他可能引起溃疡不愈合的潜在原因包括：疱疹病毒感染、眼角膜退化、眼角膜营养不良、眼角膜矿物质化（带状角膜病变）和嗜酸性角膜炎等。

三、角膜基质溃疡

深度溃疡涉及不同程度的角膜基质脱落，在检查中可发现视力损伤的情况（彩图143-2）。当所有基质缺失且后弹力层受到破坏，全层性溃疡会导致角膜穿孔。临床症状可能包括不安（眼睑痉挛，擦眼，眼睑肿胀，结膜充血）的现象，但疼痛的程度会随溃疡的加深而减轻，因为感觉神经末梢在深层的角膜基质中变得更少。流出的分泌物从少到多，使面部湿润（严重过敏或眼球破裂），分泌物的性质包括浆液性、黏液性或黏液脓性。时刻关注血液分泌物，因为它可能表明结膜或眼睑外伤，严重时角膜穿孔会引起眼内出血。泪液通过鼻泪管的引流可能会增加鼻腔分泌物。马在葡萄膜炎或角膜水肿时会造成视力障碍。深度溃疡通常会继发显著的葡萄膜炎、前房积脓和明显的瞳孔缩小。葡萄膜炎也可以影响角膜内皮细胞功能，引起弥漫性角膜水肿。内皮细胞通过主动调解泵机制维持角膜干燥，但在葡萄膜炎时会引起角膜内皮细胞功能紊乱而导致角膜水肿。慢性溃疡的症状包括角膜血管化、肉芽组织和白色纤维化组织的形成。浅棕色、奶油状或发黄的角膜症状可提示炎症或感染的程度。在角膜溃疡时出现的棕色色素物质还可能是慢性角膜炎导致的结果以及角膜穿孔导致虹膜脱出。角膜穿孔常常会伴随房水渗出、出血性分泌物、眼前房塌陷而使角膜失去正常的透光曲率，以及眼前房变浅等情况的发生（彩图143-3）。

最常见的潜在病因包括炎症和创伤的继发感染。在马角膜溃疡中高发细菌性感染，主要病原体包括链球菌属，葡萄球菌属和假单胞菌属。常见的真菌性病原体包括曲霉菌和镰刀菌。

四、治疗

马深度角膜基质溃疡（溃疡深度＞50％角膜厚度），深度角膜撕裂、异物渗透以及角膜穿孔应立即进行手术治疗。因为这些病变是常见的严重感染性溃疡，治疗是为了最大限度保留尚存的视力，有些马匹需要立即或后期进行眼球摘除。然而，最近的研究表明，64％以上的手术病例会保留一些术后视力。手术治疗的选择包括角膜移植、马的羊膜移植、猪小肠黏膜下层或膀胱壁移植以及同源性结膜的移植；而联合使用多种方法进行治疗较为常用。治疗的方案是由潜在的病因学、角膜病变的深度以及术者偏好所决定的。手术应尽可能一并解决任何潜在的眼附器异常（如异物或眼睑病变），这将有助于溃疡的治疗。

浅表溃疡应以局部广谱抗菌药物（新霉素-多黏菌素-杆菌肽、红霉素、土霉素或软膏，每天3～4次）和抗真菌制剂（磺胺嘧啶银盐软膏每天3～4次）用药为主。在继发葡萄膜炎时可应用瞳孔放大剂-睫状肌麻痹剂（阿托品：局部用药，通常每隔1d 1次）。使用外用瞳孔放大剂的病马应避免强光直射，阿托品影响眼球大小可持续到停药后3周。为防止减缓溃疡的愈合，应尽量避免使用局部的类固醇和非甾体类固醇类药物。也要尽量避免使用局部止痛药如丙美卡因或丁卡因，这会增加药物的毒性。但在治疗嗜酸性角膜炎时，可用局部抗炎药物进行眼部治疗（局部环孢素、皮质类固醇，或两者联合使用）。在角膜溃疡兼有嗜酸性角膜炎的情况下，可以考虑使用局部细胞稳定剂。在确定有疱疹病毒感染时可使用抗病毒剂。软膏一般可以直接涂抹于眼部，但要控制使用频率，因为药膏会妨碍药物吸收。不同药物用药间隔不少于5min。全身性非固醇类抗炎药可减缓疼痛。角膜接触镜有助于减少不适感，起到药物缓释剂作用，有助于溃疡愈合。药物治疗前应解决潜在的致病因素。单纯性眼浅表角膜溃疡应在7d内痊愈。

如果在溃疡中发现非黏附上皮（上皮唇），这会导致角膜的愈合不良，可在镇静和局部镇痛后进行角膜上皮的清创。清创是通过多个一次性干棉签尖轻轻触碰上皮细胞组织，可增强清创术的效果。将受损的上皮细胞去除，留下健康的上皮细胞组织。预防性清创应持续进行直至溃疡完全愈合。角膜格状切开术可应用于难愈合的病例，在全球范围内具有细菌和真菌性角膜炎的病例中较为常见，操作时要十分小心。长期不愈合的病例应进行转诊治疗。

高频的给药有时会妨碍有效治疗，如果需要多个给药途径，可以放置眼睑下灌清洗装置（图143-1）。该装置由Mila公司销售，将顶端带有套管长软管插入到上方或下方的结膜穹窿内，并从眼睑皮肤穿出，在底端有一个可以使套管留在结膜穹窿内的小型踏板。马使用大剂量镇静剂后，在装置侧边边缘进行耳睑反射试验和局部渗透性感觉阻滞试验。使用局部镇痛剂可帮助装置安放，当管针插到结膜穹窿后，推管前进，直到踏板与结膜平齐。长管缝合到头部，而套管的其余部分与马鬃编成小辫。注射端口放置在管道末端，以便注射溶液到装置内。治疗期间，大约0.2mL的溶液会被注射进装置内，接着用1mL的空气缓慢推注药物，使药物向前推入结膜穹窿。或者安放持续输注器，但同时输注多种药物时会堵塞管道系统。灌洗装置应定期（1～2d）检查以确保管道的畅通，防止其脱落，此步骤非常重要，因为小型踏板与其接触的结膜脱离，会使其接触到角膜并导致溃疡的进一步恶化。根据疾病的严重程度，给药间隔为1～4h。

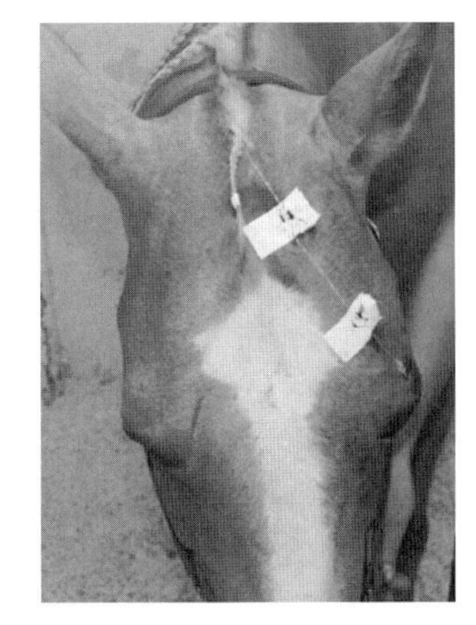

图143-1 上颞骨结膜穹窿放置眼睑清洗装置（应注意装置在上眼睑处和贴在头部的胶带）

深度基质溃疡的药物治疗如下：

局部抗菌剂（氟喹诺酮类和氨基糖苷类药物，可购买或混合强化使用）。

局部抗真菌剂（纳他霉素或复合抗真菌药物）；局部抗溶胶原剂（血清、EDTA或者乙酰半胱氨酸）。

局部瞳孔放大剂或睫状肌麻痹剂（阿托品）。应要注意监测胃肠蠕动次数；阿托品通常的使用频率不能超过每6～8h。

全身性非甾体类抗炎药物，全身性抗微生物制剂或抗真菌制剂只能在怀疑有角膜溃疡血管化或眼内感染时才能使用。

推荐阅读

Annear MJ，Peterson-Jones SM. Surgery of the ocular surface. In：Auer JA，Stick JA，eds. Equine Surgery. 4th ed. St. Louis：Elsevier-Saunders，2011：770-792.

Clode AB. Diseases and surgery of the cornea. In：Gilger BC，ed. Equine Ophthalmology. 2nd ed. St. Louis：Elsevier-Saunders，2010，181-266.

Clode AB. Therapy of equine infectious keratitis：a review. Equine Vet J Suppl，2010，37：19-23.

Schaer BD. Ophthalmic emergencies in horses. Vet Clin North Am Equine Pract，2007，23：49-65.

（巴音查汗　译，李靖　校）

第 144 章　青 光 眼

Amber L. Labelle

青光眼是马兽医诊断和治疗中最具挑战性的眼部疾病之一，即使进行积极有效的治疗，还是会导致马视力下降。基于此原因，大多数兽医会将马青光眼病例进行转院治疗，如果不进行转院治疗，应对其进行兽医眼科医生会诊。研究该病的发病机理，病情的发展程度及有效的治疗方法是至关重要的。本章论述马青光眼的发病机理、临床症状、诊断和治疗。

一、青光眼的病理生理学

眼内压（IOP）是处于睫状体上皮排出的房水和眼房水外流两个主要途径之间的平衡：即虹膜角膜角（常规途径）和葡萄膜巩膜外流途径。马的独特性在于葡萄膜巩膜外流途径的重要性，约 50%的房水借此途径流出眼外。青光眼是一系列眼内压升高、视神经损伤和视力减退的眼部病理现象。对于人，青光眼的形成被认为是视神经变性与在没有高眼压的情况下视力丧失的结果；这种形式的青光眼尚未在马的病例中报道，病马的眼压升高被认为是对青光眼视神经损伤的主要致病因素。

青光眼在兽医学中分为先天性、原发性和继发性。先天性青光眼虽然有报道，但在马中极为罕见。原发性青光眼在马中存在但未有报道，而经验丰富的兽医眼科专家怀疑它的存在。在人类中，原发性青光眼被认为是遗传因素和房水外流导致虹膜角与后期 IOP 升高的结果。继发性青光眼是在马中最常见的形式，它是由并发的眼内疾病如慢性葡萄膜炎、眼内肿瘤或视网膜脱落引起的。虽然马复发性葡萄膜炎（ERU）与继发性青光眼是最常见的眼内疾病，但对其发病机理研究甚少。

二、青光眼的临床症状

青光眼的临床症状是多变的，急性症状与慢性青光眼的症状有所不同。与其他家畜相比，在长期眼压升高情况下，马仍可保持视力。因此，马视觉缺损程度的评估会随时间变化而改变。马视力评估难度较大，应激反应是最基本评估视力的测试，但是它可能会有假阳性和假阴性的结果。应激反应中必须认真评估所有视野对惊吓的反应。焦点反射，即以耀眼的焦点光线进入眼睛，观察眼部瞬目反应进行评估，其中也包括眼睑的闭合、收回眼球及头部的移动，可以给兽医提供视网膜功能的有效信息。虽然正焦点反射并不等同于视觉，但它确实表明一些视网膜功能的存在，逆反射是效果较差的预后指标。在一个陌生的环境中，观察马在明亮和昏暗的灯光条件下反应，有助于检查视力受损情况，因为马已习惯周边环境应避免在农场中进行。设置一个简单的跳跃障碍试验，包括大障碍物（垃圾桶）或需要跨过的障碍物（地上杆），以提供关于视力表现的有用信息。

马青光眼中瞳孔对光反射的反映是多变的。马并发眼内炎症可能会使瞳孔缩小，而终末期视网膜或视神经损伤会使瞳孔放大。虹膜后粘连可形成瞳孔反映异常（形状异常的瞳孔）或并发眼部疾病（如瞳孔大小不一致，即青光眼最终阶段的瞳孔缩小）。

许多马青光眼没有眼痛的症状，包括溢泪和眼睑痉挛，常见轻度至中度结膜充血和巩膜充血现象，也可见轻度到重度弥漫性角膜水肿。角膜水肿可能是阶段性的，开始在角膜中央有垂直条纹，后发展为弥漫性水肿。水肿可能导致角膜基质纤维物理变性和内皮细胞功能障碍，水肿也可以呈线型横贯角膜。德斯密条纹（也称为角膜条纹或哈氏条纹），角膜后弹力层间断区域，后期可能出现线型水肿（图 144-1）。严重水肿可与大疱或充满液体的上皮水泡细胞有关，大疱破裂可导致角膜溃疡，可发现浅表角膜缘周的管化现象，即这些管从角膜缘到角膜轴延伸数毫米。角膜后沉积物是纤维蛋白凝聚和炎性细胞出现在眼角膜内皮细胞表层的点状沉积物。

检测马眼内弥漫性水肿较为困难。减弱环境照明度和前房光源从角膜一侧到对侧缘（使用间接与直接照明）试验，有助于对眼部结构的观察。眼内部检查结果可能与 ERU 一致，包括虹膜色素沉着、钝化或黑质纹状体萎缩、房水浑浊和白内障。虹膜角膜角在角巩膜缘较易检查，其中可见轴在角膜缘的小梁网结构开口处。一个正常的虹膜角膜角具有一个海绵状外观，在网状组织横贯的角膜开口处可见梳状韧带。巩膜架或巩膜之下可能会出现一个不正常的角度，因为白色纤维组织取代了正常的梳状韧带，没有马虹膜角膜角的外观、青光眼及预后的相关信息。晶状体半脱位或脱位，可能会导致慢性青光眼眼球变大和后期的悬韧带变性（图 144-2）。

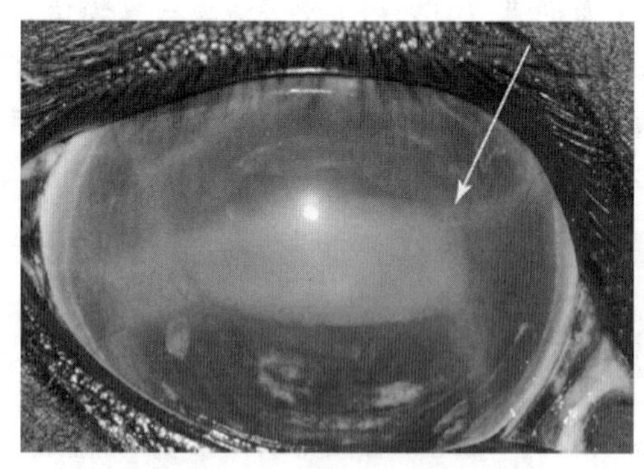

图 144-1　18 岁母马右眼青光眼

注意德斯密条纹（箭头指向横贯眼角膜）

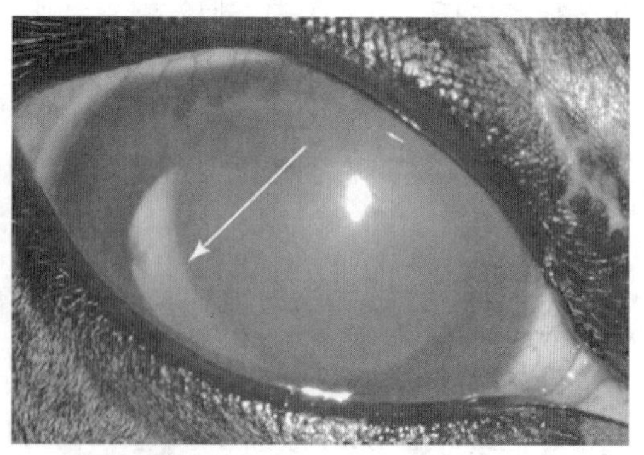

图 144-2　老马右眼的青光眼和晶状体半脱位

箭头指在晶状体脱位位置，可见到眼球粘连与无晶状体的月牙形区域，明显的弥散性眼角膜水肿和浅表角膜血管化

视网膜的外观可能在早期阶段是正常的，但随着时间的推移，视神经萎缩变得苍白、如同视神经的中心远离术者并呈杯状外形。视网膜血管可出现老化或僵硬，随着眼压缓慢升高，眼球会扩张。先天性青光眼与慢性青光眼的发病率呈上升趋势。

三、青光眼的诊断

诊断青光眼必须使用眼压计测量眼压。市售两种眼压计：压陷式眼压计和回弹式眼压计。压陷式眼压计测量眼压通过检测角膜 1mm 直径区域或通过扁平力而实现。回弹式眼压计是借助电磁推进探针离角膜表面的反弹运动来检测。这两种眼压计测量结果都很准确且多用于临床检测。选择眼压计类型往往取决于个人的选择。市售回弹式眼压计的特点是不需要表面麻醉，并且一些医者认为马对回弹式眼压计耐受力较强。

不管使用何种眼压计，认真操作是获得准确数据的关键。当眼睑为眼压计睁开时，不能给眼球增加额外压力。镇静剂的使用和耳睑神经阻滞试验可以减轻马的疼痛。上眼睑翻起时易无意中用指尖压在眼球上，特别是在马重度眼睑痉挛中常发，故特别注意利用背侧眼窝缘或用手指轻点眼睑，使眼睑稳定、且在翻起时不造成向下的压力。同样重要的是镇静剂对眼压的影响，α_2-肾上腺素受体激动剂可以降低 20%的眼内压，但也导致马头部下垂。头部低于心脏水平可以显著地提高健康马的眼内压，进行眼压测定之前至少 60s 内头部位置必须保持或高于心脏的水平是至关重要的。通常，要保证连续测量之间的一致性、尽可能减少测量的差异，从而增加测量的可比性。这意味着同样的人、镇静剂、压力计及相同部位会出现不同的眼内压测量值。

马眼内压的参考范围有所不同，一般的正常范围在 15～25mmHg。考虑并发的眼部疾病对眼压值的影响都很重要。葡萄膜炎通常导致房水减少并增加眼房水外流及眼压降低。患有葡萄膜炎并怀疑有青光眼的马，眼压则高于正常值，即使眼压在可接受的参考范围之内，因为眼压高于预期值但有并发的眼内疾病的可能。青光眼的诊断并不是简单地测量眼压的问题，而是需要仔细考虑病马的病史、视力、眼部检查结果及眼压。较难治愈的青光眼病例是原先的 IOP 为“正常”值或在 IOP 参考范围之内，在这种情况下建议多次 IOP 测量，绘制 IOP 的态势图。

四、青光眼的治疗

青光眼的治疗并不乐观，即使治疗，最终结果也多为永久性失明。青光眼治疗的最佳结果是降低眼压到一个范围，保留视网膜和视神经功能，最大限度地减少后期损害。虽然大多数临床医师认为在慢性青光眼病例中小于 25mmHg 的眼压是可接受的，但是马眼压的安全范围尚未确定。尽管 IOP 正常化，视网膜和视神经也会持续退化。

马青光眼的最大挑战之一是解决并发的眼病——马复发性葡萄膜炎（ERU）。ERU 特定病例显示“高血压性虹膜睫状体炎”，这种高活性葡萄膜炎会使眼压升高，葡萄膜炎的治疗为局部结合全身抗炎药的使用，可使眼压降低。出于此原因，即使不存在活动性眼内炎症，治疗高眼压时应考虑到局部或全身抗炎药治疗（治疗 ERU 在

第 150 章进行讨论）。ERU 应用局部和全身抗炎药治疗。马 ERU 和青光眼治疗中阿托品类药物是禁忌的，除非 IOP 可以精确测量，当眼压升高时阿托品应停止使用。阿托品可刺激患有青光眼马的眼压升高。

青光眼治疗分为两种重要的途径：即药物治疗和外科手术治疗。治疗方法进一步分为减少房水产生和增加房水外流。药物治疗方法往往是治疗马青光眼的第一步。

用于减少房水产生的药物包括碳酸酐酶抑制剂（CAIs）和 β 肾上腺素能受体拮抗剂。CAIs 是睫状体上皮细胞产生的抑制碳酸酐的酶，也是正常房水所产生的。在美国市售 CAIs 包括 1%的布林佐胺溶液和 2%的多佐胺溶液。虽然两种药物都可以使眼压降低，但布林佐胺降低眼压的能力较强。在美国，一般多佐胺的普及率较高，因为价格便宜使得它在马青光眼的治疗中更受欢迎。多佐胺也可与 0.5%的噻吗洛尔配合使用。多佐胺-噻吗洛尔与单用布林佐胺的相对有效性尚未在马青光眼病例中进行过评估。局部 CAIs 的给药应控制在每 8～12h 1 次。但外用的 CAIs 只可作溶剂，在马的给药过程中较难操作，大多数马会随时间推移而吸收该溶剂。眼部溶剂可通过一个 1mL 的注射器和 20 号针头的针尖以“点眼”的形式给药。口服 CAI 乙酰唑胺通常用于马因利尿剂而导致钾流失和高钾性周期性瘫痪，剂量为 2～3mg，每 12h 1 次，口服使用。虽然这种药物用于降低眼压的功效是未知的，但其作为口服制剂，使得它对病马有利，其溶剂的局部给药是无效的。

β 肾上腺素能受体拮抗剂（β 阻滞剂）通过在睫状体内抑制环磷酸腺苷的活性减少房水的产生。0.5%的马来酸噻吗洛尔溶液是临床上最常用的降低正常马眼内压的药物。其他上市销售 β 肾上腺素能激动剂包括：倍他洛尔、左布诺洛尔以及美替洛尔，但在马中应用的效果未进行评估，也没有得到广泛使用。β 肾上腺素能剂应每 8～12h 1 次，可与 CAI 合用或可作为单一药剂使用。

增加 IOP 外流的药物是有限的。在其他物种中使用前列腺素类似物，例如 0.005%拉坦前列腺滴眼液和 0.004%的曲伏前列腺素可使 IOP 外流，但在马中不能始终有效。研究评估前列腺素类似物报告中与降低眼压的能力相互矛盾。有报道称会有较高引起并发症的概率，包括增加眼部疼痛。此类药物在马中应谨慎使用，与 ERU 相关的青光眼，因为前列腺素衍生物与内源性前列腺素相似的抗炎作用。

手术疗法可用于增加房水外流和减少其产生房水。最常见的外科手术是睫状体上皮光凝术（睫状体光凝术），由此减少房水的产生。通常用二极管激光器，首先作用于睫状体上皮的色素组织。内镜睫状体光凝术在人或者犬已经被应用，但应用在病马时，需对该技术进行调整。睫状体光凝术的并发症包括角膜溃疡、葡萄膜炎、前房出血、白内障和视网膜脱落。即使是有手术介入也需要长期使用外用药。早期手术治疗，会提高治疗的成功率。然而，睫状体凝光术在早期诊断和晚期诊断阶段的研究未进行过评估。

青光眼手术治疗以前仅限于减少房水外流，但最近使用引流植入物的方法会增加房水外流，提供房水出口的新途径。在实验中 Ahmed 瓣膜分流器的放置有良好的效果，临床试验正在进行评估该装置在马青光眼病例中使用。

最终，大部分青光眼的治疗会失败，导致眼球疼痛并丧失视力。在青光眼的治疗中应消除眼部疼痛。在这种情况下眼球摘除术被认为是有效且人性化的。眼球摘除后，放置眼内装饰体或眼内假体。这类手术最好由眼科医生进行，并且推荐转院治疗。玻璃体内注射 50～100mg 硫酸庆大霉素，可导致睫状体坏死和降低眼压。玻璃体内注射可以在马镇静剂的麻醉下进行。如果在注射时眼压升高，首先应该进行房水穿刺术，以降低眼压至正常范围。需要注意的是，避免在玻璃体注射的过程中划破后晶状体囊，此行为可能导致难治性葡萄膜炎。22～25 号针头应定位在后背外侧缘 10～12mm 处并朝向视神经方向。当 IOP 升高时应在重复注射或在穿刺术后再次进行眼压测量。

推荐阅读 

Annear MJ，Wilkie DA，Gemensky-Metzler AJ. Semiconductor diode laser transscleral cyclophotocoagulation for the treatment of glaucoma in horses：a retrospective study of 42 eyes. Vet Ophthalmol，2010，13：204-209.

Harrington，JT，McMullen RJ，Cullen JM，et al. Diode laser endoscopic cyclophotocoagulation in the normal equine eye. Vet Ophthalmol，2013，16：97-110.

Komaromy AM，Garg CD，Ying G，et al. Effect of head position on intraocular pressure in horses. Am J Vet Res，2006，67：1232-1235.

Wilkie DA. Equine glaucoma：state of the art. Equine Vet J Suppl，2010，37S：62-68.

（巴音查汗　译，李靖　校）

第 145 章　真菌性角膜炎

Mary Lassaline Utter

马真菌性角膜炎是一种严重的眼部疾病，可导致病眼永久失明甚至摘除眼球。早期诊断和有效治疗是确保恢复最佳视力、重塑美观及减少治疗时间和费用的关键。当正常结膜菌群中的某些真菌通过缺损的角膜上皮侵入到基质内时，会使真菌性角膜炎进一步严重化。

临床上 2 个典型的病症包括溃疡性角膜真菌病和真菌性角膜基质脓肿。部分溃疡性角膜真菌病的病例中，还会伴发角膜基质软化溶解（图 145-1）和角膜穿孔（图 145-2）的症状。而真菌性角膜基质脓肿则发生在角膜上皮完好但基质感染真菌时，通常感染会延伸至后弹力层。虽然真菌性角膜炎疾病初期只是浅层基质的感染，但溃疡性角膜真菌病和真菌性基质脓肿都可以继发更深层基质的感染，造成角膜穿孔以及眼内脓肿物的破裂，其机理是真菌在后弹力层相邻的深层基质中具有趋向葡萄糖胺聚糖的作用。角膜溶解和基质脓肿可以分为细菌性、真菌性和病毒性，但病程后期进一步恶化通常都伴有真菌性感染。角膜溶解和基质脓肿的临床表现为剧烈疼痛，根据其病情需要加大药物治疗剂量，必要时改用外科手术进行治疗。

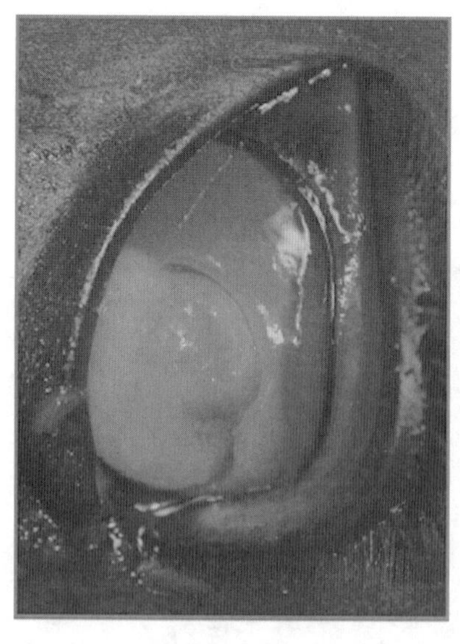

图 145-1　溃疡性真菌角膜炎伴有严重的角膜软化

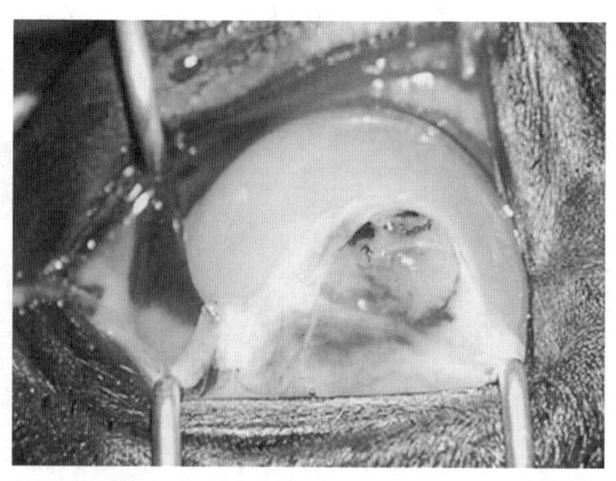

图 145-2　严重的角膜软化导致穿孔，使虹膜脱出

马属动物真菌性角膜炎的发生不存在年龄、品种、性别和地域差异。真菌性角膜炎在美国东南部地区发病率最高，真菌普遍存在于高温潮湿的环境中，而在东北部和大西洋中部地区，该病则高发于高温和潮湿的夏秋两季。马的迁徙史可以提供有关角膜真菌病的预判信息，特别是对于在南部越冬而夏季北迁的表演马和赛马。

如果病马曾局部使用过抗生素或皮质类固醇等药物，会增加患真菌性角膜炎的概率，因为这些药物会破坏机体自身的防御机制（比如正常的前泪膜中存在抗菌物质），从而改变角膜正常微生物菌群，导致机会致病菌的生长。

一、诊断

大部分真菌性角膜炎可直接诊断，通过角膜细胞学检查真菌菌丝或经角膜病料培养得到真菌的生长情况即可做出诊断，对其临床症状的早期诊断与有效治疗可以在一定程度上控制该病的快速发展及恶化。角膜细胞学可以通过使用 Diff-Quik 染色（Diff-Quik 是一种 Romanowsky 染色试剂）和检查真菌菌丝做出诊断。收集角膜细胞学病料可以帮助治疗，因为刮擦动作可以去除部分真菌及不健康的角膜上皮与基质。

真菌扩散至角膜深层基质，或角膜上皮完好难以采集病料时，角膜细胞学诊断将更为复杂。存在真菌性脓肿，特别是对于未采取手术治疗而没有机会获得深层角膜病料的病例，经验性治疗就显得非常重要。对于基质脓肿的病例，进行深层角膜切除并采集病料进行组织学检查可以确诊该病。

最常见的马真菌性角膜炎致病菌是丝状真菌，包括丛梗孢科（无色素属，如曲霉菌和镰刀菌）和暗色孢科（有色素属，如弯孢属、链格孢属和枝孢属），而丛梗孢科是最常引起马真菌性角膜炎的病原体。酵母菌（如念珠菌）是人类常见的引发真菌性角膜炎的病原体，极少情况下会感染马匹。

真菌通过缺损的上皮进入角膜进行增殖，酵母菌是在上皮缺损中最常见的致病菌，而丝状真菌是常见的随外伤侵入角膜基质中的菌属，这表明马的真菌性角膜炎比正常眼内菌群感染导致破创性脓肿更为常见。

二、临床表现

真菌性角膜炎相比于其他角膜病变所表现出的疼痛程度是不一样的。临床表现可以是非特异性的，因疼痛或炎症导致的典型症状，包括眼睑痉挛、泪溢、结膜充血、结膜水肿、角膜水肿、房水混浊和瞳孔缩小等。

溃疡性角膜炎典型的临床症状包括浅层角膜变得粗糙，如沙砾样外观，甚至在采集角膜细胞学病料时也会有沙砾样的触感，在一些深层溃疡病例中，基质与溃疡边缘形成粗糙的深脊。角膜基质脓肿常表现为基质深层出现白色至黄色的斑点。当出现角膜严重水肿、角膜血管化或严重眼睑痉挛等眼部症状时，可能会遗漏对脓肿的检查。在某些溃疡性角膜真菌病或真菌性基质感染的病例中，可见前房积脓或前房纤维化等病理变化。

三、药物治疗

溃疡性角膜真菌病和真菌性基质脓肿的治疗方法相似，治疗期间必须严格控制真菌感染。在溃疡性角膜真菌病发展到基质软化时，为防止角膜穿孔的发生，可使用抗胶原酶类药物。然而，对于治疗真菌性基质脓肿时，使用的治疗药物应该与治疗角膜上皮感染使用的药物相同。真菌性基质脓肿常向深层蔓延，使感染侵入眼前房导致角膜穿孔。因此，不论是角膜溶解导致的穿孔还是真菌性基质脓肿破裂而侵入眼前房，有效的药物治疗和手术更为关键，但相对于没有发生角膜穿孔的病例，在视力恢复和眼球完整性等方面，预后效果不佳。

抗真菌药的作用机制是多样的，但大多数药物具有抑制真菌的作用，而不是直接杀死真菌。麦角固醇是真菌细胞膜中的一种固醇类物质，它与动物细胞中胆固醇的作用相似，因为它不是由动物细胞产生，所以通常可以作为抗真菌药物使用。多烯唑类和氮唑类是两类不同的抗真菌药，其中多烯唑类包括那他霉素、制霉菌素和两性霉素B，通过结合细胞壁的麦角固醇而破坏真菌细胞。多烯唑类对丝状真菌和酵母状真菌均有效；纳他霉素对镰刀菌特别有效，是目前市面上唯一销售的抗眼科真菌药；而其他抗真菌药必须混合配比后再用于眼科治疗。氮唑类可以被进一步分为咪唑类（如酮康唑和咪康唑）和苯三唑类（如氟康唑、伊曲康唑和伏立康唑），在低浓度时可抑制麦角甾醇的合成，但在高浓度时可直接破坏真菌细胞壁。

常用的抗真菌药敏试验方法包括 Kirby Bauer 纸片扩散法、E-试验法和肉汤稀释法。无论采用哪种方法，药敏试验都需要一定的时间，所以有时在眼科疾病治愈之前都得不到有效的药敏试验结果。筛选出最佳的抗真菌药物具有一定难度，因为治疗计划在药敏试验结果完成之前需凭经验去设计。此外，有些药敏试验结果可能与实际有差异，抗真菌药的体外敏感性与有机体内药物作用存在差异，这主要是因为抗真菌药物具有较差的角膜渗透作用，或由于宿主自身因素，包括抗真菌药物的免疫反应和判定机体对该药物的敏感性标准不同而造成的。因此药物敏感性数据对绘制不同地区真菌对抗真菌药物的敏感性动态图以及有助于后期抗真菌药物的经验性治疗，从而代替了单一治疗。抗真菌药物的抗真菌效果在人类和动物眼病科学中得到了广泛关注。

马真菌性角膜炎药物治疗的最大进步是药效试验和氮唑类药物的广泛使用（如伏立康唑）。Pearce、Giuliano 和 Moore 三位科学家通过一系列的药敏试验筛选了抗曲霉菌属和镰刀菌属的体外治疗药物，包括氮唑类（氟康唑、伊曲康唑、酮康唑、咪康唑和伏立康唑）和多烯那他霉素，试验结果表明真菌对伏立康唑最易感，因此证明了伏立康唑在真菌性角膜炎的初期治疗有较好效果，尽管咪康唑的敏感性与伏立康唑相似，但其他抗真菌药物的敏感性要远低于伏立康唑，其中氟康唑的敏感性最差。当分别运用上述药物进行治疗时发现，曲霉属真菌对伊曲康唑、咪康唑和伏立康的敏感性没有显著差异，而镰刀菌对纳他霉素和伏立康唑最敏感。实验结果和分离菌株的敏感性试验结果一致。

关于局部抗真菌药物的给药次数目前仍存在争议。在人类的真菌性角膜炎初期治疗时，为了彻底控制该疾病的发展，通常会频繁给药，大概每30～60min给药1次。然而，在马真菌性角膜炎的治疗中，局部抗真菌剂的初期治疗一般建议在治疗疗程的前24～48h内，每4～6h 1次，以防止严重的炎性反应。对于有效控制真菌感染和阻止炎症继续发展扩大的平衡关系较为困难。

全身性抗真菌药物的使用效果具有争议性，因为在眼部选用药物需要具有良好的渗透力和抗菌效果的双重要求。一些抗真菌药物，如氟康唑，在健康马的体内药代动力学展示为良好的渗透力，但对于病原体的治疗效果较差。其他抗真菌药物，如伊曲康唑，在健康马机体治疗效果很好，但对眼部的渗透作用欠佳。眼部的渗透作用对其炎症的机理尚不明确，可能与血-房水屏障的破坏有很大关系。口服伏立康唑具有对眼部良好的渗透作用，但目前全身性抗真菌药物的使用成本高。

四、外科手术治疗

控制真菌性角膜炎的恶化以及对于疼痛反应进行适当的药物或手术治疗是十分必要的。各种生物材料，包括自体结膜、同源角膜或羊膜以及商用猪小肠黏膜下层合成产品，都已成功被用于重建角膜。这些生物材料通常用于替代坏死的组织，如在严重的溃疡性角膜真菌病发展到角膜软化甚至穿孔时，用以取代切除的病变组织，再如代替去除的脓肿基质等。这些材料有助于保持或重塑眼球结构的完整性。出于美容或视力要求，最理想的结果是越透明越好，但在大多数情况下，生物材料应用于角膜感染和发炎时，会出现不同程度的新生血管化现象，造成角膜的瘢痕和混浊。

最近有文献报道了板层置换技术，如后板层角膜移植术或深层角膜内皮移植术，都可应用于深层基质脓肿的切除以及在溃疡性角膜真菌病而造成严重角膜软化的病例中，可以应用深部前角膜板层移植术来替换除后弹力层外的所有组织。角膜片层切除技术是直接切除角膜病变层并保留正常角膜层功能，从而优化角膜通透性，达到恢复视力的效果。

真菌性角膜病变不能单纯使用药物治疗，尽早地手术治疗会带来良好的预后效果。不要等到已造成严重感染、眼球结构完整性受到破坏或眼内炎症引起某些永久性的损伤，如虹膜粘连、白内障甚至视网膜脱离再进行治疗。为了更好地恢复病眼的外观及视力，尽早进行手术治疗可以在某些程度上减少眼科疾病的持续时间和治疗费用。

推荐阅读 

Brooks DE, Plummer CE, Kallberg ME, et al. Corneal transplantation for inflammatory keratopathies in the horse: visual outcome in 206 cases (1993-2007). Vet Ophthalmol, 2008, 11: 123-133.

Clode AB, Davis JL, Salmon J, et al. Evaluation of concentrations of voriconazole in aqueous humor after topical and oral administration in horses. Am J Vet Res, 2006, 2: 296-301.

Pearce JW, Giuliano EA, Moore CP. In vitro susceptibility patterns of Aspergillus and Fusarium species isolated from equine ulcerative keratomycosis cases in the midwestern and southern United States with inclusion of the new antifungal agent voriconazole. Vet Ophthalmol, 2009, 12: 318-324.

（巴音查汗　译，李靖　校）

第 146 章　免疫介导性角膜炎

Matthew Annear

免疫介导性角膜炎（IMMK），是近来经常被讨论的一组马的角膜疾病，无论在美国或是英国，有关这方面的关注度越来越多。很多论文或研究文献也都把注意力集中在病因的探寻方面。

免疫介导性角膜炎的显著特征是慢性的角膜混浊，但并不伴随角膜溃疡和明显葡萄膜炎的发生。角膜的混浊伴随淋巴细胞的浸润、新生血管化、角膜水肿和纤维化。这些临床表现揭示了角膜内对抗自身抗原和不确定微生物的免疫反应持续存在。通过免疫抑制药物的使用和对细胞浸润的组织细胞学检查，都进一步证明了这是免疫介导性的角膜炎。

鉴别 IMMK 与其他的角膜疾病尤为重要，特别是与最常见的并且非常严重的传染性（细菌或真菌）角膜炎的鉴别。与传染性角膜炎不同的是，马的免疫介导性角膜炎很少表现不适，但不能单独依据此来进行诊断，细胞学和培养可以帮助与传染性角膜炎进行鉴别诊断。在临床上还要与嗜酸性角膜炎进行鉴别诊断，尽管 IMMK 的部分特征与嗜酸性角膜炎类似，但后者一般都会表现短暂的并且自限性的过程。嗜酸性角膜炎典型症状是在角膜表面出现块状混浊，细胞学检查可见大量的嗜酸性粒细胞。本章节主要描述了马免疫介导性角膜炎的临床表现、诊断和治疗。

一、临床表现

免疫介导性角膜炎常发生于中年的马，表现单侧的眼部异常，尽管也有过双眼同时发病的报道，各年龄段的马都可能会发病。典型的临床表现包括角膜淋巴细胞的浸润，经常伴随着角膜的新生血管化、水肿、纤维化。不同病例的细胞浸润的位置不同，所以，临床上会根据此对免疫介导性角膜炎进行亚分类，一般分成 4 个亚型：浅层基质性、中间基质性、内皮性和上皮性免疫介导性角膜炎。

浅层基质性 IMMK 是最常见的类型，经常在角膜的中央区或腹侧区域出现角膜的浑浊。以角膜基质的浅层出现淋巴细胞的浸润，浅层角膜血管浸润，同时伴随角膜的水肿为特征。最初角膜浸润的大小和密度会增加，然后逐渐减少，在复发的类型中，多数会影响到深层的角膜基质。

中间基质性 IMMK 会呈现密度更多的混浊，典型区域常见于角膜侧面、腹侧和中央区（图 146-1）。角膜浸润在角膜基质的中间层会更明显且集中。角膜新生血管的深度也位于基质层的中间，分支也较少，局部角膜水肿也不是特别明显。与浅层免疫介导性角膜炎一样，根据炎性病变大小和浸润部位深浅导致的典型蜡状病变会随着时间变小。

内皮性的 IMMK 临床表现为角膜缓慢的进行性混浊，多数从腹侧或侧面开始，最终影响到更大的角膜表面（图 146-2）。这种混浊伴随着角膜水肿的发生，但细胞浸润并不明显，主要位于角膜的内皮层。所以，角膜的水肿反映了角膜内皮功能的丧失，这种情况下的角膜新生血管并不明显。由于角膜进行性的水肿，继发的大疱性角膜炎是内皮性 IMMK 最常见的并发症，同时动物也会明显感觉不适，尽管这种疼痛有时并不明显，甚至观察不到。

第四种亚型，上皮性 IMMK 也有过报道。上皮性 IMMK 特征性的病变是角膜点状混浊，没有新生血管。这种问题临床上最少见，所以，注意与马疱疹病毒性角膜炎进行鉴别诊断。

由于地理位置不同，临床表现及治疗的不同都有过很详细的报道。在英国，IMMK 被分成 4 个亚型：慢性浅表性角膜炎、慢性复发性角膜炎、内皮性和表皮性角膜炎。其中，慢性浅表性角膜炎和内皮性角膜炎临床症状与美国的浅表性和内皮性 IMMK 类似。慢性复发性角膜炎表现为反复性的、自限性的深层角膜基质水肿、新生血管化，同时伴有角膜纤维化。和其他亚型相比，对于慢性复发性的 IMMK，疼痛并不明显，除非继发了角膜溃疡。表皮性角膜炎则表现为无血管，并且在中央区的角膜上皮出现增厚的现象，但这种类型的角膜炎对治疗非常敏感。

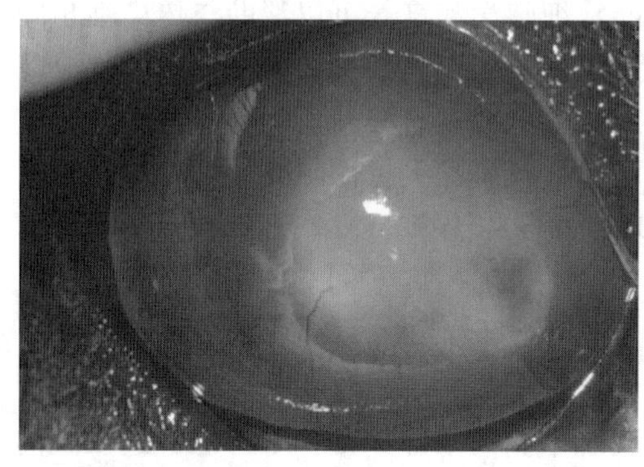

图 146-1　中间基质性免疫介导的角膜炎

可以观察到致密、近心的中间基质性细胞浸润，伴有相关的角膜水肿和新生血管化

（图片由 Anne Metzler 博士提供）

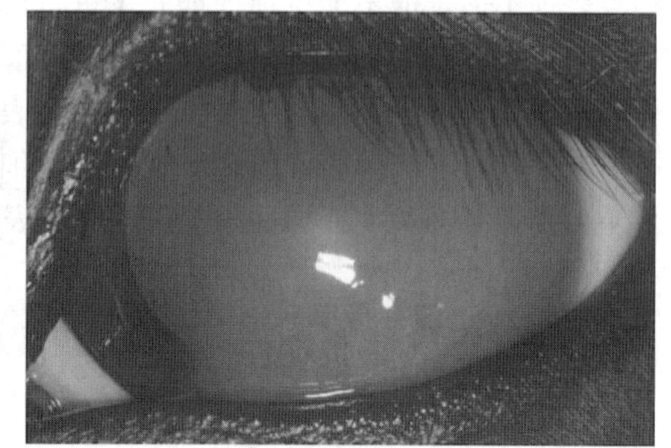

图 146-2　内皮型免疫介导的角膜炎

角膜下部可见明显的基质水肿

（图片由 Anne Metzler 博士提供）

二、发病机制

免疫介导性角膜炎（IMMK）的发病机制是目前研究的一个课题。其中，大家特别感兴趣的问题是，正常角膜免疫特权的明显免疫反应是如何启动的。与免疫介导的

发病机制相符合的表现是角膜淋巴细胞浸润，而通过细胞学检查或培养未发现可识别的传染性病原体，以及对局部免疫抑制药物的积极响应。有人提出，在IMMK病例中，对病原体和自身抗原的局部免疫反应引起了炎症反应。因此，可能是目前尚未确定的感染性微生物引起了炎症反应或启动了对角膜自身抗原的反应。在这些被提出的激发性病原体中，钩端螺旋体被认为是一种候选病原体。不管潜在的原因是什么，角膜微环境似乎出现了免疫上调，包括角膜抗原提呈细胞的激活和免疫耐受的潜在损失。

北卡罗来纳州立大学的研究人员最近报道，在浅层基质IMMK病例中发生了T细胞激活的$CD4^+$和$CD8^+$响应。体液免疫系统的作用似乎还不明了；虽然在受累及的角膜中发现了局部免疫球蛋白，但在这些病马的血清和眼房水中却未检测到角膜结合免疫球蛋白。在IMMK病例中发现T细胞激活的反应与自身免疫性眼部疾病的过程相符，这与马复发性葡萄膜炎中看到的情况相似。目前，我们还不知道对自身免疫性疾病尤为重要的环境和遗传因素，在何种程度上促成了IMMK的发病过程。

三、诊断

IMMK的诊断有赖于识别如前面所述的相应临床症状：慢性角膜细胞浸润伴血管化、纤维化和水肿。仔细的眼科检查会进一步将观察到的角膜变化归入IMMK的某一亚类，这很大程度上依赖于角膜中观察到细胞浸润的部位。与IMMK一样，应在没有继发性葡萄膜炎或明显眼痛时，对这些病变进行鉴别。

排除其他可能被误诊为IMMK的疾病尤为重要。这可以通过治疗性试验或最好是通过另外的诊断测试来实现。为了辅助排除角膜细胞浸润已知的传染性和非感染性病因，如真菌性角膜炎和瘤样病变，需要进行角膜细胞学检查以及细菌和真菌培养。应时刻铭记，角膜真菌细胞学检查和培养的灵敏度相对较低，所以，一个阴性的结果不足以排除真菌性角膜炎的诊断，尤其是在出现相符的临床症状时。正是在这些情况下，治疗性试验可能具有特殊价值。

最后，实施浅表角膜切除术或活检可以帮助确诊IMMK，但实施这些程序前应权衡继发感染和全身麻醉的风险，为了安全、准确地获取样本，一般要求进行全身麻醉。当活检或角膜切除术被当作诊断或治疗计划的一部分实施时，淋巴细胞为主的细胞浸润的鉴定被认为可强力支持IMMK诊断。这些病变的组织学评估也可揭示组织细胞和多核白细胞的数量更少。角膜表面细胞学检查指标主要有助于排除传染性的病因，但对确诊IMMK没有帮助。因为，虽然可以偶尔在这些病例细胞学检查中观察到淋巴细胞，它们同样可以在其他炎症性表面疾病的细胞学检查中见到。

四、治疗

在开始IMMK治疗之前，必须仔细排除角膜细胞浸润的感染性因素。这一点特别重要，因为用于治疗IMMK的甾体类药物能导致感染性病原体的增殖。治疗的主要方法是慎重使用局部类固醇药物，在角膜病变得到解决后，应逐渐谨慎地降低药量并停药。IMMK 的特定治疗方法常常很大程度上由 2 个因素决定：诊断 IMMK 亚类和可能存在的角膜溃疡。虽然 IMMK 是一种主要采取内科治疗的疾病，但成功的外科干预病例也有报道。

浅表基质和中间基质 IMMK 病变通常最初用新霉素-多黏菌素-地塞米松眼膏①治疗，每 6～8h 用药 1 次。特异性 T 细胞调节剂②或眼科用复合 1%环孢菌素辅助治疗，12h 用药 1 次，也可能有效。使用外用环孢菌素也可能对停用外用类固醇后的维持治疗有价值，因为疾病有复发的可能性。单用局部环孢素治疗成功的案例不常见，尤其是在美国见到的更持久的 IMMK 类型。有趣的是，辅助使用其他 T 细胞调节剂，如外用他克莫司和口服强力霉素，也可能有效，但它们在 IMMK 的使用的文献记录目前还不多。

内皮性 IMMK 对治疗的敏感性低，但将新霉素-多黏菌素-地塞米松软膏，在角膜不溃烂的部位每 6h 用药 1 次，疗效可能改善。对于内皮性 IMMK，可能建议使用辅助外用环孢菌素，虽然它的价值尚未确定。因为角膜渗透性有限，它在角膜内皮细胞不能达到治疗水平。由于内皮性 IMMK 对治疗的敏感性通常较低，更昂贵的非类固醇类外用药物，如溴芬酸钠③已被间歇地使用，并获得了一些成功。口服非类固醇类药物同样有介绍，但是其长期用药产生的潜在系统性副作用限制了其使用。

在有角膜溃疡时治疗 IMMK 更具挑战性，在这种情况下，治疗重点转移到解决溃疡性疾病和防止继发感染。因此，绝对不能使用外用类固醇治疗。应该使用外用抗菌剂（联合使用或不用抗真菌药物），直到溃疡和感染的风险得到解决。这也同样适用于治疗性诊断角膜细胞学检查中形成的上皮缺损，或作为 IMMK 的一部分形成的溃疡型大泡性角膜病变。环孢菌素可慎重使用于存在角膜溃疡的病例，而且它常常与外用抗菌药一起用药，在溃疡性疾病得到解决后，可以将抗生素替换为皮质类固醇药物。

浅表性角膜炎和部分中间基质角膜炎已被角膜切除术成功治疗。在某些情况下，紧接着这些治疗程序的可能是结膜移植，尤其在有更深层病变时。大多数患有浅层角膜炎的马对局部用药敏感，但在有些病马，外用药物的长期使用会产生副作用或无效。在这些病例中，角膜切除术手术治疗可以快速解决问题。经过角膜切除术治疗，病变角膜组织区域连带可能是免疫反应来源的所有激发性抗原将被去除。角膜切除术治疗可能因此有助于降低 IMMK 复发风险，而且在实施手术后病变复发的病例罕见。

五、预后

IMMK 治疗的预后很大程度上取决于正在接受治疗疾病的特定亚类，但预期病程通常迁延至数月。浅表基质 IMMK 病变对治疗产生的响应最容易且最迅速，该疾病治疗被认为有好的预后，如果实施浅表角膜切除术，成功治疗的可能性更大。然而，更深层的 IMMK 病变类型很少会有鼓舞人心的响应。中层基质 IMMK 对治疗的敏感性

① Neomycin-polymyxin-dexamethasone，Alcon Laboratories Inc，Fort Worth，TX。

② Optimmune topical 0.2% cyclosporine ointment，Schering。

③ Bromday，Bausch and Lomb，Rochester，NY。

一般比浅表性 IMMK 低，其治疗有中等预后。内皮性IMMK是该疾病中对治疗敏感性最低的类型，与浅表基质 IMMK 的情况不同，内皮性 IMMK 的治疗往往进展缓慢。在对患有内皮 IMMK 的马进行治疗时，需更为谨慎的考虑其预后。

推荐阅读

Gilger BC，Michau TM，Salmon JH. Immune-mediated keratitis in horses：19 cases（1998-2004）. Vet Ophthalmol，2005，8：233-239.

Lucchesi PM，Parma AE. A DNA fragment of Leptospira interrogans encodes a protein which shares epitopes with equine cornea. Vet Immunol Immunopathol，1999，71：173-179.

Matthews AG. Cyclosporine A and the equine cornea. Equine Vet J，1995，27：320-321.

Matthews AG. An overview of recent developments in corneal immunobiology：potential relevance in the etiogenesis of corneal disease in the horse. Vet Ophthalmol，2008（Suppl 1），11：66-76.

Pate DO，Clode AB，Olivry T. Immunohistochemical and immunopathologic characterization of superficial stromal immune-mediated keratitis in horses. Am J Vet Res，2012，73：1067-1073.

（董毅　译，李靖　校）

第 147 章　眼睑撕裂

Amber L. Labelle

眼睑是马眼部很容易受到创伤的部位。重塑正常的解剖结构关系对于保持良好的眼睑功能和长期的眼部健康是很重要的。眼睑撕裂后必须迅速并且精确地进行修复。外科手术修复方法应该在镇静或者全身麻醉状态下进行，而眼睑撕裂修复的原则同样是不局限麻醉的使用方法。

一、解剖和生理

眼睑是保证角膜健康的必要条件。眼睑不仅可以为角膜提供保护，使泪膜沿眼部表面分散，清除异物，并且对于泪膜的产生以及提供角膜的免疫学保护也起到了非常重要的作用。眼睑的皮肤和身体其他部位的皮肤一样，但是眼睑的边缘以及背侧是高度分化的。接触角膜的睑缘和睑结膜是光滑且无毛的，这帮助保持了角膜上皮的健康与完整性。睑缘的外面生长有睫毛，这对于眨眼反射提供了重要且敏感的组成。因为马的眼睑位于凸出的眼球之上，并且对于战斗或逃跑能够做出快速反应是与生俱来的，所以，马的眼睑容易受到创伤。当眼睑受到创伤时，重塑睑缘的正常解剖结构是眼睑修复的重要部分。不规则的睑缘形态或睑缘的部分缺损将会导致泪膜缺乏，慢性刺激，暴露性角膜炎，泪溢以及慢性溃疡等。更糟糕的是在撕裂伤愈合中，如果生长有毛发的眼睑皮肤接触到角膜，将会导致角膜的慢性溃疡、穿孔以及失明。因此，重建睑缘的正常解剖结构是眼睑撕裂伤修复的必要部分。

二、裂伤的评估

发现马的眼睑裂伤，多数情况下需要进行镇静以保证全面彻底的检查。包括荧光素检查在内的完整眼部检查是必须的。有时我们还会发现一些潜在的眼部疾病，如葡萄膜炎或者青光眼，会导致眼部的疼痛、摩擦以及眼睑损伤。眼睑损伤时，角膜的损伤经常会同时发生，所以，通过荧光素染色检查来评估角膜的完整性是十分重要的。在全部眼科检查完成后，术者要确定修复裂伤的时间，除非裂伤非常新鲜（＜2h），否则对于裂伤的包扎和修补在第 2 天进行是更合适的。眼睑的血管十分丰富，并且将会快速形成浮肿以及变形，因此，进行精确的组织复位就变得更加困难。一个湿度合适的绷带可以帮助创伤的边缘保持潮湿，减少水肿，并且让术者有更充裕的时间安排修

补。将大量呋喃西林凝胶涂抹在10cm×10cm的棉质纱布块上并直接敷于撕裂创口上，且使用可以自行黏附伸展的绷带材料（如Elastikon）进行固定一夜时间。呋喃西林对角膜没有副作用。

三、外科手术修复

大多数的马可以在局部麻醉或镇静来完成眼睑撕裂的修复，而对于年幼或好斗的马，建议在全身麻醉下完成修复手术。如果进行镇静，用浸有2%利多卡因和0.5%卡波卡因的混合液进行环状浸润，对于大多数马来说，这会提供更有效的局麻效果。这个环形区域虽然需要更多的局麻药物，但是可以帮助麻醉的范围更大，而不是只局限在组织局部来进行局麻；完整的围绕眼球周围进行局麻需要15～20mL。不要在撕裂点进行局麻药的直接注射，这会导致组织扭曲变形，使修复更加困难。

另一种方法是对受神经支配的4个眼睑的神经进行阻断。面神经、泪腺神经、滑车下神经（所有分支都是来自脑神经V分支的眼部神经）和颧骨神经（来自脑神经V分支的上颌骨神经）需要被阻断。位于眼窝边缘背外侧方向并且穿过眶上孔的面神经是最容易被阻断的。用拇指放在眼窝边缘背外侧面的腹侧方向，用食指触摸额骨上明显的凹陷，就是眶上孔的位置。16cm长的针（规格25-gauge）垂直插入孔中，回吸确认针头没有碰到血管，然后注射1～2mL的局麻药于孔中。或者可以将1～2mL局麻药注射于眶上孔位置的皮下，然后轻轻按揉。阻断泪腺神经要用1～2mL的局麻药皮下垂直注射于两眼内眦连接线的中点的眼窝边缘。滑车下神经的阻断要将1～2mL局麻药纵向注射在眼窝边缘下方的滑车下嵴上，眼窝边缘的向背中线在头骨的表面是很明显的。阻断颧骨神经需要沿眼窝边缘腹侧横向2cm注射1～2mL局麻药。另外，使用局麻药还可以帮助结膜和角膜降低敏感性，从而减少了病马在整个修补操作中的移动。

不是所有的眼睑撕裂都需要修剪，除非眼睑皮肤上的毛发过长。在修剪之前要用可溶于水的润滑剂涂抹在伤口上，这样更易冲洗，同时修剪毛发使创口清洁。尽可能地保留睫毛和鼻毛。撕裂的地方需要用稀释的聚维酮碘液（1∶50）处理，但一定要是稀释的液体，因为聚维酮碘液的擦洗会导致剧烈的眼部刺激和角膜溃疡。如果保持马站立姿势进行撕裂的修复，需要使马的头部保持一个相对于手术操作更合适的高度。用覆盖有柏油帆布的干草堆叠成一捆而使头部保持稳定，就像一个高的垃圾桶，从而保证眼睑的水平。

在眼睑修补手术中，尽可能少的使用器械（框图147-1）。对于眼睑撕裂的修补，首先要对撕裂的位置进行评估并决定如何进行组织修复。可以用15#刀片将创缘上的残余物或碎片轻轻刮除，使创缘面有新鲜的出血。眼睑周围的皮肤没有多余的，因此，应该避免切除任何眼睑组织。另外，切除任何组织，尤其是睑缘，都会导致眼睑的扭曲。但如果组织坏死严重，要最小限度的进行切除。

框图 147-1 眼睑撕裂修复中需要用到的器械

Brown-Adson 或 Bishop-Harmon 止血钳
15# Bard-Parker 刀片
Bard-Parker 刀柄
直的梅氏剪
Derf 持针器
缝线和剪刀
• 4-0，5-0，6-0 可吸收线，用于缝合皮下层（PGA910）
• 4-0，5-0，6-0 可吸收或不可吸收线，用于缝合皮肤层（单丝聚丙烯或 PGA910）

撕裂修补需要分别将皮下和皮肤两层进行闭合。结膜不需要单独缝合，因为将皮下层闭合后，结膜可以很快地自行恢复。禁止在缝合过程中穿透结膜，因为缝线会造成对角膜的摩擦，导致角膜溃疡的发生。用可吸收缝线先将皮下进行缝合修补。首先，第一针要从撕裂伤顶端的皮下层进针（远离眼睑边缘），然后从撕裂伤的顶端结尾出针（图 147-1）。从远离睑缘地方开始入针意味着也在远离睑缘的地方打结，这样可以减少打结所占的空间，也使睑缘更容易精确的对合。在缝合中，缝线在创缘两端要最大限度的对称。较长的撕裂伤可能需要更多的缝线，从创口顶端依次缝合直到接近睑缘。如果最后睑缘不能良好地对合，或者在缝完皮下之后，睑缘有某一点凹陷使对合不良，那么需要将之前不合适的缝线拆除，重新进行缝合以保证睑缘的良好对合。因此，皮下层进行间断缝合比连续缝合显得更有利，这样可以很容易地移除某一点不合适的缝线，进行校准并重新缝合。而连续缝合后如果需要移除不合适的缝线进行重新缝合时，就显得麻烦得多。

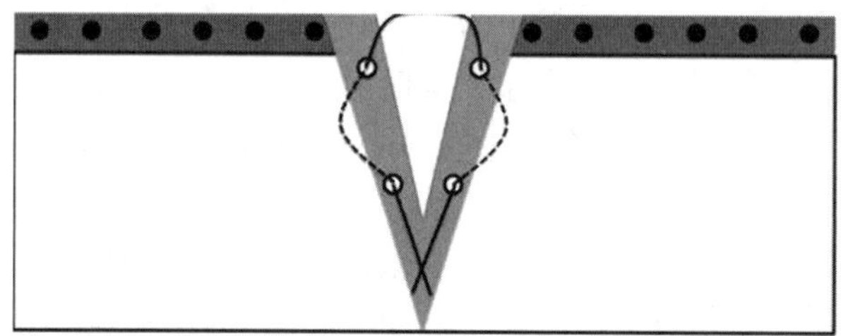

图 147-1 眼睑撕裂伤修补皮下层时应用的简单缝合法

接下来的皮肤的缝合是在睑缘上设置 1 个 8 字（图 147-2）。可吸收缝线或不可吸收缝线都可以。可吸收缝线（比如 PGA910）的优点是柔软，圆润，对摩擦角膜的可能性更小。首先，从距离睑缘 2mm 并同时距离撕裂创口 2mm 的地方开始进针，最常见的错误是进针处距离睑缘或创口过远。第一针从眼睑的皮肤层刺入并从创口的皮下层穿出。然后将针从对侧创口皮下层刺入并从睑板腺穿出。第三针从另一侧创口的睑板腺刺入从创口的皮下层穿出。最后，将针从对侧创口的皮下层刺入从眼睑皮肤穿出。有一个方法可以使顺序更容易被记忆：皮肤－>皮下－>皮下－>睑板腺－>睑板腺皮下－>皮下－>皮下－>皮肤。这是让睑缘最好的对齐从而保证完美对合的最基本的方法。术者必须保证每一个进针点的距离，并且睑缘和切口也都是对称的。用最基本的间断缝合或十字缝合方法将剩下的皮肤进行对合（图 147-3）。眼睑皮肤 8 字缝合的线尾可以直接连接到第一针的间断缝合，这样可以避免与角膜的接触。

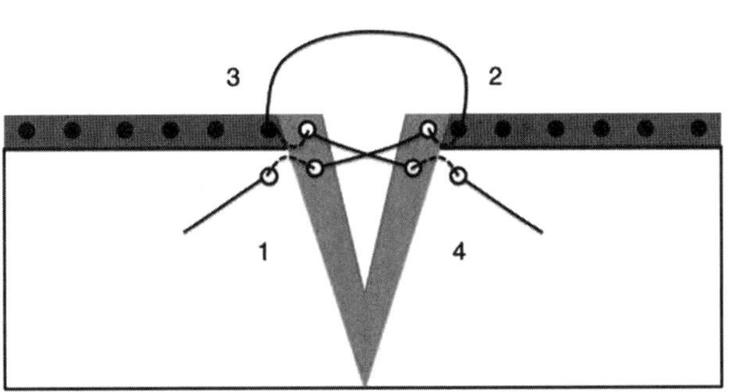

图 147-2 眼睑撕裂伤修补睑缘时应用的 8 字缝合法

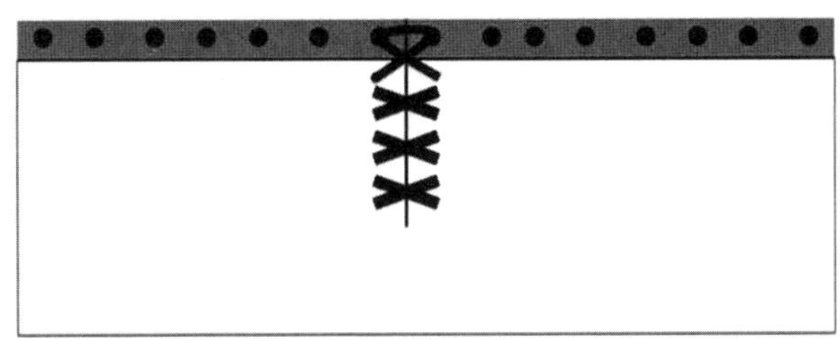

图 147-3 眼睑撕裂伤修复的最终外观（在睑缘进行 8 字缝合并将剩余皮肤进行间断缝合）

四、术后护理

和其他创伤修复一样，兽医需要确认病马接种了破伤风疫苗。广谱抗生素需要在术后口服 5～7d。同时，在术后的 3～5d 需要口服非甾体类抗炎药。任何相关的眼部疾病也要进行合适的治疗。不需要局部使用抗菌眼药膏，除非同时患有其他眼部疾病，因为在涂抹眼药膏时，对于眼睑的接触会破坏创口的愈合。大部分的马不会尝试摩擦或破坏撕裂伤的修复，但是如果发现这种行为，那么要给马佩戴合适的面罩以阻止它的自我损伤。术后 10～14d 进行缝线拆除。

推荐阅读

Labelle AL, Clark-Price SC. Local anesthesia for ophthalmic procedures in the standing horse. Vet Clin North Am Equine Pract, 2013, 29: 171-191.

Rebhun WC. Repair of eyelid lacerations in horses. Vet Med Small Anim Clin, 1980, 75: 1281-1284.

（董毅　译，李靖　校）

第 148 章　马眼分泌物的诊断方法

Noelle T. Mcnabb

许多可影响眼及其附属结构的状况都会引发眼睛出现分泌物，出现分泌物时需要对眼睛进行全面的眼科检查。关于眼分泌物特性与量的信息（包括分泌持续时间、复发状况、马的年龄和对之前治疗的反应）在诊断时非常有用。确定产生分泌物时有无伴有眼的刺激、疼痛或肿胀等临床症状以及马有无全身性疾病或视觉受损也非常重要。通过镇静、使用局部麻醉剂和局部眼睛运动及神经封闭，可使马眼睛及其眼附属结构的检查变得简便易行。在进行彻底诊断评估时，最常见到的是刺激性眼科疾病，同时还可制定适当的治疗方案，这在该疾病可对视力造成威胁时尤为值得关注。为让我们能够更好地了解可导致眼出现分泌物的情况，首先需要了解泪液系统基本解剖结构和功能。

一、泪液系统的解剖结构

（一）正常泪膜的组成

泪膜由 3 层结构组成，分别为睑板腺（外脂质层）、泪腺和第三眼睑腺（水样层），以及眼结膜杯状细胞（内黏液层）所分泌的成分。黏液层覆于角膜上皮表面，可提供光滑且较大的表面，并将泪膜水样层结合于上皮细胞。黏液层还含有保护性免疫球蛋白和溶菌酶，可吞噬细菌和碎片。泪膜中间水样层占泪膜总厚度的比例最大，是润滑角膜和结膜的主要层，可向角膜提供营养，含有维生素 A、蛋白酶、蛋白酶抑制因子、生长因子和可影响角膜健康的细胞因子。泪膜可从眼睛表面机械性冲洗碎片、细菌和代谢废物（CO_2和乳酸）。较薄的最外侧脂质层可以减缓泪液的挥发。共生菌群主要由革兰氏阳性菌和真菌组成，这些微生物在一定条件下会变成条件致病菌。

（二）泪膜的分布

泪膜是一种动态结构，动物每次眨眼都会重新分布泪液并重新构建角膜细胞外基质。上眼睑可为大部分角膜提供保护，并可在眼睛表面移动，因此，上眼睑在泪膜分布中最为重要。眨眼可沿眼睛表面向内眦和结膜穹窿腹内侧推动泪液。腹侧穹窿可收集泪液（这可形成泪湖），角膜和下眼睑之间的并置可防止正常量的泪液溢出流到睑上。第三眼睑在马泪液分布中不起主要作用。

（三）泪液的排出

眼泪主要通过上下眼睑泪点从眼睛表面排出，同时还有少部分泪液通过挥发排出。眼睑泪点开口直径2～3mm，呈裂缝状至椭圆形，位于睑结膜内向上8～10mm和内眦腹侧5～7mm处。泪液通过上、下泪管排出，并连接形成鼻泪管囊。在远端，鼻泪管从泪囊（泪骨）延伸进入上颌骨并终止于鼻前庭。鼻泪管的骨内部分在骨管内是封闭的，该骨管从泪骨和上颌骨内侧壁骨质层之间穿过。该段鼻泪管位于内眦与眶下孔连线背侧。如果该区域背侧发生鼻旁窦疾病或牙齿疾病，那么鼻泪管骨内段易于受损或撕裂。鼻泪管在鼻前庭腹外侧面黏膜皮肤交接处形成鼻泪点开口（呈裂缝状至椭圆形，直径为3～5mm）。

二、眼分泌物特性

多种眼科疾病均可导致眼睛出现分泌物，分泌物在诊断方面非常有用。当3层泪膜中的任一成分分泌过多或不足、泪膜不能充分分散或泪液排出部分或完全阻塞时均可产生分泌物。异常眼分泌物可呈水样（由泪液分泌过多或泪液排出受阻导致）、黏液样（泪液分泌量过少）、脓性或黏液脓性（由含有炎性细胞、传染性病原、死亡的上皮细胞或胶原质的泪液导致）或血样。分泌物类型可随时间推移而发生变化。因此，在发现有眼分泌物时，应认真并有条理地对眼或其附属结构的整体健康状况和功能进行检查（见第140章）。

（一）水样或浆液性眼分泌物

当眼分泌物呈水样或浆液性时，检测的首要目标是确定分泌物是由于泪液分泌过多造成的还是由于泪液排出不充分造成的。泪液排出部分或完全受阻会导致泪溢，造成泪液流到脸上。或者说，眼睛表面结构刺激或炎症或眼内或眼周疼痛可导致泪腺产生泪液过多（分泌过多）。这种泪液分泌过多，还可导致泪液溢出。无论分泌物是由泪液分泌过多造成的还是由于泪溢造成的，均会因暴露给环境因素（如风吹、寒冷、强烈阳光、空气中的花粉、霉菌以及细小碎片）而加重。因此，在判断眼分泌物是由于泪溢造成的之前，需要进行彻底的眼科检查以排除泪液分泌过多的刺激性原因。

在开始检查时，首先要格外注意确定眼分泌物是否伴有眼睛或眼周疼痛。眼睑痉挛和上眼睑睫毛指向腹侧通常会导致眼睛不适。结膜红赤、球结膜水肿、瞳孔缩小和微观通常与葡萄膜炎有关。青光眼可表现出角膜水肿、有限性瞳孔对光反射消失和牛眼。眼球突出症和第三眼睑脱垂通常伴有炎性眼眶疾病。眼睛表面刺激和疼痛的常见原因包括眼睑异常（例如幼驹眼睑内翻、创伤后瘢痕性眼睑内翻和颜面神经麻痹）、角膜炎（溃疡性和非溃疡性角膜炎）、异物残留、结膜炎（溃疡性、非溃疡性、寄生虫性和肿瘤性结膜炎），以及暴露给刺激性、有害或有毒物质（通过空气传播和直接接触途径传播）。虽然不同原因的结膜炎可导致出现蛋白性浆液性分泌物，但角膜破裂加上水样渗漏也可表现为浆液性分泌物，而没有太多疼痛症状。因此，在打开分泌有浆液性分泌物马的眼睑时，谨慎操作非常重要。在检查眼球前使用镇静剂及进行耳睑神经封闭可降低对易碎或受损角膜造成进一步伤害的风险，还可降低眼内容物可能被挤压出来的风险（如果眼球发生破裂）。

当在双眼内均发现浆液性眼分泌物但眼睛及眼周组织临床正常，且无明显临床疼痛症状时，鉴别诊断包括：轻微眼睛表面刺激或环境过敏原（如霉菌、干草和灰尘）导致的过敏性结膜炎。常见的是，分泌有浆液性眼分泌物的马在检查时并未发现较为明显的确切原因。除检查眼睛功能、结构或结构性眼睑异常外，下一步需要考虑的是泪液排出受损或阻塞。

幼驹浆液性眼分泌物：新生幼驹可能会出现眼睑内翻，这是指眼睑边缘向内翻转。眼睑内翻既可以是原发性病因，也可继发于脱水（减少眼眶脂肪量）、消瘦、俯卧（患有败血病或其他原因导致受伤的幼驹）和小眼畸形。眼睑内翻不仅可阻塞泪液通过眼睑泪点排出并导致泪溢，还会由于睫毛摩擦角膜和结膜刺激泪液分泌过多。在受影响眼睑进行 2～3 针定位（垂直褥式）缝合（3-0～4-0 号单线），2～4 周后拆线，通常有效。

幼驹或 1 岁马驹泪液排出阻塞，通常由鼻泪系统远端先天性闭锁或发育不全造成的。具体来说，这包括鼻道泪点闭锁（鼻泪点不通）或鼻泪管远端发育不全。幼驹既可发生单侧性（最为常见）又可发生双侧性。直至 3～4 月龄时，通常只有轻微泪溢较为明显，这很可能与幼驹泪液分泌量较少有关。在少数情况下，泪液排出受阻是由于眼睑泪点不通造成的（泪点闭锁或异位）。在这种情况下，直接检查鼻前庭可确定泪点缺失，并可在鼻前庭腹正中侧发现波动性肿胀，表明鼻泪管远端发生扩张。历时数月后，汇集的眼泪和黏液性分泌物非常适合微生物过度生长以及泪囊和鼻泪管发炎，从而导致泪囊炎。内眦处出现黏稠的黏液脓性分泌物伴有在眼睑内侧有回流渗出较为典型。眼球和结膜通常不受影响，除非因慢性泪囊炎刺激而发生严重的睑结膜炎。

（二）黏液性眼分泌物

马干性角膜结膜炎（KCS，或称“干眼症”）是一组与泪膜中水性部分减少有关的临床症状。这会导致泪膜黏性增加，从而妨碍泪液流过鼻泪系统。黏液性分泌物来自眼睛表面、结膜穹窿腹侧和内眦。除此之外，还可发生角膜血管化、着色、溃疡、结膜炎和眼睑痉挛。泪液的产生取决于泪腺的副交感神经纤维的神经分布。茎突舌骨或下颌骨垂直支远端部分骨折会损伤含有副交感神经纤维（支配泪腺）的岩浅神经，并导致干性角膜结膜炎。这些神经还会沿喉囊区域分布，且在这些组织中易于发炎、感染和肿胀。考虑到第 7 对脑神经与泪腺神经分布的解剖相似性，动物还可发生面瘫。类似的干性角膜结膜炎还可发生于患有耳前庭或中耳疾病（颞舌骨性骨关节病）的马匹。马食入疯草后也可引发干性角膜结膜炎，因为会导致嗜酸性泪腺炎，同时伴有严重性或慢性嗜酸性角膜结膜炎。

（三）脓性或黏液脓性眼分泌物

对于马，有许多可能的原因均可导致黏液脓性眼分泌物。同样，首选从其他引发

黏液脓性分泌物的原因（包括细菌性或寄生虫性结膜炎、眼睑或结膜肿瘤、眼内异物、眼睑外伤或眼球感染）中区分出泪囊炎非常重要。泪囊炎既可以成为原发性的（例如鼻泪点闭锁、鼻泪管发育不全或眼睑泪点闭锁），又可以继发于鼻泪管阻塞。导致鼻泪管阻塞的原因可能有很多种，骨折（外伤性破裂）、异物（草芒、种壳）、肿瘤（鳞状细胞瘤）、肉芽肿（丽线虫病）、窦炎、鼻炎、牙周炎、继发于慢性炎症的纤维化，以及泪管吸吮线虫感染，均值得注意。这类分泌物在饲养于多尘、多风环境中的马以及患有慢性过敏性结膜炎的马中也很常见。相比较而言，干性角膜结膜炎病马分泌的黏液脓性渗出物较少，这种分泌物通常在特性方面比脓性分泌物更黏稠，且病马通常伴有眼睛疼痛症状。泪囊炎病马的眼睛疼痛在临床上通常不明显，除非慢性泪囊炎已经引发严重的睑结膜炎。

（四）血样分泌物

多种原因均可导致鼻腔或泪点流出血清血液性眼分泌物，这些原因包括外伤（例如鼻泪管撕裂并伴有骨折或鼻泪管插管术）、慢性细菌性泪囊炎、管腔内有异物、脉管炎和窦性肿瘤。这些来源于鼻泪系统结构的可能病因应与鼻出血进行鉴别诊断。

三、诊断

（一）泪液分泌量的测定

泪液分泌量检测可测定反射性流泪，可用于测定患有慢性角膜溃疡眼，以及角膜表面干燥、迟钝但眼睑结构与功能正常眼的泪液分泌量。泪液分泌量检测必须在滴入任何药物或溶液之前进行，因此，通常在眼科检查早期进行。

（二）泪液分布评估

在眼睛表面滴入荧光素钠和玫瑰红染料可用于评估泪液分布情况和眼睛表面完整性。眼睛表面泪液分布不均可伴发面神经受损和继发性兔眼。上眼睑边缘缺陷（包括继发于之前外伤的眼睑边缘点状缺损、眼睑畸形导致的缺口缺陷或未修复的眼睑边缘撕裂）也可导致泪液分布异常。但泪液分布很少受第三眼睑缺陷的影响，即使是下眼睑边缘大小缺陷。眼睑畸形（未修复的眼睑撕裂）或眼球位置变化（眼球内陷）或大小变化（眼球痨或小眼畸形）导致的眼睑和眼球之间并置不当，均可改变泪点位置，使泪点不再与泪湖并列，从而导致泪液溢出流到脸上。

（三）泪液排出的评估

在进行彻底的眼科检查以评估异常眼分泌物，但未发现存在原发性眼部疾病或继发性眼部受影响时，应对鼻泪系统进行检查。应对眼睑和鼻泪点进行评估以确定鼻泪点是否通畅以及相对于眼球的位置，同时还要评估眼球眼分泌物的性质和量。可用荧光素染色液通过试验来对鼻泪管通畅性进行初步检测。将荧光素钠染色液滴入眼内后，这种染色液通畅会在 5～10min 内从鼻泪点流出（Jones 检测结果阳性）。应尝试通过用装有生理盐水或灌洗液的注射器冲洗鼻泪管来评估鼻泪管的通畅性。在进行套管插入术 3～5min 前，可在鼻黏膜或泪点附近的结膜处使用局部麻醉剂。用 5F 导尿管或聚乙烯管（160 号）插入鼻泪点，进行逆行冲洗。将导管轻轻插入鼻泪点并插入鼻泪管内数厘米，并用 10～15mL 生理盐水进行冲洗。如果插入盲囊，将导管轻轻向回抽然后改变方向向侧面进一步将导管插入鼻泪管。另外，还可在上下眼睑泪点插管来顺行冲洗，冲洗时使用 19G 鼻泪管插管或 3.5F 公猫导尿管。冲洗液会从上泪点或下泪点流出。然后对每个泪点进行分别检测，用手指按住闭合一个泪点，同时监测从另一泪点流出的冲洗液。如果没有鼻泪点，那么应对鼻前庭进行触诊寻找在从上或下眼睑泪点用生理盐水冲洗时出现波动软组织肿胀的部位。对鼻泪管发育不全进行更广泛的检查需要进行鼻泪管造影术。首先对鼻泪点或眼睑泪点进行插管术，在即将进行 X 线检查之前用 10～20mL 碘海醇灌洗鼻泪管。可从侧面获取最佳的视角。用这种技术可很容易地找出任何发育不全的部位。

对从持久性泪囊炎病马泪点冲洗出的渗出物进行的诊断评估可包括细菌培养和药敏试验，同时，如有需要可进行真菌培养。全身性（而不是局部）使用抗菌药物可最有效地穿透进入鼻泪系统。对渗出物进行细胞检查也是一种有用的培养检测辅助方法，但通常不单独进行。

四、治疗

继发于眼睛疼痛和刺激的泪液分泌量过多的情况，应进行鉴别诊断，并进行相应的治疗。完全鼻泪管阻塞，且阻塞位置位于可进行手术的部位一般可以治疗。导致泪囊炎的先天性阻塞一般比获得性阻塞的治疗效果要好。异物或牙周原因一般治疗效果最好。由严重广泛性损伤或周围组织肿瘤导致的阻塞只能对症治疗。

鼻泪点或眼睑泪点闭锁的治疗需要进行手术，分别在远端或近端开口。当鼻泪点闭锁时，可用5～8F 导尿管或聚乙烯管（PE 160）插入上或下眼睑泪点，并轻轻向前插入直至遇到阻力。用生理盐水冲洗鼻泪管可使覆盖住闭锁鼻泪点的组织出现扩张，位于鼻前庭底部。对于大多数马，在覆盖鼻泪点的组织做一切口即可建立通路。然后在内眦皮肤和口套上固定一支架，并放置 4～6 周，以使泪点新开口处形成上皮。在某些马可能不必安装支架来保持新泪点的通畅性，但在存在明显细菌性泪囊炎成分时，除口服抗菌药物和氟尼辛葡甲胺外，还推荐局部连续使用抗菌剂治疗 14d。当 1 匹马存在鼻泪管远端部分发育不全但仍可在鼻前庭黏膜下触诊到插管顶端时，可在插管顶端上方做一切口以暴露插管顶端。做切口后可能会严重出血，应做好止血准备。插管应留置于鼻泪管内 4～8 周，缝合于鼻孔内侧进行固定，以防鼻泪管狭窄并确保其通畅性。应滴加外用眼科药物，用药时间应与留置导管时间相一致。偶尔情况下，眼睑泪点狭窄或闭锁需要进行手术。当用生理盐水冲洗相应的上或下泪点产生波动的肿胀时，可能需要在局部麻醉下利用精细腱切断术或维斯科特剪来扩大泪点直径。

结膜鼻腔吻合术可用来治疗更广泛的鼻泪管畸形，该吻合术包括在下眼睑泪点或泪湖（结膜穹窿腹侧）与额窦之间建立以黏膜为内衬的瘘管。

推荐阅读 

Brooks DE. Ophthalmology for the equine practitioner. Jackson, WY: Teton New Media, 2002.

Brooks DE, Matthews AG. Equine ophthalmology. In: Gelatt KN, ed. Veterinary Ophthalmology. 4th ed. Philadelphia: Lippincott, Williams & Wilkins, 2007: 1165-1274.

Giuliano EA. Equine ocular adnexal and nasolacrimal disease. In: Gilger BC, ed. Equine Ophthalmology. 2nd ed. St. Louis: Elsevier Saunders, 2010: 133-180.

Maggs DJ, Miller PE, Ofri R. Slatter's Fundamentals of Veterinary Ophthalmology. 5th ed. St. Louis: Elsevier Saunders, 2012.

（董毅　译，李靖　校）

第 149 章　眼部鳞状上皮细胞癌

Elizabeth A. Giuliano

眼部不适或黏液脓性眼分泌物通常为影响眼眶、眼睑或眼球的肿瘤最初病理表现。仔细的眼科检查能在肿瘤造成严重的眼球或者眼周病变之前被发现。鳞状上皮细胞癌是马眼和眼球附属器官最常见的肿瘤，同时也是第二大高发于马的全身性肿瘤。鳞状上皮细胞癌可发生在角膜、结膜和眼睑。鳞状上皮细胞癌会根据其生长位置不同而有不同的特点。肿瘤通常具有入侵性和慢性转移性。转移可能发生至周围局部淋巴结、唾液腺和胸腺。当眼睑发生该病时，预后比发病于第三眼睑腺、眼内眦或角膜缘的预后要差。

一些影响因素与 SCC 发生有关。暴露于紫外线是马和其他物种发生病变的重要因素之一。暴露于紫外线可导致 *p*53 基因发生突变。*p*53 是一种调节细胞生长和增值的基因，正是这种基因导致发生鳞状上皮细胞癌。另外，驮马、阿帕鲁萨马和美国漆马等品种易得此病。最后，有报道显示，眼周缺乏色素的马更容易患上鳞状上皮细胞癌，例如有花斑的马。

一、临床检查与诊断程序

鉴于眼部鳞状上皮细胞癌发展缓慢并且发病面积相对于马总体表面积小，很多马主人和术者容易忽略初期临床症状，直至肿瘤进一步发展才察觉。因此，建议马主人将全面眼科检查添加于日常体检项目。当发现有临床症状后，诊治目的为保留视力和缓解眼部不适。

最初的眼科检查应距离病马一定距离检查双眼对称性与眼睫毛位置。最初，病眼出现眼球疼痛的临床症状为该部位表现在眼睫毛处较多。眼周以及体表淋巴结和腮腺、唾液腺等应触诊。检查眼球和眼球周围组织最好处于能调节光亮度的房间。当不具备房间条件时将 1 条深色毯子覆盖于检查人员和病马头部便能造出一个暗视野环境。所有眼科基本检查都应进行，例如威胁反应、直接和间接瞳孔光反射、眼睑反射、泪液量检查、荧光染色和眼内压测定，当马匹患有深度角膜溃疡时，测量眼压时需特别小心，避免引发角膜穿孔。检查时向后方推动眼球有助于观察是否存在眼眶肿瘤或已经引起巩膜变形的眼内肿瘤。同时将眼球后推，也方便检查第三眼睑与第三眼睑腺，这是鳞状上皮细胞癌最常生长的部位。为了更好地预后和制订治疗方案，完整的触摸眼眶边缘是很必要的。而这项操作最好在病马镇静以后进行。将一只戴上手套的手指涂

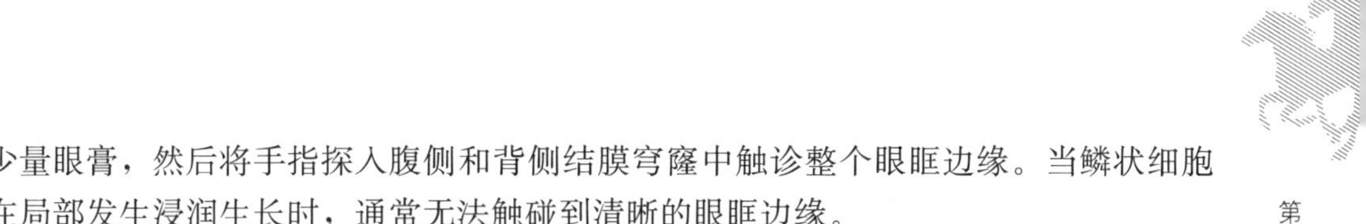

抹少量眼膏，然后将手指探入腹侧和背侧结膜穹窿中触诊整个眼眶边缘。当鳞状细胞癌在局部发生浸润生长时，通常无法触碰到清晰的眼眶边缘。

在所有眼科检查完成后，辅助检查有眼部影像学检查，例如眼部B超，眼眶骨X线检查，CT以及MRI。这些检查对于评估肿瘤是否已入侵骨骼、预后以及制定手术治疗计划都至关重要。当发现有淋巴结病变或局部肿瘤时，肿瘤周围淋巴结和唾液腺均需要细针穿刺抽吸。最终确诊需建立在组织病理学上。当遇到此类病例时，推荐或转诊给眼科医生是很有帮助的。如需要美国眼科专家的信息，可以登录 www.acvo.org。

二、眼球和眼周鳞状上皮细胞癌的临床特征

鳞状上皮细胞癌早期临床特征为日光性角化病，角膜上皮发育不良，慢性角膜炎和原位癌，还有其他多样化的临床表现。尽管鳞状上皮细胞癌可以发生于眼球和眼周的任何地方，最常见的发病部位为外侧角巩膜缘，第三眼睑腺和眼睑睑缘。肿瘤类型从粉色到白色，凹凸，脆性，呈现血管充盈的鹅卵石样或者花椰菜样（框图149-1，图149-1至图149-5）。坏死的肿瘤表面类似于白霜状，如继发细菌感染将会变得恶臭。

框图149-1 对患有鳞状上皮细胞癌的眼科检查

1. 威胁反应。
2. 瞳孔光反射（直接和间接）。
3. 眼睑反射。
4. 泪液量测试。
5. 荧光染色。
6. 眼内压（当有深度角膜溃疡时测量眼压需要特别小心）。
7. 对眼前段和眼后段仔细检查。
8. 按压眼球和手指眼眶触诊。

注：这些检查在诊断和治疗中都应该做到。

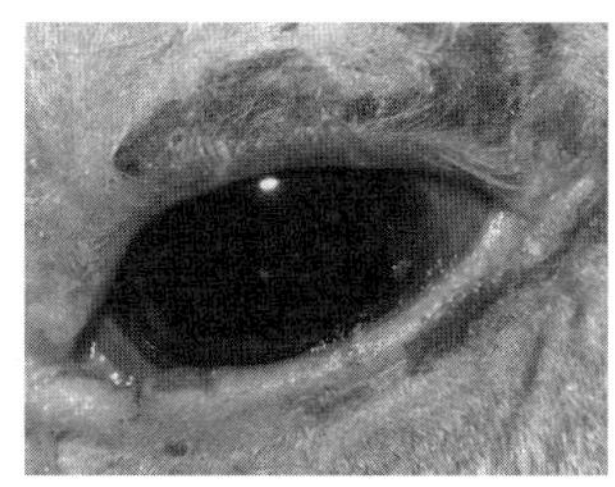

图149-1 7岁漆马，外侧角巩膜缘和鼻部腹侧眼睑鳞状细胞癌

上眼睑和下眼睑外侧有日光性角化病，这是常见的鳞状细胞癌前兆

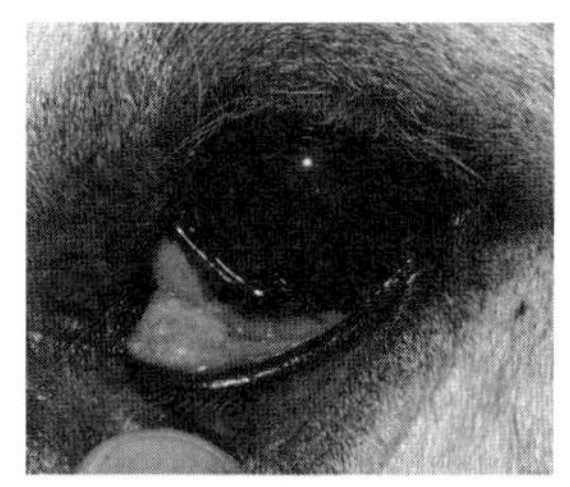

图149-2 12岁雄性阿帕鲁萨马下眼睑内眦鳞状上皮细胞癌

此肿瘤外表具有典型的花椰菜或鹅卵石状外表

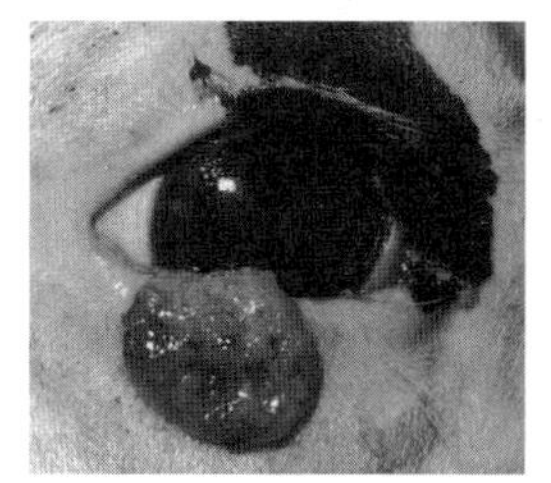

图149-3 10岁漆马下眼睑有增殖，有茎的花椰菜状的鳞状上皮细胞癌

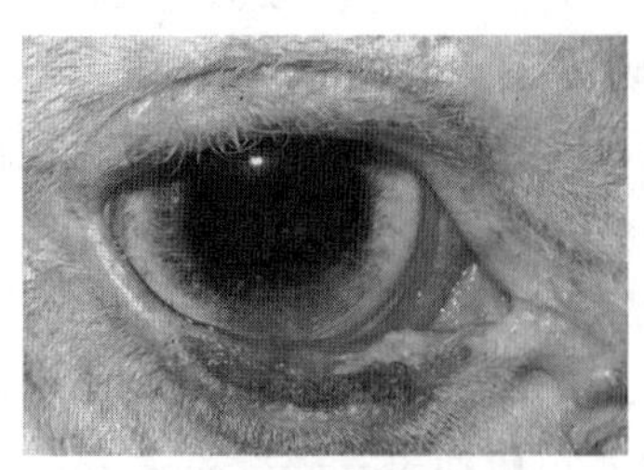

图 149-4 患有下眼睑溃疡性鳞状上皮细胞癌的 9 岁雄性漆马

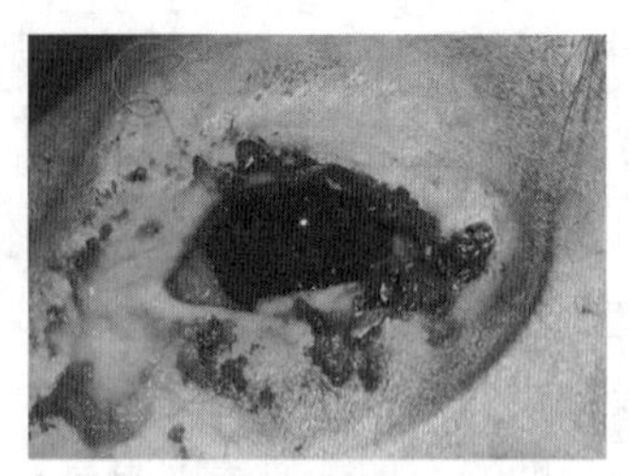

图 149-5 14 岁雄性田纳西马患有眼睑和眼眶骨增生性鳞状上皮细胞癌

从第三眼睑和眼睑睑缘长出来的鳞状细胞癌可能在基底部有茎（may be pedunculated with a broad base）。溃疡性肿瘤能够侵蚀眼睑，内眦或第三眼睑。鳞状上皮细胞癌的增殖与溃疡都会反复发生。如果不治疗，肿瘤将持续侵入眼球内部，最后导致眼球摘除，眼球摘除意味着摘除整个眼球和眼睑。鳞状上皮细胞癌的鉴别诊断为乳头状瘤、丽线虫病、嗜酸性结膜炎、异物肉芽组织、无黑素瘤、肥大细胞瘤和其他睑炎或角膜炎。尽管绝大部分鳞状上皮细胞癌在首次就诊时就能从典型的外观得到诊断，但确诊还得通过组织病理学。

三、治疗

由于鳞状上皮细胞癌的解剖学位置和鳞状上皮细胞癌的特性，所以，眼球和眼周的鳞状上皮细胞癌治疗对于兽医是一个挑战。手术移除较大面积肿瘤同时还要保持美学和留存视力是非常有挑战的，有时这是无法完成的。眼睛是精密器官，且容易受继发炎症影响。为最大限度保存视力，当移除角膜和结膜上的鳞状上皮细胞癌时，特殊的眼科器械和显微手术技术必不可缺。眼睑就好似角膜最重要的“挡风玻璃”，因此，任何导致眼睑形态或轮廓异常的情况将最终导致慢性角膜炎和角膜溃疡及角膜不适。当进行眼睑肿瘤切除时，完整的肿瘤切除和保存正常的眼睑功能是需要平衡考虑的。相对于马，通常眼睑肿瘤做不到完整切除。眼睑重建手术，如 h-plasty 或者桶柄形半月板这些最常用于小动物的技术几乎不可能用于马，因为马的眼周皮肤很紧，并且牢牢贴附于筋膜和骨骼。

鳞状上皮细胞癌的肿瘤特性决定着治疗结果。采用单独手术的方式，不配合药物来治疗直径大于 1cm 的肿瘤，最后常常导致肿瘤切除不完整和肿瘤复发。所以，兽医眼科医生通常很少推荐单纯进行手术治疗。有多种多样的治疗方法曾报道过，例如冷冻手术、热疗、化疗、放疗、免疫治疗和激光切除。治疗的成功率各不相同，目前有关治疗发表的文献报道的病例数都比较少，治疗后长期跟踪的也不多。一些研究中，一些浅表的肿瘤可能对任何治疗方法均有效，而这些方法未必适合深层的肿瘤，进而得出不可靠的治疗有效报告（表 149-1）。

表 149-1 马鳞状上皮细胞癌治疗记录

治疗	复发率（%）	病例跟踪（月）	文献
手术	42～62	12～48	Mosunic et al（2004） King（1991）
手术+冷冻治疗	30～67	12～36	King（1991） Hilbert（1977）
手术+超高温治疗	25	6～10	King（1991） Wilkie（1990） Grier（1980）
手术+眼球内化疗	7～100	12	Theon（1997，1994，1993）
手术+β放疗（90Sr） 间接性放疗（^{222}Rn，^{198}Au，^{192}Ir，^{60}Co，^{137}Cs）	11～15 8～66	24～72 12～72	Theon（1994） Dugan（1991） King（1991） Wilkie（1990） Walker（1986） Frauenfelder（1982） Wyn-Jones（1979） Gillette（1964）
手术+免疫抑制	0（1例）	18	McCalla（1992）
手术+二氧化碳激光	25（4例）	12	English（1990）

手术移除肿瘤

鳞状上皮细胞癌的治疗方案取决于肿瘤位置和大小，治疗可行性和费用，功能和美观性的考虑，潜在的并发症和对于马匹和主人的风险。对于肿瘤直径小于1cm的预后良好，而生长于第三眼睑的肿瘤为术者提供了清晰的术野，这样的肿瘤预后最佳。患有鳞状上皮细胞癌而选择安乐死的马匹很少是因为肿瘤的转移，多数是因为主人的经济问题和肿瘤浸润入眼球眼周器官，引起马匹的失明和难受。对于眼部鳞状细胞癌最好的对抗方式就是尽早诊断，尽早治疗。

无论肿瘤生长在什么部位，单纯使用手术治疗是不推荐的。在绝大部分病例中，全身麻醉为手术和辅助治疗提供了最优越的环境。当鳞状细胞癌发生于角巩膜缘时，可以使用角膜结膜切除术，配合适合的打结技巧和放大设备来确保完整的移除肿瘤。而想要更完整切除则需要显微手术仪器和显微手术器械。之前讨论过的眼睑肿瘤切除是很精细的，既要考虑眼睑的功能性（提高角膜结膜的健康环境），又要考虑肿瘤切除的完整性。而生长于第三眼睑的肿瘤通常是最好切除的，特别是肿瘤直径小于1～2cm。而切除第三眼睑后，马匹不会像小动物那样容易患干眼症，因此，当移除第三眼睑上的肿瘤时，通常建议移除完全的第三眼睑，包括第三眼睑软骨等，这样不会因为移除肿瘤后暴露软骨，而软骨进一步摩擦角膜造成损伤，这样对于预后最佳。

四、辅助治疗

（一）冷冻疗法

在手术移除鳞状上皮细胞癌后，有很多种辅助治疗方法可用。其中最简单、最安全同时也是花费最低的治疗方法为冷冻疗法。在笔者的马眼科实践中，先不管肿瘤的解剖位置，笔者在切除肿瘤后，在切口处进行双重冻融技术。快速的冷冻后缓慢的溶解，这样能够最大限度地破坏残存的肿瘤细胞。当在角膜进行冷冻术时，临床兽医师需要特别小心避免过度冷冻导致角膜内皮细胞受损，最终导致永久角膜水肿。此外，术中 1 个光滑塑胶的压舌板需要覆盖于未受到肿瘤侵袭的角膜部位，这是为了保护角膜健康组织。一些兽医眼科专家建议使用温度计，确保冷冻核心部分达到－30℃。但这个方法在一些部位无法操作，例如角膜。临床上最好的参照物就是看冷冻球形成的大小，当冷冻球的形成范围完全覆盖创口，同时延展至手术创缘外 2～5mm 为最佳。组织坏死、组织脱落和脱色素是这种治疗的常见副作用。在笔者的经验来看，在针对角膜结膜鳞状细胞癌时使用这项技术在术后患马的舒适感是最好的，术后只需要进行基本的角膜溃疡治疗管理即可。基本的角膜溃疡治疗包括广谱局部抗生素眼膏，3～4 次/d，连续使用 7～10d，散瞳药物在手术前使用，并且维持作用时间 3～4d 和全身非甾体类固醇抗炎药物使用 5～7d。如果术前没有做组织病理学检查，那么切除下来的组织应该送检，进行组织病理学检查来确诊。

（二）低温脉冲射频

低温脉冲射频应该使温度维持在 50℃后持续 30s。治疗过程会非常漫长而劳累，治疗过程持续6～8 个疗程，间隔 2～4 周。另外，这种治疗方法可能导致角膜炎、角膜基质层坏死和前葡萄膜炎，而且因为穿透性的限制，此方法仅仅是用于肿瘤直径小于 5mm 的肿瘤。

（三）病灶内化学疗法

病灶内化学疗法已经开始用于眼周鳞状细胞癌的治疗。铂化合物用来束缚肿瘤细胞 DNA，以达到抑制肿瘤细胞的复制。丝裂霉素 C 和博来霉素含有抗癌抗生素，5-FU 是嘧啶拮抗剂，用来抑制 DNA 合成。所有这些药物都被用于治疗马鳞状上皮细胞癌。这些药物对癌症控制有一定效果，但同时存在确定的副作用。这些副作用包括使兽医暴露于丝裂霉素 C 下 4～6 个疗程，治疗期间的眼部炎症，昂贵和光敏作用的感应（5-FU），在治疗间隙避免见光。由于很多化疗药物在不同的国家使用政策不同，所以，使用前请一定咨询相关部门。

（四）放射治疗

β 放射锶 90 已经成功运用于角膜结膜切除术后治疗小而浅表的鳞状上皮细胞癌，也运用于眼睑的治疗。最常见的剂量为 75～100Gy/cm。β 射线穿透的组织不深，因此，该治疗法局限于浅表的肿瘤。75%的 β 射线被最外层 2mm 的组织所吸收，而剩余的部分则被更深处的 1mm 组织所吸收。间歇性的放射疗法对于一些眼周鳞状上皮细胞癌也是有效的。另外，有一些同位素也在被使用，如铯 173、氡 222、金 198、铱 192。放射疗法的花费巨大，并且伴随有明显的眼部并发症（角膜炎、前葡萄膜炎、眼睑纤维变性、白内障、永久性毛发丢失、白发症和失明），同时也为马匹主人带来潜在的放射风险。

（五）激光治疗

二氧化碳激光器目前在一些大学中运用和一些特殊的私人诊所中用于治疗鳞状上皮细胞癌。激光设备非常昂贵，当进行激光操作时术前培训是必须的，同时激光仪器需要定期维护。目前激光技术已经成功治疗角膜和一些眼睑的鳞状上皮细胞癌。

（六）免疫疗法

有病例报道，全身用吡罗昔康合并免疫疗法治疗鳞状上皮细胞癌。免疫疗法很难控制并且耗时，治疗时需要进行大量的注射，经常导致针孔坏死和化脓。现阶段发表的文章还停留在试验阶段，相对于其他方法，此方法目前不建议使用。

五、新兴的治疗方法

目前针对眼球和眼周鳞状上皮细胞癌的治疗没有统一疗法。最佳的治疗需要达到以下目标，完全移除肿瘤，复发时间间隔长，保留眼睑功能和保持美观。目前没有哪一种方法对于眼球和眼周的鳞状上皮细胞癌有 100%的疗效，而治疗带来的副作用则会导致视力的受损和生命的威胁。目前新技术致力于降低手术后残留的肿瘤细胞。笔者已经在尝试使用一种改良的手术切除配合光动力疗法治疗鳞状上皮细胞癌。

光动力疗法

光动力疗法（PDT）可以用于治疗很多种眼部疾病，例如与年龄相关的黄斑变性、肿瘤和动脉粥样硬化。在富氧条件下，光动力疗法的原理是通过控制光和光敏剂，例如卟啉（一种血红蛋白的组成成分）。通过选择性摄取和植入一个光敏剂于肿瘤内，接着使用特定波长的光进行照射配合氧气使肿瘤细胞坏死。光动力疗法是指在光敏剂参与下，在光的作用下，使有机体细胞或生物分子发生机能或形态变化，严重时导致细胞损伤和坏死作用。

光动力疗法有 2 个治疗阶段。第一步将光敏剂植入患病动物，通常是注射入快速生长的细胞内。第二步是使用特定波长的光进行照射。激光是激活光动力疗法中卟啉的最主要能量，而卟啉能够放射出单一的（单色）、连续的（光波平行，能够精确聚焦）、有强度的（能够用于短时间治疗）光线。

光动力疗法相比传统疗法有很多优势。将光敏剂直接注射于肿瘤中，不但提高了治疗的精准度，避免周围健康组织受到牵连，同时也保持了美观。最新的光敏剂有着

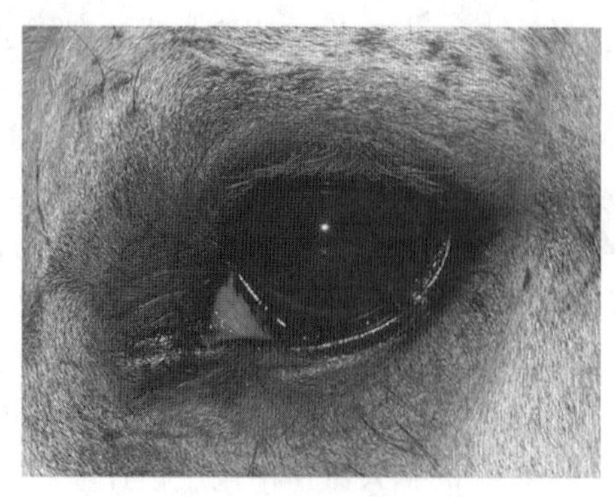

图 149-6　图 149-2 中所示的同一匹马，经减瘤术和局部光疗处理后 1 个月，手术位置黏膜愈合良好，视力获得保留，无异物感，且未见肿瘤复发

更短的半衰期，注射 5d 之内就能从体内排出。而这种治疗可以重复操作，没有多余副反应。在病马接受了局部光动力疗法后是不需要像放射疗法治疗后隔离的。另外，目前没有因为光动力疗法出现的明显病态，也没有明显的药物副反应（图 149-6）。

笔者已经通过手术切除结合局部光动力疗法治疗了 23 匹患有眼睑鳞状上皮细胞癌的病马。所有接受过治疗的马匹都跟踪记录，23 匹病马中除了 2 匹病马，其他均在接受 1 次治疗后在表面上看起来是痊愈了。所有这些接受治疗的马匹均在治疗后 1 年内没有复发过肿瘤，很多是 5 年内没复发。前期的治疗结果很不错，提示光动力疗法相比其他疗法更加有效，治疗周期更短，住院时间更短，更加美观，同时更好地保留了眼睑的功能。

六、总结

以上是治疗鳞状上皮细胞癌的汇总。在诊断任何眼球和眼周肿瘤时，完整的眼科检查是第一步。就像所有的肿瘤治疗一样，越早发现，越早治疗，疗效越好，保留视力的可能性越大，对全身健康的影响越小。临床兽医在诊断和治疗鳞状上皮细胞瘤中扮演了重要的角色，了解该病的早期临床表现、好发品种等有助于知道临床兽医合理的诊断眼球和眼周的肿瘤。只要认真仔细的检查，鳞状上皮细胞癌时能在主人意识到眼部有问题之前发现。而确诊仍然需要进行组织病理检查。辅助的诊断包括 B 超、CT 和 MRI，这些诊断在复杂病例上能提高很大帮助。当手术移植肿瘤后还应该配合辅助治疗。治疗后还需要定期对鳞状上皮细胞的复发进行复查，不仅检查之前的发病部位，同时需要检查肿瘤是否有转移。对病马主人需要告知其知道病马尽可能避免暴露于紫外线，例如给病马佩戴眼罩，更换户外运动时间等。而新的光动力疗法对于此病的治疗有很大期待。

推荐阅读

Dubielzig RR. Tumors of the eye. In：Meuten DJ，ed. Tumors in Domestic Animals. 4th ed. Ames，IA：Iowa State Press，2002：739-754.

Dugan SJ，Curtis CR，Roberts SM，et al. Epidemiologic study of ocular/adnexal squamous cell carcinoma in horses. J Am Vet Med Assoc，1991，198：251-256.

Dugan SJ，Roberts SM，Curtis CR，et al. Prognostic factors and survival of horses with ocular/adnexal squamous cell carcinoma：147 cases（1978-1988）. J Am Vet Med Assoc，1991，198：298-303.

Giuliano EA. Equine periocular neoplasia：current concepts in aetiopathogenesis and emerging treatment modalities. Equine Vet J，2010，37（Suppl）：9-18.

Giuliano EA，MacDonald I，McCaw DL，et al. Photodynamic therapy for the treatment of periocular squamous cell carcinoma in horses：a pilot study. Vet Ophthalmol，2008，11（Suppl 1）：27-34.

Giuliano EA，McCaw DL，MacDonald PJ，et al. Photodynamic therapy for the treatment of periocular squamous cell carcinoma in horses. Assoc Res Vision Ophthalmol Invest Ophthalmol Vis Sci，2004，45：E-3566.

Giuliano EA，Ota J，Tucker SA. Photodynamic therapy：basic principles and potential uses for the veterinary ophthalmologist. Vet Ophthalmol，2007，10：337-343.

MacDonald IJ，Dougherty TJ：Basic principles of photodynamic therapy. Porphyrins Phthalocyanines，2001，5：105-129.

Mosunic CB，Moore PA，Carmichael KP，et al. Effects of treatment with and without adjuvant radiation therapy on recurrence of ocular and adnexal squamous cell carcinoma in horses：157 cases（1985-2002）. J Am Vet Med Assoc，2004，225：1733-1738.

Ota J，Giuliano EA，Cohn LA，et al. Local photodynamic therapy for equine squamous cell carcinoma：evaluation of a novel treatment method in a murine model. Vet J，2008，176：170-176.

Theon AP，Pascoe JR. Iridium-192 interstitial brachytherapy for equine periocular tumours：treatment results and prognostic factors in 115 horses. Equine Vet J，1995，27：117-121.

（董毅　译，李靖　校）

第 150 章　复发性葡萄膜炎（顽固性葡萄膜炎）

Alison B. Clode

马复发性葡萄膜炎（ERU），通常被称为月光盲或周期性眼炎，这是全葡萄膜炎（前葡萄膜和后葡萄膜的炎症）的一种综合征。最后形成慢性易复发的葡萄膜炎，发作频率和强度根据不同个体而有所不同，这种特殊的发病频率成为诊断复发性葡萄膜炎的重要特征，而普通葡萄膜炎则不会有类似表现。当病马发生原发性葡萄膜炎，例如创伤性或感染性引起的葡萄膜炎，通过适当治疗后，没有在几个月甚至几年内复发的，都不能算作复发性葡萄膜炎。而一些最终确诊为复发性葡萄膜炎的病马，最初引起葡萄膜炎的原因为眼球免疫赦免系统紊乱，让本不该出现在葡萄膜里的淋巴细胞进入。这些淋巴细胞（$CD4^+$ T 细胞），前炎性细胞活素（如白细胞介素 2、干扰素 γ）等诱发葡萄膜炎。在 ERU 中，引发葡萄膜炎复发的免疫机制为分子拟态，免疫辅助细胞和抗原表位扩展。这些机制能够致敏免疫细胞对一些类似但可以不同种的抗原表位产生免疫反应，这就意味着这些免疫反应不仅仅是针对最初的抗原细胞同时也可能针对自体细胞（例如视网膜细胞）。而这种 ERU 的发病机制确定了治疗的方法为药物免疫抑制。

在一些病例，钩端螺旋体被发现于 ERU 的发生有关。在饮用钩端螺旋体感染动物（鹿、牛、猪和兔）尿液污染过的水库水后，病马出现轻度、自限性感染，例如发热、贫血和食欲下降，通常伴随一些轻度眼部炎症。其余引起葡萄膜炎的起因包括眼内免疫赦免偏离、免疫细胞滞留葡萄膜与钩端螺旋体感染。另外一方面，钩端螺旋体的抗原和眼组织（如泪膜、角膜、晶状体、房水、睫状体和视网膜）抗原有交叉免疫原性，容易引起相同的免疫反应。当钩端螺旋体引发免疫反应时，通过刚刚提到的分子拟态、免疫辅助细胞和抗原表位扩展，与钩端螺旋体表面抗原相类似的眼球组织也将受到牵连，从而引起眼内炎症。阿帕鲁萨马因为有血清抗钩端螺旋体滴度，因此，预后很差，可能失明。非阿帕鲁萨马并且没有阿帕鲁萨马血清型的马匹预后通常最佳。

一、分类

复发性葡萄膜炎的分类包括典型复发性葡萄膜炎、压临床性葡萄膜炎、复发性后葡萄膜炎。患有典型复发性葡萄膜炎的病马表现出典型的前葡萄膜炎临床症状，通过治疗后临床症状能够暂时缓和，而潜伏性葡萄膜炎表现出亚临床性轻度而持续的前葡萄膜炎（有时还伴随有后葡萄膜炎），这些临床症状如果不通过仔细的临床检查是无法察觉的。后葡萄膜炎通常不会影响到前葡萄膜炎，但炎症会影响到视网膜、脉络膜和玻璃体。亚临床性复发性葡萄膜炎通常最常见于阿帕鲁萨马和挽用种属，而复发性后葡萄膜炎最常见于温血和挽用种属及欧洲马匹（图 150-1 至图 150-3）。

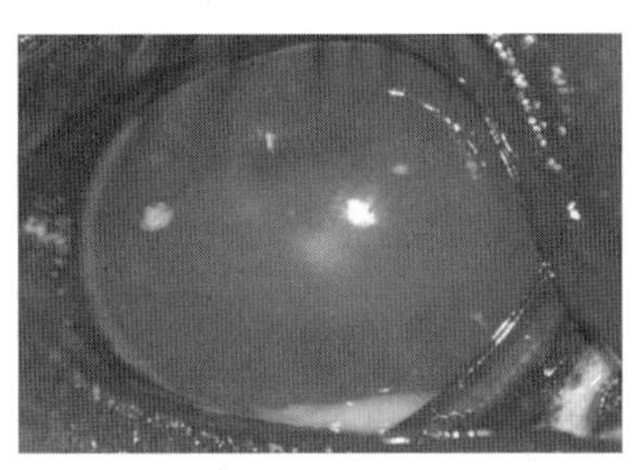

图 150-1　患有复发性葡萄膜炎的典型眼部照片

注意前方的混浊，房闪和前房漂浮的细胞，同时在眼部腹侧正中央的前方积脓。在这只病眼上没有表现出缩瞳是因为已经使用过阿托品

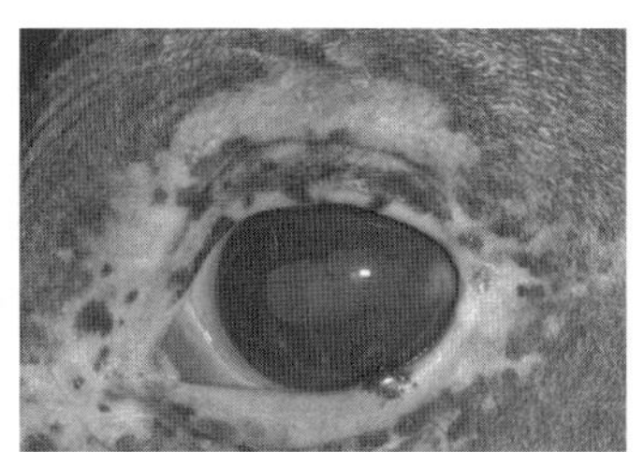

图 150-2　患有亚临床性复发性葡萄膜炎的阿帕鲁萨马病眼

注意小型球状的色素化虹膜结节，在 12 时方向的虹膜后粘连。在眼内出现一个黄色血清样物质。在角膜外侧的纤维组织与慢性眼内疾病无关

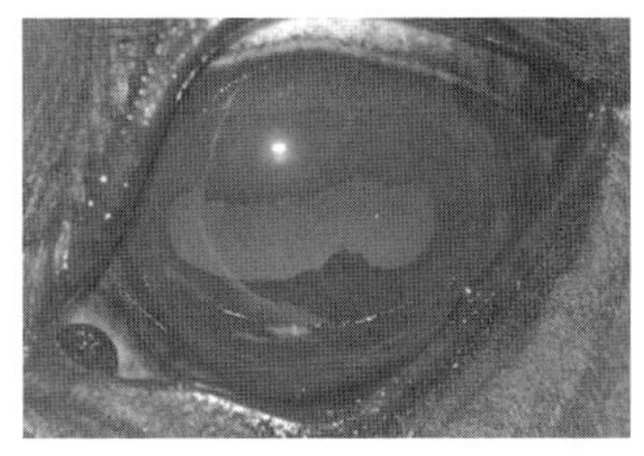

图 150-3　患有复发性后葡萄膜炎的马眼

表现为昏暗，泛黄的玻璃体颜色。这匹马同时还有前葡萄膜炎，表现为 5 时方向的虹膜后粘连和轻度的黑体萎缩

二、临床症状和诊断

复发性葡萄膜炎的临床症状非常多样，因不同的葡萄膜炎类型，患病前眼部变化，发病时间长短以及对治疗反应程度的不同而表现出不同临床症状。病马患有前葡萄膜炎时发展为不同程度眼睑痉挛，眼睑水肿，泪溢，房闪，前房积脓，前方积血，缩瞳和全葡萄膜炎（眼内压小于 1.33kPa）。另外，其他可见临床症状为角膜后沉积物（炎性细胞沉积于角膜内皮），虹膜后粘连，无法散瞳和虹膜颜色变化。当变为慢性时，可能出现的临床症状为虹膜色素化沉积，黑体萎缩，白内障，永久性虹膜粘连，眼球痨和高眼压（眼内压高于 3.99kPa），高眼压继发于瞳孔阻滞引起的房水外流受阻。在急性和慢性的复发性葡萄膜炎中都有可能看到角膜病变（轻度角膜水肿、角膜朦胧无光泽、角巩膜缘的浅表新生血管、角膜钙质沉积等角膜病变），但这个病理表现一定要和原发性的角膜病变相区别，如果是原发性的，通常会有更明显的角膜临床病理表现，例如，更加明显的角

膜水肿，更多的角膜新生血管和角膜白细胞浸润。患有复发性后葡萄膜炎的马匹可能发展为玻璃体炎，表现为玻璃体液化，玻璃体颜色呈现黄色，有炎性细胞浸润玻璃体，以上所有病变都会使眼底看起来更模糊。脉络膜炎表现为脉络膜脱色素、视盘周围色素沉积（bullet-hole or butterfly lesions）或者视网膜脱离。典型复发性葡萄膜炎和复发性后葡萄膜炎通常表现为非双侧性，而亚临床性复发性葡萄膜炎则通常为双侧性的。

复发性葡萄膜炎的诊断建立于了解眼病病史，如临床症状、药物治疗、治疗反应；全面的眼部检查包括眼压测定，如果有必要，需要散瞳进行眼底检查。在马的眼部超声检查中后葡萄膜正常不可见。马眼部超声检查最适合使用 5～10MHz 探头，这样能够最清晰的评估后葡萄膜，同时也能诊断白内障，玻璃体牵拉带，玻璃体细胞浸润，玻璃体液化或视网膜脱离。但如果之前的病史不清晰，可以通过品种（阿帕鲁萨马）和提示慢性炎症的眼部病变而做出复发性葡萄膜炎的诊断。

其他的诊断流程包括全血细胞检查和生化检查来排除全身系统性疾病。钩端螺旋体血清学检查也是被推荐的，因为在有些患有复发性葡萄膜炎的马匹同时患有钩端螺旋体病。而单独的血清学检查作用有限。在这些病例中，测量房水滴度和血清滴度相对比，能够判断房水中的抗体 c-value，这是一个很好预测指标。

三、药物治疗

药物治疗复发性葡萄膜炎的目的是通过局部和全身药物控制疼痛和感染，下调免疫反应。对于药物选择的第一要点是药物是否具有眼部穿透性，这些药物必需能够穿透结膜、角膜或巩膜屏障而到达作用目的地。另外，药物治疗需要用至临床症状消失后 7～10d。药膏在治疗中可以使用，放置结膜下导管虽然相对于用眼药对于病马的不适度会略大一些，但避免了频繁上药的麻烦（表 150-1）。

表 150-1　对马复发性葡萄膜炎的初期治疗建议

药物	用药途径	剂量	用药频率	用药目的
皮质类固醇（1%醋酸泼尼松，0.5%～1%地塞米松）	局部	0.1mL 或 0.64cm 药膏	间隔 4～6h 1 次	控制眼内炎症 注意：氢化可的松无法穿透眼部屏障
非甾体类抗炎药（0.03%氟比洛芬，0.1%双氯芬酸，0.09%溴酚酸）	局部	0.1mL	间隔 4～6h 1 次	控制眼内炎症
治疗性散瞳药（阿托品）	局部	0.1mL 或 0.64cm 药膏	间隔 4～6h 1 次	散瞳 睫状肌麻痹 稳性眼内炎症
0.02%～2%环孢菌素	局部	0.1mL 或 0.64cm 药膏	间隔 12～24h 1 次	免疫抑制剂 注意：眼内穿透受限
氟胺烟酸葡胺	静脉注射 口服	0.5～1.1mg/kg	间隔 12h 1 次，持续 5～7d，之后剂量减半	控制眼内炎症 镇痛
苯基丁氮酮（保泰松）	静脉注射 口服	4.4mg/kg	间隔 12h 1 次，持续 5～7d	控制眼内炎症 镇痛

（续）

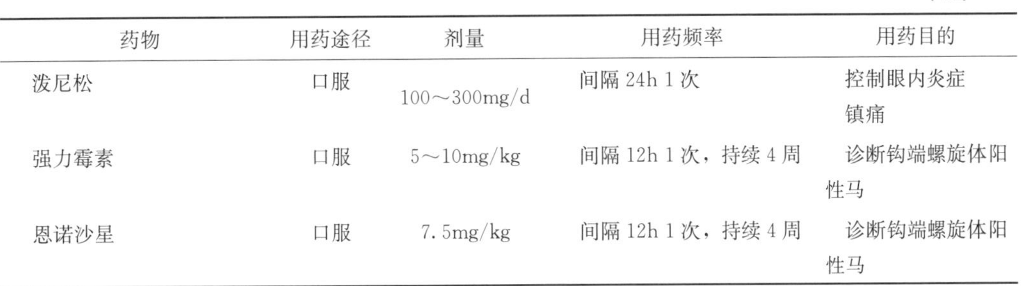

药物	用药途径	剂量	用药频率	用药目的
泼尼松	口服	100～300mg/d	间隔 24h 1 次	控制眼内炎症 镇痛
强力霉素	口服	5～10mg/kg	间隔 12h 1 次，持续 4 周	诊断钩端螺旋体阳性马
恩诺沙星	口服	7.5mg/kg	间隔 12h 1 次，持续 4 周	诊断钩端螺旋体阳性马

四、手术治疗

是否推荐手术治疗取决于复发性葡萄膜炎的临床表现和钩端螺旋体的感染情况。对于典型复发性葡萄膜炎和亚临床性葡萄膜炎建议使用脉络膜下环孢菌素植入，对于复发性后葡萄膜炎和眼球内钩端螺旋体抗体引发的炎症更适合使用玻璃体切除术治疗。

（一）脉络膜下环孢菌素移植

环孢菌素是非常有效的 T 细胞抑制剂，已验证其用于马复发性葡萄膜炎的疗效。通过使用环孢菌素眼膏或滴眼液在眼内的药物浓度只能达到辅助的治疗效果。而手术放置于睫状体和脉络膜连接处的环孢菌素缓释药物能够起到持续而直接的作用。因为这个植入需要非常精确的解剖位置，因此，这个手术通常需要转诊给兽医眼科医生。

环孢菌素移植的适应证为术前没有表现出眼内炎症（理想状态），但有复发葡萄膜炎的病史，并对于抗炎药物治疗反应良好的病马。当病马对糖皮质激素、非甾体类固醇药物不敏感时，通常环孢菌素移植疗法也不敏感。环孢菌素移植能够非常有效地降低房闪程度，减缓引起失明的葡萄膜炎并发症发展进度，例如，白内障形成和视网膜脱落，在接受环孢菌素移植治疗的病马中有 80%保留了视力。移植物包含足够量的环孢菌素，持续作用时间长达 36 个月，重复移植的情况很少见，这提示移植物使局部免疫应答下调（图 150-4）。

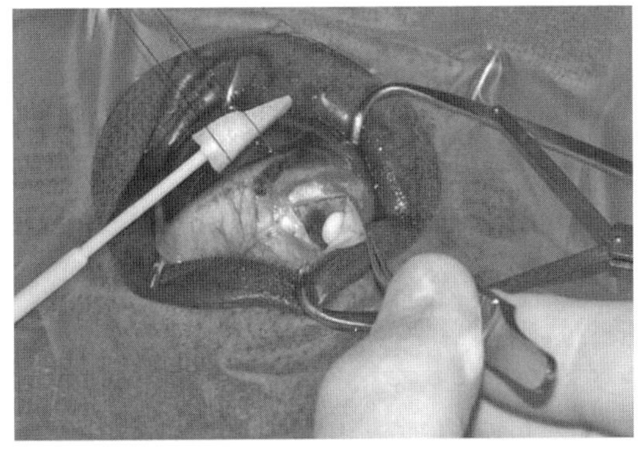

图 150-4　显示脉络膜下环孢菌素移植的适合部位

巩膜瓣已经分离剪切，切口已经深至脉络膜（棕色组织）。移植物（白色圆盘）已经被放置于巩膜瓣下，在移植物上缝合。三角棉签是用于保护角膜免受缝线的摩擦

（二）玻璃体切除术

玻璃体切除术或移除玻璃体，适用于患有后葡萄膜炎同时并发或没有并发前葡萄膜炎的病马。玻璃体切除术的效果等同于人工移除残留的炎性细胞和玻璃体中的抗体，同时也提高视轴清晰度。此手术需要转诊给兽医眼科医生，此手术对于患有钩端螺旋体病的病例特别有效，这在欧洲很常见。这项操作的并发症包括白内障、眼球内出血和视网膜脱离，所以，这项技术仅用于一些筛选出来的病例。

五、预后

患有复发性葡萄膜炎的马预后非常不同，取决于葡萄膜炎的类型、治疗所用药物、对药物的反应和是否适合手术。虽然视力预后各不相同，但可以肯定的是如果不接受药物或者手术的治疗，此病的发展（白内障形成、视网膜脱离、眼球痨和继发性青光眼）是非常迅速的。

推荐阅读

Deeg CA. Ocular immunology in equine recurrent uveitis. Vet Ophthalmol，2008，11（Suppl 1）：61-65.

Gilger BC. Equine recurrent uveitis：the viewpoint from the USA. Equine Vet J，2010，37（Suppl）：57-61.

Gilger BC，Deeg C. Equine recurrent uveitis. In：Gilger BC，ed. Equine Ophthalmology. 2nd ed. Maryland Heights，MO：Elsevier Saunders，2011：317-349.

Gilger BC，Salmon JH，Yi NY，et al. Role of bacteria in the pathogenesis of recurrent uveitis in horses from the southeastern United States. Am J Vet Res，2008，69：1329-1335.

Gilger BC，Wilkie DA，Clode AB，et al. Long-term outcome after implantation of a suprachoroidal cyclosporine drug delivery device in horses with recurrent uveitis. Vet Ophthalmol，2010，13：294-300.

Lowe RC. Equine uveitis：a UK perspective. Equine Vet J，2010，37（Suppl）：46-49.

Spiess BM. Equine recurrence uveitis：the European viewpoint. Equine Vet J，2010，37（Suppl）：50-56.

Zipplies JK，Hauck SM，Eberhardt C，et al. Miscellaneous vitreous-derived IgM antibodies target numerous retinal proteins in equine recurrent uveitis. Vet Ophthalmol，2012，15（Suppl 2）：57-64.

（董毅　译，李靖　校）

第 15 篇

马繁殖

第 151 章　公马急诊病

Malgorzata Pozor

公马急诊病对其未来繁殖生涯构成威胁，及时诊断并且采取适当的治疗措施对保留公马的繁殖功能极其必要。

一、阴囊急诊病

公马阴囊及其内容物的任何急性、疼痛性肿胀都是急诊，病马可能出现轻度到重度类似胃肠疾病的腹痛症状，如果不治疗，疼痛可能持续很长时间。当患病睾丸坏死后，疼痛可能减轻或者彻底消失。诊断阴囊急性疼痛是个挑战，因为精索扭转、腹股沟疝、创伤、附睾炎、睾丸炎或肿瘤都能造成阴囊急性疼痛。

(一) 精索扭转

马相对较少发生精索扭转，但是睾丸韧带（特有的睾丸韧带或附睾尾韧带）长或睾丸系膜长的马则易于发生精索扭转。偶尔隐睾在腹腔内发生扭转，导致精索扭转，出现腹痛症状，这种情况下很难确定病因。精索扭转少于 180°时，扭转的睾丸血流受阻，但并不引起临床症状，也不明显影响繁殖。有人曾经报道 1 例公马精索扭转 270°，持续 24h，引起阴囊和包皮肿胀、发热以及睾丸血管充血，但是睾丸并未坏死，经手术复位后成功治愈。

扭转 360°或更多使得血管嵌闭、睾丸缺血，引起重度阴囊疼痛和肿胀，水肿蔓延到同侧后肢，影响病马运步，并且通常疼痛急而重，疼痛也可能是间歇性的或者从轻度发展到中度疼痛。慢性病例，随着患侧睾丸生存能力丧失，疼痛程度减轻或彻底消失。用手触摸阴囊，以确定附睾尾的情况和判断扭转的程度。然而，患侧睾丸常回缩，贴近腹股沟外环，此时难以触摸到睾丸。

扭转开始时，用 B-型超声波仪检查患侧睾丸，症状不明显；但是扭转开始后不久，很快出现静脉充血和组织水肿，使得睾丸软组织回声反射减少，当出现出血和组织坏死时，回声反射异常，表明此时已经不能挽回患侧睾丸（图 151-1）。精索充血，并在扭转处上方肿胀，可能出现血栓形成症状。扭转处精索较细，超声波扫描检查时高回声，因此，可根据其超声波图像的旋涡状外观而确定扭转部位。用 B-型超声波扫描找到附睾，并检查到附睾尾。

进一步确定扭转部位，可用彩色多普勒超声波扫描精索多个断面，用正常侧睾丸作为对照（图 151-1）。图中扫描了精索的多个断面，以确定扭转部位。接近扭转部位可见血流，但是在扭转下部血流减少或完全消失。如果用监测外周血流的标准参数测不到患侧睾丸有多普勒信号，应调整超声波扫描仪的参数（设定高增益、低脉冲重复频率和低壁滤波），以发现少量血流。也可用超声波成像技术监测较弱的血流信号。用脉冲波光谱分析正常侧睾丸动脉边缘部血流，可以确定扭转是否使对侧睾丸发生反射性痉挛、增加血管阻力，或者患侧睾丸发生舒张期血流。

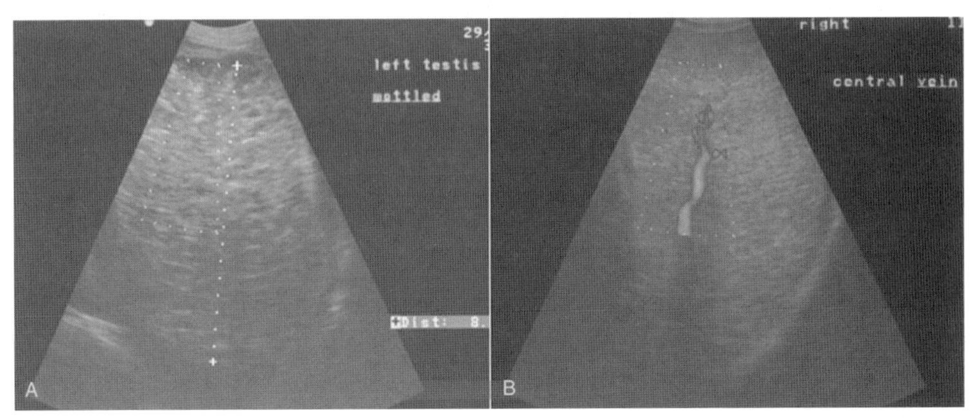

图 151-1　超声波成像技术影像显示精索扭转病马患侧（A）和对侧（B）睾丸

左侧图中睾丸无血流并且可见不均匀的、斑驳回声；右侧图中睾丸血流正常及均质的回声

（由 C. Love 和 D. Varner 博士提供，得克萨斯州，农工大学）

临床上治疗马精索重度扭转的方法是采用外科手术法，摘除受损侧睾丸，以防止影响对侧健康睾丸。实验性使啮齿类动物精索扭转，引发同样介导的反射性血管痉挛，导致对侧睾丸缺氧。此外，如果受影响侧睾丸坏死，引发自身性免疫反应，产生抗精子抗体，使得对侧睾丸细胞受损。在啮齿类动物，使用免疫抑制剂、血管活性药物和抗氧化剂可有效调节因睾丸坏死对对侧睾丸的影响。上述治疗方法对精索扭转病马的疗效未经证实。

（二）腹股沟疝

腹股沟疝（*Inguinal Hernia*）是个广泛的术语，是指肠袢进入腹股沟管（腹股沟疝）或延伸入阴囊中（阴囊疝）。腹股沟疝通常是单侧的，可能是直接的或是间接的，先天性的或是后天性的。当腹腔内脏器进入腹股沟管并位于鞘突内时就发生间接疝；当腹腔内脏器进入腹股沟管并位于鞘突外时就发生直接疝；马驹发生先天性腹股沟疝，并且多与腹股沟环相对较大有关。在分娩过程中，用力压迫胎儿腹部也可能导致肠疝。与成年马后天性间接疝相比，马驹的先天性疝通常无疼痛。

任何年龄和品种的成年马都能发生后天性间接疝。报道中间接疝发病原因不尽相同，例如某些品种（美国标准竞赛用马和安达卢西亚马）、某种活动中（交配、剧烈运动或腹部创伤）、腹股沟环过大均易发生，甚至有报道认为，左侧先天性间接疝的发生率高于右侧。马腹股沟疝多涉及空肠和回肠，然而有关大结肠疝的报道并不多。

公马后天性腹股沟疝表现出程度不同的腹痛症状，如果未发生肠嵌闭，腹股沟疝唯一症状是阴囊增大。然而，多数情况下，只要马出现疼痛症状、心跳加快、呼吸急促、红细胞比容升高或者血管再灌注时间延长都需要兽医检查病马。如果肠管嵌闭，会出现毒血症症状，逐渐衰弱。触摸患侧阴囊感知阴囊柔软，或是非常疼痛，偶尔可触摸到一个或多个肠袢。用超声检查可确定鞘膜腔内是否有肠管，因为超声检查可观察到肠管的特征性蠕动。应用彩色多普勒超声检查肠管、睾丸和阴囊壁。常经直肠检查确定进入腹股沟外环的组织或器官，能够很清楚地确定嵌入腹股沟管内或位于腹股沟内环处的肠管，因为被嵌闭肠段的肠腔和静脉回流受阻，可在腹腔的后部触摸到水肿或膨胀的肠袢。

对于多数幼龄马先天性腹股沟疝，可手动还纳，或用疝带或其他悬吊装置处理。马驹先天性腹股沟疝经常在约 3 个月后自行康复。只有不能经手动还纳的直接或间接疝，需要手术干预。尽管可用侵入性极小的腹腔镜技术将嵌入的肠管拉回腹腔，但是切开手术是修复成年公马后天性腹股沟疝最常用的方法。在腹股沟外环或睾丸上方切口，以封闭疝，也可以在腹中线切口，以检查小肠、切除坏死肠段并缩小腹股沟内环。手术时，可同时切除公马睾丸，但是畜主常坚持尽可能保留睾丸。对这些畜主，应告之发生腹股沟疝的马有遗传的可能性。

近来，有人报道了一种新的、在全身麻醉条件下手动还纳成年公马嵌闭疝的技术，病马仰卧，吊起后肢，使后肢处于半屈曲的姿势，术者将睾丸固定在阴囊里，同时按摩阴囊颈，直到将嵌闭的肠袢还回腹腔。在治疗的 40 例病例中，用上述方法治愈有 33 例（82.5%），但是对于患绞窄性疝超过 5h 的马，最后还需经剖腹探查。因此，上述方法治疗绞窄性疝的可行性还不确定。

（三）阴囊创伤

阴囊创伤常与配种和试情事故、跳高围栏及少数人类虐待有关。重度创伤可能导致阴囊撕裂、血肿，睾丸炎、睾丸鞘膜炎、白膜或睾丸破裂、脓肿或其他损伤。是否保留睾丸、其预后都取决于损伤的程度，需谨慎。

即使是阴囊的轻度损伤，也可能引起实质性软组织水肿及病马不适。一个或多个睾丸血管分支破裂都可使血液流入鞘膜腔并形成血肿，偶尔发生创伤性阴囊积水，更严重的包括睾丸和附睾的损伤，导致睾丸血肿，部分梗死以及病灶性坏死。由于白膜特定范围内睾丸实质广泛性肿胀，出现筋膜室综合征（compartment syndrome），进一步导致循环障碍。在最重度的病例，白膜破裂、睾丸组织脱出。阴囊损伤有时与睾丸刺透伤有关，接种细菌引起睾丸炎、鞘膜积脓、脓肿和附睾炎。

阴囊创伤首先表现肿胀、疼痛以及单侧跛行，逐渐地肿胀扩展到阴茎包皮，阴囊变硬而热，可能出现全身症状。不管临床症状轻重，对阴囊创伤的每个病例都应当作急诊处理。阴囊内出现明显积液表明阴囊积血、积水或形成脓肿，可用超声检查确诊，无回声、清晰的液体与阴囊积水或近期积血相符。在长期血肿的病例，可见阴囊内容物或涡流状出血，1d 或 2d 后，渗出的血液形成淤血，超声波影像上可见高回声的纤维蛋白线（图 151-2）。尽管阴囊积水或积血在创伤发生后立即可见，但是观察到阴囊积脓和脓肿则需要等脓肿形成。阴囊脓肿的超声波影像各不相同，取决于导致脓肿的微生物种类，有可能是均匀地回声、囊状，低回声或无回声，或带有不同回声强度的多个囊状，常引起混淆和误诊。随着脓肿的形成，局部和全身体温迅速升高，这比阴囊水肿或血肿来得快。

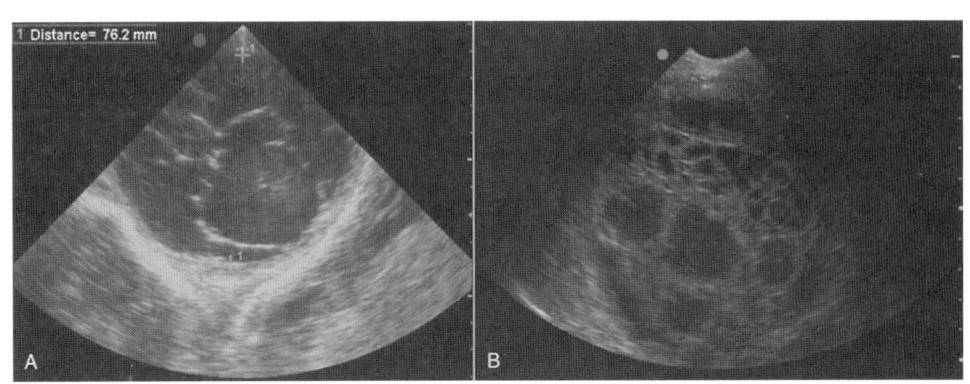

图 151-2　公马血肿（A）和阴囊脓肿（B）的超声波影像图

2 个图上都可见高回声线（可能是纤维蛋白），对图像的解释相似，而做出确切的诊断很难

超声检查还有助于确定白膜破裂，因为白膜破裂时睾丸实质组织正常的强回声轮廓被破坏。然而，同时出现阴囊积血、积脓、血液凝块和纤维蛋白时，诊断睾丸破裂更加困难、可靠性更差，因为相对于正常睾丸组织的均质回声反射，轻微损伤即可被发现，损伤的睾丸其超声影像回声不均匀，这是由睾丸破裂和睾丸内血肿共同所致。彩色 B 超或多普勒超声检查对确诊阴囊创伤性损伤很有价值。阴囊损伤后，部分或整个睾丸的血流会立刻受影响，由此可能形成腔室综合征。血管增加说明出现了炎症，如睾丸炎或睾丸鞘膜炎。可见形成脓肿周围组织充血。如果发生附睾损伤，则很难用超声波仪检测到，损伤性附睾炎和感染性附睾炎的超声波影像很相似，都表现出体积增大、血液增加。损伤的附睾影像回声不均匀、界限不清，并且血流受影响。

阴囊轻度损伤时，只有轻微的疼痛和肿胀，如果没有阴囊撕裂，治疗时应采取保守疗法，损伤的阴囊可以痊愈并且恢复正常繁殖功能。尽快使用非类固醇类抗炎药物和镇痛药物（必要的话，可静脉注射 1.1mg/kg 氟尼辛葡甲胺；静脉注射 0.02～0.1mg/kg 布托啡诺），也可以使用预防性抗菌药（口服磺胺甲氧苄啶 30mg/kg，1 次/12h，或静脉注射 22 000U/kg 青霉素钾，1 次/6h，结合静脉注射 6mg/kg 庆大霉素，1 次/24h），并且应尽快补液。对某些病例，可从鞘膜腔内抽出血液或血样液体，以减少机械性的压迫或影响散热。也可用乳酸林格氏液冲洗鞘膜腔，以防止粘连。应当定期进行超声检查，以监测治疗效果，以及检测是否有新的、慢性损伤出现，如血肿、脓肿或者血管损伤。

在人医，有多种外科治疗技术可以用于修复或者治疗患者睾丸损伤，不可修复的睾丸或附睾损伤组织可以切除，修复白膜，并且适当放置引流。上述技术很少在兽医治疗中应用，并且缺乏关于外科修复马阴囊损伤结果的数据，而是经常见到全部切除损伤的睾丸或附睾，以防止影响对侧的睾丸或附睾。

二、阴茎急诊病

马的阴茎不能在包皮腔外长时间停留，否则，娇嫩的阴茎皮肤变干、破裂、受感染以及由于血液和淋巴回流受阻而导致阴茎和包皮严重水肿。血液和组织液使阴茎重量增加，由于重力的作用，使得阴茎进一步下垂，如果发生坏死或纤维化，则阴茎将失去勃起功能。因此，阴茎长时间垂在包皮腔之外应当急诊处理，需立刻采取治疗措施。包皮嵌顿、阴茎持续勃起以及阴茎麻痹是导致阴茎长时间外垂的 3 种常见病理性原因。

(一) 包皮嵌顿

包皮嵌顿是指阴茎不能回缩进包皮内，常始于松软的阴茎从包皮腔内脱出、肿胀之后，肿胀的阴茎受到包皮环的压迫使其末端更加肿胀（图 151-3），如此循环往复，如果不给予处理，将导致阴茎不可逆的损伤。

阴茎脱出可能是由阴茎或包皮损伤、赘生物、重度虚弱造成，或是各种细菌、寄生虫和病毒性疾病；注射吩噻嗪类镇静剂（如乙酰丙嗪或丙酰丙嗪）或利血平，能够抑制肾上腺素能效应传到阴茎收缩肌，也能导致阴茎从包皮腔脱出及阴茎麻痹。

当阴茎垂出不能回缩时，血液和淋巴循环受到严重影响，流入发炎或受损组织的血液量增加，由于受引力的影响，而回流的血液大幅度减少，因此，毛细血管压力和渗透性都增加，大量的组织液渗出到周围的组织内，引起水肿。最明显的水肿发生在内包皮层，因为渗出液受包皮环和内包皮层连接处狭窄限制而积聚，使阴茎形成粗的环形结构，进一步影响血管的血液循环、加重肿胀（图 151-3）。阴茎增大变重，由于重力作用而更加下垂。这可导致阴茎内部神经永久性损伤以及阴茎的不可逆性麻痹。如果肿胀严重，出现筋膜室综合征，引起深部组织坏死性变化。阴茎皮肤长期暴露在外部环境中危害严重，由于牵拉、干燥和皮肤破裂，使得已经受损的皮肤易受细菌感染，感染后引起进一步的炎症变化和坏死。

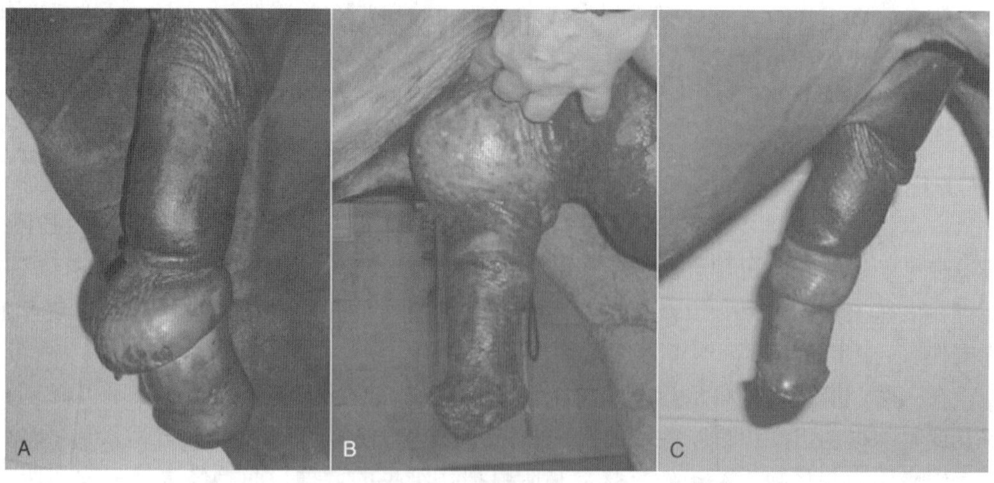

图 151-3　3 种类型的公马阴茎急诊图，包皮嵌顿（A）、阴茎血肿（B）和阴茎异常勃起（C）

患阴茎嵌顿的公马应立刻就诊，但在发生不可挽回的损伤之前并不能引起兽医足够的重视。在诊断包皮嵌顿前需要详细了解病史，包括近期是否有交配行为、阴茎损伤、注射吩噻嗪类药物，或者观察是否有赘生物生长。全面检查身体，包括检查阴茎、包皮和阴囊，以确定肿胀的部位和程度，是否有浅表损伤、形成血肿及缺损。触诊可发现不同受损区域组织的质地和敏感性。有必要进行超声波扫描检查，以确定阴茎组织的损伤范围以及确定相应的病灶，如血肿、纤维蛋白渗出、血凝块、浆液肿和脓肿。彩超或超声波成像技术有助于确定阴茎和包皮的充盈程度以及某一特殊血管的增粗和收缩程度。

治疗包皮嵌顿最重要的是首先将阴茎送回包皮腔，适当润滑包皮和阴茎表面，用药物治疗炎症和继发性感染。有必要经按摩和使用有弹性的或橡胶（Esmarch）绷带减少大范围肿胀。使用绷带时需从阴茎下端开始缠，一直缠到约包皮口的位置，压迫出阴茎和包皮组织内的液体，需要每 15min 松 1 次绷带，但是可以多次应用。在包皮肿胀明显处涂以高渗溶液，如将高渗（7.2%）盐水或糖溶液涂在肿胀处，也能减轻肿胀。如果包皮环阻止脱出的阴茎退回包皮腔内，可纵向切开以扩大包皮环。损伤的病例，常在阴茎背侧静脉丛处出现血肿（图 151-3）。小块血肿应用保守疗法，但是大块血肿，特别是能够阻止阴茎退回到包皮腔内时，应用粗针头抽出血肿内血液或用外科手术法摘除。可在阴茎或包皮表面涂抹大量抗生素软膏，如磺胺嘧啶银霜、含地塞米松或土霉素的羊油药膏，或呋喃西林药膏（更多范例请见 Hayden，2012）。减少肿胀后，要尽可能将阴茎送回包皮腔内，并荷包缝合或毛巾钳夹包皮口，防止再次脱出。可用各种吊带装置（如尼龙网套或去掉底部的细颈塑料瓶）将阴茎固定在包皮内。

如果阴茎不能全部退回包皮腔，可以定做阴茎牵拉装置，用以将阴茎固定在体侧，以防止进一步损伤阴茎内神经。装置包含 1 个外径 5cm、38～64cm 长的 PVC 管，一端用棉球堵住并套以灭菌乳胶膜（手术手套翻过来），将这端轻轻插入包皮腔，另一端用腹绷带固定，这种装置不影响排尿，可以固定阴茎 7d。另一种更有效的公马阴茎悬吊装置是用一大块（0.5m×3m）弹性带状布料，用活结系于公马背部（图 151-4）。公马可以很容易通过织物排尿，织物可以每天洗净、干燥后重复使用，并且经指导后，马主人可以在家自行给马安装。应告知马主人持续（数周到数月）、反复凉水冲洗、按摩涂抹润滑药膏对受损阴茎恢复到正常的体积、位置和功能必不可少。

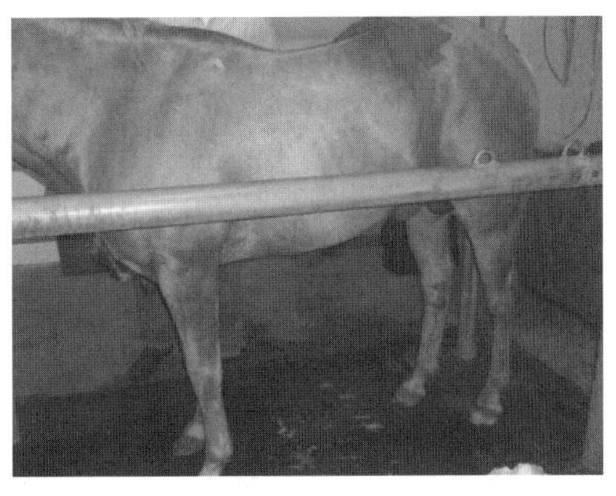

图 151-4 用于将脱出阴茎固定于包皮腔内的悬吊弹性带装置，织物系于公马的背部
（详见 Love 等，1992）

包皮嵌顿的预后需谨慎，阴茎能否恢复功能取决于其损伤的程度。成功治疗包皮嵌顿需要时间、耐心和努力。许多病马阴茎功能将或多或少留有后遗症，采精或自然交配需要特殊的技术。

(二)阴茎异常勃起

阴茎异常勃起定义为，在缺乏性刺激的情况下，阴茎持续勃起（图 151-3），常与注射吩噻嗪类镇静剂有关，其他报道的病因包括骨盆腔内肿瘤、全身麻醉以及脊髓线虫病。公马和阉马都可发生阴茎异常勃起，但是公马更易发生。阴茎海绵体增大，但是阴茎海绵体松弛，可能只见部分阴茎勃起，诊断并非总是很明显。触诊能感知阴茎肿胀，超声检查用于检测阴茎海绵体中的新鲜血液或血凝块，以及高回声的血凝块和纤维化区域。彩色多普勒超声波扫描检查阴茎和其周围区域可见，阴茎海绵体动脉缺乏血流，有必要立即恢复动脉血流，以防止间质组织水肿、阴茎海绵体平滑肌纤维化以及阴茎勃起功能障碍。

阴茎异常勃起的治疗原则和治疗包皮嵌顿类似，必须将阴茎还回包皮腔内或用吊带固定在腹壁处，以防止重力性水肿和永久性麻痹。然而，开始治疗时必须先恢复静脉血流，以排出阴茎海绵体淤积的血液。缓慢（数分钟内）静脉注射 8mg 甲磺酸苄托品，有抗副交感神经兴奋的作用，可以治疗早期阴茎异常勃起。将 α-肾上腺素拮抗剂——苯肾上腺素，直接注射到阴茎海绵体内，可收缩阴茎血管平滑肌，从而使阴茎变软。将苯肾上腺素（2～10mg）用 10mL 的灭菌盐水稀释，将稀释液吸入 2 个注射器，分别注射到阴茎背侧 10 时方向和 2 时方向、接近包皮环的位置。用更小剂量（每次注射 0.1～0.5mg）的苯肾上腺素治疗人阴茎异常勃起，但是注射过程可分多次，每 3～5min 注射 1 次，在 1h 内注射完。

如果治疗后未能很快消肿，用肝素生理盐水溶液冲洗阴茎。冲洗通常需要在全身麻醉公马的情况下完成。用大号（12 号）针头刺入接近尿道海绵体的阴茎海绵体内（图 151-5），在阴囊后部阴茎海绵体内刺入 1～2 个针头，以排出淤滞的血液。在阴茎的最末端用力将生理盐水注入阴茎海绵体内。冲洗的目的是彻底除去淤血，直到新鲜的动脉血流出为止。如果静脉回流继续受影响，阴茎异常勃起复发，可用手术方法将阴茎海绵体和尿道海绵体分流。如此过程还不能恢复公马阴茎的正常功能，则表明后果比阴茎异常勃起更严重，如阴茎内神经永久性损伤或者是勃起组织受损。

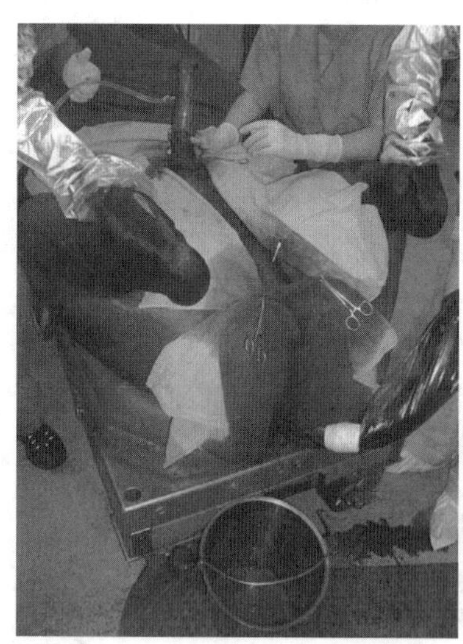

图 151-5　冲洗阴茎异常勃起骟马的阴茎海绵体技术

（详见 Schumacher，2006）

(三)阴茎麻痹

因外阴或阴部神经以及因阴茎垂出所致的暂时阴茎麻痹常与使用吩噻嗪类镇静剂有关，如果垂出的阴茎不能得到及时处理，出现包皮嵌顿，很快引起阴茎环状压痕，从而严重损伤阴茎。然而，另一方面，阴茎麻痹可能是源于重度包皮嵌顿，或阴茎异常勃起以及阴部神经不可逆的损伤。

公马永久性阴茎麻痹通常会终结其繁殖生涯，

常施行去势、阴茎部分或全部切除。然而，对有价值的种公马可以训练使用假阴道采精，加以人工辅助，对阴茎根部施以温热、润滑（在使用之前将假阴道浸于 50～55℃水中）和加压等刺激。有人报道，患慢性阴茎麻痹和严重阴茎海绵体纤维化的公马，经过 10d 的强化训练后，成功地完成了自然交配。

三、结论

对急诊病公马，发现症状后须立即处理，如果治疗及时，效果良好。当然，需要更多的临床研究来探讨，用于人医的现代治疗技术是否能成功用于挽救严重创伤的公马外生殖器，如果这些方法能在兽医领域得以应用，将会有很大的价值。

推荐阅读

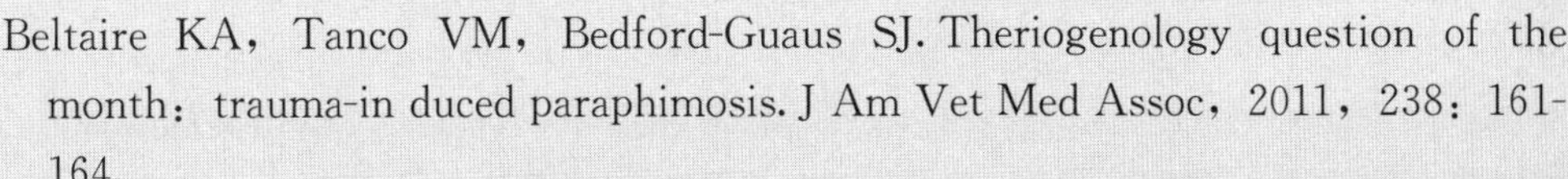

Beltaire KA, Tanco VM, Bedford-Guaus SJ. Theriogenology question of the month: trauma-in duced paraphimosis. J Am Vet Med Assoc, 2011, 238: 161-164.

Blanchard TL, Varner DD, Brinsko SP. Theriogenology question of the month: scrotal hematocele. J Am Vet Med Assoc, 1996, 209: 2013-2014.

Brinsko SP, Blanchard TL, Varner DD. How to treat paraphimosis. In: Proceedings of the American Association of Equine Practitioners, 2007, 53: 580-582.

Chenier TS, Estrada AT, Koenig JB. Theriogenology question of the month: abscess in the left hemiscrotum, septic urethritis, and inflammation of the right vas deferens. J Am Vet Med Assoc, 2007, 230: 1469-1472.

De Bock M, Govaere J, Martens A, et al. Torsion of the spermatic cord in a Warmblood stallion: case report. Vlaams Diergeneeskundig Tijdschrift, 2007, 76: 443-446.

Hayden SS. Treating equine paraphimosis. Compend Contin Educ Vet, 2012, 34: E1-E5.

Koch C, O'Brien T, Livesey M. How to construct and apply a penile repulsion device (probang) to manage paraphimosis. In: Proceedings of the American Association of Equine Practitioners, 2009, 55: 338-341.

Love CC, McDonnell SM, Kenney RM. Manually assisted ejaculation in a stallion with erectile dysfunction subsequent to paraphimosis. J Am Vet Med Assoc, 1992, 200: 1357-1359.

Pascoe JR, Ellenburg TV, Culbertson MR, et al. Torsion of the spermatic cord in a horse. J Am Vet Med Assoc, 1981, 178: 242-245.

Pollock PJ，Russell TM. Inguinal hernia. In：McKinnon AO，Squires EL，Vaala WE，et al，eds. Equine Reproduction. 2nd ed. Oxford，UK：Wiley-Blackwell，2011：1540-1545.

Schumacher J. The penis and prepuce. In Auer JA，Stick JA，eds. Textbook of Equine Surgery. 3rd ed. Philadelphia：Saunders，2006：811-835.

Taylor AH，Bolt DM. Persistent penile erection（priapism）after acepromazine premedication in a gelding. Vet Anaesth Analg，2011，38：523-525.

Threlfall WR，Carleton CL，Robertson J，et al. Recurrent torsion of the spermatic cord and scrotal testis in a stallion. J Am Vet Med Assoc，1990，196：1641-1643.

Wilderjans H，Simon O，Boussauw B. A novel approach to the management of inguinal hernias：results of manual closed，nonsurgical reduction followed by a delayed laparoscopic closure of the vaginal ring. In：Proceedings of the 47th BEVA Congress，Liverpool，2008：71-72.

（田文儒　译）

第 152 章　老龄公马的繁殖管理

Terry L. Blanchard　Dickson D. Varner　James P. Morehead

许多繁殖年龄超过 20 岁的公马配种还能保持良好的受孕率，但是终究繁殖力会下降。许多原因可引起繁殖力下降（如身体健康、体况、交配能力、射精功能障碍、交配损伤以及睾丸功能障碍），本章将讨论与年龄相关的睾丸功能下降问题。

基于多年的年度或日常检查老龄公马的临床经验，在公马睾丸功能下降之前或下降过程中要经过以下病程：①老龄公马睾丸功能障碍早期，出现精子量减少期，睾丸体积无明显改变。精子量下降源于精子生成效率降低。早期，除非用公马的精液授精大量的母马，否则妊娠率可能不会受到明显影响。②由于睾丸体积明显缩小之前生精效率不断降低，母马情期受胎率开始下降，这常与公马每次射出精液中正常形态精子的百分率以及活力降低有关，然而通过精子核染色体的结构分析，常不能发现精子 DNA 完整性有明显的改变。③在每毫升睾丸实质组织生成精子数降低到 600 万～800 万之前，血中激素的含量常在正常范围之内，当公马每天每次射精的精子数在 20 亿个或更少时，母马情期受胎率降到 40％或更少（纯种马），精子活力和精子形态值通常（但不总是）已经降低了，此时母马情期受胎率可能依然正常。尽管在睾丸功能开始降低时，血液中雌激素含量降低是被发现第一个内分泌异常的激素，我们还发现血液中睾酮的含量也降低（100～300 pg/mL），并且注射促性腺激素释放激素并不能在 2h 内使血中睾酮浓度高于或等于 500 pg/mL。④ 睾丸功能障碍发展到后期（随着繁殖力进一步降低），精子 DNA 完整性开始下降，这期间，睾丸体积常明显缩小，缩小到几年前年轻时睾丸体积的 60％或更小，在睾丸功能障碍后期，正常激素含量发生变化，包括血液中雌激素、睾酮以及抑制素含量降低，而最终血液中促卵泡素和促黄体素浓度升高。

繁殖管理选择

对精子数和活力降低的公马，在繁殖管理方面应首先做到：①增加进入子宫或输卵管精子的数量。②缩短配种到排卵的间隔期，因为老龄公马精液中精子活力低。有必要加强繁殖管理，以确保母马在接近排卵时配种，减少每次发情需要多次交配或授精的次数。

日粮中添加 Ω-3 脂肪酸有可能增加某些公马精子活力和正常形态的精子数量，以及冷却或冷冻精液中运动精子的寿命（推测是通过提高精子细胞膜的稳定性）。还没有科学证据表明，Ω-3 脂肪酸能提高睾丸功能下降的老龄公马精液质量或繁殖力，但是也没有发现日粮中添加 Ω-3 脂肪酸有任何不良问题。

纯种老龄公马（自然交配）

由于纯种公马精液中正常精子数量下降以及使母马的妊娠率降低，一种提高妊娠率的办法是减少老年种公马的交配频率，即减少每天允许交配的次数和交配母马的数量。检查繁殖记录，比较各日期不同交配次数妊娠率的不同，可为如何限制配种次数提供参考。

有时对自然交配繁殖率低的公马采取另一种管理策略，就是使用“加强”繁殖，加强繁殖是一种操作过程，在此过程中，需采集自然交配射精后公马的精液样本（也可吸取阴道精液池的精液样本，或者 2 种样本都采集），并将种公马精液灌入刚交配完母马的子宫内。首先将射精后精液样本过滤，以尽可能除去碎片，然后在灌入子宫之前立即混合适量（5～20mL）预热的稀释剂。或者也可在过滤和灌注前，使用稀释剂与射精后采集的精液（或从阴道内吸取的精液）样品混合。此操作过程增加了直接进入子宫内精子的数量，加入的稀释剂可以起到保护精子的作用，并且提高运动精子达到输卵管的寿命。比较“加强”和“未加强”繁殖母马的妊娠率，如果“加强”繁殖母马的妊娠率有所改善，就可以将加强繁殖作为这类种公马配种的标准方法。对于睾丸功能下降、妊娠率减少（情期受胎率为 20%～40%）的纯种老龄公马，加强繁殖可使母马情期妊娠率增加 1.2～2 倍。

睾丸功能下降的老龄公马精液中也有少数正常运动的精子，但是寿命短（在体外，精子的活力迅速降低）。在种公马的交配计划中，先给母马注射药物诱导排卵，然后在 12～36h 内交配 2～3 次可能提高妊娠率。这种方法是使最大限度数量的正常活精子尽可能在预期授精时间内进入输卵管。因为每个繁殖母马需要交配的频率增加，因此，不可避免地等待配种母马的数量需减少。

用人工授精法繁殖

允许使用人工授精法繁殖时，安排睾丸功能下降的老龄公马配种有更多的选择方案。当使用不同剂量精液授精时，监测母马妊娠率可为使用精液量提供参考，并随时可调整使用新鲜或低温运输精液输精的剂量。由于老龄公马产生的正常精子数量下降，用此公马的精液低温运输后，输精可能有问题，因为需要有很多精子，以确保在运输过程中有足够数量存活的精子，并需严格控制等待用公马鲜精输精母马的数量，这有利于保证更多的母马可成功受孕。

有报道认为，使用大量稀释精液输精时，母马的妊娠率低，在这种情况下，授精前先浓缩精子可能有益。在大的锥形管内，用加滤垫的方法以 1 000×g 离心 20min，可立即使大多数精子集聚在滤垫上面的液体中，除去多余的精清和液体，然后用带一次性吸头的移液器吸取滤垫上的液体，轻轻混合，以使凝集的精子散开，并重新评估精子的浓度，以便用稀释液将精液稀释到需要的浓度，这种方法还可以除去有损于精子寿命的多余精清。如此可以减少最终授精的精液量，以避免进入精子库（宫管结合

部）前精子被排出。

用低剂量精液授精技术输精，使用小剂量的精液和少量的精子，是当一次射精中正常精子数量有限时，成功繁殖更多母马有效的方法。还有人改进授精技术，如用性控精液、稀释的鲜精、冻精或解冻的精液较少量正常精子输精，以使母马妊娠。上述技术是在输精时将全部精液输到输卵管或接近输卵管处，以此减少每次输精所需要的精子数。目前，用小剂量精液输精技术，以提高繁殖力降低公马生育力的报道相对较少。将含少数精子的精液输到接近受精部位（输卵管），以减少精子在母马生殖道内的损失，以此补充繁殖力低下公马精子数量的不足。然而，在使用繁殖力低下公马低剂量鲜精、冻精或解冻精液输精时没有统一的标准。

临床兽医也想知道，无论是附加处理精液，以提高精子质量的办法，还是简单浓缩精子，将一次射精的精液浓缩成小剂量的授精量，是否可提高繁殖力低下公马的生育力。附加处理精液对提高繁殖力的益处存在争议。因为精子分离过程，以提高精液样本的受精率，除去不合格精子，减少其和正常精子竞争是必须的。用玻璃棉柱过滤解冻的精液，除去膜损伤的精子，以及在用低剂量精液输精前，使用密度梯度离心，是建议提高繁殖力的 2 种技术，但是有关其提高繁殖力的效率数据十分有限。相反，对于生育力低下公马，用精子分离技术处理精液，提高妊娠率。有试验比较用 2 500 万无选择、经玻璃棉/葡聚糖选择和胶体硅分离、经玻璃棉/葡聚糖过滤的精子作子宫角深部输精，试图增加妊娠率。有人用 2 匹生育力低下公马的精液做实验，用不同密度梯度离心（以提高精子形态学和直线运动的精子数）结合低剂量精液输精的办法，结果发现可以提高公马的繁殖力。然而，改变管理，同时除去精清并子宫角深部输精也不能被忽视，因为提高繁殖力不能决定性地只归因于梯度离心。

需要更多有关用除去异常精子低剂量精液授精的研究，以确定是否清除有缺陷的精子有可能提高妊娠率，直接比较简单离心和精子分离过程结合小剂量精液输精对妊娠率的影响十分必要，以确定提高精液的质量是否需要更多的时间和费用。还有可能，在授精前优先选择进入输卵管的正常精子和处理射出精液的效率一样。

如果可以使用冷冻精液授精，可将优秀种公马的精液冷冻储存，当公马年老、精液质量和繁殖率下降时使用。或者，当精液质量下降时，可使用精液分离过程，将质量提高的精子冷冻，或者积累足够数量提高了质量的精液，用于以后的人工授精。或者在非繁殖季节将精液处理和冷冻，以避免影响公马的繁殖计划。尽管精子的分离过程能在很大程度上减少可用精子的数量，但是，将解冻分离精子用于低剂量精液授精过程有可能增加成功受孕母马的数量。

推荐阅读

Blanchard TL，Johnson L，Varner DD，et al. Low daily sperm output per ml of testis as a diagnostic criteria for testicular degeneration in stallions. J Equine Vet Sci，2001，21：11，33-35.

Kenney RM, Evenson DP, Garcia MC, et al. Relationship between sperm chromatin structure, motility, and morphology of ejaculated sperm, and seasonal pregnancy rate. Biol Reprod, 1995 (Mono 1): 647-653.

Love CC, Garcia MC, Riera FR, et al. Evaluation of measures taken by ultrasonography and caliper to estimate testicular volume and predict daily sperm output in the stallion. J Reprod Fert, 1991 (Suppl 44): 99-105.

Morris LHA, Advanced insemination techniques in mares. Vet Clin N Am Equine Pract, 2006, 22: 693-703.

Roser JF, Endocrine diagnostics and therapeutics for the stallion with declining fertility. In: Samper JC, Pycock JF, McKinnon AO, eds. Current Therapy in Equine Reproduction. St. Louis: Saunders-Elsevier, 2007: 244-251.

Scott MA, Liu IKM, Overstreet JW, et al. The structural and epithelial association of spermatozoa at the uterotubal junction: a descriptive study of equine spermatozoa in situ using scanning electron microscopy. J Reprod Fertil, 2000 (Suppl 56): 415-421.

Turner RM, Rathi R, Zeng W, et al. Xenografting to study testis function in stallions. Anim Reprod Sci, 2006, 94: 161-164.

Varner DD, Love CC, Brinsko SP, et al. Semen processing for the subfertile stallion. J Equine Vet Sci, 2008, 28: 677-685.

Varner DD, Schumacher J, Blanchard TL, et al. Management of the breeding stallion. In: Varner DD, Schumacher J, Blanchard TL, et al, eds. Diseases and Management of Breeding Stallions. Goleta, CA: American Veterinary Publications, 1991: 97-115.

（田文儒　译）

第 153 章　隐睾的诊断与处理

Anthony Claes　James A. Brown

一侧或双侧睾丸未能下降到阴囊内称为隐睾症。隐睾更常发生在美国夸特（Quarter）马、佩舍重挽马（法国佩舍产的一种高大的马，译者注）、美国乘骑用马种、矮种马和杂种马，较少发生于纯种马、标准竞赛用马、摩根马、田纳西走马或阿拉伯马。尽管人们普遍认为马隐睾症可遗传，但是目前没有科学证据支持这种说法。睾丸下降的不同阶段以及相关的调节因素不是此章所讨论的内容，但是在后面建议阅读的材料里有综述性文章可参阅。隐睾的正确诊断和治疗十分必要，不但可以避免公马不必要的行为，而且还可以防止扭转或隐睾睾丸坏死。应该将公马隐睾和单侧隐睾及假隐睾区别开来，单侧隐睾很少发生，其特征是一侧睾丸缺乏，而假隐睾是公马彻底去势后还继续表现出公马样的行为。

一、隐睾的诊断

如果阴囊中只有 1 个睾丸（图 153-1）或者阴囊内没有睾丸而出现公马样的行为就应该怀疑是隐睾。诊断的第一步应该详细了解病史，首先应重点询问公马的行为特征以及是否去势。但是，除非病马是在马主人处所生并饲养，否则，所获得的信息会含糊不清。在进行身体检查之前，检查者应注意该马是否有第二性征。身体检查主要部分包括，检查和触摸阴囊和腹股沟区域，如果未能触摸到睾丸或附睾组织，应检查是否有去势留下的手术瘢痕。更特异性检测，如激素分析、直肠检查以及超声波（经直肠或腹部皮肤）检查，对诊断隐睾症必不可少。

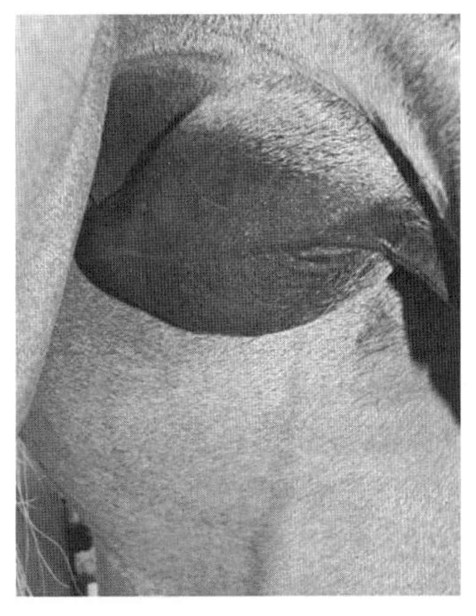

图 153-1　完整公马阴囊区域右视图

注意，只有左侧睾丸在阴囊内，需要做进一步检查，以确定其是隐睾还是单睾丸

（一）内分泌检测

检测去势马可能剩余睾丸组织最方便节省的方法是检测激素，包括检测血清中睾酮、硫酸雌酮和抗 Müllerian（anti-Müllerian）激素的浓度，或者全部检查。要准确地解释检测结果，必须将测定值与诊断实验室提供的参考值范围比较，因

为不同的实验室之间参考值范围相差很大。

测定马睾酮基线浓度常被临床兽医用于快速筛选隐睾症。因为激素检测结果不准确，有11%～14%的病例需要使用其他检测方法才能确诊。但是由于使用人绒毛膜促性腺激素（hCG）刺激实验结果不准确，确诊隐睾的百分率减少到6.7%。使用hCG刺激试验的机理是基于hCG与促黄体素（luteinizinghormone）受体相互作用，从而刺激睾丸间质细胞合成睾酮。尽管存在差异，试验需要在静脉注射6 000～12 000U hCG前和注射后30～120min采集血样。不同公马个体间刺激睾酮的反应有很大不同，评价睾酮对hCG刺激的反应时，将睾酮的基线值与注射hCG后睾酮的浓度相比较。hCG刺激试验诊断隐睾症的准确率是94.6%。尽管很有效，但是耗费时间，并且对18月龄以下马隐睾症诊断的可靠性有限。此外，睾酮对hCG刺激的反应受隐睾的位置和季节的影响，睾丸位于腹腔的病马以及冬季反应降低。对更加复杂的病例，如尽管实验结果为阴性，但是持续表现公马样行为的病例，注射hCG后采集血样的时间可延续到24～72h，由hCG诱导的睾酮的反应是双相的，首峰出现在注射hCG后的2h，接着在24～72h后出现第2个更明显的峰值。

另一种用于检测隐睾马是否去势的试验是测定硫酸雌酮，因为硫酸雌酮是公马睾丸产生的，因此，隐睾马产生的量高于去势马。一般情况下，不建议对3岁以下的病马或病驴测定硫酸雌酮。

最近研究发现，是否有睾丸组织存在的内分泌标记是抗Müllerian激素（AMH）。隐睾马血清中AMH浓度显著高于正常马和骟马，此外，骟马AMH的浓度低于检测的下限。因此，检测AMH浓度可成为诊断隐睾症很有价值的方法。

（二）确定隐睾的位置

能够确定隐睾位置的检测试验对诊断隐睾十分有用，不仅能区别腹股沟隐睾和腹腔隐睾，还能区别单侧隐睾、双侧隐睾和单睾公马，而内分泌检测实验对确定上述解剖上的差异无特殊价值。此外，计划用手术方法治疗隐睾常取决于对隐睾的准确定位。

1. 经直肠触诊和超声检查

在实践中较少应用直肠检查法确定隐睾位置，但是可用直肠检查的方法区别公马是腹股沟隐睾还是腹腔隐睾。经直肠触摸腹股沟环可确定未下降睾丸的位置，准确性可达87.9%，触摸腹股沟环可确定输精管是否进入鞘膜环，如果其进入鞘膜环，睾丸很可能位于腹股沟内。然而如果输精管进入腹股沟并且脱出腹股沟环，腹腔内睾丸可被误诊为腹股沟睾丸。此外，只基于直肠检查而准确识别腹腔睾丸的可能性受限。确定隐睾位置更可靠的技术是使用超声波扫描检查，因为超声波影像更容易从其他腹腔脏器区别隐睾。与正常下降的睾丸相比，腹腔内睾丸呈卵圆形、体积较小并且回声反射减弱。睾丸组织另一个重要的标志是睾丸静脉。经直肠触诊和超声波扫描检查的缺点是年青公马难以配合检查操作。因此，检查时需要适当镇静和保定，以避免直肠撕裂或伤害到兽医。此外，经直肠检查不适合于未成年马或小矮马。

2. 经皮肤超声检查

经皮肤超声检查以确定滞留睾丸的位置侵入性小且安全。用3.5 MHz的微凸曲线振探头系统而连续地扫描腹部的腹股沟、后腹部以及腹侧区域，腹腔内睾丸通常靠近或接近膀胱，在结肠的皱褶处（图 153-2），或被小肠环绕。皮肤超声检查法可靠，敏感性和特异性分别达到 93.2%和 100%。尽管检查前在检查部位剪毛，超声检查的敏感度能增加到 97.6%，特别是对多毛的马更是如此，但是通常检查时不需要剪毛。与直肠检查相反，年龄和品种都不是限制性因素。尽管如此，如果睾丸组织在腹腔内较高的位置，因为很容易受肠管的遮挡，超声检查也很困难，有时甚至不可能。

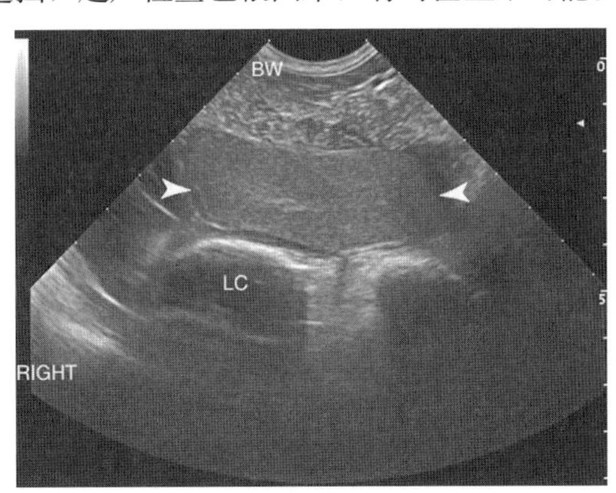

图 153-2　3 岁纯种隐睾公马腹腔内的右侧睾丸（箭头）

用 3～9MHz 的微凸曲线振探头经右后腹下皮肤扫描的超声波图像。BW 为体壁；LC 为大结肠

（由加州大学戴维斯分校 B. Vaughan 和 M. B. Whitcomb 供图）

3. 腹腔镜检查

最后一项既可用于诊断、又可用于治疗的隐睾定位技术是腹腔镜检查。尽管侵入性较大，但是腹腔镜检查是极好的诊断工具，因为可使用腹腔镜充分观察腹股沟环和腹腔后部。切除的组织不能用肉眼分辨时，需作组织学检查（图 153-3），在不能用组织学检查法确定的病例，或者可用反转录聚合酶链式反应作基因分析。

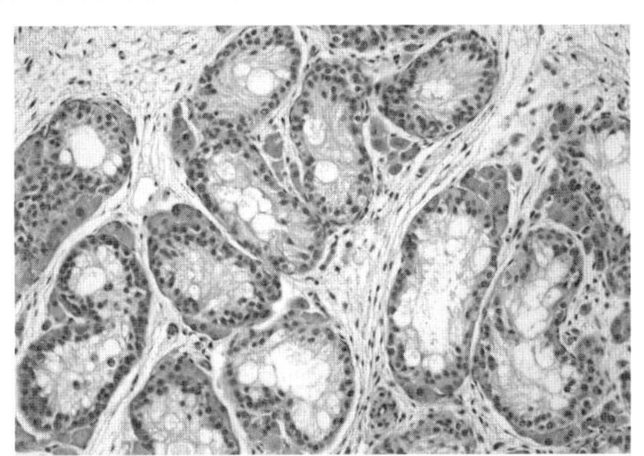

图 153-3　腹腔隐睾的组织切片

生精小管的生精上皮细胞空泡化，未见精子发生迹象

二、隐睾的处理

可用多种方法去势患隐睾症的小马或公马，选择哪一种方法取决于未下降睾丸所

处的位置（如果明确）、大小、病马的性情、现有的设备设施条件、马主人的经济条件以及外科医生的取向。

隐睾可能位于腹腔，部分位于腹腔（尾部附睾位于腹股沟管内），腹股沟，或者腹股沟环外侧面。前面描述的外科处理方法包括腹股沟的、改进的腹股沟旁、耻骨上中线法处理，以及腹腔镜检查，这些方法有些是非侵入性的，因为未进入腹腔，或者只有 1～2 指进入腹腔，而其他技术可能直接将手伸入腹腔。本章只讨论腹股沟法、改进的腹股沟旁内镜法以及腹腔镜方法，因为这些方法应用最广。有关这些外科技术的详细描述可参照后面推荐阅读的资料。

非侵入的腹股沟方法取决于如何鉴别源自引带穿过韧带结构的鞘突，引带是一种类似于间质索样（mesenchymal cord-like）结构，连接睾丸下端腹膜腔的腹股沟部位和阴囊。马出生后，引带变成了睾丸韧带、附睾尾韧带以及阴囊韧带或腹股沟延伸结构。鞘突是腹膜腔突入腹股沟区的外翻部分，绕着后腹股沟引带嵌入，以后成为下降睾丸精索鞘膜。

腹股沟处理方法是将马仰卧、全身麻醉，常规消毒，覆盖阴囊和腹股沟区域。在腹股沟环外皮肤上做 1 个 10cm 切口，钝性分离到腹股沟环。在分离的过程中，如果有睾丸位于腹股沟环浅表外侧，则可见到，对于位于腹股沟管或腹腔内的睾丸，鞘突可能内翻进腹腔，或外翻进腹股沟管。有 2 种方法查找内翻的鞘突，阴囊韧带是个细的纤维韧带，位于腹股沟管浅环前中侧（craniomedial aspect），拉紧该韧带将暴露鞘突；一是将手指插进腹股沟管，触摸鞘突，用一大个弯曲的海绵钳沿无名指进入腹股沟管，用以夹住鞘突，一旦使其外翻后，切开鞘突，确定附睾尾。在成年公马，可能需要用手指扩张鞘膜管，或切开鞘环，以取出睾丸。如果是腹股沟内环能容纳 2 个以上手指，用可吸收粗线缝合腹股沟浅表环，或者用消毒的腹部手术创巾塞住腹股沟管，缝合皮肤切口，保持 36～48h。腹股沟处理方法可以彻底检查腹股沟管，并不需要昂贵的仪器，然而可改变腹股沟结构，并且如果腹腔滞留的睾丸过大，用此方法处理不易成功。

如果不能用腹股沟方法确定隐睾的位置，可用改进的腹股沟旁方法处理。在腹外斜肌腱膜上做一小切口，切口位于腹股沟外环中前部 1～2cm 处、环中间的位置。钝性剥开组织，用 1 或 2 个手指进入腹腔，沿着腹股沟内环滑动手指，可触摸到输精管或部分附睾并取出，如果手指不能触摸到输精管或附睾，则需要扩大切口，使整只手进入腹腔，找到睾丸并将其从切口取出，实施标准的去势术，摘除睾丸，用可吸收的粗缝合线缝合腹外斜肌腱膜。从技术上讲，腱膜比腹股沟外环更容易缝合，因此，改进的腹股沟旁方法比腹股沟方法更有优势。

可在马站立情况下实施腹腔镜检查技术，或者在全身麻醉、仰卧保定下实施。站立时腹腔镜检查可彻底检查肾脏后方到腹股沟区域的腹腔。腹腔镜检查前禁食 24h。给予镇静剂后，可实施硬膜外麻醉（见第 16 章），可以减轻处理精索血管和输精管的疼痛，但是也增加了躺卧时的危险性。术前向腹腔内注入 CO_2，使腹腔达到 13.3～19.9kPa，可减少误穿脏器、撕裂脾脏，或者防止套管针穿透腹膜。

可在腹腔镜入口处做局部浸润麻醉，首选腹腔镜入口是在最后肋骨和髋结节之间，腹内斜肌小腿部背侧，用带有照相机和光源的腹腔镜，以 30°角刺入腹腔，首先探查腹股沟区域，在鞘环的前腹侧最容易找到睾丸。如果不能发现睾丸，从膀胱侧韧带寻找输精管，可以找到睾丸。应用2个独立的入口套管可减轻睾丸的敏感性和便于切除睾丸。文献中报道的止血法有多种，包括用内镜实施结扎止血、用内镜缝合装置或使用带切割装置的双极电止血钳止血①②。精索结扎止血后，将精索和血管横断，将睾丸借助双腹腔镜入口的连接件取出。

用腹腔镜实施隐睾摘除术时，仰卧保定对易怒马以及前述腹股沟方法不能完成隐睾处理时特别适用。麻醉后将患马仰卧，固定在手术台上，防止当特伦德伦伯卧位（后躯抬高30°）时其向前滑动。由于特伦德伦伯卧位使内脏的重量压向膈肌，因此，有必要正向通风。术前可用乳头套管从脐部刺入腹腔，向腹腔注入CO_2。同时在脐部做腹腔镜入口，如有必要，器械入口可作在腹股沟外环前部。用前面描述过的站立保定实施腹腔镜检查同样的技术探索腹股沟内部区域。可在腹腔内结扎睾丸血管，或者可将睾丸取出。

不需要闭合腹股沟外环或堵塞腹股沟管的非侵入性手术，术后护理和常规去势的术后护理相似。常推荐的侵入手术的护理方法包括，在畜栏内休息，拆线前控制运动，拆线后逐渐增加活动。隐睾摘除术的并发症和日常去势的相似，包括出血、肠管和网膜突出、脓毒性腹膜炎、腹腔内发生粘连以及切口感染。

推荐阅读

Amann RP，Veeramachaneni DNR. Cryptorchidism in common eutherian mammals. Reproduction，2007，133：541-561.

Fischer AT. Laparoscopic cryptorchidectomy in the dorsally recumbent horse. In：Fisher AT，ed. Equine Diagnostic and Surgical Laparoscopy. Philadelphia：Saunders，2002：149-154.

Hendrickson DA. Standing laparoscopic cryptorchidectomy. In：Fisher AT，ed. Equine Diagnostic and Surgical Laparoscopy. Philadelphia：Saunders，2002，155-162.

Mueller POE，Parks AH. Cryptorchidism in horses. Equine Vet Educ，1999，11：7-86.

Rodgerson DH，Reid Hanson R. Cryptorchidism in horses. Part II. Treatment. Compend Contin Educ Equine Pract，1997，19：1372-1395.

Schambourg MA，Farley JA，Marcoux M，et al. Use of transabdominal ultrasonography to determine the location of the cryptorchid testes in the horse. Equine Vet J，2006，38：242-245.

Schumacher J. Testis. In：Auer JA，Stick JA，eds. Equine Surgery. 4th ed. St. Louis：Elsevier Saunders，2012：804-840.

（田文儒　译）

① Ligasure，Covidien，Boulder，CO。

② Enseal：http：//www. ees. com/clinicians/products/energy-devices/enseal-g2-superjaw。

第 154 章　公马阴囊疝

Warren Beard

腹股沟管是个途经腹壁的斜通道，睾丸结构经过此通道，腹股沟管浅表开口只是腹外斜肌腱膜上的一个裂缝，术语为腹股沟浅环；腹股沟内环是由腹内斜肌、腹直肌以及腹股沟韧带形成。经鞘环进入腹股沟管，鞘环的开口裂缝样，是由腹膜壁层经腹股沟内环外翻形成壁层鞘膜。当鞘膜环的大小允许腹腔内脏，常是小肠进入鞘膜时就形成阴囊疝。通常阴囊疝和腹股沟疝这 2 个术语交替使用，正常情况下，鞘环正好适合睾丸结构穿过腹股沟管（图 154-1）。直肠检查时，鞘环裂缝样开口不应该超过 2 指宽，检查者不能将 2 指全部伸入腹股沟管。如果鞘环能允许 2 个手指自由通过，应该考虑鞘环过大，该马存在形成阴囊疝的危险。大家公认，尽管地区性多发可能和当地马数量多有关，但是役用品种和竞赛用马易患阴囊疝。在手术前需告知马主人该病有遗传的可能性，以使马主人决定是否需要将马单侧还是双侧睾丸切除，或者不切除。有些马主人选择将病马去势，而有的马主人则坚持不去势公马。阴囊疝可以是嵌闭式或非嵌闭式，并且嵌闭式阴囊疝可经手动还纳，而非嵌闭式则不能。上述 2 种情况同时存在时，疝的临床表现多样，根据临床表现确定手术方法、治疗方法或判定预后。

一、非嵌闭式阴囊疝

非嵌闭式阴囊疝一般起因于先天性腹股沟疝，因为没有自然闭合而又未治疗，这种情况相对少见，但是确实存在。在去势之前，需全身麻醉，使马站立，首先检查阴囊，以确定是否是非嵌闭式阴囊疝，因为麻醉后突出的小肠自行缩回，并且多数病例在马站立后内脏又突出。用闭合性去势技术，将鞘膜顶部结扎（图 154-2），内脏突出的危险性会大大减少。对于先天性腹股沟疝病例，马主人有意将其留作种公马而不加以治疗的情况较少见。如果出现这种情况，用腹腔镜重塑鞘环应该是可选择的治疗方法。

二、去势后内脏突出

当空肠通过鞘环并且开放的阴囊不能容纳空肠时就发生内脏突出。多数品种的马很少发生去势内脏突出并发症。内脏突出主要发生在去势后的前几个小时内。标准竞赛用马和役用马更多发，特别是先天性腹股沟疝的发生率高。有报道称，役用小马去势内脏突出的发生率为 4.8%。病马可能惊恐并踢突出的肠管，由于突出肠管的损伤和其重力作用，使得肠系膜撕裂。内脏突出危及生命，为保住病马性命，需立即采取恰当的治疗措施。

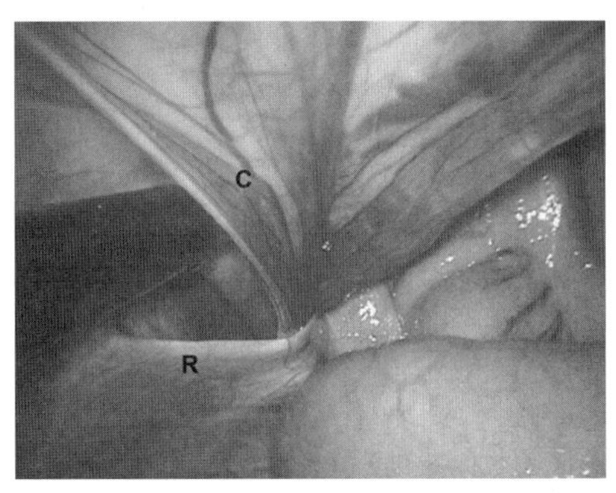

图 154-1 腹腔镜视野，精索（C）进入右侧腹股沟内环（R）

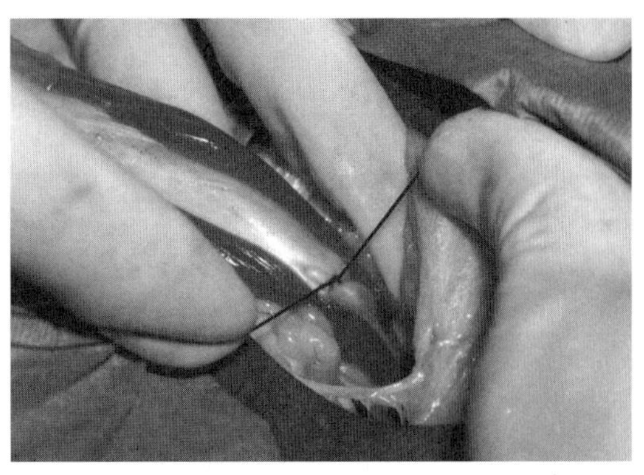

图 154-2 经腹股沟法去势手术，结扎精索和提睾肌

迅速将马移到干净环境中并重新麻醉。此时，最理想的办法是彻底修复。实际上经常做不到，因为通常是在现场实施去势，发生内脏突出时没有仪器设备，甚至现场没有技术专家可实施剖腹及肠管切除并吻合术。将突出的空肠充分洗净，在确保肠系膜血管没有损伤后，送回阴囊内。缝合阴囊切口，或用巾钳闭合，在麻醉苏醒前运送到手术室（图 154-3）。此时应使用广谱抗生素，并需要立即手术，因为尽管肠管已经送回阴囊内，但是还嵌闭在鞘环内。

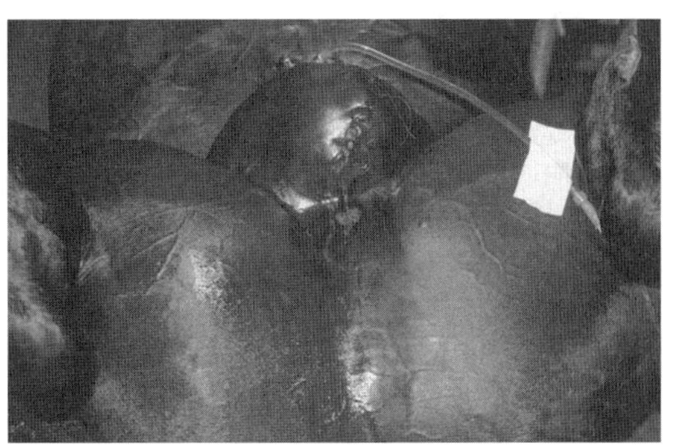

图 154-3 标准竞赛用马去势后内脏突出，阴囊内突入几十厘米长的空肠，切开阴囊还纳肠管，阴囊切口已经缝闭

如果肠管和其血液循环未受影响，确切的治疗方法包括充分冲洗肠管，通过壁层鞘膜将其还纳回腹腔。经上述两步法很容易还纳腹股沟环外部的肠管。首先找到鞘膜，用缝线缝合或组织钳固定，将肠管经鞘膜还纳回腹腔。如果用手指将鞘膜环扩大，还回过程会更顺利。重要的是应经鞘膜环还纳肠管，避免抓肠管或将其经不同的入口还回。后者是肠管经鞘膜环突出，而从另一外腹膜孔还回腹腔，因而肠管还是受腹股沟筋膜缠绕。可将腹股沟管用纱布堵塞 24h，此时腹股沟组织水肿，将阻止内脏再次突出。也可将腹股沟浅环缝合。

如果肠管或肠系膜血液供应受损，或者不能用上述方法还纳肠管，需在腹中线处实施剖腹术，术者在鞘环处将肠管轻轻拉回腹腔，助手配合从腹股沟处推回肠管。如果有必要，可实施小肠切除和吻合术。腹股沟管可用前面描述的方法闭合，腹壁用常规方法闭合。

根据现场的实际情况判断预后比依靠文献报道方法判断预后更重要，内脏突出的时间、是否采取适当的急救、现场有无外科设施和技术专家、突出肠管的长度以及是否有损伤等都影响预后。如果病马得到及时、恰当的治疗，则预后良好。如果阴囊疝病马发病初期未被发现，发现时肠管已经垂到地面，可考虑立即实施安乐死。报道各种各样情况的病例中能够长期存活的概率为44%～87%。

三、嵌闭性阴囊疝

当小肠进入鞘膜，阻塞肠管和睾丸血流即发生嵌闭性阴囊疝。病马立即出现重度腹痛症状。临床上表现出典型的小肠嵌闭损伤症状，包括心动过速、黏膜干燥、红细胞比容和血浆蛋白浓度升高、小肠渐进性液性膨胀以及最终胃返流。由于进入小肠的液体量增多，血管内液体流失，进一步引起新陈代谢恶化。任何出现腹痛的公马都应作阴囊疝鉴别诊断。与其他小肠嵌闭损伤比较，可经直肠触摸鞘环确诊阴囊疝。检查者通过在腹腔后部腹侧到耻骨前缘划动手掌，找到进入鞘膜管的肠管。此外，在患侧外部也能摸到增粗的精索（图154-4）。很容易从睾丸的前端到腹股沟浅环处触摸到正常睾丸的精索。而在发病侧睾丸，精索肿胀、增粗，并使精索和睾丸之间的界限模糊不清，触诊时疼痛并冷感。上述特征性异常容易检测到，但是前提是需要特异性检查。不仔细检查很容易忽视临床表现，如果不检查一定不能发现症状。

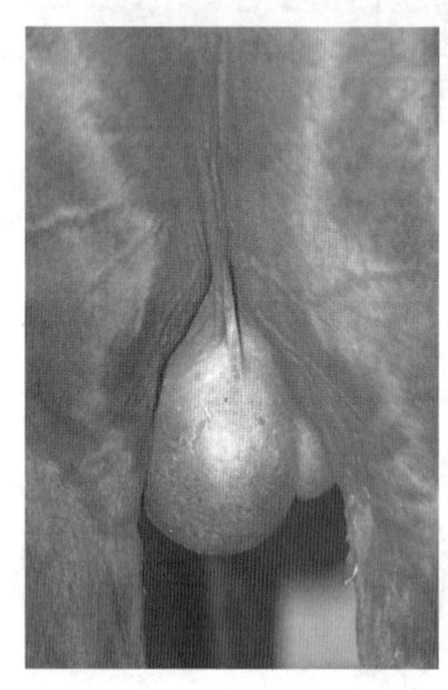

图154-4　标准竞赛用马后天性左侧阴囊疝

阴囊疝常与配种、运输或者训练同时发生，但是也发生于圈养的马。阴囊疝很少间歇性发生，2次发生之间表现正常。尽管鞘环需足够大才能发生阴囊疝，但是否有其他相关的原因还不清楚。腹压升高被认为可引起阴囊疝，但是还未证实，还不清楚为什么马的一生中有数百次腹压升高的情况不发生阴囊疝，而一次腹压升高就能导致阴囊疝。空肠袢被腹股沟管嵌闭后，肠管的蠕动增加，更多肠管进入或移出腹股沟管，直到回肠嵌闭在鞘环内。首先发生静脉回流受阻，使得嵌闭肠管和睾丸血性肿胀。随着时间的推移，被嵌闭的肠管水肿加重，还纳更加困难。

确诊阴囊疝后，兽医应根据病史和体检的参数确定发病时间长短，总是要根据手术条件确定要采取的治疗措施。如果能在1～2h内准备好手术条件，应该优选手术治疗法。如果在偏远地区发生阴囊疝，将病马运输至有条件的医院可能需要更长的时间，这时兽医应考虑在转诊之前尝试手动还纳，但是只能是在确切知道疝发生时间不长的情况下实施。原因是嵌闭的时间短，肠管没有坏死，解救后肠管能存活，可避免剖腹治疗的过程。如果不采取措施，病马经长时间运输到有手术条件的地方，常会导致嵌闭的肠管坏死，从而需要实施肠管切除和吻合术，并可能发生并发症和多余的费用。腹腔穿刺术无助于判定肠管的活力，因为嵌闭的肠管不在腹腔内。试图用手动还纳阴囊疝的病马都是急性病例，不表现出新陈代谢恶化的症状，只有肠管长时间嵌闭而出现损伤的病马，才出现代谢恶化。如果有脱水症状、多处小肠中度到重度肿胀，或者出现胃返流现象应立即采取措施，不要延误。运输时应带鼻胃管，以防止胃破裂。

（一）手动还纳

对某些病马，可以用1～2种方法手动还纳。在某种情况下，可经直肠轻轻拉回肠管。手术时需深度镇静并注射N-丁基东莨菪碱，以减少努责。在阴囊疝发生的早期，用此方法还纳最容易成功；第二种还纳方法是，首先需要短时间静脉注射麻醉药，并将病马仰卧保定。用1只手抓住受影响侧睾丸体，另一只手在嵌闭肠管下方环绕精索，轻轻向腹股沟管方向挤压嵌闭的肠管。对小部分肠管嵌闭的病例最容易成功，此时，嵌闭肠管的前端下降的位置不能超过睾丸的上端。如果嵌闭肠管过长，用此方法还纳的成功率不高。如果手动还纳能成功，应很快还纳，并且能听到"嘭"的声音。持续努力还纳并不一定能成功，并且很可能使肠管破裂。如果成功还纳，还需继续注意观察是否发生肠梗阻、腹痛或者复发。如果还纳成功，暂时的危机解除，可考虑下一步怎样缩小腹股沟内环。如果手动还纳不能成功，则需要参考用外科手术法治疗。

（二）手术修复阴囊疝

手术切开法修复阴囊疝时，将病马仰卧保定。手术准备腹股沟切开法和中线处切开法。腹股沟切开法是首先直接切入腹股沟浅环，切入鞘膜，暴露睾丸和嵌闭的肠管（图154-5）。用一指插入鞘膜，并通过鞘环进入腹腔，可用手指撕开鞘环，或用手指将其拉出后用剪刀剪开，如此操作可松开肠管，使其还回腹腔。如果不确定肠管是否能存活，可将肠管还回腹腔，使其恢复血液循环，过后再将受影响肠管取出，用标准的外科评定法准确评价肠管的活力，包括肠管脉搏的跳动、颜色、活动性和水肿程度。如果确定肠管不能存活，应采取腹部中线切开，切除坏死肠管并做吻合术。

如果确定睾丸不能存活，可选择去势。鞘膜可以保留或在可能的情况下缝合，以防止内脏突出。闭合可采用纱布填塞腹股沟管或者缝合腹股沟环。去势术更容易操作，然而，如果睾丸能存活，更多的畜主坚持保留病马睾丸。如果保留睾丸，应将鞘膜管缝合，且围绕鞘膜顶部缝合，并尽可能深入到腹股沟管。缝合时需系紧，以防止肠管进入到腹股沟管内，但是又不要过紧，以避免影响睾丸的血液循环。用这种手术方法难以接近鞘环，但是可部分缝合腹股沟浅环。也可以选择用腹腔镜重塑鞘环，代替前面描述的结扎鞘膜的方法，以防止内脏再次脱出。腹腔镜法重塑鞘环法的适应证是鞘环过大。近来，用腹腔镜闭合鞘环作为可选择的方法。没有可靠的证据表明，用切开阴囊法修复阴囊疝、保留睾丸是否影响繁殖力，但是经验告诉我们，有些公马确有繁殖

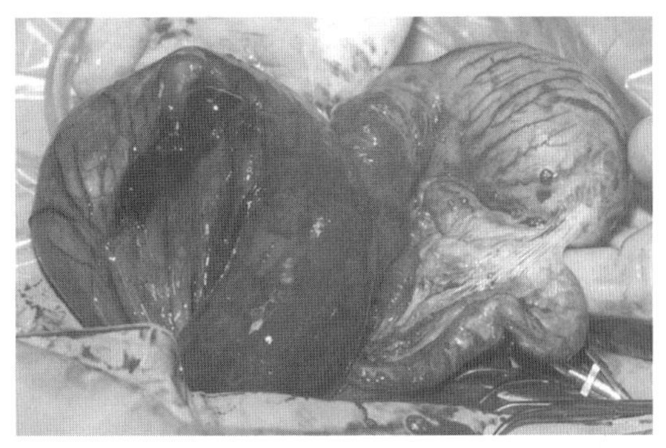
图154-5　腹股沟法修复阴囊疝的手术视野，暴露嵌闭的回肠

力。手术前睾丸的嵌闭时间、手术过程发生的损伤、修复鞘膜的能力、炎症、粘连以及术后感染都能影响公马的繁殖力。

(三) 腹腔镜闭合鞘环

护理标准的提高以及提供外科服务专业诊所的普及使得许多阴囊疝病马得到及时治疗。结果是多数阴囊疝病马及时由手动还纳，从而不必要做剖腹手术。避免暂时性危险后，下一步应考虑如何更好地避免复发。只有在腹腔镜的视野下才可能手术修复鞘环。可在马站立的情况下实施腹腔镜法重塑腹股沟内环，或者仰卧保定，以保护睾丸和防止复发。在阴囊疝恢复时不实施腹腔镜法闭合鞘环。肿胀的小肠和正常的小肠时常妨碍腹腔镜视野。因此，在有选择的情况下，可在后期实施手术。有多种腹腔镜技术可防止发生阴囊疝。操作过程通常只有两大类，使用聚丙烯网套或者腹膜瓣覆盖鞘环，或者直接缝合鞘环。

最早期腹腔镜闭合鞘环的技术，是使用腹膜后聚丙烯网套假体固定在鞘环上。手术时使马仰卧保定或特伦德伦伯卧位，然后造个腹膜瓣，将 5cm×7cm 的聚丙烯网套用吻合器固定在鞘环上，将腹膜瓣固定在网套上，以防止腹膜和网套粘连。

另一种技术是对能够站立的马匹使用柱状聚丙烯网套假体，具体方法是将 1 片 6cm×8cm 的网套紧紧卷成柱状，用缝线固定，将卷成柱状的网套经腹腔镜入口插入腹股沟管，使其位于鞘环开口的下面，并不露在腹膜腔内。将固定网套成柱状的缝线剪短，使柱状网套展开，以充满鞘环，防止移动。

在实施腹膜瓣疝缝合技术时，必须麻醉病马并以特伦德伦伯卧位仰卧保定。在腹股沟内环腹侧缘造 1 个 5cm×8cm 的矩形腹膜瓣，将其反折盖在腹股沟内环开口上，并用腹腔内缝合技术缝合固定，或者使用吻合器固定（图 154-6）。

可用腹腔镜引导直接缝合腹股沟环，有报道此技术只在去势马使用过，但是没有为什么该技术不能用于保留睾丸马腹股沟内环重塑的理由。可用腹腔镜吻合器械、腹腔缝合以及倒钩缝合的自动缝合装置直接缝合鞘环（图 154-7）。

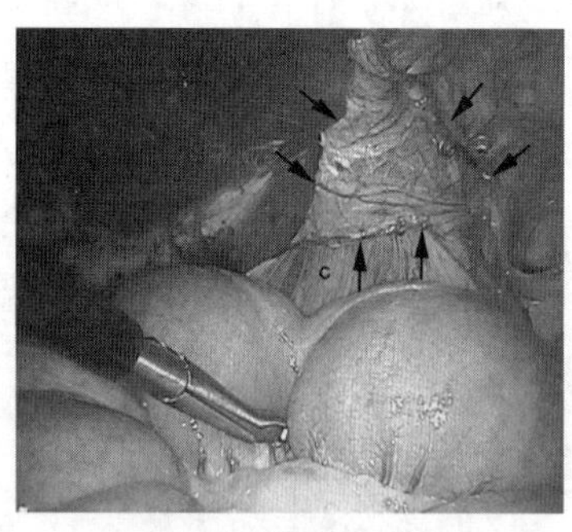

图 154-6 腹腔镜腹膜瓣闭合腹股沟内环手术视野

病马仰卧保定，腹膜瓣（箭头）翻转并在进入鞘环时盖在精索（C）上，腹膜瓣由吻合器固定

（图片由 Maurice Rossignol 博士提供）

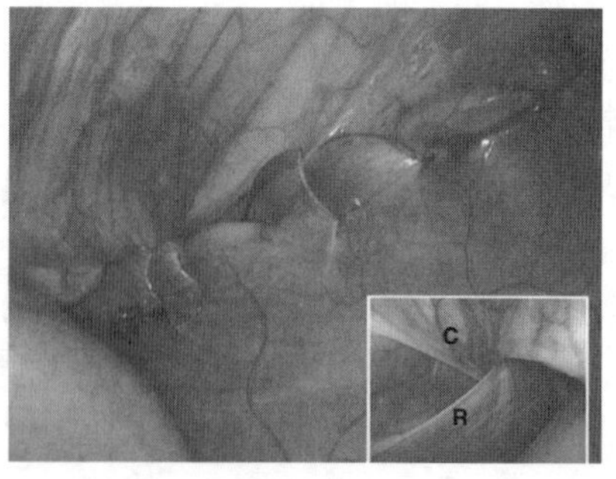

图 154-7 用自动缝合装置和倒钩缝合完成站立保定马腹股沟内环闭合的腹腔镜视野

视窗图中：在闭合前精索（C）进入大鞘环（R）

（图片由 Claude Ragle 博士提供）

一种新的腹腔镜技术是用氰基丙烯酸盐黏合剂封闭腹股沟环。使病马站立保定，在腹腔镜引导下，将聚乙烯导管经硬套管深入腹股沟管，同时用手术钳向后拉精索，用另一术钳压迫腹股沟管，以防止氰基丙烯酸盐黏合剂扩散（图 154-8）。

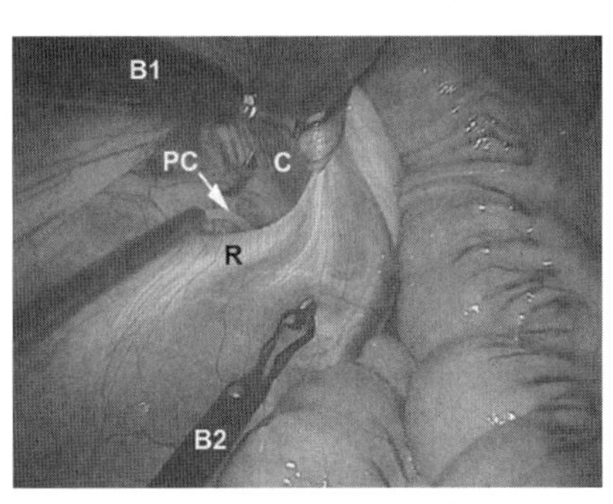

图 154-8 用氰基丙烯酸盐黏合剂封闭站立保定病马右侧腹股沟管的腹腔镜影像

用 1 个巴柯氏钳（B1）向尾部回拉精索（C），聚乙烯导管（PC）从鞘环（R）插入腹股沟管，用以灌注氰基丙烯酸盐黏合剂，而另一个巴柯氏钳（B2）用以从外部挤压腹股沟管，以限制氰基丙烯酸盐黏合剂扩散

（图片由 Maurice Rossignol 博士提供）

腹腔镜修补疝术在马外科手术中相对较新。有人曾经改进腹腔镜技术，使其操作更简单，更少切开组织或腹腔内打结。在兽医参考文献中，更多的是在治疗一系列临床病例后描述技术发展，最多有报告 6 例马的手术。在所有的腹腔镜技术中，对于预防疝复发的预后都很好；腹膜瓣修补疝技术使 3/4 的病马恢复了繁殖力；聚丙烯网套技术治疗的 2 例公马都保持其繁殖力未变。没有报道用圆柱网套假体治疗后公马的繁殖力如何。有关比较各治疗技术治疗后的并发症、繁殖力以及长期的结果的资料不足。

推荐阅读

Carmalt JL，Shoemaker RW，Wilson DG. Evaluation of common vaginal tunic ligation during field castration in draught colts. Equine Vet J，2008，40：597-598.

Caron JP，Brakenhoff J. Intracorporeal suture closure of the internal inguinal and vaginal rings in foals and horses. Vet Surg，2008，37：126-131.

Hunt RJ，Boles CL. Postcastration eventration in eight horses（1982-1986）. Can Vet J，1989，30：961-963.

Marien T. Standing laparoscopic herniorrhaphy in stallions using cylindrical polypropylene mesh prosthesis. Equine Vet J，2001，33：91-96.

Ragle CA，Yiannikouris S，Tibary AA，et al. Use of a barbed suture for laparoscopic closure of the internal inguinal rings in a horse. J Am Vet Med Assoc，2013，242：249-253.

Rossignol F, Mespoulhes-Rivière C, Boening KJ. Inguinal hernioplasty using cyanoacrylate. In: Ragle CA, ed. Advances in Equine Laparoscopy. Ames, IA: Wiley-Blackwell, 2012: 161-166.

Rossignol F, Perrin R, Boening KJ. Laparoscopic hernioplasty in recumbent horses using a transposition of a peritoneal flap. Vet Surg, 2007, 36: 557-562.

Schneider RK, Milne DW, Kohn CW. Acquired inguinal hernia in the horse: a review of 27 cases. J Am Vet Med Assoc, 1982, 180: 317-320.

Shoemaker R, Bailey J, Wilson J, et al. Routine castration in 568 draught colts: incidence of evisceration and omental herniation. Equine Vet J, 2004, 36: 336-340.

Van der Velden MA. Surgical treatment of acquired inguinal hernia in the horse: a review of 51 cases. Equine Vet J, 1988, 20: 173-177.

（田文儒　译）

第 155 章　精子稀少：诊断和精液处理

Dickson D. Varner

在马繁殖工业中，不管是自然交配还是使用人工授精繁殖，有许多公马的繁殖力水平达不到最佳状态。这源于通常公马成为种马基于 3 种品质的事实：公马的血统、繁殖性能记录和体型结构。通常决定公马退出种用很少考虑其繁殖能力或繁殖健康。同样，老龄公马倾向于出现与年龄有关的睾丸和附睾功能减退。因此，需要兽医介入，使某些公马的繁殖力发挥到极致。尽管使用辅助繁殖技术能够导致公马遗传形式的繁殖力降低，但是目前，除非在独立情况下，很难区别繁殖力低下是遗传还是非遗传性原因。此章探讨通过选择繁殖方法和精液处理策略，最大化发挥繁殖公马在自然交配或人工授精过程中的繁殖力。

一、自然交配繁殖计划

尽管限制公马自然交配，而从多种能提高繁殖性能的实验室技术中受益，但是人们可以使用多种方法严格评估公马的繁殖力，使用官方有权威的方法提高其繁殖力。

（一）评价繁殖记录

严格分析繁殖记录有助于确定繁殖问题的具体来源，如与母马繁殖有关的因素、管理因素、公马内在的因素或者上述因素的综合。在所有的商业项目中，上述因素中的每个都对特定公马的繁殖力有影响。正确分析繁殖记录，可提供大量有助提高繁殖性能管理变化的信息。如有些公马交配更频繁时提高了繁殖力，而在其他公马，增加配种频率使母马的妊娠率下降。仔细检查繁殖记录，可以区别其中的不同（表 155-1）。如公马 1，当每天的配种频率增加到 1～3 次时，其繁殖力明显提高，配种母马的妊娠率也有所增加。相反，如果当允许公马在每次交配后有 1～2d 的休息，妊娠率明显下降。如果有繁殖记录可查，常能查出上述公马的繁殖力。这样的公马有典型的大个睾丸，当不经常交配的话，倾向于出现性腺外管精子滞留。射精精液中的精子数并非是建立妊娠的限制性因素。对这种类型公马管理的目标应加大其配种效率，包括交配非商业母马，以避免交配间期过长，影响其繁殖力。这种繁殖策略在商业繁殖季节开始前数天或数周显得特别重要，因为这些公马通常对称为闭塞壶腹（*occluded ampullae*）的状况特别敏感。相反，公马 2 的记录表明，当配种频率增加，其繁殖力降低。很明显，当这个公马每天配种多个母马时，在 1d 中后段交配母马的妊娠率常会提高。有可能在1d中后段交配的母马，在交配时更接近排卵。有这种繁殖记录的公马最有效的管理办法是，限制每天交配母马的数量，以便使公马射精中有必要的正常数量的精子，达到合意的母马妊娠率。

表 155-1 2例纯种公马配种频率对妊娠率的影响

	公马1	公马2
配种母马数	79	126
每天交配1匹母马情期妊娠率①	39%	46%
每天交配2匹母马情期妊娠率②	48%	35%
每天交配3匹母马情期妊娠率③	52%	22%
每天交配3匹母马1时间段情期妊娠率④	40%	18%
每天交配3匹母马2时间段情期妊娠率⑤	50%	9%
每天交配3匹母马3时间段情期妊娠率⑥	67%	40%
2次交配间休息1d母马情期妊娠率	25%	71%
2次交配间休息2d母马情期妊娠率	18%	67%

注：①公马每天只配1匹母马时的情期平均妊娠率。

②公马每天只配2匹母马时的情期平均妊娠率。

③公马每天只配2匹母马时的情期平均妊娠率。

④当公马每天配3匹母马时，一天中第一次交配时间段母马的情期平均妊娠率。

⑤当公马每天配3匹母马时，一天中第二次交配时间段母马的情期平均妊娠率。

⑥当公马每天配3匹母马时，一天中第三次交配时间段母马的情期平均妊娠率。

引自 Varner DD，Love CC，Blanchard TL，et al. Breeding-management strategies and semen-handling techniques for stallions：case scenarios. Proc Am Assoc Equine Practitioners，2010，56：215-226。

（二）加强繁殖

在自然交配程序中，正在广泛使用加强繁殖方法。然而，该技术并未被某些管理机构授权。因此，只有经繁殖登记处的管理部门授权后才能使用。

加强繁殖技术包括采集成功射精交配后、刚下来的公马阴茎的精液。作者推荐的方法是将精液样品保存机体的温度，经压力过滤，除去杂质，然后将过滤的精液与少量（5～10mL）温热的高质量精液稀释液混合，稀释的精液装入全塑料注射器，然后装入标准授精管，立即将刚配种的母马放入畜栏中，清洗会阴部，准备用稀释的精液样品授精，当将手和授精吸管伸入阴道内，对见到任何没有尿液或血液的液体都吸入吸管内，并将吸管内容物输入子宫体。有人总结了5匹商业公马精液用于单个季节母马加强繁殖的数据（表155-2）。所有5匹马饲养条件相同，结果与传统的配种方法相比，5匹公马中有3匹（60%）提高了繁殖力；有1匹（A）公马交配时过早下马，已知此公马的精液样品中有50亿个精子。因此，加强繁殖的理由很明显。公马B和公马C在射精过程中未过早下马，因此，任何加强繁殖有益处的理由都是推测的。精子活力寿命的提高可能是由于精液稀释液中有可利用的代谢底物（葡萄糖），也可能只是由于多输入子宫内的精液，增加了进入输卵管精子的数量，否则这些精子就损失掉了。其他人也曾经报道，加强繁殖后有更高比例的纯种公马提高了繁殖力。

表 155-2　良种繁殖站加强繁殖对 5 匹公马配种情期妊娠率的影响

公马	加强繁殖	情期妊娠率
A	否	56/146 (38%)[1]
	是	46/88 (52%)[2]
B	否	78/137 (57%)[1]
	是	56/77 (73%)[2]
C	否	86/164 (52%)[1]
	是	19/25 (76%)[2]
D	否	108/204 (53%)[1]
	是	12/24 (50%)[2]
E	否	93/179 (52%)[1]
	是	16/32 (50%)[2]

注：1，2 公马内比较，不同的上标值表示有显著差异（ $p<0.05$）。

引自 Varner DD，Love CC，Brinsko SP，et al. Semen processing for the subfertile stallion. J Equine Vet Sci 2008，28：677-685。

二、人工授精计划

多数马注册处都认可人工授精，使得有多种辅助繁殖技术被商业应用，以使公马的繁殖效率最大化。离心精液是提高某些公马繁殖力的中心技术。一种离心过程（加过滤层离心）用于简单地除去或减少精液中精清或者增加精子浓度。当精液中的精子浓度低［即<（100～125）$\times 10^6$个/mL］，或者已知精清中有某些危害精子的因素时，用此离心技术。另一种离心过程是密度梯度离心，目的是在授精前提高精子的质量。

（一）加垫离心精液

通常用加垫离心法取代传统法离心精液，因为加垫离心法能最大限度地收获精子，并不损伤精子。有关加垫离心公马精液的研究表明，用非离子物质密度梯度媒介（碘克沙醇），能极大程度地收获精子，而且在离心过程中未检测到精子损伤。离心可在锥形底的塑料试管或乳头状底的玻璃试管内完成。但是当射出精液中精子数相对低（2×10^9个），或者离心后有可能比用锥形底试管加垫离心分离更多精浆时，推荐使用乳头状底的试玻璃管离心。

（二）梯度离心精液

通常使用一种二氧化硅颗粒溶液梯度离心公马精液，该溶液不透过细胞膜、不渗透性应激精子，并且黏度低，不影响精子沉淀。而且，该溶液可以配方化，以形成高特异性重力，分离密度大的精子，除去密度小的精子以及精液中其他的成分。因为密度大的精子被认为质量更好。

通过二氧化硅颗粒溶液离心马精液显示可以“选择”活力、形态以及核染色质都上等的精子，并且能提高特定低生育能力公马的繁殖力。作者实验室发现，用 15mL 锥形试管离心比用 50mL 锥形试管离心，精子的复苏率更高；用单层梯度离心的精子比双层梯度离心的复苏率高；在 15mL 的离心试管内，梯度量为 2mL、3mL 或 4mL 精子的质量和复苏离心相似。通常每次离心，最大复苏量能够获得 500×10^6 个精子。作者推荐在使用梯度离心之前，使用加衬垫离心，以增加精子浓度。

通过二氧化硅颗粒溶液离心正常马精液并非合理，因为原本相对高浓度的精子在离心后会损失精子。因为该技术基于精子浮力或密度机制使精子分离，所以，最适合于当精液中含有大量畸形的精子，特别是异常头部、精子中段异常、中段卷曲、卷尾或者未成熟（圆形）精细胞时使用。然而，如果不考虑精子形态，该技术还能提高复苏精子核染色质的质量。此外，二氧化硅颗粒溶液离心技术还可用于更彻底分离精子和精清。

（三）小剂量精液授精

经密度梯度离心的精液，所获得的精子颗粒内可能只有相对很小比例的精子，这些精子原本在射精的精液中就有。因此，用于授精的精液中可能含有少量精子和小授精量。在能够取得商业上可接受的妊娠率的前提下，用于母马授精的最低精子数并不清楚，但是上述精子数肯定受特定公马繁殖力以及授精前精液的处理方法影响。用传统方法处理精液，用鲜精给母马授精时，有（200～500）$\times10^6$ 个直线运动的精子到达子宫体腔内，然而最近一项研究结果显示，在指定公马，授精精液剂量在 50×10^6 个或 300×10^6 个直线前进运动的新鲜精子之间，妊娠率没有差异。作者实验室近期用小剂量精液授精的试验结果表明，使用 1 匹公马总精子数为 1×10^6 个的精子授精，妊娠率高。

输入到子宫内的精子中，只有 0.000 7% 的精子进入输卵管，能和卵子受精。然而，在优势卵泡侧子宫角尖部输精（77%），比子宫体输精（74%）有更多的精子进入同侧输卵管。这些结果表明，相对于子宫体内输精，子宫角尖端输精时有更多的精子进入输卵管受精。这种繁殖技术称为深角-低量授精（deep-horn low-dose insemination）。已经在研究中得到验证，并且近年来在实践中得到应用。将精液输到或接近输卵管的 2 种输精技术是：①用视频内镜（术语叫子宫镜，hysteroscope）找到输卵管处，并经活组织采样通道进入的长套管准确地输入精液；②用 1 个可弯曲的套管（常是双腔的套管），在输精前，经直肠引导套管的尖端进入接近输卵管处输精。用小剂量精液给母马输精的最佳方法值得商榷，最近作者实验室的研究结果表明，当用繁殖力优良的公马精液授精时，总精子数少到（0.5～1）$\times10^6$ 个时，授精母马的妊娠率没有差异。当然，使用子宫镜技术的缺点是仪器昂贵、费力费时。因此，看起来经直肠引导授精法在马繁殖业适合于广泛应用，然而，提高出诊兽医操作的灵活性以及熟知母马生殖器官解剖构造是使用直肠引导法所必需的。尽管用这种繁殖技术有过成功的记录，但是，用小剂量精液输精提高生育力下降公马繁殖力的价值值得怀疑。

（四）临床病例

1 匹 4 岁的跨特公马（Quarter Horse）来作者的动物医院就诊，检查繁殖健康情况发现，在其第 1 个配种季节中，该马配了 165 匹母马，季节性妊娠率为 59%。大约有 1/2 的母马使用低温运输的精液输精，在这个繁殖季节中，采集了 84 个精液样品，其中 76 个样品直线运动精子数约在 70%，并且在 84 次采精中，平均总精子数约为 5.349×10^9 个，估测有 67 次采精的精子浓度少于 100×10^6 个。测定就诊公马睾丸体积为 225mL，预测日常生精子数 4.6×10^9 个，断定睾丸产生精子的效率正常。采集该公马 4 次精液样品检查，在当天的第 4 次采精，公马实际产生精子数为 4.6×10^9 个，因此，实际精子的产生数量低于正常效率，每次采精形态正常精子率平均为 38%，直线运动精子率平均为 27%，最常见的畸形为精子中段形态异常（平均为 30%）和卷尾（19%）。

将 3 次采集的精液用加衬垫离心，或加衬垫离心后再梯度离心①。每次离心处理和 24h 冷藏后都立即检查精子活力。此外，还检查精清的影响。比较未处理（原）精液精子和梯度离心处理的精子形态，并总结了检测数据（表 155-3、表 155-4）。

从上述数据我们可以推测，离心处理极大地提高了这些公马精液质量，因为离心处理后，精子活力和形态都提高了。梯度离心后形态正常精子的百分率增加主要是因为减少了中段异常（不规则或弯曲）和尾部弯曲精子的百分率。当用其他繁殖力强的公马精清置换后，该公马精子的运动速度增强。所有的处理方法（表 155-3），24h 冷藏后与冷藏前比较，精子活力值没有明显改变。

表 155-3　精液处理方法［简单稀释、加衬垫离心，或者密度梯度离心（EquiPure）］，精清来源（自身或繁殖力强的对照公马）以及储存时间（0 或 24h）对精子活力的影响

离心技术	精清来源	精子浓度（$\times10^6$/mL）	储存时间（h）	总运动率（%）*	直线运动率（%）*	曲线运动速度（μm/s）*
简单稀释	自身	30	0	54	21	176
加衬垫离心	自身	30	0	59	33	121
EquiPure	自身	30	0	90	77	146
EquiPure	对照	30	0	93	82	224
简单稀释	自身	30	24	50	20	136
加衬垫离心	自身	200	24	59	29	152
加衬垫离心	自身	30	24	56	33	135
EquiPure	自身	200	24	87	72	141
EquiPure	对照	200	24	89	73	208

注：*用计算机辅助精子运动分析软件测定精子总运动（%）、直线运动（%）以及曲线运动速度（μm/s）。

引自 Varner DD，Love CC，Brinsko SP，et al. Semen processing for the subfertile stallion. J Equine Vet Sci 2008，28：677-685。

① EquiPure Bottom Layer，Nidacon International，Mölndal，Sweden。

表 155-4 相差干涉显微镜（1 250×）观察密度梯度（EquiPure Bottom Layer）离心对精子形态特征的影响

精子形态特征（%）	未处理（原）精液	EquiPure 处理精液
正常精子	40	76
头部异常	5	1
顶体异常	1	1
无尾精子	3	2
近端原生质滴	10	5
远端原生质滴	13	5
中段异常（不规则）	28	6
中段弯曲	13	3
尾部弯曲	19	5
卷尾	1	0
未成熟（圆形）精细胞	1	0

注：引自 Varner DD，Love CC，Brinsko SP，et al. Semen processing for the subfertile stallion. J Equine Vet Sci 2008，28：677-685。

随后对该公马精液进行了繁殖力试验，以确定是否用梯度离心处理的精液授精能够获得商业上可接受的妊娠率。试验用 10 匹繁殖正常的母马，5 匹马用总精子为 100×10^6 个的精液输精 1 次，另外 5 匹马用总精子为 200×10^6 个的精液输精 1 次，受试公马的精清用繁殖性能良好的供体公马的精清替换，授精量在 0.25～0.58mL，用经直肠引导的小剂量精液授精技术。用总精子数为 100×10^6 个的精液输精的母马，情期妊娠率为 100%（5/5），而用总精子数为 200×10^6 个的精液输精，情期妊娠率为 80%（4/5）。有 2 匹马，每组中 1 匹，排双卵，都确诊为怀双胎。因此，对用总精子数为 100×10^6 个的精液输精的母马，每次排卵的妊娠率为 100%（6/6），而用总精子数为 200×10^6 个的精液输精的母马，每次排卵的妊娠率为 83%（5/6）。根据本试验离心后精子复苏率计算，如果用总精子数为 100×10^6 个的精液给母马输精，每次公马射精量应该有足够用于 17 匹母马输精的精液量。

对下一个商业繁殖季节，授精 212 匹母马，主要用梯度处理的新鲜精液，用繁殖力良好的公马精清替换，季节妊娠率为 91%，平均每次妊娠需要 1.61 周（即情期妊娠率为 62%）。

三、总结

马兽医工作者可能遇到马主人要求提高公马繁殖性能。可用繁殖方法和精液处理方法提高这些公马的繁殖力并延长其繁殖寿命。任何推荐的改进方法可在繁殖季节外通过临床繁殖力试验加以检测，如果受体马群有胚胎移植设施最适合这样的试验，所获得的信息对于马主人和准备在下一个繁殖季节开展工作的公司非常有用。

推荐阅读 

Blanchard TL, Love CC, Thompson JA, et al. Role of reinforcement breeding in a natural service mating program. In: Proceedings of the Annual Convention of the American Association of Equine Practitioners, 2006, 52: 384-386.

Edmond AJ, Teague SR, Brinsko SP, et al. Effect of centrifugal fractionation protocols on quality and recovery rate of equine sperm. Theriogenology, 2012, 77: 959-966.

Hayden SS, Blanchard TL, Brinsko SP, et al. Pregnancy rates in mares inseminated with 0.5 or 1 million sperm using hysteroscopic or transrectally guided deep-horn insemination techniques. Theriogenology, 2012, 78: 914-920.

Love CC, The role of breeding record evaluation in the evaluation of the stallion for breeding soundness. In: Proceedings of the Society of Theriogenology Annual Conference, 2003: 68-77.

Rigby S, Derczo S, Brinsko S, et al. Oviductal sperm numbers following proximal uterine horn or uterine body insemination. In: Proceedings of the Annual Convention of the American Association of Equine Practitioners, 2000, 46: 332-334.

Sieme H, Bonk A, Hamann H, et al. Effects of different artificial insemination techniques and sperm doses on fertility of normal mares and mares with abnormal reproductive history. Theriogenology, 2004, 62: 915-928.

Varner DD, Blanchard TL, Brinsko SP, et al. Techniques for evaluating selected reproductive disorders of stallions. Anim Reprod Sci, 2000, 60-61: 493-503.

Varner DD, Love CC, Blanchard TL, et al. Breeding management strategies and semen-handling techniques for stallions: case scenarios. In: Proceedings of the Annual Convention of the American Association of Equine Practitioners, 2010, 56: 215-226.

Varner DD, Love CC, Brinsko SP, et al. Semen processing for the subfertile stallion. J Equine Vet Sci, 2008, 28: 677-685.

Waite JA, Love CC, Brinsko, SP et al. Factors impacting equine sperm recovery rate and quality following cushioned centrifugation. Theriogenology, 2008, 70: 704-714.

（田文儒　译）

第 156 章　影响低温运输精液受精率的因素

John R. Newcombe

一、低温保存精液的生理

要低温运输马的精液，或者需要长途运输几个小时以上的情况下，必须冷却精液，以保持精子活力。冷却精液在 19℃以下，会引起精子细胞膜损伤、降低受精能力。精子细胞膜由密切相关的脂类和多种蛋白组成，脂类和蛋白掺杂以液体形式存在。在 19℃或以下，精子细胞膜开始呈胶状，因为膜内的脂类开始凝固、蛋白质凝结。膜脂类在低于 8℃变成胶状。细胞膜的功能因蛋白质和脂类分散成凝块分布而受影响。在 8℃的温度下，整个细胞膜都"胶化"(gelified)。如果精液受到过快冷却（冷休克），细胞膜会发生部分不可逆性损伤，结果使精子失去运动能力，尤其是环状游动能力。然而，甚至是缓慢冷却，也可能引发细胞膜的某些损伤，当回收精子后，这些损伤可能并不明显，但是会缩短精子的寿命。精子在遇热后，其蛋白质和脂类凝集不能重建脂质-蛋白的联合，损伤是不可逆的。低温储藏精液引起精子提前获能以及改变其渗透性和引起 DNA 损伤，低于 4℃可导致 DNA 破碎。

即便是最好的冷却技术也能导致某些损伤，因此，复温后精子的寿命缩短。和许多处理公马精液的情况一样，马精子的寿命极有可能不单取决于冷却技术，而且还取决于公马本身以及精子特异的生化特性。实际结果是，1 个冷却（或冷冻）精子样品复温或存于室温后，精子活力相对好；而另一个样品的精子活力则迅速降低，结果繁殖力受影响。

尽管某些精液能够使人工授精到排卵时间间隔超过 24h 的母马妊娠，但是有些精液必须在更接近母马排卵时输精。冷冻或解冻的精子结合输卵管细胞的能力降低，从而极大地削减了精子在生殖道内的寿命。

暴露于活性氧（ROS）可引起精子损伤，在氧化代谢、精子死亡、异常或损伤精子增加时产生活性氧分子。冷冻过程中产生 ROS 所造成的损伤是公马依赖性的。在储存或保存之前，甚至是储存之后除去 ROS，可增加精子活力。因为 ROS 对精子获能很重要，由于 ROS 而使冷却或冷冻精子提前获能，减少精子的寿命。梯度过滤方法可以减少 ROS 所致的死亡精子和不运动精子数，试图增加精子活力。然而，要储存精液必须除去精清，同时也除去了其中的抗氧化物质。

二、公马个体

重要的是要意识到，并非所有公马的精液都适合保存。尽管保存方法、冷却、冷冻以及运输技术可能提高某些精液的质量，但是某些公马的精液冷却、冷冻以及运输后可能总是降低质量。

三、细菌

对任何采精公马的外生殖器都要采样做细菌培养，以排除性病病原体在精液中传播的可能性。精液稀释液含有抗生素，主要目的是当精液在 4～6℃储存时消减或防止细菌生长，而不是清除病原菌。抗生素减少易感母马子宫内膜炎的发生。各种抗生素联合使用，并且处理公马精液的农场应该试验不同抗生素联合使用，以确定哪种抗生素联合适合于某个特定公马的精液。某些抗生素（尤其是多黏菌素 B）可能对某一公马精液有毒性作用。

四、精液分析

（一）眼观评价

除去胶状物和过滤后，精液中不应该有明显的污物。根据浓度不同，精液应该呈灰色或灰白色。浅红色说明有血液，黄色表明有尿污染，细胞凝块说明有中性粒细胞，尿精子症（Urospermia）还可通过气味鉴别。

（二）显微镜检查

在实验室，可用中等倍数显微镜检测精子质量。方法是在温热载玻片上滴加一小滴精液，合理估测直线运动精子率。如果滴加精液样品过多，可能对评价精子运动性能的背景太深；如果精液过浓，要获得可靠的检测结果，需要适当稀释精液。精子的运动速率也是判断活力的有用指标，并且尽管运动速率倾向于和运动性能成比例，但是并非总是如此。在实践中，兽医可以学习对不同精液样品之间保持评价的一致性，甚至是同一实验室不同兽医之间，评价也应一致。

五、精液处理

要保持多数精子活力超过几个小时以上，不但必须稀释精液，而且还要冷却，这样才方便保存。当需要昼夜运输时，必须冷却到 4～6℃。这意味着被冷却过程中精子细胞将在某种程度上受损，尤其是冷却的速率以及使用稀释液的种类。最好在运输前将精液冷却到室温，但是不能低于 19～20℃，以避免损伤精子。尽管有研究发现，用商业稀释液稀释后储存在 15℃优于储存在 10℃或 4℃（Leboeuf et al.，2003）；但是，另一个研究发现，在 20℃储存 48h 不如储存在 4℃（Moran et al.，1992）。然而，没有其他关于在 20℃储存更长时间评价精子活力（授精后精子的基本寿命）的研究报道。在作者的实验室，在室温成功将精液储存 18h 以上。通过避免将精液冷却到 20℃以下，可在某种程度上延长精子在母马体内的寿命。当精液可在几小时内运输到或者甚至当天可以运输到，应考虑将精液保存在 19℃以上，而不是冷却到 4～6℃。

稀释精液

建议试验不同的稀释液，以确定哪种稀释液适合某一个体公马。稀释液可以是基于牛奶、蛋黄的，也可以是商业型号的（Inra 96）。新鲜采集的精液可使其相当快地冷却到 20℃。如果到达实验室时精液已经达到或接近 20℃，在加入稀释液之前不需要给精液加温。然而，当储存精液时，保留精清可能对某些公马的精子有损害作用。因此，马场可以离心所有精液或只离心某些公马的精液。然而，精清具有很强的抗炎特性，用无精清精液输精时，在输精后的几个小时内常有严重的炎症反应。炎症严重到足以使子宫内膜脱落。这种炎症反应是否明显影响随后的妊娠率值得商榷。大多数母马的炎症反应很快平息，有些母马的炎症水平（测定子宫腔内中性粒细胞总量）在输精 12h 后可能是 0。

然而，推荐使用除去部分或大部分精清的精液。按照惯例，开始时将精液 1∶1 稀释，然后离心，弃掉大部分上清，将剩余部分用稀释液悬浮。尽管进一步稀释到 25×10^6个/mL 可能有益，但是应将精液稀释到含 50×10^6个/mL 精子。尽管使用太多稀释液可能无害，但是将其输精后，精液经宫颈回流，可能损失更多的精液。将精液冷却到 20℃以下的过程应缓慢进行，下降不能超过 0.2℃/min。因此，降到 4～6℃至少需要 100min。精液的量越少，冷却得越快。如果放在冰箱内或者在运输容器内加冰块冷却，少量精液会冷却过快。

关于推荐稀释精液的最佳精子浓度，各种报道认为，在离心之前，将精液部分稀释，然后再稀释成 50×10^6个/mL 或 25×10^6个/mL 精子储存。然而，作者发现，用（30～39）$\times10^6$个/mL 以及 90×10^6个/mL 浓度的冷却精液输精，妊娠率没有区别。

六、运输

将精液储存在 4～6℃汉密尔顿-索恩容器（Hamilton-Thorne Equitainer）内，至少能维持 48h。然而，用泡沫聚苯乙烯箱（目前常用）不能保证温度在 4～6℃，储存或运输时间不能超过 24h。因为这取决于环境温度，环境温度高时，精液可能在到达之前就升温了。理想的做法是，精液到达后立即将精液输精。精液运输到达时，如果温度低于 10℃，可放在家用冰箱内，在输精前一直保持适当的低温。到达时应注意检测精液的温度，并取少量精液样品，用前面描述的方法检查精液质量。

七、预测排卵和输精时间

用冷却的精液，在不知道精子活力和寿命的情况下，有必要尽可能接近排卵时输精。根据以下 2 个原则之一确定输精时间。

（一）排卵前 12h 输精

当使用冷却精液输精时，实践中常在排卵前输精，2 次/d 输精常满足后 12h 内排

卵需要。然而，大多数情况下，精液并不能立即到达，而是还需要一定时间运输，通常需要一整夜，因此，必须在预测排卵前24h预订精液。农场常需要更早预订。此外，商业运输工具和航空是否及时（如周末和公共假日）也限制精液是否及时到达。

应在给马注射人绒毛膜促性腺激素（hCG）或德舍瑞林（deslorelin，是GnRH的超级激活剂，效力相当于GnRH 100倍，译者注）30h后精液到达。例如，如果精液将在第2天的下午3时到达，预订精液的当天9时应该给马注射hCG。如果排卵迫近（或者已经排卵），精液到达后应立即输精，如果没有排卵，可将精液在冰箱中储存6h甚至12h。然后每隔6h或更短时间检查母马，可以确定什么时间输精。如果母马在午夜还不能接近排卵，精液量充足时，可先输1/2的精液，另一半留在第2天早上输精。如果母马在第2天早上还未排卵，加热精液后精子活力尚可的情况下，应将剩余的一半精液输精。如果精液延迟到达不超过18h（9时），48h前注射hCG的母马在6h之前还未排卵，应该考虑排卵后输精。

（二）排卵后输精

当用冷冻（或解冻）精液输精时，必须清楚精子在母马生殖道内的寿命有限。目前，在实践中，用单剂量解冻精液在排卵后一次输精应用广泛，这意味着每天至少2次检查母马，甚至使用hCG，以确保排卵和输精的间隔时间不超过12h。有迹象表明，在排卵后15h内输精妊娠率尚可。但是，大多数实践者还是认为，应在排卵后12h或以内输精。作者在实践中积累的数据表明，使用冷却精液，在马排卵6h以内输精，妊娠率（65%）和在排卵前12h内输精的妊娠率（68%）相似，但是都优于排卵前24h输精的妊娠率（60%；Newcombe，Cuervo-Arango，2011）。最近，作者在实践中发现，在马排卵后的12h内输精，其妊娠率（69%）好于在排卵12～24h内输精（51.5%）。

另一种策略是，如果精液供应允许，连续2d预订精液，尽管许多农场不会同意这样做，特别是公马的精液需求量高或者在繁殖旺季更是如此。

八、定时排卵

许多文献报道，母马对人绒毛膜促性腺激素（hCG）的反应相当可靠，注射后48h母马排卵率为48%，其中多数在给药后36～42h排卵。而在实践中，并非全部如此，尽管有经验的实践者，在48h的间隔时间内，确实能有85%～90%的马有效果，但是部分母马将在预期前排卵，因为不管怎样这些马注定要排卵。“提前”排卵马的比率取决于操作者在发情期的什么时期注射hCG。当优势卵泡直径在35mm时注射hCG，会有较少数马提前排卵，如果等到卵泡直径达到40mm时注射hCG，会有较多的母马提前排卵，但是也会有更多的母马在注射hCG 40h以后排卵。

大多数实践操作者在卵泡发育的任何时期都不用hCG处理，而是靠临床经验。实践操作者难以预测卵泡何时排卵，能够考虑的因素包括季节、是否有单个或多个卵泡、马的品种、直肠触摸卵泡的感觉和形态、子宫内膜的水肿程度、个体马曾经排卵前卵泡直径大小情况。要准确预测在48～72h卵泡排卵，在预测排卵前60h注射hCG非常有效，并可在 36～42h 期间输精。单独依靠注射 hCG，预测排卵的准确率不大，将导致更长的给药到排卵的时间间隔。促性腺激素释放激素埋置或缓慢释放型对定时排卵反应更好，可更准确预测排卵时间。

九、最佳输精剂量

运输“标准”剂量的精液是含 10 亿个精子。理论上，要达到最高妊娠率，则需要 50×10^7 个直线运动（形态正常）的精子。毋庸置疑，这绝对取决于公马的繁殖力。某些公马较少的精子也能获得高妊娠率。输精的部位、较小剂量的精液理想地输在近输卵管处，或者更小剂量的精液输在宫管结合处，也能增加妊娠率。大剂量的精液可以输在生殖道的任何部位，并且可很快均匀分布。然而，甚至小量精液中的少量精子也能够分布于整个子宫，因为双侧卵巢排卵时，尽管将精液输到单侧子宫角，也可产生双胎。

不幸的是，实际上并非所有的精液在到达时，其活力（或总精子数）都能达到期望值。受欢迎的公马精液需求量高，当公马的精液需求量最高时，其精液要么不十分适合冷却，要么精子数低于最佳。而高质量精液可能补偿精子数不足，最佳妊娠率将取决于输精技巧以及在最佳时间内输精。

推荐阅读

Ball BA. Oxidative stress in sperm. In：McKinnon AO，Squires EL，Vaala WE，et al，eds. Equine Reproduction. Ames，IA：Wiley-Blackwell，2011，Chap. 98.

Graham JK. Principles of cooled semen in equine reproduction. In：McKinnon AO，Squires EL，Vaala WE，et al，eds. Equine Reproduction. Ames，IA：Wiley-Blackwell，2011，Chap. 127.

Leboeuf B，Guillouet P，Batellier F，et al. Effect of native phosphocaseinate on the in vitro preservation of fresh semen. Theriogenology，2003，60：867-877.

Meyers SA. Advanced semen tests for stallions. In：Samper JC，Pycock JF，McKinnon AO，eds. Current Therapy in Equine Reproduction. St. Louis：Saunders Elsevier，2011，Chap. 43.

Moran DM，Jasko DJ，Squires EL，et al. Determination of temperature and cooling rate which induce cold shock in stallion spermatozoa. Theriogenology，1992，38：999-1012.

Newcombe JR. Practical evaluation of the fertilising capacity of frozen-thawed horse semen. Vet Rec，1999，145：46-47.

Newcombe JR. Human chorionic gonadotrophin. In：McKinnon AO，Squires EL，Vaala WE，et al，eds. Equine Reproduction. Ames，IA：Wiley-Blackwell，2011，Chap. 188.

Newcombe JR，Cuervo-Arango J. The effect of time of insemination with fresh cooled transported semen and natural mating relative to ovulation on pregnancy and embryo loss rates in the mare. Reprod Dom Anim，2011，46：678-681.

Newcombe JR，Lichtwark S，Wilson MC. Case report：the effect of sperm number，concentration and volume of insemination dose of chilled，stored and transported semen on pregnancy rate in Standardbred mares. J Equine Vet Sci，2005，25：525-530.

（田文儒　译）

第 157 章　公马精液的冷冻保存

Marco Antonio Alvarenga　Frederico Ozanam Papa　Carlos Ramires Neto

在过去的 10 年里，关于公马精液的冷冻加工与利用技术有了许多改进。最引人瞩目的技术包括新人工授精技术的利用，如子宫深部的输精，可用少量的精子；或者使用冷冻剂以及商业出售的稀释液，可以在冷冻期间更好的保护精子；以及使用精子选择技术，以增加冷冻精液的质量。每年有成千上万的母马用人工授精技术繁殖，这些技术的改进将对使用冷冻精液产生积极的影响。本章总结了实践中人们用以提高冷冻精液质量和繁殖力的传统方法和新方法。

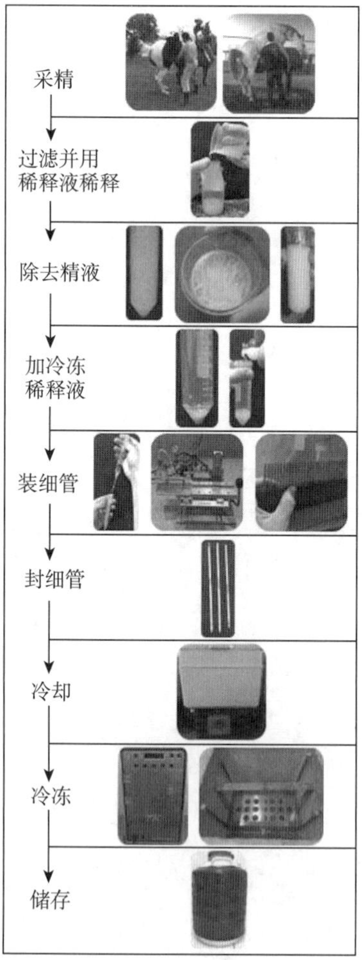

采精

过滤并用稀释液稀释

除去精液

加冷冻稀释液

装细管

封细管

冷却

冷冻

储存

图 157-1　精液冷冻步骤

一、精液的冷冻保存

精液冷冻保存的准备过程包括收集精液、用尼龙过滤器除去精液中的污物和胶体部分，浓缩精子细胞、加冷冻保护剂重悬浮精子颗粒，以及将精液装入细管。此时，精液已经适合低温冷冻，冷冻过程必须根据每种特定媒介的冷冻曲线进行。此后，装入细管的精液可以放入氮气瓶中储存，用时解冻，用于子宫角尖端输精（图 157-1）。

（一）采精

采集公马精液之前，首先要清洗阴茎，以避免污染。为此，必须激起公马性欲，用温水清洗阴茎。

采精方法有 3 种：公马爬跨台马，爬跨安全保定的母马，或者使公马站立。使用台马对动物和操作员都最安全，并且操作简便，甚至对习惯爬跨母马采精的公马，也可用台马采精。当用母马采精时，母马必须在发情期内，并且需用马勒或配种用足枷适当保定。将母马尾包起来，防止损伤公马阴茎。对于因肌肉与骨骼问题而不能爬跨的公马，建议使用站立姿势采精。随着公马被保定的发情期母马激

起性欲，可将公马阴茎滑入假阴道，然后任公马自由抽动臀部并射精。

在假阴道模型中，密苏里州和科罗拉多州的阴道模型在美国被广泛使用，汉诺威模型在欧洲最常用。而在巴西，BotuCrio（柏图卡里奥——译者注）模型最常使用。这些模型都基于同样的设计，使用一次性的塑料内衬，主要是因为便于清洁的原因。应该谨慎使用乳胶内衬垫，因为其可能对精子有毒，特别是刚开始使用的新乳胶内衬垫。

要实施采精，必须将假阴道内注满 50℃的水，再（也可不）用中性润滑剂润滑。作者并不使用润滑剂，因为大多数润滑剂都可能伤害精子。

如果公马的勃起或射精有问题，可用化学药物促进射精，文献中已经报道了几种用化学药物促进射精方法。文献报道中，用化学药物促进射精的成功率各不相同，用这种方法采精的成功率低。

（二）浓缩精液

在开始低温保存公马精液过程时，要除去精清，浓缩精子。必须去除精清，因为精清会影响精子的质量和活力。

浓缩精子有几种方法。尽管有些研究报道，离心对精子有伤害作用：除去精清需要一定的离心力和时间，这会影响精子运动性与完整性，以及精子的回收率（图 157-2），但是，离心仍是最常用的方法。

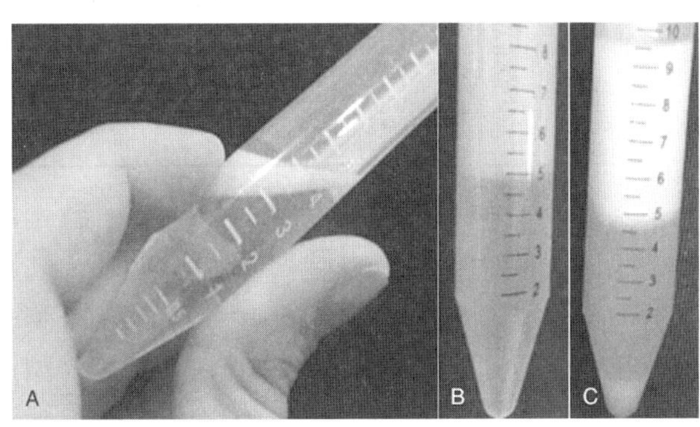

图 157-2　A. 将精液加入稀释液中　B. 离心前离心管含有稀释液和精液　C. 离心后的 B 图离心管

用传统的离心方式除去精清，在离心之前，将基于脱脂乳制成的稀释液加入精液中，比例为 1∶1，再以 600g 的速度离心 10min。

离心以后，用连接注射器或真空泵的导管吸出上清，再用选好的稀释液悬浮精子颗粒，如果离心后的精球压缩过实，下次离心精液应降低离心转数，或者使用其他的技术，如过滤或加衬垫离心（见第 155 章），以减少过度压缩精子。

除去精液中精清，减少对精子的损伤，还可选择加衬垫离心的方法。这种方法试图使离心的马精液中精子回收率最大化，通过在离心管底部加衬垫的方法，以防止高速离心损伤和压缩精子。用加衬垫的方法除去精清，需用脱脂乳制成的稀释液将精液以 1∶1 的比例稀释，储存于 50mL 的锥形离心管内，用连接注射器的导管将 1mL 的衬垫液小心放入试管底部，以 1 000g 离心 20min。离心结束后，上清液用导管、注射器或其他吸取器去除，衬垫液也需要用连接注射器的导管移除，将离心出的精子颗粒用选好的稀释液重悬浮。

另一种可以减少精子损伤的浓缩方法，是使用合成的亲水性过滤膜[①]，此膜有 2μm 的孔隙，只允许精清通过，可以截留精子。将精液用基于脱脂乳制成的稀释液以 1∶1 的比例稀释，放在过滤器中，轻轻触压滤器内的 15cm 滤盖，过滤器的孔隙与毛细现象使得精清通过，而截留了精子。将一定量的稀释液加入过滤器中，摇匀混合液，重悬浮精子，整个过程约需要 5min，并且 1 个过滤器可重复使用 5 次，并不影响精子质量和回收率。

（三）冷冻保存稀释液

马精液冷冻稀释液是由稳定 pH 值、中和精子产生的有害物质、防止热休克、维持电解质和渗透压平衡、抑制细菌生长和供应能量的物质组成。稀释液中还必须含有防冷冻物质，以防止细胞内、外形成冰。已经有几种商业出售的稀释液[②③④]。常用的商业稀释液总结见表 157-1。

表 157-1　商业出售的稀释液及其制造商

稀释液	制造商
法国农业科学研究院（INRA）冷冻剂	法国农业科学研究院（法国，Nouzilly）
柏图卡里奥（BotuCrio）	巴西，Botupharma，Botucatu
EquiPro CryoGuard	美国，Minitube，Verona，
E-Z Freezin	美国动物繁殖系统，Chino

尽管在冷冻过程中稀释液有利于保护精子，但研究表明，高浓度的防冷冻物质对精子有害，并且在使用冻精输精时还会影响妊娠率。

防冻剂有多种，分为穿透或非穿透型，或细胞内型、细胞外型。细胞内型防冷冻剂通过其锁水性或其依数性（即分子浓度）而发挥作用。细胞外型防冷冻剂通过渗透作用产生高渗环境，引导水分向细胞外运动，使精子脱水，减少细胞内冰晶形成的机会，保护精子细胞。因此，防止因冰晶形成引起的精子损伤。非穿透型防冻剂以不同的形式保护冷冻过程的精子，并不穿透细胞，这类防冻剂包括蛋黄、牛奶和某些糖类。

蛋黄经常用作哺乳动物精液低温冷冻稀释液。蛋黄保护精子免受热休克，因为蛋黄由低密度脂蛋白组成，在冻结期间低密度脂蛋白黏附于细胞膜，因此，能恢复任何损失的磷脂。蛋黄似乎能引起磷脂组成瞬时的变化，防止细胞膜的破裂而保护精子，马精液超低温保存技术中使用的稀释液中含有 2%～20%的蛋黄。

糖类提供另外一种形式的非穿透性低温保护，其通过增加细胞外渗透压以及使精

① SpermFilter，Botupharma，Brazil。

② Lactose EDTA，E-Z Freezin，Animal Reproduction Systems，Chino，CA。

③ INRA freeze，IMV Technologies，France。

④ BotuCrio，Botupharma，Botucatu，Brazil。

子细胞脱水、减少细胞内可利用的冷冻水分而起到保护作用。此外，糖类还能为精子孵化期间提供能量，在冷冻和解冻期间通过直接与细胞膜相互作用保护脂膜。

甘油是穿透型防冻剂，最广泛用于马精液的冷冻保存。虽然其作用机理尚未完全阐明，但人们认为，甘油通过被动扩散穿透细胞膜，并存留于细胞膜和细胞质内。虽然这些物质穿过细胞膜，直到达到平衡，但是水的运动更快，并导致细胞脱水。除了不良渗透效果以外，甘油还可能直接作用于细胞膜，结合于磷脂头部基团，减少膜流动性以及蛋白和糖蛋白结合。

二甲基甲酰胺和甲基酰胺为穿透型防冻剂，已成功应用于马精液冷冻保存。因为分子量和毒性较甘油的低，其渗透破坏小。在冻存中，公马的精液有良好耐冻性，二甲基甲酰胺和甲基酰胺不能明显增加精子的运动性；然而，公马的精液对冷冻保存的抵抗力低（“坏冰柜”），因此，使用二甲基甲酰胺和甲基酰胺比甘油更好用。

结合使用防冻剂比使用单一防冻剂更能保护精子。因此，甲基酰胺和甘油结合使用，可更好地保护冷冻保存的精子细胞。在中欧、美国和巴西，人们喜欢使用商业稀释液（BotuCrio、Botupharma、Botucatu、Brazil），而不喜欢联合使用甲基酰胺和甘油。

在冷冻储存过程中，稀释液须在除去精清后立刻加入精液中。需确定精液样品中精子的数量，以预测所需稀释液的量。精液样品通常以 200×10^6 个/mL 或 100×10^6 个/0.5mL 的精子浓度冻存。

（四）分装

除去精清，加入适当的稀释液后，精液必须分装。从前，人们将精液做成颗粒；后来，人们将精液装入 1mL、2.5mL、4.0mL、5.0mL 铝管和大容量管内。目前，人们喜欢用 0.5mL 或 0.25mL 的法国细管。

精液储存在体积较小的细管中，有较大表面区域接触外部环境，这使得在冷却、冷冻和解冻期间精子细胞间有着更广泛的均匀性。此外，这些小容量细管在液氮容器中占较少的存储空间，并适合于低剂量授精技术。

可用适当机械分装精液或将其吸入细管，细管必须装满精液后密封，密封方法有多种，包括使用聚乙烯醇和金属球。

（五）冷冻曲线

精液分装后，即可开始冷却的过程，冷却的最终温度为 5℃。达到 5℃平衡所需的时间取决于所使用的稀释液和制造商给出的说明（表 157-1）。一旦达到这个温度，精液细管会冷冻。冷冻过程必须缓慢，以使细胞脱水（避免细胞内形成冰晶），并且也不能够太慢，以防止精子在过饱和的溶液中使细胞外水冻结。

必须分 2 步完成冷冻曲线：首先将精液细管以 3～5℃/min 的速度冷却，直达到 5℃时为止，然后以 20～50℃/min 的速度冻结，一直冷冻到－196℃。

2 种技术均可用于冻存马精液：一种涉及使用恒温箱，另一种使用相应目的的设备。比较这些冻结技术的研究结果表明，用 2 种方法冷冻的精液授精，母马的妊娠率没有差异。恒温箱技术是利用 45L 聚苯乙烯泡沫箱，液氮和细管间隔 3～6cm。

（六）解冻及解冻后精液检查

人工授精或胞浆内单精子注射（ICSI）之前，必须先将冻精细管解冻，解冻必须在中等速度下进行，以使胞外的冰慢慢融化，融化的水稀释未冻结水部分的溶质，并且使水逐渐扩散进细胞，达到初始浓度为止。当解冻的速度太快，冰迅速融化，稀释媒介中的溶质，并且水分过快进入高度浓缩的精子，损伤精子。

马精液的解冻方法有多种。研究表明，对于 0.5mL 的细管，最适合的解冻方法是在 46℃的水温下解冻 20s，或在 37℃水温中解冻 1min。应禁止将解冻后的精液再稀释。

解冻后精液的检查包括如下几个方面：精子总运动率、精子直线运动率、细管中精子总数和精子形态学变化。对于低质或受精力低的精液，作者推荐使用更加复杂的精液检查方法，如计算机辅助精液检查、细胞膜完整性分析，以及运用流式细胞仪检查精子 DNA 和用电子显微镜检查。

（七）冷冻精液输精方法

关于冷冻精液输精方法的资料多种多样。有些研究报道称，用冷冻精液输精的最佳时期是从排卵前 12h 到排卵后 12h。作者建议在排卵前 12h 到排卵后的 4～6h 输精较为合适。

经典的输精方案是运用超声波诊断仪每天检查发情期马的卵泡，当发现卵泡发育超过 35mm、子宫出现适当水肿时，静脉注射人绒毛促性腺激素（hCG，1 500 IU）或肌内注射促性腺激素释放激素（醋酸德舍瑞林，1mg）诱导排卵。注射人绒毛促性腺激素或德舍瑞林 24h 后，每 4h 用超声波诊断仪监测 1 次，直到排卵或输精完成为止；或者在注射诱导排卵剂 24～40h 后实施人工授精。当使用较新的输精方法时，对在注射诱导排卵剂后 18～52h 排卵的母马，应在排卵前 12h 和/或排卵后 6h 输精。使用冷冻精液，应用软管或适合输精器将精液输在子宫角尖端，精液的剂量应至少含有 50×10^6 个/mL 有活力的精子。

（八）问题公马

有些公马的精液解冻后精子质量低，原因很多，其中包括鲜精液质量低、精子对离心处理抵抗力差，以及精子不耐低温储藏过程。

基于密度梯度的精子选择技术[①][②]可以用于改善低质精液的质量，这些梯度方法选择直线运动精子以及细胞完整无缺陷的精子，以增加解冻后细胞活力率。

对于那些在冷冻前不耐离心浓缩的公马精液，可使用损伤少的处理技术，包括使用合成亲水性膜过滤器，或者使用如前面所述的加衬垫离心法处理；对于不耐低温储藏的公马精液，储藏时可使用特殊的胺类防冻剂（冷冻保存稀释液）。

---

① Androcoll-E，SLU，Sweden。

② EquiPure，Nidacon International。

二、冷冻附睾精液

收集和冷冻储藏附睾精液是公马死后保留其遗传物质最后的机会。公马死后，精液可以在附睾中继续存活，直到组织分解影响其生存为止。因此，可以回收附睾的精液并冷冻保存。冷冻保存附睾精子也可以用于保存阴茎功能障碍、因肌肉骨骼或其他影响采精疾病公马的精液。

新鲜的附睾精液可以用来授精或冻结保存，也可以用于ICSI，然而，不推荐使用附睾精液授精，因为附睾中的精子是保留优良动物遗传物质最后的机会。近来的研究表明，如果稀释液中联合使用甲基甲酰胺-甘油作为防冻剂，附睾中的精子和采精所获得的精液质量一样，甚至可能质量更高。取样条件和动物死亡原因会影响附睾精液质量。

最近的研究表明，附睾的精子更耐冷却和冷冻，比采精获得的精液受精率更高。另外，与采精后的冷冻精子不同，附睾内的精子也可以用于单精子注射技术，而无胚胎分裂的变化。

（一）附睾精液回收技术

公马死后，必须立即摘除睾丸，从摘除的睾丸回收精液，回收精液时须结扎输精管，以防止精子流失。用乳酸林格氏液将睾丸及其附睾冲洗干净，放入直肠检查用塑料手套中。如果不能立即回收附睾内的精子，睾丸和附睾可在5℃条件下保存24h，可使用冷却精子一样的保存箱。

当公马死于毒血症或死亡后摘除睾丸时间延迟，附睾内精液以及由此冷冻精液的质量可能受到影响。可使用以下2种方法从附睾尾获得精子。

1. 反向冲洗

反向冲洗是最广泛应用的一种技术，其过程是向输精管中注入稀释液，增加输精管压力，直到附睾内的精液从附睾尾和附睾体交界处的切口流出来（图157-3）。用低温保存精液的稀释液或离心用的稀释液冲洗附睾尾，回收精液。

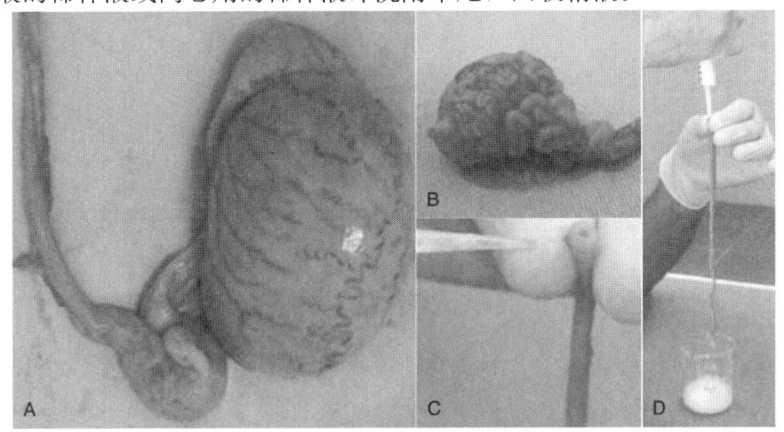

图157-3　反向冲洗附睾获取精子

A. 睾丸和附睾　B. 附睾　C. 输精管　D. 反向冲洗技术

2. 漂浮法

漂浮法是将附睾尾切割或切开，暴露附睾中的精子。然后将附睾尾放入液体介质中，使精子浮出，然后用尼龙过滤器过滤，除去液体介质中的杂质。

（二）低温储藏附睾精液

从附睾尾部回收精液后，必须用前面讨论过的技术浓缩精子。用冷冻稀释液冲洗附睾尾，可直接冷冻精液，不用浓缩精子；但是，用稀释液再悬浮精子后，很重要的是须等待10～15min，使精子恢复到其最高运动性。有些从附睾回收精液的研究表明，联合使用甲基酰胺-甘油稀释液，可以提高精子的动力学和受精力。回收附睾精子后，用前面所述的采精获得的精液冷冻储存方法处理。

推荐阅读 

Alvarenga MA，Papa FO，Carmo MT，et al. Methods of concentrating stallion semen. J Equine Vet Sci，2012，32：424-429.

Alvarenga MA，Papa FO，Landim-Alvarenga FC，et al. Amides as cryoprotectants for freezing stallion semen：a review. Anim Reprod Sci，2005，89：105-113.

Amann RP，Pickett BW. Principles of cryopreservation and a review of cryopreservation of stallion spermatozoa. Equine Vet Sci，1987，7：145-173.

Brinsko SP，Varner DD. Artificial insemination and preservation of semen. Vet Clin North Am Equine Pract，1992，8：205-218.

Hoffmann N，Oldenhof H，Morandini C，et al. Optimal concentrations of cryoprotective agents for semen from stallions that are classified "good" or "poor" for freezing. Anim Reprod Sci，2011，125：112-118.

Loomis PR，Graham JK. Commercial semen freezing：individual male variation in cryosurvival and the response of stallion sperm to customized freezing protocols. Anim Reprod Sci，2008，105：119-128.

Monteiro GA，Papa FO，Zahn FS，et al. Cryopreservation and fertility of ejaculated and epididymal stallion sperm. Anim Reprod Sci，2011，127：197-201.

Morrell JM. Stallion sperm selection：past，present，and future trends. J Equine Vet Sci，2012，32：436-440.

Samper J，Morris CA. Current methods for stallion semen cryopreservation：a survey. Theriogenology，1998，49：985-1003.

Varner DD，Love CC，Brinsko SP，et al. Semen processing for the subfertile stallion. J Equine Vet Sci，2008，28：677-685.

（田文儒　译）

第 158 章　母马产前疾病

Seán A. Finan　Angus O. Mckinnon

对临床兽医来讲，诊断妊娠晚期疾病面临着挑战，因为除了考虑未妊娠马会发生同样疾病外，还必须考虑用各种不同的诊断方法。种母马患妊娠后期病，对于马主人来说非常焦急，因为某些因素会导致流产。在母马和胎儿必须取舍的情况下，为达到最佳利益，需要做出艰难的决定。

一、胎儿木乃伊和胎儿浸溶

妊娠母马发生胎儿木乃伊的概率极低，但是可出现在妊娠中晚期胎儿死亡的母马。胎儿死亡后，子宫内环境仍然无菌，而且胎儿组织未被分解，胎水被吸收。胎儿脱水并蜷缩，皮肤和胎膜呈现皮革样外观。胎儿木乃伊常发生在双胎妊娠的母马，因为胎盘不足，而使其中 1 个胎儿死亡。在妊娠中期可实施终止其中 1 个胎儿妊娠的技术，如用超声波引导，向胎儿心内注射或颅颈错位，使死亡的胎儿形成木乃伊。许多单个胎儿形成木乃伊的病马与使用外源性孕激素有关，因为孕激素可能阻止子宫排出死亡胎儿。

诊断木乃伊胎儿很困难。临床症状多种多样，包括过早泌乳和妊娠期延长。常见的情况是，发现排出木乃伊胎儿，或是日常检查时偶然发现才确诊发生了胎儿木乃伊。直肠检查会发现子宫紧包着胎儿，可明显触摸到胎儿的骨样凸起。可用超声波或子宫镜检查辅助诊断。

母马很少发生胎儿浸溶，其发生机制是胎儿死亡而未被排出，受细菌污染而自溶。在妊娠期 3 个月以后发生胎儿死亡时，因骨骼已骨化，使得胎儿的骨骼不能被吸收。尽管革兰氏阴性菌会产生内毒素，但发生胎儿浸溶的母马很少有全身症状。胎儿死亡的原因常不清楚，但是如上行性胎盘炎、双胎妊娠均可能导致胎儿死亡，并且某些异常情况所致的子宫无力、胎位不正和子宫颈扩张不全可能会导致胎儿不能被排出。

临床表现包括从阴道流出分泌物以及触摸子宫角有骨骼碰撞声。经直肠或腹壁超声检查以及用子宫镜检查可辅助诊断。

治疗胎儿木乃伊和胎儿浸溶的目的是扩张宫颈和排出胎儿或胎儿残留物。在排出胎儿手术前几天，使用前列腺素有助于开张子宫颈管。排出胎儿手术前，在子宫颈周围注射前列腺素 E_2 胶油或丁基东莨菪碱也有助于松弛子宫颈。

排出胎儿后，应冲洗子宫，并且根据子宫内细菌培养和药敏试验结果全身或子宫内使用抗生素，可以根据子宫内膜活检结果判断预后繁殖情况。

二、胎水过多

母马妊娠后期，当尿囊（尿囊积水）或羊膜囊（羊膜囊积水）中液体积聚过多则发生胎水过多。尽管尿囊积水报道得更频繁，但是尿囊和羊膜囊积水的情况都不多。胎水过多可见于初产母马，但是多发生在妊娠后期经产的母马。正常母马，在妊娠期满时大约有 30L 胎水，组成量从 8～18L 尿囊液和 3～7L 羊膜液各不等。有 1 例患有尿囊积液的病马，胎水量达到 220L。引起胎水过多的原因还不清楚，但是羊膜囊积水的病例与胎驹先天畸形和脐带扭转有关，而胎盘炎和胎盘异常与尿囊积液有关。

在妊娠后期，母马在几天至 2 周的时间内腹部明显膨大。由于胎水对膈肌的压迫，病马食欲缺乏，排粪量减少，并且呼吸困难，腹部水肿。有些病马不愿意走动或行走困难，然而有些病马卧地不起，有些病例自发流产。

根据病史、发生速度，加上检查结果可做出胎水过多的初步诊断。直肠检查常能触摸到膨大的子宫，子宫常延伸到骨盆腔，使检查很困难，常因大量的胎水而触摸不到胎儿。经直肠或腹壁超声检查能排除双胎妊娠，并可检查胎儿的活力，对确诊很有帮助。有人报道，妊娠后期正常尿水（47～221mm）和羊水（8～185mm）的最大垂直深度值；然而，超声检查并非总能区别尿水和羊水。实质上，尿水和羊水的密度和电解质组成是不同的，这些参数可以用来区分尿水和羊水。在胎水过多的情况下，这些液体的组成成分是否改变或改变的程度如何还不清楚。总的来说，预后对马驹存活不利，并且，随着病情的进展，母马的预后不良，会发生并发症，包括腹壁、耻骨韧带断裂和子宫破裂。

确诊胎水过多后应立即采取治疗措施，治疗的目的是终止妊娠，治疗过程应逐渐、缓慢放出胎水，使病马机体适应突然的腹压变化。典型的做法是人工扩张子宫颈，用胃管缓慢虹吸出胎水。从扩张的子宫颈排出胎水不能达到预期的排出量，因为子宫肌因被拉伸而迟缓。而在这种情况下，使用催产素也同样无效。应注意排出胎水的速度，以避免病马因血容量突然减少而休克，应考虑到腹腔血管因突然减压而充血，而之前腹腔的压力是逐渐增加的。曾有在 30 多分钟内放掉大量胎水使母马衰竭的报道，因此，术者必须有耐心。在放胎水之前，至少应静脉内放置粗管，假如有必要可帮助快速输液。在这个过程中，能触摸到胎儿时，可将胎儿取出，通常胎儿很小，远未达到能存活的程度。然而，如果胎儿很大，可能导致难产，需注意避免损伤子宫颈。胎儿通常存活，其早产是在场的人不愿看到的。如果胎儿脐带还在母体子宫内连于胎盘，应避免静脉注射安乐死胎儿。有必要监测母马胎衣不下，因为胎水过多常导致胎衣不下。

尽管很难从报道的有限胎水过多病例中得出结论，但是看起来病马将来的繁殖力不受影响，1 篇文献曾报道，曾经患胎水过多的 8 匹母马中有 6 匹后来产下了健康的马驹。

三、子宫捻转

子宫捻转是一种并发症，常发生于妊娠后期，在妊娠期满时不常发生。有报道称，早在妊娠5个月的母马就能发生子宫捻转。子宫捻转的发病原因不清，但是可能与胎儿复位机制或在母体内转动有关。其他危险因素可能包括妊娠子宫延伸入腹腔过深、胎水量减少、胎儿过大以及妊娠子宫张力减弱有关。尽管重型马比轻型马更常发生子宫捻转，但是没有报道认为该病发生与品种和年龄有关。子宫捻转的程度为90°～540°，并且顺时针和逆时针方向都能发生。

典型的临床表现为，妊娠中后期母马出现腹痛症状，腹痛程度取决于捻转的程度以及是否有胃肠道受牵连，从轻度到严重的顽固性腹痛不等。阵发性腹痛持续不同的时间，从45min到3d不等。腹痛常被误认为是轻度胃肠疼痛，或者偶尔被认为是开始分娩。

阴道检查常不能做出诊断，但是阴道检查有助于确定子宫颈的紧张力以及扩张程度，并可发现任何不正常的分泌物。经直肠检查触摸移位的子宫阔韧带可做出诊断，一侧阔韧带被拉长，覆盖在子宫上。左侧阔韧带被拉长，覆盖在子宫上，表明顺时针方向捻转（从马的后侧观），反之亦然。偶尔，经直肠检查难以确定捻转的方向。应实施更为彻底的检查，以判断是否有胃肠道受牵连。尽管超声检查未被证实对诊断子宫捻转有用，但是超声检查有助于判断胎盘是否分离。经腹壁超声检查有助于判断胎儿死活和胎儿心率，还有助于识别胎盘是否分离以及胃肠道是否受牵连。

有4种方法可用于矫正子宫捻转。

1. 经子宫颈矫正

尽管这种方法不常用，但是如果在妊娠期满发生子宫捻转，可试图经子宫颈矫正胎儿。有1篇报道称，用此方法可以矫正80%的子宫捻转病例。

2. 翻转母体

在全身麻醉情况下翻转母体可用于矫正子宫捻转。据报道，翻转母体增加妊娠后期病马子宫破裂的危险性。因此，这种方法只可用于妊娠早期母马的子宫捻转，或者是因为经济原因而决定使用此法矫正。将病马侧卧，子宫向哪侧捻转就向哪侧卧，向捻转侧翻转病马（子宫不随母马转动）。例如，如果子宫顺时针方向捻转（从马的后侧观），将病马右侧卧，并向顺时针方向（从马的后侧观）翻转。有时需要重复翻转才能成功矫正。可在病马腹部加上1块木板，在翻转病马时助手站立在木板上，有助于成功矫正。

3. 腹部切开

许多种子宫捻转都可经腹胁部剖开腹腔矫正，但是随着妊娠时间的延长，矫正的困难程度加大。腹胁部切开比腹中线切开更划算，并可避免全身麻醉的风险。引力作用和子宫的重量可成为术者矫正的有利条件，并且如果马驹存活也极有助于矫正子宫捻转。当马接近妊娠期满时，站立保定矫正子宫捻转艰难，可能需要2名术者，并且需要做双侧腹胁切口。此技术不适合于烈性母马或者有顽固性疼痛的病马。

4. 腹中线切开

腹中线切开适合妊娠后期或者怀疑牵连到胃肠道以及子宫破裂的病马的治疗方法。

因为病马处于全身麻醉状态，因此，容易观察腹腔内容物的变化，并且如果有必要实施剖腹产，可以同时完成。

2007 年有 1 篇报道称，子宫捻转病马的成活率为 84%，马驹的成活率为 54%。存活率受妊娠不同阶段的影响，当捻转发生在妊娠 320d 前，母马存活率为 97%，马驹的存活率为 72%。然而，当捻转发生在妊娠 320d 以后，母马和胎儿的存活率分别降到 65%和 32%。约有 15%的病马并发胃肠道损伤，这将影响选择治疗方法以及母马和马驹的存活率。

四、腹壁破裂

马很少发生腹壁破裂，如果发生，可发生在妊娠后期。常发生破裂的组织是耻骨韧带和腹直肌，腹横肌也可能受影响。腹壁破裂不常涉及耻骨前腱，而有时很难准确确定破裂的组织，特别是急性腹壁破裂病马。通常产驹前不可能做出准确诊断。尽管文献中很少有报道该病与品种和年龄有关，但是有人建议老龄马和重型马更易发生。有文献报道称，标准竞赛用母马超过发病的平均数，此篇文献中报道的 13 例病马中，有 9 例是标准竞赛用马。类似于胎水过多，腹壁和耻骨腱破裂，常因腹部体积和轮廓发生突然明显变化而易被马主人发现。

病马典型的表现为和妊娠期不相适应的腹部增大及腹下水肿。母马腹下在某种程度上水肿并非不常发生，并且更常发生在北半球饲养的马。在那里，人们日常将妊娠后期的马饲养在马厩里。出现腹痛症状，触摸腹部疼痛、不愿走动以及心动过速都是严重耻骨前腱和腹壁破裂常见的症状。触诊病马侧腹部痛感明显，乳腺可能前移，并且乳腺分泌物可能带血，这些症状有助于区别腹壁破裂和妊娠后期正常生理性腹下水肿。

确切的诊断是一种挑战，常根据病史和临床症状诊断腹壁破裂。受胎儿体积的影响，难以经直肠检查确诊，根据腹壁水肿的程度，腹部触诊可能没有必要；经腹壁超声检查有助于确定腹壁缺损，但是在产驹前常难以确定损伤的程度。近期一系列病例报告表明，腹壁肌破裂和耻骨腱破裂的结果没有区别。因此，区别断裂部位多是学术需要，而不是临床必须，并且不影响治疗方法。

治疗选择各异，取决于缺损的严重程度、病马的疼痛程度、妊娠阶段以及母马和马驹的价值。对于剧烈疼痛的病马，立即终止妊娠可能是唯一的选择。尽管过去有人主张使用介入性手术疗法，但是最近 1 篇文章曾报道，用保守疗法治疗的病例，病马和马驹的存活率更高。保守治疗的目的是减少疼痛、防止进一步撕裂，以及监测胎儿变化。小心用绷带固定病马腹部，定期变换绷带，以防止摩擦或压迫形成褥疮。口服苯基丁氮酮（每 24h 2.2mg/kg）或口服（或静脉注射）氟胺烟酸葡胺（每 24h 1.1mg/kg）非类固醇抗感染药物。建议经腹壁超声波监测胎儿心率和胎儿不安症状。有人使用遥感胎儿心电描记法监测胎儿活力和评定胎儿应激。连续监测乳中电解质变化是另一种评价母体接近分娩的有用方法。妊娠 135d 的母马用地塞米松（500kg 重的纯种母马，用量 100mg/24h，连用 3d）引产，促进胎儿肺成熟，分娩后胎儿能够存活。这种方法对某些病例有用。有人建议，如果可能，允许病马自然进展到分娩，更有利于母马和胎儿存活。偶尔，病马

和胎儿的情况迅速恶化，需做剖腹产手术。对于耻骨腱和腹壁破裂的病马，分娩时应严格监测，因为腹壁不能收缩，而常常需要助产，同样，由于将来母马不能承受妊娠期胎儿的重量，应鼓励马主人考虑用病马作胎移植供体的可能性。

五、阴道分泌物

在妊娠后期，最常见的阴道分泌物是白色的黏液性分泌物，附在阴唇上，黏在尾毛上。这些分泌物通常与马患胎盘炎有关。当然，如果在妊娠后期从阴门流出血样分泌物，也需要兽医检查母马。阴道血性分泌物最常见的原因是阴道曲张的静脉出血。马主人可能发现垫草上有血迹，或者更严重的病例，病马尾部和会阴部有血迹。有时出血量惊人。通常马主人会认为母马要流产。这种情况多发生在妊娠的后半期的老龄经产马。用带开膣器的阴道镜检查可做出诊断。静脉曲张最常发生的部位是上部阴道壁横褶皱处，因此，在抽出开膣器的同时，检查者应继续观察阴道，以避免漏检。用超声检查妊娠与否，以排除并发胎盘炎的可能。多种静脉曲张将自行恢复，但是也可尝试结扎、手术治疗，或者使用透热或绷带疗法，也有人报道了其他疗法。

六、胎盘炎

胎盘炎是引起马流产最常见的原因之一，在第168章将做详细讨论。简单地讲，胎盘炎常由生殖道后部的细菌，经子宫颈上行感染所致，也发生于细菌经血液扩散。乳腺发育过早或不对称发育、有或没有乳汁分泌，或者出现阴道分泌物都是胎盘炎最常见的临床症状。乳腺过早发育并非胎盘炎特异性病症，因为双胎妊娠的母马或者能导致胎儿应激的其他类型的疾病，也可能出现乳腺过早发育和泌乳现象。流产是由于促炎性细胞因子的释放（继发于绒毛膜炎症）、前列腺素的合成以及子宫肌的收缩，而不是胎儿感染最初的影响。

推荐阅读

Chaney KP，Holcombe SJ，LeBlanc MM，et al. The effect of uterine torsion on mare and foal survival：a retrospective study，1985-2005. Equine Vet J，2007，39：33-36.

Christensen BW，Troedsson MH，Murchie TA，et al. Management of hydrops amnion in a mare resulting in birth of a live foal. J Am Vet Med Assoc，2006，228：1228-1233.

Macpherson ML. Identification and management of the high-risk pregnant mare. In：Proceedings of the 53rd Annual Convention of the American Association of Equine Practitioners，2007，53：293-304.

McKinnon AO, Squires EL, Vaala WE, et al, eds. Equine Reproduction. Chichester, UK: Wiley-Blackwell, 2011, 2327-2530.

Ousey JC, Kölling M, Allen WR. The effects of maternal dexamethasone treatment on gestation length and foal maturation in Thoroughbred mares. Anim Reprod Sci, 2006, 94: 436-438.

Samper JS, Plough TA. How to deal with dystocia and retained placenta in the field. In: Proceedings of the 58th Annual Convention of the American Association of Equine Practitioners, 2012, 58: 359-361.

Story M. Prefoaling and post foaling complications. In: Samper JC, Pycock JF, McKinnon AO, eds. Current Therapy in Equine Reproduction. St. Louis: Saunders Elsevier, 2007: 458-464.

（田文儒　译）

第 159 章　马产后疾病

Seán A. Finan　Angus O. Mckinnon

产后期是母马繁殖过程中关键时期，因为产后疾病可威胁到母马的生命，或者能严重影响未来生育能力。

一、产后出血

产后出血是母马严重的疾病，可在短时间内致命。最常见子宫中动脉出血，但是髂外动脉、子宫卵巢动脉以及阴道动脉也可能出血。出血可能发生在妊娠后期的任何时间，但是最常发生在产后的 24h 内。产后出血有 40%与产驹有关，并且可发生于任何年龄的母马。但是老龄母马更易发生。血液可能进入母马子宫阔韧带、直接流入腹腔，或者即进入子宫阔韧带又进入腹腔。根据临床症状确定出血源和出血点，其很可能影响预后和存活。

产后出血临床症状各异，症状从腹痛伴发结膜苍白、心动过速、脉搏微弱、四肢冷凉，到很少或没有外表症状，或者只是产后子宫收缩的症状。有些母马也可能表现出精神沉郁、性嗅反射、嘶鸣和肌肉震颤。

根据临床检查可做出诊断，并且常常症状明显。然而在某些情况下，临床症状不明显，直到后期生殖检查时发现子宫阔韧带上的血肿，才确诊病例。经直肠和腹壁超声检查都有助于发现出血源。超声检查血液流入腹腔呈旋转毛玻璃状，并且用 5MHz 直肠探头经腹壁检查即可看清楚。做阴道检查时，可以发现阴道或子宫内出血，或其他问题。腹腔穿刺术有助于诊断。但是必须记住，如果脾脏被误穿，则穿刺液中含血液。必须谨慎参考血液参数，因为许多明显的或危及生命的出血，由于马脾脏收缩和血管收缩，出血开始时红细胞比容都正常。评估低蛋白血症的程度常常有助于诊断，并且偶尔测定全身乳酸盐也有助于诊断。

（一）治疗

对于临床医生来说，治疗产后出血是个难题。病马心率、临床症状、产后相对时间长短是判定病马存活的良好指标，也有助于确定治疗措施。病马心率超过 90 次/min，并且产后 12h 内出现症状，其存活率低于心率 65 次/min、产后 24h 内出现症状的病马。对许多病马只能采取保守疗法，包括将病马圈于安静的马厩内，效果良好。多数做法是将马驹和母马放在一起，否则可使母马产生明显的不安。然而，如果病马腹痛激烈，或者在厩舍内不停走动，有时可威胁到马驹的安全。应从技术上开发既能暂时将马驹隔离在安全区域、又能使其继续接触母马，还不使母马产生应激的方法。何时干预出血并补血、补全血还是补液取决于经济状况和病马的临床症状。补液和输血改善灌注，但是还可能增加血压，潜在性地破坏已经形成的血凝块，而再次出血。同样，因疼痛而滚动或急起急卧也可能破坏凝血块。因此，应给马使用镇痛药，静脉注射氟胺烟酸葡胺（1.1mg/kg）以及静脉或肌内注射布托啡诺（0.01～0.04mg/kg）。还推荐使用镇静和镇痛药和 α_2-肾上腺素能激动剂，静脉注射地托咪定（安定药——译者注）0.004～0.02mg/kg，或者静脉注射甲苯噻嗪（0.2～0.8mg/kg）。有报道称，静脉注射抗纤维蛋白溶解剂——氨基己酸（速效剂量 100mg/kg，然后 50mg/kg，2 次/d）和氨甲环酸（10mg/kg），可有助于止血。有些报道建议，静脉注射甲醛或阿片类拮抗剂——烯丙羟吗啡酮（0.2mg/kg）治疗，但是使用这些药物的科学依据有限。

（二）预后

产后出血的预后取决于产驹后前 48h 内的临床表现、出血位点以及治疗效果。血液直接进入腹腔的病马较血液进入子宫阔韧带和阴道壁病马的预后更糟。出血后 5～7d 将形成牢固的聚合凝血块，但是建议 5～7d 后也不移动病马。作者曾经遇到 1 例病马，产驹后前 4d 没有任何出血症状，然而第 5 天突然从子宫动脉破裂处出血，推测可能产驹时就发生子宫动脉破裂，只是当时出血被遏制。有人建议，之前有过出血的母马更可能再次出血，这是因为老龄母马的血管壁弹性降低所致。

二、胎衣不下

在临床实践中，胎衣不下（RFM，见第 171 章）是最常见的产后疾病，发病率为 2％～10％。通常人们认为，产驹后超过 3h 胎衣仍不能排出就是胎衣不下，但是在世界范围内，有报道称，母马胎衣不下时间超过 2d 而不表现出临床症状，并在下个繁殖季节如期产下马驹。下列因素增加胎衣不下发病率，如难产、妊娠期延长、胎水过多、剖腹产、重型马以及超过 15 岁的老龄马。子宫空角是最常发生胎衣不下的部位。胎衣不下的结果从对母体无任何影响，到中毒性子宫炎、继发蹄叶炎和死亡的内毒素血症不等。

见到胎衣悬垂与阴门之外本身并非是可靠的诊断依据，因为胎衣可能完全不下，或者胎衣已经断裂，只有部分滞留在母马子宫内。产驹后应持续监测胎衣，尤其注意监测子宫角和是否有胎衣撕裂。将脱落的胎衣翻过来，比对血管纹路有助于确定是否有撕裂区域或者缺少某些部分而滞留于子宫内。产驹后胎衣滞留子宫几天的情况并非少见，病马出现阴道分泌物。偶尔，这些病马表现出内毒素吸收的症状。超声检查有助于诊断这些疾病。

在任何治疗计划中，催产素都有治疗作用。将从阴门漏出胎衣打结，以防止病马踩踏而撕裂胎衣。静脉注射催产素 10～20 IU，1 次/h，始于胎衣不下 3h 后。单独使用催产素注射可成功诱导胎衣排出。用手牵拉胎衣的方法存在争议。然而，作者确信，如果尽到责任心，联合催产素治疗，这一方法非常有效，并无不利影响。用手拉动胎衣的情况是病马的胎衣已经脱落、很少或者没有微绒毛滞留在母体子宫腺窝内。如果胎衣在产后 8h 不下，以及反复使用 10～20 IU 的催产素治疗还未排出，应试图使用子宫冲洗和手术剥离，禁忌用力拉胎衣，如果试图轻轻拉动不能拉出胎衣，应使用催产素加广谱抗生素和非类固醇抗炎药治疗，24h 后检查病马，重复冲洗和轻轻拉动胎衣。对某些病马，静脉注射硼葡萄糖酸钙（20%硼葡萄糖酸钙 50～250mL）有治疗作用。如果绒毛膜没破裂，可向其内缓慢灌入温水（9～12L），并确保液体不流出绒毛膜囊。这种方法看来能诱导外源性催产素释放，并可将绒毛从母体腺窝分离，在 5～30min 内有效。在实施子宫内灌注的同时可继续使用催产素治疗。

三、中毒性子宫炎

母马子宫炎的发生率低，但是和创伤性子宫损伤以及胎衣不下有关，通常病马在分娩 2～4d 内发热，食欲不振和心动过速，伴有或没有蹄叶炎的症状。血液学变化是中性粒细胞减少。病马子宫内积聚大量棕红色液体，并从阴道排出。治疗方法是使用广谱抗生素、抗炎药、大剂量子宫冲洗以及使用催产素。重症中毒性子宫炎需静脉输液治疗。冲洗子宫的方法是用清洁无菌的鼻饲管，一端握在手内，带入子宫，以防止被胎衣堵塞或损伤子宫内膜。向子宫内连续灌注几升生理盐水，并使液体流出，直到流出的液体清洁为止。然后向子宫内注入广谱抗生素，如此治疗，反复几次可治愈。在患子宫炎期间，许多病马将患不同程度的蹄叶炎，因此，在治疗期间须密切监视蹄叶炎的症状。

四、子宫脱出

母马很少发生子宫脱出，如果确实发生，子宫脱出最常与胎衣不下、难产或流产有关。初产和经产马都有发生，甚至还有报道称，未生育的小母马也发生子宫脱出。子宫脱出有完全子宫脱出、1 个子宫角或 2 个子宫角脱出，可能伴有膀胱、肠管或两者同时随子宫脱出。子宫脱出的程度、从脱出到还纳的时间、脱出子宫的损伤程度以及子宫动脉撕裂的可能性，都会影响母马预后存活。子宫脱出的后遗症包括突然死亡、子宫内膜炎、子宫炎、腹膜炎和蹄叶炎。

为治疗子宫脱出，应保定母马，以避免损伤人员、病马自身或其脱出子宫，并减少努责。可选用不同的治疗方法：注射镇静剂之后使母马站立保定，可以使用或不使用硬膜外麻醉，也可全身麻醉。抬高后躯，有助于还纳子宫。仔细清洗并检查子宫，如果可能需摘除胎膜，处理子宫内膜上的任何损伤。将子宫用清洁布单或厚塑料袋包裹，以避免在还纳过程中术者手指划破子宫。助手将子宫提高到骨盆的水平，术者用手掌或拳头轻压，将子宫还纳，操作者必须确保全部子宫角尖端彻底被还纳并复位，否则病马将继续努责。将空瓶或几层直检手套灌满水，用以探查子宫角尖端是否复位。如果兽医不能立即到位检查病马，助手应先将子宫包裹，并将其提升到骨盆水平，有助于防止子宫动脉撕裂、减轻子宫充血、防止病马自身损伤子宫，并可减少病马不适和努责。

给病马肌内或静脉注射少量（10IU）催产素和20%硼葡萄糖酸钙（50～250mL），多数情况下能增加子宫肌的收缩力；必须全身或子宫内使用广谱抗生素，外加非类固醇抗炎药，并预防破伤风。重要的是要监测母马子宫炎。为此，需1～2次/d冲洗子宫，连续冲洗几天。有些母马恢复得非常快，而有些病马持续几天心率升高，然后恢复正常。多数情况是，如果子宫内膜未发生严重损伤，不会影响未来繁殖，但是有些母马因曾经子宫脱出而难以妊娠。

膀胱可能单独脱出，分娩后相对容易将膀胱还纳。然而，在产出马驹之前膀胱脱出，分娩时会损伤膀胱。膀胱脱出时，需要全身麻醉病马，抬高后躯，以减缓子宫脱出并产出胎儿。脱出的膀胱可能在分娩时破裂，或者在脱出时破裂。在还纳膀胱前，如果可能则需要修复裂口，以防止尿液进入腹腔，并可避免后来剖腹修复。

五、子宫破裂

子宫破裂通常发生分娩过程的胎儿产出期，并且常与难产、截胎以及子宫捻转有关，但有时在正常分娩后也可能会出现子宫破裂。子宫破裂可以是完全破裂或部分破裂，并且可以发生在子宫的任何部位，但最常见的是在子宫背面。子宫破裂的并发症包括内脏疝、腹膜炎、出血、休克，甚至死亡。刚分娩后，很难对子宫破裂做出诊断，直到产后5d左右，母马出现腹膜炎的症状才有可能确诊。如果病马出现发热、精神沉郁、厌食以及偶尔腹痛的症状，兽医应考虑实施检查。直肠检查和子宫内触诊、经直肠或腹壁超声检查、子宫镜检查、腹腔穿刺以及腹腔镜检查都有助于确诊。腹腔穿刺特别有助于诊断腹膜炎，可以考虑对产驹后任何有腹痛症状的马进行穿刺。根据裂口的大小、腹腔污染程度，以及分娩过去多长时间不同，血液学检查可揭示病马白细胞增多或减少。

子宫破裂可保守治疗或经手术治疗。保守疗法是使用抗生素、抗炎药和静脉补液，虽然撕裂的严重程度和撕裂位置，经药物治疗可以减轻，但是并非总是很明显。在作者的实践中，对经济状况不允许手术的病例可进行药物治疗。经腹中线剖腹手术，可全面检查和修复子宫，并可同时冲洗腹腔，是作者治疗该病的首选。近日，有用站立保定、手助腹腔镜修复子宫破裂的报道。

六、外伤性产道损伤

阴道和会阴的撕裂和挫伤是产驹后常见的问题，尤其是初产母马和遭遇难产的母马。有时损伤大量出血，但是不常见。在这种情况下，应该尝试用钳夹止血，钳夹不能止血时，将弹力织物用止血棉包裹，做成止血棉塞，涂抹凡士林油，塞入阴道并存留其内24～48h。有些母马会阴部肿胀，一般是自然性水肿，但母马会非常不适，母马因不愿排便而便秘；解决这个问题可以用粪便软化剂，如矿物油（经鼻胃管给药），

并且在某些情况下，可以人工清除粪便。阴道周围有外部明显可见的血肿，或者可能只有指检时发现阴道壁有波动性肿胀。是否要将小血肿放血值得怀疑，因为多数血肿都能自发消失，而穿刺后感染和形成脓肿的风险高。应该用广谱抗生素和抗炎药进行治疗。偶尔，阴道周围肿胀可能预示着大血管或子宫动脉撕裂。也有可能，阴道血肿延伸入腹腔，除非血肿受感染，否则不是问题。

会阴轻度撕裂涉及前庭黏膜，而中度撕裂涉及更深层次组织结构。分娩时，马驹的蹄或鼻子能穿透直肠阴道隔膜，造成直肠阴道瘘。如果可将胎儿的肢或头推回阴道，分娩可以正常进行。然而，如果肢体或头部伸入直肠并撕裂会阴体和肛门括约肌，其结果是会阴重度裂伤。多数情况，会阴轻度裂伤可任其二期愈合，但是中度和重度裂伤以及直肠阴道瘘必须经手术处理。对于某些裂伤需立即修复。然而，许多兽医等待肿胀和挫伤自消自灭，并且等到伤口表面恶化到一定程度才进行修复。对会阴严重裂伤的病例，立即采取手术治疗效果不佳，因为在试图手术修复之前，组织需要时间愈合和4～6 周的时间形成瘢痕组织。多数阴道撕裂伤都是腹膜外损伤，但偶尔撕裂伤将延伸入腹膜腔，并导致肠疝。在这些情况下，用无菌生理盐水清洗肠管，将其还纳回腹腔并试图闭合阴道损伤。如果损伤过大，不可能闭合，须做凯斯利克（Caslick）手术，在运输到手术室实施腹腔手术前，应将病马固定在马桩内。

分娩时损伤子宫颈，其症状在刚产后不明显。直到母马产后第一次排卵后，多数病例都没有被确诊，所以，在产后指检任何难产马子宫颈都是明智之举。子宫颈损伤可严重影响母马的繁殖性能，需要手术修复。

推荐阅读 

McKinnon AO，Squires EL，Vaala WE，et al. Equine Reproduction. 2nd ed. Chichester，UK：Wiley Blackwell，2011.

Robinson NE，Sprayberry KA. Current Therapy in Equine Medicine. 6th ed. St. Louis：Saunders Elsevier，2009.

Samper JC，Pycock JF，McKinnon AO. Current Therapy in Equine Reproduction. St. Louis：Saunders Elsevier，2007.

（田文儒　译）

第 160 章　子宫撕裂

David E. Freeman

子宫撕裂、破裂以及子宫撕裂伤是母马产后腹膜炎最常见的原因。有文章总结了98 例母马产后死亡的原因发现，子宫撕裂（死亡率为 6%）居引起死亡最常见原因的第 3 位，仅列于子宫动脉破裂（40%）和盲肠穿孔（19%）之后。而在 163 例产后急诊病例的调查中发现，子宫撕裂确诊病例占 5.5%。子宫破裂最可能发生在胎儿排出期或矫正难产的过程中。产前也可能发生子宫撕裂，这常与胎水过多以及子宫捻转有关，或者是翻转矫正妊娠后期子宫捻转的并发症；也有报道称，冲洗子宫也能导致子宫撕裂。

报道认为，子宫撕裂可发生在子宫角和子宫体、背侧或腹侧（表 160-1）。右侧子宫角更常发生撕裂，原因不清，因为 2 个子宫角妊娠的概率相等，撕裂的概率也应该相同。

表 160-1　触摸确定撕裂部位以及确诊的成功率①

手术确定的撕裂位置	Sutter 等，2003（33 例）	Javsicas 等，2010（49 例）
子宫体	8/30（27%）	7/27（26%）
子宫角	22/30（73%）	20/27（74%）
右角	22/30（73%）	13/18（72%）
左角	8/30（27%）	5/18（28%）
成功确定子宫体撕裂②	8/8（100%）	5/5（100%）
成功确定子宫角撕裂②	3/22（14%）	4/17（24%）

注：①研究中总数和任何由最终记录信息或检查数量变化组中分母之差。例如，触摸子宫角撕裂，数据表现的是，当实际上确定撕裂发生在相对应的部位时，确诊数比上检查总数。

②在 Javsicas 的研究中经阴道触摸，而在 Sutter 的研究中经阴道或经直肠触摸。

一、诊断

很少数病马的症状和检查结果支持子宫撕裂预诊断，子宫撕裂的症状各异。有的病例甚至到产后 6d 才来就诊，但是越快确诊子宫撕裂，预后越好。病马典型的症状是精神沉郁、食欲不振、腹痛、黏膜充血、肠音减弱，以及分娩后头几天高热。有 1/4～1/2 的病马表现出胃返流。

经直肠或经阴道触摸子宫诊断受马产后子宫体积的影响，因为多数子宫撕裂处都

是手臂难以触及的。此外，产后子宫内膜皱褶能掩盖小撕裂或不全撕裂。由子宫捻转继发的重度撕裂，可经直肠壁触摸到腹腔内的胎儿，并且胎儿的位置比其在子宫内更靠前。触摸这些病例时，子宫比预期小，并高度紧缩。

白细胞减少与子宫撕裂诊断密切相关，但是白细胞减少也与马子宫炎以及产后盲肠和小结肠疾病有关。尽管因难产所致子宫撕裂的母马，在分娩当天，可能白细胞和中性粒细胞增多并伴随核左移，但是紧接着在产后3d出现明显的白细胞和中性粒细胞减少并持续到产后5d。细胞学检查常见外周循环中的中性粒细胞出现毒性变化。

产后立即实施腹部超声检查并不一定发现异常，但是腹水量增加、回声反射增加，以及纤维蛋白的出现都是腹膜炎的结果，这可用腹腔穿刺术确诊。重要的是意识到正常分娩以及甚至是长时间助产操作并不能改变正常腹水的量。1次腹水分析指标值过高可以认为是偶然，但是2个或者更多下列指标可以表明发生严重的产后疾病：总蛋白浓度高于3.0g/dL，总有核细胞数高于15 000个/μL，以及中性粒细胞的百分率高于80%。对子宫撕裂病马实施子宫内灌注清除胎衣时，腹膜炎加重，并且在分娩时，如果胎儿有腹泻，腹水中有胎粪污染。培养腹水可能没有微生物生长，或者有多种微生物生长，但是最常见的培养结果是没有微生物生长。腹水中分离出的微生物和产后母马子宫分离出的微生物种类相似。细胞学检查可见吞噬的细菌、血铁黄素、退化的中性粒细胞以及细胞外细菌。少数子宫撕裂病马同时发生胃肠道损伤，如大结肠扭结或大、小结肠和小肠突出（经破裂口）；另外，可能伴发的并发症是从阴道和子宫破裂的动脉出血。对突出的小肠，在还纳之前需用温灭菌生理盐水（0.9%）冲洗，并检查是否有肠系膜和血管损伤，并且有可能需要实施剖腹术、肠管切除和吻合术。有人报道1例病马，因子宫撕裂除引起长期（16个月）不孕外，而无其他症状；报道另1例病马是子宫壁部分撕裂，覆盖着未脱落的胎衣，子宫内积聚少量液体。

二、治疗

（一）药物治疗

有证据表明，子宫轻微损伤或者较小的撕裂可以用药物治疗，治愈率不次于手术治疗。药物治疗包括注射催产素，以促进子宫复旧和胎衣排出；静脉输液，用青霉素和庆大霉素等抗生素治疗、非类固醇抗炎药以及抗内毒素药物治疗。用药物治疗的决定通常受制于经济条件，尽管药物治疗的费用不一定比手术低。手术治疗的优势是，当不能触摸到撕裂的部位时，能确定腹膜炎的原因并能修复撕裂、彻底冲洗腹腔、处理任何胃肠道的损伤并且安全地排净术后腹腔冲洗液。

（二）手术治疗

麻醉病马，使其仰卧保定，下腹正中线处切口，术部清洗消毒。切口位置可根据已知的子宫复旧的程度以及撕裂的位置（即子宫角还是子宫体）来确定，如果确诊为子宫体撕裂，下腹正中切口需要向后延伸到乳腺。如果母马哺乳幼驹，切口延伸到乳腺并不理想。建议切口从脐部前 10cm 到脐部后 10cm。子宫体处撕裂很难接近，需要将子宫拉出，以及用剖腹手术海绵，以便闭合腹腔深部裂口。对有些病马，撕裂不可能完全闭合，因此，部分裂口可能要保持开放状态。

多数撕裂都是子宫全层撕裂，长度范围在 2～15cm。如果有必要，可将裂口边缘修正，裂口边缘处滞留的胎衣摘除，以避免缝合时夹住。很少需要结扎动脉止血。裂口可用单层连续缝合，或者用 1 号或 2 号可吸收缝线（polyglactin 910）内翻（伦伯特或库兴）缝合。腹腔子宫表面用 20～40L 温灭菌生理盐水或其他生理溶液清洗。根据医生的判断，或者基于腹膜炎严重程度决定是否在腹腔放置引流管①，以便术后引流，然后用常规的方法闭合腹壁。

用以修复子宫撕裂的其他方法包括，剖腹术结合经宫颈方法，在麻醉下缝合子宫体撕裂、子宫的脱出，腹胁切开法以及病马站立保定盲缝法。将病马麻醉后行特伦德伦伯卧位（Trendelenburg）有利于修复阴道和子宫体撕裂。

手术前后各 3d 每 6h 缓慢静脉注射青霉素 G 钾（22 000 U/kg）以及每 24h 静脉注射庆大霉素（6.6mg/kg），抗生素可一直注射到术后母马无发热症状、腹腔冲洗液清洁以及腹膜炎的临床症状消失为止。1～2 次/d 腹腔冲洗，用温乳酸林格氏液 5～10L 利用重力作用灌入腹腔。对于手术早期反应不佳的患马，可口服甲硝唑（15mg/kg，1 次/12h）。其他术后用药或只用药物治疗病马的药物包括，用催产素以加快子宫复旧和胎盘排出、静脉注射非甾体类抗炎药物以及抗内毒素药物。手术后预防子宫粘连，每天经直肠摆动子宫，持续 7～10d，以防止子宫粘连，不建议冲洗子宫。

三、预后

有近 50 例病马的调查发现，子宫撕裂病马的存活率为 75%～80%，其中一个报道称，药物治疗的存活率 73%（11/15）和手术治疗的存活率 76%（26/34）相似。在只采用手术治疗的病马中，如果撕裂发生在子宫角（75%）和子宫体背侧（81%）预后一样。在有 26 例病马的后续研究报道称，不管是手术治疗还是药物治疗，有 13 例病马当年配种，12 例产驹，并有 23 例母马手术后一段时间也产驹。

在麻醉恢复期，最常见的死亡或安乐死的原因是，重度腐败性或低血容量性休克；其他并发症包括，重度粘连和蹄叶炎。住院调查结果符合腐败性腹膜炎引起的重度休克，如红细胞比容高、心率高、胃返流、阴离子缺乏、总 CO_2 低和白细胞减少症都预示存活率不高。而有关子宫撕裂的位置（子宫体还是子宫角；右角还是左角）、经阴道检查、腹腔冲洗、腹腔液细菌培养、多种微生物感染和使用催产素与否都不影响生存率。

子宫手术后罕见粘连，临床并发症通常与不孕症有关。某个兽医院 3 年的病例报告称，73 个病例中只有 4 例（5.5%）发生了子宫粘连，其中 1 例实施了剖腹产（2%），3 例曾治疗子宫撕裂。子宫粘连涉及子宫体背侧壁、中线切口、子宫体腹侧壁以及小结肠，但原修复部位不一定粘连。使用外科技术剥离子宫粘连（见第 78 章）需

---

① 32-French Trocar Catheter，Deknatel Inc.，Fall River，MA。

要确定粘连的位置和程度，并可以通过腹腔镜完成剥离，且预后良好。复发性子宫撕裂还未见报道。

虽然药物治疗与手术治疗子宫撕裂的存活率相似，但是如果不能降低药物治疗费用，则不利于药物治疗的应用。基于上述理由，一旦确诊或假定子宫撕裂后，立即实施腹正中线剖腹术，是治疗马子宫撕裂的优选。

推荐阅读 

Blanchard TL, Orsini JA, Garcia MC, et al. Influence of dystocia on white blood cell and blood neutrophil counts in mares. Theriogenology, 1986, 25: 347-352.

Blanchard TL, Varner DD, Brinsko SP, et al. Effects of postparturient uterine lavage on involution in the mare. Theriogenology, 1989, 32: 527-535.

Dolente BA, Sullivan EK, Boston R, et al. Mares admitted to a referral hospital for postpartum emergencies: 163 cases (1992-2002). J Vet Emerg Crit Care, 2005, 15: 193-200.

Dwyer R. Postpartum deaths of mares. Equine Dis Q UK Dept Vet Sci, 1993, 2: 104.

Fischer AT, Phillips TN. Surgical repair of a ruptured uterus in five mares. Equine Vet J, 1986, 18: 153-155.

Frazer G, Burba D, Paccamonti D, et al. The effects of parturition and peripartum complications on the peritoneal fluid composition of mares. Theriogenology, 1997, 48: 919-931.

Frazer G, Burba D, Paccamonti D, et al. Diagnostic value of peritoneal fluid changes in the postpartum mare. In: Proceedings of the Annual Meeting of the Association of Equine Practitioners, 1996, 42: 266-267.

Gomez JH, Rodgerson DH, Goodin J. How to repair cranial vaginal and caudal uterine tears in mares. In Proceedings of the Annual Meeting of the Association of Equine Practitioners, 2008, 54: 295-297.

Hassel DM, Ragle CA. Laparoscopic diagnosis and conservative treatment of uterine tear in a mare. J Am Vet Med Assoc, 1994, 205: 1531-1536.

Honnas CM, Spensley MS, Laverty S, et al. Hydramnios causing uterine rupture in a mare. J Am Vet Med Assoc, 1988, 193: 334-336.

Hooper RN, Schumacher J, Taylor TS, et al. Diagnosing and treating uterine ruptures in mares. Vet Med, 1993: 263-270.

Javsicas LH, Giguère S, Freeman DE, et al. Comparison of surgical and medical treatment of 49 postpartum mares with presumptive or confirmed uterine tears. Vet Surg, 2010, 39: 254-260.

Stanten ME. Uterine involution. In：McKinnon AO，Squires EL，Vaala WE，et al，eds. Equine Reproduction. 2nd ed. Ames，IA：Wiley-Blackwell，2011：2291-2293.

Sutter WW，Hooper S，Embertson RM. Diagnosis and surgical treatment of uterine lacerations in mares（33 cases）. In Proceedings of the Annual Meeting of the Association of Equine Practitioners，2003，49：357-359.

Wheat JD，Meagher DM. Uterine torsion and rupture in mares. J Am Vet Med Assoc，1972，160：881-884.

（田文儒　译）

第 161 章　卵巢机能异常

Patrick M. Mccue

卵巢机能异常可能是暂时的病理过程，如卵泡黄体化，也可能是卵巢发生永久性病理改变，如卵巢颗粒细胞瘤。在临床实践中，有些卵巢病容易诊断，而有些则很难确诊（框图 161-1）。对于卵巢机能异常的诊断，通常需要综合应用临床检查、直肠检查和超声检查，以及激素检测等方法。对有些病例，则需利用卵巢活检和染色体核型分析等方法才能确诊。

框图 161-1　马的卵巢异常

常见的卵巢问题	不常见的卵巢问题
无卵性卵泡	卵巢肿瘤
持续存在的不排卵卵泡	卵巢血肿
黄体化的不排卵卵泡	卵泡发育失败
持久黄体	卵巢衰老
未成熟黄体溶解	产后乏情
	外源性激素处理
	接种 GnRH 疫苗
	黄体机能不全
	染色体异常
	持续存在的子宫内膜杯

一、卵泡发育失败

多种生理及病理情形可影响卵泡发育。

(一) 卵巢衰老

对于 20 岁或更老的母马，卵巢功能障碍是引起其生育能力降低的主要原因。这些老龄母马常出现卵泡期延长、排卵间隔延长以及每年第一次排卵的延迟。某些老龄马卵泡不发育或卵巢衰老，可能源于原始卵泡数量不足。在繁殖季内较长的一段时间内，超声检查可见卵巢内仅有小卵泡（即<10～15mm），而没有黄体。对于卵巢的衰老，目前尚无有效措施可促进卵泡生长。

(二) 产后乏情

多数母马在产后早期卵泡就开始发育和排卵（即产后发情和排卵），如果此时没有配种和受孕，母马则开始进入发情周期。然而，有些母马在产驹后可能有暂时性的卵泡不发育或不排卵。发生此种情况时，母马可能持续数周或数月不排卵或处于乏情状态，之后卵巢才能重新恢复正常的周期活动。由于季节、营养以及哺乳等因素的综合影响，早春产驹的马比晚春或夏季产驹的马更易发生产后乏情。对于乏情马，肌内注射重组马促卵泡素（recombinant equine follicle-stimulating hormone，reFSH，0.65mg，1 次/12h），在 7～10d 内可以刺激卵泡发育；为了诱导已发育的卵泡排卵，需要静脉或肌内注射人绒毛膜促性腺激素（hCG，1 500～2 500U）。

（三）外源性激素治疗

有资料报道，合成的类固醇激素、地塞米松、雌二醇酯、孕酮和雌二醇等单独或联合应用均可抑制垂体促性腺激素的分泌，最终抑制卵泡活性。强效的促性腺激素释放激素（GnRH），如醋酸德舍瑞林，可下行调节垂体促性腺激素的分泌，短时间内影响卵巢的功能。

（四）注射促性腺激素释放激素疫苗

主动免疫 GnRH 疫苗，可使母马在较长一段时间内不发情。该免疫作用抑制垂体分泌 FSH 和 LH，而随之降低卵巢上卵泡的活性，抑制发情和降低繁殖力，所有这些情况的产生和产生的抗体滴度及抗体持续时间相关。多数情况下，随时间的延长及抗体滴度的衰减，接种疫苗的马最终会恢复卵巢功能和正常的繁殖力。然而，有些母马在注射免疫 GnRH 疫苗后几年都不能恢复发情周期。

二、卵泡不排卵

在母马生理性繁殖季节内，约有 8%的优势卵泡不排卵。多数不排卵卵泡（85%）变成红体，最终黄体化，而大约 15%的不排卵卵泡不形成红体，并持续存在于卵巢内。

（一）长期不排卵卵泡

长期不排卵卵泡无明显的出血或黄体化，血清中孕酮浓度小于 1.0 ng/mL。超声检查可见长期不排卵的卵泡呈大的静态滤泡结构，卵泡腔内有少数回声颗粒或无回声颗粒或条纹（图 161-1）。随雌二醇水平的降低，病马结束发情，子宫水肿消退。几周后，这些没有黄体化卵泡最终退化或闭锁，被另外的优势卵泡所代替。

（二）卵泡黄体化

如果发情母马不排卵，优势卵泡通常形成暂时性黄体。大约 85%不排卵卵泡最初会发生卵泡腔内出血，在超声波下可见卵泡腔内的颗粒反射波。这些回声颗粒很可能是由血团块、纤维或颗粒细胞团块反射所形成。超声波下，偶尔也可见这些不排卵卵泡腔内未凝固血液呈现旋转状旋转的影像（图 161-2），推测可能是卵泡液中存在抗凝剂而致凝固推迟所致。在随后的 2～3d 内，由于黄体化细胞的逐步浸润和取代，线性反射回声逐渐增强（图 161-3）。当卵泡腔内刚发现有反射性回声颗粒的 1～2d 内，孕酮浓度就开始上升，通常可达 8～10 ng/mL。一次性注射氯前列烯醇钠（250μg，肌内注射）或地诺前列素氨丁三醇（10mg，肌内注射），通常能够使黄体化卵泡完全退化，特别是在超声检查发现存在反射波颗粒后至少 9d 的时候注射上述药物，能够获得最佳效果。

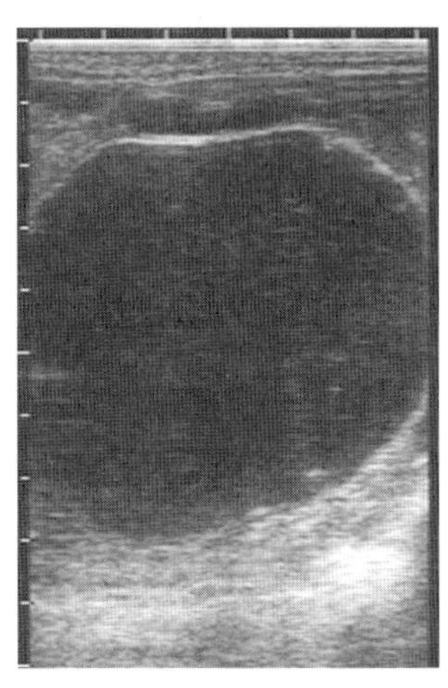

图 161-1　马持久性不排卵卵泡的超声波图像

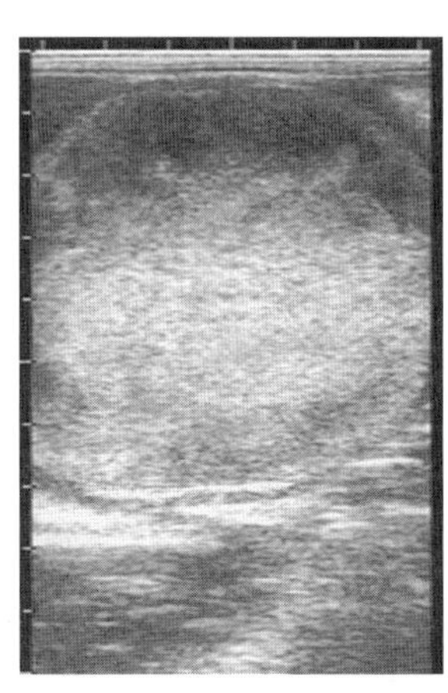

图 161-2　马出血性卵巢的超声图像

在卵泡腔内可见实时的回声物质（血）旋转

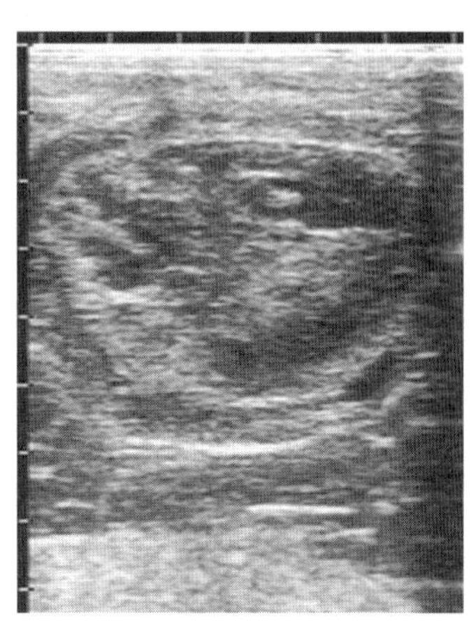

图 161-3　黄体化不排卵卵泡内充满回声物质的超声波图像

三、持久黄体（假孕）

未孕母马在排卵后 14～16d 黄体仍不退化，即可认定黄体是病理性存在。发生持久黄体最常见原因有间情期排卵延迟、妊娠识别后胚胎丢失和慢性子宫感染（子宫积脓）。在子宫内放入无菌玻璃珠（如弹珠）阻止发情、间情期中期给予缩宫素或者给予四烯雌酮的同时发生排卵等这些情况，均可导致持久黄体的发生。

从超声波影像上是一般无法区分持久黄体与正常成熟的黄体。发生持久黄体的母马子宫和子宫颈弹性良好；用内镜观察时可见子宫颈苍白、绷紧和干燥；血中孕酮含量高于 1.0ng/mL。可以通过一次性注射氯前列烯醇钠（250μg，肌内注射）或地诺前列素氨丁三醇（10mg，肌内注射）来治疗持久黄体。

四、未成熟黄体溶解

黄体成熟前消退（黄体溶解）和发情提前有关，在排卵间歇期内发生较少。最常见原因是子宫发生炎症（子宫内膜炎），因为发生炎症后可促使大量前列腺素合成并释放，从而引起黄体退化。只要采用子宫内细菌培养和细胞学检查相结合的方法确诊为子宫内膜炎，就应该进行合理的治疗，防止病情的进一步恶化。

五、黄体机能不全

黄体机能不全意味着排卵后形成的黄体产生孕酮含量不足。尽管数据有限，但是黄体机能不全被认为是引起母马生育能力低下的原因之一。受孕母马在排卵后 14～16d 是黄体机能不全最普遍发生时期，此时卵巢上存在较小的退化黄体。产生黄体机能不全的原因可能和母体无法完成正常妊娠识别有关。补充外源性孕激素，如烯丙孕酮［0.044mg/(kg・d)，口服］，可弥补内源性孕酮不足而保证妊娠继续。

六、卵巢肿瘤

卵巢肿瘤可能来源于表层上皮、卵巢基质或生殖细胞。马最常见的卵巢肿瘤是颗粒细胞瘤（granulosa cell tumor，GCT），但是其他类型卵巢肿瘤（如囊腺瘤、畸胎瘤和无性细胞瘤）也有发生。卵巢颗粒细胞瘤绝大多数情况下发生在单侧且生长缓慢，良性居多。当母马卵巢生长肿瘤后，激素水平变化明显，并出现行为异常，如长时间不发情、好斗或类似公马行为、持续发情或慕雄狂等。可通过直肠检查、超声检查和激素分析等确诊卵巢肿瘤。

卵巢颗粒细胞瘤通常呈多囊性（图 161-4），超声检查经常可见蜂巢状结构，但是肿瘤也可能是固体团块或一个大的囊肿。对侧卵巢通常小而没有活性，原因是肿瘤产生的激素抑制垂体分泌 FSH（图 161-5）。

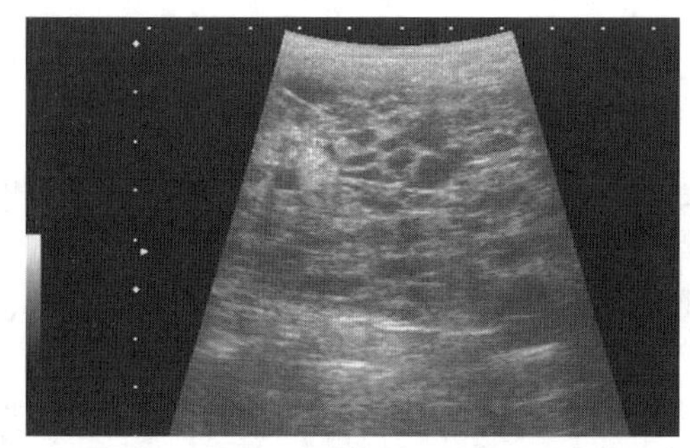

图 161-4　马卵巢颗粒细胞瘤的超声波图像
图中可见有隔室呈蜂巢状的肿瘤

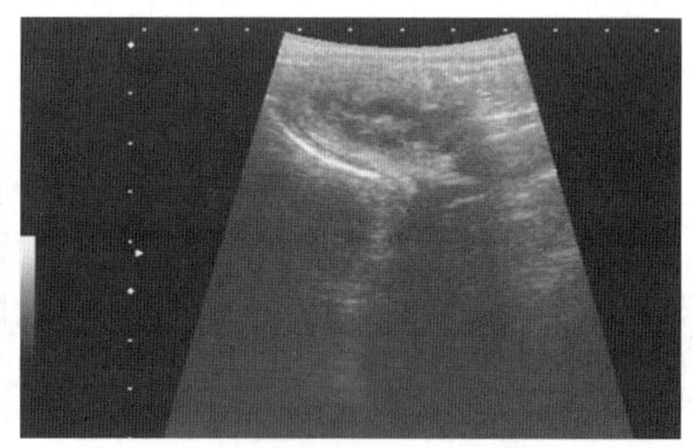

图 161-5　患有卵巢颗粒细胞瘤母马对侧卵巢静止的超声波图像

通常采用内分泌测定法来发现或证实是否发生卵巢颗粒细胞瘤，主要测定抑制素、睾酮和孕酮，或者进行抗缪勒管激素分析。大约 90％患有卵巢颗粒细胞瘤母马的抑制素浓度会升高。如果鞘膜细胞包裹肿瘤（即颗粒细胞-鞘膜细胞肿瘤），则只有睾酮浓度升高，孕酮浓度通常不升高，这种情况大约占到发生颗粒细胞瘤的 50％～60％。与健康马相比，患卵巢颗粒细胞瘤马的抗缪勒管激素浓度极显著升高。发生其他肿瘤时，激素水平变化不明显，所以既不引起行为的变化，也不抑制对侧卵巢的活性。

一般采用外科手术方法切除卵巢肿瘤。对病马镇静后站立保定，侧切腹壁切除肿

瘤，或者应用腹腔镜切除肿瘤，或者通过阴道切除肿瘤。

七、卵巢血肿

卵巢血肿指排卵后过度出血导致卵巢增大。卵巢血肿在超声检查下呈现1个增大的红体影像特征。当血凝块开始形成后，在整个呈凝固状反射回声的液性暗区内，可见纤维状条带横贯其内。随着细胞浸润和逐步黄体化，超声检查可见反射回声逐渐增强。因为卵巢血肿的形成发生于排卵后，所以，母马仍可受孕并进入妊娠期。卵巢血肿一般不需要治疗，随着时间延长，血肿会自动消退。

八、染色体异常

如果母马已到了繁殖年龄但仍不具备初步的繁育能力和腺体发育不全，可考虑存在染色体异常。马发生染色体异常，最常见的报道是第63对染色体异常，即X特纳氏综合征，仅有单个X性染色体存在。患特纳氏综合征的马由于缺少Y染色体，表现为表型雌性化。这种马双侧卵巢小，子宫小而松弛下垂，子宫内膜腺体发育不全。此外，也有很多关于其他染色体异常的报道。染色体异常的确诊，必须要通过染色体分析或染色体核型分析。对于染色体异常这种情况，没有什么治疗措施。

九、持久性子宫内膜杯

对于非妊娠母马来说，如果存在功能正常且有活性的子宫内膜杯，则可完全抑制卵泡活性，促进非正常卵泡发育但不排卵而黄体化。已有报道称反复发生妊娠终止的马，也包括一些维持到正常分娩并产驹的马，子宫内膜杯超过其正常60～100d的生命期而持续存在。进行子宫超声检查可发现在子宫角基部位置，子宫内膜杯呈1个或多个小反射波区的影像。此外，也可通过测定马血中绒毛膜促性腺激素（equine chorionic gonadotropin，eCG）浓度和子宫腔内窥镜检查结果（图161-6）验证子宫内膜杯的存在。目前还没有有效治疗措施去除或诱导持久性子宫内膜杯的消退。

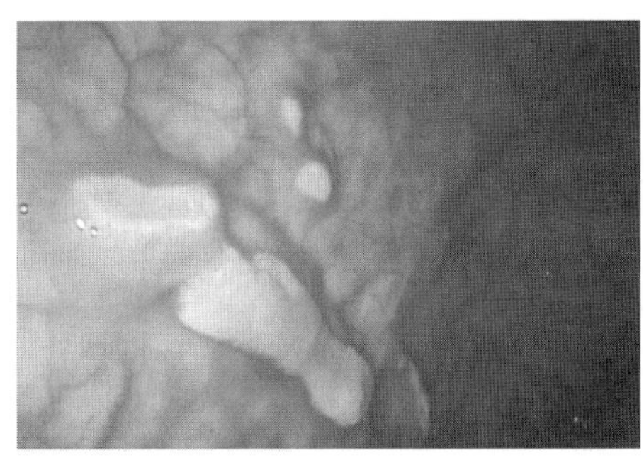

图161-6　发生流产的马子宫腔持久性子宫内膜杯的内窥镜影像

推荐阅读 

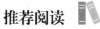

Allen WR. Luteal deficiency and embryo mortality in the mare. Reprod Dom Anim，2001，36：121-131.

Carnevale EM，Bergfelt DR，Ginther OJ. Follicular activity and concentrations of FSH and LH associated with senescence in mares. Anim Reprod Sci，1994，35：231-236.

Maher JM，Squires EL，Voss JL，et al. Effect of anabolic steroids on reproductive function of young mares. J Am Vet Med Assoc，1983，183：519-524.

McCue PM，Roser JF，Munro CJ，et al. Granulosa cell tumors of the equine ovary. Vet Clin North Am Equine Pract，2006，22：799-817.

McCue PM，Squires EL. Persistent anovulatory follicles in the mare. Theriogenology，2002，58：541-543.

Robinson SJ，McKinnon AO. Prolonged ovarian inactivity in broodmares temporally associated with administration of Equity. Aust Equine Vet，2006，25：85-87.

Zhang TQ，Buoen LC，Weber AF，et al. Variety of cytogenetic anomalies diagnosed in 240 infertile equine. In：Proceedings of the 12th International Congress on Animal Reproduction and Artificial Insemination，1992：1939-1941.

（赵树臣　译）

第 162 章　马繁殖过程中激素的应用

Patrick M. McCue　Ryan A. Ferris

在马的繁殖过程中，兽医通常应用各种激素去刺激非发情期母马卵泡发育，诱导优势卵泡排卵，溶解黄体而缩短黄体期，促进子宫收缩而排出子宫内液体，刺激泌乳，治疗胎膜滞留，以及治疗其他多种临床状况。但是激素类药物主要用于调节母马繁育计划，诱导定期排卵或缩短发情周期。

一、促性腺激素释放激素和促性腺激素释放激素促效剂

促性腺激素释放激素（GnRH）是下丘脑产生的 10 肽激素。GnRH 促效剂，如德舍瑞林、布舍瑞林和组胺瑞林，用于刺激休情期母马卵泡活动和诱导发情周期母马排卵。在天然 GnRH 氨基酸序列基础上人工合成的衍生物，其药效会更强。

1999 年，美国食品药品管理委员会（FDA）核准了 1 种植入剂，其含有 2.1mg 醋酸德舍瑞林。给处于发情期、子宫有水肿、卵泡直径≥35mm 的母马应用该药物，85%～95%马在 48h 内排卵（平均排卵时间 42h）。通过植入途径可延长德舍瑞林的分泌时间，下调垂体促性腺激素的分泌、抑制卵泡发育和推迟某些马的返情，而且当植入剂移除 48h 后上述效用即消除。美国已不把德舍瑞林植入剂作为商品化的药品使用，但是 FDA 批准应用其注射剂诱导排卵。把这种德舍瑞林注射剂（1.8mg）给发情、子宫有水肿、卵泡直径≥35mm 的母马肌内注射，大约 90%母马在 40h 可诱导排卵（表 162-1）。此外，德舍瑞林也可用于那些对注射人绒毛膜促性腺激素后仍不排卵母马的诱导排卵，而且对发情母马反复多次应用也不引起免疫反应或降低疗效。

注射低剂量布舍瑞林或德舍瑞林（10～125μg，肌内注射，1 次/6～12h），可刺激季节性乏情母马卵泡发育。在春季过渡时期母马（卵泡直径≥25mm）应用该药比深冬不发情时期母马（卵泡直径<25mm）应用该药，药物作用效果更强一些。在深冬季节对乏情母马应用低剂量 GnRH 促效剂和春季过渡季节应用该药物相比较，深冬季节注射后更倾向于发情很快停止而重新恢复到乏情状态。

二、人绒毛膜促性腺激素

人绒毛膜促性腺激素（hCG）是一种大分子糖蛋白激素，具有和天然促黄体素类

似的生物活性。商品化的该激素最初是用来诱导优势卵泡成熟和排卵。当母马正处于发情期、超声检查卵泡直径≥35mm、子宫发生水肿，这时应用 hCG 诱导排卵的效果最为高效。排卵通常发生在注射 hCG（1 500～2 500IU，静脉注射或肌内注射）36h 后。在同一繁殖季节内，如果反复多次注射 hCG，诱导排卵的效果可能下降。

对小雄马或已阉割过的隐睾马，可利用 hCG 刺激实验诊断其是否仍具备睾丸功能。首先在注射 hCG 前采集血样，马上静脉注射 1 000U hCG，在注射后 1h 和 24h 间采集 2 次血样。完全阉割的马在 2 份血样中睾酮浓度都很低（＜50pg/mL），而种马第 1 次血样中睾酮浓度就很高（＞1 000pg/mL），而且第 2 份血样中睾酮浓度会呈更高水平。如果隐睾马睾丸功能正常，hCG 所具有的类似 LH 生物活性作用可引起睾丸间质细胞分泌睾酮而使其在血样中睾酮含量升高，所以这种类型的马，第 1 份血样中有中等程度的低浓度睾酮，而在第 2 份血样中睾酮浓度会升高。

三、促卵泡素

促卵泡素（FSH）可用于提早季节性乏情母马第 1 次排卵时间、刺激产后乏情母马卵泡发育和诱导发情周期内母马超数排卵。很多促卵泡素产品已被验证，包括猪促卵泡素，重组人促卵泡素，马垂体提取物，纯化的马促卵泡素和重组马促卵泡素。其中猪促卵泡素和重组人促卵泡素对马的作用效果有限。

给季节性乏情或产后不发情母马注射重组马促卵泡素（reFSH），每天注射 2 次，如果马处于季节性过渡期而非深度乏情，通常都能刺激卵泡发育。80%～90%不发情母马在注射重组马促卵泡素（0.65mg，肌内注射，2 次/d）后 7～10d 内均能刺激卵泡发育，但是需要注射 hCG（1 500～2 500IU，静脉注射或肌内注射）诱导排卵。而处于深度乏情母马接受同样注射处理后，即使产生应答和排卵，也很可能经历一个正常黄体期后仍恢复到不发情状态。

表 162-1 应用德舍瑞林或人绒毛膜促性腺激素诱导马排卵效果的比较

组别	发情动物数	年龄	治疗时卵泡的尺寸（mm）	治疗时水肿评分	到排卵间隔时间	48h 内马排卵的百分率
德舍瑞林组	168	11.5±5.1	39.9±4.5*	1.7±0.6	2.2±0.8	89.9%（151/168）*
hCG 组	134	10.8±4.5	41.3±4.3†	1.6±0.7	2.1±0.7	82.8%（111/134）†

注：*，†同列内不同的上标表明差异显著（$p<0.05$）。

引自 Ferris RA，Hatzel JN，Lindholm ARG，et al. Efficacy of deslorelin acetate（SucroMate）on induction of ovulation in American Quarter Horse mares. J Equine Vet Sci 2012；32：285-288。

对于发情周期正常的母马注射重组马促卵泡素（reFSH）0.65mg，每天 2 次，连续注射 3～7d，可引起超数排卵。如果具备如下条件，对正常发情期母马超数排卵的效果则最佳：①在开始应用外源性 FSH 处理之前内源性 FSH 已经开始刺激一批卵泡发育（这样能减少 FSH 的使用量）；②每天注射 2 次 FSH；③在最后一次注射 FSH 后间隔 36h 注射 hCG。这段时间间隔有利于 1 个或多个卵泡成熟而可能提高排卵率。

四、孕酮和孕激素

孕酮是由卵巢上黄体和妊娠母马胎盘所产生的甾体类激素。天然孕酮和人工合成的孕激素在兽医临床上有广泛的应用，包括对母马季节性发情期的调控、抑制发情、同期发情和妊娠维持等。

对季节性深度乏情母马注射孕酮或孕激素并不能刺激卵泡发育。然而在春季末发情转变期使用孕酮可引起同期发情或“规划”一年内的第一次排卵。一般方案是每天口服烯丙孕酮（0.044mg/kg，连续14～18d）或肌内注射孕酮和雌二醇复合物（孕酮150mg，雌二醇10mg，1次/d，连用10d）。

遇到主人或训练人员要求抑制母马发情行为时，可每天口服烯丙孕酮（0.044mg/kg）。该方法对大多数母马有效，一般在进行表演前至少2～3d前开始应用，给母马留有充足时间去调整其发情行为。一般不推荐对表演马肌内注射孕酮或孕激素产品来抑制其发情，因为肌内注射可能会在注射部位发生炎症反应。

通过应用孕酮或孕激素可调节母马的发情周期，可让一群母马同期发情，或者将母马发情时间和种马最佳繁殖性能时间调整到同步状态。每天口服烯丙孕酮（0.044mg/kg）或肌内注射孕酮（150mg/d），连续10d，然后在应用孕酮最后一天肌内注射1次前列腺素（氯前列烯醇钠250μg或地诺前列素氨丁三醇10mg），效果最佳。在每天应用孕酮基础上，每天肌内注射10mg雌二醇，会产生最好的同期发情效果。外源性孕酮和雌二醇复合物分别抑制垂体LH和雌二醇分泌，彻底抑制卵巢上卵泡发育。当此复合物停止应用后卵泡重新开始生长发育。

在妊娠最初2～3月内，由卵巢上黄体产生孕酮来维持妊娠，如果孕酮浓度＜4.0ng/mL，妊娠终止的风险就增加。如果在排卵后1～2d就发现孕酮浓度不足，或经超声波检测发现妊娠马伴发子宫水肿或卵巢上有小的黄体或无黄体，或者测量血浆中孕酮浓度＜4.0ng/mL，说明该马具有妊娠终止的风险，应马上补充孕酮或孕激素。通常要连续应用孕酮一直到妊娠120d为止，因为在那时候由胎盘产生孕酮的量就足以维持妊娠了。

在妊娠期内发生胎盘炎、内毒血症、疝痛或发生其他疾病时，可能导致妊娠出现问题或发生妊娠终止等风险，此时就需要使用孕酮来保胎。在这些情况下，对可能发生妊娠终止的高风险孕马，必须要将烯丙孕酮的给药剂量增加到标准剂量的2倍（即0.088mg/kg），或者在整个妊娠的非常时期内连续使用烯丙孕酮来保胎治疗。此外，还要根据不同的疾病情况，配合应用氟尼辛葡甲胺、抗生素或其他药物进行相应的治疗。

五、缩宫素

缩宫素是一个由9个氨基酸组成的多肽激素，它由丘脑下部的核产生后储存到垂体后叶并释放。在临床上缩宫素主要用于促进子宫内液体的排出、引产和治疗胎衣不下。此外，最近报道在间情期中段注射缩宫素可导致持久黄体的产生。因此，可以通过应用缩宫素，为抑制母马发情提供一个新方法。

注射缩宫素（20IU，静脉或肌内注射）可促进子宫肌层收缩持续 30～45min。对于老龄马或因交配诱发的顽固性子宫内膜炎母马，可以每天注射 1～4 次缩宫素促进子宫内容物的排出。

不推荐应用缩宫素进行传统引产，除非胎儿已发育成熟并在产后能够存活。下面几条标准可用来判定是否适合应用缩宫素进行引产：①怀孕期至少到 330d；②乳房发育明显且已肿胀，乳头可挤出初乳；③骨盆联合和阴门松弛；④乳中钙浓度超过 200mg/L；⑤阴道指检发现子宫颈松软。母马应用低剂量缩宫素引产方案为先静脉注射 5.0 IU，15min 后再注射 10 IU。通常在第 2 次注射缩宫素大约 10min 后尿膜绒毛膜破裂，在随后 5～15min 内马驹产出。

胎膜滞留是马产后最常见问题之一，如果胎膜在分娩后 3h 仍不能排出，就认为是病理性的胎膜滞留。当孕马发生难产、妊娠期延长、积水、剖腹产或引产等疾病时，胎膜滞留的发生率就增加。胎膜滞留并发症包括子宫炎、蹄叶炎、败血症和死亡。在产驹后 2～3h 马上给母马注射缩宫素（10～20IU，静脉或肌内注射）可高效地促进滞留胎膜的排出。其他的辅助治疗包括冲洗子宫、应用抗生素和抗炎药或其他药物。

应用缩宫素抑制母马发情，是从发情周期的第 7～14 天，注射缩宫素（60IU，肌内注射，每 12h 或 24h 注射 1 次）延长黄体生命，从而致使 60%～70%母马假孕。研究发现应用缩宫素后，母马血中孕酮浓度大于 1.0ng/mL 时间超过 50d，黄体平均寿命延长约 60d（35～95d）。

六、前列腺素 $F_{2\alpha}$同系物

前列腺素是脂肪酸类激素，在马繁殖中具有广泛的临床应用。绝大多数情况用于溶解黄体或促进子宫收缩。马使用的前列腺素产品包括氯前列烯醇钠（250μg）和地诺前列素氨丁三醇（10mg），这 2 个产品都可肌内注射。注射前列腺素的副作用可能包括轻度到中度出汗、腹部不适和短暂腹泻。

对于下述疾病，溶解和消除黄体是最基本的治疗目标，如缩短发情周期、同期发情、治疗持久黄体和终止妊娠等。马需要 5d 左右时间才能生成发育充分或成熟的黄体，而且前列腺素类可对生成的黄体产生明显的作用。因此，排卵后早期注射前列腺素类将不可避免地影响黄体的发育。间隔 14d 2 次注射前列腺素类可引起同期发情。

注射前列腺素类会导致子宫收缩 2～4h。因此，前列腺素类可作为一种清宫药而清除马子宫内残留液体。对于某些马，前列腺素类比缩宫素能更有效地清除子宫内液体。

七、前列腺素 E

（一）前列腺素 E_1

在自然繁殖和人工授精后，子宫收缩和宫颈松弛利于排出死亡精子、炎性细胞和液体。对宫颈紧闭的发情母马进行授精很可能导致子宫内炎性液体滞留。为了促进马

子宫颈松弛，可以局部应用前列腺素 E_1，尤其对于老年未生育过的母马更有必要。多家兽药店销售的含米索前列醇的复合宫颈膏，效果很好，但是几乎没有其促进马子宫颈松弛疗效的科学数据。

（二）前列腺素 E_2

输卵管腔内的蛋白团块可能妨碍精子向上移行到受精部位，或者阻断发育的胚胎向下移行到子宫。应用腹腔镜技术将前列腺素 E_2 凝胶注射到输卵管黏膜表面，可使输卵管扩张并较好地溶解阻塞物。最近报道局部应用前列腺素 E_2 可增加怀疑发生输卵管阻塞马的妊娠率。

八、多巴胺拮抗剂

多巴胺是一种脑神经递质，调节垂体前叶促乳素的生成和分泌。多巴胺拮抗剂，如多潘立酮和舒必利，可以和多巴胺（D2）受体结合，从而阻止由多巴胺介导的抑制促乳素分泌作用。临床上马繁殖中应用多巴胺拮抗剂治疗包括牛毛草中毒、促使不泌乳母马泌乳、诱导保育母马泌乳和诱导季节性发情转变期母马的卵泡发育。

先对母马肌内注射 5～10mg 雌二醇进行预处理，可以增加多潘立酮的作用效果而进一步增加促乳素分泌水平。多潘立酮口服剂量是 1.1mg/kg，1 次/d。舒必利是一种复合药剂，可按 0.5～1.0mg/kg 剂量肌内注射 1～2 次/d。

推荐阅读 

Allen WR，Wilsher S，Morris L，et al. Laparoscopic application of PGE 2 to re-establish oviductal patency and fertility in infertile mares：a preliminary study. Equine Vet J，2006，38：454-459.

Duchamp G，Daels PF. Combined effect of sulpiride and light treatment on the onset of cyclicity in anestrous mares. Theriogenology，2002，58：599-602.

Farquhar VJ，McCue PM，Nett TM，et al. Effect of deslorelin acetate on gonadotropin secretion and subsequent follicular development in cycling mares. J Am Vet Med Assoc，2001，218：749-752.

Ferris RA，Hatzel JN，Lindholm ARG，et al. Efficacy of deslorelin acetate（SucroMate）on induction of ovulation in American Quarter Horse mares. J Equine Vet Sci，2012，32：285-288.

Macpherson ML，Chaffin MK，Carroll GL，et al. Three methods of oxytocin-induced parturition and their effects on foals. J Am Vet Med Assoc，1997，210：799-803.

McCue PM，Patten M，Denniston D，et al. Strategies for using eFSH for superovulating mares. J Equine Vet Sci，2008，28：91-96.

Vanderwall DK，Rasmussen DM，Woods GL. Effect of repeated administration of oxytocin during diestrus on duration of function of corpora lutea in mares. J Am Vet Med Assoc，2007，231：1864-1867.

（赵树臣　译）

第 163 章 细菌性子宫内膜炎

Igor F. Canisso Marco A. Coutinho Da Silva

子宫内膜炎是引起种母马繁殖机能下降和不育的最主要原因，分为传染性和非传染性 2 种类型，临床上表现为急性或慢性炎症过程。过去 30 年内，人们通过对照研究和临床试验，已经完全清楚子宫内膜炎的病理生理和子宫对感染的自然防御机制。对于子宫内膜发生的炎症反应，需要区分开子宫是受到细菌感染还是交配后随之发生的生理性炎症应答反应（即繁育导致的子宫内膜炎），后者往往是由于精子、输精枪和其他杂质碎片等进入子宫所致，大部分母马能在配种后 48h 内消除炎症，即所谓的对子宫内膜炎的“抗性”；然而，其中 10%～15%母马子宫感染会持续存在，通常认为这些马对子宫内膜炎“易感”。易感马防御机制一般较差（如子宫收缩力差、解剖结构异常和其他情况），因而更易延长子宫内炎症持续时间和增加病原微生物在子宫内定植机会。

直到最近，细菌性子宫内膜炎才被认定为仅发生在子宫内膜和子宫腔表面的感染。并且，对慢性子宫内膜炎不能有效治愈的原因通常归咎于不当治疗（抗生素耐药性、不当的治疗次数和疗程等），或者由于操作不当导致的二次感染，或者无法矫正子宫的异常解剖结构。最新观点认为，某些马发展成慢性细菌性子宫内膜炎的原因和感染的病原菌有关。通过原位杂交技术，研究者已证实链球菌（链球菌属马亚种兽疫链球菌）可引起某些马子宫感染。这种微生物主要引起所谓的潜伏感染，在某些特定条件下，潜伏感染被激活而发病。研究者企图建立一种激活该潜伏感染的方法，从而更好地进行诊断和治疗，但是到目前为止仍未成功。迄今为止，发现马兽疫链球菌是引起这种潜伏感染的唯一一种细菌。

马慢性细菌性子宫内膜炎存在的另一可能原因是生物膜的形成，这种生物膜通常由病马子宫内分离到的几种病原微生物共同形成（如大肠杆菌和假单胞绿脓杆菌）。尽管还没有证实这种生物膜存在于马子宫内，但是目前临床试验已经证实应用破坏细菌生物膜的黏液溶解剂能治疗马慢性子宫内膜炎。

一、病因

引起细菌性子宫内膜炎的微生物可分为机会性病原菌和性交传播性病原菌。由机会性病原菌感染引起的子宫内膜炎通常和子宫防御机制差有关（如淋巴引流不畅和解剖结构异常），而性交传播性病原菌引起发病则是由于细菌具有高度致病性所致，尽管子宫有正常的高效防御机制。许多诸如马兽疫链球菌和大肠杆菌等机会性病原菌是生殖道末端的正常存在菌，可由多种途径进入子宫，包括配种（自然和人工）、泌尿生殖道检查、生理性屏障受到破坏等。从感染母马子宫内分离到的细菌中，最常见的是马兽疫链球菌、大肠杆菌、金黄色葡萄球菌、克雷伯氏肺炎杆菌、假单胞绿脓杆菌和脆弱拟杆菌（表 163-1）。引起马传染性子宫炎（CEM）的病原菌是马生殖泰勒氏菌，该菌是一种真正的马性病病原菌。母马感染生殖泰勒氏菌后会产生大量的脓性阴道分泌物，甚至引发流产，对马繁殖产业具有严重影响。然而，马传染性子宫炎 2006 年和 2009 年在美国的最后两次暴发和其 1977 年在英格兰及 1978 年在肯塔基州中部的最初暴发相比较，马生殖泰勒氏菌的致病性已经降低。在最近几起调查中发现，接触已感染该病原菌种公马精液的母马中，不足 1%母马对该病原体检测结果为阳性。值得提及的是，在该病最初暴发中主要感染纯种马（因为本交的需求），然而，在随后人工授精繁殖过程中也检测到种公马感染，推测母马感染率低的原因可能和精子稀释液中含有抗生素而限制该病原菌的传播有关。

表 163-1　从子宫内膜炎马体内分离的需氧和厌氧细菌

细菌	分类和注释
链球菌属马兽疫链球菌	机会性和潜在性地由性交传染，由性交传播，需氧，G^+，可从和真菌混合感染病例中分离得到；能引起慢性感染
大肠杆菌	机会性致病菌，兼性厌氧菌，G^-，可引起慢性感染，可从和真菌混合感染病例中分离得到
绿脓假单胞菌	可能通过性交传播，需氧，G^-，可从慢性感染和真菌混合感染病例中分离得到
葡萄球菌	机会性致病菌，兼性厌氧菌，G^+，能从慢性感染分离到
变形杆菌	机会性致病菌，厌氧菌，G^-
阴沟肠杆菌	机会性致病菌，兼性厌氧菌，G^-
克雷伯氏肺炎杆菌	机会性和潜在性地由性交传染，兼性厌氧菌，G^-，荚膜型 1，2，5 能通过性交传播
α-溶血链球菌	机会性致病菌，需氧，G^+
枸橼酸杆菌属	机会性致病菌，需氧，G^-
马生殖泰勒氏菌	性交传播，微需氧，G^-，和严重的化脓性子宫内膜炎有关
脆弱拟杆菌	机会性致病菌，厌氧，G^-，和需氧菌混合感染有关
死亡梭杆菌	机会性致病菌，厌氧，G^-，和需氧菌混合感染有关

因为某些种公马和母马能够为性交传播性细菌（如马生殖泰勒氏菌、克雷伯氏肺炎杆菌和假单胞绿脓杆菌）提供生存场所，所以，在繁殖季节应该对种公马外生殖器分泌物和精液进行细菌培养，同时将配种前后母马生殖道内容物也进行细菌培养，这样能有效地控制疾病的传播，特别是采用自然交配时更应如此。

二、诊断

子宫内膜炎的诊断需要根据母马临床症状、细胞学检查、活组织采样分析和子宫内分泌物细菌培养结果，并结合收集的繁殖史资料进行综合分析。根据生殖道触诊和超声检查，以及子宫内膜样品检测，进行准确客观分析，是确诊和有效治疗的关键。如果子宫内膜炎的临床症状不明显或很轻，那么诊断就相对困难。如果母马繁殖管理情况良好，且应用健康种公马或精液进行配种，但是仍不能正常怀孕或返情间隔缩短，这时就应怀疑该马患有子宫内膜炎，并应进行深入检查。大多数患有子宫内膜炎母马表现子宫积液，有或无阴道分泌物，会阴结构异常而形成阴道气膣、子宫松弛下垂，或两者都有。通过内窥镜检查前庭和阴道可为兽医提供非常有用的信息，因为内窥镜检查能够直观地看到子宫颈和阴道黏膜的影像，发现宫颈分泌物、积尿、气膣或其他污秽物，以及生殖道末端的问题。细菌性子宫内膜炎的确诊需要通过子宫内膜细胞学、细菌培养和活组织采样分析结果来确定。在发情初期，子宫颈口开张，子宫防御机能最强，最适宜进行子宫内膜炎的诊断和治疗；或者在诊断同时注射前列腺素溶解黄体和缩短返情时间。

对于子宫内膜细胞学诊断，可应用双重保护拭子，或双重保护的细胞学采样刷子，或小容量子宫冲洗液等方式进行采样。尽管这 3 种方法都能够保证采集到足够量的子宫内膜样，但是应用双重保护的细胞学采样刷子采集到的样品在载玻片上涂片后看到的细胞结构更完整清晰，而且不易受到阴门污染物和其他因素的干扰而有较好的视野背景（图 163-1）。涂片用瑞氏染液或改良瑞氏-姬姆萨染液染色后，显微镜下放大 1 000倍，观察涂片炎症性质（即不同白细胞分类，特别是中性粒细胞）和病原体（即细菌和真菌）。急性细菌性子宫内膜炎通常会导致子宫内膜过度分泌而产生子宫积液，并伴有明显的中性粒细胞渗出（图 163-2）；而慢性细菌性子宫内膜炎则表现轻微，有时在子宫内膜细胞学检查中常看不到明显的炎症反应。

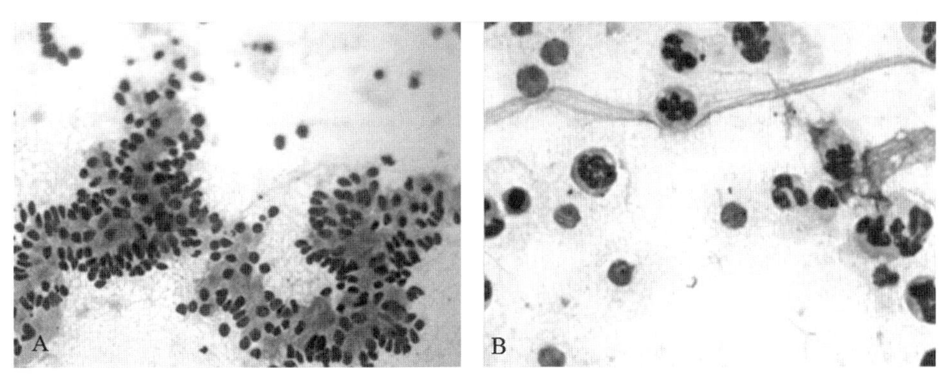

图 163-1 子宫内膜细胞学检查结果

A. 正常马子宫内膜上皮细胞，没有炎症征兆（放大×400） B. 患子宫内膜炎母马子宫液抹片的细胞学检查结果，大量中性粒细胞、红细胞和黏液（放大×400）

用于细菌培养的子宫内膜样品应该在收集细胞学样品和活组织检查样品前收集。双重保护的拭子可在内窥镜引导下或直接用已戴好手套的手伸入子宫颈内进行采样。一些病例，特别是怀疑马患有传染性子宫炎时，应同时收集其阴蒂窝和阴道膣室样品。采集好的样品拭子在送到实验室之前，应放置在 Amies 培养基（用于 CEM 分离）或

Steward's培养基内冷藏保存。细菌分离结果出来后，应进行药敏试验，选取合适的抗生素进行治疗。子宫内细胞学检查和需氧菌培养相结合，是诊断细菌性子宫内膜炎最实用的方法。细胞学检查样本中如缺乏炎性细胞，并不能完全排除子宫感染细菌的可能性。相反，如果临床症状不足或不育史不详的病例，其子宫内细菌培养结果阳性就可初步认定为假阳性。对这样的病例，必须要通过第二份样品证实前次的诊断。最近，应用聚合酶链式反应（PCR）来检测患子宫内膜炎样本中细菌的DNA。这种方法适用于快速检测（通常在实验室检测时间需要6h），在最终细菌培养和药敏试验还没有结果时十分有用。

子宫内膜活组织检查不仅可预判生育能力，而且可作为一种诊断工具。炎症表现和退行性病变（如子宫内膜腺体的变性和纤维化）往往和子宫的排泄机制差密切有关，这种情况可预判马患有子宫内膜炎（图163-3）。活组织检查样本也可以进行细菌培养；笔者曾遇到过少数马应用子宫拭子细菌培养阴性，而应用活组织检查样本细菌培养为阳性的情况。

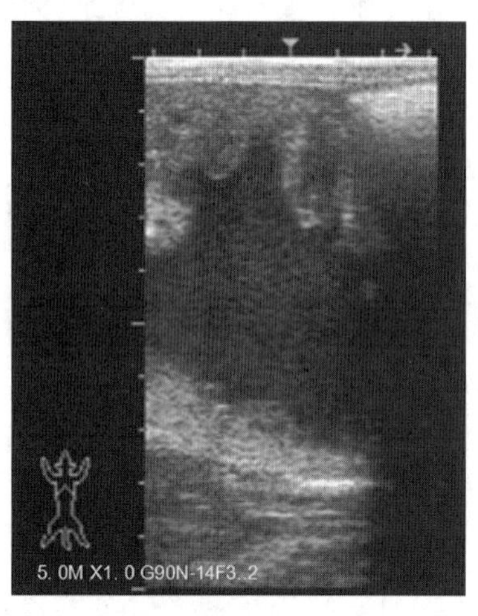

图163-2 患细菌性子宫内膜炎，马子宫超声波影像

子宫腔内可见大量液性回声，伴发轻度子宫内膜水肿

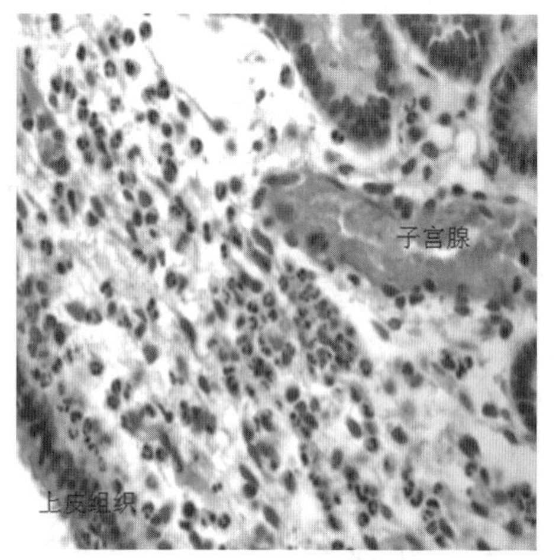

图163-3 马急性子宫内膜炎，子宫内膜活检标本

注意致密层存在的大量中性粒细胞浸润（放大1 000倍）

有时，对患有不孕症母马，应用子宫内窥镜检查十分有用。宫腔镜可以帮助临床医生发现异物、内部粘连、子宫内膜囊肿、肿块，以及细菌和真菌斑块等。这些结果可以很好地解释为什么该病易反复发作，或者对一些病例应用传统方法进行治疗而效果不佳的原因。

三、治疗

细菌性子宫内膜炎的治疗原则是纠正或调整异常的子宫防御机制，消除感染子宫的病原体。针对具体情况，应马上对解剖缺陷进行外科修补，并进行合理的抗微生物治疗，以及改善饲养管理等。目前，治疗和预防子宫内膜炎分为传统治疗和新式治疗（表 163-2 至表 163-4）。传统治疗包括冲洗子宫、使用或不用防腐药、应用促进子宫收缩药，以及全身性或子宫内局部注射抗生素溶液等。新式疗法或替代疗法包括应用免疫调节剂（如糖皮质激素类）或增强免疫应答的复合制剂、降低子宫内黏液黏度的制剂和提高子宫内膜质量的刺激剂等。

表 163-2 马细菌性子宫内膜炎子宫内灌注常用药物

药物	剂量	说明
硫酸阿米卡星	1～2g	用等量的 7.5% $NaHCO_3$或大容量生理盐水（150～200mL）稀释溶解，抗菌活性覆盖大多数 G^- 菌
阿莫西林	1～2g	G^- 菌抗菌谱，高浓度使用有一定刺激性，对 G^- 菌和 G^+ 菌敏感，包括大肠杆菌
头孢噻呋钠	1g	广谱（马兽疫链球菌），对其他抗生素耐药病原菌有效，对 G^- 菌和 G^+ 菌敏感
硫酸庆大霉素	1～2g	用 $NaHCO_3$或大量生理盐水（150～200mL）溶解，对马兽疫链球菌（一些菌群）、肠杆菌属、大肠杆菌、克雷伯氏杆菌属、变形杆菌属、沙雷氏菌属、假单胞绿脓杆菌和金黄色葡萄球菌敏感
硫酸新霉素	2～4g	G^- 菌抗菌谱，对大肠杆菌和克雷白氏杆菌属有用
青霉素钾	500 万 U	G^+ 菌抗菌谱（马兽疫链球菌）
多黏菌素 B	100 万 U	对假单胞菌属有很好的抗菌谱
羟基噻吩青霉素	3～6g	抗假单胞菌；β-内酰胺类；对 G^+ 菌有很好的抗菌谱；最少 200mL 生理盐水稀释后灌注
羟基噻吩青霉素＋克拉维酸	3～6g	克拉维酸是内酰胺酶抑制剂；对肠杆菌属、金黄色葡萄球菌、脆弱拟杆菌、马兽疫链球菌有强大的抗菌活性；最少 150～200mL 生理盐水稀释后灌注

表 163-3 马细菌性子宫内膜炎全身应用抗生素常用药物和剂量

抗生素	剂量	途径，说明
阿米卡星	10mg/kg，间隔 24h	IV 或 IM
氨苄西林	29mg/kg，间隔 12～24h	IV 或 IM
头孢噻呋钠	2.5mg/kg，间隔 12～24h	IV 或 IM
头孢噻呋晶体游离酸	6.6mg/kg，间隔 4d	IM
恩诺沙星	5.5mg/kg，间隔 24h	IV
	7.5mg/kg，间隔 24h	PO
庆大霉素	6.6mg/kg，间隔 24h	缓慢静脉注射
甲硝唑	15～25mg/kg	PO
青霉素钾	25 000 U/kg，间隔 6h	IV
普鲁卡因青霉素	25 000 U/kg，间隔 12h	IM，每注射位点仅 10mL
甲氧苄啶（复方新诺明）	30mg/kg，间隔 12h	PO

注：IV 为静脉注射，IM 为肌内注射，PO 为口服。

表 163-4　马子宫内膜炎的其他治疗

产品	活性机制	说明
二甲基亚砜（DMSO，10%～20%）	通过清除自由基减轻子宫内膜炎症和降低白细胞的浸润	高浓度可引起子宫内膜的溃疡
N-乙酰半胱氨酸（5%～10%溶液）	破坏聚合物间二硫化物的脱黏而清除黏液、渗出物和生物膜，从而增加抗生素的效果	据闻可高效提高患细菌性子宫内膜炎病史不孕马的妊娠率
煤油刺激物	清除黏液、渗出物和膨胀的子宫内膜腺体产生的生物，毁坏子宫内膜上皮，导致表皮的再生	据闻可高效提高患子宫内膜活检 3 级马的妊娠率
缓冲螯合剂（Tris-EDTA 和 Tricide）	和真菌细胞膜上二价阳离子结合，导致真菌结构的完整性改变	加强抗真菌效果和降低对抗真菌药耐药性

（一）抗生素

抗生素是治疗子宫内膜炎最常用药物，可以全身应用或子宫内局部应用。对于子宫内局部治疗，50mL 液体通常就足够接触到整个子宫表面；然而，必须要调整好溶液的 pH 值，并对高浓度抗生素溶液进行稀释，防止过度刺激子宫内膜。对正在发情母马，子宫内治疗应该连续 3～5d，因为不充足的治疗（如不合适的剂量或给药时间）可能导致细菌耐药性的产生。在治疗结束时应该再次进行子宫内细菌培养，以此来确定治疗是否成功。一个非常值得注意的问题是，子宫反复感染表明诱发子宫内膜炎的病因还没得到根本消除。因为马阴蒂会积存大量的需氧菌和厌氧菌，因此，即使有些马进行了足够疗程的治疗并纠正了致病因素，仍然会反复出现马阴蒂细菌培养呈阳性的结果。如果阴蒂细菌培养和子宫内膜细菌培养结果是同一微生物，那么阴蒂也必须同时应用抗生素和防腐药进行冲洗治疗。子宫内投放抗生素治疗的根本优势是保证在子宫腔内有高浓度抗生素，这样能提高治疗效果。然而，一些抗生素（如氨基糖苷类）由于子宫渗出物的存在而降低治疗效果。此外，大量抗生素通过子宫颈流到阴道内，会引起阴道内菌群紊乱而可能导致真菌性子宫内膜炎的发生。

全身性注射抗生素也常用于治疗细菌性子宫内膜炎，其优点是不干扰阴道内菌群。然而，全身性治疗必须要考虑抗生素在生殖器官内的分布。头孢噻呋和恩诺沙星是全身应用抗生素的代表，它们均有良好的渗透性，在子宫内膜的浓度能够达到对绝大多数病原体的最小抑菌浓度。通常是全身应用一种抗生素的同时，配合其他的传统疗法或新式疗法进行子宫内膜炎的治疗，如冲洗子宫、注射促子宫收缩药和注入黏液溶解剂等。

（二）冲洗子宫疗法

冲洗子宫可以快速地从子宫腔内清除细菌、精子、组织碎片和炎性细胞，有助于控制炎症和降低子宫内细菌数量。冲洗子宫主要适用于患有细菌性子宫内膜炎并子宫

内有大量液体积聚的病马。可以将抗生素或0.5%碘附溶液加入冲洗液中而达到抗菌效果。也可以在配种后4～6h预防性冲洗子宫，促进子宫净化。

（三）促进子宫收缩

促子宫收缩药（缩宫素、卡贝缩宫素和前列腺素类似物）可刺激子宫收缩和促进子宫净化。在发情周期内任何阶段，缩宫素和卡贝缩宫素都能引起子宫收缩。促子宫收缩药最适宜于子宫颈开张的病例，这样宫腔内的液体能够通过子宫颈管流出而发挥其最大功效。当子宫颈管闭锁时，促子宫收缩药可通过加强淋巴引流作用而帮助子宫自净。前列腺素（如地诺前列素）和前列腺素类似物（氯前列烯醇）也可治疗马的子宫积液，但是在确定排卵后就应禁止使用，因为它影响黄体的功能。应用氯前列烯醇也可能引起出血性不排卵卵泡（HAFs）的形成，所以，对具有该病史的母马避免应用氯前列烯醇。氯前列烯醇和缩宫素、卡贝缩宫素相比较，其优点是促进子宫持续收缩时间更长（大约4h）。笔者提倡对没有HAFs病史病马应用氯前列烯醇去治疗配种引发的子宫积液，该药也特别适用于子宫下垂的患病母马。应用缩宫素则必须在整个冲洗过程中和最后一次子宫冲洗排空前多次注射（每隔4h）。另一种方案是在白天多次注射缩宫素和在晚上进行1次氯前列烯醇注射，该方案能延长药物对子宫收缩的持续时间。另外，加强运动也能促进子宫收缩，因此，需要对易感马采取放牧饲养或每天安排适当运动。

（四）其他治疗

为了尽可能治疗和预防子宫内膜炎，也可应用其他药物冲洗子宫（表163-4）。这些药物中的部分成分能刺激子宫内膜而引起组织坏死。最近，应用乙酰半胱氨酸或螯合剂（Tris-EDTA）冲洗子宫可提高治疗效果，特别是对反复发作或患慢性子宫内膜炎母马。应用这些药物治疗子宫内膜炎的基本原理是它们的大分子能降低子宫内膜黏液的黏度和破坏细菌生物膜，从而增加抗生素的活性。尽管没有太多的研究证实马子宫内有生物膜的存在，但是据闻这些辅助性治疗有益于治疗细菌性子宫内膜炎。而且，最近的研究报道，子宫内注入乙酰半胱氨酸对健康马子宫的功能没有不良影响，而且可能具有抗炎特性，故支持用其治疗马子宫内膜炎。

（五）马感染生殖泰勒氏菌的治疗

在不同国家，对马生殖泰勒氏菌感染的诊断、治疗和综合防控，都有专门的指导原则，本章不予讨论。总体来说，治疗方案包括每天用黏液溶解剂和4%洗必泰清洗阴蒂，连续5d，随后将抗生素油膏（呋喃西林）涂擦到阴蒂和阴蒂窝表面。对产生耐药性的病例，也可考虑应用外科手术方法切除阴蒂，尽管很少这样处理。对CEM的防控，最好通过对种公马和配种前后母马进行细菌培养，并定期筛查发现和及时治疗已感染病马。如果通过繁育注册协会的许可，人工授精有助于控制马生殖泰勒氏菌病的传播，因为目前在精子稀释液中均添加抗生素，这样可减少该疾病传播的机会。

四、对曾发生子宫内膜炎母马的管理

对易感马应该集中管理（参见推荐阅读中其他更详细的资料）。尽管临床医生对一些常规治疗方法存有争议，但是对下面的治疗方法都是认同的：预防性治疗（如子宫冲洗、促进子宫收缩和全身性抗生素治疗），尽量使用减少感染的配种技术，每个发情周期配种 1 次等。

对于配种前子宫内有液体（大于 2cm 液性无回声暗区或其他任何体积的高回声液性暗区）积聚的病马，应进行细菌培养，或将细菌培养作为一项必检操作规程，确保母马没有藏匿任何引起其子宫内膜感染的可能。依作者的观点，必须要经常进行子宫内容物细菌培养，并且结合子宫内膜细胞学检查结果，更客观地评估子宫内膜的炎症程度。尽管采样过程中要求严格的无菌操作，但是子宫拭子偶然污染的事件也时有发生，甚至采用双重保护拭子采样也有发生污染的时候。为了确保母马保持最好的繁殖力，即使子宫复旧正常母马也应该在产后至少 10d 以后才能配种，这样可让母马子宫内膜有充足的时间再生，保证正常产后子宫受到细菌污染的状态恢复到正常。

对易感母马，尽可能减少在发情期内用器械频繁探查子宫也是十分重要。因此，临床兽医必须密切监控发情期卵泡的发育状况，利用激素（如人绒毛膜促性腺激素或促性腺激素释放激素类似物）诱导排卵，目的是每个发情周期仅进行一次配种。关于配种时间，一些临床兽医提倡对易感马在排卵前 2～3d 进行配种，这样让母马有一定的时间去清除配种引发的子宫内膜感染，而这匹马仍处于发情期。也有一些临床兽医认为应该尽可能接近排卵期配种而增加母马妊娠的机会。不论何时配种，我们建议在配种后 4～6h 进行常规的子宫冲洗，清除掉子宫内多余的精子、污染物和其他残留物。

可以全身应用广谱抗生素（头孢噻呋或甲氧苄啶磺胺甲噁唑）防控马的子宫内膜炎。一般在配种前 48h 开始注射，直到母马排卵、子宫内没有液体残留的情况下停止注射。或者配种结束后冲洗子宫，然后宫腔内投放抗生素。

对易感马使用调节免疫应答反应的药物，非常利于防控子宫内膜炎。尽管建议使用免疫刺激剂（如痤疮丙酸杆菌或分枝杆菌病细胞壁提取物），但是这些产品由于其成本过高而限制在临床上的广泛使用。配种时注射糖皮质激素（如氢化泼尼松，0.1mg/kg，口服，2 次/d，配种前 2d 到配种后 2d 应用；或地塞米松，20～50mg，静脉注射，人工授精时一次应用）可提高易感马妊娠率，而且现在已作为惯例使用。依作者的观点，糖皮质激素应该用于配种后发生严重炎症的母马，或者配种前子宫就存在炎症的母马（也就是有严重的子宫水肿，伴发子宫积液）。

总而言之，母马细菌性子宫内膜炎的诊断和治疗都是对临床兽医的挑战。诊断方法应该包括完整的生殖评估，重点是进行子宫内膜细胞学检查和细菌培养。然后，根据药敏试验结果进行抗生素治疗，而且应该同时配合应用其他方法进行治疗，如促进子宫收缩、冲洗子宫和应用免疫调节剂等。最后，对易感马要做到在治疗后及时配种，保证受孕和避免再次感染。

推荐阅读

Cocchia N，Paciello O，Auletta L，et al. Comparison of the cytobrush，cotton swab，and low-volume uterine flush techniques to evaluate endometrial cytology for diagnosing endometritis in chronically infertile mares. Theriogenology，2012，77：89-98.

Davis HA，Stanton MB，Thungrat K，et al. Uterine bacterial isolates from mares and their resistance to antimicrobials：8，296 cases（2003-2008）. J Am Vet Med Assoc，2013，242：977-983.

Hurtgen JP. Pathogenesis and treatment of endometritis in the mare：a review. Theriogenology，2006，66：560-566.

LeBlanc MM. Advances in the diagnosis and treatment of chronic infectious and post-mating-induced endometritis in the mare. Reprod Domest Anim，2010，45：21-27.

LeBlanc MM，Causey RC. Clinical and subclinical endometritis in the mare：both threats to fertility. Reprod Domest Anim，2009（Suppl 3）：10-22.

Lyle SK. Incorporating non-antibiotic anti-infective agents into the treatment of equine endometritis. Clin Theriogenol，2012，4：386-391.

Melkus E，Witte T，Walter I，et al. Investigations on the endometrial response to intrauterine administration of *N*-acetylcysteine in oestrous mares. Reprod Domest Anim，2013，48：554-561.

Overbeck W，Witte TS，Heuwiser W. Comparison of three diagnostic methods to identify subclinical endometritis in mares. Theriogenology，2011，75：1311-1318.

Riddle WT，LeBlanc MM，Stromberg AJ. Relationship between uterine culture，cytology and pregnancy rates in a Thoroughbred practice. Theriogenology，2007，68：395-402.

Troedsson MH. Endometritis. In：McKinnon AO，Squires EL，Vaala W，et al，eds. Equine Reproduction. Ames，IA：Wiley-Blackwell，2011：2608-2619.

Woodward EM，Troedsson MH. Equine breeding induced endometritis：a review. J Equine Vet Sci，2013，33：673-682.

（赵树臣　译）

第 164 章　真菌性子宫内膜炎

Ryan A. Ferris

在所有子宫内膜炎病马中，有 1%～5%的母马是由于真菌感染所引起，尽管真菌感染相对不常见，但是真菌性子宫内膜炎是临床上引起母马不育的一个重要原因。母马感染真菌性子宫内膜炎，真菌培养最常发现的病原体是念珠菌属、霉菌属和毛霉菌属的真菌。

一、病史和常规检查

母马易发真菌性子宫内膜炎可能和生殖道异常有关（如会阴部异常、子宫颈缺陷、阴道积气、阴道积尿或宫内液体净化能力下降等），或者和全身性免疫抑制有关，如脑垂体免疫功能障碍。子宫内使用抗生素也会增加真菌性子宫内膜炎的发病率，或者反复冲洗子宫导致真菌感染而发病，或者生殖道末端正常菌群发生改变，真菌易于在阴道穹窿、阴蒂窝和阴蒂窦等地方定植。真菌在这些地方的定植会成为一个病灶而引发后续的子宫内感染。

高效治疗真菌性子宫内膜炎的关键是准确鉴别出病原体。目前，检测真菌性子宫内膜炎的标准技术是进行真菌培养、显微镜下进行子宫内膜细胞学检查和活组织切片检查，以及通过 PCR 方法检测真菌 DNA。

（一）真菌培养

由于真菌培养耗时较长，常需要较长时间去等待培养结果，而且需要经验丰富的实验室专业技术人员去判别病原体。可使用诸如沙堡琼脂培养基等专用培养基促进真菌生长。也可应用显色培养基去尝试识别和区分念珠菌属中的一些真菌。显色培养基能够快速鉴别克柔念珠菌，原因是该菌对吡咯类抗生素有相对较高的平均抑菌浓度。如果碰到很难治愈的真菌性子宫内膜炎，必须要进行阴蒂窝和阴蒂窦等部位真菌培养，确定是否这些部位是引起感染的病灶。

（二）细胞学检查

可以通过传统的双重保护子宫拭子、细胞学检查刷子，或少量子宫冲洗液等采集细胞学检查的样本。患真菌性子宫内膜炎马匹通常在子宫细胞学检样中有炎性细胞出现，但并不是所有病例都可检出。对收集到的少量子宫冲洗回流液离心沉淀后，取沉淀物涂片后观察，真菌还是很容易被发现。典型的酵母菌直径大约 5～8μm，有明显的细胞壁（100～200nm），形成一个清晰的“光晕”包围着菌体。当菌体被组织碎片或其他细胞包围时，光晕尤其明显。典型的丝状真菌宽 3～5μm，长 8μm，单个的菌体通常连到一起形成长长的有分支的长链（图 164-1）。许多病例，因为病原体有时候在培养基上不生长，所以，子宫内膜细胞学检查时发现真菌可能是唯一能证明患有真菌性子宫内膜炎的依据。

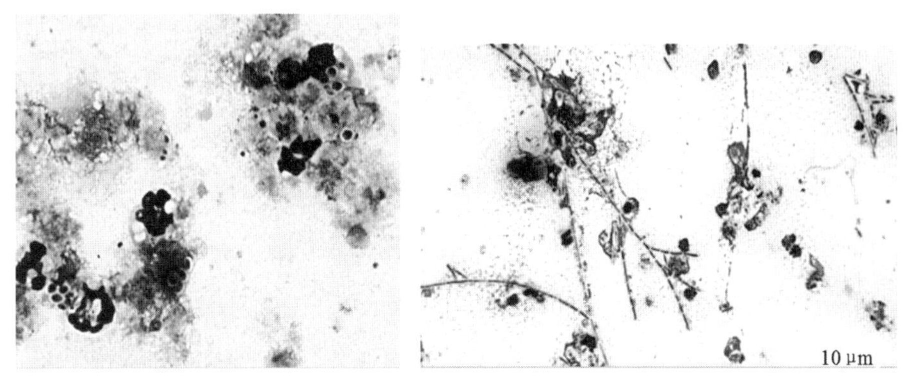

图 164-1　球状酵母真菌和菌丝真菌照片：被炎性细胞包围的白色念珠菌（左）和烟曲霉菌（右）

（三）PCR 方法

在某些地区，应用分子技术（即 PCR）体外扩增和检测真菌 DNA，以此来诊断是否发生真菌感染。分子分析技术比其他方法更敏感，比真菌培养更为快速有效。如果快速诊断出真菌是引起感染的主要病因，有利于尽早应用抗真菌药物进行治疗，这样能潜在地提高临床治疗效果。例如，氟康唑对典型的白色念珠菌敏感，而克柔念珠菌和光滑念珠菌天生对氟康唑耐药。遗憾的是定量 PCR 分析不能确定抗真菌药对真菌的敏感性。

二、治疗

对真菌性子宫内膜炎的治疗包括应用稀释的醋酸或聚维酮碘常规性地冲洗子宫，排出病原体，加上全身性或子宫内局部应用抗真菌药，同时纠正那些导致治疗无效的致病因素（会阴结构异常、尿液积聚或子宫颈缺陷）。对于难以治疗或反复发作病例，可考虑联合应用抗真菌药。冲洗子宫可以清除残留在宫内的液体、减少病原体的数量、杀死真菌和清除生物膜。对阴道和阴蒂局部应用抗真菌药进行治疗也很关键，因为这些区域常常是再次感染的病灶或储库。

从理论上而言，要根据每一个患真菌性子宫内膜炎病例的病原对药物的敏感试验结果来选择抗真菌药。不幸的是，在许多的兽医诊断实验室并不能进行抗真菌药的敏感性试验，而且从样品的采集到试验结果的获得常常是已经过去了几周。临床兽医常常是根据临床经验，结合参考文献资料中抗真菌药物敏感性实验结果，选择抗真菌药治疗病马，同时等待病原的鉴定和敏感性测试（表 164-1）。

表 164-1　常用治疗马真菌性子宫内膜炎药物对真菌的敏感性

抗真菌药	敏感性模式（分离株的百分率%）		
	敏感	中等	耐药
多烯类			
两性霉素 B	96	0	4
那他霉素	100	0	0
制霉菌素	100	0	0
唑类			
克霉唑	80	13	7
酮康唑	81	15	4
咪康唑	43	41	16
伊曲康唑	62	38	0
氟康唑	44	14	42
氟胞嘧啶	83	0	17

引自 Coutinho da Silva MA，Alvarenga MA. Fungal endometritis. In：McKinnon AO，Squires EL，Vaala WE，et al，eds. Equine Reproduction. 2nd ed. Ames，IA：Wiley-Blackwell，2011：2643-2651。

表 164-2 列出几种可用于子宫内给药的抗真菌药。口服抗真菌药可维持较长时间的抗真菌活性，所以，通过口服途径治疗真菌性子宫内膜炎是一重要方式（表 164-3）。据报道，口服氟康唑和伊曲康唑后吸收良好，氟康唑是治疗马真菌性子宫内膜炎的最有效药物。氯芬奴隆能抑制真菌细胞壁几丁质的合成，也被使用治疗真菌性子宫内膜炎。但是氯芬奴隆并不是对所有病马均有效，原因是并非所有的真菌细胞壁内均含有几丁质。

表 164-2　真菌性子宫内膜炎的子宫内药物治疗

药物	剂量
两性霉素 B（50mg/瓶）	100～200mg 复溶在 50～100mL 无菌生理盐水
克霉唑	500～700mg 溶解在 50～100mL 无菌生理盐水
氟康唑（200mg/片）	100～250mg 溶解在 50～100mL 灭菌水；可加 5mL DMSO 1g 氟康唑（5 片）复溶，分成 4 小份，每份 250mg；加 50～100mL 灭菌水
氯芬奴隆（270mg/包）	540mg 混悬于 60mL 无菌生理盐水投放到子宫内，270mg 应用到阴道穹窿和阴蒂区
咪康唑（1 200mg 栓剂）	1 200mg 栓剂投放到子宫内
制霉菌素（100 000U/g；30g/瓶）	5g 混悬于 50～100mL 灭菌水中；或 50 万～250 万 U

表 164-3　真菌性子宫内膜炎的全身性药物治疗

药物	剂量
氟康唑（200mg/片）	14mg/kg，首次剂量，随后按照 5mg/kg，间隔 24h
伊曲康唑（3g/片）	3～5mg/kg，口服，间隔 24h，应用 2～3 周或更长

在抗真菌药敏感性试验结果没有出来之前，通常都是凭经验来治疗马真菌性子宫内膜炎。如果真菌对某一种药物产生耐药性，必须联合应用2种抗真菌药进行治疗。治疗马真菌性子宫内膜炎的参考方案如下：

（1）在发情早期用灭菌生理盐水（加醋酸或其他药物，表164-4）冲洗子宫，同时注射缩宫素（20U，静脉或肌内注射），促进子宫内液体排出。每天根据需要可重复进行。

（2）口服氟康唑治疗（首次剂量按14mg/kg，口服；随后按5mg/kg维持剂量，口服1次/24h，持续2～3周）。

（3）根据病原和抗真菌药的敏感试验结果，宫内抗真菌治疗。可应用制霉菌素（500 000U溶于50mL无菌生理盐水，投放到宫内，1次/2～4h，连续5d）或咪康唑栓（1 200mg，投放到宫内，1次）。

（4）根据宫内治疗的效果进行冲洗子宫（用或不用缩宫素）。

（5）注射前列腺素$F_{2\alpha}$诱导发情。

（6）马下次返情时再次进行真菌培养。

（7）提前预防性治疗继发性细菌感染（尤其马兽疫链球菌）。

在治疗马真菌性子宫内膜炎过程中，经常也发现中度到重度的细菌生长，诸如马兽疫链球菌。可能是同时发生细菌和真菌的混合感染，因为在真菌培养中经常见到细菌生长。因此，在治疗真菌性子宫内膜炎的同时或结束后，必须要治疗细菌性子宫内膜炎。

表164-4　真菌性子宫内膜炎冲洗子宫用药

药物	剂量
N-乙酰半胱氨酸（20%200mg/mL）	30mL（6g）稀释到150mL无菌生理盐水后注入子宫内
二甲基亚砜（DMSO）（99%）	50mL DMSO溶到1L盐水中，根据需要可反复，随后用1L盐水或LRS冲洗
过氧化氢（3%）	60～120mL注入子宫内；第2天用1L盐水或LRS冲洗
乳酸林格氏液（LRS）	1～4L；反复冲洗直到回流液清亮为止
聚乙烯吡咯酮碘（碘附）溶液（1%）	10～15mL加到1L无菌盐水中
盐水（0.9%）	1～4L；反复冲洗直到回流液清亮为止
Tri-EDTA	250～500mL注入子宫内；随后用LRS冲洗子宫
醋酸（蒸馏的白醋，2%）	20～100mL加到1L无菌盐水中

三、结论

对真菌性子宫内膜炎病马进行有效诊断和治疗难度较大，需要通过多种诊断试验来准确检测和鉴定病原体。如果选用合适的抗真菌药，并纠正致病诱因，往往可得到较好的治疗效果。尽管真菌性子宫内膜炎并不常见，但是对于长期不育的病马应怀疑其是否发生了真菌性子宫内膜炎。

推荐阅读 

Coutinho da Silva MA，Alvarenga MA. Fungal endometritis. In：McKinnon AO，Squires EL，Vaala WE，Varner DD，eds. Equine Reproduction. 2nd ed. Ames，IA：Wiley-Blackwell，2011：2643-2651.

Ferris RA，Dern K，Veir JK，et al. Development of a broad range qPCR assay to detect and identify fungal DNA in equine endometrial samples. Clin Theriogenol，2011，3：375.

Hess MB，Parker NA，Purswell BJ，et al. Use of lufenuron as a treatment for fungal endometritis in four mares. J Am Vet Med Assoc，2002，221：266-267.

Scofi eld，DB，Ferris RA，Whittenburg LA，et al. Equine endometrial concentrations of fluconazole following oral administration. Clin Theriogenol，2011，3：356.

Stout TAE. Fungal endometritis in the mare. Pferdeheilkunde，2008，24：83-87.

（赵树臣　译）

第 165 章　交配诱发的子宫内膜炎

Ryan A. Ferris

持久性交配诱发的子宫内膜炎（persistent mating-induced endometritis，PMIE）是一种子宫的非感染性炎症，是专门从事马繁殖的兽医们遇到的一种最常见繁殖障碍。PMIE 指的是交配后母马子宫内的炎性液体积留时间超过 48h 仍然不消退。由于子宫内液体无法排出和交配诱发的炎症，导致母马繁殖效率低下，从而导致经济损失。

一、发病机理

通过人工授精和自然交配的方式，精液都会进入子宫内。精子通过激活补体和刺激固有免疫系统，会诱发短暂的炎症反应。这种炎症反应在交配后 8～12h 达到高峰，通常在 24h 内结束。由精子所诱发的炎症反应被认为是一种正常的生理反应，对净化子宫、清除死亡和过量精子以及清除交配中产生的组织碎片等是必不可少的一个环节。

如果这种正常的炎症反应未能消除，则引发 PMIE。马发生 PMIE 后，积聚在子宫内的炎性液体中包含中性粒细胞、免疫球蛋白、蛋白质、精子和潜在的细菌等。该炎性液体会加剧炎症反应，导致更严重的炎症，结果出现中性粒细胞长期向子宫腔迁移、子宫炎症加剧、积聚的液体增多和进一步的炎症反应等一系列永久性循环。当排卵后 5～6d 胚胎进入子宫，由于子宫腔内的炎症环境而无法让胚胎生存。

多种因素综合影响交配后子宫内液体的清除而导致液体不能排出，如子宫净化延迟、子宫颈畸形和炎性细胞因子数量的改变等。健康马通过子宫的逐步收缩而促进液体的清除，如果正常的子宫收缩发生改变，则导致子宫净化延迟。子宫收缩发生改变是 PMIE 生成的一个主要因素。当母马发生宫颈粘连或撕裂，以及年龄超过 15 岁而未生育的母马，子宫颈管可能发生狭窄或闭锁。这些宫颈缺陷的母马尽管有正常的子宫收缩，但是因为子宫颈管开张程度减小，仅仅有极少量液体能从子宫腔内通过子宫颈管进入阴道腔内。在炎性应答反应启动后，诸如白介素-10 和 IL-1Ra 等免疫调节因子在生成后又返回到局部组织，从而导致该炎症状态发展为内稳态，而且炎症反应仍持续下去，防止局部细胞和组织受到损害。已发现母马在整个发情周期内和交配后，如果发挥免疫调节作用的细胞因子明显减少，更易发生 PMIE。子宫无力清除精子和炎性液体，同时伴随免疫调节因子的减少，共同促成了一个慢性炎症环境。

二、临床症状和诊断

患 PMIE 母马在就诊时通常表现正常（即超声检查看不到液体存在，子宫内细菌培养和细胞学检查也为阴性）。母马年龄超过 15 岁，活组织检查中按 Kenny 评分标准得分在 2 分或 2 分以上，则发生 PMIE 的风险就增高。对易发 PMIE 马进行筛查，一个完善的病史调查往往是最具有诊断意义。通常来说，如果某 1 匹马在以前曾发生过 PMIE，那么将来该马子宫内液体清除不良的问题仍将继续存在。

对 1 匹没有任何表现异常迹象的母马，在其配种后 24h 进行超声波检测，可见大量的液体存在（图 165-1），这种情况也很正常。应该收集子宫内细胞学样品并进行检测，以此来判定子宫腔内液体的性质，通常可看到中性粒细胞和精子（图 165-2）。然而在实践中是很少进行细胞学检查的，因为从液体的存在就可推测 PMIE 的发生。

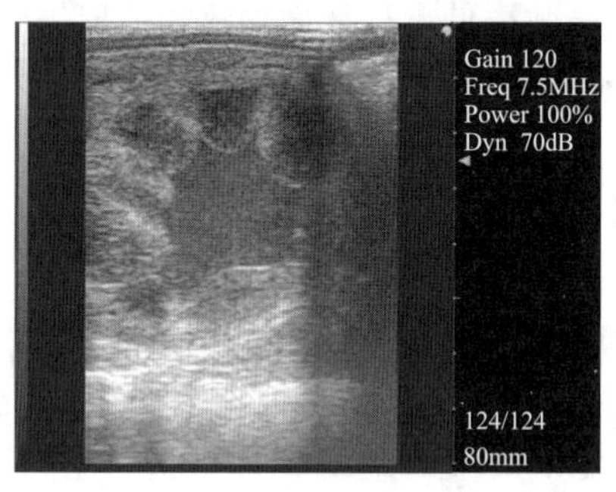

图 165-1 可能发展成 PMIE 马配种后 24h 子宫的超声波影像

子宫腔内积聚有大量的液体

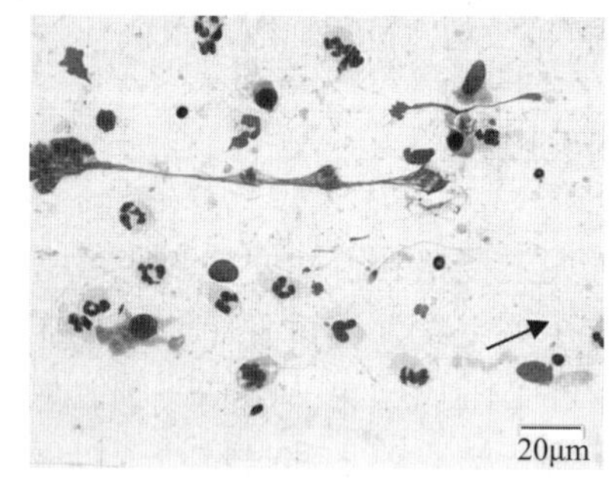

图 165-2 患 PMIE 马子宫内膜细胞学检查

有中性粒细胞和精子（黑色箭头所指）存在

三、治疗

对患 PMIE 马的治疗原则是将炎性液体从子宫腔内清除干净，并降低子宫内膜的炎症反应。发生 PMIE 后，不同母马的病况差异很大，而且并不需要所有的治疗措施都对每一匹马应用。兽医应该对每一匹马设定一个治疗方案，保证在马排卵后 48h 内使子宫内液体消除。

缩宫素（10～20U，静脉或肌内注射，1 次/4～6h）是首选药物，可应用于大部分患 PMIE 母马。缩宫素能渐进性地促进子宫收缩而让子宫内液体排出。如果病马子宫腔内液体量较少且宫颈开放，单独应用缩宫素就能成功治愈，但是，如果子宫颈管管腔变小则不利于子宫内液体从狭窄的子宫颈管高效排出。注射缩宫素的量如果超过 20U 则引起子宫肌层痉挛，反而限制子宫的净化。

前列腺素 $F_{2\alpha}$和缩宫素有类似的活性，注射也可以促进子宫收缩。肌内注射 250μg 的氯前列烯醇钠，1 次/d，可促进子宫内液体的净化排出。尽管大多数马对缩宫素和氯前列烯醇有相似的应答反应，但仍有一定的病马对其中一种或另一种表现出较好的

应答反应。在排卵当天或黄体形成的早期阶段注射前列腺素 $F_{2\alpha}$，发现会导致妊娠率和孕酮浓度降低。

不管是应用传统的针灸方式或电针刺激，都能提高子宫内液体的排出。尽管许多这样的报道看起来针灸治疗 PMIE 似乎很有前景，但是仍没有严格可控的双盲临床研究去验证针灸的效果。

如果在应用缩宫素或前列腺素后仍然有液体残留，或者对中等到严重程度的 PMIE 病马，就应该进行子宫冲洗。冲洗子宫可清除精子而防止它们诱发进一步的炎症反应，同时也能清除子宫腔内的炎性细胞和炎性介质。在配种后 4～6h 应尽可能早地应用乳酸林格氏液或无菌生理盐水冲洗子宫，对妊娠率没有不良影响。每次将 1L 液体注入子宫内，收集并评估回流液的性质和量，直到回流液清亮为止。通常子宫回流液在 3L 后就清亮了，但是，某些马的回流液变得清亮需要 6～9L。冲洗子宫回流液的容量可以用 2L 带刻度的量筒去测量，以此来确定注入子宫腔内所有的液体是否被完全排出。如果无法测量回收液的容量，可以在冲洗管从子宫移出之前，进行超声检查，确保所有的液体都被排除干净。

对至少存在 3 个风险因素易发 PMIE 病马，注射地塞米松（50mg，静脉注射，配种同时应用）可调节炎症反应和增加母马妊娠率。如果给生殖道正常母马注射地塞米松对妊娠率没有影响。低剂量地塞米松可能没有效果，而长期注射地塞米松可引起某些马排卵障碍。在配种前后每天注射氢化泼尼松也能提高妊娠率。也可以在配种前 48h 到配种后 72h 这段时间内，每隔 12h 注射 1 次醋酸-9-α-氢化泼尼松（0.1mg/kg）。

非甾体类抗炎药，如氟尼辛葡甲胺和保泰松，对于调节和 PMIE 相关炎症反应的效力还没有被严格评估。应用维达洛芬（首次剂量 2mg/kg，口服，随后按 1mg/kg 维持剂量，1 次/d，在排卵前 48h 应用，直到排卵后满 24h 为止），可增加患 PMIE 母马的妊娠率，但是不能改变发病率、发病特性和子宫内液体量。目前，维达洛芬在美国市场上无法买到。

患 PMIE 马子宫冲洗回流液中最常见的是含有大量的黏液。这是因为子宫的慢性炎症促使子宫黏膜产生一层厚厚的黏液覆盖其表面。因此，可应用如 N-乙酰半胱氨酸等黏液溶解剂或其他药物，包括二甲基亚砜或煤油，这些药物可摧毁过度的黏液层而产生较好的治疗效果。子宫内注入 30% DMSO 溶液可改善活组织检查的等级，并且增加病马的妊娠率。尽管子宫内注入煤油会导致严重的子宫内膜炎和宫腔上皮细胞的坏死，但是活组织检查得分为Ⅱ级或Ⅲ级的病马在治疗后，其中 50%的马在随后的发情周期内受孕而最终产下马驹。出现这样的结果，我们推断是由于煤油导致子宫内膜发生的严重炎症和坏死，可促使黏液从子宫上皮细胞移出到子宫腔内，并最终排出子宫外。N-乙酰半胱氨酸可破坏黏液的二硫键而降低黏度，因此，对于有大量黏液积聚的病马，子宫内注入 3.3%N-乙酰半胱氨酸（30mL 20%的溶液加入 150mL 无菌生理盐水中）可提高妊娠率。

目前，人们致力研究发生 PMIE 马的子宫炎症反应是如何发展，更重要的是如何调整消除炎症反应。未来新的治疗方法，如注射自体血清、高蛋白血浆或间质细胞干细胞等，目的在于增加免疫调节因子的含量，可能会产生较好的治疗效果。

PMIE的发生，既不是由细菌也不是真菌所引起的，子宫内注射或全身性应用抗生素并不一定产生效果。因为PMIE病例的宫内液体中含有蛋白质，会成为细菌繁殖的营养供应源，因此，在极少数病例应用抗生素能增加治愈率，但这些病例往往是由于精液中或配种过程中的细菌被带入子宫所致。

四、总结

在实践中，母马发生持久性交配诱发的子宫内膜炎是兽医们最常见到的生殖异常问题。由于不同患PMIE马匹的子宫炎症程度变化很大，因此，治疗起来很有挑战性。对所有患PMIE的马，并不能按照一个固定的模式进行治疗，必须根据每一匹病马的发病原因（如子宫净化延迟、宫颈缺陷或免疫介质的改变等），提出相应的治疗方案，这样才能达到治疗效果。

推荐阅读 

Bucca S，Carli A. Efficacy of human chorionic gonadotropin to induce ovulation in the mare，when associated with a single dose of dexamethasone administered at breeding time. Equine Vet J Suppl，2011，40：2011.

Ferris RA，Frisbie DD，McCue PM. Use of mesenchymal stem cells or autologous conditioned serum to modulate the post-mating inflammatory response in mares. In：Proceedings of the 58th Annual Meeting of the American Association of Equine Practitioners，2012：517.

LeBlanc MM. Advances in the diagnosis and treatment of chronic infectious and post-mating-induced endometritis in the mare. Reprod Domest Anim，2010，2：21-27.

Metcalf ES，Scoggin K，Troedsson MHT. The effect of plateletrich plasma on endometrial pro-inflammatory cytokines in susceptible mares following semen deposition. J Equine Vet Sci，2012，32：498.

Troedsson MHT. Problems after breeding. J Equine Vet Sci，2008，11：635-639.

（赵树臣　译）

第 166 章　老年马子宫固定术

Palle Brink　John Schumacher

通常来说，交配后的母马会主动抵御子宫感染，甚至子宫内膜已经被交配中生成的组织碎屑和细菌储留于子宫内而发生炎症反应，母马也可以通过自身防御而不受感染。如果母马不能清除掉宫内积存的组织碎屑和细菌，就很容易发生子宫感染。对易感马而言，子宫在腹腔内更多呈现的是垂直向位置，而不是正常的水平向位置。子宫形成这种有害位置的原因是母马在多次妊娠过程中，胎儿重量牵拉子宫系膜所致。处于水平向的子宫通过收缩作用，可以顺利地把子宫内污染液体和组织碎屑向背后侧推送，而将之排出体外，但是由于垂直向的子宫收缩强度不足，不能完全清除掉子宫内的碎屑和细菌，从而继发子宫炎症。通过手术方法将两侧子宫角和子宫体的子宫系膜折叠，可以让垂直向的子宫转变为正常的水平向。通过手术方法将子宫恢复为正常的水平向位置，可以增加子宫的清除能力，从而增加受孕机会。

将子宫重新调整为水平向的外科手术（即子宫固定术）在别处有详细的介绍(Brink et al，2012)，但是下面简短地介绍一下腹腔镜下如何固定子宫。如果母马延迟配种至少 36h 的话，可以不用腹腔充气而直接进行子宫固定手术。术前应用镇痛药，如氟尼辛葡甲胺，可减轻术后腹部不适。应用盐酸地托咪定（0.005～0.01mg/kg，静脉注射）和酒石酸布托啡诺（0.01～0.02mg/kg，静脉注射）混合剂对马镇静。根据具体需要，可以重复注射这 2 个药物，或者把地托咪定［0.02mg/(kg・h)］和布托啡诺［0.012mg/(kg・h)］混合剂首次注射后，采用连续输注的方式而使镇静作用维持在一个相对更恒定的水准上。

将 3 个套管针和管组合通过腹侧入口插入腹腔，然后插入腹腔镜和手术器械，保证设备能看到和触及子宫系膜。在子宫系膜局部通过套管注射局麻药，尽可能降低手术过程中对系膜和子宫所造成的疼痛反应。如果手术通路选择左侧腹部，先折叠左侧子宫系膜，这样随着腹腔内负压的消除，盲肠会从右侧的腰椎窝坠落下来。这样大大降低在右侧腹部作为手术入口时无意中损伤盲肠的风险。子宫系膜折叠术手术入口位置之一选择为第 17 肋间髋结节水平线稍靠下方（也就是前侧入口），另一个部位是髋结节和最后肋骨的中点连线和腹内斜肌肌束的背侧上方交汇处（也就是中间入口），最后一个部位距中间入口向后 2cm、向下 6cm 处（即尾侧入口）（图 166-1）。子宫系膜用腹腔镜的特殊持针器或内镜的自动缝合设备（图 166-2）折叠成覆瓦状。从靠近子宫体和子宫系膜的连接处开始，采用单层连续缝合法，把针先穿过子宫体浆膜肌层，然后穿过子宫系膜背侧面，即从靠近子宫颈部位开始缝合，然后逐步缝合到子宫角末端

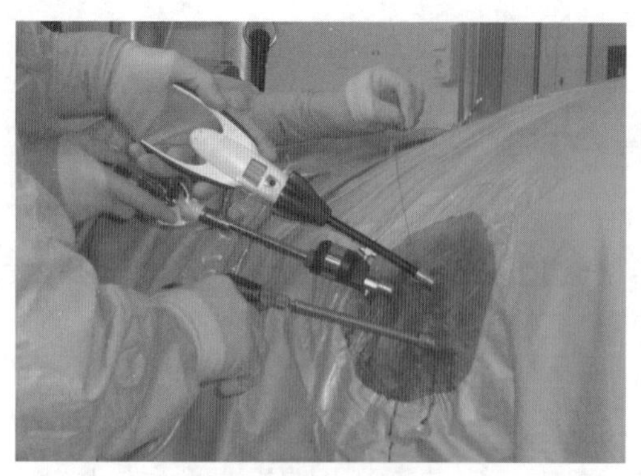

图 166-1 子宫系膜折叠术用到的 3 个位点：第 17 肋间隙、腹侧髋结节和最后肋骨中点（即中央套管）和距中央套管后侧 2cm 腹下 6cm（即尾侧套管）

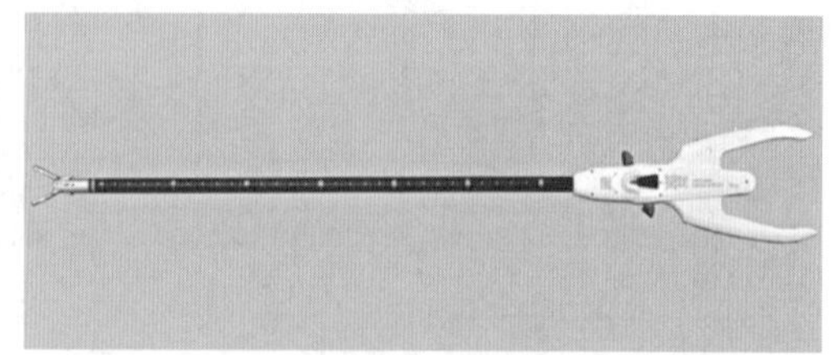

图 166-2 内镜下子宫系膜折叠术中用到的自动缝合设施

结束，将子宫系膜折叠成覆瓦状。缝线可用吸收缝线或不可吸收的纤维缝线均可。缝合时，用缝线将欲牵拉的组织部分趋向已经折叠好的组织，并保证随后的缝合能很好地附着于先前已缝合的部分（图 166-3）。缝合的针距大约 1.5cm，这样穿过子宫浆膜肌层部分需要 10～14 针，而且要保证缝合后的子宫系膜可以将一侧的子宫角提升起来。一些外科医生更喜欢用丝线而不用可吸收缝线，因为用丝线更容易让组织粘连（图 166-4），这样能增加并列组织缝隙间的力量，而且比应用 Endo Stitch 设备使用的可吸收缝线便宜得多。当子宫被缝合固定后，穿过子宫背侧部的缝针位点应该通过子宫系膜将子宫提升到水平位置。

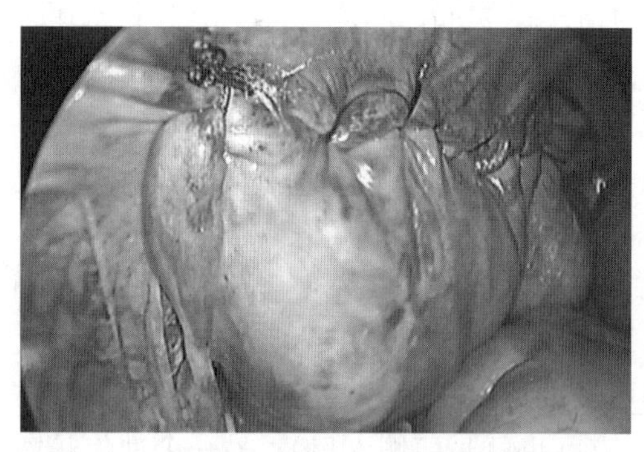

图 166-3 通过折叠子宫系膜将子宫角提升到水平位置

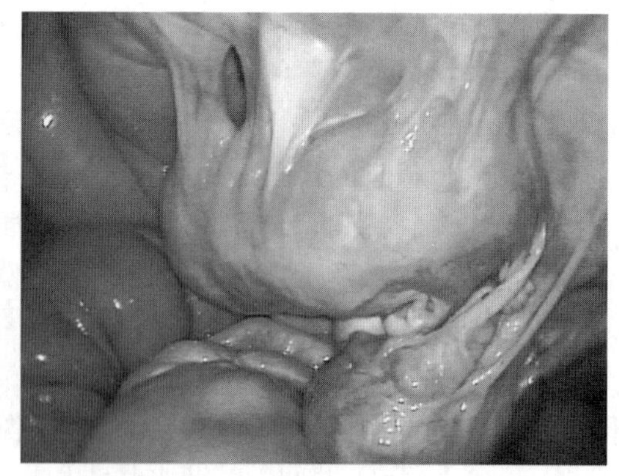

图 166-4 通过子宫系膜折叠术后瘢痕组织提升了子宫角

手术结束后，限制母马在厩舍内 2 周，并非一定要注射抗生素。除了轻微的疝痛外，子宫系膜折叠术还没有发现其他的术后并发症。因为手术时间长，而且用于自动缝合系统的缝合材料特别昂贵，所以，只有当母马的后代特别值钱的时候，才值得进

行该外科手术。目前还没有评估该外科手术效果的对照研究。迄今为止，大部分接受该手术的母马都具有好几年不育病史，而且几乎都尝试过各种提高繁育的技术却均无效；另外，就是许多患有慢性细菌性子宫内膜炎母马接受该手术，而配种后暂时性的细菌性子宫内膜炎母马很少接受该手术。然而，作者观察发现，术后可以使已扩大的子宫角逐步变小，管腔内的液体容积降低，不良的会阴结构得到改善。最早报道这个治疗方案的是 Brink 等（2010），4 匹慢性不育母马中的 3 匹在接受子宫固定术后，成功受孕并产下马驹。通过改善子宫健康水平而受孕可能比较困难，然而，如果在进行手术前排除不可逆的变化，成功妊娠是完全可行的。一些患有慢性细菌性子宫内膜炎母马，术后没有进行其他治疗，细菌性子宫内膜炎也痊愈了。作者推测，如果子宫固定术能够治愈子宫内膜炎，那么，那些由于子宫结构差而导致子宫净化能力不足，子宫内膜纤维变性严重而不能孕育胎儿的母马，就只能作为胚胎的供体而产出更多的胎儿。

由于子宫角的扩大和下垂牵拉阴道、直肠和会阴部侧面，马的肛门也受到影响而凹陷，并向阴门一侧歪斜。提升子宫角能立即改善阴门的结构。子宫固定术也可纠正尿潴留和阴道气膣，从而变得很有意义，因为这两种情况常常和会阴及子宫结构差有密切关系，但是还没有研究调查该技术对这两种情况的治疗效果。

除非子宫系膜折叠术的治疗优势已经通过大量研究被证实，否则，马主人应该小心对待。即使初步结果显示该手术较好且有很小的医疗风险，但是手术费用相对较高且技术要求较高，而且该手术对后期繁育和妊娠的效果仍不肯定。

推荐阅读

Brink P，Schumacher J，Schumacher J. Elevating the uterus（uteropexy）of five mares by laparoscopically imbricating the mesometrium. Equine Vet J，2010，42：675-679.

Brink P，Schumacher J，Schumacher J. Imbrication of the mesometrium to restore normal，horizontal orientation of the uterus in the mare. In：Ragle CA，ed. Advances in Equine Laparoscopy. Ames，IA：John Wiley & Sons，2012：203-210.

LeBlanc MM. The chronically infertile mare. In：Proceedings of the 54th Annual Convention of the American Association of Equine Practitioners，2008：391.

LeBlanc MM，Neuwirth L，Jones L，et al. Differences in uterine position of reproductively normal mares and those with delayed uterine clearance detected by scintigraphy. Theriogenology，1998，50：49-54.

Troedsson MHT. Uterine clearance and resistance to persistent endometritis in the mare. Theriogenology，1999，52：461-471.

（赵树臣　译）

第 167 章　胚胎移植

Luis Losinno

胚胎移植（Embryo transfer，ET）包括对供体马按照预定时间进行人工授精、排卵后 7～9d 经阴道冲洗子宫回收胚胎，以及采用非手术方法将胚胎移植到同期发情的受体马子宫内，在体外通过卵泡液内单精子注射（ICSI）或体细胞核移植（SCNT）生产的胚胎也可以进行移植。这两种情况，胚胎在移植前均可以冷冻保藏（冷却、结冰或玻璃晶体化）。一些商业化的胚胎移植成功率超过 65%，但是 50%的成功率也可以让人接受，因为这个数值是来源于每个发情周期 70%的回收率（RR）和移植后 70%的妊娠率（PR）（RR×PR＝0.7×0.7＝0.49）。实际上，这样意味着 2 次发情（周期）就有 1 匹马受孕。最初一些繁殖组织抵制胚胎移植，现在已经彻底解决了该问题（纯种马除外），现在美洲胚胎移植已占有显著百分率（巴西，43%；阿根廷，29%；美国，18%）。

一、适应证、用途和局限性

胚胎移植能提高繁殖率，但是也不能达到毫无根据的期望值。胚胎移植的主要适应证包括每年从选中的母马获得多匹马驹；提高竞赛马和不能妊娠马的后代数量；缩短代间间隔；降低贵重马在妊娠和分娩的风险；基因研究中产生大量的相近后代等。

通常来说，种母马在它们的繁殖适龄期内能产下 5～10 匹马驹。而在连续进行胚胎移植的母马，产驹数可达 10 倍之多。一些母马通过胚胎移植甚至可产下 80 多匹后代，但是运动类供体马，特别是参加马球和障碍赛等接受强大训练科目的马，由于比赛和旅途消耗，每年仅能生产较少的胚胎。可控实验研究表明，运动马胚胎移植效率低的原因是因为运动强度过大，但是对参加马球和障碍赛的马进行商业性胚胎移植，结果就不是这样。胚胎移植最适合于那些存在繁殖问题而无法维持妊娠（胚胎死亡、习惯性流产或子宫颈机能不全等）或不能繁殖（肌肉骨骼受伤或腹壁疝）的母马。应用胚胎移植技术可延长母马的生育期，因为从 1 岁或 2 岁的小母马和老年马均能获得胚胎。许多优良品种的马，因为其仍具有较高的育种价值，所以，通过应用这种技术可“拯救”超过 20 岁的母马。尽管老龄马胚胎移植的效率低于平均值，但是仍然具有一定的商业价值，特别是采用药物刺激卵泡生长的处理方案效果会更好一些。胚胎移植对遗传学上进行特定的杂交研究也是一种特殊的手段。如在一个发情季节，可以将从 1 个供体所获得的 5～10 个孕体移植到同样或不同的种马。尽管马的可控遗传研究

项目非同寻常，但是胚胎移植这种生物繁殖技术对于遗传评估仍有非常重要的实际意义。

二、胚胎移植项目

源于繁育协会的需求，以及地域、经济和市场等方面的因素，胚胎移植项目在不同的国家已经逐渐开展。移植项目可能是保密的（仅限1个农场）、公开的（如商业的胚胎公司），或两者都有，而且项目的规模也有非常大的差异。规模的大小决定了运行起来的复杂程度。一些商业性的移植项目每个季度生产孕体超过1 500个。胚胎移植中心一般具有始终如一的移植效率，原因是他们能控制许多变数，如种公马、供体、受体、设备、繁殖情况、保健和专职管理人员，但是移植的综合性成本也高。不固定的移植项目能降低操作成本，但是由于对变数的控制少而移植的成功率较低。

三、胚胎移植程序

这个技术虽然简单易学，但是在执行过程中同时也涉及很多变数而显得复杂。为了提高成功率，胚胎移植计划应尽可能使用繁殖力高的母马和种公马，但是这往往不是由兽医所能决定的。然而，作者设定了1个详尽的供体繁育健康检查，以此来评估潜在的繁殖能力并做出相应的决定：①母马或种公马是否适合（到多少程度）进行胚胎移植计划；②根据对繁殖情况、年龄、健康状况和移植率等大量的数据进行统计分析，预判移植的潜在产出如何。

（一）供体马的处理

理想的供体马应该具有十分健壮的身体和正常的发情周期。繁殖健康检查应该显示没有子宫内膜炎、性传播疾病、生殖道结构和功能方面的问题。选择繁殖力强的种公马精液给供体母马授精。尽管供体马每年排卵时间和排卵周期数在不同的地域会发生变化，但是在近赤道国家，1匹年轻的供体马应该有5～8个月的规律性发情周期。1个典型的ET流程（排卵/人工授精→冲洗/前列腺素$F_{2}α$→排卵/人工授精），加上15～17d的排卵间隔，每个繁殖季节1匹母马可以冲胚8～14次。按照上述的数据和预期的ET效率，就可以计算出1个供体每年可产出的胚胎数量。必须要定期进行直肠检查和超声检查，监控卵泡发育和排卵情况，以此来确定那一天排卵的并认定为第0天。随着1年中日照时间的延长，母马自发性的1次排多个卵的频率会增加，而且年龄超过15岁或某些品种的马，排多个卵的情形更为频繁（如受过良好训练的阿根廷马球马多达35%），诱导排卵的时候也是如此。因此，建议在供体排卵后48h应该检查黄体的数目，同时检查子宫内是否有液体存在或排卵后子宫水肿的情况。

除去某些特殊的马推荐自然交配外，每一个列入ET规划的供体马都应进行人工授精。这些特殊的马包括某些不明原因体外精子存活率低的种公马，自然交配则能提高受胎率，也包括采精特别困难的种公马。人工授精可控制精子的质量，而自然交配则不能保证，因为自然交配的情况既不能控制精子的浓度、前进运动的精子数，也无法控制射出的精液中含有尿液、血液或脓汁等。因为许多重要的变数影响胚胎移植的成功，所以，也不能单纯地通过精液而评估1匹种马的生育力。

供体在生理性繁殖季节平均每14d可以冲胚1次。根据马的卵泡发育状况和兽医的临床判断，静脉注射1 500IU人绒毛膜促性腺激素或肌内注射1mg促性腺激素释放激素控释制剂诱导供体排卵，从而增加每个发情周期的排卵数。作者实验室结果显示：受体马年龄和诱导排卵的类型不同，商业性的胚胎生产、排卵数和胚胎的回收率方面都有极显著的不同（表167-1）。

表167-1　青年和老年阿根廷马球供体马用hCG和长效德舍瑞林处理后发情周期数和排卵率

处理方式	青年马发情周期数	青年马排卵率（%）		老年马发情周期数	老年马排卵率（%）	
		一次排卵	超数排卵		一次排卵	超数排卵
hCG[c]	171	63.2[a]	36.8[d]	48	58.3[a]	41.7[d]
LAD[a]	390	56.9[b]	43.1[e]	266	50.7[b]	49.2[e]
对照	849	76.1[c]	23.9[f]	327	68.8[c]	31.2[f]

注：上标a和b的数值相互间没有显著性差异但是和上标c的数值存在显著性差异（$p<0.001$）。

上标d和e的数值相互间没有显著性差异但是和上标f的数值存在显著性差异（$p<0.001$）。

hCG，人绒毛膜促性腺激素；LAD，长效德舍瑞林。

引自Losinno L，Alonso C，Rodriguez D，et al. Ovulation and embryo recovery rates in young and old mares treated with hCG or deslorelin. In：Havemeyer Foundation Monograph Series，2008：96-97。

在冲胚后应马上进行超声检查来确定子宫内是否有积液，因为子宫积液增加炎症风险，然后以24h的间隔注射2次前列腺素$F_{2\alpha}$类似物溶解黄体。在老龄或经产母马，从排卵到冲胚期间，通常要补充控释孕酮或孕激素（烯丙孕酮），以此增加子宫的弹性和提高冲胚质量，也有可能提高胚胎回收率。对那些反复多次进行胚胎移植的供体马，在一年中至少有6个月每2周要进行1次人工授精和冲胚。在一些马，发情周期缩短和反复冲胚可能引起细菌性子宫内膜炎的增加和慢性子宫内膜炎症，因而导致在每个发情周期都需要应用非特异性抗微生物进行治疗的恶性循环中，甚至患真菌性子宫内膜炎的概率增加。另外，间情期缩短可能导致卵泡的改变和出血性不排卵卵泡发生率增加。

（二）受体的选择和处理

受体马的有效性是胚胎移植项目中的瓶颈问题，也是商业性胚胎移植中影响其经济效益的最大问题之一。在许多项目中，胚胎移植中心将拥有的受体马通过合约出租出去，直到小马驹断奶为止。对母马产驹后4月龄幼驹就断奶或使用产后的母马作为受体，也可增加受体马的供应。产驹母马提前30～60d作为受体马和没有产驹的受体马相比较，两者间的妊娠率没有明显不同。

选择受体马时应该考虑到一些最基本的原则。如选择4～14岁（理想年龄是5～9

岁）并且体格大小尽可能和供体马接近；对于轻型马品种，体格较小或太大的母马千万不要作为受体马。品种相同但基因不纯的母马通常是受体马的最好选择（对某些品种马，这是进行 ET 的 1 个条件），因为它们适合农场的经营。处女马因为产下的马驹小而并非受体马的最佳选择。受体马必须要进行繁育健康检查，主要包括直肠检查、超声检查、外生殖道形态和完整性检查，以及子宫颈闭合性检查等。在作者的 ET 项目中，每一个候选受体必须要进行子宫内生物学检查，而且只有子宫内膜得分为 1 或 2a 的母马才可作为受体马。通过生物学检查得分筛选出的马，其胚胎损失率特别少（表 167-2）。

表 167-2 应用子宫内膜生物学活检筛选受体马对妊娠率和胚胎死亡率差异

受体处理情况	数量	妊娠率（%）	胚胎死亡率（%）		总数
		移植后 14d	移植后 15～30d	移植后 31～60d	
应用活组织检查	1 194	72.5	5.6[a]	1.6[c]	7.2[e]
未用活组织检查	926	71.8	8.2[b]	5.4[d]	13.2[f]
总数	2 120*	72.2	6.8	3.2	9.8

注：上标 * 原文数据是 2 129，译者矫正为 2 120。

差异极显著在 a 和 b，c 和 d，以及 e 和 f（$p<0.001$）。

引自 Castañeira C，Alonso C，Vollenwieder A，Losinno L. Uterine biopsy score and pregnancy loss in embryo recipient mares. In：Havemeyer Foundation Monograph Series，2008：96-97。

胚胎移植项目并不是一个程序化项目。受体在移植前至少要接受 5～10 次直肠检查和超声检查，要注射疫苗和驱虫，保证能接受胚胎并将妊娠维持下去，以及必须哺育马驹。1 匹未经训练的母马很可能让移植的操作人员和马驹受到伤害，因此，受体马的诸如捕捉、戴笼头和厩内举止等行为和脾性都应进行考核并通过，同时也应客观和独立地评估母马的母性行为。特别应注意母马乳腺的结构和整体功能。

为了预防感染性疾病的暴发，受体马应注射当地常流行疾病的疫苗。新引进的马应隔离并检疫，而且最好在繁殖季节开始前 3 月就引进母马。一旦暴发疾病对供体、受体和种公马都有严重的影响。

（三）供体和受体的同期发情排卵

受体马相对于供体马排卵时间相差－1～＋4d，妊娠率没有显著的不同，但是最佳的排卵时间差是 0～＋2d。实际上，这意味着胚胎应该在排卵后＋4～＋8d 移植到受体体内。对受体马从排卵后第 9 天到移植后第 7 天连续应用甲氯芬那酸（1g/d，口服）抑制黄体溶解，从而移植时间可延长到＋9～＋10d。最近，Wilsher 和其同事报道 10 日龄的胚胎也可以被移植到排卵时间为－5～＋2d 的受体体内，其妊娠率没有明显降低。不排卵马或切除卵巢的马也可以作为受体马，条件是先肌内注射 10mg 雌二醇 2d，直到发现子宫水肿，然后从移植前 3～5d 直到妊娠的 120d 为止，持续应用长效孕酮（1.5g，肌内注射）。新的孕酮控释装置可以在一次注射后维持血浆孕酮水平 10～14d，这样操作起来更好、更简单。使用不排卵马或切除卵巢的马可减少相对每个供体需要匹配的受体数量。然而，使用前列腺素 $F_{2\alpha}$ 类似物诱导黄体溶解在 ET 同步化方案中是最广泛应用的手段，使用阴道内孕酮缓释装置进行同步化也具有良好的妊娠率。大规模商业化的项目中经常使用大群的自然发情母马作为长久的受体供应者。由于马疱疹病毒-3 型在一些国家流行，在胚胎移植中心也有暴发的报道，所以，在对受体筛选时，必须检查每一匹马后都要更换长臂手套，而且在超声波换能器上应使用一次性的保护罩。

（四）人工授精和冲洗胚胎

这是整个体系中关键环节之一，而且对胚胎的回收率有很大的影响，精子的处理和人工授精技术不在本章节的讨论范围之内（详见 Brinsko，2011；McKinnon and Squires，2007，本书第 156 章和第 157 章）。

在冲胚之前，供体应马上进行直检和超声检查，评估子宫的弹性、黄体的数量和子宫内液体或子宫水肿的状况。如果膀胱充盈，应通过导管排空。会阴区至少要用清水和无刺激性且不含防腐剂的肥皂液清洗 3 次，然后用纸巾擦干。因为粪便和尿液常常会污染操作和胚胎，因此，阴道前庭也应该用浸有无菌乳酸林格氏液的棉花仔细地清洗至少 3 次。一般不需要镇静，除非一些特殊的马或不温顺的小母马才需要镇静。整个过程通常大约花费 12～15min。

一般情况下，应该在排卵后的第 7 天或第 8 天回收胚胎。老龄马则由于输卵管运送时间的延长和胚胎生长时间减慢，因此，最佳冲胚时间应该在第 9 天和第 10 天。如果胚胎要低温冷藏，胚胎必须在第6～6.5 天回收，尽管这时候冲胚的胚胎回收率比第 7～9 天回收有轻度的降低。在第 8 天或第 9 天，胚胎直径通常达到 0.8～2mm，在滤过器上通过肉眼即可看见。10d 的胚胎如果没有专业的训练人员和特殊的材料则很难处理，从而降低成功率。自发性的 2 次排卵母马，其胚胎回收率则显著升高。

收集胚胎是操作者用长 80cm 的硅化 Foleytype 导管（28～34 号，法国产，图 167-1 和图 167-2）通过子宫颈进行冲洗子宫而收集。冲洗液为不含犊牛血清的无菌乳酸林格氏液或磷酸盐缓冲溶液。现有证据表明，犊牛血清可损害胚胎，而且产生大量的泡沫不利于胚胎回收。每次冲洗大约需要 0.5～1L 液体充满子宫腔，总容量加起来为 1～3L，回流液的重新利用则是通过中间连接过滤器的密闭双通道系统完成。最终的收集系统必须充满冲洗液，防止空气进入。操作者手臂应戴上无菌润滑手套，导管的前端平滑地通过密闭的子宫颈进入到子宫体内，导管气囊膨胀后阻止返流。导管后端和 Y-型管相连接，有 2 个通道：1 个通道用于注入冲洗液，另一个通道连接到 1 个装有 75μm 滤膜的一次性玻璃过滤器。随着马子宫肌层的收缩，胚胎也在移动，这样可以彻底冲洗子宫并能收集到子宫腔内任何位置的胚胎。冲洗液扩张子宫的主要目的是让液体和胚胎接触到一起。作者更喜欢收集第 1L 冲洗液的时候尽可能不通过直肠按摩子宫，而将第 2 次 1L 液体分成 2 份，0.5L 进行冲洗，并同时轻轻地主动通过直肠按摩子宫。然而，过度的子宫操作可能引起血液渗入到子宫腔内。在一些母马，尤其是老年马，尽可能少用冲洗液为佳，作者在静脉注射 10U 缩宫素后才使用较大容量的冲洗液。通过过滤器的回流液必须收集到 1 个带刻度的塑料量筒内测量其容量、流动性和颜色。

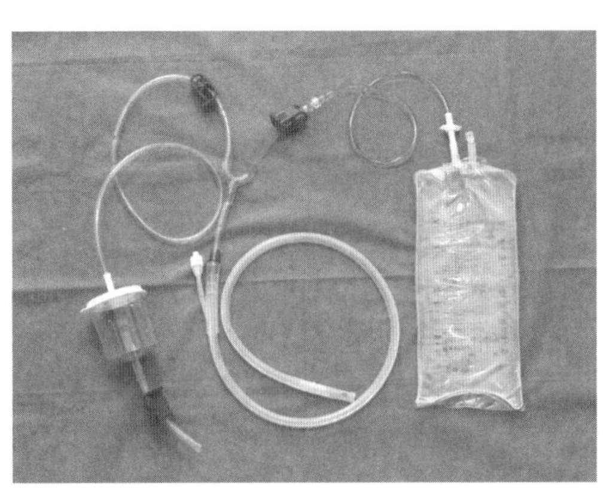

图 167-1 密闭冲洗设备

1 个乳酸林格氏液袋子，双通 Y-型管，顶端带气囊的硅树脂导管和嵌入的滤器

图 167-2 密闭系统下非手术法冲洗胚胎

乳酸林格氏液袋子，双通 Y-型管，顶端带气囊的硅树脂导管和导管中嵌入的滤器都能看到

（五）胚胎的处理

对胚胎的处理，作者推荐穿戴上干净的工作服、口罩和丁腈手套等。应在 1 个专业的实验室进行胚胎处理，实验室应具备高效空气过滤器过滤空气，水平层流通风，间接的环境光线照射等条件。如果无法达到这样的条件，则应该严格限制环境的光线、温度以及空气质量，防止检胚过程中受到微粒状物质的污染。在清洁的工作区，将过滤器上残余的溶液缓慢地倒入到 1 个无菌有盖培养皿内，然后用冲洗液冲洗过滤器壁和滤膜。滤膜必须要小心冲洗干净，如果滤膜上有过多的组织碎片，应防止胚胎沾到碎片上面。在低倍体视显微镜下搜寻胚胎（图 167-3）。如果使用无蛋白冲洗液，可能没有气泡而干扰检胚的效率。已经识别的胚胎，根据大小、发育情况和形态学等方面进行 1 级（优秀的）到 4 级（差的）的分类。然后应用可控移液器或结核菌素注射器将胚胎载入 0.25mL 或 0.5mL 的吸管内（根据胚胎的大小），然后转移到 4 孔或 6 孔平皿内进行洗涤，胚胎要连续依次通过不同比率冲洗液和保存液的混合洗涤液进行洗涤，混合洗涤液应逐渐降低冲洗液的比率而增加保存液的比率。在室温、避光条件下，胚胎可以在保存液内维持几个小时，等待装载后移植到受体马体内或运输处理及冷冻保藏。

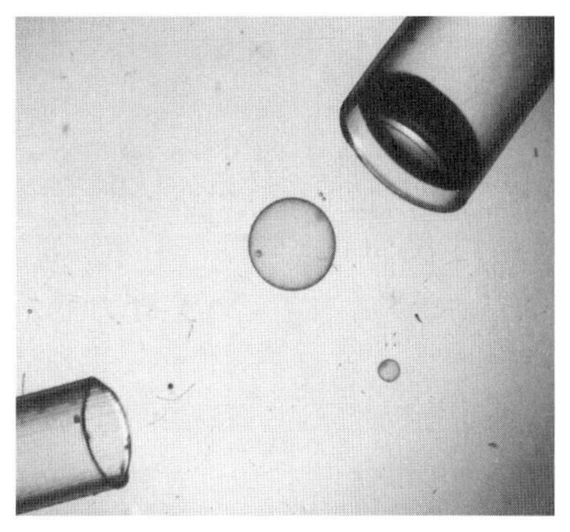

图 167-3 在显微镜下收获胚胎

四、移植技术

根据同期发情排卵效果、子宫和子宫颈的收缩性能、黄体的数量和类型、子宫的回声特性，以及宫腔内没有液体、水肿和气体等一系列情况选择合适的受体。受体会

阴部的卫生要求必须和供体要求的一样。其他的处理包括在移植当天注射 hCG（1 500U，肌内注射）、移植当天和其后的 2～3d 应用氟尼辛葡甲胺（500mg，静脉注射或口服）、移植当天一次肌内注射长效孕酮（1.5g），以及从移植当天到第 1 次妊娠检查期间每天口服抗生素（复方新诺明，25mg/kg，1 次/d）。胚胎通过外面套有无菌保护罩的一次性导管通过阴道进行移植。现在已广泛使用人工移植，其技术和通过直肠把握法的人工授精技术类似。简单而言，就是将含有胚胎的移植管平滑地放到子宫颈尖端，操作者通过直肠抬高子宫后，轻轻地推动移植管通过子宫颈后，将胚胎注入到子宫体位置。或者应用阴道窥镜和特殊的无损伤镊子将子宫颈牵拉到前庭位置，使移植管能够在可视情况下导入子宫内。这种方法快而容易，污染的风险也较少，比得上或优于人工移植的结果（图 167-4）。

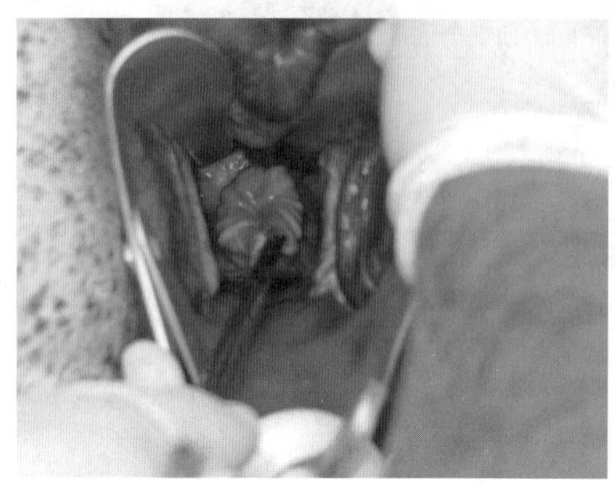

图 167-4 胚胎移植中暴露出的子宫颈和使用宫颈钳夹住宫颈

五、预期结果

在理想的情况下（也就是供体、受体、繁育性能优良的种马和训练良好的各种技术人员），预期可达到 70%～80%的回收率和 70%～80%妊娠率，整体上 ET 的效率为 45%～65%。在老龄、生育力低的母马和种公马，回收率和妊娠率将降低（都是 20%～30%）。这也是为什么要每周和每月要对供体马年龄、种公马和月份等繁殖记录进行统计分析的原因。在标准的繁育季节和连续进行超排处理的情况下，1 个供体马平均每年可能获得 4～6 个孕体，但是，1 匹阿根廷马球马在没有另外的排卵刺激下可提供 14 个孕体。

推荐阅读

Brinsko SP. Semen collection techniques and insemination procedures. In：Mackinnon AO，Squires EL，Vaala WE，et al，eds. Equine Reproduction. 2nd ed. Ames，IA：Wiley-Blackwell，2011：1268-1277.

Castañeira C，Alonso C，Vollenwieder A，et al. Uterine biopsy score and pregnancy loss in embryo recipient mares. In：Havemeyer Foundation Monograph Series，2008：96-97.

Demarchi ME，Tirone A，Aguilar JJ，et al. Pregnancy rates and early pregnancy losses in postpartum equine embryo recipients. Reprod Fertil Dev，2010，19（1）：301.

Galli C，Colleoni S，Duchi R，et al. Present and future perspectives of equine reproductive biotechnologies. In：Losinno L，Ed. Reproduccion Equina Ⅲ. Resumenes del Ⅲ Congreso Argentino de Reproduccion Equina，2013：11-27.

Hartman DL. Embryo transfer. In：Mackinnon AO，Squires EL，Vaala WE，et al，eds. Equine Reproduction. 2nd ed. Ames，IA，2011：2817-2879.

Losinno L. Factores críticos del manejo embrionario en programas de transferencia embrionaria en equinos. In：Proceedings I Congreso Argentino de Reproducción Equina，2009：89-94.

Available at：http：//www. congresoreproequina. com. ar/articulos. html. Losinno L，Alonso C，Rodriguez D，et al. Ovulation and embryo recovery rates in young and old mares treated with hCG or deslorelin. In：Havemeyer Foundation Monograph Series，2008：96-97.

McCue PM，Ferris RA，Lindholm AR，et al. Embryo recovery procedures and collection success：results of 492 embryo flush attempts. In：Proceedings of the 56th Annual Convention of the American Association of Equine Practitioners，2010：318-321.

McKinnon AO，Squires EL. Embryo transfer and related technologies. In：Samper JC，Pycock JF，McKinnon AO，eds. Current Therapy in Equine Reproduction. St. Louis：Saunders Elsevier，2007：331-334.

Stout TAE. Equine embryo transfer：review of developing potential. Equine Vet J，2006，38 (5)：467-478.

Tibary A，Anouassi A，Sghiri A. Transplantation embryonnaire chez les equides. In：Tibary A，Bakkoury M，eds. Reproduction Equine. Tome 3：Biotechnologies Appliquées. Ed Actes，Rabat，Maroc，2005：157-245.

Wilsher S，Allen WR. Uterine influences on embryogenesis and early placentation in the horse revealed by transfer of day 10 embryos to day 3 recipient mares. Reproduction，2009，137 (3)：583-593.

（赵树臣　译）

第 168 章　胎盘炎

Margo L. Macpherson

胎盘感染是导致母马以流产和新生驹死亡为代表的妊娠终止的一个重要原因。细菌是引起马胎盘炎的最普遍原因。引起母马胎盘炎的最常见病原体有链球菌属马兽疫链球菌、大肠杆菌、克雷伯氏杆菌属、假单胞菌属和金黄色葡萄球菌。偶尔也可见真菌（念珠菌属和曲霉菌属真菌）引起胎盘炎。胎盘感染通常发生在妊娠期末的 3 个月内。细菌侵入生殖道的末端，然后通过子宫颈移行到胎盘。感染性病原体定植到子宫颈末端的星状部位，逐步破坏尿膜绒毛膜和子宫黏膜间的紧密接触。随着继发性炎症和胎盘的受损，感染通常导致早产而产出不能存活的小马驹，有时候也见马驹过早成熟而活着产出。这种情况特别多发生于母马感染诺卡氏菌属病原体（如马克洛氏菌属和拟无枝酸菌属的放线菌）。

胎盘炎最常见的临床表现是乳房过早发育和流出脓性阴道分泌物。然而，临床症状的严重程度并不一定决定妊娠的结局。一些母马没有阴道分泌物和很轻的乳房发育，但是胎儿也死亡，可能是这些马发生了亚临床感染。相反，某些马已经发生了大面积胎盘剥离但仍产下活的胎儿。母马患有放线菌性胎盘炎时，经常在子宫体和孕角的连接处可见明显的胎盘损害性病变，但是胎儿不被感染。许多这样的病例常诱发胎儿早熟，促使胎儿提前产出并幸存下来。

一、马胎盘炎的诊断

（一）病史和常规检查

因为有些发病情况能为诊断提供线索，所以，病史信息对于确定母马是否发生胎盘炎十分有用。例如，根据早期进行妊娠诊断（也就是单独通过直检或同时使用超声波对比检查）提供的信息就能区分母马是怀有双胞胎或患有渐进性胎盘感染。这 2 种类型母马尽管都会发生乳腺提前发育，但是怀有双胞胎的母马不可能有阴道分泌物。如果母马会阴结构差，很容易发生渐进性细菌感染。所以，如果不定期进行母马后躯和尾部的检查，新鲜的阴道分泌物经常被母马尾巴擦掉而不易发现问题。母马在全身健康的状况下很难区分双胎妊娠或胎盘炎，原因是发生两者中的任一种，血液计数值、血清化学指标和血中乳酸浓度通常都在正常范围内。

（二）直检和超声检查

在妊娠后期通过直肠超声检查可很好地评估胎盘的完整性（在子宫颈星状部位）、

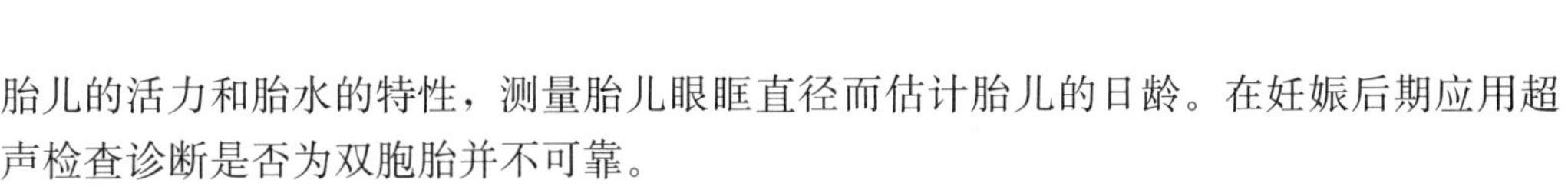

胎儿的活力和胎水的特性，测量胎儿眼眶直径而估计胎儿的日龄。在妊娠后期应用超声检查诊断是否为双胞胎并不可靠。

母马通过上行感染途径而产生的胎盘炎，最易感染的部位是子宫颈星状部位的尿膜绒毛膜凸显部，因此，对于诊断胎盘炎而言，详细地对该区域进行检查十分必要。正常妊娠母马，可以测量子宫和胎盘单位（尿膜绒毛膜）结合宽度。正常妊娠母马的子宫和胎盘结合厚度（the combined thickness of the uterus and placenta，CTUP）值已有规定的标准（表 168-1）。母马发生胎盘感染或炎症时，CTUP 测量值会增加，或者由于脓性物质的存在而使胎膜分离。

表 168-1 超声波下子宫和胎盘结合厚度正常测量值

妊娠天数	CTUP
271～300d	<8mm
301～330d	<10mm
330d 以后	<12mm

（三）腹部生殖道超声检查

腹部超声检查是评估母马胎儿和胎盘状况的一个很好方法。通过腹部超声检查可测量胎儿心律、身体肌张力、骨骼肌活力和尺寸，以此来评估胎儿的健康状态。有报道妊娠超过 300 日龄的胎儿平均心律为（75±7）次/min，但是不同个体间的心律存在很大差异。妊娠超过 330d，胎儿心律大约减慢10 次/min，整个妊娠后期胎儿活动程度也影响胎儿的心律。一般，胎儿心律始终低（<55 次/min）或高（>120 次/min）与胎儿的应激有关，必须重新检查。

妊娠后期经腹部超声检查是确定双胞胎的最准确的方法。通常如果超声波影像显示 2 个胎儿胸廓或心跳即可确定是否为双胞胎。通过测量胎儿胸廓的尺寸也可判定双胞胎的存在，如果不同胎儿则胸廓尺寸不同。另外，胸廓方向的不同也能证实双胞胎胎儿的存在。

在测定胎儿心律的时候，可同时评估胎儿活力和骨骼肌张力。在检查期间因为胎儿处于睡觉和清醒的状态不同，胎儿的活力可能发生变化。正常胎儿通常会对超声束产生应答，导致在超声检查期间变得非常活跃。胎儿肌张力是一个用于描述胎儿发育能力的主观术语，一个精力充沛的胎儿在它活动、收缩和伸展躯干、颈部和四肢的时候，具有优秀的肌张力；一个无活力的胎儿则迟缓无力，消极地躺在子宫内，甚至将身体折叠起来。准确地识别一个无活力的胎儿可能很困难，因为诸如心跳等常规标志可能被迟缓的胎儿四肢所掩盖。

胎儿健康与否应该通过一系列的超声检查来证实。对于高风险母马，通常每天进行 1 次腹部超声检查来评估其状态。有危急的胎儿经常要一天进行几次超声检查，以此来评估其心律和活动程度。

二、激素分析和生物标记物分析

（一）孕酮分析

在妊娠期的后 2/3 时段，由胎儿胎盘单位合成几种孕激素来维持妊娠。这些孕激素是孕酮（P_4）和孕烯醇酮（P_5）的代谢产物。随着妊娠期延长，母马外周血清中孕激素浓度逐步升高。研究发现母马胎盘发生病变或胎儿受到应激，会引发孕激素类物质过早增加；因此，测量孕激素对于监控胎儿胎盘的健康状况十分有用。直接测量孕激素需要精密的质谱分析设备。然而，许多 P_4 免疫分析测定是通过对胎儿胎盘单位产生的孕激素的交叉反应来确定含量。为了发现胎盘的病变或监测治疗后的疗效，推荐以 1～2d 的时间间隔，连续监控血清中孕酮浓度。这些数据可动态评估机体的状态，包括早产、孕酮浓度逐渐升高（妊娠 300d 前）或快速下降（即将分娩），并且可以高效地指导治疗。

（二）雌激素和松弛素

在母马怀孕期间胎儿胎盘单位也能广泛地产生雌激素。胎儿的性腺可产生雌激素前体，被胎盘利用后生成各种雌激素，包括雌酮、17α-雌二醇和 17β-雌二醇、马烯雌酮和马萘雌酮。产生的雌激素类物质大约从妊娠的 80d 开始增加，然后持平，在产前逐渐降低。尽管通过测定血清中雌激素比测定孕激素去发现和监控母马妊娠的健康水平要低一些，但是母体血清中高水平的雌激素浓度（通常是硫酸雌酮或总雌激素测定结果）提示胎儿胎盘单位的功能正常，而且也是胎儿活力的一个强有力指示。目前已经表明在妊娠 100～300d 测定母马血清中总雌激素对于评估妊娠的健康状态可能十分有用。

由胎盘产生的松弛素类物质大约在妊娠的 80d 开始分泌，直到分娩后胎盘排出后停止分泌。母体血清松弛素浓度和妊娠健康状态相关，但是目前还没有对该激素的商业化分析测定。

（三）生物标记物

反映母马胎儿胎盘单位健康状态的血清生物标记物最近已有报道。具体来说，急性期反应蛋白，如血清淀粉样蛋白 A（1 个炎症指示剂）已经用于评估正常和非正常马的妊娠。血清淀粉样蛋白 A 浓度在正常妊娠结束前 36h 会显著地增加。母马发生胎盘炎，可见血清淀粉样蛋白 A 过早升高。当患有胎盘炎母马接受治疗时，监控发现一些马的血清淀粉样蛋白 A 浓度降低。血清淀粉样蛋白 A 浓度可以在大多数实验室采用酶联免疫吸附分析法测定，因此，预期可得到广泛应用。这个标记物的测试对于监控妊娠的健康状态具有很好的应用前景。

三、治疗

尽管胎盘炎被认为是由细菌感染所致，但是继发性炎症和前列腺素物质的存在很可能是马驹发生早产的罪魁祸首。胎盘炎的治疗目标是找到病因。通过复制马胎盘炎动物模型实验，经胎盘途径测验临床上常规使用的几种治疗药物（也就是抗生素、抗炎药和孕酮），发现可提高胎儿的生存能力。对有和无胎盘炎孕马进行胎盘药物转运研究，结果见表168-2。青霉素和复方新诺明（TMS）对诱导性胎盘炎母马尿囊液中分离得到的马兽疫链球菌具有最小抑菌浓度，而庆大霉素在有效浓度内可以治疗大肠杆菌和克雷伯氏肺炎杆菌（也和胎盘炎有关）引起的胎盘炎。在实验性感染母马的尿囊液中发现有己酮可可碱存在，但无氟尼辛葡甲胺。在胎儿体液、胎水、胎儿组织和血浆中几乎没有发现头孢噻呋钠和头孢噻呋晶体游离酸。目前虽然仍然不清楚通过什么特殊途径阻止药物通过胎膜，但是对孕马使用未经证实的药物时，必须要加以小心，特别是在治疗胎盘炎的时候。

表168-2 矮种妊娠马给药后药物的分布

药物	马血浆	胎儿血浆	尿囊	羊水	初乳	胎盘	胎儿组织
青霉素	药物存在		药物存在				
庆大霉素	药物存在		药物存在				
TMS	药物存在		药物存在			药物存在	药物存在
头孢噻呋钠	药物存在	ND	ND	ND	药物存在	ND	
头孢噻呋晶体游离酸	药物存在	ND	ND	ND	药物存在	ND	ND
己酮可可碱	药物存在		药物存在			药物存在	药物存在
氟尼辛葡甲胺	药物存在		ND				

注：ND，没有发现；空白处表明没有进行药物存在的评估。

对渐进性感染胎盘炎的试验母马，应用各种药物进行联合用药治疗，马驹出生后的生存能力已进行了评估。结果显示：患胎盘炎母马长期注射TMS和己酮可可碱，与感染未治疗母马相比较，有助于延长病马妊娠期，然而，治疗组胎儿的存活率却没有提高；在TMS和己酮可可碱的治疗方案中添加孕激素（烯丙孕素）时，12匹母马中的10匹产下活的马驹，所有5匹未治疗的病马则流产或产下死驹。最近对更多试验性感染的母马单独应用TMS或TMS＋抗炎药（地塞米松和阿司匹林），有或无孕激素（烯丙孕素＋阿司匹林）进行研究，研究结果十分有趣。实验中，仅给予TMS产下活的马驹（4/6）和TMS配合应用地塞米松、阿司匹林和烯丙孕素的患马（13/18）基本一样。这样的数据就提出一个问题：是否抗炎药在治疗胎盘炎中十分重要，或者是否单独应用TMS就足够治疗该病了。然而，对于产下活的马驹尽早介入治疗可能是一个积极因素，治疗可以是单独应用TMS或者TMS配合己酮可可碱和烯丙孕素这些药物。

提醒一点的是：关于应用TMS为基础的给药方案治疗马的胎盘炎，并不能保证将马驹的存活率提高，也不能通过这种方案将细菌彻底清除干净。研究表明尽管TMS在体外药敏试验敏感和在感染部位有较高浓度，但是TMS在体内并不能始终高效地彻底清除马兽疫链球菌。在胎盘炎试验中，经TMS治疗超过一半的马匹中，在产后3h内培养细菌，仍然发现子宫内有细菌残留。相比之下，正常产驹母马则子宫拭子细菌培养为阴性。因此，尽管口服投放 TMS 具有明显的给药优势，但是选择这种抗生素治疗胎盘炎时，在体内对链球菌的抑制效果差而降低对其的使用。

对于患胎盘炎母马的治疗方案应该选择高效、并已知其在孕马药代动力学参数的药物，以及畜主认可的给药方式。常用治疗马胎盘炎的药物总结见表 168-3。尽管非肠道给药，如青霉素和庆大霉素，对于引起胎盘炎的主要细菌而言是理想的抗微生物选择，但是频繁多次给药和静脉注射途径降低了它们的使用率。在一些病例，在短期内（即 2～3 周）选择静脉注射，然后继续通过口服一些其他药物进行长期治疗（MacPherson 个人观点），这样的治疗方案可能更明智一些。从试验性胎盘炎病例已证明长期治疗是有益的。

表 168-3　治疗母马胎盘炎常用药物

药物	剂量	作用机理
青霉素 G 钾	22 000U/kg，IV，1 次/6h	抗生素
普鲁卡因青霉素 G	22 000U/kg，IM，1 次/12h	抗生素
硫酸庆大霉素	6.6mg/kg，IV 或 IM，1 次/24h	抗生素
甲氧苄啶	15～30mg/kg，PO，1 次/12h	抗生素
氟尼辛葡甲胺	1.1mg/kg，IV 或 PO，1 次/12～24h	抗炎/抗前列腺素（混合 COX-1 和-2）
苯基丁氮酮（保泰松）	2.2～4.4mg/kg，PO，1 次/12～24h	抗炎
非罗考昔	0.1mg/kg，PO，1 次/12h（剂量根据体重和粘贴的标识）	COX-2 选择性抗炎
己酮可可碱	8.5mg/kg，PO，1 次/12h	抗细胞因子/抗炎
烯丙孕素/四烯雌酮	0.088mg/kg，PO，1 次/24h	抗前列腺素/保胎
乙酰水杨酸	50mg/kg，PO，1 次/12h	抗炎/抗血小板

注：COX，环氧酶；IV，静脉注射；IM，肌内注射；PO，口服。

总而言之，诊断和治疗马的胎盘炎具有一定挑战性。有时候治疗的相关数据相互矛盾，而且临床上治疗结果也令人失望，然而为了挽救妊娠仍然非常值得去尝试。一些研究者主要集中在早期诊断方法的探索、启动更加快速的治疗方法和达到更加理想的治疗效果等方面仍然坚持不懈地努力进行相关研究。

推荐阅读 

Bucca S. Diagnosis of the compromised equine pregnancy. Vet Clin North Am Equine Pract，2006，22：749-761.

Coutinho da Silva MA，Canisso I，MacPherson ML，et al. Serum amyloid A concentrations in healthy periparturient mares and mares with ascending placentitis. Equine Vet J，2013，45：619-624.

Diaw M, Bailey CS, Schlafer D, et al. Characteristics of endometrial culture and biopsy samples taken immediately postpartum from normal mares compared with those from mares with induced placentitis. Anim Reprod Sci, 2010, 121S: 369-370.

Giles RC, Donahue JM, Hong CB, et al. Causes of abortion, stillbirth, and perinatal death in horses: 3, 527 Cases (1986-1991). J Am Vet Med Assoc, 1993, 203: 1170-1175.

Hong CB, Donahue JM, Giles RC, et al. Etiology and pathology of equine placentitis. J Vet Diag Invest, 1993, 5: 56-63.

LeBlanc MM. Ascending placentitis in the mare. Reprod Dom Anim, 2010, 45 (Suppl 2): 28-31.

Macpherson ML. Treatment of placentitis: where are we now? Clin Theriogenol, 2011, 3 (3): 310-313.

（赵树臣　译）

第 169 章　诱导分娩

Erin E. Runcan　Margo L. Macpherson　Dale L. Paccamonti

母马分娩是一个高效、密切协调的过程。分娩的第Ⅰ阶段也就是子宫开始收缩，引起宫颈扩张和胎位发生改变这一段时间，持续 1～4h。在这段时间内，母马基本没有异常表现，饮食和运动均正常。第Ⅱ阶段，以尿膜绒毛膜破裂为标志，通常不到 30min 结束。在这阶段，母马表现食欲不振、焦躁不安，以及由于强烈子宫收缩而出汗；第Ⅱ阶段为子宫收缩促使马驹产出阶段。分娩的第Ⅲ阶段持续 1～3h，从胎儿产出到胎膜排出为止。母马高效协调的分娩过程对母马和马驹的健康至关重要。分娩过程受到干涉，甚至是必需的医疗救助干涉，也会显著地影响到母体和胎儿的健康，但是在一些特殊情况下，最好让专业人员进行助产产驹。如孕马水肿、耻骨前腱撕裂和体壁的缺陷等母马身体方面的疾病，可能导致分娩时腹压的降低，从而引发母马难产或马驹缺氧，或者两者同时发生。此时，可考虑快速干预分娩而进行诱导分娩，这样可能挽救母马和马驹的生命。应仔细权衡诱导分娩存在的风险和益处，要考虑到所有可能涉及的各环节和潜在的后果，以及相应的应对措施。在诱导母马分娩之前，检查母马分娩时需要的一切是否准备就绪，是决定实施诱导分娩的最重要一环。

一、诱导分娩的标准

对母马实施诱导分娩的前提是确定胎儿在子宫外能否生存。在分娩前，胎儿的一些生理状况会发生改变，保证胎儿出生后能存活下来。正常的胎儿必须有适当的能量储备、完善的肺脏和内脏功能，以及分娩后能吮奶、吞咽和维持体温。大部分家畜，在其出生前几周，肾上腺皮质活动增强而促使胎儿成熟。马胎儿则完全不同，直到分娩前 24～48h 很少有肾上腺皮质活动，马胎儿也是在这段时间内最终发育成熟。因此，如果胎儿在不适当的时间产出，实际上存在着巨大的风险，很易发生成熟障碍或早产。

预测母马诱导分娩的最佳时机仍然是一门不精确的科学。在诱导分娩前，要对母马平均妊娠时长、乳腺的发育、乳腺分泌离子浓度和宫颈的松软程度等所有因素进行评估。在做出诱导分娩决定时，应该综合考虑这些因素，因为没有单独的一个标准能够高效准确地预测胎儿已准备就绪产出。

(一) 妊娠期

早期研究表明，母马最短怀孕时间达到 330d，马驹肯定发育成熟。然而，因为轻型马正常妊娠期在320～362d范围变动，因此，并不是所有的胎儿从最后的配种日期算起到330d就发育成熟。确定妊娠天数很有必要，不管怎样，大部分母马年复一年均有相似的妊娠期时长，因此，就可以推断某一母马标准的妊娠期是多少天。然而，如品种和白昼时长等因素也影响妊娠期的长短。矮种马比轻型马或大型马的妊娠期短。马在短日照时间产驹通常妊娠期相对延长，而在长日照时间产驹妊娠期相对变短。考虑到这些情况，妊娠期的长短对于确定母马何时产驹就成为一个不敏感参数。当决定要诱导分娩，应该将妊娠期和其他分娩征兆相结合，共同确定妊娠终结点。

（二）乳腺发育和泌乳

母马乳腺的发育完全和初乳的生成被认为是分娩即将来临和胎儿成熟的最可靠指标。乳汁中钙浓度在产驹前要经历一个快速的上升，而且钠和钾相对浓度要倒置（K^+浓度变成高于Na^+浓度）。乳腺分泌功能分析和测定乳汁中钙浓度超过40mg/dL，以及K^+浓度高于Na^+浓度，通常表明胎儿正常妊娠已经期满。然而乳汁中电解质类的变化通常发生在晚上，和大部分母马产驹时间相一致。晚上在实验室测定乳腺分泌是不切实际的，因此，大部分马主人和临床工作者依靠畜栏旁用测试试剂盒测定乳汁中钙浓度。畜栏旁测试试剂盒经常用于测定二价阳离子、镁和钙等而修正水硬度的现场测试，因而可用于乳样中离子的测定。镁达到峰值浓度时间要早于钙，而且镁经常在分娩时降低。畜栏旁测试镁可以更早地提示胎儿“准备好”出生，但是乳汁中钙浓度仍然可能较低。考虑到这个原因，单独测定钙浓度和在实验室或应用水硬度测试试剂盒单独测定钙是有争议的。畜栏旁测试最适宜于预测正常产驹时间，或者适用于那些测量已经结束好几天仍需要数据的科研人员使用。

母马的经产状况和胎盘的健康水平可能会影响乳汁中电解质数值的判读。初产母马或“处女”马经常乳腺发育变慢，而且乳汁中电解质的变化可能要到分娩前才发生改变。马发生胎盘疾病也会影响对电解质数值的判读，因为发生胎盘疾病也常常出现和产前类似的乳腺过早发育，并且同时钙浓度升高的现象。

（三）宫颈松软度

在诱导分娩前对马宫颈松软度的判定是否重要仍具有争议。在人类的研究中显示，宫颈松软程度不足可能导致诱导失败、分娩期延长及剖腹产率升高等。尽管早期报道显示正常的产驹中，马驹是能够从闭合紧密、黏液填塞的宫颈内产出。但是在随后的研究中发现，宫颈的扩张有利于诱导分娩产驹，且新生马驹的活力较强。诱导前宫颈已自发扩张的母马（通过阴道指检而定）产驹时间明显短于宫颈紧闭母马产驹时间。较快分娩的马驹出生后能更好地适应生存（站立和哺乳更快）。诱导分娩前在子宫颈部位使用前列腺素E_2（PGE_2）可促使宫颈松弛，发现用PGE_2处理马和生理盐水处理马之间的产驹时间没有不同，但是PGE_2处理马比生理盐水处理马在同样诱导条件下宫颈扩张程度更大，马驹吮乳时间更早。作者对几匹马在宫颈处注射PGE_1类似物米索前列腺醇（400～600μg）进行诱导流产和诱导分娩，都获得成功。米索前列腺醇片可快速溶解到无菌用水中，而且溶液能和无菌润滑剂混合后形成凝胶。作者在诱导分娩前

2～4h，将米索前列腺醇凝胶混合物用合格的输精管输入到子宫颈中部，有助于促进宫颈的成熟。

二、诱导方法

多种药物和方法均可用于诱导母马分娩，包括注射糖皮质激素、前列腺素和缩宫素。

（一）糖皮质激素

糖皮质激素的疗效有限，而且需要大剂量注射多天才能启动分娩。然而，妊娠正常母马从怀孕的 315d 开始连续 3d 肌内注射或静脉注射 100mg 地塞米松（相似的诱导方案），不仅缩短妊娠期，而且可产下成熟的马驹。这个方案可促使胎儿较早成熟和分娩，从而可用于挽救那些高风险妊娠母马。然而，应用地塞米松诱导产驹后，一些马驹需要补充初乳，以此弥补母马初乳的不足。

（二）前列腺素

无论天然的还是合成的前列腺素，均能引起母马子宫肌层的强力收缩而用于诱导分娩。然而，天然的前列腺素（$PGF_{2\alpha}$）并不是一个可靠的诱导分娩药物，原因有 2 个：首先，使用后会产生很多并发症，包括胎盘过早分离、难产和马驹四肢的断裂等；第二，和注射缩宫素相比较，从给药到胎儿产出的时间间隔太长。氯前列烯醇，一种现成可用的合成前列腺素，是用于母马诱导分娩的常备药物。

（三）缩宫素

缩宫素是广泛用于诱导分娩的药物，它能快速发挥作用，给母马注射后 15～90min 即可产下马驹。关于应用缩宫素诱导分娩的使用方法和剂量的报道很多，包括单一剂量快速注射缩宫素（2.5～120U，静脉、肌内或皮下注射），间隔 15～20min 重复注射缩宫素（2.5～20U，静脉、肌内或皮下注射），和连续静脉注射缩宫素（60～120U 缩宫素加入 1L 生理盐水中，按照 1U/min 给药）。缩宫素的给药方法对马驹的活力几乎没有影响。

更多的近期研究表明，应用非常低剂量（2.5～10U，静脉注射）缩宫素就能诱导分娩，该剂量和生理性分娩的剂量更接近。基于这种低剂量缩宫素就能启动生理上已准备好产驹的母马诱发分娩，进行如下研究：对妊娠超过 320d 的母马乳汁中钙浓度至少达到 8mmol/dL（32mg/dL）在夜间静脉注射 2.5U 缩宫素 1 次。在注射缩宫素 1h 内母马不产驹，认为是母马生理上还未准备好分娩，需要额外追加缩宫素（2.5U，静脉注射），每天晚上 1 次，直到产驹。17 匹母马中的 14 匹母马（82%）在第 1 次注射缩宫素后产驹，1 匹马在注射缩宫素第 2 天产驹和 2 匹马在第 3 天产驹。在 1 个牧场 350 匹母马的研究中，1/2 母马让其自发产驹，其余的母马注射缩宫素（3.5U，静脉注射，每 24h 1 次），处理一次后乳汁中钙浓度已经达到最小值（按照 Foal Watch，

Chemetrics Inc.，Calverton，VA. 的说明）200mg/L（实际上相当于 560mg/L 钙）。大部分（69%）母马在注射后 120min 内产驹，但是仅仅 51%母马在注射后的第 1 天产驹。所有分娩的马驹临床检查均正常。治疗组和对照组发生难产的母马数量相似（n 分别为 2 和 3）。如果使用这种诱导技术，母马必须要在注射缩宫素后连续密切观察，确保及时助产，尤其对超过预期时间 2h 的产驹母马更应密切观察。

作者最近对一小群矮种马应用低剂量缩宫素进行诱导分娩，诱导分娩的确切时间少于 1h。根据前期记录的妊娠期长短、乳腺发育情况和乳汁中钙离子浓度等资料来选择合适的母马，所有选择的母马在诱导前通过阴道进行宫颈指检。大部分母马在诱导分娩前已有一定程度的宫颈松软。给母马注射缩宫素（5U，肌内注射）后，将其圈到 1 个大的牧场或产驹舍内，不限制母马的自由。如果在第 1 次注射缩宫素后 25min 内尿膜绒毛膜还没有破裂，进行宫颈检查并评估宫颈扩张程度和胎位情况，然后注射第 2 次缩宫素（5U，静脉注射）。应用该方案，在第 2 次注射缩宫素后，尿膜绒毛膜破裂时间缩短（平均时间 8min），马驹在 1h 内或少于 1h 产出（平均时间 48min）。该应用缩宫素的方案是先肌内注射，随之静脉注射，能让已经准备好分娩的母马及时可靠地产出马驹。

三、诱导产驹的特别注意事项

尽管诱导分娩从便利的立场而言十分具有吸引力，但是可能带来严重的后果。和开头所说一样，预测母马诱导分娩的最佳时机仍然是一个不太精准的科学。因为母马妊娠期的长短、乳腺的发育和乳腺分泌的电解质浓度以及宫颈松软程度等每一单独指标都不能准确地预测胎儿是否已经准备就绪，因此，应该假设任何诱导产驹都可能会发生异常，直到诱导成功才可证明不是那样。大部分诱导分娩会缩短分娩第一阶段时间，推断诱导分娩的马驹在分娩过程中要经历一个较高程度的缺氧过程。分娩过程中缺氧可能在马驹产出后并不会马上表现出不适，但是助产人员应细心观察 48h，确保马驹能充分站立和哺乳。出生后 8～24h 测定马驹免疫球蛋白水平也十分必要，目的是对哺乳时间晚的马驹及时采取必要的预防性保护措施（口服初乳或血浆）。在某些情况下，预防性注射抗生素也很有益处。

四、结论

多种因素会影响到母马诱导分娩的成功。胎儿已准备就绪分娩对于马驹出生后的存活至关重要。诱导分娩前乳汁中电解质的变化可以预测胎儿的成熟度。宫颈的松软度有利于分娩，而且可提高产后新生驹的活力。目前，缩宫素是诱导母马分娩的可选药物。缩宫素的给药方式并不影响出生后新生驹的活力。低剂量的缩宫素可高效地诱导母马分娩，特别是对那些接近自然产驹的母马更是如此。

推荐阅读

Alm CC，Sullivan J，First NL. Dexamethasone induced parturition in the mare. J Animal Sci，1972，35：1115.

Brindley BA，Sokol RJ. Induction and augmentation of labor：basis and methods for current practice. Obstet Gynecol Surv，1988，43：731-740.

Camillo F，Marmorini P，Romagnoli S，et al. Clinical studies on daily low dose oxytocin in mares at term. Equine Vet J，2000，32：307-310.

Jeffcott LB，Rossdale P. A critical review of current methods for induction of parturition in the mare. Equine Vet J，1977，9：208-215.

Liggins GC. Adrenocortical-related maturational events in the fetus. Am J Obstet Gynecol，1976，126：931-939.

Macpherson mL，Chaffin MK，Carroll GL，et al. Three methods of oxytocin-induced parturition and their effects on foals. J Am Vet Med Assoc，1997，210：799-803.

Nie GJ，Barnes AJ. Use of prostaglandin E-1 to induce cervical relaxation in a maiden mare with post breeding endometritis. Equine Vet Educ，2003，15：172-174.

Ousey JC，Dudan F，Rossdale PD. Preliminary studies of mammary secretions in the mare to assess fetal readiness for birth. Equine Vet J，1984，16：259-263.

Ousey JC，Kolling M，Allen WR. The effects of maternal dexamethasone treatment on gestation length and foal maturation in Thoroughbred mares. Animal Reprod Sci，2006，94：436-438.

Pashen RL. Low doses of oxytocin can induce foaling at term. Equine Vet J，1980，12：85-87.

Peaker M，Rossdale PD，Forsyth IA，Falk M. Changes in mammary development and composition of secretion during late pregnancy in the mare. J Reprod Fertil Suppl，1979，27：555-561.

Purvis AD. The induction of labor in mares as a routine breeding farm procedure. In：Proceedings of the American Association of Equine Practitioners，1977：145-160.

Rigby S，Love C，Carpenter K，et al. Use of prostaglandin E-2 to ripen the cervix of the mare prior to induction of parturition. Theriogenology，1998，50：897-904.

Rossdale PD，Ousey JC，Cottrill CM，et al. Effects of placental pathology on maternal plasma progestagen and mammary secretion calcium concentrations and on neonatal adrenocortical function in the horse. J Reprod Fert，1991：579-590.

Villani M，Romano G. Induction of parturition with daily low-dose oxytocin injections in pregnant mares at term：Clinical applications and limitations. Reprod Domest Anim，2008，43：481-483.

（赵树臣　译）

第 170 章　野外难产的处理

Oliver D. Pynn

难产或分娩困难是马兽医所面对的真正意义上的紧急情况，必须要高效处理难产，保证马驹和母马的存活，以及保证母马后期正常的繁殖。引起难产最常见原因是胎儿先露（胎儿先进入阴道部分）部位异常、胎位（胎儿脊柱和母体骨盆的关系）异常或胎势（胎儿四肢及身体间的关系）异常，但是胎儿过大，或者母体方面因素，如骨盆异常或子宫迟缓等，也可导致难产。很多已有的报道称难产的发生率大约是所有出生数的 4%～10%。难产发生后，应该有条理地进行处理，以尽可能快地救助胎儿为目标，并且将母马的并发症降低到最低。

助产者必须要清楚母马正常产驹的时序和过程。分娩时最重要的第二阶段（即从尿膜绒毛膜破裂到胎儿产出结束）大约需要 20min。母马分娩出现困难的 2 个关键标志为：一是从分娩第二阶段发起 5min 后，羊膜或胎儿身体的任何部分似乎停留在阴门内没有进展；二是母马的分娩过程停止。显而易见，胎儿任何部分在阴门处出现异常，助产者都要马上进行检查。如果助产者不能及时发现难产，可能导致胎儿嵌入骨盆腔而增加矫正的困难。在分娩第二阶段拖延超过 30～40min，产出胎儿的不健康数量和死亡率将显著增加。如果尿膜绒毛膜不破裂则可见一个“红袋子”先露出阴门外，这是由于胎盘大面积的分离而引起胎儿缺氧所致，此时助产者应该马上撕破胎膜，而且帮助马驹产出。

一、诊断

对 1 匹已经发生难产的马进行彻底的全身检查通常不太切合实际，尤其当母马已经侧卧准备分娩的时候更是如此。然而，对母马是否发生休克和出血征兆进行快速评估则非常重要。了解其简短的病史也很关键，包括询问预产期和发生难产后这段时间内母马产驹的情况。临床检查过程中要加强对产驹母马的护理，因为它们此时更暴躁和易发生意外。在 1 个大的产驹舍进行检查比较合适，并且最好用鼻夹对母马进行适当保定，也可以用甲苯噻嗪（0.5mg/kg，静脉注射）和布托啡诺（0.02mg/kg，静脉注射）配合对母马进行镇静处理。因为镇静剂会通过胎盘血液循环进入胎儿体内，而且也会降低胎盘血流，所以，可能会导致胎儿低血氧。因此，因为甲苯噻嗪的短效作用，它比其他的任何 α_2受体激动剂更好。硬膜外麻醉虽然能达到会阴部麻醉的效果并减少张力，但是麻醉过程耗时长，且易导致后肢发软和共济失调。这种情况下，如果要把硬膜外麻醉后的马转移到外科设施上可能有困难。然而，硬膜外麻醉适合野外分娩时的救援，尤其适合马驹已经死掉的时候。硬膜外注射，可以使用甲苯噻嗪（0.17mg/kg）和甲哌卡因（0.15mg/kg）混合物，可以将两者按比例加入无菌生理盐水中，配制成10mL容量（如1mL 10%甲苯噻嗪，4mL 2%甲哌卡因和5mL生理盐水），然后可根据马的体重进行具体溶液容积的调整，但是10mL配制好的溶液适用于550kg的马。

在进行阴门和阴道检查前，应该将母马尾巴包裹起来，并彻底清洗干净会阴部。尽管在难产这种情况下时间非常宝贵，但是高水平的卫生要求怎么强调都不过分。助产者的手和胳膊也应清洗干净，而且要戴上长臂直检手套，这样能减少粗糙对子宫、子宫颈和阴道的摩擦损害。并且在直检手套外再套上1副外科手术手套，让助产者能有较好的手感和紧握度。为了更好地进行检查，可诱导子宫松弛。也可给予克仑特罗（0.8μg/mg，静脉注射扩张子宫）。另外，也要应用大剂量的润滑剂润滑产道，可以通过消毒的胃管和泵缓慢将水和润滑剂混合物注入子宫内。难产救助中最重要的环节是确定胎势、胎位、胎儿的先露、胎儿相对于母马骨盆腔的大小和胎儿的死活。因为母马子宫腔空间的大小对胎儿体格大小的影响程度要明显强于公马体格对胎儿的影响，所以马发生胎儿过大的情况并不常见。然而有时仍然可以见到由于胎儿相对过大引起的难产，特别是处女马较多见。确定胎儿的死活和诊断时机有关。当胎儿反射已经迟钝，确定胎儿死活则比较困难，尤其胎儿已经嵌入到骨盆腔内的时候就更难确定。如果通过触诊胎儿胸部不能探测到胎儿的心跳，在这种情况下，可使用3.5MHz探头经腹部进行超声检查确定胎儿的死活。

难产发生后通常采取下面的方法进行助产处理：①辅助阴道分娩，母马可站立或侧躺下进行助产；②控制阴道分娩（controlled vaginal delivery，CVD），需要将母马短暂麻醉后帮助胎儿产出；③截胎术，将死胎分成多块取出；④剖腹产术，通过外科手术将胎儿从子宫内移出。助产时争取时间特别重要，而且快速做出难产的救助方案也至关重要。采用哪种助产方法必须要综合考虑马主人的经济状况、母马或胎儿的价值取向、临床医生的经验、是否接近好的外科中心和新生驹重症监护室等情况。任何难产发生后优先考虑的是辅助阴道分娩，因为这不需要全身麻醉和外科手术，而全身麻醉和外科手术可能给母马和马驹带来潜在风险。然而，阴道内进行助产操作非常困难，原因是骨盆腔内空间有限和马驹四肢过长，以及助产时过度的反复刺激产道，导致母马生殖道的损伤，甚至危害到母马将来的生殖健康。

（一）胎位异常

胎儿上下颠倒的胎位不正（即下胎位）是最常见状况，通常是由于产驹过程中胎儿旋转成正常胎位的时间延迟所致。发生这种情况后，经常通过让母马反复起立和卧下的方式进行自我矫正，但是如果需要援助，可对胎儿前肩加压而促进矫正。当胎儿出现下胎位的时候，还要考虑是否发生子宫扭转，尽管子宫扭转很少发生。可以通过直肠检查子宫阔韧带来诊断是否发生子宫扭转。大部分胎位异常的病例，只要通过子宫颈抓住胎儿的腹外侧，反复摇摆胎儿进行矫正，直到将胎儿和子宫翻转成正确的胎位。

（二）胎势异常

足颈背姿势表现为胎儿一侧或双侧前肢搁置在它的头上，如果不加矫正，可能导致阴道背侧面受伤，甚至引起直肠阴道瘘，或者引起3度的撕裂。矫正相对容易，首先将胎儿推回腹腔后，然后重新将胎儿的前肢矫正到正常的位置。

当胎儿肘部嵌入骨盆前缘下方时即发生肘部卡住。这时候应将胎儿向后推退，牵拉胎儿异常前肢的背侧和中间部位，让该前肢从骨盆前缘下方拉伸出来，然后充分牵拉并矫正该前肢。

腕关节屈曲发生于单侧或双侧，而且很可能在阴唇部看不见单侧或双侧的前肢。这时候必须要将胎儿推退后进行矫正。先将产科绳系在球节和蹄部的中间并保证系牢靠，以便后期对该肢进行牵拉处理。然后将屈曲的腕关节向外侧旁推回，让蹄部能在内侧被矫正到正常的位置。助产者的手应该在矫正过程中将胎儿的脚弯成杯状保护子宫不受损伤。如果矫正困难，应考虑胎儿发生腕骨挛缩。该病是马胎儿最常见的先天性缺陷，而且通常发生在双侧。如果不截胎而让这种胎儿通过阴道产出，那么导致生殖道严重受伤的风险很高。

头颈侧弯是胎儿的头颈部向腹部旁侧的横向弯曲或向腹下的弯曲。有时候活胎为了躲避助产者在阴道内的救助操作，从而收缩其头部而引起头颈侧弯。为了避免这种情况的发生，在发起助产操作前就将产科绳通过胎儿的嘴并套放到胎儿头上部。头颈发生腹下弯曲时，头部通常弯曲到骨盆入口下方，但是弯曲的深度变化很大。如果马驹向下弯曲的下巴能被套住，可以将胎头推回，然后再将头带上来。在此操作过程中必须要小心，避免马驹发生下颌骨骨折。如果发生头和颈部腹下弯曲并伴发两侧腕关节屈曲，此时应先矫正头颈部的异常姿势，然后再矫正前肢的异常。发生头颈部的横向侧弯时，矫正更为困难。依作者的经验，此时进行CVD比不麻醉下进行持久的助产操作更有价值。一些很难矫正的头颈侧弯病例应考虑是否发生颈部扭曲畸形。

犬坐样或垂直胎势发生于一侧或很少见的双侧后肢被卡到骨盆入口边缘处的胎儿下方，导致一侧或双侧臀部的屈曲。这种情况通常表现为初期产驹过程看似正常，实际上胎儿大约胸部位置已经产出时，分娩过程却突然没有进展。因为脐带被挤压很快会导致胎儿缺氧和死亡。发生这种情况，母马经常表现极端惊恐烦躁，必须要对其进行镇静。如果马驹仍然活着，在进行助产操作之前应该考虑进行产期宫外处置（ex-utero intrapartum treatment，EXIT）（见后）。在马驹四周和屁股侧注入大量润滑剂的帮助下，有时能在骨盆入口边缘处触及发生异常胎势的后肢，这样就可能将胎儿推退回去，然后再牵引胎儿，也可以将胎儿恢复到正常胎势而经阴道产出。助产时经常要采取控制阴道分娩，尤其准备对胎儿实施高强度的牵引和胎儿已经嵌入到骨盆腔内的情况，多采取控制阴道分娩。这种胎势常常导致母马子宫颈下侧部受伤。

坐骨前置的发生率非常低。然而，当发生以后，往往由于脐带早期受到挤压或胎盘分离，进而继发缺氧，导致胎儿不健全或死亡。如果后肢前置，通常轻度的牵引即可将胎儿恢复到正常的胎势而通过阴道分娩。当脐带受到挤压胎儿十分危险，必须快速进行助产防止胎儿缺氧。发生肘关节屈曲和臀部屈曲时，甚至使用CVD技术也难以矫正，因此，对母子来说剖腹产或许是最佳选择。同样提到的还有横向胎位，更是很少发生，腹横向表现为垂直产道的四肢同时出现在阴唇处（图170-1），这种情况必须要和稀有发生的双胞胎产驹区分开来。

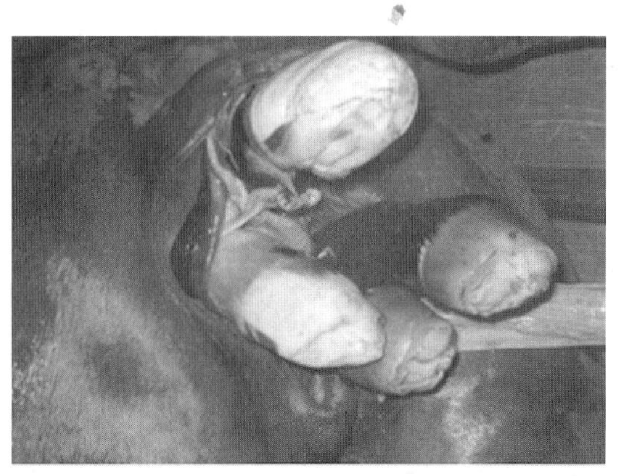

图 170-1　马发生腹横向难产图片

在阴唇部位可见四肢露出

二、治疗

（一）辅助阴道分娩

在尝试助产操作之前，往往首要操作是将胎儿推回到子宫内。镇静，静脉注射克仑特罗，以及将温水和润滑剂注入子宫都能促进分娩。作者是将1L含羧甲基纤维素钠的润滑剂混合到10L温水中注入子宫内。关于子宫内注入润滑剂的一个更极端版本是这样描述的：子宫内充满水，让胎儿“漂浮”在子宫内，有助于分娩时助产操作。

一般情况下，如果一种分娩助产方法进行15min仍没有进展的话，就应该考虑另一个方法，如截胎术、CVD或剖腹产术。如果助产方法很成功，而且胎儿也呈现正常的上胎位，术者应该配合母马的努责，小心地牵引胎儿。产科绳应该套在球节上方后打结，并在关节下端打成双套结后系紧前肢或后肢。牵引胎儿头部的绳子不是用来牵拉胎儿，而仅用来定位。

难产发生后，胎衣不下和子宫脱出的发生率也较高。为了预防胎衣不下的发生，应小心地系住胎膜，然后给予低剂量缩宫素（如20U，肌内注射）。为了尽可能降低子宫脱出的发生，应该通过阴道触诊子宫，确定双侧的子宫角没有发生内陷，因为内陷的子宫如果不加以矫正，很易发展成子宫脱出。

（二）产时宫外处置（EXIT方案）

如果胎儿的头已伸出到阴唇外且胎儿仍活着，这时应考虑给胎儿插入鼻气管插管（图170-2）。在这种情况下，可能胎盘已经分离或脐带受到挤压，胎儿发生双肩屈曲或犬坐样难产。鼻气管插管可让胎儿缺氧状态降到最低，而且能维持胎儿的存活，直到其经阴道产出或经剖腹产产出。一般的良种马胎儿适合用长55cm带气囊的33号气管插管。插管在导入鼻腹部后到达勺状软骨部位时，应旋转方向插入气管内。作者发现将胎儿头盖骨固定好，保持胎儿背卧位的状态下，用一只手轻轻抓住胎儿喉区的喉头，就易于插入鼻气管插管。当插管前进过程中，触诊邻近食道部位，防止插错位置而进入食道。插管应尽可能插入的深一些，因为当转移母马或进行难产矫正的时候，插管很容易移出。当插好气管插管后，注入10～20mL空气使气囊充盈起来，然后将气管插管和一个自动充气复苏包连接起来保证通气。如果使用氧气，也可以将气管插管和氧气接口相连接。推荐呼吸频率为10～20次/min。一旦插管成功，必须保证连续不间断地通气，直到胎儿产出为止。

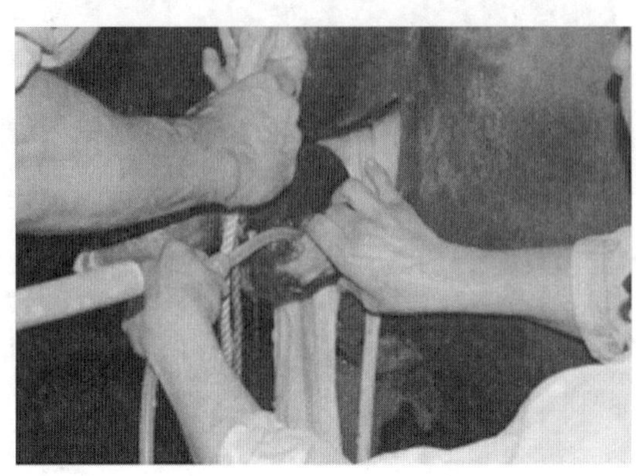

图170-2 正在进行的产时宫外处置（EXIT方案），为胎儿插入鼻气管插管准备吸氧设备

（三）受控阴道分娩（CVD）

当胎儿发生胎势异常，并且在短时间内不能轻易被矫正的时候，特别是子宫收缩强烈而助产操作空间不充足的情况下，有必要使用短效全身麻醉药。如果在兽医院进行助产，当胎儿还活着而产程不超过15min，这时候就应该对母马进行全身麻醉，快速准备剖腹产。然而，如果当地医院设施不完善，或由于经济原因及母马不能被运输等情况，就要在牧场应用CVD技术。用甲苯噻嗪（0.5～1mg/kg，静脉注射）镇静后，氯胺酮（2.2mg/kg，静脉注射）和地西泮（0.08mg/kg，静脉注射）配合使用，保证高效麻醉，而且根据需要，可用小剂量的氯胺酮（100～200mg，静脉注射）来延长麻醉时间。尽管时间十分宝贵，但是在全身麻醉诱导前，应先安插短期导管。首先在后肢球节和蹄之间系好绳子，然后将母马后躯吊起来，让骨盆离地60cm高，这样容易推退胎儿，从而提供较大的空间利于助产操作。矫正胎儿后，将母马放回到地面上，让母马侧卧分娩。牵拉胎儿的力量有2～3个人即可，而且应该在胎儿四周注入大量润滑剂预防产道损伤。如果胎儿臀部位置被卡住，考虑交替牵拉胎儿两后肢进行助产。当在农场实施CVD，必须采取特殊护理，提供一个安静环境，并保证有一舒适的地方让母马康复。在水泥地面铺上稻草作为产床是不切实际的，尤其对那些可能已有严重神经损伤的母马，或发生后肢轻瘫及共济失调的母马更是不合适（图170-3），母马很可能在恢复过程中受伤。

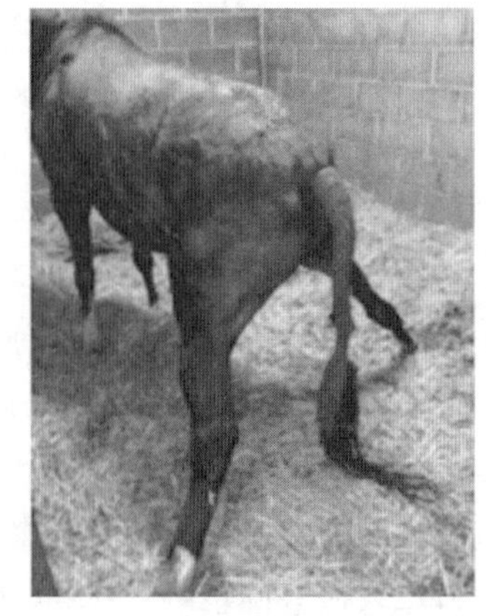

图170-3 产后母马后肢神经损伤的站姿

（四）截胎术

如果胎儿已经死亡，而且经 3 次以内的截胎可以将胎儿拉出时，应考虑截胎术。截胎术通常需要对母马镇静，也可采用硬膜外麻醉，母马通常采取站立保定，由经验丰富的兽医师使用合适的器械进行截胎。如处理得当，应用截胎术的成功率很高，并不影响母马将来的繁殖，也避免了昂贵的外科花费。然而，子宫颈和阴道存在受伤的风险，尤其是在不得已的情况下实施截胎操作，这样的话，可能导致永久性不育。关于截胎的详细描述别处另有介绍，将不在本处详细讨论。

（五）剖腹产术

剖腹产通常需要在医院进行。当决定马上要进行外科手术的时候，对母马和胎儿可能是最好的结局。剖腹产适用证：辅助阴道分娩和 CVD 仍不能顺利产出胎儿；认定的胎势和胎向太复杂而需要立即剖腹手术；胎儿过大；胎儿畸形不能从阴道产出等。如果不能使用医院的设施，在牧场也可以进行腹部侧切的剖腹产。在牧场更常见的是终端剖腹产，也就是对母马用地西泮和氯胺酮麻醉后，当胎儿产出后即对母马实施安乐死。采用低位侧切通路时，切开母体皮肤和肌肉层，然后避开胎儿的四肢，小心地切开子宫将胎儿取出。对于接近足月的母马，或者发生胃肠破裂或肠管脱出等预后很差且接近足月的孕马，均可应用剖腹产术成功取出胎儿。对于这些病例，不管哪种难产，抢救新生马驹是必需的，而且要有现成可用的复苏设施。

推荐阅读

Collins NM，Axon JE，Palmer JE. Resuscitation (foal and birth) . In：McKinnon O，Squires EL，Vaala WE，Varner DD，eds. Equine Reproduction. 2nd ed. Ames，IA：Wiley-Blackwell，2011：128-135.

Frazer G. Dystocia management. In：McKinnon O，Squires EL，Vaala WE，Varner DD，eds. Equine Reproduction. 2nd ed. Ames，IA：Wiley-Blackwell，2011：2479-2496.

Frazer G. Fetotomy. In：McKinnon O，Squires EL，Vaala WE，Varner DD，eds. Equine Reproduction. 2nd ed. Ames，IA：Wiley-Blackwell，2011：2497-2504.

McCue PM，Ferris A. Parturition，dystocia and foal survival：a retrospective study of 1047 births. Equine Vet J，2012，44 (Suppl 41)：22-25.

（赵树臣　译）

第 171 章　胎膜滞留

Philippa O'Brien

马胎膜由尿膜绒毛膜、羊膜和脐带组成，通常在产驹后的第三产程中随着子宫的收缩而在 90min 内将胎膜排出，常伴发短暂的腹痛症状。

胎膜滞留（Retention of the fetal membranes，RFM）或“胎盘滞留”的定义是：部分或全部尿膜绒毛膜未能排出体外，是马产后最常见疾病。如果胎膜在产驹后的 3h 内没有完全排出，大部分临床兽医就认定为胎膜滞留。这时候兽医就应认真对待了，因为治疗的推迟可能会引起致命的后果，包括中毒性子宫炎和蹄叶炎。

据报道，在所有品种马匹中，胎膜滞留的发生率为 2%～10%，但是在役用马匹可升高到 54%。和其他动物相比较，马的 RFM 发生率较高，牛胎膜滞留的发生率报道为 4%～8%，而妇女不足 3%。尽管一些马在正常分娩和产驹后可能发生 RFM，但是下列情况发生胎膜滞留的风险更高，包括难产、剖腹产、诱导分娩、流产、早产、尿囊积水、老龄、羊茅草中毒和胎盘炎。曾经具有胎膜滞留病史的马也易再次发生。

治疗马的 RFM 主要目标是让胎膜全部排出或移除，同时防止子宫炎和内毒血症的发生，避免损伤子宫内膜而保证母马将来的繁育能力。早期进行积极治疗能预防危及生命的并发症的发生和减少马主人过多的经济损失。

一、病理生理学

马胎盘类型是弥散型、微子叶、上皮样绒毛膜胎盘。大约妊娠 40d 开始形成微绒毛，最后形成微子叶。绒毛膜上含血管丰富的微绒毛和子宫内膜隐窝相互交叉接触，从而增大接触表面积而利于交换营养。

马驹产出后，脐带被撕断，此时尿膜绒毛膜就开始和子宫脱离，原因是脐带断裂后导致胎盘血管萎缩和随后微绒毛收缩，促使它们从子宫内膜隐窝内滑出。同时，母体释放缩宫素，促使子宫从子宫角为起始点节律性地向开张的子宫颈方向收缩。胎膜进入宫颈管内会引起腹壁紧张，这过程常常伴发短暂的疼痛表现。此时，护理马驹的人员必须警惕，确保母马不要由于其不适而在打滚或踢腹时不经意地伤害到马驹。

微绒毛和子宫内膜隐窝相分离是从孕角开始，子宫的内卷收缩和母马的努责能促进胎膜的分离和排出。脱离开子宫内膜的尿膜绒毛膜然后内陷，并穿过破裂的子宫颈星状部位。当胎膜通过开放的阴门后，悬挂于阴门外的胎膜不断增加重力，促进非孕角胎膜排出。正常情况下，尿膜绒毛膜连同其最外面光滑明亮的尿膜、脐带残端及相

连的羊膜一起完整地排出子宫。

发生胎膜滞留的原因仍然没有完全阐明。调查表明，胎膜滞留和子宫收缩乏力、激素失衡密切相关，因为注射外源性缩宫素可治疗许多马的胎膜滞留。

虽然宫缩乏力的母马易发胎膜滞留，但是产后母马子宫不收缩就更为严重，这种情况的母马并不表现常见的轻度疝痛等临床症状。宫缩乏力可能是由于低血钙、子宫肌层过度拉伸（如继发双胎妊娠后或尿水过多）、难产引起子宫肌层收缩衰竭以及高龄母马产驹等引起。在一项对重挽马的研究中发现，发生 RFM 母马血清钙浓度低于未发生 RFM 母马血清钙浓度，尽管在那个报告中没有测定钙离子的生理活性浓度，但是上述结果也能说明一定问题。

最近出版的资料显示：90 匹患有胎膜滞留的重挽马尿膜绒毛膜黏附在子宫内膜比宫缩乏力更为常见，RFM 患马中黏附发生率占 88%，相比而言，由宫缩乏力引起的胎膜滞留仅占 5.5%。而且黏附病马的尿膜绒毛膜和子宫内膜的组织学也出现异常，最常见的组织学变化是微绒毛固有层纤维化和结缔组织粘连。这些结果表明，重挽马发生 RFM 主要是由于胎盘粘连，子宫收缩乏力是一个相对较小的因素；这一结论需要通过和其他品种马的调查结果相比较才能成立。

子宫内膜腺体周围纤维化可能是由于 RFM 自身发展的结果，也可能是由于后期移除胎膜过程中过度牵拉所致；通过纤维化的程度可预判母马反复发生 RFM 的可能性，而且可预判一些病例将来的繁殖力。

临床上关于 RFM 最常见的情形为未孕角末端的尿膜绒毛膜和子宫内膜紧密黏附在一起。发生这种情况可能和两侧子宫角处微绒毛的形态不同有关：孕角和未孕角相比，孕角发生水肿严重且子宫壁较厚，微绒毛短而钝，交错连接部分较少，分离更容易。临床观察发现，在残留的胎膜排出时，未孕角细薄的尿膜绒毛膜末端最可能被撕断而残留在子宫内（图 171-1）。

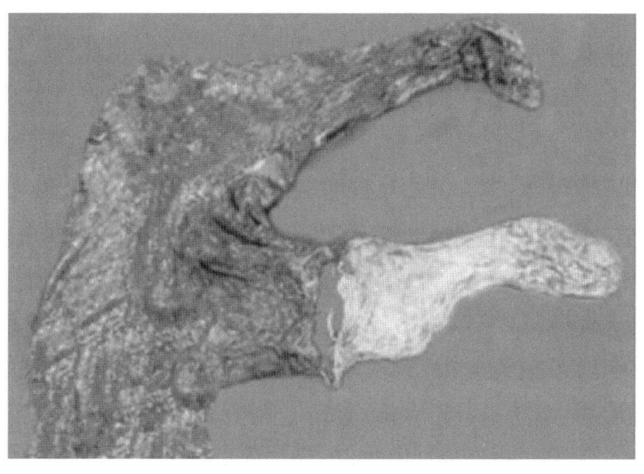

图 171-1 表面显露绒毛的尿膜绒毛膜，显示已分开的非孕角，它是后期被发现且已发生自溶

（图片由纽马克特市 Beaufort Cottage 实验室 Alastair Foote 提供）

马发生难产和剖腹产后极易导致 RFM 的发生，一部分是因为此时更容易导致子宫收缩乏力，另外，也可能是因为助产操作引起子宫内膜发生炎症和出血，进而更容易引起绒毛膜发生粘连。诱导分娩、早产或流产等情况也增加母马发生 RFM 的风险。这可能和胎盘组织的成熟过程发生异常，以及和妊娠末期激素变化有关。

二、中毒性子宫炎和蹄叶炎综合征

到目前为止，发生 RFM 后最严重并发症是发展成中毒性子宫炎。由于残留在子宫内的部分尿膜绒毛膜发生自溶，或者由于残留在子宫内膜隐窝内的微绒毛作为感染灶而发展成急性子宫炎。自溶后的物质为产驹时侵入的细菌快速增殖提供理想的生存环境。易感马在产驹后 6h，细菌就侵入子宫内膜开始增殖。最常分离培养的病原体是链球菌属兽疫链球菌、大肠杆菌、绿脓假单胞菌和克雷伯氏肺炎杆菌，偶尔如拟杆菌等厌氧菌也曾分离到。革兰氏阴性菌产生的毒素能引起子宫内膜炎症、子宫内液体积聚和子宫净化的推迟。发炎的子宫内膜变得更脆弱，毒素更易吸收进入机体而引起内毒血症，随后引发蹄叶炎。尽管其准确机制仍不清楚，但是人们认为毒素吸收进入全身循环系统而导致促凝血状态和产生血管活性介质，从而影响蹄部微循环。目前，研究者们仍在细胞水平对蹄部骨板层进行什么因素促使其发病的深入研究。这些已发展为蹄叶炎的患马往往症状很严重且易危及生命。

三、诊断

母马产驹后在阴唇部可见垂脱的胎膜（图 171-2），或者马主人或护理马驹人员发现并不是所有的胎膜被全部排出，就可做出诊断。许多病例表现为尿膜绒毛膜的一部分（通常是非孕角末端）滞留，如果不进行彻底的胎盘完整性检查，这种情况很容易被忽视。这些马在产驹后 24～48h 就表现出临床症状，流出暗黑色、恶臭的阴道分泌物，并有内毒血症征候，包括精神沉郁、食欲不振、发热、产奶量降低、心跳过快和黏膜充血等。

临床发现不同的马对 RFM 的反应有明显的不同。已知有些马（通常是轻型马和小马）在产驹后几天才排出胎膜，期间虽然也不进行治疗，但也不表现明显的毒害影响。而有些马则很快暴发子宫炎、内毒血症和致命的蹄叶炎——重挽马和那些难产后经助产的马匹似乎具有更高的风险。

如果胎膜已经排出，很有必要进行彻底的检查确定排出胎膜的完整性。通常来说，尿膜绒毛膜呈现 F 形状（图 171-3），在基部是破裂的子宫颈星状位置和 2 个胳膊状的角（孕角是较长的上臂）。脐带位于孕角基部，上面有羊膜残端附着。如果尿膜绒毛膜已经被撕破，应尽可能调整血管位置将胎膜拼凑到一起来检查胎膜的完整性。首先检查蓝灰色有光泽的尿膜表面，特别注意角的末端，孕角常常水肿而未孕角较细且褶曲。然后将尿膜绒毛膜从破口部位翻转过来暴露出红色的、柔软的绒毛膜表面，留意不规则的瘢痕区或增厚区域的完整性。偶尔因为胎膜被践踏或损坏太严重而不能确定其完整性，在这种情况下，将母马假定为有部分胎膜滞留，并应对其采取相应治疗措施。

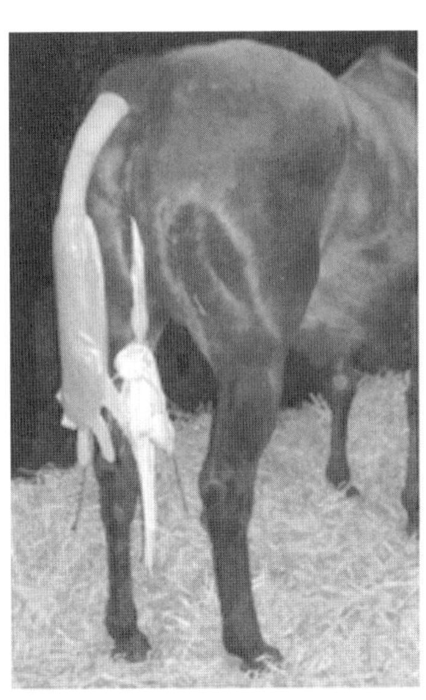

图 171-2 如何保护滞留的胎膜，防止被践踏
（照片由 Emily Haggett 提供）

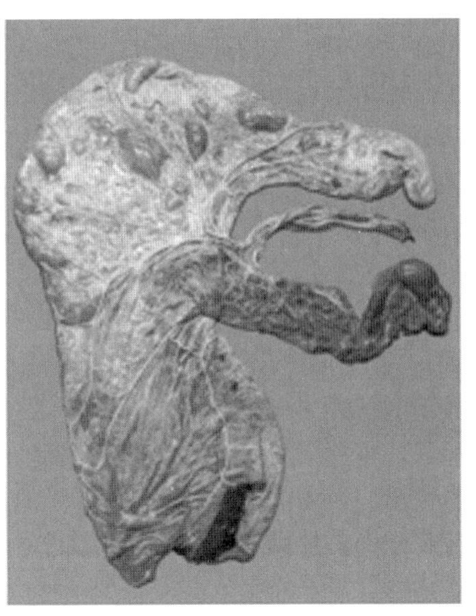

图 171-3 完整的尿膜绒毛膜，包括暴露的尿囊，摆列成一 F 型来评估其完整性
（图片由纽马克特市 Beaufort Cottage 实验室 Alastair Foote 提供）

根据母马产驹后临床检查时间，以及是否具有子宫炎或内毒血症的症状，确定是否要增加更多的检查项目。通过直肠触诊子宫可确定子宫的质地和复原的程度，当胎膜滞留时子宫质地和复原程度都会降低。通过直肠超声检查可评估子宫腔内液体的量，也可以发现尿膜绒毛膜残片。收集子宫内膜拭子进行细菌学检查和培养，对于指导后期治疗十分有益；当培养结果还没有出来前，兽医就应该应用广谱抗生素进行积极治疗。如果病马已表现出明显的内毒血症症状时，应采集血样进行全面的血细胞计数和生化检查。

任何患 RFM 母马在接受治疗期间，每天都应密切监测内毒血症和蹄叶炎症状至少 3 次。患有蹄叶炎的马不愿运动、趾端脉搏呈跳跃式波动和蹄部发热。当脚部 X 线摄影显示第三趾末端循环差或积水时，都应引起警惕，而且预后不良。

四、治疗

根据母马的发病史、胎膜滞留时间和是否伴有全身性症状等，采取相应的措施治疗 RFM。对正常产驹后 12h 内发现胎膜仍没有排出的母马，用缩宫素保守疗法可能就足够了。母马在产后早期对缩宫素的效果十分敏感；静脉或肌内注射 10U 就足够，较大剂量的缩宫素可导致子宫肌痉挛和疝痛。作者倾向于肌内注射 10U 作为起始剂量，另外根据需要在 2h 后给予 15～20U 的较高剂量。此后可以让马主人或农场管理人员按照20U的剂量每隔2h注射1次，直到胎膜排出为止。如果母马出现疝痛表现，可以应用地托咪定（0.005mg/kg，静脉注射）和布托啡诺（0.01mg/kg，静脉注射）配合进行轻度镇静，并且在随后的治疗中减少注射缩宫素的剂量。

另外，也可以恒速静脉输注缩宫素（如将60～90U缩宫素加入1L生理盐水中，超过1h输完），这样很少会引起疝痛和子宫肌痉挛。添加钙-镁硼酸葡萄糖溶液（23%钙-镁硼酸葡萄糖溶液200mL加到1L盐水中）也有利于治疗。一个对重挽马发生RFM的研究中，应用缩宫素配合钙-镁硼酸葡萄糖进行治疗比单独在盐水中添加缩宫素进行治疗的效果更好。已经脱出阴门外的胎膜应对其打结，保证让胎膜位于跗关节上方，防止母马踢掉或踩到胎膜，不应该在胎膜上悬挂重物，因为这样可能撕断尿膜绒毛膜。许多无并发症的病马，单独应用缩宫素可能就促使胎膜排出而不需要进一步的处理。

关于进行人工剥离胎膜是否恰当仍然存有争议。过度的牵拉或剥掉和子宫紧密粘连的胎膜，可能引起子宫内膜的严重损伤和出血、尿膜绒毛膜撕裂、子宫角内翻和子宫完全脱出。目前已被广泛接受的观点是：过度的牵拉会导致微绒毛断裂并残留在子宫内膜隐窝内，这样会导致子宫隐窝产生液体量增多，子宫复原差，以及细菌易黏附到自溶的微绒毛上而引发高风险的子宫炎，也可能导致子宫内膜纤维化而降低繁殖力，而且将来更易发生RFM。无论何时，只要尿膜绒毛膜黏附紧密，应该寻求其他治疗方法而不是强硬地剥离胎膜。

然而，对某些病例，在应用缩宫素治疗后，轻轻地牵拉就可以高效地移除滞留的胎膜而不产生不良影响。这个方法的优点是可将胎膜快速移除，避免因为滞留而产生一些毒害作用。操作中应尽力避免子宫受到污染。在剥离胎膜的时候，先将尾巴裹起来并将会阴部清洗干净，用手抓住外面露出的胎膜在旋转的同时轻轻拉拽，避免牵拉脐带。在使用温盐水冲洗并扩张子宫的时候，也可以进行同样的操作。最近的研究表明，在产驹后2h预防性地人工剥离移除胎膜对繁殖力没有不良影响。对所选取的马（如重挽马）产后立即明智地进行预防性移除胎膜是合适的。

对尿膜绒毛膜黏附子宫紧密而应用缩宫素处理并不能成功引起胎膜松脱的病马，可以应用Burn技术。只要尿膜绒毛膜主体顶端到子宫颈星状部位已经松脱，并且能在阴门外或阴道内被术者抓住，这个方法就有效。具体操作方法是将1根消过毒的胃管从已破裂的子宫颈星状部位插入尿膜绒毛膜腔内，然后将尿膜绒毛膜破裂边缘紧紧缠绕到插入的胃管壁上并抓紧，尽可能让尿膜绒毛膜腔密封严实，然后注入10～12L温盐水。现在认为在灌注液体时对子宫肌层的拉伸作用可促使内源性缩宫素的释放，并且促使子宫内膜隐窝扩张而利于微绒毛分离，同时也能引起母马努责而排出胎膜。也可以同时使用低剂量的外源性缩宫素。可以用脐带打结系紧胎膜30min，直到胎膜排出为止。打结通常是多余的，因为绝大多数胎膜在扩张后几分钟就能排出。对于易发胎膜滞留的高风险母马，如那些已发生难产的马，一些临床兽医选择使用Burn技术预防胎膜滞留的发生。这个技术的优点在于没有对子宫内膜表面污染，也没有损伤，且通常非常有效。然而，当胎膜已发生自溶就不适用了，因为液体注入后胎膜很容易撕裂。

也有报道将细菌胶原酶溶液注入脐动脉治疗RFM。迄今为止，这个技术还没有被广泛应用，可能是因为胶原酶不太有效，也可能是因为不完全的灌注导致胎盘部分滞留而

令人担忧。

如果胎膜滞留已超过6h，应冲洗子宫，清除子宫内积聚的感染性液体、胎衣碎片和细菌。冲洗时使用无菌大口径并且其侧壁有一些孔的胃管最佳，因为细的子宫冲洗管很快就被游离的胎膜和碎片堵住。在操作过程中，尽可能保证无菌操作，兽医的手指呈杯状保护好胃管末端穿过子宫颈进入子宫内，操作过程中防止损伤子宫内膜并且防止将胎膜吸入到冲洗管内。用无菌漏斗或洗胃器注入2～3L温热盐水或1%聚维酮碘溶液（淡茶色），回流液收集到单独的容器内。反复冲洗几次，直到回流液相对清亮干净为止。

依据子宫炎的严重程度，冲洗子宫应该每天进行1～2次，直到子宫质地变好且恢复，回收的冲洗回流液清亮干净或淡粉色为止。每次冲洗后肌内注射缩宫素20U。当子宫灌注液体后，有时可发现并取出残留的尿膜绒毛膜碎片。否则，残留组织最终只能自溶后而通过冲洗液将其排出子宫外。对做过剖腹产的母马，应避免冲洗子宫或高度谨慎冲洗，因为冲洗液扩张子宫可能引起液体从子宫切口渗漏，并发生腹膜炎。

如果马会阴部结构差或被撕裂，可进行缝合或钉住等暂时的Caslick手术处理，然后进行子宫冲洗，但防止进一步被细菌污染。

如果母马被限制在厩舍内或处在一个高度污染的环境中，极易发生子宫炎，因为子宫防御机制被快速繁殖的细菌打垮了。因此，只要母马没有蹄叶炎症状，应该鼓励让母马进行轻度运动，帮助子宫净化和复原。比较理想的措施是腾出一个小的围场让母马运动，但是如果不能达到这个条件，牵遛和反复冲洗子宫就必不可少。

如果马胎膜滞留时间超过12h（如果怀疑子宫污染程度严重则应提前），就应开始注射广谱抗生素进行全身性预防治疗。常见药物可选择普鲁卡因青霉素、青霉素钾或庆大霉素，单独应用头孢噻呋或者头孢噻呋和庆大霉素联合应用，或者磺胺甲氧苄胺嘧啶。如果有恶臭的阴道分泌物流出就提示有厌氧菌感染，应添加甲硝唑。抗生素治疗应持续5～7d，或者直到子宫冲洗停止和子宫弹性变好和恢复正常。如果不清楚是否免疫接种破伤风疫苗，应注射药物预防破伤风的发生。而且，对发生子宫炎的所有母马按照0.25mg/kg静脉注射氟尼辛葡甲胺抗内毒素，1次/8h。

一些兽医为了控制子宫内细菌的增殖，使用老一套的子宫内注射抗生素疗法进行治疗。一般用到的药品包括头孢噻呋、阿米卡星和青霉素，通常将药物溶于盐水中使用。该疗法对治疗子宫炎的效果不太清楚，因子宫内大量的液体和组织碎片可能妨碍其疗效。一些抗生素和防腐药可能刺激子宫内膜，而且可能抑制子宫中性粒细胞的吞噬活性。出于这种原因，作者倾向于通过冲洗子宫而清除子宫内污染物和组织碎片，同时全身应用抗生素治疗子宫炎。

如果病马已表现出内毒血症的临床症状，尽可能将病马转移到中心医院更为可取，因为在那里有条件进行随时的检验，从而使治疗更可靠。对内毒血症的特殊治疗包括静脉输液疗法、全身应用广谱抗生素、非甾体类抗炎药和抗内毒素治疗。对易患蹄叶炎的高危母马，为防止蹄叶炎的发生，可进行预防性治疗，如冷敷蹄部和蹄楔支撑等。

五、预后

如果病马没有发展成子宫炎和内毒血症，其生存和将来的繁殖力则没有问题。在后期的发情周期要进行1次全面的生殖检查，包括子宫内膜细胞学和细菌性检查，确定母马是否适合配种。除极少数子宫复原特别良好的母马外，所有母马在产后第一次发情配种都是不明智的选择。对子宫腺周纤维化程度的评估，进行子宫内膜活检可能有用，尤其是以前曾发生过RFM的马更有意义。

对已出现内毒血症的病马，必须积极治疗才能保证预后。一旦已发展成蹄叶炎，这种情况就十分严峻了，往往预后不佳，可能逐步衰竭死亡。

推荐阅读 

Frazer GS. Postpartum complications in the mare. In：Sprayberry KA，Robinson NE，eds. Current Therapy in Equine Medicine. Vol. 6. Philadelphia：Saunders Elsevier，2009：789-798.

Haffner JC，Fecteau KA，Held JP，Eiler H. Equine retained placenta：technique for and tolerance to umbilical artery injections of collagenase. Theriogenology，1998，49：711-716.

Hudson NPH，Prince DR，Mayhew IG，Watson ED. Investigation and management of a cluster of cases of equine retained fetal membranes in Highland ponies. Vet Rec，2005，157：85-89.

LeBlanc MM. Common peripartum problems in the mare. J Equine Vet Sci，2008，28（11）：709-715.

Provencher R，Threlfall WR，Murdick PW，Wearley WK. Retained fetal membranes in the mare：a retrospective study. Can Vet J，1988，29：903-910.

Rapacz A，Pazdzior K，Ras A，et al. Retained fetal membranes in heavy draft mares associated with histological abnormalities. J Equine Vet Sci，2012，32（1）：38-44.

Sevinga M，Barkema HW，Hesselink JW. Serum calcium and magnesium concentrations and the use of a calcium magnesium borogluconate solution in the treatment of Friesian mares with retained placenta. Theriogenology，2002，57：917-941.

Sevinga M，Hesselink JW，Barkema HW. Reproductive performance of Friesian mares after retained placenta and manual removal of the placenta. Theriogenology，2002，57：923-930.

Threlfall WR. Retained fetal membranes. In：McKinnon AO，Squires EL，Vaala WE，Varner DD，eds. Equine Reproduction. 2nd ed. Ames，IA：Wiley-Blackwell，2011：2520-2529.

（赵树臣　译）

第 16 篇
马驹

第 172 章　新生马驹的评估

Kevin T. Corley　Jonna M. Jokisalo

一、主要身体系统评价（分诊）

对于有机能障碍的新生马驹，首次发病时，重要的是要确定马驹是否需要紧急治疗。在获得全面病史和临床检查结果前，可以使用的 3 种治疗方法是输液疗法、输氧疗法和心肺复苏。根据马驹的整体外观、心率和心律、呼吸频率和方式以及黏膜颜色来进行快速评价，确定马驹是否需要上述紧急治疗措施。

马驹可能有或低或高的呼吸频率，可能有呼吸窘迫的表现，黏膜可能发绀，需要立即输氧。将正常新生马驹侧卧可以减少动脉氧气压力大约 10mmHg（1.3kPa），这对有机能障碍的新生马驹来说负面影响会很大。因此，在侧卧保定静脉内安装留置针期间，应考虑给马驹进行输氧疗法。

并不总是可以直接地来确定新生马驹是否需要紧急输液。血容量不足（心率高、四肢却凉、呼吸急促、颈静脉灌注减少和脉压弱）的临床表现并不总是出现在血容量减少的马驹中。3h 或更长时间不吃奶，马驹就很有可能脱水，超过 6h 以上不吃奶，几乎就可以肯定马驹血容量不足，并且需要紧急输液。需根据临床表现、病史和高推测指数来决定是否需要给马驹立即输液。有几个极端的情况需要注意，虽然给予新生马驹 2L 的电解质平衡液可能会对马驹造成一定的损伤，但在许多情况下却可显著提高马驹的存活率。因此，只有在无法控制的出血和无尿性肾功能衰竭这 2 种（不常见的）情况下，才给马驹进行小容量的输液。

二、病史

关于新生马驹病史，要问的关键问题有：马驹有什么样的临床症状？出现这些症状有多长时间了？马驹是什么时候生的？分娩的时候有什么问题？刚生下来时马驹的行为表现如何？孕期是多长？母马以前生过马驹吗？以前生的马驹有什么问题吗？马驹的父母身份情况如何？

在患病马驹刚生下来的最初几天，基本上可能会出现以下 2 个病史中的 1 个。要么是马驹刚生下来时看起来健康但后来开始变得虚弱，要么是从刚一生下来就很虚弱。这 2 种病史在有围产期窒息综合征和败血症的马驹中都很常见。令人惊讶的是，经判断有出生创伤的马驹，如膀胱破裂和膈疝，经常会在初生后表现正常，3～5d 后才开始表现出临床症状。同样，有新生驹溶血性贫血的马驹通常刚开始也表现正常，1～7d 后开始出现临床症状，其中大部分是出现在出生后 3～5d。

母马分娩时的情况对初生马驹影响很大，临床症状通常会在出生后第 1 周显现出来，但有时也会出现的晚些。尽管没有明显诱发因素的马驹也会出现围产期窒息综合征，但分娩时间延长（第二阶段持续超过 40min）、胎盘过早分离、难产和剖腹产分娩都是造成围产期窒息综合征的常见风险因素。与在出生后 60min 内站起来或在出生后 120min 内就吃奶的马驹相比，需要超过 60min 的时间站起来或者出生后 120min 未吃奶的马驹死亡率和发病率显著增加。

妊娠时长是病史中一个重要的因素。妊娠时长和早期诊断检测有助于马主人做出明智的决定来判断是否需要进行治疗。但是单凭妊娠时长是不足以判定预后的，因为足月产的马驹也有可能发育失调，而早产马驹也有可能器官已经发育的足够成熟，骨化也已经完成，能保证有一个健康的预后。母马的正常妊娠期范围是 315～365d，平均是 341d。决定早产马驹预后的一个关键因素是胎盘和羊水的状态。可能和直觉相反，相比于出生于胎盘和子宫液明显正常的马驹，出生于“脏”子宫的马驹更有可能存活。这是因为马驹在子宫内的过早成熟增加了母马体内皮质类固醇浓度，从而导致胎儿的主要身体系统加速成熟。

母马的生殖史对鉴别诊断有辅助作用。如果母马以前生过马驹，那么先前妊娠时间的长短对判断现在妊娠进展情况是否正常会有帮助作用。有一小部分母马似乎会反复生出有问题的马驹，尽管每次生出的马驹可能出现的问题会不相同。新生马驹溶血性贫血需要通过不匹配的血红细胞来启动母马的免疫系统，因此，在初次分娩的母马中比较罕见（但并非没有先例）。

对马驹的父母身份的了解可为判断马驹潜在的未来价值，可能的治疗预算和预后提供间接的指示作用。繁育也可以提供关于马驹体格大小（例如一些种公马的马驹会比其他的马驹体格要小）和任何可能的遗传缺陷或特征的信息。

三、临床检查

典型的临床检查分为 3 个阶段。第 1 阶段是主要身体系统检查，这个已经在前面评价过了。第 2 阶段是对马驹的整体检查，通常由有经验的兽医从开始看到马驹的那一刻就开始潜意识地进行了。第 3 个阶段是对马驹从头到脚的详细检查。在这里注意细节是非常关键的。比如如果将患有严重脓毒血症的马驹救活，但却没有发现马驹的眼睑内翻而导致马驹出现永久性的视力损伤，那么这匹马驹就不值得救治了。

（一）整体检查

许多可以决定疾病管理和预后的情况都可以从兽医对马驹的整体检查中获得。在这里最重要的指标是马驹站起来和自己吃奶的能力。1 匹不吃奶的马驹将需要补水和营养支持。1 匹不能站起来的马驹将需要相当大的护理资源。另外，对影响马驹未来价值的因素进行评估也是非常重要的，这将帮助马主人决定是否对马驹进行治疗。在多数情况下，马主人可能还没有看到马驹，在着手治疗之前还是依赖兽医来发现马驹的问题。即使马主人在场，他们也可能过于关心原发病以至于错过了将来可能会成为麻烦的一些问题。这些问题在整体检查时是能观察到的，包括四肢的构造、脊椎侧弯或者其他的脊椎椎体缺陷和上颌突出。更多明显的缺陷，如脑积水或先天性皮肤损伤可能也是疾病的一部分。

（二）心血管系统检查

一般来说，最好是进行从头到脚的检查，但对心血管系统的检查通常都是优先进行的。对心血管系统简短的检查（心率和黏膜颜色）包括在最初的对重要身体系统的检查。在那时，通常就已经决定了其他哪些对心血管系统的检查是必要的。另外，最低限度应该检查心率和黏膜颜色，应该检查马驹是否有颈静脉充盈、四肢冰冷、皮肤隆起和脉压。脉压是心脏收缩期和舒张期动脉血压的差值，并不能提供平均压力信息（例如，如果舒张压偏低，在平均动脉压也偏低时，脉压也可能感觉正常）。当马驹斜卧着被送到兽医院时，也应该间接测量平均动脉压。

四、全身检查

马驹和成年马从头到尾的检查项目很多，也基本都是相似的；但也有不同的地方，如在成年马中，除非有特定的指征，对某些部位通常可能只做粗略的检查，但对马驹通常却需要详细的检查。对耳郭的听觉检查就是这样的例子。

（一）头颈部

从嘴和口腔黏膜开始检查。正常的黏膜应该是粉红湿润的，黏膜毛细血管的回流时间应该<2s。黏膜可以指示体内是否缺水、微循环的改变和凝血系统的变化。体内缺水可导致黏膜发绀或发黏；黏膜发绀表示体内缺氧，这可能是由肺部问题造成的，或者是由于心脏缺陷而导致血液从右向左分流而导致黏膜发绀；然而，外周血管扩张可导致黏膜发红、充血。黄色或黄疸黏膜是新生幼驹溶血性贫血最为常见的症状。但是败血症、新生驹高胆红素血症、肝脏功能受损、马Ⅰ型疱疹病毒感染、铁中毒和胎粪阻塞可增加循环胆红素浓度也可使马驹表现为黄疸。口腔黏膜也可能会出现出血点，这可能是败血症的结果，也可能是溃疡性皮炎、血小板减少和中性粒细胞缺乏症的表现。

检查舌头是否有感染的症状，如念珠菌病。如果马驹是昏睡的或者是被麻醉的，或者涉及硬腭裂的检查（极少发生），体检时通常才会对腭进行检查。通常用内镜检查软腭。这个时间也可能会检测到短颌（上颌突出）、歪鼻、先天性口腔肿瘤（如血管肉瘤）和其他的异常情况。

检查鼻孔呼气时的气流，因为新生马驹的单侧鼻后孔闭锁在临床上表现不明显。可以通过内镜检查确认鼻后孔闭锁。在成年马中，也应该检查鼻孔呼气时的情况。在

马驹吃奶期间，对鼻孔有奶流出的情况有 2 种主要的鉴别诊断：回乳和干扰吞咽的器质变化，如腭裂或会厌下囊肿。回乳似乎是一种围产期窒息综合征的器官特异性表现，在围产期窒息综合征期间，马驹会有暂时性的吞咽缺陷。回乳可通过用鼻胃管喂养马驹的预防护理方式来进行治疗。在多数情况下，马驹的吞咽能力在 48～96h 可恢复。如果治疗不及时或发现过晚，这些马驹有可能患吸入性肺炎。必须应用内镜检查将回乳与影响吞咽的器质性病变区别开来。从鼻和嘴流出的奶液或者唾液可导致食道阻塞和食道溃疡。浆液性鼻涕一般为新生马驹病毒性疾病的症状，如马流感（尤其是在未免疫的马群），脓液性鼻涕通常是细菌性疾病的症状。

瞳孔光反射在新生马驹中普遍存在，与成年马相比，马驹的瞳孔光反射显得有点缓慢。威吓反应只在出生后的 1 周内出现。在 1 项有 26 匹马驹的研究中，1 匹马驹在生后第 1 天有威吓反应，大部分的马驹在出生后第 7 天出现威吓反应，所有的马驹在出生后第 9 天出现了威吓反应。眼内翻在新生马驹中相对很普遍，尤其是在有机能障碍的马驹中，一旦发现应立即纠正。败血症可表现为眼前房积脓（在眼前房中有脓液）或眼前房积血（在眼前房中有血液）。眼睛的大小应该也要检查，因为可能会发生先天性小眼畸形。结膜黏膜可出现和嘴部黏膜相似的颜色变化，但眼结膜黏膜的颜色变化更为明显。巩膜经常是第一个易于观察到出现黄疸的地方。

圆形头顶和松软而下垂的耳朵是早产马驹的临床症状（图 172-1）；早产马驹的被毛也可能纤细，耳朵内部（听觉耳郭）出现典型的出血点和瘀斑（图 172-2）。但是这些部位的出血点可能相当微小，所以，也应该检查其他部位的黏膜是否有出血点和瘀斑。

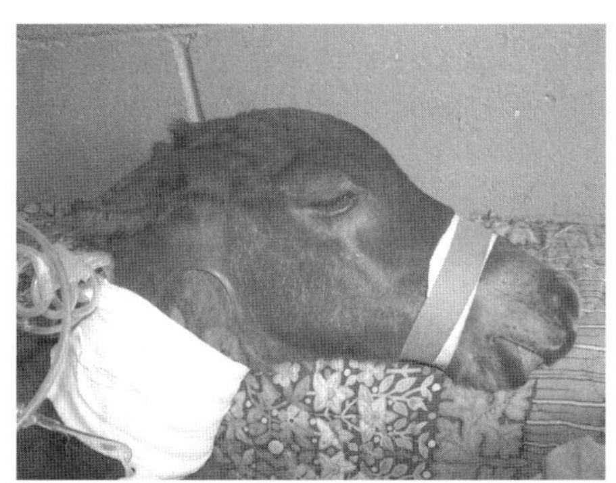

图 172-1 早产马驹的照片，显示圆形头顶、松软而下垂的耳朵和早产马驹典型的细小被毛

（图片由 Kevin Corley 和 Jane Axon 提供，2004）

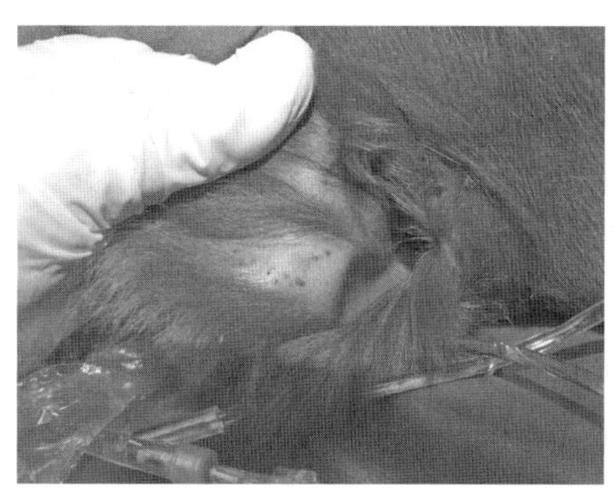

图 172-2 患败血症的马驹，耳部有出血点

（照片引自 Veterinary Advances Ltd.，2013）

斜颈可能是导致难产的一个原因，可能导致不得不通过剖腹产来取出马驹。很重要的一点是，分娩后应立即检查这种类型的缺陷，以避免对有缺陷的马驹施行昂贵的、不太可行的挽救努力。一些先天性甲状腺功能缺陷的马驹可能会有明显的甲状腺肿大症状。有报道，咽囊畸形的马驹颈部出现了先天性充满液体的肿胀（如唾液腺黏液囊

肿）的并发症。

（二）癫痫

癫痫是在马驹头部可见到的主要症状。导致新生马驹癫痫的原因很多，包括围产期窒息综合征、败血症、脑膜炎、电解质紊乱、低血糖症、肝性脑病变、头盖或脊椎创伤和先天畸形。马驹的癫痫通常以眼球震颤、伴有或没有吞咽动作为特征。偶尔的快速眼动睡眠会被误认为是癫痫。在快速眼动睡眠时，动物可能会被唤醒，但是癫痫发作时，用手指戳马驹耳朵等动作却不能改变癫痫发作的状态。马驹癫痫发作时有时能看到角弓反张的表现，尤其在发生与低钠血症、核黄疸和毛色稀释症相关的癫痫时。也会发生下颌动作异常（尤其是有核黄疸时）或舌头动作异常（尤其是发生低钠血症时）。肢体的动作，如痉挛状态或划船动作也会频繁出现，但是这在有癫痫的马驹中并不是普遍存在的。

（三）胸部

肋骨、呼吸系统和心血管系统在做胸部检查时都是要考虑的。胸部创伤在刚生下来的马驹中非常常见，有份研究报道，20％的马驹刚生下来时会发生胸部创伤。这份研究还表明，3.5％的新生马驹会发生肋骨骨折。肋骨骨折经常可通过触诊进行初步诊断，确诊需要做医学成像检查。有研究表明，对于诊断肋骨骨折，超声检查法比放射性照相术更准确。超声检查法对检测血胸等相关问题会有帮助，但使用放射性照相术却可能检测不到血胸的存在。

观察马驹的呼吸模式对诊断特别有用。呼吸频率增加、呼吸强度增加、异常呼吸和连枷胸都是很容易出现的，需要立即进行治疗，如鼻内输氧。对马驹进行听诊有时非常有用，听诊原则类似于在成年马上进行的听诊。但是马驹的呼吸音比成年马的呼吸音更明显、更急促，马驹的肺没有展开或者肺功能衰竭时，听诊可能只能听到很少或者无空气移动音，马驹的这种情况比成年马更常见。

在做胸部临床检查时，须听诊心脏。刚出生后几天，新生马驹左侧经常会听到轻微的收缩期杂音。临床听诊对检查先天性异常是非常重要的，如临床听诊可鉴别出的室中隔缺损有可能会影响马将来的运动能力。可用超声波心动图来确定先天性心脏病。在作者的医院中曾见到小部分马驹的持续性胎儿循环。在子宫中胎儿的肺循环血管是收缩的，很多绕过肺的血液是通过卵圆孔和动脉导管的。出生后，当这种胎儿循环持续进行时，右侧心室必须高压泵血因此会膨胀。马驹也可能会出现呼吸困难。用西地那非（0.5～2.5mg/kg，高达每 4h 口服 1 次）可以减缓肺血管收缩并会将循环变为正常的产后状态。作者经常从 0.75mg/kg 的剂量开始，在这个用药范围内，较高的剂量会导致系统性低血压。

在进行胸部检查时，任何胸肉水肿或其他任何的肿胀或异常都应该注意到。

（四）腹部和臀部

马驹的胃肠音比成年马轻微，听诊没有盲肠“冲洗”的声音。应该观察腹部形状和大小。急性腹痛时，气体和膀胱破裂的液体可导致腹部增大。应该彻底检查马驹的外脐。外脐的结构应该是小而干燥的。外脐湿润可能表示开放性脐尿管瘘，尽管在排尿期间，一些缺乏抵抗力的马驹的阴茎并不能从阴鞘突出，尿液会排在脐带残端上。肿胀可指示疝气、感染如脐带脓肿或者很少见的水肿。即使脐部外观正常，也并不能排除脐尿管瘘、脐动脉或脐静脉的感染，如果临床或实验室检查有怀疑的感染点时，应该用超声检查这些结构。

测量马驹的直肠温度，检查肛门和性器官。腹股沟疝气表现为大的、几乎都是单侧的腹股沟区肿胀。黄疸有时可表现在外阴黏膜上。重要的是不能忽略罕见的先天性异常，如肛门闭锁、尿道下裂和雄性假两性畸形。在日龄小于2d的马驹中，这称为急性腹痛。重要的是要对每匹马驹的直肠进行单手指检查，因为在这种情况下，胎粪影响经常是一个需要考虑的因素。如果手指收回后完全干净无粪便污染，就应该怀疑直肠闭锁或结肠闭锁，并用钡灌肠，再进行X线检查来证实。

（五）四肢

应该小心触诊每个肢体，并将重点集中在关节上。滑膜肿胀通常指示关节处败血症，但也可发展成为无菌积液继发全身性疾病。滑膜积液不同于关节区域的肿胀，在按压相同关节的一个滑囊时，另一个滑囊会感觉膨胀。要尽可能检查肢体结构，并将马驹的初始检查结果与马主人沟通。对蹄部也应该进行检查。蹄部出现指甲上皮（也称为“马驹拖鞋”，图172-3）表明该马驹尚不能站立。如由败血症导致的马驹循环障碍，冠状带区域会出现充血的症状。

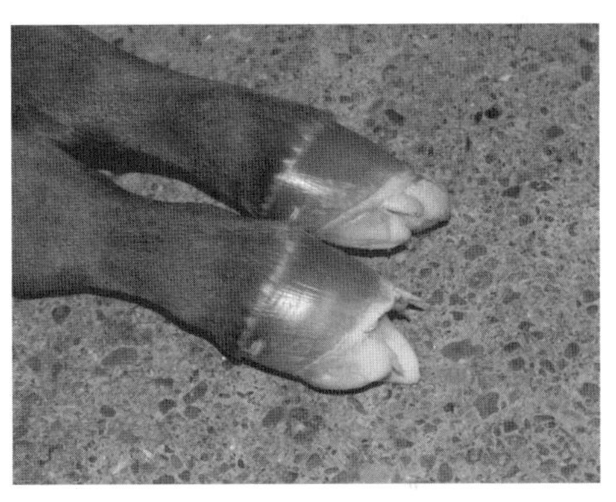

图172-3 新生马驹蹄部的指甲上皮，表明马驹尚不能站立

（图片引自 Veterinary Advances Ltd.，2013）

五、实验室检查

快速测出血浆中乳酸浓度，并将其结果添加到主要身体系统评估和心血管检查的信息中。高乳酸浓度是最常见的指示器官灌注不足或败血症的指标，因此（在最初的评估中）需要液体疗法和常规的住院治疗。入院时的乳酸浓度和治疗后的浓度变化也与住院马驹的存活有相当密切的关系。因此，在最初评估时，乳酸浓度对帮助预后非常有用。正常乳酸浓度，刚出生的马驹比在3日龄马驹（0.4～4.4mmol/L）和成年马（0.2～0.7mmol/L）要高。

如同成年马匹，马驹高血清肌苷酸浓度可导致肾脏灌注不足、肾病，或者肾后性问题，如膀胱破裂。然而，在马驹出生后的最初36h，高血清肌苷酸浓度是最常见的反映子宫中胎盘功能缺陷的指标。胎盘功能不足导致的高肌苷酸浓度应该在最初的24h内降低50%，在出生3d内可降到正常浓度。尿比重可作为马驹无肾脏疾病的水合指标。密度应小于1.012，较高的数值表示血容量过低。

血清淀粉样 A（Serum amyloid A，SAA）是支持临床可疑感染非常有用的实验室检查。正常马驹的 SAA 浓度<30mg/L。血清淀粉样 A 浓度高于 100mg/L，则高度提示马驹急性感染。此检测对支持触诊困难的关节处（如髋臼的股关节）可疑败血症和很难与围产期窒息综合征相区别的败血症非常有效。然而，这个测试只能表明急性感染，封闭的慢性感染病灶，如脐脓肿（或马红球菌）的马驹血清淀粉样 A 浓度有可能表现正常。

针对马驹的所有实验室检测值应该与马驹特有的参考范围相比较。马驹 γ-谷氨酰转移酶、谷草转氨酶活性以及胆汁酸和甲状腺激素浓度的参考范围与成年马的不同。

动脉和静脉的血液气体分压和酸碱分析对评估有呼吸和心血管缺陷的马驹非常有用，这些通常是在医院进行的。

六、医学成像

超声检查在初始阶段对评估新生马驹非常有用。检查的区域和检查程度取决于最初的病史和临床表现。腹部超声检查对诊断马驹急腹痛几乎是必不可少的，对有腹泻的马驹也非常有用。最好让动物站立或保持成站立姿势进行腹部超声检查。这是因为潜在的病变，如肠套叠和脓肿通常会比周围正常肠段比重大，而且通常可在站立马驹腹侧中线区域中可找到。保持在相同的位置进行检查有助于识别所有器官的任何异常。

胸部超声检查对诊断评价新生马驹也很有用。超声波心动图检查可以揭示先天性病变或持续性胎儿循环（图 172-4），并可为马驹体液状态提供 1 个指标。肺胸膜表面的超声波能为肺部病理范围提供一些指示，可以鉴别出胸膜间隙中的液体和气体。如前所述，超声检查被报道为检测马驹肋骨骨折的最佳方法。

对于其他区域，也许并不太常用超声波成像检查法，但在某些情况下也可以获得一些有用的信息。例如，关节处的超声检查可确定是否有积液，揭示关节液中的血纤维蛋白和关节周围滑膜脓肿情况（图 172-5、图 172-6）。

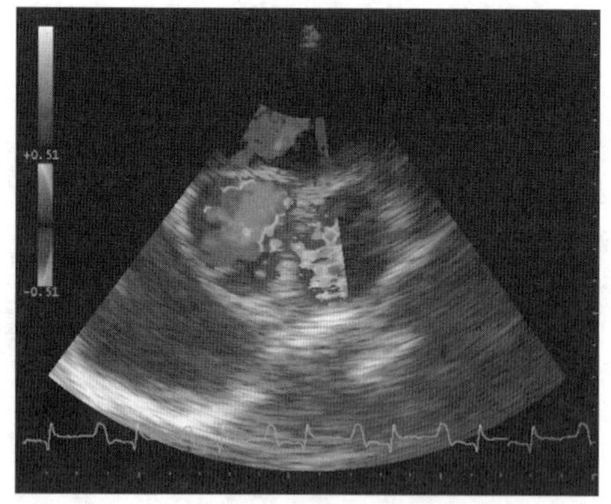

图 172-4　持续胎儿循环马驹的动脉导管未闭合的彩色多普勒图像（见彩图 172-1）

（图片来自 Kevin Corley，2013）

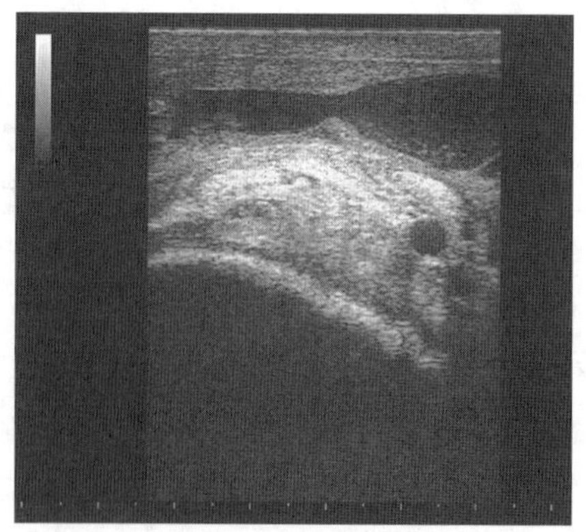

图 172-5　肘关节区域肿胀马驹的一个与关节分离的充满液体的腔袋超声波图片

（图片来自 Kevin Corley，2011）

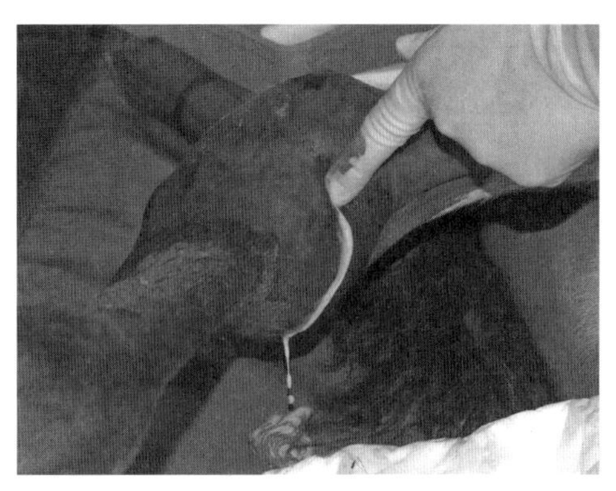

图 172-6 照片来自与图 172-5 相同的马驹
脐肿腔已通过手术打开来灌注和冲洗
（图片来自 Veterinary Advances Ltd.，2011）

放射摄影对评估马驹也非常有用。对不成熟的马驹，一旦马驹能足够稳定地接受检查，应优先进行跗骨和腕骨的放射线成像检查。这些骨骼缺乏骨化，这在严重早产的马驹中很常见，会大大降低马驹预后的运动能力。在疑似或确诊关节感染的马驹中，受影响的关节射线照片使对涉及骨骼的检查成为可能，这对预后和治疗的持续时间都有影响。与成年马射线摄影的一个重要区别是在马驹中很容易获得腹部诊断图像。这样就可以获得射线平片并进行对比研究。腹部射线平片是最常用来评估急腹痛的，可能会揭示出病变，如高胎粪嵌塞，在一些情况下这种病变可能很难用超声检查出来。在有限数量的病例中，对比研究是有用的，如在诊断尿路异常或肠闭锁时对比研究的作用就显得尤为突出。

七、结论

对于新生马驹的评估，需要兽医采取有序、合乎逻辑的方法。然而，重要的是在开始更广泛的诊断检查之前迅速判断马驹的治疗需要。同样重要的是要记住马驹疾病进展非常迅速，缺乏抵抗力的马驹会呈现高度动态情况。因此，需要对马驹进行系统的检查并在整个治疗期间相应地调整治疗方案。

推荐阅读

Borchers A，Wilkins PA，Marsh PM，et al. Association of admission L-lactate concentration in hospitalised equine neonates with presenting complaint，periparturient events，clinical diagnosis and outcome：a prospective multicentre study. Equine Vet J Suppl，2012，Feb：57-63.

Jean D，Picandet V，Macieria S，et al. Detection of rib trauma in newborn foals in an equine critical care unit：a comparison of ultrasonography，radiography and physical examination. Equine Vet J，2007，39：158-163.

Stoneham SJ，Palmer L，Cash R，et al. Measurement of serum amyloid A in the neonatal foal using a latex agglutination immunoturbidimetric assay：determination of the normal range，variation with age and response to disease. Equine Vet J，2001，33：599-603.

（刘芳宁　译，吴殿君　校）

第 173 章　马驹腹泻

C. Langdon Fielding

腹泻在马驹中非常常见，但腹泻情况经常是自身限制性的。然而因为一些腹泻的潜在病因具有高度的传染性，这就导致在确定为腹泻时，马主人和兽医会焦虑。有效地诊断和治疗马驹腹泻的方法应该是马兽医学的一个标准组成部分。

一、识别腹泻

虽然许多导致腹泻的疾病是以非特异性症状开始的，但对腹泻的识别应该是直观的。有急腹痛、发热、嗜睡、厌食或者腹部有气体膨胀的马驹被认为是有发展成为腹泻的风险。早期临床识别腹泻不但对治疗重要，对传染病的控制也很重要。

对于马主人已经观察到或者描述为腹泻的马驹，在进行诊断和治疗前，兽医应该检查其粪便的黏稠度。没有经验的马主人经常将正常新生马驹粪便的稠度误认为腹泻，这会导致兽医进行不必要的检测和治疗。

(一) 马驹腹泻的诊断方法

一系列的诊断测试可以用于评价马驹腹泻，这些测试方法可在现场或医院中进行(框图 173-1)。最初的检测便宜、简单，通常适合于原本健康马驹的检测。对于生病的马驹或者发病畜群则需要更多复杂的检测方法。

框图 173-1　马驹腹泻诊断方法概要

1. 体格检查*
2. 静脉血样品（全血计数，化学检查）*
3. 粪便样品收集（悬浮法和传染性疾病检测）*
4. 尿液收集
5. 腹部超声检查
6. 腹部射线摄影

*这些步骤和检查应该优先进行。

(二) 体格检查

如前所述，临床检查对发现发热、腹部有气体膨胀和检查粪便稠度尤其有用。评价血液灌注和水合状态也值得特别注意，因为它们是血管内容量状态的一个指示。这

些信息可以用来估计马驹是否需要及时治疗，也有助于优化检测顺序。

兽医应该尝试将马驹分为下列几组：

①健康马驹（除腹泻外没有其他的临床异常症状）；

②有临床异常表现的稳定马驹，包括发热、嗜睡和食欲减退；

③体况危重的马驹，有低血容量和脱水症状和更多严重临床表现，包括急腹痛和腹部气胀。

（三）全血计数

仅次于体格检查，全血计数可能是有助于对鉴别诊断腹泻原因和制定治疗方案最有效的检测方法。鉴定出中性粒细胞减少、未成熟粒细胞以及中性粒细胞毒性变化可提示出造成严重腹泻的原因（和可能的感染性）。另外，红细胞比容（Packed cell volume，PCV）增加可能与脱水有关，需要更为及时的治疗。

（四）化学检查

尽管化学检查对鉴别腹泻原因帮助并不大，但化学检查可以提供有关其他潜在器官损伤的重要信息。具体来说，氮质血症是造成严重腹泻的常见原因，治疗策略有可能会因此而改变。应该仔细审查蛋白浓度（总蛋白和白蛋白）。在多种导致马驹腹泻的病例中，蛋白质丢失性肠病是很常见的，有可能因此导致低蛋白血症。然而，脱水在这些马驹中也很常见，而且脱水可以导致蛋白质浓度增加。在温和性病例或者蛋白质丢失伴随有严重脱水症状（使解释特别复杂化）的病例中，蛋白质浓度可能正常。

（五）粪便样品分析

收集检测用的粪便样品是进行诊断的一个重要部分。可以进行多种简单的测试，包括砂质粪浮检测、粪便寄生虫分析和感染性疾病检测（表173-1）。粪便检测是诊断非常重要的一个部分，马兽医应该千方百计收集粪便样品。在某些情况下，甚至仅从直肠收集到的粪便拭子就可能已经足够用于特定的检测了。可以将样品放在无菌的尿或粪便杯中进行运输，并提交给实验室进行检测。砂质粪浮检测可以在农场中完成，在1个塑料袋中，往粪便样品中加入一点水，通过触诊塑料袋底部微粒的均一性来评价样品。

表173-1　与马驹腹泻相关的特定传染性疾病粪便测试

可疑病原	可用的检查方法
沙门菌	粪便培养，然后进行浓缩肉汤培养
	PCR检测
梭状芽孢杆菌	ELISA检测试剂盒（易于现场进行）
产气荚膜杆菌	商业实验室的ELISA检测
轮状病毒	商业实验室的ELISA检测
	PCR检测

（续）

可疑病原	可用的检查方法
冠状病毒	PCR 检测
隐孢子虫	免疫荧光分析
	PCR 检测
韦氏类圆线虫	粪便

（六）尿液分析

如果马驹的血样分析显示有氮质血症，尿液样品可用于进一步评价肾脏功能。在一些毒素（如夹竹桃苷、斑蝥素）导致的腹泻中，尿液样品可用于检测。然而，在有腹泻的马驹中，收集尿液样品的优先性要低于收集粪便样品。

（七）腹部超声波成像

腹部超声波成像是非常实用和有用的，易于在现场操作。鉴定液体充盈的大肠或小肠片段可以高度怀疑马驹有临床可疑症状或即将发生腹泻。另外，肠壁炎症或厚度可以指示疾病的严重程度并增加某些情况下的可疑指数。对受影响的肠段（小肠和大肠）进行鉴定也有助于检查者把可能的腹泻原因按优先次序区分。考虑到马驹的体格相对较小，基本超声波设备中用于繁育工作的线性探头可有效用于检测马驹的肠道。

（八）腹部射线摄影

检查外源性物质（如沙、碎石和电线）可能是拍摄腹泻马驹射线照片的主要原因之一。腹部射线摄影可以检查气胀的程度，但是这也可在体格检查期间作为典型症状进行检查。小型便携式 X 线机可以有效地进行射线摄影，可以帮助排除外源性物质（沙）作为腹泻的原因。

二、马驹腹泻的常见原因

（一）马驹热性腹泻

如果排除其他的原因，原本健康的马驹在 5 日龄和 15 日龄发生腹泻称为马驹热性腹泻。虽然这个名称暗示了其与母马心脏循环的关联，但研究表明，它们之间并没有什么关系（除了暂时的）。腹泻可能是由于饲料和环境中其他物质的消耗，导致的这日龄阶段马驹胃肠道生理和微生物群落数量改变的结果。这种类型的腹泻通常是自身限制性的，通常只需要密切观察马驹。如果马主人担心腹泻量，可以给马驹服用抗腹泻剂，但这通常是没有必要的。

（二）异食癖

因为环境原因，马驹易于采食土、沙和其他外源性物质，如毛发。沙子是粗糙的，累积在肠内可造成腹泻和急腹痛。可用砂质粪悬浮法来确定样品中的土或沙子来进行诊断。腹部射线摄影是确定和量化沙子最有诊断价值的方法（图 173-1）。然而，明显健康的马驹也可能有少量的沙子但并没有明显的临床症状。如果马主人曾经观察到马驹采食土和沙子，诊断为可疑异食癖的指数应该增加。除了在索引部分描述的治疗方法，结肠内有大量沙子的马驹首先需要用矿物油治疗（2～4mL/kg），待沙子和土按规律排出后，每天给马驹按照说明剂量服用车前草进行治疗。

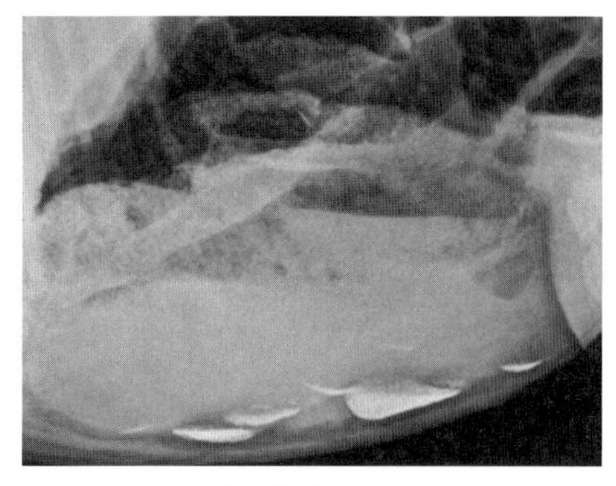

图 173-1 胃肠道中等数量沙子累积继发腹泻马驹的放射照片

（三）轮状病毒

在某些区域轮状病毒是造成马驹腹泻最常见的传染性原因，可在出生后几日龄到几月龄对其进行诊断。成活率通常非常高，临床症状从轻微到严重不等。除了腹泻，轮状病毒感染的马驹经常有腹部胀气（这应给予重视）和急腹痛。支持疗法通常非常有效。轮状病毒性肠炎有高度的传染性，是养殖场和兽医应重点考虑的因素。过氧化氢或酚化合物可用于有效清洁腹泻马驹使用过的畜栏和设备。

（四）沙门菌

感染沙门菌可导致任何年龄的马腹泻，在正常马中以低百分比（<1%）出现，因此认为应该是导致马驹腹泻的一个主要病原。马驹感染后疾病的严重程度变化取决于相关病原的血清型，但能见到出血性腹泻。可能会造成关节或骨中的继发性感染，预后要比其他几种列出的病因差。

（五）梭状芽孢杆菌

梭状芽孢杆菌感染可造成任何年龄的马驹腹泻，但这种细菌在健康、没有异常临床症状的马驹粪便中也能见到。不同于成年马的情况，抗生素对治疗马驹梭状芽孢杆菌感染的作用不大。可在兽医院用酶联免疫吸附试验检测试剂盒检测这种病原，这使得快速诊断这种疾病成为可能。不同于许多其他马驹腹泻的病原，对梭状芽孢杆菌引起的马驹腹泻有特定的治疗方法，用甲硝唑治疗非常有效。

（六）产气荚膜杆菌

肠道产气荚膜杆菌（尤其是 C 型）感染可引起严重的疾病，甚至在开始治疗前动物就会死亡，死亡率超过 50%。对幼龄马驹（<5d）的影响更为严重，可能导致出血性腹泻。在得到检测结果前，如怀疑马驹感染这种病原，应该立即开始使用甲硝唑进行治疗。

（七）冠状病毒

马驹冠状病毒腹泻病例也有零星的报道。冠状病毒作为马主要病原的角色还不太清楚，已被确定是与其他病因共同作用造成马驹腹泻。除非其他的病因都能被排除，否则，应该谨慎给予冠状病毒的阳性检测结果。

（八）隐孢子虫

隐孢子虫感染造成马驹腹泻的病例并不多见，但也可能会影响 4～20 日龄的马驹。已有零星和群发病例报道。类似于其他传染性病原，在治疗隐孢子虫感染的同时，传染病控制措施是极其重要的。

（九）寄生虫

韦氏类圆线虫可引起 1 周龄和 2 周龄的马驹轻微腹泻。在粪便样品中可以检测到大量的胚卵（>2 000 个/g）并能排除其他导致腹泻的病因是该病原感染的诊断特征。在母马分娩前 2～4 周给予伊维菌素可以防止将病原传播给马驹。

三、初始治疗

通常在进行特异性诊断之前，就开始治疗腹泻马驹，这是因为一些确定的检测可能需要 48～72h 或者更长时间来完成。在其他检测结果还没有确定前，如果可能，临床检查和实验室检查可直接用于治疗需要。健康的马驹可能需要很少的治疗，但严重体况不佳的马驹可能需要积极的急救。

四、有腹泻症状的健康马驹

有腹泻症状，但在其他方面表现健康的马驹可能不需要治疗。这些马驹经常有“马驹热”腹泻，但也有其他原因可能导致腹泻并伴有轻微的临床症状。对这些马驹，一个简单方法是推荐马主人勤观察和监测（1 次/6h），具体包括监测体温和记录喂养的频率。另外，给予蒙脱石片（表 173-2）可能对降低腹泻的量有帮助。

表 173-2　腹泻马驹使用药物的剂量

药品	剂量
头孢噻呋	5～10mg/kg，每 12～24h 静脉注射 1 次
丁胺卡那霉素	20～5mg/kg，每 24h 静脉注射 1 次
甲硝唑	10～15mg/kg，每 8～12h 口服或静脉注射 1 次
蒙脱石片	30～60mL，50kg 的马驹每 6～12h 口服 1 次
乳糖分解酵素酶	6 000u，每 4～8h 口服 1 次
伊维菌素	200μg/kg，口服 1 次
奥美拉唑	4mg/kg，每 24h 口服 1 次
氟胺烟酸葡胺	0.5mg/kg，每 12～24h 口服或静脉注射 1 次

(一) 有异常临床表现的稳定马驹

有腹泻和发热的症状，但马驹血流动力学是稳定的（如饮水或饮奶，在临床上并没有明显的脱水），需要密切监测，前面提到的抗腹泻药物可能对这些马驹有用。另外，在检测结果还没有出来前，就开始对传染性腹泻进行治疗经常是有必要的，具体措施如下：

- 广谱抗菌剂，包括头孢噻呋、氨基糖苷类和甲硝唑；
- 抗溃疡药物；
- 非甾体类抗炎药；
- 乳糖分解酵素酶；
- 蒙脱石片。

(二) 体况不佳的非稳定马驹

心血管状态

对有腹泻和全身性炎症反应综合征（Systemic inflammatory response syndrome，SIRS）以及血容量过低症状（心动过速、脉搏跳动弱、四肢冰冷、黏膜苍白、毛细管再充盈时间延长和精神抑郁）的马驹应用药物进行治疗。除了使用有临床异常的稳定马驹列出的药物外，在这种情况下，静脉输液疗法是最重要的，是拯救生命的治疗措施。类似于马驹体液值的电解质混合等渗晶体溶液是理想的治疗药物。在缺乏实验室检测值的条件下，Normosol-R① （或 Plasmalyte A②）是一种安全的给药选择。与许多其他的液体相比，Normosol-R 有比较高的钠-氯比，对钠通过粪便显著流失的马驹是更理想的一种选择。应立即（尽可能在 20～30min 内）给予马驹推注 20mL/kg 的液体，随后再进行重新评估。给药后若灌注指标并没有改善，如果需要灌注正常化，可以重复给予 2 个剂量的推注（共计 60mL/kg）。

在最初推注液体后，可改为给马驹较慢的连续输液。根据马驹的年龄和疾病的严重程度，一般使用 3～6mL/(kg・h) 的输液速度。

在这个阶段的液体治疗中，也经常使用置换液（如 Normosol-R），因为置换液中的钠比保持液较高。受影响的马驹会不间断地有大量的钠流失。理想的做法是监测尿量和体重以确保马驹不要产生液体超载。许多有腹泻的马驹会因体内钠的碳酸氢盐严重流失而发展成代谢性酸中毒。尽管等渗碳酸氢钠不适合用于推注给药，但可将碳酸氢钠加到无菌水中以产生类似于血浆张力的液体。可给不间断流失钠的腹泻马驹给予这种液体，但一般需要在液体中添加钾和钙。

腹泻马驹的胃肠道蛋白会有流失，通常使用胶体溶液（有代表性的是血浆和羟乙基淀粉）治疗法。这种胶体溶液有较高的渗透压，因此，推荐在低血浆渗透压病例中使用。然而，因为不同于低血浆蛋白的原因，这种胶体易于造成腹泻马驹液体超载。

---

① Normosol-R，Hopira Inc.，Lake Forest，IL。

② Plasma-Lyte A，Baxter International，Deerfield，IL。

这种胶质可以改变血管通透性和间质基质。尽管胶质可以改善血浆渗透压，但却仍可通过增加血管内压力或漏入间质加重水肿。尽管在理论上有效，但在任何物种中，胶质改善死亡率的临床证据却很少。

需要对因肠道炎症和气胀而腹痛的马驹加强疼痛管理。作者曾经给有肠炎和腹泻的马驹连续静脉滴注利多卡因［0.05mg/(kg·min)］并观察到马驹的状况改善到了舒适的水平。然而，有关这种药物在马驹中的药代动力学研究很少。也可用其他药物，如布托啡诺或甲苯噻嗪，但辅助疗效并不太理想。

有腹痛和胀气的腹泻马驹经常需要限饲以确保缓解急性腹痛和肠炎。给马戴上口套可防止马驹进食，或者将马驹分开饲养在紧挨着母马的箱子或者畜栏中。如果马驹不能忍受这样长时间的护理，可能需要注射营养或葡萄糖。

推荐阅读 

Frederick J，Giguère S，Sanchez LC. Infectious agents detected in the feces of diarrheic foals：a retrospective study of 233 cases（2003-2008）. J Vet Intern Med，2009，23：1254-1260.

Kuhl J，Winterhoff N，Wulf M，et al. Changes in faecal bacteria and metabolic parameters in foals during the first six weeks of life. Vet Microbiol，2011，151：321-328.

Magdesian KG，Hirsh DC，Jang SS，et al. Characterization of Clostridium difficile isolates from foals with diarrhea：28 cases（1993-1997）. J Am Vet Med Assoc，2002，220：67-73.

Magdesian KG，Leutenegger CM. Real-time PCR and typing of Clostridium difficile isolates colonizing mare-foal pairs. Vet J，2011，190：119-123.

Perrucci S，Buggiani C，Sgorbini M，et al. Cryptosporidium parvum infection in a mare and her foal with foal heat diarrhoea. Vet Parasitol，2011，182：333-336.

Silva RO，Ribeiro MG，Palhares MS，et al. Detection of A/B toxin and isolation of Clostridium difficile and Clostridium perfringens from foals. Equine Vet J，2013，45：671-675.

Slovis NM，Elam J，Estrada M，et al. Comprehensive analysis of infectious agents associated with diarrhea in foals in central Kentucky. In：Proceedings of the 56th Annual Convention of the Association of American Equine Practitioners，2010：262-266.

（刘芳宁　译，吴殿君　校）

第 174 章　马驹造血障碍

David M. Wong　Charles W. Brockus

一、马驹造血系统的诊断测试

了解对马驹造血系统评估的多种诊断性检测方法对评价马驹造血障碍是很有必要的。马驹多项凝血参数的参考值范围与成年马的参考值范围不同，在评价马驹的临床病理学数据时，要记住这些不同是重要的。一般来讲，马驹的血小板计数值偏高、凝血酶原时间（Prothrombin time，PT）和活化部分促凝血酶原时间（Activated partial thromboplastin time，aPTT）略长，纤维蛋白降解产物浓度（Fibrin degradation products，FDP）和纤溶酶原激活物抑制剂（Plasminogen activator inhibitor，PAI）活性也高于成年马。另外，相对于成年马，在马驹中观察到的纤维蛋白原、蛋白 C 和抗凝血酶（Antithrombin，AT）浓度值较低。在理想情况下，个别临床病理实验室应建立年龄特定的参考值范围，但已发表的不同年龄阶段马驹各种凝血参数已被进行了总结（表 174-1）。在最近几年，用于评价凝血系统新的诊断试验已用于马驹，包括平均血小板成分（Mean platelet component，MPC）和全血黏弹性凝固分析，如血栓弹力图、血栓测定、凝血功能和血小板功能分析。本章对这些较新的诊断试验进行了简要的回顾。

表 174-1　成年马与健康和败血性马驹各种凝血参数的报告参考范围

	健康¶ <24h	健康† 2d	健康¶ 4～7d	健康¶ 10～14d	健康¶ 25～30d	成年¶	败血性马驹‡	败血性马驹‖
血小板 ($10^3/\mu L$)	243 ±170	222 ±60.6	181±60	218±57	245±59	153±49		170±82
凝血酶原时间（s）	10.9 ±0.6	11.1 ±1.8	9.6 ±0.6	9.5 ±0.4	9.4 ±0.4	9.5 ±0.3	17.1* (14.8～20.4)	12.2 ±3.3[2]
活化部分促凝血酶原时间 (s)	56.8 ±6.3	55.6 ±10.4	39.8 ±4.0	39.9 ±4.8	40.8 ±6.0	42.0 ±8.9	71.6* (63.4～93.0)	59.7 ±17.4[2]
纤维蛋白原 (mg/dL)	117 ±39.1	317 ±42.8	197 ±26.6	200 ±50.0	221 ±48.0	195 ±54.8	205.4 (179～309)	260 ±103[2]

（续）

	健康¶ <24h	健康† 2d	健康¶ 4～7d	健康¶ 10～14d	健康¶ 25～30d	成年¶	败血性马驹‡	败血性马驹‖
FDP（μg/mL+1）*,†	8.2±2.7		5.6±3.4	4.5±3.1	3.5±2.6	1.8±0.6		12.6±7.2[2]
D-二聚体（ng/mL）	101‡（36～270）	220‡（140～472）		453‡（304～716）			2013*（546～4 974）	
蛋白C抗原（%）	63.5±11.9			93.4±10.6		98.9±9.0		77.4±11.4[8]
蛋白C活性（%）	113±23			84.6±12.0		86.5±17.6		85.3±34.3[8]
ATⅢ活性（%）	107±41.1	133±20.7	164±35.0	171±40.9	167±40.6	202±28.4	113.5*（94.0～132）	101±25.2[2]
血纤维蛋白溶原酶（%）	82.3±15.8		99.2±16.1	98.1±14.4	102±14.4	114±14		115±19.8[8]
α_2-血纤维蛋白溶原酶(%)	197±40		207±47.8	175±55.5	174±50.7	209±43.6		242±69.0[8]
tPA（μg/mL）	2.2±1.3			5.4±4.6	8.9±5.5	2.8±1.9		1.9±1.5[8]
PAI（μg/mL）	39.0±25.8			22.0±10.3	10.0±12.2	8.2±2.5		32.4±6.8[8]

注：*与对照组有显著性差异（对照组为2～7日龄）；中值，在第25～75的百分比范围。

†引自 Bentz AI，Palmer JE，Dallap BL，et al. Prospective evaluation of coagulation in critically ill neonatal foals. J. Vet Intern Med 2009；23：161-167。

‡引自 Armengou L，Monreal L，Tarancon I，et al. Plasma D-dimer concentration in sick new born foals. J. Vet Intern Med 2008；22：411-417。

‖引自 Barton MH，Morris DD，Norton N，et al. Hemostatic and fibrinolytic indices in neonatal foals with presumed septicemia. J. Vet Intern Med 1998；12：26-35。

¶引自 Barton MH，Morris DD，Crowe N，et al. Hemostatic indices in healthy foals from birth to one month of age. J. Vet Diagn Invest 1995；7：380-385。

[2]与年龄相一致的2～7日龄对照组有显著性差异。

[8]与年龄相一致的8～14日龄对照组有显著性差异。

用现代全血细胞计数分析仪分析的平均血小板成分是个变数。应用血小板的平均折射率代表平均血小板成分，其与血小板密度（即粒度）呈线性相关。当血小板被激活时，它们脱粒，导致折射率和平均血小板成分降低。平均血小板成分的测定已被用于多种物种，包括马和马驹，血小板活化在各种疾病过程中如马新生马驹败血症和急腹痛的指标。很少有研究评估马平均血小板成分的使用，但有一项研究表明，与正常新生马驹（28.1±1.7）g/dL相比，平均血小板成分最低的马驹有弥散性血管内凝血（Disseminated intravascular coagulation，DIC）；平均血小板成分为（23.8±6.3）g/dL症状，但败血性马驹（24.0±3.5）g/dL和非败血性的生病马驹（26.6±2.6）g/dL

的平均血小板成分也显著降低。

血栓弹力图（Thromboelastography，TEG）是一个用于评估凝血系统温度相关试验，可用全血在现场实时检测（Point-of-care，POC）分析仪上进行分析。传统的马凝血测试包括无数次在大型、昂贵分析仪上进行的多种检测，包括部分促凝血酶原时间、凝血酶原时间、纤维蛋白原、D-二聚体、纤维蛋白降解产物浓度、抗凝血酶、和血小板计数；这些参数可以被描述为凝固级联在不同时间点短的、分离的片段。相反，TEG分析仪需要小量的全血，可以在现场实时检测分析仪进行分析，并在一种方法的测试中以一种凝血级联从开始到结束（即从血凝块形成、血凝块发展、血凝块回缩到血凝块溶解）的连续电影方式提供一种更连续的分析方法。因为TEG分析使用的是全血，测试评估了血小板、微粒、组织因子-承载细胞、酶系统和血管内皮细胞。通过TEG分析所得结果示意图提供血凝块形成和血凝块强度活性的完整信息。此测试必须有专门仪器来记录血凝块形成、回缩和血凝块溶解的动力学变化，并以小图解的方式记录检测结果（图174-1）。TEG使用的示意图值包括R时间（R＝凝块形成）、K时间（K＝血凝块强度）、角度（α＝血凝块形成比率）和最大振幅（Maximum amplitude，MA＝最大血凝块强度）以血凝块抗拉强度的形式来测量血凝块形成的时间。其他计算值包括G-时间是血凝块硬度的一个指标。在从下面公式导出的单个输出数字中，G时间代表“全部”凝固：G＝5 000×MA/(100-MA)；因为G只是依赖于MA，MA是纤维蛋白原浓度、血小板计数和功能、凝血酶浓度、凝血因子XIII的活性和红细胞比容的一个函数。在Mendez Angulo和同事2001年的一个关于健康、非败血性疾病

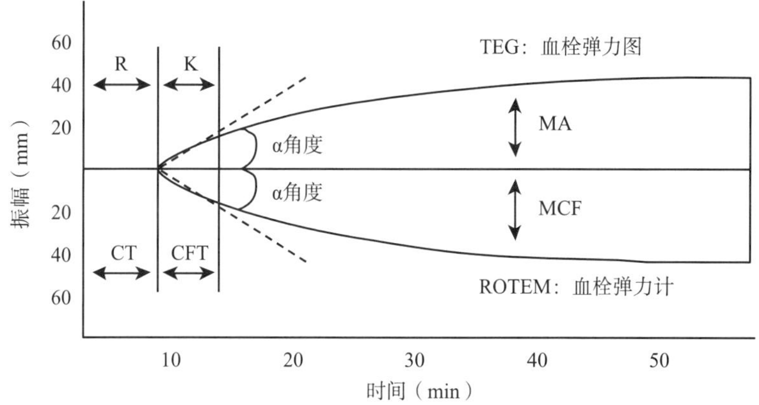

图174-1　2种描绘黏弹力的现场即时检测示意图，血栓弹力图（Thromboelastography，TEG；上半部）和血栓弹力计（Thromboelastometry，ROTEM：下半部）

TEG表示的是产生促凝血酶原激酶和内源性途径功能的比率，被称为反应时间（Reaction time，R）。血凝块形成（Clot formation，K）时间表示的是相对稳固的血凝块形成的比率，然而，α角度（α angle，α）表示稳固的血凝块形成的比率。最大振幅（Maximum amplitude，MA）血凝块的最大参数，反映血凝块的弹性。ROTEM表示的是最初的凝血酶和纤维蛋白形成凝块的时间（Clot time，CT）。纤维蛋白（原）和血小板之间的相互作用促进了血凝块形成时间的延长（即血凝块形成有多快），这种相互作用被表示为血凝块形成时间（Clot formation time，CFT）和α角度（α）。最大血凝块稳固性（Maximum clot firmness，MCF）代表导致血小板聚集和稳定纤维蛋白网络的最终血凝块强度

和败血性马驹的研究中，与其他2组相比，败血性马驹组的α角度（代表纤维蛋白聚集和交联的快速性）、MA（血凝块强度）和G值显著增加，表明败血性马驹体内的高凝状态。示意图中的MA值是最一致的，适合用于评估新生马驹的凝血功能。然而，本研究也报道了在正常新生马驹初生后的第1周TEG值有高度的可变性，表明在监测新生马驹时，必须考虑正常的生理变化。

旋转血栓弹力计（Rotational thromboelastometry，ROTEM），术语称为血栓弹性分析，提供了全部凝血功能（即血栓形成、回缩和纤溶）信息。尽管与TEG有轻微的技术差异，ROTEM产生的跟踪图形在某种程度上类似于由TEG产生的图形（图174-1）。ROTEM跟踪显示的变量包括初始纤维蛋白形成、代表的血浆凝血因子活性（凝血时间；Clotting time，CT）、血小板活性和纤维蛋白的形成（血凝块形成时间；Clot formation time，CFT）、血凝块形成动力学（α）、纤维蛋白凝块的最大强度（最大血凝块稳固性；Maximum clot firmness，MCF）反映不同时间点纤溶分析反映的变量（血凝块溶解；Clot lysis，LY）。

Sonoclot分析仪是另一种评价凝血的现场实时检测方法，本法使用全血或血浆样本来得到定性和定量的信息。相比于传统的方法，这种方法的结果用小得多的样品也提供了一个对凝血过程更完整的评估。结果报告为一个生成了Sonoclot签名量的曲线图，该曲线图提供的信息包括血凝块形成（活化凝血时间，Activated clotting time，ACT）、血凝块率（Clot rate，CR）信息、到达峰值的时间（如何快速激活血小板）和血凝块回缩（图174-2）。评估血凝块回缩时间和回缩程度也是对血小板功能的一个

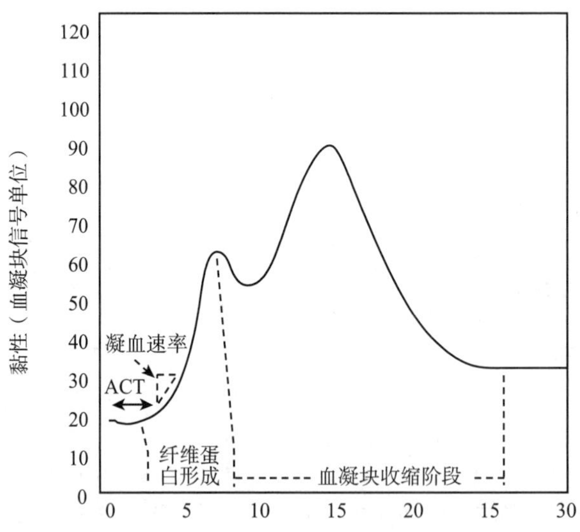

图174-2 Sonoclot签名（Sonoclot Signature）跟踪用来说明不同时间阶段血凝块形成和回缩的例子 初始血凝块形成或凝血活化时间（Activated clotting time，ACT）指的是样品开始时间到纤维蛋白凝胶形成的初始时间。本图中的第一个坡度称为凝血速率（Clot rate，CR），代表从纤维蛋白原形成最初纤维蛋白的速率。第一个弯曲点（A）是血小板开始凝块收缩的阶段。跟踪的最高点（B）是血凝块信号的峰值（达到峰值的时间），表示血小板是如何快速活化和收缩血凝块。用专用软件演算法提供的数值来计算血小板的功能

重要评估。在2009年Dallap-Schaer和同事的一项研究中，他们测量了危重马驹的SS，相对于健康马驹，败血性马驹的CR中位数显著下降，活化凝血时间延长。没有关于异常凝血参数和预后之间的明确关联的记录，但是，缓慢的CR（即缓慢的血凝块形成）与死亡风险的增加有关联。

利用上述介绍的现场实时检测方法评价凝血具有一些传统测试不能提供的潜在优势，如在单个分析仪中识别高凝状态、纤维蛋白溶解加速和血小板功能改变。然而，必须有严格的质量控制、年龄相关的参考值、与品种相关的参考值、操作者的一致性和持续使用精确的试剂以确保结果的准确性。这些新的测试和评价马驹凝血的方法还处于起步阶段，但可能被证明对早期发现凝血参数的变化并最终对提供更迅速和有针对性的治疗措施有用。

二、败血性马驹凝血功能异常

新生驹败血症是马驹的一种常见疾病，可导致显著心血管、肺和免疫系统的功能紊乱。败血症一个特征性生理反应是凝血系统在不同强度范围的活化，从有轻微的局部静脉血栓形成的亚临床凝血活化（即高凝血状态）到伴有血小板和其他凝血因子损耗导致严重广泛微血管血栓形成（即弥散性血管内凝血）而导致出血表现。败血症期间激活凝血系统的一个关键的触发点是宿主对感染因子有夸张的炎症反应并过度表达炎症介质。这些炎症介质可促进导致大规模程度的凝血酶形成和纤维蛋白沉积的主要生理变化。更具体地讲就是炎症介质可引起组织因子的表达，组织因子是一种启动凝血酶形成和提高促凝血机制活性的必需蛋白。败血症期间组织因子的确切来源还不十分清楚，但在人体中的研究表明，血液或肺、肾、肝、脾和脑中活化的单核-巨噬细胞可表达组织因子，随后作为触发器在败血症期间激活凝血系统和纤维蛋白沉积。此外，在败血症期间，抗凝因子如抗凝血酶浓度的降低进一步促进凝血环境。另外，通过增加纤溶酶原激活物抑制剂-1的浓度，纤维蛋白溶解被抑制，这导致纤溶酶活性被明显抑制。这种生理宿主环境（促凝血活性增加伴随抗凝血活性和纤维蛋白溶解活性降低）在纤维蛋白过度生产并在各种组织中沉积中达到高潮。最新的理论推测广泛的微血管纤维蛋白沉积和血栓形成与高凝血状态相关联，并且有可能促进组织损伤和局部缺血，从而导致多器官功能障碍综合征。

因为最近的研究已经调查了大量危重马驹的凝血参数，所以，观察到了一些新生马驹败血症病例的相似之处。根据这些研究，败血性马驹继发凝血和纤维蛋白溶解系统显著活化的现象比以前我们认识到的更为普遍。新生马驹的尸检研究表明，87%（28/32）败血症马驹的纤维蛋白沉积主要出现在肺、肝或肾，但非败血症马驹没有纤维蛋白沉积。有趣的是，在这项研究中97%的肺样本有纤维蛋白沉积，肾和肝较少受到影响。虽然在败血性马驹中并未观察到出血性素质的临床症状，但56%的马驹有符合器官衰竭的证据（肾衰竭，14匹马驹；呼吸衰竭，8匹马驹；这2种系统都衰竭，4匹马驹）。这一信息表明，活化凝血系统和纤维蛋白沉积在败血症马驹中是常见的病变，这些沉积物单独或与其他变化的结合可导致多器官功能障碍综合征。此外，大多数未存活的败血症马驹各个器官内有纤维蛋白沉积，与弥散性血管内凝血的死后诊断一致，但在临床表现上这些马驹并没有明显的出血性素质。虽然这种测试并不是完美的，未能及早发现凝血功能障碍，兽医应该更多地根据凝血和纤维蛋白溶解系统的诊断测试，而不是单一地依据临床诊断。血液和生化改变与高凝血状态一致，如凝血时间延长、抗凝血酶活性降低、平均血小板成分降低在败血症马驹中都有记载。此外，与纤维蛋白溶解降解产物相关的纤维蛋白，D-二聚体的浓度与高凝血状态有关，这在败血性马驹中已经得到证实。在一项研究中，败血性马驹体内的 D-二聚体浓度显著增高（2013ng/mL；对照马驹，220ng/mL）、凝血酶原时间（16.9s；对照马驹，12.9s）和活化部分促凝血酶原时间（74.1s；对照马驹，34s）延长、抗凝血酶活性显著降低（106%；对照马驹，149%）。在此项研究中，没有 1 匹马驹有过长时间或自发性的出血或其他的弥散性血管内凝血临床症状；然而，80%的败血性马驹（25 匹马驹）符合弥散性血管内凝血的临床标准（凝血酶原时间、活化部分促凝血酶原时间、抗凝血酶活性、纤维蛋白原浓度或血小板计数有更多的改变），伴随有 D-二聚体浓度（中位数，313ng/mL）相对于对照马驹（702ng/mL）显著增高。

高凝状态更局部的症状可表现为血管栓塞，这在数量有限的败血性马驹中已有所报道。许多有血管栓塞的马驹会有不同程度的远端肢体缺血，临床表现为跛行、无力或轻瘫、持久性肢体水肿、动脉脉搏弱或缺乏、皮肤温度偏低、患肢痛觉降低或缺乏等一些混合症状。严重病例的冠状带可变为紫绀色，患肢蹄壳脱落。伴随着抗凝血酶活性的降低，会出现代表性的凝血参数延长（凝血酶原时间，活化部分促凝血酶原时间）或增加（纤维蛋白原，D-二聚体）。也有伴随有肺血管内血栓形成的主髂动脉和心室血栓的更严重病例报道。可用多普勒超声波、血管造影术和核闪烁扫描术对可疑脉管进行确诊。有趣的是，在一项描述了 2 匹马驹主髂动脉血栓病例的研究报告，有足够被动转移母源抗体的马驹却患有严重的结肠炎，这表明败血症可继发于胃肠道疾病。治疗血管栓塞的药物包括肝素、华法林、阿司匹林、组织纤溶酶原激活剂（Tissue plasminogen activator，tPA）和尿激酶（各种不同剂量），动脉切开术和导管血栓切除术也已尝试用于治疗血管血栓。总之，病马驹的动脉血流重建和存活的概率较小。氯吡格雷是 1 种血小板受体拮抗剂，可减少血小板聚集。最近，氯吡格雷（2mg/kg，每 24h 口服 1 次）已在成年马中使用，并在治疗与败血症相关的血栓中有一些应用，但还需要进行临床研究。

总之，凝血障碍（高凝状态）在败血性新生马驹中比较常见，对各种凝血参数，如凝血酶原时间、活化部分促凝血酶原时间和抗凝血酶的测定可用于筛选马驹血凝异常。此外，D-二聚体浓度是一个有用的诊断工具，可单独或与其他凝血参数共同用于识别马驹凝血系统的改变和脓毒血症。近期的现场实时诊断测试，如 TEG、ROTEM 和 Sonoclot 评估已被证明对检测和监测马驹将来的凝血障碍是有益的。

三、免疫介导的造血功能障碍

（一）新生马驹溶血性贫血

新生马驹溶血性贫血（Neonatal isoerythrolysis，NI）是一种非常常见的导致新生马驹黄疸和溶血性贫血的疾病。这种疾病在文献中已有详尽的描述，因此，在此只对该病的病理生理机制和治疗进行简单的综述。简单地说，这种疾病是由母马和马驹的血型不合造成的。在新生马驹溶血性贫血情况下，母马如曾经暴露于来自以前输血或以前妊娠时的胎盘出血的外来血液，就会产生抗自身不具有的马驹红细胞同种异体抗原的同种抗体。这些同种抗体随后在初乳中浓缩；如果新生马驹继承了来自公马的血液抗原（即 Aa、Qa）来对抗母马产生的同种抗体，一旦马驹吮食了初乳，就会导致不同程度的溶血反应。对新生马驹溶血性贫血的治疗取决于发生新生马驹溶血性贫血的马驹年龄、溶血反应的严重程度和发展情况。如果在出生不到 24h 的马驹中检测到新生马驹溶血性贫血，应给马驹禁食母马乳汁，监测马驹的红细胞比容（Packed cell volume，PCV），更换马驹第 1 天的奶源。应定期挤出母马的乳汁（每 2～4h）弃去。然而新生马驹溶血性贫血经常是不易被发现的，直到马驹已经几日龄大了，已经表现出更多明显的临床症状。在这种情况下，应让马驹保持安静，避免活动。静脉输液和使用抗生素可减少血红蛋白的肾毒性作用并预防继发感染。系列监测红细胞比容以记录贫血程度和对红细胞的破损比率。血液乳酸浓度也可被用来作为全身氧合的量度。如果红细胞比容迅速下降（如在 4h 内从 18%降至 14%），应确定使用合适的献血者并开始采集血液。另外，可选择的使用洗过的母马红细胞（去除母马血浆并用生理盐水代替）。虽然我们并不知道马驹真正的输血触发点，但如果红细胞比容低于 12%，应该用兼容的血液来给马驹输血。如果可能，也可给马驹鼻内输氧（5～10L/min）。

最近的回顾性研究提供了与大量患有新生马驹溶血性贫血的马驹临床特征、实验室检查异常和与预后有关因素的相关信息。在这些报告中，初期评价的中值年龄为 2.5d，但年龄范围介于 7.5h 到 12 日龄。虽然新生马驹溶血性贫血通常在马驹出生后几天出现，但这一信息表明，日龄较大马驹也可能有亚临床或轻微的新生马驹溶血性贫血，后来才表现出明显的临床症状。患有新生马驹溶血性贫血的马驹体检，最明显的表现包括黄疸和呼吸急促，平均红细胞比容为 17.7%，平均血清总胆红素 14.1mg/dL。有关新生马驹溶血性贫血治疗一个有趣的发现是，输全血或洗过的母体红细胞与马驹的存活之间并没有显著的关联，提示与输给马驹相容血型的全血相比较，洗过的母体红细胞并没有治疗优势。因为漂洗母体红细胞需要时间和人工的投入，使用来自血型相容供体的全血可以节省兽医的时间，更经济实用。在一项研究中，94%的马驹至少接受过 1 次输血，这表明输血在转诊的马驹中可能性是很高的。此外，这些研究表明，给予患有新生马驹溶血性贫血的马驹聚合牛血红蛋白并不能代替红细胞，因为接受给以马驹聚合牛血红蛋白后仍然需要输全血或洗过的母体红细胞。

新生马驹溶血性贫血马驹治疗的生存率为 75%～83%。与生存显著相关的因素包括最低红细胞计数（幸存者，3.34×10^6 个/μL；死亡者，1.68×10^6 个/μL）；最低红细胞比容（幸存者，13%；死亡者，10%）；最大总胆红素浓度（幸存者，14mg/dL；死亡者，34.5mg/dL）；输血用血液产品的数量（存活，1；死亡者，2）；输入血液制品的总量（幸存者，2L；死亡者，4L）。第 1 次输血前红细胞比容中值为 11.9%。

与新生马驹溶血性贫血有关联的疾病包括肝功能异常和核黄疸。有 1 份报告显示，10%（7/72）肝功能异常的马驹伴有新生马驹溶血性贫血，这些马驹临床表现为神经功能障碍，很少有肝性脑病。肝功能衰竭是根据临床症状、肝酶活性逐步增加（谷草转氨酶、碱性磷酸酶、山梨糖醇脱氢酶）和血浆胆汁酸或氨浓度增加来进行诊断的。与其他马驹（红细胞比容，12%）相比，肝功能衰竭马驹的红细胞比容中值显著降低（8%）。此外，没有肝衰竭的马驹能存活至出院，提示新生马驹溶血性贫血马驹预后不良和肝功能障碍。因此，兽医应特别注意马驹的新生马驹溶血性贫血和神经功能障碍或肝酶活性的增加。肝功能障碍马驹的组织学病变包括肝细胞坏死，胆管增生，外周肝小叶结构混乱，枯氏细胞和肝细胞内有大量含铁血黄素，胆小管鼓出、充满胆色素、入口有不同程度的纤维化。虽然导致肝功能衰竭的确切病理生理机制尚不清楚，但从理论上其机制包括缺氧性损害或可能由于反复输血而使铁超负荷造成的中毒。另外8%的马驹（6/72）有核黄疸。核黄疸又称胆红素脑病，是一种有严重神经功能障碍（心理状态改变，癫痫发作）综合征，是非结合胆红素在中枢神经系统沉积的神经毒性作用的结果。非结合胆红素是非极性、不溶于水的，伴随着显著溶血、非结合胆红素突破了身体的清除机制而在不同类型的细胞中沉积。在新生动物中，未结合胆红素容易穿过未发育完全的血脑屏障进入神经细胞并诱发细胞变性、坏死和凋亡。在神经细胞中，未结合胆红素可以破坏线粒体的功能、解耦氧化磷酸化、干扰 DNA 的合成并破坏钙平衡。核黄疸马驹的中值最高胆红素浓度为35.3mg/dL，其他马驹为14.5mg/dL。这表明应该监测新生马驹溶血性贫血和血清总胆红素明显增高（>27mg/dL）的马驹的核黄疸情况。此外，患病新生马驹常见的酸血症和败血症是核黄疸患驹的危险因素。治疗或预防马驹核黄疸的措施包括光疗、换血、白蛋白和苯巴比妥给药。将病驹暴露在蓝色波长光谱的光线中（光疗）会产生水溶性无毒胆红素光异构体，这种光异构体可绕过新生驹未成熟的肝葡萄糖醛酸基转移酶-胆红素共轭体系而使非结合胆红素浓度下降。通过换血提供给新生马驹的红细胞是与母体血清兼容的，同时还去掉了可以造成溶血的新生马驹红细胞和已形成的非结合胆红素。白蛋白给药来增加血清白蛋白浓度，提供更多胆红素结合白蛋白的位点，而苯巴比妥给药可加速肝酶葡萄糖醛酸基转移酶的产生，肝酶葡萄糖醛酸基转移酶可结合神经毒性胆红素成为水溶性无毒胆红素二葡糖苷酸。这些方法对马驹的治疗效果尚未见报道，但除交换输血这项可能在技术上具有挑战性的疗法外，其他的疗法可以在临床条件下用于马匹。在6例核黄疸马驹病例中，出现的病理变化包括大脑皮层、海马和小脑浦肯野层内的多灶性神经元变性，神经元萎缩和无核或病变区域有细胞核固缩。

（二）同种免疫性新生马驹中性粒细胞减少

已被介绍的几种较为少见的新生马驹免疫介导性疾病包括同种免疫新生马驹中性粒细胞减少症（Alloimmune neonatal neutropenia，ANN）、新生马驹同种免疫血小板减少症（Neonatal alloimmune thrombocytopenia，NAT）以及溃疡性皮炎、血小板减少和中性粒细胞减少综合征。同种免疫性疾病就是产生的抗体是针对遗传学上相同物种的不同个体的抗原。同种免疫新生马驹中性粒细胞减少症和新生马驹同种免疫血小板减少症的病理生理机制与新生马驹溶血性贫血类似，都以母源抗体破坏新生马驹血液成分作为新生马驹抗原与母体不相容的结果。发生同种免疫新生马驹中性粒细胞减少症时，母马暴露在父系粒表面抗原或母马中性粒细胞缺乏但在胎儿中性粒细胞上表达的抗原中。不相容新生马驹中性粒细胞抗原通过初乳抗体的调理素作用后，中性粒细胞被血管内补体介导的溶解和脾脏内的细胞吞噬作用清除。中性粒细胞减少症的严重程度部分是由抗体滴度和免疫球蛋白 G 的摄入量决定。在临床中，同种免疫新生马驹中性粒细胞减少症马驹表现为健康、警觉，尽管体内的中性粒细胞持续减少，但通常没有感染的临床症状（马驹通常是健康、活跃和哺乳的）或临床病理变化（无未成熟粒细胞，无对中性粒细胞的毒性改变，血液菌检阴性）。可根据临床表现和全血细胞计数结果来对同种免疫新生马驹中性粒细胞减少症进行初步诊断，进一步通过粒细胞凝集试验来证明。简单地讲，粒细胞凝集就是将母马血清抗体与马驹中性粒细胞相混合，随后根据出现肉眼或显微镜可见的中性粒细胞凝集情况进行鉴定。或者可用流式细胞仪分析技术进行支持诊断。同种免疫新生马驹中性粒细胞减少症的治疗包括支持治疗、广谱抗菌药物和重组人粒细胞集落刺激因子（1.4～20μg/kg，根据需要皮下注射）治疗。由于母源抗体消退，患病马驹的中性粒细胞计数会增加，但可能需要 2～3 周才能恢复正常。简单的同种免疫新生马驹中性粒细胞减少症病例预后较好。

（三）新生马驹同种免疫血小板减少症

同样，出现新生马驹同种免疫血小板减少症时，母马产生抗体对抗父系来源的胎儿血小板抗原或抗原群。摄取在新生马驹血小板上表达的抗父系血小板抗原的抗体后，新生马驹血小板被破坏。在单一报道的 1 例马驹新生马驹同种免疫血小板减少症病例中，1 日龄马驹表现为虚弱和吸吮无力。怀疑有新生马驹脑病，实施支持治疗后，马驹恢复较快。然而，马驹静脉穿刺部位出血时间延长，有严重的血小板减少症（血小板数为 13 000 个/μL），但没有发现其他止血药异常。用 3L 富含血小板的血浆治疗马驹可将血小板数量提高到 33 000 个/μL。在 3 日龄时仍然检测到血小板减少症（血小板数为 14 000 个/μL），但血小板计数随时间稳定上升（第 4 天，21 000；第 6 天，51 000，第 8 天，96 000；第 10 天，血小板数为 188 000 个/μL），其他的凝血参数都保留在参考范围内。对建立新生马驹同种免疫血小板减少症的诊断有帮助的调查程序包括对与血小板有关的抗体进行流式细胞仪分析、直接测量抗血小板抗体以及检测抗母马初乳的马驹血小板。兽医应该考虑有关马驹同种免疫新生马驹中性粒细胞减少症和新生马驹同种免疫血小板减少症的病例报道很少。但是实际病例出现可能会比我们意识到的更频繁，因为同种免疫新生马驹中性粒细胞减少症或新生马驹同种免疫血小板减少症马驹尽管已有消耗性疾病过程出现，但临床表现可能正常。许多其他导致中性粒细胞减少和血小板减少的因素使马驹的临床表现复杂化。

（四）溃疡性皮炎、血小板减少和中性粒细胞减少

短暂的溃疡性皮炎、严重的血小板减少和轻度中性粒细胞减少综合征也在马驹中有所描述，虽然病理生理机制尚不明确，但已被怀疑为免疫介导的疾病。目前的资料显示，患有这种疾病的马驹出生于多产母马，病马驹的母亲相同，但父亲不同。迄今

为止，所有报告的病例都是处在新生驹期（<4 日龄）的小雌马。这些马驹通常都是健康、警觉的，但口腔和舌头上有溃疡、结痂和红斑，眼睛和口角周围以及会阴、腹股沟、腋窝和颈部有出血瘀点和瘀斑的临床表现（图 174-3）。口腔溃疡可能严重到足以导致食欲下降。在进一步的临床病理调查中，血小板减少（血小板数为 0～30 000 个/μL）和白细胞减少（白细胞数为 1 900～3 200 个/μL）是通过明显的中性粒细胞减少症（中性粒细胞数为 500～1 800 个/μL）表现出来的，同时伴有或没有温和左移和毒性变化。可观察到出血性素质，如静脉穿刺部位有血肿形成、牙龈出血、双侧鼻孔出血。皮肤活检标本镜检可见表皮下皮裂和下层血管扩张、皮肤出血和浅表层乳头坏死。支持性治疗包括使用广谱抗生素、糖皮质激素和输血。该病在马驹中的长期预后良好，皮肤损伤会在 10～14 日龄有所改善，血小板减少症会在 7～10 日龄有改善提高，中性粒细胞减少症在 3～9 日龄会得到改善。有必要进一步调查此综合征的病理生理学机制。

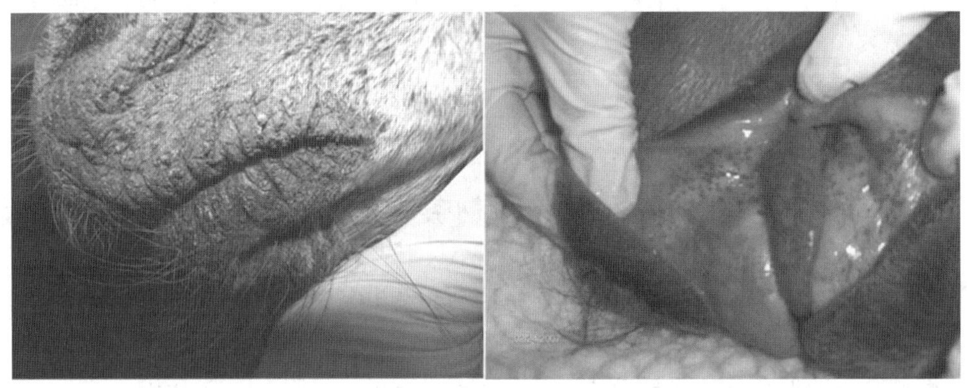

图 174-3 新生马驹有与溃疡性皮炎、血小板减少、中性粒细胞减少有关的皮肤炎的临床症状，口角和嘴唇（左）有结痂的硬皮，舌头和口腔黏膜（右）有淤血性出血
（引自 Dr. Kim Sprayberry，Hagyard Equine Medical Institute，Lexington，KY.）

推荐阅读

Armengou L，Monreal L，Tarancon I，et al. Plasma D-dimer concentration in sick newborn foals. J Vet Intern Med，2008，22：411-417.

Barton MH，Morris DD，Norton N，et al. Hemostatic and fibrinolytic indices in neonatal foals with presumed septicemia. J Vet Intern Med，1998，12：26-35.

Boyle AG，Magdesian KG，Ruby RE. Neonatal isoerythrolysis in horse foals and a mule foal：18 cases（1988-2003）. J Am Vet Med Assoc，2005，227：1276-1283.

Cotovio M，Monreal L，Armengou L，et al. Fibrin deposits and organ failure in newborn foals with severe septicemia. J Vet Intern Med，2008，22：1403-1410.

Dallap-Schaer BL，Wilkins PA，Boston RC，et al. Preliminary evaluation of hemostasis in neonatal foals using a viscoelastic coagulation and platelet function analyzer. J Vet Emerg Crit Care，2009，19：81-87.

Mendez-Angulo JL，Mudge M，Zaldivar-Lopez S，et al. Thromboelastography in healthy，sick non-septic and septic neonatal foals. Aust Vet J，2001，89：500-505.

Perkins GA，Miller WH，Divers TJ，et al. Ulcerative dermatitis，thrombocytopenia，and neutropenia in neonatal foals. J Vet Intern Med，2005，19：211-216.

Polkes AC，Giguere S，Lester GD，et al. Factors associated with outcome in foals with neonatal isoerythrolysis（72 cases，1988-2003）. J Vet Intern Med，2008，22：1216-1222.

Segura D，Monreal L，Armengou L，et al. Mean platelet component as an indicator of platelet activation in foals and adult horses. J Vet Intern Med，2007，21：1076-1082.

Wong DM，Alcott CJ，Clark SK，et al. Alloimmune neonatal neutropenia and neonatal isoerythrolysis in a Thoroughbred colt. J Vet Diag Invest，2012，24：219-226.

（刘芳宁　译，吴殿君　校）

第 175 章　围产期窒息综合征

Pamela A. Wilkins

缺氧缺血性脑病，也被称为新生马驹脑病（Neonatal encephalopathy，NE）、哑症综合征和新生驹失调综合征，是围产期窒息综合征（Perinatal asphyxia syndrome，PAS）更广泛综合征的最常见临床表现。虽然围产期窒息综合征最明显的临床表现为新生马驹脑病，但胃肠道和肾脏也经常受到影响，并会出现与这些系统相关的并发症。也可能出现心血管、呼吸道和内分泌失调的症状。与新生马驹脑病有关的临床表现范围很广，从轻度抑郁症和吸吮反射丧失到癫痫大发作（图 175-1）。受影响最严重的马驹在刚出生时表现正常，但在几小时内就会出现中枢神经系统异常的症状，但有些马驹直到出生后 24h 才表现出症状。

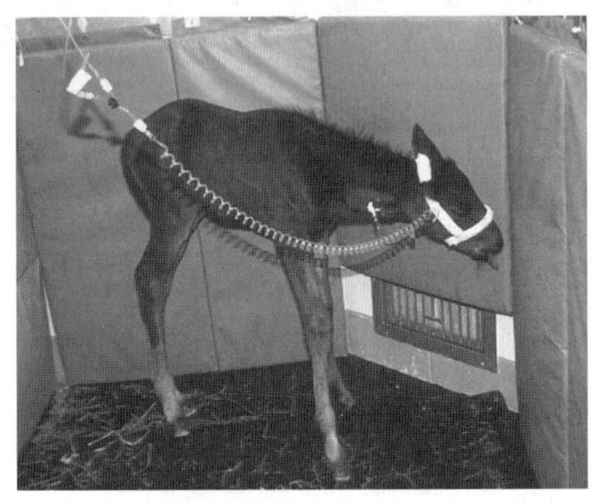

图 175-1　1 匹表现出新生驹脑病症状的围产期窒息综合征马驹

马驹能站立但徘徊。注意马驹的舌从右侧口伸出，这是患病马驹的 1 个常见表现

一、诱发因素

与马驹围产期窒息综合征有关的症状包括难产、诱导分娩、剖腹产、胎盘炎、胎盘过早分离、胎粪吸入、双胞胎马驹、胎儿感染、严重的孕产母马疾病、孕产母马手术、后足月妊娠和正常分娩。相当数量的马驹没有已知的围产期缺氧症状。越来越多的证据表明，胎盘感染或损伤造成的高细胞因子血症是导致新生马驹脑病的主要病因。

二、临床表现

围产期窒息综合征和新生马驹脑病的马驹在刚出生时都可能表现健康，但在出生后数小时到 1～2 日龄内会出现中枢神经系统异常的表现。临床症状变化很大，可能包括以下的单个或多个症状：虚弱、精神抑郁、轻度到重度的癫痫发作、颤抖和肌张力亢进。其他的临床症状有无法找到乳房、不恰当的哺乳行为、哺乳反射消失、与母马的亲和力丧失、识别环境能力丧失、发声异常、吞咽困难、舌音虚弱、呼吸不均匀和本体感受缺失。非常重要的一点是要注意到其他器官系统通常也会受到不同程度的影响。对其他系统反复进行详细检查是管理围产期窒息综合征和新生马驹脑病马驹的一个必须要求。

三、病理生理学

马驹围产期窒息综合征和新生马驹脑病的基本病理生理细节目前还未知，有可能是多种因素共同作用的结果。继发于原发性低氧或缺氧因素的神经细胞死亡和损伤是许多疾病发生的基础。在再灌注阶段会发生神经元细胞的第二波死亡，其部分原因是细胞凋亡，但额外的第二次细胞死亡被认为是由谷氨酸和天冬氨酸的神经毒性引起的。有证据表明，在新生马驹脑病和围产期窒息综合征期间，这种兴奋毒性级联可将损伤的时间延伸到几天，而且这种兴奋毒性级联是可以修改的。激活谷氨酸受体的N-甲基-D-天冬氨酸（N-methyl-D-aspartate，NMDA）亚型被认为在新生马驹脑病和围产期窒息综合征的发展中起重要的作用。镁可阻止NMDA受体，婴儿缺氧后用镁治疗的临床疗效研究还在进行中。

四、治疗

可用多种措施来治疗围产期窒息综合征，包括控制癫痫发作、一般针对大脑支持疗法、纠正代谢异常、维持正常的动脉血气值、进行组织灌注和保护肾功能，以及治疗胃肠功能紊乱。预防、识别和治疗继发感染和一般的支持疗法也是非常重要的。重要的是要控制癫痫发作，因为在癫痫发作期间脑氧消耗会增加5倍（表175-1）。地西泮和咪达唑仑可用于癫痫的应急控制治疗。如果使用这2种药物还不能控制癫痫发作，或者发现有2个以上癫痫发作，应该将地西泮替换为巴比妥以达到效果或用咪达唑仑恒速输注（Constant-rate infusion，CRI）。在苯巴比妥给药后监测神经功能时，应注意苯巴比妥在马驹中的长半衰期（＞200h）。咪达唑仑的效果可能优于选苯巴比妥，因为咪达唑仑可以达到治疗效果而且副作用较小。然而，使用咪达唑仑需要保持恒速输液。癫痫发作严重的马驹可能需要这些抗癫痫药物的复合剂。在患有新生马驹脑病的马驹中，应避免使用氯胺酮和甲苯噻嗪，因为这2种类药物可造成颅内压增高。

表175-1　用于治疗围产期窒息综合征和新生马驹脑病的药物和使用剂量

药物	用途	剂量	可能的并发症
地西泮	单一或短期癫痫发作的控制	0.1～0.2mg/kg（50kg的马驹肌内或静脉注射5～10mg）	静脉快速给药会导致呼吸抑制
咪达唑仑	单一或短期癫痫发作的控制	0.1～0.2mg/kg（50kg的马驹肌内或静脉注射5～10mg）	静脉快速给药会导致呼吸抑制

（续）

药物	用途	剂量	可能的并发症
咪达唑仑 CRI	长期反复发作癫痫的控制反应过度或不安马驹的轻度镇静	3～6mg/h，咪达唑仑是水溶性的，用浓度为 0.5mg/mL 的等渗透明液体恒速滴注给药	静脉快速给药会导致呼吸抑制。如果需要可使用高剂量。优点是如果需要能滴定效果和可逆性
苯巴比妥	长期癫痫发作的控制	2～5mg/kg，静脉缓注超过 20min。从较低剂量开始并监测疗效。最大预期效果 45min 后出现	呼吸抑制、低温、低血压和咽部塌陷，尤其在使用较高剂量或用于更严重的患病马驹时
硫胺素	代谢支持	1～20mg/kg，每 12h/次，加到静脉输液中（避光保存）	无
甘露醇	细胞间水肿：渗透性利尿药	0.25～1.0g/kg，15～20min 内静脉快速注射 20%的溶液	脱水。重复给药可能导致明显的高渗血症。可能会加剧脑出血
二甲基亚砜	抗炎药，细胞间水肿：渗透	0.1～1g/kg，静脉注射 10%的溶液	臭味；在一些区域有 OSHA 限制，溶血反应；脱水
加巴喷丁	神经保护作用：GABA 受体激动剂	每天 10～15mg/kg，均分后口服 3～4 次/d	没有描述：没有在新生马驹中使用
镁 CRI*	神经保护作用：NMDA 受体拮抗体	可沉淀其他输入液体；检测兼容性或在使用抗菌药物注射液时停止使用	在非常高的剂量（＞10×）会导致肌无力和低血压

注：CRI，恒速输注。

* 镁 CRI：从 100mL 袋装无菌生理盐水（0.9%）中取掉 20mL，加入 20mL 50% $MgSO_4$ 使溶液最终体积为 100mL。50kg 马驹的负荷给药剂量为 25mL/h 输液 1h，之后将输液量减到 12.5mL/h。这是大约 50mg/kg 的负荷剂量，随后用 25mg/kg 的维持剂量，持续输液 24～48h。

可能最重要的治疗措施是以维持脑灌注为目的。应通过确保足够的血管容积和大于 20%的红细胞比容来保持血液的携氧能力。这一般需要适当的静脉内血流支持，在某些情况下可能需要通过输血来增加红细胞比容。应小心护理，避免体液或钠超载，最早的体液或钠超载的证据是在前肢之间和肢体的远侧腹侧轻微的水肿。也可用正性肌力药物或升压来支持灌注。

可补充硫胺素（每 12h 给药 1～20mg/kg，加入静脉输液中，避光保存）来支持代谢过程。如果出现细胞坏死和血管性水肿，临床使用一些药物，如甘露醇（静脉快速注射 0.25～1.0g/kg，20%的溶液）和二甲基亚砜（Dimethyl sulfoxide，DMSO；静脉注射 0.1～1g/kg，10%的溶液）可能会有帮助。患病最严重和可能有小脑疝严重并发症的马驹应该最后给药。作者很少使用二甲基亚砜，而且在停止使用该药后超过 20 年的时间内没有发现结果上的差异。

一些兽医在治疗马驹围产期窒息综合征和新生马驹脑病时使用 γ-氨基丁酸（γ-Aminobutyric acid，GABA）受体激动剂，如加巴喷丁，单独和与 NMDA 拮抗剂如镁结合使用，因为在局部缺血时使用加巴喷丁有神经保护作用。没有关于加巴喷丁在马驹中使用的具体剂量报道，然而，小儿使用加巴喷丁的剂量是10～15mg/(kg・d)，分成相同的剂量口服，3～4次/d。

尽管对用镁来治疗新生马驹脑病缺乏共识，但硫酸镁恒速输液已用于围产期窒息综合征和新生马驹脑病的治疗，速效剂量为50mg/kg，随后以25mg/kg的剂量维持。其他兽医使用的其他可能的神经保护药物包括抗坏血酸（每24h口服50～100mg/kg）和α-生育酚（每24h口服500～1 000U）。

患有围产期窒息综合征的马驹往往有各种代谢问题和不同程度的代谢性酸中毒。它们也可能有频繁发作的低氧血症，偶尔也有碳酸血症。通常需要以3～5L/min的速度进行鼻内输氧，这既是一种预防方法也是一种治疗方法。如果可行，重复进行动脉血气分析以确保氧分压保持在10.64～15.96kPa。虽然血氧饱和仪可检测出血红蛋白饱和度，但它不能检测出轻度到中度的血氧不足或氧血症或氧过多。咖啡因（速效剂量为10mg/kg，口服或直肠给药，随后根据需要使用2.5mg/kg的维持剂量）或多沙普仑[静脉恒速滴注0.02～0.05mg/(kg・h)]可提供额外的支持。关于哪一个较后使用最好或在何种情况下给药来优化呼吸还没有明确的建议。机械通气对主要源于肺换气不足的马驹非常有益，一般要求不超过48h（图175-2）。维持正常血液的pH值是非常重要的：如果pH值是在正常范围内，呼吸性酸中毒不是严重到会给病驹带来不良影响（不良影响一般见于$PaCO_2$＞9.31kPa时）时，高碳酸血症还是可以耐过的。

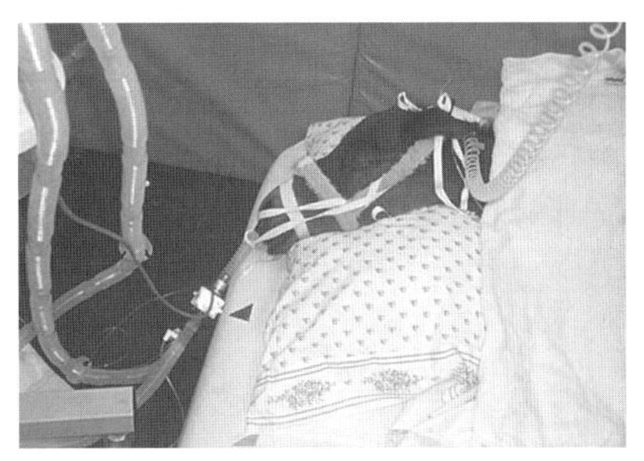

图175-2　1匹患有严重围产期窒息综合征的马驹

马驹反应迟钝，中枢型呼吸暂停，正在接受正压人工呼吸治疗。没有给马驹使用镇静剂

肾脏是这些病驹损伤的靶器官，这是一种常见的肾衰竭，对患有围产期窒息综合征马驹的死亡起显著作用。肾脏疾病的临床症状与肾脏血流量的失控有关，肾小管损伤可导致肾小管坏死、肾功能衰竭以及体液超载和广泛水肿。无论是多巴胺还是呋塞米，都不能有效地保护肾脏或逆转急性肾功能衰竭；但这些药物对治疗体液超载有用。低剂量的多巴胺[静脉注射2～5μg/(kg・min)]通常可通过尿钠排泄利尿。可使用呋塞米[静脉推注0.25～1.0mg/kg；或静脉注射0.25～2.0mg/(kg・h)]利尿，但利尿后要对电解质浓度和血气张力（用于监控血液的pH）进行评估。利尿的目的是使产生尿的速率和输入的液体相匹配。对肾功能不全的围产期窒息综合征病例，最后一个需要注意的是在可能的条件下对治疗药物进行监测。多种抗菌药物可用于这类疾病的治疗，尤其是依赖肾脏清除的氨基糖苷类。有新生马驹发生氨基糖苷类中毒的病例，这使得原本由血流动力学原因造成的肾功能衰竭复杂化。

患有围产期窒息综合征的马驹有多种胃肠道异常，包括肠梗阻、复发性过度胃返流和胀气，在胃肠功能障碍和缺氧时饲喂马驹会加剧这些症状。如果喂养不能满足胃肠营养需求，可能需要部分或全部的肠外营养供给。应特别注意免疫状态和葡萄糖稳态的被动转移。胃肠道损伤的临床症状可能是细微的、比其他症状滞后几天到几周。肠内容物带血是指示显著肠道损伤的证据。低级的急腹痛、肠胃蠕动弱、粪便少和体重增加或减少都是造成胃肠道功能紊乱最常见的临床症状，但更严重的症状包括坏死性小肠结肠炎和肠套叠也与围产期窒息综合征有关。必须缓慢恢复肠道喂养。作者曾给喂奶延迟或怀疑有胃肠道损伤的马驹使用过硫糖铝（口服 1～2g/h）。

有围产期窒息综合征的马驹也容易继发感染，而且多数被动免疫失败。静脉血浆和广谱抗菌药物（表 175-2）可用于被动免疫失败的治疗和预防。应尽量少用肾毒性药物，如氨基糖苷类抗微生物剂和非甾体类抗炎药。应反复确定免疫球蛋白 G 的浓度并根据需要用静脉内血浆疗法给药。医院感染可迅速传播，患有围产期窒息综合征马驹的任何体况的急剧恶化都表明需要对马驹进一步做脓毒血症可能的评估。

表 175-2　新生马驹常用抗菌药物和使用剂量①

药物	剂量、用途、使用频率	评论
阿昔洛韦	16mg/kg，口服，3 次/d	
硫酸阿米卡星	小于 1 周龄：25～30mg/kg，静脉注射，1 次/d 2～4 周龄：20～25mg/kg，静脉注射，1 次/d	肾中毒 治疗药物监测：30min 峰浓度＞45μg/mL 8h 谷浓度：＜15μg/mL 12h 谷浓度：＜5μg/mL
氨苄青霉素钠	50～100mg/kg，静脉注射，4 次/d	
阿奇霉素	10mg/kg，口服，1 次/d，连服 5d，然后每隔 1d 服 1 次	高热、腹泻的马驹和母马
头孢唑啉	25mg/kg，肌内注射，3～4 次/d	第一代头孢菌素
头孢氨苄	30mg/kg，口服，3 次/d	第一代头孢菌素
头孢呋辛	每天 30mg/kg，口服，2～4 次/d 每天 50～100mg/kg，静脉注射，3～4 次/d	第二代头孢菌素
头孢噻肟	50～100mg/kg，静脉注射，4 次/d	第三代头孢菌素
头孢他啶	40mg/kg，静脉注射，3～4 次/d	第三代头孢菌素
头孢噻呋	5mg/kg，静脉注射，2 次/d 10mg/kg，静脉注射，4 次/d 恒速滴注：1.5mg/(kg·h) 喷雾：1mg/kg，用 25mg/mL 溶液喷雾，2 次/d	第三代头孢菌素 无中枢神经系统渗透作用 在理想状态下给药超过 20min 较高剂量产生更广泛的抗革兰氏阴性菌活性
头孢泊肟	10mg/kg，口服，2～4 次/d	第三代头孢菌素
头孢曲松钠	25mg/kg，静脉注射，2 次/d	第三代头孢菌素
头孢吡肟	11mg/k，静脉或肌内注射，3 次/d	第四代头孢菌素
氯霉素	50mg/kg，口服，4 次/d	公共卫生/职业卫生及安全关注
克拉霉素	7.5mg/kg，口服，2 次/d	高热、腹泻的较大马驹

（续）

药物	剂量、用途、使用频率	评论
多西环素	10mg/kg，口服，2次/d	
恩诺沙星	5mg/kg，口服，1次/d	软骨病和关节炎
红霉素硬脂酸酯	25mg/kg，口服，3次/d	高热、腹泻的马驹和母马
氟康唑	8mg/kg速效给药，然后以4mg/kg剂量给药，口服，2次/d	
硫酸庆大霉素	小于7日龄：11～13mg/kg，静脉注射，1次/d 较大的马驹：6.6mg/kg，静脉注射，1次/d 喷雾：2.2mg/kg，用50mg/mL溶液喷雾，1次/d	肾中毒 治疗药物监测：30min峰浓度＞25μg/mL 8h谷浓度：＜5μg/mL 12h谷浓度：＜2μg/mL
亚胺培南	10～20mg/kg，静脉注射，4次/d	
甲硝唑	10～15mg/kg，口服或静脉注射，3次/d	如果胃肠道吸收增加，以10mg/kg剂量给药，2次/d
土霉素	10mg/kg，静脉注射，2次/d	肾中毒，缓慢给药
青霉素钠钾	20 000～50 000u/kg，静脉注射，4次/d	严重感染病例用上限剂量
普鲁卡因青霉素	20 000～50 000u/kg，肌内注射，2次/d	
利福平	5mg/kg，口服，2次/d	与其他抗生素联合使用
羟基噻吩青霉素和克拉维酸	50～100mg/kg，静脉注射，4次/d 恒速滴注：2～4mg/(kg·h)	
甲氧苄胺嘧啶-磺胺	30mg/kg，口服、肌内或静脉注射，2次/d	剂量指的是结合的甲氧苄啶和磺胺类药的结合物

注：①重要的是要认识到给马驹，尤其是新生马驹使用多种抗生素剂量和给药间隔是不同于成年马的。

中枢神经系统（Central nervous system，CNS）；恒速滴注（Constant-rate infusion，CRI）；胃肠道（Gastrointestinal tract，GIT）；职业卫生及安全（Occupation Health & Safety，OHS）；治疗药物监测（Therapeutic drug monitoring，TDM）。

五、预后

如果能及早发现并积极治疗足月产的马驹，围产期窒息综合征马驹的预后是良好的。这些新生马驹的存活率高达80%，并且能够继续生产和用于运动。延迟治疗或者治疗不完全和有并发症，如早产和脓毒血症会使预后降低。越来越多的证据表明，如不能在48h内解决围产期窒息综合征马驹的高乳酸盐血症，那么马驹最终生存概率的预后会更差。

推荐阅读

Borchers A，Wilkins PA，Marsh PM，et al. Admission L-lactate concentration in hospitalized equine neonates：a prospective multicenter study. Equine Vet J Suppl，2012，(41)：57-63.

Evrard P. Pathophysiology of perinatal brain damage. Dev Neurosci，2001，23：171-174.

Giguère S，Sanchez LC，Shih A，et al. Comparison of the effects of caffeine and doxapram on respiratory and cardiovascular function in foals with induced respiratory acidosis. Am J Vet Res，2007，68 (12)：1407-1416.

Kellum JA，M Decker J. Use of dopamine in acute renal failure：a meta-analysis. Crit Care Med，2001，29 (8)：1526-1531.

Maroszynska I，Sobolewska B，Gulczynska E，et al. Can magnesium sulfate reduce the risk of cerebral injury after perinatal asphyxia? Acta Polon Pharm，1999，56 (6)：469-473.

Martin-Ancel A，Garcia-Alix A，Gaya F，et al. Multiple organ involvement in perinatal asphyxia. J Pediatr，1995，127 (5)：786-793.

McGlothlin JA，Lester GD，Hansen PJ，et al. Alteration in uterine contractility in mares with experimentally induced placentitis. Reproduction，2004，127 (1)：57-66.

Nelson KB，Willoughby RE. Infection，inflammation and the risk of cerebral palsy. Curr Opin Neurol，2000，13 (2)：133-139.

Watanabe I，Tomita T，Hung KS，Iwasaki Y. Edematous necrosis in thiamine-deficient encephalopathy of the mouse. J Neuropathol Exp Neurol，1981，40 (4)：454-471.

Whitelaw A. Systematic review of therapy after hypoxic-ischaemic brain injury in the perinatal period. Semin Neonatol，2000，5 (1)：33-40.

（刘芳宁　译，吴殿君　校）

第 176 章　马红球菌肺炎的筛查

Jeanette L. Mccracken

马红球菌是导致 4 周龄到 3 月龄马驹严重肺炎最常见的病因。年龄较大的马驹（6 月龄以上）也可发生红球菌肺炎；但在这些动物体内经常会发现其他导致肺炎的病原体，包括链球菌、肺炎杆菌、放线杆菌、大肠杆菌。马红球菌是一种细胞内兼生球杆菌，在世界各地的土壤和空气样本中都能发现该菌。只有携带 VapA 质粒的菌株具有毒力并与临床疾病的发生有关。马驹可在出生后的最初几天被感染，但直到 1 月龄或更大一些的时候才出现临床症状。由该微生物感染导致的肺内和肺外发生化脓性脓肿，临床症状可能包括高热、咳嗽、呼吸频率高和呼吸困难、精神沉郁和体重减轻。马红球菌病在马驹上最常见的致病部位是肺，但该菌也可导致其他肺部以外疾病表现，包括腹部脓肿、肠炎或结肠炎、肝炎、化脓性关节炎、多发性滑膜炎、骨髓炎和葡萄膜炎。

适龄马驹如发生高热、咳嗽、呼吸频率增高和任何程度的呼吸困难，都应怀疑为马红球菌性肺炎。虽然体检、超声检查和血液检查（白细胞计数和纤维蛋白原浓度增高）常在地方性农场用于马红球菌性肺炎的诊断，但细菌培养或聚合酶链反应（PCR）结合对经气管吸出液体的细胞学检查，仍然是确诊马红球菌性肺炎的金标准。对有临床症状马驹的治疗通常是数周到数月的抗菌药物治疗和管理调整。首选治疗红球菌性疾病的抗菌药物是大环内酯类（红霉素、阿奇霉素或克拉霉素）和利福平。在疾病的早期阶段往往很难控制发热症状，一些马驹可能需要输氧。对生病马驹可能需要特殊的管理，并有必要进行密切监控并做常规改变以预防大环内酯类药物引起的不良反应，如高热和肠炎。病情严重的马驹预后不良。

一、预防

因为马红球菌性肺炎临床病情非常严重、需长期治疗、可能造成死亡和与治疗该病所产生的沉重经济负担，马主人和兽医都将预防该病作为重要目标。已经研究出几种预防该病的策略，即输注高免血浆、在新生驹期用药物预防和胸部超声波筛查。目前关于使用高免血浆的有效性的报道有分歧。在新生驹期用阿奇霉素和利福平治疗可以减少地方性农场的临床肺炎，但由于会产生细菌耐药性的高风险性，所以，不推荐作为预防方法。最近，胸部超声检查已被用于诊断马驹的亚临床疾病，以便在这些马驹出现临床症状前，就进行治疗或尽早更密切地监测临床疾病。超声波筛查项目降低了临床性肺炎的发病率。

二、筛查

在出现临床症状之前就识别出有马红球菌性肺炎的马驹可减少损失并降低与长期治疗临床感染马驹相关的成本。对早期发现马驹红球菌性肺炎的不同筛查方法已经进行了研究。重要的一点是要注意筛查出的“阳性”结果并不能确诊为马驹红球菌性肺炎。根据所用的筛查方法，阳性的筛查结果可能仅指马驹具有某种感染的迹象，马驹感染了红球菌，但感染是亚临床性的，或者是马驹还在马红球菌性肺炎发展的早期阶段。解释阳性筛查结果时，应考虑所用方法的灵敏度和特异性。对筛查结果为阳性的马驹采取任何治疗措施时，都应平衡治疗马驹带来的好处和存在的风险，同时要考虑所用筛查实验的可靠性。

（一）观察和温度监测

肉眼观察和监测马驹温度一直被认为是早期发现马红球菌性肺炎的经济方法。众所周知，该病在不知不觉中发生，临床症状如咳嗽、呼吸频率加快和呼吸困难、精神抑郁和发热都是在疾病变成临床型时才出现。根据定义，任何这些症状的出现都预示临床疾病的早期阶段。注意疾病症状可能有助于早期紧急治疗疾病并控制疾病向更严重的方向发展。但不幸的是，在临床症状出现时，通常已经能够确定马驹感染。一旦在地方性农场上观察到马驹有 1 个或多个这样的临床症状都要确保进行进一步的检查。这些检查可能包括胸部影像学检查和全血细胞计数。当额外的筛查方法结果为阳性时，就应该考虑按马红球菌性肺炎进行治疗。

（二）胸部听诊

对高风险马红球菌性肺炎马驹每 2 周进行 1 次胸部听诊已被提议作为筛查早期疾病的检测方法。因为兽医检查的费用和缺乏具体的“阳性”结果，所以，不推荐将此法作为单独的筛查方法。马红球菌性病变通常是肺实质的脓肿，在检查时单单是这种病变并不会导致不正常的肺音。只有通过仔细听诊和检测到呼吸音缺乏（即检测功能性死角）的区域是听诊可确认的脓肿。用这样的方法检查小尺寸的亚临床脓肿几乎是不可能的。因此，不可能用来确定潜伏期感染。马红球菌性感染发展成临床疾病后，肺音可反映一般性的肺部炎症。这可通过听诊来鉴别，但并不能将该症状认为是马红球菌感染发生时所特有的临床症状。

（三）白细胞计数和纤维蛋白原浓度

监测白细胞计数和纤维蛋白原浓度已被作为早期诊断的方法。这些血液参数的数值高是感染和炎症的非特异性指标。红球菌性肺炎是众多导致白细胞计数和纤维蛋白原浓度增高的疾病之一。如果以此法作为筛查方法，需对筛查结果为阳性结果的动物做进一步的检查以确定感染源。与原先认为相反，已证明与纤维蛋白原浓度高相比，白细胞计数高是红球菌性感染更可靠的指标。一项研究显示，细胞数为 14 000 个/μL 的临界值有合理的敏感性（88.1%）和特异性（80.6%）。临界值较高，敏感性就会降低，而特异性增加。因而决定使用什么样的白细胞计数为临界值应该通过当地农场的历史感染水平来定。同样，纤维蛋白原浓度高于 600mg/dL 对于指示红球菌性感染具有良好的特异性，但敏感性差。因此，白细胞计数是优于纤维蛋白原浓度的一个筛查方法。白细胞计数增加和临床疾病发生之间存在什么样的时间范围还未知。以作者的经验，白细胞计数和纤维蛋白原是非常常见的正常紧接着临床疾病发生的时间。进行系列检查可能会增加这些筛查方法的诊断价值；但关于这个问题还没有任何数据公布。

（四）血清学和聚合酶链反应

各种血清学试验已被用于检测红球菌感染，包括几个不同的酶联免疫测定法、琼脂凝胶免疫测定法和协同溶血抑制测定法。还没有方法能够在临床发病时区别出健康马驹和发病马驹的显著差异；因此没有一个被推荐为早期诊断方法。

最近的报告表明，实时 PCR 是检测临床肺炎马驹马红球菌 VapA 菌株粪便排菌的可靠方法。该法检测临床发病马驹的特异性为 100%，但敏感性仅为 75%。该法还没有被确定为是检测健康马驹或亚临床性病马粪便中马红球菌检出率的方法。因此，粪便 PCR 并不是筛查马红球菌性菌肺炎的可行方法。也用聚合酶链式反应检测过鼻腔分泌物，但也被证明对马红球菌性肺炎的诊断并没有帮助。

（五）胸部成像

在临床症状出现前，检查马驹肺部来确定可疑的马红球菌病变是近来流行的一种筛查方法。超声波仪器的易用性和可移动性使得这种移动成像比胸部射线成像更实用。胸超声波成像是一种简易、快速和有效的红球菌性肺脓肿成像方法，其中大部分是接近或与肺表面沟通的。与其他筛查方法一样，阳性的鉴定性结果只是暗示马红球菌感染的可能性，并不能确诊。然而，12 周龄以下马驹的肺脓肿超声波成像是诊断地方性农场马红球菌性感染的证据，具有高灵敏度和特异性。此外，在出现任何疾病症状之前可用超声波成像来鉴定肺部病变，从而检测出亚临床动物。亚临床疾病的发病率比有特有属性的临床疾病发生历史频率高，据推测，许多有亚临床感染的马驹可以清除感染，并不发展成临床疾病。目前，还不可能识别出要发展成临床性的亚临床型马驹和可以自行成功清除感染的亚临床马驹。因此，在决定对受影响马驹进行治疗时，应将经济和管理影响、治疗的必要性和风险性以及可能的效益充分披露给马主人。采用专用超声波筛查程序可以减少特有属性的临床疾病的发病率。这种方式既是预防方法也是筛查工具。

1. 步骤

可用多频 5.0MHz 或 7.5MHz 的线性传感器或凸传感器来进行超声检查。7.5MHz 的传感器能够显示的深度为 4～12cm，这是理想的马驹胸部成像频率。马驹应站着接受检查，由 2 人使用最小约束力进行操作。用异丙醇充分处理皮毛以增强换能器和胸壁之间的表面接触。酒精有助于消除滞留在毛发之间的空气。在第 3 到第 16

肋间从背部到胸部进行彻底的胸部扫描。从轴上肌水平到横膈膜反射对每个肋间隙进行检查。腹部的外观构成指示腹侧边界和腹部检查的视野。前肢覆盖在颅腹侧肺野，对这个区域必须进行酒精处理和检查。如果检测到病变，就固定该图像，并记录病变的位置和测量结果（x 轴和 y 轴的长度）。指定级别见框图 176-1。如果可见到多个病变，根据最大病灶的大小指定一个级别。

框图 176-1　胸部超声波病变的指定级别描述

级别	最大直径（mm）
0	没有合并
1	≤10
3	21～30
4	31～40
5	41～50
6	51～60
7	61～70
8	71～80；任何胸腔积液证据
9	81～90
10	整个肺

2. 程序

推荐在 4、6 和 8 周龄进行 3 次扫描。如果已经定位病变，可根据需要调整最初的计划。如果在所有扫描中，马驹的检查结果都正常（0 级），就只在 4、6 和 8 周进行扫描。对 1 级病变不用治疗，但要每周进行监测，如果病变尺寸增大则进行治疗。对 2 级病变（图 176-1A）须治疗 1 周并在 2 周后（即服药 1 周后停药）进行监测。对 3 级或更高的病变（图 176-1B 和 C）需进行治疗直到病变消除或减小到 1 级。在已经停止治疗后，在 1 周后需额外做 1 次扫描以确保不会复发。如果第一次复查（1 或 2 周后）病变没有变化，则应与马主人或代理人讨论进一步的选择。这些选择包括凭经验改变抗微生物疗法、采集气管抽吸物进行细菌培养和药敏实验或仅仅继续每周监测病变部位的变化。

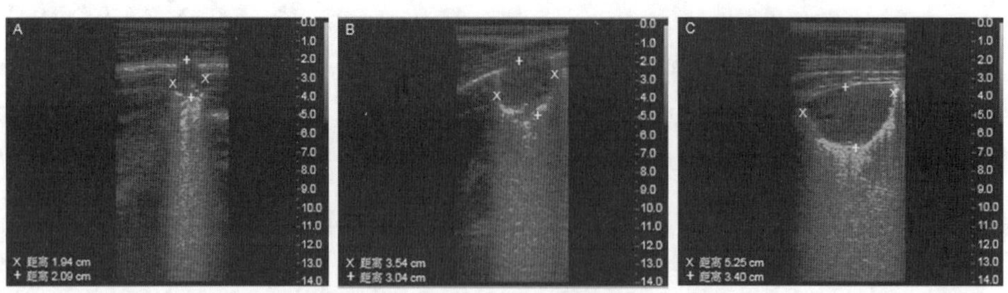

图 176-1　A. 2 级病变　B. 4 级病变　C. 6 级病变

3. 亚临床动物的治疗

对马红球菌肺炎所选用的治疗方案是用大环内酯类（红霉素、阿奇霉素、克拉霉素）或/和利福平的组合剂。必须监测和处理与使用大环内酯类相关的严重不良反应，包括发热和腹泻。对亚临床疾病的治疗，作者使用的是阿奇霉素（10mg/kg，口服，1次/24h）和利福平（5mg/kg，口服，1次/24h）。虽然克拉霉素比阿奇霉素副作用更小，但只在情况需要时使用，因为这种药物的阻力更小。当天气非常炎热和潮湿时，可用克拉霉素（7.5mg/kg，口服，1次/12h）和利福平而非阿奇霉素和利福平进行治疗。正在接受治疗的马驹在白天不能活动，而是待在阴凉有风扇的马厩中。应密切监测马驹的肠炎和高热症状，即呼吸频率增加和发热。如有必要，可根据经验改变抗菌药物，将阿奇霉素改为克拉霉素或添加多西环素（10mg/kg，口服，1次/12h）通常可治愈该病。

三、结论

筛查程序是最适合当地农场的设计，综合考虑畜群规模、管理能力、经济资源以及当地的历史发病率。在某些地方，组合的筛查技术可能是最好的手段。这些方法可以单独、按顺序或组合使用。建立筛查程序时应考虑客户是否愿意在临床疾病发展之前诊断马驹或在早期阶段检测疾病。各种筛查马红球菌性肺炎的方法单独使用都有优缺点。凭视觉观察和温度监测就能在早期发现疾病，但在那时感染已经可导致临床疾病。监测白细胞计数和纤维蛋白原浓度可能对检测马红球菌感染的亚临床症状有用，然而，这些都是非特异性的指标，在马红球菌性肺炎的病例中，血液学值和临床疾病发生之间的时间间隔还未知。胸部超声检查可诊断马驹的亚临床型疾病，这种方法无法预测临床性疾病组的那个马驹会发展成临床型疾病。选择治疗亚临床型马驹会导致接受治疗的马驹比只对临床病马驹进行治疗的比例更高。治疗和管理成本的变化对一些客户来说可能是承担不起的。建议为个别单位分别制定筛查程序，为每个畜群量身定做检测方法。

阳性筛查结果并不能确诊马驹马红球菌感染，除非用气管吸出物进行确认。用采集的液体进行细胞学检测，再结合细菌培养或PCR检测仍然是确诊马红球菌感染的金标准。

推荐阅读

Caston SS，McClure SR，Martens RJ，et al. Effect of hyperimmune plasma on the severity of pneumonia caused by Rhodococcus equi in experimentally infected foals. Vet Ther，2006，7：361-375.

Chaffin MK，Cohen ND，Martens RJ. Chemoprophylactic effects of azithromycin against Rhodococcusequi-induced pneumonia among foals at equine breeding farms with endemic infections. J Am Vet Med Assoc，2008，232：1035-1047.

Cohen ND，Chaffin MK，Martens RJ. How to prevent and control pneumonia caused by Rhodococcus equi at affected farms. In：Proceedings of the 48th Annual American Association of Equine Practitioners Convention，2002：295-299.

Cohen ND, Giguère S. Rhodococcus equi foal pneumonia. In: Mair TS, Hutchinson RE, eds. Infectious Diseases of the Horse. Ely, UK: Equine Veterinary Journal, Ltd., 2009: 235-246.

Giguère S, Cohen ND, Chaffin MK, et al. Rhodococcus equi: clinical manifestations, virulence, and immunity. J Vet Intern Med, 2011, 25: 1221-1230.

Giguère S, Gaskin JM, Miller C, et al. Evaluation of a commercially available hyperimmune plasma product for prevention of naturally acquired pneumonia caused by Rhodococcus equi in foals. J Am Vet Med Assoc, 2002, 220: 59-63.

Giguère S, Hernandez J, Gaskin J, et al. Evaluation of white blood cell concentration, plasma fibrinogen concentration, and an agargel immunodiffusion test for early identification of foals with Rhodococcus equi pneumonia. J Am Vet Med Assoc, 2003, 222: 775-781.

Higuchi T, Arakawa T, Hashikura S, et al. Effect of prophylactic administration of hyperimmune plasma to prevent Rhodococcus equi infection on foals from endemically affected farms. J Vet Med, 1999, 46: 641-648.

Horowitz ML, Cohen ND, Takai S, et al. Application of Sartwell's model (lognormal distribution of incubation periods) to age at onset and age at death of foals with Rhodococcus equi pneumonia as evidence of perinatal infection. J Vet Intern Med, 2001, 15: 171-175.

Martens RJ, Cohen ND, Chaffin MK, et al. Evaluation of 5 serological assays to detect Rhodococcus equi pneumonia in foals. J Am Vet Med Assoc, 2002, 221: 825-833.

McCracken JL, Slovis NM. Use of thoracic ultrasound for the prevention of Rhodococcus equi pneumonia on endemic farms. In: Proceedings of the 55th Annual American Association of Equine Practitioners Convention, 2009: 38-44.

Pusterla N, Wilson WD, Mapes S, et al. Diagnostic evaluation of real-time PCR in the detection of Rhodococcus equi in faeces and nasopharyngeal swabs from foals with pneumonia. Vet Rec, 2007, 161: 272-275.

Ramirez S, Lester GD, Roberts GR. Diagnostic contribution of thoracic ultrasonography in 17 foals with Rhodococcus equi pneumonia. Vet Radiol Ultrasound, 2004, 45: 172-176.

Slovis NM, McCracken JL, Mundy G. How to use thoracic ultrasound to screen foals for Rhodococcus equi at affected farms. In Proceedings of the 51st Annual American Association of Equine Practitioners Convention, 2005: 274-278.

（刘芳宁　译，吴殿君　校）

第 177 章　全身性炎症反应综合征

Elizabeth A. Carr

在 1914 年，Schottmueller 将败血症（septicemia）定义为“一种从进入门户进入到血循环而导致疾病表现的微生物侵袭状态”。应该注意的是术语脓毒血症（sepsis）指的是一组在有潜在败血病患者身上发现的临床异常。然而，标记的脓毒血症经常被不准确地用于描述患者的临床表现，这些患者可能有或没有潜在细菌感染作为刺激源。为了使该命名更精确，人们创造了术语全身性炎症反应综合征（systemic inflammatory response syndrome，SIRS）来定义临床综合征或败血症表现，其可源于各种各样的临床损伤，包括但不局限于细菌侵入。对由于细菌侵袭和感染造成有全身性炎症反应综合征临床表现的患者应保留术语脓毒血症。命名法的混乱强调了一个事实，即虽然潜在的触发源可能不同，但脓毒血症的病理生理反应、临床表现和全身性炎症反应综合征相似，有时可能无法区分。

造成成年马全身性炎症反应综合征最常见的原因是内毒素血症，内毒素血症是从大肠肠腔吸收内毒素（endotoxin）或脂多糖（lipopolysaccharide，LPS）作用的结果。马驹全身性炎症反应综合征最常见的原因是败血症或局部严重细菌感染。其他原因包括缺血性低氧血症、烧伤或吸入浓烟、严重的局部感染（腹膜炎、胸膜炎）以及严重创伤或出血（如肺梗死）。

无论最初的触发损害源是否是内毒素、脓毒血症，或吸入浓烟，常见的结果是激活了多种生理级联（炎症、补体和凝血）来限制和消灭有害媒介。

如前所述，导致成年马全身性炎症反应综合征最常见的原因是内毒素血症，通常是脂多糖跨肠壁吸收增加的结果。马大肠的管腔中含有大量的内毒素，黏膜屏障的完整性对防止吸收内毒素是至关重要的。这道屏障的完整性是通过上皮细胞紧密连接、可溶性因子和定居于健康肠壁的微生物菌群来保持的。在正常状态下，少量的脂多糖被吸收并通过肝脏巨噬细胞和循环抗脂多糖抗体清除。当肠壁损伤，无论是缺血、感染或在损伤点的渗透都会导致黏膜屏障完整性遭到破坏和内毒素吸收量增加，随后破坏机体正常的清除机制。

侵入物进入体循环后，脂多糖的脂质 A 部分绑定到循环脂多糖结合蛋白（LPS-binding protein，LBP）并穿梭到免疫受体细胞表面。LPS-LBP 复合物与细胞表面受体 CD14 相互作用触发 Toll 样受体 4（Toll-like receptor-4，TLR4）的磷酸化作用并激活核转录因子 κβ（nuclear transcription factor-κβ，NF-κβ）。活化的 NF-κβ 可导致包括肿瘤坏死因子 α（tumor necrosis factor-α，TNF-α）、白细胞介素、趋化因子和生长因子在内的促炎分子转录。这些细胞因子可刺激中性粒细胞的黏附、血细胞渗出并迁移到损伤部位。一旦达到损伤部位，激活的中性粒细胞会释放其他细胞因子、活性氧和酶。另外，内皮细胞受到刺激会表达新型表面受体和组织因子并产生额外的可溶性分子导致凝血和补体级联活化。细胞因子也可影响丘脑设定值（导致发热）、改变激素的产生和代谢反应（导致蛋白质卡路里消耗的高代谢状态）、引发胰岛素抵抗并诱发肝急性期蛋白。局部损伤和炎性反应可继发神经递质在组织水平的释放，进而影响炎性分子的运动和分泌，神经递质分子可以作为局部的促炎性分子并通过将感觉传入到中枢神经系统诱导更广泛的全身效应。

与上调的炎症反应、凝血和补体级联相呼应，机体产生抗炎介质来限制炎症反应的扩散和恶化。抗炎细胞因子，如白细胞介素-10（interleukin-10，IL-10）和脂氧素，可下调巨噬细胞的活性并抑制其他促炎分子。

这些多种反应的目标是限制或消除有害媒介（通过促炎症反应），同时限制多余的和广泛的炎症（通过抗炎反应）。当促炎症反应不受控制，过多作为细胞因子和炎性细胞之间的正反馈环不断放大时，就会发生全身性炎症反应综合征。激活凝血和纤溶反应是为了限制损伤病灶的蔓延，但凝血和纤溶反应增大时也可能会危及器官灌注和功能发挥。其效果是血管完整性（内皮细胞通透性增高）普遍改变，高凝状态导致小血管微血栓和器官功能障碍、心血管功能改变、心肌收缩力降低、血管扩张和灌注不足。如果不加以控制，这些系统的紊乱可导致器官功能障碍和衰竭恶化、心血管休克和死亡。

一、临床症状

在人医中，临床定义全身性炎症反应综合征是通过检测到 2 个或多个症状来界定的：发热或体温过低、心动过速、呼吸急促和白细胞增多或白细胞减少。这一临床定义范围很广，可以说并不是真正涵盖了全身性炎症反应综合征的所有情况。在马匹中，常见的额外全身性炎症反应综合征临床症状包括充血的或“有毒的”黏膜表现并伴随有毛细血管再充盈时间延长。在严重的情况下，心动过速伴随着更广泛的循环障碍征兆，如外周脉搏质量差、颈静脉再充盈差和四肢冰凉。实验室数据往往显示高乳酸血症、低氧血症和低碳酸血症（继发于通气率增加）。这些发现连同低中心静脉压是血容量减少、灌注差和输送到组织的氧降低的表现。额外的临床体征变化取决于引发全身性炎症反应综合征的原因。在马驹败血症中，可见到临床症状和局部感染有关，如伴有呼吸障碍的肺炎，或伴有肠梗阻和吸收不良或急腹痛的肠炎。在患有源于胃肠道障碍的全身性炎症反应综合征的成年马中，可见到肠梗阻（回流或急腹痛）、吸收不良和电解质消耗。因此，对全身性炎症反应综合征的治疗必须适合潜在的疾病过程。本章将讨论内毒素血症或全身性炎症反应综合征的一般性治疗方案，但针对具体病因的治疗方法已在其他章节中做了适当的介绍，在此不再详述。

二、治疗

（一）静脉注射液和胶体

根据疾病的持续时间和潜在原因（如患有肺炎的马其体液流失完全不同于患有严重结肠炎和剧烈腹泻的马），全身性炎症反应综合征患马的体液不足可表现为轻度脱水到严重低血容量性休克。体液不足是由于体液丢失增加，如可发生肠梗阻和高容量的回流，腹泻继发小肠结肠炎或第三腔室滞留，如发生大结肠的360°扭转。患病发热的马通常饮水量较少，从而加剧了缺水。除了体液损失或饮水量减少外，全身性炎症反应综合征还影响血管的完整性（渗透性增加）和血管张力（减少血管收缩反应）以及心脏功能。因而，即使身体总水量可能保持不变，有效循环容量也会下降。与心血管完整性和功能有关的临床症状包括血液浓缩、低蛋白血症和低血压，以及无效心血管代偿反应增加。

对于胶体渗透压和血管完整性正常的马匹，等渗晶体液是对迅速恢复循环量和组织灌注有用并有效的液体。如果需要的话，可用1个12号静脉导管和大容量注射器迅速给予20L的晶体液。但是，由于电解质通过内皮迅速扩散，75％～80％输入的晶体液将会在1h内重新分配到间质和细胞内空间。对于血管通透性增加的马匹，再分配的百分比甚至可能更高，并且进一步可导致间质水肿和氧输送不足的恶化。高渗盐水是用于迅速、短时间使抗体恢复到有效循环容量的有效液体。每注入1L的高渗盐水（7.2％的NaCl溶液）可使血容量扩充到4L。细胞内、间质（对间质和血浆之间的张力的梯度有反应）和第三空间（如在胃肠道腔内的食物）的血管外体液可被吸收到血管间隙。类似于等渗晶体溶液，给予高渗生理盐水导致的体液增加是短暂的，需要另外输液以保持体液增加状态不变。除了对体液增加的影响，在绞窄的小肠阻塞大鼠模型中，高渗生理盐水降低了细菌移位、白细胞活化、内皮细胞黏附分子的表达和肠损伤以及短期存活率的增加。

胶体是含有大分子量分子（如白蛋白）的溶液，不能自由通过健康的毛细管膜。根据Starling原则，输入胶体能增加血浆胶体渗透压，有利于体液运动进入血管间隙。天然胶体包括血浆、浓缩白蛋白和全血。在美国上市的合成胶体包括羟乙基淀粉、葡聚糖和人造血。合成胶体具有便于使用和储存的优势。羟乙基淀粉是马兽医最常使用的合成胶体，由诸多分子量介于30～2 300kD的支链淀粉分子组成。羟基乙基黏附在葡萄糖链上，阻碍了酶代谢，使得循环时间更长。较大摩尔的羟乙基淀粉分子可以充当泄漏血管壁上“塞子”，从而有效地降低了渗透性的不足和与全身性炎症反应综合征有关的体液丢失。

2011年，因为作者的误导，大量关于羟乙基淀粉的研究被撤销。紧接着这一撤销，在对比较羟乙基淀粉与其他复苏液（不包括被撤销的研究）的随机对照试验的大规模审查中，发现接受羟乙基淀粉治疗的病人肾脏损伤的风险性和死亡率增加。继这次审查后，美国食品和药品管理局发行了有关在成年人的脓毒血症、预先存在肾脏疾病和其他严重疾病患者中使用这种合成胶体的警告。使用羟乙基淀粉也能导致马匹的凝血酶原时间和部分凝血酶原时间延长，应该监测有出血风险马匹的凝血参数。天然胶体有提供蛋白、抗体、补体和凝血因子的优势，但缺点是产品需要解冻，导致初始治疗被延迟，而且因为考虑过敏或过敏性反应的风险，必须缓慢输液。商业血浆的胶体等离子压力小于目前可用的合成产品，所以，在每升的基础上，合成胶体更能有效地恢复和保持血浆容积。

血液也是一个有用的胶体，但是收集新鲜全血需要时间，而且除非接受者是贫血或急性出血（需要提高红细胞数量和携氧能力）患者，输血的好处并不优于输入血浆。

对补充液体和给予体积的选择根据疾病和其他临床病理变化的严重程度而定。在重度低血容量和胶体渗透压值正常到高的马匹中，用高渗生理盐水（2～4mL/kg）进行初始治疗，然后给予等渗晶体溶液，在紧急治疗时可迅速恢复循环量。如果胶体渗透压下降或看不到心血管功能改善的标志（如心脏速率和毛细血管再充盈时间减少以及四肢温度、中央静脉压、颈静脉充盈和尿量增加），应考虑输注胶体来尽量改善循环量和体液灌注。典型疗法是以约 10mL/kg 的单次剂量开始，随后如果需要，可以 1mL/（kg・h）的连续给药，总剂量不超过 20～25mL/（kg・d）。常见的临床监测是评估液体疗法的关键，尤其是要注意颈静脉充盈、中央静脉压、尿量和血压。

（二）非甾体类抗炎药

非甾体类抗炎药（nonsteroidal antiinflammatory drugs，NSAID）是治疗马内毒素血症和脓毒症最常见的药物。在畸形炎症疾病中，这些药物能阻断环氧合酶（cyclooxygenase，COX）对许多见到的炎症介质的膜脂代谢反应。有 3 种亚型的 COX 酶，COX-1 和 COX-2 的功能已进行了很好的描述；COX-1 是持续表达的，而 COX-2 的表达在受到损伤时上调。非甾体类抗炎药各自有不同的选择性 COX 酶亚型。氟尼辛葡甲胺是一种非特异性的 COX 酶抑制剂，长期以来一直是治疗马内毒素血症、脓毒症和其他重大疾病的治疗药物。用氟尼辛葡甲胺治疗实验诱导和自然的马内毒素血症，能改善临床症状（如心率降低、温度和急腹痛症状缓解）和实验室值（改善高乳酸血症、低氧血症和酸中毒）。虽然促炎介质的产生被限制在较低的剂量范围（0.25mg/kg），以 1.1mg/kg 的剂量应用氟尼辛葡甲胺也能改善临床症状并更有效地阻止炎症分子的产生。作者认为使用较高剂量阻断剧烈疼痛和外科急腹痛掩盖症状的可能性还未受到关注，而且考虑到在控制和减少临床和实验室紊乱时氟尼辛葡甲胺的效果表现优越，建议每 12h 给予 0.5～1.1mg/kg 的剂量，而不是每 6～8h 给予较低的剂量。鉴于其非特异性的 COX 选择性，相对于未经处理的受伤肠道，氟尼辛葡甲胺会延缓缺血损伤肠道的恢复，从而导致对脂多糖的渗透性增加。与此相反，一项研究中表明，用非罗考昔（0.09mg/kg，每 24h 静脉注射 1 次）治疗能恢复受伤肠道的渗透性，同时还有类似于氟尼辛葡甲胺的镇痛抗炎效果。非罗考昔是一种 COX-2 选择性非甾体类抗炎药。需要进一步做的工作是确定非罗考昔是否适合用于治疗马败血症和全身性炎症反应综合征。

非甾体类抗炎药的毒副作用包括形成胃肠道溃疡和肾毒性。尽量减少用非甾体类抗炎药治疗持续的时间，同时保持充足的水合作用对避免非甾体类抗炎药的副作用是

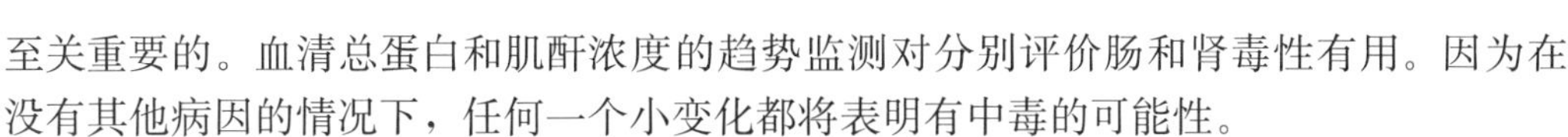

至关重要的。血清总蛋白和肌酐浓度的趋势监测对分别评价肠和肾毒性有用。因为在没有其他病因的情况下，任何一个小变化都将表明有中毒的可能性。

（三）多黏菌素 B

多黏菌素 B 是结合在内毒素的脂质 A 部分的阳离子多肽。在较高的剂量范围内，多黏菌素 B 具有杀菌效果，但是该药物在相对低的剂量（1 000～5 000U/kg，每 8～12h 静脉注射 1 次）有内毒素结合效果。在马内毒素血症实验模型中，用多黏菌素 B 预处理能抑制 TNF-α 和 IL-6 的活性并减轻内毒素血症的临床症状。在出现内毒血症症状之前给药效果最好，因为其作用机制需要在脂多糖和单核细胞相互作用前结合到脂多糖上。在实验用的马匹上，注入内毒素后再给予多黏菌素 B 并不能产生明显的临床效果，这点支持了上述机制。急腹痛手术中，在嵌闭性损伤出现前推荐使用多黏菌素 B。

（四）利多卡因

利多卡因是局部麻醉剂，可结合到 Na^{+} 离子通道受体，阻止动作电位传导。利多卡因也被用于治疗马的室性心律失常，因为它会降低心肌细胞零去极化阶段的比率。利多卡因也能抑制超氧自由基的产生、降低 TNF-α 的活性并抑制细胞因子的释放和花生四烯酸代谢产物的产生。另外，利多卡因也能降低中性粒细胞的活化和迁移。连续输注利多卡因能改善一些术后肠梗阻马匹的小肠运动并可能有利于预防再灌注损伤。后者的机制被认为是与对 Na^{+}-Ca^{2+} 交换的抑制有关，Na^{+}-Ca^{2+} 交换的抑制使得再灌注阶段细胞内钙累积被阻断。首先缓慢静脉注射 1.3mg/kg 的单次剂量，接着以 0.05mg/kg/min 的速率连续输注。静脉注射的单次剂量应非常缓慢给予，以防止对中枢神经系统的副作用，如肌肉震颤、共济失调和晕厥。

（五）高免血浆

高免血浆是从已接种了抗特定病原体疫苗的马匹收集的血浆，给马匹接种抗特定病原体的疫苗是为了诱导产生高血清浓度的抗革兰氏阴性内毒素抗体。该抗体应该能结合细菌细胞壁脂多糖（自由或黏附的）、增强调理作用并去除和限制与免疫效应细胞的相互作用以及阻断炎症级联的活化。关于使用高免血浆治疗马毒素血症或革兰氏阴性败血症的好处，目前实验数据是有冲突的。尽管并没有明显的优势，但高免血浆的使用还是很常见的。在理论上，疾病早期使用高免血浆治疗效果最好，因为脂多糖与免疫受体细胞相互作用前已经被抗体结合。还没有关于高免血浆剂量或需要的标准抗体水平的精确数据；但大多数的临床兽医给 1 匹成年马给予 1～2L 的高免血浆。应该缓慢输液，频繁仔细监测马匹以检测严重超敏反应或过敏性反应的发生。高免血浆的额外好处是可以当作胶体使用，尽管对于 1 匹 450kg 的马来说，2L 的高免血浆对提高胶体渗透压的效果很小。

（六）抗生素

对患有内毒素血症的成年马是否使用抗生素还有争议，因为这些病马并不总是有脓毒血症，而且抗菌治疗具有麻烦的副作用，与抗生素相关的最常见副作用就是腹泻。但对于已知有细菌感染的马，很明显要使用抗生素治疗。此外，患病新生马驹发生败血症的风险更大，强烈推荐使用抗生素治疗。对患有内毒素血症但没有明显细菌感染源的成年马使用抗生素治疗时，应在个体的基础上确定，要考虑到相关副作用发生率的地区差异、环境温度、潜在的疾病过程、留置导尿管或其他异物的存在以及抗生素的选择。

（七）胰岛素和血糖控制

许多炎症反应介质也影响机体代谢，其结果是炎症诱导了以能量储存的利用率低、胰岛素抗性以及在高血糖和正在进行的糖异生作用中脂肪转移过多为特征的分解代谢过度状态。高血糖浓度对免疫功能（糖基化抗体分子使得它们在识别抗原和改变中性粒细胞功能时不能有效地发挥作用）、细胞活性和线粒体功能可产生负面影响，并有加剧已有的呼吸功能受损的可能。在人类重症护理医学中，使用注射胰岛素来严格控制血糖水平（80～110mg/dL）大大降低了几个严重临床病例中患者的发病率和死亡率。与血糖控制不是太严格的患者（保持在 180～200mg/dL）相比，死亡率下降了 30%以上。与严重疾病有关的并发症，包括肾功能衰竭和菌血症也显著减少。更严格地控制血糖浓度能减弱炎症反应，并有可能将细胞因子反应从促炎主导地位转换成抗炎主导地位。尽管兽医领域缺乏病畜的数据，但在人类医学上的结果是非常显著的，当然需要密切关注其在兽医病畜上的使用。高血糖症和低血糖症在新生马驹中比成年马更常见，尽管高血糖症也见于一些可导致成年马发生全身性炎症反应综合征的疾病。对重危马匹，建议监测血糖浓度并调节葡萄糖和胰岛素的输注。

（八）二甲基亚砜

因为有抗炎和清除活性氧自主基（reactive oxygen species，ROS）的作用，二甲基亚砜也已被推荐用于治疗内毒素血症和全身性炎症反应综合征。现在还缺乏有关在马内毒素血症和再灌注损伤模型上使用二甲基亚砜效果评价的数据，但在实验动物上的数据表明，在有内毒素血症或缺血-再灌注损伤的症状之前，用二甲基亚砜进行预防治疗可能有利于减少细胞损伤。二甲基亚砜治疗的推荐剂量是宽泛的，为 0.1～1g/kg。应将二甲基亚砜稀释成 10%的溶液来输液以避免溶血。

（九）己酮可可碱

己酮可可碱是一种甲基黄嘌呤衍生物，最初推出使用是因为己酮可可碱有包括改善细胞的变形性和降低血液黏稠度的效果。此外，在脓毒血症和内毒素血症模型中，己酮可可碱对降低炎症介质和中性粒细胞的活化有好处。使用己酮可可碱可降低中性粒细胞的黏附、减少活性氧的产生并抑制炎性细胞因子包括 TNF-α 的产生。己酮可可碱在马内毒素血症体内模型中的有益效果有局限性。马药代动力学数据显示，该药能被迅速消除，因此，推荐连续输液率或频繁反复静脉内给药以维持治疗水平。口服己酮可可碱后的吸收随马个体和配方的不同而改变。目前，根据现有的资料，己酮可可

碱对马内毒素血症、全身性炎症反应综合征或脓毒血症的治疗价值仍然是未知的。

三、未来治疗

（一）丙酮酸乙酯

丙酮酸是代谢中间产物、酵解产物以及三羧酸循环的底物。丙酮酸也是一种内源性抗氧化剂，能够清除活性氧自由基。在缺血-再灌注损伤的实验模型中，丙酮酸溶液对防止器官损伤有益。丙酮酸的乙酯，即丙酮酸乙酯，在溶液中比丙酮酸更稳定，甚至能更有效地在实验模型中防止器官损伤并抑制与多发性损伤有关的炎症反应，包括出血性休克、缺血-再灌注和脓毒血症。未来进行评价丙酮酸乙酯对治疗马内毒素血症和脓毒败血症益处的研究是必要的，因为其是很有希望的一种治疗药物。

（二）磷脂乳液

另一种新型的、可能有利于治疗马内毒素血症的药物是磷脂乳液。在将内毒素输注给实验马匹之前给药，这些乳液能减少临床症状。高密度脂蛋白能够中和脂多糖，低水平的血清脂蛋白与全身性炎症反应综合征和存活率降低有关。输注磷脂乳剂能减少因在健康受试者中输注脂多糖导致的临床症状。作为一种预处理方法，输注磷脂乳剂可导致 TNF-α 活性减少、发热、严重的白细胞减少症。在 1 个马的脂多糖模型中，观察到了剂量相关的溶血。对在内毒素吸收已经开始后给药，输注磷脂乳液是否有益还有待确定。

（三）抗介质疗法

虽然产生的炎症反应有益于保卫机体抵御入侵者或损伤，但人们已经认识到这种反应的泛发对宿主有害。因此，通过阻断负责泛发的介质来限制这种反应已是一个深入研究的领域。TNF-α 是作为炎症级联的主要早期介质之一被识别的，在很多实验和临床研究中，TNF-α 活性增加已被确定与死亡有关。虽然在实验动物中使用抗 TNF-α 抗体已经减少了疾病的严重程度和死亡率，但在人类和其他物种中的使用结果还不太清楚，反应的变化部分取决于原发性损伤。在马内毒素血症实验模型中，抗 TNF 抗体似乎对输注内毒素并没有效果。

（四）抗凝剂

中性粒细胞的活化、迁移和与血管内皮之间的相互作用；细胞因子的产生和补体介导的活性增加导致凝血级联以及炎症和补体级联反应的发生。在全身性炎症反应综合征期间，可出现从促凝到抗凝状态连续进程，这取决于反应的严重程度和凝血因子的消耗。内毒素可降低抗凝剂硫酸乙酰肝素并增加组织因子的产生和释放；从而激活凝血并抑制纤溶，这样可能导致弥散性血管内凝血和微血管栓塞。治疗人脓毒血症的抗凝血剂包括活化 C 蛋白和肝素，已被证明能提高生存率并降低发病率。活化 C 蛋白可改变基因表达，有抗炎和抗细胞凋亡作用并能稳定血管内皮细胞的反应性。这些作用与抗凝效果不同，活化C蛋白变体增强细胞保护作用（并最小影响抗凝效果）的发展是当前研究的一个领域。虽然使用活化C蛋白已显著降低了人严重的脓毒症和全身性炎症反应综合征的死亡率，但人重组制剂的成本限制了其在马医学中的常规使用。

四、结论

不考虑潜在的损害，成功治疗马全身性炎症反应综合征是困难和昂贵的。人类研究的文献资料表明，在早期，目标导向的治疗旨在最大限度地输液并输送和摄取氧，同时控制炎症、凝血和纤溶级联以及治疗潜在损伤对减少发病率和死亡率是很重要的。仔细反复监测临床和实验室参数，包括心脏速率、黏膜的颜色和再充满、心理状态、中心静脉压、尿量和血压，以及实验室数据包括pH值、红细胞比容和乳酸、肌酐和总蛋白浓度，对确保足够的治疗反应是重要的。马医学中使用的一些药物是未经科学证实的，而且它们的使用只是基于已报道的益处。一些在人类中已经证实有益处的较新治疗剂，活化C蛋白目前使用于马是非常昂贵的；其他的，如丙酮酸乙酯，可为治疗有严重全身性疾病的患马具有额外的参考价值。

推荐阅读

Jacobs CC, Holcombe SJ, Cook VL, et al. Ethyl pyruvate diminishes the inflammatory response to lipopolysaccharide infusion in horses. Equine Vet J, 2013, 45: 333-339.

Sykes BW, Furr MO. Equine endotoxemia: a state of the art review of therapy. Aust Vet J, 2005, 83: 45-50.

Van den Berghe G, Wouters P, Weekers F, et al. Intensive insulin therapy in critically ill patients. N Engl J Med, 2001, 345: 1359-1367.

Zanoni FL, Costa Cruz JW, Marins JO, et al. Hypertonic saline solution reduces mesenteric microcirculatory dysfunctions and bacterial translocation in a rat model of strangulated small bowel obstruction. Shock, 2013, 40: 35-44.

Zarychanski R, Abou-Setta AM, Turgeon AF, et al. Association of hydroxyethyl starch administration with mortality and acute kidney injury in critically ill patients requiring volume resuscitation. J Am Med Assoc, 2013, 309: 678-688.

（刘芳宁　译，吴殿君　校）

第 178 章　新鲜和冷冻血液制品在马驹中的应用

Krista E. Estell　K. Gary Magdesian

在发病过程中需要给新生马驹输注血液制品是现场和转诊医院的普遍做法。多种产品都可用于输血，包括新鲜或冷冻的血浆、富含血小板的血浆（Platelet-rich plasma，PRP）、新鲜的全血和包装的红细胞（Red blood cells，RBCs）。识别疾病的性质并用适当的血液产品应对这些疾病对成功治疗新生马驹是很重要的。

一、血浆产品

（一）被动转移免疫失败

被动免疫失败［通常指的是被动转移的失败（Failure of passive transfer，FPT）］是影响新生马驹最常见的问题之一。免疫球蛋白必须在出生后 12～24h 通过初乳被动地从母马转移给马驹。血清免疫球蛋白 G（IgG）的浓度可通过几种方式来量化，但最实用的是现场酶联免疫吸附试验[①]。这些检测值都是半定量的，如 800mg/dL 或更高的值被认为是产生了足够的被动免疫。400～800mg/dL 的值表示部分被动免疫失败，＜400mg/dL 的值表示全部被动免疫失败。理想的情况是在出生后 10～16h 检测 IgG 浓度，因为在这个时间点肠内的初乳仍有可能有效地提高血清免疫球蛋白浓度。除了 IgG，初乳中含有可提供胃肠道黏膜免疫的 IgA 以及 IgM、补体和生长因子；初乳中也有淋巴细胞，是热量的一个重要来源。马驹平均需要 1～2L 的高品质（比重＞1.060）初乳。

对超过 12～16h 的全部或部分被动免疫失败马驹应进行静脉输入血浆治疗。用于治疗被动免疫失败的商业冰冻马血浆是美国农业部许可的产品。这些产品的大部分制造商都可保证 IgG 的最小浓度和 2～3 年的冷藏寿命。要用无菌的 14 号或 16 号静脉内导管来输注血浆；将血浆袋连接到 1 个含有串联过滤器的血液或血浆给药装置导管。静脉注射 0.1～0.2mg/kg 的地西泮可为健康或能活动和走动的新生马驹插入导管输注血浆提供必要的化学保定。对患有脓毒血症的马驹通常可不用镇静剂插入导管，以避免进一步的心肺抑郁。达到＞800mg/dL IgG 浓度的必需血浆容积取决于输血前的 IgG

① SNAP＊Foal IgG Test，IDEXX，Westbrook，ME。

浓度和马驹的临床状况，以及供体血浆中的免疫球蛋白含量。完全被动免疫失败的马驹通常需要 20～40mg/kg 的剂量。输入体内后，免疫球蛋白在血管内和血管外空间之间平衡，高达 50%的免疫球蛋白会离开体循环。由于血管通透性会增加，患有脓毒血症的马驹甚至可在血管外分离出更高浓度的免疫球蛋白。此外，危重马驹在脓毒病期间可能分解代谢或利用免疫球蛋白。因此，在给生病马驹输入血浆后，应该每 12～24h 复查 1 次 IgG 浓度来评价暂时损失的 IgG。开始时应当慢慢输注血浆，前 5～10min 以 1 滴/s 的速率（对平均大小的马驹，用 10 滴为 1 毫升的给药装置，即 6mL/min）滴注，同时监测马驹的输血反应症状。如果没有观察到输血反应症状，给药速率可以增加，如果给药容积没有禁忌（如在心脏衰竭、无尿或液体超负荷的马驹），首剂单位或升数的血浆可作为单次输液剂量在超过 60min 的时间里平衡给予马驹。在整个输血浆过程中，必须监测马驹的输血反应症状。马驹的输血反应临床症状包括发热、心动过速、呼吸急促、腹痛、肌肉震颤、面部水肿、荨麻疹和咳嗽。新生马驹输入血浆后不良反应的发生率约为 10%。很少见到死亡。如发生输血反应，需要停药或减缓血浆输入的速率来尽量减少输血反应。如果停止输入血浆并不能改善输血反应症状，应该给予抗组胺剂（苯海拉明，0.5～1mg/kg，肌内或静脉缓慢注射 1 次）。对有全身性过敏反应、中毒性过敏反应或其他严重反应表现的马驹，可能需要皮质类固醇激素（地塞米松，0.04mg/kg，静脉注射 1 次），同时给予或不给予肾上腺素［标准大小的马驹给予 0.01～0.02mg/kg（1∶1 000 的浓度 0.5～1mL），缓慢静脉注射］。患有脓毒血症马驹或其他危重马驹往往需要输入超过 1L 的血浆；随后应以较慢速度输液以避免体液超负荷。若指明是大量换液，初始单位的液体可作为单次输液剂量；初始单次输液后，随后应保持 4～6mL/kg/h 的速率（如果动物耐受可提高速度）缓慢输注血浆并可用晶体溶液代替血浆，或间歇性进行输液，如每隔 5～10h 输液 1 次（100～200mL/h）。

血浆供体应该是经过良好免疫接种并已经通过马传染性贫血病毒、焦虫病和马动脉炎病毒测试的健康成年马。最近，在以前输过血浆的马中已经发现了与血清肝炎（Theiler 病）有关的黄病毒；将来，会推荐测试供体是否有这种病毒。提供红细胞（全血或包装的 RBCs）的供体最好是血型因子 Aa 和 Qa 阴性的；每年应该筛查供体的抗已知血型的抗红细胞抗体（裂解酶和凝集素）。远离驴或骡（避免对“驴因子”红细胞抗原和驴血小板抗原的致敏作用），去势的公马是理想的供体。在血型未知的情况下，每次输注红细胞时，除了主侧交叉匹配外，还要用供体血浆与受体血细胞进行次侧交叉匹配试验。测试商用血浆的抗红细胞抗体，而不是抗血小板抗体。

（二）脓毒血症和弥散性血管内凝血

脓毒血症常与被动免疫失败有关，是造成新生马驹发病和死亡最常见的原因。临床症状包括嗜睡、吃奶减少、温度调节不正常、黏膜有出血点、呼吸急促、心动过速多变、黏膜从充血到苍白，紧接着发生休克表现为无力、脉搏微弱和四肢冰凉。尽管对血浆的治疗效果还存在争议，但一直以来，血浆都是治疗新生驹脓毒血症的重要组成部分。与健康马驹相比，有脓毒血症临床症状的马驹的先天免疫功能降低，吞噬功能减弱。除了提供免疫球蛋白外，血浆中也含有抗凝血酶、凝血因子、急性期蛋白和补体，所有这些对治疗脓毒血症都可能是有益的。研究表明，输注血浆能通过增加调理素活性来增强马驹的免疫和吞噬活性，但研究结果也表明，血浆治疗的疗效还存在一定的争议。

新鲜冰冻血浆中含有所有不稳定和稳定的凝血因子。不稳定的因子包括凝血因子Ⅴ和Ⅷ，稳定的因子包括凝血因子Ⅱ、Ⅶ、Ⅸ和Ⅹ。鲜冰冻血浆可在收集后8h内被冻结（－18℃或更低），不必冷藏。不稳定的因子在冻结后长达1年的时间内保持稳定。

(三) 免疫预防

高免血浆已被用于预防和治疗感染性疾病，如马红球菌、大肠杆菌、肉毒梭菌、沙门菌、西尼罗河病毒、马链球菌亚种球菌和轮状病毒感染，在一些情况下还可作为特别标记物使用。来自接种了抗梭状芽孢杆菌和产气荚膜梭菌疫苗供体的血浆也被按照经验在特别标记的基础上用来治疗肠梭菌病（与梭状芽孢杆菌和产气荚膜梭菌感染有关）。从已经接种了相关制剂的供体马收集到血浆被认为是超免的，含有量化水平的对应已接种制剂的抗体。高免血浆产品的临床益处还没有得到很好的证明，其在马红球菌预防接种领域的研究目前是最好的。虽然一些研究已经报道了临床和体外预防性地使用高免血浆来预防马红球菌感染的好处，但用于其他疾病都不能改变疾病的发病率、死亡率或严重程度。这一点似乎也随着所输入的血浆类型而变化。总体而言，根据已发表的研究报道，使用高免血浆在疾病流行农场减少了红球菌性肺炎的发病率，这比用于其他那些不能显示出高免血浆益处的疾病略占优势；根据这些研究和经验，作者建议将使用高免马红球菌血浆作为在有马红球菌流行农场肺炎预防计划的一部分。

(四) 血小板减少症

血小板减少症通常被定义为血小板计数低于100 000个/μL，但要到血小板数量低得很多（通常＜40 000～50 000个/μL）时才会出现血小板减少症的临床症状。血小板减少症的临床症状包括在轻微的外伤部位有血肿形成、黏膜有淤血点、流鼻血、黑便或便血和注射部位出血时间延长。在血小板数下降到低于10 000个/μL之前，通常不会发生自发性出血，尽管疾病状态和炎症也可以负面地影响血小板的功能，使得临床症状在血小板数目还较高时就表现出来。虽然血小板生成降低和严重失血是血小板减少症的潜在原因，但新生马驹中出现血小板减少症最常见的原因是继发于血小板遭到破坏，即血小板寿命缩短。能导致血小板破坏的疾病包括脓毒血症、弥散性血管内凝血、免疫介导的疾病，如同种免疫或药物性血小板减少症以及感染性疾病，如马传染性贫血和马动脉炎病毒。弥散性血管内凝血的出现经常伴随着脓毒血症或全身炎性反应综合征的临床症状，以及继发于凝血因子和血小板消耗的凝血时间延长（凝血酶原时间、部分凝血活酶时间）。发生弥散性血管内凝血时，抗凝血酶和纤维蛋白原会减少，纤维蛋白降解产物通常会增加。

当有抗体介导的血小板破坏时，会发生血小板减少症。对新生马驹来说，这通常是天然的同种免疫。在同种免疫血小板减少症中，母马产生抗体抗父系衍生的血小板抗原，这种抗体可通过初乳传递给马驹。同种免疫性血小板减少症可单独发生，或与中性粒细胞减少症和皮炎相结合作为溃疡性皮炎、血小板减少，中性粒细胞减少综合征的伴发。同种免疫性血小板减少症在骡驹中尤为常见。同种免疫性溶血性贫血［即新生驹同种免疫性溶血性贫血（Neonatal isoerythrolysis，NI）］也伴随着免疫介导的血小板减少症发生。同种免疫性血小板减少症的初步诊断可通过证明马驹血小板抗体的存在（用流式细胞术）来进行。检测结合到马驹或父系血小板的抗体和母马与马驹血小板同种抗免疫球蛋白的分化是确诊或支持诊断的其他手段；然而，除非是在科研条件下，否则这些测试目前还是不可用的。在 2 月龄的马驹中已有同种免疫血小板减少症报道。如果马驹没有创伤的话，这种疾病可能是难以识别的，在许多马驹中表现为亚临床型的温和血小板减少。

如果出现自发和临床显著出血，可用富含血小板的血浆治疗血小板减少症。应该用之前介绍的类似于常规血浆输注的方法输注富含血小板的血浆，但要特别注意，必须温和处理富含血小板的血浆，因为搅动可以在输液前过早地激活血小板。对任何不明原因造成的血小板减少症，应立即中断所有药物作为药物诱导血小板减少症的可能来源。

可通过血浆除去法来收集富含血小板的血浆，这使得提取的血浆与血小板的方法有所区别，同时可将剩余的血细胞和成分返回到供体。然而，这一方法需要专门的设备，通常只有商业的血浆公司才会有这种设备。实际上更常用的准备富含血小板血浆的方法是收集供体的抗凝血液，离心甚至重力分离红细胞，留下血小板悬浮在血浆中。大部分的红细胞将会被重力分离掉，但仍会有少量的红细胞留在血浆中，除非再通过离心分离掉它们。应始终给血小板减少症的病驹使用塑料收集袋，因为玻璃能激活血小板，减少可提供给马驹的血小板数量。富含血小板的血浆不能冷藏，应在收集后 8h 内使用，越早越好。应轻拿轻放装有血小板的袋子，避免搅拌激活血小板。

二、血红细胞制品及携氧代用品

（一）失血和输血控制点：出血和溶血

对红细胞数量减少已干扰将氧气输送到组织的疾病，可用含红细胞的制品来治疗；在这些疾病中，马驹最常见的是急性失血和溶血。外部急性失血可发生于过早脐带断裂、外伤或消化道出血。继发于肋骨骨折或外伤性脾脏破裂的失血属于内出血。造成马驹溶血最常见的原因是同种免疫性溶血性贫血。其他潜在的溶血原因包括继发于服用药物的免疫介导的贫血、细菌性溶血（如梭菌感染）和弥散性血管内凝血。新生幼驹同种免疫血小板减少症通常在出生后第一周临床表现明显，其特征是黏膜黄疸、虚弱、心动过速、呼吸急促和血红蛋白尿。

没有严格的红细胞比容分界点用来表明急性失血或溶血时是否有必要输血。对慢性失血，12%～15%的血细胞压积被认为是输血控制点或需要输注红细胞的警报。对急性失血，临床兽医应将临床症状和和实验室指标相结合作为输血控制点。有威胁生命的贫血临床症状包括呼吸急促、心动过速、脉搏质量差和嗜睡，尤其是在给失血马驹坚持进行静脉输液和鼻腔输氧时更要注意这些症状。可使用静脉血气分析来确定组织氧合状态，理想的做法是通过中央静脉导管获得中央静脉血源。50%或更高的氧提取率（Oxygen extraction ratio，OER）可作为输血控制点；如果已出现临床症状，OER 值较低时也可以输血。氧提取率（%）的计算方法如下：

$$\mathrm{OER}=\frac{\text{动脉血氧饱和度}-\text{中央静脉血氧饱和度}}{\text{动脉血氧饱和度}}=\frac{SaO_2-S_{CV}O_2}{SaO_2}$$

3.6kpa 或以下的 $P_{CV}O_2$（氧中心静脉压分压，Central venous partial pressure of oxygen）和小于 60%的 $S_{CV}O_2$，也表明组织氧合需求还不足，可不计算 OER 来推断。可很容易通过放置在新生马驹颈静脉的 20～30cm 导管获得中央静脉血。通过动脉血气分析或脉冲血氧计（Pulse oximeter，SpO_2）获得 SaO_2。

血液或血浆乳酸浓度对决定输血是非常有帮助的。输液后 2～4mmol/L 或更高的乳酸浓度是另外一个用于需要通过输入血液或袋装红细胞来增加携氧能力的指标。尽管已有充足的液体治疗，持续性低血压（间接血压＜60mmHg）也需要进行输血疗法。临床状态恶化（即马驹出现休克症状）和急性红细胞比容减少到＜20%以及血红蛋白减少到＜6.0mg/dL（或估计的急性血液损失为 30%）都表明输血是很必要的。

如果需要输血，就必须将马驹保定直到获得选择的血液制品并输给马驹。应用 10L/h 的速率（对于平均大小的马驹）进行鼻输氧并输液纠正血容量不足。以血红蛋白氧为基础的携带氧的替代品（如超纯聚合牛血红蛋白①），目前还不是商用的，但在过去曾用于增加组织氧合。输血时要保定马驹并给予时间对已收获的血液制品进行交叉配血试验。

（二）血液制品

有几种类型的血液制品可用于输血，包括洗涤过的红细胞、全血和包装的红细胞。同种免疫性溶血性贫血或次侧交叉配血显示不相容时，可用洗涤过的红细胞；需要 1 种以上组分（即红细胞和血小板、或红细胞和血浆）时，可用全血；只需要增加携氧能力时，用包装的红细胞。包装的红细胞具有最大化每容积输注的红细胞数量的优点，可最大限度地减少马驹对大量输液的不耐受性。包装的红细胞是通过离心（或重力分离）随后除去血浆获得的。这些红细胞与小容积的生理盐水混合进行输注。除了红细胞，如还需要血小板时，必须使用全血。

从母马收获的洗涤红细胞是目前可用于同种免疫性溶血性贫血马驹最安全的产品。洗涤红细胞 3 次以除去所有血浆衍生的抗红细胞抗体；如果不洗涤母马红细胞，其中

① xyglobin，OPK Biotech LL，Cambridge，MA。

针对马驹红细胞的额外母源抗体会使马驹的同种免疫性溶血性贫血恶化。如果不能用母马作为供体，或者是没有足够的时间和人员来正确洗涤红细胞，应该从健康成年阉割公马或未生育过的母马收集血液。供体应该是抗同种免疫性溶血性贫血马驹红细胞血型因子阴性的。如要使用供体，应该检测母马和献血马之间的主侧和次侧交叉配血情况及血型兼容性（确保供体没有攻击性的抗原），并检测供体的血清凝集和溶血素，以减少对输血反应和使同种免疫性溶血性贫血恶化的风险。供体的红细胞和母马的血浆之间的交叉匹配（即母马与献血者之间的主侧交叉匹配）对确保选择的供体红细胞不会被母源抗体所破坏是非常重要的。初乳也可用作马驹黄疸凝集试验检测抗红细胞抗体；但是，这仅仅是检测凝集抗体。梯度稀释牛初乳，并与马驹或供体血液在试管中混合，然后离心试管，检测试管底部的凝集物（轻弹试管底部不分散），在超过 1∶16 稀释度出现阳性反应认为结果有意义。

如果交叉匹配不可行，从以前已经检测过的 Qa 阴性和 Aa 阴性的供体输血，因为大多数同种免疫性溶血性贫血病例都与这 2 种抗原相关。然而，同种免疫性溶血性贫血的发生与其他因素也有关，因此，使用后一种方案有一定的风险。在骡驹同种免疫性溶血性贫血的病例中，同种抗体通常是针对驴因子红细胞抗原的，表示此前从未暴露于驴因子的任何马都是可接受的供体。供体不能怀有骡驹或者与驴或骡同圈饲养。

应该输血的容积随失血的容积以及输血临床反应而变化。下面公式可用于估算所需的血液容积：

$$\text{输血体积（L）}=0.1\text{（BW，kg）}\frac{PCV_{\text{目标}}-PCV_{\text{接受者}}}{PCV_{\text{供体}}}$$

式中：PCV，红细胞比容；BW，体重。

应连续监测临床输液参数、氧合状态、乳酸盐、$PvCO_2$红细胞比容。通常如果不存在正在进行的血液流失，1～2L 血液足够用于治疗危及生命的贫血。应避免过度使用红细胞产品。每个额外的输血都会增加输血反应的风险。再者，因为溶血会使铁超载，因此，肝脏疾病往往是伴随着同种免疫性溶血性贫血发生的，输入的红细胞的破坏会使肝脏疾病恶化。同种异体的红细胞只在马驹体内循环 5～6d，但自体的红细胞有长达 11～12d 的寿命。如果红细胞持续流失，可能需要多次输血，这就增加了肝脏疾病的风险，这种肝脏疾病继发于源自血红素处理过程的铁超载。在输入了 3L 包装红细胞的健康马驹中，甲磺酸去铁胺给药被证明能增加尿铁消除并减少肝脏铁累积，甲磺酸去铁胺用于治疗需要多次输血或有继发于溶血反应的肝脏疾病症状的马驹（参见推荐阅读）。

在使用红细胞产品时应采取的一般措施，包括密切监测输血反应和使用有串联过滤器的输液装置。每 3～4L 应更换输液装置以避免过滤器凝结。不应在同一管中输入含钙液体与血液，因为钙能够与抗凝剂如柠檬酸结合。另外，在前 15min 的缓慢输血后，血液制品的输入速率不应超过 20mL/kg/h。据报道，所有年龄段马的输血发病率为 16%，致命过敏反应率为 2%。输血后 24h 发生延迟反应也是有可能的，这种延迟反应是非溶血性反应，如发热。如有反应当立即中断输血。如果血浆输入反应严重，需要用糖皮质激素和抗组胺药进行治疗。严重的过敏性或/过敏样反应可能需要肾上腺素治疗。

推荐阅读

Becu T，Polledo G，Gaskin JM. Immunoprophylaxis of Rhodococcus equi pneumonia in foals. Vet Microbiol，1997，56：193-204.

Boyle AG，Magdesian KG，Ruby RE. Neonatal isoerythrolysis in horse foals and a mule foal：18 cases（1988-2003）. J Am Vet Med Assoc，2005，227：1276-1283.

Brewer BK，Koterba AM. Development of a scoring system for the early diagnosis of equine neonatal sepsis. Equine Vet J，1988，20：18-22.

Chandriani S，Skewes-Cox P，Zhong W，et al. Identification of a previously undescribed divergent virus from the Flaviviridae family in an outbreak of equine serum hepatitis. Proc Natl Elfenbein JR，Giguere S，Meyer SK，et al. The effects of deferoxaminemesylate on iron elimination after blood transfusion in neonatal foals. J Vet Intern Med，2010，24：1475-1482.

Gardner RB，Nydam DV，Luna JA，et al. Serum opsonization capacity，phagocytosis，and oxidative burst activity in neonatal foals in the intensive care unit. J Vet Intern Med，2007，21：797-805.

Giguere S，Gaskin JM，Miller C，et al. Evaluation of a commercially available hyperimmune plasma product for prevention of naturally acquired pneumonia caused by Rhodococcus equi in foals. J Am Vet Med Assoc，2001，220：59-63.

Grondahl G，Johannisson A，Demmers S，et al. Influence of age and plasma treatment on neutrophil function and CD 18 expression in foals. Vet Microbiol，1999，65：241-254.

Hoffman AM，Staempfli HR，Willan A. Prognostic variables for survival of neonatal foals under intensive care. J Vet Intern Med，1992，6：89-95.

Madigan JE，Hietala S，Muller N. Protection against naturally acquired Rhodococcus equi pneumonia in foals by administration of hyperimmune plasma. J ReprodFertil，1991，44：571-578.

Polkes AC，Giguere S，Lester GD，et al. Factors associated with outcome in foals with neonatal isoerythrolysis（72 cases：1988-2003）. J Vet Intern Med，2008，22：1216-1222.

Sprayberry KA. Neonatal transfusion medicine：the use of blood，plasma，oxygen-carrying solutions，and adjunctive therapies in foals. Clin Tech Equine Pract，2003，2：31-41.

Wilson EM, Holcombe SJ, Lamar A, et al. Incidence of transfusion reactions and retention of procoagulant and anticoagulant factor activities in equine plasma. J Vet Intern Med, 2009, 23: 323-328.

（刘芳宁　译，吴殿君　校）

第 179 章　马驹疝

Laura A. Werner

一、脐疝

据报道，脐疝的发病率为 0.5%～2%，甚至高达 29.5%，因此是最常见的马驹疝类型。在解剖学上，这种类型的疝包括覆盖筋膜和皮肤的完整腹膜和缺损的白线，在这个缺陷处未能形成脐疤痕。脐疝是先天性的，也常与生产时的脐带外伤或压力或脐部感染有关。在脐带创伤严重的情况下，可在分娩后立即通过脐部取出内脏（图 179-1），这是一个直接的外科急诊手术，需要及时转诊和修复，只要肠和肠系膜未被过度损伤，是可以得到一个成功的结果的。多数脐疝直径都<2cm，只要反复手动来减少脐疝，它们将会自动修复。修复一些较小的疝，或直径>4cm 的疝是要进行疝修补术的，以此防止可能的肠嵌闭的发生。对于更小的疝，常用的处理方法是包扎或加紧疝。

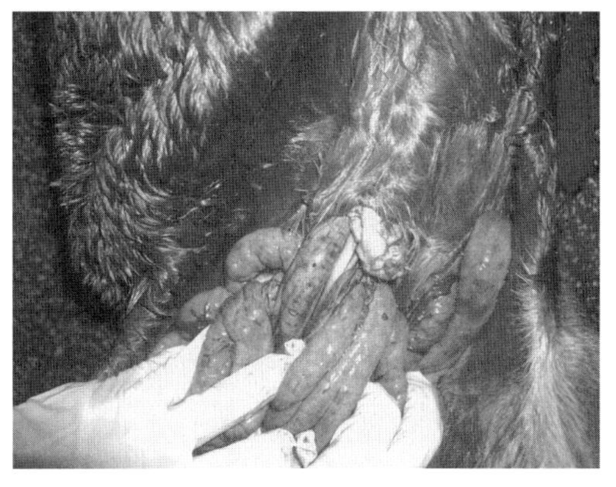

图 179-1　通过脐部取出初生马驹内脏的照片
（引自 D. H. Rodgerson）

临床症状如疝突然增大、腹侧水肿、急性腹痛症状和无法轻易减小的疝，都可视为需要紧急外科处理的状况。腹水肿的大斑块通常是大网膜已嵌闭在疝中的表现。脐疝与急腹痛可能有关也可能无关联。也有膀胱通过脐疝鼓出的报道。伴随着肠系膜表面游离，最常见的是回肠滞留在脐疝中，有可能会发生肠壁疝或里希特氏疝（Richter's hernia）。可能会发生肠部分阻塞或完全梗阻以及肠坏死。大、小结肠也可能被牵涉到肠壁疝中。在慢性肠壁疝中可发生肠外瘘。超声检查有助于判断疝内容物和嵌闭肠管的生存能力。

对简单的疝，可通过布置夹子、橡皮带或疝气带来修正疝。一般让马驹背躺着并施行短期的全身麻醉时将夹子或带子布置到马驹身上。使用夹子或带子的并发症包括急腹痛、脓肿形成、带子或夹子移出以及肠壁疝。在一项研究中评估了 40 例疝病例，报道的产发症的发生率是 19%。佩戴马疝气带数周也可治疗较小的马驹疝，对 6 月龄以内、疝不超过 6cm（三四指宽）长的马驹效果最好。疝气带是较常选择的方法，因为处理成本比实施手术修复要小。

脐疝手术修复可通过打开或关闭疝修补技术进行。对超过 6 月龄的马驹，如果疝长度>6～8cm 或当小肠或大网膜嵌闭在疝中时，推荐用手术进行修复。对马驹进行麻醉，并对疝周围区域进行手术剃毛和无菌处理。在疝囊周围皮肤上切出 1 个椭圆形的切口并继续向下切达到疝囊水平。也可结扎或移除疝囊。推荐用吸收性缝合材料，采用减张缝合（如垂直加垫、近—远—远—近、或切口重叠的模式）进行间断缝合。然后用常规方式关闭皮下组织和皮肤。围手术期建议使用广谱抗生素。建议让马驹在畜栏中休息 30d 以防止修复失败。报道称，急腹痛、切口部位水肿、裂开和肺炎都是疝修补术的并发症。已报道脐疝并发症发生率与整个相关的夹紧技术类似，复杂脐疝的并发症发生率会更高。

二、膈疝

马驹膈疝是先天性或继发于分娩过程中的外伤。马驹膈疝还经常继发于肋骨骨折，尤其是当骨折涉及的是第 3 到第 8 肋骨的软骨关节时。在最近报道的涉及 31 例膈疝病例中，6 例是未满 1 岁的马驹。所有的病例都有急腹痛的表现。通常是根据多个成像方式来做出诊断，马驹的体积越小，越容易用超声波和射线成像技术做出诊断。胸腔积血、腹腔积血，或者两者同时出现在新生马驹膈疝中都可以见到。呼吸窘迫是马驹的另外一个常见症状。小肠是最经常通过膈疝缺口突出到胸腔的肠断，但也可能会出现大肠、胃、肝和脾的突出。

进行手术修复时可通过将马驹反向头低脚高位放置以帮助内脏掉离疝缺口并促进修复。在麻醉时必须正压通气。在从腹部进行的方法中，可从胸腔恢复内脏，疝缺口可通过单独缝合关闭或通过在缺口装订 1 个修补片来封闭。涉及膈膜腹侧部分的疝比涉及背侧部分、靠近肋骨的疝更适用于修复。胸腔镜途径或肋骨切除技术已被报道用于修复缺口在隔膜背侧部分的疝。

修复后，需要抽取胸膜腔中的空气，并放置 1 个留置胸管来抽取恢复期间或手术后胸膜腔内额外的空气。可结合手术板和线技术同时修复肋骨骨折，以防止骨折断面对膈膜或胸腔内脏的进一步创伤。

预后存活比较保守（46%的存活率）。由于肠道损伤严重和损伤范围大，马驹可能死亡或可接受安乐死。手术存活的马驹可能在恢复过程中死亡。

三、腹股沟疝

马驹腹股沟疝可分为间接的或直接的。间接疝是马腹股沟疝最常见的类型，但直接疝在马驹中比在成年马中更常见。当肠道通过腹膜裂缝被嵌闭、腹腔阴道膜破裂或临近腹股沟环的肌肉组织撕裂时，会发生直接疝。在所有这些情况下，肠道都位于阴道膜外。腹股沟破裂是常用来描述临近腹股沟环的腹膜裂缝的术语。间接疝可发生在肠道，最常见的是回肠和空肠直接通过腹股沟环被内部或外部腹股沟环截留；肠道随后位于阴道膜内、临近睾丸。据报道，这些疝最常见于标准竞赛用马、驮马和温血马品种，这些马可能先天性具有较大的腹股沟环。间接疝最常发生在左侧腹股沟环。反复手动复位可校正疝情况。大结肠形成的疝也有报道，虽然发生并不频繁。当马驹出现急性膨大的疝、局部水肿或阴道膜破裂引起腹部不适的症状时，疝可能是一种外科急症。被膜破裂时，有直接疝马驹的肠通常位于腹侧腹部或腹股沟或大腿内侧区域皮下（图 179-2）。覆盖的皮肤和皮下组织可能摸上去很凉、水肿、甚至浸渍，这些都是大腿内侧接触性创伤的结果。受影响的肠段可黏附于皮下组织和皮肤。

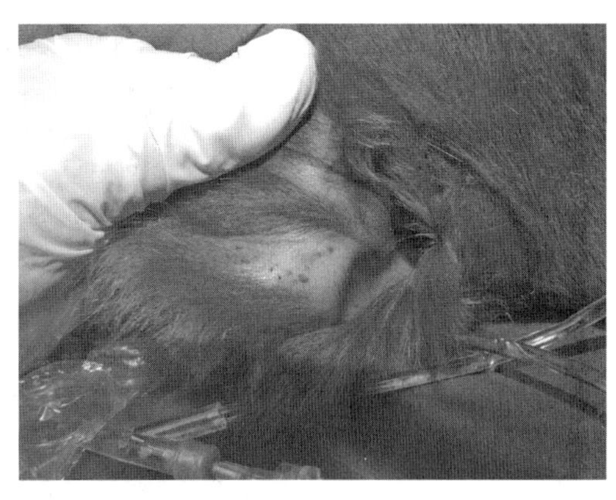

图 179-2　腹股沟直接疝，马驹的肠管位于皮下
注意在这种情况常见的浸渍皮肤
（引自 D. H. Rodgerson）

通过腹股沟法的开放疝修补术是减少疝和闭合腹股沟环最常用的方法。在围手术期推荐使用广谱抗菌剂和氟尼辛葡甲胺。借助于轻柔的牵引和在睾丸上的扭转运动，通过阴道环轻柔地操纵肠管以复位来缩小非直接疝。然后可结扎阴道膜和精索来进行患侧的封闭阉割。如果不摘除睾丸的话，睾丸可能会发生萎缩。

可用相似的腹股沟法对直接疝进行修补。通过腹股沟切除受损的肠，或如果需要切除或旁路手术（如空肠盲肠吻合术或空肠结肠吻合术）的话，必须在下腹正中切口来切除受损的肠道。可能需要结合外部牵引和推拉，尤其是对马驹，马驹的肠系膜更加细腻、较难操纵。可能需要用手指操纵或切开来扩大裂缝或撕裂口，以便还原被嵌闭的肠管。患侧睾丸通常会受到影响，所以，有必要进行单边阉割。尽可能靠近近端结扎精索和阴道膜，最好能将阴道膜上的疝缺口包括在内，然后横切远端到结扎处。缝合外腹股沟环可以连续或间断的方式用可吸收缝合线进行直接缝合对接。对疝太大无法通过缝合合并修复的马驹，已有报道用聚丙烯修补片来修复。报道的更常见并发症包括修复失败、继发于腹股沟区组织损伤的复发、肿胀和伤口流水。腹股沟疝情况更复杂的马驹也可发生术后肠梗阻、受影响的肠段延迟坏死和粘连。粘连可发生在腹股沟环，也有在修复腹股沟环的过程中疏忽大意的缝合造成粘连的报道。已报道的存活率为 50%～76%。

用开放或腹腔镜方法进行保留睾丸手术也已有描述。也可手动复位嵌闭肠管或用无创伤把持器械复位嵌闭肠管。头低脚高位保定小马驹可能有利于复位操作。可使用有装订技术的腹腔镜修补、腹膜皮瓣、倒钩缝合、体内缝合技术或补片疝修补术。虽然有报道表明，腹腔镜修补术比常规技术有较少的术后并发症，但需要更高程度的技术技能，而且由于使用仪器和修补技术的复杂性，手术时间可能较长。接受腹腔镜技术马驹的存活率高于接受开放技术马驹的存活率，尽管选择的病例本身可能会影响结果。

有大腹股沟环的马驹，如标准竞赛用马和驮马品种，可通过用腹腔镜的装订工具[①]减小内部腹股沟环（图 179-3）来预防腹股沟环疝。

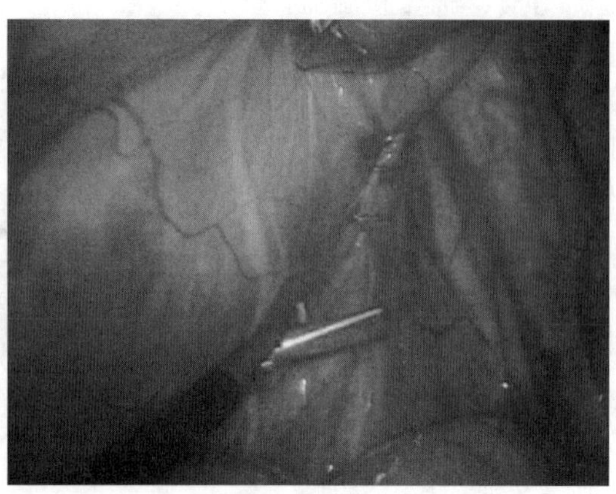

图 179-3 缝合关闭的腹股沟疝腹腔镜视图
（引自 D. H. Rodgerson）

推荐阅读

Bristol DG. Enterocutaneous fistula in horses：18 Cases（1964-1992）. Vet Surg，1994，23：167-171.

Caron JP，Brakenhoff J. Intracorporeal suture closure of the internal inguinal and vaginal rings in foals and horses. Vet Surg，2008，37：126-131.

Enzerink E，van Weeran PR，van der Velden MA. Closure of the abdominal wall at the umbilicus and the development of umbilical hernias in a group of foals from birth to 11 months of age. Vet Rec，2000，147：37-39.

Freeman DE. Small intestine. In：Auer JA，Stick JA，eds. Equine Surgery. 4th ed. St. Louis：Elsevier，2012：416-453.

Kummer MR. Abdominal hernias. In：Auer JA，Stick JA，eds. Equine Surgery. 4th ed. St. Louis：Elsevier，2012：506-513.

Moorman VJ，Jann HW. Polypropylene mesh repair of a unilateral，congenital hernia in the inguinal region of a Thoroughbred filly. Can Vet J，2009，50：613-616.

Ragle CA，Yiannikouris S，Tibary AA，et al. Use of a barbed suture for laparoscopic closure of the internal inguinal rings in a horse. J Am Vet Med Assoc，2013，242：249-253.

① Endopath EMS Endoscopic Multifeed Staple，Ethicon，Johnson & Johnson Medical，Inc。

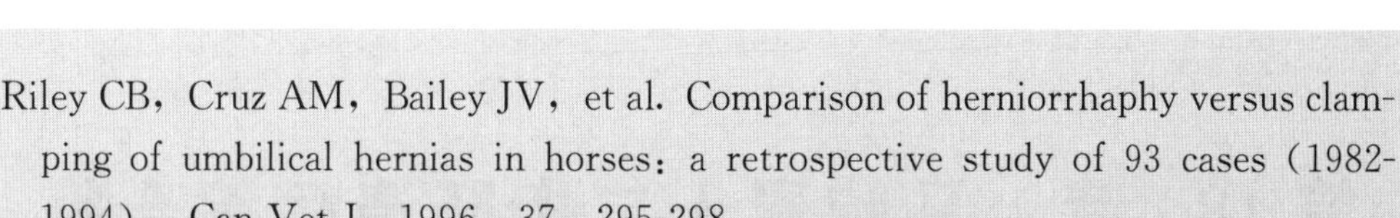

Riley CB，Cruz AM，Bailey JV，et al. Comparison of herniorrhaphy versus clamping of umbilical hernias in horses：a retrospective study of 93 cases（1982-1994）. Can Vet J，1996，37：295-298.

Robinson E，Carmalt JL. Inguinal herniation of the ascending colon in a 6-month-old Standardbred colt. Vet Surg，2009，38：1012-1013.

Rossignol F，Perrin R，Boening KJ. Laparoscopic hernioplasty in recumbent horses using transposition of a peritoneal flap. Vet Surg，2007，36：557-562.

Santschi EM，Juzwiak JS，Moll HD，et al. Diaphragmatic hernia repair in three young horses. Vet Surg，1997，26：242-245.

Schumacher J. Testis. In：Auer JA，Stick JA，eds. Equine Surgery. 4th ed. St. Louis：Elsevier，2012：804-840.

Textor JA，Goodrich L，Wion L. Umbilical evagination of the urinary bladder in a neonatal filly. J Am Vet Med Assoc，2001，219：953-956.

Van der Velden MA. Ruptured inguinal hernia in new-born colt foals：a review of 14 cases. Equine Vet J，1988，20：178-181.

（刘芳宁　译，吴殿君　校）

第 180 章　马驹胃十二指肠溃疡综合征

Kim A. Sppayberry

当流出道发生功能性或机械性肠梗阻时，胃的排空就会延迟。当小肠近端发生肠梗阻或分泌液体过多时，会发生功能性梗阻以防止肠蠕动和肠内容物向口侧移动，当幽门或十二指肠因变窄或被大的肠腔内容物（不同寻常的）阻塞时，会发生机械性梗阻。马类胃排空障碍在马驹上最为常见，与胃十二指肠溃疡综合征（Gastroduodenal ulcer syndrome，GDUS）有关的十二指肠狭窄是导致马类胃排空障碍最常见的原因。任何类型的全身性疾病都可能使马驹发生溃疡，但肠道炎性疾病，如肠炎或小肠结肠炎可增加马驹发生严重胃和十二指肠溃疡的可能性，进而导致马驹发生危及生命的并发症。

随着评估胃生理功能的设备和工具的日益增加，关于马溃疡患病率和发病机制的兽医知识也已经拓宽，目前认为溃疡发生的过程是多因素的，比胃酸过多造成细胞的简单损伤更为复杂。例如，在胃的鳞状部分易患溃疡的疾病状态不同于腺部导致溃疡的疾病状态，尤其是对马驹，甚至是已经用有效抗溃疡药进行了预防性治疗的马驹也可发生严重溃疡。此外，新生马驹溃疡性疾病情况很可能不同于年龄较大的马驹。质子泵抑制剂能有效提高胃液 pH 值，众所周知，使用质子泵抑制剂至少能使病原菌易于定植于人类的胃肠道和呼吸道，因此，目前对在实践中给马驹预防性地使用抗溃疡药物还存在质疑。

本章回顾了胃十二指肠溃疡综合征并发症胃排空障碍的临床症状、发病机制、诊断结果和治疗以及胃排空障碍在马驹中引起的并发症。

一、健康状态下的胃排空

胃中固体和液体成分的流动是由胃蠕动周期来决定的，胃蠕动周期可在胃和十二指肠之间产生 1 个压力梯度。胃近端部分的平滑肌紧张会导致液体成分流出，而且胃窦向口侧蠕动收缩可促使固体成分被排出。幽门部位可保留饲料并对排出胃腔固体成分的传递进行调节。通过幽门收缩将食物保留在胃中，直到混合搅动作用已将固体的饮食物研碎成小颗粒，以最大表面暴露于胃酸中和小肠消化酶中。液体的饮食物，如水和牛奶不需要通过幽门来保留。在健康状态下，幽门在大部分时间仍是打开的，允许十二指肠内容物逆流进胃里。在禁食的马中，十二指肠回流连同吞咽唾液，可使细胞腔内 pH 值增加，这样不论是否摄入饲料，胃内都会有胃酸持续分泌。尽管胃填充

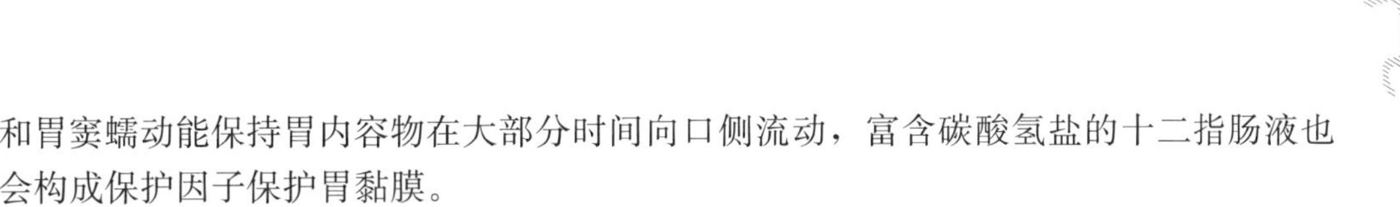

和胃窦蠕动能保持胃内容物在大部分时间向口侧流动，富含碳酸氢盐的十二指肠液也会构成保护因子保护胃黏膜。

水从健康马驹胃通过的时间大约是 5min，牛奶排空的时间要长些，为 2h 或更少的时间；如果牛奶排空时间超过 2h，应考虑排空延迟了。同样，对于胃肠道蠕动正常的成年马来说，水通过的速度是很快的，但要完全排空干草可能需要长达 24h 的时间。

正常放牧时，饮食物并不能将胃填满至背部贲门水平，胃内容物可垂直分层，粗糙的、新摄入的物质漂浮在腹侧越来越颗粒化和密集化的材料之上形成了 1 个垫子。pH 值也垂直性地变化，在顶部的粗材料中 pH 值最高，在腹部的材料 pH 值最低。在胃黏膜的腺区，胃腺区壁细胞分泌盐酸。因为饮食物在较低层，酸性层通常不会延长其与填充线以上鳞状上皮区域的接触，鳞状上皮没有与强酸接触的保护机制，而且在正常情况下也并不需要这种保护机制。胃黏膜的腺区部分可分泌胃酸和胃蛋白酶，为了浸没在酸性液体中，腺区部分被保护在富含碳酸氢盐的黏液下，通过黏液分泌的氢离子可从壁细胞迁移到消化管腔，但不能反向迁移。

二、发病机制

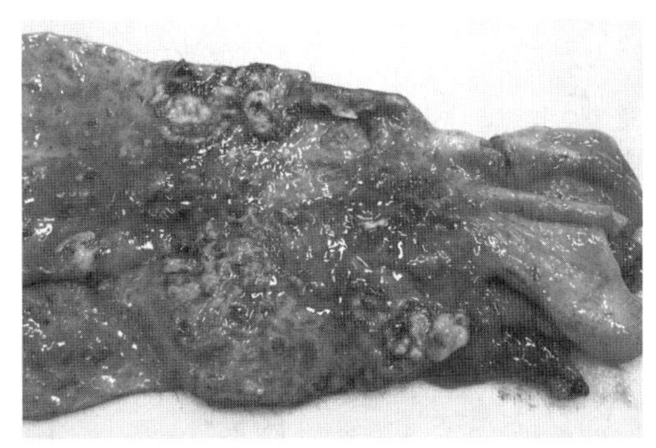

图 180-1 有胃十二指肠溃疡综合征和狭窄形成马驹的十二指肠溃疡段尸检照片

（引自 Dr. Laura Kennedy，University of Kentucky）

十二指肠溃疡和十二指肠炎被认为是胃流出障碍（图 180-1）的原发病灶。壁性炎症和蠕动紊乱会在不同程度上损害胃排空，造成继发的胃鳞状溃疡和返流性食管炎。如果十二指肠壁的炎症发展到纤维化和挛缩，可导致永久缩小或狭窄。导致十二指肠黏膜溃疡的致病因素还未知，但可能与在全身性疾病、缺血、由致病性病毒或细菌导致的直接细胞损伤过程中黏膜与胃酸的直接接触有关。在人类中，导致十二指肠溃疡的最常见病因是幽门螺旋杆菌感染，可用低剂量阿司匹林和其他非甾体类抗炎药（NSAIDs）治疗。这里有一个有意思的差异比较：慢性和显著出血及急性、突发出血都是与人类十二指肠溃疡有关的主要疾病；利用止血夹经内窥镜止血、注射促凝血剂或血管收缩剂、热凝，或应用止血药喷雾剂都是一线治疗方法，而且在某些情况下，进行胃十二指肠动脉或其某一个支流的经导管动脉栓塞术是必要的。出血（包括报道的放血）导致的死亡在马驹十二指肠溃疡中已有报道，但穿孔或十二指肠狭窄和永久胃排空损害在临床中更受关注。克罗恩病（Crohn’s disease）是人类的一种炎性肠病，可影响到黏膜和肠壁深层，导致十二指肠狭窄并伴随类似于马驹流出道梗阻的症状。幽门狭窄、十二指肠狭窄和胃流出道梗阻作为涉及小肠近端的严重炎性并发症在成年马中也偶尔有出现。肝管狭窄及胰管狭窄也被报道与成年马的十二指肠炎有关。

由于脱水和黏膜灌注损伤，有肠炎或小肠结肠炎的马驹主要会发展为胃与十二指肠溃疡。过度使用 NSAIDs 可导致病马驹发生急腹痛或嗜睡，并可通过抑制环氧合酶-1 增加损伤，环氧合酶-1 是可诱导前列腺素 E 产生的酶系统的臂状物。前列腺素 E 不仅能在胃肠脉管中保持血管舒张和灌注，也能直接抑制胃壁细胞产生的盐酸。黏膜血流量降低可减少富含碳酸氢盐的黏膜层的完整性，黏膜层与胃黏膜细胞接触，通常在细胞的直接环境中保持 pH 值为中性值；如果灌注不足不能缓冲，会发生保护层减少、酸反扩散和细菌易位。如果肠炎严重到足以引起急腹痛并扰乱哺乳活动，马驹就还要另外被管制较长的时间，管制期间马驹不能进食牛奶，这样胃酸就会起到缓冲作用。急腹痛也能导致斜卧时间较长，这会使鳞状上皮在胃酸中的暴露增加。导致上段胃肠管炎症的传染性因素，如轮状病毒可能对十二指肠和幽门有直接影响，胃十二指肠溃疡综合征病例会在 1 个农场或一定区域的空间和时间内聚集出现也支持了这样的说法。但在一些患有十二指肠溃疡的马驹体内却不能检测到轮状病毒，因此，有关轮状病毒和十二指肠溃疡之间关系的证据目前仍不详尽。

在作者的实践领域，很多情况下病马驹在出现胃流出道梗阻症状时，已经用过抗溃疡药物，如 H_2受体阻滞剂、质子泵抑制剂和硫糖铝。用抗溃疡药物预防上段胃肠管发生严重溃疡明显是一个失败的疗法，当解剖性狭窄限制了酸性内容物从胃腔的正常移动或当疾病改变了胃和二指肠黏膜正常血流动态时，即使使用有效的治疗剂也不能奏效。甚至在对盐酸输出进行调节的情况下，也可能出现这种情况，尿腹膜炎仍是由有机酸，如嗜酸乳杆菌产生的乳酸和其他生存在胃中的发酵微生物产生的挥发性脂肪酸介导的。这些酸性成分在马驹中是否可导致溃疡形成还未知，但对于饲喂了促生长富含营养浓缩饲料的年龄较大的马驹，和成年马一样，这些酸性成分可能具有有毒作用，一旦这些酸性成分与胃黏膜，尤其是与鳞状部分的接触时间延长，就会发生溃疡。回流十二指肠液中进入胃的另外一种名为胆汁酸的有机酸有可能是损伤胃细胞的溶媒，这些酸性成分会导致食管炎（逆流而上），其比在导致胃炎过程中会起到更直接的作用。

三、有胃流出道梗阻的胃十二指肠溃疡综合征临床症状

胃流出道梗阻的临床症状包含了胃十二指肠溃疡综合征的临床症状。病马驹通常为 2～6 月龄，通常是因为马驹出现嗜睡、急腹痛、绞痛，外观虚弱、频繁斜卧、磨牙、流涎、起泡奶或奶从嘴中流出、舌下垂、腹泻（当前或近期）、在背斜卧位频繁打滚和懒洋洋地躺着（图 180-2）等临床症状中的 1 个或多个而去兽医门诊。胃因为排空受阻而膨胀，通常通过鼻饲管取出胃液可缓解疼痛，但马驹仍可表现为迟钝和昏昏欲睡。年龄较大的马驹，急腹痛的疼痛表现可能不是太急，表现为用蹄子扒地和不安或长时间斜卧，而不是打滚。经常可观察到马驹在哺乳时突然停止并变得焦躁或疼痛。

患病马驹通常外观虚弱、腹部胀大，与同龄同群马驹相比，体格较小并且表现无

精打采。在一些情况下，马驹可能在过去有过溃疡的临床症状，显然是因为这些症状在几天或几周内消退而导致了当前的问题。有些马驹，马主人报告以前没有疾病。这些不同的病史反映了已被描述过的与溃疡有关的、范围从亚临床到穿孔致命的不同综合征或症状的。患有胃流出道梗阻的马驹，偶尔会出现严重到足以需要去看兽医的胃膨胀，液体自发地从胃泄漏并从鼻孔流出。这些马驹患有继发于幽门或十二指肠收缩、因胃和十二指肠液回流而导致的返流性食管炎。这种食管炎可能非常严重，本身就可成为一个有临床意义的疾病。流涎、嘴中有发泡的牛奶和舌下垂是食管炎（图 180-3）的临床表现；一些患有食管炎的马驹可因为气体从损伤的贲门逸出而发出打嗝的声音。

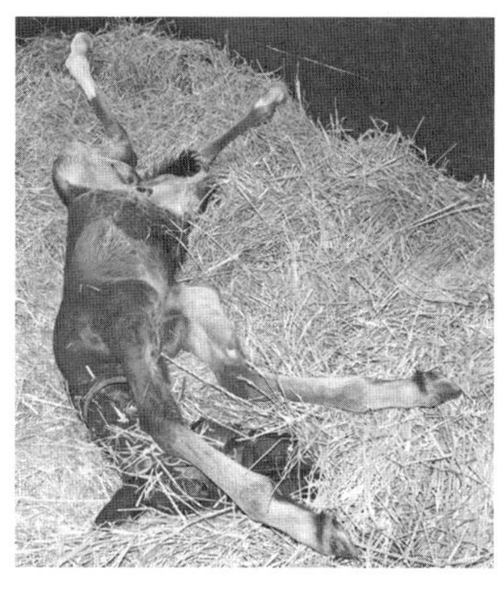

图 180-2 因胃溃疡疼痛，马驹懒洋洋地以背卧位躺着马驹的嘴被捂着以控制饮食并帮助保护留置的鼻胃管，胃连续回流是通过鼻胃管来排出的

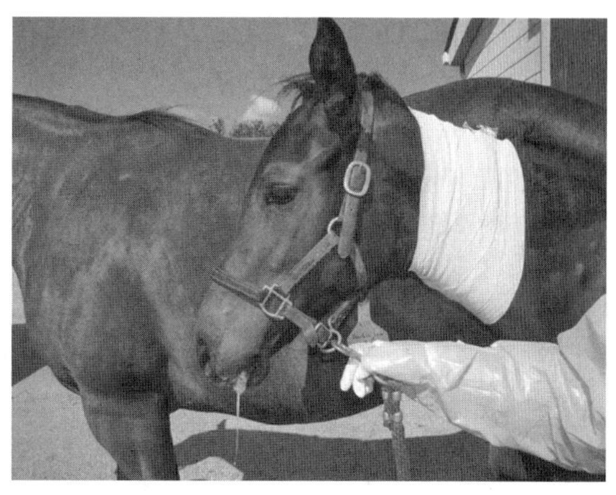

图 180-3 5 月龄的马驹流涎，继发于十二指肠狭窄、胃流出道梗阻和返流性食管炎

许多马主人将他们观察到的任何腹泻视为马驹“正常的”腹泻，但甚至是自限性或外表正常的轻度肠炎也可发展成胃十二指肠炎和溃疡。在询问病史时，兽医应考虑到马驹看护者的经验和观察频率；但实际的情况是在甚至检查已经显示臀部被毛脱落、有近期腹泻的粪便黏在尾巴上并已经变得干燥时，询问马驹是否有腹泻，马主人仍可能回答“没有”，这种情况并非罕见。

四、诊断

一旦马驹被检查出典型的临床症状，胃流出道梗阻的诊断就变得比较简单。胃十二指肠溃疡综合征已被列入鉴别诊断的列表。体检、病史、验血、超声波成像、内镜检查和腹腔穿刺都被用于诊断评估患病马驹，但内镜和超声检查分别对确诊黏膜溃疡和视觉观察胃和十二指肠运动是最重要的。钡餐后胃部的放射线对比照片来确诊胃排空延迟。

胃十二指肠溃疡综合征的血液检验结果没有特异性，但若是继发于肠炎并且包括低蛋白血症和电解质不平衡在内的炎性病变仍然存在，则血液检验结果会有很多变化。在有些马驹中可能会检测到炎性白细胞，但在其他流出道梗阻已经变得更慢性的马驹中，血液学检测值变化可能不明显。食管、胃和十二指肠的内镜检查是唯一能确诊胃十二指肠溃疡综合征的方法。对病史中存在危险因素、临床症状支持胃十二指肠溃疡综合征或流出道梗阻的马驹，应考虑将超声波诊断作为一种延伸体检，因为超声波诊断灵敏性高并能无创地证实胃和十二指肠膨胀和充血。有时从身体左侧就能看出明显的胃膨胀，但对十二指肠壁增厚、有或没有蠕动和管腔内容物运动情况是从身体右侧进行评估的（图 180-4，图 180-5）。在疾病晚期也能确诊十二指肠狭窄。

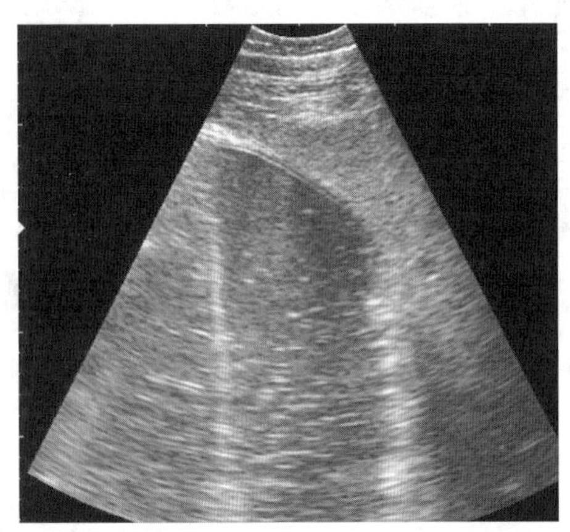

图 180-4　患有胃流出道梗阻的 4 月龄马驹超声波图

胃膨胀并且不能在其超声波监视器上整体成像。可看到胃内容物分层和沉降，胃液中的垂直线表示液体和漂浮的固体层之间的界面

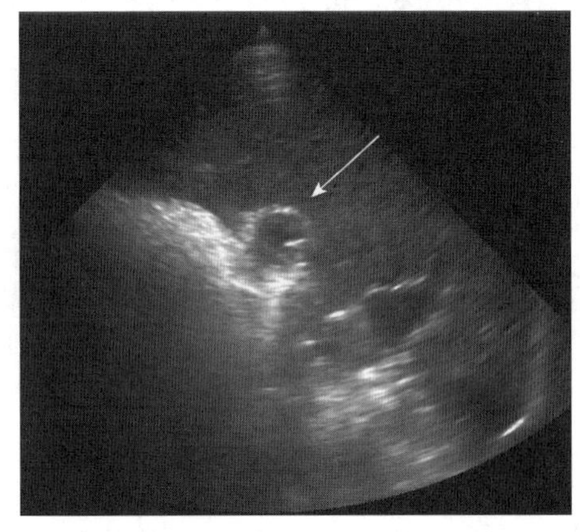

图 180-5　患有继发于十二指肠溃疡和狭窄的胃流出道梗阻马驹的十二指肠纤维化末期超声波图

注意增厚的肠壁和消失的官腔（箭头）。在成像过程中，没有看到肠壁的运动或蠕动

如能在胃的超声波图像中看到膨胀的液体，则应通过鼻胃管去除这些液体，使得通过内镜可观看到胃十二指肠管腔。在一些病例中做到这点可能是很困难的。首先，对于一些胃液体膨胀严重的马驹来说，通过贲门括约肌推进鼻胃管是非常困难的，因为高度肿胀的胃似乎在某种程度上围绕食管开口扭曲并阻塞管腔。此外，一些马驹的胃流出道梗阻相对是慢性的，严重苔藓样硬化的胃黏膜会妨碍对溃疡的检测（图 180-6），甚至于完全穿孔的溃疡通过内镜看起来可能并不明显（图 180-7）。在将内镜推进到食道时经常可观察到食管炎（图 180-8），在穿越受损区域过程中可观察到马驹疼痛的表现。

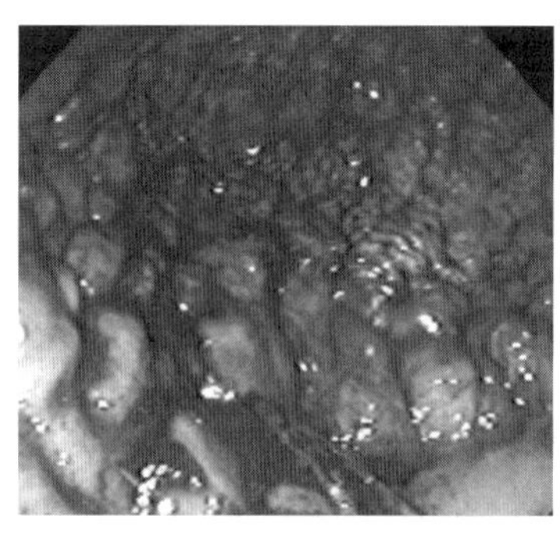

图 180-6 患有胃排空梗阻马驹的严重发炎、角化鳞状胃黏膜内镜视图

尸检发现穿孔溃疡，但由于炎症和黏膜增厚，在内镜检查中穿孔溃疡不可见

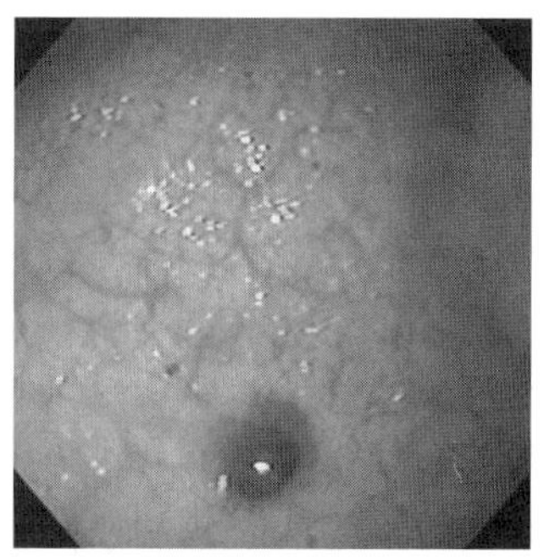

图 180-7 马驹胃腺区拍摄到的全层穿孔溃疡内镜视图

尸检证实了穿孔病变

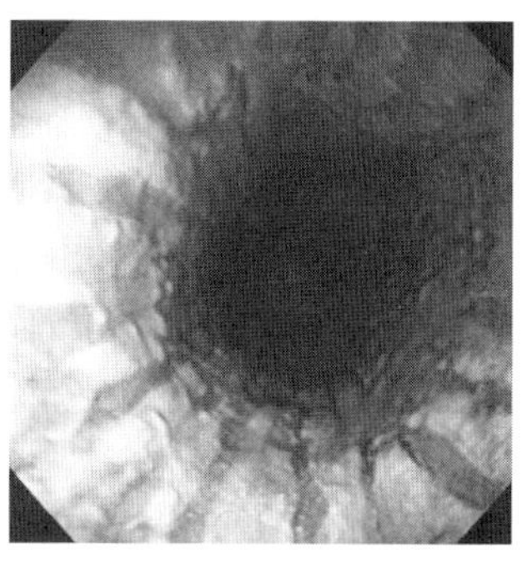

图 180-8 患有胃流出道梗阻和返流性食管炎马驹的食管下1/3 内镜视图

五、治疗

患有胃排空障碍的马驹需转诊和住院治疗，并给予必要的看护和频繁的监测。许多马驹必须首先进行频繁至每小时一次的逆流操作，所需的人力资源和护理费用是相当可观的。治疗的目标是促进胃十二指肠溃疡愈合（通过使用抗酸药物和硫糖铝来竭力维持胃腔 pH≥4），通过一系列的胃部减压尽量使马驹舒服，并按照要求通过输液、肠外营养、抗菌剂和止痛剂维持马驹的生理功能。作者经常使用的抗溃疡药物包括 H_2 受体拮抗剂（雷尼替丁，5～10mg/kg，每 8h 口服 1 次，或 1～2mg/kg，每 8h 静脉注射 1 次；西咪替丁，10～20mg/kg，每 4～6h 口服 1 次，或 6.6mg/kg，每 8h 静脉注射 1 次）、质子泵抑制剂（奥美拉唑，4mg/kg，每 24h 口服治疗，或 1～2mg/kg，每 24h 口服预防；硫糖铝，20mg/kg，每 6～8h 口服 1 次）。米索前列醇（2～5μg/kg，每 6～12h 口服 1 次）是一种合成的前列腺素 E 类似物，有助于促进胃灌注，对该药在患有胃十二指肠溃疡综合征马驹上的治疗应用还没有进行严格评估。高剂量的米索前列醇可导致急腹痛。因其抗炎作用，一些临床兽医将利多卡因作为恒速输注药物来应用，以利用其可能引起的任何促胃肠动力效果；尽管给成年马以负荷剂量（1.3mg/kg，静脉缓慢推注）开始注射利多卡因，作者则倾向于简单地以 0.05mg/kg/min 的速率给马驹输注，因为在首次快速给药后，患病马驹会更频繁地发生抑郁和共济失调。对血清白蛋白减少的马驹，则应考虑下调所有能显著结合蛋白质的药物剂量。其他的促动力药，如氨甲酰甲胆碱（0.02～0.1mg/kg，每 6～8h 皮下注射 1 次，或 0.3～0.4mg/kg，每 6～8h 口服 1 次；对有回流症状的马驹，优选肠胃外途径给药）或甲氧氯普胺（0.1～0.2mg/kg，用针剂作为一次缓慢的单次快速静脉给药，或皮下注射，或每 6～8h 口服 1 次）对有些病例可能有用。静脉输注甲氧氯普胺时，要密切观察和护理马驹，因为

这种药物可能导致极端的中枢神经系统兴奋行为；胃复安和利多卡因同时给予马驹时，不良反应可能增加。

促进十二指肠蠕动是治疗的一个重要方面，但管腔纤维化和肠管收缩很可能正在形成中，这在许多病例中已成为评估流出道梗阻的首要问题。出于这个原因，虽然包括 NSAIDs 和皮质类固醇在内的抗炎药可能有导致溃疡的作用，但过去已被一些临床兽医用于调节肠道壁炎症和纤维化。

对有大量液体回流导致脱水的马驹（取决于马驹的年龄和大小，在治疗的第 1～2 天，4～16L/d 的液体是很常见的），除了维持需要的体液量并部分或全部给予肠外营养，还必须通过静脉注射来替换这些液体来维持马驹。这就需要频繁有计划地监测水合作用、血液电解质、血糖和尿量等其他参数。要采用当前可用的重症监护措施以有效维持部分或没有胃排空能力而不能吃东西的马驹若干天。不过，如果好几天的限制护理和药物治疗都不能解决胃排空延迟问题，有可能已经发生了或暂时或永久性的纤维化以及或幽门或十二指肠或两者的收缩，这时应推荐通过手术来挽救生命。在管理该病的过程中，为了取得有效的结果，应尽早而不是更晚考虑进行手术。

手术包括胃空肠吻合术或其他形式的幽门、十二指肠旁路，应该由有经验的兽医进行。马驹的预后生存和运动性能已被进行了研究，一些发表的文章已经报道了一些对取得有效结果，作用相当不错的治疗时机。这些可能会强烈地依赖于对出现问题的及时识别、及时转诊手术，并在手术后几天到 1 周时间内提供术后重症监护与医疗护理。应告知马主人手术治疗的效果会有各种可能。总体而言，要考虑到监护手术后生存超过数月马驹的预后情况。

六、结论

胃排空梗阻代表的是在持续性的十二指肠损伤、愈合和成纤维化中胃十二指肠溃疡综合征的结束阶段。对于大多数马驹来说，有或没有治疗或其他人为干预，溃疡都可愈合。有严重或持久性溃疡的马驹在小口径管状结构（如十二指肠）发生严重炎症之后，有可能发展成为胃流出道梗阻。阻塞后若发生严重的食道糜烂，就可形成十二指肠狭窄，使得治疗预后不良。在兽医首次检查时，患病马驹有可能处在胃十二指肠溃疡综合征的任何阶段，这一点决定着可观察到的临床症状。有的马驹可表现有急腹痛、腹泻、磨牙、流涎和其他的综合征表现。而在另一些马驹中，溃疡的早期症状可能是轻度或完全亚临床型的，马主人在注意到马驹身体状况差、嗜睡和由于流出道梗阻而停止生长时，仅仅只是送马驹来做体检。在后一种情况中，如超声波成像发现胃持续充满和十二指肠收缩或蠕动无力，通过药物治疗来恢复胃排空功能是不太可能成功的，应推荐手术治疗。

推荐阅读 

Barr BS, Wilkins PA, Del Piero F, et al. Is prophylaxis for gastric ulcers necessary in critically ill equine neonates? A retrospective study of necropsy cases 1995-1999. Abstract. In: Proceedings of the 18th Annual Forum of the American College of Veterinary Internal Medicine, Seattle, 2000.

Becht JL, Byars TD. Gastroduodenal ulceration in foals. Equine Vet J, 1986, 18: 307-312.

Buchanan BR, Andrews FM. Treatment and prognosis of equine gastric ulcer syndrome. Vet Clin North Am Equine Pract, 2003, 19: 575-597.

Coleman MC, Slovis NM, Hunt RJ. Long-term prognosis of gastrojejunostomy in foals with gastric outflow obstruction. Equine Vet J, 2009, 41: 653-657.

Elfenbein JR, Sanchez LC. Prevalence of gastric and duodenal ulceration in 691 nonsurviving foals (1995-2006) . Equine Vet J Suppl, 2012, 44 (Suppl 41): 76-79.

Heidmann P, Saulez MN, Cebra CK. Pyloric stenosis with reflux oesophagitis in a Thoroughbred filly. Equine Vet Educ, 2004, 16: 172-176.

Merritt AM. The equine stomach: a personal perspective (1963-2003) . In Proceedings of the 49th Annual Convention of the American Association of Equine Practice, New Orleans, 2003. Available at: www. ivis. org/proceedings/AAEP/2003/merritt/ ivis. pdf.

Murray MJ. Gastroduodenal ulceration in foals. In: Proceedings of the 8th Congress on Equine Medicine and Surgery, Geneva, 2003. Available at: http: //www. ivis. org/proceedings/geneva/ 2003/murray2/ivis. pdf.

Murray MJ, Nout YS, Ward DL. Endoscopic findings of the gastric antrum and pylorus in horses: 162 cases. J Vet Intern Med, 2001, 15: 401-406.

Nadeau J, Andrews FM. Pathogenesis of acid injury in the nonglandular equine stomach. In: Proceedings of the 7th International Equine Colic Resort Symposium, 2002: 78.

Videla P, Andrews FM. New perspectives in equine gastric ulcer syndrome. Vet Clin North Am Equine Pract, 2009, 25: 283-301.

Zedler ST, Emberston RM, Bernard WV. Surgical treatment of gastric outflow obstruction in 40 foals. Vet Surg, 2008, 38: 623-630.

（刘芳宁　译，吴殿君　校）

第 181 章　马驹急腹痛

Peter R. Morresey

大量潜在的因素存在使得诊断马驹腹痛成为一项很有挑战性的工作。体格检查、更高级的或有针对性的检查结果、对更常见因素的考虑以及治疗效果使得鉴别诊断可以缩写形式进行列表。在诊断检查过程中必须考虑血容量减少、心血管损伤和对充足镇痛的需求。重要的一点是要避免不必要的程序，所以，比较难以做出手术治疗的决定，但是推迟手术治疗会对预后有直接影响。

一、特征描述

马驹的年龄可影响对腹痛的鉴别诊断。马驹的先天性异常通常出生后数小时内会变得明显。胎粪嵌入在马驹出生后 24～48h 内首先表现为腹痛。尿腹膜炎可能会导致 2～5 日龄马驹腹痛。稍大一点的马驹，但偶尔也有新生马驹，可能会因小肠扭结、结肠移位、肠套叠和胃溃疡而腹痛。腹痛也可发生于肠内容物泄漏（如从穿孔的胃、十二指肠溃疡或从脐尿管炎的粘连）引起的腹膜炎。非胃肠原因的腹痛包括肋骨骨折、尿腹膜炎和神经受损；胸膜炎和气胸也可引起腹痛，但很少见。

二、病史

与马驹明显腹痛病因相关的信息可随马驹出现腹痛时的年龄不同而变化。对刚出生的马驹来说，母马产前受损、异常怀孕或生产时的活动都能导致马驹缺氧。对于处于生命初期的新生马驹，应该注意胎粪通过情况、马驹的吃奶情况和粪便排出的情况。急腹痛可能会伴随腹泻发生，应该收集马驹当前和以前的发热、腹泻和急腹痛发作信息。饲养管理改变和使用抗生素也可能导致胃肠道障碍而发生腹痛。

对于受影响的马驹，出现腹痛的时间进程对诊断是非常重要的。如果长期腹痛或胃肠道病理变化显著，马驹会表现为严重抑郁并伴随着精神疲惫或系统性损害。另外，也应考虑与明显腹痛同时发生的临床症状（如果有的话）。如磨牙被认为是腹部不适的表现，但也与胃十二指肠溃疡有关。

三、检查疑似腹痛的马驹

对于有急腹痛的马驹，诊断判定是最影响预后的，必须及时做出决定是确定马驹是否有需手术或非手术治疗的病变。新生马驹可能不像成年马一样能对系统损害做出明显的反应。需要快速诊断并且及时解决任何肠道病变。马驹的明显腹痛可能是由小的损伤发展而成，如皮肤过敏可导致马驹打滚，但也可能是由危及生命的肠道病变引起的，如肠扭结。对于任何诊断检查，完整的体格检查结合辅助测试对帮助区分很多手术和非手术原因的急腹痛是必须的。

（一）从远处观察

如可能，从远处观察马驹可极大提高体格检查的效果。必须考虑疼痛的严重程度和持续时间。如果腹痛严重并失控，必须更迅速地进行病情检查。使用化学止痛剂可能会掩盖真正的腹痛。疼痛的特殊表现可能是在暗示疼痛的来源：背卧位打滚和懒洋洋地躺着（疑似胃溃疡，图 181-1）、快速运动掉在地上（肠道病变）和紧张排便（压紧）或排尿（尿腹膜炎），这些都可帮助直接诊断检测。

除了有关病因和腹痛特征，其他的鉴别诊断包括肌肉骨骼损伤、神经系统疾病（癫痫发作）或神经肌肉疾病（肉毒中毒），可能会有一定的支持作用。

图 181-1　马驹以背卧位躺着，这是胃溃疡造成的马驹急腹痛最常见的症状

（二）疼痛的特征

马驹对腹痛的容忍度比成年马低。因此，疼痛的严重程度既不是腹部疾病严重程度的敏感指标，也不具体指示急腹痛的原因。腹痛是肠系膜中的伸展敏感受体收到刺激的结果，炎症或缺血导致了浆膜表面的拉伸和肠壁水肿。急腹痛的温和表现可能是持久的或可能发展成更严重的腹痛，可与肠炎、胃十二指肠溃疡或简单的管腔内阻塞并存。肠炎或绞窄性或非绞窄性梗阻导致的疼痛涉及相同的病理生理的机制。对止痛药没有反应的不间断疼痛更符合需要手术矫正的绞窄性病变。

当肠蠕动改变时，收缩强度或频率降低导致食物和气体积累。肠膨胀刺激肠壁的机械性牵拉感受器而引起疼痛。

（三）体格检查

需要手术和非手术治疗的急腹痛并不总是有生命体征的不同。发热暗示脓毒症（胃肠道）的早期阶段或肠道病变。低体温暗示严重的系统性损伤，并可能表明肠坏死或晚期腹膜炎和脓毒血症。由于严重腹痛，心率和呼吸率会增高。明显、持续心跳过速应该按时需要手术治疗的损伤。呼吸困难证明需对胸腔做进一步检查。

1. 听诊

在刺激肠管的条件下，肠道活动会增加，这些条件引起的结果对预后通常是有利的。另外，肠道活动减少或消失可能在指明更严重的情况。肠蠕动迟缓可能是由于饲料的突然变化、碳水化合物摄入过量或传染性病原体导致的。如果肠音减弱，粪便产量不足和急性疼痛症状出现，那么预后应该不良。

2. 黏膜

黏膜颜色改变可指示休克（源于内毒素血症、败血症或内脏缺血），在许多胃肠道疾病中都可见到黏膜颜色的改变。见到严重中毒的黏膜应该立即怀疑绞窄性病变，但严重、急性细菌性肠炎和腹膜炎也与此症状相关。

3. 脱水或血容量减少

体液流失或摄入不足可导致脱水和循环血容量减少。表现为皮肤隆起时间延长、黏膜干燥、心率加快、外围脉搏强度减弱和四肢冰凉。如果不纠正，电解质变化和酸碱紊乱引起的灌注损伤就会变得明显。

4. 腹部大小和形状

严重腹胀是指示气体或液体在肠道或胃累积。主要位于腹部左侧前的膨胀暗示胃膨胀，需要用超声波或鼻胃管通道进行快速评估。

5. 鼻胃插管

作为诊断和治疗技术，鼻胃插管可提供有助于鉴别诊断的额外信息。插管后，疼痛缓解、心跳过速被快速解决，表明胃膨胀是导致疼痛的原因之一，直接和持久的急腹痛解决表明了一种医学状况。可从肠炎并可能伴随有小肠梗阻的马驹获得中等容积的回流。持续回流暗示由肠扭结、肠狭窄或肠套叠引起的严重小肠梗阻。

（四）腹部超声检查

超声检查是一种有优势的快速、无创的辅助诊断手段。马驹腹部很大一部分内容物可被快速成像，这就允许在最初的病例病情检查阶段进行治疗干预。以有用的方式解释临诊发现需要操作者具备足够的正常解剖学知识。

可能会检查到小肠运动（如肠梗阻、肠运动正常或频率增加）、肠道扩张（最小、中度或显著的）或肠壁增厚（正常或增加的）的症状。健康马驹的小肠袢会出现弛缓和充满液体。肠梗阻、肠炎或小肠阻塞性疾病导致这些小肠袢扩大变圆。随着马驹的年龄增长，小肠成像可能会限制在腹股沟区，因为胃和结肠的位置与正常的年龄变化有关。

在大肠有气体膨胀的情况下，反射声波会导致腹部超声波视图不清楚，使对更深层次结构的解释变得困难。

过多的腹水可能暗示腹膜炎、内脏破裂或尿腹膜炎。可识别腹腔液的特点（无回声的或混浊的），回声随着细胞结构增加而增强。

（五）实验室检查结果

在初始阶段，可能没有临床病理异常出现。出现脓毒症或肠道失去活力后，可能

会出现白细胞减少症和中性粒细胞减少症。与长期存在问题有关的炎症将反映为纤维蛋白原浓度增加和白细胞增多。脱水会导致肌酐、蛋白和乳酸值增加，如果出现肠道炎症，白蛋白可能降低。电解质异常可能会随腹泻和尿腹膜炎出现。如果腹腔炎症蔓延或出现尿腹膜炎，肌肉和肝脏酶的血清活性可能会高。应激或内毒素血症可能引起血糖增加或食欲减退，或内毒素血症可能使血糖减少。

（六）腹膜液分析

收集马驹的腹水是很困难的，应将马驹进行适当保定并在超声波的介导下完成。在这个过程中马驹比成年马更可能发生肠穿孔并发症，而且年轻马驹肠穿孔的后果可能比成年马严重。马驹的肠穿孔并不像常成年马那样是一个伴有一定急腹痛表现的常规过程，兽医应该强力从获得的马驹的这种类型的样品中采集信息。

腹膜液通常是肠炎或肠壁还没有开始失去生命力的早期肠梗阻的正常成分。随着这些疾病的发展，腹膜液中的细胞计数和蛋白质数增加，但还没有到阻塞性梗阻的程度。任何阻塞性梗阻的持续时间都与高有核细胞计数和高蛋白质浓度有关。对有内脏破裂动物，在腹膜液中检查到胞内细菌、植物材料（在年龄较大的马驹中）和退行性中性粒细胞。

（七）腹部射线照相术

考虑马驹体格较小，可用平面射线照相术获得优秀的腹部脏器视图。这种技术在很大程度上已经被随时可用的超声检查法取代，但在某些情况下，射线照相术是非常宝贵的，可协助确定肠道气体或液体膨胀的位置，但不一定是原因。在有肠炎、腹膜炎或小肠梗阻的马驹中，可见到小肠气体膨胀，小肠气体膨胀以多个管腔内气-液界面为特征。上消化道的对比研究被用于评估潜在的十二指肠狭窄（见胃流出道梗阻和胃十二指肠溃疡性疾病）或评价肠道运动性疾病。

在结肠炎病例中可能见到大肠扩张。在梗阻期间，大肠明显胀大而且在腹部移位。使用钡剂灌肠进行对比研究，对识别末端结肠或直肠是否有压紧的胎粪和胎粪的位置有用。

（八）胃镜检查

胃镜检查对诊断胃溃疡和监测治疗的效果是非常重要的。如果怀疑有返流性食管炎，也可对食管进行成像。因为明显的急腹痛伴有阻塞发作，视觉检测到任何食管梗阻都是有诊断意义的。

四、马驹腹痛的原因

导致新生马驹疼痛的情况是与导致年龄较大马驹腹痛的情况是重叠出现的，因此，它们被视为一个连续体。有几个条件是新生马驹特定的。

（一）胎粪滞留或压紧

出生后头几个小时开始出现胎粪。胎粪通常在出生后24h完全通过，但需要48h

完全排空这些物质。奶便的通过表示已经通过阻塞。与胎粪压紧有关的腹痛表现可从轻微到严重，可观察到反复的努责和不断增加的疼痛反应。在膀胱和尿腹膜炎的病例中，结肠末端和膀胱创伤可导致受影响组织失去活力并可能导致腹膜炎。肠道中胎粪滞留的发生率比胎粪压紧的发生率高，并可涉及横向或右上大结肠，或小结肠。对比钡剂灌肠的射线照片可诊断出是否有胎粪压紧和压紧的位置。超声检查也可证实较小新生马驹肠道中的胎粪，或在胎粪靠近腹壁时证实其存在（图 181-2）。

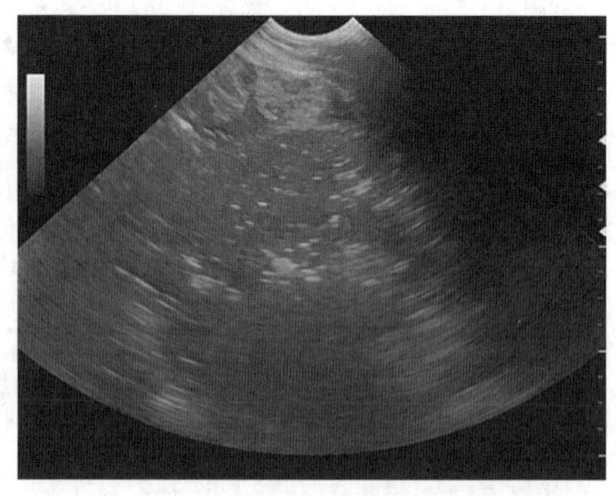

图 181-2 滞留在大结肠中的胎粪超声波图像
注意声学组织密度和高回声特征

（二）先天性缺陷

公认的肠闭锁发病机制集中在妊娠期间影响涉及肠断的缺血性肠闭锁。缺血性肠闭锁可缩减生长并导致受影响肠断发生萎缩。典型症状发生在出生后 2～48h，表现为进行性腹胀和疼痛，不会产生胎粪。外科检查需要确定缺陷的位置和严重程度，预后慎重或不良。

肠道神经节细胞缺乏症在致命白色马驹综合征中最为常见，致命白色马驹综合征是一种影响美国花马的常染色体隐性条件。马驹主要是白色的，是奥维罗-奥维罗交配的后代。急腹痛在出生 12～24h 内出现，因为没有办法治疗，所以，需施行安乐死。应该谨慎行事，因为并不是所有的白色马驹都有致命的白色综合征。

已有 1 篇报道报告 1 匹马驹的急性呼吸窘迫与急腹痛症状的出现有关。在这种情况下，可用射线照相法和超声检查来诊断膈疝。验尸结果显示，膈缺损是源于先天性的。创伤性膈破裂（断裂的肋骨自由末端刺伤）也是可能的。

（三）缺氧性肠炎或坏死性小肠结肠炎

马驹的围产期窒息综合征，也称为缺氧缺血性脑病，可能与胃肠道紊乱有关，胃肠道紊乱可表现为轻微的肠梗阻和胃排空延迟到严重出血性腹泻、脓毒血症、坏死性小肠结肠炎。缺氧和低血压分娩被认为是剥夺了内脏的血液循环流动性。当发生再灌注时，紧接着发生自由基损伤，促进细菌入侵肠道壁。如果损伤足够严重，厌氧菌群在受损组织中繁殖，导致坏死性小肠结肠炎。可发生肠气囊肿病（肠壁中有可见气体）、腹水从炎症扩展到腹腔和肠穿孔导致的腹膜炎。病理学病变的出现迅速，预后生存概率低。

（四）肠梗阻

导致新生马驹肠梗阻的原因很多。肠梗阻是危重病早产、脓毒血症或缺氧缺血损伤马驹的一种常见的继发并发症。许多炎症介质和产物改变了肠道蠕动。脂多糖（内毒素）的使用激活了局部的巨噬细胞并导致炎症介质释放，吸引白细胞到肠壁。前列腺素和一氧化氮可以改变肠道平滑肌细胞的能动性。细胞因子可以影响神经传递，也可以影响肠道蠕动。

与肠梗阻发生发展有关的临床症状包括胃返流和腹胀。可用超声检查来对胃膨胀进行评估，这可能需要通过鼻胃管来移除液体。在肠梗阻的情况下，尽管肠壁厚度是正常的，小肠内充满液体，可能蠕动迟缓或不蠕动。肠壁增厚可能暗示影响血管的或即将发生肠炎的阻塞性疾病。自由腹腔液的容积不正常时，也需要进一步调查，这可能暗示继发于静脉阻塞、血管损伤或脓毒症的血管压力增加的流体静力问题。病重的马驹可能并不表现出急腹痛的明显症状，尽管已有显著的回流或肠道扩张。这可能是由于精神状态严重抑郁造成的。

（五）马驹热腹泻

这种情况是农场管理者和所有者彻底的用词不当。马驹的第一次产后发热和腹泻之间的暂时关联与母马的循环活动无关。切除卵巢的胚胎受体母马养育的马驹也有类似的轻微、一过性的腹泻。用代乳品饲养的马驹有类似的临床症状。结肠菌群的改变也会导致类似的症状。最初，结肠是无菌的，但将马驹从只有母乳的饮食环境过渡到一个包括进食粗饲料的阶段和粪便摄入的环境，会有大量细菌在肠道定植。

（六）小肠结肠炎

腹泻在马驹中很常见，在出生后最初几周，70%～80%的马驹都经历了腹泻。导致马驹腹泻的原因很多。驹热泻是自限性的，不会对马驹的健康造成威胁。传染性病原体（细菌、病毒、原生动物）是导致腹泻最常见的原因。根据所涉及的特殊病原体，严重情况下会导致高死亡率。虽然急性小肠结肠炎可以导致严重、渐进性、持续性的腹痛，但是腹痛通常是轻微的、持续时间是短暂的。

（七）疝形成

获得性的和先天性的胃肠疝都会引起腹痛，导致绞窄性或非绞窄性病变。在初生后头几天会发生阴囊疝和腹股沟疝。马驹仰卧时阴囊疝和腹股沟疝是柔软的，很容易复原。阴囊疝可自愈，并没有肠道损伤。很少发生嵌闭，在这些情况下超声检查有助于评估所疝入肠段的活力，损伤的肠壁增厚和水肿，肠蠕动减少到缺乏。

脐疝是第二个最常见的先天性缺陷。脐疝通常小且容易复位，简单的脐疝只在腹侧壁有一个缺陷。然而，由于嵌闭的肠道、脐残留物可能出现感染。如果疝是不可复位的，网膜、小肠、结肠、盲肠可能会被嵌闭在疝中。如果疝大小增加或变得温热而疼痛，或急腹痛变得明显，应该怀疑这些。超声检查嵌闭的小肠壁水肿、能动性降低。如果涉及大肠，它看起来可能像一个外翻的袋子进入疝囊。

（八）大结肠移位和扭结

大结肠移位和扭结并不是导致马驹腹痛的常见原因。与嵌闭性病变相比，移位导致的疼痛程度并不严重。当裹入的胃肠内容物在嵌闭的肠内发酵时，气体和液体积累，导致裹入的肠段扩张并引起程度渐进性的疼痛。

(九) 肠套叠

空肠肠套叠可在横向平面超声波成像中产生一个经典的、可识别的图像。肠套叠被一层液体和围绕的肠套叠鞘部包围（图 181-3）。水肿组织纵向平行平面成像，伴随着肠腔闭塞。在年龄较大马驹中，这种情况可涉及回肠和回盲肠区域。食物的流动发生阻塞，继发于肠系膜供血丧失和压力坏死，紧接着出现组织活力丧失。

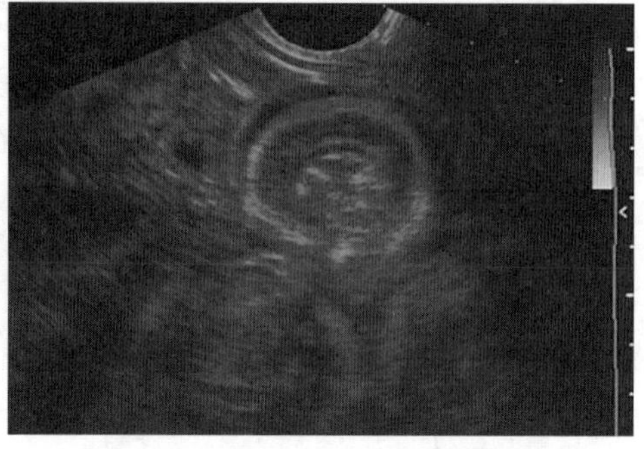

图 181-3　小肠肠套叠的超声波图像

注意受影响肠段出现的牛眼特征

(十) 腹膜炎

腹腔炎症可导致腹痛。如果有足够量的腹腔液，超声检查有助于揭示腹腔液的反射波。除了疼痛，临床表现依赖于疾病所处的阶段和严重程度。急性疾病可能表现为内毒素血症或低血容量性休克，这可能会掩盖腹部的疼痛。更长期的腹膜炎可能会引起轻微和间歇性疼痛。根据吸气和腹腔液分析来进行诊断，后者可用超声检查指导最迅速地完成。

(十一) 尿腹膜炎

有尿腹膜炎的马驹可能是健康的，但有近期渐进性腹胀和反复排尿失败的病史（更多细节见第 184 章）。

对住院危重新生马驹，脓毒血症与尿腹膜炎的发生之间有联系。这可能是源于在患马的膀胱非常巨大时，对衰弱病马进行伏卧的医源性因素，或源自灌注不足或脓毒血性病原散播的膀胱壁区域有缺血性坏死的结果。

在此过程的早期阶段进行超声检查，腹腔内可见尿液的容积可能很小，无流体回声，然而，随着尿腹膜炎变得更长期，可见到大量的液体低回声并可能含有暗示腹膜炎的纤维蛋白。胃肠道内容物可见悬浮在腹部液体中。可能会有输尿管缺陷，但很少见。

(十二) 小肠嵌入

发生在日龄稍大的马驹中，小肠嵌入是由大量的蛔虫寄生感染引起的，尤其是在使用驱虫药后。患病马驹的胃返流液中可能含有寄生虫。超声检查经常可看到嵌入的小肠。有必要通过手术来矫正。

(十三) 胃十二指肠溃疡

马驹往往容易显示有胃十二指肠溃疡的临床症状，但在某些情况下，并不显示临床症状直到出现严重的后遗症。溃疡的症状包括任何或所有下列表现：吃奶减少、体况差、腹泻、磨牙、流涎、不同程度的间歇性急腹痛。经典表现是突然背卧位躺着，严重病例会出现黑粪症。在某些情况下，溃疡可能发展成穿孔，迅速发展成腹膜炎和脓毒血症。

关于马驹胃十二指肠溃疡的原因尚存在争议，因为新生马驹和年轻马驹胃十二指肠溃疡的发病机制与成年马不同。年龄和近期疾病是马驹的2个风险因素，但其他的还没有被很好地定义。血液流动减少导致的缺血被认为是一个可能的原因。危重新生马驹的胃pH值会相应地变化，而且在许多未经治疗的马驹中，胃pH值是碱性。因为胃的正常酸性pH值能防止任何外来肠道病原体的生长，碱性pH值可能会导致病原体进入胃中并生长。

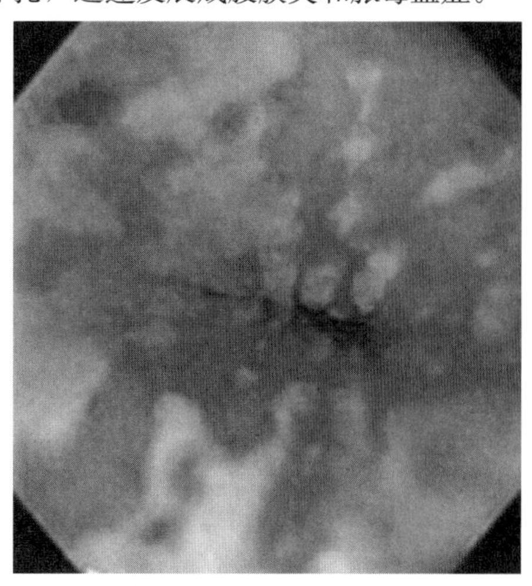

图 181-4　继发于胃酸回流的食管溃疡的内镜视图

伴有严重的鳞状胃部溃疡

对溃疡的诊断需要考虑病史、体检检查结果、完整的血细胞计数和血清学检测的实验室评估。近期病史和兼顾临床症状中对任何风险因素的识别都被认为是支持性的证据。目前，胃镜检查是唯一能确诊胃部溃疡的方法（图181-4）。一般来说，需要马驹站着进行胃镜检查，而且这项技术已经被广泛地描述过了。

（十四）胃流出道梗阻和胃十二指肠溃疡性疾病

在某些情况下，胃溃疡可能发展成十二指肠狭窄，随后发展成胃流道梗阻和胃膨胀。胃十二指肠溃疡性疾病是一种涉及胃和十二指肠黏膜严重溃疡，并伴有回流性食道溃疡。在这种情况下，狭窄可能发展成完全的十二指肠梗阻，使胃排空停止、胃膨胀和严重的腹痛。可能发生自发性胃回流，如果任其发展可导致吸入性肺炎，可出现脱水和食欲不振。这种疾病的确切发病原因尚不清楚，但并发性疾病或应激可能参与本病的发生。继发问题包括体重减轻、慢性消耗性疾病、腹膜炎、内脏粘连和吸入性肺炎。

五、治疗马驹急腹痛的原则

药物管理

1. 控制腹痛

根据马驹的年龄，阿片类止痛药、非甾体类抗炎药物、α_2-肾上腺素能受体激动剂可用于控制疼痛。酒石酸布托啡诺（表181-1）可有效缓解中度疼痛，可以单独或结合其他镇痛药使用。虽然对非甾体类抗炎药物导致溃疡的可能性已经有所怀疑，但这类药物的镇痛和抗炎特性使它们仍是宝贵的一线药物。日龄稍大的马驹可使用盐酸赛拉嗪和盐酸地托咪定。有胎粪压紧或滞留的新生马驹可特别使用丁溴东莨菪碱①。

① Buscopan，Boehringer Lngelheim，Germany。

2. 纠正致病病变

应通过插鼻胃管、控制炎症和治疗特定的感染来缓解胃扩张。通过手术来纠正移位、截留或嵌闭性病变（见后）。

3. 提供支持性护理

应通过取代不足、补充持续的损失来保持适当的体液和酸碱平衡，并提供日常需求。新生马驹每天需要高达10%体重液体［100mL/(kg・d)］。因为肠梗阻、黏膜炎症或手术后的胃肠功能障碍使肠内提供营养不可能时，应提供肠外营养。在全面治疗计划中，必须考虑体重减轻、近期饲料摄入不足和葡萄糖水平下降以及腹痛引起的创伤继发的全身抵抗力下降。对于体况不佳的马驹，因为高风险的菌血症，对皮肤擦伤和继发细菌感染的管理变得越来越重要。

表 181-1　治疗新生马驹急腹痛常用药物剂量和指示症状

药物	剂量	指示症状	作者评论
能动剂			
副交感神经拟似剂（α_2-肾上腺素能激动剂）			
氯贝胆碱	0.025mg/kg，每8h皮下注射	胃和近端小肠运动障碍	改善胃排空和小肠的能动性。在某些马驹中可能会导致腹痛和分泌过多（汞中毒、腹泻）。作者发现氨甲酰甲胆碱对治疗胃排空障碍（马驹胃十二指肠溃疡）和小肠运动障碍有用
甲硫酸新斯的明	0.01～0.02mg/kg，每4h皮下注射	大型肠蠕动障碍、骨盆弯曲压紧。避免在小肠疾病中使用	建议改善骨盆曲、盲肠和结肠区域的能动性。可能会破坏胃排空，并对空肠实验有变化的影响。当压紧区域被刺激收缩后，急腹痛症状可能有恶化迹象。作者没有发现这是一种疗效不确定的药剂
抗交感神经药（α_2-肾上腺素能拮抗剂）			
盐酸育亨宾	0.075～0.25mg/kg，每8h静脉注射	肠梗阻	建议实验性缩短胃肠转运时间。作者结合氨甲酰甲胆碱使用
苯甲酰胺类			
甲氧氯普胺	0.04mg/(kg・h) CRI；0.25mg/kg，皮下或静脉注射超过30min，每6h注射1次	胃排空障碍和各级水平的肠道运动缺乏	有效的胃肠动力药。作为多巴胺拮抗剂对神经功能有潜在影响。CRI最有效性，副作用最小。快速代谢意味着CRI是最佳的给药方式。在使用过程中需要密切监测，并在神经问题第一次出现时就中断输液。如果出现不良反应可给予苯海拉明
西沙必利	0.5mg/kg，每8h口服	胃排空障碍、大部分胃肠管刺激	不可能引起中枢神经系统副作用（与甲氧氯普胺相比）
盐酸利多卡因	1.3mg/kg，缓慢静脉注射，然后0.05mg/(kg・min)静脉注射，CRI	肠梗阻、肠炎、低级持续疼痛	非常有用的和可预测马驹肠炎和结肠炎镇痛药。作用方式尚有争议，抗炎效果已被证明，体外研究没有显示直接的促进胃肠运动效果

（续）

药物	剂量	指示症状	作者评论
镇痛药			
交感神经能拟似药（α_2-肾上腺素能激动剂）			
盐酸赛拉嗪	0.3～0.5mg/kg，静脉注射，PRN	继发于肠道扩张、移位或绞窄的急性腹痛。在压紧点放松肠管	适合用于在初始检查中控制疼痛，因为止痛效果可持续长达30min。作者更喜欢使用低剂量范围（0.3～0.5mg/kg，PRN）来减少低血压和医源性肠梗阻。给药后在15min或更少时间内再次出现疼痛暗示更深远的和可能需要手术解决的问题
盐酸地托咪定	0.02～0.04mg/kg，静脉注射，PRN	继发于肠道扩张、移位或绞窄的急性腹痛。在压紧点放松肠管	比盐酸赛拉嗪的作用更确实和持久，镇静作用持续时间比镇痛作用长。作者认为地托咪定止痛作用比氟尼辛葡甲胺更有效，与布托啡诺结合使用时，止痛效果最好，适用于急腹痛患者
抗副交感神经药			
N-丁溴东莨菪碱（解痉灵）	0.3mg/kg，静脉注射，PRN	零星、胃肠胀气的急腹痛症状	可能会增加HR，因此，HR不能用作静脉注射30min后疼痛严重程度的有效指标。与疾病进展有关的疼痛不会大幅度增加。作者发现在严重胃膨胀、食管梗阻、远端肠道梗阻的情况下，给马驹使用该药有助于鼻胃管通过。在对急腹症患者的初始检查阶段，该药有助于检查（测量HR后），在有效时间内有助于确定诱发发病病变的严重程度
吗啡对抗剂			
酒石酸环丁甲二羟吗喃	0.02～0.05mg/kg，静脉或肌内注射，PRN	任何原因导致的急性腹痛	单独或作为α_2-肾上腺素能受体激动剂使用。可能引导深度的镇静镇痛
酸抑制剂和黏膜愈合剂			
H_2受体拮抗剂			
盐酸西咪替丁	6.6mg/kg，每8h静脉注射，20mg/kg，每8h口服	胃酸减少	预防或治疗胃溃疡
盐酸雷尼替丁	2mg/kg，每8h静脉注射，6.6mg/kg，每8h口服	胃酸减少	预防或治疗胃溃疡
质子泵抑制剂			
奥美拉唑	4mg/kg，每24h口服	胃酸减少	预防或治疗胃溃疡

（续）

药物	剂量	指示症状	作者评论
Gastroprotectants			
硫糖铝	20mg/kg，每 6～8h 口服	治疗已存在的胃溃疡	有助于辅助酸抑制
黏膜愈合剂			
米索前列醇	2.5μg/kg，每 8～12h 口服	刺激黏膜血流	用于治疗胃和结肠溃疡

注：CRI，恒速输注（Constant rate infusion）；HR，心率（Heart rate）；PRN，如果需要（as needed）。

4. 治疗胃十二指肠溃疡

（1）抑制胃酸分泌　虽然胃壁细胞分泌的酸由胃泌激素受体、胆碱能受体（毒蕈碱的）和组胺（H_2）受体的活性控制，但是抑制一个类型的受体就可以有效降低酸分泌。H_2 受体拮抗剂西咪替丁、雷尼替丁、法莫替丁有较低的口服生物药效率，这导致其在马驹中的反应变化相当大，尤其是当在低剂量使用这些药物时。由于这个原因，最好在确定好的更高剂量给予这些化合物。摄取食物可延迟甲氰咪胍的吸收，而且可减少其他药物的肝代谢。雷尼替丁是更强有力的，对药物代谢影响不大，可与抗酸药一起服用。新的和更有效的法莫替丁显然对药物代谢没有影响，在人类中和食物一起摄入可提高药物的吸收。

质子泵抑制剂可通过不可逆转的抑制酸性产物途径，氢钾三磷酸腺苷酶（H^+/K^+-ATP 酶）的末端酶来抑制胃酸分泌。奥美拉唑①是一种广泛使用这些化合物的有效例子，复合产品效果不佳。其他质子泵抑制剂包括兰索拉唑和泮托拉唑，使用这类化合物之后，后者能增加健康马驹胃的 pH 值。梭状芽孢杆菌与腹泻之间的关联已在人类中有所报道，但到目前为止，类似的并发症在马驹中尚未报道。

（2）抗酸药　大多数抗酸药是氢氧化铝和氢氧化镁的混合物，被用于中和胃酸。这些化合物有的作用时间相对较短，其反应程度取决于剂量和胃排空，不会发生系统性吸收。醇制酸剂可通过刺激前列腺或一氧化氮产物起到黏膜保护作用。在马中的使用剂量是凭经验给的，这些化合物通常必须给予来保持有效。

（3）覆盖或黏合剂　硫糖铝是一种在 pH 值低于 4 时组成黏胶的蔗糖铝盐。这种药物可通过与溃疡区域有亲和力黏附到上皮细胞，抑制胃蛋白酶，通过增加碳酸氢盐分泌盐酸缓冲，并刺激黏膜血流量和前列腺素的产生。不会发生系统性吸收。一旦硫糖铝与胃酸相互作用，就会有氢氧化铝释放。

含铋盐的化合物被认为是通过一个类似于硫糖铝的覆盖机制来抑制胃蛋白酶并增加黏膜分泌物。

（4）前列腺素类似物　对于人类来说，米索前列醇，一种前列腺素 E1 类似物，可能通过增加黏膜血流量和碳酸氢盐分泌，也被认为可通过直接抑制作用减少壁细胞分泌酸来有效控制胃和十二指肠溃疡。在被治疗的马中，可增加胃的 pH 值。据知米索前列

① Gastrogard，Merial，Lselin，NJ。

醇预防溃疡的效率比治疗溃疡的效率更高。

（5）促胃肠动力药物　促进胃排空可增强对胃溃疡的治疗作用，允许胃分泌物通过和口服药物吸收。氨甲酰甲胆碱可增加马胃排空速度。甲氧氯普胺也有类似的效果。

5. 手术治疗　决定是否对马驹实施腹部手术主要受持续的疼痛或腹胀的影响，如果不控制疼痛，可能会导致呼吸困窘。实验室数据也可能为剖腹术提供支持性的决定，在麻醉和术后期间是非常宝贵的医疗管理措施。

（1）肠道情况　实施探索性剖腹术最常见的原因包括小肠嵌闭、肠炎、尿腹膜炎、肠梗阻、小结肠梗阻、小肠移位和胃溃疡穿孔。不太常见的病变包括正确的大结肠背部移位、先天性消化道未旋转和憩室以及卵巢扭转。尽管尿腹膜炎和胎粪嵌入在新生马驹中最常见，但肠套叠和肠炎最常发生在日龄稍大的马驹中。病变的性质影响马驹的长期生存质量。有简单梗阻的马驹比那些有嵌闭病变的马驹更可能存活。实施了肠切除术的马驹比只是单独操作过肠道的马驹长期存活可能性要低。80%～85%的马驹能从麻醉中恢复过来，并且大约85%能出院。手术后死亡的马驹中，有2/3有脓毒血症。日龄小于14d的马驹预后生存比日龄在15～150d的马驹要差。炎症、缺血和再灌注导致的粘连在马驹中比在成年马中发生更频繁，并且是手术后马急腹痛复发的常见原因。

新生马驹急腹痛手术后的生存率已经随着时间的推移有所改善，最近报道的存活率高于先前提到的数据。不过13%的马驹仍然遭受随后一轮严重的腹痛，需要手术或实施安乐死，尤其是8%年轻的马驹在第一次剖腹术后会发生粘连。有趣的是，与受影响的兄弟姐妹（82%）相比，纯种马驹经历剖腹术的可能性比竞赛用马驹（63%）低。然而，一旦参加比赛，这些马驹表现和在获奖、参加比赛的频率、开始的总数方面与它们的兄弟姐妹一样好。

（2）胃流出道梗阻　手术治疗胃流出道梗阻是通过胃十二指肠吻合术或胃空肠吻合术来进行的。尽管大多数马驹能经历这种治疗存活直到出院，但一项研究指出，2岁的马驹很少能存活，特别是有十二指肠梗阻的马驹，很少能参加竞赛训练。十二指肠梗阻涉及十二指肠的粘连和术后肠梗阻能显著降低马驹的长期生存能力。其他可导致死亡的术后早期并发症包括可导致腹膜炎、胆管肝炎、吸入性肺炎、吻合处狭窄和吻合处小肠扭转。

推荐阅读

Adams R，Koterba AM，Brown MP，et al. Exploratory celiotomy for gastrointestinal disease in neonatal foals：a review of 20 cases. Equine Vet J，1988，20：9-12.

Borne AT，MacAllister CG. Effect of sucralfate on healing of subclinical gastric ulcers in foals. J Am Vet Med Assoc，1993，202：1465-1468.

Cable CS，Fubini SL，Erb HN，et al. Abdominal surgery in foals：a review of 119 cases (1977-1994) . Equine Vet J, 1997, 29: 257-261.

Freeman DE, Orsini JA, Harrison IW, et al. Complications of umbilical hernias in horses: 13 cases (1972-1986) . J Am Vet Med Assoc, 1988, 192: 804-807.

Hennessy SE, Fraser BSL. Right dorsal displacement of the large colon as a cause of surgical colic in three foals in New Zealand. N Z Vet J, 2012, 60: 360-364.

Jean D, Marcoux M, Louf CF. Congenital bilateral distal defect of the ureters in a foal. Equine Vet Educ, 1998, 10: 17-20.

Kablack KA, Embertson RM, and Bernard WV, et al. Uroperitoneum in the hospitalised equine neonate: retrospective study of 31 cases, 1988-1997. Equine Vet J, 2000, 32: 505-508.

Louw J, Barnard CN. Congenital intestinal atresia: observations on its origin. Lancet, 1955, 269: 1065-1067.

Lundin C, Sullins KE, White NA, et al. Induction of peritoneal adhesions with small intestinal ischaemia and distention in the foal. Equine Vet J, 1989, 21: 451-458.

MacAllister CG. Medical therapy for gastric ulcers. Vet Med, 1995, 90: 1070-1076.

MacAllister CG. A review of medical treatment for peptic ulcer disease. Equine Vet J Suppl, 1999, 29: 45-49.

Santschi EM, Slone DE, Embertson RM, et al. Colic surgery in 206 juvenile thoroughbreds: survival and racing results. Equine Vet J Suppl, 2000, 32: 32-36.

Vatistas NJ, Snyder JR, Wilson WD, et al. Surgical treatment for colic in the foal (67 cases): 1980-1992. Equine Vet J, 1996, 28: 139-145.

Young RL, Linford RL, Olander HJ. Atresia coli in the foal: a review of six cases. Equine Vet J, 1992, 24: 60-62.

Zedler ST, Embertson RM, Bernard WV, et al. Surgical treatment of gastric outflow obstruction in 40 foals. Vet Surg, 2009, 38: 623-630.

（刘芳宁　译，吴殿君　校）

第 182 章　对镇静和麻醉马驹的管理

Melissa Sinclair

因为各种原因有必要对马驹进行镇静和麻醉，从需要获得放射线照片或进行其他一些次要的选择性操作，到由于急腹痛或尿腹而施行紧急开腹探查术。在任何类型的情况下，已经存在的疾病，如肺炎、血氧不足和脱水可使麻醉操作进一步复杂化。麻醉马驹是一项有挑战性的工作，整体相对风险与马驹年龄和麻醉过程有关。因为马驹在生理上不同于其他新生动物和成年马，所以，对马驹的镇静和麻醉工作具有独特的挑战性。对马驹进行安全镇静和麻醉时，要求兽医考虑新生马驹一些独特的生理特征所造成的挑战。

一、考虑新生马驹的特征

（一）新生和未成年马驹的麻醉风险

对马驹进行分组，分为新生到 1 月龄组和 1～3 月龄的少年组。对非常年轻的新生马驹（<7～10d）进行镇静和麻醉需要给予特别考虑，尤其是明显早产的马驹。日龄超过 3 个月的马驹在用药、设备和恢复需求方面按照成年马来处理。

一项 2 个部分的研究［对马围手术期死亡率的可信性调查］显示，对于<1 周龄的马驹，急腹痛的麻醉过程，造成的死亡是经历选择程序的 4～8 岁马的 7.3 倍。对 1～4 周龄的马驹，这种风险可能是 2.02 倍，对 3 月龄的马驹，风险与一般成年马相似（可能是 0.9 倍）。这种增加的风险可能与新生马驹的生理对药物药代动力学的影响和对马驹使用的麻醉方案有关。尽管年龄对发病率和死亡率有影响，但很少有研究对<1 周龄马驹的麻醉方案影响进行比较。

（二）马驹的生理学

1. 呼吸系统

出生时，马驹的 PaO_2 低（7.28kPa），在 1 周内逐渐增加到 11.05～11.7kPa，然后在 1 周后，增加到正常范围 12.35～13.3kPa。在出生后的第 1 个小时，马驹的组织需氧量高［7～10mL/(kg・min)］，在 12h 内减少到 5mL/(kg・min)。马驹出生时的呼吸率大约为 70 次/min，在 1 周内会减缓到 40～50 次/min。因为马驹的呼吸肌张力整体比较弱、胸部易弯曲、呼气时的低肺容量，所以，马驹容易发生肺换气不足和血氧不足，镇静和全身麻醉会进一步加重这些症状。出于这个原因，在镇静期间，新生马驹必须静养。

2. 心血管系统

马驹的心血管系统不同于成年马，但这并不适用于概括其他所有新生动物。马驹的平均心率可从出生时的 100 次/min 减少到 2 月龄时的 70 次/min，并在 3 月龄时降到 50 次/min。收缩期心脏杂音（在 1～5 级的规模上小于 2 级）局限于左心肌对马驹可能是正常的，直到 3 月龄时，收缩期心脏杂音通常与血流通过未关闭的动脉导管有关。迷走神经的影响支配控制新生驹心肌，交感神经的支配是稀疏的，心脏对拟肾上腺素药的反应减少，所以，使用拟肾上腺素药可能需要大剂量。心室收缩元素较少，结缔组织较多，导致心室顺从性较低和整体强度的收缩。低顺从性限制了心搏量增加的可能，这样会产生 2 个重要的结果：心率强烈影响心输出量，不能忍受加载前和加载后的增加或减少，甚至是小容积的失血（如 0.5mL/kg）在临床上的意义也是重大的。

从出生到 2 周龄，马驹的心输出量增加和系统性血管阻力下降。出生后 2h，全身血管阻力 dyn・s/cm^{-5}①是 1 027，但在 12 日龄时减少到 520，这个值高于成年马的值（230～250）。尽管血管阻力高，但马驹的动脉血压 12.48kPa 却始终低于成年马 15.6kPa。马驹的血压会根据马驹所处的位置、是否采用直接或间接方式（多普勒法对比示波法）进行测量，或品种基础（矮种马的压力低于纯种马）略有所变化。从对马驹的心血管调查结果的总结来看，马驹的动脉血压比成年马低，但并不过分。心输出量较高是因为更高的心率，但全身血管阻力并不低于成年马。

3. 药物剂量和新陈代谢

因为药物通过血脑屏障（blood-brain barrier，BBB）的转移增加和药物分布、代谢和排泄率的改变，＜7 日龄的马驹可能对麻醉药物比年龄较大的动物更敏感。年轻马驹的血脑屏障还不成熟，导致其对镇静剂的反应更快速而深刻，如苯二氮卓类、α_2受体激动剂和阿片类药物。8 周龄以下马驹低白蛋白血症的特点导致可结合到麻醉剂的蛋白质更少和活跃的非结合麻醉剂数量增加，即使已准确计算了使用剂量，这些非结合的麻醉剂也可穿过血脑屏障造成整体更强的影响。高度蛋白质结合剂的这种效果最明显，如地西泮，可结合 98%的蛋白质。因此在诱导期需给予新生马驹更大剂量的药物来达到给定的反应水平。

出生时，相对于成年马，马驹身体含水量高。新生马驹更高的身体含水量增加了注射麻醉药物的分布体积，以至于在感应期间新生马驹需要更大剂量的药物来达到一个给定的反应。然而，由于血脑屏障的高渗透率和白蛋白结合药物的减少，这种更高的剂量会产生一个更强的药物效应。

3～4 周龄的马驹肝代谢途径很发达。然而，对于＜7～10 日龄的马驹，应该谨慎使用依赖肝代谢的麻醉药物（如硫喷妥、氯胺酮和乙酰丙嗪），除非他们的作用是可逆的（阿片类药物、苯二氮卓类）。在这些年轻的马驹中，肝酶系统功能能力较低，导致镇静或麻醉和复苏时间延长，在可能的情况下，要保证影响是可逆转的。依作者的经验，最常用的是苯二氮卓类，尤其是在不成熟的马驹中。从药物消除的角度来看，马驹的肾脏在出生后 4d 就成熟了。

---

① dyn（达因）为非法定计量单位，1dyn・s/cm^5＝100Pa・s/L。——译者注

4. 实验室值

血红蛋白浓度和细胞比容（packed cell volume，PCV）从出生时值为 15.4g/dL 和 43%的范围分别降低到 2 周龄时值为 12.6g/dL 和 34%的范围。由于红细胞生产速率低、红细胞寿命短、血液被容积扩大的血浆稀释，血红蛋白浓度降低。造血作用始于 6～12 周，这使得 2～8 周龄的马驹易于发生贫血。

出生时，总蛋白值在（4.8±0.23）mg/dL 的范围，在 1～4 周龄，增加到 60～65g/L（6～6.5mg/dL）的参考范围，并在其后保持稳定。早期在马驹出生时的采样报道指出，在小到 3 月龄的马驹中，平均血液尿素氮较低，<5.7mg/dL（2mmol/L），其后增加到正常平均成年值［10mg/dL（3.5mmol/L）］。与其他物种相比，马驹排泄的是稀释尿。在 3 月龄前低血尿素氮浓度在马驹中是正常的表现，因为马驹能将氨基酸快速合成蛋白质。

二、麻醉准备和技术

（一）禁食

由于新生马驹肝糖原储存量较低，所以，不推荐长时间的禁止哺乳。对 1 月龄以下的马驹在麻醉前 15～30min 禁止哺乳是可以接受的，因为在没有胃肠道梗阻的条件下，回流和肠道臌胀并不常见。对 1～3 月龄的马驹，禁食 2～6h 是可行的。

（二）镇静

镇静剂有时可单独用于诊断或小操作或在全身麻醉诱导之前使用（表 182-1）。马驹的疾病和健康状况，以及年龄和性情是用来选择药物和使用剂量的标准。即便是几类能够很好地用于马驹镇静的药物，到底选用哪种药物作为镇痛剂还是要非常小心的。镇痛剂以及局部麻醉技术应该始终用在镇静和全身麻醉的流程中。在深度或长时间单独镇静时要随时供氧。

表 182-1　用于马驹的镇静药物

药物	新生马驹 小于 10 日龄	青少年马驹 10 日龄～1 月龄	青少年马驹 1～3 月龄
苯二氮卓类			
地西泮，静脉注射	0.02～0.1mg/kg	0.02～0.1mg/kg	0.02～0.4mg/kg
咪达唑仑，静脉或肌内注射	0.02～0.1mg/kg	0.02～0.2mg/kg	0.02～0.4mg/kg
阿片类药物			
布托啡诺，静脉或肌内注射	0.02～0.1mg/kg	0.02～0.1mg/kg	0.02～0.4mg/kg
α_2-拮抗剂			
甲苯噻嗪，静脉或肌内注射	0.1～0.2mg/kg†	0.1～0.5mg/kg*	0.02～0.8mg/kg*
罗米非定，静脉或肌内注射	0.02～0.03mg/kg†	0.02～0.05mg/kg*	0.02～0.1mg/kg*
地托咪定，静脉或肌内注射	0.002～0.003mg/kg†	0.003～0.08mg/kg*	0.005～0.1mg/kg*
吩噻嗪类			
乙酰丙嗪，静脉或肌内注射	不推荐	0.01～0.02mg/kg	0.02～0.04mg/kg*

注：* 较高剂量通常是通过肌内注射途径给药。

† 只有其他镇静药物无效时低剂量使用，不推荐用于患病马驹。

1. 10 日龄以下的马驹

10 日龄以下的马驹最常用的镇静剂是苯二氮和兴奋拮抗剂阿布托啡诺（μ-受体拮抗剂和 κ-受体拮抗剂）。两者都能产生很好的镇静效果，当发生过度镇静或肺换气不足时，药效是可逆的，而且对心血管的影响是极小。α_2-拮抗剂和乙酰丙嗪对心血管有副作用，所以，在这个年龄组中使用这 2 种药并不是很好的选择。α_2-拮抗剂也能增加肺部血管阻力，这可能会重新打开胎儿血液循环而导致新生马驹心脏分流和血氧不足，但这种情况在文献中从未被记录过。

对于拍射线照片这样的小操作，苯二氮卓类（地西泮，0.01～0.1mg/kg，静脉注射；或奥拉米特，0.01～0.1mg/kg 静脉或肌内注射）能够产生非常好的镇静效果，但无镇痛效果。因为这些药物高剂量使用时能够导致肌肉放松和休息，因此，在镇静时应该给予马驹支撑并辅助其休息。氟马西尼（0.01～0.025mg/kg，静脉注射到生效或肌内注射）可以抵消这 2 种苯二氮的药效。大致上，1mg 氟马西尼能够抵消 10mg 的地西泮或者咪达唑仑。将氟马西尼溶于生理盐水中，通过静脉慢慢注射到需要的部位并将兴奋的机会降到最低。当无法静脉注射时，可进行肌内注射。

如果需要额外的镇静和镇痛，布托啡诺（0.05～0.2mg/kg，静脉或肌内注射）可以与苯二氮结合或单独使用。0.5mg/kg 的剂量静脉或肌内注射可诱导镇静、降低呼吸、减少肠鸣音，增加哺乳行为，却没有主要的副作用。然而最近的研究认为，最少 0.1mg/kg 的布托啡诺才能够有镇痛效果。总的来说，可在马驹中安全使用这个剂量的布托啡诺，对心血管的影响很小。如果过度镇静持续，纳洛酮（0.01～0.04mg/kg，静脉或肌内注射）可以用来抵消布托啡诺的药效。将纳洛酮通过静脉注射滴定到产生效果是首选的维持阿片样物质镇痛效果的方法。这个可通过将 1mL（0.4mg）纳洛酮加到 10mL 的生理盐水中，每 2～3min 通过静脉滴定给药 0.5～1mL，直到达到适当水平的苏醒来实现。

2. 10 日龄到 1 月龄的马驹

10 日龄到 1 月龄的马驹可以使用上述剂量的苯二氮和阿片类药物来镇静，但镇静的水平可能不够充分。对于健康马驹，α_2-拮抗剂或乙酰丙嗪通常是必需的，但低于成年马的剂量就能达到效果。即便是健康的马驹，低剂量的赛拉嗪（0.2～0.5mg/kg，静脉或肌内注射）就能产生足够的镇静效果的。通过推荐的降低心率（20%～30%）、心脏输出和血压的赛拉嗪剂量（1.1mg/kg，静脉注射）可导致暗示阻塞的上呼吸道杂音、降低呼吸频率并导致体温过低和躺卧休息。即使心率降低，成年马中常见的心动过缓（第二度心脏传导阻滞）在赛拉嗪镇静的马驹中并不明显。这些症状会持续 90～120min，比成年马的持续时间长。另外，10 日龄马驹比年龄较大的马驹血压的降低更为显著。因为这些原因，给患病的马驹使用赛拉嗪并不明智。

地托咪定（10～40μg/kg，静脉或肌内注射）已被用于马驹，但一般的报道认为其镇静效果要比相同计量的赛拉嗪差。10 或 40μg/kg 的地托咪定不足以使马驹深度镇静到安静躺卧，但在一项研究中显示，与对赛拉嗪的反应相比，即使在低剂量，60% 使用地托咪定的马驹都出现心动过缓。美托咪定（3.5～5μg/kg，静脉注射）和罗米非定（30～100μg/kg，静脉注射）也被列为可给马驹使用的药物，但它们对血液动力学和呼吸的影响还未被报道过。

乙酰丙嗪（0.02～0.04mg/kg，静脉或肌内注射）应该用于健康的年长马驹。它的缺点包括血管舒张、体温过低、依靠肝代谢、作用不可逆转以及缺少镇痛作用。

3. 1～3 月龄马驹

可以使用苯二氮、阿片类药物、α_2-拮抗剂或乙酰丙嗪对 1～3 月龄的马驹进行麻醉。随着马驹年龄的增长，苯二氮的镇静效果就越来越不确实。高镇静剂量的地西泮或者咪达唑仑（＞0.05mg/kg）产生的运动失调会使大马驹在开阔的区域不好处理。大于 1 月龄的马驹通常需要 α_2-拮抗剂来镇静。赛拉嗪（0.2～0.5mg/kg）和布托啡诺（0.05～0.1mg/kg）复合物是非常有效的。大于 3 月龄的马驹通常是按成年马来对待。

（三）麻醉诱导

诱导的方法要依据马驹的年龄、健康状况和操作流程来选择。麻醉诱导之前理想的做法是，安放静脉注射导管以确保有 1 个入口来给药，注射液体和电解液，以及安全使用任何能够引起兴奋的药物（如愈创甘油醚、硫喷妥钠）。给健康的马驹安放静脉留置针是需要镇静的；在头部静脉中安放蝶形导管是在麻醉诱导之前完成的，对于健康马驹的短时间手术，在头部静脉中安放蝶形导管可单独作为静脉入口。

1. 10 日龄以下的马驹

对新生马驹不太可能进行全身麻醉，除非它们因撕裂伤、绞痛或者尿腹需要紧急手术。对急腹痛或尿腹马驹需要通过纠正电解质异常来保持稳定，一般不适合进行麻醉。对＜10 日龄的马驹进行紧急手术时，麻醉通常是通过口罩或鼻内插管来给予异氟醚和七氟醚。要避免使用氟烷来诱导麻醉，因为与使用克他命的马驹相比，氟烷致死的风险会增大 4.5 倍。在 CEPEF-1 的报道中显示，硫喷妥钠、愈创甘油醚加上硫喷妥钠都是比氟烷更安全的麻醉诱导剂，但克他命和地西泮的复合剂致死风险最低。在 10 日龄以下的马驹中从未将异氟醚和七氟醚与常用的注射剂（丙泊酚、阿法沙龙、氯胺酮-地西泮）比较过，所以，很难描绘每个方案的优缺点。虽然 10 日龄以下的马驹最常用的是吸入剂诱导，但是兽医应该注意到吸入剂比注射剂麻醉的治疗指数低。这是因为在马驹中极易快速达到不安全的吸入剂浓度。另外，异氟醚在 10 日龄以下马驹肺泡中的最小浓度比成年马低 36%。使用吸入麻醉时，在诱导和维持麻醉期间，对马驹进行监控是非常重要的。

在吸入异氟醚或七氟醚麻醉前，镇静对马驹有利。地西泮或咪达唑仑与布托啡诺的组合很适合镇静、放松、减轻焦虑、节省吸入剂以及麻醉诱导前的超前镇痛（仅指布托啡诺）。镇静后，马驹的头和身体应该分别由 1 人来保定，使其保持站立或胸骨位置，从而防止在使用面罩或插入鼻气管插管时马驹挣扎而受伤。最好是给马驹使用鼻气管插管，这个可以防止胃膨胀，并防止用面罩诱导时操作人员吸入麻醉吸入剂。带口的硅胶管［7～11mm（内径）×45～55cm（长）］适合于 30～60kg 的马驹。导管插入马驹的部分应该用利多卡因胶来润滑。鼻气管插管和鼻饲插管在到达声门前是相似的。当插管通过马驹的鼻道 2.5～5cm 到达声门时，马驹头要尽量伸展，同时要轻轻地转动气管内的部分使其进入气管。在将导管从咽头插入气管时，可能必须进行数次轻微的试探和调节。负责保定马驹的人应确保马驹的头和颈没有过度伸展。成功的鼻气管插管可以通过以下几项来检测，包括导管末端的气流、呼出气体的凝结、触诊脖子上唯一的硬结构（气管）以及呼吸带的变化。应使鼻气管插管的袖口充气，并通过挤压呼吸袋到 20cm 的水压来检测其密封性：在这个压力下应该没有可听见的空气泄露。当出口膨胀并且吸入麻醉剂开始使用时，可以帮助马驹换气来缩短麻醉诱导的时间。在麻醉诱导时推荐的氧气流为 40mL/(kg·min）或更高。

鼻气管插管内径较小会增加换气和呼吸的阻力。因此，在手术室要辅助换气。没有必要将鼻气管插管换成口腔气管插管，换管可能对较小的马驹有害，因为它们容易在全身麻醉后发生自发的胃回流。这种情况下，重要的是不要让器官处于无保护状态。

2. 10 日龄至 1 月龄马驹

对 10 日龄至 1 月龄马驹实行麻醉时同样可按上述方法使用异氟醚和七氟醚，或者使用注射剂（丙泊酚、阿法沙龙、氯胺酮-地西泮）。随着马驹年龄的增长，鼻气管插管的难度也会增大。马驹的挣扎和使用这种方法的困难使鼻内插管没有必需的优势，此时作者更加倾向于注射麻醉剂来诱导这个年龄段马驹的麻醉。

目前没有研究直接对比甲苯噻嗪-地西泮-氯胺酮和吸入诱导对心肺的影响。然而，对这个年龄段的马驹，用异氟醚和七氟醚通过鼻内插管诱导时，马驹的血压比使用地西泮（0.2mg/kg，静脉注射）或赛拉嗪（0.8mg/kg，静脉注射）进行镇定和氯胺酮（0.2mg/kg，静脉注射）进行诱导的马驹血压要低。异氟醚和七氟醚对马驹心血管的作用没有区别，操作者可根据自己的喜好来选择用哪种。使用这 2 种吸入剂来诱导时，血压会急剧降低［平均动脉血压（mean arterial blood pressure，MAP），5.85kPa］。患病马驹血压降低会更加显著，所以，手术前的稳定和监控是至关重要。在马驹手术中，赛拉嗪-氯胺酮-异氟醚比地西泮-氯胺酮-异氟醚能产生更强的血液动力抑制。对这个年龄段的患病马驹实施麻醉维持时，地西泮-氯胺酮与异氟醚或七氟醚产生的预期血液动力不稳定性是最低的，是作者的首选。

异丙酚可用于这个年龄段的马驹；然而，滴注到发生效力和注意换气以及补充氧气是至关重要。以 2～4mg/kg 的剂量静脉注射异丙酚，术前用药后使用较低剂量。即便长达 2h 的用药，0.3mg/(kg·min）的输药量能够产生合适的麻醉和快速的恢复。依照作者的经验，异丙酚有以下缺点：可降低血压（与吸入剂程度相当）、抑制呼吸，甚至呼吸暂停；在使用时所有年龄段的马驹都需要氧气供应。

阿法沙龙是马驹麻醉诱导的另一选择。可用 1～3mg/kg 的剂量静脉注射阿法沙龙，术前用药后使用较低剂量。使用阿法沙龙麻醉马驹时推荐供氧，操作与异丙酚相似。使用阿法沙龙麻醉马驹时，肺部换血不足和高碳酸血症都有过报道，但低血压到目前为止未被报道过。

3. 1～3 月龄马驹

在对 1～3 月龄的健康马驹施行选择程序时，通常在镇静后使用注射剂对其麻醉。可供选择的药物有氯胺酮、异丙酚、戊硫代巴比妥或阿法沙龙，根据前述的兽医经验，可与或不与地西泮或愈创甘油醚组合使用。鼻气管插管和七氟醚或异氟醚诱导可用于这个年龄段的马驹，但这不是作者的首选。

(四) 监控和支持

所有年龄段的马驹麻醉时都需要监护来评估麻醉的深度、心肺参数和体温。监测

心肺参数的变换趋势比单纯的分散数值更加重要。各种多参数的检测仪包括：心电图、脉搏血氧计、间接或多普勒血压计。间接或多普勒血压计都可以用在前肢、后肢或尾巴上。间接血压计更适用于对有生理缺陷的马驹进行长时间手术时。

1. 麻醉深度评估

马驹在吸入麻醉的手术中应该保持眼睛湿润并伴有眼睑反射。眼睛应该位于眼眶中间并伴有背面和侧面旋转。吸入诱导麻醉时眼球震动并且可能会先于或伴随活动，表明麻醉深度不够。

2. 心肺监测

在对10日龄以下的马驹进行麻醉时，心动过缓（心率＜50次/min）需要用制止副交感神经系统冲动的药剂来治疗。吡咯糖（0.005mg/kg，静脉注射）或阿托品（0.01～0.04mg/kg，静脉注射）都可以用来治疗心动过缓和缓慢性心律失常。然而，体温过低引起的心动过缓对制止副交感神经系统冲动的药剂一般没有反应。心动加速（＞100～120次/min）可能是由不足的麻醉深度或镇痛、低氧血症、高碳酸血症或使用强心剂引起的。

未麻醉的马驹理想的平均动脉血压为10.4～15.6kPa，但在吸入麻醉期间，平均动脉血压会很容易地降到6.5kPa以下。吸入麻醉后血压会有明显的降低，这在以下情况中更常见，如10日龄以下的马驹、血容量减少的患病马驹、过度麻醉阶段，或没有手术刺激时。手术前马驹的稳定、麻醉深度的监测以及手术的效率在防止血压急速下降中起到至关重要的作用。吸入麻醉在影响肌肉收缩力的负面作用及其会使血管舒张的特性导致平均动脉血压急剧下降，这种情况在较小的马驹中常见。较大的（1～3月龄）健康马驹处于适度麻醉时，可能不会出现血压降低，但仍需要监控。

虽然低血压在年幼或患病马驹中经常出现，多数情况下全身麻醉时不会导致肌痛。然而，因为曾经报道过1匹尿腹症的马驹患有肌炎，所以，使用平衡的麻醉方法并提供心血管的支持仍然是明智的做法。

多巴胺或多巴酚丁胺能够对β_1、β_2和α受体起作用，0.5～5μg/(kg·min)的用药可能是维持动脉血压所必需的。多巴酚丁胺在马科动物中较为常用，因为相较于多巴胺，它能更好地维持血液流量。这2种中任何一种强心剂较高剂量时都会引起马驹心跳加速。使用任何一种强心剂时应该使用输液泵来防止疏忽的单剂量给药导致的心跳加速和心律失常。在使用强心剂时监控心律和心率是非常必要的。当心跳过分增长或心律失常时应停止使用强心剂。

麻黄素（0.05～0.1mg/kg，单次静脉注射）也可以用于马驹使血压上升。麻黄素升高血压是通过α-和β_2-肾上腺激素受体的竞争作用来实现的。去肾上腺激素［0.05～1μg/(kg·min)］是α-肾上腺激素的竞争者，它也是治疗低血压的有用选择。它可用于血压过低的麻醉马驹来提高心脏指数和组织氧的输送，还可用于多巴酚丁胺不起作用的患脓毒血症的马驹。

在麻醉期间观察马驹的肺换气不足症状（呼吸频率和呼吸深度都应该监测）是非常重要的，还要在必要时辅助换气。在长时间的麻醉中，幼龄的马驹不太可能仅靠自身来充分换气。如果在吸入麻醉中，马驹的呼吸降到少于20次/min，这时就需要辅助换气。在使用辅助换气或机械换气时，要小心监测气道压力。目标潮气量应该在 10～15mL/kg，但气道压力的峰值应该不超过 20cm 水压，因为高气道压力对心血管系统有损害。压力为 10cm 水压时，胸部可充分扩张。充分的换气可以通过脉搏血氧定量法和二氧化碳图来监测，并通过动脉血液气体分析来确认。脉搏血氧定量值应该是始终高于 94%（等于 PaO_2＞10.4kPa），潮气量末的 CO_2 浓度值应介于 3.9～8.45kPa（=4.55～9.75kPa 的 $PaCO_2$）。

3. 输液

静脉输液的速率取决于临床评估和手术的时间与类型。典型的输液维持速率为 5～10mL/kg/h 乳酸林格氏或勃脉力溶液。因为马驹已经相对的虚弱了，尽量少的血液损失和输液速率能够防止红细胞比容进一步下降；在手术中应定期监控红细胞比容和总蛋白浓度。另外，应定期检测血糖浓度，并且在血糖过低时［血糖＜70mg/dL（4mmol/L）］开始葡萄糖治疗。这对恢复时防止血糖过低、血胰岛素过高以及反弹性血糖过低是必需的。

4. 总体支持

与对待成年马一样，当马驹背卧或侧卧时应妥善的放置并填补垫料（图 182-1）。摘下缰绳，润滑并保护眼睛，头部自然放置不能过度伸展。

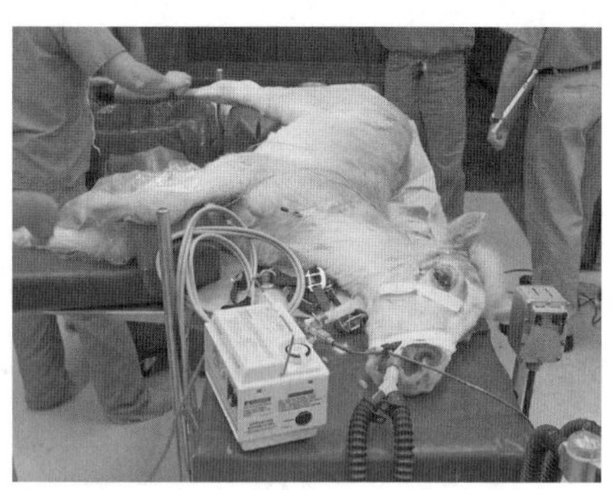

图 182-1　马驹麻醉后侧卧的照片

通过电加热板来维持马驹体温

体温过低［＜37℃（98°F）］马驹的风险高。低体脂率（2%～3%，成年马 5%）加上麻醉剂的血管扩张作用和下丘脑不够完善的体温调节使得体温过低时常发生。应时刻监测体温，而且要注意保持马驹体温并在需要时对其复温。因体温过低引起的颤抖增加了耗氧量，这使得马驹易患低氧血症。体温过低一旦出现，使得马驹需要长时间才能恢复，并有将耗尽储存能量作为复温代谢需求后果的风险。

（五）恢复

1 月龄以下的马驹在麻醉后恢复时应一直进行监测并辅助其站立起来。恢复时是不能保证镇静的，但在需要时应该补充镇痛剂的使用。通常将马驹以侧卧位放置，但头和胸要保持胸骨的姿势以保证氧气交换的最大化，特别是在麻醉期间血氧过低时。气管内导管可在马驹吞咽后去掉，也可维持到马驹自己站立后。不管哪种情况，在全身麻醉后的恢复过程应该随时供应氧气，特别是当颤抖消耗额外的氧气时。可通过经鼻或气管内导管在咽和气管内放置的细管（如静脉注射延伸管）经鼻插入咽头或气管，以 3～5L/min 的速度输氧。马驹站立后，如果没有运动失调并能够吞咽，应将马驹放回到母马身边并鼓励哺乳。

如果设备和马驹的情况允许，对年龄较大的健康马驹（1～3 月龄）可以让其自己恢复并站立。对＞3 月龄的马驹，可以施行镇静来减少马驹从吸入麻醉恢复时的挣扎和兴奋。

推荐阅读

Arguedas MG, Hines MT, Papich MG, et al. Pharmacokinetics of butorphanol and evaluation of physiologic and behavioural effects after intravenous and intramuscular administration in neonatal foals. J Vet Intern Med, 2008, 22: 1417-1426.

Carter SW, Robertson SA, Steel CJ, et al. Cardiopulmonary effects of xylazine sedation in the foal. Equine Vet J, 1990, 22: 384-388.

Craig CA, Haskins SC, Hildebrand SV. The cardiopulmonary effects of dobutamine and norepinephrine in isoflurane-anesthetized foals. Vet Anaesth Analg, 2007, 34: 377-387.

Goodwin WA, Keates H, Pasloske K, et al. The pharmacokinetics and pharmacodynamics of the injectable anesthetic alfaxalone in the horse. Vet Anaesth Analg, 2011, 38: 431-438.

Johnstone GM, Taylor PM, Holmes MA, et al. Confidential enquiry of perioperative equine fatalities (CEPEF-1): preliminary results. Equine Vet J, 1995, 27: 193-200.

Johnstone GM, Eastment JK, WoodJLN, et al. The confidential enquiry of perioperative equine fatalities (CEPEF): mortality results of phase1and 2. Vet Anaesth Analg, 2002, 29: 159-170.

Kerr C, Boure L, Pearce S, et al. Cardiopulmonary effectsofdiazepam-ketamine-isofluraneor xylazine-ketamine-isoflurane during abdominal surgery in foals. Am JVet Res, 2009, 70: 574-580.

McGowan KT, Elfenbein JR, Robertson SA, et al. Effect of butorphanol on thermal nociceptive threshold in healthy pony foals. Equine Vet J, 2013, 45: 503-506.

Oijala M, Ketila T. Detomidine (Dormosedan) in foals: sedative and analgesia effects. Equine Vet J, 1988, 20: 327-330.

Read MR, Read EK, Duke T, et al. Cardiopulmonary effects and induction and recovery characteristics of isoflurane and sevoflurane in foals. J Am Vet Med Assoc, 2002, 221: 393-398.

Steffey EP, Willits N, Wong P. Clinical investigations of halothane and isoflurane for induction and maintenance of foal anesthesia. J Vet Pharmacol Therap, 1991, 14: 300-309.

Valverde A, Giguere S, Sanchez C, et al. Effects of dobutamine, norepinephrine, and vasopressin on cardiovascular function in anesthetized neonatal foals with induced hypotension. Am J Vet Res, 2006, 67: 1730-1737.

（赵鑫　译，吴殿君　校）

第 183 章　马驹跛行

Scott E. Morrison

刚出生的马驹可被多种影响正常肢体功能和移动的先天性、后天性因素影响。在马驹的所有先天性畸形中，先天性肌肉骨骼畸形是最常见的，弯曲和角度畸形是最常见的导致先天性跛行的原因。但是并非所有的先天性肌肉骨骼畸形都会导致马驹跛行，有些畸形可能在马驹成年并接受训练之前都没有明显的临床表现。后天性因素是新生马驹对出生后不久发生事件的反应。

一、挛缩

挛缩是一种先天性的因素，通常影响体格较大的马驹，但在所有体格类型的马驹中都可见到。挛缩的范围从垂直的球节和骹骨到超过膝盖，再到严重畸形导致肢体丧失功能。影响可涉及一个或多个肢体，挛缩可以涉及深部的足趾和浅表的屈肌腱、悬韧带、关节囊或任何组合。深趾屈肌腱挛缩也称为芭蕾舞演员综合征，有深趾屈肌腱挛缩的马驹足后跟不能接触地面，马驹以足趾或背蹄壁着地行走。在严重的双侧病例中，马驹无法站立。相反，发生浅表的屈肌腱挛缩时，马驹的足可以平放在地上，但是球节和骹骨扣朝上（图 183-1）。

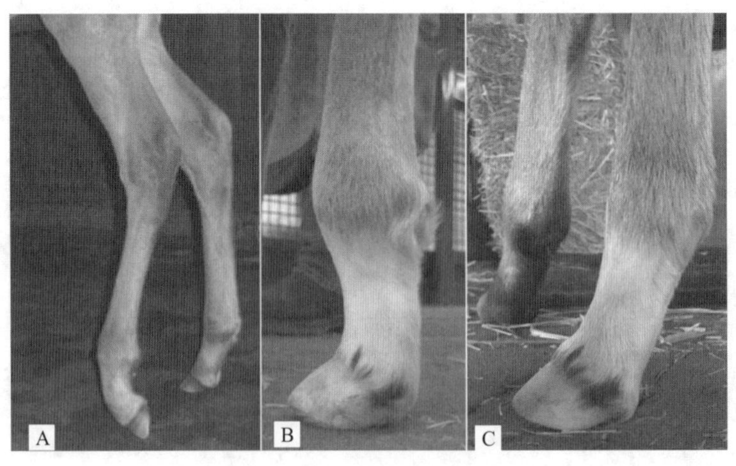

图 183-1　腱挛缩的马驹

左后肢的深趾屈肌腱挛缩（A）；用夹板固定 3d 前（B）和 3d 后（C）的浅表屈肌腱挛缩

(一) 病因

肌腱挛缩的原因未知。体格较大的马驹在母体子宫中生长空间受限是常用的对发展成挛缩的解释，而且有一项研究发现也支持了这一解释，8 匹患有肢体挛缩的纯种马驹胎盘比正常马驹的胎盘小。挛缩的发生率和母马的年龄之间没有关联，这种情况似乎并不是继承性的。因为弯曲畸形似乎在某些年份比其他年份更常见，而且是成群出现的，因此，毒素（疯草、苏丹草、碘中毒或甲状腺肿）和流感感染被认为可能是在肢体发育中导致神经肌肉疾病的原因。两侧肢体挛缩可能是一个更大的复合体的一部分，这个复合体称为马驹挛缩综合征，包含多个发育障碍，包括两侧肢体挛缩、斜颈、脊柱侧弯、头骨不对称以及伴随有腹脏突出的腹侧腹壁衰减或变薄。

(二) 治疗

对肢体挛缩的治疗包括用土霉素（3g 稀释在 150mL 生理盐水中，静脉注射超过 10min，1 次/d，共用 3d）进行药物治疗，结合使用夹板、环或者两者同时使用对挛缩进行机械性牵引。用夹板固定的过程中，马驹会有一定程度的预期疼痛和不适，可考虑使用抗炎和抗溃疡药物。随着马驹年龄的增长，挛缩会变得越来越难以成功治疗。出于这个原因，有必要对患病马驹在早期就进行积极治疗；理想的情况是在生下来的第 1 天就对这些马驹进行评估和治疗。

通常给新生马驹脉注射布托啡诺（3mg）并结合使用甲苯噻嗪（30mg）进行镇静，将马驹以侧卧位放置在马厩中并用 1 条毛巾覆盖马驹的眼睛。用有棉花的绷带或被子对全部范围的挛缩肢体进行包扎。远端趾间关节和球节挛缩时，用绷带从蹄包扎到胫骨近端。腕骨挛缩时，将肢体从胫骨包扎到肘部。如果挛缩从远端趾节间关节延伸通过球节和腕骨，包扎绷带也必须从蹄延伸到肘部。有棉花的绷带必须是 Vetrap① 严格担保的或类似的产品。将肢体握住伸展，展开 7.6～10cm 宽的铸造材料玻璃纤维卷，折叠成绷带的长度，用于肢体的掌侧和跖侧。握住挛缩的关节直接用手按压相关关节的背部来伸展时，将铸件夹板用黏合包扎带绑到肢体上。应该小心不要将夹板在肢体上绑得太紧或在夹板材料上产生 1 个皱纹，以避免产生压力点和皮肤溃疡。用压力强迫牵引直到铸件已经成形。如果挛缩涉及远端趾节间关节，必须将铸件夹延伸到足掌，并且至少要包括 1/3 的蹄部背面（图 183-2）。腕骨挛缩时，应注意在前臂区域不要将夹板绑得太紧，因为这样可能会导致桡神经麻痹。

对于轻微的深趾屈肌腱挛缩，畜栏休息、包扎、使用抗炎药物后就可治愈。如果足趾长度短或过度磨损，延长足趾可提供更多的杠杆作用来降低足跟并拉伸挛缩的肌腱（图 183-3）。然而，应该小心使用延长足趾的方法，因为在延长足趾时，只有小面积的蹄部被用于对抗和纠正挛缩。过度的压力集中在不成熟的足趾区域会导致蹄骨撕裂远离蹄壁和蹄叶炎或两者都有。某些病例可发展成冠状带前部分离或剪切损伤（图 183-4），因此，在出生后第 1 周不应该给马驹穿蹄铁或牵引足趾，因为这时不成熟的

① Vetrap，3M。

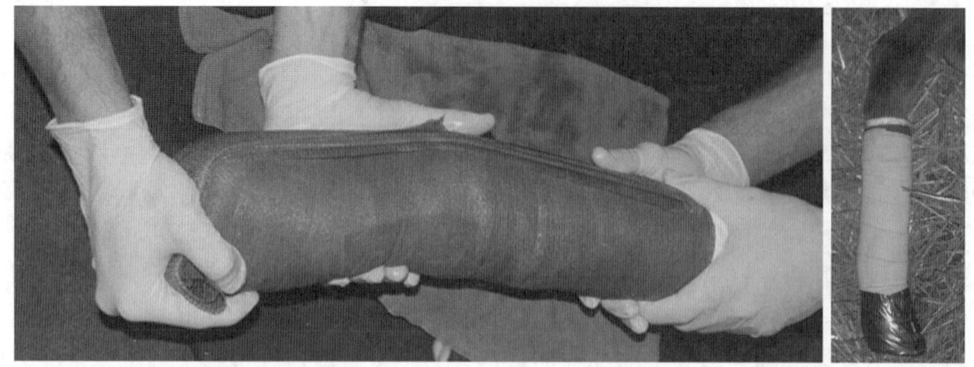

图 183-2　A. 用于右前肢深度足趾屈肌腱挛缩的夹板固定技术。马驹以左侧位躺着（蹄部在左侧）。用绷带围绕肢体包扎，沿着肢体长轴套上铸造带　B. 这匹马驹的右后肢被用绷带保护在 1 个铸造夹板中

软蹄和层状界面更容易出现问题。对这些病例，更安全的解决方案是使用绷带和夹板，因为这样可以将压力分配在较大的面积。对温和病例进行足趾牵引时，应每天监测马驹的跛行情况，跛行可能预示层状撕裂。在一些病例中，必须去除牵引。对足趾疼痛区域疼痛跛行的马驹，应拍摄放射线照片来排除机械性蹄叶炎。

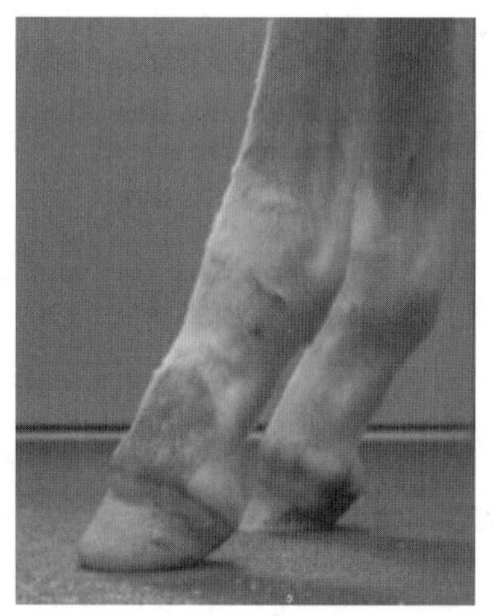

图 183-3　一个应用于先天性畸形足的足趾牵引（足趾加固）

足趾牵引是用丙烯酸和玻璃纤维织物复合物做成的

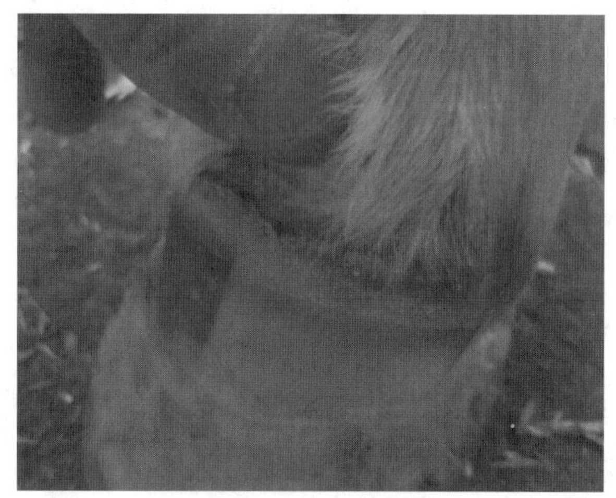

图 183-4　近距离观察一个过早安装足跟牵引蹄铁的马驹后肢前冠状带的修剪损伤

二、屈肌腱松弛

屈肌腱松弛是另一个先天性疾病，通常见于发育失调或不成熟的马驹，但在其他正常的马驹中也能见到这种疾病。屈肌腱松弛会影响一个或多个肢体，但通常发生在

后肢（图 183-5）。松弛和相关的伸展过度一般涉及趾骨和掌骨或跖骨的关节。某些情况下也发生腕骨过度扩展或跗骨屈曲过度；这些动物分别被称为“背部在膝盖”或“镰刀肘关节”。多数马驹在出生后第 1 周病情会有所改善。许多马驹天生就蹄过度增长，所以，要修剪蹄、去除过长的足尖、向尾部移动足跟位置、帮助减少远端趾关节的过度伸展，并协助防止足尖向上转动（图 183-6）。对患有屈肌腱松弛的马驹，应让

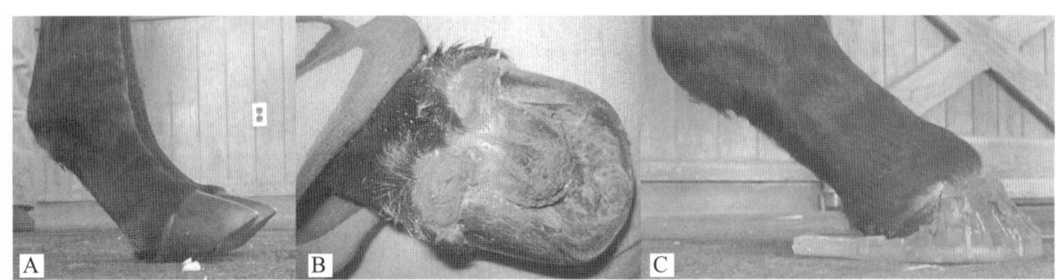

图 183-5 马驹后足屈肌腱松弛。(A) 马驹正在足跟球节上休息，这会导致足跟球节发生溃疡 (B)。(C) 一个足跟牵引蹄铁已被黏在足上。注意铐子是如何被从足跟区域修剪掉以便铐子就只被黏附在足趾区域

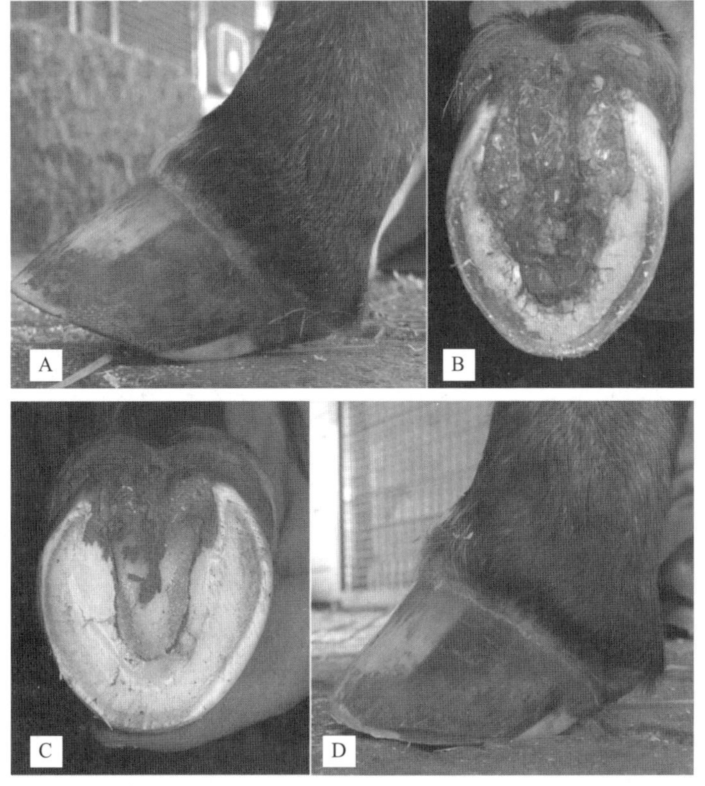

图 183-6 (A) 刚出生马驹蹄部有温和的屈肌腱松弛，这导致重心被足跟承担。修剪掉多余的蹄部组织将足跟位置向尾部移动 (B 和 C)，产生了一个比较正常的姿势 (D)

其在畜栏中休息并控制运动，如每天在畜栏走廊中牵着母马走动时让马驹跟着。肌肉和肌腱变强后，可让母马和马驹开始在小围场运动。在拍摄放射线照片以确保腕骨和跗骨完全骨化前，应该不允许患有“背部在膝盖”或“镰刀肘关节”的马驹运动，未完全骨化的腕骨和跗骨破碎后可产生永久性的楔状立方形骨骼和跛行。对于出生后1周内没有改善或发展成足跟溃疡的马驹，牵引足跟可帮助提供尾杠杆作用，迫使足趾接触到地面。通常通过给马驹安装蹄铁来牵引足跟，用环氧树脂或丙烯酸黏合剂将蹄铁黏到蹄壁上。通常在10～14d后将这些蹄铁取掉，之后修剪蹄子并对马驹进行重新评估。重要的是不要让蹄铁附着到足跟区域，因为这个区域受压后很容易被胶水划伤或擦伤。出于这个原因，应该修改蹄铁，从蹄后半部削掉蹄铐，只留下附着在足尖的蹄铐。给马驹穿上蹄铁5d后，足跟和蹄组可缩减50%。之后5～9d，需要移除蹄铁并修剪蹄部。大多数马驹这个时候会变强壮，可不用穿蹄铁。一些马驹可能需要再穿第二个蹄铁。如果可能的话，不应该包扎肌腱松弛马驹的肢体，因为额外的支撑会导致肌腱和韧带进一步放松，恶化松弛。如果需要绷带来保护球节或足跟溃烂的区域或疼痛的地方，应该很宽松地打上绷带，不能将绷带延伸到肢体。偶尔有屈肌腱严重松弛的马驹对治疗反应迟钝（图183-7）。

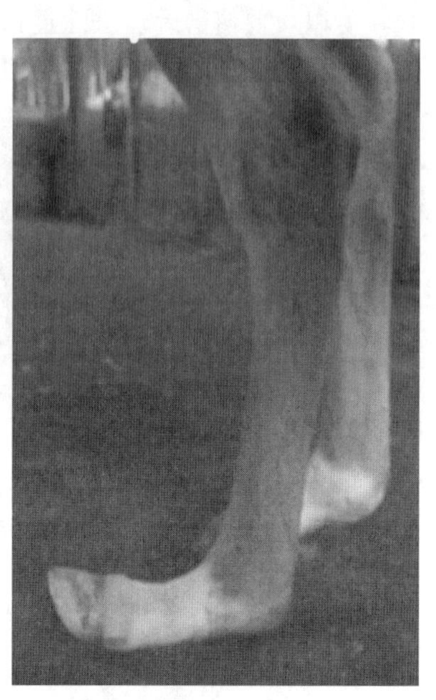

图183-7　1匹马驹有严重的屈肌腱松弛，在控制锻炼和使用足跟牵引30d后屈肌腱松弛没有改善

三、角度畸形

角度畸形可能是先天性的或后天性的，在新生马驹中比较常见。根据肢体偏差是在肢体轴外侧的或内侧的，可将角度畸形分为外翻或内翻。有轻度畸形的马驹通常是健康的，但有更严重角度畸形的马驹可能会跛行，因为肢体不稳定，关节异常负重导致关节不稳定、异常或蹄部过度磨损。正常的新生马驹应该有中等大小的腕骨、跗骨、球节联合外翻构象，四肢轻微向外旋转（图183-8）。只要加载在骨骺上的力量在骨骺软骨的正常生理范围内，大多数外翻畸形会随着时间推移有所改善。这是因为骨骺软骨生长增加了对压迫力量的反应。然而，如果角度畸形更严重、压迫力量过度，骨骺生长就会减缓。压迫力量过度的马驹通常生长板内侧或外侧区域会有疼痛和肿胀的表现，有时称其为骨骺炎。

角度畸形从起源上可分为关节的、骨干的或生长板的。如果畸形可被手动矫直，这是关节畸形造成的，是不完全骨化（通常腕骨或肘关节）、子宫位置不正或关节周围的结构肌肉松弛的结果。关节畸形可通过休息、随时间推移和在角度畸形严重时，使用一些外部的支撑，如包扎和用夹板固定得到很好的缓解。如果忽视不完全骨化，在马驹几周大的时候，它可能导致永久性的畸形。骨干角度畸形不太常见，伴随骨的骨干出现，使骨呈现弓样外观。生长板的角度畸形是先天性或后天骨干骺端或松果体生长不对称的结果。

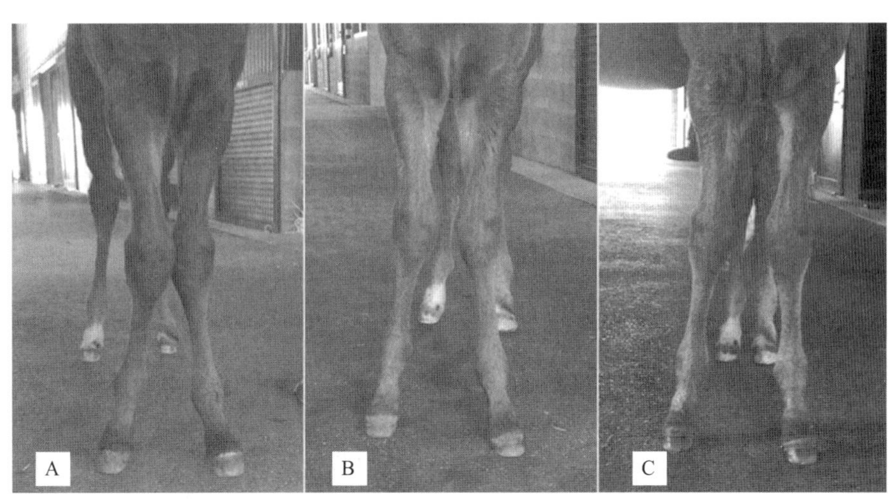

图 183-8　1 匹马驹的腕骨外翻在未经处理后 6 周有所改善，分别是 1 周龄（A）、6 周龄（B）和 9 周龄（C）

角度畸形的治疗取决于畸形的严重程度、位置以及随时间推移关节角度的变化。涉及足部治疗的 2 个主要领域是远端掌或跖骨的骨骺和桡骨远端的骨骺。管理和治疗的目标是预防和纠正过度角度畸形或在生长板上产生的过度压力并延缓正常矫正的生长板的生长。任何的内翻足畸形和过度的外翻足畸形都不是正常的。不断地改善或自我纠正是治疗反应所需的趋势。频繁监测马驹对早期发现随时间推移不能改善的畸形，以便施行适当的治疗措施，帮助纠正畸形是至关重要的。有必要了解每个可用工具和其局限性以便有效地实施马驹足部护理计划。足部护理对确认足部治疗对哪个异常肢体疗效显著和需要对哪个肢体实施其他可能需要的治疗方法，如胯骨骺板搭桥（Trans phseal bridge）手术是至关重要的。

远端掌骨或跖骨的角度畸形（球节内翻或球节外翻）比较常见。因为足部治疗对肢体的远端部分影响最大，对近端影响较小，所以，足部修剪或修蹄对球节角度畸形最有作用。远端掌骨和跖骨骨骺在 4～5 月龄时关闭，每 30d 时间失去 50%的增长潜力。因此，当务之急的是对球节角度畸形肢体在早期进行适当的护理。目标是保持足部的中心直接垂直到直立的胫骨（想象一个铅垂线下降通过胫骨直到足部中心），但忽略腕骨或跗骨的侧角。在治疗角度畸形中最常见的一个错误是试图通过在早期和进程恶化或产生球节角度畸形时施用足部治疗来纠正腕骨角度畸形。出于这个原因，在出生后的前 3～4 个月，重点应是建立球节对齐，然后在远端掌骨或跖骨骺已经关闭后，将重点集中在腕骨上，因为远端桡骨骨骺在 14 月龄之前生理上并不关闭。外翻畸形的球节通常随着时间的推移会有所改善，除非很严重，一般不需要治疗。球节内翻足一般会随时间推移而改善，但仍需要进行修剪、用蹄铁牵引或手术修正。

单独修剪可有效治疗轻微的球节区域角度畸形。然而，如果自我纠正机制未能改善角度畸形，就必须假设是在内翻足畸形中，骨骺的内侧区域或者外翻畸形中骨骺的外侧方向过度负重，使得这些区域的骨骺生长减少。修剪和修蹄技术有助于降低骨骺内侧或外侧区域的压迫力量，可以改变骨骺的生长并支持肢体矫直。如降低足部内侧将减少对骨柱内侧的压迫并增加对外侧的压迫。降低一侧蹄壁的角度将增加对侧、较长的一边的压迫力量并在足部、骨柱和骨骺的"短"边产生张力。此外，足部降低的一侧改变了足部着地的方式并变得可以负重：蹄部的较长边首先着地，导致蹄部长边的肢体排列更加紧密。这可能会增加较长一边的负重。如果仅修剪对齐足部胫骨中心，每 2～3 周修剪 1 次可能足够矫正角度畸形。

修剪马驹足部时应多加小心。过度修剪会导致擦伤、翼骨折和跛行。应定期手指触诊检查足部，在修剪时，尽可能多地保留可以保护的地方。滚动蹄壁边缘可在不伤及足底实质的情况下提供某种程度的矫正。如果单独修剪不能实现所需的足部位置，就必须进行蹄部牵引。对于马驹，推荐需要超过矫正位置 1cm 的蹄铁，在蹄铁中，足部矫正修剪的地方会变得疼痛。蹄铁提供矫正的同时保护足底而且不会导致蹄壁区域的病灶撕裂（图 183-9）。如果球节畸形在 60d 得不到改善而且情况比较严重，就可能需要进行手术放置骨骺桥。

图 183-9　在要求的足部位置不能单独通过修剪达到或当马驹需要超过 1cm 的矫正时，足部的牵引类型

注意掌骨远端和趾骨近端的骨骺炎

腕骨畸形应根据严重程度进行分级。对刚出生的有良好构象的马驹，轻微的（2°～5°）腕骨外翻是正常，大多数情况下腕骨外翻可在 30d 内得到改善。如果畸形改善停止或变得更糟，就可能需要施行外科手术。因此，对畸形进行仔细监控和分级是非常重要的。

对有严重腕骨畸形的马驹，应拍摄腕骨放射线照片来评估骰骨。对骰骨骨化延迟的马驹应强迫其休息直到骨已经成熟。然而，如果是角度畸形，但骰骨是成熟的，马驹可在短时间内恢复。用蹄铁进行内侧牵引有助于矫正腕骨外翻畸形，但应该小心不要在操作过程中制造出球节内翻畸形。这在出生后前 4～5 个月是特别重要的（图 183-10）。在腕骨角度畸形中应用蹄铁时，应修剪并平衡蹄部以使其居中垂直于骰骨的长轴，用牵引来辅助腕骨畸形。不像球节的角度畸形，从内侧向外侧改变蹄长度对上肢骨骺炎没有明显益处，只会不必要地扭曲蹄部。

暴露在风中的马驹会出现构象异常，一个肢体出现内翻畸形同时相反的肢体出现外翻畸形。这种情况可能发生在前肢和后肢。这种情况将随时间推移自我矫正，不用进行手术干预。应该修剪和平衡足部。如果蹄部在外翻肢体的内侧或内翻肢体的外侧翻转，可用蹄铁进行内侧牵引（外翻肢体）或外侧牵引（内翻足肢）来直接辅助并直接在骨柱下面支撑足部。

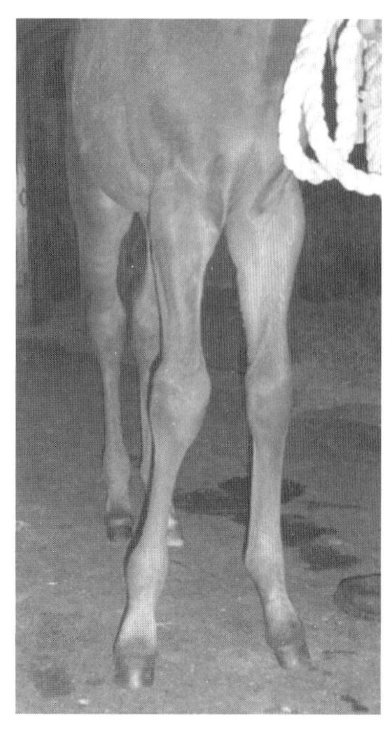

图 183-10 右前肢腕骨外翻和球节内翻构象

球节内翻是由通过修剪和穿蹄铁来纠正腕骨外翻造成的

四、旋转畸形

刚出生的马驹肢体通常有轻微的向外旋转，但当胸部和臀部的肌肉发育时，这种情况会得到改善。起源高的肢体旋转畸形肢可能随着时间的推移有所改善。来源于腕骨末端的旋转畸形一般不会改善。作者不建议通过修剪和穿蹄铁来矫正调整旋转畸形。应修剪足部，这样在这些肢体的背部表面前面直接观察时可直接保持在桡骨下面。试图通过修剪和穿蹄铁来纠正旋转畸形通常会在先前存在的旋转畸形上增添一个球节角度畸形。有些兽医提倡使用内侧足趾牵引来迫使足部在其中央导通并防止在其内侧 1/4 导通。这种治疗方法不能矫正旋转畸形，而是蹄囊将出现扭动、扭曲样外观或足部歪斜。

抵消或为膝盖构象“设置板凳”是一个轴向畸形，在这种畸形中，腕骨被从侧面抵消到掌骨。这就在掌骨和远端掌骨骺内侧添加了更多的压力，经常制造出球节内翻畸形。膝盖抵消不能都被纠正，但应采取措施防止发展成球节内翻畸形。

五、足部外伤损伤

（一）检查足部

导致马驹急性发作跛行的常见原因是足底擦伤、蹄骨骨折和局部感染。如果必要，从检查马驹的步行和慢跑开始诊断。由母马带领着马驹自由步行和慢跑有助于观察。被带领的年轻马驹经常会倾斜向或远离牵马者，使步态评价变得困难。确定跛行肢体后，对整个足部进行彻底评估。应清洗和冲刷足部。冠状带、足跟和侧面应触诊检查是否有疼痛或肿胀。跛行足将会有一个夸张的足趾脉冲。用蹄部测试仪检查有助于定位疼痛的区域。因为大多数马驹对蹄部测试仪都会有假阳性反应，因此，轻度镇静将有助于提高蹄部测试仪检查的准确性。对温和的蹄部测试仪压力的重复反应被认为是阳性反应。蹄和系部关节弯曲和触诊疼痛、热或有积液。诊断神经区域可以帮助确认足部跛行的来源。疼痛的区域被定位后，修剪足部并密切检查足底或白线中的缺陷。

(二) 足部瘀伤

通常通过排除其他造成足部跛行的原因可诊断足部瘀伤。瘀伤通常会随着时间推移而改善。包扎或足部敷药、畜栏休息和使用非甾体类抗炎药物可以加速恢复。严重的骨骼擦伤可通过核磁共振成像确诊，需要较长的时间来治愈。

(三) 局部感染

如果跛行随着时间推移而恶化，应考虑有感染。多数脓肿可通过仔细检查足部疼痛的区域被发现。应小心清除足底、蹄楔或白线处的病灶，修剪出或跟到感染点。应充分打开脓肿使脓水排出并防止病灶洞过早关闭。小的双刃脓肿刀或骨刮器对后面的程序非常有用。如果定位感染，可足部敷药过夜来使促使脓肿成熟。敷药可将湿的Animalintex① 垫或其他敷药产品用绷带包扎到足部。排脓后 2d，马驹应该会有明显改善。如果持续跛行，并不能得到改善或者持续排脓超过 3d，应拍摄放射线照片来评估蹄骨的健康状况。

蹄骨脓毒血性骨炎通常在感染点出现 3～5d 内的放射线照片中很明显。蹄骨脓毒血性骨炎被视为气体或液体混浊的日光边缘焦点不规则的脱盐（图 183-11）。较大的感染区域可能有更大面积的脱盐或去矿化作用死骨片形成。某些情况下可能需要更长时间才能在放射线照片中显现，如果持续跛行，应根据需要重复拍摄放射线照片。对蹄骨脓毒血性骨炎有必要进行细菌培养和抗生素敏感性测试。治疗包括外科清创、系统性抗生素治疗和局部肢体输液（见第 186 章）。用医药级别的幼虫疗法（也称为蛆疗法）和系统性的抗生素治疗可有效地治疗脓毒血性骨炎的病灶部位。

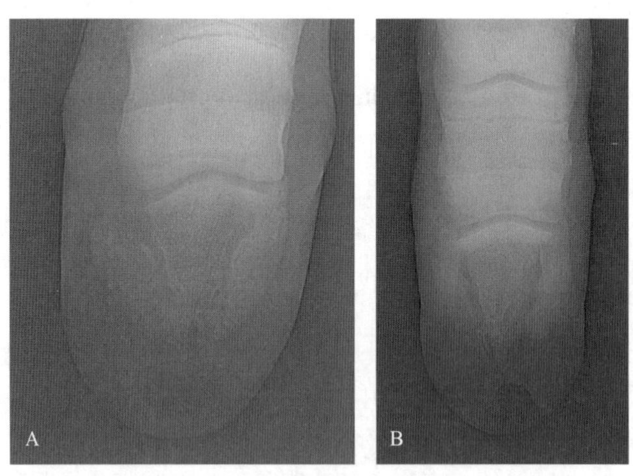

图 183-11　2 例脓毒血性蹄骨骨炎的放射线照片

A. 蹄骨足尖区域的骨髓炎小病灶　B. 蹄骨足尖区域大面积的骨髓炎

---

① Animalintex Poultice Pad，3M。

(四) 穿刺伤口

足部穿刺伤口是很难检测和检查的，因为在非常有弹性和柔韧性的马驹足部神经束会快速关闭。如果怀疑穿刺到足底或蹄楔，疼痛区域应该减少，应用钝头、有可塑性的探针轻柔检查。进行这一部分检查时，通常要将马驹镇静并使足部与轴外的籽骨神经区域麻木。一旦检测到穿刺伤口，应该擦洗足部，进行深入检查和瘘道造影。更深层次的检查包括探测确定伤口的深度和方向；瘘道造影可确定感染的程度和涉及的滑膜结构（图 183-12）。通过一个 Tomcat 或一个尽可能远地插进穿刺管的规格 18、7.6cm 的导管注射 5mL 的不透明造影剂。造影剂将会从穿刺管泄漏出来进入到足底和蹄部的外表面，在对足部进行放射线照相前，应该用酒精浸没的纱布擦掉这些泄漏出来的材料。从侧面和水平的前后轴方向进行拍摄。在瘘道造影中若发现疑似滑膜感染，可通过关节穿刺术来证实。

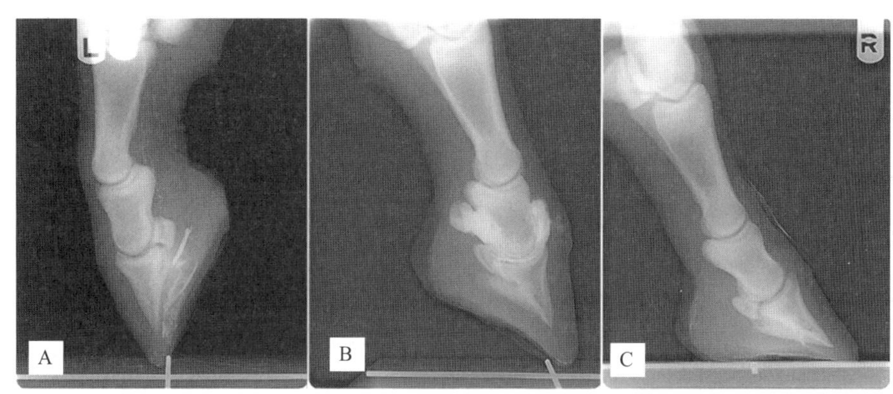

图 183-12 3 个来自蹄部刺伤马驹瘘道造影的例子

A. 蹄楔刺伤涉及和沟通到腱鞘 B. 前冠状带刺伤涉及远端趾间关节 C. 金属丝刺伤，没有牵连到滑膜结构

对滑膜组织（趾骨关节、肌腱鞘等）脓毒症，需要日常积极清洗涉及的结构，对局部肢体进行抗生素灌注和全身的广谱抗生素治疗。滑液样品应进行白细胞计数和总蛋白质含量测定，并进行细菌培养。马驹的舒适度、每次灌洗之前滑液中检测到的白细胞计数和血清分析物浓度是最常见的用于监测感染进展的指标。建议每天进行灌洗，直到白细胞计数正常，马驹行走自如。如果停止灌洗后跛行恶化，应重复进行穿刺和白细胞计数。

(五) 蹄囊损伤

蹄壁的损伤（如蹄壁撕裂和蹄壁、蹄底或蹄骨骨折）是很常见的，这些可能是由于马驹踢栅栏或墙壁，踩到岩石或者由母马踩到所导致的。所有蹄部创伤均应检查，并采用射线照相以评估是否影响到蹄内部结构。

对于被镇静和蹄部麻醉的马驹，对其蹄壁受伤的部位应浸泡、擦洗、消毒。如果损伤处大出血，应该使用止血带。如果撕裂只伤及蹄囊，而下层真皮没有被损伤，对分离的蹄壁可清创并切除。真皮暴露的部位应该用聚维酮碘溶液或聚维酮碘乳膏进行消毒，并缠绕大量绷带以保护。如果分离的蹄壁超过蹄壁的 1/3，需要制作足踏来稳定受伤的蹄，并提高其舒适性。第一个足踏应使用 3～4d，然后每 2 周更换 1 个，直到蹄部角质化（图 183-13）。如果损伤深入伤及蹄冠或系部时，采用手术修补和缝合效果较佳，并可以防止蹄冠异常增长。

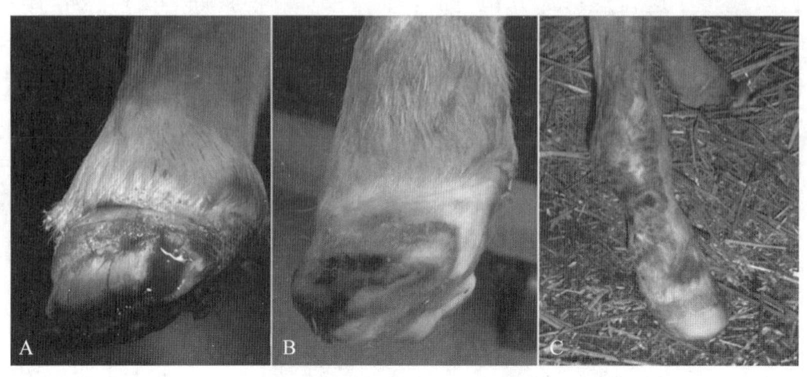

图 183-13　马驹蹄囊撕裂

蹄壁撕裂后的足（A），足踏后 2 周（B），4 周后（C）

蹄底骨裂的原因是由于马驹踢或踩着坚硬的物体上而导致的，在检查中可发现急性跛行和足底裂缝。在蹄底裂缝的边缘经常可见到排出的浆液。裂缝创面经常会被杂物污染。推荐打开裂缝的边缘、清理裂缝创面，并浸泡和清洗损伤部位。用移动的处理盘安装蹄铁有助于延迟和保护受损的足底，可立即改善跛行和加快恢复。将蹄铁留在足部 3 周，然后如果需要可再安装。

蹄壁的骨折通常是由钝性外伤引起的，如踢栅栏或围墙所引发的。类似于蹄底裂缝，蹄壁裂缝往往是受污染的，有浆液从边缘流出。由于下层真皮肿胀，一些裂缝可能会裂开更大。如果需要可麻醉蹄部并使用止血带，应首先使用 0.3cm 厚的铝板（蹄铁）固定并使用丙烯酸进行黏合。将蹄壁干燥和打磨好，使用金属板横跨裂缝进行黏合，以使其固定。应小心操作避免黏合胶水盖住裂缝并要保证能进入整个裂缝内。待裂缝稳定和丙烯酸干燥后，裂缝边缘可用 Dremel① 工具进行清创和彻底清洗。要首先完成这一修复，因为在用丙烯酸黏合时蹄壁一定要干燥好。如果裂纹的创面受污染，可考虑使用广谱抗生素预防感染。应拍摄放射线照片来排除导致远端趾间关节疼痛的其他原因，如关节软骨下骨囊肿。

（六）蹄骨骨折

马驹可承受任何类型的蹄骨骨折，但掌骨或蹄骨跖面突起骨折是最常见的（图 183-14）。据报道，掌骨突起骨折在马驹中发生率为 75%～100%。这种类型的骨折可能偶然发现于健康马驹，或是导致其他马驹严重跛行的原因。在大多数马驹中，骨折可引起急性跛行的临床症状，这种跛行会在畜栏休息 24h 后有大幅度的改善。这些骨

① Dremel，Robert Bosch Tool Co International。

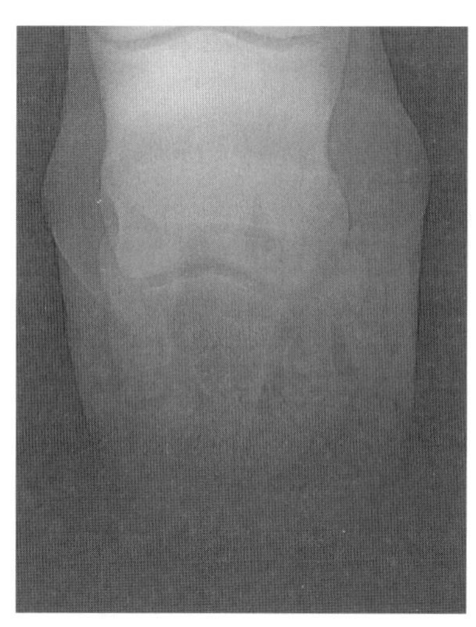

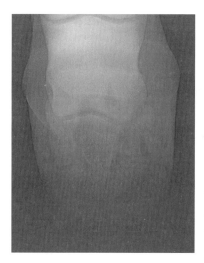

图 183-14 放射线照片显示蹄骨的左侧掌骨移位

折通常可用保守疗法治愈，如限制运动 30d 或穿上蹄铁后返回到常规活动。通常将规则的铝蹄铁黏到足部 3～4 周就足够了，可期望得到一个真正的骨联合。其他骨折类型更严重，需要更积极地穿蹄铁矫正并配合限制运动来愈合。更严重的骨折包括那些涉及关节或那些造成不稳定的骨折。在这些情况下，稳定蹄囊是必需的，同时支撑足弓和足底来限制足底、足弓下降。在所有的位面中限制蹄骨骨骼运动是我们的目标。这可以通过将铝蹄铁用坚固的聚氨酯或丙烯酸足底支撑物黏到蹄部来实现。另一个选择是使用蹄壁铸，用玻璃纤维胶带将蹄壁铸固定在蹄部。每 3～4 周更换这些稳定材料，应该用放射线照相监控骨折部位来确保愈合。马驹的愈合速度比成年马快。大多数马驹至少需要 3 个月愈合。只要关节表面保持一致，涉及关节表面骨折如果治愈良好，一般都预后较好。

（七）趾骨关节疼痛

源于远端和近端趾间关节的疼痛可发生在蹄部，已被很好修剪、在试图矫正肢体角度畸形时失去平衡的马驹上。这样的马驹会表现出不同程度的跛行，可能会出现肢体远端关节弯曲。偶尔远端趾间关节触诊有渗出物。治疗措施是恢复平衡、限制运动和全身使用非甾体类抗炎药物。对关节疼痛的任何马驹都应通过测定体温、全血细胞计数和纤维蛋白原浓度测定以及在疑似脓毒性远端关节的关节穿刺术来评估脓毒性关节炎的关节。其他导致远端趾间关节疼痛的原因包括关节或关节周围结构创伤或软骨下骨囊肿。然而，大多数软骨下骨囊肿的马驹在临床上并不表现跛行症状，直到年轻马驹进行锻炼或作为满 1 岁的马驹准备销售或在 2 岁开始训练时才能检测到病变。

（八）软组织损伤

马驹蹄囊内被诊断的软组织损伤很少，但使用核磁共振成像可以评估这些结构。不成对的韧带断裂可以被视为马驹舟状骨近端移位（图 183-15）。急性损伤或过于放肆地矫正趾骨挛缩会导致这种情况发生。

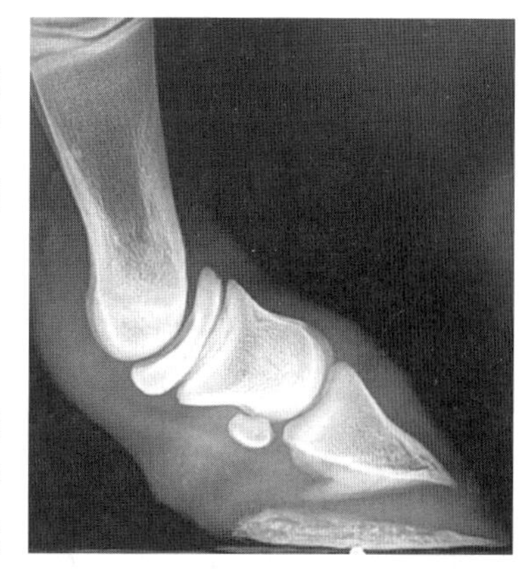

图 183-15 马驹不成对的韧带断裂
注意舟状骨的近端移位

（九）蹄叶炎

蹄叶炎在马驹中罕见，但却已有报道。薄片状表皮-真皮连接物取决于基底细胞骨架的完整性、半桥粒、锚定丝和基底膜。任何影响这种连接物分子组成的遗传缺陷都会导致马驹先天性蹄叶炎。层粘连蛋白 5（锚定丝蛋白）缺陷发生在大疱性表皮松解症的比利

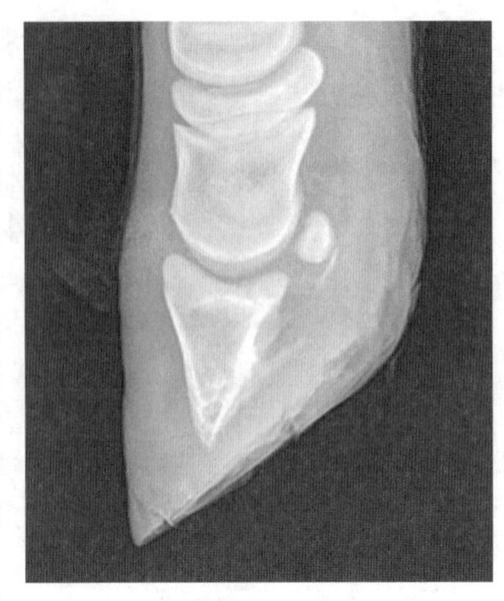

图 183-16　先天性蹄叶炎马驹的足部放射线照片

注意蹄囊内的蹄骨移位

时马驹中，这是导致皮肤溃疡和蹄叶炎的原因。网蛋白是一种半桥粒蛋白，网蛋白不足以在有先天性蹄叶炎的夸特马驹中被描述过。在这些条件下，在前、后或全部 4 只蹄中见到蹄叶炎。马驹可能有跛行的经典姿势和步态，也就是向后摇晃、前蹄远离身体前面。如果后蹄受影响，常见踢正步或过律的步态。体检发现足趾脉冲强度增强、从蹄部测试点到足尖区域酸痛、足部扁平或者甚至是足底下垂。放射线照片可确认移位的蹄骨（图 183-16）。先天性跛行将来健康预后不良。当体重和大小随着年龄增加时，这种情况会变得越来越难治疗。

创伤性起源的蹄叶炎在马驹中也有发生。创伤性蹄叶炎或者道路跛行可在必须跟上在坚实地基或硬地面上过度奔跑的年轻母马的马驹中见到。这些情况通常对休息、非甾体类抗炎药物治疗以及足部支撑和保护反应良好。

薄层机械性撕裂是在治疗马驹屈肌腱挛缩中的一种并发症。应用足尖牵引来对抗深趾屈肌腱挛缩的张力可机械性背部薄层。进行足尖牵引时，应每天监测马驹的酸痛或强烈的趾部脉冲。因此，对有严重挛缩的马驹，可用肢体夹板来拉伸肌腱。后者治疗方法将缓张力分配到更多的结构和更大的表面积，但足尖牵引只是将压力应用到蹄部和薄层来对抗肌腱收缩。

马驹蹄叶炎的治疗方向应该是减少损伤薄层的压力。畜栏休息、结合非甾体类抗炎药物治疗和特殊的修蹄是最主要的治疗方法。减少功能性足尖的长度或杠杆臂和促进导通是减少前面薄层压力的方法。轴向的或足底的支撑，如硅胶、聚氨酯、橡胶可用于制成足底和蹄楔的加载并将重力从蹄壁挪开。严重的蹄叶炎可能需要增高足跟来减少深趾屈肌腱的张力、把压力中心移向足跟并减少足尖区域的压力。将来的预后取决于损伤的程度和愈合的质量。有显著程度的骨中矿物质脱除或治愈后薄层界面变厚（层状楔）的马驹将来健康预后不利。

六、多趾畸形和无趾畸形

多趾畸形是 1 个肢体长出多个足趾（趾骨的骨头）的先天性条件。足趾可长球节近端和第二掌骨或跗骨接合，或者是足趾长在球节远端，在这里多余的足趾与第三掌骨或跗骨远端有关节连接。源于球节远端的多趾畸形可通过手术成功地切除治疗。当多趾畸形涉及与第三掌骨或跗骨接合时，健康预后很差。

无趾畸形趾是整个足趾或 1 个趾骨缺失（图 183-17）。这种情况通常表现为扭曲蹄部退化和远端肢体萎缩。对于只是缺失第三趾骨的马驹，如果它们有功能性的蹄而且挛缩已经治愈，有限时间内吃草健康，但随着年龄的增长，它们会出现并发症，如关节炎和再挛缩。这两种情况都比较罕见。

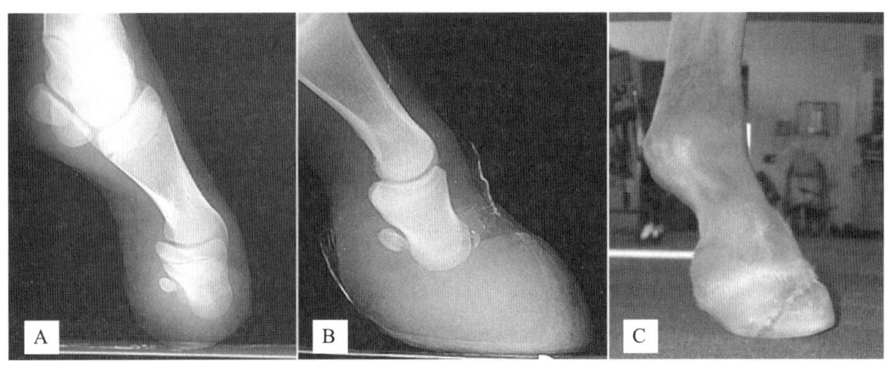

图 183-17　A. 马驹天生右后肢没有蹄骨（无趾畸形）　B 和 C. 相同的马驹 3 个月后。注意蹄部和足底的生长和第三趾骨伸肌过程的骨化（在 B 中蹄部上可见）

推荐阅读

Bowker RM. The growth and adaptive capabilities of the hoof wall and sole：functional changes in response to stress. In：Proceedings of the American Association of Equine Practitioners，2003，49：146-168.

ChanCC-H，Munroe GA. Congenital defects of the equine musculoskeletal system. Equine Vet Educ，1996，8：157-163.

CompstonPC，Payne RJ. Active tension-extension splints：a novel technique for the management of congenital flexural deformities affecting the distal limb in the foal. Equine Vet Educ，2011，24：209-306.

Crow MW，Swerczek TW. Equine congenital defects. Am J Vet Res，1985，46：353-358.

Dascanio JJ，Pleasant RS，Witonsky SG，etal. Palmar process fractures in foals：a prospective radiographic survey of the incidence and duration of fractures on a Virginia farm. In：Proceedings of the American Association of Equine Practitioners，2009，55：238.

French KR，Pollitt CC. Equine laminitis：congenital hemidesmosomal plectin deficiency in a Quarter Horse foal. J am Vet Med Assoc，2004，36：299-303.

Greet TRC. Managing flexural and angular limb deformities：the Newmarket perspective. In：Proceedings of the American Association of Equine Practitioners，

2000，46：130-136.

Hartzel DK，Arnoczky SP，Kilfoyle SJ，et al. Myofibroblasts in the accessory ligament（distal check ligament）and the deep digital flexor tendon of foals. Am J Vet Res，2001，62：823-827.

Kasper C，Clayton H，Wright A，etal. Effects of high doses of oxytetracycline on metacarpophalangeal joint kinematics in neonatal foals. J Am Vet Med Assoc，1995，207：71-73.

Mayhew IG. Neuromuscular arthrogryposis multiplex congenital in a Thoroughbred foal. Vet Pathol，1984，21：187-192.

McIlwraith CW，Anderson TA，Douay P，etal. Role of conformation in musculoskeletal problems in the racing Thoroughbred and racing Quarter Horse. In：Proceedings of the American Association of Equine Practitioners，2003，49：59-61.

McIlwraith CW，James LF. Limb deformities in foals associated with ingestion of locoweed by mares. J Am Vet Med Assoc，1982，72：293-298.

Morgan JW，Leibsle SR，Gotchey MH，etal. Forelimb conformation of Thoroughbred racing prospects and racing performance from 2 to 4 years of age. In：Proceedings of the American Association of Equine Practitioners，2005，51：299-300.

Morrison SM. How to utilize sterile maggot debridement therapy for infections of the horse. In：Proceedings of the American Association of Equine Practitioners，2005：51-54.

Munroe GA，Chan CC-H. Congenital flexural deformities of the foal. Equine Vet Educ，1996，8：92-96.

Pierce SW. Foal care from birth to 30 days：a practitioner's perspective. In：Proceedings of the American Association of Equine Practitioners，2003，49：13-21.

SmithLJ，Marr CM，Payne RJ，etal. What is the likelihood foals treated for septic arthritis will race? Equine Vet J，2004，36：452-456.

WilsherS，OuseyJ，AllenWR. Observations on the placentae of eight Thoroughbred foals born with flexural limb deformities. Equine Vet Educ，2013：2.

（刘芳宁　译，董文超、单然　校）

第 184 章　尿腹膜炎

Peter R. Morresey

尿腹膜炎是一种文档记录充分、易于诊断的疾病。该病最常见于新生马驹，成年马也有患病的报道。尿潴留导致电解质和酸碱平衡失调。在这些症状当中，高钾血症在临床上的影响最大，因为高钾血症可导致心律失常和心脏骤停。由于过度的腹膜尿液积聚可导致隔膜偏移减弱，在晚期病例中会出现呼吸窘迫症状。如果尿腹膜炎发展到晚期，就将是临床急诊。

一、病理生理学

尿路完整性受损后，尿液会进入腹腔中，其中一些成分（如电解质）可以迅速地被再吸收，而其他成分将会被截留。如果泄漏物发生腐烂，也可导致腹膜炎的发生。

在临床上，尿潴留主要是干扰血清电解质，首先是钾。血清钾浓度过高会导致心律失常，尤其是容易发生心动过缓，甚至导致重症患者心脏骤停。作为草食动物，成年马每天具有很高的饮食钾，因此，必须排泄大量的钾。若患有尿腹膜炎，血清钾的浓度将快速增加。同样，若马驹的饮食奶中含有丰富的钾和低浓度的钠，将会加剧血清电解质失调。

低钠血症和低氯血症也会随着尿腹膜炎的严重程度而加重，尿腹膜炎可增加体液的容积，使钠从细胞外液（Extracellular fluid，ECF）向尿中扩散并保持平衡。因为体内钠的总量是不变的，细胞外液和血清钠浓度将会降低（低钠血症）。氯离子随着钠离子进行扩散以维持电中性，从而导致低氯血症。

尿腹膜炎导致酸中毒的原因有 2 个：一是腹内压升高使尾腔静脉和门静脉的回心血输出量减少，再加上由于组织灌注不良导致乳酸堆积，从而发生代谢性酸中毒；二是在尿腹膜炎晚期，由于体内积聚有大量的腹膜尿而导致换气不良，从而加剧呼吸性酸中毒（图 184-1）。酸中毒促使钾离子从细胞中释放

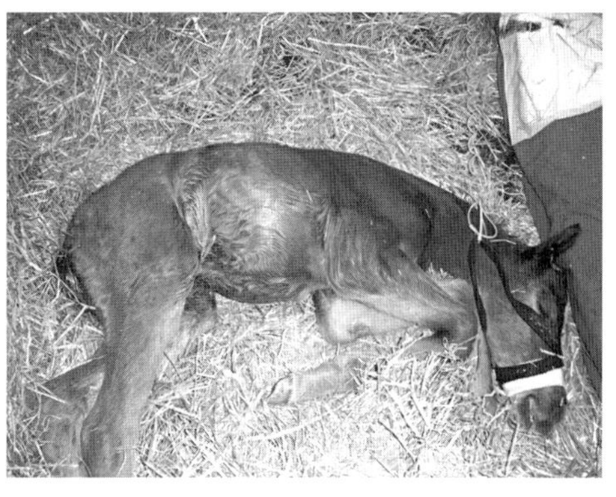

图 184-1　长期患尿腹膜炎马驹引起的腹部膨大和疝气，这种程度的腹胀可导致通气困难

以换取氢离子，进一步加剧了高钾血症。

氮质血症是尿腹膜炎的 1 个典型特征，因为高浓度的尿素氮在积聚尿中保留，进而穿过腹膜进行扩散而被吸收到血液中。然而，肌酐是 1 个大分子，不同于尿素和钠，不能通过逆扩散而进入血液。这种扩散性的差异就是导致腹水中肌酐浓度大大超过血清中肌酐浓度的原因。

二、在新生马驹中的沉淀条件

尿腹膜炎在新生马驹中最常见。最初调查表明，由于公驹的尿道长而狭窄，所以，公驹多发尿腹膜炎，但最近的病例并未证实这一结论。

脐带包含脐尿管，在子宫内通过脐尿管将胎儿膀胱连接到尿囊腔中，沿着脐带若存在 4 个以内弯曲是正常的，弯曲过多可能会导致血管压力增加，内膜撕裂，血流梗阻，也会阻碍尿液从胎儿膀胱流入尿囊腔中。脐尿管到邻近的压缩位点的扩张容易被发现，在脐尿管和膀胱内增加的压力足以使它们破裂，甚至发生完全的脐血管流阻塞从而导致胎儿死亡。由于降低脐带的长度而增加脐带的牵引力，也可能破坏脐尿管的完整性和降低脐带的面积，从而增加尿液泄漏的可能性。

入院治疗、缺乏抵抗力的新生幼驹发生尿腹膜炎的风险比较大。研究发现，在包括难产、脐带局部创伤和局部败血症的马驹中易发生尿腹膜炎或脐尿管脓肿（图 184-2）。作为全身性感染或肚脐或脐尿管局部感染扩散的结果，败血性、出血性的病灶可能在膀胱壁或脐尿管壁感染以及促进组织坏死和漏尿（图 184-3）。最近的调查显示，78％的患有尿腹膜炎的马驹有感染或败血症的病史，45％的马驹脓毒症阳性。此外，组织学病变与缺血性坏死和败血症一致，经常在马驹的尸检中发现败血症阳性。从病变和血细菌培养结果发现，马驹最常感染的细菌是大肠杆菌。

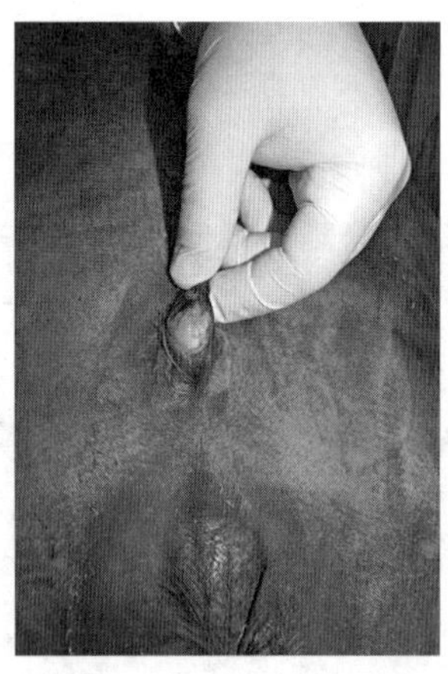

图 184-2　马驹收腹时脐带局部败血症

这种感染可危害尿路完整性

图 184-3　与图 184-2 为同 1 匹马驹败血症局部扩散导致脐尿管壁坏死，尿液泄露到腹膜腔，迫切需要手术治疗

尿腹膜炎的非创伤性原因包括先天性畸形和医源性损伤。尿液可能从输尿管末端的先天性畸形处、膀胱腹侧和背侧的缺陷处、尿管和尿囊交界处泄露。对于那些已经横卧很长时间的和采用过大量静脉输液后的马驹发生尿腹膜炎时，应该怀疑医源性因素。膀胱自控意识缺失能使膀胱过度充盈，如此明显增加了血压，尤其当膀胱壁和脐尿管有致命和薄弱的区域，就容易发生疝气。由于这个原因，入院就医的或脓毒血症的新生幼驹应进行尿腹膜炎的检测。在这些动物中，使用静脉输液会掩盖血清电解质情况，并会改变尿腹膜炎的特征。

三、成年马的尿腹膜炎

虽然尿腹膜炎在老马中罕见，但无论内部因素还是充分的外部创伤而导致尿路（尿道、膀胱、输尿管或肾）疝气的腹内部分发生破裂，都会发生尿腹膜炎。尿腹膜炎在产后母马中最常见，它的膀胱壁会随着马驹的分娩而发生坏死，从而导致膀胱壁穿孔和漏尿。据推测，随着分娩腹内压力升高，使膀胱卡在胎儿和骨盆边缘，由于局部缺血而导致坏死，化脓性腹膜炎也就容易发生。

与其他物种相比，马的尿路结石是很罕见的，尤其是母马，其具有 1 个短而宽的尿道更少发生尿路结石。在雄性马中，由结石导致的尿道梗阻而使尿道断裂或囊内压力增加足以导致膀胱破裂，使尿液渗漏而进入腹膜腔。与其他大型的雄性动物相比，这种情况在公马中很少发生，主要可能有 2 个原因：第一，除了坐骨弓的部分，公马的尿道基本均匀一致；第二，它没有乙状结肠曲（如反刍动物），也没有尿道突（如公羊）。

四、临床表现

（一）体检

在尿腹膜炎的早期阶段进行身体检查时，身体异常可能不明显。当尿潴留足够多，且从膀胱泄漏大于腹膜吸收时，腹胀就会发生。特别是在成年马，只有当尿量足够多时才能使腹部扩大明显。在新生马驹中，尿腹膜炎就更加显而易见，其腹胀明显，轻度至中度腹痛，全身抑郁症，常见哺乳活动减少。

患有尿腹膜炎的一些马匹（包括膀胱破裂的）仍可正常排尿。受影响最大的马有排尿困难或尿频。然而，在新生马驹中，尿痛可能会被误认为因胎粪保留或嵌塞排便而导致的。受胎粪嵌塞影响的马驹将表现为驼背（背曲），其与脊柱前弯症表现截然相反，一个明显的特征就是患有尿腹膜炎的马驹有使劲排尿的迹象。然而，胎粪嵌塞可导致尿道断裂和尿腹膜炎。在母马使劲产仔时，马驹的紧张和胎粪的压挤也会导致膀胱破裂。在母马使劲期间，腹内压力和保留在骨盆口的胎粪的压力将明显增加，如此可引起膀胱壁较大的创伤。

尿腹膜炎可导致腹膜腔外并发尿沉积；小马可发生含尿液的阴囊肿大。临床观察发现，皮下会出现类似于其他领域的皮下水肿一样的尿液积累。然而，超声检查发现，渗入皮下组织的尿液表现为低回声液区在高回声组织平面之间分散。脐尿管漏尿可能引起尿腹膜炎和尿液积聚在脐部皮下(图 184-4)，这可发展为全身腹部浮肿和公驹的包皮水肿。输尿管疝气使尿道腹膜的切面成为尿腹膜炎另外的表征，会阴部肿胀可能会导致尿道疝气。胸腔的超声检查应在患有尿腹膜炎的马驹中应用，因为已有相关报道指出，并发的胸腔积液中含有从腹膜腔渗漏过来的漏尿。

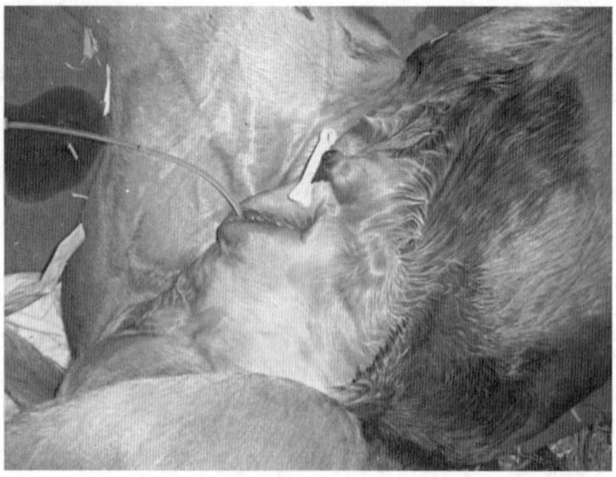

图 184-4 由末梢脐尿管损伤引起肚脐部位尿液通过皮下泄露，导致大范围腹水肿和阴囊充盈

(二) 神经紊乱

已报道，新生马驹的精神抑郁，行为异常，皮质盲和癫痫均与低钠血症有关，这是因为低钠血症降低细胞外液的渗透压，使水扩散到细胞内并引起脑水肿。因为颅内压增高和脑肿胀导致了可见的神经功能紊乱。

(三) 化脓性腹膜炎

在一些病例中，其中一些化脓性病灶破坏尿道的完整性和发生较多的尿漏导致发生尿腹膜炎，腹腔败血症也会发生。如果尿液进入腹腔而发生感染，就会发生佝偻病、脐尿管脓肿、膀胱炎、肾盂肾炎和化脓性腹膜炎。

(四) 腹泻

尿腹膜炎也会发生腹泻，这可能是由于并发胃肠病的结果。然而，体液平衡失调后穿过肠壁而发生腹泻，局部淋巴管郁积也会导致腹泻发生。

五、诊断

(一) 超声检查法

超声检查法已在很大程度上取代了尿腹膜炎的影像诊断法，因为使用超声检查法可以快速和无创检测到该病。检查发现，血清电解质紊乱和高的腹腔：血清肌酐浓度比，这些就是尿腹膜炎的特征。应用超声检查法可以很容易找到腹水的取样和引流的位置。

尿腹膜炎的持续情况，尿液生成速率以及缺陷的大小和位置影响了释放到腹腔中尿液的容积。若腹腔中积聚大量尿液时，使用定影反射波法检测小肠环、肠系膜和大网膜是不受约束的。膀胱通常可成像为腹部后端倒坍和折叠结构的一部分，但也可能显示为一个小的、皱缩和完整的结构。膀胱壁的破裂有时可以直接检测到，但脐尿管难以成像。其他的研究结果提示，膀胱或脐尿管的危害包括脐动脉扩张、脐尿管脓肿或脐尿管肿大。

通过向膀胱内注入无菌含盐水气泡（通过搅拌获得）作为造影剂来鉴定新生马驹的膀胱缺陷；如果存在缺陷，则高回声气泡出现在相对低回声的腹尿中。使用无菌的亚甲蓝或荧光染料来检测腹膜液中的带标记的染料，这种方法也被用来确认是否存在膀胱缺陷。

（二）临床病理学

电解质紊乱、氮质血症和代谢性酸中毒在患有尿腹膜炎的马中都很常见，当转诊前静脉输液疗法改善预期的电解质变化是不一致的。

经典的和最临床的相关血清电解质失调，包括低钠血症、低氯血症和高钾血症。当心电图检查结果一致时，高钾血症将进一步怀疑。心电图包括一个广泛的、扁平或有时无 P 波，增宽的 QRS 波群以及窄瘦的 T 波。如果高钾血症严重时，心室纤维性颤动和心脏停搏将会发生。酸中毒主要是代谢性酸中毒，主要是由于胞内氢离子与钾离子相交换和由于血容量减少而发生的乳酸酸中毒而导致的。在尿腹膜炎严重的病例中，可能因为呼吸换气不良导致并发呼吸性酸中毒。关于氮质血症的形成和血清肌酐浓度的增加和腹水/血液肌酐比值的原因早有讨论，后者是不受静脉输液疗法所影响的。

全血细胞和纤维蛋白原的数量取决于是否存在感染、并发病和尿腹膜炎的持续时间。

（三）腹水

在评估马驹腹水时，兽医要清楚马驹的有核细胞总数的正常范围要比成年马低。使用超声检查法标识出有足够深度腹水的腹中线位置，在该位置进行穿刺不仅很方便而且也能降低肠穿刺的可能性。若腹水肌酐的浓度至少是血清肌酐浓度的 2 倍，就可以确认发生尿腹膜炎；然而，在一些病例中，腹水中存在较小浓度的肌酐。例如，在其他部位（皮下或腹膜后）尿液泄漏，由于肌酐能被再吸收，导致腹水：血清肌酐比率略有增加。相反的，马驹的脐尿管损伤与膀胱损伤相比，前者要比后者的腹水：血清肌酐比要高。

另外，患有尿腹膜炎的成年马要比马驹在腹水中更常见有碳酸钙晶体。虽然尿液被认为是无菌的，但细胞学证据表明，有败血症并发脐脓毒症或脐静脉炎，或者如果脓毒症病灶导致尿腹膜炎时，这些病例的尿液均是有菌的。后者可存在于任何年龄的动物。

（四）染料研究

如果通过导尿管将无菌的荧光染料或亚甲蓝输注入膀胱中，若在腹水中检测到染料，就可以确认膀胱或脐尿管发生破裂。

（五）对比影像学研究

患有尿腹膜炎，腹水密度的存在掩盖了普通腹部 X 线片的细节。X 线片正面可用来证实膀胱破裂的诊断和确认泄漏的部位。静脉内肾盂造影可显示输尿管破裂。

六、治疗

最初的治疗目标是通过纠正电解质和酸碱平衡来使体液恢复正常和稳定患者。腹腔引流可以改善通风换气和进一步降低血清钾的浓度。在腹水被排出的情况下，静脉内液的置换容积应等于腹水除去的容积，以避免急性低血压症。

（一）药物治疗

1. 补液疗法

除了容积膨胀，补液疗法的主要目标是通过稀释促进钾离子与氢离子的细胞内交换来降低钾的浓度。静脉输液可稀释细胞外液中钾的浓度，而使用含有葡萄糖的溶液可刺激内源性胰岛素的分泌，其驱动钾进入细胞与葡萄糖协同转运，含钾溶液应尽量避免使用。基于这些因素，选择 0.9%NaCl 溶液和含有 2.5%葡萄糖的 0.45%NaCl 溶液。若高血钾症不是一个致病因素时，使用含有 5%葡萄糖的平衡电解质溶液也是合适的；然而，若有低钠血症存在时，使用含有 5%葡萄糖的无菌水可导致发生严重的脑水肿，应避免使用。

2. 腹腔引流

清除腹膜尿液有助于缓解高钾血症，并能改善通气。沿腹侧正中白线做腹腔引流很容易实现的。做引流前，使用超声检查法来选择合适的位置很有利，且发生肠穿刺的风险最小。引流区域要做无菌处理，皮下组织要注入局部麻醉剂和站点体壁渗透，可使用大静脉导管、乳头导管、导尿管或蕈头导管进行引流。其中，使用蘑菇导管是最不可能发生闭塞的。腹尿应缓慢排空，因为腹腔内血管面积将得到扩展，可以降低全身血管阻力，从而导致血压显著下降，继而出现代偿性心动过速。先前存在的血容量过低可能会进一步加剧血压下降，所以，在做腹水引流之前要充分考虑能剩足够可恢复容积的液体是非常重要。此外，腹腔减压也可能会因为缺血导致释放到循环中的有害物质留在组织中，这些有害物质包括乳酸和钾。这些混合物的循环水平升高可促使心律失常，引起心肌衰弱和加重血管扩张。因此，在做腹水引流时和手术矫正膀胱缺陷期间，必须谨慎监控心血管系统。

3. 慢性膀胱导尿术

虽然手术被广泛应用于修复导致发生尿腹膜炎症的组织缺陷，尿道撕裂和膀胱颈背部小的缺陷（可能是由于早期使用导尿管所造成的医源性创伤）适合于采用保守治疗。保守治疗方法是小心放置导尿管，允许尿液以自身的形式从膀胱中排空，从而逐渐减少泄漏到腹腔中的尿液，导尿管应放置 4～5d。在做腹水引流的同时放置导尿管有助于去除残留的尿液，能够加快解决电解质的问题。支持疗法已在前面详细介绍过。

4. 护理

定期监测就医新生马驹的尿液生成情况和症状提示是否发生尿腹膜炎症，这种方法是可取的。如果可能的话，应协助横卧马驹站立并刺激其排尿。对于那些怀疑横卧

很长时间且表现为精神沉郁的马驹，在膀胱中预先插入导尿管时要非常谨慎。在膀胱手术后放置导尿管是一种不错的选择。

5. 控制感染

特别是那些能被泌尿系统（氨基糖苷类和β-内酰胺）代谢清除的广谱抗生素可以推荐用于抗菌预防。如果有特定的感染，应根据诊断为细菌的敏感性来选择抗生素。

（二）外科手术

在马驹中，通常是通过腹侧正中切口剖腹术来修复尿道缺陷的。这种方法极好地暴露了尿道中最常见的、受影响的区域，也就是膀胱壁和脐尿管。也有报道，采用腹腔镜修补方法进行治疗。对成年马可采用腹腔镜手术来修复膀胱缺陷，而同时马是站立的。

在新生马驹中，在全身麻醉的情况下开展膀胱缺损修复术，同时去除脐尿管残余，这种方法被广泛应用。由于心律失常随之而来的危险，如电解质紊乱，因此，在麻醉之前应注射少于5.5mol/L的血清钾，且在手术过程中要对心电图进行实时监控。腹侧正中手术径路适合于脐带残留切除术和膀胱翻转，采用该方法膀胱背部的缺陷也能完全观察到。对于膀胱和发现的任何缺陷都可以采用可吸收的缝合线进行双反相手术缝合。缝合膀胱结束后，在腹部缝合之前，要通过导尿管向膀胱中注入无菌盐水来测试是否有泄漏，以此判断膀胱缝合效果。腹部采用常规缝合后，导尿管要留在原部位2～3d，以此来降低对膀胱缝合术的压力。

本身确定输尿管缺陷的位置比较困难，所以，修复输尿管缺陷是很有难度的。在尿道腹膜上切口离腹膜后的缺陷较远。可通过在膀胱切开术后采用输尿管插管反向灌注无菌亚甲蓝染料来确定缺陷的存在情况。任何发现的缺陷都可以缝合，并将导尿管留在原位。由于很难确定输尿管撕裂的位置，因此，通常采用肾切除术来修复输尿管的撕裂。

七、新生马驹的尿腹膜炎

在采用麻醉诱导法来改善空气流通和电解质状态之前，虽然选用腹水引流来改善呼吸机能是可取的，但是该方法容易发生堵塞。使用蘑菇导管或有孔的胸套管针要比使用不锈钢的奶头插管或静脉内导管更加可取，因为多个开口可以使引流更加通畅。若能实现，胸内和腹内压会降低，随着腹内压的降低会相应增加静脉回心血量和心输出量。

注意做好护理，尽量避免腹腔尿液释放速度过快，因为积水导致腹内压力相应增加以至于肺的顺应性降低和静脉回心血量减少。在发生尿腹膜炎时，腹部筋膜室综合征可能发生，压力突然释放会导致全身血管阻力下降，从而导致血压急剧下降和补偿性心动过速。先前的低血容量可能使血压进一步下降。因此，在腹水引流之前，保留足够的体液以此来保证恢复是非常重要的。减压也可能使乳酸和钾释放而进入血液循环，此类物质在血液中的循环水平突然升高可促发心律失常，引起心肌抑郁，并加重血管扩张。有报道称，在采用手术来纠正麻醉小马驹的尿腹膜炎时，马驹随着心室停顿而发生了3度心传导阻滞。

对患有尿腹膜炎的马驹进行麻醉前，首先要考虑是否存在高钾血症，因为高钾血症可引起心动过缓、房室传导受阻、心室颤动和其他心律失常。虽然无并发高钾血症，对患有尿腹膜炎的马驹采用电气干扰也是可以应用的。在使用麻醉诱导之前，建议将血清钾浓度控制在<5.5mol/L范围内。

推荐阅读

Dunkel B, Palmer JE, Olson KN, et al. Uroperitoneum in 32 foals: influence of intravenous fluid therapy, infection, and sepsis. J Vet Intern Med, 2005, 19: 889-893.

Hardy J. Uroabdomen in foals. Equine Vet Educ, 1998, 10: 21-25.

Jean D, Marcoux M, Louf CF. Congenital bilateral distal defect of the ureters in a foal. Equine Vet Educ, 1998, 10: 17-20.

Jones PA, Sertich PS, Johnston JK. Uroperitoneum associated with ruptured urinary bladder in a postpartum mare. Aust Vet J, 1996, 74: 354-358.

Kablack KA, Embertson RM, Bernard WV, et al. Uroperitoneum in the hospitalised equine neonate: retrospective study of 31 cases, 1988-1997. Equine Vet J, 2000, 32: 505-508.

Love EJ. Anaesthesia in foals with uroperitoneum. Equine Vet Educ, 2011, 23: 508-511.

Ryland III BE, Ducharme NG, Hackett RP. Laparoscopic repair of a bladder rupture in a foal. Vet Surg, 1995, 24: 60-63.

Snalune KL, Mair TS. Peritonitis secondary to necrosis of the apex of the urinary bladder in a post parturient mare. Equine Vet Educ, 2006, 18: 20-26.

Tuohy JL, Hendrickson DA, Hendrix SM, et al. Standing laparoscopic repair of a ruptured urinary bladder in a mature draught horse. Equine Vet Educ, 2009, 21: 257-261.

Wong DM, Sponseller BT, Brockus C, et al. Neurologic deficits associated with severe hyponatremia in 2 foals. J Vet Emerg Crit Care, 2007, 17: 275-285.

（王文秀　译，董文超、单然　校）

第 185 章　马驹低钙血症

Ramiro E. Toribio

一、钙生理学

钙对机体的各项生理活动起着至关重要的作用，它是机体的构造者，又是机体的调解者，是机体的生命之源。钙离子调节着细胞内外生理和病理过程。钙在血液凝固、神经肌肉兴奋、肌肉收缩、酶的活化、激素分泌、细胞分裂、细胞膜稳定和细胞凋亡等生理过程中都发挥着重要作用。

胞外钙离子浓度受生理（如妊娠、哺乳、运动、生长）和病理（如败血症、胃肠道疾病、肾损伤、肿瘤）过程的影响。鉴于钙离子的多效功能，胞外钙离子浓度保持在一定的范围内很有必要。在马血中，全钙（Total calcium，TCa）是由结合蛋白和络合阴离子（碳酸氢盐、磷酸盐、乳酸盐、柠檬酸盐）以及游离钙离子构成，并处于循环状态（钙：生物活性钙；框图 185-1，框图 185-2）。马驹血液中全钙和钙离子浓度均比成年马低，马驹体内钙离子浓度约占全钙的 50%，成年马体内钙离子占全血钙的 55%。对钙的需求量取决于年龄、生理状态和活动状况。新生马驹由于生长迅速和骨骼矿化对钙的需求量更高。与全钙相似，全镁（Total magnesium，TMg）也存在结合蛋白、络合阴离子和游离镁离子（Mg^{2+}：活性）多种形式（图 185-1）。

框图 185-1　缩略词

英文缩写	英文全称	中文全称
$1,25(OH)_2D_3$	1,25-dihydroxyvitamin D_3	1,25-二羟基维生素 D_3，骨化三醇
Ca^{2+}	Ionized calcium	钙离子
CaSR	Calcium-sensing receptor	钙敏感受体
CRI	Continuous rate infusion	连续输注速率
CT	Calcitonin	降血钙素
Mg^{2+}	Ionized magnesium	镁离子
Pi	Phosphorus，phosphate	磷，磷酸盐
PTH	Parathyroid hormone	甲状旁腺素
PTHrP	Parathyroid hormone-related protein	甲状旁腺激素相关蛋白
SDF	Synchronous diaphragmatic flutter	同步膈扑动
SIRS	Systemic inflammatory response syndrome	全身性炎症反应综合征
TCa	Total calcium	全钙
TMg	Total magnesium	全镁

框图 185-2　马驹低血钙相关词

英文	中文
Acute renal failure	急性肾衰竭
Alkalosis	碱毒症
Cell lysis	细胞溶菌作用
Colic	疝气
Enteritis	肠炎
Enterocolitis	小肠结肠炎
Hypomagnesemia	低镁症
Hypoparathyroidism	甲状旁腺功能减退
Idiopathic hypocalcemia	低血钙症
Ileus	肠梗阻
Oxalate toxicity	草酸毒性
Pancreatitis	胰腺炎
Phosphate enemas	磷酸盐灌肠剂
Rhabdomyolysis	横纹肌溶解
Sepsis and endotoxemia	败血症和内毒素血症
Systemic inflammatory responses syndrome（SIRS）	全身性炎症反应综合征

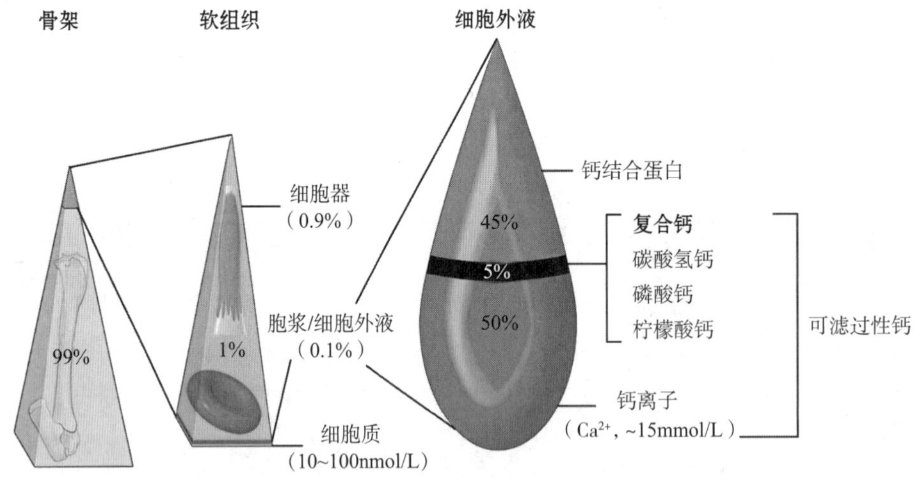

图 185-1　马驹体内钙分布简图

99%的全钙储存在骨骼和牙组织中，剩余 1%钙存在于细胞器（0.9%）和细胞外液（占 0.1%）。胞外钙以自由基和钙离子（Ca^{2+}）2 种形式存在，结合在蛋白（主要是白蛋白）和阴离子形成复合物（碳酸氢盐、磷酸盐、柠檬酸盐和乳酸盐）上。马驹胞外钙离子占总细胞外钙的 43%～55%。可超滤钙（钙离子和复合钙）可迅速被肾吸收

（R. Toribio 绘图）

钙平衡系统是由肾钙代谢平衡、肠道钙代谢平衡和骨骼等3大系统，甲状旁腺激素（Parathyroid hormone，PTH）、降血钙素（Calcitonin，CT）和1,25-维生素D_3［1,25-dihydroxyvitamin D_3，1,25$(OH)_2D_3$］3种激素以及钙敏感受体（CaSR）构成。Mg^{2+}对于钙的调节是至关重要的，因为甲状旁腺激素的释放、甲状旁腺激素的作用和1,25$(OH)_2D_3$的合成过程中均依赖于Mg^{2+}。胞外Ca^{2+}浓度下降可促进甲状旁腺分泌甲状旁腺激素增加，反之，将作用于肾脏增加对钙的重吸收和1,25$(OH)_2D_3$的合成，并在骨骼中增加破骨细胞的骨吸收。甲状旁腺激素还可提高尿磷（phosphorus，P_i）的排泄量。1,25$(OH)_2D_3$可增加肠道对Ca^{2+}和尿磷吸收以及肾脏对Ca^{2+}和尿磷的重吸收。当高钙血症时，甲状腺C-细胞分泌甲状旁腺激素抑制破骨活性，降低肾脏对钙的重吸收以及降低血清中钙离子浓度。甲状旁腺激素相关蛋白（PTH_rP）是甲状旁腺激素受体的自分泌或旁分泌的激活因子；在胎儿中，它在经胎盘的钙转运和钙平衡起着重要作用，但在成年人中作用不大。人们怀疑，甲状旁腺激素相关蛋白或1,25$(OH)_2D_3$浓度的增加可能与高钙血症和新生马驹窒息的罕见综合征的发病机制相关。

酸中毒可提高血清中Ca^{2+}和Mg^{2+}的浓度，而碱中毒可降低血清中Ca^{2+}和Mg^{2+}的浓度。低白蛋白血症会降低全钙浓度，但对钙离子浓度几乎无影响（如假性低钙血症）。

二、低钙血症

成年马低钙血症多由胃肠疾病引起，而幼驹低钙血症一般与严重疾病、败血症和胃肠疾病有关。低钙血症主要是通过改变新生幼驹的神经肌肉活动性、心脏收缩力、血压、组织灌注和胃肠功能而对新生马驹造成严重损伤。马驹低钙血症的致病条件包括甲状旁腺功能减退症、低镁血症、败血症（内毒素血症、细胞因子）、肠炎、小肠结肠炎、横纹肌溶解症、低蛋白血症、先天性低钙血症、胰腺炎、急性肾损伤、高磷血症（细胞溶解、灌肠）和碱毒血症（框图185-2）。还有其他的观点，但报道很少，低钙血症的致病因素包括钙离子的细胞内转移（隔离、螯合），维生素D缺乏，甲状旁腺激素分泌受阻（假性甲状旁腺功能减退症）和肠道内钙的流失。在给定的马驹中，多个因素（如炎症性细胞因子和低镁血症）作用一段时间才会导致发生低钙血症。

通过测定血清中全钙、钙离子、全镁、镁离子、磷、甲状旁腺激素、总蛋白和白蛋白浓度来对钙的自我调节系统进行临床评估。对患有低钙血症的马驹测定Mg^{2+}的浓度也非常重要。在长时间钙离子调节失常的情况下，测定甲状旁腺激素相关蛋白和降血钙素浓度才有重要意义，否则意义不大。除了碱中毒外，酸碱度可作为电离低钙血症的诱因。从标准转换为SI中，钙转换系数如下：1mg/dL×0.25＝1mmol/L；1mmol/L＝4mg/dL钙。

（一）甲状旁腺功能减退症

甲状旁腺功能减退症包含系列病理过程，有先天性和后天性2种，即可以是原发性甲状旁腺疾病又可以是继发性甲状旁腺疾病，所有疾病均可导致甲状旁腺激素分泌的降低。马驹容易患甲状旁腺功能减退症已得到证实。原发性甲状旁腺功能减退症是由甲状旁腺本身不分泌甲状旁腺激素（先天性或后天性）导致的，而继发性甲状旁腺功能减退症是由甲状旁腺组织以外的疾病（镁耗尽、细胞因子）导致的。在人类，各种不同原因的突变是导致甲状旁腺功能减退症的主要原因，然而在家畜中，没有基因突变也会导致发生甲状旁腺功能减退症。人类的自身免疫性甲状旁腺功能减退症已有相关报道，其中，钙敏感受体的抗体会影响到受体的活性和抑制甲状旁腺激素合成，这种现象在家畜中并没有得到证实，在新生驹中也不大可能发生。患先天性甲状旁腺机能亢进症或糖尿病母亲的后代婴儿容易发生新生儿的低钙血症。据推测，甲状旁腺功能亢进的母亲体内中的高浓度的 Ca^{2+} 可抑制胎儿甲状旁腺功能。3 周龄的幼驹若患有继发性甲状旁腺机能亢进症，不会发生低钙血症或甲状旁腺功能减退症，临床上主要表现为瘦弱、关节疼痛、软组织矿化等。马驹和马多数情况下发生的是继发性甲状旁腺功能减退症（败血症、细胞因子或低镁血症）。任何患有难治愈的低钙血症马驹，均怀疑伴随甲状旁腺功能减退。

实验室检测表明，甲状旁腺功能减退症包括低钙血症、高磷血症、高钙尿症、低磷酸盐尿、低或正常血清甲状旁腺激素浓度，低镁血症被证实也包括在内。因为正在生长的动物的磷含量要比成年动物更高，所以，在患有甲状旁腺功能减退症的马驹中，很难对轻度的高磷血症进行评价。重度的高磷血症可导致发生低钙血症（沉淀）和软组织的矿化。甲状旁腺功能减退症和低钙血症的临床症状是相同的。

（二）低镁血症

镁是钙稳态必不可少的因素。甲状旁腺功能（甲状旁腺激素转录、合成和分泌）、甲状旁腺激素作用（受体活化）和 $1,25(OH)_2D_3$ 合成和作用都是一些 Mg^{2+} 依赖性的过程。缺镁可导致甲状旁腺激素分泌减少，$1,25(OH)_2D_3$ 合成减少以及甲状旁腺激素和 $1,25(OH)_2D_3$ 的活性受阻，上述都是低钙血症的致病因素。在病马的血常规检查中很少检测全镁和镁离子的浓度。有趣的是，许多患有危重低钙血症的马驹中也存在低镁血症。内毒素血症在感染革兰氏阴性细菌的马驹中常见，其可诱发马和马驹的低镁血症。因此，兽医应该考虑检测患有低钙血症马驹的血清中镁离子的浓度。

（三）脓毒血症相关的低钙血症

在患有低钙血症的马驹和成年马中，全身性炎症反应综合征（SIRS）、脓毒症和胃肠道疾病是最常见的。低钙血症是新生马驹的常见疾病，许多患有低钙血症的马驹均有足够的甲状旁腺激素应答；然而，也有一些低钙血症的马驹的甲状旁腺激素浓度低于或处于正常范围，如此表明了甲状旁腺对低钙血症影响不大。镁离子浓度较低可以对上述一些异常情况进行解释，但在一些情况下，镁离子浓度也处于正常范围内。炎症副产物、内毒素和细胞因子［如白介素 1-β（Interleukin-1 β，IL-1β）、IL-6 和肿瘤坏死因子 α（Tumor necrosis factor-α，TNF-α）］能干扰甲状旁腺主细胞的功能。本研究小组研究表明，内毒素血症、IL-1β 和 IL-6 可通过增强钙敏感受体的活性来减少

马的甲状旁腺主细胞的甲状旁腺信使 RNA 转录和分泌。有证据表明，马驹和马发生全身性炎症反应时，上述细胞因子在其体内会增加。研究证实，许多患有低钙血症、低镁血症或血镁正常以及甲状旁腺激素浓度低或正常马驹的甲状旁腺功能减退症由炎性细胞因子（细胞因子介导的继发性甲状旁腺功能减退症）所介导。

（四）先天性低钙血症

先天性低钙血症就是没有疾病的情况下，血清钙的浓度较低而被鉴定为低钙血症的一种疾病。先天性低钙血症一般发生于<5 周龄的马驹。尽管术语先天性被用来指很少或没有病理生理学信息的一些情况，但是在马驹的先天性低钙血症中，多种可能性可以解释临床和实验室的结果。这些包括甲状旁腺功能减退症、低镁血症、内毒素和细胞因子介导（败血症）。低钙血症、肾损害导致的高钙尿症以及不明原因的基因突变均可改变钙稳态。在人类中，多数先天性甲状旁腺功能减退或先天性低钙血症的致病原因就是钙敏感受体的激活突变或自身免疫性疾病而导致钙敏感受体活化引起的。因此，先天性低钙血症或先天性甲状旁腺功能减退症等术语很少在人类医学中应用。

在一项实验中，5 匹患有先天性低钙血症的马驹（4 日龄～5 周龄），结果发现：5 匹马驹均具有较低的甲状旁腺激素浓度，对钙替补疗法反应弱。这个情况与人类的甲状旁腺功能减退症相类似。不幸的是，未对这些马驹中进行血镁浓度的检测，导致了不能证明低镁血症是否为低钙血症的致病因素。基于我们的研究，存在 2 种可能，一种可能是增加降血钙素浓度的检测不能解释这些马驹低钙血症的发展情况；另一种可能是，它们在钙稳态方面均有一个遗传缺陷，未能找到这些马驹的甲状旁腺。因为甲状旁腺位置的变化和尺寸过小，导致难以在这些马驹中找到它。该报告中所有患有先天性低钙血症的马驹均死亡或安乐死。

（五）遗传异常

在人类，许多突变（迪乔治综合征，巴特综合征 V 型）已证明与甲状旁腺功能减退相关。在这些突变中，钙敏感受体的活化突变是最常见的。器官中钙敏感受体表达涉及了 Ca^{2+} 动态平衡，包括甲状旁腺主细胞、甲状腺 C 单元和肾小管细胞。由胞外阳离子（钙离子、镁离子）激活的钙敏感受体可以抑制甲状旁腺激素的分泌，增加降血钙素的分泌，并减少肾重吸收 Ca^{2+} 和 Mg^{2+}（钙化和镁化）。这种钙敏感受体的活化突变可以解释许多患有先天性低钙血症的马驹所存在的临床症状和实验室异常情况，然而，马的低钙血症或甲状旁腺功能减退症均与突变不相关。

（六）急性肾损伤

马驹发生急性肾损伤，尤其是在围产期缺氧或严重血容量不足所产的新生马驹，可以由短暂的低钙血症继发为缺血、肾小管坏死，并减少了肾对 Ca^{2+} 和 Mg^{2+} 的重吸收。这些马驹将会发生低钙血症和低镁血症，但甲状旁腺激素较高。通过适当的药物治疗，这些马驹可以恢复，但如果治疗被延误或治疗不恰当，它们将会发展为慢性肾脏疾病。

(七) 胰腺炎

在人类和小动物中，胰腺炎被公认为是一个导致发生低钙血症的原因，但是，这种情况在马驹中鲜有报道。近期有报道，5 日龄阿帕卢萨马马驹的胰腺炎和癫痫均与低钙血症有关，该马驹的异常表现有腹泻，腹胀，腹腔积液，红细胞增多，中性粒细胞增多，高脂肪酶和淀粉酶活性，低血糖症，高甘油三酯血症。然而，该马驹的低钙血症是否是胰腺疾病或全身性炎症反应综合征的一个直接结果目前尚不清楚。胰腺炎应可以作为马驹低钙血症和急腹症的鉴别诊断条件，而对无明显诊断症状的动物，应考虑测量脂肪酶、淀粉酶的活性和甘油三酯的浓度。

(八) 肌肉损伤或横纹肌溶解症

患有急性肌肉溶解继发为创伤，维生素 E 或硒缺乏，或气性坏疽的马驹可通过将钙离子转移到肌肉纤维并螯合，SIRS 和多器官功能衰竭而发展为低钙血症。而且这些动物还额外患有高钾血症和高磷酸盐血症。

三、低钙血症的临床症状

急性低钙血症神经肌肉兴奋性提高和平滑肌细胞收缩性降低的结果。因为钙离子是钠离子通道的拮抗物，胞外 Ca^{2+} 浓度主要是通过降低 Na^{+} 的渗透性和提高去极化阈值来影响钠通道的活性。平滑肌细胞需要胞外 Ca^{2+} 浓度来保持收缩性。胞外钙离子浓度的下降可引起过度兴奋状态［例如，共济失调，抽搐，肌肉震颤，震颤，痉挛，手足搐搦症，磨牙症，心律失常，同步膈颤振（Synchronous diaphragmatic flutter，SDF)］，降低平滑肌收缩性（肠梗阻、绞痛、低血压），还可能导致更严重的病情，甚至死亡。患有低钙血症的马驹若再发生低镁血症，其临床表现将会更加严重，尤其是发生神经肌肉症状。患有同步膈颤振的马驹再患低钙血症和低镁血症结果一致，临床症状也会更加严重。

四、低钙血症的治疗方法

在使用钙制剂进行治疗时，应考虑如下因素，包括钙的缺失程度，钙维持情况，体内钙质流失率，饮食摄入量，临床症状的严重程度，体液平衡，肾功能，补液速度和血镁浓度。幸运的是，马肾具有高容量钙排泄能力和很强的钙补充能力，很少发生并发症。

患轻度低钙血症的马驹，静脉注射每升含有 20mL 的 23％葡萄糖酸钙的溶液，足以恢复正常血钙的浓度。重度低钙血症和败血症的马驹，需要更高的注射剂量。马驹可口服碳酸钙、磷酸钙或葡萄糖酸钙加以补充。如果过量或长时间给药，因钙盐可刺激口腔，所以，可变更为与饲料共同递送或鼻胃管交替使用，可选用马驹独有的胃管肠饲喂方法。有些马驹可能不会改善，可同时补充 Mg^{2+} 进行辅助治疗。此外，过量

使用钙而不考虑镁的状态是非常有害的。钙是一种利尿剂，可降低肾脏对镁离子重吸收（Mg^{2+}的损耗），可导致病情复杂化。镁补充剂应在给马驹输液和使用钙制剂进行治疗时均应加以考虑。

硫酸镁是可用于静脉注射的一种盐。硫酸镁的使用剂量主要取决于临床适应证、使用方法和使用速度。静脉注射硫酸镁的推荐使用剂量：成年马是每天使用25～150mg/kg，新生马驹也可使用相同的剂量。在马驹中，可将硫酸镁制成一次性输入剂量进行使用（40～50mg/kg，静脉注射），过几分钟，再置换为溶液，或恒速输入（CRI）。已报道的硫酸镁恒速输入率为：马驹缺血性脑病和癫痫发作［50mg/(kg・h)的给药剂量，随后是25mg/(kg・h)的给药剂量］效果良好。对于患有低钙血症和低镁血症的马驹，作者使用了40～60mg/kg体重剂量（每匹平均大小的马驹使用2g，使用葡萄糖或透明溶液），在10min后，使用25～50mg/kg，每6h使用1次，或每天恒速输入50～150mg/kg。针对患有低钙血症和低镁血症的幼驹，使用剂量为25～50mg/kg，静脉注射或肌内注射，每4～6h使用1次，缓慢使用，或每天使用CRI 30～60mg/kg。推荐使用方案：平均每匹低镁血症患者输注含量为2g硫酸镁5%～10%的溶液，10min后，每小时使用1g/100mL溶液。

适合口服给药的镁制剂，如硫酸镁、氧化镁、碳酸镁和葡萄糖酸镁。泻盐（硫酸镁）是一种廉价的替代口服肠外硫酸镁，但高剂量可润肠通便，诱导睡眠。实时监测血清Ca^{2+}和Mg^{2+}的浓度对于调整剂量和减轻中毒来说非常重要。尚无证据可证实维生素D对马驹的顽固性低血钙症有明显效果；然而，在临床症状已持续多日和应用效果不明显的情况下，使用维生素D可以作为另一种选择。在这些情况下，建议使用活性化合物［骨化三醇；1,25$(OH)_2D_3$］，而不是使用前体，因为治疗初期是要求慢速的，不需要肾激活，药物半衰期要短（因此潜在毒性相对降低）。适合于马驹的骨化三醇剂量尚不清楚。对于小动物，每天推荐剂量是0.025～0.06μg/kg。对于甲状旁腺功能减退、超过6岁的幼驹和成年马，每天口服剂量为0.5～2μg，而静脉注射所用剂量为1～2μg，每周使用2～3次。一些马驹要进行抗癫痫治疗或镇静控制，是否使用额外的治疗措施将依赖于动物的临床表现。

患有难治性低钙血症的马驹一般预后不良，应放弃治疗。

推荐阅读

Al-Azem H，Khan AA. Hypoparathyroidism. Best Pract Res Clin Endocrinol Metab，2012，26：517-522.

Berlin D，Aroch I. Concentrations of ionized and total magnesium and calcium in healthy horses：effects of age，pregnancy，lactation，pH and sample type. Vet J，2009，181：305-311.

Beyer MJ，Freestone JF，Reimer JM，et al. Idiopathic hypocalcemia in foals. J Vet Intern Med，1997，11：356-360.

Brown EM. Calcium sensing by endocrine cells. Endocr Pathol, 2004, 15: 187-219.

Egbuna OI, Brown EM. Hypercalcaemic and hypocalcaemic conditions due to calcium-sensing receptor mutations. Best Pract Res Clin Rheumatol, 2008, 22: 129-148.

Estepa JC, Aguilera-Tejero E, Zafra R, et al. An unusual case of generalized soft-tissue mineralization in a suckling foal. Vet Pathol, 2006, 43: 64-67.

Hurcombe SD, Toribio RE, Slovis NM, et al. Calcium regulating hormones and serum calcium and magnesium concentrations in septic and critically ill foals and their association with survival. J Vet Intern Med, 2009, 23: 335-343.

Ollivett TL, Divers TJ, Cushing T, et al. Acute pancreatitis in two five-day-old Appaloosa foals. Equine Vet J Suppl, 2012, 44 Suppl 41: 96-99.

Suva LJ, Winslow GA, Wettenhall RE, et al. A parathyroid hormone-related protein implicated in malignant hypercalcemia: cloning and expression. Science, 1987, 237: 893-896.

Tfelt-Hansen J, Brown EM. The calcium-sensing receptor in normal physiology and pathophysiology: a review. Crit Rev Clin Lab Sci, 2005, 42: 35-70.

Toribio RE. Disorders of calcium and phosphorus. In: Reed SM, Bayly WM, Sellon DC, eds. Equine Internal Medicine. St. Louis: Saunders Elsevier, 2010: 1277-1291.

Toribio RE. Disorders of calcium and phosphate metabolism in horses. Vet Clin North Am Equine Pract, 2011, 27: 129-147.

Toribio RE, Kohn CW, Capen CC, et al. Parathyroid hormone (PTH) secretion, PTH mRNA and calcium-sensing receptor mRNA expression in equine parathyroid cells, and effects of interleukin (IL) -1, IL-6, and tumor necrosis factor-alpha on equine parathyroid cell function. J Mol Endocrinol, 2003, 31: 609-620.

Toribio RE, Kohn CW, Rourke KM, et al. Effects of hypercalcemia on serum concentrations of magnesium, potassium, and phosphate and urinary excretion of electrolytes in horses. Am J Vet Res, 2007, 68: 543-554.

Wysolmerski JJ, Stewart AF. The physiology of parathyroid hormone-related protein: an emerging role as a developmental factor. Annu Rev Physiol, 1998, 60: 431-460.

（王文秀　译，董文超、单然　校）

第 17 篇
骨骼和肌肉的疾病

第 186 章　骨骼感染的管理

Joel Lugo

骨骼感染可以毁坏马匹的健康、运动生涯乃至生命。在短期内，炎症和败血症性疼痛能破坏骨骼正常的功能。如果败血症未被成功治愈，由于退行性关节疾病、纤维组织限制关节囊的活动性或者骨骼未能正常愈合的缘故，骨骼的长期功能会受到影响。马的骨骼感染可能源自内源的或者外源的途径，可涉及骨或者滑膜腔，如关节、腱鞘和囊。由于马匹的解剖结构特点以及其肢体暴露于自然环境中，马肢体末端的损伤是非常常见的，并经常导致骨骼感染。然而，及时的诊断和积极的治疗经常能使病马恢复到一个令人满意的健康程度。本章节讨论关于骨骼感染的诊断和治疗选择。

一、发病机理和临床症状

掌握准确的病史情况对于兽医全面了解败血性滑膜炎或者骨感染的发病机理是很有必要的。在细菌从一个远离感染结构的部位开始形成系统性分布后，幼驹典型状况下会受到关节、长骨体生长部或骨骺感染的影响。干骺端和骺板的血管解剖学使马驹倾向于这种类型的感染，因为循环血趋向于沉积于此并且细菌容易在此处繁殖。对患有败血性关节炎的马驹进行病原分离，一般的常见病原是肠杆菌，最常见的是埃希氏大肠杆菌。沙门菌和克雷伯氏菌也常常被分离出来。革兰氏阳性菌，包括链球菌、葡萄球菌和马属红球菌也能引起感染。当发生一个或多个肢体的跛行、滑膜液渗出或者局部发热和水肿时，马驹往往会引起兽医的关注并进行诊疗。

对于成年马，细菌通常由伤口进入滑膜腔或由于在骨折修复、关节手术或者关节内注射时灭菌不充分而造成滑膜腔的感染。患有败血性关节炎的马匹，在发生滑膜结构的直接创伤后的 3～21d，经常发展为严重的跛行。偶然情况下，如果关节囊遭到损伤以致坏死并且在受损后若干天覆盖的囊组织发生脱落，污染扩散进入滑膜腔可被延迟。当滑膜结构受损的马匹接受滑膜腔的冲洗或者高剂量的抗炎药物治疗时，病马可能感到舒适，但当伤口二期愈合、闭合和包埋败血性的炎症液体时，马匹可能感到更加疼痛。

成年马的骨髓炎和骨炎是由细菌感染和血液供应到骨密质或髓腔紊乱所引起的，这常发生在骨的直接损伤后（如撕裂或者骨折）。创伤性的损伤导致骨膜的剥离，使骨表面暴露于外环境中并危害骨的血管供应，最终导致骨坏死。与这种感染类型相关的临床症状包括局部肿胀、热、触诊疼痛、轻度到严重的跛行，或者带有脓性分泌物（在使用抗菌药进行治疗时，这些分泌物减少或消除，但当停止使用抗菌药后又会再次排出）的不愈合伤口。

成年马的创伤性骨感染和败血性关节炎常常由混合的细菌感染引起，但通常是一种病原菌为主要致病病原。分离到的细菌通常是需氧菌，包括肠杆菌、链球菌、葡萄球菌和其他革兰氏阴性菌、革兰氏阳性菌。手术或医源性感染常常由葡萄球菌引起。真菌也能引起骨骼感染，对抗菌药无应答的马匹应该怀疑此种情况。

二、诊断

对于怀疑发生骨骼感染马匹的身体检查应该详尽和系统。需要对有伤口的或者疑似发生感染的组织进行局部仔细的检查。已感染结构的触诊提示肿胀的存在，肿胀可来自滑膜周围组织内的水肿和滑膜腔内的渗出。在进行无菌准备后，戴无菌手套进行触诊能帮助评估伤口的深度和迅速地探明滑膜组织的暴露情况。如有感染发生的可能性，可用无菌的有延展性的探头对刺痕、小伤口和无法用手指进行检查的较大伤口进行深度检查。如果存在不确定性，可以将探头放置在伤口处进行射线学检查，以便更好地对可能感染的组织进行检查。

滑膜腔发生感染或者出现与伤口有关的穿孔，其最确凿证据是搜集液体样本进行培养，或者注射无菌液体至滑膜腔以观察渗漏情况，并以此来确定是否存在与伤口之间的联系。在有伤口关节的另一侧健康皮肤上，进行滑膜穿刺，但要注意避开存在严重炎症的区域。在压力下注射一定量的无菌灌洗液可成功地使关节腔膨胀。如果注入关节腔内的液体使其膨胀，并且不与伤口部分发生联系，可假定关节或肌腱分支在检查时是闭合的。然而，如果注射的液体在伤口区域变得明显，可肯定滑膜腔是开放的并且已被污染和感染。如果能获得滑膜液，有核细胞的计数和总蛋白可用来确定是否存在感染。当滑膜液中总蛋白浓度≥3.5mg/dL（正常情况下为≤2.5mg/dL），关节液内白细胞计数高于30 000/μL，则认为与关节败血症有关。然而，如果存在大量的纤维性物质的沉积，细胞数量可能更低。细胞学计数评估通常提示存在超过90%的中性粒细胞，而且大部分有退行性的变化。细胞学也能帮助鉴定滑膜液里的细菌和滑膜白细胞。感染性微生物的培养和鉴定或者通过微生物的鉴定已明确存在败血症，对于选择合适的治疗方案是非常有帮助的。在对滑膜液进行细菌培养的同时，大多数情况下已经开始凭借经验进行最初的抗菌治疗。

当怀疑有败血性关节炎、延伸到关节的开放性伤口或者骨髓炎等任一情况时，必须使用放射线进行检查。关节腔内有一定密度的气体是不正常的，应该为空气已经进入关节腔。放射线检查也常用来评估感染延伸至软骨下骨或软骨的损伤，因为败血性骨髓炎可能出现在败血性关节炎之前或之后。这些信息能够有助于预后的判定以及治疗策略的调整。骨髓炎放射线学的标志包括软组织肿胀、骨膜下新骨形成、被硬化边缘包裹的可透射线的骨溶解区域和骨坏死。推荐每10～14d进行系统性的放射线学检查以探明感染的范围和状态，并对治疗的有效性进行评估。另外，阳性造影剂有很大的作用。可将造影剂注入伤口来探测伤口是否已进入滑膜腔下，或者当怀疑有穿刺伤或者在伤口和已探明的滑膜结构有连通时，可直接将造影剂注射入关节、囊、肌腱分支内。

关节腔、骨和肌腱分支的超声波学检查也能提供有用的信息。如有必要，超声波介导允许精确地吸入怀疑感染区域物质以便检测。正常的滑膜液有均匀的无回声表现。当有败血症时，滑膜液可包含回声性的颗粒性或线性材料、可能混合有堆积的纤维、炎症碎片和异物等。随着经验的积累，超声波能够被用来探测皮质或软骨下骨骨髓炎的早期变化，而这些变化用放射线学方法进行检查则不明显。

其他已被用来诊断马匹骨伤感染的成像技术包括核闪烁扫描术、核磁共振和计算机断层扫描（CT）。这些成像技术可提供更好的清晰度和感染部位的确定，但它们的实用性对于转诊机构的选择具有局限性，并且在某些情况下会使客户花费过高。全血细胞计数和血浆中纤维蛋白原检查等实验室检测对于诊断骨骼感染有帮助，但效果也不绝对。较高的血浆纤维蛋白原浓度和白细胞增多比较常见，但也不是一直都有出现。对于发生骨骼感染的马驹，必须对最初感染的区域（如脐带或肺）进行细菌培养，因为滑膜或者骨感染将很可能会由同一病原引起。

三、治疗

骨骼感染的治疗目的是消灭细菌、移除异物、消灭炎症中介物和自由基、减轻疼痛和修复正常的滑膜环境。这些目标可通过适当地使用抗菌药、关节灌洗、手术清创、抗炎症药物和感染后复原计划来达到。在过去的10年间，多种局部使用抗菌药的方法已被报道，也已大大提高了患骨骼感染病马治疗的成功率。

(一) 抗菌药物

抗菌疗法的目的是使药物含量在感染组织中超过最小抑制浓度，因此，系统和局部的抗菌药物应用的组合很有必要。临床医师最初应该应用广谱抗菌药，然后根据临床进程、培养和药敏试验的情况进行调整。一旦推测可能出现败血性的情况，就应该静脉注射广谱抗菌药物。静脉途径比口服或肌肉途径的作用效果要快，可以最大限度地将药物渗透至滑膜结构。在传统意义上，治疗骨骼感染病马最常见的抗菌药是β-内酰胺类药物与氨基糖苷类的组合。然而，很多其他抗菌药以治疗浓度进入滑膜液后也有临床治疗上的作用。当要求长期使用药物时，一般情况下优先选择口服抗菌药，但在感染的急性阶段不推荐使用，因为消化系统吸收可能不稳定，会导致浓度降低。笔者所在的团队通常在病马临床症状消失和出院后使用口服抗菌药10～14d。

全身使用抗菌药有时是不可靠的，因为药物对失活组织和坏死组织的渗入是不稳定和不可预知的，而这能导致持久的感染。因此，对可能感染的区域进行抗菌药的局部用药往往成为治疗中的必要环节，因为这能使感染组织有较高的抗菌药浓度。局部用药方法包括局部肢体灌注、关节内抗菌药的直接灌注、使用生物降解和非生物降解材料洗脱抗菌药。

1. 关节内和骨内局部灌注

局部灌注可使肢体中某一个选定的区域达到较高的局部抗菌药浓度，尤其是在局部缺血的组织。抗菌药被注入感染区域的近端浅静脉（静脉局部灌注）或者相似位置

的骨髓腔（骨内局部灌注）。对于这2种技术，都将止血带置于感染区域近端和远端用以封闭浅静脉系统。当灌注液被灌注时，它将延续至静脉系统，使抗菌药物分散到组织内。阿米卡星和庆大霉素是局部灌注经常选择的药物，但几乎大多数的药物都能使用（表186-1）。两性霉素B类等抗真菌药物也能用来进行局部灌注。抗菌药物的剂量是全身用药剂量的1/3，并以生理盐水进行稀释至35～60mL。肢体灌注部位越靠近关节，使用的灌洗液容积越大。在对皮肤表面进行消毒后，将23号翼状头皮针刺入选定的静脉并缓慢注入抗菌溶液，注射的时间一般在5～15min，同时，止血带在特定位置上维持20～30min。（图186-1）每24h重复一次上述操作，持续3～5d或根据需要决定是否延长或缩短时间。为防止抗菌药无法进入循环系统，这个操作的2个环节非常重要：①应使用带有较宽橡胶套的Esmarch's止血带或者气动的止血带；②使用镇静药物和局部麻醉药物以减轻在该程序中病马的不适并防止肢体的移动。局部肢体灌注的并发症包括注射区域的充血、静脉炎或静脉血栓、灌注液的外漏和向骨髓腔内注射液体时的困难，但一般非常少见而且有自限性。

表186-1　局部肢体灌注常用抗菌药的剂量范围*

药物	剂量（最小～最大）
阿米卡星	125mg～1g
两性霉素B（抗真菌）	50mg
氨苄西林	9g
头孢唑啉	1～2g
头孢噻呋钠	1～2g
头孢噻肟	1g
恩诺沙星	1.5mg/kg
庆大霉素	100mg～3g
亚胺培南	500mg～1g
青霉素钾	10^6～10^7U
替卡西林	125mg～1g
万古霉素	300mg～1g

注：*使用生理盐水将抗菌药稀释至溶液总容量为35～60mL。剂量来源于已发表的文献研究。

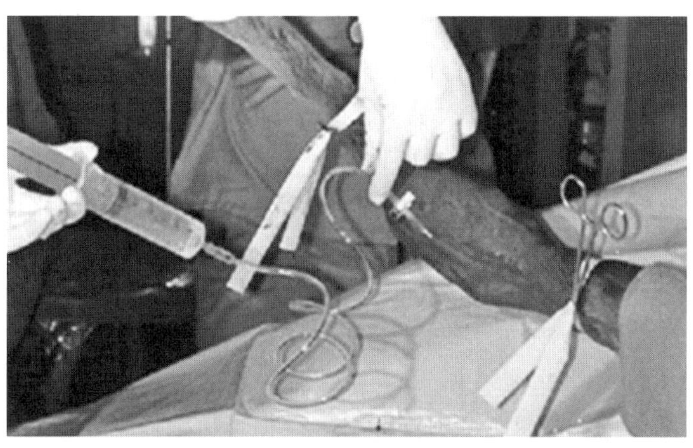

图186-1　图中显示1匹2周龄的患有跗关节败血性滑膜炎的马驹正在接受抗菌药的局部静脉肢体灌注治疗。注意当通过隐静脉进行灌注时，止血带位于跗骨上下

2. 滑膜内抗菌药的注射

关节内注射抗菌药是败血性关节炎治疗的有效且较为便宜的方法。关节内注射的优点包括可在滑膜结构内达到一个较高的药物浓度、以较小的剂量使用价格较高的药物和减轻系统的中毒性作用。应用低剂量的抗菌药能提供高的且维持在最小抑制浓度之上的浓度，该浓度至少在24h内对大多数常见的马细菌性病原有效。在大多数临床病例中，抗菌药通过皮下注射针头每天注入关节或腱鞘内，持续3～5d；或者在关节灌注的最后阶段注入。近期，马临床兽医使用1种内固定的留置针、静脉内使用的装置或特殊的泵，能更频繁地或持续地将抗菌药泵入关节内（2～3 次/d）。关节内固定留置针的优点包括快速接近关节、重复使用抗菌药、可进入关节灌注和为减轻疼痛在关节内注入局部麻醉药物。其中的一个策略是，气泵内充满一种类型的抗菌药进行连续灌注，而其他抗菌药则通过留置针每4～6h灌注1次（图186-2）。在细菌培养和药敏试验结果出来之前，可通过灌注多种抗菌药至关节以得到广谱抗菌的效果。

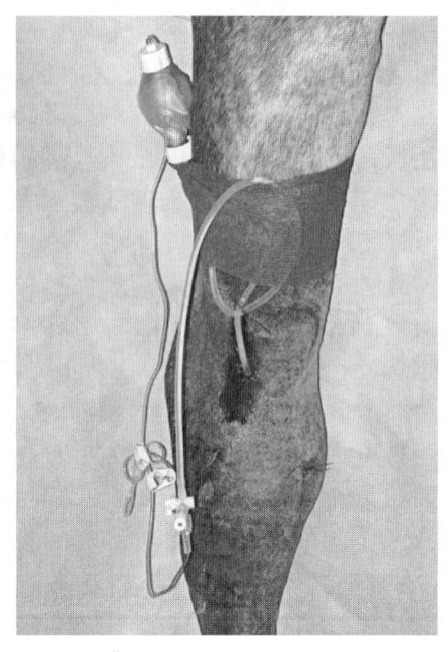

图 186-2　由一个穿过关节的开放性伤口引起右胫跗关节败血性感染的病马

Jackson-Pratt 硅胶留置针置于关节内（图中为下面的箭头）用来注入抗菌药。留置针穿过皮下组织，在与关节有一定距离的地方穿出。输液泵与滑膜内留置针相连，便于连续地灌注抗菌药

3. 缓释性抗菌药

已研发出生物降解和非生物降解药物载体用于局部药物的投递。最常见的非生物降解灌输基质是聚甲基丙烯酸甲酯（PMMA），是一种骨结合剂。抗菌药被均匀的包含于基质内，通过扩散释放。这种灌注类型的药物释放的特征为抗菌药在最初的24h内快速释放，其后有一个缓慢的、长期的释放过程。当马匹已经发展成为慢性顽固性败血性关节炎或骨髓炎时，或者当关节僵硬状态（例如末端跗关节）能被刺激时，最好使用浸有抗菌药的聚甲基丙烯酸甲酯玻璃粉，但该药的最大缺点是关节内的聚甲基丙烯酸甲酯玻璃粉能引起软骨的损坏，有时需要二次手术以将其移除。然而，在一些临床病例中，也存在聚甲基丙烯酸甲酯玻璃粉留置在关节内很多年却没有引发明显的问题。浸有药物的聚甲基丙烯酸甲酯玻璃粉可在灌输的同时或者提前进行准备，并用环氧乙烷进行灭菌。通常的配置比例为1～2g的抗菌药粉末或液体与聚甲基丙烯酸甲酯聚合物混合（以1∶10或者1∶5的比例），并根据需要制成不同的形状。很多抗菌药可从聚甲基丙烯酸甲酯中洗脱出来，包括庆大霉素、阿米卡星、头孢噻呋钠、氟喹诺酮、甲硝唑和克林霉素。但是，四环素和氯霉素对聚合过程不耐受。

因为使用浸有抗菌药的聚甲基丙烯酸甲酯对于感染的消除非常有效，目前已开展多项研究来研制可生物降解的基质释放物。这种类型的投递系统主要优点是当材料降解时，全部抗菌药能够被缓慢地释放。目前常见的材料包括胶原、熟石膏、羟磷灰石、

交酯、透明质酸铁、聚丙烯延胡索酸交联甲基丙烯酸甲酯单体（骨接合的一种）。熟石膏价格较为便宜，生物相容性较好，可降解，易于与液体抗菌药融合制造。然而，熟石膏中的抗菌药很容易被洗脱掉（在移植的48h内，80%可被洗脱），持续时间不超过14d。一种新的聚合物使得马匹局部投递抗菌药多一种可选择的有效方法。这种聚合物由交联的葡聚糖胶组成，是一种生物相容性好、可全部降解、无免疫原性的可注射凝胶。当与抗菌药混合后，该聚合物形成一种易于被注射和移植入骨与软组织的凝胶。笔者已经成功地将这种商品化的R-Gel应用于患有骨移植感染、伤口受到污染和蹄部发生败血性紊乱的马身上。

（二）手术介入

1. 灌洗

滑膜灌洗和引流对于患有败血性关节炎和腱鞘炎的马很有必要。关节灌洗的目的是移除碎屑和外来物质、清除污染的或无活力的组织以及消除炎症中介物。一些已被报道的技术包括使用皮下针头彻底的灌洗、有或无引流的开放性切口和在关节镜介导下的灌洗。以上任何一种技术的使用都应该基于病因学、感染的持续时间和临床表现的严重程度。对于急性病例以及那些没有较多腔室的关节而言，彻底地进行针头灌洗可能会对消除感染有效。然而，如果感染已经发生，在关节内已经存在大量的纤维血块或者关节内有多个分隔（如后膝关节和跗关节），灌洗液可能全部绕过感染区域而导致可能的感染存留。在另一些病例中，有人使用了关节镜，而关节镜具有诸多超越传统技术的优点。关节灌洗可以应用在1匹被镇静和局部麻醉的站立姿势的马身上，而这通常比马匹在全麻状态下更容易和有效。对于这种途径的灌洗，一般推荐使用的剂量是3～5L的液体。可进行滑膜灌洗的液体应是无菌的、电解质平衡的溶液。洗必泰、聚维酮碘或者二甲基亚砜等额外添加的无菌液体目前还未证实有效。对于慢性或顽固性病例，推荐使用开放性切口来降低压力和移除炎症碎片。关节切开术通过使切口处于开放的状态，以允许大量的灌洗以及进行连续的关节引流。在关节位置切1～2个3～5cm的切口，以允许适当的引流和纤维移除。关节切开术中的切口可处于开放状态或使用无菌绷带保护好，并且当感染部位干净后可进行闭合。

当手术引流建立后，便可进行最初的灌洗和清创。日常评估和医疗管理对于取得成功的治疗也是必需的。对于已发生感染的马匹，日常的灌洗和关节内使用抗菌药是必需的，直到病马的跛行以及滑膜液细胞学情况有所改善为止。需要根据病马匹的临床检查结果来决定是否需要进行重复的关节灌洗。如果在停止适当的引流后，马匹出现关节扩张、跛行重现或者滑膜液中有核细胞计数依旧很高（$>30\ 000/\mu L$）的情况，应该重新应用局部治疗和灌洗，重复操作直到感染全部消除。如病马临床症状出现改善，可以不再继续进行关节灌洗，并停止接下来的局部抗菌治疗。在许多情况下，单一的灌洗程序即可清除感染，然而，正常情况下需要多重灌洗程序。

2. 感染组织的清创

败血性骨炎或骨关节炎的治疗应着重于患病骨的移除。单独进行抗菌药治疗来解决脓毒性感染几乎是不可能的。局部感染的骨骼可能失去活力并且抗菌药的渗透会受到限制，以至于在抗菌药使用期间临床症状会减轻，但在停用抗菌药后又重新出现。移除坏死骨片和感染骨是十分必要的。当清除到健康组织时，所产生的缺损应由之前提到的任何浸有抗菌药的可生物降解的材料进行包装。并不是所有的坏死骨片都必须通过手术进行移除。对于一些相对较小的坏死骨片，死骨区域的增生组织使碎片变得稳定以至于感染骨碎片发生血管的再生，或者出现碎片矿化的发生并导致完全的愈合。所有的这些进程都是不可预测的，但应优先使用手术的方法以移除感染组织。对于涉及骨骺或干骺端的骨髓炎患病马驹，刮除、骨移植以及外部接骨术或许是必需的。建立引流、骨清除以及将缓释性抗菌药置于靠近感染的部位，仔细的清创对于避免生长板额外损伤十分必要。然而，成角度的肢体畸形由生长干扰或感染区域的骨骺塌陷导致。

(三) 支持和辅助疗法

疼痛管理对于发生骨科感染马匹的治疗是至关重要的。患有败血性滑膜炎或者骨髓炎的马匹一般有剧烈的疼痛，这能导致出现明显的并发症。在成年马中，严重的末端疼痛能引起健康肢体过多的负重和支撑肢体的蹄叶炎。马驹慢性剧痛能引起同侧肢体挛缩和对侧肢体成角度的畸形。治疗方案必须鼓励患肢承受体重。在一些马中，使用非甾体抗炎症药物和局部治疗对于减轻疼痛是有效的，但在另一些马身上，这些药物的作用或个体对疼痛耐受能力呈现多样化，需要使用效力更强的镇痛药。

感染消除后，有必要开展恢复项目以使关节或肌腱恢复到正常的竞技功能，对滑膜和关节软骨的损伤降到最低，或者预防粘连的形成。恢复项目必须包括休息、一个渐进增加运动的程序、辅助的医疗管理（使用透明质酸钠或者黏多糖）和局部方法（激光治疗、关节内注射或敷膏药）以消除感染后的囊炎。

四、预后

发生骨科感染马的预后在过去的几十年内有很大程度的提高。马匹败血性末端肢体病能被成功治愈，感染的马匹也能重返竞技比赛。当对病马进行准确的诊断和积极有针对性的治疗后，会取得很好的效果。反之，感染马匹会出现衰弱乃至危及生命的并发症。及时诊断和治疗以及早期成功的治疗对于马匹的恢复是必要的。当马匹患有骨髓炎，尤其是并发滑膜感染、多病灶滑膜牵连或者涉及不可接近区域的骨髓炎时，预后的情况是最糟糕的。

推荐阅读

Beccar-Varela AM, Epstein KL, White CL. Effect of experimentally induced synovitis on amikacin concentrations after intravenous regional limb perfusion. Vet Surg, 2011, 40: 891-897.

Bertone AL. Infectious arthritis. In：McIlwraith CW，Trotter GW，eds. Joint Disease in the Horse. Philadelphia：Saunders，1996：397-408.

Bertone AL. Infectious arthritis. In：Ross MW，Dyson SJ，eds. Diagnosis and Management of Lameness in the Horse. 2nd ed. St. Louis：Saunders，2003：598-604.

Bertone AL，McIlwraith CW，Powers BE. Effect of four antimicrobial lavage solutions on the tarsocrural joint of horses. Vet Surg，1986，15：305-315.

Hart SK，Barrett JG，Brown JA，et al. Elution of antimicrobials from a cross-linked dextran gel：in vivo quantification. Equine Vet J，2013，45：148-153.

Hogan P. How to treat synovial sepsis using a modified indwelling extension set tubing. In：Proceedings of the American Association of Equine Practitioners，2004：224-226.

Lescun TB，Adams SB，Wu CC，et al. Continuous infusion of gentamicin into the tarsocrural joint of horses. Am J Vet Res，2000，61：407-412.

Levine DG，Epstein KL，Ahern BJ，et al. Efficacy of three tourniquet types for intravenous antimicrobial regional limb perfusion in standing horses. Vet Surg，2010，39：1021-1024.

Lugo J，Gaughan EM. Septic arthritis，tenosynovitis，and infections of hoof structures. Vet Clin North Am Equine Pract，2006，22：363-388.

Madison JB，Sommer M，Spencer PA. Relations among synovial membrane histopathologic findings，synovial fluid cytologic findings，and bacterial culture results in horses with suspected infectious arthritis：64 cases（1979-1987）. J Am Vet Med Assoc，1991，198：1655-1661.

Rubio-Martinez LM，Elmas CR，Black B，et al. Clinical use of antimicrobial regional limb perfusion in horses：174 horses（1999-2009）. J Am Vet Med Assoc，2012，241：1650-1658.

Sayegh AI，Sande RD，Ragle CA，et al. Appendicular osteomyelitis in horses：etiology，pathogenesis，and diagnosis. Compend Equine，2001，23：760-766.

Schneider RK，BramLage LR，Moore RM，et al. A retrospective study of 192 horses affected with septic arthritis/tenosynovitis. Equine Vet J，1992，24：436-442.

（董文超　译，杜承　校）

第 187 章　关节病的治疗

Brad B. Nelson　Laurie R. Goodrich

一、关节病介绍及其重要性

骨关节炎（OA）或退行性关节病是一种经常发生于马匹并给马业造成较大损失的疾病。这是一种渐进性的疾病，以关节疼痛、炎症、滑膜液渗出、活动受限和关节软骨恶化为特征。骨关节炎是一个非特异性术语，一般可能包括单一的关节软骨损伤，但经常包括与滑膜关节相关的多个结构的同时感染。

滑膜关节由关节软骨和软骨下骨的 2 种相反的骨面组成。关节软骨作为一个平滑的移动面对关节活动起作用。滑膜围绕于关节周围，负责合成滑膜液、透明质酸和润滑液，并提供黏性和润滑的作用。关节囊与滑膜相连，由一定量的纤维组成稠密的结缔组织，与骨膜或围绕骨骼的软骨膜相连接。关节囊、侧韧带、围绕肌肉肌腱的小单元和关节内的韧带（如膝关节里的十字韧带）保证了关节的稳定性。

二、关节病的病理学

关节损伤的发病机制包括创伤性关节炎、炎症继发的物理性创伤，或者运动导致的损伤。创伤性关节炎是一个广谱的术语，包含对一个或上述几种结构不同组合的单一或重复的创伤。目前这类损伤有如下几种类型：Ⅰ型是创伤性的滑膜炎和关节囊炎，无软骨或周围软组织的损坏；Ⅱ型涉及关节软骨的损坏或者主要支持结构，如侧韧带的完全破裂；Ⅲ型是创伤后关节炎，关节软骨渐进地恶化，并伴随着周围软组织或骨骼的继发病变。

骨关节炎的第二个发病机制是持续性的炎症。随着持续性的滑膜炎存在，关节内继发的炎症病变可能发展成骨关节炎，即使在正常的关节负重下也可能出现上述情况。损伤的第三个机制是在运动中正常关节重复地高度碰撞，这些碰撞可导致重复性的微小损伤。任何刺激引起的关节软骨损伤和关节内持久的炎症可导致病程的进一步发展。因此，持续性骨关节炎或者关节囊损伤可能导致关节囊纤维化和运动范围的减小。

三、关节病的诊断

有临床症状的骨关节炎患病马匹的表现形式多种多样。一些病马可表现明显的跛行，而另一些则可能无跛行。滑膜渗出可能会触摸到，但是渗出液的量并不直接与疾病的严重性相关，或者不能确诊是否为骨关节炎。屈曲试验能够增加关节损伤的确诊，但这些检查并不能排除损伤或者确定是特定关节发生损伤。关节内封闭是确定关节疼痛位置最特效的手段，可通过观察注射后患病马跛行是否改善而实现。

尽管炎症的严重程度或者结构改变的程度并不能完全通过滑膜液状况进行判断，但是滑膜液可能是非正常的。正常的滑膜液呈清亮的浅黄色，并且有一定的黏性。正常关节液中的白细胞数不超过 500/μL，超过 90%的单核细胞和少于 10%的中性粒细胞。典型情况下，总蛋白浓度少于 2.5g/dL，骨关节炎白细胞计数（<1 000/μL）和总蛋白（<3.5g/dL）偏高，但是与我们见到的细菌性关节炎相比，细胞总量并没有变化。滑膜标志物更常被用于研究中而不是临床用药上，并且由于其往往与骨关节炎同时存在，可以提示关节合成和分解代谢的变动。

骨关节炎可以用多种成像方法进行诊断。X 线成像是最常见的（尽管它对早期骨关节炎极其不灵敏），可能揭示一种或几种如下的变化：关节周围的骨关节炎、软骨下骨头的硬化和溶解、可能是不对称的关节腔消失（提示软骨消失）、骨软骨分裂或者关节僵硬。超声波成像可能揭示滑膜液渗出、关节周围骨赘、滑膜炎、关节囊炎、周围软组织损坏和在某些情况下的软骨变薄或者软骨下骨头的缺损。断层扫描和关节造影也能说明在骨和骨关节炎中遇到的关节内韧带的改变。核磁共振是诊断软骨损伤最敏感的方法，能同时评估其周围结构的情况。因为断层扫描和核磁共振技术可在空间方面进行成像，所以其在鉴定损伤方面比 X 线成像更敏感。核闪烁扫描术也有用，但是对于慢性骨关节炎可能应用有限，因为其缺乏特异性，而其他类型的成像技术可以进行确诊。

四、治疗

骨关节炎有许多种治疗方案，包括系统的、局部关节内药物治疗和外用药物治疗，使用营养药物、手术和物理疗法与复健等。本章的中心是骨关节炎的药物治疗。因为骨关节炎是一种渐进性的疾病，往往无法治愈，早期的诊断和早期的干预是保证病马恢复到正常运动功能的最好方式。药物治疗的主要目标是减轻疼痛和降低进一步恶化的风险。这些治疗方法主要有 3 大类：症状缓解的骨关节炎药物（SMOADs）、疾病改善的骨关节炎药物（DMOADs）和上述两类药物的组合。症状缓解的药物可用以改善骨关节炎的症状（包括跛行），缓解疼痛，并且包括部分的抗炎症性能。疾病改善的药物可能不会导致跛行临床症状的改善，但有保护软骨性能、增强关节内合成代谢和减少分解代谢的作用。

（一）全身治疗

虽然全身治疗是非特异的，但在骨关节炎治疗中是非常常见的。一般来说，由于其易于实施并且具有可用性，这些治疗方案往往作为一线治疗方案。通常在实施全身治疗方案的同时也进行局部治疗，这部分内容将在后面进行讨论。最常使用的全身治疗药物包括非甾体类抗炎症药物（NSAIDs）、硫酸黏多糖、透明质酸和硫酸戊聚糖钠。

1. 非甾体类抗炎药物

由于该类药物具有镇痛、抗炎和退热的作用，非甾体类抗炎药物已经使用了几十年。非甾体类抗炎药物的作用机制是抑制1种能将花生四烯酸转变成前列腺素和血栓素的酶。环氧酶（COX）是一种初级酶，有2个初级的同工酶：COX-1（本构酶）和COX-2（诱导酶）。COX-1调节前列腺素参与正常细胞生理过程，而COX-2则被认为与炎症反应的初级应答有关。因此，用于抑制COX-2的药物可治疗炎症而不干扰正常的生理进程。然而，COX-2也存在于一些组织中，因此，“COX-1是好的同工酶，COX-2是坏的同工酶”的说法不完全准确。常用的非甾体类抗炎药物的信息见表187-1。

表187-1 常用非甾体类抗炎药物

非甾体类抗炎药物	商品名	剂量	马的平均剂量 1 000Ib（450kg）	使用频率
保泰松	Equiphen	2.2～4.4mg/kg	990～1 980mg （4.95～9.9mL）	12～24h
片剂：1g	Phenylzone			
粉剂：1g/包	Phenylbute			
膏剂：1g/袋	Others			
针剂：200mg/mL				
氟尼辛葡甲胺	Banamine	1.1mg/kg	495mg（9.9mL）	24h
膏剂：每1 000Ib，500mg		0.5mg/kg	225mg（4.5mL）	8～12h
针剂：50mg/mL				
非罗考昔	Equioxx	0.27mg/kg （负荷剂量）	121.5mg（6.1mL）	24h
膏剂：每1 000Ib，45.4mg		0.09mg/kg	40.5mg（2.0mL）	24h
针剂：20mg/mL				
卡洛芬		0.7mg/kg（静脉注射）	315mg（6.3mL）	
片剂：100mg	Rimadyl	1.4mg/kg（口服）	630mg	24h
针剂：50mg/mL				
酮洛芬	Ketofen	2.2mg/kg	990mg（9.9mL）	24h
针剂：100mg/mL		马驹<24h：3.3mg/kg		
萘普生	Aleve	5mg/kg（静脉注射）	2 250mg（22.5mL）	12～24h
片剂：500mg（250 375mg）	Equiproxen	10mg/kg（口服）	4 500mg	
颗粒：8 000mg/袋	Naprosyn			
针剂：100mg/mL				
美洛昔康	Metacam	0.6mg/kg	270mg	24h
片剂：15mg/mL				
针剂：20mg/mL				

（1）保泰松　保泰松是一种非选择性的花生四烯酸抑制药物（如抑制2种同工

酶），因为其便宜、易于使用以及副作用相对较少等特点，保泰松是目前应用最广泛的非甾体类抗炎药物。一般认为 4.4mg/kg、每 12h 给药 1 次的用法是安全的。并且在某些情况下，在治疗最初的前 2d 可以作为一个负荷剂量。然而，在使用几天后，一般建议必须减少剂量，以将肾乳头坏死、右上结肠炎或肠溃疡等形式中毒的可能性降到最低。作为一般用药原则，应该使用最小有效剂量以减轻潜在的副作用，对于保泰松而言，2.2mg/kg 的剂量、每天给药 2 次是相对安全的。

（2）氟尼辛葡甲胺　与保泰松相似，氟尼辛葡甲胺也是一种非选择性的花生四烯酸抑制剂。这个药能被机体快速吸收，在 30min 内能快速达到血浆浓度峰值，其在血清中的半衰期是 1.6h。最大的药效作用往往见于用药后的 2～16h，并且可能持续多达 30h。该药口服剂量为 1.1mg/kg、每 24h 用药 1 次的用法通常是安全的，但如果用药不当，也可能发生类似于保泰松样的毒性作用。更小的用药剂量（如 0.5mg/kg）可用于抗炎，但对于严重的疼痛不起作用。目前还没有研究证明在马匹肌肉骨骼损伤的治疗方面，氟尼辛葡甲胺的治疗效果比保泰松更好，因此，一些兽医更倾向于使用保泰松。

（3）非罗考昔　非罗考昔①是一种 COX-2 抑制药物，并且被认为可以应用于马匹骨关节炎的治疗。该药一般作为口服药剂或注射液。一般推荐的负荷剂量为 0.27mg/kg，之后每 24h 的剂量是 0.09mg/kg。该药的生物利用率大约是 79%，一般在用药后 3.9h 达到血浆浓度最大峰值，半衰期是 30h。该药物中毒非常少见，即使以 5 倍推荐剂量的用量一直持续用药至 92d，实验马仍无中毒的临床症状，尽管曾报道一些马匹发生一定的肾脏组织病理变化。与其他注射药物相比，该注射液是黏性的，与其他任何水溶液混合会有沉淀产生。较高的价格限制了该类药物的使用。对于该类药物，在允许马使用前曾经应用于犬，目前尚无该药在马匹上的生物利用性和安全性的研究，并且目前该药在马匹上的使用需要特别标签。

（4）卡洛芬　卡洛芬是在欧洲允许使用的一种非甾体类抗炎药物，有针剂和片剂 2 种剂型。其对 COX-2 的抑制作用强于对 COX-1 的抑制作用，并且可以 2 倍推荐剂量使用 14d 的情况下，仍具有较好的耐受性。此剂量能提供 11.7h 足够的镇痛作用，半衰期为 18～20h。由于可引起注射部位的肿胀，所以，不推荐进行肌内注射。

（5）酮洛芬　与保泰松相比，酮洛芬有低风险的毒性，但是在治疗肌肉骨骼疼痛方面，有报道称其作用甚微。对出生不到 24h 的幼驹使用高剂量的酮洛芬可产生较高的分配容量。该药的口服配方不具有生物药效应。由于该药价格较为昂贵，所以，目前主要是预留给幼驹使用。

（6）萘普生　萘普生是一种非选择性的 COX 抑制物。生物有效性为 50%，一般用药 2～3h 后可达最高的血浆浓度，半衰期接近 4～5h。目前还未对该药与保泰松和氟尼辛葡甲胺的作用效率进行比较的研究。某研究发现，该药物以 3 倍推荐剂量的情况下连用 3 周，并未发现有任何中毒的症状。

（7）美洛昔康　美洛昔康对于 COX-2 抑制作用比对 COX-1 的抑制作用更强。目前该药在欧洲可用于马匹的治疗。它可以 0.6mg/(kg·d) 的最大剂量连用 14d。该药

① Equivxx，Merial Ltd，Duluth，GA。

的副作用与其他常见的非甾体类抗炎药物相似。

其他非甾体类抗炎药物也用于骨关节炎病马的治疗，包括乙酰水杨酸（阿司匹林）、甲氯芬那酸和维达洛芬。读者可以在本章节最后的脚注或推荐阅读中查阅这些药物的信息。

2. 聚硫酸黏多糖

聚硫酸黏多糖[①]（PSGAGs）是黏多糖的混合物，复合存在于细胞外基质的关节软骨内。尽管该药物已经用于人和马科动物骨关节炎的治疗，但其作用机制目前尚不清楚。理论上来讲，它以复合物的形式沉淀于软骨内。该药物具有诸多优点，如抗炎作用、抑制前列腺素和其他有助于骨关节炎形成的降解酶。有文献报道，使用戊聚黏多糖后可以促进透明质酸的刺激和胶原合成。对该药进行肌内注射时所产生的副作用最小。在很多研究中所描述的剂量方案差异较大，但这些研究不能提供该药的肌内注射治疗马关节炎的科学依据，然而在实践中，许多兽医和马主人用这种方法达到了一定的治疗效果。

3. 透明质酸

透明质酸是构成滑膜液和关节软骨的必需成分。以静脉注射和口服形式进行全身的透明质酸治疗是可行的。因为在 3h 后血浆中无法探测到透明质酸，全身治疗时其作用机制可能是经静脉注射后作用在滑膜。全身治疗后的作用机制可能与抗炎作用有关。有研究表明，对 1 匹患有介入性骨关节炎的马匹使用透明质酸进行治疗，能减轻跛行，改善滑膜刻痕，和减轻前列腺素活性，但是对于黏多糖含量和关节软骨刻痕则无作用。另一研究显示，与对照组相比，口服透明质酸进行治疗既无副作用也无明显治疗效果。

4. 硫酸戊聚糖钠

尽管硫酸戊聚糖钠作为一种抗血栓形成的药物在欧洲已使用了几十年，但其抗关节炎的特性在近些年才逐渐为人们所认知。在一个存在骨软骨碎片的骨关节炎模型中，接受治疗的马匹关节软骨纤维化明显地减少，但临床跛行级别在组与组间并无差异，这个结果预示着治疗有较好的疾病缓解作用，并且在研究中未观察到副作用等情况。

（二）关节内注射疗法

关节内注射疗法是治疗骨关节炎疼痛最有效的方法。尽管在进行关节内注射治疗前对马匹相关部位进行充分的消毒处理是必需的，但一般认为，剃毛并不十分必要（对于这一点，有诸多研究已经确认）。在进行关节注射前，作者也不进行例行剃毛，除非在一些特殊情况下，如大量的毛发会造成触诊标志困难或者该区域不剃除毛发就无法进行充分的清洁。临床医生往往倾向于使用抗菌剂与关节注射药物的混合物，但这不是必需的，许多临床实践者不使用它们。该药的推荐剂量通常是基于经验的，但可参考一般性指南（表 187-2）。

尽管非常少见，注射后的反应性滑膜炎需要引起注意，通常在最开始的 48h 内，如严重的跛行。生物产品比其他药物更容易导致较高的关节潮红风险。对于关节潮红的治疗通常使用全身性的抗炎药物，可进行关节冲洗也可不用。发生关节感染的马可能需要 10d 左右才会表现出临床症状，这些与临床上可见的关节潮红相似。滑膜吸入往往对确定关节是否发生感染有提示作用。对于发生感染关节的治疗，通常必须使用

① Adequan，Luitpold Animal Health，Shirley，NY。

表 187-2 常见的关节内注射用药*

关节内用药	商品名	剂量/关节	其他
曲安奈德 10mg/mL (6mg/mL，2mg/mL)	Vetalog Kenalog	6～12mg	中效
醋酸甲泼尼松 40mg/mL (20mg/mL，80mg/mL)	Depo-Medrol	40～100mg，全身剂量不超过 200mg	长效
倍他米松 6mg/mL (3mg/mL)	Celestone Soluspan	3～18mg	中等至长效
自体培养血清/白细胞介素-1 受体拮抗蛋白	IRAP Ⅱ	每 7d 注射 1～4mL/支，连续 3 次（后膝关节 2 支）	注射前弃掉 0.22μL 的滤液
间质干细胞		10 000 000～20 000 000 细胞	不要与氨基糖苷类合用，可考虑添加透明质酸类产品
聚硫酸黏多糖	Adequan IA	每 7d 250mg，连续 3 次	与抗菌剂联合使用
透明质酸 10mg/mL (例如：11mg/mL)	Hylartin-V Hyvisc	20～22mg	严重或慢性感染关节可能效果不佳
透明质酸、硫酸软骨素和乙酰氨基葡萄糖	Polyglycan	5mL（25mg 透明质酸，500mg 硫酸软骨素，500mg 氨基葡萄糖）	

注：* 摘要中的产品和浓度不包括一切，具体参考市面上的产品。

抗菌剂、关节冲洗和可能的关节镜探查。

1. 皮质激素类

作为局部用药以减轻发生骨关节炎关节内注射皮质激素类药物的方法已经使用了几十年。皮质激素类药物通过与细胞质的糖皮质受体结合，随之转移到细胞核并抑制炎症基因的转录而起作用。因此，糖皮质激素可以在炎症的发生途径上发挥作用，包括抑制磷脂酶 A2（该酶能减少炎症前列腺素的产生）。最常用的皮质激素类是曲安奈德、醋酸甲泼尼松和倍他米松酯类。滴定研究表明，由于需要高浓度的皮质类固醇来抑制分解代谢作用，因此，对关节内使用低剂量的皮质激素类药物不可能与高剂量达到相同的临床效果。尽管如此，接受低剂量治疗的马匹也能明显表现出临床症状方面的改善。使用频率取决于个体病例，但是如果 1 匹病马治疗后有一定的效果，该马再次接受治疗的时间间隔应<6～12 个月。作者的观点认为，对于那些注射频率<2～3 个月的马匹，应考虑选择其他治疗方案。

（1）曲安奈德　在一个马的骨关节炎模型中，使用曲安奈德①进行治疗后能改善马匹的跛行程度，滑膜液、滑膜和关节软骨的形态，且对软骨下骨无害。有趣的是，

① Vetalog，Boehringer Ingelheim Vetmedica Inc.，St. Joseph，MO。

同样有骨关节炎但未治疗的对侧肢部，在进行曲安奈德注射治疗后也有明显地改善。然而，曲安奈德注入正常关节会给软骨代谢带来不利影响。这些结果显示，针对骨关节炎使用曲安奈德有助于治疗，但也提醒临床医师，正常的关节可能会受到不利影响。1份来自近期马科动物临床医师的调查揭示，曲安奈德最常用于高活动性的关节。

建议针对全身使用曲安奈德的剂量不超过18mg，以减轻其发展成蹄叶炎的可能性。然而近期研究发现，目前无证据表明高剂量必然会引起蹄叶炎的发生。在1份临床报告中，2 000匹马接受不同剂量的曲安奈德治疗，只有3匹（0.15%）发展为蹄叶炎，尽管其最高剂量是20～45mg。虽然目前对于皮质激素类引起的蹄叶炎还缺乏持续性的证据，特别提醒马科动物临床医师必须注意，但当使用外源性的皮质激素类药物时，并且考虑到个别马匹的身体状态，尤其是有代谢综合征或库欣综合征的马，患蹄叶炎的风险会更高。

（2）醋酸甲泼尼松　在过去的几十年中，醋酸甲泼尼松[①]（MPA）已经进行广泛的试验并用于骨关节炎的治疗。醋酸甲泼尼松的作用时间比曲安奈德更长。在1份研究中，当把100mg的醋酸甲泼尼松注入在1个骨关节炎模型的关节中时，前列腺素E_2的水平出现下降，但更有趣的是，软骨被破坏的风险增加。体外试验表明，低剂量的醋酸甲泼尼松能够抑制关节炎症，并保护正常的关节环境。然而，此种情况在体内的研究中并未被验证。一项大型调查显示，在低活动性的关节使用醋酸甲泼尼松，意味着低活动性关节软骨的状态并不与高活动性关节一样重要。当然可能事实并非如此，由于低活动性的关节（如末端的飞节）的软骨恶化也可导致运动马大比例的跛行出现。与曲安奈德相反，使用醋酸甲泼尼松并不出现远端关节效应。

（3）倍他米松　在一个诱导型骨关节炎实验中，将15mg的倍他米松[②]注入腕关节14d和35d，有中长效的作用，并未发现有害的副作用。与对照的肢体和不进行训练的对照组相比，经过倍他米松治疗并且进行训练的肢体表现为相对轻缓的跛行。尽管这种类固醇可能是曲安奈德的替代药物，但由于市场供应的不连续性导致该药的使用受限。

2. 透明质酸

透明质酸钠由滑膜细胞分泌，为关节提供弹性和润滑性。注射透明质酸钠被认为是能够改善正常的关节环境，增加内在透明质酸的合成，同时提供抗炎症和镇痛作用。目前已报道透明质酸具有降低巨噬细胞活性、淋巴细胞增殖、前列腺素产生和释放、降解酶聚集的作用。

目前，是否使用高或低分子量的透明质酸产品仍然存在争议。在1份检验不同分子量产品功效的研究中，那些超过500kD的产品可刺激内源性透明质酸的分泌，而那些低分子量的则不能。然而，依旧有观点对上述结论持否定态度，因为有研究表明，低分子量的产品也有有利的（或不同的）作用。透明质酸通常与皮质类固醇类合用，可作为单一疗法适用于轻度到中等程度感染的关节。

3. 聚硫酸黏多糖

当抑制细胞因子和前列腺素在软骨上的不利作用时，聚硫酸黏多糖有保护软骨作

---

① Depo-Medrol，Pharmarmacia & Upjohn Company (division of Pfizer Inc.)，New York，NY。

② Celestone Soluspan，Merck Animal Health，Summit，NJ。

用。在骨软骨碎片模型中，每周接受250mg该药物并且持续进行3次治疗可减少滑膜液的渗出，并且可提高滑膜组织学的评分分值。由于抑制了关节内的补体活性，偶尔进行关节内注射可导致严重的关节败血症。此种效应降低了导致关节内败血症细菌的数量，因此，强烈建议在注射该药物的同时添加抗菌剂。

4. 透明质酸、硫酸软骨素和乙酰氨基葡萄糖

Polyglycan① 是透明质酸、硫酸软骨素和乙酰氨基葡萄糖的专利配方。最近作为一种医疗设备被认证。目前为止只有在一个诱导产生骨关节炎的研究中，于第0天、第7天、第14天、第28天关节内注射该药物，并且证明了该药物的有效性。另外，可以明显地观察到其在跛行、骨质增生和全关节软骨侵蚀厚度方面的改善。

5. 自体培养血清

自体培养血清（ACS），也称为白细胞介素-1受体拮抗蛋白（IRAP），具有抑制白细胞介素-1活性的作用。白细胞介素-1已被证实是骨关节炎病马主要的炎症细胞因子。制备自体培养血清的方法是从马身上采集血样并放置于含有硫酸铬的培养皿中进行培养。白细胞介素-1受体拮抗蛋白产品中只含有此种蛋白质，但在进行血液培养的过程中，也会产生许多其他的蛋白质。对于诱导产生的骨关节炎病马，运用自体培养血清进行治疗后，明显地观察到有临床跛行的改善、软骨和滑膜损伤的缩小。尽管对于部分病马，自体条件血清治疗是一种主要的治疗方法，但由于其价格高昂，该方法经常作为那些对皮质类固醇无应答马匹的保留治疗方案。采集的血液被分装到5个治疗注射器中，4mL支。每周注射1次，持续治疗3～4次。每个未使用的注射器可以冷冻保存直至被使用。由于股髌关节和股胫关节的关节腔较大，一般每次每个关节需要注射2支药物。尽管自体培养血清是在无菌条件下制备的，但仍推荐在注射前进行0.22μm的过滤。

6. 脊髓间充质干细胞疗法

在过去的10年间，使用脊髓间充质干细胞（BM-MSC）或者脂源性MSC［也被熟知为间质细胞群（SVF）］十分流行的。研究表明，对于关节内注射，脊髓间充质干细胞比间质细胞群更有优势。在一个比较脊髓间充质干细胞和间质细胞群的马匹骨关节炎治疗模型中，发现使用脊髓间充质干细胞的马匹出现滑膜前列腺素水平的下降，其他方面均未发现有明显的差异。在另一项如上研究中，发现使用脊髓间充质干细胞马匹的修复组织的紧实性明显增强，并观测到滑膜蛋白多糖以及整体修复组织的质量有好转趋势。在一项牛的骨关节炎研究中，半月板切除术和前十字韧带横切后，半月板可再生。笔者推荐在脂源性MSCs上使用脊髓间充质干细胞，但对于关节内韧带损伤（半月板和腕关节内韧带）和明显的软骨损伤情况则保守使用间质细胞群。

其他证据认为间质细胞群具有抗炎症的活性和在损伤部位提供生长因子的特性。临床回顾数据也提示其能提高回归运动的水平。目前使用的剂量往往是仅凭经验，但是每个关节的使用剂量一般不超过2×10^7个细胞，因为高剂量可能造成关节滑膜炎。近期的一份研究证实，同时使用透明质酸和脊髓间充质干细胞对于关节炎的治疗有较好的疗效。但在此期间禁止联合使用抗菌剂（氨基糖苷类）和脊髓间充质干细胞，因

① Polyglycan，Arthro Dynamic Technologies，Lexington，KY。

为这些药物能导致体外细胞的死亡。

7. 血小板富集血浆

目前的报道认为，血小板富集血浆的主要作用物质为存在于血小板中的生长因子。然而，仅仅实践中有报道，还没有研究证据表明其在马骨关节炎的治疗上有效果。血小板富集血浆的优势在于，其可以在马房或实验室中快速地制备好并使用，而不是必须要等自体培养血清或者脊髓间充质干细胞的制备。多种制备方式是可行的，但是在血小板和白细胞的浓度以及血小板的状态上会有很大差异。对于不同的血小板血浆产品，很难对其疗效进行控制。需要进一步探索最佳的配比并证实其在马关节炎上的治疗效果。

(三) 局部治疗

1. 1%双氯芬酸钠

双氯芬酸钠①是一种非甾体类固醇脂质体软膏，支持马匹的骨关节炎治疗。研究已证实其能通过皮肤渗透进行全身最小量的吸收。在 1 个骨关节炎的骨软骨下碎片模型中，每天使用双氯芬酸 2 次（局部用药，7.3g）可改善跛行程度、减轻腕骨硬化和软骨侵蚀。许多实践者每天或每隔 1 天使用该药物 1 次，达到了较好的疗效。目前还未发现副作用。双氯芬酸钠不能与二甲基亚砜（DMSO）混合使用，因为二甲基亚砜能破坏脂质体（脂质体的作用是使药物透过皮肤）。

2. 二甲基亚砜

二甲基亚砜更常用于软组织肿胀的治疗，而不是治疗骨关节炎。它经常与其他成分混合使用，如呋喃西林或者皮质激素类。除非有软组织肿胀存在，否则，应用二甲基亚砜进行骨关节炎的治疗效果一般。

3. 体外冲击波疗法

体外冲击波疗法被用于马匹各种肌肉骨骼问题的治疗（见《现代马病治疗学》，第 6 版，第 116 章）。虽然确切的作用机制还未被阐明，但有报道称其疗效与剂量有关。这些包括软骨下微小骨折、髓质充血和骨生成刺激以及镇痛特性。镇痛的益处可能与选择性的神经传导有关。一项关于马匹腕部骨关节炎的体外冲击波治疗的比较试验显示，治疗后马匹出现跛行的改善、滑膜蛋白水平的下降和全身性黏多糖释放减少等情况。目前大多数治疗都是凭经验来完成的，但疗效依旧不错。

(四) 营养医学

目前众多声称可以治疗马匹骨关节炎和其他疾病的产品可以在市场上购得。但这些产品不能通过客观的试验来证明其效力，因此，不能作为药品被美国食品和药品管理部门承认。尽管标签上有描述，但这些产品的纯度和配方不完全一致。虽然营养产品一般不会引起副作用，但并不意味着没有不良作用报告的产品是安全的。同样，即使产品可能包含一些声明的活性成分，但其生物利用率可能很低。即使缺乏科学证据，一些客户反映他们的马匹在食用营养产品后情况有所改善。一些更加常见的复合物我们将稍后进行讨论。

---

① Surpass，IDEXX Pharmaceuticals Inc.，Greensboro，NC。

1. 葡萄糖胺

葡萄糖胺被认为能够刺激软骨细胞的新陈代谢和减轻炎症。尽管该产品口服的生物利用率较低（2.5%～6.1%），并且即使能被机体吸收，它也不能有效地分散到滑膜液中。然而，在一项研究中，口服葡萄糖胺后，已发炎的关节比正常关节的葡萄糖胺浓度要高。体外实验不能提示其副作用。目前只有极少的基于体外结果的证据证实其疗效，因此，一般推荐使用这种产品。

2. 硫酸软骨素

硫酸软骨素（CS）是一种正常的蛋白多聚糖，是存在于细胞外关节软骨基质主要黏多糖之一。个体产生和外源的硫酸软骨素影响其生物利用率和肠道吸收。在滑膜炎模型中，当进行关节内注射时，硫酸软骨素的作用明显低于聚硫酸黏多糖。硫酸软骨素生物利用率的多样性和缺乏证实的有效性，意味着这种产品不能被推荐用于马匹骨关节炎的治疗。

3. 葡萄糖胺和硫酸软骨素

许多营养产品包含上述提及产品的组合及其协同作用。然而，在一个诱导的滑膜炎模型中，未发现有可检测的效果。在一些临床报道中，显示改善骨关节炎，但需要进一步的研究来确认这些声明。

4. 未皂化的鳄梨和大豆提取物

某研究在诱导的骨关节炎模型对该产品的疗效进行评估，发现在疼痛和跛行方面没有临床方面的改善，但明显减轻关节软骨侵蚀的严重程度和滑膜充血，也增加黏多糖的分泌。在所有的营养产品中，这个是最可能对患有骨关节炎马匹有利的产品。

5. 甲基二氧硫基甲烷

甲基二氧硫基甲烷是二甲基亚砜的一个代谢物。到目前为止，为数不多的研究支持其在马匹上的使用。这些研究声称，其可能减轻障碍马运动诱导的炎症和提高标准速度马的表现。一种含有甲基二氧硫基甲烷①的产品在一个较差控制性研究中证实有一定的临床状况的改善。

五、软骨损伤的手术管理

尽管手术介入不是治疗骨关节炎的常规手段，但仍在一些情况下能减缓疾病的进程，并取得较好的愈合结果。诊断性的关节镜是评估关节软骨和探明其他关节内损伤最敏感的方法。如果存在骨软骨下碎片或软骨损伤，关节内清创能把骨关节炎的进程减缓到最低程度。诊断性的关节镜也应该用于对药物治疗无应答的病例。

关节软骨逐步丢失是治疗上的一个挑战。尽管软骨修复发生在全层缺损被替换成纤维化的软骨和细胞外基质时，但修复组织在生物力学方面不如未损伤的软骨。软骨表面再建是继续调查的主要内容，但不是短期内可完成的。软骨修复通常从内部解决，通过从骨髓中提取物质以有助于软骨的修复。但前提是软骨是无血管的，且修复能力有限。刺激内部修复的方法包括清创或者刮除、软骨下微小骨折（微摘除）。在随后的

① Myristol，Myristol Enterprises LLC，Dennis，TX。

进程中，使用手术尖钻在软骨上制造天窗，以允许破骨细胞和生长因子能够到达损伤部位。软骨下钻孔和磨削性关节成形术效果略差。

关节软骨嫁接，使用可吸收的针重新连接软骨瓣，临床效果较好。自体软骨细胞移植是一种两阶段方法，在远离承重部位采集软骨、培养并扩增，并在数周后注射。结果往往不错，但两阶段程序使得 2 个全身麻醉期是必需的，在患病马身上不是十分理想。一种被称为基质诱导的自体软骨细胞移植的方法在移植前使用。也有研究进行骨软骨的移植（来源于胸骨），并有成功的报道，但这项技术仍受到挑战。目前也有人对带有 MSC 和纤维蛋白的表面再建技术进行研究。当其他治疗方法失败时，应该考虑促使关节强直或使用手术关节固定术。用碳水化合物或蛋白质聚合物的支架与软骨细胞相混合。

六、物理疗法和修复

物理疗法和修复的应用在人类医学上十分普遍，但在马匹上的应用则是一个新兴领域（见第 24 章）。针对人的骨关节炎和肌肉骨骼损伤的修复项目经常包含一些形式的水中练习。在水中进行练习可增加关节的活动性和肌肉的运动能力，并促进正常的运动功能。在对人的研究中显示，在进行水中练习后，可使负重的肢体受益，也能改善关节的活动范围。最近一项马骨关节炎模型的研究显示，物理疗法和修复方法对骨关节炎的临床症状和病理水平的疾病修复方面有明显改善的作用。关于修复的其他方面研究可能是未来几年的新兴方向，但目前大多数原理都从人类医学推测而来。

七、基因疗法

基因疗法使用 DNA（通常来源于病毒载体）作为药物来治疗疾病，如骨关节炎。治疗的前提是 DNA 可以在细胞水平上改变基因的表达，并增加同化因子的产量和抑制与关节破坏相关的异化因子的产生。这是基因疗法的 2 种途径。第一步是鉴别骨关节炎等疾病和替代受损的基因，第二步是在基因水平上增加特定的治疗性蛋白的水平（如自体培养血清）。随着自体培养血清的确认，这是马匹最有前途的基因疗法形式。通过病毒载体应用基因疗法，马匹能够在细胞水平上产生 IRAP，而不需要重复注射。在马匹骨关节炎方面，这项技术的效果近期正在进行评估。

推荐阅读

Baller LS，Hendrickson DA. Management of equine orthopedic pain. Vet Clin Equine，2002，18：117-131.

Bathe AP：The corticosteroid laminitis story. 3. The clinician's viewpoint. Equine Vet J，2007，39：12-13.

Bertone JJ，Lynn RC，Vatistas NJ，et al. Clinical field trial to evaluate the efficacy of topically applied diclofenac liposomal cream for the relief of joint lameness in horses. In：Proceedings of the Annual Meeting of the American Association of Equine Practitioners，2002，48：190-193.

Caron JP. Osteoarthritis. In：Ross M，Dyson S，eds. Diagnosis and Management of Lameness in the Horse. 2nd ed. St. Louis：Saunders，2011：655-673.

Frisbie DD. Markers of osteoarthritis：implications for early diagnosis and monitoring of the pathological course and effects of therapy. In：Ross M，Dyson S，eds. Diagnosis and Management of Lameness in the Horse. 2nd ed. St. Louis：Saunders，2011：655-673.

Frisbie DD，Kawcak CE，McIlwraith CW，et al. Evaluation of polysulfated glycosaminoglycan or sodium hyaluronan administered intra-articularly for treatment of horses with experimentally induced osteoarthritis. Am J Vet Res，2009，70：203-209.

Frisbie DD，Kawcak CE，Werpy NM，et al. Clinical，biochemical，and histologic effects of intra-articular administration of autologous conditioned serum in horses with experimentally induced osteoarthritis. Am J Vet Res，2007，68：290-296.

Goodrich LR. Principles of therapy for lameness. In：Baxter GM，ed. Adams and Stashak's Lameness in Horses. 6th ed. Ames，IA：Blackwell，2011：1473-1491.

Goodrich LR，Nixon AJ. Medical treatment of osteoarthritis in the horse：a review. Vet J，2006，171：51-69.

Kawcak CE，Frisbie DD，McIlwraith CW. Effects of extracorporeal shock wave therapy and polysulfated glycosaminoglycan treatment on subchondral bone，serum biomarkers，and synovial fluid biomarkers in horses with induced osteoarthritis. Am J Vet Res，2011，72：772-779.

Kawcak CE，Norrdin RW，Frisbie DD，et al. Effects of osteochondral fragmentation and intra-articular triamcinolone acetonide treatment on subchondral bone in the equine carpus. Equine Vet J，1998，30：66-71.

Keegan KG，Messer NT，Reed SK，et al. Effectiveness of administration of phenylbutazone alone or concurrent administration of phenylbutazone and flunixin meglumine to eliminate lameness in horses. Am J Vet Res，2008，69：167.

McIlwraith CE. Principles and practices of joint disease treatment. In：Ross M，Dyson S，eds. Diagnosis and Management of Lameness in the Horse. 2nd ed. St. Louis：Saunders，2011：840-852.

Trotter GT. General pathobiology of the joint and response to injury. In：McIlwraith CW，Trotter GT，eds. Joint Disease in the Horse. Philadelphia：Saunders，1996：237-256.

（董文超　译，张海明、杜承　校，张振宇　审）

第188章 肩损伤

Carol L. Gillis

一、肩部软组织损伤

(一) 病史和临床症状

由于位于肩部尖端突出的位置，二头肌肌腱是肩部软组织中最常见的受损部位。与其他筋腱和韧带不同的是，二头肌肌腱受损通常是由于直接损伤而非积累的过度承重。该病的病史通常包括配种或骑乘时被踢或者已受损的肩部撞击围栏或其他固体物。竞赛中马匹的过度负重比较常见。二头肌肌腱通常很少受损，或者二头肌滑膜炎很少发展成为肱骨结节的发育性骨病。二头肌滑囊炎可能单独发生或者与二头肌肌腱的损伤同时发生。患有二头肌滑囊炎或者肌腱炎的马对肌腱的触诊和施加在肩部前方的压力会表现抗拒。如果马匹被要求慢步然后立定，马匹经常倾向于使用患肢站立，并且患肢会轻微地后置于健康肢体。冈上肌也是肱骨结节上，因此，当存在上述的损伤病史时，应考虑该肌肉是否也存在损伤情况。冈上肌损伤的临床症状与二头肌肌腱的损伤相似。

当下肢突然或过度内收时，如西部赛的马匹或马球马在高速奔跑时突然变换方向，冈下肌和其滑膜囊经常会受损。触诊时肌肉疼痛或肢体内收或外展时的疼痛是常见的临床症状。

(二) 诊断

对于肌肉、肌腱和滑膜损伤的诊断，首要的显像方法是超声波。高频线阵探头（7～12MHz）是理想的检查方法。在检测前，需要剃掉肩部区域的毛发（除非马毛非常短）并用少量肥皂水进行清洗，随后涂抹耦合剂。

二头肌肌腱起源于肩胛末端的头盖骨末端，在此位置开始检查十分重要（图188-1）。肌腱应该在长轴和短轴面上进行评估，因为它横穿肩胛骨并连接肌肉末端。在肱骨结节的水平上，即最常见的损伤点，肌腱被分成两叶。由于其较大，每一个叶可能需要分开评估。通过测量常用超声波图像上尺寸的大小、回声强度和纤维类型来判断是否存在损伤。肌腱的深度边缘正常情况下是低回声的，因为它受到来自肱骨结节的压迫，导致其存在一个纤维软骨的成分。这就导致了诊断方面两大挑战：第一，通过使用超声波鉴别或者与对侧肌腱进行比较以确定低回声区域是否正常；第二，从二头肌滑膜囊里的液体内容物中分辨出低回声的肌腱。通过轻微改变探头的角度直到能探测到滑膜分支来完成。滑膜囊正常包含少于 3mm 深的低回声到无回声的液体（图 188-2）。由于炎症的存在，滑膜囊最初会由于渗出而膨大，伴随最先出现的滑膜增生，随着时间的推移，若不进行治疗，则最后发展成粘连。滑膜囊的注射通常需要在超声波的介导下，可使用 3.8cm 长、19G 的针头，注入分支外侧到中线的浅区部分或者位于二头肌肌腱外侧叶和大肱骨结节头盖轴边界之间的滑膜囊外侧部分。可将 15～20mL 的局部镇痛药物注入其中以保证麻醉效果并确定疼痛的来源。一般不到 20％的马的滑膜囊与关节相通，因此，在进行诊断时必须同时结合麻醉反应和超声波结果。末端接近肱骨结节，在短腱嵌入点的两个平面检查二头肌肌腱肌肉部分。

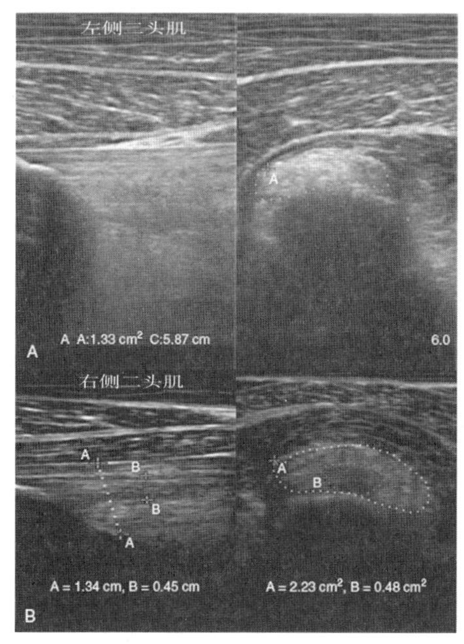

图 188-1　A. 超声波图显示的是起始处的正常二头肌腱的长轴（左）和短轴（右）视图。

注意强的平行线阵纤维类型和肌腱均匀明亮地回声反射性 B. 起始处受损伤的二头肌腱的长轴和短轴视图。除了扩大的肌腱外，需要注意长轴视图中纤维类型区的中央空白（左）和短轴视图中低回声核心病变（右）

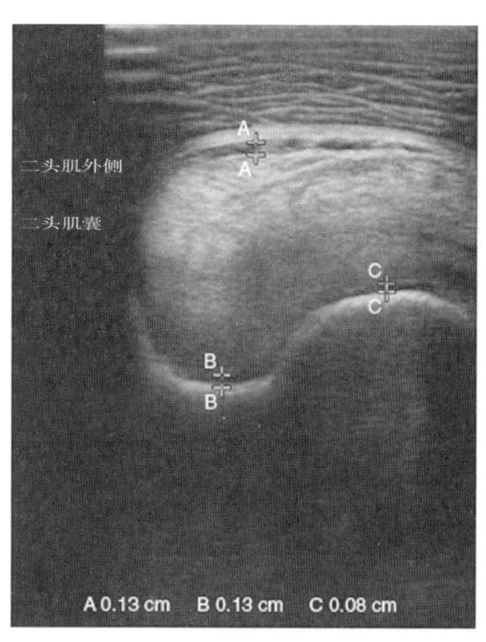

图 188-2　正常二头肌腱外侧叶和周围囊的短轴超声波视图

注意那个囊，从分支角度看可能更精确，延伸到肌腱的浅表，同时深入其中，仅在背中线相连。液体深度通过全部 3 次测量均在正常范围内。另一个需要注意的是二头肌腱深部的低回声区，这个区域代表着纤维软骨性组织，这是部分滑过肱骨结节肌腱紧压的结果

在短轴和长轴 2 个方向，从位于冈上窝起源部分到其肌腱部分，对冈上肌进行检查，该部分分叉嵌入肱骨结节的内侧和外侧直至二头肌肌腱。冈下肌的检查从其冈下窝的起源到其筋腱部分，该部分在肱骨外侧分成深（短的）浅（长的）2 个嵌入部分。对冈下囊的容积和液体的性质进行评估（图 188-3）。

由于三角肌位于尾部外侧位以及一般不会由于过度使用而造成损伤，因此，三角肌一般不会在直接创伤中受损。对于三角肌的损伤，最常见于与三角肌粗隆骨折一同

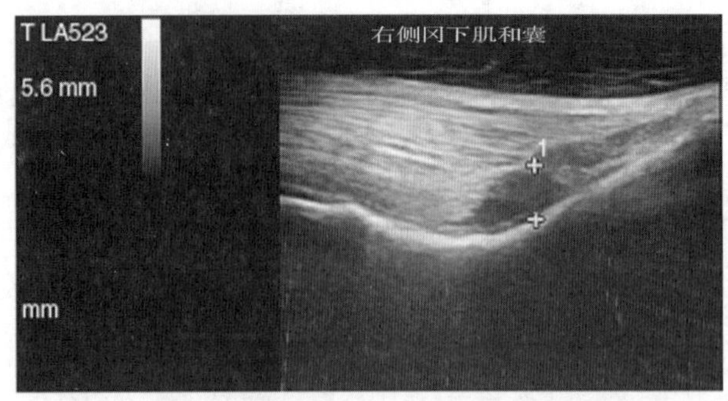

图 188-3　近期受到创伤后发生肿胀并带有低回声液体和纤维的冈下肌囊的长轴超声波图像

受损。肌肉损伤和骨折碎片能通过超声波进行鉴定。

任何肩部的开放性伤口都应该提示使用超声波对与之相关的软硬组织进行评估。伤口内的空气或气体能对诊断图像造成干扰，因此，应在探查前进行伤口的清洗，随后再使用超声波。

（三）治疗和复原

没有肌肉或肌腱损伤的情况下，二头肌囊或者冈下肌囊炎症的治疗可用系统的非甾体类抗炎药物，在超声波介导下注射聚硫酸黏多糖、类固醇或者类固醇和透明质酸的联合，每天 2 次冷疗 15min 和慢步练习 4d。马匹在重新回到正常的训练或练习前应对马匹重新进行评估，以确保治疗的有效性。对于已经发生感染的滑膜囊炎，应当进行灌洗、使用适当的抑菌剂和抗炎药物进行治疗。对炎症的积极治疗非常重要，否则，滑膜增生和粘连可能引起长期的跛行和在感染消除后丧失正常肌腱滑行的长度。

二头肌肌腱部分的损伤、冈上肌或者冈下肌肌肉最初应用抗炎症疗法进行治疗，或者使用系统性的非甾体类抗炎药物以一个适当地剂量治疗 3 周；或者在训练之前，每天 2 次表面涂抹 1%双氯芬酸软膏，连用 3 周。连续口服美索巴莫 3 周也有助于减轻肌肉疼痛和痉挛。物理疗法，包括按摩和冷疗，每天在训练后 2 次、每次 15min 将有助于肿胀的流动和疼痛的减轻。

可控的训练对于愈合来讲是必需的。在避免再次受伤的情况下，放牧有 25%或更少的机会使病马恢复健康，因为马匹不训练和间歇性的训练会导致其在一个周期内再次受伤，而这样的状况可能延续很多年。因此，马匹应该被限制在一个只能进行慢步的区域，而这个区域的最大尺寸是 3.6m×7.2m。应该立即开始可控的训练，开始的强度为每天牵遛 2 次，每次 15min，随后每 2 周增加 5min。每 6～8 周重新进行临床上的检查和超声检查，这取决于开始时期病变的严重性。对于轻度病变的马匹，检查的间隔时间可略短，并适当增加运动强度。

在对马匹进行第 1 次复查时，马匹在慢步时以及肩部触诊或者推拿时表现无疼痛感。超声波的结果以好、一般、差进行评估。好的愈合过程包括肿胀消失、任何不连续核心病变的尺寸减小、大体撕裂的总体回声改善或不连续核心病变回声的增加。好或一般的过程预示着肌腱已经成功愈合，可以开始进行慢步并逐渐进行骑乘训练。除

了骑乘和第二训练时期的牵遛 15～20min 外，其他时间马匹应处于一个只能进行慢步的区域里，平均来说，骑乘时间从 25min 开始，每 2 周增加骑乘的时间。肌腱愈合不良预示着不合理的复原或任何部位的跛行，为了保证正常的愈合，这些复杂因素需要被鉴别和纠正。

第 2 次复查时，马匹应该在慢步和快步时、肩部触诊和推拿时无痛感。好的愈合进程包括任何不连续核心病变的消失或者总体回声的改善、肌腱横断面区域的稳定或减小、纤维类型的稳定或稍有改善。好或一般的进程预示愈合的程度已经允许开始快步练习。快步的运动量因年龄和马的预期用途而异，但一般情况下是在 20min 慢步热身后开始 5min 的快步，每周 5d。额外的 5min 快步练习以每 2～3 周的间隔而增加。除骑乘训练和第二训练时期的牵遛 15～20min 外，马匹应被保持在一个只能快步的区域里。

第 3 次复查时，马匹应表现为临床上无跛行，且触诊和推拿无痛感。超声检查中的愈合过程证据包括肌腱横断面的稳定、良好的回声反射性以及纤维类型的改善。横断面上增加超过 12％预示着正在愈合肌腱的负重过大，或者来自不合理的复原进程，包括过于控制的或无掌控的训练，或者来自起源于任何部位的跛行。为了保证马匹的康复，需要鉴别和纠正这些因素。好或一般的过程提示已经有成功的愈合，可将慢跑纳入近期训练安排中，频率为每周 5d。训练量的增加应考虑到马匹未来的比赛情况。通常，当开始进行快步训练时，在相同方式下可增加 5min 的慢跑。在 1 周的慢跑后，马匹的恢复状况能得到确认。

第 4 次复查时，马匹应表现为临床上无跛行，并且触诊或推拿无痛感。在超声检查中，好的愈合过程包括正常肌腱横断面、正常的回声反射性和平行线似的纤维类型。好的恢复进展提示肌腱的愈合情况已经足以开始 4～6 周的训练，接下来便可重回竞技比赛。

肌肉损伤比这些结构的肌腱部分损伤更不常见。如果已探测到有肌肉损伤，需要开始相似的复原项目。然而，肌肉愈合比肌腱愈合要快很多，每个训练水平大体上维持 1 个 4 周的间隔，而不是 6～8 周。

肩部区域的创伤，从针刺到开放性的撕裂伤口，应该在超声波介导下移除任何的骨头碎片或异物，之后进行污染组织的清除、灌洗和适当地抗生素治疗。受损肌肉或肌腱的愈合进程应该用超声波来监测。

（四）预后

如果一个可掌控的训练方案能有效实施，马匹在遭受肩损伤后，恢复到预期用途而不再复发的概率是 80％～85％。肌肉和肌腱组织拥有固有的干细胞，如果在一个适当的环境中（如通过正常水平负重的刺激进行抗炎疗法），这些干细胞会修复受损的组织。笔者见过单独使用这个方案进行治疗的马匹和使用再生疗法的马匹之间的效果并无区别。造成这种情况部分的原因可能我们对适当的细胞或细胞产品使用方面的了解不足。然而，超过现有的良好预后的改善可能比较困难。相反地，在不进行可掌控的训练情况下开展再生疗法，可使 25％～45％的马重回训练而不再重新受伤。

二、肩胛骨和肱骨损伤

(一) 病史和临床症状

与肩胛或肱骨相关的跛行在成年马上是非常少见的，并且其经常与摔倒或直接击打有关，这些可导致急性的跛行。在年轻的运动马中，肩胛的应力性骨折和发展性的骨科疾病非常常见。肱骨结节的骨囊肿样病变比较少见，它们可能是发展性的或者骨创伤发展而来。骨损伤导致的跛行大体上来说是急性的并且非常明显。马匹将可能对触诊和受损结构的推拿表现抵触。然而，由于其叠加的较厚的肌肉组织的存在，通常难以探测到肿胀。

(二) 诊断

可以通过仔细的临床检查来确定肩部区域的疼痛位置，如果需要的话，这些检查可包括诊断性的末端神经封闭，因为急性末端跛行可能引起负重阻碍、肩部肌肉结构的颤抖和松弛。这个表现可能很容易被误诊为肩部区域损伤。

诊断性的超声波对于扩大到表面的骨损伤成像是有益的，如肩胛冈和三角肌粗隆的骨折。肱骨结节的连接性囊肿样病变在超声检查中容易看到。超声波对于评估肱骨头外侧关节面也是有用的。具体的射线位，包括肱骨结节的屈曲的切线位和斜位，可能对于评估肩关节的骨损伤有帮助。核闪烁扫描术和核磁共振也被用来诊断更深的骨损伤。

(三) 治疗和复原

休息和限制活动对肩胛压力性骨折的恢复有效。对于每个超声波声像图方面的改善，一般需要 4 个月的愈合时间。在重回竞技之前需要一个非常仔细的训练计划，以保证马及其肩胛能恢复到正常的状态。肩胛冈的骨折经常与伤口相关，有必要移除碎片以利于伤口的愈合。伤口护理、休息以及肌肉损伤后复原是三角肌粗隆骨折和同时发生的三角肌损伤的治疗中所必需的。

肱骨结节的囊肿样病变对与之相关的滑膜囊炎的治疗应答较好，如果同时存在肌腱损伤，软组织损伤的可掌控训练项目是需要的。

(四) 预后

患有肩胛冈骨折、三角肌粗隆骨折或者肱骨结节囊肿样病变的马匹通常有较好的预后，一般可再次用于竞技用途。而肱骨结节、肱骨头、肩胛颈的骨折马匹重回竞技的预后较差。如果马匹发生肱骨头和肩胛的关节面发展性骨科疾病损伤，其重返竞技的预后相对较差。

推荐阅读

Coudry V，Allen AK，Denoix JM. Congenital abnormalities of the bicipital apparatus in four mature horses. Equine Vet J，2005，37：272-275.

Davidson EJ，Martin BB Jr. Stress fracture of the scapula in two horses. Vet Radiol Ultrasound，2004，45：407-410.

Fiske-Jackson AR，Crawford AL，Archer RM，et al. Diagnosis，management，and outcome in 19 horses with deltoid tuberosity fractures. Vet Surg，2010，39：1005-1110.

Gillis CL. Soft tissue injuries：tendinitis and desmitis. In：Hinchcliff KW，Kaneps AJ，eds. Equine Sports Medicine and Surgery. 1st ed. St. Louis：Elsevier，2004：412-431.

Jenner F，Ross MW，Martin BB，et al. Scapulohumeral osteochondrosis：a retrospective study of 32 horses. Vet Comp Orthop Traumatol，2008，21：406-412.

Lawson SE，Marlin DJ. Preliminary report into the function of the shoulder using a novel imaging and motion capture approach. Equine Vet J Suppl，2010，38：552-555.

Little D，Redding WR，Gerard MP. Osseous cyst-like lesions of the lateral intertubercular groove of the proximal humerus：a report of 5 cases. Equine Vet Ed，2009，21：60-66.

Mez JC，Dabareiner RM，Cole RC，et al. Fractures of the greater tubercle of the humerus in horses：15 cases (1986-2004) . J Am Vet Med Assoc，2007，230：1350-1355.

Parth RA，Svalbe LS，Hazard GH，et al. Suspected primary scapulohumeral osteoarthritis in two Miniature ponies. Aust Vet J，2008，86：153-156.

Redding WR，Pease AP. Imaging of the shoulder. Equine Vet Educ，2010：199-209.

Schneeweiss W，Puggioni A，David F. Comparison of ultrasound-guided vs. "blind" techniques for intra-synovial injections of the shoulder area in horses：scapulohumeral joint，bicipital and infraspinatus bursae. Equine Vet J，2012，44：674-678.

Whitcomb MB，le Jeune SS，Macdonald MM，et al. Disorders of the infraspinatus tendon and bursa in three horses. J Am Vet Med Assoc，2006，229：549-556.

（董文超　译，张海明、杜承　校，张振宇　审）

第 189 章　肌腱和韧带损伤的修蹄疗法

Ruth-Anne Richter

在过去的几十年里，马匹肌腱和韧带损伤的治疗取得实质性的进步，而不仅仅是增加再生疗法的使用。相似地，人们对肢体生物力学的理解以及钉蹄师的钉蹄技术也有所提高。这些都增加了病马匹的治愈成功率，使得患有软组织损伤的马匹重返赛场以继续运动生涯，仅少数马匹出现疾病的复发。

马匹软组织损伤治疗的目的是使马匹恢复到原来的运动水平，而这需要团队的协作以及尽职的治疗，虽然在所有病例上均达到最佳效果是不可能的。为使马匹能最终恢复其之前的运动水平，必须达到以下几点目标：①减轻急性的疼痛和炎症；②优化受损肌腱和韧带的修复；③减轻作用在患肢的反向生物力学力量；④使用康复手段使马匹恢复竞技表现。

减轻反向生物力学力量具有较好的治疗效果，这可以通过修蹄疗法、达到适合的蹄部平衡和选择反作用于地面的力量来减轻患肢的压力而实现。这不仅需要准确的诊断以及肢体解剖学和生物力学的知识，还需要了解可能的结果以选择特定的蹄铁类型。本章对那些常见的肢体末端肌腱和韧带损伤的马匹钉蹄铁的一些基本原理进行讨论。

在此讨论的治疗性蹄铁并不是一直使用或者为防止损伤发生而设计的。当将治疗性蹄铁作为辅助设施应用到特定损伤的治疗中时，这些蹄铁增加了肢体的其他支持结构上的生物力学压力，而这能导致那些结构受损。这些蹄铁可在损伤正在愈合时和部分康复阶段使用，总的来讲，要使用接近 1 年的时间。最终目标是当损伤完全愈合时，马匹能够使用平底蹄铁。这需要遵守兽医和钉蹄师的约定，以便当治疗有效果时能够进行蹄铁的调整。通常，在此期间蹄部将出现好转。当损伤已愈合，钉蹄师和兽医均有责任保证蹄部保持良好的平衡状态，并且不会回到之前的状况，不会再次使之前受伤的部位承受更大的压力。

一、指浅屈肌腱和悬韧带损伤

在运动中，指浅屈肌腱和近端翼状韧带有助于限制球节和腕关节的过度伸展。在运步的站立期，当球节伸展时拉力作用于指浅屈肌腱，肌腱因此在运步时负重。当球节处于最大伸展的阶段时，负重由悬韧带与其共同分担。正因如此，当马匹发生的损伤影响指浅屈肌腱和悬韧带时可以用相同的方式钉掌。这些结构在运动中是主要的能量储存结构，比前肢中的指深屈肌腱和指总伸肌腱承受更高水平的张力，而这也导致指浅屈肌腱和悬韧带比其他结构有更高的损伤率。

近期数据显示，蹄踵升高是有害的，因为在球节伸展时可以增加指浅屈肌腱和悬韧带的最大张力。马匹在慢步时，各种类型的蹄铁不会明显地影响这些结构的张力，但在快步时，蹄踵的升高会增加正常指浅屈肌腱的张力，并会增加受伤指浅屈肌腱的负重。相反地，蹄尖的升高能动态地减轻在上述2种结构上的张力，并因此可能有保护作用。在治疗和康复阶段，患有悬韧带体韧带炎和指浅屈肌腱筋腱炎的马可以使用有生物力学作用的蹄铁。

一个有着较宽蹄尖（能有效抬高马的蹄尖）的蹄铁、带有坡度的分支和略微下沉到地面的蹄踵部分可降低作用于蹄踵的、来自地面的反作用力，并增加作用于蹄尖的反作用力（图189-1）。这减轻了作用于受损指浅屈肌腱和悬韧带的压力，因此，在伸展末端系关节时减轻了球关节的伸展。

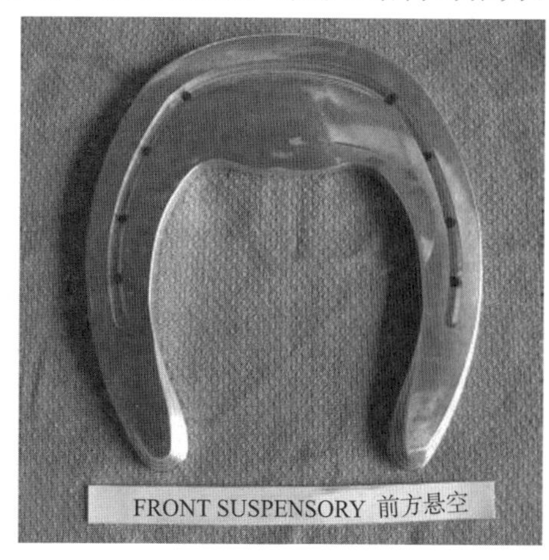

图189-1 适合应用于前肢悬韧带损伤马的商业化蹄铁
注意蹄尖部较宽和有坡度的分支

二、指深屈肌腱和其副韧带损伤

研究已证实，抬高蹄踵可以减轻作用在指深屈肌腱上的张力。这种蹄踵的抬高可引起球节的伸展并加强系关节的屈曲。尽管蹄踵抬高减轻了指深屈肌腱在小跑和慢步时的最大张力，但蹄尖的升高会增加张力（如那些低蹄踵、长蹄尖的马）。在高负重的情况下，指深屈肌腱限制腕和球节的过度伸展（指浅屈肌腱作用与之相反），并有助于在承受体重时近端系关节的屈曲。重要的是，通过正面地定向第二趾骨压力于第三趾骨的连接面，指深屈肌腱使系关节的末端保持稳定。在承受全部体重时，指深屈肌腱也与末端籽骨（舟状骨）的末端边缘紧密相连。指深屈肌腱嵌入角度的非正常变化会导致局部压力的分配不均，同时也会造成指深屈肌腱的嵌入失败以及舟状骨区域结构的破坏。像杠杆的作用一样，末端的髌骨有助于蹄部的旋转以及在站立的最后阶段蹄踵离开地面。因此，在站立的最后阶段，肌肉、指深屈肌腱和其副韧带引导球节抬升，而指深屈肌腱引起末端系关节的伸展。指深屈肌腱的副韧带最大程度的拉伸也有助于末端系关节的稳定，因此，肢体的过度伸展会造成这些副韧带的损伤。这些结构与指浅屈肌腱的分支一起，也同样有助于末端系关节在支持体重情况下的稳定。

这些生物力学上的信息能够运用于那些发生指深屈肌腱、指深屈肌腱副韧带和相关结构损伤马匹的治疗。对于那些发生指深屈肌腱及其副韧带损伤、与舟状骨区域相关的小韧带损伤、末端籽骨奇韧带损伤的马匹，应该钉具有功能性提升蹄踵的蹄铁。蹄踵部位宽的盘蹄铁能产生有效的“抬高效果”，这与使用宽蹄尖的蹄铁治疗指浅屈肌腱和悬韧带损伤的原理相同。宽蹄踵的盘蹄铁能分散穿过蹄部掌面的更大区域（包括蹄叉）的负重，而不是集中于蹄叉的中央（如发生于心形蹄铁使用时）。然而，对于有同样结构损伤的马匹，直的或心形蹄铁依旧有效。笔者的经验认为，嵌入性的指深屈肌腱病和末端籽骨奇韧带炎的马并不一直对心形蹄铁耐受，并可优先选择在蹄铁底部有牙科印模材料的宽的盘状蹄踵蹄铁（图 189-2 和图 189-3）。随着时间的推移，跛行随之改善，盘蹄踵部分的宽度缩窄到一个点便成为横蹄铁。从这个时间以后，马匹能过渡并重新使用原来正常的蹄铁。

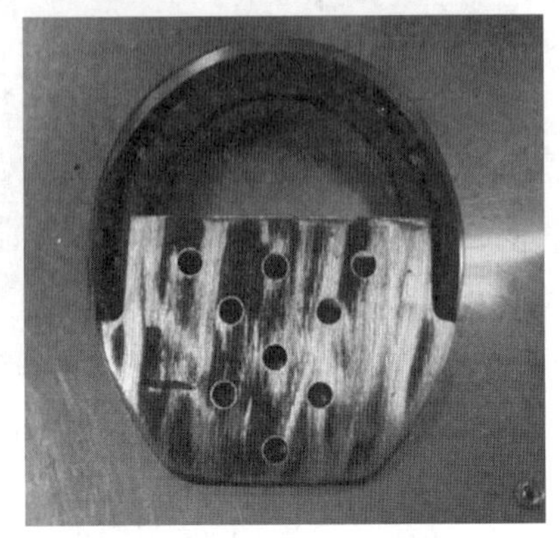

图 189-2　定做的蹄踵盘蹄铁

牙科压膜材料可置于宽边和蹄之间

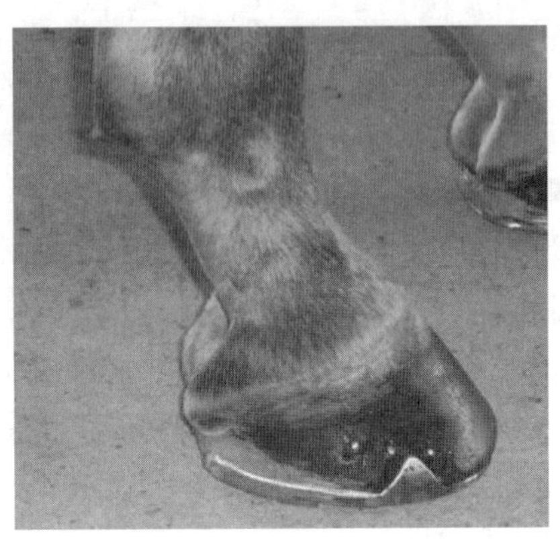

图 189-3　蹄铁和蹄之间带有牙科压膜材料的蹄踵盘

一个反向的蹄铁也能用于发生指浅屈肌腱和其副韧带损伤马匹的治疗。然而，这种类型的蹄铁必须在相对干燥的环境下使用，因为在潮湿的条件下，“裂蹄症”的发展能影响蹄壁的完整性并潜在地引起继发性的跛行。除指深屈肌肌腱病的嵌入性跟腱炎外，长蹄尖、长的低跟蹄踵的马易于发生蹄部掌结构的软组织损伤。这些马匹能够从一种葱头型蹄铁的应用上受益（图 189-4 和图 189-5）。这种蹄铁能将体重分配于蹄支和蹄壁，并改善蹄部那个部分的完整性。

图 189-4　葱头（“洋葱”）蹄铁

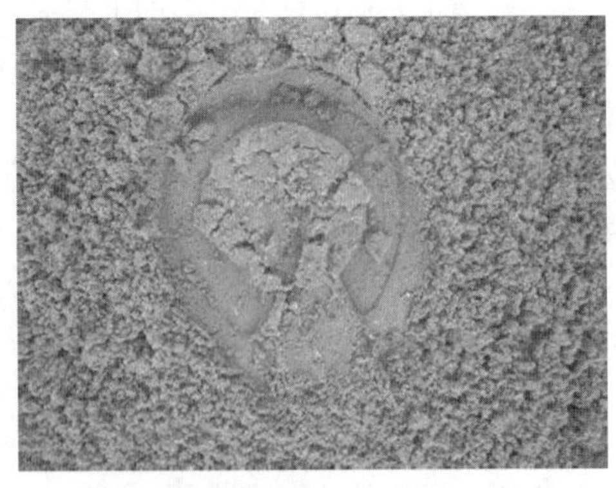

图 189-5　洋葱蹄铁在足印中的压痕

注意其蹄尖部陷入沙中的深度比蹄踵部深，蹄踵部表面压痕浅。蹄踵因此被认为是浮动的

三、不对称性损伤

损伤可影响侧韧带、悬韧带的一个分支或者指深屈肌腱的一个叶，举例来说，此种损伤可通过不使感染的结构承受生物力学上的负重进行治疗。以加宽受损伤肢体的蹄铁宽度的方式增加地面的反作用力，通过减轻马在站立步伐和承受体重的情况下的拉力来保护损伤的结构。加宽一端的蹄铁不会陷入地表很深，这部分的作用是减缓受损结构被拉伸的程度（图 189-6、图 189-7）。在对侧肢体，通过增加一个坡面到分支上的方式以减少地面的反作用力，以使对侧的肢体轻轻陷入压痕中。不对称蹄铁对单向软组织损伤最有效，但对于患关节炎的马匹应慎重使用，因为蹄铁的宽边（能使地面的反作用力加强）能够增加关节的压迫并能引发不适。

图 189-6　不对称蹄铁

注意感染一侧的敛缝（箭头所指）以使蹄铁的分支变宽

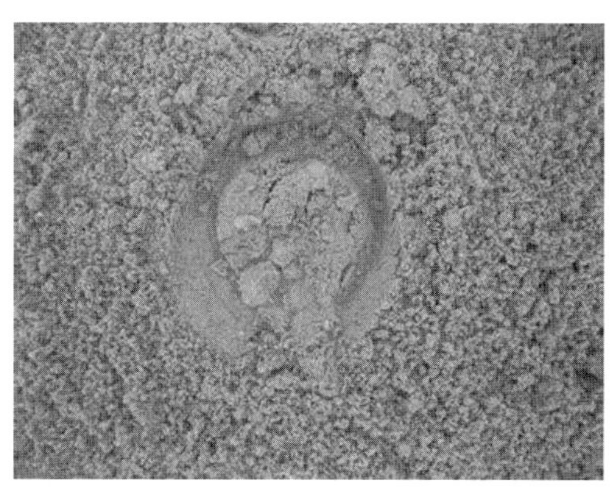

图 189-7　不对称蹄铁在足印中的压痕

比较宽的一侧并不陷入沙中并保护同侧肢体的损伤结构

当一个肢体上同时存在几个损伤，并且这些损伤之间的作用在生物力学上是相反的情况下，问题更加严重。关键是首先对马和蹄铁的急性或临床损伤进行检查，并通过马匹的应答反应来进行后续的调整。诊断性的镇痛有助于判定更疼痛的损伤，能引导兽医和钉蹄师去选择一个更适合的蹄铁。但在一些病例中，复杂的损伤可能比较难于解释，那就需要使用临床判断。尽管这可能是个不言而喻的说法，但蹄部的修整却对达到好的疗效至关重要。在这个章节里提到的任何一种蹄铁，如果修整不足和不平衡，马匹均不会从中获益。铝制蹄铁目前有市场化产品，并且非常有用；其与铁制蹄铁的振动程度相比，可限制振动上传到肢体。传统的手工锻造的铝制或铁制蹄铁是非常理想的，但需要一个有经验的钉蹄师去锻造它们。

为了以上这些方法能成功地使马匹恢复到它之前的运动水平，往往需要。兽医与钉蹄师之间良好的关系以及病马匹治疗的利益相关方之间开放性的交流，对于达到积极良好的治疗效果至关重要。

推荐阅读

Castelijns HH. The basics of farriery as a prelude to therapeutic farriery. Vet Clin North Am Equine Pract，2012，28：313-331.

Denoix J-M，Chateau H，Crevier-Denoix N. Corrective shoeing of equine foot injuries. In：Proceedings of the 10th Geneva Congress of Equine Medicine and Surgery，December，2007：136-143.

Dowling BA，Dart AJ，Hodgson DR，et al. Superficial digital flexor tendonitis in the horse. Equine Vet J，2000，32：369-378.

Floyd A，Mansmann RE. Equine Podiatry. St. Louis：Saunders-Elsevier，2007：42-56.

Lawson SE，Chateau H，Pourcelot P，et al. Effects of toe and heel elevation on calculated tendon strains in the horse and the influence of the proximal interphalangeal joint. J Anat，2007，210：583-591.

Ross MW，Dyson SJ. Lameness in the Horse. 2nd ed. St. Louis：Saunders Elsevier，2011：270-309.

Weaver MP，Shaw DJ，Munaiwa G，et al. Pressure distribution between the deep digital flexor tendon and the navicular bone，and the effect of raising the heels in vitro. Vet Comp Orthop Traumatol，2009，22：278-282.

Willemen MA，Savelberg HHCM，Barneveld A. The effect of orthopaedic shoeing on the force exerted by the deep digital flexor tendon on the navicular bone in horses. Equine Vet J，1999，31：25-30.

（董文超　译，张海明、杜承　校，张振宇　审）

第 190 章　指浅屈肌腱损伤

Taralyn M. Mccarrel

马的指浅屈肌腱存在较高的受伤风险，涉及这些结构并与临床相关的疾病常见于速度赛马和运动马匹。其发生损伤和脓毒症的原因很多，一般包括肌腱的浅表位置，与滑膜的紧密联系易造成穿透伤，较差的修复反应，再加上高水准运动马的指浅屈肌腱功能在其生物力学上的限制。接下来将会对关于指浅屈肌腱和其相关结构的诊断和不同严重类型损伤的管理进行介绍。

一、解剖学和功能

指浅屈肌腱起源于肱骨尾部表面的近端，并植入于第一和第二指骨处。另外，指浅屈肌腱辅助韧带（ALSDFT）起源于肌腱的结合面并且在桡骨末端（与腕管紧密相连）上有一个扇状嵌入。后肢指浅屈肌腱起源于股骨近端的尾面并植入指骨，与前肢的排列类似。后肢的指浅屈肌腱覆于跟骨上，并以外侧和内侧附属物与跟骨连接。跟腱囊在指浅屈肌腱和跟骨突之间提供滑移面。前后肢的指浅屈肌腱从第三掌骨靠近末端的一半到系部均被屈肌腱鞘包裹住（图 190-1）。屈肌腱鞘（MF）是浅屈肌腱的延伸，在屈肌腱鞘里包绕指深屈肌腱。

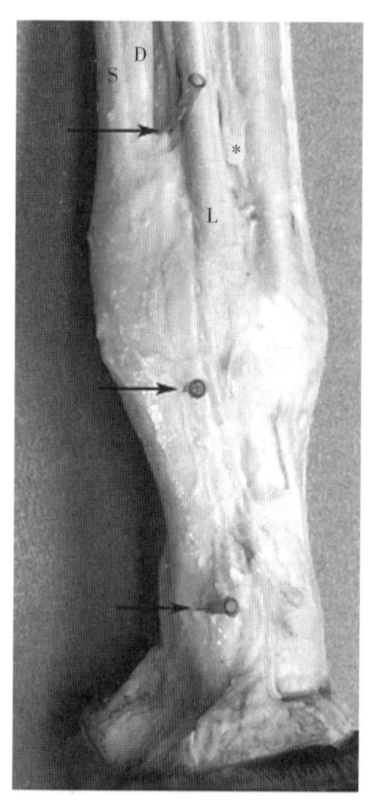

图 190-1　图中展示的是掌后外侧观的前肢末端的解剖标本

2 个蹄踵在图片的底部。指浅屈肌腱（S），指深屈肌腱（D），悬韧带（L），夹板骨的远端（*）分别进行了标记。两端的箭头指示针头置于正常屈肌腱鞘伸展的最近端和远端。中间箭头指向屈肌腱鞘穿刺和注射的常见位置，正位于近端籽骨基底部的末端和神经血管束的掌侧

指浅屈肌仅由少量的肌肉组织组成，因此，其在远肢屈曲时作用很小。相反，指浅屈肌腱最基本的功能就是保持稳定性以及储存能量。指浅屈肌腱连同悬韧带一起在支持球关节方面扮演主要的角色。进一步讲，肌纤维能够在运动中适应小的振动，产生一定程度的缓冲减震作用。最后，在马匹起步前，指浅屈肌腱被拉伸时储存一定的弹性能量，释放后使得马以较

高效率运动。

二、肌腱修复

正常的肌腱主要是由Ⅰ型呈线性分层结构的胶原组成。肌腱细胞和特化的腱细胞产生细胞外的基质，包括胶原和辅助胶原纤维排列的非胶原分子。腱核心仅有少量的血管，而其外围有大量的血液供应。

筋腱修复的过程与伤口愈合的经典过程一致：炎症反应、修复和重建。炎症阶段从受伤开始持续数天到几周，取决于损伤的严重程度和抗炎症疗法的介入情况。蛋白水解酶的释放导致了数天后垂直面和横截面上损伤的扩大。修复阶段与炎症反应阶段重叠，并以血管分布和细胞结构的增多、小胶原的不规则排列为特征。重建阶段是腱愈合最长的阶段，可持续长达18个月。重建与修复阶段重叠，并以增加的胶原组织和较大比例的Ⅰ型胶原为特征。然而，产生疤痕组织在生物力学上是较差的。总的来说，疤痕部位比正常的腱更结实，但弹性较差。在无弹性的修复组织和正常腱组织之间的过渡区域更容易再次受损。一则近期的报告显示，在腱愈合过程中最重要的介入治疗时间是损伤后的12～16周。

三、肌腱病

指浅屈肌腱的过劳损伤普遍存在于赛马和顶级马术马中。尽管临床表现往往是急性的，但过劳损伤的病理生理学研究表明，慢性的退化才是导致最终指浅屈肌腱病断裂的原因。尽管已经有相当多的研究和大量的建议性理论，但到目前为止，对于指浅屈肌腱病的决定性原因或者风险因素仍不十分清楚。对于纯血赛马，许多风险因素已经被确认，如在硬地面上的快速奔跑、初赛年龄过大、有指浅屈肌腱病史、疲劳和蹄踵抬高等。

（一）诊断

典型的第三掌骨指浅屈肌腱病急性症状的马匹会有各种各样的跛行，这取决于损伤程度，比较明显的跛行症状可能会迅速消失。应注意观察马匹以局部肿胀为特征的弯曲肌腱部位。前肢第三掌骨后方应该在负重和非负重情况下均进行触诊。处于损伤期的马匹会厌恶在受损区域的触诊。与正常的肌腱相比，受损区会更柔软。许多慢性损伤可能触诊并无痛感，且硬实。因为指浅屈肌腱病常常是单一的或者可能是继发于其他健肢的继发伤。所以，有必要进行全面的跛行检查，如存在混杂的跛行，可以施行诊断性的麻醉学检查，但是既往病史、临床症状和超声检查对于肌腱病的诊断往往能提供足够充分的信息。

对于肌腱损伤的诊断和监测，超声检查是主要的成像方法（图190-2）。应该对肢体末端的掌侧进行剃毛，如有必要可进行清洁，并用带有硅胶垫（standoff）频率为7.5～14MHz的线阵探头进行探测。急性肌腱病的典型症状包括线性纤维排列缺失的低回声区域和肌腱横断面的增加和肌腱形状的改变。损伤也可能沿着肌腱的边缘。正在愈合的肌腱在损伤部位会有回声的增强、线性纤维排列的改善以及横截面区域的减少。必须一直关注第一次超声波评估的时间和急性肌腱损伤在超声波图片上显示出来的损伤扩大的影响。最初，损伤的核心可能不明显，但在数天后会出现。损伤后 1 周内进行的超声波学检查应该在接下来的 2～4 周内重复进行，以对损伤的大小和严重程度进行充分的评估。

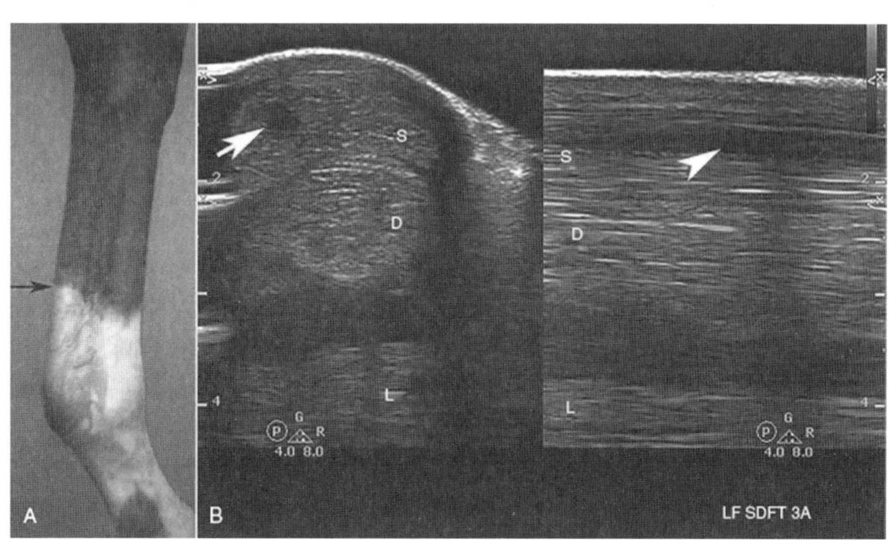

图 190-2 患有指浅屈肌腱病马匹的一个肢体的远端部分（A）。箭头所指为肌腱的特征性弯曲。横截面（左边）和纵切（右边）超声波图像（B）显示指浅屈肌腱里的一个高回声核心病变（箭头）。D，指深屈肌腱；L，悬韧带；S，指浅屈肌腱

（超声波图像由 Dr. K. Garrett 提供，Rood and Riddle Equine Hospital，Lexington，KY.）

指浅屈肌腱病是跖跗关节软组织损伤的标准竞赛马可能发生该病。最近又报道了一种非典型性的近端指浅屈肌腱病。这些损伤发生在较低工作量的老马上，病马表现出急性的跛行，并在随后很长时间存在跛行的情况。这些马对于腕部屈曲反应较为明显，在进行尺骨神经封闭后跛行会消失。在腕管水平上进行指浅屈肌腱的超声波学检查可以确诊，在腕鞘的积液就是证据。这类病马匹一般预后不良，难以达到之前状态。

（二）治疗

初期治疗指浅屈肌腱病的特点是减轻炎症和减小损伤的扩张为目的。应当立即开始治疗，包括非甾体抗炎类药物的使用，可采取 1 天数次、每次治疗时间不超过 30min 的冷却疗法（使用冷水冲或者使用一种如 Game Ready① 的设备）、打绷带支撑和减轻肿胀以及在马房内休息。对于大多数病例，可掌控的逐渐恢复训练可能开始于

① Game Ready. Coolsystems，Inc，Concord，CA。

马匹在马房内休息的2周后。随着训练时间的逐渐增加，每增加一种新步法（如对于1匹已经慢步3个月的马增加少量的快步练习）前要利用超声波重新评估肌腱。肌腱损伤横截面增加10%或更多，可以考虑为复发，必须对训练进行调整。

对于目前的大量辅助药物和手术治疗方法，大多数效果一般（欲了解更多信息可见推荐阅读）。指浅屈肌腱受损后的高复发率依旧是一个挑战。至今，还没有证据表明超声波治疗有效。而近期一份出版的报告中指出，超声波治疗后使得正常肌腱的温度有所上升，并未对肌腱的超声波结构进行调查。在自然形成的损伤中，对损伤部位内部进行胰岛素样生长因子-1的注射治疗可导致超声波特征上的改善，却在复发率上没有改善。

最新进展带来一丝希望。一些实验研究显示，对发生急性损伤的末端肢体应用石膏能够减轻损伤的扩张。因为预后与损伤程度相关联，在损伤发生后的第1个10d内，对有急性指浅屈肌腱损伤的肢体应用石膏可能导致结果的改善，但这还没有被临床所证实。在一个指浅屈肌腱病模型的损伤部位注射血小板富集的血浆（PRP），可使修复组织快速地成熟并发生有序排列。另外，富集血小板的血浆成分的重要性引起注意：与高白细胞含量的PRP相比，白细胞（WBC）含量较少的PRP在体外正常的肌腱中刺激优势基因的表达。对无障碍赛马和猎狐马自然形成的损伤部位注射由脊髓衍生出的间叶细胞样干细胞，可明显减轻猎狐马的复发率，但对无障碍赛马无效。这些结果是令人振奋的，进一步对干细胞和血小板富集血浆的最佳类型、剂量以及治疗方案确定的研究，可能会使患有指浅屈肌腱病的马匹寿命延长。

指浅屈肌腱病的手术治疗目前未取得进展，并且考虑到目前现有方法的作用，临床医生有多种手术选项，包括切开筋腱和通过打开或用筋腱镜的方式对指浅屈肌腱辅助韧带（ALSDFT）实施韧带切开术。切开筋腱仅限于这样的病例：轮廓清晰的核心损伤，允许对有大量水解蛋白酶的血肿部位进行清创引流，并且这样可能会对损伤面积的大小进行限制。曾经有报道称，在对ALSDFT实施韧带切开术后，出现了悬韧带损伤的加剧。然而，在1篇存在争议的文章中，作者对实施了ALSDFT韧带切开术的损伤部位也进行了胰岛素样生长因子的注射。

四、鞘内撕裂

目前指浅屈肌腱鞘内撕裂的明确诊断依旧是一种挑战。先进的成像和手术技术使用的日益增加，使得人们对屈肌腱鞘内撕裂有了进一步的认识。不同的研究中屈肌腱鞘（MF）撕裂的马匹临床特征各不相同，而且在矮脚马和矮种马的后肢上更为常见，反而在温血障碍马的撕裂中，纵向的指浅屈肌腱撕裂占17%。在温血障碍马中，前肢发生撕裂的可能性是后肢的2倍，屈肌腱鞘撕裂只占撕裂的4%。马匹往往有腱鞘膨胀和跛行史。无菌性的腱鞘炎可能由多种原因导致，为了能进行准确的诊断，需要对慢性化程度、肌腱撕裂的存在情况、腱鞘内粘连和包块的存在情况以及跖侧环韧带增厚和收缩的作用等进行确定。区分指深屈肌腱的撕裂和屈肌腱鞘的撕裂是尤其重要的，因为单纯屈肌腱鞘撕裂（占80%）在治疗后恢复到原来状态的预后比单纯

指深屈肌腱撕裂（占 40%）的治疗好 2 倍。屈肌腱鞘滑膜内的结构在图 190-3,A 中进行了描述。

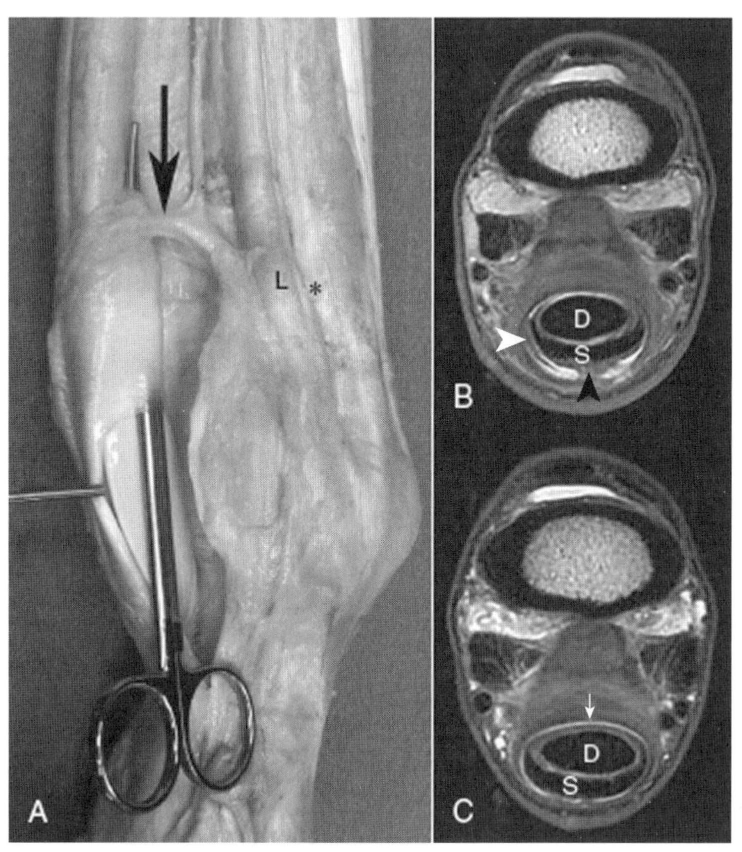

图 190-3　图中显示的样本与图 190-1 相同，只是腱鞘已打开（A)。指浅屈肌腱（SDFT）由组织绀支撑，可见屈肌腱鞘（MF）嵌入指深屈肌腱（DDFT）的鞘内。剪刀置于指深屈肌腱和屈肌腱鞘之间，存在于肌腱鞘的近端影像（黑色箭头)，粘连于 MF 的近端。T2-加权横截核磁共振图像显示 manica 撕裂（B，黑色箭头）和正常连续的嵌入指深屈肌腱鞘内的解剖结构（C，白色箭头)。注意在腱鞘内增加的高信号的滑膜液（明亮的白色)。肿胀指示正常的腱系膜附着于指浅屈肌腱(B，黑色箭头)。D，指深屈肌腱；L，悬韧带；S，指浅屈肌腱；*，夹板骨的远端

（超声波图像由 Dr. K. Garrett 和 S. Hopper 提供，Rood and Riddle Equine Hospital，Lexington，KY.）

目前已开发多种诊断方法，但具体方法的使用与仪器和马主人的预算经费有关。使用超声波探测屈肌腱鞘内肌腱检测的准确率只有 49%～76%。相对于血清来讲，成年马的腱鞘液中大量的软骨低聚物基质蛋白提示很可能存在肌腱撕裂，但不能确定感染的结构。目前这种诊断方法还无法应用于临床，但对于需要进一步诊疗评估和明确疗法的马或许是一个有用的筛选工具。相反，X 线摄影技术对于屈肌腱鞘撕裂的诊断或许有帮助。最后，最先进的诊疗工具包括核磁共振和肌腱镜。核磁共振的优点是能

够对所有屈肌腱鞘内或其周围结构进行评估并进行手术的规划（图 190-3，B）。然而，另外可能还需要进行一个附加的麻醉操作并需要一些费用。肌腱镜既可作为一种诊断方法也可作为一种确定性的治疗方法。可施行手术清除撕裂以移除受损的原纤维物质。目前，推荐对屈肌腱鞘进行全部剔除以治疗部分或完全的撕裂。

术后护理包括打绷带和马房内休息，直到手术后的 10～14d。之后，可以开始短时间的人工牵遛，推荐逐步增加运动量至完全练习量以减少粘连的形成。于鞘内注射透明质酸钠也可以减少粘连的形成。对于一般的病例，逐渐恢复完全训练量的预后通常是良好的。

五、肌腱撕裂伤

肌腱的撕裂伤常常发生在前肢和后肢过度伸展、踢伤和电线割伤。创伤的类型会影响污染、青肿和血管损伤的程度，以及断端肌腱结构的质量。急救和伤口护理的基本原则是保持马匹的镇静和舒适，同时减少或消除再次受伤的风险和伤口的污染。伤口内明显的碎物应该被轻轻地清除。当指浅屈肌腱是唯一一个被横向切开的结构时，如果马端正地站立，球节角度可能不会有差异。然而，如果对侧的肢体抬起，球节会下陷。更多的支撑结构横切会引起马匹肢体远端明显的过度伸展和疼痛。如果我们关注任一结构的完整性，那么很有必要包扎 1 个比较厚实的绷带和夹板。马匹应该被转移到一个干净的环境里以接受明确的治疗。

另外应该用一系列标准的 X 线检查以确定骨骼是否也发生损伤。对伤口进行细致检查前应尝试用超声波对软组织进行检查，尽管伤口内的空气可能会妨碍成像。在进行一段时间的绷带包扎后可能要重复超声检查。为进行全面的评估，施行镇静或局部麻醉是有必要的。应该对伤口进行彻底地清洗，并取深层棉拭子进行细菌培养以及对伤口进行细致的检查。如果确认有关，在对滑膜液进行搜集并进行细胞学培养后，任何相关的滑膜结构都应该被填充。确诊为肌腱撕裂伤的病例，对马匹在全麻状态下进行伤口手术后，可能达到最佳的效果。当超过 50%的肌腱被撕裂并且肌腱的末端情况良好时，可将末端进行缝合。对于肌腱末端有大量创伤的病例，应不予处理。将伤口进行缝合，并且给患肢打上石膏或绷带连续 6～8 周。或者，可制作自定义的夹子以便更易于接触患肢和方便绷带的更换以及伤口的管理。马匹需要在马房内休息 2～3 个月，在这期间要更换绷带、夹板，然后逐渐变为只使用一层厚的绷带。上述每种方式的变换都需要由愈合情况的超声波结果来决定。可能需要使用特殊的蹄铁（见第 189 章）。需要逐步的增加训练，但是愈合过程可能要持续 1 年。

最常见的并发症包括损伤区域的永久性增生和球节的持续性过度伸展。肌腱的增生并不影响最终的结果。球节的持续性过度伸展（>6 个月）与肌腱完全撕裂以及马匹恢复到原先运动状态可能性的降低有关。被撕裂结构的数量也是日后马匹运动能力的 1 个主要预后指征。总之，马匹预后是良好的（82%），但是，只有 55%的马匹能达到它们之前的表现水平。

六、感染性腱鞘炎

与指浅屈肌腱相关的滑膜结构的败血症能够导致肌腱粘连，同时肌腱的直接损伤会造成持续性的跛行，此种情况安乐死可能就显得很有必要。屈肌腱鞘的败血症一般局限于该部位，但相同的原理普遍适用于跟腱囊和腕管。败血症可能有穿刺伤、关节注射或者血肿的扩散（尤其对于马驹）继发而来。感染的来源可指导抗生素的选择，而这应该在细菌培养和药敏试验之前就开始（见第 186 章）。潜在关联的滑膜结构的确定以及积极治疗的立即开展，对于取得最佳的治疗效果是最重要的。闭合滑膜鞘的马匹常表现出明显的跛行，而如果鞘可以被清洗干净，症状可能会减轻，甚至跛行的消除。系统性败血症（如发热、全血总数的改变）的症状可能是显性的，也可能不是。在发生撕裂伤的病例中，或有证据表明发生慢性骨髓炎或是有明显血源性的感染时，诊断性的评估应该包括骨损伤的 X 线成像。同样可使用超声波技术来评估软组织、滑膜液的数量和性状以及腱鞘内是否有纤维存在。在应用抗生素治疗前应该采集滑膜液（图 190-1）进行细胞学评估、总蛋白的确定和细菌培养药敏试验。如果只有少量液体存在，从第三掌骨的中部到近端籽骨基部覆盖止血带，并在屈肌腱鞘的末端采集液体。治疗方法包括屈肌腱鞘灌洗、使用抗生素（通过以下这些途径中的 1 种或数种：全身性、腱鞘内或者局部灌注）和系统的抗炎药物。肌腱镜或许有更全面地灌洗和移除异物纤维方面的优势。除非并发有肌腱撕裂，否则，应避免使用石膏。尽快开展人工牵遛来减少粘连的形成。感染结束后，对有慢性感染的马，或许需要在每 2 周注射 1 次透明质酸钠的基础上进一步减轻粘连的形成。

尽管在文献中有相反的观点，许多医师依旧认为在腱鞘受感染前进行早期的治疗和感染的控制与获得良好的治疗效果有关，然而需要注意的是慢性 DFTS 感染马匹的预后。肌腱的合并感染和骨髓炎也会降低预后的可能性。

七、败血性核心病变

指浅屈肌腱的原发感染情况极其少见，但是有一系列的病例被报道过。指浅屈肌腱的败血症可能继发于穿刺伤、关节注射或者血源性传播疾病。感染马匹有明显的跛行、蜂窝织炎，并且触诊疼痛。发热和全血细胞数的改变并不稳定。超声检查显示有类似核心病变的损伤、肌腱水肿和局部蜂窝织炎。曾经有报道通过手术剔除感染的指深屈肌腱和指深屈肌腱副韧带。当败血症已扩散并不允许进行剔除时，应进行手术引流、清创和灌洗来减少载菌量和除去蛋白水解酶。应使用全身的和局部的抗菌药，抗菌药物的选择应基于感染源的细菌培养和药敏试验的结果。抗炎疗法可控制疼痛和减轻局部的炎症。在一个病例的 3 匹病马中，只有 1 匹马幸存下来，尽管没有实施手术引流。所有 3 匹马在跛行 1～2 周后出现败血性核心病变。在 2 匹实施安乐死的马上分离出葡萄球菌，在那匹幸存的马上发现存在混合感染。

推荐阅读

Arensburg L, Wilderjans H, Simon O, et al. Nonseptic tenosynovitis of the digital flexor tendon sheath caused by longitudinal tears in the digital flexor tendons: a retrospective study of 135 tenoscopic procedures. Equine Vet J, 2011, 43: 660-668.

Avella CS, Smith RKW. Diagnosis and management of tendon and ligament disorders. In: Auer JA, Stick JA, eds. Equine Surgery. 4th ed. St. Louis: Saunders Elsevier, 2012: 1157-1179.

Chesen AB, Dabareiner RM, Chaffi n MK, et al. Tendinitis of the proximal aspect of the superficial digital flexor tendon in horses: 12 cases (2000-2006) . J Am Vet Med Assoc, 2009, 234: 1432-1436.

Dahlgren LA. Management of tendon injuries. In: Robinson NE, Sprayberry KA, eds. Current Therapy in Equine Medicine. 6th ed. St. Louis: Saunders Elsevier, 2009: 518-523.

David F, Caddy J, Bosch G, et al. Short-term cast immobilization is effective in reducing lesion propagation in a surgical model of equine superficial digital flexor tendon injury. Equine Vet J, 2012, 44: 570-575.

Jordana M, Wilderjans H, Boswell J, et al. Outcome after laceration of the superficial and deep digital flexor tendons, suspensory ligament and/or distal sesamoidean ligaments in 106 horses. Vet Surg, 2011, 40: 277-283.

Kidd JA, Dyson SJ, Barr ARS. Septic flexor tendon core lesions in five horses. Equine Vet J, 2002, 34: 213-216.

Ross MW, Dyson SJ. Diagnosis and Management of Lameness in the Horse. 2nd ed. St. Louis: Saunders Elsevier, 2011.

Witte TH, Yeager AE, Nixon AJ. Intralesional injection of insulin-like growth factor-1 for treatment of superficial digital flexor tendinitis in Thoroughbred racehorses: 40 cases (2000-2004) . J Am Vet Med Assoc, 2011, 239: 992-997.

（董文超　译，张海明、杜承　校，张振宇　审）

第 191 章　指骨的软骨下骨囊肿

Ceri Sherlock　Tim Mair

一、软骨下指骨囊肿综述

（一）术语和特征描述

真正的骨囊肿，被定义为一个闭合的腔室，由上皮细胞做衬里，包含液体或者半固体物质，一般在马身上较少发生。软骨下骨囊肿（也叫软骨下囊病变或者骨囊肿样病变）并不是真正的骨囊肿，因为它们缺乏上皮层和与关节面的频繁联系。这些特征使其被称为骨囊肿样病变（OCLLs）。指骨是马匹解剖结构上第二常见发生骨囊肿样病变的位置（该部位在所有已报道的骨囊肿样病变中的流行率是 26.2%）。

骨囊肿样病变经常发生于承重的关节面，大多数通过不同的尺寸与关节相连。病变的大小不同（大小从浅缺陷到病变深度>10mm 不等）、形状不同（圆拱形、圆锥形或者球形）。在宏观评估中，骨囊肿样病变有纤维性的内衬，并有纤维组织填充，有或者没有胶质滑膜物质。许多骨囊肿样病变也包含纤维化软骨，可能有部分矿化，一些可能偶尔包含坏死骨。OCLLs 内的纤维组织可产生一氧化氮、前列腺素 E_2 和中性金属蛋白酶。经关节镜采集的骨囊肿样病变组织的条件媒介可诱导体外破骨细胞的补充和激活。这个增加的破骨活性可能与体外囊肿的扩展有关。不同密度的骨硬化可能在囊肿样的骨病变周围，取决于发展的阶段。

（二）病原学

骨囊肿样病变在病原学上通常被认为是多因素的，已经被探明的病理过程包括遗传原因、生长率、激素和矿物质的不均衡、骨软骨炎、生物力学和创伤。骨囊肿样病变必然存在的特征可能为病因提供线索。双侧性的或发生于无创伤史年轻马的骨囊肿样病变通常最可能是发展性的，然而，在 1 匹具有运动生涯的马匹上发现的骨囊肿样病变则很可能起源于外伤。

当软骨内的骨化被打破，发展性的疾病，如软骨炎会出现。保留的软骨焦点区域可能经历退化并随之在骨内有骨囊肿样病变。

创伤也被推断是骨囊肿样病变的一个可能原因。骨囊肿样病变在关节败血症、骨关节炎和关节内骨折后被识别。创伤可能开始于裂缝样的关节软骨损伤，而这种损伤使来自滑膜液的压力导致坏死和下层骨的后续再吸收。这一系列诱发因素被称为静水理论（hydrostatic theory）。创伤也有可能引起软骨下骨缺血和坏死，随后会有血管再生和坏死骨的再吸收，然后留下软骨下的损伤。骨创伤作为OCLLs病原学的主要原因已经被骨髓损伤（也常作为骨挫伤、骨水肿、骨挫伤和隐性骨折所熟知）后的损伤构造的研究所证实。关于人，有报道称在骨髓损伤发生之后发展成软骨下囊肿样病变。

二、疑似患有骨囊肿样病变马匹的调查

（一）身体检查和跛行评估

对有指骨囊肿样病变的马匹进行身体检查可能无法发现异常，每个解剖位置的具体细节描述如下。患有指骨囊肿样病变马匹的跛行是多种多样的，一些马匹跛行严重，一些有中等程度的跛行，而一些马则无跛行症状。与跛行相关的发病速度也不同。对于年轻马而言，在开始训练之前跛行可能不会被发现，而一些有既往疾病史或患有关节内炎症的中年马和老年马却可以被发现。造成跛行的原因是来自于关节（滑膜炎）或软骨下骨（骨内压力增加）的疼痛、囊肿内压力的增加或者是这些因素的组合。与那些远离关节面的病变相比，与关节面密切相关的骨囊肿样病变最可能与跛行有关。跛行在休息时会减弱，但在训练开始后经常会再度发生。远端肢体屈曲时跛行会加剧，然而，大多数患有指骨囊肿样病变的马匹不会对检蹄器有反应。

（二）诊断性镇痛

诊断性的镇痛能帮助隔离跛行的位置。远轴籽骨神经下镇痛可以减轻由指骨囊肿样病变引起的疼痛和跛行症状。掌后或趾后末端神经镇痛是不一致的，并且经常不能解决跛行症状，即使是在有末端指骨囊肿样病变的马匹身上。如果骨囊肿样病变与关节有关，关节内镇痛能够改善跛行症状。然而，关节内镇痛几乎不能使跛行症状完全消失。

（三）诊断性成像

跛行的位置确定后，应该获得隔离区域标准的放射线视图，尽管骨囊肿样病变可能不会一直在这些视图上被鉴定出来。鉴别骨囊肿样病变的最佳视图取决于解剖学上的位置以及以下的描述。

发展的阶段影响鉴别的难易和骨囊肿样病变的放射线学特征。大的囊肿鉴别起来相对容易，然而，与关节相连的小囊肿则容易被忽略。因为肯定有30%～50%的骨密度变化能显现为放射线学上的变化，小的和微小的损伤并不容易以这种形式被鉴定出来。骨囊肿样病变首先可能会以小的可透过射线的扁平部或关节面低洼被鉴定。随着病理变化的发展，在骨骼上圆形的、椭圆形的、圆锥形的单个的或者多腔室的透亮度可能被鉴别（图191-1至图191-5）。在透亮的周围可能有不透X线的硬化边缘。如果探测到有骨囊肿样病变，应该对已感染的关节进行详尽的检查，特别是对于退行性关节病进行评估。关节造影术可常用于评估骨囊肿样病变和关节面之间的联系。

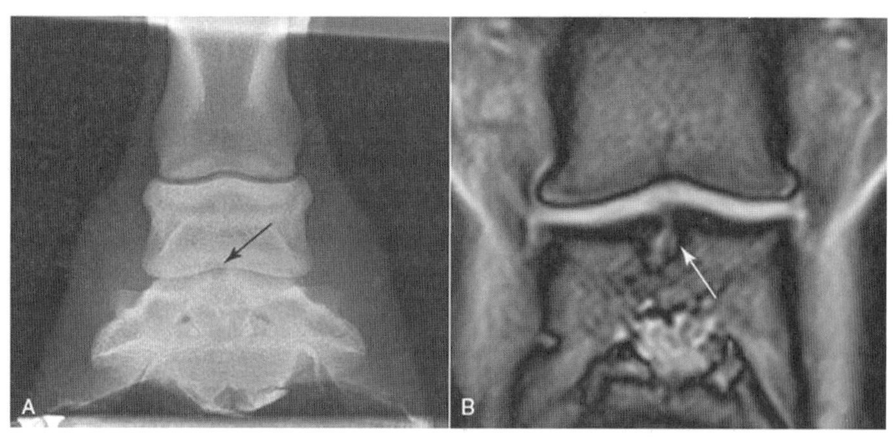

图 191-1 A. 患有骨囊肿样病变（OCLLs）马匹左前肢指骨的背掌位放射线图片。注意微小的可透射线环形线（黑箭头所指），该线位于末端指骨近端的中线的内侧位置：这个透明区代表骨囊肿样病变。在该病变周围轻微增加的不透射线区域可能代表病变周围的硬化 B. 同一匹马左前肢末端指骨与图A中同一位置的T2*加权三维正面核磁共振图像。在远端指骨的近端有确定定义的高信号强度的环形病变，通过软骨下骨延伸，确定在末端指间关节和囊肿样病变区域相通。被低信号密度边缘包围的高信号区可能代表硬化（白色箭头所指）

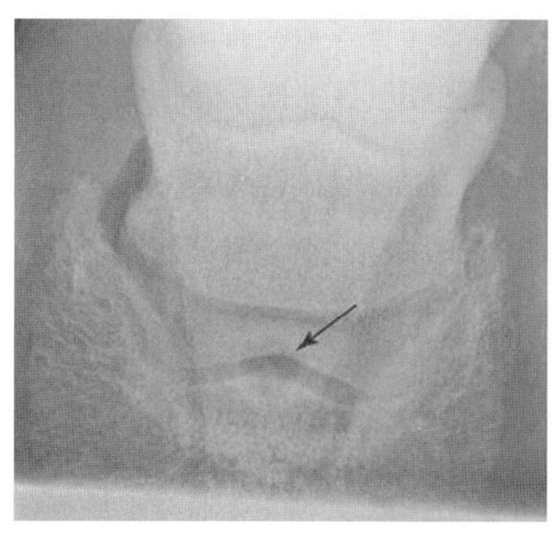

图 191-2 右前肢末端指骨背近端一掌后远端斜位射线图片

注意末端指骨近端大的、界限明显的环形射线可透区（黑色箭头），这代表1个骨囊肿样病变。围绕透亮病变增加的射线密度代表周围骨的硬化

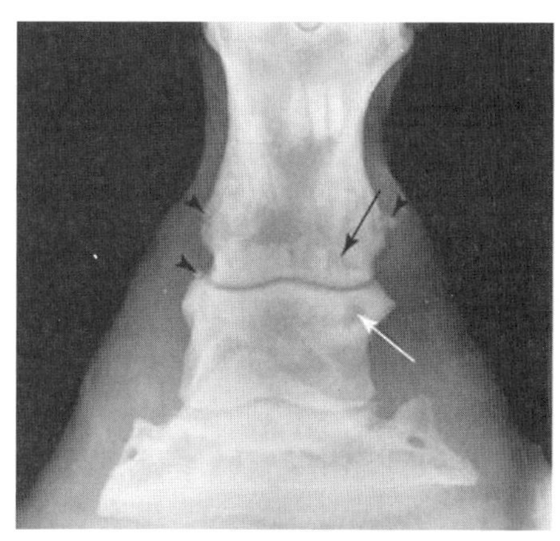

图 191-3 左前肢近端指间关节的背掌位射线图

在末端接近中间指骨的近端里侧关节窝的关节面，注意轮廓分明的射线可透区（白色箭头），被增加的不透射线的宽边围绕。这代表被硬化围绕的骨囊肿样病变。在近端指骨末端接近外侧髁的位置，有一个额外的、被射线密度包围不规则射线不透区，提示在那个位置有骨囊肿样病变（黑色箭头）。这也有一个明显的前关节骨新骨（箭头）与近端指间关节骨关节炎相容。在近端指间关节周围可见软组织增厚

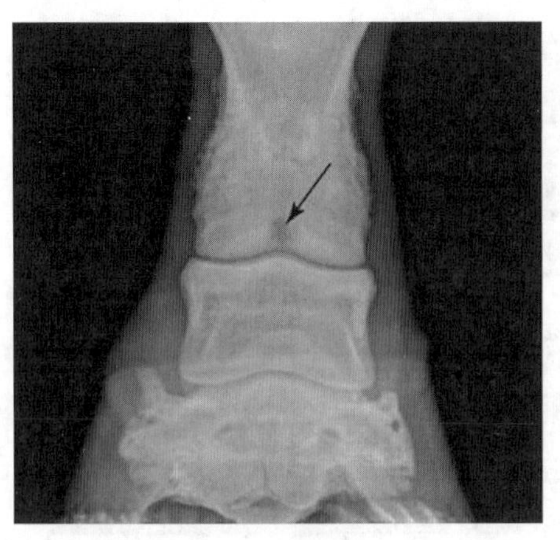

图 191-4　右前肢近端指间关节的背掌位射线图

近端指骨末端关节面的中央可见一轮廓不清的射线可透区，代表骨囊肿样病变（黑色箭头）。注意在近端指骨靠近末端的 2/3 处的骨膜表面明显的新骨形成

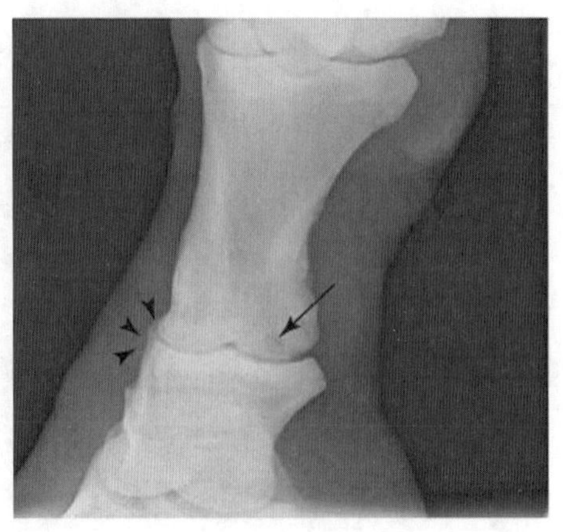

图 191-5　左前肢近端指间关节背外—掌后里侧位图片

在近端指骨末端外侧髁可见一个轮廓明显的射线可透区（黑色箭头），在中间指骨的背内侧表面伴随新骨形成（黑箭头）

先进的诊断成像方法可以用来鉴定和进一步的描述骨囊肿样病变的微小或复杂的特征。目前已经确定计算机断层扫描技术（CT）有助于鉴定那些在放射线学上不明显的骨囊肿样病变。断层扫描图像上被高衰减区域光环包裹的低衰减区域为损伤特征。

骨囊肿样病变可以用高场或低场核磁共振成像（MRI）进行鉴定，核磁共振成像对放射线学上不明显或可疑的骨囊肿样病变具有辅助诊断作用。骨囊肿样病变特征是具有高或中等信号强度的不连续球形或椭圆形焦点区域的高或中等信号强度为特征（图 191-6、图 191-7），在囊肿结构里有蛋白质的或充血性的液体。在大多数病变中，与正常的骨小梁相比，当高信号区域被低信号强度区域包围时，提示存在硬化（图 191-1B，图 191-6、图 191-7）。对于骨囊肿样病变和关节面间连接，尽管层面厚度和条间空隙能在某些马匹上预防关节相连通进行确切鉴定，用核磁共振成像可能比放射线检查要好。

骨囊肿样病变与放射性药剂摄取量的增加有关，因此，可能由核成像技术被鉴定。对疑似骨囊肿样病变的进一步的特征确认是必要的，因为核成像技术无法提供具体的大小、矿化程度和是否存在关节内沟通等信息。应该认识到的是，增加的放射药剂摄取量的缺乏也不能排除临床明显的骨囊肿样病变。

骨囊肿样病变也可通过关节镜对关节面评估进行诊断。因为骨囊肿样病变和关节的连接并不发生在所有病例上，并且解剖学方面的局限妨碍了对指间关节、掌指关节或者掌趾关节的全部关节面进行全面的检查，而关节镜对于骨囊肿样病变的最初诊断不认为是敏感的检测手段。

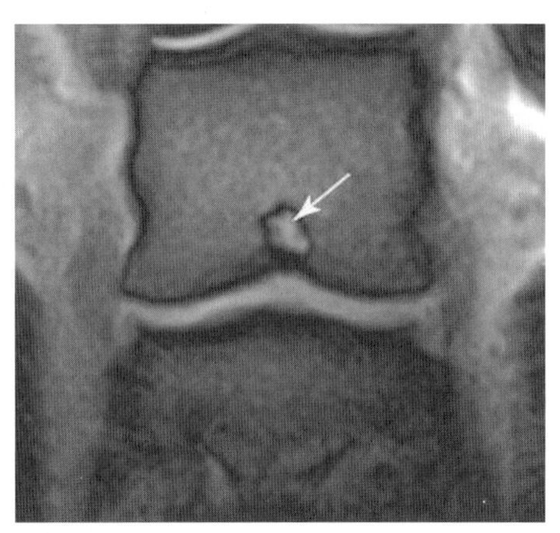

图 191-6 右前肢末端指骨 T2＊加权梯度回波正面核磁共振图像

中间指骨的末端有轮廓分明的环形高信号强度的病变与骨囊肿样病变一致（白色箭头）。围绕病变区域的低信号密度与小梁骨硬化一致

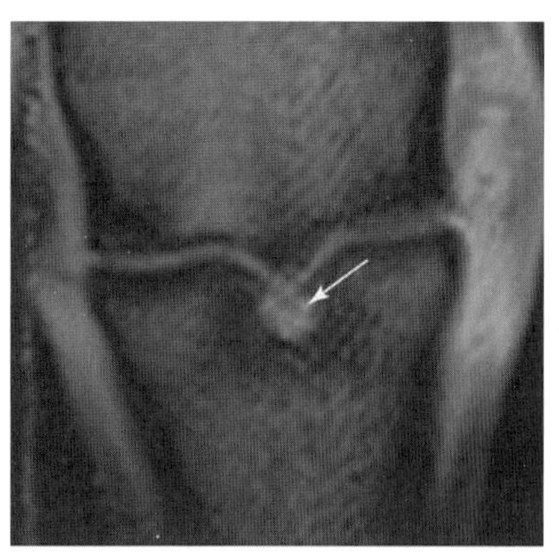

图 191-7 左前肢掌指关节 T1 加权梯度回波正面运动不敏感核磁共振图像

在近端指骨矢状沟末端可见 1 个高信号强度的环形焦点区域（白色箭头）。低信号软骨下骨被这个高信号掩盖，提示骨囊肿样病变与掌指关节相通。被轮廓不清的低信号强度围绕的骨囊肿样病变提示硬化

（四）治疗和预后

可以对指骨囊肿样病变进行保守治疗或手术治疗。在根据临床症状需要的基础上，保守治疗可由非甾体类抗炎药物和可掌控的训练组成，通常联合使用关节内软骨保护剂，使用或不使用类固醇。双磷酸盐替鲁磷酸钠的使用也可能提示在骨囊肿样病变形成的早期阶段破骨再吸收率的降低。然而，现在没有临床上的证据证明这种治疗的有效性。手术治疗包括清创或以松质骨移植、骨软骨移植或者骨替代压迫囊肿样结构之后的清创。除骨移植之外，一些作者提倡在骨囊肿样病变中使用再生疗法，以软骨或在纤维蛋白胶的祖细胞移植的形式，单独或与生长因子（如胰岛素样Ⅰ型生长因子）联合使用。在一些病例，健康的软骨覆盖于囊肿样病变的浅层，可通过使用环己酮针使其重新连接上。或者，通过超声波介导的关节内注射或者关节镜将类固醇注射到纤维衬贴中治疗骨囊肿样病变。

患有骨囊肿样病变的马匹恢复到其正常的运动水平的概率跨度较大（30%～90%）。影响预后的因素包括品种、年龄、马匹的使用、受损的承重软骨的表面区域、关节内并发的骨关节炎和治疗方案。并发有骨囊肿样病变和骨关节炎的老马比只有骨囊肿样病变的年轻马的预后更差。

三、末端指骨囊肿样病变

（一）风险因素和倾向

在已报道的研究中，末端指骨囊肿样病变主要发生于雄性马、纯血马和温血马。

在一些研究中，已报道的前肢患有末端指骨囊肿样病变多于后肢（相对比例为 12∶3），而另一些报道中称在前肢和后肢之间没有差异。

（二）解剖学位置

末端指骨囊肿样病变出现在伸肌突和承重骨的表面上（图 191-1A、B 和图 191-2）。被描述为骨再吸收病变和不涉及软骨的骨囊肿样病变的起止点异常，在骨的屈曲面、末端籽骨副韧带嵌入点、指间关节侧韧带窝嵌入点已有报道，并且在骨的蹄底面也有骨囊肿样病变的报道。涉及承重骨面的骨囊肿样病变经常发生在末端指骨的近端中央（图 191-1A、B 和图 191-2)。在远侧指间关节的外侧或内侧边缘已有小的、1～3mm 骨囊肿样病变的报道。

（三）诊断

身体检查的结果常常不是特异性的。远侧指间关节渗出液的存在及其严重程度是多种多样的。从末端指骨的外侧或内侧放射线图像上看，骨囊肿样病变影响末端指骨的伸张过程是最常见的情况。承重面的病变最常见于水平的背掌方向或末端指骨的背近端—掌后远端斜位的图像（图 191-1A 和图 191-2）。在蹄叉内的或者透过蹄底的贯穿伤能导致明确的放射影像，这些影像能在背近端—掌后远端斜位视图上呈现出类似放射学上的骨囊肿样病变。当放射线方法显示模棱两可的结果或者没有发现时，核磁共振已被用来鉴定与远侧指间关节的承重关节面相关的骨囊肿样病变（图 191-1B）。

（四）治疗和预后

因为成功概率太低（30％），对于关节面上的骨囊肿样病变通常不推荐使用保守方法（非甾体类抗炎药物、补充维生素、合成代谢药物）。然而，在远侧指间关节的内侧或外侧边缘的骨囊肿样病变对保守治疗的应答反应比处在中间的骨囊肿样病变的好。

手术清除远端指骨的关节骨囊肿病变的成功率为 70％～90％。对关节的骨囊肿样病变可优先使用关节内方法，因为它们与较少的术后发病率有关。然而，在一些不能使用关节镜方法的或者不与关节相通的骨囊肿样病变的解剖学位置，可以使用通过蹄部进入的方法。最近，推荐使用关节镜介导的在关节内病变内部使用类固醇的方法。与在其他关节的骨囊肿样病变的囊肿摘除（6～8 个月）相比，已报道的于骨囊肿样病变的纤维化关节囊内注射类固醇的方法能提高成功率和缩短相关恢复正常活动状态（2～4 个月）的时间。目前也有关于通过关节镜摘除末端指骨的囊肿样伸肌突的报道。

四、中间指骨囊肿样病变

（一）解剖学位置

中间指骨囊肿样病变可以发展到邻近与远端关节表面（图 191-6）或近端关节表面

（图 191-3）的关节面或者远侧指间关节的侧韧带的起始部分。

（二）诊断

在患有中间指骨末端囊肿样病变的马上，远端指间关节的渗出液是多种多样的。目前已发现近端指间关节的病变与系部的渐进性肿胀相互作用（图 191-3）。近端指间关节几乎没有渗出液。中间指骨囊肿样病变最常在水平背掌位的放射线图片鉴定出来，偶尔在背近端-掌后远端斜位（图 191-3）。

（三）治疗和预后

患有中间指骨末端的囊肿样病变马匹的预后为差或者谨慎。在 1 个病例报道中，1 匹被实施安乐死的马和 1 匹失访的马匹，这 2 匹马的骨囊肿样病变都位于朝向关节的掌后或趾后，因此，导致其无法进行手术。在中间指骨近端骨囊肿样病变进行手术比中间指骨远端更为方便。在中间指骨近端骨囊肿样病变的治疗方案与在近端指骨远端的相似。

五、近端指骨囊肿样病变

（一）风险因子和倾向

对于 3 岁以内的马，近端指间关节的严重骨关节炎的一个特征是近端指骨远端的软骨下射线可透性（图 191-5）。与前肢相比，严重的骨关节炎和软骨下射线可透性更常见于后肢，而且可能是单侧的。有研究发现，近端指骨远端指骨囊肿样病变（图 191-7）继发于近端指骨的矢状骨折，并可能已经发展成为由骨折产生的关节软骨损伤的次生伤。

（二）解剖学位置

单一或多重的骨囊肿样病变可能在近端指骨的远端被鉴定出来（图 191-3 至图 191-5）。近端指骨远端关节面的中央出现射线透明区相对比较常见。这些发现可能是偶然的，但某些存在临床意义（图 191-4）。相反，内侧或外侧髁上的骨囊肿样病变可能具有临床意义，尤其是当它们与关节面相通时（图 191-3、图 191-5）。这些最常见于与近端指间关节骨关节炎的结合（图 191-3、图 191-5）。近端指骨囊肿样病变也被观察到，经常在末端接近矢状沟的位置被鉴定出来（图 191-7）。

（三）诊断

近端指骨远端囊肿样病变可能会导致系部的渐进性肿胀（图 191-3）。如果近端指骨的囊肿样病变与关节相通，掌指关节或掌趾关节的渗出较常被发现。大多数近端指骨的囊肿样病变可以在射线学上被鉴别，而且射线技术对诊断来讲是非常重要的（图 191-7）。近端指骨囊肿样病变最常在水平背掌位鉴别出来，背近端-掌后远端或趾后远端斜位视图对于优化骨囊肿样病变的确定和位置是有必要的。

(四) 治疗和预后

手术关节融合术已经被用于近端指间关节的骨关节炎和近端指骨末端多重小囊肿的治疗。如果不进行手术治疗，这种情况的预后较差。并且，目前已有进行手术关节融合术并取得成功的报道。在后肢进行关节融合术比在前肢的更为成功。

虽然有一定的难度，但近端指骨远端的病变还是可以被清除，另外，还需要使用关节镜。在掌指关节比掌趾关节更容易些，因为前者屈曲时能让关节面分开。在近端指骨囊肿样病变的近端也已经使用关节外的方法以促进清创。

推荐阅读

Butler J，Colles C，Dyson S，et al. General principles. In：Clinical Radiology of the Horse. 3rd ed. West Sussex，UK：Wiley Blackwell，2008：1-36.

（董文超　译，杜承　校）

第 192 章　球节的核磁共振成像

Sarah E. Powell

核磁共振技术在马兽医临床的使用已经有超过 20 年的历史。尽管该项技术已成为人类运动影像学领域的金标准，但在马匹上的应用处于相对滞后状态。该项技术在世界范围内仅被少数几个医疗中心选用。受成本以及使用中需要全身麻醉配合等原因的限制，一般在跛行发生几个月后并且其他影像学和治疗手段被使用后，才会选择使用该项技术。

一套可用于镇静后站立保定马匹的低场强磁体成像系统于 2000 年投放市场（图 192-1）。这套系统较低的图像分辨率和较小的图像容量使之前使用高场强磁体的兽医感到失望。低场强系统和高场强系统的差距仍然存在，但是在 2006 年最新一代的改进版马匹站立保定扫描系统被制作出来。新系统的图像容量更大，脉冲序列的频谱也进行了改进，具有运动纠正功能，进一步的图像质量提升并缩短了 50%的扫描时间。因此，核磁共振成像现已成为任何一个拥有足够的病例的诊所在经济上能够承受的选择。全世界已经有超过 50 家诊所安装了该系统，至本文撰写时止，已有超过 33 000 例临床病例使用该系统进行了检查。接受检查马匹数量近乎指数级的增长，使诊所能够承受核磁共振成像系统的投资。现在的挑战是将在之前的系统中获得经验和专业知识应用于该项先进技术以获得更多回报。

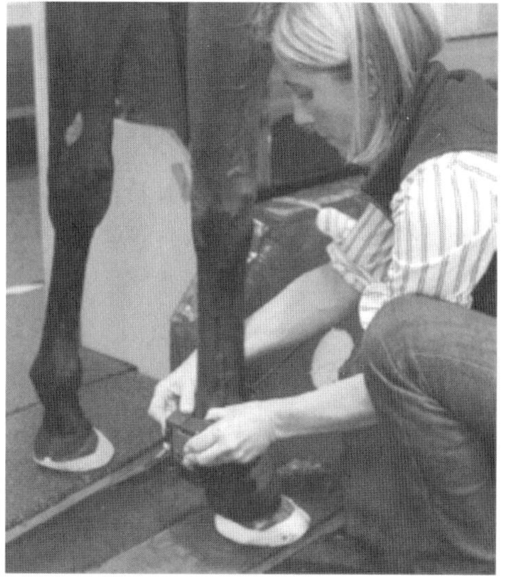

图 192-1　1 匹已佩戴射频线圈并完成定位的纯血速度赛马在进行一个站立保定的右前肢球节核磁共振成像扫描

不考虑磁体类型和场强，马匹核磁共振成像的主要用途是足部成像（见于《现代马病治疗学》，第 6 版，第 125 章），对于球节的研究进度相对较慢，一部分的原因是因为相对来说，原发于球节的跛行马匹数量较少。然而，核磁共振成像正在证明其在极速运动马匹，如速度赛纯血马、高级别耐力赛马以及那些需要重复过度伸展球节项目的马匹上具有巨大的应用价值。球节的过度伸展使马匹易受过载性骨损伤或应力性球节损伤侵扰。尽管所有马匹球节负荷的机械原理原来都相同，且轻微的球节损伤可见于所有品种的马匹，但纯血马是球节疾病的代表性主体，亦是本章的主要焦点。因球节被迫至其生物力学极限，速度赛马更易承受毁灭性的损伤和晚期疾病。

一、球节核磁共振成像的适应证及病例选择

球节区域的核磁共振成像的最佳用途也许是用于已知或疑似病变的进一步检查，以帮助确诊并制定最佳的治疗方案。作为一种诊断方法，核磁共振成像不是一种具有时间或成本效益的技术，这也限制了其用于模棱两可或跛行定位不佳的病例多区域的扫描。

跛行的综合定位在核磁共振成像技术中非常重要，尤其是使用低场系统时其图像容量相对较小，还有一个原因是核磁共振成像的发现并非始终与临床表现一一对应。应该使用核磁共振成像结合传统的成像技术，而不是代替。在选择核扫描和核磁共振时需要依据，但放射影像和超声波对关节的综合成像仍至关重要。最好在扫描之前告知客户，并不是所有的马匹都会顺从的进行站立检查。后肢的检查具有风险，特别是在对一些性情不定马匹的肢体和佩戴射频线圈进行定位时。为了防止过多移动而采取的轻度镇静，不足以防止不可预知的或危险的行为。站立保定核磁共振在训练中的速度赛马的球节检查上有很好的运用，有如下理由：首先，接近赛前甚至整个速度培训中，全麻下的诊断成像是不切实际的或者不合适的。业界对于仅因诊断目的而麻醉马匹存在普遍的抵触，特别是英国马主人和练马师。第二，马在训练中可能有一系列的软骨下骨损伤，这些很难发现且用影像学来解释，这些疾病实体也不能依靠在核扫描图像中的过度放射性同位素吸收来区分。核磁共振可以检测和区分这些骨损伤，低场站位图片可以完美充分地做出特异性诊断。在其他项目中，如盛装舞步和场地障碍，会出现类似形式的掌骨软骨病，掌骨髁裂纹和近端指骨骨折，但更常见的是背侧软骨损伤，主要影响内侧髁和内侧背前隆。球节的关节软骨图像在任何系统中都是存在疑问的，但是在站立的马中，临床影像学可见的有严重变化的软骨下骨改变可以推断出关节软骨损伤。超声波影像易于评估球节区域的软组织损伤，这仍是笔者首选的评估方法。尽管核磁共振偶尔有帮助，运动伪影的存在、体积平均、缺乏软组织的对比会混淆综合评价，出现了并不存在的损伤，并防止检测到站立马匹在这些区域细微的软组织损伤。

二、髁的病理学

（一）髁硬化的图像

球节内软骨下骨（SCB）密度的改变代表了一种对于负重的适应性反应，在年幼着手训练时调整运动相关的负重非常重要，在最大负重快速运动时球节在矢状面的过度伸展，使第三掌骨或跖骨（MC3 或 MT3）下部和近端指骨（P1）之间形成直角。第三掌骨/第三跖骨髁凸的掌侧或跖侧区域与近端籽骨（PSB）和籽骨间韧带相连通，

配合着悬韧带装置的连接可以抵消负荷和限制延展的范围。过度延展球节会以冲击髁背侧关节面的方式将负荷转移到近端指骨。对所有马来说，这个关节的动力学是一样的，但是在速度赛纯血马中循环重复肢体负重会导致普遍的影像学可见的骨致密化，见于最近在计算机断层扫描和核磁共振测试中的报道。

众所周知，软骨下骨病理学在关节炎、骨软骨碎片、骨折和球节内软骨下骨坏死的发病机制中发挥作用，也是在所有的运动马中球节跛行的最普遍原因。球节内软骨下骨的改变最常被视为重复的轻伤所致，特别是在纯血马中。重复创伤导致在球节内的特定解剖位置发生从适应到不适应的骨骼构建，具有代表性的是第三掌骨掌髁掌侧或第三跖骨跖髁跖侧以及沿着明确的承力路径的背侧远端骺。对于第三掌骨/第三跖骨髁部致密化图像已有了较好的了解。在训练的纯血马中，图像、影响范围和软骨下骨致密化的临床相关表现，在不同个体中是不同的，可能也反映了许多影响因素，包括年龄、结构、训练规则。事实上，对所有已经进入训练阶段的马匹而言，不同程度的髁突掌侧致密化程度增加是常见的。相比之下，非竞赛马其致密化图像很少超过轻度软骨下骨板的增厚，很少延伸至骨小梁。

在速度赛马中，髁突的背侧区域经常受到影响，并且在一些病例中，出现了显著程度的负重损伤、致密化和炎症，髁凸的掌侧或跖侧也不能幸免（图 192-2）。核磁共振成像在观察患有原发的“背侧关节疾病”的马匹上有很大帮助，若无核磁共振成像，则易被误认为是掌骨软骨病。这些马表现为一个对近端指骨背侧关节边缘、髁突的背侧软骨下骨、关节背侧软组织，包括关节和非关节软骨、关节囊的综合损伤影响。在更严重的病例中，致密化图像可能延伸至包括内侧和外侧髁部的掌侧或跖侧、髁突背侧、近端指骨的背侧关节边缘，甚至近端籽骨。显著的髁突致密化通常在无关节肿胀或者其他的明显的畸形时可见，这些关节在临床检查中不明显。

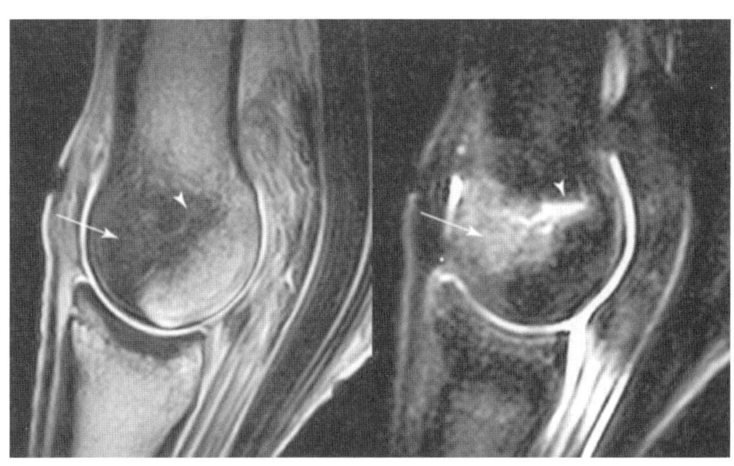

图 192-2 T1 序列（左）和短时间反转恢复序列（右）矢状面图像显示 1 匹在训的纯血马掌骨髁突背侧（箭头）致密化（即硬化）和炎症图像

掌骨掌侧血管沟增粗（箭头），提示炎症过程是硬化的部分原因。尽管出现该种变化的马匹可能可见初始期跛行，但很多有这种核磁共振成像图像的马匹可以通过药物治疗获得良好疗效并顺利的保持训练和比赛。这种情况是掌侧髁突疾病的 1 个重要的鉴别诊断骨小梁的致密化区域（髁硬化）在所有的核磁共振成像序列中都是低信号的，因为骨小梁之间的骨髓空间是被阻隔的，正常信号在骨髓内的脂肪组织是缺失的。检测致密化最有用的序列是骨髓空间缺失，即那些脂肪组织在 T1 加权、T2 加权和质子密度序列出现强信号。脂肪抑制或者短时间反转恢复序列（有时建议是液体敏感序列）不能识别骨密度升高，其原因是脂肪组织的信号在这些序列是被抑制的。

(二) 髁的严重病理变化

在速度赛马中，广泛的髁突致密化是常见的，因此，如果仅在此基础上来假定关节疾病，对于病例的管理是不实际或者无用的。这是符合逻辑的，尽管试图鉴别更大程度骨损伤的马匹，有利于发现不适应的、潜在的不可逆转的骨骼病变。在这种情况下，在致密骨信号增强的区域就是一个有用的工具。在髁致密化的区域检测到焦信号增强和速度赛马软骨下骨损伤的检测和分期是相关的，因为它表明了骨致密化进程更危险的疾病，如骨小梁的微裂缝和坏死，在液体敏感或者毗邻序列中检测到信号增强，致密骨则增加了额外的相关性。这是检测掌骨或跖骨软骨缺陷和掌骨或跖骨髁皮质骨裂的基础，虽然高强度可能代表不同的病理过程的 2 个截然不同的疾病实体。

(三) 骨的“水肿”或“瘀伤”

值得注意的是骨内的“流体”信号图像指的是特征信号图像，即骨间的 T2 加权和 STIR 增强，并伴随相对应的 T1 增强。在核磁共振中观测到这种图像，广泛的（经常错误的）认为是骨的“水肿”或“瘀伤”。当骨髓被含水的物质取代，因水中含有氢离子，会观察到这种特征图像。氢离子可能在细胞内或者细胞外，如骨髓内的坏死或者出血部位。由于这种信号图像包含了缺血性坏死、骨软骨缺陷、感染和关节炎，总称为骨水肿或者瘀伤会产生歧义。已经提出多种替代方案，其中骨髓病变可能是最恰当和易用的。在一些网站中已经报道了马接受核磁共振成像时发现骨髓病变，包括球节和外观组织学特点代表了马的病理过程。

(四) 掌骨或跖骨软骨疾病

为了本章的目的，掌骨或跖骨软骨疾病病变是指软骨下骨内横断面骨小梁断裂和骨坏死，当 MRI 检测时所有序列上焦信号增强，在掌骨或跖骨髁部预先确定的部位包裹着骨密度增强的区域。这种掌骨或跖骨软骨病变在速度赛纯血马中很普遍，呈现进行性病变。这些病变是不同于髁裂和矢状面的髁突骨折。远端掌骨或跖骨的软骨疾病病变诊断，通常通过闪烁扫描骨图像，增加局部放射性核素在掌骨和足底髁的吸收。实现一个明确的影像学诊断是困难的，可能仅仅在软骨下骨病变严重时才能确认。在低分化的掌骨或跖骨软骨疾病病变和矢状面骨裂难以区分时，相比闪烁扫描法，核磁共振成像可以提供更早期的检测和更好的描述。区分这两种情况是非常重要的，因为它们在评估毁灭性损伤时有不同的要点。虽然很难评估核磁共振图像，整个关节软骨可能主要在早期损伤中不受影响，如果发现得早，就可能解决或者部分解决。

伴随软骨下骨的溶解和关节软骨组织从薄而带色发展到全层软骨侵蚀的晚期骨软骨病变，表明了疾病的进一步发展，这些病变始终位于远端第三指骨/第三趾骨髁部的足底或掌骨，即从掌骨或足底到横嵴的位置。即使软骨损害范围广，站立核磁共振检查也可能很难检测到。对称的或者双侧的病变并不常见。在掌骨或足底第三指骨/第三趾骨髁部软骨下骨内包裹一层致密化的骨骼（T1/T2 快速自旋回波和 STIR 增强），反过来包裹骨小梁的流体信号也增强（STIR），所以，病变在核磁共振成像上会有特征表现，即所有序列的焦信号增强（图 192-3）。后来发现从之前相对来说早期病变描述，即早期骨小梁信号的增强区分这些活跃病变（图 192-4）并不是一个特性。在大多数严重病例中，肉眼可以见全层关节软骨病变，上覆坏死的软骨下骨组织。尽管这些生动的影像学发现，在检查之前，经常会有马匹双侧回声改变的报道，练马师也会报告近期渐进的缺少反应而不是明显的跛行。

在站立核磁共振成像中可以检测具有明显软骨损伤马匹的掌骨或者足底，这可给予该病更早的预知，但是这些损伤不会阻止部分这样的马匹在训练和比赛中取得成功，这些发现不会影响马匹成功的职业生涯。但是，复发性跛行是其特征，最少在诊断后的几个月必须进行轻量训练和关节内治疗。在没有因为球节疼痛而导致的行动受限制时，一些马还可以继续参加比赛很多年。如果马匹由于一定程度的跛行或者更好的职业规划需要一段时间的休息，6～8 个月可能是必需的。短期的休息可能会恶化疾病而不是治愈跛行。因此，在很多情况下是在减慢病程时保持病马处于运动。

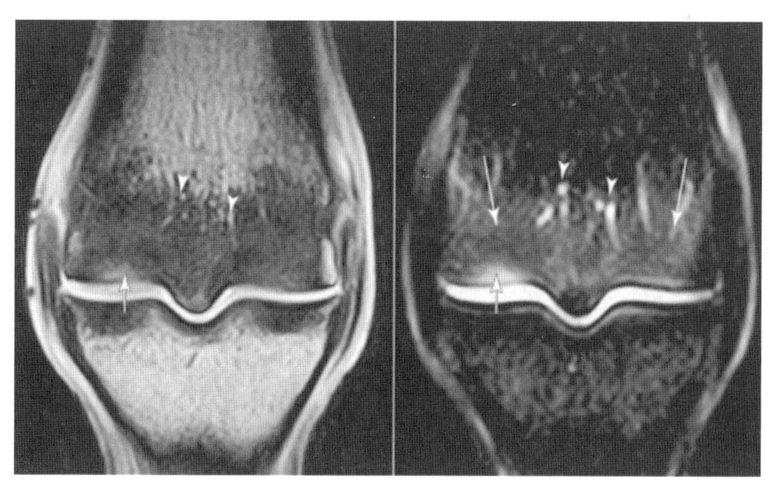

图 192-3　一匹速度赛马球节的 T1 序列（左）和短时间反转恢复序列（右）图像

在内侧髁（图像的左侧）可见一个“活跃的”掌侧骨软骨损伤（短箭头）。骨小梁（长箭头）短时间反转恢复序列的弥散的增强信号及掌骨掌侧血管沟增粗（箭头），提示这是一个有更明显临床表现的损伤或更活跃的损伤

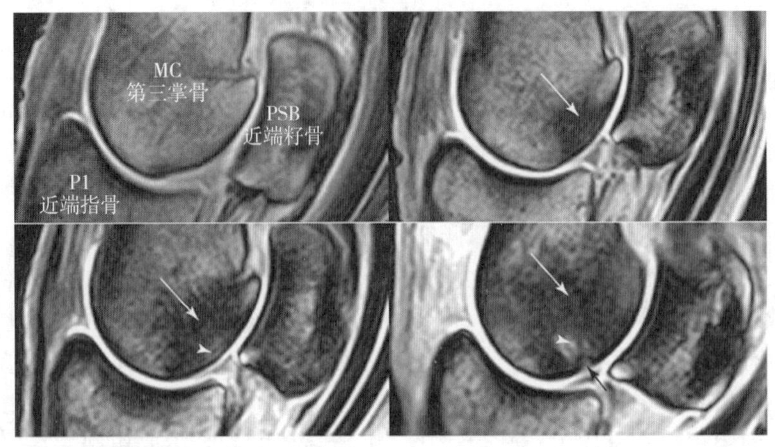

图 192-4　4 匹不同的速度赛马的右前肢球节内侧髁突的 T1 加权矢状面图像显示掌侧骨软骨病损伤的进程。

上左，图像来自 1 匹尚未训练的 2 岁速度赛马，无明显掌侧髁突致密化。上右，图像显示轻微的髁突致密化，均匀低信号（长箭头）。下左，图像显示中度的髁突致密化（长箭头），毗邻关节面位置焦点样信号增强（箭头），但软骨下骨板完整。下右，图像显示严重致密化（长箭头），毗邻关节面位置（箭头）高信号，更严重的骨软骨损伤并伴有软骨下骨板坍塌（短箭头），注意，即使在更严重的第三掌骨、近端籽骨和近端指骨损伤中，软骨仍表现为大致完整。MC3，第三掌骨；PSB，近端籽骨；P1，近端指骨

（五）旁矢状面髁裂和毁灭性骨折的风险

关节软骨裂和掌骨或跖骨髁部的矢状面槽裂代表了非适应性的重建，是由微裂缝的结合和随后的软骨下骨故障形成的。核磁共振通过在所有序列上的线性增强可以检测到在邻近的致密骨和关节表面垂直出现的关节软骨裂和下面的软骨下骨裂。

使用核磁共振可以帮助检测和评价纵侧皮质裂缝和掌骨或跖骨髁部的不完整髁突骨折。尽管更高分辨率的图像在检测这种类型的压力损伤，及在马的骨骼上的形态学变化范围的细节是令人满意的，站立核磁共振在检测训练中马时有明显的优势，在检测临床相关的病理学也是有用的。

站立保定的核磁共振已被成功运用于全运动量训练的马匹，以检测那些有更高的发生毁灭性的掌髁骨折的个体。大多数遭受掌髁完全骨折的马匹都有先存的旁矢状面沟病理变化，骨折就是从这里起始的。加强临床检查可以在高速运动后发现轻微或无特征性的跛行，同时结合早期的核磁共振成像检查，可以鉴别出那些如若继续全运动量训练可能会发生完全骨折的马匹。然而，任何一个经常接诊速度赛马的兽医都知道，有放射影像学可视的旁矢状面裂纹的马匹可以顺利训练和比赛。正因为这个原因，仅出现核磁共振成像信号异常并不等同于骨折风险增大。但一部分的旁矢状面裂纹与周围骨小梁与那些完全的髁骨折后短时间成像鉴别的核磁共振图像相关。这类的裂纹被认为是“活动性”裂纹，与更良性的“非活动性”裂纹不同。“非活动性”的裂纹周围骨小梁在水敏图像上无增强信号（图 192-5）。在马匹停止训练前，很重要的是病例的

所有方面都应被考虑，包括跛行的全部历史、关节的临床表现、诊断性局部麻醉的结果以及放射影像学发现。这类马匹的护理决定不应仅仅建立在核磁共振成像的检查结果上，而应建立在对病例和影像学发现的坚实知识基础上。且仅在与主治兽医进行大量的讨论并与练马师沟通过潜在风险后方可做出决定。将所有患有骨皮质裂纹和掌骨或指骨骨软骨损伤的马匹都进行非必要的停止训练是一个错误的导向，这只会让核磁共振成像技术在赛马界变得不受欢迎。目前整理了大量的临床病例的第三掌骨和第三跖骨的外侧髁核磁共振成像的数据。其中包括了轻度跛行且仅有不确定的放射影像学发现的，之前无球节相关跛行历史的马匹和在高速运动后突然出现跛行的马匹。在完成这些数据的分析后，核磁共振成像应该可为指定护理和训练计划提供更有意义的信息。

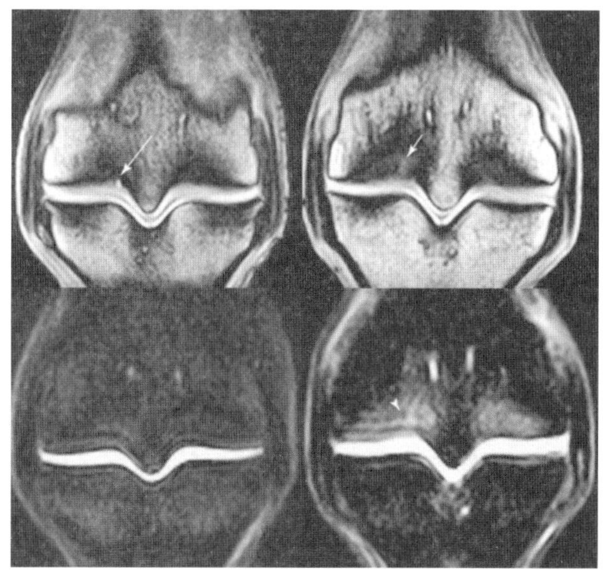

图 192-5　训练中的 2 匹速度赛马的左右侧球节的 T1（上）和短时间反转恢复序列（下）图像

所有的图像中外侧都在左边。左图显示 1 个“不活跃的”皮质裂纹（长箭头），其裂纹在短时间反转恢复序列无明显信号增强。该发现可认为是发生完全骨折的 1 个低的即时风险。右图显示在对轴髁突有 1 个“活跃的”裂纹骨折（短箭头）。该发现可被认为若继续全运动量训练，则存在发生完全髁突骨折的中度到高度风险

（六）“活跃的”旁矢状面裂纹及短小不完全旁矢状面骨折

裂纹的线性高信号有时被向近端延伸至患病髁突骨松质的、广泛性的、短时间反转序列高信号包围。因其图像与承受完全性髁突骨折的马匹在骨折发生后较短时间拍摄的核磁共振图像近似（图 192-4），这种散射的、短时间反转序列高信号被认为与更高活跃度的裂纹有关。初步的研究表明，出现这种与皮质裂纹相关的短时间反转序列

变化的马匹，若保持全运动量训练其裂纹扩散为完全性髁突骨折的风险增大。在出现这种情况时，马匹应在进行再次放射影像学检查或核磁共振检查前，进行4周的畜舍休养，并同时根据情况制定进一步的护理计划。应避免使用皮质激素类药物进行关节注射和保持训练，因其结果可能是灾难性的。这些马匹必须停止训练。

若在核磁共振成像中骨折线延伸至骨松质，则大多数马匹需要拉力螺钉固定术。部分马匹保守治疗可获得良好效果，但在恢复训练后仍存在跛行复发的风险，其原因是关节边缘的骨折仍未愈合。因矢状面凹槽的曲度，放射影像学检查有对骨折线深度估计过高的潜在风险。因核磁共振成像可用于骨折线最近端延伸长度及其与正常骨组织的连接处的诊断，对患有未愈合骨折的马匹进行核磁共振成像检查可以帮助制定手术计划。

三、近端指骨

（一）近端指骨（P1）背侧近端骨软骨碎片

近端指骨背侧关节边缘的骨软骨损伤是一种可通过放射影像学诊断的常见病变。无显著的附着背景的小骨软骨碎片可能是在对关节进行其他原因检查时的偶然发现，但也可能因选择的序列、周围软组织、层面厚度及层面位置等原因而被完全错失。

（二）近端指骨（P1）背侧近端不完全矢状面短骨折

习惯上认为这一类的骨折是因为一个单一的超生理负荷循环引起的，但核磁共振成像表明，一部分的这类损伤与压力相关，并继发于关节背侧近端的重复性过载和冲击损伤造成的非适应性骨构建。在部分病马中，特征性的核磁共振成像信号图像支持了压力相关损伤路径的说法，偶见关节面骨皮质无可见缺口。近端指骨近端短时反转恢复序列图像的信号显著增强，是这一类损伤的一贯特征，也是其与其他影响该区域的软骨下骨病变的区别。许多病例会有近端指骨背侧关节边缘先存性骨密度升高的证据。重要的是，这类马匹可能会有与跑步（并非一定要快跑）相关的一过性轻微跛行，但通常在跛行发现之后，短时间内对近端指骨近端背侧区域指压会有阳性反应。跛行及指压反应都会在短期内消失，这会诱导兽医假定其损伤在本质上是非灾难性的。放射影像学和核扫描成像在其诊断上扮演了重要角色，尽管站立保定的核磁共振成像比这些传统技术有一些优势。尽早发现问题，则可以避免一些灾难性的伤病。在一些从事其他项目的马匹中有发现与近端指骨（P1）近端背侧骨折相符合的信号图像，这类骨折又区别于那些在比赛后（通常是场地障碍）出现一过性跛行，有时是严重跛行，却又在短时间的畜舍休养后有改善或跛行消失。有此类历史的马匹通常在低位掌神经阻导麻醉后跛行消失，会错误的引导检查者认为疼痛来源于足部。单一的屈曲背掌位放射影像学检查对于更慢性的伤病诊断可能已经足够。在近端指骨矢状面沟掌侧位置，骨皮质和骨松质无短时间反转恢复序列信号增强的小皮质裂纹有可能有不同的发病机理。这类裂纹并非总是有明显的临床症状，但在部分病例中与轻度的跛行及更广泛的关节疾病有关。

近端指骨近端背侧短小不完全骨折的首选治疗手段（在速度赛马和其他比赛马匹中都是）是拉力螺钉固定术。相对于那些有明显的骨折线的，且不进行手术治疗则跛行经常复发的马匹，核磁共振成像无明显皮质缺口的，在保守治疗下有更大的康复概率。

（三）其他的近端指骨软骨下骨损伤

在一些近端指骨近端关节面的非常规位置，有时可见与骨髓损伤一致的异常信号图像（图 192-6）。这些损伤的发病机理到目前为止仍未知。但其可能提示包括单一事件冲击伤（挫伤）、原发性软骨病变以及软骨下骨的血管问题等病变。软骨下骨内的液体信号会随着时间而消失，且该区域在以后的核磁共振成像检查和放射影像学检查中通常呈现骨密度升高。

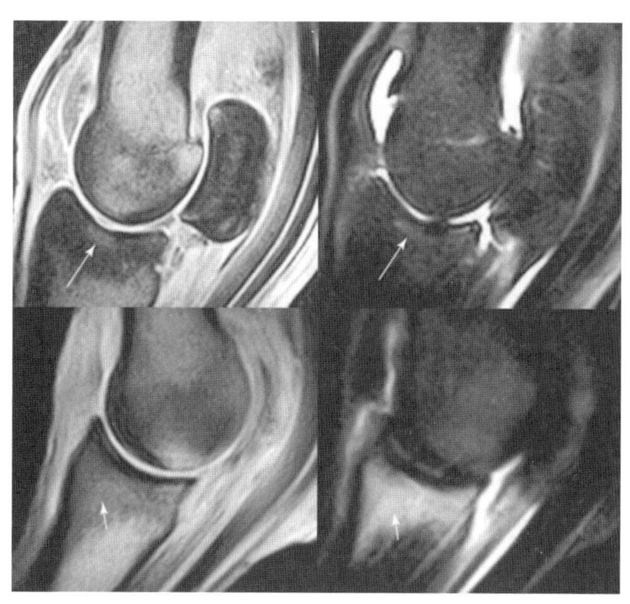

图 192-6　T1（左）和短时间反转恢复序列（右）矢状面图像展示了 2 种类型的近端指骨伤病：发展中的近端指骨软骨下囊肿样损伤（长箭头，上）和近端指骨背侧近端骨折（短箭头，下）

四、软骨下囊肿样损伤

软骨下囊肿样损伤在年轻马中是骨软骨病的表现，而在年龄较大马匹中则一般发生于关节的创伤后。大多数的成熟马匹损伤可以通过放射影像学检查来诊断，但若损伤较小或发生于年幼马匹，则可能不明显。然而后者可以在核磁共振成像中清晰可见。其核磁共振成像的特征是在毗邻关节边缘的软骨下骨中所有序列都出现焦点高信号，并被密度升高骨松质的低信号环所包围。发展中的损伤边缘清晰程度较低，且在囊肿周围的骨松质中可见漫射的短时间反转恢复序列高信号。在这样的病例中，跛行的程度随着这个漫射的短时反转恢复序列信号分辨率的提高而提高，这可能代表了这种病例中的炎症程度。软骨下囊肿样损伤可能来源于骨皮质的未愈合裂纹。亦可继发于创伤性的软骨损伤，若滑液长期与软骨下骨接触，球节的软骨下囊肿样损伤总是令人担心，且通常与间歇性的跛行有关。

五、使用核磁共振成像监测骨损伤

核磁共振成像在人类应力性骨折的检查和康复监测中都是首选的影像学手段。在人类运动员的应力性骨折中，一项分级制度在骨扫描和核磁共振成像数据的基础上被建立，以便预判骨折恢复所需的时间。速度赛马的早期研究表明（尚未在文献中确认），人类与马匹在应力性损伤愈合上的表现相似，跛行的程度与髁裂纹周围或掌/跖骨软骨病周围的短时间反转恢复序列信号增强的程度呈正相关。

六、近端籽骨

关于近端籽骨的正常和异常核磁共振成像表现仍无可用信息，但有很大需求。因为在英国、美国的泥地跑道和人工跑道上，双轴的近端籽骨骨折是最常见的毁灭性损伤的成因。这种痛苦的损伤发病机理至今仍未知。传统上认为其原因是持续的过载。新近的研究表明，许多纯血马的损伤在一定程度上与骨疲劳有关，这可以推断出在完全骨折发生前已经存在了检查未能发现的病变。

七、软组织

使用站立保定核磁共振成像来检查站立马匹的球节周围软组织的损伤存在一些问题。图像质量大大影响了检查者分辨组织边缘和信号异常表现的能力，这可能会导致错失损伤或误诊。区别特定结构有难度（如侧副韧带的浅部和深部），是因为其与籽骨侧副韧带、悬韧带伸肌腱分支、掌指或跖趾筋膜以及皮肤在大多数核磁共振序列中信号强度相同。其他的影响因素，如所谓的魔角效应，在一些情况下会影响图像的可靠程度。而在合作的马匹上，可获得可用于诊断质量的图像，且站立保定核磁共振成像可用已知损伤的信息作为补充。若跛行位置难以确定（如在指屈肌腱腱鞘内），则使用高场强系统来进行检查的效果更好。其原因是较大的图像容量和较高的图像分辨率。

（一）滑膜炎或囊炎

球节和毗邻骨的滑膜附着点的损伤在速度赛马中很常见。也是其他项目马匹的跛行原因之一。在损伤部位可能会出现皮下水肿或充血。病马通常有轻微跛行，轻微关节肿胀，关节温度升高以及抗拒被动关节屈曲，且在屈曲后跛行加剧。慢性增生性滑膜炎由球节背侧的重复损伤引起，并会导致第三掌骨或第三跖骨矢状面嵴的滑膜垫增厚。诊断通常通过临床发现、超声波影像学以及放射影像学来进行，但亦可能见于通过核磁共振成像检查并发的关节内骨病变的马匹。慢性增生性滑膜炎通常与掌骨髁近端背侧边缘的侵蚀有关，其程度并非始终可通过放射影像学来全面评估，但可能通过核磁共振成像来进行更全面的评估。侵蚀通常位于关节的背侧关节面和非关节面连接处，不切除关节囊在关节镜下很难被发现在这类病例中，核磁共振成像可以显示在其他手段下难以发现的病变的程度。

（二）侧副韧带

侧副韧带的成像可能会被伪影所干扰，该结构的最佳诊断手段仍然是超声波影像学。必须保证肢体以最佳方式定位于磁体的等中心点。若定位不精确或线圈在肢体周围安置过紧，则可能发生组织边缘失真及信号中断。在这深部结构的判读上可能仅有极小的影响，但会影响浅层结构的准确评估。流动伪影、魔角效应以及视野边缘信号丢失可导致误释。在部分马匹中，观察到的跛行程度无法通过轻微的超声波影像学变化来完全解释，这可能是韧带起止点骨病变的迹象。短时间反转恢复序列信号变化和T2 快速自旋回波高信号通常见于韧带的近端和远端，其原因是损伤的牵张性本质。皮下水肿可见于更严重病例或急性病例。韧带发大并非始终可见于轻微病例。

（三）悬韧带分支

悬韧带分支核磁共振成像的信号畸变可在缺乏超声波影像学可见损伤时被探测到。这是因为核磁共振成像能够表现韧带组织的生物化学变化，而超声波影像学是依靠韧带形态学的变化。2～3 岁的纯血速度赛马经常会出现悬韧带分支脂肪抑制序列和 T2 快速自旋回波序列的信号增强，这可能无明显的临床意义。这种发现通常不会出现韧带尺寸的增大或该区域指压的疼痛反应，且这些马匹极少会发展成为悬韧带分支疾病。这可能代表不成熟的韧带组织在快速步伐时，周期性负荷下的适应性重构反应。然而，这个发现也可能代表了细微损伤的早期积累，这可能会增加生涯后期的受伤概率。

（四）籽骨斜韧带

尽管习惯上的籽骨斜韧带（ODSLs）的诊断方法是超声波影像学，但新近的研究发现了该技术的局限性。核磁共振成像的应用也并非没有局限性。籽骨斜韧带易受魔角效应影响，尤其是在韧带的近端部分，其原因是纤维发散以及局部体积效应。与大多数韧带一样，慢性损伤可能不会扩大，而用力的指压也无法引起疼痛反应，其原因是疼痛在功能变为伸展而非使组织收缩。研究发现，内侧与外侧籽骨斜韧带有轻微的差异（外侧斜韧带横截面积和信号强度比例比内侧大），尽管左右不对称的情况在正常的韧带上很少见。最常见的损伤部位是在籽骨斜韧带的上 1/3 内，而远端部分的损伤在籽骨远端直韧带更为常见。在 T2 和短时间反转恢复序列中韧带边缘不清晰以及韧带周围组织高信号，表示有水肿现象，可能见于急性损伤。在被发现时，这些韧带的损伤可能是一系列导致跛行损伤的一部分，而并非是主要原因，所以，需要对整个关节进行检查。

八、总结

任何一种诊断影像学技术的目的，都是为了获得可以帮助执业者制定针对损伤的特异性治疗和康复计划有用的相关信息。核磁共振成像的使用在马匹的临床骨科疾病的诊断方面起到了值得肯定的作用。这项技术持续发展所必需的，是保证全世界范围内大量的研究中心持续推进该技术的应用。目前站立保定的核磁共振成像的临床应用仍是一种不够敏感的诊断工具，尤其是在速度赛马上。从这些病例取得的成果中获取的即时反馈具有启发性，在英国，核磁共振成像正在迅速成为诊断速度赛马球节疼痛的首选工具。潜在的应用不当和解读不准确是确实存在的，在未来，关于核磁共振成像应用的挑战是将此项技术应用于合适的病例，避免为了拍摄而拍摄，将获得的海量数据进行消化吸收，以便更好地理解马匹的球节疾病并改善治疗的效果。

推荐阅读 

Brama PAJ, Karssenberg D, Barneveld A. Contact areas and pressure distribution on the proximal articular surface of the proximal phalanx under sagittal plane loading. Equine Vet J, 2001, 33: 26-32.

Dyson SJ. The fetlock region: clinical management and outcome (general) In: Murray RC, ed. Equine MRI. Chichester, UK: Wiley-Blackwell, 2011: 513-519.

Firth EC, Rogers CW. Musculoskeletal responses of 2 year old TB horses to early training. Conclusions. N Z Vet J, 2005, 53: 377-383.

Gonzalez LM, Schramme MC, Robertson ID, et al. MRI features of metacarpo (tarso) phalangeal region lameness in 40 horses. Vet Radiol Ultrasound, 2010, 51: 404-414.

Olive J, D'Anjou MA, Alexander K, et al. Comparison of magnetic resonance imaging, computed tomography, and radiography for assessment of noncartilaginous changes in equine metacarpophalangeal osteoarthritis. Vet Radiol Ultrasound, 2010, 51: 267-279.

Powell SE. Low-field standing magnetic resonance imaging findings of the metacarpo/metatarsophalangeal joint of racing Thoroughbreds with lameness localised to the region: a retrospective study of 131 horses. Equine Vet J, 2012, 44: 169-177.

Powell SE. The fetlock region: pathology. The fetlock region, clinical management and outcome (The UK Thoroughbred) . In: Murray RC, ed. Equine MRI. Chichester, UK: Wiley-Blackwell, 2011: 315-359, 519-524.

Powell SE, Ramzan PHL, Shepherd MC, et al. Standing magnetic resonance imaging detection of 'bone marrow oedema-type' signal patterns associated with subcarpal pain in 8 racehorses: a prospective study. Equine Vet J, 2010, 42: 10-17.

Ramzan PH, Powell SE. Clinical and imaging features of suspected prodromal fracture of the proximal phalanx in three Thoroughbred racehorses. Equine Vet J, 2010, 42: 164-169.

Riggs CM, Whitehouse GH, Boyde A. Pathology of the distal condyles of the third metacarpal and third metatarsal bones of the horse. Equine Vet J, 1999, 31: 140-148.

Shepherd MC, Meehan J. The European Thoroughbred. In Dyson SJ, Twardock AR, Martinelli MJ, eds: Equine Scintigraphy. Suffolk, UK: EVJ Ltd., 2003: 117-149.

Sherlock CE, Mair TS, Ter Braake F. Osseous lesions in the metacarpo (tarso) phalangeal joint diagnosed using low-field magnetic resonance imaging in standing horses. Vet Radiol Ultrasound, 2009, 50: 13-20.

Smith MA, Dyson SJ. The fetlock region, anatomy. In: Murray RC, ed. Equine MRI. Chichester, UK: Wiley-Blackwell, 2011: 173-189.

Smith MA, Dyson SJ, Murray RC. Reliability of high-and low-field magnetic resonance imaging systems for detection of cartilage and bone lesions in the equine cadaver fetlock. Equine Vet J, 2012, 44: 684-691.

Zubrod CJ, Schneider RK, Tucker RL, et al. Use of magnetic resonance imaging for identifying subchondral bone damage in horses: 11 cases (1999-2003) . J Am Vet Med Assoc, 2004, 224: 411-418.

（周晟磊　译，杜承　校）

第 193 章 半月板及十字韧带损伤

Jennifer Fowlie John Stick

一、半月板损伤

半月板是股胫关节中位于凸起的股骨内外侧髁和平坦的胫骨内外侧髁之间成对的半月形、楔形纤维软骨盘。半月板通过前、后股骨半月板韧带来固定，此外，在外侧半月板上还有1条后胫骨半月板韧带（图 193-1）。半月板及相关的韧带主要是由圆周形的Ⅰ型胶原纤维组成。这些纤维在关节承力时承受的是圆周形拉伸应变，称为环向应力。半月板的作用是平均的负荷传递、震荡吸收、稳定关节、润滑关节以及本体感受。

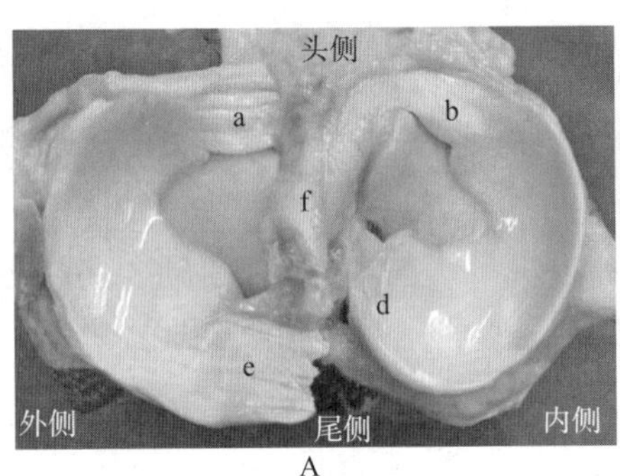

A

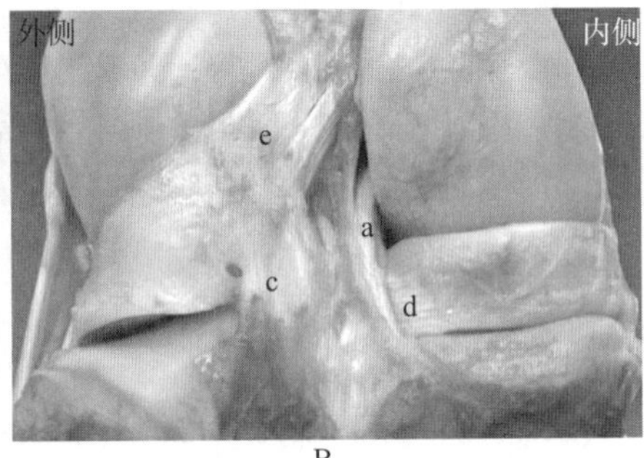

B

图 193-1 马匹半月板解剖

A. 左侧膝关节半月板的俯视 B. 左侧膝关节后侧观

（a）外侧半月板前半月板胫骨韧带；（b）内侧半月板前半月板胫骨韧带；（c）外侧半月板后半月板胫骨韧带；（d）内侧半月板后半月板胫骨韧带；（e）外侧半月板的半月板股骨韧带在图片 A 和 B 中被横断。前十字韧带；（f）被横断，后十字韧带；（g）完整

尽管马主人会经常说明逐渐发病的起因，更常见的是半月板损伤继发于摔倒或其他类型的创伤性损伤。半月板撕裂是膝关节中最为常见的软组织损伤。孤立的内侧半月板前角及其相关的胫骨半月板韧带的损伤是关节镜下最常见的马匹半月板损伤类型，占到报道病例的 79%。内侧半月板前角在所有的 4 个半月板角中，是在伸缩活动中活动性最低的，在关节完全伸展时会被压缩。内侧半月板前角较差的活动性使其在关节过度伸展时易于受伤。

半月板的损伤亦可能合并其他的膝关节软组织损伤，如十字韧带和侧韧带损伤。然而，与人类和犬的半月板撕裂形成对比，马的半月板撕裂中仅 14%与前十字韧带损伤有关。

亦有报道称，内侧半月板损伤可合并或继发于股骨内侧髁的软骨下囊性病变（图 193-2）。目前，这些病变的发病机制尚不确定，但是目前的理论如下：这 2 种损伤都是由单一的创伤性事件造成的，可能是半月板创伤造成的缺损而导致的股骨髁几何外形的改变，或是继发于半月板损伤的胫骨髁载荷的改变。在慢性关节炎中可见半月板退行性病变，尽管这些病变的病理生理学还不确定。

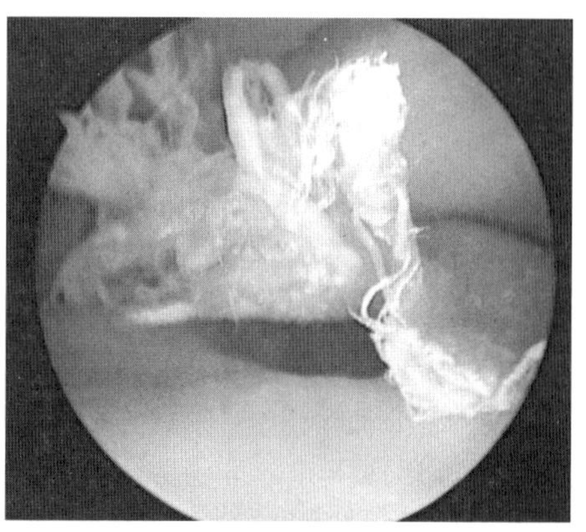

图 193-2 关节镜下内侧半月板前角三级撕裂

撕裂发生于内侧股骨髁（箭头）软骨下骨囊肿的清除术后

（一）临床表现

半月板损伤导致的跛行在初期通常为中度到重度，在后期为持续性的轻度到中度跛行。可能有急性的单侧后肢跛行史。严重的创伤事件可导致膝关节多个软组织结构的损伤以及更为严重的跛行。有报道称，仅有 39%的病马在发病时有关节积液现象，因此，没有可触及的关节积液并不能排除跛行是由膝关节造成的。跗关节与膝关节的屈曲测试一般呈阳性，但还是需要关节内麻醉来确定跛行的位置是股胫关节。

（二）诊断

1. 临床检查

诊断半月板损伤的第一步是，通过跛行检查、屈曲测试以及关节内麻醉来确定跛行的位置是膝关节区域。半月板损伤无特征性临床症状。

2. 放射影像学

放射影像学检查对于膝关节的软组织损伤可能没有明显诊断意义，尽管有报道称，48%～83%的半月板损伤会有放射影像学改变。病变可包括胫骨内侧髁间隆起前端的成骨反应、半月板的钙化以及一般性的骨关节炎（图 193-3）。若半月板严重撕裂或从

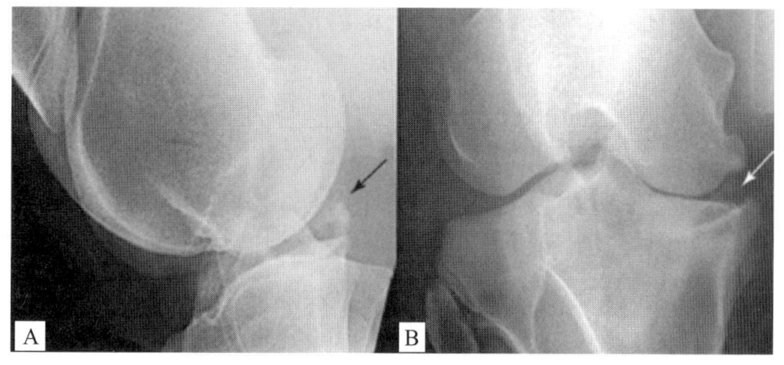

图 193-3 半月板损伤的放射影像学特征

A. 膝关节外侧位放射影像学检查显示关节前部位置半月板明显营养不良性钙化 B. 膝关节尾侧位放射影像学检查显示半月板营养不良性钙化（白箭头），背侧股胫关节间隙严重狭窄以及严重关节病变

关节隆起，则可能有明显股胫关节间隙狭窄。

3. 超声波影像学

超声检查对于软组织损伤的诊断和预后判断有着极其重要的价值，且其在半月板撕裂的评估中作用更为明显。应使用1个7～14MHz的线阵探头从2个垂直切面来评估半月板损伤。一些半月板损伤可能在患肢无负重或向头侧屈曲时更明显。半月板的超声波影像学检查难度较高。其原因是组织纤维无法在所有位置与探头保持垂直，在一些具体部位会有低回声影像（如内侧半月板前部）。此外，因为膝关节后部的大组织块，即使使用4～6MHz的凸阵探头亦很难获得半月板后部的诊断影像。半月板损伤的超声波影像学异常可包括纤维断裂造成的低回声区、核状损伤、半月板自关节凸起以及一般的滑膜炎或关节炎病变（图193-4）。通过与关节镜下发现相比，在半月板损伤的诊断中超声波影像学的敏感性和特异性分别为79%和56%。这样明显的高假阳性诊断率，一定程度上是因为半月板的很大一部分在关节镜下是不可视的（特别适合关节的内侧和外侧部位），以及半月板的水平撕裂在关节镜下亦可能不可视。半月板的超声波影像学检查和关节镜检查结果的组合可以获得最好的诊断信息。

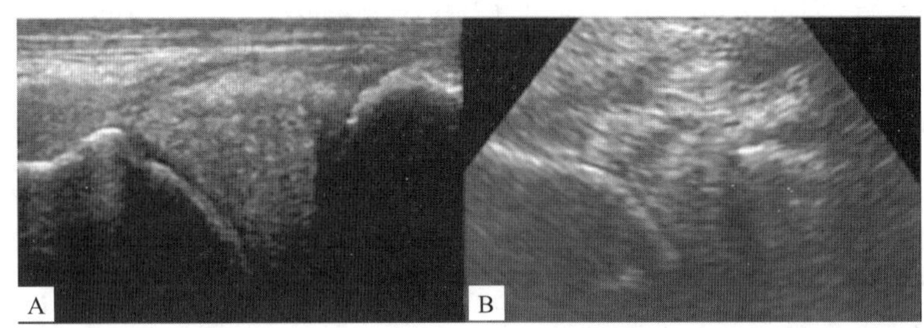

图193-4　使用7～14MHz线阵探头获得的半月板超声波影像学图像

A. 内侧副韧带位置获得的正常内侧半月板图像　B. 外侧副韧带位置获取的半月板图像显示关节间隙内半月板异常凸起以及外侧半月板中间实质纤维断裂的低回声

4. 高级诊断影像

马匹的高级诊断影像在一些顶级的转诊中心医院可以见到。核磁共振成像被公认为软组织损伤评估的金标准，已被广泛应用于人医的半月板损伤评估。核磁共振成像可以对整个膝关节的骨骼和软组织进行一个极好的评估。考虑到马属动物膝关节尺寸较大且靠近腹部，马属动物的核磁共振成像仅限于使用大型或开放型核磁共振设备。西门子公司的Siemens Magnetom Espree 1.5 T核磁共振设备的加宽（70cm）及超短（125cm）线圈仍是目前仅有的可以容纳成年马匹及其长腿和窄胯的。

马属动物的膝关节核磁共振成像和计算机断层扫描检查都需要进行全身麻醉。计算机断层扫描对于软组织损伤的诊断很有帮助，特别是同时使用关节镜对比检查来补充计算机断层扫描图像。核磁共振成像和计算机断层扫描最显著的优势是其可以对整个膝关节进行评估，这是超声波影像学检查和关节镜检查无法完成的。这样会使对半月板损伤以及并发的膝关节病理变化有一个更好地了解。

核扫描对于损伤的鉴别是建立在其生理学特征上的（血流和成骨活性）。尽管闪烁扫描术具有鉴定半月板和其相关的损伤（骨关节炎或囊肿）的潜力，但在后膝关节软组织损伤呈现出相对地较差的敏感性和特异性，其在揭示后膝关节损伤结果不一致，包括骨软骨下囊肿。

5. 关节镜检查

关节镜检查可以直观地对损伤进行探查和评估，这对于半月板损伤的诊断、治疗和预后判断很有价值（图 193-5）。通过关节镜可以对并发的股骨髁软骨损伤进行探查和治疗，这个问题在半月板撕裂中很常见（约占到所有病例的 71%）。半月板的关节镜诊断其局限性在于无法发现半月板的水平撕裂伤及半月板远轴大部的撕裂伤。半月板撕裂的关节镜诊断催生了半月板前角撕裂分级体系的产生：

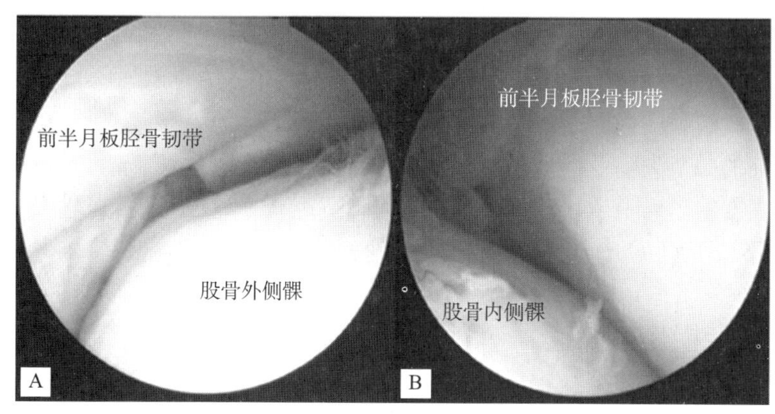

图 193-5　半月板的关节镜检查

A. 正常的前半月板胫骨韧带、外侧半月板前角以及股骨外侧髁　B. 前半月板胫骨韧带异常纤维化和撕裂以及毗邻的内侧半月板前角撕裂在股骨内侧髁下延伸

一级：撕裂自前胫骨半月板韧带纵向延伸至半月板前角，且组织有轻微剥离。

二级：撕裂方向与一级相似，但有更严重组织剥离，但整个撕裂部位仍在关节镜下可视。

三级：延伸至股骨髁下的炎症撕裂，且在关节镜下仅部分可视。

（三）治疗

马属动物半月板撕裂的治疗理论上包括关节镜下的诊断、撕裂半月板组织的清除及任何相关的软骨损伤的清除。在文献记录中关节镜辅助的半月板撕裂缝合在一些特殊病例中有成功案例，然而，这可能是具有挑战性的，取决于组织损伤的定位和程度。典型的术后康复包括 6～8 周的畜舍休养和牵遛以及至少 4 个月的小围场放牧，具体取决于损伤的严重程度。在无法进行手术的病例中，应在损伤后的炎症急性期给予全身性的抗炎药物和更长的休养时间（6～12 个月），在其他物种中自体骨髓间充质干细胞的关节内注射可以增强半月板组织的再生。未经证实的消息称，该疗法对于马属动物的半月板修复也有作用。研究认为，富血小板血浆纤维蛋白凝块的注射可以促进半月板组织的修复，尽管在马属动物半月板上仍需要进一步的研究。成功的半月板损伤治疗应该包括及时的诊断、恰当的治疗并提供充足的休息和康复计划以降低关节软骨的病理负荷、控制继发的骨关节炎。

(四) 预后

半月板损伤修复的预后取决于半月板损伤的程度及关节内的其他损失。在一项研究中，患有一级的半月板前角撕裂的马匹能恢复之前运动机能的63%，患有二级的半月板前角撕裂的马匹能恢复之前运动机能的56%，患有三级的半月板前角撕裂的马匹能恢复之前运动机能的仅为6%（图193-6）。并发关节软骨损伤或有放射影像学改变的（如半月板营养不良性钙化或明显的股胫关节间隙狭窄）一般预后不良。涉及多个软组织结构的严重膝关节损伤可能会导致长期的关节失稳及严重跛行，在一些病例中可能需要给出人道毁灭建议。患有半月板撕裂和软骨下骨囊肿（诊断为并发或继发）的马匹一般预后不良，仅20%的病例康复。

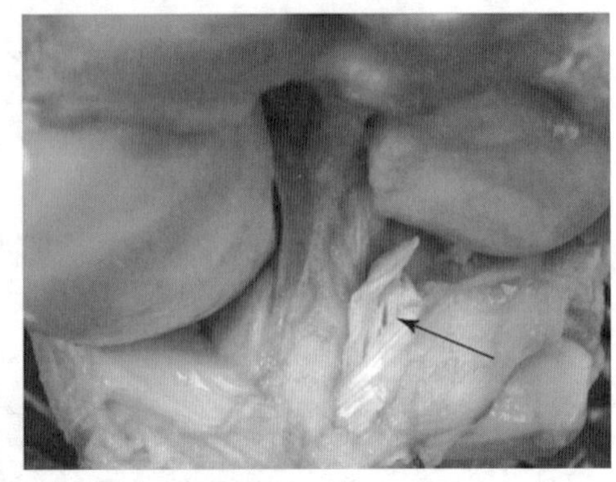

图 193-6 在尸体解剖检查中发现的明显的外侧半月板前角以及毗邻的前半月板胫骨韧带三级撕裂（黑箭头）

二、十字韧带损伤

十字韧带位于内侧与外侧股胫关节之间的关节滑囊外间隙。前十字韧带自股骨髁间窝外壁起始，向前下方延伸，止于胫骨棘中央窝［胫骨内侧髁间隆起的前部(MICET)］。前十字韧带可以防止胫骨向前移动，限制胫骨相对于股骨的过度内旋转以及防止股胫关节的过度伸展。后十字韧带位于前十字韧带的内侧，由股骨髁间窝的前部起始，嵌入胫骨腘切迹隆起。后十字韧带的功能是防止胫骨向后滑动，并与前十字韧带一起限制胫骨相对于股骨的过度内旋转。一般来说，挫伤性事件有过报道或者怀疑已发生可引起十字韧带损伤（如马匹摔倒或被车轮撞击）。十字韧带损伤亦可合并膝关节的其他软组织损伤，如侧韧带和半月板损伤。前十字韧带在膝关节伸展时会承受拉力，膝关节的伸展过度或扭转被怀疑与该类伤病有关。前十字韧带损伤发生的概率大约是后十字韧带损伤的18倍，2条韧带都可能发生部分或完全撕裂。前十字韧带的部分撕裂通常发生在韧带体部位，但是附着点的部分撕脱亦可发生。胫骨的韧带附着点可能会发生撕脱性骨折，发生于前十字韧带时，会影响胫骨内侧髁间隆起的前部；而发生于后十字韧带时，会影响胫骨腘切迹隆起（图193-7）。

(一) 临床表现

跛行的严重程度通常受十字韧带损伤程度及并发的骨骼或软组织损伤影响。十字韧带完全撕裂的马匹可能表现为在慢步时严重跛行，可见关节积液或关节周围肿胀。在配合的马匹上可以进行站立时的关节稳定性测试，但通常因为马匹对疼痛肢体的保护而难以诊断。在前十字韧带完全断裂的诊断中，测试者应站立于患肢的后方，用双手握住胫骨近端并向后牵拉胫骨，在释放时可见异常的前向移位或有捻发音。此外，

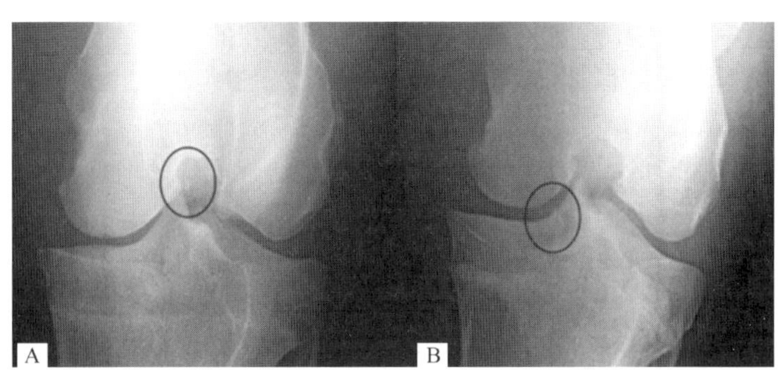

图 193-7 十字韧带损伤的放射影像学特征

A. 前十字韧带（圆圈）嵌入点位置的胫骨内侧髁间隆起撕脱性骨折 B. 后十字韧带（圆圈）嵌入点位置的腘切迹隆起撕脱性骨折

前十字韧带的损伤还有另外一个测试方法，在此测试中，胫骨的近端前端被迅速地向后推挤并释放，重复20～25次，然后进行快步，诊断观察跛行是否加重。

（二）诊断

1. 临床检查

通过临床和跛行检查，在必要时进行屈曲测试或关节内麻醉将跛行位置确定为膝关节，是十字韧带损伤诊断的第一步。在严重跛行的马匹中，应避免进行快步检查和关节内麻醉。

2. 放射影像学

放射影像学检查可以发现胫骨内侧髁间隆起前部的撕脱性骨折，以及在前十字韧带损伤中发生概率低得多的股骨附着点骨折。胫骨内侧髁间隆起前部的骨折可能会撕脱全部或部分的前十字韧带附着点，但相对的仅伴有很少的或甚至没有十字韧带纤维的断裂。与典型的撕脱性骨折的发病机理不同，这类骨折可能是因为从股骨内侧髁向胫骨内侧髁间隆起前部的外伤性侧向力造成的。在慢性的前十字韧带损伤病例中，可能会出现胫骨内侧髁间隆起前部韧带附着点骨赘（屈曲的侧位放射影像学检查观察效果最佳），在一项研究中，此类问题在十字韧带损伤病例中所占的比例是7%。此外，放射影像学检查可能会发现继发于十字韧带损伤导致的关节失稳的骨关节炎病变。

3. 超声波影像学

十字韧带的超声波影像学诊断难度较高，其原因是十字韧带位置较深且呈倾斜方向生长。正因如此，韧带易出现低回声表现，对于韧带纤维病变的诊断难度较高。在十字韧带的超声波影像学检查中，一般选用4～6MHz的凸阵探头，在进行膝关节前部的检查时，应将肢体呈90°屈曲，膝关节后部的检查应该在肢体负重时进行。韧带断裂及撕脱性骨折在超声波影像学检查中较为明显。

4. 高级影像学检查

如前文所述（见半月板损伤），核磁共振成像和计算机断层扫描可以为整个关节提供详细的软组织和骨骼组织的优质影像，这对十字韧带损伤的诊断具有重要意义。这些影像学检查需要进行全身麻醉，但随之而来的是在麻醉苏醒的过程中，十字韧带部分撕裂有转化为完全撕裂的风险。因此，必须权衡检查的风险，且必须保证一个平顺的、有辅助的麻醉苏醒过程。

5. 关节镜检查

对内外侧股胫关节的关节镜检查可以确诊十字韧带损伤并清除损伤的组织。应告知马主人在十字韧带部分撕裂病例中全身麻醉的风险。在内侧与外侧股胫关节中，一般选用外侧和前侧关节镜通路。在典型的创伤性损伤病例中，可见 2 个关节间滑膜层破裂，使检查滑膜外的十字韧带成为可能。在患有轻度十字韧带损伤且无明显滑膜层破裂的病例中，诊断难度较大。一般来说，前十字韧带较易从外侧股胫关节观察，而后十字韧带较易从内侧股胫关节观察。十字韧带可能出现原纤维化或撕裂，并可通过关节镜探针对十字韧带进行异常松弛的触诊（图 193-8）。

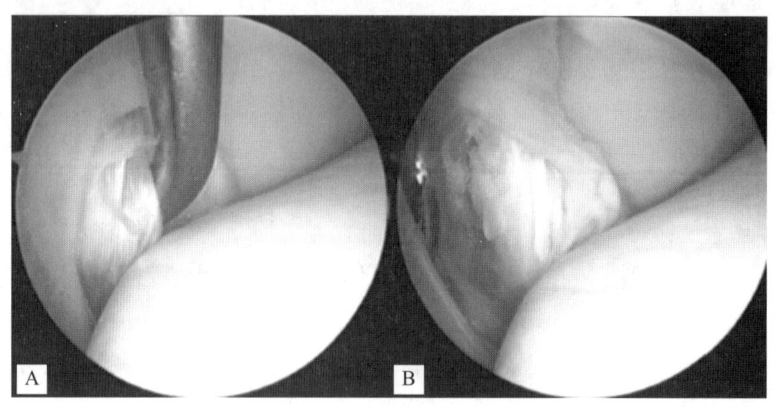

图 193-8　十字韧带的关节镜检查

A. 使用直角探针触诊前十字韧带的异常松弛。滑囊膜撕裂翻于韧带上，可见其纤维　B. 使用探针牵拉滑囊膜，使前十字韧带纤维的轻微出血和纤维化可见

关节镜检查催生了十字韧带撕裂的分级制度：

一级：韧带表面轻微出血及轻微的浅表纤维组织断裂。

二级：中度的明显浅层韧带纤维剥离。

三级：严重的十字韧带纤维断裂。

（三）治疗

十字韧带部分撕裂病例的治疗包括关节镜下检查、十字韧带撕裂部分的清除以及所有的相关软组织损伤的清除。尽管有 1 例胫骨内侧髁间隆起前部较大碎片的内固定成功案例报道，但一般在撕脱性骨折病例中，需要通过关节镜手术将骨折碎片移除。马匹十字韧带完全撕裂的修复或替换术尚未有成功病例报道。应给予足够的休养期（6～12 个月），使韧带尽可能的修复，并减少因关节失稳造成的继发性关节病变。

（四）预后

十字韧带的部分撕裂病例预后较完全撕裂病例好，有报道称，一级、二级、三级损伤的恢复率分别为46%、59%和33%。61%的病例可见相关软骨损伤，且一般会影响预后。胫骨内侧髁间隆起前部的骨折病例，通过碎片移除或内固定手术可获得良好疗效。十字韧带的完全断裂或多发性损伤（如半月板或侧韧带撕裂）病例，一般在恢复运动机能方面预后不良，且可能导致广泛性关节炎，这可导致严重跛行，一般需行人道毁灭。

推荐阅读

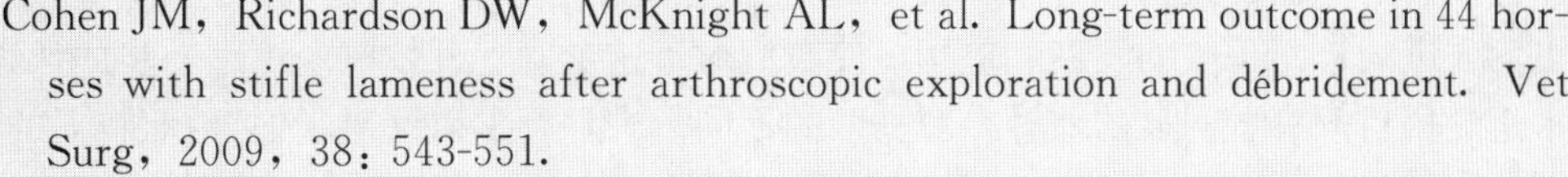

Cohen JM, Richardson DW, McKnight AL, et al. Long-term outcome in 44 horses with stifle lameness after arthroscopic exploration and débridement. Vet Surg, 2009, 38: 543-551.

Fowlie JG, Arnoczky SP, Lavagnino M, et al. Resection of grade Ⅲ cranial horn tears of the equine medial meniscus alter the contact forces on medial tibial condyle at full extension: an in-vitro cadaveric study. Vet Surg, 2011, 40: 957-965.

Fowlie JG, Arnoczky SP, Lavagnino M, et al. Stifle extension results in differential tensile forces developing between abaxial and axial components of the cranial meniscotibial ligament of the equine medial meniscus: a mechanistic explanation for meniscal tear patterns. Equine Vet J, 2012, 44: 554-558.

Fowlie JG, Arnoczky SP, Stick JA, et al. Meniscal translocation and deformation throughout the range of motion of the equine stifle joint: an in vitro cadaveric study. Equine Vet J, 2011, 43: 259-264.

Hendrix SM, Baxter GM, McIlwraith CW, et al. Concurrent or sequential development of medial meniscal and subchondral cystic lesions within the medial femorotibial joint in horses (1996-2006). Equine Vet J, 2010, 42: 5-9.

Hoegaerts M, Nicaise M, Van Bree H, et al. Cross-sectional anatomy and comparative ultrasonography of the equine medial femorotibial joint and its related structures. Equine Vet J, 2005, 37: 520-529.

Murphy JM, Fink DJ, Hunziker EB, et al. Stem cell therapy in a caprine model of osteoarthritis. Stem Cell Arthritis Rheum, 2003, 48: 3464-3474.

Walmsley JP. Diagnosis and treatment of ligamentous and meniscal injuries in the equine stifle. Vet Clin North Am Equine Pract, 2005, 21: 651-672.

Walmsley JP, Phillips TJ, Townsend HG. Meniscal tears in horses: an evaluation of clinical signs and arthroscopic treatment of 80 cases. Equine Vet J, 2003, 35: 402-406.

（周晟磊　译，杜承　校）

第 194 章　悬韧带损伤的诊断与治疗

Duncan F. Peters

运动马的悬韧带损伤不管对于兽医还是马主人都是一个令人沮丧的问题。但是随着更为先进的诊断手段的发展和应用，使我们对于这个问题开始有了更进一步的认识。马术运动科目间有着明显的差异，对马匹的不同需求，要求兽医对于他/她照料下的马匹所从事的科目的要素有一个良好的了解。尽管从事不同科目的马匹发生该种伤病的病理生理学是类似的，但是在伤病之后恢复比赛的能力却取决于不同科目各自的压力水平。因为这些原因，根据所从事科目的差异，对于相似严重程度的悬韧带损伤，预后也会有差异。在运动马中悬韧带炎或悬韧带病是一种常见伤病。伤病可以发生在韧带的 3 个区域，分别为近端悬韧带或悬韧带起点、悬韧带体和悬韧带分支，根据从事科目的差异而发生区域不同。

一、近端悬韧带病

近端悬韧带炎或近端悬韧带病（PSD）在前肢和后肢都较为常见，但若涉及后肢一般预后不良。因前肢近端悬韧带病所导致的跛行严重程度差异较大。但其特异性表现为步幅头段缩短，特别是当患肢作为外侧肢时。在患有后肢悬韧带病的马匹上，步态有明显的不同，由站立态的发力起步有延迟，患肢表现为体后的过度伸展。步幅的头段由于马匹在站立态中患肢不愿完全承力而缩短。患侧后躯整体表现为动作头段的拖沓，患肢蹄部运动中仅离开地面（步幅轨迹较低平，译者注），患侧后躯向患侧翻转或下坠。该情况可能被误诊为髌骨的间歇性或部分上行障碍。无论发生于前肢或后肢，在较深的场地中一般都会使跛行加剧。出现该情况的原因是在较深的场地中，肢体软组织的回弹能量被减弱。在前肢的近端悬韧带病中，快步或大步慢跑可作为有效的诊断步伐。在患有左前肢近端悬韧带病的马匹上，相对于左跑步，其右跑步会表现出更明显的异常。其原因是马匹不愿在右跑步的站立相中使用左前肢负重，而导致步幅缩短、不流畅且运步僵直。患有左前肢近端悬韧带病的马匹在右里拐跑步时较难保持向前的动力，常出现变为快步的倾向。骑手通常将患肢描述为一种高跷感。仔细的触诊按压近端悬韧带可发现，在使用朝向第三掌骨掌侧面或第三跖骨跖侧面的背向力按压近端悬韧带可引起程度各异的敏感表现。一般来说，疼痛在第三掌骨或第三跖骨的近端内侧更为明显。在对侧肢的相同位置使用相近的压力按压进行比较，以确定其敏感度的可靠性。此外，在第三掌骨和第三跖骨近端可触的韧带单侧性发大发生频率也较高。患肢远端的被动屈曲一般不会导致明显的疼痛抗拒反应。但一般患肢的远端屈曲测试会导致跛行加剧。若发生于后肢，则近端的屈曲测试对跛行的加剧程度较远端屈曲测试更大。这和跗关节以及膝关节组织损伤的屈曲测试结果相似。所以，需要注意将近端悬韧带区域的疼痛区分出来。

（一）诊断麻醉

局部麻醉对于区分因近端悬韧带病导致的疼痛源有较大的帮助。一般来说，在外侧掌神经使用 3～4mL 2%甲哌卡因，或在内侧和外侧掌骨掌神经各使用 2～3mL 2%甲哌卡因进行局部浸润麻醉，可极大的改善前肢的跛行程度（>90%）并改变步态特征。此外，在部分马匹中，腕间关节的关节内麻醉可缓解近端悬韧带的疼痛。检查者需要注意患有近端悬韧带病的马匹在跛行位置被更高的阻导麻醉确诊前，通常会对低位的局部神经阻导麻醉［如近端指神经（近端籽骨旁）阻导麻醉，低位掌神经（低位四点）阻导麻醉］渐进的跛行进步反馈。导致该种表现的原因可能与韧带中的牵张感受器并非特异性分布于一个区域有关。在跛行对于近端掌骨区域的麻醉反馈良好时，还必须考虑该区域其他解剖结构的伤病。由第二或第四掌骨、第二或第四掌骨骨间韧带、第三掌骨近端、腕关节掌侧关节囊远端和远端副韧带背侧等解构引起的疼痛，亦会随着该区域阻导麻醉的施行而减轻。近端的局部麻醉药的扩散亦可能使腕关节失敏感。

外侧跖神经深支或跗跖关节的局部麻醉或者麻醉药局部浸润近端跖侧第三跖骨区域，通常会减轻患有后肢近端悬韧带病马匹的韧带疼痛。核磁共振成像和计算机断层成像的应用，使区别判断之前都归类为后肢近端悬韧带病的各种情况成为可能。对跗骨间韧带、跗骨、第三和第四跖骨近端、跗骨跖侧韧带以及悬韧带近端相关的结构和代谢异常的发现，可以更好地了解该区域发生的疼痛的起因。这些发现可以帮助做出更有针对性的治疗和更准确的预后判断。

（二）影像学诊断

近端悬韧带损伤的影像学诊断很有挑战性，特别是在后肢。超声波影像学检查已经被普遍的接受为进行损伤标识的起始工具。需要达成共识的是，通常在结构上的异常的程度与临床上跛行的严重程度无关。一些在超声波影像学上只有细微的可被证实的变化的马匹跛行却很明显。韧带发大以及线性边缘的不规则是判断异常的最有效标志。检查者应该使用健侧肢作为对比。偶尔可以发现 1 个聚焦的核心无回声区，这可使诊断更为确实。在第三掌骨近端掌侧或第三跖骨近端跖侧的不规则骨重构焦点暗示了韧带附着端病变，同时可能合并骨撕裂或慢性韧带炎或骨附着点炎症。对于被发现的任何异常，都应该使用周期性的超声波影像学检查跟进病程。在急性损伤病例中，超声波影像学检查中的改变可能在伤病发生 2～3 周后比刚发生时更严重。治疗和康复计划的有效性可以通过良好的临床评估和周期性超声波影像学检查来监控。

放射影像学、核显像、核磁共振成像和计算机断层扫描在近端悬韧带病的各个方面的描述上都有其用武之地。数码 X 线机对于第三掌骨掌侧或第三跖骨跖侧的撕裂性骨折、骨硬化、腕骨或跗骨相关的任何骨性改变的检查有重要作用。在核显像中，骨或软组织或两者同时对于放射药剂的吸收，表明了这些组织中的炎性代谢活动。这可以作为损伤位置的有效指示剂，亦可以用于康复进度的有效评估。核磁共振成像可以发现骨骼和韧带的细微炎症变化以及细微的结构性变化和损伤，如预示慢性病变的粘连和骨刺。我们可以用这个信息来帮助做出预后判断。核磁共振成像还可以被用来鉴别通常伴随后肢近端悬韧带病的远端跗骨炎症。计算机断层扫描可以被用于区别诊断部分和近端悬韧带病或悬韧带炎一起发生的骨韧带交界面损伤。

（三）治疗

对于患有急性悬韧带炎的马匹，在4～6周内停止马匹的剧烈运动（也就是将马匹活动限制为马厩休养和控制下牵遛）是有效的初始治疗。在这个初始阶段中，如果马匹对于药膏或绷带、全身性消炎药物、冷冻疗法、局部运用非甾体类抗炎药或其他辅助疗法（冲击波疗法除外）反馈良好，且在损伤发生6～8周后跛行消失（无明显结构性异常），则马匹可以开始进入一个循序渐进的训练计划并在3～4周恢复比赛。对于这种治疗方法反馈良好的马匹很有可能只是单纯的韧带扭伤。如果马匹在损伤发生6～8周后仍然有步态异常或跛行的，病程很有可能转为慢性，且需要额外的8～12个月的护理和治疗。

用于缓解肢体悬吊结构机械应力的钉掌方法应该在伤病发生的初期开始使用。修低蹄踵和柔和轻松地翻蹄可以起到有益的作用。从悬吊结构转移部分的机械负载到指深屈肌腱，可以帮助减缓悬吊组织的张力和进一步的损伤。一个具备熟练技能的钉蹄师擅长于将这些原理通过多种方法来表现。市售的“悬韧带支撑”蹄铁拥有较窄的蹄铁臂或蹄踵部位以及较宽的蹄尖平板区域，以便于马匹在较软的场地表面骑乘时蹄踵区域动态移行，从而缓解悬吊结构张力。对于前蹄或后蹄有不同样式的蹄铁可用。这些蹄铁可以在急性损伤期、治疗期和康复期贯穿始终地用于护理马匹。

应用各种药物在损伤的悬韧带组织内或周边进行局部注射已有很长的历史。局部应用抗炎药物，如糖皮质激素、sarapin（一种猪笼草提取物）和中草药制剂可以取得良好的临床疗效。在骨韧带交界处注射溶解硬化剂，如溶于植物油的碘制剂或其他高渗溶液可以诱发局部的6～8周的纤维化。在骨韧带交界处使用骨代谢增强剂，可以改变该位置的骨代谢以期降低韧带附着端病变的程度。骨代谢增强剂疗法包括局部单次注射200U的降钙素（Miacalcin1mL，200U，诺华）或全身性运用双膦酸盐，如替鲁磷酸。后者可以单次将500mg剂量溶于1L的生理盐水或注射用水中，在不少于40～45min的时间内缓慢静脉注射。超声波影像学检查有可视的核心状无回声区或纤维断裂性损伤的，可以通过注射以下药物来治疗。如自体富血小板血浆（PRP）、骨髓吸取物、再生干细胞混合物或聚硫酸黏多糖、玻璃酸钠等药物成分或猪膀胱提取物，这些药物的使用应遵循厂家的使用说明。

非侵入性辅助治疗方法的意图是模拟机体本身的修复过程，但该治疗方法无论其作用机理或其治疗效果都未得到很好的科学论证。体外治疗，如冲击波、冷激光、电磁疗法、高渗药膏、陶瓷脚包（Back on Track）、压迫冷冻疗法（Game Ready 6）等在治疗悬韧带炎和韧带损伤相关的炎症和疼痛方面都取得了不同程度的临床疗效。这些辅助治疗手段应该在整个康复过程中使用并且配合休息、修蹄和其他措施使用。如在马匹恢复剧烈比赛后将辅助治疗作为理疗护理计划的一部分常规化使用，还能帮助将再次受伤的概率降到最低。

近端悬韧带病的手术治疗选项包括劈腱术、局部骨韧带交界处切开术（用尖锐器械在韧带的起点或接入点做一个深至骨韧带附着点的小切口）以及使用骨穿刺术在附着点诱导韧带纤维化或骨痂增生。神经切除术（后肢外侧跖骨神经深支）和韧带松解术可以在患有后肢近端悬韧带病的病例上使用。这些创伤性的选项通常不作为治疗的首选，而是作为那些对低创伤性治疗无果病例的备选，或者在一些后肢近端悬韧带病的病例中，用于缓解近端第三跖骨区域由韧带造成的区域性运动限制（restrictive compartmentalization by the retinaculum in the proximal MT3 region）。在选择适合后肢悬韧带病手术治疗的马匹时，需要考虑马匹结构的个体化差异。如在有较为直立角度的跗关节和膝关节并有较为平缓或薄弱的球关节的马匹上，手术可能会增加悬韧带的负荷。

二、悬韧带体炎或悬韧带体病

相比于近端悬韧带病，马匹的悬韧带体病或悬韧带体炎（SLBD）在表现、治疗方法和预后方面都有一些不同。那些经历一个突然训练强度的变化或刚开始在不同的场地表面工作的马匹，通常会表现出短期的悬韧带体敏感或疼痛。这可以通过对悬韧带体，也就是悬韧带刚开始分叉为内外侧分支的位置仔细触诊来发现，这个位置一般位于管骨的下 1/2 或下 1/3 处。悬韧带体会有轻微发大，触感较正常韧带软或似糊样。深入触诊韧带时，由于疼痛，通常病马会试图回缩患肢并发出咕噜声。如果这个问题是由近期运动规律的改变或者由平整的场地换到较软、较深的场地而引起的，这种轻微的悬韧带体病通常是双侧的，并有一侧较为明显。尽管麻醉药向近端的扩散会使很多马匹的低位掌骨神经或低位跖骨神经麻醉后跛行有明显改善（75%～80%），但是悬韧带体的局部麻醉通常需要第三掌骨近端或第三跖骨近端区域的麻醉来达到。另外，一侧肢体敏感性的降低通常会导致此前仅在触诊中有疼痛表现的对侧肢跛行加剧。在很多病例中，辅压治疗，如冷冻疗法、药膏、支持绷带以及全身性或局部运用非甾体类抗炎药可以快速缓解该区域的疼痛。如果在超声波影像学检查中无明显变化，这些马匹应该在 14～21d 内减轻运动量，以给予其足够的时间来适应环境的变化。

单侧发生的悬韧带体病或悬韧带体炎通常是由悬韧带的严重过载导致的。患有该种伤病的马匹，其跛行通常会被结构上的多样化或修蹄不平衡影响，并且在圈乘时无论患肢在内侧还是外侧都会更明显。与近端悬韧带病相比，单侧的悬韧带体损伤在超声波影像学检查表现为更清晰的核心状低回声区和无回声区。自体修复组分（自体富血小板血浆 PRP、骨髓提取物、预制干细胞或其混合物）注射治疗和释液、韧带切开术等手术治疗手段对于这种损伤有较好疗效。在护理近端悬韧带病中，使用的其他支持和辅助治疗对于这样的马匹也有帮助。

许多患有悬韧带体病的马匹，悬韧带体远端有发大且触诊有痛感，但是超声波影像学检查却没有明显的核心状损伤。这是因为悬韧带在这个位置开始分叉，这些远端悬韧带体病病例较难通过超声波影像学检查来确定。通常仅可见增厚和若干斑驳回声区。

治疗

在给予治疗和足够时间的休息后（8～10 个月），患有悬韧带体损伤的韧带在外观依然发大，但是在功能已能承受接近之前强度的运动。如若复发，损伤通常会发生于邻近位置。在之前损伤位置的近端或远端都可发生。这是由于在韧带中正常组织和愈合的纤维疤痕组织的接口处组织弹性和强度的降低造成的。

三、悬韧带分支炎或悬韧带分支病

悬韧带分支的损伤通常是由异常过载所导致的。在大多数情况下，在跛行发生前通常会有一个导致组织反复承力及强度降低的潜在因素。很多因素在这种伤病的临床成因中都占有一席之地，但是结构、修蹄、组织强度、场地情况甚至有时仅仅是坏运气都难辞其咎。悬韧带分支损伤更易出现核心样损伤或纤维断裂。这种情况可导致近端籽骨韧带附着点韧带炎或韧带病。在伤病的急性期和康复期，在之前提到的所有治疗方法都可用于该损伤的治疗。尽管如此，悬韧带分支损伤通常预后慎重。一些再生治疗方法（如富血小板血浆或预制间充质干细胞）对核心样损伤可以取得更好疗效。在近端籽骨交界处血管病变和骨骼撕裂性碎片更为常见。尽管采取积极的治疗手段和受控的康复计划，细微的血管病变导致的跛行和步态异常仍然可以持续 12 个月以上。

悬韧带分支损伤有很高的复发概率，通常发展为慢性且通常合并球节的骨关节炎。球节的骨关节炎会限制很多运动马运动能力。这种悬韧带损伤和球节骨关节炎的伤病组合与受不同工作强度和环境因素影响的间歇性疼痛有关。这可能是由悬韧带分支的持续性异常负荷、与损伤组织相关的组织强度降低以及可能的局部敏感性增强所导致。通过修蹄来平衡负荷有很大帮助，但是很难覆盖病马所从事科目的各个方面。用于帮助内外侧翻蹄或在工作中支撑任意一侧受伤的分支的铁掌现在已经商品化，亦有很多钉蹄师加工。后肢的悬韧带分支问题在恢复比赛所需强度的预期上较前肢悬韧带分支问题为差，且通常会遗留后肢球节发大和强度降低的问题。慢性的悬韧带分支损伤通常会演变成一个长期的护理问题。需要找到一个保证马匹舒适但又胜任它所要从事科目的训练强度。这可能会涉及将病马调换到一个较低强度的运动中。

总之，悬韧带问题对于马匹来说需要作为一个生理问题来解决，而对于马主人或练马师而言，却是一个心理问题。沟通是给予马匹合适的治疗并使马主人和练马师配合治疗计划和进度的关键。对于马匹预期的讨论以及建立在这个预期上的预后判断意义重大。作为对马匹和与之相关的人的保障，应该制定一个治疗或护理计划并定期复查。兽医应该做好变通和根据需求变化而调整的准备。

推荐阅读

Bischofberger AS，Konar M，Ohlerth S，et al. Magnetic resonance imaging，ultrasonography and histology of the suspensory ligament origin：a comparative study of normal anatomy of Warmblood horses. Equine Vet J，2006，38：508-516.

Boening KJ，Loffeld S，Weitkamp K，et al. Radial extracorporeal shockwave therapy for chronic insertion desmopathy of the proximal suspensory ligament. In：Proceedings of the American Association of Equine Practitioners，2000，46：203-207.

Crowe OM，Dyson SJ，Wright IM，et al. Treatment of chronic or recurrent proximal suspensory desmitis using radial pressure wave therapy in the horse. Equine Vet J，2004，36：313-316.

Dyson SJ，Genovese RL. The suspensory apparatus. In：Ross M，Dyson S，eds. Diagnosis and Management of Lameness in the Horse. 2nd ed. St. Louis：Elsevier，2011：654-672.

Gibson KT，Steel CM. Conditions of the suspensory ligament causing lameness in horses. Equine Vet Educ，2002，14：39-50.

Gillis C. Soft tissue injuries：tendinitis and desmitis. In：Hinchcliff KW，Kaneps AJ，Geor RJ，eds. Equine Sports Medicine and Surgery：Basic and Clinical Sciences of the Equine Athlete. St. Louis：Elsevier，2005：412-432.

Goodrich LR. Tendon and ligament injuries and disease. In：Baxter GM，ed. Adams and Stashak's Lameness in Horses. 6th ed. London：Wiley-Blackwell，2011：927-938.

Hewes CA，White NA. Outcome of decimal plastique and fasciotomy for desmitis involving the origin of the suspensory ligament in horses：27 cases（1995-2004）. J Am Vet Med Assoc，2006，229：407-412.

Schnabel LV，Mohammed HO，Jacobson MS，et al. Effects of platelet rich plasma and acellular bone marrow on gene expression patterns and DNA content of equine suspensory ligament explant cultures. Equine Vet J，2008，40：260-265.

Waselau M，Sutter MW，Genovese RL，et al. Intralesional injection of platelet-rich plasma followed by controlled exercise for treatment of midbody suspensory ligament desmitis in Standardbred racehorses. J Am Vet Med Assoc，2008，232：10，1515-1520.

（周晟磊　译，杜承　校）

第 195 章　籽骨骨折

J. Lacy Kamm

近端籽骨是在掌指关节掌侧面和跖趾关节跖侧面的独立成对小金字塔形骨骼。籽骨的最近端部分叫作籽骨顶，中间部分叫作籽骨体，最远端部分叫作籽骨底。近端籽骨的表面包括关节面、轴外面、轴向面以及基底面（图 195-1）。籽骨包括骨皮质和骨松质，在籽骨顶往下 1/3 位置开始形成密集的骨小梁。

近端籽骨是悬吊系统的一个组成部分（图 195-2）。悬吊系统有 2 个主要作用：一是防止掌指关节和跖趾关节的过度伸展，二是像弹簧一样，将挤压的能量转化为推进力。这个能量的转换是通过悬韧带的弹性来达到的。这套悬吊系统包括悬韧带、近端籽骨以及籽骨远端韧带。悬韧带由第三掌骨和第三跖骨的近端起始且与近端籽骨的顶

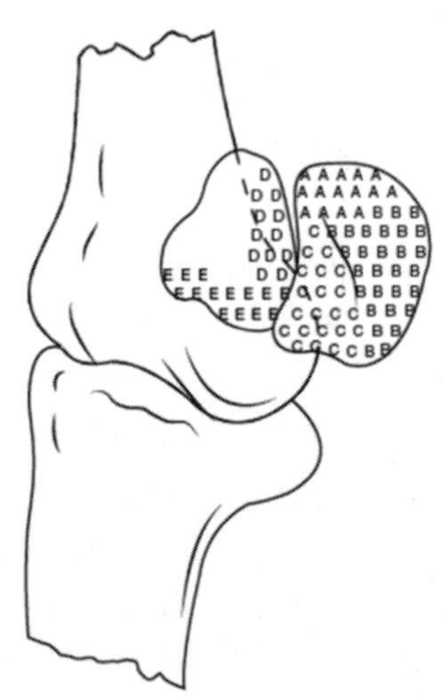

图 195-1　籽骨各面的掌指关节放射影像学外侧斜位简图

A. 顶面　B. 轴外面　C. 关节面　D. 轴面　E. 基底面

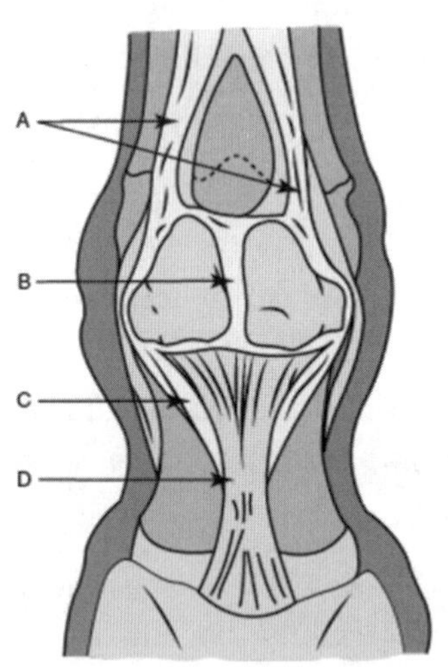

图 195-2　掌指关节位置的悬吊系统掌侧面图

籽骨直韧带和斜韧带下的籽骨短韧带和十字韧带在该图上未显示

A. 悬韧带内外侧分支　B. 籽骨间韧带　C. 籽骨斜韧带　D. 籽骨直韧带

部和轴外部相连。籽骨远端韧带包括籽骨短韧带、籽骨十字韧带、籽骨斜韧带和籽骨直韧带。这些韧带在近端籽骨的基底面起始，然后嵌入近端和中间指骨。籽骨间韧带的方向是由 1 块籽骨的轴向面至另一块籽骨的轴向面，沿着关节囊和剑鞘，将掌指关节、跖趾关节与指屈肌腱腱鞘分隔开。籽骨侧韧带与近端环状韧带一起，通过将籽骨连接到第三掌骨和第三跖骨内外侧部位为关节提供了稳定性。

近端籽骨的疾病主要发生在速度赛马，最常见于在训练早期的年轻速度赛马。其主要成因是近端籽骨与悬韧带相比成熟较晚。悬韧带的强度随着训练迅速增强。通过在尸体上分别对训练马匹和放牧马匹的悬吊系统施加外力以测试其断裂临界点发现，训练组悬吊系统断裂所需要的力明显大于放牧组。此外，训练组在近端籽骨位置断裂的概率要高于放牧组。这个发现可以支持悬韧带强度通过训练增加的程度比近端籽骨强度通过训练增加的程度要高的论断。近端籽骨的疾病包括骨折、籽骨炎、边缘骨刺和骨赘。脓毒性骨炎亦可以发生，且通常伴随脓毒性掌指关节炎或跖趾关节炎。籽骨骨折的类型包括顶部、轴外、轴向、中体和基底部骨折（图 195-3）。这些疾病会在接下来的段落中具体讨论。

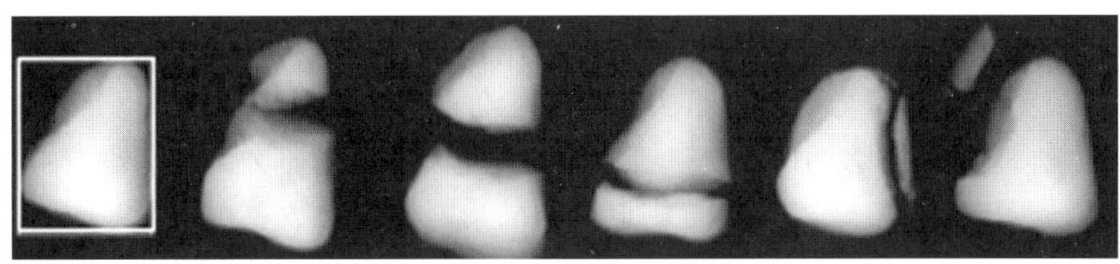

图 195-3　正常籽骨（左一）及自左向右分别为籽骨顶部、中体、底部、轴面及轴外面骨折的放射影像学图像

一、诊断

近端籽骨损伤的诊断可以从神经阻断麻醉开始。籽骨基底部或轴外阻导麻醉的麻醉剂向近端扩散，可能会使籽骨被部分麻醉，尽管跛行仅有轻微的改善。低位四点阻导麻醉可以更完全的除去籽骨的疼痛。籽骨的影像学资料可以通过掌指关节或跖趾关节的放射影像学检查以及悬韧带分支及籽骨远端韧带的超声波影像学检查来获取。马匹通常会有一定程度的掌指关节或跖趾关节积液，跛行程度的范围可以从轻微到严重。

二、籽骨炎

籽骨炎是指籽骨或籽骨的韧带附着点的炎症，发生于前肢情况比后肢更常见。籽骨炎的诊断是建立在临床表现和掌指关节或跖趾关节斜位放射影像学检查基础上的。其放射影像学特征包括位于籽骨轴外侧增大的（直径＞2mm）或不规则的血管沟、位于籽骨近端和远端部位的边缘骨刺和骨赘以及在轴外部位的局灶性溶解区（图 195-4）。尽管对于籽骨的触诊会有疼痛感且肢体远端屈曲测试可能出现跛行，但是患有籽骨炎的马匹通常仅在重度使役时会出现跛行。

对于籽骨炎的成因至今仍然知之甚少。在研究中发现，阻断近端籽骨的血流不会导致籽骨炎的发生，所以，循环障碍不是其成因。韧带附着点区域的骨应变导致籽骨深层的炎症是其可能成因。

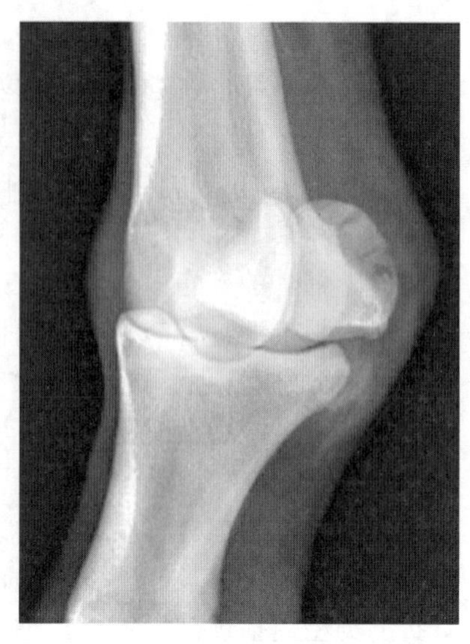

图 195-4 血管沟增粗的临床表现显示明显患有籽骨炎的马匹外侧斜位放射影像学检查图像

(一) 治疗

传统的治疗方法主要是在畜舍或草地休养。这对于该病的好转至关重要。一些新的治疗手段，如使用异克舒令、阿司匹林或替鲁膦酸钠等药物进行肢体局部灌注、冲击波疗法以及在籽骨的悬韧带嵌入点注射富血小板血浆等在近期开始被应用于籽骨炎的治疗。但是这些治疗方法的疗效尚未被证实。

(二) 预后

因籽骨血管沟增大在年轻的速度赛马上很普遍，所以，为了更好地理解与籽骨炎有关的放射影像学变化的意义，进行了很多的研究。一项关于年轻速度赛马的研究发现，与没有不规则血管沟的马匹相比，有 1～2 条不规则血管沟的马匹出赛次数更少，赢得的奖金也更少，但是这种劣势会在 1 年后变得不再明显。另外，有 3 条或 3 条以上不规则的籽骨血管沟的马匹会始终保持其不佳表现。

三、籽骨顶骨折

籽骨顶骨折是最常见的近端籽骨骨折类型。籽骨顶骨折发生于近端籽骨的近端 30％区域，并会造成悬韧带嵌入点的部分断裂。训练期的速度赛马骨小梁骨密度的差异可能使近端籽骨易于在籽骨顶位置骨折。在年轻速度赛马中，近端籽骨中体部位的孔隙会随着训练强度的增强，而很大程度的减少，而籽骨顶区域却没有这种明显增强的矿化作用。

籽骨顶骨折的马匹一般会出现轻微到中度的跛行，掌指关节或跖趾关节会有积液。诊断一般通过放射影像学来进行，能获得最佳诊断影像的位置是斜位。

(一) 治疗

主要的治疗方式包括关节镜下碎片移除。在移除碎片的过程中必须将悬韧带的一部分切除，所以，需要较长的术后休养期。通常康复计划包括 2 周的畜舍休养及 2 周的畜舍休养加牵遛。在此阶段，需要使用超声波影像学检查来跟进悬韧带的康复情况。不应该将焦点放在从籽骨上剥离的悬韧带分支区域，而是放在其周边的悬韧带分支区域，这些区域经常会有一定程度的低回声性、明显的水肿或撕裂。在悬韧带分支损伤愈合后，可以将马匹放入小的围场或慢步骑乘且逐渐增加运动量。一项研究报道马匹返回赛场的平均时间是术后 200d。非外科的治疗包括畜舍休养/马房内休息、马房绷带以及经常使用冷水冲淋患肢。

（二）预后

仅有 37%的采用非手术治疗的马匹可以返回赛场。尽管采用手术移除籽骨顶碎片的马匹恢复运动机能的预后要比采用非手术治疗的马匹好，但是这取决于很多因素。籽骨炎合并悬韧带炎的情况会影响术后马匹返回赛场或回到之前运动能力等级的预后。此外，在纯血速度赛马中骨折发生于哪个肢体也会影响预后。患有前肢内侧近端籽骨骨折的马匹术后返回赛场的概率比患有前肢外侧近端籽骨骨折的马匹（分别为 46%和 100%）或后肢内侧或外侧近端籽骨骨折的马匹要低（分别为 85%和 86%）。患有前肢内侧籽骨骨折的马匹赢得的总奖金和每场的平均奖金都要明显低于患有前肢外侧籽骨骨折的马匹。移除的碎片尺寸对于预后和奖金的影响不详。移除一个很大尺寸的碎片可能会降低恢复原来运动表现的概率，但是这个假设并未在一个基于大量数据的，自然发生于纯血马的仅限于近端 1/4～1/3 的籽骨顶骨折病例的研究中被证明。在这项研究中，通过手术移除籽骨顶大碎片和小碎片的马匹在回到赛场的概率以及每场赢得的平均奖金上没有明显差异。

四、籽骨轴外骨折

籽骨轴外骨折一般影响悬韧带分支附着的籽骨边缘区域。这类骨折也可能会有小的关节组成部分被涉及。其最佳放射影像学投射角度是侧位 60°俯视视角，使疑似骨折籽骨最靠近成像平板。

如果骨折涉及关节部分，则可通过关节镜手术移除。如果骨折未涉及关节部分，则应通过绷带固定及畜舍休养方式来治疗。通过关节镜手术移除碎片的马匹，61%可以返回赛场。仅能通过畜舍休养来治疗的马匹预后较可手术的马匹为差。

五、中间籽骨体骨折

籽骨中体骨折是指完全贯穿的横向骨折。这种病例中，拉力螺钉固定术是纯血马恢复健康的必要手段，尽管有一些美国标准竞赛用马的骨折也可通过钢丝环扎术修复。60%～70%的马匹在术后返回比赛，尽管仅恢复到一个较低级别的运动表现。双轴性的籽骨中体骨折俗称毁灭性损伤，为了动物的生存需要进行掌指关节或跖趾关节关节固定术。

六、籽骨基底部骨折

籽骨基底部骨折影响区域是籽骨的远端区域，可分为完全（涉及整个籽骨基底部）或不完全（涉及籽骨基底部部分区域）籽骨基底部骨折。这种类型的骨折最佳放射影像学投射角度是使疑似骨折籽骨远离成像平板的侧位60°俯视视角。

非完全性籽骨基底部骨折仅影响籽骨基底部的一部分。游离的骨折碎片需通过手术移除，马匹需要休养4～6个月，以使籽骨远端韧带纤维化。在一项研究中，59%的马匹在术后可以返回赛场。临床上的普遍看法是骨折影响区域小于籽骨基底部的25%的骨折病例（一级）比影响区域大于25%的骨折病例（二级）预后为佳。完全的骨折必须通过使用拉力螺钉与本体骨重新连接。影响整个籽骨基底部的粉碎性骨折在恢复运动机能方面预后不良，其原因是所有的籽骨远端韧带都被影响且碎片无法使用螺钉固定（图195-5）。

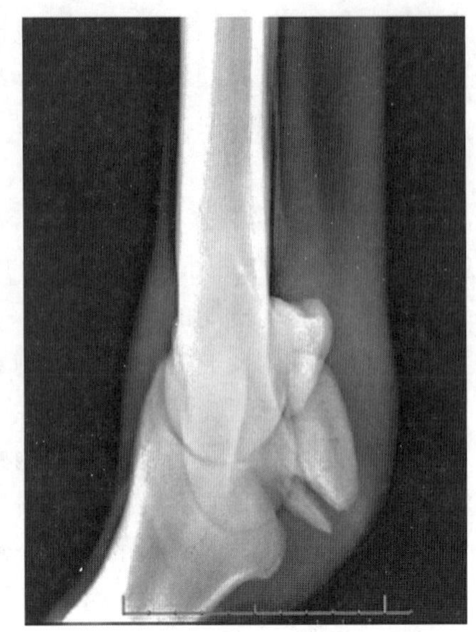

图195-5 涉及整个籽骨底部粉碎性骨折的马匹外侧位60°俯视视角放射影像学检查图像

该马匹退役并用作繁育母马

七、籽骨矢状或轴向骨折

籽骨矢状骨折较为罕见，仅伴发于严重的关节外伤，时常会合并第三掌骨或第三跖骨髁骨折。这类骨折可以通过横向放置的拉力螺钉来修复，但通常因关节的持久性外伤而在恢复运动机能方面预后不良。

八、结论

近端籽骨的损伤程度各异，可以从无明显临床症状的放射影像学异常到可以终结运动生涯的外伤。执业者必须注意，尽管这些骨骼是马匹身体中最小的一些骨骼，但其对于运动和肢体的稳定性有很大的贡献。

推荐阅读 

Auer JA，Stick JA. Equine Surgery. 4th ed. St. Louis：Saunders，2012：1310-1316.

Baxter G. Adams and Stashak's Lameness in Horses. Chichester，UK：Wiley-Blackwell，2011：597-606.

Kamm JL，BramLage LR，Schnabel LV，et al. Size and geometry of apical sesamoid fracture fragments as a determinant of prognosis in Thoroughbred racehorses. Equine Vet J，2011，43：412-417.

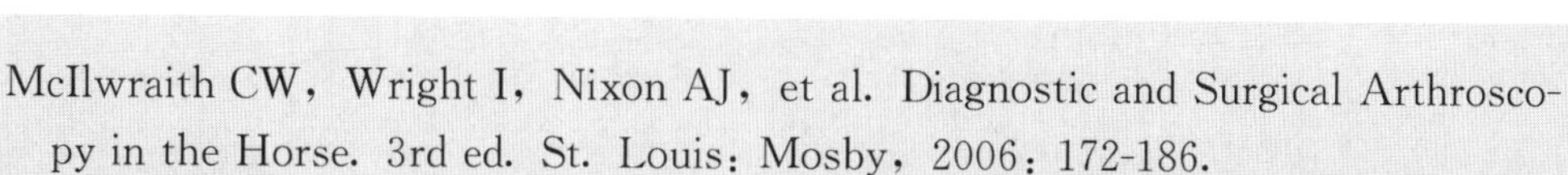

McIlwraith CW, Wright I, Nixon AJ, et al. Diagnostic and Surgical Arthroscopy in the Horse. 3rd ed. St. Louis: Mosby, 2006: 172-186.

Schnabel LV, BramLage LR, Mohammed HO, et al. Racing performance after arthroscopic removal of apical sesamoid fracture fragments in Thoroughbred horses age < 2 years. Equine Vet J, 2007, 39: 64-68.

Spike-Pierce DL, BramLage LR. Correlation of racing performance with radiographic changes in the proximal suspensory bones of 487 Thoroughbred yearlings. Equine Vet J, 2003, 35: 350-353.

（周晟磊　译，杜承　校）

第 196 章　足部外伤

Tim G. Eastman

马是一种“战斗或飞奔”的动物，同样的也就易于频繁的受外伤。涉及足部的外伤是马兽医要面临的一个共同挑战，根据涉及的结构不同，严重程度不同，甚至可能威胁到生命。为了准确诊断和治疗涉及马匹足部的大量外伤，必须对局部的解剖有一个透彻的了解。本章综述了涉及马匹足部的常见问题以及处理方法。

一、诊断

评估涉及马匹足部外伤严重程度的第一步是确定骨骼、肌腱、韧带或滑液囊结构是否被涉及。远端指间关节、舟状骨囊以及指深屈肌腱腱鞘是最常被影响到的滑膜囊结构。为评估这些滑膜囊结构与外伤的关系，应在原来伤口的位置选择一个区域进行消毒准备，并使用无菌针头穿刺进入怀疑的滑膜囊结构。理论上抗菌药物治疗应被推迟到获取滑液样品后。一旦获取到滑液样品进行厌氧菌和需氧菌培养、敏感实验以及细胞学检验后，则可进行局部和全身性的抗菌药物治疗。总蛋白浓度高于 4.0mg/dL 或粒细胞总数高于 30 000/μL 则提示为化脓症。此时，可用灭菌等渗溶液灌注滑膜囊以确定滑膜囊结构是否与外伤相通。考虑到滑膜囊液培养的高假阴性，细胞学检查可在短期内，有效的帮助马主人判断化脓症的可能性。相比于直接涂片培养，将滑膜囊液样品在血液培养基中培养 24h，可以大大增强培养结果的可靠性。因细胞会随时间而凋亡且炎性滑膜囊液易结块，为增强细胞学诊断的可靠性，应尽快对获取的滑膜囊液进行处理。细胞学检查通常会发现在化脓滑膜囊结构的滑液中中性粒细胞比例和蛋白水平以及被吞噬的或游离的细菌数量较高。考虑到若化脓滑膜结构没有得到积极治疗的后果严重性，所以，在证明无毒之前应将无明显导致滑膜囊结构破裂迹象的外伤作为感染创口处理。第三指骨的侧软骨可以作为判断远端指间关节是否被涉及的标记，若该结构发生轴向撕裂伤则滑膜囊通常被涉及。若从原来创口位置注入滑膜囊的灭菌液体无法从伤口处溢出，则滑膜囊结构似未被涉及。执业者/操作者应谨记，不管何时因周围组织坏死导致的滑膜囊继发感染都有可能发生。

足部的穿刺伤通常是个诊断的难题。理论上，应在造成穿刺的异物仍留存原处时行足部放射影像学检查（图 196-1），但通常在兽医做第一次检查的时候，异物（最常见的是钉子）已经被移除。在异物被移除后穿刺通路很难被定位。若创口通路被辨识，可插入无菌探针以确定异物刺入的轨迹以及被涉及的结构（图 196-2）。

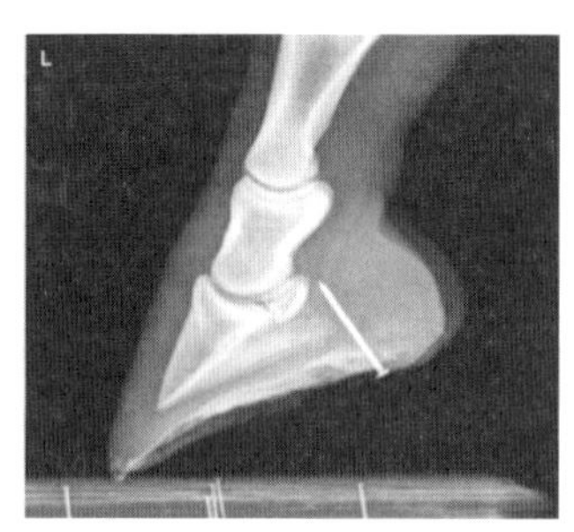

图 196-1 足部有钉穿刺伤的马匹的放射影像学图像

拍摄外体仍留于原处的放射影像学图像可以帮助确定涉及的解剖结构

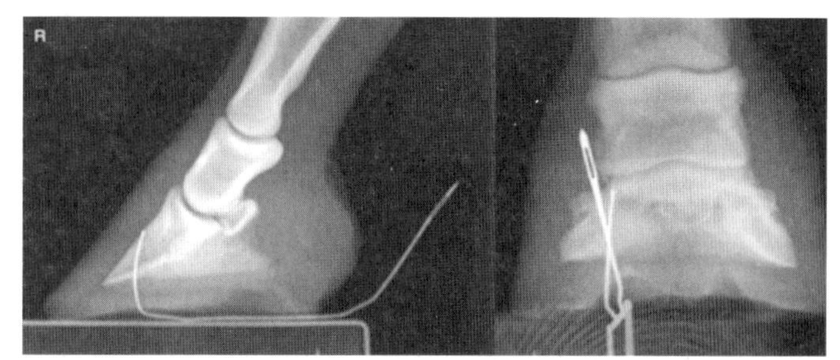

图 196-2 使用灭菌可弯探针置入钉穿刺通路内拍摄的足部外侧位和背掌位放射影像学图像

显示了损伤所涉及的结构

此外，还可使用窦道造影来确定毗邻结构是否被涉及。若穿刺通路不易确定，则应尝试获取毗邻的所有滑液囊结构的滑液样品。有时可通过施压于毗邻的滑膜囊结构（如舟状骨囊）并观察有无滑液从创口溢出来确定滑膜囊结构与蹄底穿刺创口是否联通。

二、治疗

无论穿刺进入滑膜囊的位置如何，化脓性滑膜囊炎治疗的特点都是侵入性的灌洗并配合局部和区域性的抗菌药物治疗。关节镜灌洗可以在对炎性滑膜进行清创的同时，清除炎性碎片并对可行的滑膜结构进行大容量的灌洗。在灌洗过程中应使用多个通路以防止在滑膜囊中的单向流效应。若创口足够大，可使用创口本身作为灌洗溢出通路，不然则需要选用合适尺寸的针头（18G 或更大）置入滑膜囊以作为灌洗液体的出路。一些术者倾向于在灌洗的同时进行抗菌药物的局部肢体灌注，而另外的术者则倾向于在灌洗完成后才进行抗菌药物灌注，以防止抗菌药物随着灌洗液流失。

若无法进行关节镜检查和灌洗，则使用针头进行彻底的灌洗成为可以选用的最佳选项。在马匹站立保定状态下，还是全身麻醉状态下，进行该操作的选择取决于术者的偏好、经济因素、涉及的结构以及马匹的性格。笔者通常选择在全身麻醉下进行该操作，以便对滑膜囊结构受影响的程度进行全面的评估并能更好地进行治疗。

在过去的 10 年中，局部肢体灌注成为马匹足部化脓症治疗的常用手段。考虑到系列性的局部肢体灌注的有效性及较短的恢复周期，曾经流行的“street nail”治疗手段变得不再流行。

三、局部肢体灌注

局部肢体灌注已经成为足部滑膜囊外伤及化脓性蹄骨炎的主要治疗手段（见第

186 章）。应用局部肢体灌注使滑液、骨骼以及该区域的各种软组织灌注所用的抗菌药物浓度过饱和。考虑部分抗菌药物全身运用时候的成本和毒性因素，局部肢体灌注使兽医可以选用那些原本全身运用可能成本过高或导致肾毒性官能症或其他并发症的抗菌药物。大量的抗菌药物已经进行过肢体局部灌注的研究和临床应用，药物的选择应建立在培养和敏感性实验结果或对化脓性滑膜囊疾病的常见病原菌的认识上。

在进行足部的局部肢体灌注时，应在球关节位置放置 1 条止血带。应在掌或跖血管正上方放置 1 对纱布块并用止血带缠绕，以在止血带下提供进一步的压迫。一项近期的研究表明，对于腕关节，充气止血带或宽的 Esmarch 绷带（12.5cm）的效果好于较窄的止血带。在站立保定的马匹上进行局部肢体灌注时，镇静和神经阻断麻醉都是有效的辅助手段。为保持所选用浅表血管的健康，应选用小标号（大约 25G）的蝴蝶型留置针，抗菌药物应用大约 30mL 的灭菌等渗溶液稀释且整个注射时间应超过 5min。在局部肢体灌注后在静脉穿刺区域涂抹 5%双氯芬酸可以帮助保护穿刺区域。

肢体水肿、连续局部肢体灌注造成的外伤，或使用了石膏，都会增加肢体下部浅表血管的穿刺难度。在一项近期的研究中，在跗关节或腕关节水平上分别使用隐静脉或头静脉，可使阿米卡星浓度数量级高于大多数常见病原菌的最低抑菌浓度。在这些病例中，术者使用留置针将稀释至 100mL 的 2g 阿米卡星缓慢注射。使用留置针可以更好地进行局部肢体灌注，保持血管的健康并提供足够的抗菌药物覆盖范围，甚至可达肢体末端。尽管阿米卡星是局部肢体灌注最常选用的抗菌药物，但头孢噻肟、氨苄西林、恩氟沙星、万古霉素以及两性霉素 B 都有成功使用案例见于报道。在一些顽固性的骨科感染中，氟喹诺酮类亦是有效的浓度依赖抗菌药物。恩诺沙星（1.5mg/kg）已被成功运用于马匹的局部肢体灌注。在使用恩诺沙星进行局部肢体灌注时，应给予高度注意，若在操作过程有药物渗出可导致严重的蜂窝组织炎。因此，部分术者会选用骨内路径进行局部肢体灌注而非静脉路径。若因肢体水肿而使浅表血管无法辨识，可将套管置入第三掌骨或第三跖骨近端或某一指骨的髓腔来代替选用更高位置的血管进行灌注。当前有多种骨内灌注的方法在马匹上使用。骨套管可由术者自制或选购商用成品（图 196-3）作为代替，可以在选择的骨上钻 1 个 4mm 孔，并将静脉输液延伸管的接口楔入孔中用于灌注。

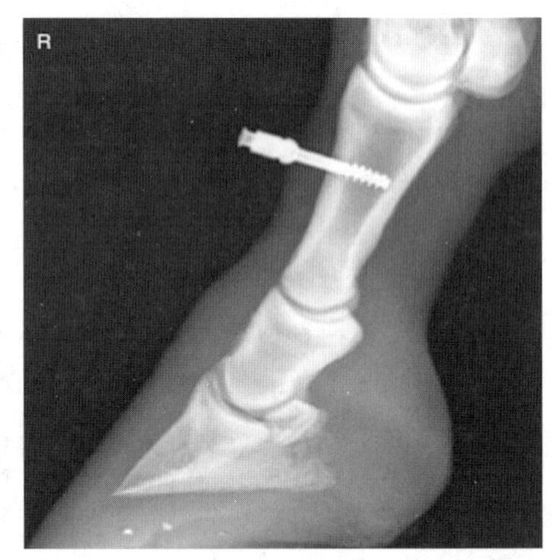

图 196-3　放射影像学图像显示在不管以任何原因导致的用于局部肢体灌注的血管通路受限时，可使用骨导管

止血带应置于骨导管近端，骨导管可用于连续的肢体灌注治疗

四、足部塑型绷带

肢体远端的很多撕裂伤，无论是否涉及滑膜囊结构，包裹整个足部并延伸至球节以下

的塑型绷带都会起到帮助。因蹄球在运动和负重过程中的扩张导致过度运动，通常会使该区域撕裂伤的一期缝合失败。使用2～3周的足部塑型绷带可以提高愈合的质量、降低崩裂的概率且与重复的使用普通绷带相比，可降低病马护理的成本。在完成外伤的一期缝合并对化脓性疾病做出合适治疗后，应在修复处使用轻质绷带。完成这步以后，放置由足部延伸至球节近端的，对折的7.5cm长的弹力织带。在弹力织带上，系部近端1周放置5cm宽度的骨科毡垫，可以降低塑型绷带伤的概率。使用1卷5cm的玻璃纤维管型材料作为起始为整个足部制作管型，应在骨科毡垫的中间位置起始并向下延伸覆盖整个足部。从第2卷开始可选用7.5cm管型材料，一般需要2～4卷管型绷带。对于前肢的撕裂伤，通常在肢体非负重状态下进行管型制作，完成后将足部放回地面并使管型成型。在操作过程中将足部放置于一小块铝箔上，可防止管型材料残渣遗留在地面。为便于制作后肢管型，可让马匹站立于若干块5～10cm的木块上，使蹄踵悬于木块后缘上方。因相反的站立装置的原因，马匹后肢足部的管型制作难度较高。因此，大多数时候让肢体负重可以在后肢管型制作的过程中起到帮助。对于所有的蹄部管型，都应注意防止管型向近端延伸过多。若因足部管型在系部的位置过高而导致的不适，应沿管型背侧切割出一小窗口以缓解压力。

五、化脓性蹄骨炎

化脓性蹄骨炎是穿刺伤或长期的蹄底脓肿导致的原发性疾病，亦可为由其他病症引起的继发疾病，如蹄叶炎。诊断应建立在连续的放射影像学检查和临床症状的基础上。考虑到放射影像学可见的骨性病变发生所需要的时间（至少12～14d）以及部分放射影像学改变较为细微，连续的放射影像学检查在化脓性蹄骨炎的诊断中意义重大。在某些情况下，可见明显的离散型死骨，而在另一些情况下，与之前的放射影像学检查结果相比，仅可见骨密度的降低。在患部的蹄底上使用环钻术进行合适的钻孔可用于辅助对病骨的手术刮除。在初次治疗后的若干天之后，通常需要再次进行刮除。在极轻微的病例中，单独使用肢体局部灌注可能已足以消除感染，且该疗法被广泛应用于大部分的化脓性蹄骨炎病例的治疗。

六、蛆虫疗法

在形成组织凹袋并伴有周围坏死的马匹足部伤病中，可应用蛆虫疗法。使用医用蛆虫对伤口进行生物清除在人医和兽医上都已经有了几个世纪的历史（图196-4）。将绿头苍蝇卵的表面进行消毒后，置于无菌容器中进行孵化。无菌医用级蛆虫可以从多个来源获得。蛆虫除了吞食坏死组织的机械性清创外，还具有消毒效果并能促进愈合。蛆虫被直接放置于创口内并覆盖以生理盐水浸润的纱布块。蛆虫成熟后

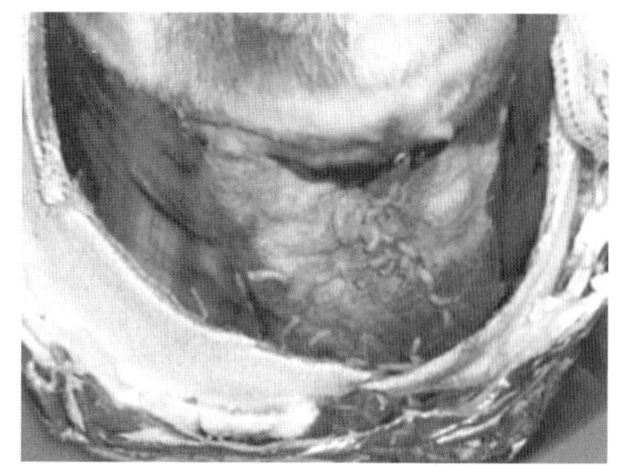

图196-4 在更换绷带时的足部创口内的成熟医用蛆虫

3～5d，可将饱食的蛆虫移除并丢弃。若仍有坏死组织留存，可使用另一批蛆虫进行治疗。若成功，则在移除蛆虫后仅留存健康组织，且感染也通常被消除。

七、总结

涉及马匹足部的伤口通常是一个真正的急诊病例。对局部解剖的透彻了解，在涉及马匹足部的大量外伤的准确诊断和治疗中极其必要。

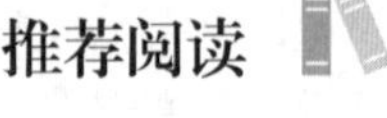

Butt TD，Bailey JV. Comparison of 2 techniques for regional antibiotic delivery to the equine forelimb：intraosseous perfusion vs. intravenous perfusion. Can Vet J，2001，42：617-622.

Fitzgerald B，Honnas CM. How to apply a hind limb phalangeal cast in the standing patient and decrease complications. In：Proceedings of the American Association of Equine Practitioners，2006，52：631-635.

Jann H. Wounds of the distal limb complicated by involvement of deep structures. In：Theoret L，ed. Wound Management. St. Louis：Elsevier，2005：145-167.

Kelmer G，Tatz A. Indwelling saphenous or cephalic vein catheter use for regional limb perfusion in 44 horses with synovial injury involving the distal aspect of the limb. Vet Surg，2012，41：938-943.

Lepage OM，Doumbia A. The use of maggot debridement therapy in 41 equids. Equine Vet J，2012，44：120-125.

Parra-Sancez A，Lugo J. Pharmacokinetics and pharmacodynamics of enrofloxacin and a low dose of amikacin administered via regional intravenous limb perfusion in standing horses. Am J Vet Res，2006，67：1687-1695.

Sutter W，Bertone AL. Infections of muscle，joint，and bone. In：Sellon D，Long M，eds. Equine Infectious Diseases. Philadelphia：Saunders，2007：58-70.

（周晟磊　译，杜承　校）

第 197 章 角 质 瘤

Tim G. Eastman

角质瘤是发生于蹄壁与第三指骨之间的，由于角质组织和鳞状上皮细胞异常增殖，而导致的良性肿瘤。通常继发于外伤或蹄底脓肿，肿块一般在蹄尖或蹄中部位置，沿冠状带生长。随着角质瘤体积的增加，马匹的跛行会变得明显，其原因是角质瘤施加于敏感的蹄叶层以及周围结构的压力。在马匹进行跛行诊断时，其典型的跛行程度为3/5～4/5。

一、诊断

马匹的患肢通常表现为渐进性跛行，在角质瘤上方区域常伴有可视的冠状带偏差或蹄壁生长异常。无明显血统和性别倾向，但前肢发生概率高于后肢。根据肿块的位置不同，对于检蹄器的敏感程度也不同。若在蹄冠状带区域有可视性凸起，则该区域一般触诊有痛感。通过神经阻导麻醉，跛行区域被确定为蹄部。通常是通过籽骨下部神经阻导麻醉来确定。放射影像学检查通常在沿着第三指骨的 solar margin 区域，可见因角质瘤压迫造成的坏死而形成的，界限清晰的，半圆形或圆形高放射可透性区域（图 197-1）。

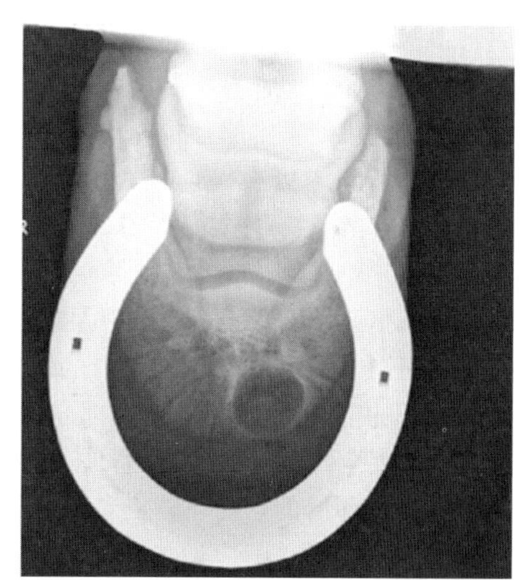

图 197-1　与远端指骨远端角质瘤相对应的放射影像学改变

肿块引起的压迫性坏死导致远端指骨的骨吸收变为放射影像学可见

但并非所有损伤都可通过放射影像学检查发现，所以，超声波影像学、核扫描成像、计算机断层扫描以及核磁共振成像亦被建议用作替代选项（图 197-2）。计算机断层扫描或核磁共振成像等高级影像学手段可用于角质瘤的手术路径引导，达到减小蹄壁切口的目的。尽管诊断通常是通过建立在临床表现基础上的假设得出的，但是组织学检查可以帮助确诊及排除其他类型的肿瘤性或非肿瘤性问题。

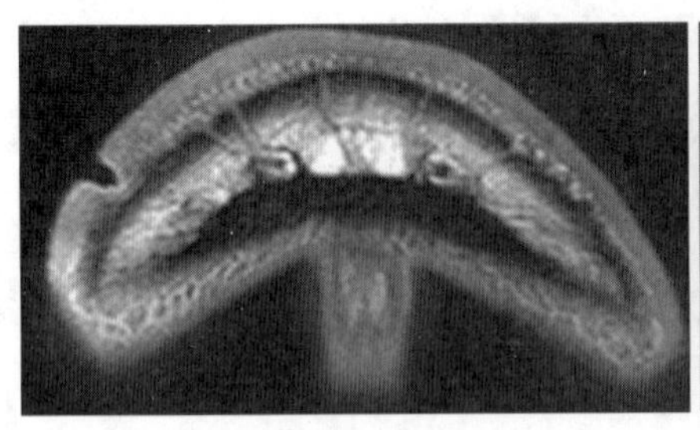
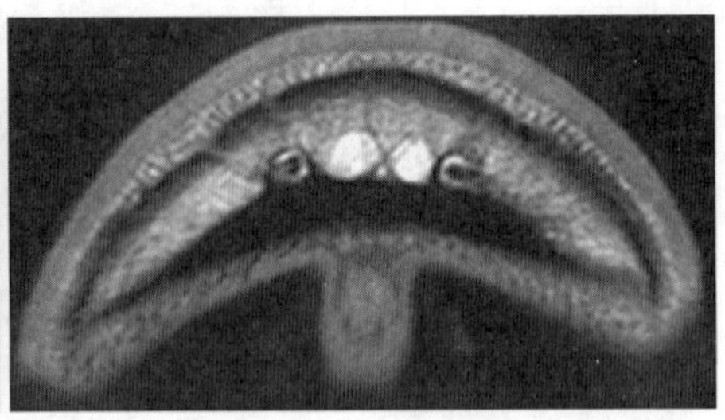

图 197-2　1 匹患有在掌指神经阻导麻醉或远端指间关节麻醉后跛行消失的，慢性前肢跛行马匹的核磁共振成像图像

放射影像学检查未见异常，但核磁共振成像显示蹄壁缺陷（左图）。该图像可用于手术引导，涉及蹄壁的角质瘤可以通过蹄壁部分切除术来移除。右图是未患病肢体的图像

二、治疗

手术切除所有的异常角质组织，及明显的继发感染区域，是较好的治疗选项。通常选用的手术方式为，在蹄壁上，从蹄冠以下向下延伸至蹄壁的末端做侵入性切口。但一项近期的，基于大量数据的回顾性研究表明，将手术路径限制在一个较小或局部区域，可大大降低手术并发症概率，并大大提前马匹恢复正常工作的时间。在该术式中，手术路径通过在角质瘤上方的蹄壁来建立。通常，放射影像学引导被用于确定最佳的手术路径。但计算机断层扫描或核磁共振成像的使用可以使肿块的确切位置更易被确定。这可使手术路径选择更为精确从而降低术后发病率。

蹄壁切除术可在马匹站立状态下进行，或在全身麻醉状态下进行（图 197-3）。若患部有继发感染，则应同时进行局部肢体抗生素灌注（见第 186 章）。在球节位置放置的止血带亦可减少因局部肢体灌注导致的出血，提高术部的能见度。根据术者的偏好，可以选择高尔特环锯、石膏锯（骨锯，译者注）或电钻进行蹄部的切除术。若切口较大以致蹄囊稳定性下降，则应通过在切除术造成的缺口处使用丙烯酸或金属补丁、在临近缺口位置的蹄铁上打蹄唇等方式来稳定蹄囊。患部应彻底刮除至周围的健康组织为止，以降低复发的概率。手术造成的缺口应用抗生素浸润后的聚甲基丙烯酸甲酯材料填充，以加速恢复并降低感染的概率。根据继发感染的程度，在一些病例中会使用全身性和局部的抗生素治疗。一些作者提倡在进行部分蹄壁切除术时，蹄底面制造 1 个第二窗口，以获得更好的手术路径并方便垂直排液。在需要使用该手段的病例中，可使用金属片来作为术后缺口的增强治疗手段。

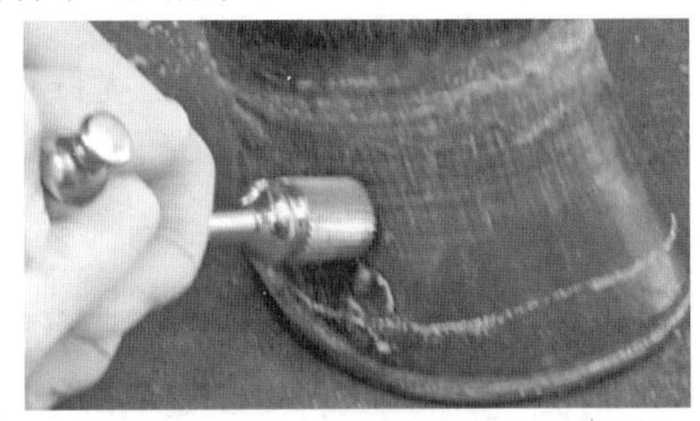

图 197-3　使用高尔特环锯在站立保定马匹上进行蹄壁部分切除术

该手术并发症包括术部的肉芽过度增殖、蹄壁失稳、复发以及蹄裂。相对于使用延伸至蹄底的“完全”切除术，使用较小切口的“部分”切除术可大大降低并发症的

概率。有研究表明，在进行全蹄壁切除的马匹中有71%发生并发症，相对的在切口下方保留与健康蹄壁连接部分蹄壁切除的马匹仅有25%发生并发症。此外，进行部分切除术的马匹恢复工作的时间为7个月，而进行全蹄壁切除术的马匹需要10个月方可返回工作。使用计算机断层扫描或核磁共振成像手段在术前确定角质瘤的确切位置及大小，可以进一步降低并发症的发生概率。这可使手段路径选择更精确，从而缩短康复周期，其康复周期一般为3个半月。在进行全蹄壁切除术并给予足够时间让缺口恢复的马匹中，恢复运动能力的预后良好。

总之，对于损伤位置的全面了解，可以大大增强手术治疗角质瘤相关跛行病例的成功率。蹄壁切口的精确定位可以降低手术并发症并缩短恢复周期。

鉴于这些原因，应在术前考虑使用高级影像学手段进行检查（CT或MRI，译者注）。

推荐阅读

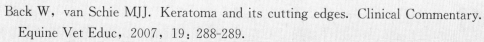

Back W，van Schie MJJ. Keratoma and its cutting edges. Clinical Commentary. Equine Vet Educ，2007，19：288-289.

Boys Smith SJ，Clegg PD. Complete and partial hoof wall resection for keratoma removal：post-operative complications and final outcome in 26 horses（1994-2004）. Equine Vet J，2006，38：127-133.

Getman LM，Davidson EJ. Computed tomography or magnetic resonance imaging-assisted partial hoof wall resection for keratoma removal. Vet Surg，2011，40：708-714.

Honnas CM. Keratomas of the equine digit. Equine Vet Educ 1997；9：203-207.

Honnas CM，Dabareiner RM. Hoof wall surgery in the horse：approaches to and underlying disorders. Vet Clin Equine，2003，19：479-499.

Lloyd KC，Peterson PR. Keratomas in horses：seven cases（1975-1986）. J Am Vet Med Assoc，1988，193：967-970.

Mair TS，Linnenkohl W. Low-field magnetic resonance imaging of keratomas of the hoof wall. Equine Vet Educ，2012，24：459-468.

Seahorn TL，Sams AE. Ultrasonographic imaging of a keratoma in a horse. J Am Vet Med Assoc，1992，200：1973-1974.

（周晟磊　译，杜承　校）

第198章 溃疡

Maarten Oosterlinck

马匹增生性的蹄皮炎或者溃疡是一种蹄部的疾病，以异常的角质组织慢性增生为特征，主要发生于蹄叉，有时可破坏蹄底和蹄球的组织，较少见于蹄壁。它并不是真正的赘生物，而是慢性炎症反应伴随过度的角化不良，而引起过多的劣质角质。蹄叉腐烂可引起蹄叉沟表面的退行性角质层分离，与其截然相反的是，溃疡是一种会发生在蹄叉所有部位的异常增生疾病。据报道，溃疡在后肢的患病率更高，尽管前肢发病的也很常见。此病被认为常见于挽马，但是其他品种的马匹也有相同的患病概率。大多数的马匹会有多个蹄患病，当然单一蹄患病也会发生。尽管马匹通常会在损伤位置出现局部敏感性增加，但大部分明显的跛行和晚期的感染或者并发的蹄病，如蹄脓肿、蹄叶炎或者其他情况相关。

溃疡在现在马匹临床实践中通常被认为是一种罕见病，在亚热带气候的美国南部有较高的发病率。然而，尽管马匹的管理和蹄部护理有进步，但这种疾病并没有被消除。有些作者甚至报道发病率的上升，部分原因可能是由于对该疾病的认知度增加。

一、病原学

溃疡的病原学尚不明确，尽管感染源，如厌氧菌、病毒、真菌和螺旋体均在患病组织中分离出来，但是特定病原体和溃疡的关系尚不清楚。另外，潮湿和不洁的环境条件也被认为是刺激发病的因素。此外，免疫性病原学假说认为该病可能和遗传倾向相关。不能排除溃疡是由多因素引起的，这也可以解释为何该病有不同临床表现以及不同的治疗反馈。

二、诊断

临床诊断一般基于病史和蹄组织的特异病征，最常见腐烂味、干酪样包块伴随细丝或者菜花样的上皮组织增生，通常自蹄叉后部延伸至蹄球部，轻触易出血；病马的蹄球部常见被毛逆立（图198-1至图198-3）。在中度患病到重度患病的病马上，不需要组织学切片检查。一般不推荐做细菌培养，其原因是患部组织通常会培养出多种微生物。建议所有使用标准疗法无法取得迅速疗效的蹄叉腐烂病例，应该考虑为溃疡。

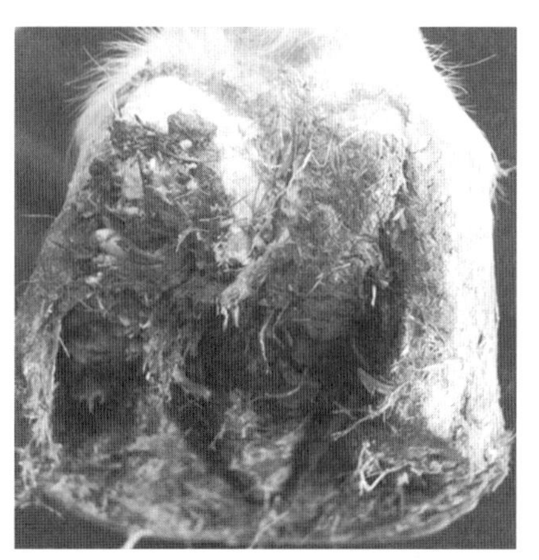

图 198-1　严重溃疡的蹄部的照片

图片显示了该病特异病征性的表现。明显的丝状上皮增生发生于整个蹄叉后部并延伸至蹄球

［引自 Oosterlinck M，Deneut K，Dumoulin M，et al. Retrospective study on 30 horses with chronic proliferative pododermatitis（canker）. Equine Vet Educ 2011；23：467］

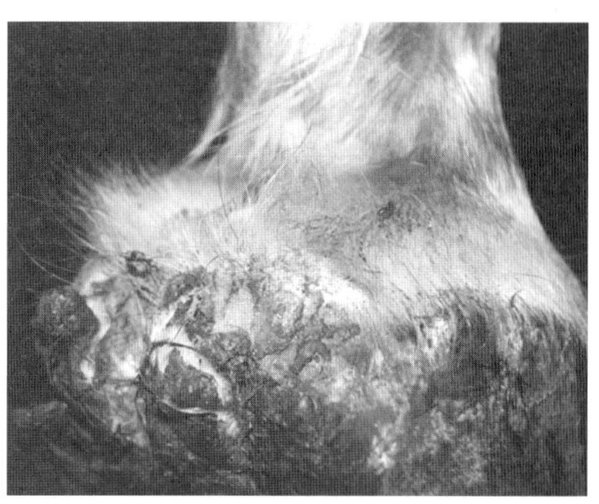

图 198-2　蹄球区域冠状带位置被毛逆立的照片

该现象常见于蹄部增生性损伤

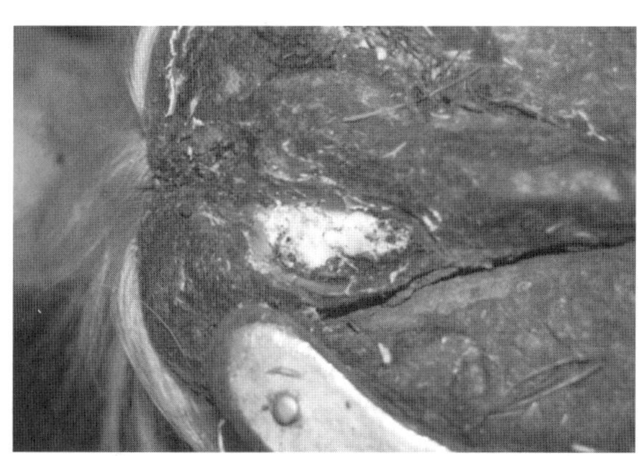

图 198-3　轻触易出血的乳酪样包块的更离散的焦点状损伤的照片

该病仍然较难确诊，尽管马兽医和钉蹄师掌握了蹄溃疡的大部分知识点，但前期诊断很少是正确的，不恰当治疗也在持续。在近期开展的回顾性研究中，在 28 匹马中，有 19 匹马最初推定性诊断为蹄叉腐烂。在这 19 匹马中，有 10 匹经过了几个月的治疗。总的来说，在被转诊做进一步的检查和治疗前，28 匹马中，5 匹经过数周的治疗，16 匹经过数月的治疗，7 匹甚至经过几年的治疗。在最初的诊断中，由于蹄叉腐疽和溃疡均出现组织结构的劣化和表面的细菌感染，这对于经验不足的钉蹄师和兽医

来说，区分是困难的。当病灶延伸至蹄叉腐烂的常见部位外，或者发生于远离蹄叉腐烂的易发部位（即蹄叉沟）的位置，处理时肉眼可见浅表下组织大量出血，且对蹄叉腐烂标准治疗方案无效，应该提醒看护者和兽医考虑溃疡的可能性。需要更好的认知症状以及对该病早期鉴别的足够教育。

三、治疗

由于没有已确认的单一致病源，因此，提出了多样化的治疗手段。治疗可能需要几周到几个月，一般包括外科清创、药物治疗以及恰当的蹄部护理。早期确诊、及时治疗、表层清创、清洁和干燥的环境、马主人长期的配合都是治疗获得成功的重要因素。

在着手治疗之前，需要仔细检查四肢并保证发现所有的患肢。治疗之前，马匹需接受抗破伤风血清，全身性非甾体类抗炎药物和抗菌药物的治疗。

外科清创时，根据疾病的严重程度和患蹄的数量，选择局部麻醉或者全身麻醉，使用止血带及锋利的蹄刀和手术刀片去除异常组织（图 198-4 和图 198-5）。灼烧术并不是常规使用的方法。根据笔者的经验，外科清创是最重要的环节，不彻底的清创会将病变组织遗留在原处，最常见是蹄叉沟内。充分的外科清创应该清除所有的龟裂部分，

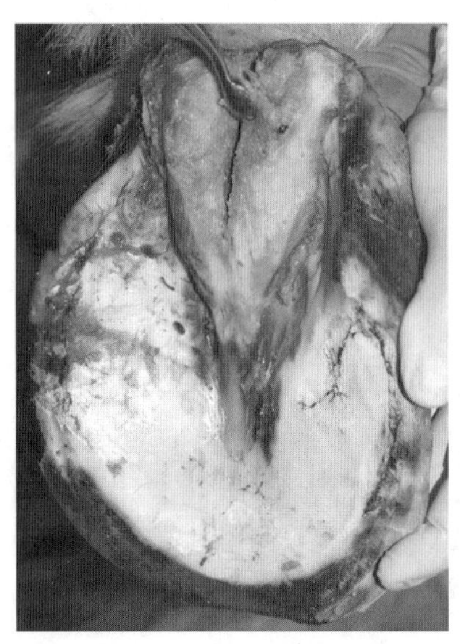

图 198-4　通过对整个蹄部的修锉，特别是蹄踵位置的修锉，之后用蹄刀进行清除。进行刮除术时不应去除过多的真皮，这会延缓恢复

［引自 Oosterlinck M，Deneut K，Dumoulin M，et al. Retrospective study on 30 horses with chronic proliferative pododermatitis（canker）. Equine Vet Educ 2011；23：468］

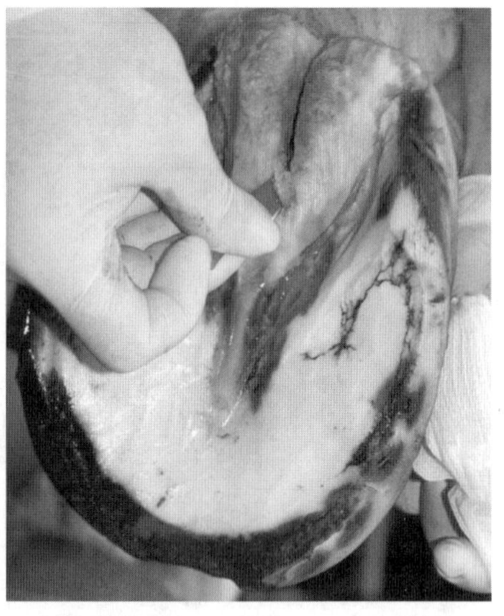

图 198-5　蹄底用 0.05%氯己定溶液冲洗，最后在蹄叉沟位置使用手术刀片进行清创术。蹄叉沟内的所有龟裂部分均应被清除直至获得一个从蹄底到蹄叉的平顺过渡

［引自 Oosterlinck M，Deneut K，Dumoulin M，et al. Retrospective study on 30 horses with chronic proliferative pododermatitis（canker）. Equine Vet Educ 2011；23：468］

从蹄底或者蹄球下方到蹄叉形成平滑的过渡。但是，必须注意不可清除过多的真皮，过于激进的外科清创会大大减缓上皮的形成。大部分的异常组织被清除后，更适合使用外科刀片或者蹄刀进行轻柔的刮除。外科清创后，蹄底用0.05%氯己定溶液冲洗，并用纱布吸干。通常会使用如盐酸金霉素喷雾或者甲硝唑（详见下文）等进行局部给药。最后，伤口用海绵及干燥的蹄绷带包扎。为了防止表层组织的凸出，对患部特别是蹄叉沟处给予充分的压力是有必要的。

外科清创后，蹄绷带应该定期更换，裸露在外的表层组织可使用各种类型的局部药物。1个木质的压舌板对于蹄叉沟的药物治疗和包扎能起到很大作用。避免电灼和使用腐蚀性的物质，如硫酸盐或甲醛、土霉素、甲氧苄啶-磺胺嘧啶、多西环素、二甲基亚砜（DMSO）、氯霉素、10%过氧化苯甲酰的丙酮溶液配合甲硝唑以及很多其他的局部治疗手段都曾被提及。显然，需要更多关于溃疡发病机理科学的信息来开发更有针对性的治疗方法。有几种治疗方案来自根据经验或者基于小样本的病例报道，而在一些较大样本的病例报道中，甲氧苄啶/磺胺嘧啶和甲硝唑被证实是有效的。经验表明，使用含有泼尼松龙、沉淀硫、氧化锌和硫酸新霉素的溶液具有较好的疗效，这可能与泼尼松龙的影响有关。由于潜在的人类健康风险和一些国家将马作为肉用动物，最佳治疗策略可能受到地方性法规的影响，限制了可用的兽医配方的数量。

除了足够的清创术、局部治疗和专门的蹄部护理，辅助以长期口服泼尼松龙可以显著缩短护理周期，因此，此法可以被认为是马匹增生性蹄皮炎治疗方案的一部分。据报道，更强效的皮质类固醇，如地塞米松类不能被取代，否则会增加蹄叶炎的风险。泼尼松龙的剂量方案是：1mg/(kg·d)，持续7d；而后0.5mg/(kg·d)，持续7d；最后0.25mg/(kg·d)，持续7d。鉴于内源性皮质类脂醇分泌规律，早上使用肾上腺皮质类脂醇效果可能会更好。

在大多数的马匹中，全身性的抗菌药物和非甾体类抗炎药物治疗只能持续2～7d。虽然全身抗生素的功效并不确定，在一些病马中，全身性的抗菌治疗，如口服甲氧苄啶/磺胺嘧啶（30mg/kg，每12h 1次），使用1～3周。重复局部治疗和包扎，直到皮肤水肿减轻和分泌物减少。同时，使用蹄石膏或者板掌。一旦角质化，局部可以使用一种“涩奶油”。笔者使用的“涩奶油”是用醋酸铜、硫酸锌和蜂蜜调制的。

根据品种、病变的程度、马房垫料的污染情况和治疗阶段等因素的不同，因个性化选择使用绷带、蹄石膏或者医院定制板掌。在一些报道中，使用定期更换绷带优于蹄石膏，因为前一种方法可以保持更干燥的环境。毋庸置疑，应避免潮湿和不洁的环境，特别是由粪尿而引起的。然而，相对于干燥的伤口愈合，保持一个清洁、湿润的环境有利于提高上皮的形成比率，缩短康复时间。温暖，限制移动，保持湿润的康复环境，结合蹄石膏的使用有利于蹄部伤口的愈合。然而，蹄石膏在挽马中很难保持完整性和不被污染，在这些马中更适合使用医院定制的板掌。为了防止板掌内污染，蹄部需要用防水胶布仔细包扎，每天在蹄部护理后需要更换。

病马应畜舍休养，集中看管，直至生成足够的角质层，不需要绷带或者板掌治疗。之后，建议马主人对马匹进行日常蹄部保健，并安排钉蹄师或者兽医定期检查。为了防止复发，早期和适当的干预是需要的。

四、预后

尽管一些报道声称，早期治疗可以完全消除疾病，预后良好；也有报道认为复发是常见的，预后应慎重。不同研究之间的直接比较是困难的，因为变量混杂，比如提及的疾病阶段，局部治疗的选择，绷带、蹄石膏或者板掌的选择，随访时间等。根据笔者的经验，严重患病的马匹的预后是慎重的，大概75%病马会有一个可以接受的长期疗效，即无复发或者复发局限且可控。复发常见于最初治疗1年内的马匹，恢复到之前的状况。在复发问题上，感染蹄的数量或者存在或不存在任何系统的治疗之间，似乎无重要的相关性。蹄部的组织特征，即深而窄的沟、较高的蹄踭是影响预后的不良因素。马匹的各方看管人员需要增加对该病的认知，因为拖延恰当的治疗会增加13倍的复发风险。

推荐阅读

Baxter GM，Stashak TS. Canker. In：Baxter G，ed. Adams and Stashak's Lameness in Horses. 6th ed. Philadelphia：Lippincott Williams & Wilkins，2011：519-520.

Booth L，White D. Equine canker. In：Floyd AE，Mansmann RA，eds. Equine Podiatry. 1st ed. St. Louis：Saunders Elsevier，2007：246-249.

Fürst AE，Lischer CJ. Degenerative and neoplastic diseases of the foot：canker. In：Auer JA，Stick JA，eds. Equine Surgery. 4th ed. St. Louis：Saunders Elsevier，2012：1277-1279.

Goble DO. Lameness in draft horses. In：Ross MW，Dyson SJ，eds. Diagnosis and Management of Lameness in the Horse. 2nd ed. St. Louis：Saunders Elsevier，2011：1221-1222.

O'Grady SE. Canker. In：Baxter G，ed. Adams and Stashak's Lameness in Horses. 6th ed. Philadelphia：Lippincott Williams & Wilkins，2011：1206.

O'Grady SE，Madison JB. How to treat equine canker. In：Proceedings of the 50th Annual Convention of the American Association of Equine Practitioners，2004：202-205.

Oosterlinck M，Deneut K，Dumoulin M，et al. Retrospective study on 30 horses with chronic proliferative pododermatitis（canker）. Equine Vet Educ，2011，23：466-471.

Parks A. Canker. In：Munroe GA，Weese JS，eds. Equine Clinical Medicine，Surgery，

and Reproduction. 1st ed. London：Manson Publishing，2011：68.

Reeves MJ，Yovich JV，Turner AS. Miscellaneous conditions of the equine foot. Vet Clin North Am Equine Pract，1989，5：221-242.

Whitton RC，Hodgson DR，Rose RJ. Canker. In：Rose RJ，Hodgson DR，eds. Manual of Equine Practice. 2nd ed. Philadelphia：Saunders Elsevier，2000：122-123.

（周晟磊　译，杜承　校）

第 199 章　舟状骨病及舟状骨损伤

Sue Dyson

舟状骨病不能再被当作是由单纯的发病机理造成的单一疾病。本章节将讨论舟状骨区域的功能性解剖及其各种伤病类型。本章的内容将涉及舟状骨病的临床表现、诊断麻醉的应用及局限性、放射影像学变化以及使用超声、核扫描成像、计算机断层扫描和核磁共振成像对各种类型的舟状骨病及舟状骨区域损伤进行确诊。并对可选用的治疗方法做一个概述。

一、舟状骨区域及相关结构——功能性解剖

远端籽骨或舟状骨是远端指间关节的重要组成部分，并为指深屈肌腱提供了一个支点。掌侧骨密质被纤维软骨所覆盖，而背侧骨密质则被关节软骨所覆盖。骨松质部分主要由骨小梁和脂肪组织组成。其下缘包括关节部分和非关节部分，被从末端指间关节探出进入松质带，有滑膜内陷的窝分隔开。舟状骨与籽骨侧韧带以及远端籽骨副韧带都是舟状骨区域（PTA）的组成部分。舟状骨与舟状骨囊及指深屈肌腱关系密切。

舟状骨与中间及远端指骨共同组成关节，其为指深屈肌腱提供一个固定的嵌入角并保持肌腱的机械特性。其机理是指深屈肌腱将主要的压力施加于舟状骨的下三分之一部分。指深屈肌腱及远端指环状韧带的张力增强了远端指间关节的稳定性。

二、舟状骨病释义

到目前为止，尚未对任何类型的舟状骨病通过实验来重现，其病理生理学也还停留在推测的阶段。舟状骨病并非是一个单独的问题，更确切地说应该是一个损伤和疾病进程的复合体。典型的舟状骨病会导致纤维软骨和掌侧骨密质的侵蚀，并通常会伴有指深屈肌腱在相同矢状面的损伤或指深屈肌腱的粘连。最近，舟状骨疼痛的一些其他原因渐渐地被发现。包括急性的挫伤、以核磁共振图像中脂肪抑制信号强度增强和在 T1 加权回声序列信号强度减弱为特征的松质初级损伤，和与舟状骨模型相关籽骨侧韧带和末端籽骨奇韧带的损伤。掌侧骨密质可能增厚。下缘的碎片通常与舟状骨的其他损伤一起出现，且通常与远端籽骨奇韧带的病理变化有关。偶可见籽骨侧韧带的

近端撕裂伤。舟状骨背侧上部的关节周围骨赘是远端指间关节骨关节炎的一个表现。先天性的，双侧的舟状骨可能是疼痛的原发病灶，也可能导致继发的指深屈肌腱损伤。现在公认的是指深屈肌腱的原发性损伤与舟状骨病无关。所有类型的舟状骨病在前肢的发病概率都高于后肢。

三、风险因素

基因因素可能是一些类型的舟状骨病的一个成因，例如夸特马患舟状骨病的风险尤其高。理论上，末端指骨下缘的小角度会增加指深屈肌腱施加于舟状骨的压力，但末端指骨的角度与蹄囊的形状没有直接联系。没有证据表明蹄囊的形状与舟状骨病有关。这个问题因跛行肢体通常易出现更直立、方正的蹄囊而混淆。一项近期的研究表明，舟状骨区域损伤的风险因素分别如下：①年龄，十岁以上的马匹患病概率高于六岁以下的马匹；②品种，有杂交纯血马血统的马匹患病概率高于温血马；③体重身高比，体重身高比高于 3.45 的马匹患病概率高于体重身高比低于 3.19 的马匹。障碍赛马匹患病几率也高于盛装舞步马匹。

四、临床表现

跛行可发生于单侧或双侧，可突发亦可潜藏。可能会出现指动脉脉搏增强情况，但非其特异性表现。在使用检蹄器测试蹄踵或蹄叉位置时部分马匹可见疼痛表现，但很多患马无表现。患马可能会指向患肢站立或以两前肢外扩形式站立，但这些特征在原发性的指深屈肌腱损伤的马匹上也可出现。在慢步或快步时跛行程度差异较大，其跛行程度与跛行发生于单侧还是双侧以及病程的严重程度有关。两侧肢患病的马匹可能会表现为步幅缩短，而单侧患病的马匹可能会表现严重的前肢（或后肢）跛行。患马在转弯时不适程度通常增强。在打圈时跛行通常会加剧，特别是在硬地时，且通常为患肢在圈乘内侧时加重但并非见于所有病例。在部分患马中，跛行可能会随工作进行而出现一定程度的加重。在患有指深屈肌腱与舟状骨掌侧粘连的病例中，可能会出现步幅后段缩短的情况，在慢步时尤为明显。

肢体下段屈曲测试反应各异。负重侧肢体跛行可能会因为远端指间关节的过度伸展而加剧。提升蹄尖，使用平板或楔形测试可能会加剧跛行，但该测试特异性非常低，对与原发性的指深屈肌腱或远端指间关节侧韧带损伤相关的跛行亦会加剧。

五、诊断性麻醉的应用和局限性

掌侧指神经阻导麻醉通常可以使跛行改善，但可能无法使跛行完全消失，特别是在患有指深屈肌腱与舟状骨粘连的病例中。跛行通常在掌神经阻导麻醉（近端籽骨底部位置）后消失。然而，如果跛行程度较重或出现指深屈肌腱与舟状骨粘连的情况，偶尔会需要使用到更高位置的阻导麻醉才能使跛行完全消失。远端指间关节的关节内麻醉可能可以迅速地解除PTA区域的疼痛，但关节内麻醉阴性反应却并不能排除舟状骨病变。舟状骨囊内麻醉通常可以使跛行改善，除非存在指深屈肌腱与舟状骨的广泛性粘连。

六、诊断影像学

(一) 放射影像学诊断

放射影像学诊断至少需要蹄部外侧位、背高-掌低位以及掌高-掌低位的影像。舟状骨的放射影像学评估应该从以下几个方面来进行：①舟状骨近端的边缘骨赘；②掌侧骨密质的长度；③掌侧骨密质的厚度；④掌侧骨密质上部的规则度；⑤骨松质的透明度；⑥骨小梁结构；⑦舟状骨下部的放射可透性区域的数量、尺寸、位置以及形状；⑧上缘或下缘位置是否有碎片出现；⑨骨松质的放射可透性区域的尺寸、位置以及形状；⑩骨密质的放射可透性损伤；⑪掌侧骨密质的矢状脊的成骨现象（表199-1，图199-1至图199-6）。

表199-1 舟状骨放射影像学解读

分级	情况	放射影像学发现
0级	很好	掌侧骨松质和骨密质分解清晰，骨松质内骨小梁结构良好。掌侧骨密质厚度均匀，或最厚处厚度基本也相同，且透明度均匀。沿着骨下缘无放射可透性区域，或数条（<7条）狭窄圆锥形放射可透性区域位于与下缘平行处。舟状骨掌侧无向下突起。左右舟状骨在形状上对称
1级	好	与0级相同，但舟状骨下缘的放射可透性区域形状多样化。舟状骨上缘外侧有小的边缘骨赘。舟状骨掌侧有轻微向下突起
2级	一般	继发于骨松质不透明度增加的掌侧骨密质和骨松质轻微界限不清晰。矢状面嵴新月形放射可透性区域。舟状骨下缘水平线有数条（<8条）形状各异的放射可透性区域。舟状骨形状不对称。舟状骨掌侧向上或向下突起。无放射可透性的下缘碎片
3级	不良	继发于骨松质不透明度增加的掌侧骨密质和骨松质分界不清晰。掌侧和/或掌侧与背侧骨密质厚度增加。掌侧骨密质内有界限不清晰的放射可透性区域。沿舟状骨下缘水平线或倾斜边界有多条（大约7条）形状各异的放射可透性区域，上缘有透亮区域。舟状骨上缘有大的边缘骨赘。籽骨侧副韧带内有离散的钙化点。舟状骨下缘有射线不可透的碎片而毗邻骨内有放射可透性区域。舟状骨背侧近端位置有关节周骨赘
4级	差	同上，舟状骨骨松质内有囊肿样损伤。舟状骨掌侧骨密质内有放射可透性区域。舟状骨掌侧骨密质上有新骨形成

(二) 超声波影像学

足跟的超声波影像学检查可能会提示指深屈肌腱与舟状骨粘连，但放射影像学检查掌侧骨密质出现放射可透性区域可提示指深屈肌腱与舟状骨粘连。

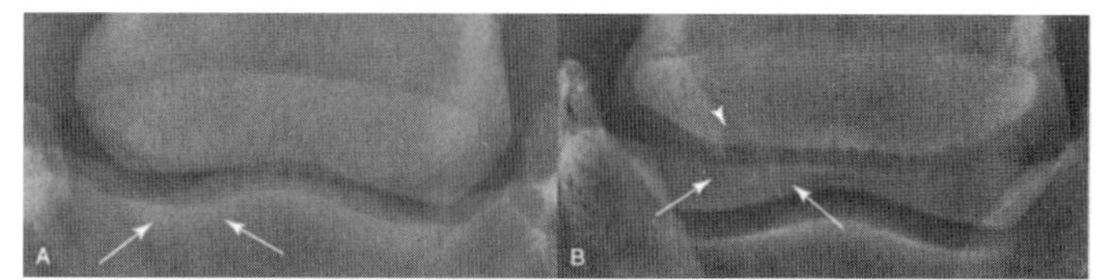

图 199-1 A. 足部的背上-掌下斜位放射影像学检查以检查远端指骨。内侧在图像左边。注意舟状骨下缘游离出的下缘大碎片（箭） B. 相同肢足部的背上-掌下斜位放射影像学检查以检查舟状骨。内侧在图像左边。注意舟状骨下缘水平线和内侧斜边的连接处的放射可透性缺陷（箭头），其下是碎片（箭）

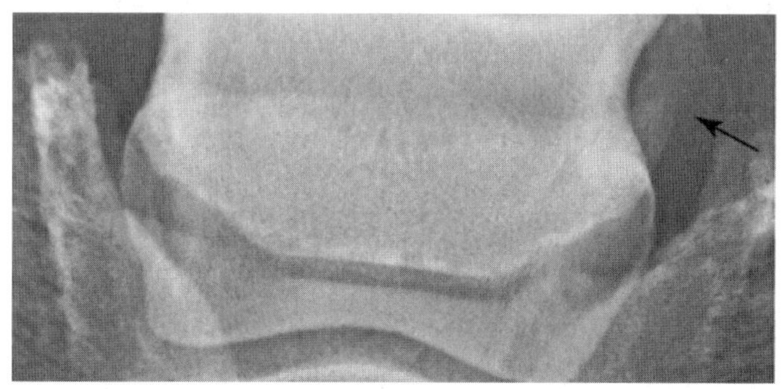

图 199-2 足部的背上-掌下斜位放射影像学检查以检查舟状骨。内侧在图像左边。注意舟状骨上部外侧的中等尺寸的边缘骨赘，并伴有外侧籽骨侧副韧带病

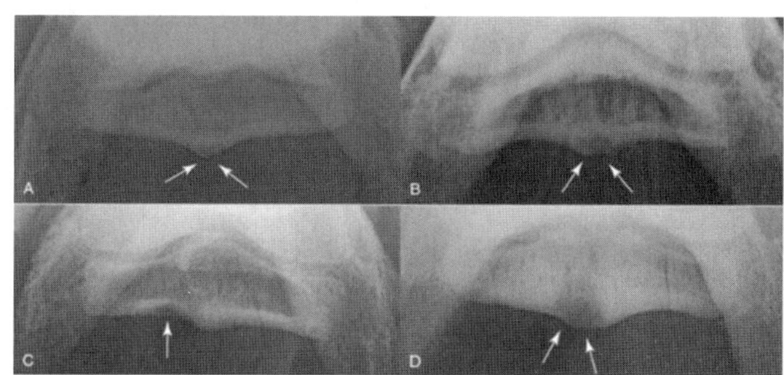

图 199-3 A. 舟状骨掌上-掌下 45°斜位视角。舟状骨掌侧骨密质在矢状面嵴处（箭）可见放射可透性区域。对侧的指深屈肌腱背侧位置有中度纤维化 B. 舟状骨掌上-掌下 45°斜位视角。注意舟状骨掌侧骨密质矢状面嵴处（箭）大的放射可透性区域，骨面掌缘与指深屈肌腱连接处有下凹缺陷。舟状骨骨松质内有若干延伸至背侧和掌侧骨密质的类似椭圆的大放射可透性区域 C. 舟状骨掌上-掌下 45°斜位视角。内侧位于图片左侧。舟状骨掌侧骨密质靠近矢状面嵴（箭）内侧位置的放射可透性区域，同时影响指深屈肌腱连接处 D. 舟状骨掌上-掌下 45°斜位视角。舟状骨掌侧骨密质矢状面嵴处可见延伸至骨松质内大的放射可透性区域。掌侧骨密质增厚，舟状骨骨松质广泛性放射不可透增强区域，骨小梁结构不清晰，骨密质和骨松质界限不明确

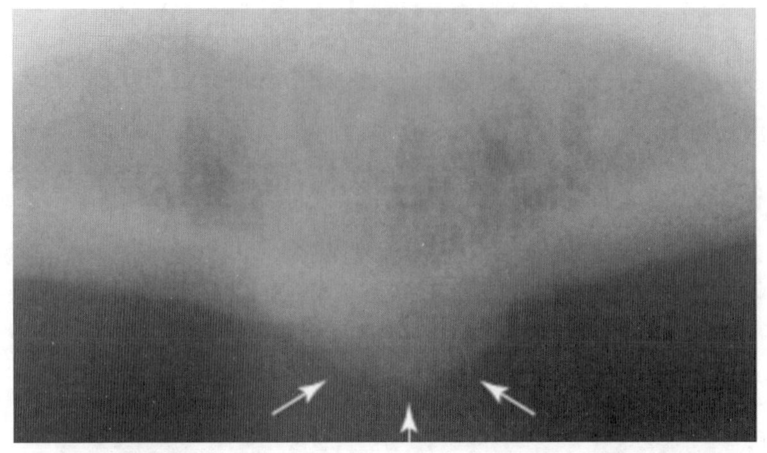

图 199-4　舟状骨掌上-掌下 45°斜位视角。注意舟状骨矢状面嵴（箭）骨密质有新骨形成

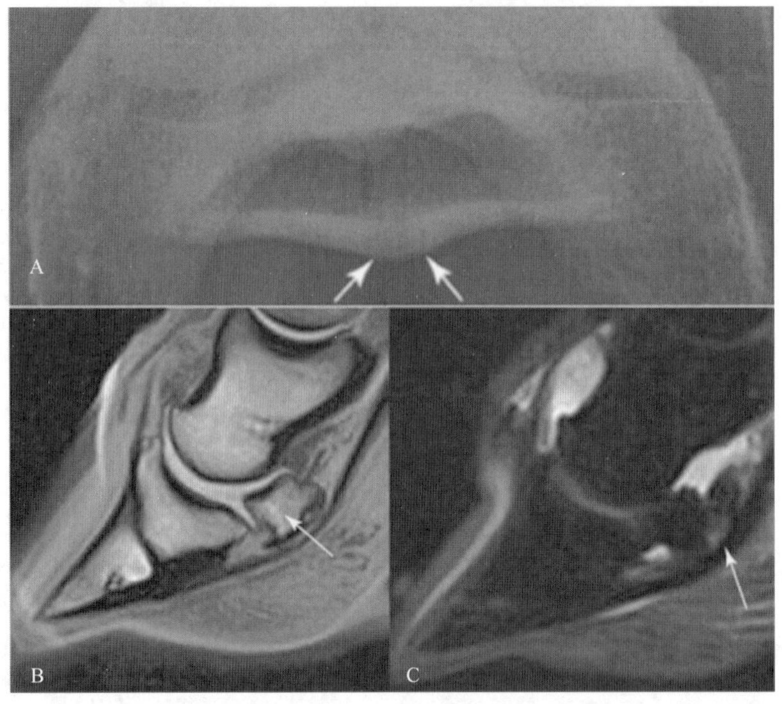

图 199-5　A. 舟状骨掌上-掌下 45°斜位视角。舟状骨矢状面嵴处（箭）掌侧骨密质界限模糊的放射可透性区域　B. 与 A 图相同肢足部的低场强核磁共振成像矢状面 T1 加权图像。注意舟状骨骨密质上半部内的焦点状高信号　C. 与 A 图、B 图相同肢的足部低场强核磁共振成像矢状面脂肪抑制序列图像。舟状骨近端掌侧有同时涉及掌侧骨密质和骨松质的弥散性高信号区域

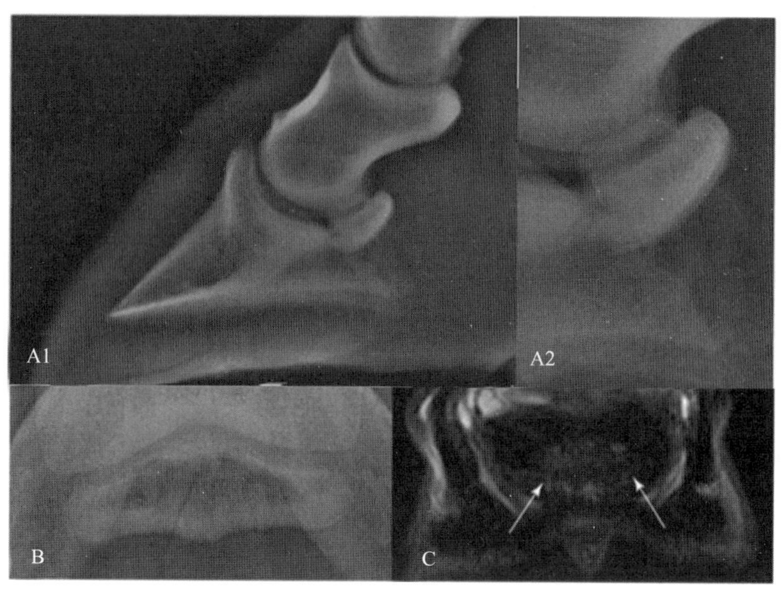

图 199-6 A. 足部的外侧位放射影像学图像。舟状骨掌侧骨密质异常增厚，尤其是下部。在正常马匹中，舟状骨掌侧骨密质在近端稍厚。注意远端指骨伸肌突的圆形轮廓。蹄尖在图像中被移除 B. 与A图相同肢的足部掌上-掌下40°斜位视角放射影像学图像。舟状骨掌侧骨密质异常增厚，但透明度适度且均匀，骨松质放射不可透性增强。在该视角中，重要的是要将X射线束瞄准于舟状骨掌侧位置，合适的投射角度可通过观察足部形状和外侧位图像来确定 C. 与A，B图相同肢的足部的低场强核磁共振成像脂肪抑制序列图像。注意舟状骨骨松质（箭）内的弥散性信号增强，以及上部和下部的焦点状更高信号强度，表明损伤延伸进入掌侧骨密质内

（三）计算机断层扫描

计算机断层扫描与放射影像学的准确度相比，可以获得更准确的信息，图像判读的一致性也更高。然而，计算机断层扫描无法区分在脂肪抑制核磁共振成像中呈现高信号强度的损伤，且对于软组织结构的分辨率亦低于核磁共振成像。

（四）核显像

在大多数类型的舟状骨病中，在舟状骨病或PTA病灶区域的放射药剂吸收程度高低与信号的聚集或漫射呈正相关。但是，在骨松质的损伤中，其放射药剂吸收可能表现为正常。

（五）核磁共振成像

核磁共振成像可对舟状骨区域以及指深屈肌腱的病理异常进行最准确的诊断，且经常可在放射影像学检查阴性或仅为疑似的马匹上发现很明显的病理变化。这可能是

确诊此类问题的唯一途径。囊内注射生理盐水后进行核磁共振成像可以增强对舟状骨纤维软骨损伤的检查效果。

七、鉴别诊断

需鉴别诊断的病症总结见框图 199-1。

诊断流程见表 199-2。

框图 199-1　舟状骨病和其他舟状骨区域损伤的鉴别诊断

- 足部平衡不良
- 钉蹄不良
- 瘀伤或鸡眼
- 涉及或不涉及远端指环状韧带的指深屈肌腱原发性损伤
- 远端指间关节侧副韧带韧带病
- 远端指间关节滑膜炎或骨关节炎
- 舟状骨囊炎
- 蹄软骨钙化相关的损伤
- 软骨冠韧带或软骨籽骨韧带损伤
- 多结果的复合损伤

表 199-2　舟状骨病或其他舟状骨区域损伤的诊断流程

方法	结果	后续检查	措施及可能的诊断
掌指神经阻导麻醉	跛行消失	使用检蹄器时有痛感	移去蹄铁并探查足部
		足部不平衡或钉蹄不良	纠正钉蹄
		无异常	足部及系部放射影像学检查
	有改善	掌神经阻导麻醉（近端籽骨底部）	
掌神经阻导麻醉	跛行消失	足部和系部±掌指关节放射影像学检查 足部及系部超声波影像学检查	
远端指间关节关节内麻醉	跛行消失		远端指间关节滑膜炎或关节炎、舟状骨囊炎、舟状骨病或舟状骨区域损伤、指深屈肌腱损伤
	改善		同上，还有远端指间关节侧副韧带损伤
舟状骨囊内麻醉	跛行消失或改善		舟状骨囊炎、舟状骨病或舟状骨区域损伤、指深屈肌腱损伤

（续）

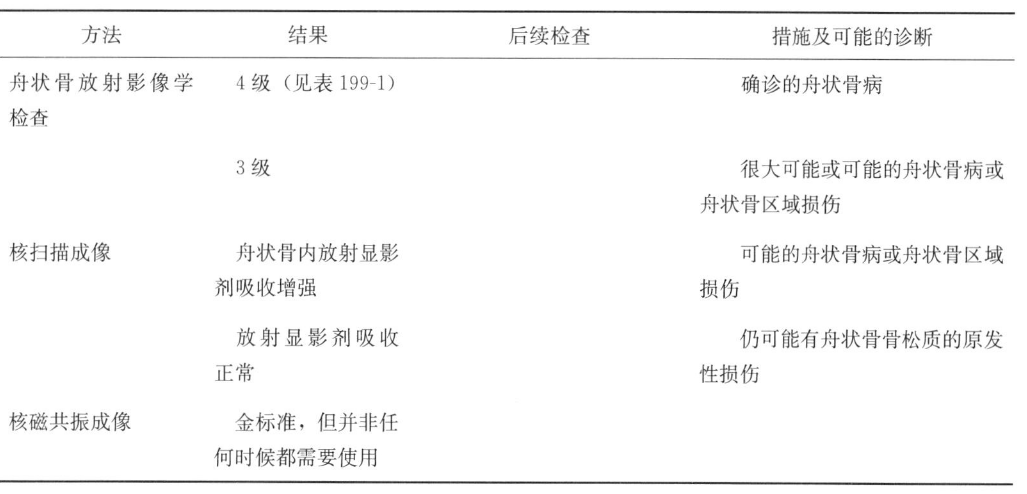

方法	结果	后续检查	措施及可能的诊断
舟状骨放射影像学检查	4级（见表199-1）		确诊的舟状骨病
	3级		很大可能或可能的舟状骨病或舟状骨区域损伤
核扫描成像	舟状骨内放射显影剂吸收增强		可能的舟状骨病或舟状骨区域损伤
	放射显影剂吸收正常		仍可能有舟状骨骨松质的原发性损伤
核磁共振成像	金标准，但并非任何时候都需要使用		

八、治疗

直至目前仍未有已知的可以治愈任何一种类型舟状骨病的长效治疗手段。但仍有许多治疗手段可在一定程度上改善跛行。虽然如此，但舟状骨掌侧骨密质的放射可透性损伤可能与指深屈肌腱的损伤有关，此类损伤的长期预后极差。用修蹄来修正不平衡的蹄部、缩短蹄尖部位以促进翻蹄以及使用可以帮助翻蹄的蹄铁（普通蹄铁、蛋形蹄铁以及自然平衡蹄铁中任何一种均可）都可能会有帮助。使用异克舒令或己酮可可碱进行治疗可能缓解临床症状。在一项研究中称，静脉注射双磷酸盐类药物替鲁磷酸钠可以在一定程度上改善放射影像学诊断为舟状骨病的病例，但跛行无法完全消失且对于骨松质有原发性损伤的病例疗效甚微。对舟状骨囊单独，或同时对远端指间关节，使用皮质激素和透明质酸进行注射治疗可以获得短期的临床症状改善。舟状骨骨松质的手术探查可能可以缓解骨内压力并提供短期的改善效果，但目前无证据表明此方法可以取得长期疗效。对于在掌侧指神经阻导麻醉后跛行消失的病例，掌侧指神经的神经切除术是一个可能选项，前提是指深屈肌腱无广泛性损伤。但神经可在6个月到2年之内重新生长，从而导致跛行复发，且对于之前存在指深屈肌腱损伤的马匹可能存在发生进一步损伤的倾向或韧带断裂的风险。

推荐阅读

Biggi M，Dyson S. Comparison between radiological and magnetic resonance imaging lesions in the distal border of the navicular bone with particular reference to distal border fragments and osseous cyst-like lesions. Equine Vet J, 2010, 42: 707-712.

Blunden T, Dyson S, Murray R, et al. Histopathology in horses with chronic palmar foot pain and age-matched control horses. Part 1: Navicular bone and related structures. Equine Vet J, 2006, 38: 15-22.

Dyson S. Radiological interpretation of the navicular bone. Equine Vet Educ, 2011, 23: 73-87.

Dyson S, Blunden T, Murray R. Comparison between magnetic resonance imaging and histological findings in the navicular bone of horses with foot pain. Equine Vet J, 2012, 44: 692-698.

Dyson S, Murray R. Magnetic resonance imaging of the equine foot. Clin Tech Equine Pract, 2007, 6: 46-61.

Dyson S, Murray R. Use of concurrent scintigraphic and magnetic resonance imaging evaluation to improve understanding of the pathogenesis of injury of the podotrochlear apparatus. Equine Vet J, 2007, 39: 365-369.

Dyson S, Murray R. Magnetic resonance imaging evaluation of 264 horses with foot pain: the podotrochlear apparatus, deep digital flexor tendon and collateral ligaments of the distal interphalangeal joint. Equine Vet J, 2007, 39: 340-343.

Dyson S, Murray R, Blunden T, et al. Current concepts of navicular disease. Equine Vet Educ, 2011, 23: 27-39.

Dyson S, Pool R, Blunden T, et al. The distal sesamoidean impar ligament: comparison between its appearance on magnetic resonance imaging and histology of the axial one-third of the ligament. Equine Vet J, 2010, 42: 332-339.

Marsh C, Schneider R, Sampson S, et al. Response to injection of the navicular bursa with corticosteroid and hyaluronan following high-field magnetic resonance imaging in horses with signs of navicular syndrome: 101 cases (2000-2008). J Am Vet Med Assoc, 2012, 241: 1353-1364.

Parkes B, Newton R, Dyson S. An investigation of risk factors for foot-related lameness. Vet J, 2013, 196: 218-225.

Pool R, Meagher D, Stover S. Pathophysiology of navicular syndrome. Vet Clin North Am Equine Pract, 1989, 5: 109-129.

Sampson S, Schneider R, Gavin P, et al. Magnetic resonance imaging of the front feet in 72 horses with recent onset of signs of navicular syndrome without radiographic abnormalities. Vet Radiol Ultrasound, 2009, 50: 339-346.

Schramme M, Kerekes Z, Hunter S, et al. Improved identification of the palmar fibrocartilage of the navicular bone with saline magnetic resonance bursography. Vet Radiol Ultrasound, 2009, 50: 606-614.

Sherlock C, Mair T, Blunden T. Deep erosions of the palmar aspect of the navicular bone diagnosed using standing magnetic resonance imaging. Equine Vet J, 2008, 40: 684-692.

（周晟磊　译，杜承　校）

第 200 章　急性蹄叶炎的管理

Stephen E. O'Grady

鉴于马发生急性蹄叶炎后往往缺乏足够的时间进行有效的医学干预，马的急性蹄叶炎应该被认为是一种急诊病。由于蹄叶炎是一种发生于坚硬蹄匣内的，血液循环障碍性疾病和蹄内压增大的弥漫性炎症，蹄叶炎的处理比其他软组织损伤更加困难。临床兽医面临的挑战不仅仅是要在致病机理尚不十分清楚的情况下进行治疗，还需要在整个治疗过程中指导马主人、驯马师和钉蹄师并为其提供咨询服务。而作为马主人，需要认识到治疗严重蹄叶炎的难度以及兼顾马匹的福利。临床兽医的目标是减少疼痛、尽力阻止和预防蹄小叶的进一步损伤以及恢复蹄部的正常功能，但影响蹄小叶治疗效果的不是治疗方法本身，而是蹄小叶的病理状况。更重要的是，目前还没有针对蹄叶炎的有效治疗方法。因此，无论是对于急性蹄叶炎还是慢性蹄叶炎，通常只能凭个人的经验或听取有治疗经验主治兽医的建议。对于每匹发生急性蹄叶炎病马的治疗需要基于其个体情况，需要考虑发病史、诱因、疼痛的程度和蹄的结构（在某种情况下，蹄结构的改变可以改变作用于蹄部的力）。

大部分急性蹄叶炎病马应该在本场接受治疗而不是去兽医诊所，因为运输可能会造成不稳定病情的进一步恶化。在发病初期，可以在马场提供必要的治疗建议、医学护理、放射影像学检查和蹄铁的护理，其中放射影像学对于诊断、评估蹄部结构和指导蹄部早期护理非常必要。在自己的马场进行治疗的另一个好处是，病马对周边环境和马主人以及驯马师都非常熟悉，避免马因环境的改变而出现的应激、焦虑等情况。另外，由于马主人对于病马在发病前的正常行为举动比诊所的兽医更为熟悉，这样更有利于对马匹病情的进展进行及时的评价。除最轻微的蹄叶炎病例外，其他蹄叶炎的处理需要有一个包括兽医、钉蹄师和马主人在内的团队。本章对于非躺卧急性蹄叶炎的治疗方法进行了综述。

一、蹄叶炎的不同阶段

虽然将蹄叶炎的发病阶段分为发展期、急性期和慢性期，便于理解本病和有助于本病的诊断、治疗以及预后的判断，但实际在临床上，该病的发展往往是连续不可分的。蹄叶炎的发展期往往起始于蹄小叶最初的损伤，在临床症状（如急性跛行、趾脉搏增强、蹄温升高、对检蹄器检查表现敏感和一种蹄叶炎式的站姿等）出现时结束。急性期从出现临床症状开始，一般认为持续 72h 左右或直到蹄匣内远端指（趾）骨出现移位为止，前后 2 种判断标准哪个先发生则以哪个为准。慢性期发生在急性期或是蹄匣内远端指（趾）骨发生移位之后；然而，如果急性蹄叶炎的临床症状在出现 48～72h 后未得到明显改善，则接下来的阶段也被认定为慢性期。一些存在代谢综合征的马匹表现为蹄小叶的错乱，这些马匹即使没有远端指（趾）骨移位的情况出现，其疼痛的持续时间仍会比无代谢综合征的马匹更长。

二、发病机理

虽然目前有较多的文献资料较好地描述了由蹄叶炎所导致不同组织损伤的解剖学结构，而且尽管对蹄叶炎病理生理学方面的知识也已经有了更进一步了解，但目前对于导致急性症状出现的最初变化以及中间的过程还不是十分清楚。趾状突真皮、表皮蹄小叶和它们的血管系统位于远端指（趾）骨的壁面和坚实的蹄匣之间。通往远端背侧蹄小叶的蹄趾血液源于形成旋动脉的末端足弓分支，近端背侧蹄小叶的血液则源于蹄冠状动脉。任何蹄小叶的损伤或不稳定均会导致远端指（趾）骨位置的改变或偏移，并且反过来可能对血液循环系统造成损害。坚实的蹄匣限制了蹄叶炎炎症效应的改善，特别是浮肿，这些都会导致如其他类型组织的筋膜室综合征的出现。

三、治疗团队的召集

对于急性蹄叶炎的治疗必须要有一个由兽医、钉蹄师和马主人或练马师在内的团队，并各负其责，其中兽医负责马匹的健康和福利保证，钉蹄师负责修蹄和钉蹄并提供相关的建议，马主人或驯马师负责提供早期的护理、对是否进行治疗做决定和提供相应的资金保障。如果兽医或钉蹄师均无治疗蹄叶炎的经验，则有必要求助于更有经验的兽医。如有必要，主治兽医可以向转诊中心寻求帮助并将必要的影像学资料发给转诊中心。需要马主人注意的是，虽然据称有很多治疗方法或产品对蹄叶炎的治疗有效，但实际上到目前为止，还没有方法或产品被证明确实有效。另外，目前也没有对照研究表明有任何一种药物或钉蹄过程对于蹄叶炎的治疗是有效的。虽然技术发展迅速，但大部分治疗都是基于经验。因此，目前对于蹄叶炎的治疗仍没有公认的、被证实了的方法，而且与疾病的阶段、兽医的经验以及马匹反应的差异存在非常密切的关系。由于目前还没有任何一种治疗方法被证明比其他方法更好，而且兽医、钉蹄师和马主人可能有他们自己的想法、观点、理论和相关经验，因此，他们之间及时的反复沟通显得尤为重要。一种优先的处理方式是根据放射影像学结果，基于医学和生物力学的基本原理，并根据每匹马的不同特点再确定相应的治疗策略。在蹄叶炎个例治疗过程中，当事人的交流是最重要的内容之一，但也是最容易被忽视的部分。开放而务实的沟通对于降低治愈该病的错误预期是十分有必要的，包括告知马主人有关病马的所有实际情况，如严重的蹄叶炎往往意味着预后不良，没有有效的治疗方法，治疗往往是广泛、昂贵和耗时长久并且结局依旧可能是人道扑杀等。在考虑到急性蹄叶炎的严重性后，当事人很可能通过多种渠道，如网络、马相关杂志或技术支持团队等获取更多的资源，以寻求马治疗管理相关的信息。主治兽医必须对该病常见问题很熟悉，并能做出相应的处理。要准确判断蹄叶炎病马匹的预后是很困难的，并且这是可以理解的，因为对于严重蹄叶炎的管理涉及众多的因素，不仅包括蹄部状况本身，还包括马匹全身的健康状况和来自当事人的种种限制。鉴于此，作为专业人员，在诊断为急性蹄叶炎后，应该建议马主人立即通知保险公司。

四、陈述

一旦兽医被要求对急性蹄叶炎病马的情况进行陈述时，需要注意以下 3 个问题：其一，当马匹首次表现出急性蹄叶炎的临床症状时，无法评估蹄小叶的损伤程度或确定损伤是否是永久性的。这是因为蹄小叶损伤在蹄叶炎的发展期尚在发展，并且早于病马表现出疼痛和跛行，因此，无法预测处于严重蹄叶炎阶段的马匹是否在急性临床症状出现后可以被治愈。其二，目前还没有有效的方法来抵消马匹体重对蹄的压力，也就是说，没有好的办法或设备使受损伤的蹄小叶不负重。其三，由指深屈肌腱产生的作用于受损蹄小叶的牵张力是很难抵消的。

五、评估

（一）病史

虽然不应该过分强调了解治疗史的重要性，这个问题很多时候会被急于对马匹进行治疗的兽医所忽略，但是仍值得花时间去掌握病马在过去一段时间内的所有情况，因为这样可能有助于获得一些有用的信息，如可能揭示病马目前是否处于发病初期、再发期或者恶化期。另外，也需要了解该马在发生蹄叶炎之前的一些情况，如近期的手术、腹痛或胎盘滞留的情况，近期训练计划的更改情况等。另外，还需要关注环境和季节的因素，如饲草中的果聚糖含量被认为是饲草相关蹄叶炎的诱发因素，而在春季和大雨过后果聚糖在饲草中的含量往往是最高的。因此，尝试通过了解病马的过往史以获取蹄叶炎病因的做法是非常值得的，所需要询问的问题包括：该马最近是否被诊断患有某种疾病？该马日常的饲喂程序是什么？什么时候发生了改变？最近是否进行过免疫或用药？是否进行长期的用药？最近或过去是否发生过与蹄叶炎有关的外伤？是否经受过应激事件或经受过长距离的运输？这些问题的答案可能为确定蹄叶炎的病因并为如何开展治疗提供一定的线索。

（二）身体检查

全面的身体检查配合蹄部的详尽检查是非常有必要的。身体检查的手段包括视诊和触诊，检查的内容包括体温、脉搏、呼吸频率、站姿和马匹移动的意愿等，这些能为评估马匹的疼痛程度提供帮助。同时，兽医在检查的过程中可以通过抬起马匹的四肢之一来观察马的身体和头的位置，进而判断疼痛程度。趾脉搏强度、蹄部的温度和跛行程度也应进行评估。需要评估冠状带是否有水肿、是否存在凹陷区域［往往意味着远端指（趾）骨远端的移位］和是否有触痛区域（可能与脓肿或蹄壁分离有关）。另外，还需要对蹄底部的凸出或凹陷的程度、是否存在软点和蹄底厚度、是否存在过多地减少等情况进行观察，以了解蹄底部的形状和位置。

蹄的尺寸和构型对于制订钉蹄的计划和观察蹄叶炎病程发展的细微变化都是非常重要的。蹄的构型可能对体重的承载模式和面对的移位类型产生影响，比如，作者的经验提示，由于指深屈肌腱的肌腱单元先前存在的缩短情况，和相应的蹄部背侧压力中心在背侧蹄小叶上造成的压力存在，过度直立蹄或滚蹄更有可能造成移位。另一方面，有长蹄尖-低蹄踵结构的马匹一般蹄底较薄，而且消除由自身体重产生并作用于远端指（趾）骨的下旋力的能力较差。

大多数情况下，观察马的站姿和步态能为判断其是否存在蹄小叶疼痛具有很好的提示。特征性的伴随着外伸形前肢姿势的紧张步样被认为可以将体重转移到后肢上。病马由于后蹄或前蹄的疼痛而调整站姿以减少疼痛。如果可能的话，一般情况下没有必要为了诊断而施行局部麻醉。Obel 设计了 1 个 Obel 系统，可以用来评估蹄叶炎的严重程度和病程（框图 200-1）。

框图 200-1　评估蹄叶炎严重程度的 Obel 跛行判定标准

Obel 一度：驻立时，马交替抬蹄或转移其负重。慢步时无明显跛行，但快步时步幅短缩呈紧张步样。
Obel 二度：马匹愿意慢步但步态呈蹄叶炎特征，抬蹄无困难。
Obel 三度：马不愿移动且极度抗拒抬蹄。
Obel 四度：除非驱赶否则不愿移动，且可能躺卧。

兽医必须确定蹄内部疼痛的原因、部位和不稳定的程度（通过疼痛程度来评估）。确定疼痛的部位十分重要，因为如果在疼痛部位施加压力以试图支撑蹄部，其疼痛的程度可能继续恶化（在蹄叶炎的治疗中，常通过对蹄底施压来提供额外的蹄底支撑，以缓解远节指骨远端移位的情况，译者注）。对此，谨慎并熟练地使用蹄夹能够帮助兽医确定蹄底疼痛最严重的部位。患有蹄叶炎的马匹，其蹄尖和蹄前部一般是最敏感的，但也会因为蹄叶炎类型的不同和病的严重程度不同而变化。蹄夹评估的结果通常能确定疼痛的来源，但阴性结果并不能排除蹄部疼痛或蹄叶炎。当用蹄病检测器对有较厚的蹄底和蹄匣的马匹或患有代谢综合征或库兴氏病（Cushing's disease）的马匹进行检测时，往往可能出现阴性结果。

另外，蹄夹对于蹄底变形状况的评估十分有用，可以有效地判断蹄底的厚度。遍布蹄尖和蹄背壁的双侧性扩散状的痛感是蹄叶炎的特征性症状，然而双侧蹄部瘀伤也可能有类似的疼痛反应。蹄的任何部位的局灶性疼痛一般与败血症和脓肿有关，此种情况下，这些马匹因为疼痛而抬蹄也会被认为是蹄叶炎性步态。在蹄叶炎的急性期，用蹄夹对内侧蹄边部和蹄踵进行检测时，有时候会出现阳性结果，而这通常伴随着远端指（趾）骨的单侧性远端移位。这种现象的出现归因于严重的局部蹄小叶损伤，还是仅仅是局部机械性过载的结果，目前还不是十分清楚。

当疼痛来源于除蹄尖和蹄背壁以外的部位时，能发现马匹的站姿和步态的改变。蹄背部患有蹄叶炎的马匹在行走时往往采用蹄踵先着地的方式，而蹄掌侧部疼痛的马往往采用蹄尖先着地的步态或平蹄着地的方式。患有蹄叶炎的马亦可经常以蹄尖先着地的方式行走，这可能是因为由于步幅太短而导致蹄趾没有足够时间延伸，或者这是一种可以延长蹄部承重持续时间的主动行为。

对处于蹄叶炎急性期马匹的预后判断最重要，也是困难之一的是评估远端指（趾）骨和蹄壁之间的分离程度。目前为止，几乎只有在确定了疼痛的程度、进行了一系列放射线检查、全面的临床评估以及治疗效果评估后，才可能对分离程度进行评估。在蹄叶炎发生最初的48h内，疼痛与蹄小叶的组织病理损伤程度有很好的相关性，这在一定程度上可以帮助判断分离的情况。

六、处理

蹄叶炎往往起源于远离蹄部的器官系统，如胃肠系统、呼吸系统、繁殖系统或内分泌系统。因此，在急性期治疗蹄叶炎必须首先明确最初的病因，因为很多马是由于体重超标或肥胖而导致发生蹄叶炎的，在这种情况下应立即制订减轻体重的计划。研究显示，急性炎症反应发生在蹄叶炎的最初阶段，随后才出现血管变化、血栓形成和基底膜的金属蛋白酶降解等现象。目前在蹄叶炎发病早期进行炎症反应处理的主要药物是非甾体类抗炎药。此类药物的镇痛作用在蹄叶炎的治疗中也十分重要，但必须谨慎使用，如此，临床兽医才能仔细地对蹄部的临床表现进行观察。需要注意的是，当马主人看到病马的疼痛有所改善时，会促使其进一步加大非甾体类抗炎药物的用量，或将非甾体类抗炎药物与其他药物合并使用，以进一步减轻马疼痛。但鉴于非甾体类抗炎药物的镇痛作用可以增加病马运动的意愿，并会给已经受伤的蹄小叶带来额外的压力，应该尽量避免采取这些措施。

目前使用最多的非甾体类抗炎药物是苯基丁氮酮（即保泰松，使用剂量为2～6mg/kg，口服或静脉注射，每12～24h用药1次；需要注意的是，以6mg/kg的高剂量使用该药进行急性蹄叶炎治疗时，只允许使用几天）、氟尼辛葡甲胺（使用剂量为1.1mg/kg，口服或静脉注射，每8～24h用药1次）、非罗考昔（使用剂量为0.2～0.3mg/kg，口服或静脉注射，每24h用药1次；或将剂量减半，然后每12h用药1次，连续用2d，这是一种超标签使用的剂量，目的是达到一个稳定状态。2d后，将剂量降低为0.1mg/kg，口服，每24h用药1次）。然而，一旦发生急性蹄叶炎，除了上述药物以外，目前还没有证据表明其他药物对于治疗该病有疗效。据称有抗炎、利尿和氧自由基清除特性的二甲基亚砜是理论上的备选药物。作者曾经将其用3L的生理盐水进行稀释，按照1g/kg的剂量通过鼻胃管连续给药3d。在试验条件下，乙酰丙嗪（使用剂量为0.002～0.006 6mg/kg，口服、静脉或肌内注射）可以加快健康马的蹄趾和蹄小叶的血液流动，但未在人工诱发蹄叶炎的病马上开展相应的试验。乙酰丙嗪所具有的镇静作用可能有助于马匹躺卧，而这对于病马的恢复是有益的。对由胰岛素抗性所诱发的蹄叶炎病马，如通过限制饮食来控制肥胖以提高胰岛素敏感性的早期干预是有效的，并且口服左甲状腺素钠（使用剂量为0.5～3.0mg/kg，每24h用药1次）可被用来减轻体重。冷敷法或冰冻疗法在蹄叶炎急性期病马的处理中已经被使用了多年，目前的研究证实，在急性期对蹄部或肢部进行冰敷是有效的，但急性期以后的阶段进行冰敷的效果值得怀疑。

七、放射影像学

如果条件允许，对急性蹄叶炎病马进行最初检查时，进行侧位和背掌位（60°）的基线放射影像学检查是非常有必要的（图 200-1）。这些图像可以用来确定是否存在历史性损伤、评估目前蹄部的构造和指导早期蹄部的护理。在蹄叶炎的不稳定期以 2～4d 为间隔进行连续拍片，不仅可以用来判断病程发展的速度，还有助于确定远端指（趾）骨移位的程度。静脉造影术可以用来评估蹄部的血液循环模式，但该技术需要局部麻醉（局麻是作者在所有急性蹄叶炎病例治疗中尽量避免使用的），并且必须由有这方面经验的临床医生来对结果进行判读。

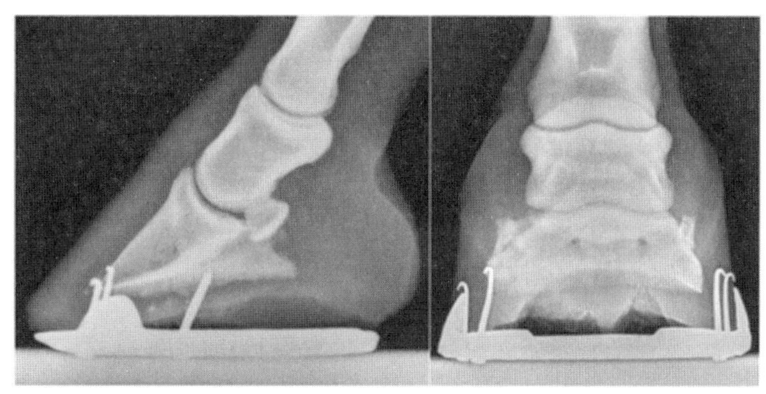

图 200-1　基线放射线影像用来评估患有蹄叶炎的病马

侧位影像用来评估 P3 的背掌平面。背掌位影像用来评估 P3 的内外侧平面

（图片由 Virginia Equine Imaging 提供）

八、钉蹄

对于制定钉蹄计划来说，掌握有关生物力学和施加于包括蹄小叶在内的蹄部结构的作用力等方面的知识是非常关键的。考虑到蹄匣内的蹄小叶悬于远端指（趾）骨并承受着马的体重，它们主要经受着来自 3 方面的机械力：①由远端指（趾）骨传导给蹄小叶的马本身的体重以及来自地面的、与体重相等的方向相反的地面反作用力（GRF）；②由地面反作用力所引起的远端指间关节的矢量或力矩（力矩或矢量＝力臂×作用力），也称之为伸肌力矩；③由指深屈肌腱施加于远端指（趾）骨尾部的拉力所产生的屈肌矩（图 200-2）。这些机械力施加于蹄部而造成蹄小叶的损伤。

患有蹄叶炎的马匹由于感到疼痛而不愿意走动，当它不是躺着的时候，它的四肢接近于跨步的站立中间期的姿势。当马处于这个姿势时，地面反作用力或压力中心作用于关节中心的背部并且正好位于蹄接触地面部分的蹄叉顶部后方略微偏内的部位。

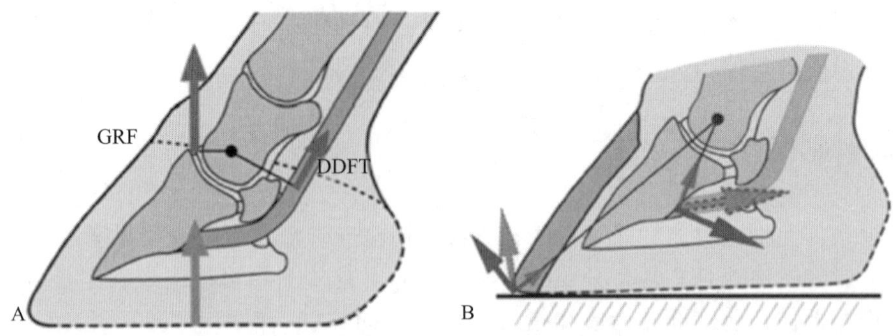

图 200-2 A. 马匹在驻立时生物力作用于马蹄上。地面反作用力（GRF，如马的体重）产生一个远端指间关节的力矩，这个力矩与指深屈肌腱（DDFT）产生的力矩相反 B. 马行走时抬蹄的初期，地面反作用力转移到蹄趾，并且增加的远端指间关节的力臂是指深屈肌腱所增加的拉力引起的 力矩＝作用力×力臂

当马的四肢着地的时候，指深屈肌腱的拉力产生一个力矩，如果这个力矩不被另一个相等且方向相反的力矩所抵消，则会导致围绕远端指间关节的扭转。在马匹翻蹄时，指深屈肌腱所产生的力矩超过了地面反作用力所产生的力矩。指深屈肌腱的张力在跨步的站立中间期时要大于驻立时，并且在马匹大跨步翻蹄阶段的初期更高。由地面反作用力产生的相反力矩和指深屈肌腱的拉力在背侧蹄小叶内产生一个牵张力。背侧蹄匣旋转是蹄叶炎中最常见的一种移位形式，它与由于蹄小叶损伤而导致无力、只能在承重和转折的过程中将力作用于蹄背部区域有关。在这种情况下，伴随着蹄背侧脆弱的血液循环系统，使得背侧蹄小叶更容易受伤。地面反作用力决定了负重力和随后作用于背侧蹄小叶的压缩力和拉伸力。作用于蹄部的负荷或地面反作用力是不可能改变的，但是位于蹄接触地面部分的地面反作用力（压力中心）的位置是可以从受损伤的区域移开或重配的。

支撑这个词，通常意味着在适当的位置保持某种结构或防止其崩溃，其在蹄叶炎的治疗过程中被广泛使用。一般来说，这意味着保持远端指（趾）骨的正常状态并防止其在蹄匣内移位。然而，试图利用任何作用于蹄部的物理手段来抵消马自身体重的尝试都是不切实际的。我们所能做的就是通过利用蹄接触地面部分的其他部分来承受体重的压力和减轻作用于蹄小叶的压力。通过减少远端指间关节的力矩可以减轻蹄小叶的压力，这对该关节背屈过程是最好的。患有急性蹄叶炎的马匹，其已受伤的蹄小叶在转折期受到压力时更易于分离。马匹在驻立时，远端指间关节的力矩可以通过抬高蹄踵而减少，这样可以减少指深屈肌腱的张力并因此减轻作用于背侧蹄小叶的张力，但抬高蹄踵对于那些易于造成远端移位（也就是蹄骨下坠）的病例没有帮助。在翻蹄时，伸肌力臂可以通过翻蹄点而缩短，因此，它位于蹄尖背侧边缘的掌侧。

最后，必须关注蹄底。正常的、未钉掌的马蹄构造和厚度都具有保护作用，并且可能有一定的承受体重的功能。相反，钉掌马的蹄是悬于地面的，不仅在承受体重方面作用有限，而且存在缺乏相应的刺激、蹄底厚度不足以及经常发生钉掌不合适等情况。钉掌常见的不良后果是在蹄底厚度不足导致蹄底遭受更多额外的压力，由此引发跛行。大量市售的垫子、设备和材料可在急性蹄叶炎初期放置于蹄底上或蹄下以抵消体重所带来的压力。在蹄底厚度不足的情况下，使蹄接触地面部分承受更多压力的合理性值得怀疑。物理性的设备，如垫子试图在蹄底厚度不足的情况下将施加于蹄趾上的压力转移到一个相对小的表面。根据蹄底的厚度的不同，局部压力的使用可能导致额外的疼痛和组织损伤。

九、蹄部护理

在蹄叶炎的急性期，通常可使用多种物理措施对蹄部进行护理。为了减轻马在步行过程中作用于蹄部过多的局灶性压力，应尽量将其限制在马厩内休息。当马匹发生蹄叶炎后，有必要移除蹄铁，如此，体重所带来的压力能由蹄底、蹄叉和蹄壁弯端共同承担，而不仅仅只集中于蹄壁周围并转移到蹄小叶上。可以用短柄起钉绀先移除各个钉子，然后就可以较为容易地移除蹄铁（图 200-3）。如果马处于极度的疼痛状态并且不愿意抬蹄，可以使用盐酸地托咪定（使用剂量为 0.01～0.02mg/kg，静脉注射、肌内注射或口服）等镇静剂来帮助移除蹄铁，但尽量避免使用局部麻醉。可通过一些可塑材料作用于蹄底表面，这样掌侧或跖侧部分的蹄底、蹄叉和蹄壁弯端可承担部分体重，以减轻蹄壁以及蹄掌或蹄跖部分的压力。如可购买厚胶、可塑压模材料或各种各样的垫子或靴子，或使马匹站在沙子上（最好是海沙，见图 200-4 和图 200-5）。如果马蹄底过薄或者疼痛严重（可通过放射影像学或根据检蹄器检测的结果来判断），该部位继续受力可能会导致疼痛的进一步加剧和已受损血液循环系统的进一步损伤。使用远端指（趾）骨背侧边缘末端的蹄底区域和相邻的蹄壁来支撑体重时需要谨慎。最近的生物力学研究显示，当蹄部承重时，蹄部会扩张或向外扩展并最终将蹄底向远侧拉伸。目前认为在蹄叶炎的急性期钉掌对蹄叶炎的治疗无益。

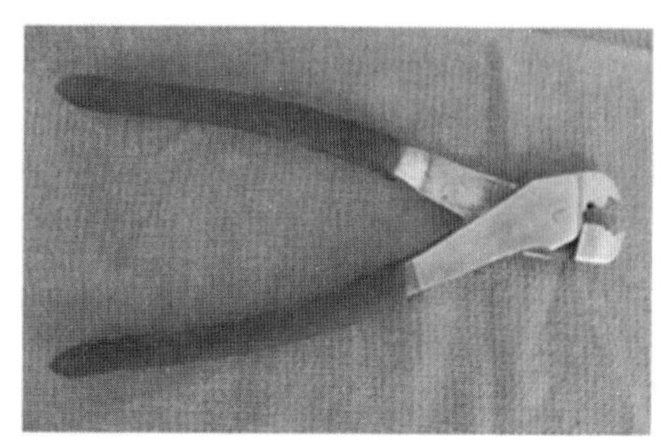

图 200-3　使用短柄的起钉绀移除蹄铁

在蹄叶炎的急性期，可以通过将翻蹄点向掌侧或跖侧移动，在一定的程度上减小远端指间关节的力矩和由指深屈肌腱作用于蹄小叶的牵张力。沿着蹄背表面到蹄叉画一条线，并假设蹄底厚度是足够的，可使用锉刀沿着这条线向着背部方向，把蹄趾削成一个斜角，直到其与地面大概呈 25°～30°的角度。这样能有效地将翻蹄点向掌侧移动、减轻作用于背部蹄小叶的压力并有可能减少由指深屈肌腱所产生的压力。另外，用这种方式削修蹄趾能减少背侧蹄壁所承受的体重。马驻立时可以减少远端指间关节的力矩，并且可以通过抬高蹄踵来有效地将压力中心向掌侧移动。一直以来，业界都提倡在蹄叶炎急性期抬高蹄踵，但是需要注意的是，目前还没有证据表面该方法对于蹄叶炎的治疗是有效的。并且，如果蹄骨有末端移位的趋势或马蹄构造表现出单侧移位的趋势，必须避免抬高蹄踵。

作者认为，由系统性疾病引起的，或是由使用糖皮质激素导致的蹄叶炎，其经常造成远端指（趾）骨的末端移位。在这种情况下，整个蹄小叶周边的表面受损，并使远端指（趾）骨在蹄匣内下降或下沉。在这个过程中，指深屈肌腱较少参与其中，并且移位是由马本身的体重所导致的。在这种情况下，作者发现抬高蹄踵非但是无效的，而且会将更多的体重作用于蹄趾上，而将翻蹄点后移、在蹄底放置规格一致的可塑压膜材料或使马站在沙子上等方式可能是更好的选择。

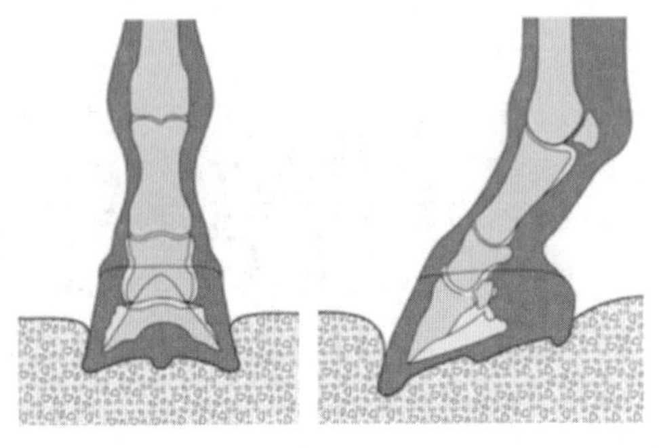

图 200-4　蹄叶炎病马站立于沙子中的示意图

注意，所用的沙子最好能露出蹄背的轮廓并且马可以抬踵

（图片由 Andrew Parks 博士提供）

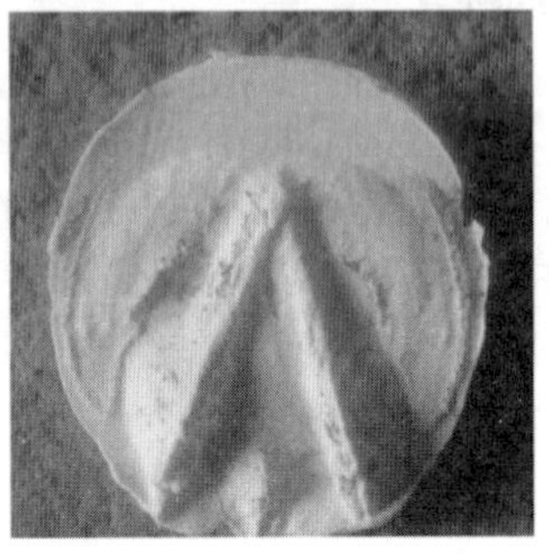

图 200-5　根据蹄掌或蹄跖的形状来浇铸可塑压膜材料

注意蹄子上用来翻蹄而打磨出的斜面反映在可塑材料是蹄叉点正前方的曲线

最近，作者在可能出现远端指（趾）骨下坠的急性蹄叶炎病马的蹄底装上了木块或木制蹄铁，获得较好的效果。木制蹄铁平坦而坚实的结构使得蹄部接触地面部分均可以承受体重，而避免了过多的压力作用于蹄底上。木制马蹄垫接触地面部分的边缘可以通过斜切呈 1 个角度，将负重聚集于趾骨。木制蹄铁可以无创的进行使用，其边缘的角可以降低作用于蹄趾和蹄边部的蹄小叶上的扭转力。另外，再在木制蹄铁的周围用 5cm 的玻璃纤维胶带进行缠绕，保证其固定以及防止蹄部扩张（图 200-6）。

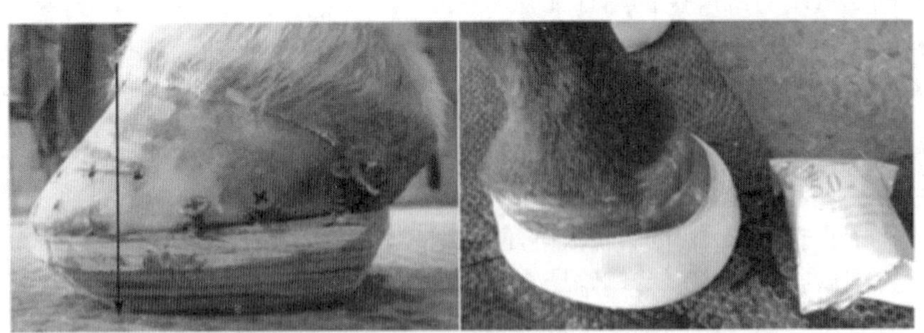

图 200-6　用螺丝钉在蹄壁上固定住木制蹄铁（左图），图中垂直的箭头代表翻蹄点。用 5cm 的玻璃纤维胶带对蹄进行固定（右图）

处于蹄叶炎急性期的马匹需要在 48～72h 后再次进行评估。如果马匹没有明显的好转，预后可能不太乐观，需要由责任方就治疗方案和备选方案进行重新评估。当事人也需要考虑转诊中心可能提供的一些其他的选择。

十、伦理道德方面的考虑

从一开始对严重的急性蹄叶炎病例进行处理时，临床医生就应该考虑进行人道主义的扑杀，特别是如果有证据表明病马存在远端指（趾）骨末端移位的情况或有潜在发生的可能性时，因为这些病例基本上会出现预后不良。对于 1 匹没有康复可能性或始终处于慢性疼痛状态的马而言，延长其生命是不负责任的。兽医做出对病马进行安乐死的决定往往是基于一些主观因素，并且必须考虑到马主人对该马的喜爱或依恋的程度。另外，经济因素以及保险方面的考虑也应该在进行安乐死之前进行真诚而又坦率的讨论。需要呈现给马主人一些令人信服的证据，如目前治疗情况，马匹的状况[疼痛的情况、躺卧情况、蹄部生理构造不良、贯穿蹄底的远端指（趾）骨下垂情况或蹄冠部明显的槽等]，放射线影像结果（严重的移位或旋转或/和下沉情况、蹄冠部的位置、短期内蹄匣的不可逆性损伤，图 200-7）。对病马实施安乐死需要治疗团队所有成员全体通过。临床医生应建议和鼓励马主人去寻求安乐死以外的第二种选择。需要注意的是，无论是主治兽医、兽医顾问还是钉蹄师，都不能给马主人以错误的暗示，比如如果一开始选用不同的治疗或处理方式，结果可能完全不同。因为这是没有科学依据的，并且这样做不仅使马主人对兽医的专业性提出质疑，并且可能导致马主人将兽医告上法庭。

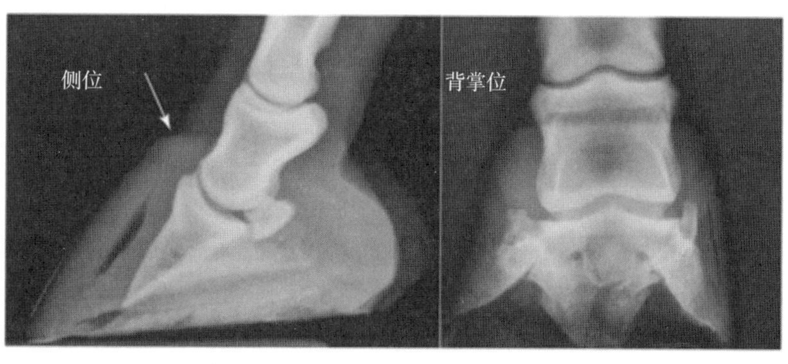

图 200-7 患有急性蹄叶炎的马匹在出现临床症状后第 9 天所拍的放射线影像照片

侧位影像（左图）显示的是远端指（趾）骨严重的末端移位（也就是下沉）(图中白色箭头指示的是“下沉线”)、蹄壁背侧的蹄小叶分裂和 P3 边缘的脓肿。背掌位影像（右图）显示的是蹄壁内侧的蹄小叶严重内侧下沉和分裂。在这些放射影像学图像中的可见病变往往意味着严重预后不良

推荐阅读 

HoodDM. The mechanisms and consequences of structural failure of the foot. Vet Clin North Am Equine Pract，1999，15：437.

Hunt RJ. Equine laminitis：practical clinical considerations. In：Proceedings of the American Association of Equine Practitioners，2008，54：347-356.

Leise BS，Fugler LA，Stokes AM，et al. Effects of intramuscular administration of acepromazine on palmar digital blood flow，palmar digital arterial pressure，transverse facial arterial pressure and packed cell volume in clinically healthy，conscious horses. Vet Surg，2007，36：717-723.

Moyer W，Schumacher J，Schumacher J. Chronic laminitis：considerations for the owner and prevention of misunderstandings. In：Proceedings of the American Association of Equine Practitioners，2000，46：59-61.

O'Grady SE. How to treat severe laminitis in an ambulatory setting. In：Proceedings of the American Association of Equine Practitioners，2011，57：270-279.

O'Grady SE，Parks AH. Farriery options for acute and chronic laminitis. In：Proceedings of the American Association of Equine Practitioners，2008，54：355-363.

O'Grady SE，Steward ML. The wooden shoe as an option for treating chronic laminitis. Equine Vet Educ，2009，8：272-276.

Parks AH. Form and function of the equine digit. Vet Clin North Am Equine Pract，2003，19：2，285-296.

Parks AH. Treatment of acute laminitis. Equine Vet Educ，2003，15：273-280.

Pollitt CC. Basement membrane pathology：a feature of acute equine laminitis. Equine Vet J，1996，28：38-46.

Thomason JJ. The hoof as a smart structure：is it smarter than us? In：Floyd AE，Mansmann RA，eds. Equine Podiatry. Philadelphia：Saunders，2007：46-53.

van Eps AW. Acute laminitis；medical and supportive therapy. Vet Clin North Am，2010，26：103-114.

（张海明　译，杜承　校）

第 201 章　慢性蹄叶炎

Andrew H. Parks　Stephen E. O'Grady

慢性蹄叶炎被定义为蹄匣内蹄小叶发生机械性坍塌和远端指（趾）骨的移位，通常发生于急性蹄叶炎（蹄叶炎的急性期被认为是出现临床症状后的 72h 内）之后或发生于亚急性蹄叶炎（亚急性蹄叶炎也发生于急性蹄叶炎之后，但未出现蹄小叶的机械性坍塌）之后。用简单的术语进行描述，蹄叶炎的急性期指损伤期，而亚急性期和慢性期指组织修复期。但是简单地以时间顺序对急性蹄叶炎和亚急性蹄叶炎进行划分显然太主观了，因为疾病的发展过程是连续的，在这个过程中损伤阶段是逐渐过渡到修复阶段的。亚急性蹄叶炎与慢性蹄叶炎发病机理的根本区别在于由远端指（趾）骨移位而导致的修复过程，而这也必然导致治疗和预后结果的差异。

一、慢性蹄叶炎的病理生理学

（一）发病机理

蹄小叶分离是在由叠加于蹄小叶的机械力的作用下，由最初严重的病理过程所导致的结果。转位发生的主要原因是体重的压力超过蹄壳内蹄小叶支撑远端指（趾）骨的力量。图 201-1 中描述的是 3 种远端指（趾）骨转位的类型。虽然造成这些不同类型转位的确切原因目前还不十分清楚，但这些转位的位点应该遭受了巨大的压力或最严重的蹄小叶损伤或者是两者皆有。临床观察发现，马匹蹄部的构造是需要考虑的因素之一。那些蹄部偏离肢体轴线的马匹，而且通常是侧面偏离的马匹，与掌骨在同一直线的蹄部一侧受到的压力更大，并且该侧的蹄骨更易发生转位。当蹄小叶发生背侧损伤时，其导致的与远侧指间关节有关的远端指（趾）骨扭转致使远端指（趾）骨转位的角度变化与地面和蹄壳背部均有关。一般来说，这就是指扭转，但在此文中指背侧扭转，以便与其他形式的转位进行区别。蹄壳扭转指远端指（趾）骨的腔壁表面相对于蹄壳的偏离。趾骨扭转指远端指（趾）骨相对于近端趾骨轴线的扭转（也就是远侧指间关节弯曲）。对于 1 匹发生急性扭转的马匹，上述几种扭转可能同时发生。当蹄壳周围发生均匀地结构性破坏时，远端指（趾）骨在蹄壳内呈对称性转位，通常被称为“下沉”，在这里也被称为对称性远端转位。当只有一个趾边部受到损伤时，远端指（趾）骨只发生单侧性转位，这种情况比蹄壳背侧扭转要少见，在这里被称为不对称性远端转位，但有时候也称为“单侧性扭转”或“内侧/外侧下沉”。事实上，将蹄小叶损伤的发生部位限制于蹄部周围某一个区域是不太可能的，因此，大部分病马都表现为组合效应。

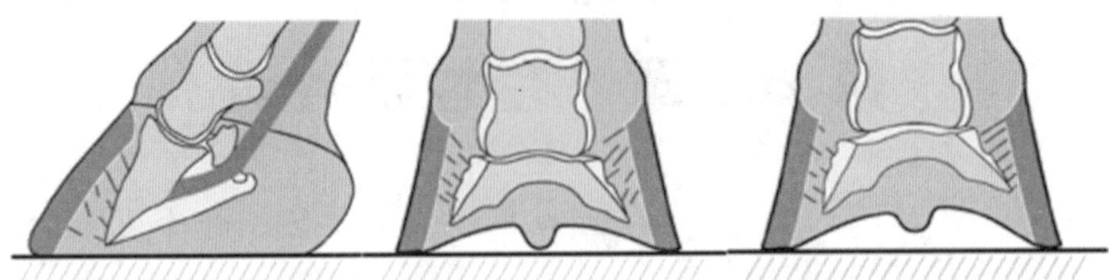

图 201-1　远端指（趾）骨转位的 3 种类型示意图

左图：背侧扭转；中图：对称的远端指（趾）骨转位；右图：不对称的远端指（趾）骨转位

在背侧蹄小叶发生机械性损伤和远端指（趾）骨发生扭转之后，紧接着，背侧蹄壁依旧笔直并且保持正常的厚度，另外，分离所导致的间隙由渗出的血液、发炎的和坏死的组织所填充。恢复过程的结果是分离产生的间隙由增生的表皮和过度角质化的表皮所填充，这些表皮通常被称为蹄小叶楔。蹄小叶表现为不同程度的结构异常、扩张、融合、缩短或原始或二级蹄小叶的缺失。这导致表皮和真皮之间的接触面缺失并出现附着力下降。此外，远端指（趾）骨的转位能导致以破坏蹄小叶真皮为代价的蹄冠真皮的延长，以及蹄壁与远端指（趾）骨附着力的进一步降低。远端指（趾）骨转位也会导致蹄底真皮向远节指骨背侧移位，并导致相应的蹄底生长方向的紊乱，包括角质生长方向朝着远端指（趾）骨的末端腔壁表面。蹄底背侧的生长方向的紊乱和蹄小叶楔共同导致白线增宽。远端指（趾）骨的转位导致蹄底向远端移动。远端指（趾）骨与蹄壁之间附着结构完整性的降低和蹄底壁连接处的分裂一起增加了蹄底所承受体重的比例，而这直接将负重转移给远端指（趾）骨。这个体重的传递连同下坠的蹄底对蹄底和远端指（趾）骨之间的组织造成了损伤。

蹄小叶修复发生的同时，蹄部持续生长，背侧蹄壁的特征性变形继续发展。蹄壁变形的严重程度随着蹄壁厚度和与远端指（趾）骨腔壁表面的背离情况而变化。蹄壁厚度的变化表现为与冠状沟构造的改变相关，因此，它变得更宽和更浅。有以下几个潜在的原因可能导致背侧蹄壁与远端指（趾）骨分离：蹄踵和蹄尖之间的蹄生长速度不同、蹄壳和远端指（趾）骨之间修复组织的构成、作用于蹄壁末端表面的压力［可导致蹄壁与远端指（趾）骨的持续分离］、位于冠状带和蹄底壁结合处的真皮乳头的方向改变。

在慢性蹄叶炎发生之初，蹄壳变形的最终程度是无法预测的。在大多数马中，新蹄壁的生长从冠状带开始并且基本上与远端指（趾）骨的腔壁表面平行，至少直到它到达蹄壁近 1/3 与中 1/3 处的结合处。在这个结合点，蹄壁的近侧部和远侧部与地面形成 2 个不同的角度，这 2 个角度在发生蹄叶炎之前形成的蹄部与发生蹄叶炎之后形成的蹄壁之间的边缘处被分离。当新的蹄壁穿过背侧蹄壁中 1/3 处生长时，出现了与远端指（趾）骨腔壁表面不同程度的偏离。在其他病马中，新形成的蹄壁在冠状带部位与远端指（趾）骨腔壁表面背离。

（二）与慢性蹄叶炎有关的各种力

作用于蹄小叶最大的压力就是体重。在发生远端指（趾）骨转位的类型和程度以及转位的治疗中，足部接触地面表面的负重分配情况是十分重要的。作用于蹄部的力的大小通常被称为地面反作用力，这个力是地面对于肢部作用于地面的力的反作用力。地面反作用力被认为在压力中心起作用。马驻立时，地面反作用力对于四肢的分配大概是这样的：每个前肢是马本身体重的30%，每个后肢是20%，而压力中心大约在足部中心位置。当马匹行走时，地面反作用力的大小和位置发生改变，因此，在翻蹄时，作用于蹄壳背面的力量会增加。

（三）并发症

慢性蹄叶炎病马在康复期出现并发症是十分普遍的，并发症包括感染、蹄底穿孔、蹄部变形或缩小和屈肌挛缩。洞腔由血块或坏死组织填充以及蹄底壁交界处的结构完整性破坏一起出现往往意味着感染。大部分感染涉及表皮和真皮的非角质化层，所造成的渗出物蓄积导致疼痛和蹄壳与其下层软组织的进一步分离。可能发生穿过白线或蹄底的冠状带的渗出以及蹄壳分离的范围可能进一步扩大。如果蹄壁稳定性不够，蹄壳壁相对于下层软组织的移动可能导致严重的擦痛和生殖上皮的丧失。如果损伤严重，感染可蔓延至远端指（趾）骨。蹄壳的收缩可能继发于疼痛及受限的负重，或起因于在治疗过程中使用的某些钉蹄活动，即不合适的下钉和蹄踵的抬高。慢性疼痛也可能导致屈肌肌腱的挛缩。

目前还未确定慢性蹄叶炎病马疼痛的准确原因，但是可能与背侧蹄小叶的持续缺血、炎症、损伤以及与紧贴远端指（趾）骨趾底边缘末端的蹄底软组织挫伤相关的缺血或炎症有关。蹄小叶疼痛中也可能有神经方面的原因。另外，疼痛还可能与感染的病灶有关，而感染还会导致蹄底组织或内部的压力增大。（见第14章关于蹄叶炎的疼痛控制）。

二、疾病的描述、诊断和评估

由于慢性蹄叶炎病马的步态和蹄部外观具有特征性，并且放射影像学也能进行确诊，因此，对该病进行诊断并不难。有时候，需要使用神经阻导麻醉对那些损伤并不严重马匹的疼痛进行定位，并且神经阻导麻醉的结果应该与检蹄器检查的结果以及放射线影像的结果一起对治疗的效果进行评估。

慢性蹄叶炎病马有以下几个可能的临床表现形式：①急性蹄叶炎的延续；②过去慢性蹄叶炎的复发；③由于从未发现急性期或者购进的马匹疾病状况不清等原因导致的发病史不清。

对于蹄叶炎的预后判断和治疗来说，发病史的全面评估、病马的全身检查和蹄尖的检查都是非常重要的。最初急性期的严重程度是最初损伤的最佳指标并构成了预后判断的一个主要因素。急性期之后的病程为蹄小叶恢复过程在多大程度上可能已经导致蹄壳内远端指（趾）骨的不稳定提供了一些指示。患有慢性蹄叶炎的马匹，跛行的程度（表现为行走的意愿、行走时不自然的程度、抬脚的意愿以及躺卧的情况）与预后的情况并不总是相关的，同样的情况也存在于急性蹄叶炎中，并且，其与蹄部的临床表现或者放射影像学情况的变化也不存在必然联系。马匹如何优先放置其脚的行为可能暗示着蹄小叶损伤的分布情况，比如说，1 匹马优先将其体重作用于蹄踵可降低作用于背侧蹄小叶的压力和位于远端指（趾）骨背侧边缘下方蹄底的压力。类似地，1 匹马将体重压力作用于蹄部一侧可能是为了保护对侧的蹄壁或蹄底，当然，不对称的站立也可能是由其本身的构造所导致的。另外，需要一直对趾脉搏的强度进行评估以了解疼痛的程度。对蹄冠、蹄壁、蹄底和白线进行评估，结合检蹄器检查的结果以及冠状带的触诊结果，为蹄内的病理情况提供了临床指导。这个病理情况可能包括蹄壳变形、远端指（趾）骨转位、感染或屈肌继发性挛缩。

三、放射影像学（X 线）

慢性蹄叶炎的放射影像学特征目前已经非常清楚。高质量的侧位、背掌位的和背掌斜位是有必要的。曝光必须包括好的蹄壳影像。在侧位的放射影像学图像中，不透 X 线标记物在确定与蹄壳背部表面相关的远端指（趾）骨的位置方面意义重大。不透 X 线标记物应该被放置在正中矢状面的背侧蹄壁上，自冠状带开始并向末端延伸。另外，对于背掌位的放射影像学检查，线性标志可能被放在蹄壳内侧和外侧的壁上。另外，为了保证从放射影像学图像中获取更多的信息，应该使马匹站立于平面上并保持四肢承受体重的压力是均匀的以及掌骨垂直于地面。为了表明地面的水平，马应该站在 2 块同样高的内嵌有不透 X 线标记物的木制垫块上。

应进行侧位放射影像学检查来确定背侧蹄壁的厚度、蹄壳扭转的程度、远端指（趾）骨的趾底边缘与地面之间的角度、伸肌突的近端边缘与蹄冠之间的距离以及远端指（趾）骨背侧边缘与地面的距离。背掌位的影像对于确定蹄壳内是否存在远端指（趾）骨的不对称性远端转位方面是最有用的，特别是当这个不对称性转位与远端指（趾）骨和地面之间的距离减少、远侧指间关节空隙增加以及受损一端蹄壁增厚有关时。气窝的位置由相应的侧位及背掌位影像结果来确定。在背掌斜位影像中对远端指（趾）骨的边缘进行评估以检查蹄骨炎、死骨和边缘骨折。

应用阳性对照静脉造影术对蹄部进行造影可能提示趾血管系统的充盈缺损，而这往往意味着预后不良，也就是说，蹄小叶血管、回旋支区域和末端足弓的充盈缺损。当马蹄未着地时，将静脉造影术与包括有效的止血带止血技术、灌注造影剂在内的合适方法一起使用，以防止充盈缺损假阳性情况的出现是非常重要的。一旦使用静脉造影，就必须一直由有这方面经验的临床医生来操作和对结果进行解释。

四、结局和预后

慢性蹄叶炎病马治疗的最终结局可分为功能性结局和形态学结局。功能性结局是

最可能提示病马是否能重新恢复运动状态、是否能恢复基本生存或只能进行安乐死。形态学结局则更可能提示病马是否需要进行持续的乃至终身的治疗。虽然功能性和形态学结局之间的联系十分清楚，但是也需要注意的是，一些貌似有轻微形态学变化的马需要进行安乐死，而另一些发生形态学变化的马却能有希望进行强度更大的运动。

当慢性蹄叶炎发生时，其最终的结局是很难预测的，但是，蹄小叶最初受损的严重程度是预测病马是否能存活的最重要指标。初期放射影像学结果与功能性或形态学结局可能是不吻合的，然而，蹄底厚度和远端指（趾）骨表面与地面之间的角度清楚地预示着背侧趾骨扭转马匹治疗的难度，并且，其对于成功预测马匹恢复情况方面比蹄壳扭转程度更为有用。因为，远端指（趾）骨腔壁表面背侧的软组织厚度和蹄冠与伸肌突之间的距离预示着最初损伤的严重程度，因此，其有助于远端指（趾）骨末端转位马匹的预后判断。对于蹄壳扭转的马匹，其最终的形态学结局只有当新的背侧蹄壁生长穿过蹄壁中 1/3 位置时才明显。

五、治疗

治疗慢性蹄叶炎的期望结果是消除病马的疼痛以及蹄部恢复正常的外观和功能。但是很明显，要达到这种理想效果的难度很大。对慢性蹄叶炎需要采取多种治疗手段，如对蹄部采取支持疗法、药物治疗、手术干预和营养护理等。对于急性蹄叶炎的治疗，往往是药物治疗更为重要，而对于慢性蹄叶炎的治疗，支持疗法或治疗性钉蹄是最重要的。

（一）支持疗法

对于已经发生机械性分离的蹄小叶来说，直接使其重新结合是不可能的。要让蹄壁恢复机械性功能是一个循序渐进的过程，在不发生并发症的情况下可能需要长达 9 个月的时间。支持疗法的内容包括保持一个好的外部环境以使病马自然痊愈，如休息和好的钉蹄护理。由于活动会给受伤的蹄小叶增加压力，因此，让马匹在马厩中好好地休息对于急性蹄叶炎和慢性蹄叶炎早期都是非常有必要的。随后，需要平衡好休息和活动之间的关系，因为马匹在正常的活动过程中蹄部的伸缩有利于蹄壳功能的恢复。

对蹄部进行护理主要是治疗性钉蹄。对于患有慢性蹄叶炎马匹的蹄部护理，主要有 3 个治疗目标：保持蹄壳内远端指（趾）骨的稳定、控制疼痛和促进新蹄部的生长以使其与远端指（趾）骨保持可能的最正常的功能关联。努力保持蹄部的稳定以避免对剩余的蹄小叶附着点或形成的新蹄小叶附着点造成进一步的损伤是非常有必要的。出于人道方面的因素考虑，在控制疼痛的同时使病马恢复一定的功能以使其他肢体免受过多体重压力的方法是可取的。努力使蹄部恢复正常的外观和内在的状态，是使其今后恢复正常状态最可靠的方法。

稳定蹄壳内的远端指（趾）骨对于阻止远端指（趾）骨进一步的扭转或转位、促进愈合和减少疼痛是非常重要的。因此，了解蹄壳内远端指（趾）骨的稳定性对于患有慢性蹄叶炎马匹恢复期影响的程度，是进行有效治疗的关键。不幸的是，除了明显的转位进程可通过放射影像学技术和判定马匹疼痛程度来确定外，对于趾骨稳定性的判定目前还没有直接的方法。一般认为，远端指（趾）骨在转位发生之初是最不稳定的，除非出现蹄叶炎的另一个急性期，其随着组织修复而变得更加稳定。对于远端指（趾）骨是否变得更稳定的判断，目前可用的最好指标是判断马匹是否表现得更加舒适，因为稳定性的增加可降低组织的损伤。另外，区分由支持性蹄部护理所产生的短暂的稳定和由组织修复所产生的更长久的稳定是十分重要的。当支持性护理暂停时，前者会立即逆转。

为了达到每一个目的，必须遵循以下若干原则或目标，包括重新分配作用于足部的体重压力、调整翻蹄点和提高蹄踵。这些目标不应该与目的完全分离，因为这些目的至少在一定程度上是相互关联的。比如，增加稳定性有助于降低疼痛，因为不稳定是造成疼痛的原因之一。蹄部的不稳定和疼痛是在一开始处理慢性蹄叶炎时就需要考虑的问题，而恢复远端指（趾）骨和蹄壳之间正常的连接往往是第二位的。后者在不稳定性和疼痛已经得到很好的控制以及新蹄壁已经开始长出后变得更为重要。

要保持蹄壳的稳定需要降低作用于受损最严重的蹄小叶上的压力。因此，必要时，应将目标设为降低作用于受损最严重的蹄壁上的体重压力、将体重压力转移到损伤较轻的蹄壁上以及减少远侧指间关节的力矩。可通过增加蹄部内的稳定性在一定程度上减轻由蹄叶压力和损伤所导致的疼痛。可通过钉蹄来防止作用于紧贴远端指（趾）骨边缘末端的足部接触地面表面的直接压力从而减轻与蹄底组织缺血、创伤和挫伤相关的疼痛。在蹄部最开始生长时，限制剩余蹄壳扭转最重要的原则是消除作用于末端背侧蹄壁上的体重压力。如果背侧蹄壁上有凹面存在，则需要采取更为直接的干预措施。目前有一定数量的措施可供兽医和钉蹄师进行选择以应用这些原则，而且这些措施的数量还在稳步增加，但这些原则的优先顺序更为关键。

何时开始支持性治疗要根据临床症状的严重程度、远端指（趾）骨转位的类型、先前蹄叶炎的病程等情况进行确定。同样，每匹马在治疗时必须作为一个独立个体来对待。因此，没有一种以同样的方式进行系统应用的方法可在所有病例中均取得满意的效果。最重要的是，应该关注对上述原则的坚持而不是过分关注钉蹄的技术和方法。

3 种不同类型的远端指（趾）骨转位有必要进行单独的讨论。慢性蹄叶炎的临床严重程度和病程的变化多种多样，在本章中不可能囊括所有的情景。因此，本章介绍针对最严重的病情的治疗，并基于以下考虑：损伤较轻的马匹可能不需要采取所有的治疗手段，比如，1 匹患有严重的远端指（趾）骨扭转的马匹可能需要翻蹄点的修正、重新由蹄底和蹄叉负重并抬高蹄踵，而受损较轻的马匹可能只需要翻蹄的改善，并且考虑是否需要增加蹄底和蹄叉的负重。

（二）背侧蹄壳-趾骨扭转

背侧蹄壳或趾骨扭转的治疗可分为若干个阶段。首先，开始于蹄叶炎急性阶段的支持性治疗需要继续进行，直到马匹出现好转，比如进一步转位的停止等。其次，需要遵守关于保持稳定性和控制疼痛的相同原则，即如果已钉好的蹄铁，包括大部分正常蹄铁在内，可能导致不稳定则需要被移除。在急性阶段使用的支持性治疗方法可能

包括削修蹄尖、在蹄底填充硅胶乳液或高密度聚苯乙烯泡沫塑料、使用可塑的垫料、使用某种形式的抬踵或木制蹄铁。在3～6周之后，如果稳定的话，就可以对马蹄进行修剪或钉蹄了。

在这个阶段，对于发生慢性蹄壳扭转马（无论存在或不存在趾骨扭转的情况）的处理目标是尽量使蹄部恢复到正常的状态，无论是解剖构造方面还是功能方面。治疗一般从修剪开始，随后需要决定的是马匹需要进行钉蹄还是继续保持裸蹄状态。如果要让马继续保持裸蹄，那么需要保证蹄底的厚度应该足够。如果要对马进行钉蹄，需要执行一些指导方针来确定远端指（趾）骨保持稳定的程度。最后，当马匹的状态有所恢复时，临床医生必须决定如何和合适对治疗方案进行调整，直到最后达到最佳的效果。

（三）修剪

蹄部修剪是对所有存在慢性背侧蹄壳扭转或趾骨扭转的马匹进行治疗的基础方法。在进行修剪之前，需要观察马在运动时（包括走直线和转身时）跛行的程度，以确定是蹄踵、蹄尖还是一侧的蹄壳先着地。修剪的即时目标是将远端指（趾）骨的趾底边缘与蹄壳底部进行重新排列。为了准确的达到这个目的，需要放射影像学的指导（图201-2）。修剪的长期目标是使远端指（趾）骨和蹄壳之间恢复最好的解剖学关联。

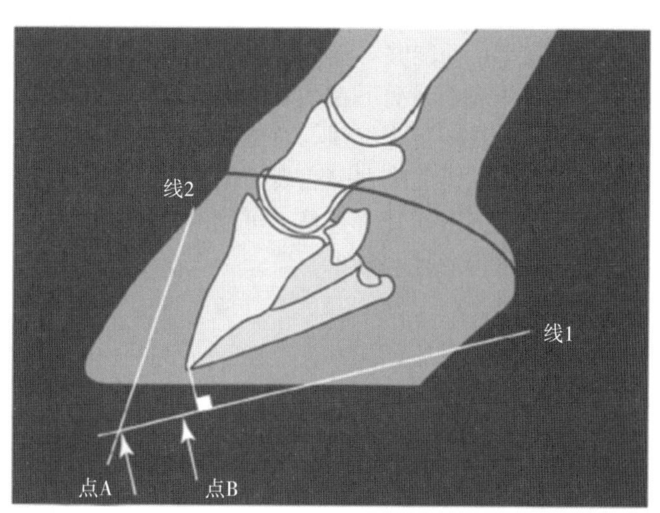

图 201-2　背侧蹄壳扭转的侧位放射影像学示意图

使用侧位放射影像学技术有助于背侧扭转的病马进行修剪和钉蹄。线1与远端指（趾）骨的趾底面基本上是平行的，而且距离大约为15mm。线2与远端指（趾）骨腔壁表面基本上是平行的，而且距离是15～18mm。点A位于线1与线2的交汇处，也是蹄铁的趾部所在的位置。点B距离远端指（趾）骨背侧边缘大约6mm，而且大约位于翻蹄点上

远端指（趾）骨的趾底边缘正常情况下与蹄底呈2°～5°的角度，远端指（趾）骨的背侧趾底边缘到蹄底的距离大约为15mm。上述角度和距离的具体数值由于不同马匹的形格和大小以及马匹品种的原因而存在差异，但在进行前期的放射影像学检查之

前，这些数值可作为参考值。因此，修剪的平面可利用放射线影像技术、通过在平行并距离远端指（趾）骨的趾底边缘远端 15mm 画 1 条线来进行估计。根据受损后扭转和蹄底生长的程度，远端指（趾）骨的背侧趾底边缘与蹄底之间的距离通常比正常情况要短。使蹄底厚度保持在 15mm 以上是非常重要的，因为过薄的蹄底往往容易引起挫伤和疼痛。然而，对于那些背侧蹄底厚度＜15mm 的马匹，如果不减少蹄底的厚度，其蹄底接触地面表面不能与从蹄尖到蹄踵的远端指（趾）骨蹄底边缘进行重排。因此，对于这些马，蹄壁和蹄底只能在相对于该点的掌侧部分进行修剪（在该点，蹄壳接触地面表面与趾底边缘的距离＞15mm）。修剪一般开始于与蹄部中间或最宽处最近的位置，而且为清晰起见，可以沿蹄部进行测量和画线。因此，一般情况下，在修剪后，蹄壳接触地面表面的背侧和掌侧部分可形成 2 个不同平面（图 201-3）。2 个平面之间的结合处一般不位于最宽点的掌侧，但可能是蹄尖最宽点前面的任何位置。用该方法进行修剪的另一个结果是，降低了的蹄踵可导致指深屈肌腱张力的增加，而增加的张力可能导致马匹在负重和移动时的疼痛的增加。蹄底部分不平整以及指深屈肌腱张力增强的情况，都应该在钉蹄时进行处理。修剪之后，需要对马匹的运动情况进行观察，包括跛行程度方面或着地类型方面任何的改变。最后，每一个进行了修剪的蹄应该放在对侧肢部掌侧的地面上，以评估蹄壳踵是否接触地面。蹄踵下存在间隙意味着指深屈肌腱张力的增加和钉蹄时有必要抬高蹄踵。

对于一部分马，可能仅仅进行修剪就可以达到满意的效果。这些马一般具有以下特征：往往拥有足够的蹄底厚度而能够对整个蹄底平面进行修剪、趾骨扭转情况较轻、在不用止痛剂或仅用小剂量止痛剂情况下在柔软的地面行走表现得较为舒适。可以短暂使用马靴以使未使用蹄铁的马匹更为舒适，直到蹄底厚度改善。如果希望进行裸蹄护理，但是在没有减少背侧蹄底厚度或在蹄底表面创建 2 个平面的情况下，对其进行修剪以利用地面对进行远端指（趾）骨矫直是不可能的，一种可能的方式是以渐进的方式逐渐对远端指（趾）骨进行矫直（图 201-4）。

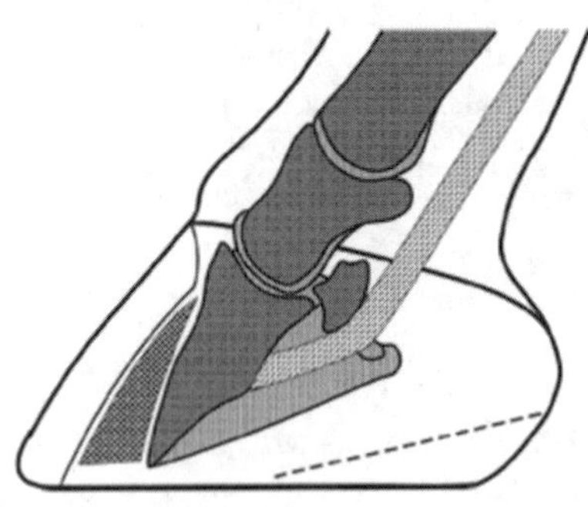

图 201-3　新近发生严重的背侧蹄壳和趾骨扭转的慢性蹄叶炎病马蹄部示意图

虚线表示修剪平面。需要注意的是，在修剪后，蹄的背侧部将与蹄的掌侧部位于不同的平面上

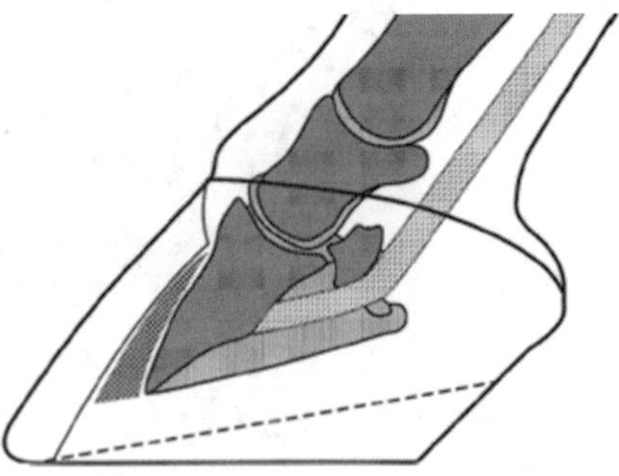

图 201-4　相比于图 201-3，扭转情况更轻、蹄底更厚的慢性蹄叶炎病马的蹄部示意图

虚线表示修剪平面。需要注意的是，在该图中，蹄部接触地面表面在修剪后将形成一个平面

（四）钉蹄

开始于急性阶段的支持性治疗需要一直使用，直到出现以下情况：在相当长的时间内病马表现舒适、只需进行较少的用药并且没有出现进一步的放射影像学结果的变化。一旦达到这些标准，就可以对马进行钉蹄。在钉蹄的时候，这些马应该能够使用对侧肢站立，因为作者并不认同使用局部麻醉。鉴于以下几个原因，目前还没有一种钉蹄方法可以治疗所有患有慢性蹄壳扭转或趾骨扭转的马匹：疾病起始时严重程度不同、个体蹄部构造的差异变化很大、病程发展速率不同以及前期治疗情况差异也很大。然而，还是有一些指导原则已经被证明是有用并可以运用到病马个体治疗中。

1. 钉蹄的一般原则

关于蹄铁的选择和钉蹄技术，有 3 个主要方面需要考虑：①翻蹄点位置的确定。②是否为蹄叉和蹄底的接触地面部分提供支持以重新分配负重，如果是，用什么类型？③是否抬高蹄踵？

相比于正常的钉蹄，向掌侧方向移动翻蹄点的目的是在背侧蹄尖降低背侧蹄小叶内的压力来提高马匹运动时的舒适度。对于患有背侧蹄壳扭转马匹来说，什么位置是最佳的翻蹄点目前还存在争议。然而，一个好的指导原则是在放射影像学图像上画 1 条线，以指示理想的修剪平面，随后画第二条线，与第一条线垂直并与远端指（趾）骨的背侧趾边缘平行（图 201-2）。随后，翻蹄点被定位于与 2 条线交汇处的背侧 6～9mm 处。一些临床医生倾向于通过从背侧蹄冠部到地面的垂直线来确定翻蹄点的位置，并在位于蹄匣接触地面部分上标记该点。如果在蹄铁上的这个点上进行翻蹄，那么翻蹄点将位于远端指（趾）骨背侧 6～9mm 处。翻蹄点的位置可以通过将蹄尖修锉至上翻的弧形使其向掌侧移动至背侧蹄边缘。这个可将背侧蹄尖打磨以与蹄铁相适应，即从蹄铁内缘开始打磨并向蹄铁的外周延伸。一些临床医生将翻蹄点定位于远端指（趾）骨背侧边缘的掌侧，这样造成的问题是将在很大程度上减少蹄部承受体重的接触地面部分的面积。另外，蹄铁背侧边缘位置的确定是需要关注的。蹄铁放置的最背侧点的位置最好通过在放射影像学图像上画第三条线来确定，该线平行于并距远端指（趾）骨的腔壁表面 15～18mm（图 201-2）。蹄铁背侧边缘的位置不应比这条线和那条线（指示着蹄底部分最佳平面）的交汇处更为背侧（图 201-5）。如果定位于这个点的背侧并与背侧蹄壁接触，可能导致过多的张力作用于背侧蹄小叶并导致接下来背侧蹄壁的生长远离远端指（趾）骨腔壁表面。如果蹄铁的蹄尖部分与紧贴远端指（趾）骨背侧边缘末端的薄蹄底背侧边缘撞击，所产生的压力会导致瘀伤和缺血，并且可能使马匹遭受更多的疼痛。

对蹄底和蹄叉进行支持的目的是重新分配负重（也就是降低背侧蹄壁的负重），从而减少作用于蹄小叶的压力。蹄叉和蹄底接触地面部分可以由全封闭型蹄铁，通常是心形蹄铁、垫子或一种合成的复合材料来进行部分或全部的支持。合成聚合物，如硅胶乳液或聚亚胺酯，可用来对蹄底部分进行塑模并填充蹄铁分支之间的空隙并随之为蹄底部分提供最大程度的支持。蹄底支持必须根据马匹个体情况开展，而且一般仅限于足底的掌侧部分。需要注意的是，对于那些背侧蹄底较薄（对压力非常敏感）的马来说，不能进行紧贴远端指（趾）骨背侧边缘末端的支持。

抬高蹄踵的目的是降低指深屈肌腱的张力，而这能减少远侧指间关节力矩以降低背侧蹄小叶内的压力。这种方式对于患有趾骨扭转的马匹在直线行走时蹄尖首先着地的情况下是最合适的。蹄踵抬高 2°～3°。蹄踵可以通过楔形蹄铁、楔形垫子、楔形蹄踵嵌或垫子来提高（图 201-6）。蹄踵抬高的最佳效果评价方法为马匹的舒适度（包括驻立和运动时）。马匹如何着地对于蹄踵抬高的程度是否合适是一个很好的指示，比如马匹蹄踵着地是最理想的。不幸的是，蹄踵抬高的持续时间过长可导致蹄踵萎缩，随后可能造成蹄踵疼痛。因此，只能根据需要进行最小限度的蹄踵抬高，并且一旦跛行情况出现改善则应尽快停止蹄踵抬高。

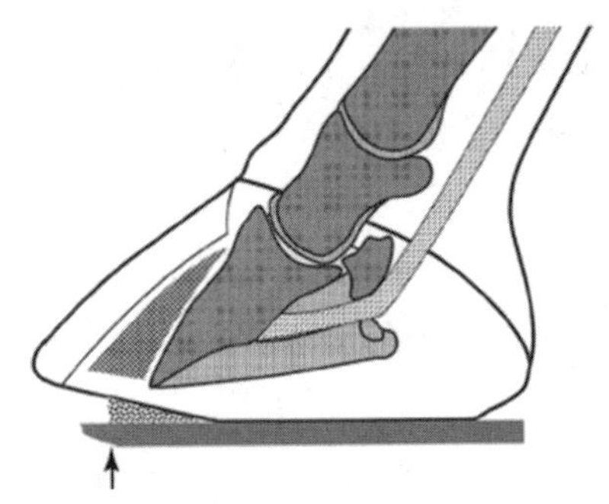

图 201-5　蹄铁位置确定和翻蹄点（箭头所示）的示意图

需要注意的是，在钉蹄之前填充蹄壁背侧部分与蹄铁之间的三角形空隙（如果有必要的话用复合材料）并能增加稳定性

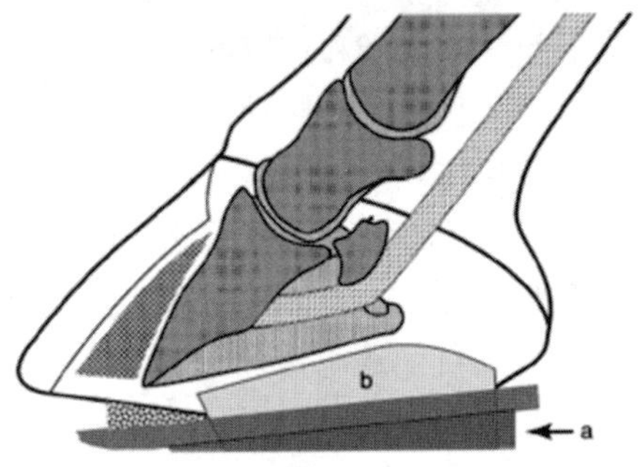

图 201-6　蹄踵抬高的示意图

图中，垫子（a）和蹄底支撑物（b）一起用来抬高蹄踵

如何使用这些原则要根据个体病例情况，一个有经验的临床医生会根据发病史、身体检查和放射影像学结果来判断哪种治疗方法是有效的。几乎所有的病马都能通过向掌侧方向移动翻蹄点中受益。步态的严重程度、蹄底的厚度以及检蹄器对蹄底进行检查的结果，对于蹄底支持使用的程度、应该被使用的类型以及放置的位置等有很好的指示作用。修剪的效果、跛行的严重程度和是否蹄踵首先着地、平脚着地或蹄尖着地提示是否有必要抬高蹄踵以及抬高的程度。相反的，确定何时停止支持性护理需要依照相同的程序。

2. 蹄铁的类型

基于上述原则使用若干不同的方法可以得到类似的结果。用指定的方法获得的成功能增加兽医和钉蹄师的经验。遵循上述原则比使用不同类型的蹄铁更为重要。最开始使用的蹄铁可以从铝制蹄铁或宽边钢制蹄铁（普通蹄铁的宽度一般为 15～25mm，而宽边蹄铁一般宽度>30mm，且一般需要手工定制，译者注）开始。可对蹄部进行适当的修剪，使最初订制的蹄铁中间部位与蹄部的中间位置一致。可将翻蹄点按前面描述的指定位置锻造或打磨进蹄铁中，并在有必要时抬高蹄踵。通过使用楔形蹄铁、使用楔形垫或楔形蹄踵嵌，或在蹄铁接触地面部分加上垫子来抬高蹄踵。心形蹄铁常用于慢性蹄叶炎的治疗，并且可以重新分配作用于脚掌部的负重。然而，这种类型的蹄铁只适用于蹄叉结实而且蹄垫能承受额外负重的蹄。作者利用宽边的加垫铝制蹄铁和木制蹄铁取得了最多的成功。

（1）轨掌　轨掌一般情况下基于方形的蹄尖和/或重度翻卷蹄尖的露蹄踵的类型。轨掌的轨是窄的楔形远端延长，应用于蹄铁接触地面部分的轴向边（图 201-7）。同样的，它们抬高了蹄踵并且缓解了内侧或外侧的翻蹄点（记住翻蹄点是依赖于表面的）。轨可以制作成不同的高度。目前有一种商品化的产品可以在蹄铁已经安装在马蹄上后还可以更换其上的轨。轨掌通常配合蹄叉和蹄底支持疗法使用。当使用轨掌时，由蹄底和蹄叉负重的补充可从通过蹄铁分支之间所使用的硅胶乳液来完成。

图 201-7　图中的蹄铁由 1 个桶形掌锻造而成。这个蹄铁被进行了锻造以调整翻蹄点。轨已经与蹄铁接触地面部分的轴端面进行了焊接，随后使用磨刀使其与蹄铁上的翻蹄点吻合

（2）木制蹄铁　木制蹄铁在治疗慢性蹄叶炎中已经成为一种常用的、多用途的工具。因为使用木制蹄铁不会造成损伤，因此，它几乎可以在病程中的任何阶段进行使用。本章的第二位作者将它作为一种过渡性的工具以增加蹄底的厚度和促进蹄冠部蹄壁的生长。木制蹄铁由胶合板制成，它的形状或者基于蹄部的天然形状，或者将最接近天然的平衡型蹄铁作为模板。其主体结构由 19mm 的胶合板裁剪而成，周边斜切成 45°的角。这不仅仅是在掌侧方向移动翻蹄点，而且向轴的方向移动内侧和外侧负重面，以增强内侧和外侧的翻蹄（图 201-8 和图 201-9）。为了在蹄尖上进一步增强翻蹄，需要用锉刀或砂轮机对蹄铁前面进行斜切，直到翻蹄点达到前面描述的位置。对 6mm 或 9mm 的胶合板的第二层进行切割，以使其与蹄铁

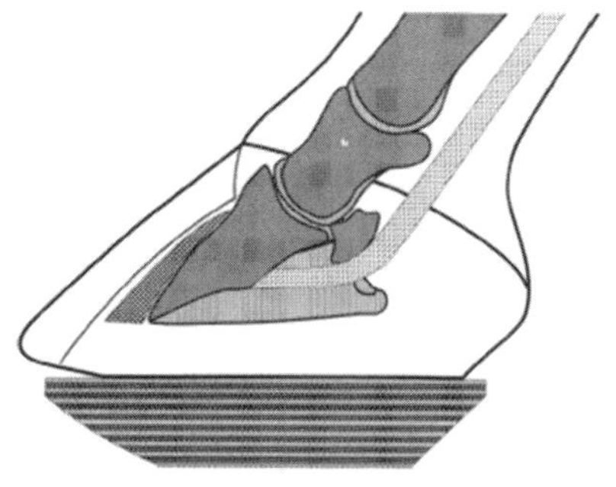

图 201-8　木制蹄铁的形状和合适度的示意图

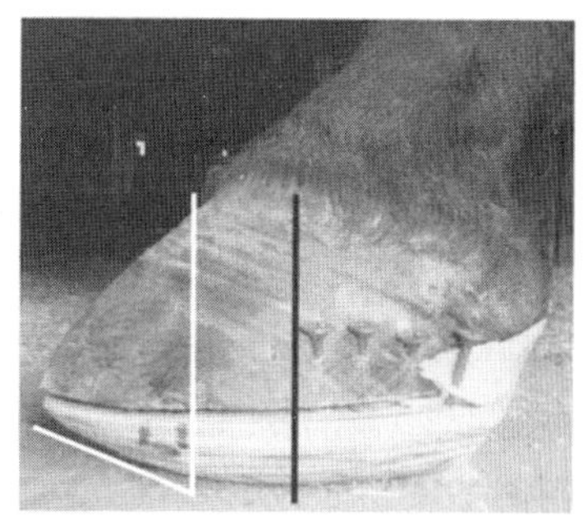

图 201-9　患有慢性蹄叶炎的马匹使用木制蹄铁

图中蹄踵上的最后一个螺丝钉叫作支柱，黑线表示的蹄部最宽处，白线从背侧蹄冠到地面，代表翻蹄

的脚侧吻合并用胶黏剂或螺丝钉固定。这个第二层可增加蹄铁的高度。木制蹄铁的高度与背侧蹄壳扭转的程度相关。如果扭转情况更严重，则需要更高的垫子以达到期望的背侧蹄尖。为了防止打滑，可以在蹄铁接触地面部分加一层橡胶，或者可以使用钨头的蹄钉。可以在脚掌接触地面部分和蹄铁之间加一层有硅胶液并使马匹适应负重。使用在末端蹄壁上的引导孔将螺丝钉置入，可使掌和末端蹄壁结合，或者可将螺丝钉拧入毗连末端蹄壁边缘的胶合板上，用缠绕于蹄部周围的 5cm 铸造胶带使蹄铁与螺丝钉头固定在一起。如果有必要，楔形垫可被用在蹄铁的脚背上以提高蹄踵的高度。如果蹄底下垂到蹄壁线以下或远端指（趾）骨已经穿透蹄底，使蹄铁脚面凹进以消除作用于蹄底的直接压力并且将硅胶乳液清除。

（3）其他类型的蹄铁　对于蛋型蹄铁、心型蹄铁、反向蹄铁或正常的开放型蹄铁，可或多或少的使用上述相同的原则。对于这些蹄铁，如果有需要，可以按照上述同样的方法对背侧蹄尖进行调节，但是除反向蹄铁以外，因为在此种蹄铁中，翻蹄点是由蹄铁臂的掌侧端来决定的。同样的，它们都有一定程度的抬踵，并且如上所述，由部分或全部的蹄叉和蹄底接触地面部分承担体重。所有的蹄铁在使用过程中，都有一定程度的将内外侧翻蹄点进行削磨以适应蹄铁的情况，但通常情况下，轨掌和木制蹄铁的程度会有不同。对于一些类型的蹄铁来说，其对于特定目的的适用性方面可能存在一定的缺陷，应该更注重原则而不是技术。

（五）颠倒过程

对于病情最严重的马匹，调整翻蹄点、蹄底和蹄叉支持以及抬高蹄踵都是必需的。随着受损组织的恢复，马匹开始感觉舒适并且背侧蹄壁开始生长。很多时候，蹄壁的生长倾向于与远端指（趾）骨腔壁表面平行。随着稳定性和舒适性的增加，可以取消蹄踵的抬高，但是依旧需要用类似的蹄铁和蹄底及蹄叉的支持。如果稳定性进一步提高，可以取消蹄底及蹄叉的支持。最终，马匹可能钉正常的蹄铁或不用蹄铁。然而，对于一些发生永久性背侧蹄壳扭转的马来说，即使不再需要抬高蹄踵和蹄底及蹄叉的支持，但可能需要在放射线影像技术的帮助下对蹄铁进行反复重置。

（六）远端指（趾）骨的末端转位

存在严重转位（下沉）的马匹通常是没有治疗的价值的。远端指（趾）骨末端转位马匹的治疗与最初表现为蹄壳扭转马匹治疗的本质区别是，中和远侧指间关节的力矩在后者更为重要。和蹄壳扭转一样，最初的治疗是急性支持性治疗的延续，这包括用硅胶乳液或类似的物质对蹄部接触地面的表面进行包裹、用泡沫聚苯乙烯对蹄部接触地面的表面进行缠绕使马驻立在沙子上或使用木质蹄铁。也有报道成功使用玻璃纤维铸型和圆顶型的复合材料一起应用于浇铸物的接触地面表面。然而，对于存在末端转位的马匹，作者在对马进行钉蹄之前可能继续采取这种治疗手段相当长的时间，如果必要的话可能是 2～4 个月。

这些蹄铁的前部同样也是方形的、卷曲的，并且按照与前面讨论的患有蹄壳扭转的马匹的蹄形进行打制。由于很少涉及指深屈肌腱，因此，一般不需要抬高蹄踵。蹄底腔、蹄叉沟和蹄铁分支之间的空隙同样被硅胶乳液所填充。或者就像前面所描述的一样使用木制蹄铁，但不抬高蹄踵。4～8 个月以后，则可以取消蹄底支持。8～12 个月之后，可能重新使用正常的蹄铁或不使用蹄铁。

（七）远端指（趾）骨的中侧扭转

目前对于远端指（趾）骨中侧扭转病马的治疗方法很少，而且相比于背侧蹄壳扭转或末端转位来说，目前也缺乏公认的方法。理论上来说，蹄壳可以通过增加对侧一边的负重或减少受损一边的负重来增加与远端指（趾）骨有关的稳定性。这可在蹄对侧一边延长蹄铁以充当杠杆的作用，并因此作为轻微楔子。作者通过使用轨掌或木制蹄铁，并在未受损一侧将蹄铁适当增宽以及与硅胶乳液联合使用，在一定数量病马中控制侧向扭转取得了一定的成功（图 201-10）。这种方法明显地提高舒适度并促进受损一边蹄冠部蹄壁的生长，或者与前面讨论的患有蹄壳扭转的马匹相同，随着时间的推移使中侧扭转完全改善。针对单侧转位来说，钉蹄治疗似乎需要在疾病早期就进行使用，这样才能得到好的效果。这种技术的应用似乎是有前途的，但是需要更多的数据来证实其效果。因为这种情况下并发症的发生率似乎很高，所以，这种类型转位的病马治疗预后比其他发生背侧蹄壳或趾骨扭转的马匹更不理想。

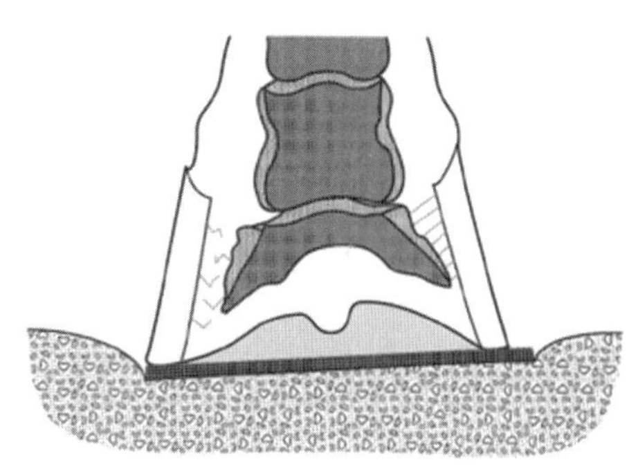
图 201-10　远端指（趾）骨单侧（左边）末端转位和蹄铁位置的示意图

如此可以起到一定的牵引作用，以将更多的负重转移到蹄壁更健康的一端（右边）

六、药物治疗和营养管理

在慢性蹄叶炎的发病早期，开始于急性阶段的药物治疗继续进行并在 1～2 周后逐渐减少。这个时期以后，如果马匹进入慢性期，如果有必要的话，可以继续使用一些镇痛剂以控制疼痛和炎症。但是，需要平衡好疼痛控制和避免由非甾体类抗炎药所产生的胃肠道副作用之间的关系。

在慢性蹄叶炎的治疗方法中，目前还没有使用全身性抗菌药物的系统性指南。然而，对于那些蹄壳和远端指（趾）骨之间疑似空化的马匹和蹄底或白线结构弱化、蹄壳下可能发生感染的马匹，它们的使用可能是必要的。作者认为对于蹄壳下软组织已经发生感染（一般是 10～20d）的马匹，也有必要联合使用全身性抗菌药物和外科引流术。当发生骨髓炎时，进行更长时间的治疗是合理的。可以通过引流管往蹄壳腔中注入抗菌药物，一般在敷料剂下使用，或以甲基丙烯酸甲酯浸渍珠的形式塞入受损处。目前通过对肢部进行局部抗菌药物静脉灌注以治疗肢体末端肌肉骨骼感染的方法已经较为成熟，但由于这些组织的供血变少，这种方法对于治疗慢性蹄叶炎的效果可能有限，但是依旧值得考虑。

内分泌相关的蹄叶炎医疗管理在别处已经进行了详尽的描述。对于已经出现消瘦的慢性蹄叶炎病马，采取饥饿疗法是不可取的，因为足够的营养水平对于促进最佳的组织愈合是必需的。饮食中缺乏蛋白质或钙往往导致蹄部生长不良和蹄的质量降低。因此，最佳的营养管理需要在为组织愈合提供所需的营养和避免体重增加之间保持一种平衡。一般推荐饲喂高质量的干草或苜蓿。另外，添加生物素被认为可以增加蹄壁的强度。

七、手术治疗

(一) 指深屈肌腱切断术

在以下 3 种情况下，提示需要对发生趾骨扭转的马匹进行指深屈肌腱切断术：第 1 种是发生远端指（趾）骨渐进性扭转的马匹（即使已经采取很多保守方法试图尽量稳定它），特别是那些远端指（趾）骨已经正在穿透蹄底的马匹。第 2 种是尽管远端指（趾）骨表现出明显的稳定性，但是马匹表现出持续严重不适和蹄底或背侧蹄壁几乎或根本不生长的情况。在进行指深屈肌腱切除术后，蹄底生长率通常会有一个明显的增长，并且疼痛会减轻。最后一种情况是，指深屈肌腱切断术可以纠正发生于慢性蹄叶炎治疗较晚阶段的严重弯曲畸形。虽然指深屈肌腱切断术被认为是一种挽救措施，但是一些病马在实施该手术后可以恢复部分的运动能力。

指深屈肌腱切断术不仅可以在掌骨中部区域进行，还可以在骹骨中部区域进行，但是在前者的操作更为简单，而且不需要进入滑膜结构。另外，似乎有足够的软组织附着于肌腱切断部位远端和趾腱鞘近端的指深屈肌腱上，与骹骨中部区域相比，在掌骨中部区域实施切腱术后，远侧指间关节略微稳定。此外，如果有必要再实施一次切腱术，在首先进行掌骨中部区域切腱术的情况下，与第一次切腱术有关的粘连可发生在第二次切腱术近端的位置；如果先对骹骨中部区域进行手术，那么骹骨的粘连会影响掌骨中部区域切腱术的效果。

可以在对站立的马匹使用镇静剂和局麻或全麻情况下，对掌骨中部区域进行切腱术。实施站立手术的优点是快速和经济。在全麻状态下进行手术的优点是可以保证无菌操作。在麻醉状态下进行手术的缺点是在麻醉恢复过程中，理论上存在远侧指间关节伸展过度的风险。如果对马匹使用夹板，如 Kimsey 夹板，可以用来固定蹄和末端肢部，或者使用石膏或石膏绷带，这样可以降低风险。

在实施指深屈肌腱切断术后，易发生蹄尖上翘的情况，如同动物后仰或行走时的情况。这种趋势可以通过使用相对较短的蹄踵蹄铁来减轻。更需要考虑的是缺乏由指深屈肌腱对舟状骨的支持而继发的远侧指间关节半脱位的趋势。远侧指间关节脱臼的这个趋势能够通过抬高蹄踵来限制，而且一般只需要抬高 2°～3°，并且以抵消半脱位为目的的蹄踵抬高程度可以通过放射影像学技术来进行评估。

(二) 远端指（趾）骨的清创引流

利用手术引流的方法从由蹄壁或蹄底与下层软组织分离所产生的空隙中排出渗出

物，对于降低压力是非常重要的，而随之可以减轻疼痛和阻止进一步的分离。引流最佳的位置是背侧蹄壁的末端方向，即蹄底表皮和真皮结合处的平面接触末端蹄小叶的位置，因为如此的话，可以保证蹄底总厚度。但较为困难的是，如何确定引流的时间。过早的引流可能对本来无菌的空隙造成污染，但是过晚引流就可能导致蹄小叶或下蹄底的进一步分离。无菌空隙的引流被提倡用于减轻压力。对于 1 匹正常的马而言，背侧蹄壁的开窗术仅有很低的感染风险。然而，对于 1 匹真皮蹄小叶血管受损的马而言，背侧蹄壁开窗术的风险将增大。为此，作者都避免打开无菌的空隙。

鉴于以下 2 个原因，对远端指（趾）骨进行清创一直是存在争议的。首先，确定是否存在骨髓炎是非常困难的。蹄底穿孔本质上并不意味着骨髓炎的存在，并且很难通过放射影像学技术来区分由感染和无菌性炎症所导致的远端指（趾）骨骨裂。打开原本无菌的远端指（趾）骨并对其进行清创可能导致感染的发生。第二，清创的效果是值得怀疑的。毋庸置疑的是，当与其他药物联合使用时，对于一些马匹进行清创可以消除感染。然而，对于其他的马匹，清创只是简单地使深层骨骼暴露于感染源，如此会导致远端指（趾）骨的渐进性损伤。

当蹄壳分离发生时，移动蹄壳可导致蹄冠带的下层组织发炎。可以采取切除近端蹄壁的方法以保护生殖上皮。最好能沿着近端到远端的方向使切除部分逐渐变小，以分散压力和减小在更远端造成另一个压力高峰的可能性。

（三）开槽和蹄壁切除

在远端蹄壁的负重解除后，蹄冠带开槽或背侧蹄壁切除可能对背侧蹄壁与远端指（趾）骨腔壁表面持续的分离产生影响。蹄冠带的开槽机械性地使新的近端蹄壁与旧的末端蹄壁分离，并通过与减少压力蹄冠带压力有关的一些机理，以增强靠近槽的蹄冠带部分的蹄部生长。随着新蹄壁的远端迁移，槽也逐渐开始生长。

当其他方法已经证明失败后，可以采取对背侧蹄壁进行部分或全部切除的方法，该方法被认为可以改善新蹄壁生长的方向和速率。蹄壁切除或许还可以清除富集蹄壁和远端指（趾）骨之间坏死组织的引流管道。蹄壁的完整切除将切除从蹄壁负重面直至冠状带的一整个宽条，而蹄壁的部分切除是根据实际需求从蹄壁的负重面向上延伸切除一定长度的蹄壁。因此，与其将蹄壁远端和近端分离，倒不如简单地将远端蹄壁移除。这种方法允许对更多表面的增生性表皮进行清创。然而，剩余的蹄小叶附着物变得毫无用处，而且潜在的增加了远端指（趾）骨背侧边缘冲击紧贴蹄底软组织的趋势。同样，压力此时聚集于切除部分的蹄壁边缘上，增加了在这些点的蹄壁内分离的趋势。这伴随着张力带的缺乏，而这些由背侧蹄壁提供的张力带用以保持蹄边部在一起。最近，有人提出在蹄壁的远端边界进行较短的切除可能对于蹄底真皮乳头再定位、接近它与蹄壁交界处有益处。一般而言，蹄壁切除的作用已经被重新评估，并且全部切除的应用较少，但是有针对性的远端切除或许是有益的。

遗憾的是，对于那些继发于蹄冠沟形状改变或蹄冠带真皮乳头重定向的背侧蹄壁的畸形，无论是蹄冠开槽或者蹄壁的切除，都不可能有效地改善状况。并且，如果表皮的基底层由于下层真皮的增厚而被远端指（趾）骨腔壁表面所取代，表皮与远端指

（趾）骨的结合将是不可能的。

八、治疗失败

对于慢性蹄叶炎病马治疗失败的原因有很多。发病初期，病情的过于严重是最重要的原因，特别是在伴随有持续性感染的情况下。同时，由于治疗往往是旷日持久、昂贵和耗费精力的，因此，经济方面的因素也是非常重要的。因此，一些马主人在发现需要巨大的花费或需要对病马进行长期护理时，往往决定终止治疗。

马主人不遵循医嘱的情况并不少见。随着治疗的推进，在完全恢复之前，跛行的情况往往会减轻，此时马主人往往会忽视专业的建议而选择暂停治疗。过度的训练促进了额外的蹄小叶损伤，而这将导致病情的反复。同样，不坚持兽医或钉蹄师的日常安排也会导致蹄壳的过分发育或扭曲以及蹄铁变形，所有这些都会延长治疗的时间以及增加失败的可能性。

推荐阅读 

Collins SA，van Eps AW，Pollitt CC，et al. The lamellar wedge. Vet Clin North Am Equine Pract，2010，26：179-195.

Nickels FA. Hoofcare of the laminitic horse. In：Ross MW，Dyson SJ，eds. Diagnosis and Management of Equine Lameness. St. Louis：Saunders，2003：332-335.

O'Grady SE，Parks AH. Farriery options for acute and chronic laminitis. In：Proceedings of the American Association of Equine Practitioners，2008，54：355-363.

O'Grady SE，Steward ML. The wooden shoe as an option for treating chronic laminitis. Equine Vet Educ，2009，8：272-276.

Rucker A. Chronic laminitis：strategic hoof wall resection. Vet Clin North Am Equine Pract，2010，26：197-205.

（张海明　译，彭煜师　校）

第 202 章　赛马应力性骨折的诊断

Susan M. Stover

一、应力性骨折概述

赛马的应力性骨折是赛马的一种职业性损伤，重复的运动以及长时间的过劳往往是其发生的原因。训练和比赛中肢部的重复运动使骨骼反复承受高负载的压力。在平地速度赛马比赛中，赛马在高速疾驰过程中，负重的压力往往作用于特定部位，因此，骨骼的特定区域会承受非常大的作用力。而这些部位往往就是赛马发生应力性骨折的部位。

（一）发病机理

当重复性压力作用于骨骼而导致骨骼的局部区域遭受实质性损伤时，就会发生应力性骨折。损伤集中于骨应力最高的部位，这些骨应力来自马匹高速疾驰过程中由地面传递的作用力以及肌肉力和韧带力。这些结构的损伤程度直接与每个负荷周期的负重强度以及负荷周期的数量有关。对于赛马而言，直接与赛马的奔跑速度和疾驰过程中的步数或距离有关。因此，更长时间和更快速度的奔跑运动可引起马匹在每一次运动或比赛过程中发生更为严重的骨骼损伤。损伤的频率也与上述的运动或比赛的频率有关。

某个部位损伤的程度不仅与受损频率有关，还与受损骨骼修复的频率有关。在马的一生中，骨骼内常会发生损伤。如果没有一种方法来修复这些损伤，这些损伤会逐渐累积、合并，并最终导致疲劳性破坏和完全骨折。幸运的是，马在其一生中受损的骨骼组织总是会被清除和替代，并不断地更新骨架。在组织水平上，通过骨骼的重塑过程进行上述的更新。受损的、不能成活的骨组织微观区域由破骨细胞进行清除，并且再吸收的骨骼随之通过破骨细胞由新的健康骨组织所替代。然而，骨骼重塑有其速度限制。破骨细胞可在数天或数周内迅速地清除受损的骨骼组织，但需要数月的时间来用新的高质量的骨骼组织（也就是板层状结构的骨组织）来填充缺损。其结果是，在损伤修复过程中，存在于骨组织内的空隙（图 202-1）可以显著地削弱骨骼结构，并使骨骼在正常运动过程中对于损伤更为敏感（即那些平常不被认为是过度使用的运动）。由于作用域骨骼的压力分配于更少量的骨材料上，因此，同样的负荷在骨上产生的应力增加了。对于应力性骨折，这些位置位于皮质的密质骨中。

骨组织对于皮质潜在的功能退化反应比受损骨骼由皮内质骨组织重塑的替换更为迅速。编织骨组织由骨膜和骨内膜的成骨细胞以及排列于骨小梁表面的成骨细胞应用

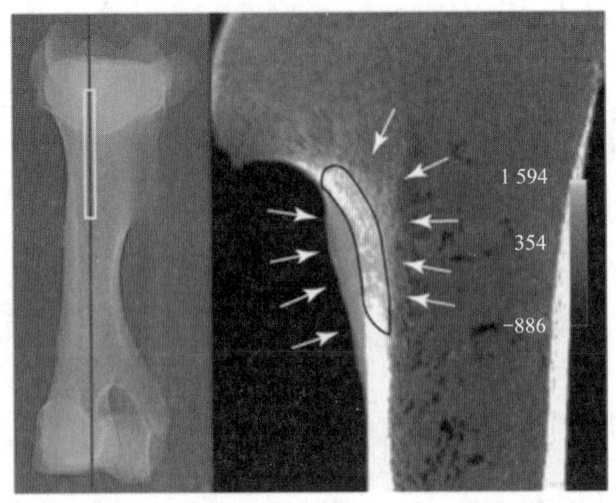

图 202-1　肱骨颈背后的后近端区域的马尸体肱骨应力性骨折的计算机断层扫描照片

定位像中的矩形代表右侧矢状平面的放大图。皮质的密质骨呈现为白色。矿物质密度更低的多孔骨呈现的颜色更黑。需要注意的是，骨膜和骨内膜的骨痂（箭头所指）使受损皮质的多孔的、衰弱的骨骼更加坚固（图中黑色轮廓线中所示）

于现存的骨骼表面。编织骨可以较快地沉积。骨膜和骨内膜骨痂的迅速生成可以在皮质内重塑完成过程中对皮质进行加固。

应力性骨折问题的解决包括受损皮质内骨组织替换的完成和骨痂的重塑。骨痂中编织骨组织由更高质量板层状结构的骨组织更替。骨痂的大小随着新皮质的生成而逐渐变小。一些剩余的骨痂可导致皮质直径的增加，并且也是对训练和比赛压力的一种适应，而这使得赛马在持续的训练和比赛过程中该区域应力性骨折复发的概率降低。由于作用域骨骼的压力分配于更多量的骨材料上，因此，作用于骨骼的压力在一定程度上是减少了的。

（二）风险因素

风险因素与负荷的程度、持续时间和时机有关，也与骨骼对于高速训练和比赛的适应程度有关。高强度的负荷可引起更加严重的骨骼损伤，并与快速跨步和在硬质赛场表面上进行运动有关。更长持续时间的训练、更长距离的工作和比赛可导致更严重的骨骼损伤。高频次的高速训练可导致骨骼损伤，但同时也缩短了损伤修复的时间。当损伤积累的速度超过身体受损骨组织的更新速度时，就会发生应力性骨折。对于那些新长出的骨结构来说，长距离、高速度、频繁的训练非常容易造成应力性骨折。其他因素，如硬地面，可能增加应力性骨折发生的可能性。

骨骼对于高速训练的适应性提高可减低应力性骨折的可能性。由于负荷分布于更多的骨组织上，可导致作用于骨骼内的压力更低，造成每一步的损伤也更少。

（三）一般性临床症状

应力性骨折的临床症状主要是运动功能不健全。马匹可能在训练完后走下跑道就突然出现跛行，但又在数天内有明显的恢复。由于双侧肢部的负重情况类似，左侧和右侧的肢部受到的影响是相同的。因此，一些马匹并不会发展成为明显的单侧肢部跛行，而是双侧受损的马匹无法达到预期的表现或出现行为上的异常。

作为一种典型的职业性损伤，每块骨骼都有一些部位更容易发生应力性骨折。这些部位往往在训练和比赛中遭受了更高的作用力。

（四）预防、治疗和康复

对于应力性骨折，最理想的情况是避免其产生。然而，现实的情况是骨骼的重量很大，而且运动所需要耗费的能量是巨大的。因此，骨骼仅仅保留了能承受其最近承受负荷的最小骨量。在马匹参加训练的早期，赛马的骨骼并不足以满足比赛的强度。训练强度的增加或训练环境的改变（如改变了场地），可能会增加作用于骨骼的压力或改变压力的分配，并造成骨骼的损伤。较轻的损伤或更少破坏性的损伤（如在导致细胞死亡方面，一些损伤较其他类型的损伤为轻，有利于促进进一步的骨沉积和促使骨骼适应新的负重环境。目前面临的挑战是，将训练中负荷水平、持续时间或频率的提高控制在一个能使损伤修复和骨骼适应性产生的水平上。目前还没有一种简单临床诊断方法来判定何时某匹赛马可以进入到下一个训练阶段。卓越的骑术是一个关键因素。对赛马在上一个训练项目中的适应性及其反应进行准确的判断有助于避免应力性骨折的发生。

应力性骨折的治疗要基于其严重程度。当增加的运动强度能够刺激可引起骨骼功能适应性增强的骨建造发生时，该病初期的早期识别可以指导训练方式的调整。在一些病例中，低速的、短距离的、较少频次的训练对于炎症的消除以及骨骼对于新训练阶段的适应性提高是有好处的。随后的训练恢复应该是逐渐开展的。

如果马匹被诊断为发生明显的应力性骨折，那么应该保证病马在马圈中获得足够的休息，因为受损骨骼的强度会明显降低并更容易造成完全骨折。一般来说，病马在经过 2 个月的休息后，可以重新开始为期 2 个月的渐进性训练，随后逐渐开始进行比赛强度的训练。对病马进行定期检查对于应力性骨折康复计划的制订是非常有用的。基于检查的情况，可以考虑是否允许病马进行牵遛，在小场地或较大的牧场进行活动，跟在另外一匹被骑乘的马匹边上运动，快步并使马匹骨骼逐渐地增加所承受的压力。当马匹在训练暂停一段时间后重新开始比赛强度的训练时，以渐进性的方式开始训练是十分重要的，因为此时发生应力性骨折的风险很大。

（五）预后

应力性骨折一旦被成功诊断，该病的预后往往是不错的，另外，其预后与适当的管理相关。因为骨组织可以再生，并且骨结构能适应最近的负重史，因此，马匹恢复竞技状态的预后往往是不错的，而且可以恢复到原来的水平。差不多一半的病马在确诊后可以在 7～8 个月后重新回到赛场。然而，一小部分病马可能在相同或不同的位置再次发生应力性骨折。这些骨折的复发往往与马匹重新恢复训练或比赛时急于增加训练强度有关。但是，应力性骨折复发后，马匹也可以成功的恢复健康并重新投入到比赛中。

对于患有应力性骨折的马匹，如果继续进行训练和比赛可能导致其发生完全骨折。最严重的情况即完全骨折，与已经发生应力性骨折的情况下继续训练或比赛直接相关。

二、肩胛骨的应力性骨折

肩胛骨的应力性骨折可以发生于纯血马和夸特马。肩胛骨应力性骨折曾被报道发生于2～5岁的赛马。与应力性骨折有关的完全骨折一般发生于赛马职业生涯的早期或晚期，即发生于2岁的马匹或发生于5岁及以上马匹。

（一）部位

对于肩胛骨应力性骨折，最常见的发生部位是肩胛冈的远端，该处也是肩胛冈与肩胛颈结合的位置（图202-2）。应力重建和应力性骨折也曾被报道发生于冈上窝和冈下窝，大约与在肩胛冈远端同一水平的位置，或者在一些少见的情况下，发生于相对更近的部位。当应力性骨折已经形成，最容易发生完全骨折的部位是肩胛冈的远端。双侧性应力性骨折比较常见，但相关的完全骨折更常见于右前肢。

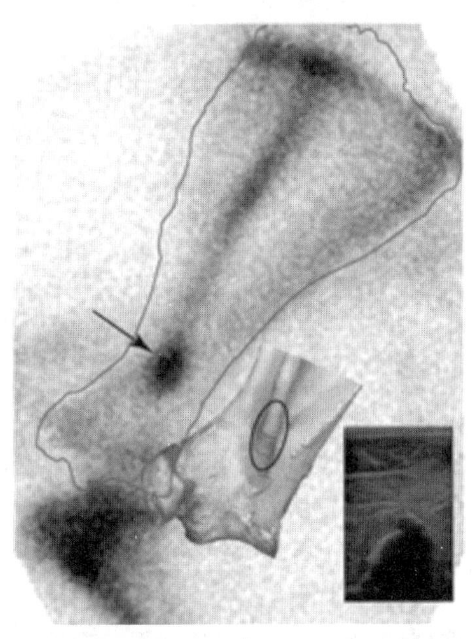

图202-2　闪烁扫描图揭示了位于肩胛冈远端的骨代谢活动增强的聚焦区（箭头所指区域），在肩胛颈远端造成了一个扩大区域的骨膜痂的1匹马的尸体样本照片（椭圆中所示），右下图是第3匹马肩胛冈远端的横向超声波图像，用以阐明无规则表面轮廓的增厚的肩胛冈

（图片由Don Shields博士提供）

（二）诊断

该病的诊断需要高度的警觉、对易发生骨折部位情况的了解以及全面的临床检查。处于速度训练早期的马匹和与年龄不匹配的马群一起训练的马匹可能处于高风险状态。由于跛行的急性发作往往发生于高速训练或比赛后，赛马是最常进行评估的。当然，跛行可能在很短时间内恢复。当对肢部的末端部分进行诊断性神经封闭时，跛行情况一般并没有改善，即使诊断性神经封闭的使用应该谨慎，因为存在发生完全骨折的风险。

由于肩胛冈在表面而且是可触及的，身体检查对于一些马匹骨折的发现是十分有用的。进行触诊会有疼痛反应。人为地活动肢部可能导致疼痛反应。当骨膜骨痂改变了肩胛冈的表面轮廓时，在该病的中期到后期的过程中使用超声检查是有用的。而放射影像学对于肩胛骨应力性骨折的诊断是无用的，因为胸部和颈部的结构叠加会导致肩胛骨特征的成像非常困难。骨骼闪烁显像术是应力性骨折发生期和恢复期的所有阶段最敏感的方法，因为该法可以检测到高强度的骨骼代谢水平并且不依赖骨矿物质密度或骨骼轮廓的改变。

三、肱骨的应力性骨折

（一）部位

肱骨应力性骨折常见于肱骨的 4 个部位，虽然其他部位也可能发生（图 202-3）。其中的 3 个部位，包括 2 个最常发生骨折的部位，其发生骨折时与完全骨折的特征性骨折线一致。这些部位的应力性骨折极易造成完全骨折。最常发生骨折的 2 个部位位于肱骨颈的尾侧部（后近端部位）和内侧髁上区域的颅侧面（部位）。紧邻大圆肌粗隆（内侧骨干部位）的骨折部位也与完全骨折一致。在较少的情况下，应力性骨折发生于颅侧近端部位和尾部末梢部位。一般情况下，双侧性肱骨应力性骨折较为常见。

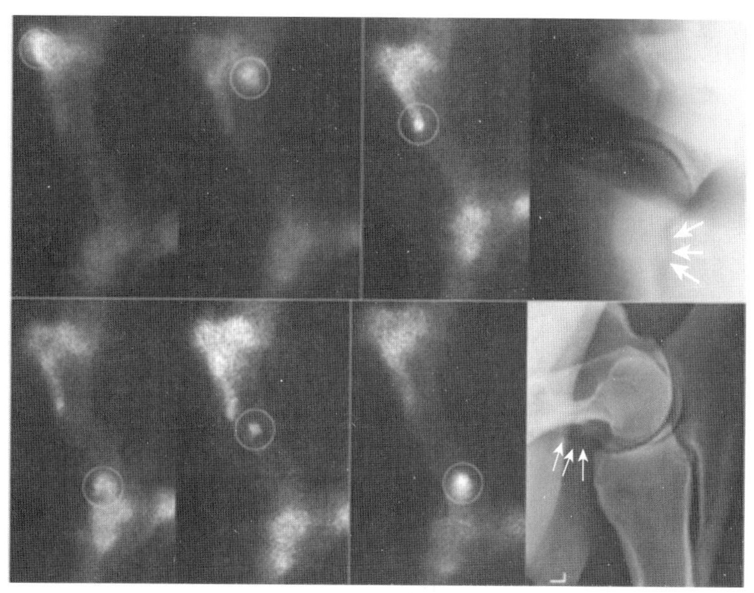

图 202-3 肱骨的闪烁扫描图描绘了应力性骨折或应力重建的 6 个部位（灰色圆圈所示）放射线影像图片显示的是肱骨颈后近端面的骨膜骨痂（右上图的白色箭头所示）和肱骨颅远端内侧面的骨膜骨痂（右下图）

（右上图由 Rick Arthur 博士提供）

（二）诊断

该病的诊断需要高度的警觉、对易发生骨折部位情况的了解以及全面的临床检查。对于赛马而言，其在 2 个月甚至更长时间休息后重新投入训练后的较短时间内，是处于发生肱骨应力性骨折的高发期。但休息可能是骨折的一个无关因素。由于呈现 2 级到 4 级跛行的急性症状（按照美国马医师协会跛行分级方法），发生骨折的马匹可能在训练或比赛后接受检查。跛行可能在几天内得到明显的改善。一些发生骨折的马匹可表现为迈步困难。发生慢性应力性骨折的马匹会有数周到数月时间的隐性跛行期。

对肢部进行机械性操作，包括拉伸、弯曲、外展和内收，可能引发疼痛反应或加重跛行。目前认为，末端肢部的诊断性封闭对于改善跛行是无效的；然而，对于发生急性跛行的马匹而言，封闭也应谨慎使用，因为这些马受损的骨骼结构承受着体重压力而有发生完全骨折的风险。放射影像学技术可以用于诊断，但只能在有足够的骨膜骨痂形成并足以进行检测时才能使用。放射影像技术对于近尾部、颅近端和颅远端内侧部位骨痂的检测是有用的，但对于尾部末梢部位骨痂的检测没有作用。目前还不清楚超声检查是否对于检测近尾部、颅近端和颅远端内侧部位的异常骨骼轮廓的检测有用，但值得一试。骨闪烁显像术是目前对于检测肱骨应力性骨折所有部位、所有发病阶段最敏感的方法。值得注意的是，用骨骼扫描方法诊断肱骨应力性骨折的马匹比那些不进行骨骼扫描的马匹发生完全骨折的概率要低。如果能准确诊断，肱骨的应力性骨折是可以治愈的。

四、掌骨的应力性骨折

（一）部位

第三掌骨的应力性骨折一般发生于皮质背侧部分的若干个部位（图 202-4）。应力性骨折可发生于骨干的近端、中部或远端（但是最常见于中部和远端）和背侧中线，或背侧略偏内侧或背侧略偏外侧。应力性骨折也可以发生于第三掌骨的近端掌侧。

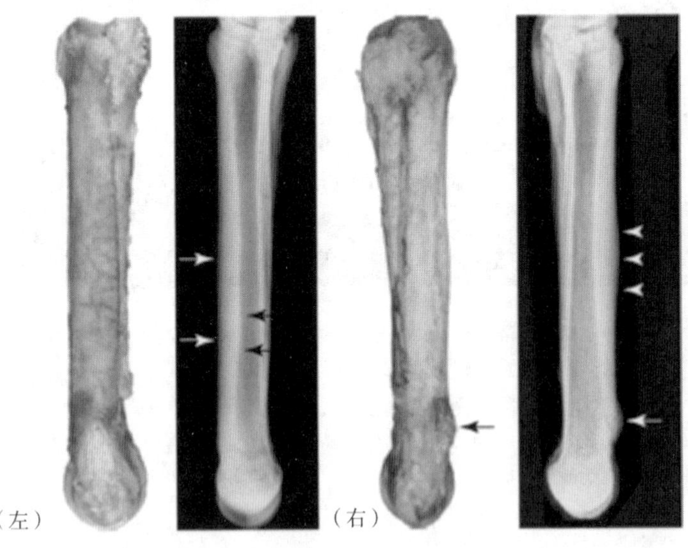

图 202-4　来自 2 匹马对应尸体的第三掌骨额大体侧面图和放射线影像图

左图显示的是 2 个不完全骨折线（白色箭头所示）和存在轻度骨增大的骨内膜骨痂（黑色箭头所示）。右图显示的是存在一个较大的骨内膜骨痂额远端骨干（髁上的）不完全骨折（黑色箭头和下方白色箭头所示），同时还存在背侧掌骨膨胀（右图上方 3 个白色箭头所示）

(二)诊断

任何年龄的赛马都可以发生掌骨应力性骨折。每个肢部均可能发生掌骨应力性骨折，而且通常是双侧的。类似的应力性骨折在跖骨的发生概率较低。

身体检查是非常有用的，因为应力性骨折是发生于皮下部位的。与骨膜骨痂或骨膜炎症有关的异常骨骼轮廓可以被观察到或在触诊过程中被发现，但触诊可能引发马匹的疼痛反应。

诊断性麻醉镇痛是禁止使用的，因为其所造成的无痛状态下负重可能导致完全骨折。然而，发生背侧皮质应力性骨折马匹的跛行可能由于进行了病灶周边麻醉镇痛或前肢神经封闭而改善，并且如果出现近端掌侧的应力性骨折，则可使用掌神经和掌骨掌神经的神经封闭。腕中关节的关节内麻醉可以改善部分近端掌侧的应力性骨折所引起的跛行。

在皮质内骨吸收、骨膜骨痂或骨内膜硬化已经形成后，放射影像学技术对于应力性骨折的检测是有用的。当处于急性跛行期时，最初的放射影像学结果可能是阴性的，这种情况下需要重复进行成像。随着时间的推移，骨建造和骨重建方面发生改变，如此可使放射影像学结果有效。最有效的放射影像投照是外内侧位（LM）和浅斜侧位（D60M-PLO 和 D60L-PMO）的角度，因为应力性骨折位于或紧邻背侧中线。特征性发现包括局灶性骨膜骨痂、局灶性骨内膜硬化和沿着近端（更常见）或远端方向的外皮质表面不完全通过背侧的射线可透的曲线。

虽然骨闪烁显像术对于与应力性骨折有关的改变的代谢活动检测是最敏感的诊断技术，但通常除在急性期外是没有必要的用该方法的，因为在急性期，放射影像学技术还无法发现骨骼发生的改变。同样的，超声检查可能对于与掌骨应力性骨折有关的骨膜轮廓和炎症的检测是有用的，但对于皮质内的变化无效。

五、骨盆的应力性骨折

(一)部位

骨盆的应力性骨折可发生于若干个部位，但最常见于毗连荐髂关节的髂骨尾缘（图 202-5）。骨盆应力性骨折也发生于耻骨和坐骨上，应力重建更多地发生于髂骨宽面和髂骨轴附近。骨盆应力性骨折通常是双侧的。骨盆的完全骨折通常穿过应力性骨折的部位。

(二)诊断

骨盆应力性骨折的诊断需要高度的警觉、对易发生骨折部位情况的了解以及全面的临床检查。赛马在其职业生涯的早期有发生应力性骨折的风险，但是，在较长的连续训练后和比赛的职业生涯晚期，其发生与骨盆应力性骨折有关的骨盆完全骨折的风险是最高的。虽然母马比公马表现得更容易发生骨盆完全骨折，原因可能是母马的骨盆更大，但是目前还未发现有明显的性别倾向。

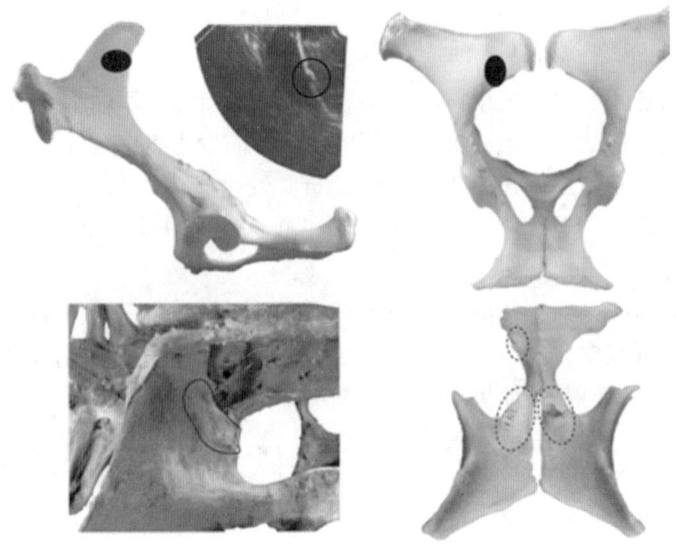

图 202-5 上图显示的是正常骨盆上应力性骨折的 2 个常见区域，下图显示的是尸体标本上和超声波照片上的损伤

左图显示的是骨盆应力性骨折的 2 个最常见的区域，位于毗连荐髂关节的髂骨翼的尾部和尾缘（轮廓和圆圈所示）。右下图显示的是位于耻骨和坐骨上与骨盆完全骨折有关的若干个局灶性骨痂（虚线圆圈所示）

（引自 Stover SM，Murray A. The California Postmortem Program：leading the way. Vet Clin North Am Equine Pract 2008；24：21-36）

对于状态不佳的或出现后肢跛行的赛马进行身体检查，应该包括骨盆的直肠指检。在指检过程中，对荐髂关节部位和小骨盆腔底部的耻骨和坐骨所使用的力度需要非常注意。触诊也可以尝试对位于小骨盆腔底部的骨痂有关的不规则轮廓进行检查。

对马匹臀部进行超声检查，对与不完全骨折或荐髂关节的髂骨尾缘上的骨内膜骨痂有关的不连续或不规则的骨骼轮廓进行超声检查是非常有用的。直肠超声检查也可被用于小骨盆腔骨底板的评估。

骨闪烁显像术对于检查髂骨的骨盆应力性骨折是最敏感的。1 张背外侧到腹内侧的斜视图可能需要避免骶结节的正常骨代谢活动和与荐髂关节毗连的应力性骨折有关的异常代谢活动的重叠。

六、胫骨的应力性骨折

（一）部位

胫骨的应力性骨折最常见于未参加比赛的 2 岁左右赛马。该类骨折可发生于若干个部位，但最常见于骨干中部的尾外侧。胫骨的应力性骨折也可发生于骨干的近外侧，包括腓骨头下部和骨干远端部分的尾外侧和尾部（图 202-6）。胫骨的应力性骨折可以是双侧的。

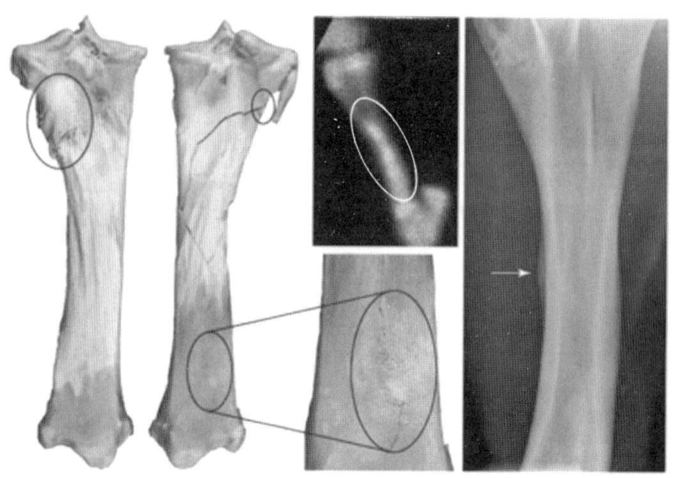

图 202-6 图中表示尸体胫骨上的近外侧和骨干尾远端应力性骨折（黑色椭圆所示）、多发性应力性骨折的闪烁显像图（白色椭圆所示）、胫骨上存在骨膜和骨内膜骨痂环绕着不完全骨折线（箭头所示）

（引自 Stover SM，Murray A. The California Postmortem Program：leading the way. Vet Clin North Am Equine Pract. 2008；24：21-36）

（二）诊断

该病的诊断需要高度的警觉、对易发生骨折部位情况的了解以及全面的临床检查。病马最常见的是发生 2～3 级的跛行。病马在上肢弯曲后，跛行的情况通常会恶化。一些病马会对胫骨骨干内侧的触诊和叩诊有疼痛反应。末端肢部的诊断性封闭对于改善跛行情况是无效的，然而，当马匹出现急性跛行时，对于封闭的使用需要谨慎，因为作用于受损骨骼增加的负重会增加出现胫骨完全骨折的风险。

放射影像学技术对于骨膜骨痂、骨内膜硬化和不完全骨折线的检查是有用的。放射影像学技术已经被应用于胫骨应力性骨折所有 3 个常见骨折的区域。外内侧位（LM）和侧斜位（Cr45L-CaMO）的放射影像学检查对于骨痂的检测是最佳的，但浅斜位影像也应该被考虑使用。对于应力性骨折，骨闪烁显像术是最敏感的方法，而且可以在应力性骨折所有发展期和康复期使用。

推荐阅读

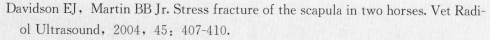

Davidson EJ，Martin BB Jr. Stress fracture of the scapula in two horses. Vet Radiol Ultrasound，2004，45：407-410.

Dimock AN，Hoffman KD，Puchalski SM，et al. Humeral stress remodelling locations differ in Thoroughbred racehorses training and racing on dirt compared to synthetic racetrack surfaces. Equine Vet J，2013，45：171-181.

Haussler KK，Stover SM. Stress fractures of the vertebral lamina and pelvis in Thoroughbred racehorses. Equine Vet J，1998，30：374-381.

O'Sullivan CB，Lumsden JM. Stress fractures of the tibia and humerus in Thoroughbred racehorses：99 cases（1992-2000）. J Am Vet Med Assoc，2003，222：491-498.

Ramzan PH. Transverse stress fracture of the distal diaphysis of the third metacarpus in six Thoroughbred racehorses. Equine Vet J，2009，41：602-605.

Ruggles AJ，Moore RM，Bertone AL，et al. Tibial stress fractures in racing Standardbreds：13 cases（1989-1993）. J Am Vet Med Assoc，1996，209：634-637.

Stover SM，Johnson BJ，Daft BM，et al. An association between complete and incomplete stress fractures of the humerus in racehorses. Equine Vet J，1992，24：260-263.

Stover SM，Murray A. The California Postmortem Program：leading the way. Vet Clin North Am Equine Pract，2008，24：21-36.

Vallance SA，Spriet M，Stover SM. Catastrophic scapular fractures in Californian racehorses：pathology，morphometry and bone density. Equine Vet J，2011，43：676-685.

Vallance SA，Lumsden JM，O'Sullivan CB. Scapula stress fractures in Thoroughbred racehorses：eight cases（1997-2006）. Equine Vet Educ，2009，21：554-559.

Verheyen K，Price J，Lanyon L，et al. Exercise distance and speed affect the risk of fracture in racehorses. Bone，2006，39：1322-1330.

Verheyen KL，Wood JL. Descriptive epidemiology of fractures occurring in British Thoroughbred racehorses in training. Equine Vet J，2004，36：167-173.

（张海明　译，彭煜师　校）

第 203 章　纯血马骨骼肌肉损伤的预防

Tirn D. H. Parkin

国际上，马兽医组织在群体水平研究赛马的损伤已经有超过 50 年的历史了。比如，目前已经对“赛马的腿部问题”、跖骨骨膜炎、第三掌骨（MCⅢ）、第三跖骨（MTⅢ）和腕骨的骨折进行了量化研究。最近，一些与以往不同的病例定义被应用于大规模的流行病学调查中，以研究在赛马场上发生的损伤或死亡情况。在大多数情况下，病例定义的制定基于数据分析的局限性（如兽医报告或比赛报告中信息的详细程度）。随着数据记录方面的改善，广义的病例定义已经逐渐被更精确的所代替，这有利于对造成不同损伤的具体的（在一些病例中可能是独特的）风险因素进行分析。最近的研究发现，不同的比赛类型和比赛场地与纯血马在比赛中的不同类型骨折的发生风险存在相关性。在英国，人们发现纯血马在平坦的草坪上比赛最容易发生近节趾骨的骨折；近端籽骨骨折在英国最容易发生于塑胶跑道，在北美则是煤渣跑道。

一、风险因素

目前已经有较多的研究关注纯血马骨骼肌肉损伤风险因素的确认。这些风险因素被分为不同层面，比如，马匹年龄是马匹层面或启动层面的风险因素。随着马匹职业生涯的继续，其年龄也会逐年增大，而这给马匹本身带来影响。同样，马匹参加比赛的历史情况也作为马匹层面或启动层面的风险因素进行分析，而如比赛场地和比赛距离等环境因素被归纳到比赛层面的风险因素中。特定的训练方式或训练场地表面情况被归纳到驯马师层面的风险因素中。

马匹层面风险因素的识别对于分析马匹损伤或死亡的可能性变化十分重要。有趣的是，一些赛马场兽医关注于马匹的比赛情况，并认为一些马可能处于更大的受伤风险之中，比如 1 匹在停止比赛或训练后很长时间后又重新投入到比赛中的马。一些研究试图根据比赛的强度来对马匹在比赛中受伤的风险进行定量，但这几乎是不可能的，因为不同时间内不同的比赛数量使得对其定量非常困难，也同样无法在比赛前对赛马进行风险预测。

马匹的历史损伤情况对于骨折、悬韧带损伤或趾浅屈肌腱（SDFT）的损伤具有非常好的提示作用。诸多研究表明，曾经在比赛中受过伤的马匹，其骨骼肌肉再次损伤的风险显著增加，而且一旦出现受伤情况通常会非常严重。然而，只有在极少的情况下，兽医可以在获取病马全部病历的情况下对损伤的风险进行分析，在大多数情况下，马场兽医很难获得完整的医疗记录和治疗记录。通常情况下，唯一可以获得的医疗记录是马匹在上一次比赛过程中受伤的一些情况。可获取信息的不全和一些潜在的偏倚应该在今后的研究中加以关注，以使所要建立的受伤历史与受伤严重程度之间相关性分析的模型更为准确。

比赛层面或启动层面的风险因素往往是研究和应用最多的，包括那些与比赛场地状况和训练强度相关的因素。坚硬的草地、泥地和保养情况较差的全天候赛道通常被归为表面因素。大量的研究已经证实，坚硬的草坪与骨折、肌腱损伤或一般性死亡的发生风险存在一定的相关性。在北美经常使用的泥土跑道，比草坪或合成跑道更容易导致马匹受伤。然而，将风险归因于比赛场地的类型往往太过草率，因为无论是对于泥土跑道、全天候赛道还是合成跑道而言，比赛的类型和马种类的不同也会增加受伤的风险。

目前已有证据表明，高速训练的次数与一些骨骼肌肉损伤类型之间存在相关性。在一系列引用美国加利福尼亚赛马会尸检项目数据的文章中，均阐明高速训练次数的增多会增加悬韧带系统损伤、第三掌骨的髁突骨折和近端籽骨骨折的风险。这些发现与马在高速训练过程中会累积亚临床或临床的骨骼损伤，而这又会导致上述严重损伤发生的假设相符。在比赛强度的训练过程中，目前已经发现赛马的第三掌骨和第三跖骨的远端髁突会发生结构性的变化，并且这个区域的软骨下骨被迫对高速训练做出适应性的反应（见第 192 章和第 202 章）。

另一种极端的情况是，平常不进行高速训练会显著增加马匹在比赛中发生骨折的风险，因为这些马的骨骼不能适应高强度的比赛而更容易发生骨折。然而，训练强度的降低甚至缺失与骨折之间的相关性可能是效应的例子而不是原因的。换言之，已经有亚临床损伤的马匹不能与同群其他马匹进行相同强度的训练，并且是亚临床损伤本身而不是降低训练强度增加了比赛中骨折的风险。这种现象通常被称作“健康马匹效应”，而且对于最近比赛频次非常高的马匹而言，这是降低损伤风险最常见的原因。换言之，这些马是“能够”参加比赛的，因为它们是健康的，但这并不意味着在一个相对短的时间内进行频繁的比赛在某种意义上具有因果方面的保护作用。

如果流行病学调查的目的是预防损伤的发生，那么，那些可以改变的风险因素的识别是非常重要的。已有的建议包括增加跑道表面的湿度、开展赛前检查、兽医对亚临床损伤的早期发现和训练时速度和强度的调整。

二、处于风险中的马匹

了解与纯血马发生骨骼肌肉损伤最常见原因、最相关的风险因素是非常有用的，这有助于提醒赛场兽医对参加特定比赛的马匹进行赛前检查。然而，除非马匹出现明显的跛行、损伤或有明确来源的疼痛等情况，否则，很难阻止其参加比赛。一些纯血马会在快步检查中有轻微跛行的情况，而且大部分会继续参与并最终完成比赛。目前从群体中识别出真正处于风险的马匹是不可行的，因为处于风险中的马匹没有明显的特征和外在表现来提示检查者应该阻止该马参加比赛。

为了提高识别处于损伤风险马匹的能力，至少需要做到以下两个方面：①对先前存在的、可能会造成职业生涯提前结束的损伤病变进行更好的识别。②更好地利用所有与参加比赛马匹相关的数据。

为了预防骨骼肌肉的损伤，兽医必须能够更有效地识别那些真正处于最高损伤风险的马匹。最近几年，有相当一部分研究者尝试使用血液生物标志来提示增高的风险，但是效果不好；因此，研究者又将目光转向其他一些潜在的标志，如基因指标。这是2种截然不同的方法：血液生物标志可以随着外界刺激（如训练规则的改变）的快速改变而发生变化，而特定个体的基因是固定不变的，因此，其对于损伤的内在易感性也是固定不变的。不同基因的不同表达情况可能对于识别风险更有效，因为基因的表达会随着时间的推移而发生变化，也会对外界刺激的改变做出反应。然而，对基因的差异表达进行测量可能是非常复杂的，因为表达往往是局部的，并且在活体动物中获取合适的组织特异性样品，即使不是不可能，通常也是非常困难的。举例来说，如果试图识别骨折发生的早期信号，往往需要从骨骼发生骨折的潜在部位对基因表达的变化进行识别。

目前有研究对风险的其他潜在指标也进行了研究，特别是与骨折风险相关的指标，包括结构性的、几何或适应性的变化。迄今为止，大部分的研究都是基于尸体，即利用尸体发生骨折肢体的对侧肢体进行剖检或成像。这些研究很自然的基于以下2个主要假设：第一，在对侧肢体发现的变化被认为是已经发生骨折的肢体发生骨折前的状况。换句话说，2个前肢处于相同的外界刺激情况下，并且会产生相同的病理的、适应性的或结构性的变化。第二，任何明显的改变是可以被医学影像学技术发现。这2个假设貌似合理，但是由于缺乏敏感性和特异性都非常好的筛选方法，其效果是无法保证的。曾经有一个上述类型的研究，利用核磁共振成像技术识别了一个骨折的特定标志，被认为具有较好的敏感性和特异性，使得该技术成为一种候选的筛选方法。在第三掌骨远端的外侧矢状窦沟上，对更致密软骨下骨或骨小梁的深度最佳阈值进行判定，其敏感性和特异性分别超过了83%和95%。如此的敏感性和特异性对于任何一个诊断试验来说都是非常不错的。然而，我们的目标群中损伤的流行率通常很低，这使得该方法不能成为一种筛选方法。实际上，在对某个检测方法的结果进行评价时，对于一个检测方法来说非常重要的敏感性和特异性，与阴性预测值和阳性预测值进行比较并不是那么重要。换句话说，如果某一匹马检测为阳性，我们更关注的是这匹马真正处于风险之中的可能性是多少？这就是与敏感性的区别，因为敏感性是评价阳性马匹中检测阳性的可能性。阳性预测值和阴性预测值（不同于敏感性和特异性）受到检查者关注的状况（如骨骼肌肉损伤）发生概率的影响。比如，在我们的研究中，上述状况指第三掌骨的髁突骨折，其在纯血赛马群体中的流行率<1%。当流行率较低时，阳性预测值也随之迅速下降。在流行率<1%时，阳性预测值<20%，即1匹通过检测显示其处于风险状况的马，其真正处于风险中的可能性<20%。

然而，事实并非完全如此。预检测可以人为地提高目标群中上述状况的流行率（图203-1）。理想状况下，这个预检测的方法应该操作简单，可以在大规模群体中进行应用（如进行血液采样），便宜和能够高效地剔除真阴性（即那些没有发生骨折风险的马匹）（也就是一种高特异性的检测方法，该方法几乎不会有假阳性结果出现）。目前，能达到上述要求的检测方法是不存在的，并且，目前我们主要的努力都重新回归到寻找与损伤最相关的血液或基因标志上来。

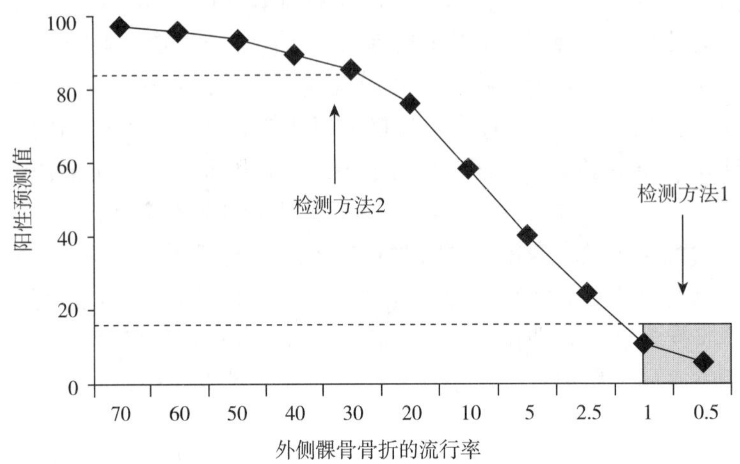

图 203-1　折线图表示在应用一个具有较高敏感性和特异性的筛选方法对处于外侧髁骨骨折风险的马匹进行识别时，其阳性预测值（PPV）与流行率之间的相关性。在赛马群体中，外侧髁骨骨折的流行率通常低于 1%，因此，应用该方法会导致阳性预测值低于 20%。然而，在应用检测方法 1（该方法可有效地检测出那些真阴性或发生外侧髁骨骨折风险极其低的马匹）以后，阳性预测值可以得到明显的升高（当使用检测方法 2 时），因为在剩下的更小的群体中，外侧髁骨骨折的流行率明显提高了

在试图提高预防骨骼肌肉损伤发现概率的方法中，第二种，也是目前正在研究的方法是数据分析。这是一个全新的领域，由大幅度提高的计算能力和从预测模型中所获取的大量数据所组成。以前的大部分关于马不同骨骼肌肉损伤的流行病学研究主要集中于寻找风险因素，所提出的用于降低风险的预防措施都基于这些风险因素。但除了少数例外的情况外，大部分这种研究的实际效果并不好。因为在大部分情况下，相关的风险因素并不多，再加上一部分风险因素是很难干预的，因此，这些研究只能降低很少的风险，甚至无法降低风险。

目前的关注点已经从风险因素的识别转移到识别处于风险的马匹上来了。核心问题是，如何提高识别那些真正处于更高的发生严重骨骼肌肉损伤风险马匹的可能性?这个工作目前正由赛马管理部门来进行，在这里可以获得大部分的相关数据。比赛类型、赛史、参赛特点以及马匹层面、驯马师层面和骑师层面的因素都可以被用来识别哪些马在参赛时可能处于更高的风险中。至今，模型的预测水平还不够高，并且还未将比赛计划纳入模型中。另外，至少以下两个方面的因素也会影响模型的预测水平：

①损伤的低发生率。即使我们能够确定某匹马在比赛结束时存在 10 倍的可能发生致死性的损伤，但其发生率也可能只有 1%，因此，该马依旧会在受伤前参加多场比赛。

②数据不全。一些关键数据的缺失会影响这些模型预测的准确性，特别是兽医治疗方面的数据和完整的训练历史情况。

如果期望模型能有更好的预测效果，上述2方面的因素对于关键风险的识别非常重要。对于预测建模来说，一个需要注意的关键点是，要知道完全弄清楚预测背后的生物学意义是没有必要的，更重要的是预测的连续性以及此种预测情况是否已经得到了证实。目前，更多的研究都在努力提高预测模型的准确性，我们希望那些已经获得证实的预测工具可以在几年内用于损伤风险的识别。

一些兽医通常会对那些发生骨骼肌肉疾病或损伤的马匹进行治疗，以阻止其出现更严重的损伤。但是通过巧妙利用合适的训练方法和损伤前适应性变化的识别来预防这些初始的骨骼肌肉问题的效果依旧值得怀疑。然而，“大数据”的到来使得有更多的检查和治疗方法可选，并且其选择更为快速，可以使目前困扰诸多马匹的损伤问题提前得以解决。

推荐阅读 

Anthenill LA, Stover SM, Gardner IA, et al. Risk factors for proximal sesamoid bone fractures associated with exercise history and horseshoe characteristics in Thoroughbred racehorses. Am J Vet Res, 2007, 68: 760-771.

Cohen ND, Mundy GD, Peloso JG, et al. Results of physical inspection before races and race-related characteristics and their association with musculoskeletal injuries in Thoroughbreds during races. J Am Vet Med Assoc, 1999, 215: 654-661.

Cohen ND, Peloso JG, Mundy GD, et al. Racing-related factors and results of prerace physical inspection and their association with musculoskeletal injuries incurred in Thoroughbreds during races. J Am Vet Med Assoc, 1997, 211: 454-463.

Hill AE, Carpenter TE, Gardner IA, et al. Evaluation of a stochastic Markov-chain model for the development of forelimb injuries in Thoroughbred racehorses. Am J Vet Res, 2003, 64: 328-336.

Hill AE, Gardner IA, Carpenter TE, et al. Effects of injury to the suspensory apparatus, exercise, and horseshoe characteristics on the risk of lateral condylar fracture and suspensory apparatus failure in forelimbs of Thoroughbred racehorses. Am J Vet Res, 2004, 65: 1508-1517.

Lam KH, Parkin TDH, Riggs CM, et al. Evaluation of detailed training data to identify risk factors for retirement because of tendon injuries in Thoroughbred racehorses. Am J Vet Res, 2007, 68: 1188-1197.

Parkin TDH. Epidemiology of racehorse injury and fatality. Vet Clin North Am Equine Pract，2008，24：1-19.

Reardon RJM，Boden LA，Mellor DJ，et al. Risk factors for superficial digital flexor tendinopathy in Thoroughbred racehorses in steeplechase starts in the United Kingdom (2001-2009) . Vet J，2013，195：325-330.

Riggs CM. Fractures：a preventable hazard of racing Thoroughbreds? Vet J，2002，163：19-29.

Stover SM，Johnson BJ，Daft BM，et al. An association between complete and incomplete stress fractures of the humerus in racehorses. Equine Vet J，1992，24：260-263.

Tranquille CA，Parkin TDH，Murray RC. MRI-detected adaptation and pathology in the distal condyles of the third metacarpus，associated with lateral condylar fracture in Thoroughbred racehorses. Equine Vet J，2012，44：699-706.

（张海明　译，彭煜师　校）

第 204 章　绷带包扎和塑形技术

Patricia M. Hogan

肢体绷带的应用可以基于不同的原因和马匹的个体需要，其中最常见的目的是保护伤口或切口、控制水肿或继发的肿胀、提供一定程度的支撑和固定作用。如果应用的恰当，肢体绷带可以提供预期的保护和支撑作用。然而，如果应用的不恰当，不仅不能达到上述目的（也就是防止伤口或切口的污染），还可能造成严重的后果，如导致额外的软组织方面问题，如褥疮、皮肤坏死、脱皮和医源性肌腱损伤（又称“绑带弓”）。

一、蹄部

对蹄部进行有效的包扎仅需较少的绷带即可。最需要注意的是保持绷带和绷带下垫层的干燥以及防止外界环境的污染。对于一个蹄部上的无需起冲击保护作用的简易包扎而言，可以用 1 卷合适的纱布缠绕于蹄部，在蹄球部进行缠绕以挂住纱布，随后在最外层缠绕 1 卷包扎用的黏胶带①。在蹄底使用胶带以防止环境对绷带的破坏。对于可提供更多冲击保护的绷带包扎，需要将 0.304 8m×0.304 8m（12in×12in）的卷棉或筵棉叠加于蹄底以达到预期的厚度，然后在蹄部周围用纱布缠绕固定，最后再用黏性绷带和胶带加以固定。在绷带上沿缠绕 1 层胶带②对于保护皮肤和防止污物和垫料进入伤口是必要的。

为了使胶带能缠绕于蹄部，可以在使用前将胶带叠成 0.254m×0.254m（10in×10in）见方的重叠层。绷带以交错重叠方式在蹄壁、对面或其他光滑表面上进行缠绕，然后在使用前将其折成 1 个大的正方形。该正方形绷带的中心应位于蹄部底中心位置，周边缠绕蹄的边缘，随后用更多的胶带缠绕蹄部周边以将其固定。如此，蹄底较厚的保护层可防止内部绷带的磨损和污染。

二、下肢

下肢是马匹最常进行绷带包扎的部位。下肢固定的程度由绷带的厚度所决定。然

① 引自 Vetrap Bandaging Tape，3M Animal Care Products，St. Paul，MN。
② 引自 Elastikon，Johnson & Johnson Medical，Ethicon Division，Arlington，TX。

而，额外的衬垫并不意味着使用硬绷带，关键是使用多层衬垫以达到较好的支撑效果。随着衬垫层数的增加，硬度或支撑的程度也随之增加。

一个标准的下肢包扎是从球节水平面的正下方开始，一直向上到腕骨或踝骨正下方。如果绷带能延伸到部分蹄部而不是终止于系骨中部位置，那么下肢绷带包扎的固定效果更好。同样，在长期使用绷带的情况下，绷带包扎部分蹄部能减少下肢绷带边缘对蹄踵部的磨损和对皮肤的刺激。最常见的情况是，1 层卷棉或若干不同长度的缝棉缠绕于肢体上，随后再由 1 层 0.101 6m（4in）的棕色纱布固定，最后再缠绕 1 卷黏性纱布。在理想的状况下，棉卷应该是 0.006 3m（0.25in）厚和 0.914 4～1.219 2m（3～4ft）长，足够缠绕肢部 4 圈或 5 圈。1 个标准的 0.453 6kg（1lb）重的棉布可以较容易地被卷成 2 卷绷带敷料。

绷带的典型包扎方式是从蹄底开始，一直缠绕到腕骨或踝骨正下方。需要注意的是，要保证缠绕时垫料的平整和光滑，并且上面的纱布与绷带保持相同的张力。绷带的传统缠绕方向是顺时针，因此，张力是作用于跖骨而不是肌腱上，但是如果使用的垫料非常厚，这个理论的逻辑性是值得怀疑的。如果要达到更好的支撑效果，可以将绷带按次序叠加以达到预期的厚度。或者，可以使用 1 层卷棉并在上面加 1 层棕色纱布，随后再加 1 层“军用组合”卷棉，最后用另 1 层棕色纱布固定。将 1 层胶带置于绷带的顶部和底部以固定末端，并防止污物和垫料进入绷带下面。

三、完整的肢体

要对完整的肢体成功进行绷带包扎是非常具有挑战的，特别是对后肢。腕骨和踝骨部分的高弯曲度会导致绷带的滑动和下面垫料的聚堆，而这会导致对伤口或切口的覆盖不全、皮肤刺激的产生或沿着肢体骨突的疼痛。正因为如此，完整肢体的绷带包扎需要特别注意，并应保证 2～3d 更换 1 次。

一些临床兽医更喜欢以叠加的方式进行完整肢体的包扎，即将包扎分为 2 个阶段：首先，将第 1 个绷带以腕骨或踝骨为中心进行包扎，并用纱布进行固定；然后将第 2 个绷带缠绕于第 1 个绷带下方的下肢部上，并有效的支撑第 1 个绷带；最后用 1 个黏性胶带缠绕于 2 个绷带结合处使其成为一个整体（图 204-1）。

然而，作者更倾向于以 1 个绷带的包扎方式进行完整肢体的包扎，即将卷棉或缝棉从球节处开始缠绕，一直向上到肘部或后膝关节以下 0.101 6～0.152 4m（4～6in）处；随后由 1 卷合适的棕色纱布固定牢固，再由 2 卷黏性绷带进行固定，然后用若干层胶带缠绕于上述绷带的上方以固定绷带。对于后肢的包扎，用若干层胶带对踝骨进行缠绕以减少弯曲的程度并防止由绷带对跗关节所造成的磨损（图 204-2）。对于前肢，在副腕骨处的黏性绷带和纱布上切 1 个 0.050 8m（2in）左右的线性窗口是有必要的，这样能在一定程度上减轻作用于这个部位的压力并降低该部位产生褥疮的可能性。

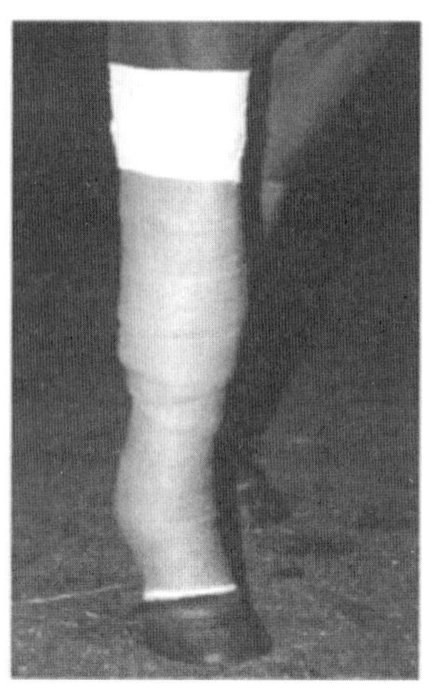

图 204-1 “叠加”方式进行的完整肢体的包扎

第 1 个绷带以腕骨为中心进行缠绕，第 2 个绷带缠绕于第 1 个绷带下方以固定第 1 个绷带

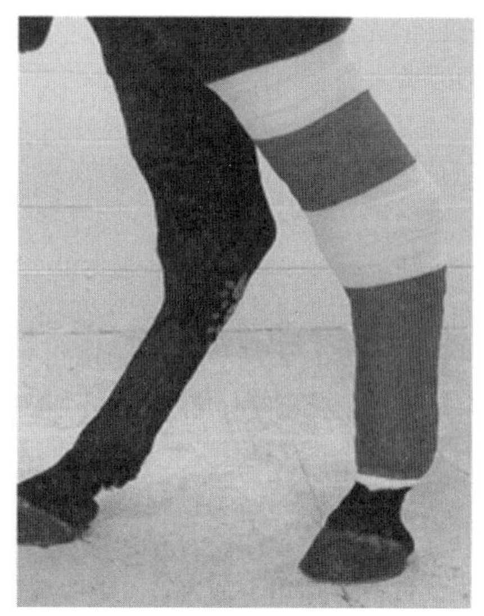

图 204-2 完整肢体的绷带包扎

将胶带缠绕于踝骨和绷带的近端以限制其滑动和聚堆

四、塑形技术

塑形材料通常应用于肢体特定部位骨折的刚性外固定，也可用于部分骨折和软组织损伤的早期处理或损伤内固定后压力保护的辅助治疗。另外，当肢体绷带无法提供伤口愈合所需的足够固定强度时，塑形材料也可在伤口修复过程中使用一小段时间。

马匹在进行塑形后需要保证足够的休息，并且需要对它们的食欲和体温每天进行监测和记录。另外，还需要对马匹的行走情况进行观察，以评估跛行情况是否有严重的趋势。从技术上来说，塑形一旦使用仅需要很少的护理，然而作为一名有经验的兽医，需要每天对马匹和塑形进行观察，因为可能出现的问题在开始往往是轻微和难以发现的，如果发现不及时，后果可能是灾难性的。需要每天对塑形的发热和潮湿的区域进行触摸检查，最常见的区域是籽骨近端的背侧、蹄球和跖骨的近端背侧。如果塑形材料与肢体不配套，往往会导致褥疮的形成，如塑形材料太紧、太松或底部不平等会导致塑形材料内肢体的移动。当原来的损伤造成的肢体肿胀消失、肌肉萎缩或下面的垫料发生移动等情况发生时，即使最初安装的非常好的塑形也可能出现松动。一旦发现有塑形材料与肢体适应性方面的问题，就应该马上更换新的塑形材料。

（一）塑形技术的应用

兽医在进行塑形前需要精心准备，否则，一旦安置失败就会错过治疗的最佳时机。最常用的塑形类型可以对驻立并处于轻微镇静状态下的马匹进行使用，有时候也可使用鼻捻子。但完整肢体塑形是一个例外，因为完美的安置完整肢体塑形是非常困难的，而且最好还需要全身麻醉。如果需要进行全肢接骨，管形塑形更常用于驻立状态下的马匹。

在进行塑形前要保证肢体没有污物和垫层，并且保证在伤口或切口上已经敷上合适的无菌纱布垫层。然后将双层的矫形弹力绷带缠绕于肢体上，并延伸到超过计划所要固定的塑形近端边缘 4～6cm 处。必须保证上述绷带没有皱褶或聚堆，否则，会在塑形固定后导致褥疮的发生。如果有必要，可在塑形下使用 1 层薄的垫层，但垫层尽量要少，因为随着时间的推移，厚垫层会发生压缩并改变塑形的适应性。将矫形毡条缠绕于塑形近端的肢体上和任何明显的骨突出物上。当进行半肢体塑形固定时，作者常将毛毡缠绕于踵球和籽骨近端上；当进行完整的前肢和后肢塑形时，作者常将毛毡缠绕于副腕骨和跟骨上。

虽然一些兽医仍在使用石膏塑形，但首选的塑形材料是玻璃纤维。玻璃纤维塑形材料具有强度大、使用方便以及相对较轻等优点。玻璃纤维胶带具有透气性，能保证塑形材料下肢体的空气流通。对于大多数塑形而言，0.101 6m（4in）或 0.127m（5in）宽的胶带是最佳的。另外，使用 1 层初始塑形垫层可以有较好的适应性，并且作者认为可以降低褥疮的发病率和严重程度①。

在使用任何类型的塑形材料时，水温是一个需要考虑的重要因素。水温越合适，塑形材料聚合得越快。而微温的水对于那些塑形技术使用经验不足的兽医来说是最理想的。然而，对于那些驻立镇静的马匹，由于时间限制的原因，可能需要更高的水温。需要将塑形胶带或泡沫材料全部浸湿，并且要保证在进行塑形前没有多余的水。需要提醒的是，在上述塑形垫层的处理过程中建议戴手套。

首先，将塑形垫层轻柔的铺在肢体上，并保证其没有张力。可以将垫层重叠铺在一些更容易发生褥疮的部位（如跖骨近端），随后将胶布牢固的置于垫层上，并保证不能太紧。胶布从肢体的顶端或低端开始盘旋缠绕，每圈覆盖上一圈的 50%，并保证胶布的光滑和没有皱褶。对于半肢体或全肢体塑形来说，需要抬高蹄踵。可以将 1 个预先做好的楔块嵌入塑形材料内，或者更好的方式是，将 1 个半卷 0.101 6m（4in）的胶布部分地缠绕于蹄部，随后压缩到蹄踵部，再用另 1 卷 0.101 6m（4in）的胶布固定（图 204-3）。在缠绕最后一层前，将弹力绷带的近端多余部分用力地拉下并嵌入到塑形材料中。最后，还需要在塑形底部加 1 个保护装置，以防止其受到过多的磨损，这个保护装置可由来自旧轮胎或商品化塑

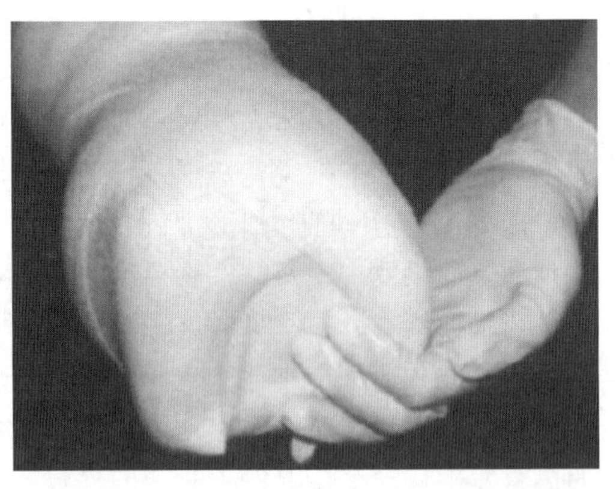

图 204-3 半肢包扎过程中底部示意图

部分卷的 10cm 胶布被嵌入到塑形材料中以支撑蹄踵

① 引自 3M Scotchcast Synthetic Cast Padding，3M Animal Care Products，St. Paul，MN。

胶的橡胶条构成①。

(二) 蹄部塑形包扎

对于一些发生于蹄踵和冠状带区域的严重软组织损伤或撕裂伤病例，需要对蹄部进行刚性固定。一般情况下，马匹对蹄部或趾骨的塑形比较适应且很少出现褥疮。塑形材料完全包裹住蹄部并向上延伸到系骨的中部和近端区域（图 204-4）。需要注意的是，系骨的掌/跖部和球节下部应该由矫形毡进行保护，并且塑形材料的包扎在该区域不能太紧。

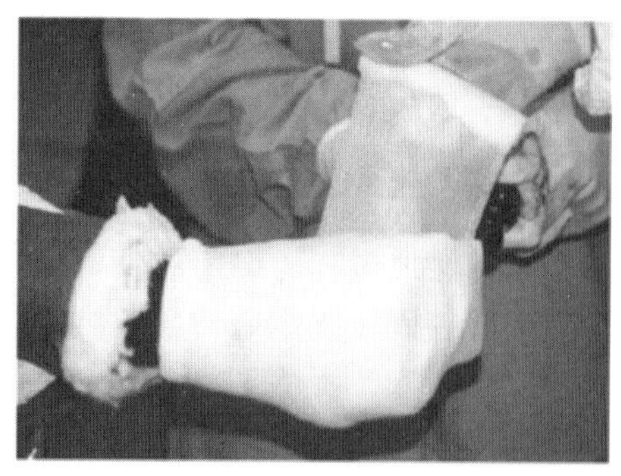

图 204-4　蹄部或趾骨的包扎

这种包扎不需要抬高蹄踵，并且绷带的近端有足够的垫料

对这一类型的塑形，蹄部是平的和没有蹄踵抬高情况。由于需要塑形包扎的区域太小且形状不规则，使用更窄的胶布［0.076 2～0.101 6m（3～4in）宽］更为合适，且更有利于包扎过程中调整方向。一般而言，3～4卷胶布就足够对蹄部进行塑形包扎。在包扎过程中，必须保证塑形材料的近端部分由黏性胶布覆盖以防止垫料和泥土进入。大部分蹄部进行塑形包扎的马匹可以很舒服地度过 4～6 周而不出现任何问题。另一种通常叫作“滑动塑形材料”的塑形材料，仅仅在蹄部进行包扎而不延伸到冠状带上方。这种类型的塑形材料对于保持蹄壁撕裂伤的稳定和修复以及对于远节趾骨的矢状骨折是有帮助的。

(三) 下肢塑形包扎

下肢或半肢塑形包扎是马匹应用最广泛的塑形包扎类型，一般应用于损伤的早期处理，或者作为骨折的内固定或软组织损伤手术修复后的外固定的辅助治疗。

对于半肢包扎，肢体的位置常常伴随着蹄趾向前延伸和附加的蹄踵支持，如此的话，肢体的背侧皮质呈 1 条直线，并且不容易发生褥疮。当对驻立的马匹进行包扎时，肢体应该向前延伸，而蹄趾应位于板或块的边缘，这使肢体处于预期的位置并使蹄踵与最初的胶布结合。然后，随着在膝盖处肢体在辅助下的被动弯曲，最后 1 卷胶布用于缠绕蹄趾和蹄踵。1 个典型的半肢塑形包扎需要 4～6 卷 0.101 6m（4in），最好是 0.127m（5in）的胶布。胶布必须延伸至腕骨或跗骨的正下方，因为胶布的顶端是一个重要的应力集中区域；如果胶布止于长骨中部，会增加发生灾难性损伤的风险。

(四) 完整肢体塑形包扎

完整肢体的塑形包扎是马匹最难操作和保持的塑形包扎类型，但幸运的是，此种包扎通常较少使用，而且总是在马匹处于全麻状态下进行使用。另外，需要注意的是，

---

① 引自 Technovit，Jorgenson Laboratories，Inc.，Loveland，CO。

马匹在从麻醉中恢复的过程中，必须采取相应的辅助措施。塑形包扎的基本原理是，将包扎尽可能地延伸到肢体的近端，以便其正好终止于肘关节或膝关节的远端。塑形包扎的近端往往起到一个应力集中器的作用，如此，终止于桡骨或胫骨的中部骨干区域的包扎会增加康复中发生骨折的风险。由于存在相互器官的力学作用，完整肢体塑形包扎的马匹易于发生第三腓骨肌的撕裂和撕脱。

（五）塑形绷带包扎

塑形绷带包扎的应用使骨折外固定多了一种选择。骨折外固定能克服传统包扎的一些限制。总的来说，绷带塑形是一种可重复使用的两瓣型绷带，不仅能起到对肢体的刚性固定作用，而且可以多次移除和重置（图 204-5）。塑形绷带的主要优点是方便对软组织进行处理，这对于严重的撕裂伤、肌腱损伤、开放性的滑膜结构和特定的骨科损伤都是非常重要的。马匹在进行了包扎后，似乎在相当长的时间内都十分适应，而且由于在进行塑形绷带包扎时使用了大量的垫层，与包扎有关的疼痛通常也可以忽略不计。

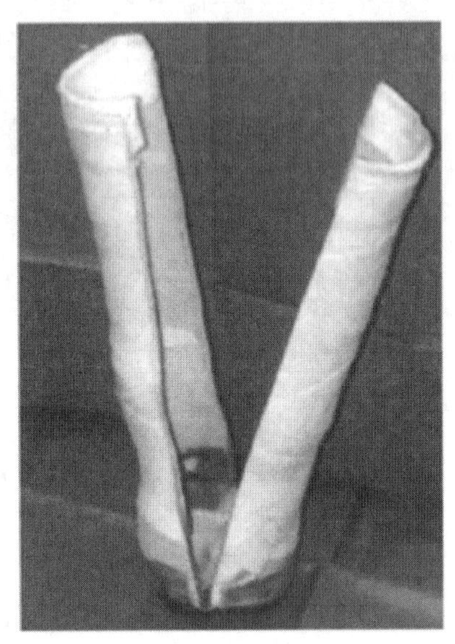

图 204-5　塑形绷带已经被分开两半并准备进行安置

塑形绷带包扎可以在对马匹进行了全麻或镇静的驻立状态下进行。首先在肢体上缠绕无菌的垫层，随后紧紧地缠绕 2 张或 3 张薄的筵棉，然后用 1 卷纱布进行固定，再用 1 卷黏性胶布保证绷带表面的光滑。将蹄部用绷带包扎。用 1 条矫形毡缠绕并固定掌骨/跖骨的近端。弹性绷带一般是不需要的。首先应该使用 1 卷黏性胶布，这可以使得移除绷带变得更为简单。然后如同传统包扎一样使用塑形胶布。随后，用 1 个塑形绷带切削器将绷带在第一次换垫料时进行纵向切割为两半，然后每次进行更换后再用胶带将分开的两半固定在一起。

推荐阅读 

Bramlage LR，Embertson RM，Libbey CJ. Resin impregnated foam as a cast liner on the distal equine limb. In：Proceedings of the 37th Annual Convention of the American Association of Equine Practitioners，1991：481-485.

Hogan PM. How to make a bandage cast and indications for its use. In：Proceedings of the 46th Annual Convention of the American Association of Equine Practitioners，2000：150-152.

Janicek JC, McClure SR, Lescun TB, et al. Risk factors associated with cast complications in horses: 398 cases (1997-2006). J Am Vet Med Assoc, 2013, 242: 93-98.

Levet T, Martens A, Devisscher L, et al. Distal limb cast sores in horses: risk factors and early detection using thermography. Equine Vet J, 2009, 41: 18-23.

Murray RC, DeBowes RM. Casting techniques. In: Nixon AJ, ed. Equine Fracture Repair. Philadelphia: Saunders, 1996: 104-113.

Trent AM. Support bandages. In: White NA, Moore JN, eds. Current Techniques in Equine Surgery and Lameness. Philadelphia: Saunders, 1998: 468-476.

（张海明　译，彭煜师　校）

第 205 章　肺尘病和骨质疏松症

Matthew G. Durham

吸入硅酸盐通常会引起人、马、犬和其他动物的肺尘病。人的硅酸盐肺是硅酸盐晶体粉碎加工行业的一种重要的职业病。在土壤中含有方石英的地区，一些马匹被发现患有肺尘病。方石英是通过火山作用或通过硅藻土矿床压缩而形成的一种罕见硅酸盐晶体。当在施工过程中，由于土壤的翻动而导致马匹暴露于大量的这类粉状岩石时，可能出现肺尘病的暴发流行。

在来自肺尘病地区的马上也经常能见到以渐进性的骨质疏松症和骨骼变形为特征的骨科疾病。在同一匹马上往往可以看到呼吸道和骨骼的不同程度的症状表现。在农场，这种状况往往具有地方性，有些马主要是呼吸道症状，而其他的主要是骨骼症状。

一、发病机理

（一）肺尘病

$<5\mu m$ 的以二氧化硅形式存在的晶体硅酸盐颗粒进入肺泡后，被肺泡巨噬细胞吞噬。这些活性硅酸盐粒子具有细胞毒性和致纤维化作用，它会引起肺持续性肉芽肿，并导致肺的纤维化。在人的急性严重型病例中，会有嗜酸性粒细胞浸润的特征性病变，而在马上未见有这样的报道。接触时间的长短、剂量以及个体的具体免疫反应，可能会对疾病的严重程度和临床症状的发展程度产生影响。

（二）骨质疏松症

病马骨骼脆性增加的最可能原因是慢性炎症导致的破骨细胞和胶原酶活性的增强。众所周知，吸入性的硅酸盐可能是通过持续的巨噬细胞刺激而导致啮齿类动物发生骨质疏松症。硅酸盐所引起的骨质疏松症被认为是硅酸盐相关的骨质疏松症（SAO），虽然肺尘病和骨脆性之间的直接因果关系还没有被证实。

钙或磷浓度或其他常规血清生化检查都未发现异常，所以，一般不认为是骨代谢性疾病。虽然骨质疏松症病马的甲状旁腺素高于正常值，但该病并没有马甲状旁腺功能亢进的特征性病变，这有可能与骨代谢诱导产生的继发性甲状旁腺功能亢进症有关。

虽然在矽藻土中发现了高浓度的磷酸盐，但在恢复到正常的饮食后，血清中磷酸盐的浓度也随之恢复正常。高磷酸盐饮食不能解释马匹长期存在的骨重塑状况，即使这匹马在移出流行地区很多年后这种状况依旧存在。全身性糖皮质激素的使用会导致骨质疏松症，但大部分骨质疏松症病马并没有激素治疗史。

基于肺尘病和骨质疏松症的地理分布情况的分析，硅酸盐晶体似乎是最有可能的致病因素，特别是在土方开挖地区，这 2 种形式的病变都会出现。虽然许多骨质疏松症病马没有呼吸道症状，但轻度的慢性肺尘病通常无法观察到临床症状，肺的病变也要通过影像学检查或病理组织检查才能观察到。

硅酸盐是由硅和其他元素组成的晶体，具有在三维空间重复排列的分子结构。二氧化硅是迄今为止地壳中含量最为丰富的晶体，主要以石英的形式存在。方石英是一种不太常见的硅酸盐，它也是由二氧化硅组成的，但它的晶体结构与石英不同。

所有常见的晶体形式的二氧化硅被吸入肺泡后都会引起肺尘病。自然界中的石英往往以稳定形式的大晶体存在，通常不会进入呼吸道中，更不会进入到肺泡中。只有通过机械粉碎，如在某些工业作业时，晶体才有可能进入下呼吸道。石英在纯净状态下是一种不稳定的晶体结构，它更容易以粉末状态被吸入到下呼吸道。

虽然直接的机制目前尚不十分清楚，但硅对于维持成骨细胞的正常功能和胶原蛋白的正常数量十分重要。目前发现口服硅酸盐会导致轻度毒性作用，并且部分剂量相关的中毒病例是由吸入了剂量相关硅酸盐所引起的。患有骨质疏松症的人，饮食中加入硅能改善骨的生成。摄入的硅主要是以硅酸的形式被吸收，且以晶体的形式在液体或是胃酸环境中存在。因此，马在摄入方石英后不可能使完整的石英进入身体系统，并且当马离开富含硅的地区后，马体内的无定形二氧化硅的水平又能够迅速稳定。目前还不清楚肺或淋巴结中高水平的游离方石英是否对身体中硅酸含量产生影响。

人的肺尘病与骨质疏松症发病率的增加没有直接的关系。但患有肺尘病的病人有更高的自身免疫性疾病（如系统性红斑狼疮、硬皮病、类风湿关节炎）的发病率，这些自身免疫性疾病会导致并发的骨质疏松症的发病率增加。

骨质疏松症病马的很多临床表现与自身免疫性疾病相似。骨质疏松症病马的颈椎骨质疏松症和关节炎与许多人类类风湿性关节炎，颈椎关节炎的变化相似，但病马的肩胛骨移位和脊柱前凸不能完全以骨质疏松症进行解释。患有类风湿关节炎的人的颈椎韧带松弛会导致颈椎脱臼。蛋白水解酶的刺激对人的关节炎和骨质疏松症有作用。骨质疏松症病人的胶原蛋白的分解产物往往会出现增加。

人的佩吉特氏病的许多特征与骨质疏松症相似，包括骨骼变形、病理性骨折和溶骨性病变。

二、地理分布

马骨质疏松症的地理分布目前还未完全清楚。以蒙特雷县为中心的美国加利福尼亚沿海地区的几个县都存在马骨质疏松症病例。圣路易斯奥比斯波、圣克鲁斯、纳帕和索诺玛县也有该病。然而，世界上其他地方也有相似的地质结构，至于为什么其他地区没有发现这种病，目前还不清楚。

从美国旧金山北部的雷耶斯角沿着海岸，一直到最南部的墨西哥巴哈加利福尼亚露出海面的区域都是属于蒙特雷的地理组成。它主要由沉积有高浓度方石英的硅藻土矿床转化形成。纳帕和索诺玛县沉积的方石英大部分是由火山爆发形成的，这个地区还有硅藻土矿床的沉积。

在那些有硅藻土沉积或是发生过某种类型火山活动的地方可能还有其他来源的方石英或是其他硅酸盐形式存在。虽然，方石英是马肺尘病公认的一个病因，但也有可能是该地区存在有一个相同的可以引起马骨质疏松症的潜在病因没有被消除。

三、历史和描述

病马通常是饲养于土壤中方石英含量高地区的户外。该地区通常曾经进行过推土或是其他相似的活动，从而产生了大量的易于吸入体内的石英粉尘。暴露在污染环境中几个月到数年后，动物会出现相应的临床症状，之后几年或是数年，临床症状可能以一个相对较快的速度发展。但是，那些目前在那些土壤中没有方石英地区的马也不能排除发生骨质疏松症的可能性，因为即使马已经迁离风险地区多年，也可能是以前疾病的发展。

该病没有明显的品种或性别偏好。一些 4 岁的年轻马就被发现患有骨质疏松症。马可能在更小的时候就受这个病的影响，但初始的骨质流失过程是亚临床的。

四、临床症状

（一）肺尘病

病马通常表现为呼吸急促和运动不耐受的各种症状。通常可见马的呼吸增强和鼻孔开张。有时候，马的呼吸快而浅，这可能是因为受骨质疏松症所导致的肋骨疼痛所造成的。在疾病的初始阶段，听诊可以听到明显增强的支气管肺泡呼吸音。随着疾病的发展，可以听到更刺耳的肺的声音，包括听到吱吱声和嘎嘎声。有一些马会出现干咳，但这不是它的典型特征。当环境温度较高时，偶尔会有发病严重的马直肠温度偏高，这可能是由于机体调节体温的能力下降导致的。病情严重的马心率通常较高。

（二）骨质疏松症

疾病的早期阶段很难发现临床症状。极轻微的僵硬或跛行的症状常被报道。病马可能出现 1 个或多个肢体的跛行。局部麻醉通常无效，因为疼痛可能来自肩胛骨、骨盆、肋骨或脊柱。临床症状发展过程中常见有颈部僵硬的症状。不同程度的呼吸困难和骨骼疼痛共同导致运动不耐受的情况出现。鼻孔扩张表明呼吸困难、疼痛或两者都有。

随着颈椎关节突的关节炎和脊椎炎病程的发展，严重情况下马无法低头吃草。有时也能看到颈椎的病变。病马通常会出现明显的进行性骨骼变形病变。随着时间的推移，肩胛骨变成弓形，偏离头部，使躯干显得细长而颈部萎缩。脊柱前弯症变的更严重（图 205-1）。消瘦、被毛粗乱是该病的典型症状，随着病程的发展，病马的跛行更为严重，常在没有外伤性事件发生的情况下出现急性骨折。

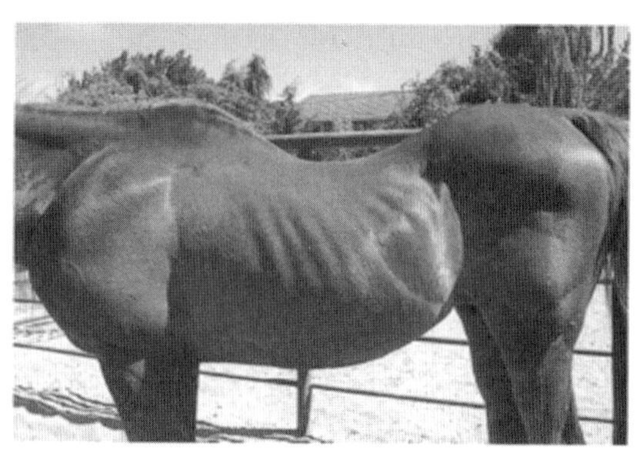

图 205-1 患有硅酸盐相关的骨质疏松症和脊柱前弯症、肩胛骨弯曲和肩胛骨前转位的马匹

五、诊断

（一）肺尘病

硅酸盐肺尘病的诊断依赖于发病史、体检、放射影像技术、支气管肺泡灌洗液或气管冲洗液的细胞学分析或肺的活体检查等。通常可以在支气管肺泡灌洗液或气管冲洗样品中检测到巨噬细胞内的嗜酸性粒细胞双折射晶体。如果不使用折射技术或偏振光技术，很难检测到亚微米尺寸的无色晶体。对于该病的诊断可能需要进行重复抽样，如此能反映纤维化结节内或转移到淋巴结的炎症过程的控制情况。

虽然细菌性肺炎的存在有时有临床病理学诊断方面的价值，但是肺尘病患者的血液检查结果提示存在中性粒细胞增多症、高球蛋白血症、高纤维蛋白原血症的独特特征。对气管灌洗液进行细胞学检测和培养有助于证明细菌性肺炎的存在。

运用放射影像学技术进行检查，可以在轻症者上发现非特异性的间质性情况；较严重的病例则呈现粟粒性、间质型或线状情况。利用骨折外固定技术有时能看到离散质体或胸腔积液。

胸部超声检查作为肺尘病筛选方法的敏感性不够，因为肺尘病的大多数病变在肺门区。当有大面积的粘连或胸腔积液时，它是非常有用的方法，但出现这种情况的病例一般比较少。大部分病马的肺脏相对正常或呈现非特异性的弥漫性彗星尾状线。高频（≥7.5MHz）直线或曲线传感器揭示了大多数胸膜表面细节情况。如果存在胸腔积液或肺实变，可能需要一个较低频率（2.5～5MHz）的传感器进行更深层次的结构评估。

经皮肺活检可以明确诊断，特别是在肉芽肿性疾病晚期或对离散病变组织进行局部超声波采样检查的过程中。如果肺穿刺检查是必须的话，应使用自动活检针以减少肺出血和气胸。

（二）骨质疏松症

根据发病晚期骨骼畸形和发病史可以对骨质疏松症进行诊断，其特征性病变包括明显的弯曲、最终的肩胛骨颅侧移位、脊柱前弯症、消瘦、颈部僵硬、跛行和偶发的伴有颈椎撞击的神经功能缺损。不一定出现呼吸道症状，但完整的临床症状描述应包括彻底的呼吸检查。

核显像技术是目前检测早期疾病及监测疾病发展最敏感的诊断方法。增加放射性药物的吸收可以检测多位点的延迟期图像，通常包括肩胛冈、颈椎、肋骨、胸骨和骨盆。中轴骨骼受影响最常见，但四肢部位的骨骼也会受到影响。

放射影像技术最容易发现脊柱颈椎部分的变化。该病的晚期可以用放射影像学的方法进行诊断。早期的变化包括弓根和多个椎体关节突上有片状弥漫透射影像。有时在椎骨背的肌肉中可以看到矿化位点。晚期病变包括椎损伤相关的小平面关节的严重重塑和椎体终板的裂解（图 205-2）。有时在胸 X 线片上可见肋骨骨折。

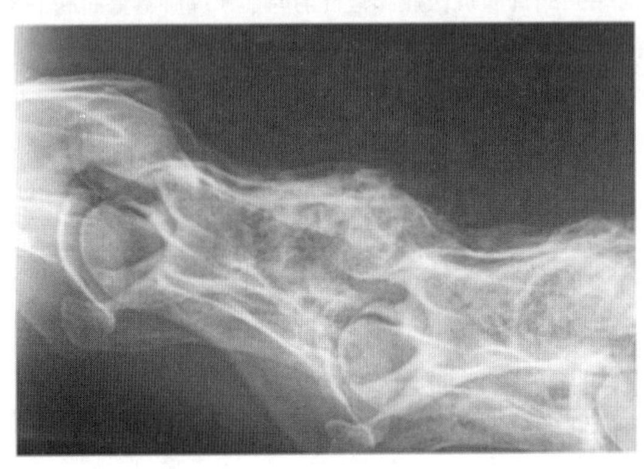

图 205-2　硅酸盐相关的骨质疏松症病马颈椎的放射线影像图

C4-C5 上的小平面关节和椎间隙正常，但 C5 和 C6 的小平面、弓根和主体上存在片状透射影像，并且在 C5-C6 和 C6-C7 关节上可见椎损伤。脊椎背侧的不透影像与营养不良性矿质化的相同

由于存在较高的病理性骨折发生风险，盆腔的全麻和肩胛骨放射影像是禁止使用的。可以尝试对驻立的马进行肩胛骨和骨盆的造影检查，但通常对这些区域进行超声检查更有价值。肩胛骨增厚和脊椎骨表面明显的不规则是超声波图像中最常见的病理变化，这与骨质疏松症高度相关。高频（≥7.5MHz）的线性传感器可用于肩胛骨和肋骨的成像检查。低频传感器可用于骨盆外的检查。微凸或标准线性直肠传感器可以用于骨盆内部的直肠检查。

骨的活检只能检出骨质疏松症单独或偶尔联合的纤维化，所以，意义不大。血清的骨生化指标可作为评估筛选工具，但只能用于更严重的病例，而这时它的诊断效果是不错的。

六、治疗

（一）肺尘病

病马应处于通风良好的环境中，远离灰尘、霉菌和花粉，避免累积的尿氨和其他气味的刺激。发病较轻的马对短期的全身糖皮质激素和支气管扩张剂的反应良好，一般在临床症状稳定后就可以停止用药。对病情稍重的马使用吸入类固醇、支气管扩张剂是有利的，可能是它们有稳定肥大细胞的作用。然而，这些马通常长期处于呼吸窘迫综合征的状态下，并且一般情况下预后不良。

（二）骨质疏松症

当对骨质疏松症所引起的跛行进行治疗时，如非类固醇类抗炎药等常规的抗炎药物对病马治疗的效果不太好。使用全身性糖皮质激素在短时间内有作用，但是长期使用皮质激素会导致骨质疏松症。减少运动在短时间内也有效，但是随着时间的推移和病情的不断发展，运动的缺乏对骨密度的流失具有叠加效应。颈部僵硬的马常有关节炎的活性成分，它对诸如注射透明质酸或超声波引导下关节注射等联合疗法有反应。把马迁离受影响的区域可以消除持续暴露，但不会阻止病情的发展。

双膦酸盐类药物是常用于治疗人骨质疏松症的药物。双膦酸盐药物替鲁膦酸，全身给药在疼痛控制方面有作用，但效果短暂，病情还是会不断发展。成年马的治疗量是：500mg 替鲁膦酸稀释在 1L 生理盐水中，静脉注射 30～60min。同时给予缓慢静脉注射效果更好的双膦酸盐唑来膦酸可以提高病马的跛行程度 1～2 级，随后的核素影像图随访发现，它具有提高或稳定治疗效果的作用。跛行不能够完全治愈，持续时间可达到 2 年。有些马在治疗后可重新恢复到运动状态，尽管在运动的时候会有严重骨折的风险，但这已经是很好的结果了。双膦酸盐治疗对小关节的关节炎效果不明显，所以，治疗计划中应包括关节特异性治疗方法。目前，唑来膦酸被用来治疗这种疾病。

最近有报道，几匹马经过挠性振动板系统（Vitafloor）的治疗后，关节的稳定性和活动度有了明显的改善。从串行闪烁扫描图上看，1 匹马进行 Vitafloor 和唑来膦酸盐联合治疗的效果要比单独使用唑来膦酸盐治疗的效果要好。当有 Vitafloor 系统可用时，应该把该系统纳入病马的治疗计划中。

如果不进行治疗，一些马症状的稳定性只是暂时的，大多数的马随着病程的发展，最终都需要进行安乐死。

推荐阅读

Anderson JDC，Galuppo LD，Barr BC，et al. Clinical and scintigraphic findings in horses with a bone fragility disorder：16 cases (1980-2006) . J Vet Med Assoc，2008，232：1694-1699.

Arens AM，Barr B，Puchalski SM，et al. Osteoporosis associated with pulmonary silicosis in an equine bone fragility syndrome. Vet Pathol，2011，48：593-615.

Arens AM，Puchalski SM，Whitcomb MB，et al. Comparison of the use of scapular ultrasonography，physical examination，and measurement of serum biomarkers of bone turnover versus scintigraphy for detection of bone fragility syndrome in horses. J Am Vet Med Assoc，2013，242：76-85.

Berry CR，O’Brien TR，Madigan JF，et al. Thoracic radiographic features of silicosis in 19 horses. J Vet Intern Med，1991，5：248-256.

Durham MG，Armstrong CM. Fractures and bone deformities in 18 horses with silicosis. In：Proceedings of the 52nd Annual Convention of the American Association of Equine Practitioners，2006：311-317.

Katzman SA，Nieto JE，Arens AM，et al. Use of zoledronate for treatment of a bone fragility disorder in horses. J Am Vet Med Assoc，2012，240：1323-1328.

Schwartz LW，Knight HD，Whittig LD，et al. Silicate pneumoconiosis and pulmonary fibrosis in horses from the Monterey-Carmel Peninsula. Chest，1981，805：825-855.

（张海明　译，彭煜师　校）

第 18 篇
总论

第206章　老年马的健康和福利

Laurie A. Beard

老年马医学越来越吸引人们的兴趣，从2008年到2013年，该研究领域已有20余篇报道。在过去的3年中，有7篇关于老年马管理和健康状况的研究论文，另有关于衰老对免疫功能、疝痛（急腹痛）和其他身体系统影响的研究报道。有关老年马的定义尚不明确，一般建议以15岁为界限定义老年马。在本章里，老年马指的是15岁以上的马匹。有报道称，当马16.5岁时，其年龄是未来马主人考虑的因素。马主表示马匹22岁时才出现衰老迹象。通常马匹的寿命范围是20～40岁，但是马在介于此年龄范围1/2时，就已经结束了它的表演或育种生涯。如今，老年马的价值更注重于陪伴而不是工作或表演能力。老年马在结束其竞技生涯后仍具有价值。因为对于年轻、缺乏经验的骑手来讲，老年马更安全。随着老年马的马主人对老年马运动强度的降低，老年马的主要用途也受到了影响。一项研究表明，大部分（60%）的老年马仍用于娱乐骑行，骑行频率约为3次/周。尽管大部分30岁或30岁以上的马均已退役，但仍有约30%的老年马可用于娱乐骑行。

在美国，老年马数量的精确统计非常困难，但现有数据显示，老年马的数量是增长的。国家动物健康监测系统的数据显示，在美国＞20岁老年马的比率从1998年的5.6%增长到了2005年的7.6%。澳大利亚昆士兰和英国大约30%的马是老年马，英国有11%的马在20岁以上，据估计，美国老年马的比率为0.2%，而英国有2%的马是30岁以上。马的品种和大小对于马的寿命似乎有重要影响。有研究显示，30岁以上的马中比例最高的是矮种马。

区分因衰老产生的变化和衰老相关疾病非常困难。正常的衰老迹象包括毛发变灰，肌肉萎缩或消失（如背摇晃的加剧），关节活动性降低，系部倾斜或降低，下唇下垂，体重下降。然而并不是所有老年马都表现为体重下降，一些老年马也会超重。年龄的增长与身体素质降低存在相关性。26%的老年马是超重的，只有4.5%是体重下降的。相比之下，30岁以上的马只有10%超重。30岁以上的老年马大多数身体状况良好，但有16%的老年马身体状况不佳。与兽医相比，马主通常会低估马的身体状况。换言之，马主认为有些超重的马实际上是正常的马。马主记录有关老年马的疾病问题比较常见，包括跛行、疝气、眼和牙齿问题。老年马常见的疾病包括垂体功能紊乱（PPID）、马代谢综合征（EMS）和反复发作性气道阻塞（RAO）和关节炎。这些情况都在本章中有所提及，但有关细节设置在其他章节中。

尽管马主人对老年马相关疾病的临床症状有一定的辨识，但对健康问题的低辨识

力仍是目前面临的一个问题。对老年马例行的兽医卫生保健、常规检查不如年轻竞技马多。同时，大多数的老年马接种疫苗的次数和种类显著低于成年马。牙科疾病和相关问题也是老年马马主经常忽视的问题。因为通常大部分的老年马在接受兽医检查时才发现有牙齿问题。老年马马主可能把这些误认为是衰老的症状而不是疾病。老年马接受卫生保健、常规检查的频率降低导致马主对其健康问题发现的延迟。

一、衰老对心血管和呼吸系统的影响

老年马的体能和有氧代谢能力均有所降低。所以，在高速跑步机上，老年马没有年轻马跑得快和远也就不足为奇了。由于心率和搏血量降低，衰老会导致马和人的心输出量减少。锻炼可以提高搏血量但是不增加最大心率。在运动时，特别是在长久骑行时，老年马的体温调节不如年轻马，这可能是由运动前低血容量所导致的。这对于马主人是很重要的临床信息。在温暖的季节骑行时，监测老年马的热应激症状十分重要。

衰老也会影响肺脏功能。由于老年马从肺泡运输氧到心血管的能力变弱，导致其氧或者二氧化碳分压较年轻马低，造成血液中P（A-a）O_2梯度值和pH值较高。这种情况在老年马麻醉时也会出现。这种CO_2低分压和高pH值原因可能是马体在试图维持动脉血氧分压时换气过于频繁所致。最近一项表明，有22%老年马在听诊时有异常的呼吸音，30岁以上的马在安静时有32%存在异常呼吸音。这些马在呼吸检查时可发现有呼吸道疾病，包括哮喘症和咳嗽。反复发作性气道阻塞也是老年马的常见疾病。目前还很难确定氧运输能力减弱是否是由反复发作性气道阻塞或者其他衰老相关机制导致的亚临床症状。

主动脉瓣返流引起的心杂音在老年马中是常见的现象。也可见到主动脉瓣和二尖瓣返流。老年马发生心杂音的概率为20%，其中7.5%同时患有主动脉瓣返流，9%同时患有二尖瓣返流。有一项研究数据显示，30岁以上的马发生心脏杂音的概率为36.2%。同时大多数表现为左侧心杂音，其中17.4%为二尖瓣返流，18.8%为主动脉瓣返流。大部分的心杂音不严重（只有28%的杂音高于严重程度的Ⅲ/Ⅵ级）。而大多数的马匹无心脏病的其他迹象。心脏杂音与高死亡率并无关系。最近报道，在治疗老年马左背侧大结肠变位时，使用苯肾上腺素会增加致命性出血风险的。与苯肾上腺素相关的出血原因尚不明确。

二、衰老对免疫系统的影响

衰老引起的免疫功能降低称为免疫衰老，这些变化在老年马中都有数据证实。免疫衰老表现为老年马外周T淋巴细胞和B淋巴细胞数量降低，T淋巴细胞增殖能力降低，Th1介导的细胞免疫应答向Th2介导的体液免疫应答的转化。与年轻马相比而言，老年马外周单核细胞增殖能力降低。令人有些困惑的是，老年马表现为促炎性细胞因子分泌水平增高，包括γ干扰素、α肿瘤坏死因子。而长期的低水平炎症反应的现象称为衰老炎症。对于超重的老年马，脂肪组织可能对炎性细胞因子产生有重要的作用。肥胖老年马的体重和体脂降低与促炎性细胞因子量降低有关。

与年轻马类似，老年马对灭活的狂犬病疫苗可产生初级免疫应答。但是，老年马对灭活的流感疫苗应答产生的抗体明显少于年轻马。尽管有这些信息，老年马仍缺乏针对疫苗接种的具体指导方针。最近有报道称，老年马虽然有过病原的接种史并获得了免疫力，但是对传染病及临床上的疾病仍易感。接种金丝雀痘病毒载体疫苗可使老年马获得抵抗临床疾病的抵抗力和减少病毒传播概率。这种疫苗可以增强老年马的体液免疫，但对特异性的细胞免疫没有影响。总的来说，老年马对多种传染病仍易感。而且老年马与年轻马接种疫苗后的反应是不同的。由此可见，加强老年马的疫苗接种对预防疾病非常重要。目前，尚不清楚流感疫苗是否可以增加老年马的获得性免疫力。

三、衰老对视力和听力的影响

马主人和兽医应该意识到老年马的视力和听力不如年轻马。老年马眼部有病变是非常常见的，并且随着年龄的增长眼部患病率也不断提高。老年马白内障患病率是58%，30 岁以上的老年马患病率为 97%。其他病变包括：老年性视网膜病变（变性）、玻璃体变性。14%的 30 岁以上的老年马和 5%的老年马表现为视力下降（有证据表明是恐吓反应减弱）。最近记录的老年马发生的老年性耳聋（因衰老引起的听力丧失）是通过脑干听觉诱发反应阈值升高引起的。非完全性耳聋的马在骑行时与正常马表现一样，临床检查也正常，因此，非完全性耳聋在临床上很难识别。

四、衰老对胃肠道系统的影响

牙科疾病是老年马多发的问题，常见的问题包括牙间隙过大、缺齿、微笑齿、牙齿移位、牙周病、波状齿。剪刀齿则与年龄增长无关。马因坏牙吸收而引起的骨质增生是新报道的一种切牙痛苦的状况。是以钙化的牙组织出现牙周炎、吸收或者增殖为特征的切齿或者犬齿疼痛的疾病。兽医通过口腔检查，发现大部分（90%）的老年马和驴目前都遭受着牙科疾病。牙科疾病与年龄的增长、体况差、马和驴的疝痛有关。在 15～20 岁的老年驴中牙齿异常患病率增加。马主人经常识别不出（或者不报道）他们的老年马牙科疾病甚至咀嚼困难等口腔问题。老年马发生牙科疾病除了与体重下降有关，还与食管阻塞和大结肠梗阻有关。由于老年马易发生咀嚼困难，因此，用“老年专用”的饲料补充饲养十分必要。一些患有特别严重的牙科疾病的老年马可能由于吞食完整的食团而发展为食管阻塞，这种情况下在饲料中加水很必要。

疝痛（急腹症）是马最常见的就诊原因，而且这些患疝痛的动物绞痛性脂肪瘤发生率也随之增加。有疝痛的老年马存活率比年轻马低。疝痛也是马主人为马选择安乐死的第二大原因。有疝痛的老年马往往伴随更严重的疾病，可能比年轻马更需要手术。当老年动物因疝痛接受治疗时，它们比年轻马更有可能被进行安乐死。有疝痛的老年马首先会选择药物治疗，当药物治疗失败时（这可能是需要手术的迹象），随后会选择安乐死。经受过手术的老年马预后治疗是不明确的：16 岁以上的马不如年轻马接受疝痛手术治疗的预后良好。然而，20 岁以上的老年马并不是如此。患有绞窄性小肠病变的老年马和年轻马的存活率不同。因大结肠位移接受手术的老年马的存活率低于年轻马，但是老年马和年轻马的总体存活率很高。调查者得出结论，老年马的疝痛（colic）往往会变得更严重，比年轻马更有必要进行手术。在马的晚年和 20 多岁时不应该仅凭衰老的预后不良而遭受安乐死。

五、衰老对血液系统和血清生化指标的影响

报道称，老年马和年轻马在某些血液指标上有显著的差异，但是大部分差异在临床上表现不明显。尽管红细胞比容和血红蛋白平均值没有超出参考范围，但是老年马相比于年轻马在这 2 个值上表现较高。老年马的淋巴细胞数低于年轻马，且比参考范围低 1%。老年马钙离子浓度高（在参考范围之内）。超过 1/2 的 30 岁以上的老年马球蛋白浓度也升高，这可能与衰老和持续的炎症反应有关。

六、衰老对骨骼肌肉系统的影响

老年马常见跛行，长期跛行是马主选择对其安乐死最常见的原因。有一项老年马的研究显示，18%的老年马在慢步时会跛行，50%的老年马在快步时会跛行。在一项对 30 岁以上的老年马的研究显示，35%的老年马在慢步时会跛行，77%的老年马在快走时会跛行。非甾体类抗炎药是老年马最常见的定期或者长期服用的药，这可能是骨骼肌肉病高患病率的表现。跛行最常见的原因包括（可能是蹄叶炎）和关节炎。老年马常见蹄部异常，包括蹄白线病、内蹄翻、蹄裂、发散或突出的生长环、长趾低踵现象、粉蹄（seedy toe）和凸形蹄底。许多蹄部问题都伴随有慢性蹄叶炎的发生。蹄叶炎是老年马中一种常见内分泌病的后遗症，如 PPID 和马代谢综合征（EMS）。老年马去修蹄次数逐渐减少，也反映了大多数老年马已经退役的事实。

七、衰老和垂体功能紊乱

马患 PPID 的概率随年龄增长而增加，PPID 又称“马库兴病”，是老年马最常见的疾病，因此，在本章中提到此病，而其更完整和详细的描述可参见其他章节（见第 136 章）。PPID 导致多巴胺抑制中间部功能的损失。氧化损伤和炎症会导致下丘脑多巴胺能神经元的神经退行性疾病。PPID 最重要的临床症状是毛发异常，包括毛发延迟脱落、颌下和腿上毛长和整年毛长和卷毛（多毛症）。其他的临床症状包括肌肉萎缩、精神沉郁、多饮多尿、慢性感染和蹄叶炎。患有 PPID 的马比同龄马对照组排粪较多。

因为 PPID 的临床症状很轻微，所以，对 PPID 的诊断非常困难。在许多研究中，多毛症被作为诊断的金标准。尽管多毛症比较特异，但是敏感性不足，也就是说，只有轻微症状的马可能没有毛发异常症状。因此，需要实验室的辅助检查，如对内源性

促肾上腺皮质激素（ACTH）、α-黑素细胞刺激素（α-MSH）浓度的检测或地塞米松抑制试验。在秋季，正常马和患有 PPID 的马都有较高的 ACTH 和 α-MSH 浓度，因而建议避免在秋季检验。而最近的研究建议，随季节调整 ACTH 和 α-MSH 临界值来提高检测的敏感性。

最近通过内源性 ACTH 和 α-MSH 的水平为基础去评价老年马 PPID 的患病率为 21%。有趣的是，马主人报道多毛症只有 14%。无多毛症且只有轻微临床症状的 PPID 可能被马主忽视。对患 PPID 的马治疗包括支持疗法（如在夏天修建毛发、频繁驱虫）和服用培高利特。美国食品和药物管理局批准的培高利特在市场上可以买到。

八、结论

世界上的老年马数量越来越多，同时马的健康和福利需求也逐渐提高。随着马的衰老，马的疾病和衰老相关问题增多，且这些问题易被马主误解为衰老产生的正常变化。因此，继续对老年马进行兽医日常保健十分重要，以保证这些疾病和其他问题可以及时被发现和解决。

推荐阅读

Frederick J, Giguere S, Butterwork K, et al. Severe phenylephrine-associated hemorrhage in five aged horses. J Am Vet Med Assoc, 2010, 237: 830-834.

Horohov DW, Adams AA, Chambers TM. Immunosenescence of the equine immune system. J Comp Pathol, 2010, 142: S78-S84.

Ireland JL, Clegg PD, McGowan CM, et al. Disease prevalence in geriatric horses in the United Kingdom: veterinary clinical assessment of 200 cases. Equine Vet J, 2011, 44: 101-196.

Ireland JL, Clegg PD, McGowan CM, et al. A cross-sectional study of geriatric horses in the United Kingdom. Part 1: demographics and management practices. Equine Vet J, 2011, 43: 30-36.

Ireland JL, Clegg PD, McGowan CM, et al. A cross-sectional study of geriatric horses in the United Kingdom. Part 2: heath care and disease. Equine Vet J, 2011, 43: 37-44.

（王晓钧、林跃智　译）

第 207 章　牧场的液体疗法

C. Langdon Fielding

实际对马出诊时，采取液体疗法是实用性较强并能挽救生命的一种选择。考虑到马的情绪、医疗经费和运输困难，在牧场治疗比住院治疗更可取。虽然对马在牧场进行液体疗法有其独特的特点，但是治疗原则大部分与医院治疗相似。

一、液体疗法的适应证

脱水是进行液体疗法的主要原因，但还有其他一些重要的临床情况和问题，也需要液体疗法。

1. 血容量过低

血容量过低的临床体征包括心动过速、脉搏减弱、黏膜苍白、毛细血管再充盈时间延长、精神状态萎靡、颈静脉再充盈时间延长、四肢厥冷和尿量减少（框图 207-1）。血容量过低的一个后果是组织灌注量减少，进而导致无氧代谢和血浆中乳酸堆积。在牧场进行血浆乳酸浓度的测量是非常容易的，当乳酸浓度超过 2mmol/L 就可判断为血容量过低。乳酸浓度可以通过手持便携式分析仪器测定，几分钟之内即可获得结果（比如 accusport1）。血容量过低常并发高红细胞比容（PCV）和高血清总蛋白浓度。但需注意的是，在其他疾病发生时，这些指标也可发生改变，所以，这些指标并不是低血容量可靠指征性指数（框图 207-2）。在现场，已有越来越多的仪器和方法可以辅助性检测判定是否发生血容量过低，包括中心静脉压测定（负的值可能表明低血容量）和超声心动图等。

框图 207-1　血容量过低的临床检查结果

1. 心动过速。
2. 脉搏减弱。
3. 精神异常或沉郁。
4. 黏膜苍白。
5. 毛细血管再充盈时间延长（>2s）。
6. 颈静脉再充盈时间延长。
7. 四肢冰凉。
8. 尿量减少。

框图 207-2　血容量过低一般性实验室检查

1. 血液乳酸浓度高（>2mmol/L）。
2. 红细胞比容高。
3. 血浆总蛋白浓度高。
4. 尿比重高（>1.030）。

2. 脱水

脱水的临床症状可能包括皮肤松弛（弹性降低）和黏膜干燥。根据临床症状判断脱水程度，对于一些物种，包括马可能是错误的。正如前面所述，在脱水时常见 PCV 和血浆总蛋白升高，但其他因素（如贫血、肠下垂）使这些测试结果难以阐明原因。尿密度高（>1.030）是一个非常有用的诊断指标，但患有肾小管疾病时，其可靠性降低。做好历史记录是非常重要的，常存在因马可能喝不到水或马主人发现水长时间没有减少时而怀疑马脱水情况。

3. 胃肠道疾病

即使在不脱水的情况下，液体疗法也常用于胃肠道疾病，如食物阻塞。其基本原理是水化肠道内容物或进一步阻止胃肠道液体重吸收。在某些情况下，液体疗法可用于保护肾，因为马疝痛经常需要多次反复使用非类固醇抗炎药物。这些马通过自发饮水可能保持不了机体的正常蓄水状态。

4. 肾脏疾病

对于有肾脏疾病的马来说，即使动物未发生脱水，液体疗法也可用于促进利尿和防止或减缓肾脏损害。牧场的即时检验设备可以用来测定肾脏的指标。如果可以得到尿液样本，可根据之前的液体疗法和现在的蓄水状态，再进行尿比重（SG）测量以诊断肾脏疾病。脱水时，密度为 1.008～1.014 可能表明为等渗尿和肾功能不足。即使测得的病马尿比重为 1.014～1.020，也表明肾脏可能有问题。在牧场进行肾脏疾病治疗很实用，因为病马往往情况稳定，而且长时间内还需要连续的液体治疗。

5. 中毒

在某些情况下，当马确定已经中毒后，液体疗法可以用来针对性治疗特异性毒素。例如，若对马过量使用了非类固醇抗炎药物，用碱中毒的液体疗法效果不错，因为这有助于药物的排泄。其他的例子，如斑蝥中毒时，如果检测到有低血钙症，钙的补充剂会对此有一定效果。

二、液体添加剂的使用

尤其是在牧场，液体疗法常配合多种液体添加剂的使用。在很多情况下，缓慢静脉注射药物比使用可快速吞咽的小药丸更安全。如为治疗同步膈扑动而对马使用葡萄糖酸钙，如果用未稀释的葡萄糖酸钙快速处理，有导致马发生心律失常的危险。使用某些抗生素时（如四环素），使其与静脉液体混合稀释并缓慢注射入静脉内的方式更具安全性。

三、液体给药途径

马常用给药途径有2种：口服和静脉注射。虽然马在服用灌肠剂时会吸收一些液体，但这通常不是补水的最有效途径。所有的液体给药途径都有利弊。

典型的口服液体给药需要使用胃管。由于是动物服药，因此，镇静处理非常必要。胃管的使用尽管存在鼻腔和食道损伤的风险，但鲜有较为严重的继发症发生。当胃肠道需要补水时，口服补液非常有效。一次补液的容积限制在6～8L，但为了重复给药，胃管可以留在原位置。典型的液体给药需要胃管，因为是动物，典型的口服给药比静脉输液更划算，口服液体给药的方式对胃肠道补液是非常有效的。当马匹存在食管梗阻或发生大量胃返流时，不适合采用口服补液的方式。因为口服液体需要吸收，所以，此方法也不太适合于血容量极其低的马匹。

静脉输液需要安置静脉留置针。因此，在留置部位可能出现感染和血栓。而医院外的环境，因为监测不利，这种情况则更易发生。静脉输液对需要快速补液的危重病马匹治疗效果较为理想，患有食道梗阻、肠梗阻或其他导致胃返流的疾病的马匹也需要静脉输液疗法。

四、液体类型的选择

牧场里等渗溶液（置换液）的使用是最普遍的。即使是长时间（如几天）的治疗，只要它们能自主获取水分并且肾功能良好，大多数马匹都可使用等渗溶液进行补液。如果马匹不能进行口服或者肾功能减退，运用等渗溶液治疗时应同时进行连续的血液监测，以维持电解质和酸碱平衡。

1. 0.9%氯化钠溶液

0.9%氯化钠溶液（NaCl）通常是典型的等渗溶液。然而，这种溶液与马正常血浆相比，因含有的较多钠离子、氯离子，也是轻度高渗的，而且氯离子和钠离子的增加率不呈比例。因此，大量或长期使用这种溶液可能产生高氯性代谢性酸中毒。这种液体可能只适用于代谢性碱中毒。0.9%NaCl适用于以下几种特殊情况，包括中暑衰竭（没有及时得到电解质补充）、食管梗阻或可能患有同步膈扑动。最近的研究引起了人们对高氯血症及其可能产生的不利影响的担忧。所以，在一般情况下，0.9%NaCl不作为马匹复苏的主要液体。

2. 乳酸林格氏液

马匹治疗时乳酸林格氏液的使用也很常见。它是电解质相对平衡的溶液，这样在液体中使用添加剂后，有一小部分容积的自由水是可以代谢的。尽管与0.9%氯化钠溶液相比，其钠离子和氯离子浓度与马匹正常血浆更接近，但是乳酸林格氏液的氯离子浓度（109mmol/L）仍高于马匹的正常血浆。从理论上说，这可能会导致轻度高氯血症，虽然效果可能不明显。对于在牧场大多数需要液体疗法的马匹，选择使用这种液体是比较合理的。因其对患有低血容量引起的乳酸性酸中毒的马匹存在引起轻微酸化的可能（氯离子浓度的原因），因此，它更适用于代谢性碱中毒的病马（见前面列出的情况）。

3. 醋酸溶液

在马的治疗中，醋酸溶液（如 normosol-R[2] 和 Plasma-Lyte A[3]）的使用越来越频繁。这种液体不但是等渗的，而且也是电解质相对平衡的溶液，因此，适用于多种情况。醋酸溶液中含有少量的钾离子和镁离子（除其他添加剂外），因此，在许多情况下，特别是对厌食症的马匹疗效不错。即使长时间使用，normosol-r 对电解质及酸碱平衡的影响也是微乎其微的。在非实验室条件或无疑似电解质紊乱情况下，normosol-r 的使用对于出诊的兽医来讲是安全和可靠的。

4. 高渗氯化钠（7.2%）

高渗氯化钠因其容积小，所以，在出诊时有实用性强（易于储存和运输）和成本低的优点。它可以在 10～20min 内迅速给药，常规使用剂量为 4mL/kg，如需要可加压进行给药。高渗盐水具有将液体从血管外空间（即从组织间隙和细胞中）引进血管内的效果，这样可以增加血容量和改善心输出量。它通常在低血容量情况下作为紧急复苏液体。它有增加血清钠离子和氯离子浓度的可能性，也会导致高氯性代谢性酸中毒。因此，在给药后应添加液体或者在有充足水供应下，动物自发饮水摄入此药。

5. 等渗碳酸氢钠溶液

在马的治疗中，因为等渗碳酸氢钠溶液是典型的碱性液体，因此，其应用相对较少。然而在某些情况下，等渗碳酸氢钠溶液疗效很好。通常情况下，将碳酸氢钠加入无菌水，配制成钠浓度约为 140mmol/L 的溶液。这种液体通常只应用于由较高的氯离子浓度引起代谢性酸中毒的情况下。在使用这种液体前，要测定血浆电解质、血气和 CO_2，这些会表明其是否适合应用此液体。正如前面提到的，因为它能增加尿排出率，因此，可应用于治疗某些类型的中毒。

五、液体比率的选择

对于低血容量的马匹，通常是在 30～60min 内按照 20mL/kg 的标准剂量进行静脉输液。在输液完毕后要对马匹进行再次检查，如果仍存在低血容量症状，应按照 10～20mL/kg 的剂量进行重复给药（持续时间为 10s）。直至马匹持续性排尿或低血容量症状消失。如果已经进行了 60～80mL/kg 剂量的等渗溶液静脉输液，马匹仍无尿，则应在液体疗法继续进行时，对马匹的肾功能进行评价。

对于非低血容量的马匹，给药的标准剂量通常是 2～4mL/(kg · h)。这可能是每匹马保持所需液体的 1～2 倍。患有厌食的马匹可能会需要较少的液体。较高的液体比率适用于患肾病马匹 [有时高达 5～6mL/(kg · h)]，但应监测病马是否发生液体过量的症状（水肿、呼吸困难和体重增加）。当不再需要液体治疗时，通常在 12～24h 内逐渐减少液体的使用量直至不输入。如果只是简单的补液，这个逐渐减少期不是很必要。

六、液体疗法的停止

液体疗法停止的原因通常主要有 2 个：①液体超负荷；②达到了治疗目标。

1. 液体超负荷

在肾功能不全时进行液体疗法易发生液体超负荷。而其他血容量过多或水肿等风险因素也易导致液体超负荷的发生，包括低蛋白血症、心脏衰竭和并发的全身性炎症反应综合征。外周水肿的检测（包括四肢、腹部和头，图 207-1）或呼吸系统疾病的症状（呼吸频率增加和肺外膜声音）是识别液体超负荷的简单方法。在液体治疗期间，PCV 或血浆蛋白浓度的快速降低以及体重过度增加，可能也是液体超负荷的症状。

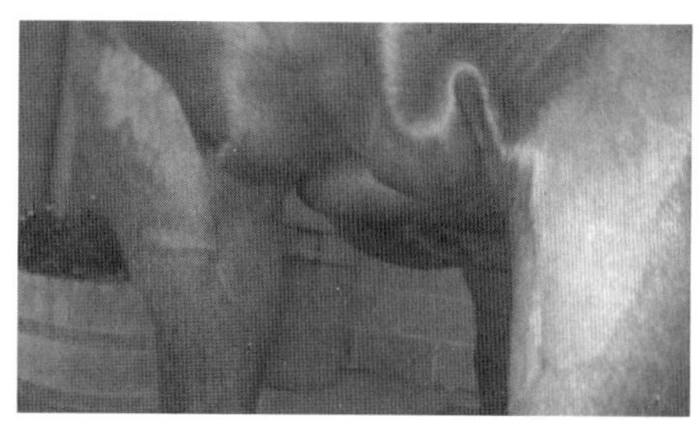

图 207-1 肾衰竭发生液体超负荷的马匹腹部图片

如果怀疑发生液体超负荷，应该停止输液或者把比率降低到 1mL/(kg · h)。如果无尿，特别是在进行充分的液体治疗后（>40～60mL/kg）仍无尿，应考虑使用呋塞米（0.5～1mg/kg，静脉注射）。如果使用的是合适的液体比率仍出现液体超负荷，则应进行更完整的实验室诊断性评估。

2. 实现治疗目标

如果液体治疗的适应证消失，可以减缓并最终停止治疗。例如，在解决了食物阻塞的梗阻后，马匹通常也就不再需要治疗了。在某些情况下，确定治疗终点更具挑战性。肾脏疾病往往需要较长时间的治疗，同时也需要连续监测血肌酐和尿素氮浓度；如果中断治疗，一些症状可能复发。结合临床症状和实验室参数有助于指导停止液体疗法的时机选择。对于典型的脱水或低血容量的马匹，尿量和临床症状正常是停止液体疗法的重要指标。

推荐阅读 

Fielding CL，Magdesian KG. A comparison of hypertonic (7.2%) and isotonic (0.9%) saline for fluid resuscitation in horses：a randomized，double-blinded，clinical trial. J Vet Intern Med，2011，25：1138-1143.

Fielding CL，Magdesian KG，Meier CA，et al. Clinical，hematologic，and electrolyte changes with 0.9% sodium chloride or acetated fluids in endurance horses. J Vet Emerg Crit Care，2012，22：327-331.

Lester GD，Merritt AM，Kuck HV，et al. Systemic，renal，and colonic effects of intravenous and enteral rehydration in horses. J Vet Intern Med，2013，27：554-566.

Nolen-Walston RD. Flow rates of large animal fluid delivery systems used for high-volume crystalloid resuscitation. J Vet Emerg Crit Care，2012，22：661-665.

Nolen-Walston RD，Norton JL，Navas de Solis C，et al. The effects of hypohydration on central venous pressure and splenic volume in adult horses. J Vet Intern Med，2011，25：570-574.

Pritchard JC，Burn CC，Barr AR，et al. Validity of indicators of dehydration in working horses：a longitudinal study of changes in skin tent duration，mucous membrane dryness and drinking behaviour. Equine Vet J，2008，40：558-564.

Underwood C，Norton JL，Nolen-Walston RD，et al. Echocardiographic changes in heart size in hypohydrated horses. J Vet Intern Med，2011，25：563-569.

（王晓钧、林跃智　译）

第 208 章　受虐待马和被忽视马的保护

Clara Ann Mason

目前，在社会上马被忽视和虐待的现象越来越多，这种现象与经济的萧条、饱和的马市场、在表演竞技场的竞争优势、人们的阴暗心理都有关。在这种情况下，兽医可能需要承担法医、主治医生、负责鉴定的专家证人、评估和测定虐待动物的独特地位。尽管目前有反虐待和保护动物的法律，但是兽医对动物虐待者的起诉是一个复杂而且令人沮丧的过程。因为对动物虐待起诉的法律标准难以令人满意。许多案例不能进行正常审判或对罪犯处罚较轻。故每一个起诉都应被视为一个胜利。建立用来确定虐待马的标准程序和法律程序都可以帮助兽医成功起诉。

一、法律

不同国家，有关动物虐待的法律不同。目前还没有国家级的数据库或专门机构负责收集或报道虐待动物的发生率，因此，还没有关于虐待动物的精确数据。据估计，在美国每年有 25 000 个动物虐待诉讼事件存档。但仍然存在一些未报道的动物虐待案例，这个数值小于实际数值。强有力的证据表明，人类对动物暴力和对他人的暴力往往是并发的，因此，美国许多州的立法机构都把保护动物条例引入了法案。许多州立法机构都批准通过兽医、动物控制组织、儿童保护机构的发现来报道动物和儿童的虐待事件。在写这篇文章时，也就是 2012 年秋，在美国有 91 个法学院开设了动物法课程。目前除了华盛顿哥伦比亚特区，共有 46 个州考虑设立至少一种类型的虐待动物为重罪。州立法对一些术语，如虐待、忽视、遭受、残忍等定义不明确，可能因不同的司法管辖权而不同，因此，这些术语的解释因法院而异。

美国兽医协会（AVMA）认识到兽医可以发现由联邦或州法律或地方条例定义的虐待和忽视动物案例。当委托人的教育无法解决虐待的情况时，无论这些报道是否是法律委托（框图 208-1），AVMA 都认为兽医有责任将这类案件报告给主管当局。然而，意想不到的是某些州法律禁止临时委托人（兽医）报道疑似虐待案件中的残忍和打斗情况。

框图 208-1 美国各个州关于兽医报告动物虐待的规定

需要执业兽医对虐待动物的事例进行报告的州有：亚利桑那州、加利福尼亚州、科罗拉多州、伊利诺伊州、明尼苏达州、内布拉斯加州，俄克拉荷马州、西弗吉尼亚州。

尽管没要求有明确的报告，但假如兽医对动物群体的非人道对待知情不报的话，兽医会受到法律处分的州有：堪萨斯州。

给确实可信的报告以民事诉讼豁免权的州有：亚利桑那州、阿肯色州、加利福尼亚州、科罗拉多州、佛罗里达州、佐治亚州、爱达荷州、伊利诺伊州、印第安纳州、缅因州、马里兰州、马萨诸塞州、密歇根州、密西西比州、内布拉斯加州、新罕布什尔州、纽约州、北卡罗来纳州、俄克拉荷马州、俄勒冈州、罗得岛州、得克萨斯州、犹他州、佛蒙特州、弗吉尼亚州、西弗吉尼亚州。

需要有专业的机构陈述虐待和忽视动物行为报告的州有：宾夕法尼亚州。

只对情节严重的案例需要报告的州有：俄勒冈州。

二、兽医作用

首先，主治兽医接受动物虐待的投诉后必须要告知相应的人道主管当局，以获得法律允许后，去检查虐待马的住所。不同的州具有不同的程序，因此，当地的检察官政府机关应当制定标准程序。当兽医怀疑马主人虐待或者忽视马时，应当将这种事报告给相应的政府机关，并联系当地的动物收容所，在这里，马可以暂居而且投诉可以存档。如果当地无收容所，当地治安部门有责任去处理这种投诉。在治安部门或者收容所接受投诉后，法律执行部门或人道政府官员应当去农场进行大概的检查以调查和核实所投诉的虐待和忽视情况。在大多数州，政府官员在法官或类似的法院存档投诉后，可以获准收容被侵害动物。然后，兽医被委任承担医治和监管照看动物的责任。直到法院判定财政支出由被诉人承担，管理这个案件和照看动物的财政支出由收容所和治安局承担。

随后兽医要接见施暴者并且搜集虐待和忽视动物的证据。临床医生可以通过这样的谈话洞察虐待程度和虐待者的内疚程度，在这些案件中他们会让兽医作为专家证据。在这点上，兽医应该接触当地检查局来寻求搜集证据和法律程序的建议，以能获得案件诉讼胜利。

兽医负责对每个动物进行身体检查或者尸检，以搜集暂时封闭的住所中的医学相关证据，鉴定水或饲料来源，进行实验室检查或者对房屋和牧场进行拍照取证。例如，一个空的、肮脏的或损坏的水槽和缺乏足够的饮用水可以推断虐待与疏忽，然而洁净的牧场和缺少粪便表明了饥饿，特别是整个畜群的饥饿。

三、虐待和饥饿的临床症状

下面列出的诸多临床症状表明，马匹可能遭受虐待或饥饿，但仅凭单一症状不可判定。

- 多毛、毛发蓬松、皮肤脱落。
- 没有得到治疗的慢性开放性创口。
- 长期卧地休息。
- 肌肉萎缩。
- 行为沉郁或反应迟钝。
- 蹄过长、跛行、蹄叶炎、腐蹄病、蹄裂或受损、没有得到兽医和马蹄铁匠正确处理的白线病。
- 黏膜干燥。
- 眼泪液膜干燥。
- 体况评分低和体脂少。
- 皮炎、大面积脱毛、体表有寄生虫。
- 慢步。
- 牙齿疾病，包括齿裂或牙齿缺失、齿间隙过大、波状齿与牙周病。
- 口腔溃疡、牙龈炎，这些可能是由吃狐尾草引起的。

四、现场鉴定和检查

兽医检查时，可对以下信息进行记录，包括推测的年龄、品种、性别、颜色等信息（图 208-1）。并应该在每匹马的缰绳上进行特点的标记，直到案件处理完毕，这个身份才可以除去。马匹的照片上应该包括检查日期、施虐者名字以及提及的永久身份（图 208-2）。可通过马匹慢走和快跑的视频来判断马匹是否跛行。马的照片应该包括头和身体的侧视图，蹄和身体后视图，以及身体上伤口或创伤。在文件中应该标注所推测的年龄和品种。被告人律师不可以质疑主治兽医提供的关于马年龄和品种的任何证据。兽医对每匹马所做的检查项目应是一致的，包括体温、脉搏、呼吸率、蹄、皮肤、骨骼肌肉系统、眼、口、耳、外生殖器的检查以及肺和腹部听诊。如果体积太大导致不能用天平称重，可用商业化的称重带和使用 Henneke 体况得分体系或者类似标准进行重量估算。如果马可以行走，可以通过其行走状况来判断是否跛行。如果可能的话，还要进行射线拍摄，范围应当包括所有受伤的肢体和蹄，还有其他的骨骼异常情况。法庭所呈现证据，蹄底照片应可证明腐蹄病、慢性蹄叶炎或白线病。照片上蹄的缺口、裂纹或生长过快可用于指证没有钉马蹄铁。任何损伤、切割伤或擦伤，应拍照、测量和描述，描述时要包括身体上的位置（图 208-3）。任何施暴武器或者投掷物在取回前以及进行治疗前应该进行拍照取证和记录。特别是对于公马，肛门因为缺少脂肪组织回缩到盆腔中是体脂降低的重要指标。因此，肛门凹陷的照片以及马从饥饿中恢复的对比照片是公众和法院可参考和依据的证据。记录每匹马的精神状态和行为，包括和马群每个动物的互动。为保护有限的水和饲料资源而撕咬、打斗、踢、公然侵略马群时也可视为因忽视造成的饥渴。

马匹现场鉴定报告

日期：________________　记录人员：________________

马主姓名：________________　兽医：________________

马匹编号：________________　照片/视频（是/否）：________________

马匹品种：____________　马：____　矮马：____　驴：____　骡：____　其他：____

性别：____　种公马：____　去势马：____　小雄马：____　种母马：____　小雌马：____

隐睾马：__________　毛色：__________　烙号：__________

预估年龄：________________　预估种属：________________

体况检查：__________　体温：__________　呼吸（次/分）：__________

脉搏（次/分）：__________　体况评分：__________　体重（测量卷尺）：__________

毛况：脏/清洁　光亮/暗　胸围 ________________

牙齿检查：________________

蹄况：有蹄铁/无蹄铁　左前/右前/左后/右后 __________　蹄叉状况 __________

跛行：未见异常__________　跛行评分 __________　描述 __________

眼部检查：__________　右眼 __________　左眼 __________

伤口：未见异常__________　创伤描述/位置 __________

备注：________________

诊断和治疗方案：________________

图 208-1　疑似受虐待马的检查确认报告

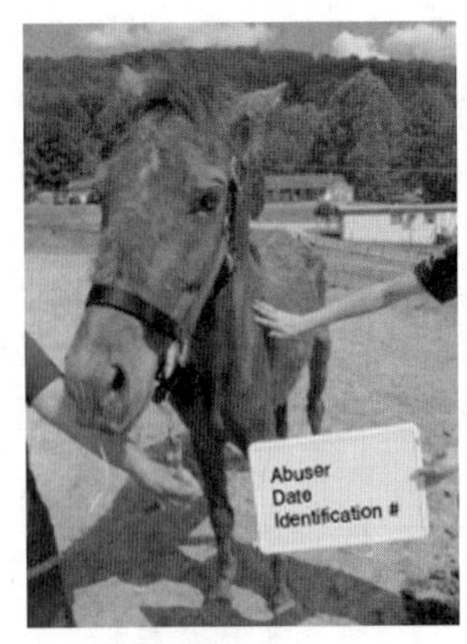

图 208-2　在指定地点马匹和 1 块可擦写板的照片（包括施虐者的名字）

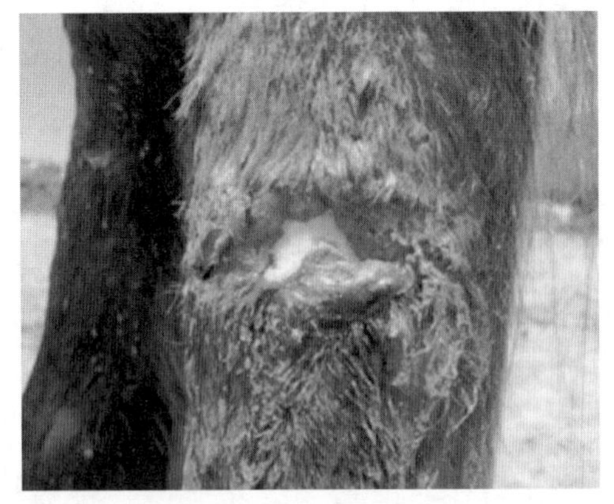

图 208-3　伤口应描述位置、表面特征、是否有新生组织和肉芽组织

伤口大小应测量，创伤气味要描述，碎片要收集

五、实验室检查

任何疑似虐待马的案件应进行血清生化实验、科金斯试验、全血计数和粪便浮选实验。所有实验室样品在监管条件下进行充分的处理和记录。专业从事动物样品检验的营利性临床实验室的检验结果可以在驳斥律师声称检测结果无效时使用。在某些情况下，对被虐待的动物施行安乐死是比试图恢复其健康更人道的选择。验尸后也应该向营利性的动物病理学实验室提供组织样品，以进行组织学检查。在马饥饿的情况下，实验室的数据可能显示为寄生、贫血、低蛋白血症、低血糖、低血磷症。血液蛋白不足（低蛋白血症）可能是由肝功能衰竭情况下的蛋白产量减少或者继发于肠病、肾病的蛋白质损失增加而引起的，它可能会引起后肢水肿。低血糖可能由肾上腺皮质激素含量不足、肝功能衰竭、败血症、饥饿或吸收不良引起。在现场离心血液非常重要，因为这样可以防止因在体外通过红细胞糖酵解或者因使用含氟试管收集血液而人为造成血清中葡萄糖浓度降低。低血磷症可能反映了慢性肾功能衰竭、饥饿和甲状旁腺机能亢进。

六、虐待竞技马（performance horse）

为了在表演竞技场上获得优势，马主人或者训练员偶尔会以牺牲马匹健康为代价使用令人吃惊的药物。某种步马因为机械或者化学的刺激作用而增大步态，这种练习方法称为“疼痛”。为了保护马的福利和保证竞技的公平性，美国马术联合会（USEF）和国际马术联合会（FEI）关于在他们场地参加竞赛的马匹用药已经有了严格的法规条例（见第 26 章）。如果怀疑竞技马滥用药物，应当告知官方活动兽医，如果认为怀疑是合理的，应该收集血液和尿液样品，然后提交进行违禁药物测试。在 www. usef. org 和 www. fei. org 可以查看违反 USEF 条例的马使用药物毒品大纲和相应的处罚信息。

在 1970 年，美国国会通过了《马保护法》，通过禁止受伤的马匹参加表演、运输和贩卖来禁止“疼痛”训练。“疼痛”训练是运用起泡、在前肢使用刺激性化学药品、用有压力的蹄铁或者在蹄上使用不合适的药物来有意增大马步态的违法训练方法。“疼痛”训练方法可引起马的疼痛和发炎，这都是残酷虐待马的实例。在一些马竞技场，“管事”（stewarding）是训练者虐待马的实例，马被教导忍受疼痛不退缩，然而官方检查时可以获得弄伤的证据，“管事”包括通过投射或者抽打马的面部引起疼痛。美国农业部（USDA）和动植物健康检查服务（APHIS）负责《马保护法》的执行。任何疑似疼痛或者管理法的受害马应该报告给政府当局，然后派 APHIS 批准的官员进行检查。其他关于疼痛法的信息可在 www. aphis. usda. gov 进行查阅。

七、囤积

囤积是收集了大量动物，却不能为其提供最低水平的营养、卫生和兽医保健条件。

囤积者也没能力改善动物现有状况或者环境持续恶化。动物囤积导致的虐待很难理解，因为这与虐待相矛盾。身边到处充斥着动物囤积者，他们声称自己爱护动物，却忽视了它们的基本需求，经常导致它们的死亡。每一个动物囤积事件有其特殊性，但大多数情况具有以下 4 个共同点，这使它们区别于其他种类的虐待和忽视的情况：①涉及的动物虐待者行为处于复杂的和难以理解的精神状况；②涉及很难照顾的大量动物；③它们吸引了被误导的媒体和公众的注意；④涉及的动物囤积者有惊人的高重复犯罪率。

八、讨论

虐待马是社会上一直存在而且不断增长的问题。虽然美国许多州都有一些法律适当地保护马匹防止其被虐待，但是一些州没有明确的立法可以成功的投诉检举虐待马者。兽医必须对遭虐待马进行法医调查、身体检查和验伤，并应安排长期护理。在这些案件的征用、关注和诉讼中，兽医的法庭证词与对虐待马者的公诉和最终获得公众关注密切相关，而且会进一步教育公众，提高其不能容忍虐待和残酷对待动物行为的意识。

推荐阅读

American Association of AVMA. State legislative resources：reporting requirements of animal abuse for veterinarians. Available at https：//www. avma. org/Advocacy/StateAndLocal/ Pages/sr-animal-abuse-reporting-requirements. aspx. Accessed March 15，2013.

American Association of Equine Practitioners. Putting the Horse First：Veterinary Recommendations for Ending the Soring of Tennessee Walking Horses. AAEP White Paper，August 2008.

Benetato M，Reisman R，McCobb E. The veterinarian's role in animal cruelty cases. J Am Vet Med Assoc，2011，238：31-34.

McIlwraith CW，Rollin BE，eds. Equine Welfare. Chichester，UK：Wiley-Blackwell，2011.

Michigan State University College of Law. Animal Legal and Historical Center. Available at http：//www. animallaw. info. Accessed March 15，2013.

Sinclair L，Merck M，Lockwood R：Animal Hoarding：Forensic Investigation of Animal Cruelty. Washington，DC：The Humane Society Press，2006：165-172.

（王晓钧、林跃智　译）

第 209 章　麻醉后脊髓病

Stavros Yiannikourls　Claude A. Ragle

麻醉后脊髓病是一种不可逆转的疾病，可导致马匹死亡或是对临床感染马造成伤害。这种情况一般在全身麻醉后出现，1984 年的一项病例首次报道这种情况，它描述了由脊髓低血压和静脉梗阻引起的脊髓灌注失败，认为产生原因是手术时的位置导致腹部内容物对后腔静脉形成了压力。自此以后，在文献中对此类病例也有少量报告，建议找出发病机制并提出可能的预防和治疗方案。

由外科医生和麻醉师最近提供的一项调查确认了该病例的数量，并综合了以前报道的病例信息，描述了有关麻醉后脊髓病较为详细的临床症状、结果与组织病理学现象。

一、临床症状

麻醉后脊髓病的发生无年龄或者品种的界定，但是 2 岁以下骨架较大或者肌肉发达的马易发生。

即使马匹在术前已确定无心血管疾病、呼吸或神经系统的异常情况，手术后期也可发生麻醉后脊髓病。仰卧全身麻醉后，马匹四肢疲软，表现为站立困难或者不能站立。患病的马有疼痛表征，站立困难。如果能完成起立，最常采取犬坐姿势，后肢无法内收用力（图 209-1）。神经系统检查可将麻醉后脊髓病与肌肉病变和周围神经病变进行区别，此种检查是通过中部到胸侧尾部的膜反应消失、肛门和尾端反应消失、后肢痛觉消失和反射消失来确定的。大部分病马可见中胸侧尾部出现尿失禁和出汗。大部分马颈部和前蹄功能正常，但后蹄的屈肌反射、痛觉和膜反应消失。此体征可以用来区分麻醉后脊髓病和类似运动障碍的双侧股神经麻痹。

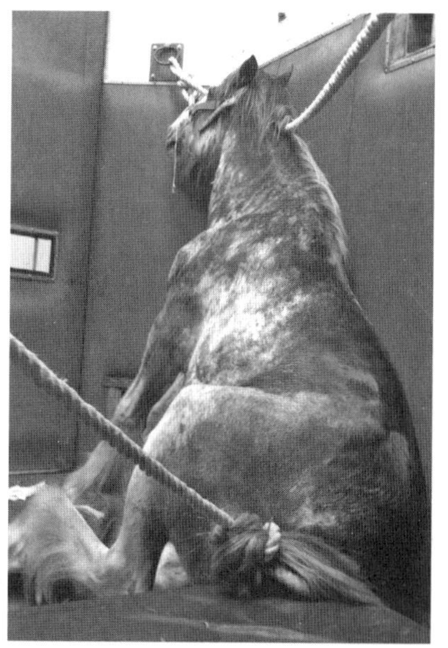

图 209-1　麻醉后脊髓病的马，无法用后肢站立而呈犬坐姿势。头和尾采用绳牵引人工辅助站立

二、实验室检查

术前无任何症状可以预测麻醉后脊髓病，而且术前实验室检查也无可确定患此类

继发病的参考指标。有趣的是，在患病的2匹马中检测到血清维生素E浓度均低于参考值范围（2.5～3.5μg/mL）。其中1匹病马，血硒浓度也略低于参考值（0.10～0.25mg/kg）。

三、尸检结果

脊髓检查可表现为软化、变色或两者兼有。大多数病变出现在胸尾段和腰段，个别马匹病变出现在脊髓头胸段或脊髓颈尾段，血管和脊髓内可见出血、瘀血。而一些病例中，脊髓则未见明显变化。只有经组织学检查才能确认为麻醉后脊髓病。任何一匹死马或是疑似麻醉后脊髓病而安乐死的马脊髓组织均可通过组织学检查来确诊。

在大多数情况下，组织学检查脊髓灰质，表现为对称或不对称的软化，病变程度不同，轻则变性程度较轻，重则神经元坏死，大多发生在腹侧灰质部分。脊髓灰质血管充血和脊髓灰质充血鲜有同时发生。脊髓白质一般无异常表现，但在某些情况下，可见轴突水肿和肿胀。病变位于脊髓的胸尾部和腰段，头部的大部分也有病变。

对少数马匹的脑干进行楔束核检查，可见神经元和球状体的退行性变化。这个位置发生病变可由维生素E缺乏导致。脊髓外伤，如发生在麻醉后脊髓病，可引起血管的拉伸和撕裂，进而导致脊髓软化和组织出血。因为这种病变在受伤12～24h后才可显现，并且在创伤起始部位其头尾两端皆可以发展成此病变。因此，麻醉期结束至死亡的时间会在尸检时对组织学观察产生影响。如果检测时间在创伤发生的12h内，组织学检查可能检测不到急性软化和出血病变。

四、发病机理

鉴于这种情况罕见，具体病因目前尚无阐述。然而，目前提出一些理论尝试将此病的临床症状、实验室检查发现、病理组织学现象进行统一。

对保定马匹进行仰卧吸入式全身麻醉似乎是导致麻醉后脊髓病发生的核心因素。当马匹仰卧时，血液集中在脊髓血管中，腹部脏器则可能对后腔静脉产生压力，导致静脉回流受阻。这些血流动力学变化再加上吸入麻醉诱导的血压和心输出血量降低，可引起灌注血量减少，进而导致脊髓血管缺氧、出血和神经元缺血。腹侧灰质较易发生病变，可能是由于其高代谢和高血流量的特点需要较多的血管分布，而这些主要由腹侧脊髓动脉提供。这些高代谢需求使腹侧灰质对缺血、缺氧、出血、神经元损伤更敏感。不成熟或数量较少的脊髓血管使之不能适应血流动力学的变化要求，在一定程度上解释了年轻马麻醉后发病率较高的现象。

人们认为椎间盘纤维软骨栓塞物是继发性脊髓梗塞的发病原因。犬和马中都有类似情况报道，但与麻醉无关。

有报告称，维生素E缺乏症会促进脊髓的膜脂质发生过氧化，进而使之更易受到缺氧性损伤。同时，维生素E缺乏症的病理特点是在楔束核副神经（副楔束核）发生退行性改变，而马匹发生麻醉后脊髓病也具有相同的病理特点。

五、麻醉

与其他全麻导致的相关肌肉疾病相比，平均动脉压或麻醉时间与麻醉后脊髓病的发生没有直接关联。所有麻醉后脊髓病病例报告都是进行了吸入式全麻，但麻醉时间相对较短（平均时间为 90min）。最初认为使用氟烷在一定程度上可影响心血管功能。尽管增加了一些新的成分，如异氟醚和七氟醚（虽然这些药物与氟烷相比，对血压影响较小），但对心血管的影响也未消除。仰卧位是导致疾病发生的较为一致因素，即使是在仰卧时使马匹倾斜或侧卧，也不会完全消除这种情况。

六、治疗

有关麻醉后脊髓病治愈成功的病例，目前为止未见报道。支持性治疗对此类马匹的治疗还是很重要的。要提供垫料或填充物并对马匹进行定期转动，避免因长期卧躺导致相应的并发症，如压疮、脊髓压迫症、神经病变、呼吸困难、胃肠道不适和营养不良。在马起立不稳时需使用镇静剂，以防止自我损伤的发生。

二甲基亚砜（DMSO：按 0.25～1g/kg 剂量并配制成 10%缓冲溶液静脉注射）具有抗炎和清除自由基的作用，可以最大限度地减少损伤程度。使用糖皮质激素或非类固醇抗炎药物也具有类似作用。抗氧化剂（如，维生素 E 20U/kg，每 24h 口服 1 次）的使用也可以改善脊髓持续性损害的程度。输液治疗可通过扩大血管内容量而有益于提高外周组织灌注量。然而，在出血没有得到充分控制的情况下，则不建议进行高速率的输液治疗。

对人类类似情况的治疗可为马麻醉后脊髓病的治疗提供一些有效的方法。对于急性缺血性脑卒中患者，静脉注射组织纤维蛋白溶酶原激活剂（tPA）是唯一被证实有效的治疗方法。尽管在 4.5h 内给予 tPA 也具有一些积极的效果，但尚未获得理想的临床效果，因此，必须在临床症状出现 3h 内使用此药物。动脉内尿激酶灌注在治疗急性脑血栓、增强血管再通率方面很有成效。无论是人类还是动物模型中，高压氧疗法对治疗急性全身性中风均有效果，但治疗 4h 后效果会下降。建议使用低温来抑制兴奋性突触传递和减少神经元损伤，从而起到保护动物作用。这些治疗方法，尤其是静脉注射 tPA，对马麻醉后脊髓可能比较有效。

七、预后

患麻醉后脊髓病的马严重预后不良。在确诊的情况下，目前没有报道过治疗最终获得成功的病例。有证据表明，虽然对马进行麻醉手术中呈现全球性增长，但是麻醉后脊髓病的病例报告没有出现相应的增长。这可能是全身麻醉时进行了更好的监测，使用了更安全的吸入性麻醉剂和马具备更好的心血管功能，这些都有助于降低麻醉后脊髓病的发病率。

八、预防

因为麻醉后脊髓病缺乏有效的治疗方法，最好的预防措施是避免麻醉年轻的大骨架或者肌肉发达的马。对站立的马进行腹腔镜手术的技术提升和可行性增加，有利于防止麻醉后脊髓病和与马全麻相关的其他不利情况发生。

为了观察维生素 E 缺乏症可能的作用，建议要测定血清中维生素 E 和硒的浓度，而且对于死于此病的马尸检时要小心检查副楔束核。

推荐阅读

The nervous system. In：Jubb KVF，Kennedy PC，Palmer N，eds. Pathology of Domestic Animals. San Diego：Academic Press，1993：338-339.

Ragle C，Baetge C，Yiannikouris S，et al. Development of equine post anaesthetic myelopathy：thirty cases（1979-2010）. Equine Vet Educ，2011，23：630-635.

Zachary JF，McGavin MD，eds. Pathologic Basis of Veterinary Disease. 5th ed. St. Louis：Elsevier Health Sciences，2011.

（王晓钧、林跃智　译）

第 210 章　驻场兽医实践工作

Charles F. Scoggin

驻场兽医的责任不像想象中那么简单，需要对繁育管理、新生马驹管理、刚断奶马、1 岁龄马的开发以及马群卫生计划有个全面的了解。驻场兽医也应熟悉紧急医疗事件的处理和手术条件，能够在紧急情况下做出快速诊治。此外，对农场马的运动培训、生物安全以及营养学的综合了解也是很重要的。

作为驻场兽医具有很多实践性优势，包括对需手术处置的敏锐识别性；对农场马匹的熟悉度；基于兽医师的职责和兴趣以及马匹的需求，能给予马匹相应的照料；与农场主和雇员建立了稳定联系，因此，驻场兽医完全符合农场多方面的要求，在有限的操作条件下能进行及时有效的治疗。

相对于优势来说，驻场兽医也有一些小的弊端。如与同行的交流和合作减少，在有限的设备和资源条件下无法进行高级复杂的治疗，每天每时都要与农场保持联系以防紧急情况发生。幸运的是，这些弊端可以通过适当的交流会议和人员培训来解决。通过这些交流培训，使驻场兽医认识到实际操作的局限性，并被培训当资源和设备未达标时如何通过其他办法解决的能力。

在本章中将讨论一个驻场兽医的一般职责。然而，很多概念都超出了本章的范围。一个完整的养殖农场兽医实践（Knottenbelt et al，2003）手册已发表。此外，考虑到兽医是根据个人的偏好和职业兴趣来进行治疗，一些内容是比较主观的，且是基于作者本人的经历与偏好进行纯种马的育种操作。

一、公马繁殖管理

合理正确照顾种马是驻场兽医的重要责任之一，种马是农场收入的重要来源，种马的繁殖活动旺盛，每天与不同的马匹进行交配，因此，增加了潜在的感染和传播疾病的风险。

（一）育种可靠性评估

保持饲养公马的整体活力需要一个全面的方法。大约在繁殖季的前 60d，即从 12 月 15 日开始，将公马暴露在人为控制光周期改变的环境中，即连续 16h 光照射，随后 8h 的黑暗。增加曝光时间更容易启动下丘脑垂体睾丸反应，刺激睾丸功能，为繁殖季节做准备。

育种可靠性评价（BSE）包括身体检查、睾丸触诊、睾丸超声波（包括睾丸大小和回声特性评估）以及精液收集和精液质量评估。这一过程通常在繁殖季节开始前已完成，但是，如果种马在繁殖季中能力下降，要额外进行 1 次 BSE 评价。精液样本收集是利用 1 个人造阴道（AV）。一些种马可能用人造阴道取样不成功，在这种情况下，将其和发情母马放在一起，收集掉下来的精液样本进行评估。其他方式的精液收集方法包括在最近受精的母马阴道中取样，使用避孕套和化学射精方法。种马的血常规检查也是育种评价的一部分，包括全血细胞计数（CBC）、血纤蛋白原（FIB）、生化特性及马传染性贫血病原检测。通过这些检查，除了能够筛查出一些潜在疾病，同时也有助于建立马匹的健康水平评价的基准值。

年轻的种马是指刚开始繁殖的种马，通常是从赛马中退役的马。因此，从竞技到繁殖功能的转变需要身体和心理的过渡和调整。在大多数情况下，过渡周期平稳安全。然而也有一些年轻的种马在这个过程和经历中挣扎，例如，身体状况下降，行为变化及蹄部发生问题。幸运的是，这些问题可以通过仔细观察可以及早发现得到解决。关于所发生的心理调整，最应注意的是尽管有诸多原因，种马应具备正常种马的行为。种马必须得到尊重以防止对人和其他马匹进行攻击。重要的是要意识到每匹年轻的种马都是独立个体，受到的处理也要有所区分。到达养殖场后，每个年轻种马都要进行身体检查和病史审查。如果有必要，兽医要对马进行康复治疗和定期检测。根据农场规定，种马要进行疫苗接种和驱虫，必要的话，要进行传染病，如马动脉炎病毒、马传染性贫血病毒和马传染性子宫炎的检测。有关这些疾病将在后面的章节中进一步讨论（见种马生殖道感染疾病的原因）。

经过一段时间的适应和调整，青年种马在发情期要进行受精测试。这需要训练种马熟悉农场的育种程序和评价种马的繁殖行为和精液特征。由于交配过程对这些年轻种马是一种全新体验，在测试期间需要足够的耐心和重复。一些马仅需要简短时间即可完成培训过程；而一些马则需要几次训练尝试才会在繁殖上表现出兴趣。需要对流出的精液存活率和动态形态学特点进行评估。1 匹种马需要经过有效适当的方式训练才可心甘情愿的作为种马完成受精过程。

（二）繁殖性能监管

繁殖季开始时，要密切监控种马的繁殖性能。主要手段是通过定期评价每匹马的繁殖记录。作者使用商业马场管理系统软件，可以评估多种生殖参数，包括每个周期的受孕率，每天每周每月的母马数量以及整体的受孕率。其他的种马繁殖效率监控方法可使用 Umphenour 及其同事绘画的手工记录和表格（2011）。对每匹种马的繁殖行为和性欲也要仔细观察。任何此方面的变化都可能意味着身体或心理存在问题，如肌肉骨骼疾病、生殖系统异常、系统性疾病和繁殖过度。矫形外科的问题，如后肢膝关节炎或踝关节炎会对公马进行交配产生影响。某些情况下，可以对关节性疾病采取预防性措施，如使用全身和局部抗炎药，限制种马的母马数量以及避免交配时过猛的动作。

在过去 10 年中，强化育种在商业繁殖操作中日益流行。这种技术是收集种马交配中流出的精液在合适的扩充器中混合精液并将其注入刚刚受孕的母马子宫内。报告显示，强化育种有多个优点（Blanchard et al，2006），包括增加精子的可用总数，增加精子在母马生殖道寿命，降低受精后子宫内膜炎的发生风险。因此，会提高每周期每个生育季的受孕率，并且减少反复受孕的数量。这种方法适用于种马精子数量低或正常形态精子数量低，多次受孕失败的母马，母马子宫缺陷阻碍精液沉积在子宫内以及种马插入后未能完全射精等情况。

（三）种马生殖道感染疾病的原因

在大型的育种操作中，性传播疾病是一个重要的考虑因素。包皮褶皱、龟头窝以及尿道通常是马病原体的检测部位，如β溶血性链球菌、大肠杆菌、假单胞菌和克雷伯菌。这些细菌有些是与种马的阴茎共生的，所以，结果应该给出微生物纯度和数量与种马繁殖性能的相关性。作者更倾向于收集每个种马交配的10匹母马的培养物，收集频率由不同农场临床医生决定。如果一个潜在致病菌的快速增长与低怀孕率相关，为确定该问题的严重性进一步的检测是非常必要的，并进行适当的治疗。仔细地检查外生殖器、精液评估、超声检查内部生殖系统和接种后子宫培养等方法都可以鉴别感染源和严重性。

马传染性子宫炎（CEM）是由马生殖泰勒菌（Taylorella equigenitalis）引起的一种性传播疾病。相对于种马，母马更常表现CEM的临床症状（如严重的阴道炎、宫颈炎和子宫炎）。公马通常是CEM的携带者，会通过交配的过程传播病原。预防和控制这种病原传播的措施，包括检测和治疗所有进口的种马和种母马，积极执行政府下达的监测计划。详见肯塔基州农业部门概述（http：//www. kyagr. com/statevet/equine/CEM. htm）。鼓励读者咨询当地的农业监管机构要求对CEM的测试和监控。

马动脉炎是由马动脉炎病毒（EAV）感染引起的。此病的具体详情建议阅读EAV的综述（Holyoak et al，2008）。在繁殖过程中，最重要的感染源是EAV感染种马的精液。并不是所有的种马暴露于EAV都会成为感染马，但是病毒会躲藏在生殖道中，会感染接触到精液的母马。其他传播方式包括吸入呼吸道分泌物，接触受感染的污染物和在子宫内感染。EAV的临床表现与其他马病毒性疾病相似，包括发热、呼吸道疾病、血管炎和流产。暴发性流产可能发生在EAV暴发之后。考虑到疾病传播的风险和EAV导致的影响，美国一些州对繁殖种马进行强制性的筛查和疫苗接种。例如，肯塔基州农业部门要求所有优良种马在每个繁殖季前都要接种EAV疫苗（http：//www. kyagr. com/statevet/equine/EVA. htm）。此外，青年种马和未知其接种记录的种马在接种前都要进行EAV抗体检测，这样做有助于确保疫苗免疫后产生的抗体不是自然感染导致而是血清转化的结果。对未接种疫苗的血清阳性的种马要进行进一步的检验，如精液分离病毒样本来确定是否携带EAV。读者应该联系当地兽医人员进行进一步指导。

水疱性媾疹是由马疱疹病毒-3（EHV-3）感染引起的，通常造成种马阴茎和包皮以及母马外阴表面皮肤损伤。这些病变很痛苦并可能是导致马拒绝交配的原因。可通过临床特征、损伤位置以及聚合酶反应（PCR）进行诊断。EHV-3可通过性接触及接触被感染的污染物发生传播。针对 EHV-3 无商业上可用的疫苗，所以，预防最有效的方法是停止交配。每匹马性休息的时间不同，但是 2～4 周的检疫期通常足够让病变愈合和降低传播风险。避免病毒传播的有效措施是对种马和母马外生殖器的仔细检查和实行适当的繁殖保健卫生计划。虽然水疱性媾疹一般被认为是自限性疾病，局部抗菌剂（如磺胺嘧啶银霜或呋喃西林软膏）的使用可预防继发性细菌感染。EHV-3 的抗病毒药物治疗信息比较少。有关使用外用阿昔洛韦治疗水疱性媾疹的报道中并未提及使用频率和持续时间。Abreva-2 是用于治疗人类疱疹的非处方药物。有趣的是，这种药物可用于治疗马 EHV-3。局部用药，2～4 次/d，连续 7d。目前，EHV-3 传染性的持续期和是否会再次激活还不知道。大多数公马和母马在病变充分愈合后均可恢复配种繁殖。损伤一般会留下永久的脱色上皮。

二、繁殖母马管理

保持良种母马可能是驻场兽医最重要和最有强度的工作。这个工作的重要性在于生产出的小马驹是否可作为竞技赛马，而工作强度源于此过程要结合使用多个不同优化怀孕率的方法。大多数母马在 1 个周期只会安排 1 次交配，所有的母马都有自己的怀孕率，良种母马的繁殖管理是一项耗力又重要的工作。然而，这是极其有益和有回报性的工作，尤其是成为等级赛的赢家或者是得到不同类型的顶尖竞技赛马。

本部分的目的是提供一个商业型育种农场有关母马管理的概论。将从 5 个主题讨论：发情检测、生殖评估、繁殖时间、交配后管理和怀孕评估，这些信息并不是一个详尽的母马繁殖学的论述。目前，已经有关于繁殖母马的兽医学相关出版物，读者可以在课本和当前期刊中找到更全面的信息，对母马兽医产科学进行更多的讨论。

（一）发情鉴定

母马是周期性多发情的动物。当与种公马有接触时，它们自然会显示出发情或发热的迹象。常见的发情迹象包括脊柱前凸姿势、排尿、阴蒂外翻。详细的发情检测包括个体挑逗、群体挑逗、牧场观察和模拟交配（McCue et al，2011）。母马早晨和已发情的公马分别在各自的马厩中接触 15～30s。至少有 2 个人协助调情，以便仔细评估母马的行为。对于那些比较害羞、小马驹在身旁或者有不良发情记录的母马来说，限制是很必要的。

好的发情检测程序的重要性有 3 点。首先，确定母马的发情行为并准备繁殖。将这些马列入兽医名册，以便确定最合适的交配时间。第二，检测无发情的母马，缺乏感受性是一个有价值的观察结果，这可能提示这匹母马接近排卵期（也许是在发情的前一天），表明母马处于不动情期或动情间期，也可作为母马交配后怀孕的辅助迹象。最后，每天诱导可以用于附属任务测定不正常发情周期的母马（如不规则的发情行为模式），不会再怀孕的母马以及经历过子宫内膜炎的母马。这些母马也会记录在兽医的进一步评价识别异常列表中。

并不是所有母马都能表现出发情迹象，尽管其他特征表明它们适合交配，如宫颈软化、子宫水肿和存在优势卵泡。出于这个原因，保持良好的繁殖记录，总结之前的繁殖性能是很重要的。有不良发情史的母马可以更彻底地确定及淘汰并进行更长时间的观察，或用嘴唇链进行限制以更好的检测它们是否适合繁殖。另外，一些母马发情的迹象并没有明显特征，而只是某些行为发生改变，愿意与种马发生调情行为。正因如此，兽医对每匹母马的熟悉度对确定交配时间是非常有价值的。

诱导的频率取决于母马的状态。大多数生仔母马在生仔后 25～28d 进行引诱，对于需要交配的母马，是在生产后 6～8d 进行引诱。值得注意的是，一些良种繁殖不允许处于马驹热情况下的母马在 5 月 1 日之前交配。不育的和青年母马通常是在 1 月末开始引诱。

通常对青年母马进行模拟交配或测试。建立一个安全的区域，如草坪或交配马厩。母马进行正确的保定，以种公马为诱惑，配备皮围裙防止插入，允许装配 1 个模拟交配的装备。测试跳跃很重要，因为这使青年母马适应现场程序并使母马和种马管理者衡量母马的交配行为。母马要一直连续地跳跃直到其安静地站着等待交配。

同期发情是纯种马繁殖应考虑的重要因素。这导致在北美纯种马注册时间普遍是在 1 月 1 日。从 12 月 1 日开始，母马处于人造光周期的环境中，即 16h 光照射，随后 8h 黑暗。大多数母马在光疗法开始的 60d 内就开始周期活动。其他同步发情方法包括口服烯丙孕素（0.044～0.088mg/kg，24h 口服 1 次）或结合孕酮（150mg，肌内注射，24h 1 次）以及雌二醇-17β（10mg，每 24h 1 次，肌内注射），连续用药 10d。母马干预治疗的最后一天进行检测。连续性评估是建立在兽医慎重判断的基础上。而母马的繁殖是通过优势卵泡的检测来判断的。母马通常是在孕酮与雌二醇干预 5～9d 后可进行交配。

（二）生殖评估

生殖评估的常规方法是触诊直肠给药、经直肠超声波扫描和阴道窥器检查。结合观察母马的发情行为，这些技术帮助确定最佳交配时间和交配需求提供给该马匹的监管者。此外，大多数良种的繁育需要一个如下的许可：①母马是健康的，可用于繁殖的；②子宫培养物在培养 48h 后，有害菌群是阴性。条款规定如果是第 1 次配种的母马，无需进行子宫刮取物的培养。对于子宫刮取物培养结果阳性的马匹，最好是在交配前就完成检测和评估，以利于确定交配的时间。根据每匹母马的交配及繁殖史，个别情况的还需进一步的评估。至少，母马要在交配前一天要重新进行评估，以保证其适合繁殖。所有母马都是在交配第 2 天检测排卵情况和进行交配后所需的一些处理工作。

其他方法也可用于生殖评估。包括子宫内膜细胞活检、Caslick 指数计算（阴户长度×刀偏角）。对于疑似全身性疾病的母马要进行一个全面的身体检查和临床病理学测试（如 CBC 和生化试验）。对于不规则发情周期和长期不发情的母马要进行内分泌疾病监测和血液内孕酮浓度监测。

进口母马需进行额外的检测。在肯塔基州，所有进口母马在配种前必须要进行 CEM 检验。每个地方的规定不一样，读者可以与当地农业部门联系，了解有关 CEM 的测试需求。

（三）繁殖时间

在大多数情况下，母马要提前几天预订交配日期。这样大大增加了获得最佳交配日期的机会，特别是对于繁忙的种马。因此，临床医生必须精确的根据他们的观测，预测最佳的交配日期。精确地完成连续的生殖评估和排卵药物的使用。交配的条件包括：出现优势卵泡或卵泡直径＞35mm，子宫发生水肿和宫颈足够松弛。记住每匹马的生殖史，对于确定最佳的交配时间非常重要，特别是那些有过繁殖失败史的母马。

在多数情况下，一个重要的标准是当母马有优势卵泡处于发情期，在其排卵的24～48h内可进行交配。同步排卵是通过使用排卵药来实现的。几种最常用的排卵药是促性腺激素释放激素受体激动剂、醋酸德舍瑞林和人体绒毛膜促性腺激素。使用时间根据临床情况而定，但这些药一般在交配当前或前一天服用或注射。据报道，利用人体绒毛膜促性腺激素［（35.9±2.8）h］的排卵期间隔比用醋酸德舍瑞林［（40.7±3.2）h］要短。在大多数实践中，2种药物的临床效果差别不大。需要注意的是，所选择的药物和使用剂量应与之前的药物使用记录一致，这点非常重要。

母马在交配后48～72h后如没有及时排卵，需进行第2次交配。第2次交配的机会比较难获得，特别是在公马被预订配种频率较高的情况下。但是可以提出要求。临床医生不应该依赖于第2次交配机会，应该努力做到1个周期交配1次即成功。

（四）交配后管理

交配后管理的目的是确保、维护或在某些情况下为精子进入子宫创造合适的环境。为此，在交配后24h内应检测是否排卵以及是否有异常状况存在。如果母马已经排卵且未出现明显异常及超声波异常，则可在14d内进行后续的怀孕的早期检查。如果母马没有排卵也没有检测到异常，需每天评估直到排卵发生为止。正如前面提到的情况，如果没有及时的排卵，要进行第2次交配。失败的原因既包括生理因素也包括病理因素，对排卵药物的不应答也应被考虑在内。

交配后常发的异常情况是子宫积液和子宫过度水肿。这些情况一般是交配后24h或更迟以及持久交配诱发子宫内膜炎时的常见症状。有很多方法可以使用，最常用的是使用催产素、子宫清洗和子宫盥洗。对于持久交配诱发子宫内膜炎的治疗已有许多报道（LeBlanc，2010）。治疗应在交配后4h之后进行，这段时间允许精子从子宫进入输卵管。临床医生根据经验和母马过去的繁殖史选择处理方法和使用频率。

其他的异常情况包括子宫颈或阴道擦伤。适当使用交配卷（breed roll）可以防止或降低擦伤的严重性。如发生阴道擦伤，可采取子宫清洗、阴道灌洗以及擦拭抗菌膏的处理方式。生殖道的伤口可以进行缝合。

定期检测血清孕酮浓度来评估黄体酮功能。在实验中，第1次的血液样本收集在排卵后5d，如果检测值在4.1ng/mL以上可维持怀孕。如果低于此值，要通过超声检查黄体的外观，寻找低孕酮的原因，如急性子宫内膜炎。根据检测结果，可以给予母马外源性孕酮制剂来应对内源性孕酮的低表达。下一次常规孕酮测定在妊娠后45d，45d值高于第5天与正常怀孕母马的情况并不少见。如果有必要，要继续频繁

的检测孕酮。在妊娠晚期得到的数值需要另外分析，因为120d后将由胎盘接管孕酮的作用。

（五）妊娠评估

最早的怀孕检测时间为排卵后14d，这个时间可以用直肠腔内超声波观察到明显的胚胎。如果母马没有怀孕，便可以预订下一次的交配，并为下一次交配准备评估和测试。后续评估是在23d、35d、45d和60d进行。连续的检查可以监测孕体的生长和发育。23d时可以监测到胚胎的心跳，怀孕的位置，子宫回声质地，黄体的超声波特点。45d时可监测到胎儿的运动，60d可以检测到胎儿的性别。

也可以进行怀孕中期和晚期的评估。例如，过去怀孕有损伤的母马可以每30～60d进行超声检查。评估参数包括子宫和胎盘的厚度、胎儿心率和胎动、尿囊特点和羊水深度。当有母马会阴部损伤、乳腺早熟或严重腹痛时也需要进行检查。

三、母马孕晚期和临产期管理

（一）住房和监控

根据作者的经验，一般在交配的11个月后马驹会产出。在预产期前一个月时，会把母马转移到生产厩中，每天持续性观察。厩中所有母马都每天要进行2次的检查，兽医通过检查评估乳腺发育情况，乳头增大程度，骨盆和会阴部肌肉松弛程度，这些都是提示按时分娩的征兆。在预产期直到分娩，要对怀孕母马进行新生马驹溶血性贫血的筛查。

在作者的农场上，在天气允许情况下，会让待产母马在户外草地上的围场。这样做的好处是给母马更多的活动空间，尤其是在生产中会经常变化体位。马驹也会有更干净舒服的环境。缺点是会有突发性的恶劣天气，光照和电的减少，当这些问题出现时，都要利用先进的技术进行补救和处理。

（二）分娩策略

第一产程经常会出现坐立不安，活动增加，定期且短暂的卧地休息，出汗等迹象。如果母马有Caslick缝合则会使用会阴侧切手术。绒毛膜尿囊破水后进入第二产程，此过程中母马是受限的，同时也要评估幼驹的位置和情况。如果一切正常（颅、背腹、2个前腿和鼻子都外露），母马则可放松自己完成生产过程。如果有异常，兽医则会立即到场，大多数的难产可以通过人工助产解决，严重的病例会送到附近的兽医院进行协助或剖腹产。

正常分娩完成后，还有一些后续的工作。脐带脱落后，用棉花蘸稀释的洗必泰（1∶4）涂抹于马驹脐部止血。收集母乳并使用折射仪评价初乳的质量。将来自产多胎的母马，乳腺发育好的母马以及新生驹溶血症阴性母马的初乳进行分析显示，其乳糖的检测均达到25%以上。生产3h内会排出胎衣，母马和小马驹要定期检查，以确保小马驹1h后站起来，2h内哺乳以及母马不会有任何产后并发症。

（三）母马的产后护理

产后的前 2～3d，母马和马驹会放在一个相对不被打扰的环境中，以便通过适当亲近减轻焦虑和不安。如果母马和小马驹都未表现任何围产期的症状，母马和仔马可单独在围场中饲养 7～10d 后再与其他仔马和母马混群饲养。管理员会对母马进行常规检测，及时发现异常情况，如会阴部有分泌物排出、乳腺发育不良和行为变化。任何异常都要报告给兽医。

生仔后 3～5d，母马要进行生殖道检查。通过会阴撕裂伤和阴道检查以发现是否存在直肠瘘或子宫颈撕裂等异常情况。如未见异常情况，可进行 Caslick 缝合。下次检查需在交配（处于 30d 的发情周期）后 3 周内进行。如果需要生仔后马上交配，要在交配后进行 Caslick 缝合，因为交配或反复的直肠触诊有可能撕开缝线。

（四）母马产后并发症

大多数母马生产后恢复良好。然而在某些情况下，也会发生危及母马生命的产后并发症，2 个最重要情况是产后出血和急性腹痛。文献中有关于诊治产后出血的方法（Scoggin 和 McCue，2007）。依据作者经验，最常见导致急性腹痛的原因是产后母马大结肠缠结。母马通常剧烈地疼痛，最慎重安全的处理方式是直接转诊到医院进行腹部外科手术。快速诊断和有效治疗对于提高生存率和未来繁殖率至关重要。

另一个问题是产后小马驹拒绝觅乳或对母马母性行为意识差。这些问题可能与泌乳失败、不足或马驹有疾病相关。初次分娩的母马似乎比经产母马更易遭到这种小马驹拒绝。这些母马可以在物理干预或化学方法控制下允许小马驹觅乳。生理和病理条件皆可造成泌乳不良。催产素不能协助产奶，而多潘立酮可以增加泌乳。作者已经成功用高剂量的前列腺烯醇诱导母性行为（Daels，2008）。这种技术是先大剂量给母马注射地诺前列素氨丁三醇，然后把小马驹带离母马视线，当母马汗流浃背时重新将小马驹放回来鼓励哺乳。这一策略成功时，母马会用鼻爱抚小马驹并鼓励小马驹吮吸。病理条件下，如胎衣不下、子宫炎、乳腺炎都可能抑制泌乳，乳腺的发育不良的情况应排除在外。

产后并发症还包括子宫穿孔或破裂，子宫下垂，子宫积液，尽管这些情况已经不常见了，但是产后母马如出现不适情况，全身性疾病或会阴部有分泌物排出等迹象时也要考虑其中。

四、新生马驹和小马驹保健

（一）新生马驹检查

每次产仔后，值班人员负责填写分娩报告。填写内容包括仔驹的父系和母系信息，分娩的时间，仔驹性别和颜色，还涉及母马和仔驹行为描述。这些登记信息对于兽医是很有价值的，可以提供马匹的相应背景，为今后的治疗和干预提供重要资料。

在出生后 8～12h，兽医师会对马驹进行全面的身体检查。检查项目包括肋骨触诊，眼睛和黏膜的检查，心、肺、腹部的听诊，脐和四肢的触诊，性别鉴定以及马驹体重测量。采集血液进行CBC检查和血清免疫球蛋白G、血尿素氮和肌酐含量测定。

所有马驹都会注射1L血浆，该方法可以有效降低肺炎的发病率。此方法目前应用较广。除此以外，血浆的使用也可预防某些产后传染病，如新生马驹小肠结肠炎。

新生马驹最后的检测项目是胎盘检查，这项检查可以发现尿囊、囊膜和脐带是否存在异常。这些都是仔驹围产期间易诱发的并发症。胎盘评价是比较系统的，计算胎盘和仔驹的相对重量。胎盘的重量一般是仔驹体重的11%，但是健康的良种马驹存在高于11%的个体（C. F. Scoggin，unpublished observation）。

（二）小马驹的日常保健

出生后7～10d要加强母仔的亲密程度和喂养欲望。通常把它们白天放在一个围场中，晚上分开。过了这段时间，把它们放回有其他母马和马驹的围场中，小马驹可以适应白天和其他马驹生活。

管理员会经常监测小马驹是否有异常迹象，如腹泻、流鼻涕、吮吸不力以及残疾。也会检查小马驹的黏膜是否发生黄疸，脐部是否发热或肿胀。任何异常都要引起兽医的注意。在马驹出生后3～5d中，管理员每天2次对马驹的脐部进行洗必泰稀释液清洗，以防发生脐静脉炎或其他脐疾病。出生24h内要把马驹拴在母马的附近。正确的处置可以使仔驹很快熟悉人类的干预活动，使其比较温驯，利于临床检查。

处于新生马驹阶段，多种状况都会对小马驹产生影响。大多数状况在出生3d内就可出现。如肋骨骨折、被动传输失败、新生驹溶血、围产期新生驹失调综合征/出生窒息综合征、脓毒症和某些肌肉骨骼疾病，如先天性屈肌腱挛缩和化脓性关节炎及滑膜炎。

这里简要介绍一下肋骨骨折，北美纯种马繁殖过程中出现肋骨骨折相对频繁。作者估计，每年有5%～12%的小马驹发生肋骨骨折。多半发生在难产过程中，但是正常生产的马驹身上也会发生。肋骨骨折会引发严重的继发性并发症，如肺或心撕裂导致的出血，连枷胸导致的呼吸抑制。此外，这些马驹会感到异常疼痛，阻碍哺乳和移动并导致继发性并发症等被动的转运失败、脱水和疼痛。触诊最能有效识别肋骨骨折，通过皮下水肿，捻发音以及轻触疼痛确诊。超声波扫描可有效地判断骨折程度和数量，并可以监测创伤面是否愈合。

大多数肋骨骨折在农场中都采用保守治疗方法，即执行固定休息治疗。有些马驹需要用止痛药来处理。骨折的马驹每周都要重新检查。母马和马驹被圈在一个圆的围栏里7～14d，以方便触诊及超声波扫描，确定骨折愈合。之后，要在一个小围场进行增强锻炼7～14d，然后改在大草地上锻炼。如果小马驹不出现任何并发症，持续锻炼时间限制在4～6周。如果像连枷胸引起的那样严重的肋骨骨裂，小马驹需要更多的重症监护和三级护理。

尽管有很多疾病可能影响马驹成长，但肺炎和马增生性肠这2种疾病更应引起注意。前者最常见于*Requi*诱发的二次感染并多于1～6月龄高发。后者是由胞内劳森菌诱发的二次感染，会对1岁龄马和年轻马胃肠道系统产生影响。

五、1周岁马的开发

繁育型农场，1周岁马匹开发是非常重要的项目。1周岁马的开发战略是动态的，随着行业需求、育种选择和所有者期望的变化而改变。所以要根据这些因素选择灵活的饲养项目，无论如何都要集中关注的目标是保护和维护动物个体的健康，提供最好的机会发挥它们运动的潜力。

有关竞赛马的培养涉及许多细节方面，本节将不做细致讨论。对于1周岁马匹主要是监测结构上的缺点和肢体疾病的发展。最常见的监测手段是定期评估躯干和四肢骨骼的X射线照片。为了更好地提高竞技马匹素质，也可使用一些预防性的医学手段，如疫苗接种、驱虫和各种健康检查。

公开拍卖是另一个重要的销售方式。“销售准备”已成为1周岁马匹开发专业领域，因为这已成为马产业最有利可图的项目。一般来说，销售准备包括改善健康水平的必要锻炼，增加营养，持续监控身体和表面瑕疵，定期评估肌肉骨骼系统和上呼吸道系统。尽管1周岁马匹开发项目的不同，但最基本的目标是让这些马匹熟悉竞技运动，并能确保它们身心愉悦。

六、马群健康管理

制定一个合适的实用的群体健康计划是一名驻场兽医的目标。计划中应全面考虑到各种影响到当地动物的因素，同时所设定的计划也要随着疾病的出现及农场管理的变化而变化。因此，群体健康管理是一个不断发展的动态实体，需要定期反复的评估和制定。大多数健康管理的核心都是疫苗接种、驱虫策略、生物安全和风险管理以及营养管理。

（一）接种疫苗和驱虫策略

美国马协会从业者提供了马疫苗接种指南，包括基础疫苗和可选疫苗。基础疫苗包括破伤风疫苗、东部和西部马脑脊髓炎疫苗、西尼罗河病毒病疫苗和狂犬病疫苗。兽医也要使用一些具有风险性的可选疫苗，此类疫苗的使用取决于当地农场常见疾病、农场流行疾病、动物的特殊用途以及马的不同生命阶段。如果兽医师对此领域不是很熟悉，可以咨询周边的同事。他们可能还会提供预防和控制某种疾病不同类型疫苗的有效率。根据过去的经验和对群体健康记录的翻阅来确定该农场特有的疾病。疫苗接种的频率和时间要根据用途和生命期来决定。

繁殖的种马除接种基础疫苗外，还应该接种针对呼吸道疾病的疫苗，马传贫疫苗和EHV-1/4疫苗，因为在繁殖季要接触大量不同的马。如前所述，早期种马管理中，美国一些州要求接种EAV疫苗，因此，在必要时也要接种此类疫苗。作者还经常给种马接种肉毒梭状芽孢杆菌疫苗，因为在作者的农场里这种病无处不在。接种疫苗一个重要的考虑因素是接种时间，因为疫苗特别是多价疫苗会引起短暂高热，作者至少会在繁殖季前60d接种多价疫苗。这样做会减少高热对睾丸的刺激，消除对精子产生的不利影响。由于EHV-1/4疫苗的保护时间较短，因此，在繁殖季要重复接种。作者更倾向于接种灭活的二价疫苗，以防影响精子质量。在非繁殖季，可以接种常规疫苗，这样也不会影响睾丸的功能。另外，还有一些商品化的疫苗，如马腺疫和波多马克热病疫苗，兽医师要根据区域和疾病特点来决定接种与否。

母马接种疫苗要根据马匹状态（如未交配、未孕或生产后），如怀孕，处于孕期的哪一个阶段。为了减小EHV-1引起流产的风险，要在妊娠3个月的时候首次注射疫苗，随后每2个月加强接种1次。怀孕中期，接种狂犬病疫苗，在预产期前1个月进行第二次接种。轮状病毒病疫苗通常是在妊娠9个月时每隔30d注射1次，共接种3次。大概在预产期前4～6周，母马会接种一系列疫苗增加母体抗体浓度，包括基础疫苗、轮状病毒病疫苗、EHV-1/4、狂犬病疫苗和肉毒梭状芽孢杆菌疫苗。这是在生产前母马接种的最后一类疫苗。肯塔基州的育种农场要求新进的母马在9～90d内完成EHV-1接种。作者更倾向在母马生产后9～10d接种该疫苗，这样在繁殖季母马都处在疫苗保护期内。如果是受孕母马，可以不接种该疫苗，因为母马在1个月前已经注射疫苗，处于保护中。

年轻马通常在4～5月龄时接种疫苗。此时母源抗体滴度逐渐下降，对主动免疫干预的概率降低。另一个需考虑的是断奶的时间。断奶是一个高度紧张的事件，作者倾向于在断奶前2周首次接种疫苗，然后断奶后2周再次接种疫苗。尽管此方案不能总是实行，但要时刻注意因断奶和疫苗接种所引起的副作用。最后要注意一次接种疫苗的数量。最好不要超过2种疫苗或是1种多价疫苗。这种对接种疫苗数量的限制可以减弱外源异物对马驹不完善免疫系统的负担。上述观点为个人的观察和考虑，但是却非常实用，可以使疫苗接种的不良反应最小化。对于小马驹的疫苗接种类型，包括基础疫苗和EHV-1/4、肉毒梭状芽孢杆菌疫苗和EAV疫苗。这些疫苗要合理的组合接种，因为1次不能接种超过2种疫苗。

1岁龄接种是小马驹和刚断奶的马匹的延续性免疫。所有1岁龄的马匹都要在第1次加强免疫的6个月后接受基础疫苗和肉毒梭状芽孢杆菌疫苗的加强免疫。对于EHV-1/4要每60d加强1次，EAV要在4～6个月加强1次。

成年马和退休马都要进行常规疫苗接种。对于成年马，要根据马过去的医疗记录确定它们的疫苗接种。退役马每年接种1次基础疫苗和肉毒梭状芽孢杆菌疫苗，每年接种2次EAV疫苗，每年接种4次EHV-1/4疫苗。

驱虫策略随着生活和生产阶段不同而不同。小马驹在出生45～60d时用氧苯达唑第1次驱虫。有研究表明，清除蛔虫苯并咪唑的效果要优于阿凡曼菌素和噻吩嘧啶（G. T. Lyons，personal communication）。蛔虫会使幼驹出现急性腹痛和清瘦。在第1次驱虫后，每隔60～90d要进行1次轮流的驱虫，包括阿维菌（有或无吡喹酮）、苯并咪唑和噻吩嘧啶。轮流驱虫程序也适用于1岁龄马、母马和种马管理。然而，随着对驱虫剂的抗性越来越强，作者需进行虫卵计数来知道判断虫策略的有效性。每隔3～4个月，都会对一群马进行1次虫卵计数来确定它们体内寄生虫情况。选择的标准包括：①最近没有进行驱虫的马匹（最后一次超过60d）；②受检动物处于相似的生活环境或者处于相同的生产阶段（如公马、怀孕马、1 岁龄马）；③一个厩舍里面至少取 4 匹马的样本。此方法有 2 个优势：第一，无需检测在同一环境中的所有马匹，该方法可以降低成本和时间。第二，有助于重新评估驱虫计划，是否该增加或减少驱虫处理的次数。除了这个方法外，对于任何可疑动物都需进行一次虫卵计数，如动物存在慢性腹痛、身体差及生长缓慢的迹象。

（二）生物安全与风险管理

饲养农场的生物安全性不能够过分强调。马的数量众多，处于不同生长阶段的当地动物和农场内外的流动都会引入传染病和加剧传播的风险性。因此，驻场兽医的职责是确定具有传染风险的动物，确定传染性疾病的传播途径，采取措施降低疾病引入和传播的机会。尽管在农场中不能严格的执行生物安全程序，但仍然要按照生物安全协议尽量减少传播的可能性，以确保员工的安全。

由于新生马驹免疫系统不健全，因此，感染传染病的风险最高。鉴于此，对进出马驹马厩的人和马匹要进行密切的监管。指定管理这些马厩的工作人员不能接触马场中其他马匹。在马厩特定位置放置脚底消毒剂以减少疾病的传播。如果出现马匹移动的情况，其他马进入前要彻底打扫并消毒马厩。如果马驹表现出患病迹象如发热、腹泻、咳嗽，要制订安全措施以防疾病的传播。措施包括消毒畜栏外的地垫，处理动物时戴手套，清洁患病动物最后住的畜栏，以免污染其他畜栏。

刚断奶马驹和 1 岁龄马是另一个高危群体，对这群动物要防止多种传染病的暴发，这些病毒传染的速度是惊人的。基于这些经验，在管理断奶和 1 岁龄马驹的疾病暴发时要设置隔离感染畜棚并实施以下措施：①在畜棚每一个进口放消毒剂；②在畜棚中处理每匹马后都要换新手套；③牵行每匹马时都要用特定的缰绳；④在畜栏里每匹马每天需进行 2 次直肠测温；⑤指定特定的人（1～2 人）管理此畜栏；⑥畜栏隔离至少 21d。尽管过程比较复杂，但是这是作者制订的最好的应对传染病暴发的方法。

传染病疫情发生时需要及时采取相应措施。第一步，检疫隔离并实施生物安全措施。下一步是确定病原体。根据临床症状进行诊断。粪便培养、鼻咽拭子、咽拭子和经气管拭子经处理后，确定传染性胃肠炎和呼吸道疾病的病原。大多数情况下，所有的暴露于病原的动物都要进行诊断来估计感染动物的数量。一系列的身体检查，如 CBC、生化检测、胸和腹部超声检查也用于临床诊断，以确定疾病的严重性以及监测疾病的临床发展。每天 2 次直肠测温是一个简单有效的发现新病例的手段。

除了被动性的防止传染病入侵，兽医师会采取相应措施主动防御。当传染性疾病病原确定后，兽医可能会选择实施一些其他措施（除了检疫、隔离和生物安全协议）以防止疾病扩散或降低其严重性。一是暴发时接种疫苗，例如，如群体中有马体分离到 EHV-1，剩下的动物将紧急接种 EHV-1 疫苗。尽管在功效上有一定分歧，但是一些临床医生相信这种方法可以减少甚至防止接触传染源的动物出现疾病症状。二是使用免疫增强剂降低疾病的严重程度。一些商品化免疫制剂可用于治疗马属动物的呼吸道疾病。依据作者经验，在对抗呼吸道疾病暴发时。免疫增强剂是对其他治疗和生物安全措施的一个有效补充。在传染性胃肠疾病中，提倡采用吸附剂的预防性治疗，此

方法有助于绑定细菌毒素，减少肠道免疫反应，降低病原组织的脱落。其他治疗方法，如注射预防性抗生素和抗病毒药物也可使用，但作者尚未使用，因为担忧细菌耐药性和核苷类似物对马属动物治疗效果的不确定性。

关于传染源的入口点，新引入动物以及从医院回来的马匹是潜在病原引入者。新的种马需进行隔离，单独放置在畜栏及围场中约28d。青年母马放在一个指定的畜栏中，它们在被引入种母马群前要待整个繁殖季。成年马和哺乳母马。从医院回来的母马和小马驹要在指定的畜栏中隔离至少28d。

对于1岁龄马匹，最好的防御疾病感染的措施是确保接种疫苗，并且没有疾病发病史。经过住院治疗马匹还要进行隔离饲养28d，并消毒处理它们最后居住的畜栏。

因为驻场兽医师经常要接触患病动物，所以，必须养成良好的卫生习惯。与患病动物接触时要穿工作服，戴新手套和穿塑料靴子。手要进行清洗和消毒处理。在畜栏旁和兽医交通工具上配置便捷消毒装置，良好的卫生习惯不仅对兽医师，对管理者和兽医技术人员也同样重要。作者会携带1个装有消毒剂的喷雾瓶，以便相关人员接触病畜后及时清理鞋子。

有关马群健康管理最后考虑的问题是健康计划执行结果不令人满意。这里有诸多因素要考虑。采取的方法也要随时间而需要不断修订。同时也是一个费力不讨好的工作，因为很难界定和衡量此改变所带来的成绩，而失败是容易界定的且易显现，特别是当暴发疾病时。因此，现任兽医师需要建立一个很容易鼓励执行的程序，且根据农场管理的变化及时修改并快速执行。

（三）营养管理

马的营养管理受到很多因素影响，包括生活阶段、动物预期用途、自然饲料的可用性和季节影响。大多数营养计划都是基于特定生活阶段马群体的平均水平而制定。作者农场上大多数马的大部分时间都在牧场，牧场提供了良好的饲料来源。在有经验营养学家的指导下，根据定期执行的牧场分析，找商品化饲料生产商制定饲料对于策划和实施喂养策略是非常有用的。这也有助于定期对马群称重和执行体况评分以确保营养计划符合马的需求。

大多数马的饮食都是多种类型的。无论是谷粒还是精饲料，如颗粒料。这些饲料都要考虑蛋白质含量、能量、微量矿物质和维生素的平衡。例如，营养不足可造成骨软骨病，应完整的评估饲料营养的完整性，以确保符合马的生长所需。

有大量的商品化马饲料添加剂，尽管标注显示营养丰富可满足营养所需，但作者提示饲料添加剂的使用仍需谨慎。但是在种马和母马的多产方面，饲料添加剂值得一用。Brinsko及同事在2003年揭示，二十二碳六烯种马 ω-3 脂肪酸的前体能改善精子活力的某些活性参数。也有报道称，对母马每天补充商品化的梭状芽孢杆菌疫苗 ω-3 补充剂会改进母马的怀孕率。虽然饲料添加剂不适用所有情况，但在繁育型农场，却对维持和提高生产具有一定作用。

最后，谈一点益生菌对于维持或恢复消化系统健康的想法。使用益生元、益生菌的好处是预防腹泻，建立一个健康的肠道微生物群平衡，改善免疫功能。这些好处有助于年轻动物提高生长率，提高动物繁殖率。但是关于这些产品的有效性也有相反的报道，因其无法达到标签上标注的微生物的数量和种类（Weese，2003）。因此，这些产品不应该替代健全管理和正确的营养配置。相反，当其他治疗没有达到预期的治疗效果时，它可以作为一种辅助治疗手段。

七、结语

本章节简要介绍了驻场兽医师在商业良种繁育农场中的各种职责。重点包括种马和母马的生殖管理以及群体健康管理。目的是强调管理大型农场的一些实际问题。因为农场内马匹数量众多，驻场兽医师必须高效及时地履行其责任。与此同时，处理结果也要保证彻底和达到最优效果。

当然，农场要尽力提供治疗和管理方法，尽管有些情况难以控制。在这种情况下，推荐一个马诊所是最有效的方法。驻场兽医师不应该觉得不情愿。事实上，对设施和人力资源局限性的认知已表明了驻场兽医师有能力，并能客观地决定如何做是对病畜和客户最好的方式。

总而言之，驻场兽医必须具有广泛的技能，包括对手术的大体了解、药学、兽医产科学、新生马驹学、免疫学和流行病学知识。他们还必须意识到农场的最终目标是产品，在大多数情况下是为了培训竞技用马。最后，他们必须愿意在农场管理范畴内工作，这样才不会施压于农场工作人员。尽管有这样的考虑，驻场兽医师是一个极有意义的工作。从专业的角度讲，经过此经历，驻场兽医会成为一个技能全面的兽医。在个人层面上，它是非常让你有满足感的，尤其是当看到跨越终点线的冠军马曾经在你的超声波屏幕上是一个 18mm 大小的囊泡。

推荐阅读

Arnold CE，Payne M，Thompson JA，et al. Peripartuient hemorrhage in mares：73 cases（1998-2005）. J Am Vet Med Assoc，2008，232：1345-1351.

Blanchard TL，Love CC，Thompson JA，et al. Role of reinforcement breeding in a natural service mating program. In：Proceedings of the American Association of Equine Practitioners，2006，52：384-386.

Blanchard TL，Umphenour N，Brinsko SP. Providing veterinary service in Thoroughbred breeding sheds. In：Proceedings of the American Association of Equine Practitioners，2010，56：307-313.

Brinsko SP，Varner DD，Blanchard TL. The effect of uterine lavage performed four hours post-insemination on pregnancy rates in mares. Theriogenology，1991，35：1111-1119.

Brinsko SP, Varner DD, Love CC, et al. Effect of feeding a DHA-enriched nutriceutical on motion characteristics of cooled and frozen stallion semen. In: Proceedings of the American Association of Equine Practitioners, 2003, 49: 35-352.

Caston SS, McClure SR, Martens RJ, et al. Effect of hyperimmune plasma on the severity of pneumonia caused by Rhodococcus equi in experimentally infected foals. Vet Ther, 2006, 7: 361-375.

Cullinane A, McGing B, Naughton C. The use of acyclovir in the treatment of coital exanthema and ocular disease caused by equine herpesvirus-3. In: Nkajima H, Plowright W, eds. Equine Infectious Diseases Ⅶ. Newmarket, Suffolk, UK: R & W Publications, 1994: 355.

Czarnecki-Maulden GL. Effect of dietary modulation of intestinal microbiota on reproduction and early growth. Theriogenology, 2008, 70: 286-290.

Daels P. Induction of lactation and adoption of an orphan foal. In: Proceedings of the Belgian Equine Practitioners Society, 2008, 26: 28-33.

Holyoak GR, Balasuriya UBR, Broaddus CC, et al. Equine viral arteritis: current status and prevention. Theriogenology, 2008, 70: 403-414.

Kaplan RM, Klei TR, Lyons ET, et al. Prevalence of anthelmintic resistant cyathostomes on horse farms. J Am Vet Med Assoc, 2004, 225: 903-910.

Knottenbelt DC, LeBlanc MM, Lopate C, et al. Equine Stud Farm Management and Surgery. Philadelphia: Saunders, 2003.

LeBlanc MM. Advances in the diagnosis and treatment of chronic infectious and post-mating-induced endometritis in the mare. Reprod Dom Anim, 2010, 45 (Suppl 2): 21-27.

McCue PM. Ovulation failure. In: Samper JC, Pycock FJ, McKinnon AO, eds. Current Therapy in Equine Reproduction. St. Louis: Saunders, 2007: 83-86.

McCue PM, Scoggin CF, Lindholm ARG. Estrus. In: McKinnon AO, Squires EL, Vaala WE, et al, eds. Equine Reproduction. 2nd ed. Ames, IA: Wiley-Blackwell, 2011: 1716-1727.

McKinnon AO, Perriam WJ, Lescun TB, et al. Effect of a GnRH analogue (Ovuplant), hCG and dexamethasone on time to ovulation in cycling mares. World Equine Vet Rev, 1997, 2: 16-18.

Roser JF. Endocrine-paracrine-autocrine regulation of reproductive function in the stallion. In: McKinnon AO, Squires EL, Vaala WE, et al, eds. Equine Reproduction. 2nd ed. Ames, IA: Wiley-Blackwell, 2011: 996-1014.

Scoggin CF, McCue PM. How to assess and stabilize a mare suspected of periparturient hemorrhage in the field. In: Proceedings of the American Association of

Equine Practitioners，2007，53：342-348.

Turner RM. Post-partum problems：the top ten list. In：Proceedings of the American Association of Equine Practitioners，2007，53：305-319.

Umphenour NW，McCarthy P，Blanchard TL. Management of stallions in natural-service programs. In：McKinnon AO，Squires EL，Vaala WE，et al，eds. Equine Reproduction. 2nd ed. Ames，IA：Wiley-Blackwell，2011：1208-1227.

Weese JS. Microbiologic evaluation of commercial probiotics. J Am Vet Med Assoc，2003，220：794-797.

Whitwell KE，Jeffcott LB. Morphological studies on the fetal membranes of the normal singleton foal at term. Res Vet Sci，1975，19：44-55.

Wood JLN，Cardwell JM，Castillo-Olivares J，et al. Transmission of diseases through semen. In：Samper JC，Pycock FJ，McKinnon AO，eds. Current Therapy in Equine Reproduction. St. Louis：Saunders，2007：266-274.

（王晓钧、那雷　译）

第 211 章　马兽医学科常见毒物

Birgit Puschner　Julie E. Dechant

马发生中毒现象并不常见，但能够导致急性并且通常是致死性表现或者慢性疾病。急性中毒马往往更容易得到针对性的治疗，因为当发生急性中毒时，这些马比较容易确诊。相比之下，慢性中毒很难诊断，因为暴露于毒物的时间可能在出现可见的临床症状前已经有数周至数月之久，这样就不能确定疾病与毒物之间的关联。

如果许多动物感染，或者出现不同的异常临床症状，或者出现无法解释的死亡，就应怀疑中毒。新引入动物、体况欠佳或者饲养不充足、管理或饲养流程改变、饲喂新饲料或不同批次饲料、喂药和近期风暴等因素都可能与中毒特征相关。植物相关毒物或环境毒物可能呈区域性分布，兽医工作者应当熟悉当地常见毒物。当诊断怀疑可能有中毒病（框图 211-1）时，兽医应当咨询或和毒理学家一起解决中毒问题。一些中毒可能是多因素的，如伊维菌素中毒、机体状态不好或同时暴露于茄属植物。近期，因复合药物成分错误导致的中毒已经使许多动物生病和死亡。人们已经总结了常规毒物检测中的一系列技术（框图 211-2），包括不同类型样本的收集、样品处理、运输和其他常规中毒检测中的特殊要求。

框图 211-1　疑似中毒病诊断流程的关键内容

1. 获取全部疾病史。
2. 如果知道暴露毒物，咨询毒理学家来进行暴露评估和评估风险。
3. 完成临床检查和开始紧急治疗。
4. 收集和评估饲料和水样本。
5. 收集活体动物样本。
6. 如果动物已经死亡，进行尸检或者递交动物进行尸检。
7. 评估其他动物的发病风险。
8. 监测治疗后反应。

框图 211-2　常规中毒检测所需的样本类型和处理条件

活动物样本

全血：冷藏。

血清、尿、胃内容物或呕吐物和粪便：冷冻。

死后样本

全血：来自心脏，冷藏。

胃、结肠、盲肠内容物：冷冻，单独包装。

肝、肾和心：冷冻，不可用福尔马林保存，单独包装。

脑：冷冻，最好是一半大脑，不可用福尔马林保存。

尿：冷冻。

环境样品

饲草（干的，如干草）：代表性样本，室温，纸袋包装。

饲草（新鲜，如牧草）：冷藏，全部样本，包括根。

添加物：代表性样本。

水：代表性样本，冷藏，塑料瓶装。

诱饵性物质：冷藏，塑料盒包装。

一、夹竹桃中毒

夹竹桃（*Nerium oleander*）是一种广泛种植在美国南部和西部的一种抗旱植物，食入这种植物是导致当地马匹发生植物性中毒最常见的病因。摄入 5～10 片夹竹桃叶子就能引起临床症状，导致病畜在数小时内死亡。新鲜植物或者干的植物，包括种子、果实和根，都是有毒的，这是因为它们都含有强心苷类物质。心脏毒性主要是 Na^+/K^+-ATP 酶抑制剂，它能够有效提高细胞内钙离子浓度和激发自发性去极化。

（一）临床症状

马中毒后可能有疝痛、虚弱、战栗、厌食、过度流涎、呼吸困难、心律不齐和死亡等不同表现。心脏异常包括心动过缓、心搏过速、房室传导阻滞、脉弱、异位搏动和奔马律。亚致死暴露可能导致病畜出现非特异的临床症状，随后导致肾衰竭。肾损伤的机制还不是十分清楚，但是抑制肾小管 Na^+/K^+-ATP 酶会直接导致肾中毒，或者减少肾血流引发肾血容量不足，可能会导致肾衰竭。

（二）诊断

在急性夹竹桃中毒中，血清化学成分改变是有限的。心肌损伤能够导致高钾血症、血清中肌酸激酶和天冬酰胺转移酶含量升高及血清中心肌肌钙蛋白Ⅰ型浓度升高。肾损伤的马往往有氮血症。后期病变包括心内膜或心外膜出血、多病灶的心肌变性和坏死。

夹竹桃中毒的活动物可以通过检测血清、尿液或胃肠道内容物中的夹竹桃成分确认，其中血清是采样的最佳选择。对已经死亡动物，胃肠道内容物、肝和心组织可被用于分析夹竹桃苷。肉眼或显微镜下检查胃或肠内容物中的植物碎片可辅助诊断。

目前，还没有获批的用于马属动物强心苷类毒物的解毒药。地高辛特异的Fab抗体片段能够和夹竹桃的强心苷类交叉反应，但还没有在马体上做研究。这种药物成本很高，大多数马主人都无法接受。应该迅速起始治疗，但对于致死性中毒往往不能改变临床进程。活性炭（1～2g/kg，通过鼻胃管和水一起投喂）应该在几天内反复投喂以阻止毒物通过肠肝循环吸收。支持疗法包括静脉液体注射（优选无钙的多离子液体）和抗心律失常药。定期测定高钾血症病畜血清中钾离子浓度十分必要。

（三）控制

预防夹竹桃暴露是最有效的控制措施。有必要告诉马主人区别有毒植物，尤其是如何识别夹竹桃和如何安全地将它们从牧草和干草中除去。马主人也应该知道在他们当地发现的有毒植物的常见种类，以及将植物样品送到哪些地方鉴定。

二、离子载体中毒

离子载体构成杀菌剂的异类基团，它能够提高离子通过细胞膜的通透性。离子载体，如莫能霉素、沙利霉素、甲基盐霉素、拉沙洛西、马度米星和来罗霉素，被广泛用于反刍动物和家禽抗球虫药和促生长药。非靶动物，包括人类、马、犬和猫，暴露于或者误食离子载体，或者靶动物过多暴露于离子载体，都能导致中毒。马离子载体中毒大多数报道是由于暴露于沙利霉素、莫能霉素和拉沙洛西，其半数致死量（LD_{50}）分别是0.6mg/kg、2～3mg/kg、15～25mg/kg。这表明马对于离子载体中毒非常敏感。莫能霉素和沙利霉素是一价离子载体，其对钠离子的亲和力要比钾离子强，而拉沙洛西是二价离子载体，能够结合钙离子和镁离子。当离子载体结合到其各自的阳离子之后，正常细胞功能所需的跨膜离子梯度和电势就会被干扰。导致细胞死亡的机制包括三磷酸腺苷耗竭、Ca^{2+}内流增加、线粒体损伤和细胞能量合成降低。神经系统、心脏和骨骼肌组织的可兴奋细胞对离子载体的毒性作用尤其敏感。

（一）临床症状

马离子载体中毒的临床表现取决于其摄入量。在超量暴露的情况下，病马几分钟之内就会死亡。中毒马在暴露后12h之内出现临床症状，表现为食欲不振、嗜睡、大量出汗（尤其是莫能霉素中毒）、疝痛、烦躁不安、轻瘫、倒躺、呼吸窘迫和肌红蛋白尿。也有报道，心房颤动、心房和心室性期前收缩和心室内传导阻滞。急性离子载体中毒存活的马有发生心脏功能异常的风险。慢性心力衰竭和神经功能缺损可能是长期离子载体中毒的结果，可能是在暴露后几周至数月出现。

（二）诊断

血液生化检测指标包括高肌酸激酶（CK）、天冬氨酸转移酶和碱性磷酸酶。心肌损伤病例中能够检测出血浆中心肌肌钙蛋白Ⅰ型浓度升高，暴露后几个月存活的马匹数值会更高。电解质异常包括低钾血症、低钙血症和低镁血症。离子载体中毒的马、猪和人类能够检测到肌红蛋白尿。心脏检查可能表现为心律失常、心包积液、心脏收缩改变和过早去极化。死于离子载体中毒的马可能出现贲门上部出血、心肌变性和骨骼肌变性。然而，在急性病例中也可能没有损伤或者损伤很小。

检测离子载体对于确诊十分必要。对于活着的马，血清或者胃内容物可以用于分析是否含有离子载体。马暴露于莫能霉素至少 48h 之后血清中才能检测出来。对于已死亡的马，胃内容物、肝脏和心脏组织可以用于分析离子载体。饲料分析对于鉴定中毒来源和确定离子载体浓度十分重要。

（三）治疗

对于离子载体中毒，还没有解毒剂或者特殊的治疗手段。如果怀疑暴露，早期净化和充分的支持疗法非常关键。投喂活性炭（1～2g/kg）可以减少近期暴露的、吸附在胃肠道的离子载体中的数量。去除饲料或中毒来源也十分重要。输液治疗有助于纠正电解质异常。推荐投喂维生素 E（1 500～2 000U，口服，每 24h 1 次）和硒（如亚硒酸钠，5.5mg/450kg，肌内注射），有助于稳定细胞膜和组织脂质过氧化作用。心脏异常必需根据症状进行治疗。应该评估持久的临床症状，如心肌病和神经功能缺损。有一些马能够通过治疗恢复。

三、吡咯齐定生物碱类中毒

吡咯齐定生物碱类（PA）中毒能够引起马慢性，渐进性肝病，并且已经在北美大部分地区有所报道。这种毒物主要由千里光属植物引起，但其他属植物，如阿姆辛基属、玻璃草属和猪屎豆属植物，也都含有毒性生物碱。不同植物毒物浓度含量差别很大，并且通常在植物开花前最高。干草中的吡咯齐定生物碱类能够存留数月之久。PA 类植物适口性差，因此，马通常能够避免摄入此类植物，但是当草料很少或当有毒植物混入干草、草块或颗粒料中时，马就有可能误食毒物。生物碱类主要在肝脏内代谢成高反应性的吡咯类，这是一种烷化剂，能够交联 DNA、RNA、蛋白质和谷胱甘肽。这些分子的改变引起抗有丝分裂效应和细胞死亡。其主要的靶器官是肝脏，但是其他肝外组织，如肾脏和肺脏，也会受侵袭。

（一）临床症状

吡咯齐定生物碱类中毒能够引起慢性渐进性肝病。通常在持续误食发生后数周至数月，累积剂量达到体重的 25%～50%时，临床症状才表现出来。马急性食用高剂量 PA（在 1～2d 内达到体重 1%～5%）能够急性发作，但很少发生。感染马会表现出体况不佳（通常不明显），黄疸，有可能有光敏作用。肝性脑病后出现的神经系统症状也很常见，包括精神沉郁、头低抵墙、盲目运动、共济失调，甚至有发疯和攻击性行为。一旦出现临床症状，预后存活的希望就比较小。

（二）诊断

PA 中毒早期诊断极其困难，并且想要达到确诊通常不可能。鉴定饲料中含有 PA

的植物非常重要，然而，由于临床症状出现有所延迟，确切的饲喂史和有代表性的饲料样本通常很难获得。血清中化学成分的改变可以指示是否存在肝损伤，以及肝病发生慢性病变的程度，这些都有助于疾病诊断。血清中 γ 谷氨酰转移酶（GGT）活性是胆汁淤积的早期指示，但在疾病后期会恢复到正常水平。血氨水平可能随着肝性脑病的发生而增加。PA 中毒马的血清胆汁酸会显著增加，并且会有预兆性价值。当血清胆汁酸浓度超过 50μmol/L 时，马预后不良。尸体剖检包括肝脏发生坚硬纤维化萎缩病变，并伴有显著的小叶形状。组织学检查，病变组织会有广泛性肝细胞坏死，并伴有门静脉周围纤维化、胆道增生和肝细胞及肝细胞核仁不可逆性增大（巨细胞症和核过大症）。肝外损伤很少出现。大多数病例中，PA 中毒推断性的诊断是根据临床症状、临床病理学、眼观尸体剖检和组织学检查。目前，还没有 PA 中毒诊断的可靠检测方法。

（三）治疗

目前，PA 中毒还没有特异和有效的治疗措施。这种毒物具有累积效应，低剂量慢性暴露会导致晚期不可逆的肝损伤。当已经检测出马有临床症状时，PA 引发的肝损伤通常是广泛性的。治疗方式包括口服乳果糖（0.2～0.3mL/kg，每隔 6～12h 1 次），支链氨基酸（0.3mL/kg 缬氨酸，7～15mg/kg 亮氨酸和 3.5～7mg/kg 异亮氨酸，每隔 24h 1 次），或者 s-腺苷蛋氨酸（10～20mg/kg，每隔 24h 1 次），但是这些治疗方式也是有许多问题的。因为有临床症状的马通常很难康复，因此，也有必要考虑对马施行安乐死。认真评估无临床症状的动物也是十分重要的，因为临床症状在几个月之内都很难发现。人们应该将主要精力集中在鉴定和清除 PA 源头。

四、肉毒杆菌中毒

肉毒杆菌中毒是由肉毒梭状芽孢杆菌毒素引起。马肉毒杆菌中毒可以根据摄入的血清学或者中毒途径而分类。虽然 A 型和 C 型有报道引起马食物中毒，但大多数类型主要集中在 B 型。B 型肉毒杆菌中毒在美国东部流行，而 A 型和 C 型更多在美国西部常见。感染的途径包括摄入已有的毒素（食物源性肉毒杆菌中毒）、幼驹摄入发芽和释放的带有毒素的孢子（有毒传播的肉毒杆菌中毒）和 C 型肉菌杆菌伤口感染（伤口肉毒杆菌中毒）。

（一）临床症状

肉毒杆菌神经毒素能够迅速并不可逆地结合突触前神经细胞膜，阻止乙酰胆碱释放。这会导致程序性、对称的松弛性瘫痪以及脑神经缺陷，包括虚弱摆尾、肛门松弛、舌迟缓和眼乏力，吞咽困难，缓慢瞳孔散射，瞳孔散大，肌肉震颤，斜卧，呼吸窘迫和死亡。肉毒杆菌中毒可以通过没有意识性本体感觉缺失和维持警惕性精神状态而与其他神经系统疾病鉴别诊断。

虽然 A 型肉毒杆菌中毒通常比 B 型有更高的死亡率，但通常该病的临床症状与摄入神经毒素的剂量相关。A 型肉毒杆菌中毒的死亡率有报道达 90%，C 型死亡率 80%，而 B 型死亡率 70%。

（二）诊断

检测饲料、血液或胃肠内容物中的肉毒梭菌神经毒素可以对该病进行确诊，小鼠生物学实验可以用于该项工作。但在马诊断肉毒杆菌毒素是有问题的，因为马对肉毒杆菌神经毒素的敏感性是小鼠的 1 000～10 000 倍。此外，神经毒素可以迅速从循环系统清除掉，或者被胃肠道微生物降解。鉴定饲料或胃肠道内的 C 型肉毒杆菌孢子可以怀疑是肉毒杆菌中毒。

因为确诊往往不容易操作，肉毒杆菌中毒往往只进行临床诊断。马肉毒杆菌中毒临床诊断需要有相应的临床症状，排除突然死亡或者神经系统功能失常等其他鉴别诊断。能够导致马发生神经系统功能失常的疾病包括东西方马脑炎、狂犬病、马疱疹病毒、西尼罗河病毒、马原虫性脑脊髓炎、有机磷中毒和中枢神经系统创伤以及其他一些状况。临床病理学变化很少见且本质上无特异性，尸检没有特殊病症的损伤。

（三）治疗

治疗主要是通过使用抗毒素中和未结合的神经毒素，并且对马实施支持性治疗。目前有针对 A 型至 E 型的多价抗毒素以及针对 B 型的单价抗毒素可用。单价 B 型抗毒素要比多价抗毒素便宜很多，但在血清型之间没有显著的交叉保护性。

支持性治疗包括给马提供安静舒适的居住环境以保证其镇静。使用活性炭（1～2g/kg）有助于吸附胃肠道未结合的神经毒素。吞咽困难的马应该佩戴口套以阻止吸入性肺炎发生，并且可能需要通过鼻胃管来支持治疗。侧卧的马应该垫起来，并且要频繁反转以避免褥疮形成。可以使用眼用软膏来保护角膜。液体支持治疗应该采用无镁离子的多价离子液体（如乳酸林格氏液），这是因为镁可能使神经肌肉阻断。一些马需要使用导尿管插入术或者送风治疗。当出现炎症时要使用抗菌疗法，然而因为普鲁卡因青霉素 G、氨基糖苷类和四环素类药物可能引起神经肌肉阻滞，因此，应当避免使用这些药物。

（四）控制

食物源性肉毒杆菌中毒经常与摄入变质的饲料有关。饲喂大卷的干草捆经常与该病暴发相关，但是在潮湿气候食用地面上变质的干草或者饲喂加工过的草料也有报道发生中毒。因此，避免马接触这些食物相关的风险因素尤为重要。

抗 B 型肉毒杆菌有商品化的抗毒素疫苗，并且推荐马匹注射使用。使用这种产品产生的免疫力不能针对其他血清型有交叉保护反应。在正确免疫的成年马上，这种疫苗被认为针对 B 型肉毒杆菌有接近 100%的保护效果。然而，有免疫母马所生幼驹发生肉毒杆菌中毒的报道。当外源供给的抗毒素消失后，存活动物就不再具有保护力，如果允许应注射疫苗。

五、斑蝥素中毒

斑蝥素是存在于斑蝥血淋巴中的一种毒素，是美国中部地区常见中毒。斑蝥在交配期间的聚群行为导致紫花苜蓿干草聚集高浓度的虫子，但在百慕大禾本科干草或紫花苜蓿颗粒料中很少存在。大部分病例集中在俄克拉荷马州、得克萨斯州以及附近州，但由于斑蝥的广泛地理分布以及会引入干草，并不能排除斑蝥感染这些区域之外的马匹。

（一）临床症状

马摄入斑蝥素的临床症状由消化系统和肾脏系统刺激性反应或由低血钙症引起。斑蝥素中毒最典型的临床症状是腹部不适和排尿困难，但也包括精神迟缓、嗜睡、多涎、发热、腹泻、惊厥和死亡。疝痛症状会非常严重，像物理性损伤一样。口腔溃疡并不常见，但胃镜检查经常能看到上皮细胞脱落和表皮囊泡化。

（二）诊断

有使用紫花苜蓿干草史，尤其是在高风险地区，病马有相应的临床症状，这样的话就要怀疑是斑蝥素中毒。临床病理学特征包括严重的低血钙症、低镁血症、低渗尿和显微镜血尿。非特异性的紊乱包括血浓缩、氮质血症、高血糖症和高血清 CK 活性。

斑蝥素中毒的确定性诊断包括应用气相色谱-质谱法测定尿中或胃肠道内容物中斑蝥素含量。鉴定饲料中斑蝥可以间接推断出斑蝥素中毒。

（三）治疗

目前还没有针对斑蝥素中毒的解毒剂。治疗的方法是直接清除毒素源头，降低毒素吸附和尽可能清除毒素、补充体液损失和校正电解质失调（尤其是钙离子和镁离子）、保护胃肠黏膜和控制病痛症状。特别是要及时清除掉污染的干草，投喂活性炭（1～2g/kg）吸附胃肠道毒素。静脉输液治疗可以校正血容量不足、补充钙离子和镁离子、利尿（这有利于增加吸收毒素的经尿排出）。保护胃肠道措施包括投喂硫糖铝（每隔 6～12h 口服 10mg/kg）和抗溃疡药物（例如，奥美拉唑，每隔 24h 口服 4mg/kg）。缓解疼痛可以通过服用非类固醇抗炎药物（要认识到有潜在导致十二指肠溃疡和肾损伤风险）、鸦片和 α_2 激动药。

（四）控制

虽然控制饲喂紫花苜蓿干草对降低斑蝥素中毒风险非常有效，但是饲喂紫花苜蓿可以通过一些管理措施来避免斑蝥素中毒。最简单的方法是在饲喂紫花苜蓿前，应检测干草中是否含有斑蝥，这是因为斑蝥经常集中在干草碎片或干草捆中。确认含有斑蝥的干草必需销毁，这是因为所有家畜都对斑蝥素的毒性作用敏感。饲喂头一刀干草（在斑蝥交配季节 6 月和 7 月前收获）会比饲喂更高质量的第二刀或第三刀干草更加安全。在收获干草时采用一段法切割和打包干草更易于杀灭和捕捉斑蝥，而两段式收获方式容易造成斑蝥逃走。最后，斑蝥会在田边聚集。因此，避免割田地周边的干草有助于降低风险。

六、铅中毒

铅中毒仍然是马属动物一种重要的中毒现象，由于其临床表现变化很大，铅中毒也是非常难以判断的。马的铅中毒最常见的来源是铅冶炼、铅矿或者电池回收工厂附近受污染的饲料。铅能够干扰许多生理学过程：直接导致线粒体中毒和干扰电压依赖性钙通道；结合巯基蛋白质的构象发生变化；干扰血红素合成，导致红细胞携氧能力下降；取代钙和锌，影响结构和生化等一系列过程。

（一）临床症状

铅中毒可以影响胃肠系统、泌尿系统、心血管系统、神经系统、骨骼肌系统和造血系统。急性铅中毒的临床症状是在中毒后 24～48h 出现典型的神经系统功能失常，包括共济失调、头部压迫、失明、流涎、眼睑抽搐、肌肉震颤和抽搐。亚急性和慢性铅中毒的临床特征是神经系统和胃肠道症状，包括厌食、疝痛、阻塞、体重降低、肌肉紧张度降低、呼吸困难、吞咽困难、呼吸噪声（喘鸣音、喉麻痹、感觉过敏或突发性活动）、嗜睡和少见情况下狂躁行为。吸入性肺炎是咽部和喉部麻痹常见的并发症。

（二）诊断

对于活马，血液中铅含量分析是非常具有诊断价值，因为血中铅含量是有关暴露程度的非常有用的指标，能迅速反映铅摄入量的程度。马血液中铅浓度低于 0.2mg/L 是可以接受的浓度，而浓度超过 0.2～0.32mg/L 就认为是铅中毒。血液情况改变可能十分复杂，从正常到贫血，红细胞的形态学也可能发生改变。铅中毒一般不易通过肉眼和组织学上观察。然而，铅能够在肝脏和肾脏聚集，检测这 2 个器官的铅含量有助于确诊。

（三）治疗

对于急性铅中毒马，稳定和阻止进一步铅暴露非常关键，通常病马能痊愈。活性炭对于吸附胃肠道的铅没有太大效果，但食入矿物油有助于铅从胃肠道排出。慢性铅中毒需要不同的治疗措施。螯合疗法能够降低血铅含量，但不能恢复铅导致的器官损伤。静脉注射依地酸钙钠［75mg/(kg·d)，每隔 12h 分 2 次缓慢静脉注射］，结合静脉补液治疗，是治疗慢性铅中毒的重要方式。在螯合疗法中，从组织中再活化铅会导致暂时性临床症状加剧。依地酸钙钠［75mg/(kg·d)，分 2 次剂量］通常只用 2～3d，因为如果服用时间过长，可能会导致肾脏和胃肠道损伤。在使用依地酸钙钠间隔 2d 后进行第 2 次给药时，需要重新测定血铅浓度和评估肾功能。维生素 B_1（5mg/kg，缓慢静脉注射或肌内注射）可以添加到治疗方案中。

七、抗凝血类杀鼠药中毒

抗凝血类杀鼠药是用于控制城市或农业生产中的有害鼠类。其毒性机制是抑制维生素K环氧化物还原酶，这是一种负责维生素K_1循环的酶复合物，其被抑制能够导致缺乏有活性的维生素K依赖的凝血因子，进而导致凝血障碍。抗凝血剂类鼠药大体可以分为两类：第一代化合物，需要数次剂量才能引起中毒；第二代化合物，单剂量即可引起典型中毒，并且持续存留在组织和环境当中。因为有抗凝血剂类鼠药致野生动物中毒的报道，因此，在2011年，二代鼠药已经不在地方零售商销售。因此，动物暴露于抗凝血剂类鼠药的风险就大大降低了，而起效快的非抗凝血剂类鼠药，如溴鼠胺、士的宁和磷化锌类药物逐渐增多。

（一）临床症状

这些化合物中毒的关键是在中毒暴露和出现凝血功能障碍之间的滞留期，这是因为这段时间与循环的活化凝血因子消失的速度有关。其临床症状和进程取决于出血时间和出血程度。非特异的临床症状包括嗜睡、抑郁、厌食和呼吸困难。更早的前置症状包括心律不齐、脉弱、血尿、共济失调、惊厥（源自脑出血）、瘀血和血肿。

（二）诊断

中毒暴露后24～36h能够观察到病马凝血时间增加。维生素K依赖的凝血因子半衰期极短，引起早期的抗凝血活性。相比犬和人类，马中毒后凝血因子Ⅸ似乎比凝血因子Ⅶ消失更快。因此，马部分促凝血酶原时间（测量内源性途径）先延长，随后凝血酶原时间延长。然而，1份马驹中毒报告表明，凝血酶原时间先增加，随后部分促凝血酶原时间延长，这表明马和马驹在中毒后代谢可能存在差异。临床出血现象在凝血因子Ⅱ消失后变得更加明显，直至中毒暴露后48h出现。活马抗凝血剂类鼠药血分析是最具有诊断价值的方法，因为它能证实中毒暴露，这样的检测一般在兽医毒理实验室都能完成。服用维生素K_1不会干扰检测这些抗凝血剂。对于死后检测，肝组织是诊断检测的最好选择。抗凝血类杀鼠药诊断需要合适样品（肝或血液）存在1种或多种化合物，以及死前后未出现与其他已知出血（如外伤）相关的凝血病。

（三）治疗

活性炭（1～2g/kg）有助于吸附抗凝血剂类鼠药，连续3d反复投喂，直至中和肝肠循环中的这些化合物。出现临床症状的马需要立即投喂2.5mg/kg维生素K_1（皮下注射或口服，1次/12h），用维生素K_1处理的持续期取决于中毒的化合物成分，长效抗凝血类杀鼠药中毒，如溴鼠灵、溴敌鼠、噻鼠灵、鼠得克、敌鼠钠和氯敌鼠，需要治疗4～6周，而马慢性抗凝血剂类鼠药中毒仅仅需要用维生素K_1治疗1周。维生素

K_1能够在6～12h使凝固因子合成显著。因此，对于血流动力学不稳定的马，使用血浆（新鲜冰冻血浆，5～20mL/kg，静脉注射）或者输血必须等到血液正常凝固能力恢复后才能考虑。应该避免使用高活性蛋白质结合药物，如非类固醇抗炎药物，因为这些药物能够取代结合蛋白的、无活性的抗凝血分子，导致血液中非结合的有活性的化合物浓度升高，从而增加毒性。

推荐阅读

Aleman M，Magdesian KG，Peterson TS，et al. Salinomycin toxicity in horses. J Am Vet Med Assoc，2007，230：1822-1826.

Ayala I，Rodriguez MJ，Martos N，et al. Fatal brodifacoum poisoning in a pony. Can Vet J，2007，48：627-629.

Decloedt A，Verheyen T，De Clercq D，et al. Acute and long-term cardiomyopathy and delayed neurotoxicity after accidental lasalocid poisoning in horses. J Vet Intern Med，2012，26：1005-1011.

Galey FD，Holstege DM，PlumLee KH，et al. Diagnosis of oleander poisoning in livestock. JVet Diagn Invest，1996，8：358-364.

Helman RG，Edwards WC. Clinical features of blister beetle poisoning in equids：70 cases（1983-1996）. J Am Vet Med Assoc，1997，211：1018-1021.

Johnson AL，McAdams SC，Whitlock RH. Type A botulism in horses in the United States：a review of the past ten years（1998-2008）. J Vet Diagn Invest，2010，22：165-173.

Mendel VE，Witt MR，Gitchell BS，et al. Pyrrolizidine alkaloid induced liver disease in horses：an early diagnosis. Am J Vet Res，1988，49：572-578.

Puschner B，Aleman M. Lead toxicosis in the horse：a review. Equine Vet Educ，2010，22：526-530.

（王晓钧、戚亭　译）

第 212 章　遗传性疾病、品系、检测及检测资源

Susan L. Ewart

遗传学检验用于确定遗传代码——DNA 的变异，而且这种变异是可继承的。由于有些 DNA 编码形式的改变可能影响到动物的健康和繁育，导致一些动物种群出现一些疑难病症。通常，把这一类疾病称为变异诱发性疾病。另一种情况，DNA 序列的改变最终产生一种新的生理特性，也就是所说的表型。这种表型变化通常是无害的，甚至有些是希望获得的，如体表花色。尽管花色对健康和繁育没有多大影响，有些体表花色，如白斑点的产生的确是 DNA 序列变异的结果，同时造成相应编码蛋白质的功能紊乱。为了囊括有害性突变和 DNA 序列变化（利用选育方法，基因序列由稀有到常见），诸如变异、替换、多态性一类的专业术语就应运而生。这些词汇所指的就是 DNA 序列有别于野生型，即自然界中最普遍的 DNA 型。在染色体内某些特定的位点，呈现出 DNA 的多种变化形式被称之为等位基因。

由海岸研究所主导的一个国际组织已经完成了对马完整基因组的测定工作，其基因组的高质量组装图谱也已经对外公布并使用。美国国家生物技术中心（www. ncbi. Nlm. nih. gov/genome）也提供了马的基因组计划报告，并同时提供了马基因组单核苷酸多态性数据库。孟德尔动物遗传学在线数据库也由美国国家生物技术中心建立，登记了超过 135 个动物物种的全部基因及其遗传性紊乱和相关基本特点。对于研究人员而言，为了鉴定与疾病和表型相关的基因，这无疑是一个信息量极为庞大的资源库。

马的遗传学检测可应用于确定许多基因的携带状态，这些基因与生理特点（如体表花色）和遗传性疾病紧密相关。此外，遗传学检测能用于亲缘关系验证。近些年，马匹遗传学检测数量在迅速上升。目前，可供选择的遗传学检测实验室越来越多而且成本合理。最后，品系注册也需要基于 DNA 测序的亲缘关系验证，或者用于特定品系遗传性疾病的遗传学检测。总之，这些因素都使得马匹遗传学检测得到广泛关注和应用。虽然有多种多样的商业化实验室和大学实验室提供最有效的马匹遗传学检测（表 212-1），但是品系注册可以由一个特定的遗传学检测实验室来完成，而且仅接收以品系注册为目的的实验室检测结果。因此，在遗传学检测样品提交之前，为了确定检测的参数指标和具体要求，最好的选择就是查看品系登记记录。

表 212-1　用于马基因检测的商业化设备

参考实验室*		地址	网址
1	Animal Genetics，Inc.	塔拉哈希 佛罗里达	http：//www. horsetesting. com
2	Animal Genetic Testing & Research Laboratory	肯塔基州列克星敦市肯塔基大学	http：//www. ca. uky. edu/gluck/AGTRL. asp
3	Animal Health Diagnostic Center	纽约伊萨克镇康奈尔大学	http：//ahdc. vet. cornell. edu
4	Capilet Genetics AB	韦斯特罗斯 瑞典	http：//www. capiletgenetics. com/en
5	Equinome，Ltd	爱尔兰都柏林	http：//www. equinome. com
6	F. O. A. L. Arabian Foal Association†	未提供	http：//www. foal. org
7	ProgressiveMolecular Diagnostics	泰奥加县	http：//www. progressivemoleculardiagnostics. com
8	Veterinary Diagnostic Laboratory	明尼苏达州圣保罗市明尼苏达大学	http：//www. vdl. umn. edu
9	Veterinary Genetics Laboratory	加利福尼亚州戴维斯市加利福尼亚大学	http：//www. vgl. ucdavis. edu
10	VetGen	密歇根州安阿伯市	http：//www. vetgen. com

注：* 这些数字在表 212-2 中用于表示每个检测实验室提供的具体检测。

† 表示可以提供以较低成本购买 DNA 检测试剂盒的机会，但不提供遗传检验。

一、样品

遗传学检测均是针对细胞核内的脱氧核糖核酸（DNA）展开。除了外周循环的红细胞，其余所有细胞都有细胞核。最常用且容易获得的活体动物 DNA 来源于抗凝集外周血、毛发根部、面部拭子、唾液和鼻拭子。此外，DNA 也能提取于手术中或者尸检时所获得的所有组织。

外周血细胞 DNA 样品来源于白细胞，血液源 DNA 产量通常是 10～15μg/mL。因此，常规静脉采血可以获得 3～7mL 已经足够用于遗传学检测。用于提取 DNA 的血液样本应该加入抗凝血剂，如 EDTA 或者 ACD，前者被大多数实验室所采用。每个实验室血液样品的保存和运输都有各自的操作要求，大多数都要求 4℃保存，而且如果过夜运送需要放置于冰或者冷冻胶袋上。血液样本如果通过邮件运送必须密封保存。对于有特殊检测要求的样本，应该参考特定实验室的提交要求。

刚刚拔起的被毛（如毛囊）含有将近 0.5μg DNA；相反，毛发茎部含有极为少量的 DNA。由于鬃毛和尾毛有很大的毛囊，所以，它们更适合于 DNA 提取。利用被毛作为 DNA 样品来源的实验室，每一份样品需要 20～50 根新鲜的鬃毛或尾毛（尾毛更适合于幼龄马检测）。其他操作要求还包括在被毛获取之前 2～3d，切忌使用如罩衣一类的外界物质，确保所获取的被毛携带根部或毛囊并保持被毛干燥。被毛样品可以粘在一张纸上——实验室可能要求把被毛黏贴在提交表格上或者封存在纸质信封上或者封存在塑料袋子里。被毛样品可保存在室温之下，也可通过普通邮件运送。每个实验室都有自己的提交要求，需要仔细阅读。

长时间以来，脸颊拭子作为一种常分离于犬和猫的非入侵性的 DNA 样本来源。出于研究的目的，少数实验室也将此类样品用于马遗传学检测。这些实验室提供样品收集试剂盒和使用说明。

唾液已经成为多数人类遗传学研究的主要样品来源，正是由于其采样方式是非侵入性的，而且唾液样品富含腮上皮细胞和白细胞 DNA。近来，唾液收集试剂盒已经问世。盒内试剂能保存唾液内 DNA，使其在室温条件下保存更长时间。虽然其使用成本超过了血液或被毛样品，但是在某些情况下，还是唾液样品更为合适。随着唾液样品收集试剂盒的问世，大动物鼻拭子采样试剂盒也已经问世。鼻拭子样品内的 DNA 主要来源于上皮细胞和白细胞。就用于 DNA 提取目的的其他样品来说，应该参考特定实验室的提交说明。

二、遗传学基础知识

DNA 由一连串的碱基所组成，包括嘌呤（A 和 G）和嘧啶（C 和 T），这些碱基沿着 1 条核酸糖磷酸骨架排列展开。基因就是能够编码相应蛋白质氨基酸的一列核苷酸。改变这些氨基酸排列方式的方法多种多样，最常见的是单核苷酸的插入与缺失，或者由 1 个替换掉另一个。这些变异是较为常见而且所造成的影响几乎无法获知，或者也可以造成一些正常的变异，这些变异可以在个体间形成差别。然而，发生在基因敏感位置的突变，特别是氨基酸密码子的第一和第二位碱基的改变可能使得蛋白质产物的功能发生根本性的改变。有些错义突变或无义突变通常会造成表型变化甚至是机体患病（框图 212-1）。

在遗传学图谱中，主要由单个基因决定遗传起源的特点被称为单纯性状，单基因型或者孟德尔法则（源于孟德尔豌豆表面褶皱和光滑型的遗传学模型）。1 个基因内的 DNA 变异足以改变生理学或病理学表型。到目前为止，已有的商业化遗传学检验都是针对单基因的特点。相反，大多数遗传特性都是在环境因素（毒素或食物）影响下，一定数量基因共同作用的结果。这些性状被称为多态性或复合性状。要想彻底理解复合性状的遗传基础还存在相当的困难，即便这方面的研究是本体动物、模型动物或人类遗传学相关研究的焦点。在目前，就任何物种而言，针对复合特性的遗传检验还不能大规模的应用。

单基因表型的显现常常呈现 4 种形式的遗传图谱：隐性、显性、半显性、共显性。隐性性状需要基因的纯合表达状态。马匹继承其亲缘的 2 个拷贝变异基因或缺陷基因才能完全显示出隐性特点。相反，显性性状则需要在杂合状态下显现，即仅有 1 个拷贝的变异或缺陷基因的存在。当杂合状态下，所显现的性状不同于任何单一基因在纯合状态下的性状，被称为半显性或不完全显性。最后，共显性遗传性就是 2 个杂合基因的一起展现。例如，共表达父本和母本的红细胞血型抗原。

框图 212-1 遗传学术语

等位基因：又称对偶基因，是一些占据染色体基因座的可以假定的脱氧核糖核酸。等位基因通常由字母表示，如“A”和“a”，“B”和“b”，或者“N”和“Z”，或者用数字表示等位基因大小（如“150”和“156”）用于微卫星标记。

DNA：脱氧核糖核酸。遗传密码。

基因：可以编码蛋白的 DNA 序列。

杂合子：1 个基因座位含有不同的等位基因（“A/a”）。

纯合子：同一基因座位含有相同的等位基因（“A/A”或“a/a”）。

常染色体遗传：常染色基因存在于 ECA 染色体 1～31，而不是在决定性别的 X 或者 Y 染色体。

显性遗传：显性基因“D”在纯合子（“D/D”）和杂合子（“D/d”）中显性基因均表达。

隐性遗传：隐性基因“r”仅在隐性纯合子（“r/r”）中表达。

半显性遗传：等位基因仅在杂合子（“H/h”）而不在纯合子（“H/H”或“h/h”）中表达。

共显性遗传：等位基因在杂合子中均表达，如血型。

基因座位：基因上的任何确定部位，如基因或者其部分、一段调控序列。

微卫星标记：含不同长度重复序列的 DNA 片段。

核苷酸：DNA 组成模块，包括腺嘌呤（A）、鸟嘌呤（G）、胞嘧啶（C）、胸腺嘧啶（T）及其依附的磷酸糖骨架。

表型：由基因的表达所导致的可观测的属性，包括毛色或者生化值。

单核苷酸多态性：由单一核苷酸变换导致的整个 DNA 的改变，依据核苷酸位置的不同对 DNA 有害或者无害。

三、结果的统计学阐释

遗传学检验用来确认疾病诊断结果或确定被检动物所展现表型的根本原因或可能原因；或者被用来评估某一个性状可能由亲本传递给子代的潜在性。在基因或基因位点内遗传学检验确定子代的何种 DNA 变异体（等位基因）主题性继承于亲本一方还处于研究之中。遗传学检验报告以基因型的方式呈现（如，N/N，N/H 或者 H/H），附带详细说明及注释如下：

①阴性、纯净或无影响，在任何情况下携带该等位基因的动物本体不会造成目的性性状，也不会将该基因传递给子代。

②杂合状态，如果该马匹有 2 个不同的等位基因——术语“本底”的使用就是在该动物有此交互等位基因中隐性基因的 1 个拷贝，其最终确定还需要 2 个交互等位基因的表达。此马匹有 1/2 的可能性将等位基因中的 1 个或者致病等位基因遗传到子代。

③阳性或有影响，意味着该动物有 2 个交互等位基因呈现隐性性状，或者单个等位基因呈现显性性状。切记，所造成的影响可能是良性的，如毛色；也可能是恶性的，如疾病。一些应用于疾病和性状特点的遗传学检验已被总结（表 212-2）。

表 212-2　关于马病、行为性状、血统确认的遗传学检验

	主要品系	遗传模式	基因名字（标记）或定位	变异类型	遗传检验*
疾病名称					
小脑营养衰竭	阿拉伯马	常染色体隐性	染色体 ECA2	ERG1 基因靶体（TOE1）的错义（Arg→His）†	1、6、9、10
先天性静止性夜盲	阿帕卢萨马、美洲的小马、小型马	常染色体隐性‡	瞬时受体电位阳离子通道，M 亚类，1 号（*TRPM1*）	与多个单核苷酸多态性（SNPs）相关†	1、9
糖原分支酶缺乏症	夸特马	常染色体隐性	葡聚糖，分支酶 1（*GBE1*）	无义（Tyr-终止）	1、7、9、10
遗传性局部真皮薄弱	夸特马	常染色体隐性	亲环素 B（*PPIB*）	错义（Gly→Arg）	1、7、9
高钾性周期性瘫痪	夸特马	常染色体显性	电压控制的钠离子通道，4 型，α 亚基（*SCN4A*）	错义（Phe→Leu）	1、7、9
大疱性表皮松解症 1 型	比利时挽马	常染色体隐性	层粘连蛋白，γ2（*LAMC2*）	移码（缺失 1bp），提前终止编码	1、9
大疱性表皮松解症 2 型	美国骑乘马	常染色体隐性	层粘连蛋白，γ3（*LAMC2*）	缺失 6589bp	1、2
马驹淡紫色综合征（稀释毛色致死性症）	阿拉伯马	常染色体隐性	肌球蛋白，Va（*MYO5A*）	移码（缺失 1bp），提前终止编码	3、9、10
恶性高热	夸特马	常染色体显性	利阿诺定受体 1（*RYR1*）	错义（Arg→Gly）	1、7、8
肌强直、先天性	新森林小型马	常染色体隐性	电压敏感氯离子通道 1（*CLCN1*）	错义（Asp→Ala）	2
奥韦罗致命白综合征	杂色马	*常染色体隐性	内皮素受体 B（*EDNRB*）	错义（Ile→Lys）	1、2、7、9
多糖性肌病 1 型	佩尔什马、夸特马、摩根马、比利时马、其他品种	常染色体显性	葡萄糖合成酶 1（*GYS1*）	错义（Arg→His）	1、8
重症综合性免疫缺陷	阿拉伯马	常染色体隐性	依赖 DNA 蛋白激酶催化亚单位（*DNAPK*）	移码（5bp 的删除），提前终止编码	6、10

（续）

疾病名称	主要品系	遗传模式	基因名字（标记）或定位	变异类型	遗传检验*
行为特点					
行动步态	标准竞赛用马、冰岛、其他某种步态的品种	常染色体隐性	Doublesex 和 mab-3 相关转录因子 3（*DMRT3*）	无义突变（Ser-终止）	4
竞赛机能	纯血马	常染色体半显性	肌肉生长抑制素（*MSTN*）	内含子内单核苷酸多态性	5
血统确认和 DNA 分型					
N/A	所有品系	N/A	多重性	9～20 微卫星标记	1、2、9、10

注：*数字序号所代表的是可提供遗传检测的实验室机构；编号 1，2，9，10 的实验室除了进行疾病检测外，也可以进行遗传性检测；†特殊变异至今仍未确认；‡毛色也有着不同的遗传方式。

有些时候，1 个基因与多重性状均存在相关性，如毛色和疾病。在杂合状态下，内皮素受体 B 决定马皮出现成片奥韦罗火山白斑图案（基因型 N/O，O 表示奥韦罗火山型；N 表示非奥韦罗型）；在纯合状态下，也导致了全白马驹患有回肠结肠神经节细胞缺乏症的奥韦罗白斑致死表型（基因型 O/O）。其特定原因在于，N 基因所编码蛋白的第 118 个氨基酸——异亮氨酸，由于单核苷酸替换导致相应位置的氨基酸变为赖氨酸。白斑图案显性表达，致死性全白呈现隐性表达，从而使得以获得奥韦罗马匹的育种规划更为复杂。

与之相似的还有 PMEL 基因的多态性所导致的银色斑纹以及 1 组眼部畸形症状，也就是已知的多发性先天性眼部异常（MCOA）。单核苷酸改变致使 PMEL 蛋白的第 618 个氨基酸——精氨酸（N）的密码子发生改变，对应位置产生新的氨基酸——半胱氨酸（Z），从而引起被毛黑色素的稀释，最终造成本来黑色或者栗色马匹鬃毛和尾毛的颜色变淡；躯干和肢体被毛呈现银色波纹或者巧克力色。黑色素稀释效应显性展现，出现在基因型 N/N 或者 N/Z 的马匹。在杂合情况下（基因型 N/Z），银色波纹常伴有眼部囊肿，位于睫毛体侧面，正好存在于虹膜之后。更多的眼部异常情况出现在基因型 Z/Z 的马匹眼部，导致多重畸形。虽然睫毛体囊肿并不有害（由于没有疼痛或者不影响视力），但此种状态可认为是介于视力正常和多发性先天性眼部异常之间的过渡表型。因此，从实用角度来讲，MCOA 以隐性模式遗传，与 PMEL 基因相关的眼部异常在自然情况下常描述为半显性。眼部遗传表型伴随银色波纹的显性遗传模式表明单基因形状相对复杂性。

与理解遗传学检验同样重要的是根据其结果做出的相关判断。上述举例表明此类判断不是一成不变的。即便杂合本底并不有害，也会有很大的挑战。此类情况下，常常伴有严重的免疫缺陷，有时也会有意外的收获，如银色斑纹，然而最终导致非预知的致病性等位基因在品系种群中的永久存留。当与马主人讨论遗传学检验结果的时候，需要考虑以下因素：①表型影响力或遗传性状与马匹价值、健康、安全相关的遗传性状；②马

匹的用途，是否作为品系种马；③马匹所具备的其他相关特点，可能传递给子代。在多数情况下，去除品系种群中致病性等位基因是最优先的。在其他情况下，降低疾病发生概率同时保持品系种质的其他阳性特点，与快速治疗疾病相比，这种状态是更为期望的。要达到隐性遗传性状检验目的，通过检验所有潜在品系马匹以及进行本底种马培育即可实现，而且马群遗传性状并不受影响。品系登记可能需要定位声明或者注册要求，此要求涵盖一系列的情况说明。另一层面，兽医就某个方面向马主人提供关于遗传性疾病、遗传学检验和结果说明的客观信息。而且，兽医应该主动建议关于遗传性疾病治疗的角度，还有从与育种和交易相关的伦理学角度给予马主人较为实用的建议。

四、血统鉴定

遗传学检验用来描绘针对个体的DNA图谱（如一个指纹印迹）以及通过排除法确定该个体可能的亲本缘。用于图谱描绘或亲缘鉴定的DNA变异型被称为微卫星，也就是1个DNA序列内存在不同长度的重复序列。最常见的微卫星图谱就是双核苷酸重复（框图212-2）。在DNA序列中，这些自然变异出现高频率相对比较高，而且变异后的DNA序列不编码蛋白质。此类DNA序列的产生被认为是DNA聚合酶在工作过程中发生“口吃”或“滑动”效应所导致的。微卫星序列通常位于DNA编码区之外，不会造成有害影响，不会被DNA聚合酶高保真性复制功能所修复；因此，微卫星序列被当作记号用来“提示”或“标记”个体的特异性。国际动物遗传学学会推荐了9种马的微卫星标记，用以衡量在亲本和子代间等位基因大小差异；商业性实验室可能检测其他微卫星序列，然后与国际动物遗传学学会所推荐的微卫星序列进行比对，从而鉴定血统来源。等位基因比对在子代与亲本之间展开或当血统不明确时，与所有的可能亲本展开相关比对。子代等位基因的大小决定于本源亲本，因此，当子代等位基因的大小与可能的亲本不相符时，即可排除被检亲本。虽然当等位基因大小在子代与亲本之间不相符的时候，被检亲本的排除率可达100%，然而要想确定阳性亲本还要考虑到父本与母本是否均被检测，亲本双方亲缘关系是否紧密，还有关于检测标记的数量，以及每个标记的变化。即便考虑到这些变量，商业实验室所给出的亲本阳性确定率也就界定在95%～99%。

框图 212-2　微卫星标记示例

- 等位基因1（CT_4）

  ACTATGTCTATCGCTAGCTCTCTCTCTGATCTA
- 等位基因2（CT_7）

  ACTATGTCTATCGCTAGCTCTCTCTCTCTCTCTGATCTA

碱基对CT在等位基因1中重复了4次，序列总长为33bp。在等位基因2中碱基对CT重复7次，序列总长为39bp。由于这2条序列长度不同，运用常规的分子生物学方法就能够区分。

五、毛色遗传学

遗传学检验可应用于很多毛色基因，包括红底色或者黑底色，栗色和主体白；白色图案包括奥韦罗型、托比亚诺型、飞溅斑、豹纹斑、落羽斑和杂色白；以及淡化的奶油色、香槟色、暗褐色、珍珠色和银色。很多商业实验室为马匹提供毛色基因的遗传学检验（表 212-2）。

六、结论

遗传学检验应用于大多数毛色基因、很多单基因疾病，甚至是一些行为性状。遗传学检验已经更像是马分子遗传学增补的内容。读者还应关注最新的相关文献和在线数据库，以便跟踪在这一迅速发展的领域中的最新检验结果。

推荐阅读

Barrey E. Genetics and genomics in equine exercise physiology: an overview of the new applications of molecular biology as positive and negative markers of performance and health. Equine Vet J Suppl, 2010, 38: 561-568.

Bowling AT, Ruvinsky A. The Genetics of the Horse. New York: CABI Publishing, 2000.

Brosnahan MM, Brooks SA, Antczak DF. Equine clinical genomics: a clinician's primer. Equine Vet J, 2010, 42: 658-670.

Finno CJ, Spier SJ, Valberg SJ. Equine diseases caused by known genetic mutations. Vet J, 2009, 179: 336-347.

Petersen JL, Mickelson JR, Cothran EG, et al. Genetic diversity in the modern horse illustrated from genome-wide SNP data. PLoS One, 2013, 8: e54997.

Petersen JL, Mickelson JR, Rendahl AK, et al. Genome-wide analysis reveals selection for important traits in domestic horse breeds. PLoS One, 2013, 9: e1003211.

Rieder S. Molecular tests for coat colours in horses. J Anim Breed Genet, 2009, 126: 415-424.

Sponenberg DP. Equine Color Genetics. 3rd ed. Ames, IA: Wiley-Blackwell, 2009.

Tyron RC, Penedo MC, McCue ME, et al. Evaluation of allele frequencies of inherited disease genes in subgroups of American Quarter Horses. J Am Vet Med Assoc, 2009, 234: 120-125.

Wade CM, Giulotto E, Sigurdsson S, et al. Genome sequence, comparative analysis, and population genetics of the domestic horse. Science, 2009, 326: 865-867.

（王晓钧、刘荻萩　译）

附录 1

常见的药物及大约剂量附录表

药物名称	剂量	用药方式
乙酰丙嗪	0.02～0.066mg/kg 镇静作用	静脉注射，肌内注射，或口服
	按照 0.033～0.055mg/kg 静脉注射后，紧接着注射 0.033～0.055mg/kg 的酒石酸布托啡诺	静脉注射
	按照 0.04mg/kg 静脉注射后，再按照 0.6mg/kg 哌替啶后注射 0.4mg/kg	静脉注射
	每隔 6～8h 用药 0.02mg/kg 达到 α 肾上腺素受体阻滞	口服或静脉注射
乙酰唑胺	每隔 6～12h 用药 2～3mg/kg	口服
乙酰半胱氨酸（10%）	每隔 6～12h 每 50kg 用药 2～5mL	喷雾
	每隔 1～4h 用药 10%局部用溶液	点眼
	6g/150mL 无菌生理盐水	子宫内给药
	4%稀释液（由 150mg 乙酰半胱氨酸粉添加到 150mL 水）。200mL 直肠给药	直肠给药
乙酸水杨酸	每隔 24h 用药 10～20mg/kg	口服
	每隔 24h 用药 4～12mg/kg	静脉注射
阿昔洛韦	每隔 8h 用药 5～10mg/kg	口服
	每隔 3～4h 用 3%药膏	点眼
	每隔 8～12h，5%药膏用于肉瘤	局部
促肾上腺皮质激素（ACTH）	每隔 8～12h 用药 0.26mg	肌内注射
	0.125mg 用于测试的肾上腺功能不成熟的马驹	静脉注射
阿苯达唑	安氏网尾线虫感染每隔 12h 用药 25mg/kg，连续 5d	口服
	普通圆线虫每隔 12h 用药 50mg/kg，连续 2d	口服
	棘球绦虫每隔 12h 用药 4～8mg/kg，连续 1 个月	口服
沙丁胺醇；舒喘宁	1～2μg/kg（有必要的话，1～3h 再重复用药）	吸入药剂
阿氯米松	0.05%	局部给药
α 前列醇	黄体溶解用药	肌内注射
	3mg/450kg，14～18d 再次给药	
别嘌呤醇	5mg/kg	缓慢静脉注射
	出生 3h 内用药 40mg/kg	口服
生育酚/维生素 E	每隔 24h 用药 1.5～4.4mg/kg	口服

（续）

药物名称	剂量	用药方式
烯丙孕素	每隔 24h 用药 0.044mg/kg，连续 8～12d	口服
	0.044mg/kg	口服
	每隔 24h 用药 0.44mg/kg 维持妊娠	口服
氢氧化铝	每隔 8h 用 200～250mL（商用的抗酸剂包含 40mg/mL）用于酸中毒/解酸药	口服
	60mg/kg	口服
阿米卡星；丁胺卡那霉素	75～100mg	结膜下
	125～250mg	关节内
	2g 溶于相同容积的 7.5%碳酸氢钠溶液	子宫内
	15mg/mL；250mg 阿米卡星和 15mL 人工泪液混合	点眼
硫酸阿米卡星	每隔 24h 用药 15～25mg/kg（马驹）	静脉注射或口服
	250～2 500mg（减去系统性剂量）	局部静脉注射灌注
	1～2g 溶于相同容积的 7.5%碳酸氢钠或大量（150～200mL）生理盐水	子宫内
氨基己酸	每分钟用药 3.5mg/kg，连续 15min 或 100mg/kg 或 40mg/kg 溶于 1L 生理盐水中给药 30～60min，然后每隔 6h 20mg/kg 溶于 1L 盐水中	静脉注射
氨茶碱	每隔 12h 用药 5～10mg/kg，缓慢注射	静脉注射或口服
延胡索酸酯	每隔 12h 用药 0.5mg/kg	肌内注射或静脉注射
氨基比林；匹拉米洞	2.5～10mg/450kg	静脉注射或肌内注射
胺碘酮	5mg/(kg·h)，1h 后，持续输注［0.83～1.9mg/(kg·min)］超过 1～3d	静脉注射
卤砂，氯化铵	每匹成年马每隔 12h 用药 40～1 000mg/kg 或每隔 24h 用药 30～60g	口服
硫酸铵	每隔 12h 用药 175mg/kg	口服
阿莫西林；羟氨苄青霉素	每隔 8h 用药 10～22mg/kg	肌内注射
	马驹每隔 8～12h 用药 13～20mg/kg	口服
两性霉素 B	最初每隔 24～48h 用药 0.3mg/kg 溶解在 5%葡萄糖，然后每 3 次增加剂量，直到最大剂量为 0.9mg/kg	静脉注射
	溶解在 10mL 无菌水和 10mL DMSO	局部给药
	0.15%溶液（5%葡萄糖溶液），局部每天 4～6 次	点眼
	100～200mg 溶于 50～100mL 盐水	子宫内
氨苄西林钠	每隔 8～12h 用药 15～20mg/kg	静脉注射（根据制备）或肌内注射
	每隔 8～12h 用药 11～22mg/kg，马驹口服	肌内注射或口服
	50mg	结膜下
	50mg/mL 溶液	点眼
	1～2g	子宫内

（续）

药物名称	剂量	用药方式
抗利尿激素；后叶加压素	尿崩症每隔 6h 用药 60U	静脉注射
抗坏血酸，维生素 C	每隔 12h 用药 30mg/kg 每隔 12h 用药 4g	静脉注射 口服
阿司匹林	见乙酰水杨酸	
阿替美唑	0.05～1.0mg/kg	静脉注射
阿曲库铵	0.04～0.07mg/kg	静脉注射
阿托品	0.01～0.1mg/kg	静脉注射、肌内注射或皮下注射
盐酸阿托品	每隔 6～48h 用药 0.5%～1.0%	点眼
硫金代葡萄糖	50mg 测试，然后每周 1mg/kg 再缓慢减药到 1 个月 1 次，用于天疱疮	肌内注射
咪唑硫嘌呤	每隔 24h 用药 2～5mg/kg 为速效剂量，然后每 48h 用药维持 每隔 24h 用药 1.1mg/kg 每隔 7～10d 用药 3mg/kg 逐渐减少至 1.5mg/kg，用药 2～4 周（用于治疗免疫介导的血小板减少的马驹）	口服 肌内注射 口服
阿奇霉素	每隔 24h 用药 10mg/kg 然后每 48h 用药，用于维持治疗	口服
阿洛西林；苯咪唑青霉素	每隔 6h 用药 25～75mg/kg	静脉注射
倍氯米松	每隔 12h 用药 1.5～3mg/kg	吸入药剂
甲磺酸苯扎托品	8mg	缓慢静脉注射
倍他米松	0.02～0.1mg/kg 4～10mg 6～15mg/关节（每匹马不能超过 30mg）	肌内注射或口服 病灶内 关节内
氨甲酰甲胆碱；乌拉胆碱	每隔 6～8h 用药 0.025～0.1mg/kg 每隔 8h 用药 80～100mg 每隔 6～8h 用药 0.2～0.4mg/kg	皮下注射 口服 口服
水杨酸亚铋	马驹每隔 4～6h 用药 0.5～1mL/kg 每隔 12h 用药 1～2L/450kg	口服 口服或通过鼻胃管
宝丹酮十一烯酸酯	1mg/kg，按需可以每 3 周重复 1 次	肌内注射
肉毒抗毒素	100IU/mL：马驹 200mL，成年马 500mL	静脉注射或肌内注射
溴芬酸钠	0.09%溶液	点眼
托西溴苄铵	3～10mg/kg	静脉注射
布林佐胺	每隔 8～12h 用药 1%溶液	点眼
溴隐亭	每隔 12～14h 用药 10～100mg	肌内注射或皮下注射
布帕伐醌	4～6mg/kg，单次剂量	静脉注射

（续）

药物名称	剂量	用药方式
丁哌卡因	20mL 0.125%溶液（用1：200 000肾上腺素和0.1mL的8.4%碳酸氢钠溶解），用药2mL/h	神经周
	5～8mL 0.2%～0.5%溶液	硬膜外
丁丙诺啡；叔丁啡	0.003～0.005mg/kg	静脉注射或肌内注射
	0.003～0.005mg/kg（加15～30μg/kg的地托咪定能有效止痛）	硬膜外
酒石酸环丁甲二羟吗喃（酒石酸布托啡诺）	0.01～0.1mg/kg；见甲苯噻嗪、地托咪定和乙酰丙嗪	静脉注射或肌内注射
	0.01～0.1mg/kg	静脉注射或肌内注射
	13～24μg/(kg·h) 浸泡后注射18μg/kg	静脉注射
	前用药0.02mg/kg，20min后用支气管肺泡灌洗止咳	静脉注射
咖啡因；茶精（兴奋剂）	10mg/kg为速效剂量，之后每隔24h用药2.5～3mg/kg	口服
氯化钙	1～2g/450kg	缓慢静脉注射
葡萄糖酸钙	10%溶液，0.5mL/kg	缓慢静脉注射
	30～60min注射50～100mL 23%溶液（1～2L乳酸林格氏液）	静脉注射
堪苯达唑	20mg/kg	口服
克菌丹	3%溶液	局部给药
羧苄西林茚满钠	每隔8～12h用药50～80mg/kg	静脉注射或肌内注射
	200mg	结膜下
	6g	子宫内
二硫化碳	24mg/450kg	口服
卡铂；顺铂	225mg/m^2	静脉注射
	10mg/cm^3瘤	病灶内
卡洛芬	每隔24h用药0.7mg/kg（只用7d）	静脉注射
	每隔24h用药1.4mg/kg（只用7d）	口服
酪蛋白；干酪素（碘化的）	每马每隔24h用药5～15g	口服
头孢克洛；氯氨苄青霉素	每隔8h用药20～40mg/kg	口服
头孢羟氨苄	每隔12h用药22mg/kg	口服
	马驹每隔4～6h用药25mg/kg	静脉注射
头孢孟多	每隔4～8h用药10～30mg/kg	静脉注射或肌内注射
头孢唑啉	每隔6～8h用药11～22mg/kg	静脉注射
	50mg	结膜下
	50mg/mL；1g溶于5mL水和15mL人造泪溶液	点眼
头孢吡肟	马驹每隔8h用药11mg/kg	静脉注射

（续）

药物名称	剂量	用药方式
头孢克肟	每隔 8h 用药 400mg/kg	口服
头孢尼西	每隔 24h 用药 10～15mg/kg	静脉注射或肌内注射
头孢哌酮	每隔 8～12h 用药 30～50mg/kg	静脉注射或肌内注射
头孢雷特	每隔 12h 用药 5～10mg/kg	静脉注射或肌内注射
头孢噻肟；氨噻肟头孢菌素	每隔 6h 用药 20～40mg/kg 或 40mg/kg 初始剂量，然后每天恒速输注 160mg/kg	静脉注射
头孢替坦/头孢双硫唑甲氧	每隔 12h 用药 15～30mg/kg	静脉注射或肌内注射
头孢西丁	每隔 6～8h 用药 30～40mg/kg	肌内注射
	每隔 6h 用药 20mg/kg	静脉注射
	1 000mg	静脉区域灌注
头孢泊肟	马驹每隔 6～12h 用药 10mg/kg	口服
头孢喹肟	马驹败血症每隔 12h 用药 1.0mg/kg	肌内注射或静脉注射
	成年马呼吸道疾病每隔 24h 用药 1.0mg/kg	肌内注射或静脉注射
头孢他啶	每隔 12h 用药 25～50mg/kg	肌内注射或静脉注射
头孢噻呋	马驹每隔 6～12h 用药 2.2～10mg/kg	静脉注射
	每隔 12h 用药 2.2～4.4mg/kg	肌内注射、静脉注射或皮下注射
	每 24h 用药 2mg/kg（50mg/mL 溶液）	气雾剂
	1g	子宫内或静脉区域灌注
结晶型头孢噻呋游离酸混悬液	6.6mg/kg（见第 33 章）	肌内注射
头孢噻呋钠	每隔 24h 用药 2.2～4.4mg/kg，最多用 10d	肌内注射
头孢唑肟	每隔 8～12h 用药 25～50mg/kg	静脉注射或肌内注射
头孢曲松钠	每隔 12h 用药 25～50mg/kg	静脉注射或肌内注射
头孢呋辛酯	每隔 8h 用药 25～50mg/kg	静脉注射或肌内注射
	每隔 12h 用药 250～500mg/kg	口服
头孢氨苄	每隔 6～8h 用药 10～30mg/kg	口服
	马驹每隔 6h 用药 25mg/kg	口服
先锋霉素；头孢菌素	每隔 6～8h 用药 20～40mg/kg	静脉注射或肌内注射
	100mg	结膜下
	50mg/mL 溶液：1g 溶于 5mL 水和 15mL 人造泪溶液	点眼
头孢匹林	每隔 4～6h 用药 30mg/kg	静脉注射或肌内注射
西替利嗪	每隔 12h 用药 0.2mg/kg	口服
活性炭（激活）	1～3g/kg 悬液（1g 溶于 5mL 水）；按需 8～12h 后重复	口服
水合氯醛；水合三氯乙醛	马驹 60～200mg/kg	静脉注射
	40～100mg/kg	口服

（续）

药物名称	剂量	用药方式
氯霉素棕榈酸酯	马驹每隔 6～8h 用药 4～10mg/kg 成年马每隔 4～6h 用药 25～50mg/kg	口服 口服
琥珀酸钠氯霉素	每隔 6～8h 用药 25mg/kg 50～100mg	静脉注射或肌内注射 结膜下
洗必泰	0.5%～2%	局部给药
氯丙嗪	每隔 6～12h 用药 0.4～1.0mg/kg	肌内注射
甲氰咪胍，西咪替丁	胃溃疡每隔 6～8h 用药 15～20mg/kg 胃溃疡每隔 8～12h 用药 6.6mg/kg 黑色素瘤治疗每隔 8～12h 用药 2.5mg/kg	口服 静脉注射 口服
西沙必利	每隔 8h 用药 0.1mg/kg 每隔 8h 用药 0.5～0.8mg/kg 连续 7d 每 500kg 马 60～100mg	肌内注射 口服 直肠给药
铂化合物，顺铂；顺氯氨铂	1mg/cm^{3}瘤，1 次/2 周，至少治疗 4 次	瘤内
克拉霉素	马驹每隔 12h 用药 7.5mg/kg	口服
克仑特罗；双氯醇胺	每隔 12h 用药 0.8～3.2μg/kg 每隔 12h 用药 0.8μg/kg 子宫松弛 200μg	口服 静脉注射 肌内注射或缓慢的静脉注射
氯吡格雷；克拉匹多	每隔 24h 用药 2mg/kg	口服
氯前列醇钠	250～500μg/450kg；按需 30min～2h 后重复	肌内注射
克霉唑	每隔 24h 用药 500mg 悬液，连续 1 周	子宫内
氯洒西林，邻氯青霉素	每隔 6h 用药 10～30mg/kg	肌内注射
秋水仙碱，秋水仙素	每隔 24h 用药 0.01～0.03mg/kg	口服
黏菌素	每隔 6h 用药 2 500IU/kg	缓慢静脉注射
促肾上腺皮质激素	1IU/kg	肌内注射
蝇毒磷；香豆磷	0.06%清洗，0.1%擦拭	局部给药
色甘酸钠（色甘酸二钠；咳乐钠）	每隔 12～24h 用药 0.2～0.5mg/kg 通过雾化器给药 200mg	吸入药剂
环磷酰胺	每隔 2～3 周用药 200～300mg/m^2 每隔 24h 用药 1～3mg/kg 治疗免疫疾病（最大剂量 7～10d，然后减少剂量用药 2～4 周）	静脉注射 肌内注射
环孢霉素	每隔 6～12h 用药 0.2%～2.0%	点眼
赛庚啶	每隔 12h 用药 0.25mg/kg	口服

（续）

药物名称	剂量	用药方式
阿糖胞苷；胞嘧啶阿拉伯糖苷	每隔1～2周用药200～300mg/m²，与苯丁酸氮芥或环磷酰胺合用	肌内注射或皮下注射
	每隔2周用药1.0～1.5g，与口服泼尼松（每隔24h用药1mg/kg）合用	肌内注射或皮下注射
青霉胺；盐酸青霉胺	每隔6h用药3～4mg/kg连续10d	口服
达肝素钠	每隔24h用药50IU/kg	皮下注射
硝苯呋海因钠	4mg/kg，按需每4～6h重复用药	口服
	每隔24h用药1～4mg/kg，用于预防肌肉炎（运动前2～3h空腹服用）	口服
	麻醉诱导前30～60min用药4mg/kg	口服
	10mg/kg速效剂量，然后每12h用药2.5mg/kg维持治疗	口服
	急性肌肉疾病用药2～2.5mg/kg	缓慢静脉注射
氨苯砜，二氨二苯砜	每隔24h用药3mg/kg，连续2个月	口服
登溴克新	0.3～0.5mg/kg	口服
地美溴铵	0.25%每隔24h用药	点眼
醋酸德舍瑞林	2个2.1mg埋植剂防止发情	皮下注射
	1.5mg/500kg母马诱导排卵（如果卵泡>30mm）	肌内注射
醋酸去氨加压素（抗利尿激素模拟）	0.3μg/kg，最多20μg剂量	静脉注射
醋酸去氨加压素喷鼻剂	0.5μg/kg溶于无菌水	静脉注射
地托咪定	0.01～0.02mg/kg	静脉注射或肌内注射
	0.02～0.04mg/kg	静脉注射，肌内注射或为舌下凝
	0.01～0.02mg/kg，然后0.044～0.066mg/kg布托啡诺	静脉注射
	8.4μg/kg速效剂量，然后0.5μg/(kg·min)持续10min，0.3μg/(kg·min)持续10min，0.15μg/(kg·min)直到结束。建议使用注射泵	静脉注射
	每隔4～6h用药0.011～0.022mg/kg用于镇痛，治疗肠炎、结肠炎或肠梗阻	肌内注射
	0.02～0.06mg/kg（稀释至5～7mL盐水中用于阵痛治疗会阴部，至20mL用于治疗突起疼痛）	硬膜外
地塞米松；氟美松	每隔24h用药0.02～0.2mg/kg	静脉注射、肌内注射或口服
	0.5～2mg/kg用于败血症休克	静脉注射
	每隔24h用药100mg/450kg，连续5d催产	静脉注射或肌内注射
磷酸地塞米松	0.1%每隔8h用药	点眼
地塞美松磷酸钠	每隔24h用药0.1mg/kg，用3d减量	静脉注射

（续）

药物名称	剂量	用药方式
地塞米松悬液	0.1%每隔3～8h用药	点眼
右旋糖酐；葡萄聚糖（6%溶液）	每隔24h用药8g/kg，最多用3d	静脉注射
右旋糖；葡萄糖	5%～10%葡萄糖溶液，每分钟4～8mg/kg	静脉注射
地西泮	0.02～0.1mg/kg（用于镇静局部麻醉阻滞）	静脉注射
	5～15mg/50kg马驹（镇静和抗惊厥）	静脉注射或肌内注射
	15～30mg成年马用于抗惊厥	静脉注射
	0.02～0.1mg/kg，用于迷你马驹的短期镇静	静脉注射
	按需0.05～0.25mg/kg，最多每10min用药，用于控制癫痫发作	静脉注射或肌内注射
	每小时0.1mg/kg恒速灌注，用于控制癫痫发作	静脉注射
双氯非那胺	每隔12h用药1mg/kg	口服
敌敌畏	35mg/kg	口服
	0.93%溶液	局部给药
地克珠利	每隔24h用药1mg/kg连续28d，然后观察如果需要可以再用药28d	口服
双氯芬酸；双氯灭痛	每隔12h用药脂质体奶油73mg（5in）	局部给药
双氯芬酸钠；双氯高灭酸钠	0.1%	点眼
双氯青霉素；双氯西林	每隔6h用药10mg/kg	肌内注射
乙胺嗪	每隔24h用药1mg/kg，连续21d，用于盘尾丝虫病	口服
	每隔24h用药50mg/kg，连续10d，用于严重的骨髓炎	口服
地高辛	0.002～0.006mg/kg静脉注射剂量，然后每隔24h口服用药0.01mg/kg维持治疗	静脉注射，口服
	或0.06mg/kg口服剂量，然后每隔24h口服用药0.01mg/kg维持治疗	
	血清浓度>2ug/mL有可能是中毒	
	每隔12h用药0.01mg/kg	口服
二双氢链霉素；双氢链霉素	每隔12h用药11mg/kg	肌内注射或皮下注射
	每隔24h用药25mg/kg，用于细螺旋体病	静脉注射
二巯基丙醇	每隔4h用药2.5～5mg/kg（10%油溶液）连续用药2d，然后每隔12h用药直至康复	肌内注射
二基甘氨酸	每隔24h用药1～1.6mg/kg	口服

（续）

药物名称	剂量	用药方式
二甲基亚砜（二甲基亚砜）（DMSO）	1.0g/kg（用5%葡萄糖稀释为10%～20%浓度）以减小颅内压	静脉注射
	每隔12h用药20mg/kg，用于抗炎作用	静脉注射
	50%溶液	局部给药
	50mL 99%溶液	子宫内
地诺前列素氨丁三醇	10mg/450kg	肌内注射
琥珀酸二异辛酯磺酸钠5%的解决方	每隔48h用药10～20mg/kg（溶于4～8L水）	口服
敌杀磷；二噁磷	0.15%清洗	局部给药
苯海拉明；苯那君；可他敏	0.5～2mg/kg	肌内注射或缓慢静脉注射
二苯乙内酰脲	每隔2～4h用药1～10mg/kg	静脉注射、肌内注射或口服
安乃近	5～22mg/kg	静脉注射或肌内注射
Di-tri-octahedral smectite	2～3g/kg速效剂量，然后每隔6～12h用药1g/kg	口服
多巴酚丁胺	1～10μg/(kg·min)（250mg溶于500mL盐水，0.45mL/kg输入）	静脉注射
盐酸美沙酮	0.2～0.4mg/kg	肌内注射
多潘立酮	0.2mg/kg	静脉注射
	每隔24h用药1.1mg/kg	口服
多巴胺	1～5μg/kg（200mg溶于500mL盐水，0.45mL/kg输入）	静脉注射
多佐胺	每隔8～12h用药2%	点眼
盐酸多塞平	每隔12h用药0.5～1.0mg/kg	口服
	0.02～0.05mg/(kg·min)，新生驹最多用400mg	静脉注射
阿霉素；亚德里亚霉素	每隔3周用药30～65mg/m^2	静脉注射
强力霉素，脱氧土霉素，多西环素	每隔3～6h用药0.3%	点眼
	每隔12～24h用药5～10mg/kg（大剂量会导致结肠炎）	口服
琥珀酸多西拉敏	0.5mg/kg	缓慢静脉注射、肌内注射或皮下注射
碘依可酯	每隔12h 0.3%	点眼
乙二胺四乙酸二钠钙	每天分次用药75mg/kg，用于铅中毒	缓慢静脉注射
	每隔8～12h用药6.6%溶液（1mL/kg）	静脉注射
依尔替酸	0.5mg/kg	静脉注射
依那普利	每隔12～24h用药0.5mg/kg	口服或静脉注射

（续）

药物名称	剂量	用药方式
恩诺沙星	成年马每隔 24h 用药 5～7.5mg/kg（静脉注射 500mL 盐水），在马驹中用不安全，会导致软骨损伤	静脉注射或口服
	1 000mg	区域静脉灌注
硫酸麻黄碱	每隔 12h 用药 0.7mg/kg	口服
肾上腺素	1～1.5mL 的 0.33ng/mL 溶液	结膜下
	0.01～0.02mg/马驹	静脉注射
	0.1～0.2mg/马驹	气管内
	5～10mL 1∶1 000 溶液，用于治疗成年马过敏性反应	静脉注射或肌内注射
红霉素	每隔 6h 用药 0.5～1mg/kg（1L 盐水中），用药 60min，增强肠动力	静脉注射
依托红霉素或乙基琥珀酸盐（会引起腹泻和致命的高热）	每隔 12h 用药 25mg/kg	口服
红霉素	每隔 6～8h 用药 2.5～5mg/kg	静脉注射
	20～40mg	结膜下
雌二醇	每隔 2d 用药 0.004～0.010mg/kg，用于尿失禁	肌内注射
口服雌酮硫酸盐	每隔 24h 用药 0.04mg/kg	肌内注射
酚磺乙胺	12.5mg/kg	静脉注射
乙醇（50%）	5～10mL/50kg	喷雾
二氢碘酸乙二胺	每隔 24h 每 450kg 用药 0.5～1.5g	口服
乙二胺四乙酸	每隔 2～4h 0.5%溶液	点眼
依托度酸	每隔 24h 用药 10～15mg/kg	静脉注射或口服
	每隔 12～24h 用药 23mg/kg，连续 3d	口服
法莫替丁	每隔 12h 用药 2～3mg/kg	口服
	每隔 8h 用药 3.3mg/kg	口服
	马驹每隔 12h 用药 0.8mg/kg，用于炎症性肠炎	口服
	马驹每隔 12h 用药 0.3mg/kg，用于炎症性肠炎	静脉注射
非班太尔；苯硫氨酯	6mg/kg	口服
	5mg/kg	口服
芬苯达唑	10mg/kg 用于治疗马副蛔虫感染	口服
	每隔 24h 用药 50mg/kg，3d，用于治疗蠕虫动脉炎	口服
	50mg/kg 用于治疗韦氏类圆线虫感染	口服
	每隔 24h 用药 50mg/kg，5d，用于治疗盘尾属感染	口服
芬前列林	0.5mg/450kg	皮下注射
非诺特罗	2～4μg/kg	吸入药剂
芬太尼	每小时 50μg（一贴），迷你马（体重 100kg）每 48～72h 换 1 次	局部给药
	每 150kg 每小时 100μg（一贴），每 48～72h 换 1 次	

（续）

药物名称	剂量	用药方式
硫酸亚铁	每隔24h用药2mg/kg	口服
非罗考昔	0.27mg/kg速效剂量，然后每隔24h用药0.09mg/kg，最好用直接静脉穿刺	静脉注射
	每隔24h用药0.1mg/kg	口服
醋酸氟卡尼	2mg/(kg·min)，超过10min	静脉注射
氟苯尼考	没有数据，不要用于马	
氟氯青霉素	每隔6h用药10mg/kg	肌内注射
氟康唑；大扶康	14mg/kg速效剂量，然后每隔24h用药5mg/kg	口服
	100～250mg	子宫内
氟马西尼	0.5～2.0mg	缓慢的静脉注射
氟甲松/氟米松	0.002～0.008mg/kg	口服
氟尼辛葡甲胺	每隔8～24h用药0.25～1.1mg/kg	口服或静脉注射
氟泼尼龙	5～20mg/450kg	肌内注射
5-氟尿嘧啶	50mg/cm³瘤	病灶内
羟哌氟丙嗪；氟非那嗪	小型马25mg（妊娠期320d可用于羊茅中毒）	肌内注射
	0.06mg/kg用于长效镇定；长期可引起锥体外系的影响	肌内注射
氟前列烯醇	250μg/450kg	肌内注射
氟比洛芬钠	每隔6～8h用药0.03%	点眼
氟替卡松丙酸酯/丙酸氟替卡松	每隔12h每450kg用药2～6mg，观察反应减少剂量	吸入药剂
叶酸（维生素B_9）	40～75mg	肌内注射
	400～500mg/d	口服
亚叶酸	50～100mg	肌内注射
促卵泡激素	10～50mg/450kg	静脉注射、肌内注射或皮下注射
岩藻多糖/岩藻依聚糖/海昆肾喜	50mL混入5L乳酸溶液，注入腹腔内，防止粘连	
呋喃苯胺酸；速尿灵	每隔12h用药0.5～3mg	静脉注射或肌内注射
	250～500mg用于拉伤导致肺出血	静脉注射或肌内注射
	0.12mg/kg速效剂量，然后10mg/mL［0.12mg/(kg·h)］用于充血性心衰	静脉注射
	0.25～1mg/kg	静脉注射或肌内注射
加巴喷丁	每隔12h用药2.5mg/kg	口服
更昔洛韦	每隔8～24h用药2.5mg/kg，然后再每隔12h用药	静脉注射

（续）

药物名称	剂量	用药方式
庆大霉素；艮他霉素	每隔 24h 用药 6.6～8.8mg/kg	静脉注射，肌内注射或皮下注射
	10～40mg	结膜下
	150mg	关节内
	100～1 000mg	静脉区域灌注
	1～2g 缓冲在相同容积的 75%碳酸氢钠溶液或大量（150～200mL）生理盐水中	子宫内
	马驹每隔 24h 用药 11～12mg/kg	静脉注射或肌内注射
	每隔 12h 用药 1mg/kg（25mg/mL 无菌水中）	喷雾
胰高血糖素	25～50mg/kg	静脉注射
甘油	1g/kg	口服
甘油；丙三醇	0.5～2g/kg，用于脑水肿	静脉注射
甘油；丙三醇（5%）	2～5mL/50kg	喷雾
甘油愈创木酯	110mg/kg，用于抽搐	静脉注射
	每隔 6h 用药 0.1～0.2g/50kg，用于祛痰	口服
吡咯糖/胃长宁	0.002～0.004mg/kg，用于治疗心跳过缓或肺气肿的支气管扩张	静脉注射
	0.005～0.01mg/kg	静脉注射
硫酸化糖胺聚糖（牛血代血浆）	250mg 每周 1 次	关节内
	每隔 5d 用药 1mg/kg	肌内注射
促性腺激素释放激素	低性欲育种前 2～0.5h 用药 0.05mg	皮下注射
	育种前 6h 用药 0.04mg，用于促排卵	肌内注射
灰黄霉素	每隔 24h 用药 10g/450kg，连续 2 周；治疗时检查血清肝酶活性，不能用于怀孕母马	口服
	每隔 24h 用药 5～10mg/kg，连续 1～3 周	口服
愈创甘油醚（5%～10%）	依效果定（大概 50～110mg/kg）	缓慢静脉注射
	5%用 4.4mg/kg 硫戊巴比妥制备	快速静脉注射
肝素	10IU/kg 速效剂量，然后 15IU/(kg·h)	静脉注射
	每隔 6～12h 用药 40～100IU/kg，用于急性蹄叶炎	静脉注射
	30 000IU/L 盐水，用于手术后防粘连	
肝素（低分子量）	每隔 12h 用药 50IU/kg	皮下注射
羟乙基淀粉（6.2%）	10mL/kg，按需 36～48h 后重复	静脉注射
水蛭素（重组）	0.4mg/kg	静脉注射
人绒毛膜促性腺激素	2 000IU 用于同步排卵	静脉注射
透明质酸钠	每个关节 10～50mg	关节内
	每隔 4d 用药 500mg，连续 7 次	肌内注射

（续）

药物名称	剂量	用药方式
透明质酸；玻璃酸	20～120mg 用于肌腱炎 20～50mg	局部给药 关节内
肼苯哒嗪；肼酞嗪	每隔 12h 用药 0.5～1.5mg/kg	口服
氢氯噻嗪；二氢氯噻；双氢克尿噻	每隔 24h 用药 250mg/450kg	口服
氢化可的松琥珀酸钠	1～4mg/kg	静脉注射
盐酸羟嗪	每隔 12h 用药 0.5～1.5mg/kg	肌内注射或口服
双羟萘酸羟嗪	每隔 12h 用药 200～400mg/500kg	肌内注射或口服
东莨菪碱	0.14mg/kg	静脉注射
碘苷；疱疹净 0.1%	每隔 2～6h 用药	点眼
咪多卡二丙酸盐	每隔 24h 用药 2mg/kg，2d，用于驽巴贝斯虫感染 每隔 3d 用药 4mg/kg，用于马焦虫感染	肌内注射 肌内注射
亚胺培南	每隔 12h 用药 10～20mg/kg 马驹每隔 12h 用药 5～10mg/kg	静脉注射 肌内注射
丙咪嗪	每隔 12h 用药 100～600mg 促进射精 每隔 8～12h 用药 1.0～1.5mg/kg，用于发作性嗜睡症 每隔 8h 用药 0.55mg/kg 每隔 8h 用药 1.5mg/kg	口服 肌内注射、静脉注射或皮下注射 肌内注射或静脉注射 口服
咪喹莫特	5%乳剂用于肉状瘤	局部给药
胰岛素	0.5IU/kg	肌内注射或皮下注射
胰岛素-精蛋白锌	每隔 12h 用药 0.15IU/kg	肌内注射或皮下注射
α 干扰素（1 000IU/mL）	每隔 24h 用药 1mL，连续 3 周，停 1 周，再重复 每隔 24h 用药 3 000 000U/L 盐水，连续 3d	口服 静脉注射
碘化钠	每隔 24h 用药 20～40mg/kg，连续数周 每隔 24h 用药 70mg/kg，连续数天	口服 静脉注射
碘氯羟喹，氯碘喹啉；消虫痢	10g/450kg（重复 3～4d 后减量）	口服
异丙托溴铵	1～3μg/kg	吸入药剂
臭胂酸铁	1g	静脉注射
醋异氟龙	10～14mg	肌内注射
异烟肼	每隔 24h 用药 5～20mg/kg	口服
异丙肾上腺素（0.05%）	每隔 6h 用药 5～10mL/50kg	喷雾
盐酸异丙肾上腺素	0.4μg/kg 缓慢注入（当心率 2 倍速时停止） 马驹抢救用药 0.05～1μg/(kg·min)	静脉注射 静脉注射

（续）

药物名称	剂量	用药方式
异克舒令	每隔 12h 用药 0.4～1.2mg/kg	肌内注射
伊曲康唑	每隔 12h 用药 3mg/kg，最多用 2 个月	口服
	每隔 24h 用药 6mg/kg	皮下注射
	每隔 4～6h，1%～30%DMSO 溶液	点眼
伊佛霉素	0.2mg/kg	口服
	0.2mg/kg，4d 用 2 次，用于虱子和癣	口服
卡那霉素	每隔 8h 用药 7.5mg/kg	静脉注射或肌内注射
	1～2g	子宫内
白陶土和果胶制剂	每隔 6～24h 用药 0.5～4mL/kg	口服
氯胺酮	0.4～1.2mg/kg	静脉注射
	2.2mg/kg，用于全身麻醉	静脉注射
	0.5～2.0mg/kg（10～13mL 盐水）	硬膜外
酮康唑	每隔 12～24h 用药 10mg/kg，用药 2～3 周	口服
酮洛芬	每隔 24h 用药 2.2mL/kg，最多用 5d	静脉注射或肌内注射
左旋天冬酰胺酶	每隔 2～3 周用药 50 000～70 000IU	肌内注射
乳糖分解酵素	每隔 3～6h 用药 6 000～9 000U	口服
乳果糖	每隔 6～12h 用药 0.3mL/kg	口服
	每隔 12～24h 用药 150～200mL	口服，经直肠
酒石酸左洛啡烷	0.02～0.04mg/kg	静脉注射
左旋咪唑，左旋驱虫净	每隔 24h 用药 8～11mg/kg	口服
	每隔 12h 用药 1mg/kg，连续 2 周，用于骨髓炎	口服
	每隔 2～3d 用药 2～3mg/kg	口服
左旋甲状腺素	初始剂量每隔 24h 用药 0.1mg/kg 最多用药 6 个月，如果马 1 个月后没有减重将剂量提升到 0.15mg/mL	口服
利多卡因	每 5min 用药 0.2～0.5mg/kg 丸剂，最多剂量是 1.5mg/kg	静脉注射
	1.3mg/kg 药剂 5min，然后 0.05mg/(kg・min) 24h，用于治疗肠梗塞	静脉注射
	1～2mg/kg，然后 20～50μg/(kg・min)，用于马驹室性心律失常	静脉注射
	30～100mL 2%溶液用于放松食道肌	胃管
	0.66%利多卡因溶液直接用于气道上皮变薄引起的咳嗽，支气管肺泡灌洗	
	5～8mL 1%～2%溶液	硬膜外
石硫合剂/石灰硫黄合剂	3%～5%	局部给药
林丹	3%喷雾	局部给药
洛派丁胺；氯苯哌酰胺	每隔 6h 用药 0.1～0.2mg/kg	口服

（续）

药物名称	剂量	用药方式
氯芬奴隆	540mg 悬于 60mL 无菌水中	子宫内
	每隔 24h 用药 5mg/kg	口服
氢氧化镁	成年马每隔 8h 用药 200～250mL，抗酸剂	口服
硫酸镁	每隔 24h 用药 0.2～1g/kg 溶于 4L 温水中	口服
	每 2min 用药 4mg/kg 丸剂，最多剂量 50mg/kg	静脉注射
马拉松	0.5%洗；5%擦拭	局部给药
甘露醇，甘露糖醇（20%）	每隔 4～6h 用药 0.25～1.0g/kg	缓慢静脉注射
甲苯达唑	8.8mg/kg	口服
	每隔 24h 用药 20mg/kg，连续用 5d，用于安氏网尾线虫感染	口服
	每隔 24h 用药 50mg/kg，连续用 5d，用于盘尾丝虫病	口服
甲氯芬那酸	每隔 12h 用药 2.2mg/kg	口服
美托咪定	3.5μg/（kg・h）	静脉注射
	2～5μg/kg（10～30mL 盐水）	硬膜外
甲羟孕酮	每隔 8～14d 用药 200～300mg，或 1 个月用药 1 次，1 次 1 800～2 000mg	肌内注射
醋酸甲地孕酮；［药］甲地孕酮	每隔 24h 用药 65～85mg/kg	口服
美洛昔康	每隔 24h 用药 0.6mg/kg，最多持续 14d	口服
哌替啶	见乙酰丙嗪	
甲哌卡因/［药］卡波卡因	5～8mL 2%溶液	硬膜外
盐酸二甲双胍	喂料前 30～60min 用药 30mg/kg，最多 3 次/d	口服
美沙酮；美散痛	0.05～0.2mg/kg	静脉注射
	0.1mg/kg（溶于 20mL 盐水中）	硬膜外
甲氧西林	每隔 4～6h 用药 25mg/kg	肌内注射
	100mg	结膜下
蛋氨酸（D-L）	每隔 24h 用药 1g/kg	口服
美索巴莫	4～25mg/kg，用于骨骼肌痉挛	缓慢静脉注射
	每隔 12h 用药 25mg/kg	口服
	40～300mg/kg，用于抽搐	缓慢静脉注射
甲氧滴滴涕（一种杀虫剂）；［农药］甲氧氯	0.5%清洗	局部给药
甲基纤维素片	0.25～0.5kg/450kg 溶于 10L 水中	口服

（续）

药物名称	剂量	用药方式
亚甲蓝；美蓝	8.8mg/kg 1%溶液	静脉注射
醋酸甲强龙琥珀酸钠	0.2～0.7mg/kg	肌内注射
	2～4mg/kg	静脉注射
	25mg/kg 然后 5～8mg/(kg・min)，持续 23h，用于中枢神经系统创伤	静脉注射
	20mg	结膜下
	最多 100mg	内部或关节内
有机硫	每隔 24h 用药 30g/450kg	口服
	每隔 6～8h 用药 0.1～0.25mg/kg，溶于 500mL 液体	静脉滴注或皮下注射
甲氧氯普胺	每 4h 用药 0.6mg/kg	口服
	0.04mg/kg 直到胃返流停止，然后 0.02mg/kg，连续 24h	静脉注射
灭滴灵；甲硝唑	每隔 6～8h 用药 10～25mg/kg	口服或直肠给药
	每隔 6～8h 用药 10～20mg/kg	静脉注射
美洛西林；磺唑氨苄青霉素	每隔 6h 用药 25～75mg/kg	静脉注射
咪康唑；霉康唑	每隔 4～6h 2%	点眼
	每隔 4～6h 1%	点眼
	1 200mg	子宫内
咪达唑仑	0.05～0.2mg/kg，用于马驹癫痫发作	静脉注射或肌内注射
	1～3mg/(kg・h)，用于马驹癫痫发作	静脉注射
矿物油，矿油	每隔 24h 用药 10mL/kg	口服
二甲胺四环素	每隔 12h 用药 4mg/kg	口服
米索前列醇	每隔 12h 用药 2～5μg/kg 或每隔 6h 用药 2μg/kg；大剂量会导致绞痛	口服
硫酸吗啡，硫酸吗啡碱	0.2～0.6mg/kg；配合乙酰丙嗪（0.05mg/kg），甲苯噻嗪（0.5～1mg/kg）或地托咪定（0.01～0.02mg/kg）	静脉注射
	0.05～0.2mg/kg（添加 15～30μg/kg 地托咪定可能增加镇痛的有效性和持续时间）	硬膜外
拉氧头孢	每隔 8h 用药 50mg/kg	静脉注射或肌内注射
莫昔克丁	0.4mg/kg	口服
萘夫西林；[药] 乙氧萘青霉素；新青霉素Ⅲ	每隔 6h 用药 10mg/kg	肌内注射
烯丙羟吗啡酮，[药] 纳洛酮	0.01～0.02mg/kg	静脉注射
萘普生；甲氧萘丙酸	每隔 12～24h 用药 10mg/kg	口服或静脉注射
纳他霉素	每隔 4～6h 用药	点眼

（续）

药物名称	剂量	用药方式
丁溴东莨菪碱	0.2～0.3mg/kg	静脉注射
新霉素；新链丝菌素	马每隔6h用药1g或每隔12h用药2g	口服
	马驹每隔6h用药0.5g或每隔12h用药1g	口服
	每隔24h用药5～15mg/kg	口服
	2～4g	子宫内
新斯的明	0.004～0.02mg/kg	皮下注射
奈替米星	每隔8～12h用药2mg/kg	静脉注射或肌内注射
氯硝柳胺；［药］灭绦灵	100mg/kg	口服
硝唑尼特	每隔24h用药25mg/kg，连续5d然后第6d和28d用药50mg/kg，用于治疗骨髓炎	口服
呋喃咀啶，呋喃妥英	每隔12h用药3mg/kg	肌内注射
尼扎替丁	每隔8h用药6.6mg/kg	口服
去甲肾上腺素；降肾上腺素	0.05～1.0μg/(kg・min)	静脉注射
	1mg/kg	肌内注射
	0.01～0.1μg/(kg・min) 5%葡萄糖	静脉注射
制真菌素，［药］制霉菌素	5g悬浮于50～100mL无菌水	子宫内
	每隔8h用药0.3g（10mL水）	口腔冲洗
奥美拉唑	每隔24h用药4mg/kg，连续28d，然后每隔24h用药1mg/kg，用于治疗和预防胃十二指肠溃疡	口服
G毒毛旋花苷；乌本苷	每隔2h用药2.5～3mg/450kg，直到心率减慢或出现中毒状态；最大剂量不超过10g	静脉注射
奥比沙星	每隔24h用药2.5mg/kg	口服
新青二；［药］苯甲异噁唑青霉素	每隔8～12h用药25～50mg/kg	静脉注射或肌内注射
甲苯咪唑	10mg/kg	口服
奥苯达唑/氧苯达唑	10～15mg/kg	口服
	15mg/kg，用于韦氏类圆线虫感染	口服
羟吗啡酮	0.02～0.03mg/kg	肌内注射
氧化四环素（土霉素）	每隔24h用药5～20mg/kg	静脉注射
	44～70mg/kg	静脉注射
催产素；缩宫素	每20min用药2.5～5IU/450kg	静脉注射
	80IU/450kg	缓慢静脉注射
	10～20IU/450kg	肌内注射或静脉注射
	1～3IU/450kg，用于乳汁分泌	肌内注射或静脉注射

（续）

药物名称	剂量	用药方式
溴化双哌雄双酯，巴夫龙	0.04～0.06mg/kg	静脉注射
泮托拉唑	每隔24h用药1.5mg/kg，溶于250mL盐水，用于马驹炎症性肠病	静脉注射
巴龙霉素	每隔24h用药100mg/kg	口服
D-青霉胺	每隔6h用药3～4mg/kg，连续10d	口服
青霉素G		
苄星青霉素	每隔48～72h用药10 000～40 000IU/kg	肌内注射
青霉素钾	每隔6h用药10 000～50 000IU/kg	静脉注射或肌内注射
	5 000 000IU	子宫内
	2 500 000IU	静脉区域灌注
青霉素钠	每隔6h用药10 000～50 000IU/kg	静脉注射或肌内注射
普鲁卡因青霉素	每隔8～12h用药20 000～50 000IU/kg	肌内注射
青霉素V	每隔6～12h用药110 000mg/kg	口服
镇痛新；喷他佐辛	0.8mg/kg	静脉注射
戊巴比妥（二乙基丙二酰脲）	每隔4h用药2～20mg/kg或1mg/(kg·h）连续输入控制发作	静脉注射
戊聚糖硫酸酯	每隔7～10d用药250mg	关节内
己酮可可碱	每隔12h用药7.5～15mg/kg	口服或缓慢静脉注射
戊四氮	6～10mg/kg	静脉注射
甲磺酸培高利特	每隔24h用药0.002mg/kg	口服
苄氯菊酯；扑灭司林；二氯苯醚菊酯	2%	外用喷剂
［药］奋乃静（镇静剂）；［药］羟哌氯丙嗪	每隔12h用药0.3～0.5mg/kg	口服
镇静安眠剂；苯巴比妥	12～20mg/kg速效剂量，然后每隔8～12h用药1～9mg/kg，用于癫痫发作控制或镇静破伤风	静脉注射
	每隔12～24h用药5～11mg/kg，用于癫痫发作控制或镇静破伤风	口服
	每隔8～12h用药2～10mg/kg，用于镇静马疲劳	静脉注射
吩噻嗪；硫代二苯胺	55mg/kg	口服
	与哌嗪27.5mg/kg	口服
盐酸酚苄明	每隔6～8h用药0.7～1mg/kg（500mL盐水）	静脉注射
苯丙香豆素	0.08～0.16mg/kg，直到凝血酶原时间降低15%～20%减药	口服
苯基丁氮酮（保泰松）	每隔12h用药2.2～4.4mg/kg	口服或静脉注射

（续）

药物名称	剂量	用药方式
苯肾上腺素	2.5%溶液	点眼
	0.1～0.2μg/(kg·min)，最大剂量不要超过0.01mg/kg	静脉注射
	3μg/kg，用于缓解肾脊髓压迫（nephosplenic entrapment），不能用于15岁以上马	静脉注射
苯妥英，二苯乙内酰脲	5～10mg/kg，用于抽搐马驹	静脉注射
	每隔4h用药1～5mg/kg，用于维持治疗	静脉注射、肌内注射或口服
	每隔12h用药10～22mg/kg，用于地高辛引起的心律失常	口服
毒扁豆碱	0.1～0.6mg/kg	肌内注射或缓慢静脉注射
盐酸毛果芸香碱	4%每隔6～12h	点眼
哌拉西林	每隔6～12h用药15～50mg/kg	静脉注射或肌内注射
哌嗪；胡椒嗪	88～110mg/kg	口服
吡布特罗；吡丁醇	1～2μg/kg	吸入药剂
多黏菌素B或E	每隔6h用药5 000～10 000IU/kg	口服
	1 000 000IU	子宫内
多黏菌素B	每隔8～12h用药1 000～6 000IU/kg	静脉注射
多黏菌素B软膏	每隔6h用药	点眼
帕托珠利	每隔24h用药5mg/kg，连续28d后按需再服药28d，用于治疗马原虫性脑脊髓炎	口服
溴化钾	每天25～40mg/kg，与苯巴比妥共同控制癫痫发作	口服
氯化钾	每隔12h用药40g（溶于4～6L水）	口服
	20～40mmoL/L	静脉注射
碘化钾	每隔24h用药2～20g	口服
高锰酸钾	0.025%，每隔24h	口腔冲洗
聚乙烯吡咯酮碘	5%溶液，每隔24h	点眼
氯化派姆	20～50mg/kg	缓慢静脉注射或肌内注射
吡喹酮	0.5～1.0mg/kg，用于绦虫感染	口服
醋酸泼尼松龙	1%每隔1～6h	点眼
氢化泼尼松	每隔12～24h用药0.2～4.4mg/kg	口服或肌内注射
氢泼琥钠	2～5mg/kg用于败血性休克	静脉注射
	1mg/kg，最多10mg/kg，用于马疲劳	静脉注射
普里米酮；去氧苯巴比妥；扑痫酮	马驹每隔6～12h用药1～2g	口服

（续）

药物名称	剂量	用药方式
普鲁卡因酰胺，普鲁卡因胺	35mg/kg	口服
黄体酮，［生化］孕酮	每隔24h用药150mg，抑制发情 每隔24h用药300mg，维持妊娠	肌内注射 肌内注射
油状黄体酮	每24h用药0.2～0.3mg/kg以维持妊娠	肌内注射
普马嗪	0.25～1mg/kg 1～2mg/kg（口服颗粒）	静脉注射 口服
丙胺苯丙酮	0.5～1.0mg/kg	静脉注射
溴丙胺太林	0.014mg/kg	静脉注射
盐酸丙美卡因	1%溶液	点眼
异丙酚；丙泊酚	2.4mg/kg，用于马驹麻醉，然后0.3mg/(kg·min）维持	静脉注射
普萘洛尔	每隔8h用药0.38～0.78mg/kg 每隔12h用药0.05～0.16mg/kg	口服 静脉注射
丙基硫氧嘧啶；［药］丙硫氧嘧啶	每隔24h用药4mg/kg（料草中）	口服
前列腺素E2类似物	每隔24h用药1～4μg/kg，用于胃黏膜保护	口服
前列腺素F2α	10mg	肌内注射
前列他林	2mg/450kg，2周用2次剂量	皮下注射
车前草胶浆剂	每隔6～24h用药1g/kg	口服
双羟萘酸噻嘧啶	38mg/kg，用于绦虫感染	口服
双羟萘酸噻嘧啶	6.6mg/kg 13.2mg/kg，用于绦虫感染	口服 口服
酒石酸噻嘧啶	每隔24h用药2.64mg/kg，控制肠道线虫	口服
顺丁烯二酸新安物甘	1mg/kg	静脉注射、肌内注射或皮下注射
乙胺嘧啶；息疟定	每隔12h用药0.25mg/kg连续用药3d，然后每隔24h用药27d，用于治疗马原虫性脑脊髓炎	口服
喹那普利	每隔24h用药0.25mg/kg	口服
葡萄糖酸奎尼丁	每10～15min用药0.5～1mg/kg，最大剂量10mg/kg	静脉注射
硫酸奎尼丁	每隔2～6h用药22mg/kg，直到中毒症状出现；用药前口服5g试剂量	通过胃管
雷尼替丁；甲胺呋硫	每隔8h用药6.6mg/kg 每隔8h用药1.5mg/kg	口服 静脉注射
利血平；蛇根碱	每隔24h用药2～5mg/kg	口服

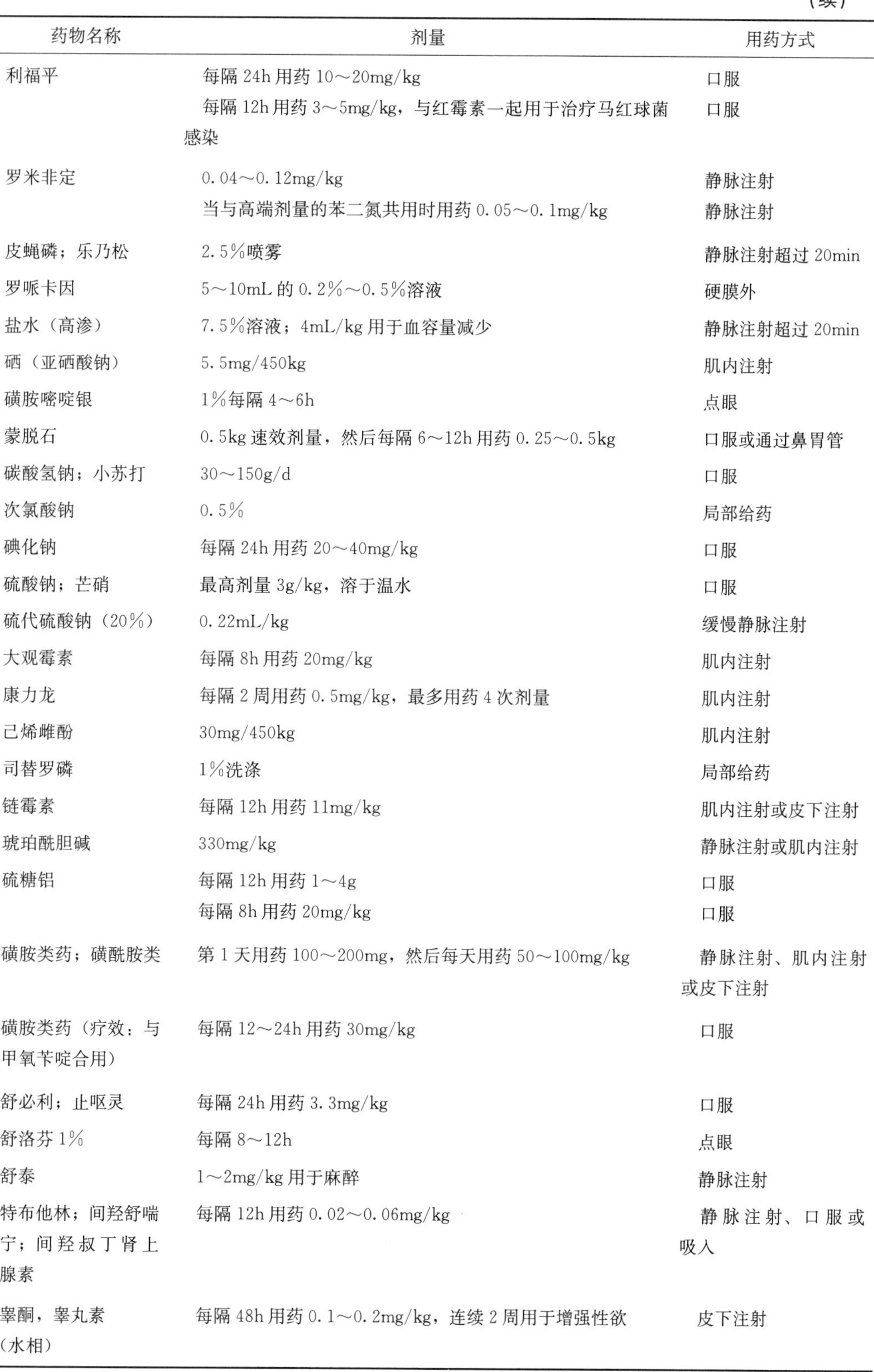

（续）

药物名称	剂量	用药方式
利福平	每隔24h用药10～20mg/kg	口服
	每隔12h用药3～5mg/kg，与红霉素一起用于治疗马红球菌感染	口服
罗米非定	0.04～0.12mg/kg	静脉注射
	当与高端剂量的苯二氮共用时用药0.05～0.1mg/kg	静脉注射
皮蝇磷；乐乃松	2.5%喷雾	静脉注射超过20min
罗哌卡因	5～10mL的0.2%～0.5%溶液	硬膜外
盐水（高渗）	7.5%溶液；4mL/kg用于血容量减少	静脉注射超过20min
硒（亚硒酸钠）	5.5mg/450kg	肌内注射
磺胺嘧啶银	1%每隔4～6h	点眼
蒙脱石	0.5kg速效剂量，然后每隔6～12h用药0.25～0.5kg	口服或通过鼻胃管
碳酸氢钠；小苏打	30～150g/d	口服
次氯酸钠	0.5%	局部给药
碘化钠	每隔24h用药20～40mg/kg	口服
硫酸钠；芒硝	最高剂量3g/kg，溶于温水	口服
硫代硫酸钠（20%）	0.22mL/kg	缓慢静脉注射
大观霉素	每隔8h用药20mg/kg	肌内注射
康力龙	每隔2周用药0.5mg/kg，最多用药4次剂量	肌内注射
己烯雌酚	30mg/450kg	肌内注射
司替罗磷	1%洗涤	局部给药
链霉素	每隔12h用药11mg/kg	肌内注射或皮下注射
琥珀酰胆碱	330mg/kg	静脉注射或肌内注射
硫糖铝	每隔12h用药1～4g	口服
	每隔8h用药20mg/kg	口服
磺胺类药；磺酰胺类	第1天用药100～200mg，然后每天用药50～100mg/kg	静脉注射、肌内注射或皮下注射
磺胺类药（疗效：与甲氧苄啶合用）	每隔12～24h用药30mg/kg	口服
舒必利；止呕灵	每隔24h用药3.3mg/kg	口服
舒洛芬1%	每隔8～12h	点眼
舒泰	1～2mg/kg用于麻醉	静脉注射
特布他林；间羟舒喘宁；间羟叔丁肾上腺素	每隔12h用药0.02～0.06mg/kg	静脉注射、口服或吸入
睾酮，睾丸素（水相）	每隔48h用药0.1～0.2mg/kg，连续2周用于增强性欲	皮下注射

（续）

药物名称	剂量	用药方式
破伤风抗毒素	每隔 3～5d 用药 100IU/kg，用于治疗破伤风	肌内注射、皮下注射或静脉注射
四环素	每隔 12h 用药 6.6～11mg/kg 每隔 12～24h 用药 6.6mg/kg	静脉注射 静脉注射
胺菊酯；［农药］似虫菊；四甲司林	0.4%溶液	局部擦拭
茶碱	每隔 6h 用药 1mg/kg	口服
噻苯咪唑（驱虫剂）；涕必灵	44mg/kg 88mg/kg 用于马副蛔虫 每隔 24h 用药 440mg/k，连续 2d，用于蠕虫动脉炎 4%溶液（盐水或 90%DMSO）	口服 口服 口服 局部给药
硫戊巴比妥钠	2～4mg/kg	静脉注射
硫喷妥钠；硫喷妥；戊硫代巴比妥	10%溶液 4～10mg/kg	静脉注射
L-甲状腺素	每隔 24h 用药 0.01mg/kg	口服
羟基噻吩青霉素	每隔 8h 用药 40～80mg/kg 3～6g 1 700mg	静脉注射或肌内注射 子宫内 滑膜内或静脉区域灌注
羧噻吩青霉素	每隔 6～8h 用药 50mg/kg 250～440mg	静脉注射 滑膜内
羟基噻吩青霉素/克拉维酸	3～6g 马驹每隔 6h 用药 44mg/kg	子宫内 静脉注射
替来他明	1.1～1.65mg/kg；配合使用地托咪定或罗米非定会更有效	静脉注射
替米考星	不能用于马	
马来酸噻吗洛尔	0.5%每隔 8～12h	点眼
妥布霉素	每隔 8h 用药 1～1.7mg/kg（人的剂量） 10～30mg 6mg/mL；100mL 溶于 15mL 人造泪溶液	静脉注射或肌内注射 结膜下 点眼
维生素 E	每隔 24h 用药 6 000IU/250～500kg	口服
苄唑啉；妥拉唑林	2～4mg/kg	静脉注射
毒杀芬；八氯莰烯	0.5%	局部洗涤
凝血酸；氨甲环酸	每隔 12h 用药 10mg/kg 每隔 6～12h 用药 5～25mg/kg	静脉注射 口服
去炎松，曲安西龙	0.02～0.1mg/kg 每个关节 1～3mg，最多剂量 18mg 1～2mg	肌内注射 病灶内 结膜下

（续）

药物名称	剂量	用药方式
三氯磷酸酯	40mg/kg	口服
三氯噻嗪	200mg/450kg	口服
三氟胸苷 1%	每隔 1～2h	点眼
三氟丙嗪	0.2～2.0mg/kg	静脉注射
三氟尿苷 1%	每隔 2～6h	点眼
甲氧苄啶-磺胺嘧啶	每隔 12h 用药 15mg/kg	静脉注射
	每隔 12h 用药 15～30mg/kg	口服
	每隔 24h 用药 2.5～5g	子宫内
曲吡那敏盐酸	1mg/kg	静脉注射或肌内注射
氨丁三醇；缓血酸胺	300mg/kg	静脉注射
托品酰胺/托吡卡胺	0.5%～1%溶液	点眼
伐昔洛韦	每隔 8h 用药 30mg/kg，用 2d，然后每隔 12h 用药 20mg/kg	口服
万古霉素	每隔 6～12h 用药 20～40mg/kg	静脉注射或口服
	7.5mg/kg 溶于盐水和葡萄糖中，给药 30～45min	静脉注射
	300～1 000mg 溶于 60mL 盐水中，用于骨内治疗或局部肢体灌注	
维达洛芬	每隔 12h 用药 2.2mg/kg	静脉注射
戊脉安；异搏定	每隔 30min 用药 0.025～0.5mg/kg	静脉注射
阿糖腺苷	3%每隔 6h	点眼
长春新碱	0.5mg/m^2	静脉注射
醋	每隔 24h 用药 250mL/450kg，预防肠石	口服
复合维生素 B	每隔 24h 用药 20～30mL	口服
维生素 B_1（硫胺素）	20mg/kg 1%溶液	缓慢静脉注射
	每隔 24h 用药 0.25～0.5mg/kg	肌内注射
维生素 C	见抗坏血酸	
维生素 E	每隔 24h 用 1 500～2 000IU，用于预防马退行性脑脊髓炎	口服
	每隔 24h 用 5 000～20 000IU，用于治疗马退行性脑脊髓炎	口服
	10IU/kg，用于怀孕母马预防神经轴突营养不良和马驹退行性脑脊髓炎	口服
	每隔 24h 用药 40IU/kg，用于脑外伤	静脉注射
维生素 K_1	每隔 4～6h 用药 0.5～1mg/kg，用于鼠毒	皮下注射
	1～2mg/kg，用于甜三叶草中毒	皮下注射
	马驹 0.5～2mg/kg	肌内注射
维生素 K_3（甲萘醌）	不能用于马	
扶他林	每隔 1～6h	点眼
华法令阻凝剂；杀鼠灵	每隔 24h 用药 0.018mg/kg，逐渐增加剂量到 0.57mg/kg，直到凝血酶原时间降低 15%～20%	口服

（续）

药物名称	剂量	用药方式
塞拉嗪	0.2～1.1mg/kg	静脉注射
	0.6～2.2mg/kg	肌内注射
	0.33～0.44mg/kg，然后用药 0.022～0.066mg/kg 布托啡诺	静脉注射
	1.1mg/kg，然后用药 1.76～2.2mg/kg 氯胺酮诱导全麻	静脉注射
	0.6mg/kg 与 0.02mg/kg 乙酰丙嗪一起用	静脉注射
	0.66mg/kg 促进射精	静脉注射
	0.17～0.25mg/kg（溶于 10mL 盐水）	硬膜外
育亨宾，壮阳碱	0.12mg/kg，用于中和甲苯噻嗪或地托咪定	缓慢静脉注射
	0.075mg/kg，用于恢复肠蠕动	静脉注射

注：该表格是由作者推荐的在马医学治疗上的剂量，任何动物用药前要检查用药剂量。

附录 2

驴用常见药物和大约剂量表

药物名称	剂量	用药方式
乙酰丙嗪	0.03～0.1mg/kg，用于镇静、蹄叶炎时的血管舒张	肌内注射或静脉注射
	0.1～0.2mg/kg，用于手术前镇静	口服
阿司匹林（乙酰水杨酸）	每隔 24h 用药 10～20mg/kg，不能用于消炎或镇痛	口服
促肾上腺皮质激素	每隔 8～12h 用药 0.26mg	肌内注射
	0.125mg，用于测试肾上腺功能不成熟的小驴驹	静脉注射
阿苯达唑	安氏网尾线虫感染每隔 12h 用药 25mg/kg，连续 5d	口服
	普通圆线虫感染每隔 12h 用药 50mg/kg，连续 2d	口服
	棘球绦虫感染每隔 12h 用药 4～8mg/kg，连续 1 个月	口服
沙丁胺醇；舒喘宁	1～2μg/kg（有必要的话，1～3h 再重复用药）	吸入药剂
生育酚/维生素 E	每隔 24h 用药 1.5～4.4mg/kg	口服
氢氧化铝	每隔 8h 用 200～250mL（抗酸剂）	口服
阿米卡星；丁胺卡那霉素	每隔 6h 用药 6mg/kg	静脉注射或肌内注射
氨茶碱	每隔 12h 用药 5～10mg/kg	口服
氯化铵	每隔 24h 用药 20～520mg/kg（尿液酸化）	口服
阿莫西林	每隔 8h 用 10～22mg/kg（多点注射）	肌内注射
	每隔 8h 用 13～20mg/kg（小驴）	口服
氨苄西林三水酸钠	每隔 8～12h 用 10～30mg/kg	静脉注射
	每隔 24h 用 7.5～10mg/kg，连续用药 3～5d	肌内注射
阿替美唑	0.05～1.0mg/kg	静脉注射
阿托品	0.01～0.02mg/kg	静脉注射、肌内注射或皮下注射
盐酸阿托品	每隔 6～48h 用药 0.5%～1.0%	点眼
倍氯米松	每隔 12h 用药 1～5μg/kg，用于复发性气道阻塞	吸入
碱式水杨酸铋	每隔 8h 用药 30～50mg/50kg	口服
丁丙诺啡；布诺啡	每隔 8h 用药 5～10μg/kg	肌内注射或皮下注射
酒石酸布托啡诺	用于镇痛，0.04～0.2mg/kg；可能需要联合 α2-肾上腺素能受体激动剂使用	静脉注射或肌内注射
氯化钙	1～2g/450kg	缓慢静脉注射
葡萄糖酸钙	10%溶液，0.5mL/kg	缓慢静脉注射

（续）

药物名称	剂量	用药方式
坎苯达唑	20mg/kg，用于韦氏类圆线虫感染	口服
卡洛芬	每隔 24h 用药 0.7mg/kg，相比其他非甾体类药物，驴体对该药物清除缓慢	静脉注射或口服
头孢唑林	每隔 6～8h 用药 25mg/kg	肌内注射
	50mg	结膜下给药
	50mg/mL；1g 溶于 5mL 水和 15mL 人造眼泪	点眼
头孢喹肟	小驴败血症，每隔 12h 用药 1.0mg/kg	肌内注射或静脉注射
	成年驴呼吸道疾病，每隔 24h 用药 1.0mg/kg	肌内注射或静脉注射
头孢噻呋钠	每隔 12～24h 用药 2mg/kg	肌内注射或静脉注射
三氯乙醛水合物	用于镇静或麻醉，5～200mg/kg	静脉注射
	40～100mg/kg	口服
氯丙嗪	每隔 6～12h 用药 0.4～1.0mg/kg	肌内注射
绒膜促性腺激素	用于隐睾诊断，单次 6 000IU（在注射前和注射后 30～120min 需要采血，用于动态监测）	静脉注射
西咪替丁	每隔 6～8h 用药 20～25mg/kg	口服
	每隔 8h 用药 8～10mg/kg	静脉注射
西沙必利	0.1mg/kg	肌内注射
	每隔 8h 用药 0.5～0.8mg/kg，连续用药 7d	口服
克仑特罗	每隔 12h 用药 0.8～3.2μg/kg	口服
	每隔 12h 用药 0.8μg/kg	静脉注射
克罗散泰，氯氰碘柳胺	杀虫剂，20mg/kg；只能抵抗成熟的肝片吸虫，需要连续用药 8～10 周。用药后 14d，取粪便样本进行检测。如果出现厌食、共济失调和失明，表明用药过量	口服
磷酸可待因	每隔 12h 用药 0.2～2.0g/kg，用于腹泻对症治疗	口服
环孢霉素	每隔 6～12h 局部用药 0.2%～2.0%	点眼
登溴克新	每隔 12h 用药 0.3～0.5mg/kg	口服
地托咪定	0.005～0.04mg/kg（骡必须多 50%的药量）	静脉注射或肌内注射
	0.04mg/kg 口腔黏膜凝胶	舌下给药
地塞米松	每隔 24h 用药 0.02～0.2mg/kg	静脉注射、肌内注射或口服
右旋糖酐（6%溶液）	每隔 24h 用药 8g/kg，连续 3d	静脉注射
右旋糖，葡萄糖	5%或 10%溶液，4～8mg/(kg·min)	静脉注射
安定（地西泮）	0.03～0.4mg/kg（镇静或抗惊厥）	静脉注射
乙胺嗪	每隔 24h 用药 1mg/kg，连续用药 21d，治疗盘尾丝虫病	口服
	每隔 24h 用药 50mg/kg，连续用药 10d，治疗蠕虫脊髓炎	口服

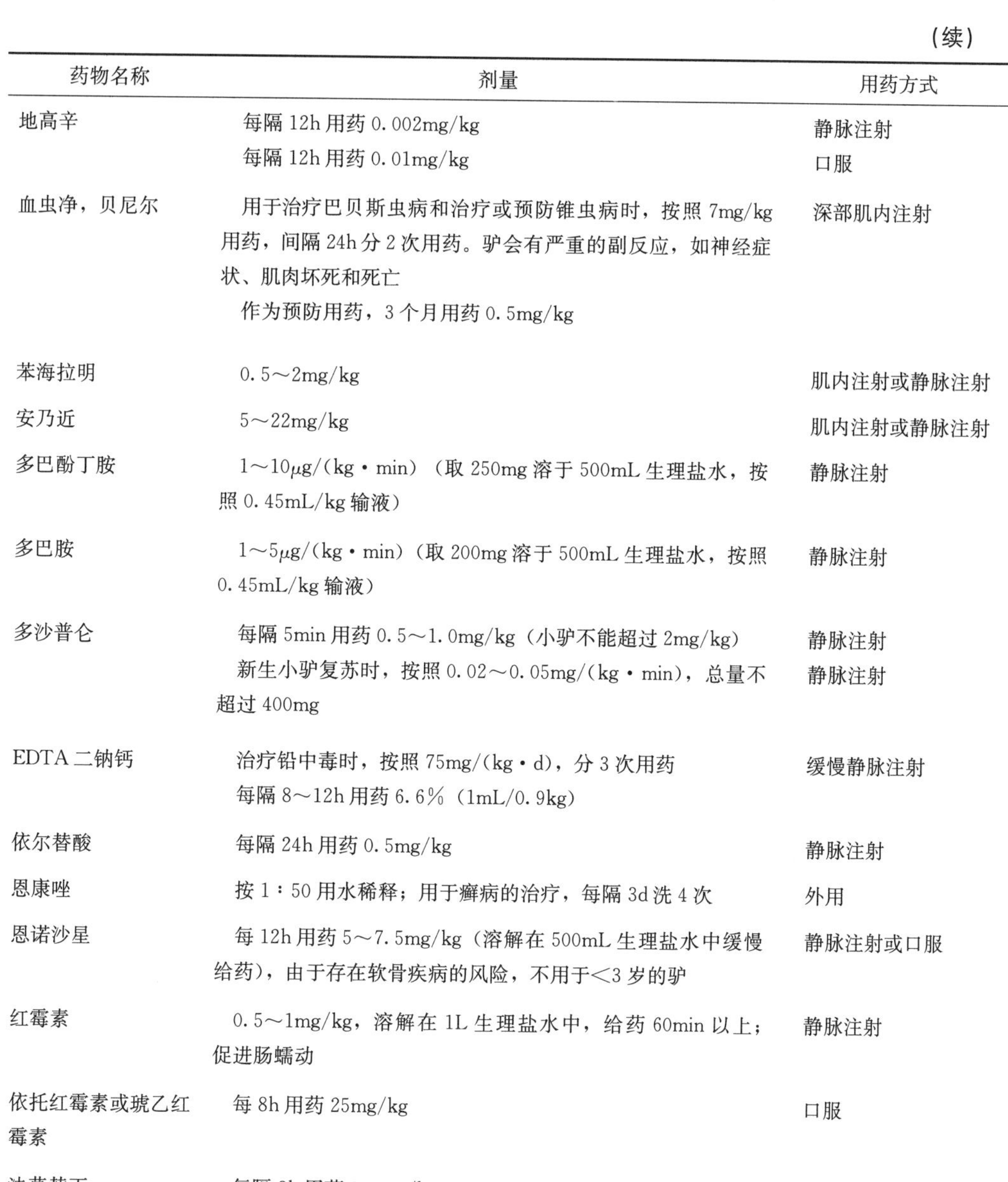

（续）

药物名称	剂量	用药方式
地高辛	每隔 12h 用药 0.002mg/kg 每隔 12h 用药 0.01mg/kg	静脉注射 口服
血虫净，贝尼尔	用于治疗巴贝斯虫病和治疗或预防锥虫病时，按照 7mg/kg 用药，间隔 24h 分 2 次用药。驴会有严重的副反应，如神经症状、肌肉坏死和死亡 作为预防用药，3 个月用药 0.5mg/kg	深部肌内注射
苯海拉明	0.5～2mg/kg	肌内注射或静脉注射
安乃近	5～22mg/kg	肌内注射或静脉注射
多巴酚丁胺	1～10μg/(kg・min)（取 250mg 溶于 500mL 生理盐水，按照 0.45mL/kg 输液）	静脉注射
多巴胺	1～5μg/(kg・min)（取 200mg 溶于 500mL 生理盐水，按照 0.45mL/kg 输液）	静脉注射
多沙普仑	每隔 5min 用药 0.5～1.0mg/kg（小驴不能超过 2mg/kg） 新生小驴复苏时，按照 0.02～0.05mg/(kg・min)，总量不超过 400mg	静脉注射 静脉注射
EDTA 二钠钙	治疗铅中毒时，按照 75mg/(kg・d)，分 3 次用药 每隔 8～12h 用药 6.6%（1mL/0.9kg）	缓慢静脉注射
依尔替酸	每隔 24h 用药 0.5mg/kg	静脉注射
恩康唑	按 1∶50 用水稀释；用于癣病的治疗，每隔 3d 洗 4 次	外用
恩诺沙星	每 12h 用药 5～7.5mg/kg（溶解在 500mL 生理盐水中缓慢给药），由于存在软骨疾病的风险，不用于<3 岁的驴	静脉注射或口服
红霉素	0.5～1mg/kg，溶解在 1L 生理盐水中，给药 60min 以上；促进肠蠕动	静脉注射
依托红霉素或琥乙红霉素	每 8h 用药 25mg/kg	口服
法莫替丁	每隔 8h 用药 3.3mg/kg	口服
芬苯达唑	7.5mg/kg；有很多关于该药抗药性的报道；可以通过检测粪便虫卵数的减少情况评价驱虫效果，并作为驱虫程序提供参考 每隔 24h 用药 7.5mg/kg，为期 5d，用于治疗圆形线虫病 10mg/kg，治疗马副蛔虫病 50mg/kg，治疗韦氏类圆线虫病 每隔 24h 用药 50mg/kg，为期 5d，治疗盘尾丝虫病	口服 口服 口服 口服 口服
非罗考昔	每隔 24h 用药 0.1mg/kg。驴口服该药，半衰期更短，并有良好的生物利用率。给药频率>1 次/24h 可能更加有效	口服
氟尼辛葡甲胺	每隔 8～24h 用药 0.25～1.1mg/kg。低剂量用于治疗内毒素血症和驴高脂血症或其他形式的肝功能紊乱	口服、静脉注射或肌内注射

（续）

药物名称	剂量	用药方式
0.03%氟比洛芬钠	每隔6～8h用1次	点眼
丙酸氟替卡松	每隔6h用药2～4μg/kg	吸入
呋塞米	每隔12～24h用药0.5～1mg/kg	静脉注射或肌内注射
庆大霉素	每隔24h用药6.6mg/kg	静脉注射、肌内注射或皮下注射
胃肠宁	0.005～0.01mg/kg	静脉注射
灰黄霉素	每隔24h用药10mg/kg，为期7d（或10g/75kg），长期未见效时则需要进一步治疗	口服
愈创甘油醚（5%～10%）（GGE）	为达到效果（使用量50～110mg/kg）。驴对该药代谢比马快，但驴更加敏感；过量使用会导致长时间卧地休息。使用3滴"驴组合"（1L 5%愈创木酚甘油醚加500mg甲苯噻嗪和2 000mg氯胺酮）	缓慢静脉注射
肝素钠	每隔8～12h用药100～200IU/kg，用于高脂血症治疗。在治疗之前需要检查凝血因子	静脉注射
羟乙基淀粉	5～15mL/kg	静脉注射
东莨菪碱	0.3mg/kg，解痉药，用于直肠检查前平滑肌松弛	静脉注射
咪多卡二丙酸盐	每隔24h用药2mg/kg，为期2d，用于巴贝斯虫感染的治疗	肌内注射
	每隔3d按照4mg/kg用药4次，治疗巴贝斯虫感染等。高剂量使用会引起中毒（注射部位出现肌肉坏死，中枢神经统症状和死亡），需要加强护理。不要对驴使用二盐酸双咪苯脲	肌内注射
精蛋白锌胰岛素	每隔12～24h用药0.1～0.3IU/kg，用于高脂血症的治疗。监测血糖浓度。多数驴有高血脂，对胰岛素抗性，使用该药可能是无效	肌内注射或皮下注射
异丙托铵	每隔6h用药0.4～0.8μg/kg	吸入
氯化氮氨菲啶	1mg/kg，用于治疗锥虫病。通过深部肌内注射，避免肌肉坏死。作为防腐剂使用要加强管理，每次注射时更换新的针头	分2点深部肌内注射
盐酸异丙肾上腺素	0.4μg/kg，缓慢注入（停止当心率双打）	静脉注射
异克舒令	每隔12h用药0.6mg/kg，治疗30d	口服
伊佛霉素	0.2mg/kg（有些配方不建议对不足8周龄或体重小于60kg的动物使用）。加强对成年和老年动物的护理。过量使用会导致失明、抑郁、共济失调和昏迷	口服
白陶土和果胶液	每隔6～24h用药0.5～4mL/kg	口服
氯胺酮	2.2～3.3mg/kg；麻醉时配合甲苯噻嗪和地托咪定使用。驴对该药清除比马更快。可能要求频繁地小剂量使用或辅助麻醉使用	静脉注射
	用于止痛时，需要溶于生理盐水，按照0.4～0.8mg/kg使用	静脉输液

（续）

药物名称	剂量	用药方式
酪洛芬	每隔24h用药2.2mg/kg，用药3～5d	静脉注射
乳果糖	每隔6h用药50～200mL（或0.3mg/kg），用于减少肝脏疾病的循环氨浓度	口服
利多卡因	按照0.2～0.5mg/(kg·5min)大剂量用药，总剂量达到1.5mg/kg。输液治疗肠梗阻（1.3mg/kg超过5min，然后每隔24h用药0.05mg/kg）	静脉注射
液状石蜡	1～2L通过鼻胃管注入，鼻胃管需要润滑	鼻胃管
硫酸镁	0.2～1g/kg溶解在3L温水中，用于治疗嵌入型疝	鼻胃管
甲苯达唑	8.8mg/kg	口服
	每隔24h用药20mg/kg，治疗5d，用于网尾线虫的感染治疗	口服
美洛昔康	每隔24h用药0.6mg/kg，治疗14d（在马体内有更短的半衰期；有效剂量间隔可能更频繁）	口服
哌替啶	2mg/kg；短效止痛剂	肌内注射
二甲双胍	每隔24h用药15～30mg/kg，作为治疗马代谢综合征的一部分	口服
美沙酮	0.04mg/kg	静脉注射
甲氧氯普胺	每隔6～8h用药0.25mg/kg	缓慢静脉滴注
甲硝唑	每8h用药15mg/kg，治疗3～5d	口服
	隔12h用药20～30mg/kg，口服给药或经直肠，每隔12h用药40～60mg/kg，或每隔6～8h用药10～20mg/kg，静脉注射	
咪达唑仑	0.05～0.2mg/kg，用作麻醉或治疗癫痫	静脉注射或肌内注射
矿物油	1～2L通过鼻胃管注入，鼻胃管需要润滑	口服
硫酸吗啡	0.2～0.4mg/kg	肌内注射
	0.25～0.75mg/kg	静脉注射
	硬膜外注射0.1mg/kg	硬膜外导管
莫昔克丁	0.4mg/kg。不要使用于4月龄以内的小驴；使用剂量应该基于准确测量年轻驴和老年驴的体重	口服
纳洛酮	0.01～0.02mg/kg	静脉注射
诺龙	1mg/kg；单剂食欲兴奋剂和抵消分解代谢	肌内注射
萘普生	每隔12～24h用药10mg/kg	口服或静脉注射
那他霉素	0.01%溶液用于抗真菌。连续4～5d，之后	海绵或喷雾
	取0.3g溶解在10mL水中，每8h 1次	口服灌洗剂
奥美拉唑	每隔24h用药4mg/kg，治疗28d后每24h用药2mg/kg，用于治疗和预防胃十二指肠溃疡	口服
羟吗啡酮	0.02～0.03mg/kg	肌内注射
氧化四环素土霉素	每隔12h用药5～7mg/kg	缓慢静脉注射
	每隔24h用药2～10mg/kg	肌内注射

（续）

药物名称	剂量	用药方式
催产素；缩宫素	30IU，输液超过 30min，1IU/min 用于治疗胎衣不下	静脉注射
	将 2～10IU 稀释在 5～10mL 生理盐水中，用于诱导分娩	缓慢静脉注射
苄星青霉素 G	每隔 48～72h 用药 10 000～20 000IU/kg 或每隔 48～72h（英国）用药 10～20mg/kg	肌内注射
青霉素	每隔 6h 用药 10 000～50 000IU/kg	缓慢静脉注射或肌内注射
普鲁卡因青霉素	每隔 24h 用药 10 000～20 000IU/kg 或每 24h（英国）10～20mg/kg	肌内注射
青霉素钠	每隔 8h 给药 10 000～20 000IU/kg	静脉注射
戊巴比妥	2～20mg/kg，治疗抽搐	静脉注射
甲磺酸培高利特	“高剂量”每隔 24h 用药 0.006～0.01mg/kg	口服
	“低剂量”每隔 24h 用药 0.002mg/kg。从低剂量开始并注意观察出现厌食症或食欲下降。如果发生这种情况，停下来，使用药量减半	口服
苯巴比妥	初始剂量 12mg/kg，20min 后按照每 8～12h 给药 6.7～9mg/kg，用于驴破伤风的镇静	静脉注射
苯基丁氮酮（保泰松）	单次剂量 4.4mg/kg	静脉注射
	每隔 8～12h 用药 4.4mg/kg 粉末或膏（驴消除苯基丁氮酮比马更快）	口服
	4.4mg/kg 治疗 1d，然后每 12h 用药 2.2mg/kg，治疗 2～5d，然后如果必要继续治疗每 24h 1 次	口服
碘伏	用无菌生理盐水按照 1：20 稀释，间隔 6h 点药，连续 6～8 周，用于真菌性角膜炎	点眼
吡喹酮	2.5mg/kg	口服
氢化泼尼松	每隔 12～24h 用药 1～2mg/kg，药量逐渐减少	口服
异丙酚	塞拉嗪麻醉诱导后用药 2.0mg/kg，然后 0.2～0.3mg/(kg·min) 用于麻醉的维护	静脉注射
车前草胶浆剂	每隔 24h 给药 1g/kg	口服
双羟萘酸噻嘧啶	38mg/kg，用于治疗绦虫病	口服
顺丁烯二酸新安物甘	1mg/kg	静脉注射、肌内注射或皮下注射
5%喹匹拉明	3mg/kg，分 3 次给药（每次间隔 6h，用于治疗锥虫病）	深部肌内注射
雷尼替丁；甲胺呋硫	每隔 12h 用药 4～6mg/kg	口服
	每隔 8h 用药 1.5mg/kg	静脉注射
利福平	每隔 12～24h 用药 5～10mg/kg，应与红霉素或其他大环内酯类药物联合使用	口服

(续)

药物名称	剂量	用药方式
罗米非定	0.04～1.0mg/kg	静脉注射
柳丁氨醇，舒喘灵，舒喘宁	每隔 2h 用药 2μg/kg，用于治疗复发性呼吸道梗阻	吸入
高渗生理盐水	7.5%溶液，4mg/kg，用于血容量减少	静脉注射 20min 以上
色甘酸钠	每隔 12h 用药 0.04～0.06mg/kg，用于治疗右前斜位	吸入
硫糖铝	每隔 8～12h 用药 2mg/kg	口服
破伤风抗毒素	10 000～50 000IU，3～5d 用于破伤风的治疗；皮下注射 3 000～6 000IU，用于预防破伤风	静脉注射、肌内注射或皮下注射
硫戊比妥钠	2～4mg/kg	静脉注射
硫喷妥钠；硫喷妥；戊硫代巴比妥	10%溶液，4～10mg/kg	静脉注射
替来他明	1.1～1.65mg/kg，如果结合地托咪定（镇静）或罗米非定可能对复苏更有利	静脉注射
苯甲唑啉；妥拉唑林	2～4mg/kg	静脉注射
三氯苯咪唑	18mg/kg，用于清除未成熟和成熟的肝片吸虫	口服
甲氧苄氨嘧啶-磺胺嘧啶	每 24h 用药 15mg/kg 每隔 12～24h 用药 15～30mg/kg	缓慢静脉注射 口服
维达洛芬	初始剂量 2mg/kg，然后每隔 12h 用药 1mg/kg	口服
维生素 B_{12}	0.5～1.5mg/kg，1～2 次/周	肌内注射或皮下注射
维生素 K_1	每隔 12h 用药 0.5～1mg/kg，用于杀鼠灵中毒	皮下注射
塞拉嗪	0.2～1.1mg/kg 单次剂量 2～3mg/kg	静脉注射 肌内注射

注：皮下注射为 H 或皮下。
　　皮内注射为 ID 或皮内。
　　肌内注射为 im、IM 或肌内注射。
　　静脉注射写成 IV 或静脉注射。
　　静脉输液写作 VD，也可写作静滴。
　　静脉注射 iv. =intravenous；肌内注射 im. =intramuscular；腹腔注射 ip. =intraperitoneal；皮下注射 sc. =subcutaneous；动脉注射 ia. =intraarterial；口服 po.；灌胃 ig.；脑室注射 icv.。

推荐阅读 

Lizarraga I，Sumano H，Brumbaugh GW. Pharmacological and pharmacokinetic differences between donkeys and horses. Equine Vet Educ，2004，16：102-112.

图书在版编目（CIP）数据

现代马病治疗学：第7版 /（美）金·A. 斯普雷贝里（Kim A. Sprayberry），（美）N. 爱德华·罗宾森（N. Edward Robinson）编著；于康震，王晓钧主译．—北京：中国农业出版社，2020.1

现代马业出版工程 国家出版基金项目

ISBN 978-7-109-25588-3

Ⅰ.①现… Ⅱ.①金… ②N… ③于… ④王… Ⅲ.①马病—治疗学 Ⅳ.①S858.21

中国版本图书馆CIP数据核字（2019）第115935号

北京市版权局著作权合同登记号：图字 01－2019－4041 号

中国农业出版社出版

地址：北京市朝阳区麦子店街18号楼

邮编：100125

责任编辑：黄向阳 刘 玮 耿韶磊 尹 杭

版式设计：王 晨 责任校对：吴丽婷

印刷：北京通州皇家印刷厂

版次：2020年1月第1版

印次：2020年1月北京第1次印刷

发行：新华书店北京发行所

开本：880mm×1230mm 1/16

印张：97.75 插页：2

字数：2480千字

定价：588.00元

附录4：

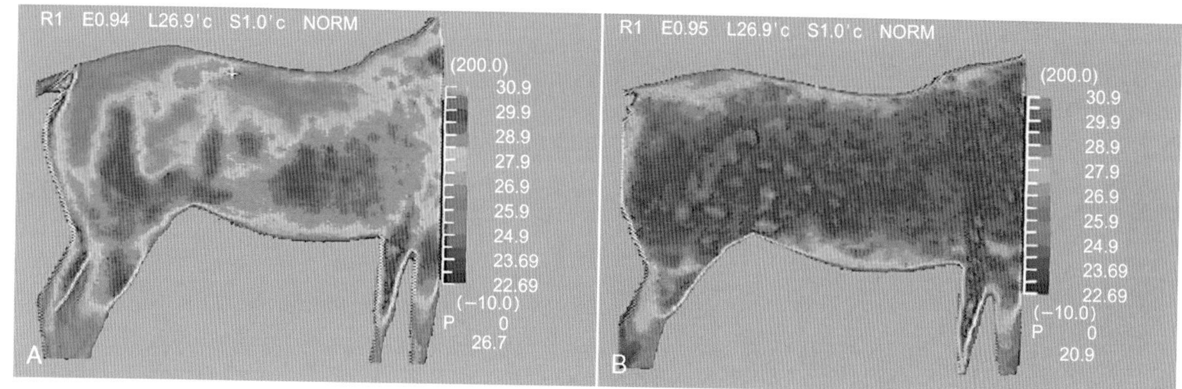

彩图17-1 该温谱图来自一匹用于参加耐力赛的9岁阿拉伯母马

该马在骑乘时出现弓背的现象，已经有6个月的时间。这匹马经常规诊断没有发现异常，使用非甾体类抗炎药和休息后，症状并没有改善。因为发现这匹马有行为障碍问题，所以采用针灸治疗。通过针灸提示这匹马在胸腹部和腰部存在中度敏感和疼痛的症状。A，该温谱图显示在胸中部到腰骶部温度降低（由黄色到绿色，再到蓝色），这是由于过度交感神经紧张引起血管异常收缩的结果。在ST2、BL14、BL23、LI16、PC9、ST36、LR1等穴位进行干针针灸，没有使用其他的治疗措施。B，该温谱图记录了针灸30min后马匹体温的情况，由于自主神经功能恢复，显示体温模式恢复正常。之后，12d为1个周期，进行4个疗程的针灸治疗和物理治疗，该马匹没有出现骑乘时弓背或其他抵抗的行为。上述现象的病理生理学机制还不清楚，类似的现象也经常出现在人身上，被描述为交感神经相关性疼痛综合征和复杂性局部疼痛综合征（由D.G. von Schweinitz提供）

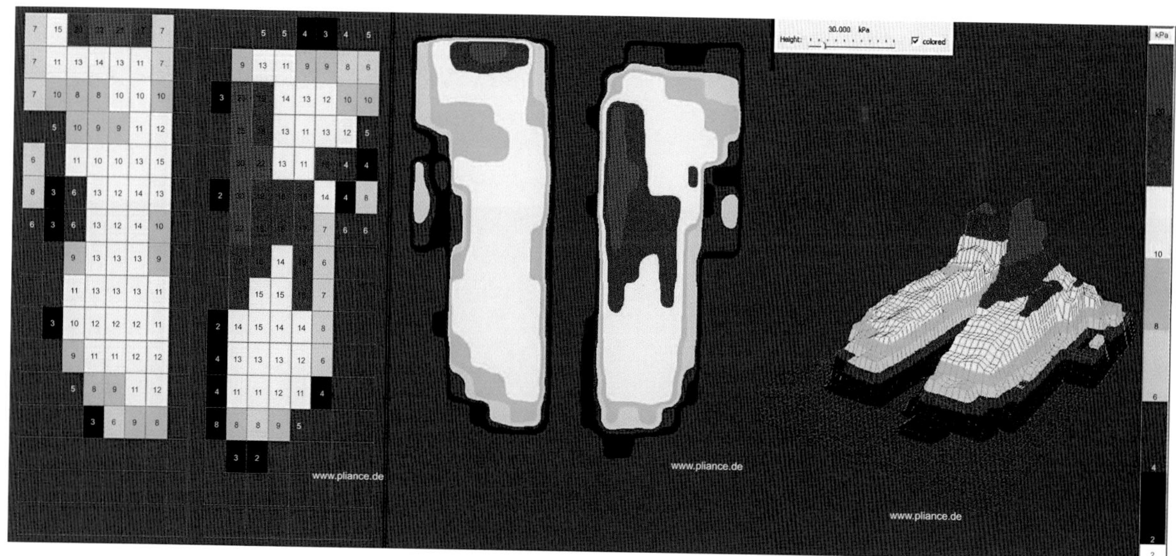

彩图27-1 1个电子马鞍压力垫获得的数据(pommel to the top)通过3种形式显示

左图表示单个传感器的数据。中间的图表示二位数据（等压线）(Two-dimensional contour plot）。右图表示顺时转动的三维轮廓图（Three-dimensional contour plot rotated clockwise so the elevations are apparent）。右侧边缘图表示压力从小（黑色最小）到大（紫色最大）的逐渐增加梯度。压力增量的颜色由用户自己设置。在扫描的瞬间，高压力区域（紫色区）在左面板的前侧和右面板的内边缘[there are regions of high pressure (magenta) at the front of the left panel and along the medial edge of the right panel]

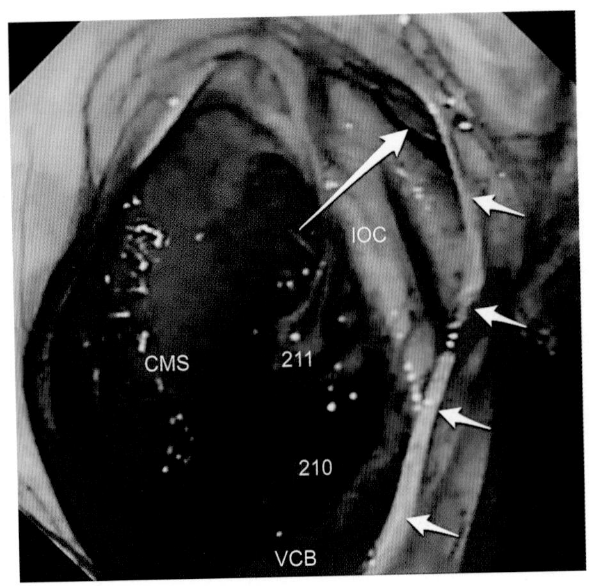

彩图50-1 1个常规鼻旁窦圆锯术实图（Sinoscopic view）

小箭头表示额上颌开孔的边界，大箭头表示蝶窦的入口；CMS，上颌窦尾部；IOC，眶下管；210和211表示2个上颌颊齿尾部顶端；VCB，单侧鼻旁窦腹部（bulla of the ventral conchal sinus）

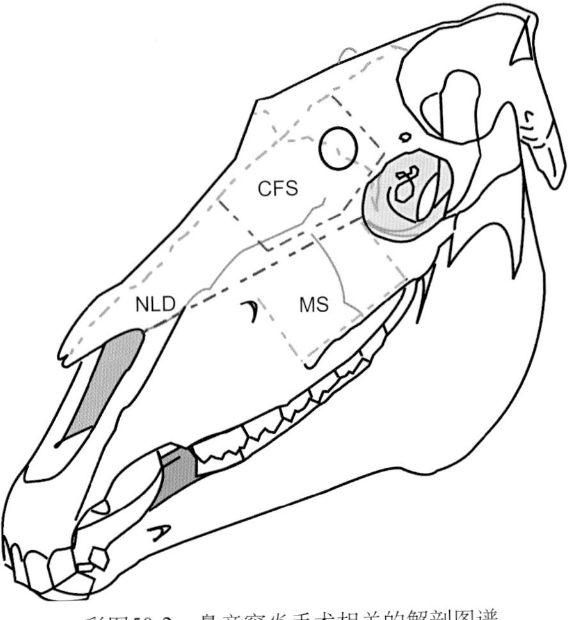

彩图50-2 鼻旁窦炎手术相关的解剖图谱

CFS，额窦（Conchofrontal sinus）：紫色虚线表示可以手术锯开边界线，黑色圆圈表示圆锯边界；MS，上颌窦：蓝色虚线表示可以进行手术锯开边界；切开骨头时需要避开鼻泪管，红色虚线表示鼻泪管(NLD)的走向；绿色虚线表示头盖骨之间的缝合线；在图中边界线内任何地方都可以实施骨穿刺（Sinocentesis）和圆锯术。在上颌窦实施圆锯术时，参考上述指示并尽量避开上颌颊齿顶端和上颌隔

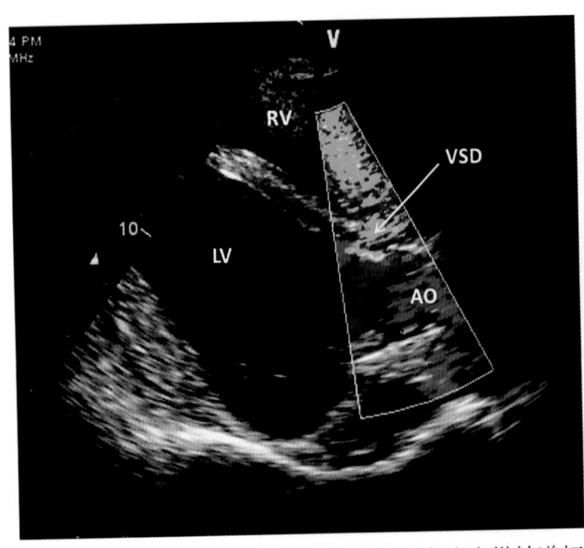

彩图120-1 在1匹小马的右胸骨旁左心室流出纵轴道切面进行彩色多普勒超声检查

血流图显示室中隔缺损（VSD）。图中展示了右心室（RV）、左心室（LV）、主动脉（AO）和高速血流穿过缺损的室中隔

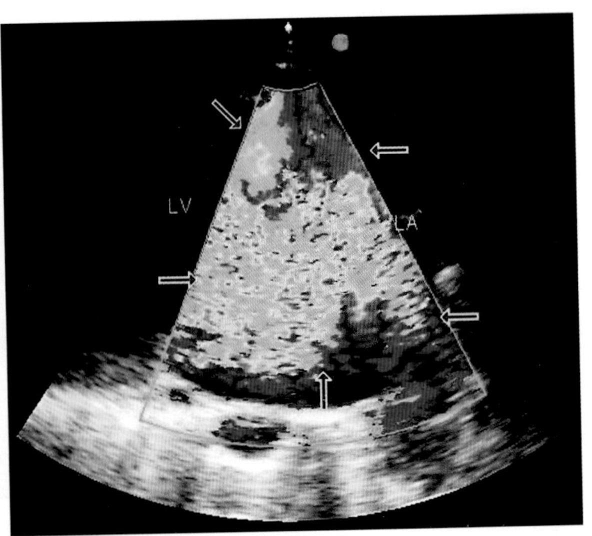

彩图122-1 在左胸骨旁长轴切面对左心房和左心室进行彩色多普勒超声检查

血流图显示严重的二尖瓣反流（见箭头），并覆盖整个左心房。回流的血液使二尖瓣变得模糊不清。LA，左心房；LV，左心室

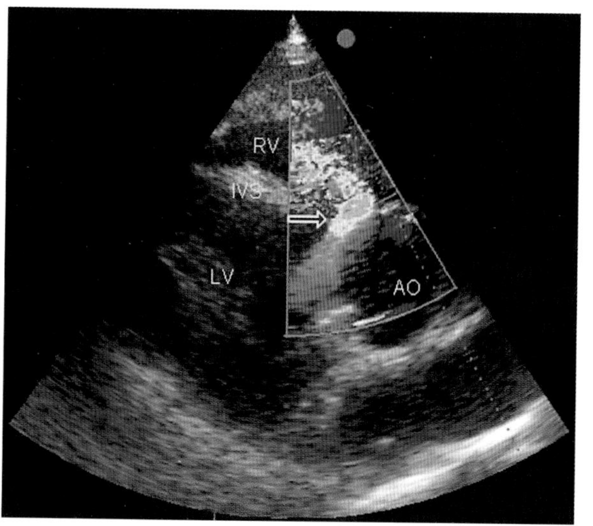

彩图122-2　在右胸骨旁长轴切面对左心室流出道切面进行彩色多普勒超声检查

血流图显示左、右心室室间隔缺损，左、右心室相通

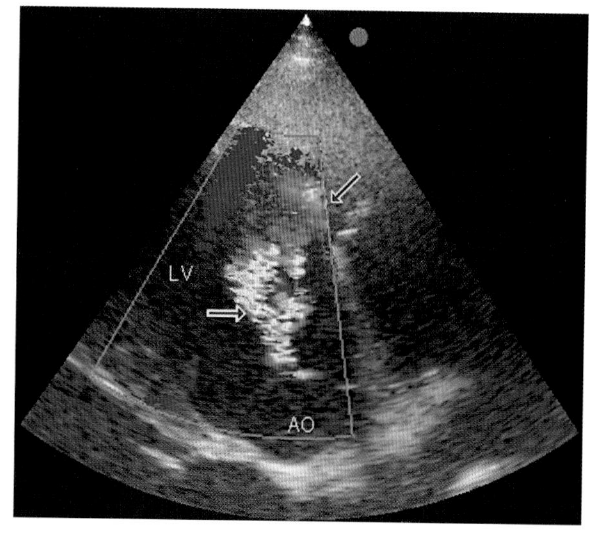

彩图122-3　在左胸骨旁顶点对左心室流出道进行彩色普勒超声检查

血流图显示中度主动脉瓣关闭不全（见箭头）。LV，左心室；AO，主动脉

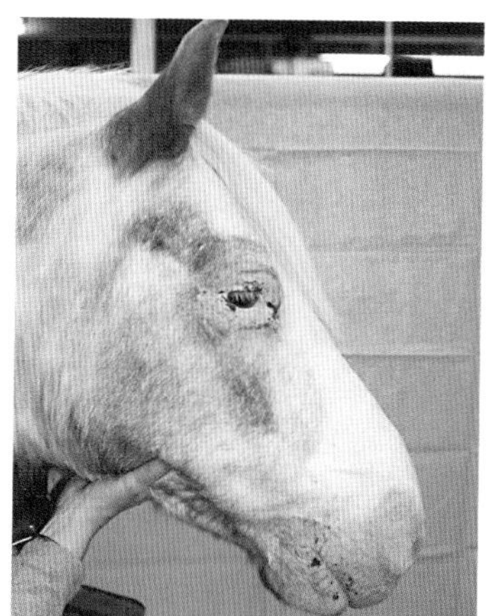

彩图128-1　口鼻周围和眼睑光敏反应

表现明显的红斑、皮肤增厚和结痂

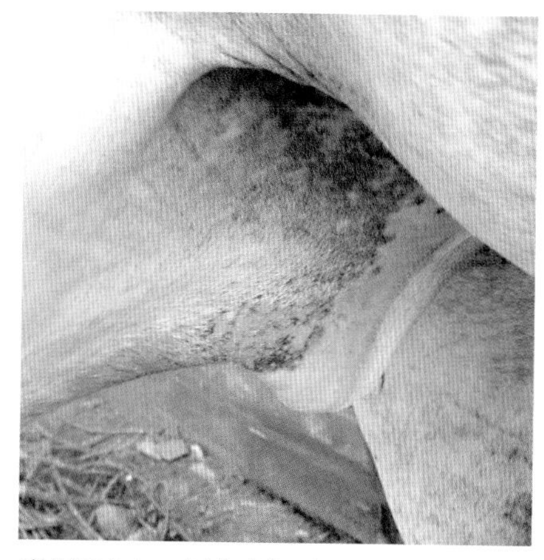

彩图128-2　光敏反应（Photosensitization involving the sheath）

表现皮肤增厚、脱毛和明显的红斑

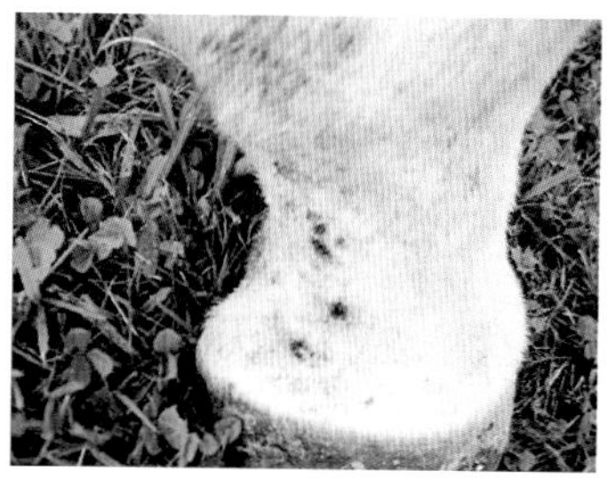

彩图128-3　光敏性皮炎

表现皮肤增厚、脱落，结痂，糜烂和溃疡

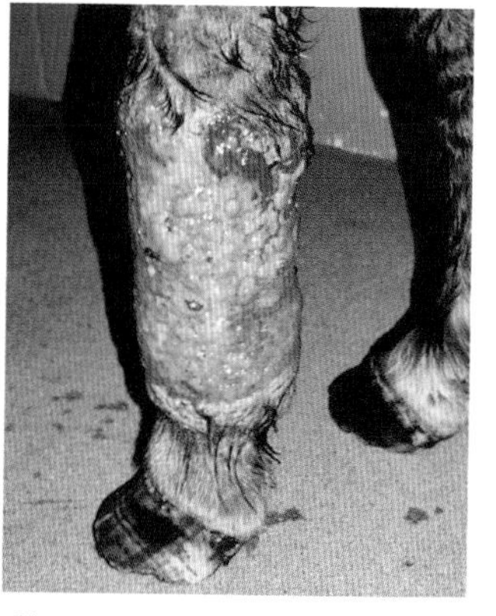

彩图132-1　矮小马下肢腐皮病

感染几个月后，小马极度瘙痒，交叉站立以防止摔倒。慢性患马预后不良

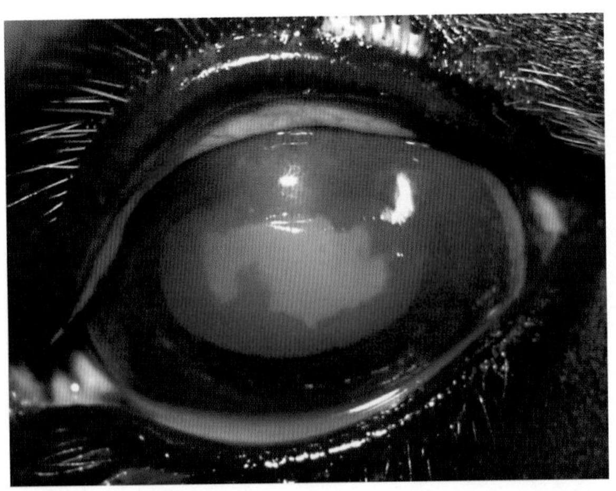

彩图143-1　不规则角膜表面溃疡，荧光突出区界限清楚，没有涉及基质层

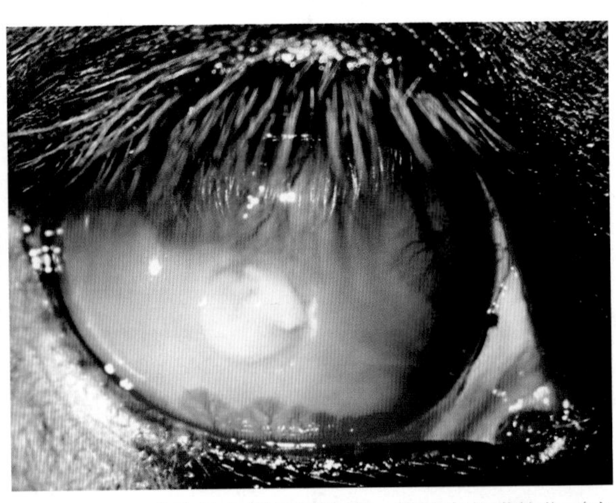

彩图143-2　感染性角膜基质溃疡，伴随有角膜软化（中间）、角膜新生血管、水肿和眼色素层炎（眼前房积脓）

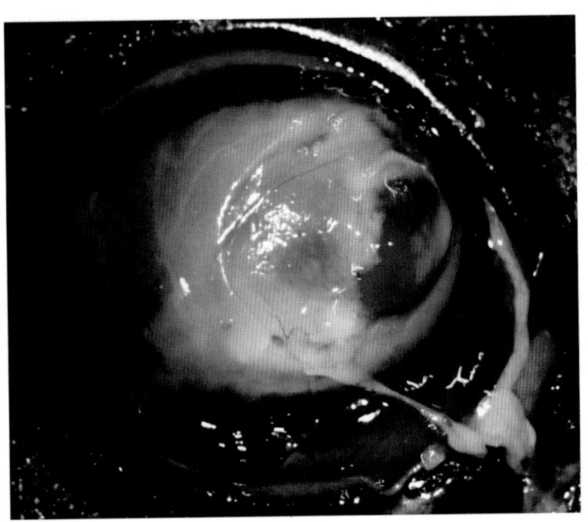

彩图143-3　创伤性角膜溃疡，伴有虹膜脱出、出血、流脓和眼前房积脓

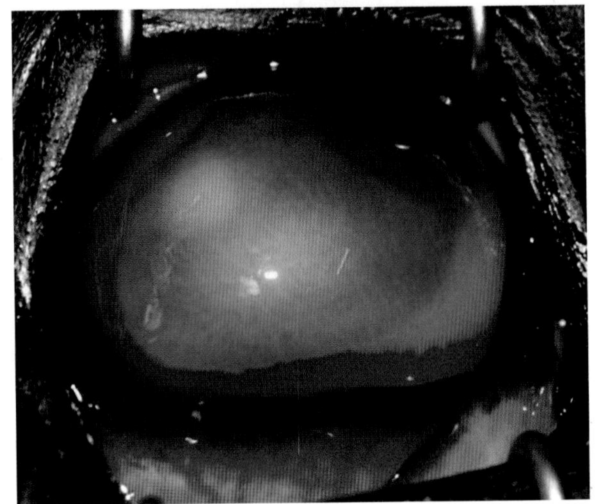

彩图145-1　角膜基质脓肿

主要特征表现为角膜基质由黄变白、不透明，并伴有结膜充血，角膜扩散性水肿，从角膜缘血管化趋向损伤，房水闪光和眼前房积脓

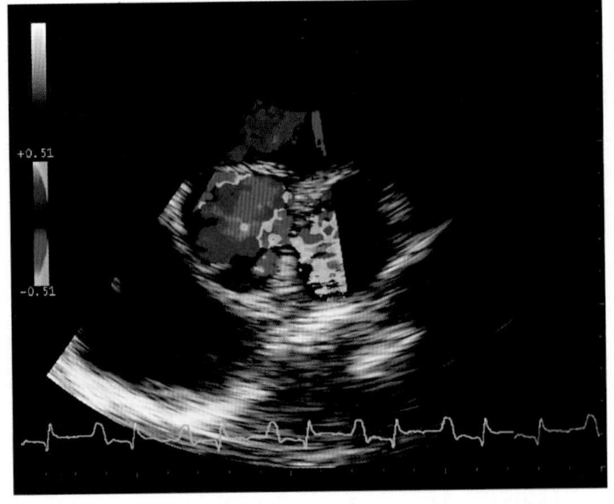

彩图172-1　小马驹持续性胎儿循环引起动脉导管未闭的彩色多普勒图像

（Kevin Corley，2013）